Características de Elementos Selecionados

Elemento	Símbolo	Número Atômico	Peso Atômico (uma)	Massa Específica do Sólido, 20 °C (g/cm³)	Estrutura Cristalina,ª 20 °C	Raio Atômico (nm)	Raio Iônico (nm)	Valência Mais Comum	Ponto de Fusão (°C)
Alumínio	Al	13	26,98	2,71	CFC	0,143	0,053	3+	660,4
Argônio	Ar	18	39,95	–	–	–	–	Inerte	–189,2
Bário	Ba	56	137,33	3,5	CCC	0,217	0,136	2+	725
Berílio	Be	4	9,012	1,85	HC	0,114	0,035	2+	1278
Boro	B	5	10,81	2,34	Romb.	–	0,023	3+	2300
Bromo	Br	35	79,90	–	–	–	0,196	1–	–7,2
Cádmio	Cd	48	112,41	8,65	HC	0,149	0,095	2+	321
Cálcio	Ca	20	40,08	1,55	CFC	0,197	0,100	2+	839
Carbono	C	6	12,011	2,25	Hex.	0,071	~0,016	4+	(sublima a 3367)
Césio	Cs	55	132,91	1,87	CCC	0,265	0,170	1+	28,4
Chumbo	Pb	82	207,20	11,35	CFC	0,175	0,120	2+	327
Cloro	Cl	17	35,45	–	–	–	0,181	1–	–101
Cobalto	Co	27	58,93	8,9	HC	0,125	0,072	2+	1495
Cobre	Cu	29	63,55	8,94	CFC	0,128	0,096	1+	1085
Cromo	Cr	24	52,00	7,19	CCC	0,125	0,063	3+	1875
Enxofre	S	16	32,06	2,07	Orto.	0,106	0,184	2–	113
Estanho	Sn	50	118,71	7,27	Tetra.	0,151	0,071	4+	232
Ferro	Fe	26	55,85	7,87	CCC	0,124	0,077	2+	1538
Flúor	F	9	19,00	–	–	–	0,133	1–	–220
Fósforo	P	15	30,97	1,82	Orto.	0,109	0,035	5+	44,1
Gálio	Ga	31	69,72	5,90	Orto.	0,122	0,062	3+	29,8
Germânio	Ge	32	72,64	5,32	Cúbica do Dia.	0,122	0,053	4+	937
Hélio	He	2	4,003	–	–	–	–	Inerte	–272 (a 26 atm)
Hidrogênio	H	1	1,008	–	–	–	0,154	1+	–259
Iodo	I	53	126,91	4,93	Orto.	0,136	0,220	1–	114
Lítio	Li	3	6,94	0,534	CCC	0,152	0,068	1+	181
Magnésio	Mg	12	24,31	1,74	HC	0,160	0,072	2+	649
Manganês	Mn	25	54,94	7,44	Cúbica	0,112	0,067	2+	1244
Mercúrio	Hg	80	200,59	–	–	–	0,110	2+	–38,8
Molibdênio	Mo	42	95,94	10,22	CCC	0,136	0,070	4+	2617
Neônio	Ne	10	20,18	–	–	–	–	Inerte	–248,7
Níquel	Ni	28	58,69	8,90	CFC	0,125	0,069	2+	1455
Nióbio	Nb	41	92,91	8,57	CCC	0,143	0,069	5+	2468
Nitrogênio	N	7	14,007	–	–	–	0,01–0,02	5+	–209,9
Ouro	Au	79	196,97	19,32	CFC	0,144	0,137	1+	1064
Oxigênio	O	8	16,00	–	–	–	0,140	2–	–218,4
Platina	Pt	78	195,08	21,45	CFC	0,139	0,080	2+	1772
Potássio	K	19	39,10	0,862	CCC	0,231	0,138	1+	63
Prata	Ag	47	107,87	10,49	CFC	0,144	0,126	1+	962
Silício	Si	14	28,09	2,33	Cúbica do Dia.	0,118	0,040	4+	1410
Sódio	Na	11	22,99	0,971	CCC	0,186	0,102	1+	98
Titânio	Ti	22	47,87	4,51	HC	0,145	0,068	4+	1668
Tungstênio	W	74	183,84	19,3	CCC	0,137	0,070	4+	3410
Vanádio	V	23	50,94	6,1	CCC	0,132	0,059	5+	1890
Zinco	Zn	30	65,41	7,13	HC	0,133	0,074	2+	420
Zircônio	Zr	40	91,22	6,51	HC	0,159	0,079	4+	1852

ªDia. = Diamante; Hex. = Hexagonal; Orto. = Ortorrômbica; Romb. = Romboédrica; Tetra. = Tetragonal.

Valores de Constantes Físicas Selecionadas

Grandeza	Símbolo	Unidades SI	Unidades cgs
Número de Avogadro	N_A	$6{,}022 \times 10^{23}$ moléculas/mol	$6{,}022 \times 10^{23}$ moléculas/mol
Constante de Boltzmann	k	$1{,}38 \times 10^{-23}$ J/átomo $\cdot$ K	$1{,}38 \times 10^{-16}$ erg/átomo $\cdot$ K $8{,}62 \times 10^{-5}$ eV/átomo $\cdot$ K
Magnéton de Bohr	μ_B	$9{,}27 \times 10^{-24}$ A $\cdot$ m^2	$9{,}27 \times 10^{-21}$ erg/gauss[a]
Carga do elétron	e	$1{,}602 \times 10^{-19}$ C	$4{,}8 \times 10^{-10}$ statcoul[b]
Massa do elétron	—	$9{,}11 \times 10^{-31}$ kg	$9{,}11 \times 10^{-28}$ g
Constante dos gases	R	$8{,}31$ J/mol $\cdot$ K	$1{,}987$ cal/mol $\cdot$ K
Permeabilidade no vácuo	μ_0	$1{,}257 \times 10^{-6}$ henry/m	unidade[a]
Permissividade no vácuo	ε_0	$8{,}85 \times 10^{-12}$ farad/m	unidade[b]
Constante de Planck	h	$6{,}63 \times 10^{-34}$ J $\cdot$ s	$6{,}63 \times 10^{-27}$ erg $\cdot$ s $4{,}13 \times 10^{-15}$ eV $\cdot$ s
Velocidade da luz no vácuo	c	3×10^8 m/s	3×10^{10} cm/s

[a] Em unidades cgs-uem.
[b] Em unidades cgs-ues.

Abreviações de Unidades

A = ampère	in = polegada	N = Newton
Å = angstrom	J = joule	nm = nanômetro
Btu = unidade térmica britânica	K = graus Kelvin	P = poise
C = Coulomb	kg = quilograma	Pa = Pascal
°C = graus Celsius	lb$_f$ = libra-força	s = segundo
cal = caloria (grama)	lb$_m$ = libra-massa	T = temperatura
cm = centímetro	m = metro	μm = micrômetro (mícron)
eV = elétron-volt	Mg = megagrama	W = watt
°F = graus Fahrenheit	mm = milímetro	psi = libras por polegada quadrada
ft = pé	mol = mol	
g = grama	MPa = megapascal	

Prefixos de Múltiplos e Submúltiplos do Sistema SI

Fator pelo Qual É Multiplicado	Prefixo	Símbolo
10^9	giga	G
10^6	mega	M
10^3	quilo	k
10^{-2}	centi[a]	c
10^{-3}	mili	m
10^{-6}	micro	μ
10^{-9}	nano	n
10^{-12}	pico	p

[a]Evitado quando possível.

Fundamentos da Ciência e Engenharia de Materiais

UMA ABORDAGEM INTEGRADA

Grupo
Editorial
Nacional

O GEN | Grupo Editorial Nacional – maior plataforma editorial brasileira no segmento científico, técnico e profissional – publica conteúdos nas áreas de ciências exatas, humanas, jurídicas, da saúde e sociais aplicadas, além de prover serviços direcionados à educação continuada e à preparação para concursos.

As editoras que integram o GEN, das mais respeitadas no mercado editorial, construíram catálogos inigualáveis, com obras decisivas para a formação acadêmica e o aperfeiçoamento de várias gerações de profissionais e estudantes, tendo se tornado sinônimo de qualidade e seriedade.

A missão do GEN e dos núcleos de conteúdo que o compõem é prover a melhor informação científica e distribuí-la de maneira flexível e conveniente, a preços justos, gerando benefícios e servindo a autores, docentes, livreiros, funcionários, colaboradores e acionistas.

Nosso comportamento ético incondicional e nossa responsabilidade social e ambiental são reforçados pela natureza educacional de nossa atividade e dão sustentabilidade ao crescimento contínuo e à rentabilidade do grupo.

5ª Edição

Fundamentos da Ciência e Engenharia de Materiais

UMA ABORDAGEM INTEGRADA

WILLIAM D. CALLISTER, JR.

Departamento de Engenharia Metalúrgica
The University of Utah

DAVID G. RETHWISCH

Departamento de Engenharia Química e Bioquímica
The University of Iowa

Tradução
Sergio Murilo Stamile Soares, M.Sc.
Engenharia Química
Diretor Técnico da Empresa ENGENOVO
Tecen Comercial Ltda.

Revisão Técnica
(Capítulos zero, 1 a 9)
José Roberto Moraes d'Almeida, D.Sc.
Professor da Pontifícia Universidade Católica do Rio de Janeiro – PUC-Rio
Departamento de Engenharia Química e de Materiais
Professor da Universidade do Estado do Rio de Janeiro – UERJ
Departamento de Engenharia Mecânica

Traduzido de
FUNDAMENTALS OF MATERIALS SCIENCE AND ENGINEERING: AN INTEGRATED APPROACH, FIFTH EDITION
Copyright © 2015, 2012, 2008, 2005, 2001 John Wiley & Sons Inc.
All Rights Reserved. This translation published under license with the original publisher John Wiley & Sons Inc.
ISBN: 978-1-119-17548-3

Direitos exclusivos para a língua portuguesa
Copyright © 2020 by
LTC — Livros Técnicos e Científicos Editora Ltda.
Uma editora integrante do GEN | Grupo Editorial Nacional

Travessa do Ouvidor, 11
Rio de Janeiro, RJ – CEP 20040-040
Tels.: 21-3543-0770 / 11-5080-0770
Fax: 21-3543-0896
faleconosco@grupogen.com.br
www.grupogen.com.br

Imagem de capa: Representação de uma célula unitária para o α-óxido de alumínio (Al_2O_3). As esferas em vermelho e cinza representam os íons oxigênio e alumínio, respectivamente.

Capa: Roy Wiemann e William D. Callister, Jr.

Editoração Eletrônica: Anthares

CIP-BRASIL. CATALOGAÇÃO NA PUBLICAÇÃO
SINDICATO NACIONAL DOS EDITORES DE LIVROS, RJ.

C162f
5. ed.

Callister, William D., 1940-
  Fundamentos da ciência e engenharia de materiais : uma abordagem integrada / William D. Callister, Jr., David G. Rethwisch ; tradução Sergio Murilo Stamile Soares ; revisão técnica José Roberto Moraes d'Almeida. - 5. ed. - Rio de Janeiro : LTC, 2020.
  ; 28 cm.

Tradução de: Fundamentals of materials science and engineering: an integrated approach
Apêndices
Inclui bibliografia e índice
ISBN 978-85-216-3692-2

  1. Ciência dos materiais. 2. Engenharia de materiais. I. Rethwisch, David G. II. Soares, Sergio Murilo Stamile. III. d'Almeida, José Roberto Moraes. IV. Título.

19-60719
CDD: 620.11
CDU: 620.1/.2

Meri Gleice Rodrigues de Souza - Bibliotecária CRB-7/6439

Dedicado a
Wayne Anderson,
editor aposentado e mentor

Prefácio

Nesta quinta edição mantivemos os objetivos e as técnicas de abordagem para o ensino da ciência e engenharia de materiais que foram apresentados nas edições anteriores. Esses objetivos são os seguintes:

- Apresentar os fundamentos básicos em um nível apropriado para estudantes universitários que tenham concluído seus cursos iniciais de cálculo, química e física.
- Apresentar a matéria em uma ordem lógica, partindo dos conceitos mais simples até os mais complexos. Cada capítulo baseia-se no conteúdo dos capítulos anteriores.
- Se um tópico ou conceito é relevante para ser abordado no livro, então deve ser detalhado suficientemente e com profundidade para que os estudantes possam compreender o assunto na íntegra, sem ter de consultar outras fontes; além disso, na maioria dos casos, foi dada alguma relevância prática ao assunto.
- A inclusão no livro de características que irão acelerar o processo de aprendizado. Esses recursos incluem o seguinte: fotografias/ilustrações (algumas em cor); objetivos do aprendizado; seções "Por que estudar ..." e "Materiais de Importância" (para prover relevância); perguntas para a "Verificação de Conceitos" (para testar a compreensão dos conceitos); perguntas e problemas no final dos capítulos (para desenvolver a compreensão dos conceitos e as habilidades de resolução de problemas); Respostas para Problemas Selecionados no fim do livro (para checar a precisão do trabalho); tabelas de resumo ao final dos capítulos contendo as equações principais e os seus símbolos e um glossário (para rápida referência).
- Emprego de novas tecnologias de instrução para aprimorar os processos de ensino e aprendizado.

CONTEÚDO NOVO/REVISADO

Esta nova edição contém várias novas seções, assim como revisões/ampliações de outras seções. Estas incluem o seguinte:

- Dois novos estudos de caso: "Falhas dos Navios Classe *Liberty*" (Capítulo 1) e "Uso de Compósitos no Boeing 787 *Dreamliner*" (Capítulo 15)
- Hibridação da ligação no carbono (Capítulo 2)
- Revisão de discussões sobre os planos e direções cristalográficas para incluir o uso de equações para a determinação dos índices de planos e de direções (Capítulo 3)
- Discussão revisada sobre a determinação do tamanho do grão (Capítulo 5)
- Nova seção sobre a estrutura das fibras de carbono (Capítulo 13)
- Discussões revisadas/aumentadas sobre estruturas, propriedades e aplicações dos nanocarbonos: fullerenos, nanotubos de carbono e grafeno; também sobre refratários cerâmicos e abrasivos (Capítulo 13)
- Discussão revisada/aumentada sobre compósitos estruturais: compósitos laminados e painéis sanduíche (Capítulo 15)
- Nova seção sobre estrutura, propriedades e aplicações de materiais nanocompósitos (Capítulo 15)
- Discussão revisada/aumentada sobre questões de reciclagem na ciência e engenharia de materiais (Capítulo 20)
- Vários problemas-exemplo novos e revisados. Adicionalmente, todos os problemas propostos que exigem cálculos foram revisados.

Material Suplementar

Este livro conta com os seguintes materiais suplementares:

- **Biblioteca de Estudos de Casos**, arquivo em formato .pdf (acesso livre);
- **Biblioteca de Estudos de Casos – Solução de Problemas**, arquivo em formato .pdf (acesso restrito a docentes);
- **Demonstrações e Experimentos**, arquivo em formato .pdf (acesso livre);
- **Ilustrações da obra em formato de apresentação**, em .pdf (restrito a docentes);
- **Lecture Powerpoints**, apresentações em inglês para uso em sala de aula, em formato .pdf (acesso restrito a docentes);
- **Módulo *Online* para Engenharia Mecânica**, arquivo em formato .pdf (acesso livre);
- **Módulo *Online* para Engenharia Mecânica – Solução de Problemas**, arquivo em formato .pdf (acesso restrito a docentes);
- **Perguntas e Respostas das Seções de Verificação**, arquivo em formato .pdf (acesso livre);
- **Reserve Problems**, problemas extras em inglês para serem utilizados em provas e avaliações de aprendizagem, arquivo em formato .pdf (acesso restrito a docentes);
- **Solutions Manual**, manual de soluções em inglês, arquivo em formato .pdf (acesso restrito a docentes);
- **Solutions to Reserve Problems**, solução de problemas extras em inglês, arquivo em formato .pdf (acesso restrito a docentes);
- **Student Lecture Notes**, anotações de aula do aluno em inglês, em formato .pdf (acesso livre);
- **Versão Estendida dos Objetivos de Aprendizagem**, arquivo em formato .pdf (acesso livre).

O acesso ao material suplementar é gratuito. Basta que o leitor se cadastre em nosso *site* (www.grupogen.com.br), faça seu *login* e clique em GEN-IO, no menu superior do lado direito. É rápido e fácil.

Caso haja alguma mudança no sistema ou dificuldade de acesso, entre em contato conosco (gendigital@grupogen.com.br).

GEN | Informação Online

GEN-IO (GEN | Informação Online) é o ambiente virtual de aprendizagem do GEN | Grupo Editorial Nacional, maior conglomerado brasileiro de editoras do ramo científico-técnico-profissional, composto por Guanabara Koogan, Santos, Roca, AC Farmacêutica, Forense, Método, Atlas, LTC, E.P.U. e Forense Universitária. Os materiais suplementares ficam disponíveis para acesso durante a vigência das edições atuais dos livros a que eles correspondem.

Agradecimentos

Desde que empreendemos a tarefa de escrever esta edição e as anteriores, incontáveis professores e estudantes, numerosos demais para mencionar individualmente, compartilharam conosco suas opiniões e contribuições de como tornar este trabalho mais efetivo como uma ferramenta de ensino e aprendizado. A todos aqueles que deram sua contribuição, expressamos nosso sincero muito obrigado!

Agradecemos àqueles que contribuíram para esta edição. Estamos especialmente em débito com as seguintes pessoas:

Audrey Butler da *The University of Iowa*, e Bethany Smith e Stephen Krause da *Arizona State University*, pela contribuição no desenvolvimento de material no curso WileyPLUS[1].

Grant Head, por suas habilidades especiais em programação, que ele usou no desenvolvimento do software *VMSE: Virtual Materials Science and Engineering* (Ciência e Engenharia de Materiais Virtual)[2].

Eric Hellstrom e Theo Siegrist da *Florida State University*, assim como Norman E. Dowling e Maureen Julian de *Virginia Tech*, por seus comentários e sugestões para esta edição.

Também estamos em débito com Dan Sayre e Linda Ratts, Editores Executivos, Jennifer Welter, designer de produto sênior e Wendy Ashenberg, designer de produto associado, pela orientação e assistência nesta revisão.

Por fim, mas certamente não menos importante, agradecemos profunda e sinceramente o estímulo e apoio contínuo de nossas famílias e amigos.

WILLIAM D. CALLISTER, JR.
DAVID G. RETHWISCH

---

[1] Disponível apenas na versão em inglês. (N.E.)
[2] Disponível apenas na versão em inglês. (N.E.)

Sumário

Listagem de Símbolos

O número da seção em que um símbolo é introduzido ou explicado está indicado entre parênteses.

A = área

$Å$ = unidade de angstrom

A_i = peso (massa) atômico do elemento i (2.2)

%AL = ductilidade, em porcentagem de alongamento (7.6)

a = parâmetro da rede cristalina: comprimento axial x da célula unitária (3.4)

a = comprimento da trinca em uma trinca de superfície (9.5)

%a = porcentagem atômica (5.6)

B = densidade do fluxo magnético (indução) (18.2)

B_r = remanência magnética (18.7)

b = parâmetro da rede cristalina: comprimento axial y da célula unitária (3.11)

b = vetor de Burgers (5.7)

C = capacitância (12.18)

CCC = estrutura cristalina cúbica de corpo centrado (3.4)

CFC = estrutura cristalina cúbica de faces centradas (3.4)

C_i = concentração (composição) do componente i em %p (5.6)

C_i' = concentração (composição) do componente i em %a (5.6)

C_v, C_p = capacidade calorífica, respectivamente, a volume constante e pressão constante (17.2)

CVN = entalhe em "V" de Charpy (9.8)

c = parâmetro da rede cristalina: comprimento axial z da célula unitária (3.11)

c_v, c_p = calor específico, respectivamente, a volume constante e pressão constante (17.2)

D = coeficiente de difusão (6.3)

D = deslocamento dielétrico (12.19)

d = diâmetro

d = diâmetro médio do grão (8.9)

d_{hkl} = espaçamento interplanar para planos com índices de Miller h, k e l (3.20)

E = energia (2.5)

E = módulo de elasticidade ou módulo de Young (7.3)

$\mathscr{E}$ = intensidade do campo elétrico (12.3)

E_f = Energia de Fermi (12.5)

E_e = energia do espaçamento entre bandas (12.6)

$E_r(t)$ = módulo de relaxação ou de alívio de tensões (7.15)

e = carga elétrica por elétron (12.7)

e^- = elétron (16.2)

erf = função erro de Gauss (6.4)

exp = e, a base para logaritmos naturais

F = força, interatômica ou mecânica (2.5, 7.2)

$\mathscr{F}$ = constante de Faraday (16.2)

FEA = fator de empacotamento (ou compactação) atômico (3.4)

G = módulo de cisalhamento (7.3)

GP = grau de polimerização (4.5)

H = intensidade do campo magnético (18.2)

HB = dureza Brinell (7.16)

H_c = coercividade magnética (18.7)

HC = estrutura cristalina hexagonal compacta (3.4)

HK = dureza Knoop (7.16)

HRB, HRF = dureza Rockwell: escalas B e F, respectivamente (7.16)

HR15N, HR45W = dureza Rockwell superficial: escalas 15N e 45W, respectivamente (7.16)

HV = dureza Vickers (7.16)

h = constante de Planck (19.2)

(hkl) = índices de Miller para um plano cristalográfico (3.14)

I = corrente elétrica (12.2)

I = intensidade da radiação eletromagnética (19.3)

i = densidade de corrente (16.3)

i_C = densidade da corrente de corrosão (16.4)

J = fluxo difusional (6.3)

J = densidade de corrente elétrica (12.3)

K_c = tenacidade à fratura (9.5)

K_{Ic} = tenacidade à fratura em deformação plana para o modo I de deslocamento da superfície de trincas (9.5)

k = constante de Boltzmann (5.2)

k = condutividade térmica (17.4)

LRT = limite de resistência à tração (7.6)

l = comprimento

l_c = comprimento crítico da fibra (15.4)

ln = logaritmo natural

log = logaritmo tomado na base 10

M = magnetização (18.2)

MET = microscopia ou microscópio eletrônico por transmissão

MEV = microscopia ou microscópio eletrônico de varredura

= massa molar média ou peso molecular médio de um polímero pelo número de moléculas (4.5)

= massa molar ponderal média ou peso molecular ponderal médio de um polímero pelo peso das moléculas (4.5)

%mol = porcentagem molar

N = número de ciclos até a fadiga (9.10)

N_A = número de Avogadro (3.5)

N_f = vida em fadiga (9.10)

n = coeficiente de encruamento (7.7)

n = índice de refração (19.5)

n = número de átomos por célula unitária (3.5)

n = número de elétrons condutores por metro cúbico (12.7)

n = número de elétrons em uma reação eletroquímica (16.2)

n = número quântico principal (2.3)

n' = para os materiais cerâmicos, o número de unidades constantes da fórmula química de uma substância por célula unitária (3.7)

n_i = concentração de portadores (elétrons e buracos) intrínsecos (12.10)

P = polarização dielétrica (12.19)

p = número de buracos por metro cúbico (12.10)

%p = porcentagem em peso (5.6)

Q = energia de ativação

Q = magnitude da carga armazenada (12.18)

R = raio atômico (3.4)

R = constante dos gases

%RA = ductilidade, em termos da porcentagem de redução na área (7.6)

Razão P-B = razão de Pilling-Bedworth (16.10)

r = distância interatômica (2.5)

r = taxa de reação (16.3)

r_A, r_C = raios iônicos do ânion e do cátion, respectivamente (3.6)

S = amplitude de tensão de fadiga (9.10)

T = temperatura

T_c = temperatura Curie (18.6)

T_C = temperatura crítica supercondutora (18.12)

TPC = taxa de penetração da corrosão (16.3)

T_v = temperatura de transição vítrea (11.15)

%TF = porcentagem de trabalho a frio (8.11)

T_f = temperatura de fusão

t = tempo

t_r = tempo de vida até a ruptura (9.15)

U_r = módulo de resiliência (7.6)

$[uvw]$ = índices para uma direção cristalográfica (3.13)

V = diferença de potencial elétrico (voltagem) (12.2)

V_C = volume da célula unitária (3.4)

V_C = potencial de corrosão (16.4)

V_H = voltagem de Hall (12.14)

V_i = fração volumétrica da fase i (10.8)

v = velocidade

%vol = porcentagem em volume

W_i = fração mássica da fase i (10.8)

x = coordenada espacial

x = comprimento

Y = parâmetro adimensional ou função na expressão para a tenacidade à fratura (9.5)

y = coordenada espacial

z = coordenada espacial

α = parâmetro da rede cristalina: ângulo entre os eixos y e z da célula unitária (3.11)

α, β, γ = designações de fases

α_l = coeficiente linear de expansão térmica (17.3)

β = parâmetro da rede cristalina: ângulo entre os eixos x e z da célula unitária (3.11)

γ = parâmetro da rede cristalina: ângulo entre os eixos x e y da célula unitária (3.11)

γ = deformação cisalhante (7.2)

Δ = precede o símbolo de um parâmetro para indicar uma variação finita desse parâmetro

ε = deformação de engenharia (7.2)

ε = permissividade dielétrica (12.18)

ε_r = constante dielétrica ou permissividade relativa (12.18)

$\cdot{}$ = taxa de fluência em regime estacionário (9.16)

ε_V = deformação verdadeira (7.7)

η = sobretensão (16.4)

η = viscosidade (8.16)

θ = ângulo de difração de Bragg (3.20)

θ_D = temperatura Debye (17.2)

λ = comprimento de onda da radiação eletromagnética (3.20)

μ = permeabilidade magnética (18.2)

μ_B = magnéton de Bohr (18.2)

μ_r = permeabilidade magnética relativa (18.2)

μ_b = mobilidade do buraco (12.10)

μ_e = mobilidade eletrônica (12.7)

v = coeficiente de Poisson (7.5)

v = frequência da radiação eletromagnética (19.2)

ρ = massa específica (3.5)

ρ = resistividade elétrica (12.2)

ρ_e = raio de curvatura da extremidade de uma trinca (9.5)

σ = tensão de engenharia, em tração ou em compressão (7.2)

σ = condutividade elétrica (12.3)

σ^* = resistência longitudinal (compósito) (15.5)

σ_c = tensão crítica para a propagação de uma trinca (9.5)

σ_{rf} = resistência à flexão (7.10)

σ_m = tensão máxima (9.5)

σ_m = tensão média (9.9)

σ_m' = tensão na matriz na falha do compósito (15.5)

σ_V = tensão verdadeira (7.7)

σ_t = tensão admissível ou de trabalho (7.20)

σ_l = limite de escoamento (7.6)

τ = tensão cisalhante (7.2)

τ_c = resistência da ligação fibra-matriz/limite de escoamento em cisalhamento da matriz (15.4)

τ_{tcrc} = tensão cisalhante resolvida crítica (8.6)

χ_m = suscetibilidade magnética (18.2)

Índices Subscritos

c = compósito

cd = compósito com fibras descontínuas

cl = direção longitudinal (compósito com fibras alinhadas)

ct = direção transversal (compósito com fibras alinhadas)

f = final

f = fibra

f = na fratura

i = instantâneo

m = matriz

$m, máx$ = máximo

mín = mínimo

0 = original

0 = em equilíbrio

0 = no vácuo

Um item familiar fabricado a partir de três tipos de materiais diferentes é o vasilhame de bebidas. As bebidas são comercializadas em latas (foto superior) de alumínio (metal), garrafas (foto central) de vidro (cerâmica), e garrafas (foto inferior) plásticas (polímeros).

1.1 PERSPECTIVA HISTÓRICA

Os materiais estão provavelmente mais entranhados em nossa cultura do que a maioria de nós percebe. Transportes, habitação, vestuário, comunicação, recreação e produção de alimentos – virtualmente todos os segmentos de nossa vida diária são influenciados, em maior ou em menor grau, pelos materiais. Historicamente, o desenvolvimento e o avanço das sociedades têm estado intimamente ligados às habilidades de seus membros em produzir e manipular os materiais para satisfazer suas necessidades. De fato, as civilizações antigas foram designadas de acordo com seu nível de desenvolvimento em relação aos materiais (Idade da Pedra, Idade do Bronze, Idade do Ferro).[1]

Os primeiros seres humanos tiveram acesso a um número muito limitado de materiais, aqueles que ocorrem naturalmente: pedra, madeira, argila, peles, e assim por diante. Com o tempo, eles descobriram técnicas para a produção de materiais com propriedades superiores àquelas dos materiais naturais; esses novos materiais incluíam as cerâmicas e vários metais. Além disso, foi descoberto que as propriedades de um material podiam ser alteradas por meio de tratamentos térmicos e pela adição de outras substâncias. Naquele ponto, a utilização dos materiais era totalmente um processo de seleção que envolvia decidir, a partir de um conjunto específico e relativamente limitado de materiais, aquele que mais se adequava a uma aplicação em virtude das suas características. Foi a partir de um período relativamente recente que os cientistas compreenderam as relações entre os elementos estruturais dos materiais e suas propriedades. Esse conhecimento, adquirido aproximadamente ao longo dos últimos 100 anos, deu-lhes condições para moldar em grande parte as características dos materiais. Assim, dezenas de milhares de materiais diferentes foram desenvolvidos, com características relativamente específicas e que atendem às necessidades da nossa moderna e complexa sociedade, incluindo metais, plásticos, vidros e fibras.

O desenvolvimento de muitas tecnologias que tornam nossa existência tão confortável está intimamente associado ao acesso a materiais adequados. Um avanço na compreensão de um tipo de material é com frequência o precursor para o progresso escalonado de uma tecnologia. Por exemplo, o automóvel não teria sido possível se não fosse disponibilidade, a baixo custo, de aço ou de algum outro material substituto comparável. Na era contemporânea, dispositivos eletrônicos sofisticados dependem de componentes que são feitos a partir dos chamados *materiais semicondutores*.

1.2 CIÊNCIA E ENGENHARIA DE MATERIAIS

Algumas vezes é útil subdividir a disciplina da ciência e engenharia de materiais nas subdisciplinas *ciência dos materiais* e *engenharia de materiais*. Rigorosamente falando, a ciência dos materiais envolve a investigação das relações entre as estruturas e as propriedades dos materiais. Em contraste, a engenharia de materiais envolve, com base nessas correlações estrutura-propriedade, o projeto ou a engenharia da estrutura de um material para produzir um conjunto de propriedades

---

[1] As datas aproximadas para os inícios das Idades da Pedra, do Bronze e do Ferro são 2,5 milhões a.C., 3500 a.C. e 1000 a.C., respectivamente.

predeterminadas.[2] A partir de uma perspectiva funcional, o papel de um cientista de materiais é o de desenvolver ou sintetizar novos materiais, enquanto um engenheiro de materiais é chamado para criar novos produtos ou sistemas empregando materiais existentes e/ou para desenvolver técnicas para o processamento de materiais. A maioria dos formandos em programas de materiais é treinada para ser tanto um cientista de materiais quanto um engenheiro de materiais.

Estrutura é, a essa altura, um termo nebuloso que merece alguma explicação. De maneira resumida, a estrutura de um material refere-se, em geral, ao arranjo de seus componentes internos. A *estrutura subatômica* envolve os elétrons nos átomos individuais e as interações com seus núcleos. Ao nível atômico, a estrutura engloba a organização dos átomos ou das moléculas umas em relação às outras. O próximo reino estrutural de maior dimensão, que contém grandes grupos de átomos que estão, normalmente, conglomerados, é denominado *microscópico*, significando aquele que está sujeito a uma observação direta por meio de algum tipo de microscópio. Finalmente, os elementos estruturais que podem ser vistos a olho nu são denominados *macroscópicos*.

A noção de *propriedade* merece alguma elaboração. Enquanto em serviço, todos os materiais são expostos a estímulos externos que causam algum tipo de resposta. Por exemplo, uma amostra que está submetida à ação de forças apresenta deformação; ou uma superfície metálica polida reflete a luz. Uma propriedade é uma característica de um material em termos do tipo e da intensidade de sua resposta a um estímulo específico que lhe é imposto. Geralmente, as definições de propriedades são feitas de maneira independente da forma e do tamanho do material.

Virtualmente, todas as propriedades importantes dos materiais sólidos podem ser agrupadas em seis categorias diferentes: mecânica, elétrica, térmica, magnética, óptica e deteriorativa. Para cada uma existe um tipo característico de estímulo capaz de causar diferentes respostas. As propriedades mecânicas relacionam a deformação à aplicação de uma carga ou força; são exemplos o módulo de elasticidade (rigidez), a resistência e a tenacidade. Para as propriedades elétricas, tais como a condutividade elétrica e a constante dielétrica, o estímulo é um campo elétrico. O comportamento térmico dos sólidos pode ser representado em termos da capacidade calorífica e da condutividade térmica. As propriedades magnéticas demonstram a resposta de um material à aplicação de um campo magnético. Para as propriedades ópticas, o estímulo é a radiação eletromagnética ou luminosa; o índice de refração e a refletividade são propriedades ópticas representativas. Finalmente, as características deteriorativas estão relacionadas com a reatividade química dos materiais. Os capítulos seguintes discutem propriedades que se enquadram em cada uma dessas seis classificações.

Além da estrutura e das propriedades, dois outros componentes importantes estão envolvidos na ciência e na engenharia de materiais – quais sejam, o *processamento* e o *desempenho*. Com respeito às relações entre esses quatro componentes, a estrutura de um material depende de como ele é processado. Além disso, o desempenho de um material é uma função de suas propriedades. Assim, a inter-relação entre processamento, estrutura, propriedades e desempenho ocorre como representado na ilustração esquemática mostrada na Figura 1.1. Ao longo deste livro, chamamos a atenção para as relações entre esses quatro componentes em termos de projeto, produção e utilização dos materiais.

Apresentamos agora um exemplo desses princípios de processamento-estrutura-propriedades-desempenho na Figura 1.2; uma fotografia que exibe três amostras com o formato de discos finos colocadas sobre algum material impresso. Fica óbvio que as propriedades ópticas (isto é, a transmitância da luz) de cada um dos três materiais são diferentes; o material à esquerda é transparente (isto é, virtualmente toda a luz refletida passa através dele), enquanto os discos no centro e à direita são, respectivamente, translúcido e opaco. Todas essas amostras são do mesmo material, óxido de alumínio, mas aquela mais à esquerda é o que chamamos de um *monocristal* – isto é, possui um alto grau de perfeição – que dá origem à sua transparência. A amostra do centro é composta por um grande número de monocristais muito pequenos, todos conectados entre si; as fronteiras entre esses pequenos cristais espalham uma fração da luz refletida da página impressa, o que torna esse

Figura 1.1 Os quatro componentes da disciplina de ciência e engenharia de materiais e seu inter-relacionamento.

---

[2]Ao longo deste livro chamamos a atenção para as relações entre as propriedades dos materiais e os elementos estruturais.

Figura 1.2 Três amostras de discos finos de óxido de alumínio colocadas sobre uma página impressa, com o objetivo de demonstrar suas diferenças em termos das características de transmitância da luz. O disco mais à esquerda é *transparente* (isto é, virtualmente toda a luz que é refletida da página passa através dele), enquanto o disco no centro é *translúcido* (significando que parte dessa luz refletida é transmitida através do disco). O disco à direita é *opaco* – isto é, nenhuma luz passa através dele. Essas diferenças nas propriedades ópticas são consequência de diferenças nas estruturas desses materiais, que resultaram da maneira como os materiais foram processados.

Preparação das amostras, P. A. Lessing.

material opticamente translúcido. Finalmente, a amostra à direita é composta não apenas por muitos pequenos cristais interligados, mas também por um grande número de poros ou espaços vazios muito pequenos. Esses poros também espalham de maneira efetiva a luz refletida, o que torna esse material opaco.

Assim, as estruturas dessas três amostras são diferentes em termos das fronteiras entre os cristais e da presença de poros, o que afeta as propriedades de transmitância óptica. Além disso, cada material foi produzido empregando uma técnica de processamento diferente. Se a transmitância óptica for um parâmetro importante para a aplicação final do material, o desempenho de cada material será diferente.

1.3 POR QUE ESTUDAR CIÊNCIA E ENGENHARIA DE MATERIAIS?

Por que estudamos os materiais? Muitos cientistas e engenheiros práticos, sejam eles mecânicos, civis, químicos ou elétricos, vão uma vez ou outra se deparar com um problema de projeto que envolve materiais, tais como uma engrenagem de transmissão, a superestrutura para um edifício, um componente de uma refinaria de petróleo, ou um *chip* de circuito integrado. Obviamente, os cientistas e engenheiros de materiais são especialistas que estão totalmente envolvidos na investigação e no projeto de materiais.

Muitas vezes, um problema de materiais consiste na seleção do material correto entre muitos milhares de materiais disponíveis. A decisão final é normalmente baseada em diversos critérios. Em primeiro lugar, as condições de serviço devem ser caracterizadas, uma vez que elas ditam as propriedades que o material deve ter. Em apenas raras ocasiões um material apresenta a combinação máxima ou ideal de propriedades. Dessa forma, pode ser necessário abrir mão de uma característica por outra. O exemplo clássico envolve a resistência e a ductilidade; normalmente, um material com alta resistência tem apenas uma ductilidade limitada. Em tais casos, pode ser necessário um compromisso entre duas ou mais propriedades.

Uma segunda consideração de seleção é relativa a qualquer deterioração das propriedades dos materiais que possa ocorrer durante a operação em serviço. Por exemplo, reduções significativas na resistência mecânica podem resultar da exposição a temperaturas elevadas ou a ambientes corrosivos.

Finalmente, muito provavelmente a consideração preponderante estará relacionada com fatores econômicos: Quanto custará o produto final acabado? Pode ocorrer de um material ter o conjunto ideal de propriedades, mas ser proibitivamente caro. Novamente, será inevitável algum compromisso. O custo de uma peça acabada também inclui quaisquer despesas que incidiram durante o processo de fabricação para a obtenção da forma desejada.

Quanto mais familiarizado estiver um engenheiro ou um cientista com as várias características e relações estrutura-propriedade, assim como com as técnicas de processamento dos materiais, mais capacitado e confiante ele, ou ela, estará para fazer escolhas ponderadas de materiais com base nesses critérios.

ESTUDO DE CASO

Falhas dos Navios Classe Liberty

O seguinte estudo de caso ilustra um papel para o qual os cientistas e engenheiros de materiais são chamados para assumir na área de desempenho dos materiais: analisar falhas mecânicas, determinar as suas causas, e então propor medidas apropriadas para evitar futuros incidentes.

A falha de muitos dos navios da classe *Liberty*[3] durante a Segunda Guerra Mundial é um exemplo bem conhecido e dramático da fratura frágil de um aço que era considerado dúctil.[4] Alguns dos primeiros navios experimentaram danos estruturais quando foram desenvolvidas trincas nos seus conveses e cascos. Três deles se dividiram ao meio de forma catastrófica quando as trincas se formaram, cresceram até os seus tamanhos críticos, e então se propagaram rápida e completamente ao redor das superfícies externas dos navios. A Figura 1.3 mostra um dos navios que fraturou no dia seguinte após o seu lançamento.

Investigações subsequentes concluíram que um ou mais dos seguintes fatores contribuíram para cada falha:[5]

- Quando algumas ligas metálicas normalmente dúcteis são resfriadas até temperaturas relativamente baixas, elas ficam suscetíveis a uma fratura frágil – isto é, elas experimentam uma transição de dúctil para frágil com o resfriamento através de uma faixa de temperaturas crítica. Esses navios da classe *Liberty* foram construídos a partir de um aço que experimentava uma transição de dúctil para frágil. Alguns deles foram posicionados no gelado Atlântico Norte, onde o metal originalmente dúctil experimentava fratura frágil quando as temperaturas caíam abaixo da temperatura de transição.[6]
- Os cantos de cada escotilha (isto é, porta) eram quadrados; esses cantos atuaram como pontos de concentração de tensões onde podia haver a formação de trincas.
- Os barcos alemães classe U estavam afundando navios cargueiros mais rapidamente do que eles podiam ser repostos usando as técnicas de construção existentes.

Figura 1.3   O navio classe *Liberty S.S. Schenectady*, que, em 1943, falhou antes de deixar o estaleiro.
(Reimpresso com permissão de Earl R. Parker, *Brittle Behavior of Engineering Structures*, National Academy of Sciences, National Research Council, John Wiley & Sons, New York, 1957.)

Consequentemente, tornou-se necessário revolucionar os métodos de construção para a fabricação de navios cargueiros mais rapidamente e em maior número. Isso foi realizado com a utilização de lâminas de aço pré-fabricadas que eram montadas usando-se solda, em vez do método convencional e demorado de uso de rebites. Infelizmente, as trincas em estruturas soldadas podem se propagar sem impedimentos ao longo de grandes distâncias, o que pode levar a uma falha catastrófica. Contudo, quando as estruturas são rebitadas, uma trinca deixa de se propagar quando ela atinge a aresta de uma lâmina de aço.

- Defeitos nas soldas e *descontinuidades* (isto é, sítios onde pode haver a formação de trincas) foram introduzidos por operadores inexperientes.

Algumas medidas remediadoras que foram tomadas para corrigir esses problemas incluíram o seguinte:

- Redução na temperatura da transição de dúctil para frágil do aço até um nível aceitável, mediante melhoria na qualidade do aço (por exemplo, pela redução nos teores das impurezas de enxofre e fósforo).
- Arredondamento dos cantos das escotilhas, mediante a solda de uma tira de reforço curvada em cada canto.[7]
- Instalação de dispositivos de supressão de trincas, tais como tiras rebitadas e cordões de solda resistentes para interromper a propagação de trincas.

---

[3] Durante a Segunda Guerra Mundial, 2.710 navios cargueiros da classe *Liberty* foram produzidos em massa pelos Estados Unidos para abastecer de alimentos e materiais os combatentes na Europa.

[4] Os metais dúcteis falham após níveis de deformação permanentes relativamente grandes; contudo, muito pouca, se é que alguma, deformação permanente acompanha a fratura de materiais frágeis. As fraturas frágeis podem ocorrer muito repentinamente, na medida em que as trincas se espalham rapidamente; a propagação da trinca é normalmente muito mais lenta nos materiais dúcteis, e a eventual fratura leva mais tempo. Por essas razões, a modalidade dúctil de fratura é geralmente preferida. As fraturas dúctil e frágil são abordadas nas Seções 9.3 e 9.4.

[5] As Seções 9.2 a 9.5 discutem vários aspectos da falha.

[6] Esse fenômeno de transição de dúctil para frágil, assim como técnicas que são usadas para medir e aumentar a faixa de temperaturas críticas, são tratados na Seção 9.8.

---

[7] O leitor pode observar que os cantos das janelas e portas de todas as estruturas marinhas e aeronáuticas atuais são arredondados.

- Melhoria nas práticas de soldagem e estabelecimento de códigos de soldagem.

Apesar dessas falhas, o programa de embarcações da classe *Liberty* foi considerado um sucesso por várias razões; a principal razão foi que os navios que sobreviveram à falha foram capazes de suprir as Forças Aliadas no teatro de operações e, muito provavelmente, encurtaram a guerra. Além disso, foram desenvolvidos aços estruturais com resistências amplamente aprimoradas às fraturas frágeis catastróficas. As análises detalhadas dessas falhas avançaram a compreensão da formação e do crescimento de uma trinca, o que eventualmente evoluiu para a disciplina da mecânica da fratura.

1.4 CLASSIFICAÇÃO DOS MATERIAIS

Os materiais sólidos foram agrupados convenientemente em três categorias básicas: metais, cerâmicas e polímeros, um esquema baseado principalmente na composição química e na estrutura atômica. A maioria dos materiais se enquadra em um ou em outro grupo distinto. Além disso, existem os compósitos, que são combinações engenheiradas a partir de dois ou mais materiais diferentes. Uma explicação sucinta dessas classificações dos materiais e de suas características representativas será apresentada a seguir. Outra categoria é a dos materiais avançados – aqueles usados em aplicações de alta tecnologia, como semicondutores, biomateriais, materiais inteligentes e materiais nanoengenheirados; esses serão discutidos na Seção 1.5.

Metais

Metais

Os *metais* são compostos por um ou mais elementos metálicos (por exemplo, ferro, alumínio, cobre, titânio, ouro e níquel) e com frequência também por elementos não metálicos (por exemplo, carbono, nitrogênio e oxigênio) em quantidades relativamente pequenas.[8] Os átomos nos metais e em suas ligas estão arranjados de maneira muito ordenada (como discutido no Capítulo 3), e são relativamente densos em comparação às cerâmicas e aos polímeros (Figura 1.4). Em relação às características mecânicas, esses materiais são relativamente rígidos (Figura 1.5) e resistentes (Figura 1.6), embora sejam dúcteis (isto é, são capazes de grande quantidade de deformação sem sofrer fratura) e resistentes à fratura (Figura 1.7), o que é responsável pelo seu amplo uso em aplicações estruturais. Os materiais metálicos têm grande número de elétrons não localizados; isto é, esses elétrons não estão ligados a nenhum átomo em particular. Muitas das propriedades dos metais podem ser atribuídas diretamente a esses elétrons. Por exemplo, os metais são extremamente bons condu-

---

[8] O termo *liga metálica* é usado como referência a uma substância metálica composta por dois ou mais elementos.

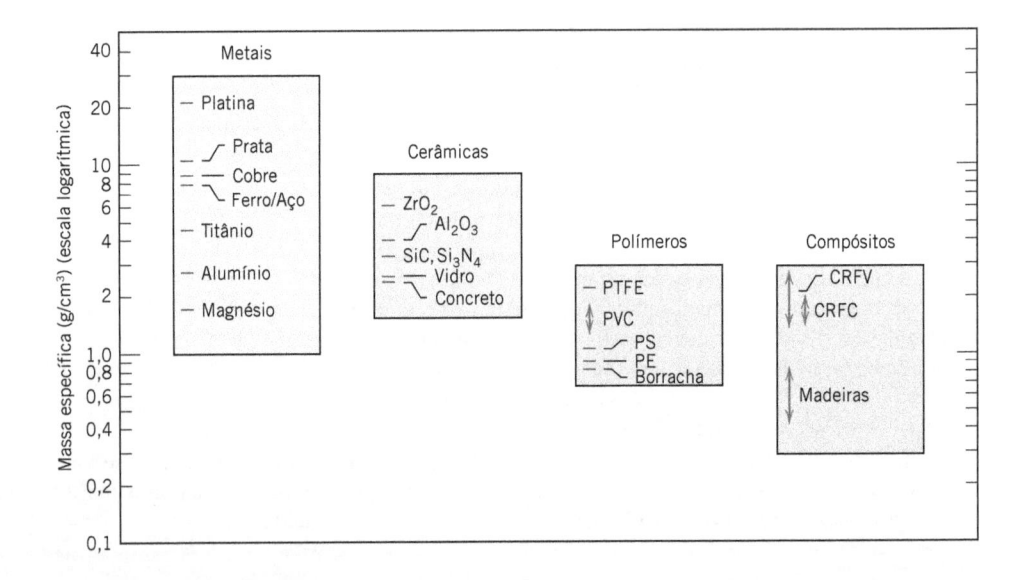

Figura 1.4 Gráfico de barras dos valores da massa específica à temperatura ambiente para vários materiais metálicos, cerâmicos, polímeros e compósitos.

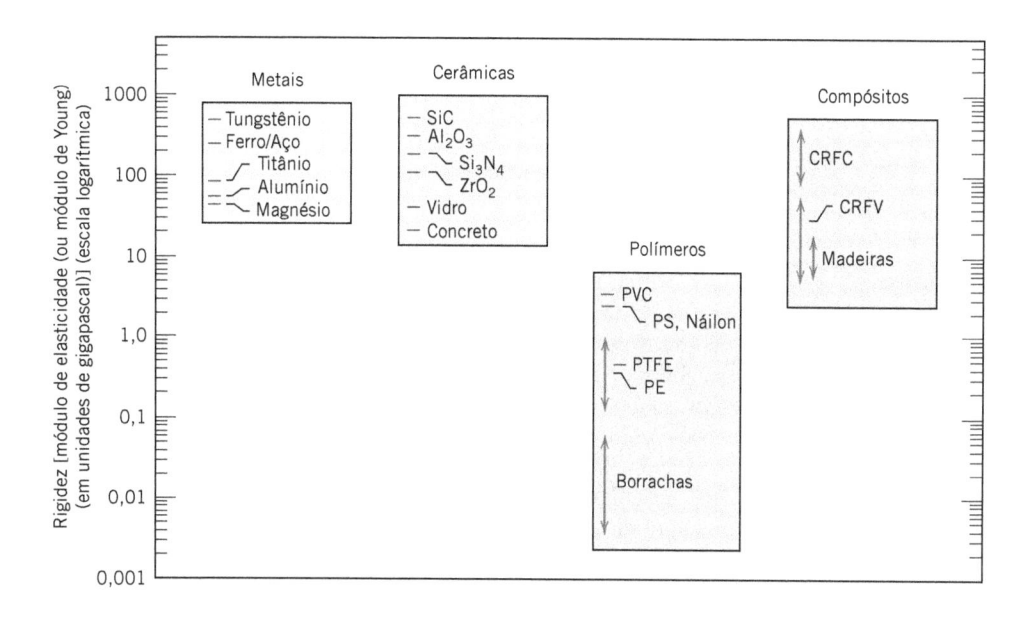

Figura 1.5 Gráfico de barras dos valores da rigidez (isto é, do módulo de elasticidade) à temperatura ambiente para vários materiais metálicos, cerâmicos, polímeros e compósitos.

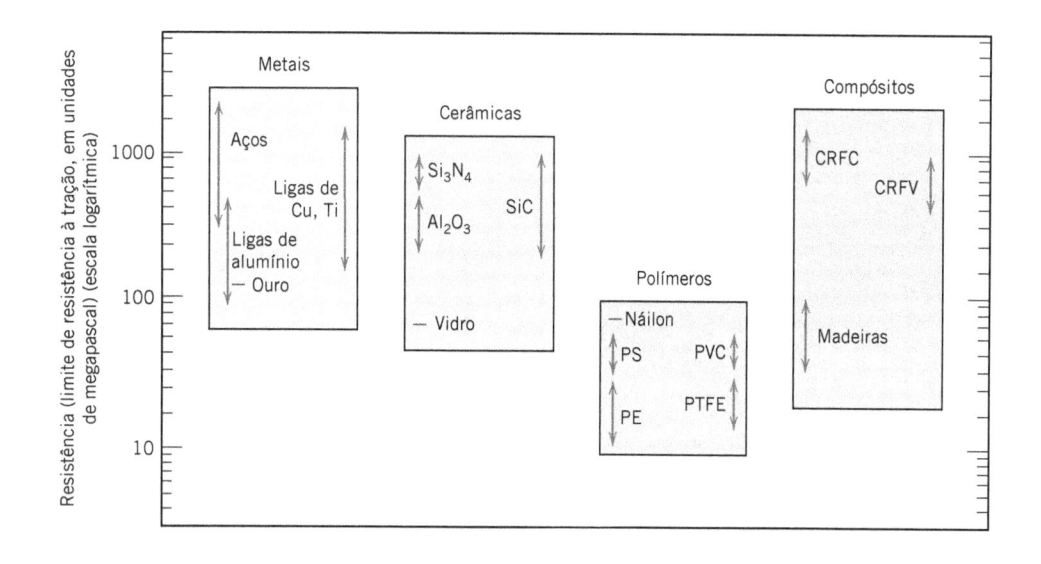

Figura 1.6 Gráfico de barras dos valores da resistência (isto é, do limite de resistência à tração) à temperatura ambiente para vários materiais metálicos, cerâmicos, polímeros e compósitos.

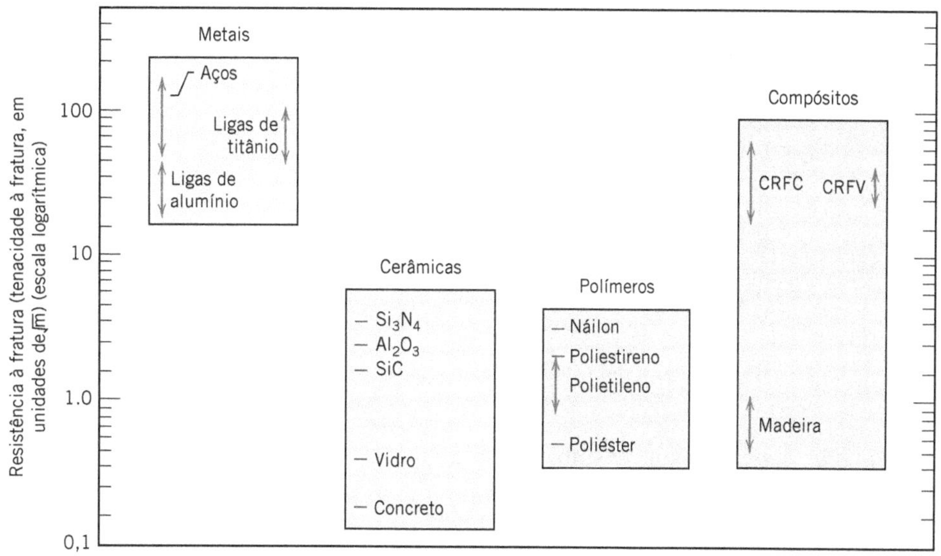

Figura 1.7 Gráfico de barras da resistência à fratura (isto é, da tenacidade à fratura) à temperatura ambiente para vários materiais metálicos, cerâmicos, polímeros e compósitos.
(Reimpresso de *Engineering Materials 1: An Introduction to Properties, Applications and Design*, 3rd edition, M. F. Ashby and D. R. H. Jones, pp. 177 e 178, Copyright 2005, com permissão da Elsevier.)

tores de eletricidade (Figura 1.8) e de calor, e não são transparentes à luz visível; uma superfície metálica polida tem aparência brilhosa. Além disso, alguns metais (isto é, Fe, Co e Ni) apresentam propriedades magnéticas desejáveis.

A Figura 1.9 mostra vários objetos comuns e familiares feitos de materiais metálicos. Além disso, os tipos e as aplicações dos metais e das suas ligas são discutidos no Capítulo 13.

Cerâmicas

Cerâmicas

As *cerâmicas* são compostos formados entre elementos metálicos e elementos não metálicos; na maioria das vezes, são óxidos, nitretos e carbetos. Por exemplo, alguns materiais cerâmicos comuns incluem o óxido de alumínio (ou *alumina*, Al_2O_3), o dióxido de silício (ou *sílica*, SiO_2), o carbeto de silício (SiC), o nitreto de silício (Si_3N_4) e, ainda, o que alguns se referem como *cerâmicas tradicionais* – aqueles materiais compostos por minerais argilosos (por exemplo, a porcelana), assim como o cimento e o vidro. Em relação ao comportamento mecânico, os materiais cerâmicos são relativamente rígidos e resistentes – com rigidez e resistência comparáveis àquelas dos metais (Figuras 1.5 e 1.6). Além disso, as cerâmicas são tipicamente muito duras. Historicamente, as cerâmicas exibem extrema fragilidade (ausência de ductilidade) e são altamente suscetíveis à fratura (Figura 1.7). No entanto, cerâmicas mais modernas estão sendo engenheiradas para apresentar melhor resistência à fratura; esses materiais são usados como utensílios de cozinha e de corte e até mesmo peças de motores de automóveis. Além disso, os materiais cerâmicos são

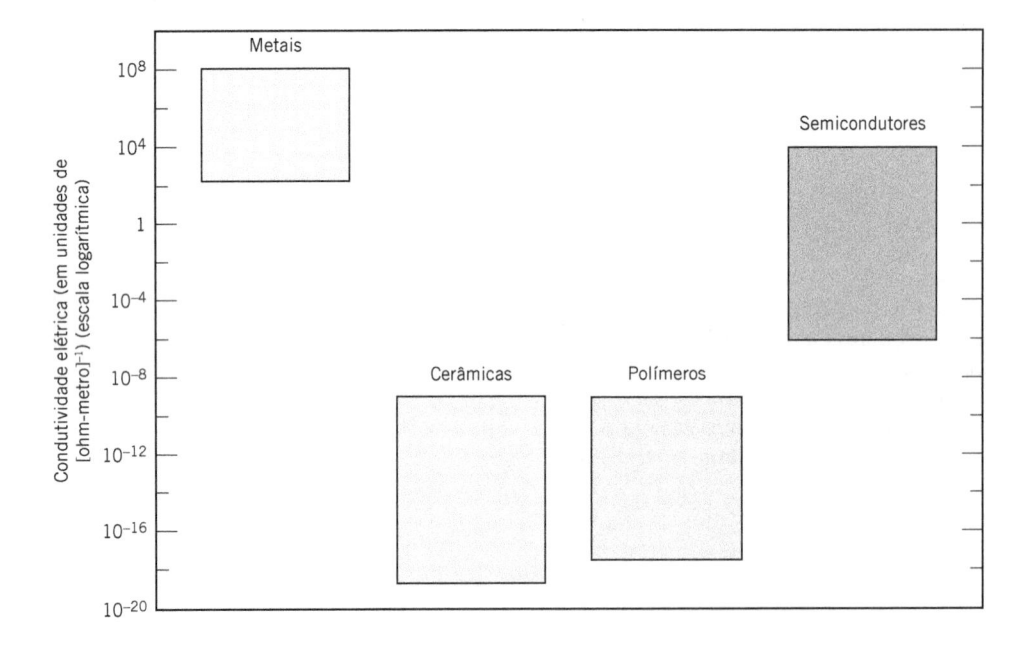

Figura 1.8 Gráfico de barras das faixas de condutividade elétrica à temperatura ambiente para materiais metálicos, cerâmicos, polímeros e semicondutores.

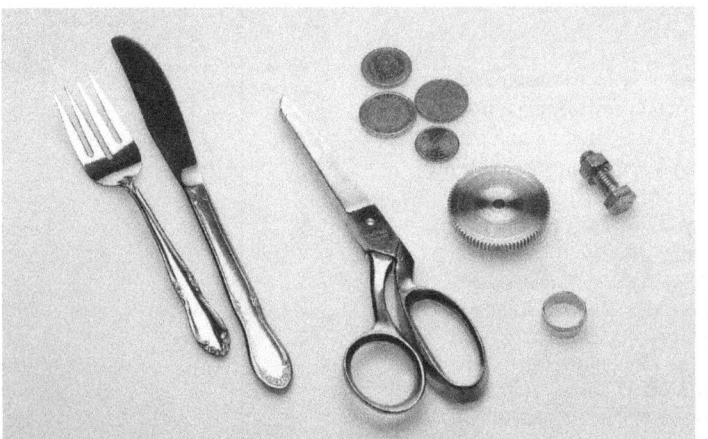

Figura 1.9 Objetos familiares feitos a partir de metais e de ligas metálicas (da esquerda para a direita): talheres (garfo e faca), tesoura, moedas, uma engrenagem, uma aliança e uma porca e parafuso.

tipicamente isolantes à passagem de calor e eletricidade (isto é, têm baixa condutividade elétrica; Figura 1.8), e são mais resistentes a temperaturas elevadas e a ambientes severos do que os metais e os polímeros. Em relação às suas características ópticas, as cerâmicas podem ser transparentes, translúcidas ou opacas (Figura 1.2), e algumas das cerâmicas à base de óxidos (por exemplo, Fe_3O_4) exibem comportamento magnético.

Vários objetos cerâmicos comuns estão mostrados na Figura 1.10. As características, os tipos e as aplicações dessa classe de materiais também estão discutidos no Capítulo 13.

Polímeros

Polímeros

Os polímeros incluem os familiares materiais plásticos e de borracha. Muitos deles são compostos orgânicos que têm sua química baseada em carbono, hidrogênio e outros elementos não metálicos (isto é, O, N e Si). Além disso, eles apresentam estruturas moleculares muito grandes, com frequência na forma de cadeias, que muitas vezes exibem uma estrutura composta por átomos de carbono. Alguns polímeros comuns e familiares são: polietileno (PE), náilon, cloreto de polivinila (PVC), policarbonato (PC), poliestireno (PS) e borracha silicone. Tipicamente, esses materiais têm baixas densidades (Figura 1.4), enquanto suas características mecânicas são, em geral, diferentes das características dos materiais metálicos e cerâmicos – eles não são tão rígidos nem tão resistentes quanto esses outros tipos de materiais (Figuras 1.5 e 1.6). No entanto, em função de suas massas específicas reduzidas, muitas vezes sua rigidez e resistência em relação à massa são comparáveis às dos metais e das cerâmicas. Além disso, muitos dos polímeros são extremamente dúcteis e flexíveis (isto é, plásticos); isso significa que eles são conformados com facilidade em formas complexas. Em geral, quimicamente, eles são relativamente inertes, não reagindo em grande número de ambientes. Uma das maiores desvantagens dos polímeros é sua tendência a amolecer e/ou decompor sob temperaturas modestas, o que, em algumas situações, limita o seu uso. Além disso, eles têm baixa condutividade elétrica (Figura 1.8) e não são magnéticos.

A Figura 1.11 mostra vários artigos feitos de polímeros que são familiares ao leitor. Os Capítulos 4, 13 e 14 estão dedicados a discussões sobre estruturas, propriedades, aplicações e processamento dos materiais poliméricos.

Figura 1.10 Objetos comuns feitos de materiais cerâmicos: tesoura, uma xícara de chá de porcelana, um tijolo de construção, um azulejo de piso e um vaso de vidro.

Figura 1.11 Vários objetos comuns feitos de materiais poliméricos: talheres plásticos (colher, garfo e faca), bolas de bilhar, um capacete para ciclistas, dois dados, uma roda de cortador de grama (cubo de plástico e pneu de borracha), e um vasilhame plástico para leite.

Recipientes para Bebidas Carbonatadas

Um item comum que apresenta alguns requisitos interessantes para as propriedades dos seus materiais é o recipiente para bebidas carbonatadas. O material usado para essa aplicação deve satisfazer as seguintes restrições: (1) prover uma barreira à passagem do dióxido de carbono, que está sob pressão no recipiente; (2) ser não tóxico, não reagir com a bebida e, de preferência, ser reciclável; (3) ser relativamente resistente e capaz de sobreviver a uma queda de uma altura de alguns metros quando estiver cheio com a bebida; (4) ser barato, incluindo o custo para a fabricação da forma final; (5) se for opticamente transparente, deve reter sua clareza óptica; e (6) ser capaz de ser produzido em diferentes cores e/ou ser adornado com rótulos decorativos.

Os três tipos de materiais básicos – metal (alumínio), cerâmica (vidro) e polímero (plástico poliéster) – são empregados para fabricar recipientes de bebidas carbonatadas (como pode ser visto nas fotografias que abrem este capítulo). Todos esses materiais são não tóxicos e não reagem com as bebidas. Além disso, cada material tem seus pontos positivos e negativos. Por exemplo, a liga de alumínio é relativamente resistente (mas pode ser deformada com facilidade), é uma barreira muito boa contra o dióxido de carbono, é reciclada com facilidade, as bebidas são resfriadas com rapidez e os rótulos podem ser pintados sobre sua superfície. Contudo, as latas são opticamente opacas e relativamente caras para serem produzidas. O vidro é impermeável à passagem do dióxido de carbono, é um material relativamente barato e pode ser reciclado, mas racha e se quebra com facilidade, além de as garrafas de vidro serem relativamente pesadas. Embora o plástico seja relativamente resistente, ele pode ser fabricado opticamente transparente, é barato e de baixo peso, é reciclável, mas não é tão impermeável à passagem do dióxido de carbono quanto o alumínio e o vidro. Por exemplo, você pode ter observado que as bebidas em recipientes de alumínio e de vidro retêm sua carbonização (isto é, sua "efervescência") durante vários anos, enquanto aquelas em garrafas plásticas de dois litros "ficam chocas" em apenas alguns meses.

Compósitos

Compósitos

Um compósito é composto por dois (ou mais) materiais individuais, oriundos das categorias discutidas anteriormente – metais, cerâmicas e polímeros. O objetivo de projeto de um compósito é atingir uma combinação de propriedades que não é exibida por nenhum material isolado e, também, incorporar as melhores características de cada um dos materiais componentes. Existe um grande número de tipos de compósitos, representados por diferentes combinações de metais, cerâmicas e polímeros. Além disso, alguns materiais naturais também são compósitos – por exemplo, a madeira e o osso. Entretanto, a maioria dos materiais que consideramos em nossas discussões são compósitos sintéticos (ou feitos pelo homem).

Um dos compósitos mais comuns e familiares é o de fibra de vidro, no qual pequenas fibras de vidro são recobertas por um material polimérico (normalmente um epóxi ou um poliéster).[9] As fibras de vidro são relativamente resistentes e rígidas (mas também são frágeis), enquanto o polímero é mais flexível. Dessa forma, o compósito de fibra de vidro é relativamente rígido, resistente (Figuras 1.5 e 1.6) e flexível. Além disso, ele apresenta baixa massa específica (Figura 1.4).

Outro material tecnologicamente importante é o compósito de polímero reforçado com fibras de carbono (PRFC) – no qual fibras de carbono são recobertas por um polímero. Esses materiais são mais rígidos e mais resistentes que os materiais reforçados com fibras de vidro (Figuras 1.5 e 1.6); no entanto, são mais caros. Os PRFC são usados em algumas aeronaves e em aplicações aeroespaciais, assim como em equipamentos esportivos de alta tecnologia (por exemplo, bicicletas, tacos de golfe, raquetes de tênis, e em esquis e pranchas de *snowboards*), e recentemente em para-choques de automóveis. A fuselagem do novo Boeing 787 é feita principalmente a partir desses compósitos de PRFC.

O Capítulo 15 apresenta uma discussão desses interessantes materiais compósitos.

1.5 MATERIAIS AVANÇADOS

Os materiais utilizados em aplicações de alta tecnologia (ou *high-tech*) são algumas vezes denominados *materiais avançados*. Por *alta tecnologia* subentendemos um dispositivo ou produto que opera ou

---

[9] Algumas vezes o compósito fibra de vidro também é denominado *polímero reforçado com fibras de vidro* (PRFV).

que funciona usando princípios relativamente intrincados e sofisticados, incluindo os equipamentos eletrônicos (câmeras de vídeo, reprodutores de CD/DVD etc.), computadores, sistemas de fibras ópticas, espaçonaves, aeronaves e foguetes militares. Tipicamente, esses materiais avançados são materiais tradicionais cujas propriedades foram aprimoradas, e também materiais de alto desempenho que foram desenvolvidos recentemente. Além disso, eles podem pertencer a todos os tipos de materiais (por exemplo, metais, cerâmicas, polímeros), e são, em geral, de alto custo. Os materiais avançados incluem semicondutores, biomateriais e o que podemos denominar *materiais do futuro* (isto é, materiais inteligentes e materiais nanoengenheirados), que serão discutidos a seguir. As propriedades e as aplicações de inúmeros desses materiais avançados – por exemplo, os materiais que são usados em lasers, circuitos integrados, para o armazenamento magnético de informações, em mostradores de cristal líquido (*LCD – Liquid Crystal Display*) e em fibras ópticas – também serão discutidas em capítulos subsequentes.

Semicondutores

Os *semicondutores* têm propriedades elétricas intermediárias entre aquelas dos condutores elétricos (isto é, metais e ligas metálicas) e os isolantes (ou seja, cerâmicas e polímeros) – veja a Figura 1.8. Além disso, as características elétricas desses materiais são extremamente sensíveis à presença de pequenas concentrações de átomos de impurezas, cujas concentrações podem ser controladas em regiões do espaço muito pequenas. Os semicondutores tornaram possível o advento dos circuitos integrados que revolucionaram totalmente as indústrias de produtos eletrônicos e de computadores (para não mencionar as nossas vidas) ao longo das quatro últimas décadas.

Biomateriais

Os *biomateriais* são empregados em componentes implantados no corpo humano para substituição de partes do corpo doentes ou danificadas. Esses materiais não devem produzir substâncias tóxicas e devem ser compatíveis com os tecidos do corpo (isto é, não devem causar reações biológicas adversas). Todos os materiais anteriores – metais, cerâmicas, polímeros, compósitos e semicondutores – podem ser usados como biomateriais.

Materiais Inteligentes

Os *materiais inteligentes* consistem em um grupo de materiais novos e de última geração que estão sendo desenvolvidos e que terão influência significativa sobre muitas de nossas tecnologias. O adjetivo *inteligente* implica que esses materiais são capazes de sentir mudanças em seus ambientes e então responder a essas mudanças de maneira predeterminada – características que também têm os organismos vivos. Além disso, esse conceito de *inteligente* está sendo estendido a sistemas razoavelmente sofisticados que consistem em materiais tanto inteligentes como tradicionais.

Os componentes de um material (ou sistema) inteligente incluem algum tipo de sensor (que detecta um sinal de entrada) e um atuador (que executa uma função de resposta e adaptação). Os atuadores podem agir para mudar a forma, a posição, a frequência natural ou as características mecânicas em resposta a mudanças na temperatura, campos elétricos e/ou campos magnéticos.

Quatro tipos de materiais são normalmente utilizados como atuadores: ligas com efeito de memória de forma, cerâmicas piezelétricas, materiais magnetoconstritivos, e fluidos eletrorreológicos/magnetorreológicos. As *ligas com efeito de memória de forma* são metais que, após terem sido deformados, revertem à sua forma original quando a temperatura é modificada (veja **a seção Materiais de Importância**, após a Seção 11.9). As *cerâmicas piezelétricas* expandem-se e contraem-se em resposta à aplicação de um campo elétrico (ou tensão); de maneira inversa, elas também geram uma corrente elétrica quando suas dimensões são alteradas (veja a Seção 12.25). O comportamento dos *materiais magnetoconstritivos* é análogo àquele dos piezelétricos, exceto pelo fato de que eles respondem a campos magnéticos. Os *fluidos eletrorreológicos* e *magnetorreológicos* são líquidos que apresentam mudanças drásticas em sua viscosidade quando são aplicados, respectivamente, campos elétricos e campos magnéticos.

Entre os materiais/dispositivos empregados como sensores estão incluídas as fibras ópticas (Seção 19.14), os materiais piezelétricos (incluindo alguns polímeros) e os dispositivos microeletromecânicos (*microelectromechanical devices* – MEMS; Seção 13.11).

Por exemplo, um tipo de sistema inteligente é usado em helicópteros para reduzir na cabine o ruído aerodinâmico criado pela rotação das lâminas do rotor. Os sensores piezelétricos inseridos nas lâminas monitoram as tensões e deformações nelas; os sinais de retorno desses sensores são enviados a um dispositivo adaptador controlado por computador, que gera um antirruído que cancela o ruído produzido pelas lâminas.

Nanomateriais

Uma nova classe de materiais com propriedades fascinantes e uma tremenda promessa tecnológica é a dos *nanomateriais*. Os nanomateriais podem ser de qualquer um dos quatro tipos básicos de materiais – metais, cerâmicas, polímeros e compósitos. No entanto, ao contrário desses outros materiais, eles não são distinguidos com base em sua química, mas em função do seu tamanho; o prefixo *nano* denota que as dimensões dessas entidades estruturais são da ordem do nanômetro (10^{-9} m) – como regra, menos de 100 nanômetros (nm) (isso equivale a aproximadamente 500 átomos).

Antes do advento dos nanomateriais, o procedimento geral empregado pelos cientistas para compreender a química e a física dos materiais consistia em partir do estudo de estruturas grandes e complexas, e então investigar os blocos construtivos fundamentais que compõem essas estruturas, os quais são menores e mais simples. Essa abordagem é algumas vezes denominada ciência *de cima para baixo*. Contudo, com o desenvolvimento dos microscópios de varredura por sonda (Seção 5.12), que permitem a observação de átomos e moléculas individuais, tornou-se possível projetar e construir novas estruturas a partir de seus constituintes ao nível atômico, um átomo ou molécula de cada vez (isto é, "materiais por projeto"). Essa habilidade em arranjar cuidadosamente os átomos oferece oportunidades para o desenvolvimento de propriedades mecânicas, elétricas, magnéticas e de outras naturezas que não seriam possíveis de outra maneira. A isso chamamos de abordagem *de baixo para cima*, e o estudo das propriedades desses materiais é denominado *nanotecnologia*.[10]

Algumas das características físicas e químicas exibidas pela matéria podem experimentar mudanças drásticas, à medida que o tamanho da partícula se aproxima de dimensões atômicas. Por exemplo, materiais opacos no domínio macroscópico podem tornar-se transparentes na nanoescala; alguns sólidos tornam-se líquidos; materiais quimicamente estáveis tornam-se combustíveis; e isolantes elétricos se tornam condutores. Além disso, as propriedades podem depender do tamanho nesse domínio em nanoescala. Alguns desses efeitos têm sua origem na mecânica quântica, enquanto outros estão relacionados com fenômenos de superfície – a proporção de átomos localizada em sítios na superfície de uma partícula aumenta dramaticamente conforme o tamanho da partícula diminui.

Devido a essas propriedades únicas e não usuais, os nanomateriais estão encontrando nichos na eletrônica, na biomedicina, nos esportes, na produção de energia e em outras aplicações industriais. Algumas estão discutidas neste livro, incluindo as seguintes:

- Conversores catalíticos para automóveis (Materiais de Importância, Capítulo 5)
- Nanocarbonos (fulerenos, nanotubos de carbono e grafenos) (Seção 13.11)
- Partículas de negro de fumo como reforço para pneus de automóveis (Seção 15.2)
- Nanocompósitos (Seção 15.16)
- Grãos magnéticos com nanodimensões usados para *drives* de discos rígidos (Seção 18.11)
- Partículas magnéticas que armazenam dados em fitas magnéticas (Seção 18.11)

Sempre que um novo material é desenvolvido, seu potencial para interações nocivas e toxicológicas com os seres humanos e animais deve ser considerado. As pequenas nanopartículas apresentam relações de área superficial por volume que são extremamente grandes, o que pode levar a altas reatividades químicas. Embora a segurança dos nanomateriais seja relativamente inexplorada, existem preocupações de que eles possam ser absorvidos no interior do corpo através da pele, dos pulmões e do trato digestivo em taxas relativamente elevadas, e de que alguns, se presentes em concentrações suficientes, apresentem riscos à saúde – tais como danos ao DNA ou a promoção de câncer no pulmão.

1.6 NECESSIDADES DOS MATERIAIS MODERNOS

Apesar do tremendo progresso ao longo dos últimos anos na disciplina de ciência e engenharia de materiais, ainda persistem desafios tecnológicos, incluindo o desenvolvimento de materiais cada vez

---

[10] Uma sugestão lendária e profética em relação à possibilidade da existência de materiais nanoengenheirados foi feita por Richard Feynman em sua palestra de 1959 na Sociedade Americana de Física, intitulada *"There is Plenty of Room at the Bottom"* (Existe Bastante Espaço no Fundo).

mais sofisticados e especializados, assim como a consideração do impacto ambiental causado pela produção dos materiais. Alguns comentários são apropriados a respeito dessas questões, a fim de tornar mais clara essa perspectiva.

A energia nuclear mantém certa promessa, mas as soluções para os muitos problemas que ainda permanecem envolvem necessariamente os materiais, tais como combustíveis, estruturas de contenção e instalações para o descarte dos rejeitos radioativos.

Quantidades significativas de energia estão envolvidas na área de transportes. A redução no peso dos veículos de transporte (automóveis, aeronaves, trens etc.) e o aumento das temperaturas de operação dos motores vão melhorar a eficiência dos combustíveis. Novos materiais estruturais de alta resistência e baixa massa específica ainda precisam ser desenvolvidos, assim como materiais que trabalhem em temperaturas mais elevadas, para uso nos componentes dos motores.

Além disso, há necessidade reconhecida de encontrar novas e econômicas fontes de energia, além de usar as fontes de energia atuais de maneira mais eficiente. Os materiais, sem dúvida alguma, desempenharão um papel importante nesses desenvolvimentos. Por exemplo, a conversão direta de energia solar em energia elétrica foi demonstrada. As células solares empregam alguns materiais bastante complexos e caros. Para assegurar uma tecnologia viável, devem ser desenvolvidos materiais que sejam altamente eficientes nesses processos de conversão, mas que sejam mais baratos que os atuais.

A célula combustível de hidrogênio é outra tecnologia atrativa e factível para a conversão de energia, com a vantagem de não ser poluente. Ela está apenas começando a ser implementada em baterias para dispositivos eletrônicos e promete ser uma usina de energia para os automóveis. Novos materiais ainda precisam ser desenvolvidos para a fabricação de células combustíveis mais eficientes e também para a utilização de melhores catalisadores na produção de hidrogênio.

Além disso, a qualidade do meio ambiente depende da nossa habilidade em controlar a poluição do ar e da água. As técnicas de controle de poluição empregam vários materiais. O processamento de materiais e os métodos de refino precisam ser aprimorados, de modo que produzam menor degradação do ambiente – isto é, menos poluição e menor destruição do terreno pela mineração das matérias-primas. Além disso, em alguns processos de fabricação de materiais são produzidas substâncias tóxicas, e o impacto ecológico causado por sua eliminação deve ser considerado.

Muitos materiais que usamos são derivados de recursos não renováveis – isto é, recursos que não são possíveis de ser regenerados, incluindo a maioria dos polímeros, para os quais a matéria-prima principal é o petróleo, e alguns metais. Esses recursos não renováveis estão se tornando gradualmente escassos, o que exige (1) a descoberta de reservas adicionais, (2) o desenvolvimento de novos materiais com propriedades comparáveis, mas com impacto ambiental menos adverso, e/ou (3) maiores esforços de reciclagem e o desenvolvimento de novas tecnologias de reciclagem. Como consequência dos aspectos econômicos não somente da produção, mas também do impacto ambiental e de fatores ecológicos, tem-se tornado cada vez mais importante considerar o ciclo de vida "desde o berço até o túmulo" dos materiais em relação ao seu processo global de fabricação.

Os papéis que os cientistas e engenheiros de materiais desempenham em relação a esses aspectos, assim como outras questões ambientais e sociais, serão discutidos com mais detalhes no Capítulo 20.

RESUMO

Ciência e Engenharia de Materiais

- Existem seis diferentes classificações de propriedades dos materiais que determinam suas aplicações: mecânica, elétrica, térmica, magnética, óptica e de deterioração.

- Um aspecto da ciência de materiais é a investigação das relações existentes entre as estruturas e as propriedades dos materiais. Por *estrutura* queremos dizer a maneira como algum(ns) componente(s) interno(s) do material está(ão) arranjado(s). Em termos (e com o aumento) da dimensionalidade, os elementos estruturais incluem elementos subatômicos, atômicos, microscópicos e macroscópicos.

- Em relação a projeto, produção e utilização dos materiais, existem quatro elementos a serem considerados – processamento, estrutura, propriedades e desempenho. O desempenho de um material depende de suas propriedades, as quais, por sua vez, são uma função de sua(s) estrutura(s); além disso, a(s) estrutura(s) é(são) determinada(s) pela maneira como o material foi processado.

- Três critérios importantes na seleção de materiais são: as condições do serviço às quais o material será submetido, qualquer deterioração das propriedades dos materiais durante a operação e os aspectos econômicos ou o custo da peça fabricada.

Classificação dos Materiais
- Com base na composição química e na estrutura atômica, os materiais são classificados em três categorias gerais: metais (elementos metálicos), cerâmicas (compostos entre elementos metálicos e não metálicos) e polímeros (compostos por carbono, hidrogênio e outros elementos não metálicos). Além disso, os compósitos são compostos por pelo menos dois tipos de materiais diferentes.

Materiais Avançados
- Outra categoria dos materiais é a dos materiais avançados, usados em aplicações de alta tecnologia, incluindo os semicondutores (que têm condutividades elétricas intermediárias entre os condutores e os isolantes), os biomateriais (que devem ser compatíveis com os tecidos do corpo), os materiais inteligentes (aqueles que sentem e respondem a mudanças nos seus ambientes de maneira predeterminada) e os nanomateriais (aqueles que apresentam características estruturais na ordem do nanômetro, alguns dos quais podem ser projetados em uma escala atômica/molecular).

REFERÊNCIAS

Ashby, M. F., and D. R. H. Jones, *Engineering Materials 1: An Introduction to Their Properties, Applications, and Design*, 4th edition, Butterworth-Heinemann, Oxford, England, 2012.

Ashby, M. F., and D. R. H. Jones, *Engineering Materials 2: An Introduction to Microstructures and Processing*, 4th edition, Butterworth-Heinemann, Oxford, England, 2012.

Ashby, M. F., H. Shercliff, and D. Cebon, *Materials: Engineering, Science, Processing and Design*, 3rd edition, Butterworth-Heinemann, Oxford, England, 2014.

Askeland, D. R., and W. J. Wright, *Essentials of Materials Science and Engineering*, 3rd edition, Cengage Learning, Stamford, CT, 2014.

Askeland, D. R., and W. J. Wright, *The Science and Engineering of Materials*, 7th edition, Cengage Learning, Stamford, CT, 2016.

Baillie, C., and L. Vanasupa, *Navigating the Materials World*, Academic Press, San Diego, CA, 2003.

Douglas, E. P., *Introduction to Materials Science and Engineering: A Guided Inquiry*, Pearson Education, Upper Saddle River, NJ, 2014.

Fischer, T., *Materials Science for Engineering Students*, Academic Press, San Diego, CA, 2009.

Jacobs, J. A., and T. F. Kilduff, *Engineering Materials Technology*, 5th edition, Prentice Hall PTR, Paramus, NJ, 2005.

McMahon, C. J., Jr., *Structural Materials*, Merion Books, Philadelphia, PA, 2006.

Murray, G. T., C. V. White, and W. Weise, *Introduction to Engineering Materials*, 2nd edition, CRC Press, Boca Raton, FL, 2007.

Schaffer, J. P., A. Saxena, S. D. Antolovich, T. H. Sanders, Jr., and S. B. Warner, *The Science and Design of Engineering Materials*, 2nd edition, McGraw-Hill, New York, NY, 1999.

Shackelford, J. F., *Introduction to Materials Science for Engineers*, 8th edition, Prentice Hall PTR, Paramus, NJ, 2014.

Smith, W. F., and J. Hashemi, *Foundations of Materials Science and Engineering*, 5th edition, McGraw-Hill, New York, NY, 2010.

Van Vlack, L. H., *Elements of Materials Science and Engineering*, 6th edition, Addison-Wesley Longman, Boston, MA, 1989.

White, M. A., *Physical Properties of Materials*, 2nd edition, CRC Press, Boca Raton, FL, 2012.

PERGUNTAS

1.1 Selecione um ou mais dos seguintes itens ou dispositivos modernos e conduza uma busca na *Internet* para determinar qual(is) material(is) específico(s) é(são) usado(s) e quais propriedades específicas esse(s) material(is) possui(em) para o dispositivo/item funcionar corretamente. Finalmente, escreva um curto relatório no qual você reporta as suas descobertas.

Baterias de telefone celular/câmeras digitais

Mostradores de telefone celular

Células solares

Lâminas de turbinas eólicas

Células combustíveis

Blocos de motores de automóveis (excluindo o ferro fundido)

Carrocerias de automóveis (excluindo o aço)

Espelhos de telescópio espacial

Blindagem militar pessoal

Equipamentos esportivos

Bolas de futebol

Bolas de basquete

Bastões de esqui

Botas de esqui

Pranchas de *snowboards*

Pranchas de surfe

Tacos de golfe

Bolas de golfe

Caiaques

Estruturas de bicicleta com baixo peso

1.2 Liste três itens (além daqueles mostrados na Figura 1.9) feitos a partir de metais ou de suas ligas. Para cada item, aponte o metal ou a liga específica usada e pelo menos uma característica que torna esse o material selecionado.

1.3 Liste três itens (além daqueles mostrados na Figura 1.10) feitos a partir de materiais cerâmicos. Para cada item, aponte a cerâmica específica que foi usada e pelo menos uma característica que torna esse o material selecionado.

1.4 Liste três itens (além daqueles mostrados na Figura 1.11) feitos a partir de materiais poliméricos. Para cada item, aponte o polímero específico que foi usado e pelo menos uma característica que torna esse o material selecionado.

1.5 Classifique cada um dos seguintes materiais em metal, cerâmica ou polímero. Justifique cada escolha: (a) latão; (b) óxido de magnésio (MgO); (c) Plexiglas®; (d) policloropreno; (e) carbeto de boro (B_4C); e (f) ferro fundido.

Capítulo 2

Estrutura Atômica e Ligação Interatômica

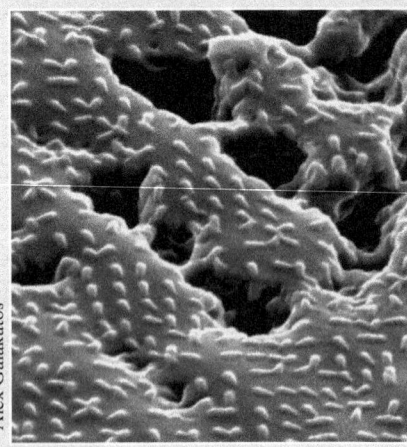

Cortesia de Jeffrey Karp, Robert Langer e Alex Galakatos

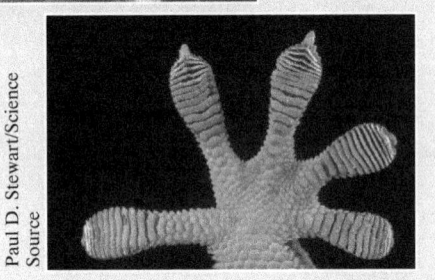

Cortesia de Jeffrey Karp, Robert Langer e Alex Galakatos

Paul D. Stewart/Science Source

Barbara Peacock/Photodisc/Getty Images, Inc.

A fotografia na parte de baixo desta página mostra uma lagartixa.

As lagartixas, que são lagartos tropicais inofensivos, são animais extremamente fascinantes e extraordinários. Elas têm patas extremamente aderentes (uma das quais está mostrada na terceira fotografia), que se grudam virtualmente a qualquer superfície. Essa característica torna possível que elas subam rapidamente por paredes verticais e se desloquem ao longo das partes de baixo de superfícies horizontais. De fato, uma lagartixa pode suportar a massa de seu corpo com um único dedo! O segredo dessa habilidade marcante é a presença de um número extremamente grande de pelos microscopicamente pequenos sobre cada uma das plantas dos seus dedos. Quando esses pelos entram em contato com uma superfície, são estabelecidas pequenas forças de atração (isto é, forças de van der Waals) entre as moléculas dos pelos e as moléculas sobre a superfície. O fato de esses pelos serem tão pequenos e tão numerosos explica o porquê de as lagartixas se grudarem tão fortemente às superfícies. Para se liberar, a lagartixa simplesmente dobra os seus dedos, descolando os pelos da superfície.

Usando o seu conhecimento desse mecanismo de adesão, os cientistas desenvolveram vários adesivos sintéticos ultrarresistentes, um dos quais é uma fita adesiva (mostrada na segunda fotografia), que é uma ferramenta especialmente promissora para uso em procedimentos cirúrgicos como alternativa às suturas e aos grampos para fechar ferimentos e incisões. Esse material retém sua natureza adesiva em ambientes molhados, é biodegradável e não libera substâncias tóxicas ao se dissolver durante o processo de cura. As características microscópicas dessa fita adesiva estão mostradas na fotografia superior.

Uma razão importante para termos uma compreensão das ligações interatômicas nos sólidos deve-se ao fato de que, em alguns casos, o tipo de ligação nos permite explicar as propriedades de um material. Por exemplo, considere o carbono, que pode existir tanto como grafita como diamante. Enquanto a grafita é relativamente macia e parece "oleosa" ao toque, o diamante é o material mais duro que se conhece. Além disso,

as propriedades elétricas do diamante e da grafita são diferentes: o diamante é um mau condutor de eletricidade, enquanto a grafita é um condutor razoavelmente bom. Essas disparidades nas propriedades podem ser atribuídas diretamente a um tipo de ligação interatômica encontrado na grafita e que não existe no diamante (veja a Seção 3.9).

Objetivos do Aprendizado

Após estudar este capítulo, você deverá ser capaz de realizar o seguinte:

1. Identificar os dois modelos atômicos citados e observar as diferenças entre eles.

2. Descrever o importante princípio quântico-mecânico que está relacionado com as energias dos elétrons.

3. (a) Representar de forma esquemática as energias de atração, de repulsão e resultante *versus* a separação interatômica para dois átomos ou íons.

(b) Identificar nesse diagrama a separação de equilíbrio e a energia de ligação.

4. (a) Descrever de forma sucinta as ligações iônica, covalente, metálica, de hidrogênio e de van der Waals.

(b) Identificar quais materiais exibem cada um desses tipos de ligação.

2.1 INTRODUÇÃO

Algumas das propriedades importantes dos materiais sólidos dependem dos arranjos geométricos dos átomos e também das interações que existem entre seus átomos ou moléculas constituintes. Este capítulo, com o objetivo de preparar para discussões subsequentes, aborda vários conceitos fundamentais e importantes – quais sejam, estrutura atômica, configurações eletrônicas nos átomos e tabela periódica, e os vários tipos de ligações interatômicas primárias e secundárias que mantêm unidos os átomos que compõem um sólido. Esses tópicos são revistos resumidamente, com base na hipótese de que parte desse material é familiar ao leitor.

Estrutura Atômica

2.2 CONCEITOS FUNDAMENTAIS

Cada átomo consiste em um núcleo muito pequeno, composto por prótons e nêutrons, e é envolvido por elétrons em movimento.[1] Tanto os elétrons como os prótons têm cargas elétricas, com magnitude da ordem de $1,602 \times 10^{-19}$ C. As cargas dos elétrons têm sinal negativo e as dos prótons, sinal positivo; os nêutrons são eletricamente neutros. As massas dessas partículas subatômicas são extremamente pequenas; os prótons e nêutrons apresentam aproximadamente a mesma massa, de $1,67 \times 10^{-27}$ kg, que é significativamente maior que a massa de um elétron, $9,11 \times 10^{-31}$ kg.

número atômico (Z)

Cada elemento químico é caracterizado pelo número de prótons no núcleo, ou o **número atômico (Z)**.[2] Para um átomo eletricamente neutro ou completo, o número atômico também é igual ao número de elétrons. Esse número atômico varia em unidades inteiras entre 1, para o hidrogênio, e 92, para o urânio, que é o elemento com o maior número atômico dentre os que ocorrem naturalmente.

A *massa atômica* (*A*) de um átomo específico pode ser expressa como a soma das massas dos prótons e dos nêutrons no interior do núcleo. Embora o número de prótons seja o mesmo para todos os átomos de determinado elemento, o número de nêutrons (*N*) pode ser variável. Assim, os átomos de alguns elementos têm duas ou mais massas atômicas diferentes; esses átomos são chamados de

isótopo
peso atômico

isótopos. O **peso atômico** de um elemento corresponde à média ponderada das massas atômicas dos

---

[1] Prótons, nêutrons e elétrons são compostos por outras partículas subatômicas, tais como quarks, neutrinos e bósons. Entretanto, esta discussão está relacionada somente com os prótons, nêutrons e elétrons.

[2] Os termos que aparecem em **negrito** estão definidos no Glossário, apresentado após o Apêndice E.

unidade de massa atômica (uma)

isótopos do átomo que ocorrem naturalmente.[3] A **unidade de massa atômica (uma)** pode ser usada para calcular o peso atômico. Foi estabelecida uma escala na qual 1 uma foi definida como o equivalente a 1/12 da massa atômica do isótopo mais comum do carbono, carbono 12 (^{12}C) (A = 12,00000). Dessa forma, as massas dos prótons e dos nêutrons são ligeiramente maiores do que a unidade, e

$$A \cong Z + N \tag{2.1}$$

mol

O peso atômico de um elemento ou o peso molecular de um composto pode ser especificado em termos da uma por átomo (molécula) ou da massa por mol do material. Em um **mol** de uma substância existem $6,022 \times 10^{23}$ (número de Avogadro) átomos ou moléculas. Essas duas abordagens de pesos atômicos estão relacionadas pela seguinte equação:

$$1 \text{ uma/átomo (ou molécula)} = 1 \text{ g/mol}$$

Por exemplo, o peso atômico do ferro é de 55,85 uma/átomo, ou 55,85 g/mol. Algumas vezes o uso de unidade de massa atômica por átomo ou molécula é conveniente; em outras ocasiões, gramas (ou quilogramas) por mol é preferível. A última forma é usada neste livro.

PROBLEMA-EXEMPLO 2.1

Cálculo do Peso Atômico Médio para o Cério

O cério possui quatro isótopos de ocorrência natural: 0,185 % de ^{136}Ce, com peso atômico de 135,907 uma; 0,251 % de ^{138}Ce, com peso atômico de 137,906 uma; 88,450 % de ^{140}Ce, com peso atômico de 139,905 uma; e 11,114 % de ^{142}Ce, com peso atômico de 141,909 uma. Calcule o peso atômico médio do Ce.

Solução

O peso atômico médio de um elemento hipotético M, $\overline{A}_M$, é calculado adicionando os produtos "fração de ocorrência-peso atômico" para todos os isótopos; isto é,

$$\overline{A}_M = \sum_i f_{i_M} A_{i_M} \tag{2.2}$$

Nesta expressão, f_{i_M} é a fração de ocorrência do isótopo i para o elemento M (isto é, a porcentagem de ocorrência dividida por 100), e A_{i_M} é o peso atômico do isótopo.

Para o cério, a Equação 2.2 assume a forma

$$\overline{A}_{Ce} = f_{^{136}Ce}A_{^{136}Ce} + f_{^{138}Ce}A_{^{138}Ce} + f_{^{140}Ce}A_{^{140}Ce} + f_{^{142}Ce}A_{^{142}Ce}$$

Incorporando os valores fornecidos no enunciado do problema para os vários parâmetros resulta em

$$\overline{A}_{Ce} = \left(\frac{0,185\ \%}{100}\right)(135,907 \text{ uma}) + \left(\frac{0,251\ \%}{100}\right)(137,906 \text{ uma}) + \left(\frac{88,450\ \%}{100}\right)(139,905 \text{ uma})$$

$$+ \left(\frac{11,114\ \%}{100}\right)(141,909 \text{ uma})$$

$$= (0,00185)(135,907 \text{ uma}) + (0,00251)(137,906 \text{ uma}) + (0,8845)(139,905 \text{ uma})$$

$$+ (0,11114)(141,909 \text{ uma})$$

$$= 140,115 \text{ uma}$$

Verificação de Conceitos 2.1   Por que os pesos atômicos dos elementos não são, em geral, números inteiros? Cite duas razões.

[*A resposta está disponível no GEN-IO, ambiente virtual de aprendizagem do GEN.*]

---

[3] O termo *massa atômica* é realmente mais preciso do que *peso atômico*, uma vez que, nesse contexto, estamos lidando com massas e não com pesos. Entretanto, peso atômico é, por convenção, a terminologia preferida e é usada ao longo deste livro. O leitor deve observar que *não* é necessário dividir o peso molecular pela constante gravitacional.

2.3 ELÉTRONS NOS ÁTOMOS

Modelos Atômicos

mecânica quântica

modelo atômico de Bohr

Durante a última parte do século XIX, foi entendido que muitos dos fenômenos que envolviam os elétrons nos sólidos não podiam ser explicados em termos da mecânica clássica. O que se seguiu foi o estabelecimento de um conjunto de princípios e leis que regem os sistemas de entidades atômicas e subatômicas, que veio a ser conhecido como **mecânica quântica**. Uma compreensão do comportamento dos elétrons nos átomos e nos sólidos cristalinos envolve necessariamente a discussão de conceitos quânticos-mecânicos. Contudo, uma exploração detalhada desses princípios está além do escopo deste livro, de tal forma que daremos apenas um tratamento muito superficial e simplificado.

Um dos primeiros precursores da mecânica quântica foi o simplificado **modelo atômico de Bohr**, no qual se considera que os elétrons orbitam ao redor do núcleo atômico em orbitais discretos e a posição de um elétron específico é mais ou menos bem definida em termos do seu orbital. Esse modelo atômico está representado na Figura 2.1.

Outro princípio quântico-mecânico importante estipula que as energias dos elétrons são quantizadas; isto é, ao elétron só é permitido apresentar valores de energia específicos. A energia de um elétron pode mudar, mas para isso ele deve realizar um salto quântico para uma energia permitida mais elevada (com a absorção de energia) ou para uma energia permitida mais baixa (com a emissão de energia). Com frequência, é conveniente pensar nessas energias eletrônicas permitidas como estando associadas a *níveis* ou *estados energéticos*. Esses estados não variam de forma contínua com a energia; isto é, os estados adjacentes estão separados por quantidades finitas de energia. Por exemplo, os estados permitidos para o átomo de hidrogênio de Bohr estão representados na Figura 2.2*a*. Essas energias são consideradas negativas, tomando o elétron sem nenhuma ligação, ou elétron livre, como o nível zero de referência. Obviamente, o único elétron associado ao átomo de hidrogênio preenche somente um desses estados.

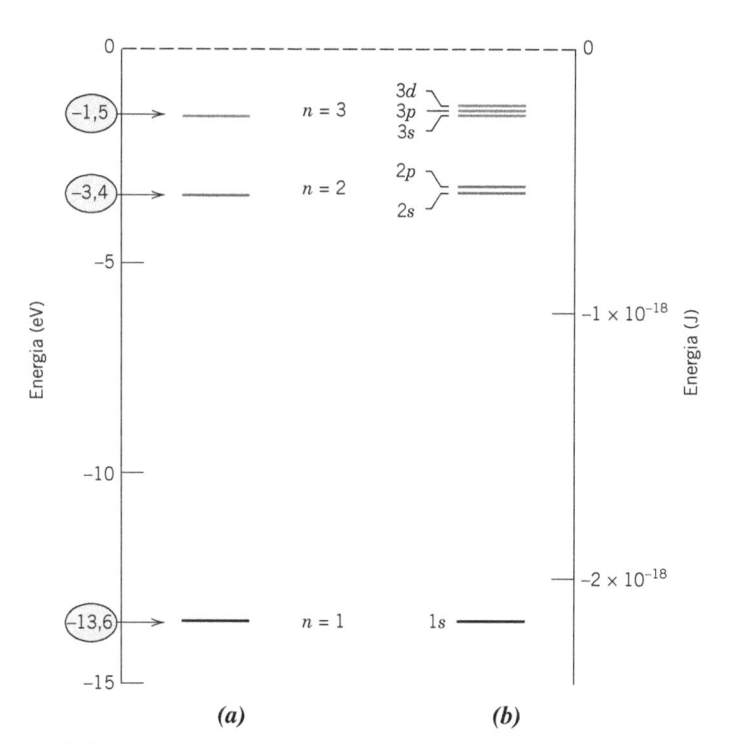

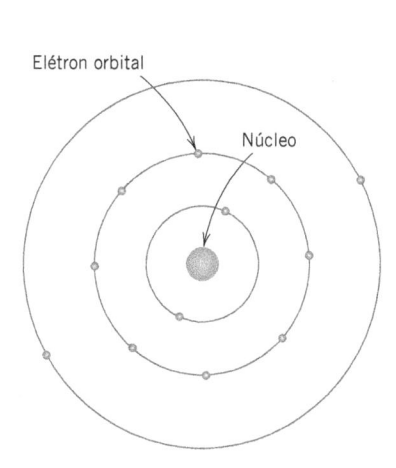

Figura 2.1 Representação esquemática do átomo de Bohr.

Figura 2.2 (*a*) Os três primeiros estados de energia eletrônicos para o átomo de hidrogênio de Bohr. (*b*) Estados de energia eletrônicos para as três primeiras camadas do átomo de hidrogênio segundo o modelo mecânico-ondulatório.

(Adaptado de W. G. Moffatt, G. W. Pearsall e J. Wulff, *The Structure and Properties of Materials*, Vol. I, *Structure*, p. 10. Copyright © 1964 por John Wiley & Sons, New York. Reimpresso sob permissão de John Wiley & Sons, Inc.)

Dessa forma, o modelo de Bohr representa uma tentativa precoce para descrever os elétrons nos átomos, em termos tanto da posição (orbitais eletrônicos) como da energia (níveis de energia quantizados).

modelo mecânico-ondulatório

O modelo de Bohr foi, eventualmente, considerado significativamente limitado, por sua incapacidade de explicar vários fenômenos envolvendo os elétrons. Uma solução foi obtida com um **modelo mecânico-ondulatório**, em que o elétron é considerado como tendo características tanto de uma onda como de uma partícula. Segundo esse modelo, um elétron não é mais tratado como uma partícula que se move em um orbital discreto; em vez disso, a posição do elétron é considerada como a probabilidade de um elétron estar em vários locais ao redor do núcleo. Em outras palavras, a posição é descrita por uma distribuição de probabilidades ou por uma nuvem eletrônica. A Figura 2.3 compara os modelos de Bohr e mecânico-ondulatório para o átomo de hidrogênio. Ambos são usados ao longo deste livro; a escolha de um ou de outro depende de qual modelo permite a explicação mais simples.

Números Quânticos

número quântico

Na mecânica ondulatória, cada elétron em um átomo é caracterizado por quatro parâmetros denominados **números quânticos**. O tamanho, a forma e a orientação espacial da densidade de probabilidade de um elétron (ou *orbital*) são especificados por três desses números quânticos. Além disso, os níveis energéticos de Bohr se separam em subcamadas eletrônicas e os números quânticos definem o número de estados em cada uma dessas subcamadas. As camadas são especificadas por um *número quântico principal n*, que pode assumir valores inteiros a partir da unidade; algumas vezes, essas camadas são designadas pelas letras K, L, M, N, O, e assim por diante, que correspondem, respectivamente, a $n = 1, 2, 3, 4, 5, ...$, como indicado na Tabela 2.1. Também deve ser observado que esse número quântico, e somente esse, também está associado ao modelo de Bohr. Esse número quântico está relacionado com o tamanho do orbital de um elétron (ou com a sua distância média do núcleo).

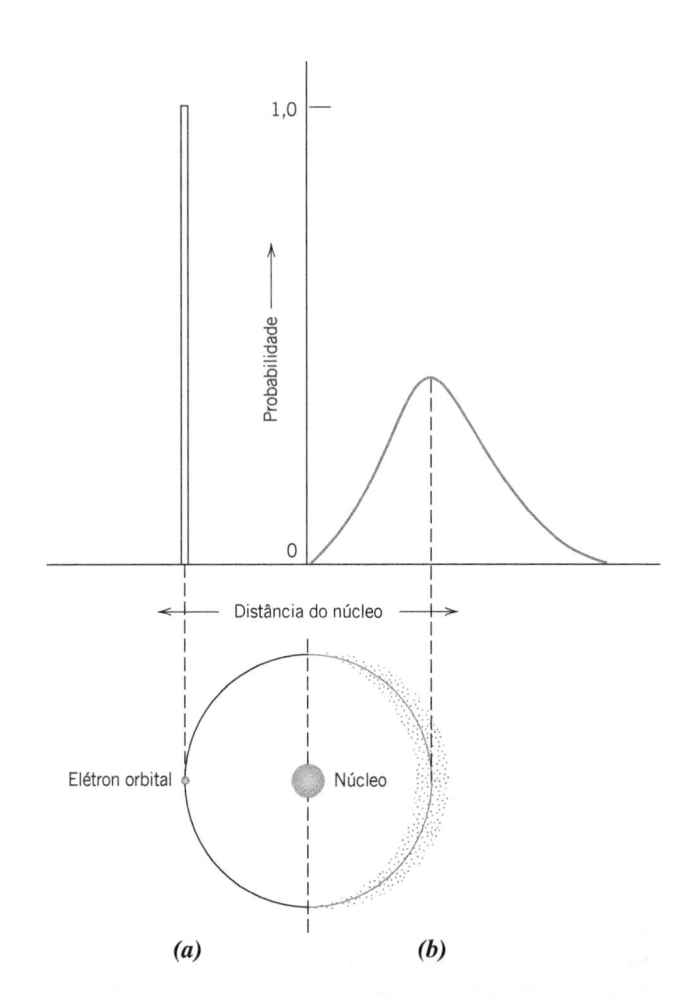

Figura 2.3 Comparação entre os modelos atômicos (*a*) de Bohr e (*b*) mecânico-ondulatório em termos da distribuição eletrônica.
(Adaptado de Z. D. Jastrzebski, *The Nature and Properties of Engineering Materials*, 3rd edition, p. 4. Copyright © 1987 por John Wiley & Sons, New York. Reimpresso sob permissão de John Wiley & Sons, Inc.)

Tabela 2.1 Resumo das Relações entre os Números Quânticos *n*, *l*, *m_l*, e os Números de Orbitais e Elétrons

Valor de n	Valor de l	Valores de m_l	Subcamada	Número de Orbitais	Número de Elétrons
1	0	0	1s	1	2
2	0	0	2s	1	2
	1	−1, 0, +1	2p	3	6
3	0	0	3s	1	2
	1	−1, 0, +1	3p	3	6
	2	−2, −1, 0, +1, +2	3d	5	10
4	0	0	4s	1	2
	1	−1, 0, +1	4p	3	6
	2	−2, −1, 0, +1, +2	4d	5	10
	3	−3, −2, −1, 0, +1, +2, +3	4f	7	14

Fonte: De J. E. Brady and F. Senese, *Chemistry: Matter and Its Changes*, 4th edition. Reimpresso com permissão de John Wiley & Sons, Inc.

O segundo número quântico (ou *azimutal*), *l*, designa a subcamada. Os valores de *l* estão restritos pela magnitude de *n* e podem assumir valores inteiros que variam entre $l = 0$ e $l = (n − 1)$. Cada subcamada é identificada por uma letra minúscula – um *s*, *p*, *d* ou *f* – relacionada com os valores de *l* conforme a seguir:

Valor de l	Designação de Letra
0	s
1	p
2	d
3	f

Além disso, as formas do orbital eletrônico dependem de *l*. Por exemplo, os orbitais *s* são esféricos e estão centrados no núcleo (Figura 2.4). Existem três orbitais para uma subcamada *p* (como explicado a seguir); cada uma possui uma superfície nodal na forma de um haltere (Figura 2.5). Os eixos para esses três orbitais são mutuamente perpendiculares uns aos outros, como aqueles de um sistema coordenado *x-y-z*; dessa forma, torna-se conveniente identificar esses orbitais como p_x, p_y, p_z (veja a Figura 2.5). As configurações orbitais para as subcamadas *d* são mais complexas e não são discutidas aqui.

O número de orbitais eletrônicos para cada subcamada é determinado pelo terceiro número quântico (ou *magnético*), m_l; m_l pode assumir os valores inteiros entre −*l* e +*l*, incluindo 0. Quando $l = 0$, m_l só pode ter um valor de 0, pois +0 e −0 são a mesma coisa. Isto corresponde a uma subcamada *s*, que pode ter apenas um orbital. Além disso, para $l = 1$, m_l pode assumir os valores de −1, 0 e +1,

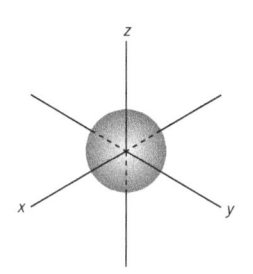

Figura 2.4 Forma esférica de um orbital eletrônico *s*.

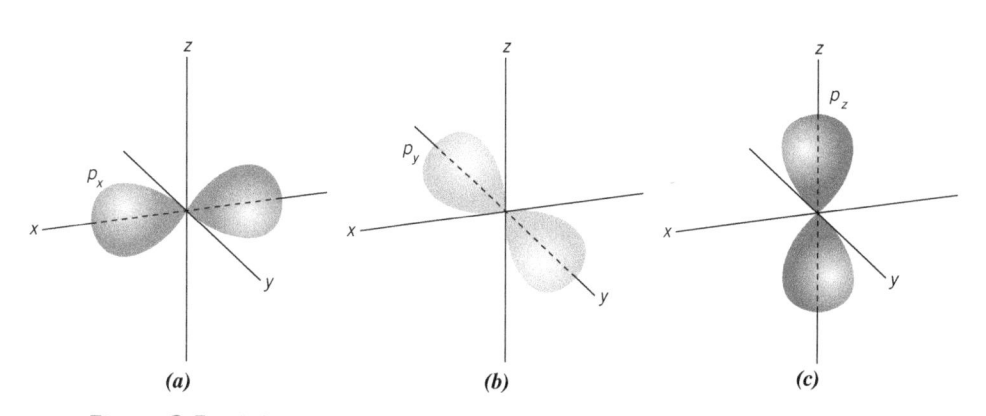

(a)   *(b)*   *(c)*

Figura 2.5 Orientações e formas dos orbitais eletrônicos (*a*) p_x, (*b*) p_y e (*c*) p_z.

e são possíveis três orbitais *p*. De maneira semelhante, pode ser mostrado que as subcamadas *d* possuem cinco orbitais, e as subcamadas *f* possuem sete. Na ausência de um campo magnético externo, todos os orbitais dentro de cada subcamada são idênticos em energia. Contudo, quando um campo magnético é aplicado, esses estados das subcamadas se separam, e cada orbital assume uma energia ligeiramente diferente. A Tabela 2.1 apresenta um resumo dos valores e das relações entre os números quânticos n, l e m_l.

Um *momento de spin* (momento de rotação) está associado a cada elétron, o qual deve estar orientado para cima ou para baixo. O quarto número quântico, m_s, está relacionado com esse momento de *spin*, para o qual são possíveis dois valores: +1/2 (para o *spin* para cima) e –1/2 (para o *spin* para baixo).

Dessa forma, o modelo de Bohr foi subsequentemente refinado pela mecânica ondulatória, na qual a introdução de três novos números quânticos dá origem a subcamadas eletrônicas dentro de cada camada. Uma comparação entre esses dois modelos com base nesse aspecto está ilustrada para o átomo de hidrogênio nas Figuras 2.2*a* e 2.2*b*.

Um diagrama completo de níveis energéticos para as diversas camadas e subcamadas utilizando o modelo mecânico-ondulatório está mostrado na Figura 2.6. Várias características do diagrama são dignas de observação. Em primeiro lugar, quanto menor é o número quântico principal, menor é o nível energético; por exemplo, a energia de um estado 1*s* é menor que a energia de um estado 2*s*, que por sua vez é menor que a de um estado 3*s*. Em segundo lugar, dentro de cada camada, a energia de uma subcamada aumenta com o valor do número quântico *l*. Por exemplo, a energia de um estado 3*d* é maior que a energia de um estado 3*p*, que por sua vez é maior que a de um estado 3*s*. Finalmente, podem existir superposições na energia de um estado em uma camada com os estados em uma camada adjacente. Isso é especialmente verdadeiro para os estados *d* e *f*; por exemplo, a energia de um estado 3*d* é geralmente maior que a energia de um estado 4*s*.

Configurações Eletrônicas

estado eletrônico

princípio da exclusão de Pauli

A discussão anterior tratou principalmente dos **estados eletrônicos** – valores de energia permitidos para os elétrons. Para determinar a maneira pela qual esses estados são preenchidos com os elétrons, fazemos uso do **princípio da exclusão de Pauli,** que é outro conceito quântico-mecânico, o qual estipula que cada estado eletrônico pode comportar um número máximo de dois elétrons, os quais devem ter *spins* opostos. Assim, as subcamadas *s*, *p*, *d* e *f* podem acomodar, cada uma, um número total de 2, 6, 10 e 14 elétrons, respectivamente; a coluna à direita na Tabela 2.1 indica o número máximo de elétrons que pode ocupar cada orbital para as quatro primeiras camadas eletrônicas.

Obviamente, nem todos os estados eletrônicos possíveis em um átomo estão preenchidos com elétrons. Para a maioria dos átomos, os elétrons preenchem os estados energéticos mais baixos possíveis nas camadas e subcamadas eletrônicas, dois elétrons (com *spin* opostos) por estado. A estrutura energética para um átomo de sódio está representada esquematicamente na Figura 2.7. Quando

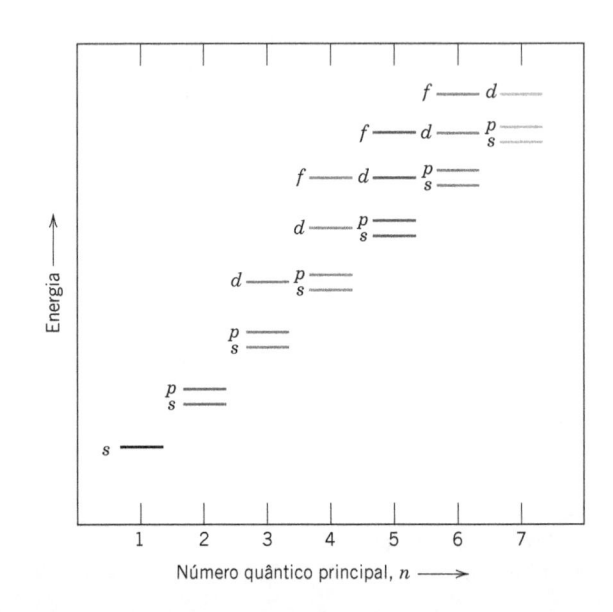

Figura 2.6 Representação esquemática das energias relativas dos elétrons para as várias camadas e subcamadas. (De K. M. Ralls, T. H. Courtney e J. Wulff, *Introduction to Materials Science and Engineering*, p. 22. Copyright © 1976 por John Wiley & Sons, New York. Reimpresso sob permissão de John Wiley & Sons, Inc.)

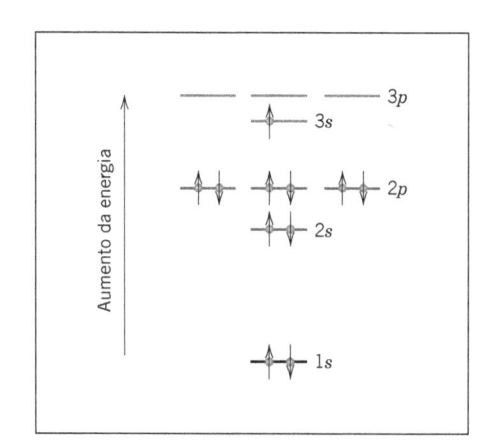

Figura 2.7 Representação esquemática dos estados de energia preenchidos e do menor estado de energia não preenchido para um átomo de sódio.

estado fundamental

configuração eletrônica

todos os elétrons ocupam as menores energias possíveis de acordo com as restrições anteriores, diz-se que o átomo está em seu **estado fundamental**. Contudo, são possíveis transições eletrônicas para estados de maior energia, como será discutido nos Capítulos 12 e 19. A **configuração eletrônica** ou estrutura de um átomo representa a maneira como esses estados são ocupados. Na notação convencional, o número de elétrons em cada subcamada é indicado por um sobrescrito após a designação da camada e da subcamada. Por exemplo, as configurações eletrônicas para o hidrogênio, hélio e sódio são, respectivamente, $1s^1$, $1s^2$ e $1s^2 2s^2 2p^6 3s^1$. As configurações eletrônicas para alguns dos elementos mais comuns estão listadas na Tabela 2.2.

elétron de valência

A essa altura, são necessários comentários em relação a essas configurações eletrônicas. Em primeiro lugar, os **elétrons de valência** são aqueles que ocupam a camada preenchida mais externa. Esses elétrons são extremamente importantes; como será visto, eles participam da ligação entre os átomos para formar agregados atômicos e moleculares, além de muitas das propriedades físicas e químicas dos sólidos estarem baseadas nesses elétrons de valência.

Além disso, alguns átomos apresentam o que é denominado *configurações eletrônicas estáveis*; isto é, os estados na camada eletrônica mais externa ou de valência estão completamente preenchidos. Em geral, isso corresponde somente à ocupação dos estados *s* e *p* para a camada mais externa por um total de oito elétrons, como ocorre para o neônio, o argônio e o criptônio; uma exceção é o hélio, que contém apenas dois elétrons $1s$. Esses elementos (Ne, Ar, Kr e He) são os gases inertes, ou nobres, que são de modo virtual quimicamente não reativos. Alguns átomos dos elementos com camadas de valência não totalmente preenchidas assumem configurações eletrônicas estáveis pelo ganho ou pela perda de elétrons para formar íons carregados, ou pelo compartilhamento de elétrons com outros átomos. Essa é a base para algumas reações químicas e também para as ligações atômicas nos sólidos, como explicado na Seção 2.6.

 Verificação de Conceitos 2.2 Forneça as configurações eletrônicas para os íons Fe^{3+} e S^{2-}.

[*A resposta está disponível no GEN-IO, ambiente virtual de aprendizagem do GEN.*]

2.4 A TABELA PERIÓDICA

tabela periódica

Todos os elementos foram classificados na **tabela periódica** de acordo com sua configuração eletrônica (Figura 2.8). Nela, os elementos estão posicionados em ordem crescente de número atômico, em sete fileiras horizontais chamadas de *períodos*. O arranjo é tal que todos os elementos localizados em determinada coluna ou grupo apresentam estruturas semelhantes dos elétrons de valência, assim como propriedades químicas e físicas semelhantes. Essas propriedades variam gradualmente ao se mover horizontalmente ao longo de cada período e verticalmente em cada coluna.

Os elementos posicionados no Grupo 0, o grupo mais à direita, são os *gases inertes*, que têm camadas eletrônicas preenchidas e configurações eletrônicas estáveis. Os elementos nos Grupos VIIA e VIA exibem, respectivamente, uma deficiência de um e de dois elétrons para completarem

Tabela 2.2 Configurações Eletrônicas Esperadas para Alguns Elementos Comuns[a]

Elemento	Símbolo	Número Atômico	Configuração Eletrônica
Hidrogênio	H	1	$1s^1$
Hélio	He	2	$1s^2$
Lítio	Li	3	$1s^2 2s^1$
Berílio	Be	4	$1s^2 2s^2$
Boro	B	5	$1s^2 2s^2 2p^1$
Carbono	C	6	$1s^2 2s^2 2p^2$
Nitrogênio	N	7	$1s^2 2s^2 2p^3$
Oxigênio	O	8	$1s^2 2s^2 2p^4$
Flúor	F	9	$1s^2 2s^2 2p^5$
Neônio	Ne	10	$1s^2 2s^2 2p^6$
Sódio	Na	11	$1s^2 2s^2 2p^6 3s^1$
Magnésio	Mg	12	$1s^2 2s^2 2p^6 3s^2$
Alumínio	Al	13	$1s^2 2s^2 2p^6 3s^2 3p^1$
Silício	Si	14	$1s^2 2s^2 2p^6 3s^2 3p^2$
Fósforo	P	15	$1s^2 2s^2 2p^6 3s^2 3p^3$
Enxofre	S	16	$1s^2 2s^2 2p^6 3s^2 3p^4$
Cloro	Cl	17	$1s^2 2s^2 2p^6 3s^2 3p^5$
Argônio	Ar	18	$1s^2 2s^2 2p^6 3s^2 3p^6$
Potássio	K	19	$1s^2 2s^2 2p^6 3s^2 3p^6 4s^1$
Cálcio	Ca	20	$1s^2 2s^2 2p^6 3s^2 3p^6 4s^2$
Escândio	Sc	21	$1s^2 2s^2 2p^6 3s^2 3p^6 3d^1 4s^2$
Titânio	Ti	22	$1s^2 2s^2 2p^6 3s^2 3p^6 3d^2 4s^2$
Vanádio	V	23	$1s^2 2s^2 2p^6 3s^2 3p^6 3d^3 4s^2$
Cromo	Cr	24	$1s^2 2s^2 2p^6 3s^2 3p^6 3d^5 4s^1$
Manganês	Mn	25	$1s^2 2s^2 2p^6 3s^2 3p^6 3d^5 4s^2$
Ferro	Fe	26	$1s^2 2s^2 2p^6 3s^2 3p^6 3d^6 4s^2$
Cobalto	Co	27	$1s^2 2s^2 2p^6 3s^2 3p^6 3d^7 4s^2$
Níquel	Ni	28	$1s^2 2s^2 2p^6 3s^2 3p^6 3d^8 4s^2$
Cobre	Cu	29	$1s^2 2s^2 2p^6 3s^2 3p^6 3d^{10} 4s^1$
Zinco	Zn	30	$1s^2 2s^2 2p^6 3s^2 3p^6 3d^{10} 4s^2$
Gálio	Ga	31	$1s^2 2s^2 2p^6 3s^2 3p^6 3d^{10} 4s^2 4p^1$
Germânio	Ge	32	$1s^2 2s^2 2p^6 3s^2 3p^6 3d^{10} 4s^2 4p^2$
Arsênio	As	33	$1s^2 2s^2 2p^6 3s^2 3p^6 3d^{10} 4s^2 4p^3$
Selênio	Se	34	$1s^2 2s^2 2p^6 3s^2 3p^6 3d^{10} 4s^2 4p^4$
Bromo	Br	35	$1s^2 2s^2 2p^6 3s^2 3p^6 3d^{10} 4s^2 4p^5$
Criptônio	Kr	36	$1s^2 2s^2 2p^6 3s^2 3p^6 3d^{10} 4s^2 4p^6$

[a]Quando alguns elementos se ligam por ligações covalentes, eles formam ligações híbridas sp. Isso é especialmente verdadeiro para C, Si e Ge.

estruturas estáveis. Os elementos no Grupo VIIA (F, Cl, Br, I e At) são algumas vezes denominados *halogênios*. Os metais alcalinos e alcalinoterrosos (Li, Na, K, Be, Mg, Ca etc.) são identificados como os Grupos IA e IIA, e têm, respectivamente, um e dois elétrons a mais do que das estruturas estáveis. Os elementos localizados nos três períodos longos, Grupos IIIB a IIB, são denominados *metais de transição*, têm estados eletrônicos *d* parcialmente preenchidos e, em alguns casos, um ou dois elétrons na camada de energia mais alta a seguir. Os Grupos IIIA, IVA e VA (B, Si, Ge, As etc.)

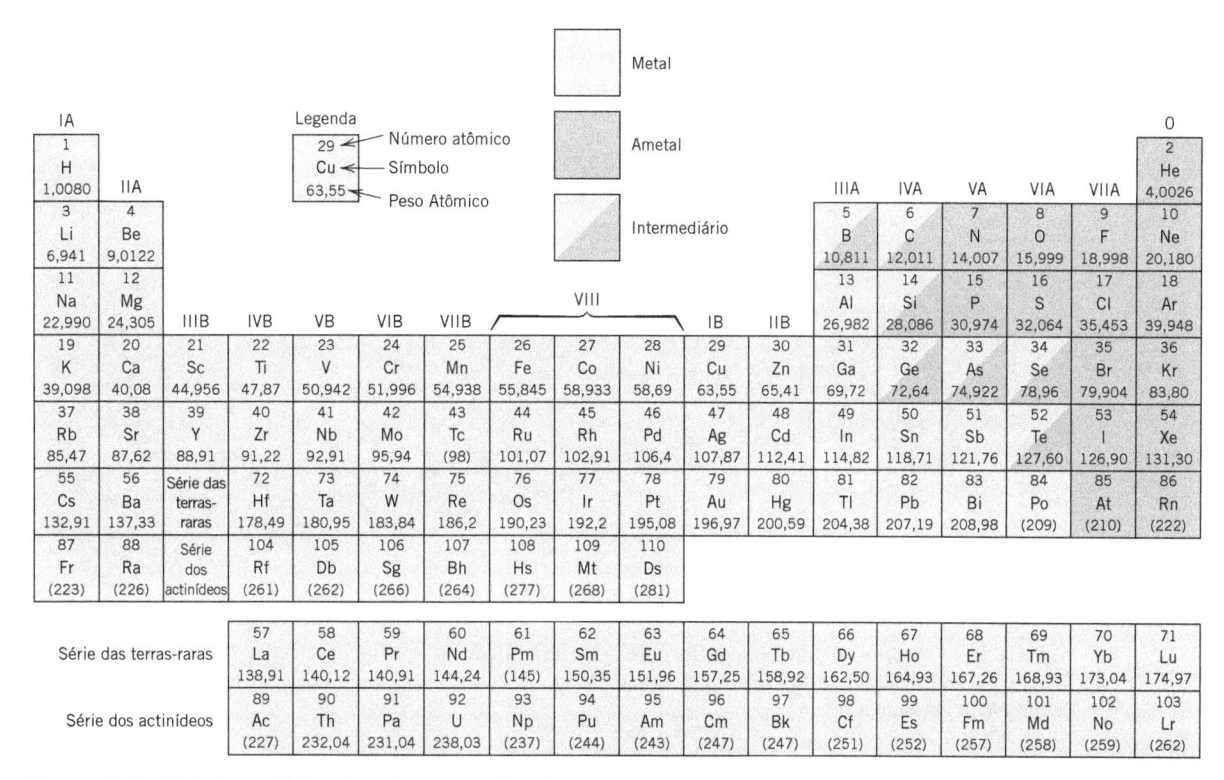

Figura 2.8 Tabela periódica dos elementos. Os números entre parênteses são os pesos atômicos dos isótopos mais estáveis ou mais comuns.

apresentam características intermediárias entre os metais e os ametais, em virtude das estruturas de seus elétrons de valência.

Como pode ser observado a partir da tabela periódica, a maioria dos elementos se enquadra, na realidade, sob a classificação de metal. Estes são algumas vezes denominados elementos **eletropositivos**, indicando que são capazes de ceder seus poucos elétrons de valência para tornarem-se íons carregados positivamente. Além do mais, os elementos situados no lado direito da tabela são **eletronegativos**; isto é, aceitam elétrons prontamente para formar íons negativamente carregados, ou algumas vezes compartilham elétrons com outros átomos. A Figura 2.9 mostra os valores de eletronegatividade atribuídos aos vários elementos distribuídos na tabela periódica. Como regra geral, a eletronegatividade aumenta ao se deslocar da esquerda para a direita e de baixo para cima na tabela. Os átomos apresentam maior chance de aceitar elétrons se suas camadas mais externas estiverem quase totalmente preenchidas e se elas estiverem menos "protegidas" (isto é, mais próximas) do núcleo.

Além do comportamento químico, as propriedades físicas dos elementos também tendem a variar sistematicamente com a posição na tabela periódica. Por exemplo, a maioria dos metais que residem no centro da tabela (Grupos IIIB a IIB) são relativamente bons condutores de eletricidade e calor; os ametais são tipicamente isolantes elétricos e térmicos. Mecanicamente, os elementos metálicos exibem graus variáveis de *ductilidade* – a habilidade em ser deformado plasticamente sem se fraturar (por exemplo, a habilidade em ser calandrado na forma de lâminas delgadas). A maioria dos não metais são gases ou líquidos, ou no estado sólido são de natureza frágil. Além disso, para os elementos do Grupo IVA [C (diamante), Si, Ge, Sn e Pb], a condutividade elétrica aumenta à medida que nos movemos para baixo ao longo da coluna. Os metais do Grupo VB (V, Nb e Ta) possuem temperaturas de fusão muito elevadas, aumentando ao se descer nesta coluna.

Deve ser observado que não existe sempre esta consistência nas variações das propriedades dentro da tabela periódica. As propriedades físicas variam de maneira mais ou menos regular; contudo, existem algumas mudanças abruptas ao se mover ao longo de um período ou ao se descer em um grupo.

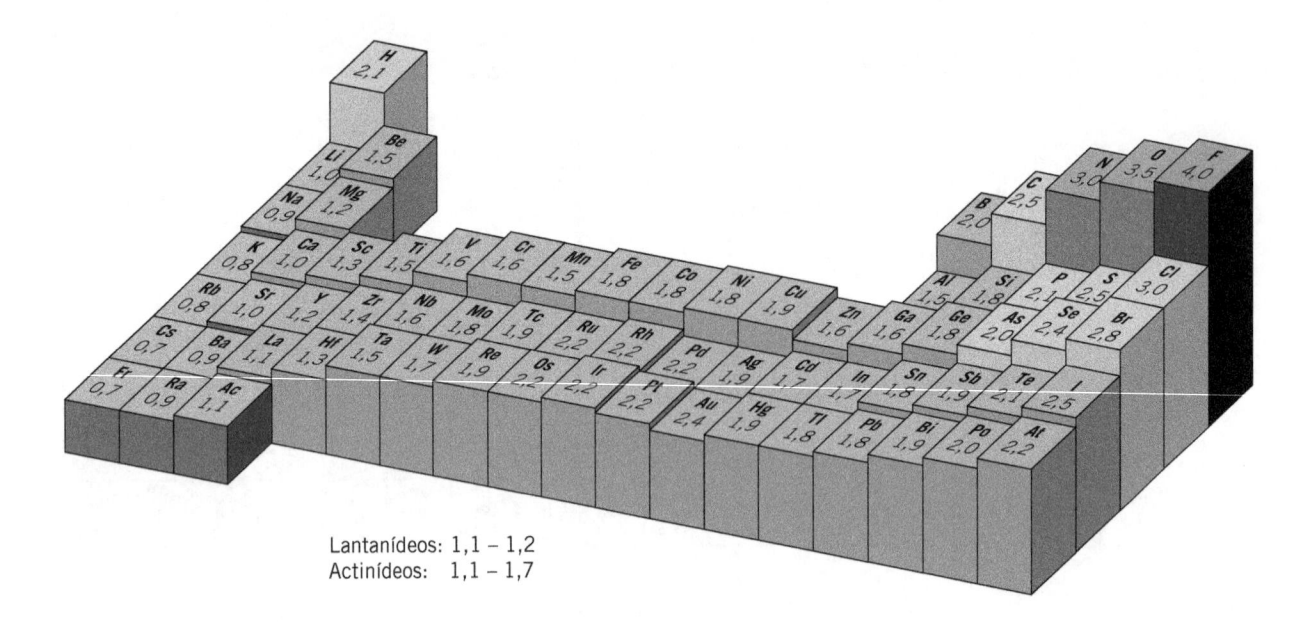

Figura 2.9 Valores da eletronegatividade dos elementos.
(Adaptado de J. E. Brady and F. Senese, *Chemistry: Matter and Its Changes*, 4th edition. Este material é reproduzido com permissão de John Wiley & Sons, Inc.)

Ligação Atômica nos Sólidos

2.5 FORÇAS E ENERGIAS DE LIGAÇÃO

Uma compreensão de muitas das propriedades físicas dos materiais pode ser melhorada pelo conhecimento das forças interatômicas que unem os átomos. Talvez os princípios das ligações atômicas sejam mais bem ilustrados considerando-se como dois átomos isolados interagem quando são aproximados um do outro a partir de uma separação infinita. A grandes distâncias, as interações entre eles são desprezíveis, uma vez que os átomos estão muito distantes para ter influência um sobre o outro; no entanto, a pequenas distâncias de separação, cada átomo exerce forças sobre o outro. Essas forças são de dois tipos, atrativa (F_A) e repulsiva (F_R), e a magnitude de cada uma depende da separação ou distância interatômica (r). A Figura 2.10a é um diagrama esquemático de F_A e de F_R em função de r. A origem de uma força atrativa F_A depende do tipo específico de ligação que existe entre os dois átomos, como será discutido em breve. As forças repulsivas surgem de interações entre as nuvens eletrônicas negativamente carregadas dos dois átomos e são importantes apenas em pequenos valores de r, conforme as camadas eletrônicas mais externas dos dois átomos começam a se superpor (Figura 2.10a).

A força resultante F entre os dois átomos é exatamente a soma das componentes de atração e de repulsão; isto é,

$$F = F_A + F_R \qquad (2.3)$$

que também é uma função da separação interatômica, como também está representado na Figura 2.10a. Quando F_A e F_R são iguais em magnitude, porém opostas em sinal, não existe força resultante – isto é,

$$F_A + F_R = 0 \qquad (2.4)$$

e existe um estado de equilíbrio. Os centros dos dois átomos permanecem separados pela distância de equilíbrio r_0, como está indicado na Figura 2.10a. Para muitos átomos, r_0 é de aproximadamente 0,3 nm. Uma vez nessa posição, qualquer tentativa de mover os dois átomos para separá-los é compensada pela força atrativa, enquanto uma tentativa de aproximar os átomos sofre a resistência de forças repulsivas crescentes.

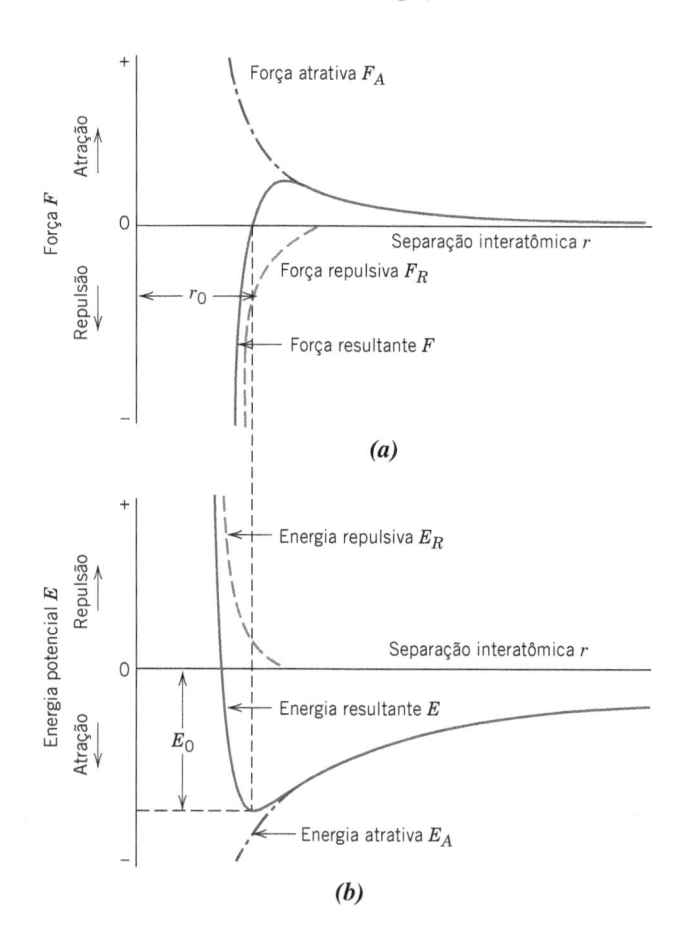

Figura 2.10 (*a*) A dependência das forças repulsiva, atrativa e resultante em relação à separação interatômica para dois átomos isolados. (*b*) A dependência das energias potenciais repulsiva, atrativa e resultante em relação à separação interatômica para dois átomos isolados.

Algumas vezes é mais conveniente trabalhar com as energias potenciais entre dois átomos, em lugar das forças entre eles. Matematicamente, a energia (*E*) e a força (*F*) estão relacionadas por

Relação força-energia potencial para dois átomos

$$E = \int F\, dr \qquad (2.5a)$$

Ou, para sistemas atômicos,

$$E = \int_r^\infty F\, dr \qquad (2.6)$$

$$= \int_r^\infty F_A\, dr + \int_r^\infty F_R\, dr \qquad (2.7)$$

$$= E_A + E_R \qquad (2.8a)$$

nos quais E, E_A e E_R são, respectivamente, as energias resultante, atrativa e repulsiva para dois átomos adjacentes e isolados.[4]

---

[4] A força na Equação 2.5a também pode ser expressa como

$$F = \frac{dE}{dr} \qquad (2.5b)$$

De maneira similar, o equivalente para a força na Equação 2.8a é o seguinte:

$$F = F_A + F_R \qquad (2.3)$$

$$= \frac{dE_A}{dr} + \frac{dE_R}{dr} \qquad (2.8b)$$

energia de ligação

A Figura 2.10*b* mostra as energias potenciais atrativa, repulsiva e resultante em função da separação interatômica para dois átomos. A partir da Equação 2.8a, a curva da energia resultante é a soma das curvas das energias atrativa e repulsiva. O mínimo na curva da energia resultante corresponde à separação de equilíbrio, r_0. Além disso, a **energia de ligação** para esses dois átomos, E_0, corresponde à energia nesse ponto de mínimo (também mostrado na Figura 2.10*b*); ela representa a energia necessária para separar esses dois átomos até uma distância de separação infinita.

Embora o tratamento anterior lide com uma situação ideal envolvendo apenas dois átomos, uma condição semelhante, porém mais complexa, existe para os materiais sólidos, uma vez que devem ser consideradas as interações de força e de energia entre os átomos. Não obstante, uma energia de ligação, análoga a E_0, pode ser associada a cada átomo. A magnitude dessa energia de ligação e a forma da curva da energia em função da separação interatômica variam de material para material, e ambas dependem do tipo da ligação atômica. Além disso, várias propriedades dos materiais dependem de E_0, da forma da curva e do tipo da ligação. Por exemplo, os materiais com grandes energias de ligação em geral também apresentam temperaturas de fusão elevadas; à temperatura ambiente, a formação de substâncias sólidas é favorecida por energias de ligação elevadas, enquanto o estado gasoso é favorecido para energias de ligação pequenas; os líquidos prevalecem quando as energias de ligação têm magnitude intermediária. Ademais, como será discutido na Seção 7.3, a rigidez mecânica (ou módulo de elasticidade) de um material depende da forma da curva da força em função da separação interatômica (Figura 7.7). A inclinação da curva em $r = r_0$ é bastante íngreme para um material relativamente rígido; as inclinações são menos íngremes para os materiais mais flexíveis. Além disso, o quanto um material se expande sob aquecimento ou se contrai sob resfriamento (isto é, seu coeficiente linear de expansão térmica) está relacionado com a forma de sua curva de E em função de r_0 (veja a Seção 17.3). Um "vale" profundo e estreito, que ocorre tipicamente para os materiais com energias de ligação elevadas, está normalmente relacionado com um baixo coeficiente de expansão térmica e a alterações dimensionais relativamente pequenas em resposta a mudanças na temperatura.

ligação primária

Três tipos diferentes de **ligações primárias** ou ligações químicas são encontrados nos sólidos – iônica, covalente e metálica. Para cada tipo, a ligação envolve necessariamente os elétrons de valência; além disso, a natureza da ligação depende das estruturas eletrônicas dos átomos constituintes. Em geral, cada um desses três tipos de ligação origina-se da tendência dos átomos de assumir estruturas eletrônicas estáveis, como aquelas dos gases inertes, pelo preenchimento completo da camada eletrônica mais externa.

Forças e energias secundárias ou físicas também são encontradas em muitos materiais sólidos; elas são mais fracas que as primárias, mas ainda assim influenciam as propriedades físicas de alguns materiais. As seções seguintes explicam os vários tipos de ligações interatômicas primárias e secundárias.

2.6 LIGAÇÕES INTERATÔMICAS PRIMÁRIAS

Ligação Iônica

ligação iônica

Talvez a **ligação iônica** seja a mais fácil de ser descrita e visualizada. Ela sempre é encontrada em compostos cuja composição envolve tanto elementos metálicos como não metálicos, ou seja, elementos que estão localizados nas extremidades horizontais da tabela periódica. Os átomos de um elemento metálico perdem seus elétrons de valência com facilidade para os átomos não metálicos. Nesse processo, todos os átomos adquirem configurações estáveis ou de gás inerte (isto é, camadas orbitais completamente preenchidas) e, além disso, uma carga elétrica – isto é, eles tornam-se íons. O cloreto de sódio (NaCl) é o material iônico clássico. Um átomo de sódio pode assumir a estrutura eletrônica do neônio (e uma carga resultante positiva unitária com redução no seu tamanho) pela transferência do seu único elétron de valência $3s$ para um átomo de cloro (Figura 2.11*a*). Após essa transferência, o íon cloro adquire uma carga resultante negativa, uma configuração eletrônica idêntica àquela do argônio; ele também é maior do que o átomo de cloro. A ligação iônica está ilustrada esquematicamente na Figura 2.11*b*.

força de Coulomb

As forças de ligação atrativas são de **Coulomb** – isto é, os íons positivos e negativos, em virtude das suas cargas elétricas resultantes, atraem-se uns aos outros. Para dois átomos isolados, a energia atrativa E_A é uma função da distância interatômica, de acordo com

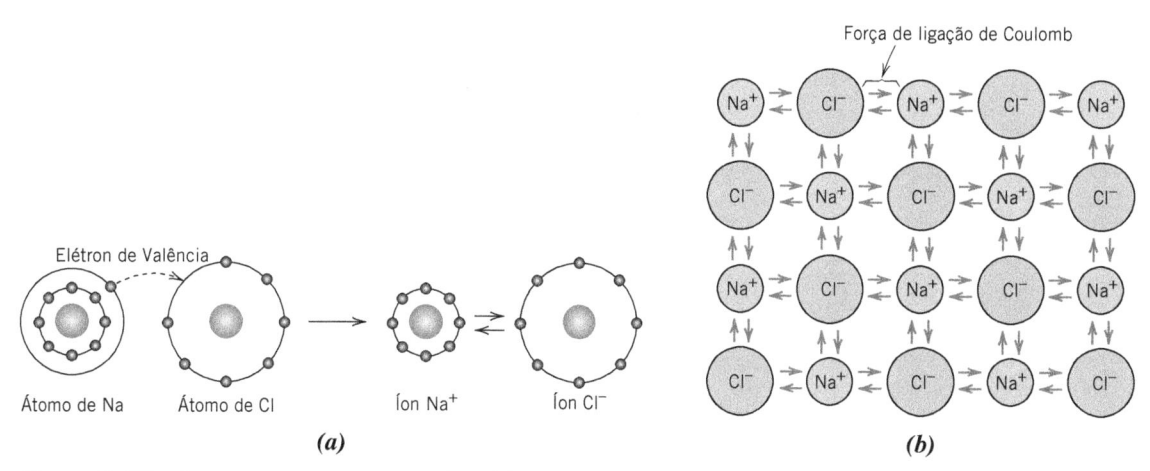

Figura 2.11 Representações esquemáticas (*a*) da formação de íons Na^+ e Cl^-, e (*b*) ligação iônica no cloreto de sódio (NaCl).

Relação entre a energia atrativa e a separação interatômica

$$E_A = -\frac{A}{r}$$ (2.9)

Teoricamente, a constante *A* é igual a

$$A = \frac{1}{4\pi\varepsilon_0}(|Z_1|e)(|Z_2|e)$$ (2.10)

Aqui ε_0 é a permissividade do vácuo ($8,85 \times 10^{-12}$ F/m), $|Z_1|$ e $|Z_2|$ são os valores absolutos das valências para os dois tipos de íons, e *e* é a carga de um elétron ($1,602 \times 10^{-19}$ C). O valor de *A* na Equação 2.9 assume que a ligação entre os íons 1 e 2 seja totalmente iônica (veja a Equação 2.16). Uma vez que as ligações na maioria desses materiais não é 100 % iônica, o valor de *A* é determinado normalmente a partir de dados experimentais, em vez de ser calculado usando a Equação 2.10.

Uma equação análoga para a energia de repulsiva é[5]

Relação entre a energia repulsiva e a separação interatômica

$$E_R = \frac{B}{r^n}$$ (2.11)

Nessa expressão, *B* e *n* são constantes cujos valores dependem do sistema iônico particular. O valor de *n* é de aproximadamente 8.

A ligação iônica é denominada *não direcional* – isto é, a magnitude da ligação é igual em todas as direções ao redor do íon. Como consequência disso, para que os materiais iônicos sejam estáveis, em um arranjo tridimensional, todos os íons positivos devem ter como seus vizinhos mais próximos íons carregados negativamente, e vice-versa. Alguns dos arranjos de íons para esses materiais estão

Ligação

discutidos no Capítulo 3.

As energias de ligação, que variam geralmente na faixa entre 600 e 1500 kJ/mol, são relativamente grandes, o que se reflete em temperaturas de fusão elevadas.[6] A Tabela 2.3 contém as energias de ligação e as temperaturas de fusão para vários materiais iônicos. Esse tipo de ligação interatômica é típico dos materiais cerâmicos, que são característicamente duros e frágeis e, além disso, isolantes elétricos e térmicos. Conforme será discutido em capítulos subsequentes, essas propriedades são consequência direta das configurações eletrônicas e/ou da natureza da ligação iônica.

---

[5] Na Equação 2.11, o valor da constante *B* é ajustado usando dados experimentais.

[6] Algumas vezes, as energias de ligação são expressas por átomo ou por íon. Sob essas circunstâncias, o elétron-volt (eV) é uma unidade de energia convenientemente pequena. Ela é, por definição, a energia concedida a um elétron na medida em que ele se desloca através de um potencial elétrico de um Volt. O equivalente em Joule a um elétron-volt é o seguinte: $1,602 \times 10^{-19}$ J = 1 eV.

Tabela 2.3 Energias de Ligação e Temperaturas de Fusão para Várias Substâncias

Substância	Energia de Ligação (kJ/mol)	Temperatura de Fusão (°C)
Iônica		
NaCl	640	801
LiF	850	848
MgO	1000	2800
CaF_2	1548	1418
Covalente		
Cl_2	121	−102
Si	450	1410
InSb	523	942
C (diamante)	713	>3550
SiC	1230	2830
Metálica		
Hg	62	−39
Al	330	660
Ag	285	962
W	850	3414
van der Waals[a]		
Ar	7,7	−189 (a 69 kPa)
Kr	11,7	−158 (a 73,2 kPa)
CH_4	18	−182
Cl_2	31	−101
Hidrogênio[a]		
HF	29	−83
NH_3	35	−78
H_2O	51	0

[a] Os valores para as ligações de van der Waals e de hidrogênio são energias *entre* moléculas ou átomos (*inter*molecular), não entre átomos dentro de uma molécula (*intra*molecular).

PROBLEMA-EXEMPLO 2.2

Cálculo das Forças Atrativa e Repulsiva entre Dois Íons

Os raios atômicos dos íons K^+ e Br^- são 0,138 e 0,196 nm, respectivamente.

(a) Usando as Equações 2.9 e 2.10, calcule a força de atração entre esses dois íons na sua separação interiônica de equilíbrio (isto é, quando os íons exatamente se tocam um no outro).

(b) Qual é a força de repulsão nessa mesma distância de separação?

Solução

(a) A partir da Equação 2.5b, a força de atração entre dois íons é

$$F_A = \frac{dE_A}{dr}$$

Enquanto, de acordo com a Equação 2.9,

$$E_A = -\frac{A}{r}$$

Agora, tirando a derivada de E_A em relação a r temos a seguinte expressão para a força de atração F_A:

$$F_A = \frac{dE_A}{dr} = \frac{d\left(-\dfrac{A}{r}\right)}{dr} = -\left(\frac{-A}{r^2}\right) = \frac{A}{r^2} \tag{2.12}$$

Então, a substituição nesta equação da expressão para A (Eq. 2.10) fornece

$$F_A = \frac{1}{4\pi\varepsilon_0 r^2}(|Z_1|e)(|Z_2|e) \tag{2.13}$$

A incorporação nesta equação dos valores para e e ε_0 leva a

$$F_A = \frac{1}{4\pi(8,85 \times 10^{-12}\,\text{F/m})(r^2)}\left[|Z_1|(1,602 \times 10^{-19}\,\text{C})\right]\left[|Z_2|(1,602 \times 10^{-19}\,\text{C})\right]$$

$$= \frac{(2,31 \times 10^{-28}\,\text{N}\cdot\text{m}^2)(|Z_1|)(|Z_2|)}{r^2} \tag{2.14}$$

Para este problema, r é tomado como a separação interiônica r_0 para o KBr, que é igual à soma dos raios iônicos do K^+ e Br^-, uma vez que os íons tocam um no outro. Isto é,

$$r_0 = r_{K^+} + r_{Br^-} \tag{2.15}$$

$$= 0,138\,\text{nm} + 0,196\,\text{nm}$$

$$= 0,334\,\text{nm}$$

$$= 0,334 \times 10^{-9}\,\text{m}$$

Quando substituímos este valor para r na Equação 2.14, e tomamos o íon 1 como K^+ e o íon 2 como Br^- (isto é, $Z_1 = +1$ e $Z_2 = -1$), então a força de atração é igual a

$$F_A = \frac{(2,31 \times 10^{-28}\,\text{N}\cdot\text{m}^2)(|+1|)(|-1|)}{(0,334 \times 10^{-9}\,\text{m})^2} = 2,07 \times 10^{-9}\,\text{N}$$

(b) Na distância de separação de equilíbrio a soma das forças de atração e de repulsão é zero de acordo com a Equação 2.4. Isso significa que

$$F_R = -F_A = -(2,07 \times 10^{-9}\,\text{N}) = -2,07 \times 10^{-9}\,\text{N}$$

Ligação Covalente

ligação covalente

Um segundo tipo de ligação, a **ligação covalente**, é encontrada em materiais cujos átomos possuem pequenas diferenças de eletronegatividade – isto é, que estão localizados próximos um do outro na tabela periódica. Para esses materiais, as configurações eletrônicas estáveis são assumidas pelo compartilhamento de elétrons entre átomos adjacentes. Dois átomos ligados covalentemente irão contribuir cada um com pelo menos um elétron para a ligação, e os elétrons compartilhados podem ser considerados como pertencentes a ambos os átomos. A ligação covalente está ilustrada esquematicamente na Figura 2.12 para uma molécula de hidrogênio (H_2). O átomo de hidrogênio possui um único elétron $1s$. Cada um dos átomos pode adquirir uma configuração eletrônica de hélio (dois elétrons de valência $1s$) quando eles compartilham seu único elétron (lado direito da Figura 2.12). Além disso, existe uma superposição dos orbitais eletrônicos na região entre os dois átomos de ligação. Ainda, a ligação covalente é *direcional* – isto é, ela se dá entre átomos específicos e pode existir apenas na direção entre um átomo e o outro que participa no compartilhamento dos elétrons.

Ligação

Muitas moléculas elementares de não metais (por exemplo, Cl_2, F_2), assim como moléculas contendo átomos diferentes, tais como CH_4, H_2O, HNO_3 e HF, têm ligações covalentes.[7] Além disso, esse tipo de ligação é encontrado em sólidos elementares, como diamante (carbono), silício e germânio, assim como em outros compostos sólidos cuja composição inclui elementos localizados no lado direito da tabela periódica, como arseneto de gálio (GaAs), antimoneto de índio (InSb), e carbeto de silício (SiC).

As ligações covalentes podem ser muito fortes, como no diamante, que é muito duro e tem uma temperatura de fusão muito elevada, $>3550\,°C$ ($6400\,°F$), ou podem ser muito fracas, como ocorre no bismuto, que se funde a aproximadamente $270\,°C$ ($518\,°F$). As energias de ligação e as temperaturas de fusão de alguns poucos materiais ligados covalentemente estão apresentadas na Tabela 2.3. Uma

---

[7] Para essas substâncias, as ligações *intra*moleculares (ligações entre os átomos em uma molécula) são covalentes. Como será observado na próxima seção, outros tipos de ligações podem operar entre as moléculas, as quais são denominadas *inter*moleculares.

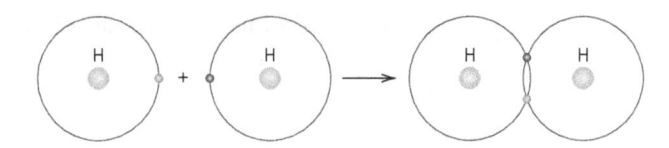

Figura 2.12 Representação esquemática da ligação covalente em uma molécula de hidrogênio (H_2).

vez que os elétrons que participam em ligações covalentes estão firmemente presos aos átomos de ligação, a maioria dos materiais ligados covalentemente são isolantes elétricos, ou, em alguns casos, semicondutores. Os comportamentos mecânicos desses materiais variam bastante; alguns são relativamente resistentes, outros são frágeis; alguns falham de forma frágil, enquanto outros apresentam quantidades significativas de deformação antes da falha. É difícil predizer as propriedades mecânicas dos materiais ligados covalentemente com base nas suas características de ligação.

Hibridização da Ligação no Carbono

Frequentemente associado à ligação covalente do carbono (assim como de outras substâncias não metálicas) está o fenômeno da *hibridização* – a mistura (ou combinação) de dois ou mais orbitais atômicos com o resultado de que há maior superposição de orbitais durante a ligação. Por exemplo, considere a configuração eletrônica do carbono: $1s^2 2s^2 2p^2$. Sob algumas circunstâncias, um dos orbitais $2s$ é promovido ao orbital $2p$ vazio (Figura 2.13a), dando origem a uma configuração $1s^2 2s^1 2p^3$ (Figura 2.13b). Além disso, os orbitais $2s$ e $2p$ podem mesclar para produzir quatro orbitais sp^3 que são equivalentes uns aos outros, que possuem *spins* paralelos, e que são capazes de se ligar covalentemente a outros átomos. Esta mescla de orbitais é denominada *hibridização*, e leva à configuração eletrônica mostrada na Figura 2.13c; aqui, cada orbital sp^3 contém um elétron, e, portanto, está semipreenchido.

Os orbitais de ligação híbridos são de natureza direcional – isto é, cada um se estende e se superpõe ao orbital de um átomo de ligação adjacente. Além disso, para o carbono, cada um dos seus quatro orbitais híbridos sp^3 está direcionado simetricamente a partir de um átomo de carbono para o vértice de um tetraedro – uma configuração representada esquematicamente na Figura 2.14; o ângulo entre cada conjunto de ligações adjacentes é de 109,5°.[8] A ligação de orbitais híbridos sp^3 aos orbitais $1s$ de quatro átomos de hidrogênio, como em uma molécula de metano (CH_4), está apresentada na Figura 2.15.

Para o diamante, os seus átomos de carbono estão ligados uns aos outros através de híbridos covalentes sp^3 – cada átomo está ligado a quatro outros átomos de carbono. A estrutura cristalina para o diamante está mostrada na Figura 3.17. As ligações carbono-carbono no diamante são extremamente fortes, o que é responsável pela sua alta temperatura de fusão e sua dureza ultraelevada (ele é o mais duro entre todos os materiais). Muitos materiais poliméricos são compostos por longas cadeias de átomos de carbono que também estão ligados entre si usando ligações tetraédricas sp^3; essas cadeias formam uma estrutura em zigue-zague (Figura 4.1b) devido a esse ângulo de 109,5° entre ligações.

São possíveis outros tipos de ligações híbridas para o carbono, assim como para outras substâncias. Uma dessas é a sp^2, em que um orbital s e dois orbitais p são hibridizados. Para atingir esta configuração, um orbital $2s$ se mescla com dois dos três orbitais $2p$ – o terceiro orbital p permanece sem estar hibridizado; isso está mostrado na Figura 2.16. Aqui, $2p_z$ representa o orbital p não hibridizado.[9] Três orbitais híbridos sp^2 pertencem a cada átomo de carbono, os quais estão localizados sobre o mesmo plano, tal que o ângulo entre orbitais adjacentes é de 120° (Figura 2.17); as linhas traçadas de um orbital aos outros formam um triângulo. Adicionalmente, o orbital $2p_z$ não hibridizado está orientado perpendicularmente ao plano que contém os híbridos sp^2.

Essas ligações sp^2 são encontradas na grafita, outra forma do carbono, que possui estrutura e propriedades distintamente diferentes daquelas do diamante (como discutido na Seção 3.9). A grafita é composta por camadas paralelas de hexágonos que se interconectam. Os hexágonos se formam a partir de triângulos planares sp^2 que se ligam uns aos outros da maneira apresentada na Figura 2.18 – um átomo de carbono está localizado em cada vértice. As ligações planares sp^2 são

---

[8] A ligação desse tipo (a quatro outros átomos) é algumas vezes denominada *ligação tetraédrica*.

[9] Este orbital $2p_z$ possui a forma e a orientação do orbital p_z mostrado na Figura 2.5c. Além disso, os dois orbitais p encontrados no híbrido sp^2 correspondem aos orbitais p_x e p_y dessa mesma figura. Adicionalmente, p_x, p_y e p_z são os três orbitais do híbrido sp^3.

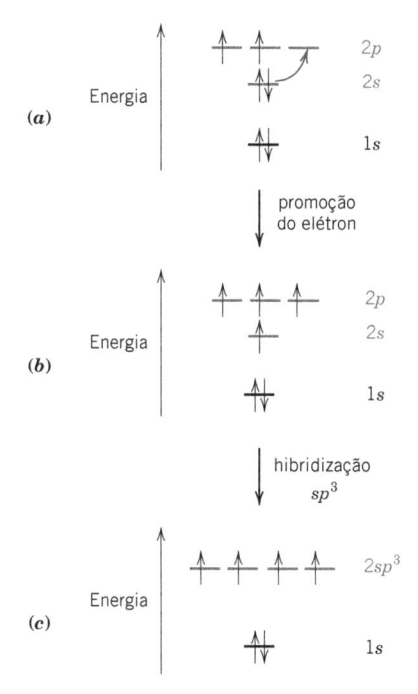

Figura 2.13 Diagrama esquemático que mostra a formação de orbitais híbridos sp^3 no carbono. (*a*) Promoção de um elétron $2s$ a um estado $2p$; (*b*) esse elétron que foi promovido a um estado $2p$; (*c*) quatro orbitais $2sp^3$ que se formam pela mescla do único orbital $2s$ com os três orbitais $2p$.

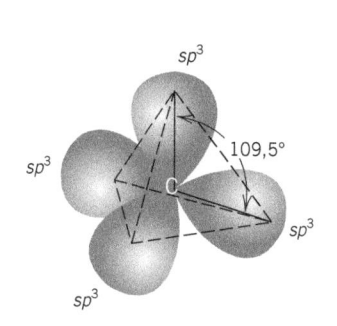

Figura 2.14 Diagrama esquemático mostrando quatro orbitais híbridos sp^3 que apontam para os vértices de um tetraedro; o ângulo entre orbitais é de 109,5°. (De J. E. Brady and F. Senese, *Chemistry: Matter and Its Changes*, 4th edition. Reimpresso com permissão de John Wiley & Sons, Inc.)

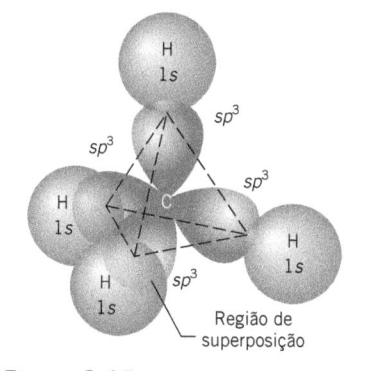

Figura 2.15 Diagrama esquemático que mostra a ligação de orbitais híbridos sp^3 do carbono aos orbitais $1s$ de quatro átomos de hidrogênio em uma molécula de metano (CH_4). (De J. E. Brady and F. Senese, *Chemistry: Matter and Its Changes*, 4th edition. Reimpresso com permissão de John Wiley & Sons, Inc.)

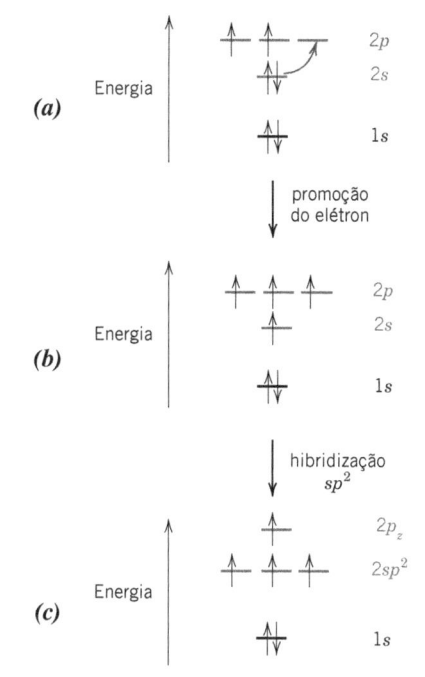

Figura 2.16 Diagrama esquemático que mostra a formação de orbitais híbridos sp^2 no carbono. (*a*) Promoção de um elétron $2s$ a um estado $2p$; (*b*) esse elétron que foi promovido a um estado $2p$; (*c*) três orbitais $2sp^2$ que se formam pela mescla do único orbital $2s$ com dois orbitais $2p$ – o orbital $2p_z$ permanece não hibridizado.

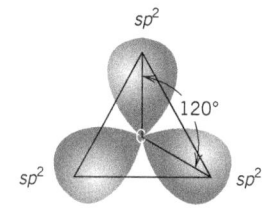

Figura 2.17 Diagrama esquemático mostrando três orbitais sp^2 que são coplanares e apontam para os vértices de um triângulo; o ângulo entre orbitais adjacentes é de 120°. (De J. E. Brady and F. Senese, *Chemistry: Matter and Its Changes*, 4th edition. Reimpresso com permissão de John Wiley & Sons, Inc.)

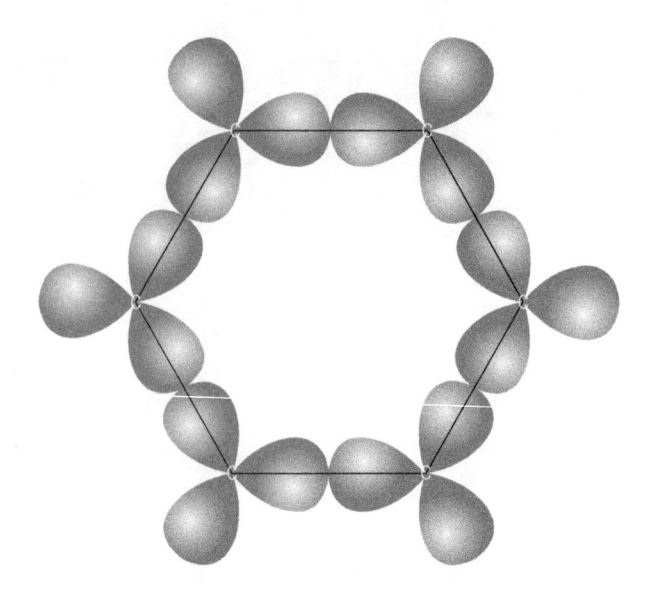

Figura 2.18 A formação de um hexágono pela ligação de seis triângulos sp^2 uns aos outros.

fortes; em contraste, uma fraca ligação interplanar resulta das forças de van der Waals que envolvem os elétrons que se originam dos orbitais $2p_z$ não hibridizados. A estrutura da grafita está mostrada na Figura 3.18.

Ligação Metálica

ligação metálica

A **ligação metálica**, o último tipo de ligação primária, é encontrada nos metais e em suas ligas. Foi proposto um modelo relativamente simples que muito se aproxima da característica dessa ligação. Os materiais metálicos têm um, dois, ou no máximo três elétrons de valência. Com esse modelo, esses elétrons de valência não se encontram ligados a nenhum átomo particular no sólido e são mais ou menos livres para se movimentar através de todo o metal. Eles podem ser considerados como pertencentes ao metal como um todo, ou formando um "mar de elétrons" ou uma "nuvem de elétrons". Os elétrons restantes, aqueles que não são os de valência, e os núcleos atômicos formam o que é chamado de *núcleos iônicos*, os quais apresentam uma carga resultante positiva com uma magnitude igual à carga total dos elétrons de valência por átomo. A Figura 2.19 ilustra a ligação metálica. Os elétrons livres protegem os núcleos iônicos, carregados positivamente, das forças eletrostáticas mutuamente repulsivas que eles, de outra forma, exerceriam uns sobre os outros; consequentemente, a ligação metálica é de natureza não direcional. Além disso, esses elétrons livres atuam como uma "cola", que mantém unidos os núcleos iônicos. As energias de ligação e as temperaturas de fusão para diversos metais estão listadas na Tabela 2.3. A ligação pode ser fraca ou forte; as energias variam entre 62 kJ/mol para o mercúrio e 850 kJ/mol para o tungstênio. Suas respectivas temperaturas de fusão são de –39 °C e 3414 °C (–39 °F e 6177 °F).

A ligação metálica é encontrada na tabela periódica para os elementos nos Grupos IA e IIA, e, na realidade, para todos os metais elementares.

Os metais são bons condutores de calor e eletricidade como consequência de seus elétrons livres (veja as Seções 12.5, 12.6 e 17.4). Além disso, na Seção 8.5 observamos que à temperatura ambiente a maioria dos metais e suas ligas falham de maneira dúctil – isto é, ocorre fratura após os materiais

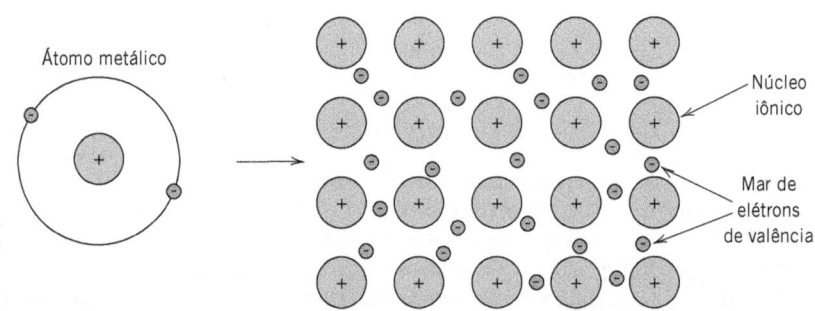

Átomo metálico

Núcleo iônico

Mar de elétrons de valência

Figura 2.19 Ilustração esquemática da ligação metálica.

haverem tido níveis significativos de deformação permanente. Esse comportamento é explicado em termos do mecanismo de deformação (Seção 8.3), o qual está relacionado implicitamente com as características da ligação metálica.

Verificação de Conceitos 2.3 Explique por que os materiais ligados de maneira covalente são em geral menos densos que os materiais ligados ionicamente ou por meio de ligações metálicas.

[*A resposta está disponível no GEN-IO, ambiente virtual de aprendizagem do GEN.*]

2.7 LIGAÇÕES SECUNDÁRIAS OU LIGAÇÕES DE VAN DER WAALS

ligação secundária
ligação de van der
Waals

As **ligações secundárias**, ou **ligações de van der Waals** (físicas), são fracas quando comparadas às ligações primárias ou químicas; as energias de ligação variam entre aproximadamente 4 e 30 kJ/mol. As ligações secundárias existem entre virtualmente todos os átomos ou moléculas, mas sua presença pode ficar obscurecida se qualquer um dos três tipos de ligação primária estiver presente. A ligação secundária fica evidente no caso dos gases inertes, que apresentam estruturas eletrônicas estáveis. Além disso, as ligações secundárias (ou *inter*moleculares) são possíveis entre átomos ou grupos de átomos, os quais, eles próprios, são unidos entre si por meio de ligações primárias (ou *intra*moleculares) iônicas ou covalentes.

dipolo

As forças de ligação secundárias surgem a partir de **dipolos** atômicos ou moleculares. Essencialmente, um dipolo elétrico existe sempre que há alguma separação entre as frações positiva e negativa de um átomo ou molécula. A ligação resulta da atração de Coulomb entre a extremidade positiva de um dipolo e a região negativa de um dipolo adjacente, como está indicado na Figura 2.20. As interações de dipolo ocorrem entre dipolos induzidos, entre dipolos induzidos e moléculas polares (que têm dipolos permanentes), e entre moléculas polares. A **ligação de hidrogênio**, um tipo especial de ligação secundária, existe entre algumas moléculas com hidrogênio como um de seus constituintes. Esses mecanismos de ligação serão agora discutidos de maneira sucinta.

ligação de hidrogênio

Ligações Flutuantes de Dipolo Induzido

Um dipolo pode ser criado ou induzido em um átomo ou molécula que é, em condições normais, eletricamente simétrico – isto é, a distribuição espacial global dos elétrons é simétrica em relação ao núcleo carregado positivamente, como está mostrado na Figura 2.21*a*. Todos os átomos apresentam movimentos de vibração constantes, que podem causar distorções instantâneas e de curta duração nessa simetria elétrica em alguns átomos ou moléculas, com a consequente criação de pequenos dipolos elétricos. Um desses dipolos pode, por sua vez, produzir um deslocamento na distribuição

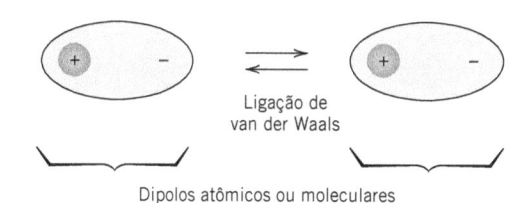

Figura 2.20 Ilustração esquemática da ligação de van der Waals entre dois dipolos.

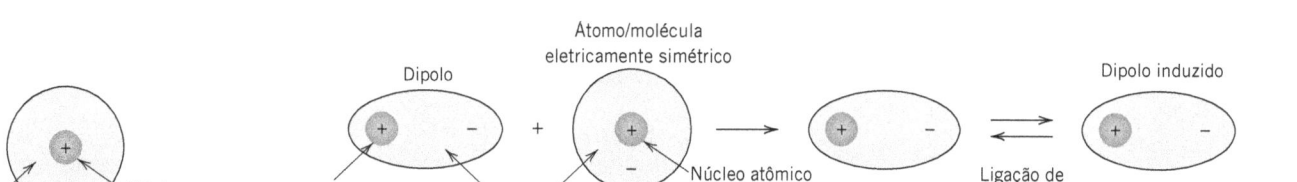

Figura 2.21 Representações esquemáticas de (*a*) um átomo eletricamente simétrico e (*b*) como um dipolo elétrico induz um átomo/molécula eletricamente simétrico a se tornar um dipolo – além disso, a ligação de van der Waals entre os dipolos.

eletrônica de uma molécula ou átomo adjacente, o que induz a segunda molécula ou átomo a também tornar-se um dipolo, o qual é, então, fracamente atraído ou ligado ao primeiro (Figura 2.21b); este é um tipo de ligação de van der Waals. Essas forças atrativas, que são temporárias e flutuam ao longo do tempo, podem existir entre grande número de átomos ou moléculas.

A liquefação e, em alguns casos, a solidificação dos gases inertes e de outras moléculas eletricamente neutras e simétricas, tais como o H_2 e o Cl_2, ocorrem devido a esse tipo de ligação. As temperaturas de fusão e de ebulição são extremamente baixas nos materiais em que há predominância da ligação por dipolos induzidos; entre todos os tipos de ligação intermoleculares possíveis, essas ligações são as mais fracas. As energias de ligação e as temperaturas de fusão para o argônio, o criptônio, o metano e o cloro também estão listadas na Tabela 2.3.

Ligações entre Moléculas Polares e Dipolos Induzidos

molécula polar

Momentos dipolares permanentes existem em algumas moléculas em virtude de um arranjo assimétrico de regiões carregadas positiva e negativamente; tais moléculas são denominadas **moléculas polares**. A Figura 2.22a mostra uma representação esquemática de uma molécula de cloreto de hidrogênio; um momento dipolo permanente surge das cargas positiva e negativa resultantes que estão associadas, respectivamente, às extremidades contendo o hidrogênio e o cloro na molécula de HCl.

As moléculas polares também podem induzir dipolos em moléculas apolares adjacentes, e uma ligação forma-se como resultado das forças atrativas entre as duas moléculas; esse esquema de ligação está representado esquematicamente na Figura 2.22b. Além disso, a magnitude dessa ligação é maior do que aquela que existe para os dipolos induzidos flutuantes.

Ligações de Dipolo Permanentes

Quais São as Diferenças entre as Ligações dos Tipos Iônica, Covalente, Metálica e de van der Waals?

Também existem forças de Coulomb entre moléculas polares adjacentes, como na Figura 2.20. As energias de ligação associadas são significativamente maiores do que aquelas para as ligações envolvendo dipolos induzidos.

O tipo mais forte de ligação secundária, a ligação de hidrogênio, é um caso especial de ligação entre moléculas polares. Ela ocorre entre moléculas nas quais o hidrogênio está ligado covalentemente ao flúor (como no HF), ao oxigênio (como em H_2O), ou ao nitrogênio (como no NH_3). Para cada ligação H—F, H—O ou H—N, o único elétron do hidrogênio é compartilhado com o outro átomo. Dessa forma, a extremidade da ligação contendo o hidrogênio é essencialmente um próton positivamente carregado, que não é neutralizado por nenhum elétron. Essa extremidade carregada da molécula, altamente positiva, é capaz de exercer grande força de atração sobre a extremidade negativa de uma molécula adjacente, como está demonstrado na Figura 2.23 para o HF. Essencialmente, o próton forma uma ponte entre dois átomos negativamente carregados. A magnitude da ligação de hidrogênio é geralmente maior do que aquela dos outros tipos de ligações secundárias, e pode ser tão elevada quanto 51 kJ/mol, como está mostrado na Tabela 2.3. As temperaturas de

(a)

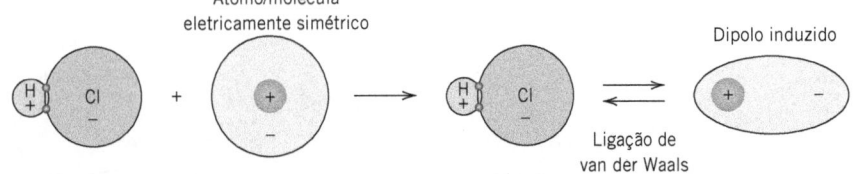

Átomo/molécula
eletricamente simétrico

Dipolo induzido

Ligação de
van der Waals

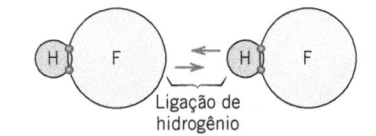

Ligação de
hidrogênio

Figura 2.22 Representações esquemáticas de (a) uma molécula de cloreto de hidrogênio (dipolo) e (b) como uma molécula de HCl induz um átomo/molécula eletricamente simétrico a se tornar um dipolo – além disso, a ligação de van der Waals entre esses dipolos.

Figura 2.23 Representação esquemática da ligação de hidrogênio no fluoreto de hidrogênio (HF).

fusão e de ebulição para o fluoreto de hidrogênio, a amônia e a água são anormalmente elevadas em relação aos seus baixos pesos moleculares, em consequência da ligação de hidrogênio.

Apesar das pequenas energias associadas às ligações secundárias, elas, no entanto, estão envolvidas em uma variedade de fenômenos naturais e em muitos produtos que usamos diariamente. Exemplos de fenômenos físicos incluem a solubilidade de uma substância em outra, a tensão

MATERIAIS DE IMPORTÂNCIA

Água (Sua Expansão de Volume Durante o Congelamento)

Ao congelar-se (isto é, ao transformar-se de um líquido em um sólido durante o resfriamento), a maioria das substâncias apresenta um aumento de massa específica (ou, de maneira correspondente, uma diminuição no volume). Uma exceção é a água, que exibe um comportamento anômalo e familiar de expansão ao se congelar – com uma expansão de seu volume de aproximadamente 9 %. Esse comportamento pode ser explicado com base nas ligações de hidrogênio. Cada molécula de H_2O exibe dois átomos de hidrogênio que podem ligar-se a átomos de oxigênio; além disso, seu único átomo de oxigênio pode ligar-se a dois átomos de hidrogênio de outras moléculas de H_2O. Dessa forma, no gelo sólido, cada molécula de água participa de quatro ligações de hidrogênio, como está mostrado no esquema tridimensional na Figura 2.24*a*; aqui, as ligações de hidrogênio estão representadas por linhas pontilhadas, e cada molécula de água tem quatro moléculas vizinhas mais próximas. Essa é uma estrutura relativamente aberta – isto é, as moléculas não estão compactadas umas em relação às outras; como consequência, a densidade é comparativamente baixa. No derretimento, essa estrutura é parcialmente destruída, de modo que as moléculas de água ficam mais compactadas umas em relação às outras (Figura 2.24*b*) – à temperatura ambiente, o número médio de moléculas de água vizinhas mais próximas aumenta para aproximadamente 4,5. Isso leva a um aumento na massa específica.

As consequências desse fenômeno de congelamento anômalo são familiares; ele explica por que os *icebergs* flutuam; por que, em climas frios, é preciso adicionar anticongelante ao sistema de resfriamento de um automóvel (para evitar a formação de trincas no bloco do motor); e por que ciclos de congelamento-descongelamento rompem a pavimentação de ruas e causam a formação de buracos.

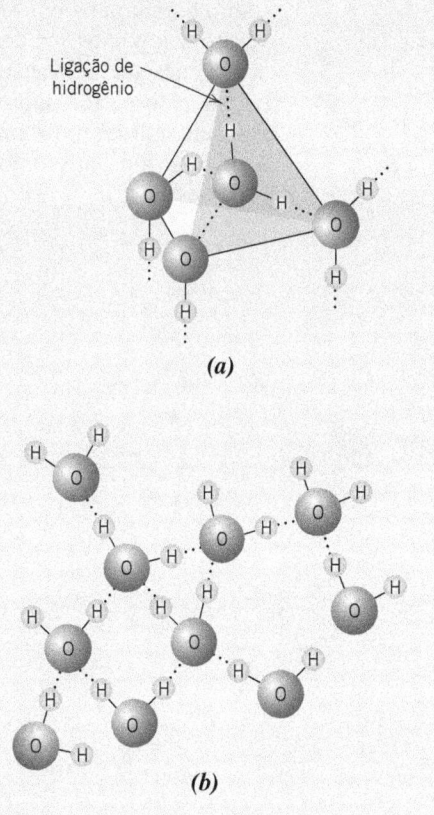

(a)

(b)

Figura 2.24 O arranjo das moléculas de água (H_2O) (*a*) no gelo sólido e (*b*) na água líquida.

© William D. Callister, Jr.

Um regador que se rompeu ao longo de uma solda entre o painel lateral e o painel de fundo. A água deixada no regador durante uma noite fria do final do outono se expandiu ao congelar-se e causou a ruptura.

superficial e a ação de capilaridade, a pressão de vapor, a volatilidade e a viscosidade. Aplicações comuns que fazem uso desses fenômenos incluem os *adesivos* – ligações de van der Waals formam-se entre duas superfícies tal que elas se aderem uma à outra (como discutido na abertura deste capítulo); *surfactantes* – compostos que reduzem a tensão superficial de um líquido e que são encontrados em sabões, detergentes e agentes espumantes; *emulsificadores* – substâncias que, quando adicionadas a dois materiais imiscíveis (geralmente líquidos), permitem que as partículas de um material fiquem suspensas no outro (emulsões comuns incluem as loções protetoras solares, os molhos para saladas, o leite e a maionese); e *dessecantes* – materiais que formam ligações de hidrogênio com as moléculas da água (e removem a umidade de recipientes fechados – por exemplo, os sachês que são encontrados com frequência nas caixas de produtos embalados); e, finalmente, as resistências, a rigidez e as temperaturas de amolecimento dos polímeros, em certo grau, dependem das ligações secundárias que se formam entre as moléculas das cadeias.

2.8 LIGAÇÃO MISTA

Algumas vezes torna-se ilustrativo representar os quatro tipos de ligação – iônica, covalente, metálica e de van der Waals – no que é conhecido como *tetraedro das ligações* – um tetraedro tridimensional com um desses tipos "extremos" localizado em cada vértice, como mostrado na Figura 2.25a. Adicionalmente, deve-se notar que, para muitos materiais reais, as ligações atômicas são misturas de dois ou mais desses extremos (isto é, *ligações mistas*). Três tipos de ligações mistas – covalente-iônica, covalente-metálica e metálica-iônica – também estão incluídas nas arestas desse tetraedro; vamos agora discutir cada uma delas.

Para as ligações mistas covalente-iônica, existe alguma natureza iônica na maioria das ligações covalentes e alguma natureza covalente nas ligações iônicas. Como tal, existe uma transição contínua entre esses dois tipos extremos de ligações. Na Figura 2.25a, esse tipo de ligação está representado entre os vértices para as ligações iônica e covalente. O grau de cada um desses tipos de ligação depende das posições relativas de seus átomos constituintes na tabela periódica (veja a Figura 2.8), ou da diferença em suas eletronegatividades (veja a Figura 2.9). Quanto maior for a separação (tanto horizontal – em relação ao Grupo IVA – quanto verticalmente) do canto inferior esquerdo para o canto superior direito (isto é, quanto maior for a diferença entre as eletronegatividades), mais iônica será a ligação. De maneira inversa, quanto mais próximos estiverem os átomos (isto é, quanto menor for a diferença entre as suas eletronegatividades), maior será o grau de covalência. O percentual do comportamento iônico (%CI) de uma ligação entre os elementos A e B (em que A é o mais eletronegativo) pode ser aproximado pela Equação 2.16.

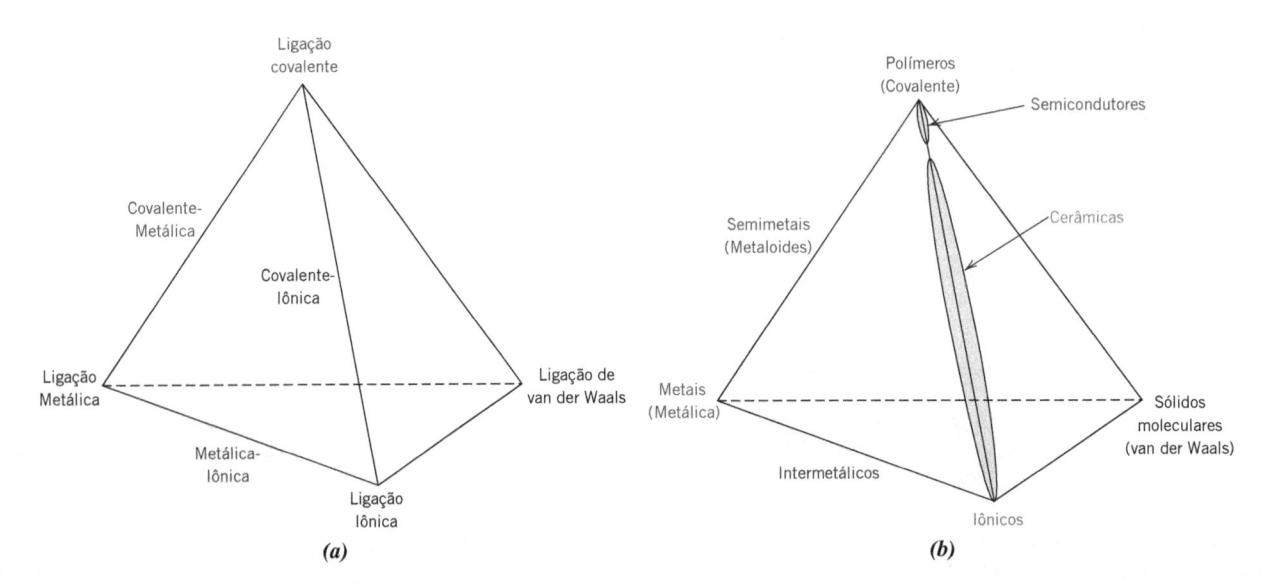

Figura 2.25 (*a*) Tetraedro das ligações: Cada um dos quatro tipos de ligações extremos (ou puros) está localizado em um canto do tetraedro; três tipos de ligações mistas estão incluídos ao longo das arestas do tetraedro. (*b*) Tetraedro material-tipo: correlação de cada classificação de material (metais, cerâmicas, polímeros etc.) com seu(s) tipo(s) de ligação.

$$\%CI = \{1 - \exp[-(0,25)(X_A - X_B)^2]\} \times 100 \tag{2.16}$$

em que X_A e X_B são as eletronegatividades dos respectivos elementos.

Outro tipo de ligação mista é encontrado para alguns elementos nos Grupos IIIA, IVA e VA da tabela periódica (quais sejam: B, Si, Ge, As, Sb, Te, Po e At). As ligações interatômicas para esses elementos são misturas entre metálica e covalente, como apontado na Figura 2.25a. Esses materiais são chamados de *metaloides* ou *semimetais*, e suas propriedades são intermediárias entre as dos metais e dos ametais. Além disso, para os elementos do Grupo IV, existe uma transição gradual de ligação covalente para ligação metálica, à medida que se move verticalmente para baixo nesta coluna – por exemplo, as ligações no carbono (diamante) são puramente covalentes, enquanto para o estanho e o chumbo, as ligações são predominantemente metálicas.

As ligações mistas metálica-iônica são observadas para os compostos feitos a partir de dois metais quando há diferença significativa entre suas eletronegatividades. Isso significa que alguma transferência de elétrons está associada à ligação, à medida que esta possui um componente iônico. Adicionalmente, quanto maior for essa diferença de eletronegatividades, maior será o grau de ionicidade. Por exemplo, existe um pequeno comportamento iônico na ligação titânio-alumínio no composto intermetálico $TiAl_3$, pois as eletronegatividades tanto do Al como do Ti são as mesmas (1,5) – veja a Figura 2.9. Contudo, está presente um grau muito maior de comportamento iônico no $AuCu_3$; a diferença de eletronegatividades entre o cobre e o ouro é de 0,5.

PROBLEMA-EXEMPLO 2.3

Cálculo do Percentual de Comportamento Iônico para a Ligação C—H

Calcule o percentual de comportamento iônico (%CI) da ligação interatômica que se forma entre o carbono e o hidrogênio.

Solução

O %CI de uma ligação entre dois átomos/íons, A e B (A sendo o mais eletronegativo), é uma função das suas eletronegatividades X_A e X_B, de acordo com a Equação 2.16. As eletronegatividades para o C e o H (veja a Figura 2.9) são $X_C = 2,5$ e $X_H = 2,1$. Portanto, o %CI é

$$\begin{aligned}
\%CI &= \{1 - \exp[-(0,25)(X_C - X_H)^2]\} \times 100 \\
&= \{1 - \exp[-(0,25)(2,5 - 2,1)^2]\} \times 100 \\
&= 3,9\ \%
\end{aligned}$$

Dessa forma, a ligação atômica C—H é, em sua maior parte, covalente (96,1 %).

2.9 MOLÉCULAS

Muitas moléculas comuns são compostas por grupos de átomos ligados entre si por ligações covalentes fortes, incluindo moléculas diatômicas elementares (F_2, O_2, H_2 etc.) e também uma gama de compostos (H_2O, CO_2, HNO_3, C_6H_6, CH_4 etc.). Nos estados condensados, líquido e sólido, as ligações entre as moléculas são ligações secundárias fracas. Consequentemente, os materiais moleculares apresentam temperaturas de fusão e de ebulição relativamente baixas. A maioria dos materiais que têm moléculas pequenas compostas por apenas alguns poucos átomos são gases a temperaturas e pressões ordinárias ou ambientes. Contudo, muitos polímeros modernos, sendo materiais moleculares compostos por moléculas extremamente grandes, existem como sólidos; algumas de suas propriedades são fortemente dependentes da presença de ligações secundárias de van der Waals e de hidrogênio.

2.10 CORRELAÇÕES TIPO DE LIGAÇÃO-CLASSIFICAÇÃO DO MATERIAL

Em discussões anteriores neste capítulo, foram feitas algumas correlações entre o tipo de ligação e a classificação do material – quais sejam, ligação iônica (cerâmicas), ligação covalente (polímeros), ligação metálica (metais), e ligação de van der Waals (sólidos moleculares). Resumimos essas correlações no tetraedro material-tipo mostrado na Figura 2.25b – que é o tetraedro de ligações na Figura 2.25a em que se encontram superpostas as localizações/regiões das ligações que tipificam cada uma das quatro classes de materiais.[10] Também estão incluídos os materiais que possuem ligações mistas: intermetálicos e semimetais. A ligação mista iônica-covalente para as cerâmicas também está destacada. Além disso, o tipo de ligação predominante para os materiais semicondutores é covalente, com a possibilidade de uma contribuição iônica.

RESUMO

Elétrons nos Átomos
- Os dois modelos atômicos são o de Bohr e o mecânico-ondulatório. Enquanto o modelo de Bohr assume que os elétrons sejam partículas que orbitam o núcleo em trajetórias discretas, na mecânica ondulatória eles são considerados semelhantes a ondas, e a posição do elétron é tratada em termos de uma distribuição de probabilidades.
- As energias dos elétrons são *quantizadas* – isto é, apenas são permitidos valores de energia específicos.
- Os quatro números quânticos eletrônicos são n, l, m_l e m_s. Eles especificam, respectivamente, o tamanho do orbital eletrônico, a forma do orbital, o número de orbitais eletrônicos e o momento de *spin*.
- De acordo com o princípio da exclusão de Pauli, cada estado eletrônico pode acomodar não mais do que dois elétrons, que devem ter *spins* (rotações) opostos.

A Tabela Periódica
- Os elementos em cada uma das colunas (ou grupos) da tabela periódica têm configurações eletrônicas distintas. Por exemplo:

  Os elementos no Grupo 0 (os gases inertes) têm camadas eletrônicas preenchidas.

  Os elementos no Grupo IA (os metais alcalinos) têm um elétron a mais em relação a uma camada eletrônica preenchida.

Forças e Energias de Ligação
- A *força de ligação* e a *energia de ligação* estão relacionadas uma à outra de acordo com as Equações 2.5a e 2.5b.
- As energias atrativa, repulsiva e resultante para dois átomos ou íons dependem da separação interatômica conforme o gráfico esquemático na Figura 2.10b.
- A partir de um gráfico da separação interatômica em função da força para dois átomos/íons, a separação de equilíbrio corresponde ao valor da força igual a zero.
- A partir de um gráfico da separação interatômica em função da energia potencial para dois átomos/íons, a energia de ligação corresponde ao valor de energia no ponto mínimo da curva.

Ligações Interatômicas Primárias
- Nas ligações iônicas, íons carregados eletricamente são formados pela transferência de elétrons de valência de um tipo de átomo para outro.
- A força de atração entre dois íons isolados que possuem cargas opostas pode ser calculada usando a Equação 2.13.
- Existe um compartilhamento de elétrons de valência entre átomos adjacentes quando a ligação é covalente.
- Os orbitais eletrônicos para algumas ligações covalentes podem superpor ou hibridizar. Foi discutida a hibridização dos orbitais s e p para formar orbitais sp^3 e sp^2 no carbono. Também foram destacadas as configurações desses orbitais híbridos.
- Na ligação metálica, os elétrons de valência formam um "mar de elétrons" uniformemente disperso ao redor dos núcleos de íons metálicos e que atua como uma forma de cola para eles.

---

[10] Embora a maioria dos átomos nos polímeros esteja ligada covalentemente, alguma ligação de van der Waals está normalmente presente. Escolhemos por não incluir as ligações de van der Waals para os polímeros, pois elas (as ligações de van der Waals) são *inter*moleculares (isto é, entre moléculas), em contraste com *intra*molecular (dentro das moléculas), e não são o principal tipo de ligação.

Ligações Secundárias
ou Ligações de Van
der Waals

- Ligações de van der Waals relativamente fracas resultam de forças atrativas entre dipolos elétricos, os quais podem ser induzidos ou permanentes.
- A ligação de hidrogênio ocorre quando moléculas altamente polares são formadas nas quais o hidrogênio liga-se covalentemente a um elemento não metálico, tal como o flúor.

Ligação Mista

- Além da ligação de van der Waals e dos três tipos de ligações principais, existem as ligações mistas covalente-iônica, covalente-metálica e metálica-iônica.
- O percentual do comportamento iônico (%CI) de uma ligação entre dois elementos (A e B) depende de suas eletronegatividades (X's) de acordo com a Equação 2.16.

Correlações Tipo de
Ligação-Classificação
do Material

- Foram apontadas as correlações entre o tipo de ligação e a classe do material:

  Polímeros – covalente

  Metais – metálica

  Cerâmicas – iônica/mista iônica-covalente

  Sólidos moleculares – van der Waals

  Semimetais – mista covalente-metálica

  Intermetálicos – mista metálica-iônica

Resumo das Equações

Número da Equação	Equação	Resolvendo para
2.5a	$E = \int F\,dr$	Energia potencial entre dois átomos
2.5b	$F = \dfrac{dE}{dr}$	Força entre dois átomos
2.9	$E_A = -\dfrac{A}{r}$	Energia atrativa entre dois átomos
2.11	$E_R = \dfrac{B}{r^n}$	Energia repulsiva entre dois átomos
2.13	$F_A = \dfrac{1}{4\pi\varepsilon_0 r^2}\big(|Z_1|e\big)\big(|Z_2|e\big)$	Força de atração entre dois íons isolados
2.16	$\%Cl = \left\{1 - \exp\big[-(0{,}25)(X_A - X_B)^2\big]\right\} \times 100$	Percentual do comportamento iônico

Lista de Símbolos

Símbolo	Significado
A, B, n	Constantes dos materiais
E	Energia potencial entre dois átomos/íons
E_A	Energia atrativa entre dois átomos/íons
E_R	Energia repulsiva entre dois átomos/íons
e	Carga eletrônica
ε_0	Permissividade do vácuo
F	Força entre dois átomos/íons
r	Distância de separação entre dois átomos/íons
X_A	Valor da eletronegatividade do elemento mais eletronegativo no composto BA
X_B	Valor da eletronegatividade do elemento mais eletropositivo no composto BA
Z_1, Z_2	Valores de valência para os íons 1 e 2

Termos e Conceitos Importantes*

configuração eletrônica	ligação covalente	modelo mecânico-ondulatório
dipolo (elétrico)	ligação de hidrogênio	mol
elétron de valência	ligação de van der Waals	molécula polar
eletronegativo	ligação iônica	número atômico (Z)
eletropositivo	ligação metálica	número quântico
energia de ligação	ligação primária	peso atômico (A)
estado eletrônico	ligação secundária	princípio da exclusão de Pauli
estado fundamental	mecânica quântica	tabela periódica
força de Coulomb	modelo atômico de Bohr	unidade de massa atômica (uma)
isótopo		

REFERÊNCIAS

A maioria do material neste capítulo é abordada em livros-textos de química de nível universitário. Dois desses livros-textos são listados aqui como referência.

Ebbing, D. D., S. D. Gammon, and R. O. Ragsdale, *Essentials of General Chemistry*, 2nd edition, Cengage Learning, Boston, MA, 2006.

Jespersen, N. D., and A. Hyslop, *Chemistry: The Molecular Nature of Matter*, 7th edition, Wiley, Hoboken, NJ, 2014.

PERGUNTAS E PROBLEMAS

Conceitos Fundamentais

Elétrons nos Átomos

2.1 Cite a diferença entre *massa atômica* e *peso atômico*.

2.2 O silício tem três isótopos de ocorrência natural: 92,23 % de ^{28}Si, com peso atômico de 27,9769 uma; 4,68 % de ^{29}Si, com peso atômico de 28,9765 uma; e 3,09 % de ^{30}Si, com peso atômico de 29,9738 uma. Com base nesses dados, confirme que o peso atômico médio do Si é de 28,0854 uma.

2.3 O zinco tem cinco isótopos de ocorrência natural: 48,63 % de ^{64}Zn, com peso atômico de 63,929 uma; 27,90 % de ^{66}Zn, com peso atômico de 65,926 uma; 4,10 % de ^{67}Zn, com peso atômico de 66,927 uma; 18,75 % de ^{68}Zn, com peso atômico de 67,925 uma; e 0,62 % de ^{70}Zn, com peso atômico de 69,925 uma. Calcule o peso atômico médio do Zn.

2.4 O índio tem dois isótopos de ocorrência natural: ^{113}In, com peso atômico de 112,904 uma, e ^{115}In, com peso atômico de 114,904 uma. Se o peso atômico médio do In é de 114,818 uma, calcule a fração de ocorrência desses dois isótopos.

2.5 **(a)** Quantos gramas existem em 1 uma de um material?

(b) Mol, no contexto deste livro, é considerado em unidades de grama-mol. Nessa base, quantos átomos existem em um libra-mol de uma substância?

2.6 **(a)** Cite dois conceitos quântico-mecânicos importantes que estão associados ao modelo atômico de Bohr.

(b) Cite dois importantes refinamentos adicionais que resultaram do modelo atômico mecânico-ondulatório.

2.7 Em relação aos elétrons e aos estados eletrônicos, o que cada um dos quatro números quânticos especifica?

2.8 Para a camada K, os quatro números quânticos para cada um dos dois elétrons no estado $1s$, em ordem de $nlm_l m_s$, são $100(\frac{1}{2})$ e $100(-\frac{1}{2})$. Escreva os quatro números quânticos para todos os elétrons nas camadas L e M, e identifique quais correspondem às subcamadas s, p e d.

2.9 Indique as configurações eletrônicas para os seguintes íons: P^{5+}, P^{3-}, Sn^{4+}, Se^{2-}, I^- e Ni^{2+}.

2.10 O iodeto de potássio (KI) exibe uma ligação predominantemente iônica. Os íons K^+ e I^- têm estruturas eletrônicas idênticas às estruturas de quais gases inertes?

A Tabela Periódica

2.11 Em relação à configuração eletrônica, o que todos os elementos no Grupo IIA da tabela periódica têm em comum?

2.12 A qual grupo na tabela periódica um elemento com número atômico 112 pertenceria?

2.13 Sem consultar a Figura 2.8 ou a Tabela 2.2, determine se cada uma das configurações eletrônicas a seguir corresponde a um gás inerte, um halogênio, um metal alcalino, um metal alcalinoterroso ou um metal de transição. Justifique suas escolhas.

(a) $1s^2 2s^2 2p^6 3s^2 3p^5$

(b) $1s^2 2s^2 2p^6 3s^2 3p^6 3d^7 4s^2$

(c) $1s^2 2s^2 2p^6 3s^2 3p^6 3d^{10} 4s^2 4p^6$

(d) $1s^2 2s^2 2p^6 3s^2 3p^6 4s^1$

---

* *Nota*: Em cada capítulo, a maioria dos termos listados na seção Termos e Conceitos Importantes está definida no Glossário, que é apresentado após o Apêndice E. Os outros termos são suficientemente importantes para garantir o seu tratamento em uma seção completa do livro e podem ser consultados a partir do Sumário ou do Índice.

(e) $1s^2 2s^2 2p^6 3s^2 3p^6 3d^{10} 4s^2 4p^6 4d^5 5s^2$

(f) $1s^2 2s^2 2p^6 3s^2$

2.14 (a) Qual subcamada eletrônica está sendo preenchida nos elementos da série das terras-raras na tabela periódica?

(b) Qual subcamada eletrônica está sendo preenchida na série dos actinídeos?

Forças e Energias de Ligação

2.15 Calcule a força de atração que existe entre um íon Ca^{2+} e um íon O^{2-} cujos centros estão separados por uma distância de 1,25 nm.

2.16 Os raios atômicos dos íons Mg^{2+} e do F^- são 0,072 e 0,133 nm, respectivamente.

(a) Calcule a força de atração entre esses dois íons na sua separação interiônica de equilíbrio (isto é, quando os íons exatamente tocam um no outro).

(b) Qual é a força de repulsão nesta mesma distância de separação?

2.17 A força de atração entre um cátion divalente e um ânion divalente é $1,67 \times 10^{-8}$ N. Se o raio iônico do cátion é 0,080 nm, qual é o raio do ânion?

2.18 A energia potencial resultante entre dois íons adjacentes, E, pode ser representada pela soma das Equações 2.9 e 2.11; isto é,

$$E = -\frac{A}{r} + \frac{B}{r^n} \qquad (2.17)$$

Calcule a energia de ligação E_0 em termos dos parâmetros A, B e n usando o seguinte procedimento:

1. Derive E em relação a r e, então, iguale a expressão resultante a zero, uma vez que a curva de E em função de r apresenta um mínimo em E_0.

2. Resolva essa equação para r em termos de A, B, e n, o que fornece r_0, o espaçamento interiônico de equilíbrio.

3. Determine a expressão para E_0 pela substituição de r_0 na Equação 2.17.

2.19 Para um par iônico $Na^+ - Cl^-$, as energias atrativa e repulsiva, E_A e E_R, respectivamente, dependem da distância entre os íons, r, de acordo com

$$E_A = -\frac{1,436}{r}$$

$$E_R = \frac{7,32 \times 10^{-6}}{r^8}$$

Nessas expressões, as energias estão expressas em elétron-volts por par $Na^+ - Cl^-$ e r é a distância em nanômetros. A energia resultante E é simplesmente a soma das duas expressões anteriores.

(a) Superponha, em um único gráfico, E, E_R e E_A em função de r, até a distância de 1,0 nm.

(b) Com base nesse gráfico, determine (i) o espaçamento de equilíbrio r_0 entre os íons Na^+ e Cl^- e (ii) a magnitude da energia de ligação E_0 entre os dois íons.

(c) Determine matematicamente os valores de r_0 e E_0 usando as soluções do Problema 2.18 e compare esses resultados com os resultados dos gráficos do item (b).

2.20 Considere um par iônico hipotético $X^+ - Y^-$ para o qual os valores do espaçamento interiônico e da energia de ligação de equilíbrio são de 0,38 nm e $-5,37$ eV, respectivamente. Se for sabido que o valor de n na Equação 2.17 é igual a 8, usando os resultados do Problema 2.18, determine expressões explícitas para as energias atrativa e repulsiva, E_A e E_R das Equações 2.9 e 2.11.

2.21 A energia potencial resultante E entre dois íons adjacentes é algumas vezes representada pela expressão

$$E = -\frac{C}{r} + D\exp\left(-\frac{r}{\rho}\right) \qquad (2.18)$$

na qual r é a separação interiônica e C, D e ρ são constantes cujos valores dependem de cada material específico.

(a) Desenvolva uma expressão para a energia de ligação E_0 em termos da separação interiônica de equilíbrio r_0 e das constantes D e ρ, usando o seguinte procedimento:

(i) Derive E em relação a r e, então, iguale a expressão resultante a zero.

(ii) Resolva essa expressão para C em termos de D, ρ e r_0.

(iii) Determine a expressão para E_0 substituindo C na Equação 2.18.

(b) Desenvolva outra expressão para E_0 em termos de r_0, C e ρ usando um procedimento análogo àquele descrito no item (a).

Ligações Interatômicas Primárias

2.22 (a) Cite sucintamente as principais diferenças entre as ligações iônica, covalente e metálica.

(b) Enuncie o princípio da exclusão de Pauli.

2.23 Trace um gráfico da energia de ligação em função da temperatura de fusão para os metais que estão listados na Tabela 2.3. Usando esse gráfico, obtenha uma estimativa aproximada para a energia de ligação do molibdênio, que apresenta temperatura de fusão de 2617 °C.

Ligações Secundárias ou Ligações de van der Waals

2.24 Explique por que o fluoreto de hidrogênio (HF) tem temperatura de ebulição mais elevada que o cloreto de hidrogênio (HCl) (19,4 °C *versus* –85 °C), apesar de o HF ter peso molecular menor.

Ligação Mista

2.25 Calcule o %CI da ligação interatômica para cada um dos seguintes compostos: MgO, GaP, CsF, CdS e FeO.

2.26 (a) Calcule o %CI das ligações interatômicas para o composto intermetálico Al_6Mn.

(b) Com base neste resultado, qual tipo de ligação interatômica você esperaria encontrar no Al_6Mn?

Correlações Tipo de Ligação–Classificação do Material

2.27 Qual(is) tipo(s) de ligação(ões) você esperaria para cada um dos seguintes materiais: xenônio sólido, fluoreto de cálcio (CaF_2), bronze, telureto de cádmio (CdTe), borracha e tungstênio?

Problemas com Planilha Eletrônica

2.1PE Gere uma planilha eletrônica que permita que o usuário entre com os valores para A, B e n (Equação 2.17), e então faça o seguinte:

(a) Trace em um gráfico da energia potencial em função da separação interatômica para dois átomos/íons as curvas para as energias atrativa (E_A), repulsiva (E_R) e resultante (E).

(b) Determine o espaçamento (r_0) e a energia da ligação (E_0) de equilíbrio.

2.2PE Gere uma planilha eletrônica que calcule o %CI de uma ligação entre os átomos de dois elementos, uma vez que o usuário tenha entrado com os valores das eletronegatividades dos elementos.

PERGUNTAS E PROBLEMAS SOBRE FUNDAMENTOS DA ENGENHARIA

2.1FE Qual, entre as seguintes configurações eletrônicas, pertence a um gás inerte?

(A) $1s^2 2s^2 2p^6 3s^2 3p^6$

(B) $1s^2 2s^2 2p^6 3s^2$

(C) $1s^2 2s^2 2p^6 3s^2 3p^6 4s^1$

(D) $1s^2 2s^2 2p^6 3s^2 3p^6 3d^2 4s^2$

2.2FE Qual(is) tipo(s) de ligação(ões) você esperaria para o latão (uma liga cobre-zinco)?

(A) Ligação iônica

(B) Ligação metálica

(C) Ligação covalente com alguma ligação de van der Waals

(D) Ligação de van der Waals

2.3FE Qual(is) tipo(s) de ligação(ões) você esperaria para a borracha?

(A) Ligação iônica

(B) Ligação metálica

(C) Ligação covalente com alguma ligação de van der Waals

(D) Ligação de van der Waals

Capítulo 3

Estruturas dos Metais e das Cerâmicas

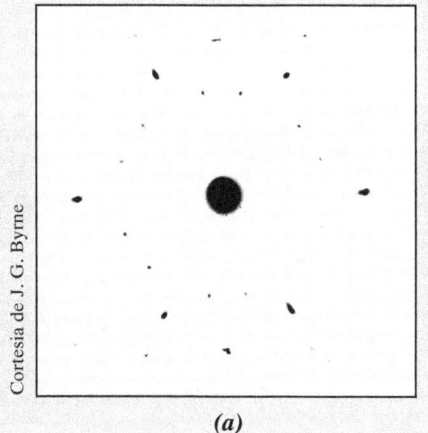

Cortesia de J. G. Byrne

(a)

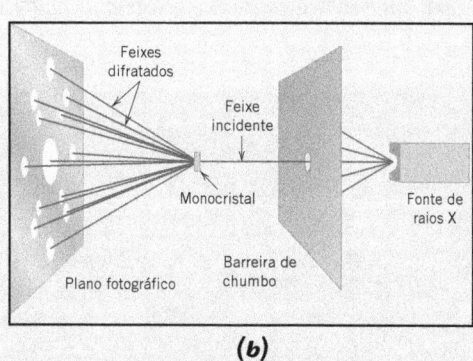

Feixes difratados

Feixe incidente

Monocristal

Fonte de raios X

Barreira de chumbo

Plano fotográfico

(b)

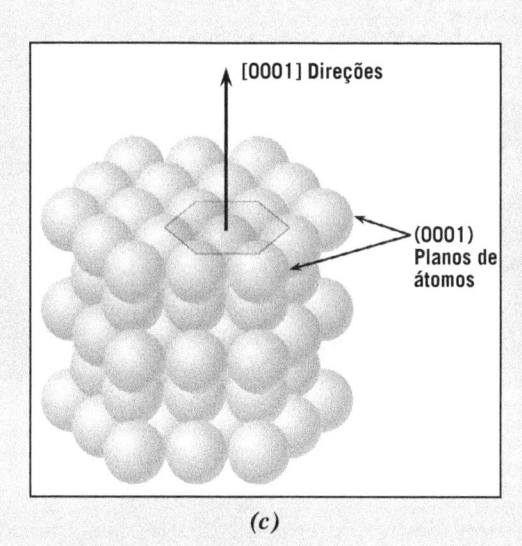

[0001] Direções

(0001) Planos de átomos

(c)

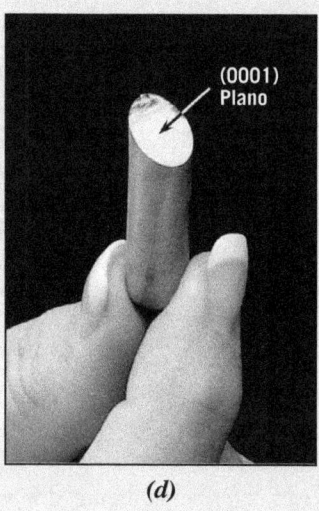

(0001) Plano

© William D. Callister, Jr.

(d)

(a) Fotografia de difração de raios X [ou fotografia de Laue (Seção 3.20)] para um monocristal de magnésio. *(b)* Diagrama esquemático que ilustra como são produzidos os pontos (isto é, o padrão de difração) em *(a)*. A barreira de chumbo bloqueia todos os feixes gerados pela fonte de raios X, exceto por um feixe estreito que se desloca em uma única direção. Esse feixe incidente é difratado por planos cristalográficos individuais no monocristal (que têm diferentes orientações), o que dá origem aos vários feixes difratados que impingem sobre a chapa fotográfica. As interseções desses feixes com a chapa aparecem como pontos quando o filme é revelado. A grande mancha no centro de *(a)* é oriunda do feixe incidente, que é paralelo a uma direção cristalográfica [0001]. Deve ser observado que a simetria hexagonal da estrutura cristalina hexagonal compacta do magnésio [mostrada em *(c)*] é indicada pelo padrão de pontos de difração que foi gerado.

(d) Fotografia de um monocristal de magnésio que foi clivado (ou dividido) ao longo de um plano (0001) – a superfície plana é um plano (0001). Além disso, a direção perpendicular a esse plano é uma direção (0001).

(e) Fotografia de uma *mag wheel* que consiste em uma roda de automóvel, leve, feita em magnésio.

iStockphoto

(e)

[A Figura *(b)* é de J. E. Brady e F. Senese, *Chemistry: Matter and Its Changes*, 4. ed. Copyright © 2004 por John Wiley & Sons, Hoboken, NJ. Reimpresso sob permissão de John Wiley & Sons, Inc.]

As propriedades de alguns materiais estão diretamente relacionadas com as suas estruturas cristalinas. Por exemplo, o magnésio e o berílio puros e sem deformação, tendo determinada estrutura cristalina, são muito mais frágeis (isto é, fraturam em menores níveis de deformação) que metais puros e sem deformação, tais como o ouro e a prata, os quais apresentam outra estrutura cristalina (veja a Seção 8.5).

Além disso, existem diferenças significativas de propriedades entre materiais cristalinos e não cristalinos que têm a mesma composição. Por exemplo, as cerâmicas e os polímeros não cristalinos são, em geral, opticamente transparentes; os mesmos materiais em forma cristalina (ou semicristalina) tendem a ser opacos ou, na melhor das hipóteses, translúcidos.

Objetivos do Aprendizado

Após estudar este capítulo, você deverá ser capaz de realizar o seguinte:

1. Descrever a diferença nas estruturas atômicas/moleculares entre materiais cristalinos e não cristalinos.
2. Desenhar células unitárias para as estruturas cristalinas cúbica de faces centradas, cúbica de corpo centrado e hexagonal compacta.
3. Desenvolver as relações entre o comprimento da aresta da célula unitária e o raio atômico para as estruturas cristalinas cúbica de faces centradas e cúbica de corpo centrado.
4. Calcular as densidades para metais com estruturas cristalinas cúbica de faces centradas e cúbica de corpo centrado, dadas as dimensões de suas células unitárias.
5. Esboçar/descrever as células unitárias para as estruturas cristalinas do cloreto de sódio, cloreto de césio, blenda de zinco, cúbica do diamante, fluorita e perovskita. Fazer o mesmo para as estruturas atômicas da grafita e de um vidro à base de sílica.
6. Dados a fórmula química para um composto cerâmico e os raios iônicos de seus íons componentes, determinar a estrutura cristalina.
7. Dados os três índices inteiros de uma direção, esboçar a direção correspondente a esses índices em uma célula unitária.
8. Especificar os índices de Miller para um plano que tenha sido traçado em uma célula unitária.
9. Descrever como as estruturas cristalinas cúbica de faces centradas e hexagonal compacta podem ser geradas pelo empilhamento de planos compactos de átomos. Fazer o mesmo para a estrutura cristalina do cloreto de sódio em termos de planos compactos de ânions.
10. Distinguir entre monocristais e materiais policristalinos.
11. Definir *isotropia* e *anisotropia* em relação às propriedades dos materiais.

3.1 INTRODUÇÃO

O Capítulo 2 tratou principalmente dos vários tipos de ligação atômica, que são determinados pela estrutura eletrônica dos átomos individuais. A presente discussão se dedica ao próximo nível da estrutura dos materiais, especificamente a alguns dos arranjos que podem ser assumidos pelos átomos no estado sólido. Neste contexto são introduzidos os conceitos de cristalinidade e falta de cristalinidade. Para os sólidos cristalinos, a noção de estrutura cristalina é apresentada e especificada em termos de uma célula unitária. As estruturas cristalinas encontradas tanto nos metais como nas cerâmicas são então detalhadas, juntamente com a metodologia pela qual os pontos, as direções e os planos cristalográficos são expressos. São considerados os materiais monocristalinos, policristalinos e não cristalinos. Outra seção deste capítulo descreve sucintamente como as estruturas cristalinas são determinadas experimentalmente por técnicas de difração de raios X.

Estruturas Cristalinas

3.2 CONCEITOS FUNDAMENTAIS

cristalino

Os materiais sólidos podem ser classificados de acordo com a regularidade pela qual seus átomos ou íons estão arranjados uns em relação aos outros. Um material **cristalino** é aquele em que os átomos estão situados em um arranjo que se repete, ou periódico, ao longo de grandes distâncias atômicas; isto é, existe ordem de longo alcance, tal que, na solidificação, os átomos se posicionam em um padrão tridimensional repetitivo, em que cada átomo está ligado aos seus átomos vizinhos mais próximos. Todos os metais, muitos materiais cerâmicos e certos polímeros formam estruturas cristalinas sob condições normais de solidificação. Naqueles que não se cristalizam, essa ordem atômica de longo alcance está ausente; esses materiais *não cristalinos* ou *amorfos* são discutidos sucintamente ao final deste capítulo.

estrutura cristalina

Algumas das propriedades dos sólidos cristalinos dependem da **estrutura cristalina** do material – a maneira na qual os átomos, íons ou moléculas estão arranjados no espaço. Existe um número extremamente grande de estruturas cristalinas diferentes, todas com uma ordem atômica de longo alcance; essas variam desde estruturas relativamente simples nos metais, até estruturas excessivamente complexas, como as exibidas por alguns materiais cerâmicos e poliméricos. A presente discussão trata de várias estruturas cristalinas usuais encontradas em metais e cerâmicas. O próximo capítulo trata das estruturas dos polímeros.

Ao descrever as estruturas cristalinas, os átomos (ou íons) são considerados esferas sólidas com diâmetros bem definidos. Isso é denominado *modelo atômico da esfera rígida*, no qual as esferas que representam os átomos vizinhos mais próximos se tocam umas nas outras. Um exemplo do modelo de esferas rígidas para o arranjo atômico encontrado em alguns metais elementares comuns está mostrado na Figura 3.1c. Nesse caso em particular, todos os átomos são idênticos. Algumas vezes o termo **rede cristalina** é considerado no contexto de estruturas cristalinas; nesse sentido, *rede cristalina* significa um arranjo tridimensional de pontos que coincidem com as posições dos átomos (ou como os centros das esferas).

rede cristalina

3.3 CÉLULAS UNITÁRIAS

célula unitária

A ordenação dos átomos nos sólidos cristalinos indica que pequenos grupos de átomos formam um padrão repetitivo. Dessa forma, ao descrever as estruturas cristalinas, frequentemente é conveniente subdividir a estrutura em pequenas entidades repetitivas, chamadas de **células unitárias**. Para a maioria das estruturas cristalinas, as células unitárias são paralelepípedos ou prismas com três conjuntos de faces paralelas; uma dessas células unitárias está desenhada no agregado de esferas (Figura 3.1c) e nesse caso ela tem o formato de um cubo. Uma célula unitária é escolhida para representar a simetria da estrutura cristalina, tal que todas as posições dos átomos no cristal podem ser geradas por translações de distâncias inteiras da célula unitária ao longo de cada uma das suas arestas. Assim, a célula unitária é a unidade estrutural básica ou o bloco construtivo básico da estrutura cristalina e define a estrutura cristalina em virtude de sua geometria e das posições dos átomos no seu interior. Em geral, por conveniência, os vértices do paralelepípedo coincidem com os centros dos átomos

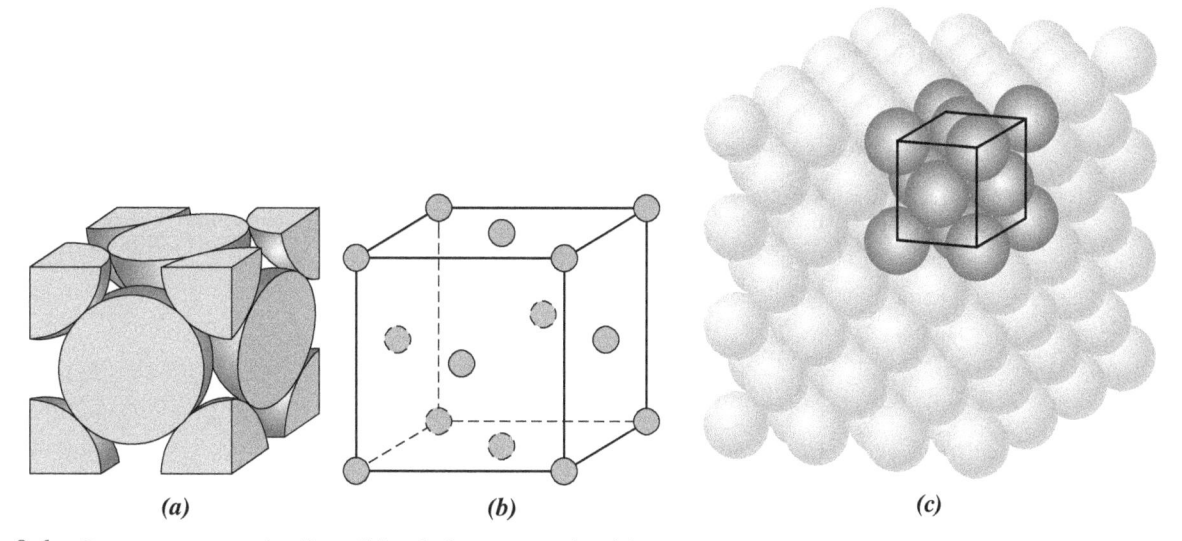

(a)   *(b)*   *(c)*

Figura 3.1   Para a estrutura cristalina cúbica de faces centradas, (*a*) uma representação da célula unitária por meio de esferas rígidas, (*b*) uma célula unitária com esferas reduzidas e (*c*) um agregado de muitos átomos.
[Figura (*c*) adaptada de W. G. Moffatt, G. W. Pearsall and J. Wulff, *The Structure and Properties of Materials*, Vol. I, *Structure*, p. 51, Copyright © 1964 por John Wiley & Sons, New York. Reimpresso sob permissão de John Wiley & Sons, Inc.]

representados como esferas rígidas. Além disso, mais de uma única célula unitária pode ser escolhida para uma estrutura cristalina particular; contudo, em geral usamos a célula unitária com o mais alto grau de simetria geométrica.

3.4 ESTRUTURAS CRISTALINAS DOS METAIS

A ligação atômica nesse grupo de materiais é metálica e, dessa forma, sua natureza é não direcional. Consequentemente, são mínimas as restrições em relação à quantidade e à posição dos átomos vizinhos mais próximos; isso leva a números relativamente elevados de vizinhos mais próximos, assim como a empacotamentos compactos dos átomos na maioria das estruturas cristalinas dos metais. Além disso, no caso dos metais, ao se considerar o modelo de esferas rígidas para representar as estruturas cristalinas, cada esfera representa um núcleo iônico. A Tabela 3.1 apresenta os raios atômicos para inúmeros metais. Três estruturas cristalinas relativamente simples são encontradas para a maioria dos metais comuns: cúbica de faces centradas, cúbica de corpo centrado e hexagonal compacta.

A Estrutura Cristalina Cúbica de Faces Centradas

A estrutura cristalina encontrada em muitos metais apresenta uma célula unitária com geometria cúbica, com os átomos localizados em cada um dos vértices e nos centros de todas as faces do cubo. Essa estrutura é chamada adequadamente de estrutura cristalina **cúbica de faces centradas (CFC)**. Alguns dos metais comuns que apresentam essa estrutura cristalina são o cobre, o alumínio, a prata e o ouro (veja também a Tabela 3.1). A Figura 3.1*a* mostra um modelo de esferas rígidas para a célula unitária CFC, enquanto na Figura 3.1*b* os centros dos átomos estão representados por pequenos círculos com o objetivo de proporcionar uma perspectiva melhor das posições dos átomos. O agregado de átomos na Figura 3.1*c* representa uma seção de cristal formado por muitas células unitárias CFC. Essas esferas, ou núcleos iônicos, se tocam umas às outras ao longo de uma diagonal da face; o comprimento da aresta do cubo *a* e o raio atômico *R* estão relacionados pela expressão

cúbica de faces centradas (CFC)

Comprimento da aresta da célula unitária para a estrutura cúbica de faces centradas

$$a = 2R\sqrt{2} \tag{3.1}$$

Esse resultado é obtido no Problema-Exemplo 3.1.

Ocasionalmente, precisamos determinar o número de átomos associados a cada célula unitária. Dependendo da localização do átomo, ele pode ser considerado como compartilhado por células unitárias adjacentes, isto é, apenas uma fração do átomo está associada a uma célula específica. Por exemplo, nas células unitárias cúbicas, um átomo completamente no interior da célula unitária "pertence" àquela célula unitária, um átomo em uma face da célula é compartilhado com outra célula, e um átomo localizado em um vértice é compartilhado por oito células. O número de átomos por célula unitária, *N*, pode ser calculado pela seguinte fórmula:

Tabela 3.1   Raios Atômicos e Estruturas Cristalinas para 16 Metais

Metal	Estrutura Cristalina[a]	Raio Atômico[b] (nm)	Metal	Estrutura Cristalina[a]	Raio Atômico[b] (nm)
Alumínio	CFC	0,1431	Níquel	CFC	0,1246
Cádmio	HC	0,1490	Ouro	CFC	0,1442
Chumbo	CFC	0,1750	Platina	CFC	0,1387
Cobalto	HC	0,1253	Prata	CFC	0,1445
Cobre	CFC	0,1278	Tântalo	CCC	0,1430
Cromo	CCC	0,1249	Titânio (α)	HC	0,1445
Ferro (α)	CCC	0,1241	Tungstênio	CCC	0,1371
Molibdênio	CCC	0,1363	Zinco	HC	0,1332

[a] CFC = cúbica de faces centradas; HC = hexagonal compacta; CCC = cúbica de corpo centrado.

[b] Um nanômetro (nm) equivale a 10^{-9} m; para converter de nanômetros para angstrons (Å), multiplique o valor em nanômetros por 10.

$$N = N_i + \frac{N_f}{2} + \frac{N_v}{8} \tag{3.2}$$

em que

N_i = o número de átomos no interior
N_f = o número de átomos nas faces
N_v = o número de átomos nos vértices

Na estrutura cristalina CFC existem oito átomos nos vértices ($N_v = 8$), seis átomos nas faces ($N_f = 6$) e nenhum átomo no interior ($N_i = 0$). Dessa forma, a partir da Equação 3.2,

Cálculos para Célula Única CFC

$$N = 0 + \frac{6}{2} + \frac{8}{8} = 4$$

ou um total de quatro átomos inteiros pode ser associado a determinada célula unitária. Isso está representado na Figura 3.1a, onde estão representadas apenas as frações das esferas que estão dentro dos limites do cubo. A célula unitária compreende o volume do cubo que é gerado a partir dos centros dos átomos nos vértices, como mostrado na figura.

As posições nos vértices e nas faces são na realidade equivalentes – isto é, uma translação do vértice do cubo a partir de um átomo originalmente em um vértice para o centro de um átomo localizado em uma das faces não altera a estrutura da célula unitária.

número de coordenação
fator de empacotamento atômico (FEA)

Duas outras características importantes de uma estrutura cristalina são o **número de coordenação** e o **fator de empacotamento atômico (FEA)**. Nos metais, todos os átomos têm o mesmo número de vizinhos mais próximos ou átomos em contato, o que constitui o seu número de coordenação. Para as estruturas cúbicas de aces centradas, o número de coordenação é 12. Isso pode ser confirmado examinando a Figura 3.1a: o átomo na face anterior tem como vizinhos mais próximos quatro átomos que estão localizados nos vértices ao seu redor, quatro átomos que estão localizados nas faces e que estão em contato pelo lado de trás, e quatro outros átomos de faces equivalentes localizados na próxima célula unitária, à sua frente (não mostrados).

O FEA é a soma dos volumes das esferas de todos os átomos no interior de uma célula unitária (assumindo o modelo atômico das esferas rígidas) dividido pelo volume da célula unitária, isto é,

Definição de fator de empacotamento atômico

$$FEA = \frac{\text{volume dos átomos em uma célula unitária}}{\text{volume total da célula unitária}} \tag{3.3}$$

Para a estrutura CFC, o FEA é de 0,74, o qual é o máximo empacotamento possível para um conjunto de esferas que têm o mesmo diâmetro. O cálculo desse valor de FEA também está incluído como problema-exemplo. Tipicamente, os metais apresentam fatores de empacotamento atômico relativamente grandes, a fim de maximizar a proteção conferida pela nuvem de elétrons livres.

A Estrutura Cristalina Cúbica de Corpo Centrado

Outra estrutura cristalina comum em metais também apresenta uma célula unitária cúbica, com átomos localizados em todos os oito vértices e um único átomo localizado no centro do cubo. Essa estrutura é chamada de estrutura cristalina **cúbica de corpo centrado (CCC)**. Um conjunto de esferas demonstrando essa estrutura cristalina está representado na Figura 3.2c, enquanto as Figuras 3.2a e 3.2b são diagramas de células unitárias CCC em que os átomos estão representados de acordo com os modelos de esferas rígidas e de esferas reduzidas, respectivamente. Os átomos no centro e nos vértices se tocam uns nos outros ao longo das diagonais do cubo, e o comprimento da célula unitária a e o raio atômico R estão relacionados por

cúbica de corpo centrado (CCC)

Comprimento da aresta da célula unitária para a estrutura cúbica de corpo centrado

$$a = \frac{4R}{\sqrt{3}} \tag{3.4}$$

O cromo, o ferro, o tungstênio e diversos outros metais listados na Tabela 3.1 exibem uma estrutura CCC.

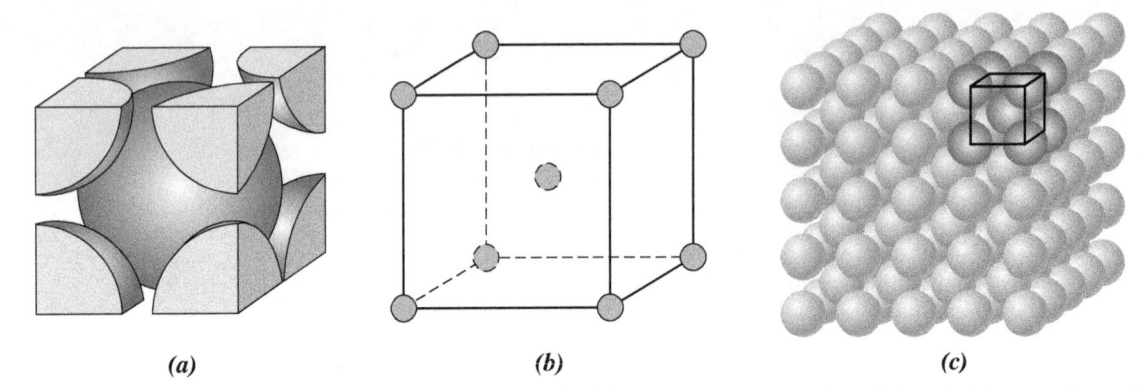

(a) *(b)* *(c)*

Figura 3.2 Para a estrutura cristalina cúbica de corpo centrado, (*a*) uma representação da célula unitária por esferas rígidas, (*b*) uma célula unitária com esferas reduzidas e (*c*) um agregado de muitos átomos.
[Figura (*c*) de W. G. Moffatt, G. W. Pearsall and J. Wulff, *The Structure and Properties of Materials*, Vol. I, *Structure*, p. 51, Copyright © 1964 por John Wiley & Sons, New York. Reimpresso sob permissão de John Wiley & Sons, Inc.]

Cada célula unitária CCC possui oito átomos nos vértices e um único átomo no centro do cubo, o qual está totalmente contido dentro de sua célula. Portanto, a partir da Equação 3.2, o número de átomos por célula unitária CCC é de

Sistemas Cristalinos e
Células Unitárias para
os Metais

$$N = N_i + \frac{N_f}{2} + \frac{N_v}{8}$$

$$= 1 + 0 + \frac{8}{8} = 2$$

O número de coordenação para a estrutura cristalina CCC é 8; cada átomo central tem os oito átomos localizados nos vértices do cubo como seus vizinhos mais próximos. Uma vez que o número de coordenação é menor na estrutura CCC do que na CFC, o fator de empacotamento atômico na estrutura CCC também é menor –0,68 contra 0,74.

Também é possível existir uma célula unitária que consiste em átomos localizados apenas nos vértices de um cubo. Essa é chamada de *estrutura cristalina cúbica simples* (*CS*); os modelos em esferas rígidas e com esferas reduzidas estão mostrados, respectivamente, nas Figuras 3.3*a* e 3.3*b*. Nenhum elemento metálico tem essa estrutura cristalina devido a seu fator de empacotamento atômico relativamente baixo (veja a Verificação de Conceitos 3.1). O único elemento com estrutura cúbica simples é o polônio, que é considerado um metaloide (ou semimetal).

A Estrutura Cristalina Hexagonal Compacta

Nem todos os metais têm células unitárias com simetria cúbica; a última estrutura cristalina comumente encontrada nos metais a ser discutida apresenta uma célula unitária hexagonal. A Figura 3.4*a* mostra uma célula unitária com esferas reduzidas para essa estrutura, a qual é denominada **hexagonal compacta (HC)**; um conjunto com várias células unitárias HC está representado na Figura 3.4*b*.[1] As faces superior e inferior da célula unitária são compostas por seis átomos que formam hexágonos regulares e que envolvem um único átomo central. Outro plano, que contribui com três átomos adicionais para a célula unitária, está localizado entre os planos superior e inferior. Os átomos localizados nesse plano intermediário têm como vizinhos mais próximos átomos em ambos os planos adjacentes.

hexagonal compacta (HC)

Para calcular o número de átomos por célula unitária para a estrutura cristalina HC, a Equação 3.2 é modificada para assumir o seguinte formato:

Sistemas Cristalinos e
Células Unitárias para
os Metais

$$N = N_i + \frac{N_f}{2} + \frac{N_v}{6} \tag{3.5}$$

Isto é, um sexto de cada átomo localizado nos vértices é atribuído a uma célula unitária (em vez de oito, como acontece na estrutura cúbica). Uma vez que na estrutura HC existem seis átomos em vértices em cada uma das faces superior e inferior (para um total de 12 átomos em vértices), dois átomos nos centros

---

[1] Alternativamente, a célula unitária HC pode ser especificada em termos do paralelepípedo definido pelos átomos identificados de A a H na Figura 3.4*a*. Assim, o átomo identificado como *J* está localizado no interior da célula unitária.

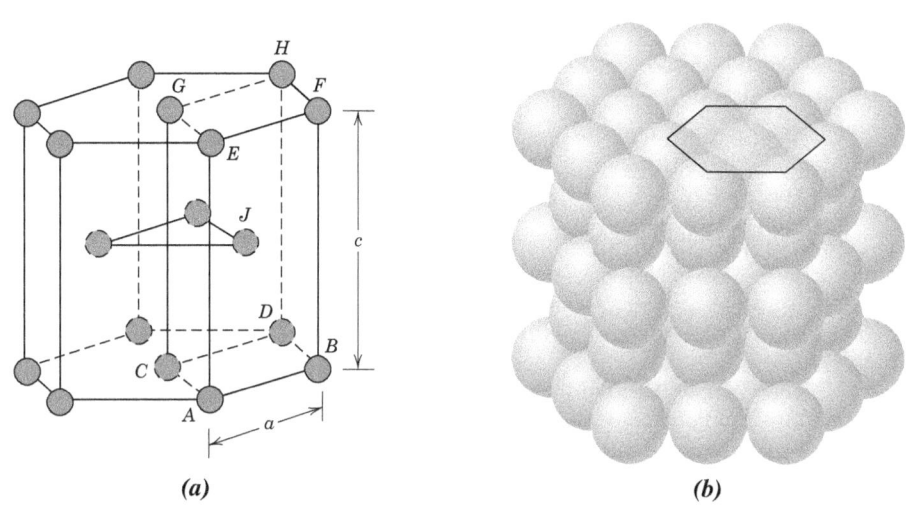

Figura 3.3 Para a estrutura cristalina cúbica simples, (*a*) uma célula unitária com esferas rígidas e (*b*) uma célula unitária com esferas reduzidas.

(a)

(b)

(a)

(b)

Figura 3.4 Para a estrutura cristalina hexagonal compacta, (*a*) uma célula unitária com esferas reduzidas (*a* e *c* representam os comprimentos das arestas menor e maior, respectivamente) e (*b*) um agregado de muitos átomos.

[Figura (*b*) de W. G. Moffatt, G. W. Pearsall and J. Wulff, *The Structure and Properties of Materials*, Vol. I, *Structure*, p. 51, Copyright © 1964 por John Wiley & Sons, New York. Reimpresso sob permissão de John Wiley & Sons, Inc.]

das faces (um em cada uma das faces superior e inferior) e três átomos internos no plano intermediário, o valor de *N* para a estrutura HC é determinado usando a Equação 3.5, sendo

$$N = 3 + \frac{2}{2} + \frac{12}{6} = 6$$

Dessa forma, seis átomos são atribuídos a cada célula unitária.

Se *a* e *c* representam, respectivamente, as dimensões curta e longa da célula unitária da Figura 3.4*a*, a razão *c*/*a* deveria ser de 1,633; entretanto, para alguns metais HC, essa razão se desvia do valor ideal.

O número de coordenação e o fator de empacotamento atômico para a estrutura cristalina HC são os mesmos que para a estrutura CFC: 12 e 0,74, respectivamente. Os metais HC incluem o cádmio, o magnésio, o titânio e o zinco; alguns desses estão listados na Tabela 3.1.

PROBLEMA-EXEMPLO 3.1

Determinação do Volume da Célula Unitária CFC

Calcule o volume de uma célula unitária CFC em termos do raio atômico *R*.

Solução

Na célula unitária CFC ilustrada, os átomos se tocam ao longo de uma diagonal da face, cujo comprimento equivale a 4*R*. Uma vez que a célula

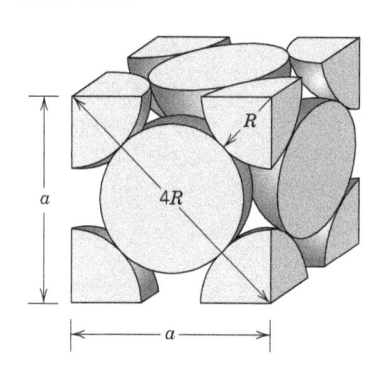

unitária tem a forma de um cubo, seu volume é a^3, em que a é o comprimento da aresta da célula unitária. A partir do triângulo retângulo sobre a face,

$$a^2 + a^2 = (4R)^2$$

ou, resolvendo para a,

$$a = 2R\sqrt{2} \qquad (3.1)$$

O volume da célula unitária CFC, V_C, pode ser calculado a partir de

$$V_C = a^3 = (2R\sqrt{2})^3 = 16R^3\sqrt{2} \qquad (3.6)$$

PROBLEMA-EXEMPLO 3.2

Cálculo do Fator de Empacotamento Atômico para a Estrutura CFC

Mostre que o fator de empacotamento atômico para a estrutura cristalina CFC é de 0,74.

Solução

O FEA é definido como a fração do volume das esferas sólidas em uma célula unitária, ou

$$FEA = \frac{\text{volume total das esferas}}{\text{volume total da célula unitária}} = \frac{V_E}{V_C}$$

Tanto o volume total dos átomos como o volume da célula unitária podem ser calculados em termos do raio atômico R. O volume para uma esfera é $\frac{4}{3}\pi R^3$ e, uma vez que existem quatro átomos por célula unitária CFC, o volume total dos átomos (ou das esferas) é

$$V_E = (4)\frac{4}{3}\pi R^3 = \frac{16}{3}\pi R^3$$

A partir do Problema-Exemplo 3.1, o volume total da célula unitária é

$$V_C = 16R^3\sqrt{2}$$

Portanto, o fator de empacotamento atômico é

$$FEA = \frac{V_E}{V_C} = \frac{(\frac{16}{3})\pi R^3}{16R^3\sqrt{2}} = 0,74$$

Verificação de Conceitos 3.1

(a) Qual é o número de coordenação para a estrutura cristalina cúbica simples?

(b) Calcule o fator de empacotamento atômico para a estrutura cúbica simples.

[As respostas estão disponíveis no GEN-IO, ambiente virtual de aprendizagem do GEN.]

PROBLEMA-EXEMPLO 3.3

Determinação do Volume da Célula Unitária HC

(a) Calcule o volume de uma célula unitária HC em termos dos seus parâmetros da rede a e c.

(b) Escreva, agora, uma expressão para esse volume em termos do raio atômico, R, e do parâmetro da rede c.

Solução

(a) Usamos a célula unitária HC com esferas reduzidas, mostrada ao lado, para resolver este problema.

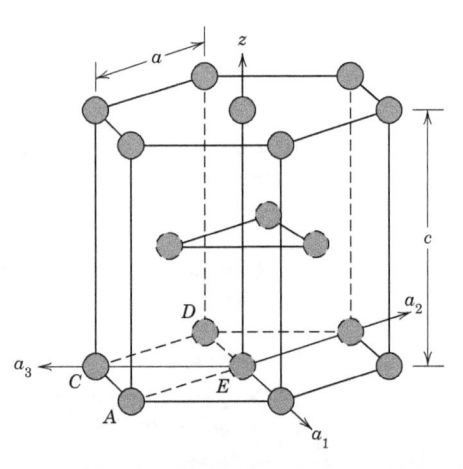

Agora, o volume da célula unitária é simplesmente o produto da área da base vezes a altura da célula, *c*. Essa área da base é simplesmente três vezes a área do paralelepípedo *ACDE* mostrado abaixo. (Esse paralelepípedo *ACDE* também está identificado na célula unitária acima.)

A área de *ACDE* é simplesmente o comprimento de $\overline{CD}$ vezes a altura $\overline{BC}$. Mas $\overline{CD}$ é simplesmente *a*, e $\overline{BC}$ é igual a

$$\overline{BC} = a\cos(30°) = \frac{a\sqrt{3}}{2}$$

Dessa forma, a área da base é simplesmente

$$\text{ÁREA} = (3)(\overline{CD})(\overline{BC}) = (3)(a)\left(\frac{a\sqrt{3}}{2}\right) = \frac{3a^2\sqrt{3}}{2}$$

Novamente, o volume da célula unitária V_C é simplesmente o produto da ÁREA por *c*; dessa forma,

$$V_C = \text{ÁREA}\,(c)$$
$$= \left(\frac{3a^2\sqrt{3}}{2}\right)(c)$$
$$= \frac{3a^2c\sqrt{3}}{2} \tag{3.7a}$$

(b) Para esta parte do problema, tudo o que precisamos fazer é verificar que o parâmetro da rede *a* está relacionado com o raio atômico *R* por

$$a = 2R$$

Agora, fazendo essa substituição para *a* na Equação 3.7a, temos

$$V_C = \frac{3(2R)^2c\sqrt{3}}{2}$$
$$= 6R^2c\sqrt{3} \tag{3.7b}$$

3.5 CÁLCULOS DA MASSA ESPECÍFICA – METAIS

Um conhecimento da estrutura cristalina de um sólido metálico permite o cálculo de sua densidade teórica, ρ, pela relação

Densidade teórica para metais

$$\rho = \frac{nA}{V_C N_A} \tag{3.8}$$

em que

n = número de átomos associados a cada célula unitária
A = peso atômico
V_C = volume da célula unitária
N_A = número de Avogadro ($6,022 \times 10^{23}$ átomos/mol)

PROBLEMA-EXEMPLO 3.4

Cálculo da Massa Específica Teórica do Cobre

O cobre tem um raio atômico de 0,128 nm, uma estrutura cristalina CFC e um peso atômico de 63,5 g/mol. Calcule a densidade teórica e compare a resposta com a massa específica medida experimentalmente.

Solução

A Equação 3.8 é empregada na solução deste problema. Uma vez que a estrutura cristalina é CFC, *n*, o número de átomos por célula unitária, é igual a 4. Além disso, o peso atômico A_{Cu} é dado como de

63,5 g/mol. O volume da célula unitária V_C para a estrutura CFC foi determinado no Problema-Exemplo 3.1 como $\sqrt{2}, 16R^3$, em que o valor de R, o raio atômico, é de 0,128 nm.

A substituição dos vários parâmetros na Equação 3.8 fornece

$$\rho = \frac{nA_{Cu}}{V_C N_A} = \frac{nA_{Cu}}{(16R^3\sqrt{2})N_A}$$

$$= \frac{(4 \text{ átomos/célula unitária})(63,5 \text{ g/mol})}{[16\sqrt{2}(1,28 \times 10^{-8}\,\text{cm})^3/\text{célula unitária}](6,022 \times 10^{23} \text{ átomos/mol})}$$

$$= 8,89 \text{ g/cm}^3$$

O valor encontrado na literatura para a massa específica do cobre é de 8,94 g/cm³, o que está em excelente concordância com o resultado anterior.

3.6 ESTRUTURAS CRISTALINAS DAS CERÂMICAS

Uma vez que as cerâmicas são compostas por pelo menos dois elementos, e frequentemente mais do que isso, suas estruturas cristalinas são, em geral, mais complexas que aquelas dos metais. A ligação atômica nesses materiais varia desde puramente iônica até totalmente covalente; muitas cerâmicas exibem uma combinação desses dois tipos de ligação, sendo o grau da característica iônica dependente das eletronegatividades dos átomos. A Tabela 3.2 apresenta o percentual da natureza iônica para vários materiais cerâmicos comuns; esses valores foram determinados utilizando a Equação 2.16 e as eletronegatividades da Figura 2.9.

cátion
ânion

Para aqueles materiais cerâmicos em que a ligação atômica é predominantemente iônica, as estruturas cristalinas podem ser consideradas compostas por íons eletricamente carregados, em vez de átomos. Os íons metálicos, ou **cátions**, estão carregados positivamente, pois cederam seus elétrons de valência para os íons não metálicos, ou **ânions**, que estão carregados negativamente. Duas características dos íons que compõem os materiais cerâmicos cristalinos influenciam a estrutura do cristal: a magnitude da carga elétrica de cada um dos íons componentes e os tamanhos relativos dos cátions e dos ânions. Em relação à primeira característica, o cristal deve ser eletricamente neutro; isto é, todas as cargas positivas dos cátions devem ser contrabalançadas por um número igual de cargas negativas dos ânions. A fórmula química de um composto indica a razão entre o número de cátions e o de ânions, ou a composição que atinge esse equilíbrio de cargas. Por exemplo, no fluoreto de cálcio cada íon cálcio tem uma carga +2 (Ca^{2+}), enquanto a cada íon flúor está associada uma única carga negativa (F^-). Dessa forma, devem existir duas vezes mais íons F^- do que Ca^{2+}, o que está refletido em sua fórmula química, CaF_2.

O segundo critério envolve os tamanhos ou raios iônicos dos cátions e dos ânions, r_C e r_A, respectivamente. Uma vez que os elementos metálicos cedem elétrons quando ionizados, os cátions são, em geral, menores que os ânions, e, consequentemente, a razão r_C/r_A é menor do que a unidade. Cada cátion prefere ter tantos ânions como vizinhos mais próximos quanto possível. Os ânions também desejam um número máximo de cátions como vizinhos mais próximos.

Estruturas cerâmicas cristalinas estáveis são formadas quando aqueles ânions que estão ao redor de um cátion estão todos em contato com aquele cátion, como ilustrado na Figura 3.5. O número

Tabela 3.2 Percentual da Natureza Iônica das Ligações Interatômicas para Vários Materiais Cerâmicos

Material	*Percentual da Natureza Iônica*
CaF_2	89
MgO	73
$NaCl$	67
Al_2O_3	63
SiO_2	51
Si_3N_4	30
ZnS	18
SiC	12

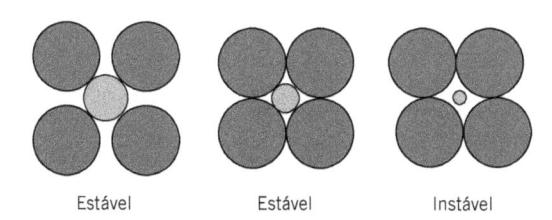

Figura 3.5 Configurações de coordenação ânion-cátion estáveis e instáveis. Os círculos claros representam os ânions; os círculos escuros representam os cátions.

Estável   Estável   Instável

de coordenação (isto é, o número de ânions vizinhos mais próximos para um cátion) está relacionado com a razão entre os raios do cátion e do ânion. Para um número de coordenação específico, existe uma razão r_C/r_A crítica ou mínima para a qual esse contato cátion-ânion é estabelecido (Figura 3.5); essa razão crítica pode ser determinada a partir de considerações puramente geométricas (veja o Problema-Exemplo 3.5).

Os números de coordenação e as geometrias em relação aos vizinhos mais próximos para várias razões r_C/r_A estão apresentados na Tabela 3.3. Para as razões r_C/r_A menores que 0,155, o cátion, que é

Tabela 3.3 Números de Coordenação e Geometrias para Várias Razões entre os Raios do Cátion e do Ânion (r_C/r_A)

Número de Coordenação	Razão entre Raios Cátion-Ânion	Geometria da Coordenação
2	< 0,155	
3	0,155-0,225	
4	0,225-0,414	
6	0,414-0,732	
8	0,732-1,0	

Fonte: W. D. Kingery, H. K. Bowen and D. R. Uhlmann, *Introduction to Ceramics*, 2nd ed. Copyright © 1976, por John Wiley & Sons, New York. Reimpresso sob permissão de John Wiley & Sons, Inc.

muito pequeno, está ligado a dois ânions de maneira linear. Se a razão r_C/r_A tem um valor entre 0,155 e 0,225, o número de coordenação para o cátion é 3. Isso significa que cada cátion está envolvido por três ânions formando um triângulo equilátero plano, com o cátion localizado no centro do triângulo. O número de coordenação é 4 para valores de r_C/r_A entre 0,225 e 0,414; o cátion está localizado no centro de um tetraedro, com os ânions posicionados em cada um dos quatro vértices. Para r_C/r_A entre 0,414 e 0,732, pode-se considerar que o cátion está no centro de um octaedro, circundado por seis ânions, um em cada vértice do octaedro, como também está mostrado na tabela. O número de coordenação é 8 para valores de r_C/r_A entre 0,732 e 1,0, com ânions localizados em todos os vértices de um cubo e um cátion posicionado no centro. Para uma razão entre os raios maior do que a unidade, o número de coordenação é 12. Os números de coordenação mais comuns nos materiais cerâmicos são 4, 6 e 8. A Tabela 3.4 fornece os raios iônicos para vários ânions e cátions comumente encontrados nos materiais cerâmicos.

As relações entre o número de coordenação e as razões entre os raios do cátion e do ânion (conforme observado na Tabela 3.3) estão baseadas em considerações geométricas e na hipótese de que os íons são "esferas rígidas"; portanto, essas relações são apenas aproximadas e existem exceções. Por exemplo, alguns compostos cerâmicos, com razões r_C/r_A maiores que 0,414 para os quais a ligação é altamente covalente (e direcional), têm um número de coordenação de 4 (em vez de 6).

O tamanho de um íon depende de diversos fatores. Um deles é o número de coordenação: o raio iônico tende a aumentar na medida em que o número de íons vizinhos mais próximos de carga oposta aumenta. Os raios iônicos fornecidos na Tabela 3.4 são para um número de coordenação de 6. Portanto, o raio é maior para um número de coordenação 8 e menor quando o número de coordenação for 4.

Além disso, a carga de um íon influencia seu raio. Por exemplo, a partir da Tabela 3.4, os raios para os íons Fe^{2+} e Fe^{3+} são, respectivamente, de 0,077 e 0,069 nm, cujos valores podem ser comparados ao raio de um átomo de ferro – 0,124 nm. Quando um elétron é removido de um átomo ou íon, os elétrons de valência remanescentes ficam mais fortemente ligados ao núcleo, o que resulta em uma diminuição do raio iônico. De maneira contrária, o tamanho do íon aumenta quando elétrons são adicionados a um átomo ou íon.

Tabela 3.4 Raios Iônicos para Vários Cátions e Ânions para um Número de Coordenação de 6

Cátion	Raio Iônico (nm)	Ânion	Raio Iônico (nm)
Al^{3+}	0,053	Br^-	0,196
Ba^{2+}	0,136	Cl^-	0,181
Ca^{2+}	0,100	F^-	0,133
Cs^+	0,170	I^-	0,220
Fe^{2+}	0,077	O^{2-}	0,140
Fe^{3+}	0,069	S^{2-}	0,184
K^+	0,138		
Mg^{2+}	0,072		
Mn^{2+}	0,067		
Na^+	0,102		
Ni^{2+}	0,069		
Si^{4+}	0,040		
Ti^{4+}	0,061		

PROBLEMA-EXEMPLO 3.5

Cálculo da Razão Mínima entre os Raios do Cátion e do Ânion para um Número de Coordenação de 3

Mostre que a razão mínima entre os raios do cátion e do ânion para um número de coordenação 3 é de 0,155.

Solução

Para essa coordenação, o pequeno cátion é envolvido por três ânions para formar um triângulo equilátero, triângulo *ABC*, como está mostrado aqui; os centros de todos os quatro íons estão no mesmo plano.

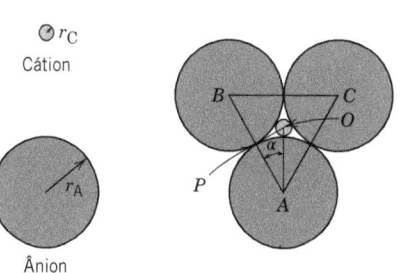

Isso leva a um problema de trigonometria plana relativamente simples. A avaliação do triângulo retângulo *APO* torna claro que os comprimentos laterais estão relacionados aos raios do ânion e do cátion, r_A e r_C, por

$$\overline{AP} = r_A$$

e

$$\overline{AO} = r_A + r_C$$

Além disso, a razão entre os comprimentos dos lados $\overline{AP}/\overline{AO}$ é uma função do ângulo α segundo

$$\frac{\overline{AP}}{\overline{AO}} = \cos \alpha$$

A magnitude de α é 30°, uma vez que a linha $\overline{AO}$ é a bissetriz do ângulo *BAC*, de 60°. Dessa forma,

$$\frac{\overline{AP}}{\overline{AO}} = \frac{r_A}{r_A + r_C} = \cos 30° = \frac{\sqrt{3}}{2}$$

Resolvendo para a razão entre os raios do cátion e do ânion, temos

$$\frac{r_C}{r_A} = \frac{1 - \sqrt{3}/2}{\sqrt{3}/2} = 0{,}155$$

Estruturas Cristalinas do Tipo AX

Alguns dos materiais cerâmicos comuns são aqueles em que existem números iguais de cátions e de ânions. Com frequência, esses materiais são chamados de compostos AX, em que A representa o cátion e X representa o ânion. Existem várias estruturas cristalinas diferentes para os compostos AX; normalmente, cada uma delas é designada em referência a um material comum que assume essa estrutura específica.

Estrutura do Sal-Gema

Talvez a estrutura cristalina AX mais comum seja a do tipo *cloreto de sódio* (NaCl), ou *sal-gema*. O número de coordenação tanto para os cátions como para os ânions é 6 e, portanto, a razão entre os raios do cátion e do ânion está situada entre aproximadamente 0,414 e 0,732. Uma célula unitária para essa estrutura cristalina (Figura 3.6) é gerada a partir de um arranjo CFC para os ânions, com um cátion no centro do cubo e um cátion no centro de cada uma das 12 arestas do cubo. Uma estrutura cristalina equivalente resulta de um arranjo em que os cátions estão localizados nos centros das faces. Dessa forma, a estrutura cristalina do sal-gema pode ser considerada como composta por duas redes CFC que se interpenetram – uma composta pelos cátions e outra pelos ânions. Alguns materiais cerâmicos comuns que se formam com essa estrutura cristalina são NaCl, MgO, MnS, LiF e FeO.

Estrutura do Cloreto de Césio

A Figura 3.7 mostra uma célula unitária para a estrutura cristalina do *cloreto de césio* (CsCl); o número de coordenação para ambos os tipos de íons é 8. Os ânions estão localizados em cada um dos vértices de um cubo, enquanto o centro do cubo contém um único cátion. O intercâmbio dos ânions com os cátions, e vice-versa, produz a mesma estrutura cristalina. Essa *não* é uma estrutura cristalina CCC, pois estão envolvidos íons de dois tipos diferentes.

Estrutura da Blenda de Zinco

Uma terceira estrutura do tipo AX é aquela em que o número de coordenação é 4; isto é, todos os íons estão coordenados de forma tetraédrica. Essa estrutura é chamada de estrutura da *blenda de*

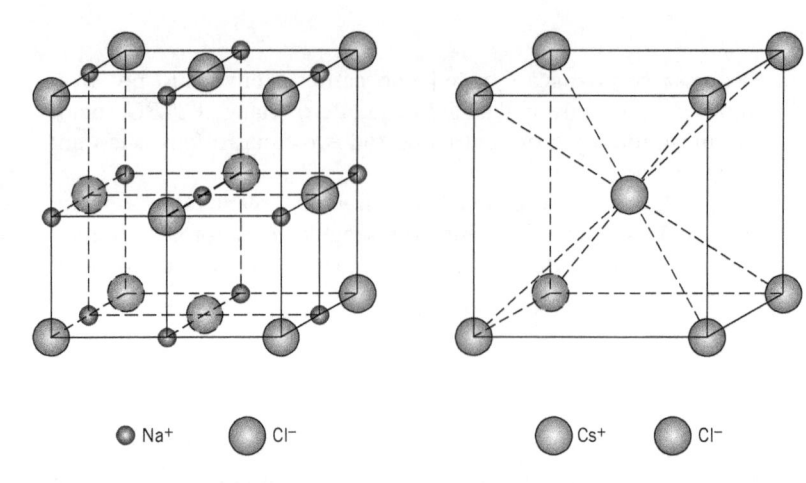

Figura 3.6 Uma célula unitária para a estrutura cristalina do sal-gema, ou cloreto de sódio (NaCl).

Figura 3.7 Uma célula unitária para a estrutura cristalina do cloreto de césio (CsCl).

zinco, ou *esfalerita*, em função do termo mineralógico para o sulfeto de zinco (ZnS). Uma célula unitária está apresentada na Figura 3.8; todos os vértices e todas as posições nas faces da célula cúbica estão ocupados por átomos de S, enquanto os átomos de Zn preenchem posições tetraédricas no interior do cubo. Se as posições dos átomos de Zn e de S forem invertidas, o resultado será uma estrutura equivalente. Dessa forma, cada átomo de Zn está ligado a quatro átomos de S, e vice-versa. Na maioria das vezes, a ligação atômica nos compostos que exibem essa estrutura cristalina é altamente covalente (Tabela 3.2); compostos com essa estrutura incluem o ZnS, o ZnTe e o SiC.

Estruturas Cristalinas do Tipo A$_m$X$_p$

Se as cargas dos cátions e dos ânions não forem as mesmas, poderá existir um composto com a fórmula química A$_m$X$_p$, em que m e/ou $p \neq 1$. Um exemplo é o composto AX$_2$, para o qual uma estrutura cristalina típica é aquela encontrada na *fluorita* (CaF$_2$). A razão entre os raios iônicos r_C/r_A para o CaF$_2$ é de aproximadamente 0,8, o que, de acordo com a Tabela 3.3, estabelece um número de coordenação de 8. Os íons cálcio estão posicionados nos centros de cubos, enquanto os íons flúor estão localizados nos vértices. A fórmula química mostra que para determinado número de íons F$^-$ existe apenas metade desse número de íons Ca^{2+}; portanto, a estrutura cristalina é semelhante àquela do CsCl (Figura 3.7), exceto pelo fato de que apenas metade das posições centrais nos cubos está ocupada com íons Ca^{2+}. Uma célula unitária consiste em oito cubos, como está indicado na Figura 3.9. Outros compostos com essa estrutura cristalina incluem ZrO$_2$ (cúbica), UO$_2$, PuO$_2$ e ThO$_2$.

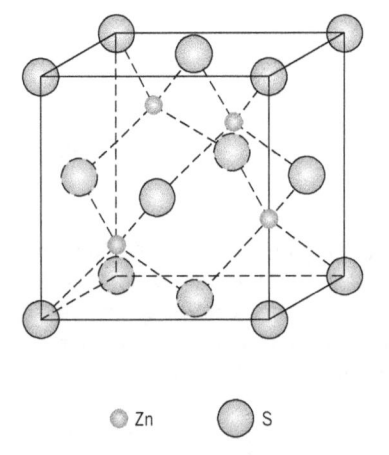

Figura 3.8 Uma célula unitária para a estrutura cristalina da blenda de zinco (ZnS).

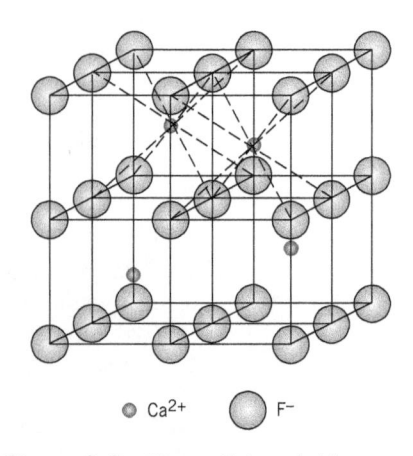

Figura 3.9 Uma célula unitária para a estrutura cristalina da fluorita (CaF$_2$).

Estruturas Cristalinas do Tipo $A_mB_nX_p$

Também é possível que os compostos cerâmicos tenham mais de um tipo de cátion; no caso de dois tipos de cátions (representados por A e B), suas fórmulas químicas podem ser designadas como $A_mB_nX_p$. O titanato de bário ($BaTiO_3$), que tem os cátions Ba^{2+} e Ti^{4+}, se enquadra nessa classificação. Esse material apresenta uma *estrutura cristalina da perovskita* e propriedades eletromecânicas bastante interessantes, que serão discutidas posteriormente. Em temperaturas acima de 120 °C (248 °F), a estrutura cristalina é cúbica. Uma célula unitária dessa estrutura está mostrada na Figura 3.10; os íons Ba^{2+} estão localizados em todos os oito vértices do cubo, enquanto um único íon Ti^{4+} encontra-se no centro do cubo, com os íons O^{2-} localizados no centro de cada uma das seis faces.

A Tabela 3.5 resume as estruturas cristalinas para sal-gema, cloreto de césio, blenda de zinco, fluorita e perovskita em termos das razões entre os cátions e ânions e dos números de coordenação, e fornece ainda exemplos para cada estrutura. Obviamente, são possíveis muitas outras estruturas cristalinas cerâmicas.

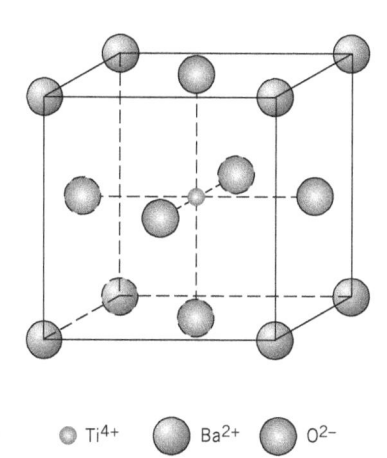

○ Ti^{4+} ◉ Ba^{2+} ◐ O^{2-}

Figura 3.10   Uma célula unitária para a estrutura cristalina da perovskita.

Tabela 3.5   Resumo de Algumas Estruturas Cristalinas Cerâmicas Comuns

| Nome da Estrutura | Tipo da Estrutura | Compactação do Ânion | Número de Coordenação | | Exemplos |
			Cátion	Ânion	
Sal-gema (cloreto de sódio)	AX	CFC	6	6	NaCL, MgO, FeO
Cloreto de césio	AX	Cúbica simples	8	8	CsCl
Blenda de zinco (esfalerita)	AX	CFC	4	4	ZnS, SiC
Fluorita	AX_2	Cúbica simples	8	4	CaF_2, UO_2, ThO_2
Perovskita	ABX_3	CFC	12 (A) 6 (B)	6	$BaTiO_3$, $SrZrO_3$, $SrSnO_3$
Espinélio	$AB2X_4$	CFC	4 (A) 6 (B)	4	$MgAl_2O_4$, $FeAl_2O_4$

Fonte: W. D. Kingery, H. K. Bowen and D. R. Uhlmann, *Introduction to Ceramics*, 2nd edition. Copyright © 1976, por John Wiley & Sons, New York. Reimpresso sob permissão de John Wiley & Sons, Inc.

PROBLEMA-EXEMPLO 3.6

Previsão da Estrutura Cristalina de Cerâmicas

Com base nos raios iônicos (Tabela 3.4), qual estrutura cristalina você esperaria para o FeO?

Solução

Em primeiro lugar, note que o FeO é um composto do tipo AX. Em seguida, a razão entre os raios do cátion e do ânion deve ser determinada, a qual, de acordo com a Tabela 3.4, é de

$$\frac{r_{Fe^{2+}}}{r_{O^{2-}}} = \frac{0,077 \text{ nm}}{0,140 \text{ nm}} = 0,550$$

Esse valor encontra-se entre 0,414 e 0,732 e, portanto, a partir da Tabela 3.3, o número de coordenação para o íon Fe^{2+} é 6; esse também é o número de coordenação para o O^{2-}, uma vez que existem números idênticos de cátions e ânions. A estrutura cristalina esperada será a do sal-gema, que por sua vez é a estrutura cristalina do tipo AX que tem um número de coordenação de 6, como mostrado na Tabela 3.5.

Verificação de Conceitos 3.2 A Tabela 3.4 fornece os raios iônicos para os íons K^+ e o O^{2-} como 0,138 e 0,140 nm, respectivamente.

(a) Qual é o número de coordenação para cada íon O^{2-}?

(b) Descreva sucintamente a estrutura cristalina resultante para o K_2O.

(c) Explique por que essa estrutura é chamada de *estrutura antifluorita*.

[*As respostas estão disponíveis no GEN-IO, ambiente virtual de aprendizagem do GEN.*]

3.7 CÁLCULOS DA DENSIDADE – CERÂMICAS

É possível calcular a densidade teórica de um material cerâmico cristalino a partir dos dados para a sua célula unitária de maneira semelhante àquela que foi descrita na Seção 3.5 para os metais. Nesse caso, a densidade ρ pode ser determinada usando uma forma modificada da Equação 3.8, da seguinte maneira:

Densidade teórica para materiais cerâmicos

$$\rho = \frac{n'(\Sigma A_C + \Sigma A_A)}{V_C N_A}$$

(3.9)

em que

n' = o número de unidades da fórmula dentro célula unitária[2]

ΣA_C = a soma dos pesos atômicos de todos os cátions em uma unidade da fórmula

ΣA_A = a soma dos pesos atômicos de todos os ânions em uma unidade da fórmula

V_C = o volume da célula unitária

N_A = número de Avogadro, $6{,}022 \times 10^{23}$ unidades da fórmula/mol

PROBLEMA-EXEMPLO 3.7

Cálculo da Densidade Teórica para o Cloreto de Sódio

Com base na estrutura cristalina, calcule a densidade teórica para o cloreto de sódio. Como esse valor se compara à densidade medida experimentalmente?

Solução

A densidade teórica pode ser determinada utilizando-se a Equação 3.9, em que n', o número de unidades de NaCl por célula unitária, é igual a 4, pois tanto os íons sódio como os íons cloreto formam redes CFC. Além disso,

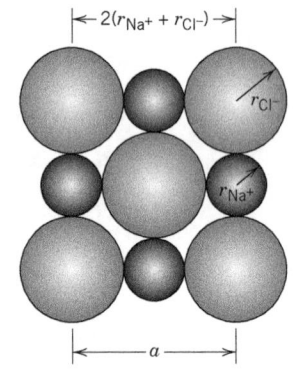

$$\Sigma A_C = A_{Na} = 22{,}99 \text{ g/mol}$$

$$\Sigma A_A = A_{Cl} = 35{,}45 \text{ g/mol}$$

Uma vez que a célula unitária é cúbica, $V_C = a^3$, em que a é o comprimento da aresta da célula unitária. Para a face da célula unitária cúbica mostrada na figura,

$$a = 2r_{Na^+} + 2r_{Cl^-}$$

em que r_{Na^+} e r_{Cl^-} são os raios iônicos do sódio e do cloro, dados na Tabela 3.4 como 0,102 e 0,181 nm, respectivamente. Dessa forma,

$$V_C = a^3 = (2r_{Na^+} + 2r_{Cl^-})^3$$

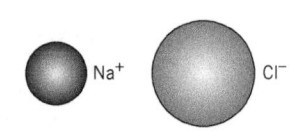

---

[2] Por *unidade da fórmula* queremos indicar todos os íons incluídos em uma unidade da fórmula química. Por exemplo, $BaTiO_3$, uma unidade da fórmula consiste em um íon bário, um íon titânio e três íons oxigênio.

Finalmente,

$$\rho = \frac{n'(A_{\mathrm{Na}} + A_{\mathrm{Cl}})}{(2r_{\mathrm{Na}^+} + 2r_{\mathrm{Cl}^-})^3 N_A}$$

$$= \frac{4(22,99 + 35,45)}{[2(0,102 \times 10^{-7}) + 2(0,181 \times 10^{-7})]^3 (6,022 \times 10^{23})}$$

$$= 2,14 \ \mathrm{g/cm^3}$$

Esse valor é comparado, de maneira muito favorável, ao valor experimental de 2,16 g/cm³.

3.8 CERÂMICAS À BASE DE SILICATOS

Os *silicatos* são materiais compostos principalmente por silício e oxigênio, os dois elementos mais abundantes na crosta terrestre; consequentemente, a maior parte de solos, rochas, argilas e areia se enquadra na classificação de silicatos. Em vez de caracterizar as estruturas cristalinas desses materiais em termos de células unitárias, é mais conveniente usar vários arranjos de um tetraedro SiO_4^{4-} (Figura 3.11). Cada átomo de silício está ligado a quatro átomos de oxigênio, que estão localizados nos vértices do tetraedro; o átomo de silício está posicionado no centro do tetraedro. Uma vez que essa é a unidade básica dos silicatos, ela é tratada normalmente como uma entidade carregada negativamente.

Com frequência, os silicatos não são considerados iônicos, pois existe uma natureza covalente significativa nas ligações interatômicas Si-O (Tabela 3.2), que são direcionais e relativamente fortes. Independente da natureza da ligação Si-O, uma carga de –4 está associada a cada tetraedro SiO_4^{4-}, uma vez que cada um dos quatro átomos de oxigênio requer um elétron adicional para atingir uma estrutura eletrônica estável. Várias estruturas de silicatos surgem das diferentes maneiras pelas quais as unidades SiO_4^{4-} podem ser combinadas em arranjos uni, bi e tridimensionais.

Sílica

Quimicamente, o material mais simples à base de silicatos é o dióxido de silício, ou sílica (SiO_2). Estruturalmente, a sílica tem uma rede tridimensional que é gerada quando todos os átomos de oxigênio localizados nos vértices de cada tetraedro são compartilhados por tetraedros adjacentes. Dessa forma, o material é eletricamente neutro e todos os átomos têm estruturas eletrônicas estáveis. Sob essas circunstâncias, a razão entre o número de átomos de silício e o de átomos de O é de 1:2, como indicado pela fórmula química.

Se esses tetraedros forem arranjados de maneira regular e ordenada, ocorrerá a formação de uma estrutura cristalina. Existem três formas cristalinas polimórficas principais para a sílica: quartzo, cristobalita (Figura 3.12) e tridimita. Suas estruturas são relativamente complicadas e comparativamente abertas; isto é, os átomos não estão densamente compactados. Como consequência, essas sílicas cristalinas apresentam densidades relativamente baixas; por exemplo, à temperatura ambiente, o quartzo tem densidade de apenas 2,65 g/cm³. A força das ligações interatômicas Si-O se reflete em uma temperatura de fusão relativamente elevada, de 1710 °C (3110 °F).

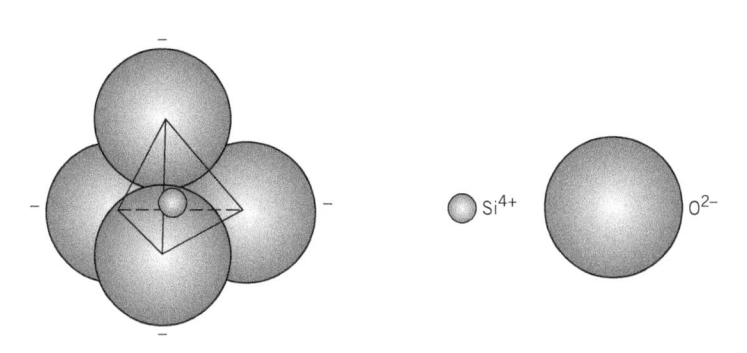

Figura 3.11 Um tetraedro silício-oxigênio (SiO_4^{4-}).

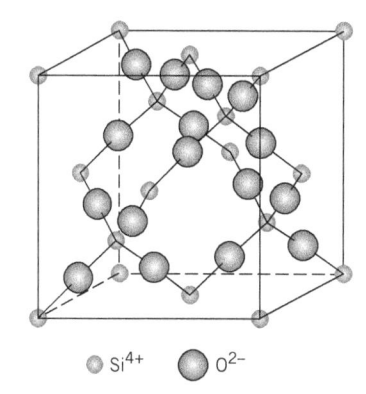

Figura 3.12 O arranjo dos átomos de silício e de oxigênio em uma célula unitária de cristobalita, um polimorfo do SiO_2.

A sílica também pode existir como sólido não cristalino, ou vidro; sua estrutura está discutida na Seção 3.21.

Os Silicatos

Para os vários minerais à base de sílica, um, dois ou três dos átomos de oxigênio nos vértices dos tetraedros de SiO_4^{4-} são compartilhados por outros tetraedros para formar algumas estruturas consideravelmente complexas. Algumas dessas estruturas, que estão representadas na Figura 3.13, têm fórmulas SiO_4^{4-}, $Si_2O_7^{6-}$, $Si_3O_9^{6-}$, e assim por diante; também são possíveis estruturas com uma única cadeia, como mostrado na Figura 3.13e. Os cátions carregados positivamente, como Ca^{2+}, Mg^{2+} e Al^{3+}, servem a dois propósitos. Em primeiro lugar, eles compensam as cargas negativas das unidades de SiO_4^{4-}, de forma que se obtém a neutralidade de cargas; em segundo lugar, esses cátions ligam ionicamente entre si os tetraedros de SiO_4^{4-}.

Silicatos Simples

Entre esses silicatos, aqueles estruturalmente mais simples envolvem tetraedros isolados (Figura 3.13a). Por exemplo, a forsterita (Mg_2SiO_4) tem associado a cada tetraedro o equivalente a dois íons Mg^{2+}, de modo que cada íon Mg^{2+} tem seis oxigênios como átomos vizinhos mais próximos.

O íon $Si_2O_7^{6-}$ é formado quando dois tetraedros compartilham um átomo de oxigênio comum (Figura 3.13b). A aquermanita ($Ca_2MgSi_2O_7$) é um mineral que possui o equivalente a dois íons Ca^{2+} e um íon Mg^{2+} ligados a cada unidade $Si_2O_7^{6-}$.

Silicatos em Camadas

Uma estrutura bidimensional em lâminas ou em camadas também pode ser produzida pelo compartilhamento de três íons oxigênio em cada um dos tetraedros (veja a Figura 3.14); para essa estrutura, a unidade da fórmula que se repete pode ser representada por $(Si_2O_5)^{2-}$. A carga resultante negativa está associada aos átomos de oxigênio que não estão ligados e que se projetam para fora do plano da página. A eletroneutralidade é estabelecida normalmente por uma segunda estrutura laminar planar com um excesso de cátions, a qual se liga a esses átomos de oxigênio não ligados da lâmina de Si_2O_5. Tais materiais são chamados de silicatos em lâminas ou em camadas, e sua estrutura básica é característica das argilas e de outros minerais.

Um dos minerais argilosos mais comuns, a caolinita, é um silicato que tem estrutura laminar relativamente simples, com duas camadas. A argila caolinita tem a fórmula $Al_2(Si_2O5)(OH)_4$, em que a camada tetraédrica de sílica, representada por $(Si_2O_5)^{2-}$, é tornada eletricamente neutra por

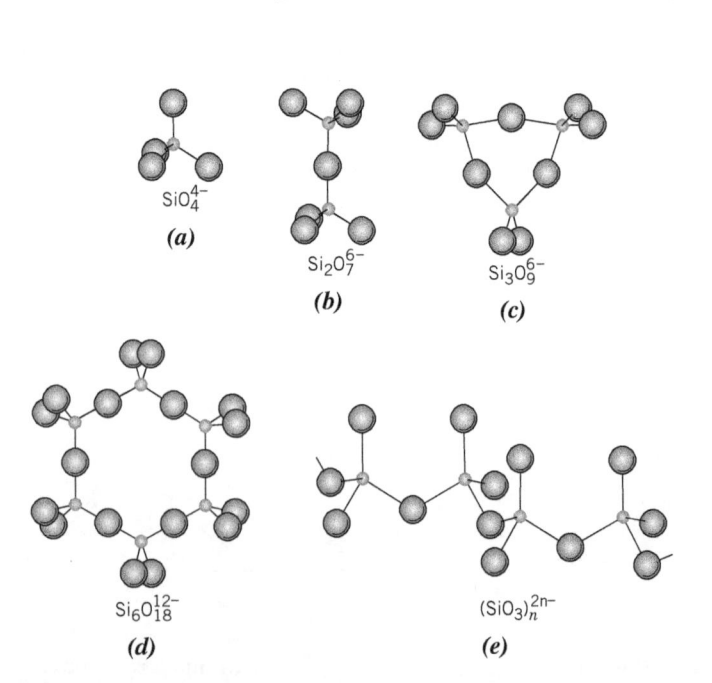

Figura 3.13 Cinco estruturas do íon silicato formadas a partir de tetraedros de SiO_4^{4-}.

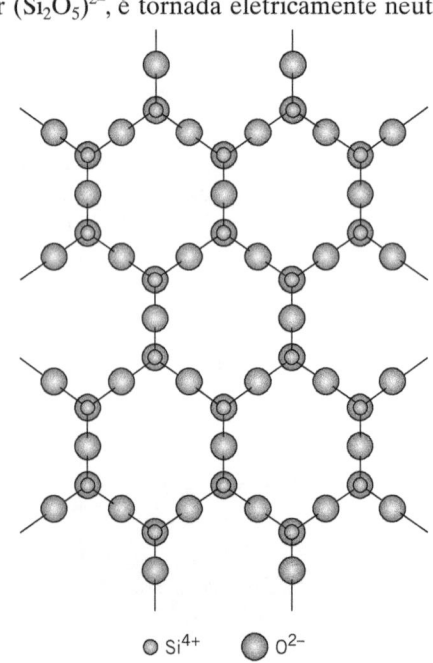

Figura 3.14 Representação esquemática da estrutura laminar bidimensional de silicato, que apresenta a unidade de fórmula repetida $(Si_2O_5)^{2-}$.

uma camada adjacente de $Al_2(OH)_4^{2+}$. Uma lâmina dessa estrutura está mostrada na Figura 3.15, expandida na direção vertical para proporcionar uma perspectiva melhor das posições dos íons; as duas camadas diferentes estão indicadas na figura. O plano de ânions intermediário consiste em íons O^{2-} da camada de $(Si_2O_5)^{2-}$, além de íons OH^- que fazem parte da camada de $Al_2(OH)_4^{2+}$. Enquanto a ligação dentro dessa lâmina com duas camadas é forte e intermediária entre iônica e covalente, as lâminas adjacentes estão apenas fracamente ligadas umas às outras por fracas forças de van der Waals.

Um cristal de caolinita é composto por uma série dessas camadas ou lâminas duplas empilhadas paralelamente umas sobre as outras, formando pequenas placas planas com diâmetros tipicamente inferiores a 1 μm e praticamente hexagonais. A Figura 3.16 é uma micrografia eletrônica de cristais de caolinita sob grande ampliação, mostrando as placas cristalinas hexagonais, algumas das quais estão empilhadas umas sobre as outras.

Essas estruturas laminares dos silicatos não estão restritas às argilas; outros minerais que também se enquadram nesse grupo são o talco $[Mg_3(Si_2O_5)_2(OH)_2]$ e as micas [por exemplo, moscovita, $KAl_3Si_3O_{10}(OH)_2$], que são importantes matérias-primas cerâmicas. Como pode ser deduzido a partir de suas fórmulas químicas, as estruturas de alguns silicatos estão entre as mais complexas de todos os materiais inorgânicos.

3.9 CARBONO

Embora não seja um dos elementos que ocorrem com maior frequência entre os encontrados na Terra, o carbono afeta nossas vidas de maneira diversa e interessante. Ele existe na natureza no seu estado elementar, e o carbono sólido tem sido utilizado por todas as civilizações desde tempos préhistóricos. No mundo atual, as propriedades (e combinações de propriedades) invulgares das várias formas de carbono o tornam extremamente importante em muitos setores comerciais, incluindo algumas das tecnologias de ponta mais avançadas.

O carbono existe em duas formas alotrópicas – diamante e grafita – assim como no estado amorfo. O grupo de materiais à base de carbono não se enquadra em nenhum dos esquemas de classificação tradicionais para metais, cerâmicas ou polímeros. Entretanto, optamos por discutir esses materiais neste capítulo porque a grafita é algumas vezes classificada como cerâmica. Esse tratamento dos materiais à base de carbono foca principalmente as estruturas do diamante e da grafita. As discussões sobre as propriedades e aplicações (tanto atuais como potenciais) do diamante e da grafita, assim como os nanocarbonos (isto é, fulerenos, nanotubos de carbono e grafeno), são apresentadas nas Seções 13.10 e 13.11.

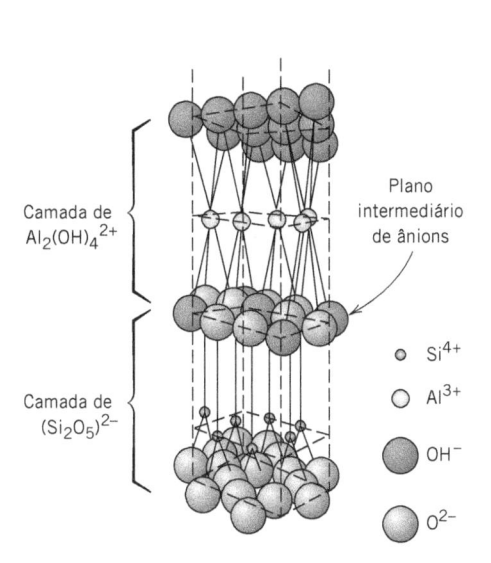

Figura 3.15 Estrutura da argila caolinita. (Adaptado de W. E. Hauth, "Crystal Chemistry of Ceramics", *American Ceramic Society Bulletin*, Vol. 30, Nº 4, 1951, p. 140.)

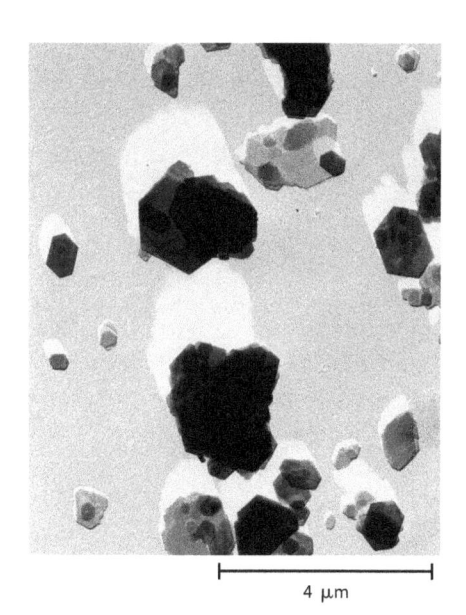

Figura 3.16 Micrografia eletrônica de cristais de caolinita. Eles têm a forma de placas hexagonais, algumas das quais estão empilhadas umas sobre as outras. Ampliação de 7.500×.
(Esta fotografia é uma cortesia da Georgia Kaolin Co., Inc.)

Diamante

À temperatura ambiente e pressão atmosférica, o diamante é um polimorfo metaestável do carbono. Sua estrutura cristalina é uma variação da estrutura da blenda de zinco (Figura 3.8) na qual os átomos de carbono ocupam todas as posições (tanto do Zn como do S); a célula unitária para o diamante está mostrada na Figura 3.17. Cada átomo de carbono foi submetido a uma hibridização sp^3, de modo que se liga (tetraedricamente) a quatro outros átomos de carbono; essas são ligações covalentes extremamente fortes, discutidas na Seção 2.6 (e representadas na Figura 2.14). A estrutura cristalina do diamante é apropriadamente chamada de estrutura cristalina *cúbica do diamante*, que também é encontrada para outros elementos do Grupo IVA na tabela periódica [por exemplo, germânio, silício e estanho cinza abaixo de 13 °C (55 °F)].

Grafita

Outro polimorfo do carbono, a grafita, possui uma estrutura cristalina (Figura 3.18) distintamente diferente daquela do diamante; além disso, ela é um polimorfo estável à temperatura e pressão ambientes. Na estrutura da grafita, os átomos de carbono estão localizados nos vértices de hexágonos regulares que se interligam e que estão posicionados em planos paralelos (basais). Dentro desses planos (camadas ou folhas), orbitais híbridos sp^2 ligam cada átomo de carbono a três outros átomos de carbono adjacentes e coplanares; essas ligações são ligações covalentes fortes.[3] Essa configuração hexagonal assumida pelos átomos de carbono com ligação sp^2 está representada na Figura 2.18. Adicionalmente, cada quarto elétron de ligação de um átomo está *deslocalizado* (isto é, não pertence a um átomo ou ligação específica). Em lugar disso, o seu orbital se torna parte de um orbital molecular que se estende por átomos adjacentes e está localizado entre as camadas. Além disso, as ligações entre as camadas estão direcionadas perpendicularmente a esses planos (isto é, na direção c indicada na Figura 3.18) e são do fraco tipo de van der Waals.

3.10 POLIMORFISMO E ALOTROPIA

polimorfismo
alotropia

Alguns metais, assim como alguns não metais, podem apresentar mais de uma estrutura cristalina – fenômeno conhecido como **polimorfismo**. Quando encontrado em sólidos elementares, essa condição é chamada frequentemente de **alotropia**. A estrutura cristalina que prevalece depende tanto da temperatura como da pressão externa. Um exemplo familiar é encontrado no carbono, como foi discutido na seção anterior: a grafita é o polimorfo estável nas condições ambientes, enquanto o diamante é formado sob pressões extremamente elevadas. O ferro puro tem estrutura cristalina CCC à temperatura ambiente, que muda para CFC a 912 °C (1674 °F). Na maioria das vezes, uma mudança da densidade e de outras propriedades físicas acompanha uma transformação polimórfica.

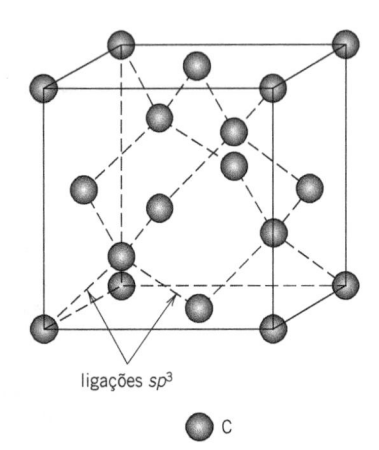

Figura 3.17 Uma célula unitária para a estrutura cristalina cúbica do diamante.

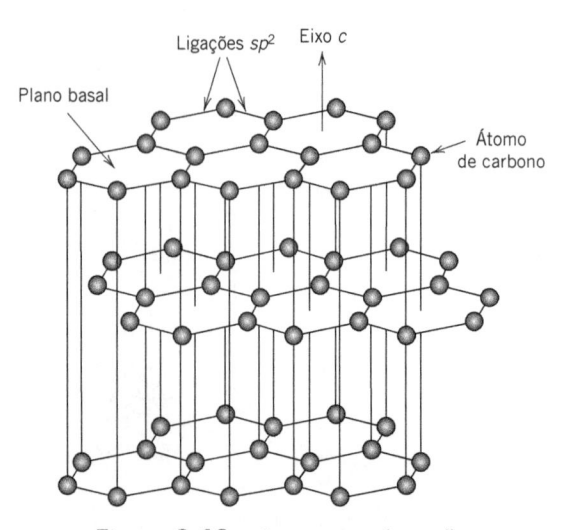

Figura 3.18 A estrutura da grafita.

---

[3] Uma única camada dessa grafita com ligações sp^2 é chamada de "grafeno". O grafeno é um dos nanomateriais à base de carbono e será discutido na Seção 13.11.

3.11 SISTEMAS CRISTALINOS

*Sistemas cristalinos
e Células Uunitárias
para Metais*

Considerando que existem muitas estruturas cristalinas diferentes possíveis, algumas vezes é conveniente dividi-las em grupos, de acordo com as configurações de suas células unitárias e/ou com seus arranjos atômicos. Um desses enfoques está baseado na geometria da célula unitária, isto é, na forma apropriada do paralelepípedo que constitui a célula unitária, independente das posições dos átomos na célula. Nesse arranjo, um sistema de coordenadas x-y-z é estabelecido com sua origem localizada em um dos vértices da célula unitária; cada um dos eixos x, y e z coincide com uma das três arestas do paralelepípedo que se estendem a partir desse vértice, como está ilustrado na Figura 3.19. A geometria da célula unitária é completamente definida em termos de seis parâmetros: os comprimentos das três arestas, a, b e c, e os três ângulos entre os eixos, α, β e γ. Esses parâmetros estão indicados na Figura 3.19 e são algumas vezes denominados **parâmetros de rede** de uma estrutura cristalina.

parâmetros de rede

sistema cristalino

Com base nesse princípio, existem sete possíveis combinações diferentes de a, b e c e de α, β e γ, cada uma das quais representa um **sistema cristalino** distinto. Esses sete sistemas cristalinos são os sistemas cúbico, tetragonal, hexagonal, ortorrômbico, romboédrico (também chamado trigonal), monoclínico e triclínico. As relações dos parâmetros de rede e as representações das células unitárias para cada um desses sistemas estão representadas na Tabela 3.6. O sistema cúbico, para o qual $a = b = c$ e $\alpha = \beta = \gamma = 90°$, tem o maior grau de simetria. A menor simetria é exibida pelo sistema triclínico, uma vez que $a \neq b \neq c$ e $\alpha \neq \beta \neq \gamma$.

A partir da discussão das estruturas cristalinas dos metais, deve estar claro que tanto a estrutura CFC quanto a CCC pertencem ao sistema cristalino cúbico, enquanto a estrutura HC enquadra-se no sistema hexagonal. A célula unitária hexagonal convencional consiste, na realidade, em três paralelepípedos localizados, como mostrado na Tabela 3.6.

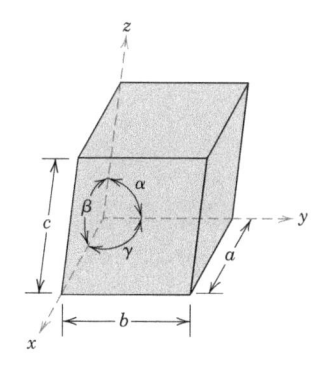

Figura 3.19 Uma célula unitária com os eixos coordenados x, y e z, mostrando os comprimentos axiais (a, b e c) e os ângulos interaxiais (α, β e γ).

Tabela 3.6 Relações entre os Parâmetros de Rede e Figuras Mostrando as Geometrias das Células Unitárias para os Sete Sistemas Cristalinos

Sistema Cristalino	Relações Axiais	Ângulos entre os Eixos	Geometria da Célula Unitária
Cúbico	$a = b = c$	$\alpha = \beta = \gamma = 90°$	
Hexagonal	$a = b \neq c$	$\alpha = \beta = 90°, \gamma = 120°$	
Tetragonal	$a = b \neq c$	$\alpha = \beta = \gamma = 90°$	
Cúbico Romboédrico (Trigonal)	$a = b = c$	$\alpha = \beta = \gamma \neq 90°$	
Ortorrômbico	$a \neq b \neq c$	$\alpha = \beta = \gamma = 90°$	

*Sistemas Cristalinos
e Células Unitárias
para Metais*

(continua)

Sistema Cristalino	Relações Axiais	Ângulos entre os Eixos	Geometria da Célula Unitária
Monoclínico	$a \neq b \neq c$	$\alpha = \gamma = 90^\circ \neq \beta$	
Triclínico	$a \neq b \neq c$	$\alpha \neq \beta \neq \gamma \neq 90^\circ$	

MATERIAIS DE IMPORTÂNCIA

Estanho (Sua Transformação Alotrópica)

Outro metal comum que apresenta mudança alotrópica é o estanho. O estanho branco (ou β), que exibe uma estrutura cristalina tetragonal de corpo centrado à temperatura ambiente, transforma-se, em 13,2 °C (55,8 °F), no estanho cinza (ou α), que apresenta uma estrutura cristalina semelhante à do diamante (isto é, a estrutura cristalina cúbica do diamante); essa transformação está representada esquematicamente a seguir:

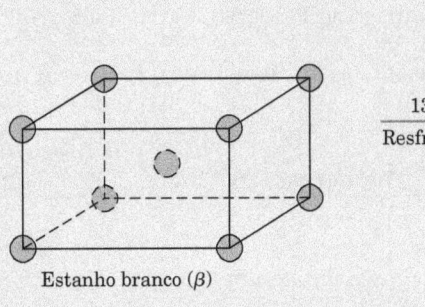

$$\xrightarrow[\text{Resfriamento}]{13,2\ °C}$$

Estanho branco (β) Estanho cinza (α)

A taxa na qual essa mudança ocorre é extremamente lenta; entretanto, quanto menor a temperatura (abaixo de 13,2 °C), mais rápida a taxa de transformação. Acompanhando essa transformação do estanho branco em estanho cinza, ocorre um aumento no volume (27 %) e, de maneira correspondente, uma diminuição na densidade (de 7,30 g/cm³ para 5,77 g/cm³). Consequentemente, essa expansão no volume resulta na desintegração do estanho branco em um pó grosseiro do alótropo cinza. Em temperaturas subambientes normais, não existe nenhuma necessidade de preocupação acerca desse processo de desintegração em produtos de estanho, uma vez que a transformação ocorre a uma taxa extremamente lenta.

Essa transição de estanho branco em estanho cinza produziu alguns resultados dramáticos na Rússia em 1850. O inverno daquele ano foi particularmente frio, com temperaturas mínimas recordes durante longos períodos de tempo. Os uniformes de alguns soldados russos tinham botões de estanho, muitos dos quais caíram devido a essas condições extremamente frias, assim como também ocorreu com muitos dos tubos de estanho usados em órgãos de igrejas. Esse problema ficou conhecido como a *doença do estanho*.

Amostra de estanho branco (esquerda). Outra amostra desintegrada devido a sua transformação em estanho cinza (direita), após ser resfriada e mantida em uma temperatura abaixo de 13,2 °C por um período de tempo prolongado.
(Esta fotografia é uma cortesia do Professor Bill Plumbridge, Departamento de Engenharia de Materiais, The Open University, Milton Keynes, Inglaterra.)

Verificação de Conceitos 3.3   Qual é a diferença entre estrutura cristalina e sistema cristalino?

[*A resposta está disponível no GEN-IO, ambiente virtual de aprendizagem do GEN.*]

Pontos, Direções e Planos Cristalográficos

Ao lidar com materiais cristalinos, com frequência é necessário especificar um ponto particular no interior de uma célula unitária, uma direção cristalográfica ou algum plano cristalográfico de átomos. Foram estabelecidas convenções de identificação em que três números ou índices são empregados para designar as localizações de pontos, as direções e os planos. A base para determinar os valores dos índices é a célula unitária, com um sistema de coordenadas utilizando a regra da mão direita, que consiste em três eixos (x, y e z) localizados em um dos vértices e coincidentes com as arestas da célula unitária, como está mostrado na Figura 3.19. Para alguns sistemas cristalinos – quais sejam, hexagonal, romboédrico, monoclínico e triclínico – os três eixos *não* são mutuamente perpendiculares, como no sistema de coordenadas cartesianas familiar.

3.12   COORDENADAS DOS PONTOS

Algumas vezes torna-se necessário especificar uma posição da rede dentro de uma célula unitária. Isto é possível usando três índices de coordenadas de pontos: q, r e s. Esses índices são múltiplos fracionários dos comprimentos das arestas das células unitárias a, b e c – isto é, q é algum comprimento fracionário de a ao longo do eixo x, r é algum comprimento fracionário de b ao longo do eixo y e, de maneira semelhante, para s; ou

$$qa = \text{posição na rede cristalina em referência ao eixo } x \qquad (3.10a)$$

$$rb = \text{posição na rede cristalina em referência ao eixo } y \qquad (3.10b)$$

$$sc = \text{posição na rede cristalina em referência ao eixo } z \qquad (3.10c)$$

Para ilustrar, considere a célula unitária na Figura 3.20, o sistema coordenado x-y-z com sua origem localizada em um vértice da célula unitária e a posição na rede cristalina localizada no ponto P. Observe como a posição de P está relacionada com os produtos dos seus índices coordenados q, r e s e aos comprimentos das arestas da célula unitária.[4]

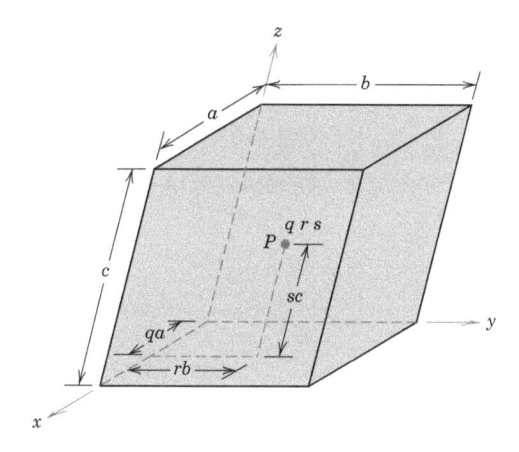

Figura 3.20   Maneira pela qual são determinadas as coordenadas q, r e s no ponto P no interior da célula unitária. A coordenada q (que é uma fração) corresponde à distância qa ao longo do eixo x, em que a é o comprimento da aresta da célula unitária. As respectivas coordenadas r e s para os eixos y e z são determinadas de maneira semelhante.

---

[4] Optamos por não separar os índices q, r e s por vírgulas ou qualquer outra marca de pontuação (o que é a convenção usual).

PROBLEMA-EXEMPLO 3.8

Localização de um Ponto com Coordenadas Específicas

Para a célula unitária mostrada na figura (*a*) a seguir, localize o ponto com coordenadas $\frac{1}{4}$ 1 $\frac{1}{2}$.

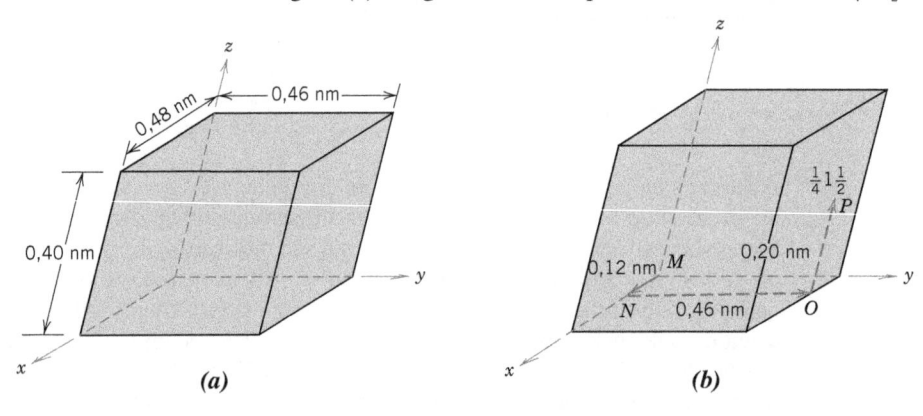

(a)   **(b)**

Solução

A partir da figura (*a*), os comprimentos das arestas para essa célula unitária são os seguintes: a = 0,48 nm, b = 0,46 nm e c = 0,40 nm. Também, em função da discussão anterior, os três índices de coordenadas dos pontos são $q = \frac{1}{4}$, $r = 1$ e $s = \frac{1}{2}$. Usamos as Equações 3.10a a 3.10c para determinar as posições na rede cristalina para este ponto da seguinte maneira:

$$\text{posição na rede cristalina em referência ao eixo } x = qa$$
$$= (\tfrac{1}{4})a = \tfrac{1}{4}(0,48 \text{ nm}) = 0,12 \text{ nm}$$

$$\text{posição na rede cristalina em referência ao eixo } y = rb$$
$$= (1)b = (1)(0,46 \text{ nm}) = 0,46 \text{ nm}$$

$$\text{posição na rede cristalina em referência ao eixo } z = sc$$
$$= (\tfrac{1}{2})c = (\tfrac{1}{2})(0,40 \text{ nm}) = 0,20 \text{ nm}$$

Para localizar o ponto que possui essas coordenadas dentro da célula unitária, primeiro use a posição x na rede cristalina e mova da origem (ponto M) 0,12 nm ao longo do eixo x (até o ponto N), como mostrado em (*b*). De maneira semelhante, usando a posição y na rede cristalina, prossiga 0,46 nm paralelamente ao eixo y, do ponto N ao ponto O. Finalmente, mova desta posição 0,20 nm paralelamente ao eixo z até o ponto P (conforme a posição z na rede cristalina), como indicado também em (*b*). Assim, o ponto P corresponde às coordenadas de ponto $\frac{1}{4}$ 1 $\frac{1}{2}$.

PROBLEMA-EXEMPLO 3.9

Especificação dos Índices das Coordenadas de Pontos

Especifique os índices de coordenadas para todos os pontos numerados da célula unitária da ilustração.

Solução

Para esta célula unitária, os pontos coordenados estão localizados em todos os oito vértices, com um único ponto na posição central.

O ponto 1 está localizado na origem do sistema de coordenadas e, portanto, seus índices de posição na rede em relação aos eixos x, y e z são $0a$, $0b$ e $0c$, respectivamente. E, a partir das Equações 3.10a a 3.10c,

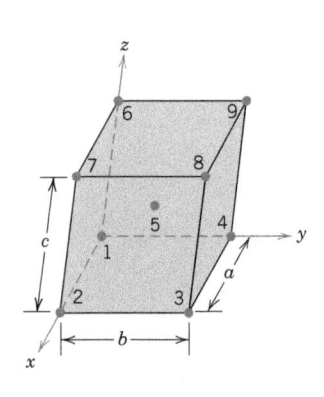

$$\text{posição na rede em referência ao eixo } x = 0a = qa$$
$$\text{posição na rede em referência ao eixo } y = 0b = rb$$
$$\text{posição na rede em referência ao eixo } z = 0c = sc$$

Resolvendo as três expressões acima para os valores dos índices q, r e s leva a

$$q = \frac{0a}{a} = 0$$

$$r = \frac{0b}{b} = 0$$

$$s = \frac{0c}{c} = 0$$

Portanto, este é o ponto 0 0 0.

Uma vez que o ponto número 2 está localizado a um comprimento de aresta da célula unitária ao longo do eixo x, os seus índices de posição na rede em referência aos eixos x, y, e z são $a, 0b$ e $0c$, e

índice de posição na rede em referência ao eixo $x = a = qa$

índice de posição na rede em referência ao eixo $y = 0b = rb$

índice de posição na rede em referência ao eixo $z = 0c = sc$

Desta forma, determinamos os valores para os índices q, r e s, da seguinte maneira:

$$q = 1 \qquad r = 0 \qquad s = 0$$

Assim, o ponto 2 é 1 0 0.

Este mesmo procedimento é realizado para os sete pontos restantes na célula unitária. Os índices dos pontos para todos os nove pontos estão listados na tabela a seguir.

Número do Ponto	q	r	s
1	0	0	0
2	1	0	0
3	1	1	0
4	0	1	0
5	$\frac{1}{2}$	$\frac{1}{2}$	$\frac{1}{2}$
6	0	0	1
7	1	0	1
8	1	1	1
9	0	1	1

3.13 DIREÇÕES CRISTALOGRÁFICAS

Direções
Cristalográficas

Uma *direção cristalográfica* é definida como uma linha direcionada entre dois pontos, ou um *vetor*. As seguintes etapas são utilizadas na determinação dos três índices de direção:

1. Primeiro constrói-se um sistema de coordenadas x-y-z voltado para a direita. Por questão de conveniência, a sua origem pode estar localizada em um dos vértices da célula unitária.

2. São determinadas as coordenadas de dois pontos que estão localizados sobre o vetor direção (em relação ao sistema coordenado) – por exemplo, para a extremidade inicial do vetor, ponto 1: x_1, y_1 e z_1; enquanto para a outra extremidade do vetor, ponto 2: x_2, y_2 e z_2.

3. As coordenadas do primeiro ponto são subtraídas das componentes do segundo ponto, isto é, $x_2 - x_1, y_2 - y_1$ e $z_2 - z_1$.

4. Essas diferenças nas coordenadas são então normalizadas em relação a (isto é, divididas por) seus respectivos parâmetros da rede a, b e c, ou seja,

$$\frac{x_2 - x_1}{a} \quad \frac{y_2 - y_1}{b} \quad \frac{z_2 - z_1}{c}$$

que gera um conjunto de três números.

5. Se necessário, esses três números são multiplicados ou divididos por um fator comum para reduzi-los aos menores valores inteiros.

6. Os três índices resultantes, sem serem separados por vírgulas, são colocados entre colchetes, dessa forma: $[uvw]$. Os inteiros u, v e w correspondem às diferenças de coordenadas normalizadas em referência aos eixos x, y e z, respectivamente.

Em resumo, os índices u, v e w podem ser determinados usando as seguintes equações:

$$u = n\left(\frac{x_2 - x_1}{a}\right) \tag{3.11a}$$

$$v = n\left(\frac{y_2 - y_1}{b}\right) \tag{3.11b}$$

$$w = n\left(\frac{z_2 - z_1}{c}\right) \tag{3.11c}$$

Nestas expressões, n é o fator que pode ser necessário para reduzir u, v e w a inteiros.

Para cada um dos três eixos, existem coordenadas tanto positivas como negativas. Assim, também é possível a existência de índices negativos, os quais são representados pela colocação de uma barra sobre o índice apropriado. Por exemplo, a direção $[1\bar{1}1]$ tem um componente na direção $-y$. Além disso, a mudança dos sinais de todos os índices produz uma direção antiparalela; isto é, a direção $[\bar{1}1\bar{1}]$ é diretamente oposta à direção $[1\bar{1}1]$. Se mais de uma direção (ou plano) tiver que ser especificada para uma estrutura cristalina específica, torna-se imperativo, para a manutenção da consistência, que uma convenção positivo-negativo, uma vez estabelecida, não seja mudada.

As direções [100], [110] e [111] são direções comuns; elas estão representadas na célula unitária mostrada na Figura 3.21.

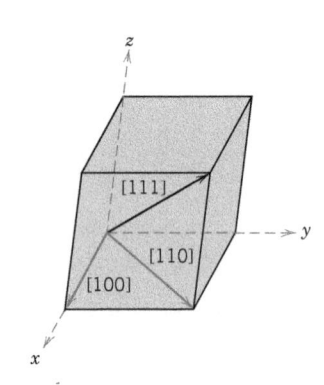

Figura 3.21 Direções [100], [110] e [111] em uma célula unitária.

PROBLEMA-EXEMPLO 3.10

Determinação de Índices de Direção

Determine os índices para a direção mostrada na figura anexa.

Solução

Primeiro é necessário anotar as coordenadas das extremidades do vetor. A partir da ilustração, as coordenadas para o início do vetor são as seguintes:

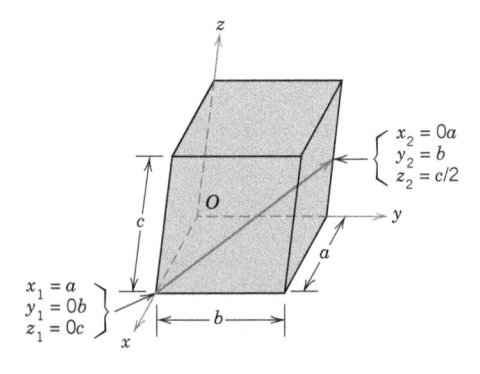

$$x_1 = a \qquad y_1 = 0b \qquad z_1 = 0c$$

Para as coordenadas da outra extremidade temos

$$x_2 = 0a \qquad y_2 = b \qquad z_2 = c/2$$

Então, tirando as diferenças entre as coordenadas dos pontos,

$$x_2 - x_1 = 0a - a = -a$$

$$y_2 - y_1 = b - 0b = b$$

$$z_2 - z_1 = c/2 - 0c = c/2$$

Agora é possível usar as Equações 3.11a a 3.11c para calcular valores de u, v e w. Contudo, uma vez que a diferença $z_2 - z_1$ é uma fração (isto é, $c/2$), antecipamos que para haver valores inteiros para os três índices, será necessário atribuir o valor de 2 a n. Assim,

$$u = n\left(\frac{x_2 - x_1}{a}\right) = 2\left(\frac{-a}{a}\right) = -2$$

$$v = n\left(\frac{y_2 - y_1}{b}\right) = 2\left(\frac{b}{b}\right) = 2$$

$$w = n\left(\frac{z_2 - z_1}{c}\right) = 2\left(\frac{c/2}{c}\right) = 1$$

E, finalmente, colocando os índices –2, 2 e 1 entre colchetes, obtemos $[\bar{2}21]$ como a designação da direção.[5]
Este procedimento é resumido da seguinte maneira:

	x	y	z
Coordenadas do final do vetor (x_2, y_2, z_2)	$0a$	b	$c/2$
Coordenadas do início do vetor (x_1, y_1, z_1)	a	$0b$	$0c$
Diferenças entre as coordenadas	$-a$	b	$c/2$
Valores calculados de u, v e w	$u = -2$	$v = 2$	$w = 1$
Fechamento em colchetes		$[\bar{2}21]$	

PROBLEMA-EXEMPLO 3.11

Construção de uma Direção Cristalográfica Específica

Dentro da seguinte célula unitária, desenhe uma direção $[1\bar{1}0]$ com o início do vetor localizado na origem do sistema de coordenadas, ponto O.

Solução

Este problema é resolvido invertendo o procedimento do exemplo anterior. Para esta direção $[1\bar{1}0]$,

$$u = 1$$
$$v = -1$$
$$w = 0$$

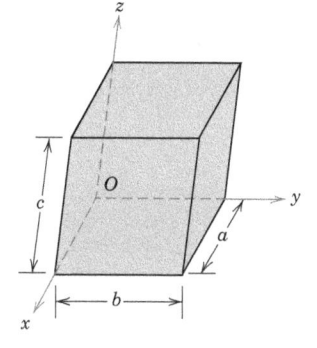

Uma vez que o início do vetor direção está posicionado na origem, as suas coordenadas são as seguintes:

$$x_1 = 0a$$
$$y_1 = 0b$$
$$z_1 = 0c$$

Agora queremos determinar as coordenadas do final do vetor, isto é, x_2, y_2 e z_2. Isto é possível usando formas rearranjadas das Equações 3.11a a 3.11c e incorporando os valores acima para os três índices de direção (u, v e w), além das coordenadas para o início do vetor. Assumindo o valor de n como igual a 1, pois os três índices de direção são todos inteiros, obtemos

$$x_2 = ua + x_1 = (1)(a) + 0a = a$$
$$y_2 = vb + y_1 = (-1)(b) + 0b = -b$$
$$z_2 = wc + z_1 = (0)(c) + 0c = 0c$$

O processo de construção para este vetor direção está mostrado na figura a seguir.

---

[5] Se esses valores de u, v e w não forem inteiros, torna-se necessário escolher outro valor para n.

Considerando que o início do vetor está posicionado na origem, começamos no ponto identificado como O e, então, nos movemos passo a passo para localizar a extremidade final do vetor. Uma vez que a coordenada x do final do vetor (x_2) é a, procedemos a partir do ponto O, a unidades ao longo do eixo x até o ponto Q. Do ponto Q, movemos b unidades paralelamente ao eixo $-y$, até o ponto P, pois a coordenada y para o final do vetor (y_2) é $-b$. Não existe uma componente z para o vetor, uma vez que a coordenada z para o final do vetor (z_2) é $0c$. Finalmente, o vetor correspondente a esta direção $[1\bar{1}0]$ é construído quando se desenha uma linha do ponto O ao ponto P, conforme mostrado na ilustração.

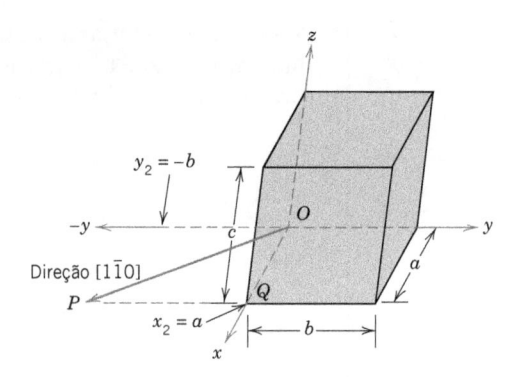

Para algumas estruturas cristalinas, várias direções não paralelas com índices diferentes são, *cristalograficamente equivalentes*; isto significa que o espaçamento entre os átomos ao longo de cada direção é o mesmo. Por exemplo, nos cristais cúbicos, todas as direções representadas pelos seguintes índices são equivalentes: $[100]$, $[\bar{1}00]$, $[010]$, $[0\bar{1}0]$, $[001]$ e $[00\bar{1}]$. Por conveniência, direções equivalentes são agrupadas como uma *família*, que é representada entre colchetes angulados, desta forma: $<100>$. Além disso, nos cristais cúbicos, as direções com os mesmos índices, independentemente da ordem desses índices ou dos seus sinais – por exemplo, $[123]$ e $[\bar{2}1\bar{3}]$ – são equivalentes. Contudo, isso geralmente não é verdadeiro para outros sistemas cristalinos. Por exemplo, em cristais com simetria tetragonal, as direções $[100]$ e $[010]$ são equivalentes, enquanto as direções $[100]$ e $[001]$ não são.

Direções em Cristais Hexagonais

Surge um problema quando se consideram cristais com simetria hexagonal, pois algumas direções cristalográficas equivalentes não possuem o mesmo conjunto de índices. Esta situação é resolvida com o emprego de um sistema de coordenadas com quatro eixos, ou de *Miller-Bravais*, como está mostrado na Figura 3.22a. Os três eixos a_1, a_2 e a_3 estão todos contidos em um único plano (chamado de *plano basal*), e formam ângulos de $120°$ entre si. O eixo z é perpendicular a esse plano basal. Os índices de direção, que são obtidos como descrito anteriormente, são representados por quatro índices, no formato $[uvtw]$; por convenção, os índices u, v e t estão relacionados com diferenças de coordenadas dos vetores em relação aos respectivos eixos a_1, a_2 e a_3 no plano basal; o quarto índice pertence ao eixo z.

A conversão do sistema com três índices (usando os eixos coordenado a_1–a_2–z da Figura 3.22b) para o sistema com quatro índices,

$$[UVW] \rightarrow [uvtw]$$

é realizada com o emprego das seguintes fórmulas:[6]

$$u = \frac{1}{3}(2U - V) \qquad (3.12a)$$

$$v = \frac{1}{3}(2V - U) \qquad (3.12b)$$

$$t = -(u + v) \qquad (3.12c)$$

$$w = W \qquad (3.12d)$$

Aqui, os índices U, V e W maiúsculos estão associados ao esquema de três índices (em lugar de u, v e w, como anteriormente), enquanto os índices minúsculos u, v, t e w estão correlacionados ao sistema de quatro índices de Miller-Bravais. Por exemplo, usando estas equações, a direção $[010]$ se torna $[\bar{1}2\bar{1}0]$; além disso, $[\bar{1}2\bar{1}0]$ também é equivalente aos seguintes: $[1210]$, $[1\bar{2}10]$, $[1\bar{2}10]$.

---

[6] Pode ser necessária a redução ao menor conjunto de inteiros, como discutido anteriormente.

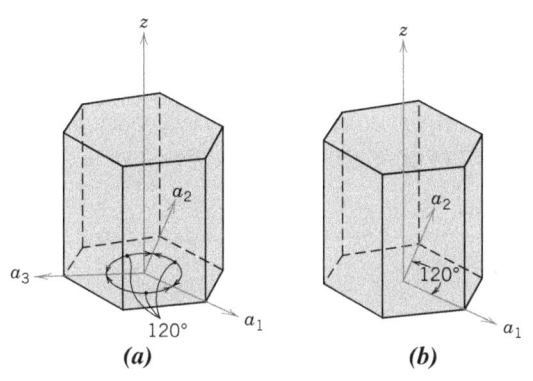

Figura 3.22 Sistema de eixos coordenados para uma célula unitária hexagonal: (*a*) Esquema de Miller-Bravais com quatro eixos; (*b*) três eixos.

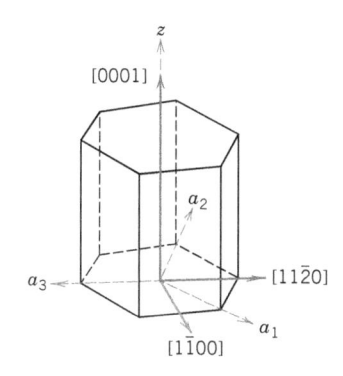

Figura 3.23 Para o sistema cristalino hexagonal, as direções [0001], [$1\bar{1}00$] e [$11\bar{2}0$].

Várias direções foram desenhadas na célula unitária hexagonal da Figura 3.23.

A determinação dos índices de direção é conduzida usando um procedimento similar ao usado para outros sistemas cristalinos – pela subtração das coordenadas do ponto inicial do vetor das coordenadas do ponto final do vetor. Para simplificar a demonstração deste procedimento, primeiro determinamos os índices U, V e W usando o sistema de coordenadas de três eixos a_1–a_2–z da Figura 3.22*b* e, então, convertemos aos índices u, v, t e w usando as Equações 3.12a-3.12d.

O esquema de designação para os três conjuntos de coordenadas para o final e o início do vetor é o seguinte:

Eixo	Coordenada Final do Vetor	Coordenada Inicial do Vetor
a_1	a_1''	a_1'
a_2	a_2''	a_2'
z	z''	z'

Usando este esquema, os equivalentes às Equações 3.11a a 3.11c para os índices hexagonais U, V e W são os seguintes:

$$U = n\left(\frac{a_1'' - a_1'}{a}\right) \tag{3.13a}$$

$$V = n\left(\frac{a_2'' - a_2'}{a}\right) \tag{3.13b}$$

$$W = n\left(\frac{z'' - z'}{c}\right) \tag{3.13c}$$

Nestas expressões, o parâmetro n está incluído para facilitar, se necessário, a redução de U, V e W a valores inteiros.

PROBLEMA-EXEMPLO 3.12

Determinação dos Índices de Direção para uma Célula Unitária Hexagonal

Para a direção mostrada na figura anexa, faça o seguinte:

(a) Determine os índices de direção em referência ao sistema de coordenadas com três eixos da Figura 3.22*b*.

(b) Converta esses índices em um conjunto de índices referenciado ao esquema de quatro eixos (Figura 3.22*a*).

Solução

A primeira coisa que precisamos fazer é determinar os índices u, v e w para o vetor, referentes ao esquema com três eixos que está representado na figura; isto é possível usando as Equações 3.13a a 3.13c. Uma vez que o vetor direção passa através da origem do sistema de coordenadas, $\alpha'_1 = \alpha'_2 = 0a$ e $z' = 0c$. Além disso, do desenho, as coordenadas para o final do vetor são as seguintes:

$$a''_1 = 0a$$
$$a''_2 = -a$$
$$z'' = \frac{c}{2}$$

Uma vez que o denominador em z'' é 2, assumimos que $n = 2$. Portanto,

$$U = n\left(\frac{a''_1 - a'_1}{a}\right) = 2\left(\frac{0a - 0a}{a}\right) = 0$$

$$V = n\left(\frac{a''_2 - a'_2}{a}\right) = 2\left(\frac{-a - 0a}{a}\right) = -2$$

$$W = n\left(\frac{z'' - z'}{c}\right) = 2\left(\frac{c/2 - 0c}{c}\right) = 1$$

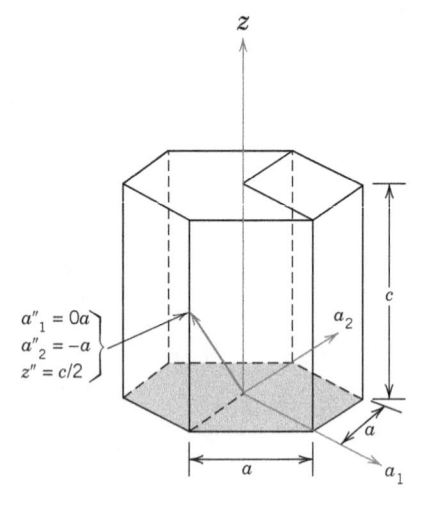

Esta direção é representada colocando os índices acima entre colchetes [0$\bar{2}$1].

(b) Converter esses índices em um conjunto de índices com referência ao esquema com quatro eixos requer o uso das Equações 3.12a-3.12d. Para essa direção [0$\bar{2}$1], temos

$$U = 0 \qquad V = -2 \qquad W = 1$$

e

$$u = \frac{1}{3}(2U - V) = \frac{1}{3}[(2)(0) - (-2)] = \frac{2}{3}$$

$$v = \frac{1}{3}(2V - U) = \frac{1}{3}[(2)(-2) - 0] = -\frac{4}{3}$$

$$t = -(u + v) = -\left(\frac{2}{3} - \frac{4}{3}\right) = \frac{2}{3}$$

$$w = W = 1$$

A multiplicação dos índices acima por 3 os reduz ao menor conjunto de inteiros, que fornece os valores 2, –4, 2 e 3 para u, v, t e w, respectivamente. Assim, o vetor direção mostrado na figura é [2$\bar{4}$23].

O procedimento usado para tratar vetores de direção em cristais que possuem simetria hexagonal dados os seus conjuntos de índices é relativamente complicado; portanto, preferimos omitir uma descrição desse procedimento.

3.14 PLANOS CRISTALOGRÁFICOS

Planos
Cristalográficos

índices de Miller

As orientações dos planos em uma estrutura cristalina são representadas de maneira semelhante. Novamente, a célula unitária é a base, com o sistema de coordenadas com três eixos como está representado na Figura 3.19. Em todos os sistemas cristalinos, à exceção do hexagonal, os planos cristalográficos são especificados por três **índices de Miller** como (*hkl*). Quaisquer dois planos que sejam paralelos entre si são equivalentes e têm índices idênticos. O procedimento empregado para determinar os valores dos índices h, k e l é o seguinte:

1. Se o plano passa através da origem selecionada, deve ser construído outro plano paralelo no interior da célula unitária por uma translação apropriada, ou deve ser estabelecida nova origem no vértice de outra célula unitária.[7]

2. Nesse ponto, ou o plano cristalográfico intercepta ou é paralelo a cada um dos três eixos. A coordenada para a interseção do plano cristalográfico com cada um dos eixos é determinada (com referência à origem do sistema de coordenadas). Essas interseções para os eixos x, y e z serão designadas por A, B e C, respectivamente.

3. Os valores inversos desses números são determinados. Um plano que é paralelo a um eixo pode ser considerado como tendo uma interseção no infinito e, portanto, um índice igual a zero.

4. Os inversos das interseções são então normalizados em termos dos (isto é, multiplicados por) seus respectivos parâmetros da rede a, b e c. Ou seja,

$$\frac{a}{A} \quad \frac{b}{B} \quad \frac{c}{C}$$

5. Se necessário, esses três números são modificados para o conjunto de menores números inteiros, pela multiplicação ou divisão por um fator comum.[8]

6. Finalmente, os índices inteiros, não separados por vírgulas, são colocados entre parênteses, obtendo-se: (hkl). Os inteiros h, k e l correspondem aos inversos das interseções normalizados em referência aos eixos x, y e z, respectivamente.

Em resumo, os índices h, k e l podem ser determinados usando as seguintes equações:

$$h = \frac{na}{A} \tag{3.14a}$$

$$k = \frac{nb}{B} \tag{3.14b}$$

$$l = \frac{nc}{C} \tag{3.14c}$$

Nessas expressões, n é o fator que pode ser necessário para reduzir h, k e l a inteiros.

Uma interseção no lado negativo da origem é indicada por uma barra ou um sinal de menos posicionado sobre o índice apropriado. Além disso, a inversão das direções de todos os índices especifica outro plano que é paralelo, no lado oposto e equidistante, à origem. Vários planos com índices baixos estão representados na Figura 3.24.

Uma característica interessante e exclusiva dos cristais cúbicos é que os planos e as direções que apresentam os mesmos índices são perpendiculares entre si; no entanto, para os outros sistemas cristalinos, não existem relações geométricas simples entre planos e direções com os mesmos índices.

PROBLEMA-EXEMPLO 3.13

Determinação de Índices para Planos (Miller)

Determine os índices de Miller para o plano mostrado na Figura (*a*) a seguir.

---

[7] Ao selecionar uma nova origem, sugere-se o seguinte procedimento:

Se o plano cristalográfico que intercepta a origem está sobre uma das faces da célula unitária, mova a origem o equivalente a uma distância da célula unitária paralelamente ao eixo que intercepta esse plano.

Se o plano cristalográfico que intercepta a origem passa através de um dos eixos da célula unitária, mova a origem o equivalente a uma distância da célula unitária paralelamente a qualquer um dos outros dois eixos.

Para todos os demais casos, mova a origem o equivalente a uma distância da célula unitária paralelamente a qualquer um dos três eixos da célula unitária.

[8] Ocasionalmente, a redução do índice não é realizada (por exemplo, nos estudos de difração de raios X descritos na Seção 3.20); por exemplo, o plano (002) não é reduzido a (001). Além disso, nos materiais cerâmicos, o arranjo iônico para um plano com índices reduzidos pode ser diferente daquele para um plano que não teve seus índices reduzidos.

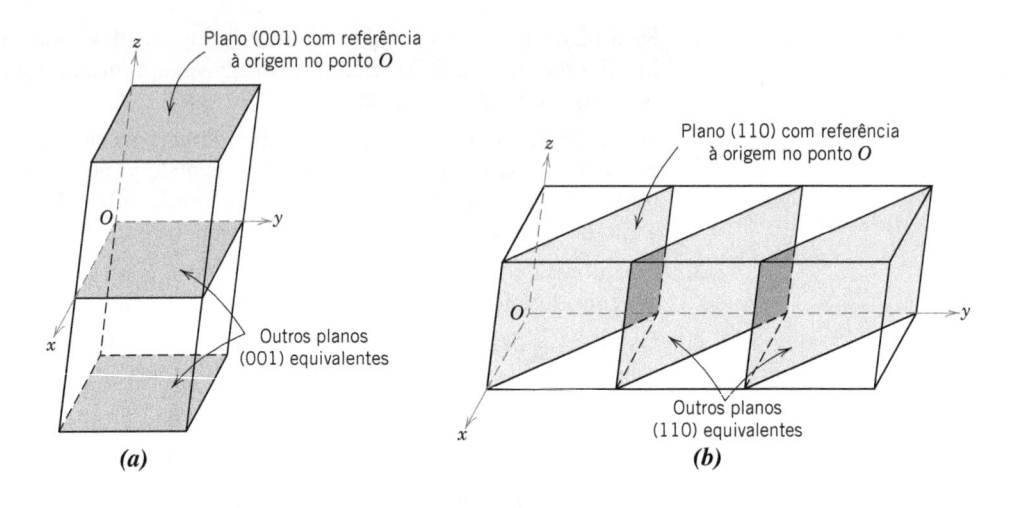

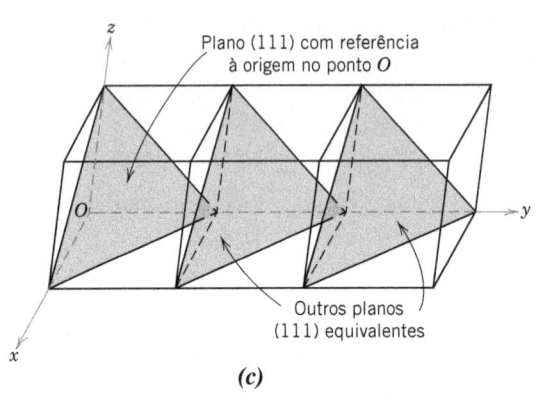

Figura 3.24 Representações de uma série de planos cristalográficos equivalentes, cada um, a (*a*) (001), (*b*) (110) e (*c*) (111).

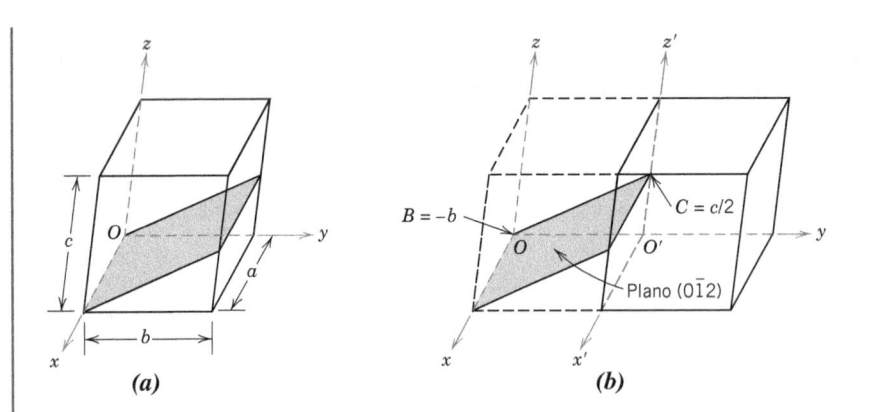

Solução

Uma vez que o plano passa pela origem que foi selecionada, O, uma nova origem deve ser escolhida no vértice de uma célula unitária adjacente. Ao escolher essa nova célula unitária, movemos a distância equivalente a uma célula unitária paralelamente ao eixo y, como mostrado na figura (*b*). Assim, x'-y-z' é o novo sistema de eixos coordenados que possui a sua origem localizada em O'. Uma vez que esse plano é paralelo ao eixo x', sua interseção é ∞a, isto é, $A = \infty a$. Além disso, a partir da ilustração (*b*), as interseções com os eixos y' e z' são as seguintes:

$$B = -b \qquad C = c/2$$

Agora é possível usar as Equações 3.14a-3.14c para determinar os valores de h, k e l. Nesse ponto, vamos escolher um valor de 1 para n. Assim,

$$h = \frac{na}{A} = \frac{1a}{\infty\,a} = 0$$

$$k = \frac{nb}{B} = \frac{1b}{-b} = -1$$

$$l = \frac{nc}{C} = \frac{1c}{c/2} = 2$$

E, finalmente, a colocação dos índices 0, –1 e 2 entre parênteses leva a $(0\bar{1}2)$ como a designação para esta direção.[9]

Esse procedimento é resumido da seguinte maneira:

	x	y	z
Interseções (A, B, C)	∞a	$-b$	$c/2$
Valores calculados para h, k e l (Equações 3.14a-3.14c)	$h = 0$	$k = -1$	$l = 2$
Colocação entre parênteses		$(0\bar{1}2)$	

PROBLEMA-EXEMPLO 3.14

Construção de um Plano Cristalográfico Específico

Construa um plano (101) dentro da célula unitária a seguir.

Solução

Para resolver este problema, faça o procedimento usado no exemplo anterior na ordem inversa. Para essa direção (101),

$$h = 1$$
$$k = 0$$
$$l = 1$$

Usando esses índices h, k e l, queremos resolver para os valores de A, B e C empregando formas rearranjadas das Equações 3.14a-3.14c. Assumindo o valor de n como 1, pois esses três índices de Miller são todos inteiros, obtemos o seguinte:

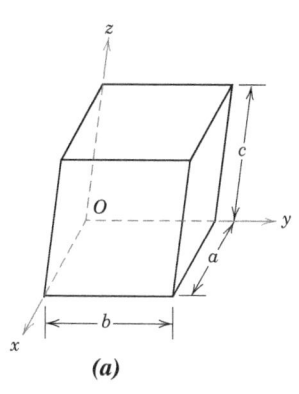

(a)

$$A = \frac{na}{h} = \frac{(1)(a)}{1} = a$$

$$B = \frac{nb}{k} = \frac{(1)(b)}{0} = \infty\,b$$

$$C = \frac{nc}{l} = \frac{(1)(c)}{1} = c$$

Assim, esse plano (101) intercepta o eixo x em a (pois $A = a$), é paralelo ao eixo y (pois $B = \infty b$) e intercepta o eixo z em c. Na célula unitária mostrada em (b) são destacadas as localizações das interseções para esse plano.

O único plano que é paralelo ao eixo y e que intercepta os eixos x e z nas coordenadas axiais a e c, respectivamente, está mostrado em (c).

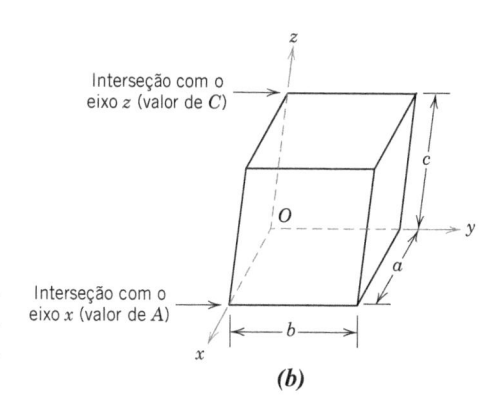

Interseção com o eixo z (valor de C)

Interseção com o eixo x (valor de A)

(b)

---

[9] Se h, k e l não forem inteiros, torna-se necessário escolher outro valor para n.

Observe que a representação de um plano cristalográfico em referência a uma célula unitária é feita por linhas desenhadas para indicar as interseções desse plano com as faces da célula unitária (ou com extensões dessas faces). As seguintes diretrizes são úteis para representar os planos cristalográficos:

- Se dois dos índices h, k e l forem iguais a zero [como em (100)], o plano será paralelo a uma das faces da célula unitária (conforme a Figura 3.24a).
- Se um dos índices for igual a zero [como em (110)], o plano será um paralelogramo, tendo dois lados que coincidem com as arestas de células unitárias opostas (ou arestas de células unitárias adjacentes) (conforme a Figura 3.24b).
- Se nenhum dos índices for igual a zero [como em (111)], todas as interseções irão passar através das faces da célula unitária (conforme a Figura 3.24c).

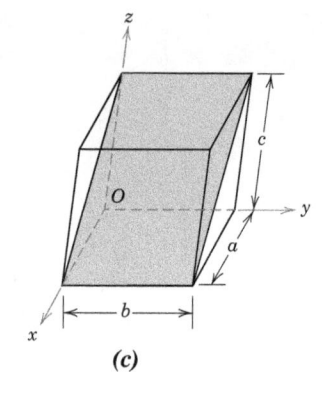
(c)

Arranjos Atômicos

Arranjos dos Planos Atômicos Planares

O arranjo atômico para um plano cristalográfico, o que frequentemente é de interesse, depende da estrutura cristalina. Os planos atômicos (110) para as estruturas cristalinas CFC e CCC estão representados nas Figuras 3.25 e 3.26, respectivamente; também estão incluídas as células unitárias representadas por esferas reduzidas. Observe que a compactação atômica é diferente para cada caso. Os círculos representam átomos que estão localizados nos planos cristalográficos, da forma que seria obtida de um corte através dos centros das esferas rígidas em seu tamanho total.

Uma "família" de planos contém todos os planos que são *cristalograficamente equivalentes* – ou seja, que têm a mesma compactação atômica; uma família é designada por índices que são colocados entre chaves – tal como {100}. Por exemplo, em cristais cúbicos, os planos (111), ($\bar{1}11$), ($1\bar{1}1$), ($11\bar{1}$), ($\bar{1}\bar{1}1$), ($\bar{1}1\bar{1}$) e ($1\bar{1}\bar{1}$) pertencem todos à mesma família {111}. Contudo, em estruturas cristalinas tetragonais, a família {100} conteria apenas os planos (100), ($\bar{1}00$), (010) e ($0\bar{1}0$), uma vez que os planos (001) e ($00\bar{1}$) não são cristalograficamente equivalentes. Além disso, apenas no sistema cúbico, os planos que exibem os mesmos índices, independente de sua ordem e de seu sinal, são equivalentes. Por exemplo, tanto ($1\bar{2}3$) como ($3\bar{1}2$) pertencem à família {123}.

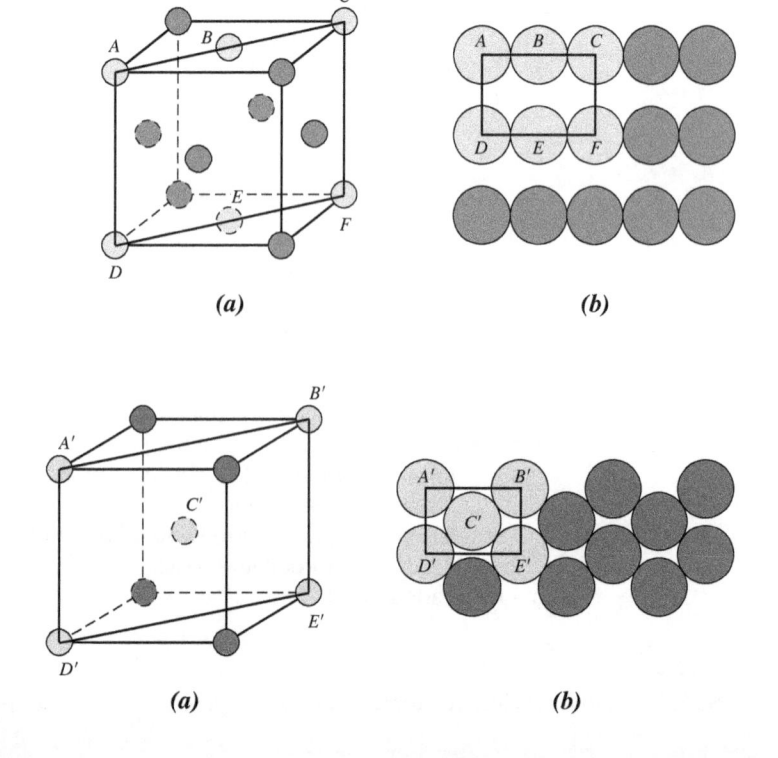

(a) *(b)*

Figura 3.25 (*a*) Célula unitária CFC com esferas reduzidas mostrando o plano (110). (*b*) Compactação atômica de um plano (110) em um cristal CFC. As posições correspondentes aos átomos em (*a*) estão indicadas.

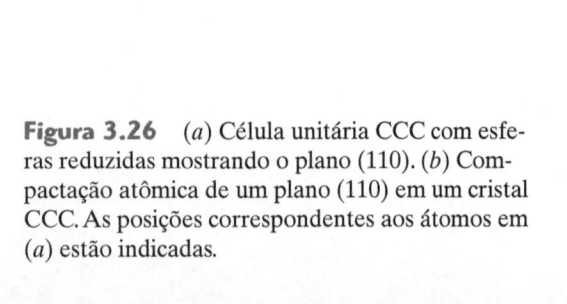

(a) *(b)*

Figura 3.26 (*a*) Célula unitária CCC com esferas reduzidas mostrando o plano (110). (*b*) Compactação atômica de um plano (110) em um cristal CCC. As posições correspondentes aos átomos em (*a*) estão indicadas.

Cristais Hexagonais

Para cristais com simetria hexagonal, é desejável que planos equivalentes tenham os mesmos índices; como ocorre com as direções, isso é obtido pelo sistema de Miller-Bravais, mostrado na Figura 3.22a. Essa convenção leva ao sistema de quatro índices (*hkil*), que é favorecido na maioria dos casos, uma vez que identifica de maneira mais clara a orientação de um plano em um cristal hexagonal. Existe alguma redundância no fato de que o índice *i* é determinado pela soma dos índices *h* e *k*, pela relação

$$i = -(h + k) \tag{3.15}$$

Nos demais aspectos, os três índices *h*, *k* e *l* são idênticos para ambos os sistemas de indexação.

Determinamos esses índices de maneira análoga àquela usada para outros sistemas cristalinos, conforme descrito anteriormente – isto é, tomando os inversos normalizados das interseções axiais, como descrito no problema-exemplo a seguir.

A Figura 3.27 apresenta vários dos planos comuns encontrados em cristais que possuem simetria hexagonal.

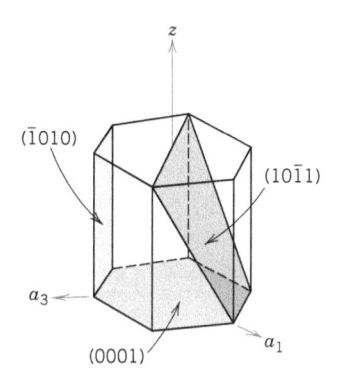

Figura 3.27 Para o sistema cristalino hexagonal, os planos (0001), (10$\bar{1}$1) e ($\bar{1}$010).

PROBLEMA-EXEMPLO 3.15

Determinação dos Índices de Miller–Bravais para um Plano em uma Célula Unitária Hexagonal

Determine os índices de Miller-Bravais para o plano mostrado na célula unitária hexagonal.

Solução

Esses índices podem ser determinados da mesma maneira que foi feito para a situação de coordenadas *x-y-z* e que foi descrita no Problema-Exemplo 3.13. Contudo, nesse caso, os eixos a_1, a_2 e *z* são usados e se correlacionam, respectivamente, aos eixos *x*, *y* e *z* da discussão anterior. Se novamente usamos *A*, *B* e *C* para representar as interseções sobre os respectivos eixos a_1, a_2 e *z*, os inversos das interseções normalizados podem ser escritos como

$$\frac{a}{A} \quad \frac{a}{B} \quad \frac{c}{C}$$

Agora, uma vez que as três interseções indicadas na célula unitária acima são

$$A = a \quad B = -a \quad C = c$$

os valores de *h*, *k* e *l* podem ser determinados usando as Equações 3.14a-3.14c, da seguinte maneira (assumindo *n* = 1):

$$h = \frac{na}{A} = \frac{(1)(a)}{a} = 1$$

$$k = \frac{na}{B} = \frac{(1)(a)}{-a} = -1$$

$$l = \frac{nc}{C} = \frac{(1)(c)}{c} = 1$$

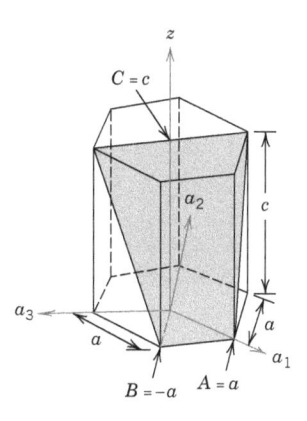

> E, finalmente, o valor de i é encontrado usando a Equação 3.15, da seguinte maneira:
>
> $$i = -(h + k) = -[1 + (-1)] = 0$$
>
> Portanto, os índices $(hkil)$ são .
>
> Observe que o terceiro índice é zero (isto é, o seu inverso é igual a ∞); isso significa que esse plano é paralelo ao eixo a_3. A inspeção da figura anterior mostra que esse é de fato o caso.

Isso conclui nossa discussão sobre pontos, direções e planos cristalográficos. Uma revisão e um resumo desses tópicos são apresentados na Tabela 3.7.

Tabela 3.7   Resumo das Equações Usadas para Determinar os Índices de Pontos, Direções e Planos Cristalográficos

Tipo de Coordenada	Símbolos dos Índices	Equação Representativa[a]	Símbolos da Equação
Ponto	$q\ r\ s$	qa = posição na rede em referência ao eixo x	—
Direção			
Não hexagonal	$[uvw]$	$u = n\left(\dfrac{x_2 - x_1}{a}\right)$	x_1 = coordenada inicial do vetor – eixo x x_2 = coordenada final do vetor – eixo x
Hexagonal	$[UVW]$	$U = n\left(\dfrac{a_1' - a_1'}{a}\right)$	a_1' = coordenada inicial do vetor – eixo a_1 a_1' = coordenada final do vetor – eixo a_1
	$[uvtw]$	$u = \dfrac{1}{3}(2U - V)$	—
Plano			
Não hexagonal	(hkl)	$h = \dfrac{na}{A}$	A = interseção do plano – eixo x
Hexagonal	$(hkil)$	$i = -(h + k)$	—

[a]Nessas equações, a e n representam, respectivamente, o parâmetro da rede para o eixo x e um parâmetro para redução a um número inteiro.

3.15   DENSIDADES LINEAR E PLANAR

Nas duas seções anteriores discutiu-se a equivalência de direções e planos cristalográficos não paralelos. A equivalência de direções está relacionada com a *densidade linear* no sentido de que, para um material específico, as direções equivalentes apresentam densidades lineares idênticas. O parâmetro correspondente para planos cristalográficos é a *densidade planar*, e os planos que têm os mesmos valores para a densidade planar também são equivalentes.

A *densidade linear* (DL) é definida como o número de átomos por unidade de comprimento cujos centros estão sobre o vetor direção para uma direção cristalográfica específica; isto é,

$$DL = \frac{\text{número de átomos posicionados sobre o vetor direção}}{\text{comprimento de vetor direção}} \tag{3.16}$$

As unidades para a densidade linear são os inversos do comprimento (por exemplo, nm^{-1}, m^{-1}).

Por exemplo, vamos determinar a densidade linear da direção [110] para a estrutura cristalina CFC. Uma célula unitária CFC (representada por esferas reduzidas) e a direção [110] em seu interior estão mostradas na Figura 3.28a. Na Figura 3.28b estão representados cinco átomos sobre a face inferior dessa célula unitária; aqui o vetor direção [110] passa do centro do átomo X, através do átomo Y, e finalmente até o centro do átomo Z. Em relação aos números de átomos, é necessário levar em consideração o compartilhamento dos átomos com as células unitárias adjacentes (como foi discutido na Seção 3.4 em relação aos cálculos do fator de empacotamento atômico). Cada um dos átomos do vértice X e Z também é compartilhado com outra célula unitária adjacente ao longo dessa direção [110] (isto é, metade de cada um desses átomos pertence à célula unitária que está sendo considerada), enquanto o átomo Y está localizado totalmente dentro da célula unitária. Dessa forma, existe o equivalente a dois átomos ao longo do vetor direção [110] na célula unitária. Agora, o comprimento do vetor direção é igual a $4R$ (Figura 3.28b); dessa forma, a partir da Equação 3.16, a densidade linear da direção [110] para a rede CFC é de

$$DL_{110} = \frac{2 \text{ átomos}}{4R} = \frac{1}{2R} \tag{3.17}$$

De maneira análoga, a *densidade planar* (DP) é entendida como o número de átomos contidos em um plano cristalográfico específico por unidade de área, ou seja,

$$DP = \frac{\text{número de átomos contidos no plano}}{\text{área do plano}} \tag{3.18}$$

As unidades para a densidade planar são as inversas da área (por exemplo, nm^{-2}, m^{-2}).

Por exemplo, vamos considerar a seção de um plano (110) em uma célula unitária CFC, como está representado nas Figuras 3.25a e 3.25b. Embora seis átomos tenham centros localizados nesse plano (Figura 3.25b), apenas um quarto de cada um dos átomos A, C, D e F, e metade dos átomos B e E, para um equivalente total a apenas 2 átomos, estão contidos no plano. Além disso, a área dessa seção retangular é igual ao produto de seu comprimento por sua largura. A partir da Figura 3.25b, o comprimento (dimensão horizontal) é igual a $4R$, enquanto a largura (dimensão vertical) é igual a $2R\sqrt{2}$, uma vez que ela corresponde ao comprimento da aresta da célula unitária CFC (Equação 3.1). Dessa forma, a área dessa região planar é de $(4R)(2R\sqrt{2}) = 8R^2\sqrt{2}$, e a densidade planar é determinada conforme a seguir:

$$DP_{110} = \frac{2 \text{ átomos}}{8R^2\sqrt{2}} = \frac{1}{4R^2\sqrt{2}} \tag{3.19}$$

As densidades linear e planar são considerações importantes relacionadas com o processo de escorregamento – isto é, o mecanismo pelo qual os metais se deformam plasticamente (Seção 8.5). O escorregamento ocorre nos planos cristalográficos mais densamente compactados e, nesses planos, ao longo das direções que exibem a maior compactação atômica.

3.16 ESTRUTURAS CRISTALINAS COMPACTAS

Metais

Estruturas compactas (metais)

Podemos lembrar, da discussão sobre as estruturas cristalinas dos metais (Seção 3.4), que tanto a estrutura cristalina cúbica de faces centradas como a hexagonal compacta têm um fator de empacotamento atômico de 0,74, que é a forma mais eficiente possível de empacotamento de esferas ou átomos com o mesmo tamanho. Além das representações das células unitárias, essas duas estruturas cristalinas podem ser descritas em termos dos planos compactos de átomos (isto é, dos planos que apresentam uma densidade máxima de compactação dos átomos ou esferas); uma fração de um desses planos está ilustrada na Figura 3.29a. Ambas as estruturas cristalinas podem ser geradas pelo empilhamento desses planos compactos, uns sobre os outros; a diferença entre as duas estruturas está na sequência desse empilhamento.

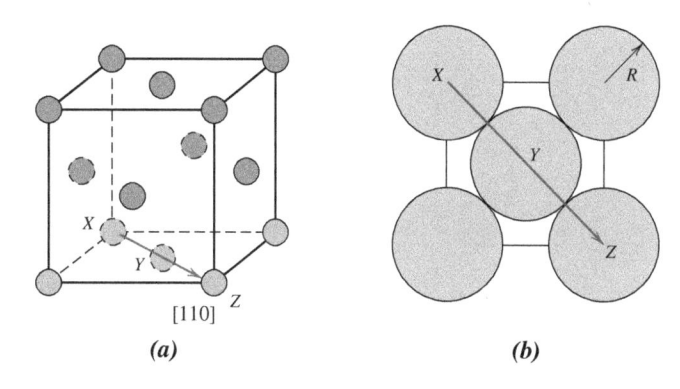

Figura 3.28 (*a*) Célula unitária CFC com esferas reduzidas, com a indicação da direção [110]. (*b*) O plano da face inferior da célula unitária CFC em (*a*) no qual está mostrado o espaçamento atômico na direção [110], por meio dos átomos identificados como X, Y e Z.

(*a*)   (*b*)

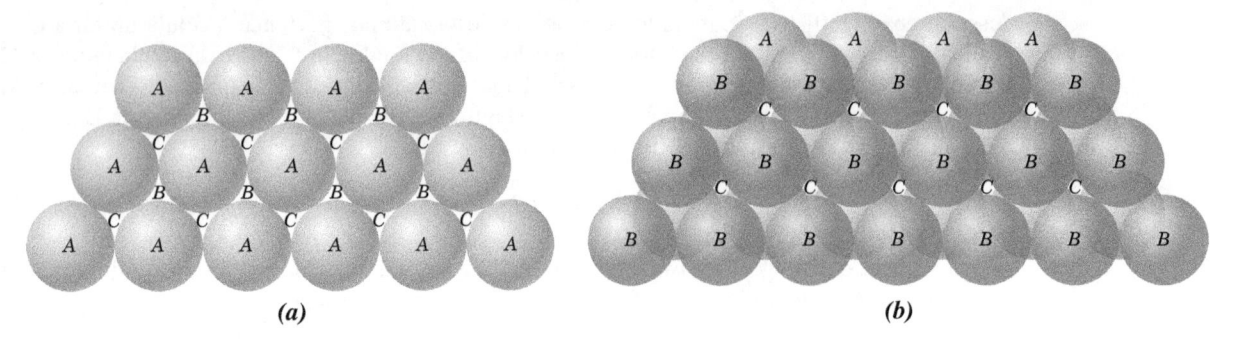

Figura 3.29 (*a*) Uma fração de um plano compacto de átomos; as posições *A*, *B* e *C* estão indicadas. (*b*) A sequência de empilhamento *AB* para planos atômicos compactos.
(Adaptado de W. G. Moffatt, G. W. Pearsall and J. Wulff, *The Structure and Properties of Materials*, Vol. I, *Structure*, p. 50. Copyright © 1964 por John Wiley & Sons, New York. Reimpresso sob permissão de John Wiley & Sons, Inc.)

Vamos chamar de *A* os centros de todos os átomos em um plano compacto. Estão associados a esse plano dois conjuntos de depressões triangulares equivalentes, formadas por três átomos adjacentes, no interior das quais pode se encaixar o próximo plano compacto de átomos. Aquelas depressões com o vértice do triângulo apontado para cima são designadas arbitrariamente como posições *B*, enquanto as demais depressões, aquelas que têm os vértices apontando para baixo, estão marcadas como *C* na Figura 3.29*b*.

Um segundo plano compacto pode ser posicionado com os centros dos seus átomos tanto sobre os sítios *B* como sobre os sítios *C*; até esse ponto, ambos são equivalentes. Suponha que as posições *B* sejam escolhidas arbitrariamente; essa sequência de empilhamento é denominada *AB* e está ilustrada na Figura 3.29*b*. A verdadeira distinção entre as estruturas CFC e HC está no local em que fica posicionada a terceira camada compacta. Na estrutura HC, os centros dessa terceira camada estão alinhados diretamente sobre as posições *A* originais. Essa sequência de empilhamento, *ABABAB*..., se repete uma camada após a outra. Obviamente, um arranjo *ACACAC*... seria equivalente. Esses planos compactos para a estrutura HC são planos do tipo (0001), e a correspondência entre esse arranjo e sua representação na célula unitária está mostrada na Figura 3.30.

Na estrutura cristalina cúbica de faces centradas, os centros do terceiro plano estão localizados sobre os sítios *C* do primeiro plano (Figura 3.31*a*). Isso produz uma sequência de empilhamento *ABCABCABC*...; isto é, o alinhamento atômico se repete a cada terceiro plano. É mais difícil correlacionar o empilhamento de planos compactos à célula unitária CFC. Entretanto, essa relação está demonstrada na Figura 3.31*b*. Esses planos são do tipo (111); uma célula unitária CFC está representada na face anterior superior esquerda da Figura 3.31*b*, com o objetivo de dar uma perspectiva. A importância dessas estruturas compactas CFC e HC ficará evidente no Capítulo 8.

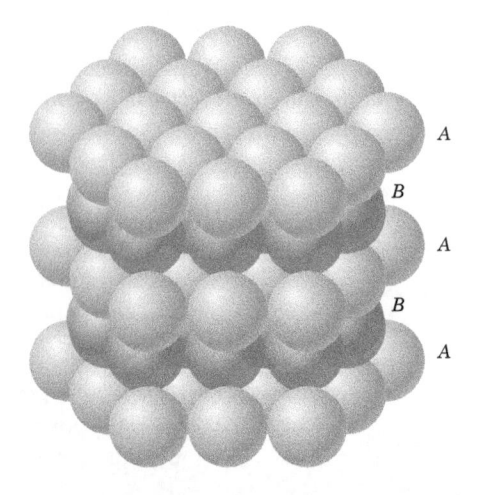

Figura 3.30 Sequência de empilhamento de planos compactos para a estrutura hexagonal compacta.
(Adaptado de W. G. Moffatt, G. W. Pearsall and J. Wulff, *The Structure and Properties of Materials*, Vol. I, *Structure*, p. 51. Copyright © 1964 por John Wiley & Sons, New York. Reimpresso sob permissão de John Wiley & Sons, Inc.)

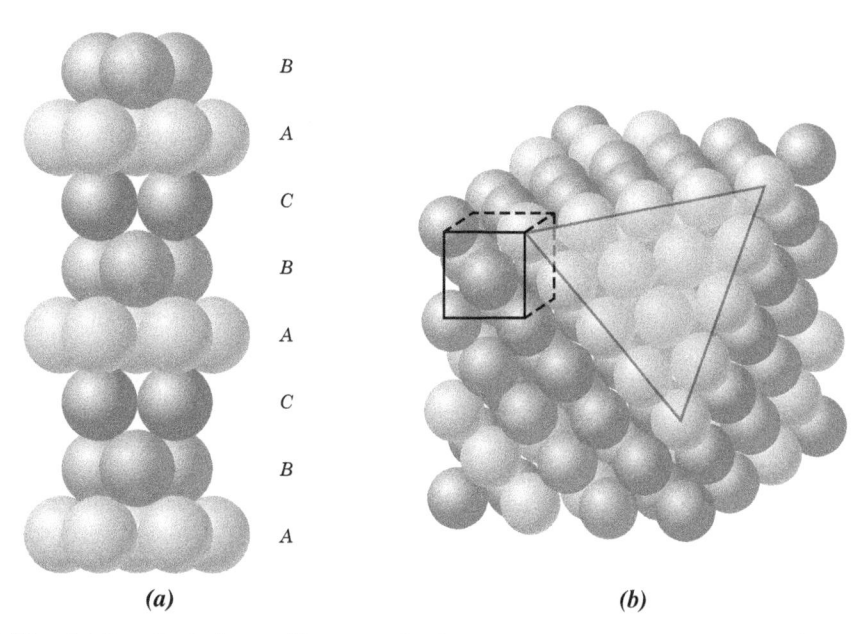

(a)   *(b)*

Figura 3.31   (*a*) Sequência de empilhamento de planos compactos para a estrutura cúbica de faces centradas. (*b*) Um vértice foi removido para mostrar a relação entre o empilhamento de planos compactos de átomos e a estrutura cristalina CFC (isto é, a célula unitária que foi esboçada no vértice anterior superior esquerdo do conjunto de esferas); o triângulo em destaque delineia um plano (111).
[Figura (*b*) de W. G. Moffatt, G. W. Pearsall and J. Wulff, *The Structure and Properties of Materials*, Vol. I, *Structure*, p. 51. Copyright © 1964 por John Wiley & Sons, New York. Reimpresso sob permissão de John Wiley & Sons, Inc.]

Cerâmicas

Uma variedade de estruturas cristalinas cerâmicas também pode ser considerada em termos de planos compactos de íons (em contraste a *átomos*, para os metais). Ordinariamente, os planos compactos são compostos pelos ânions, que são maiores. Conforme esses planos são empilhados uns sobre os outros, são criados pequenos sítios intersticiais entre os mesmos, onde os cátions podem se alojar.

     Existem dois tipos diferentes dessas posições intersticiais, como está ilustrado na Figura 3.32. Quatro átomos (três em um plano e um único átomo no plano adjacente) circundam um dos tipos; essa posição é denominada **posição tetraédrica**, pois linhas retas traçadas a partir dos centros das esferas circundantes formam um tetraedro. O outro tipo de sítio representado na Figura 3.32 envolve seis esferas de íons, três em cada um dos dois planos. Uma vez que um octaedro é produzido unindo-se os centros dessas seis esferas, esse sítio é denominado **posição octaédrica**. Dessa forma, os números de coordenação para os cátions que preenchem as posições tetraédricas e octaédricas são 4 e 6, respectivamente. Além disso, para cada uma dessas esferas de ânions, haverá uma posição octaédrica e duas posições tetraédricas.

posição tetraédrica

posição octaédrica

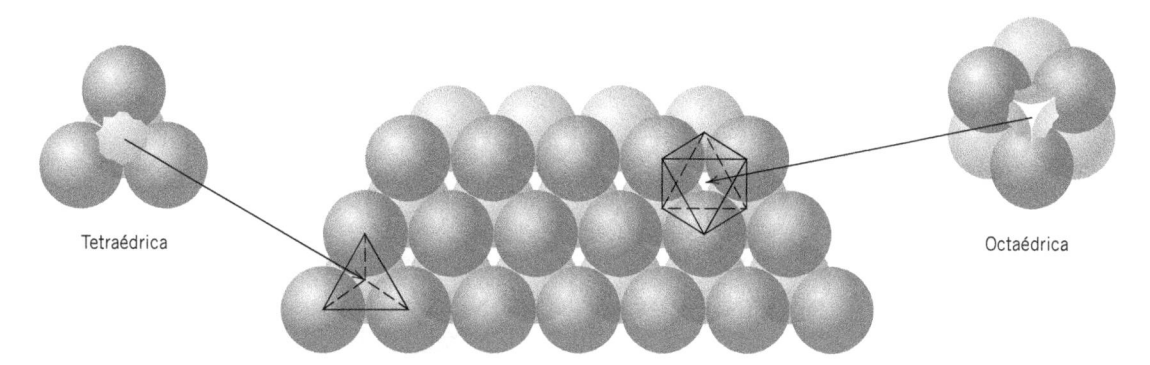

Tetraédrica   Octaédrica

Figura 3.32   O empilhamento de um plano compacto de esferas (ânions) (cinza-escuro) sobre outro (esferas cinza-claro); estão destacadas as geometrias das posições tetraédricas e octaédricas entre os planos.
(De W. G. Moffatt, G. W. Pearsall and J. Wulff, *The Structure and Properties of Materials*, Vol. I, *Structure*. Copyright © 1964 por John Wiley & Sons, New York. Reimpresso sob permissão de John Wiley & Sons, Inc.)

As estruturas cristalinas cerâmicas desse tipo dependem de dois fatores: (1) do empilhamento das camadas compactas de ânions (são possíveis tanto arranjos CFC quanto HC, os quais correspondem às sequências *ABCABC...* e *ABABAB...*, respectivamente), e (2) da maneira pela qual os sítios intersticiais são preenchidos com os cátions. Por exemplo, vamos considerar a estrutura cristalina do sal-gema que foi discutida anteriormente. A célula unitária exibe uma simetria cúbica, e cada cátion (íon Na^+) tem seis íons Cl^- como vizinhos mais próximos, como pode ser verificado a partir da Figura 3.6. Ou seja, o íon Na^+, no centro da célula unitária, tem como vizinhos mais próximos os seis íons Cl^-, que estão localizados nos centros de cada uma das faces do cubo. A estrutura cristalina, de simetria cúbica, pode ser considerada em termos de um arranjo CFC de planos compactos de ânions, e todos os planos são do tipo {111}. Os cátions encontram-se em posições octaédricas, uma vez que apresentam seis ânions como vizinhos mais próximos. Além disso, todas as posições octaédricas estão preenchidas, uma vez que existe um único sítio octaédrico para cada ânion, e a relação entre o número de ânions e o de cátions é de 1:1. Para essa estrutura cristalina, a relação entre a célula unitária e os esquemas para o empilhamento de planos compactos de ânions está ilustrada na Figura 3.33.

Outras, porém não todas, estruturas cristalinas cerâmicas podem ser tratadas de maneira semelhante; entre essas estruturas estão incluídas as da blenda de zinco e da perovskita. A *estrutura do espinélio* é uma daquelas do tipo $A_mB_nX_p$, a qual é encontrada para o aluminato de magnésio, ou espinélio ($MgAl_2O_4$). Nessa estrutura, os íons O^{2-} formam uma rede CFC, enquanto os íons Mg^{2+} preenchem sítios tetraédricos e os íons Al^{3+} alojam-se em posições octaédricas. As cerâmicas magnéticas, ou ferritas, têm uma estrutura cristalina que é uma ligeira variação dessa estrutura do espinélio, e as características magnéticas são afetadas pela ocupação das posições tetraédricas e octaédricas (veja a Seção 18.5).

Materiais Cristalinos e Não Cristalinos

3.17 MONOCRISTAIS

monocristal

Em um sólido cristalino, quando o arranjo periódico e repetido dos átomos é perfeito ou se estende ao longo de toda a amostra, sem interrupções, o resultado é um **monocristal**. Todas as células unitárias interligam-se da mesma maneira e têm a mesma orientação. Os monocristais existem na natureza, mas também podem ser produzidos artificialmente. Normalmente, eles são difíceis de crescer, pois seu ambiente precisa ser cuidadosamente controlado.

Se for permitido que as extremidades de um monocristal cresçam sem nenhuma restrição externa, o cristal assume uma forma geométrica regular, com faces planas, como acontece com algumas pedras preciosas; a forma é um indicativo da estrutura cristalina. Um monocristal de granada está mostrado na Figura 3.34. Os monocristais são extremamente importantes em muitas tecnologias

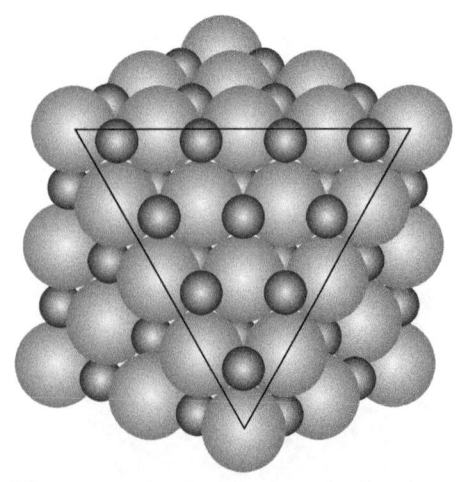

Figura 3.33 Uma seção da estrutura cristalina do sal-gema da qual um dos vértices foi removido. O plano de ânions exposto (esferas cinza-claro dentro do triângulo) é um plano do tipo {111}; os cátions (cinza) ocupam as posições octaédricas intersticiais.

Figura 3.34 Fotografia de um monocristal de granada encontrado em Tongbei, Província de Fujian, China. (Esta fotografia é uma cortesia de Irocks.com, foto de Megan Foreman.)

modernas, em particular nos microcircuitos eletrônicos, que empregam monocristais de silício e de outros semicondutores.

3.18 MATERIAIS POLICRISTALINOS

grão

policristalino

A maioria dos sólidos cristalinos é composta por um conjunto de muitos cristais pequenos ou **grãos**; tais materiais são denominados **policristalinos**. Vários estágios na solidificação de uma amostra policristalina estão representados esquematicamente na Figura 3.35. Inicialmente, pequenos cristais ou núcleos se formam em várias posições. Esses cristais apresentam orientações cristalográficas aleatórias, como indicam os retículos quadrados. Os pequenos grãos crescem pela adição sucessiva de átomos à sua estrutura, oriundos do líquido circunvizinho. Conforme o processo de solidificação se aproxima do fim, as extremidades de grãos adjacentes começam a chocar-se umas contra as outras. Como está indicado na Figura 3.35, a orientação cristalográfica varia de grão para grão. Além disso, existe certo desalinhamento de átomos na região onde dois grãos se encontram; essa área, chamada

contorno do grão

de **contorno do grão**, está discutida em mais detalhes na Seção 5.8.

3.19 ANISOTROPIA

As propriedades físicas dos monocristais de algumas substâncias dependem da direção cristalográfica na qual as medições são feitas. Por exemplo, o módulo de elasticidade, a condutividade elétrica e o índice de refração podem ter valores diferentes nas direções [100] e [111]. Essa direcionalidade

anisotropia

das propriedades é denominada **anisotropia** e está associada à variação do espaçamento atômico

isotrópico

ou iônico em função da direção cristalográfica. As substâncias nas quais as propriedades medidas são independentes da direção da medição são **isotrópicas**. A extensão e a magnitude dos efeitos da

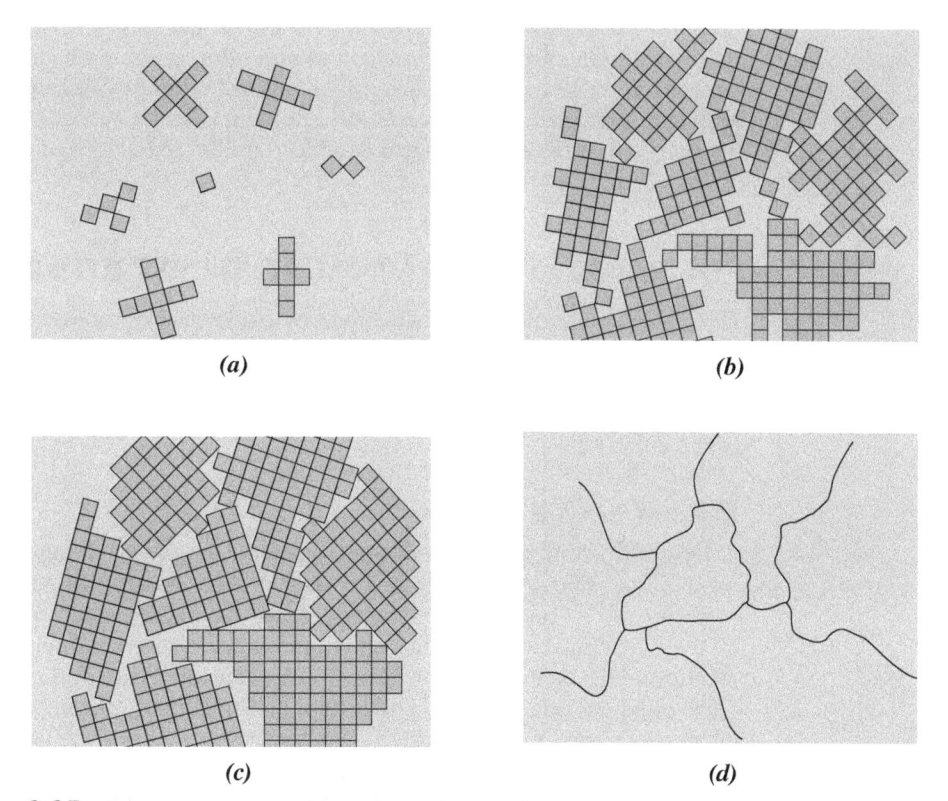

(a) *(b)*

(c) *(d)*

Figura 3.35 Diagramas esquemáticos dos vários estágios na solidificação de um material policristalino; os retículos quadrados representam células unitárias. (*a*) Pequenos núcleos de cristalização (cristalitos). (*b*) Crescimento dos cristalitos; também está mostrada a obstrução de alguns grãos adjacentes. (*c*) À conclusão da solidificação, foram formados grãos com formas irregulares. (*d*) A estrutura dos grãos como ela apareceria sob um microscópio; as linhas escuras são os contornos dos grãos.
(Adaptado de W. Rosenhain, *An Introduction to the Study of Physical Metallurgy*, 2nd edition. Constable & Company Ltd., London, 1915.)

anisotropia nos materiais cristalinos são funções da simetria da estrutura cristalina; o grau de anisotropia aumenta com a diminuição da simetria estrutural – as estruturas triclínicas são, em geral, altamente anisotrópicas. Os valores do módulo de elasticidade para as orientações [100], [110] e [111] de vários metais estão apresentados na Tabela 3.8.

Tabela 3.8   Valores do Módulo de Elasticidade para Vários Metais em Várias Orientações Cristalográficas

	Módulo de Elasticidade (GPa)		
Metal	**[100]**	**[110]**	**[111]**
Alumínio	63,7	72,6	76,1
Cobre	66,7	130,3	191,1
Ferro	125,0	210,5	272,7
Tungstênio	384,6	384,6	384,6

Fonte: R. W. Hertzberg, *Deformation and Fracture Mechanics of Engineering Materials*, 3rd edition. Copyright © 1989 por John Wiley & Sons, New York. Reimpresso sob permissão de John Wiley & Sons, Inc.

Para muitos materiais policristalinos, as orientações cristalográficas dos grãos individuais são totalmente aleatórias. Sob essas circunstâncias, embora cada grão possa ser anisotrópico, uma amostra composta pelo agregado de grãos comporta-se de maneira isotrópica. Além disso, a magnitude de uma propriedade medida representa uma média dos valores direcionais. Algumas vezes, os grãos nos materiais policristalinos exibem uma orientação cristalográfica preferencial. Nesse caso, diz-se que o material apresenta uma "textura".

As propriedades magnéticas de algumas ligas de ferro usadas em núcleos de transformadores são anisotrópicas – isto é, os grãos (ou monocristais) magnetizam-se em uma direção do tipo <100> mais facilmente do que em qualquer outra direção cristalográfica. As perdas de energia nos núcleos de transformadores são minimizadas pelo uso de lâminas policristalinas dessas ligas, nas quais foi introduzida uma *textura magnética*: a maioria dos grãos em cada lâmina apresenta uma direção cristalográfica do tipo <100> que está alinhada (ou quase alinhada) na mesma direção, e que está orientada paralelamente à direção do campo magnético aplicado. As texturas magnéticas para as ligas de ferro estão discutidas, em detalhes, no item Material de Importância, do Capítulo 18, após a Seção 18.9.

3.20   DIFRAÇÃO DE RAIOS X: DETERMINAÇÃO DE ESTRUTURAS CRISTALINAS

Historicamente, muito da nossa compreensão dos arranjos atômicos e moleculares nos sólidos resultou de investigações da difração de raios X; além disso, os raios X ainda são muito importantes no desenvolvimento de novos materiais. A seguir será apresentada uma breve discussão do fenômeno da difração e de como as distâncias atômicas interplanares e as estruturas cristalinas são deduzidas com o auxílio dos raios X.

O Fenômeno da Difração

A *difração* ocorre quando uma onda encontra uma série de obstáculos regularmente separados que (1) são capazes de dispersar a onda e (2) têm espaçamentos comparáveis, em magnitude, ao comprimento da onda. Além disso, a difração é uma consequência de relações de fase específicas estabelecidas entre duas ou mais ondas que foram dispersadas pelos obstáculos.

Considere as ondas 1 e 2 na Figura 3.36a, que apresentam o mesmo comprimento de onda (λ) e que estão em fase no ponto O-O'. Agora, vamos supor que ambas sejam dispersadas de maneira tal que percorram trajetórias diferentes. A relação de fases entre as ondas dispersadas, que depende da diferença nos comprimentos de suas trajetórias, é importante. Uma possibilidade resulta quando essa diferença no comprimento das trajetórias corresponde a um número inteiro de comprimentos de onda. Como está indicado na Figura 3.36a, essas ondas dispersadas (agora identificadas como 1' e 2') ainda estão em fase. Diz-se que elas se reforçam mutuamente (ou interferem de maneira construtiva uma com a outra). Quando as amplitudes são somadas, o resultado é a onda que está mostrada no lado direito da figura. Isso é uma manifestação da **difração**; e nos referimos a um *feixe difratado* como aquele composto por um grande número de ondas dispersadas que se reforçam mutuamente.

difração

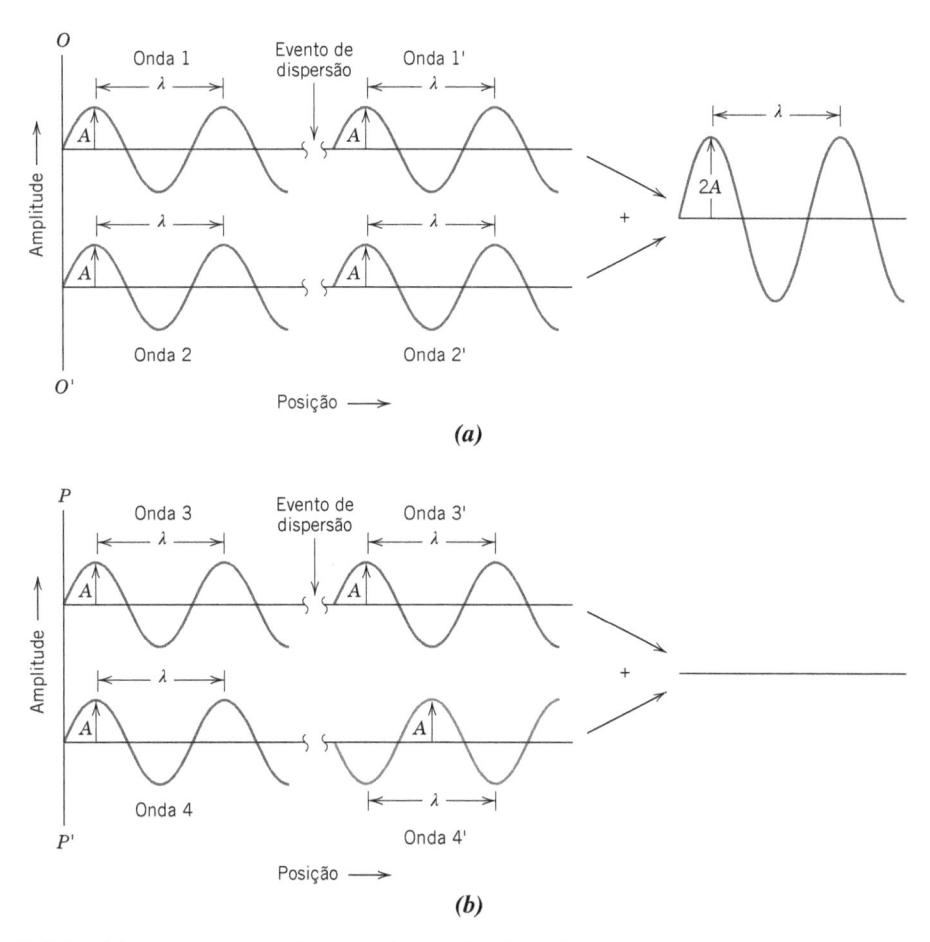

Figura 3.36 (*a*) Demonstração de como duas ondas (identificadas como 1 e 2) que apresentam o mesmo comprimento de onda l e que permanecem em fase após um evento de dispersão (ondas 1' e 2') interferem mutuamente de maneira construtiva. As amplitudes das ondas dispersadas somam-se na onda resultante. (*b*) Demonstração de como duas ondas (identificadas como 3 e 4) que apresentam o mesmo comprimento de onda e que ficam fora de fase após um evento de dispersão (ondas 3' e 4') interferem mutuamente de maneira destrutiva. As amplitudes das duas ondas dispersadas cancelam-se mutuamente.

São possíveis outras relações de fases entre ondas dispersadas que não levarão a esse reforço mútuo. O outro extremo é aquele demonstrado na Figura 3.36*b*, em que a diferença entre os comprimentos das trajetórias após a dispersão é algum número inteiro de *meios* comprimentos de onda. As ondas dispersadas estão fora de fase – isto é, as amplitudes correspondentes cancelam-se ou anulam-se mutuamente, ou interferem de maneira destrutiva (isto é, a onda resultante tem amplitude igual a zero), como está indicado na extremidade direita da figura. Obviamente, existem relações de fase intermediárias entre esses dois extremos, as quais resultam em um reforço apenas parcial.

Difração de Raios X e a Lei de Bragg

Os raios X são uma forma de radiação eletromagnética com altas energias e comprimentos de onda pequenos – comprimentos de onda da ordem dos espaçamentos atômicos nos sólidos. Quando um feixe de raios X incide sobre um material sólido, uma fração desse feixe é dispersada em todas as direções pelos elétrons associados a cada átomo ou íon que se encontra na trajetória do feixe. Vamos agora examinar as condições necessárias para a difração de raios X por um arranjo periódico de átomos.

Considere os dois planos de átomos paralelos A-A' e B-B' na Figura 3.37, que apresentam os mesmos índices de Miller h, k e l e que estão separados por um espaçamento interplanar d_{hkl}. Suponha agora que um feixe de raios X paralelo, monocromático e coerente (em fase), com comprimento de onda λ, esteja incidindo sobre esses dois planos em um ângulo θ. Dois raios nesse feixe, identificados como 1 e 2, são dispersados pelos átomos P e Q. Se a diferença entre os comprimentos das trajetórias 1–P–1' e 2–Q–2' (isto é, $\overline{SQ} + \overline{QT}$) for igual a um número inteiro, n, de comprimentos de onda, haverá interferência construtiva dos raios dispersos 1' e 2' em um ângulo θ em relação aos planos. Isto é, a condição para a difração é

Lei de Bragg – relação entre o comprimento de onda dos raios X, o espaçamento interatômico e o ângulo de difração para uma interferência construtiva

lei de Bragg

$$n\lambda = \overline{SQ} + \overline{QT} \tag{3.20}$$

ou

$$n\lambda = d_{hkl}\operatorname{sen}\theta + d_{hkl}\operatorname{sen}\theta$$
$$= 2d_{hkl}\operatorname{sen}\theta \tag{3.21}$$

A Equação 3.21 é conhecida como **lei de Bragg**, na qual n é a ordem da reflexão, que pode ser qualquer número inteiro $(1, 2, 3, ...)$ consistente com o fato de que sen θ não pode exceder a unidade. Dessa forma, temos uma expressão simples que relaciona o comprimento de onda dos raios X e o espaçamento interatômico ao ângulo do feixe difratado. Se a lei de Bragg não for satisfeita, então a interferência será não construtiva e será produzido um feixe de difração de intensidade muito baixa.

A magnitude da distância entre dois planos adjacentes e paralelos de átomos (isto é, o espaçamento interplanar d_{hkl}) é uma função dos índices de Miller (h, k e l), assim como do(s) parâmetro(s) de rede. Por exemplo, para as estruturas cristalinas com simetria cúbica,

Separação interplanar para um plano com índices h, k e l

$$d_{hkl} = \frac{a}{\sqrt{h^2 + k^2 + l^2}} \tag{3.22}$$

em que a é o parâmetro de rede (comprimento da aresta da célula unitária). Existem relações semelhantes à Equação 3.22, porém mais complexas, para os outros seis sistemas cristalinos incluídos na Tabela 3.6.

A lei de Bragg, Equação 3.21, é uma condição necessária, mas não suficiente, para a difração por cristais reais. Ela especifica quando a difração ocorrerá para células unitárias que apresentam átomos posicionados apenas nos vértices da célula. No entanto, os átomos situados em outras posições (por exemplo, em posições nas faces e no interior das células unitárias, como ocorre nas estruturas CFC e CCC) atuam como centros de dispersão adicionais, que podem produzir uma dispersão fora de fase em certos ângulos de Bragg. O resultado disso é a ausência de alguns feixes difratados que, de acordo com a Equação 3.21, deveriam estar presentes. Conjuntos específicos de planos cristalográficos que não dão origem a feixes difratados dependem da estrutura cristalina. Para a estrutura cristalina CCC, $h + k + l$ deve ser um número par para que ocorra a difração, enquanto para uma estrutura CFC, h, k e l devem ser todos números ímpares ou pares; os feixes

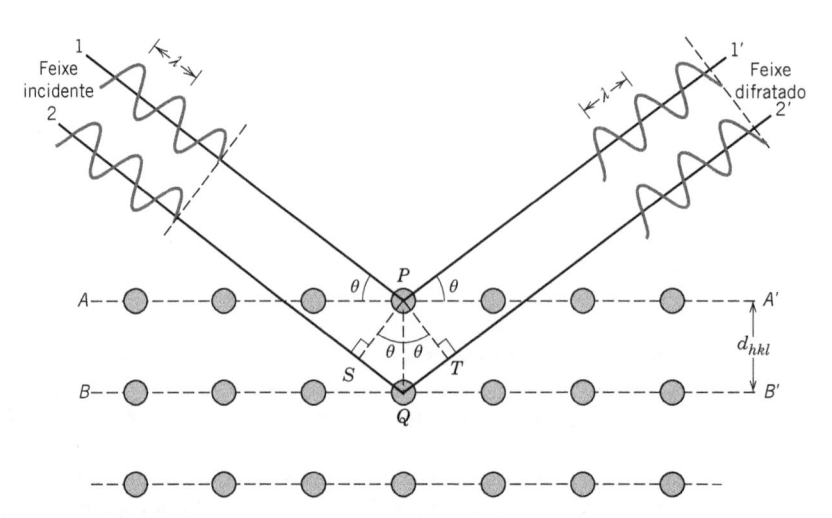

Figura 3.37 Difração de raios X por planos de átomos (A–A' e B–B').

difratados para todos os conjuntos de planos cristalográficos estão presentes para a estrutura cristalina cúbica simples (Figura 3.3). Essas restrições, chamadas *regras de reflexão*, estão resumidas na Tabela 3.9.[10]

Tabela 3.9 Regras de Reflexão para a Difração de Raios X e Índices de Reflexão para as Estruturas Cristalinas Cúbica de Corpo Centrado, Cúbica de Faces Centradas e Cúbica Simples

Estrutura Cristalina	Reflexões Presentes	Índices de Reflexão para os Seis Primeiros Planos
CCC	$(h + k + l)$ par	110, 200, 211, 220, 310, 222
CFC	h, k e l são todos ímpares ou todos pares	111, 200, 220, 311, 222, 400
Cúbica simples	Todas	100, 110, 111, 200, 210, 211

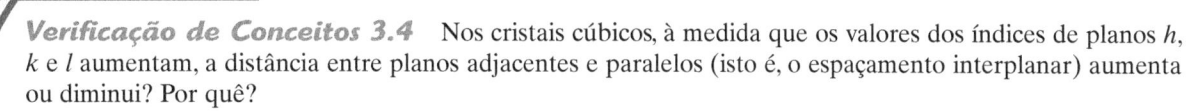

Verificação de Conceitos 3.4   Nos cristais cúbicos, à medida que os valores dos índices de planos h, k e l aumentam, a distância entre planos adjacentes e paralelos (isto é, o espaçamento interplanar) aumenta ou diminui? Por quê?

[*A resposta está disponível no GEN-IO, ambiente virtual de aprendizagem do GEN.*]

Técnicas de Difração

Uma técnica de difração usual emprega uma amostra pulverizada ou policristalina composta por inúmeras partículas finas e orientadas aleatoriamente, as quais são expostas a uma radiação X monocromática. Cada partícula de pó (ou grão) é um cristal, e a existência de um número muito grande de cristais com orientações aleatórias assegura que pelo menos algumas partículas estejam orientadas de maneira correta, tal que todos os conjuntos de planos cristalográficos possíveis estarão disponíveis para difração.

O *difratômetro* é um aparelho usado para determinar os ângulos nos quais ocorre a difração em amostras pulverizadas; suas características estão representadas esquematicamente na Figura 3.38. Uma amostra S na forma de uma chapa plana é posicionada tal que são possíveis rotações ao redor do eixo identificado por O; esse eixo é perpendicular ao plano da página. O feixe monocromático de raios X é gerado no ponto T, e as intensidades dos feixes difratados são detectadas por um contador, identificado pela letra C na figura. A amostra, a fonte de raios X e o contador são coplanares.

O contador está montado sobre uma plataforma móvel que também pode ser girada ao redor do eixo O; sua posição angular em termos de 2θ está marcada sobre uma escala graduada.[11] A plataforma e a amostra estão acopladas mecanicamente, tal que uma rotação da amostra em um ângulo θ é acompanhada de uma rotação de 2θ do contador; isso assegura que os ângulos incidente e de reflexão sejam mantidos iguais entre si (Figura 3.38). Colimadores são incorporados na trajetória do feixe para produzir um feixe focado e bem definido. A utilização de um filtro proporciona um feixe praticamente monocromático.

Na medida em que o contador se move a uma velocidade angular constante, um registrador grafa automaticamente a intensidade do feixe difratado (monitorada pelo contador) em função de 2θ; 2θ é denominado o ângulo de difração, e é medido experimentalmente. A Figura 3.39 mostra um padrão de difração para uma amostra de chumbo em pó. Os picos de alta intensidade resultam quando a condição de difração de Bragg é satisfeita por algum conjunto de planos cristalográficos. Na figura, esses picos estão identificados de acordo com os planos a que se referem.

Foram desenvolvidas outras técnicas para materiais pulverizados em que a intensidade do feixe difratado e a posição são registradas em um filme fotográfico, em vez de serem medidas por um contador.

---

[10] Zero é considerado um número inteiro par.

[11] Deve-se observar que o símbolo θ foi empregado em dois contextos diferentes nesta discussão. Aqui, θ representa as posições angulares tanto da fonte de raios X como do contador em relação à superfície da amostra. Anteriormente (por exemplo, na Equação 3.21), ele representava o ângulo no qual o critério de Bragg para a difração é satisfeito.

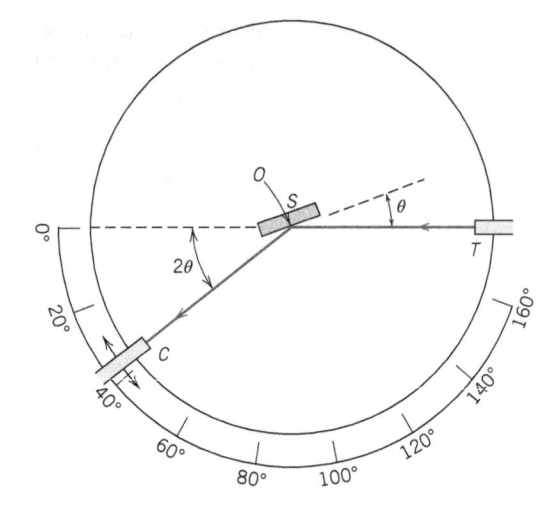

Figura 3.38 Diagrama esquemático de um difratômetro de raios X; T = fonte de raios X, S = amostra, C = detector e O = eixo ao redor do qual giram a amostra e o detector.

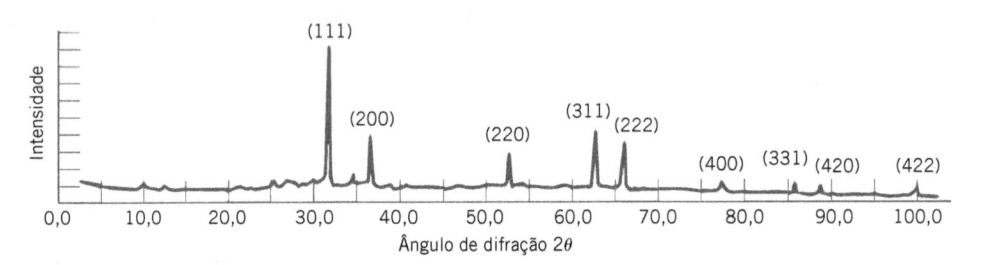

Figura 3.39 Padrão de difração para o chumbo em pó.

Um dos principais empregos para a difratometria de raios X é na determinação da estrutura cristalina. O tamanho e a geometria da célula unitária podem ser obtidos a partir das posições angulares dos picos de difração, enquanto o arranjo dos átomos no interior da célula unitária está associado às intensidades relativas desses picos.

Os raios X, assim como os feixes de elétrons e de nêutrons, também são considerados em outros tipos de investigações de materiais. Por exemplo, é possível determinar as orientações cristalográficas de monocristais usando fotografias da difração de raios X (ou de Laue). A fotografia (*a*) na abertura deste capítulo foi gerada usando um feixe incidente de raios X direcionado sobre um cristal de magnésio; cada ponto (à exceção daquele mais escuro próximo ao centro da fotografia) é resultante de um feixe de raios X que foi difratado por um conjunto específico de planos cristalográficos. Outros usos dos raios X incluem identificações químicas qualitativas e quantitativas e a determinação de tensões residuais e de tamanhos de cristais.

PROBLEMA-EXEMPLO 3.16

Cálculos do Espaçamento Interplanar e do Ângulo de Difração

Para o ferro com estrutura CCC, calcule (a) o espaçamento interplanar e (b) o ângulo de difração para o conjunto de planos (220). O parâmetro da rede para o Fe é de 0,2866 nm. Suponha que seja usada uma radiação monocromática com comprimento de onda de 0,1790 nm, e que a ordem da reflexão seja 1.

Solução

(a) O valor do espaçamento interplanar d_{hkl} é determinado usando a Equação 3.22, com $a = 0,2866$ nm e $h = 2$, $k = 2$ e $l = 0$, uma vez que estamos considerando os planos (220). Portanto,

$$d_{hkl} = \frac{a}{\sqrt{h^2 + k^2 + l^2}}$$

$$= \frac{0,2866 \text{ nm}}{\sqrt{(2)^2 + (2)^2 + (0)^2}} = 0,1013 \text{ nm}$$

(b) O valor de θ pode agora ser calculado usando a Equação 3.21, com $n = 1$, pois essa é uma reflexão de primeira ordem:

$$\text{sen } \theta = \frac{n\lambda}{2d_{hkl}} = \frac{(1)(0{,}1790 \text{ nm})}{(2)(0{,}1013 \text{ nm})} = 0{,}884$$

$$\theta = \text{sen}^{-1}(0{,}884) = 62{,}13°$$

O ângulo de difração é a 2θ, ou

$$2\theta = (2)(62{,}13°) = 124{,}26°$$

PROBLEMA-EXEMPLO 3.17

Espaçamento Interplanar e Cálculos do Parâmetro da Rede para o Chumbo

A Figura 3.39 mostra um padrão de difração de raios X para o chumbo que foi tirado usando um difratômetro e radiação X monocromática com um comprimento de onda de 0,1542 nm; cada pico de difração no padrão foi indexado. Calcule o espaçamento interplanar para cada conjunto de planos identificado; além disso, determine o parâmetro da rede do Pb para cada um dos picos. Para todos os picos, assuma uma ordem de difração de 1.

Solução

Para cada pico, a fim de calcular o espaçamento interplanar e o parâmetro da rede devemos usar as Equações 3.21 e 3.22, respectivamente. O primeiro pico na Figura 3.39, que resulta da difração pelo conjunto de planos (111), ocorre em $2\theta = 31{,}3°$; o espaçamento interplanar correspondente para esse conjunto de planos, usando a Equação 3.21, é igual a

$$d_{111} = \frac{n\lambda}{2 \text{ sen } \theta} = \frac{(1)(0{,}1542 \text{ nm})}{(2)\left[\text{sen}\left(\dfrac{31{,}3°}{2}\right)\right]} = 0{,}2858 \text{ nm}$$

E, a partir da Equação 3.22, o parâmetro da rede a é determinado como

$$a = d_{hkl}\sqrt{h^2 + k^2 + l^2}$$
$$= d_{111}\sqrt{(1)^2 + (1)^2 + (1)^2}$$
$$= (0{,}2858 \text{ nm})\sqrt{3} = 0{,}4950 \text{ nm}$$

Cálculos semelhantes são feitos para os próximos quatro picos; os resultados são tabulados abaixo:

Índice do Pico	*2θ*	*d_{hkl}(nm)*	*a(nm)*
200	36,6	0,2455	0,4910
220	52,6	0,1740	0,4921
311	62,5	0,1486	0,4929
222	65,5	0,1425	0,4936

3.21 SÓLIDOS NÃO CRISTALINOS

não cristalinos

amorfos

Foi mencionado que os sólidos **não cristalinos** são carentes de um arranjo atômico regular e sistemático ao longo de distâncias atômicas relativamente grandes. Algumas vezes esses materiais também são chamados de **amorfos** (significando, literalmente, "sem forma") ou de líquidos super-resfriados, visto que suas estruturas atômicas assemelham-se àquelas de um líquido.

Uma condição amorfa pode ser ilustrada comparando as estruturas cristalina e não cristalina do composto cerâmico dióxido de silício (SiO_2), o qual pode existir em ambos os estados. As Figuras 3.40a e 3.40b apresentam diagramas esquemáticos bidimensionais para ambas as estruturas do

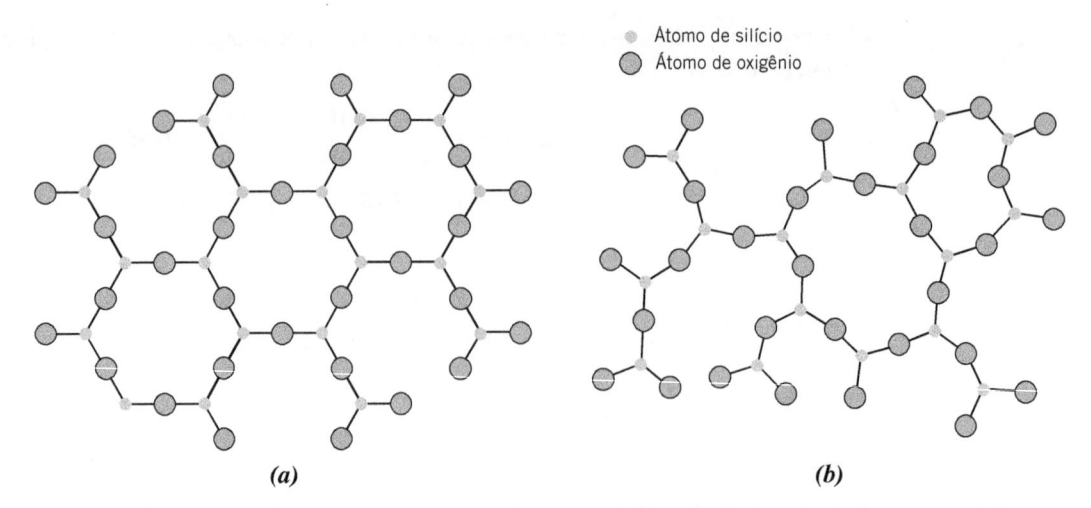

Figura 3.40 Esquemas bidimensionais para a estrutura (*a*) de dióxido de silício cristalino e (*b*) de dióxido de silício não cristalino.

SiO_2, em que o tetraedro de SiO_4^{4-} é a unidade básica (Figura 3.11). Embora cada íon silício se ligue a três íons oxigênio em ambos os estados, a estrutura é muito mais desordenada e irregular para a estrutura não cristalina.

Se o sólido que se forma é cristalino ou amorfo, isso depende da facilidade na qual uma estrutura atômica aleatória no estado líquido pode se transformar em um estado ordenado durante a solidificação. Portanto, os materiais amorfos são caracterizados por estruturas atômicas ou moleculares relativamente complexas e que se tornam ordenadas apenas com alguma dificuldade. Além disso, o resfriamento rápido passando pela temperatura de congelamento favorece a formação de um sólido não cristalino, uma vez que se dispõe de pouco tempo para o processo de ordenação.

Os metais normalmente formam sólidos cristalinos, mas alguns materiais cerâmicos são cristalinos enquanto outros – os vidros inorgânicos – são amorfos. Os polímeros podem ser completamente não cristalinos ou semicristalinos, com graus variáveis de cristalinidade. Mais a respeito das estruturas e propriedades dos materiais amorfos está discutido a seguir e em capítulos subsequentes.

Verificação de Conceitos 3.5 Os materiais não cristalinos exibem o fenômeno da alotropia (ou polimorfismo)? Por que sim, ou por que não?

Verificação de Conceitos 3.6 Os materiais não cristalinos apresentam contornos de grãos? Por que sim, ou por que não?

[*As respostas estão disponíveis no GEN-IO, ambiente virtual de aprendizagem do GEN.*]

Vidros à Base de Sílica

O dióxido de silício (ou sílica, SiO_2) no estado não cristalino é chamado de *sílica fundida*, ou *sílica vítrea*; novamente, uma representação esquemática de sua estrutura está mostrada na Figura 3.40*b*. Outros óxidos (por exemplo, B_2O_3 e GeO_2) também podem formar estruturas vítreas (e estruturas óxidas poliédricas semelhantes àquela que está mostrada na Figura 3.13); esses materiais, assim como o SiO_2, são denominados *formadores de rede*.

Os vidros inorgânicos comuns, usados para recipientes, janelas, e assim por diante, são vidros à base de sílica aos quais foram adicionados outros óxidos, como o CaO e o Na_2O. Esses óxidos não formam redes poliédricas. Em vez disso, seus cátions são incorporados ao interior e modificam a rede de SiO_4^{4-}; por essa razão, esses aditivos óxidos são denominados *modificadores de rede*. Por exemplo, a Figura 3.41 é uma representação esquemática da estrutura de um vidro de sódio-silicato. Além disso, outros óxidos, como o TiO_2 e o Al_2O_3, ainda que não sejam formadores de rede, substituem o silício e tornam-se parte da rede e a estabilizam; esses óxidos são chamados de *intermediários*. De um ponto de vista prático, a adição desses modificadores e intermediários reduz o ponto de fusão e a viscosidade de um vidro, tornando mais fácil sua conformação em temperaturas mais baixas (Seção 14.7).

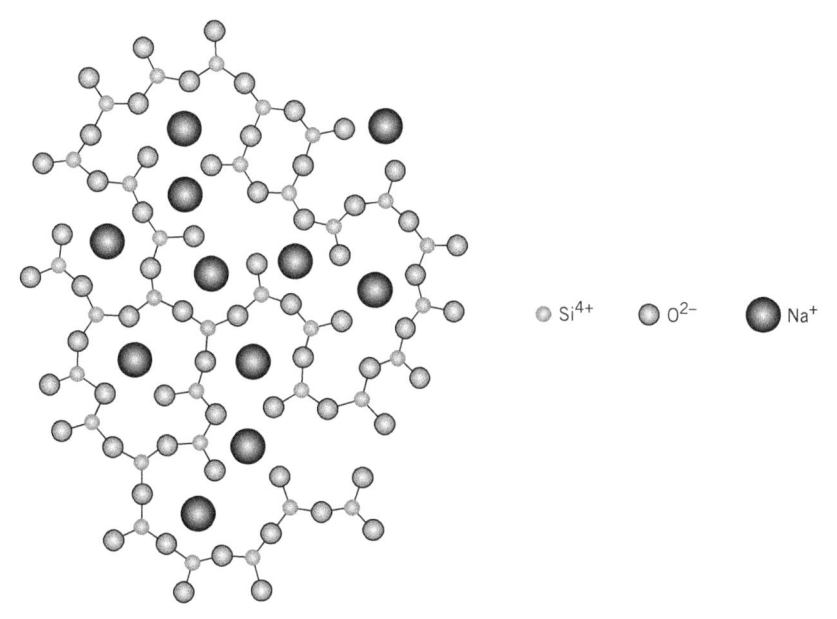

Figura 3.41 Representação esquemática das posições dos íons em um vidro de sódio-silicato.

RESUMO

Conceitos Fundamentais
- Os átomos nos sólidos cristalinos estão posicionados em padrões ordenados e repetidos, que contrastam a distribuição atômica aleatória e desordenada encontrada nos materiais não cristalinos ou amorfos.

Células Unitárias
- As estruturas cristalinas são especificadas em termos de células unitárias com a forma de paralelepípedos, as quais são caracterizadas por sua geometria e pelas posições dos átomos no seu interior.

Estruturas Cristalinas dos Metais
- Os metais mais comuns existem em pelo menos uma de três estruturas cristalinas relativamente simples:
  Cúbica de faces centradas (CFC), que exibe uma célula unitária cúbica (Figura 3.1).
  Cúbica de corpo centrado (CCC), que também exibe uma célula unitária cúbica (Figura 3.2).
  Hexagonal compacta, que apresenta uma célula unitária com simetria hexagonal (Figura 3.4*a*).
- O comprimento da aresta da célula unitária (a) e o raio atômico (R) estão relacionados de acordo com
  Equação 3.1 para a estrutura cúbica de faces centradas, e
  Equação 3.4 para a estrutura cúbica de corpo centrado.
- Duas características de uma estrutura cristalina são
  Número de coordenação – o número de átomos vizinhos mais próximos, e
  Fator de empacotamento atômico – a fração do volume de uma célula unitária ocupada por esferas sólidas.

Cálculos da Densidade – Metais
- A densidade teórica de um metal (ρ) é uma função do número de átomos equivalentes por célula unitária, do peso atômico, do volume da célula unitária e do número de Avogadro (Equação 3.8).

Estruturas Cristalinas das Cerâmicas
- A ligação interatômica nas cerâmicas varia desde puramente iônica até totalmente covalente.
- Para uma ligação predominantemente iônica:
  Os cátions metálicos estão positivamente carregados, enquanto os íons não metálicos apresentam cargas negativas.
  A estrutura cristalina é determinada (1) pela magnitude da carga de cada íon e (2) pelo raio de cada tipo de íon.

- Muitas das estruturas cristalinas mais simples são descritas em termos das células unitárias:

   Sal-gema (Figura 3.6)

   Cloreto de césio (Figura 3.7)

   Blenda de zinco (Figura 3.8)

   Fluorita (Figura 3.9)

   Perovskita (Figura 3.10)

Cálculos da Densidade – Cerâmicas
- A densidade teórica de um material cerâmico pode ser calculada utilizando a Equação 3.9.

Cerâmicas à Base de Silicatos
- Para os silicatos, a estrutura é mais convenientemente representada em termos de tetraedros de SiO_4^{4-} que se interconectam (Figura 3.11). Estruturas relativamente complexas podem resultar quando são adicionados outros cátions (por exemplo, Ca^{2+}, Mg^{2+}, Al^{3+}) e ânions (por exemplo, OH^-).

- As cerâmicas à base de silicatos incluem:

   Sílica cristalina (SiO_2) (como a cristobalita, Figura 3.12)

   Silicatos em camadas (Figuras 3.14 e 3.15)

   Vidros não cristalinos à base de sílica (Figura 3.41)

Carbono
- O carbono (algumas vezes também considerado uma cerâmica) pode existir em várias formas polimórficas que incluem:

   Diamante (Figura 3.17)

   Grafita (Figura 3.18)

Polimorfismo e Alotropia
- O *polimorfismo* ocorre quando um material específico pode apresentar mais de uma estrutura cristalina. A *alotropia* é o polimorfismo para sólidos elementares.

Sistemas Cristalinos
- O conceito de sistema cristalino é empregado para classificar as estruturas cristalinas com base na geometria da célula unitária – isto é, dos comprimentos das arestas da célula unitária e dos ângulos entre os eixos. Existem sete sistemas cristalinos: cúbico, tetragonal, hexagonal, ortorrômbico, romboédrico (trigonal), monoclínico e triclínico.

Coordenadas de Pontos
Direções Cristalográficas
Planos Cristalográficos
- Os pontos, direções e planos cristalográficos são especificados em termos de esquemas de indexação. A base para a determinação de cada índice é um sistema de eixos coordenados definido pela célula unitária para a estrutura cristalina específica.

   A localização de um ponto no interior de uma célula unitária é especificada usando coordenadas que são múltiplos fracionários dos comprimentos das arestas das células (Equações 3.10a-3.10c).

   Os índices de direção são calculados em termos de diferenças entre as coordenadas finais e iniciais do vetor (Equações 3.11a-3.11c).

   Os índices de planos (ou de Miller) são determinados a partir dos inversos das interseções com os eixos (Equações 3.14a-3.14c).

- Para as células unitárias hexagonais, um esquema com quatro índices, tanto para as direções quanto para os planos, mostrou-se mais conveniente. As direções podem ser determinadas usando as Equações 3.12a-3.12d e 3.13a-3.13c.

Densidades Linear e Planar
- As equivalências cristalográficas de direções e de planos estão relacionadas com as densidades atômicas linear e planar, respectivamente.

   A *densidade linear* (para uma direção cristalográfica específica) é definida como o número de átomos por unidade de comprimento cujos centros estão sobre o vetor dessa direção (Equação 3.16).

   A *densidade planar* (para um plano cristalográfico específico) é definida como o número de átomos por unidade de área posicionados sobre um plano específico (Equação 3.18).

- Para determinada estrutura cristalina, os planos que apresentam compactações atômicas idênticas, porém diferentes índices de Miller, pertencem à mesma família.

Estruturas Cristalinas Compactas
- Tanto a estrutura cristalina CFC quanto a HC pode ser gerada pelo empilhamento de planos compactos de átomos, uns sobre os outros. Nesse esquema, *A*, *B* e *C* representam possíveis posições atômicas em um plano compacto.

    A sequência de empilhamento para a estrutura HC é *ABABAB*...

    A sequência de empilhamento para a estrutura CFC é *ABCABCABC*...
- Os planos compactos para as estruturas CFC e HC são {111} e {0001}, respectivamente.
- Algumas estruturas cristalinas cerâmicas podem ser geradas a partir do empilhamento de planos compactos de ânions; os cátions preenchem posições intersticiais tetraédricas e/ou octaédricas, existentes entre planos adjacentes.

Monocristais Materiais Policristalinos
- Os *monocristais* são materiais em que a ordem atômica se estende ininterruptamente ao longo de toda a amostra; sob algumas circunstâncias, os monocristais podem apresentar faces planas e formas geométricas regulares.
- A grande maioria dos sólidos cristalinos, no entanto, são *policristalinos*, compostos por muitos pequenos cristais ou grãos que apresentam diferentes orientações cristalográficas.
- Um *contorno de grão* é a região de fronteira que separa dois grãos, onde existe algum desalinhamento dos átomos.

Anisotropia
- *Anisotropia* é a dependência das propriedades em relação à direção. Nos materiais isotrópicos, as propriedades são independentes da direção da medição.

Difração de Raios X: Determinação de Estruturas Cristalinas
- A *difratometria de raios X* é usada para determinações da estrutura cristalina e do espaçamento interplanar. Um feixe de raios X direcionado sobre um material cristalino pode sofrer difração (interferência construtiva) como resultado de sua interação com uma série de planos atômicos paralelos.
- A lei de Bragg especifica a condição para a difração dos raios X – Equação 3.21.

Sólidos Não Cristalinos
- Os materiais sólidos não cristalinos carecem de um arranjo sistemático e regular dos átomos ou íons ao longo de distâncias relativamente grandes (em uma escala atômica). Algumas vezes, o termo *amorfo* também é empregado para descrever esses materiais.

Resumo das Equações

Número da Equação	*Equação*	*Resolvendo para*
3.1	$a = 2R\sqrt{2}$	Comprimento da aresta da célula unitária, CFC
3.3	$\text{FEA} = \dfrac{\text{volume dos átomos em uma célula unitária}}{\text{volume total da célula unitária}} = \dfrac{V_E}{V_C}$	Fator de empacotamento atômico
3.4	$a = \dfrac{4R}{\sqrt{3}}$	Comprimento da aresta da célula unitária, CCC
3.8	$\rho = \dfrac{nA}{V_C N_A}$	Densidade teórica de um metal
3.9	$\rho = \dfrac{n'(\Sigma A_C + \Sigma A_A)}{V_C N_A}$	Densidade teórica de um material cerâmico
3.10a	$q = \dfrac{\text{posição na rede cristalina em referência ao eixo } x}{a}$	Coordenada do ponto em referência ao eixo x
3.11a	$u = n\left(\dfrac{x_2 - x_1}{a}\right)$	Índice de direção em referência ao eixo x

(continua)

Número da Equação	Equação	Resolvendo para
3.12a	$u = \dfrac{1}{3}(2U - V)$	Conversão do índice de direção ao hexagonal
3.13a	$U = n\left(\dfrac{a_1'' - a_1'}{a}\right)$	Índice de direção hexagonal em referência ao eixo a_1 (esquema de três eixos)
3.14a	$h = \dfrac{na}{A}$	Índice planar (Miller) em referência ao eixo x
3.16	$LD = \dfrac{\text{número de átomos posicionados sobre o vetor direção}}{\text{comprimento de vetor direção}}$	Densidade linear
3.18	$PD = \dfrac{\text{número de átomos contidos no plano}}{\text{área do plano}}$	Densidade planar
3.21	$n\lambda = 2d_{hkl}\,\text{sen}\,\theta$	Lei de Bragg; comprimento de onda-espaçamento interplanar-ângulo do feixe difratado
3.22	$d_{hkl} = \dfrac{a}{\sqrt{h^2 + k^2 + l^2}}$	Espaçamento interplanar para cristais com simetria cúbica

Lista de Símbolos

Símbolo	Significado
a	Comprimento da aresta da célula unitária em estruturas cúbicas; comprimento do eixo x de uma célula unitária
a_1'	Coordenada do início do vetor, hexagonal
a_1''	Coordenada do final do vetor, hexagonal
A	Peso atômico
A	Interseção planar sobre o eixo x
ΣA_A	Soma dos pesos atômicos de todos os ânions em uma unidade da fórmula
ΣA_C	Soma dos pesos atômicos de todos os cátions em uma unidade da fórmula
d_{hkl}	Espaçamento interplanar para planos cristalográficos de índices h, k e l
n	Ordem da reflexão para a difração de raios X
n	Número de átomos associados a uma célula unitária
n	Fator de normalização – redução de índices direcionais/planares a inteiros
n'	Número de unidades da fórmula em uma célula unitária
N_A	Número de Avogadro ($6,022 \times 10^{23}$ átomos/mol)
R	Raio atômico
V_C	Volume da célula unitária
x_1	Coordenada do início do vetor
x_2	Coordenada do final do vetor
λ	Comprimento de onda dos raios X
ρ	Densidade; densidade teórica

Termos e Conceitos Importantes

alotropia
amorfo
ânion
anisotropia
cátion
célula unitária
contorno do grão
cristalino
cúbica de corpo centrado (CCC)
cúbica de faces centradas (CFC)

difração
estrutura cristalina
fator de empacotamento atômico
 (FEA)
grão
hexagonal compacta (HC)
índices de Miller
isotrópico
lei de Bragg
monocristal

não cristalino
número de coordenação
parâmetros de rede
policristalino
polimorfismo
posição octaédrica
posição tetraédrica
rede
sistema cristalino

REFERÊNCIAS

Buerger, M. J., *Elementary Crystallography,* Wiley, New York, NY, 1956.

Chiang, Y. M., D. P. Birnie, III, and W. D. Kingery, *Physical Ceramics: Principles for Ceramic Science and Engineering,* Wiley, New York, 1997.

Cullity, B. D., and S. R. Stock, *Elements of X-Ray Diffraction,* 3rd edition, Prentice Hall, Upper Saddle River, NJ, 2001.

DeGraef, M., and M. E. McHenry, *Structure of Materials: An Introduction to Crystallography, Diffraction, and Symmetry,* 2nd edition, Cambridge University Press, New York, NY, 2012.

Hammond, C., *The Basics of Crystallography and Diffraction,* 3rd edition, Oxford University Press, New York, NY, 2009.

Hauth, W. E., "Crystal Chemistry in Ceramics," *American Ceramic Society Bulletin,* Vol. 30, 1951: No. 1, pp. 5–7; No. 2, pp. 47–49;

No. 3, pp. 76–77; No. 4, pp. 137–142; No. 5, pp. 165–167; No. 6, pp. 203–205. A good overview of silicate structures.

Julian, M. M., *Foundations of Crystallography with Computer Applications,* 2nd edition, CRC Press, Boca Raton FL, 2014.

Kingery, W. D., H. K. Bowen, and D. R. Uhlmann, *Introduction to Ceramics,* 2nd edition, Wiley, New York, 1976. Chapters 1–4.

Massa, W., *Crystal Structure Determination,* 2nd edition, Springer, New York, NY, 2004.

Richerson, D.W., *The Magic of Ceramics,* 2nd edition, American Ceramic Society, Westerville, OH, 2012.

Richerson, D.W., *Modern Ceramic Engineering,* 3rd edition, CRC Press, Boca Raton, FL, 2006.

Sands, D. E., *Introduction to Crystallography,* Dover, Mineola, NY, 1994.

PERGUNTAS E PROBLEMAS

Conceitos Fundamentais

3.1 Qual é a diferença entre *estrutura atômica* e *estrutura cristalina*?

Células Unitárias

Estruturas Cristalinas dos Metais

3.2 Se o raio atômico do chumbo é de 0,175 nm, calcule o volume de sua célula unitária em metros cúbicos.

3.3 Mostre que para a estrutura cristalina cúbica de corpo centrado o comprimento da aresta da célula unitária a e o raio atômico R estão relacionados pela expressão $a = 4R/\sqrt{3}$.

3.4 Para a estrutura cristalina HC, mostre que a razão c/a ideal é de 1,633.

3.5 Mostre que o fator de empacotamento atômico para a estrutura CCC é de 0,68.

3.6 Mostre que o fator de empacotamento atômico para a estrutura HC é de 0,74.

Cálculos da Densidade – Metais

3.7 O molibdênio (Mo) tem uma estrutura cristalina CCC, um raio atômico de 0,1363 nm e um peso atômico de 95,94 g/mol. Calcule e compare sua densidade teórica com o valor experimental encontrado no lado interno da capa deste livro.

3.8 O estrôncio (Sr) tem uma estrutura cristalina CFC, um raio atômico de 0,215 nm e um peso atômico de 87,62 g/mol. Calcule a densidade teórica para o Sr.

3.9 Calcule o raio de um átomo de paládio (Pd), dado que o Pd apresenta uma estrutura cristalina CFC, uma densidade de 12,0 g/cm³ e um peso atômico de 106,4 g/mol.

3.10 Calcule o raio de um átomo de tântalo (Ta), dado que o Ta tem uma estrutura cristalina CCC, uma densidade de 16,6 g/cm³ e um peso atômico de 180,9 g/mol.

3.11 Um metal hipotético apresenta a estrutura cristalina cúbica simples que está mostrada na Figura 3.3. Se seu peso atômico é de 74,5 g/mol e o raio atômico é de 0,145 nm, calcule sua densidade.

3.12 O titânio (Ti) tem uma estrutura cristalina HC e uma densidade de 4,51 g/cm³.

(a) Qual é o volume da sua célula unitária em metros cúbicos?

(b) Se a razão c/a é de 1,58, calcule os valores de c e de a.

3.13 O magnésio (Mg) tem uma estrutura cristalina HC e uma densidade de 1,74 g/cm³.

(a) Qual é o volume da sua célula unitária em centímetros cúbicos?

(b) Se a razão c/a é de 1,624, calcule os valores de c e a.

3.14 Considerando os dados de peso atômico, estrutura cristalina e raio atômico que estão listados no lado interno da capa deste livro, calcule as densidades teóricas para alumínio (Al), níquel (Ni), magnésio (Mg) e tungstênio (W) e, então, compare esses valores com as densidades medidas que estão listadas naquela mesma tabela. A razão c/a para o magnésio é de 1,624.

3.15 O nióbio (Nb) tem um raio atômico de 0,1430 nm e uma densidade de 8,57 g/cm^3. Determine se ele tem uma estrutura cristalina CFC ou CCC.

3.16 Na tabela a seguir estão listados o peso atômico, a densidade e o raio atômico para três ligas hipotéticas. Para cada uma delas, determine se a estrutura cristalina é CFC, CCC ou cúbica simples e, então, justifique sua determinação.

Liga	Peso Atômico (g/mol)	Densidade (g/cm³)	Raio Atômico (nm)
A	43,1	6,40	0,122
B	184,4	12,30	0,146
C	91,6	9,60	0,137

3.17 A célula unitária para o urânio (U) exibe simetria ortorrômbica, com os parâmetros de rede a, b e c iguais a 0,286, 0,587 e 0,495 nm, respectivamente. Se sua densidade, seu peso atômico e seu raio atômico são de 19,05 g/cm^3, 238,03 g/mol e 0,1385 nm, respectivamente, calcule o fator de empacotamento atômico.

3.18 O índio (In) tem uma célula unitária tetragonal para a qual os parâmetros de rede a e c são 0,459, e 0,495 nm, respectivamente.

(a) Se o fator de empacotamento atômico e o raio atômico são de 0,693 e 0,1625 nm, respectivamente, determine o número de átomos em cada célula unitária.

(b) O peso atômico do In é de 114,82 g/mol; calcule sua densidade teórica.

3.19 O berílio (Be) apresenta uma célula unitária HC para a qual a razão entre os parâmetros de rede c/a é de 1,568. Se o raio do átomo de Be é de 0,1143 nm, **(a)** determine o volume da célula unitária e **(b)** calcule a densidade teórica do Be e compare-a com o valor encontrado na literatura.

3.20 O magnésio (Mg) exibe uma estrutura cristalina HC, uma razão c/a de 1,624 e uma densidade de 1,74 g/cm^3. Calcule o raio atômico do Mg.

3.21 O cobalto (Co) tem uma estrutura cristalina HC, um raio atômico de 0,1253 nm e uma razão c/a de 1,623. Calcule o volume da célula unitária para o Co.

Estruturas Cristalinas das Cerâmicas

3.22 Quais são as duas características dos íons que compõe um composto cerâmico que determinam a estrutura cristalina?

3.23 Mostre que a razão mínima entre os raios do cátion e do ânion para um número de coordenação de 4 é de 0,225.

3.24 Mostre que a razão mínima entre os raios do cátion e do ânion para um número de coordenação de 6 é de 0,414.

[*Sugestão*: Use a estrutura cristalina do NaCl (Figura 3.6) e assuma que os ânions e cátions estão apenas se tocando ao longo das arestas do cubo e nas diagonais das faces.]

3.25 Demonstre que a razão mínima entre os raios do cátion e do ânion para um número de coordenação de 8 é de 0,732.

3.26 Com base nas cargas iônicas e nos raios iônicos dados na Tabela 3.4, estime as estruturas cristalinas para os seguintes materiais:

(a) CaO

(b) MnS

(c) KBr

(d) CsBr

Justifique suas escolhas.

3.27 Quais dos cátions listados na Tabela 3.4 você estima que formem fluoretos com a estrutura cristalina do cloreto de césio? Justifique suas escolhas.

Cálculos da Densidade – Cerâmicas

3.28 Calcule o fator de empacotamento atômico para a estrutura cristalina do sal-gema, para a qual $r_C/r_A = 0,414$.

3.29 A célula unitária para o Al_2O_3 apresenta simetria hexagonal com os seguintes parâmetros de rede: $a = 0,4759$ nm e $c = 1,2989$ nm. Se a densidade desse material é de 3,99 g/cm^3, calcule o fator de empacotamento atômico. Para esse cálculo, use os raios iônicos listados na Tabela 3.4.

3.30 Calcule o fator de empacotamento atômico para o cloreto de césio usando os raios iônicos da Tabela 3.4 e assumindo que os íons se tocam ao longo das diagonais do cubo.

3.31 Calcule a densidade teórica do NiO, sabendo que ele exibe a estrutura cristalina do sal-gema.

3.32 O óxido de ferro (FeO) tem a estrutura cristalina do sal-gema e uma densidade de 5,70 g/cm^3.

(a) Determine o comprimento da aresta da célula unitária.

(b) Como esse resultado se compara ao comprimento da aresta determinado a partir dos raios na Tabela 3.4, assumindo que os íons Fe^{2+} e O^{2-} apenas se tocam uns nos outros ao longo das arestas?

3.33 Uma forma cristalina sílica (SiO_2) apresenta uma célula unitária cúbica, e a partir de dados de difração de raios X sabe-se que o comprimento da aresta da célula unitária é de 0,700 nm. Se a densidade medida é de 2,32 g/cm^3, quantos íons Si^{4+} e O^{2-} existem por célula unitária?

3.34 **(a)** Considerando os raios iônicos dados na Tabela 3.4, calcule a densidade teórica do CsCl. (*Sugestão*: Use uma modificação do resultado do Problema 3.3.)

(b) A densidade medida é de 3,99 g/cm^3. Como você explica a ligeira discrepância entre o valor calculado e o valor medido?

3.35 A partir dos dados na Tabela 3.4, calcule a densidade teórica do CaF_2, que tem a estrutura da fluorita.

3.36 Sabe-se que determinado material cerâmico hipotético do tipo AX apresenta uma densidade de 2,10 g/cm³ e uma célula unitária com simetria cúbica e com comprimento da aresta de 0,57 nm. Os pesos atômicos dos elementos A e X são 28,5 e 30,0 g/mol, respectivamente. Com base nessa informação, qual(is) das seguintes estruturas cristalinas é(são) possível(eis) para esse material: sal-gema, cloreto de césio ou blenda de zinco? Justifique a(s) sua(s) escolha(s).

3.37 A célula unitária para o Fe_3O_4 (FeO-Fe_2O_3) possui simetria cúbica e comprimento da aresta da célula unitária de 0,839 nm. Se a densidade desse material é de 5,24 g/cm³, calcule o seu fator de empacotamento atômico. Para esse cálculo, use os raios iônicos listados na Tabela 3.4.

Cerâmicas à Base de Silicatos

3.38 Em termos de ligações, explique por que os materiais à base de silicatos têm densidades relativamente baixas.

3.39 Determine o ângulo entre as ligações covalentes em um tetraedro de SiO_4^{4-}.

Carbono

3.40 Calcule a densidade teórica do diamante, dado que a distância C–C e o ângulo da ligação são de 0,154 nm e 109,5°, respectivamente. Como esse valor se compara à densidade medida?

3.41 Calcule a densidade teórica do ZnS, dado que a distância Zn–S e o ângulo da ligação são de 0,234 nm e 109,5°, respectivamente. Como esse valor se compara à densidade medida?

3.42 Calcule o fator de empacotamento atômico para a estrutura cristalina cúbica do diamante (Figura 3.17). Assuma que os átomos da ligação se tocam uns nos outros, que o ângulo entre ligações adjacentes é de 109,5° e que cada átomo no interior da célula unitária está posicionado a *a*/4 da distância para as duas faces mais próximas da célula (*a* é o comprimento da aresta da célula unitária).

Polimorfismo e Alotropia

3.43 O ferro (Fe) sofre uma transformação alotrópica a 912 °C: com o aquecimento, passa de CCC (fase α) a CFC (fase γ). Junto com essa transformação, ocorre uma mudança no raio atômico do Fe, de $R_{CCC} = 0{,}12584$ nm a $R_{CFC} = 0{,}12894$ nm e, ainda, uma variação na densidade (e volume). Calcule a variação percentual no volume associada a essa reação. O volume aumenta ou diminui?

Sistemas Cristalinos

3.44 A figura adiante mostra uma célula unitária para um metal hipotético.

(a) A qual sistema cristalino essa célula unitária pertence?

(b) Como essa estrutura cristalina seria chamada?

(c) Calcule a densidade do material, dado que seu peso atômico é de 141 g/mol.

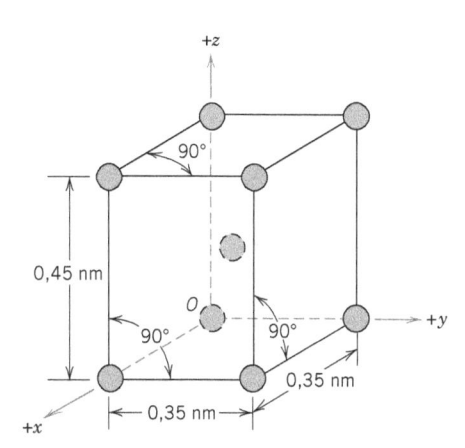

3.45 Esboce uma célula unitária para a estrutura cristalina ortorrômbica de corpo centrado.

Coordenadas de Pontos

3.46 Liste as coordenadas dos pontos para todos os átomos associados à célula unitária CFC (Figura 3.1).

3.47 Liste as coordenadas dos pontos para os íons sódio (Na) e cloro (Cl) de uma célula unitária da estrutura cristalina do cloreto de sódio (Figura 3.6).

3.48 Liste as coordenadas dos pontos para os átomos de zinco (Zn) e enxofre (S) de uma célula unitária da estrutura cristalina da blenda de zinco (ZnS) (Figura 3.8).

3.49 Esboce uma célula unitária tetragonal, e no interior dessa célula indique as localizações dos pontos com coordenadas $1\frac{1}{2}\frac{1}{2}$ e $\frac{1}{2}\frac{1}{4}\frac{1}{2}$.

3.50 Esboce uma célula unitária ortorrômbica e no interior dessa célula indique as localizações dos pontos com coordenadas $0\frac{1}{2}1$ e $\frac{1}{3}\frac{1}{4}\frac{1}{4}$.

3.51 Construa (e imprima) uma célula unitária tridimensional para o estanho β (Sn), dadas as seguintes informações: (1) a célula unitária é tetragonal com $a = 0{,}583$ nm e $c = 0{,}318$ nm e (2) os átomos de Sn estão localizados nos pontos com as seguintes coordenadas:

$$
\begin{array}{ll}
0\,0\,0 & 0\,1\,1 \\
1\,0\,0 & \tfrac{1}{2}\,0\,\tfrac{3}{4} \\
1\,1\,0 & \tfrac{1}{2}\,1\,\tfrac{3}{4} \\
0\,1\,0 & 1\,\tfrac{1}{2}\,\tfrac{1}{4} \\
0\,0\,1 & 0\,\tfrac{1}{2}\,\tfrac{1}{4} \\
1\,0\,1 & \tfrac{1}{2}\,\tfrac{1}{2}\,\tfrac{1}{2} \\
1\,1\,1 &
\end{array}
$$

3.52 Construa (e imprima) uma célula unitária tridimensional para o óxido de chumbo, PbO, dadas as seguintes informações: (1) a célula unitária é tetragonal com $a = 0{,}397$ nm e $c = 0{,}502$ nm e (2) os átomos de oxigênio estão localizados nos pontos com as seguintes coordenadas:

$$
\begin{array}{ll}
0\,0\,0 & 0\,0\,1 \\
1\,0\,0 & 1\,0\,1 \\
0\,1\,0 & 0\,1\,1 \\
\tfrac{1}{2}\,\tfrac{1}{2}\,0 & \tfrac{1}{2}\,\tfrac{1}{2}\,1
\end{array}
$$

e (3) os átomos de Pb estão localizados nos pontos com as seguintes coordenadas:

$$\tfrac{1}{2} \; 0 \; 0,763 \qquad 0 \; \tfrac{1}{2} \; 0,237$$

$$\tfrac{1}{2} \; 1 \; 0,763 \qquad 1 \; \tfrac{1}{2} \; 0,237$$

Direções Cristalográficas

3.53 Desenhe uma célula unitária ortorrômbica, e no interior dessa célula represente a direção [$2\bar{1}1$].

3.54 Esboce uma célula unitária monoclínica, e no interior dessa célula represente a direção [$\bar{1}01$].

3.55 Quais são os índices para as direções indicadas pelos dois vetores no desenho a seguir?

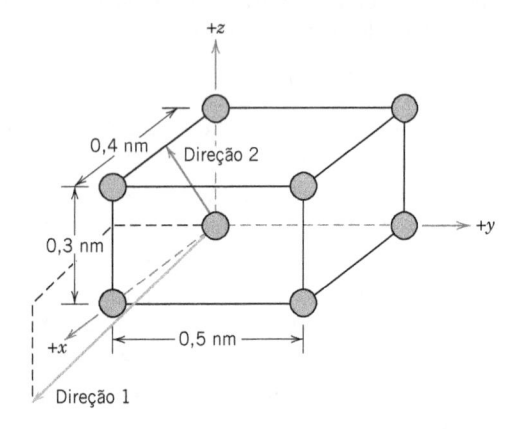

3.56 No interior de uma célula unitária cúbica, esboce as seguintes direções:

(a) [101]

(b) [211]

(c) [$10\bar{2}$]

(d) [$3\bar{1}3$]

(e) [$\bar{1}1\bar{1}$]

(f) [$\bar{2}12$]

(g) [$3\bar{1}2$]

(h) [301]

3.57 Determine os índices para as direções mostradas na seguinte célula unitária cúbica:

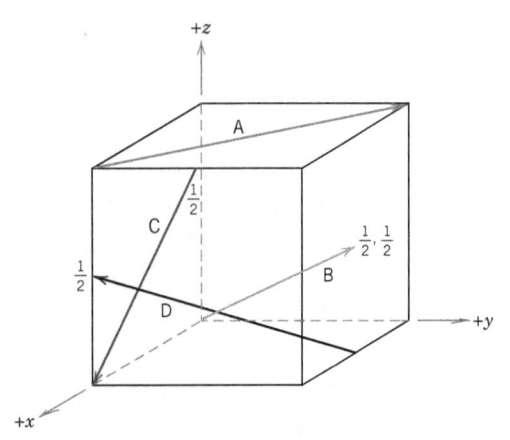

3.58 Determine os índices para as direções mostradas na seguinte célula unitária cúbica:

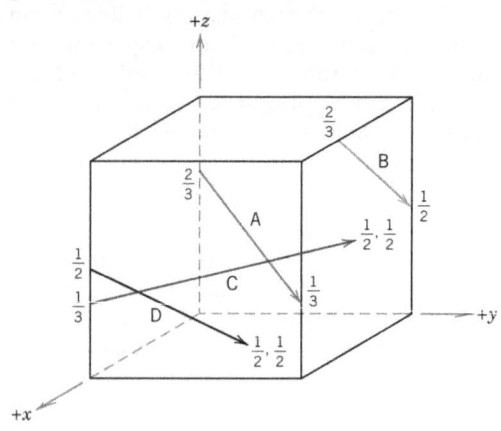

3.59 **(a)** Quais são os índices de direção para um vetor que passa do ponto $\tfrac{1}{4} \, 0 \, \tfrac{1}{2}$ ao ponto $\tfrac{3}{4} \, \tfrac{1}{2} \, \tfrac{1}{2}$ em uma célula unitária cúbica?

(b) Repita a parte **(a)** para uma célula unitária monoclínica.

3.60 **(a)** Quais são os índices de direção para um vetor que passa do ponto $\tfrac{1}{3} \, \tfrac{1}{2} \, 0$ ao ponto $\tfrac{2}{3} \, \tfrac{3}{4} \, \tfrac{1}{2}$ em uma célula unitária tetragonal?

(b) Repita a parte **(a)** para uma célula unitária romboédrica.

3.61 Para os cristais tetragonais, cite os índices das direções equivalentes a cada uma das seguintes direções:

(a) [011]   **(b)** [100]

3.62 Converta as direções [110] e [$00\bar{1}$] ao esquema de quatro índices de Miller-Bravais para células unitárias hexagonais.

3.63 Determine os índices para as direções mostradas nas seguintes células unitárias hexagonais:

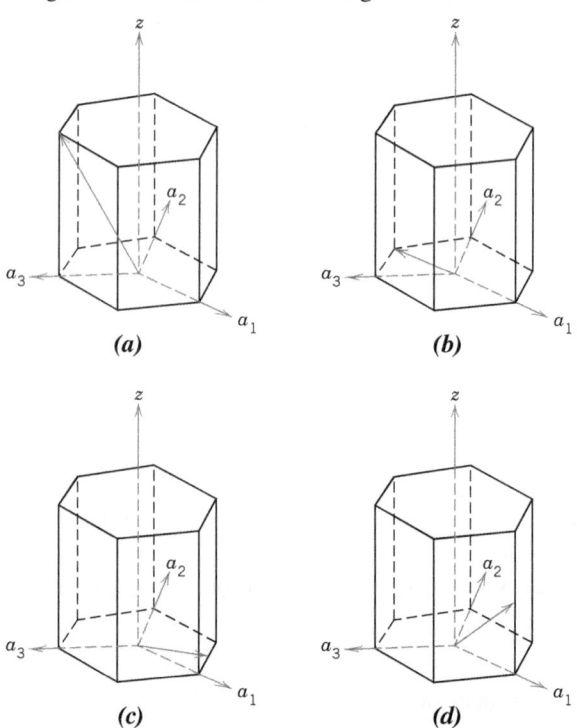

3.64 Usando as Equações 3.12a-3.12d, desenvolva expressões para cada um dos três conjuntos de índices *u*, *v* e *w* em termos dos quatro índices *u*, *v*, *t* e *w*.

Planos Cristalográficos

3.65 (a) Desenhe uma célula unitária ortorrômbica, e no interior dessa célula represente o plano $(02\bar{1})$.

(b) Desenhe uma célula unitária monoclínica, e no interior dessa célula represente o plano (200).

3.66 Quais são os índices para os dois planos representados na figura a seguir?

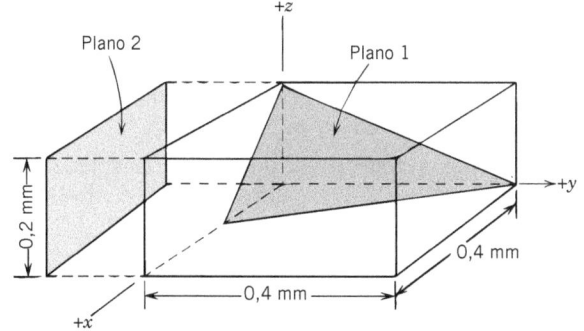

3.67 Esboce no interior de uma célula unitária cúbica os seguintes planos:

(a) $(10\bar{1})$ **(b)** $(2\bar{1}1)$ **(c)** (012) **(d)** $(3\bar{1}3)$

(e) $(\bar{1}1\bar{1})$ **(f)** $(\bar{2}12)$ **(g)** $(3\bar{1}2)$ **(h)** (301)

3.68 Determine os índices de Miller para os planos mostrados na seguinte célula unitária:

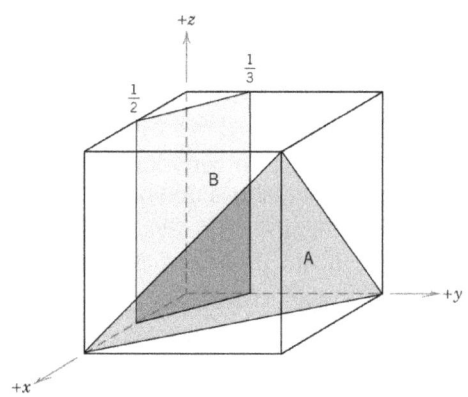

3.69 Determine os índices de Miller para os planos mostrados na seguinte célula unitária:

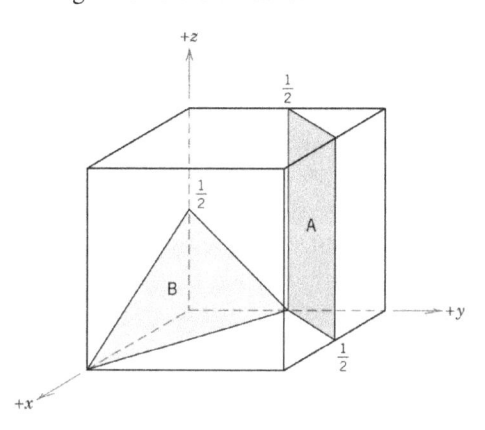

3.70 Determine os índices de Miller para os planos mostrados na seguinte célula unitária:

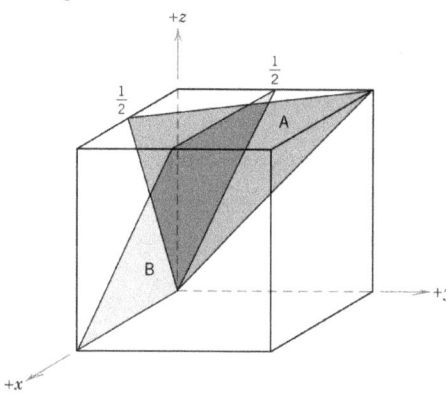

3.71 Cite os índices da direção que resulta da interseção de cada um dos seguintes pares de planos no interior de um cristal cúbico:

(a) Os planos (110) e (111)

(b) Os planos (110) e $(1\bar{1}0)$

(c) Os planos $(11\bar{1})$ e (001).

3.72 Esboce o empacotamento atômico para:

(a) O plano (100) da estrutura cristalina CFC

(b) O plano (111) da estrutura cristalina CCC (semelhantes às Figuras 3.25*b* e 3.26*b*).

3.73 Para cada uma das seguintes estruturas cristalinas, represente o plano indicado do modo feito nas Figuras 3.25*b* e 3.26*b*, evidenciando tanto os ânions como os cátions:

(a) Plano (100) para a estrutura cristalina do cloreto de césio

(b) Plano (200) para a estrutura cristalina do cloreto de césio

(c) Plano (111) para a estrutura cristalina cúbica do diamante

(d) Plano (110) para a estrutura cristalina da fluorita

3.74 Considere a célula unitária representada por esferas reduzidas que está mostrada no Problema 3.44, a qual possui uma origem do sistema de coordenadas posicionada no átomo identificado por *O*. Para os seguintes conjuntos de planos, determine quais são equivalentes:

(a) (100), $(0\bar{1}0)$ e (001)

(b) (110), (101), (011) e $(\bar{1}01)$

(c) (111), $(1\bar{1}1)$, $(11\bar{1})$ e $(\bar{1}1\bar{1})$

3.75 A figura a seguir mostra três planos cristalográficos diferentes para a célula unitária de um metal hipotético. Os círculos representam átomos:

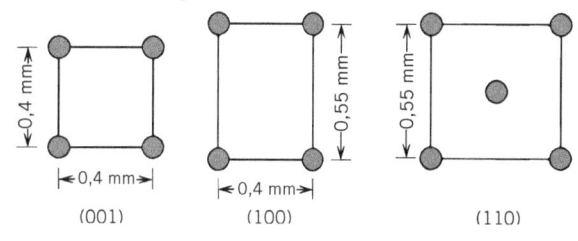

(a) A qual sistema cristalino pertence a célula unitária?

(b) Como essa estrutura cristalina seria chamada?

3.76 A figura a seguir mostra três planos cristalográficos diferentes para uma célula unitária de um metal hipotético. Os círculos representam os átomos.

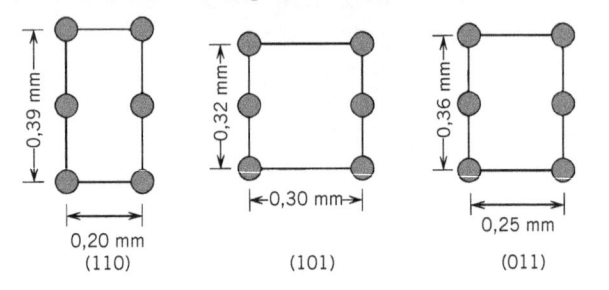

(a) A qual sistema cristalino pertence a célula unitária?

(b) Como essa estrutura cristalina seria chamada?

(c) Se a densidade desse metal é de 18,91 g/cm³, determine seu peso atômico.

3.77 Converta os planos (011) e $(0\bar{1}2)$ ao esquema de quatro índices de Miller-Bravais para células unitárias hexagonais.

3.78 Determine os índices para os planos mostrados nas seguintes células unitárias hexagonais:

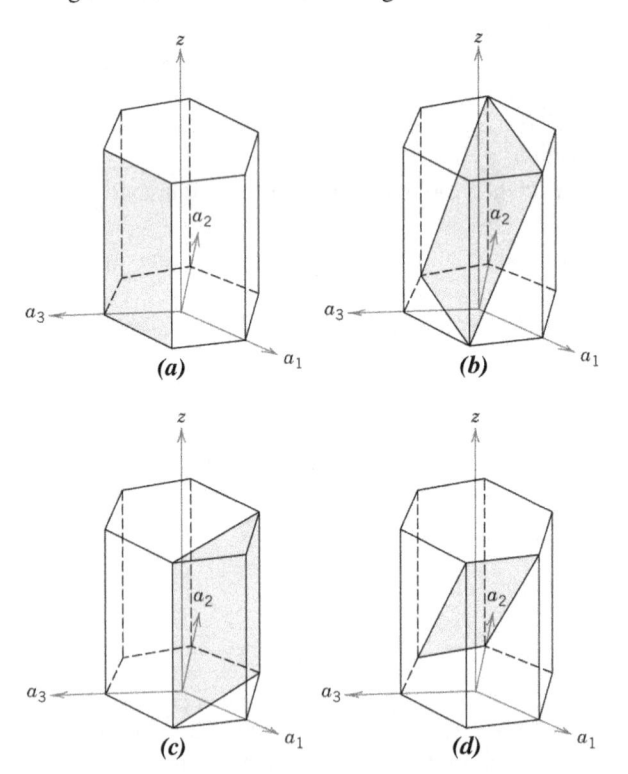

3.79 Esboce os planos $(0\bar{1}11)$ e $(2\bar{1}\bar{1}0)$ em uma célula unitária hexagonal.

Densidades Linear e Planar

3.80 **(a)** Desenvolva expressões para a densidade linear em termos do raio atômico R, para as direções [100] e [111] em estruturas CFC.

(b) Calcule e compare os valores da densidade linear para essas mesmas duas direções no cobre (Cu).

3.81 **(a)** Desenvolva expressões para a densidade linear, em termos do raio atômico R, para as direções [110] e [111] em estruturas CCC.

(b) Calcule e compare os valores da densidade linear para essas mesmas duas direções no ferro (Fe).

3.82 **(a)** Desenvolva expressões para a densidade planar, em termos do raio atômico R, para os planos (100) e (111) em estruturas CFC.

(b) Calcule e compare os valores da densidade planar para esses mesmos dois planos no alumínio (Al).

3.83 **(a)** Desenvolva expressões para a densidade planar, em termos do raio atômico R, para os planos (100) e (110) em estruturas CCC.

(b) Calcule e compare os valores da densidade planar para esses mesmos dois planos no molibdênio (Mo).

3.84 **(a)** Desenvolva a expressão para a densidade planar, em termos do raio atômico R, para o plano (0001) em estruturas HC.

(b) Calcule o valor da densidade planar para esse mesmo plano no titânio (Ti).

Estruturas Compactas

3.85 A estrutura cristalina da blenda de zinco pode ser gerada a partir de planos compactos de ânions.

(a) A sequência de empilhamento dessa estrutura será CFC ou HC? Por quê?

(b) Os cátions preencherão posições tetraédricas ou octaédricas? Por quê?

(c) Qual será a fração ocupada das posições?

3.86 A estrutura cristalina do coríndon, encontrada para o Al_2O_3, consiste em um arranjo HC de íons O^{2-} com os íons Al^{3+} ocupando posições octaédricas.

(a) Qual fração das posições octaédricas disponíveis está preenchida com íons Al^{3+}?

(b) Esboce dois planos compactos de íons O^{2-} empilhados em uma sequência AB e destaque as posições octaédricas que serão preenchidas com os íons Al^{3+}.

3.87 O óxido de berílio (BeO) pode formar uma estrutura cristalina que consiste em um arranjo HC de íons O^{2-}. Se o raio iônico do Be^{2+} é 0,035 nm, então

(a) Qual é o tipo de sítio intersticial que os íons Be^{2+} ocuparão?

(b) Qual fração desses sítios intersticiais disponíveis será ocupada pelos íons Be^{2+}?

3.88 O titanato de ferro, $FeTiO_3$, se forma na estrutura cristalina ilmenita, que consiste em um arranjo HC de íons O^{2-}.

(a) Qual tipo de sítio intersticial os íons Fe^{2+} ocuparão? Por quê?

(b) Qual tipo de sítio intersticial os íons Ti^{4+} ocuparão? Por quê?

(c) Qual fração do total dos sítios tetraédricos será ocupada?

(d) Qual fração do total dos sítios octaédricos será ocupada?

Materiais Policristalinos

3.89 Explique por que as propriedades dos materiais policristalinos são, na maioria das vezes, isotrópicas.

Difração de Raios X: Determinação de Estruturas Cristalinas

3.90 O espaçamento interplanar d_{hkl} para planos em uma célula unitária que possui geometria ortorrômbica é dado por

$$\frac{1}{d_{hkl}^2} = \frac{h^2}{a^2} + \frac{k^2}{b^2} + \frac{l^2}{c^2}$$

em que a, b e c são os parâmetros da rede.

(a) A qual equação essa expressão se reduz para cristais que possuem simetria cúbica?

(b) E para cristais que possuem simetria tetragonal?

3.91 Considerando os dados para o alumínio na Tabela 3.1, calcule o espaçamento interplanar para o conjunto de planos (110).

3.92 Considerando os dados para o ferro α na Tabela 3.1, calcule o espaçamento interplanar para os conjuntos de planos (111) e (211).

3.93 Determine o ângulo de difração esperado para a reflexão de primeira ordem do conjunto de planos (310) do cromo (Cr) com estrutura CCC quando é empregada uma radiação monocromática com comprimento de onda de 0,0711 nm.

3.94 Determine o ângulo de difração esperado para a reflexão de primeira ordem do conjunto de planos (111) do níquel (Ni) com estrutura CFC quando é empregada uma radiação monocromática com comprimento de onda de 0,1937 nm.

3.95 O metal ródio (Rh) apresenta uma estrutura cristalina CFC. Se o ângulo de difração para o conjunto de planos (311) ocorre em 36,12° (reflexão de primeira ordem) quando é usada uma radiação X monocromática com comprimento de onda de 0,0711 nm, calcule

(a) O espaçamento interplanar para esse conjunto de planos

(b) O raio atômico para um átomo de Rh.

3.96 O metal nióbio (Nb) apresenta uma estrutura cristalina CCC. Se o ângulo de difração para o conjunto de planos (211) ocorre em 75,99° (reflexão de primeira ordem) quando é usada uma radiação X monocromática com comprimento de onda de 0,1659 nm, calcule

(a) O espaçamento interplanar para esse conjunto de planos

(b) O raio atômico para o átomo de Nb.

3.97 Para qual conjunto de planos cristalográficos do níquel (Ni) com estrutura CFC ocorrerá um pico de difração de primeira ordem em um ângulo de difração de 44,53°, quando for utilizada uma radiação monocromática com comprimento de onda de 0,1542 nm?

3.98 Para qual conjunto de planos cristalográficos do tântalo (Ta) com estrutura CCC ocorrerá um pico de difração de primeira ordem em um ângulo de difração de 136,15°, quando for usada uma radiação monocromática com comprimento de onda de 0,1937 nm?

3.99 A Figura 3.42 mostra os quatro primeiros picos do difratograma de raios X para o tungstênio (W), que possui uma estrutura cristalina CCC; foi usada radiação X monocromática com comprimento de onda de 0,1542 nm.

(a) Coloque os índices (isto é, forneça os índices h, k e l) para cada um desses picos.

(b) Determine o espaçamento interplanar para cada um dos picos.

(c) Para cada pico, determine o raio atômico para o W e compare esses valores com o valor apresentado na Tabela 3.1.

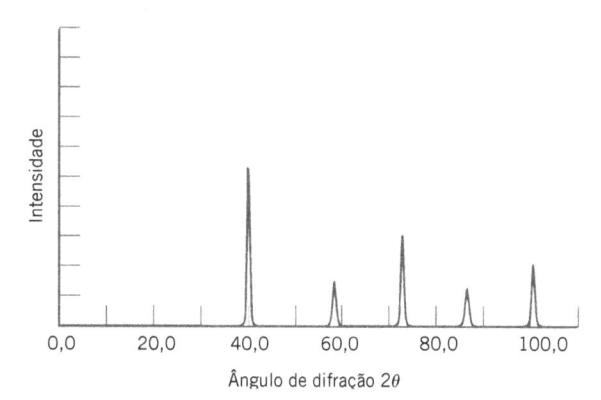

Figura 3.42 Padrão de difração para o tungstênio em pó.

3.100 A seguinte tabela lista os ângulos de difração para os quatro primeiros picos (primeira ordem) do difratograma de raios X da platina (Pt), que possui estrutura cristalina CFC; foi usada radiação X monocromática com comprimento de onda de 0,0711 nm.

Índices dos Planos	*Ângulo de Difração* (2θ)
(111)	18,06°
(200)	20,88°
(220)	26,66°
(311)	31,37°

(a) Determine o espaçamento interplanar para cada um dos picos.

(b) Para cada pico, determine o raio atômico para a Pt e compare esses valores com o apresentado na Tabela 3.1.

3.101 A tabela a seguir lista os ângulos de difração para os três primeiros picos (primeira ordem) do difratograma de raios X de determinado metal. Foi usada radiação X monocromática com comprimento de onda de 0,1397 nm.

(a) Determine se a estrutura cristalina desse metal é CFC, CCC ou nem CFC ou CCC e explique a razão para a sua escolha.

(b) Se a estrutura cristalina for CCC ou CFC, identifique qual, entre os metais na Tabela 3.1, apresenta esse padrão de difração. Justifique a sua decisão.

Número de Pico	Ângulo de Difração (2θ)
1	34,51°
2	40,06°
3	57,95°

3.102 A tabela a seguir lista os ângulos de difração para os três primeiros picos (primeira ordem) do difratograma de raios X de determinado metal. Foi usada radiação X monocromática com comprimento de onda de 0,0711 nm.

(a) Determine se a estrutura cristalina desse metal é CFC, CCC ou nem CFC ou CCC e explique a razão para a sua escolha.

(b) Se a estrutura cristalina for CCC ou CFC, identifique qual, entre os metais na Tabela 3.1, apresenta esse padrão de difração. Justifique a sua decisão.

Número de Pico	Ângulo de Difração (2θ)
1	18,27°
2	25,96°
3	31,92°

Sólidos Não Cristalinos

3.103 Em comparação a um material covalente, você esperaria que um material no qual as ligações atômicas são predominantemente iônicas tenha maior ou menor probabilidade de formar um sólido não cristalino ao se solidificar? Por quê? (Veja a Seção 2.6.)

Problemas com Planilha Eletrônica

3.1PE Para um difratograma de raios X (tendo todos os picos indexados a planos) de um metal que possui uma célula unitária com simetria cúbica, gere uma planilha que permita ao usuário entrar com o comprimento de onda dos raios X, e então determine, para cada plano:

(a) d_{hkl}

(b) O parâmetro de rede, a.

PERGUNTAS E PROBLEMAS SOBRE FUNDAMENTOS DA ENGENHARIA

3.1FE Um metal hipotético apresenta a estrutura cristalina CCC, uma densidade de 7,24 g/cm³ e um peso atômico de 48,9 g/mol. O raio atômico desse metal é

(A) 0,122 nm   (B) 1,22 nm

(C) 0,0997 nm   (D) 0,154 nm

3.2FE Quais, entre os seguintes, são os números de coordenação mais comuns para os materiais cerâmicos?

(A) 2 e 3

(B) 6 e 12

(C) 6, 8 e 12

(D) 4, 6 e 8

3.3FE Um composto cerâmico AX tem a estrutura cristalina do sal-gema. Se os raios dos íons A e X são 0,137 e 0,241 nm, respectivamente, e os pesos atômicos são 22,7 e 91,4 g/mol, qual é a massa específica (em g/cm³) desse material?

(A) 0,438 g/cm³

(B) 0,571 g/cm³

(C) 1,75 g/cm³

(D) 3,50 g/cm³

3.4 FE Na seguinte célula unitária, qual vetor representa a direção [121]?

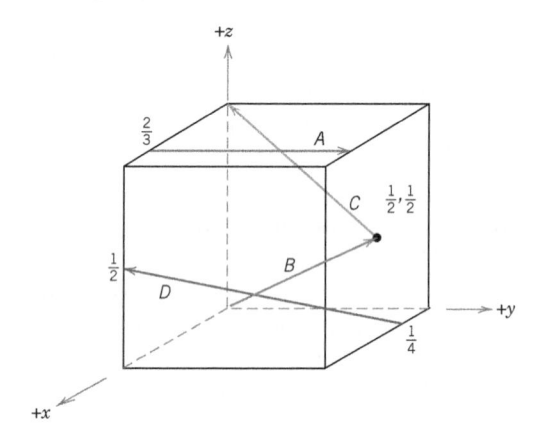

3.5FE Quais são os índices de Miller para o plano mostrado na seguinte célula unitária cúbica?

(A) (201)

(B) (1∞½)

(C) (10½)

(D) (102)

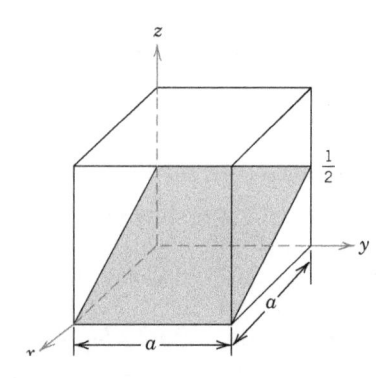

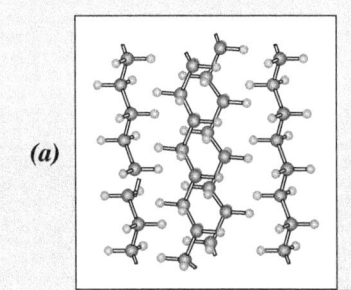

(*a*)

(*a*) Representação esquemática do arranjo de cadeias moleculares para uma região cristalina do polietileno. As esferas pretas e cinzas representam, respectivamente, os átomos de carbono e hidrogênio.

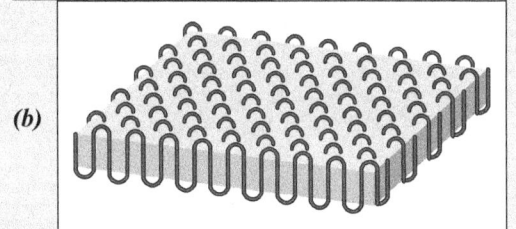

(*b*)

(*b*) Diagrama esquemático de um cristalito com cadeias de polímero dobradas – uma região cristalina em forma de lâmina onde as cadeias moleculares (linhas/curvas preta) dobram-se repetidamente sobre elas mesmas; essas dobras ocorrem nas faces do cristalito.

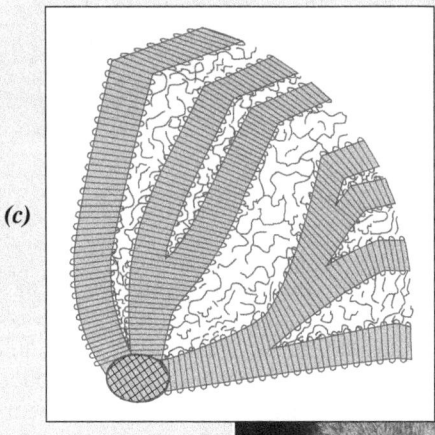

(*c*)

(*c*) Estrutura de uma esferulita encontrada em alguns polímeros semicristalinos (esquemático). Os cristalitos com cadeias dobradas se irradiam para fora a partir de um centro comum. Regiões de material amorfo separam e conectam esses cristalitos, nas quais as cadeias moleculares (curvas preta) assumem configurações desalinhadas e desordenadas.

(*d*) Micrografia eletrônica de transmissão que mostra a estrutura esferulítica. Cristalitos lamelares com cadeia dobrada (linhas brancas), com aproximadamente 10 nm de espessura estendem-se nas direções radiais a partir do centro. Ampliação de 15.000×.

(*e*) Uma sacola em polietileno contendo algumas frutas.

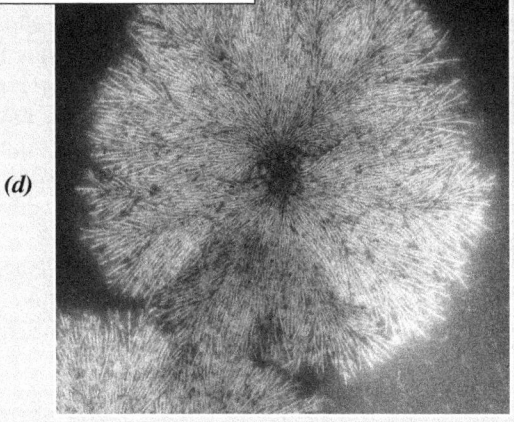

(*d*)

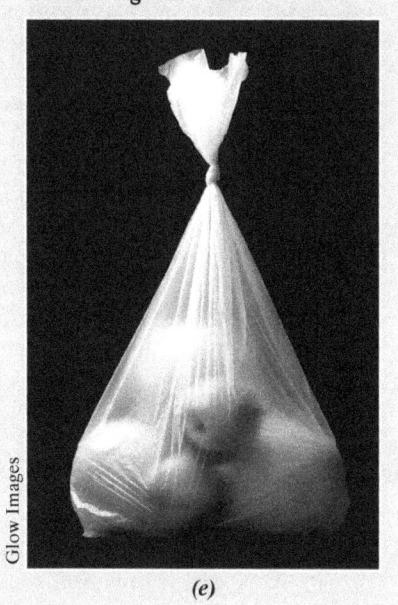

(*e*)

Glow Images

[A fotografia na figura (*d*) foi fornecida por P. J. Phillips. Publicada pela primeira vez em R. Bartnikas e R. M. Eichhorn, *Engineering Dielectrics*, Vol. IIA, *Electrical Properties of Solid Insulating Materials: Molecular Structure and Electrical Behavior,* 1983. Copyright ASTM, 1916 Race Street, Philadelphia, PA 19103. Reimpresso sob permissão.]

Um número relativamente grande de características químicas e estruturais afeta as propriedades e os comportamentos dos materiais poliméricos. Algumas dessas influências são as seguintes:

1. Grau de cristalinidade dos polímeros semicristalinos – sobre densidade, rigidez, resistência e ductilidade (Seções 4.11 e 8.18).

2. Grau de ligações cruzadas – sobre a rigidez de materiais do tipo borracha (Seção 8.19).

3. Estrutura química dos polímeros – sobre as temperaturas de fusão e de transição vítrea (Seção 11.17).

Objetivos do Aprendizado

Após estudar este capítulo, você deverá ser capaz de realizar o seguinte:

1. Descrever uma molécula polimérica típica em termos da sua estrutura de cadeia e, além disso, descrever como a molécula pode ser gerada a partir de unidades repetidas.

2. Desenhar as unidades repetidas para o polietileno, cloreto de polivinila, politetrafluoroetileno, polipropileno e poliestireno.

3. Calcular os pesos moleculares numérico médio e ponderal médio, assim como o grau de polimerização para um dado polímero.

4. Citar e descrever de maneira sucinta:
   (a) os quatro tipos gerais de estruturas moleculares encontradas nos polímeros;
   (b) os três tipos de estereoisômeros;
   (c) as duas espécies de isômeros geométricos; e
   (d) os quatro tipos de copolímeros.

5. Citar as diferenças de comportamento e de estrutura molecular entre os polímeros termoplásticos e termofixos.

6. Descrever sucintamente o estado cristalino nos materiais poliméricos.

7. Descrever/esboçar, sucintamente, a estrutura esferulítica para um polímero semicristalino.

4.1 INTRODUÇÃO

Os polímeros que ocorrem naturalmente – aqueles derivados de plantas e de animais – têm sido usados há muitos séculos; esses materiais incluem a madeira, a borracha, o algodão, a lã, o couro e a seda. Outros polímeros naturais, tais como as proteínas, as enzimas, os amidos e a celulose, são importantes em processos biológicos e fisiológicos nas plantas e nos animais. As modernas ferramentas de investigação científica tornaram possível a determinação das estruturas moleculares desse grupo de materiais e o desenvolvimento de inúmeros polímeros, que são sintetizados a partir de pequenas moléculas orgânicas. Muitos dos plásticos, borrachas e fibras que nos são úteis são polímeros sintéticos. De fato, desde o término da Segunda Guerra Mundial, o campo dos materiais tem sido virtualmente revolucionado pelo advento dos polímeros sintéticos. Os materiais sintéticos podem ser produzidos a baixos custos, e suas propriedades podem ser modificadas a um nível em que muitos deles são superiores aos seus análogos naturais. Em algumas aplicações, as peças metálicas e de madeira foram substituídas por plásticos, que apresentam propriedades satisfatórias e podem ser produzidas a custos mais baixos.

Tal como ocorre com os metais e as cerâmicas, as propriedades dos polímeros estão relacionadas de maneira complexa aos elementos estruturais do material. Este capítulo explora as estruturas moleculares e cristalinas dos polímeros; o Capítulo 8 discute as relações entre a estrutura e algumas das propriedades mecânicas.

4.2 MOLÉCULAS DE HIDROCARBONETOS

Uma vez que a maioria dos polímeros tem origem orgânica, vamos fazer uma breve revisão de alguns conceitos básicos relacionados a estrutura de suas moléculas. Em primeiro lugar, muitos materiais orgânicos são *hidrocarbonetos* – isto é, são compostos por hidrogênio e carbono. Além disso, as ligações intramoleculares são covalentes. Cada átomo de carbono tem quatro elétrons que podem participar de ligações covalentes, enquanto cada átomo de hidrogênio tem apenas um elétron de ligação. Existe uma ligação covalente simples quando cada um dos dois átomos da ligação contribui com um elétron, como está representado esquematicamente na Figura 2.12, para uma molécula de hidrogênio (H_2). As ligações duplas e triplas entre dois átomos de carbono envolvem o compartilhamento de dois e três pares de elétrons, respectivamente.[1] Por exemplo, no etileno, de fórmula química C_2H_4, os dois átomos de carbono estão ligados um ao outro por uma ligação dupla, e cada átomo de carbono também está ligado por uma ligação simples a dois átomos de hidrogênio, como pode ser representado pela fórmula estrutural

$$\begin{array}{ccc} H & & H \\ | & & | \\ C & = & C \\ | & & | \\ H & & H \end{array}$$

em que os sinais — e = representam, respectivamente, as ligações covalentes simples e dupla. Um exemplo de ligação tripla é encontrado no acetileno, C_2H_2:

$$H - C \equiv C - H$$

insaturado

As moléculas com ligações covalentes duplas e triplas são denominadas **insaturadas** – isto é, cada átomo de carbono não está ligado ao número máximo (quatro) de outros átomos. Portanto, é possível para outro átomo ou grupo de átomos ligar-se à molécula original. Além disso, em um hidrocarboneto **saturado**, todas as ligações são simples e nenhum átomo adicional pode ligar-se à molécula sem a remoção de outros átomos que já estejam ligados.

saturado

Alguns dos hidrocarbonetos simples pertencem à família das parafinas; as moléculas com cadeias semelhantes à da parafina incluem o metano (CH_4), o etano (C_2H_6), o propano (C_3H_8) e o butano (C_4H_{10}). As composições e as estruturas moleculares para as moléculas parafínicas estão incluídas na Tabela 4.1. As ligações covalentes em cada molécula são fortes, mas apenas fracas ligações de van der Waals existem entre as moléculas e, dessa forma, esses hidrocarbonetos possuem pontos de fusão e de ebulição relativamente baixos. Contudo, as temperaturas de ebulição aumentam com o aumento do peso molecular (Tabela 4.1).

Tabela 4.1 Composições e Estruturas Moleculares para Alguns Compostos Parafínicos: C_nH_{2n+2}

Nome	Composição	Estrutura	Ponto de Ebulição (°C)
Metano	CH_4	$H - \overset{\overset{\displaystyle H}{\|}}{\underset{\underset{\displaystyle H}{\|}}{C}} - H$	−164
Etano	C_2H_6	$H - \overset{\overset{\displaystyle H}{\|}}{\underset{\underset{\displaystyle H}{\|}}{C}} - \overset{\overset{\displaystyle H}{\|}}{\underset{\underset{\displaystyle H}{\|}}{C}} - H$	−88,6
Propano	C_3H_8	$H - \overset{\overset{\displaystyle H}{\|}}{\underset{\underset{\displaystyle H}{\|}}{C}} - \overset{\overset{\displaystyle H}{\|}}{\underset{\underset{\displaystyle H}{\|}}{C}} - \overset{\overset{\displaystyle H}{\|}}{\underset{\underset{\displaystyle H}{\|}}{C}} - H$	−42,1
Butano	C_4H_{10}		−0,5
Pentano	C_5H_{12}		36,1
Hexano	C_6H_{14}		69,0

---

[1] No esquema de ligação híbrida para o carbono (Seção 2.6), um átomo de carbono forma orbitais híbridos sp^3 quando todas as suas ligações são simples; um átomo de carbono com uma ligação dupla tem orbitais híbridos sp^2; e um átomo de carbono com uma ligação tripla possui hibridação sp.

Hidrocarbonetos com a mesma composição podem ter arranjos atômicos diferentes, um fenômeno denominado **isomerismo**. Por exemplo, existem dois isômeros para o butano; o butano normal tem a estrutura

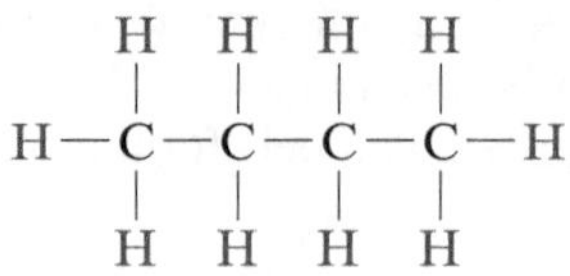

enquanto uma molécula de isobutano é representada da seguinte maneira:

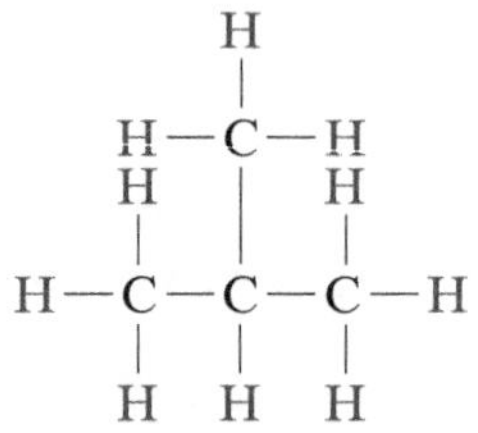

Algumas das propriedades físicas dos hidrocarbonetos dependem do seu estado isomérico; por exemplo, as temperaturas de ebulição para o butano normal e o isobutano são de –0,5 °C e –12,3 °C (31,1 °F e 9,9 °F), respectivamente.

Existem inúmeros outros grupos orgânicos, muitos dos quais estão presentes nas estruturas dos polímeros. Vários dos grupos mais comuns estão apresentados na Tabela 4.2, em que R e R' representam grupos orgânicos, tais como CH_3, C_2H_5 e C_6H_5 (metil, etil e fenil, respectivamente).

Tabela 4.2   Alguns Grupos Comuns nos Hidrocarbonetos

Família	*Unidade Característica*		*Composto Representativo*
Alcoóis	R — OH	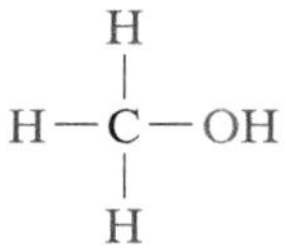 H—C—OH (com H acima e abaixo)	Álcool metílico
Éteres	R—O—R'	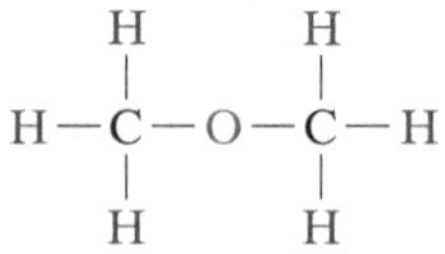 H—C—O—C—H	Éter dimetílico
Ácidos	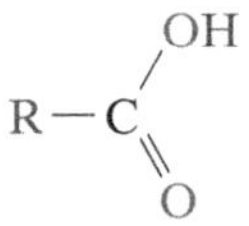 R—C(OH)=O	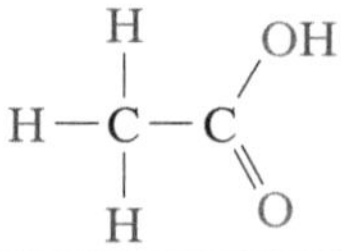 H—C—C(OH)=O	Ácido acético
Aldeídos	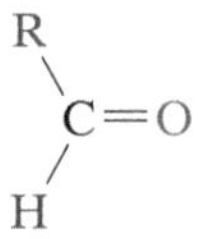 R, H \ C=O	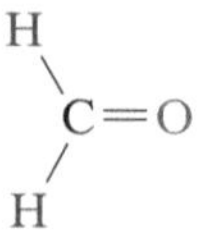 H, H \ C=O	Formaldeído
Hidrocarbonetos aromáticos[a]	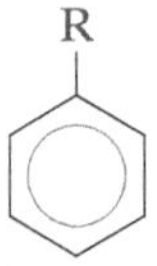 (anel com R)	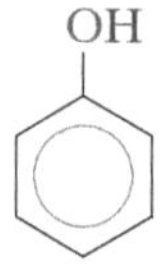 (anel com OH)	Fenol

[a] A estrutura simplificada 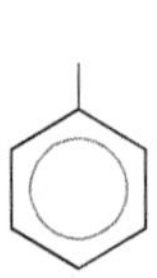 representa um grupo fenil,

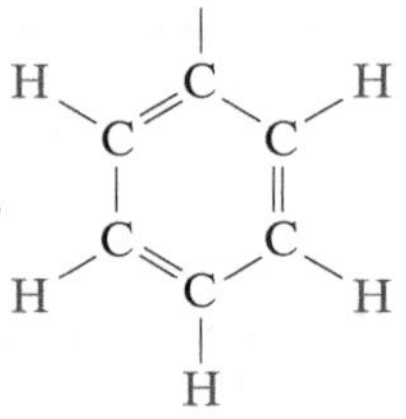

4.3 MOLÉCULAS DOS POLÍMEROS

macromolécula

As moléculas nos polímeros são gigantescas em comparação com as moléculas de hidrocarbonetos discutidas até o momento; em virtude de seus tamanhos, elas são chamadas, com frequência, de **macromoléculas**. Em cada molécula, os átomos estão ligados uns aos outros por meio de ligações interatômicas covalentes. Para os polímeros com cadeia de carbono, o esqueleto de cada cadeia é uma sequência de átomos de carbono. Muitas vezes, cada átomo de carbono se liga por meio de ligações simples a dois outros átomos de carbono adjacentes, um a cada lado, o que pode ser representado esquematicamente em duas dimensões como a seguir:

$$-\overset{|}{\underset{|}{C}}-\overset{|}{\underset{|}{C}}-\overset{|}{\underset{|}{C}}-\overset{|}{\underset{|}{C}}-\overset{|}{\underset{|}{C}}-\overset{|}{\underset{|}{C}}-\overset{|}{\underset{|}{C}}-$$

Cada um dos dois elétrons de valência restantes em cada átomo de carbono pode estar envolvido em ligações laterais com átomos ou radicais que estejam posicionados adjacentes à cadeia. Obviamente, também são possíveis ligações duplas tanto ao longo da cadeia como nas ligações laterais.

unidade repetida
monômero

Essas longas moléculas são compostas por entidades estruturais chamadas **unidades repetidas**, que se repetem sucessivamente ao longo da cadeia.[2] O termo **monômero** refere-se à pequena molécula a partir da qual um polímero é sintetizado. Assim, *monômero* e *unidade repetida* significam coisas diferentes, mas algumas vezes o termo *monômero* ou *unidade monomérica* é usado em lugar do termo mais apropriado *unidade repetida*.

4.4 A QUÍMICA DAS MOLÉCULAS DOS POLÍMEROS

Considere novamente o hidrocarboneto etileno (C_2H_4), que é um gás à temperatura e pressão ambientes e que possui a seguinte estrutura molecular:

$$\overset{H}{\underset{H}{|}}C=\overset{H}{\underset{H}{|}}C$$

Se o gás etileno reagir sob condições apropriadas, ele irá se transformar em polietileno (PE), que é um material polimérico sólido. Esse processo começa quando um centro ativo é formado pela reação entre um iniciador ou catalisador (R·) e o monômero do etileno, como a seguir:

$$R\cdot + \overset{H\ \ H}{\underset{H\ \ H}{C=C}} \longrightarrow R-\overset{H\ \ H}{\underset{H\ \ H}{C-C}}\cdot \tag{4.1}$$

A cadeia polimérica forma-se então pela adição sequencial de unidades monoméricas a essa cadeia molecular em crescimento ativo. O sítio ativo, ou o elétron não emparelhado (representado por ·), é transferido para cada monômero terminal sucessivo, à medida que esse se liga à cadeia. Isso pode ser representado esquematicamente da seguinte maneira:

$$R-\overset{H\ \ H}{\underset{H\ \ H}{C-C}}\cdot + \overset{H\ \ H}{\underset{H\ \ H}{C=C}} \longrightarrow R-\overset{H\ \ H\ \ H\ \ H}{\underset{H\ \ H\ \ H\ \ H}{C-C-C-C}}\cdot \tag{4.2}$$

polímero

[2] Uma unidade repetida algumas vezes também é denominada um mero. *Mero* origina-se da palavra grega *meros*, que significa "parte"; o termo **polímero** foi criado para significar "muitos meros".

O resultado final, após a adição de muitas unidades monoméricas de etileno, é a molécula de polietileno.[3] Uma parte de uma molécula desse tipo e a unidade repetida de polietileno estão mostradas na Figura 4.1a. Essa estrutura da cadeia do polietileno também pode ser representada como

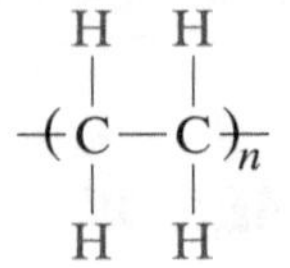

$$-\left(\begin{array}{cc} \overset{\displaystyle H}{\underset{\displaystyle H}{|}}{\underset{\displaystyle H}{C}} - \overset{\displaystyle H}{\underset{\displaystyle H}{C}} \end{array}\right)_{n}$$

ou, alternativamente, como

$$-\left(CH_2 - CH_2 \right)_n$$

Aqui as unidades repetidas estão colocadas entre parênteses e o subscrito n indica o número de vezes que ela se repete.[4]

A representação na Figura 4.1a não está estritamente correta, no sentido de que o ângulo entre os átomos de carbono com ligações simples não é de 180°, como está mostrado, mas em vez disso está próximo a 109°. Um modelo tridimensional mais preciso é aquele em que os átomos de carbono formam um padrão em zigue-zague (Figura 4.1b), no qual o comprimento da ligação C—C é de 0,154 nm. Nessa discussão, a representação das moléculas dos polímeros será frequentemente simplificada pelo emprego do modelo com cadeia linear mostrado na Figura 4.1a.

Obviamente, também são possíveis estruturas poliméricas com outras estruturas químicas. Por exemplo, o monômero tetrafluoroetileno, $CF_2=CF_2$, pode polimerizar para formar o *politetrafluoroetileno* (PTFE) da seguinte maneira:

$$n\left[\begin{array}{cc} \overset{\displaystyle F}{\underset{\displaystyle F}{|}}C = \overset{\displaystyle F}{\underset{\displaystyle F}{C}} \end{array}\right] \longrightarrow -\left(\begin{array}{cc} \overset{\displaystyle F}{\underset{\displaystyle F}{|}}C - \overset{\displaystyle F}{\underset{\displaystyle F}{C}} \end{array}\right)_{n} \qquad (4.3)$$

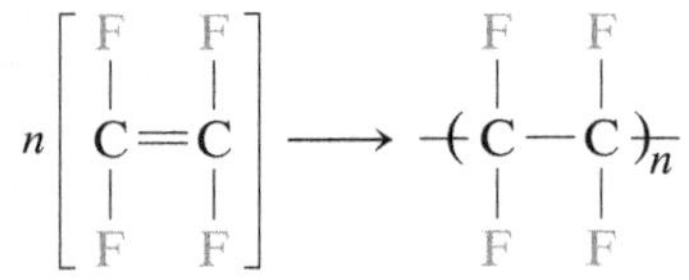

O politetrafluoroetileno (de nome comercial Teflon) pertence a uma família de polímeros chamada de *fluorocarbonos*.

O monômero cloreto de vinila ($CH_2=CHCl$) é uma ligeira variação daquele do etileno, no qual um dos quatro átomos de H é substituído por um átomo de Cl. Sua polimerização é representada como na Equação 4.4.

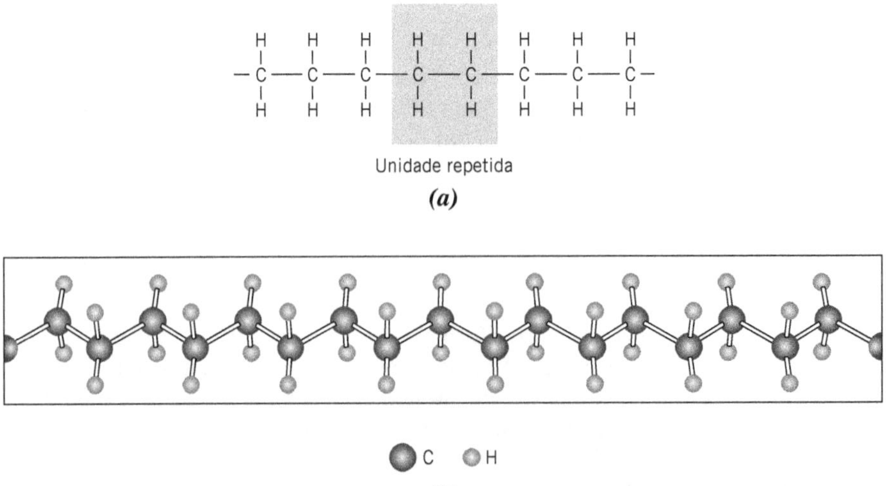

Unidade repetida

(a)

● C   ○ H

(b)

Figura 4.1 Para o polietileno, (a) uma representação esquemática das estruturas da unidade repetida e da cadeia, e (b) uma perspectiva da molécula, indicando a estrutura da sua cadeia em zigue-zague.

---

[3] Uma discussão mais detalhada das reações de polimerização, incluindo tanto o mecanismo de adição como o de condensação, é dada na Seção 14.11.

[4] As terminações das cadeias/grupos terminais (isto é, os R na Equação 4.2) geralmente não são representadas nas estruturas das cadeias.

Estruturas das
Unidades Repetidas

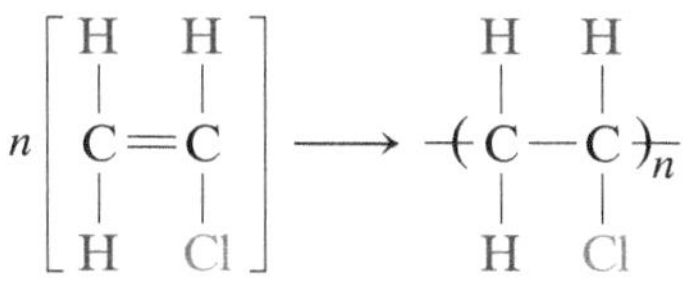

$$n \begin{bmatrix} H & H \\ | & | \\ C = C \\ | & | \\ H & Cl \end{bmatrix} \longrightarrow \begin{pmatrix} H & H \\ | & | \\ C - C \\ | & | \\ H & Cl \end{pmatrix}_n \qquad (4.4)$$

e leva ao *cloreto de polivinila* (PVC), outro polímero comum.

Alguns polímeros podem ser representados usando a seguinte forma geral:

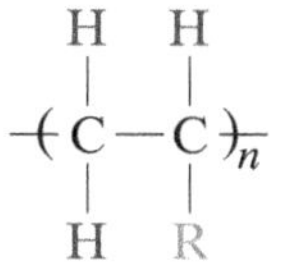

$$\begin{pmatrix} H & H \\ | & | \\ C - C \\ | & | \\ H & R \end{pmatrix}_n$$

Estruturas das
Unidades Repetidas

em que R representa um átomo (isto é, H ou Cl, para o polietileno ou para o cloreto de polivinila, respectivamente), ou um grupo orgânico, tal como CH_3, C_2H_5 e C_6H_5 (metil, etil e fenil). Por exemplo, quando R representa um grupo CH_3, o polímero é o *polipropileno* (PP). As estruturas das cadeias do cloreto de polivinila e do polipropileno também estão representadas na Figura 4.2. A Tabela 4.3 lista as unidades repetidas para alguns dos polímeros mais comuns; como pode ser observado, algumas delas – por exemplo, náilon, poliéster e policarbonato – são relativamente complexas. As unidades repetidas para um grande número de polímeros relativamente comuns são dadas no Apêndice D.

homopolímero
copolímero

Quando todas as unidades repetidas ao longo de uma cadeia são do mesmo tipo, o polímero resultante é chamado um **homopolímero**. As cadeias podem ser compostas por duas ou mais unidades repetidas diferentes, no que são denominados **copolímeros** (veja a Seção 4.10).

bifuncional
funcionalidade
trifuncional

Os monômeros discutidos até o momento apresentam uma ligação ativa que pode reagir para formar duas ligações covalentes com outros monômeros, formando uma estrutura molecular bidimensional em cadeia, como foi indicado anteriormente para o etileno. Esse tipo de monômero é denominado **bifuncional**. Em geral, a **funcionalidade** é o número de ligações que um dado monômero pode formar. Por exemplo, monômeros como o fenol-formaldeído (Tabela 4.3) são **trifuncionais**: eles têm três ligações ativas, a partir das quais resulta uma estrutura molecular tridimensional em rede.

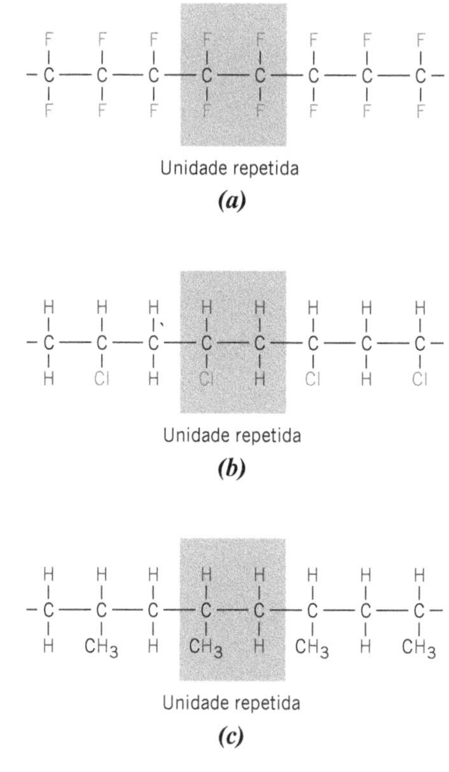

Unidade repetida

(a)

Unidade repetida

(b)

Unidade repetida

(c)

Figura 4.2 Estruturas da unidade repetida e da cadeia para (*a*) politetrafluoroetileno, (*b*) cloreto de polivinila e (*c*) polipropileno.

Estruturas das
Unidades Repetidas

Tabela 4.3 Unidades Repetidas para 10 dos Materiais Poliméricos Mais Comuns

Polímero	*Unidade Repetida*
Polietileno (PE)	
Cloreto de polivinila (PVC)	
Politetrafluoroetileno (PTFE)	
Polipropileno (PP)	
Poliestireno (PS)	
Poli(metil metacrilato) (PMMA)	
Fenol-formaldeído (Baquelite)	
Poli(hexametileno adipamida) (náilon 6,6)	
Poli(etileno tereftalato) (PET, um poliéster)	

Tabela 4.3 *(Continuação)*

Polímero	*Unidade Repetida*
Policarbonato (PC)	(estrutura química)

---

 *a*O símbolo ⬡ na cadeia principal representa um anel aromático tal como (estrutura do anel benzênico)

4.5   PESO MOLECULAR

Pesos moleculares[5] extremamente elevados são observados nos polímeros com cadeias muito longas. Durante o processo de polimerização, nem todas as cadeias poliméricas irão crescer até o mesmo comprimento; isso resulta em uma distribuição dos comprimentos das cadeias ou dos pesos moleculares. Geralmente, especifica-se um peso molecular médio, que pode ser determinado pela medição de várias propriedades físicas, tais como viscosidade e pressão osmótica.

Existem várias maneiras de definir o peso molecular médio. O peso molecular numérico médio $\overline{M}_n$ é obtido pela divisão das cadeias em uma série de faixas de tamanhos, seguida pela determinação da fração numérica das cadeias em cada faixa de tamanho (Figura 4.3a). O peso molecular numérico médio é expresso como

Peso molecular numérico médio

$$\overline{M}_n = \sum x_i M_i \tag{4.5a}$$

em que M_i representa o peso molecular médio da faixa de tamanhos i, e x_i é a fração do número total das cadeias na faixa de tamanhos correspondente.

Um peso molecular ponderal médio $\overline{M}_p$ está baseado na fração em peso das moléculas nas várias faixas de tamanho (Figura 4.3b). Ele é calculado de acordo com

Peso molecular ponderal médio

$$\overline{M}_p = \sum w_i M_i \tag{4.5b}$$

em que, novamente, M_i é o peso molecular médio de uma faixa de tamanhos, enquanto w_i representa a fração em peso das moléculas no mesmo intervalo de tamanhos. Cálculos tanto para o peso molecular numérico médio como para o peso molecular ponderal médio são feitos no Problema-Exemplo 4.1. Uma distribuição típica de pesos moleculares, juntamente com esses pesos moleculares médios, está mostrada na Figura 4.4.

---

[5] Os termos *massa molecular*, *massa molar* e *massa molecular relativa* são usados algumas vezes e são, na realidade, mais apropriados do que *peso molecular* no contexto da presente discussão – de fato, estamos tratando com massas e não com pesos. Entretanto, o termo peso molecular é encontrado com maior frequência na literatura sobre polímeros e, por esse motivo, será empregado ao longo deste livro.

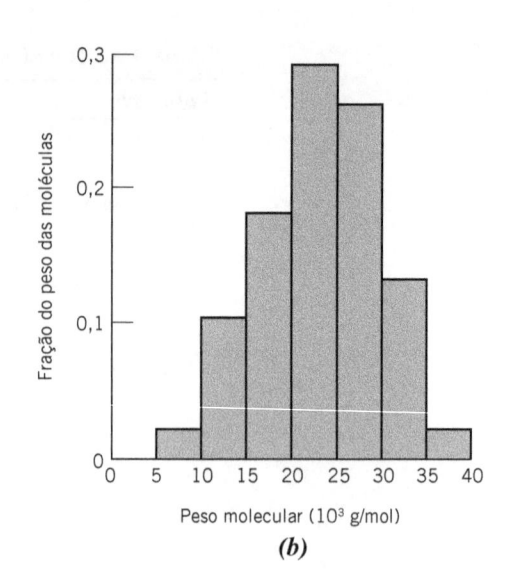

Figura 4.3 Distribuições hipotéticas do tamanho das moléculas de um polímero com base nas frações do (*a*) número de moléculas e do (*b*) peso das moléculas.

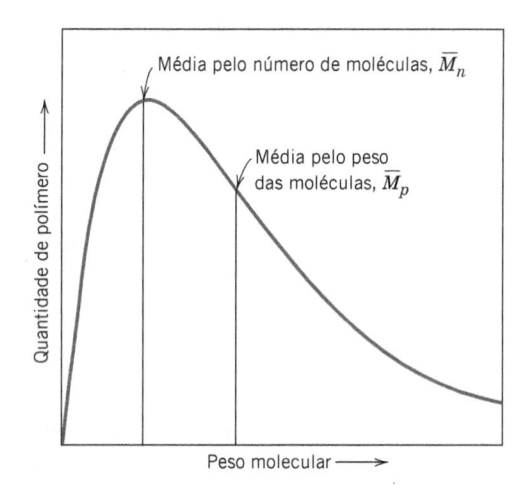

Figura 4.4 Distribuição de pesos moleculares para um polímero típico.

grau de polimerização

Grau de polimerização – dependência em relação aos pesos moleculares numérico médio e da unidade repetida

Uma forma alternativa de expressar o tamanho médio da cadeia de um polímero é por seu **grau de polimerização**, *GP*, que representa o número médio de unidades repetidas em uma cadeia. O *GP* está relacionado com o peso molecular numérico médio $\overline{M}_n$ pela equação

$$GP = \frac{\overline{M}_n}{m} \tag{4.6}$$

em que *m* é o peso molecular da unidade repetida.

PROBLEMA-EXEMPLO 4.1

Cálculos dos Pesos Moleculares Médios e do Grau de Polimerização

Considere que as distribuições de pesos moleculares mostradas na Figura 4.3 sejam para o cloreto de polivinila. Para esse material, calcule **(a)** o peso molecular numérico médio; **(b)** o grau de polimerização; e **(c)** o peso molecular ponderal médio.

Solução

(a) Os dados necessários para esse cálculo, tirados da Figura 4.3*a*, estão apresentados na Tabela 4.4a. De acordo com a Equação 4.5a, a soma de todos os produtos $x_i M_i$ (da coluna mais à direita) fornece o peso molecular numérico médio, que nesse caso é igual a 21.150 g/mol.

Tabela 4.4a Dados Usados para os Cálculos do Peso Molecular Numérico Médio no Problema-Exemplo 4.1

Faixa de Pesos Moleculares (g/mol)	Média M_i (g/mol)	x_i	$x_i M_i$
5.000–10.000	7.500	0,05	375
10.000–15.000	12.500	0,16	2.000
15.000–20.000	17.500	0,22	3.850
20.000–25.000	22.500	0,27	6.075
25.000–30.000	27.500	0,20	5.500
30.000–35.000	32.500	0,08	2.600
35.000–40.000	37.500	0,02	750
			$\overline{M_n} = 21.150$

(b) Para determinar o grau de polimerização (Equação 4.6), é necessário, em primeiro lugar, calcular o peso molecular da unidade repetida. No caso do PVC, cada unidade repetida consiste em dois átomos de carbono, três átomos de hidrogênio e um único átomo de cloro (Tabela 4.3). Além disso, os pesos atômicos do C, H e Cl são, respectivamente, 12,01, 1,01 e 35,45 g/mol. Dessa forma, para o PVC,

$$m = 2(12,01 \text{ g/mol}) + 3(1,01 \text{ g/mol}) + 35,45 \text{ g/mol}$$

$$= 62,50 \text{ g/mol}$$

e

$$GP = \frac{\overline{M_n}}{m} = \frac{21.150 \text{ g/mol}}{62,50 \text{ g/mol}} = 338$$

(c) A Tabela 4.4b mostra os dados para o peso molecular ponderal médio, tirados da Figura 4.3b. Os produtos $w_i M_i$ para os intervalos de tamanhos estão listados na coluna à direita. A soma desses produtos (Equação 4.5b) fornece um valor de 23.200 g/mol para $\overline{M_p}$.

Tabela 4.4b Dados Usados para os Cálculos do Peso Molecular Ponderal Médio no Problema-Exemplo 4.1

Faixa de Pesos Moleculares (g/mol)	Média M_i (g/mol)	w_i	$x_i M_i$
5.000–10.000	7.500	0,02	150
10.000–15.000	12.500	0,10	1.250
15.000–20.000	17.500	0,18	3.150
20.000–25.000	22.500	0,29	6.525
25.000–30.000	27.500	0,26	7.150
30.000–35.000	32.500	0,13	4.225
35.000–40.000	37.500	0,02	750
			$\overline{M_p} = 23.200$

Muitas propriedades dos polímeros são afetadas pelo comprimento das cadeias poliméricas. Por exemplo, a temperatura de fusão ou de amolecimento aumenta em função de um aumento no peso molecular (para valores de $\overline{M}$ até aproximadamente 100.000 g/mol). À temperatura ambiente, os polímeros com cadeias muito curtas (que possuem pesos moleculares da ordem de 100 g/mol) existem geralmente como líquidos. Aqueles com pesos moleculares de aproximadamente 1000 g/mol são sólidos pastosos (tais como a cera parafínica) e resinas flexíveis. Os polímeros sólidos (algumas vezes denominados *polímeros de alto peso molecular*), que são os de maior interesse neste livro, têm normalmente pesos moleculares que variam entre 10.000 e vários milhões de g/mol. Dessa forma, um mesmo material polimérico pode apresentar propriedades bastante diferentes se for produzido com um peso molecular diferente. Outras propriedades que dependem do peso molecular incluem o módulo de elasticidade e a resistência (veja o Capítulo 8).

4.6 FORMA MOLECULAR

Anteriormente, as moléculas dos polímeros foram mostradas como cadeias lineares, desprezando-se o arranjo em zigue-zague dos átomos na cadeia principal (Figura 4.1*b*). As ligações simples na cadeia são capazes de sofrer rotações e torções em três dimensões. Considere os átomos da cadeia mostrados na Figura 4.5*a*; um terceiro átomo de carbono pode estar localizado em qualquer posição sobre o cone de revolução e ainda assim formar um ângulo de aproximadamente 109° com a ligação entre os outros dois átomos. Um segmento retilíneo de cadeia resulta quando os átomos sucessivos da cadeia ficam posicionados como está mostrado na Figura 4.5*b*. Entretanto, é possível a torção e a dobra da cadeia quando existe uma rotação dos átomos da cadeia para outras posições, como está ilustrado na Figura 4.5*c*.[6] Dessa forma, uma molécula composta por uma única cadeia que contém muitos átomos pode assumir uma forma semelhante àquela que está representada esquematicamente na Figura 4.6, apresentando grande quantidade de dobras, torções e degraus.[7] Também está indicada nessa figura a distância de uma extremidade a outra da cadeia do polímero, *r*; essa distância é muito menor do que o comprimento total da cadeia.

Os polímeros consistem em grandes números de cadeias moleculares, cada uma das quais pode dobrar, enrolar e contorcer da maneira mostrada na Figura 4.6. Isso leva a um extenso entrelace e emaranhamento das moléculas de cadeias vizinhas, criando uma situação semelhante à de uma linha de pesca altamente embaraçada. Esses entrelaces e emaranhamentos moleculares aleatórios são responsáveis por inúmeras características importantes dos polímeros, incluindo os grandes alongamentos elásticos exibidos pelas borrachas.

Algumas das características mecânicas e térmicas dos polímeros são função da habilidade de os segmentos da cadeia apresentarem rotação em resposta a aplicações de tensões ou a vibrações térmicas. A flexibilidade rotacional depende da estrutura e da composição química da unidade repetida. Por exemplo, a região de um segmento de cadeia com uma ligação dupla ($C=C$) é rígida para rotações. Além disso, a introdução de um grupo de átomos lateral grande ou volumoso restringe o movimento de rotação. Por exemplo, as moléculas de poliestireno, que apresentam um grupo lateral fenil (Tabela 4.3), são mais resistentes ao movimento de rotação do que as cadeias de polietileno.

4.7 ESTRUTURA MOLECULAR

As características físicas de um polímero dependem não apenas do seu peso molecular e da sua forma, mas também de diferenças na estrutura das cadeias moleculares. As técnicas modernas de

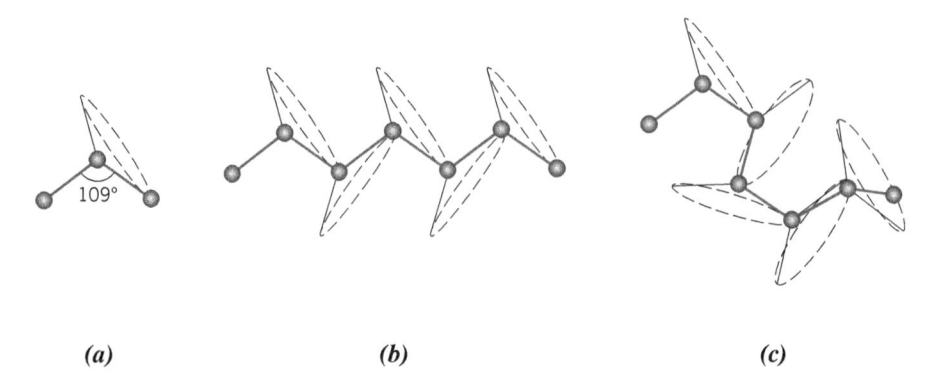

(a)   *(b)*   *(c)*

Figura 4.5 Representações esquemáticas de como a forma das cadeias poliméricas é influenciada pelo posicionamento dos átomos de carbono na cadeia principal (círculos cheios). Em (*a*), o átomo mais à direita pode se localizar em qualquer posição sobre o círculo tracejado e ainda assim subtender um ângulo de 109° com a ligação entre os outros dois átomos. São gerados segmentos de cadeia em linha reta e retorcidos quando os átomos na cadeia principal estão posicionados como mostrado em (*b*) e (*c*), respectivamente.

---

[6] Em alguns polímeros, a rotação dos átomos de carbono na cadeia principal dentro do cone de revolução pode ser dificultada pela presença de elementos laterais volumosos em átomos vizinhos na cadeia.

[7] O termo *conformação* é usado com frequência em relação à configuração física de uma molécula, ou à sua forma molecular, a qual só pode ser mudada por uma rotação dos átomos da cadeia ao redor de ligações simples.

Figura 4.6 Representação esquemática de uma única cadeia molecular de um polímero, que possui numerosas torções e dobras aleatórias, produzidas por rotações das ligações entre os átomos da cadeia.

síntese de polímeros permitem um controle considerável sobre várias possibilidades estruturais. Esta seção discute várias estruturas moleculares, incluindo estruturas lineares, ramificadas, com ligações cruzadas e em rede, além de várias configurações isoméricas.

Polímeros Lineares

polímero linear

Os **polímeros lineares** são aqueles nos quais as unidades repetidas são unidas umas às outras, extremidade com extremidade, em cadeias únicas. Essas longas cadeias são flexíveis e podem ser consideradas como se fossem uma massa de "espaguete", como está representado esquematicamente na Figura 4.7a, em que cada círculo representa uma unidade repetida. Nos polímeros lineares pode

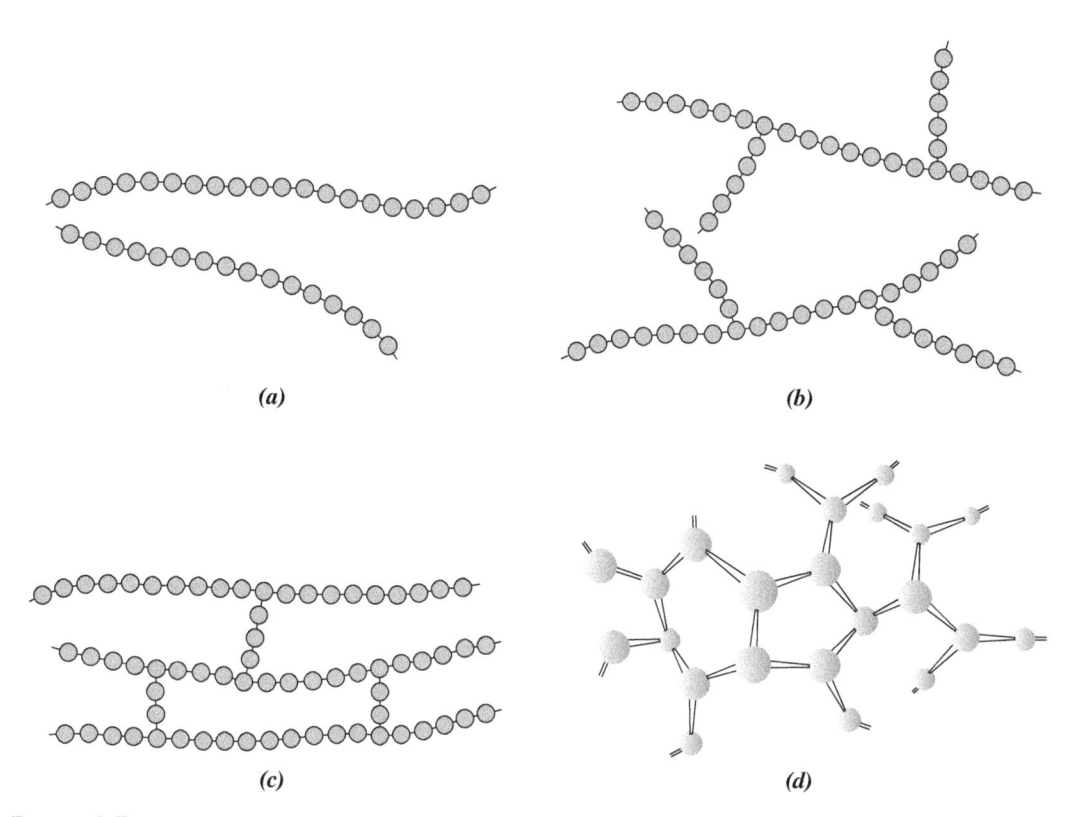

Figura 4.7 Representações esquemáticas das estruturas moleculares (*a*) linear, (*b*) ramificada, (*c*) com ligações cruzadas e (*d*) em rede (tridimensional). Os círculos representam unidades repetidas individuais.

haver grande quantidade de ligações de van der Waals e de hidrogênio entre as cadeias. Alguns polímeros comuns que se formam com estruturas lineares são o polietileno, o cloreto de polivinila, o poliestireno, o poli(metil metacrilato), o náilon e os fluorocarbonos.

Polímeros Ramificados

polímero ramificado

Podem ser sintetizados polímeros que apresentam cadeias com ramificações laterais, as quais estão conectadas às cadeias principais, como indicado esquematicamente na Figura 4.7b; esses polímeros são chamados, apropriadamente, de **polímeros ramificados**. As ramificações, consideradas como uma parte da molécula da cadeia principal, podem resultar de reações paralelas que ocorrem durante a síntese do polímero. A eficiência de compactação da cadeia é reduzida pela formação de ramificações laterais, o que resulta em uma redução na densidade do polímero. Polímeros que formam estruturas lineares também podem ser ramificados. Por exemplo, o polietileno de alta densidade (PEAD) é basicamente um polímero linear, enquanto o polietileno de baixa densidade (PEBD) contém ramificações formadas por cadeias curtas.

Polímeros com Ligações Cruzadas

polímero com ligações cruzadas

Nos **polímeros com ligações cruzadas**, as cadeias lineares adjacentes estão unidas umas às outras em várias posições através de ligações covalentes, tal como está representado na Figura 4.7c. O processo de formação das ligações cruzadas ocorre ou durante a síntese ou por uma reação química irreversível. Com frequência, essa formação de ligações cruzadas é realizada por átomos ou moléculas suplementares que são ligados de maneira covalente às cadeias. Muitos dos materiais elásticos com características de borracha apresentam ligações cruzadas; nas borrachas, isso se denomina vulcanização, um processo descrito na Seção 8.19.

Polímeros em Rede

polímero em rede

Os monômeros multifuncionais que fazem três ou mais ligações covalentes ativas formam redes tridimensionais (Figura 4.7d) e são denominados **polímeros em rede**. Na realidade, um polímero com muitas ligações cruzadas também pode ser classificado como polímero em rede. Esses materiais apresentam propriedades mecânicas e térmicas distintas; epóxis, poliuretanos e fenol-formaldeídos pertencem a esse grupo.

Em geral, os polímeros não são de um único tipo estrutural específico. Por exemplo, um polímero predominantemente linear pode ter uma quantidade limitada de ramificações e de ligações cruzadas.

4.8 CONFIGURAÇÕES MOLECULARES

Para os polímeros com mais de um átomo ou grupo de átomos laterais ligados à cadeia principal, a regularidade e a simetria do arranjo do grupo lateral podem influenciar as propriedades de maneira significativa. Considere a seguinte unidade repetida

$$
\begin{array}{cc}
\text{H} & \text{H} \\
| & | \\
-\text{C}-\text{C}- \\
| & | \\
\text{H} & \text{Ⓡ}
\end{array}
$$

na qual R representa um átomo ou grupo lateral diferente do hidrogênio (por exemplo, Cl, CH_3). Um arranjo possível ocorre quando os grupos laterais R de unidades repetidas sucessivas se ligam a átomos de carbono alternados, como está mostrado a seguir:

$$
\begin{array}{cccc}
\text{H} & \text{H} & \text{H} & \text{H} \\
| & | & | & | \\
-\text{C}-\text{C}-\text{C}-\text{C}- \\
| & | & | & | \\
\text{H} & \text{Ⓡ} & \text{H} & \text{Ⓡ}
\end{array}
$$

Esse arranjo é designado uma configuração cabeça-a-cauda (*head-to-tail*).[8] Seu complemento, uma configuração cabeça-a-cabeça (*head-to-head*), ocorre quando os grupos R se ligam a átomos adjacentes na cadeia:

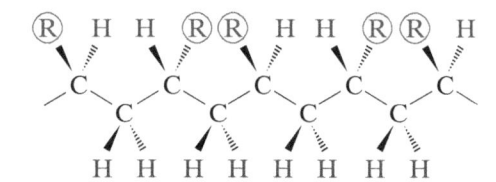

Na maioria dos polímeros, a configuração predominante é a cabeça-a-cauda; com frequência, ocorre uma repulsão polar entre os grupos R em uma configuração cabeça-a-cabeça.

O isomerismo (Seção 4.2) também é encontrado nas moléculas poliméricas, nas quais é possível haver configurações atômicas diferentes para uma mesma composição. Duas subclasses isoméricas – o estereoisomerismo e o isomerismo geométrico – são os tópicos de discussão das seções a seguir.

Estereoisomerismo

estereoisomerismo

O **estereoisomerismo** representa uma situação na qual os átomos estão ligados uns aos outros na mesma ordem (cabeça-a-cauda), porém seus arranjos espaciais são diferentes. Em um dos estereoisômeros, todos os grupos R estão localizados em um mesmo lado da cadeia, como mostrado a seguir:

Estereoisômeros e
Isômeros Geométricos

configuração isotática

Esse arranjo é denominado **configuração isotática**. Esse diagrama mostra o padrão em zigue-zague dos átomos de carbono na cadeia. Além disso, a representação da geometria estrutural em três dimensões é importante, como indicado pelas ligações laterais em forma de cunha; as cunhas cheias representam ligações que se projetam para fora do plano da página, enquanto as tracejadas representam ligações que se projetam para dentro da página.[9]

configuração sindiotática

Em uma **configuração sindiotática**, os grupos R encontram-se em lados alternados da cadeia:[10]

Estereoisômeros e
Isômeros Geométricos

---

[8] O termo *configuração* é empregado em referência aos arranjos das unidades ao longo do eixo da cadeia, ou às posições atômicas que não podem ser alteradas, exceto pela quebra e subsequente nova formação das ligações principais.

[9] A configuração isotática é representada algumas vezes usando o seguinte esquema linear (isto é, sem o zigue-zague) e bidimensional:

[10] O esquema linear e bidimensional para a configuração sindiotática é representado como

e para um posicionamento aleatório

configuração atática

o termo usado é **configuração atática.**[11]

A conversão de um tipo de estereoisômero em outro (por exemplo, do isotático para o sindiotático) não é possível por uma simples rotação ao redor de ligações simples na cadeia. Essas ligações devem, primeiro, ser rompidas e, então, após a rotação apropriada, devem ser refeitas na nova configuração.

Na realidade, um polímero específico não exibe apenas uma dessas configurações; a forma predominante depende do método de síntese.

Isomerismo Geométrico

Outras configurações de cadeia importantes, os isômeros geométricos, são possíveis em unidades repetidas que apresentam uma dupla ligação entre átomos de carbono na cadeia. Ligado a cada um dos átomos de carbono que participam da dupla ligação encontra-se um grupo lateral, que pode estar localizado em um dos lados da cadeia ou no lado oposto a este. Considere a unidade repetida do isopreno, que tem a estrutura

cis (estrutura)

na qual o grupo CH_3 e o átomo de H estão posicionados do mesmo lado da ligação dupla. Isso tem a denominação de uma estrutura **cis** e o polímero resultante, o *cis*-poli-isopreno, é a borracha natural. O isômero alternativo é

trans (estrutura)

a estrutura **trans**, na qual o grupo CH_3 e o átomo de H estão localizados em lados opostos da ligação dupla.[12] O *trans*-poli-isopreno, algumas vezes chamado de guta-percha, apresenta propriedades bem

---

[11] Para a configuração atática, o esquema linear e bidimensional é

[12] Para o *cis*-poli-isopreno, a representação linear da cadeia é a seguinte:

enquanto o esquema linear para a estrutura trans é

diferentes daquelas exibidas pela borracha natural, como resultado dessa alteração na configuração. A conversão de uma estrutura trans em cis, ou vice-versa, não é possível por uma simples rotação das ligações na cadeia, uma vez que a ligação dupla na cadeia é extremamente rígida.

Resumindo as seções anteriores: As moléculas dos polímeros podem ser caracterizadas em termos de seus tamanhos, de suas formas e de suas estruturas. O tamanho molecular é especificado em termos do peso molecular (ou do grau de polimerização). A forma molecular relaciona-se com o grau de torção, enrolamento e dobra da cadeia. A estrutura molecular depende da maneira na qual as unidades estruturais estão unidas umas às outras. É possível haver estruturas lineares, ramificadas, com ligações cruzadas e em rede, além de diversas configurações isoméricas (isotática, sindiotática, atática, cis e trans). Essas características moleculares estão apresentadas na Figura 4.8, em um diagrama taxonômico. Deve ser observado que alguns dos elementos estruturais não são mutuamente exclusivos e pode ser necessário especificar a estrutura molecular em termos de mais de um elemento estrutural. Por exemplo, um polímero linear também pode ser isotático.

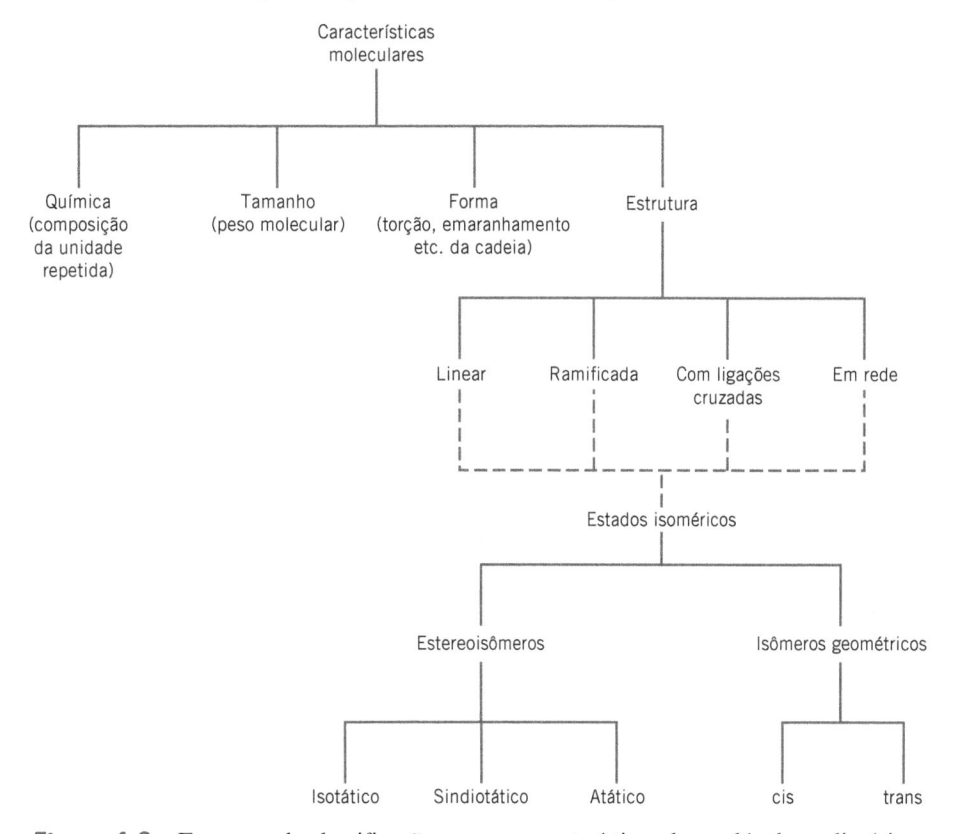

Figura 4.8 Esquema de classificação para as características das moléculas poliméricas.

Verificação de Conceitos 4.3   Qual é a diferença entre *configuração* e *conformação* no que se refere às cadeias poliméricas?

[*A resposta está disponível no GEN-IO, ambiente virtual de aprendizagem do GEN.*]

4.9   POLÍMEROS TERMOPLÁSTICOS E TERMOFIXOS

polímero termoplástico
polímero termofixo

A resposta de um polímero a forças mecânicas em temperaturas elevadas está relacionada com sua estrutura molecular dominante. De fato, uma forma de classificar esses materiais é de acordo com o seu comportamento frente ao aumento da temperatura. Os *termoplásticos* (ou **polímeros termoplásticos**) e os *termofixos* (ou **polímeros termofixos**) são as duas subdivisões. Os termoplásticos amolecem quando são aquecidos (e eventualmente se liquefazem) e endurecem quando são resfriados – processos que são totalmente reversíveis e que podem ser repetidos. Em nível molecular, à medida que a temperatura é elevada, as forças de ligação secundárias são diminuídas (pelo aumento do movimento das moléculas), de tal maneira que o movimento relativo de cadeias adjacentes é facilitado quando uma tensão é aplicada. Uma degradação irreversível ocorre quando a temperatura de um polímero termoplástico fundido é elevada a um nível muito alto. Além disso, os termoplásticos têm dureza relativamente baixa. A maioria dos polímeros lineares e aqueles que apresentam algumas estruturas ramificadas com cadeias flexíveis são termoplásticos. Esses materiais são, em geral, fabricados pela aplicação simultânea de calor e pressão (veja a Seção 14.13). Exemplos de polímeros termoplásticos comuns incluem o polietileno, o poliestireno, o poli(etileno tereftalato) e o cloreto de polivinila.

Os polímeros termofixos são polímeros em rede. Eles se tornam permanentemente duros durante sua formação e não amolecem quando são aquecidos. Os polímeros em rede têm ligações cruzadas covalentes entre as cadeias moleculares adjacentes. Durante tratamentos térmicos, essas ligações prendem as cadeias umas às outras para resistir aos movimentos de vibração e de rotação da cadeia em temperaturas elevadas. Dessa forma, os materiais não amolecem quando são aquecidos. O grau de ligações cruzadas é geralmente elevado, tal que entre 10 % e 50 % das unidades repetidas na cadeia têm ligações cruzadas. Somente quando se aquece o material a temperaturas excessivas é que haverá o rompimento dessas ligações cruzadas e a degradação do polímero. Os polímeros termofixos são, em geral, mais duros e mais resistentes que os termoplásticos e possuem melhor estabilidade dimensional. A maioria dos polímeros com ligações cruzadas e em rede, entre eles as borrachas vulcanizadas, os epóxis, as resinas fenólicas e algumas resinas poliéster, é termofixa.

✓ Verificação de Conceitos 4.4   Alguns polímeros (tais como os poliésteres) podem ser tanto termoplásticos como termofixos. Sugira uma razão para isso.

[*A resposta está disponível no GEN-IO, ambiente virtual de aprendizagem do GEN.*]

4.10 COPOLÍMEROS

Os químicos e cientistas de polímeros estão continuamente buscando novos materiais que possam ser fácil e economicamente sintetizados e fabricados, que tenham melhores propriedades, ou que apresentem melhores combinações de propriedades do que as que são oferecidas pelos homopolímeros discutidos anteriormente. Um grupo desses materiais é o dos copolímeros.

Considere um copolímero que seja composto por duas unidades repetidas, representadas pelos símbolos ● e ◉ na Figura 4.9. Dependendo do processo de polimerização e das frações relativas desses tipos de unidades repetidas, é possível haver diferentes arranjos de sequenciamento das unidades repetidas ao longo das cadeias poliméricas. Em um desses arranjos, como está mostrado na Figura 4.9a, as duas unidades repetidas diferentes estão dispostas aleatoriamente ao longo da cadeia, formando o que é denominado **copolímero aleatório**. Para um **copolímero alternado**, como o nome sugere, as duas unidades repetidas alternam posições na cadeia, como ilustrado na Figura 4.9b. Um **copolímero em bloco** é aquele no qual unidades repetidas idênticas ficam aglomeradas em blocos ao longo da cadeia (Figura 4.9c). Finalmente, ramificações laterais de homopolímeros de determinado tipo podem ser enxertadas nas cadeias principais de homopolímeros formados por outro tipo de unidade repetida; esse tipo de material é denominado **copolímero enxertado** (Figura 4.9d).

copolímero aleatório
copolímero alternado
copolímero em bloco

copolímero enxertado

Ao calcular o grau de polimerização para um copolímero, o valor m na Equação 4.6 é substituído pelo valor médio $\overline{m}$, determinado a partir da equação

Peso molecular médio
da unidade repetida
para um copolímero

$$\overline{m} = \Sigma f_j m_j \tag{4.7}$$

Nessa expressão, f_j e m_j são, respectivamente, a fração molar e o peso molecular da unidade repetida j na cadeia polimérica.

As borrachas sintéticas, discutidas na Seção 13.13, são frequentemente copolímeros; as unidades químicas repetidas empregadas em algumas dessas borrachas estão mostradas na Tabela 4.5. A borracha estireno-butadieno (SBR – *styrene-butadiene rubber*) é um copolímero aleatório comum, a partir do qual são feitos os pneus dos automóveis. A borracha nitrílica (NBR – *nitrile rubber*) é outro tipo de copolímero aleatório, composto por acrilonitrila e butadieno. Ela também é altamente

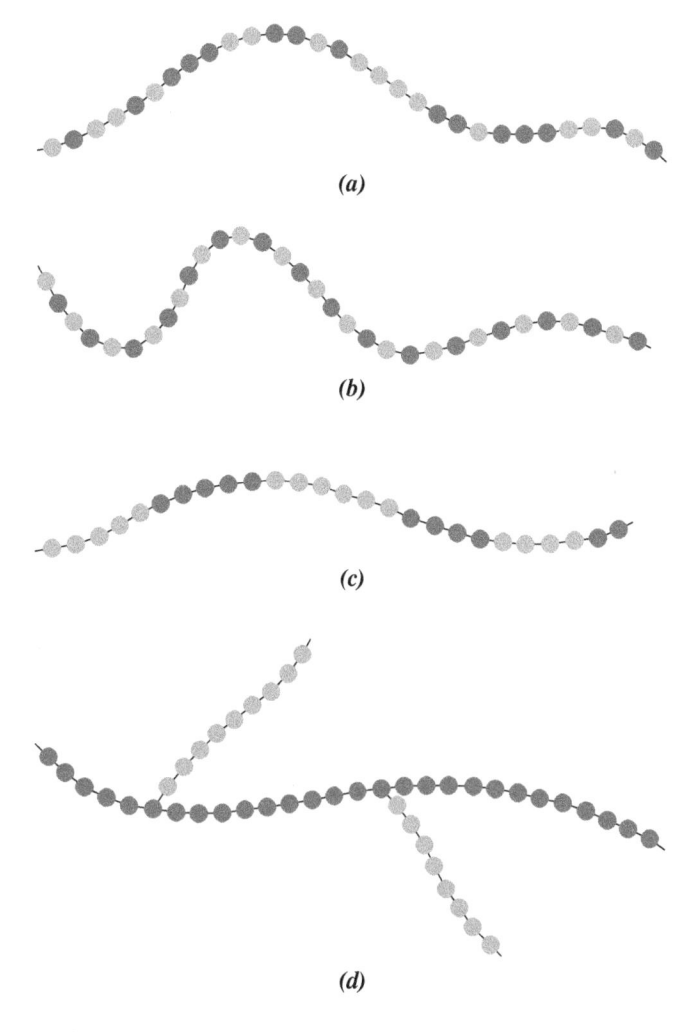

(a)

(b)

(c)

(d)

Figura 4.9 Representações esquemáticas de copolímeros (*a*) aleatório, (*b*) alternado, (*c*) em bloco e (*d*) enxertado. Os dois tipos de unidades repetidas diferentes estão designados por círculos em tons de cinza diferentes.

Tabela 4.5 Unidades Químicas Repetidas Empregadas em Copolímeros de Borrachas

Nome da Unidade Repetida	*Estrutura da Unidade Repetida*	*Nome da Unidade Repetida*	*Estrutura da Unidade Repetida*
Acrilonitrila Unidades Repetidas para Borrachas	H H —C—C— H C≡N	Isopreno	H CH₃ H H —C—C=C—C— H H
Estireno	H H —C—C— H ⬡	Isobutileno	H CH₃ —C—C— H CH₃
Butadieno	H H H H —C—C=C—C— H H	Dimetilsiloxano	CH₃ —Si—O— CH₃
Cloropreno	H Cl H H —C—C=C—C— H H		

elástica e, além disso, é resistente ao inchamento em solventes orgânicos; as mangueiras de gasolina são feitas em NBR. O poliestireno modificado resistente ao impacto é um copolímero em bloco que consiste em blocos alternados de estireno e butadieno. Os blocos de isopreno com comportamento semelhante ao da borracha atuam retardando a propagação de trincas pelo material.

4.11 CRISTALINIDADE DOS POLÍMEROS

cristalinidade do polímero

O estado cristalino pode existir nos materiais poliméricos. Entretanto, uma vez que envolve moléculas em lugar de apenas átomos ou íons, como ocorre nos metais e nas cerâmicas, os arranjos atômicos serão mais complexos para os polímeros. Imaginamos a **cristalinidade dos polímeros** como o empacotamento de cadeias moleculares para produzir um arranjo atômico ordenado. As estruturas cristalinas podem ser especificadas em termos de células unitárias, as quais, com frequência, são bastante complexas. Por exemplo, a Figura 4.10 mostra a célula unitária para o polietileno e sua relação com a estrutura molecular da cadeia; essa célula unitária possui geometria ortorrômbica (Tabela 3.6). Obviamente, as moléculas da cadeia também se estendem além da célula unitária que está mostrada na figura.

As substâncias moleculares cujas moléculas são pequenas (por exemplo, água e metano) em geral são ou totalmente cristalinas (como sólidos) ou totalmente amorfas (como líquidos). Como consequência dos seus tamanhos e, frequentemente, da sua complexidade, as moléculas dos polímeros são, em geral, apenas parcialmente cristalinas (ou semicristalinas), apresentando regiões cristalinas dispersas no interior do material amorfo restante. Qualquer desordem ou falta de alinhamento na cadeia resultará em uma região amorfa, condição que é muito comum, uma vez que as torções, dobras e envolvamentos das cadeias previnem a correta ordenação de todos os segmentos de todas as cadeias. Outros efeitos estruturais também têm influência na determinação da extensão da cristalinidade, como será discutido a seguir.

O grau de cristalinidade pode variar desde completamente amorfo até quase totalmente (até aproximadamente 95 %) cristalino; em comparação, as amostras dos metais são quase sempre inteiramente cristalinas, enquanto muitos cerâmicos são ou totalmente cristalinos ou totalmente não cristalinos. Os polímeros semicristalinos são, em certo sentido, análogos às ligas metálicas bifásicas, discutidas em capítulos subsequentes.

A densidade de um polímero cristalino será maior do que a de um polímero amorfo feito do mesmo material e com o mesmo peso molecular, uma vez que as cadeias estão mais densamente compactadas na estrutura cristalina. O grau de cristalinidade por peso pode ser determinado a partir de medições precisas da densidade, conforme a Equação 4.8.

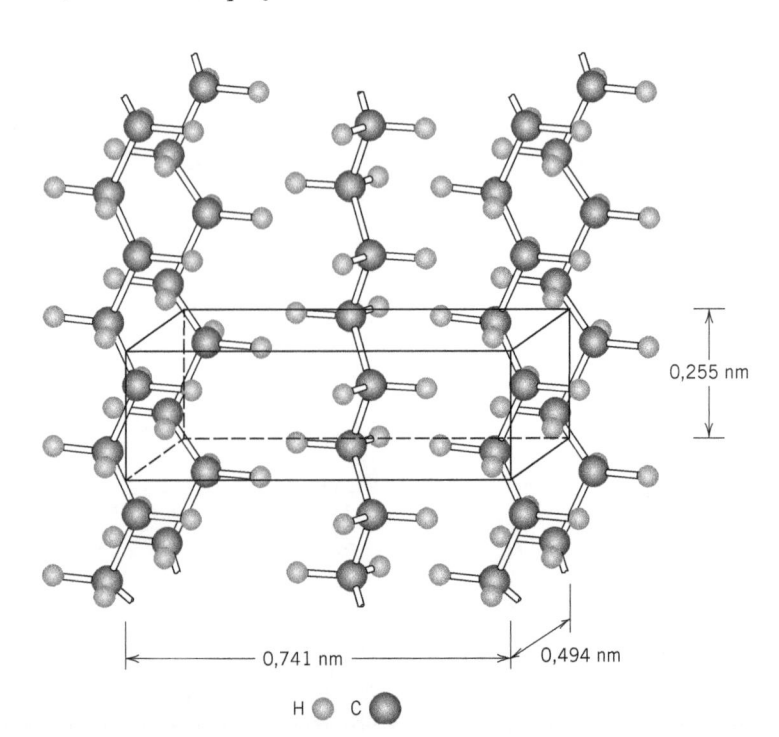

0,255 nm

0,741 nm

0,494 nm

H ○ C ●

Figura 4.10 Arranjo de cadeias moleculares em uma célula unitária para o polietileno.

Porcentagem de cristalinidade (para polímeros semicristalinos) – dependência em relação à densidade de uma amostra e às densidades dos materiais totalmente cristalino e totalmente amorfo

$$\% \text{ cristalinidade} = \frac{\rho_c(\rho_e - \rho_a)}{\rho_e(\rho_c - \rho_a)} \times 100 \tag{4.8}$$

em que ρ_e é a densidade de uma amostra para a qual o percentual de cristalinidade deve ser determinado, ρ_a é a densidade do polímero totalmente amorfo e ρ_c é a densidade do polímero perfeitamente cristalino. Os valores de ρ_a e ρ_c devem ser medidos por outros métodos experimentais.

O grau de cristalinidade de um polímero depende da taxa de resfriamento durante a solidificação, assim como da configuração da cadeia. Durante a cristalização, no resfriamento passando pela temperatura de fusão, as cadeias, que são altamente aleatórias e que estão entrelaçadas no líquido viscoso, devem assumir uma configuração ordenada. Para que isso ocorra, deve ser dado tempo suficiente para que as cadeias se movam e se alinhem umas em relação às outras.

A estrutura química da molécula, assim como a configuração da cadeia, também influencia a habilidade de um polímero em cristalizar. A cristalização não é favorecida nos polímeros compostos por unidades repetidas quimicamente complexas (por exemplo, poli-isopreno). Por outro lado, a cristalização não é prevenida com facilidade nos polímeros quimicamente simples, tais como o polietileno e o politetrafluoroetileno, mesmo para taxas de resfriamento muito rápidas.

Nos polímeros lineares, a cristalização é obtida com facilidade, pois existem poucas restrições para prevenir o alinhamento das cadeias. Quaisquer ramificações laterais interferem na cristalização, tal que os polímeros ramificados nunca têm grau de cristalinidade alto; de fato, a presença de quantidade excessiva de ramificações pode prevenir por completo qualquer cristalização. A maioria dos polímeros em rede e dos polímeros com ligações cruzadas é quase totalmente amorfa, já que as ligações cruzadas previnem o rearranjo e o alinhamento das cadeias poliméricas em uma estrutura cristalina. Alguns poucos polímeros com ligações cruzadas são parcialmente cristalinos. Em relação aos estereoisômeros, os polímeros atáticos são difíceis de cristalizar; contudo, os polímeros isotáticos e os sindiotáticos cristalizam muito mais facilmente, pois a regularidade da geometria dos grupos laterais facilita o processo de ajuste entre cadeias adjacentes. Além disso, quanto maiores e mais volumosos forem os grupos de átomos laterais, menor será a tendência para a cristalização.

Para os copolímeros, como regra geral, quanto mais irregulares e quanto mais aleatórios forem os arranjos das unidades repetidas, maior será a tendência de desenvolvimento de um material não cristalino. Para os copolímeros alternados e em bloco, existe alguma probabilidade de cristalização. Por outro lado, os copolímeros aleatórios e enxertados são, em geral, amorfos.

Até certo ponto, as propriedades físicas dos materiais poliméricos são influenciadas pelo grau de cristalinidade. Os polímeros cristalinos são, em geral, mais resistentes mecanicamente e mais resistentes à dissolução e ao amolecimento pelo calor. Algumas dessas propriedades estão discutidas em capítulos subsequentes.

Verificação de Conceitos 4.5 **(a)** Compare o estado cristalino nos metais e nos polímeros. **(b)** Compare o estado não cristalino na medida em que esse se aplica aos polímeros e aos vidros cerâmicos.

[*A resposta está disponível no GEN-IO, ambiente virtual de aprendizagem do GEN.*]

PROBLEMA-EXEMPLO 4.2

Cálculos da Densidade e da Porcentagem de Cristalinidade do Polietileno

(a) Calcule a densidade do polietileno totalmente cristalino. A célula unitária ortorrômbica para o polietileno está mostrada na Figura 4.10; além disso, o equivalente a duas unidades repetidas de etileno está contido no interior de cada célula unitária.

(b) Considerando a resposta do item (a), calcule a porcentagem de cristalinidade de um polietileno ramificado que tem densidade de 0,925 g/cm³. A densidade para o material totalmente amorfo é de 0,870 g/cm³.

Solução

(a) A Equação 3.8, usada no Capítulo 3 para determinar as densidades de metais, também se aplica aos materiais poliméricos e é usada para resolver esse problema. Ela assume a mesma forma, qual seja,

$$\rho = \frac{nA}{V_C N_A}$$

em que n representa o número de unidades repetidas no interior da célula unitária (para o polietileno, $n = 2$) e A é o peso molecular da unidade repetida, que para o polietileno é igual a

$$A = 2(A_C) + 4(A_H)$$
$$= (2)(12,01 \text{ g/mol}) + (4)(1,008 \text{ g/mol}) = 28,05 \text{ g/mol}$$

Além disso, V_C é o volume da célula unitária, que é simplesmente o produto dos comprimentos das três arestas da célula unitária na Figura 4.10; ou

$$V_C = (0,741 \text{ nm})(0,494 \text{ nm})(0,255 \text{ nm})$$
$$= (7,41 \times 10^{-8} \text{ cm})(4,94 \times 10^{-8} \text{ cm})(2,55 \times 10^{-8} \text{ cm})$$
$$= 9,33 \times 10^{-23} \text{ cm}^3\text{célula/unitária}$$

Agora, a substituição na Equação 3.8 desse valor, dos valores para n e A citados anteriormente, e do valor para N_A, leva a

$$\rho = \frac{nA}{V_C N_A}$$
$$= \frac{(2 \text{ unidades repetidas/célula unitária})(28,05 \text{ g/mol})}{(9,33 \times 10^{-23} \text{ cm}^3/\text{célula unitária})(6,022 \times 10^{23} \text{ unidades repetidas/mol})}$$
$$= 0,998 \text{ g/cm}^3$$

(b) Agora usamos a Equação 4.8 para calcular a porcentagem de cristalinidade do polietileno ramificado com $\rho_c = 0,998 \text{ g/cm}^3$, $\rho_a = 0,870 \text{ g/cm}^3$ e $\rho_e = 0,925 \text{ g/cm}^3$. Dessa forma,

$$\% \text{ cristalinidade} = \frac{\rho_c(\rho_e - \rho_a)}{\rho_e(\rho_c - \rho_a)} \times 100$$
$$= \frac{0,998 \text{ g/cm}^3(0,925 \text{ g/cm}^3 - 0,870 \text{ g/cm}^3)}{0,925 \text{ g/cm}^3(0,998 \text{ g/cm}^3 - 0,870 \text{ g/cm}^3)} \times 100$$
$$= 46,4 \%$$

4.12 CRISTAIS DE POLÍMEROS

cristalito

Foi proposto que um polímero semicristalino consiste em pequenas regiões cristalinas (**cristalitos**), cada uma delas com um alinhamento preciso, as quais são entremeadas por regiões amorfas compostas por moléculas com orientação aleatória. A estrutura das regiões cristalinas pode ser deduzida pelo exame de monocristais do polímero, que podem ser crescidos a partir de soluções diluídas. Esses cristais são plaquetas finas (ou *lamelas*) de formato regular, com aproximadamente 10 a 20 nm de espessura e com comprimento da ordem de 10 μm. Com frequência, essas plaquetas formam uma estrutura com múltiplas camadas, como a da micrografia eletrônica de um monocristal de polietileno mostrada na Figura 4.11. As cadeias moleculares dentro de cada plaqueta dobram-se para a frente e para trás sobre elas próprias, com as dobras ocorrendo nas faces; essa estrutura, chamada apro-

modelo da cadeia dobrada

priadamente de **modelo da cadeia dobrada**, está ilustrada esquematicamente na Figura 4.12. Cada plaqueta consiste em grande número de moléculas; entretanto, o comprimento médio da cadeia é muito maior do que a espessura da plaqueta.

esferulita

Muitos polímeros que são cristalizados a partir de uma massa fundida são semicristalinos e formam uma estrutura **esferulítica**. Como o próprio nome indica, cada esferulita pode crescer até adquirir uma forma aproximadamente esférica; uma delas, como a encontrada na borracha natural, está mostrada na micrografia eletrônica de transmissão na fotografia (*d*) na página inicial deste capítulo e na fotografia que aparece na margem adjacente. A esferulita consiste em um agregado de cristalitos com cadeias dobradas em forma de fita (lamelas) com aproximadamente 10 nm de espessura, que se estendem radialmente para fora a partir de um único sítio de nucleação localizado

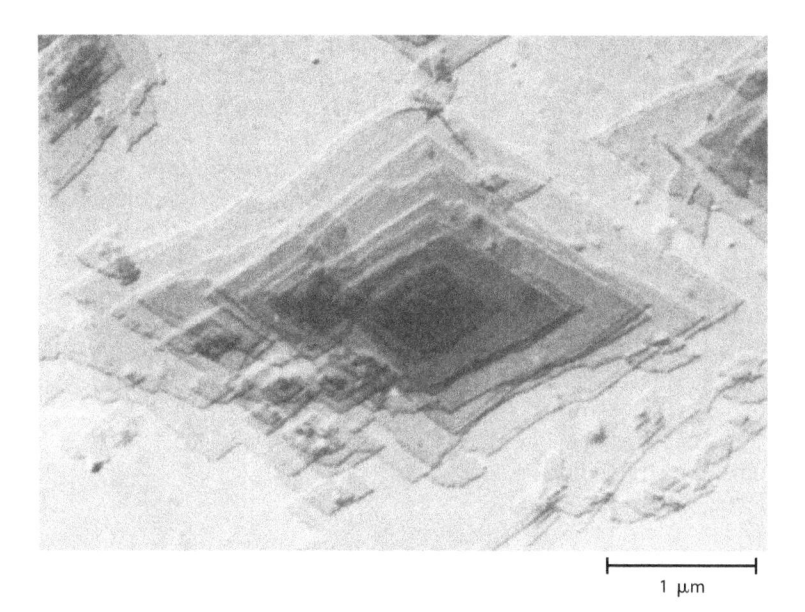

Figura 4.11 Micrografia eletrônica de um monocristal de polietileno. Ampliação de 20.000×.
[De A. Keller, R. H. Doremus, B. W. Roberts e D. Turnbull (Editores), *Growth and Perfection of Crystals*. General Electric Company and John Wiley & Sons, Inc., 1958, p. 498.]

1 μm

no centro. Nessa micrografia eletrônica, essas lamelas aparecem como finas linhas brancas. A estrutura detalhada de uma esferulita está ilustrada esquematicamente na Figura 4.13. Nessa figura estão mostrados os cristais lamelares individuais com suas cadeias dobradas, separados por um material amorfo. Moléculas de ligação das cadeias que atuam como elos de conexão entre as lamelas adjacentes passam através dessas regiões amorfas.

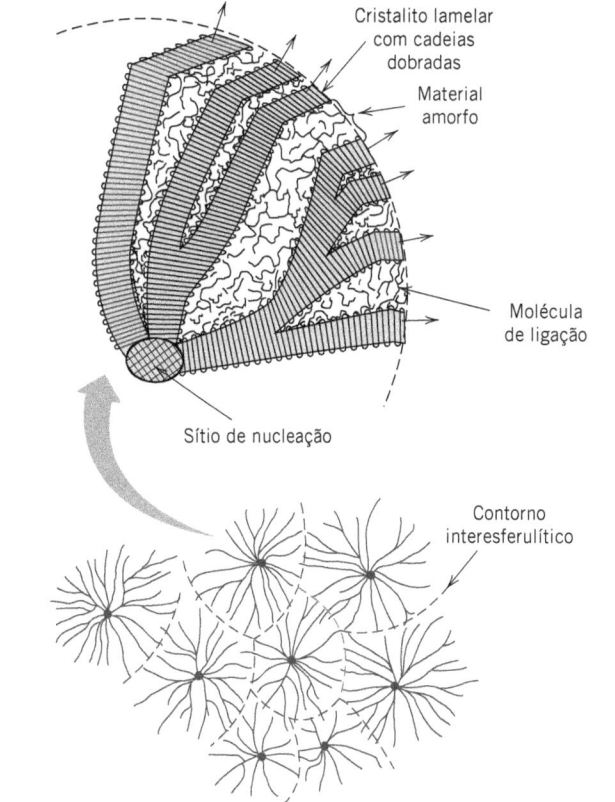

Direção de crescimento da esferulita

Cristalito lamelar com cadeias dobradas

Material amorfo

Molécula de ligação

Sítio de nucleação

Contorno interesferulítico

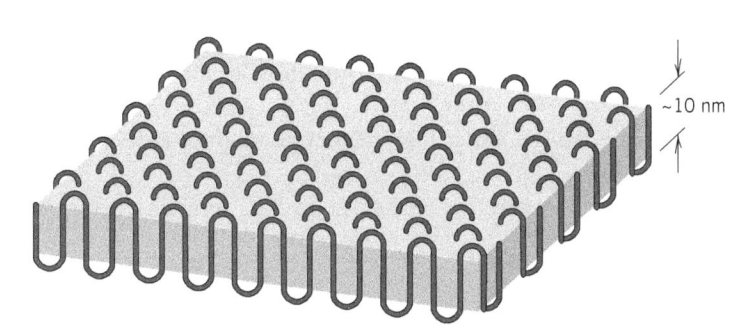

~10 nm

Figura 4.12 A estrutura com cadeia dobrada para um cristalito polimérico em forma de placa.

Figura 4.13 Representação esquemática da estrutura detalhada de uma esferulita.

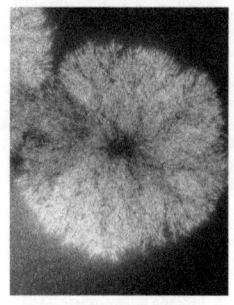

Micrografia eletrônica de transmissão que mostra a estrutura esferulítica em uma amostra de borracha natural.

À medida que a cristalização de uma estrutura esferulítica se aproxima do final, as extremidades de esferulitas adjacentes começam a interferir umas contra as outras, formando contornos mais ou menos planos; antes desse estágio, elas mantêm suas formas esféricas. Essas fronteiras estão evidentes na Figura 4.14, que é uma fotomicrografia do polietileno usando-se luz polarizada cruzada. Um padrão característico de cruz de Malta aparece dentro de cada esferulita. As bandas ou anéis na imagem da esferulita resultam da torção dos cristais lamelares conforme se estendem como fitas a partir do centro.

As esferulitas são consideradas os análogos poliméricos dos grãos nos metais e cerâmicas policristalinos. Entretanto, como foi discutido anteriormente, cada esferulita é, na realidade, composta por muitos cristais lamelares diferentes e, além disso, algum material amorfo. O polietileno, o polipropileno, o cloreto de polivinila, o politetrafluoroetileno e o náilon formam uma estrutura esferulítica quando cristalizam a partir de uma massa fundida.

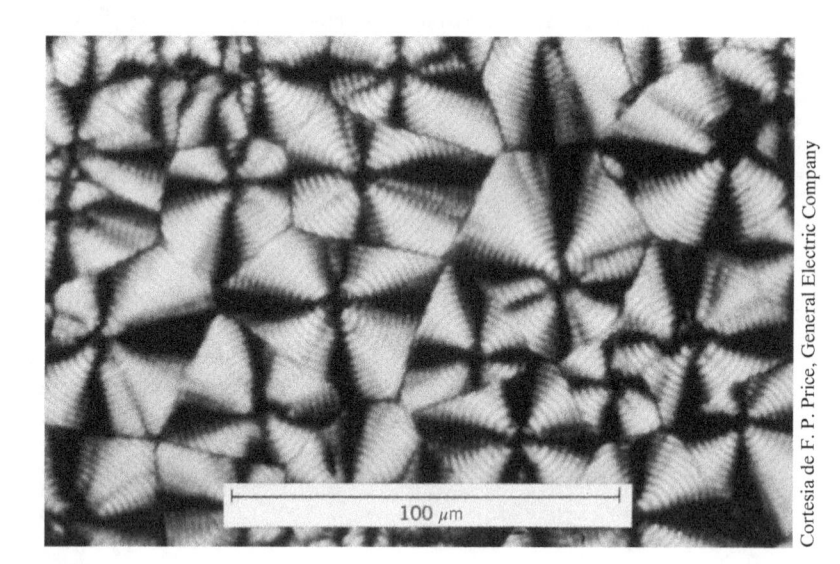

Figura 4.14 Fotomicrografia de transmissão (usando luz polarizada cruzada) que mostra a estrutura esferulítica do polietileno. Contornos lineares formam-se entre esferulitas adjacentes e dentro de cada esferulita aparece uma cruz de Malta. Ampliação de 525×.

Cortesia de F. P. Price, General Electric Company

100 μm

RESUMO

Moléculas dos Polímeros

• A maioria dos materiais poliméricos é composta por cadeias moleculares muito grandes com grupos laterais compostos por vários átomos (O, Cl etc.) ou grupos orgânicos, tais como os grupos metil, etil ou fenil.

• Essas macromoléculas são compostas por unidades repetidas – entidades estruturais menores – que se repetem ao longo da cadeia.

A Estrutura Química das Moléculas dos Polímeros

• Na Tabela 4.3 são apresentadas as unidades repetidas para alguns dos polímeros quimicamente simples (polietileno, politetrafluoroetileno, cloreto de polivinila, polipropileno etc.).

• Um *homopolímero* é um polímero em que todas as unidades repetidas são do mesmo tipo. As cadeias dos copolímeros são compostas por dois ou mais tipos de unidades repetidas.

• As unidades repetidas são classificadas de acordo com o número de ligações ativas (isto é, da funcionalidade):

Para os monômeros bifuncionais, uma estrutura em cadeia bidimensional resulta de um monômero que possui duas ligações ativas.

Os monômeros trifuncionais têm três ligações ativas, a partir das quais se formam estruturas tridimensionais em rede.

Peso Molecular

• Os pesos moleculares para os polímeros com cadeias mais longas podem exceder um milhão. Uma vez que todas as moléculas não são do mesmo tamanho, existe uma distribuição de pesos moleculares.

- O peso molecular é expresso com frequência em termos das médias numérica e ponderal; os valores para esses parâmetros podem ser determinados usando as Equações 4.5a e 4.5b, respectivamente.

- O comprimento da cadeia também pode ser especificado pelo grau de polimerização – o número médio de unidades repetidas por molécula (Equação 4.6).

Forma Molecular

- Emaranhados moleculares ocorrem quando as cadeias assumem formas ou contornos torcidos, enrolados e retorcidos como consequência de rotações das ligações na cadeia.

- A flexibilidade rotacional é reduzida quando estão presentes ligações duplas na cadeia e também quando grupos laterais volumosos fazem parte da unidade repetida.

Estrutura Molecular

- São possíveis quatro estruturas moleculares diferentes para a cadeia de um polímero: linear (Figura 4.7a), ramificada (Figura 4.7b), com ligações cruzadas (Figura 4.7c) e em rede (Figura 4.7d).

Configurações Moleculares

- Para as unidades repetidas que possuem mais de um átomo ou grupos de átomos laterais ligado à cadeia principal:

    São possíveis configurações cabeça-a-cabeça e cabeça-a-cauda.

    As diferenças nos arranjos espaciais desses átomos ou grupos de átomos laterais levam aos estereoisômeros isotático, sindiotático e atático.

- Quando uma unidade repetida contém uma ligação dupla na cadeia, são possíveis os isômeros geométricos cis e trans.

Polímeros Termoplásticos e Termofixos

- Em relação ao comportamento em temperaturas elevadas, os polímeros são classificados em termoplásticos ou termofixos.

    Os polímeros *termoplásticos* possuem estruturas lineares e ramificadas; eles amolecem quando são aquecidos e endurecem quando são resfriados.

    De maneira contrária, os polímeros *termofixos*, uma vez endurecidos, não amolecerão ao serem aquecidos; suas estruturas têm ligações cruzadas e em rede.

Copolímeros

- Os copolímeros incluem os tipos aleatório (Figura 4.9a), alternado (Figura 4.9b), em bloco (Figura 4.9c) e enxertado (Figura 4.9d).

- As unidades repetidas empregadas em borrachas copoliméricas estão apresentadas na Tabela 4.5.

Cristalinidade dos Polímeros

- Quando as cadeias moleculares estão alinhadas e compactadas em um arranjo atômico ordenado, diz-se haver uma condição de cristalinidade.

- Também é possível a existência de polímeros amorfos, nos quais as cadeias estão desalinhadas e desordenadas.

- Além de poderem ser inteiramente amorfos, os polímeros também podem exibir diversos graus de cristalinidade; isto é, as regiões cristalinas estão dispersas no interior de áreas amorfas.

- A cristalinidade é facilitada quando os polímeros são quimicamente simples e apresentam estruturas de cadeia regulares e simétricas.

- A porcentagem de cristalinidade de um polímero semicristalino depende de sua densidade, assim como das densidades dos materiais totalmente cristalino e totalmente amorfo, de acordo com a Equação 4.8.

Cristais Poliméricos

- As regiões cristalinas (ou cristalitos) possuem forma de plaquetas e têm uma estrutura com cadeias dobradas (Figura 4.12) – as cadeias dentro de uma plaqueta estão alinhadas e dobram-se para a frente e para trás sobre elas mesmas, com as dobras ocorrendo nas faces.

- Muitos polímeros semicristalinos formam esferulitas; cada esferulita consiste em um conjunto de cristalitos lamelares com cadeias dobradas em forma de fita que irradiam para fora a partir do seu centro.

Resumo das Equações

Número da Equação	Equação	Resolvendo para
4.5a	$\overline{M}_n = \Sigma x_i M_i$	Peso molecular numérico médio
4.5b	$\overline{M}_p = \Sigma w_i M_i$	Peso molecular ponderal médio
4.6	$GP = \dfrac{\overline{M}_n}{m}$	Grau de polimerização
4.7	$\overline{m} = \Sigma f_j m_j$	Para um copolímero, o peso molecular médio de uma unidade repetida
4.8	% cristalinidade $= \dfrac{\rho_c(\rho_e - \rho_a)}{\rho_e(\rho_c - \rho_a)} \times 100$	Porcentagem de cristalinidade, em peso

Lista de Símbolos

Símbolo	Significado
f_j	Fração molar da unidade repetida j em uma cadeia de um copolímero
m	Peso molecular da unidade repetida
M_i	Peso molecular médio dentro da faixa de tamanhos i
m_j	Peso molecular da unidade repetida j em uma cadeia de um copolímero
x_i	Fração do número total de cadeias moleculares na faixa de tamanhos i
w_i	Fração em peso das moléculas na faixa de tamanhos i
ρ_a	Densidade de um polímero totalmente amorfo
ρ_c	Densidade de um polímero completamente cristalino
ρ_e	Densidade da amostra de polímero para a qual a porcentagem de cristalinidade deve ser determinada

Termos e Conceitos Importantes

bifuncional
cis (estrutura)
configuração atática
configuração isotática
configuração sindiotática
copolímero
copolímero aleatório
copolímero alternado
copolímero em bloco
copolímero enxertado
cristalinidade (polímero)
cristalito

esferulita
estereoisomerismo
estrutura molecular
funcionalidade
grau de polimerização
homopolímero
insaturado
isomerismo
macromolécula
modelo da cadeia dobrada
monômero
peso molecular

polímero
polímero em rede
polímero linear
polímero ramificado
polímero termofixo
polímero termoplástico
polímeros com ligações cruzadas
química molecular
saturado
trans (estrutura)
trifuncional
unidade repetida

REFERÊNCIAS

Brazel, C. S., and S. L. Rosen, *Fundamental Principles of Polymeric Materials*, 3rd edition, Wiley, Hoboken, NJ, 2012.

Carraher, C. E., Jr., *Carraher's Polymer Chemistry*, 9th edition, CRC Press, Boca Raton, FL, 2013.

Cowie, J. M. G., and V. Arrighi, *Polymers: Chemistry and Physics of Modern Materials*, 3rd edition, CRC Press, Boca Raton, FL, 2007.

Engineered Materials Handbook, Vol. 2, *Engineering Plastics*, ASM International, Materials Park, OH, 1988.

McCrum, N. G., C. P. Buckley, and C. B. Bucknall, *Principles of Polymer Engineering*, 2nd edition, Oxford University Press, Oxford, 1997. Capítulos 0-6.

Painter, P. C., and M. M. Coleman, *Fundamentals of Polymer Science: An Introductory Text*, 2nd edition, CRC Press, Boca Raton, FL, 1997.

Rodriguez, F., C. Cohen, C. K. Ober, and L. Archer, *Principles of Polymer Systems*, 5th edition, Taylor & Francis, New York, 2003.

Sperling, L. H., *Introduction to Physical Polymer Science*, 4th edition, Wiley, Hoboken, NJ, 2006.

Young, R. J., and P. Lovell, *Introduction to Polymers*, 3rd edition, CRC Press, Boca Raton, FL, 2011.

PERGUNTAS E PROBLEMAS

Moléculas de Hidrocarbonetos

Moléculas Poliméricas

A Estrutura Química das Moléculas Poliméricas

4.1 Com base nas estruturas apresentadas neste capítulo, esboce as estruturas das unidades repetidas para os seguintes polímeros:

(a) policlorotrifluoroetileno

(b) álcool polivinílico.

Peso Molecular

4.2 Calcule os pesos moleculares das unidades repetidas para o seguinte:

(a) politetrafluoroetileno

(b) poli(metil metacrilato)

(c) náilon 6,6

(d) poli(etileno tereftalato).

4.3 O peso molecular numérico médio de um poliestireno é de 500.000 g/mol. Calcule o grau de polimerização.

4.4 (a) Calcule o peso molecular da unidade repetida do polipropileno.

(b) Calcule o peso molecular numérico médio para um polipropileno para o qual o grau de polimerização é de 15.000.

4.5 A tabela a seguir lista os dados de peso molecular para um politetrafluoroetileno. Calcule o seguinte:

(a) o peso molecular numérico médio,

(b) o peso molecular ponderal médio, e

(c) o grau de polimerização.

Faixa de Pesos Moleculares (g/mol)	x_i	w_i
10.000–20.000	0,03	0,01
20.000–30.000	0,09	0,04
30.000–40.000	0,15	0,11
40.000–50.000	0,25	0,23
50.000–60.000	0,22	0,24
60.000–70.000	0,14	0,18
70.000–80.000	0,08	0,12
80.000–90.000	0,04	0,07

4.6 Os dados de peso molecular para um dado polímero estão listados abaixo. Calcule o seguinte:

(a) o peso molecular numérico médio.

(b) o peso molecular ponderal médio.

(c) Se é sabido que o grau de polimerização desse material é de 477, qual, entre os polímeros listados na Tabela 4.3, é esse polímero? Por quê?

Faixa de Pesos Moleculares (g/mol)	x_i	w_i
8.000–20.000	0,05	0,02
20.000–32.000	0,15	0,08
32.000–44.000	0,21	0,17
44.000–56.000	0,28	0,29
56.000–68.000	0,18	0,23
68.000–80.000	0,10	0,16
80.000–92.000	0,03	0,05

4.7 É possível haver um homopolímero de cloreto de polivinila com os seguintes dados de pesos moleculares e um grau de polimerização de 1120? Por que sim, ou por que não?

Faixa de Pesos Moleculares (g/mol)	w_i	x_i
8.000–20.000	0,02	0,05
20.000–32.000	0,08	0,15
32.000–44.000	0,17	0,21
44.000–56.000	0,29	0,28
56.000–68.000	0,23	0,18
68.000–80.000	0,16	0,10
80.000–92.000	0,05	0,03

4.8 O polietileno de alta densidade pode ser clorado pela indução de uma substituição aleatória de átomos de cloro no lugar dos átomos de hidrogênio.

(a) Determine a concentração de Cl (em %p) que deve ser adicionada se essa substituição ocorre para 8 % de todos os átomos de hidrogênio originais.

(b) Em quais aspectos esse polietileno clorado difere do cloreto de polivinila?

Forma Molecular

4.9 Para uma molécula de polímero linear, com rotação livre, o comprimento total da cadeia L depende do comprimento da ligação entre os átomos da cadeia d, do número total de ligações na molécula N e do ângulo entre átomos adjacentes na cadeia principal θ, de acordo com:

$$L = Nd\,\mathrm{sen}\left(\frac{\theta}{2}\right) \qquad (4.9)$$

Além disso, a distância média de uma extremidade à outra, r na Figura 4.6, para uma série de moléculas de polímero é igual a

$$r = d\sqrt{N} \qquad (4.10)$$

Um polietileno linear tem peso molecular numérico médio de 300.000 g/mol; calcule os valores médios de L e r para esse material.

4.10 Considerando as definições para o comprimento total da cadeia molecular L (Equação 4.9) e a distância média de uma extremidade à outra da cadeia r (Equação 4.10), determine o seguinte para um politetrafluoroetileno linear:

(a) o peso molecular numérico médio para $L = 2000$ nm

(b) o peso molecular numérico médio para $r = 15$ nm

Configurações Moleculares

4.11 Esboce partes de uma molécula de polipropileno linear que sejam **(a)** sindiotática, **(b)** atática e **(c)** isotática. Use diagramas esquemáticos bidimensionais conforme a nota de rodapé 9 deste capítulo.

4.12 Esboce as estruturas cis e trans para **(a)** polibutadieno e **(b)** policloropreno. Use diagramas esquemáticos bidimensionais conforme a nota de rodapé 12 deste capítulo.

Polímeros Termoplásticos e Termofixos

4.13 Compare os polímeros termoplásticos e os termofixos **(a)** em termos de suas características mecânicas ao serem aquecidos e **(b)** de acordo com suas possíveis estruturas moleculares.

4.14 **(a)** É possível triturar e depois reutilizar o fenol-formaldeído? Por que sim ou por que não?

(b) É possível triturar e depois reutilizar o polipropileno? Por que sim ou por que não?

Copolímeros

4.15 Esboce a estrutura repetida para cada um dos seguintes copolímeros alternados: **(a)** poli(etileno-propileno), **(b)** poli(butadieno-estireno) e **(c)** poli(isobutileno-isopreno).

4.16 O peso molecular numérico médio de um copolímero alternado de poli(acrilonitrila-butadieno) é de 1.000.000 g/mol; determine o número médio de unidades repetidas de acrilonitrila e butadieno por molécula.

4.17 Calcule o peso molecular numérico médio de um copolímero aleatório de poli(isobutileno-isopreno) para o qual a fração de unidades repetidas de isobutileno é de 0,25; assuma que essa concentração corresponda a um grau de polimerização de 1500.

4.18 Sabe-se que um copolímero alternado tem peso molecular numérico médio de 100.000 g/mol e grau de polimerização de 2210. Se uma das unidades repetidas é o etileno, qual, entre o estireno, o propileno, o tetrafluoroetileno e o cloreto de vinila, é a outra unidade repetida? Por quê?

4.19 **(a)** Determine a razão entre as unidades repetidas de butadieno e acrilonitrila em um copolímero com peso molecular numérico médio de 250.000 g/mol e grau de polimerização de 4640.

(b) Qual(is) será(ão) o(s) tipo(s) desse copolímero, considerando as seguintes possibilidades: aleatório, alternado, enxertado e em bloco? Por quê?

4.20 Copolímeros com ligações cruzadas que consistem em 35 %p etileno e 65 %p propileno podem ter propriedades elásticas semelhantes às da borracha natural. Para um copolímero com essa composição, determine a fração de ambos os tipos de unidades repetidas.

4.21 Um copolímero aleatório de poli(estireno-butadieno) apresenta peso molecular numérico médio de 350.000 g/mol e grau de polimerização de 5000. Calcule a fração de unidades repetidas de estireno e butadieno nesse copolímero.

Cristalinidade dos Polímeros

4.22 Explique sucintamente por que a tendência que um polímero tem em cristalizar diminui em função de um aumento em seu peso molecular.

4.23 Para cada um dos seguintes pares de polímeros, faça o seguinte: (1) diga se é ou não possível determinar se um polímero apresenta maior probabilidade de cristalizar do que o outro; (2) se isso for possível, diga qual deles tem a maior probabilidade e, então, cite a(s) razão(ões) para tal escolha; e (3) se não for possível decidir, diga o porquê.

(a) Cloreto de polivinila linear e atático; polipropileno linear e isotático

(b) Polipropileno linear e sindiotático; *cis*-poli-isopreno com ligações cruzadas.

(c) Fenol-formaldeído em rede; poliestireno linear e isotático

(d) Copolímero em bloco de poli(acrilonitrila-isopreno); copolímero enxertado de poli(cloropreno-isobutileno)

4.24 A densidade do náilon 6,6 totalmente cristalino à temperatura ambiente é de 1,213 g/cm³. Além disso, à temperatura ambiente, a célula unitária para esse material é triclínica, com os seguintes parâmetros de rede:

$a = 0,497$ nm	$\alpha = 48,4°$
$b = 0,547$ nm	$\beta = 76,6°$
$c = 1,729$ nm	$\gamma = 62,5°$

Se o volume de uma célula unitária triclínica é uma função desses parâmetros de rede de acordo com a expressão

$$V_{tri} = abc\sqrt{1 - \cos^2\alpha - \cos^2\beta - \cos^2\gamma + 2\cos\alpha\cos\beta\cos\gamma}$$

determine o número de unidades repetidas por célula unitária.

4.25 As densidades e as porcentagens de cristalinidade associadas a dois materiais feitos de poli(etileno tereftalato) são as seguintes:

ρ (g/cm³)	Cristalinidade (%)
1,408	74,3
1,343	31,2

(a) Calcule as densidades do poli(etileno tereftalato) totalmente cristalino e totalmente amorfo.

(b) Determine a porcentagem de cristalinidade de uma amostra com densidade de 1,382 g/cm³.

4.26 As densidades e as porcentagens de cristalinidade associadas a dois materiais feitos de polipropileno são as seguintes:

ρ (g/cm³)	Cristalinidade (%)
0,904	62,8
0,895	54,4

(a) Calcule as densidades do polipropileno totalmente cristalino e totalmente amorfo.

(b) Determine a densidade de uma amostra com cristalinidade de 74,6 %.

Problema com Planilha Eletrônica

4.1PE Para um polímero específico, dados pelo menos dois valores de densidade e suas porcentagens de cristalinidade correspondentes, desenvolva uma planilha eletrônica que permita o usuário determinar o seguinte:

(a) a densidade do polímero totalmente cristalino

(b) a densidade do polímero totalmente amorfo

(c) a porcentagem de cristalinidade para uma densidade específica

(d) a densidade para uma porcentagem de cristalinidade específica.

PERGUNTAS E PROBLEMAS SOBRE FUNDAMENTOS DA ENGENHARIA

4.1FE Qual(is) tipo(s) de ligação(ões) é(são) encontrado(s) entre os átomos nas moléculas de hidrocarbonetos?

(A) Ligações iônicas

(B) Ligações covalentes

(C) Ligações de van der Waals

(D) Ligações metálicas

4.2FE Como as densidades de polímeros cristalinos e amorfos de um mesmo material e com pesos moleculares idênticos se comparam?

(A) Densidade do polímero cristalino < densidade do polímero amorfo

(B) Densidade do polímero cristalino = densidade do polímero amorfo

(C) Densidade do polímero cristalino > densidade do polímero amorfo

4.3FE Qual é o nome do polímero representado pela seguinte unidade repetida?

(A) Poli(metil metacrilato)

(B) Polietileno

(C) Polipropileno

(D) Poliestireno

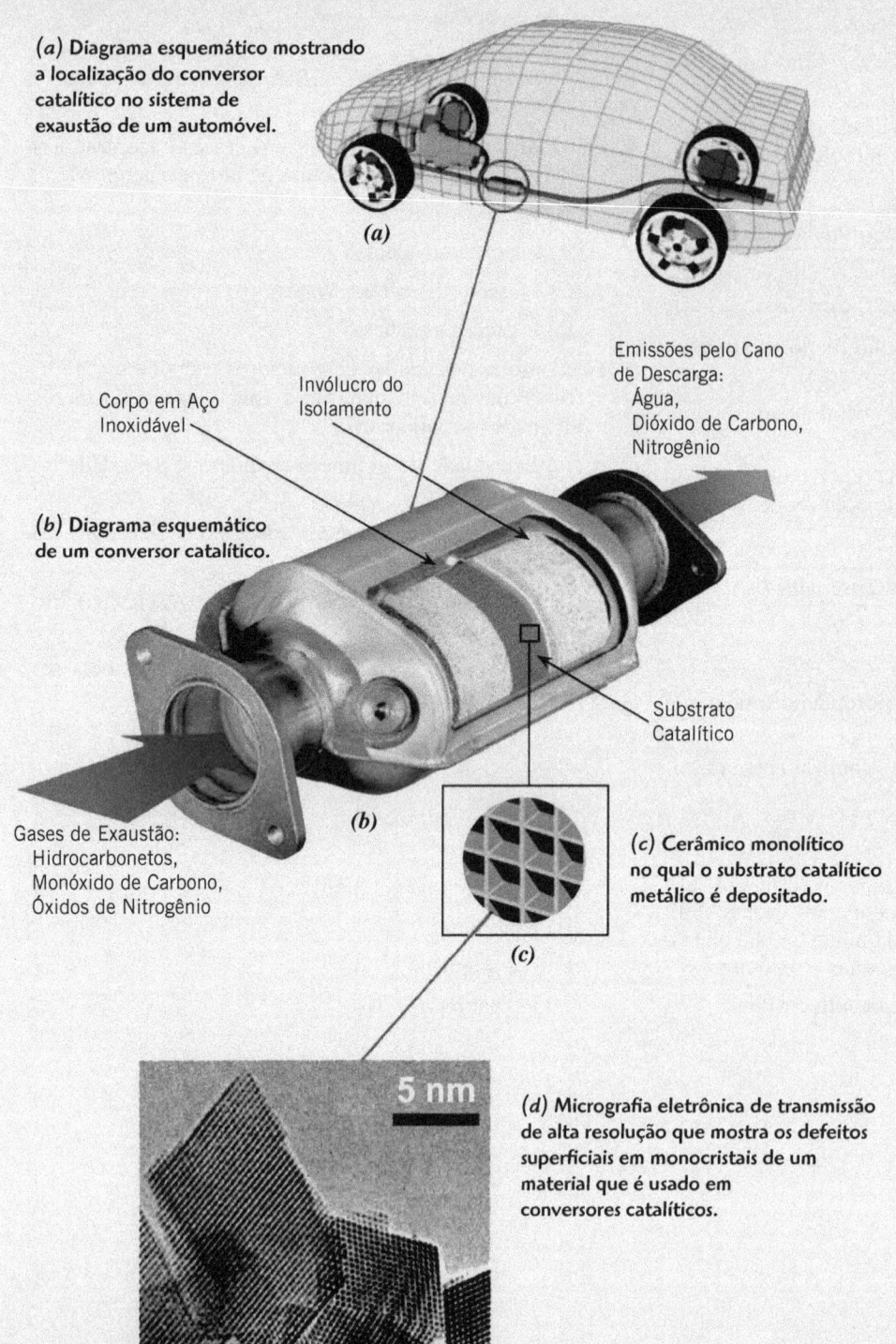

(*a*) Diagrama esquemático mostrando a localização do conversor catalítico no sistema de exaustão de um automóvel.

(*a*)

Corpo em Aço Inoxidável

Invólucro do Isolamento

Emissões pelo Cano de Descarga:
Água,
Dióxido de Carbono,
Nitrogênio

(*b*) Diagrama esquemático de um conversor catalítico.

Substrato Catalítico

Gases de Exaustão:
Hidrocarbonetos,
Monóxido de Carbono,
Óxidos de Nitrogênio

(*b*)

(*c*) Cerâmico monolítico no qual o substrato catalítico metálico é depositado.

(*c*)

5 nm

(*d*) Micrografia eletrônica de transmissão de alta resolução que mostra os defeitos superficiais em monocristais de um material que é usado em conversores catalíticos.

(*d*)

Os defeitos atômicos são responsáveis pelas reduções nas emissões de gases poluentes pelos motores dos automóveis atuais. Um conversor catalítico é o dispositivo de redução de poluentes que está localizado no sistema de exaustão dos automóveis. As moléculas dos gases poluentes ficam presas a defeitos na superfície de materiais metálicos cristalinos encontrados no conversor catalítico. Enquanto estão presas a esses sítios, as moléculas sofrem reações químicas que as convertem em outras substâncias não poluentes ou menos poluentes. O boxe "Materiais de Importância", na Seção 5.10, contém uma descrição detalhada desse processo.

[Figura (*d*) de W. J Stark, L. Mädler, M. Maciejewski, S. E. Pratsinis e A. Baiker, "Flame-Synthesis of Nanocrystalline Ceria/Zirconia: Effect of Carrier Liquid", *Chem. Comm.*, 588–589 (2003). Reproduzido sob permissão da The Royal Society of Chemistry.]

As propriedades de alguns materiais são profundamente influenciadas pela presença de imperfeições. Consequentemente, é importante ter conhecimento sobre os tipos de imperfeições que existem e sobre os papéis que elas desempenham ao afetar o comportamento dos materiais. Por exemplo, as propriedades mecânicas dos metais puros apresentam alterações significativas quando os metais são ligados (isto é, quando são adicionados átomos de impurezas)

– por exemplo, o latão (70 % cobre-30 % zinco) é muito mais duro e resistente do que o cobre puro (Seção 8.10).

Além disso, os dispositivos microeletrônicos dos circuitos integrados encontrados nos nossos computadores, calculadoras e utensílios domésticos funcionam devido a concentrações rigorosamente controladas de impurezas específicas, as quais são incorporadas em pequenas regiões localizadas de materiais semicondutores (Seções 12.11 e 12.15).

Objetivos do Aprendizado

Após estudar este capítulo, você deverá ser capaz de realizar o seguinte:

1. Descrever os defeitos cristalinos lacuna e autointersticial.
2. Calcular o número de lacunas em equilíbrio em um material a uma temperatura específica, dadas as constantes relevantes.
3. Citar e descrever oito defeitos pontuais iônicos diferentes encontrados nos compostos cerâmicos (incluindo os defeitos de Schottky e Frenkel).
4. Citar os dois tipos de soluções sólidas e fornecer uma definição sucinta, por escrito, e/ou um esboço esquemático de cada um deles.
5. Calcular a porcentagem em peso e a porcentagem atômica para cada elemento, considerando as massas e os

pesos atômicos de dois ou mais elementos em uma liga metálica.
6. Para cada discordância em aresta, espiral e mista:
   (a) descrever e fazer um desenho esquemático da discordância;
   (b) observar a localização da linha da discordância, e
   (c) indicar a direção ao longo da qual a linha da discordância se estende.
7. Descrever a estrutura atômica na vizinhança de (a) um contorno de grão e de (b) um contorno de macla.

5.1 INTRODUÇÃO

imperfeição

Até o momento, tem sido assumido tacitamente que existe, em uma escala atômica, uma ordenação perfeita por todo o material cristalino. Contudo, esse tipo de sólido ideal não existe; todos contêm grande número de vários defeitos ou **imperfeições**. Na realidade, muitas das propriedades dos materiais são profundamente sensíveis a desvios da perfeição cristalina; a influência não é sempre adversa e, com frequência, características específicas são moldadas deliberadamente pela introdução de quantidades ou números controlados de defeitos específicos, como será detalhado em capítulos subsequentes.

Um *defeito cristalino* implica irregularidade na rede cristalina, que tem uma ou mais de suas dimensões na ordem de um diâmetro atômico. A classificação das imperfeições cristalinas é frequentemente feita de acordo com a geometria ou com a dimensionalidade do defeito. Vários tipos diferentes de imperfeições são discutidos neste capítulo, incluindo os **defeitos pontuais** (aqueles que estão associados a uma ou a duas posições atômicas), os defeitos lineares (ou unidimensionais) e os defeitos interfaciais, ou contornos, que são bidimensionais. As impurezas nos sólidos também são discutidas, uma vez que átomos de impurezas podem existir como defeitos pontuais. Finalmente, são descritas sucintamente as técnicas para análise ao microscópio dos defeitos e das estruturas dos materiais.

defeito pontual

Defeitos Pontuais

5.2 DEFEITOS PONTUAIS NOS METAIS

lacuna

O mais simples dos defeitos pontuais é uma **lacuna**, ou sítio vago na rede; um sítio que normalmente estaria ocupado, mas no qual há falta de um átomo (Figura 5.1). Todos os sólidos cristalinos contêm lacunas e, na realidade, não é possível criar um material que esteja isento desses defeitos. A necessidade da existência das lacunas é explicada usando os princípios da termodinâmica; essencialmente, a presença das lacunas aumenta a entropia (isto é, a aleatoriedade) do cristal.

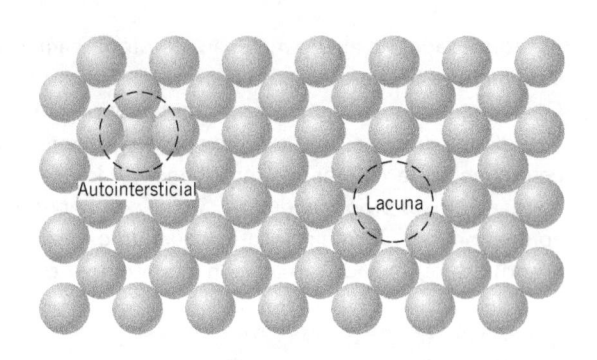

Figura 5.1 Representações bidimensionais de uma lacuna e de um autointersticial.
(Adaptado de W. G. Moffatt, G. W. Pearsall e J. Wulff, *The Structure and Properties of Materials*, Vol. I, *Structure*, p. 77. Copyright © 1964 por John Wiley & Sons, New York. Reimpresso sob permissão de John Wiley & Sons, Inc.)

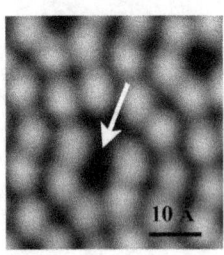

Micrografia de varredura por sonda que mostra uma lacuna em um plano de superfície do tipo (111) para o silício. Ampliação de aproximadamente 7.000.000×. (Esta micrografia é uma cortesia de D. Huang, Stanford University.)

Dependência do número de lacunas em equilíbrio em relação à temperatura

constante de Boltzmann

autointersticial

O número de lacunas em equilíbrio N_l para determinada quantidade de material (geralmente por metro cúbico) depende da temperatura, e aumenta em função da temperatura, de acordo com a seguinte expressão:

$$N_l = N \exp\left(-\frac{Q_l}{kT}\right) \tag{5.1}$$

Nessa expressão, N é o número total de sítios atômicos (mais comumente por metro cúbico), Q_l é a energia necessária para a formação de uma lacuna (J/mol ou eV/átomo), T é a temperatura absoluta em kelvin[1] e k é a **constante de Boltzmann** ou constante dos gases. O valor de k equivale a $1,38 \times 10^{-23}$ J/átomo · K ou $8,62 \times 10^{-5}$ eV/átomo · K, dependendo das unidades de Q_l.[2] Dessa forma, o número de lacunas aumenta exponencialmente em função da temperatura; isto é, à medida que T na Equação 5.1 aumenta, o mesmo acontece com o termo exp $(-Q_l/kT)$. Para a maioria dos metais, a fração de lacunas N_l/N em uma temperatura imediatamente abaixo da sua temperatura de fusão é da ordem de 10^{-4} – isto é, um sítio em cada 10.000 da rede estará vazio. Como as discussões que serão apresentadas posteriormente indicarão, inúmeros outros parâmetros dos materiais possuem uma dependência exponencial em relação à temperatura, semelhante àquela da Equação 5.1.

Autointersticial é um átomo do cristal que se encontra comprimido em um sítio intersticial – um pequeno espaço vazio que, sob circunstâncias normais, não está ocupado. Esse tipo de defeito também está representado na Figura 5.1. Nos metais, um autointersticial introduz distorções relativamente grandes em sua vizinhança na rede, pois o átomo é substancialmente maior do que a posição intersticial onde ele está localizado. Consequentemente, a formação desse defeito não é muito provável e ele existe em concentrações muito reduzidas, que são significativamente menores do que as concentrações das lacunas.

PROBLEMA-EXEMPLO 5.1

Cálculo do Número de Lacunas em uma Temperatura Específica

Calcule o número de lacunas em equilíbrio, por metro cúbico de cobre, a 1000 °C. A energia para a formação de uma lacuna é de 0,9 eV/átomo; o peso atômico e a densidade (a 1000 °C) para o cobre são de 63,5 g/mol e 8,40 g/cm³, respectivamente.

Solução

Este problema pode ser resolvido usando a Equação 5.1; contudo, em primeiro lugar é necessário determinar o valor de N – o número de sítios atômicos por metro cúbico para o cobre – a partir do seu peso atômico A_{cu}, da sua densidade ρ e do número de Avogadro N_A, de acordo com a Equação 5.2.

---

[1] A temperatura absoluta em kelvin (K) é igual a °C + 273.
[2] A constante de Boltzmann por mol de átomos torna-se a constante dos gases R; nesse caso, $R = 8,31$ J/mol · K.

Número de átomos por unidade de volume para um metal

$$N = \frac{N_A \rho}{A_{Cu}} \tag{5.2}$$

$$= \frac{(6{,}022 \times 10^{23} \text{ átomos/mol})(8{,}4 \text{ g/cm}^3)(10^6 \text{ cm}^3/\text{m}^3)}{63{,}5 \text{ g/mol}}$$

$$= 8{,}0 \times 10^{28} \text{ átomos/m}^3$$

Dessa forma, o número de lacunas a 1000 °C (1273 K) é igual a

$$N_l = N \exp\left(-\frac{Q_l}{kT}\right)$$

$$= (8{,}0 \times 10^{28} \text{ átomos/m}^3) \exp\left[-\frac{(0{,}9 \text{ eV})}{(8{,}62 \times 10^{-5} \text{ eV/K})(1273 \text{ K})}\right]$$

$$= 2{,}2 \times 10^{25} \text{ lacunas/m}^3$$

5.3 DEFEITOS PONTUAIS NAS CERÂMICAS

Nos materiais cerâmicos pode haver defeitos pontuais envolvendo átomos hospedeiros. Como ocorre com os metais, são possíveis tanto lacunas como intersticiais; entretanto, uma vez que os materiais cerâmicos contêm íons de pelo menos duas espécies, os defeitos podem ocorrer para cada espécie de íon. Por exemplo, no NaCl pode haver lacunas e intersticiais para o Na e lacunas e intersticiais para o Cl. É muito pouco provável que existam concentrações apreciáveis de intersticiais do ânion. O ânion é relativamente grande, tal que para ele se ajustar em uma pequena posição intersticial devem ser introduzidas deformações substanciais nos íons vizinhos. Lacunas de ânions e cátions e um intersticial do cátion estão representados na Figura 5.2.

estrutura de defeitos

A expressão **estrutura de defeitos** é usada com frequência para designar os tipos e as concentrações dos defeitos atômicos nas cerâmicas. Uma vez que os átomos existem como íons carregados, quando são consideradas as estruturas dos defeitos, as condições de eletroneutralidade devem ser mantidas. **Eletroneutralidade** é o estado que existe quando estão presentes números iguais de cargas positivas e de cargas negativas dos íons. Como consequência, os defeitos nas cerâmicas não ocorrem sozinhos. Um desses tipos de defeitos envolve um par lacuna catiônica e intersticial catiônico. Esse tipo de defeito é denominado **defeito de Frenkel** (Figura 5.3). Ele pode ser considerado como formado por um cátion que deixa a sua posição normal e se move para um sítio intersticial. Não existe mudança na carga, pois o cátion mantém a mesma carga positiva quando se torna intersticial.

eletroneutralidade

defeito de Frenkel

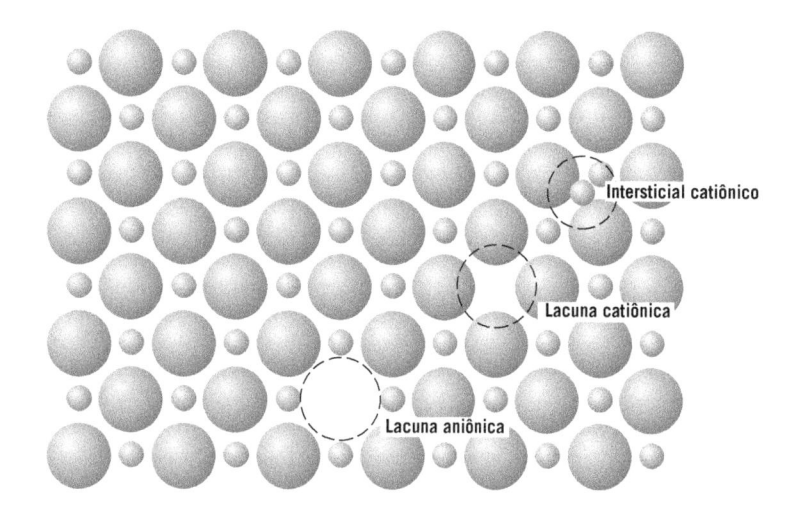

Figura 5.2 Representações esquemáticas de lacunas catiônicas e aniônicas e de um intersticial catiônico.
(De W. G. Moffatt, G. W. Pearsall e J. Wulff, *The Structure and Properties of Materials*, Vol. I, *Structure*, p. 78. Copyright © 1964 por John Wiley & Sons, New York. Reimpresso sob permissão de John Wiley & Sons, Inc.)

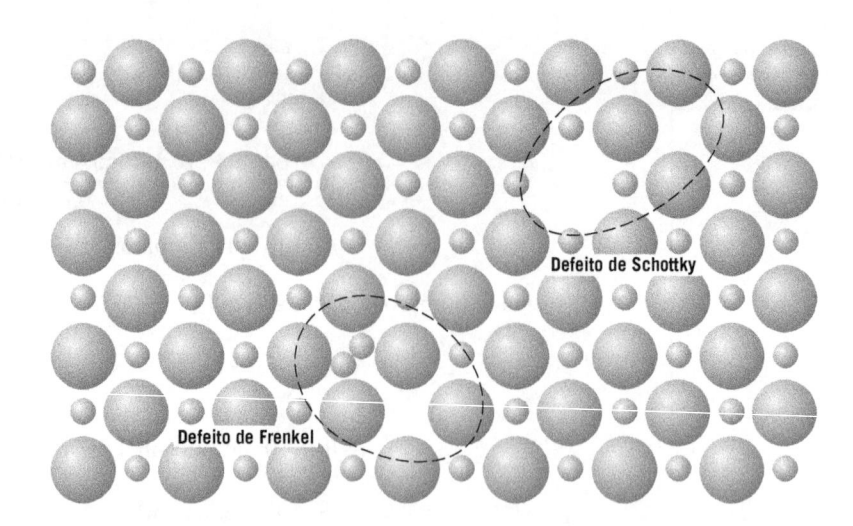

Figura 5.3 Diagrama esquemático mostrando defeitos de Frenkel e de Schottky em sólidos iônicos.
(De W. G. Moffatt, G. W. Pearsall e J. Wulff, *The Structure and Properties of Materials*, Vol. I, *Structure*, p. 78. Copyright © 1964 por John Wiley & Sons, New York. Reimpresso sob permissão de John Wiley & Sons, Inc.)

defeito de Schottky

Outro tipo de defeito encontrado em materiais do tipo AX é um par composto por uma lacuna catiônica e uma lacuna aniônica, conhecido como **defeito de Schottky**, que também está mostrado esquematicamente na Figura 5.3. Esse defeito pode ser considerado como tendo sido criado pela remoção de um cátion e de um ânion do interior do cristal, seguido pela colocação de ambos em uma superfície externa. Uma vez que a magnitude da carga negativa sobre os cátions é igual à magnitude das cargas positivas sobre os ânions, e uma vez que para cada lacuna aniônica existe uma lacuna catiônica, a neutralidade de carga do cristal é mantida.

A razão entre o número de cátions e de ânions não é alterada pela formação de um defeito de Frenkel ou de um defeito de Schottky. Se nenhum outro tipo de defeito estiver presente, diz-se que o

estequiometria

material é estequiométrico. A **estequiometria** pode ser definida como um estado para os compostos iônicos no qual existe a razão exata entre cátions e ânions prevista pela fórmula química. Por exemplo, o NaCl será estequiométrico se a razão entre os íons Na^+ e os íons Cl^- for exatamente 1:1. Um composto cerâmico será *não estequiométrico* se houver qualquer desvio dessa razão exata.

A não estequiometria pode ocorrer em alguns materiais cerâmicos para os quais existem dois estados de valência (ou estados iônicos) para um dos tipos de íon. O óxido de ferro (wustita, FeO) é um desses materiais, pois o ferro pode estar presente nos estados Fe^{2+} e Fe^{3+}; a quantidade de cada um desses tipos de íons depende da temperatura e da pressão do oxigênio no ambiente. A formação de um íon Fe^{3+} perturba a eletroneutralidade do cristal pela introdução de uma carga +1 em excesso, que deve ser compensada por algum tipo de defeito. Isso pode ser conseguido pela formação de uma lacuna de Fe^{2+} (ou pela remoção de duas cargas positivas) para cada dois íons Fe^{3+} que forem formados (Figura 5.4). O cristal não é mais estequiométrico, pois há um íon O a mais do que o íon Fe; no entanto, o cristal permanece eletricamente neutro. Esse fenômeno é muito comum no óxido de ferro e, de fato, sua fórmula química é escrita com frequência como $Fe_{1-x}O$ (em que x é alguma fração pequena e variável, menor do que a unidade) para indicar uma condição de não estequiometria com deficiência de Fe.

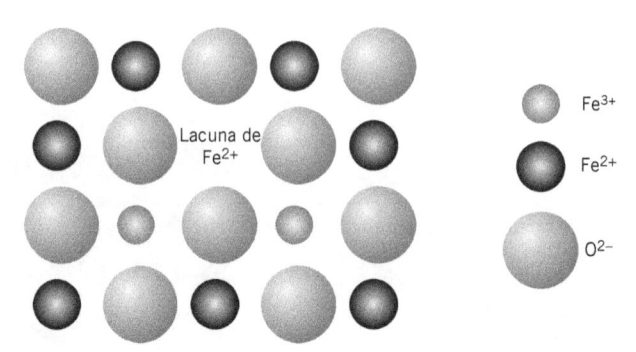

Figura 5.4 Representação esquemática de uma lacuna de Fe^{2+} no FeO, resultante da formação de dois íons Fe^{3+}.

Verificação de Conceitos 5.1   É possível haver um defeito de Schottky no K_2O? Se isso for possível, descreva sucintamente esse tipo de defeito. Se não for possível, então explique por quê.

[A resposta está disponível no GEN-IO, ambiente virtual de aprendizagem do grupo GEN.]

As quantidades em equilíbrio tanto de defeitos de Frenkel quanto de defeitos de Schottky aumentam e dependem da temperatura de maneira semelhante ao número de lacunas nos metais (Equação 5.1). Para os defeitos de Frenkel, a quantidade de pares de defeitos lacuna catiônica/intersticial catiônico (N_{fr}) depende da temperatura, de acordo com a seguinte expressão:

$$N_{fr} = N \exp\left(-\frac{Q_{fr}}{2kT}\right) \tag{5.3}$$

Nessa equação, Q_{fr} é a energia necessária para a formação de cada defeito de Frenkel e N é o número total de sítios da rede. (Como na discussão anterior, k e T representam a constante de Boltzmann e a temperatura absoluta, respectivamente.) O fator 2 está presente no denominador da exponencial porque dois defeitos (um cátion ausente e um cátion intersticial) estão associados a cada defeito de Frenkel.

De maneira semelhante, para os defeitos de Schottky em um composto do tipo AX, o número de defeitos em equilíbrio (N_s) é uma função da temperatura, conforme

$$N_s = N \exp\left(-\frac{Q_s}{2kT}\right) \tag{5.4}$$

em que Q_s representa a energia de formação de um defeito de Schottky.

PROBLEMA-EXEMPLO 5.2

Cálculo do Número de Defeitos de Schottky no KCl

Calcule o número de defeitos de Schottky por metro cúbico no cloreto de potássio a 500 °C. A energia necessária para a formação de cada defeito de Schottky é de 2,6 eV, enquanto a densidade do KCl (a 500 °C) é de 1,955 g/cm³.

Solução

Para resolver este problema é necessário usar a Equação 5.4. Primeiro, no entanto, devemos calcular o valor de N (o número de sítios na rede por metro cúbico); isso é possível usando uma forma modificada da Equação 5.2:

$$N = \frac{N_A \rho}{A_K + A_{Cl}} \tag{5.5}$$

em que N_A é o número de Avogadro ($6,022 \times 10^{23}$ átomos/mol), ρ é a densidade e A_K e A_{Cl} são os pesos atômicos para o potássio e o cloro (isto é, 39,10 e 35,45 g/mol), respectivamente. Portanto,

$$N = \frac{(6,022 \times 10^{23} \text{ átomos/mol})(1,955 \text{ g/cm}^3)(10^6 \text{ cm}^3/\text{m}^3)}{39,10 \text{ g/mol} + 35,45 \text{ g/mol}}$$

$$= 1,58 \times 10^{28} \text{ sítios da rede }/\text{m}^3$$

Agora, a incorporação desse valor na Equação 5.4 leva ao seguinte valor para N_s:

$$N_s = N \exp\left(-\frac{Q_s}{2kT}\right)$$

$$= (1,58 \times 10^{28} \text{ sítios da rede/m}^3) \exp\left[-\frac{2,6 \text{ eV}}{(2)(8,62 \times 10^{-5} \text{ eV/K})(500 + 273 \text{ K})}\right]$$

$$= 5,31 \times 10^{19} \text{ defeitos/m}^3$$

5.4 IMPUREZAS NOS SÓLIDOS

Impurezas nos Metais

Um metal puro formado apenas por um tipo de átomo é simplesmente impossível; impurezas ou átomos diferentes estão sempre presentes e alguns existirão como defeitos cristalinos pontuais. Na realidade, mesmo com técnicas relativamente sofisticadas, é difícil refinar metais até uma pureza superior a 99,9999 %. Nesse nível, os átomos de impurezas estão presentes em uma quantidade entre 10^{22} e 10^{23} átomos por 1 m^3 de material. Os metais mais familiares não são altamente puros; ao contrário, eles são **ligas**, em que átomos de impurezas foram adicionados intencionalmente para conferir características específicas ao material. Ordinariamente, a adição de elementos de liga é empregada nos metais para aumentar a resistência mecânica e a resistência à corrosão. Por exemplo, a prata de lei é uma liga composta por 92,5 % de prata e 7,5 % de cobre. Sob condições ambientes normais, a prata pura é altamente resistente à corrosão, mas também é muito macia. A formação de uma liga com o cobre aumenta significativamente a resistência mecânica sem diminuir de maneira apreciável a resistência à corrosão.

A adição de átomos de impurezas a um metal resulta na formação de uma **solução sólida** e/ou de uma nova *segunda fase*, dependendo dos tipos de impurezas, das suas concentrações e da temperatura da liga. A presente discussão está relacionada com a noção de uma solução sólida; a consideração sobre a formação de nova fase ficará adiada até o Capítulo 10.

Vários termos relacionados com as impurezas e com as soluções sólidas merecem menção. Em relação às ligas, os termos **soluto** e **solvente** são empregados comumente. *Solvente* é o elemento ou composto que está presente em maior quantidade; ocasionalmente, os átomos de solvente também são chamados de *átomos hospedeiros*. O termo *soluto* é usado para indicar um elemento ou composto que está presente em menor concentração.

Soluções Sólidas

Uma solução sólida se forma quando, à medida que os átomos de soluto são adicionados ao material hospedeiro, a estrutura cristalina é mantida e nenhuma nova estrutura é formada. Talvez seja útil desenvolver uma analogia com uma solução líquida. Se dois líquidos que são solúveis um no outro (tais como a água e o álcool) forem combinados, será produzida uma solução líquida à medida que as moléculas se misturam e a composição se mantém homogênea por toda a solução. Uma solução sólida também é homogênea em termos de composição; os átomos de impurezas estão distribuídos aleatória e uniformemente no sólido.

Defeitos pontuais causados pelas impurezas são encontrados nas soluções sólidas, podendo ser de dois tipos: **substitucional** e **intersticial**. No defeito substitucional, os átomos de soluto ou de impureza substituem os átomos hospedeiros (Figura 5.5). Várias características dos átomos de soluto e de solvente determinam o grau no qual o primeiro se dissolve no segundo. Essas são expressas como as quatro *Regras de Hume-Rothery*, conforme a seguir:

1. *Fator do tamanho atômico.* Quantidades apreciáveis de um soluto só poderão ser acomodadas em solução sólida substitucional quando a diferença nos raios atômicos entre os dois tipos de átomos for menor do que aproximadamente ±15 %. De outro modo, os átomos do soluto criam distorções substanciais na rede, e uma nova fase se forma.

2. *Estrutura cristalina.* Para haver apreciável solubilidade sólida, as estruturas cristalinas dos metais de ambos os tipos de átomos devem ser as mesmas.

Margens:
liga

solução sólida

soluto, solvente

solução sólida substitucional
solução sólida intersticial

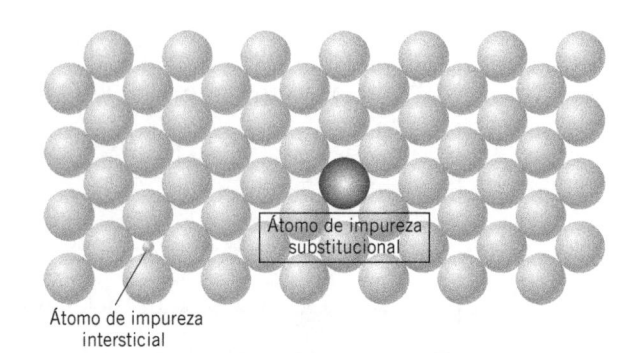

Figura 5.5 Representações esquemáticas bidimensionais de átomos de impurezas substitucional e intersticial. (Adaptado de W. G. Moffatt, G. W. Pearsall e J. Wulff, *The Structure and Properties of Materials*, Vol. I, *Structure*, p. 77. Copyright © 1964 por John Wiley & Sons, New York. Reimpresso sob permissão de John Wiley & Sons, Inc.)

Átomo de impureza substitucional

Átomo de impureza intersticial

3. *Fator de eletronegatividade*. Quanto mais eletropositivo é um elemento e mais eletronegativo é o outro, maior é a probabilidade de eles formarem um composto intermetálico, em vez de uma solução sólida substitucional.

4. *Valências*. Se todos os demais fatores forem iguais, um metal apresentará maior tendência de dissolver outro metal de maior valência do que de dissolver outro de menor valência.

Exemplo de uma solução sólida substitucional é encontrado para o cobre e o níquel. Esses dois elementos são completamente solúveis um no outro em todas as proporções. Em relação às regras mencionadas anteriormente, que governam o grau de solubilidade, os raios atômicos para o cobre e o níquel são de 0,128 e 0,125 nm, respectivamente; ambos possuem estruturas cristalinas CFC e suas eletronegatividades são de 1,9 e 1,8 (Figura 2.9). Finalmente, as valências mais comuns são +1 para o cobre (embora ela possa ser algumas vezes +2) e +2 para o níquel.

Para as soluções sólidas intersticiais, os átomos de impureza preenchem os espaços vazios ou interstícios entre os átomos hospedeiros (veja a Figura 5.5). Tanto para a estrutura cristalina CFC quanto para a CCC existem dois tipos de sítios intersticiais – *tetraédricos* e *octaédricos*; estes se distinguem pelo número de átomos hospedeiros vizinhos mais próximos – isto é, o número de coordenação. Os sítios tetraédricos possuem um número de coordenação de 4; linhas retas desenhadas dos centros dos átomos hospedeiros vizinhos formam um tetraedro com quatro lados. Contudo, para os sítios octaédricos, o número de coordenação é 6; um octaedro é produzido unindo esses seis centros de esferas.[3] Na estrutura CFC existem dois tipos de sítios octaédricos com coordenadas de pontos representativas de $0\frac{1}{2}1$ e $\frac{1}{2}\frac{1}{2}\frac{1}{2}$. As coordenadas representativas para um único tipo de sítio tetraédrico são $\frac{1}{4}\frac{3}{4}\frac{1}{4}$.[4] As localizações desses sítios dentro da célula unitária CFC estão anotadas na Figura 5.6a. Um tipo de cada sítio intersticial octaédrico e tetraédrico é encontrado na estrutura CCC. As coordenadas representativas são as seguintes: octaédrico, $\frac{1}{2}10$ e tetraédrico, $1\frac{1}{2}\frac{1}{4}$. A Figura 5.6b mostra as posições desses sítios dentro de uma célula unitária CCC.[4]

Os materiais metálicos apresentam fatores de empacotamento atômico relativamente altos, o que significa que essas posições intersticiais são relativamente pequenas. Consequentemente, o diâmetro atômico de uma impureza intersticial deve ser substancialmente menor do que o diâmetro dos átomos hospedeiros. Normalmente, a concentração máxima permissível para átomos de impureza intersticiais é baixa (inferior a 10 %). Mesmo os átomos de impureza muito pequenos são ordinariamente maiores do que os sítios intersticiais e, como consequência disso, introduzem algumas deformações na rede sobre os átomos hospedeiros adjacentes. Os Problemas 5.18 e 5.19 pedem a determinação dos raios dos átomos de impurezas r (em termos de R, o raio atômico do átomo hospedeiro) que se ajustarão exatamente nas posições intersticiais tetraédricas e octaédricas das redes CCC e CFC, sem introduzir deformações na rede.

O carbono forma uma solução sólida intersticial quando é adicionado ao ferro; a concentração máxima de carbono é de aproximadamente 2 %. O raio atômico do átomo de carbono é muito menor do que o do ferro: 0,071 nm contra 0,124 nm.

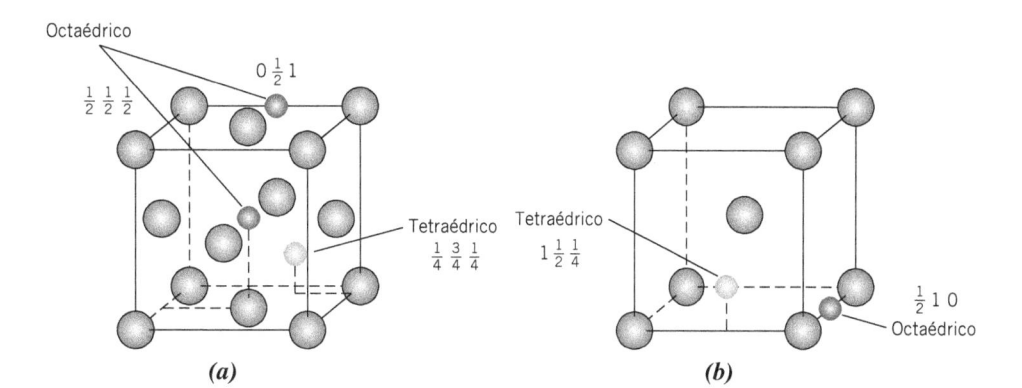

Figura 5.6 Localizações de sítios intersticiais tetraédricos e octaédricos dentro de células unitárias (*a*) CFC e (*b*) CCC.

(a)   *(b)*

---

[3] As geometrias desses tipos de sítios podem ser observadas na Figura 3.32.

[4] Outros interstícios octaédricos e tetraédricos estão localizados em posições dentro da célula unitária que são equivalentes a essas posições representativas.

PROBLEMA-EXEMPLO 5.3

Cálculo do Raio do Sítio Intersticial na Rede CCC

Calcule o raio r de um átomo de impureza, que se ajusta exatamente dentro de um sítio octaédrico da rede CCC, em termos do raio atômico R do átomo hospedeiro (sem introduzir deformações na rede).

Solução

Como mostra a Figura 5.6*b*, para a estrutura CCC, o sítio intersticial octaédrico está localizado no centro de uma aresta da célula unitária. Para que um átomo intersticial esteja posicionado nesse local sem introduzir deformações na rede, o átomo deve tocar exatamente os dois átomos hospedeiros adjacentes, que são átomos nos vértices da célula unitária. O desenho mostra átomos sobre a face (100) de uma célula unitária CCC; os círculos grandes representam os átomos hospedeiros – o círculo pequeno representa um átomo intersticial que está posicionado em um sítio octaédrico sobre a aresta do cubo.

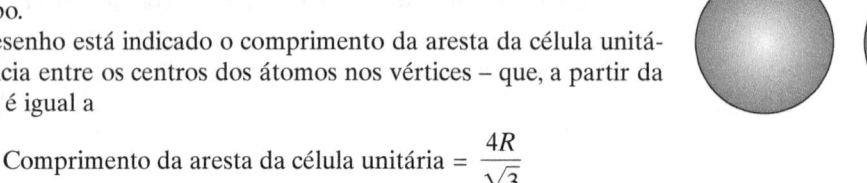

Neste desenho está indicado o comprimento da aresta da célula unitária – a distância entre os centros dos átomos nos vértices – que, a partir da Equação 3.4, é igual a

$$\text{Comprimento da aresta da célula unitária} = \frac{4R}{\sqrt{3}}$$

Também está mostrado que o comprimento da aresta da célula unitária é igual a duas vezes a soma do raio atômico do átomo hospedeiro, $2R$, mais duas vezes o raio do átomo intersticial, $2r$; isto é,

$$\text{Comprimento da aresta da célula unitária} = 2R + 2r$$

Agora, igualando essas duas expressões para o comprimento da aresta da célula unitária, obtemos

$$2R + 2r = \frac{4R}{\sqrt{3}}$$

e resolvendo para r em termos de R

$$2r = \frac{4R}{\sqrt{3}} - 2R = \left(\frac{2}{\sqrt{3}} - 1\right)(2R)$$

ou

$$r = \left(\frac{2}{\sqrt{3}} - 1\right)R = 0,155R$$

✓ **Verificação de Conceitos 5.2** É possível que três ou mais elementos formem uma solução sólida? Explique a sua resposta.

[*A resposta está disponível no GEN-IO, ambiente virtual de aprendizagem do GEN.*]

✓ **Verificação de Conceitos 5.3** Explique por que pode ocorrer solubilidade sólida completa para soluções sólidas substitucionais, mas não para soluções sólidas intersticiais.

[*A resposta está disponível no GEN-IO, ambiente virtual de aprendizagem do GEN.*]

Impurezas nas Cerâmicas

Os átomos de impurezas podem formar soluções sólidas em materiais cerâmicos, da mesma forma que o fazem nos metais. São possíveis soluções sólidas dos tipos substitucional e intersticial. Para uma solução sólida intersticial, o raio iônico da impureza deve ser relativamente pequeno em

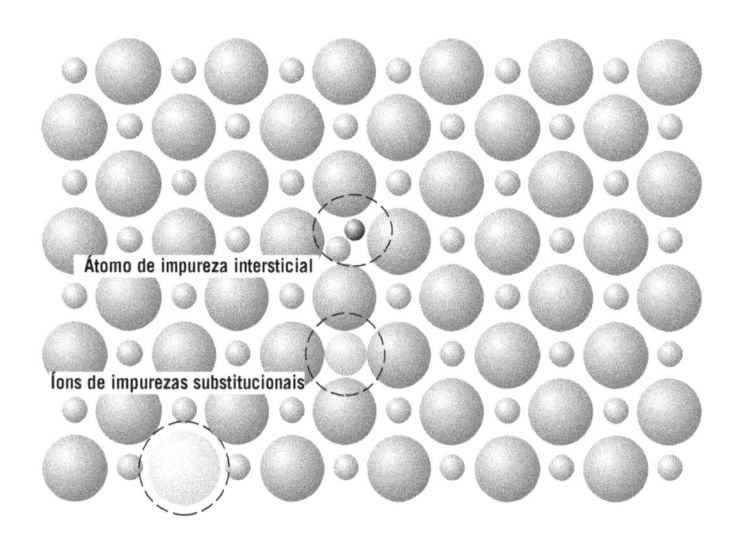

Figura 5.7 Representações esquemáticas de átomos de impureza intersticial, substitucional aniônica e substitucional catiônica em um composto iônico. (Adaptado de W. G. Moffatt, G. W. Pearsall e J. Wulff, *The Structure and Properties of Materials*, Vol. I, *Structure*, p. 78. Copyright © 1964 por John Wiley & Sons, New York. Reimpresso sob permissão de John Wiley & Sons, Inc.)

comparação ao raio do ânion. Uma vez que existem tanto ânions como cátions, uma impureza substitucional substitui o íon hospedeiro que mais se assemelha a ela no aspecto elétrico: Se o átomo de impureza forma normalmente um cátion em um material cerâmico, ele mais provavelmente substituirá um cátion hospedeiro. Por exemplo, no cloreto de sódio, os íons de impurezas Ca^{2+} e O^{2-} substituiriam, mais provavelmente, os íons Na^+ e Cl^-, respectivamente. As representações esquemáticas para impurezas substitucionais catiônicas e aniônicas, assim como para uma impureza intersticial, estão mostradas na Figura 5.7. Para atingir qualquer solubilidade sólida apreciável dos átomos de impureza substitucionais, o tamanho e a carga do íon de impureza devem ser muito próximos daqueles de um dos íons hospedeiros. Para um íon de impureza que apresenta carga diferente daquela do íon hospedeiro que ele substitui, o cristal deve compensar essa diferença de carga de modo que seja mantida a eletroneutralidade do sólido. Uma maneira pela qual isso pode ser realizado é pela formação de defeitos na rede – lacunas ou intersticiais de ambos os tipos de íons, como foi discutido anteriormente.

PROBLEMA-EXEMPLO 5.4

Determinação de Possíveis Tipos de Defeitos Pontuais no NaCl Devido à Presença de Íons Ca^{2+}

Se a eletroneutralidade deve ser preservada, quais defeitos pontuais são possíveis no NaCl quando um íon Ca^{2+} substitui um íon Na^+? Quantos desses defeitos existem para cada íon Ca^{2+}?

Solução

A substituição de um íon Na^+ por um íon Ca^{2+} introduz uma carga positiva adicional. A eletroneutralidade é mantida quando uma única carga positiva é eliminada ou quando outra carga negativa é adicionada. A remoção de uma carga positiva é obtida pela formação de uma lacuna de Na^+. Alternativamente, um átomo intersticial de Cl^- fornecerá uma carga negativa adicional, anulando o efeito de cada íon Ca^{2+}. Entretanto, como mencionado anteriormente, a formação desse tipo de defeito é muito improvável.

Verificação de Conceitos 5.4 Quais defeitos pontuais são possíveis para o MgO como impureza no Al_2O_3? Quantos íons Mg^{2+} devem ser adicionados para formar cada um desses defeitos?

[*A resposta está disponível no GEN, ambiente virtual de aprendizagem do GEN.*]

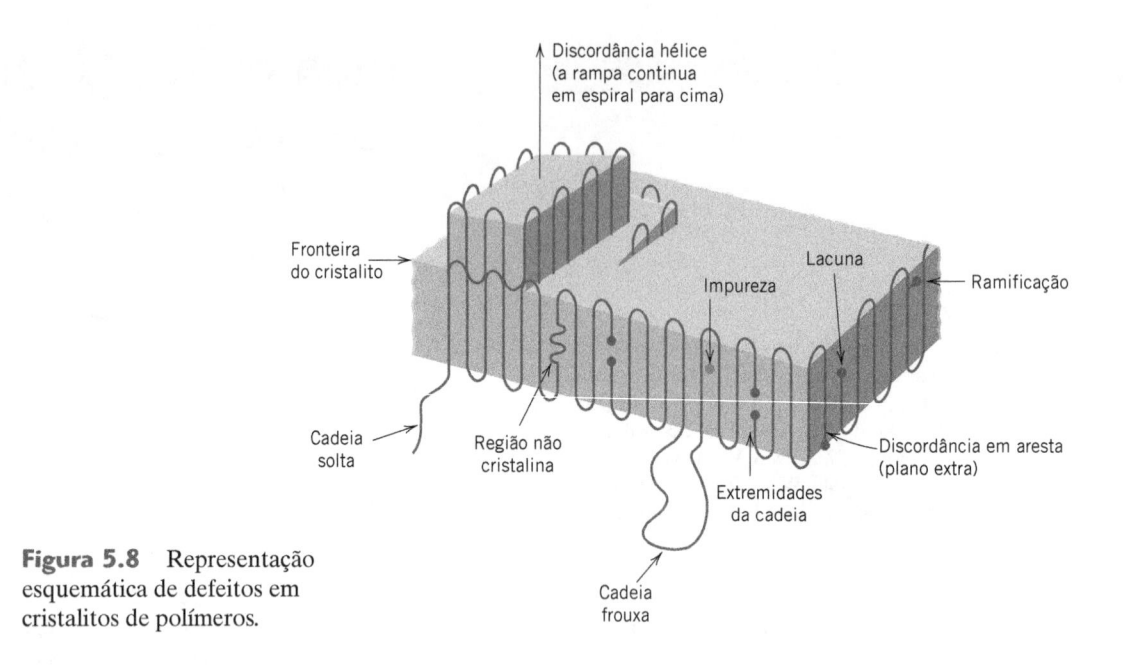

Figura 5.8 Representação esquemática de defeitos em cristalitos de polímeros.

5.5 DEFEITOS PONTUAIS NOS POLÍMEROS

O conceito de defeito pontual é diferente nos polímeros em relação aos metais e às cerâmicas, como consequência das macromoléculas em forma de cadeia e da natureza do estado cristalino para os polímeros. Defeitos pontuais semelhantes aos encontrados nos metais foram observados nas regiões cristalinas de materiais poliméricos; esses defeitos incluem as lacunas e os átomos e íons intersticiais. As extremidades das cadeias são consideradas defeitos, pois elas são quimicamente diferentes das unidades normais da cadeia. Lacunas também estão associadas às extremidades da cadeia (Figura 5.8). No entanto, defeitos adicionais podem resultar das ramificações nas cadeias poliméricas ou de segmentos de cadeias que emergem do cristal. Uma seção de cadeia pode sair de um cristal de polímero e reentrar nesse mesmo cristal em outro ponto, criando um laço, ou pode entrar em um segundo cristal para atuar como uma molécula de ligação (veja a Figura 4.13). Átomos/íons de impurezas ou grupos de átomos/íons podem ser incorporados à estrutura molecular como intersticiais; eles também podem estar associados às cadeias principais ou como pequenas ramificações laterais.

5.6 ESPECIFICAÇÃO DA COMPOSIÇÃO

composição

porcentagem em peso

Com frequência, é necessário expressar a **composição** (ou *concentração*)[5] de uma liga em termos dos seus elementos constituintes. As duas formas mais comuns de especificar a composição são pela porcentagem em peso (ou massa) e pela porcentagem atômica. A base para a **porcentagem em peso** (%p) é o peso de um elemento específico em relação ao peso total da liga. Para uma liga que contém dois átomos hipotéticos identificados como 1 e 2, a concentração do átomo 1 em %p, C_1, é definida como

Cálculo da porcentagem em peso (para uma liga com dois elementos)

$$C_1 = \frac{m_1}{m_1 + m_2} \times 100 \qquad (5.6a)$$

em que m_1 e m_2 representam o peso (ou massa) dos elementos 1 e 2, respectivamente. A concentração de 2 é calculada de maneira análoga.[6]

---

[5] Neste livro, será assumido que os termos *composição* e *concentração* têm o mesmo significado (isto é, o teor relativo de um elemento ou constituinte específico em uma liga) e serão utilizados sem discriminação.

[6] Quando uma liga contém mais de dois (digamos *n*) elementos, a Equação (5.6a) assume a forma

$$C_1 = \frac{m_1}{m_1 + m_2 + m_3 + \ldots + m_n} \times 100 \qquad (5.6b)$$

porcentagem atômica

A base para os cálculos da **porcentagem atômica** (%a) é o número de mols de um elemento em relação ao número total de mols dos elementos na liga. O número de mols em alguma massa especificada de um elemento hipotético 1, n_{m1}, pode ser calculado da seguinte maneira:

$$n_{m1} = \frac{m'_1}{A_1}$$ (5.7)

Aqui, m'_1 e A_1 representam, respectivamente, a massa (em gramas) e o peso atômico para o elemento 1.

Cálculo da porcentagem atômica (para uma liga com dois elementos)

A concentração para o elemento 1 em termos da porcentagem atômica em uma liga contendo átomos dos elementos 1 e 2, C'_1, é definida pela expressão[7]

$$C'_1 = \frac{n_{m1}}{n_{m1} + n_{m2}} \times 100$$ (5.8a)

De maneira semelhante, pode ser determinada a porcentagem atômica para o elemento 2.[8]

Os cálculos da porcentagem atômica também podem ser realizados com base no número de átomos, em vez do número de mols, já que um mol de todas as substâncias contém o mesmo número de átomos.

Conversões entre Composições

Algumas vezes é necessário converter de uma forma da expressão da composição em outra – por exemplo, de porcentagem em peso para porcentagem atômica. Vamos apresentar, a seguir, as equações para realizar essas conversões em termos dos dois elementos hipotéticos 1 e 2. Usando a convenção adotada na seção anterior (isto é, porcentagens em peso representadas por C_1 e C_2, porcentagens atômicas representadas por C'_1 e C'_2 e pesos atômicos representados como A_1 e A_2), as expressões dessas conversões são as seguintes:

Conversão da porcentagem em peso em porcentagem atômica (para uma liga com dois elementos)

$$C'_1 = \frac{C_1 A_2}{C_1 A_2 + C_2 A_1} \times 100$$ (5.9a)

$$C'_2 = \frac{C_2 A_1}{C_1 A_2 + C_2 A_1} \times 100$$ (5.9b)

Conversão da porcentagem atômica em porcentagem em peso (para uma liga com dois elementos)

$$C_1 = \frac{C'_1 A_1}{C'_1 A_1 + C'_2 A_2} \times 100$$ (5.10a)

$$C_2 = \frac{C'_2 A_2}{C'_1 A_1 + C'_2 A_2} \times 100$$ (5.10b)

Uma vez que estamos considerando apenas dois elementos, os cálculos envolvendo as equações anteriores são simplificados quando se observa que

$$C_1 + C_2 = 100$$ (5.11a)

$$C'_1 + C'_2 = 100$$ (5.11b)

Além disso, algumas vezes torna-se necessário converter a concentração de porcentagem em peso para a massa de um componente por unidade de volume do material (isto é, de unidades de

---

[7] Com o objetivo de evitar confusão nas notações e nos símbolos que estão sendo usados nesta seção, deve ser observado que a "linha" (como em C'_1 e m'_1) é empregada para designar tanto a composição em porcentagem atômica quanto a massa do material em gramas.

[8] Quando uma liga contém mais de dois (digamos n) elementos, a Equação (5.8a) assume a forma

$$C'_1 = \frac{n_{m1}}{n_{m1} + n_{m2} + n_{m3} + \ldots + n_{mn}} \times 100$$ (5.8b)

%p para kg/m^3); essa última representação da composição é usada com frequência nos cálculos de difusão (Seção 6.3). As concentrações em termos dessa base serão representadas com a utilização de "duas linhas" (isto é, C_1'' e C_2''), e as equações relevantes são as seguintes:

Conversão de porcentagem em peso em massa por unidade de volume (para uma liga com dois elementos)

$$C_1'' = \left(\frac{C_1}{\frac{C_1}{\rho_1} + \frac{C_2}{\rho_2}} \right) \times 10^3 \tag{5.12a}$$

$$C_2'' = \left(\frac{C_2}{\frac{C_1}{\rho_1} + \frac{C_2}{\rho_2}} \right) \times 10^3 \tag{5.12b}$$

Para a densidade ρ expressa em unidades de g/cm^3, essas expressões fornecem C_1'' e C_2'' em kg/m^3.

Além disso, ocasionalmente desejamos determinar a densidade e o peso atômico de uma liga binária, sendo dada a composição ou em termos da porcentagem em peso ou da porcentagem atômica. Se representarmos a densidade e o peso atômico médio da liga por $\rho_{méd}$ e $A_{méd}$, respectivamente, então

Cálculo da densidade (para uma liga metálica com dois elementos)

$$\rho_{méd} = \frac{100}{\frac{C_1}{\rho_1} + \frac{C_2}{\rho_2}} \tag{5.13a}$$

$$\rho_{méd} = \frac{C_1' A_1 + C_2' A_2}{\frac{C_1' A_1}{\rho_1} + \frac{C_2' A_2}{\rho_2}} \tag{5.13b}$$

Cálculo do peso atômico (para uma liga metálica com dois elementos)

$$A_{méd} = \frac{100}{\frac{C_1}{A_1} + \frac{C_2}{A_2}} \tag{5.14a}$$

$$A_{méd} = \frac{C_1' A_1 + C_2' A_2}{100} \tag{5.14b}$$

Deve ser observado que as Equações 5.12 e 5.14 não são sempre exatas. No desenvolvimento dessas equações, foi considerado que o volume total da liga é exatamente igual à soma dos volumes dos seus elementos individuais. Normalmente, isso não ocorre para a maioria das ligas; contudo, essa é uma hipótese razoavelmente válida e não leva a erros significativos para soluções diluídas e em faixas de composição nas quais existem as soluções sólidas.

PROBLEMA-EXEMPLO 5.5

Desenvolvimento da Equação para a Conversão de Composições

Desenvolva a Equação 5.9a.

Solução

Para simplificar esse desenvolvimento, será considerado que as massas estão expressas em unidades de grama e estão representadas com uma linha (por exemplo, m_1'). Além disso, a massa total da liga (em gramas) M' é

$$M' = m_1' + m_2' \tag{5.15}$$

Usando a definição para C_1' (Equação 5.8a) e incorporando a expressão para n_{m1}, Equação 5.7, assim como a expressão análoga para n_{m2}, temos

$$C_1' = \frac{n_{m1}}{n_{m1} + n_{m2}} \times 100$$

$$= \frac{\dfrac{m_1'}{A_1}}{\dfrac{m_1'}{A_1} + \dfrac{m_2'}{A_2}} \times 100 \qquad (5.16)$$

O rearranjo do equivalente à Equação 5.6a com a massa expressa em gramas leva a

$$m_1' = \frac{C_1 M'}{100} \qquad (5.17)$$

A substituição dessa expressão e do seu equivalente para m_2' na Equação 5.16 fornece

$$C_1' = \frac{\dfrac{C_1 M'}{100 A_1}}{\dfrac{C_1 M'}{100 A_1} + \dfrac{C_2 M'}{100 A_2}} \times 100 \qquad (5.18)$$

Após a simplificação, temos

$$C_1' = \frac{C_1 A_2}{C_1 A_2 + C_2 A_1} \times 100$$

que é idêntica à Equação 5.9a.

PROBLEMA-EXEMPLO 5.6

Conversão de Composições – de Porcentagem em Peso para Porcentagem Atômica

Determine a composição, em porcentagem atômica, de uma liga que consiste em 97 %p alumínio e 3 %p cobre.

Solução

Se representarmos as respectivas composições em porcentagem em peso como $C_{Al} = 97$ e $C_{Cu} = 3$, as substituições nas Equações 5.9a e 5.9b fornecem

$$C_{Al}' = \frac{C_{Al} A_{Cu}}{C_{Al} A_{Cu} + C_{Cu} A_{Al}} \times 100$$

$$= \frac{(97)(63{,}55 \text{ g/mol})}{(97)(63{,}55 \text{ g/mol}) + (3)(26{,}98 \text{ g/mol})} \times 100$$

$$= 98{,}7 \text{ %a}$$

e

$$C_{Cu}' = \frac{C_{Cu} A_{Al}}{C_{Cu} A_{Al} + C_{Al} A_{Cu}} \times 100$$

$$= \frac{(3)(26{,}98 \text{ g/mol})}{(3)(26{,}98 \text{ g/mol}) + (97)(63{,}55 \text{ g/mol})} \times 100$$

$$= 1{,}30 \text{ %a}$$

Imperfeições Diversas

5.7 DISCORDÂNCIAS – DEFEITOS LINEARES

Discordância é um defeito linear ou unidimensional em torno da qual alguns dos átomos estão desalinhados. Um tipo de discordância está representado na Figura 5.9: uma porção extra de um plano de átomos, ou semiplano, cuja aresta termina no interior do cristal. Essa é denominada **discordância em aresta**; ela é um defeito linear centralizado sobre a linha definida ao longo da extremidade do semiplano extra de átomos. Essa extremidade é denominada algumas vezes **linha da discordância**, que, para a discordância em aresta mostrada na Figura 5.9, é perpendicular ao plano da página. Na região em torno da linha da discordância existe alguma distorção localizada da rede. Os átomos acima da linha da discordância na Figura 5.9 são pressionados uns contra os outros, enquanto os átomos localizados abaixo da linha são afastados uns dos outros; isso está refletido na ligeira curvatura dos planos de átomos verticais, à medida que eles se curvam em torno desse semiplano adicional. A magnitude dessa distorção diminui ao se afastar da linha da discordância; em posições afastadas, a rede cristalina é virtualmente perfeita. Algumas vezes, a discordância em aresta na Figura 5.9 é representada pelo símbolo ⊥, que também indica a posição da linha da discordância. Uma discordância em aresta também pode ser formada por um semiplano extra de átomos que esteja na parte inferior do cristal; sua designação é feita pelo símbolo ⊤.

Outro tipo de discordância, conhecida como **discordância em hélice**, pode ser entendida como sendo formada por uma tensão cisalhante aplicada para produzir a distorção que está mostrada na Figura 5.10*a*: A região superior do cristal é deslocada uma distância atômica para a direita em relação à porção inferior. A distorção atômica associada a uma discordância em hélice também é linear e está localizada ao longo de uma linha da discordância, a linha *AB* na Figura 5.10*b*. A discordância em hélice tem seu nome da trajetória, ou da rampa, de uma espiral ou de uma hélice, que é traçada em torno da linha da discordância pelos planos atômicos. Algumas vezes, o símbolo ↻ é usado para designar uma discordância em hélice.

É muito provável que a maioria das discordâncias encontradas nos materiais cristalinos não seja puramente em aresta tampouco puramente em hélice, mas exibe componentes de ambos os tipos; essas discordâncias são denominadas **discordâncias mistas**. Todos os três tipos de discordâncias estão representados esquematicamente na Figura 5.11; a distorção da rede que é produzida longe das duas faces é mista, apresentando níveis variáveis de características de hélice e aresta.

A magnitude e a direção da distorção da rede que está associada a uma discordância são expressas em termos de um **vetor de Burgers**, representado por **b**. Os vetores de Burgers associados às discordâncias em aresta e em hélice estão indicados respectivamente nas Figuras 5.9 e 5.10. Além disso, a natureza de uma discordância (isto é, em aresta, em hélice ou mista) é definida pelas orientações relativas da linha da discordância e do vetor de Burgers. Na discordância em aresta, eles são perpendiculares (Figura 5.9), enquanto na discordância em hélice eles são paralelos (Figura 5.10); na discordância mista, eles não são nem perpendiculares nem paralelos. Além disso, embora uma discordância mude de direção e de natureza no interior de um cristal (por exemplo, de uma discordância em aresta para uma mista e para uma em hélice), o vetor de Burgers é o mesmo em todos os pontos ao longo de sua linha. Por exemplo, todas as posições da discordância em curva

discordância em aresta

linha da discordância

Aresta

discordância espiral

Hélice

Mista

discordância mista

vetor de Burgers

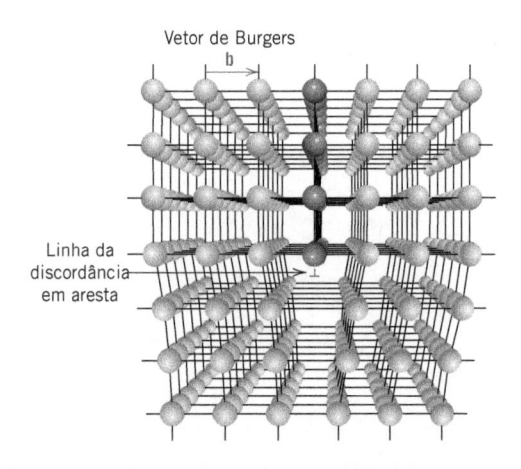

Figura 5.9 As posições atômicas em torno de uma discordância em aresta; o semiplano atômico adicional está mostrado em perspectiva.

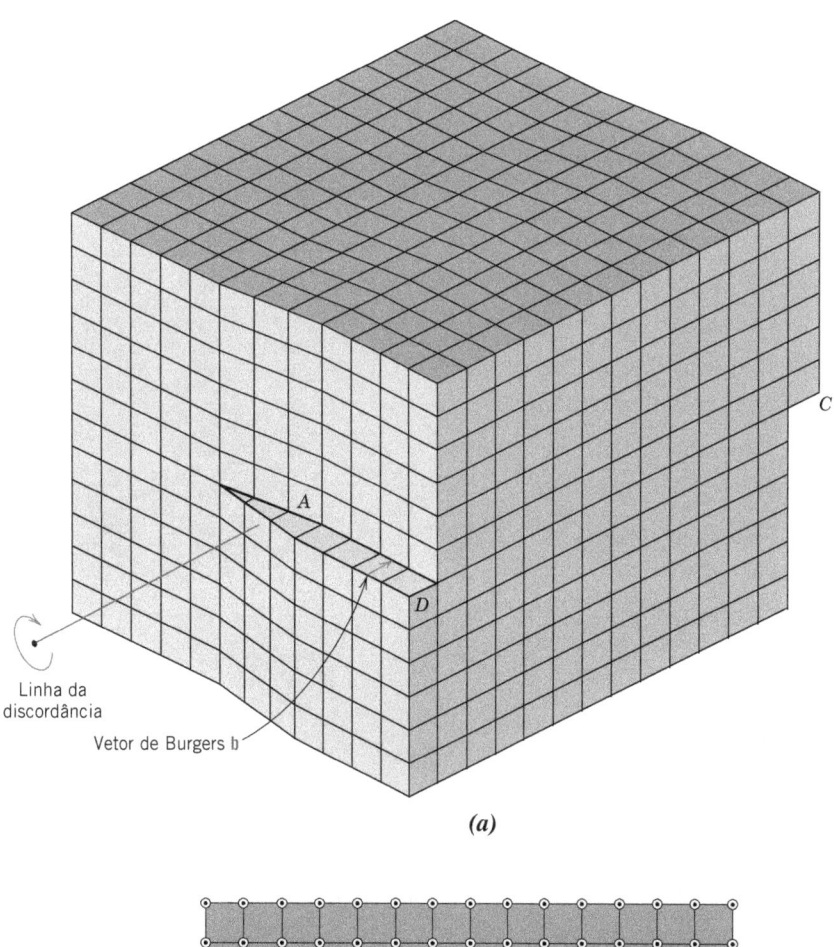

(a)

Figura 5.10 (*a*) Uma discordância em hélice em um cristal. (*b*) A discordância em hélice em (*a*) vista de cima. A linha da discordância se estende ao longo da linha *AB*. As posições atômicas acima do plano de deslizamento são designadas por círculos abertos, enquanto aquelas abaixo do plano são designadas por círculos preenchidos.
[A Figura (*b*) é de W. T. Read, Jr., *Dislocations in Crystals*, McGraw-Hill, New York, 1953.]

(b)

na Figura 5.11 têm o vetor de Burgers mostrado na figura. Para os materiais metálicos, o vetor de Burgers para uma discordância aponta para uma direção cristalográfica compacta e tem magnitude igual ao espaçamento interatômico.

Como observamos na Seção 8.3, a deformação permanente na maioria dos materiais cristalinos ocorre pelo movimento de discordâncias. Além disso, o vetor de Burgers é um elemento da teoria que foi desenvolvida para explicar esse tipo de deformação.

As discordâncias podem ser observadas nos materiais cristalinos com o auxílio de técnicas de microscopia eletrônica. Na Figura 5.12, que mostra uma micrografia eletrônica de transmissão sob grande ampliação, as linhas escuras são as discordâncias.

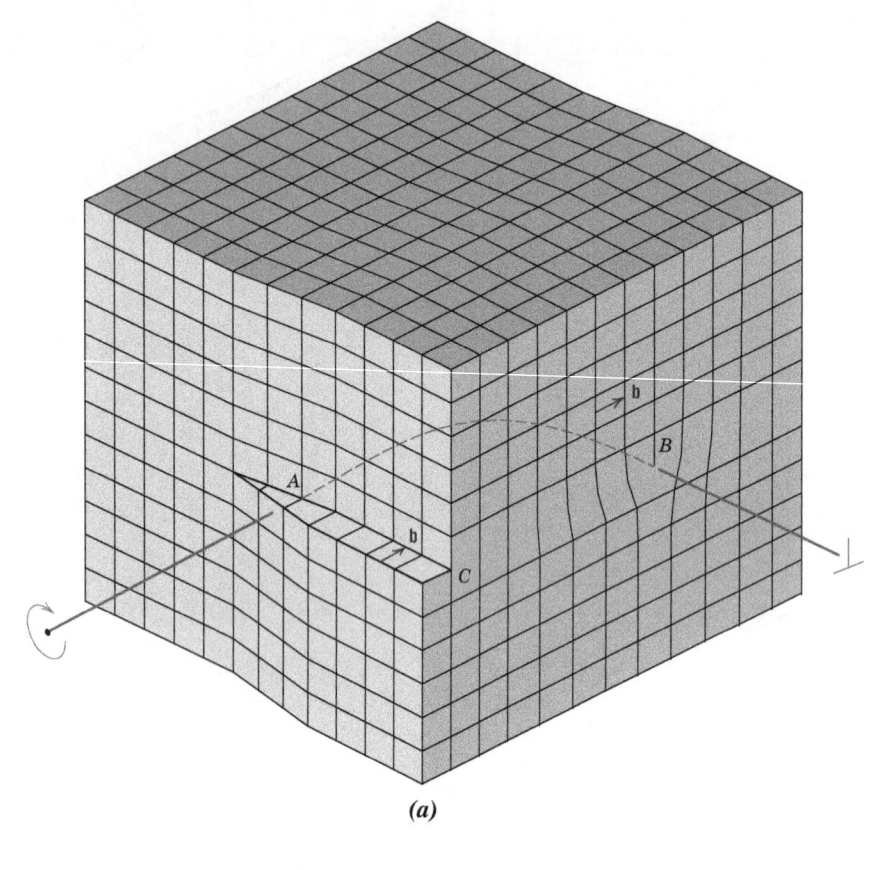

(a)

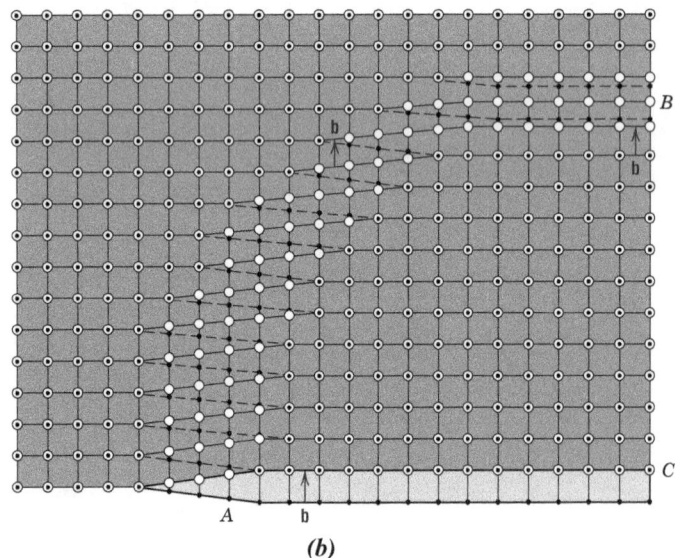

(b)

Figura 5.11 (*a*) Representação esquemática de uma discordância com características de aresta, hélice e mista. (*b*) Vista superior, em que os círculos abertos representam posições atômicas acima do plano de deslizamento e os círculos preenchidos representam posições atômicas abaixo do plano. No ponto *A*, a discordância é puramente em hélice, enquanto no ponto *B* ela é puramente em aresta. Para as regiões entre esses dois pontos, onde existe uma curvatura na linha da discordância, a característica é de discordância mista entre em aresta e em hélice.
[A Figura (*b*) é de W. T. Read, Jr., *Dislocations in Crystals*, McGraw-Hill, New York, 1953.]

Virtualmente, todos os materiais cristalinos contêm algumas discordâncias que foram introduzidas durante a solidificação, durante a deformação plástica, e como consequência das tensões térmicas que resultam de resfriamento rápido. As discordâncias estão envolvidas na deformação plástica de materiais cristalinos, tanto de metais como de cerâmicas, como será discutido no Capítulo 8. Elas também foram observadas em materiais poliméricos; uma discordância em hélice está representada esquematicamente na Figura 5.8.

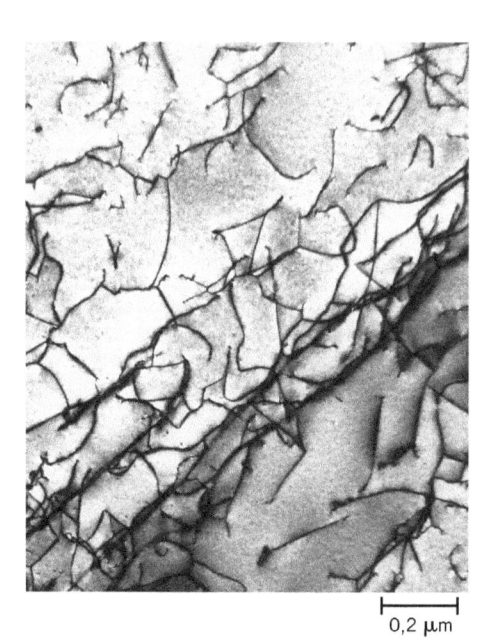

Figura 5.12 Uma micrografia eletrônica de transmissão de uma liga de titânio em que as linhas escuras são as discordâncias. Ampliação de 51.450×. (Cortesia de M. R. Plichta, Michigan Technological University.)

0,2 μm

5.8 DEFEITOS INTERFACIAIS

Os defeitos interfaciais são contornos que têm duas dimensões e que normalmente separam regiões dos materiais que possuem diferentes estruturas cristalinas e/ou orientações cristalográficas. Essas imperfeições incluem as superfícies externas, os contornos dos grãos, as fronteiras entre fases, os contornos de macla e as falhas de empilhamento.

Superfícies Externas

Um dos contornos mais óbvios é a superfície externa, ao longo da qual termina a estrutura do cristal. Os átomos na superfície não estão ligados ao número máximo de vizinhos mais próximos, estando, portanto, em um estado de maior energia do que os átomos nas posições interiores. As ligações desses átomos na superfície que não estão completadas dão origem a uma energia de superfície, expressa em unidades de energia por unidade de área (J/m^2 ou erg/cm^2). Para reduzir essa energia, os materiais tendem a minimizar, se isso for possível, a área total de sua superfície. Por exemplo, os líquidos assumem uma forma que tenha uma área mínima – as gotículas tornam-se esféricas. Obviamente, isso não é possível nos sólidos, que são mecanicamente rígidos.

Contornos de Grãos

Outro defeito interfacial, o contorno de grão, foi introduzido na Seção 3.18 como a fronteira que, em materiais policristalinos, separa dois pequenos grãos ou cristais com orientações cristalográficas diferentes. Um contorno de grão está representado esquematicamente sob uma perspectiva atômica na Figura 5.13. Na região do contorno, que tem provavelmente a largura equivalente à distância de apenas alguns poucos átomos, existem alguns desajustes atômicos na transição da orientação cristalina de um grão para aquela de um grão adjacente.

Vários graus de desalinhamento cristalográfico entre grãos adjacentes são possíveis (Figura 5.13). Quando esse desalinhamento da orientação é pequeno, da ordem de alguns poucos graus, então é empregado o termo *contorno de grão de baixo* (ou *pequeno*) *ângulo*. Esses contornos podem ser descritos em termos de arranjos de discordâncias. Um contorno de grão de baixo ângulo simples é formado quando discordâncias aresta estão alinhadas da maneira mostrada na Figura 5.14. Esse tipo é chamado de *contorno de inclinação*; o ângulo de desorientação, θ, também está indicado na figura. Quando o ângulo de desorientação é paralelo ao contorno, tem-se um *contorno de torção*, que pode ser descrito por meio de um arranjo de discordâncias em hélice.

Os átomos estão ligados de maneira menos regular ao longo de um contorno de grão (por exemplo, os ângulos de ligação são mais longos) e, consequentemente, existe uma energia interfacial ou do contorno de grão que é semelhante à energia de superfície descrita anteriormente. A

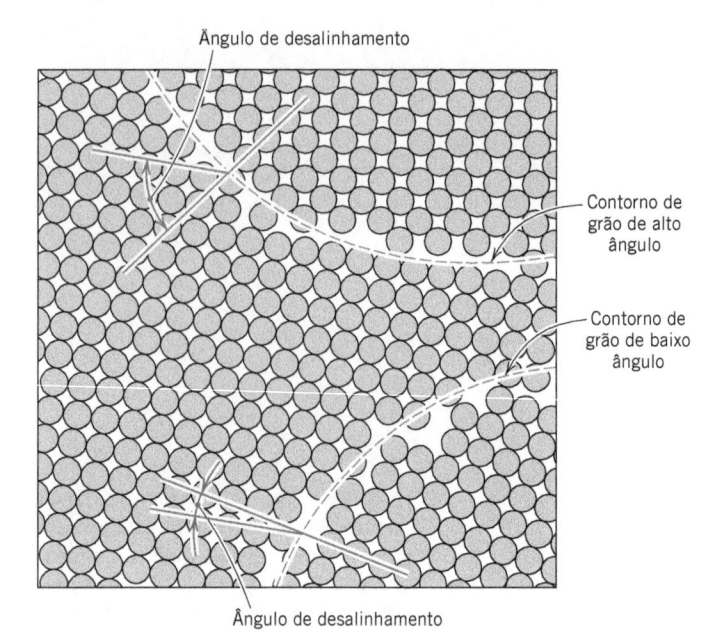

Figura 5.13 Diagrama esquemático mostrando contornos de grão de baixo e de alto ângulo e as posições atômicas adjacentes.

magnitude dessa energia é uma função do grau de desorientação, sendo maior para os contornos de alto ângulo. Os contornos de grãos são quimicamente mais reativos que os grãos propriamente ditos, como consequência dessa energia de contorno. Além disso, com frequência os átomos de impurezas segregam-se preferencialmente ao longo desses contornos, em função do seu estado de energia mais elevado. A energia interfacial total é menor nos materiais com grãos maiores ou mais grosseiros do que nos materiais com grãos mais finos, uma vez que a área de contorno total é menor nos materiais com grãos maiores. Em temperaturas elevadas, os grãos crescem para reduzir a energia total dos contornos, fenômeno que está explicado na Seção 8.14.

Apesar desse arranjo desordenado dos átomos e da falta de uma ligação regular ao longo dos contornos de grãos, um material policristalino ainda é muito resistente; estão presentes forças de coesão no interior e através dos contornos. Além disso, a densidade de uma amostra policristalina é virtualmente idêntica à de um monocristal do mesmo material.

Contornos de Fases

Os *contornos de fases* existem nos materiais multifásicos (Seção 10.3), nos quais há uma fase diferente em cada lado do contorno; além disso, cada uma das fases constituintes tem suas próprias características físicas e/ou químicas distintas. Como veremos em capítulos subsequentes, os contornos de fases desempenham um papel importante na determinação das características mecânicas de algumas ligas metálicas multifásicas.

Contornos de Macla

Contorno de macla é um tipo especial de contorno de grão através do qual existe uma simetria específica, em espelho, da rede; isto é, os átomos em um dos lados do contorno estão localizados em posições de imagem de espelho em relação aos átomos no outro lado do contorno (Figura 5.15). A região de material entre esses contornos é denominada *macla*. As maclas resultam de deslocamentos atômicos que são produzidos a partir da aplicação de forças mecânicas de cisalhamento (maclas de deformação) e também durante tratamentos térmicos de recozimento realizados após deformações (maclas de recozimento). A maclagem ocorre em plano cristalográfico definido e em direção específica, ambos os quais dependem da estrutura cristalina. As maclas de recozimento são encontradas tipicamente em metais com estrutura cristalina CFC, enquanto as maclas de deformação são observadas nos metais CCC e HC. O papel das maclas de deformação no processo de deformação está discutido na Seção 8.8. Maclas de recozimento podem ser observadas na fotomicrografia de uma amostra de latão policristalino mostrada na Figura 5.19c. As maclas correspondem àquelas regiões que apresentam lados relativamente retos e paralelos, assim como um contraste visual

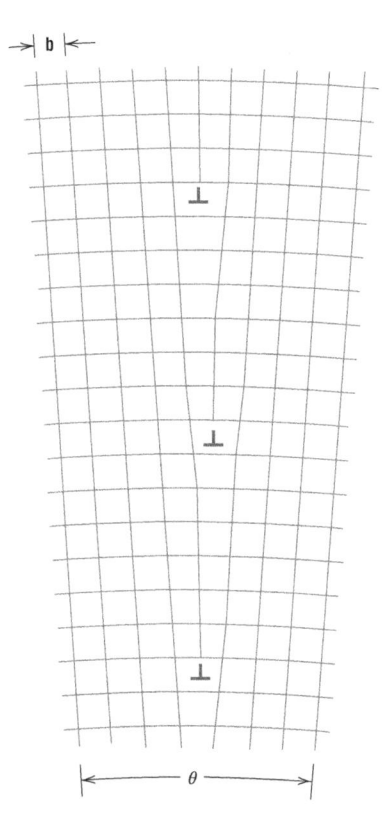

Figura 5.14 Demonstração de como um contorno de inclinação, com um ângulo de desorientação θ, resulta de um alinhamento de discordâncias em aresta.

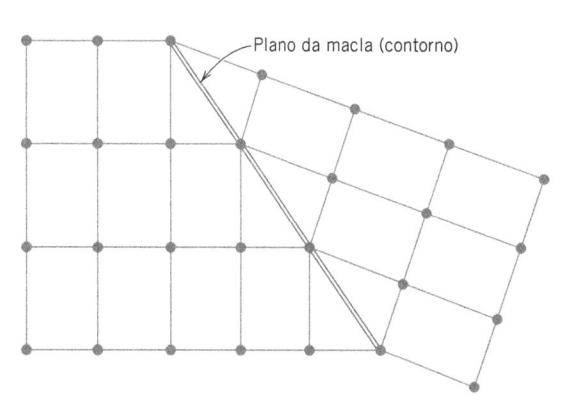

Figura 5.15 Diagrama esquemático mostrando um plano ou contorno de macla e as posições atômicas adjacentes (círculos escuros).

diferente daquele das regiões não macladas dos grãos, no interior dos quais elas se encontram. Uma explicação para a variedade de contrastes de textura nessa fotomicrografia é dada na Seção 5.12.

Defeitos Interfaciais Diversos

Outros defeitos interfaciais possíveis incluem as falhas de empilhamento e as paredes de domínio ferromagnético. As falhas de empilhamento são encontradas nos metais CFC quando há interrupção na sequência de empilhamento $ABCABCABC...$ dos planos compactos de átomos (Seção 3.16). Para os materiais ferromagnéticos e ferrimagnéticos, o contorno que separa as regiões com diferentes direções de magnetização é denominado *parede de domínio*, que está discutido na Seção 18.7.

Em relação aos materiais poliméricos, as superfícies de camadas com cadeias dobradas (Figura 4.13) são consideradas defeitos interfaciais, assim como o são os contornos entre duas regiões cristalinas adjacentes.

Uma energia interfacial está associada a cada um dos defeitos discutidos nesta seção e a magnitude dessa energia depende do tipo de contorno e varia de material para material. Normalmente, a energia interfacial é maior para as superfícies externas e menor para as paredes de domínio.

Verificação de Conceitos 5.5   A energia de superfície de um monocristal depende da orientação cristalográfica. Essa energia de superfície aumenta ou diminui com o aumento da densidade planar? Por quê?

[*A resposta está disponível no GEN-IO, ambiente virtual de aprendizagem do GEN.*]

MATERIAIS DE IMPORTÂNCIA

Catalisadores (e Defeitos de Superfície)

Um *catalisador* é uma substância que acelera a taxa de uma reação química sem participar da reação propriamente dita (isto é, sem ser consumido). Um tipo de catalisador existe como um sólido; as moléculas reagentes em uma fase gasosa ou líquida são adsorvidas[9] sobre a superfície do catalisador, onde ocorre algum tipo de interação que promove um aumento em sua taxa de reatividade química.

Os sítios de adsorção em um catalisador são normalmente defeitos superficiais associados aos planos de átomos; uma ligação interatômica/intermolecular é formada entre um sítio de defeito e uma espécie molecular que é adsorvida. Os vários tipos de defeitos de superfície, representados esquematicamente na Figura 5.16, incluem degraus, dobras, terraços, lacunas e adátomos individuais (isto é, átomos adsorvidos sobre a superfície).

Um importante uso dos catalisadores é nos conversores catalíticos de automóveis, que reduzem a emissão dos gases de exaustão poluentes, tais como monóxido de carbono (CO), óxidos de nitrogênio (NO_x, em que x é variável) e hidrocarbonetos não queimados. (Veja os diagramas e a fotografia na abertura deste capítulo.) Ar é introduzido nas emissões de exaustão do motor do automóvel; essa mistura de gases passa, então, sobre o catalisador, cuja superfície adsorve as moléculas de CO, NO_x e O_2. O NO_x se dissocia nos átomos de N e O, enquanto o O_2 se dissocia na sua espécie atômica. Pares de átomos de nitrogênio se combinam para formar moléculas de N_2, e o monóxido de carbono é oxidado para formar dióxido de carbono (CO_2). Além disso, quaisquer hidrocarbonetos que não tenham sido queimados também são oxidados a CO_2 e H_2O.

Um dos materiais empregados como catalisador nessa aplicação é o $(Ce_{0,5}Zr_{0,5})O_2$. A Figura 5.17 é uma micrografia eletrônica de transmissão de alta resolução que mostra vários monocristais desse material. Essa micrografia tem resolução para mostrar os átomos individuais, assim como alguns dos defeitos apresentados na Figura 5.16. Esses defeitos de superfície atuam como sítios de adsorção para as espécies atômicas e moleculares que foram citadas no parágrafo anterior. Consequentemente, as reações de dissociação, combinação e oxidação envolvendo essas espécies são facilitadas, tal que o teor de componentes poluentes (CO, NO_x e hidrocarbonetos não queimados) na corrente de gases de exaustão é reduzido de maneira significativa.

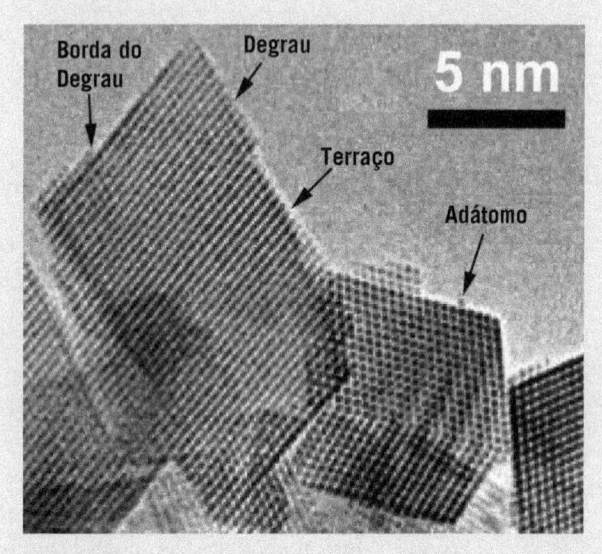

Figura 5.17 Micrografia eletrônica de transmissão de alta resolução que mostra monocristais de $(Ce_{0,5}Zr_{0,5})O_2$; esse material é usado em conversores catalíticos para automóveis. Podem ser vistos nos cristais alguns defeitos de superfície que foram representados esquematicamente na Figura 5.16.
[De W. J. Stark, L. Mädler, M. Maciejewski, S. E. Pratsinis e A. Baiker, "Flame-Synthesis of Nanocrystalline Ceria/Zirconia: Effect of Carrier Liquid", *Chem. Comm.*, 588-589 (2003). Reproduzido sob permissão de The Royal Society of Chemistry.]

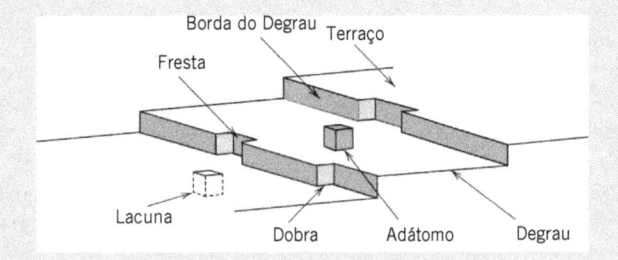

Figura 5.16 Representações esquemáticas de defeitos de superfície que são sítios de adsorção potenciais para catálise. Os sítios de átomos individuais estão representados como cubos.

---

[9] *Adsorção* é a adesão de moléculas de um gás ou líquido a uma superfície sólida. Ela não deve ser confundida com *absorção*, que é a assimilação de moléculas no interior de um sólido ou líquido.

5.9 DEFEITOS VOLUMÉTRICOS OU DE MASSA

Existem outros defeitos em todos os materiais sólidos que são muito maiores do que aqueles que foram discutidos até o momento. Esses incluem os poros, as trincas, inclusões exógenas e outras fases. Eles são introduzidos normalmente durante as etapas de processamento e de fabricação. Alguns desses defeitos e seus efeitos sobre as propriedades dos materiais estão discutidos em capítulos subsequentes.

5.10 VIBRAÇÕES ATÔMICAS

vibração atômica

Todos os átomos em um material sólido estão vibrando muito rapidamente em torno de sua posição na rede no cristal. Em certo sentido, essas **vibrações atômicas** podem ser consideradas como imperfeições ou defeitos. Em qualquer instante, nem todos os átomos vibram na mesma frequência ou amplitude, ou com a mesma energia. Em determinada temperatura, existe uma distribuição das energias dos átomos constituintes em torno de uma energia média. Ao longo do tempo, a energia vibracional de qualquer átomo específico também varia de maneira aleatória. Com o aumento da temperatura, essa energia média aumenta e, de fato, a temperatura de um sólido é realmente apenas uma medida da atividade vibracional média dos átomos e moléculas. À temperatura ambiente, uma frequência de vibração típica é da ordem de 10^{13} vibrações por segundo, enquanto a amplitude é de alguns poucos milésimos de nanômetro.

Muitas propriedades e processos nos sólidos são manifestações desse movimento de vibração atômica. Por exemplo, a fusão ocorre quando as vibrações são suficientemente vigorosas para romper grandes números de ligações atômicas. Uma discussão mais detalhada das vibrações atômicas e de suas influências sobre as propriedades dos materiais está apresentada no Capítulo 17.

Análises ao Microscópio

5.11 CONCEITOS BÁSICOS DE MICROSCOPIA

Ocasionalmente, é necessário ou desejável examinar os elementos estruturais e os defeitos que influenciam as propriedades dos materiais. Alguns elementos estruturais têm dimensões *macroscópicas*, isto é, são suficientemente grandes para serem observados a olho nu. Por exemplo, a forma e o tamanho ou diâmetro médio dos grãos para uma amostra policristalina são características estruturais importantes. Os grãos macroscópicos são, frequentemente, evidentes nos postes de iluminação de rua feitos em alumínio e também nas barreiras de segurança (*guard rails*) em autoestradas. Grãos relativamente grandes, exibindo diferentes texturas, são claramente visíveis na superfície do lingote de cobre seccionado mostrado na Figura 5.18. No entanto, na maioria dos materiais, os grãos constituintes têm dimensões *microscópicas*, com diâmetros que podem ser da ordem de alguns micra,[10] tal que seus detalhes devem ser investigados utilizando-se algum tipo de microscópio. O tamanho e a forma do grão são apenas duas características do que é denominado **microestrutura**; essas e outras características microestruturais estão discutidas em capítulos subsequentes.

microestrutura

microscopia

fotomicrografia

Os microscópios óptico, eletrônico e de varredura por sonda são comumente utilizados em **microscopia**. Esses instrumentos auxiliam nas investigações das características microestruturais de todos os tipos de materiais. Algumas dessas técnicas empregam equipamentos fotográficos em conjunto com o microscópio; a fotografia na qual a imagem é registrada é chamada de **fotomicrografia**. Além disso, muitas imagens microestruturais são geradas e/ou retocadas em computadores.

A análise ao microscópio é uma ferramenta extremamente útil no estudo e na caracterização dos materiais. Várias das aplicações importantes das análises microestruturais são as seguintes: assegurar que as associações entre as propriedades e a estrutura (e os defeitos) sejam compreendidas de forma apropriada, para prever as propriedades dos materiais, uma vez que essas relações tenham

---

[10] Um mícron (μm), algumas vezes chamado de micrômetro, é igual a 10^{-6} m.

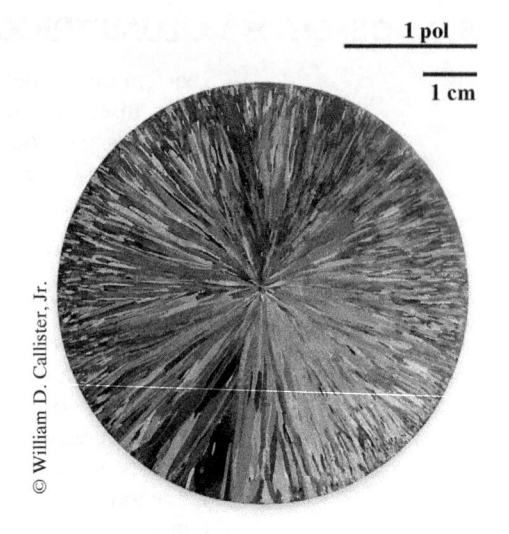

1 pol

1 cm

© William D. Callister, Jr.

Figura 5.18 Seção transversal de um lingote cilíndrico de cobre. Os pequenos grãos em forma de agulha podem ser observados, os quais se estendem radialmente do centro para a periferia.

sido estabelecidas; projetar ligas com novas combinações de propriedades; determinar se um material foi tratado termicamente de maneira correta; verificar o modo da fratura mecânica. Várias técnicas usualmente empregadas em tais investigações são discutidas a seguir.

5.12 TÉCNICAS MICROSCÓPICAS

Microscopia Óptica

Na *microscopia óptica*, o microscópio óptico é empregado para estudar a microestrutura; sistemas ópticos e de iluminação são os seus elementos básicos. Para os materiais opacos à luz visível (todos os metais e muitos cerâmicos e polímeros), apenas a superfície está sujeita à observação e o microscópio óptico deve ser usado no modo de reflexão. Os contrastes na imagem produzida resultam de diferenças na refletividade das várias regiões da microestrutura. Investigações desse tipo são denominadas frequentemente *metalográficas*, uma vez que os metais foram os primeiros materiais examinados usando essa técnica.

Normalmente, são necessários preparos de superfície cuidadosos e meticulosos para revelar os detalhes importantes da microestrutura. A superfície da amostra deve ser primeiro lixada e polida, até atingir um acabamento liso e espelhado. Isso é conseguido utilizando-se lixas e pós abrasivos sucessivamente mais finos. A microestrutura é revelada por um tratamento superficial empregando um reagente químico apropriado, em um procedimento denominado *ataque químico*. A reatividade química dos grãos de alguns materiais monofásicos depende da orientação cristalográfica. Consequentemente, em uma amostra policristalina, as características do ataque químico variam de grão para grão. A Figura 5.19*b* mostra como a luz que incide perpendicularmente é refletida por três grãos submetidos a um ataque químico, cada qual possuindo uma orientação diferente. A Figura 5.19*a* mostra a estrutura da superfície da maneira como ela pode parecer quando vista ao microscópio; o brilho ou a textura de cada grão depende de suas propriedades de reflectância. Uma fotomicrografia de amostra policristalina que exibe essas características está mostrada na Figura 5.19*c*.

Além disso, pequenos sulcos são formados ao longo dos contornos de grãos, como consequência do ataque químico. Uma vez que os átomos ao longo das regiões dos contornos de grãos são quimicamente mais reativos, eles se dissolvem a uma taxa maior do que aqueles no interior dos grãos. Esses sulcos tornam-se identificáveis quando vistos sob microscópio, pois refletem a luz em um ângulo diferente daquele dos grãos propriamente ditos; esse efeito está mostrado na Figura 5.20*a*. A Figura 5.20*b* é a fotomicrografia de uma amostra policristalina em que os sulcos dos contornos de grãos estão claramente visíveis como linhas escuras.

Quando a microestrutura de uma liga bifásica é examinada, geralmente seleciona-se um agente de ataque químico que produza uma textura diferente em cada fase, tal que as diferentes fases possam ser distinguidas entre si.

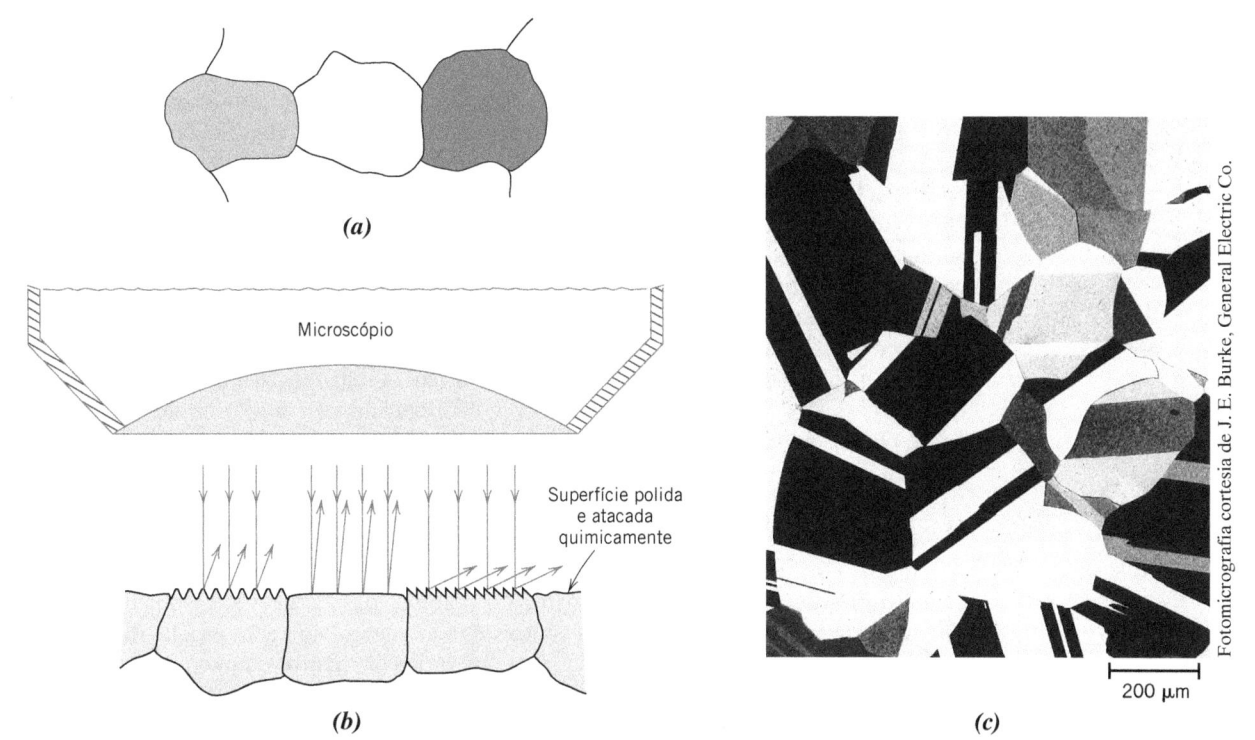

Figura 5.19 (*a*) Grãos polidos e atacados quimicamente da forma como podem aparecer quando vistos com um microscópio óptico. (*b*) Corte feito através desses grãos mostrando como as características do ataque químico e a textura superficial resultante variam de grão para grão devido a diferenças na orientação cristalográfica. (*c*) Fotomicrografia de uma amostra de latão policristalino. Ampliação de 60×.

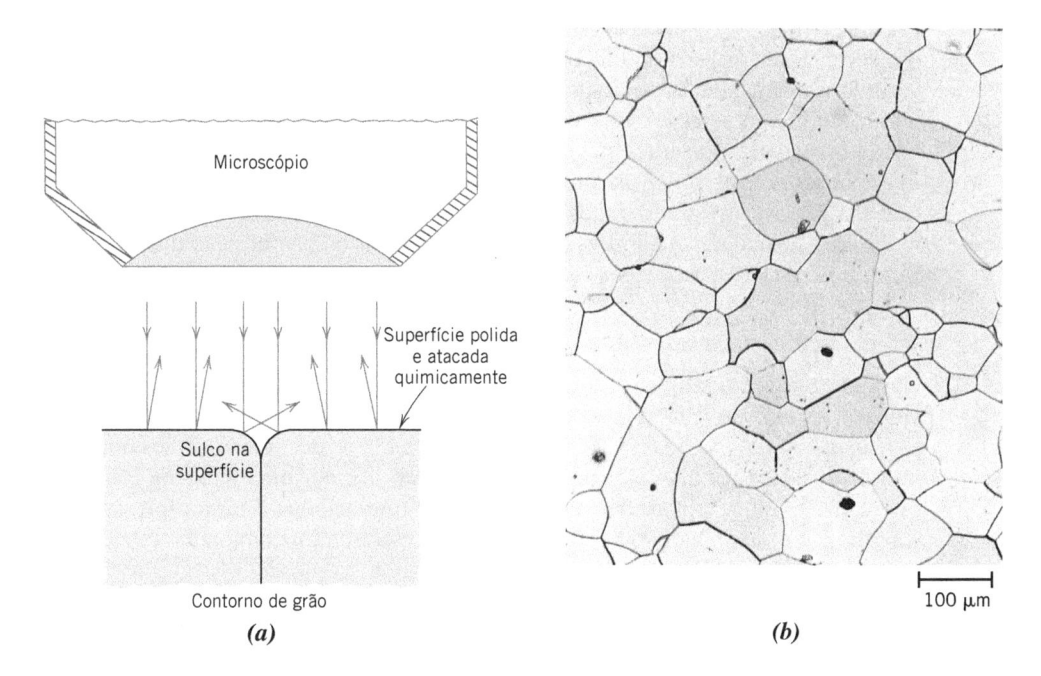

Figura 5.20 (*a*) Seção de um contorno de grão e seu sulco na superfície, produzido por ataque químico; as características de reflexão da luz na vizinhança do sulco também estão mostradas. (*b*) Fotomicrografia da superfície de uma amostra de liga ferro-cromo policristalina, polida e atacada quimicamente, em que os contornos de grãos aparecem escuros. Ampliação de 100×.
[Essa fotomicrografia é cortesia de L. C. Smith e C. Brady, the National Bureau of Standards, Washington, DC (agora National Institute of Standards and Technology, Gaithersburg, MD).]

Microscopia Eletrônica

O limite superior para a ampliação possível com um microscópio óptico é de aproximadamente 2000×. Consequentemente, alguns elementos estruturais são muito finos ou pequenos para permitir sua observação usando microscopia óptica. Sob tais circunstâncias, o microscópio eletrônico, que é capaz de ampliações muito maiores, pode ser empregado.

Uma imagem da estrutura que está sendo investigada é formada empregando feixes de elétrons, em lugar de radiação luminosa. De acordo com a mecânica quântica, um elétron em alta velocidade adquire características ondulatórias, com um comprimento de onda inversamente proporcional à sua velocidade. Quando acelerado através de grandes tensões, os elétrons podem adquirir comprimentos de onda da ordem de 0,003 nm (3 pm). As grandes ampliações e capacidades de resolução desses microscópios são consequência dos pequenos comprimentos de onda dos feixes de elétrons. O feixe de elétrons é focado e a imagem é formada por lentes magnéticas; em todos os demais aspectos, a geometria dos componentes do microscópio é essencialmente a mesma dos sistemas ópticos. Nos microscópios eletrônicos são possíveis as modalidades de operação com feixes de transmissão e de reflexão.

Microscopia Eletrônica de Transmissão

microscópio eletrônico de transmissão (MET)

A imagem vista com um **microscópio eletrônico de transmissão (MET)** é formada por um feixe de elétrons que passa através da amostra. Os detalhes das características microestruturais internas tornam-se acessíveis à observação; os contrastes na imagem são gerados pelas diferenças no espalhamento ou difração do feixe produzidas entre os vários elementos da microestrutura ou por defeitos. Uma vez que os materiais sólidos absorvem fortemente os feixes de elétrons, para uma amostra ser analisada ela deve ser preparada na forma de uma folha muito fina; isso assegura a transmissão de uma fração apreciável do feixe incidente através da amostra. O feixe transmitido é projetado sobre uma tela fluorescente ou sobre um filme fotográfico, de modo que a imagem possa ser vista. Ampliações que se aproximam de 1.000.000× são possíveis com microscopia eletrônica de transmissão; essa técnica é usada com frequência para estudar discordâncias.

Microscopia Eletrônica de Varredura

microscópio eletrônico de varredura (MEV)

Uma ferramenta de investigação mais recente e extremamente útil é o **microscópio eletrônico de varredura (MEV)**. A superfície de uma amostra a ser examinada é varrida com um feixe de elétrons e o feixe de elétrons refletido (ou *retroespalhado*) é coletado e então exibido à mesma taxa de varredura. A imagem na tela, que pode ser fotografada, representa as características da superfície da amostra. A superfície pode ou não estar polida e atacada quimicamente, porém ela deve ser condutora de eletricidade; um revestimento metálico muito fino deve ser aplicado em materiais não condutores. São possíveis ampliações que variam entre 10× e mais de 50.000×, da mesma forma que são possíveis profundidades de campo muito grandes. Equipamentos acessórios permitem a realização de análises qualitativas e semiquantitativas da composição dos elementos em áreas muito localizadas da superfície.

Microscopia de Varredura por Sonda

microscópio de varredura por sonda (MVS)

Nas duas últimas décadas, o campo da microscopia experimentou uma revolução, com o desenvolvimento de uma nova família de microscópios de varredura por sonda. O **microscópio de varredura por sonda (MVS)**, do qual existem diversos tipos, difere dos microscópios ópticos e eletrônicos pelo fato de que nem luz nem elétrons são usados para formar uma imagem. Em vez disso, o microscópio gera um mapa topográfico, em uma escala atômica, que é uma representação dos detalhes da superfície e das características da amostra que está sendo examinada. Algumas das características que diferenciam a MVS das outras técnicas de microscopia são as seguintes:

- É possível a realização de uma análise em escala nanométrica, uma vez que são possíveis ampliações de até $10^9×$; são obtidas resoluções muito superiores às de outras técnicas de microscopia.
- São geradas imagens ampliadas tridimensionais, que fornecem informações topográficas sobre as características de interesse.
- Alguns MVS podem ser operados em diversos ambientes (por exemplo, vácuo, ar, líquidos); dessa forma, uma amostra particular pode ser examinada em seu ambiente mais apropriado.

Os microscópios de varredura por sonda empregam uma minúscula sonda com uma ponta extremamente fina, que é colocada muito próxima (isto é, em uma distância da ordem do nanômetro) da superfície da amostra. Essa sonda é então submetida a uma varredura ao longo do plano da superfície. Durante a varredura, a sonda sofre deflexões perpendiculares a esse plano, em resposta a interações eletrônicas ou de outra natureza entre a sonda e a superfície da amostra. Os movimentos da sonda no plano da superfície e para fora do plano são controlados por componentes cerâmicos piezelétricos (Seção 12.25) que têm resoluções da ordem do nanômetro. Além disso, esses movimentos da sonda são monitorados eletronicamente e transferidos e armazenados em um computador, que gera, então, a imagem tridimensional da superfície.

Esses novos MVS, que permitem o exame da superfície de materiais nos níveis atômico e molecular, fornecem uma riqueza de informações sobre uma gama de materiais, desde *chips* de circuitos integrados até moléculas biológicas. De fato, o advento dos MVS nos ajudou a entrar na era dos *nanomateriais* – materiais cujas propriedades são projetadas pela engenharia de suas estruturas atômicas e moleculares.

A Figura 5.21*a* é um gráfico de barras que mostra as faixas de dimensões para os vários tipos de estruturas encontrados nos materiais (observe que o eixo horizontal está em escala logarítmica). As faixas de resolução dimensional úteis para as várias técnicas de microscopia discutidas neste capítulo (além do olho nu) estão apresentadas no gráfico de barras da Figura 5.21*b*. Para três dessas técnicas (MVS, MET e MEV), as características do microscópio não impõem um valor superior de

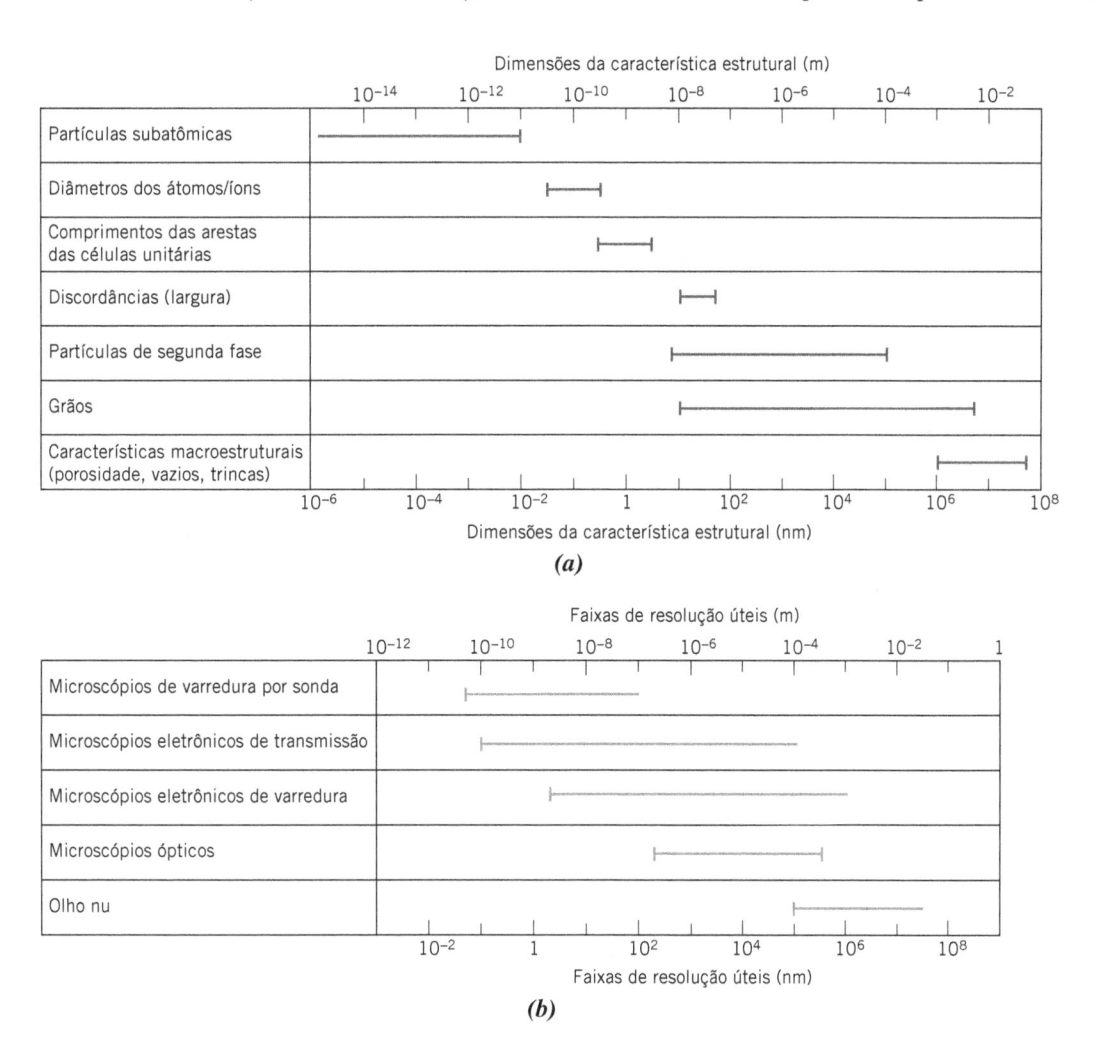

(a)

(b)

Figura 5.21 (*a*) Gráfico de barras mostrando as faixas de tamanho para várias características estruturais encontradas nos materiais. (*b*) Gráfico de barras mostrando as faixas de resolução úteis para quatro técnicas de microscopia discutidas neste capítulo, além do olho nu.
(Cortesia do Prof. Sidnei Paciornik, DEQM, PUC-Rio, Rio de Janeiro, Brasil, e do Prof. Carlos Pérez Bergmann, Universidade Federal do Rio Grande do Sul, Porto Alegre, Brasil.)

resolução e, portanto, esse limite é um tanto quanto arbitrário e não é bem definido. Além disso, pela comparação entre as Figuras 5.21*a* e 5.21*b*, é possível decidir qual(is) técnica(s) de microscopia é(são) mais adequada(s) para o exame de cada tipo de estrutura.

5.13 DETERMINAÇÃO DO TAMANHO DO GRÃO

tamanho do grão

O **tamanho do grão** é determinado com frequência quando as propriedades de materiais policristalinos e monofásicos estão sendo consideradas. Nesse sentido, é importante entender que para cada material os grãos constituintes têm uma variedade de formas e uma distribuição de tamanhos. O tamanho do grão pode ser especificado em termos do diâmetro médio do grão; várias técnicas foram desenvolvidas para medir esse parâmetro.

Antes do advento da era digital, as determinações do tamanho do grão eram realizadas manualmente usando fotomicrografias. No entanto, atualmente, a maioria das técnicas é automatizada e usa imagens digitais e analisadores de imagem com o recurso de registrar, detectar e medir com precisão as características da estrutura do grão (isto é, contagens de interseções de grãos, comprimentos de contornos de grãos e áreas dos grãos).

Descrevemos agora sucintamente duas técnicas comuns para a determinação do tamanho do grão: (1) *interseção linear* – contagem do número de interseções de contornos de grão por linhas retas de teste; e (2) *comparação* – comparação das estruturas dos grãos com quadros padrões, as quais são baseadas nas áreas dos grãos (isto é, número de grãos por unidade de área). As discussões dessas técnicas são feitas a partir de uma perspectiva manual (usando fotomicrografias).

Para o método da interseção linear, linhas são desenhadas aleatoriamente ao longo de várias fotomicrografias que mostram a estrutura dos grãos (todas com a mesma ampliação). Os contornos de grão interceptados por todos os segmentos de linha são contados. Vamos representar a soma do número total de interseções como P e o comprimento total de todas as linhas por L_T. O comprimento médio entre interseções $\bar{\ell}$ [no espaço real (em $1\times$ – isto é, sem ampliação)], uma medida do diâmetro do grão, pode ser determinado usando a seguinte expressão:

$$\bar{\ell} = \frac{L_T}{PM} \tag{5.19}$$

em que M é a ampliação.

O método da comparação para determinação do tamanho do grão foi desenvolvido pela Sociedade Americana para Testes e Materiais (ASTM – American Society for Testing and Materials).[11] A ASTM preparou vários quadros comparativos padronizados, todos com diferentes tamanhos médios do grão e referenciados a fotomicrografias tiradas em uma ampliação de $100\times$. A cada quadro foi atribuído um número variando de 1 a 10, que é denominado o *número do tamanho do grão*. Uma amostra deve ser preparada de maneira apropriada para revelar a estrutura dos grãos, e então ser fotografada. O tamanho do grão é expresso em termos do número do tamanho do grão referente ao quadro cujos grãos mais se assemelham aos da micrografia. Dessa forma, é possível uma determinação visual relativamente simples e conveniente do número do tamanho do grão. O número do tamanho do grão é usado extensivamente na especificação de aços.

O raciocínio que está por trás da atribuição do número do tamanho do grão a esses diferentes quadros é o seguinte: Se G representa o número do tamanho do grão e n representa o número médio de grãos por polegada quadrada sob uma ampliação de $100\times$, esses dois parâmetros estão relacionados entre si pela expressão[12]

Relação entre o número do tamanho do grão ASTM e o número de grãos por polegada quadrada (sob uma ampliação de $100\times$)

$$n = 2^{G-1} \tag{5.20}$$

Para fotomicrografias tiradas em ampliações diferentes de $100\times$ é necessário o uso da seguinte forma modificada da Equação 5.20:

$$n_M \left(\frac{M}{100} \right)^2 = 2^{G-1} \tag{5.21}$$

---

[11] Norma ASTM E112, "Métodos de Ensaio Padronizados para a Determinação do Tamanho Médio dos Grãos" (*Standard Test Methods for Determining Average Grain Size*).

[12] Favor observar que nesta edição o símbolo n substitui N, usado em edições anteriores; além disso, G na Equação 5.20 é usado em lugar de n, que era usado anteriormente. A Equação 5.20 é a notação padrão utilizada atualmente na literatura.

Nessa expressão, n_M é o número de grãos por polegada quadrada em uma ampliação M. Além disso, a inclusão do termo $\left(\frac{M}{100}\right)^2$ faz uso do fato de que, enquanto a ampliação é um parâmetro relacionado com o comprimento, a área é expressa em termos de unidades de comprimento ao quadrado. Em consequência, o número de grãos por unidade de área aumenta com o quadrado do aumento na ampliação.

Foram desenvolvidas relações que associam o comprimento médio entre interseções ao número do tamanho do grão ASTM; estas são as seguintes:

$$G = -6{,}6457 \log \overline{\ell} - 3{,}298 \quad (\text{para } \overline{\ell} \text{ em mm}) \tag{5.22a}$$

$$G = -6{,}6353 \log \overline{\ell} - 12{,}6 \quad (\text{para } \overline{\ell} \text{ em in}) \tag{5.22b}$$

Nesse ponto, é importante discutir a representação da ampliação (isto é, da ampliação linear) para uma micrografia. Algumas vezes a ampliação é especificada na legenda da micrografia (por exemplo, "60×" para a Figura 5.19*b*); isso significa que a micrografia representa uma ampliação de 60 vezes da amostra no espaço real. *Barras de escala* também são usadas para expressar o grau de ampliação. Uma barra de escala é uma linha reta (tipicamente horizontal) que está sobreposta ou localizada próxima à imagem da micrografia. Associado à barra existe um comprimento, tipicamente expresso em micrômetros; esse valor representa a distância no espaço ampliado que corresponde ao comprimento da linha de escala. Por exemplo, na Figura 5.20*b*, uma barra de escala está localizada abaixo do canto inferior direito da micrografia; a sua notação "100 μm" indica que o comprimento da barra de escala é de 100 μm.

Para calcular a ampliação de uma barra de escala, o seguinte procedimento pode ser usado:

1. Meça o comprimento da barra de escala em milímetros usando uma régua.

2. Converta esse comprimento em micrômetros [isto é, multiplique o valor da etapa (1) por 1000, pois existem 1000 micrômetros em um milímetro].

3. A ampliação M é igual a

$$M = \frac{\text{comprimento da escala medido (convertido em micrômetros)}}{\text{o número que aparece junto à barra de escala (em micrômetros)}} \tag{5.23}$$

Por exemplo, para a Figura 5.20*b*, o comprimento medido para a escala é de aproximadamente 10 mm, que é equivalente a (10 mm)(1000 μm/mm) = 10.000 μm. Uma vez que o comprimento da escala equivale a 100 μm, a ampliação é igual a

$$M = \frac{10.000\ \mu\text{m}}{100\ \mu\text{m}} = 100\times$$

Esse é o valor dado na legenda da figura.

✓

Verificação de Conceitos 5.6   O número do tamanho do grão (G na Equação 5.20) aumenta ou diminui com a diminuição do tamanho do grão? Por quê?

[*A resposta está disponível no GEN-IO, ambiente virtual de aprendizagem do GEN.*]

PROBLEMA-EXEMPLO 5.7

Cálculos do Tamanho do Grão Usando os Métodos da ASTM e da Interseção

A figura adiante é uma micrografia esquemática que representa a microestrutura de algum metal hipotético.

Determine o seguinte:

(a) Comprimento médio entre interseções.

(b) Número do tamanho do grão ASTM, G, usando a Equação 5.22a.

Solução

(a) Primeiro determinamos a ampliação da micrografia usando a Equação 5.23. O comprimento da barra de escala é medido e vale 16 mm, que é igual a 16.000 μm e, porque o número na barra de escala é 100 μm, a ampliação é de

$$M = \frac{16.000 \ \mu m}{100 \ \mu m} = 160\times$$

O desenho a seguir é a mesma micrografia, sobre a qual foram desenhadas sete linhas retas (em cinza), as quais foram numeradas.

O comprimento de cada linha é de 50 mm, tal que o comprimento total das linhas (L_T na Equação 5.19) é

(7 linhas)(50 mm/linha) = 350 mm

A tabela a seguir mostra o número de interseções com contornos de grãos para cada linha.

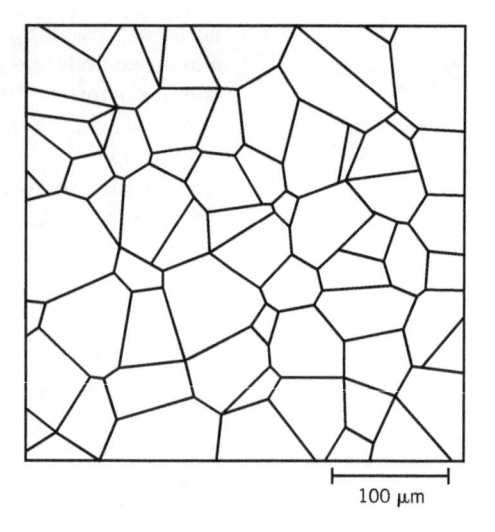

100 μm

Número da Linha	Número de Interseções com Contornos de Grãos
1	8
2	8
3	8
4	9
5	9
6	9
7	7
Total	58

Assim, uma vez que L_T = 350 mm, P = 58 interseções com contornos de grãos e a ampliação é M = 160×, o comprimento médio entre interseções $\overline{\ell}$ (em milímetros no espaço real), Equação 5.19, é igual a

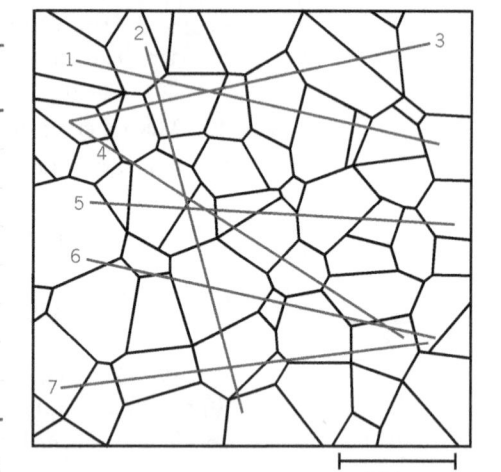

100 μm

$$\overline{\ell} = \frac{L_T}{PM}$$

$$= \frac{350 \ mm}{(58 \text{ interseções com contornos de grãos}) \ (160\times)} = 0,0377 \ mm$$

(b) O valor de *G* é determinado pela substituição desse valor de $\overline{\ell}$ na Equação 5.22a; portanto,

$$G = -6,6457 \log \overline{\ell} - 3,298$$

$$= (-6,6457) \log(0,0377) - 3,298$$

$$= 6,16$$

RESUMO

Defeitos Pontuais nos Metais

- Os defeitos pontuais são aqueles associados a uma ou a duas posições atômicas; esses incluem as lacunas (ou sítios vagos na rede) e os autointersticiais (átomos hospedeiros que ocupam sítios intersticiais).
- O número de lacunas em equilíbrio depende da temperatura, de acordo com a Equação 5.1.

Defeitos Pontuais nas Cerâmicas

- Em relação aos defeitos atômicos pontuais nas cerâmicas, são possíveis intersticiais e lacunas aniônicos e catiônicos (Figura 5.2).

- Uma vez que cargas elétricas estão associadas aos defeitos pontuais atômicos nos materiais cerâmicos, os defeitos algumas vezes ocorrem em pares (por exemplo, os defeitos de Frenkel e Schottky), de forma a manter a neutralidade de cargas.

- Uma cerâmica estequiométrica é aquela em que a razão entre os cátions e os ânions é exatamente a mesma prevista pela fórmula química.

- É possível haver materiais não estequiométricos nos casos em que um dos íons pode existir em mais de um estado iônico (por exemplo, $Fe_{(1-x)}O$ para Fe^{2+} e Fe^{3+}).

- A adição de átomos de impurezas pode resultar na formação de soluções sólidas substitucionais ou intersticiais. Nas soluções sólidas substitucionais, um átomo de impureza substitui aquele átomo hospedeiro com o qual mais se assemelha em termos elétricos.

Impurezas nos Sólidos

- Uma *liga* é uma substância metálica composta por dois ou mais elementos.

- Uma solução sólida pode se formar quando átomos de impurezas são adicionados a um sólido, cujo caso a estrutura cristalina original é mantida e nenhuma nova fase é formada.

- Nas soluções sólidas substitucionais, os átomos de impureza substituem os átomos hospedeiros.

- As soluções sólidas intersticiais formam-se para átomos de impureza relativamente pequenos que ocupam sítios intersticiais entre os átomos hospedeiros.

- Para as soluções sólidas substitucionais, uma solubilidade apreciável só é possível quando os diâmetros atômicos e as eletronegatividades de ambos os tipos de átomos são semelhantes, quando ambos os elementos apresentam a mesma estrutura cristalina e quando os átomos de impureza exibem uma valência que é igual ou menor que aquela do material hospedeiro.

Defeitos Pontuais nos Polímeros

- Embora o conceito de defeito pontual nos polímeros seja diferente daquele para os metais e as cerâmicas, foi determinada a existência de lacunas, átomos intersticiais e átomos/íons de impureza e grupos de átomos/íons como intersticiais nas regiões cristalinas.

- Outros defeitos incluem as extremidades das cadeias, cadeias pendentes e soltas e discordâncias (Figura 5.8).

Especificação da Composição

- A composição de uma liga pode ser especificada em porcentagem em peso (com base na fração mássica; Equações 5.6a e 5.6b) ou em porcentagem atômica (com base na fração molar ou atômica; Equações 5.8a e 5.8b).

- Foram dadas expressões que permitem a conversão de porcentagem em peso em porcentagem atômica (Equação 5.9a) e vice-versa (Equação 5.10a).

- São possíveis os cálculos da densidade média e do peso atômico médio para uma liga bifásica usando outras equações citadas neste capítulo (Equações 5.13a, 5.13b, 5.14a e 5.14b).

Discordâncias – Defeitos Lineares

- As *discordâncias* são defeitos cristalinos unidimensionais para os quais existem dois tipos considerados puros: em aresta e em hélice.

  Uma discordância em *aresta* pode ser considerada em termos da distorção da rede ao longo da extremidade de um semiplano extra de átomos.

  Uma discordância em *hélice* é como uma rampa helicoidal plana.

  Nas discordâncias *mistas* são encontrados componentes tanto das discordâncias puramente aresta como das puramente hélice.

- A magnitude e a direção da distorção da rede associada a uma discordância são especificadas por seu vetor de Burgers.

- As orientações relativas do vetor de Burgers e da linha da discordância são (1) perpendiculares para as discordâncias em aresta, (2) paralelas para as discordâncias em hélice e (3) nem paralela nem perpendicular para as discordâncias mistas.

Defeitos Interfaciais

- Na vizinhança de um contorno de grão (com uma largura de várias distâncias atômicas), existe algum desajuste atômico entre dois grãos adjacentes que têm orientações cristalográficas diferentes.

- Para um contorno de grão de alto ângulo, o ângulo de desalinhamento entre os grãos é relativamente grande; esse ângulo é relativamente pequeno para os contornos de grão de baixo ângulo.
- Através de um contorno de macla, os átomos em um dos lados estão em posições de imagem em espelho em relação aos átomos no outro lado.

Técnicas Microscópicas
- A microestrutura de um material consiste em defeitos e elementos estruturais com dimensões microscópicas. A *microscopia* é a observação da microestrutura usando algum tipo de microscópio.
- Tanto microscópios ópticos como eletrônicos geralmente são empregados em conjunto com equipamentos fotográficos.
- As modalidades de transmissão e de reflexão são possíveis para cada tipo de microscópio; a preferência é ditada pela natureza da amostra, assim como pelo elemento estrutural ou defeito a ser examinado.
- Para observar a estrutura de grãos de um material policristalino usando um microscópio óptico, a superfície da amostra deve ser lixada e polida, para produzir um acabamento muito liso e de aparência espelhada. Algum tipo de reagente químico (ou decapante) deve ser então aplicado para revelar os contornos dos grãos ou produzir variação das características de refletância da luz para os grãos constituintes.
- Os dois tipos de microscópios eletrônicos são o de transmissão (MET) e o de varredura (MEV).

  No MET, uma imagem é formada a partir de um feixe de elétrons que, ao passar através da amostra, é espalhado e/ou difratado.

  O MEV emprega um feixe de elétrons que varre a superfície da amostra; uma imagem é produzida a partir dos elétrons retroespalhados ou refletidos.
- Um microscópio de varredura por sonda emprega uma pequena sonda com ponta afilada que varre e rastreia a superfície da amostra. As deflexões fora do plano da sonda resultam das interações com os átomos da superfície. O resultado é uma imagem tridimensional da superfície, gerada por computador, com resolução na ordem do nanômetro.

Determinação do Tamanho do Grão
- Com o método da interseção empregado para medir o tamanho do grão, uma série de segmentos de linhas retas são desenhados sobre a fotomicrografia. É contado o número de contornos de grãos interceptados por essas linhas, e o *comprimento médio entre interseções* (uma medida do diâmetro do grão) é calculado usando a Equação 5.19.
- A comparação de uma fotomicrografia (tirada sob uma ampliação de 100×) com quadros comparativos padrões ASTM pode ser usada para especificar o tamanho do grão em termos de um número do tamanho de grão.
- O número médio de grãos por polegada quadrada sob uma ampliação de 100× está relacionado com o número do tamanho do grão de acordo com a Equação 5.20; para ampliações diferentes de 100×, é usada a Equação 5.21.
- O número do tamanho do grão e o comprimento médio entre interseções estão relacionados com as Equações 5.22a e 5.22b.

Resumo das Equações

Número da Equação	*Equação*	*Resolvendo para*
5.1	$N_l = N \exp\left(-\dfrac{Q_l}{kT}\right)$	Número de lacunas por unidade de volume
5.2	$N = \dfrac{N_A \rho}{A}$	Número de sítios atômicos por unidade de volume
5.6a	$C_1 = \dfrac{m_1}{m_1 + m_2} \times 100$	Composição em porcentagem em peso
5.8a	$C_1' = \dfrac{n_{m1}}{n_{m1} + n_{m2}} \times 100$	Composição em porcentagem atômica

Número da Equação	Equação	Resolvendo para
5.9a	$C_1' = \dfrac{C_1 A_2}{C_1 A_2 + C_2 A_1} \times 100$	Conversão de porcentagem em peso a porcentagem atômica
5.10a	$C_1 = \dfrac{C_1' A_1}{C_1' A_1 + C_2' A_2} \times 100$	Conversão de porcentagem atômica a porcentagem em peso
5.12a	$C_1'' = \left(\dfrac{C_1}{\dfrac{C_1}{\rho_1} + \dfrac{C_2}{\rho_2}} \right) \times 10^3$	Conversão de porcentagem em peso a massa por unidade de volume
5.13a	$\rho_{\text{méd}} = \dfrac{100}{\dfrac{C_1}{\rho_1} + \dfrac{C_2}{\rho_2}}$	Densidade média de uma liga com dois componentes
5.14a	$A_{\text{méd}} = \dfrac{100}{\dfrac{C_1}{A_1} + \dfrac{C_2}{A_2}}$	Peso atômico médio de uma liga com dois componentes
5.19	$\bar{\ell} = \dfrac{L_T}{PM}$	Comprimento médio entre interseções (medida do diâmetro médio do grão)
5.20	$n = 2^{G-1}$	Número de grãos por polegada quadrada sob uma ampliação de 100×
5.21	$n_M = (2^{G-1}) \left(\dfrac{100}{M} \right)^2$	Número de grãos por polegada quadrada sob uma ampliação diferente de 100×

Lista de Símbolos

Símbolo	Significado
A	Peso atômico
G	Número do tamanho do grão ASTM
k	Constante de Boltzmann ($1,38 \times 10^{-23}$ J/átomo · K, $8,62 \times 10^{-5}$ eV/átomo · K)
L_T	Comprimento total das linhas (técnica da interseção)
M	Ampliação
m_1, m_2	Massas dos elementos 1 e 2 em uma liga
N_A	Número de Avogadro ($6,022 \times 10^{23}$ átomos/mol)
n_{m_1}, n_{m_2}	Número de mols dos elementos 1 e 2 em uma liga
P	Número de interseções com contornos de grãos
Q_l	Energia necessária para a formação de uma lacuna
ρ	Densidade

Termos e Conceitos Importantes

autointersticial
composição
constante de Boltzmann
defeito de Frenkel
defeito de Schottky
defeito pontual
discordância em aresta
discordância em hélice
discordância mista
eletroneutralidade
estequiometria

estrutura de defeitos
fotomicrografia
imperfeição
lacuna
liga
linha da discordância
microestrutura
microscopia
microscópio de varredura por sonda (MVS)
microscópio eletrônico de transmissão (MET)
microscópio eletrônico de varredura (MEV)

porcentagem atômica
porcentagem em peso
solução sólida
solução sólida intersticial
solução sólida substitucional
soluto
solvente
tamanho do grão
vetor de Burgers
vibração atômica

REFERÊNCIAS

ASM Handbook, Vol. 9, *Metallography and Microstructures*, ASM International, Materials Park, OH, 2004.

Brandon, D., and W. D. Kaplan, *Microstructural Characterization of Materials*, 2nd edition, Wiley, Hoboken, NJ, 2008.

Chiang, Y. M., D. P. Birnie III, and W. D. Kingery, *Physical Ceramics: Principles for Ceramic Science and Engineering*, Wiley, New York, 1997.

Clarke, A. R., and C. N. Eberhardt, *Microscopy Techniques for Materials Science*, Woodhead Publishing, Cambridge, UK, 2002.

Kingery, W. D., H. K. Bowen, and D. R. Uhlmann, *Introduction to Ceramics*, 2nd edition, Wiley, New York, 1976. Capítulos 4 e 5.

Tilley, R. J. D., *Defects in Solids*, Wiley, Hoboken, NJ, 2008.

Van Bueren, H. G., *Imperfections in Crystals*, North-Holland, Amsterdam, 1960.

Vander Voort, G. F., *Metallography, Principles and Practice*, ASM International, Materials Park, OH, 1984.

PERGUNTAS E PROBLEMAS

Defeitos Pontuais nos Metais

5.1 A fração em equilíbrio de sítios da rede que estão vazios na prata (Ag) a 700 °C é de 2×10^{-6}. Calcule o número de lacunas (por metro cúbico) a 700 °C. Considere uma densidade de 10,35 g/cm^3 para a Ag.

5.2 Para um metal hipotético, o número de lacunas em equilíbrio a 900 °C é de $2,3 \times 10^{25}$ m^{-3}. Se a densidade e o peso atômico desse metal são de 7,40 g/cm^3 e 85,5 g/mol, respectivamente, calcule a fração de lacunas para esse metal a 900 °C.

5.3 **(a)** Calcule a fração dos sítios atômicos que estão vagos para o cobre (Cu) na sua temperatura de fusão de 1085 °C (1358 K). Considere uma energia para a formação de lacunas de 0,90 eV/átomo.

(b) Repita este cálculo para a temperatura ambiente (298 K).

(c) Qual é a razão de N_l/N (1358 K) e N_l/N (298 K)?

5.4 Calcule o número de lacunas por metro cúbico no ouro (Au) a 900 °C. A energia para a formação de lacunas é de 0,98 eV/átomo. Além disso, a densidade e o peso atômico para o Au são de 18,63 g/cm^3 (a 900 °C) e 196,9 g/mol, respectivamente.

5.5 Calcule a energia para a formação de lacunas no níquel (Ni), dado que o número de lacunas em equilíbrio a 850 °C (1123 K) é de $4,7 \times 10^{22}$ m^{-3}. O peso atômico e a densidade (a 850 °C) para o Ni são, respectivamente, de 58,69 g/mol e 8,80 g/cm^3.

Defeitos Pontuais nas Cerâmicas

5.6 Você esperaria a existência de concentrações relativamente elevadas de defeitos de Frenkel para os ânions nos cerâmicos iônicos? Por que sim, ou por que não?

5.7 Calcule a fração dos sítios da rede que corresponde a defeitos de Schottky para o cloreto de césio na sua temperatura de fusão (645 °C). Considere uma energia para a formação do defeito de 1,86 eV.

5.8 Calcule o número de defeitos de Frenkel por metro cúbico no cloreto de prata a 350 °C. A energia para a formação do defeito é de 1,1 eV, enquanto a densidade para o AgCl é de 5,50 g/cm^3 a 350 °C.

5.9 Considerando os dados a seguir que se relacionam à formação de defeitos de Schottky em alguns óxidos cerâmicos (que possuem a fórmula química MO), determine o seguinte:

(a) A energia para a formação de defeitos (em eV)

(b) O número de defeitos de Schottky por metro cúbico em equilíbrio a 1000 °C

(c) A identidade do óxido (isto é, qual é o metal M?)

$T(°C)$	$\rho(g/cm^3)$	$N_s(m^{-3})$
750	3,50	$5,7 \times 10^9$
1.000	3,45	?
1.500	3,40	$5,8 \times 10^{17}$

5.10 Defina sucintamente, com suas próprias palavras, o termo estequiométrico.

5.11 Se o óxido cúprico (CuO) for exposto a atmosferas redutoras em temperaturas elevadas, alguns dos íons Cu^{2+} irão se tornar íons Cu^+.

(a) Sob essas circunstâncias, cite um defeito cristalino cuja formação seria esperada para a manutenção da neutralidade das cargas.

(b) Quantos íons Cu^+ são necessários para a criação de cada defeito?

(c) Como poderia ser expressa a fórmula química para esse material não estequiométrico?

5.12 As regras de Hume-Rothery (Seção 5.4) também se aplicam aos sistemas cerâmicos? Explique sua resposta.

5.13 Quais, entre os seguintes óxidos, você espera que formem soluções sólidas substitucionais com solubilidade total (isto é, de 100 %) com o MgO? Explique suas respostas.

(a) FeO

(b) BaO

(c) PbO

(d) CoO

5.14 **(a)** Suponha que o CaO seja adicionado ao Li$_2$O como uma impureza. Se os íons Ca^{2+} substituem os Li$^+$, a formação de qual tipo de lacuna seria esperada? Quantas dessas lacunas seriam criadas para cada íon Ca^{2+} adicionado?

(b) Suponha que o CaO seja adicionado ao $CaCl_2$ como uma impureza. Se os íons O^{2-} substituem os Cl^-, a formação de qual tipo de lacuna seria esperada? Quantas dessas lacunas seriam criadas para cada íon O^{2-} adicionado?

5.15 Quais defeitos pontuais são possíveis para o Al_2O_3 como uma impureza no MgO? Quantos íons Al^{3+} devem ser adicionados para formar cada um desses defeitos?

Impurezas nos Sólidos

5.16 Na tabela a seguir estão listados os valores para o raio atômico, a estrutura cristalina, a eletronegatividade e a valência mais comum para vários elementos; para aqueles que não são metais, apenas os raios atômicos estão indicados.

Elemento	Raio Atômico (nm)	Estrutura Cristalina	Eletronegatividade	Valência
Ni	0,1246	CFC	1,8	+2
C	0,071			
H	0,046			
O	0,060			
Ag	0,1445	CFC	1,9	+1
Al	0,1431	CFC	1,5	+3
Co	0,1253	HC	1,8	+2
Cr	0,1249	CCC	1,6	+3
Fe	0,1241	CCC	1,8	+2
Pt	0,1387	CFC	2,2	+2
Zn	0,1332	HC	1,6	+2

Com quais desses elementos seria esperada a formação das seguintes soluções com o níquel?

(a) Uma solução sólida substitucional com solubilidade total.

(b) Uma solução sólida substitucional com solubilidade parcial.

(c) Uma solução sólida intersticial.

5.17 Quais, entre os seguintes sistemas (isto é, pares de metais), você esperaria que exibissem solubilidade sólida total? Explique suas respostas.

(a) Cr–V

(b) Mg–Zn

(c) Al–Zr

(d) Ag–Au

(e) Pb–Pt

5.18 (a) Calcule o raio r de um átomo de impureza que irá se ajustar exatamente em um sítio octaédrico da rede CFC em termos do raio atômico R do átomo hospedeiro (sem introduzir deformações à rede).

(b) Repita o item **(a)** para o sítio tetraédrico da rede CFC. (*Nota*: Pode ser útil consultar a Figura 5.6*a*.)

5.19 Calcule o raio r de um átomo de impureza que irá se ajustar exatamente em um sítio tetraédrico da rede CCC em termos do raio atômico R do átomo hospedeiro (sem introduzir deformações à rede). (*Nota*: Pode ser útil consultar a Figura 5.6*b*.)

5.20 (a) Usando o resultado do Problema 5.18(a), calcule o raio de um sítio intersticial octaédrico no ferro CFC.

(b) Com base nesse resultado e na resposta ao Problema 5.19, explique por que uma maior concentração de carbono irá se dissolver no ferro CFC do que no ferro com estrutura cristalina CCC.

5.21 (a) Para o ferro CCC, calcule o raio de um sítio intersticial tetraédrico. (Veja o resultado do Problema 5.19.)

(b) Quando átomos de carbono ocupam esses sítios, são impostas deformações na rede sobre os átomos de ferro vizinhos. Calcule a magnitude aproximada dessa deformação usando a diferença entre o raio do átomo de carbono e o raio do sítio e, então, dividindo essa diferença pelo raio do sítio.

Especificação da Composição

5.22 Desenvolva as seguintes equações:

(a) Equação 5.9a

(b) Equação 5.12a

(c) Equação 5.13a

(d) Equação 5.14b

5.23 Qual é a composição, em porcentagem atômica, de uma liga que consiste em 92,5 %p Ag e 7,5 %p Cu?

5.24 Qual é a composição, em porcentagem atômica, de uma liga que consiste em 5,5 %p Pb e 94,5 %p Sn?

5.25 Qual é a composição, em porcentagem em peso, de uma liga que consiste em 5 %a Cu e 95 %a Pt?

5.26 Calcule a composição, em porcentagem em peso, de uma liga que contém 105 kg de ferro, 0,2 kg de carbono e 1,0 kg de cromo.

5.27 Qual é a composição, em porcentagem atômica, de uma liga que contém 33 g de cobre e 47 g de zinco?

5.28 Qual é a composição, em porcentagem atômica, de uma liga que contém 44,5 lb_m de prata, 83,7 lb_m de ouro e 5,3 lb_m de Cu?

5.29 Converta a composição em porcentagem atômica que foi obtida no Problema 5.28 em porcentagem em peso.

5.30 Calcule o número de átomos por metro cúbico no chumbo.

5.31 Calcule o número de átomos por metro cúbico no cromo.

5.32 A concentração de silício em uma liga ferro-silício é de 0,25 %p. Qual é a concentração em quilogramas de silício por metro cúbico da liga?

5.33 A concentração de fósforo no silício é de $1,0 \times 10^{-7}$ %a. Qual é a concentração em quilogramas de fósforo por metro cúbico?

5.34 Determine a densidade aproximada de uma liga de titânio Ti-6Al-4V que apresenta a composição de 90 %p Ti, 6 %p Al e 4 %p V.

5.35 Calcule o comprimento da aresta da célula unitária para uma liga 80 %p Ag-20 %p Pd. Todo o paládio está em solução sólida, a estrutura cristalina dessa liga é CFC e a densidade do Pd à temperatura ambiente é de 12,02 g/cm^3.

5.36 Uma liga hipotética é composta por 25 %p do metal A e 75 %p do metal B. Se as densidades dos metais A e B são de 6,17 e 8,00 g/cm^3, respectivamente, e seus respectivos pesos atômicos são 171,3 e 162,0 g/mol, determine se a estrutura cristalina para essa liga é cúbica simples, cúbica de faces centradas ou cúbica de corpo centrado. Assuma um comprimento da aresta da célula unitária de 0,332 nm.

5.37 Para uma solução sólida que consiste em dois elementos (designados por 1 e 2), algumas vezes é desejável determinar o número de átomos por centímetro cúbico de um elemento em uma solução sólida, N_1, dada a concentração do elemento especificada em porcentagem em peso, C_1. Esse cálculo é possível utilizando a seguinte expressão:

$$N_1 = \frac{N_A C_1}{\frac{C_1 A_1}{\rho_1} + \frac{A_1}{\rho_2}(100 - C_1)} \qquad (5.24)$$

em que N_A é o número de Avogadro, ρ_1 e ρ_2 são as densidades dos dois elementos e A_1 é o peso atômico do elemento 1.

Desenvolva a Equação 5.24 usando a Equação 5.2 e as expressões contidas na Seção 5.6.

5.38 O molibdênio forma uma solução sólida substitucional com o tungstênio. Calcule o número de átomos de molibdênio por centímetro cúbico para uma liga molibdênio-tungstênio que contém 16,4 %p Mo e 83,6 %p W. As densidades do molibdênio puro e do tungstênio puro são de 10,22 e 19,30 g/cm^3, respectivamente.

5.39 O nióbio forma uma solução sólida substitucional com o vanádio. Calcule o número de átomos de nióbio por centímetro cúbico para uma liga nióbio-vanádio que contém 24 %p Nb e 76 %p V. As densidades do nióbio puro e do vanádio puro são de 8,57 e 6,10 g/cm^3, respectivamente.

5.40 Considere uma liga ferro-carbono com estrutura CCC que contém 0,2 %p C, na qual todos os átomos de carbono estão localizados em sítios intersticiais tetraédricos. Calcule a fração desses sítios que estão ocupados por átomos de carbono.

5.41 Calcule a fração de células unitárias que contêm átomos de carbono, para uma liga ferro-carbono com estrutura CCC que contém 0,1 %p C.

5.42 Calcule o número de átomos de alumínio por metro cúbico, para o silício ao qual foram adicionados 1,0 × 10^{-5} %a de alumínio.

5.43 Algumas vezes é desejável determinar a porcentagem em peso de um elemento, C_1, que produzirá uma concentração específica, em termos do número de átomos por centímetro cúbico, N_1, para uma liga composta por dois tipos de átomos. Esse cálculo é possível utilizando a seguinte expressão:

$$C_1 = \frac{100}{1 + \frac{N_A \rho_2}{N_1 A_1} - \frac{\rho_2}{\rho_1}} \qquad (5.25)$$

em que N_A é o número de Avogadro, ρ_1 e ρ_2 são as densidades dos dois elementos e A_1 é o peso atômico do elemento 1.

Desenvolva a Equação 5.25 com base na Equação 5.2 e as expressões contidas na Seção 5.6.

5.44 O ouro forma uma solução sólida substitucional com a prata. Calcule a porcentagem em peso de ouro que deve ser adicionada à prata para produzir uma liga que contenha 5,5 × 10^{21} átomos de Au por centímetro cúbico. As densidades do Au puro e da Ag pura são 19,32 e 10,49 g/cm^3, respectivamente.

5.45 O germânio forma uma solução sólida substitucional com o silício. Calcule a porcentagem em peso de germânio que deve ser adicionada ao silício para produzir uma liga que contenha 2,43 × 10^{21} átomos de Ge por centímetro cúbico. As densidades do Ge puro e do Si puro são 5,32 e 2,33 g/cm^3, respectivamente.

5.46 Dispositivos eletrônicos encontrados em circuitos integrados são compostos por silício de pureza muito alta ao qual foram adicionadas concentrações pequenas e muito controladas de elementos encontrados nos Grupos IIIA e VA da tabela periódica. Para o Si que recebeu adição de 6,5 × 10^{21} átomos por metro cúbico de fósforo, calcule **(a)** a porcentagem em peso e **(b)** a porcentagem atômica de P presente.

5.47 Tanto o ferro quanto o vanádio possuem estrutura cristalina CCC, e o V forma uma solução sólida substitucional em concentrações de até aproximadamente 20 %p V à temperatura ambiente. Calcule o comprimento da aresta da célula unitária para uma liga que contém 90 %p Fe-10 %p V.

Discordâncias – Defeitos Lineares

5.48 Cite as orientações relativas entre o vetor de Burgers e a linha da discordância para as discordâncias em aresta, em hélice e mista.

Defeitos Interfaciais

5.49 Para um monocristal CFC, você esperaria que a energia de superfície para um plano (100) fosse maior ou menor do que para um plano (111)? Por quê? (*Nota*: Se necessário, consulte a solução para o Problema 3.82 ao final do Capítulo 3.)

5.50 Para um monocristal CCC, você esperaria que a energia de superfície para um plano (100) fosse maior ou menor do que para um plano (110)? Por quê? (*Nota*: Se necessário, consulte a solução para o Problema 3.83 ao final do Capítulo 3.)

5.51 Para um monocristal de algum metal hipotético com estrutura cristalina cúbica simples (Figura 3.3), você esperaria que a energia de superfície para um plano (100) fosse maior, igual a ou menor do que para um plano (110)? Por quê?

5.52 (a) Para determinado material, você esperaria que a energia de superfície fosse maior que, igual a ou menor que a energia de contorno de grão? Por quê?

(b) A energia do contorno de grão para um contorno de grão de baixo ângulo é menor do que aquela para um contorno de alto ângulo. Por que isso acontece?

5.53 (a) Descreva sucintamente uma macla e um contorno de macla.

(b) Cite a diferença entre as maclas de deformação e as de recozimento.

5.54 Para cada uma das seguintes sequências de empilhamento encontradas nos metais CFC, cite o tipo de defeito planar que existe:

(a) ... *A B C A B C B A C B A* ...

(b) ... *A B C A B C B C A B C* ...

Copie as sequências de empilhamento e indique a(s) posição(ões) do(s) defeito(s) planar(es) com uma linha vertical tracejada.

Determinação do Tamanho do Grão

5.55 (a) Usando o método da interseção, determine o comprimento médio entre interseções, em milímetros, da amostra cuja microestrutura está mostrada na Figura 5.20*b*; use pelo menos sete segmentos de linhas retas.

(b) Estime o número do tamanho de grão ASTM para esse material.

5.56 (a) Empregando a técnica da interseção, determine o comprimento médio entre interseções para a amostra de aço cuja microestrutura está mostrada na Figura 10.29*a*; use pelo menos sete segmentos de linhas retas.

(b) Estime o número do tamanho de grão ASTM para esse material.

5.57 Para um tamanho de grão ASTM de 6, aproximadamente quantos grãos devem existir por polegada quadrada sob cada uma das seguintes condições?

(a) Em uma ampliação de 100×

(b) Sem nenhuma ampliação

5.58 Determine o número do tamanho de grão ASTM se são medidos 30 grãos por polegada quadrada sob uma ampliação de 250×.

5.59 Determine o número do tamanho de grão ASTM se são medidos 25 grãos por polegada quadrada sob uma ampliação de 75×.

5.60 A seguir é apresentada uma micrografia esquemática que representa a microestrutura de algum metal hipotético.

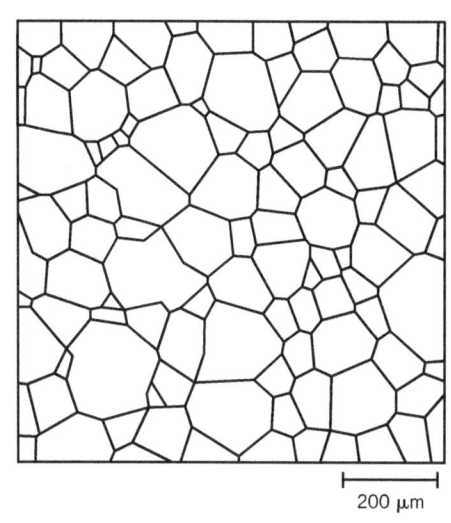

200 μm

Determine o seguinte:

(a) Comprimento médio entre interseções.

(b) Número do tamanho do grão ASTM, *G*.

5.61 A seguir é apresentada uma micrografia esquemática que representa a microestrutura de algum metal hipotético.

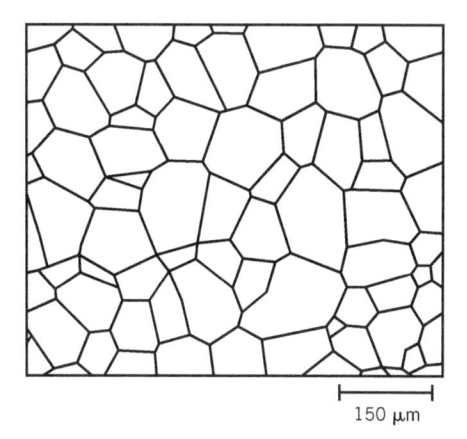

150 μm

Determine o seguinte:

(a) Comprimento médio entre interseções.

(b) Número do tamanho do grão ASTM, *G*.

Problemas com Planilha Eletrônica

5.1PE Gere uma planilha eletrônica que permita ao usuário converter, de porcentagem em peso para porcentagem atômica, a concentração de um elemento em uma liga metálica contendo dois elementos.

5.2PE Gere uma planilha eletrônica que permita ao usuário converter, de porcentagem atômica para porcentagem em peso, a concentração de um elemento em uma liga metálica contendo dois elementos.

5.3PE Gere uma planilha eletrônica que permita ao usuário converter, de porcentagem em peso para o número de átomos por centímetro cúbico, a concentração de um elemento em uma liga metálica contendo dois elementos.

5.4PE Gere uma planilha eletrônica que permita ao usuário converter, do número de átomos por centímetro cúbico para porcentagem em peso, a concentração de um elemento em uma liga metálica contendo dois elementos.

PROBLEMAS DE PROJETO

Especificação da Composição

5.P1 Ligas alumínio-lítio foram desenvolvidas pela indústria aeronáutica para reduzir o peso e melhorar o desempenho de suas aeronaves. Deseja-se obter um material para a fuselagem de uma aeronave comercial que apresente uma densidade de 2,47 g/cm^3. Calcule a concentração de Li (em %p) necessária.

5.P2 O cobre e a platina possuem, ambos, estrutura cristalina CFC; à temperatura ambiente, o Cu forma uma solução sólida substitucional até concentrações de aproximadamente 6 %p Cu. Determine a concentração em porcentagem em peso do Cu que deve ser adicionada à platina para produzir uma célula unitária com comprimento de aresta de 0,390 nm.

PERGUNTAS E PROBLEMAS SOBRE FUNDAMENTOS DA ENGENHARIA

5.1FE Calcule o número de lacunas por metro cúbico a 1000 °C para um metal com uma energia para a formação de lacunas de 1,22 eV/átomo, uma densidade de 6,25 g/cm^3 e um peso atômico de 37,4 g/mol.

(A) $1,49 \times 10^{18}$ m^{-3}

(B) $7,18 \times 10^{22}$ m^{-3}

(C) $1,49 \times 10^{24}$ m^{-3}

(D) $2,57 \times 10^{24}$ m^{-3}

5.2FE Qual é a composição, em porcentagem atômica, de uma liga que consiste em 4,5 %p Pb e 95,5 %p Sn? Os pesos atômicos do Pb e Sn são 207,19 g/mol e 118,71 g/mol, respectivamente.

(A) 2,6 %a Pb e 97,4 %a Sn

(B) 7,6 %a Pb e 92,4 %a Sn

(C) 97,4 %a Pb e 2,6 %a Sn

(D) 92,4 %a Pb e 7,6 %a Sn

5.3FE Qual é a composição, em porcentagem em peso, de uma liga que consiste em 94,1 %a Ag e 5,9 %a Cu? Os pesos atômicos da Ag e Cu são 107,87 g/mol e 63,55 g/mol, respectivamente.

(A) 9,6 %p Ag e 90,4 %p Cu

(B) 3,6 %p Ag e 96,4 %p Cu

(C) 90,4 %p Ag e 9,6 %p Cu

(D) 96,4 %p Ag e 3,6 %p Cu

Capítulo **6** Difusão

Cortesia de Surface Division Midland-Ross

A primeira fotografia nesta página é de uma engrenagem de aço que foi *endurecida superficialmente* – isto é, a camada mais externa da superfície foi endurecida seletivamente por um tratamento térmico a alta temperatura durante o qual o carbono da atmosfera circundante se difundiu para o interior da superfície. A "superfície endurecida" aparece como a borda escura mais externa do segmento da engrenagem que foi seccionado. Esse aumento no teor de carbono eleva a dureza da superfície (como será explicado na Seção 11.7), o que por sua vez leva a uma melhoria na resistência da engrenagem ao desgaste. Além disso, são introduzidas tensões compressivas residuais nessa região da superfície; essas tensões dão origem a uma melhora na resistência da engrenagem a uma falha por fadiga durante sua operação (Capítulo 9).

Engrenagens de aço com endurecimento da superfície são usadas nas transmissões de automóveis, semelhantes àquela mostrada na fotografia diretamente abaixo da engrenagem.

Cortesia de Ford Motor Company

© iStockphoto

© BRIAN KERSEY/UPI/Landov LLC

6.1 INTRODUÇÃO

difusão

Muitas reações e processos que são importantes no tratamento de materiais dependem da transferência de massa ou no interior de um sólido específico (normalmente em nível microscópico) ou a partir de um líquido, gás ou outra fase sólida. Isso ocorre obrigatoriamente pela **difusão**, que é o fenômeno de transporte de matéria por movimentos atômicos. Este capítulo discute os mecanismos atômicos pelos quais a difusão ocorre, os conceitos matemáticos da difusão e a influência da temperatura e do componente que está se difundindo sobre a taxa de difusão.

O fenômeno da difusão pode ser demonstrado com o auxílio de um *par de difusão*, formado pela junção de barras de dois metais diferentes, de modo que haja amplo contato entre as duas faces; isso está ilustrado para o cobre e o níquel na Figura 6.1, que inclui representações esquemáticas das posições dos átomos e da composição através da interface. Esse par é aquecido a uma temperatura elevada (porém abaixo das temperaturas de fusão de ambos os metais) durante um período prolongado e depois é resfriado até a temperatura ambiente. A análise química revela uma condição semelhante àquela que está representada na Figura 6.2 – qual seja, cobre e níquel puros nas duas extremidades do par, separados por uma região onde existe uma liga. As concentrações de ambos

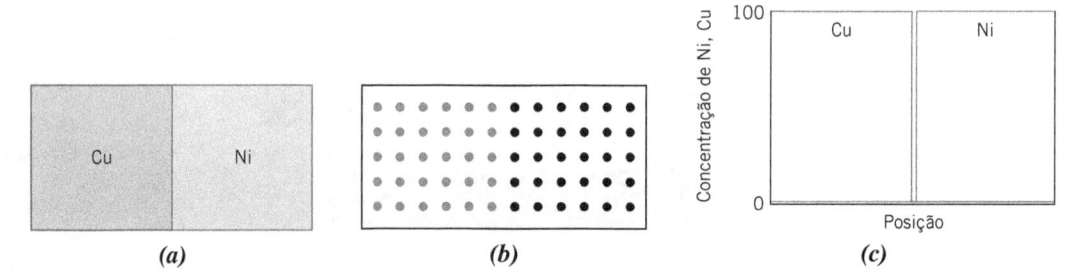

(a)   *(b)*   *(c)*

Figura 6.1   (*a*) Um par de difusão cobre-níquel antes de ser submetido a tratamento térmico a temperatura elevada. (*b*) Representações esquemáticas das localizações dos átomos de Cu (círculos cinza) e Ni (círculos preto) no par de difusão. (*c*) Concentrações de cobre e de níquel em função da posição ao longo do par.

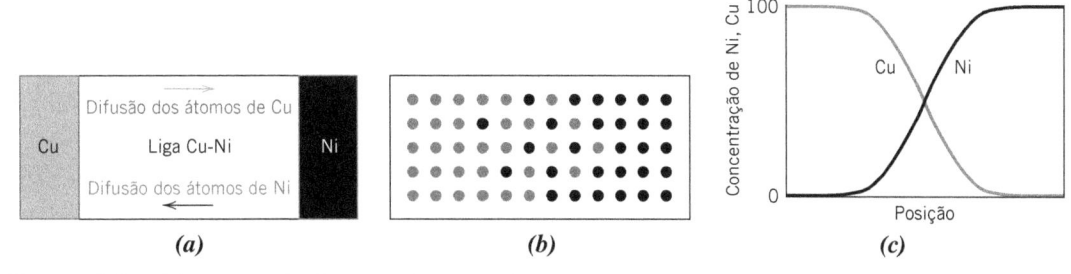

Figura 6.2 (*a*) Um par de difusão cobre-níquel após ser submetido a tratamento térmico a temperatura elevada, mostrando a zona de difusão com formação de liga. (*b*) Representações esquemáticas das localizações dos átomos de Cu (círculos cinza) e Ni (círculos preto) no par. (*c*) Concentrações de cobre e de níquel em função da posição ao longo do par.

os metais variam de acordo com a posição, como está mostrado na Figura 6.2*c*. Esse resultado indica que os átomos de cobre migraram ou se difundiram para o interior do níquel e que o níquel se difundiu para o interior do cobre. Esse processo no qual os átomos de um metal se difundem para outro é denominado **interdifusão**, ou **difusão de impurezas**.

interdifusão
difusão de impurezas

A interdifusão pode ser observada de uma perspectiva macroscópica pelas mudanças na concentração que ocorrem ao longo do tempo, como no exemplo do par de difusão Cu-Ni. Existe uma corrente ou transporte resultante dos átomos das regiões de alta concentração para as regiões de baixa concentração. A difusão também ocorre em metais puros, mas nesse caso todos os átomos que estão mudando de posição são do mesmo tipo; isso é denominado **autodifusão**. Sem dúvida, normalmente a observação da autodifusão não pode ser feita por acompanhamento de mudanças na composição.

autodifusão

6.2 MECANISMOS DA DIFUSÃO

A partir de uma perspectiva atômica, a difusão é simplesmente a migração em etapas dos átomos de um sítio na rede para outro sítio da rede. De fato, os átomos nos materiais sólidos estão em constante movimento, mudando rapidamente suas posições. Para que um átomo faça esse tipo de movimento, duas condições devem ser atendidas: (1) deve existir um sítio adjacente vazio e (2) o átomo deve ter energia suficiente para quebrar as ligações com seus átomos vizinhos e para, então, causar alguma distorção na rede durante seu deslocamento. Essa energia é de natureza vibracional (Seção 5.10). Em uma temperatura específica, uma pequena fração do número total de átomos é capaz de se difundir em consequência das magnitudes de suas energias vibracionais. Essa fração aumenta com o aumento da temperatura.

Foram propostos vários modelos diferentes para esse movimento dos átomos; entre essas possibilidades, dois são dominantes para a difusão nos metais.

Difusão por Lacunas

Um mecanismo envolve o intercâmbio de um átomo de uma posição normal da rede para um sítio vago, ou lacuna, adjacente na rede, como está representado esquematicamente na Figura 6.3*a*. Esse mecanismo é denominado, apropriadamente, **difusão por lacunas**. Obviamente, esse processo requer a presença de lacunas, e o quanto a difusão por lacunas pode ocorrer é uma função do número desses defeitos que estão presentes; em temperaturas elevadas, pode haver concentrações significativas de lacunas nos metais (Seção 5.2). Uma vez que os átomos em difusão e as lacunas trocam de posições, a difusão dos átomos em uma direção corresponde a um movimento das lacunas na direção oposta. Tanto autodifusão como interdifusão ocorrem por esse mecanismo; para essa última, átomos de impureza devem substituir átomos hospedeiros.

difusão por lacunas

Difusão Intersticial

O segundo tipo de difusão envolve átomos que migram de uma posição intersticial para outra posição intersticial vizinha que se encontre vazia. Esse mecanismo é encontrado para a interdifusão de impurezas, tais como hidrogênio, carbono, nitrogênio e oxigênio, cujos átomos são pequenos o

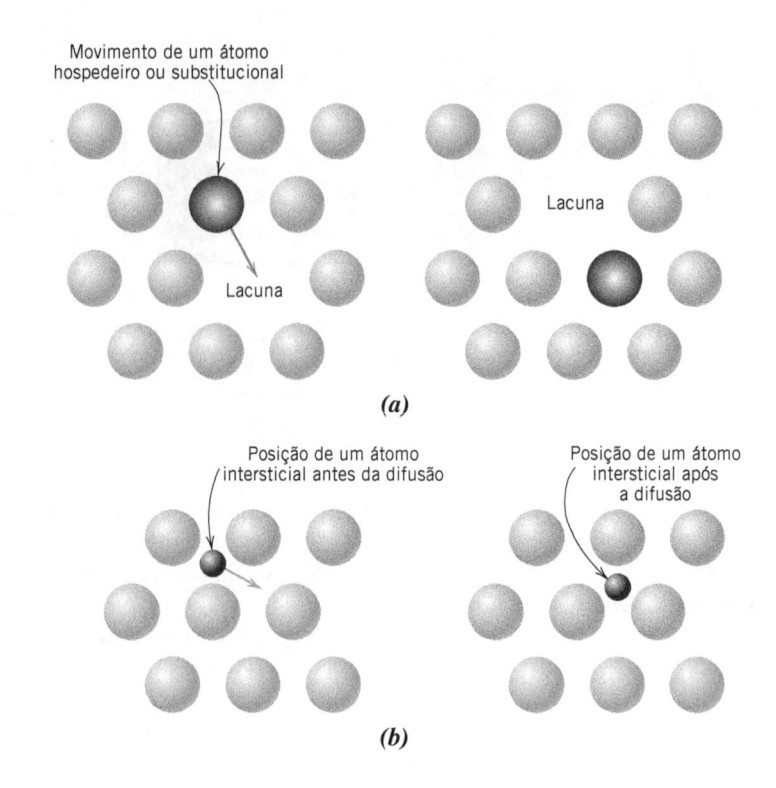

Figura 6.3 Representações esquemáticas (*a*) da difusão por lacunas e (*b*) da difusão intersticial.

suficiente para se encaixar nas posições intersticiais. Os átomos hospedeiros ou de impurezas substitucionais raramente formam intersticiais e normalmente não se difundem por esse mecanismo. Esse fenômeno é denominado, apropriadamente, **difusão intersticial** (Figura 6.3*b*).

difusão intersticial

Na maioria das ligas metálicas, a difusão intersticial ocorre muito mais rapidamente do que a difusão por lacunas, uma vez que os átomos intersticiais são menores e, portanto, mais móveis. Além do mais, existem mais posições intersticiais vazias do que lacunas; dessa forma, a probabilidade de um movimento atômico intersticial é maior do que a possibilidade de difusão por lacunas.

6.3 PRIMEIRA LEI DE FICK

A difusão é um processo *dependente do tempo* – isto é, em sentido macroscópico, a quantidade de um elemento que é transportada no interior de outro é uma função do tempo. Frequentemente, é necessário saber quão rápido ocorre a difusão, ou seja, a *taxa de transferência de massa*. Essa taxa é, com frequência, expressa como um **fluxo difusional** (*J*), definido como a massa (ou, de forma equivalente, o número de átomos) *M* que se difunde através e perpendicularmente a uma área de seção transversal unitária do sólido por unidade de tempo. Matematicamente, isso pode ser representado como

fluxo difusional

Definição do fluxo difusional

$$J = \frac{M}{At} \tag{6.1}$$

em que *A* representa a área pela qual a difusão está ocorrendo e *t* é o tempo de difusão decorrido. As unidades para *J* são quilogramas ou átomos por metro quadrado por segundo (kg/m² · s ou átomos/m² · s).

O conceito matemático da difusão em regime estacionário ao longo de uma única direção (*x*) é relativamente simples, pelo fato de o fluxo ser proporcional ao gradiente de concentração, $\frac{dC}{dx}$, segundo a expressão

Primeira lei de Fick – fluxo difusional para a difusão em regime estacionário (unidirecional)

$$J = -D\frac{dC}{dx} \tag{6.2}$$

primeira lei de Fick
coeficiente de difusão

Essa equação é algumas vezes chamada de **primeira lei de Fick**. A constante de proporcionalidade D é chamada **coeficiente de difusão** e é expressa em metros quadrados por segundo. O sinal negativo nessa expressão indica que a direção da difusão se dá contra o gradiente de concentração, isto é, da concentração mais alta para a mais baixa.

A primeira lei de Fick pode ser aplicada à difusão de átomos de um gás através de uma placa metálica fina para a qual as concentrações (ou pressões) do componente em difusão são mantidas constantes em ambas as superfícies da placa, uma situação que está representada esquematicamente na Figura 6.4*a*. Esse processo de difusão atinge eventualmente um estado em que o fluxo difusional não varia com o tempo – isto é, a massa do componente em difusão que entra na placa no lado de alta pressão é igual à massa que sai pela superfície à baixa pressão – tal que não existe acúmulo resultante do componente em difusão na placa. Este é um exemplo do que é denominado **difusão em regime estacionário**.

difusão em regime estacionário

perfil de concentração
gradiente de concentração

Quando a concentração C é representada em função da posição (ou da distância) no interior do sólido x, a curva resultante é denominada **perfil de concentração**; além disso, o **gradiente de concentração** é a inclinação em um ponto particular dessa curva. No presente tratamento, o perfil de concentração é considerado linear, como mostrado na Figura 6.4*b* e

$$\text{gradiente de concentração} = \frac{dC}{dx} = \frac{\Delta C}{\Delta x} = \frac{C_A - C_B}{x_A - x_B} \tag{6.3}$$

Para problemas de difusão, algumas vezes é conveniente expressar a concentração em termos da massa do componente em difusão por unidade de volume do sólido (kg/m^3 ou g/cm^3).[1]

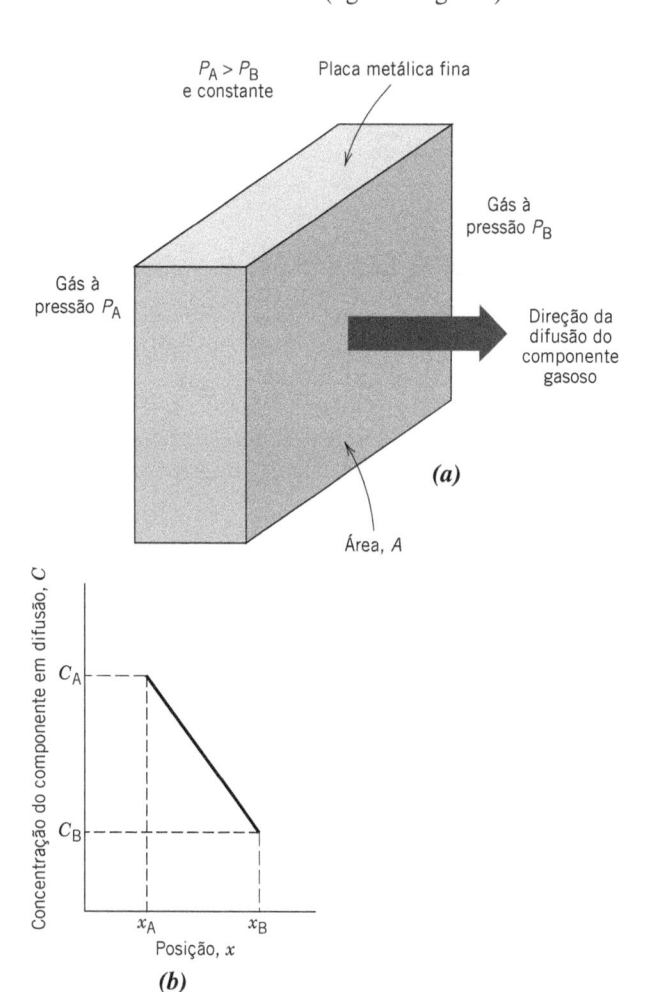

Figura 6.4 (*a*) Difusão em regime estacionário através de uma placa fina. (*b*) Perfil de concentração linear para a situação de difusão representada em (*a*).

---

[1] A conversão da concentração de porcentagem em peso para massa por unidade de volume (kg/m^3) é possível com a utilização da Equação 5.12.

força motriz

Algumas vezes o termo **força motriz** é empregado no contexto de avaliar o que induz a ocorrência de uma reação. Para as reações de difusão, várias dessas forças são possíveis; entretanto, quando a difusão ocorre de acordo com a Equação 6.2, o gradiente de concentração é a força motriz.[2]

Um exemplo prático da difusão em regime estacionário é encontrado na purificação do gás hidrogênio. Um dos lados de uma lâmina fina de paládio metálico é exposto ao gás impuro, composto pelo hidrogênio e por outros componentes gasosos, como nitrogênio, oxigênio e vapor d'água. O hidrogênio difunde-se seletivamente através da lâmina até o lado oposto, que é mantido sob uma pressão constante e menor de hidrogênio.

PROBLEMA-EXEMPLO 6.1

Cálculo do Fluxo Difusional

Uma placa de ferro a 700 °C (1300 °F) é exposta, em um de seus lados, a uma atmosfera carbonetante (rica em carbono) e a uma atmosfera descarbonetante (deficiente em carbono) no outro lado. Se uma condição de regime estacionário é atingida, calcule o fluxo difusional do carbono através da placa se as concentrações de carbono nas posições a 5 e a 10 mm (5×10^{-3} e 10^{-2} m) abaixo da superfície sob carbonetação são de 1,2 e 0,8 kg/m^3, respectivamente. Considere um coeficiente de difusão de 3×10^{-11} m^2/s nessa temperatura.

Solução

A primeira lei de Fick, Equação 6.2, é usada para determinar o fluxo difusional. A substituição dos valores dados nessa expressão fornece

$$J = -D\frac{C_A - C_B}{x_A - x_B} = -(3 \times 10^{-11}\ \text{m}^2/\text{s})\frac{(1,2 - 0,8)\ \text{kg/m}^3}{(5 \times 10^{-3} - 10^{-2})\ \text{m}}$$

$$= 2,4 \times 10^{-9}\ \text{kg/m}^2 \cdot \text{s}$$

6.4 SEGUNDA LEI DE FICK – DIFUSÃO EM REGIME NÃO ESTACIONÁRIO

A maioria das situações práticas envolvendo difusão ocorre em regime não estacionário – isto é, o fluxo difusional e o gradiente de concentração em um ponto específico no interior de um sólido variam com o tempo, resultando em acúmulo ou esgotamento do componente que está em difusão. Isso está ilustrado na Figura 6.5, que mostra os perfis de concentração em três tempos de difusão diferentes. Sob condições de regime não estacionário, o uso da Equação 6.2 é possível, mas não é conveniente; em vez disso, emprega-se a equação diferencial parcial

$$\frac{\partial C}{\partial t} = \frac{\partial}{\partial x}\left(D\frac{\partial C}{\partial x}\right) \tag{6.4a}$$

segunda lei de Fick

Segunda lei de Fick – equação da difusão para a difusão em regime não estacionário (unidirecional)

conhecida como **segunda lei de Fick**. Se o coeficiente de difusão for independente da composição (o que deve ser verificado para cada caso de difusão específico), a Equação 6.4a simplifica-se para

$$\frac{\partial C}{\partial t} = D\frac{\partial^2 C}{\partial x^2} \tag{6.4b}$$

É possível obter soluções para essa expressão (concentração em termos tanto da posição como do tempo) quando são especificadas condições de contorno com significado físico. Uma coletânea abrangente dessas soluções é apresentada por Crank e por Carslaw e Jaeger (veja Referências).

Uma solução importante na prática é aquela para um sólido semi-infinito,[3] na qual a concentração na superfície do sólido é mantida constante. Com frequência, a fonte da espécie em difusão

---

[2] Outra força motriz é responsável pelas transformações de fase. As transformações de fase são temas discutidos nos Capítulos 10 e 11.

[3] Uma barra sólida é considerada semi-infinita se nenhum dos átomos em difusão atinge a extremidade da barra durante o tempo ao longo do qual o processo de difusão ocorre. Uma barra com comprimento l é considerada semi-infinita quando $l > 10\sqrt{Dt}$.

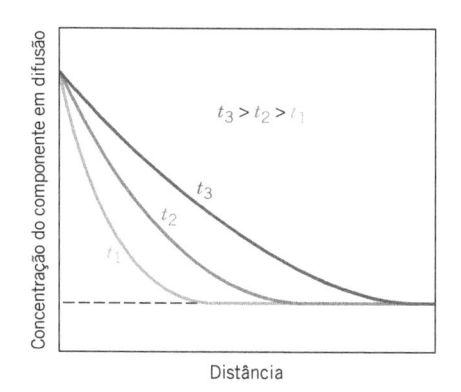

Figura 6.5 Perfis de concentração para um processo de difusão em regime não estacionário, tomados em três tempos diferentes, t_1, t_2 e t_3.

é uma fase gasosa, cuja pressão parcial é mantida em um valor constante. Além disso, as seguintes hipóteses são adotadas:

1. Antes da difusão, todos os átomos do soluto em difusão que estiverem presentes no sólido estarão uniformemente distribuídos e com concentração C_0.

2. O valor de x na superfície é zero e aumenta com a distância para o interior do sólido.

3. O tempo zero é tomado como o instante imediatamente anterior ao início do processo de difusão.

Essas condições são representadas de maneira simples como a seguir:

Condição inicial

$$\text{Para } t = 0, C = C_0 \text{ em } 0 \leq x \leq \infty$$

Condições de contorno

Para $t > 0$, $C = C_s$ (a concentração constante na superfície) em $x = 0$
Para $t > 0$, $C = C_0$ em $x = \infty$

Solução da segunda lei de Fick para a condição de concentração constante na superfície (para um sólido semi-infinito)

A aplicação dessas condições de contorno à Equação 6.4b fornece a seguinte solução:

$$\frac{C_x - C_0}{C_s - C_0} = 1 - \text{erf}\left(\frac{x}{2\sqrt{Dt}}\right) \tag{6.5}$$

em que C_x representa a concentração em uma profundidade x após um tempo t. A expressão ($x/2\sqrt{Dt}$) é a função erro de Gauss,[4] cujos valores são dados em tabelas matemáticas para diferentes valores de $x/2\sqrt{Dt}$; uma lista parcial é fornecida na Tabela 6.1. Os parâmetros de concentração que aparecem na Equação 6.5 estão destacados na Figura 6.6, que representa o perfil de concentração em determinado tempo. A Equação 6.5 demonstra, dessa forma, a relação entre a concentração, a posição e o tempo – qual seja, que C_x, sendo uma função do parâmetro adimensional $x/\sqrt{Dt}$, pode ser determinado em qualquer tempo e para qualquer posição se os parâmetros C_0, C_s e D forem conhecidos.

Suponha que se deseje atingir determinada concentração de soluto, C_1, em uma liga; o lado esquerdo da Equação 6.5 torna-se então

$$\frac{C_1 - C_0}{C_s - C_0} = \text{constante}$$

---

[4] Essa função erro de Gauss é definida por

$$\text{erf}(z) = \frac{2}{\sqrt{\pi}} \int_0^z e^{-y^2} dy$$

em que o termo $x/2\sqrt{Dt}$ foi substituído pela variável z.

Tabela 6.1 Tabulação de Valores para a Função Erro

z	$erf(z)$	z	$erf(z)$	z	$erf(z)$
0	0	0,55	0,5633	1,3	0,9340
0,025	0,0282	0,60	0,6039	1,4	0,9523
0,05	0,0564	0,65	0,6420	1,5	0,9661
0,10	0,1125	0,70	0,6778	1,6	0,9763
0,15	0,1680	0,75	0,7112	1,7	0,9838
0,20	0,2227	0,80	0,7421	1,8	0,9891
0,25	0,2763	0,85	0,7707	1,9	0,9928
0,30	0,3286	0,90	0,7970	2,0	0,9953
0,35	0,3794	0,95	0,8209	2,2	0,9981
0,40	0,4284	1,0	0,8427	2,4	0,9993
0,45	0,4755	1,1	0,8802	2,6	0,9998
0,50	0,5205	1,2	0,9103	2,8	0,9999

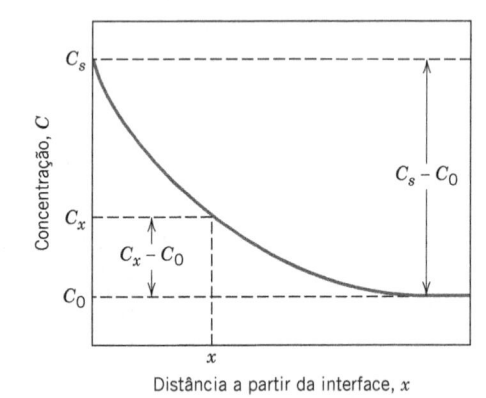

Figura 6.6 Perfil de concentração para a difusão em regime não estacionário; os parâmetros de concentração estão relacionados com a Equação 6.5.

Sendo esse o caso, o lado direito da Equação 6.5 também é uma constante e, portanto,

$$\frac{x}{2\sqrt{Dt}} = \text{constante} \tag{6.6a}$$

ou

$$\frac{x^2}{Dt} = \text{constante} \tag{6.6b}$$

Alguns cálculos de difusão são facilitados com base nessa relação, como será demonstrado no Problema-Exemplo 6.3.

PROBLEMA-EXEMPLO 6.2

Cálculo do Tempo de Difusão em Regime Não Estacionário I

Para algumas aplicações, é necessário endurecer a superfície de um aço (ou de uma liga ferro-carbono) a níveis superiores aos do seu interior. Uma das maneiras de conseguir isso é aumentando a concentração de carbono na superfície por um processo denominado **carbonetação**. A peça de aço é exposta, sob uma temperatura elevada, a uma atmosfera rica em um hidrocarboneto gasoso, como, por exemplo, metano (CH_4).

Considere uma dessas ligas com concentração inicial uniforme de carbono de 0,25 %p, que deve ser tratada a 950 °C (1750 °F). Se a concentração de carbono na superfície for repentinamente elevada e mantida em 1,20 %p, quanto tempo será necessário para atingir um teor de carbono de 0,80 %p em uma posição

carbonetação

localizada 0,5 mm abaixo da superfície? O coeficiente de difusão do carbono no ferro nessa temperatura é de $1,6 \times 10^{-11}$ m²/s; suponha que a peça de aço seja semi-infinita.

Solução

Uma vez que esse é um problema de difusão em regime não estacionário em que a composição na superfície é mantida constante, a Equação 6.5 é usada. Os valores para todos os parâmetros nessa expressão, à exceção do tempo t, estão especificados no problema, como mostrado a seguir:

$$C_0 = 0,25 \text{ \%p C}$$
$$C_s = 1,20 \text{ \%p C}$$
$$C_x = 0,80 \text{ \%p C}$$
$$x = 0,50 \text{ mm} = 5 \times 10^{-4} \text{ m}$$
$$D = 1,6 \times 10^{-11} \text{ m}^2/\text{s}$$

Dessa forma,

$$\frac{C_x - C_0}{C_s - C_0} = \frac{0,80 - 0,25}{1,20 - 0,25} = 1 - \text{erf}\left[\frac{(5 \times 10^{-4} \text{ m})}{2\sqrt{(1,6 \times 10^{-11} \text{ m}^2/\text{s})(t)}}\right]$$

$$0,4210 = \text{erf}\left(\frac{62,5 \text{ s}^{1/2}}{\sqrt{t}}\right)$$

Agora devemos determinar, a partir da Tabela 6.1, o valor de z para o qual a função erro vale 0,4210. É necessária uma interpolação, conforme a seguir:

z	$erf(z)$
0,35	0,3794
z	0,4210
0,40	0,4284

$$\frac{z - 0,35}{0,40 - 0,35} = \frac{0,4210 - 0,3794}{0,4284 - 0,3794}$$

ou

$$z = 0,392$$

Portanto,

$$\frac{62,5 \text{ s}^{1/2}}{\sqrt{t}} = 0,392$$

e, resolvendo para t, achamos

$$t = \left(\frac{62,5 \text{ s}^{1/2}}{0,392}\right)^2 = 25.400 \text{ s} = 7,1 \text{ h}$$

PROBLEMA-EXEMPLO 6.3

Cálculo do Tempo de Difusão em Regime Não Estacionário II

Os coeficientes de difusão do cobre no alumínio a 500 °C e 600 °C são de $4,8 \times 10^{-14}$ e $5,3 \times 10^{-13}$ m²/s, respectivamente. Determine o tempo aproximado a 500 °C que produzirá o mesmo resultado de difusão (em termos da concentração de Cu em algum ponto específico no Al) que um tratamento térmico a 600 °C com duração de 10 horas.

Solução

Esse é um problema de difusão para o qual a Equação 6.6b pode ser empregada. Uma vez que tanto a 500 °C quanto a 600 °C a composição permanece a mesma em determinada posição, digamos x_0, a Equação 6.6b pode ser escrita como

$$\frac{x_0^2}{D_{500}t_{500}} = \frac{x_0^2}{D_{600}t_{600}}$$

resultando em[5]

$$D_{500}t_{500} = D_{600}t_{600}$$

ou

$$t_{500} = \frac{D_{600}t_{600}}{D_{500}} = \frac{(5,3 \times 10^{-13} \text{ m}^2/\text{s})(10 \text{ h})}{4,8 \times 10^{-14} \text{ m}^2/\text{s}} = 110,4 \text{ h}$$

6.5 FATORES QUE INFLUENCIAM A DIFUSÃO

Espécie em Difusão

A magnitude do coeficiente de difusão D é indicativa da taxa na qual os átomos se difundem. Os coeficientes – tanto para a autodifusão como para a interdifusão – para vários sistemas metálicos estão listados na Tabela 6.2. As espécies em difusão e o material hospedeiro influenciam o coeficiente

Tabela 6.2   Tabulação de Dados de Difusão

Espécie em Difusão	Metal Hospedeiro	D_0 (m²/s)	Q_d (J/mol)
Difusão Intersticial			
C[b]	Fe (α ou CCC)[a]	$1,1 \times 10^{-6}$	87.400
C[c]	Fe (γ ou CFC)[a]	$2,3 \times 10^{-5}$	148.000
N[b]	Fe (α ou CCC)[a]	$5,0 \times 10^{-7}$	77.000
N[c]	Fe (γ ou CFC)[a]	$9,1 \times 10^{-5}$	168.000
Autodifusão			
Fe[c]	Fe (α ou CCC)[a]	$2,8 \times 10^{-4}$	251.000
Fe[c]	Fe (γ ou CFC)[a]	$5,0 \times 10^{-5}$	284.000
Cu[d]	Cu (CFC)	$2,5 \times 10^{-5}$	200.000
Al[c]	Al (CFC)	$2,3 \times 10^{-4}$	144.000
Mg[c]	Mg (HC)	$1,5 \times 10^{-4}$	136.000
Zn[c]	Zn (HC)	$1,5 \times 10^{-5}$	94.000
Mo[d]	Mo (CCC)	$1,8 \times 10^{-4}$	461.000
Ni[d]	Ni (CFC)	$1,9 \times 10^{-4}$	285.000
Interdifusão (Lacuna)			
Zn[c]	Cu (CFC)	$2,4 \times 10^{-5}$	189.000
Cu[c]	Zn (HC)	$2,1 \times 10^{-4}$	124.000
Cu[c]	Al (CFC)	$6,5 \times 10^{-5}$	136.000
Mg[c]	Al (CFC)	$1,2 \times 10^{-4}$	130.000
Cu[c]	Ni (CFC)	$2,7 \times 10^{-5}$	256.000
Ni[d]	Cu (CFC)	$1,9 \times 10^{-4}$	230.000

[a]Existem dois conjuntos de coeficientes de difusão para o ferro, pois o ferro apresenta uma transformação de fase a 912 °C; em temperaturas menores do que 912 °C, existe o ferro α CCC; em temperaturas mais altas que 912 °C, a fase estável é o ferro γ CFC.
[b]Y. Adda e J. Philibert, *Diffusion Dans Les Solides*, Universitaires de France, Paris, 1966.
[c]E. A. Brandes e G. B. Brook (Editores), *Smithells Metals Reference Book*, 7th edition, Butterworth-Heinemann, Oxford, 1992.
[d]J. Askill, *Tracer Diffusion Data for Metals, Alloys, and Simple Oxides*, IFI/Plenum, New York, 1970.

---

[5] Para situações de difusão em que o tempo e a temperatura são variáveis e nas quais a composição permanece constante em algum valor de x, a Equação 6.6b assume a forma

$$Dt = \text{constante} \tag{6.7}$$

de difusão. Por exemplo, existe uma diferença significativa de magnitude entre a autodifusão e a interdifusão do carbono no ferro α a 500 °C, sendo o valor de D maior para a interdifusão do carbono $(3,0 \times 10^{-21}$ contra $1,4 \times 10^{-12}$ m²/s). Essa comparação também proporciona um contraste entre as taxas de difusão por lacuna e intersticial, como foi discutido anteriormente. A autodifusão ocorre por um mecanismo de lacunas, enquanto a difusão do carbono no ferro é intersticial.

Temperatura

A temperatura tem influência profunda sobre os coeficientes e as taxas de difusão. Por exemplo, para a autodifusão do Fe no Fe α, o coeficiente de difusão aumenta aproximadamente seis ordens de magnitude (de $3,0 \times 10^{-21}$ para $1,8 \times 10^{-15}$ m²/s) ao se elevar a temperatura de 500 °C para 900 °C. A dependência dos coeficientes de difusão em relação à temperatura é dada por

Dependência do coeficiente de difusão em relação à temperatura

$$D = D_0 \exp\left(-\frac{Q_d}{RT}\right) \tag{6.8}$$

em que

energia de ativação

D_0 = uma constante pré-exponencial independente da temperatura (m²/s)
Q_d = a **energia de ativação** para a difusão (J/mol ou eV/átomo)
R = a constante dos gases, 8,31 J/mol · K ou $8,62 \times 10^{-5}$ eV/átomo · K
T = temperatura absoluta (K)

A energia de ativação pode ser considerada como a energia necessária para produzir o movimento difusivo de um mol de átomos. Uma energia de ativação elevada resulta em um coeficiente de difusão relativamente pequeno. A Tabela 6.2 lista os valores de D_0 e Q_d para vários sistemas de difusão.

Tomando os logaritmos naturais da Equação 6.8, temos

$$\ln D = \ln D_0 - \frac{Q_d}{R}\left(\frac{1}{T}\right) \tag{6.9a}$$

ou, em termos de logaritmos na base 10,[6]

$$\log D = \log D_0 - \frac{Q_d}{2,3R}\left(\frac{1}{T}\right) \tag{6.9b}$$

Uma vez que D_0, Q_d e R são todos constantes, a Equação 6.9b assume a forma da equação de uma linha reta:

$$y = b + mx$$

na qual y e x são análogos, respectivamente, às variáveis $\log D$ e $1/T$. Dessa forma, se o valor de $\log D$ for representado em função do inverso da temperatura absoluta, o resultado deve ser uma linha reta, com coeficientes angular e linear de $-Q_d/2,3R$ e $\log D_0$, respectivamente. Essa é, na realidade, a maneira como os valores de Q_d e D_0 são determinados experimentalmente. A partir desse tipo de gráfico para diversos sistemas de ligas (Figura 6.7), pode ser observado que existem relações lineares para todos os casos mostrados.

---

[6] Tirando os logaritmos na base 10 de ambos os lados da Equação 6.9a, resulta na seguinte série de equações:

$$\log D = \log D_0 - (\log e)\left(\frac{Q_d}{RT}\right)$$

$$= \log D_0 - (0,434)\left(\frac{Q_d}{RT}\right)$$

$$= \log D_0 - \left(\frac{1}{2,30}\right)\left(\frac{Q_d}{RT}\right)$$

$$= \log D_0 - \left(\frac{Q_d}{2,3R}\right)\left(\frac{1}{T}\right)$$

Essa última equação é a mesma que a Equação 6.9b.

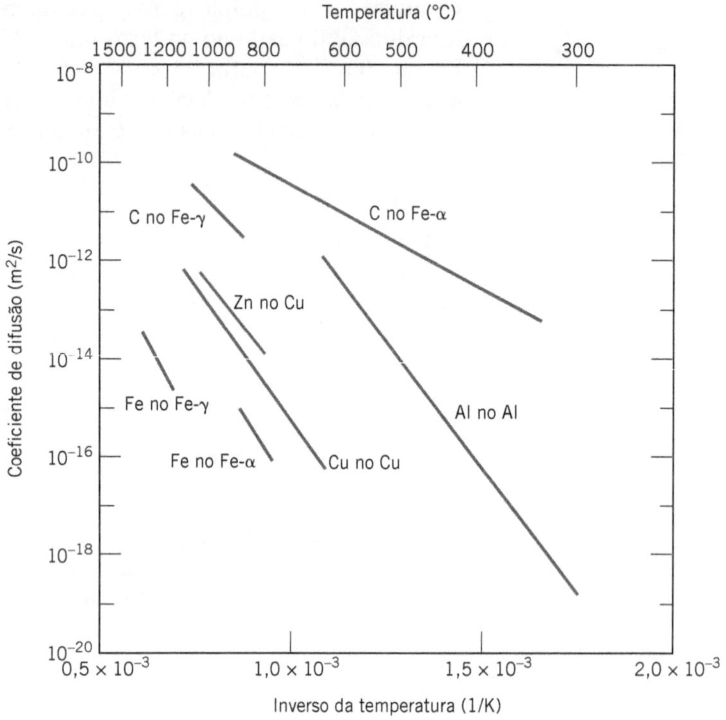

Figura 6.7 Gráfico do logaritmo do coeficiente de difusão em função do inverso da temperatura absoluta para vários metais.
[Dados tirados de E. A. Brandes e G. B. Brook (Editores), *Smithells Metals Reference Book*, 7th ed., Butterworth-Heinemann, Oxford, 1992.]

Verificação de Conceitos 6.1 Classifique em ordem decrescente as magnitudes dos coeficientes de difusão para os seguintes sistemas:

N no Fe a 700 ºC

Cr no Fe a 700 ºC

N no Fe a 900 ºC

Cr no Fe a 900 ºC

Então, justifique essa classificação. (*Nota*: Tanto o Fe como o Cr têm estrutura cristalina CCC, e os raios atômicos para Fe, Cr e N são 0,124, 0,125 e 0,065 nm, respectivamente. Pode ser útil consultar também a Seção 5.4.)

Verificação de Conceitos 6.2 Considere a autodifusão de dois metais hipotéticos A e B. Em um gráfico esquemático de ln D em função de $1/T$, represente (e identifique) as linhas para ambos os metais, dado que $D_0(A) > D_0(B)$ e $Q_d(A) > Q_d(B)$.

[*As respostas estão disponíveis no GEN, ambiente virtual de aprendizagem do GEN.*]

PROBLEMA-EXEMPLO 6.4

Determinação do Coeficiente de Difusão

Usando os dados na Tabela 6.2, calcule o coeficiente de difusão para o magnésio no alumínio a 550 ºC.

Solução

Esse coeficiente de difusão pode ser determinado aplicando-se a Equação 6.8; os valores de D_0 e Q_d obtidos na Tabela 6.2 são, respectivamente, $1,2 \times 10^{-4}$ m²/s e 130 kJ/mol. Dessa forma,

$$D = (1,2 \times 10^{-4}\ \text{m}^2/\text{s}) \exp\left[-\frac{(130.000\ \text{J/mol})}{(8,31\ \text{J/mol} \cdot \text{K})(550 + 273\ \text{K})}\right]$$

$$= 6,7 \times 10^{-13}\ \text{m}^2/\text{s}$$

PROBLEMA-EXEMPLO 6.5

Cálculos da Energia de Ativação e da Constante Pré-Exponencial para o Coeficiente de Difusão

A Figura 6.8 mostra um gráfico do logaritmo (na base 10) do coeficiente de difusão em função do inverso da temperatura absoluta para a difusão do cobre no ouro. Determine os valores para a energia de ativação e para a constante pré-exponencial.

Solução

A partir da Equação 6.9b, a inclinação do segmento de linha mostrado na Figura 6.8 é igual a $-Q_d/2{,}3R$, enquanto a interseção em $1/T = 0$ fornece o valor de $\log D_0$. Dessa forma, a energia de ativação pode ser determinada como

$$Q_d = -2{,}3R(\text{coeficiente angular}) = -2{,}3R\left[\frac{\Delta(\log D)}{\Delta\left(\dfrac{1}{T}\right)}\right]$$

$$= -2{,}3R\left[\frac{\log D_1 - \log D_2}{\dfrac{1}{T_1} - \dfrac{1}{T_2}}\right]$$

em que D_1 e D_2 são os valores do coeficiente de difusão em $1/T_1$ e $1/T_2$, respectivamente. Vamos tomar arbitrariamente $1/T_1 = 0{,}8 \times 10^{-3}$ $(\text{K})^{-1}$ e $1/T_2 = 1{,}1 \times 10^{-3}$ $(\text{K})^{-1}$. Podemos agora ler no gráfico os valores correspondentes a $\log D_1$ e $\log D_2$ a partir do segmento de linha mostrado na Figura 6.8.

[Antes de fazer isso, no entanto, vale a pena fazer uma observação: O eixo vertical na Figura 6.8 está em escala logarítmica (base 10); contudo, os valores reais para o coeficiente de difusão estão anotados sobre esse eixo. Por exemplo, para $D = 10^{-14}$ m^2/s, o logaritmo de D é $-14{,}0$ e *não* 10^{-14}. Além disso, essa escala logarítmica afeta as leituras entre os valores das décadas; por exemplo, em uma posição a meio caminho entre 10^{-14} e 10^{-15}, o valor não é 5×10^{-15}, mas sim $10^{-14{,}5} = 3{,}2 \times 10^{-15}$.]

Assim, com base na Figura 6.8, em $1/T_1 = 0{,}8 \times 10^{-3}$ $(\text{K})^{-1}$, $\log D_1 = -12{,}40$, enquanto em $1/T_2 = 1{,}1 \times 10^{-3}$ $(\text{K})^{-1}$, $\log D_2 = -15{,}45$, e a energia de ativação, determinada a partir da inclinação do segmento de linha na Figura 6.8, é

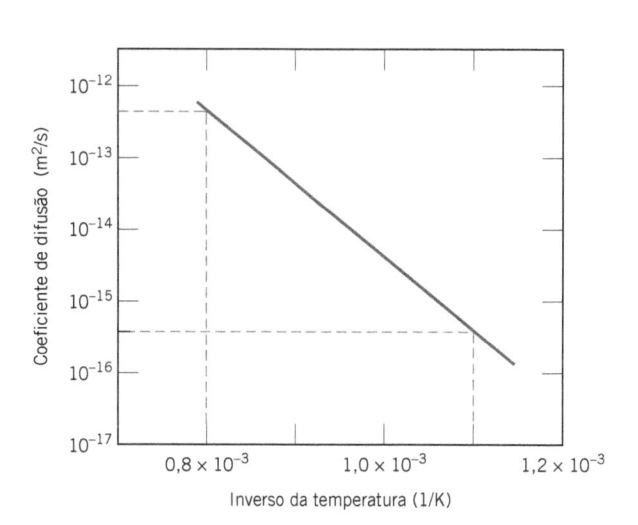

Figura 6.8 Gráfico do logaritmo do coeficiente de difusão em função do inverso da temperatura absoluta para a difusão do cobre no ouro.

$$Q_d = -2{,}3R\left[\frac{\log D_1 - \log D_2}{\dfrac{1}{T_1} - \dfrac{1}{T_2}}\right]$$

$$= -2{,}3(8{,}31\,\text{J/mol} \cdot \text{K})\left[\frac{-12{,}40 - (-15{,}45)}{0{,}8 \times 10^{-3}\,(\text{K})^{-1} - 1{,}1 \times 10^{-3}\,(\text{K})^{-1}}\right]$$

$$= 194.000\,\text{J/mol} = 194\,\text{kJ/mol}$$

Agora, em vez de tentar fazer uma extrapolação gráfica para determinar o valor de D_0, podemos obter analiticamente um valor mais preciso usando a Equação 6.9b e obtemos um valor específico de D (ou $\log D$) e seu valor de T (ou $1/T$) correspondente, a partir da Figura 6.8. Uma vez que sabemos que $\log D = -15{,}45$ quando $1/T = 1{,}1 \times 10^{-3}$ $(\text{K})^{-1}$, então

$$\log D_0 = \log D + \frac{Q_d}{2,3R}\left(\frac{1}{T}\right)$$

$$= -15,45 + \frac{(194.000 \text{ J/mol})(1,1 \times 10^{-3} [\text{K}]^{-1})}{(2,3)(8,31 \text{ J/mol}\cdot\text{K})}$$

$$= -4,28$$

Dessa forma, $D_0 = 10^{-4,28} \text{ m}^2/\text{s} = 5,2 \times 10^{-5} \text{ m}^2/\text{s}$.

EXEMPLO DE PROJETO 6.1

Especificação de Tratamento Térmico em Termos da Temperatura e do Tempo de Difusão

A resistência ao desgaste de uma engrenagem de aço deve ser melhorada pelo endurecimento de sua superfície. Isso deve ser obtido mediante o aumento do teor de carbono na camada superficial externa do aço, como resultado da difusão de carbono para o aço; o carbono deve ser suprido a partir de uma atmosfera gasosa externa rica em carbono que se encontra a uma temperatura elevada e constante. O teor inicial de carbono no aço é de 0,20 %p, enquanto a concentração na superfície do aço deve ser mantida em 1,00 %p. Para que esse tratamento seja efetivo, deve ser estabelecido um teor de carbono de 0,60 %p em uma posição localizada 0,75 mm abaixo da superfície. Especifique um tratamento térmico apropriado em termos da temperatura e do tempo para temperaturas entre 900 °C e 1050 °C. Utilize os dados da Tabela 6.2 para a difusão do carbono no ferro γ.

Solução

Por tratar-se de uma situação de difusão em regime não estacionário, vamos primeiro empregar a Equação 6.5, utilizando os seguintes valores para os parâmetros de concentração:

$$C_0 = 0,20 \text{ \%p C}$$
$$C_s = 1,00 \text{ \%p C}$$
$$C_x = 0,60 \text{ \%p C}$$

Portanto,

$$\frac{C_x - C_0}{C_s - C_0} = \frac{0,60 - 0,20}{1,00 - 0,20} = 1 - \text{erf}\left(\frac{x}{2\sqrt{Dt}}\right)$$

e, assim,

$$0,5 = \text{erf}\left(\frac{x}{2\sqrt{Dt}}\right)$$

Empregando uma técnica de interpolação, como demonstrado no Problema-Exemplo 6.2, e os dados apresentados na Tabela 6.1, temos

$$\frac{x}{2\sqrt{Dt}} = 0,4747 \tag{6.10}$$

O problema estipula que $x = 0,75$ mm $= 7,5 \times 10^{-4}$ m. Portanto,

$$\frac{7,5 \times 10^{-4} \text{ m}}{2\sqrt{Dt}} = 0,4747$$

Isso leva a

$$Dt = 6,24 \times 10^{-7} \text{ m}^2$$

Além disso, o coeficiente de difusão depende da temperatura de acordo com a Equação 6.8 e, segundo a Tabela 6.2 para a difusão do carbono no ferro γ, $D_0 = 2,3 \times 10^{-5}$ m²/s e $Q_d = 148.000$ J/mol. Assim,

$$Dt = D_0 \exp\left(-\frac{Q_d}{RT}\right)(t) = 6,24 \times 10^{-7}\,\mathrm{m}^2$$

$$(2,3 \times 10^{-5}\,\mathrm{m}^2/\mathrm{s})\exp\left[-\frac{148.000\,\mathrm{J/mol}}{(8,31\,\mathrm{J/mol}\cdot\mathrm{K})(T)}\right](t) = 6,24 \times 10^{-7}\,\mathrm{m}^2$$

e, resolvendo para o tempo t, obtemos

$$t\,(\mathrm{em\ s}) = \frac{0,0271}{\exp\left(-\dfrac{17.810}{T}\right)}$$

Dessa forma, o tempo de difusão necessário pode ser calculado para uma temperatura especificada (em K). A tabela a seguir fornece os valores de t para quatro temperaturas diferentes que estão dentro da faixa estipulada no problema.

Temperatura (°C)	Tempo	
	s	*h*
900	106.400	29,6
950	57.200	15,9
1000	32.300	9,0
1050	19.000	5,3

6.6 DIFUSÃO EM MATERIAIS SEMICONDUTORES

Uma tecnologia que aplica a difusão em estado sólido é a da fabricação de circuitos integrados (CIs) semicondutores (Seção 12.15). Cada *chip* de circuito integrado é uma pastilha quadrada e fina, que tem dimensões da ordem de 6 mm × 6 mm × 0,4 mm; além disso, milhões de dispositivos e circuitos eletrônicos interconectados estão inseridos em uma das faces do *chip*. Monocristais de silício são o material base para a maioria dos CIs. Para que esses dispositivos CI funcionem satisfatoriamente, concentrações muito precisas de impureza (ou impurezas) devem ser incorporadas em minúsculas regiões espaciais do *chip* de silício, em um padrão muito intrincado e detalhado; uma maneira de realizar isso é por difusão atômica.

Tipicamente, dois tratamentos térmicos são empregados nesse processo. No primeiro, ou *etapa de pré-deposição*, os átomos de impureza são difundidos no silício, frequentemente a partir de uma fase gasosa, cuja pressão parcial é mantida constante. Dessa forma, a composição da impureza na superfície também permanece constante ao longo do tempo, tal que a concentração de impurezas no interior do silício é uma função da posição e do tempo de acordo com a Equação 6.5 – isto é,

$$\frac{C_x - C_0}{C_s - C_0} = 1 - \mathrm{erf}\left(\frac{x}{2\sqrt{Dt}}\right)$$

Os tratamentos de pré-deposição são realizados normalmente dentro da faixa de temperaturas entre 900 °C e 1000 °C, durante períodos tipicamente inferiores a 1 hora.

O segundo tratamento, algumas vezes chamado de *difusão de redistribuição*, é usado para transportar os átomos de impurezas mais para o interior do silício, com o objetivo de prover uma distribuição mais adequada da concentração, sem, no entanto, aumentar o teor de impurezas global. Esse tratamento é realizado a uma temperatura mais elevada do que o de pré-deposição (até aproximadamente 1200 °C) e também em uma atmosfera oxidante, de maneira a formar uma camada de óxido sobre a superfície. As taxas de difusão através dessa camada de SiO_2 são relativamente lentas, tal que muito poucos átomos de impurezas se difundem para fora e escapam do silício. Perfis de concentração esquemáticos tomados para essa situação de difusão em três tempos diferentes estão mostrados na Figura 6.9; esses perfis podem ser comparados e contrastados com aqueles na Figura 6.5 para o caso em que a concentração do componente em difusão na superfície é mantida constante. Além disso, a Figura 6.10 compara (esquematicamente) os perfis de concentração para os tratamentos de pré-deposição e de redistribuição.

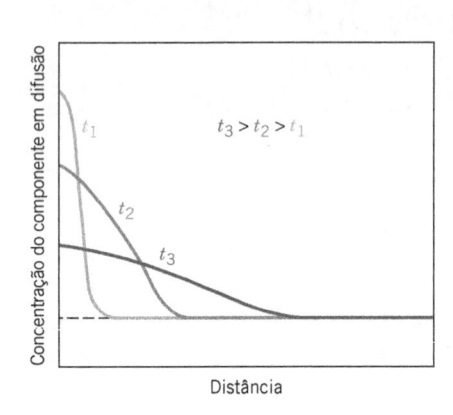

Figura 6.9 Perfis de concentração esquemáticos para a difusão de redistribuição de semicondutores em três tempos diferentes, t_1, t_2 e t_3.

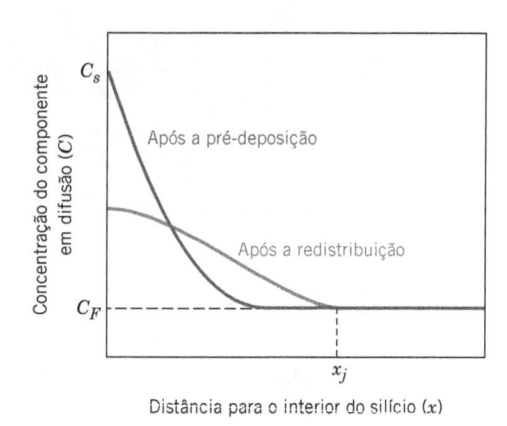

Distância para o interior do silício (x)

Figura 6.10 Perfis de concentração esquemáticos tirados após os tratamentos de (1) pré-deposição e (2) redistribuição para semicondutores. Também está mostrada a profundidade de junção, x_j.

Se assumirmos que os átomos de impureza introduzidos durante o tratamento de pré-deposição estão confinados a uma camada muito fina na superfície do silício (o que, obviamente, é apenas uma aproximação), então a solução para a segunda lei de Fick (Equação 6.4b) para a difusão de redistribuição toma a forma

$$C(x,t) = \frac{Q_0}{\sqrt{\pi Dt}} \exp\left(-\frac{x^2}{4Dt}\right) \tag{6.11}$$

Aqui, Q_0 representa a quantidade total de impurezas que foram introduzidas no sólido durante o tratamento de pré-deposição (em número de átomos de impureza por unidade de área); todos os demais parâmetros nessa equação têm os mesmos significados que anteriormente. Além disso, pode ser mostrado que

$$Q_0 = 2C_s \sqrt{\frac{D_p\, t_p}{\pi}} \tag{6.12}$$

em que C_s é a concentração na superfície para a etapa de pré-deposição (Figura 6.10), a qual foi mantida constante, D_p é o coeficiente de difusão e t_p é o tempo de duração do tratamento de pré-deposição.

Outro parâmetro de difusão importante é a *profundidade de junção*, x_j. Ela representa a profundidade (isto é, o valor de x) na qual a concentração da impureza em difusão é exatamente igual à concentração de fundo daquela impureza no silício (C_F) (Figura 6.10). Para a difusão de redistribuição, o valor de x_j pode ser calculado usando a seguinte expressão:

$$x_j = \left[(4D_d t_d) \ln\left(\frac{Q_0}{C_F \sqrt{\pi D_d\, t_d}}\right)\right]^{1/2} \tag{6.13}$$

Aqui, D_d e t_d representam, respectivamente, o coeficiente e o tempo de difusão para o tratamento de redistribuição.

PROBLEMA-EXEMPLO 6.6

Difusão do Boro no Silício

Átomos de boro devem ser difundidos para o interior de uma pastilha de silício usando tratamentos térmicos tanto de pré-deposição quanto de redistribuição; sabe-se que a concentração de fundo de B nessa pastilha de silício é de 1×10^{20} átomos/m³. O tratamento de pré-deposição deve ser conduzido a 900 °C durante 30 minutos; a concentração de B na superfície deve ser mantida em nível constante de 3×10^{26} átomos/m³. A difusão de redistribuição será conduzida a 1100 °C por um período de 2 horas. Para o coeficiente de difusão do B no Si, os valores de Q_d e D_0 são de 3,87 eV/átomo e $2,4 \times 10^{-3}$ m²/s, respectivamente.

(a) Calcule o valor de Q_0.

(b) Determine o valor de x_j para o tratamento de difusão de redistribuição.

(c) Além disso, para o tratamento de redistribuição, calcule a concentração de átomos de B em uma posição 1 μm abaixo da superfície da pastilha de silício.

Solução

(a) O valor de Q_0 é calculado com a utilização da Equação 6.12. Contudo, antes de isso ser possível, é primeiro necessário determinar o valor de D para o tratamento de pré-deposição [D_p a $T = T_p = 900$ °C (1173 K)] usando a Equação 6.8. (*Nota*: Para a constante dos gases R na Equação 6.8, usamos a constante de Boltzmann k, que tem o valor de $8,62 \times 10^{-5}$ eV/átomo · K.) Dessa forma,

$$D_p = D_0 \exp\left(-\frac{Q_d}{kT_p}\right)$$

$$= (2,4 \times 10^{-3} \text{ m}^2/\text{s}) \exp\left[-\frac{3,87 \text{ eV/átomo}}{(8,62 \times 10^{-5} \text{ eV/átomo} \cdot \text{K})(1173 \text{ K})}\right]$$

$$= 5,73 \times 10^{-20} \text{ m}^2/\text{s}$$

O valor de Q_0 pode ser determinado da seguinte maneira:

$$Q_0 = 2C_s\sqrt{\frac{D_p t_p}{\pi}}$$

$$= (2)(3 \times 10^{26} \text{ átomos/m}^3)\sqrt{\frac{(5,73 \times 10^{-20} \text{ m}^2/\text{s})(30 \text{ min})(60 \text{ s/min})}{\pi}}$$

$$= 3,44 \times 10^{18} \text{ átomos/m}^2$$

(b) O cálculo da profundidade de junção requer o uso da Equação 6.13. Todavia, antes de isso ser possível, é necessário calcular o valor de D na temperatura do tratamento de redistribuição [D_d a 1100 °C (1373 K)]. Dessa forma,

$$D_d = (2,4 \times 10^{-3} \text{ m}^2/\text{s}) \exp\left[-\frac{3,87 \text{ eV/átomo}}{(8,62 \times 10^{-5} \text{ eV/átomo} \cdot \text{K})(1373 \text{ K})}\right]$$

$$= 1,51 \times 10^{-17} \text{ m}^2/\text{s}$$

Agora, a partir da Equação 6.13,

$$x_j = \left[(4D_d t_d)\ln\left(\frac{Q_0}{C_F\sqrt{\pi D_d t_d}}\right)\right]^{1/2}$$

$$= \left\{(4)(1,51 \times 10^{-17} \text{ m}^2/\text{s})(7200 \text{ s}) \times \right.$$

$$\left. \ln\left[\frac{3,44 \times 10^{18}\text{átomos/m}^2}{(1 \times 10^{20} \text{ átomos/m}^3)\sqrt{(\pi)(1,51 \times 10^{-17} \text{ m}^2/\text{s})(7200 \text{ s})}}\right]\right\}^{1/2}$$

$$= 2,19 \times 10^{-6} \text{ m} = 2,19 \text{ μm}$$

(c) Em $x = 1$ μm para o tratamento de redistribuição, calculamos a concentração de átomos de B empregando a Equação 6.11 e os valores para Q_0 e D_d determinados anteriormente, conforme segue:

$$C(x,t) = \frac{Q_0}{\sqrt{\pi D_d t}} \exp\left(-\frac{x^2}{4D_d t}\right)$$

$$= \frac{3,44 \times 10^{18} \text{ átomos/m}^2}{\sqrt{(\pi)(1,51 \times 10^{-17} \text{ m}^2/\text{s})(7200 \text{ s})}} \exp\left[-\frac{(1 \times 10^{-6} \text{ m})^2}{(4)(1,51 \times 10^{-17} \text{ m}^2/\text{s})(7200 \text{ s})}\right]$$

$$= 5,90 \times 10^{23} \text{ átomos/m}^3$$

M A T E R I A I S   D E   I M P O R T Â N C I A

Alumínio para Interconexões de Circuitos Integrados

Após os tratamentos térmicos de pré-deposição e redistribuição descritos anteriormente, outra etapa importante no processo de fabricação de um CI é a deposição de caminhos de circuitos condutores muito finos e estreitos para facilitar a passagem da corrente de um dispositivo para outro; esses caminhos são chamados de *interconexões*, e vários deles estão mostrados na Figura 6.11, uma micrografia eletrônica de varredura de um *chip* de CI. Obviamente, o material a ser usado para as interconexões deve ter condutividade elétrica elevada – um metal, uma vez que, entre todos os materiais, os metais têm as maiores condutividades. A Tabela 6.3 dá valores para prata, cobre, ouro e alumínio, que são os metais mais condutores. Com base nessas condutividades e descontando o custo dos materiais, a Ag é o metal selecionado, seguida por Cu, Au e Al.

Uma vez que essas interconexões tenham sido depositadas, ainda é necessário submeter o *chip* de CI a outros tratamentos térmicos, que podem ser realizados em temperaturas tão elevadas quanto 500 °C. Se durante esses tratamentos ocorrer difusão significativa do metal da interconexão para o interior do silício, a funcionalidade elétrica do CI será destruída. Assim, uma vez que a extensão da difusão depende da magnitude do coeficiente de difusão, é necessário selecionar um metal de interconexão que tenha pequeno valor de D no silício. A Figura 6.12 apresenta um gráfico do logaritmo de D em função de $1/T$ para a difusão, no silício, de cobre, ouro, prata e alumínio. Além disso, foi construída uma linha vertical tracejada a 500 °C, a partir de onde estão indicados os valores de D para os quatro metais nessa temperatura. Aqui pode ser observado que o coeficiente de difusão para o alumínio no silício ($3,6 \times 10^{-26}$ m²/s) é pelo menos oito ordens de

Tabela 6.3   Valores para a Condutividade Elétrica à Temperatura Ambiente para Prata, Cobre, Ouro e Alumínio (os Quatro Metais Mais Condutores)

Metal	Condutividade Elétrica $[(ohm\text{-}m)^{-1}]$
Prata	$6,8 \times 10^7$
Cobre	$6,0 \times 10^7$
Ouro	$4,3 \times 10^7$
Alumínio	$3,8 \times 10^7$

grandeza (isto é, um fator de 10^8) menor do que os valores para os outros três metais.

O alumínio é, de fato, empregado nas interconexões em alguns circuitos integrados; embora sua condutividade elétrica seja ligeiramente menor do que os valores para prata, cobre e ouro, seu coeficiente de difusão extremamente baixo o torna o material apropriado para essa aplicação. Uma liga alumínio-cobre-silício (94,5 %p Al-4 %p Cu-1,5 %p Si) também é usada algumas vezes nas interconexões; ela não apenas se liga com facilidade à superfície do *chip*, mas também é mais resistente à corrosão que o alumínio puro.

Mais recentemente, também têm sido usadas interconexões de cobre. Entretanto, é necessário primeiro depositar uma camada muito fina de tântalo ou nitreto de tântalo sob o cobre, a qual atua como uma barreira para deter a difusão do cobre no silício.

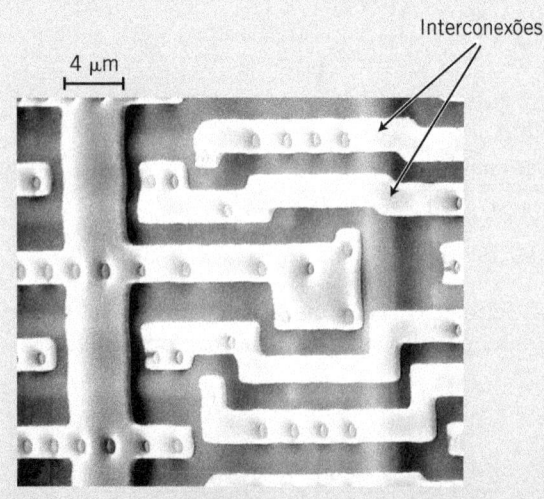

Figura 6.11   Micrografia eletrônica de varredura de um *chip* de circuito integrado sobre o qual podem ser observadas as regiões das interconexões de alumínio. Ampliação de aproximadamente 2000×. (Essa fotografia é uma cortesia da National Semiconductor Corporation.)

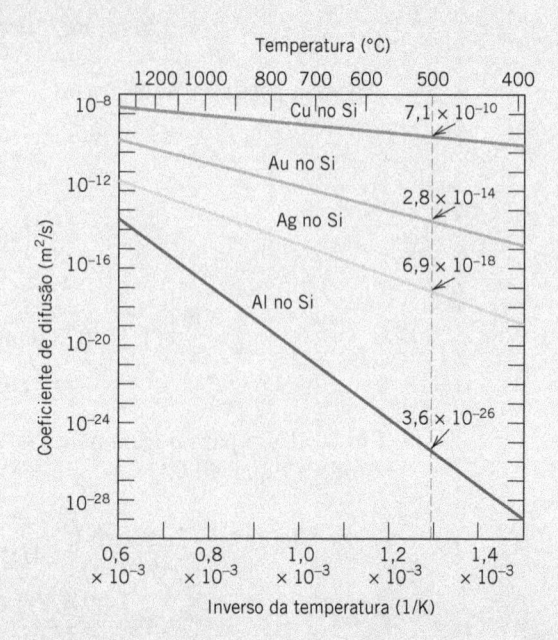

Figura 6.12   Gráfico com as curvas (linhas) para o logaritmo de D em função de $1/T$ (K) para a difusão de cobre, ouro, prata e alumínio no silício. Também estão indicados os valores de D a 500 °C.

6.7 OUTROS CAMINHOS DE DIFUSÃO

A migração atômica também pode ocorrer ao longo de discordâncias, contornos de grão e superfícies externas. Esses são algumas vezes chamados de *caminhos de difusão por atalhos*, uma vez que as taxas de difusão são muito maiores que aquelas para a difusão no volume do sólido. Contudo, na maioria das situações, as contribuições dos atalhos para o fluxo de difusão global são insignificantes, pois as áreas de seção transversal desses caminhos são extremamente pequenas.

6.8 DIFUSÃO EM MATERIAIS IÔNICOS E POLIMÉRICOS

Vamos agora extrapolar alguns dos princípios da difusão para materiais iônicos e poliméricos.

Materiais Iônicos

Para os compostos iônicos, o fenômeno da difusão é mais complicado do que para os metais, uma vez que é necessário considerar o movimento de difusão de dois tipos de íons que têm cargas opostas. A difusão nesses materiais ocorre geralmente por um mecanismo por lacunas (Figura 6.3a). Como observado na Seção 5.3, para manter a neutralidade das cargas em um material iônico, pode-se dizer o seguinte a respeito das lacunas: (1) as lacunas de íons ocorrem em pares [como nos defeitos de Schottky (Figura 5.3)]; (2) elas se formam em compostos não estequiométricos (Figura 5.4); e (3) elas são criadas por íons de impurezas substitucionais que possuem estados de carga diferentes daqueles dos íons hospedeiros (Problema-Exemplo 5.4). Em todos os casos, uma transferência de carga elétrica está associada ao movimento por difusão de um único íon. Para manter a neutralidade local das cargas na vizinhança desse íon em movimento, é necessário que outra espécie com carga igual e de sinal oposto acompanhe o movimento de difusão do íon. Possíveis espécies carregadas incluem outra lacuna, um átomo de impureza ou um portador de carga eletrônico [isto é, um elétron livre ou um buraco (Seção 12.6)]. Como consequência, a taxa de difusão desses pares eletricamente carregados é limitada pela taxa de difusão da espécie que se move mais lentamente.

Quando um campo elétrico externo é aplicado através de um sólido iônico, os íons eletricamente carregados migram (isto é, difundem-se) em resposta às forças que são aplicadas sobre eles. Como discutido na Seção 12.16, esse movimento iônico dá origem a uma corrente elétrica. Além disso, a mobilidade dos íons é uma função do coeficiente de difusão (Equação 12.23). Consequentemente, muitos dos dados de difusão para os sólidos iônicos são oriundos de medições da condutividade elétrica.

Materiais Poliméricos

Para os materiais poliméricos, frequentemente estamos interessados na difusão de pequenas moléculas de impurezas (por exemplo, O_2, H_2O, CO_2, CH_4) entre as cadeias moleculares em vez de no movimento de difusão dos átomos da cadeia dentro da estrutura do polímero. As características de permeabilidade e de absorção de um polímero estão relacionadas com o grau pelo qual substâncias externas se difundem no material. A penetração dessas substâncias pode levar a um inchamento e/ou a reações químicas com as moléculas do polímero e, com frequência, a uma degradação das propriedades mecânicas e físicas do material (Seção 16.11).

As taxas de difusão são maiores pelas regiões amorfas do que pelas regiões cristalinas; a estrutura do material amorfo é mais "aberta". Esse mecanismo de difusão pode ser considerado análogo à difusão intersticial nos metais – isto é, nos polímeros, os movimentos de difusão ocorrem por pequenos vazios entre as cadeias poliméricas de uma região amorfa aberta para outra região aberta adjacente.

O tamanho da molécula externa também afeta a taxa de difusão: As moléculas menores difundem-se mais rapidamente do que as maiores. Além disso, a difusão é mais rápida para as moléculas que são quimicamente inertes do que para aquelas que reagem com o polímero.

Uma etapa da difusão através de uma membrana polimérica é a dissolução da espécie molecular no material da membrana. Essa dissolução é um processo que depende do tempo e, se for mais lenta que o movimento de difusão, pode limitar a taxa global de difusão. Consequentemente, as propriedades de difusão dos polímeros são caracterizadas, com frequência, em termos de um *coeficiente de permeabilidade* (representado por P_M), no qual, para o caso da difusão em regime estacionário através de uma membrana polimérica, a primeira lei de Fick (Equação 6.2) é modificada para

$$J = -P_M \frac{\Delta P}{\Delta x} \tag{6.14}$$

Nessa expressão, J é o fluxo difusivo de gás através da membrana $[(cm^3\ CNTP)/(cm^2 \cdot s)]$, P_M é o coeficiente de permeabilidade, Δx é a espessura da membrana e ΔP é a diferença na pressão do gás através da membrana. Para moléculas pequenas em polímeros não vítreos, o coeficiente de permeabilidade pode ser aproximado como o produto entre o coeficiente de difusão (D) e a solubilidade da espécie em difusão no polímero (S) – isto é,

$$P_M = DS \tag{6.15}$$

A Tabela 6.4 apresenta os coeficientes de permeabilidade do oxigênio, nitrogênio, dióxido de carbono e vapor d'água em vários polímeros comuns.[7]

Para algumas aplicações, tais como em embalagens de alimentos e de bebidas, e para os pneus e câmaras de pneus de automóveis, são desejáveis baixas taxas de permeabilidade através dos materiais poliméricos. As membranas poliméricas são empregadas frequentemente como filtros, para separar seletivamente uma espécie química de outra (ou outras) (por exemplo, na dessalinização da água). Em tais situações, normalmente ocorre que a taxa de permeação da substância a ser filtrada é significativamente maior que a(s) da(s) outra(s) substância(s).

Tabela 6.4 Coeficientes de Permeabilidade P_M a 25 °C para Oxigênio, Nitrogênio, Dióxido de Carbono e Vapor d'Água em Diversos Polímeros

| *Polímero* | *Acrônimo* | P_M $[\times 10^{-13}\ (cm^3\ CNTP)(cm)/(cm^2\text{-}s\text{-}Pa)]$ | | | |
		O_2	N_2	CO_2	H_2O
Polietileno (baixa densidade)	PEBD	2,2	0,73	9,5	68
Polietileno (alta densidade)	PEAD	0,30	0,11	0,27	9,0
Polipropileno	PP	1,2	0,22	5,4	38
Cloreto de polivinila	PVC	0,034	0,0089	0,012	206
Poliestireno	PS	2,0	0,59	7,9	840
Cloreto de polivinilideno	PVDC	0,0025	0,00044	0,015	7,0
Poli(etileno tereftalato)	PET	0,044	0,011	0,23	–
Poli(etil metacrilato)	PEMA	0,89	0,17	3,8	2380

Fonte: Adaptado de J. Brandrup, E. H. Immergut, E. A. Grulke, A. Abe e D. R. Bloch (Editores), *Polymer Handbook*, 4th ed. Copyright © 1999 por John Wiley & Sons, New York. Reimpresso sob permissão de John Wiley & Sons, Inc.

PROBLEMA-EXEMPLO 6.7

Cálculos do Fluxo Difusivo do Dióxido de Carbono através de um Recipiente de Plástico para Bebidas e a Vida Útil em Prateleira da Bebida

As garrafas plásticas transparentes usadas para bebidas carbonatadas (algumas vezes também chamadas de "soda", "refrigerante" ou "refri") são feitas de poli(etileno tereftalato) (PET). O barulho de gás que se ouve ao abrir a garrafa resulta do dióxido de carbono dissolvido (CO_2); uma vez que o PET é permeável ao CO_2, os refrigerantes armazenados em garrafas de PET eventualmente ficarão "chocos" (isto é, perderão

---

[7] As unidades para os coeficientes de permeabilidade na Tabela 6.4 não são usuais e são explicadas da seguinte forma: Quando a espécie molecular em difusão está na fase gasosa, a solubilidade é igual a

$$S = \frac{C}{P}$$

em que C é a concentração da espécie em difusão no polímero [em unidades de $(cm^3\ CNTP)/cm^3$ gás] e P é a pressão parcial (em unidades de Pa). CNTP indica que esse é o volume do gás sob condições normais de temperatura e pressão [273 K (0 °C) e 101,3 kPa (1 atm)]. Dessa forma, as unidades para S são $(cm^3\ CNTP)/Pa \cdot cm^3$. Uma vez que D é expresso em termos de cm^2/s, as unidades para o coeficiente de permeabilidade são $(cm^3\ CNTP)(cm)/(cm^2 \cdot s \cdot Pa)$.

seu gás). Uma garrafa de 20 oz. (591 mL) de refrigerante tem pressão de CO_2 de aproximadamente 400 kPa dentro da garrafa, enquanto a pressão do CO_2 no lado de fora da garrafa é de 0,4 kPa.

(a) Assumindo condições de regime estacionário, calcule o fluxo difusivo de CO_2 através da parede da garrafa.

(b) Se a garrafa tiver que perder 750 (cm^3 CNTP) de CO_2 antes que o refrigerante fique choco, qual é o tempo de vida útil para uma garrafa de refrigerante?

Nota: Suponha que cada garrafa tem uma área superficial de 500 cm^2 e uma espessura de parede de 0,05 cm.

Solução

(a) Esse é um problema de permeabilidade em que a Equação 6.14 é empregada. O coeficiente de permeabilidade do CO_2 através do PET (Tabela 6.4) é de $0,23 \times 10^{-13}$ (cm^3 CNTP)(cm)/($cm^2 \cdot s \cdot Pa$). Dessa forma, o fluxo difusivo é igual a

$$J = -P_M \frac{\Delta P}{\Delta x} = -P_M \frac{P_2 - P_1}{\Delta x}$$

$$= -0,23 \times 10^{-13} \frac{(cm^3\,CNTP)(cm)}{(cm^2)(s)(Pa)} \left[\frac{(400\,Pa - 400.000\,Pa)}{0,05\,cm} \right]$$

$$= 1,8 \times 10^{-7} \,(cm^3\,CNTP)/(cm^2 \cdot s)$$

(b) A vazão de CO_2 através da parede da garrafa $\dot{V}_{CO_2}$ é igual a

$$\dot{V}_{CO_2} = JA$$

em que A é a área superficial da garrafa (isto é, 500 cm^2); portanto,

$$\dot{V}_{CO_2} = [\,1,8 \times 10^{-7}\,(cm^3\,CNTP)/(cm^2 \cdot s)\,](500\,cm^2) = 9,0 \times 10^{-5}\,(cm^3\,CNTP)/s$$

O tempo decorrido para que um volume (V) de 750 (cm^3 CNTP) escape é calculado como

$$\text{tempo} = \frac{V}{\dot{V}_{CO_2}} = \frac{750\,(cm^3\,CNTP)}{9,0 \times 10^{-5}\,(cm^3\,CNTP)/s} = 8,3 \times 10^6\,s$$

$$= 97\,\text{dias (ou aproximadamente 3 meses)}$$

RESUMO

Introdução
- A difusão em estado sólido é um meio de transporte de massa no interior de materiais sólidos que ocorre pelo movimento atômico em etapas.
- O termo *interdifusão* refere-se à migração de átomos de impureza; para os átomos hospedeiros, é usado o termo *autodifusão*.

Mecanismos da Difusão
- Dois mecanismos são possíveis para a difusão: por lacunas e intersticial.
   A *difusão por lacunas* ocorre pela troca de um átomo localizado em um sítio normal da rede com uma lacuna adjacente.
   Na *difusão intersticial*, um átomo migra de uma posição intersticial para uma posição intersticial vazia adjacente.
- Para determinado metal hospedeiro, em geral as espécies atômicas intersticiais difundem-se mais rapidamente.

Primeira Lei de Fick
- O *fluxo difusivo* é definido em termos da massa da espécie em difusão, da área de seção transversal e do tempo, de acordo com a Equação 6.1.
- O fluxo difusivo é proporcional ao negativo do gradiente de concentração de acordo com a primeira lei de Fick, Equação 6.2.

- O *perfil de concentração* é representado como um gráfico da concentração em função da distância para o interior do material sólido.
- O *gradiente de concentração* é a inclinação da curva do perfil de concentração em algum ponto específico.
- A condição de difusão para a qual o fluxo é independente do tempo é conhecida como regime estacionário.
- A força motriz para a difusão em regime estacionário é o gradiente de concentração (dC/dx).

Segunda Lei de Fick – Difusão em Regime Não Estacionário
- Na difusão em regime não estacionário há um acúmulo ou consumo resultante do componente em difusão e o fluxo é dependente do tempo.
- A relação matemática para a difusão em regime não estacionário em uma única direção (x) (e quando o coeficiente de difusão é independente da concentração) pode ser descrita pela segunda lei de Fick, a Equação 6.4b.
- Para uma condição de contorno na qual a composição na superfície é mantida constante, a solução da segunda lei de Fick (Equação 6.4b) é a Equação 6.5, que envolve a função erro de Gauss (erf).

Fatores que Influenciam a Difusão
- A magnitude do coeficiente de difusão é indicativa da taxa de movimentação dos átomos e depende tanto da espécie hospedeira como da espécie em difusão, assim como da temperatura.
- O coeficiente de difusão é uma função da temperatura de acordo com a Equação 6.8.

Difusão em Materiais Semicondutores
- Os dois tratamentos térmicos empregados para a difusão de impurezas para o interior do silício durante a fabricação de circuitos integrados são a pré-deposição e a redistribuição.

  Durante a pré-deposição, os átomos de impureza difundem-se para o interior do silício, frequentemente a partir de uma fase gasosa, cuja pressão parcial é mantida constante.

  Na etapa de redistribuição, os átomos de impureza são transportados mais para o interior do silício, de forma a prover uma distribuição das concentrações mais adequada sem aumentar o teor global de impurezas.

- Com base em considerações relacionadas com a difusão, as interconexões de circuitos integrados são feitas normalmente em alumínio – em vez de metais como cobre, prata e ouro que têm maiores condutividades elétricas. Durante tratamentos térmicos a temperaturas elevadas, os átomos metálicos das interconexões difundem-se para o interior do silício; concentrações apreciáveis comprometerão o funcionamento do *chip*.

Difusão em Materiais Iônicos
- A difusão em materiais iônicos ocorre normalmente por um mecanismo de lacunas; a neutralidade local de cargas é mantida pelo movimento difusivo, em pares, de uma lacuna carregada e alguma outra entidade carregada.

Difusão em Materiais Poliméricos
- Em relação à difusão nos polímeros, pequenas moléculas de substâncias externas difundem-se entre as cadeias moleculares por um mecanismo do tipo intersticial, de uma região amorfa para outra região amorfa adjacente.
- A difusão (ou permeação) de espécies gasosas é caracterizada com frequência em termos do coeficiente de permeabilidade, que é o produto do coeficiente de difusão e da solubilidade no polímero (Equação 6.15).
- As vazões de permeação são expressas empregando uma forma modificada da primeira lei de Fick (Equação 6.14).

Resumo das Equações

Número da Equação	Equação	Resolvendo para
6.1	$J = \dfrac{M}{At}$	Fluxo difusivo
6.2	$J = -D\,\dfrac{dC}{dx}$	Primeira lei de Fick

Número da Equação	Equação	Resolvendo para
6.4b	$$\frac{\partial C}{\partial t} = D\,\frac{\partial^2 C}{\partial x^2}$$	Segunda lei de Fick
6.5	$$\frac{C_x - C_0}{C_s - C_0} = 1 - \text{erf}\left(\frac{x}{2\sqrt{Dt}}\right)$$	Solução da segunda lei de Fick – para uma composição constante na superfície
6.8	$$D = D_0 \exp\left(-\frac{Q_d}{RT}\right)$$	Dependência do coeficiente de difusão em relação à temperatura
6.14	$$J = -P_M\,\frac{\Delta P}{\Delta x}$$	Fluxo difusivo para a difusão em regime estacionário através de uma membrana polimérica

Lista de Símbolos

Símbolo	Significado
A	Área da seção transversal perpendicular à direção da difusão
C	Concentração da espécie em difusão
C_0	Concentração inicial da espécie em difusão antes do início do processo de difusão
C_s	Concentração da espécie em difusão na superfície
C_x	Concentração na posição x após um tempo de difusão t
D	Coeficiente de difusão
D_0	Constante independente da temperatura
M	Massa de material em difusão
ΔP	Diferença na pressão de um gás entre os dois lados de uma membrana polimérica
P_M	Coeficiente de permeabilidade para a difusão em regime estacionário através de uma membrana polimérica
Q_d	Energia de ativação para a difusão
R	Constante dos gases (8,31 J/mol · K)
t	Tempo decorrido na difusão
x	Coordenada de posição (ou distância) medida na direção da difusão, normalmente a partir de uma superfície sólida
Δx	Espessura da membrana polimérica através da qual a difusão está ocorrendo

Termos e Conceitos Importantes

autodifusão
carbonetação
coeficiente de difusão
difusão
difusão em regime estacionário
difusão em regime não estacionário

difusão intersticial
difusão por lacuna
energia de ativação
fluxo difusivo
força motriz
gradiente de concentração

interdifusão (difusão de impurezas)
perfil de concentração
primeira lei de Fick
segunda lei de Fick

REFERÊNCIAS

Carslaw, H. S., and J. C. Jaeger, *Conduction of Heat in Solids*, 2nd edition, Oxford University Press, Oxford, 1986.

Crank, J., *The Mathematics of Diffusion*, Oxford University Press, Oxford, 1980.

Gale, W. F., and T. C. Totemeier (Editores), *Smithells Metals Reference Book*, 8th edition, Butterworth-Heinemann, Oxford, UK, 2003.

Glicksman, M., *Diffusion in Solids*, Wiley-Interscience, New York, 2000.

Shewmon, P. G., *Diffusion in Solids*, 2nd edition, The Minerals, Metals and Materials Society, Warrendale, PA, 1989.

PERGUNTAS E PROBLEMAS

Introdução

6.1 Explique sucintamente a diferença entre *autodifusão* e *interdifusão*.

6.2 A autodifusão envolve o movimento de átomos que são todos do mesmo tipo; portanto, ela não está sujeita a observação por mudanças na composição, como acontece com a interdifusão. Sugira uma maneira pela qual a autodifusão pode ser monitorada.

Mecanismos da Difusão

6.3 **(a)** Compare os mecanismos atômicos de difusão *intersticial* e *por lacunas*.

(b) Cite duas razões pelas quais a difusão intersticial é normalmente mais rápida do que a difusão por lacunas.

6.4 O carbono se difunde no ferro via um mecanismo intersticial – para o ferro CFC de um sítio octaédrico para um sítio adjacente. Na Seção 5.4 (Figura 5.6*a*), observamos que dois conjuntos gerais de coordenadas de pontos para este sítio são $0\frac{1}{2}1$ e $\frac{1}{2}\frac{1}{2}\frac{1}{2}$. Especifique a família de direções cristalográficas em que ocorre essa difusão de carbono no ferro CFC.

6.5 O carbono se difunde no ferro via um mecanismo intersticial – para o ferro CCC de um sítio tetraédrico para um sítio adjacente. Na Seção 5.4 (Figura 5.6*b*), observamos que um conjunto geral de coordenadas de pontos para este sítio são $1\frac{1}{2}\frac{1}{4}$. Especifique a família de direções cristalográficas em que ocorre essa difusão de carbono no ferro CCC.

Primeira Lei de Fick

6.6 Explique sucintamente o conceito de *regime estacionário* quando ele se aplica à difusão.

6.7 **(a)** Explique sucintamente o conceito de uma *força motriz*.

(b) Qual é a força motriz para a difusão em regime estacionário?

6.8 A purificação do gás hidrogênio por difusão através de uma lâmina de paládio foi discutida na Seção 6.3. Calcule o número de quilogramas de hidrogênio que passa a cada hora através de uma lâmina de paládio com 6 mm de espessura e que tem uma área de 0,25 m² a 600 °C. Considere um coeficiente de difusão de $1,7 \times 10^{-8}$ m²/s, que as concentrações de hidrogênio nos lados com alta e baixa pressão sejam de 2,0 e 0,4 kg de hidrogênio por metro cúbico de paládio, respectivamente, e que tenham sido atingidas condições de regime estacionário.

6.9 Uma chapa de aço com 5,0 mm de espessura e a 900 °C possui atmosferas de nitrogênio em ambos os lados e lhe é permitido atingir uma condição de difusão em regime estacionário. O coeficiente de difusão para o nitrogênio no aço nessa temperatura é de $1,85 \times 10^{-10}$ m²/s e o fluxo difusivo é de $1,0 \times 10^{-7}$ kg/m² · s. Sabe-se ainda que a concentração do nitrogênio no aço na su-

perfície sob alta pressão é de 2 kg/m³. A que profundidade da chapa, a partir desse lado sob pressão elevada, a concentração será de 0,5 kg/m³? Considere um perfil de concentrações linear.

6.10 Uma chapa de ferro CCC, com 2 mm de espessura, foi exposta, a 675 °C, a uma atmosfera gasosa carbonetante em um de seus lados e a uma atmosfera descarbonetante no outro lado. Após atingir o regime estacionário, o ferro foi rapidamente resfriado até a temperatura ambiente. As concentrações de carbono determinadas nas duas superfícies da chapa foram de 0,015 e 0,0068 %p, respectivamente. Calcule o coeficiente de difusão se o fluxo difusivo é de $7,36 \times 10^{-9}$ kg/m² · s. *Sugestão*: Use a Equação 5.12 para converter as concentrações de porcentagem em peso para quilogramas de carbono por metro cúbico de ferro.

6.11 Quando o ferro α é submetido a uma atmosfera de gás nitrogênio, a concentração de nitrogênio no ferro, C_N (em porcentagem em peso), é uma função da pressão do nitrogênio, p_{N_2} (em MPa), e da temperatura absoluta (T), de acordo com

$$C_N = 4,90 \times 10^{-3}\sqrt{p_{N_2}} \exp\left(-\frac{37.600 \text{ J/mol}}{RT}\right) \quad (6.16)$$

Além disso, os valores de D_0 e Q_d para esse sistema de difusão são de $5,0 \times 10^{-7}$ m²/s e 77.000 J/mol, respectivamente. Considere uma membrana de ferro com 1,5 mm de espessura a 300 °C. Calcule o fluxo difusivo através dessa membrana se a pressão do nitrogênio em um dos lados da membrana é de 0,10 MPa (0,99 atm) e no outro lado é de 5,0 MPa (49,3 atm).

Segunda Lei de Fick – Difusão em Regime Não Estacionário

6.12 Mostre que

$$C_x = \frac{B}{\sqrt{Dt}} \exp\left(-\frac{x^2}{4Dt}\right)$$

também é uma solução para a Equação 6.4b. O parâmetro B é uma constante, sendo independente tanto de x como de t.

Sugestão: A partir da Equação 6.4b, demonstre que

$$\frac{\partial\left[\frac{B}{\sqrt{Dt}}\exp\left(-\frac{x^2}{4Dt}\right)\right]}{\partial t}$$

é igual a

$$D\left\{\frac{\partial^2\left[\frac{B}{\sqrt{Dt}}\exp\left(-\frac{x^2}{4Dt}\right)\right]}{\partial x^2}\right\}$$

6.13 Determine o tempo de carbonetação necessário para atingir uma concentração de carbono de 0,30 %p em uma posição 4 mm abaixo da superfície de uma liga ferro-carbono contendo inicialmente 0,10 %p C. A concentração na superfície deve ser mantida em 0,90 %p C e o tratamento deve ser conduzido a 1100 °C. Utilize os dados de difusão para o Fe γ na Tabela 6.2.

6.14 Uma liga ferro-carbono CFC contendo inicialmente 0,55 %p C está exposta a uma atmosfera rica em oxigênio e virtualmente isenta de carbono, a 1325 K (1052 °C). Sob essas circunstâncias, o carbono se difunde da liga e reage na superfície com o oxigênio da atmosfera – isto é, a concentração de carbono na superfície é mantida essencialmente em 0 %p C. (Esse processo de esgotamento do carbono é denominado *descarbonetação*.) Em qual posição a concentração de carbono será de 0,25 %p após um tratamento de 10 horas? O valor de D a 1325 K é de $3,3 \times 10^{-11}$ m²/s.

6.15 O nitrogênio de uma fase gasosa deve se difundir no ferro puro a 675 °C. Se a concentração da superfície for mantida em 0,2 %p N, qual será a concentração a 2 mm sob a superfície após 25 horas? O coeficiente de difusão para o nitrogênio no ferro a 675 °C é de $2,8 \times 10^{-11}$ m²/s.

6.16 Considere um par de difusão composto por dois sólidos semi-infinitos do mesmo metal e suponha que em cada lado do par de difusão existe uma concentração diferente da mesma impureza elementar; além disso, assuma que cada nível de impureza seja constante em toda a extensão do seu lado do par de difusão. Para essa situação, a solução da segunda lei de Fick (assumindo que o coeficiente de difusão para a impureza seja independente da concentração) é a seguinte:

$$C_x = C_2 + \left(\frac{C_1 - C_2}{2}\right)\left[1 - \mathrm{erf}\left(\frac{x}{2\sqrt{Dt}}\right)\right] \quad (6.17)$$

O perfil de difusão esquemático na Figura 6.13 mostra esses parâmetros de concentração, assim como perfis de concentração nos tempos $t = 0$ e $t > 0$.

Por favor, observe que em $t = 0$ a posição $x = 0$ é tomada como a interface inicial do par de difusão, enquanto C_1 é a concentração de impurezas para $x < 0$, e C_2 é o teor de impurezas para $x > 0$.

Considere um par de difusão composto por níquel puro e uma liga 55 %p Ni-45 %p Cu (similar ao par mostrado na Figura 6.1). Determine o tempo durante o qual esse par de difusão deve ser aquecido a 1000 °C (1273 K) para atingir uma composição de 56,5 %p Ni uma distância de 15 μm para dentro da liga Ni-Cu em referência à interface original. Os valores para a constante pré-exponencial e a energia de ativação para esse sistema de difusão são de $2,3 \times 10^{-4}$ m²/s e 252.000 J/mol, respectivamente.

6.17 Considere um par de difusão composto por duas ligas cobalto-ferro; uma possui composição de 75 %p Co-25 %p Fe; a composição da outra liga é 50 %p Co-50 %p Fe. Se esse par é aquecido a uma temperatura de 800 °C (1073 K) durante 20.000 s, determine a que profundidade a partir da interface original da liga 50 %p Co-50 %p Fe a composição terá aumentado para 52 %p Co-48 %p Fe. Para o coeficiente de difusão, assuma valores de $6,6 \times 10^{-6}$ m²/s e 247.000 J/mol, respectivamente, para a constante pré-exponencial e para a energia de ativação.

6.18 Considere um par de difusão entre a prata e uma liga de ouro que contém 10 %p prata. Esse par é tratado termicamente a uma temperatura elevada e foi determinado que, após 850 s, a concentração de prata tinha aumentado para 12 %p a 10 μm da interface para dentro da liga Ag-Au. Assumindo valores para a constante pré-exponencial e para a energia de ativação de $7,2 \times 10^{-6}$ m²/s e 168.000 J/mol, respectivamente, calcule a temperatura desse tratamento térmico. (*Nota*: Você pode considerar úteis a Figura 6.13 e a Equação 6.17.)

6.19 Para um aço, foi determinado que um tratamento térmico de carbonetação com duração de 15 horas elevará a concentração de carbono para 0,35 %p em um ponto a 2,0 mm da superfície. Estime o tempo necessário para atingir a mesma concentração em uma posição a 6,0 mm da superfície para um aço idêntico e à mesma temperatura de carbonetação.

Fatores que Influenciam a Difusão

6.20 Cite os valores dos coeficientes de difusão para a interdifusão do carbono no ferro α (CCC) e no ferro γ (CFC) a 900 °C. Qual é o maior? Explique por que isso acontece.

6.21 Considerando os dados na Tabela 6.2, calcule o valor de D para a difusão do magnésio no alumínio a 400 °C.

6.22 Considerando os dados na Tabela 6.2, calcule o valor de D para a difusão do nitrogênio no ferro CFC a 950 °C.

6.23 Em qual temperatura o coeficiente de difusão para a difusão do zinco no cobre possui um valor de $2,6 \times 10^{-16}$ m²/s? Use os dados de difusão na Tabela 6.2.

6.24 Em qual temperatura o coeficiente de difusão para a difusão do níquel no cobre possui um valor de $4,0 \times 10^{-17}$ m²/s? Use os dados de difusão na Tabela 6.2.

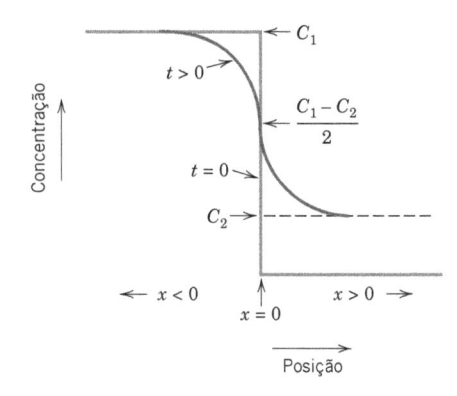

Figura 6.13 Perfis de concentração esquemáticos na vizinhança da interface (localizada em $x = 0$) entre duas ligas metálicas semi-infinitas antes (isto é, em $t = 0$) e após um tratamento térmico (isto é, em $t > 0$). O metal base para cada liga é o mesmo; as concentrações da impureza elementar são diferentes – C_1 e C_2 representam esses valores de concentração em $t = 0$.

6.25 A constante pré-exponencial e a energia de ativação para a difusão do cromo no níquel são de $1,1 \times 10^{-4}$ m²/s e 272.000 J/mol, respectivamente. Em qual temperatura o coeficiente de difusão terá um valor de $1,2 \times 10^{-14}$ m²/s?

6.26 A energia de ativação para a difusão do cobre na prata é de 193.000 J/mol. Calcule o coeficiente de difusão a 1200 K (927 °C), dado que o valor de D a 1000 K (727 °C) é de $1,0 \times 10^{-14}$ m²/s.

6.27 Os coeficientes de difusão para o níquel no ferro são dados para duas temperaturas diferentes, conforme a seguir:

$T(K)$	$D(m^2/s)$
1473	$2,2 \times 10^{-15}$
1673	$4,8 \times 10^{-14}$

(a) Determine os valores de D_0 e da energia de ativação Q_d.

(b) Qual é a magnitude de D a 1300 °C (1573 K)?

6.28 Os coeficientes de difusão para o carbono no níquel são dados para duas temperaturas diferentes, conforme a seguir:

$T(^oC)$	$D(m^2/s)$
600	$5,5 \times 10^{-14}$
700	$3,9 \times 10^{-13}$

(a) Determine os valores de D_0 e Q_d.

(b) Qual é a magnitude de D a 850 °C?

6.29 A figura a seguir mostra um gráfico do logaritmo (na base 10) do coeficiente de difusão em função do inverso da temperatura absoluta para a difusão do ouro na prata. Determine os valores para a energia de ativação e para a constante pré-exponencial.

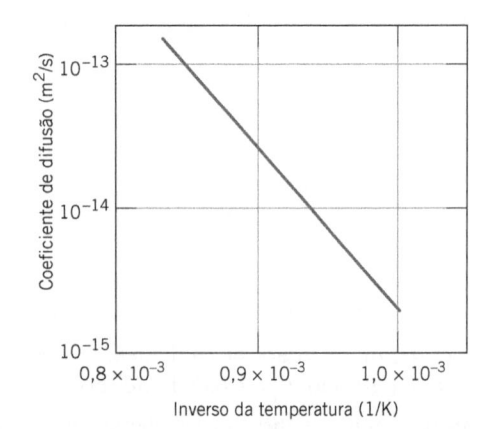

6.30 A figura a seguir mostra um gráfico do logaritmo (na base 10) do coeficiente de difusão em função do inverso da temperatura absoluta para a difusão do vanádio no molibdênio. Determine os valores para a energia de ativação e para a constante pré-exponencial.

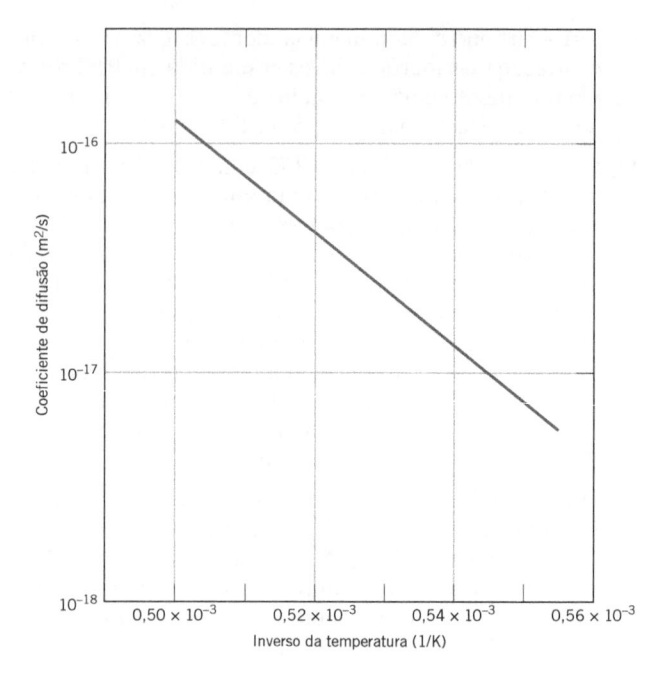

6.31 A partir da Figura 6.12, calcule a energia de ativação para a difusão

(a) do cobre no silício, e

(b) do alumínio no silício.

(c) Como esses valores se comparam?

6.32 O carbono se difunde através de uma placa de aço com 10 mm de espessura. As concentrações de carbono nas duas faces são de 0,85 e 0,40 kg C/cm³ Fe e são mantidas constantes. Se a constante pré-exponencial e a energia de ativação são de $5,0 \times 10^{-7}$ m²/s e 77.000 J/mol, respectivamente, calcule a temperatura na qual o fluxo difusivo é de $6,3 \times 10^{-10}$ kg/m² · s.

6.33 O fluxo difusivo em regime estacionário através de uma placa metálica é de $7,8 \times 10^{-8}$ kg/m² · s em uma temperatura de 1200 °C (1473 K) e quando o gradiente de concentração é de –500 kg/m⁴. Calcule o fluxo difusivo a 1000 °C (1273 K) para o mesmo gradiente de concentração, assumindo uma energia de ativação para a difusão de 145.000 J/mol.

6.34 Em aproximadamente qual temperatura uma amostra de ferro γ teria que ser carbonetada durante 4 horas para produzir o mesmo resultado de difusão da carbonetação a 1000 °C durante 12 horas?

6.35 **(a)** Calcule o coeficiente de difusão para o magnésio no alumínio a 450 °C.

(b) Qual é o tempo necessário a 550 °C para produzir o mesmo resultado de difusão (em termos da concentração em um ponto específico) que é obtido após 15 horas a 450 °C?

6.36 Um par de difusão cobre-níquel semelhante àquele mostrado na Figura 6.1a é fabricado. Após um tratamento térmico durante 500 horas a 1000 °C (1273 K), a concentração de Ni é de 3,0 %p em uma posição 1,0 mm no interior do cobre. Em qual temperatura esse par de difusão deve ser aquecido para produzir essa mesma concentração (isto é, 3,0 %p Ni) em uma posição a 2,0 mm após 500 horas? A constante pré-exponencial e a energia de ativação para a difusão do Ni no Cu são de $1,9 \times 10^{-4}$ m^2/s e 230.000 J/mol, respectivamente.

6.37 Um par de difusão semelhante àquele mostrado na Figura 6.1*a* é preparado utilizando-se dois metais hipotéticos A e B. Após um tratamento térmico durante 20 horas a 800 °C (e o subsequente resfriamento até a temperatura ambiente), a concentração de B em A é de 2,5 %p em uma posição a 5,0 mm no interior do metal A. Se outro tratamento térmico for conduzido em um par de difusão idêntico, porém a 1000 °C durante 20 horas, em qual posição a composição será de 2,5 %p B? Assuma que a constante pré-exponencial e a energia de ativação para o coeficiente de difusão sejam iguais a $1,5 \times 10^{-4}$ m^2/s e 125.000 J/mol, respectivamente.

6.38 Considere a difusão de algum metal hipotético Y em outro metal hipotético Z a 950 °C; após 10 horas, a concentração na posição a 0,5 mm (no metal Z) é de 2,0 %p Y. Em qual posição a concentração também será de 2,0 %p Y após 17,5 horas de tratamento térmico novamente a 950 °C? Assuma valores para a constante pré-exponencial e para a energia de ativação de $4,3 \times 10^{-4}$ m^2/s e 180.000 J/mol, respectivamente, para esse sistema de difusão.

6.39 Um par de difusão semelhante àquele mostrado na Figura 6.1*a* é preparado utilizando-se dois metais hipotéticos R e S. Após um tratamento térmico durante 2,5 horas a 750 °C, a concentração de R é de 4 %a em uma posição a 4 mm no interior de S. Outro tratamento térmico é conduzido em um par de difusão idêntico, a 900 °C, e o tempo necessário para produzir esse mesmo resultado de difusão (qual seja, 4 %a R em uma posição 4 mm para dentro de S) é de 0,4 hora. Se é sabido que o coeficiente de difusão a 750 °C é de $2,6 \times 10^{-17}$ m^2/s, determine a energia de ativação para a difusão de R em S.

6.40 A superfície externa de uma engrenagem de aço deve ser endurecida pelo aumento do seu teor de carbono; o carbono é suprido a partir de uma atmosfera externa, rica em carbono, que será mantida em uma temperatura elevada. Um tratamento térmico por difusão a 600 °C (873 K) durante 100 minutos aumenta a concentração de carbono para 0,75 %p em uma posição 0,5 mm abaixo da superfície. Estime o tempo de difusão a 900 °C (1173 K) necessário para atingir essa mesma concentração também em uma posição 0,5 mm abaixo da superfície. Assuma que o teor de carbono na superfície é o mesmo em ambos os tratamentos térmicos e é mantido constante. Use os dados de difusão na Tabela 6.2 para a difusão do C no ferro α.

6.41 Uma liga ferro-carbono CFC contendo inicialmente 0,10 %p C é carbonetada em uma temperatura elevada e sob uma atmosfera na qual a concentração de carbono na superfície é mantida em 1,10 %p. Se após 48 horas a concentração de carbono em uma posição 3,5 mm abaixo da superfície é de 0,30 %p, determine a temperatura na qual o tratamento foi realizado.

Difusão em Materiais Semicondutores

6.42 Para o tratamento térmico de pré-deposição de um dispositivo semicondutor, átomos de gálio devem ser difundidos para o interior do silício a uma temperatura de 1150 °C durante 2,5 horas. Se a concentração de Ga necessária em uma posição 2 μm abaixo da superfície é de 8×10^{23} átomos/m^3, calcule a concentração superficial de Ga necessária. Assuma o seguinte:

(i) A concentração superficial permanece constante.

(ii) A concentração de fundo é de 2×10^{19} átomos Ga/m^3.

(iii) Os valores para a constante pré-exponencial e para a energia de ativação são de $3,74 \times 10^{-5}$ m^2/s e 3,39 eV/átomo, respectivamente.

6.43 Átomos de antimônio devem ser difundidos para o interior de uma pastilha de silício usando tratamentos térmicos tanto de pré-deposição quanto de redistribuição; sabe-se que a concentração de fundo de Sb nessa pastilha de silício é de 2×10^{20} átomos/m^3. O tratamento de pré-deposição deve ser conduzido a 900 °C durante 1 hora; a concentração de Sb na superfície deve ser mantida em um nível constante de $8,0 \times 10^{25}$ átomos/m^3. A difusão de redistribuição será realizada a 1200 °C durante um período de 1,75 hora. Para a difusão do Sb no Si, os valores de Q_d e D_0 são de 3,65 eV/átomo e $2,14 \times 10^{-5}$ m^2/s, respectivamente.

(a) Calcule o valor de Q_0.

(b) Determine o valor de x_j para o tratamento de difusão de redistribuição.

(c) Para o tratamento de redistribuição calcule ainda a posição x na qual a concentração de átomos Sb é de 5×10^{23} átomos/m^3.

6.44 Átomos de índio devem ser difundidos para o interior de uma pastilha de silício usando tratamentos térmicos tanto de pré-deposição quanto de redistribuição; sabe-se que a concentração de fundo de In nessa pastilha de silício é de 2×10^{20} átomos/m^3. O tratamento de difusão de redistribuição deve ser realizado a 1175 °C durante um período de 2,0 horas, o que dá uma profundidade de junção x_j de 2,35 μm. Calcule o tempo da difusão de pré-deposição a 925 °C se a concentração na superfície é mantida sob um nível constante de $2,5 \times 10^{26}$ átomos/m^3. Para a difusão do In no Si, os valores de Q_d e D_0 são de 3,63 eV/átomo e $7,85 \times 10^{-5}$ m^2/s, respectivamente.

Difusão em Materiais Poliméricos

6.45 Considere a difusão do oxigênio através de uma chapa de polietileno de baixa densidade (PEBD) com 15 mm de espessura. As pressões de oxigênio nas duas faces são de 2000 kPa e 150 kPa, as quais são mantidas constantes. Assumindo condições de regime estacionário, qual é o fluxo difusivo [em (cm^3 CNTP)/cm$^2 \cdot$ s] a 298 K?

6.46 O dióxido de carbono se difunde através de uma chapa de polietileno de alta densidade (PEAD) com 50 mm de espessura a uma taxa de $2,2 \times 10^{-8}$ (cm^3 CNTP)/cm$^2 \cdot$ s, a 325 K. As pressões do dióxido de carbono nas duas faces são de 4000 kPa e 2500 kPa, as quais são mantidas constantes. Assumindo condições de regime estacionário, qual é o coeficiente de permeabilidade a 325 K?

6.47 O coeficiente de permeabilidade de um tipo de molécula gasosa pequena em um polímero depende da temperatura absoluta, de acordo com a seguinte equação:

$$P_M = P_{M_0} \exp\left(-\frac{Q_p}{RT}\right)$$

em que P_{M_0} e Q_p são constantes para determinado par gás-polímero. Considere a difusão da água através de uma chapa de poliestireno com 30 mm de espessura. As pressões do vapor d'água nas duas faces são de 20 kPa e 1 kPa, as quais são mantidas constantes. Calcule o fluxo difusivo [em $(cm^3 CNTP)/cm^2 \cdot s$] a 350 K. Para esse sistema de difusão,

$p_{m_0} = 9{,}0 \times 10^{-5}\ (cm^3\ CNTP)(cm)/(cm^2 \cdot s \cdot Pa)$

$Q_p = 42.300\ J/mol$

Assuma uma condição de difusão em regime estacionário.

Problemas com Planilha Eletrônica

6.1PE Para uma situação de difusão em regime não estacionário (com composição na superfície constante) na qual as composições na superfície e inicial são fornecidas, assim como o valor do coeficiente de difusão, desenvolva uma planilha eletrônica que permita ao usuário determinar o tempo de difusão necessário para atingir determinada composição em alguma distância especificada a partir da superfície do sólido.

6.2PE Para uma situação de difusão em regime não estacionário (com composição na superfície constante) na qual as composições na superfície e inicial são fornecidas, assim como o valor do coeficiente de difusão, desenvolva uma planilha eletrônica que permita ao usuário determinar a distância a partir da superfície na qual será atingida alguma composição especificada para determinado tempo de difusão.

6.3PE Para uma situação de difusão em regime não estacionário (com composição na superfície constante) na qual as composições na superfície e inicial são fornecidas, assim como o valor do coeficiente de difusão, desenvolva uma planilha eletrônica que permita ao usuário determinar a composição em alguma distância especificada a partir da superfície para algum dado tempo de difusão.

6.4PE Dado um conjunto de pelo menos dois valores do coeficiente de difusão e suas temperaturas correspondentes, desenvolva uma planilha eletrônica que permitirá ao usuário calcular o seguinte:

(a) a energia de ativação e

(b) a constante pré-exponencial.

PROBLEMAS DE PROJETO

Primeira Lei de Fick

6.P1 Deseja-se enriquecer a pressão parcial de hidrogênio em uma mistura gasosa hidrogênio-nitrogênio para a qual as pressões parciais de ambos os gases são de 0,1013 MPa (1 atm). Foi proposto realizar esse enriquecimento pela passagem de ambos os gases através de uma lâmina fina de algum metal em uma temperatura elevada; uma vez que o hidrogênio se difunde através da lâmina a uma taxa mais alta que o nitrogênio, a pressão parcial do hidrogênio será maior no lado de saída da lâmina. O projeto pede pressões parciais de 0,051 MPa (0,5 atm) e 0,01013 MPa (0,1 atm), respectivamente, para o hidrogênio e o nitrogênio. As concentrações de hidrogênio e de nitrogênio (C_H e C_N, em mol/m^3) nesse metal são funções das pressões parciais dos gases (p_{H2} e p_{N2}, em MPa) e da temperatura absoluta, e são dadas pelas seguintes expressões:

$$C_H = 2{,}5 \times 10^3\ \sqrt{p_{H_2}}\ \exp\left(-\frac{27.800\ J/mol}{RT}\right) \quad (6.18a)$$

$$C_N = 2{,}75 \times 10^3\ \sqrt{p_{N_2}}\ \exp\left(-\frac{37.600\ J/mol}{RT}\right) \quad (6.18b)$$

Além disso, os coeficientes de difusão para a difusão desses gases nesse metal são funções da temperatura absoluta, como a seguir.

$$D_H(m^2/s) = 1{,}4 \times 10^{-7}\ \exp\left(-\frac{13.400\ J/mol}{RT}\right) \quad (6.19a)$$

$$D_N(m^2/s) = 3{,}0 \times 10^{-7}\ \exp\left(-\frac{76.150\ J/mol}{RT}\right) \quad (6.19b)$$

É possível purificar o gás hidrogênio dessa maneira? Se for possível, especifique uma temperatura na qual o processo pode ser realizado e a espessura da lâmina metálica que seria necessária. Se tal procedimento não for possível, então explique a(s) razão(ões) para tal.

6.P2 É determinado que uma mistura gasosa contém dois componentes diatômicos A e B (A_2 e B_2) cujas pressões parciais são iguais a 0,1013 MPa (1 atm). Essa mistura deve ser enriquecida na pressão parcial do componente A pela passagem de ambos os gases através de uma lâmina fina de algum metal a uma temperatura elevada. A mistura enriquecida resultante deve possuir uma pressão parcial de 0,051 MPa (0,5 atm) para o gás A e 0,0203 MPa (0,2 atm) para o gás B. As concentrações de A e de B (C_A e C_B, em mol/m^3) são funções das pressões parciais dos gases (p_{A2} e p_{B2}, em MPa) e da temperatura absoluta, de acordo com as seguintes expressões:

$$C_A = 1{,}5 \times 10^3 \sqrt{p_{A_2}}\ \exp\left(-\frac{20.000\ J/mol}{RT}\right) \quad (6.20a)$$

$$C_B = 2{,}0 \times 10^3 \sqrt{p_{B_2}}\ \exp\left(-\frac{27.000\ J/mol}{RT}\right) \quad (6.20b)$$

Além disso, os coeficientes de difusão para a difusão desses gases no metal são funções da temperatura absoluta, como a seguir.

$$D_A(m^2/s) = 5{,}0 \times 10^{-7}\ \exp\left(-\frac{13.000\ J/mol}{RT}\right) \quad (6.21a)$$

$$D_B(m^2/s) = 3{,}0 \times 10^{-6}\ \exp\left(-\frac{21.000\ J/mol}{RT}\right) \quad (6.21b)$$

É possível purificar o gás A dessa maneira? Se for possível, especifique uma temperatura na qual o processo possa ser realizado e também a espessura da lâmina metálica que seria necessária. Se esse procedimento não for possível, então explique a(s) razão(ões) para tal.

Segunda Lei de Fick – Difusão em Regime Não Estacionário

6.P3 A resistência ao desgaste de um eixo de aço deve ser melhorada pelo endurecimento de sua superfície, pelo aumento do teor de nitrogênio na camada superficial mais externa, como resultado da difusão de nitrogênio para o interior do aço; o nitrogênio deve ser fornecido a partir de um gás externo rico em nitrogênio, a uma temperatura elevada e constante. O teor inicial de nitrogênio no aço é de 0,0025 %p, enquanto a concentração na superfície deve ser mantida em 0,45 %p. Para que esse tratamento seja efetivo, um teor de nitrogênio de 0,12 %p deve ser estabelecido em uma posição a 0,45 mm abaixo da superfície. Especifique um tratamento térmico apropriado em termos da temperatura e do tempo para uma temperatura entre 475 °C e 625 °C. Nessa faixa de temperaturas, a constante pré-exponencial e a energia de ativação para a difusão do nitrogênio no ferro são de 5×10^{-7} m^2/s e 77.000 J/mol, respectivamente.

6.P4 A resistência ao desgaste de uma engrenagem de aço deve ser melhorada pelo endurecimento de sua superfície, como descrito no Exemplo de Projeto 6.1. Contudo, nesse caso, o teor inicial de carbono no aço é de 0,15 %p e deve ser estabelecido um teor de carbono de 0,75 %p em uma posição 0,65 mm abaixo da superfície. Além disso, a concentração na superfície deve ser mantida constante, mas pode variar entre 1,2 e 1,4 %p C. Especifique um tratamento térmico apropriado em termos da concentração de carbono na superfície e do tempo, para uma temperatura entre 1000 °C e 1200 °C.

Difusão em Materiais Semicondutores

6.P5 Um projeto de circuito integrado demanda a difusão do alumínio em pastilhas de silício; a concentração de fundo do Al no Si é de $1,75 \times 10^{19}$ átomos/m^3. O tratamento térmico de pré-deposição deve ser conduzido a 975 °C durante 1,25 hora, com uma concentração constante, na superfície, de 4×10^{26} átomos de Al/m^3. Para uma temperatura de tratamento de redistribuição de 1050 °C, determine o tempo de difusão necessário para uma profundidade de junção de 1,75 μm. Para esse sistema, os valores de Q_d e D_0 são de 3,41 eV/átomo e $1,38 \times 10^{-4}$ m^2/s, respectivamente.

PERGUNTAS E PROBLEMAS SOBRE FUNDAMENTOS DA ENGENHARIA

6.1FE Átomos de qual, entre os seguintes elementos, difundirão mais rapidamente no ferro?

(A) Mo

(B) C

(C) Cr

(D) W

6.2FE Calcule o coeficiente de difusão para o cobre no alumínio a 600 °C. Os valores para a constante pré-exponencial e para a energia de ativação desse sistema são de $6,5 \times 10^{-5}$ m^2/s e 136.000 J/mol, respectivamente.

(A) $5,7 \times 10^{-2}$ m^2/s

(B) $9,4 \times 10^{-17}$ m^2/s

(C) $4,7 \times 10^{-13}$ m^2/s

(D) $3,9 \times 10^{-2}$ m^2/s

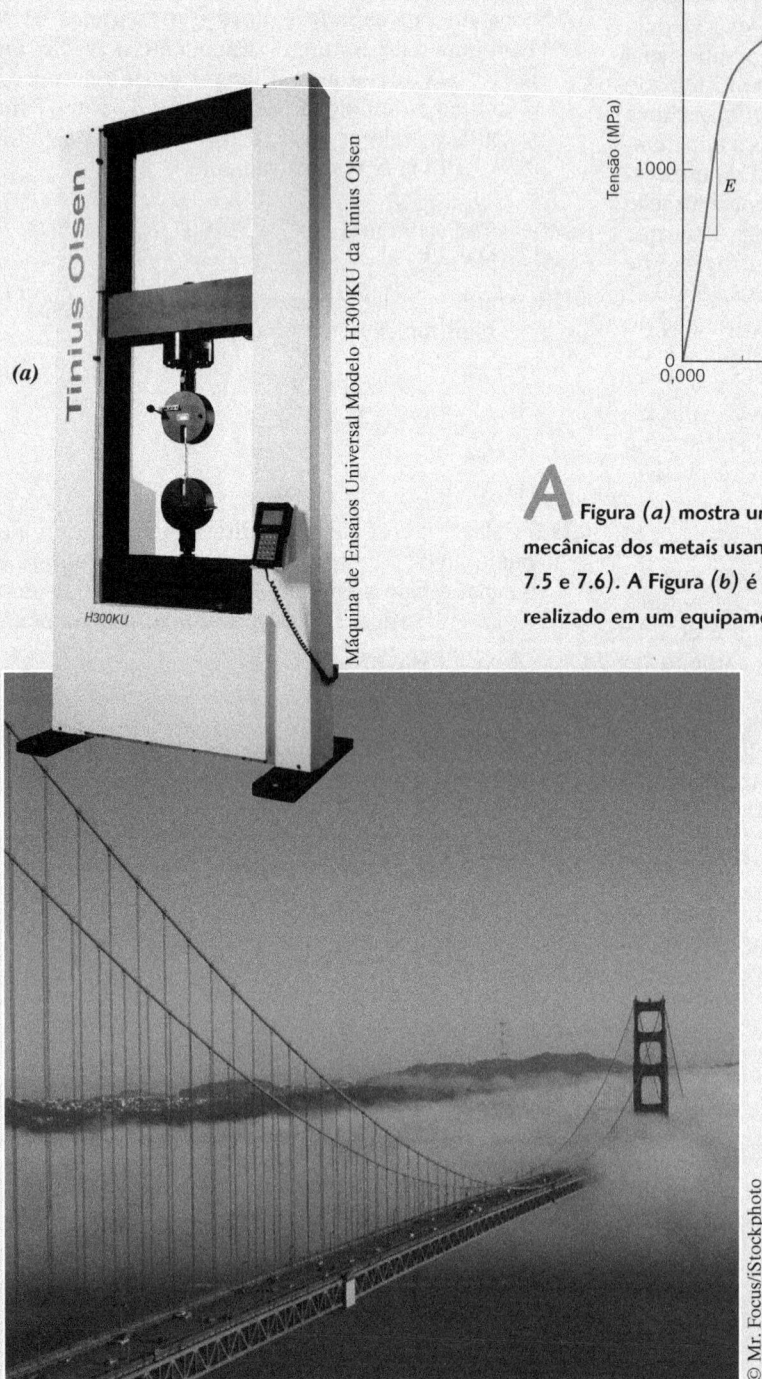

(a)

Máquina de Ensaios Universal Modelo H300KU da Tinius Olsen

Tinius Olsen

H300KU

(b)

(c)

© Mr. Focus/iStockphoto

A Figura (*a*) mostra um equipamento que mede as propriedades mecânicas dos metais usando a aplicação de forças de tração (Seções 7.3, 7.5 e 7.6). A Figura (*b*) é um gráfico gerado a partir de um ensaio de tração realizado em um equipamento como esse em uma amostra de aço.

Os dados representados são a tensão (eixo vertical – uma medida da força aplicada) em função da deformação (eixo horizontal – relacionada com o grau de alongamento da amostra). As propriedades mecânicas módulo de elasticidade (rigidez, *E*), limite de escoamento (σ_l) e limite de resistência à tração (*LRT*) são determinadas como está mostrado nos gráficos.

Uma ponte suspensa é mostrada na Figura (*c*). O peso do pavimento da ponte e dos automóveis impõe forças de tração sobre os cabos de suspensão verticais. Essas forças são transferidas para o cabo de suspensão principal, que está em forma mais ou menos parabólica. A(s) liga(s) metálica(s) a partir da(s) qual(is) esses cabos são construídos deve(m) atender a certos critérios de rigidez e de resistência. A rigidez e a resistência da(s) liga(s) podem ser avaliadas a partir de ensaios realizados usando equipamentos de ensaio de tração (e os gráficos tensão-deformação resultantes) semelhantes àqueles mostrados.

É obrigação dos engenheiros compreender como as várias propriedades mecânicas são medidas e o que essas propriedades representam; eles podem precisar projetar estruturas/componentes utilizando materiais predeterminados, tal que não ocorram níveis inaceitáveis de deformação e/ou não ocorram falhas. Demonstramos esse procedimento em relação ao projeto de um dispositivo para ensaios de tração no Exemplo de Projeto 7.1.

Objetivos do Aprendizado

Após estudar este capítulo, você deverá ser capaz de realizar o seguinte:

1. Definir tensão de engenharia e deformação de engenharia.
2. Formular a lei de Hooke e observar as condições sob as quais ela é válida.
3. Definir o coeficiente de Poisson.
4. A partir de um diagrama tensão-deformação de engenharia, determinar (a) o módulo de elasticidade, (b) a tensão limite de escoamento (à pré-deformação de 0,002), (c) o limite de resistência à tração e (d) estimar o alongamento percentual.
5. Descrever as mudanças no perfil do corpo de prova até o ponto de fratura, para a deformação por tração de um corpo de prova cilíndrico dúctil.
6. Calcular a ductilidade em termos tanto do alongamento percentual como da redução percentual na área para um material que é carregado sob tração até a fratura.
7. Calcular os valores da tensão verdadeira e da deformação verdadeira para um corpo de prova que está sendo carregado em tração, dada a carga aplicada, as dimensões instantâneas da seção transversal e os comprimentos original e instantâneo.
8. Calcular as resistências à flexão de amostras de barras cerâmicas que foram dobradas até a fratura em um carregamento em três pontos.
9. Traçar gráficos esquemáticos para os três tipos característicos de comportamento tensão-deformação observados nos materiais poliméricos.
10. Citar as duas técnicas mais comuns para ensaios de dureza; observar duas diferenças entre elas.
11. (a) Citar e descrever sucintamente as duas técnicas diferentes para ensaios de microdureza e (b) citar casos para os quais essas técnicas são normalmente empregadas.
12. Calcular a tensão de trabalho para um material dúctil.

7.1 INTRODUÇÃO

Muitos materiais, quando em serviço, estão sujeitos a forças ou cargas; alguns exemplos incluem a liga de alumínio a partir da qual a asa de um avião é construída e o aço no eixo de um automóvel. Em tais situações, é necessário conhecer as características do material e projetar o elemento feito a partir dele, de tal maneira que qualquer deformação resultante não seja excessiva e não haja fratura. O comportamento mecânico de um material reflete sua resposta ou sua deformação em relação a uma carga ou força aplicada. As propriedades-chave mecânicas para projeto são rigidez, resistência, dureza, ductilidade e tenacidade.

As propriedades mecânicas dos materiais são obtidas pela realização de experimentos de laboratório cuidadosamente programados, que reproduzem o mais fielmente possível as condições de serviço. Entre os fatores que devem ser considerados incluem-se a natureza da carga aplicada e a duração de sua aplicação, assim como as condições ambientais. A carga pode ser de tração, compressão ou cisalhamento e sua magnitude pode ser constante ao longo do tempo ou pode variar continuamente. O tempo de aplicação pode ser de apenas uma fração de segundo ou pode se estender ao longo de um período de muitos anos. A temperatura de operação também pode ser um fator importante.

As propriedades mecânicas são o alvo da atenção de diversos grupos (por exemplo, produtores e consumidores de materiais, organizações de pesquisa, agências governamentais), com diferentes interesses. Consequentemente, é imperativo haver alguma consistência na maneira pela qual os ensaios são conduzidos e na interpretação de seus resultados. Essa consistência é obtida pelo uso de técnicas de ensaio padronizadas. O estabelecimento e a publicação dessas normas são coordenados, com frequência, por sociedades profissionais. Nos Estados Unidos, a organização mais ativa é a Sociedade Americana para Ensaios e Materiais (*American Society for Testing and Materials* – ASTM). O seu *Annual Book of ASTM Standards* (Anuário de Normas da ASTM) (http://www.astm.org) compreende inúmeros volumes, atualizados e publicados anualmente; grande número dessas normas está relacionado com técnicas para ensaios mecânicos. Várias dessas normas são citadas em notas de rodapé neste capítulo e em capítulos subsequentes.

O papel dos engenheiros de estruturas é determinar as tensões e as distribuições de tensões nos elementos que estão sujeitos a cargas bem definidas. Isso pode ser realizado por técnicas experimentais de ensaio e/ou por análises teóricas e matemáticas de tensões. Esses tópicos são tratados em livros tradicionais sobre análises de tensão e resistência de materiais.

Os engenheiros de materiais e engenheiros metalúrgicos, no entanto, estão preocupados com a produção e a fabricação de materiais para atender às exigências de serviço previstas por essas análises de tensão. Isso envolve necessariamente uma compreensão das relações entre a microestrutura (isto é, as características internas) dos materiais e suas propriedades mecânicas.

Com frequência, os materiais são selecionados para aplicações estruturais em razão de suas combinações desejáveis de características mecânicas. Este capítulo discute os comportamentos tensão-deformação de metais, cerâmicas e polímeros e as propriedades mecânicas relacionadas com esses comportamentos. Também aqui são examinadas outras características mecânicas importantes. As discussões dos aspectos microscópicos dos mecanismos de deformação e dos métodos para aumentar a resistência e regular os comportamentos mecânicos dos materiais serão adiadas até o Capítulo 8.

7.2 CONCEITOS DE TENSÃO E DEFORMAÇÃO

Se uma carga é estática ou se varia de maneira relativamente lenta ao longo do tempo e é aplicada uniformemente sobre uma seção transversal ou uma superfície de um elemento, o comportamento mecânico pode ser avaliado por um simples ensaio tensão-deformação; esses ensaios são mais comumente realizados em metais à temperatura ambiente. Há três maneiras principais pelas quais uma carga pode ser aplicada: tração, compressão e cisalhamento (Figuras 7.1a, 7.1b, 7.1c). Na prática da engenharia, muitas cargas são de torção, em vez de serem puramente cisalhantes; esse tipo de carregamento está ilustrado na Figura 7.1d.

Ensaios de Tração[1]

Um dos ensaios mecânicos de tensão-deformação mais comuns é conduzido sob *tração*. Como será visto, o ensaio de tração pode ser empregado para avaliar diversas propriedades mecânicas dos materiais, que são importantes em projeto. Uma amostra é deformada, geralmente até a fratura, por uma carga de tração que é aumentada gradativamente, aplicada uniaxialmente ao longo do maior eixo de um corpo de prova. Um corpo de prova padrão de tração está mostrado na Figura 7.2. Normalmente, a seção transversal é circular, porém também são utilizados corpos de prova retangulares. Essa configuração de corpo de prova com forma de "osso de cachorro" foi escolhida de forma a que, durante o ensaio, a deformação fique confinada à região central mais estreita (que tem seção transversal uniforme ao longo do seu comprimento) e, ainda, para reduzir a probabilidade de fratura nas extremidades do corpo de prova. O diâmetro-padrão é de aproximadamente 12,8 mm (0,5 in), enquanto o comprimento da seção reduzida deve ser de pelo menos quatro vezes esse diâmetro; um comprimento de 60 mm (2 1/4 in) é comum. O comprimento útil é usado nos cálculos da ductilidade, como discutido na Seção 7.6; o valor-padrão é de 50 mm (2,0 in). O corpo de prova é preso por suas extremidades nas garras de fixação do dispositivo de testes (Figura 7.3). A máquina de ensaios de tração é projetada para alongar o corpo de prova a uma taxa constante e medir, contínua e simultaneamente, a carga instantânea aplicada (com uma célula de carga) e o alongamento resultante (usando um extensômetro). Um ensaio tensão-deformação leva, tipicamente, vários minutos para ser realizado e é destrutivo; isto é, a amostra testada é deformada de maneira permanente e geralmente é fraturada. [A fotografia (a) na abertura deste capítulo mostra um moderno dispositivo para ensaios de tração.]

O resultado de um ensaio de tração desse tipo é registrado (geralmente em um computador) como carga ou força em função do alongamento. Essas características carga-alongamento são dependentes do tamanho do corpo de prova. Por exemplo, será necessário duas vezes a carga para produzir um mesmo alongamento se a área da seção transversal do corpo de prova for dobrada.

---

[1] Normas ASTM E8 e E8M, "Standard Test Methods for Tension Testing of Metallic Materials" (Métodos-Padrão de Ensaio para Testes de Tração em Materiais Metálicos).

Figura 7.1 (*a*) Ilustração esquemática de como uma carga de tração produz um alongamento e uma deformação linear positiva. (*b*) Ilustração esquemática de como uma carga de compressão produz uma contração e uma deformação linear negativa. (*c*) Representação esquemática da deformação cisalhante γ, em que γ = tan θ. (*d*) Representação esquemática da deformação torcional (isto é, com ângulo de torção φ) produzida pela aplicação de um torque *T*.

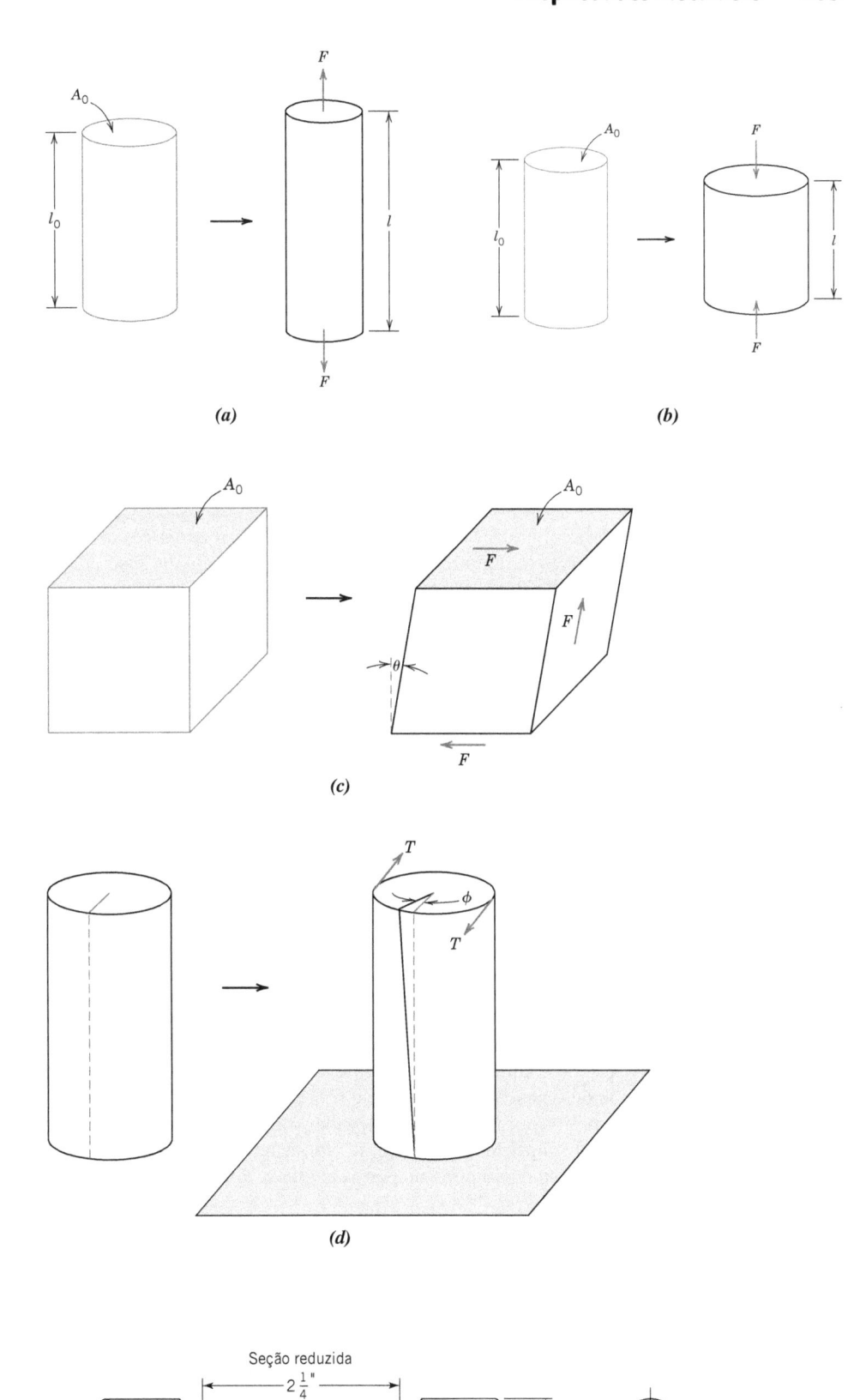

Figura 7.2 Um corpo de prova de tração padrão com seção transversal circular.

Figura 7.3 Representação esquemática do dispositivo empregado para realizar ensaios tensão-deformação por tração. O corpo de prova é alongado pelo travessão móvel; uma célula de carga e um extensômetro medem, respectivamente, a magnitude da carga aplicada e o alongamento. (Adaptado de H. W. Hayden, W. G. Moffatt e J. Wulff, *The Structure and Properties of Materials*, Vol. III, *Mechanical Behavior*, p. 2. Copyright © 1965 por John Wiley & Sons, New York. Reimpresso sob permissão de John Wiley & Sons, Inc.)

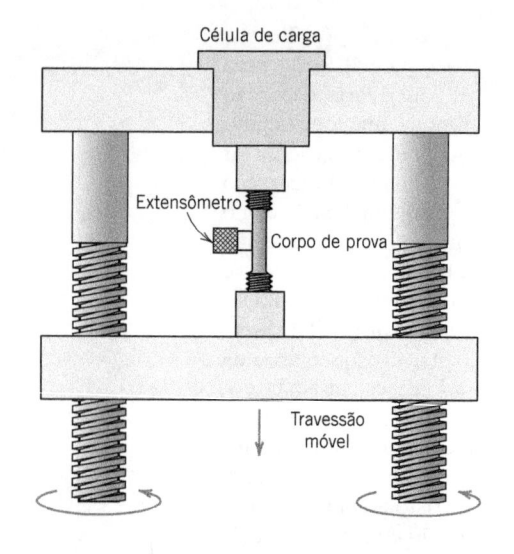

tensão de engenharia
deformação de engenharia

Para minimizar esses fatores geométricos, a carga e o alongamento são normalizados aos seus respectivos parâmetros de **tensão de engenharia** e **deformação de engenharia**. A tensão de engenharia σ é definida pela relação

Definição da tensão de engenharia (para tração e compressão)

$$\sigma = \frac{F}{A_0} \tag{7.1}$$

na qual F é a carga instantânea aplicada perpendicularmente à seção transversal do corpo de prova, em unidades de newton (N) ou libra-força (lb_f), e A_0 é a área da seção transversal original antes da aplicação de qualquer carga (em m^2 ou in^2). As unidades da tensão de engenharia (doravante referida apenas como *tensão*) são megapascal, MPa (SI) (em que 1 MPa = 10^6 N/m^2), e libra-força por polegada quadrada, psi (unidade usual nos Estados Unidos).[2]

A deformação de engenharia ε é definida de acordo com a expressão

Definição da deformação de engenharia (para tração e compressão)

$$\varepsilon = \frac{l_i - l_0}{l_0} = \frac{\Delta l}{l_0} \tag{7.2}$$

na qual l_0 é o comprimento original antes de qualquer carga ser aplicada e l_i é o comprimento instantâneo. Algumas vezes, a grandeza $l_i - l_0$ é representada como Δl e indica o alongamento na deformação ou a variação no comprimento a determinado instante, em referência ao comprimento original. A deformação de engenharia (doravante referida apenas como *deformação*) é adimensional, porém "metros por metro" ou "polegadas por polegada" são usados com frequência; o valor da deformação é, obviamente, independente do sistema de unidades. Algumas vezes, a deformação também é expressa como porcentagem, em que o valor da deformação é multiplicado por 100.

Ensaios de Compressão[3]

Ensaios tensão-deformação em compressão podem ser conduzidos se as forças nas condições de serviço forem desse tipo. Um ensaio de compressão é conduzido de maneira semelhante a um ensaio de tração, exceto pelo fato de que a força é compressiva e o corpo de prova se contrai ao longo da direção da tensão. As Equações 7.1 e 7.2 são usadas para calcular a tensão e a deformação compressiva, respectivamente. Por convenção, uma força compressiva é considerada negativa, o que produz uma tensão negativa. Além disso, como o valor de l_0 é maior que l_i, as deformações compressivas calculadas a partir da Equação 7.2 também são necessariamente negativas. Os ensaios de tração são

---

[2] A conversão de um sistema de unidades de tensão para outro é obtida pela relação 145 psi = 1 MPa.

[3] Norma ASTM E9, "Standard Test Methods of Compression Testing of Metallic Materials at Room Temperature" (Métodos-Padrão de Ensaio para Testes de Compressão em Materiais Metálicos à Temperatura Ambiente).

mais comuns, pois são de mais fácil execução; além disso, para a maioria dos materiais usados em aplicações estruturais, muito pouca informação adicional é obtida a partir dos ensaios de compressão. Os ensaios de compressão são empregados quando se deseja conhecer o comportamento de um material sob deformações grandes e permanentes (isto é, plásticas), como ocorre em processos de fabricação, ou quando o material é frágil sob tração.

Ensaios de Cisalhamento e de Torção[4]

Para os ensaios realizados empregando força puramente cisalhante, como mostrado na Figura 7.1c, a tensão cisalhante τ é calculada de acordo com

Definição da tensão cisalhante

$$\tau = \frac{F}{A_0} \tag{7.3}$$

em que F é a carga ou força imposta paralelamente às faces superior e inferior, cada uma com área A_0. A deformação cisalhante γ é definida como a tangente do ângulo de deformação θ, como está indicado na figura. As unidades para a tensão e a deformação cisalhantes são as mesmas dos seus correspondentes em tração.

Torção é uma variação do cisalhamento puro, em que um elemento estrutural é torcido da maneira mostrada na Figura 7.1d; as forças de torção produzem um movimento de rotação em torno do eixo longitudinal de uma das extremidades do elemento em relação à outra extremidade. Exemplos de torção são encontrados nos eixos de máquinas e nos eixos de acionamentos e também em brocas helicoidais. Os ensaios de torção são executados, em geral, em eixos sólidos cilíndricos ou em tubos. A tensão cisalhante τ é uma função do torque aplicado T, enquanto a deformação cisalhante γ está relacionada com o ângulo de torção, ϕ (Figura 7.1d).

Considerações Geométricas do Estado de Tensão

As tensões calculadas a partir dos estados de força de tração, compressão, cisalhamento e torção mostrados na Figura 7.1 atuam ou paralelamente ou perpendicularmente às faces planas dos corpos representados nessas ilustrações. Deve-se observar que o estado de tensão é uma função das orientações dos planos nos quais as tensões atuam. Por exemplo, considere o corpo de prova cilíndrico de tração mostrado na Figura 7.4, o qual é submetido a uma tensão de tração σ aplicada paralelamente ao seu eixo. Além disso, considere também o plano p-p' que está orientado em algum ângulo arbitrário θ em relação ao plano da face na extremidade do corpo de prova. Sobre esse plano p-p', a tensão aplicada não é mais uma tensão puramente de tração. Em vez disso, está presente um estado de tensão mais complexo, que consiste em uma tensão de tração (ou normal) σ' que atua em uma direção normal ao plano p-p' e, ainda, uma tensão de cisalhamento τ' que atua paralelamente a esse plano; essas duas tensões estão representadas na figura. Considerando princípios da mecânica dos materiais[5] é possível desenvolver equações para σ' e τ' em termos de σ e θ, conforme a seguir:

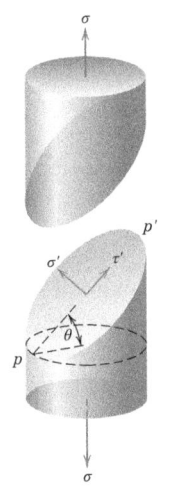

Figura 7.4 Representação esquemática mostrando as tensões normal (σ') e cisalhante (τ') que atuam sobre um plano orientado em um ângulo θ em relação ao plano perpendicular à direção ao longo da qual é aplicada uma tensão de tração (σ) pura.

$$\sigma' = \sigma\cos^2\theta = \sigma\left(\frac{1 + \cos 2\theta}{2}\right) \tag{7.4a}$$

$$\tau' = \sigma\,\mathrm{sen}\,\theta\cos\theta = \sigma\left(\frac{\mathrm{sen}\,2\theta}{2}\right) \tag{7.4b}$$

Esses mesmos princípios da mecânica permitem a transformação dos componentes da tensão de um sistema de coordenadas para outro sistema de coordenadas com orientação diferente. Tais tratamentos estão além do escopo da presente discussão.

[4] Norma ASTM E143, "Standard Test Method for Shear Modulus at Room Temperature" (Método de Ensaio-Padrão para o Módulo de Cisalhamento à Temperatura Ambiente).

[5] Veja, por exemplo, W. F. Riley, L. D. Sturges e D. H. Morris, *Mechanics of Materials*, 6th edition, Wiley, Hoboken, NJ, 2006.

Deformação Elástica

7.3 COMPORTAMENTO TENSÃO-DEFORMAÇÃO

Lei de Hooke – relação entre a tensão de engenharia e a deformação de engenharia para uma deformação elástica (tração e compressão)

O grau no qual uma estrutura se deforma ou se alonga depende da magnitude da tensão imposta. Para a maioria dos metais submetidos a uma tensão de tração em níveis relativamente baixos, a tensão e a deformação são proporcionais entre si, de acordo com a relação

$$\sigma = E\varepsilon \tag{7.5}$$

módulo de elasticidade

Essa relação é conhecida como *lei de Hooke*, e a constante de proporcionalidade E (GPa ou psi)[6] é o **módulo de elasticidade**, ou *módulo de Young*. Para a maioria dos metais típicos, a magnitude desse módulo varia entre 45 GPa ($6,5 \times 10^6$ psi), para o magnésio, e 407 GPa (59×10^6 psi), para o tungstênio. Os módulos de elasticidade para os materiais cerâmicos são ligeiramente maiores e variam entre aproximadamente 70 e 500 GPa (10×10^6 e 70×10^6 psi). Os polímeros possuem valores para o módulo menores que os dos metais e das cerâmicas, que se encontram na faixa entre 0,007 e 4 GPa (10^3 e $0,6 \times 10^6$ psi). Os valores para os módulos de elasticidade à temperatura ambiente de diversos metais, cerâmicas e polímeros estão apresentados na Tabela 7.1. Uma lista mais abrangente de módulos está disponível na Tabela B.2, no Apêndice B.

deformação elástica

A deformação na qual a tensão e a deformação são proporcionais é chamada **deformação elástica**; um gráfico da tensão (ordenada) em função da deformação (abscissa) resulta em uma relação linear, como está mostrado na Figura 7.5. A inclinação desse segmento linear corresponde ao módulo de elasticidade E. Esse módulo pode ser considerado como rigidez, ou uma resistência do material à deformação elástica. Quanto maior o módulo, mais rígido é o material, ou menor é a deformação elástica que resulta da aplicação de determinada tensão. O módulo é um importante parâmetro de projeto para cálculo das deflexões elásticas.

A deformação elástica não é permanente; isso significa que, quando a carga aplicada é liberada, a peça retorna à sua forma original. Como está mostrado no gráfico tensão-deformação (Figura 7.5), a aplicação da carga corresponde a um movimento para cima a partir da origem, ao longo da linha reta. Com a liberação da carga, a linha é percorrida na direção oposta, retornando à origem.

Existem alguns materiais (isto é, o ferro fundido cinzento, o concreto e muitos polímeros) para os quais essa porção elástica da curva tensão-deformação não é linear (Figura 7.6); assim, não é possível determinar um módulo de elasticidade como descrito anteriormente. Para esse comportamento não linear, utiliza-se normalmente um *módulo tangente* ou um *módulo secante*. O módulo tangente é tomado como a inclinação da curva tensão-deformação em um nível de tensão especificado, enquanto o módulo secante representa a inclinação de uma secante construída desde a origem até algum ponto dado sobre a curva σ-ε. A determinação desses módulos está ilustrada na Figura 7.6.

Em uma escala atômica, a deformação elástica macroscópica é manifestada como pequenas alterações no espaçamento interatômico e no alongamento das ligações interatômicas. Como consequência, a magnitude do módulo de elasticidade é uma medida da resistência à separação de átomos adjacentes, isto é, das forças de ligação interatômicas. Além disso, esse módulo é proporcional à inclinação da curva força interatômica-separação interatômica (Figura 2.10a) na posição do espaçamento de equilíbrio:

$$E \propto \left(\frac{dF}{dr}\right)_{r_0} \tag{7.6}$$

A Figura 7.7 mostra as curvas força-separação para materiais com ligações interatômicas tanto fortes como fracas; a inclinação da curva em r_0 está indicada para cada caso.

As diferenças nos valores dos módulos de metais, cerâmicas e polímeros são consequência direta dos diferentes tipos de ligações atômicas existentes nesses três tipos de materiais. Além disso, o módulo de elasticidade diminui com o aumento da temperatura para todos os materiais, exceto para algumas borrachas; esse efeito está mostrado, para diversos metais, na Figura 7.8.

---

[6] A unidade no sistema SI para o módulo de elasticidade é o gigapascal, GPa, em que 1 GPa = 10^9 N/m^2 = 10^3 MPa.

Tabela 7.1 Módulos de Elasticidade e de Cisalhamento, e Coeficiente de Poisson para Vários Materiais à Temperatura Ambiente

Material	Módulo de Elasticidade GPa	Módulo de Elasticidade 10^6 psi	Módulo de Cisalhamento GPa	Módulo de Cisalhamento 10^6 psi	Coeficiente de Poisson
Ligas Metálicas					
Tungstênio	407	59	160	23,2	0,28
Aço	207	30	83	12,0	0,30
Níquel	207	30	76	11,0	0,31
Titânio	107	15,5	45	6,5	0,34
Cobre	110	16	46	6,7	0,34
Latão	97	14	37	5,4	0,34
Alumínio	69	10	25	3,6	0,33
Magnésio	45	6,5	17	2,5	0,35
Materiais Cerâmicos					
Óxido de alumínio (Al_2O_3)	393	57	–	–	0,22
Carbeto de silício (SiC)	345	50	–	–	0,17
Nitreto de silício (Si_3N_4)	304	44	–	–	0,30
Espinélio ($MgAl_2O_4$)	260	38	–	–	–
Óxido de magnésio (MgO)	225	33	–	–	0,18
Zircônia (ZrO_2)[a]	205	30	–	–	0,31
Mulita ($3Al_2O_3$-$2SiO_2$)	145	21	–	–	0,24
Vidrocerâmica (Piroceram)	120	17	–	–	0,25
Sílica fundida (SiO_2)	73	11	–	–	0,17
Vidro de cal de soda	69	10	–	–	0,23
Polímeros[b]					
Fenol-formaldeído	2,76–4,83	0,40–0,70	–	–	–
Cloreto de polivinila (PVC)	2,41–4,14	0,35–0,60	–	–	0,38
Poli(etileno tereftalato) (PET)	2,76–4,14	0,40–0,60	–	–	0,33
Poliestireno (PS)	2,28–3,28	0,33–0,48	–	–	0,33
Poli(metil metacrilato) (PMMA)	2,24–3,24	0,33–0,47	–	–	0,37–0,44
Policarbonato (PC)	2,38	0,35	–	–	0,36
Náilon 6,6	1,59–3,79	0,23–0,55	–	–	0,39
Polipropileno (PP)	1,14–1,55	0,17–0,23	–	–	0,40
Polietileno – alta densidade (PEAD)	1,08	0,16	–	–	0,46
Politetrafluoroetileno (PTFE)	0,40–0,55	0,058–0,080	–	–	0,46
Polietileno – baixa densidade (PEBD)	0,17–0,28	0,025–0,041	–	–	0,33–0,40

[a]Parcialmente estabilizada com 3 %mol Y_2O_3.
[b]*Modern Plastics Encyclopedia* '96, McGraw-Hill, New York, 1995.

Como seria esperado, a imposição de tensões de compressão, cisalhamento ou torção também induz um comportamento elástico. As características tensão-deformação sob baixos níveis de tensão são virtualmente as mesmas tanto para uma situação de tração quanto de compressão, incluindo a magnitude do módulo de elasticidade. A tensão e a deformação de cisalhamento são proporcionais uma à outra pela expressão

Relação entre a tensão cisalhante e a deformação cisalhante para deformação elástica

$$\tau = G\gamma \tag{7.7}$$

em que G é o *módulo de cisalhamento* – a inclinação da região elástica linear da curva tensão-deformação em cisalhamento. A Tabela 7.1 também fornece os módulos de cisalhamento para vários metais comuns.

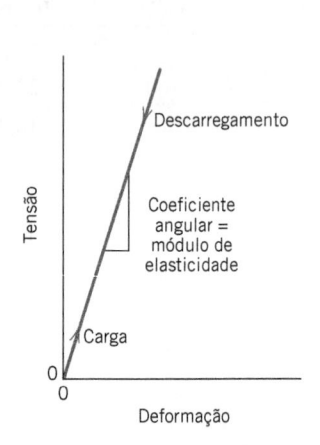

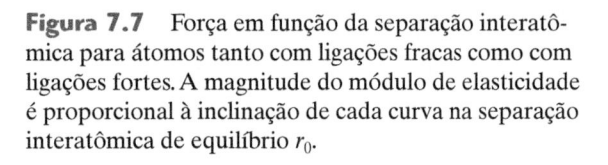

Figura 7.5 Diagrama tensão-deformação esquemático mostrando a deformação elástica linear para ciclos de carga e descarga.

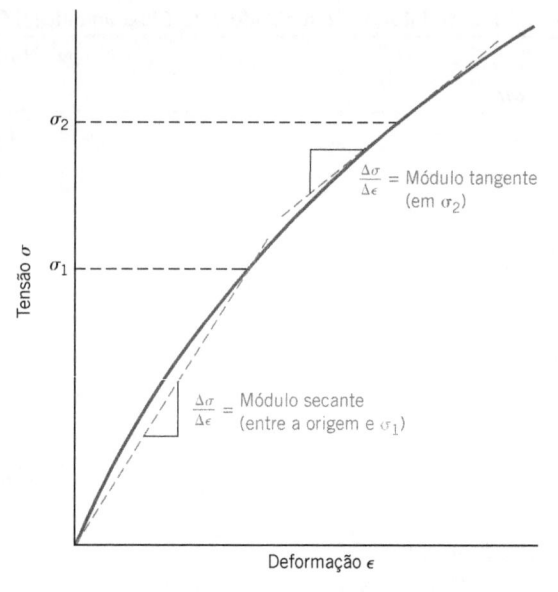

Figura 7.6 Diagrama esquemático tensão-deformação mostrando um comportamento elástico não linear e como os módulos secante e tangente são determinados.

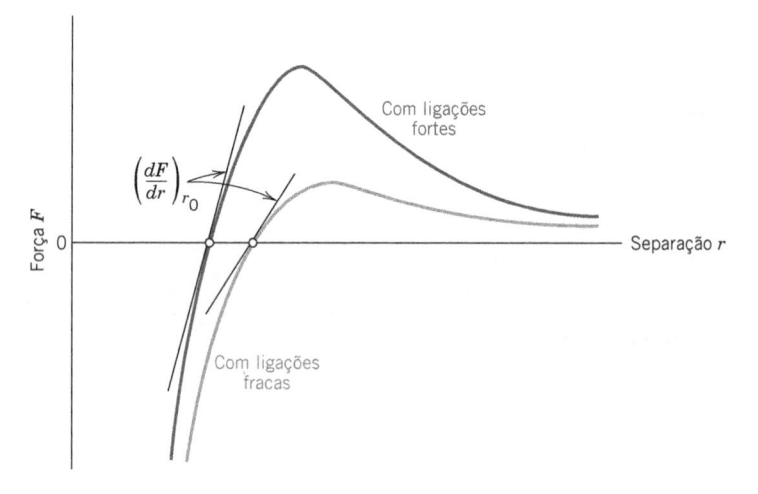

Figura 7.7 Força em função da separação interatômica para átomos tanto com ligações fracas como com ligações fortes. A magnitude do módulo de elasticidade é proporcional à inclinação de cada curva na separação interatômica de equilíbrio r_0.

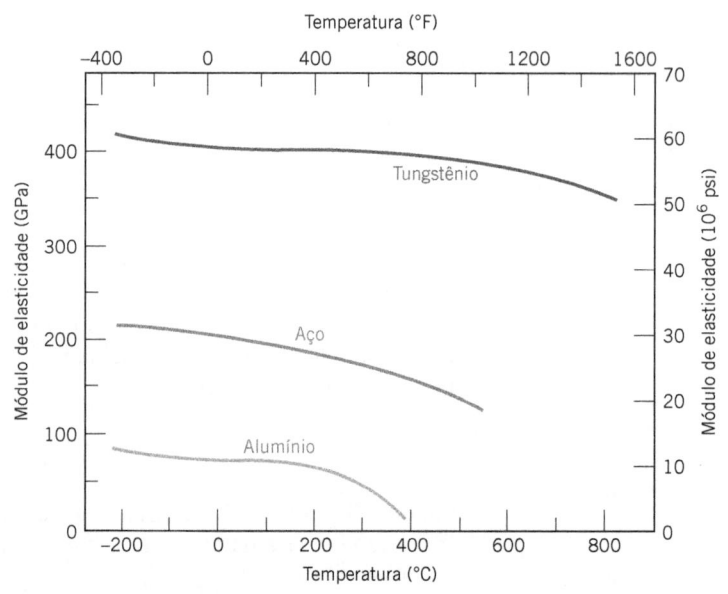

Figura 7.8 Gráfico do módulo de elasticidade em função da temperatura para tungstênio, aço e alumínio. (Adaptado de K. M. Ralls, T. H. Courtney e J. Wulff, *Introduction to Materials Science and Engineering*. Copyright © 1976 por John Wiley & Sons, New York. Reimpresso sob permissão de John Wiley & Sons, Inc.)

7.4 ANELASTICIDADE

Até este ponto, foi considerado que a deformação elástica é independente do tempo – isto é, que uma tensão aplicada produz uma deformação elástica instantânea que permanece constante ao longo do período de tempo em que a tensão é mantida. Também foi considerado que, ao se liberar a carga, a deformação é recuperada em sua totalidade – isto é, que a deformação retorna imediatamente a zero. Para a maioria dos materiais de engenharia, no entanto, haverá também um componente da deformação elástica que é dependente do tempo – isto é, a deformação elástica permanecerá após a aplicação da tensão, e com a liberação da carga será necessário um tempo finito para que haja uma completa recuperação. Esse comportamento elástico dependente do tempo é conhecido como **anelasticidade** e é devido aos processos microscópicos e atomísticos dependentes do tempo que acompanham a deformação. Para os metais, a componente anelástica é normalmente pequena, sendo desprezada com frequência. Entretanto, para alguns materiais poliméricos, sua magnitude é significativa; nesse caso, é denominada *comportamento viscoelástico*, que é o tópico discutido na Seção 7.15.

anelasticidade

PROBLEMA-EXEMPLO 7.1

Cálculo do Alongamento (Elástico)

Uma peça de cobre originalmente com 305 mm (12 in) de comprimento é carregada em tração com uma tensão de 276 MPa (40.000 psi). Se a deformação é inteiramente elástica, qual será o alongamento resultante?

Solução

Uma vez que a deformação é elástica, ela depende da tensão, de acordo com a Equação 7.5. Além disso, o alongamento Δl está relacionado com o comprimento original l_0 pela Equação 7.2. Combinando essas duas expressões e resolvendo para Δl, temos

$$\sigma = \varepsilon E = \left(\frac{\Delta l}{l_0}\right)E$$

$$\Delta l = \frac{\sigma l_0}{E}$$

Os valores de σ e de l_0 são dados como 276 MPa e 305 mm, respectivamente, e a magnitude de E para o cobre, a partir da Tabela 7.1, é de 110 GPa (16×10^6 psi). O alongamento é obtido pela substituição desses valores na expressão anterior

$$\Delta l = \frac{(276 \text{ MPa})(305 \text{ mm})}{110 \times 10^3 \text{ MPa}} = 0,77 \text{ mm } (0,03 \text{ in})$$

7.5 PROPRIEDADES ELÁSTICAS DOS MATERIAIS

Quando uma tensão de tração é imposta sobre uma amostra metálica, um alongamento elástico e sua deformação correspondente ε_z resultam na direção da tensão aplicada (tomada arbitrariamente como a direção z), conforme mostrado na Figura 7.9. Como resultado desse alongamento, haverá constrições nas direções laterais (x e y) perpendiculares à tensão aplicada; a partir dessas contrações, podem ser determinadas as deformações compressivas ε_x e ε_y. Se a tensão aplicada for uniaxial (apenas na direção z) e o material for isotrópico, então $\varepsilon_x = \varepsilon_y$. Um parâmetro denominado **coeficiente de Poisson**, ν, é definido como a razão entre as deformações lateral e axial, ou seja,

coeficiente de Poisson

Definição do coeficiente de Poisson em termos das deformações lateral e axial

$$\nu = -\frac{\varepsilon_x}{\varepsilon_z} = -\frac{\varepsilon_y}{\varepsilon_z} \tag{7.8}$$

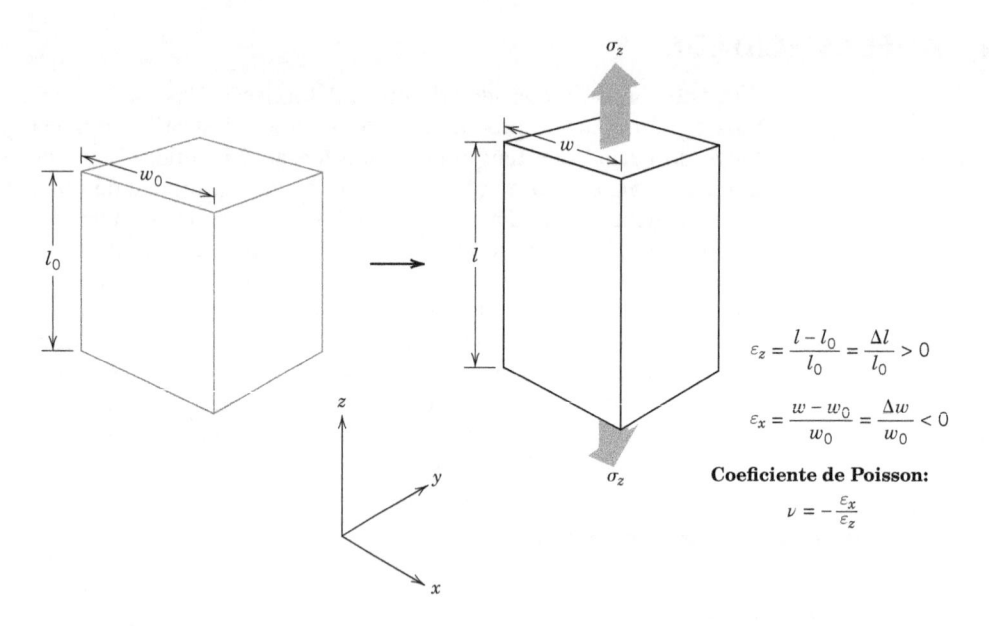

Figura 7.9 Ilustração esquemática mostrando o alongamento axial (z) (deformação positiva, ε_z) e a contração lateral (x) (deformação negativa, ε_x) que resultam da aplicação de uma tensão de tração axial (σ_z).

Para virtualmente todos os materiais estruturais, ε_x e ε_z terão sinais opostos; portanto, o sinal de negativo foi incluído na expressão anterior para assegurar que ν seja positivo.[7]

Teoricamente, o coeficiente de Poisson para materiais isotrópicos deve ser de 1/4; além disso, o valor máximo para ν (ou o valor para o qual não existe qualquer alteração resultante no volume) é de 0,50. Para muitos metais e outras ligas, os valores para o coeficiente de Poisson variam entre 0,25 e 0,35. A Tabela 7.1 mostra os valores de ν para vários materiais comuns. Uma lista mais abrangente é dada na Tabela B.3, no Apêndice B.

Para materiais isotrópicos, os módulos de cisalhamento e de elasticidade estão relacionados entre si e com o coeficiente de Poisson, de acordo com

Relação entre os parâmetros elásticos – módulo de elasticidade, módulo de cisalhamento e coeficiente de Poisson

$$E = 2G(1 + \nu) \tag{7.9}$$

Para a maioria dos metais, G é aproximadamente $0,4E$; dessa forma, se o valor de um dos módulos for conhecido, o outro poderá ser aproximado.

Muitos materiais são elasticamente anisotrópicos; isto é, o comportamento elástico (por exemplo, a magnitude de E) varia com a direção cristalográfica (veja a Tabela 3.8). Para esses materiais, as propriedades elásticas são completamente caracterizadas apenas com a especificação de diversas constantes elásticas, e o número destas depende das características da estrutura cristalina. Mesmo para os materiais isotrópicos, pelo menos duas constantes devem ser dadas para haver uma caracterização completa das propriedades elásticas. Uma vez que a orientação dos grãos é aleatória na maioria dos materiais policristalinos, esses podem ser considerados isotrópicos; os vidros cerâmicos inorgânicos também são isotrópicos. A discussão subsequente do comportamento mecânico supõe isotropia e policristalinidade (para os metais e as cerâmicas), pois essas são as características da maioria dos materiais empregados em engenharia.

---

[7]Alguns materiais (por exemplo, espumas poliméricas especialmente preparadas), quando estirados em tração, na verdade expandem-se na direção transversal. Nesses materiais, tanto ε_x quanto ε_z na Equação 7.8 são positivos, de modo que o coeficiente de Poisson é negativo. Os materiais que exibem esse efeito são denominados *auxéticos*.

PROBLEMA-EXEMPLO 7.2

Cálculo da Carga para Produzir Alteração Específica no Diâmetro

Uma tensão de tração deve ser aplicada ao longo do maior eixo de uma barra cilíndrica de latão com diâmetro de 10 mm (0,4 in). Determine a magnitude da carga necessária para produzir uma alteração de $2,5 \times 10^{-3}$ mm (10^{-4} in) no diâmetro da barra se a deformação for totalmente elástica.

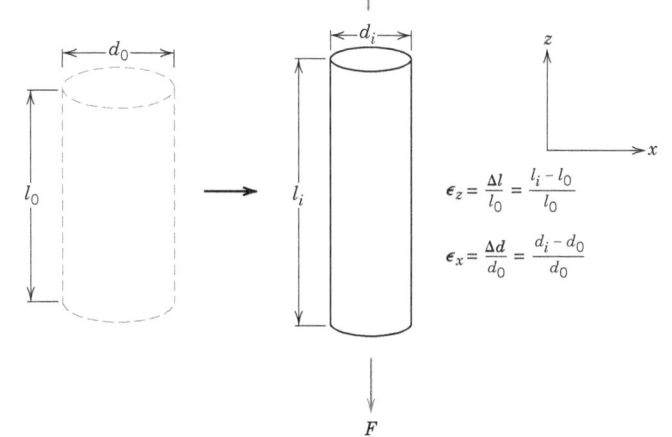

$$\epsilon_z = \frac{\Delta l}{l_0} = \frac{l_i - l_0}{l_0}$$

$$\epsilon_x = \frac{\Delta d}{d_0} = \frac{d_i - d_0}{d_0}$$

Solução

Essa situação de deformação está representada pela figura ao lado.

Quando a força F for aplicada, a amostra irá se alongar na direção z e ao mesmo tempo apresentará uma redução no diâmetro, Δd, de $2,5 \times 10^{-3}$ mm na direção x. Para a deformação na direção x,

$$\varepsilon_x = \frac{\Delta d}{d_0} = \frac{-2,5 \times 10^{-3} \text{ mm}}{10 \text{ mm}} = -2,5 \times 10^{-4}$$

que é negativa, porque há redução no diâmetro.

Em seguida, torna-se necessário calcular a deformação na direção z usando a Equação 7.8. O valor do coeficiente de Poisson para o latão é de 0,34 (Tabela 7.1); dessa forma,

$$\varepsilon_z = -\frac{\varepsilon_x}{\nu} = -\frac{(-2,5 \times 10^{-4})}{0,34} = 7,35 \times 10^{-4}$$

A tensão aplicada pode então ser calculada com o auxílio da Equação 7.5 e do módulo de elasticidade, dado na Tabela 7.1 como 97 GPa (14×10^6 psi); assim,

$$\sigma = \varepsilon_z E = (7,35 \times 10^{-4})(97 \times 10^3 \text{ MPa}) = 71,3 \text{ MPa}$$

Finalmente, a partir da Equação 7.1, a força aplicada pode ser determinada como

$$F = \sigma A_0 = \sigma \left(\frac{d_0}{2}\right)^2 \pi$$

$$= (71,3 \times 10^6 \text{ N/m}^2)\left(\frac{10 \times 10^{-3} \text{ m}}{2}\right)^2 \pi = 5600 \text{ N } (1293 \text{ lb}_f)$$

Comportamento Mecânico – Metais

Para a maioria dos materiais metálicos, a deformação elástica persiste apenas até deformações de aproximadamente 0,005. À medida que o material é deformado além desse ponto, a tensão não é mais proporcional à deformação (a lei de Hook, Equação 7.5, deixa de ser válida) e ocorre deformação permanente e não recuperável, ou **deformação plástica**. A Figura 7.10a mostra um gráfico esquemático do comportamento tensão-deformação em tração até a região plástica para um metal típico. A transição da região elástica para a plástica é gradual para a maioria dos metais; ocorre uma curvatura no início da deformação plástica, que aumenta mais rapidamente com o aumento da tensão.

De uma perspectiva atômica, a deformação plástica corresponde à quebra de ligações com os átomos vizinhos originais e, então, a formação de ligações com novos átomos vizinhos, conforme um grande número de átomos ou moléculas se movem uns em relação aos outros; com a remoção da tensão, eles não retornam às suas posições originais. Essa deformação permanente para os metais é realizada por meio de um processo denominado *escorregamento*, que envolve o movimento de discordâncias, como discutido na Seção 8.3.

deformação plástica

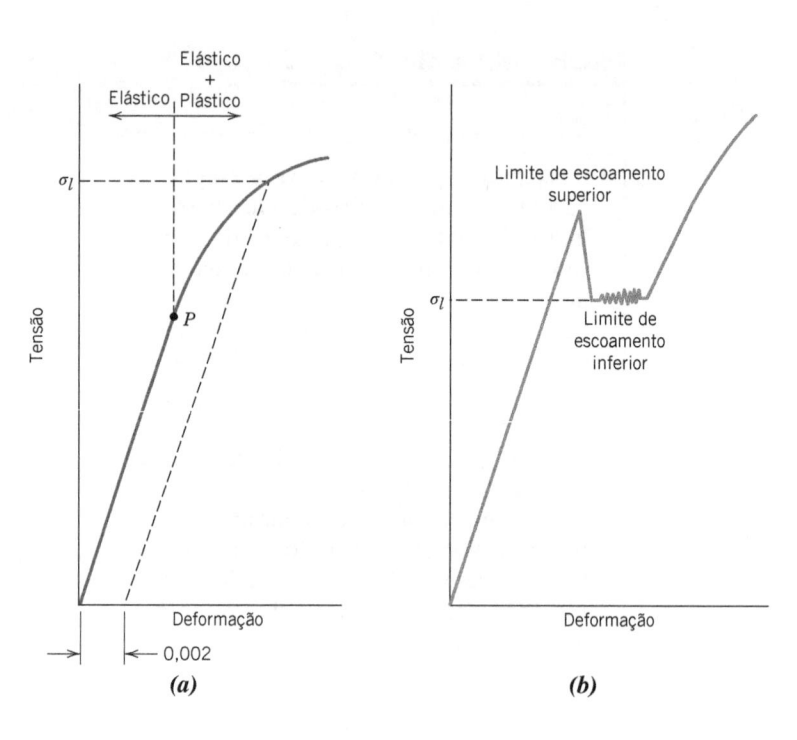

Figura 7.10 (*a*) Comportamento tensão-deformação típico de um metal, mostrando as deformações elástica e plástica, o limite de proporcionalidade *P* e o limite de escoamento σ_l, determinado usando o método da pré-deformação de 0,002. (*b*) Comportamento tensão-deformação representativo encontrado de alguns aços, demonstrando o fenômeno do limite de escoamento descontínuo.

7.6 PROPRIEDADES DE TRAÇÃO

Escoamento e Limite de Escoamento

A maioria das estruturas é projetada para assegurar que haja apenas deformação elástica quando tensão for aplicada. Uma estrutura ou componente que tenha sido deformada plasticamente – ou que tenha sofrido mudança permanente em sua forma – pode não ser capaz de atuar como programado. É portanto desejável conhecer o nível de tensão em que a deformação plástica começa ou onde ocorre o fenômeno do **escoamento**. Para metais que apresentam transição gradual de deformação elástica para deformação plástica, o ponto de escoamento pode ser determinado como aquele no qual ocorre o afastamento inicial da linearidade na curva tensão-deformação; esse ponto é algumas vezes chamado de **limite de proporcionalidade**, como indicado pelo ponto *P* na Figura 7.10*a*, e representa o início da deformação plástica ao nível microscópico. A posição desse ponto *P* é difícil de ser medida com precisão. Em consequência disso, foi estabelecida uma convenção pela qual uma linha reta é construída paralelamente à porção elástica da curva tensão-deformação em uma pré-deformação especificada, geralmente de 0,002. A tensão que corresponde à interseção dessa linha com a curva tensão-deformação, à medida que essa se inclina na região plástica, é definida como o **limite de escoamento**, σ_l.[8] Esse procedimento está demonstrado na Figura 7.10*a*. As unidades do limite de escoamento são MPa ou psi.[9]

Para materiais com região elástica não linear (Figura 7.6), o uso do método da pré-deformação não é possível e a prática usual consiste em definir o limite de escoamento como a tensão necessária para produzir determinada quantidade de deformação (por exemplo, $\varepsilon = 0,005$).

Alguns aços e outros materiais exibem o comportamento tensão-deformação em tração como mostrado na Figura 7.10*b*. A transição entre as regiões elástica e plástica é muito bem definida e ocorre de forma abrupta; isso se denomina o *fenômeno do limite de escoamento*. No limite de escoamento superior, a deformação plástica começa, havendo uma diminuição aparente na tensão de engenharia. A deformação que se segue varia ligeiramente em torno de algum valor de tensão constante, denominado *limite de escoamento inferior*; subsequentemente, a tensão aumenta com o aumento da deformação. Para os metais que exibem esse efeito, o limite de escoamento é tomado

Palavras na margem esquerda: escoamento; limite de proporcionalidade; limite de escoamento

---

[8] Às vezes, *resistência* é empregada em lugar de *tensão*, pois a resistência é uma propriedade do metal, enquanto a tensão está relacionada com a magnitude da carga aplicada.

[9] Nas unidades usuais nos Estados Unidos, a unidade de quilolibras por polegada quadrada (ksi) é algumas vezes usada por questões de conveniência, sendo 1 ksi = 1000 psi.

como a tensão média associada ao limite de escoamento inferior, uma vez que ele é bem definido e relativamente insensível ao procedimento de ensaio.[10] Dessa forma, para esses materiais, não é necessário empregar o método da pré-deformação.

A magnitude do limite de escoamento para um metal é uma medida da sua resistência à deformação plástica. Os limites de escoamento variam desde 35 MPa (5000 psi), para o alumínio de baixa resistência, até acima de 1400 MPa (200.000 psi), para aços de alta resistência.

Limite de Resistência à Tração

limite de resistência à tração

Após o escoamento, a tensão necessária para continuar a deformação plástica nos metais aumenta até um valor máximo, o ponto M na Figura 7.11, e então diminui até a eventual fratura, no ponto F. O **limite de resistência à tração**, LRT (MPa ou psi), é a tensão no ponto máximo da curva tensão-deformação de engenharia (Figura 7.11). Esse ponto corresponde à tensão máxima que pode ser suportada por uma estrutura sob tração; se essa tensão for aplicada e mantida, ocorrerá fratura. Toda deformação até esse ponto é uniforme ao longo da região estreita do corpo de prova de tração. Contudo, nessa tensão máxima, começa a se formar uma pequena estricção, ou pescoço, em algum ponto, e toda deformação subsequente fica confinada a esse pescoço, como indicado nas representações esquemáticas do corpo de prova mostradas nos detalhes da Figura 7.11. Esse fenômeno é denominado *empescoçamento* e a fratura ocorre, enfim, nesse pescoço.[11] A resistência à fratura corresponde à tensão aplicada no momento da fratura.

Os limites de resistência à tração variam desde 50 MPa (7000 psi), para o alumínio, até um valor tão elevado quanto 3000 MPa (450.000 psi), para aços de alta resistência. Normalmente, quando a resistência de um metal é citada para fins de projeto, o limite de escoamento é utilizado. Isso ocorre, porque, no momento em que uma tensão correspondente ao limite de resistência à tração chega a ser aplicada, com frequência uma estrutura já apresentou tanta deformação plástica que já se tornou imprestável. Além disso, normalmente as resistências à fratura não são especificadas para fins de projetos de engenharia.

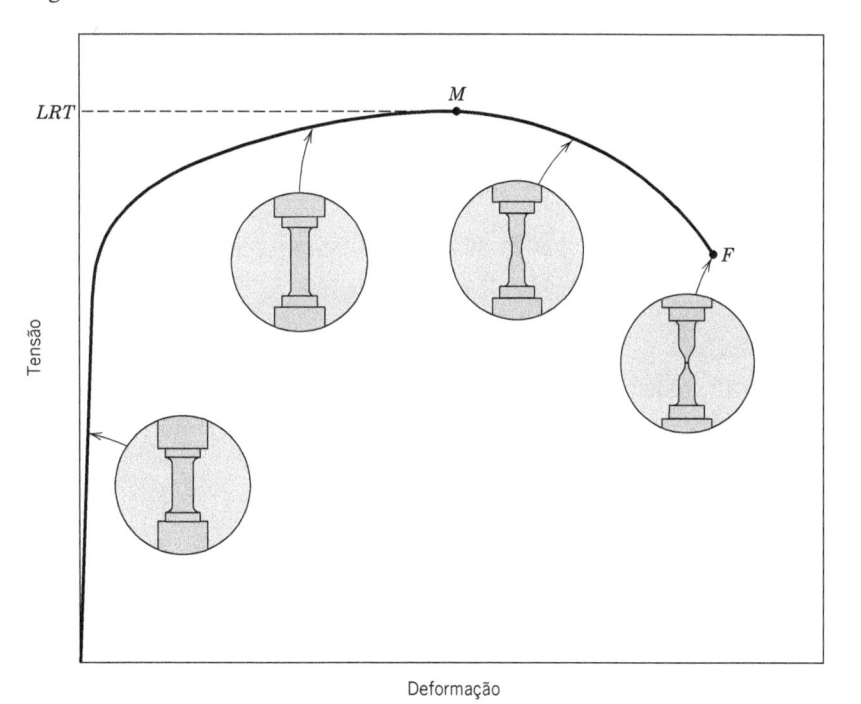

Figura 7.11 Comportamento típico da curva tensão-deformação de engenharia até a fratura, ponto F. O limite de resistência à tração, LRT, está indicado pelo ponto M. Os detalhes dentro dos círculos representam a geometria do corpo de prova deformado em vários pontos ao longo da curva.

---

[10] Note que, para observar o fenômeno do limite de escoamento, o dispositivo de ensaios de tração deve ser "rígido"; por "rígido" subentende-se que exista uma deformação elástica muito pequena no equipamento durante o carregamento.

[11] A aparente diminuição na tensão de engenharia com a continuidade da deformação após o ponto máximo na Figura 7.11 é devida ao fenômeno da estricção. Como explicado na Seção 7.7, a tensão verdadeira (no interior do pescoço), na verdade, aumenta.

PROBLEMA-EXEMPLO 7.3

Determinações de Propriedades Mecânicas a Partir do Gráfico Tensão–Deformação

A partir do comportamento tensão-deformação em tração para o corpo de prova de latão mostrado na Figura 7.12, determine o seguinte:

(a) O módulo de elasticidade.

(b) O limite de escoamento em uma pré-deformação de 0,002.

(c) A carga máxima que pode ser suportada por um corpo de prova cilíndrico que possui um diâmetro original de 12,8 mm (0,505 in).

(d) A variação no comprimento de um corpo de prova que tinha originalmente 250 mm (10 in) de comprimento e que foi submetido a uma tensão de tração de 345 MPa (50.000 psi).

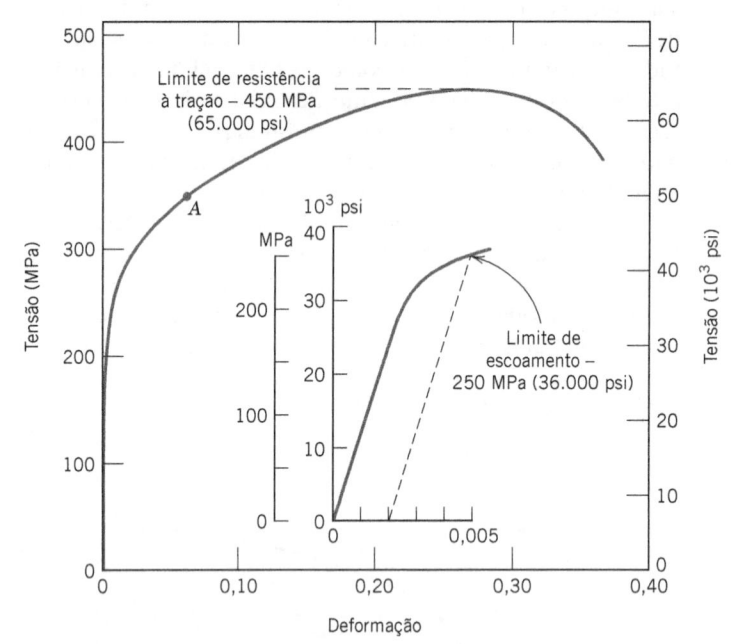

Figura 7.12 Comportamento tensão-deformação para o corpo de prova de latão discutido no Problema-Exemplo 7.3.

Solução

(a) O módulo de elasticidade é a inclinação da porção elástica ou linear inicial da curva tensão-deformação. O eixo da deformação foi expandido no detalhe da Figura 7.12 para facilitar esse cálculo. A inclinação dessa região linear é a variação na tensão dividida pela variação correspondente na deformação; em termos matemáticos,

$$E = \text{coeficiente angular} = \frac{\Delta\sigma}{\Delta\varepsilon} = \frac{\sigma_2 - \sigma_1}{\varepsilon_2 - \varepsilon_1}$$

Uma vez que o segmento de linha passa pela origem, é conveniente tomar tanto σ_1 quanto ε_1 iguais a zero. Se σ_2 for tomado arbitrariamente como 150 MPa, então ε_2 terá um valor de 0,0016. Dessa forma,

$$E = \frac{(150 - 0)\ \text{MPa}}{0,0016 - 0} = 93,8\ \text{GPa}\ (13,6 \times 10^6\ \text{psi})$$

que é um valor muito próximo de 97 GPa (14×10^6 psi) fornecido para o latão na Tabela 7.1.

(b) A linha que passa pela pré-deformação de 0,002 é construída como está mostrado no detalhe da Figura 7.12; sua interseção com a curva tensão-deformação está em aproximadamente 250 MPa (36.000 psi), que corresponde ao limite de escoamento para o latão.

(c) A carga máxima que pode ser suportada pelo corpo de prova é calculada utilizando-se a Equação 7.1, na qual σ é tomado como o limite de resistência à tração – a partir da Figura 7.12, 450 MPa (65.000 psi). Resolvendo a equação para F, a carga máxima, temos

$$F = \sigma A_0 = \sigma \left(\frac{d_0}{2} \right)^2 \pi$$

$$= (450 \times 10^6 \, \text{N/m}^2) \left(\frac{12,8 \times 10^{-3} \, \text{m}}{2} \right)^2 \pi = 57.900 \, \text{N} \, (13.000 \, \text{lb}_f)$$

(d) Para calcular a variação no comprimento, Δl, na Equação 7.2, é necessário, em primeiro lugar, determinar a deformação produzida por uma tensão de 345 MPa. Isso é feito localizando-se o ponto de tensão sobre a curva tensão-deformação, ponto A, e lendo-se a deformação correspondente sobre o eixo da deformação, que é de aproximadamente 0,06. Uma vez que $l_0 = 250$ mm, temos

$$\Delta l = \varepsilon l_0 = (0,06)(250 \, \text{mm}) = 15 \, \text{mm} \, (0,6 \, \text{in})$$

Ductilidade

ductilidade

Ductilidade é outra propriedade mecânica importante. É uma medida do grau de deformação plástica que foi suportado até a fratura. Um metal que apresenta deformação plástica muito pequena ou nenhuma até a fratura é denominado *frágil*. Os comportamentos tensão-deformação em tração para metais dúcteis e frágeis estão ilustrados esquematicamente na Figura 7.13.

A ductilidade pode ser expressa quantitativamente ou como um *alongamento percentual* ou como uma *redução percentual na área*.[*] O alongamento percentual (AL%) é a porcentagem da deformação plástica na fratura, ou

Ductilidade, expressa como alongamento percentual

$$\%\text{AL} = \left(\frac{l_f - l_0}{l_0} \right) \times 100 \tag{7.11}$$

em que l_f é o comprimento no momento da fratura[12] e l_0 é o comprimento útil original, conforme estabelecido anteriormente. Uma vez que uma proporção significativa da deformação plástica no momento da fratura está confinada à região do pescoço, a magnitude do AL% dependerá do comprimento útil do corpo de prova. Quanto menor for l_0, maior será a fração do alongamento total relativa ao pescoço e, consequentemente, maior será o valor de AL%. Portanto, o valor de l_0 deve ser especificado quando forem citados os valores do alongamento percentual; frequentemente, ele é de 50 mm (2 in).

A redução percentual na área (RA%) é definida como

Ductilidade, expressa como redução percentual na área

$$\text{RA}\% = \left(\frac{A_0 - A_f}{A_0} \right) \times 100 \tag{7.12}$$

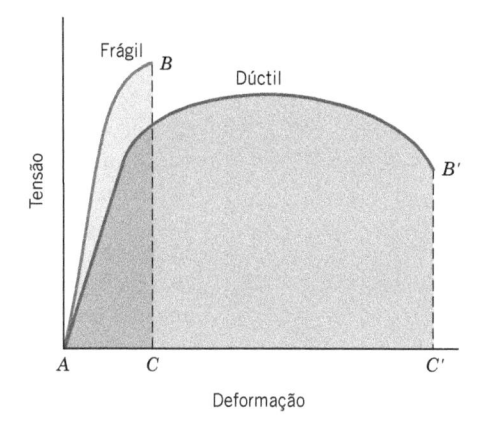

Figura 7.13 Representações esquemáticas do comportamento tensão-deformação em tração para metais frágeis e dúcteis carregados até a fratura.

---

[12] Tanto l_f como A_f são medidos após a fratura e após as duas extremidades rompidas terem sido recolocadas novamente juntas.

em que A_0 é a área original da seção transversal e A_f é a área da seção transversal no ponto de fratura. Os valores da redução percentual na área são independentes tanto de l_0 como de A_0. Além disso, para determinado material, as magnitudes de AL% e RA% serão, em geral, diferentes. A maioria dos metais apresenta pelo menos um grau moderado de ductilidade à temperatura ambiente; contudo, alguns tornam-se frágeis à medida que a temperatura é reduzida (Seção 9.8).

O conhecimento da ductilidade dos materiais é importante por pelo menos duas razões. Primeiro, ela indica ao projetista o grau ao qual uma estrutura irá se deformar plasticamente antes da fratura. Segundo, ela especifica o grau de deformação permissível durante as operações de fabricação. Algumas vezes nos referimos aos materiais relativamente dúcteis como "generosos", no sentido de que eles podem apresentar uma deformação local sem fraturar, caso exista erro na magnitude do cálculo da tensão de projeto.

Os materiais frágeis são considerados, *aproximadamente*, como aqueles que exibem uma deformação de fratura menor do que próximo de 5 %.

Dessa forma, diversas propriedades mecânicas importantes dos metais podem ser determinadas a partir de ensaios tensão-deformação em tração. A Tabela 7.2 apresenta alguns valores típicos para o limite de escoamento, o limite de resistência à tração e a ductilidade de alguns metais comuns à temperatura ambiente (e também para inúmeros polímeros e cerâmicas). Essas propriedades são sensíveis a qualquer deformação anterior, à presença de impurezas e/ou a qualquer tratamento térmico ao qual o metal tenha sido submetido. O módulo de elasticidade é um parâmetro mecânico insensível a esses tratamentos. Da mesma forma que para o módulo de elasticidade, as magnitudes tanto do limite de escoamento como do limite de resistência à tração diminuem com o aumento da temperatura; justamente o contrário é observado para a ductilidade – a ductilidade geralmente aumenta com o aumento da temperatura. A Figura 7.14 mostra como o comportamento tensão-deformação do ferro varia em função da temperatura.

Resiliência

resiliência

Resiliência é a capacidade de um material absorver energia quando é deformado elasticamente e depois, com a remoção da carga, recuperar essa energia. A propriedade associada é o *módulo de resiliência*, U_r, que é a energia de deformação por unidade de volume necessária para tensionar um material desde um estado com ausência de carga até o ponto de escoamento.

Em termos de cálculo, o módulo de resiliência para um corpo de prova submetido a um ensaio de tração uniaxial é tão somente a área sob a curva tensão-deformação de engenharia computada até o escoamento (Figura 7.15), ou seja,

Definição do módulo de resiliência

$$U_r = \int_0^{\varepsilon_l} \sigma \, d\varepsilon \tag{7.13a}$$

Supondo uma região elástica linear, temos

Módulo de resiliência para comportamento elástico linear

$$U_r = \frac{1}{2}\sigma_l \varepsilon_l \tag{7.13b}$$

em que ε_l representa a deformação no escoamento.

As unidades da resiliência são o produto das unidades de cada um dos dois eixos do gráfico tensão-deformação. Para unidades SI, essa unidade é joules por metro cúbico (J/m^3, que é equivalente a Pa), enquanto em unidades usuais dos Estados Unidos ela é polegada-libra-força por polegada cúbica (in · lb_f/in^3, que é equivalente a psi). Tanto joules como polegada-libra-força são unidades de energia e, portanto, essa área sob a curva tensão-deformação representa a absorção de energia por unidade de volume (em metros cúbicos ou polegadas cúbicas) do material.

A incorporação da Equação 7.5 na Equação 7.13b fornece

Módulo de resiliência para comportamento elástico linear, com a incorporação da lei de Hooke

$$U_r = \frac{1}{2}\sigma_l \varepsilon_l = \frac{1}{2}\sigma_l \left(\frac{\sigma_l}{E}\right) = \frac{\sigma_l^2}{2E} \tag{7.14}$$

Dessa forma, os materiais resilientes são aqueles que possuem limites de escoamento elevados e módulos de elasticidade pequenos; tais ligas são usadas em aplicações como molas.

Tabela 7.2   Propriedades Mecânicas (em Tração) para Vários Materiais à Temperatura Ambiente

Material	Limite de Escoamento		Limite de Resistência à Tração		Ductilidade, AL% [em 50 mm (2 in)][a]
	MPa	ksi	MPa	ksi	
Ligas Metálicas[b]					
Molibdênio	565	82	655	95	35
Titânio	450	65	520	75	25
Aço (1020)	180	26	380	55	25
Níquel	138	20	480	70	40
Ferro	130	19	262	38	45
Latão (70 Cu-30 Zn)	75	11	300	44	68
Cobre	69	10	200	29	45
Alumínio	35	5	90	13	40
Materiais Cerâmicos[c]					
Zircônia (ZrO_2)[d]	–	–	800–1500	115–215	–
Nitreto de silício (Si_3N_4)	–	–	250–1000	35–145	–
Óxido de alumínio (Al_2O_3)	–	–	275–700	40–100	–
Carbeto de silício (SiC)	–	–	100–820	15–120	–
Vidrocerâmica (Piroceram)	–	–	247	36	–
Mulita ($3Al_2O_3$-$2SiO_2$)	–	–	185	27	–
Espinélio ($MgAl_2O_4$)	–	–	110–245	16–36	–
Sílica fundida (SiO_2)	–	–	110	16	–
Óxido de magnésio (MgO)[e]	–	–	105	15	–
Vidro de cal de soda	–	–	69	10	–
Polímeros					
Náilon 6,6	44,8–82,8	6,5–12	75,9–94,5	11,0–13,7	15–300
Policarbonato (PC)	62,1	9,0	62,8–72,4	9,1–10,5	110–150
Poli(etileno tereftalato) (PET)	59,3	8,6	48,3–72,4	7,0–10,5	30–300
Poli(metil metacrilato) (PMMA)	53,8–73,1	7,8–10,6	48,3–72,4	7,0–10,5	2,0–5,5
Cloreto de polivinila (PVC)	40,7–44,8	5,9–6,5	40,7–51,7	5,9–7,5	40–80
Fenol-formaldeído	–	–	34,5–62,1	5,9–9,0	1,5–2,0
Poliestireno (PS)	25,0–69,0	3,63–10,0	35,9–51,7	5,2–7,5	1,2–2,5
Polipropileno (PP)	31,0–37,2	4,5–5,4	31,0–41,4	4,5–6,0	100–600
Polietileno – alta densidade (PEAD)	26,2–33,1	3,8–4,8	22,1–31,0	3,2–4,5	10–1200
Politetrafluoroetileno (PTFE)	13,8–15,2	2,0–2,2	20,7–34,5	3,0–5,0	200–400
Polietileno – baixa densidade (PEBD)	9,0–14,5	1,3–2,1	8,3–31,4	1,2–4,55	100–650

[a] Para os polímeros, o alongamento percentual na ruptura.

[b] Os valores das propriedades são para as ligas metálicas em um estado recozido.

[c] O limite de resistência à tração para os materiais cerâmicos é tomado como a resistência à flexão (Seção 7.10).

[d] Parcialmente estabilizada com 3 %mol Y_2O_3.

[e] Sinterizado e contendo aproximadamente 5 % de porosidade.

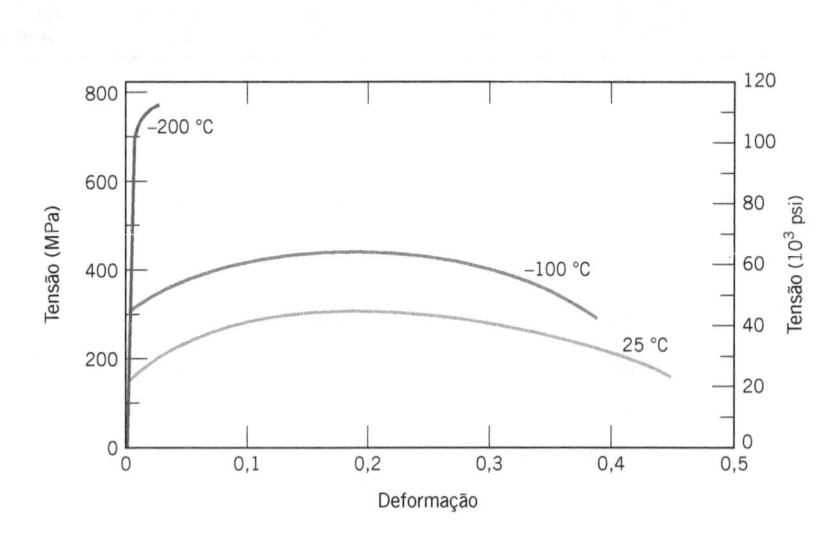

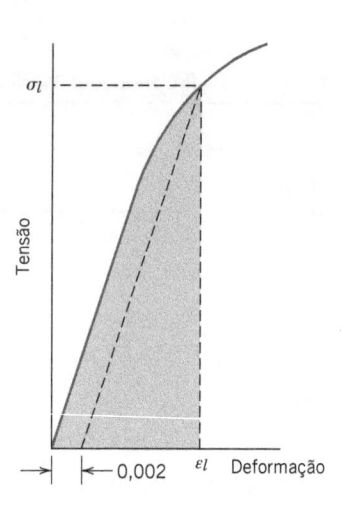

Figura 7.14 Comportamento tensão-deformação de engenharia para o ferro em três temperaturas.

Figura 7.15 Representação esquemática mostrando como o módulo de resiliência (que corresponde à área sombreada) é determinado a partir do comportamento tensão-deformação em tração de um material.

Tenacidade

tenacidade

Tenacidade é um termo que, em mecânica, pode ser utilizado em vários contextos. Em um deles, a tenacidade (ou, mais especificamente, a *tenacidade à fratura*) é uma propriedade indicativa da resistência de um material à fratura quando uma trinca (ou outro defeito concentrador de tensões) está presente (como discutido na Seção 9.5). Uma vez que é praticamente impossível (assim como muito caro) fabricar materiais totalmente isentos de defeitos (ou prevenir danos durante o serviço), a tenacidade à fratura é um ponto muito importante a ser considerado para todos os materiais estruturais.

Outra maneira de definir a tenacidade é como a habilidade de um material absorver energia e deformar-se plasticamente antes de fraturar. Para condições de carregamento dinâmicas (elevada taxa de deformação) e quando um entalhe (ou ponto de concentração de tensões) está presente, a *tenacidade ao entalhe* é avaliada por meio de um ensaio de impacto, como discutido na Seção 9.8.

Para a situação estática (baixa taxa de deformação), uma medida da tenacidade nos metais (inferida a partir da deformação plástica) pode ser determinada a partir dos resultados de um ensaio tensão-deformação em tração. Ela é a área sob a curva σ-ε até o ponto da fratura. As unidades para a tenacidade são as mesmas que para a resiliência (isto é, energia por unidade de volume do material). Para que um material seja tenaz, ele precisa exibir tanto resistência como ductilidade. Isso está demonstrado na Figura 7.13, na qual estão representadas em gráfico as curvas tensão-deformação para ambos os tipos de metais. Assim, apesar de o metal frágil apresentar maiores limite de escoamento e limite de resistência à tração, ele tem uma tenacidade menor que o material dúctil, como pode ser visto comparando as áreas ABC e $AB'C'$ na Figura 7.13.

Tabela 7.3 Dados de Tensão-Deformação em Tração para Vários Metais Hipotéticos a Serem Usados com as Verificações de Conceitos 7.1 e 7.6

Material	Limite de Escoamento (MPa)	Limite de Resistência à Tração (MPa)	Deformação na Fratura	Resistência à Fratura (MPa)	Módulo de Elasticidade (GPa)
A	310	340	0,23	265	210
B	100	120	0,40	105	150
C	415	550	0,15	500	310
D	700	850	0,14	720	210
E	Fratura antes do escoamento			650	350

7.7   TENSÃO E DEFORMAÇÃO VERDADEIRAS

A partir da Figura 7.11, a diminuição na tensão necessária para continuar a deformação após o ponto máximo – ponto *M* – parece indicar que o metal está se tornando menos resistente. Isso está longe de ocorrer; na realidade, sua resistência está aumentando. No entanto, a área da seção transversal está diminuindo rapidamente na região do pescoço, onde a deformação está ocorrendo. Isso resulta em uma redução na capacidade de o corpo de prova suportar carga. A tensão, calculada a partir da Equação 7.1, é dada com base na área da seção transversal original antes de qualquer deformação e não leva em consideração essa redução da área na região da estricção.

tensão verdadeira

Algumas vezes há mais significado em utilizar o conceito de tensão verdadeira-deformação verdadeira. **Tensão verdadeira** σ_V é definida como a carga F dividida pela área da seção transversal instantânea A_i na qual a deformação está ocorrendo (isto é, o pescoço, após o limite de resistência à tração), ou

Definição de tensão verdadeira

$$\sigma_V = \frac{F}{A_i} \tag{7.15}$$

deformação verdadeira

Além disso, ocasionalmente é mais conveniente representar a deformação como **deformação verdadeira** ε_V, definida pela expressão

Definição de deformação verdadeira

$$\varepsilon_V = \ln\frac{l_i}{l_0} \tag{7.16}$$

Se não ocorre nenhuma alteração no volume durante a deformação – isto é, se

$$A_i l_i = A_0 l_0 \tag{7.17}$$

– então as tensões e deformações verdadeiras e de engenharia estão relacionadas segundo as expressões

Conversão de tensão de engenharia em tensão verdadeira

$$\sigma_V = \sigma(1 + \varepsilon) \tag{7.18a}$$

Conversão de deformação de engenharia em deformação verdadeira

$$\varepsilon_V = \ln(1 + \varepsilon) \tag{7.18b}$$

As Equações 7.18a e 7.18b são válidas somente até o início da estricção; além desse ponto, tensão e deformação verdadeiras devem ser calculadas a partir de medições da carga, da área da seção transversal e do comprimento útil reais.

Uma comparação esquemática dos comportamentos tensão-deformação de engenharia e verdadeiro é feita na Figura 7.16. É importante observar que a tensão verdadeira necessária para manter uma deformação crescente continua a aumentar após o limite de resistência à tração M'.

Paralelamente à formação do pescoço ocorre a introdução de um estado de tensões complexo no interior da região do pescoço (isto é, a existência de outros componentes de tensão além da tensão axial). Como consequência, a tensão corrigida (*axial*) no interior do pescoço é ligeiramente menor que a tensão calculada a partir da carga aplicada e da área da seção transversal do pescoço. Isso leva à curva "corrigida" mostrada na Figura 7.16.

Para alguns metais e ligas, a região da curva tensão-deformação verdadeira desde o início da deformação plástica até o ponto onde começa a estricção pode ser aproximada pela relação

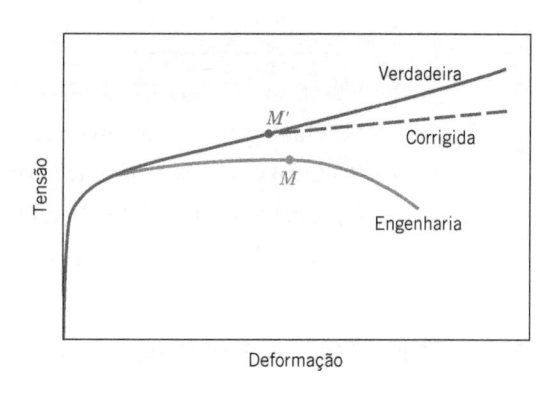

Figura 7.16 Comparação entre os comportamentos típicos em tração da tensão-deformação de engenharia e da tensão-deformação verdadeira. A estricção começa no ponto M da curva de engenharia, o qual corresponde ao ponto M' na curva verdadeira. A curva tensão-deformação verdadeira "corrigida" leva em consideração o estado de tensões complexo no interior da região do pescoço.

Relação tensão verdadeira-deformação verdadeira na região plástica da deformação (até o ponto de empescoçamento)

$$\sigma_V = K\varepsilon_V^n \tag{7.19}$$

Nessa expressão, K e n são constantes; esses valores variam de uma liga para outra e também dependem da condição do material (se ele foi deformado plasticamente, tratado termicamente etc.). O parâmetro n é denominado, com frequência, *expoente de encruamento* e tem um valor inferior à unidade. Os valores de n e de K para várias ligas estão apresentados na Tabela 7.4.

Tabela 7.4 Valores de n e K (Equação 7.19) para Várias Ligas

		K	
Material	*n*	*(MPa)*	*psi*
Aço com baixo teor de carbono (recozido)	0,21	600	87.000
Aço 4340 (revenido a 315 °C)	0,12	2650	385.000
Aço inoxidável 304 (recozido)	0,44	1400	205.000
Cobre (recozido)	0,44	530	76.500
Latão naval (recozido)	0,21	585	85.000
Liga de alumínio 2024 (tratada termicamente – T3)	0,17	780	113.000
Liga de magnésio AZ-31B (recozida)	0,16	450	66.000

PROBLEMA-EXEMPLO 7.4

Cálculos da Ductilidade e da Tensão Verdadeira na Fratura

Um corpo de prova cilíndrico feito de aço e com diâmetro original de 12,8 mm (0,505 in) é testado em tração até sua fratura; foi determinado que ele tem uma resistência à fratura expressa em tensão de engenharia, σ_f, de 460 MPa (67.000 psi). Se o diâmetro de sua seção transversal na fratura é de 10,7 mm (0,422 in), determine

(a) A ductilidade em termos da redução percentual na área.
(b) A tensão verdadeira na fratura.

Solução

(a) A ductilidade é calculada usando a Equação 7.12

$$\text{RA}\% = \frac{\left(\dfrac{12{,}8 \text{ mm}}{2}\right)^2 \pi - \left(\dfrac{10{,}7 \text{ mm}}{2}\right)^2 \pi}{\left(\dfrac{12{,}8 \text{ mm}}{2}\right)^2 \pi} \times 100$$

$$= \frac{128{,}7 \text{ mm}^2 - 89{,}9 \text{ mm}^2}{128{,}7 \text{ mm}^2} \times 100 = 30\%$$

(b) A tensão verdadeira é definida pela Equação 7.15, na qual, nesse caso, a área é tomada como a área na fratura, A_f. Contudo, a carga na fratura deve ser calculada em primeiro lugar a partir da resistência à fratura, conforme

$$F = \sigma_f A_0 = (460 \times 10^6 \, \text{N/m}^2)(128{,}7 \, \text{mm}^2)\left(\frac{1 \, \text{m}^2}{10^6 \, \text{mm}^2}\right) = 59.200 \, \text{N}$$

Dessa forma, a tensão verdadeira é calculada como

$$\sigma_V = \frac{F}{A_f} = \frac{59.200 \, \text{N}}{(89{,}9 \, \text{mm}^2)\left(\dfrac{1 \, \text{m}^2}{10^6 \, \text{mm}^2}\right)}$$

$$= 6{,}6 \times 10^8 \, \text{N/m}^2 = 660 \, \text{MPa} \; (95.700 \, \text{psi})$$

PROBLEMA-EXEMPLO 7.5

Cálculo do Expoente de Encruamento

Calcule o expoente de encruamento n na Equação 7.19 para uma liga na qual uma tensão verdadeira de 415 MPa (60.000 psi) produz uma deformação verdadeira de 0,10; considere um valor de 1035 MPa (150.000 psi) para K.

Solução

Isso requer alguma manipulação algébrica da Equação 7.19, tal que n torne-se o parâmetro dependente. Isso é obtido tirando-se os logaritmos e rearranjando a equação. Resolvendo a equação para n, temos

$$n = \frac{\log \sigma_V - \log K}{\log \varepsilon_V}$$

$$= \frac{\log(415 \, \text{MPa}) - \log(1035 \, \text{MPa})}{\log(0{,}1)} = 0{,}40$$

7.8 RECUPERAÇÃO ELÁSTICA APÓS A DEFORMAÇÃO PLÁSTICA

Com a liberação da carga durante o curso de um ensaio tensão-deformação, uma fração da deformação total é recuperada como deformação elástica. Esse comportamento está demonstrado na Figura 7.17, um gráfico tensão-deformação de engenharia esquemático. Durante o ciclo de descarregamento, a curva percorre uma trajetória próxima à de uma linha reta a partir do ponto de descarregamento (ponto D) e sua inclinação é virtualmente idêntica ao módulo de elasticidade, ou seja, paralela à porção elástica inicial da curva. A magnitude dessa deformação elástica, que é recuperada durante o descarregamento, corresponde à recuperação da deformação, como está mostrado na Figura 7.17. Se a carga for reaplicada, a curva percorrerá essencialmente a mesma porção linear, porém na direção oposta àquela percorrida no descarregamento; o escoamento ocorrerá novamente no nível da tensão onde o descarregamento começou. Também haverá uma recuperação da deformação elástica associada à fratura.

7.9 DEFORMAÇÕES COMPRESSIVA, CISALHANTE E TORCIONAL

Obviamente, os metais podem apresentar deformação plástica sob a influência da aplicação de cargas compressivas, cisalhantes e de torção. O comportamento tensão-deformação resultante na região plástica será semelhante ao exibido pela componente em tração (Figura 7.10a: escoamento e a curvatura associada). No entanto, em compressão, não haverá um valor máximo, pois não ocorre estricção; além disso, o modo de fratura será diferente daquele em tração.

Verificação de Conceitos 7.2 Esboce um gráfico esquemático mostrando o comportamento tensão-deformação de engenharia em tração para uma liga metálica típica até o ponto da fratura. Em seguida, superponha nesse gráfico uma curva esquemática tensão-deformação de engenharia em compressão para a mesma liga. Explique quaisquer diferenças entre as duas curvas.

(*A resposta está disponível no GEN-IO, ambiente virtual de aprendizagem do GEN.*)

Comportamento Mecânico – Cerâmicas

Os materiais cerâmicos têm aplicações relativamente limitadas devido às suas propriedades mecânicas, as quais, em muitos aspectos, são inferiores àquelas dos metais. A principal desvantagem é uma disposição a fraturas catastróficas de maneira frágil, com uma absorção de energia muito pequena. Nesta seção vamos explorar as principais características mecânicas desses materiais e como essas propriedades são medidas.

7.10 RESISTÊNCIA À FLEXÃO

O comportamento tensão-deformação das cerâmicas frágeis não é, em geral, avaliado por um ensaio de tração como o descrito na Seção 7.2, por três razões. Em primeiro lugar, é difícil preparar e testar corpos de prova que tenham a necessária geometria. Em segundo lugar, é difícil prender os materiais frágeis sem causar fratura. Em terceiro lugar, as cerâmicas falham após uma deformação de apenas aproximadamente 0,1 %, o que exige que os corpos de prova de tração estejam perfeitamente alinhados para evitar a presença de tensões de flexão, as quais não são calculadas com facilidade. Portanto, na maioria das vezes, é mais adequado empregar um ensaio de flexão transversal, no qual um corpo de prova na forma de uma barra com seção transversal circular ou retangular é flexionado

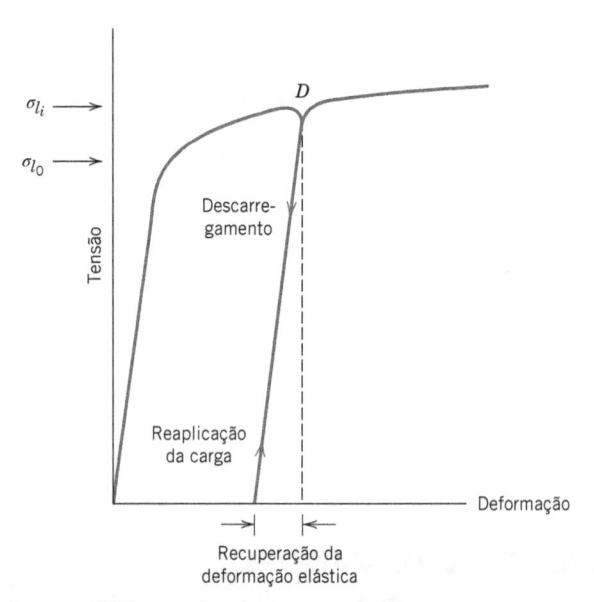

Figura 7.17 Diagrama tensão-deformação em tração esquemático mostrando os fenômenos de recuperação da deformação elástica e de encruamento. O limite de escoamento inicial é designado por σ_{l_0}; σ_{l_i} é o limite de escoamento após a liberação da carga no ponto D e a subsequente reaplicação da carga.

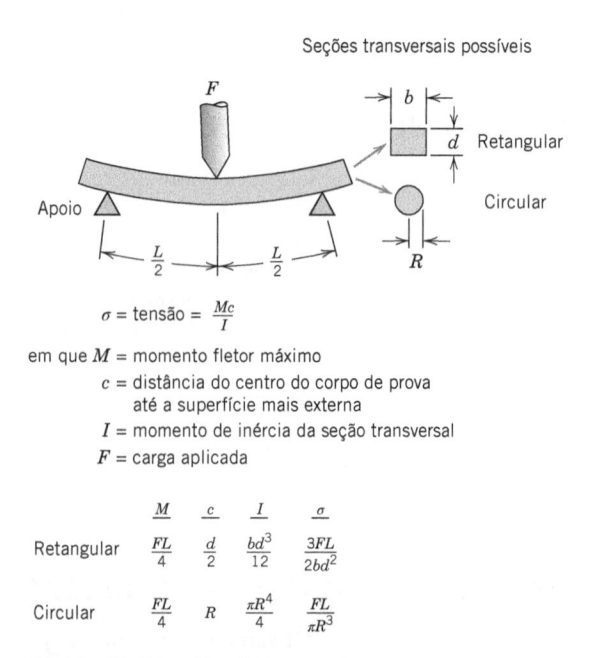

Figura 7.18 Configuração de carregamento em três pontos para a medição do comportamento tensão-deformação e da resistência à flexão de materiais cerâmicos frágeis, incluindo expressões para calcular a tensão para seções transversais retangulares e circulares.

até a fratura, utilizando uma técnica de carregamento em três ou em quatro pontos.[13] A configuração de carregamento em três pontos está ilustrada na Figura 7.18. No ponto de carregamento, a superfície superior do corpo de prova é colocada em estado de compressão, enquanto a superfície inferior encontra-se em tração. A tensão é calculada a partir da espessura do corpo de prova, do momento fletor e do momento de inércia da seção transversal; esses parâmetros estão destacados na Figura 7.18 para as seções transversais retangular e circular. A tensão de tração máxima (determinada empregando essas expressões para a tensão) ocorre na superfície inferior do corpo de prova, diretamente abaixo do ponto de aplicação da carga. Uma vez que os limites de resistência à tração dos materiais cerâmicos são aproximadamente um décimo de suas resistências à compressão e já que a fratura ocorre na face do corpo de prova sob tração, o ensaio de flexão é um substituto razoável para o ensaio de tração.

resistência à flexão

A tensão de fratura quando esse ensaio de flexão é empregado é denominada **resistência à flexão**, *módulo de ruptura*, *resistência à fratura* ou *resistência ao dobramento*, e é um importante parâmetro mecânico para os cerâmicos frágeis. Para uma seção transversal retangular, a resistência à flexão σ_{rf} é dada por

Resistência à flexão para um corpo de prova com seção transversal retangular

$$\sigma_{rf} = \frac{3F_f L}{2bd^2} \qquad (7.20a)$$

em que F_f é a carga na fratura, L é a distância entre os pontos de apoio, e os outros parâmetros são aqueles que estão indicados na Figura 7.18. Quando a seção transversal é circular, então

Resistência à flexão para um corpo de prova com seção transversal circular

$$\sigma_{rf} = \frac{F_f L}{\pi R^3} \qquad (7.20b)$$

em que R é o raio do corpo de prova.

Valores característicos para a resistência à flexão de vários materiais cerâmicos estão apresentados na Tabela 7.2. Além disso, σ_{rf} vai depender do tamanho do corpo de prova; como explicado na Seção 9.6, com o aumento do volume do corpo de prova (isto é, o volume do corpo de prova que está exposto a uma tensão de tração), existe um aumento na probabilidade de existência de um defeito capaz de produzir uma trinca e, consequentemente, uma diminuição na resistência à flexão. Além disso, a magnitude da resistência à flexão para um material cerâmico específico será maior que sua resistência à fratura medida a partir de um ensaio de tração. Esse fenômeno pode ser explicado por diferenças nos volumes dos corpos de prova que estão expostos a tensões de tração: a totalidade de um corpo de prova de tração está sob tensão de tração, enquanto apenas uma fração do volume de um corpo de prova de flexão está sujeita a tensões de tração – aquelas regiões na vizinhança da superfície do corpo de prova opostas ao ponto de aplicação da carga (veja a Figura 7.18).

7.11 COMPORTAMENTO ELÁSTICO

O comportamento tensão-deformação elástico para materiais cerâmicos aplicando esses testes de flexão é semelhante aos resultados dos ensaios de tração em metais: há uma relação linear entre a tensão e a deformação. A Figura 7.19 compara o comportamento tensão-deformação até a fratura para o óxido de alumínio e o vidro. Novamente, a inclinação da região elástica é o módulo de elasticidade; os módulos de elasticidade para os materiais cerâmicos são ligeiramente superiores aos dos metais (Tabela 7.1 e Tabela B.2, no Apêndice B). A partir da Figura 7.19, pode ser observado que nem o vidro, nem o óxido de alumínio apresentam deformação plástica antes da fratura.

7.12 INFLUÊNCIA DA POROSIDADE SOBRE AS PROPRIEDADES MECÂNICAS DAS CERÂMICAS

Para algumas técnicas de fabricação de materiais cerâmicos (Seções 14.8 e 14.9), a matéria-prima está na forma de um pó. Após a compactação ou a conformação dessas partículas pulverizadas na

---

[13] Norma ASTM C1161, "Standard Test Method for Flexural Strength of Advanced Ceramics at Ambient Temperature" (Método Padronizado para Ensaio da Resistência à Flexão de Materiais Cerâmicos Avançados na Temperatura Ambiente).

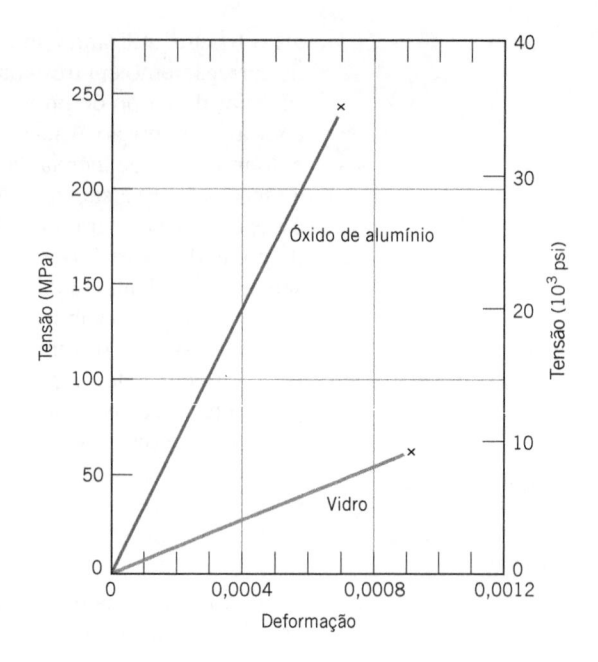

Figura 7.19 Comportamento tensão-deformação típico até a fratura para o óxido de alumínio e o vidro.

forma desejada, existirão poros ou espaços vazios entre as partículas do pó. Durante o tratamento térmico posterior, a maior parte dessa porosidade será eliminada; contudo, com frequência esse processo de eliminação de poros é incompleto e alguma porosidade residual permanecerá (Figura 14.27). Qualquer porosidade residual terá influência negativa tanto nas propriedades elásticas como na resistência. Por exemplo, para alguns materiais cerâmicos a magnitude do módulo de elasticidade E diminui em função da fração volumétrica da porosidade, P, de acordo com

Dependência do módulo de elasticidade em relação à fração volumétrica da porosidade

$$E = E_0(1 - 1{,}9P + 0{,}9P^2) \tag{7.21}$$

na qual E_0 é o módulo de elasticidade do material sem porosidade. A influência da fração volumétrica da porosidade sobre o módulo de elasticidade para o óxido de alumínio está mostrada na Figura 7.20; a curva representada na figura está de acordo com a Equação 7.21.

A porosidade é negativa para a resistência à flexão, por duas razões: (1) os poros reduzem a área da seção transversal através da qual uma carga é aplicada; (2) eles também atuam como concentradores de tensões – para um poro esférico isolado, uma tensão de tração aplicada é amplificada por um fator de 2. A influência da porosidade na resistência é relativamente drástica; por exemplo, com frequência uma porosidade de 10 % vol reduzirá em 50 % a resistência à flexão em relação ao valor

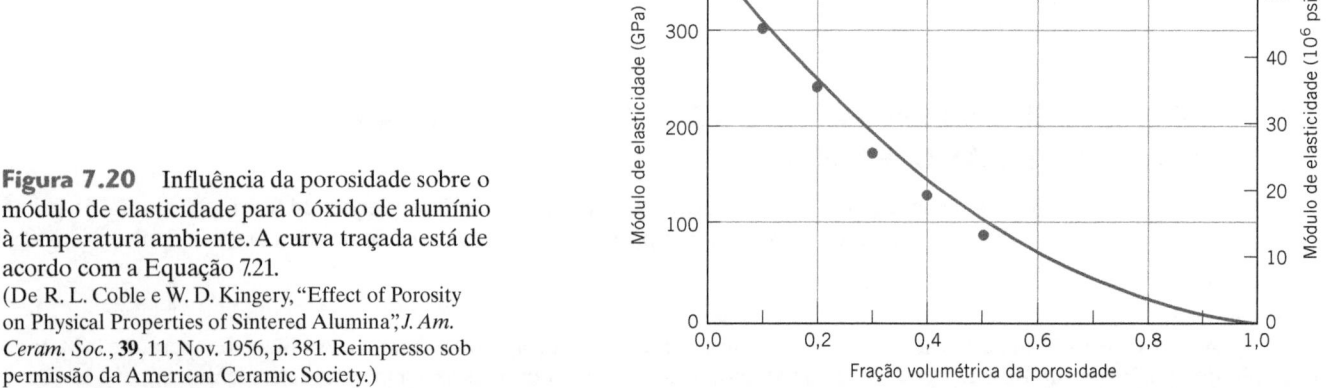

Figura 7.20 Influência da porosidade sobre o módulo de elasticidade para o óxido de alumínio à temperatura ambiente. A curva traçada está de acordo com a Equação 7.21.
(De R. L. Coble e W. D. Kingery, "Effect of Porosity on Physical Properties of Sintered Alumina", *J. Am. Ceram. Soc.*, **39**, 11, Nov. 1956, p. 381. Reimpresso sob permissão da American Ceramic Society.)

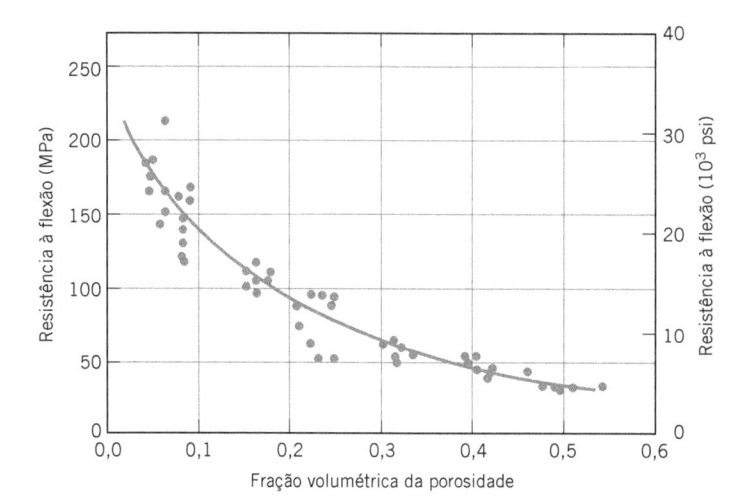

Figura 7.21 A influência da porosidade sobre a resistência à flexão para o óxido de alumínio à temperatura ambiente. (De R. L. Coble e W. D. Kingery, "Effect of Porosity on Physical Properties of Sintered Alumina", *J. Am. Ceram. Soc.*, **39**, 11, Nov. 1956, p. 382. Reimpresso sob permissão da American Ceramic Society.)

medido para o material sem porosidade. O grau de influência do volume dos poros na resistência à flexão está demonstrado na Figura 7.21, novamente para o óxido de alumínio. Experimentalmente, foi mostrado que a resistência à flexão diminui exponencialmente em função da fração volumétrica da porosidade (P), de acordo com

Dependência da resistência à flexão em relação à fração volumétrica da porosidade

$$\sigma_{rf} = \sigma_0 \exp(-nP) \qquad (7.22)$$

em que σ_0 e n são constantes experimentais.

Comportamento Mecânico – Polímeros

7.13 COMPORTAMENTO TENSÃO-DEFORMAÇÃO

As propriedades mecânicas dos polímeros são especificadas por muitos dos mesmos parâmetros empregados para os metais – isto é, módulo de elasticidade, limite de escoamento e limite de resistência à tração. Para muitos materiais poliméricos, um simples ensaio tensão-deformação é empregado para a caracterização de alguns desses parâmetros mecânicos.[14] As características mecânicas dos polímeros, em sua maioria, são muito sensíveis à taxa de deformação, à temperatura e à natureza química do ambiente (a presença de água, oxigênio, solventes orgânicos etc.). Para os polímeros são necessárias algumas modificações nas técnicas de ensaio e nas configurações dos corpos de prova em relação àquelas usadas para os metais, especialmente para materiais altamente elásticos, como as borrachas.

Três tipos diferentes de comportamento tensão-deformação são, tipicamente, encontrados para os materiais poliméricos, como está representado na Figura 7.22. A curva *A* ilustra o comportamento tensão-deformação para um polímero frágil, que fratura enquanto se deforma elasticamente. O comportamento de um material plástico, curva *B*, é semelhante àquele de muitos materiais metálicos; a deformação inicial é elástica, seguida por escoamento e por uma região de deformação plástica. Finalmente, a deformação exibida pela curva *C* é totalmente elástica; essa elasticidade típica da borracha (grandes deformações recuperáveis produzidas sob baixos níveis de tensão) é exibida por uma classe de polímeros denominada **elastômeros**.

elastômero

O módulo de elasticidade (para os polímeros, denominado *módulo de tração* ou, algumas vezes, somente *módulo*) e a ductilidade em termos do alongamento percentual são determinados para polímeros da mesma maneira que para os metais (Seção 7.6). Para os polímeros plásticos (curva *B*, Figura 7.22), o limite de escoamento é tomado como o valor máximo na curva, que ocorre imediatamente após o término da região elástica linear (Figura 7.23). A tensão nesse ponto de máximo é o

[14] Norma ASTM D638, "Standard Test Method for Tensile Properties of Plastics" (Método Padronizado para Ensaio das Propriedades de Tração dos Plásticos).

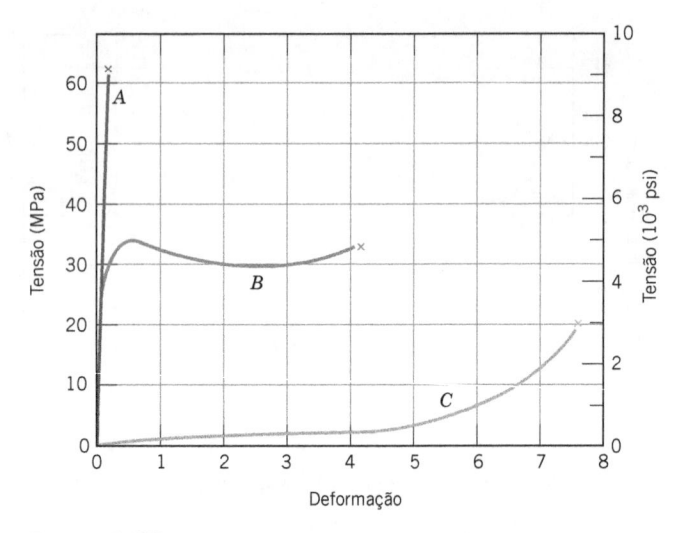

Figura 7.22 O comportamento tensão-deformação para polímeros frágeis (curva *A*), plásticos (curva *B*) e altamente elásticos (elastoméricos) (curva *C*).

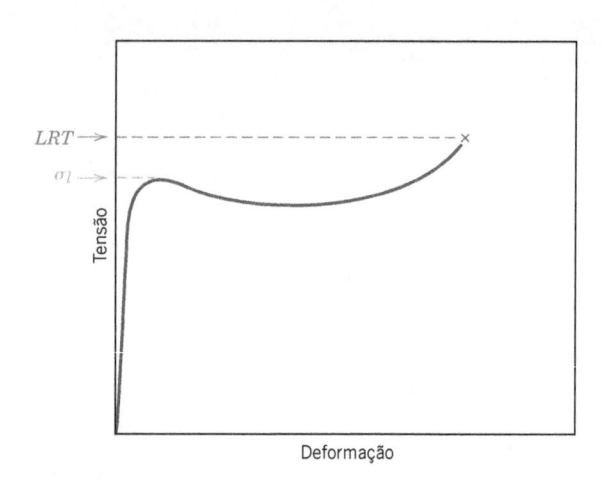

Figura 7.23 Curva tensão-deformação esquemática para um polímero plástico mostrando como os limites de escoamento e de resistência à tração são determinados.

limite de escoamento (σ_l). Além disso, o limite de resistência à tração (*LRT*) corresponde ao nível de tensão em que ocorre a fratura (Figura 7.23); o valor de *LRT* pode ser maior ou menor que o valor de σ_l. Para esses polímeros plásticos, a resistência é tomada normalmente como o limite de resistência à tração. A Tabela 7.2 e as Tabelas B.2 a B.4 no Apêndice B fornecem essas propriedades mecânicas para vários materiais poliméricos.

Os polímeros são, em muitos aspectos, mecanicamente diferentes dos metais e dos materiais cerâmicos (Figuras 1.5 a 1.7). Por exemplo, o módulo dos materiais poliméricos altamente elásticos pode ser tão baixo quanto 7 MPa (10^3 psi), mas pode ser tão elevado quanto 4 GPa ($0,6 \times 10^6$ psi) para alguns polímeros muito rígidos; os valores dos módulos para os metais são muito maiores (Tabela 7.1). Os limites de resistência à tração máximos para polímeros são da ordem de 100 MPa (15.000 psi), enquanto para algumas ligas metálicas eles atingem 4100 MPa (600.000 psi). Além disso, enquanto os metais raramente se alongam plasticamente além de 100 %, alguns polímeros altamente elásticos podem apresentar alongamentos superiores a 1000 %.

Além disso, as características mecânicas dos polímeros são muito mais sensíveis a mudanças de temperatura na vizinhança da temperatura ambiente. Considere o comportamento tensão-deformação para o poli(metil metacrilato) a várias temperaturas entre 4 °C e 60 °C (40 °F e 140 °F) (Figura 7.24). O aumento da temperatura produz (1) diminuição no módulo de elasticidade, (2) redução no limite de resistência à tração e (3) melhora na ductilidade – a 4 °C (40 °F) o material é totalmente frágil, enquanto uma deformação plástica considerável existe tanto a 50 °C quanto a 60 °C (122 °F e 140 °F).

A influência da taxa de deformação sobre o comportamento mecânico também pode ser importante. Em geral, uma diminuição na taxa de deformação tem a mesma influência sobre as características tensão-deformação que um aumento na temperatura; isto é, o material torna-se menos resistente e mais dúctil.

7.14 DEFORMAÇÃO MACROSCÓPICA

Alguns aspectos da deformação macroscópica dos polímeros semicristalinos merecem nossa atenção. A curva tensão-deformação em tração para um material semicristalino que inicialmente não estava deformado está mostrada na Figura 7.25; também estão incluídas nessa figura as representações esquemáticas do perfil do corpo de prova em vários estágios da deformação. Ficam evidentes nessa curva os limites de escoamento superior e inferior. No limite de escoamento superior, forma-se um pequeno pescoço na seção útil do corpo de prova. Nesse pescoço, as cadeias tornam-se orientadas (isto é, os eixos das cadeias ficam alinhados paralelamente à direção do alongamento, uma condição

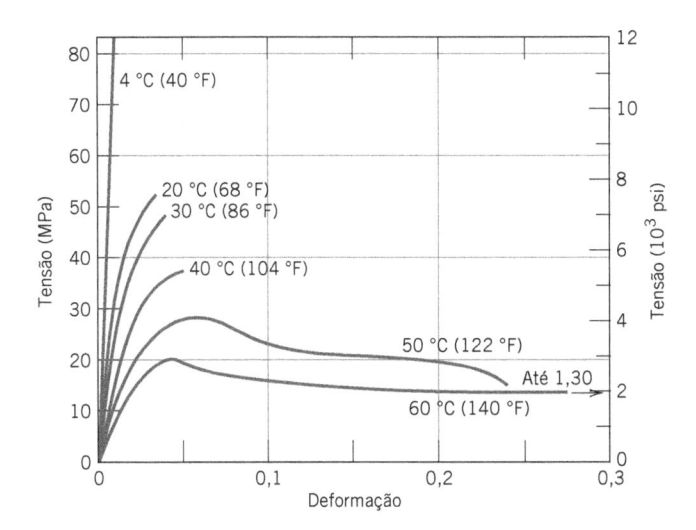

Figura 7.24 A influência da temperatura sobre as características tensão-deformação do poli(metil metacrilato). (De T. S. Carswell e H. K. Nason, "Effect of Environmental Conditions on the Mechanical Properties of Organic Plastics", em *Symposium on Plastics*, American Society for Testing and Materials, Philadelphia, 1944. Copyright, ASTM, 1916 Race Street, Philadelphia, PA 19103. Reimpresso com permissão.)

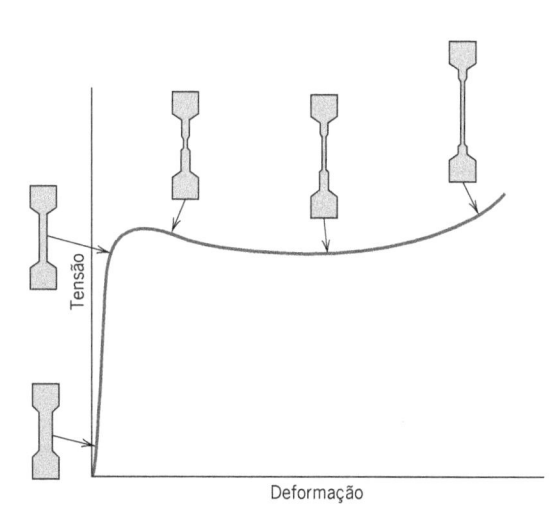

Figura 7.25 Curva esquemática tensão-deformação em tração para um polímero semicristalino. Os perfis do corpo de prova em vários estágios da deformação estão incluídos na figura.

que está representada esquematicamente na Figura 8.28*d*), o que leva a um aumento localizado da resistência. Consequentemente, nesse ponto existe uma resistência à continuidade da deformação e o alongamento do corpo de prova prossegue pela propagação dessa região de estricção ao longo do comprimento útil. O fenômeno da orientação das cadeias (Figura 8.28*d*) acompanha esse aumento do pescoço. Esse comportamento à tração pode ser contrastado com aquele encontrado nos metais dúcteis (Seção 7.6), no qual, uma vez que um pescoço tenha se formado, toda deformação subsequente fica confinada no interior da região da estricção.

Verificação de Conceitos 7.3 Quando a ductilidade é citada como o alongamento percentual para polímeros semicristalinos, não é necessário especificar o comprimento útil do corpo de prova, como acontece para os metais. Por que isso ocorre?

(*A resposta está disponível no GEN-IO, ambiente virtual de aprendizagem do GEN.*)

7.15 DEFORMAÇÃO VISCOELÁSTICA

Um polímero amorfo pode se comportar como um vidro a temperaturas baixas, como um sólido com características de uma borracha em temperaturas intermediárias [acima da temperatura de transição vítrea (Seção 11.15)] e como um líquido viscoso à medida que a temperatura é aumentada ainda mais. Para deformações relativamente pequenas, o comportamento mecânico em temperaturas baixas pode ser elástico – isto é, em conformidade com a lei de Hooke, $\sigma = E\varepsilon$. Nas temperaturas mais elevadas, prevalece o comportamento viscoso ou semelhante ao de um líquido. Em temperaturas intermediárias, o polímero se comporta como um sólido com características de uma borracha, exibindo características mecânicas que são uma combinação dos dois extremos; essa condição é denominada **viscoelasticidade**.

viscoelasticidade

A deformação elástica é instantânea; isso significa que a deformação total ocorre no instante em que a tensão é aplicada ou liberada (isto é, a deformação é independente do tempo). Além disso, com a liberação das tensões externas, a deformação é totalmente recuperada – a amostra assume suas dimensões originais. Esse comportamento está representado na Figura 7.26*b* como um gráfico da deformação em função do tempo para a curva carga instantânea-tempo mostrada na Figura 7.26*a*.

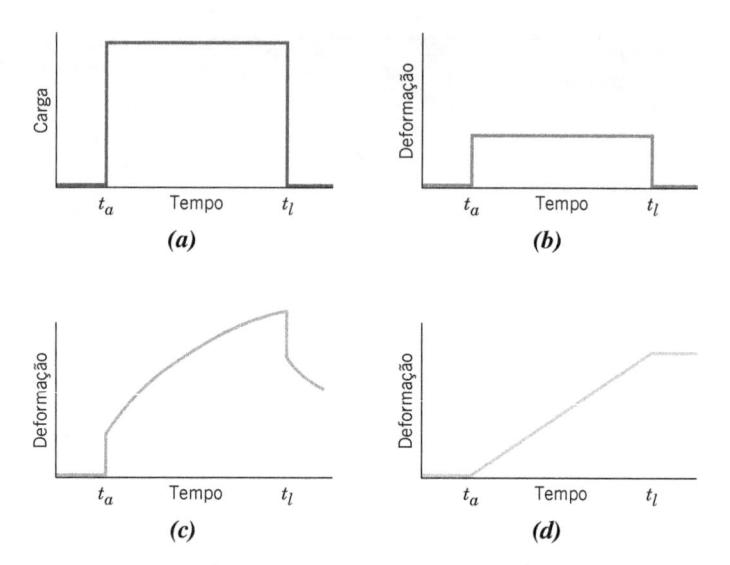

Figura 7.26 (a) Gráfico da carga em função do tempo, no qual a carga é aplicada instantaneamente no instante t_a e liberada em t_l. Para o ciclo carga-tempo em (a), as respostas da deformação em função do tempo têm comportamentos totalmente elástico (b), viscoelástico (c) e viscoso (d).

Em contraste, para um comportamento totalmente viscoso a deformação não é instantânea; isto é, em resposta à aplicação de uma tensão, a deformação é retardada ou dependente do tempo. Além disso, essa deformação não é reversível ou completamente recuperada após a tensão ter sido liberada. Esse fenômeno está demonstrado na Figura 7.26d.

Para o comportamento viscoelástico intermediário, a imposição de uma tensão como aquela na Figura 7.26a resulta em uma deformação elástica instantânea, seguida por uma deformação viscosa, dependente do tempo, que é uma forma de anelasticidade (Seção 7.4); esse comportamento está ilustrado na Figura 7.26c.

Um exemplo familiar desses extremos viscoelásticos é encontrado em um polímero de silicone vendido como uma novidade e que é conhecido nos Estados Unidos como "*Silly Putty*" (gel bobo). Quando esse gel é conformado na forma de uma bola e jogado contra uma superfície horizontal, ele repica elasticamente – a taxa de deformação durante o rebote é muito rápida. Contudo, quando esse gel é tracionado com a aplicação de uma tensão gradual e crescente, o material alonga-se ou escoa como se fosse um líquido altamente viscoso. Para esse e outros materiais viscoelásticos, a taxa de deformação determina se a deformação é elástica ou viscosa.

Módulo de Relaxação Viscoelástico

O comportamento viscoelástico dos materiais poliméricos depende tanto do tempo quanto da temperatura; várias técnicas experimentais podem ser usadas para medir e quantificar esse comportamento. Medidas de *relaxação de tensões* representam uma possibilidade. Nesses ensaios, uma amostra é inicialmente deformada rapidamente em tração até um nível de deformação predeterminado e relativamente baixo. A tensão necessária para manter essa deformação é medida em função do tempo, enquanto a temperatura é mantida constante. Observa-se que a tensão diminui com o tempo devido a processos de relaxação moleculares que ocorrem no polímero. Podemos definir

módulo de relaxação

um **módulo de relaxação** $E_r(t)$, um módulo de elasticidade dependente do tempo para os polímeros viscoelásticos, como

Módulo de relaxação – razão entre tensão dependente do tempo e valor de deformação constante

$$E_r(t) = \frac{\sigma(t)}{\varepsilon_0} \tag{7.23}$$

em que $\sigma(t)$ é a tensão medida, dependente do tempo, e ε_0 é o nível de deformação, que é mantido constante.

Além disso, a magnitude do módulo de relaxação é uma função da temperatura; para caracterizar mais completamente o comportamento viscoelástico de um polímero, medidas isotérmicas da relaxação de tensões devem ser realizadas ao longo de uma faixa de temperaturas. A Figura 7.27 é um gráfico esquemático do logaritmo de $E_r(t)$ em função do logaritmo do tempo para um polímero que exibe comportamento viscoelástico. Estão incluídas curvas geradas em diferentes temperaturas.

As principais características nesse gráfico são (1) a diminuição na magnitude de $E_r(t)$ com o tempo (correspondente ao decaimento da tensão – Equação 7.23) e (2) o deslocamento das curvas para menores níveis de $E_r(t)$ com o aumento da temperatura.

Para representar a influência da temperatura, são pegos pontos em um instante de tempo específico do gráfico de log $E_r(t)$ em função do log tempo – por exemplo, t_1 na Figura 7.27 – e então esses dados são representados na forma de log $E_r(t_1)$ em função da temperatura. A Figura 7.28 mostra um desses gráficos para um poliestireno amorfo (atático); nesse caso, t_1 foi pego arbitrariamente como 10 s após a aplicação da carga. Várias regiões distintas podem ser observadas na curva mostrada nessa figura. Nas temperaturas mais baixas, na região vítrea, o material é rígido e frágil e o valor de $E_r(10)$ é aquele do módulo de elasticidade, que inicialmente é virtualmente independente da temperatura. Nessa faixa de temperaturas, as características deformação-tempo são como as representadas na Figura 7.26b. Em um nível molecular, as longas cadeias moleculares estão essencialmente congeladas em suas posições nessas temperaturas.

À medida que a temperatura é aumentada, $E_r(10)$ cai abruptamente por um fator de aproximadamente 10^3 em um intervalo de temperaturas de 20 °C (35 °F); essa região é algumas vezes chamada de *região coriácea*, ou *região da transição vítrea*, e a temperatura de transição vítrea (T_g, Seção 11.16) encontra-se próximo da extremidade superior de temperaturas; para o poliestireno (Figura 7.28), $T_g = 100$ °C (212 °F). Nessa região de temperaturas, uma amostra de polímero será coriácea; isto é, a deformação será dependente do tempo e não será totalmente recuperável quando a carga aplicada for liberada, características mostradas na Figura 7.26c.

Na região de temperaturas do platô onde prevalecem as características de uma borracha (Figura 7.28), o material deforma-se da mesma maneira que uma borracha; aqui estão presentes componentes tanto elásticos como viscosos, e a deformação é fácil de ser produzida, pois o módulo de relaxação é relativamente baixo.

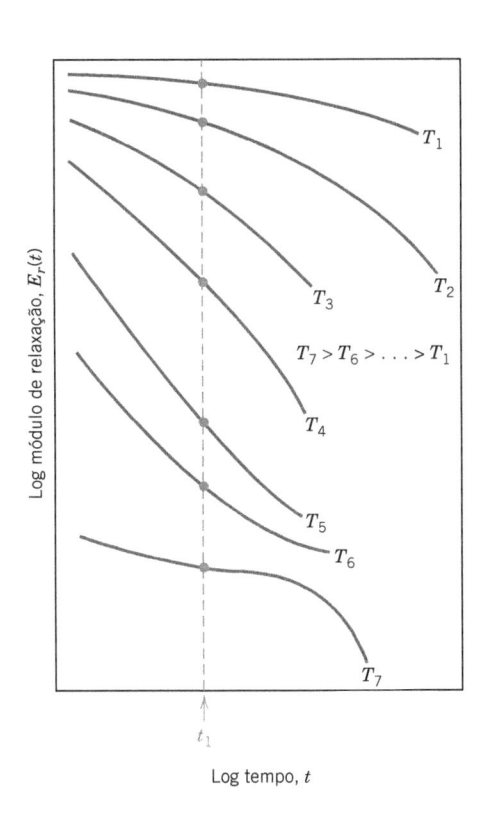

Figura 7.27 Gráfico esquemático do logaritmo do módulo de relaxação em função do logaritmo do tempo para um polímero viscoelástico; as isotermas foram geradas nas temperaturas T_1 a T_7. A dependência do módulo de relaxação em relação à temperatura é representada como o log $E_r(t_1)$ em função da temperatura.

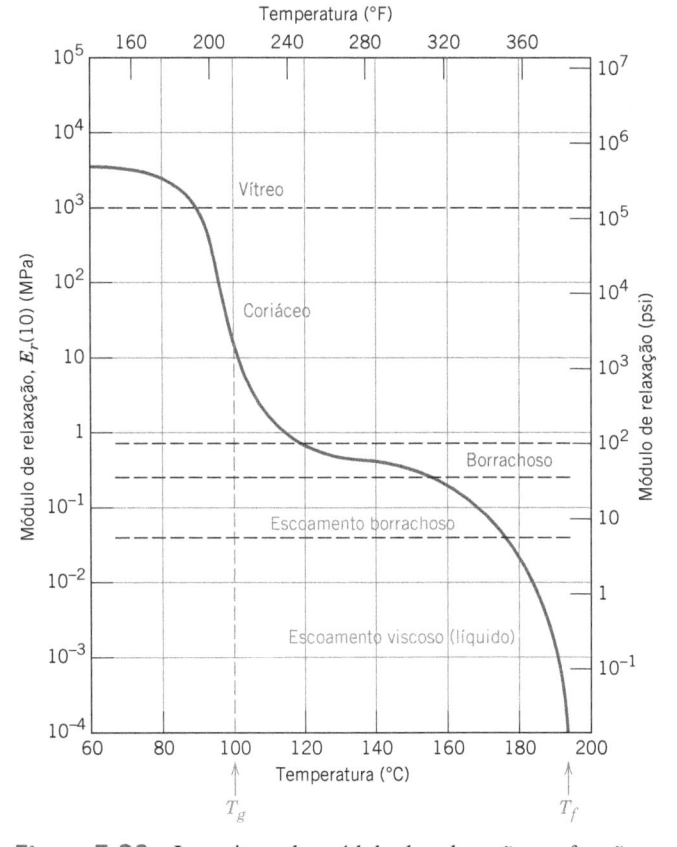

Figura 7.28 Logaritmo do módulo de relaxação em função da temperatura para o poliestireno amorfo, mostrando as cinco regiões com comportamento viscoelástico diferente.
(De A. V. Tobolsky, *Properties and Structures of Polymers*. Copyright © 1960 por John Wiley & Sons, New York. Reimpresso com a permissão de John Wiley & Sons, Inc.)

As duas regiões finais de alta temperatura são as regiões de escoamento borrachoso e de escoamento viscoso. No aquecimento ao longo dessas temperaturas, o material apresenta uma transição gradual para um estado macio, tal qual o de uma borracha, e finalmente para um líquido viscoso. Na região de escoamento borrachoso, o polímero é um líquido muito viscoso que exibe componentes de escoamento tanto elástico quanto viscoso. Na região de escoamento viscoso, o módulo diminui drasticamente com o aumento da temperatura; novamente, o comportamento deformação-tempo é como o que está representado na Figura 7.26d. Do ponto de vista molecular, o movimento das cadeias intensifica-se tanto que no escoamento viscoso os segmentos de cadeia apresentam movimentos vibracionais e rotacionais bastante independentes uns dos outros. Nessas temperaturas, toda deformação é inteiramente viscosa, não havendo essencialmente qualquer comportamento elástico.

Normalmente, o comportamento da deformação de um polímero viscoso é especificado em termos da viscosidade, que é uma medida da resistência de um material ao escoamento devido a forças de cisalhamento. A viscosidade está discutida para os vidros inorgânicos na Seção 8.16.

A taxa de aplicação da tensão também influencia as características viscoelásticas. O aumento da taxa de carregamento tem a mesma influência que a redução na temperatura.

O comportamento de log $E_r(10)$ em função da temperatura para o poliestireno com várias configurações moleculares está representado graficamente na Figura 7.29. A curva para o material amorfo (curva C) é a mesma curva que está mostrada na Figura 7.28. Para um poliestireno atático com poucas ligações cruzadas (curva B), a região borrachosa forma um platô que se estende até a temperatura na qual o polímero se decompõe; esse material não terá fusão. Para um número maior de ligações cruzadas, a magnitude do platô de $E_r(10)$ também aumentará. As borrachas ou os materiais elastoméricos exibem esse tipo de comportamento e são empregados normalmente em temperaturas dentro da faixa de temperaturas desse platô.

Também está mostrada na Figura 7.29 a dependência em relação à temperatura para um poliestireno isotático quase totalmente cristalino (curva A). A diminuição de $E_r(10)$ em T_g é muito menos pronunciada do que para os outros poliestirenos, uma vez que apenas uma pequena fração volumétrica desse material é amorfa e apresenta transição vítrea. Além disso, o módulo de relaxação é mantido em um valor relativamente elevado com o aumento da temperatura, até que se aproxime de sua temperatura de fusão T_f. Da Figura 7.29, a temperatura de fusão desse poliestireno isotático é de aproximadamente 240 °C (460 °F).

Fluência Viscoelástica

Muitos materiais poliméricos são suscetíveis a deformações dependentes do tempo quando o nível de tensão é mantido constante; essa deformação é denominada *fluência viscoelástica*. Esse tipo de deformação pode ser significativo, mesmo à temperatura ambiente e sob tensões moderadas, que encontram-se abaixo do limite de escoamento do material. Por exemplo, os pneus de automóveis

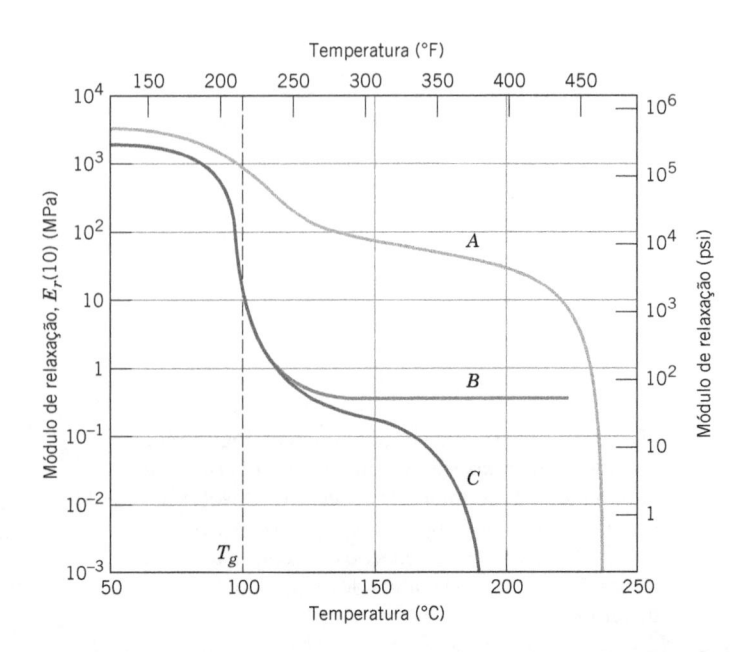

Figura 7.29 Logaritmo do módulo de relaxação em função da temperatura para um poliestireno isotático cristalino (curva A), atático com poucas ligações cruzadas (curva B) e amorfo (curva C).
(De A. V. Tobolsky, *Properties and Structures of Polymers.* Copyright © 1960 por John Wiley & Sons, New York. Reimpresso sob permissão de John Wiley & Sons, Inc.)

podem desenvolver áreas achatadas em suas superfícies de contato quando o automóvel fica estacionado por períodos de tempo prolongados. Os ensaios de fluência com polímeros são conduzidos da mesma maneira que para os metais (Capítulo 9); isto é, uma tensão (normalmente de tração) é aplicada instantaneamente e é mantida em um nível constante enquanto a deformação é medida em função do tempo. Além disso, os testes são realizados sob condições isotérmicas. Os resultados de fluência são representados como um *módulo de fluência $E_f(t)$* dependente do tempo, que é definido por[15]

$$E_f(t) = \frac{\sigma_0}{\varepsilon(t)} \tag{7.24}$$

em que σ_0 é a tensão constante aplicada e $\varepsilon(t)$ é a deformação dependente do tempo. O módulo de fluência também é sensível à temperatura e diminui com o aumento da temperatura.

Em relação à influência da estrutura molecular sobre as características de fluência, como regra geral, a susceptibilidade à fluência diminui [isto é, $E_f(t)$ aumenta], à medida que o grau de cristalinidade aumenta.

> **Verificação de Conceitos 7.4** Cite as principais diferenças entre os comportamentos das deformações elástica, anelástica, viscoelástica e plástica.
>
> **Verificação de Conceitos 7.5** Um poliestireno amorfo que é deformado a 120 °C exibirá qual dos comportamentos mostrados na Figura 7.26?
>
> *(As respostas estão disponíveis no GEN-IO, ambiente virtual de aprendizagem do GEN.)*

Dureza e Outras Considerações sobre Propriedades Mecânicas

7.16 DUREZA

dureza

Outra propriedade mecânica que pode ser importante considerar é a **dureza**, que é uma medida da resistência de um material a deformação plástica localizada (por exemplo, devido a uma pequena impressão ou a um risco). Os primeiros ensaios de dureza foram baseados em minerais naturais, com uma escala construída unicamente em função da habilidade de um material riscar outro de menor dureza. Um sistema qualitativo e um tanto quanto arbitrário de indexação foi concebido, denominado escala Mohs, que varia entre 1, para o talco, na extremidade de menor dureza da escala, e 10, para o diamante. Técnicas quantitativas para a determinação da dureza foram desenvolvidas ao longo dos anos, nas quais um pequeno penetrador é forçado contra a superfície de um material a ser testado sob condições controladas de carga e de taxa de aplicação. A profundidade ou o tamanho da impressão resultante é medida e relacionada com um número índice de dureza; quanto menos duro for o material, maior e mais profunda será a impressão e menor será o número índice de dureza. As durezas medidas são apenas relativas (em vez de absolutas) e deve-se tomar cuidado quando forem comparados valores determinados por técnicas diferentes.

Por diversas razões, os ensaios de dureza são realizados com mais frequência do que qualquer outro ensaio mecânico:

1. Eles são simples e baratos – normalmente nenhum corpo de prova especial precisa ser preparado e o equipamento de ensaio é relativamente barato.

2. O ensaio é não destrutivo – o corpo de prova não é fraturado, nem é excessivamente deformado; uma pequena impressão é a única deformação.

3. Outras propriedades mecânicas podem, com frequência, ser estimadas a partir dos dados de dureza, tais como o limite de resistência à tração (veja a Figura 7.31).

---

[15]A *flexibilidade à fluência, $J_f(t)$*, é o inverso do módulo de fluência e, algumas vezes, também é empregada nesse contexto.

Ensaios de Dureza Rockwell[16]

Os ensaios Rockwell constituem o método mais comumente utilizado para medir a dureza, pois eles são muito simples de executar e não requerem nenhuma habilidade especial. Várias escalas diferentes podem ser empregadas a partir de possíveis combinações de vários penetradores e diferentes cargas; é um processo que permite o ensaio de virtualmente todas as ligas metálicas (assim como de alguns polímeros). Os penetradores incluem esferas de carbeto de tungstênio com diâmetros de 1/16, 1/8, 1/4 e 1/2 polegada (1,588, 3,175, 6,350 e 12,70 mm), além de um penetrador cônico de diamante (Brale), usado para os materiais mais duros.

Com esse sistema, um número de dureza é determinado pela diferença na profundidade de penetração que resulta da aplicação de uma carga inicial menor seguida por uma carga principal maior; a aplicação de uma carga menor aumenta a precisão do ensaio. Com base nas magnitudes de ambas as cargas, a menor e a principal, existem dois tipos de ensaios: Rockwell e Rockwell superficial. Para o ensaio Rockwell, a carga menor é de 10 kg, enquanto as cargas principais são de 60, 100 e 150 kg. Cada escala é representada por uma letra do alfabeto; várias estão listadas com seus penetradores e suas cargas correspondentes nas Tabelas 7.5 e 7.6a. Para os ensaios superficiais, a carga menor é de 3 kg; valores possíveis para a carga principal são de 15, 30 e 45 kg. Essas escalas são identificadas por um número – 15, 30 ou 45 (de acordo com a carga) – seguido pelas letras N, T, W, X ou Y, que dependem do penetrador. Os ensaios superficiais são realizados frequentemente em corpos de prova finos. A Tabela 7.6b apresenta várias escalas superficiais.

Ao especificar durezas Rockwell e Rockwell superficial, tanto o número de dureza quanto o símbolo da escala devem ser indicados. A escala é designada pelo símbolo HR seguido pela identificação da escala apropriada.[17] Por exemplo, 80 HRB representa uma dureza Rockwell de 80 na escala B, enquanto 60 HR30W indica uma dureza superficial de 60 na escala 30W.

Em cada escala, a dureza pode variar até 130; contudo, à medida que os valores de dureza passam de 100 ou caem abaixo de 20 em qualquer escala, eles se tornam imprecisos e, como as escalas apresentam alguma superposição, em tais casos é melhor utilizar a próxima escala de maior ou menor dureza.

Imprecisões também ocorrem se o corpo de prova é muito fino, se uma impressão é feita muito próxima à aresta da amostra ou se são feitas duas impressões muito próximas uma da outra. A espessura do corpo de prova deve ser de pelo menos 10 vezes a profundidade da impressão, enquanto deve ser dado um espaçamento de pelo menos três diâmetros da impressão entre o centro de uma impressão e a aresta do corpo de prova ou até o centro de uma segunda impressão. Além disso, o ensaio de corpos de prova empilhados uns sobre os outros não é recomendado. A precisão também depende de a impressão ser realizada sobre uma superfície lisa e plana.

O equipamento moderno para efetuar medições da dureza Rockwell é automatizado e muito simples de ser usado; a dureza é lida diretamente e cada medição requer apenas alguns segundos. O equipamento de ensaios moderno também permite uma variação no tempo de aplicação da carga. Essa variável também deve ser considerada quando se interpretam os dados de dureza.

Ensaios de Dureza Brinell[18]

Nos ensaios de dureza Brinell, assim como nas medições Rockwell, um penetrador esférico e duro é forçado contra a superfície do metal a ser testado. O diâmetro do penetrador de aço endurecido (ou de carbeto de tungstênio) é de 10,00 mm (0,394 in). As cargas-padrão variam entre 500 e 3000 kg, em incrementos de 500 kg. Durante um ensaio, a carga é mantida constante ao longo de um tempo especificado (entre 10 e 30 s). Os materiais mais duros requerem a aplicação de cargas maiores. O número de dureza Brinell, HB, é uma função tanto da magnitude da carga quanto do diâmetro da impressão resultante (veja a Tabela 7.5).[19] Esse diâmetro é medido com um microscópio especial de baixo aumento, usando uma escala que está gravada na ocular. O diâmetro medido é então

---

[16] Norma ASTM E18, "Standard Test Methods for Rockwell Hardness of Metallic Materials" (Métodos-Padrão de Ensaio para Dureza Rockwell de Materiais Metálicos).

[17] Com frequência, as escalas Rockwell também são designadas por um R seguido pela letra da escala apropriada como subscrito; por exemplo, R_C representa a escala C de dureza Rockwell.

[18] Norma ASTM E10, "Standard Test Method for Brinell Hardness of Metallic Materials" (Método-Padrão de Ensaio para Dureza Brinell de Materiais Metálicos).

[19] O número de dureza Brinell também é representado por BHN.

Tabela 7.5 Técnicas de Ensaio de Dureza

Ensaio	Penetrador	Forma da Impressão		Carga	Fórmula para o Número de Dureza[a]
		Vista Lateral	Vista Superior		
Brinell	Esfera com 10 mm em aço ou carbeto de tungstênio			P	$HB = \dfrac{2P}{\pi D \left[D - \sqrt{D^2 - d^2} \right]}$
Microdureza Vickers	Pirâmide de diamante			P	$HV = 1{,}854 P/d_1^2$
Microdureza Knoop	Pirâmide de diamante	$l/b = 7{,}11$ $b/t = 4{,}00$		P	$HK = 14{,}2 P/l^2$
Rockwell e Rockwell superficial	Cone de diamante; esferas de carbeto de tungstênio com diâmetros de $\frac{1}{16}$, $\frac{1}{8}$, $\frac{1}{4}$ e $\frac{1}{2}$ in			$\left.\begin{array}{c} 60 \text{ kg} \\ 100 \text{ kg} \\ 150 \text{ kg} \end{array}\right\}$ Rockwell $\left.\begin{array}{c} 15 \text{ kg} \\ 30 \text{ kg} \\ 45 \text{ kg} \end{array}\right\}$ Rockwell superficial	

[a]Para as fórmulas de dureza fornecidas, P (a carga aplicada) está em kg, e D, d, d_1 e l estão todos em mm.

Fonte: Adaptado de H. W. Hayden, W. G. Moffatt e J. Wulff, *The Structure and Properties of Materials*, Vol. III, *Mechanical Behavior*. Copyright © 1965 por John Wiley & Sons, New York. Reimpresso sob permissão de John Wiley & Sons, Inc.

Tabela 7.6a   Escalas de Dureza Rockwell

Símbolo da Escala	Penetrador	Carga Principal (kg)
A	Diamante	60
B	Esfera com 1/16 in	100
C	Diamante	150
D	Diamante	100
E	Esfera com 1/8 in	100
F	Esfera com 1/16 in	60
G	Esfera com 1/16 in	150
H	Esfera com 1/8 in	60
K	Esfera com 1/8 in	150

Tabela 7.6b   Escalas de Dureza Rockwell Superficial

Símbolo da Escala	Penetrador	Carga Principal (kg)
15N	Diamante	15
30N	Diamante	30
45N	Diamante	45
15T	Esfera com 1/16 in	15
30T	Esfera com 1/16 in	30
45T	Esfera com 1/16 in	45
15W	Esfera com 1/8 in	15
30W	Esfera com 1/8 in	30
45W	Esfera com 1/8 in	45

convertido no número HB apropriado, com o auxílio de uma tabela; apenas uma única escala é empregada com essa técnica.

Estão disponíveis técnicas semiautomáticas para a medição da dureza Brinell. Essas técnicas empregam sistemas de varredura óptica que consistem em uma câmera digital montada sobre uma sonda flexível, a qual permite o posicionamento da câmera sobre a impressão. Os dados da câmera são transferidos para um computador que analisa a impressão, determina seu tamanho e então calcula o número de dureza Brinell. Para essa técnica, as exigências de acabamento da superfície são normalmente mais restritivas do que para as medições manuais.

As exigências de espessura mínima do corpo de prova e de posição da impressão (em relação às arestas do corpo de prova), assim como as exigências de espaçamento mínimo da impressão, são as mesmas que para os ensaios Rockwell. Além disso, requer-se uma impressão bem definida; isso obriga a se ter uma superfície lisa e plana, na qual é feita a impressão.

Ensaios de Microdureza Knoop e Vickers[20]

Duas outras técnicas de ensaio de dureza são a Knoop (pronunciado *np*) e a Vickers (algumas vezes também chamada de *pirâmide de diamante*). Em cada ensaio, um penetrador de diamante muito pequeno e com geometria piramidal é forçado contra a superfície do corpo de prova. As cargas aplicadas são muito menores do que para os ensaios Rockwell e Brinell, variando entre 1 g e 1000 g. A impressão resultante é observada sob um microscópio e medida; essa medição é então convertida em um número de dureza (Tabela 7.5). Pode ser necessária uma preparação cuidadosa da superfície do corpo de prova (lixamento e polimento), para assegurar uma impressão bem definida, que possa ser medida com precisão. Os números de dureza Knoop e Vickers são designados por HK e HV, respectivamente,[21] e as escalas de dureza para ambas as técnicas são aproximadamente equivalentes. As técnicas Knoop e Vickers são conhecidas como métodos de ensaio de microdureza, com base no tamanho do penetrador. Ambas as técnicas são bem adequadas para a medição da dureza em regiões pequenas e selecionadas; além disso, a técnica Knoop é usada para o ensaio de materiais frágeis, como as cerâmicas.

Os equipamentos modernos para ensaios de microdureza foram automatizados acoplando o dispositivo penetrador a um analisador de imagens, que incorpora um computador e um pacote de *software*. O *software* controla importantes funções do sistema, incluindo a localização da impressão, o espaçamento entre impressões, o cálculo dos valores de dureza e a representação gráfica dos dados.

Outras técnicas de ensaios de dureza são empregadas com frequência, mas não serão discutidas neste texto; essas técnicas incluem a microdureza ultrassônica, a dureza dinâmica (Escleroscópica), os ensaios com durômetro (para materiais plásticos e elastoméricos) e os ensaios de dureza ao risco. Esses métodos estão descritos nas referências fornecidas ao final do capítulo.

---

[20] Norma ASTM E92, "Standard Test Method for Vickers Hardness of Metallic Materials" (Método-Padrão de Ensaio para Dureza Vickers de Materiais Metálicos) e Norma ASTM E384 "Standard Test Method for Microindentation Hardness of Materials" (Método-Padrão de Ensaio para Microdureza de Materiais).

[21] Algumas vezes, KHN e VHN são empregados para representar os números de dureza Knoop e Vickers, respectivamente.

Conversão da Dureza

É muito desejável ter o recurso de converter a dureza medida em uma escala naquela medida em outra escala. Contudo, uma vez que a dureza não é uma propriedade bem definida dos materiais e devido às diferenças experimentais entre as várias técnicas, não foi desenvolvido um sistema de conversão abrangente. Os dados de conversão de dureza foram determinados experimentalmente e observou-se que eles dependem do tipo e das características do material. Os dados de conversão mais confiáveis são para aços, e alguns desses estão apresentados na Figura 7.30 para as escalas Knoop, Vickers, Brinell e duas escalas Rockwell; a escala Mohs também está incluída. Tabelas de conversão detalhadas para vários outros metais e ligas estão incluídas na Norma ASTM E140, "Standard Hardness Conversion Tables for Metals" (Tabelas-Padrão para a Conversão da Dureza de Metais). Com base na discussão anterior, deve-se tomar cuidado quando da extrapolação dos dados de conversão de um sistema de dureza para outro.

Correlação entre a Dureza e o Limite de Resistência à Tração

Tanto o limite de resistência à tração quanto a dureza são indicadores da resistência de um metal à deformação plástica. Consequentemente, eles são aproximadamente proporcionais, como mostrado na Figura 7.31 para o limite de resistência à tração em função da dureza HB para o ferro fundido, o aço e o latão. A mesma relação de proporcionalidade não é verdadeira para todos os metais, como indica a Figura 7.31. Como regra geral para a maioria dos aços, a dureza HB e o limite de resistência à tração são relacionados de acordo com

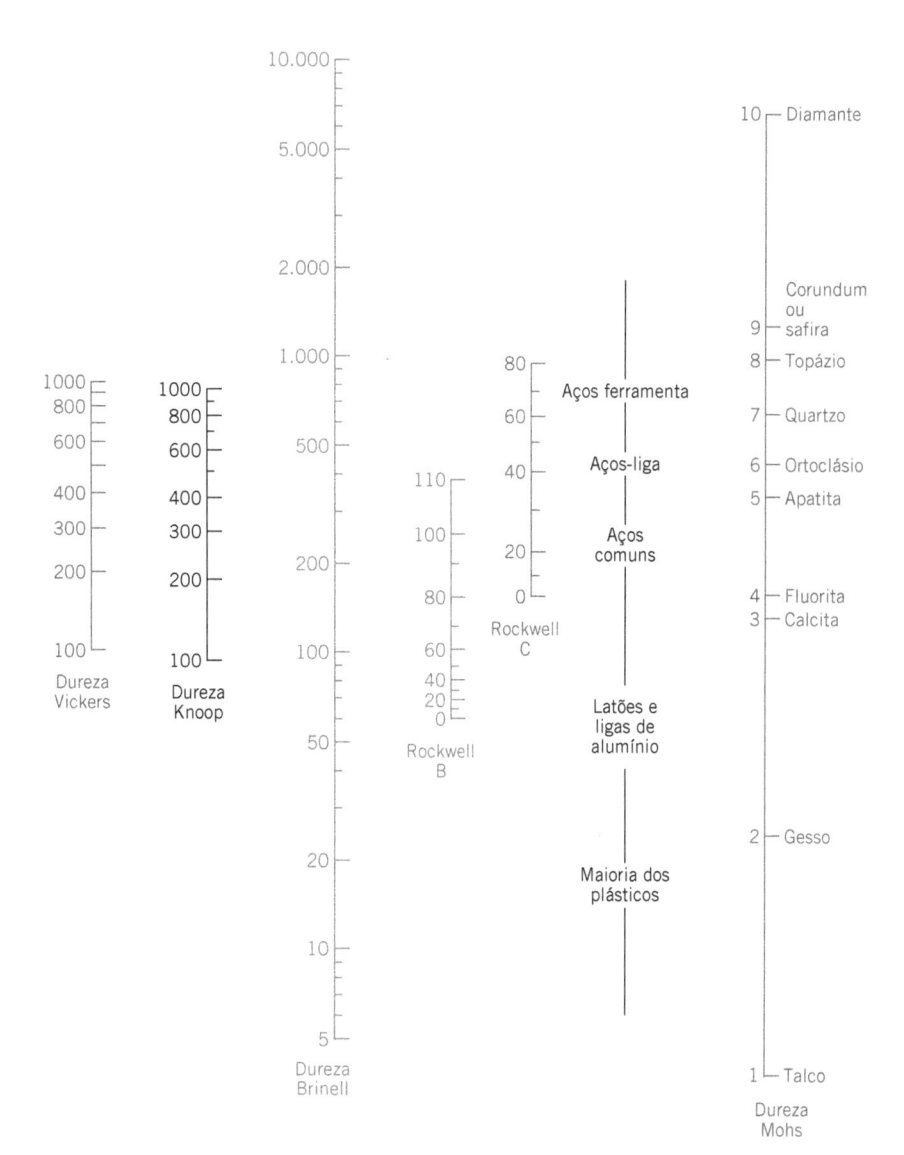

Figura 7.30 Comparação entre várias escalas de dureza.
(Adaptado com permissão de ASM International, *ASM Handbook: Mechanical Testing and Evaluation*, Volume 8, 2000, p. 936.)

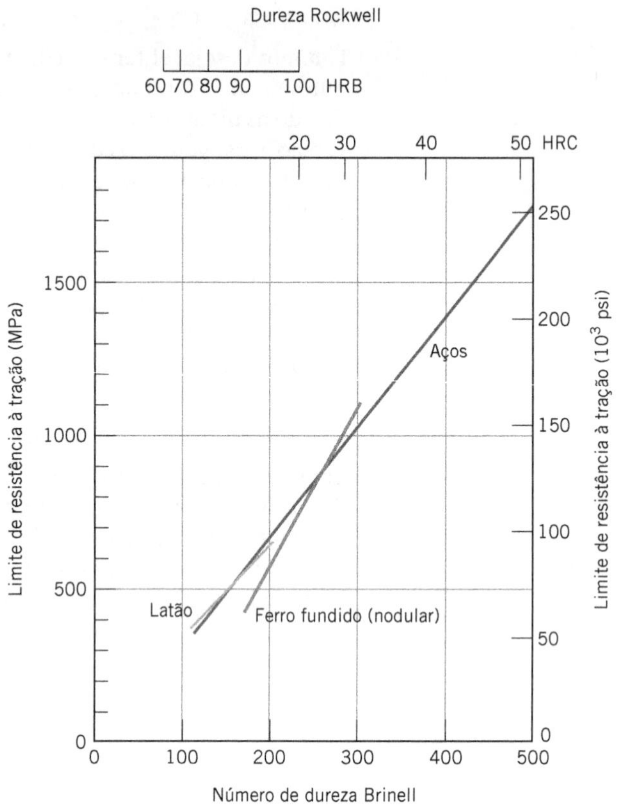

Figura 7.31 Relações entre a dureza e o limite de resistência à tração para o aço, o latão e o ferro fundido. [Dados extraídos de *Metals Handbook: Properties and Selection: Irons and Steels*, Vol. 1, 9th edition, B. Bardes (Editor), American Society for Metals, 1978, pp. 36 and 461; and *Metals Handbook: Properties and Selection: Nonferrous Alloys and Pure Metals*, Vol. 2, 9th edition, H. Baker (Managing Editor), American Society for Metals, 1979, p. 327.]

Conversão da dureza Brinell no limite de resistência à tração para aços

$$LRT \,(\text{MPa}) = 3{,}45 \times \text{HB} \qquad (7.25a)$$

$$LRT \,(\text{psi}) = 500 \times \text{HB} \qquad (7.25b)$$

> **Verificação de Conceitos 7.6** Entre os metais listados na Tabela 7.3, qual tem a maior dureza? Por quê?
>
> (*A resposta está disponível no GEN-IO, ambiente virtual de aprendizagem do GEN.*)

7.17 DUREZA DOS MATERIAIS CERÂMICOS

Medidas precisas de dureza são difíceis de serem realizadas em materiais cerâmicos, uma vez que os materiais cerâmicos são frágeis e altamente suscetíveis a trincamento quando penetradores são forçados contra suas superfícies; uma extensa formação de trincas leva a leituras imprecisas. Os penetradores esféricos (como nos ensaios Rockwell e Brinell) em geral não são usados para os materiais cerâmicos, uma vez que produzem um trincamento severo. Em vez disso, as durezas dessa classe de materiais são medidas empregando as técnicas de Vickers e Knoop.[22] O ensaio Vickers é amplamente usado para a medição da dureza de cerâmicos; entretanto, para os materiais cerâmicos muito frágeis, o ensaio Knoop é geralmente o preferido. Além disso, em ambas as técnicas, a dureza diminui com o aumento da carga (ou o tamanho da impressão), mas um platô constante é finalmente alcançado, independente da carga; o valor da dureza nesse platô varia de acordo com o material cerâmico. Um ensaio de dureza ideal usaria uma carga suficientemente alta, próxima a esse platô, porém com uma magnitude que não introduziria um trincamento excessivo.

---

[22] Norma ASTM C1326, "Standard Test Method for Knoop Indentation Hardness of Advanced Ceramics" (Método-Padrão para o Ensaio Knoop de Dureza à Impressão de Cerâmicas Avançadas) e Norma ASTM C1327, "Standard Test Method for Vickers Indentation Hardness of Advanced Ceramics" (Método-Padrão para o Ensaio Vickers de Dureza à Impressão de Cerâmicas Avançadas).

Possivelmente, a característica mecânica mais desejável das cerâmicas é a sua dureza; os materiais mais duros conhecidos pertencem a esse grupo. Uma lista de diferentes materiais cerâmicos está apresentada na Tabela 7.7, de acordo com suas durezas Vickers.[23] Com frequência, esses materiais são empregados quando uma ação abrasiva ou de polimento é necessária (Seção13.8).

Tabela 7.7 Durezas Vickers (e Knoop) para Oito Materiais Cerâmicos

Material	*Dureza Vickers (GPa)*	*Dureza Knoop (GPa)*	*Comentários*
Diamante (carbono)	130	103	Monocristal, face (100)
Carbeto de boro (B_4C)	44,2	–	Policristalino, sinterizado
Óxido de alumínio (Al_2O_3)	26,5	–	Policristalino, sinterizado, 99,7 % de pureza
Carbeto de silício (SiC)	25,4	19,8	Policristalino, unido por reação, sinterizado
Carbeto de tungstênio (WC)	22,1	–	Fundido
Nitreto de silício (Si_3N_4)	16,0	17,2	Policristalino, prensado a quente
Zircônia (ZrO_2) (parcialmente estabilizada)	11,7	–	Policristalino, 9 % mol Y_2O_3
Vidro de cal de soda	6,1		

7.18 RESISTÊNCIA AO RASGAMENTO E DUREZA DOS POLÍMEROS

Propriedades mecânicas que são algumas vezes importantes na adequabilidade de um polímero para uma aplicação particular incluem a resistência ao rasgamento e a dureza. A habilidade de resistir ao rasgamento é uma propriedade importante de alguns plásticos, especialmente aqueles usados em filmes finos para embalagens. A *resistência ao rasgamento*, que é o parâmetro mecânico medido, é a energia necessária para se rasgar uma amostra cortada em uma geometria-padrão. As magnitudes do limite de resistência à tração e da resistência ao rasgamento estão relacionadas.

Os polímeros têm menor dureza em comparação com os metais e as cerâmicas, e a maioria dos ensaios de dureza é conduzida usando técnicas de penetração semelhantes àquelas descritas para os metais na Seção 7.16. Os ensaios Rockwell são empregados com frequência para os polímeros.[24] Outras técnicas de indentação empregadas são os ensaios com Durômetro e a dureza Barcol.[25]

Isso conclui nossas discussões sobre as propriedades mecânicas de metais, cerâmicas e polímeros. Para fins de resumo, a Tabela 7.8 lista essas propriedades, seus símbolos e suas características (qualitativamente).

Tabela 7.8 Resumo das Propriedades Mecânicas

Propriedade	*Símbolo*	*Medida de*
Módulo de elasticidade	E	Rigidez – resistência à deformação elástica
Limite de escoamento	σ_l	Resistência à deformação plástica
Limite de resistência à tração	LRT	Máxima capacidade de suportar carga
Ductilidade	AL%, RA%	Grau de deformação plástica na fratura
Módulo de resiliência	U_r	Absorção de energia – deformação elástica
Tenacidade (estática)	–	Absorção de energia – deformação plástica
Dureza	por exemplo, HB, HRC, HV, HK	Resistência a deformação superficial localizada
Resistência à flexão	σ_{rf}	Tensão na fratura (cerâmicas)
Módulo de relaxação	$E_r(t)$	Módulo de elasticidade dependente do tempo (polímeros)

---

[23] No passado, as unidades para a dureza Vickers eram kg/mm^2; na Tabela 7.7, usamos as unidades SI de GPa.

[24] Norma ASTM D785, "Standard Testing Method for Rockwell Hardness of Plastics and Electrical Insulating Materials" (Método-Padrão de Ensaio para a Dureza Rockwell de Plásticos e Materiais Elétricos Isolantes).

[25] Norma ASTM D2240, "Standard Test Method for Rubber Property – Durometer Hardness" (Método-Padrão de Ensaio para Propriedades da Borracha – Dureza pelo Durômetro) e Norma ASTM D2583, "Standard Test Method for Indentation Hardness of Rigid Plastics by Means of a Barcol Impressor" (Método-Padrão de Ensaio para a Dureza por Impressão de Plásticos Rígidos por Meio de um Penetrador Barcol).

Variabilidade nas Propriedades e Fatores de Projeto/Segurança

7.19 VARIABILIDADE NAS PROPRIEDADES DOS MATERIAIS

Neste ponto, vale a pena discutir uma questão que algumas vezes se mostra problemática para muitos estudantes de engenharia – qual seja, a de que as propriedades medidas dos materiais não são quantidades exatas. Isto é, mesmo se dispusermos do mais preciso dispositivo de medição e de um procedimento de ensaio altamente controlado, sempre haverá alguma dispersão ou variabilidade nos dados coletados de diferentes amostras de um mesmo material. Por exemplo, considere várias amostras de tração idênticas, preparadas a partir de uma única barra de alguma liga metálica, que são subsequentemente testadas à tração no mesmo equipamento. O mais provável é que venhamos a observar que cada gráfico tensão-deformação resultante é ligeiramente diferente dos demais. Isso levaria a uma variedade de valores para o módulo de elasticidade, limite de escoamento e limite de resistência à tração. Diversos fatores levam às incertezas nos dados medidos, incluindo o método de ensaio, variações nos procedimentos de fabricação dos corpos de prova, influências do operador e a calibração dos equipamentos. Além disso, pode haver heterogeneidades em um mesmo lote do material e/ou ligeiras diferenças na composição ou outras diferenças de um lote para outro. Obviamente, devem ser tomadas medidas apropriadas para minimizar a possibilidade de erros de medição e para diminuir os fatores que levam a variabilidades nos dados.

Também deve ser mencionado que há dispersão na medição de outras propriedades dos materiais, como densidade, condutividade elétrica e coeficiente de expansão térmica.

É importante que o engenheiro de projetos se conscientize de que a dispersão e a variabilidade das propriedades dos materiais são inevitáveis e devem ser tratadas de maneira apropriada. Ocasionalmente, os dados devem ser submetidos a tratamentos estatísticos, e probabilidades devem ser determinadas. Por exemplo, em vez de perguntar "Qual é a resistência à fratura dessa liga?", o engenheiro deve acostumar-se a perguntar "Qual é a probabilidade de essa liga falhar sob essas circunstâncias específicas?"

Com frequência, é desejável especificar um valor e um grau de dispersão (ou de espalhamento) típico para determinada propriedade; em geral, isso é feito calculando-se a média e o desvio-padrão, respectivamente.

Cálculo dos Valores para a Média e o Desvio-Padrão

Um *valor médio* é obtido dividindo-se a soma de todos os valores medidos pelo número de medições realizadas. Em termos matemáticos, a média $\bar{x}$ de determinado parâmetro x é

Cálculo do valor médio

$$\bar{x} = \frac{\sum\limits_{i=1}^{n} x_i}{n} \tag{7.26}$$

em que n é o número de observações ou de medições e x_i é o valor de determinada medição.

Além disso, o desvio-padrão s é determinado a partir da seguinte expressão:

Cálculo do desvio-padrão

$$s = \left[\frac{\sum\limits_{i=1}^{n} (x_i - \bar{x})^2}{n-1} \right]^{1/2} \tag{7.27}$$

em que x_i, $\bar{x}$ e n foram definidos acima. Um valor elevado para o desvio-padrão corresponde a um alto grau de espalhamento.

PROBLEMA-EXEMPLO 7.6

Cálculos da Média e do Desvio-Padrão

Os seguintes limites de resistência à tração foram medidos para quatro corpos de prova do mesmo aço:

Número da Amostra	Limite de Resistência à Tração (MPa)
1	520
2	512
3	515
4	522

(a) Calcule o limite de resistência à tração médio.
(b) Determine o desvio-padrão.

Solução

(a) O limite de resistência à tração médio ($\overline{LRT}$) é calculado utilizando-se a Equação 7.26 com $n = 4$:

$$\overline{LRT} = \frac{\sum\limits_{i=1}^{4}(LRT)_i}{4}$$

$$= \frac{520 + 512 + 515 + 522}{4}$$

$$= 517 \, \text{MPa}$$

(b) Para o desvio-padrão, considerando a Equação 7.27, obtemos

$$s = \left[\frac{\sum\limits_{i=1}^{4}\left\{(LRT)_i - \overline{LRT}\right\}^2}{4-1}\right]^{1/2}$$

$$= \left[\frac{(520-517)^2 + (512-517)^2 + (515-517)^2 + (522-517)^2}{4-1}\right]^{1/2}$$

$$= 4,6 \, \text{MPa}$$

A Figura 7.32 apresenta o limite de resistência à tração de acordo com o número do corpo de prova para este Problema-Exemplo e também mostra como os dados podem ser representados graficamente.

Figura 7.32 (*a*) Dados para os limites de resistência à tração associados ao Problema-Exemplo 7.6. (*b*) A maneira pela qual esses dados podem ser representados graficamente. O ponto correspondente ao valor médio do limite de resistência à tração ($\overline{LRT}$); as barras de erro que indicam o grau de dispersão correspondem ao valor médio mais e menos o desvio-padrão ($\overline{LRT} \pm s$).

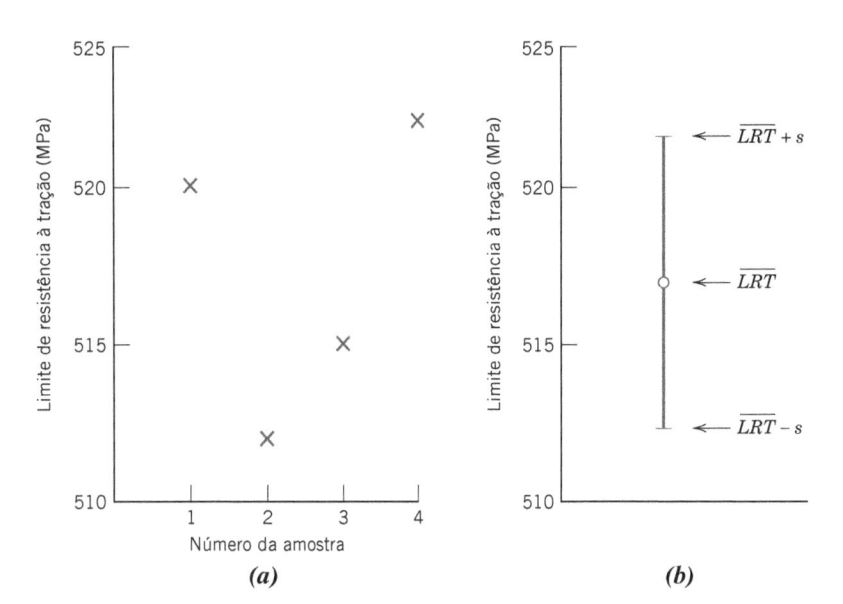

> O ponto do limite de resistência à tração correspondente ao valor médio $\overline{LRT}$ e à dispersão (Figura 7.32b) está representado por barras de erro (linhas horizontais curtas) localizadas acima e abaixo do símbolo desse ponto e conectadas a esse símbolo por linhas verticais. A barra de erro superior está posicionada em um valor que equivale ao valor médio mais o desvio-padrão ($\overline{LRT} + s$), enquanto a barra de erro inferior corresponde à média menos o desvio-padrão ($\overline{LRT} - s$).

7.20 FATORES DE PROJETO/SEGURANÇA

Sempre haverá incertezas na caracterização da magnitude das cargas aplicadas e dos níveis de tensão associados a elas nas condições de serviço; de maneira geral, os cálculos das cargas são apenas aproximados. Além disso, como foi observado na Seção 7.19, virtualmente todos os materiais em engenharia exibem uma variabilidade em suas propriedades mecânicas medidas, têm imperfeições introduzidas durante a fabricação e, em alguns casos, terão sido submetidos a danos durante o serviço. Consequentemente, devem ser introduzidos procedimentos de projeto para a proteção contra falhas não previstas. Durante o século XX, o protocolo consistia em reduzir a tensão aplicada por um *fator de segurança de projeto*. Embora esse ainda seja um procedimento aceitável para algumas aplicações estruturais, ele não proporciona segurança adequada para aplicações críticas, como aquelas encontradas nos componentes estruturais de aeronaves e pontes. O procedimento atual para essas aplicações estruturais críticas consiste em utilizar materiais que apresentam tenacidade adequada e também oferecem redundância no projeto estrutural (isto é, estruturas duplicadas ou em excesso), desde que haja inspeções regulares para a detecção da presença de falhas e, quando necessário, remoção ou reparo dos componentes com segurança. (Esses tópicos estão discutidos no Capítulo 9, *Falhas* – especificamente na Seção 9.5.)

tensão de projeto   Para situações estáticas menos críticas, e quando são usados materiais tenazes, uma **tensão de projeto**, σ_p, é definida como o nível de tensão calculado σ_c (com base na carga máxima estimada) multiplicado por um *fator de projeto*, N'; isto é,

$$\sigma_p = N'\sigma_c \tag{7.28}$$

em que N' é maior que a unidade. Dessa forma, o material a ser empregado para a aplicação específica é selecionado de modo a ter um limite de escoamento pelo menos tão alto quanto esse valor de σ_p.

tensão admissível   Alternativamente, uma **tensão admissível**, ou *tensão de trabalho*, σ_t, é usada, no lugar da tensão de projeto. Essa tensão admissível está baseada no limite de escoamento do material e é definida como o limite de escoamento dividido por um *fator de segurança*, N, ou

Cálculo da tensão admissível (ou de trabalho)

$$\sigma_t = \frac{\sigma_l}{N} \tag{7.29}$$

A utilização da tensão de projeto (Equação 7.28) é, em geral, preferível, uma vez que ela está baseada em uma estimativa da tensão máxima aplicada, em vez do limite de escoamento do material; normalmente, existe maior incerteza ao se estimar esse nível de tensão do que na especificação do limite de escoamento. No entanto, na discussão deste livro, estamos preocupados com os fatores que influenciam os limites de escoamento das ligas metálicas e não com a determinação das tensões aplicadas; portanto, as discussões futuras tratarão de tensões de trabalho e fatores de segurança.

A escolha de um valor de N apropriado é necessária. Se N for muito grande, haverá então um superdimensionamento dos componentes; isto é, ou muito material será utilizado ou uma liga com resistência maior do que a necessária será empregada. Os valores de N normalmente variam entre 1,2 e 4,0. A seleção de N dependerá de vários fatores, incluindo aspectos econômicos, experiência prévia, a precisão com que as forças mecânicas e as propriedades dos materiais podem ser determinadas e, mais importante, as consequências da falha em termos de perdas de vidas e/ou danos materiais. Uma vez que valores elevados de N levam a maiores custos e peso dos materiais, os projetistas estruturais estão tendendo a usar materiais mais tenazes em associação a projetos redundantes (e que podem ser inspecionados), sempre que economicamente viável.

EXEMPLO DE PROJETO 7.1

Especificação do Diâmetro de uma Haste de Sustentação

Um dispositivo para ensaios de tração, que deva suportar uma carga máxima de 220.000 N (50.000 lb$_f$), vai ser construído. O projeto requer duas hastes de sustentação cilíndricas, cada uma das quais deve suportar metade da carga máxima. Além disso, devem ser empregadas barras redondas de aço-carbono comum (1045), lixadas e polidas; o limite de escoamento e o limite de resistência à tração mínimos dessa liga são de 310 MPa (45.000 psi) e 565 MPa (82.000 psi), respectivamente. Especifique um diâmetro adequado para essas hastes de sustentação.

Solução

A primeira etapa no processo desse projeto é decidir sobre um fator de segurança, *N*, que então permitirá a determinação de uma tensão de trabalho de acordo com a Equação 7.29. Além disso, para assegurar que o dispositivo opere de forma segura, também queremos minimizar qualquer deflexão elástica das barras durante um ensaio; portanto, deve ser empregado um fator de segurança relativamente conservador, por exemplo, *N* = 5. Assim, a tensão de trabalho σ_t é simplesmente

$$\sigma_t = \frac{\sigma_l}{N}$$

$$= \frac{310\,\text{MPa}}{5} = 62\,\text{MPa (9000 psi)}$$

A partir da definição de tensão, Equação 7.1,

$$A_0 = \left(\frac{d}{2}\right)^2 \pi = \frac{F}{\sigma_t}$$

em que *d* é o diâmetro da barra e *F* é a força aplicada; além disso, cada uma das duas barras deve suportar metade da força total, ou 110.000 N (25.000 psi). Resolvendo para *d*, temos

$$d = 2\sqrt{\frac{F}{\pi\sigma_t}}$$

$$= 2\sqrt{\frac{110.000\,\text{N}}{\pi(62\times10^6\,\text{N/m}^2)}}$$

$$= 4,75\times10^{-2}\,\text{m} = 47,5\,\text{mm (1,87 in)}$$

Portanto, o diâmetro de cada uma das barras deve ser de 47,5 mm, ou 1,87 in.

EXEMPLO DE PROJETO 7.2

Especificação de Materiais para um Tubo Cilíndrico Pressurizado

(a) Considere um tubo cilíndrico com paredes finas que possui raio de 50 mm e espessura de parede de 2 mm que deve ser usado para transportar gás pressurizado. Se as pressões interna e externa do tubo são de 20 e 0,5 atm (2,027 e 0,057 MPa), respectivamente, quais, entre os metais e ligas listados na Tabela 7.9, são candidatos adequados? Assuma um fator de segurança de 4,0.

Para um cilindro com paredes finas, a tensão circunferencial (ou tensão de "aro") (σ) depende da diferença de pressão (Δp), do raio do cilindro (r_i) e da espessura da parede do tubo (*t*), segundo

$$\sigma = \frac{r_i\,\Delta p}{t}$$

Esses parâmetros estão indicados no desenho esquemático de um cilindro apresentado na Figura 7.33.

(b) Determine quais, entre as ligas que satisfazem o critério do item **(a)**, podem ser usadas para produzir um tubo com o menor custo.

Tabela 7.9 Limites de Escoamento, Densidades e Custos por Unidade de Massa para as Ligas Metálicas Objeto do Exemplo de Projeto 7.2

Liga	Limite de Escoamento, σ_l (MPa)	Densidade, ρ (g/cm³)	Custo por Unidade de Massa, $\bar{c}$ (US$/kg)
Aço	325	7,8	1,25
Alumínio	125	2,7	3,50
Cobre	225	8,9	6,25
Latão	275	8,5	7,50
Magnésio	175	1,8	14,00
Titânio	700	4,5	40,00

Solução

(a) Para que esse tubo transporte o gás de maneira satisfatória e segura, queremos minimizar a possibilidade de deformação plástica. Para conseguir isso, substituímos a tensão circunferencial na Equação 7.30 pelo limite de escoamento do material do tubo dividido pelo fator de segurança, N – isto é,

$$\frac{\sigma_l}{N} = \frac{r_i \Delta p}{t}$$

E, resolvendo essa expressão para σ_l, obtemos

$$\sigma_l = \frac{N r_i \Delta p}{t}$$

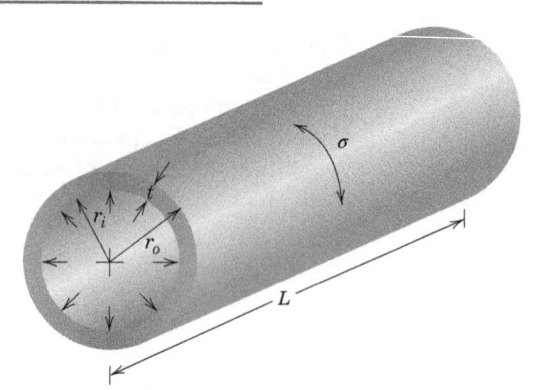

Figura 7.33 Representação esquemática de um tubo cilíndrico, objeto do Exemplo de Projeto 7.2.

Agora incorporamos nessa equação os valores de N, r_i, Δp e t dados no enunciado do problema e resolvemos para σ_l. As ligas na Tabela 7.9 que possuem limites de escoamento maiores do que esse valor são candidatas adequadas para o tubo. Portanto,

$$\sigma_l = \frac{(4,0)(50 \times 10^{-3}\,\text{m})(2,027\,\text{MPa} - 0,057\,\text{MPa})}{(2 \times 10^{-3}\,\text{m})} = 197\,\text{MPa}$$

Quatro das seis ligas na Tabela 7.9 possuem limites de escoamento maiores do que 197 MPa e satisfazem o critério de projeto para esse tubo – isto é, aço, cobre, latão e titânio.

(b) Para determinar o custo do tubo para cada liga, primeiro é necessário calcular o volume do tubo V, que é igual ao produto da área de seção transversal A e do comprimento L – isto é,

$$V = AL$$
$$= \pi(r_o^2 - r_i^2)L$$

Aqui, r_o e r_i são, respectivamente, os raios externo e interno do tubo. A partir da Figura 7.33, pode ser observado que $r_o = r_i + t$, ou que

$$V = \pi(r_o^2 - r_i^2)L = \pi[(r_i + t)^2 - r_i^2]L$$
$$= \pi(r_i^2 + 2r_i t + t^2 - r_i^2)L \tag{7.33}$$
$$= \pi(2r_i t + t^2)L$$

Uma vez que o comprimento do tubo L não foi especificado, por questão de conveniência, assumimos um valor de 1,0 m. Incorporando os valores para r_i e t dados no enunciado do problema obtemos o seguinte valor para V:

$$V = \pi[(2)(50 \times 10^{-3}\,\text{m})(2 \times 10^{-3}\,\text{m}) + (2 \times 10^{-3}\,\text{m})^2](1\,\text{m})$$
$$= 6,28 \times 10^{-4}\,\text{m}^3 = 628\,\text{cm}^3$$

Em seguida, é necessário determinar a massa de cada liga (em quilogramas) multiplicando esse valor de V pela densidade da liga, ρ (Tabela 7.9), e então dividindo por 1000, que é um fator de conversão de unidades, já que 1000 g = 1 kg. Finalmente, o custo de cada liga (em US$) é calculado a partir do produto dessa massa e o custo mássico unitário ($\bar{c}$) (Tabela 7.9). Esse procedimento é expresso em forma de equação da seguinte maneira:

$$\text{Custo} = \left(\frac{V\rho}{1000}\right)(\bar{c}) \tag{7.34}$$

Por exemplo, para o aço,

$$\text{Custo (aço)} = \left[\frac{(628\text{ cm}^3)(7,8\text{ g/cm}^3)}{(1000\text{ g/kg})}\right](1,25\text{ US\$/kg}) = \text{US\$6,10}$$

Os valores de custo para o aço e as outras três ligas, determinados dessa mesma maneira, estão tabulados abaixo.

Liga	Custo (US$)
Aço	6,10
Cobre	35,00
Latão	40,00
Titânio	113,00

Assim, o aço é sem dúvida a liga mais barata para ser usada no tubo pressurizado.

RESUMO

Introdução

- Três fatores que devem ser considerados na concepção de ensaios de laboratório para avaliar as características mecânicas de materiais para uso em serviço são a natureza da carga aplicada (por exemplo, tração, compressão, cisalhamento), a duração da aplicação da carga e as condições ambientais.

Conceitos de Tensão e Deformação

- Para a aplicação de uma carga em tração e compressão:

  A tensão de engenharia σ é definida como a carga instantânea dividida pela área original da seção transversal do corpo de prova (Equação 7.1).

  A deformação de engenharia ε é expressa como a mudança no comprimento (na direção da aplicação da carga) dividida pelo comprimento original (Equação 7.2).

Comportamento Tensão-Deformação

- Um material submetido à tensão primeiro sofre uma deformação elástica, ou não permanente.
- Quando a maioria dos materiais é deformada elasticamente, a tensão e a deformação são proporcionais – isto é, um gráfico da tensão em função da deformação é linear.
- Para cargas de tração e de compressão, a inclinação da região elástica linear da curva tensão-deformação é o módulo de elasticidade (E), segundo a lei de Hooke (Equação 7.5).
- Para um material que exibe comportamento elástico não linear, são usados os módulos tangente e secante.
- Em um nível atômico, a deformação elástica de um material corresponde ao estiramento das ligações interatômicas e aos pequenos deslocamentos atômicos correspondentes.
- Para as deformações elásticas em cisalhamento, a tensão cisalhante (τ) e a deformação cisalhante (γ) são proporcionais entre si (Equação 7.7). A constante de proporcionalidade é o módulo de cisalhamento (G).
- A deformação elástica dependente do tempo é denominada anelástica.

Propriedades Elásticas dos Materiais

- Outro parâmetro elástico, o coeficiente de Poisson (ν), representa a razão negativa entre as deformações transversal e longitudinal (ε_x e ε_z, respectivamente) – Equação 7.8. Os valores típicos de ν para os metais situam-se na faixa entre 0,25 e 0,35.
- Para um material isotrópico, os módulos de cisalhamento e elástico e o coeficiente de Poisson estão relacionados de acordo com a Equação 7.9.

Propriedades à Tração (Metais)

- O fenômeno do escoamento ocorre no início da deformação plástica ou permanente.
- O limite de escoamento é uma indicação da tensão na qual tem início a deformação plástica. Para a maioria dos materiais, o limite de escoamento é determinado a partir de um gráfico tensão-deformação aplicando a técnica da pré-deformação de 0,002.
- O limite de resistência à tração corresponde ao nível de tensão no ponto máximo da curva tensão-deformação de engenharia; ele representa a tensão de tração máxima que pode ser suportada por um corpo de prova.
- Para a maioria dos materiais metálicos, nos pontos de máximo de suas curvas tensão-deformação, uma pequena estricção ou "pescoço" começa a se formar em algum ponto no corpo de prova que está sendo deformando. Toda deformação subsequente prossegue pelo estreitamento dessa região de estricção, onde a fratura finalmente ocorrerá.
- Ductilidade é uma medida do grau pelo qual um material irá se deformar plasticamente no momento em que a fratura ocorre.
- Quantitativamente, a ductilidade é medida em termos do alongamento percentual e da redução na área.

  O alongamento percentual (AL%) é uma medida da deformação plástica na fratura (Equação 7.11).

  A redução percentual na área (RA%) pode ser calculada de acordo com a Equação 7.12.

- O limite de escoamento, o limite de resistência à tração e a ductilidade são sensíveis a qualquer deformação anterior, à presença de impurezas e/ou a qualquer tratamento térmico. O módulo de elasticidade é relativamente insensível a essas condições.
- Com o aumento da temperatura, os valores do módulo de elasticidade, do limite de resistência à tração e do limite de escoamento diminuem, enquanto a ductilidade aumenta.
- *Módulo de resiliência* é a energia de deformação por unidade de volume de material necessária para tensionar um material até o ponto de escoamento – ou a área sob a porção elástica da curva tensão-deformação de engenharia. Para um metal que exibe comportamento elástico linear, seu valor pode ser determinado usando a Equação 7.14.
- Uma medida da tenacidade é a energia absorvida durante a fratura de um material, medida pela área sob a totalidade da curva tensão-deformação de engenharia. Os metais dúcteis são normalmente mais tenazes do que os metais frágeis.

Tensão e Deformação Verdadeira

- A *tensão verdadeira* (σ_V) é definida como a carga instantânea aplicada dividida pela área da seção transversal instantânea (Equação 7.15).
- A *deformação verdadeira* (ε_V) é igual ao logaritmo natural da razão entre os comprimentos instantâneo e original do corpo de prova, segundo a Equação 7.16.
- Para alguns metais, do início da deformação plástica até o surgimento da estricção, a tensão verdadeira e a deformação verdadeira estão relacionadas pela Equação 7.19.

Recuperação Elástica após Deformação Plástica

- Para uma amostra que tenha sido deformada plasticamente, se a carga for liberada, haverá recuperação da deformação elástica. Esse fenômeno está ilustrado no gráfico tensão-deformação da Figura 7.17.

Resistência à Flexão (Cerâmicas)

- Os comportamentos tensão-deformação e as resistências à fratura dos materiais cerâmicos são determinados empregando ensaios de flexão transversais.
- As resistências à flexão, medidas por ensaios de flexão transversal em três pontos, podem ser determinadas para seções transversais retangular e circular usando, respectivamente, as Equações 7.20a e 7.20b.

Influência da Porosidade (Cerâmicas)

- Muitos corpos cerâmicos contêm porosidade residual, o que é um fator negativo tanto para seus módulos de elasticidade como para suas resistências à fratura.

  O módulo de elasticidade depende e diminui com a fração volumétrica da porosidade, de acordo com a Equação 7.21.

  A diminuição na resistência à flexão com a fração volumétrica da porosidade é descrita pela Equação 7.22.

Comportamento Tensão-Deformação (Polímeros)

- Com base no comportamento tensão-deformação, os polímeros se enquadram em três classificações gerais (Figura 7.22): frágil (curva *A*), plástico (curva *B*) e altamente elástico (curva *C*).
- Os polímeros não são nem tão resistentes, nem tão rígidos quanto os metais. No entanto, suas altas flexibilidades, baixas densidades e resistências à corrosão os tornam os materiais preferidos para muitas aplicações.
- As propriedades mecânicas dos polímeros são sensíveis a mudanças na temperatura e na taxa de deformação. Com o aumento da temperatura ou a diminuição da taxa de deformação, o módulo de elasticidade diminui, o limite de resistência à tração diminui e a ductilidade aumenta.

Deformação Viscoelástica (Polímeros)

- O comportamento mecânico viscoelástico, intermediário entre um comportamento totalmente elástico e um totalmente viscoso, é exibido por inúmeros materiais poliméricos.
- Esse comportamento é caracterizado pelo módulo de relaxação, que é um módulo de elasticidade dependente do tempo.
- A magnitude do módulo de relaxação é muito sensível à temperatura. As regiões vítrea, coriácea, borrachosa e de escoamento viscoso podem ser identificadas em um gráfico do logaritmo do módulo de relaxação em função da temperatura (Figura 7.28).
- O comportamento do logaritmo do módulo de relaxação em função da temperatura depende da configuração molecular – grau de cristalinidade, presença de ligações cruzadas, e assim por diante (Figura 7.29).

Dureza

- Dureza é uma medida da resistência de um material a deformações plásticas localizadas.
- As duas técnicas de ensaio de dureza mais comuns são a Rockwell e a Brinell.

  Várias escalas estão disponíveis para o ensaio Rockwell; para o ensaio Brinell, existe uma única escala.

  A dureza Brinell é determinada a partir do tamanho da impressão; a dureza Rockwell está baseada na diferença entre a profundidade da impressão imposta por uma carga pequena e uma carga principal.

- As duas técnicas de ensaio de microdureza por impressão são a Knoop e a Vickers. Pequenos penetradores e cargas relativamente pequenas são empregados nessas duas técnicas. Elas são usadas para medir as durezas de materiais frágeis (como as cerâmicas) e também de regiões muito pequenas de amostras.
- Para alguns metais, um gráfico da dureza em função do limite de resistência à tração é linear – isto é, esses dois parâmetros são proporcionais entre si.

Dureza de Cerâmicas

- É difícil medir a dureza dos materiais cerâmicos devido à sua fragilidade e susceptibilidade ao trincamento quando submetidos a uma impressão.
- As técnicas de microimpressão Knoop e Vickers são normalmente empregadas.
- Os materiais mais duros conhecidos são cerâmicas, cuja característica os torna especialmente atrativos para uso como abrasivos (Seção 13.8).

Variabilidade das Propriedades dos Materiais

- Cinco fatores que podem levar à dispersão nas propriedades medidas dos materiais são os seguintes: o método de ensaio, variações no procedimento de fabricação dos corpos de prova, influências do operador, a calibração do dispositivo de ensaio e heterogeneidades e/ou variações na composição de uma amostra para outra.
- Uma propriedade típica de um material é especificada com frequência em termos de um valor médio ($\bar{x}$), enquanto a magnitude da dispersão pode ser expressa como um desvio-padrão (s). As Equações 7.26 e 7.27, respectivamente, são usadas para calcular os valores desses parâmetros.

Fatores de Projeto/ Segurança

- Como resultado das incertezas tanto das propriedades mecânicas medidas quanto das tensões aplicadas durante o serviço, são normalmente utilizadas, para fins de projeto, tensões de projeto ou tensões admissíveis. Para os materiais dúcteis, a tensão admissível (ou de trabalho) σ_t é dependente do limite de escoamento e de um fator de segurança, como descrito pela Equação 7.29.

Resumo das Equações

Número da Equação	Equação	Resolvendo para
7.1	$\sigma = \dfrac{F}{A_0}$	Tensão de engenharia
7.2	$\varepsilon = \dfrac{l_i - l_0}{l_0} = \dfrac{\Delta l}{l_0}$	Deformação de engenharia
7.5	$\sigma = E\varepsilon$	Módulo de elasticidade (lei de Hooke)
7.8	$\nu = -\dfrac{\varepsilon_x}{\varepsilon_z} = -\dfrac{\varepsilon_y}{\varepsilon_z}$	Coeficiente de Poisson
7.11	$AL\% = \left(\dfrac{l_f - l_0}{l_0}\right) \times 100$	Ductilidade, alongamento percentual
7.12	$RA\% = \left(\dfrac{A_0 - A_f}{A_0}\right) \times 100$	Ductilidade, redução percentual na área
7.15	$\sigma_V = \dfrac{F}{A_i}$	Tensão verdadeira
7.16	$\varepsilon_V = \ln\dfrac{l_i}{l_0}$	Deformação verdadeira
7.19	$\sigma_T = K\varepsilon_V^n$	Tensão verdadeira e deformação verdadeira (região plástica até o ponto de estricção)
7.20a	$\sigma_{rf} = \dfrac{3F_f L}{2bd^2}$	Resistência à flexão para um corpo de prova em forma de barra com seção transversal retangular
7.20b	$\sigma_{rf} = \dfrac{F_f L}{\pi R^3}$	Resistência à flexão para um corpo de prova em forma de barra com seção transversal circular
7.21	$E = E_0(1 - 1{,}9P + 0{,}9P^2)$	Módulo de elasticidade de uma cerâmica porosa
7.22	$\sigma_{rf} = \sigma_0 \exp(-nP)$	Resistência à flexão de uma cerâmica porosa
7.23	$E_r(t) = \dfrac{\sigma(t)}{\varepsilon_0}$	Módulo de relaxação
7.25a	$LRT\,(\text{MPa}) = 3{,}45 \times HB$	Limite de resistência à tração a partir da dureza Brinell
7.25b	$LRT\,(\text{psi}) = 500 \times HB$	
7.29	$\sigma_t = \dfrac{\sigma_l}{N}$	Tensão admissível (de trabalho)

Lista de Símbolos

Símbolo	Significado
A_0	Área da seção transversal do corpo de prova antes da aplicação da carga
A_f	Área da seção transversal do corpo de prova no ponto da fratura
A_i	Área instantânea da seção transversal do corpo de prova durante a aplicação da carga
b, d	Largura e altura de um corpo de prova de flexão com seção transversal retangular
E	Módulo de elasticidade (tração e compressão)
E_0	Módulo de elasticidade de uma cerâmica não porosa
F	Força aplicada

(continua)

Símbolo	Significado
F_f	Carga aplicada na fratura
HB	Dureza Brinell
K	Constante do material
L	Distância entre os pontos de apoio para um corpo de prova de flexão
l_0	Comprimento do corpo de prova antes da aplicação da carga
l_f	Comprimento do corpo de prova na fratura
l_i	Comprimento instantâneo do corpo de prova durante a aplicação da carga
N	Fator de segurança
n	Expoente de encruamento
n	Constante experimental
P	Fração volumétrica da porosidade
LRT	Limite de resistência à tração
ε_0	Nível de deformação – mantido constante durante os ensaios para o módulo de relaxação viscoelástico
$\varepsilon_x, \varepsilon_y$	Valores da deformação perpendicular à direção de aplicação da carga (isto é, na direção transversal)
ε_z	Valor da deformação na direção de aplicação da carga (isto é, na direção longitudinal)
σ_0	Resistência à flexão de uma cerâmica não porosa
$\sigma(t)$	Tensão dependente do tempo – medida durante ensaios para o módulo de relaxação viscoelástico
σ_l	Limite de escoamento

Termos e Conceitos Importantes

anelasticidade
cisalhamento
coeficiente de Poisson
deformação de engenharia
deformação elástica
deformação plástica
deformação verdadeira
ductilidade

dureza
elastômero
escoamento
limite de escoamento
limite de proporcionalidade
limite de resistência à tração
módulo de elasticidade
módulo de relaxação

recuperação elástica
resiliência
resistência à flexão
tenacidade de tensão admissível
tensão de engenharia
tensão de projeto
tensão verdadeira
viscoelasticidade

REFERÊNCIAS

ASM Handbook, Vol. 8, *Mechanical Testing and Evaluation*, ASM International, Materials Park, OH, 2000.

Billmeyer, F. W., Jr., *Textbook of Polymer Science*, 3rd edition, Wiley-Interscience, New York, 1984.

Bowman, K., *Mechanical Behavior of Materials*, Wiley, Hoboken, NJ, 2004.

Boyer, H. E. (Editor), *Atlas of Stress-Strain Curves*, 2nd edition, ASM International, Materials Park, OH, 2002.

Brazel, C. S., and S. L. Rosen, *Fundamental Principles of Polymeric Materials*, 3rd edition, Wiley, Hoboken, NJ, 2012.

Chandler, H. (Editor), *Hardness Testing*, 2nd edition, ASM International, Materials Park, OH, 2000.

Courtney, T. H., *Mechanical Behavior of Materials*, 2nd edition, Waveland Press, Long Grove, IL, 2005.

Davis, J. R. (Editor), *Tensile Testing*, 2nd edition, ASM International, Materials Park, OH, 2004.

Dieter, G. E., *Mechanical Metallurgy*, 3rd edition, McGraw-Hill, New York, 1986.

Dowling, N. E., *Mechanical Behavior of Materials*, 4th edition, Prentice Hall (Pearson Education), Upper Saddle River, NJ, 2013.

Engineered Materials Handbook, Vol. 2, *Engineering Plastics*, ASM International, Metals Park, OH, 1988.

Engineered Materials Handbook, Vol. 4, *Ceramics and Glasses*, ASM International, Materials Park, OH, 1991.

Green, D. J., *An Introduction to the Mechanical Properties of Ceramics*, Cambridge University Press, Cambridge, 1998.

Hosford, W. F., *Mechanical Behavior of Materials*, 2nd edition, Cambridge University Press, New York, 2010.

Kingery, W. D., H. K. Bowen, and D. R. Uhlmann, *Introduction to Ceramics*, 2nd edition, Wiley, New York, 1976. Capítulo 15.

Lakes, R., *Viscoelastic Materials*, Cambridge University Press, New York, 2009.

Landel, R. F. (Editor), *Mechanical Properties of Polymers and Composites*, 2nd edition, Marcel Dekker, New York, 1994.

Meyers, M. A., and K. K. Chawla, *Mechanical Behavior of Materials*, 2nd edition, Cambridge University Press, Cambridge, 2009.

Richerson, D. W., *Modern Ceramic Engineering*, 3rd edition, CRC Press, Boca Raton, FL, 2006.

Tobolsky, A. V., *Properties and Structures of Polymers*, Wiley, New York, 1960. Tratamento avançado.

Wachtman, J. B., W. R. Cannon, and M. J. Matthewson, *Mechanical Properties of Ceramics*, 2nd edition, Wiley, Hoboken, NJ, 2009.

Ward, I. M., and J. Sweeney, *Mechanical Properties of Solid Polymers*, 3rd edition, Wiley, Chichester, UK, 2013.

PERGUNTAS E PROBLEMAS

Conceitos de Tensão e Deformação

7.1 Usando os princípios da mecânica dos materiais (isto é, as equações de equilíbrio mecânico aplicáveis a um diagrama de corpo livre), desenvolva as Equações 7.4a e 7.4b.

7.2 **(a)** As Equações 7.4a e 7.4b são expressões para as tensões normal (σ') e de cisalhamento (τ'), respectivamente, em função da tensão de tração aplicada (σ) e do ângulo da inclinação do plano sobre o qual essas tensões são tomadas (θ na Figura 7.4). Trace um gráfico mostrando os parâmetros de orientação dessas expressões (isto é, $\cos^2\theta$ e sen θ cos θ) em função de θ.

(b) A partir desse gráfico, para qual ângulo de inclinação a tensão normal terá o valor máximo?

(c) Em qual ângulo de inclinação a tensão de cisalhamento irá assumir valor máximo?

Comportamento Tensão-Deformação

7.3 Um corpo de prova de cobre com seção transversal retangular de 15,2 mm × 19,1 mm (0,60 in × 0,5 in) é carregado em tração com uma força de 44.500 N (10.000 lb$_f$), produzindo apenas deformação elástica. Calcule a deformação resultante.

7.4 Um corpo de prova cilíndrico de uma liga de níquel, com módulo de elasticidade de 207 GPa (30×10^6 psi) e diâmetro original de 10,2 mm (0,40 in) apresentará apenas deformação elástica quando uma carga de tração de 8900 N (2000 lb$_f$) for aplicada. Calcule o comprimento máximo do corpo de prova antes da deformação, se o alongamento máximo admissível é de 0,25 mm (0,010 in).

7.5 Uma barra de alumínio com 125 mm (5,0 in) de comprimento e tendo uma seção transversal quadrada com 16,5 mm (0,65 in) de aresta é carregada em tração com uma carga de 66.700 N (15.000 lb$_f$) e apresenta um alongamento de 0,43 mm ($1,7 \times 10^{-2}$ in). Considerando que a deformação é inteiramente elástica, calcule o módulo de elasticidade do alumínio.

7.6 Considere um arame cilíndrico de níquel com 2,0 mm (0,08 in) de diâmetro e 3×10^4 mm (1200 in) de comprimento. Calcule seu alongamento quando uma carga de 300 N (67 lb$_f$) é aplicada. Assuma que a deformação é totalmente elástica.

7.7 Para uma liga de latão, a tensão na qual a deformação plástica começa é de 345 MPa (50.000 psi) e o módulo de elasticidade é de 103 GPa ($15,0 \times 10^6$ psi).

(a) Qual é a carga máxima que pode ser aplicada a um corpo de prova com área de seção transversal de 130 mm² (0,2 in²) sem haver deformação plástica?

(b) Se o comprimento original do corpo de prova é de 76 mm (3,0 in), qual é o comprimento máximo ao qual ele pode ser alongado sem haver deformação plástica?

7.8 Uma barra cilíndrica de aço ($E = 207$ GPa, 30×10^6 psi) com um limite de escoamento de 310 MPa (45.000 psi) deve ser submetida a uma carga de 11.100 N (2500 lb$_f$). Se o comprimento da barra é de 500 mm (20,0 in), qual deve ser seu diâmetro para um alongamento de 0,38 mm (0,015 in)?

7.9 Calcule os módulos de elasticidade para as seguintes ligas metálicas: **(a)** titânio, **(b)** aço revenido, **(c)** alumínio e **(d)** aço-carbono. Como esses valores se comparam àqueles apresentados na Tabela 7.1 para os mesmos metais?

7.10 Considere um corpo de prova cilíndrico feito de aço (Figura 7.34) com 8,5 mm (0,33 in) de diâmetro e 80 mm (3,15 in) de comprimento que é carregado em tração. Determine seu alongamento quando uma carga de 65.250 N (14.500 lb$_f$) é aplicada.

7.11 A Figura 7.35 mostra a curva tensão-deformação de engenharia em tração na região elástica para um ferro fundido cinzento. Determine **(a)** o módulo tangente a 25 MPa (3625 psi) e **(b)** o módulo secante a 35 MPa (5000 psi).

7.12 Como foi observado na Seção 3.19, para os monocristais de algumas substâncias, as propriedades físicas são anisotrópicas – isto é, elas dependem da direção cristalográfica. Uma dessas propriedades é o módulo de elasticidade. Para monocristais cúbicos, o módulo de elasticidade em uma direção genérica [uvw], E_{uvw}, é descrito pela relação

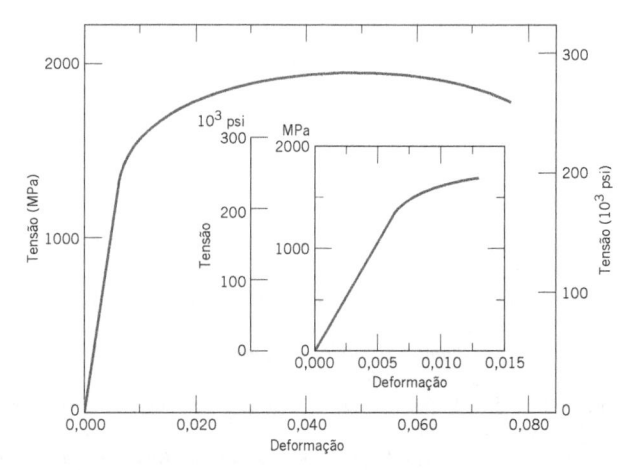

Figura 7.34 Comportamento tensão-deformação em tração para um aço.

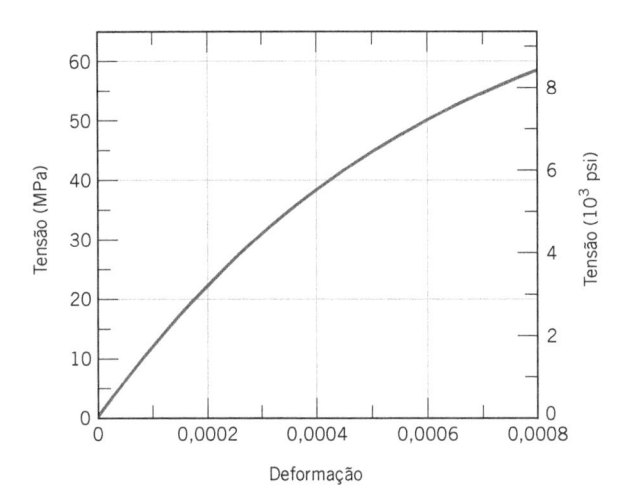

Figura 7.35 Comportamento tensão-deformação em tração para um ferro fundido cinzento.

$$\frac{1}{E_{uvw}} = \frac{1}{E_{\langle 100 \rangle}} - 3\left(\frac{1}{E_{\langle 100 \rangle}} - \frac{1}{E_{\langle 111 \rangle}}\right)$$
$$\alpha^2\beta^2 + \beta^2\gamma^2 + \gamma^2\alpha^2) \qquad (7.35)$$

em que $E_{\langle 100 \rangle}$ e $E_{\langle 111 \rangle}$ são os módulos de elasticidade nas direções [100] e [111], respectivamente; α, β e γ são os cossenos dos ângulos entre [uvw] e as respectivas direções [100], [010] e [001]. Verifique se os valores de $E_{\langle 110 \rangle}$ para o alumínio, o cobre e o ferro na Tabela 3.8 estão corretos.

7.13 Na Seção 2.6 observou-se que a energia de ligação resultante E_R entre dois íons isolados, um positivo e o outro negativo, é uma função da distância interiônica r de acordo com

$$E_R = -\frac{A}{r} + \frac{B}{r^n} \qquad (7.36)$$

em que A, B e n são constantes para o par iônico específico. A Equação 7.36 também é válida para a energia de ligação entre íons adjacentes em materiais sólidos. O módulo de elasticidade E é proporcional à inclinação da curva força interiônica-separação na separação interiônica de equilíbrio; isto é,

$$E \propto \left(\frac{dF}{dr}\right)_{r_0}$$

Desenvolva uma expressão para a dependência do módulo de elasticidade em relação a esses parâmetros A, B e n (para o sistema com dois íons) empregando o seguinte procedimento:

1. Estabeleça uma relação para a força F em função de r, tendo em mente que

$$F = \frac{dE_R}{dr}$$

2. Em seguida, tire a derivada dF/dr.

3. Desenvolva uma expressão para r_0, a separação de equilíbrio. Uma vez que r_0 corresponde ao valor de r no

ponto mínimo da curva de E_R em função de r (Figura 2.10b), tire a derivada dE_R/dr, iguale-a a zero, e resolva para r, o que irá corresponder a r_0.

4. Finalmente, substitua essa expressão para r_0 na relação que foi obtida ao calcular dF/dr.

7.14 Considerando a solução do Problema 7.13, classifique em ordem decrescente as magnitudes dos módulos de elasticidade para os materiais hipotéticos X, Y e Z. Os parâmetros A, B e n (Equação 7.36) apropriados para esses três materiais estão mostrados na tabela a seguir; eles fornecem E_R em unidades de elétron-volt e r em nanômetro.

Material	A	B	n
X	1,5	$7{,}0 \times 10^{-6}$	8
Y	2,0	$1{,}0 \times 10^{-5}$	9
Z	3,5	$4{,}0 \times 10^{-6}$	7

Propriedades Elásticas dos Materiais

7.15 Um corpo de prova cilíndrico de aço com diâmetro de 15,2 mm (0,60 in) e comprimento de 250 mm (10,0 in) é deformado elasticamente em tração com uma força de 48.900 N (11.000 lb$_f$). Com base nos dados da Tabela 7.1, determine o seguinte:

(a) A magnitude pela qual esse corpo de prova irá se alongar na direção da tensão aplicada.

(b) A variação no diâmetro do corpo de prova. O diâmetro aumenta ou diminui?

7.16 Uma barra cilíndrica de alumínio com 19 mm (0,75 in) de diâmetro deve ser deformada elasticamente pela aplicação de uma força ao longo de seu eixo. Empregando os dados na Tabela 7.1, determine a força que produz uma redução elástica de $2{,}5 \times 10^{-3}$ mm ($1{,}0 \times 10^{-4}$ in) no diâmetro.

7.17 Um corpo de prova cilíndrico de determinada liga tem 10 mm (0,4 in) de diâmetro e é tensionado elasticamente em tração. Uma força de 15.000 N (3370 lb$_f$) produz uma redução no diâmetro do corpo de prova de 7×10^{-3} mm ($2{,}8 \times 10^{-4}$ in). Calcule o coeficiente de Poisson para esse material se o seu módulo de elasticidade é de 100 GPa ($14{,}5 \times 10^6$ psi).

7.18 Um corpo de prova cilíndrico de uma liga metálica hipotética é tensionado em compressão. Se os seus diâmetros original e final são de 30,00 e 30,04 mm, respectivamente, e o seu comprimento final é de 105,20 mm, calcule o comprimento original se a deformação é totalmente elástica. Os módulos de elasticidade e de cisalhamento para essa liga são de 65,5 GPa e 25,4 GPa, respectivamente.

7.19 Considere um corpo de prova cilíndrico de alguma liga metálica hipotética com um diâmetro de 10,0 mm (0,39 in). Uma força de tração de 1500 N (340 lb$_f$) produz uma redução elástica no diâmetro de $6{,}7 \times 10^{-4}$ mm ($2{,}64 \times 10^{-5}$ in). Calcule o módulo de elasticidade dessa liga, dado que o coeficiente de Poisson é de 0,35.

7.20 Um latão apresenta um limite de escoamento de 240 MPa (35.000 psi), um limite de resistência à tração de 310 MPa (45.000 psi) e um módulo de elasticidade de 110 GPa ($16,0 \times 10^6$ psi). Um corpo de prova cilíndrico dessa liga com 15,2 mm (0,60 in) de diâmetro e 380 mm (15,0 in) de comprimento é tensionado em tração e seu alongamento é de 1,9 mm (0,075 in). Com base na informação dada, é possível calcular a magnitude da carga necessária para produzir essa alteração no comprimento? Se for possível, calcule a carga. Se não for possível, explique por quê.

7.21 Um corpo de prova metálico cilíndrico com 15,0 mm (0,59 in) de diâmetro e 150 mm (5,9 in) de comprimento deve ser submetido a uma tensão de tração de 50 MPa (7250 psi); nesse nível de tensão, a deformação resultante será totalmente elástica.

(a) Se o alongamento deve ser menor que 0,072 mm ($2,83 \times 10^{-3}$ in), quais, entre os metais na Tabela 7.1, são candidatos adequados? Por quê?

(b) Se, além disso, a redução máxima permissível no diâmetro é de $2,3 \times 10^{-3}$ mm ($9,1 \times 10^{-5}$ in) quando uma tensão de tração de 50 MPa é aplicada, quais, entre os metais que satisfazem o critério do item (a), são candidatos adequados? Por quê?

7.22 Um corpo de prova metálico cilíndrico com 10,7000 mm de diâmetro e 95,000 mm de comprimento deve ser submetido a uma força de tração de 6300 N; nesse nível de força, a deformação resultante será totalmente elástica.

(a) Se o comprimento final deve ser menor que 95,040 mm, quais, entre os metais na Tabela 7.1, são candidatos adequados? Por quê?

(b) Se, além disso, o diâmetro não deve ser maior do que 10,698 mm enquanto a força de tração de 6300 N é aplicada, quais, entre os metais que satisfazem o critério do item (a), são candidatos adequados? Por quê?

7.23 Considere a liga de latão para a qual o comportamento tensão-deformação está mostrado na Figura 7.12. Um corpo de prova cilíndrico desse material com 10,0 mm (0,39 in) de diâmetro e 101,6 mm (4,0 in) de comprimento é carregado em tração com uma força de 10.000 N (2250 lb$_f$). Se é sabido que essa liga possui um coeficiente de Poisson de 0,35, calcule: (a) o alongamento do corpo de prova e (b) a redução no diâmetro do corpo de prova.

7.24 Um bastão cilíndrico com 120 mm de comprimento e com um diâmetro de 15,0 mm deve ser deformado empregando uma carga de tração de 35.000 N. Ele não deve apresentar nem deformação plástica nem uma redução de diâmetro superior a $1,2 \times 10^{-2}$ mm. Entre os materiais listados abaixo, quais são possíveis candidatos? Justifique a(s) sua(s) escolha(s).

Material	Módulo de Elasticidade (GPa)	Limite de Escoamento (MPa)	Coeficiente de Poisson
Liga de alumínio	70	250	0,33
Liga de titânio	105	850	0,36
Aço	205	550	0,27
Liga de magnésio	45	170	0,35

7.25 Um bastão cilíndrico com 500 mm (20,0 in) de comprimento e diâmetro de 12,7 mm (0,50 in) deve ser submetido a uma carga de tração. Se o bastão não deve apresentar deformação plástica ou um alongamento de mais de 1,3 mm (0,05 in) quando a carga aplicada for de 29.000 N (6500 lb$_f$), quais, entre os quatro metais ou ligas listados na tabela a seguir, são candidatos possíveis? Justifique sua(s) escolha(s).

Material	Módulo de Elasticidade (GPa)	Limite de Escoamento (MPa)	Limite de Resistência à Tração (MPa)
Liga de alumínio	70	255	420
Latão	100	345	420
Cobre	110	210	275
Aço	207	450	550

Propriedades de Tração

7.26 A Figura 7.34 mostra o comportamento tensão-deformação de engenharia em tração para um aço.

(a) Qual é o módulo de elasticidade?

(b) Qual é o limite de proporcionalidade?

(c) Qual é a tensão limite de escoamento para uma pré-deformação de 0,002?

(d) Qual é o limite de resistência à tração?

7.27 Um corpo de prova cilíndrico de uma liga de latão com um comprimento de 100 mm (4 in) deve se alongar apenas 5 mm (0,2 in) quando uma carga de tração de 100.000 N (22.500 lb$_f$) for aplicada. Sob essas circunstâncias, qual deve ser o raio do corpo de prova? Considere que essa liga de latão exibe o comportamento tensão-deformação mostrado na Figura 7.12.

7.28 Uma carga de 140.000 N (31.500 lb$_f$) é aplicada em um corpo de prova cilíndrico de aço (que exibe o comportamento tensão-deformação mostrado na Figura 7.34), que possui uma seção transversal com diâmetro de 10 mm (0,40 in).

(a) O corpo de prova apresentará deformação elástica e/ou plástica? Por quê?

(b) Se o comprimento original do corpo de prova for de 500 mm (20 in), quanto ele aumentará em comprimento quando essa carga for aplicada?

7.29 Uma barra de aço que exibe o comportamento tensão-deformação mostrado na Figura 7.34 é submetida a uma carga de tração; o corpo de prova tem 375 mm (14,8 in) de comprimento e uma seção transversal quadrada com 5,5 mm (0,22 in) de lado.

(a) Calcule a magnitude da carga necessária para produzir um alongamento de 2,25 mm (0,088 in).

(b) Qual será a deformação após a carga ter sido liberada?

7.30 Um corpo de prova cilíndrico de aço inoxidável com diâmetro de 12,8 mm (0,505 in) e comprimento útil de 50,800 mm (2,000 in) foi carregado em tração. Use as características carga-alongamento mostradas na tabela a seguir para completar os itens (a) a (f).

Carga		Comprimento	
N	lb_f	mm	in
0	0	50,800	2,000
12.700	2.850	50,825	2,001
25.400	5.710	50,851	2,002
38.100	8.560	50,876	2,003
50.800	11.400	50,902	2,004
76.200	17.100	50,952	2,006
89.100	20.000	51,003	2,008
92.700	20.800	51,054	2,010
102.500	23.000	51,181	2,015
107.800	24.200	51,308	2,020
119.400	26.800	51,562	2,030
128.300	28.800	51,816	2,040
149.700	33.650	52,832	2,080
159.000	33.750	53,848	2,120
160.400	36.000	54,356	2,140
159.500	35.850	55,864	2,160
119.500	34,050	55,880	2,200
124.700	28,000	56,642	2,230
Fratura			

(a) Represente graficamente os dados na forma da tensão de engenharia em função da deformação de engenharia.

(b) Calcule o módulo de elasticidade.

(c) Determine o limite de escoamento para uma pré-deformação de 0,002.

(d) Determine o limite de resistência à tração dessa liga.

(e) Qual é a ductilidade aproximada em termos do alongamento percentual?

(f) Calcule o módulo de resiliência.

7.31 Um corpo de prova de magnésio que apresenta uma seção transversal retangular com dimensões de 3,2 mm × 19,1 mm (1/8 in × 3/4 in) é deformado em tração. Usando os dados carga-alongamento mostrados na tabela a seguir, complete os itens (a) a (f).

Carga		Comprimento	
N	lb_f	mm	in
0	0	2,500	63,50
310	1380	2,501	63,53
625	2780	2,502	63,56
1265	5630	2,505	63,62
1670	7430	2,508	63,70
1830	8140	2,510	63,75

Carga		Comprimento	
N	lb_f	mm	in
2220	9870	2,525	64,14
2890	12.850	2,575	65,41
3170	14.100	2,625	66,68
3225	14.340	2,675	67,95
3110	13.830	2,725	69,22
2810	12.500	2,775	70,49
Fratura			

(a) Represente graficamente os dados na forma da tensão de engenharia em função da deformação de engenharia.

(b) Calcule o módulo de elasticidade.

(c) Determine o limite de escoamento para uma pré-deformação de 0,002.

(d) Determine o limite de resistência à tração dessa liga.

(e) Calcule o módulo de resiliência.

(f) Qual é a ductilidade em termos do alongamento percentual?

7.32 Um corpo de prova metálico cilíndrico com 15,00 mm de diâmetro e 120 mm de comprimento deve ser submetido a uma força de tração de 15.000 N.

(a) Se esse metal não deve apresentar qualquer deformação plástica, quais, entre alumínio, cobre, latão, níquel, aço e titânio (Tabela 7.2), são candidatos adequados? Por quê?

(b) Se, além disso, o corpo de prova não deve alongar mais de 0,070 mm, quais, entre os metais que satisfazem o critério no item (a), são candidatos adequados? Por quê? Baseie as suas escolhas nos dados encontrados na Tabela 7.1.

7.33 Para a liga de titânio, determine o seguinte:

(a) O limite de escoamento aproximado (para uma pré-deformação de 0,002).

(b) O limite de resistência à tração.

(c) A ductilidade aproximada, em termos do alongamento percentual.

Como esses valores se comparam àqueles das duas ligas Ti-6Al-4V apresentados na Tabela B.4 do Apêndice B?

7.34 Para o aço revenido, determine o seguinte:

(a) O limite de escoamento aproximado (para uma pré-deformação de 0,002).

(b) O limite de resistência à tração.

(c) A ductilidade aproximada, em termos do alongamento percentual.

Como esses valores se comparam àqueles dos aços 4140 e 4340 temperados em óleo e revenidos apresentados na Tabela B.4 do Apêndice B?

7.35 Para a liga de alumínio, determine o seguinte:

(a) O limite de escoamento aproximado (para uma pré-deformação de 0,002).

(b) O limite de resistência à tração.

(c) A ductilidade aproximada, em termos do alongamento percentual.

Como esses valores se comparam àqueles da liga de alumínio 2024 (revenido T351) apresentados na Tabela B.4 do Apêndice B?

7.36 Para o aço-carbono (comum), determine o seguinte:

(a) O limite de escoamento aproximado.

(b) O limite de resistência à tração.

(c) A ductilidade aproximada, em termos do alongamento percentual.

7.37 Um corpo de prova metálico com formato cilíndrico com diâmetro original de 12,8 mm (0,505 in) e comprimento útil de 50,80 mm (2,000 in) é carregado em tração até a fratura. O diâmetro no ponto de fratura é de 8,13 mm (0,320 in) e o comprimento útil na fratura é de 74,17 mm (2,920 in). Calcule a ductilidade em termos da redução percentual na área e do alongamento percentual.

7.38 Calcule os módulos de resiliência para os materiais que exibem os comportamentos tensão-deformação mostrados nas Figuras 7.12 e 7.34.

7.39 Determine o módulo de resiliência para cada uma das seguintes ligas:

	Limite de Escoamento	
Material	MPa	psi
Aço	830	120.000
Latão	380	55.000
Liga de alumínio	275	40.000
Liga de titânio	690	100.000

Considere os valores dos módulos de elasticidade dados na Tabela 7.1.

7.40 Para ser usado como uma mola, um aço deve ter um módulo de resiliência de pelo menos 2,07 MPa (300 psi). Qual deve ser o seu limite de escoamento mínimo?

7.41 Usando os dados no Apêndice B, estime o módulo de resiliência (em MPa) do aço inoxidável 17-4PH recozido.

Tensão e Deformação Verdadeiras

7.42 Mostre que as Equações 7.18a e 7.18b são válidas quando não há alteração no volume durante a deformação.

7.43 Demonstre que a Equação 7.16, a expressão que define a deformação verdadeira, também pode ser representada pela expressão

$$\varepsilon_V = \ln\left(\frac{A_0}{A_i}\right)$$

quando o volume do corpo de prova permanece constante durante a deformação. Qual dessas duas expressões é mais válida durante a estricção? Por quê?

7.44 Considerando os dados no Problema 7.30 e as Equações 7.15, 7.16 e 7.18a, gere um gráfico tensão verdadeira-deformação verdadeira para o aço inoxidável. A Equação 7.18a torna-se inválida após o ponto onde a estricção começa; portanto, na tabela a seguir são dados os diâmetros medidos para os três últimos pontos, que devem ser usados nos cálculos da tensão verdadeira.

Carga		Comprimento		Diâmetro	
N	lb$_f$	mm	in	mm	in
159.500	35.850	54,864	2,160	12,22	0,481
151.500	34.050	55,880	2,200	11,80	0,464
124.700	28.000	56,642	2,230	10,65	0,419

7.45 Um ensaio de tração é realizado em um corpo de prova metálico, e determina-se que uma deformação plástica verdadeira de 0,16 é produzida quando se aplica uma tensão verdadeira de 500 MPa (72.500 psi); para o mesmo metal, o valor de K na Equação 7.19 é de 825 MPa (120.000 psi). Calcule a deformação verdadeira que resulta da aplicação de uma tensão verdadeira de 600 MPa (87.000 psi).

7.46 Para uma dada liga metálica, uma tensão verdadeira de 345 MPa (50.000 psi) produz uma deformação plástica verdadeira de 0,02. Se o comprimento original de um corpo de prova desse material é de 500 mm (20 in), qual será o alongamento quando for aplicada uma tensão verdadeira de 415 MPa (60.000 psi)? Considere um valor de 0,22 para o expoente de encruamento n.

7.47 As seguintes tensões verdadeiras produzem as deformações plásticas verdadeiras correspondentes para um latão:

Tensão Verdadeira (psi)	Deformação Verdadeira
60.000	0,5
70.000	0,25

Qual é a tensão verdadeira necessária para produzir uma deformação plástica verdadeira de 0,21?

7.48 Para um latão, as seguintes tensões de engenharia produzem as deformações plásticas de engenharia correspondentes antes da estricção:

Tensão de Engenharia (MPa)	Deformação de Engenharia
315	0,105
340	0,220

Com base nessa informação, calcule a tensão de *engenharia* necessária para produzir uma deformação de *engenharia* de 0,28.

7.49 Determine a tenacidade (ou a energia para causar fratura) para um metal que apresenta deformação tanto elástica quanto plástica. Considere a Equação 7.5 para a deformação elástica, que o módulo de elasticidade seja de 103 GPa (15×10^6 psi) e que a deformação elástica termine em uma deformação é de 0,007. Para a deformação plástica, considere que a relação entre a tensão e a deformação seja a descrita pela Equação 7.19, na qual os valores para K e n são de 1520 MPa (221.000 psi) e 0,15, respectivamente. Além disso, a deformação plástica ocorre entre valores de deformação de 0,007 e 0,60, em cujo ponto ocorre a fratura.

7.50 Para um ensaio de tração, pode ser demonstrado que a estricção começa quando

$$\frac{d\sigma_V}{d\varepsilon_V} = \sigma_V \qquad (7.37)$$

Com base na Equação 7.19, determine uma expressão para o valor da deformação verdadeira nesse ponto de início da estricção.

7.51 Tirando o logaritmo de ambos os lados da Equação 7.19, temos

$$\log \sigma_V = \log K + n \log \varepsilon_V \qquad (7.38)$$

Dessa forma, um gráfico de $\log \sigma_V$ em função do $\log \varepsilon_V$ na região plástica até o ponto de estricção deve produzir uma linha reta com uma inclinação n e um ponto de interseção (em $\log \sigma_V = 0$) de $\log K$.

Usando os dados apropriados listados no Problema 7.30, trace um gráfico de $\log \sigma_V$ em função de $\log \varepsilon_V$ e determine os valores de n e de K. Será necessário converter as tensões e deformações de engenharia em tensões e deformações verdadeiras usando as Equações 7.18a e 7.18b.

Recuperação Elástica após a Deformação Plástica

7.52 Um corpo de prova cilíndrico de latão com 10,0 mm (0,39 in) de diâmetro e 120,0 mm (4,72 in) de comprimento é carregado em tração com uma força de 11.750 N (2640 lb$_f$); a força é liberada na sequência.

(a) Calcule o comprimento final do corpo de prova nesse instante. O comportamento tensão-deformação em tração para essa liga está mostrado na Figura 7.12.

(b) Calcule o comprimento final do corpo de prova quando a carga é aumentada para 23.500 N (5280 lb$_f$) e então é liberada.

7.53 Um corpo de prova de aço e que apresenta uma seção transversal retangular com dimensões de 19 mm × 3,2 mm (3/4 in × 1/8 in) exibe o comportamento tensão-deformação mostrado na Figura 7.34. Esse corpo de prova é submetido a uma força de tração de 110.000 N (25.000 lb$_f$).

(a) Determine os valores das deformações elástica e plástica.

(b) Se o comprimento original for de 610 mm (24,0 in), qual será o seu comprimento final após a carga no item (a) ter sido aplicada e então liberada?

Resistência à Flexão (Cerâmicas)

7.54 Um ensaio de flexão em três pontos é realizado em um corpo de prova de espinélio ($MgAl_2O_4$) com seção transversal retangular, com altura $d = 3,8$ mm (0,15 in) e com largura $b = 9$ mm (0,35 in); a distância entre os pontos de apoio é de 25 mm (1,0 in).

(a) Calcule a resistência à flexão se a carga na fratura é de 350 N (80 lb$_f$).

(b) O ponto com deflexão máxima Δy ocorre no centro do corpo de prova e é descrito por

$$\Delta y = \frac{FL^3}{48EI} \qquad (7.39)$$

em que E é o módulo de elasticidade e I é o momento de inércia da seção transversal. Calcule o valor de Δy para uma carga de 310 N (70 lb$_f$).

7.55 Um corpo de prova circular de MgO é carregado usando um modo de flexão em três pontos. Calcule o menor raio possível para o corpo de prova sem que haja fratura, dado que a carga aplicada é de 5560 N (1250 lb$_f$), a resistência à flexão é de 105 MPa (15.000 psi) e a separação entre os pontos de apoio é de 45 mm (1,75 in).

7.56 Um ensaio de flexão em três pontos foi realizado em um corpo de prova de óxido de alumínio com seção transversal circular de 5,0 mm (0,20 in) de raio. O corpo de prova fraturou sob uma carga de 3000 N (675 lb$_f$) quando a distância entre os pontos de apoio era de 40 mm (1,6 in). Outro ensaio deve ser realizado em um corpo de prova desse mesmo material, porém com seção transversal quadrada de 15 mm (0,6 in) de comprimento em cada aresta. Sob qual carga seria esperada a fratura desse corpo de prova, no caso em que a separação entre os pontos de apoio fosse de 40 mm (1,6 in)?

7.57 (a) Um ensaio de flexão transversal em três pontos é conduzido em um corpo de prova cilíndrico de óxido de alumínio que tem uma resistência à flexão relatada de 300 MPa (43.500 psi). Se o raio do corpo de prova é de 5,0 mm (0,20 in) e a distância de separação entre os pontos de apoio é de 15 mm (0,61 in), você espera que o corpo de prova frature quando uma carga de 7500 N (1690 lb$_f$) for aplicada? Justifique sua resposta.

(b) Você tem 100 % de certeza quanto à resposta do item (a)? Por que sim, ou por que não?

Influência da Porosidade sobre as Propriedades Mecânicas das Cerâmicas

7.58 O módulo de elasticidade para o espinélio ($MgAl_2O_4$) com 5 % vol de porosidade é de 240 GPa (35×10^6 psi).

(a) Calcule o módulo de elasticidade para o material sem porosidade.

(b) Calcule o módulo de elasticidade para o material com 15 % vol de porosidade.

7.59 O módulo de elasticidade para o carbeto de titânio (TiC) com 5 % vol de porosidade é de 310 GPa (45×10^6 psi).

(a) Calcule o módulo de elasticidade para o material sem porosidade.

(b) Em qual porcentagem em volume de porosidade o módulo de elasticidade será de 240 GPa (35×10^6 psi)?

7.60 Usando os dados na Tabela 7.2, faça o seguinte:

(a) Determine a resistência à flexão para o MgO isento de porosidade, considerando um valor de 3,75 para n na Equação 7.22.

(b) Calcule a fração volumétrica da porosidade na qual a resistência à flexão do MgO é de 74 MPa (10.700 psi).

7.61 A resistência à flexão e a fração volumétrica da porosidade associada para duas amostras do mesmo material cerâmico são as seguintes:

σ_{rf} (MPa)	P
70	0,10
60	0,15

(a) Calcule a resistência à flexão para uma amostra desse material completamente isenta de porosidade.

(b) Calcule a resistência à flexão para uma fração volumétrica da porosidade de 0,20.

Comportamento Tensão-Deformação (Polímeros)

7.62 A partir dos dados tensão-deformação para o poli(metil metacrilato) mostrados na Figura 7.24, determine o módulo de elasticidade e o limite de resistência à tração à temperatura ambiente [20 °C (68 °F)] e compare esses valores com aqueles fornecidos nas Tabelas 7.1 e 7.2.

7.63 Calcule os módulos de elasticidade para os seguintes polímeros:

(a) polietileno de alta densidade

(b) náilon

(c) fenol-formaldeído (Baquelite).

Como esses valores se comparam com aqueles apresentados na Tabela 7.1 para os mesmos polímeros?

7.64 Para o náilon, determine o seguinte:

(a) O limite de escoamento.

(b) A ductilidade aproximada, em termos do alongamento percentual.

Como esses valores se comparam com aqueles para o náilon indicados na Tabela 7.2?

7.65 Para o fenol-formaldeído (Baquelite), determine o seguinte:

(a) O limite de resistência à tração.

(b) A ductilidade aproximada, em termos do alongamento percentual.

Como esses valores se comparam com aqueles para o fenol-formaldeído apresentados na Tabela 7.2?

Deformação Viscoelástica

7.66 Descreva sucintamente com suas próprias palavras o fenômeno da *viscoelasticidade*.

7.67 Para alguns polímeros viscoelásticos submetidos a ensaios de relaxação de tensões, a tensão decai em função do tempo de acordo com

$$\sigma(t) = \sigma(0)\exp\left(-\frac{t}{\tau}\right)$$

em que $\sigma(t)$ e $\sigma(0)$ representam, respectivamente, as tensões dependente do tempo e inicial (isto é, em $t = 0$), enquanto t e τ representam, respectivamente, o tempo decorrido e o tempo de relaxação; τ é uma constante independente do tempo, característica do material. Um corpo de prova de um dado polímero viscoelástico cuja relaxação de tensões obedece à Equação 7.40 foi repentinamente carregado em tração até uma deformação de 0,5; a tensão necessária para manter essa deformação constante foi medida em função do tempo. Determine o valor de $E_r(10)$ para esse material se o nível de tensão inicial era de 3,5 MPa (500 psi), o qual caiu para 0,5 MPa (70 psi) após 30 s.

7.68 Na Figura 7.36 estão representados graficamente os logaritmos de $E_r(t)$ em função do logaritmo do tempo para o PMMA em diversas temperaturas. Trace um gráfico de log $E_r(10)$ em função da temperatura e então estime o valor de T_g.

7.69 Com base nas curvas da Figura 7.26, esboce os gráficos deformação-tempo esquemáticos para os seguintes poliestirenos nas temperaturas especificadas:

(a) Cristalino a 70 °C

(b) Amorfo a 180 °C

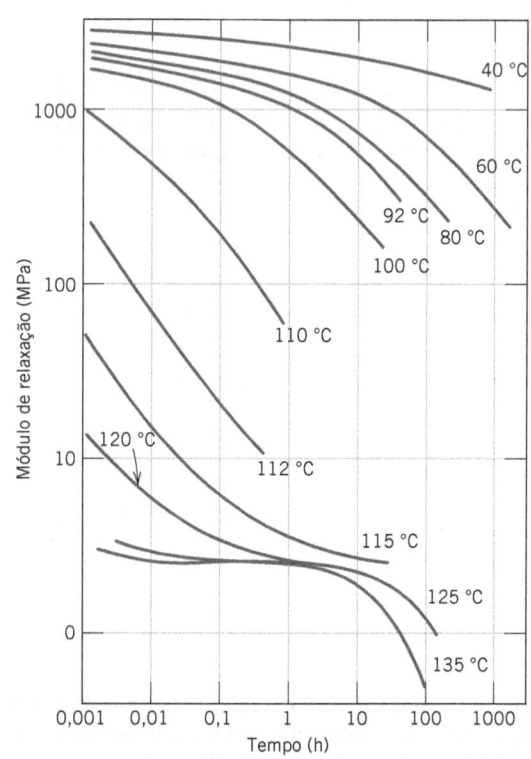

Figura 7.36 Logaritmo do módulo de relaxação em função do logaritmo do tempo para o poli(metil metacrilato) entre 40 °C e 135 °C.
(De J. R. McLoughlin and A. V. Tobolski, *J. Colloid Sci.*, 7, 555, 1952. Reimpresso com permissão.)

(c) Com ligações cruzadas a 180 °C

(d) Amorfo a 100 °C

7.70 (a) Compare as maneiras pelas quais os ensaios de relaxação de tensões e de fluência viscoelástica são realizados.

(b) Para cada um desses ensaios, cite o parâmetro experimental de interesse e como ele é determinado.

7.71 Trace dois gráficos esquemáticos do logaritmo do módulo de relaxação em função da temperatura para um polímero amorfo (curva *C* na Figura 7.29).

(a) Em um desses gráficos, demonstre como o comportamento muda com o aumento do peso molecular.

(b) No outro gráfico, indique a mudança no comportamento com o aumento no nível de ligações cruzadas.

Dureza

7.72 (a) Um penetrador para ensaios de dureza Brinell com 10 mm de diâmetro produziu uma impressão com diâmetro de 2,50 mm em um aço quando foi empregada uma carga de 1000 kg. Calcule a dureza HB desse material.

(b) Qual será o diâmetro de uma impressão para produzir uma dureza de 300 HB quando for aplicada uma carga de 500 kg?

7.73 (a) Calcule a dureza Knoop quando uma carga de 500 g produz um comprimento diagonal de impressão de 100 µm.

(b) A HK medida para determinado material é 200. Calcule a carga aplicada se o comprimento da diagonal da impressão é de 0,25 mm.

7.74 (a) Qual é o comprimento da diagonal da impressão quando uma carga de 0,60 kg produz uma dureza Vickers HV de 400?

(b) Calcule a dureza Vickers quando uma carga de 700 g produz um comprimento da diagonal da impressão de 0,050 mm.

7.75 Estime as durezas Brinell e Rockwell para os seguintes materiais:

(a) O latão naval para o qual o comportamento tensão-deformação está mostrado na Figura 7.12.

(b) O aço para a qual o comportamento tensão-deformação está apresentado na Figura 7.34.

7.76 Considerando os dados representados na Figura 7.31, especifique equações que relacionem o limite de resistência à tração e a dureza Brinell para o latão e o ferro fundido nodular, semelhantes às Equações 7.25a e 7.25b para os aços.

Variabilidade nas Propriedades dos Materiais

7.77 Cite cinco fatores que levam a dispersões nas medições das propriedades dos materiais.

7.78 A tabela a seguir lista alguns valores de dureza Rockwell G que foram medidos em um único corpo de prova de aço. Calcule os valores para a média e o desvio-padrão da dureza.

47,3	48,7	47,1
52,1	50,0	50,4
45,6	46,2	45,9
49,9	48,3	46,4
47,6	51,1	48,5
50,4	46,7	49,7

7.79 A tabela a seguir lista alguns valores de limite de escoamento (em MPa) que foram medidos na mesma liga de alumínio. Calcule os valores para a média e o desvio-padrão do limite de escoamento.

274,3	277,1	263,8
267,5	258,6	271,2
255,4	266,9	257,6
270,8	260,1	264,3
261,7	279,4	260,5

Fatores de Projeto/Segurança

7.80 Quais são os três critérios nos quais estão baseados os fatores de segurança?

7.81 Determine as tensões de trabalho para as duas ligas cujos comportamentos tensão-deformação estão mostrados nas Figuras 7.12 e 7.34.

Problema com Planilha Eletrônica

7.1PE Para um corpo de prova metálico com formato cilíndrico carregado em tração até a fratura, fornecido um conjunto de dados de carga e seus comprimentos correspondentes, assim como o diâmetro e o comprimento antes da deformação, gere uma planilha que permitirá ao usuário representar graficamente **(a)** a tensão de engenharia em função da deformação de engenharia e **(b)** a tensão verdadeira em função da deformação verdadeira até o ponto da estricção.

PROBLEMAS DE PROJETO

7.P1 Uma grande torre deve ser sustentada por uma série de cabos de aço; estima-se que a carga sobre cada cabo será de 13.300 N (3000 lb$_f$). Determine o diâmetro mínimo necessário para o cabo, considerando um fator de segurança de 2,0 e um limite de escoamento de 860 MPa (125.000 psi) para o aço.

7.P2 (a) Considere um tubo cilíndrico com paredes finas e raio de 65 mm que deve ser usado para transportar gás pressurizado. Se as pressões interna e externa do tubo são de 100 e 2,0 atm (10,13 e 0,2026 MPa), respectivamente, calcule a espessura mínima necessária para cada uma das seguintes ligas metálicas. Assuma um fator de segurança de 3,5.

(b) Um tubo construído a partir de qual das ligas irá ter o menor custo?

Liga	Limite de Escoamento, σ_l (MPa)	Densidade, ρ (g/cm³)	Custo por Unidade de Massa, $\bar{c}$ (US$/kg)
Aço (comum)	375	7,8	1,50
Aço (liga)	1000	7,8	2,75
Ferro fundido	225	7,1	3,50
Alumínio	275	2,7	5,00
Magnésio	175	1,8	16,00

7.P3 (a) Hidrogênio gasoso a uma pressão constante de 0,658 MPa (5 atm) deve escoar pelo lado interno de um tubo cilíndrico de níquel com paredes finas e com raio de 0,125 m. A temperatura no tubo deve ser de 350 °C e a pressão do hidrogênio no exterior do tubo será mantida em 0,0127 MPa (0,125 atm). Calcule a espessura mínima da parede se o fluxo difusivo não deve ser superior a $1,25 \times 10^{-7}$ mol/m² · s. A concentração de hidrogênio no níquel, C_H (em mols de hidrogênio por m³ de Ni), é uma função da pressão do hidrogênio, P_{H_2} (em MPa), e da temperatura absoluta, T, de acordo com

$$C_H = 30,8\sqrt{p_{H_2}}\exp\left(-\frac{12.300\ \text{J/mol}}{RT}\right) \quad (7.41)$$

Além disso, o coeficiente de difusão para a difusão do H no Ni depende da temperatura segundo a relação

$$D_H(\text{m}^2/\text{s}) = 4,76 \times 10^{-7}\exp\left(-\frac{39.560\ \text{J/mol}}{RT}\right) \quad (7.42)$$

(b) Para tubos cilíndricos com paredes finas que são pressurizados, a tensão circunferencial é uma função da diferença de pressão através da parede (Δp), do raio do cilindro (r) e da espessura do tubo (Δx) conforme a Equação 7.30 – isto é,

$$\sigma = \frac{r\Delta p}{\Delta x} \quad (7.30a)$$

Calcule a tensão circunferencial à qual as paredes desse cilindro pressurizado estão submetidas.
[*Nota*: O símbolo t é usado para a espessura da parede do cilindro na Equação 7.30 encontrada no Problema-Exemplo 7.2; nessa versão da Equação 7.30 (isto é, Equação 7.30a) representamos a espessura da parede por Δx.]

(c) O limite de escoamento do Ni à temperatura ambiente é de 100 MPa (15.000 psi) e σ_l diminui em aproximadamente 5 MPa para cada 50 °C de elevação na temperatura. Você esperaria que a espessura de parede calculada no item (b) seja adequada para esse cilindro de Ni a 350 °C? Por que sim, ou por que não?

(d) Se essa espessura for considerada adequada, calcule a espessura mínima que poderia ser usada sem nenhuma deformação das paredes do tubo. Em quanto o fluxo difusivo aumentaria com essa redução na espessura? Entretanto, se a espessura calculada no item (c) não for adequada, especifique a espessura mínima

que deveria ser usada. Nesse caso, qual seria a redução resultante no fluxo difusivo?

7.P4 Considere a difusão de hidrogênio em regime estacionário através das paredes de um tubo cilíndrico de níquel conforme descrito no Problema 7.P3. Um projeto especifica um fluxo difusivo de $2,5 \times 10^{-8}$ mol/m² · s, um tubo com raio de 0,100 m e pressões interna e externa de 1,015 MPa (10 atm) e 0,01015 MPa (0,1 atm), respectivamente; a temperatura máxima admissível é de 300 °C. Especifique uma temperatura e uma espessura de parede adequadas para obter esse fluxo difusivo e ainda garantir que as paredes do tubo não apresentarão nenhuma deformação permanente.

7.P5 É necessário selecionar um material cerâmico para ser submetido a tensão usando um dispositivo de carregamento em três pontos (Figura 7.18). O corpo de prova deve ter uma seção transversal circular, um raio de 3,8 mm (0,15 in) e não deve sofrer fratura ou uma deflexão superior a 0,021 mm ($8,5 \times 10^{-4}$ in) em seu centro quando uma carga de 445 N (100 lb$_f$) for aplicada. Se a distância entre os pontos de apoio é de 50,8 mm (2 in), quais, entre os materiais listados na Tabela 7.2, são possíveis candidatos? A magnitude da deflexão no ponto central pode ser calculada usando a Equação 7.39.

PERGUNTAS E PROBLEMAS SOBRE FUNDAMENTOS DA ENGENHARIA

7.1FE Uma barra de aço é carregada em tração com uma tensão que é menor que seu limite de escoamento. O módulo de elasticidade pode ser calculado como

(A) Tensão axial dividida pela deformação axial

(B) Tensão axial dividida pela variação no comprimento

(C) Tensão axial vezes a deformação axial

(D) Carga axial dividida pela variação no comprimento

7.2FE Um corpo de prova cilíndrico de latão com um diâmetro de 20 mm, um módulo de tração de 110 GPa e um coeficiente de Poisson de 0,35 é carregado em tração com uma força de 40.000 N. Se a deformação é totalmente elástica, qual é a deformação apresentada pelo corpo de prova?

(A) 0,00116

(B) 0,00029

(C) 0,00463

(D) 0,01350

7.3FE A figura a seguir mostra a curva tensão-deformação em tração para um aço-carbono comum.

(a) Qual é o limite de resistência à tração dessa liga?

(A) 650 MPa

(B) 300 MPa

(C) 570 MPa

(D) 3000 MPa

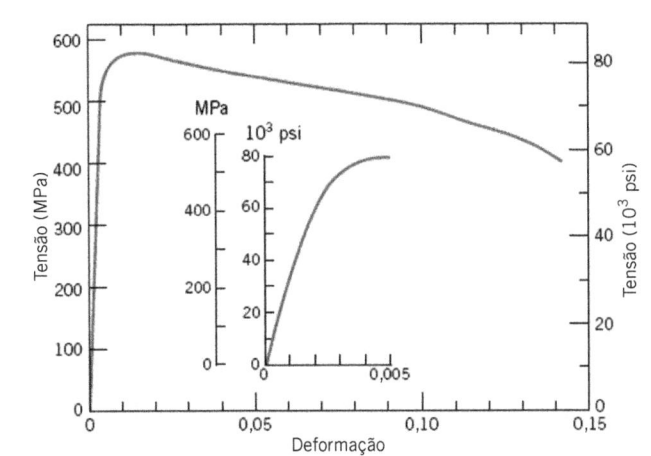

Reimpresso com permissão de John Wiley & Sons, Inc.

(b) Qual é o seu módulo de elasticidade?

(A) 320 GPa

(B) 400 GPa

(C) 500 GPa

(D) 215 GPa

(c) Qual é o limite de escoamento?

(A) 550 MPa

(B) 420 MPa

(C) 600 MPa

(D) 1000 MPa

7.4FE Um corpo de prova de aço apresenta uma seção transversal retangular com 20 mm de largura e 40 mm de altura, um módulo de elasticidade de 207 GPa e um coeficiente de Poisson de 0,30. Se esse corpo de prova for carregado em tração com uma força de 60.000 N, qual será a variação na largura se a deformação for totalmente elástica?

(A) Aumento na largura de $3,62 \times 10^{-6}$ m

(B) Diminuição na largura de $7,24 \times 10^{-6}$ m

(C) Aumento na largura de $7,24 \times 10^{-6}$ m

(D) Diminuição na largura de $2,18 \times 10^{-6}$ m

7.5FE Um corpo de prova cilíndrico de latão não deformado que possui um raio de 300 mm é deformado elasticamente até uma deformação de tração de 0,001. Se o coeficiente de Poisson para esse latão é de 0,35, qual é a variação no diâmetro do corpo de prova?

(A) Aumento de 0,028 mm

(B) Diminuição de $1,05 \times 10^{-4}$ m

(C) Diminuição de $3,00 \times 10^{-4}$ m

(D) Aumento de $1,05 \times 10^{-4}$ m

Capítulo 8

Mecanismos de Deformação e de Aumento da Resistência

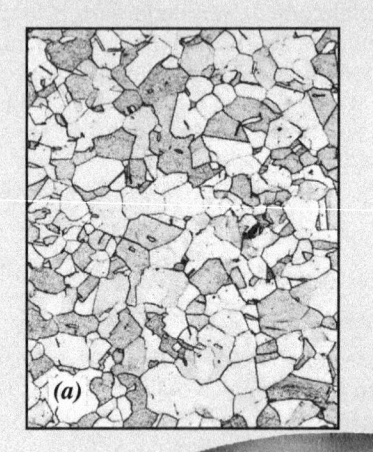

(a)

A fotografia mostrada na Figura (b) é de uma lata de bebida de alumínio parcialmente conformada. A fotomicrografia associada na Figura (a) representa a aparência da estrutura de grãos do alumínio – isto é, os grãos são equiaxiais (tendo aproximadamente as mesmas dimensões em todas as direções).

A Figura (c) mostra uma lata de bebida totalmente conformada, cuja fabricação é feita por uma série de operações de estiramento profundo durante as quais as paredes da lata são deformadas plasticamente (isto é, são estiradas). Os grãos de alumínio nessas paredes mudam de forma – isto é, eles se alongam na direção do estiramento. A estrutura de grãos resultante é semelhante àquela mostrada na fotomicrografia correspondente, Figura (d). A ampliação das Figuras (a) e (d) é de 150×.

(b)

(c)

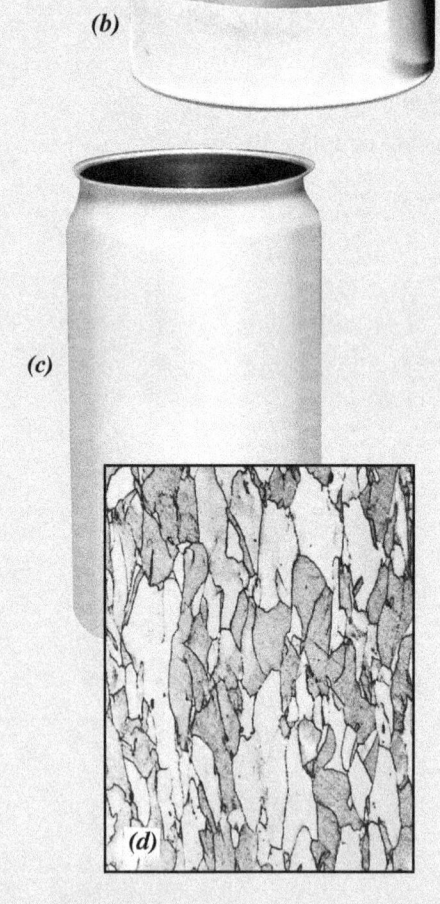

(d)

[As fotomicrografias das Figuras (a) e (d) foram tiradas de W. G. Moffatt, G. W. Pearsall e J. Wulff, *The Structure and Properties of Materials*, Vol. I, *Structure*, p. 140. Copyright © 1964 por John Wiley & Sons, New York. Figuras (b) e (c) © William D. Callister, Jr.]

Com conhecimento da natureza das discordâncias e do papel que elas desempenham no processo de deformação plástica, somos capazes de compreender os mecanismos que estão por trás das técnicas usadas para aumentar a resistência e endurecer os metais e suas ligas. Dessa forma, torna-se possível projetar e adaptar as propriedades mecânicas dos materiais –

por exemplo, a resistência ou a tenacidade de um compósito de matriz metálica.

Além disso, a compreensão dos mecanismos pelos quais os polímeros se deformam elástica e plasticamente permite alterar e controlar seus módulos de elasticidade e de suas resistências (Seções 8.17 e 8.18).

Objetivos do Aprendizado

Após estudar este capítulo, você deverá ser capaz de realizar o seguinte:

1. Descrever o movimento de discordâncias aresta e espiral a partir de uma perspectiva atômica.
2. Descrever como a deformação plástica ocorre pelo movimento de discordâncias aresta e espiral em resposta à aplicação de tensão de cisalhamento.
3. Definir *sistema de escorregamento* e citar um exemplo.
4. Descrever como a estrutura de grãos de um metal policristalino é alterada quando o metal é deformado plasticamente.
5. Explicar como os contornos dos grãos impedem o movimento das discordâncias e por que um metal com grãos pequenos é mais resistente que um metal com grãos maiores.
6. Descrever e explicar o aumento da resistência por solução sólida para átomos de impureza substitucionais em termos das interações das deformações da rede com as discordâncias.
7. Descrever e explicar o fenômeno de endurecimento por encruamento (ou trabalho a frio) em termos das interações das discordâncias e dos campos de deformação.
8. Descrever a recristalização em termos tanto da alteração da microestrutura como das características mecânicas do material.
9. Descrever o fenômeno do crescimento dos grãos a partir das perspectivas microscópica e atômica.
10. Com base em considerações de escorregamento, explicar por que os materiais cerâmicos cristalinos são, em geral, frágeis.
11. Descrever/esboçar os vários estágios nas deformações elástica e plástica de um polímero semicristalino (esferulítico).
12. Discutir a influência dos seguintes fatores sobre o módulo de tração e/ou limite de resistência à tração dos polímeros: (a) peso molecular, (b) grau de cristalinidade, (c) pré-deformação e (d) tratamento térmico de materiais não deformados.
13. Descrever o mecanismo molecular pelo qual os polímeros elastoméricos se deformam elasticamente.

8.1 INTRODUÇÃO

Neste capítulo, exploramos vários mecanismos de deformação que foram propostos para explicar os comportamentos de deformação dos metais, cerâmicas e materiais poliméricos. As técnicas que podem ser usadas para aumentar a resistência dos vários tipos de materiais são descritas e explicadas em termos desses mecanismos de deformação.

Mecanismos de Deformação para os Metais

O Capítulo 7 explicou que os materiais metálicos podem apresentar dois tipos de deformação: elástica e plástica. A deformação plástica é permanente e a resistência e a dureza são medidas da resistência de um material a essa deformação. Em uma escala microscópica, a deformação plástica corresponde ao movimento resultante de grande número de átomos em resposta à aplicação de uma tensão. Durante esse processo, as ligações interatômicas devem ser rompidas e então novamente formadas. Além disso, a deformação plástica envolve, na maioria das vezes, o movimento de discordâncias – defeitos cristalinos lineares que foram introduzidos na Seção 5.7, a qual discute as características das discordâncias e seu envolvimento com a deformação plástica. As Seções 8.9 a 8.11 apresentam várias técnicas para o aumento da resistência de metais monofásicos, cujos mecanismos são descritos em termos de discordâncias.

8.2 HISTÓRICO

Os primeiros estudos de materiais levaram ao cálculo das resistências teóricas de cristais perfeitos, que eram muitas vezes maiores que aquelas efetivamente medidas. Durante a década de 1930, foi postulado que essa discrepância nas resistências mecânicas poderia ser explicada por um tipo de defeito cristalino linear, que desde então ficou conhecido como *discordância*. Contudo, não foi senão na década de 1950 que se estabeleceu a existência de tais defeitos, pela observação direta em um microscópio eletrônico. Desde então, a teoria de discordâncias evoluiu para explicar muitos dos fenômenos físicos e mecânicos nos metais [assim como nas cerâmicas cristalinas (Seção 8.15)].

8.3 CONCEITOS BÁSICOS DAS DISCORDÂNCIAS

Os dois tipos fundamentais de discordâncias são a discordância aresta e a discordância espiral. Em uma discordância aresta, há uma distorção localizada da rede ao longo da extremidade de um semiplano extra de átomos, que também define a linha da discordância (Figura 5.9). Uma discordância espiral pode ser considerada como resultante de uma distorção por cisalhamento; a linha da discordância passa pelo centro de uma rampa espiral de plano de átomos (Figura 5.10). Muitas discordâncias em materiais cristalinos apresentam tanto componentes em aresta quanto em espiral; essas são as discordâncias mistas (Figura 5.11).

A deformação plástica corresponde ao movimento de grandes números de discordâncias. Uma discordância aresta move-se em resposta à aplicação de uma tensão de cisalhamento em direção perpendicular à sua linha; a mecânica do movimento de uma discordância está representada na Figura 8.1. Considere o semiplano de átomos adicional inicial como plano A. Quando a tensão de cisalhamento é aplicada como está indicado (Figura 8.1a), o plano A é forçado para a direita; isso, por sua vez, empurra as metades superiores dos planos B, C, D, e assim por diante, nessa mesma direção. Se a tensão de cisalhamento aplicada tem magnitude suficiente, as ligações interatômicas do plano B são rompidas ao longo do plano de cisalhamento, e a metade superior do plano B torna-se o semiplano adicional, à medida que o plano A se liga à metade inferior do plano B (Figura 8.1b). Esse processo se repete subsequentemente para os outros planos, de modo tal que o semiplano adicional, mediante passos discretos, se move da esquerda para a direita por sucessivas e repetidas quebras de ligações e deslocamentos em distâncias interatômicas dos semiplanos superiores. Antes e depois do movimento de uma discordância através de uma região específica do cristal, o arranjo atômico é ordenado e perfeito; é apenas durante a passagem do semiplano adicional que a estrutura da rede é perturbada. Ao final do processo, esse semiplano adicional pode emergir da superfície à direita do cristal, formando um degrau que tem a largura de uma distância atômica; isso está mostrado na Figura 8.1c.

Aresta

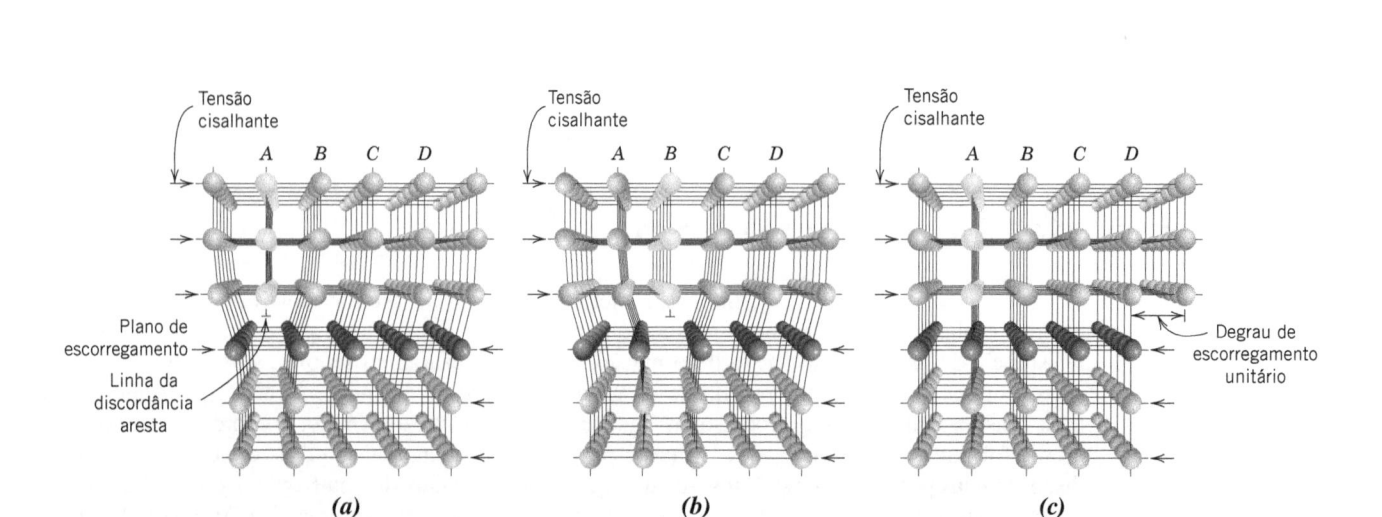

(a)   *(b)*   *(c)*

Figura 8.1 Rearranjos atômicos que acompanham o movimento de uma discordância aresta à medida que ela se move em resposta à aplicação de uma tensão de cisalhamento. (a) O semiplano de átomos adicional é chamado de A. (b) A discordância move-se uma distância atômica para a direita conforme A liga-se à porção inferior do plano B; nesse processo, a porção superior de B torna-se o semiplano adicional. (c) Um degrau se forma na superfície do cristal quando o semiplano adicional alcança a superfície.

escorregamento

O processo pelo qual a deformação plástica é produzida pelo movimento de uma discordância é denominado **escorregamento**; o plano cristalográfico ao longo do qual a linha da discordância se move é o *plano de escorregamento*, como está indicado na Figura 8.1. A deformação plástica macroscópica corresponde simplesmente a uma deformação permanente que resulta do movimento de discordâncias, ou escorregamento, em resposta à aplicação de uma tensão de cisalhamento, como está representado na Figura 8.2*a*.

O movimento da discordância é análogo ao modo de locomoção utilizado por uma lagarta (Figura 8.3). A lagarta forma uma corcova próxima à sua extremidade posterior puxando para frente seu último par de pernas o equivalente a uma unidade de distância das pernas. A corcova é impelida para a frente pelo movimento repetido de elevação e de mudança de posição dos pares de pernas. Quando a corcova atinge a extremidade anterior, toda a lagarta se moveu para frente o equivalente a uma distância de separação entre seus pares de pernas. A corcova da lagarta e seu movimento correspondem ao semiplano de átomos adicional no modelo da deformação plástica por discordâncias.

Espiral, Mista

O movimento de uma discordância espiral em resposta à aplicação de uma tensão de cisalhamento está mostrado na Figura 8.2*b*; a direção do movimento é perpendicular à direção da tensão. Para uma discordância aresta, o movimento é paralelo à tensão de cisalhamento. Contudo, a deformação plástica resultante para os movimentos de ambos os tipos de discordâncias é a mesma (Figura 8.2). A direção do movimento da linha da discordância mista não é nem perpendicular nem paralela à tensão aplicada, mas encontra-se entre esses dois extremos.

densidade de discordâncias

Todos os metais e ligas contêm algumas discordâncias que foram introduzidas durante a solidificação, durante a deformação plástica e como consequência das tensões térmicas que resultam de um resfriamento rápido. O número de discordâncias, ou **densidade de discordâncias** em um material, é expresso como o comprimento total das discordâncias por unidade de volume ou, de maneira equivalente, o número de discordâncias que intercepta uma área unitária de uma seção aleatória.

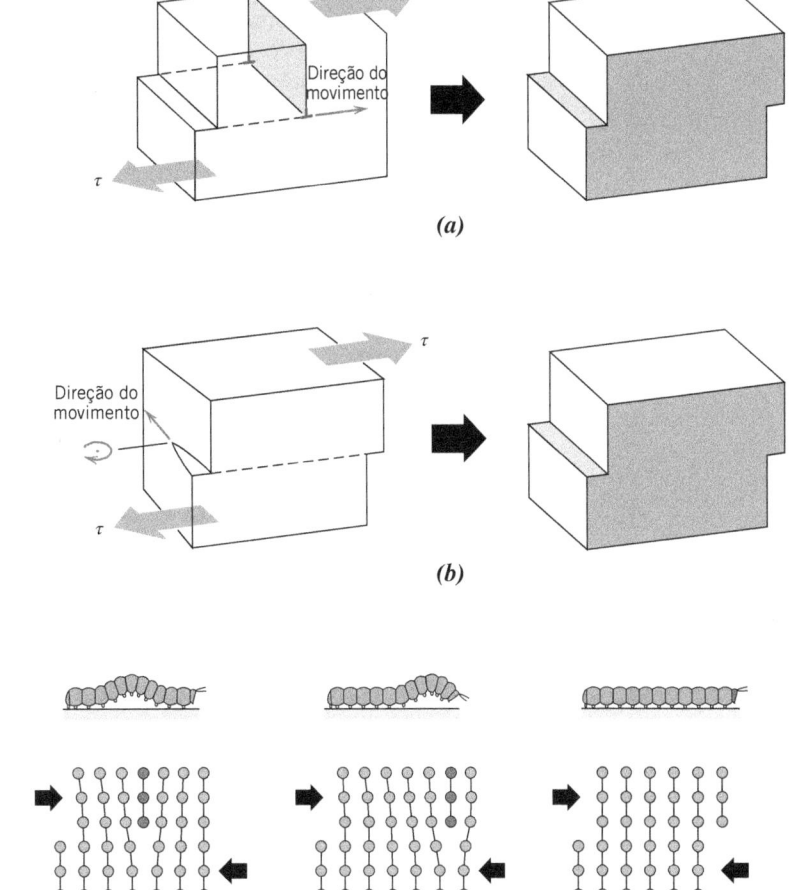

(a)

(b)

Figura 8.2 Formação de um degrau sobre a superfície de um cristal pelo movimento de (*a*) uma discordância aresta e (*b*) uma discordância espiral. Observe que, para uma discordância aresta, a linha da discordância se move na direção da tensão de cisalhamento aplicada, τ; para uma discordância espiral, o movimento da linha da discordância é perpendicular à direção da tensão.
(Adaptado de H. W. Hayden, W. G. Moffatt e J. Wulff, *The Structure and Properties of Materials*, Vol. III, *Mechanical Behavior*, p. 70. Copyright © 1965 por John Wiley & Sons, New York. Reimpresso sob permissão de John Wiley & Sons, Inc.)

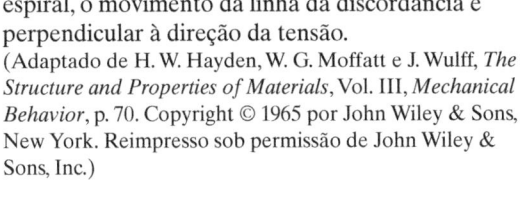

Figura 8.3 Analogia entre os movimentos de uma lagarta e de uma discordância.

As unidades para a densidade de discordâncias são milímetros de discordância por milímetro cúbico ou, simplesmente, por milímetro quadrado. Densidades de discordâncias tão baixas quanto 10^3 mm^{-2} são comumente encontradas em cristais metálicos que foram cuidadosamente solidificados. Em metais altamente deformados, a densidade pode ser tão elevada quanto 10^9 a 10^{10} mm^{-2}. O tratamento térmico de uma amostra metálica deformada pode reduzir a densidade de discordâncias para até aproximadamente 10^5 a 10^6 mm^{-2}. Em contraste, a densidade de discordâncias típica dos materiais cerâmicos fica entre 10^2 e 10^4 mm^{-2}; para os monocristais de silício empregados em circuitos integrados, os valores normalmente estão entre 0,1 e 1 mm^{-2}.

8.4 CARACTERÍSTICAS DAS DISCORDÂNCIAS

Várias características das discordâncias são importantes em relação às propriedades mecânicas dos metais. Essas incluem os campos de deformação existentes ao redor das discordâncias, que são importantes na determinação da mobilidade das discordâncias, assim como em relação às suas habilidades de multiplicação.

Quando os metais são deformados plasticamente, uma fração da energia de deformação (aproximadamente 5 %) é retida internamente; o restante é dissipado como calor. A maior parcela dessa energia é armazenada como energia de deformação, associada às discordâncias. Considere a discordância aresta representada na Figura 8.4. Como mencionado anteriormente, há alguma distorção da rede atômica ao redor da linha da discordância devido à presença do semiplano de átomos adicional.
deformação da rede Como consequência disso, existem regiões em que **deformações da rede**, compressivas, trativas e cisalhantes, são impostas sobre os átomos vizinhos. Por exemplo, os átomos imediatamente acima e adjacentes à linha da discordância são pressionados uns contra os outros. Como resultado, esses átomos podem ser considerados como se estivessem submetidos a uma deformação de compressão em relação aos átomos posicionados no cristal perfeito e localizados distantes da discordância; isso está ilustrado na Figura 8.4. Diretamente abaixo do semiplano, o efeito é justamente o oposto; os átomos da rede estão submetidos a uma deformação de tração, como está mostrado. Também existem deformações de cisalhamento na vizinhança da discordância aresta. Para uma discordância espiral, as deformações da rede são apenas puramente de cisalhamento. Essas distorções da rede podem ser consideradas como campos de deformação que se irradiam a partir da linha da discordância. As deformações se estendem para os átomos vizinhos, e suas magnitudes diminuem em função da distância radial a partir da discordância.

Os campos de deformação ao redor de discordâncias que estão próximas umas das outras podem interagir, tal que são impostas forças sobre cada discordância pelas interações combinadas de todas as suas discordâncias vizinhas. Por exemplo, considere duas discordâncias aresta que exibem o mesmo sinal e têm plano de escorregamento idêntico, como representado na Figura 8.5a. Os campos de deformação de compressão e de tração para ambas as discordâncias encontram-se no mesmo lado do plano de escorregamento; a interação do campo de deformação é tal que há uma força repulsiva mútua entre essas duas discordâncias isoladas, que tende a afastá-las uma da outra. Contudo, duas discordâncias com sinais opostos e que têm o mesmo plano de escorregamento são atraídas uma em direção à outra, como indicado na Figura 8.5b, e quando elas se encontram ocorre aniquilação das discordâncias. Isto é, os dois semiplanos de átomos adicionais se alinham e tornam-se um plano completo. Interações entre discordâncias são possíveis entre discordâncias aresta, espiral e/ou mista, e para inúmeras orientações. Esses campos de deformação e as forças associadas são importantes nos mecanismos de aumento de resistência para os metais.

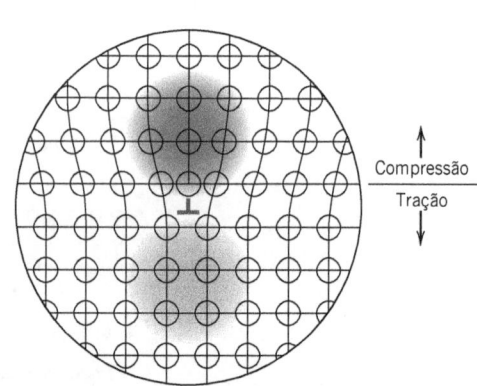

Figura 8.4 Regiões de compressão (parte superior) e de tração (parte inferior) localizadas ao redor de uma discordância aresta. (Adaptado de W. G. Moffatt, G. W. Pearsall e J. Wulff, *The Structure and Properties of Materials*, Vol. I, *Structure*, p. 85. Copyright © 1964 por John Wiley & Sons, New York. Reimpresso sob permissão de John Wiley & Sons, Inc.)

Compressão

Tração

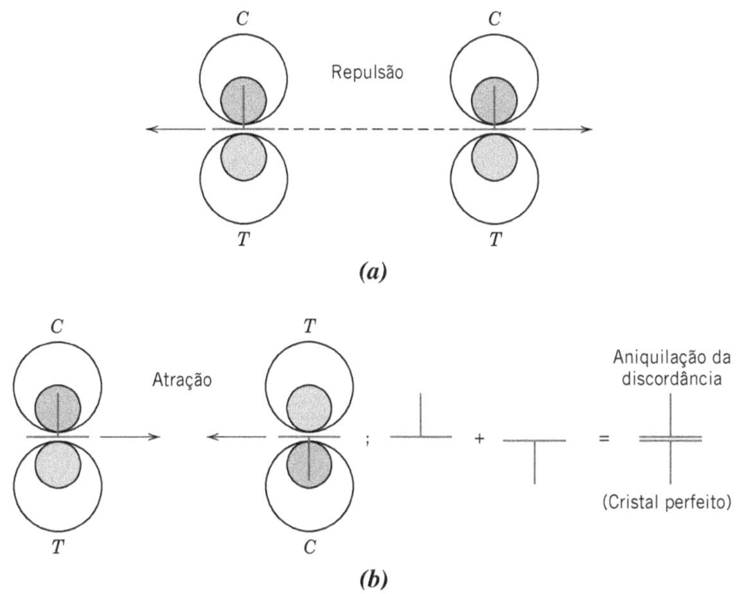

Figura 8.5 (*a*) Duas discordâncias aresta de mesmo sinal e localizadas sobre o mesmo plano de escorregamento exercem uma força repulsiva uma sobre a outra; *C* e *T* representam as regiões de compressão e de tração, respectivamente. (*b*) Discordâncias aresta com sinais opostos e localizadas sobre o mesmo plano de escorregamento exercem uma força de atração uma sobre a outra. Ao se encontrarem, as discordâncias se aniquilam mutuamente e geram uma região perfeita no cristal. (Adaptado de H. W. Hayden, W. G. Moffatt e J. Wulff, *The Structure and Properties of Materials*, Vol. III, *Mechanical Behavior*, p. 75. Copyright © 1965 por John Wiley & Sons, New York. Reimpresso sob permissão de John Wiley & Sons.)

Durante a deformação plástica, o número de discordâncias aumenta drasticamente. A densidade de discordâncias em um metal que foi altamente deformado pode ser tão elevada quanto 10^{10} mm^{-2}. Uma fonte importante dessas novas discordâncias são as discordâncias existentes, que se multiplicam; além disso, contornos de grãos, assim como defeitos internos e irregularidades da superfície, tais como riscos e entalhes, que atuam como concentradores de tensões, podem servir como sítios para a formação de discordâncias durante a deformação.

8.5 SISTEMAS DE ESCORREGAMENTO

sistema de escorregamento

As discordâncias não se movem com o mesmo grau de facilidade em todos os planos cristalográficos de átomos e em todas as direções cristalográficas. Tipicamente, há um plano preferencial e, nesse plano, existem direções específicas ao longo das quais ocorre o movimento das discordâncias. Esse plano é chamado de *plano de escorregamento*; e de maneira análoga, a direção do movimento é denominada *direção de escorregamento*. Essa combinação de plano de escorregamento e direção de escorregamento é denominada **sistema de escorregamento**. O sistema de escorregamento depende da estrutura cristalina do metal e é tal que a distorção atômica que acompanha o movimento de uma discordância é mínima. Para uma estrutura cristalina específica, o plano de escorregamento é aquele que tem a compactação atômica mais densa – isto é, que apresenta a maior densidade planar. A direção de escorregamento corresponde à direção, nesse plano, que está mais densamente compactada com átomos – isto é, aquela que tem a maior densidade linear. As densidades atômicas planar e linear foram discutidas na Seção 3.15.

Considere, por exemplo, a estrutura cristalina CFC, para a qual uma célula unitária está mostrada na Figura 8.6*a*. Existe um conjunto de planos, a família {111}, em que todos os planos são compactos. Um plano do tipo {111} está indicado na célula unitária; na Figura 8.6*b*, esse plano está posicionado no plano da página, onde os átomos são agora representados como vizinhos mais próximos que se tocam.

O escorregamento ocorre ao longo de direções do tipo ⟨110⟩ nos planos {111}, como indicado pelas setas na Figura 8.6. Portanto, {111}⟨110⟩ representa a combinação de plano e direção de escorregamento, ou o sistema de escorregamento para a estrutura cristalina CFC. A Figura 8.6*b* mostra que determinado plano de escorregamento pode conter mais do que uma única direção de escorregamento. Assim, pode haver vários sistemas de escorregamento para uma estrutura cristalina particular; o número de sistemas de escorregamento independentes representa as diferentes combinações possíveis de planos e direções de escorregamento. Por exemplo, para a estrutura cúbica de faces centradas, há 12 sistemas de escorregamento: quatro planos {111} diferentes e, em cada um desses planos, três direções ⟨110⟩ independentes.

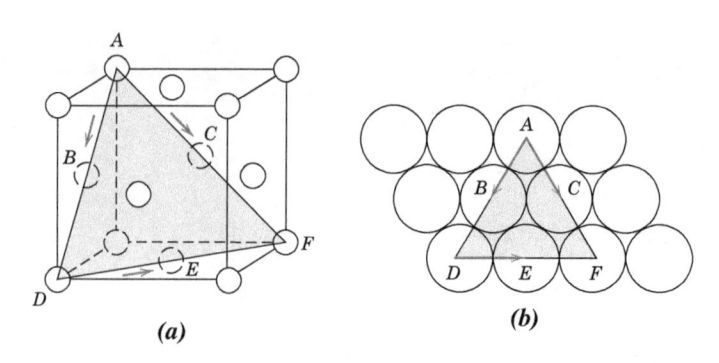

Figura 8.6 (*a*) Sistema de escorregamento {111}<110> mostrado no interior de uma célula unitária CFC. (*b*) O plano (111) mostrado em (*a*) e três direções de escorregamento <110> (indicadas pelas setas) no plano formam possíveis sistemas de escorregamento.

Os sistemas de escorregamento possíveis para as estruturas cristalinas CCC e HC estão listados na Tabela 8.1. Para cada uma dessas estruturas, o escorregamento é possível em mais de uma família de planos (por exemplo, {110}, {211} e {321} para a estrutura CCC). Para os metais que apresentam essas duas estruturas cristalinas, com frequência alguns sistemas de escorregamento só operam em temperaturas elevadas.

Os metais com estruturas cristalinas CFC e CCC têm um número relativamente grande de sistemas de escorregamento (pelo menos 12). Esses metais são bastante dúcteis, pois, em geral, é possível uma deformação plástica extensa ao longo dos vários sistemas. De maneira contrária, os metais HC, que têm poucos sistemas de escorregamento ativos, são geralmente bastante frágeis.

O vetor de Burgers, **b**, foi introduzido na Seção 5.7 e mostrado para as discordâncias aresta, espiral e mista nas Figuras 5.9, 5.10 e 5.11, respectivamente. Em relação ao processo de escorregamento, a direção de um vetor de Burgers corresponde a uma direção de escorregamento das discordâncias, enquanto sua magnitude é igual à distância unitária de escorregamento (ou a separação interatômica nessa direção). Obviamente, tanto a direção quanto a magnitude de **b** dependem da estrutura cristalina e é conveniente especificar um vetor de Burgers em termos do comprimento da aresta da célula unitária (*a*) e dos índices das direções cristalográficas. Os vetores de Burgers para as estruturas cristalinas cúbica de faces centradas, cúbica de corpo centrado e hexagonal compacta são os seguintes:

$$\mathbf{b}(\text{CFC}) = \frac{a}{2}\langle 110 \rangle \tag{8.1a}$$

$$\mathbf{b}(\text{CCC}) = \frac{a}{2}\langle 111 \rangle \tag{8.1b}$$

$$\mathbf{b}(\text{HC}) = \frac{a}{3}\langle 11\bar{2}0 \rangle \tag{8.1c}$$

Tabela 8.1 Sistemas de Escorregamento para Metais Cúbicos de Faces Centradas, Cúbicos de Corpo Centrado e Hexagonais Compactos

Metais	Plano de Escorregamento	Direção de Escorregamento	Número de Sistemas de Escorregamento
	Cúbica de Faces Centradas		
Cu, Al, Ni, Ag, Au	{111}	$\langle 110 \rangle$	12
	Cúbica de Corpo Centrado		
α-Fe, W, Mo	{110}	$\langle 111 \rangle$	12
α-Fe, W	{211}	$\langle 111 \rangle$	12
α-Fe, K	{321}	$\langle 111 \rangle$	24
	Hexagonal Compacta		
Cd, Zn, Mg, Ti, Be	{0001}	$\langle 11\bar{2}0 \rangle$	3
Ti, Mg, Zr	{10$\bar{1}$0}	$\langle 11\bar{2}0 \rangle$	3
Ti, Mg	{10$\bar{1}$1}	$\langle 11\bar{2}0 \rangle$	6

Verificação de Conceitos 8.1   Qual dos seguintes pares é o sistema de escorregamento para a estrutura cristalina cúbica simples? Por quê?

$$\{100\} \langle 110 \rangle$$
$$\{110\} \langle 110 \rangle$$
$$\{100\} \langle 010 \rangle$$
$$\{110\} \langle 111 \rangle$$

(*Nota*: Uma célula unitária para a estrutura cristalina cúbica simples está mostrada na Figura 3.3.)
(*A resposta está disponível no GEN-IO, ambiente virtual de aprendizagem do GEN.*)

8.6   ESCORREGAMENTO EM MONOCRISTAIS

Uma explicação adicional do escorregamento é simplificada pelo tratamento do processo em monocristais, seguido pela extrapolação apropriada dos resultados para os materiais policristalinos. Como mencionado anteriormente, as discordâncias aresta, espiral e mista movem-se em resposta às tensões cisalhantes aplicadas ao longo de um plano de escorregamento e em uma direção de escorregamento. Como foi observado na Seção 7.2, embora uma tensão aplicada possa ser puramente de tração (ou de compressão), existem componentes de cisalhamento em todos os planos, à exceção daqueles paralelo e perpendicular à direção da tensão (Equação 7.4b). Esses componentes são denominados **tensões cisalhantes rebatidas** e suas magnitudes não dependem apenas das tensões aplicadas, mas também da orientação tanto do plano de escorregamento como da direção de escorregamento nesse plano. Se ϕ representa o ângulo entre a normal ao plano de escorregamento e a direção da tensão aplicada e se λ representa o ângulo entre as direções de escorregamento e da tensão, como está indicado na Figura 8.7, então, pode ser mostrado que a tensão cisalhante rebatida τ_R é dada por

tensão cisalhante rebatida

Tensão cisalhante rebatida – dependência em relação à tensão aplicada e à orientação da direção da tensão em relação à normal ao plano de escorregamento e à direção do escorregamento

$$\tau_R = \sigma \cos \phi \cos \lambda \tag{8.2}$$

em que σ é a tensão aplicada. Em geral, $\phi + \lambda \neq 90°$, uma vez que não existe a necessidade de o eixo de tração, a normal ao plano de escorregamento e a direção do escorregamento estarem todos no mesmo plano.

Um monocristal metálico tem diversos sistemas de escorregamento diferentes capazes de ficar operativos. Normalmente, a tensão cisalhante rebatida difere para cada um deles, pois a orientação de cada um em relação ao eixo da tensão (ângulos ϕ e λ) também é diferente. Contudo, um sistema de escorregamento está, em geral, orientado da maneira mais favorável – isto é, tem a maior tensão cisalhante rebatida, τ_R (máx):

$$\tau_R \, (\text{máx}) = \sigma \, (\cos \phi \cos \lambda)_{\text{máx}} \tag{8.3}$$

Em resposta à aplicação de uma tensão de tração ou de compressão, o escorregamento em um monocristal começa no sistema de escorregamento que está orientado da maneira mais favorável, quando a tensão cisalhante rebatida atinge determinado valor crítico, denominado **tensão cisalhante rebatida crítica**, τ_{tcrc}; ela representa a tensão cisalhante mínima necessária para iniciar o escorregamento e é uma propriedade do material que determina quando ocorre o escoamento. O monocristal se deforma plasticamente ou escoa quando τ_R (máx) $= \tau_{\text{tcrc}}$ e a magnitude da tensão aplicada necessária para dar início ao escoamento (isto é, o limite de escoamento σ_l) for

tensão cisalhante rebatida crítica

Limite de escoamento de um monocristal – dependência em relação à tensão cisalhante rebatida crítica e à orientação do sistema de escorregamento mais favoravelmente orientado

$$\sigma_l = \frac{\tau_{\text{tcrc}}}{(\cos \phi \cos \lambda)_{\text{máx}}} \tag{8.4}$$

A tensão mínima necessária para gerar o escoamento ocorre quando um monocristal está orientado tal que $\phi = \lambda = 45°$; sob essas condições,

$$\sigma_l = 2\tau_{\text{tcrc}} \tag{8.5}$$

Para uma amostra de monocristal tensionada em tração, a deformação é como mostrado na Figura 8.8, com o escorregamento ocorrendo ao longo de inúmeros planos e direções equivalentes,

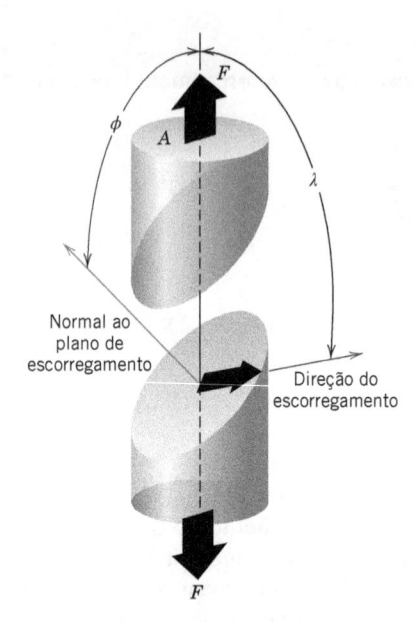

Figura 8.7 Relações geométricas entre o eixo de tração, o plano de escorregamento e a direção de escorregamento, usadas para calcular a tensão cisalhante rebatida para um monocristal.

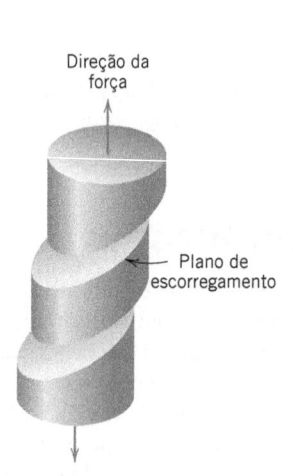

Figura 8.8 Escorregamento macroscópico em um monocristal.

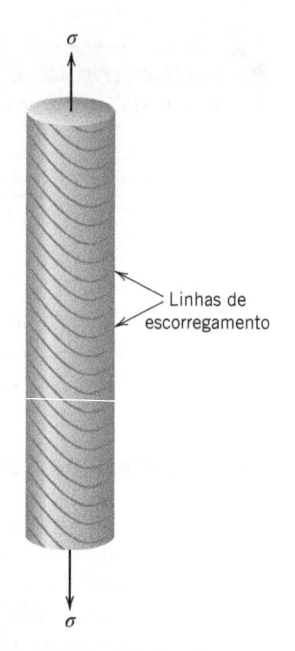

Figura 8.9 Linhas de escorregamento sobre a superfície de um monocristal cilíndrico que foi deformado plasticamente em tração (desenho esquemático).

orientados da maneira mais favorável em várias posições ao longo do comprimento da amostra. Essa deformação por escorregamento gera pequenos degraus sobre a superfície do monocristal, os quais são paralelos uns aos outros e envolvem a circunferência da amostra, como está indicado na Figura 8.8. Cada degrau resulta do movimento de grande número de discordâncias ao longo do mesmo plano de escorregamento. Sobre a superfície de um monocristal polido, esses degraus aparecem como linhas, que são chamadas de *linhas de escorregamento*. Uma representação esquemática de linhas de escorregamento sobre uma amostra cilíndrica que foi deformada plasticamente em tração está mostrada na Figura 8.9.

Com a continuação da extensão em um monocristal, tanto o número de linhas de escorregamento como a largura do degrau de escorregamento aumentam. Nos metais CFC e CCC, o escorregamento poderá eventualmente começar ao longo de um segundo sistema de escorregamento – aquele que apresenta a próxima orientação mais favorável em relação ao eixo de tração. Além disso, nos cristais HC, que têm poucos sistemas de escorregamento, se o eixo de tensão para o sistema de escorregamento mais favorável for ou perpendicular à direção do escorregamento ($\lambda = 90°$) ou paralelo ao plano de escorregamento ($\phi = 90°$), a tensão cisalhante rebatida crítica será igual a zero. Para essas orientações extremas, o cristal normalmente fratura em lugar de se deformar plasticamente.

Verificação de Conceitos 8.2 Explique a diferença entre a tensão cisalhante rebatida e a tensão cisalhante rebatida crítica.

(*A resposta está disponível no GEN-IO, ambiente virtual de aprendizagem do GEN.*)

PROBLEMA-EXEMPLO 8.1

Cálculos da Tensão Cisalhante Rebatida e da Tensão para Iniciar o Escoamento

Considere um monocristal de ferro com estrutura cristalina CCC orientado tal que uma tensão de tração é aplicada ao longo da direção [010].

(a) Calcule a tensão cisalhante rebatida ao longo do plano (110) e em uma direção $[\bar{1}11]$ quando é aplicada uma tensão de tração de 52 MPa (7500 psi).

(b) Se o escorregamento ocorre em um plano (110) e em uma direção $[\bar{1}11]$ e a tensão cisalhante rebatida crítica é de 30 MPa (4350 psi), calcule a magnitude da tensão de tração aplicada para iniciar o escoamento.

Solução

(a) Uma célula unitária CCC, juntamente com a direção e o plano de escorregamento, assim como a direção da tensão aplicada, estão mostradas no diagrama. Para resolver esse problema, devemos usar a Equação 8.2. Contudo, primeiro é necessário determinar os valores para ϕ e λ, em que, a partir do diagrama, ϕ é o ângulo entre a normal ao plano de escorregamento (110) (isto é, a direção [110]) e a direção [010], e λ representa o ângulo entre as direções $[\bar{1}11]$ e [010]. Em geral, para as células unitárias cúbicas, o ângulo θ entre as direções 1 e 2, representadas por $[u_1 v_1 w_1]$ e $[u_2 v_2 w_2]$, respectivamente, é dado por

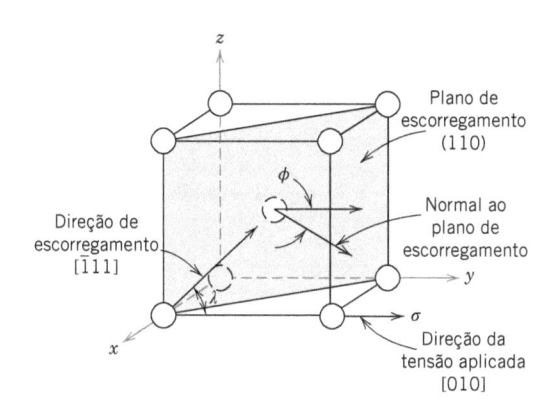

$$\theta = \cos^{-1}\left[\frac{u_1 u_2 + v_1 v_2 + w_1 w_2}{\sqrt{(u_1^2 + v_1^2 + w_1^2)(u_2^2 + v_2^2 + w_2^2)}}\right] \tag{8.6}$$

Para a determinação do valor de ϕ, considere $[u_1 v_1 w_1] = [110]$ e $[u_2 v_2 w_2] = [010]$, tal que

$$\phi = \cos^{-1}\left\{\frac{(1)(0) + (1)(1) + (0)(0)}{\sqrt{[(1)^2 + (1)^2 + (0)^2][(0)^2 + (1)^2 + (0)^2]}}\right\}$$

$$= \cos^{-1}\left(\frac{1}{\sqrt{2}}\right) = 45°$$

Contudo, para λ, tomamos $[u_1 v_1 w_1] = [\bar{1}11]$ e $[u_2 v_2 w_2] = [010]$ e

$$\lambda = \cos^{-1}\left[\frac{(-1)(0) + (1)(1) + (1)(0)}{\sqrt{[(-1)^2 + (1)^2 + (1)^2][(0)^2 + (1)^2 + (0)^2]}}\right]$$

$$= \cos^{-1}\left(\frac{1}{\sqrt{3}}\right) = 54,7°$$

Dessa forma, de acordo com a Equação 8.2,

$$\tau_R = \sigma \cos\phi \cos\lambda = (52\text{ MPa})(\cos 45°)(\cos 54,7°)$$

$$= (52\text{ MPa})\left(\frac{1}{\sqrt{2}}\right)\left(\frac{1}{\sqrt{3}}\right)$$

$$= 21{,}3\text{ MPa (3060 psi)}$$

(b) O limite de escoamento σ_l pode ser calculado a partir da Equação 8.4; ϕ e λ são os mesmos do item **(a)** e

$$\sigma_l = \frac{30\text{ MPa}}{(\cos 45°)(\cos 54,7°)} = 73{,}4\text{ MPa (10.600 psi)}$$

8.7 DEFORMAÇÃO PLÁSTICA DE METAIS POLICRISTALINOS

Para os metais policristalinos, devido às orientações cristalográficas aleatórias do grande número de grãos, a direção do escorregamento varia de um grão para outro. Para cada grão, o movimento das discordâncias ocorre ao longo do sistema de escorregamento que tem a orientação mais favorável (isto é, a maior tensão cisalhante). Isso está exemplificado na fotomicrografia de uma amostra de cobre policristalino que foi deformada plasticamente (Figura 8.10); antes da deformação, a superfície foi polida. As linhas de escorregamento[1] são visíveis e, ao que tudo indica, dois sistemas de escorregamento operaram para a maioria dos grãos, como fica evidenciado por dois conjuntos de linhas paralelas, mas que se interceptam. Além disso, a variação na orientação dos grãos é indicada pela diferença no alinhamento das linhas de escorregamento para os vários grãos.

A deformação plástica generalizada de uma amostra policristalina corresponde à distorção comparável dos grãos individuais por meio de escorregamento. Durante a deformação, a integridade mecânica e a coesão são mantidas ao longo dos contornos dos grãos – isto é, os contornos dos grãos geralmente não se afastam ou se rompem. Como consequência, cada grão individual é restrito, em certo grau, quanto à forma que ele pode assumir devido aos seus grãos vizinhos. A maneira pela qual os grãos se distorcem como resultado de uma deformação plástica generalizada está indicada na Figura 8.11. Antes da deformação, os grãos são *equiaxiais*, ou seja, têm aproximadamente a mesma

Figura 8.10   Linhas de escorregamento sobre a superfície de uma amostra policristalina de cobre que foi polida e subsequentemente deformada. Ampliação de 173×.
[Esta fotomicrografia é uma cortesia de C. Brady, National Bureau of Standards (atualmente, National Institute of Standards and Technology, Gaithersburg, MD).]

100 μm

Figura 8.11   Alteração da estrutura dos grãos de um metal policristalino como resultado de deformação plástica. (*a*) Antes da deformação os grãos são equiaxiais.
(*b*) A deformação produziu grãos alongados. Ampliação de 170×.
(De W. G. Moffatt, G. W. Pearsall e J. Wulff, *The Structure and Properties of Materials*, Vol. I, *Structure*, p. 140. Copyright © 1964 por John Wiley & Sons, New York. Reimpresso sob permissão de John Wiley & Sons, Inc.)

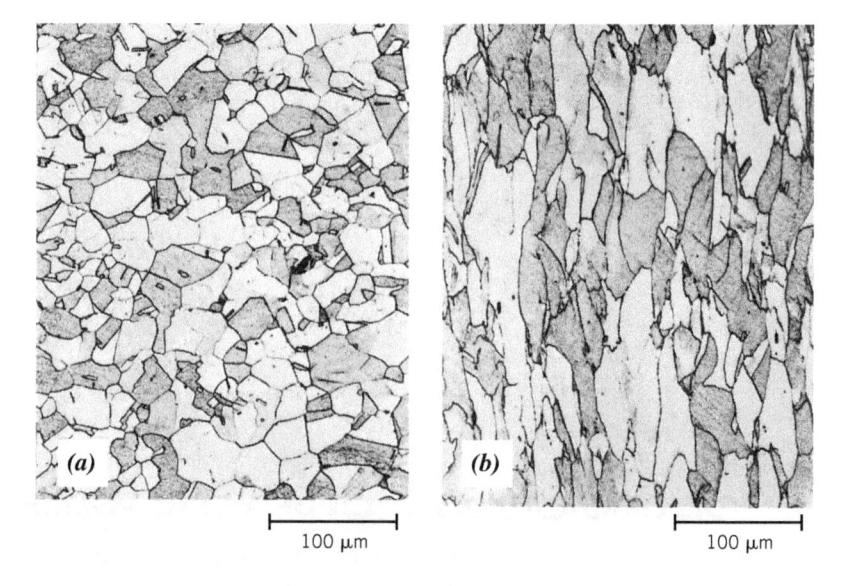

(*a*)   (*b*)

100 μm   100 μm

---

[1] Essas linhas de escorregamento são bordas salientes microscópicas produzidas pelas discordâncias (Figura 8.1*c*) que afloraram de um grão e que aparecem como linhas quando vistas com um microscópio. Elas são análogas aos degraus macroscópicos encontrados sobre as superfícies de monocristais deformados (Figuras 8.8 e 8.9).

dimensão em todas as direções. Para essa deformação específica, os grãos tornaram-se alongados ao longo da direção na qual a amostra foi alongada.

Os metais policristalinos são mais resistentes que seus equivalentes monocristalinos; isso significa que maiores tensões são necessárias para iniciar o escorregamento e o consequente escoamento. Isso ocorre, em grande parte, também como um resultado das restrições geométricas impostas sobre os grãos durante a deformação. Embora um único grão possa estar orientado de maneira favorável em relação à tensão aplicada para o escorregamento, ele não poderá deformar-se até que os grãos adjacentes e orientados de maneira menos favorável também sejam capazes de sofrer escorregamento; isso exige um nível de tensão aplicada mais alto.

8.8 DEFORMAÇÃO POR MACLAÇÃO

Além do escorregamento, a deformação plástica em alguns materiais metálicos também pode ocorrer pela formação de maclas de deformação, ou *maclação*. O conceito de macla foi introduzido na Seção 5.8 – isto é, uma força cisalhante pode produzir deslocamentos atômicos tal que em um dos lados de um plano (o contorno da macla) os átomos ficam localizados em posições de imagem em espelho em relação aos átomos no outro lado do plano. A maneira pela qual isso é conseguido está demonstrada na Figura 8.12. Nessa figura, os círculos pretos representam átomos que não se moveram – os círculos cinza são aqueles que foram deslocados durante a maclação; a magnitude do deslocamento é representada pelas setas cinza. Além disso, a maclação ocorre em um plano cristalográfico definido e em uma direção específica que dependem da estrutura cristalina. Por exemplo, para metais CCC, o plano e a direção da macla são (112) e [111], respectivamente.

As deformações por escorregamento e maclação estão comparadas na Figura 8.13 para um monocristal submetido a uma tensão cisalhante τ. Os degraus de escorregamento estão mostrados na Figura 8.13a; sua formação foi descrita na Seção 8.6. Na maclação, a deformação cisalhante é homogênea (Figura 8.13b). Esses dois processos diferem entre si em vários aspectos. Em primeiro lugar, no escorregamento, a orientação cristalográfica acima e abaixo do plano de escorregamento é a mesma tanto antes como depois da deformação; na maclação há uma reorientação através do plano da macla. Além disso, o escorregamento ocorre em múltiplos distintos do espaçamento atômico, enquanto o deslocamento atômico para a maclação é menor que a separação interatômica.

As maclas de deformação ocorrem em metais que apresentam estruturas cristalinas CCC e HC, em baixas temperaturas e sob taxas de carregamento elevadas (cargas de impacto), condições sob as quais o processo de escorregamento é restrito – isto é, existem poucos sistemas de escorregamento operacionais. A quantidade da deformação plástica total obtida por maclação é normalmente pequena quando comparada àquela resultante do escorregamento. Contudo, a real importância da

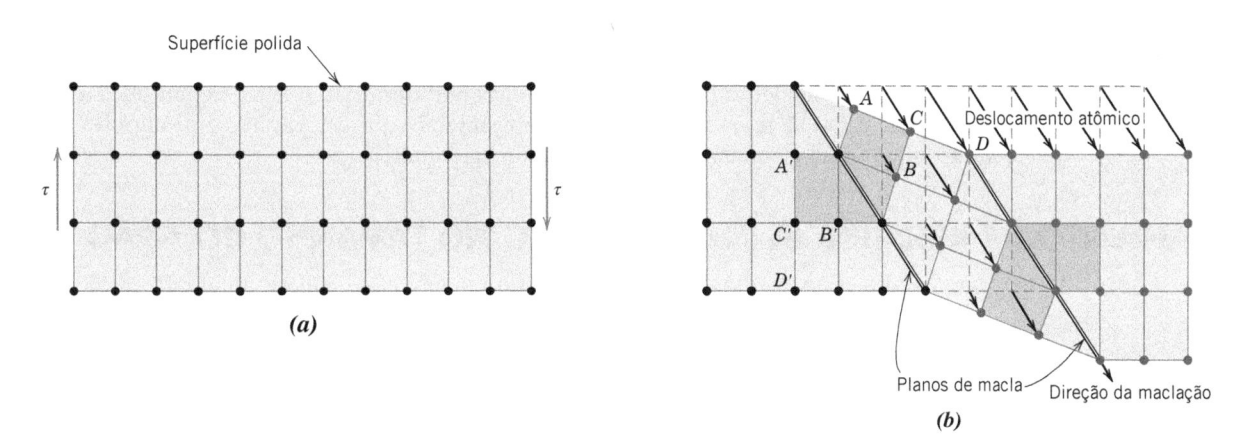

Figura 8.12 Diagrama esquemático mostrando como a maclação resulta da aplicação de uma tensão cisalhante τ. (*a*) Posições dos átomos antes da maclação. (*b*) Após a maclação, os círculos pretos representam átomos que não se deslocaram; os círculos cinza representam átomos que se deslocaram. Os átomos identificados por letras com e sem linhas (por exemplo, A' e A) estão localizados em posições de imagem em espelho através do contorno da macla.

(De W. Hayden, W. G. Moffatt e J. Wulff, *The Structure and Properties of Materials*, Vol. III, *Mechanical Behavior*, John Wiley & Sons, 1965. Reproduzido com permissão de Janet. M. Moffatt.)

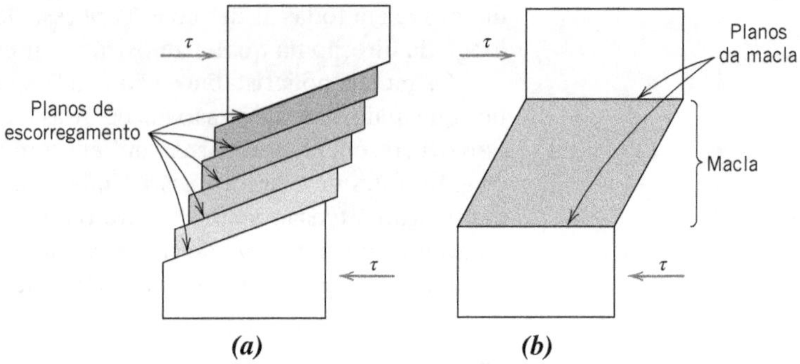

Figura 8.13 Para um monocristal submetido a uma tensão cisalhante τ, (*a*) a deformação por escorregamento, (*b*) a deformação por maclação.

maclação está nas reorientações cristalográficas que a acompanham; a maclação pode colocar novos sistemas de escorregamento em orientações favoráveis em relação ao eixo de tensão, tal que o processo de escorregamento pode então ocorrer.

Mecanismos de Aumento da Resistência em Metais

Os engenheiros metalúrgicos e de materiais são requisitados com frequência para projetar ligas com altas resistências, mas que ainda tenham alguma ductilidade e tenacidade; normalmente, a ductilidade é sacrificada quando uma liga tem sua resistência aumentada. Várias técnicas de endurecimento estão à disposição do engenheiro e, com frequência, a seleção de uma liga depende da capacidade de um material ser adaptado às características mecânicas requeridas para uma aplicação específica.

Importante para a compreensão dos mecanismos de aumento da resistência é a relação entre o movimento das discordâncias e o comportamento mecânico dos metais. Uma vez que a deformação plástica macroscópica corresponde ao movimento de grande número de discordâncias, *a habilidade de um metal deformar plasticamente depende da habilidade das discordâncias de se moverem*. Uma vez que a dureza e a resistência (tanto ao escoamento como em relação ao limite de resistência à tração) estão relacionadas com a facilidade pela qual a deformação plástica pode ocorrer, uma redução na mobilidade das discordâncias pode aumentar a resistência mecânica – isto é, maiores forças mecânicas são necessárias para iniciar a deformação plástica. Em contraste, quanto menos restringido estiver o movimento das discordâncias, maior será a facilidade com que um metal poderá se deformar, e menos duro e menos resistente ele se tornará. Virtualmente, todas as técnicas de aumento da resistência se baseiam no seguinte princípio: *A restrição ou o bloqueio ao movimento das discordâncias confere maior dureza e maior resistência a um material.*

A presente discussão está restrita aos mecanismos de aumento da resistência de metais monofásicos pela redução no tamanho do grão, formação de ligas por solução sólida e encruamento. A deformação e o aumento da resistência de ligas multifásicas são mais complicados e envolvem conceitos que estão além da abrangência da presente abordagem; capítulos posteriores tratam de técnicas usadas para o aumento da resistência de ligas multifásicas.

8.9 AUMENTO DA RESISTÊNCIA PELA REDUÇÃO NO TAMANHO DO GRÃO

O tamanho dos grãos, ou diâmetro médio do grão, em um metal policristalino influencia as propriedades mecânicas. Grãos adjacentes exibem, em geral, orientações cristalográficas diferentes e, obviamente, um contorno de grão comum, como indicado na Figura 8.14. Durante a deformação plástica, o escorregamento ou movimento de discordâncias deve ocorrer por meio desse contorno comum – digamos, do grão A para o grão B na Figura 8.14. O contorno do grão atua como uma barreira ao movimento das discordâncias, por duas razões:

1. Uma vez que os dois grãos têm orientações diferentes, uma discordância que esteja passando para o grão B deve mudar a direção de seu movimento; isso fica mais difícil à medida que aumenta a diferença na orientação cristalográfica.

2. A desordenação atômica na região de contorno de grão resultará em uma descontinuidade dos planos de escorregamento de um grão para o outro.

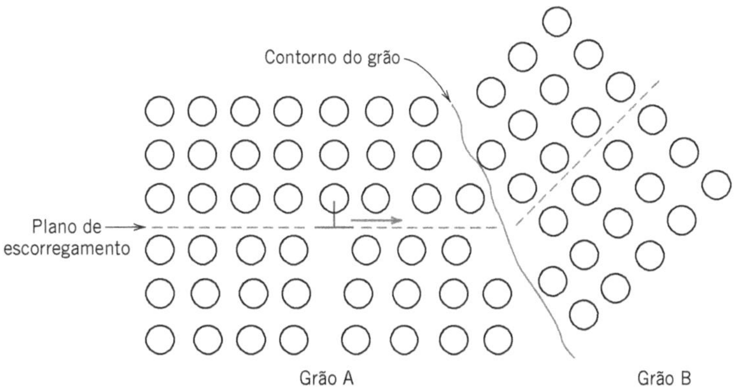

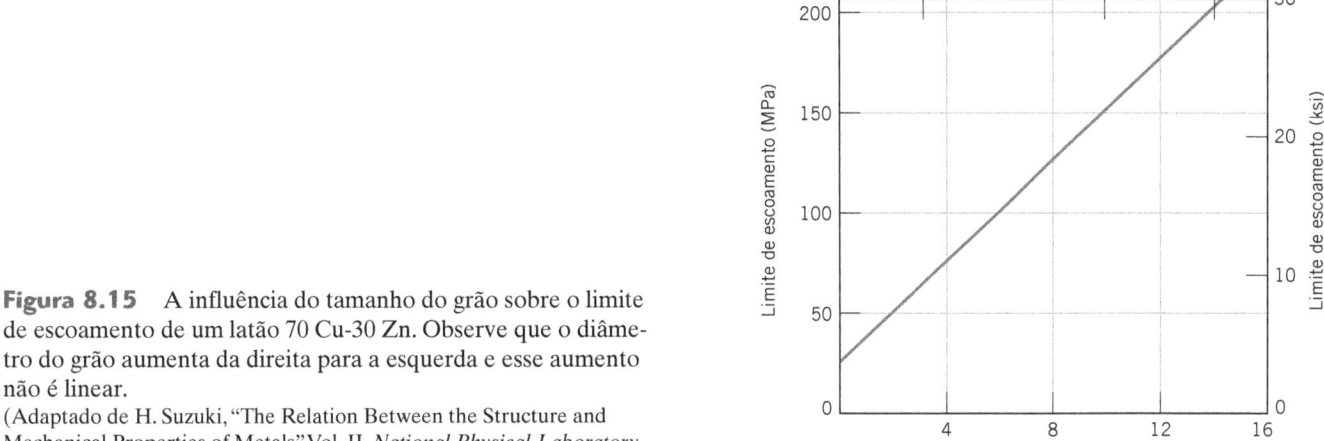

Figura 8.14 Movimento de uma discordância à medida que ela encontra um contorno de grão, ilustrando como o contorno atua como uma barreira à continuação do escorregamento. Os planos de escorregamento são descontínuos e mudam de direção através do contorno.
(De L. H. Van Vlack, *A Textbook of Materials Technology*, Addison-Wesley Publishing Co., 1973. Reproduzido com permissão do Espólio de Lawrence H. Van Vlack.)

É importante mencionar que, para os contornos de grão de alto ângulo, pode acontecer de as discordâncias não atravessarem os contornos dos grãos durante a deformação; em vez disso, as discordâncias tendem a se "empilhar" (ou se acumular) nos contornos dos grãos. Esses empilhamentos introduzem concentrações de tensões à frente de seus planos de escorregamento, o que gera novas discordâncias nos grãos adjacentes.

Um material com granulação fina (aquele com grãos pequenos) é mais duro e mais resistente que um material com granulação grosseira, uma vez que o primeiro tem uma área total de contornos de grãos maior para dificultar o movimento das discordâncias. Para muitos materiais, o limite de escoamento σ_l varia com o tamanho do grão de acordo com

Equação de Hall-Petch – dependência do limite de escoamento em relação ao tamanho do grão

$$\sigma_l = \sigma_0 + k_l d^{-1/2} \tag{8.7}$$

Nessa expressão, denominada *Equação de Hall-Petch*, d é o diâmetro médio do grão, enquanto σ_0 e k_l são constantes para cada material específico. Deve ser observado que a Equação 8.7 não é válida tanto para materiais policristalinos com grãos de tamanho muito grande (isto é, grosseiros) quanto para grãos extremamente finos. A Figura 8.15 demonstra a dependência do limite de escoamento em relação ao tamanho do grão para um latão. O tamanho do grão pode ser regulado pela taxa de solidificação a partir da fase líquida e também por deformação plástica seguida por um tratamento térmico apropriado, como discutido na Seção 8.14.

Também deve ser mencionado que a redução no tamanho do grão não melhora apenas a resistência, mas também a tenacidade de muitas ligas.

Os contornos de grão de baixo ângulo (Seção 5.8) não são eficazes na interferência com o processo de escorregamento, devido ao pequeno desalinhamento cristalográfico através do contorno. Entretanto, os contornos de macla (Seção 5.8) bloqueiam de maneira efetiva o escorregamento e

Figura 8.15 A influência do tamanho do grão sobre o limite de escoamento de um latão 70 Cu-30 Zn. Observe que o diâmetro do grão aumenta da direita para a esquerda e esse aumento não é linear.
(Adaptado de H. Suzuki, "The Relation Between the Structure and Mechanical Properties of Metals", Vol. II, *National Physical Laboratory, Symposium No. 15*, 1963, p. 524.)

aumentam a resistência do material. Os contornos entre duas fases diferentes também são impedimentos aos movimentos das discordâncias; isso é importante no processo de aumento da resistência de ligas mais complexas. Os tamanhos e as formas das fases constituintes afetam significativamente as propriedades mecânicas das ligas multifásicas. Esses tópicos são discutidos nas Seções 11.7, 11.8 e 15.1.

8.10 AUMENTO DA RESISTÊNCIA POR SOLUÇÃO SÓLIDA

aumento da resistência por solução sólida

Outra técnica utilizada para aumentar a resistência e a dureza de metais consiste na formação de ligas com átomos de impurezas que formam uma solução sólida substitucional ou intersticial. Apropriadamente, isso é conhecido como **aumento da resistência por solução sólida**. Os metais com alta pureza têm quase sempre menor dureza e menor resistência do que as ligas compostas pelo mesmo metal-base. O aumento da concentração de impurezas resulta em consequente aumento nos limites de resistência à tração e de escoamento, como indicado nas Figuras 8.16a e 8.16b, respectivamente, para o níquel no cobre. A dependência da ductilidade em função da concentração de níquel está apresentada na Figura 8.16c.

As ligas são mais resistentes que os metais puros, uma vez que os átomos de impurezas que formam a solução sólida normalmente impõem deformações na rede sobre os átomos hospedeiros vizinhos. Ocorrem interações do campo de deformação da rede entre as discordâncias e esses átomos de impureza e, consequentemente, o movimento das discordâncias fica restringido. Por exemplo, um átomo de impureza que seja menor que um átomo hospedeiro a que ele esteja substituindo exerce deformações de tração sobre a rede cristalina vizinha, como está ilustrado na Figura 8.17a. De maneira contrária, um átomo substitucional maior impõe deformações compressivas sobre sua vizinhança (Figura 8.18a). Esses átomos de soluto tendem a difundir-se e a segregar-se ao redor das

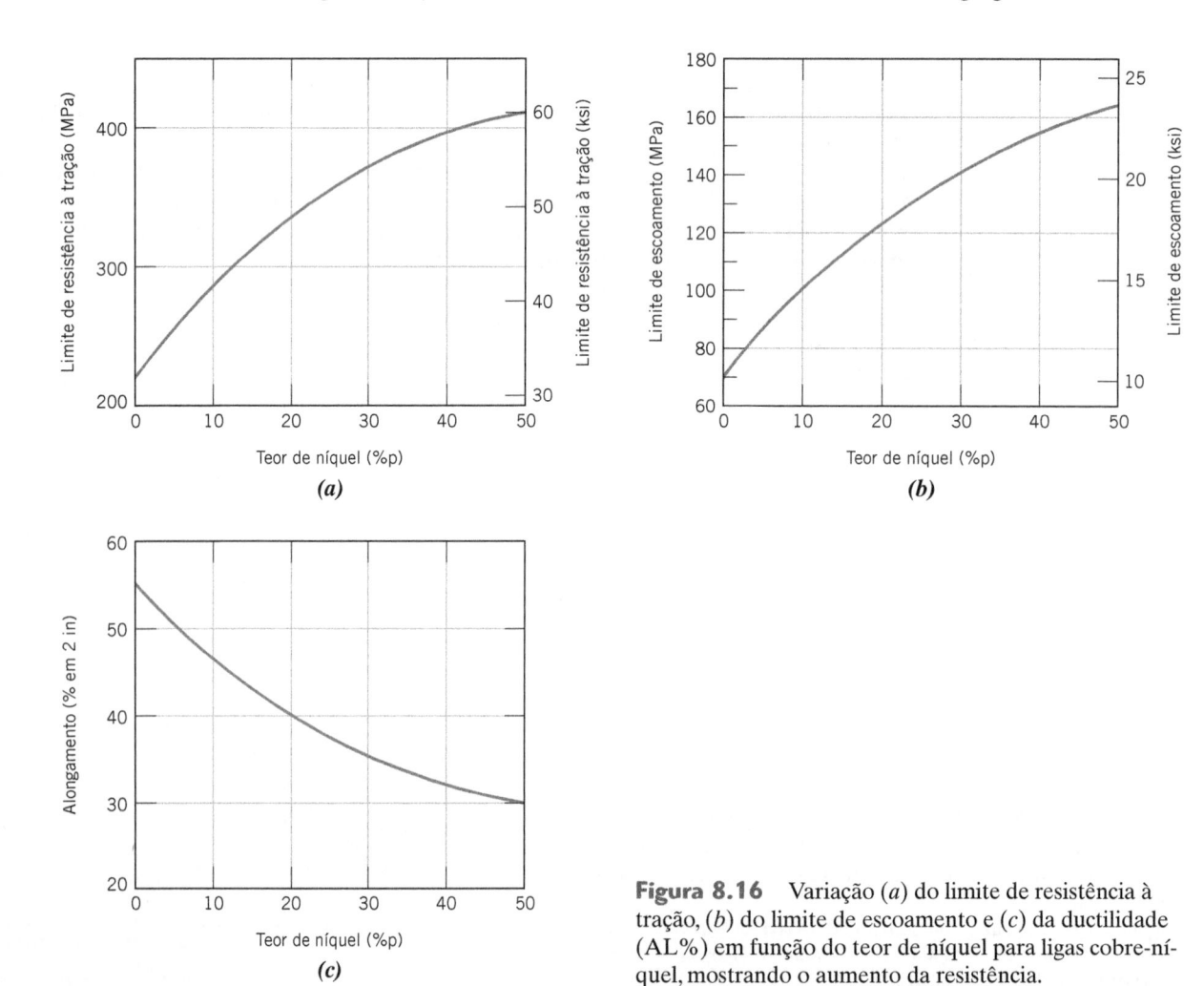

Figura 8.16 Variação (a) do limite de resistência à tração, (b) do limite de escoamento e (c) da ductilidade (AL%) em função do teor de níquel para ligas cobre-níquel, mostrando o aumento da resistência.

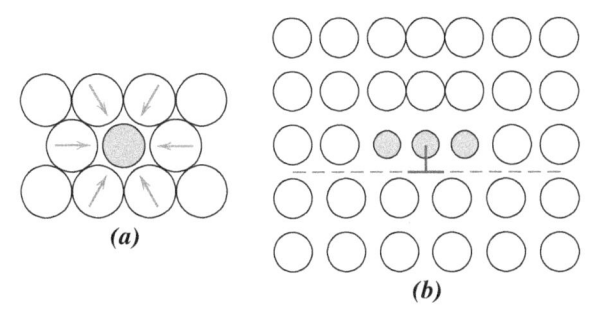

Figura 8.17 (*a*) Representação das deformações por tração na rede que são impostas sobre os átomos hospedeiros por um átomo de impureza substitucional de menor tamanho. (*b*) Possíveis localizações de átomos de impureza menores em relação a uma discordância aresta, tal que exista um cancelamento parcial das deformações impureza-discordância na rede.

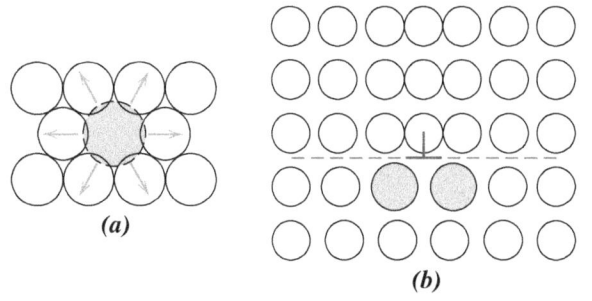

Figura 8.18 (*a*) Representação das deformações compressivas que são impostas sobre átomos hospedeiros por um átomo de impureza substitucional de maior tamanho. (*b*) Possíveis localizações de átomos de impureza maiores em relação a uma discordância aresta, tal que exista um cancelamento parcial das deformações impureza-discordância na rede.

discordâncias de maneira a reduzir a energia de deformação total – isto é, de modo a cancelar parte da deformação na rede em torno de uma discordância. Para conseguir isso, um átomo de impureza menor se localiza onde sua deformação de tração anula parcialmente a deformação compressiva causada pela discordância. Para a discordância aresta mostrada na Figura 8.17*b*, essa localização é adjacente à linha da discordância e acima do plano de escorregamento. Um átomo de impureza maior estaria localizado como está mostrado na Figura 8.18*b*.

A resistência ao escorregamento é maior quando os átomos de impureza estão presentes, pois a deformação global da rede deve aumentar, se uma discordância for separada dos mesmos. Além disso, as mesmas interações de deformação da rede (Figuras 8.17*b* e 8.18*b*) existem entre os átomos de impureza e as discordâncias em movimento durante a deformação plástica. Dessa forma, é necessária a aplicação de uma tensão maior para, primeiro, iniciar e, depois, dar continuidade à deformação plástica em ligas com solução sólida, em comparação ao que ocorre com os metais puros; isso fica evidenciado pelo aumento da resistência e da dureza.

8.11 ENCRUAMENTO

encruamento

trabalho a frio

Percentual de trabalho a frio – dependência em relação às áreas da seção transversal original e deformada

Encruamento é o fenômeno pelo qual um metal dúctil se torna mais duro e mais resistente, à medida que é deformado plasticamente. Algumas vezes, esse fenômeno também é chamado de *endurecimento por trabalho mecânico*, ou, pelo fato de a temperatura, em que a deformação é efetuada, ser "fria" em relação à temperatura absoluta de fusão do metal, de **trabalho a frio**. A maioria dos metais encrua à temperatura ambiente.

Algumas vezes é conveniente expressar o grau de deformação plástica como *percentual de trabalho a frio* e não como deformação. O percentual de trabalho a frio (%TF) é definido como

$$\%\text{TF} = \left(\frac{A_0 - A_d}{A_0}\right) \times 100 \tag{8.8}$$

em que A_0 é a área original da seção transversal que sofre deformação e A_d é a área depois da deformação.

As Figuras 8.19*a* e 8.19*b* demonstram como aço, latão e cobre aumentam seu limite de escoamento e seu limite de resistência à tração com o aumento do trabalho a frio. O preço desse aumento na dureza e na resistência é uma diminuição na ductilidade do metal. Isso está mostrado na Figura 8.19*c*, em que a ductilidade, em termos do alongamento percentual, apresenta uma redução com o aumento do percentual de trabalho a frio para essas mesmas três ligas. A influência do trabalho a frio sobre o comportamento tensão-deformação de um aço com baixo teor de carbono está mostrada na Figura 8.20. Nessa figura estão traçadas as curvas tensão-deformação para 0 %TF, 4 %TF e 24 %TF.

O encruamento está demonstrado em um diagrama tensão-deformação apresentado anteriormente (Figura 7.17). Inicialmente, o metal com limite de escoamento σ_{l_0} é deformado plasticamente até o ponto *D*. A tensão é liberada e, em seguida, reaplicada, resultando em novo limite de escoamento, σ_{l_i}. O metal ficou, dessa forma, mais resistente durante o processo, uma vez que σ_{l_i} é maior que σ_{l_0}.

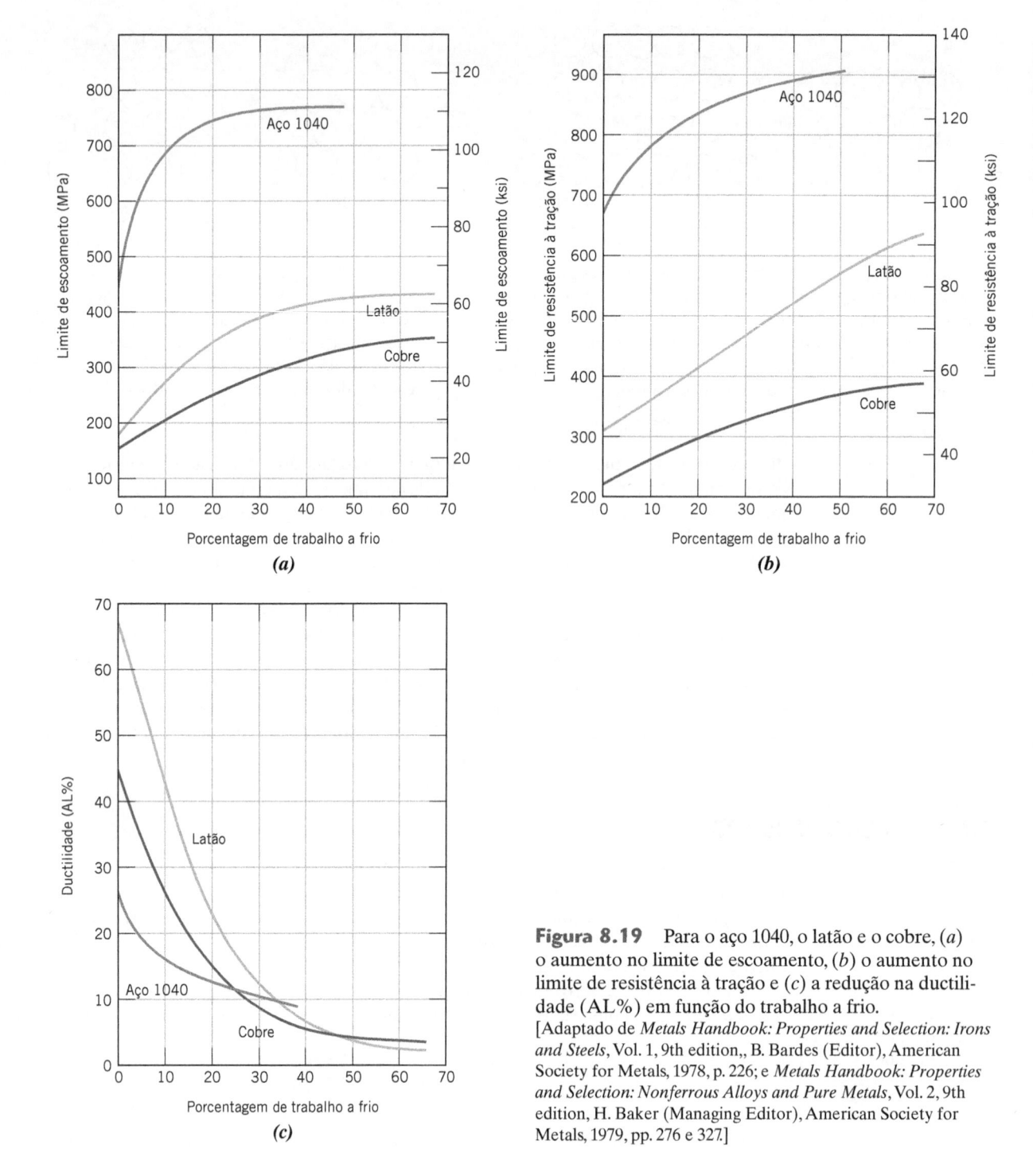

Figura 8.19 Para o aço 1040, o latão e o cobre, (*a*) o aumento no limite de escoamento, (*b*) o aumento no limite de resistência à tração e (*c*) a redução na ductilidade (AL%) em função do trabalho a frio.
[Adaptado de *Metals Handbook: Properties and Selection: Irons and Steels*, Vol. 1, 9th edition,, B. Bardes (Editor), American Society for Metals, 1978, p. 226; e *Metals Handbook: Properties and Selection: Nonferrous Alloys and Pure Metals*, Vol. 2, 9th edition, H. Baker (Managing Editor), American Society for Metals, 1979, pp. 276 e 327.]

O fenômeno do encruamento é explicado com base em interações entre as discordâncias e os campos de deformação de discordâncias, semelhantes àquelas discutidas na Seção 8.4. A densidade de discordâncias em um metal aumenta com a deformação ou trabalho a frio, devido à multiplicação das discordâncias ou à formação de novas discordâncias, como observado anteriormente. Consequentemente, a distância média de separação entre as discordâncias diminui – as discordâncias são posicionadas mais próximas umas das outras. Na média, as interações discordância-deformação devido às discordâncias são repulsivas. O resultado é tal que o movimento de uma discordância é dificultado pela presença de outras discordâncias. À medida que a densidade das discordâncias aumenta, essa resistência ao movimento das discordâncias causado por outras discordâncias se torna mais pronunciada. Dessa forma, a tensão imposta, necessária para deformar um metal, aumenta com o aumento do trabalho a frio.

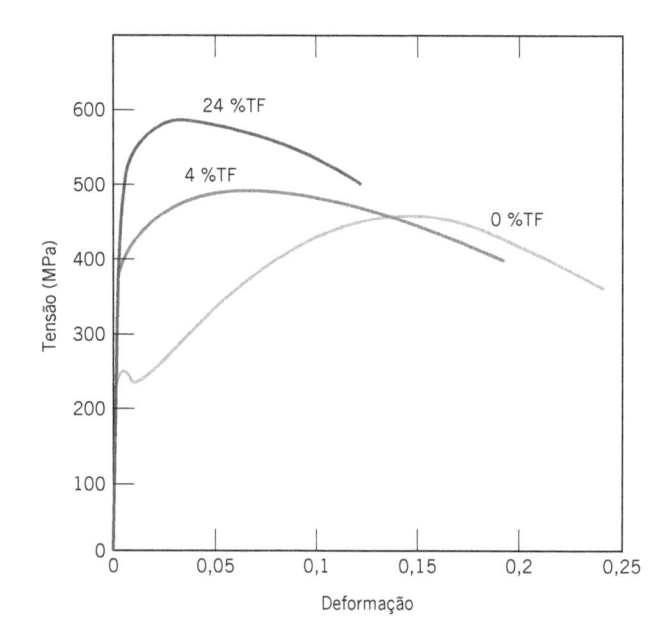

Figura 8.20 Influência do trabalho a frio sobre o comportamento tensão-deformação de um aço com baixo teor de carbono; estão mostradas as curvas para 0 %TF, 4 %TF e 24 %TF.

Comercialmente, o encruamento é utilizado com frequência para melhorar as propriedades mecânicas dos metais durante procedimentos de fabricação. Os efeitos do encruamento podem ser removidos por um tratamento térmico de recozimento, como discutido na Seção 14.5.

Na expressão matemática que relaciona a tensão verdadeira à deformação verdadeira, Equação 7.19, o parâmetro *n* é denominado *expoente de encruamento*, o qual é uma medida da habilidade de um metal encruar; quanto maior sua magnitude, maior é o encruamento para determinada quantidade de deformação plástica.

✓ *Verificação de Conceitos 8.3* Ao fazer medições de dureza, qual será o efeito de realizar uma impressão muito próxima a uma impressão preexistente? Por quê?

Verificação de Conceitos 8.4 Você espera que um material cerâmico cristalino encrue à temperatura ambiente? Por que sim, ou por que não?

(*As respostas estão disponíveis no GEN-IO, ambiente virtual de aprendizagem do GEN.*)

PROBLEMA-EXEMPLO 8.2

Determinações do Limite de Resistência à Tração e da Ductilidade para o Cobre Trabalhado a Frio

Calcule o limite de resistência à tração e a ductilidade (AL%) de uma barra cilíndrica de cobre se ela for trabalhada a frio tal que seu diâmetro seja reduzido de 15,2 mm para 12,2 mm (0,60 in para 0,48 in).

Solução

Em primeiro lugar, é necessário determinar o percentual de trabalho a frio resultante da deformação. Isso é possível usando a Equação 8.8:

$$\%TF = \frac{\left(\dfrac{15,2 \text{ mm}}{2}\right)^2 \pi - \left(\dfrac{12,2 \text{ mm}}{2}\right)^2 \pi}{\left(\dfrac{15,2 \text{ mm}}{2}\right)^2 \pi} \times 100 = 35,6\ \%$$

O limite de resistência à tração é lido diretamente da curva para o cobre (Figura 8.19*b*) como 340 MPa (50.000 psi). A partir da Figura 8.19*c*, a ductilidade a 35,6 %TF é de aproximadamente 7 AL%.

Em resumo, discutimos os três mecanismos que podem ser usados para aumentar a resistência e endurecer ligas metálicas monofásicas: o aumento da resistência pela redução no tamanho dos grãos, o aumento da resistência por solução sólida e o encruamento. Obviamente, eles podem ser utilizados em conjunto uns com os outros; por exemplo, uma liga cuja resistência foi aumentada por solução sólida também pode ser encruada.

Também deve-se observar que os efeitos do aumento da resistência devido à redução no tamanho do grão e ao encruamento podem ser eliminados, ou pelo menos reduzidos, por um tratamento térmico a uma temperatura elevada (Seções 8.12 e 8.13). Em contraste, o aumento da resistência por solução sólida não é afetado por tratamento térmico.

Como será visto no Capítulo 11, técnicas diferentes daquelas que acabaram de ser discutidas podem ser usadas para melhorar as propriedades mecânicas de algumas ligas metálicas. Essas ligas são multifásicas e as alterações nas propriedades resultam de transformações de fases, as quais são induzidas por tratamentos térmicos especificamente projetados.

Recuperação, Recristalização e Crescimento do Grão

Como observado anteriormente neste capítulo, a deformação plástica de uma amostra de metal policristalino a temperaturas que são baixas em comparação à sua temperatura absoluta de fusão produz alterações microestruturais e nas propriedades que incluem (1) alteração na forma do grão (Seção 8.7), (2) encruamento (Seção 8.11) e (3) aumento na densidade das discordâncias (Seção 8.4). Uma parcela da energia gasta na deformação é armazenada no metal como energia de deformação, que está associada às zonas de tração, compressão e cisalhamento ao redor das discordâncias recém-criadas (Seção 8.4). Além disso, outras propriedades, como a condutividade elétrica (Seção 12.8) e a resistência à corrosão, podem ser modificadas como consequência da deformação plástica.

Essas propriedades e estruturas podem ser revertidas, voltando aos seus estados anteriores ao trabalho a frio, mediante um tratamento térmico apropriado (algumas vezes denominado *tratamento de recozimento*). Essa restauração resulta de dois processos diferentes que ocorrem em temperaturas elevadas: *recuperação* e *recristalização*, que podem ser seguidos por um *crescimento do grão*.

8.12 RECUPERAÇÃO

recuperação

Durante a **recuperação**, uma parcela da energia interna de deformação armazenada é liberada em virtude do movimento das discordâncias (na ausência de uma tensão externa aplicada), como resultado do aumento da difusão atômica à temperatura elevada. Há alguma redução no número de discordâncias e são produzidas configurações de discordâncias (semelhantes àquela mostrada na Figura 5.14) que têm baixas energias de deformação. Além disso, propriedades físicas, como as condutividades elétrica e térmica, são recuperadas aos seus estados anteriores ao trabalho a frio.

8.13 RECRISTALIZAÇÃO

recristalização

Mesmo após a recuperação estar completa, os grãos ainda estão em um estado de energia de deformação relativamente elevado. A **recristalização** é a formação de um novo conjunto de grãos livres de deformação e equiaxiais (isto é, apresentam dimensões aproximadamente iguais em todas as direções), que possuem baixas densidades de discordâncias e que são característicos da condição anterior ao trabalho a frio. A força motriz para produzir essa nova estrutura de grão é a diferença entre as energias internas do material deformado e não deformado. Os novos grãos se formam como núcleos muito pequenos e crescem até consumir por completo o material de origem, em processos que envolvem difusão em curta distância. Vários estágios do processo de recristalização estão representados nas Figuras 8.21*a* a 8.21*d*. Nessas fotomicrografias, os pequenos grãos "salpicados" são aqueles que se recristalizaram. Assim, a recristalização de metais trabalhados a frio pode ser usada para refinar a estrutura do grão.

Além disso, durante a recristalização, as propriedades mecânicas que foram alteradas como resultado do trabalho a frio são restauradas aos seus valores anteriores ao trabalho a frio – isto é, o metal se torna menos duro e menos resistente, porém mais dúctil. Alguns tratamentos térmicos são projetados para permitir a recristalização com essas modificações nas características mecânicas (Seção 14.5).

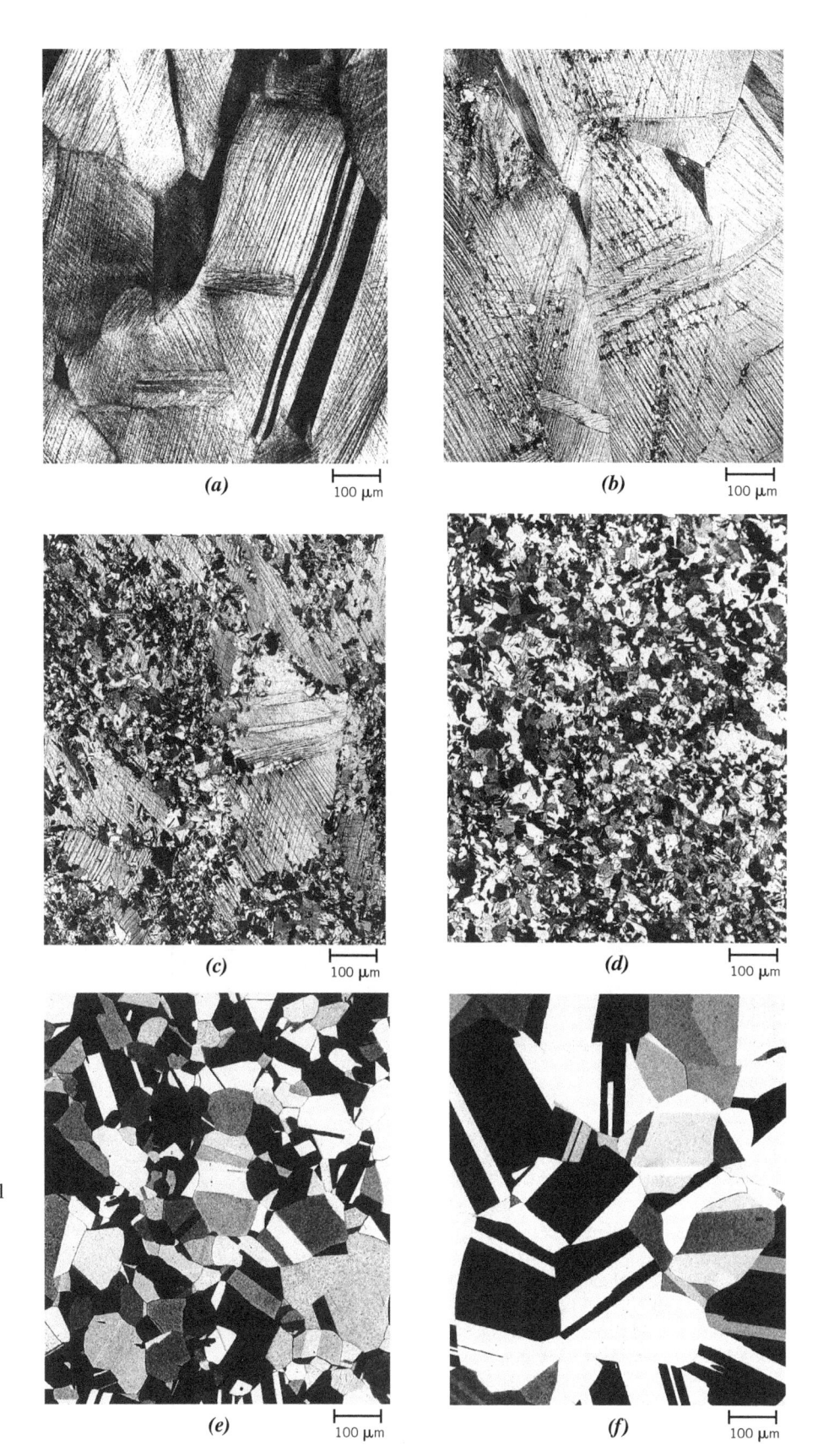

Figura 8.21 Fotomicrografias mostrando os vários estágios da recristalização e do crescimento de grãos do latão. (*a*) Estrutura dos grãos trabalhados a frio (33 %TF). (*b*) Estágio inicial da recristalização, após aquecimento durante 3 s a 580 °C (1075 °F); os grãos muito pequenos são aqueles que recristalizaram. (*c*) Substituição parcial dos grãos trabalhados a frio por grãos recristalizados (4 s a 580 °C). (*d*) Recristalização completa (8 s a 580 °C). (*e*) Crescimento dos grãos após 15 min a 580 °C. (*f*) Crescimento dos grãos após 10 min a 700 °C (1290 °F). Todas as fotomicrografias com ampliação de 70×.
(As fotomicrografias são uma cortesia de J. E. Burke, General Electric Company.)

A extensão da recristalização depende tanto do tempo quanto da temperatura. O grau (ou fração) de recristalização aumenta em função do tempo, como pode ser observado nas fotomicrografias mostradas nas Figuras 8.21a a 8.21d. A dependência explícita da recristalização em relação ao tempo está discutida mais detalhadamente ao final da Seção 11.3.

A influência da temperatura está demonstrada na Figura 8.22, que apresenta o limite de resistência à tração e a ductilidade (à temperatura ambiente) de um latão em função da temperatura para um tempo constante de duração do tratamento térmico de 1 h. As estruturas dos grãos encontradas nos vários estágios do processo também estão apresentadas esquematicamente.

temperatura de recristalização

O comportamento da recristalização de uma liga metálica específica é algumas vezes especificado em termos de uma **temperatura de recristalização**, que é a temperatura na qual a recristalização atinge o seu término em exatamente 1 h. Dessa forma, a temperatura de recristalização para o latão mostrado na Figura 8.22 é de aproximadamente 450 °C (850 °F). Comumente, ela está entre um terço e metade da temperatura absoluta de fusão de um metal ou liga e depende de diversos fatores, incluindo a quantidade de trabalho a frio a que o material foi submetido anteriormente e a pureza da liga. O aumento do percentual de trabalho a frio aumenta a taxa de recristalização, resultando na redução da temperatura de recristalização, que se aproxima de um valor constante ou limite sob grandes deformações; esse efeito está mostrado na Figura 8.23. Além disso, essa temperatura de recristalização mínima, ou limite, é a temperatura normalmente especificada na literatura. Existe um grau crítico de trabalho a frio abaixo do qual a recristalização não pode ser induzida, como está mostrado na figura; normalmente, esse nível crítico encontra-se entre 2 e 20 % de trabalho a frio.

A recristalização prossegue mais rapidamente nos metais puros do que nas ligas. Durante a recristalização ocorre o movimento dos contornos dos grãos conforme os novos núcleos de grãos se formam e, então, crescem. Acredita-se que os átomos de impurezas se segregam e interagem preferencialmente junto a esses contornos de grãos recristalizados, de forma a diminuir suas mobilidades (isto é, dos contornos dos grãos); isso resulta em uma diminuição da taxa de recristalização e em um aumento da temperatura de recristalização, algumas vezes de maneira bastante substancial.

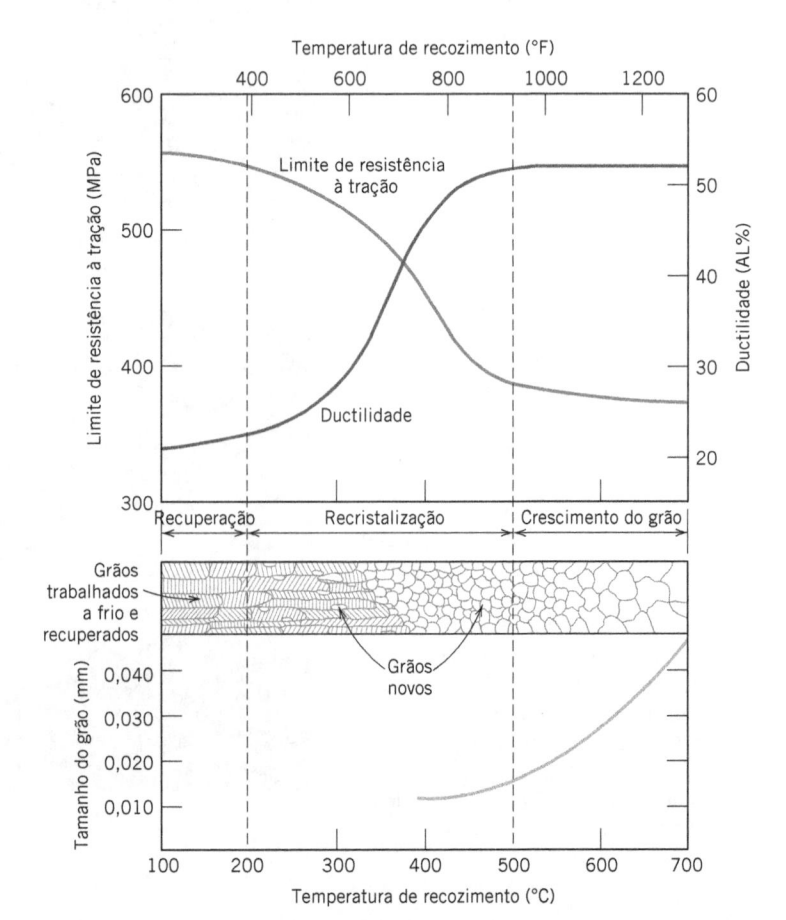

Figura 8.22 Influência da temperatura de recozimento (para um tempo de recozimento de 1 h) sobre o limite de resistência à tração e a ductilidade de um latão. O tamanho do grão está indicado em função da temperatura de recozimento. As estruturas dos grãos durante os estágios de recuperação, recristalização e crescimento de grão estão mostradas esquematicamente.
(Adaptado de G. Sachs e K. R. Van Horn, *Practical Metallurgy, Applied Metallurgy and the Industrial Processing of Ferrous and Nonferrous Metals and Alloys*, American Society for Metals, 1940, p. 139.)

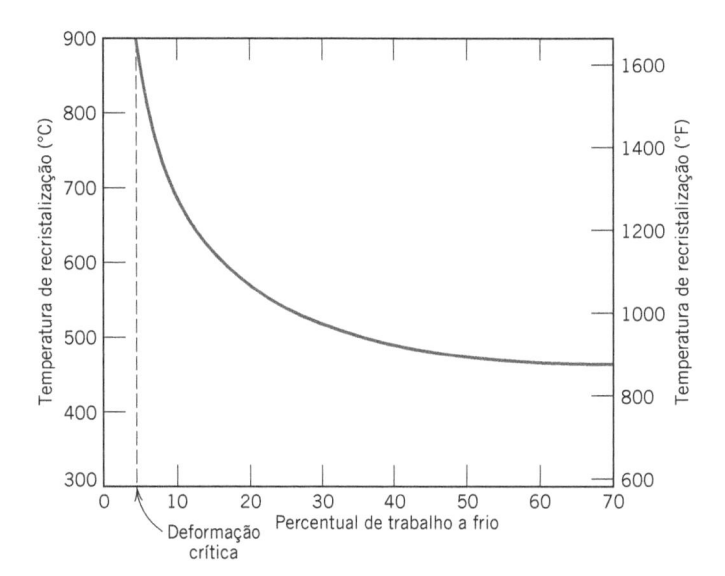

Figura 8.23 Variação da temperatura de recristalização em função do percentual de trabalho a frio para o ferro. Para deformações menores que a crítica (aproximadamente 5 %TF), a recristalização não ocorrerá.

Para metais puros, a temperatura de recristalização é normalmente de $0,4T_f$, em que T_f é a temperatura absoluta de fusão. Para algumas ligas comerciais, ela pode ser tão elevada quanto $0,7T_f$. As temperaturas de recristalização e de fusão para diversos metais e ligas estão listadas na Tabela 8.2.

Deve ser observado que uma vez que a taxa de recristalização depende de diversas variáveis, conforme discutido anteriormente, existe alguma arbitrariedade em relação às temperaturas de recristalização citadas na literatura. Além disso, pode ocorrer certo grau de recristalização para uma liga que seja termicamente tratada em temperaturas abaixo da sua temperatura de recristalização.

As operações de deformação plástica são realizadas com frequência em temperaturas acima da temperatura de recristalização, em um processo denominado *trabalho a quente*, descrito na Seção 14.2. O material permanece relativamente dúctil durante a deformação, pois não encrua; dessa forma, são possíveis grandes deformações.

Tabela 8.2 Temperaturas de Recristalização e de Fusão para Vários Metais e Ligas

Metal	Temperatura de Recristalização		Temperatura de Fusão	
	°C	°F	°C	°F
Chumbo	–4	25	327	620
Estanho	–4	25	232	450
Zinco	10	50	420	788
Alumínio (99,999 %p)	80	176	660	1220
Cobre (99,999 %p)	120	250	1085	1985
Latão (60 Cu-40 Zn)	475	887	900	1652
Níquel (99,99 %p)	370	700	1455	2651
Ferro	450	840	1538	2800
Tungstênio	1200	2200	3410	6170

Verificação de Conceitos 8.5   Explique sucintamente por que alguns metais (por exemplo, o chumbo e o estanho) não encruam quando são deformados à temperatura ambiente.

Verificação de Conceitos 8.6   Você espera ser possível que os materiais cerâmicos apresentem recristalização? Por que sim, ou por que não?

(*As respostas estão disponíveis no GEN-IO, ambiente virtual de aprendizagem do GEN.*)

EXEMPLO DE PROJETO 8.1

Descrição do Procedimento para Redução do Diâmetro

Uma barra cilíndrica de latão não submetida a trabalho a frio e com diâmetro inicial de 6,4 mm (0,25 in) deve ser trabalhada a frio, por estiramento, tal que sua área de seção transversal seja reduzida. É necessário que o limite de escoamento após o trabalho a frio seja de pelo menos 345 MPa (50.000 psi) e que a ductilidade seja superior a 20 AL%; além disso, é necessário que o diâmetro final seja de 5,1 mm (0,20 in). Descreva o modo pelo qual esse procedimento pode ser realizado.

Solução

Em primeiro lugar, vamos considerar as consequências (em termos do limite de escoamento e da ductilidade) de um trabalho a frio no qual o diâmetro da amostra de latão é reduzido de 6,4 mm (designado por d_0) para 5,1 mm (d_i). A %TF pode ser calculada, a partir da Equação 8.8, como

$$\%TF = \frac{\left(\dfrac{d_0}{2}\right)^2 \pi - \left(\dfrac{d_i}{2}\right)^2 \pi}{\left(\dfrac{d_0}{2}\right)^2 \pi} \times 100$$

$$= \frac{\left(\dfrac{6,4 \text{ mm}}{2}\right)^2 \pi - \left(\dfrac{5,1 \text{ mm}}{2}\right)^2 \pi}{\left(\dfrac{6,4 \text{ mm}}{2}\right)^2 \pi} \times 100 = 36,5 \text{ \%TF}$$

A partir das Figuras 8.19*a* e 8.19*c*, um limite de escoamento de 410 MPa (60.000 psi) e uma ductilidade de 8 AL% são obtidos a partir dessa deformação. De acordo com os critérios estipulados, o limite de escoamento é satisfatório, mas a ductilidade está muito baixa.

Outra alternativa de processamento consiste na redução parcial no diâmetro, seguida por um tratamento térmico de recristalização no qual os efeitos do trabalho a frio sejam anulados. Os níveis necessários para o limite de escoamento, a ductilidade e o diâmetro são atingidos por meio de uma segunda etapa de estiramento.

Novamente, fazendo referência à Figura 8.19*a*, conclui-se que são necessários 20 %TF para se obter um limite de escoamento de 345 MPa. Contudo, a partir da Figura 8.19*c*, ductilidades superiores a 20 AL% são possíveis apenas para deformações de 23 %TF ou menos. Dessa forma, durante a operação final de estiramento, a deformação deve ficar entre 20 %TF e 23 %TF. Vamos considerar o valor médio entre esses dois extremos, isto é, 21,5 %TF, e então calcular o diâmetro final para o primeiro estiramento d_0', que será o diâmetro original para o segundo estiramento. Novamente, usando a Equação 8.8,

$$21,5 \text{ \%TF} = \frac{\left(\dfrac{d_0'}{2}\right)^2 \pi - \left(\dfrac{5,1 \text{ mm}}{2}\right)^2 \pi}{\left(\dfrac{d_0'}{2}\right)^2 \pi} \times 100$$

Então, resolvendo para d_0' a partir da expressão anterior, temos

$$d_0' = 5,8 \text{ mm (0,226 in)}$$

8.14 CRESCIMENTO DO GRÃO

crescimento do grão

Após a recristalização estar completa, os grãos livres de deformação continuarão a crescer se a amostra do metal for deixada a uma temperatura elevada (Figuras 8.21*d* a 8.21*f*); esse fenômeno é chamado de **crescimento do grão**. O crescimento do grão não precisa ser precedido por recuperação e recristalização; ele pode ocorrer em todos os materiais policristalinos – tanto em metais como em cerâmicas.

Uma energia está associada aos contornos dos grãos, como explicado na Seção 5.8. À medida que os grãos aumentam de tamanho, a área total dos contornos diminui, produzindo uma consequente redução na energia total; essa é a força motriz para o crescimento do grão.

O crescimento do grão ocorre pela migração de contornos de grãos. Obviamente, nem todos os grãos podem crescer, porém os grãos maiores crescem à custa dos grãos menores, que diminuem. Dessa forma, o tamanho médio dos grãos aumenta ao longo do tempo e, a cada instante específico, há uma faixa de tamanhos de grãos. O movimento dos contornos consiste simplesmente na difusão de curto alcance dos átomos de um lado do contorno para o outro. As direções do movimento do contorno e do movimento dos átomos são opostas uma à outra, como está mostrado na Figura 8.24.

Para muitos materiais policristalinos, o diâmetro do grão d varia em função do tempo t de acordo com a relação

Dependência do tamanho do grão em relação ao tempo no crescimento do grão

$$d^n - d_0^n = Kt \qquad (8.9)$$

em que d_0 é o diâmetro inicial do grão em $t = 0$ e K e n são constantes independentes do tempo; o valor de n é geralmente igual ou maior que 2.

A dependência do tamanho de grão em relação ao tempo e à temperatura está demonstrada na Figura 8.25, que apresenta um gráfico do logaritmo do tamanho do grão em função do logaritmo do tempo para um latão em várias temperaturas. Nas temperaturas mais baixas, as curvas são lineares. Além disso, o crescimento do grão prossegue mais rapidamente à medida que a temperatura aumenta – isto é, as curvas são deslocadas para cima, para maiores tamanhos de grão. Isso pode ser explicado pelo aumento da taxa de difusão com o aumento da temperatura.

As propriedades mecânicas à temperatura ambiente de um metal com granulação fina são, em geral, superiores (isto é, apresentam maior resistência e tenacidade) àquelas exibidas pelos metais com grãos grosseiros. Se a estrutura dos grãos de uma liga monofásica for mais grosseira que o desejado, o refinamento pode ser realizado mediante deformação plástica do material, seguida então por tratamento térmico de recristalização, como descrito anteriormente.

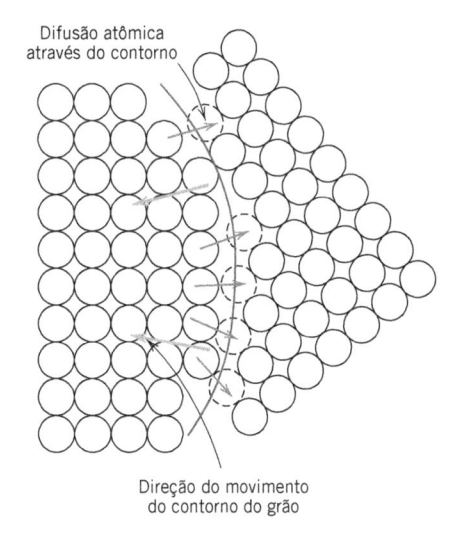

Figura 8.24 Representação esquemática do crescimento dos grãos mediante difusão atômica. (De L. H. Van Vlack, *A Textbook of Materials Technology*, Addison-Wesley Publishing Co., 1973. Reproduzido com permissão do Espólio de Lawrence H. Van Vlack.)

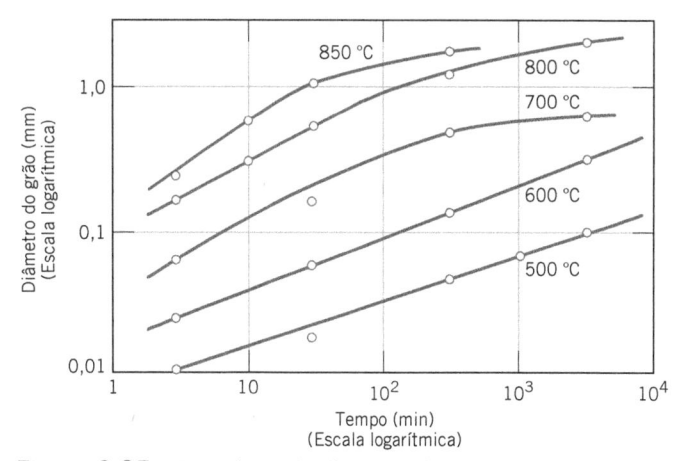

Figura 8.25 Logaritmo do diâmetro de grão em função do logaritmo do tempo para o crescimento do grão no latão em várias temperaturas. (De J. E. Burke, "Some Factors Affecting the Rate of Grain Growth in Metals". Reimpresso sob permissão de *Metallurgical Transactions*, Vol. 180, 1949, uma publicação de The Metallurgical Society of AIME, Warrendale, Pennsylvania.)

PROBLEMA-EXEMPLO 8.3

Cálculo do Tamanho do Grão após Tratamento Térmico

Quando um metal hipotético com um diâmetro de grão de $8,2 \times 10^{-3}$ mm é aquecido a 500 °C durante 12,5 min, o diâmetro do grão aumenta para $2,7 \times 10^{-2}$ mm. Calcule o diâmetro do grão quando uma amostra do material original é aquecida a 500 °C durante 100 min. Considere que o valor do expoente do diâmetro do grão n seja 2.

Solução

Para este problema, a Equação 8.9 se torna

$$d^2 - d_0^2 = Kt \qquad (8.10)$$

Primeiro é necessário resolver para o valor de K. Isso é possível incorporando o primeiro conjunto de dados no enunciado do problema – isto é,

$d_0 = 8,2 \times 10^{-3}$ mm
$d = 2,7 \times 10^{-2}$ mm
$t = 12,5$ min

na seguinte forma rearranjada da Equação 8.10:

$$K = \frac{d^2 - d_0^2}{t}$$

Isso leva a

$$K = \frac{(2,7 \times 10^{-2}\,\text{mm})^2 - (8,2 \times 10^{-3}\,\text{mm})^2}{12,5\,\text{min}}$$
$$= 5,29 \times 10^{-5}\,\text{mm}^2/\text{min}$$

Para determinar o diâmetro do grão após um tratamento térmico a 500 °C durante 100 min, devemos manipular a Equação 8.10 tal que d torne-se a variável dependente – isto é,

$$d = \sqrt{d_0^2 + Kt}$$

A substituição nessa expressão de $t = 100$ min, assim como dos valores para d_0 e K, resulta em

$$d = \sqrt{(8,2 \times 10^{-3}\,\text{mm})^2 + (5,29 \times 10^{-5}\,\text{mm}^2/\text{min})(100\,\text{min})}$$
$$= 0,0732\,\text{mm}$$

Mecanismos de Deformação para Materiais Cerâmicos

Embora à temperatura ambiente a maioria dos materiais cerâmicos sofra fratura antes do início da deformação plástica, é útil fazer uma exploração sucinta dos possíveis mecanismos. A deformação plástica é diferente nas cerâmicas cristalinas e não cristalinas; ambos os processos estão sendo discutidos.

8.15 CERÂMICAS CRISTALINAS

Para as cerâmicas cristalinas, a deformação plástica ocorre, como nos metais, pelo movimento de discordâncias. Uma razão para a dureza e a fragilidade desses materiais é a dificuldade do escorregamento (ou do movimento das discordâncias). Nos materiais cerâmicos cristalinos, para os quais a ligação é predominantemente iônica, existem muito poucos sistemas de escorregamento (planos cristalográficos e as direções nesses planos) ao longo dos quais as discordâncias podem se mover. Isso é uma consequência da natureza eletricamente carregada dos íons. Para o escorregamento em algumas direções, os íons com mesma carga são aproximados uns aos outros; devido à repulsão eletrostática, essa modalidade de escorregamento é muito restringida. Esse não é um problema nos metais, uma vez que todos os átomos são eletricamente neutros.

Contudo, nas cerâmicas, onde a ligação é altamente covalente, o escorregamento também é difícil e elas são frágeis pelas seguintes razões: (1) as ligações covalentes são relativamente fortes, (2) há também um número limitado de sistemas de escorregamento e (3) as estruturas das discordâncias são complexas.

8.16 CERÂMICAS NÃO CRISTALINAS

A deformação plástica não acontece pelo movimento de discordâncias nas cerâmicas não cristalinas, pois não há uma estrutura atômica regular. Em vez disso, esses materiais se deformam por *escoamento viscoso*, da maneira pela qual os líquidos se deformam; a taxa de deformação é proporcional à tensão aplicada. Em resposta à aplicação de uma tensão cisalhante, os átomos ou íons se deslizam uns sobre os outros devido à quebra e à recombinação das ligações interatômicas. No entanto, não há uma maneira ou uma direção predeterminada na qual esse fenômeno ocorre, como é o caso para as discordâncias. O escoamento viscoso em uma escala macroscópica está demonstrado na Figura 8.26.

viscosidade

A propriedade característica de um escoamento viscoso, a **viscosidade**, é uma medida da resistência de um material não cristalino à deformação. Para o escoamento viscoso de um líquido, devido a tensões cisalhantes impostas por duas placas planas e paralelas, a viscosidade η é a razão entre a tensão cisalhante aplicada τ e a variação na velocidade dv em função da distância dy em uma direção perpendicular às placas e se afastando delas, ou seja,

$$\eta = \frac{\tau}{dv/dy} = \frac{F/A}{dv/dy} \tag{8.11}$$

Essa configuração está representada na Figura 8.26.

As unidades para viscosidade são o poise (P) e o pascal-segundo (Pa · s); 1 P = 1 dina · s/cm^2 e 1 Pa · s = 1 N · s/m^2. A conversão de um sistema de unidades para outro se dá de acordo com a relação

$$10 \text{ P} = 1 \text{ Pa} \cdot \text{s}$$

Os líquidos têm viscosidades relativamente baixas; por exemplo, a viscosidade da água à temperatura ambiente é de aproximadamente 10^{-3} Pa · s. No entanto, os vidros têm viscosidades extremamente elevadas à temperatura ambiente, o que é causado pelas fortes ligações interatômicas. À medida que a temperatura é elevada, a magnitude da ligação é reduzida, o movimento de escorregamento ou escoamento dos átomos ou íons é facilitado e, consequentemente, há uma concomitante redução na viscosidade. Uma discussão da dependência da viscosidade dos vidros em relação à temperatura será adiada até a Seção 14.7.

Mecanismos de Deformação e para o Aumento da Resistência de Polímeros

Uma compreensão dos mecanismos da deformação dos polímeros é importante para que possamos lidar com as características mecânicas desses materiais. Nesse sentido, os modelos de deformação

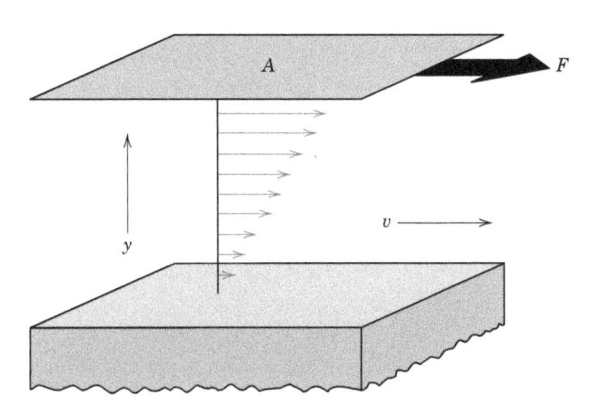

Figura 8.26 Representação do escoamento viscoso de um líquido ou um fluido vítreo em resposta à aplicação de uma força cisalhante.

para dois tipos de polímeros diferentes – semicristalinos e elastoméricos – merecem nossa atenção. A rigidez e a resistência dos materiais semicristalinos são, com frequência, considerações importantes; os mecanismos das deformações elástica e plástica são tratados na próxima seção, enquanto os métodos usados para enrijecer e aumentar a resistência desses materiais são discutidos na Seção 8.18. No entanto, os elastômeros são usados com base nas suas propriedades elásticas incomuns; o mecanismo da deformação dos elastômeros também será tratado.

8.17 DEFORMAÇÃO DE POLÍMEROS SEMICRISTALINOS

Muitos polímeros semicristalinos em sua forma bruta apresentarão a estrutura esferulítica descrita na Seção 4.12. Para fins de revisão, cada esferulita consiste em numerosas fitas com cadeias dobradas, ou lamelas, que irradiam para fora a partir do centro. Separando essas lamelas, há áreas de material amorfo (Figura 4.13); as lamelas adjacentes estão conectadas por cadeias de ligação que passam através dessas regiões amorfas.

Mecanismo da Deformação Elástica

Como acontece com outros tipos de materiais, a deformação elástica nos polímeros ocorre sob níveis de tensão relativamente baixos na curva tensão-deformação (Figura 7.22). O início da deformação elástica nos polímeros semicristalinos resulta do alongamento de cadeias de moléculas em regiões amorfas na direção da tensão de tração aplicada. Esse processo está representado esquematicamente para duas lamelas com cadeias dobradas adjacentes e o material amorfo interlamelar como o Estágio 1 na Figura 8.27. A continuação da deformação no segundo estágio ocorre por mudanças tanto na região amorfa como na região cristalina lamelar. As cadeias amorfas continuam a se alinhar e se tornam alongadas (Figura 8.27b); além disso, existem dobramento e estiramento das fortes ligações covalentes da cadeia no interior dos cristalitos lamelares. Isso leva a um ligeiro e reversível aumento na espessura do cristalito lamelar, como indicado por Δt na Figura 8.27c.

Uma vez que os polímeros semicristalinos são compostos tanto por regiões cristalinas quanto por regiões amorfas, eles podem, em certo sentido, ser considerados materiais compósitos. Como tal, o módulo de elasticidade pode ser tomado como alguma combinação dos módulos das fases cristalina e amorfa.

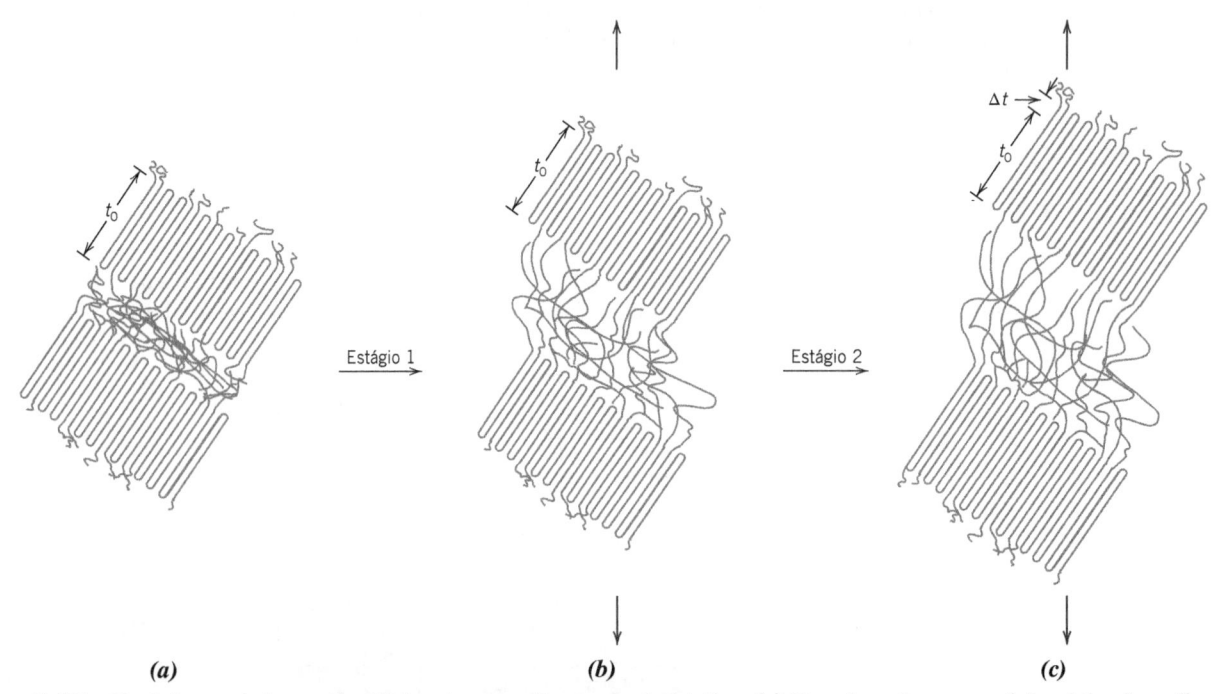

(a) (b) (c)

Figura 8.27 Estágios na deformação elástica de um polímero semicristalino. (a) Duas lamelas com cadeias dobradas adjacentes e o material amorfo interlamelar antes da deformação. (b) Alongamento das cadeias de ligação amorfas durante o primeiro estágio da deformação. (c) Aumento na espessura do cristalito lamelar (o qual é reversível) devido ao dobramento e ao estiramento das cadeias nas regiões do cristalito.

Mecanismo da Deformação Plástica

A transição da deformação elástica para deformação plástica ocorre no Estágio 3 da Figura 8.28. (Observe que a Figura 8.27c é idêntica à Figura 8.28a.) Durante o Estágio 3, as cadeias adjacentes nas lamelas deslizam-se umas em relação às outras (Figura 8.28b); isso resulta em uma inclinação das lamelas, tal que as dobras das cadeias ficam mais alinhadas com o eixo de tração. Qualquer deslocamento da cadeia sofre a resistência de ligações secundárias, ou de van der Waals, relativamente fracas.

No Estágio 4 (Figura 8.28c), segmentos de blocos cristalinos separam-se das lamelas, com os segmentos permanecendo presos uns aos outros pelas cadeias de ligação. No estágio final, o Estágio 5, os blocos e as cadeias de ligação ficam orientados na direção do eixo de tração (Figura 8.28d). Dessa forma, uma apreciável deformação por tração nos polímeros semicristalinos produz uma estrutura altamente orientada. Esse processo de orientação é denominado **estiramento** e é empregado com frequência para melhorar as propriedades mecânicas de fibras e de filmes poliméricos (isso está discutido mais detalhadamente na Seção 14.15).

estiramento

Durante a deformação, as esferulitas apresentam alterações em sua forma sob níveis de alongamento moderados. Entretanto, para grandes deformações, a estrutura esferulítica é virtualmente destruída. Além disso, até certo grau, os processos representados na Figura 8.28 são reversíveis. Isto é, se a deformação for interrompida em algum estágio arbitrário e se a amostra for aquecida até uma temperatura elevada próxima à sua temperatura de fusão (isto é, se for recozida), o material se recristalizará para novamente formar uma estrutura esferulítica. Além disso, a amostra tenderá a encolher, parcialmente, até as dimensões que tinha antes da deformação. A extensão dessa recuperação na forma e na estrutura depende da temperatura de recozimento e também do grau de alongamento.

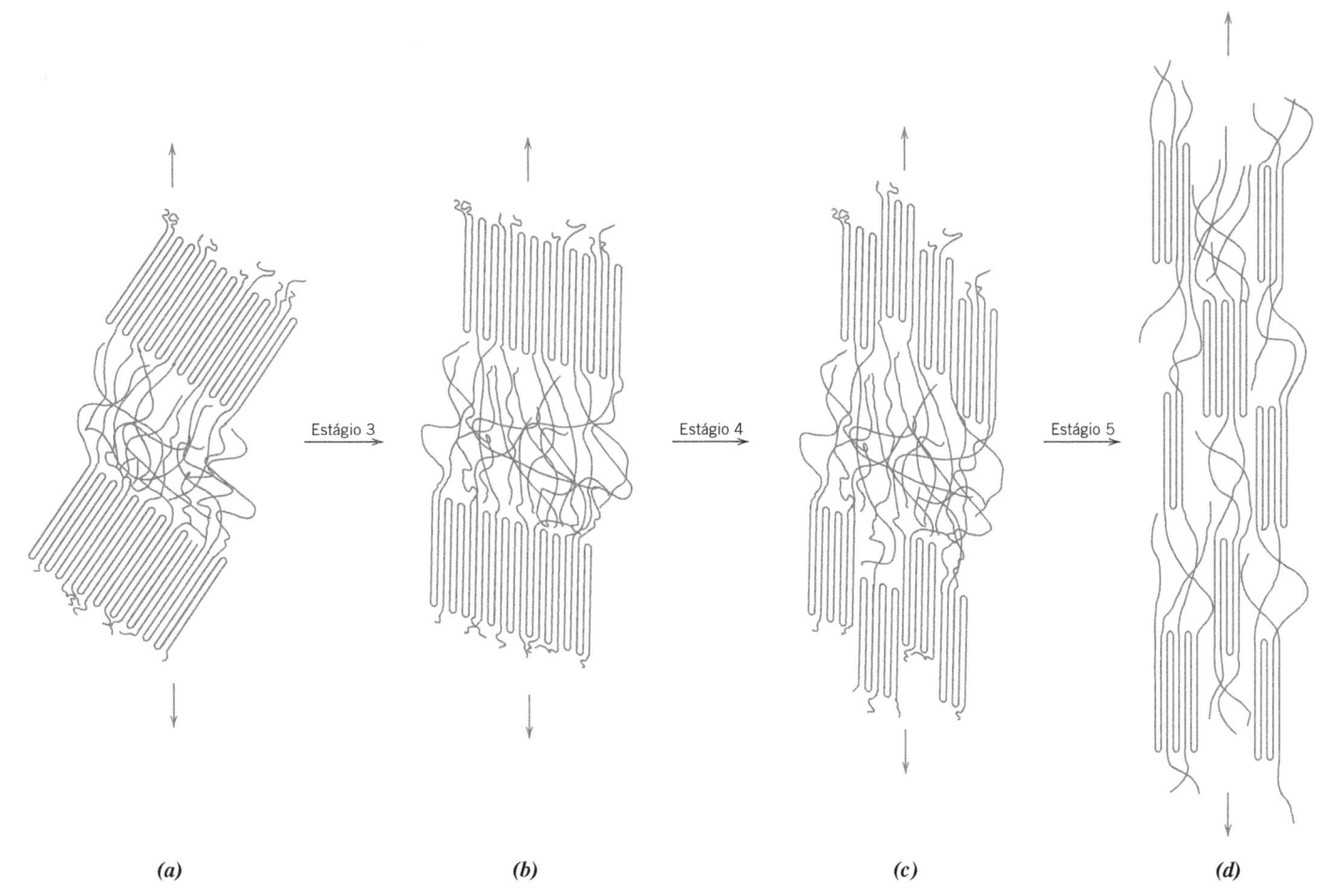

(a)	(b)	(c)	(d)

Figura 8.28 Estágios na deformação plástica de um polímero semicristalino. (a) Duas lamelas com cadeias dobradas adjacentes e o material amorfo interlamelar após a deformação elástica (também mostrado na Figura 8.27c). (b) Inclinação das dobras da cadeia lamelar. (c) Separação de segmentos de blocos cristalinos. (d) Orientação dos segmentos de blocos e das cadeias de ligação com o eixo de tração no estágio final da deformação plástica.

8.18 FATORES QUE INFLUENCIAM AS PROPRIEDADES MECÂNICAS DOS POLÍMEROS SEMICRISTALINOS

Inúmeros fatores influenciam as características mecânicas dos materiais poliméricos. Por exemplo, já discutimos os efeitos da temperatura e da taxa de deformação sobre o comportamento tensão-deformação (Seção 7.13, Figura 7.24). Novamente, o aumento da temperatura ou a diminuição da taxa de deformação leva a uma diminuição do módulo de tração, a uma redução do limite de resistência à tração e a uma melhora da ductilidade.

Além disso, vários fatores estruturais/de processamento têm influências marcantes sobre o comportamento mecânico (isto é, sobre a resistência e o módulo) dos materiais poliméricos. Há um aumento na resistência sempre que qualquer restrição é imposta ao processo ilustrado na Figura 8.28; por exemplo, alto grau de emaranhamento da cadeia ou um grau significativo de ligações intermoleculares inibem os movimentos relativos das cadeias. Embora as ligações intermoleculares secundárias (por exemplo, ligações de van der Waals) sejam muito mais fracas que as ligações covalentes primárias, forças intermoleculares significativas resultam da formação de grandes números de ligações de van der Waals entre as cadeias. Além disso, o módulo aumenta à medida que tanto a força da ligação secundária quanto o alinhamento das cadeias aumentam. Como resultado, os polímeros com grupos polares apresentarão ligações secundárias mais fortes e um módulo de elasticidade maior. Agora vamos discutir como vários fatores estruturais/de processamento [peso molecular, grau de cristalinidade, pré-deformação (estiramento) e tratamentos térmicos] afetam o comportamento mecânico dos polímeros.

Peso Molecular

A magnitude do módulo de tração não parece ser influenciada diretamente pelo peso molecular. Por outro lado, para muitos polímeros foi observado que o limite de resistência à tração aumenta com o aumento do peso molecular. O LRT é uma função do peso molecular numérico médio,

> Dependência do limite de resistência à tração em relação ao peso molecular numérico médio para alguns polímeros

$$LRT = LRT_\infty - \frac{A}{\overline{M}_n} \qquad (8.12)$$

em que LRT_∞ é o limite de resistência à tração para um peso molecular infinito e A é uma constante. O comportamento descrito por essa equação pode ser explicado pelo aumento do grau de emaranhamento na cadeia com o aumento de $\overline{M}_n$.

Grau de Cristalinidade

Para um polímero específico, o grau de cristalinidade pode ter influência significativa sobre as propriedades mecânicas, uma vez que ele afeta a extensão das ligações secundárias intermoleculares. Nas regiões cristalinas, onde as cadeias moleculares encontram-se densamente compactadas em um arranjo ordenado e paralelo, normalmente há grande quantidade de ligações secundárias entre os segmentos de cadeias adjacentes. Essas ligações secundárias são muito menos influentes nas regiões amorfas, em virtude do desalinhamento das cadeias. Como consequência, o módulo de tração dos polímeros semicristalinos aumenta significativamente com o grau de cristalinidade. Por exemplo, para o polietileno, o módulo aumenta aproximadamente uma ordem de grandeza quando a fração cristalina aumenta de 0,3 para 0,6.

Além disso, aumentando-se a cristalinidade de um polímero, geralmente aumenta-se sua resistência; adicionalmente, o material tende a tornar-se mais frágil. A influência da composição química e da estrutura da cadeia (ramificações, estereoisomerismo etc.) sobre o grau de cristalinidade foi discutida no Capítulo 4.

Os efeitos tanto do percentual de cristalinidade como do peso molecular sobre o estado físico do polietileno estão representados na Figura 8.29.

Pré-Deformação por Estiramento

Em termos comerciais, uma das técnicas mais importantes utilizada para melhorar a resistência mecânica e o módulo de tração consiste em deformar permanentemente o polímero em tração. Esse procedimento é algumas vezes denominado *estiramento* (também descrito na Seção 8.17) e corresponde ao processo de extensão do empescoçamento, ilustrado esquematicamente na Figura 7.25,

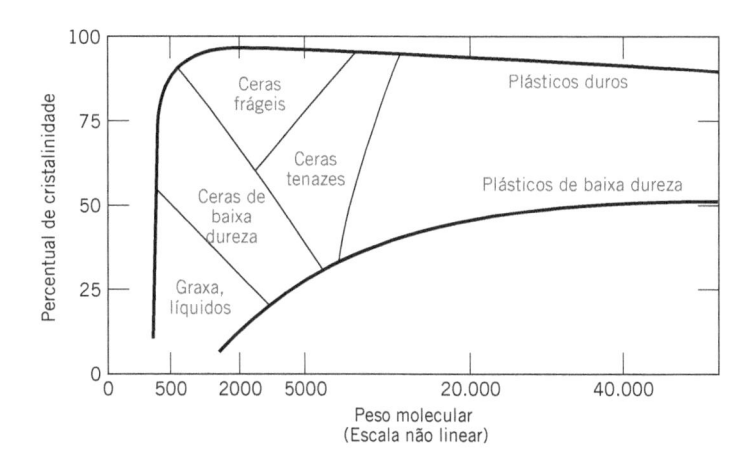

Figura 8.29 Influência do grau de cristalinidade e do peso molecular sobre as características físicas do polietileno.
(De R. B. Richards, "Polyethylene – Structure, Crystallinity and Properties", *J. Appl. Chem.*, 1, 370, 1951.)

com a estrutura orientada correspondente mostrada na Figura 8.28*d*. Em termos de mudanças nas propriedades, o estiramento é o análogo dos polímeros ao encruamento dos metais. Essa é uma técnica importante para o enrijecimento e aumento da resistência, empregada na produção de fibras e de filmes. Durante o estiramento, as cadeias moleculares deslizam-se umas em relação às outras e ficam altamente orientadas; para os materiais semicristalinos, as cadeias assumem conformações semelhantes àquela representada esquematicamente na Figura 8.28*d*.

Os graus de aumento da resistência e de enrijecimento dependem do nível de deformação (ou de alongamento) do material. Além disso, as propriedades dos polímeros estirados são altamente anisotrópicas. Para os materiais estirados em tração uniaxial, os valores para o módulo de tração e o limite de resistência à tração são significativamente maiores na direção da deformação do que nas demais direções. O módulo de tração na direção do estiramento pode ser aumentado por um fator de até aproximadamente três em relação ao material não estirado. Em um ângulo de 45° em relação ao eixo de tração, o módulo tem um valor mínimo; nessa orientação, o módulo tem um valor da ordem de um quinto daquele do polímero não estirado.

O limite de resistência à tração paralelo à direção da orientação pode ser aumentado por um fator de pelo menos dois a cinco em relação àquele do material não orientado. No entanto, perpendicular à direção do alinhamento, o limite de resistência à tração é reduzido em cerca de um terço a um meio.

Para um polímero amorfo que tenha sido estirado a uma temperatura elevada, a estrutura molecular orientada é retida somente quando o material é resfriado rapidamente até a temperatura ambiente; esse procedimento dá origem aos efeitos de aumento da resistência e de enrijecimento descritos no parágrafo anterior. Por outro lado, se após o estiramento o polímero for mantido na temperatura do estiramento, as cadeias moleculares relaxam e assumem conformações aleatórias, características do estado anterior à deformação; como consequência, o estiramento não tem nenhum efeito sobre as características mecânicas do material.

Tratamento Térmico

O tratamento térmico (ou recozimento) de polímeros semicristalinos pode levar a um aumento no percentual de cristalinidade e no tamanho e na perfeição dos cristalitos, assim como a modificações na estrutura esferulítica. Para materiais não estirados que sejam submetidos a tratamentos térmicos com tempo de duração constante, o aumento na temperatura de recozimento leva ao seguinte: (1) um aumento no módulo de tração, (2) um aumento no limite de escoamento e (3) uma redução na ductilidade. Observe que esses efeitos do recozimento são opostos àqueles tipicamente observados para os materiais metálicos (Seção 8.13) – diminuição na resistência, redução da dureza e melhoria da ductilidade.

Para algumas fibras poliméricas que tenham sido estiradas, a influência do recozimento sobre o módulo de tração é contrária àquela dos materiais que não tenham sido estirados – isto é, o módulo diminui com o aumento da temperatura de recozimento, em consequência de uma perda na orientação das cadeias e da cristalinidade induzida pela deformação.

Verificação de Conceitos 8.7   Para o seguinte par de polímeros, faça o seguinte: (1) estabeleça se é ou não possível decidir se um dos polímeros tem um módulo de tração maior que o outro; (2) se isso for possível, indique qual polímero tem o maior módulo de tração e, então, cite a(s) razão(ões) para essa escolha; e (3) se essa decisão não for possível, explique por quê.

- Poliestireno sindiotático com peso molecular numérico médio de 400.000 g/mol.
- Poliestireno isotático com peso molecular numérico médio de 650.000 g/mol.

(*A resposta está disponível no GEN-IO, ambiente virtual de aprendizagem do GEN.*)

MATERIAIS DE IMPORTÂNCIA

Filmes Poliméricos com Capacidade de Encolhimento–Envolvimento

Uma aplicação interessante do tratamento térmico em polímeros é nos filmes poliméricos com capacidade de encolhimento-envolvimento usados em embalagens. O filme polimérico com capacidade de encolhimento-envolvimento é uma película polimérica, geralmente feita de cloreto de polivinila, polietileno ou poliolefina (uma folha com múltiplas camadas, contendo camadas alternadas de polietileno e polipropileno). Inicialmente, ele é deformado plasticamente (estirado a frio) em aproximadamente 20 a 300 % para prover um filme pré-estirado (alinhado). O filme é envolvido ao redor de um objeto a ser embalado e é selado em suas extremidades. Quando aquecido até aproximadamente 100 °C a 150 °C, esse material pré-estirado encolhe para recuperar entre 80 % e 90 % de sua deformação inicial, o que acarreta em um filme polimérico transparente firmemente esticado e isento de dobras. Por exemplo, os CDs e muitos outros produtos consumidos são embalados com filmes poliméricos com capacidade de envolvimento-encolhimento.

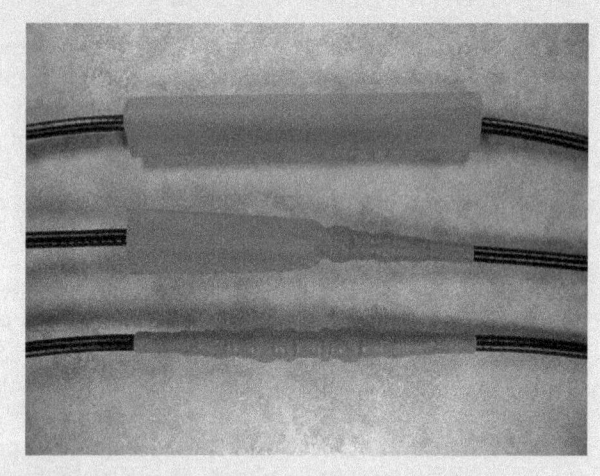

Em cima: Uma conexão elétrica posicionada dentro de uma seção de um tubo polimérico com capacidade de encolhimento. No centro e embaixo: A aplicação de calor ao tubo fez com que seu diâmetro encolhesse. Nessa forma encolhida, o tubo de polímero estabiliza a conexão e fornece isolamento elétrico.
(Esta fotografia é uma cortesia da *Insulation Products Corporation*.)

 Verificação de Conceitos 8.8   Para o seguinte par de polímeros, faça o seguinte: (1) estabeleça se é ou não possível decidir se um dos polímeros tem um limite de resistência à tração maior que o outro; (2) se isso for possível, indique qual polímero tem o maior limite de resistência à tração e, então, cite a(s) razão(ões) para essa escolha; e (3) se essa decisão não for possível, então explique por quê.

- Poliestireno sindiotático com peso molecular numérico médio de 600.000 g/mol.
- Poliestireno isotático com peso molecular numérico médio de 500.000 g/mol.

(*A resposta está disponível no GEN-IO, ambiente virtual de aprendizagem do GEN.*)

8.19   DEFORMAÇÃO DE ELASTÔMEROS

Uma das propriedades fascinantes dos materiais elastoméricos é a sua elasticidade, semelhante à de uma borracha – isto é, eles têm a habilidade de serem deformados até deformações muito grandes e, então, retornarem elasticamente, tal como uma mola, à sua forma original. Esse comportamento resulta de ligações cruzadas no polímero, que proporcionam uma força para restaurar as cadeias às suas conformações não deformadas. Provavelmente, o comportamento elastomérico foi primeiro observado na borracha natural; entretanto, os últimos anos trouxeram a síntese de um grande número de elastômeros com uma ampla variedade de propriedades. As características tensão-deformação típicas dos materiais elastoméricos estão mostradas na Figura 7.22, curva *C*. Seus módulos de elasticidade são bem baixos e variam em função da deformação, já que a curva tensão-deformação não é linear.

Quando não submetido a tensão, um elastômero é amorfo e composto por cadeias moleculares com ligações cruzadas, cadeias essas que estão altamente torcidas, dobradas e espiraladas. A deformação elástica, pela aplicação de uma carga de tração, é, simplesmente, o desenrolamento, o desnovelamento e a retificação parcial das cadeias e o resultante alongamento das cadeias na direção da tensão, um fenômeno que está representado na Figura 8.30. Com a liberação da tensão, as cadeias se enrolam novamente, voltando às suas conformações antes da aplicação da tensão, e o objeto macroscópico retorna à sua forma original.

Uma parcela da força motriz para a deformação elástica é um parâmetro termodinâmico chamado *entropia*, que é uma medida do grau de desordem em um sistema; a entropia aumenta com o aumento da desordem. À medida que um elastômero é esticado e as cadeias ficam mais retilíneas e tornam-se mais alinhadas, o sistema torna-se mais ordenado. A partir desse estado, a entropia aumenta se as cadeias retornam aos seus estados originais, com dobras e torções. Dois fenômenos intrigantes resultam desse efeito da entropia. Em primeiro lugar, quando esticado, um elastômero apresenta aumento em sua temperatura; em segundo lugar, o módulo de elasticidade aumenta com o aumento da temperatura, o que é um comportamento contrário àquele encontrado em outros materiais (veja a Figura 7.8).

Vários critérios devem ser atendidos para que um polímero seja elastomérico: (1) Ele não deve cristalizar-se com facilidade; os materiais elastoméricos são amorfos, possuindo cadeias moleculares que são naturalmente espiraladas e dobradas no estado não tensionado. (2) As rotações das ligações nas cadeias devem estar relativamente livres, de modo que as cadeias retorcidas possam responder de imediato à aplicação de uma força. (3) Para que os elastômeros apresentem deformações elásticas relativamente grandes, o início da deformação plástica deve ser retardado. A restrição aos movimentos das cadeias umas em relação às outras devido às ligações cruzadas atende a esse objetivo. As ligações cruzadas atuam como pontos de ancoragem entre as cadeias e impedem que haja deslizamentos entre elas; o papel das ligações cruzadas no processo de deformação está ilustrado na Figura 8.30. Em muitos elastômeros, a formação das ligações cruzadas é realizada por um processo chamado vulcanização, que será discutido logo a seguir. (4) Finalmente, o elastômero deve estar acima de sua temperatura de transição vítrea (Seção 11.16). A temperatura mais baixa na qual esse comportamento típico das borrachas persiste para muitos dos elastômeros comuns encontra-se entre –50 °C e –90 °C (–60 °F e –130 °F). Abaixo de sua temperatura de transição vítrea, um elastômero torna-se frágil e seu comportamento tensão-deformação lembra a curva *A* na Figura 7.22.

Vulcanização

vulcanização

O processo de formação de ligações cruzadas nos elastômeros é chamado de **vulcanização** e é realizado por uma reação química irreversível, induzida normalmente em uma temperatura elevada. Na maioria das reações de vulcanização, compostos à base de enxofre são adicionados ao elastômero aquecido; cadeias de átomos de enxofre se ligam às cadeias poliméricas adjacentes, formando ligações cruzadas entre elas, o que é obtido de acordo com a seguinte reação:

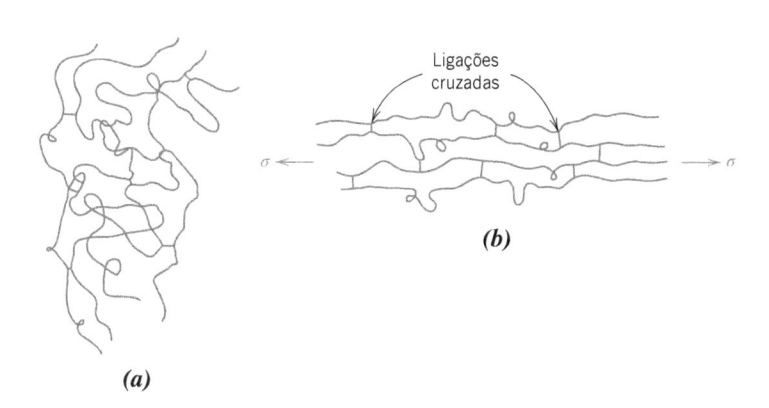

Figura 8.30 Representação esquemática das moléculas das cadeias poliméricas contendo ligações cruzadas (*a*) em um estado isento de tensões e (*b*) durante uma deformação elástica em resposta à aplicação de uma tensão de tração.
(Adaptado de Z. D. Jastrzebski, *The Nature and Properties of Engineering Materials*, 3rd edition. Copyright © 1987 por John Wiley & Sons, New York. Reimpresso sob permissão de John Wiley & Sons, Inc.)

$$
\begin{array}{c}
\overset{\displaystyle H}{\underset{\displaystyle H}{\mid}}\overset{\displaystyle CH_3}{\underset{\mid}{C}}\overset{\displaystyle H}{=}\overset{\displaystyle H}{C}\overset{\displaystyle H}{-}\overset{\displaystyle H}{\underset{\displaystyle H}{C}}\overset{\displaystyle}{-}
\\[2mm]
\overset{\displaystyle H}{-}\overset{\displaystyle}{C}\overset{\displaystyle H}{-}\overset{\displaystyle}{C}=\overset{\displaystyle H}{C}-\overset{\displaystyle H}{C}-
\\[1mm]
\overset{\displaystyle}{H}\quad CH_3 \quad H \quad H
\end{array}
\;+ (m + n)\,S \longrightarrow\;
\begin{array}{c}
\overset{\displaystyle H}{C}\overset{\displaystyle CH_3}{C}\overset{\displaystyle H}{C}\overset{\displaystyle H}{C}
\\
(S)_m \,(S)_n
\\
\end{array}
\qquad (8.13)
$$

em que as duas ligações cruzadas mostradas consistem em m e n átomos de enxofre. Os sítios que formam as ligações cruzadas nas cadeias principais são os átomos de carbono que apresentavam ligações duplas antes da vulcanização, mas que após a vulcanização ficam com ligações simples.

Polímeros: Borracha

A borracha não vulcanizada, que contém muito poucas ligações cruzadas, é mole e pegajosa e apresenta baixa resistência à abrasão. O módulo de elasticidade, o limite de resistência à tração e a resistência à degradação por oxidação são aumentados pela vulcanização. A magnitude do módulo de elasticidade é diretamente proporcional à densidade de ligações cruzadas. As curvas tensão-deformação para borracha natural vulcanizada e sem vulcanização estão apresentadas na Figura 8.31. Para produzir uma borracha capaz de ser submetida a grandes deformações sem o rompimento das ligações primárias da cadeia, deve haver relativamente poucas ligações cruzadas e essas devem estar bastante separadas. Borrachas úteis resultam quando aproximadamente 1 a 5 partes (em peso) de enxofre são adicionadas a 100 partes da borracha. Isso corresponde a aproximadamente uma ligação cruzada a cada 10 a 20 unidades repetidas. Um aumento do teor de enxofre endurece a borracha e reduz sua capacidade de estender-se. Além disso, uma vez que os materiais elastoméricos apresentam ligações cruzadas, por natureza eles são polímeros termofixos.

Verificação de Conceitos 8.9   Para o seguinte par de polímeros, trace e identifique em um mesmo gráfico curvas tensão-deformação esquemáticas.

- Copolímero poliestireno-butadieno aleatório com peso molecular numérico médio de 100.000 g/mol e 10 % dos sítios disponíveis com ligações cruzadas e testado a 20 °C.

- Copolímero poliestireno-butadieno aleatório com peso molecular numérico médio de 120.000 g/mol e 15 % dos sítios disponíveis com ligações cruzadas e testado a –85 °C.

Sugestão: Os copolímeros poliestireno-butadieno podem exibir comportamento elastomérico.

Verificação de Conceitos 8.10   Em termos da estrutura molecular, explique por que o fenol-formaldeído (Baquelite) não será um elastômero. (A estrutura molecular para o fenol-formaldeído está apresentada na Tabela 4.3.)

(*As respostas estão disponíveis no GEN-IO, ambiente virtual de aprendizagem do GEN.*)

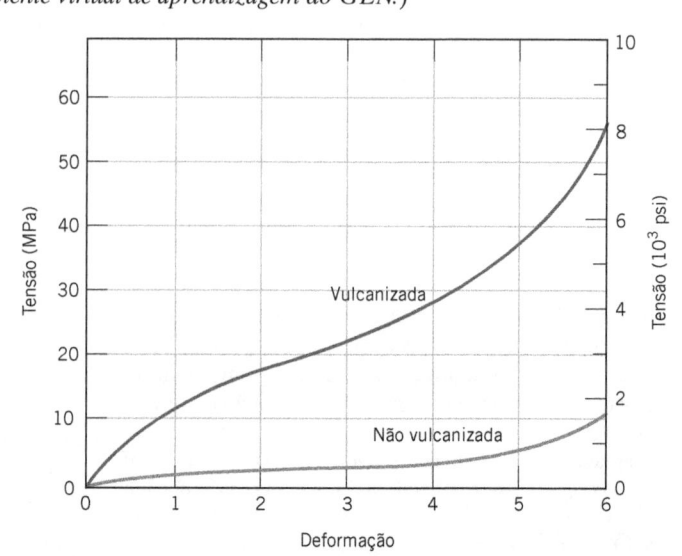

Figura 8.31 Curvas tensão-deformação até um alongamento de 600 % para a borracha natural vulcanizada e não vulcanizada.

RESUMO

Conceitos Básicos	• Em um nível microscópico, a deformação plástica corresponde ao movimento de discordâncias em resposta à aplicação de uma tensão cisalhante externa. Uma discordância aresta se move pela sucessiva e repetida quebra de ligações atômicas e o deslocamento por distâncias interatômicas de semiplanos de átomos.
• Para as discordâncias aresta, o movimento da linha da discordância e a direção da tensão cisalhante aplicada são paralelos; para as discordâncias espiral, essas direções são perpendiculares.
• A *densidade de discordâncias* é o comprimento total de discordâncias por unidade de volume do material. Sua unidade é o inverso do milímetro quadrado.
• Em uma discordância aresta, há deformações de tração, compressão e cisalhamento na vizinhança da linha da discordância. Apenas deformações cisalhantes da rede são encontradas nas discordâncias espirais puras.
Sistemas de Escorregamento	• O movimento de discordâncias em resposta à aplicação de uma tensão cisalhante externa é denominado *escorregamento*.
• O escorregamento ocorre em planos cristalográficos específicos e nesses planos somente em certas direções. Um sistema de escorregamento representa uma combinação de plano de escorregamento-direção de escorregamento.
• Os sistemas de escorregamento operacionais dependem da estrutura cristalina do material. O *plano de escorregamento* é aquele que tem a compactação atômica mais densa, e a *direção do escorregamento* é a direção, nesse plano, que está mais compactada com átomos.
• O sistema de escorregamento para a estrutura cristalina CFC é {111}⟨110⟩; para a CCC, vários sistemas são possíveis: {110}⟨111⟩, {211}⟨111⟩ e {321}⟨111⟩.
Escorregamento em Monocristais	• *Tensão cisalhante rebatida* é a tensão cisalhante que resulta de uma tensão de tração aplicada, que está rebatida em um plano que não é nem paralelo nem perpendicular à direção da tensão. Seu valor depende da tensão aplicada e das orientações do plano e da direção, de acordo com a Equação 8.2.
• *Tensão cisalhante rebatida crítica* é a tensão cisalhante rebatida mínima necessária para dar início ao movimento das discordâncias (ou escorregamento) e depende do limite de escoamento e da orientação dos componentes do escorregamento, de acordo com a Equação 8.4.
• Em um monocristal carregado em tração, pequenos degraus se formam na superfície, os quais são paralelos e envolvem a circunferência da amostra.
Deformação Plástica de Metais Policristalinos	• Nos metais policristalinos, o escorregamento ocorre no interior de cada grão, ao longo dos sistemas de escorregamento que estão mais favoravelmente orientados em relação à tensão aplicada. Além disso, durante a deformação, os grãos mudam de forma e se alongam nas direções em que existe deformação plástica macroscópica.
Deformação por Maclação	• Sob algumas circunstâncias, pode ocorrer deformação plástica limitada por maclas de deformação nos metais CCC e HC. A aplicação de uma força cisalhante produz ligeiros deslocamentos atômicos, tal que em um dos lados de um plano (isto é, um contorno de macla) os átomos ficam localizados em posições de imagem em espelho dos átomos no outro lado.
Mecanismos de Aumento da Resistência em Metais	• A facilidade com que um metal é capaz de sofrer deformação plástica é uma função da mobilidade das discordâncias – isto é, restringindo o movimento das discordâncias leva a um aumento na dureza e na resistência.
Aumento da Resistência pela Redução no Tamanho do Grão	• Os *contornos dos grãos* são barreiras ao movimento das discordâncias por duas razões:
Ao cruzar um contorno de grão, a direção do movimento de uma discordância deve mudar.
Existe uma descontinuidade dos planos de escorregamento na vizinhança de um contorno de grão.
• Um metal que tem grãos pequenos será mais resistente do que um com grãos maiores, pois o primeiro tem maior área de contornos de grãos e, dessa forma, mais barreiras ao movimento das discordâncias.

- Para a maioria dos metais, o limite de escoamento depende do diâmetro médio dos grãos, de acordo com a equação de Hall-Petch, Equação 8.7.

Aumento da Resistência por Solução Sólida

- A resistência e a dureza de um metal aumentam com o aumento na concentração de átomos de impurezas que formam uma solução sólida (tanto substitucional quanto intersticial).
- O aumento da resistência por solução sólida resulta de interações de deformações da rede entre os átomos de impurezas e as discordâncias; essas interações produzem uma diminuição na mobilidade das discordâncias.

Encruamento

- Encruamento é o aumento na resistência (e a diminuição na ductilidade) de um metal, à medida que ele é deformado plasticamente.
- O grau de deformação plástica pode ser expresso como um percentual de trabalho a frio, que depende das áreas original e deformada da seção transversal, conforme descrito pela Equação 8.8.
- O limite de escoamento, o limite de resistência à tração e a dureza de um metal aumentam em função do aumento no percentual de trabalho a frio (Figuras 8.19*a* e 8.19*b*); a ductilidade diminui (Figura 8.19*c*).
- Durante a deformação plástica, a densidade de discordâncias aumenta, a distância média entre discordâncias adjacentes diminui e – uma vez que, em média, as interações entre as discordâncias e os campos de deformação das discordâncias são repulsivas – a mobilidade das discordâncias fica mais restringida; dessa forma, o metal fica mais duro e mais resistente.

Recuperação

- Durante a recuperação:

    Existe algum alívio da energia interna de deformação pelo movimento das discordâncias.

    A densidade de discordâncias diminui e as discordâncias assumem configurações de baixa energia.

    Algumas propriedades dos materiais revertem aos seus valores anteriores ao trabalho a frio.

Recristalização

- Durante a recristalização:

    Um novo conjunto de grãos isentos de deformação e equiaxiais se forma, com uma densidade de discordâncias relativamente baixa.

    O metal torna-se menos duro, menos resistente e mais dúctil.

- A força motriz para a recristalização é a diferença na energia interna entre o material deformado e o recristalizado.
- Para um metal trabalhado a frio que sofre recristalização, conforme a temperatura aumenta (para um tempo de tratamento térmico constante), o limite de resistência à tração diminui e a ductilidade aumenta (segundo a Figura 8.22).
- A temperatura de recristalização de uma liga metálica é a temperatura na qual a recristalização termina em 1 h.
- Dois fatores que influenciam a temperatura de recristalização são o percentual de trabalho a frio e o teor de impurezas.

    A temperatura de recristalização diminui com o aumento do percentual de trabalho a frio.

    Ela aumenta com o aumento das concentrações de impurezas.

- A deformação plástica de um metal acima de sua temperatura de recristalização é denominada *trabalho a quente*; a deformação abaixo da temperatura de recristalização é denominada *trabalho a frio*.

Crescimento do Grão

- *Crescimento do grão* é o aumento no tamanho médio do grão de materiais policristalinos, que prossegue pelo movimento dos contornos dos grãos.
- Força motriz para o crescimento do grão é a redução na energia total dos contornos dos grãos.
- A dependência do tamanho do grão em relação ao tempo é representada pela Equação 8.9.

Mecanismos de Deformação para os Materiais Cerâmicos

- Qualquer deformação plástica de cerâmicos cristalinos é resultado do movimento de discordâncias; a fragilidade desses materiais é explicada, em parte, pelo número limitado de sistemas de escorregamento que são operacionais.

- O modo de deformação plástica para os materiais não cristalinos é por escoamento viscoso; a resistência de um material à deformação é expressa pela viscosidade (em unidades de Pa · s). À temperatura ambiente, as viscosidades de muitos cerâmicos não cristalinos são extremamente elevadas.

Deformação de Polímeros Semicristalinos

- Durante a deformação elástica de um polímero semicristalino que tem uma estrutura esferulítica e é tensionado em tração, as moléculas nas regiões amorfas alongam-se na direção da tensão (Figura 8.27).
- A deformação plástica sob tração de polímeros esferulíticos ocorre em vários estágios, à medida que tanto as cadeias de ligação na região amorfa quanto os segmentos de blocos com cadeias dobradas (que se separam das lamelas em forma de fita) se tornam orientados com o eixo de tração (Figura 8.28).
- Também, durante a deformação, as formas das esferulitas são alteradas (para deformações moderadas); níveis de deformação relativamente grandes levam à completa destruição das esferulitas e à formação de estruturas altamente alinhadas.

Fatores que Influenciam as Propriedades Mecânicas dos Polímeros Semicristalinos

- O comportamento mecânico de um polímero é influenciado por fatores tanto de serviço quanto estruturais/de processamento.
- O aumento da temperatura e/ou a diminuição da taxa de deformação leva a reduções no módulo de tração e no limite de resistência à tração, assim como ao aumento na ductilidade.
- Outros fatores que afetam as propriedades mecânicas:

  Peso molecular – O módulo de tração é relativamente insensível ao peso molecular. Contudo, o limite de resistência à tração aumenta com o aumento de (Equação 8.12).

  Grau de cristalinidade – Tanto o módulo de tração quanto a resistência aumentam com o aumento do percentual de cristalinidade.

  Pré-deformação por estiramento – A rigidez e a resistência são aumentadas pela deformação permanente do polímero em tração.

  Tratamento térmico – O tratamento térmico de polímeros não estirados e semicristalinos leva a aumentos da rigidez e da resistência e à diminuição da ductilidade.

Deformação de Elastômeros

- Grandes alongamentos elásticos são possíveis para os materiais elastoméricos que são amorfos e que apresentam poucas ligações cruzadas.
- A deformação corresponde ao desdobramento e ao desnovelamento das cadeias em resposta à aplicação de uma tensão de tração.
- A formação de ligações cruzadas é obtida com frequência durante um processo de vulcanização; um aumento da quantidade de ligações cruzadas melhora o módulo de elasticidade e o limite de resistência à tração do elastômero.

Resumo das Equações

Número da Equação	Equação	Resolvendo para
8.2	$\tau_R = \sigma \cos \phi \cos \lambda$	Tensão cisalhante rebatida
8.4	$\sigma_l = \dfrac{\tau_{tcrc}}{(\cos \phi \cos \lambda)_{máx}}$	Tensão cisalhante rebatida crítica
8.7	$\sigma_l = \sigma_0 + k_l d^{-1/2}$	Limite de escoamento (em função do tamanho médio do grão) – Equação de Hall-Petch
8.8	$\%TF = \left(\dfrac{A_0 - A_d}{A_0} \right) \times 100$	Percentual de trabalho a frio
8.9	$d^n - d_0^n = Kt$	Tamanho médio do grão (durante o crescimento do grão)
8.12	$LRT = LRT_\infty - \dfrac{A}{M_n}$	Limite de resistência à tração de um polímero

Lista de Símbolos

Símbolo	Significado
A_0	Área da seção transversal da amostra antes da deformação
A_d	Área da seção transversal da amostra após a deformação
d	Tamanho médio do grão; tamanho médio do grão durante o crescimento do grão
d_0	Tamanho médio do grão antes do crescimento do grão
K, k_l	Constantes do material
$\bar{M}_n$	Peso molecular numérico médio
LRT_∞	Constantes dos materiais
t	Tempo ao longo do qual ocorreu o crescimento do grão
n	Expoente do tamanho do grão – para alguns materiais, possui um valor de aproximadamente 2
λ	Ângulo entre o eixo da tração e a direção do escorregamento para um monocristal tensionado em tração (Figura 8.7)
ϕ	Ângulo entre o eixo da tração e a normal ao plano de escorregamento para um monocristal tensionado em tração (Figura 8.7)
σ_0	Constante do material
σ_l	Limite de escoamento

Termos e Conceitos Importantes

aumento da resistência por solução sólida
crescimento do grão
deformação da rede
densidade de discordâncias
encruamento

escorregamento
estiramento
recristalização
recuperação
sistema de escorregamento
temperatura de recristalização

tensão cisalhante rebatida
tensão cisalhante rebatida crítica
trabalho a frio
viscosidade
vulcanização

REFERÊNCIAS

Hirth, J. P., and J. Lothe, *Theory of Dislocations*, 2nd edition, Wiley-Interscience, New York, 1982. Reimpresso por Krieger, Malabar, FL, 1992.

Hull, D., and D. J. Bacon, *Introduction to Dislocations*, 5th edition, Butterworth-Heinemann, Oxford, 2011.

Kingery, W. D., H. K. Bowen, and D. R. Uhlmann, *Introduction to Ceramics*, 2nd edition, Wiley, New York, 1976. Capítulo 14.

Read, W. T., Jr., *Dislocations in Crystals*, McGraw-Hill, New York, 1953.

Richerson, D. W., *Modern Ceramic Engineering*, 3rd edition, CRC Press, Boca Raton, FL, 2006.

Schultz, J., *Polymer Materials Science*, Prentice Hall (Pearson Education), Upper Saddle River, NJ, 1974.

Weertman, J., and J. R. Weertman, *Elementary Dislocation Theory*, Macmillan, New York, 1964. Reimpresso por Oxford University Press, New York, 1992.

PERGUNTAS E PROBLEMAS

Conceitos Básicos

Características das Discordâncias

8.1 Para ter alguma perspectiva sobre as dimensões dos defeitos atômicos, considere uma amostra metálica com densidade de discordâncias de 10^5 mm^{-2}. Suponha que todas as discordâncias em 1000 mm^3 (1 cm^3) tenham sido de alguma maneira removidas e ligadas umas às extremidades das outras. Qual seria (em milhas) o comprimento dessa cadeia? Agora, suponha que a densidade seja aumentada para 10^9 mm^{-2} por trabalho a frio. Qual seria o comprimento da cadeia de discordâncias em 1000 mm^3 do material?

8.2 Considere duas discordâncias aresta com sinais opostos e com planos de escorregamento separados por várias distâncias atômicas, como está indicado no diagrama a seguir. Descreva sucintamente o defeito resultante quando essas duas discordâncias ficarem alinhadas uma com a outra.

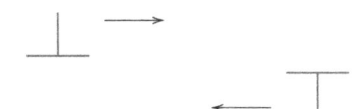

8.3 É possível que duas discordâncias espirais com sinais opostos se aniquilem? Explique a sua resposta.

8.4 Para cada uma das discordâncias aresta, espiral e mista, cite as relações entre a direção da tensão cisalhante aplicada e a direção do movimento da linha da discordância.

Sistemas de Escorregamento

8.5 (a) Defina sistema de escorregamento.

(b) Todos os metais apresentam o mesmo sistema de escorregamento? Por que sim, ou por que não?

8.6 (a) Compare as densidades planares (Seção 3.15 e Problema 3.82) dos planos (100), (110) e (111) da rede CFC.

(b) Compare as densidades planares (Problema 3.83) dos planos (100), (110) e (111) da rede CCC.

8.7 Um sistema de escorregamento para a estrutura cristalina CCC é {110}⟨111⟩. De maneira semelhante à da Figura 8.6*b*, esboce um plano do tipo {110} para a estrutura CCC, representando as posições atômicas por meio de círculos. Então, usando setas, indique duas direções de escorregamento ⟨111⟩ diferentes nesse plano.

8.8 Um sistema de escorregamento para a estrutura cristalina HC é {0001}⟨11$\bar{2}$0⟩. De maneira semelhante à da Figura 8.6*b*, esboce um plano do tipo {0001} para a estrutura HC e, usando setas, indique três direções de escorregamento ⟨11$\bar{2}$0⟩ diferentes nesse plano. A Figura 3.23 pode ser útil.

8.9 As Equações 8.1a e 8.1b, que são expressões para os vetores de Burgers em estruturas cristalinas CFC e CCC, respectivamente, têm a forma

$$\mathbf{b} = \frac{a}{2}\langle uvw \rangle$$

em que *a* é o comprimento da aresta da célula unitária. As magnitudes desses vetores de Burgers podem ser determinadas a partir da seguinte equação:

$$|\mathbf{b}| = \frac{a}{2}(u^2 + v^2 + w^2)^{1/2} \tag{8.14}$$

Determine os valores de |**b**| para o cobre e o ferro. Você pode consultar a Tabela 3.1.

8.10 (a) De maneira semelhante às Equações 8.1a a 8.1c, especifique o vetor de Burgers para a estrutura cristalina cúbica simples cuja célula unitária está mostrada na Figura 3.3. Além disso, a estrutura cristalina cúbica simples é a estrutura cristalina para a discordância aresta mostrada na Figura 5.9 e para o seu movimento, como está apresentado na Figura 8.1. Pode ser útil consultar também a resposta da Verificação de Conceitos 8.1.

(b) Com base na Equação 8.14, formule uma expressão para a magnitude do vetor de Burgers, |**b**|, para a estrutura cristalina cúbica simples.

Escorregamento em Monocristais

8.11 Algumas vezes cos ϕ cos λ na Equação 8.2 é denominado *fator de Schmid*. Determine a magnitude do fator de Schmid para um monocristal CFC que está orientado com sua direção [120] paralela ao eixo de carregamento.

8.12 Considere um monocristal metálico orientado tal que a normal ao plano de escorregamento e a direção do escorregamento fazem ângulos de 60° e 35°, respectivamente, com o eixo de tração. Se a tensão cisalhante rebatida crítica for de 6,2 MPa (900 psi), a aplicação de uma tensão de 12 MPa (1750 psi) causará o escoamento do monocristal? Em caso negativo, qual será a tensão necessária?

8.13 Um monocristal de zinco está orientado para um ensaio de tração tal que a normal ao seu plano de escorregamento faz um ângulo de 65° com o eixo de tração. Três possíveis direções de escorregamento fazem ângulos de 30°, 48° e 78° com o mesmo eixo de tração.

(a) Qual dessas três direções de escorregamento é a mais favorável?

(b) Se a deformação plástica começa em uma tensão de tração de 2,5 MPa (355 psi), determine a tensão cisalhante rebatida crítica para o zinco.

8.14 Considere um monocristal de níquel orientado tal que uma tensão de tração é aplicada ao longo da direção [001]. Se o escorregamento ocorre em um plano (111) e em uma direção [$\bar{1}$01] e começa em uma tensão de tração de 13,9 MPa (2020 psi), calcule a tensão cisalhante rebatida crítica.

8.15 Um monocristal de um metal com estrutura cristalina CFC está orientado tal que uma tensão de tração é aplicada paralela à direção [100]. Se a tensão cisalhante rebatida crítica para esse material é de 0,5 MPa, calcule a(s) magnitude(s) da(s) tensão(ões) aplicada(s) necessária(s) para causar escorregamento no plano (111) em cada uma das direções [$\bar{1}$01], [10$\bar{1}$] e [0$\bar{1}$1].

8.16 (a) Um monocristal de um metal com estrutura cristalina CCC está orientado tal que uma tensão de tração é aplicada na direção [100]. Se a magnitude dessa tensão for de 4,0 MPa, calcule a tensão cisalhante rebatida na direção [1$\bar{1}\bar{1}$] em cada um dos seguintes planos: (110), (011) e (10$\bar{1}$).

(b) Com base nesses valores para a tensão cisalhante rebatida, qual(is) sistema(s) de escorregamento está(ão) orientado(s) da maneira mais favorável?

8.17 Considere um monocristal de algum metal hipotético com estrutura cristalina CCC e que está orientado de maneira tal que uma tensão de tração é aplicada ao longo de uma direção [121]. Se o escorregamento ocorre em um plano (101) e em uma direção [$\bar{1}$11], calcule a tensão na qual o cristal escoa se sua tensão cisalhante rebatida crítica é de 2,4 MPa.

8.18 Considere um monocristal de algum metal hipotético com estrutura cristalina CFC e que está orientado de maneira tal que uma tensão de tração é aplicada ao longo de uma direção [112]. Se o escorregamento ocorre em um plano (111) e em uma direção [011] e o cristal escoa em uma tensão de 5,12 MPa, calcule a tensão cisalhante rebatida crítica.

8.19 A tensão cisalhante rebatida crítica para o cobre é de 0,48 MPa (70 psi). Determine o maior limite de escoamento possível para um monocristal de Cu carregado em tração.

Deformação por Maclação

8.20 Liste quatro diferenças principais entre a deformação por maclação e a deformação por escorregamento em relação ao mecanismo, às condições de ocorrência e ao resultado final.

Aumento da Resistência pela Redução no Tamanho do Grão

8.21 Explique sucintamente por que os contornos de grão de baixo ângulo não são tão efetivos na interferência com o processo de escorregamento como são os contornos de grão de alto ângulo.

8.22 Explique sucintamente por que os metais HC são tipicamente mais frágeis do que os metais CFC e CCC.

8.23 Descreva com suas próprias palavras os três mecanismos para o aumento de resistência discutidos neste capítulo (isto é, a redução no tamanho do grão, o aumento da resistência por solução sólida e o encruamento). Explique como as discordâncias estão envolvidas em cada uma das técnicas de aumento da resistência.

8.24 (a) A partir do gráfico do limite de escoamento em função do (diâmetro do grão)$^{-1/2}$ para um latão de cartucho 70 Cu-30 Zn, Figura 8.15, determine valores para as constantes σ_0 e k_l na Equação 8.7.

(b) Estime, então, o limite de escoamento para essa liga quando o diâmetro médio do grão é de $2{,}0 \times 10^{-3}$ mm.

8.25 O limite de escoamento inferior para uma amostra de ferro com diâmetro médio do grão de 1×10^{-2} mm é de 230 MPa (33.000 psi). Em um diâmetro de grão de 6×10^{-3} mm, o limite de escoamento aumenta para 275 MPa (40.000 psi). Em qual diâmetro de grão o limite de escoamento inferior será de 310 MPa (45.000 psi)?

8.26 Se for considerado que o gráfico na Figura 8.15 é para o latão não trabalhado a frio, determine o tamanho de grão da liga mostrada na Figura 8.19; assuma que sua composição seja a mesma da liga da Figura 8.15.

Aumento da Resistência por Solução Sólida

8.27 Na forma das Figuras 8.17b e 8.18b, indique a localização na vizinhança de uma discordância aresta onde seria esperado que um átomo de impureza intersticial se posicionasse. Em seguida, explique sucintamente, em termos de deformações da rede, por que ele estaria localizado naquela posição.

Encruamento

8.28 (a) Para um ensaio de tração, mostre que

$$\%\mathrm{TF} = \left(\frac{\varepsilon}{\varepsilon + 1}\right) \times 100$$

se não houver nenhuma alteração no volume do corpo de prova durante o processo de deformação (isto é, se $A_0 l_0 = A_d l_d$).

(b) Considerando o resultado do item (a), calcule o percentual de trabalho a frio sofrido por um latão naval (cujo comportamento tensão-deformação está mostrado na Figura 7.12) quando é aplicada uma tensão de 415 MPa (60.000 psi).

8.29 Dois corpos de prova cilíndricos previamente não deformados fabricados em uma mesma liga devem ser encruados pela redução das suas áreas de seção transversal (embora mantendo circulares as suas seções transversais). Para um dos corpos de prova, os raios iniciais e após a deformação são de 15 mm e 12 mm, respectivamente. O segundo corpo de prova, que tem um raio inicial de 11 mm, deve ter a mesma dureza após a deformação que o primeiro corpo de prova. Calcule o raio do segundo corpo de prova após a deformação.

8.30 Dois corpos de prova de um mesmo metal, previamente sem deformação, devem ser deformados plasticamente pela redução das suas áreas de seção transversal. Um dos corpos de prova tem seção transversal circular, enquanto o outro tem seção transversal retangular. Durante a deformação, a seção transversal circular deve permanecer circular, enquanto a seção transversal retangular deve permanecer como tal. Suas dimensões original e após a deformação são as seguintes:

	Circular *(diâmetro, mm)*	*Retangular* *(mm)*
Dimensões originais	18,0	20 × 50
Dimensões após a deformação	15,9	13,7 × 55,1

Qual desses dois corpos de prova será o mais duro após a deformação plástica e por quê?

8.31 Um corpo de prova cilíndrico de cobre trabalhado a frio apresenta uma ductilidade (AL%) de 15 %. Se seu raio após o trabalho a frio é de 6,4 mm (0,25 in), qual era seu raio antes da deformação?

8.32 (a) Qual é a ductilidade aproximada (AL%) de um latão que apresenta um limite de escoamento de 345 MPa (50.000 psi)?

(b) Qual é a dureza Brinell aproximada de um aço 1040 que tem um limite de escoamento de 620 MPa (90.000 psi)?

8.33 Experimentalmente, observou-se que para monocristais de inúmeros metais a tensão cisalhante rebatida crítica τ_{tcrc} é uma função da densidade de discordâncias ρ_D de acordo com

$$\tau_{tcrc} = \tau_0 + A\sqrt{\rho_D} \qquad (8.15)$$

em que τ_0 e A são constantes. Para o cobre, a tensão cisalhante rebatida crítica é de 0,69 MPa (100 psi) para uma densidade de discordâncias de 10^4 mm^{-2}. Se o valor de τ_0 para o cobre é de 0,069 MPa (10 psi), calcule τ_{tcrc} para uma densidade de discordâncias de 10^6 mm^{-2}.

Recuperação

Recristalização

Crescimento do Grão

8.34 Cite sucintamente as diferenças entre os processos de recuperação e de recristalização.

8.35 Estime a fração de recristalização na fotomicrografia da Figura 8.21*c*.

8.36 Explique as diferenças na estrutura do grão para um metal que tenha sido trabalhado a frio e um que tenha sido trabalhado a frio e, então, recristalizado.

8.37 **(a)** Qual é a força motriz para a recristalização?

(b) Qual é a força motriz para o crescimento do grão?

8.38 **(a)** A partir da Figura 8.25, calcule o tempo necessário para que o diâmetro médio do grão aumente de 0,03 mm para 0,3 mm a 600 °C, para esse material de latão.

(b) Repita o cálculo usando, agora, 700 °C.

8.39 Considere um material hipotético com diâmetro de grão de $2,1 \times 10^{-2}$ mm. Após um tratamento térmico a 600 °C por 3 h, o diâmetro do grão aumentou para $7,2 \times 10^{-2}$ mm. Calcule o diâmetro do grão quando uma amostra desse mesmo material original (isto é, $d_0 = 2,1 \times 10^{-2}$ mm) é aquecida por 1,7 h a 600 °C. Considere um valor de 2 para o expoente do diâmetro do grão *n*.

8.40 Uma liga metálica hipotética tem diâmetro de grão de $1,7 \times 10^{-2}$ mm. Após um tratamento térmico a 450 °C por 250 min, o diâmetro do grão aumentou para $4,5 \times 10^{-2}$ mm. Calcule o tempo necessário para que uma amostra desse mesmo material (isto é, $d_0 = 1,7 \times 10^{-2}$ mm) atinja um diâmetro de grão de $8,7 \times 10^{-2}$ mm enquanto é aquecida a 450 °C. Considere um valor de 2,1 para o expoente do diâmetro do grão *n*.

8.41 O diâmetro médio do grão para um material de latão foi medido em função do tempo a 650 °C e o resultado está mostrado na tabela a seguir para dois instantes diferentes:

Tempo (min)	*Diâmetro do Grão (mm)*
40	$5,6 \times 10^{-2}$
100	$8,0 \times 10^{-2}$

(a) Qual era o diâmetro original do grão?

(b) Qual seria o diâmetro do grão esperado após 200 min a 650 °C?

8.42 Um corpo de prova não deformado de alguma liga tem diâmetro médio de grão de 0,050 mm. Você deve reduzir o diâmetro médio de grão para 0,020 mm. Isso é possível? Em caso positivo, explique os procedimentos que você usaria e cite os processos envolvidos. Caso isso não seja possível, explique por quê.

8.43 O crescimento do grão é bastante dependente da temperatura (isto é, a taxa de crescimento do grão aumenta com o aumento da temperatura), embora a temperatura não apareça explicitamente na Equação 8.9.

(a) Em quais dos parâmetros dessa expressão você esperaria que a temperatura estivesse incluída?

(b) Com base em sua intuição, cite uma expressão explícita para essa dependência em relação à temperatura.

8.44 Um corpo de prova de latão que não foi trabalhado a frio, com tamanho médio do grão de 0,01 mm, tem um limite de escoamento de 150 MPa (21.750 psi). Estime o limite de escoamento para essa liga após a mesma ter sido aquecida a 500 °C durante 1000 s, se é sabido que o valor de σ_0 é de 25 MPa (3625 psi).

8.45 Os seguintes dados de limite de escoamento, diâmetro de grão e tempo de tratamento térmico (para crescimento do grão) foram coletados para uma amostra de ferro que foi tratada termicamente a 800 °C. Usando esses dados, calcule o limite de escoamento de uma amostra que foi aquecida a 800 °C por 3 h. Assuma um valor de 2 para *n*, o expoente do diâmetro do grão.

Diâmetro do Grão (mm)	*Limite de Escoamento (MPa)*	*Tempo de Tratamento Térmico (h)*
0,028	300	10
0,010	385	1

Cerâmicas Cristalinas (Mecanismos de Deformação para Materiais Cerâmicos)

8.46 Cite uma razão pela qual os materiais cerâmicos são, em geral, mais duros, porém mais frágeis, que os metais.

Deformação de Polímeros Semicristalinos (Deformação de Elastômeros)

8.47 Descreva com suas próprias palavras os mecanismos pelos quais os polímeros semicristalinos

(a) deformam-se elasticamente

(b) deformam-se plasticamente

(c) pelos quais os elastômeros se deformam elasticamente.

Fatores que Influenciam as Propriedades Mecânicas dos Polímeros Semicristalinos

Deformação de Elastômeros

8.48 Explique sucintamente como e por que cada um dos seguintes fatores influencia o módulo de tração de um polímero semicristalino:

(a) peso molecular

(b) grau de cristalinidade

(c) deformação por estiramento

(d) recozimento de um material não deformado

(e) recozimento de um material estirado.

8.49 Explique sucintamente como e por que cada um dos seguintes fatores influencia o limite de resistência à tração ou o limite de escoamento de um polímero semicristalino:

(a) peso molecular

(b) grau de cristalinidade

(c) deformação por estiramento

(d) recozimento de um material não deformado.

8.50 O butano normal e o isobutano apresentam temperaturas de ebulição de –0,5 °C e –12,3 °C (31,1 °F e 9,9 °F), respectivamente. Explique sucintamente esse comportamento com base nas suas estruturas moleculares apresentadas na Seção 4.2.

8.51 O limite de resistência à tração e o peso molecular numérico médio para dois poli(metil metacrilatos) são os seguintes:

Limite de Resistência à Tração (MPa)	Peso Molecular Numérico Médio (g/mol)
50	30.000
150	50.000

Estime o limite de resistência à tração para um peso molecular numérico médio de 40.000 g/mol.

8.52 O limite de resistência à tração e o peso molecular numérico médio para dois polietilenos são os seguintes:

Limite de Resistência à Tração (MPa)	Peso Molecular Numérico Médio (g/mol)
90	20.000
180	40.000

Estime o peso molecular numérico médio necessário para produzir um limite de resistência à tração de 140 MPa.

8.53 Para cada um dos seguintes pares de polímeros, faça o seguinte: (1) Diga se é ou não possível decidir se um dos polímeros tem módulo de tração maior do que o outro; (2) se isso for possível, indique qual polímero apresenta o maior módulo de tração e cite a(s) razão(ões) para sua escolha; e (3) se essa decisão não for possível, explique por quê.

(a) Cloreto de polivinila ramificado e atático com peso molecular ponderal médio de 100.000 g/mol; cloreto de polivinila linear e isotático com peso molecular ponderal médio de 75.000 g/mol.

(b) Copolímero estireno-butadieno aleatório com ligações cruzadas em 5 % dos sítios possíveis; copolímero estireno-butadieno em bloco com ligações cruzadas em 10 % dos sítios possíveis.

(c) Polietileno ramificado com peso molecular numérico médio de 100.000 g/mol; polipropileno atático com peso molecular numérico 150.000 g/mol.

8.54 Para cada um dos seguintes pares de polímeros, faça o seguinte: (1) Diga se é ou não possível decidir se um dos polímeros tem limite de resistência à tração maior do que o outro; (2) se isso for possível, indique qual polímero apresenta o maior limite de resistência à tração e cite a(s) razão(ões) para sua escolha; e (3) se essa decisão não for possível, explique por quê.

(a) Cloreto de polivinila linear e isotático com peso molecular ponderal médio de 100.000 g/mol; cloreto de polivinila ramificado e atático com peso molecular ponderal médio 75.000 g/mol.

(b) Copolímero acrilonitrila-butadieno enxertado com 10 % dos sítios possíveis com ligações cruzadas; copolímero acrilonitrila-butadieno alternado com 5 % dos sítios possíveis com ligações cruzadas.

(c) Poliéster em rede; politetrafluoroetileno levemente ramificado.

8.55 Você esperaria que o limite de resistência à tração do policlorotrifluoroetileno fosse maior, igual ou menor do que o de uma amostra de politetrafluoroetileno com o mesmo peso molecular e grau de cristalinidade? Por quê?

8.56 Para cada um dos seguintes pares de polímeros, trace e identifique em um mesmo gráfico as curvas esquemáticas tensão-deformação [isto é, trace gráficos separados para os itens (a), (b) e (c)].

(a) Poli-isopreno com peso molecular numérico médio de 100.000 g/mol e 10 % dos sítios disponíveis com ligações cruzadas; poli-isopreno com peso molecular numérico médio de 100.000 g/mol e 20 % dos sítios disponíveis com ligações cruzadas.

(b) Polipropileno sindiotático com peso molecular ponderal médio de 100.000 g/mol; polipropileno atático com peso molecular ponderal médio de 75.000 g/mol.

(c) Polietileno ramificado com peso molecular numérico médio de 90.000 g/mol; polietileno com alto nível de ligações cruzadas e peso molecular numérico médio de 90.000 g/mol.

8.57 Liste as duas características moleculares essenciais para os elastômeros.

8.58 Entre os seguintes materiais, quais você esperaria que fossem elastômeros, quais seriam polímeros termofixos e quais não seriam elastômeros nem polímeros termofixos à temperatura ambiente? Justifique cada escolha.

(a) Polietileno linear e altamente cristalino.

(b) Fenol-formaldeído.

(c) Poli-isopreno com alto nível de ligações cruzadas e uma temperatura de transição vítrea de 50 °C (122 °F).

(d) Poli-isopreno com poucas ligações cruzadas e uma temperatura de transição vítrea de –60 °C (–76 °F).

(e) Cloreto de polivinila linear e parcialmente amorfo.

8.59 Quinze quilogramas de policloropreno são vulcanizados com 5,2 kg de enxofre. Qual fração dos possíveis sítios para ligações cruzadas está ligada por pontes de enxofre, considerando-se que, em média, 5,5 átomos de enxofre participam de cada ligação cruzada?

8.60 Calcule o percentual em peso de enxofre que deve ser adicionado para formar todas as ligações cruzadas possíveis em um copolímero acrilonitrila-butadieno alternado, considerando que quatro átomos de enxofre participam em cada ligação cruzada.

8.61 A vulcanização do poli-isopreno é realizada com átomos de enxofre de acordo com a Equação 8.13. Se 45,3 %p do enxofre é combinado com o poli-isopreno, quantas ligações cruzadas estarão associadas a cada unidade repetida de isopreno se for considerado que, em média, cinco átomos de enxofre participam de cada ligação cruzada?

8.62 Para a vulcanização do poli-isopreno, calcule o percentual em peso de enxofre que deve ser adicionado para assegurar que 10 % dos sítios possíveis formem ligações cruzadas; suponha que, em média, 3,5 átomos de enxofre estão associados a cada ligação cruzada.

8.63 De maneira semelhante à da Equação 8.13, demonstre como a vulcanização pode ocorrer em uma borracha de cloropreno.

Problema com Planilha Eletrônica

8.1PE Para cristais com simetria cúbica, gere uma planilha eletrônica que permita ao usuário determinar o ângulo entre duas direções cristalográficas, fornecidos os seus índices de direção.

PROBLEMAS DE PROJETO

Encruamento

Recristalização

8.P1 Determine se é possível trabalhar a frio um aço para obter uma dureza Brinell mínima de 240 e ao mesmo tempo ter uma ductilidade de pelo menos 15 AL%. Justifique sua resposta.

8.P2 Determine se é possível trabalhar a frio um latão para obter uma dureza Brinell mínima de 150 e ao mesmo tempo ter uma ductilidade de pelo menos 20 AL%. Justifique sua resposta.

8.P3 Um corpo de prova de aço trabalhado a frio tem dureza Brinell de 240.

(a) Estime sua ductilidade em alongamento percentual.

(b) Se o corpo de prova permaneceu cilíndrico durante a deformação e seu raio original era de 10 mm (0,40 in), determine seu raio após a deformação.

8.P4 É necessário selecionar uma liga metálica para uma aplicação que requer um limite de escoamento de pelo menos 310 MPa (45.000 psi), ao mesmo tempo em que se mantém uma ductilidade mínima (AL%) de 27 %. Se o metal pode ser trabalhado a frio, decida quais, entre os seguintes materiais, são candidatos: cobre, latão ou aço 1040. Por quê?

8.P5 Uma barra cilíndrica de aço 1040, originalmente com 11,4 mm (0,45 in) de diâmetro, deve ser trabalhada a frio por estiramento. A seção transversal circular será mantida durante a deformação. Um limite de resistência à tração superior a 825 MPa (120.000 psi) e uma ductilidade de pelo menos 12 AL% são desejados após o trabalho a frio. Além disso, o diâmetro final deve ser de 8,9 mm (0,35 in). Explique como isso pode ser conseguido.

8.P6 Uma barra cilíndrica de latão, originalmente com 10,2 mm (0,40 in) de diâmetro, deve ser trabalhada a frio por estiramento. A seção transversal circular será mantida durante a deformação. Um limite de escoamento superior a 380 MPa (55.000 psi) e uma ductilidade de pelo menos 15 AL% são desejados após o trabalho a frio. Além disso, o diâmetro final deve ser de 7,6 mm (0,30 in). Explique como isso pode ser conseguido.

8.P7 Uma barra cilíndrica de latão com um limite de resistência à tração mínimo de 450 MPa (65.000 psi), uma ductilidade de pelo menos 13 %AL e um diâmetro final de 12,7 mm (0,50 in) é desejada. Uma peça bruta de latão com diâmetro de 19,0 mm (0,75 in) que foi trabalhada a frio em 35 % está disponível. Descreva o procedimento que você adotaria para obter o material com as características desejadas. Assuma que o latão apresenta trincas quando deformado a 65 %TF.

8.P8 Considere o latão discutido no Problema 8.41. Dados os seguintes limites de escoamento para duas amostras, calcule o tempo de tratamento térmico necessário a 650 °C para gerar um limite de escoamento de 90 MPa. Considere um valor de 2 para *n*, o expoente do diâmetro do grão.

Tempo (min)	Limite de Escoamento (MPa)
40	80
100	70

PERGUNTAS E PROBLEMAS SOBRE FUNDAMENTOS DA ENGENHARIA

8.1FE A deformação plástica de um corpo de prova metálico em uma temperatura próxima à ambiente levará, geralmente, a qual das seguintes mudanças de propriedades?

(A) Maior limite de resistência à tração e menor ductilidade.

(B) Menor limite de resistência à tração e maior ductilidade.

(C) Maior limite de resistência à tração e maior ductilidade.

(D) Menor limite de resistência à tração e menor ductilidade.

8.2FE Uma discordância formada pela adição de um semiplano de átomos adicional a um cristal é denominada

(A) discordância espiral

(B) discordância de lacuna

(C) discordância intersticial

(D) discordância aresta

8.3FE Os átomos ao redor de uma discordância espiral sofrem quais tipos de deformações?

(A) Deformações de tração

(B) Deformações de cisalhamento

(C) Deformações compressivas

(D) Tanto B quanto C

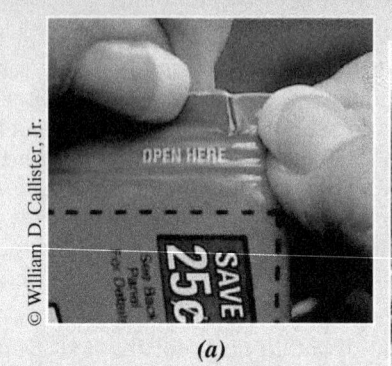

© William D. Callister, Jr.

(a)

Neal Boenzi. Reimpresso sob permissão do *The New York Times.*

(b)

Você já teve o incômodo de ter que fazer um esforço considerável para rasgar e abrir uma pequena embalagem plástica contendo amendoins, balas ou algum outro confeito? Provavelmente, você também já observou que quando um pequeno rasgo (ou corte) é feito na aresta, como aparece na fotografia (*a*), uma pequena força é necessária para rasgar e abrir a embalagem. Esse fenômeno está relacionado com uma das premissas básicas da mecânica da fratura: uma tensão de tração aplicada é amplificada na extremidade de um pequeno rasgo ou entalhe.

A fotografia (*b*) é de um navio-tanque que fraturou de maneira frágil como resultado da propagação de uma trinca completamente ao redor de seu casco. Essa trinca iniciou como algum tipo de pequeno entalhe ou defeito afilado. Quando o navio-tanque foi submetido a turbulências no mar, as tensões resultantes foram amplificadas na extremidade desse entalhe ou defeito até o ponto em que uma trinca se formou e rapidamente cresceu, o que ao final levou a uma fratura completa do navio-tanque.

A fotografia (*c*) é de um jato comercial Boeing 737-200 (*Aloha Airlines* voo 243) que sofreu descompressão explosiva e falha estrutural em 28 de abril de 1988. Uma investigação do acidente concluiu que a causa foi fadiga do metal agravada por corrosão por frestas (Seção 16.7), já que o avião operava em um ambiente costeiro (úmido e salino). A fuselagem foi submetida a um ciclo de tensões, como resultado da pressurização e despressurização da cabine durante voos de curta duração. Um programa de manutenção executado corretamente pela companhia aérea teria detectado o dano por fadiga e prevenido esse acidente.

Cortesia do *Star Bulletin*/Dennis Oda/© AP/ Wide World Photos.

(c)

O projeto de um componente ou de uma estrutura exige, com frequência, que o engenheiro minimize a possibilidade de falhas. Dessa forma, é importante compreender a mecânica dos diferentes tipos de falha – fratura, fadiga e fluência; também é importante estar familiarizado com os princípios de projeto apropriados que podem ser empregados para a prevenção de falhas em serviço. Por exemplo, nas Seções M.7 e M.8 do Módulo *On-line* para Engenharia Mecânica (disponível *on-line* no GEN-IO), discutimos questões sobre a seleção e o processamento de materiais relacionadas com fadiga da mola da válvula de um automóvel.

Objetivos do Aprendizado

Após estudar este capítulo, você deverá ser capaz de realizar o seguinte:

1. Descrever o mecanismo da propagação de trincas para os modos de fratura dúctil e fratura frágil.
2. Explicar por que as resistências dos materiais frágeis são muito menores que as estimadas pelos cálculos teóricos.
3. Definir tenacidade à fratura em termos de (a) um enunciado sucinto e (b) uma equação; definir todos os parâmetros nessa equação.
4. Explicar sucintamente por que normalmente há uma dispersão significativa na resistência à fratura de amostras idênticas de um mesmo material cerâmico.
5. Descrever sucintamente o fenômeno de *fibrilação* para os polímeros.
6. Citar e descrever as duas técnicas de ensaio de impacto.
7. Definir *fadiga* e especificar as condições sob as quais ela ocorre.
8. A partir de um gráfico de fadiga para um material específico, determinar (a) a vida em fadiga (para um nível de tensão específico) e (b) a resistência à fadiga (para um número de ciclos específico).
9. Definir *fluência* e especificar as condições sob as quais ela ocorre.
10. Dado um gráfico de fluência para um material específico, determinar (a) a taxa de fluência estacionária e (b) o tempo de vida até a ruptura.

9.1 INTRODUÇÃO

A falha de materiais de engenharia é quase sempre um evento indesejável por várias razões, que incluem a colocação de vidas humanas em risco, perdas econômicas e a interferência na disponibilidade de produtos e serviços. Embora as causas das falhas e os comportamentos dos materiais possam ser conhecidos, a prevenção das falhas é difícil de ser garantida. As causas usuais são a seleção e o processamento inadequado dos materiais e um projeto inadequado do componente ou sua má utilização. Além disso, podem ocorrer danos às peças estruturais durante serviço, e a inspeção regular e o reparo ou substituição são críticos para um projeto seguro. É responsabilidade do engenheiro antecipar e prever possíveis falhas e, no caso de uma falha de fato ocorrer, avaliar sua causa e então tomar as medidas preventivas apropriadas para evitar futuros incidentes.

Os tópicos a seguir são abordados neste capítulo: fratura simples (tanto no modo dúctil como no frágil), fundamentos da mecânica da fratura, fratura frágil de cerâmicos, ensaios de fratura por impacto, transição de dúctil-frágil, fadiga e fluência. Essas discussões incluem os mecanismos das falhas, as técnicas de ensaio e os métodos pelos quais as falhas podem ser prevenidas ou controladas.

Verificação de Conceitos 9.1 Cite duas situações nas quais a possibilidade de uma falha é parte integrante do projeto de um componente ou produto.

(*A resposta está disponível no GEN-IO, ambiente virtual de aprendizagem do GEN.*)

Fratura

9.2 FUNDAMENTOS DA FRATURA

Fratura simples é a separação de um corpo em duas ou mais partes em resposta à imposição de uma tensão de natureza estática (isto é, constante ou que se modifica lentamente ao longo do tempo) e em temperaturas que são baixas em relação à temperatura de fusão do material. Uma fratura também pode ocorrer como consequência de fadiga (quando são impostas tensões cíclicas) e de fluência (uma deformação dependente do tempo e que ocorre normalmente em temperaturas elevadas); os tópicos de fadiga e de fluência são abordados posteriormente neste capítulo (Seções 9.9 a 9.19). Embora as tensões aplicadas possam ser de tração, compressão, cisalhamento ou torção (ou combinações dessas), a presente discussão ficará restrita às fraturas que resultam de cargas de tração uniaxiais. Para os metais, são possíveis dois modos de fratura: **dúctil** e **frágil**. A classificação está baseada na habilidade de um material sofrer deformação plástica. Os metais dúcteis normalmente exibem uma deformação plástica substancial com grande absorção de energia antes de fraturar. Contudo, normalmente há pouca ou nenhuma deformação plástica, com baixa absorção de energia, acompanhando uma fratura frágil. Os comportamentos tensão-deformação em tração de ambos os tipos de fratura podem ser revistos na Figura 7.13.

fratura dúctil,
fratura frágil

Dúctil e *frágil* são termos relativos; se uma fratura específica é de um modo ou do outro, depende da situação. A ductilidade pode ser quantificada em termos do alongamento percentual (Equação 7.11) e da redução percentual na área (Equação 7.12). Além disso, a ductilidade é uma função da temperatura do material, da taxa de deformação e do estado de tensão. A possibilidade de materiais normalmente dúcteis falharem de maneira frágil é discutida na Seção 9.8.

Qualquer processo de fratura envolve duas etapas – a formação e a propagação de trincas – em resposta à imposição de uma tensão. O modo de fratura é altamente dependente do mecanismo de propagação da trinca. A fratura dúctil é caracterizada por extensa deformação plástica na vizinhança de uma trinca que está avançando. Além disso, o processo prossegue de maneira relativamente lenta à medida que o comprimento da trinca aumenta. Frequentemente, diz-se que essa trinca é *estável* – ou seja, ela resiste a qualquer extensão adicional, a menos que haja aumento na tensão. Além do mais, normalmente há evidência de deformação generalizada apreciável nas superfícies da fratura (por exemplo, torção e rasgamento). Contudo, na fratura frágil, as trincas podem se espalhar de maneira extremamente rápida, acompanhadas de muito pouca deformação plástica. Tais trincas podem ser consideradas *instáveis*, e a propagação da trinca, uma vez iniciada, continuará espontaneamente sem aumento na magnitude da tensão aplicada.

A fratura dúctil é quase sempre preferível à fratura frágil por duas razões: Em primeiro lugar, a fratura frágil ocorre repentina e catastroficamente, sem nenhum aviso prévio; isso é uma consequência da propagação espontânea e rápida da trinca. Entretanto, a presença de deformação plástica nas fraturas dúcteis alerta para uma fratura iminente, permitindo que sejam tomadas medidas preventivas. Em segundo lugar, mais energia de deformação é necessária para induzir uma fratura dúctil, uma vez que esses materiais são, em geral, mais tenazes. Sob a ação de uma tensão de tração, muitas ligas metálicas são dúcteis, enquanto os cerâmicos são normalmente frágeis e os polímeros podem exibir uma faixa de ambos os comportamentos.

9.3 FRATURA DÚCTIL

As superfícies de fratura dúctil apresentam características próprias tanto ao nível macroscópico quanto microscópico. A Figura 9.1 mostra representações esquemáticas para dois perfis macroscópicos característicos de fratura dúctil. A configuração mostrada na Figura 9.1*a* é encontrada em metais extremamente dúcteis, tais como o ouro e o chumbo puros à temperatura ambiente, além de outros metais, polímeros e vidros inorgânicos em temperaturas elevadas. Esses materiais altamente dúcteis sofrem estricção até uma fratura pontual, exibindo uma redução na área virtualmente de 100 %.

O tipo mais comum de perfil de fratura por tração para os metais dúcteis é aquele representado na Figura 9.1*b*, na qual a fratura é precedida por apenas uma intensidade moderada de empescoçamento. O processo de fratura ocorre normalmente em vários estágios (Figura 9.2). Primeiro, após o início do empescoçamento, pequenas cavidades, ou *microvazios*, formam-se no interior da seção transversal, como indicado na Figura 9.2*b*. Em seguida, à medida que a deformação prossegue, esses microvazios aumentam de tamanho, se aproximam e coalescem para formar uma trinca elíptica, com seu eixo principal perpendicular à direção da tensão. A trinca continua a crescer em uma direção paralela a seu eixo principal por esse processo de coalescência de microvazios (Figura 9.2*c*). Finalmente, a fratura ocorre pela rápida propagação de uma trinca ao redor do perímetro externo do pescoço (Figura 9.2*d*), por deformação cisalhante em um ângulo de aproximadamente 45° em relação ao *eixo de tração* – o ângulo no qual a tensão cisalhante é máxima. Algumas vezes, uma fratura que exibe esse contorno de superfície característico é denominada *fratura taça e cone*, pois uma das superfícies tem a forma de uma taça, enquanto a outra lembra um cone. Nesse tipo de amostra

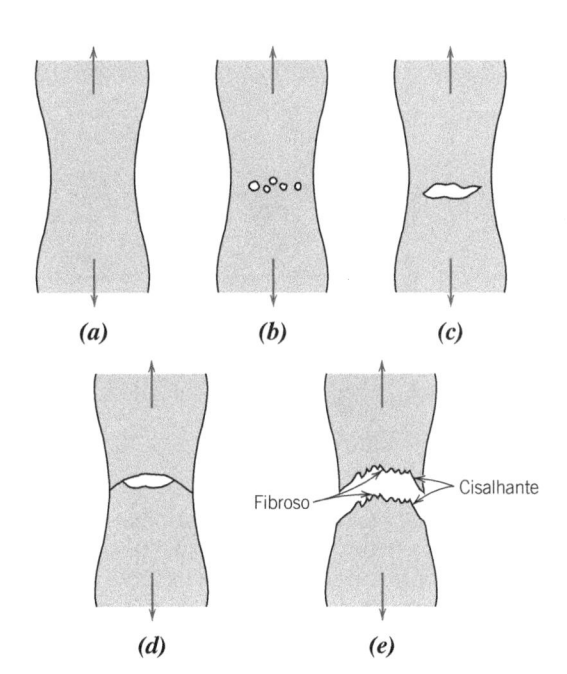

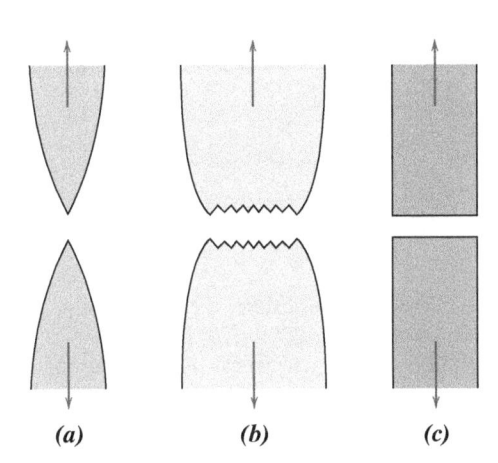

Figura 9.1 (*a*) Fratura altamente dúctil na qual a amostra apresenta estricção até um único ponto. (*b*) Fratura moderadamente dúctil após algum empescoçamento. (*c*) Fratura frágil sem nenhuma deformação plástica.

Figura 9.2 Estágios na fratura taça e cone. (*a*) Empescoçamento inicial. (*b*) Formação de pequenas cavidades. (*c*) Coalescência de cavidades para formar uma trinca. (*d*) Propagação da trinca. (*e*) Fratura final por cisalhamento em um ângulo de 45° em relação à direção de tração. (De K. M. Ralls, T. H. Courtney e J. Wulff, *Introduction to Materials Science and Engineering*, p. 468. Copyright © 1976 por John Wiley & Sons, New York. Reimpresso sob permissão de John Wiley & Sons, Inc.)

fraturada (Figura 9.3*a*), a região central interior da superfície tem uma aparência irregular e fibrosa, o que é indicativo de deformação plástica.

Estudos Fractográficos

Uma informação muito mais detalhada em relação ao mecanismo da fratura é disponível a partir de um exame microscópico, normalmente utilizando microscopia eletrônica de varredura. Os estudos dessa natureza são denominados *fractográficos*. O microscópio eletrônico de varredura é o preferido para exames fractográficos, uma vez que ele tem resolução e profundidade de campo muito superiores às de um microscópio óptico; essas características são necessárias para revelar os detalhes topográficos das superfícies de fratura.

Quando a região central fibrosa de uma superfície de fratura do tipo taça e cone é examinada sob grande ampliação em um microscópio eletrônico, observa-se que ela consiste em numerosas "microcavidades" esféricas (Figura 9.4*a*); essa estrutura é característica da fratura resultante de

Figura 9.3 (*a*) Fratura do tipo taça e cone no alumínio. (*b*) Fratura frágil em um ferro fundido cinzento.

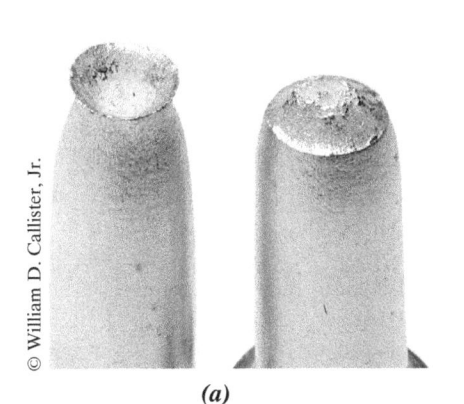

(*a*)

(*b*)

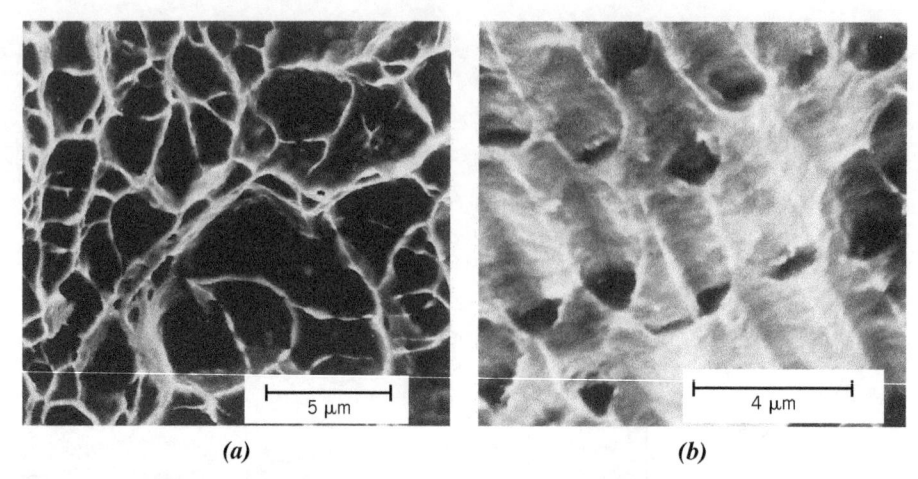

Figura 9.4 (*a*) Fractografia eletrônica de varredura mostrando microcavidades esféricas características de uma fratura dúctil que resulta de cargas de tração uniaxiais. Ampliação de 3300×. (*b*) Fractografia
eletrônica de varredura mostrando microcavidades com formato parabólico características de uma fratura
dúctil resultante de uma carga de cisalhamento. Ampliação de 5000×.
(De R. W. Hertzberg, *Deformation and Fracture Mechanics of Engineering Materials*, 3rd edition. Copyright © 1989 por
John Wiley & Sons, New York. Reimpresso sob permissão de John Wiley & Sons, Inc.)

uma falha por tração uniaxial. Cada microcavidade é a metade de um microvazio que se formou e
que então se separou durante o processo de fratura. As microcavidades também se formam sobre
a borda de cisalhamento a 45° da fratura do tipo taça e cone. Contudo, essas serão alongadas ou
terão um formato em "C", como está mostrado na Figura 9.4*b*. Esse formato parabólico pode ser o
indicativo de uma falha por cisalhamento. Além disso, também são possíveis outras características
microscópicas da superfície de fratura. Fractografias como as mostradas nas Figuras 9.4*a* e 9.4*b* fornecem informações valiosas na análise de fraturas, tais como o modo da fratura, o estado de tensão
e o ponto de iniciação da trinca.

9.4 FRATURA FRÁGIL

A fratura frágil ocorre sem nenhuma deformação apreciável e pela rápida propagação de uma
trinca. A direção do movimento da trinca é muito próxima de ser perpendicular à direção da tensão
de tração aplicada e produz uma superfície de fratura relativamente plana, como está mostrado na
Figura 9.1*c*.

As superfícies de fratura dos materiais que falham de modo frágil têm seus próprios padrões;
estarão ausentes quaisquer sinais de deformação plástica generalizada. Por exemplo, em algumas
peças de aço, uma série de "marcas de sargento" em forma de "V" pode se formar próximo ao centro da seção transversal da fratura, as quais apontam para trás em direção ao ponto de iniciação da
trinca (Figura 9.5*a*). Outras superfícies de fratura frágil contêm linhas ou nervuras que se irradiam a
partir do ponto de origem da trinca em um padrão em forma de leque (Figura 9.5*b*). Com frequência, esses dois padrões de marcas são suficientemente grosseiros para serem discernidos a olho nu.
Nos metais muito duros e com granulação fina, não haverá padrões de fratura discerníveis. A fratura
frágil em materiais amorfos, tais como os vidros cerâmicos, produz uma superfície relativamente lisa
e brilhante.

Para a maioria dos materiais cristalinos frágeis, a propagação da trinca corresponde à quebra
sucessiva e repetida de ligações atômicas ao longo de planos cristalográficos específicos (Figura 9.6*a*);
fratura transgranular tal processo é denominado *clivagem*. Esse tipo de fratura é dito ser **transgranular** (ou *transcristalino*),
uma vez que as trincas passam através dos grãos. Macroscopicamente, a superfície da fratura pode
exibir uma textura granulada ou facetada (Figura 9.3*b*), como resultado de mudanças na orientação
dos planos de clivagem de um grão para outro. Essa característica de clivagem está mostrada, em
maior ampliação, na micrografia eletrônica de varredura da Figura 9.6*b*.

Em algumas ligas, a propagação das trincas ocorre ao longo dos contornos dos grãos (Figura 9.7*a*);
fratura intergranular esse tipo de fratura é denominado **intergranular**. A Figura 9.7*b* é uma micrografia eletrônica de
varredura que mostra uma fratura intergranular típica, na qual pode ser observada a natureza

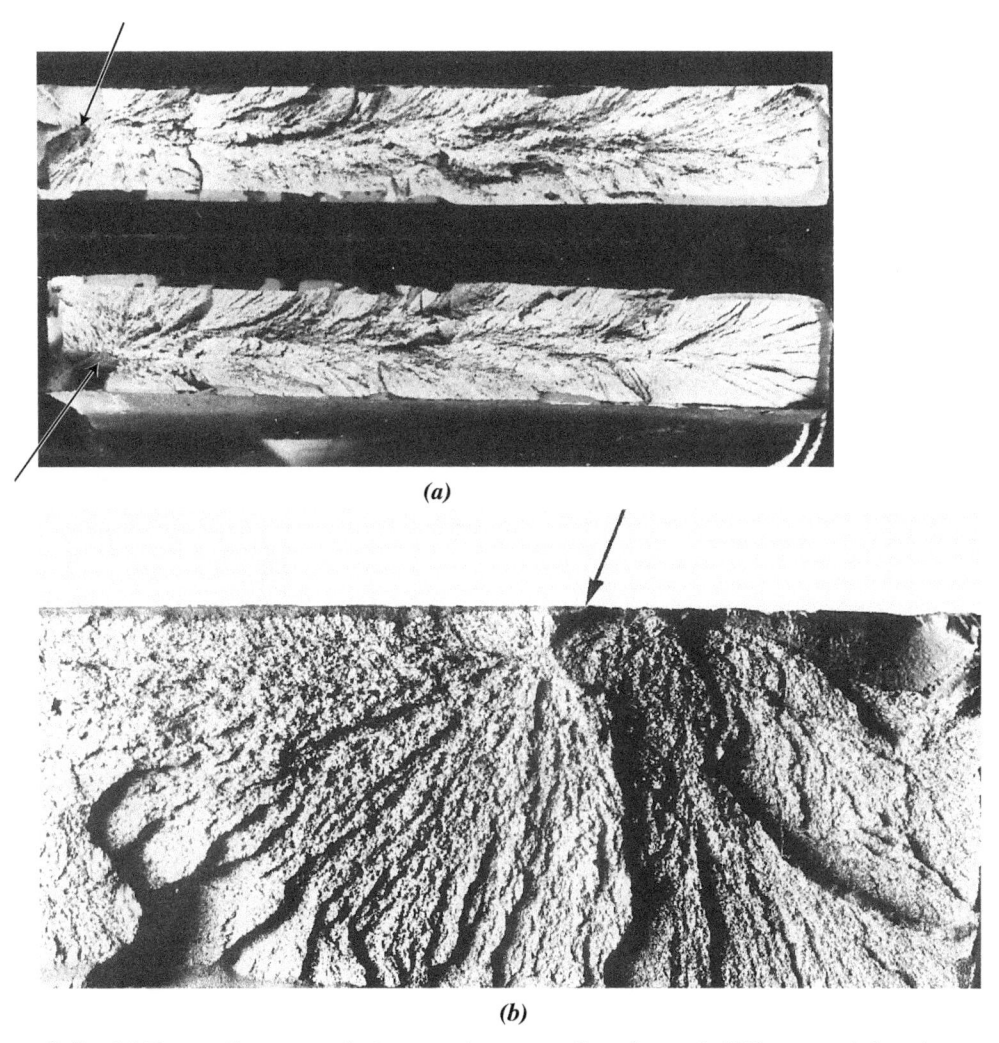

Figura 9.5 (*a*) Fotografia mostrando "marcas de sargento" em forma de "V" características de uma fratura frágil. As setas indicam a origem das trincas. Aproximadamente em tamanho real. (*b*) Fotografia de uma superfície de fratura frágil mostrando nervuras radiais em formato de leque. A seta indica a origem da trinca. Ampliação de aproximadamente 2×.

[(*a*) De R. W. Hertzberg, *Deformation and Fracture Mechanics of Engineering Materials*, 3rd edition. Copyright © 1989 por John Wiley & Sons, New York. Reimpresso sob permissão de John Wiley & Sons, Inc. A fotografia é cortesia de Roger Slutter, Lehigh University. (*b*) Reproduzido com permissão de D. J. Wulpi, *Understanding How Components Fail*, American Society for Metals, Materials Park, OH, 1985.]

tridimensional dos grãos. Esse tipo de fratura ocorre normalmente após processos que enfraquecem ou fragilizam as regiões dos contornos dos grãos.

9.5 PRINCÍPIOS DA MECÂNICA DA FRATURA[1]

A fratura frágil de materiais normalmente dúcteis, como a que está mostrada na Figura *b* (o navio-tanque de óleo) da página inicial deste capítulo, demonstrou a necessidade de compreender melhor os mecanismos da fratura. Extensos esforços de pesquisa ao longo do último século levaram

mecânica da fratura   à evolução do campo da **mecânica da fratura**. Essa disciplina permite a quantificação das relações entre as propriedades dos materiais, o nível de tensão, a presença de defeitos geradores de trincas e

---

[1] Uma discussão mais detalhada dos princípios da mecânica da fratura pode ser encontrada na Seção M.2 do Módulo *On-line* para Engenharia Mecânica (disponível *on-line* no GEN-IO).

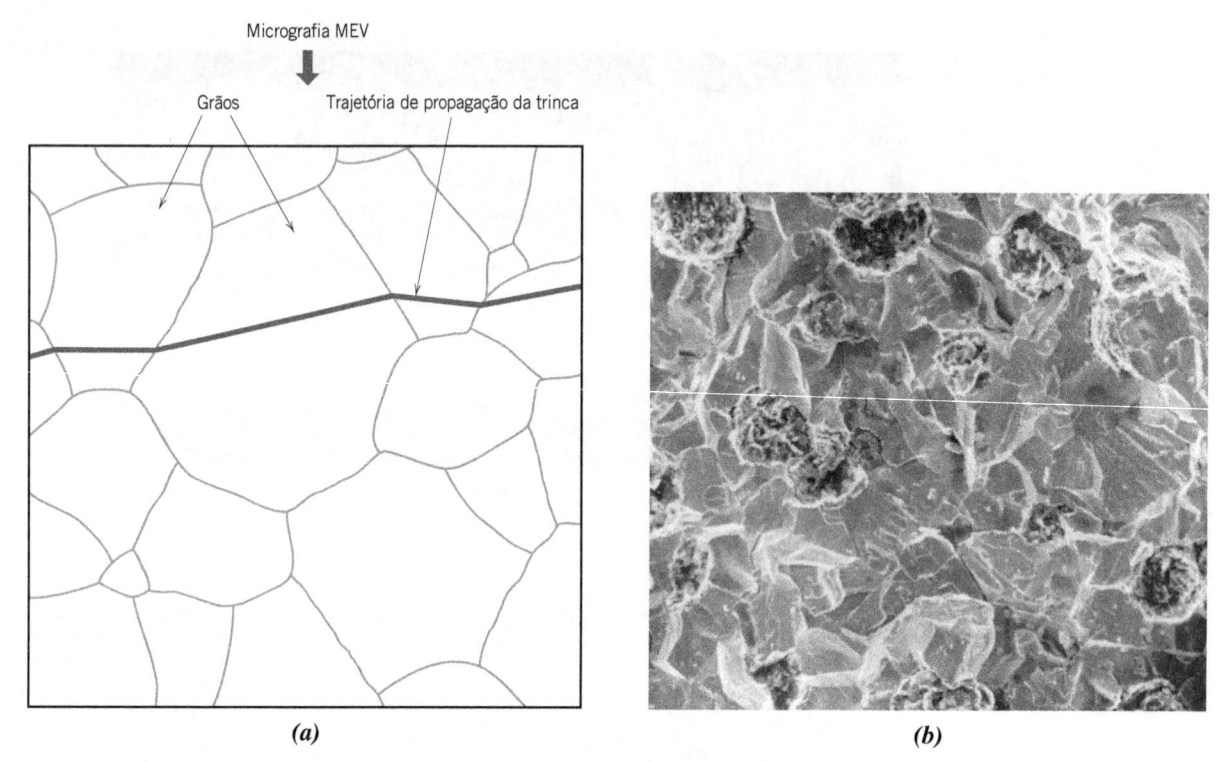

(a)

(b)

Figura 9.6 (*a*) Perfil esquemático de uma seção transversal mostrando a propagação de uma trinca pelo interior dos grãos em uma fratura transgranular. (*b*) Fractografia eletrônica de varredura de um ferro fundido nodular mostrando uma superfície de fratura transgranular. Ampliação desconhecida.
[Figura (*b*) de V. J. Colangelo e F. A. Heiser, *Analysis of Metallurgical Failures*, 2nd edition. Copyright © 1987 por John Wiley & Sons, New York. Reimpresso sob permissão de John Wiley & Sons, Inc.]

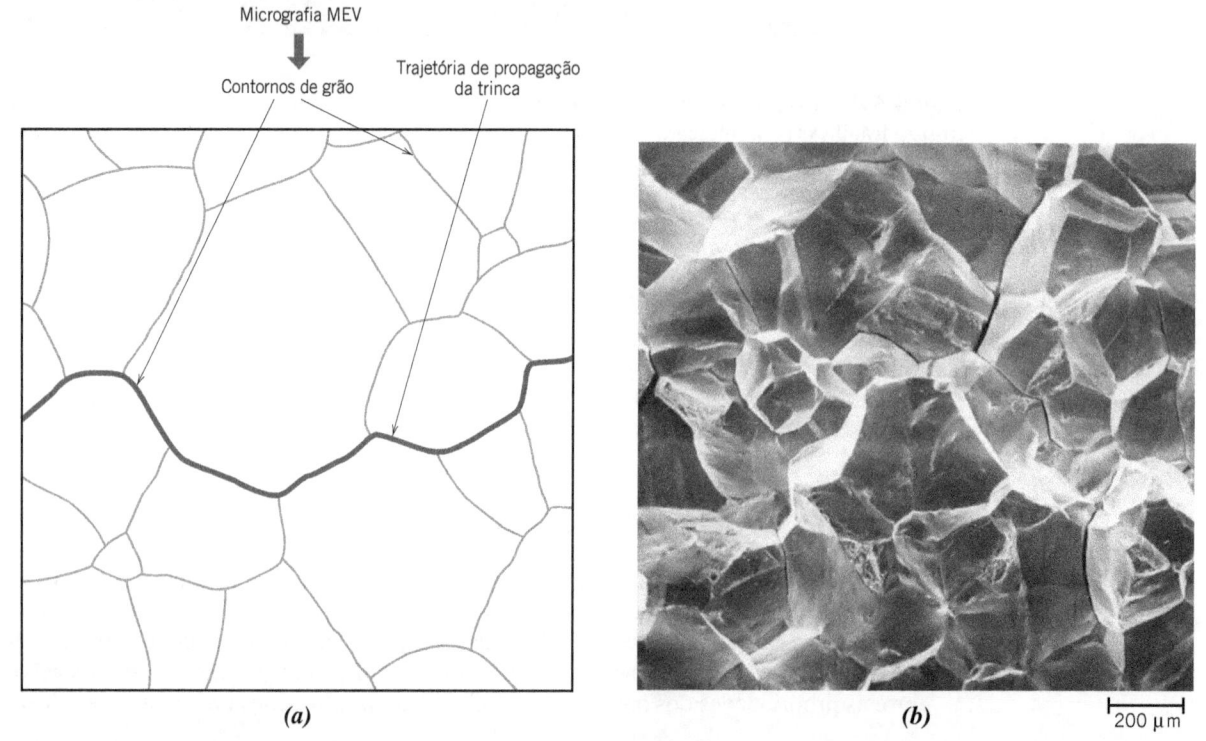

(a)

(b)

200 μm

Figura 9.7 (*a*) Perfil esquemático de uma seção transversal mostrando a propagação de uma trinca ao longo dos contornos dos grãos em uma fratura intergranular. (*b*) Fractografia eletrônica de varredura mostrando uma superfície de fratura intergranular. Ampliação de 50×.
[Figura (*b*) reproduzida sob permissão de *ASM Handbook*, Vol. 12, *Fractography*, ASM International, Materials Park, OH, 1987.]

os mecanismos de propagação das trincas. Os engenheiros de projeto estão agora mais bem equipados para antecipar, e dessa forma prevenir, falhas estruturais. A presente discussão está centrada em alguns dos princípios fundamentais da mecânica da fratura.

Concentração de Tensões

As resistências à fratura medidas para a maioria dos materiais frágeis são significativamente menores do que aquelas previstas por cálculos teóricos baseados nas energias das ligações atômicas. Essa discrepância é explicada pela presença de defeitos ou trincas microscópicas, as quais, sob condições normais, sempre existem na superfície e no interior de um material. Esses defeitos são prejudiciais para a resistência à fratura, pois uma tensão aplicada pode ser amplificada ou concentrada na extremidade do defeito, onde a magnitude dessa amplificação depende da orientação e da geometria da trinca. Esse fenômeno está demonstrado na Figura 9.8 – um perfil de tensões ao longo de uma seção transversal que contém uma trinca interna. Como indicado por esse perfil, a magnitude dessa tensão localizada diminui conforme a distância aumenta em relação à extremidade da trinca. Em posições distantes da extremidade da trinca, a tensão é simplesmente a tensão nominal σ_0, ou seja, a carga aplicada dividida pela área da seção transversal da amostra (perpendicular a essa carga). Devido às suas habilidades em amplificar uma tensão aplicada nas suas posições, esses defeitos são algumas vezes chamados de **concentradores de tensões**.

concentrador de tensões

Admitindo-se que uma trinca seja semelhante a um furo elíptico que atravessa uma placa e que ela esteja orientada perpendicularmente à tensão aplicada, a tensão máxima, σ_m, ocorre na extremidade da trinca e pode ser aproximada pela expressão da Equação 9.1.

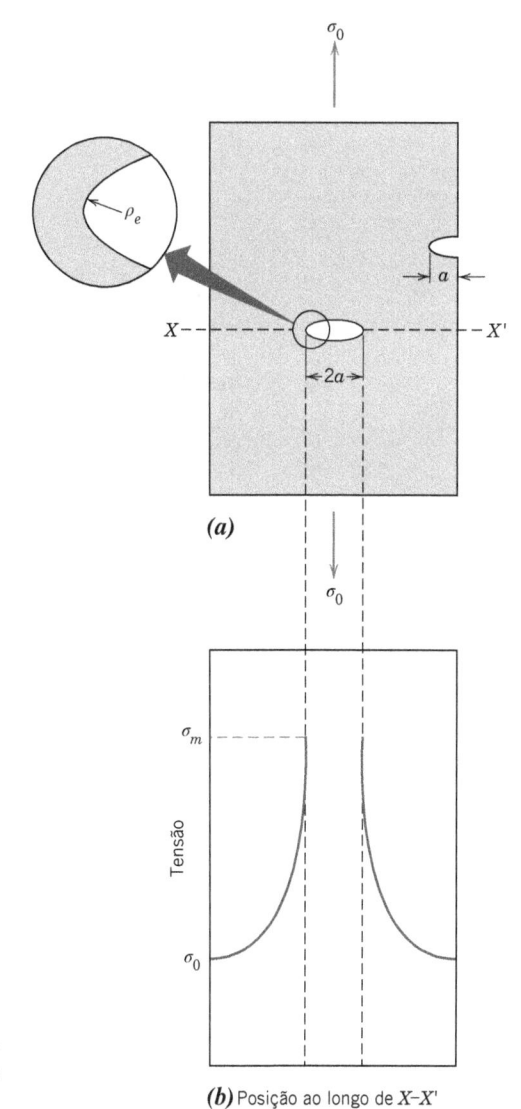

Figura 9.8 (*a*) Geometria de trincas superficiais e internas. (*b*) Perfil de tensões esquemático ao longo da linha X-X' em (*a*), demonstrando a amplificação da tensão nas extremidades da trinca.

Cálculo da tensão máxima na extremidade de uma trinca para uma carga de tração

$$\sigma_m = 2\sigma_0 \left(\frac{a}{\rho_e}\right)^{1/2}$$

(9.1)

em que σ_0 é a magnitude da tensão de tração nominal aplicada, ρ_e é o raio de curvatura da extremidade da trinca (Figura 9.8a) e a representa o comprimento de uma trinca superficial, ou metade do comprimento de uma trinca interna. Para uma microtrinca relativamente longa, com um pequeno raio de curvatura em sua extremidade, o fator $(a/\rho_e)^{1/2}$ pode ser muito grande. Isso produzirá um valor de σ_m que é muitas vezes o valor de σ_0.

Às vezes, a razão σ_m/σ_0 é denominada *fator de concentração de tensões K_t*:

$$K_t = \frac{\sigma_m}{\sigma_0} = 2\left(\frac{a}{\rho_e}\right)^{1/2}$$

(9.2)

que é simplesmente uma medida do grau pelo qual uma tensão externa é amplificada na extremidade de uma trinca.

Observe que a amplificação da tensão não fica restrita a esses defeitos microscópicos; ela também pode ocorrer em descontinuidades internas macroscópicas (por exemplo, vazios ou inclusões), em cantos vivos, arranhões e entalhes.

Além disso, o efeito de um concentrador de tensões é mais significativo nos materiais frágeis do que nos dúcteis. Em um metal dúctil, a deformação plástica começa quando a tensão máxima excede o limite de escoamento. Isso leva a uma distribuição de tensões mais uniforme na vizinhança do concentrador de tensões e ao desenvolvimento de um fator de concentração de tensões máximo menor do que o valor teórico. Esse escoamento e redistribuição de tensões não ocorre em qualquer extensão apreciável ao redor de defeitos e descontinuidades nos materiais frágeis; portanto, essencialmente, ocorre a concentração de tensões teórica.

Usando princípios da mecânica da fratura, é possível mostrar que a tensão crítica σ_c necessária para a propagação de uma trinca em um material frágil é descrita pela expressão

Tensão crítica para a propagação de uma trinca em um material frágil

$$\sigma_c = \left(\frac{2E\gamma_s}{\pi a}\right)^{1/2}$$

(9.3)

em que E é o módulo de elasticidade, γ_s é a energia de superfície específica e a é metade do comprimento de uma trinca interna.

Todos os materiais frágeis contêm uma população de pequenas trincas e defeitos com diversos tamanhos, geometrias e orientações. Quando a magnitude de uma tensão de tração na extremidade de um desses defeitos excede o valor dessa tensão crítica, forma-se uma trinca, que então se propaga, resultando na fratura. Foram desenvolvidos uísqueres metálicos e cerâmicos muito pequenos e virtualmente isentos de defeitos que apresentam resistências à fratura que se aproximam dos seus valores teóricos.

PROBLEMA-EXEMPLO 9.1

Cálculo do Comprimento Máximo de um Defeito

Uma placa relativamente grande de um vidro é submetida a uma tensão de tração de 40 MPa. Se a energia de superfície específica e o módulo de elasticidade para esse vidro são de 0,3 J/m^2 e 69 GPa, respectivamente, determine o comprimento máximo possível de um defeito de superfície para que não haja fratura.

Solução

Para resolver este problema é necessário empregar a Equação 9.3. O rearranjo dessa expressão para que a seja a variável dependente e observando que $\sigma = 40$ MPa, $\gamma_s = 0,3$ J/m^2 e $E = 69$ GPa, leva a

$$a = \frac{2E\gamma_s}{\pi\sigma^2}$$

$$= \frac{(2)(69 \times 10^9 \, \text{N/m}^2)(0,3 \, \text{N/m})}{\pi(40 \times 10^6 \, \text{N/m}^2)^2}$$

$$= 8,2 \times 10^{-6} \, \text{m} = 0,0082 \, \text{mm} = 8,2 \, \mu\text{m}$$

Tenacidade à Fratura

Tenacidade à fratura – dependência em relação à tensão crítica para a propagação de uma trinca e o comprimento da trinca
tenacidade à fratura

Usando os princípios da mecânica da fratura, foi desenvolvida uma expressão que relaciona essa tensão crítica para a propagação de uma trinca (σ_c) com o comprimento da trinca (a) segundo

$$K_c = Y\sigma_c\sqrt{\pi a} \tag{9.4}$$

Nessa expressão, K_c representa a **tenacidade à fatura**, que é uma propriedade que mede a resistência de um material a uma fratura frágil quando uma trinca está presente. K_c tem as unidades incomuns de MPa$\sqrt{m}$ ou psi$\sqrt{in}$ (alternativamente, ksi$\sqrt{in}$). Aqui, Y é um parâmetro ou função adimensional que depende tanto dos tamanhos quanto das geometrias da trinca e da amostra, assim como da maneira como a carga é aplicada.

Em relação a esse parâmetro Y, em amostras planas que contêm trincas muito menores do que a largura da amostra, Y é aproximadamente igual à unidade. Por exemplo, para uma placa com largura infinita com uma trinca atravessando toda a sua espessura (Figura 9.9a), $Y = 1,0$, enquanto para uma placa com largura semi-infinita que contém uma trinca com comprimento a na sua aresta (Figura 9.9b), $Y \cong 1,1$. Foram determinadas expressões matemáticas para o valor de Y para inúmeras geometrias de trincas e de amostras; com frequência, essas expressões são relativamente complexas.

Em amostras relativamente finas, o valor de K_c depende da espessura da amostra. Entretanto, quando a espessura da amostra é muito maior do que as dimensões da trinca, o valor de K_c torna-se independente da espessura; sob tais condições existe uma condição de **deformação plana**. Por *deformação plana* queremos dizer que quando uma carga atua em uma trinca da maneira representada na Figura 9.9a, não há nenhum componente de deformação perpendicularmente às faces anterior e posterior. O valor de K_c para essa situação de amostra espessa é conhecido como **tenacidade à fratura em deformação plana**, K_{Ic}, o que também é definido por

deformação plana

tenacidade à fratura em deformação plana
Tenacidade à fratura em deformação plana para o modo I de deslocamento da superfície da trinca

$$K_{Ic} = Y\sigma\sqrt{\pi a} \tag{9.5}$$

K_{Ic} é a tenacidade à fratura citada para a maioria das situações. O índice subscrito I (isto é, o numeral romano "um") em K_{Ic} indica que a tenacidade à fratura em deformação plana se aplica ao modo I de deslocamento de trinca, como está ilustrado na Figura 9.10a.[2]

Os materiais frágeis, para os quais não é possível uma deformação plástica apreciável na frente de uma trinca que está avançando, têm baixos valores de K_{Ic} e são vulneráveis a falhas catastróficas. Contudo, os valores de K_{Ic} para os materiais dúcteis são relativamente grandes. A mecânica da fratura é especialmente útil para prever falhas catastróficas em materiais com ductilidades intermediárias. Os valores para a tenacidade à fratura em deformação plana de diversos materiais diferentes estão apresentados na Tabela 9.1 (e na Figura 1.7); a Tabela B.5, no Apêndice B, contém uma lista mais completa de valores de K_{Ic}.

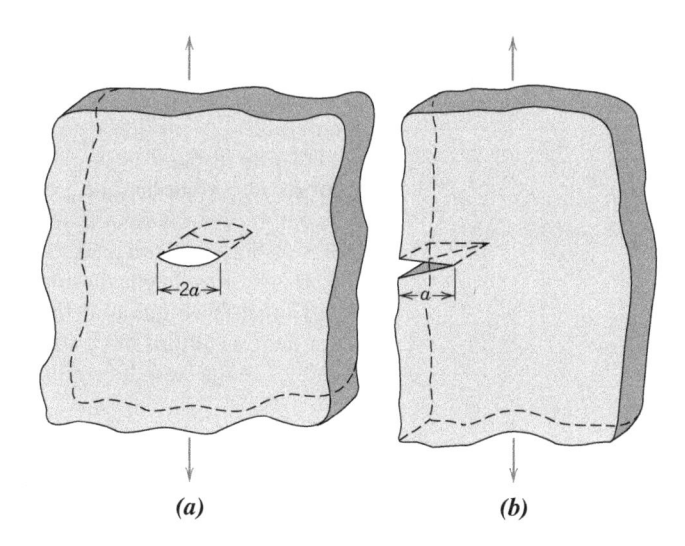

(a)   **(b)**

Figura 9.9 Representações esquemáticas de (*a*) trinca interna em uma placa com largura infinita e (*b*) trinca na aresta de uma placa com largura semi-infinita.

---

[2] Dois outros modos de deslocamento de trinca, indicados por II e III, e ilustrados nas Figuras 9.10b e 9.10c, também são possíveis; entretanto, o modo I é o mais comumente encontrado.

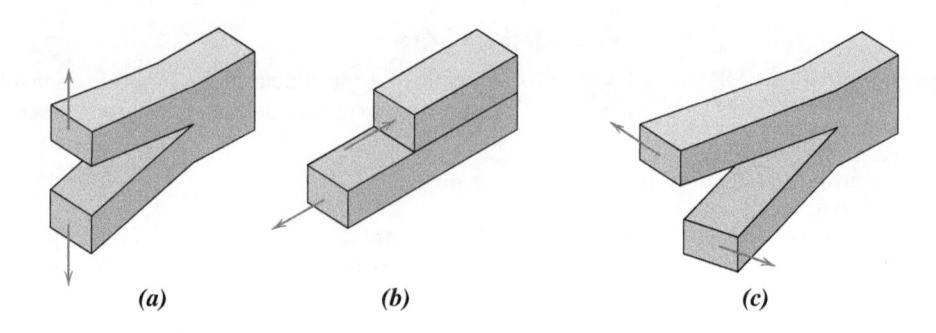

Figura 9.10 Os três modos de deslocamento da superfície de uma trinca. (*a*) Modo I, modo de abertura ou de tração; (*b*) modo II, modo de cisalhamento; e (*c*) modo III, modo de rasgamento.

(*a*)   (*b*)   (*c*)

Tabela 9.1 Dados para o Limite de Escoamento e a Tenacidade à Fratura em Deformação Plana à Temperatura Ambiente para Materiais de Engenharia Selecionados

Material	Limite de Escoamento		K_{Ic}	
	MPa	*ksi*	*MPa* $\sqrt{m}$	*ksi* $\sqrt{in}$
Metais				
Liga de Alumínio[a] (7075-T651)	495	72	24	22
Liga de Alumínio[a] (2024-T3)	345	50	44	40
Liga de Titânio[a] (Ti-6Al-4V)	910	132	55	50
Aço-Liga[a] (4340 revenido a 260 °C)	1640	238	50,0	45,8
Aço-Liga[a] (4340 revenido a 425 °C)	1420	206	87,4	80,0
Cerâmicas				
Concreto	–	–	0,2–1,4	0,18–1,27
Vidro à base de cal de soda	–	–	0,7–0,8	0,64–0,73
Óxido de alumínio	–	–	2,7–5,0	2,5–4,6
Polímeros				
Poliestireno (PS)	25,0–69,0	3,63–10,0	0,7–1,1	0,64–1,0
Poli(metil metacrilato) (PMMA)	53,8–73,1	7,8–10,6	0,7–1,6	0,64–1,5
Policarbonato (PC)	62,1	9,0	2,2	2,0

[a]**Fonte:** Reimpresso com permissão, *Advanced Materials and Processes*, ASM International, © 1990.

A tenacidade à fratura em deformação plana K_{Ic} é uma propriedade fundamental dos materiais, que depende de muitos fatores; os de maior influência são a temperatura, a taxa de deformação e a microestrutura. A magnitude de K_{Ic} diminui com o aumento da taxa de deformação e a diminuição da temperatura. Além disso, um aumento no limite de escoamento causado por solução sólida ou pela adição de dispersões ou por encruamento produz, em geral, uma diminuição correspondente no valor de K_{Ic}. Além disso, K_{Ic} aumenta geralmente com a redução no tamanho do grão se a composição e outras variáveis microestruturais forem mantidas constantes. Na Tabela 9.1, também foram incluídos os limites de escoamento para alguns dos materiais listados.

Várias técnicas de ensaio diferentes são usadas para medir K_{Ic} (veja a Seção 9.8). Virtualmente, qualquer tamanho e qualquer forma de amostra consistentes com o modo I de deslocamento de trinca podem ser utilizados, e valores precisos serão obtidos desde que o parâmetro de escala Y na Equação 9.5 tenha sido determinado apropriadamente.

Projetos Utilizando a Mecânica da Fratura

De acordo com as Equações 9.4 e 9.5, três variáveis devem ser consideradas em relação à possibilidade de fratura de determinado componente estrutural – quais sejam: a tenacidade à fratura (K_c) ou a tenacidade à fratura em deformação plana (K_{Ic}), a tensão imposta (σ) e o tamanho do defeito (a) – admitindo-se, obviamente, que o valor de Y tenha sido determinado. Ao projetar um componente, em primeiro lugar é importante decidir quais dessas variáveis apresentam restrições impostas pela aplicação e quais estão sujeitas a controle pelo projeto. Por exemplo, a seleção de materiais (e, portanto, de K_c e K_{Ic}) é ditada com frequência por fatores como a densidade (para aplicações que requerem baixo peso) ou as características de corrosão do ambiente. Alternativamente, o tamanho admissível para o defeito ou é medido ou é especificado pelas limitações das técnicas disponíveis para a detecção de defeitos. No entanto, é importante compreender que, uma vez que tenha sido estabelecida qualquer combinação de dois dos parâmetros citados acima, o terceiro parâmetro torna-se fixo (Equações 9.4 e 9.5). Por exemplo, considere que K_{Ic} e a magnitude de a sejam especificados por restrições da aplicação; portanto, a tensão de projeto (ou crítica) σ_c é dada por

Cálculo da tensão de projeto

$$\sigma_c = \frac{K_{Ic}}{Y\sqrt{\pi a}} \tag{9.6}$$

Contudo, se o nível de tensão e a tenacidade à fratura em deformação plana forem fixados por uma condição de projeto, então o tamanho máximo admissível para um defeito a_c será dado por

Cálculo do comprimento máximo admissível para um defeito

$$a_c = \frac{1}{\pi}\left(\frac{K_{Ic}}{\sigma Y}\right)^2 \tag{9.7}$$

Inúmeras técnicas de ensaios não destrutivos (END) foram desenvolvidas, as quais permitem a detecção e a medição de defeitos, tanto internos como de superfície.[3] Tais técnicas são empregadas para o exame de componentes estruturais que estão em serviço, na busca de defeitos que possam levar a uma falha prematura; além disso, os ENDs são usados como meio de controle de qualidade em processos de fabricação. Como o próprio nome indica, essas técnicas não destroem o material/estrutura que está sendo examinado. Além disso, alguns métodos de ensaio devem ser conduzidos em um ambiente de laboratório; outros podem ser adaptados para serem usados no campo. Várias técnicas de END comumente utilizadas, assim como suas características, estão listadas na Tabela 9.2.[4]

Tabela 9.2 Uma Lista de Várias Técnicas Comuns de Ensaios Não Destrutivos

Técnica	Localização do Defeito	Sensibilidade em Relação ao Tamanho do Defeito (mm)	Local de Realização do Ensaio
Microscopia eletrônica de varredura	Superficial	>0,001	Laboratório
Líquido penetrante	Superficial	0,025–0,25	Laboratório/no campo
Ultrassom	Subsuperficial	>0,050	Laboratório/no campo
Microscopia óptica	Superficial	0,1–0,5	Laboratório
Inspeção visual	Superficial	>0,1	Laboratório/no campo
Emissão acústica	Superficial/subsuperficial	>0,1	Laboratório/no campo
Radiografia (raios X/raios gama)	Superficial	>2% da espessura da amostra	Laboratório/no campo

Um exemplo importante do uso de ENDs é a detecção de trincas e vazamentos nas paredes de oleodutos em áreas remotas, como o Alasca. A análise ultrassônica é usada em combinação com um "analisador robótico" que pode se deslocar por distâncias relativamente longas no interior de uma tubulação.

---

[3] Algumas vezes, os termos avaliação não destrutiva (AND) e inspeção não destrutiva (IND) também são empregados para essas técnicas.

[4] A Seção M.3 do Módulo *On-line* para Engenharia Mecânica (disponível *on-line* no GEN-IO) discute como os ENDs são usados na detecção de defeitos e trincas.

EXEMPLO DE PROJETO 9.1

Especificação de Material para um Tanque Cilíndrico Pressurizado

Considere um tanque cilíndrico com paredes finas de raio 0,5 m (500 mm) e espessura de parede de 8,0 mm que deve ser usado como um vaso de pressão para conter um fluido a uma pressão de 2,0 MPa. Considere que existe uma trinca no interior da parede do tanque que se propaga de seu interior para seu exterior, como mostrado na Figura 9.11.[5] Em relação à probabilidade de falha desse vaso de pressão, são possíveis dois cenários:

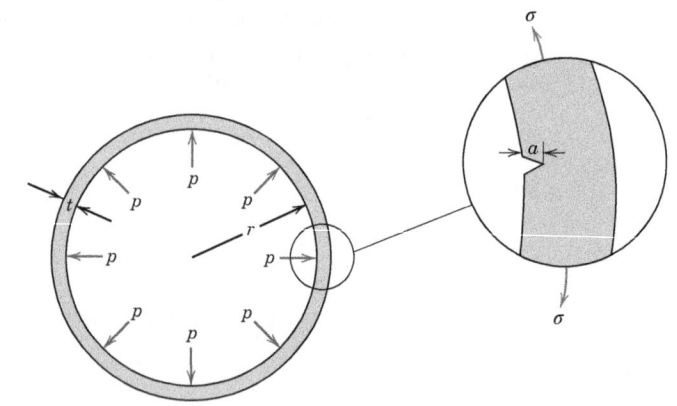

Figura 9.11 Diagrama esquemático que mostra a seção transversal de um vaso de pressão cilíndrico submetido a uma pressão interna p, que tem uma trinca radial com comprimento a localizada sobre a parede interna.

1. *Vazar antes de romper.* Usando os princípios da mecânica da fratura, é permitido que a trinca cresça através da espessura da parede do vaso antes da propagação rápida. Dessa forma, a trinca penetrará completamente a parede sem causar uma falha catastrófica, permitindo sua detecção pelo vazamento do fluido pressurizado.

2. *Fratura frágil.* Quando a trinca que avança atinge um comprimento crítico, que é menor do que aquele para a condição de vazar antes de romper, a fratura ocorre pela sua rápida propagação através da totalidade da parede. Esse evento resulta tipicamente na expulsão explosiva do fluido contido no vaso.

Obviamente, o cenário de vazamento antes de romper é quase sempre o preferido.

Para um vaso de pressão cilíndrico, a tensão circunferencial (ou de aro) σ_a na parede é função da pressão p no vaso, do raio r e da espessura da parede t de acordo com a seguinte expressão:

$$\sigma_a = \frac{pr}{t} \tag{9.8}$$

Usando os valores de p, r e t fornecidos anteriormente, calculamos a tensão circunferencial para esse vaso conforme:

$$\sigma_a = \frac{(2,0\,\text{MPa})(0,5\,\text{m})}{8 \times 10^{-3}\,\text{m}}$$
$$= 125\,\text{MPa}$$

Considerando as ligas metálicas listadas na Tabela B.5 do Apêndice B, determine quais satisfazem os seguintes critérios:

(a) Vazar antes de romper
(b) Fratura frágil

Use os valores mínimos da tenacidade à fratura quando forem especificadas faixas na Tabela B.5. Considere um valor de fator de segurança de 3,0 para esse problema.

Solução

(a) Uma trinca superficial que se propaga assumirá uma configuração mostrada esquematicamente na Figura 9.12 – com uma forma semicircular em um plano perpendicular à direção da tensão e um comprimento de $2c$ (e também uma profundidade de a, em que $a = c$). Pode ser mostrado[6] que, à medida que a trinca penetra a superfície externa da parede, $2c = 2t$ (isto é, $c = t$). Dessa forma, a condição de

---

[5] A propagação da trinca pode ocorrer devido ao carregamento cíclico associado a flutuações na pressão, ou como resultado de um ataque químico agressivo ao material da parede.

[6] *Materials for Missiles and Spacecraft*, E. R. Parker (editor), "Fracture of Pressure Vessels", G. R. Irwin, McGraw-Hill, 1963, pp. 204-209.

vazar antes de romper é satisfeita quando o comprimento de trinca é igual ou maior do que a espessura da parede do vaso – isto é, existe um comprimento crítico da trinca para a condição de vazar antes de romper, c_c, definido da seguinte maneira:

$$c_c \geq t \tag{9.9}$$

O comprimento crítico da trinca c_c pode ser calculado usando uma forma da Equação 9.7. Além disso, uma vez que o comprimento da trinca é muito menor do que a largura da parede do vaso, uma condição semelhante àquela representada na Figura 9.9a, consideramos $Y = 1$. Incorporando um fator de segurança N, e tomando a tensão como a tensão circunferencial, a Equação 9.7 assume a forma

$$c_c = \frac{1}{\pi}\left(\frac{\frac{K_{Ic}}{N}}{\sigma_a}\right)^2$$

$$= \frac{1}{\pi N^2}\left(\frac{K_{Ic}}{\sigma_a}\right)^2 \tag{9.10}$$

Portanto, para um material específico na parede, a condição de vazar antes de romper é possível quando o valor do seu comprimento crítico da trinca (segundo a Equação 9.10) é igual ou maior que a espessura da parede do vaso de pressão.

Por exemplo, considere o aço 4140 que foi revenido a 370 °C. Uma vez que os valores de K_{Ic} para essa liga variam entre 55 e 65 MPa $\sqrt{m}$, usamos o valor mínimo (55 MPa $\sqrt{m}$), como estabelecido. Incorporando os valores para N (3,0) e σ_a (125 MPa, como determinado anteriormente) na Equação 9.10, calculamos c_c da seguinte maneira:

$$c_c = \frac{1}{\pi N^2}\left(\frac{K_{Ic}}{\sigma_a}\right)^2$$

$$= \frac{1}{\pi(3)^2}\left(\frac{55\text{ MPa}\sqrt{m}}{125\text{ MPa}}\right)^2$$

$$= 6,8 \times 10^{-3}\text{ m} = 6,8\text{ mm}$$

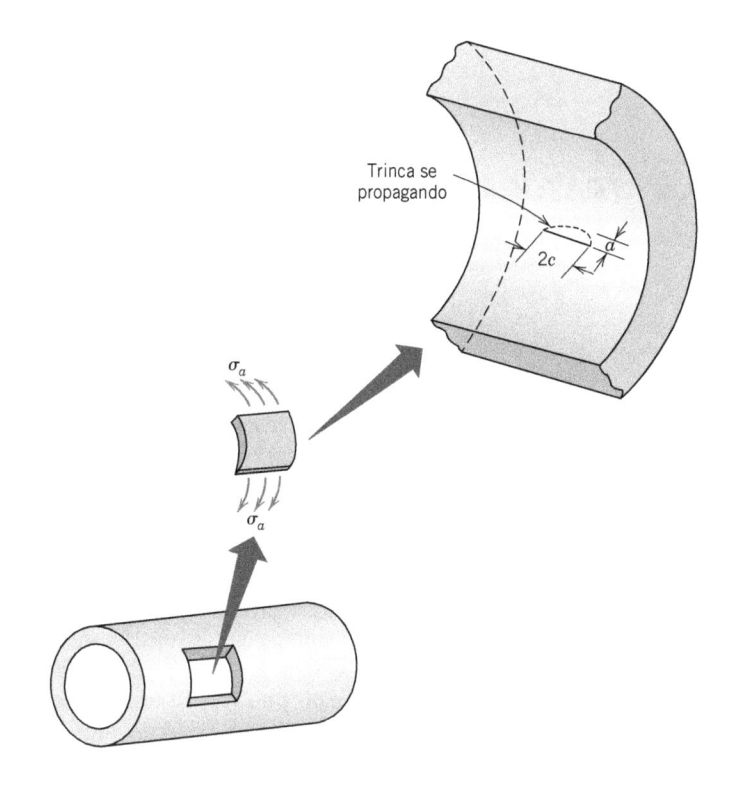

Figura 9.12 Diagrama esquemático que mostra a tensão circunferencial (σ_a) gerada em um segmento de parede de um vaso de pressão cilíndrico; também está mostrada a geometria de uma trinca de comprimento $2c$ e profundidade a que está se propagando da parede interna para a parede externa.

Uma vez que esse valor (6,8 mm) é menor do que a espessura da parede do vaso (8,0 mm), a condição de vazar antes de romper para esse aço é improvável.

Os comprimentos críticos da trinca para a condição de vazar antes de romper para as outras ligas na Tabela B.5 são determinados de maneira semelhante; seus valores estão tabulados na Tabela 9.3. Três dessas ligas têm valores de c_c que satisfazem os critérios de vazar antes de romper (VAR) $[c_c > t (8{,}0\ mm)]$ – quais sejam:

- aço 4140 (revenido a 482 °C)
- aço 4340 (revenido a 425 °C)
- liga de titânio Ti-5Al-2,5Sn

A identificação "(VAR)" aparece ao lado dos comprimentos críticos da trinca para essas três ligas.

(b) Para uma liga que não atende às condições de vazar antes de romper, uma fratura frágil pode ocorrer quando, durante o crescimento da trinca, c atinge o comprimento crítico da trinca c_c. Portanto, a fratura frágil é provável para as demais oito ligas na Tabela 9.3.

Tabela 9.3 Comprimentos Críticos da Trinca para 10 Ligas Metálicas para a Condição de Vazar antes de Romper de um Vaso de Pressão Cilíndrico*

Liga	c_c (Vazar antes de Romper) (mm)
Aço 1040	6,6
Aço-liga 4140	
(revenido a 370 °C)	6,8
(revenido a 482 °C)	12,7 (VAR)
Aço-liga 4340	
(revenido a 260 °C)	5,7
(revenido a 425 °C)	17,3 (VAR)
Aço inoxidável 17-4PH	6,4
Liga de alumínio 2024-T3	4,4
Liga de alumínio 7075-T651	1,3
Liga de magnésio AZ31B	1,8
Liga de titânio Ti-5Al-2,5Sn	11,5 (VAR)
Liga de titânio Ti-6Al-4V	4,4

*A notação "VAR" identifica aquelas ligas que atendem ao critério de vazar antes de romper para esse problema.

9.6 FRATURA FRÁGIL DAS CERÂMICAS

Na temperatura ambiente, tanto as cerâmicas cristalinas quanto as não cristalinas quase sempre fraturam antes que qualquer deformação plástica possa ocorrer em resposta à aplicação de uma carga de tração. Além disso, os princípios mecânicos da fratura frágil e os princípios da mecânica da fratura que foram desenvolvidos anteriormente neste capítulo também se aplicam à fratura desse grupo de materiais.

Deve-se observar que os concentradores de tensão nas cerâmicas frágeis podem ser diminutas trincas superficiais ou internas (microtrincas), poros internos e vértices de grãos, os quais são virtualmente impossíveis de serem eliminados ou controlados. Por exemplo, mesmo a umidade e os contaminantes presentes na atmosfera podem introduzir trincas superficiais em fibras de vidro recentemente estiradas; essas trincas prejudicam a resistência. Além disso, os valores da tenacidade à fratura em deformação plana para os materiais cerâmicos são menores que os dos metais; tipicamente, eles são menores que $10\ MPa\sqrt{m}$ ($9\ ksi\sqrt{in}$). Os valores de K_{Ic} para vários materiais cerâmicos estão apresentados na Tabela 9.1 e na Tabela B.5 do Apêndice B.

Sob algumas circunstâncias, a fratura de materiais cerâmicos ocorrerá pela lenta propagação de trincas, quando as tensões forem de natureza estática e quando o lado direito da Equação 9.5 for menor do que K_{Ic}. Esse fenômeno é conhecido como *fadiga estática*, ou *fratura retardada*; o uso do termo *fadiga* pode ser algo enganoso, uma vez que a fratura pode ocorrer na ausência de tensões cíclicas (a fadiga de metais será discutida posteriormente neste capítulo). Esse tipo de fratura é especialmente sensível às condições do ambiente, em especial quando há umidade presente na atmosfera. Em relação ao mecanismo, provavelmente ocorre um processo de corrosão sob tensão nas extremidades das trincas. Isto é, a combinação da aplicação de uma tensão de tração e da umidade atmosférica nas extremidades das trincas faz com que as ligações iônicas se rompam; isso leva a um afilamento e a um aumento no comprimento das trincas até que, ao final, uma trinca cresce até um tamanho capaz de apresentar rápida propagação, de acordo com a Equação 9.3. Além disso, a duração da aplicação da tensão que antecede a fratura diminui com o aumento da tensão. Consequentemente, ao se especificar a *resistência à fadiga estática*, o tempo de aplicação da tensão também deve ser estipulado. Os vidros à base de silicatos são especialmente suscetíveis a esse tipo de fratura; a fadiga estática também foi observada em outros materiais cerâmicos, incluindo a porcelana, o cimento Portland, as cerâmicas com alto teor de alumina, o titanato de bário e o nitreto de silício.

Geralmente há uma variação e uma dispersão consideráveis na resistência à fratura para muitas amostras de um material cerâmico frágil específico. Uma distribuição das resistências à fratura para um material à base de nitreto de silício está mostrada na Figura 9.13. Esse fenômeno pode ser explicado pela dependência da resistência à fratura em relação à probabilidade de existência de um defeito que seja capaz de iniciar uma trinca. Essa probabilidade varia de uma amostra para outra de um mesmo material e depende da técnica de fabricação e de qualquer tratamento subsequente. O tamanho ou o volume da amostra também influenciam a resistência à fratura; quanto maior a amostra, maior será essa probabilidade de existência de defeitos e menor será a resistência à fratura.

Para tensões de compressão, não há amplificação de tensões associada a nenhum defeito existente. Por essa razão, as cerâmicas frágeis exibem resistências muito maiores em compressão do que em tração (da ordem de um fator de 10) e elas são usadas geralmente quando as condições de aplicação de carga são de compressão. Além disso, a resistência à fratura de uma cerâmica frágil pode ser melhorada substancialmente pela imposição de tensões de compressão residuais em sua superfície. Uma maneira pela qual isso pode ser realizado é mediante um revenido térmico (veja a Seção 14.7).

Foram desenvolvidas teorias estatísticas que em conjunto com dados experimentais são usadas para determinar o risco de fratura para determinado material; uma discussão dessas teorias está além do escopo do presente tratamento. Entretanto, devido à dispersão nos valores medidos para as resistências à fratura dos materiais cerâmicos frágeis, valores médios e fatores de segurança, como discutidos nas Seções 7.19 e 7.20, não são em geral empregados para fins de projeto.

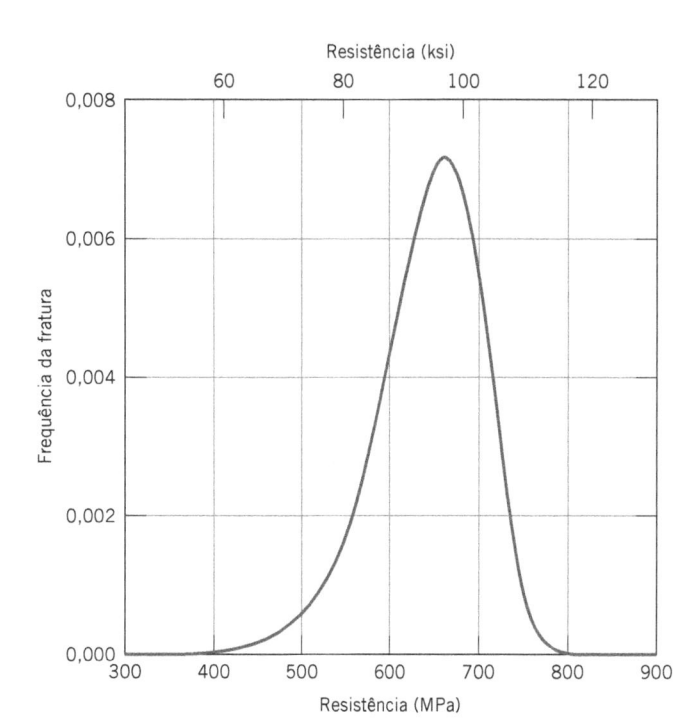

Figura 9.13 Distribuição de frequência das resistências à fratura observadas para um material à base de nitreto de silício.

Fractografia das Cerâmicas

Algumas vezes, é necessário coletar informações em relação à causa da fratura de uma cerâmica, a fim de que possam ser tomadas medidas para reduzir a probabilidade de futuros incidentes. A análise de falha concentra-se normalmente na determinação da localização, do tipo e da fonte do defeito que deu início à trinca. Um estudo fractográfico (Seção 9.3) é normalmente parte de uma análise desse tipo, que envolve o exame do percurso de propagação da trinca, assim como características microscópicas da superfície da fratura. Com frequência, é possível conduzir uma investigação desse tipo usando equipamentos simples e de baixo custo – por exemplo, uma lente de aumento e/ou um microscópio óptico binocular estereoscópico de baixa potência em conjunto com uma fonte de luz. Quando são necessárias ampliações maiores, o microscópio eletrônico de varredura é utilizado.

Após a nucleação, e durante a propagação, uma trinca acelera até atingir uma velocidade crítica (ou terminal); para o vidro, esse valor crítico é de aproximadamente metade da velocidade do som. Ao atingir essa velocidade crítica, uma trinca pode se ramificar (ou bifurcar), em um processo que pode ser repetido sucessivamente até que um conjunto de trincas seja produzido. As configurações típicas de trincas para quatro situações comuns de carregamento estão mostradas na Figura 9.14. Com frequência, o local da nucleação pode ser rastreado até o ponto em que um conjunto de trincas converge. Além disso, a taxa de aceleração das trincas aumenta com o aumento do nível de tensões; de maneira correspondente, o grau das ramificações também aumenta com o aumento da tensão. Por exemplo, pela nossa experiência, sabemos que quando uma grande pedra atinge (e provavelmente quebra) uma janela, são formadas mais ramificações de trincas [isto é, mais e menores trincas são formadas (ou são produzidos mais fragmentos quebrados)] do que quando o impacto é devido a uma pedra pequena.

Durante a propagação, uma trinca interage com a microestrutura do material, com a tensão e com as ondas elásticas que são geradas; essas interações produzem características distintas sobre a superfície da fratura. Além disso, essas características fornecem informações importantes sobre onde a trinca começou e a fonte do defeito que a produziu. A medição aproximada da tensão que produziu a trinca também pode ser útil; a magnitude da tensão é indicativo de se a peça cerâmica era excessivamente pouco resistente ou se a tensão de serviço era maior do que a antecipada.

Várias características microscópicas normalmente encontradas nas superfícies das trincas de peças cerâmicas que falharam estão mostradas no diagrama esquemático da Figura 9.15 e na fotomicrografia da Figura 9.16. A superfície da trinca que se formou durante o estágio de aceleração inicial da propagação é plana e lisa e é apropriadamente denominada região *espelhada* (Figura 9.15). Para as fraturas em vidros, essa região espelhada é extremamente plana e altamente reflexiva; para as cerâmicas policristalinas, as superfícies espelhadas planas são mais rugosas e têm textura granular. O perímetro externo da região espelhada é aproximadamente circular, com a origem da trinca em seu centro.

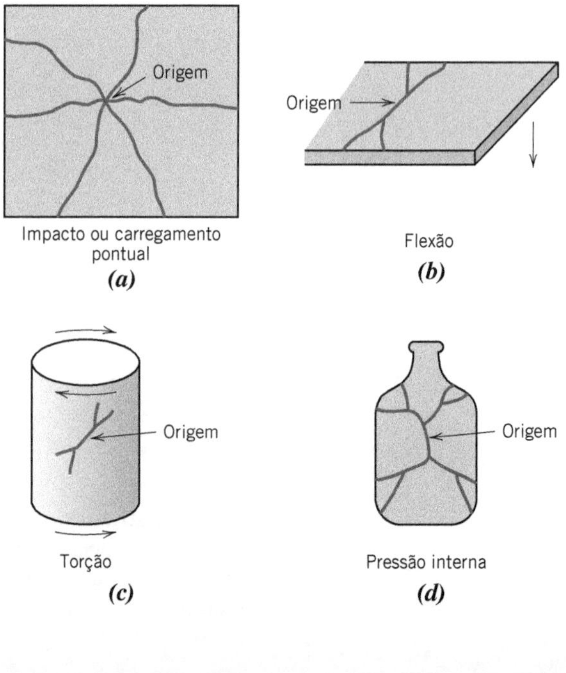

Impacto ou carregamento pontual
(a)

Flexão
(b)

Torção
(c)

Pressão interna
(d)

Figura 9.14 Para materiais cerâmicos frágeis, representações esquemáticas de origens e de configurações de trincas que resultam de (*a*) uma carga de impacto (contato pontual), (*b*) flexão, (*c*) uma carga de torção e (*d*) pressão interna.
(De D. W. Richerson, *Modern Ceramic Engineering*, 2nd edition, Marcel Dekker, Inc., New York, 1992. Reimpresso de *Modern Ceramic Engineering*, 2nd edition, p. 681, por cortesia de Marcel Dekker, Inc.)

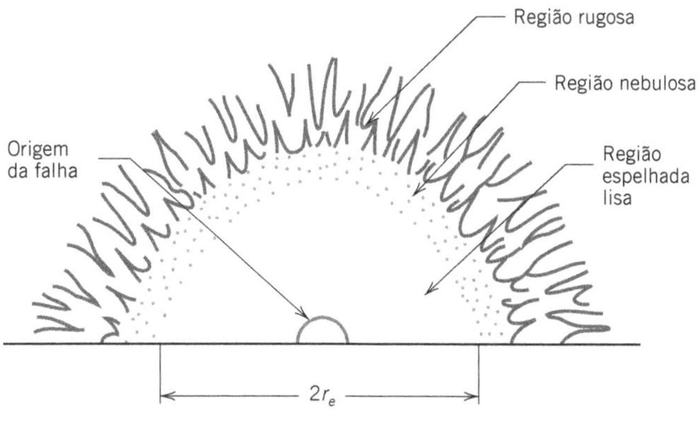

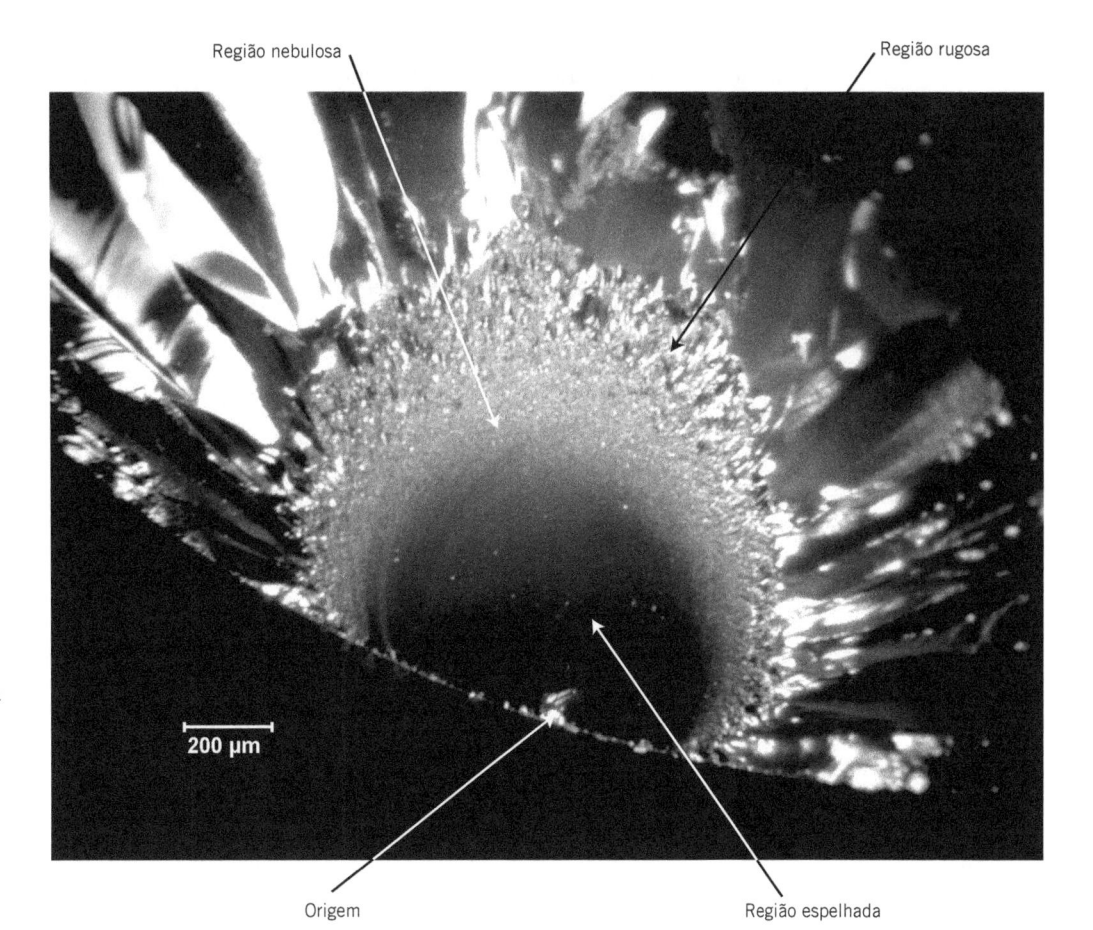

Figura 9.15 Diagrama esquemático que mostra as características típicas observadas na superfície de fratura de uma cerâmica frágil.
(Adaptado de J. J. Mecholsky, R. W. Rice e S. W. Freiman, "Prediction of Fracture Energy and Flaw Size in Glasses from Measurements of Mirror Size", *J. Am. Ceram. Soc.*, **57** [10] 440 (1974). Reimpresso com permissão de The American Ceramic Society, *www.ceramics.org*. Copyright 1974. Todos os direitos reservados.)

Ao atingir sua velocidade crítica, a trinca começa a se ramificar – isto é, a superfície da trinca muda a direção de propagação. Nesse momento, em uma escala microscópica, existe um aumento na rugosidade da superfície da trinca e a formação de duas outras características superficiais – as regiões *nebulosa* e *rugosa*. Essas características também estão identificadas nas Figuras 9.15 e 9.16. A região nebulosa é uma região anular de baixo contraste imediatamente a seguir da região espelhada; com frequência, ela não pode ser discernida nas peças cerâmicas policristalinas. Além da região nebulosa, encontra-se a região rugosa, que tem textura com rugosidade mais acentuada. A região rugosa é composta por um conjunto de estrias ou linhas que se irradiam para longe da origem da trinca, na direção de propagação da trinca; elas se interceptam próximo ao local de iniciação da trinca e podem ser usadas para determinar sua localização.

Informações qualitativas em relação à magnitude da tensão que produziu a fratura podem ser obtidas a partir da medida do raio da região espelhada (r_e na Figura 9.15). Esse raio é uma função da taxa de aceleração de uma trinca que acabou de se formar – isto é, quanto maior for essa taxa de

Figura 9.16 Fotomicrografia da superfície de fratura de uma barra de sílica fundida, com 6 mm de diâmetro, que foi fraturada em flexão em quatro pontos. As características típicas desse tipo de fratura estão identificadas – a origem, assim como as regiões espelhada, nebulosa e rugosa. Ampliação de 60×.
(Cortesia de George Quinn, National Institute of Standards and Technology, Gaithersburg, MD.)

aceleração, mais cedo a trinca atinge a sua velocidade crítica, e menor é o raio da região espelhada. Além disso, a taxa de aceleração aumenta com o nível de tensão. Dessa forma, à medida que o nível de tensão na fratura aumenta, o raio da região espelhada diminui; experimentalmente, foi observado que

$$\sigma_f \propto \frac{1}{r_e^{0,5}} \tag{9.11}$$

Aqui, σ_f é o nível de tensão no qual ocorreu a fratura.

Ondas elásticas (sonoras) também são geradas durante um evento de fratura e o lócus da interseção dessas ondas com a frente da trinca que está se propagando dá origem a outro tipo de característica superficial, conhecida como *linha de Wallner*. As linhas de Wallner têm a forma de um arco e fornecem informações sobre a distribuição das tensões e as direções de propagação da trinca.

9.7 FRATURA DE POLÍMEROS

As resistências à fratura dos materiais poliméricos são baixas em relação às dos metais e das cerâmicas. Como regra geral, o modo de fratura em polímeros termofixos (que têm redes com grande quantidade de ligações cruzadas) é frágil. Em termos simples, durante o processo de fratura há a formação de trincas em regiões onde existe concentração de tensões localizada (isto é, riscos, entalhes e defeitos afilados). Como ocorre com os metais (Seção 9.5), a tensão é amplificada nas extremidades dessas trincas, levando à propagação da trinca e à fratura. As ligações covalentes na estrutura em rede ou com ligações cruzadas são rompidas durante a fratura.

Para os polímeros termoplásticos, são possíveis tanto fratura dúctil quanto fratura frágil e muitos desses materiais são capazes de apresentar uma transição dúctil-frágil. Os fatores que favorecem fratura frágil são a redução na temperatura, o aumento na taxa de deformação, a presença de um entalhe afilado, um aumento na espessura da amostra e qualquer modificação na estrutura do polímero que aumente a temperatura de transição vítrea (T_g) (veja a Seção 11.17). Os termoplásticos vítreos são frágeis abaixo de suas temperaturas de transição vítrea. Contudo, conforme a temperatura aumenta, eles se tornam dúcteis na vizinhança de suas T_g e apresentam escoamento plástico antes da fratura. Esse comportamento está demonstrado pelas características tensão-deformação do poli(metil metacrilato) (PMMA) na Figura 7.24. A 4 °C, o PMMA é totalmente frágil, enquanto a 60 °C ele se torna extremamente dúctil.

Um fenômeno que frequentemente precede a fratura em alguns polímeros termoplásticos é a *fibrilação* (*crazing*). Associadas à fibrilação estão regiões que apresentam deformação plástica muito localizada e que levam à formação de microvazios pequenos e interligados (Figura 9.17a). Pontes de fibrilas se formam entre esses microvazios, onde as cadeias moleculares ficam orientadas, como mostrado na Figura 8.28d. Se a carga de tração aplicada for suficiente, essas pontes se alongam e se rompem, levando ao crescimento e ao coalescimento dos microvazios. À medida que

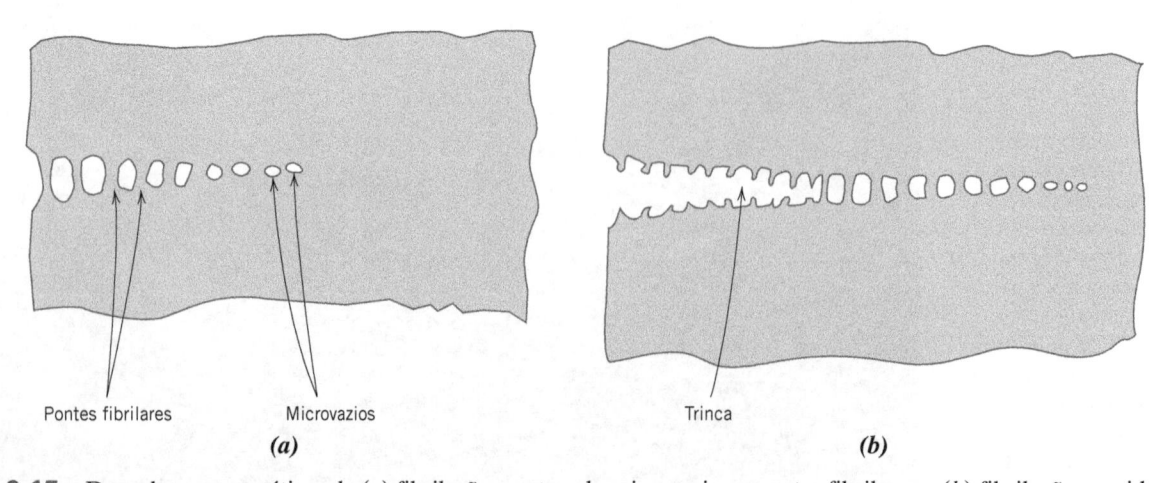

Pontes fibrilares   Microvazios

(a)

Trinca

(b)

Figura 9.17 Desenhos esquemáticos de (*a*) fibrilação mostrando microvazios e pontes fibrilares e (*b*) fibrilação seguida por uma trinca.
(De J. W. S. Hearle, *Polymers and Their Properties*, Vol. 1, *Fundamentals of Structure and Mechanics*, Ellis Horwood, Chichester, West Sussex, England, 1982.)

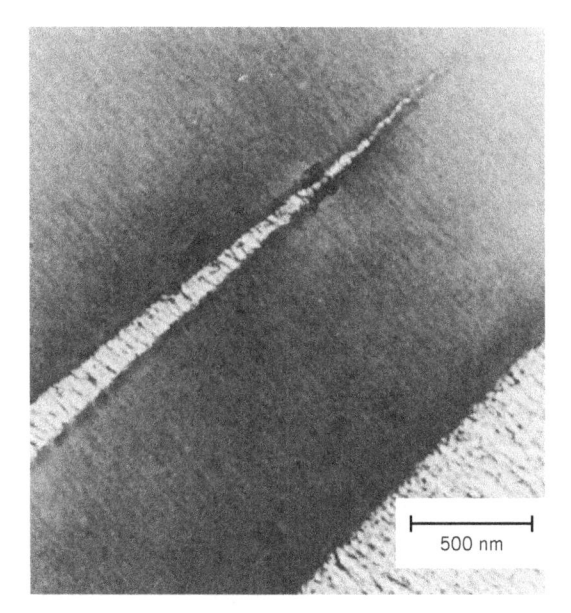

Figura 9.18 Fotomicrografia de uma fibrilação no óxido de polifenileno. Ampliação de 32.000×.
(De R. P. Kambour and R. E. Robertson, "The Mechanical Properties of Plastics", in *Polymer Science, A Materials Science Handbook*, A. D. Jenkins, Editor, 1972. Reimpresso com permissão de Elsevier Science Publishers.)

esses microvazios coalescem, trincas começam a se formar, como demonstrado na Figura 9.17b. A fibrilação é diferente de uma trinca no sentido de que ela pode suportar uma carga através da sua face. Além disso, esse processo de crescimento da fibrilação antes do trincamento absorve energia de fratura e efetivamente aumenta a tenacidade à fratura do polímero. Nos polímeros vítreos, as trincas se propagam com pouca formação de fibrilas, o que resulta em baixas tenacidades à fratura. A fibrilação se forma em regiões altamente tensionadas, associadas a riscos, defeitos e heterogeneidades moleculares; além disso, ela se propaga perpendicularmente à tensão de tração aplicada e tem tipicamente uma espessura de 5 μm ou menos. A fotomicrografia na Figura 9.18 mostra uma fibrilação.

Os princípios da mecânica da fratura desenvolvidos na Seção 9.5 também se aplicam aos polímeros frágeis e semifrágeis; a susceptibilidade desses materiais à fratura quando uma trinca está presente pode ser expressa em termos da tenacidade à fratura em deformação plana. A magnitude de K_{Ic} depende de características do polímero (peso molecular, cristalinidade percentual etc.), assim como da temperatura, da taxa de deformação e do ambiente externo. Valores representativos de K_{Ic} para vários polímeros estão incluídos na Tabela 9.1 e na Tabela B.5 do Apêndice B.

9.8 ENSAIOS DE TENACIDADE À FRATURA

Diversos ensaios padronizados diferentes foram concebidos para medir os valores da tenacidade à fratura dos materiais estruturais.[7] Nos Estados Unidos, esses métodos de ensaio-padrão são desenvolvidos pela ASTM (*American Society for Testing and Materials* – Sociedade Americana para Ensaios e Materiais). Os procedimentos e configurações dos corpos de prova para a maioria dos ensaios são relativamente complicados e não tentaremos fornecer explicações detalhadas. Sucintamente, para cada tipo de ensaio, o corpo de prova (com tamanho e geometria especificados) contém um defeito preexistente, geralmente uma trinca afilada que foi introduzida. O dispositivo de ensaio aplica uma carga sobre o corpo de prova sob uma taxa especificada e também mede os valores da carga e do deslocamento da trinca. Os dados são submetidos a análises para garantir que atendam a critérios estabelecidos antes que os valores da tenacidade à fratura sejam considerados aceitáveis. A maioria dos ensaios é para metais, mas também foram desenvolvidos alguns para as cerâmicas, os polímeros e os compósitos.

---

[7] Veja, por exemplo, a Norma ASTM E399, "Standard Test Method for Linear-Elastic Plane-Strain Fracture Toughness K_{Ic} of Metallic Materials" (Método-Padrão de Ensaio Elástico-Linear para a Tenacidade à Fratura em Deformação Plana K_{Ic} de Materiais Metálicos). (Essa técnica de ensaio está descrita na Seção M.4 do Módulo *On-line* para Engenharia Mecânica, disponível *on-line* no GEN-IO.) Duas outras técnicas para ensaios da tenacidade à fratura são a Norma ASTM E561-05E1, "Standard Test Method for *K-R* Curve Determination" (Método-Padrão de Ensaio para Determinação da Curva *K-R*) e a Norma ASTM E1290-08, "Standard Test Method for Crack-Tip Opening Displacement (CTOD) Fracture Toughness Measurement" [Método-Padrão de Ensaio para Medição da Tenacidade à Fratura por Deslocamento da Abertura da Extremidade da Trinca (DAET)].

Técnicas de Ensaio por Impacto

Antes do advento da mecânica da fratura como disciplina científica, foram estabelecidas técnicas de ensaio por impacto para determinar as características de fratura dos materiais sob altas taxas de carregamento. Concluiu-se que os resultados obtidos em laboratório para ensaios de tração (sob baixas taxas de carregamento) não podem ser extrapolados para prever o comportamento à fratura. Por exemplo, sob algumas circunstâncias, metais que são normalmente dúcteis fraturam abruptamente e com muito pouca deformação plástica sob taxas de carregamento elevadas. As condições dos ensaios de impacto foram escolhidas para representar as condições mais severas em relação ao potencial de ocorrência de uma fratura – quais sejam: (1) deformação a uma temperatura relativamente baixa, (2) elevada taxa de deformação e (3) estado triaxial de tensão (que pode ser introduzido pela presença de um entalhe).

ensaios Charpy, Izod energia de impacto

Dois ensaios-padrão,[8] o Charpy e o Izod, são usados para medir a **energia de impacto** (algumas vezes também denominada *tenacidade ao entalhe*). A técnica Charpy com entalhe em "V" (CEV) é a mais comumente utilizada nos Estados Unidos. Tanto no ensaio Charpy como no Izod, o corpo de prova tem o formato de uma barra com seção transversal quadrada, na qual é usinado um entalhe em forma de "V" (Figura 9.19a). O equipamento para realização dos ensaios de impacto com entalhe em "V" está ilustrado esquematicamente na Figura 9.19b. A carga é aplicada como um golpe instantâneo, a partir de um martelo pendular, de massa conhecida, que é liberado de uma posição elevada, a uma altura fixa h. O corpo de prova é posicionado na base, como mostrado. Com a liberação do martelo, uma aresta em forma de faca montada no pêndulo atinge e fratura o corpo de prova no entalhe, que atua como ponto de concentração de tensões para esse impacto a alta velocidade. O pêndulo continua o seu balanço, elevando-se até uma altura máxima h', que é inferior à altura h. A absorção de energia, calculada a partir da diferença entre h e h', é uma medida da energia do impacto. A principal diferença entre as técnicas Charpy e Izod está na maneira como o corpo de prova é sustentado, como ilustrado na Figura 9.19b. Esses testes são denominados *ensaios de impacto*, devido à maneira como a carga é aplicada. Diferentes variáveis, que incluem o tamanho e a forma do corpo de prova, assim como a configuração e a profundidade do entalhe, influenciam os resultados dos testes.

Tanto a tenacidade à fratura em deformação plana quanto esses ensaios de impacto têm sido empregados para determinar as propriedades à fratura dos materiais. A primeira é de natureza quantitativa, pelo fato de que uma propriedade específica do material é determinada (isto é, K_{Ic}). Os resultados dos ensaios de impacto, contudo, são mais qualitativos e são de pouca utilidade para fins de projeto. As energias de impacto são de interesse principalmente quando se deseja fazer uma avaliação relativa ou uma comparação – quando os valores absolutos são de pouca importância. Foram feitas tentativas para correlacionar as tenacidades à fratura em deformação plana às energias do impacto Charpy com entalhe (CEV), tendo sido obtido um sucesso apenas limitado. Os ensaios de tenacidade à fratura em deformação plana não são tão simples de serem realizados quanto os ensaios de impacto; além disso, os equipamentos e os corpos de prova são mais caros.

Transição Dúctil-Frágil

transição dúctil-frágil

Uma das principais funções dos ensaios Charpy e Izod é determinar se um material apresenta ou não uma **transição dúctil-frágil** com a diminuição da temperatura e, se isso ocorrer, a faixa de temperaturas ao longo das quais a transição acontece. Como pode ser observado na fotografia do navio petroleiro que fraturou o seu casco na página inicial deste capítulo (e também no navio cargueiro mostrado na Figura 1.3), aços amplamente utilizados podem exibir essa transição dúctil-frágil com consequências desastrosas. A transição dúctil-frágil está relacionada com a dependência da absorção da energia de impacto em relação à temperatura. Para um aço, essa transição está representada pela curva A na Figura 9.20. Em temperaturas mais elevadas, a energia CEV é relativamente grande, o que corresponde a um modo de fratura dúctil. À medida que a temperatura é reduzida, a energia de impacto cai repentinamente ao longo de uma faixa de temperaturas relativamente estreita, abaixo da qual a energia tem um valor constante, porém pequeno – isto é, o modo da fratura é frágil.

Alternativamente, a aparência da superfície da fratura é uma indicação da natureza da fratura e pode ser usada na determinação da temperatura de transição. Nas fraturas dúcteis, essa superfície

---

[8] Norma ASTM E23, "Standard Test Methods for Notched Bar Impact Testing of Metallic Materials" (Métodos-Padrão de Ensaio para Testes de Impacto em Barras com Entalhe de Materiais Metálicos).

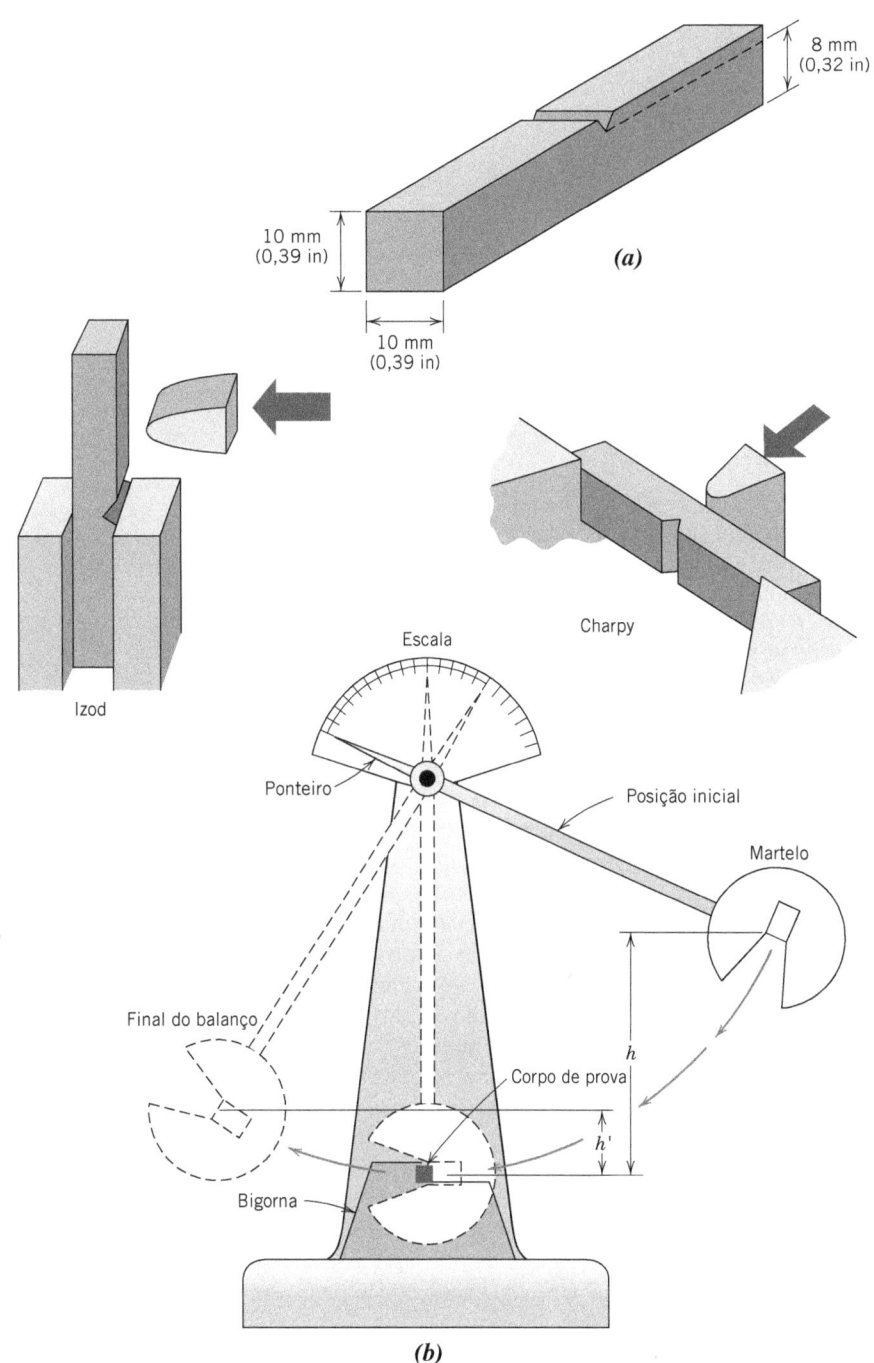

Figura 9.19 (*a*) Corpo de prova utilizado nos ensaios de impacto Charpy e Izod. (*b*) Desenho esquemático de um equipamento para ensaios de impacto. O martelo é liberado de uma altura fixa *h* e atinge o corpo de prova; a energia consumida na fratura está refletida na diferença entre *h* e a altura do balanço *h'*. Também estão mostrados os posicionamentos dos corpos de prova para os ensaios Charpy e Izod.
[Figura (*b*) adaptada de H. W. Hayden, W. G. Moffatt and J. Wulff, *The Structure and Properties of Materials*, Vol. III, *Mechanical Behavior*, p. 13. Copyright © 1965 por John Wiley & Sons, New York. Reimpresso sob permissão de John Wiley & Sons, Inc.]

parece fibrosa ou opaca (ou com características de cisalhamento), como na amostra de aço da Figura 9.21, que foi testada a 79 °C. De maneira contrária, as superfícies totalmente frágeis têm textura granular (brilhosa) (ou com características de clivagem) (a amostra a –59 °C na Figura 9.21). Ao longo da transição dúctil-frágil, haverá características de ambos os tipos (na Figura 9.21, isso pode ser observado nas amostras testadas a –12 °C, 4 °C, 16 °C e 24 °C). Com frequência, o percentual de fratura por cisalhamento é traçado em função da temperatura (curva *B* na Figura 9.20).

Para muitas ligas, existe uma faixa de temperaturas ao longo da qual ocorre a transição dúctil-frágil (Figura 9.20); isso acarreta certa dificuldade quando se deseja especificar uma temperatura de transição dúctil-frágil única. Nenhum critério explícito foi estabelecido, de tal modo que essa temperatura é definida com frequência como a temperatura na qual a energia de impacto Charpy

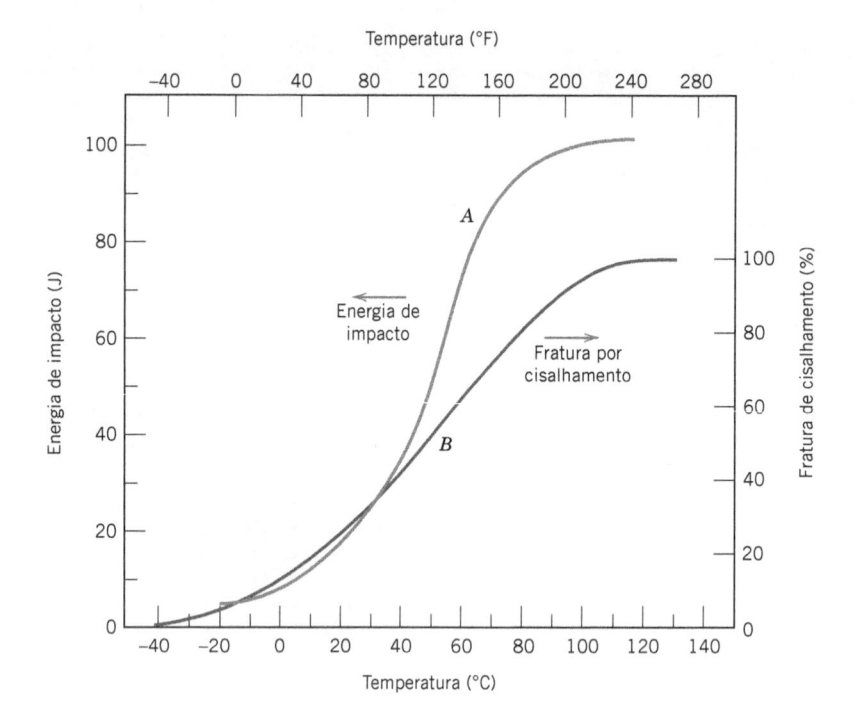

Figura 9.20 Dependência em relação à temperatura da energia de impacto Charpy com entalhe em "V" (curva *A*) e do percentual de fratura por cisalhamento (curva *B*) para aço A283.
(Reimpresso do *Welding Journal*. Usado com permissão da American Welding Society.)

em V assume algum valor (por exemplo, 20 J ou 15 ft-lb$_f$), ou que corresponde a alguma aparência de fratura (por exemplo, fratura 50 % fibrosa). A questão fica ainda mais complicada pelo fato de uma temperatura de transição diferente poder ser obtida por cada um desses critérios. Talvez a temperatura de transição mais conservadora seja aquela na qual a superfície da fratura torna-se 100 % fibrosa; com base nesse critério, a temperatura de transição para o aço que está retratado na Figura 9.20 é de aproximadamente 110 °C (230 °F).

Estruturas construídas a partir de ligas que exibem esse comportamento dúctil-frágil devem ser usadas apenas em temperaturas acima da temperatura de transição, para evitar uma falha frágil e catastrófica. Exemplos clássicos desse tipo de fratura foram discutidos no estudo de caso apresentado no Capítulo 1. Durante a Segunda Guerra Mundial, inúmeros navios de transporte, cujos cascos eram soldados, repentinamente partiram-se ao meio, longe de combate. As embarcações eram construídas a partir de um aço com ductilidade adequada de acordo com ensaios de tração realizados à temperatura ambiente. As fraturas frágeis ocorreram em temperaturas ambiente relativamente baixas, da ordem de 4 °C (40 °F), na vizinhança da temperatura de transição da liga. Cada trinca de fratura teve sua origem em algum ponto de concentração de tensões, provavelmente um canto vivo ou um defeito de fabricação e, então, se propagou ao redor de todo o casco do navio.

Além da transição dúctil-frágil representada na Figura 9.20, dois outros tipos gerais de comportamento da energia de impacto em função da temperatura foram observados. Esses comportamentos

Figura 9.21 Fotografia de superfícies de fratura de corpos de prova Charpy com entalhe em "V" do aço A36 ensaiados nas temperaturas indicadas (em °C).
(De R. W. Hertzberg, *Deformation and Fracture Mechanics of Engineering Materials*, 3rd edition, Fig. 9.6, p. 329. Copyright © 1989 por John Wiley & Sons, Inc., New York. Reimpresso sob permissão de John Wiley & Sons, Inc.)

são representados esquematicamente pelas curvas superior e inferior na Figura 9.22. Aqui pode ser observado que os metais CFC de baixa resistência (algumas ligas de alumínio e cobre) e a maioria dos metais HC apresentam uma transição dúctil-frágil (correspondente à curva inferior na Figura 9.22), retendo baixas energias de impacto (isto é, permanecem dúcteis) com a diminuição da temperatura. Para materiais de alta resistência (por exemplo, aços de alta resistência e ligas de titânio), a energia de impacto também é relativamente insensível à temperatura (curva inferior na Figura 9.22); contudo, esses materiais também são muito frágeis, como refletido por seus baixos valores de energia de impacto. A transição dúctil-frágil característica é representada pela curva central na Figura 9.22. Como observado, esse comportamento é encontrado tipicamente nos aços de baixa resistência com estrutura cristalina CCC.

Para esses aços de baixa resistência, a temperatura de transição é sensível tanto à composição da liga quanto à microestrutura. Por exemplo, a diminuição no tamanho médio dos grãos resulta em um abaixamento da temperatura de transição. Assim, o refino do tamanho do grão aumenta tanto a resistência (Seção 8.9) quanto a tenacidade dos aços. Em contraste, um aumento no teor de carbono, embora aumente a resistência dos aços, também aumenta a temperatura de transição, como indicado na Figura 9.23.

Os ensaios Izod ou Charpy também são conduzidos para avaliar a resistência ao impacto de materiais poliméricos. A exemplo do que ocorre com os metais, os polímeros podem exibir fratura dúctil ou frágil sob carga de impacto, dependendo da temperatura, do tamanho da amostra, da taxa de deformação e do modo de aplicação da carga, como foi discutido na seção anterior. Tanto os polímeros semicristalinos quanto os amorfos são frágeis a baixas temperaturas e ambos têm resistências ao impacto relativamente baixas. Contudo, eles apresentam uma transição dúctil-frágil ao longo de uma faixa de temperaturas relativamente estreita, semelhante àquela mostrada para um aço na Figura 9.20. Obviamente, a resistência ao impacto sofre uma diminuição gradual em temperaturas ainda mais altas, conforme o polímero começa a amolecer. Em geral, as duas características ao impacto mais desejadas são alta resistência ao impacto à temperatura ambiente e temperatura de transição dúctil-frágil inferior à temperatura ambiente.

A maioria das cerâmicas também apresenta uma transição dúctil-frágil, que ocorre somente em temperaturas elevadas, em geral acima de 1000 °C (1850 °F).

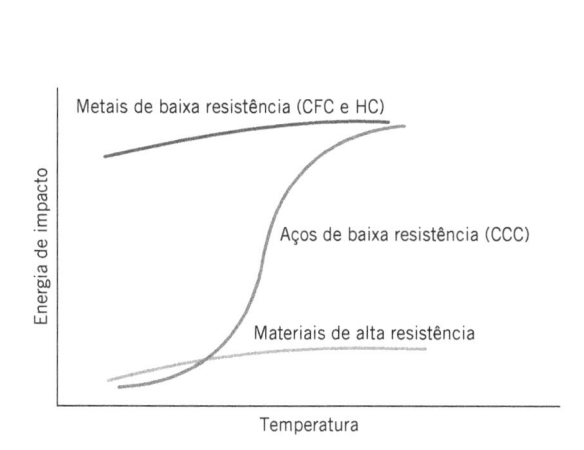

Figura 9.22 Curvas esquemáticas para os três tipos genéricos de comportamento da energia de impacto em função da temperatura.

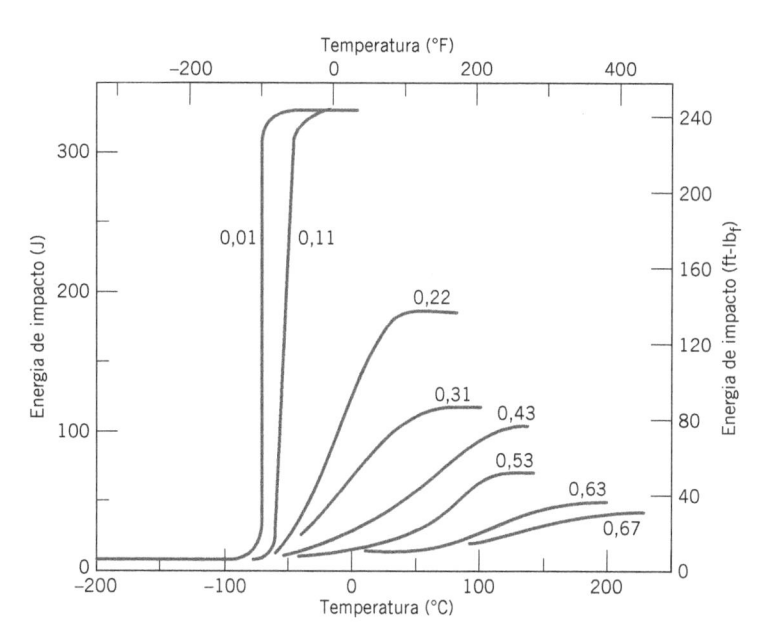

Figura 9.23 Influência do teor de carbono sobre o comportamento da energia Charpy com entalhe em "V" em função da temperatura para o aço.
(Reimpresso com permissão da ASM International, Materials Park, OH 44073-9989, USA; J. A. Reinbolt and W. J. Harris, Jr., "Effect of Alloying Elements on Notch Toughness of Pearlitic Steels", *Transactions of ASM*, Vol. 43, 1951.)

Fadiga

fadiga

Fadiga é uma forma de falha que ocorre em estruturas sujeitas a tensões dinâmicas e oscilantes (por exemplo, pontes, aeronaves, componentes de máquinas). Sob essas circunstâncias, é possível ocorrer falha em um nível de tensão consideravelmente inferior ao limite de resistência à tração ou ao limite de escoamento para uma carga estática. Usa-se o termo *fadiga* porque esse tipo de falha ocorre normalmente após um longo período de ciclos repetidos de tensões ou de deformações. A fadiga é importante porque é a maior causa individual de falhas nos metais, sendo estimado que ela esteja envolvida em aproximadamente 90 % de todas as falhas de metais. Os polímeros e os cerâmicos (à exceção dos vidros) também são suscetíveis a esse tipo de falha. Além disso, a falha por fadiga é catastrófica e traiçoeira, acontecendo muito repentinamente e sem aviso prévio.

A falha por fadiga é de natureza frágil, mesmo em metais normalmente dúcteis, no sentido de que há muito pouca, ou nenhuma, deformação plástica generalizada associada à falha. O processo ocorre pela iniciação e propagação de trincas e, em geral, a superfície da fratura é perpendicular à direção da tensão de tração aplicada.

9.9 TENSÕES CÍCLICAS

A tensão aplicada pode ser de natureza axial (tração-compressão), de flexão (dobramento) ou de torção. Em geral, são possíveis três modos diferentes de tensão oscilante em função do tempo. Um modo está representado esquematicamente na Figura 9.24a, por exemplo, alternando entre uma tensão de tração máxima ($\sigma_{máx}$) e uma tensão de compressão mínima ($\sigma_{mín}$) de igual magnitude, por uma dependência regular e senoidal em relação ao tempo. Nesse caso a amplitude é simétrica em relação ao nível médio de tensão, que é igual a zero; isso é denominado *ciclo de tensões alternadas*. Outro tipo, denominado *ciclo de tensões repetidas*, está ilustrado na Figura 9.24b; os valores máximos e mínimos são assimétricos em relação ao nível nulo de tensão. Finalmente, o nível de tensão pode variar aleatoriamente em amplitude e em frequência, como está exemplificado na Figura 9.24c.

Também estão indicados na Figura 9.24b diversos parâmetros usados para caracterizar os ciclos de tensões oscilantes. A amplitude da tensão oscila ao redor de uma *tensão média σ_m*, definida como a média entre as tensões máxima e mínima no ciclo, ou seja,

Tensão média para um carregamento cíclico – dependência em relação aos níveis de tensão máximo e mínimo

$$\sigma_m = \frac{\sigma_{máx} + \sigma_{mín}}{2} \tag{9.12}$$

O *intervalo de tensões σ_i* é a diferença entre $\sigma_{máx}$ e $\sigma_{mín}$, isto é,

Cálculo do intervalo de tensões para um carregamento cíclico

$$\sigma_i = \sigma_{máx} - \sigma_{mín} \tag{9.13}$$

A amplitude da tensão σ_a é metade desse intervalo de tensões, ou

Cálculo da amplitude de tensão para um carregamento cíclico

$$\sigma_a = \frac{\sigma_i}{2} = \frac{\sigma_{máx} - \sigma_{mín}}{2} \tag{9.14}$$

Por fim, a *razão de tensões R* é a razão entre as amplitudes das tensões mínima e máxima:

Cálculo da razão de tensões

$$R = \frac{\sigma_{mín}}{\sigma_{máx}} \tag{9.15}$$

Por convenção, as tensões de tração são positivas e as tensões de compressão são negativas. Por exemplo, para o ciclo de tensões alternadas, o valor de *R* é –1.

✓ *Verificação de Conceitos 9.2* Trace um gráfico esquemático de uma curva da tensão em função do tempo quando a razão de tensões *R* vale +1.

Verificação de Conceitos 9.3 Dadas as Equações 9.14 e 9.15, demonstre que o aumento no valor da razão de tensões *R* diminui a amplitude de tensão σ_a.

(*As respostas estão disponíveis no GEN-IO, ambiente virtual de aprendizagem do GEN.*)

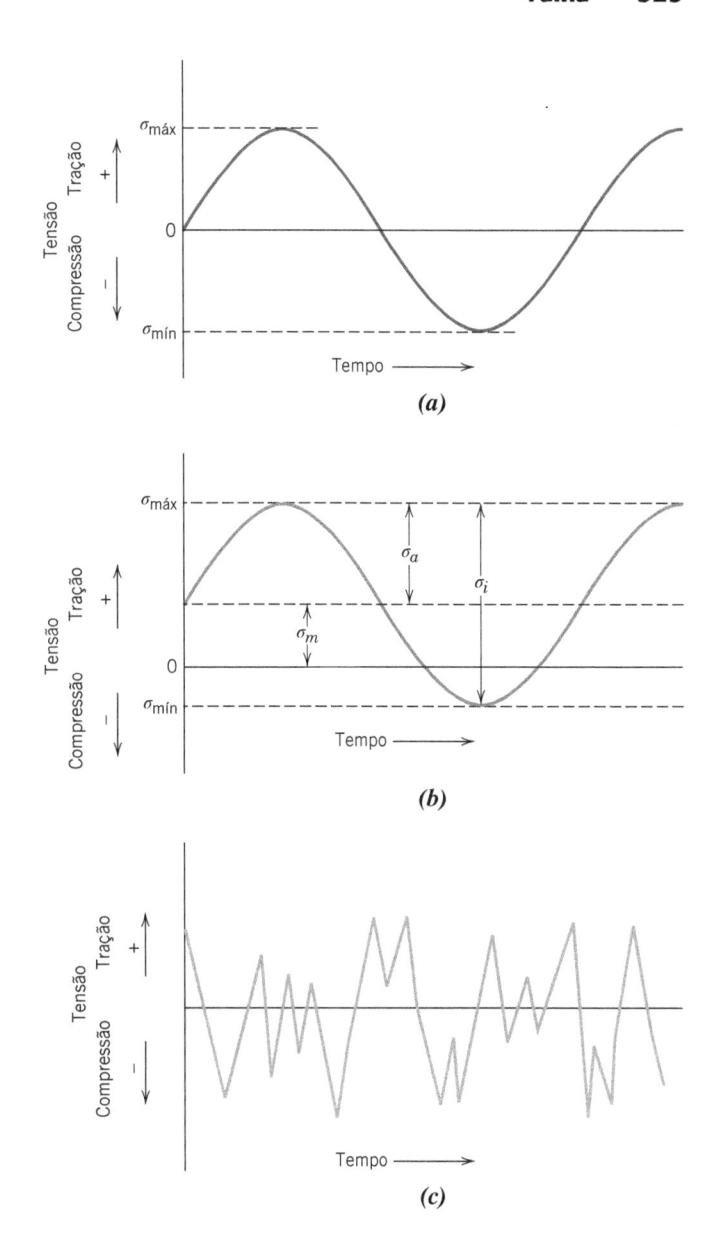

Figura 9.24 Variação da tensão responsável por falhas por fadiga ao longo do tempo. (*a*) Ciclo de tensões alternadas, no qual a tensão alterna entre uma tensão de tração máxima (+) e uma tensão de compressão máxima (–) de igual magnitude. (*b*) Ciclo de tensões repetidas, no qual as tensões máxima e mínima são assimétricas em relação ao nível nulo de tensão; a tensão média σ_m, o intervalo de tensões σ_i e a amplitude da tensão σ_a estão indicados. (*c*) Ciclo de tensões aleatórias.

9.10 CURVA S–N

Como ocorre com outras características mecânicas, as propriedades em fadiga dos materiais podem ser determinadas a partir de ensaios de simulação no laboratório.[9] Um equipamento para ensaios deve ser projetado para duplicar, o tanto quanto for possível, as condições de tensão em serviço (nível de tensão, frequência temporal, padrão de tensões etc.). O tipo de teste mais comum conduzido em um ambiente de laboratório emprega uma barra com rotação e flexão; são impostas tensões alternadas de tração e de compressão de igual magnitude sobre o corpo de prova à medida que ele é simultaneamente girado e fletido. Nesse caso, o ciclo de tensões é alternado – isto é, $R = -1$. Diagramas esquemáticos do equipamento e do corpo de prova comumente usados para esse tipo de ensaio de fadiga estão mostrados nas Figuras 9.25*a* e 9.25*b*, respectivamente. A partir da Figura 9.25*a*,

---

[9] Veja a Norma ASTM E466, "Standard Practice for Conducting Force Controlled Constant Amplitude Axial Fatigue Tests of Metallic Materials" (Prática-Padrão para a Condução de Ensaios de Fadiga Axial com Amplitude Constante e Força Controlada em Materiais Metálicos), e a Norma ASTM E468, "Standard Practice for Presentation of Constant Amplitude Fatigue Test Results for Metallic Materials" (Prática-Padrão para a Apresentação de Resultados de Ensaios de Fadiga com Amplitude Constante em Materiais Metálicos).

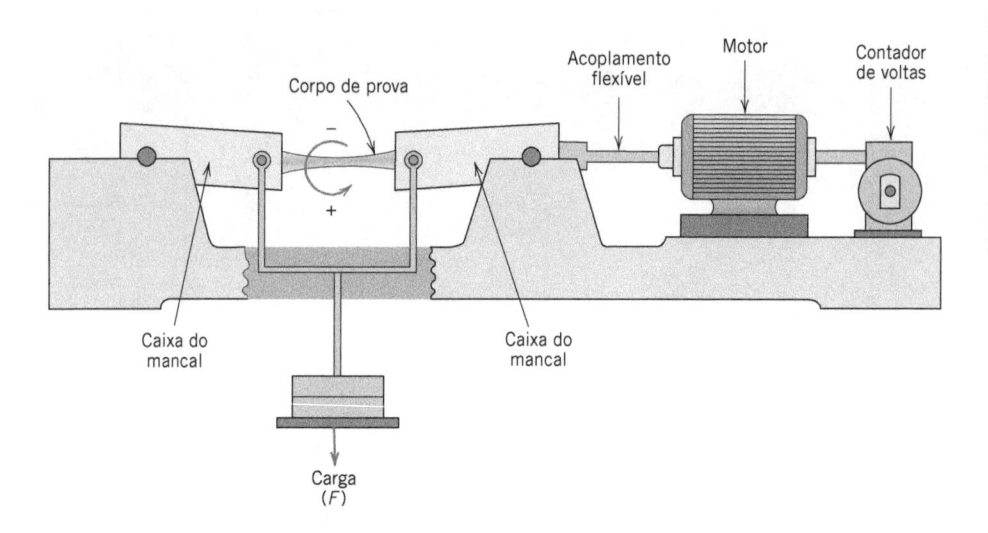

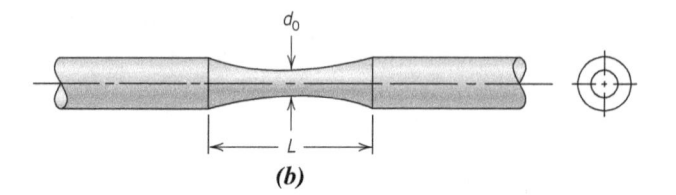

Figura 9.25 Diagramas esquemáticos (*a*) de um equipamento para testes e (*b*) de um corpo de prova para ensaios de fadiga por flexão e rotação.

durante a rotação, a superfície inferior do corpo de prova é submetida a uma tensão de tração (isto é, positiva), enquanto a superfície superior é submetida a uma tensão de compressão (isto é, negativa).

Além disso, as condições de serviço esperadas podem pedir a condução de ensaios de fadiga simulados no laboratório com ciclos uniaxiais de tração-compressão ou de tensão de torção, em lugar de rotação e flexão.

Uma série de ensaios começa submetendo-se um corpo de prova a um ciclo de tensões, sob uma tensão máxima ($\sigma_{máx}$) relativamente grande, geralmente da ordem de dois terços do limite de resistência à tração estático; o número de ciclos até a fratura é contado e registrado. Esse procedimento é repetido com outros corpos de prova empregando-se níveis máximos de tensão progressivamente menores. Os dados da tensão S em função do logaritmo do número de ciclos N até a ruptura são traçados para cada um dos corpos de prova. O parâmetro S é tomado normalmente ou como a tensão máxima ($\sigma_{máx}$) ou como a amplitude da tensão (σ_a) (Figuras 9.24*a* e 9.24*b*).

Dois tipos de comportamento *S–N* distintos são observados e estão representados esquematicamente na Figura 9.26. Como esses gráficos indicam, quanto maior for a magnitude da tensão, menor será o número de ciclos que o material é capaz de suportar antes da falha. Para algumas ligas ferrosas (à base de ferro) e de titânio, a curva *S–N* (Figura 9.26*a*) fica horizontal para valores elevados de *N*; há um nível limite de tensão, conhecido como **limite de resistência à fadiga** (algumas vezes também chamado de *limite de durabilidade*), abaixo do qual a falha por fadiga não irá ocorrer. Esse limite de resistência à fadiga representa o maior valor da tensão oscilante que *não* causará falha para um número essencialmente infinito de ciclos. Para muitos aços, os limites de resistência à fadiga variam entre 35 % e 60 % do limite de resistência à tração.

A maioria das ligas não ferrosas (por exemplo, as ligas de alumínio e cobre) não apresenta limite de resistência à fadiga, no sentido de que a curva *S–N* continua sua tendência decrescente para valores de *N* cada vez mais altos (Figura 9.26*b*). Dessa forma, a falha por fadiga finalmente ocorre independente da magnitude da tensão. Para esses materiais, a resposta à fadiga é especificada como **resistência à fadiga**, definida como o nível de tensão no qual a falha ocorrerá para um número de ciclos específico (por exemplo, 10^7 ciclos). A determinação da resistência à fadiga também está demonstrada na Figura 9.26*b*.

Outro parâmetro importante que caracteriza o comportamento à fadiga de um material é a **vida em fadiga** N_f, que corresponde ao número de ciclos necessário para causar a falha sob um nível de tensão específico, conforme mostrado no gráfico *S–N* (Figura 9.26*b*).

limite de resistência à fadiga

resistência à fadiga

vida em fadiga

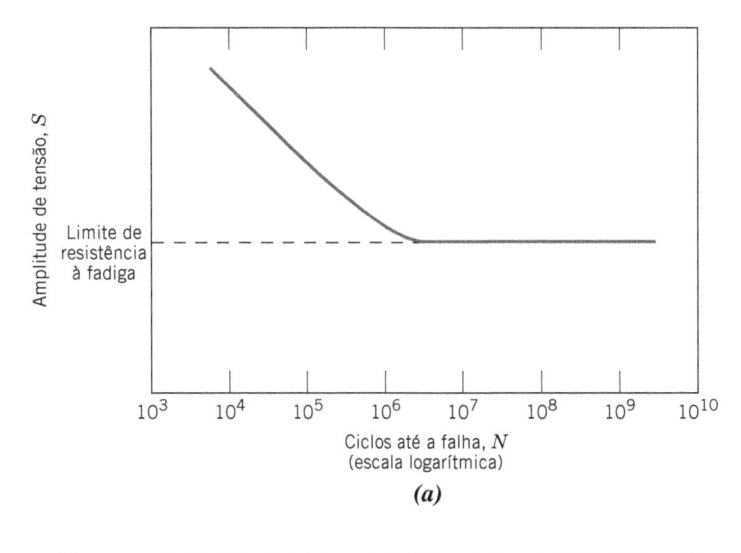

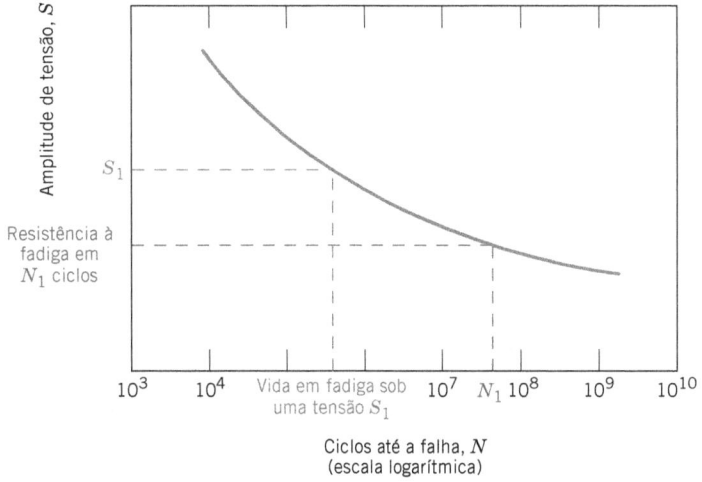

Figura 9.26 Amplitude de tensão (*S*) em função do logaritmo do número de ciclos até a falha por fadiga (*N*) para (*a*) um material que exibe limite de resistência à fadiga e (*b*) um material que não exibe limite de resistência à fadiga.

As curvas *S–N* de fadiga para várias ligas metálicas estão mostradas na Figura 9.27; os dados foram gerados usando ensaios de rotação-flexão com ciclos de tensões alternadas (isto é, $R = -1$). As curvas para o titânio, magnésio e aços, assim como para o ferro fundido, mostram limites de resistência à fadiga; as curvas para o latão e a liga de alumínio não apresentam tal limite.

Infelizmente, há sempre uma dispersão considerável nos dados de fadiga – isto é, uma variação nos valores de *N* medidos para diversos corpos de prova testados no mesmo nível de tensão. Essa variação pode levar a incertezas de projeto significativas quando a vida em fadiga e/ou o limite de resistência à fadiga (ou a resistência à fadiga) estiverem sendo considerados. A dispersão nos resultados é consequência da sensibilidade da fadiga a inúmeros parâmetros do ensaio e do material, os quais são impossíveis de controlar de maneira precisa. Esses parâmetros incluem a fabricação do corpo de prova e o preparo de sua superfície, variáveis metalúrgicas, o alinhamento do corpo de prova no equipamento de testes, a tensão média e a frequência do teste.

As curvas de fadiga *S–N* mostradas na Figura 9.27 representam curvas de "melhor ajuste", traçadas pelos valores médios de dados experimentais. É um tanto inquietante concluir que aproximadamente metade dos corpos de prova testados falharam, na realidade, sob níveis de tensão que encontravam-se quase 25 % abaixo da curva (como determinado com base em tratamentos estatísticos).

Várias técnicas estatísticas foram desenvolvidas para especificar a vida em fadiga e o limite de resistência à fadiga em termos de probabilidades. Um modo conveniente de representar os dados tratados dessa maneira é por uma série de curvas de probabilidade constante, várias das quais estão traçadas na Figura 9.28. O valor de *P* associado a cada curva representa a probabilidade de falha.

Figura 9.27 Tensão máxima (S) em função do logaritmo do número de ciclos até a falha por fadiga (N) para sete ligas metálicas. As curvas foram geradas empregando ensaios de rotação-flexão e ciclos alternados.
(Dados tomados das seguintes fontes e reproduzidos com permissão da ASM International, Materials Park, OH, 44073: *ASM Handbook*, Vol. I, *Properties and Selection: Irons, Steels, and High-Performance Alloys*, 1990; *ASM Handbook*, Vol. 2, *Properties and Selection; Nonferrous Alloys and Special-Purpose Materials*, 1990; G. M. Sinclair and W. J. Craig, "Influence of Grain Size on Work Hardening and Fatigue Characteristics of Alpha Brass", *Transactions of ASM*, Vol. 44, 1952.)

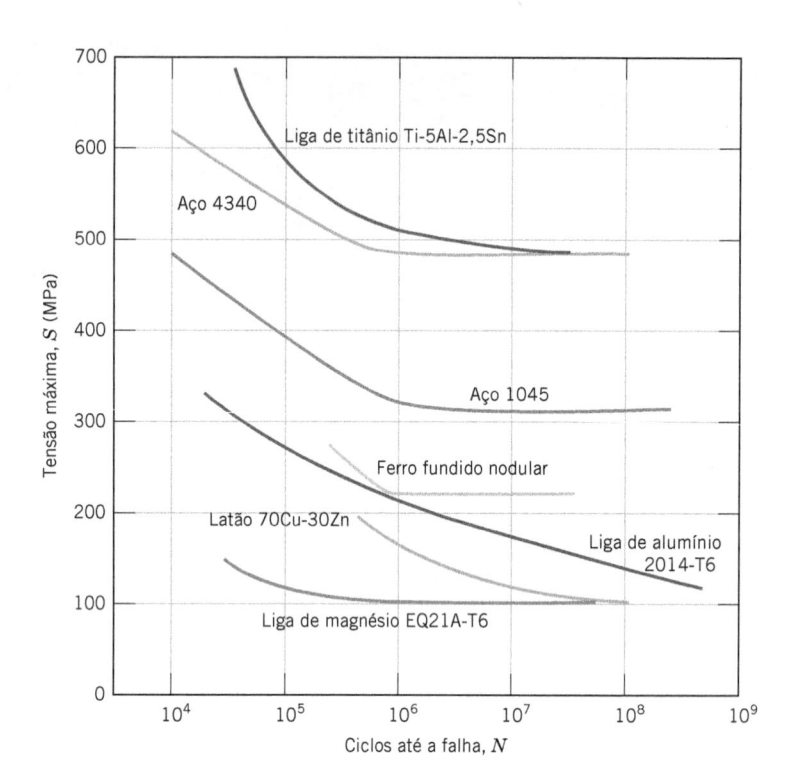

Por exemplo, sob uma tensão de 200 MPa (30.000 psi), poderíamos esperar que 1 % das amostras falhassem em até aproximadamente 10^6 ciclos e que 50 % das amostras falhassem em até aproximadamente 2×10^7 ciclos, e assim por diante. Deve ser lembrado que as curvas S–N representadas na literatura são, em geral, valores médios, a menos que seja feita uma observação em contrário.

Os comportamentos à fadiga representados nas Figuras 9.26a e 9.26b podem ser classificados em dois domínios. Um está associado a cargas relativamente altas que produzem não somente deformações elásticas, mas também alguma deformação plástica durante cada ciclo. Consequentemente, as vidas em fadiga são relativamente curtas. Esse domínio é denominado *fadiga de baixo ciclo* e ocorre em menos de aproximadamente 10^4 a 10^5 ciclos. Para níveis de tensão mais baixos, em que as deformações são totalmente elásticas, resultam vidas em fadiga mais longas. Esse domínio é chamado de *fadiga de alto ciclo*, uma vez que são necessários números de ciclos relativamente grandes para produzir uma falha por fadiga. A fadiga de alto ciclo está associada a vidas em fadiga superiores a aproximadamente 10^4 a 10^5 ciclos.

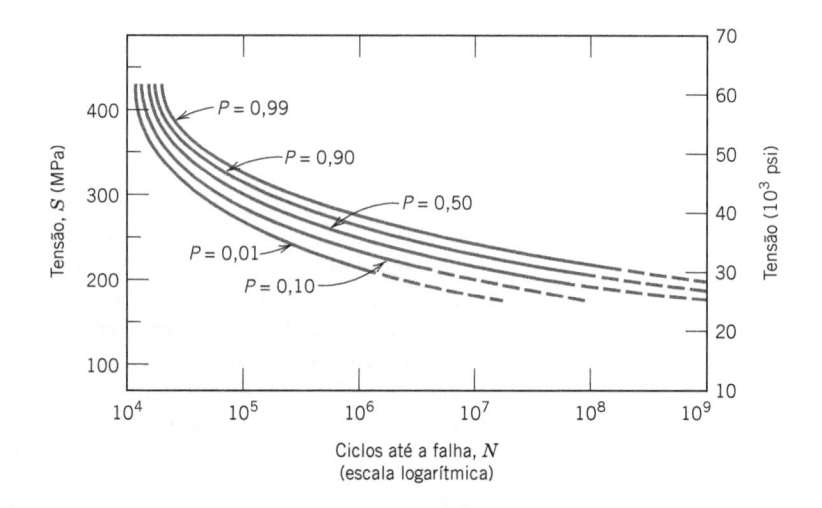

Figura 9.28 Curvas S–N para a probabilidade de falha por fadiga em uma liga de alumínio 7075-T6; P representa a probabilidade de falha.
(De G. M. Sinclair e T. J. Dolan, *Trans. ASME*, 75, 1953, p. 867. Reimpresso com permissão da American Society of Mechanical Engineers.)

PROBLEMA-EXEMPLO 9.2

Cálculo da Carga Máxima para Evitar Fadiga em Ensaios de Rotação-Flexão

Uma barra cilíndrica em aço 1045 com o comportamento S–N mostrado na Figura 9.27 é submetida a ensaios de rotação-flexão com ciclos de tensões alternadas (como na Figura 9.25). Se o diâmetro da barra é de 15,0 mm, determine a carga cíclica máxima que pode ser aplicada para assegurar que não ocorrerá falha por fadiga. Considere um fator de segurança de 2,0 e que a distância entre os pontos de suporte da carga é de 60,0 mm (0,0600 m).

Solução

A partir da Figura 9.27, o aço 1045 possui um limite de resistência à fadiga (tensão máxima) de magnitude 310 MPa. Para uma barra cilíndrica com diâmetro d_0 (Figura 9.25b), a tensão máxima para ensaios de rotação-flexão pode ser determinada usando a seguinte expressão:

$$\sigma = \frac{16FL}{\pi d_0^3} \tag{9.16}$$

Aqui, L é igual à distância entre os dois pontos de suporte de carga (Figura 9.25b), σ é a tensão máxima (em nosso caso, o limite de resistência à fadiga) e F é a carga aplicada máxima. Quando σ é dividida pelo fator de segurança (N), a Equação 9.16 assume a forma

$$\frac{\sigma}{N} = \frac{16FL}{\pi d_0^3} \tag{9.17}$$

e resolvendo para F leva a

$$F = \frac{\sigma \pi d_0^3}{16NL} \tag{9.18}$$

Incorporando os valores para d_0, L e N fornecidos no enunciado do problema, assim como o limite de resistência à fadiga obtido da Figura 9.27 (310 MPa, ou 310×10^6 N/m^2), obtemos o seguinte:

$$F = \frac{(310 \times 10^6 \text{ N/m}^2)(\pi)(15 \times 10^{-3} \text{ m})^3}{(16)(2)(0{,}0600 \text{ m})}$$

$$= 1712 \text{ N}$$

Portanto, para rotação-flexão e um ciclo alternado, uma carga máxima de 1712 N pode ser aplicada sem causar falha por fadiga à barra de aço 1045.

PROBLEMA-EXEMPLO 9.3

Cálculo do Diâmetro Mínimo do Corpo de Prova para Produzir uma Vida em Fadiga Específica em Ensaios de Tração-Compressão

Uma barra cilíndrica de latão 70Cu–30Zn (Figura 9.27) é submetida a um ensaio de tensão axial de tração-compressão com ciclos alternados. Se a amplitude da carga é de 10.000 N, calcule o diâmetro mínimo permissível para assegurar que a barra não irá falhar por fadiga em 10^7 ciclos. Considere um fator de segurança de 2,5, que os dados na Figura 9.27 tenham sido tomados para ensaios de tensões axiais alternadas de tração-compressão e que S seja a amplitude da tensão.

Solução

A partir da Figura 9.27, a resistência à fadiga para essa liga em 10^7 ciclos é de 115 MPa (115×10^6 N/m^2). As tensões de tração e de compressão são definidas na Equação 7.1 como

$$\sigma = \frac{F}{A_0} \tag{7.1}$$

Aqui, F é a carga aplicada e A_0 é a área de seção transversal. Para uma barra cilíndrica que tem diâmetro d_0,

$$A_0 = \pi\left(\frac{d_0}{2}\right)^2$$

A substituição dessa expressão para A_0 na Equação 7.1 leva a

$$\sigma = \frac{F}{A_0} = \frac{F}{\pi\left(\dfrac{d_0}{2}\right)^2} = \frac{4F}{\pi d_0^2} \tag{9.19}$$

Resolvemos agora para d_0, substituindo a tensão pela resistência à fadiga dividida pelo fator de segurança (isto é, σ/N). Assim,

$$d_0 = \sqrt{\frac{4F}{\pi\left(\dfrac{\sigma}{N}\right)}} \tag{9.20}$$

Incorporando os valores de F, N e σ citados anteriormente, obtemos

$$d_0 = \sqrt{\frac{(4)(10.000\ \text{N})}{(\pi)\left(\dfrac{115 \times 10^6\ \text{N/m}^2}{2{,}5}\right)}}$$

$$= 16{,}6 \times 10^{-3}\ \text{m} = 16{,}6\ \text{mm}$$

Assim, o diâmetro da barra de latão deve ser de pelo menos 16,6 mm para assegurar que não ocorrerá falha por fadiga.

9.11 FADIGA EM MATERIAIS POLIMÉRICOS

Os polímeros podem apresentar falha por fadiga sob condições de carregamento cíclico. Como ocorre com os metais, a fadiga acontece em níveis de tensão que são baixos quando comparados ao limite de escoamento. Não foram realizados ensaios de fadiga em polímeros tão extensivamente quanto em metais; no entanto, os dados de fadiga para ambos os tipos de materiais são traçados da mesma maneira e as curvas resultantes apresentam a mesma forma geral. As curvas de fadiga para vários polímeros comuns estão mostradas na Figura 9.29, na forma da tensão em função do número de ciclos até a falha (em uma escala logarítmica). Alguns polímeros têm limite de resistência à fadiga. Como seria esperado, as resistências à fadiga e os limites de resistência à fadiga para os materiais poliméricos são muito menores do que para os metais.

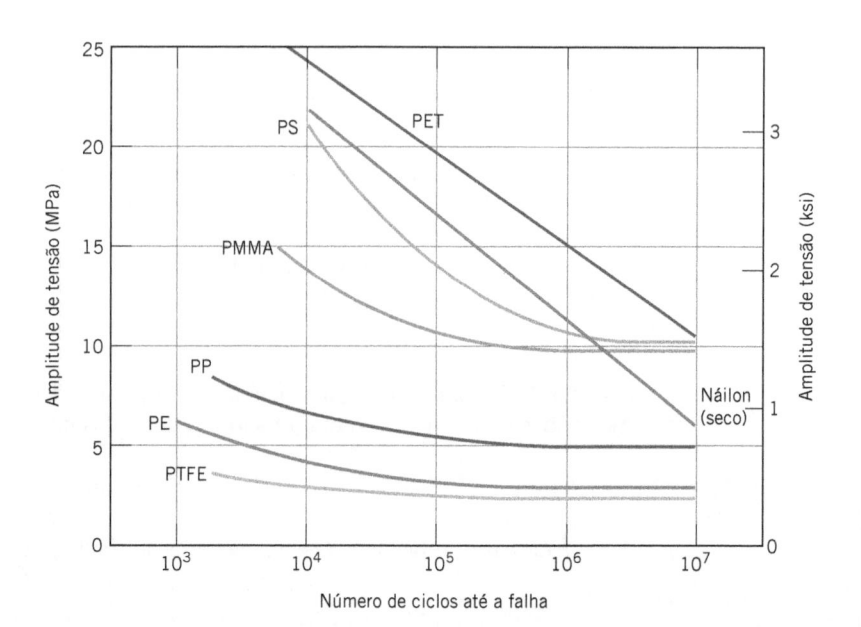

Figura 9.29 Curvas de fadiga (amplitude de tensão em função do número de ciclos até a falha) para o poli(etileno tereftalato) (PET), náilon, poliestireno (PS), poli(metil metacrilato) (PMMA), polipropileno (PP), polietileno (PE) e politetrafluoroetileno (PTFE). A frequência dos ensaios foi de 30 Hz. (De M. N. Riddell, "A Guide to Better Testing of Plastics", *Plast. Eng.*, Vol. 30, Nº 4, p. 78, 1974.)

O comportamento à fadiga dos polímeros é muito mais sensível à frequência de aplicação da carga do que o dos metais. Quando os polímeros são submetidos a ciclos com alta frequência e/ou a tensões relativamente grandes, pode haver aquecimento localizado; consequentemente, as falhas podem ser devidas ao amolecimento do material e não como resultado de processos típicos de fadiga.

9.12 INICIAÇÃO E PROPAGAÇÃO DE TRINCAS[10]

O processo de falha por fadiga é caracterizado por três etapas distintas: (1) iniciação da trinca, em que uma pequena trinca se forma em algum ponto de alta concentração de tensões; (2) propagação da trinca, durante a qual essa trinca avança incrementalmente com cada ciclo de tensões; e (3) a falha final, que ocorre muito rapidamente depois que a trinca que está avançando atinge um tamanho crítico. As trincas associadas a uma falha por fadiga quase sempre iniciam (ou nucleiam) sobre a superfície de um componente, em algum ponto com concentração de tensões. Os sítios de nucleação de trincas incluem riscos superficiais, cantos vivos, rasgos de chaveta, fios de roscas, mossas e afins. Além disso, a aplicação de uma carga cíclica pode produzir descontinuidades superficiais microscópicas a partir dos degraus decorrentes do escorregamento de discordâncias, os quais também podem atuar como concentradores de tensões e, portanto, como sítios para a iniciação de trincas.

A região de uma superfície de fratura que se formou durante a etapa de propagação de uma trinca pode ser caracterizada por dois tipos de marcas: *marcas de praia* e *estrias*. Essas duas características indicam a posição da extremidade da trinca em determinado momento e aparecem como nervuras concêntricas que se expandem para longe do(s) sítio(s) de iniciação da(s) trinca(s), com frequência em um padrão circular ou semicircular. As marcas de praia (algumas vezes também chamadas de *marcas de conchas*) têm dimensões macroscópicas (Figura 9.30) e podem ser observadas a olho nu. Essas marcas são encontradas em componentes que sofreram interrupções durante o estágio de propagação da trinca – por exemplo, uma máquina que operou somente durante as horas normais dos turnos de trabalho. Cada banda de marca de praia representa um período de tempo ao longo do qual houve o crescimento da trinca.

Contudo, as estrias de fadiga têm dimensões microscópicas e estão sujeitas a observação com um microscópio eletrônico (tanto o MET quanto o MEV). A Figura 9.31 é uma fractografia eletrônica que mostra as estrias. Considera-se que cada estria representa a distância de avanço de uma frente de trinca durante um único ciclo de aplicação da carga. A largura entre as estrias depende, e aumenta, em função do aumento da faixa de tensões.

Figura 9.30 Superfície de fratura de um eixo rotativo de aço que apresentou falha por fadiga. Nervuras de marcas de praia estão visíveis na fotografia.
(Reproduzido com permissão de D. J. Wulpi, *Understanding How Components Fail*, American Society for Metals, Materials Park, OH, 1985.)

---

[10] Uma discussão mais detalhada e informações adicionais sobre a propagação de trincas de fadiga podem ser encontradas nas Seções M.5 e M.6 do Módulo *On-line* para Engenharia Mecânica (disponível *on-line* no GEN-IO).

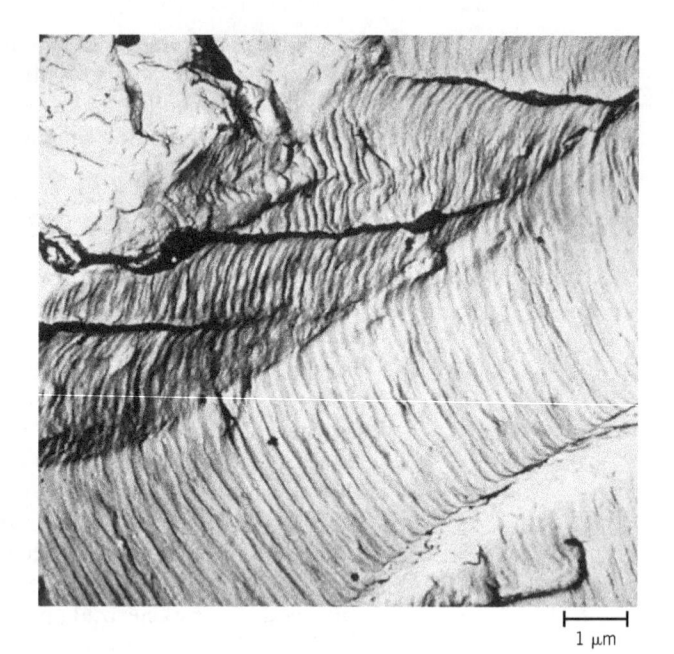

Figura 9.31 Fractografia eletrônica de transmissão mostrando estrias de fadiga no alumínio. Ampliação de 9000×. (De V. J. Colangelo e F. A. Heiser, *Analysis of Metallurgical Failures*, 2nd edition.Copyright © 1987 por John Wiley & Sons, New York. Reimpresso sob permissão de John Wiley & Sons, Inc.)

1 μm

Durante a propagação de trincas de fadiga e em uma escala microscópica, existe deformação plástica muito localizada nas extremidades das trincas, embora a tensão máxima aplicada à qual o objeto está exposto em cada ciclo de tensões fique abaixo da tensão de escoamento do metal. Essa tensão aplicada é amplificada nas extremidades das trincas ao grau de que os níveis de tensão locais excedem o limite de escoamento. A geometria das estrias de fadiga é uma manifestação dessa deformação plástica.[11]

Deve-se enfatizar que, embora tanto as marcas de praia quanto as estrias sejam características da superfície de fratura por fadiga e que ambas exibam aparências semelhantes, elas são, no entanto, diferentes, tanto em sua origem quanto em seu tamanho. Pode haver milhares de estrias dentro de uma única marca de praia.

Com frequência, a causa de uma falha pode ser deduzida após um exame das superfícies da fratura. A presença de marcas de praia e/ou estrias em uma superfície de fratura confirma que a causa da falha foi fadiga. Entretanto, a ausência de qualquer uma das duas ou de ambas não exclui a fadiga como a causa para a falha. As estrias não são observadas em todos os metais que sofrem fadiga. Além disso, a probabilidade de aparecerem estrias pode depender do estado de tensões. A capacidade de detecção das estrias diminui com a passagem do tempo, devido à formação de produtos de corrosão e/ou filmes de óxido na superfície. Além disso, durante um ciclo de tensões, as estrias podem ser destruídas pela ação abrasiva, conforme as superfícies da trinca se atritam uma contra a outra.

Um comentário final em relação às superfícies das falhas por fadiga: As marcas de praia e as estrias não aparecem na região em que ocorre a falha repentina. Ao contrário, a falha repentina pode ser tanto dúctil quanto frágil; a evidência de deformação plástica estará presente nas falhas dúcteis e ausente nas frágeis. Essa região de falha pode ser observada na Figura 9.32.

✓

Verificação de Conceitos 9.4   As superfícies de algumas amostras de aço que falharam por fadiga têm aparência granular ou cristalina brilhosa. Os leigos podem explicar a falha dizendo que o metal se cristalizou enquanto estava em serviço. Apresente uma crítica a essa explicação.

(*A resposta está disponível no GEN-IO, ambiente virtual de aprendizagem do GEN.*)

---

[11] A Seção M.5 do Módulo *On-line* para Engenharia Mecânica (ME) (disponível *on-line* no GEN-IO) explica e apresenta um diagrama do mecanismo proposto para a formação de estrias de fadiga.

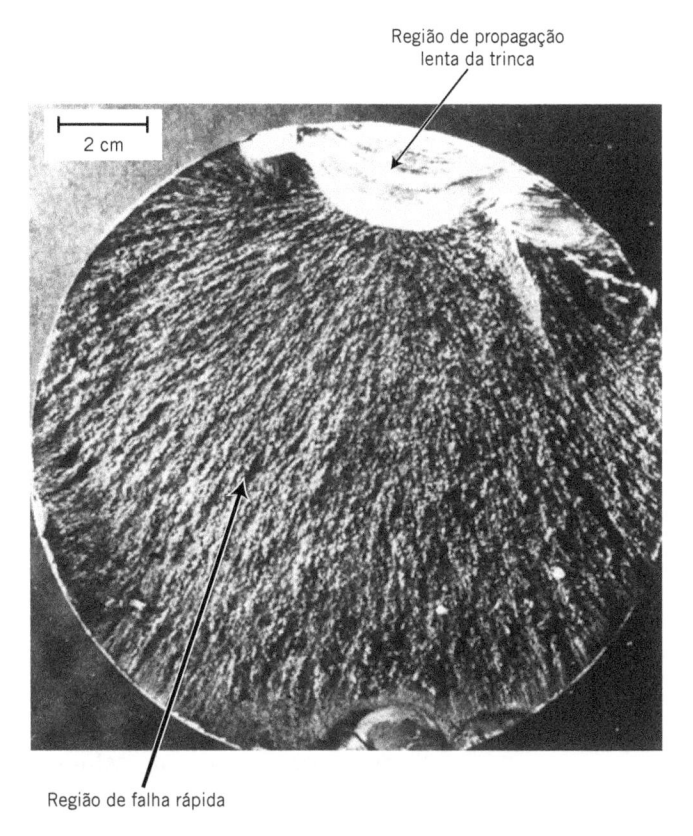

Região de propagação
lenta da trinca

2 cm

Região de falha rápida

Figura 9.32 Superfície de uma falha por fadiga. Uma trinca se formou na borda superior. A região lisa, também próxima à borda superior, corresponde à área ao longo da qual a trinca se propagou de forma lenta. A falha repentina ocorreu ao longo da área com textura opaca e fibrosa (a área maior). Ampliação de aproximadamente 0,5×. [Reproduzida sob permissão de *Metals Handbook: Fractography and Atlas of Fractographs*, Vol. 9, 8th edition, H. E. Boyer (Editor), American Society for Metals, 1974.]

9.13 FATORES QUE AFETAM A VIDA EM FADIGA[12]

Como mencionado na Seção 9.10, o comportamento à fadiga de materiais de engenharia é altamente sensível a inúmeras variáveis, incluindo o nível médio de tensão, o projeto geométrico, os efeitos de superfície e as variáveis metalúrgicas, assim como o ambiente. Esta seção está dedicada a uma discussão desses fatores e a medidas que podem ser tomadas para melhorar a resistência à fadiga de componentes estruturais.

Tensão Média

A dependência da vida em fadiga em relação à amplitude de tensão é representada pelo gráfico S–N. Esses dados foram obtidos para uma tensão média constante σ_m, com frequência para um ciclo de tensões alternadas ($\sigma_m = 0$). A tensão média, no entanto, também afeta a vida em fadiga; essa influência pode ser representada por uma série de curvas S–N, cada qual medida em um valor de σ_m diferente, como está mostrado esquematicamente na Figura 9.33. Como pode ser observado, o aumento no nível da tensão média leva a uma diminuição na vida em fadiga.

Efeitos da Superfície

Para muitas situações comuns de aplicação de carga, a tensão máxima em um componente ou estrutura ocorre na sua superfície. Consequentemente, a maioria das trincas que levam a uma falha por fadiga tem sua origem em pontos da superfície, especificamente em sítios de amplificação de tensão. Portanto, foi observado que a vida em fadiga é especialmente sensível às condições e configurações na superfície do componente. Inúmeros fatores influenciam a resistência à fadiga, e um gerenciamento apropriado desses fatores levará a uma melhoria na vida em fadiga. Entre esses fatores estão incluídos critérios de projeto, assim como diversos tratamentos de superfície.

---

[12] O estudo de caso sobre a mola da válvula de um automóvel nas Seções M.7 e M.8 do Módulo *On-line* para Engenharia Mecânica (disponível *on-line* no GEN-IO) está relacionado com a discussão nesta seção.

Fatores de Projeto

O projeto de um componente pode ter influência significativa sobre suas características em fadiga. Qualquer entalhe ou descontinuidade geométrica pode atuar como um concentrador de tensões e como um sítio para a iniciação de uma trinca de fadiga. Essas características de projeto incluem sulcos, orifícios, rasgos de chaveta, fios de roscas, e assim por diante. Quanto mais afilada for uma descontinuidade (isto é, quanto menor for seu raio de curvatura), mais severa será a concentração de tensões. A probabilidade de falhas por fadiga pode ser reduzida evitando-se (quando possível) essas irregularidades estruturais ou fazendo-se modificações no projeto, pelas quais sejam eliminadas variações bruscas dos contornos que levem à formação de cantos vivos – por exemplo, pela utilização de adoçamentos com grandes raios de curvatura nos pontos em que houver mudança no diâmetro de um eixo rotativo (Figura 9.34).

Tratamentos de Superfície

Durante as operações de usinagem, pequenos riscos e sulcos são introduzidos invariavelmente na superfície da peça sendo trabalhada pela ação da ferramenta de corte. Essas marcas superficiais podem limitar a vida em fadiga. Observa-se que uma melhoria no acabamento superficial, por polimento, aumenta significativamente a vida em fadiga.

Um dos métodos mais eficazes para aumentar o desempenho à fadiga é a imposição de tensões residuais de compressão em uma fina camada superficial. Dessa forma, uma tensão de tração superficial de origem externa é parcialmente anulada e reduzida em magnitude pela tensão residual de compressão. O efeito resultante é a redução da probabilidade de formação de uma trinca e, portanto, de uma falha por fadiga.

Comumente, as tensões residuais de compressão são introduzidas em metais dúcteis mecanicamente, por meio de deformações plásticas localizadas na região mais externa da superfície. Comercialmente, isso é feito, com frequência, por um processo chamado de *jateamento*. Partículas pequenas e duras (projéteis), com diâmetros entre 0,1 e 1,0 mm, são projetadas em altas velocidades contra a superfície a ser tratada. A deformação resultante induz tensões de compressão até uma profundidade entre um quarto e metade do diâmetro do projétil. A influência do jateamento sobre o comportamento de um aço à fadiga está mostrada, esquematicamente, na Figura 9.35.

endurecimento da camada superficial

O **endurecimento da camada superficial** é uma técnica pela qual são melhoradas tanto a dureza superficial quanto a vida em fadiga dos aços. Isso é obtido por um processo de cementação ou de nitretação, em que um componente é exposto a uma atmosfera rica em carbono ou em nitrogênio a uma temperatura elevada. Uma camada superficial externa, rica em carbono ou em nitrogênio (ou *camada superficial endurecida*), é introduzida pela difusão atômica a partir da fase gasosa. Essa camada superficial endurecida normalmente tem uma profundidade da ordem de 1 mm e é mais dura do que o núcleo do material. (A influência do teor de carbono sobre a dureza de ligas Fe–C está demonstrada na Figura 11.30a.) A melhoria das propriedades à fadiga resulta do aumento da

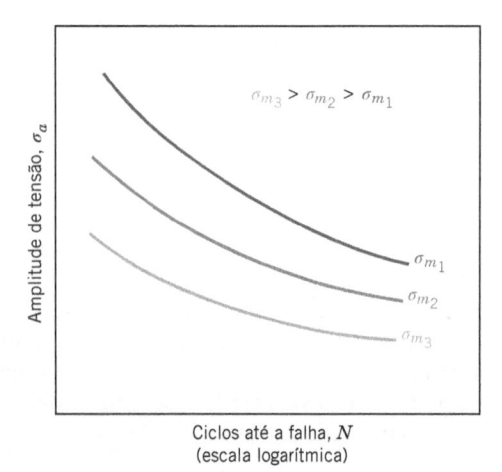

Figura 9.33 Demonstração da influência da tensão média σ_m sobre o comportamento S–N em fadiga.

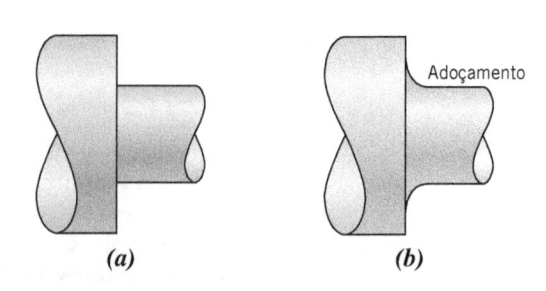

Figura 9.34 Demonstração de como o projeto pode reduzir a amplificação de tensão. (*a*) Projeto ruim: canto vivo. (*b*) Projeto bom: a vida em fadiga é melhorada pela incorporação de um adoçamento ao eixo rotativo no ponto onde existe mudança no diâmetro.

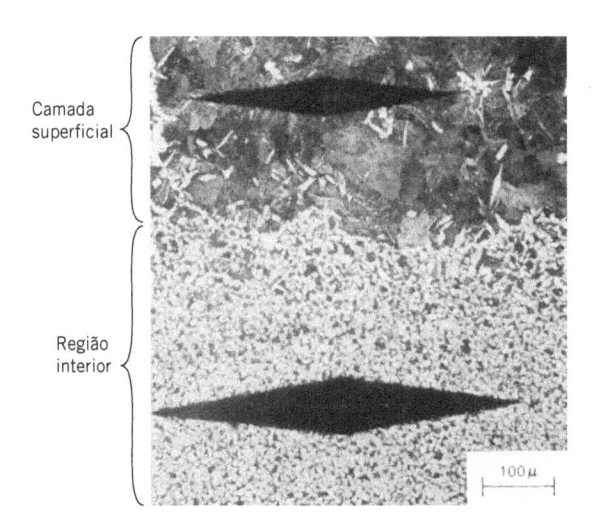

Figura 9.35 Curvas *S–N* esquemáticas para a fadiga em um aço normal e em um aço jateado.

Figura 9.36 Fotomicrografia mostrando as regiões interna (parte de baixo) e a camada externa endurecida superficialmente por cementação (parte de cima) de um aço cementado. A camada endurecida superficialmente é mais dura, como comprovado pela menor impressão de microdureza. Ampliação de 100×.
(De R. W. Hertzberg, *Deformation and Fracture Mechanics of Engineering Materials*, 3rd edition. Copyright © 1989 por John Wiley & Sons, New York. Reimpresso sob permissão de John Wiley & Sons, Inc.)

dureza na camada superficial endurecida, assim como das tensões residuais de compressão desejadas, cuja formação acompanha o processo de cementação ou de nitretação. Uma camada superficial endurecida, rica em carbono, pode ser observada na engrenagem mostrada na fotografia da página inicial do Capítulo 6. Ela aparece como uma borda externa mais escura no segmento seccionado. O aumento na dureza da camada superficial endurecida está apresentado na fotomicrografia da Figura 9.36. As marcas escuras e alongadas em forma de losango são impressões de microdureza Knoop. A impressão na parte de cima da fotografia, que está na camada cementada, é menor do que a impressão no corpo da amostra.

9.14 EFEITOS DO AMBIENTE

Os fatores ambientais também podem afetar o comportamento à fadiga dos materiais. Alguns comentários breves serão feitos em relação a dois tipos de falhas por fadiga que são auxiliadas pelo ambiente: a fadiga térmica e a fadiga por corrosão.

fadiga térmica

A **fadiga térmica** é induzida normalmente a temperaturas elevadas, por tensões térmicas variáveis; tensões mecânicas de uma fonte externa não precisam estar presentes. A origem dessas tensões térmicas é a restrição à expansão e/ou à contração dimensional que deveria ocorrer normalmente em um elemento estrutural sujeito a variações na temperatura. A magnitude de uma tensão térmica desenvolvida por uma variação na temperatura de ΔT depende do coeficiente de expansão térmica α_l e do módulo de elasticidade E, de acordo com a relação

Tensão térmica – dependência em relação ao coeficiente de expansão térmica, ao módulo de elasticidade e à variação de temperatura

$$\sigma = \alpha_l E \Delta T \tag{9.21}$$

(Os tópicos relacionados com a expansão térmica e com as tensões térmicas estão discutidos nas Seções 17.3 e 17.5.) Não há tensões térmicas se essa restrição mecânica estiver ausente. Portanto, uma maneira óbvia para prevenir esse tipo de fadiga é eliminar, ou pelo menos reduzir, a fonte das restrições, permitindo assim que as alterações dimensionais decorrentes de variações na temperatura ocorram sem bloqueios, ou então selecionar materiais com propriedades físicas apropriadas.

fadiga associada à corrosão

A falha que ocorre pela ação simultânea de uma tensão cíclica e um ataque químico é denominada **fadiga associada à corrosão**. Os ambientes corrosivos têm influência negativa e produzem vidas em fadiga mais curtas. Mesmo a atmosfera ambiente normal afeta o comportamento à fadiga de alguns materiais. Pequenos pites podem se formar como o resultado de reações químicas entre o ambiente e o material, que podem servir como pontos de concentração de tensões e, portanto, como sítios para a nucleação de trincas. Além disso, a taxa de propagação das trincas é aumentada como resultado de um ambiente corrosivo. A natureza dos ciclos de tensão influencia o comportamento à fadiga; por exemplo, uma redução na frequência de aplicação da carga leva a períodos mais longos durante os quais a trinca aberta fica em contato com o ambiente e há redução na vida em fadiga.

Existem vários procedimentos para a prevenção da fadiga associada à corrosão. Por um lado, podemos tomar medidas para reduzir a taxa de corrosão, adotando algumas das técnicas discutidas no Capítulo 16 – por exemplo, a aplicação de revestimentos superficiais de proteção, a seleção de materiais mais resistentes à corrosão e a redução da corrosividade do ambiente. Por outro lado, pode ser aconselhável tomar medidas para minimizar a probabilidade de uma falha normal por fadiga, como citado anteriormente – por exemplo, pela redução no nível da tensão de tração aplicada e pela imposição de tensões residuais de compressão sobre a superfície do componente.

Fluência

fluência

Com frequência, os materiais são colocados em serviço a temperaturas elevadas e expostos a tensões mecânicas estáticas (por exemplo, os rotores de turbinas em motores a jato e os geradores de vapor que sofrem tensões centrífugas; linhas de vapor de alta pressão). A deformação sob tais circunstâncias é denominada **fluência**. Definida como a deformação permanente e dependente do tempo dos materiais quando esses são submetidos a uma carga ou tensão constante, a fluência é geralmente um fenômeno indesejável e, com frequência, o fator que limita a vida útil de uma peça. Ela é observada em todos os tipos de materiais; para os metais, ela se torna importante apenas em temperaturas superiores a aproximadamente $0,4T_f$, em que T_f é a temperatura absoluta de fusão.

9.15 COMPORTAMENTO GERAL DA FLUÊNCIA

Um ensaio de fluência[13] típico consiste em submeter um corpo de prova a uma carga ou tensão constante ao mesmo tempo em que a temperatura é mantida constante; a deformação é medida e traçada em função do tempo decorrido. A maioria dos ensaios é do tipo com carga constante, os quais fornecem informações de natureza básica para a engenharia; os ensaios com tensão constante são utilizados para proporcionar melhor compreensão dos mecanismos da fluência.

A Figura 9.37 é uma representação esquemática do comportamento típico da fluência sob carga constante dos metais. Como indicado na figura, com a aplicação da carga existe uma deformação instantânea que é totalmente elástica. A curva de fluência resultante consiste em três regiões, cada uma das quais com suas próprias e distintas características deformação-tempo. A *fluência primária* ou *transiente* ocorre em primeiro lugar e é caracterizada por uma taxa de fluência continuamente decrescente; isto é, a inclinação da curva diminui ao longo do tempo. Isso sugere que o material está apresentando aumento na resistência à fluência, ou encruamento (Seção 8.11) – a deformação torna-se mais difícil à medida que o material é deformado. Durante a *fluência secundária*, algumas vezes denominada *fluência estacionária*, a taxa de fluência é constante – isto é, o gráfico torna-se linear. Com frequência, esse é o estágio do processo de fluência que apresenta a maior duração. A constância da taxa de fluência é explicada com base em um equilíbrio entre os processos concorrentes de encruamento e de recuperação, em que recuperação (Seção 8.12) é o processo pelo qual um material torna-se menos duro e retém sua habilidade em sofrer deformação. Finalmente, durante a *fluência terciária*, há uma aceleração na taxa de fluência e, por fim, a falha do material. Essa falha é denominada, com frequência, *ruptura*, e resulta de alterações microestruturais e/ou metalúrgicas

---

[13] Norma ASTM E139, "Standard Test Methods for Conducting Creep, Creep-Rupture, and Stress-Rupture Tests of Metallic Materials" (Métodos-Padrão de Ensaio para a Condução de Ensaios de Fluência, Ruptura por Fluência e Ruptura sob Tensão em Materiais Metálicos).

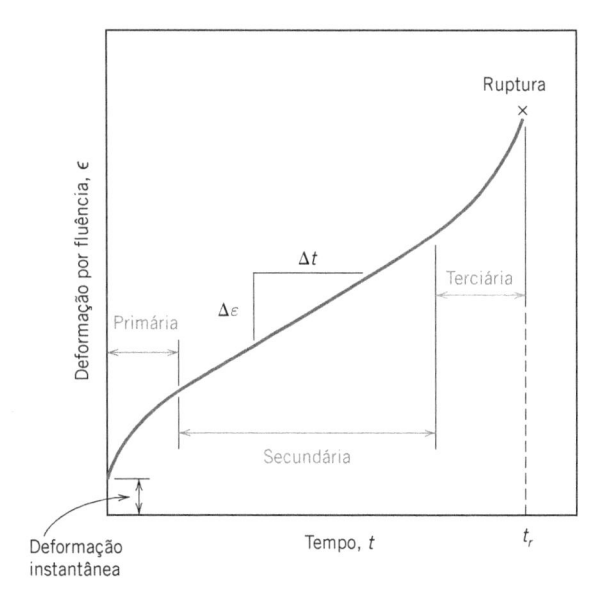

Figura 9.37 Curva típica de fluência mostrando a deformação em função do tempo sob uma carga constante e em uma temperatura elevada constante. A taxa de fluência mínima $\Delta\varepsilon/\Delta t$ corresponde à inclinação do segmento linear na região secundária. O tempo de vida até a ruptura t_r é o tempo total até a ruptura.

– por exemplo, a separação do contorno de grão e a formação de trincas, cavidades e vazios internos. Além disso, para cargas de tração, pode haver estricção em algum ponto na região de deformação. Tudo isso leva a uma diminuição na área da seção transversal efetiva do material e a um aumento na taxa de deformação.

Para os materiais metálicos, a maioria dos ensaios de fluência é realizada sob tração uniaxial, utilizando-se um corpo de prova com a mesma geometria que para os ensaios de tração (Figura 7.2). Contudo, os ensaios de compressão uniaxiais são mais apropriados para os materiais frágeis; eles proporcionam uma medida melhor das propriedades intrínsecas de fluência, uma vez que não há amplificação de tensões ou propagação de trincas, como ocorre sob cargas de tração. Os corpos de prova dos ensaios de compressão são geralmente cilindros ou paralelepípedos com razões comprimento-diâmetro que variam entre aproximadamente 2 e 4. Para a maioria dos materiais, as propriedades à fluência são virtualmente independentes da direção de aplicação da carga.

Possivelmente, o parâmetro mais importante de um ensaio de fluência é a inclinação da parte secundária da curva de fluência ($\Delta\varepsilon/\Delta t$ na Figura 9.37); com frequência, esse parâmetro é chamado de taxa de fluência mínima ou *taxa de fluência estacionária* $\dot{\varepsilon}_r$. Esse é o parâmetro de projeto de engenharia levado em consideração em aplicações de longo prazo, tais como em um componente de uma usina de energia nuclear que esteja programado para operar durante várias décadas, e quando uma falha ou uma deformação muito grande não podem ser consideradas. Contudo, para muitas situações de fluência com vidas relativamente curtas (por exemplo, lâminas de turbinas de aeronaves militares e bocais de motores de foguetes), o *tempo para ruptura*, ou o *tempo de vida até a ruptura* t_r, é o parâmetro de projeto predominante; esse parâmetro também está indicado na Figura 9.37. Obviamente, para a sua determinação devem ser conduzidos ensaios de fluência até o ponto de falha; esses ensaios são denominados *ensaios de ruptura por fluência*. Dessa forma, o conhecimento dessas características à fluência para um material permite ao engenheiro de projetos assegurar sua adequação para uma aplicação específica.

Verificação de Conceitos 9.5 Superponha em um mesmo gráfico da deformação em função do tempo as curvas esquemáticas de fluência para uma tensão de tração constante e uma carga de tração constante, e explique as diferenças no comportamento.

(*A resposta está disponível no GEN-IO, ambiente virtual de aprendizagem do GEN.*)

9.16 EFEITOS DA TENSÃO E DA TEMPERATURA

Tanto a temperatura quanto o nível da tensão aplicada influenciam as características à fluência (Figura 9.38). Em uma temperatura substancialmente inferior a $0,4T_f$, e após a deformação inicial, a deformação é virtualmente independente do tempo. Seja pelo aumento da tensão ou da temperatura, será observado o seguinte: (1) a deformação instantânea no momento da aplicação da tensão aumenta; (2) a taxa de fluência estacionária aumenta; e (3) o tempo de vida até a ruptura diminui.

Os resultados de ensaios de ruptura por fluência são mais comumente apresentados na forma do logaritmo da tensão em função do logaritmo do tempo de vida até a ruptura. A Figura 9.39 mostra um desses gráficos para uma liga S-590, no qual pode ser visto que há uma série de relações lineares para cada temperatura. Para algumas ligas e em intervalos de tensão relativamente grandes, observa-se não existir linearidade nessas curvas.

Foram desenvolvidas relações empíricas nas quais a taxa de fluência estacionária é expressa em função da tensão e da temperatura. Sua dependência em relação à tensão pode ser escrita como

Dependência da taxa de deformação em fluência em relação à tensão

$$\dot{\varepsilon}_r = K_1\sigma^n \tag{9.22}$$

em que K_1 e n são constantes para determinado material. Um gráfico do logaritmo de $\dot{\varepsilon}_r$ em função do logaritmo de σ produz uma linha reta com inclinação n; isso está mostrado na Figura 9.40 para uma liga S-590 em quatro temperaturas. Fica claro que um ou dois segmentos de linha reta são traçados para cada temperatura.

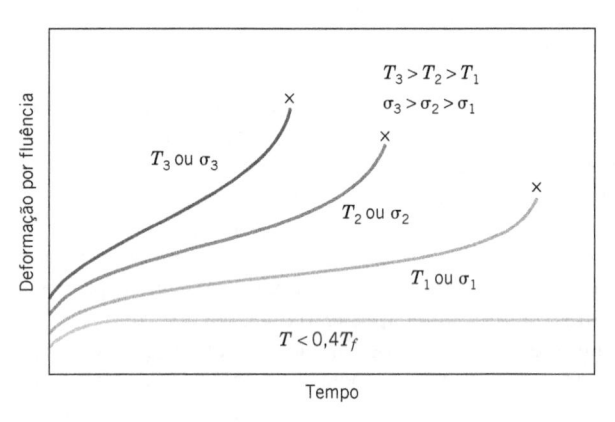

Figura 9.38 Influência da tensão σ e da temperatura T sobre o comportamento à fluência.

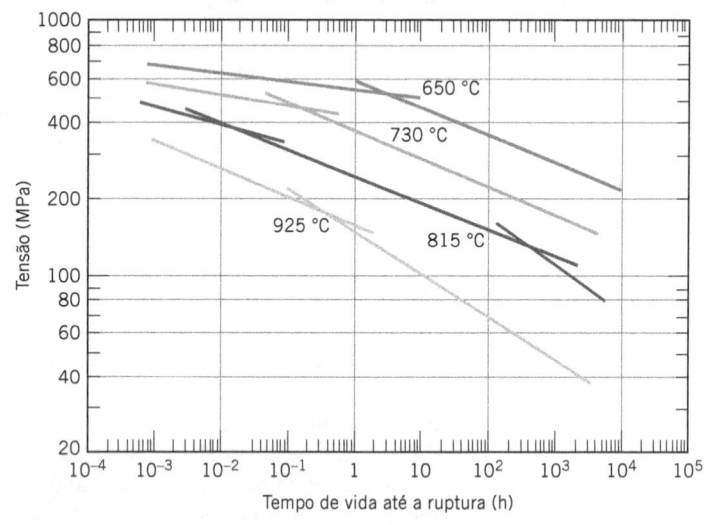

Figura 9.39 Gráfico da tensão (escala logarítmica) em função do tempo de vida até a ruptura (escala logarítmica) para uma liga S-590 em quatro temperaturas. [A composição (em %p) da liga S-590 é a seguinte: 20,0 Cr, 19,4 Ni, 19,3 Co, 4,0 W, 4,0 Nb, 3,8 Mo, 1,35 Mn, 0,43 C e o restante Fe.]
(Reimpresso com permissão da ASM International.® Todos os direitos reservados. www.asminternational.org)

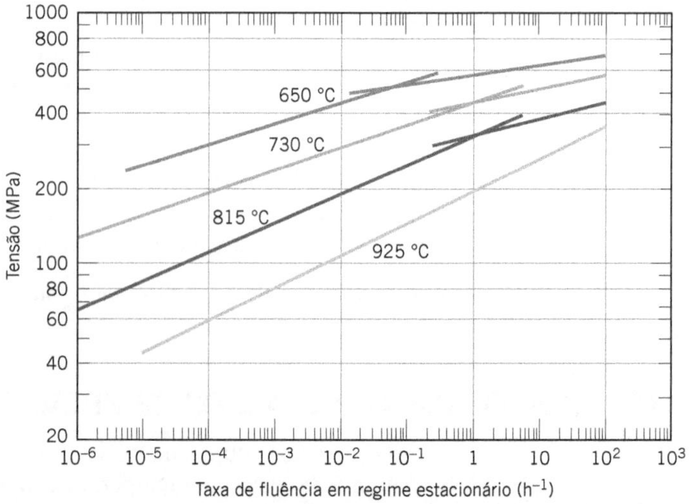

Figura 9.40 Gráfico da tensão (escala logarítmica) em função da taxa de fluência estacionária (escala logarítmica) para uma liga S-590 em quatro temperaturas.
(Reimpresso com permissão da ASM International.® Todos os direitos reservados. www.asminternational.org)

Agora, quando a influência da temperatura é incluída,

Dependência da taxa
de deformação em
fluência em relação à
tensão e à temperatura
(em K)

$$\dot{\varepsilon}_r = K_2 \sigma^n \exp\left(-\frac{Q_f}{RT}\right) \tag{9.23}$$

em que K_2 e Q_f são constantes; Q_f é denominado *energia de ativação para fluência*. Além disso, R é a constante dos gases, 8,31 J/mol · K.

PROBLEMA-EXEMPLO 9.4

Cálculo da Taxa de Fluência Estacionária

A seguinte tabela fornece dados da taxa de fluência estacionária para o alumínio a 260 °C (533 K):

$\dot{\varepsilon}_r(h^{-1})$	$\sigma(MPa)$
$2,0 \times 10^{-4}$	3
3,65	25

Calcule a taxa de fluência estacionária sob uma tensão de 10 MPa e 260 °C.

Solução

Uma vez que a temperatura é constante (260 °C), a Equação 9.22 pode ser usada para resolver este problema. Uma forma mais útil dessa equação resulta da obtenção dos logaritmos naturais de ambos os lados.

$$\ln \dot{\varepsilon}_r = \ln K_1 + n \ln \sigma \tag{9.24}$$

O enunciado do problema nos fornece dois valores, tanto para $\dot{\varepsilon}_r$ quanto para σ; assim, podemos resolver para K_1 e n a partir de duas equações independentes. Utilizando os valores para esses dois parâmetros, é possível determinar sob uma tensão de 10 MPa.

Incorporando os dois conjuntos de dados à Equação 9.24 leva às duas seguintes expressões independentes:

$$\ln(2,0 \times 10^{-4}\,h^{-1}) = \ln K_1 + (n)\ln(3\,MPa)$$

$$\ln(3,65\,h^{-1}) = \ln K_1 + (n)\ln(25\,MPa)$$

Se subtrairmos a segunda equação da primeira, o termo $\ln K_1$ desaparece, o que fornece o seguinte:

$$\ln(2,0 \times 10^{-4}\,h^{-1}) - \ln(3,65\,h^{-1}) = (n)[\ln(3\,MPa) - \ln(25\,MPa)]$$

E resolvendo para n,

$$n = \frac{\ln(2,0 \times 10^{-4}\,h^{-1}) - \ln(3,65\,h^{-1})}{[\ln(3\,MPa) - \ln(25\,MPa)]} = 4,63$$

Agora é possível calcular K_1 pela substituição desse valor de n em qualquer uma das equações anteriores. Usando a primeira,

$$\ln K_1 = \ln(2,0 \times 10^{-4}\,h^{-1}) - (4,63)\ln(3\,MPa)$$

$$= -13,60$$

Portanto,

$$K_1 = \exp(-13,60) = 1,24 \times 10^{-6}$$

E, finalmente, resolvemos para $\dot{\varepsilon}_r$ em $\sigma = 10$ MPa incorporando esses valores de n e K_1 na Equação 9.22:

$$\dot{\varepsilon}_r = K_1 \sigma^n = (1,24 \times 10^{-6})(10\,MPa)^{4,63}$$

$$= 5,3 \times 10^{-2}\,h^{-1}$$

Vários mecanismos teóricos foram propostos para explicar o comportamento à fluência para vários materiais; esses mecanismos envolvem a difusão por lacunas induzida por tensão, a difusão do contorno de grão, o movimento de discordâncias e o escorregamento do contorno de grão. Cada mecanismo leva a um valor diferente do expoente de tensão n nas Equações 9.22 e 9.23. Tem sido possível elucidar o mecanismo da fluência para um material específico comparando o seu valor experimental de n com os valores estimados para os diferentes mecanismos. Além disso, foram feitas correlações entre a energia de ativação para a fluência (Q_f) e a energia de ativação para a difusão (Q_d, Equação 6.8).

Para alguns sistemas bem estudados, os dados de fluência dessa natureza são representados ilustrativamente na forma de diagramas tensão-temperatura, denominados *mapas de mecanismos de deformação*. Esses mapas indicam os regimes (ou áreas) tensão-temperatura ao longo dos quais os vários mecanismos operam. Com frequência, também são incluídos os contornos para taxas de deformação constante. Dessa forma, para determinada situação de fluência, dado o mapa apropriado dos mecanismos de deformação e quaisquer dois dos três parâmetros – temperatura, nível de tensão e taxa de deformação à fluência – o terceiro parâmetro pode ser determinado.

9.17 MÉTODOS DE EXTRAPOLAÇÃO DE DADOS

Com frequência, surge a necessidade de se obter dados de engenharia sobre a fluência cuja obtenção mediante ensaios normais em laboratório é impraticável. Isso é especialmente verdadeiro para exposições prolongadas (da ordem de anos). Uma solução para esse problema envolve a realização de ensaios de fluência e/ou de ruptura por fluência em temperaturas acima das necessárias, por períodos de tempo mais curtos, e sob um nível de tensão comparável, para então se fazer uma extrapolação apropriada para as reais condições de serviço. Um procedimento de extrapolação comumente utilizado emprega o parâmetro de Larson-Miller, m, definido como

O parâmetro de Larson-Miller – em termos da temperatura e do tempo de vida útil até a ruptura

$$m = T(C + \log t_r) \qquad (9.25)$$

em que C é uma constante (geralmente da ordem de 20), para T em Kelvin e o tempo de vida até a ruptura t_r em horas. O tempo de vida até a ruptura para determinado material, medido em um nível de tensão específico, varia com a temperatura tal que esse parâmetro permanece constante. Alternativamente, os dados podem ser traçados como o logaritmo da tensão em função do parâmetro de Larson-Miller, como mostrado na Figura 9.41. A utilização dessa técnica está demonstrada no exemplo de projeto, a seguir.

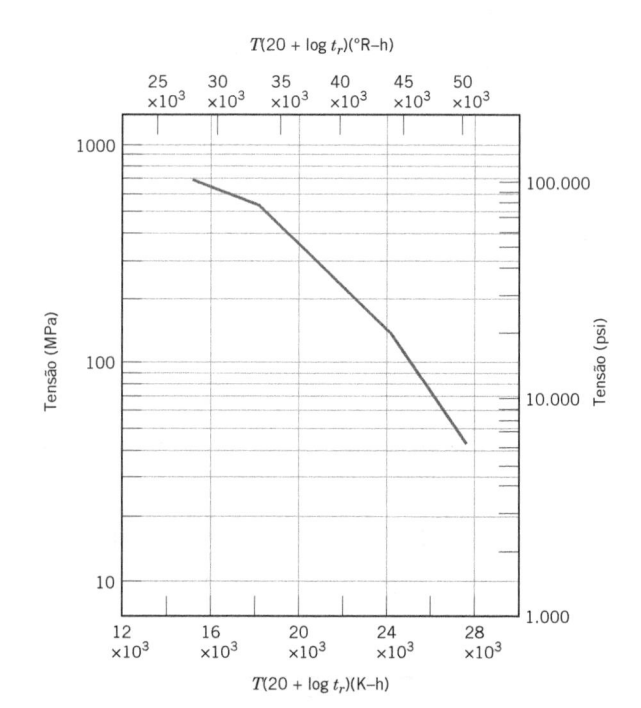

Figura 9.41 Gráfico do logaritmo da tensão em função do parâmetro de Larson-Miller para uma liga S-590.
(De F. R. Larson and J. Miller, *Trans. ASME*, **74**, 765, 1952. Reimpresso sob permissão da ASME.)

EXEMPLO DE PROJETO 9.2

Estimativa do Tempo de Vida até a Ruptura

Considerando os dados de Larson-Miller para a liga S-590 mostrados na Figura 9.41, estime o tempo de vida até a ruptura para um componente que está sujeito a uma tensão de 140 MPa (20.000 psi), a 800 °C (1073 K).

Solução

A partir da Figura 9.41, a 140 MPa (20.000 psi), o valor do parâmetro de Larson-Miller é de $24,0 \times 10^3$, para T em K e t_r em h; portanto,

$$24,0 \times 10^3 = T(20 + \log t_r)$$
$$= 1073(20 + \log t_r)$$

e, resolvendo para o tempo, obtemos

$$22,37 = 20 + \log t_r$$
$$t_r = 233 \text{ h (9,7 dias)}$$

9.18 LIGAS PARA USO EM ALTAS TEMPERATURAS

Vários fatores afetam as características à fluência dos metais. Eles incluem a temperatura de fusão, o módulo de elasticidade e o tamanho de grão. Em geral, quanto maior a temperatura de fusão, maior o módulo de elasticidade; quanto maior o tamanho do grão, melhor a resistência de um material à fluência. Em relação ao tamanho de grão, grãos menores possibilitam maior escorregamento dos contornos dos grãos, o que resulta em maiores taxas de fluência. Esse efeito pode ser contrastado com a influência do tamanho de grão sobre o comportamento mecânico em baixas temperaturas [isto é, o aumento tanto da resistência (Seção 8.9) quanto da tenacidade (Seção 9.8)].

Os aços inoxidáveis (Seção 13.2) e as superligas (Seção 13.3) são especialmente resistentes à fluência e são comumente empregados em aplicações que envolvem operação em altas temperaturas. A resistência à fluência das superligas é melhorada pela formação de soluções sólidas e também pela formação de precipitados. Além disso, técnicas avançadas de processamento têm sido utilizadas; uma dessas técnicas é a solidificação direcional, que produz ou grãos altamente alongados ou componentes monocristalinos (Figura 9.42).

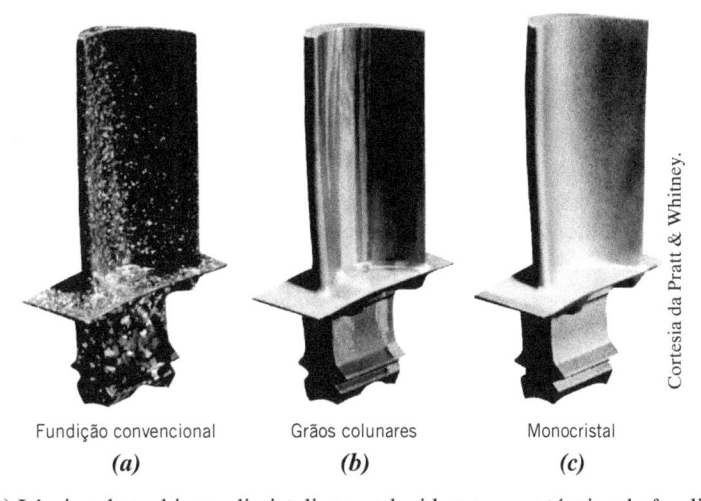

Cortesia da Pratt & Whitney.

Fundição convencional	Grãos colunares	Monocristal
(a)	*(b)*	*(c)*

Figura 9.42 (*a*) Lâmina de turbina policristalina produzida por uma técnica de fundição convencional. A resistência à fluência em altas temperaturas é melhorada como resultado de uma estrutura colunar dos grãos (*b*), a qual é produzida por uma técnica sofisticada de solidificação direcional. A resistência à fluência é melhorada ainda mais quando são usadas lâminas monocristalinas (*c*).

9.19 FLUÊNCIA EM MATERIAIS CERÂMICOS E POLIMÉRICOS

Com frequência, os materiais cerâmicos apresentam deformação por fluência como resultado de sua exposição a tensões (geralmente de compressão) em temperaturas elevadas. Em geral, o comportamento tempo-deformação em fluência dos cerâmicos é semelhante àquele exibido pelos metais (Figura 9.37); entretanto, nas cerâmicas a fluência ocorre em temperaturas mais elevadas.

Fluência viscoelástica é o termo usado para representar o fenômeno da fluência nos materiais poliméricos. Esse tópico está discutido na Seção 7.15.

RESUMO

Introdução
- As três causas usuais de uma falha são:
  - Seleção e processamento incorretos dos materiais
  - Projeto inadequado dos componentes
  - Mau uso dos componentes

Fundamentos da Fratura
- A fratura em resposta a uma carga de tração e em temperaturas relativamente baixas pode ocorrer de modo dúctil e frágil.
- A fratura dúctil é normalmente preferível, porque:
  - Medidas preventivas podem ser tomadas, pois a evidência de deformação plástica indica que a fratura é iminente.
  - É preciso mais energia para induzir a fratura dúctil que a fratura frágil.
- As trincas nos materiais dúcteis são *estáveis* (isto é, resistem à extensão, se não houver aumento na tensão aplicada).
- Nos materiais frágeis, as trincas são *instáveis* – isto é, uma vez que tenha início a propagação de uma trinca, ela continuará espontaneamente sem aumento no nível de tensão.

Fratura Dúctil
- Nos metais dúcteis, são possíveis dois perfis de fratura por tração:
  - O empescoçamento até uma fratura pontual quando a ductilidade é elevada (Figura 9.1a).
  - Apenas um empescoçamento moderado, com um perfil de fratura do tipo taça e cone (Figura 9.1b) quando o material é menos dúctil.

Fratura Frágil
- Nas *fraturas frágeis*, a superfície de fratura é relativamente plana e perpendicular à direção da carga de tração aplicada (Figura 9.1c).
- Nos materiais frágeis policristalinos, a propagação das trincas pode seguir uma trajetória *transgranular* (através dos grãos) ou *intergranular* (entre os grãos).

Princípios da Mecânica da Fratura
- A discrepância significativa entre as resistências à fratura real e teórica dos materiais frágeis é explicada pela existência de pequenos defeitos, capazes de amplificar uma tensão de tração aplicada em sua vizinhança, acarretando, por fim, a formação de uma trinca. A fratura inicia quando a resistência coesiva teórica é excedida na extremidade de um desses defeitos.
- A tensão máxima que pode existir na extremidade de uma trinca (orientada como na Figura 9.8a) depende do comprimento e do raio da extremidade da trinca, assim como da tensão de tração aplicada, de acordo com a Equação 9.1.
- Os cantos vivos também podem atuar como pontos de concentração de tensões e devem ser evitados quando se projetam estruturas que estejam sujeitas a tensões.
- Existem três modos de deslocamento de trincas (Figura 9.10): abertura (tração), cisalhamento e rasgamento.
- Uma condição de deformação plana é encontrada quando a espessura da amostra é muito maior que o comprimento da trinca – isto é, quando não há nenhum componente de deformação perpendicular às faces da amostra.
- A tenacidade à fratura de um material é indicativo de sua resistência à fratura frágil quando uma trinca está presente. Para a situação de deformação plana (e no modo I de carregamento), ela

depende da tensão aplicada, do comprimento da trinca e do parâmetro de escala adimensional Y, conforme representado na Equação 9.5.

- K_{Ic} é o parâmetro normalmente citado para fins de projeto; seu valor é relativamente grande para os materiais dúcteis (e pequeno para os materiais frágeis) e é uma função da microestrutura, da taxa de deformação e da temperatura.
- Em relação a projetar contra a possibilidade de fratura, devem ser feitas considerações sobre o material (sua tenacidade à fratura), o nível de tensão e o limite de detecção do tamanho de um defeito.

Fratura Frágil das Cerâmicas
- Para os materiais cerâmicos, as microtrincas, cuja presença é muito difícil de controlar, resultam na amplificação das tensões de tração aplicadas e são responsáveis por resistências à fratura relativamente baixas (resistências à flexão).
- Há uma variação considerável na resistência à fratura para as amostras de um material específico, uma vez que o tamanho de um defeito iniciador de trinca varia de amostra para amostra.
- Essa amplificação de tensões não ocorre com as cargas de compressão; consequentemente, as cerâmicas são mais resistentes em compressão.
- A análise fractográfica da superfície de fratura de um material cerâmico pode revelar a localização e a fonte do defeito que produziu uma trinca (Figura 9.16).

Fratura de Polímeros
- As resistências à fratura dos materiais poliméricos são baixas em comparação com as resistências dos metais e das cerâmicas.
- São possíveis os modos de fratura frágil e dúctil.
- Alguns materiais termoplásticos apresentam transição dúctil-frágil com redução da temperatura, aumento na taxa de deformação e/ou alteração na espessura ou na geometria da amostra.
- Em alguns termoplásticos, o processo de formação de trincas pode ser precedido por fibrilação; as *fibrilas* são regiões com deformação localizada e microvazios (Figura 9.17).
- A fibrilação pode levar a um aumento na ductilidade e na tenacidade do material.

Ensaios de Tenacidade à Fratura
- Três fatores que podem fazer com que um metal apresente uma transição dúctil-frágil são: exposição a tensões sob temperaturas relativamente baixas, taxas de deformação elevadas e presença de um entalhe afilado.
- Qualitativamente, o comportamento à fratura dos materiais pode ser determinado empregando as técnicas de ensaio de impacto Charpy e Izod (Figura 9.19).
- Com base na dependência da energia de impacto medida em relação à temperatura (ou da aparência da superfície de fratura), é possível afirmar se um material apresenta transição dúctil-frágil, se isso ocorre, e a faixa de temperaturas ao longo da qual ocorre essa transição.
- Os aços de baixa resistência tipificam esse comportamento dúctil-frágil e, em aplicações estruturais, eles devem ser usados em temperaturas acima da faixa de transição. Além disso, os metais CFC de baixa resistência, a maioria dos metais HC e os materiais de alta resistência não apresentam essa transição dúctil-frágil.
- Para os aços de baixa resistência, a temperatura da transição dúctil-frágil pode ser reduzida pela diminuição no tamanho do grão e pela redução no teor de carbono.

Fadiga
- A fadiga é um tipo comum de falha catastrófica na qual o nível da tensão aplicada oscila ao longo do tempo; ela ocorre quando o nível da tensão máxima pode ser consideravelmente menor que o limite de resistência à tração ou o limite de escoamento estáticos.

Tensões Cíclicas
- As tensões flutuantes são classificadas em três modos genéricos do ciclo das tensões em função do tempo: alternada, repetida e aleatória (Figura 9.24). Os modos de tensão alternada e repetida são caracterizados em termos de uma tensão média, de um intervalo de tensões e de uma amplitude de tensão.

Curva S–N
- Os dados de ensaios são traçados na forma da tensão (normalmente, a amplitude de tensão) em função do logaritmo do número de ciclos até a falha.

- Para muitos metais e ligas, a tensão diminui continuamente com o aumento do número de ciclos até a falha; a resistência à fadiga e a vida em fadiga são os parâmetros usados para caracterizar o comportamento em fadiga desses materiais (Figura 9.26*b*).

- Para outros metais (por exemplo, ligas ferrosas e de titânio), em determinado ponto a tensão deixa de diminuir com o número de ciclos, tornando-se independente desse parâmetro; o comportamento em fadiga desses materiais é expresso em termos do limite de resistência à fadiga (Figura 9.26*a*).

Iniciação e Propagação de Trincas

- As trincas de fadiga normalmente se nucleiam na superfície de um componente em algum ponto de concentração de tensões.

- Dois aspectos característicos da superfície de fadiga são as marcas de praia e as estrias.

  As *marcas de praia* se formam em componentes que apresentam interrupções na aplicação da tensão; normalmente, elas podem ser observadas a olho nu.

  As *estrias* de fadiga têm dimensões microscópicas e considera-se que cada uma delas representa a distância de avanço da extremidade da trinca devido a um único ciclo de aplicação de carga.

Fatores que Afetam a Vida em Fadiga

- Medidas que podem ser tomadas para estender a vida em fadiga incluem as seguintes:

  Redução no nível da tensão média.

  Eliminação de descontinuidades superficiais afiladas.

  Melhoria do acabamento superficial por polimento.

  Imposição de tensões residuais de compressão na superfície por meio de jateamento.

  Endurecimento da camada superficial usando um processo de cementação ou de nitretação.

Efeitos do Ambiente

- Tensões térmicas podem ser induzidas em componentes expostos a flutuações de temperatura elevadas e quando a expansão e/ou a contração térmica é restringida; a fadiga sob essas condições é denominada *fadiga térmica*.

- A presença de um ambiente quimicamente ativo pode levar a uma redução na vida em fadiga devido à fadiga associada à corrosão. Medidas que podem ser tomadas para prevenir esse tipo de fadiga incluem as seguintes:

  Aplicação de um revestimento superficial.

  Uso de um material mais resistente à corrosão.

  Redução da corrosividade do ambiente.

  Redução do nível de tensão de tração aplicada.

  Imposição de tensões de compressão residuais na superfície da amostra.

Comportamento Geral em Fluência

- A deformação plástica dependente do tempo de metais sujeitos a uma carga (ou tensão) constante e em temperaturas superiores a aproximadamente $0{,}4T_f$ é denominada fluência.

- Uma curva típica de fluência (deformação em função do tempo) exibe normalmente três regiões distintas (Figura 9.37): transiente (ou primária), estacionária (ou secundária) e terciária.

- Os parâmetros de projeto importantes disponíveis de um desses gráficos incluem a taxa de fluência estacionária (a inclinação da curva na região linear) e o tempo de vida até a ruptura (Figura 9.37).

Efeitos da Tensão e da Temperatura

- Tanto a temperatura quanto o nível da tensão aplicada influenciam o comportamento em fluência. O aumento de qualquer um desses parâmetros produz os seguintes efeitos:

  Um aumento na deformação instantânea inicial.

  Um aumento na taxa de fluência estacionária.

  Uma diminuição no tempo de vida até a ruptura.

- Foi apresentada uma expressão analítica que relaciona $\dot{\varepsilon}_r$ tanto à temperatura quanto à tensão – veja a Equação 9.23.

Métodos de
Extrapolação de
Dados
- A extrapolação dos dados de ensaios de fluência para regimes a temperaturas mais baixas e/ou tempos mais longos é possível com o auxílio de um gráfico do logaritmo da tensão em função do parâmetro de Larson-Miller para a liga em questão (Figura 9.41).

Ligas para Uso em
Altas Temperaturas
- As ligas metálicas especialmente resistentes à fluência apresentam módulos de elasticidade e temperaturas de fusão elevados; essas ligas incluem as superligas, os aços inoxidáveis e os metais refratários. Várias técnicas de processamento são empregadas para melhorar as propriedades à fluência desses materiais.

Resumo das Equações

Número da Equação	Equação	Resolvendo para
9.1	$\sigma_m = 2\sigma_0\left(\dfrac{a}{\rho_e}\right)^{1/2}$	Tensão máxima na extremidade de uma trinca com forma elíptica
9.4	$K_c = Y\sigma_c\sqrt{\pi a}$	Tenacidade à fratura
9.5	$K_{lc} = Y\sigma\sqrt{\pi a}$	Tenacidade à fratura em deformação plana
9.6	$\sigma_c = \dfrac{K_{lc}}{Y\sqrt{\pi a}}$	Tensão de projeto (ou crítica)
9.7	$a_c = \dfrac{1}{\pi}\left(\dfrac{K_{lc}}{\sigma Y}\right)^2$	Tamanho máximo admissível para um defeito
9.12	$\sigma_m = \dfrac{\sigma_{máx} + \sigma_{mín}}{2}$	Tensão média (ensaios de fadiga)
9.13	$\sigma_i = \sigma_{máx} - \sigma_{mín}$	Intervalo de tensões (ensaios de fadiga)
9.14	$\sigma_a = \dfrac{\sigma_{máx} - \sigma_{mín}}{2}$	Amplitude de tensão (ensaios de fadiga)
9.15	$R = \dfrac{\sigma_{mín}}{\sigma_{máx}}$	Razão de tensões (ensaios de fadiga)
9.16	$\sigma = \dfrac{16FL}{\pi d_0^3}$	Tensão máxima para ensaios de fadiga por rotação-flexão
9.21	$\sigma = \alpha_l E \Delta T$	Tensão térmica
9.22	$\dot{\varepsilon}_r = K_1\sigma^n$	Taxa de fluência estacionária (temperatura constante)
9.23	$\dot{\varepsilon}_r = K_2\sigma^n \exp\left(-\dfrac{Q_f}{RT}\right)$	Taxa de fluência estacionária
9.25	$m = T(C + \log t_r)$	Parâmetro de Larson-Miller

Lista de Símbolos

Símbolo	Significado
a	Comprimento de uma trinca superficial
C	Constante de fluência; normalmente tem um valor de aproximadamente 20 (para T em K e t_r em h)
d_0	Diâmetro de um corpo de prova cilíndrico
E	Módulo de elasticidade
F	Carga máxima aplicada (ensaio de fadiga)

Símbolo	Significado
K_1, K_2, n	Constantes de fluência que são independentes da tensão e da temperatura
L	Distância entre os pontos de suporte da carga (ensaio de fadiga por rotação-flexão)
Q_f	Energia de ativação para a fluência
R	Constante dos gases (8,31 J/mol · K)
T	Temperatura absoluta
ΔT	Diferença ou variação na temperatura
t_r	Tempo de vida até a ruptura
Y	Parâmetro ou função adimensional
α_l	Coeficiente linear de expansão térmica
ρ_e	Raio da extremidade da trinca
σ	Tensão aplicada; tensão máxima (ensaio de fadiga por rotação-flexão)
σ_0	Tensão de tração aplicada
$\sigma_{máx}$	Tensão máxima (cíclica)
$\sigma_{mín}$	Tensão mínima (cíclica)

Termos e Conceitos Importantes

concentrador de tensões
deformação plana
endurecimento da camada superficial
energia de impacto
ensaio Charpy
ensaio Izod
fadiga
fadiga associada à corrosão

fadiga térmica
fluência
fratura dúctil
fratura frágil
fratura intergranular
fratura transgranular
limite de resistência à fadiga

mecânica da fratura
resistência à fadiga
tenacidade à fratura
tenacidade à fratura em deformação
plana
transição dúctil-frágil
vida em fadiga

REFERÊNCIAS

ASM Handbook, Vol. 11, *Failure Analysis and Prevention*, ASM International, Materials Park, OH, 2002.

ASM Handbook, Vol. 12, *Fractography*, ASM International, Materials Park, OH, 1987.

ASM Handbook, Vol. 19, *Fatigue and Fracture*, ASM International, Materials Park, OH, 1996.

Boyer, H. E. (Editor), *Atlas of Creep and Stress-Rupture Curves*, ASM International, Materials Park, OH, 1988.

Boyer, H. E. (Editor), *Atlas of Fatigue Curves*, ASM International, Materials Park, OH, 1986.

Brooks, C. R., and A. Choudhury, *Failure Analysis of Engineering Materials*, McGraw-Hill, New York, 2002.

Colangelo, V. J., and F. A. Heiser, *Analysis of Metallurgical Failures*, 2nd edition, Wiley, New York, 1987.

Collins, J. A., *Failure of Materials in Mechanical Design*, 2nd edition, Wiley, New York, 1993.

Dennies, D. P., *How to Organize and Run a Failure Investigation*, ASM International, Materials Park, OH, 2005.

Dieter, G. E., *Mechanical Metallurgy*, 3rd edition, McGraw-Hill, New York, 1986.

Esaklul, K. A., *Handbook of Case Histories in Failure Analysis*, ASM International, Materials Park, OH, 1992 and 1993. Em dois volumes.

Fatigue Data Book: Light Structural Alloys, ASM International, Materials Park, OH, 1995.

Hertzberg, R. W., R. P. Vinci, and J. L. Hertzberg, *Deformation and Fracture Mechanics of Engineering Materials*, 5th edition, Wiley, Hoboken, NJ, 2013.

Liu, A. F., *Mechanics and Mechanisms of Fracture: An Introduction*, ASM International, Materials Park, OH, 2005.

McEvily, A. J., *Metal Failures: Mechanisms, Analysis, Prevention*, 2nd edition, Wiley, Hoboken, NJ, 2013.

Stevens, R. I., A. Fatemi, R. R. Stevens, and H. O. Fuchs, *Metal Fatigue in Engineering*, 2nd edition, Wiley, New York, 2001.

Wachtman, J. B., W. R. Cannon, and M. J. Matthewson, *Mechanical Properties of Ceramics*, 2nd edition, Wiley, Hoboken, NJ, 2009.

Ward, I. M., and J. Sweeney, *Mechanical Properties of Solid Polymers*, 3rd edition, Wiley, Chichester, UK, 2013.

Wulpi, D. J., and B. Miller, *Understanding How Components Fail*, 3rd edition, ASM International, Materials Park, OH, 2013.

PERGUNTAS E PROBLEMAS

Princípios da Mecânica da Fratura

9.1 Qual é a magnitude da tensão máxima que existe na extremidade de uma trinca interna com raio de curvatura de $1,9 \times 10^{-4}$ mm ($7,5 \times 10^{-6}$ in) e comprimento de trinca de $3,8 \times 10^{-2}$ mm ($1,5 \times 10^{-3}$ in) quando uma tensão de tração de 140 MPa (20.000 psi) é aplicada?

9.2 Estime a resistência à fratura teórica de um material frágil quando se sabe que a fratura ocorre pela propagação de uma trinca superficial com formato elíptico, com comprimento de 0,5 mm (0,02 in) e raio de curvatura na extremidade de 5×10^{-3} mm (2×10^{-4} in), quando é aplicada uma tensão de 1035 MPa (150.000 psi).

9.3 Se a energia de superfície específica para o óxido de alumínio é de 0,90 J/m^2, calcule, usando os dados da Tabela 7.1, a tensão crítica necessária para a propagação de uma trinca interna com comprimento de 0,40 mm.

9.4 Um componente em MgO não deve falhar quando for aplicada uma tensão de tração de 13,5 MPa (1960 psi). Determine o comprimento máximo admissível para uma trinca superficial, se a energia de superfície do MgO é de 1,0 J/m^2. Os dados encontrados na Tabela 7.1 podem ser úteis.

9.5 Um corpo de prova de um aço 4340 com uma tenacidade à fratura em deformação plana de 54,8 MPa $\sqrt{m}$ (50 ksi $\sqrt{in}$ está exposto a uma tensão de 1030 MPa (150.000 psi). Esse corpo de prova irá fraturar se a maior trinca superficial existente possuir 0,5 mm (0,02 in) de comprimento? Por que sim, ou por que não? Assuma que o valor do parâmetro Y seja de 1,0.

9.6 Um componente de uma aeronave é fabricado a partir de uma liga de alumínio que tem uma tenacidade à fratura em deformação plana de 40 MPa $\sqrt{m}$ (36,4 ksi $\sqrt{in}$). Determinou-se que a fratura ocorre em um nível de tensão de 300 MPa (43.500 psi) quando o comprimento máximo (ou crítico) de uma trinca interna for de 4,0 mm (0,16 in). Para esse mesmo componente e essa mesma liga, haverá fratura sob um nível de tensão de 260 MPa (38.000 psi) quando o comprimento máximo de uma trinca interna for de 6,0 mm (0,24 in)? Por que sim, ou por que não?

9.7 Suponha que um componente da asa de um avião seja fabricado a partir de uma liga de alumínio que tem uma tenacidade à fratura em deformação plana de 26,0 MPa $\sqrt{m}$ (23,7 ksi $\sqrt{in}$). Foi determinado que a fratura ocorre sob um nível de tensão de 112 MPa (16.240 psi) quando o comprimento máximo de uma trinca interna é de 8,6 mm (0,34 in). Para esse mesmo componente e essa mesma liga, calcule o nível de tensão sob o qual a fratura ocorrerá para um comprimento crítico de trinca interna de 6,0 mm (0,24 in).

9.8 Um componente estrutural é fabricado a partir de uma liga com uma tenacidade à fratura em deformação plana de 62 MPa $\sqrt{m}$. Foi determinado que esse componente falha em uma tensão de 250 MPa quando o comprimento máximo de uma trinca superficial é de 1,6 mm. Qual é o comprimento máximo admissível para uma trinca superficial (em mm) sem ocorrência de fratura para esse mesmo componente exposto a uma tensão de 250 MPa e feito de outra liga com tenacidade à fratura em deformação plana de 51 MPa $\sqrt{m}$?

9.9 Uma grande chapa é fabricada a partir de um aço que tem uma tenacidade à fratura em deformação plana de 82,4 MPa $\sqrt{m}$ (75,0 ksi $\sqrt{in}$). Se durante o uso em serviço a chapa é exposta a uma tensão de tração de 345 MPa (50.000 psi), determine o comprimento mínimo de uma trinca superficial que causará fratura. Considere um valor de 1,0 para Y.

9.10 Calcule o comprimento máximo admissível para uma trinca interna em um componente feito de uma liga de titânio Ti-6Al-4V (Tabela 9.1) que está sob uma tensão equivalente à metade de seu limite de escoamento. Considere que o valor de Y é 1,50.

9.11 Um componente estrutural na forma de uma chapa com grande largura deve ser fabricado a partir de um aço com tenacidade à fratura em deformação plana de 98,9 MPa $\sqrt{m}$ (90,1 ksi $\sqrt{in}$) e um limite de escoamento de 860 MPa (125.000 psi). O limite de resolução de um equipamento para detecção do tamanho de defeitos é de 3,0 mm (0,12 in). Se a tensão de projeto é de metade do limite de escoamento e se o valor de Y é 1,0, determine se um defeito crítico para essa chapa está sujeito à detecção.

9.12 Após consultar outras referências, escreva um breve relatório sobre uma ou duas técnicas de ensaio não destrutivas que sejam usadas para detectar e medir defeitos internos e/ou superficiais em ligas metálicas.

Fratura das Cerâmicas

Fratura de Polímeros

9.13 Explique sucintamente:

(a) Por que pode haver dispersão significativa na resistência à fratura para alguns materiais cerâmicos?

(b) Por que a resistência à fratura aumenta com a diminuição no tamanho da amostra?

9.14 O limite de resistência à tração de materiais frágeis pode ser determinado usando uma variação da Equação 9.1. Calcule o raio crítico na extremidade de uma trinca para uma amostra de vidro que sofre fratura por tração quando uma tensão de 70 MPa (10.000 psi) é aplicada. Considere um comprimento crítico da trinca superficial de 10^{-2} mm e uma resistência à fratura teórica de $E/10$, em que E é o módulo de elasticidade.

9.15 A resistência à fratura do vidro pode ser aumentada por um ataque químico para a remoção de uma fina camada superficial. Acredita-se que o ataque químico possa alterar a geometria das trincas superficiais (isto é, reduzir o comprimento da trinca e aumentar o raio da extremidade da trinca). Calcule a razão entre os raios da extremidade da trinca após o ataque químico e original para um aumento de quatro vezes na resistência à fratura, se metade do comprimento da trinca for removida.

9.16 Cite cinco fatores que favorecem a fratura frágil para os polímeros termoplásticos.

Ensaios de Tenacidade à Fratura

9.17 Os dados tabelados a seguir foram coletados de uma série de ensaios de impacto Charpy em um aço 4340 revenido.

Temperatura (°C)	Energia de Impacto (J)
0	105
–25	104
–50	103
–75	97
–100	63
–113	40
–125	34
–150	28
–175	25
–200	24

(a) Trace os dados na forma da energia de impacto em função da temperatura.

(b) Determine a temperatura de transição dúctil-frágil como a temperatura correspondente à média entre as energias de impacto máxima e mínima.

(c) Determine a temperatura de transição dúctil-frágil como a temperatura na qual a energia de impacto é de 50 J.

9.18 Os dados listados a seguir foram coletados de uma série de ensaios de impacto Charpy em um aço comercial com baixo teor de carbono.

Temperatura (°C)	Energia de Impacto (J)
50	76
40	76
30	71
20	58
10	38
0	23
–10	14
–20	9
–30	5
–40	1,5

(a) Trace os dados na forma da energia de impacto em função da temperatura.

(b) Determine a temperatura de transição dúctil-frágil como a temperatura correspondente à média entre as energias de impacto máxima e mínima.

(c) Determine a temperatura de transição dúctil-frágil como a temperatura na qual a energia de impacto é de 20 J.

9.19 Qual é o maior teor de carbono possível para um aço-carbono comum que deve ter uma energia de impacto de pelo menos 200 J a –50 °C?

Tensões Cíclicas

Curva S–N

Fadiga em Materiais Poliméricos

9.20 Realizou-se um ensaio de fadiga no qual a tensão média era de 70 MPa (10.000 psi) e a amplitude de tensão era de 210 MPa (30.000 psi).

(a) Calcule os níveis de tensão máximo e mínimo.

(b) Calcule a razão entre as tensões.

(c) Calcule a magnitude do intervalo de tensões.

9.21 Uma barra cilíndrica de ferro fundido nodular é submetida a um ensaio alternado de rotação-flexão; os resultados do ensaio (isto é, o comportamento *S–N*) estão mostrados na Figura 9.27. Se o diâmetro da barra é de 9,5 mm, determine a carga cíclica máxima que pode ser aplicada para assegurar que não haverá falha por fadiga. Considere um fator de segurança de 2,25 e que a distância entre os pontos de suporte da carga é de 55,5 mm.

9.22 Uma barra cilíndrica de aço 4340 é submetida a tensões alternadas de rotação-flexão, gerando os resultados apresentados na Figura 9.27. Se a carga máxima aplicada é de 5000 N, calcule o diâmetro mínimo admissível da barra para assegurar que não haverá falha por fadiga. Considere um fator de segurança de 2,25 e que a distância entre os pontos de suporte da carga é de 55,5 mm.

9.23 Uma barra cilíndrica em liga de alumínio 2014-T6 é submetida a ciclos de tensões de compressão-tração ao longo de seu eixo; os resultados desses ensaios estão mostrados na Figura 9.27. Se o diâmetro da barra é de 12,0 mm, calcule a máxima amplitude de carga admissível (em N) para assegurar que não haverá falha por fadiga em 10^7 ciclos. Considere um fator de segurança de 3,0, que os dados na Figura 9.27 foram coletados para ensaios de tensões axiais alternadas de tração-compressão e que *S* é a amplitude de tensão.

9.24 Uma barra cilíndrica com 6,7 mm de diâmetro fabricada a partir de um latão 70Cu-30 Zn é submetida a ciclos de aplicação de cargas de rotação-flexão; os resultados dos ensaios (na forma de comportamento *S–N*) estão mostrados na Figura 9.27. Se as cargas máxima e mínima são de +120 N e –120 N, respectivamente, determine sua vida em fadiga. Considere que a separação entre os pontos de suporte de carga é de 67,5 mm.

9.25 Uma barra cilíndrica com 14,7 mm de diâmetro, fabricada a partir de uma liga de titânio Ti-5Al-2,5Sn (Figura 9.27), é submetida a ciclos de aplicação de cargas repetidas de tração-compressão ao longo de seu eixo. Calcule as cargas máxima e mínima que devem ser aplicadas para produzir uma vida em fadiga de $1,0 \times 10^6$ ciclos. Considere que os dados na Figura 9.27 foram tomados para ensaios com cargas de tração-compressão axiais repetidas, que a tensão traçada no eixo vertical é a amplitude de tensão e que os dados foram obtidos para uma tensão média de 50 MPa.

9.26 Os dados em fadiga para um latão estão listados na tabela a seguir:

Amplitude da Tensão (MPa)	Ciclos até a Falha
170	$3,7 \times 10^4$
148	$1,0 \times 10^5$
130	$3,0 \times 10^5$
114	$1,0 \times 10^6$
92	$1,0 \times 10^7$
80	$1,0 \times 10^8$
74	$1,0 \times 10^9$

(a) Trace um gráfico S–N (amplitude da tensão em função do logaritmo do número de ciclos até a falha) usando esses dados.

(b) Determine a resistência à fadiga para 4×10^6 ciclos.

(c) Determine a vida em fadiga para 120 MPa.

9.27 Suponha que os dados em fadiga para o latão, no Problema 9.26, foram obtidos a partir de ensaios de flexão-rotação e que uma barra dessa liga deve ser usada em um eixo de automóvel que gira a uma velocidade média de 1800 revoluções por minuto. Determine a máxima amplitude de tensão de flexão que é possível para cada uma das seguintes vidas úteis da barra:

(a) 1 ano

(b) 1 mês

(c) 1 dia

(d) 1 hora.

9.28 Os dados em fadiga para um aço são os seguintes:

Amplitude da Tensão [MPa (ksi)]	Ciclos até a Falha
470 (68,0)	10^4
440 (63,4)	3×10^4
390 (56,2)	10^5
350 (51,0)	3×10^5
310 (45,3)	10^6
290 (42,2)	3×10^6
290 (42,2)	10^7
290 (42,2)	10^8

(a) Trace um gráfico S–N (amplitude de tensão em função do logaritmo do número de ciclos até a falha) usando esses dados.

(b) Qual é o limite de resistência à fadiga para essa liga?

(c) Determine as vidas úteis em fadiga para as amplitudes de tensão de 415 MPa (60.000 psi) e 275 MPa (40.000 psi).

(d) Estime as resistências à fadiga a 2×10^4 e 6×10^5 ciclos.

9.29 Suponha que os dados em fadiga para o aço no Problema 9.28 foram obtidos a partir de ensaios de flexão-rotação e que uma barra dessa liga deve ser utilizada em um eixo de automóvel que gira a uma velocidade de rotação média de 600 revoluções por minuto. Determine as vidas úteis máximas admissíveis para direção contínua sob os seguintes níveis de tensão:

(a) 450 MPa (65.000 psi)

(b) 380 MPa (55.000 psi)

(c) 310 MPa (45.000 psi)

(d) 275 MPa (40.000 psi).

9.30 Três corpos de prova de fadiga idênticos (identificados como A, B e C) são fabricados a partir de uma liga não ferrosa. Cada um dos corpos de prova é submetido a um dos ciclos de tensão máxima-tensão mínima listados na tabela a seguir; as frequências são as mesmas nos três ensaios.

Corpo de Prova	$\sigma_{máx}$ (MPa)	$\sigma_{mín}$ (MPa)
A	+450	−150
B	+300	−300
C	+500	−200

(a) Classifique as vidas em fadiga desses três corpos de prova, da mais longa para a mais curta.

(b) Justifique, agora, essa classificação usando um gráfico S-N esquemático.

9.31 **(a)** Compare os limites de resistência à fadiga para o PMMA (Figura 9.29) e o aço 1045 para o qual foram fornecidos os dados à fadiga na Figura 9.27.

(b) Compare as resistências à fadiga em 10^6 ciclos para o náilon 6 (Figura 9.29) e a liga de alumínio 2014-T6 (Figura 9.27).

9.32 Cite cinco fatores que podem levar à dispersão nos dados para a vida em fadiga.

Iniciação e Propagação de Trincas

Fatores que Afetam a Vida em Fadiga

9.33 Explique sucintamente a diferença entre as estrias de fadiga e as marcas de praia em termos de **(a)** suas dimensões e **(b)** suas origens.

9.34 Liste quatro medidas que podem ser tomadas para aumentar a resistência à fadiga de uma liga metálica.

Comportamento Geral da Fluência

9.35 Indique a temperatura aproximada na qual a deformação em fluência torna-se uma consideração importante para cada um dos seguintes metais: estanho, molibdênio, ferro, ouro, zinco e cromo.

9.36 Os seguintes dados em fluência foram obtidos para uma liga de alumínio a 480 °C (900 °F) e a uma tensão constante de 2,75 MPa (400 psi). Trace um gráfico da deformação em função do tempo e então determine a taxa de fluência estacionária, ou taxa de fluência mínima. *Observação*: A deformação inicial e instantânea não está incluída.

Tempo (min)	Deformação	Tempo (min)	Deformação
0	0,00	18	0,82
2	0,22	20	0,88
4	0,34	22	0,95
6	0,41	24	1,03
8	0,48	26	1,12
10	0,55	28	1,22
12	0,62	30	1,36
14	0,68	32	1,53
16	0,75	34	1,77

Efeitos da Tensão e da Temperatura

9.37 Um corpo de prova, com 975 mm (38,4 in) de comprimento, de uma liga S-590 (Figura 9.40) deve ser exposto a uma tensão de tração de 300 MPa (43.500 psi) a 730 °C (1350 °F). Determine seu alongamento após 4,0 h, considerando que o valor total do alongamento instantâneo e do alongamento da fluência primária seja de 2,5 mm (0,10 in).

9.38 Qual é a carga de tração necessária para produzir um alongamento total de 52,7 mm (2,07 in) após 1150 h a 650 °C (1200 °F) para um corpo de prova cilíndrico da liga S-590 (Figura 9.40) originalmente com 14,5 mm (0,57 in) de diâmetro e 400 mm (15,7 in) de comprimento? Considere que a soma dos alongamentos instantâneo e da fluência primária seja de 4,3 mm (0,17 in).

9.39 Um componente cilíndrico com 50 mm de comprimento e construído a partir de uma liga S-590 (Figura 9.40) deve ser exposto a uma carga de tração de 70.000 N. Qual é o diâmetro mínimo necessário para que ele não apresente um alongamento maior do que 8,2 mm após uma exposição de 1500 h a 650 °C? Considere que a soma dos alongamentos instantâneos e da fluência primária seja de 0,6 mm.

9.40 Um corpo de prova cilíndrico com 13,2 mm de diâmetro e feito da liga S-590 deve ser exposto a uma carga de tração de 27.000 N. Em aproximadamente qual temperatura a fluência estacionária é de 10^{-3} h^{-1}?

9.41 Estime o tempo de vida até a ruptura, se um componente fabricado de uma liga S-590 (Figura 9.39) deve ser exposto a uma tensão de tração de 100 MPa (14.500 psi) a 815 °C (1500 °F).

9.42 Um componente cilíndrico construído de uma liga S-590 (Figura 9.39) tem um diâmetro de 14,5 mm (0,57 in). Determine a carga máxima que pode ser aplicada para que esse componente sobreviva 10 h a 925 °C (1700 °F).

9.43 Um componente cilíndrico construído de uma liga S-590 (Figura 9.39) deve ser exposto a uma carga de tração de 20.000 N. Qual é o diâmetro mínimo necessário para que ele apresente um tempo de vida até a ruptura de pelo menos 100 h a 925 °C?

9.44 A partir da Equação 9.22, se o logaritmo de $\dot{\varepsilon}_r$ for traçado em função do logaritmo de σ, o resultado deverá ser uma linha reta, cuja inclinação é o expoente de tensão n. Usando a Figura 9.40, determine o valor de n para a liga S-590 a 925 °C e para os segmentos de linha reta iniciais (para as temperaturas mais baixas) a 650 °C, 730 °C e 815 °C.

9.45 (a) Estime a energia de ativação para a fluência (isto é, Q_f na Equação 9.23) para a liga S-590 que apresenta o comportamento de fluência estacionária mostrado na Figura 9.40. Use os dados obtidos sob um nível de tensão de 300 MPa (43.500 psi) e as temperaturas de 650 °C e 730 °C. Considere que o expoente de tensão n é independente da temperatura.

(b) Estime $\dot{\varepsilon}_r$ para 600 °C (873 K) e 300 MPa.

9.46 Na tabela a seguir são fornecidos os dados para a taxa de fluência estacionária do níquel a 538 °C (811 K):

$\dot{\varepsilon}_r$ (h^{-1})	$\sigma (MPa)$
10^{-7}	22,0
10^{-6}	36,1

Calcule a tensão na qual a fluência estacionária é de 10^{-5} h^{-1} (também a 538 °C).

9.47 Na tabela a seguir são fornecidos os dados para a taxa de fluência estacionária de determinada liga a 200 °C (473 K):

$\dot{\varepsilon}_r$ (h^{-1})	$\sigma [MPa\ (psi)]$
$2,5 \times 10^{-3}$	55 (8000)
$2,4 \times 10^{-2}$	69 (10.000)

Se a energia de ativação para a fluência é de 140.000 J/mol, calcule a taxa de fluência estacionária a uma temperatura de 250 °C (523 K) e sob um nível de tensão de 48 MPa (7000 psi).

9.48 Os dados obtidos para a fluência estacionária de uma liga ferrosa sob um nível de tensão de 140 MPa (20.000 psi) são os seguintes:

$\dot{\varepsilon}_r$ (h^{-1})	$T (K)$
$6,6 \times 10^{-4}$	1090
$8,8 \times 10^{-2}$	1200

Se o valor do expoente de tensão n para essa liga vale 8,5, calcule a taxa de fluência estacionária a 1300 K e sob um nível de tensão de 83 MPa (12.000 psi).

9.49 (a) Utilizando a Figura 9.39, calcule o tempo de vida até a ruptura para uma liga S-590 exposta a uma tensão de tração de 400 MPa a 815 °C.

(b) Compare esse valor com aquele determinado a partir do gráfico de Larson-Miller na Figura 9.41, que é para essa mesma liga S-590.

Ligas para Uso em Altas Temperaturas

9.50 Cite três técnicas metalúrgicas/de processamento que são empregadas para melhorar a resistência à fluência de ligas metálicas.

Problemas com Planilha Eletrônica

9.1PE Considerando um conjunto de dados para a amplitude de tensão e o número de ciclos até a falha em fadiga, desenvolva uma planilha eletrônica que permita ao usuário gerar um gráfico de *S* em função do logaritmo de *N*.

9.2PE Supondo um conjunto de dados para a deformação em fluência e o tempo, desenvolva uma planilha eletrônica que permita ao usuário gerar um gráfico da deformação em função do tempo e então calcular a taxa de fluência estacionária.

PROBLEMAS DE PROJETO

9.P1 Cada aluno (ou grupo de alunos) deve obter um objeto/estrutura/componente que tenha falhado. Ele pode vir de casa, de uma oficina mecânica de automóveis, de uma oficina de usinagem etc. Conduza uma investigação para determinar a causa e o tipo de falha (isto é, fratura simples, fadiga, fluência). Além disso, proponha medidas que possam ser tomadas para prevenir futuros incidentes desse tipo de falha. Finalmente, apresente um relatório que aborde as questões acima.

Princípios da Mecânica da Fratura

9.P2 Um vaso de pressão cilíndrico com paredes finas semelhante àquele no Exemplo de Projeto 9.1 deve ter um raio de 100 mm (0,100 m), uma espessura de parede de 15 mm e conter um fluido a uma pressão de 0,40 MPa. Considerando um fator de segurança de 4,0, determine quais, entre os polímeros listados na Tabela B.5 do Apêndice B, satisfazem o critério de vazar antes de romper. Quando forem especificadas faixas, utilize o valor mínimo para a tenacidade à fratura.

9.P3 Calcule o valor mínimo para a tenacidade à fratura em deformação plana, necessário para um material satisfazer o critério de vazar antes de romper para um vaso de pressão cilíndrico semelhante ao mostrado na Figura 9.11. Os valores para o raio do vaso e a espessura da parede são de 250 mm e 10,5 mm, respectivamente, enquanto a pressão do fluido é de 3,0 MPa. Considere um valor de 3,5 para o fator de segurança.

Curva S–N de Fadiga

9.P4 Uma barra metálica cilíndrica deve ser submetida a ciclos de tensões alternadas de rotação-flexão. A falha por fadiga não deve ocorrer para pelo menos 10^7 ciclos quando a carga máxima é de 250 N. Os materiais possíveis para essa aplicação são as sete ligas que têm seus comportamentos *S–N* mostrados na Figura 9.27. Classifique essas ligas da mais barata para a mais cara para essa aplicação. Considere um fator de segurança de 2,0 e que a distância entre os pontos de suporte da carga seja de 80,0 mm (0,0800 m). Use os dados de custo encontrados no Apêndice C para essas ligas conforme o seguinte:

Designação da Liga (Figura 9.27)	Designação da Liga (Dados de custo para uso – Apêndice C)
EQ21A-T6 Mg	Liga de Mg AZ31B (extrudada)
Latão 70Cu–30Zn	Liga C26000
2014-T6 Al	Liga 2024-T3
Ferro fundido nodular	Ferros nodulares (todas as classes)
Aço 1045	Chapa de aço 1040, laminada a frio
Aço 4340	Barra de aço 4340, normalizada
Liga de titânio Ti-5Al-2,5Sn	Liga Ti-5Al-2,5Sn

Você também pode considerar úteis os dados que aparecem no Apêndice B.

Métodos de Extrapolação de Dados

9.P5 Um componente em ferro S-590 (Figura 9.41) deve ter um tempo de vida até a ruptura por fluência de pelo menos 20 dias a 650 °C (923 K). Calcule o nível máximo de tensão admissível.

9.P6 Considere um componente em ferro S-590 (Figura 9.41) sujeito a uma tensão de 55 MPa (8000 psi). Em qual temperatura o tempo de vida até a ruptura será de 200 h?

9.P7 Para um aço inoxidável 18-8 Mo (Figura 9.43), estime o tempo de vida até a ruptura para um componente que está sujeito a uma tensão de 100 MPa (14.500 psi) a 600 °C (873 K).

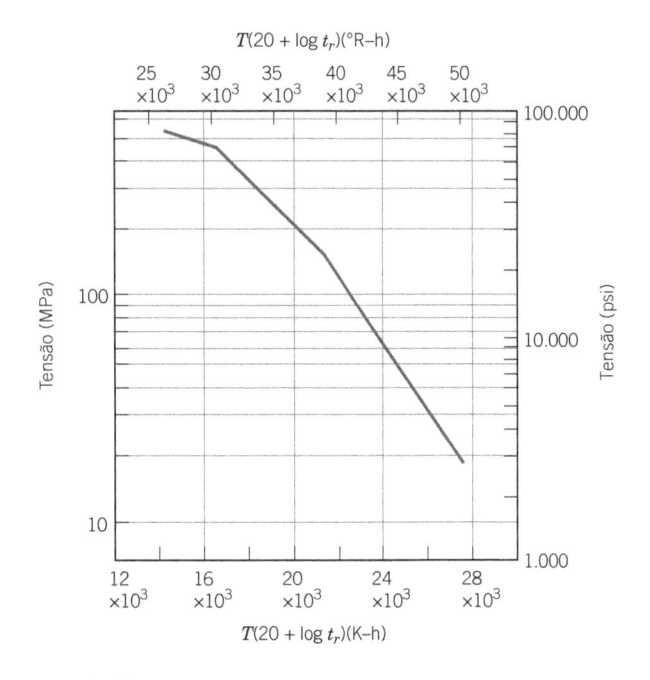

Figura 9.43 Logaritmo da tensão em função do parâmetro de Larson-Miller para aço inoxidável 18-8 Mo.
(De F. R. Larson and J. Miller, *Trans. ASME*, **74**, 765, 1952. Reimpresso sob permissão da ASME.)

9.P8 Considere um componente em aço inoxidável 18-8 Mo (Figura 9.43) que está exposto a uma temperatura de 650 °C (923 K). Qual é o nível máximo de tensão admissível para um tempo de vida útil até a ruptura de 1 ano? E para 15 anos?

PERGUNTAS E PROBLEMAS SOBRE FUNDAMENTOS DA ENGENHARIA

9.1FE O seguinte corpo de prova metálico foi testado em tração até a ruptura.

Qual tipo de metal apresentaria esse tipo de falha?

(A) Muito dúctil

(B) Indeterminado

(C) Frágil

(D) Moderadamente dúctil

9.2FE Qual tipo de fratura está associado à propagação intergranular de uma trinca?

(A) Dúctil

(B) Frágil

(C) Tanto dúctil quanto frágil

(D) Nem dúctil nem frágil

9.3FE Estime a resistência à fratura teórica (em MPa) de um material frágil, se é sabido que a fratura ocorre pela propagação de uma trinca superficial com formato elíptico de 0,25 mm de comprimento e que tem um raio de curvatura na extremidade da trinca de 0,004 mm, quando uma tensão de 1060 MPa é aplicada.

(A) 16.760 MPa

(B) 8.380 MPa

(C) 132.500 MPa

(D) 364 MPa

9.4FE Uma barra cilíndrica em aço 1045 (Figura 9.27) é submetida a um ciclo repetitivo de tensões de tração e de compressão ao longo de seu eixo. Se a amplitude da carga é de 23.000 N, determine o diâmetro mínimo admissível para a barra (em mm) para assegurar que não haverá falha por fadiga. Considere um fator de segurança de 2,0.

(A) 19,4 mm

(B) 9,72 mm

(C) 17,4 mm

(D) 13,7 mm

O gráfico nesta página de abertura é o diagrama de fases para a H_2O pura. Os parâmetros representados graficamente são a pressão externa (eixo vertical, em escala logarítmica) em função da temperatura. Em certo sentido, esse diagrama é um mapa onde são delineadas as regiões para as três fases familiares – sólida (gelo), líquida (água) e gasosa (vapor). As três curvas representam as fronteiras entre as fases, que definem as regiões. A fotografia localizada em cada região mostra um exemplo de sua fase – cubos de gelo, água líquida sendo despejada em um copo, e vapor saindo de uma chaleira. (Fotografias cortesia de iStockphoto.)

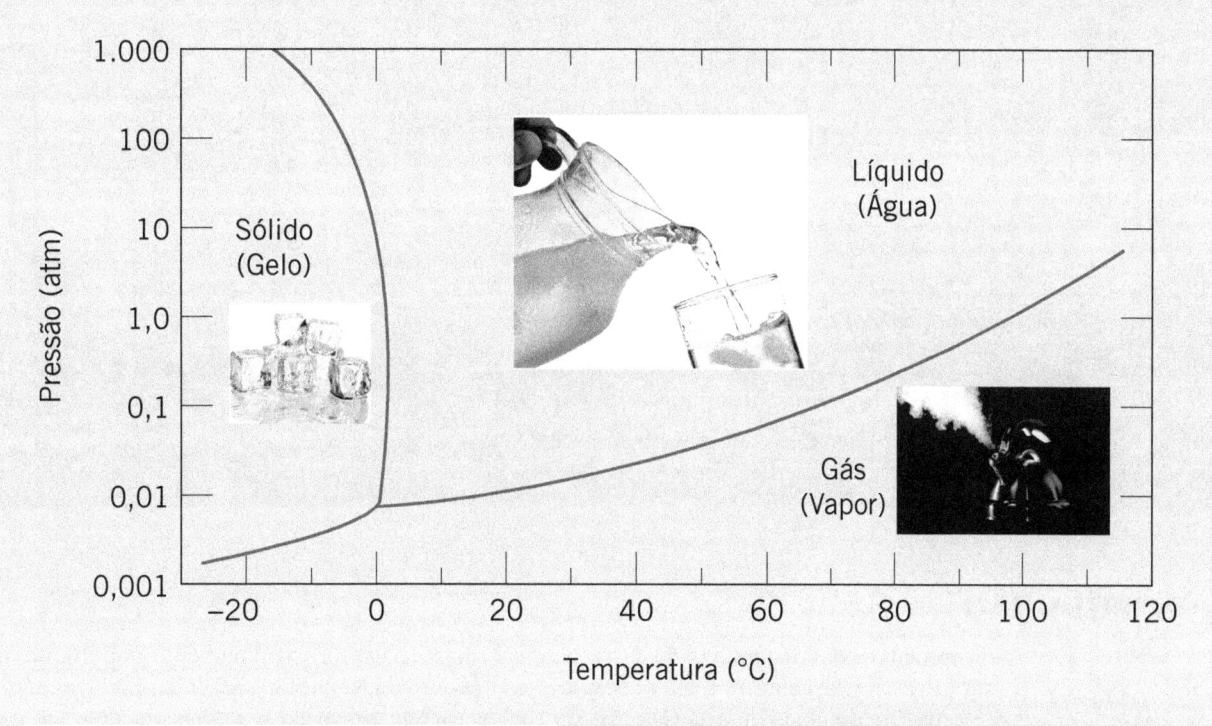

Três fases para o sistema H_2O estão mostradas nesta fotografia: gelo (o *iceberg*), água (o oceano ou mar) e vapor (as nuvens). Essas três fases não estão em equilíbrio entre si.

Uma das razões pelas quais o conhecimento e a compreensão dos diagramas de fases é importante para o engenheiro está relacionada com o projeto e com o controle dos procedimentos dos tratamentos térmicos; algumas propriedades dos materiais são funções de suas microestruturas e, consequentemente, de seus históricos térmicos. Embora a maioria dos diagramas de fases represente estados e microestruturas estáveis (ou de equi-

líbrio), eles são, entretanto, úteis na compreensão do desenvolvimento e na preservação de estruturas fora de equilíbrio e de suas respectivas propriedades; com frequência, acontece de essas propriedades serem mais desejáveis do que aquelas que estão associadas ao estado de equilíbrio. Isso pode ser ilustrado convenientemente pelo fenômeno do endurecimento por precipitação (Seções 11.10 e 11.11).

Objetivos do Aprendizado

Após estudar este capítulo, você deverá ser capaz de realizar o seguinte:

1. **(a)** Esboçar esquematicamente diagramas de fases isomorfos e eutéticos simples.
   (b) Identificar as várias regiões das fases nesses diagramas.
   (c) Identificar as linhas *liquidus*, *solidus* e *solvus*.
2. Dado um diagrama de fases binário, a composição de uma liga, sua temperatura, e considerando que a liga está em equilíbrio, determinar o seguinte:
   (a) qual(is) fase(s) está(ão) presente(s),
   (b) a(s) composição(ões) da(s) fase(s), e
   (c) a(s) fração(ões) mássica(s) da(s) fase(s).
3. Para um determinado diagrama de fases binário, fazer o seguinte:
   (a) localizar as temperaturas e composições de todos os eutéticos, eutetoides, peritéticos e transformações de fases congruentes; e

   (b) escrever reações para todas essas transformações, tanto no aquecimento quanto no resfriamento.
4. De acordo com a composição de uma liga ferro-carbono contendo entre 0,022 e 2,14 %p C, ter capacidade para:
   (a) especificar se a liga é hipoeutetoide ou hipereutetoide;
   (b) identificar a fase proeutetoide;
   (c) calcular as frações mássicas da fase proeutetoide e de perlita, e
   (d) fazer um diagrama esquemático da microestrutura a uma temperatura imediatamente abaixo da eutetoide.

10.1 INTRODUÇÃO

A compreensão dos diagramas de fases para sistemas de ligas é extremamente importante, pois existe forte correlação entre a microestrutura e as propriedades mecânicas. O desenvolvimento da microestrutura de uma liga está relacionado com as características do seu diagrama de fases. Além disso, os diagramas de fases fornecem informações valiosas sobre os fenômenos da fusão, fundição, cristalização, entre outros.

Este capítulo apresenta e discute os seguintes tópicos: (1) a terminologia associada aos diagramas de fases e às transformações de fases; (2) os diagramas de fases pressão-temperatura para materiais puros; (3) a interpretação dos diagramas de fases; (4) alguns dos diagramas de fases binários mais comuns e relativamente simples, incluindo aquele para o sistema ferro-carbono; e (5) o desenvolvimento de microestruturas em equilíbrio, quando resfriadas sob diversas situações.

Definições e Conceitos Básicos

componente

sistema

É necessário estabelecer um alicerce de definições e de conceitos básicos relacionados às ligas, fases e equilíbrio antes de se dedicar à interpretação e à utilização dos diagramas de fases. O termo **componente** é usado com frequência nesta discussão; os componentes são metais puros e/ou compostos que constituem uma liga. Por exemplo, em um latão cobre-zinco, os componentes são Cu e Zn. *Soluto* e *solvente*, que também são termos comuns, foram definidos na Seção 5.4. Outro termo empregado neste contexto é **sistema**, que tem dois significados. Sistema pode se referir a um corpo específico do material que está sendo considerado (por exemplo, uma panela de aço fundido) ou então pode estar relacionado com a série de possíveis ligas compostas pelos mesmos componentes, porém sem importar a composição da liga (por exemplo, o sistema ferro-carbono).

O conceito de solução sólida foi introduzido na Seção 5.4. Como revisão, uma solução sólida consiste em átomos de pelo menos dois tipos diferentes; os átomos de soluto ocupam posições substitucionais ou intersticiais na rede do solvente, e a estrutura cristalina do solvente é mantida.

10.2 LIMITE DE SOLUBILIDADE

limite de solubilidade

Para muitos sistemas de ligas, a uma temperatura específica, há uma concentração máxima de átomos de soluto que pode ser dissolvida no solvente para formar uma solução sólida; isso é chamado **limite de solubilidade**. A adição de soluto em excesso ao limite de solubilidade resulta na formação de outra solução sólida ou de outro composto que tem uma composição marcadamente diferente. Para ilustrar esse conceito, vamos considerar o sistema açúcar-água ($C_{12}H_{22}O_{11}$–H_2O). Inicialmente, conforme o açúcar é adicionado à água, forma-se uma solução ou xarope açúcar-água. À medida que mais açúcar é introduzido, a solução torna-se mais concentrada, até que o limite de solubilidade é atingido, quando a solução fica saturada com açúcar. Nesse instante, a solução não é capaz de dissolver qualquer quantidade adicional de açúcar e as adições subsequentes simplesmente sedimentam-se no fundo do recipiente. Dessa forma, o sistema consiste agora em duas substâncias separadas: uma solução líquida de xarope açúcar-água e cristais sólidos de açúcar que não foram dissolvidos.

Esse limite de solubilidade do açúcar na água depende da temperatura da água e pode ser representado sob a forma de um gráfico, com a temperatura traçada ao longo da ordenada e a composição (em porcentagem em peso de açúcar) ao longo da abscissa, como mostrado na Figura 10.1. Ao longo do eixo da composição, o aumento na concentração de açúcar se dá da esquerda para a direita, enquanto a porcentagem de água é lida da direita para a esquerda. Uma vez que apenas dois componentes estão envolvidos (açúcar e água), a soma das concentrações em qualquer composição será igual a 100 %p. O limite de solubilidade está representado pela linha praticamente vertical mostrada na figura. Para composições e temperaturas à esquerda da linha de solubilidade, existe somente a solução líquida de xarope; à direita da linha, coexistem o xarope e o açúcar sólido. O limite de solubilidade a uma determinada temperatura é a composição da interseção da respectiva coordenada de temperatura com a linha do limite de solubilidade. Por exemplo, a 20 °C, a solubilidade máxima do açúcar na água é de 65 %p. Como a Figura 10.1 indica, o limite de solubilidade aumenta ligeiramente com o aumento da temperatura.

10.3 FASES

fase

Também crítico para a compreensão dos diagramas de fases é o conceito de **fase**. Uma fase pode ser definida como uma porção homogênea de um sistema que apresenta características físicas e químicas uniformes. Todo material puro é considerado uma fase; assim o são também todas as soluções sólidas, líquidas e gasosas. Por exemplo, a solução de xarope açúcar-água discutida anteriormente é uma fase, e o açúcar sólido é outra fase. Cada uma tem propriedades físicas diferentes (uma é um líquido, a outra é um sólido); além disso, cada fase é quimicamente diferente (isto é, tem uma

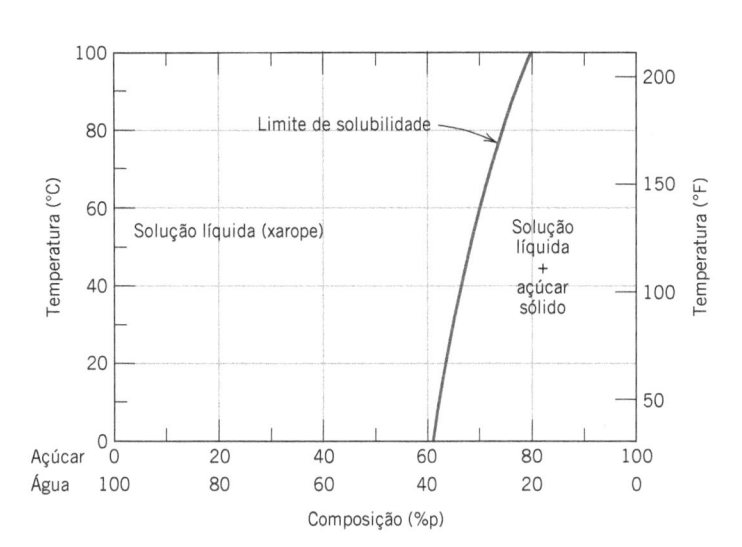

Figura 10.1 Solubilidade do açúcar ($C_{12}H_{22}O_{11}$) em um xarope açúcar-água.

composição química diferente); uma é virtualmente açúcar puro, enquanto a outra é uma solução de H_2O e $C_{12}H_{22}O_{11}$. Se mais de uma fase estiver presente em um determinado sistema, cada fase terá suas próprias propriedades individuais e existirá uma fronteira separando as fases através da qual há uma mudança descontínua e abrupta nas características físicas e/ou químicas. Quando duas fases estão presentes em um sistema, não é necessário haver diferenças tanto nas propriedades físicas quanto nas propriedades químicas; uma disparidade em um ou em outro conjunto de propriedades é suficiente. Quando água e gelo estão presentes em um recipiente, existem duas fases separadas; elas são fisicamente diferentes (uma é um sólido, enquanto a outra é um líquido), porém ambas são idênticas em composição química. Além disso, quando uma substância puder existir em duas ou mais formas polimórficas (por exemplo, quando tem tanto estrutura CFC quanto CCC), cada uma dessas estruturas será uma fase separada, pois suas respectivas características físicas serão diferentes.

Algumas vezes, um sistema monofásico é denominado *homogêneo*. Os sistemas compostos por duas ou mais fases são denominados *misturas* ou *sistemas heterogêneos*. A maioria das ligas metálicas e, nos aspectos importantes, os sistemas cerâmicos, poliméricos e compósitos são heterogêneos. Normalmente, as fases interagem de tal maneira que a combinação das propriedades do sistema multifásico é diferente, e mais desejável, do que as propriedades de qualquer uma das fases individuais.

10.4 MICROESTRUTURA

Com frequência, as propriedades físicas e, em particular, o comportamento mecânico de um material dependem da microestrutura. A microestrutura está sujeita a uma observação microscópica direta, utilizando-se microscópios ópticos ou eletrônicos; esse tópico foi introduzido na Seção 5.12. Nas ligas metálicas, a microestrutura é caracterizada pelo número de fases presentes, por suas proporções e pela maneira como elas estão distribuídas ou arranjadas. A microestrutura de uma liga depende de variáveis como os elementos de liga que estão presentes, suas concentrações e o tratamento térmico a que a liga foi submetida (isto é, a temperatura, o tempo de aquecimento à temperatura do tratamento e a taxa de resfriamento até a temperatura ambiente).

O procedimento de preparo da amostra para o exame microscópico está descrito sucintamente na Seção 5.12. Após polimento e ataque químico apropriados, as diferentes fases podem ser distinguidas por suas aparências. Por exemplo, para uma liga bifásica, uma fase pode aparecer clara e a outra, escura. Quando somente uma única fase ou uma única solução sólida está presente, a textura é uniforme, exceto pelos contornos dos grãos que podem ser revelados (Figura 5.20*b*).

10.5 EQUILÍBRIOS DE FASES

equilíbrio
energia livre

Equilíbrio é outro conceito essencial; o equilíbrio é mais bem descrito em termos de uma grandeza termodinâmica chamada **energia livre**. Sucintamente, a *energia livre* é uma função da energia interna de um sistema e também da aleatoriedade ou desordem dos átomos ou moléculas (ou *entropia*). Um sistema está em equilíbrio quando sua energia livre está em um valor mínimo para uma combinação específica de temperatura, pressão e composição. Em um sentido macroscópico, isso significa que as características do sistema não mudam ao longo do tempo, mas persistem indefinidamente – isto é, o sistema é estável. Uma alteração na temperatura, pressão e/ou composição de um sistema em equilíbrio resulta em um aumento na energia livre e em uma possível mudança espontânea para outro estado onde a energia livre seja reduzida.

equilíbrio de fases

O termo **equilíbrio de fases**, empregado com frequência no contexto desta discussão, refere-se ao equilíbrio quando este se aplica a sistemas em que pode haver mais que uma fase. O equilíbrio de fases se reflete em uma constância nas características das fases de um sistema ao longo do tempo. Talvez um exemplo ilustre melhor esse conceito. Suponha que um xarope açúcar-água esteja contido em um recipiente fechado e que a solução esteja em contato com açúcar sólido a 20 °C. Se o sistema está em equilíbrio, a composição do xarope é de 65 %p $C_{12}H_{22}O_{11}$–35 %p H_2O (Figura 10.1), e as quantidades e composições do xarope e do açúcar sólido permanecerão constantes ao longo do tempo. Se a temperatura do sistema for aumentada repentinamente – digamos, até 100 °C – esse equilíbrio ficará temporariamente perturbado e o limite de solubilidade será aumentado para 80 %p $C_{12}H_{22}O_{11}$ (Figura 10.1). Dessa forma, uma parcela do açúcar sólido irá para a solução, no xarope. Esse fenômeno prosseguirá até que a nova concentração de equilíbrio do xarope seja estabelecida à temperatura mais elevada.

Esse exemplo açúcar-xarope ilustra o princípio do equilíbrio de fases considerando um sistema líquido-sólido. Em muitos sistemas metalúrgicos e de materiais de interesse, o equilíbrio de fases envolve apenas fases sólidas. Nesse sentido, o estado do sistema se reflete nas características da microestrutura, que necessariamente incluem não apenas as fases presentes e suas composições, mas, além disso, as quantidades relativas das fases e seus arranjos ou distribuições espaciais.

Considerações a respeito da energia livre e diagramas semelhantes à Figura 10.1 fornecem informações sobre as características de equilíbrio de um sistema específico, o que é importante, mas não indicam o intervalo de tempo necessário para se atingir um novo estado de equilíbrio. Com frequência, ocorre que um estado de equilíbrio nunca é completamente atingido, especialmente em sistemas sólidos, pois a taxa de aproximação do equilíbrio é extremamente lenta; diz-se que um **metaestável** sistema desse tipo está em um estado fora de equilíbrio, ou **metaestável**. Um estado ou uma microestrutura metaestável pode persistir indefinidamente, apresentando com o passar do tempo apenas mudanças extremamente pequenas e quase imperceptíveis. Com frequência, as estruturas metaestáveis têm maior significado prático do que as estruturas em equilíbrio. Por exemplo, a resistência de alguns aços e ligas de alumínio depende do desenvolvimento de microestruturas metaestáveis durante processos de tratamento térmico cuidadosamente projetados (Seções 11.5 e 11.10).

Dessa forma, é importante compreender não só os estados e as estruturas de equilíbrio, mas também a velocidade ou a taxa pela qual essas condições são estabelecidas e os fatores que afetam a taxa. Este capítulo está dedicado quase exclusivamente a estruturas de equilíbrio; a abordagem das taxas de reação e das estruturas fora de equilíbrio está adiada até o Capítulo 11.

Verificação de Conceitos 10.1 Qual é a diferença entre os estados de equilíbrio de fases e de metaestabilidade?

(*A resposta está disponível no GEN-IO, ambiente virtual de aprendizagem do GEN.*)

10.6 DIAGRAMAS DE FASES DE UM COMPONENTE (OU UNÁRIOS)

diagrama de fases Muitas das informações sobre o controle da estrutura das fases de um sistema específico são mostradas de maneira conveniente e concisa no que é chamado de **diagrama de fases**, também frequentemente denominado *diagrama de equilíbrio*. Três parâmetros que podem ser controlados externamente afetam a estrutura das fases – temperatura, pressão e composição – e os diagramas de fases são construídos quando várias combinações desses parâmetros são traçadas umas contra as outras.

Provavelmente, o tipo mais simples e mais fácil de diagrama de fases para ser compreendido é aquele para um sistema com um único componente, no qual a composição é mantida constante (isto é, o diagrama de fases é para uma substância pura); isso significa que a pressão e a temperatura são as variáveis. Esse diagrama de fases para um único componente (ou *diagrama de fases unário*, algumas vezes também chamado de *diagrama pressão-temperatura* [ou diagrama P–T]) é representado como um gráfico bidimensional da pressão (no eixo das ordenadas, ou vertical) em função da temperatura (no eixo das abscissas, ou horizontal). Mais frequentemente, o eixo da pressão é traçado em escala logarítmica.

Ilustramos esse tipo de diagrama de fases e demonstramos sua interpretação tendo como exemplo o diagrama para a H_2O na Figura 10.2. Estão destacadas no gráfico as regiões para três fases diferentes – sólido, líquido e vapor. Cada uma das fases existe em condições de equilíbrio ao longo das faixas de temperatura-pressão de sua área correspondente. As três curvas mostradas no gráfico (identificadas como aO, bO e cO) são as fronteiras entre as fases; em qualquer ponto sobre uma dessas curvas, as duas fases de ambos os lados da curva estarão em equilíbrio (ou coexistirão) uma com a outra. Isto é, o equilíbrio entre as fases sólido e vapor ocorre ao longo da curva aO – de maneira análoga, para as fases sólido e líquido, sobre a curva bO, e para as fases líquido e vapor, sobre a curva cO. Ao cruzar uma fronteira (conforme a temperatura e/ou a pressão é alterada), uma fase se transforma em outra. Por exemplo, sob uma pressão de 1 atm, durante o aquecimento, a fase sólido se transforma na fase líquido (isto é, ocorre fusão) no ponto identificado como 2 na Figura 10.2 (isto é, na interseção da linha horizontal tracejada com a fronteira entre as fases sólido e líquido); esse ponto corresponde a uma temperatura de 0 °C. A transformação inversa (do líquido para o sólido, ou solidificação) ocorre no mesmo ponto sob resfriamento. De maneira semelhante, na interseção da linha tracejada com a fronteira entre as fases líquido e vapor (ponto 3 na Figura 10.2, a 100 °C),

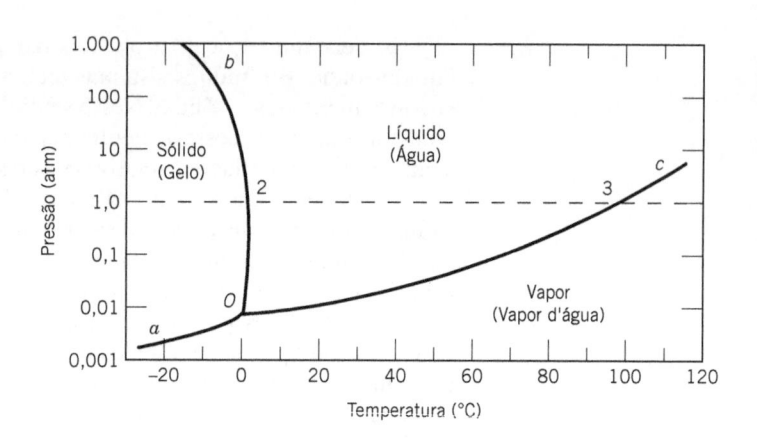

Figura 10.2 Diagrama de fases pressão-temperatura para H_2O. A interseção da linha horizontal tracejada na pressão de 1 atm com a fronteira entre as fases sólido-líquido (ponto 2) corresponde ao ponto de fusão nessa pressão ($T = 0\ °C$). De maneira semelhante, o ponto 3, a interseção com a fronteira entre as fases líquido-vapor, representa o ponto de ebulição ($T = 100\ °C$).

o líquido se transforma na fase vapor (ou *vaporiza*) no aquecimento; a condensação ocorre com o resfriamento. Finalmente, o gelo sólido sublima ou vaporiza ao cruzar a curva identificada como *aO*.

Como também pode ser observado a partir da Figura 10.2, as curvas para as três fronteiras entre fases se interceptam em um ponto comum, identificado como *O* (para esse sistema H_2O, em uma temperatura de 273,16 K e uma pressão de $6,04 \times 10^{-3}$ atm). Isso significa que apenas nesse ponto todas as fases – sólido, líquido e vapor – estão simultaneamente em equilíbrio umas com as outras. Apropriadamente, esse, e qualquer outro ponto sobre um diagrama de fases *P–T* onde três fases estão em equilíbrio, é chamado de *ponto triplo*; algumas vezes, ele também é denominado *ponto invariante*, uma vez que sua posição é definida, ou fixada por valores definidos de pressão e temperatura. Qualquer desvio desse ponto em razão de uma mudança na temperatura e/ou na pressão causará o desaparecimento de pelo menos uma das fases.

Os diagramas de fases pressão-temperatura para diversas substâncias foram determinados experimentalmente, onde também estão presentes as regiões para as fases sólido, líquido e vapor. Nos casos em que há múltiplas fases sólidas (isto é, quando existem alótropos, Seção 3.10), o diagrama exibe uma região para cada fase sólida e também outros pontos triplos.

Diagramas de Fases Binários

Outro tipo de diagrama de fases extremamente comum é aquele no qual a temperatura e a composição são os parâmetros variáveis, enquanto a pressão é mantida constante – normalmente em 1 atm. Há vários tipos de diagramas diferentes; na presente discussão, vamos nos concentrar nas ligas binárias – aquelas que contêm dois componentes. Quando mais de dois componentes estão presentes, os diagramas de fases tornam-se extremamente complicados e difíceis de serem representados. Uma explicação dos princípios que regem os diagramas de fases e sua interpretação pode ser obtida a partir das ligas binárias, apesar de a maioria das ligas conter mais de dois componentes.

Os diagramas de fases binários são mapas que representam as relações entre a temperatura e as composições e quantidades das fases em equilíbrio, as quais influenciam a microestrutura de uma liga. Muitas microestruturas se desenvolvem a partir de *transformações de fases* – que são as mudanças que ocorrem quando a temperatura é modificada (tipicamente por resfriamento). Isso pode envolver a transição de uma fase em outra, ou o surgimento ou desaparecimento de uma fase. Os diagramas de fases binários são úteis para prever as transformações de fases e as microestruturas resultantes, que podem ser de equilíbrio ou fora de equilíbrio.

10.7 SISTEMAS ISOMORFOS BINÁRIOS

Possivelmente, o tipo de diagrama de fases binário mais fácil de ser compreendido e interpretado é aquele caracterizado pelo sistema cobre-níquel (Figura 10.3a). A temperatura é traçada ao longo da ordenada, enquanto a abscissa representa a composição da liga, em porcentagem em peso (escala inferior) e em porcentagem atômica (escala superior) de níquel. A composição varia entre 0 %p Ni (100 %p Cu) na extremidade horizontal à esquerda e 100 %p Ni (0 %p Cu) na extremidade

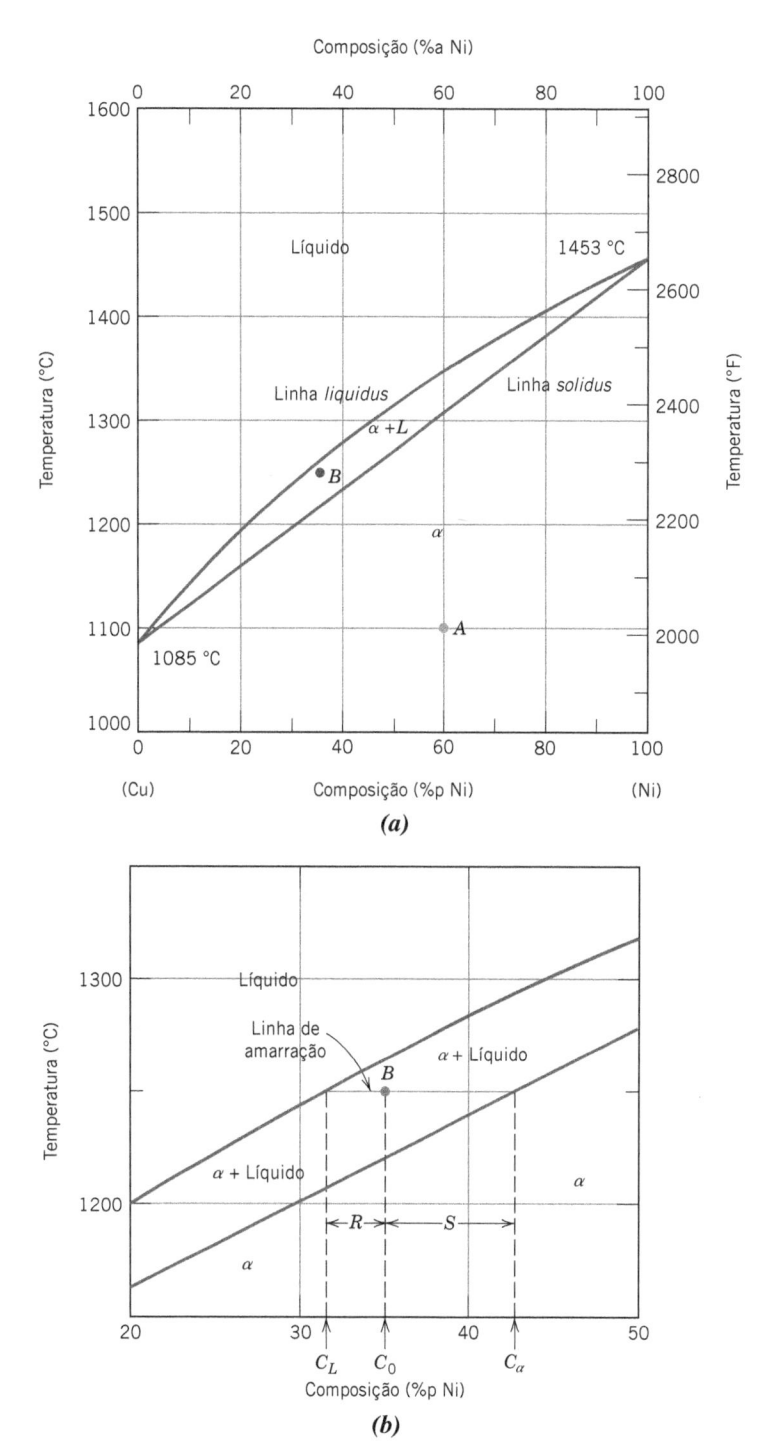

Figura 10.3 (*a*) Diagrama de fases cobre-níquel. (*b*) Uma fração do diagrama de fases cobre-níquel para o qual as composições e as quantidades das fases são determinadas no ponto *B*.
(Adaptado de *Phase Diagrams of Binary Nickel Alloys*, P. Nash, Editor, 1991. Reimpresso sob permissão da ASM International, Materials Park, OH.)

à direita. Três regiões, ou *campos*, de fases diferentes aparecem no diagrama – um campo alfa (α), um campo líquido (*L*), e um campo bifásico $\alpha + L$. Cada região é definida pela fase ou pelas fases que existem nas faixas de temperaturas e composições delimitadas pelas curvas de fronteira entre as fases.

O líquido *L* é uma solução líquida homogênea, composta tanto por cobre quanto por níquel. A fase α é uma solução sólida substitucional que contém tanto átomos de Cu quanto de Ni e que exibe uma estrutura cristalina CFC. Em temperaturas abaixo de aproximadamente 1080 °C, o cobre e o níquel são mutuamente solúveis no estado sólido para todas as composições. Essa solubilidade completa é explicada pelo fato de que tanto o Cu quanto o Ni têm a mesma estrutura cristalina

isomorfo

(CFC), raios atômicos e eletronegatividades praticamente idênticos, e valências semelhantes, como discutido na Seção 5.4. O sistema cobre-níquel é denominado **isomorfo** devido a essa completa solubilidade dos dois componentes nos estados líquido e sólido.

Alguns comentários são necessários em relação à nomenclatura. Primeiramente, para as ligas metálicas, as soluções sólidas são designadas usualmente por letras gregas minúsculas (α, β, γ etc.). Em relação às fronteiras entre as fases, a linha que separa os campos das fases L e $\alpha + L$ é denominada *linha liquidus*, como está indicado na Figura 10.3a; a fase líquida está presente em todas as temperaturas e composições acima dessa linha. A *linha solidus* está localizada entre as regiões α e $\alpha + L$, e abaixo dessa linha existe somente a fase sólida α.

Para a Figura 10.3a, as linhas *solidus* e *liquidus* se interceptam nas duas composições extremas; esses pontos correspondem às temperaturas de fusão dos componentes puros. Por exemplo, as temperaturas de fusão do cobre puro e do níquel puro são de 1085 °C e 1453 °C, respectivamente. O aquecimento do cobre puro corresponde a um movimento vertical, para cima, ao longo do eixo da temperatura no lado esquerdo. O cobre permanece sólido até sua temperatura de fusão ser atingida. A transformação do estado sólido para o estado líquido ocorre na temperatura de fusão, e nenhum aquecimento adicional é possível até que essa transformação tenha sido concluída.

Para qualquer composição que não a dos componentes puros, esse fenômeno de fusão ocorre ao longo de uma faixa de temperaturas entre as linhas *solidus* e *liquidus*; as duas fases, sólido α e líquida, estão em equilíbrio nessa faixa de temperaturas. Por exemplo, quando se aquece uma liga com composição de 50 %p Ni–50 %p Cu (Figura 10.3a), a fusão começa a aproximadamente 1280 °C (2340 °F); a quantidade da fase líquida aumenta continuamente com a elevação da temperatura até aproximadamente 1320 °C (2410 °F), quando a liga fica completamente líquida.

Verificação de Conceitos 10.2   O diagrama de fases para o sistema cobalto-níquel é isomorfo. Com base nas temperaturas de fusão desses dois metais, descreva e/ou esboce esquematicamente o diagrama de fases para o sistema Co-Ni.

(*A resposta está disponível no GEN-IO, ambiente virtual de aprendizagem do GEN.*)

10.8   INTERPRETAÇÃO DE DIAGRAMAS DE FASES

Para um sistema binário com composição e temperatura conhecidas e em equilíbrio, pelo menos três tipos de informações estão disponíveis: (1) as fases que estão presentes, (2) as composições dessas fases e (3) as porcentagens ou as frações das fases. Os procedimentos para efetuar essas determinações serão demonstrados com o sistema cobre-níquel.

Fases Presentes

O estabelecimento das fases que estão presentes é relativamente simples. Deve-se apenas localizar o ponto temperatura-composição no diagrama e observar a(s) fase(s) que está(ão) identificada(s) no campo de fases correspondente. Por exemplo, uma liga com composição de 60 %p Ni–40 %p Cu a 1100 °C estaria localizada no ponto A na Figura 10.3a; uma vez que esse ponto está dentro da região α, apenas a fase α estará presente. Por outro lado, uma liga com 35 %p Ni–65 %p Cu a 1250 °C (ponto B) consistirá, em equilíbrio, nas fases α e líquida.

Determinação das Composições das Fases

A primeira etapa na determinação das composições das fases (em termos das concentrações dos componentes) consiste em localizar o ponto temperatura-composição no diagrama de fases. Métodos diferentes são usados para as regiões monofásicas e bifásicas. Se apenas uma fase estiver presente, o procedimento é trivial: a composição dessa fase é simplesmente a mesma que a composição global da liga. Por exemplo, considere uma liga com 60 %p Ni–40 %p Cu a 1100 °C (ponto A na Figura 10.3a). Nessa composição e temperatura, apenas a fase α está presente, com uma composição de 60 %p Ni–40 %p Cu.

Para uma liga com composição e temperatura localizada em uma região bifásica, a situação é mais complicada. Em todas as regiões bifásicas (e somente nas regiões bifásicas), pode-se imaginar uma série de linhas horizontais, uma para cada temperatura; cada uma dessas linhas é conhecida como **linha de amarração**, ou algumas vezes como *isoterma*. Essas linhas de amarração se estendem através da região bifásica e terminam nas linhas de fronteira entre as fases em ambas as extremidades. Para calcular as concentrações de equilíbrio das duas fases, o seguinte procedimento é empregado:

1. Uma linha de amarração é construída através da região bifásica na temperatura em que a liga se encontra.

2. São anotadas, em ambas as extremidades, as interseções da linha de amarração com as fronteiras entre as fases.

3. São traçadas linhas perpendiculares à linha de amarração a partir dessas interseções até o eixo horizontal das composições, onde pode ser lida a composição de cada uma das respectivas fases.

Por exemplo, considere novamente a liga com 35 %p Ni–65 %p Cu a 1250 °C, localizada no ponto *B* na Figura 10.3*b* e que se encontra na região $\alpha + L$. Dessa forma, o problema consiste em determinar a composição (em termos da %p Ni e %p Cu) tanto da fase α quanto da fase líquida. A linha de amarração é construída através da região $\alpha + L$, como mostrado na Figura 10.3*b*. A linha perpendicular traçada a partir da interseção da linha de amarração com a fronteira *liquidus* encontra-se com o eixo das composições em 31,5 %p Ni–68,5 %p Cu, que é a composição da fase líquida, C_L. De maneira semelhante, para a interseção da linha de amarração com a linha *solidus*, encontramos uma composição para a solução sólida α, C_α, de 42,5 %p Ni–57,5 %p Cu.

Determinação das Quantidades das Fases

As quantidades relativas (como fração ou como porcentagem) das fases presentes em equilíbrio também podem ser calculadas com o auxílio do diagrama de fases. Novamente, os casos monofásico e bifásico devem ser tratados separadamente. A solução é óbvia para a região monofásica. Uma vez que apenas uma fase está presente, a liga é composta inteiramente por essa fase – isto é, a fração da fase é de 1,0 ou, alternativamente, a porcentagem é de 100 %. A partir do exemplo anterior para a liga com 60 %p Ni–40 %p Cu a 1100 °C (ponto *A* na Figura 10.3*a*), apenas a fase α está presente; assim, a liga é composta totalmente ou em 100 % pela fase α.

Se a posição para a composição e a temperatura estiver localizada em uma região bifásica, a complexidade será maior. A linha de amarração deve ser usada em conjunto com um procedimento conhecido frequentemente como **regra da alavanca** (ou *regra da alavanca inversa*) aplicado da seguinte maneira:

1. A linha de amarração é construída através da região bifásica na temperatura da liga.

2. A composição global da liga é localizada sobre a linha de amarração.

3. A fração de uma fase é calculada tomando-se o comprimento da linha de amarração desde a composição global da liga até a fronteira entre fases da *outra* fase e dividindo-se esse valor pelo comprimento total da linha de amarração.

4. A fração da outra fase é determinada de maneira semelhante.

5. Se as porcentagens das fases forem desejadas, a fração de cada fase deverá ser multiplicada por 100. Quando o eixo da composição tem sua escala em porcentagem em peso, as frações das fases que são calculadas usando a regra da alavanca são as *frações mássicas* – a massa (ou peso) de uma fase específica dividida pela massa (ou peso) total da liga. A massa de cada fase é calculada a partir do produto da fração de cada fase e a massa total da liga.

No emprego da regra da alavanca, os comprimentos dos segmentos da linha de amarração podem ser determinados ou pela medição direta no diagrama de fases, usando-se uma régua com escala linear, de preferência graduada em milímetros, ou pela subtração das composições, lidas no eixo da composição.

Considere novamente o exemplo mostrado na Figura 10.3*b*, em que a 1250 °C ambas as fases, α e líquida, estão presentes para uma liga com 35 %p Ni–65 %p Cu. O problema consiste em calcular a fração de cada uma das fases, α e líquida. Será usada a linha de amarração que foi construída para a determinação das composições das fases α e L. A composição global da liga é localizada ao longo da linha de amarração, e está representada como C_0; considere que as frações mássicas estão representadas por W_L e W_α para as respectivas fases L e α. A partir da regra da alavanca, o valor de W_L pode ser calculado de acordo com

$$W_L = \frac{S}{R + S} \tag{10.1a}$$

ou, pela subtração das composições,

Expressão da regra da alavanca para o cálculo da fração mássica de líquido (de acordo com a Figura 10.3b)

$$W_L = \frac{C_\alpha - C_0}{C_\alpha - C_L} \tag{10.1b}$$

Para uma liga binária, a composição precisa ser especificada em termos de apenas um dos seus constituintes; para este último cálculo, usa-se a porcentagem em peso de níquel (isto é, $C_0 = 35$ %p Ni, $C_\alpha = 42,5$ %p Ni e $C_L = 31,5$ %p Ni), e

$$W_L = \frac{42,5 - 35}{42,5 - 31,5} = 0,68$$

De maneira semelhante, para a fase α,

Expressão da regra da alavanca para o cálculo da fração mássica de fase α (de acordo com a Figura 10.3b)

$$W_\alpha = \frac{R}{R + S} \tag{10.2a}$$

$$= \frac{C_0 - C_L}{C_\alpha - C_L} \tag{10.2b}$$

$$= \frac{35 - 31,5}{42,5 - 31,5} = 0,32$$

Obviamente, são obtidas respostas idênticas quando são empregadas composições expressas em termos da porcentagem em peso de cobre em vez de níquel.

Dessa forma, a regra da alavanca pode ser empregada para determinar as quantidades ou frações relativas das fases em qualquer região bifásica de uma liga binária, se a temperatura e a composição são conhecidas e se foi estabelecido o equilíbrio. Sua derivação está apresentada como um problema-exemplo.

É fácil confundir os procedimentos anteriores para a determinação das composições das fases e das quantidades fracionais de cada fase; dessa forma, é apropriado fazer um breve resumo. As *composições* das fases são expressas em termos das porcentagens em peso dos componentes (por exemplo, %p Cu, %p Ni). Para qualquer liga que consista em uma única fase, a composição dessa fase é a mesma que a composição global da liga. Se duas fases estiverem presentes, deve ser empregada uma linha de amarração, cujas extremidades determinam as composições das respectivas fases. Em relação às *quantidades fracionais das fases* (por exemplo, a fração mássica da fase α ou da fase líquida), quando há uma única fase, a liga é composta totalmente por essa fase. Para uma liga bifásica, deve ser considerada a regra da alavanca, na qual é feita a razão entre os comprimentos dos segmentos da linha de amarração.

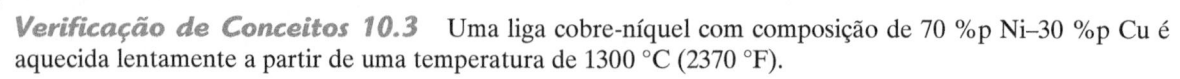

Verificação de Conceitos 10.3   Uma liga cobre-níquel com composição de 70 %p Ni–30 %p Cu é aquecida lentamente a partir de uma temperatura de 1300 °C (2370 °F).

(a) Em qual temperatura se forma a primeira fração da fase líquida?

(b) Qual é a composição dessa fase líquida?

(c) Em qual temperatura ocorre a fusão completa da liga?

(d) Qual é a composição da última fração de sólido remanescente antes da fusão completa?

Verificação de Conceitos 10.4   É possível que uma liga cobre-níquel, em equilíbrio, consista em uma fase α com composição de 37 %p Ni–63 %p Cu e também uma fase líquida com composição de 20 %p Ni–80 %p Cu? Se for possível, qual será a temperatura aproximada da liga? Se não for possível, explique por quê.

(As respostas estão disponíveis no GEN-IO, ambiente virtual de aprendizagem do GEN.)

PROBLEMA-EXEMPLO 10.1

Derivação da Regra da Alavanca

Desenvolva a regra da alavanca.

Solução

Considere o diagrama de fases para o cobre e o níquel (Figura 10.3b) e a liga de composição C_0 a 1250 °C. Considere que C_α, C_L, W_α e W_L representam os mesmos parâmetros definidos anteriormente. Essa demonstração é realizada utilizando-se duas expressões para o princípio da conservação de massa. Com a primeira expressão, uma vez que apenas duas fases estão presentes, a soma de suas frações mássicas deve ser igual à unidade; isto é,

$$W_\alpha + W_L = 1 \qquad (10.3)$$

Para a segunda expressão, a massa de um dos componentes (Cu ou Ni) que está presente em ambas as fases deve ser igual à massa total desse componente na liga, ou seja,

$$W_\alpha C_\alpha + W_L C_L = C_0 \qquad (10.4)$$

A solução simultânea dessas duas equações leva às expressões para a regra da alavanca para esse caso particular,

$$W_L = \frac{C_\alpha - C_0}{C_\alpha - C_L} \qquad (10.1b)$$

$$W_\alpha = \frac{C_0 - C_L}{C_\alpha - C_L} \qquad (10.1b)$$

Para ligas multifásicas, frequentemente é mais conveniente especificar as quantidades relativas das fases em termos das frações volumétricas, em vez das frações mássicas. As frações volumétricas das fases são preferíveis, uma vez que elas (ao contrário das frações mássicas) podem ser determinadas a partir de um exame da microestrutura; além disso, as propriedades de uma liga multifásica podem ser estimadas com base nas frações volumétricas.

Para uma liga que consiste nas fases α e β, a fração volumétrica da fase α, V_α, é definida como

Fração volumétrica da fase α – dependência em relação aos volumes das fases α e β

$$V_\alpha = \frac{v_\alpha}{v_\alpha + v_\beta} \qquad (10.5)$$

em que v_α e v_β representam os volumes das respectivas fases na liga. Uma expressão análoga existe para V_β e, para uma liga formada por apenas duas fases, $V_\alpha + V_\beta = 1$.

Ocasionalmente, deseja-se a conversão de fração mássica para fração volumétrica (ou vice-versa). As equações que facilitam essas conversões são as seguintes:

Conversão das frações mássicas das fases α e β em frações volumétricas

$$V_\alpha = \frac{\dfrac{W_\alpha}{\rho_\alpha}}{\dfrac{W_\alpha}{\rho_\alpha} + \dfrac{W_\beta}{\rho_\beta}} \qquad (10.6a)$$

$$V_\beta = \frac{\dfrac{W_\beta}{\rho_\beta}}{\dfrac{W_\alpha}{\rho_\alpha} + \dfrac{W_\beta}{\rho_\beta}} \qquad (10.6b)$$

e

Conversão das frações volumétricas das fases α e β em frações mássicas

$$W_\alpha = \frac{V_\alpha\,\rho_\alpha}{V_\alpha\,\rho_\alpha + V_\beta\,\rho_\beta} \tag{10.7a}$$

$$W_\beta = \frac{V_\beta\,\rho_\beta}{V_\alpha\,\rho_\alpha + V_\beta\,\rho_\beta} \tag{10.7b}$$

Nessas expressões, ρ_α e ρ_β representam as densidades das respectivas fases; essas podem ser determinadas de forma aproximada utilizando-se as Equações 5.13a e 5.13b.

Quando as densidades das fases em uma liga bifásica diferem significativamente, existe grande disparidade entre as frações mássica e volumétrica; de maneira contrária, se as densidades das fases são as mesmas, as frações mássica e volumétrica são idênticas.

10.9 DESENVOLVIMENTO DA MICROESTRUTURA EM LIGAS ISOMORFAS

Resfriamento em Equilíbrio

Neste ponto, é instrutivo examinar o desenvolvimento da microestrutura que ocorre para ligas isomorfas durante a solidificação. Em primeiro lugar, vamos tratar de uma situação na qual o resfriamento ocorre muito lentamente, de modo que o equilíbrio entre as fases é mantido continuamente.

Vamos considerar o sistema cobre-níquel (Figura 10.3a), especificamente uma liga com composição de 35 %p Ni–65 %p Cu, sendo resfriada a partir de 1300 °C. A região do diagrama de fases Cu–Ni na vizinhança dessa composição está mostrada na Figura 10.4. O resfriamento de uma liga com essa composição corresponde a um movimento para baixo ao longo da linha tracejada vertical. A 1300 °C, no ponto a, a liga está totalmente líquida (com composição de 35 %p Ni–65 %p Cu) e

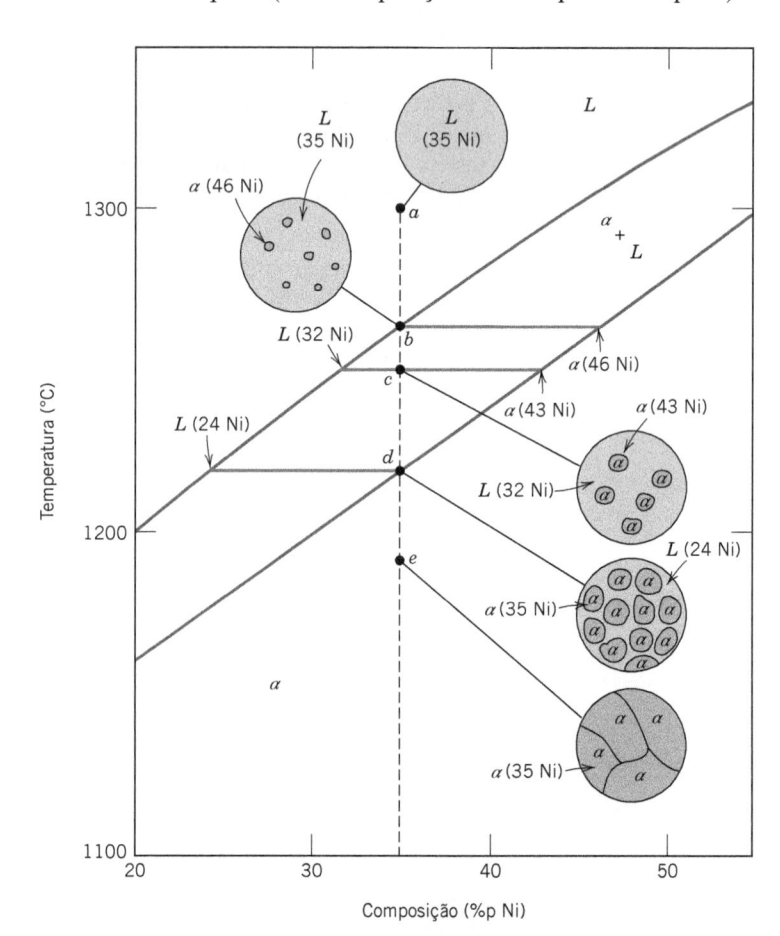

Figura 10.4 Representação esquemática do desenvolvimento da microestrutura durante a solidificação em equilíbrio para uma liga com de 35 %p Ni–65 %p Cu.

exibe a microestrutura representada no detalhe na figura. Quando o resfriamento começa, nenhuma alteração microestrutural ou de composição ocorrerá até que seja atingida a curva *liquidus* (ponto *b*, ~1260 °C). Nesse ponto, o primeiro sólido da fase α começa a se formar, com a composição especificada pela linha de amarração traçada nessa temperatura [isto é, 46 % Ni–54 %p Cu, representada como α(46 Ni)]; a composição do líquido ainda é de aproximadamente 35 %p Ni–65 %p Cu [*L*(35 Ni)], que é diferente daquela do sólido α. Com o prosseguimento do resfriamento, tanto as composições quanto as quantidades relativas de cada uma das fases mudam. As composições das fases líquida e α seguirão as linhas *liquidus* e *solidus*, respectivamente. Além disso, a fração da fase α aumentará com o prosseguimento do resfriamento. Observe que a composição global da liga (35 %p Ni–65 %p Cu) permanece inalterada durante o resfriamento, apesar de haver uma redistribuição do cobre e do níquel entre as fases.

A 1250 °C, ponto *c* na Figura 10.4, as composições das fases líquida e α são de 32 %p Ni–68 %p Cu [*L*(32 Ni)] e 43 %p Ni–57 %p Cu [α(43 Ni)], respectivamente.

O processo de solidificação está virtualmente concluído a aproximadamente 1220 °C, ponto *d*; a composição do sólido α é de aproximadamente 35 %p Ni–65 %p Cu (a composição global da liga), enquanto a composição da última fração de líquido remanescente é de 24 %p Ni–76 %p Cu. Ao cruzar a linha *solidus*, esse líquido remanescente se solidifica; o produto final consiste então em uma solução sólida policristalina da fase α, com uma composição uniforme de 35 %p Ni–65 %p Cu (ponto *e*, Figura 10.4). O resfriamento subsequente não produzirá nenhuma alteração microestrutural ou de composição.

Resfriamento Fora do Equilíbrio

As condições da solidificação em equilíbrio e o desenvolvimento de microestruturas, conforme descrito na seção anterior, são conseguidos somente em taxas de resfriamento extremamente lentas. A razão para tal é que, com as mudanças na temperatura, deve haver reajustes nas composições das fases sólida e líquida de acordo com o diagrama de fases (isto é, com as linhas *liquidus* e *solidus*), como discutido anteriormente. Esses reajustes são obtidos por processos de difusão – isto é, difusão tanto na fase sólida quanto na fase líquida e também pela interface sólido-líquido. Uma vez que difusão é um fenômeno que depende do tempo (Seção 6.3), para manter o equilíbrio durante o resfriamento deve haver tempo suficiente a cada temperatura para que os reajustes apropriados na composição aconteçam. As *taxas de difusão* (isto é, as magnitudes dos coeficientes de difusão) são especialmente baixas para a fase sólida e, para ambas as fases, diminuem com a redução da temperatura. Em virtualmente todas as situações práticas de solidificação, as taxas de resfriamento são muito rápidas para permitir esses reajustes na composição e a manutenção do equilíbrio; consequentemente, são desenvolvidas microestruturas distintas daquelas descritas anteriormente.

Algumas das consequências da solidificação em condições fora do equilíbrio para as ligas isomorfas serão discutidas agora, considerando-se uma liga com 35 %p Ni–65 %p Cu (a mesma composição que foi usada para o resfriamento em equilíbrio na seção anterior). A porção do diagrama de fases próxima a essa composição está mostrada na Figura 10.5; além disso, as microestruturas e as composições das fases associadas às diferentes temperaturas em consequência do resfriamento estão destacadas nos círculos. Para simplificar essa discussão, será considerado que as taxas de difusão na fase líquida são suficientemente rápidas para manter o equilíbrio nessa fase.

Vamos começar o resfriamento a partir de uma temperatura de aproximadamente 1300 °C; essa condição é indicada pelo ponto *a'* na região da fase líquida. Esse líquido é composto de 35 %p Ni–65 %p Cu [representado como *L*(35 Ni) na figura], e nenhuma mudança ocorre enquanto há resfriamento através da região da fase líquida (ao se mover verticalmente para baixo a partir do ponto *a'*). No ponto *b'* (a aproximadamente 1260 °C), as partículas da fase α começam a se formar, as quais, a partir da linha de amarração construída, são compostas de 46 %p Ni–54 %p Cu [α(46 Ni)].

Com o prosseguimento do resfriamento até o ponto *c'* (a aproximadamente 1240 °C), a composição do líquido variou para 29 %p Ni–71 %p Cu; além disso, a composição da fase α que se solidificou nessa temperatura é de 40 %p Ni–60 %p Cu [α(40 Ni)]. Entretanto, uma vez que a difusão na fase α sólida é relativamente lenta, a fase α que se formou no ponto *b'* não mudou de composição de maneira apreciável – isto é, ela ainda é de aproximadamente 46 %p Ni – e a composição dos grãos de α foi mudando continuamente ao longo da posição radial, desde 46 %p Ni no centro dos grãos até 40 %p Ni nos seus perímetros mais externos dos grãos. Assim, no ponto *c'*, a *composição média* dos grãos sólidos de α que se formaram seria uma composição média ponderada pelo volume dos grãos, ficando entre 46 e 40 %p Ni. Para prosseguir com essa discussão, vamos considerar que essa

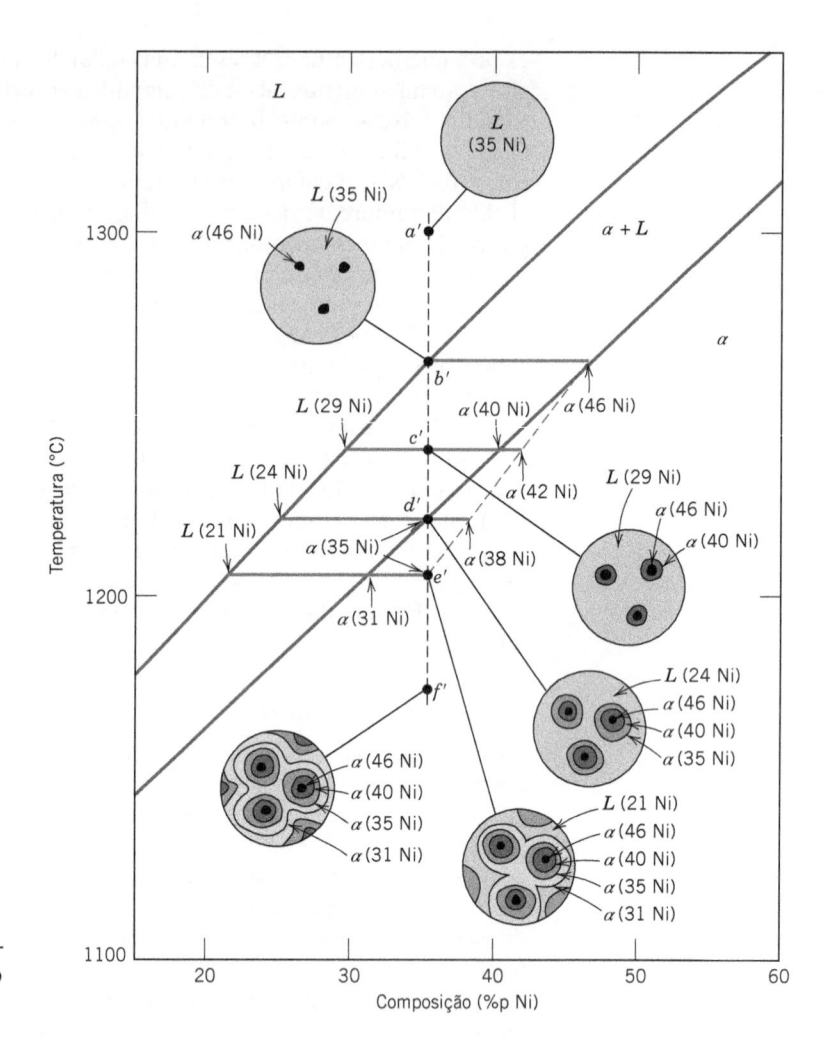

Figura 10.5 Representação esquemática do desenvolvimento da microestrutura durante a solidificação fora de equilíbrio para a liga com 35 %p Ni–65 %p Cu.

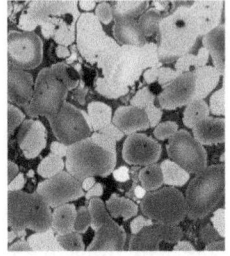

Fotomicrografia mostrando a microestrutura de uma liga de bronze no estado de "como fundida", encontrada na Síria, datada do século XIX a.C. O procedimento de ataque químico revelou a presença de estruturas zonadas, como indicado pelas variações nos matizes das cores ao longo dos grãos. Ampliação de 30×.
(Cortesia de George F. Vander Voort, Struers Inc.)

composição média seja de 42 %p Ni–58 %p Cu [α(42 Ni)]. Além disso, também determinaríamos que, com base em cálculos pela regra da alavanca, uma proporção maior de líquido estaria presente nessas condições fora de equilíbrio do que em um resfriamento em equilíbrio. A implicação desse fenômeno da solidificação fora do equilíbrio é que a linha *solidus* no diagrama de fases foi deslocada para maiores teores de Ni – para as composições médias da fase α (por exemplo, 42 %p Ni a 1240 °C) – representada pela linha tracejada na Figura 10.5. Não há alteração equivalente na curva *liquidus*, uma vez que está sendo considerado que o equilíbrio é mantido na fase líquida durante o resfriamento, devido às taxas de difusão suficientemente rápidas.

No ponto *d'* (~1220 °C) e para taxas de resfriamento em equilíbrio, a solidificação estaria concluída. Contudo, para essa condição de solidificação fora de equilíbrio, ainda há uma proporção apreciável de líquido remanescente e a fase α que está se formando tem uma composição de 35 %p Ni [α(35 Ni)]; além disso, a composição *média* da fase α nesse ponto é de 38 %p Ni [α(38 Ni)].

A solidificação fora do equilíbrio atinge finalmente seu término no ponto *e'* (~1205 °C). A composição da última fase α que se solidifica nesse ponto é de aproximadamente 31 %p Ni; a composição *média* da fase α ao final da solidificação é de 35 %p Ni. O detalhe para o ponto *f'* mostra a microestrutura do material totalmente sólido.

O grau de deslocamento da linha *solidus* fora de equilíbrio em relação à linha para condições de equilíbrio dependerá da taxa de resfriamento. Quanto mais lenta for a taxa de resfriamento, menor esse deslocamento – a diferença entre a linha *solidus* em equilíbrio e a composição média do sólido é menor. Além disso, se a taxa de difusão na fase sólida aumenta, esse deslocamento diminui.

Existem algumas consequências importantes para ligas isomorfas que se solidificaram sob condições fora de equilíbrio. Como discutido anteriormente, a distribuição dos dois elementos nos grãos não é uniforme, um fenômeno denominado *segregação* – isto é, são estabelecidos gradientes de concentração ao longo dos grãos, representados nos detalhes mostrados na Figura 10.5.

O centro de cada grão, que é a primeira parte a solidificar-se, é rico no elemento com maior ponto de fusão (por exemplo, o níquel nesse sistema Cu–Ni), enquanto a concentração do elemento com menor ponto de fusão aumenta de acordo com a posição desde essa região até a fronteira do grão. Isso é denominado estrutura *zonada*, que dá origem a propriedades inferiores às ótimas. Quando uma peça fundida com estrutura zonada é reaquecida, as regiões dos contornos dos grãos se fundem em primeiro lugar, pois são mais ricas no componente com menor temperatura de fusão. Isso produz uma perda repentina na integridade mecânica, devido ao filme fino de líquido que separa os grãos. Além disso, essa fusão pode começar em uma temperatura mais baixa do que a temperatura *solidus* de equilíbrio da liga. As estruturas zonadas podem ser eliminadas por um tratamento térmico de homogeneização em uma temperatura abaixo do ponto *solidus* para a composição específica da liga. Durante esse processo, ocorre difusão atômica, que produz grãos com composição homogênea.

10.10 PROPRIEDADES MECÂNICAS DE LIGAS ISOMORFAS

Exploraremos sucintamente agora como as propriedades mecânicas de ligas isomorfas sólidas são afetadas pela composição enquanto outras variáveis estruturais (por exemplo, o tamanho do grão) são mantidas constantes. Para todas as temperaturas e composições abaixo da temperatura de fusão do componente com ponto de fusão mais baixo, há somente uma única fase sólida. Portanto, cada componente tem um aumento de resistência por formação de solução sólida (Seção 8.10) ou um aumento na resistência e na dureza por adições do outro componente. Esse efeito está demonstrado na Figura 10.6*a*, na forma do limite de resistência à tração em função da composição para o sistema cobre-níquel à temperatura ambiente; em determinada composição intermediária, a curva passa necessariamente por um valor máximo. O comportamento ductilidade (AL%)-composição mostrado na Figura 10.6*b* é simplesmente o oposto ao comportamento do limite de resistência à tração – isto é, a ductilidade diminui com as adições do segundo componente e a curva exibe um mínimo.

10.11 SISTEMAS BINÁRIOS EUTÉTICOS

Outro tipo comum e relativamente simples de diagrama de fases encontrado para as ligas binárias está mostrado na Figura 10.7 para o sistema cobre-prata; esse diagrama é conhecido como *diagrama de fases binário eutético*. Diversas características desse diagrama de fases são importantes e dignas de observação. Em primeiro lugar, são encontradas três regiões monofásicas distintas no diagrama: α, β e líquida. A fase α é uma solução sólida rica em cobre; ela tem a prata como o componente soluto e apresenta uma estrutura cristalina CFC. A solução sólida da fase β também tem uma estrutura cristalina CFC, mas nela o cobre é o soluto. O cobre puro e a prata pura também são considerados como fases α e β, respectivamente.

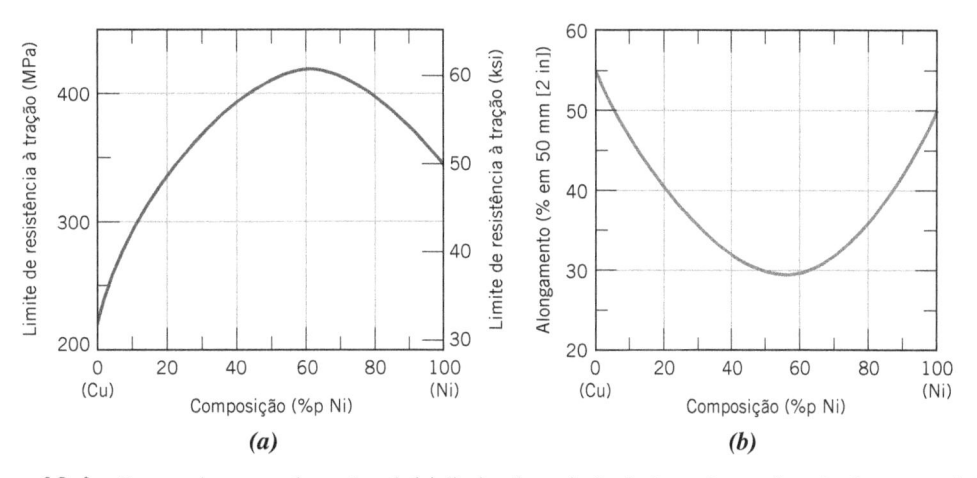

(a)   *(b)*

Figura 10.6 Para o sistema cobre-níquel, (*a*) limite de resistência à tração em função da composição e (*b*) ductilidade (AL%) em função da composição à temperatura ambiente. Existe uma solução sólida para todas as composições nesse sistema.

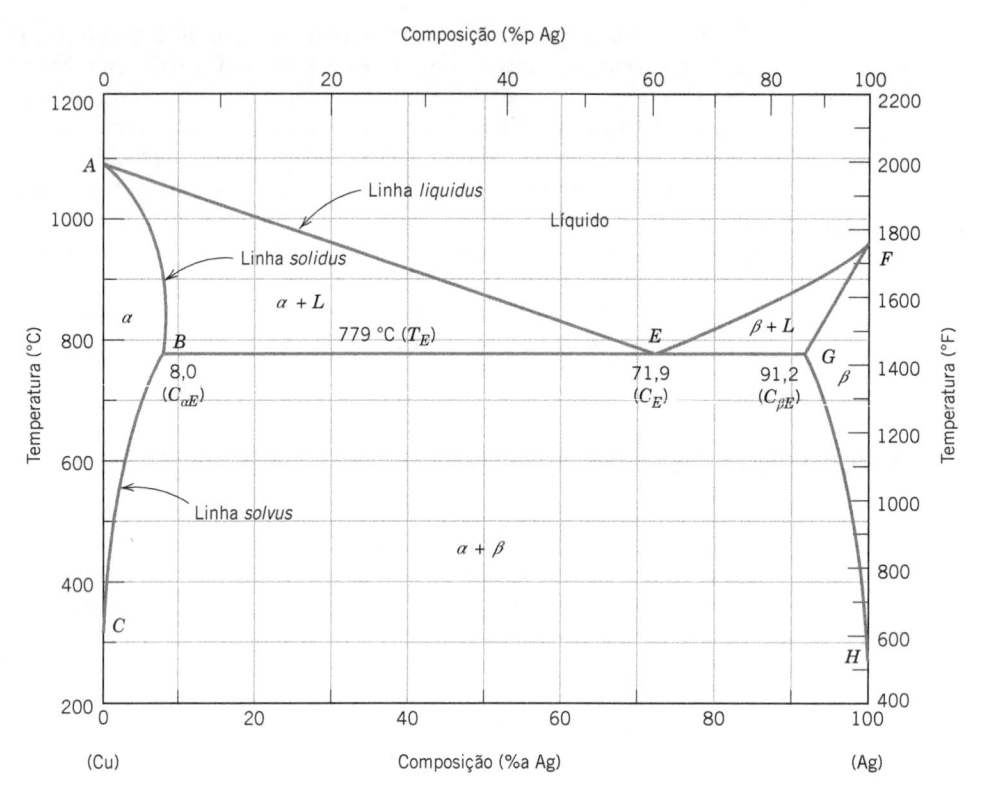

Figura 10.7 Diagrama de fases cobre-prata.
[Adaptado de *Binary Alloy Phase Diagrams*, 2nd edition, Vol. 1, T. B. Massalski (Editor chefe), 1990. Reimpresso sob permissão da ASM International, Materials Park, OH.]

Dessa forma, a solubilidade em cada uma dessas fases sólidas é limitada no sentido de que em qualquer temperatura abaixo da linha *BEG* apenas uma concentração limitada de prata se dissolve no cobre (para a fase α) e, de maneira semelhante, para o cobre na prata (para a fase β). O limite de solubilidade para a fase α corresponde à linha de fronteira, identificada por *CBA*, entre as regiões das fases α/(α + β) e α/(α + L); esse limite aumenta com a temperatura até um valor máximo [8,0 %p Ag a 779 °C (1434 °F)] no ponto *B* e diminui novamente até zero na temperatura de fusão do cobre puro, ponto *A* [1085 °C (1985 °F)]. Em temperaturas abaixo de 779 °C (1434 °F), a linha para o limite de solubilidade do sólido que separa as regiões das fases α e α + β é denominada **linha** **linha** *solvus*; a fronteira *AB* entre os campos α e α + L é a **linha** *solidus*, como está indicado na Figura **linha** *solidus* 10.7. Para a fase β, as linhas *solvus* e *solidus* também existem – *HG* e *GF*, respectivamente, como também está mostrado. A solubilidade máxima do cobre na fase β, ponto *G* (8,8 %p Cu), também ocorre a 779 °C (1434 °F). A linha horizontal *BEG*, que é paralela ao eixo das composições e que se estende entre essas posições de solubilidade máxima, também pode ser considerada como linha *solidus*; ela representa a temperatura mais baixa na qual pode haver uma fase líquida para qualquer liga cobre-prata que se encontre em equilíbrio.

Também existem três regiões bifásicas no sistema cobre-prata (Figura 10.7): α + L, β + L e α + β. As soluções sólidas das fases α e β coexistem em todas as composições e temperaturas no campo das fases α + β; as fases α + líquido e β + líquido também coexistem nas regiões das fases respectivas. Além disso, as composições e as quantidades relativas das fases podem ser determinadas com o emprego de linhas de amarração e da regra da alavanca, como descrito anteriormente.

À medida que se adiciona prata ao cobre, a temperatura na qual a liga se torna totalmente líquida **linha** *liquidus* diminui ao longo da **linha** *liquidus*, a linha *AE*; dessa forma, a temperatura de fusão do cobre é reduzida por adições de prata. O mesmo pode ser dito para a prata: a introdução de cobre reduz a temperatura de fusão completa ao longo da outra linha *liquidus*, *FE*. Essas linhas *liquidus* se encontram no ponto *E* do diagrama de fases, sendo esse ponto designado pela composição C_E e a temperatura T_E; para o sistema cobre-prata, os valores desses dois parâmetros são 71,9 %p Ag e 779 °C (1434 °F), respectivamente. Também deve ser notado que há uma isoterma horizontal (ou *linha invariante*) em 779 °C e representada pela linha identificada como *BEG*, que também passa através do ponto *E*.

Uma reação importante ocorre para uma liga com composição C_E à medida que ela muda de temperatura passando por T_E; essa reação pode ser escrita da seguinte maneira:

Reação eutética (de acordo com a Figura 10.7)

$$L(C_E) \underset{\text{aquecimento}}{\overset{\text{resfriamento}}{\rightleftharpoons}} \alpha(C_{\alpha E}) + \beta(C_{\beta E}) \tag{10.8}$$

reação eutética

Em outras palavras, no resfriamento, uma fase líquida é transformada em duas fases sólidas, α e β, à temperatura T_E; a reação oposta ocorre no aquecimento. Essa reação é chamada de **reação eutética** (*eutético* significa "fundido com facilidade"), e C_E e T_E representam a composição e a temperatura eutética, respectivamente; $C_{\alpha E}$ e $C_{\beta E}$ são as respectivas composições das fases α e β a T_E. Dessa forma, para o sistema cobre-prata, a reação eutética, Equação 10.8, pode ser escrita como

$$L(71,9\ \%\text{p Ag}) \underset{\text{aquecimento}}{\overset{\text{resfriamento}}{\rightleftharpoons}} \alpha(8,0\ \%\text{p Ag}) + \beta(91,2\ \%\text{p Ag})$$

Com frequência, a linha *solidus* horizontal em T_E é chamada de *isoterma eutética*.

No resfriamento, a reação eutética é semelhante à solidificação para componentes puros, no sentido de que a reação prossegue até sua conclusão em uma temperatura constante, ou *isotermicamente*, em T_E. Entretanto, o produto sólido da solidificação eutética é sempre duas fases sólidas, enquanto uma única fase se forma para um componente puro. Devido a essa reação eutética, os diagramas de fases semelhantes àquele na Figura 10.7 são denominados *diagramas de fases eutéticos*. Os componentes que exibem esse comportamento formam um *sistema eutético*.

Na construção de diagramas de fases binários, é importante compreender que uma ou, no máximo, duas fases podem estar em equilíbrio em determinado campo de fases. Isso também é verdadeiro para os diagramas de fases mostrados nas Figuras 10.3a e 10.7. Para um sistema eutético, três fases (α, β e L) podem estar em equilíbrio, porém somente nos pontos ao longo da isoterma eutética. Outra regra geral é que as regiões monofásicas estão sempre separadas umas das outras por uma região bifásica composta pelas duas fases que essa região bifásica separa. Por exemplo, o campo $\alpha + \beta$ está localizado entre as regiões monofásicas α e β na Figura 10.7.

Outro sistema eutético comum é aquele para o chumbo e o estanho; o diagrama de fases (Figura 10.8) apresenta uma forma geral semelhante à do cobre-prata. No sistema chumbo–estanho, as fases da solução sólida também são designadas por α e β; nesse caso, a fase α representa uma solução sólida de estanho no chumbo, enquanto na fase β o estanho é o solvente e o chumbo é o

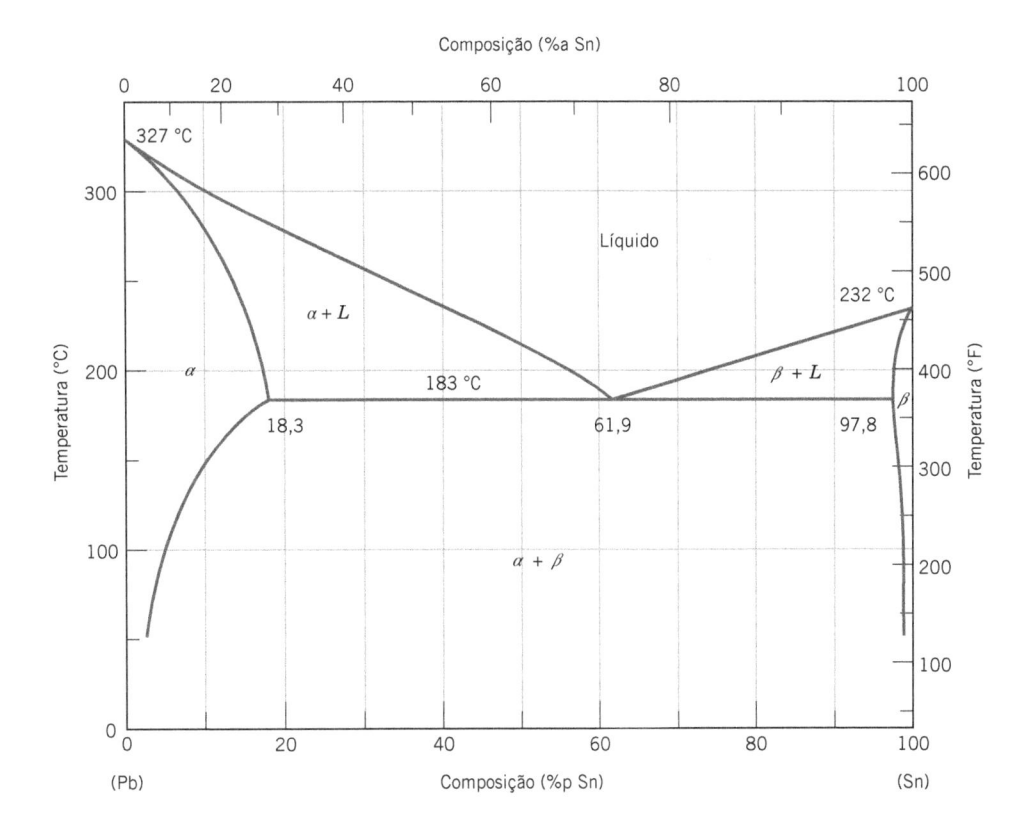

Figura 10.8 Diagrama de fases chumbo–estanho.
[Adaptado de *Binary Alloy Phase Diagrams*, 2nd edition, Vol. 3, T. B. Massalski (Editor chefe), 1990. Reimpresso sob permissão da ASM International, Materials Park, OH.]

soluto. O ponto invariante eutético está localizado em 61,9 %p Sn e a 183 °C (361 °F). Obviamente, as composições para a solubilidade sólida máxima, assim como as temperaturas de fusão dos componentes, são diferentes nos sistemas cobre-prata e chumbo–estanho, como pode ser observado comparando-se seus respectivos diagramas de fases.

Ocasionalmente, são preparadas ligas com baixas temperaturas de fusão que exibem composições próximas às do eutético. Um exemplo familiar é a solda de estanho 60–40, que contém 60 %p Sn e 40 %p Pb. A Figura 10.8 indica que uma liga com essa composição está completamente fundida a aproximadamente 185 °C (365 °F), o que torna esse material especialmente atrativo como solda para aplicações a baixas temperaturas, uma vez que ele se funde com facilidade.

Verificação de Conceitos 10.5 A 700 °C (1290 °F), qual é a solubilidade máxima **(a)** do Cu na Ag? **(b)** da Ag no Cu?

Verificação de Conceitos 10.6 A seguir é apresentada uma parte do diagrama de fases H_2O–NaCl:

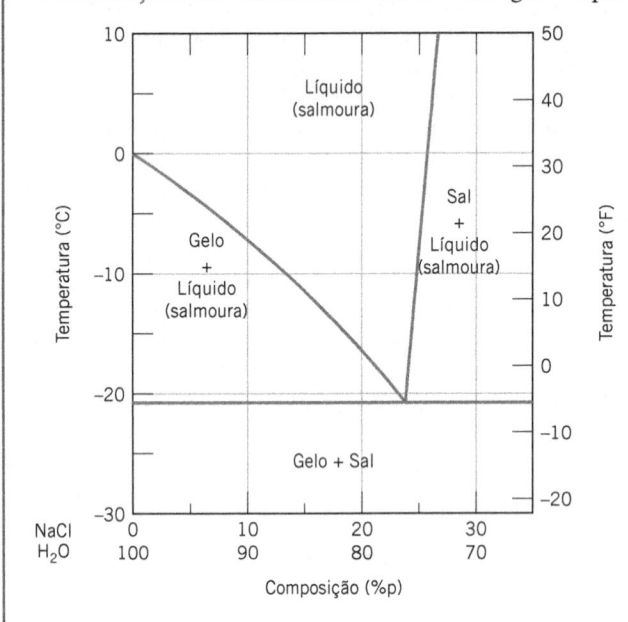

(a) Considerando esse diagrama, explique de maneira sucinta como o espalhamento de sal sobre gelo que se encontra em uma temperatura abaixo de 0 °C (32 °F) pode causar o derretimento do gelo.

(b) Em qual temperatura o sal não é mais útil para causar o derretimento do gelo?

(*As respostas estão disponíveis no GEN-IO, ambiente virtual de aprendizagem do GEN.*)

PROBLEMA-EXEMPLO 10.2

Determinação das Fases Presentes e dos Cálculos das Composições das Fases

Para uma liga contendo 40 %p Sn–60 %p Pb a 150 °C (300 °F), **(a)** qual(is) fase(s) está(ão) presente(s)? **(b)** Qual(is) é(são) a(s) composição(ões) dessa(s) fase(s)?

Solução

(a) Primeiro, esse ponto temperatura-composição é localizado no diagrama de fases (ponto B na Figura 10.9). Uma vez que ele está na região $\alpha + \beta$, as fases α e β coexistirão.

(b) Uma vez que duas fases estão presentes, é necessário construir uma linha de amarração através do campo das fases $\alpha + \beta$ a 150 °C, como indicado na Figura 10.9. A composição da fase α corresponde à interseção da linha de amarração com a linha *solvus*, $\alpha/(\alpha + \beta)$ – em aproximadamente 11 %p Sn–89 %p Pb, representada como C_α. De maneira semelhante, a fase β tem uma composição de aproximadamente 98 %p Sn–2 %p Pb (C_β).

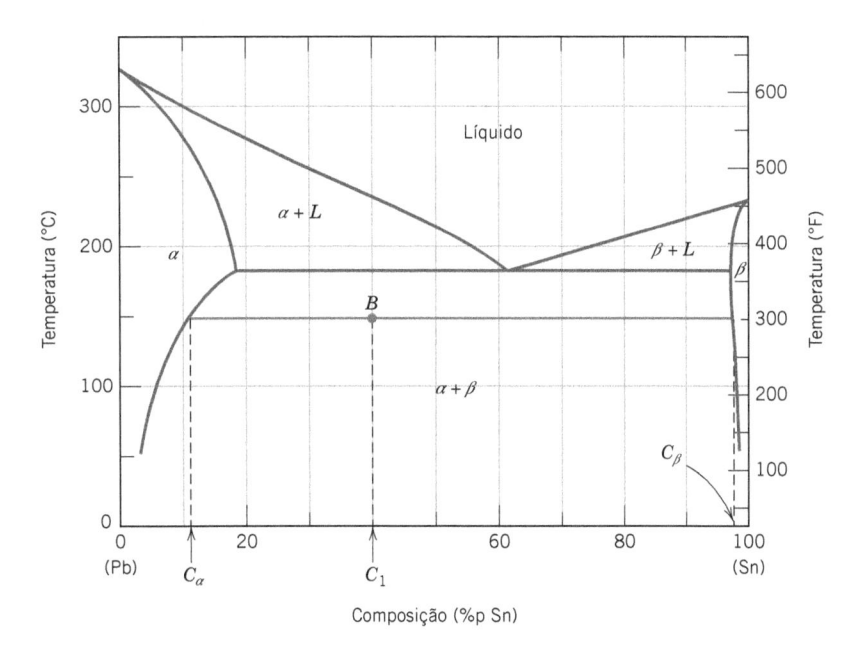

Figura 10.9 Diagrama de fases chumbo–estanho. Nos Problemas-Exemplo 10.2 e 10.3, as composições e as quantidades relativas das fases são calculadas para uma liga com 40 %p Sn–60 %p Pb a 150 °C (ponto B).

PROBLEMA-EXEMPLO 10.3

Determinação das Quantidades Relativas das Fases – Frações Mássicas e Volumétricas

Para a liga chumbo–estanho do Problema-Exemplo 10.2, calcule as quantidades relativas de cada fase presente, em termos **(a)** da fração mássica e **(b)** da fração volumétrica. As densidades do Pb e do Sn a 150 °C são 11,23 e 7,24 g/cm³, respectivamente.

Solução

(a) Uma vez que a liga consiste em duas fases, é necessário empregar a regra da alavanca. Se C_1 representa a composição global da liga, as frações mássicas podem ser calculadas pela subtração das composições, em termos da porcentagem em peso de estanho, da seguinte maneira:

$$W_\alpha = \frac{C_\beta - C_1}{C_\beta - C_\alpha} = \frac{98 - 40}{98 - 11} = 0,67$$

$$W_\beta = \frac{C_1 - C_\alpha}{C_\beta - C_\alpha} = \frac{40 - 11}{98 - 11} = 0,33$$

(b) Para calcular as frações volumétricas é necessário, em primeiro lugar, determinar a densidade de cada fase usando a Equação 5.13a. Dessa forma,

$$\rho_\alpha = \frac{100}{\dfrac{C_{Sn(\alpha)}}{\rho_{Sn}} + \dfrac{C_{Pb(\alpha)}}{\rho_{Pb}}}$$

em que $C_{Sn(\alpha)}$ e $C_{Pb(\alpha)}$ representam as concentrações em porcentagem em peso de estanho e chumbo, respectivamente, na fase α. A partir do Problema-Exemplo 10.2, esses valores são de 11 %p e 89 %p. A incorporação desses valores, juntamente com as densidades dos dois componentes, leva a

$$\rho_\alpha = \frac{100}{\dfrac{11}{7,24 \text{ g/cm}^3} + \dfrac{89}{11,23 \text{ g/cm}^3}} = 10,59 \text{ g/cm}^3$$

De maneira semelhante, para a fase β:

$$\rho_\beta = \frac{100}{\dfrac{C_{Sn(\beta)}}{\rho_{Sn}} + \dfrac{C_{Pb(\beta)}}{\rho_{Pb}}}$$

$$= \frac{100}{\dfrac{98}{7,24\ g/cm^3} + \dfrac{2}{11,23\ g/cm^3}} = 7,29\ g/cm^3$$

Agora, é necessário empregar as Equações 10.6a e 10.6b para determinar os valores de V_α e V_β, do seguinte modo:

$$V_\alpha = \frac{\dfrac{W_\alpha}{\rho_\alpha}}{\dfrac{W_\alpha}{\rho_\alpha} + \dfrac{W_\beta}{\rho_\beta}}$$

$$= \frac{\dfrac{0,67}{10,59\ g/cm^3}}{\dfrac{0,67}{10,59\ g/cm^3} + \dfrac{0,33}{7,29\ g/cm^3}} = 0,58$$

$$V_\beta = \frac{\dfrac{W_\beta}{\rho_\beta}}{\dfrac{W_\alpha}{\rho_\alpha} + \dfrac{W_\beta}{\rho_\beta}}$$

$$= \frac{\dfrac{0,33}{7,29\ g/cm^3}}{\dfrac{0,67}{10,59\ g/cm^3} + \dfrac{0,33}{7,29\ g/cm^3}} = 0,42$$

10.12 DESENVOLVIMENTO DA MICROESTRUTURA EM LIGAS EUTÉTICAS

Dependendo da composição, é possível haver vários tipos diferentes de microestruturas para o resfriamento lento de ligas que pertencem a sistemas eutéticos binários. Essas possibilidades serão consideradas em termos do diagrama de fases chumbo–estanho, Figura 10.8.

O primeiro caso se aplica a composições que variam entre um componente puro e a solubilidade sólida máxima para aquele componente à temperatura ambiente [20 °C (70 °F)]. Para o sistema chumbo–estanho, isso inclui as ligas ricas em chumbo que contêm entre 0 % e aproximadamente 2 %p Sn (para a solução sólida que compõe a fase α), e também entre aproximadamente 99 %p Sn e estanho puro (para a fase β). Por exemplo, considere uma liga com composição C_1 (Figura 10.11) à medida que ela é resfriada lentamente a partir de uma temperatura, na região da fase líquida, digamos, de 350 °C; isso corresponde a um deslocamento vertical para baixo ao longo da linha tracejada ww' mostrada na figura. A liga permanece totalmente líquida e com a composição C_1 até a linha *liquidus* ser cruzada em aproximadamente 330 °C, quando a fase α sólida começa a se formar. Ao passar por essa estreita região bifásica contendo as fases $\alpha + L$, a solidificação prossegue da mesma maneira como foi descrito para a liga cobre–níquel na Seção 10.9 – isto é, com o prosseguimento do resfriamento, forma-se uma quantidade maior da fase α sólida. Além disso, as composições das fases líquida e sólida são diferentes, seguindo ao longo das fronteiras *liquidus* e *solidus*, respectivamente. A solidificação atinge o seu fim no ponto em que a linha ww' cruza a linha *solidus*. A liga resultante é policristalina com uma composição uniforme C_1, e nenhuma mudança subsequente ocorre com o resfriamento da liga até a temperatura ambiente. Essa microestrutura está representada esquematicamente no detalhe do ponto c na Figura 10.11.

MATERIAIS DE IMPORTÂNCIA

Soldas Isentas de Chumbo

Soldas são ligas metálicas empregadas para unir dois ou mais componentes (geralmente, outras ligas metálicas). São usadas extensivamente na indústria eletrônica para unir fisicamente componentes uns aos outros. Elas devem permitir a expansão e a contração dos vários componentes, transmitir sinais elétricos, e dissipar qualquer calor que seja gerado. A ação de união é obtida com a fusão do material da solda, possibilitando que o mesmo flua por entre os componentes e faça contato com esses componentes a serem unidos (os quais não se fundem); por fim, ao se solidificar, a solda forma uma junção física com todos esses componentes.

No passado, a ampla maioria das soldas era de ligas chumbo–estanho. Esses materiais são confiáveis, baratos e têm temperaturas de fusão relativamente baixas. A solda chumbo–estanho mais comum exibe uma composição de 63 %p Sn–37 %p Pb. De acordo com o diagrama de fases chumbo–estanho, como mostrado na Figura 10.8, essa composição está próxima à do eutético e apresenta temperatura de fusão de aproximadamente 183 °C, a menor temperatura possível com a existência de uma fase líquida (em equilíbrio) para o sistema chumbo–estanho. Essa liga é chamada, com frequência, de *solda eutética chumbo–estanho*.

Infelizmente, o chumbo é um metal moderadamente tóxico e há séria preocupação em relação ao impacto ambiental dos produtos descartados contendo chumbo, o qual pode percolar para os lençóis freáticos a partir de aterros sanitários ou poluir o ar quando os produtos são incinerados. Consequentemente, em alguns países foram criadas leis que banem o uso de soldas contendo chumbo. Isso forçou o desenvolvimento de soldas isentas de chumbo que, entre outras coisas, têm concentrações relativamente baixas de cobre, prata, bismuto e/ou antimônio, e formam eutéticos em temperaturas baixas. As composições, assim como as temperaturas *liquidus* e *solidus*, de diversas soldas isentas de chumbo estão listadas na Tabela 10.1 e devem ter temperaturas (ou faixas de temperaturas) de fusão relativamente baixas. Duas soldas contendo chumbo também estão incluídas nessa tabela.

As temperaturas (ou faixas de temperaturas) de fusão são importantes para o desenvolvimento e a seleção dessas novas ligas para soldas; essas informações estão disponíveis a partir dos diagramas de fases. Por exemplo, uma parte do diagrama de fases prata-estanho na região rica em estanho está apresentada na Figura 10.10. Nele pode ser observado que há um eutético em 96,5 %p Sn e 221 °C; essas são de fato a composição e a temperatura de fusão, respectivamente, da solda 96,5 Sn–3,5 Ag na Tabela 10.1.

Tabela 10.1 Composições, Temperaturas *Solidus* e Temperaturas *Liquidus* para Duas Soldas Contendo Chumbo e Cinco Soldas Isentas de Chumbo

Composição (*wt%*)	Temperatura Solidus (°C)	Temperatura Liquidus (°C)
Soldas Contendo Chumbo		
63 Sn–37 Pb[a]	183	183
50 Sn–50 Pb	183	214
Soldas Isentas de Chumbo		
99,3 Sn–0,7 Cu[a]	227	227
96,5 Sn–3,5 Ag[a]	221	221
95,5 Sn–3,8 Ag–0,7 Cu	217	220
91,8 Sn–3,4 Ag–4,8 Bi	211	213
97,0 Sn–2,0 Cu–0,85 Sb–0,2 Ag	219	235

[a]As composições dessas ligas são composições eutéticas; portanto, suas temperaturas *solidus* e *liquidus* são idênticas.

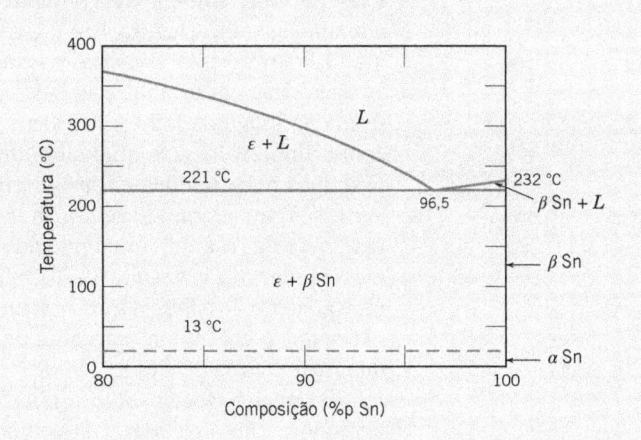

Figura 10.10 Região rica em estanho do diagrama de fases prata–estanho.
[Adaptado de *ASM Handbook*, Vol. 3, *Alloy Phase Diagrams*, H. Baker (Editor), ASM International, 1992. Reimpresso com permissão da ASM International, Materials Park, OH.]

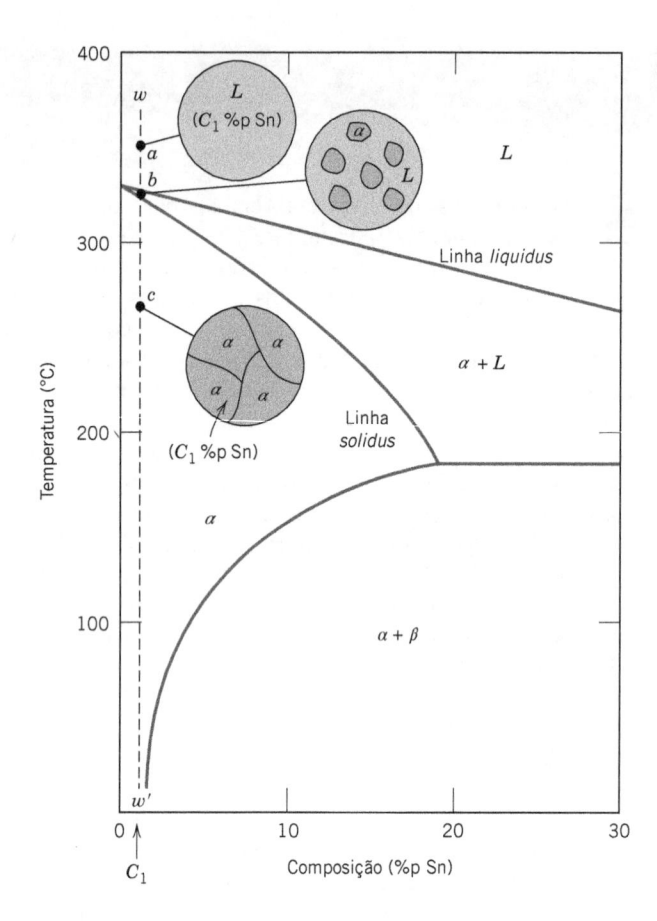

Figura 10.11 Representações esquemáticas das microestruturas em equilíbrio para uma liga chumbo–estanho com composição C_1 à medida que ela é resfriada desde a região da fase líquida.

O segundo caso considerado aplica-se a composições que variam entre o limite de solubilidade à temperatura ambiente e a solubilidade sólida máxima na temperatura do eutético. Para o sistema chumbo–estanho (Figura 10.8), essas composições se estendem desde aproximadamente 2 %p Sn até 18,3 %p Sn (para as ligas ricas em chumbo) e entre 97,8 %p Sn e aproximadamente 99 %p Sn (para as ligas ricas em estanho). Vamos examinar uma liga com composição C_2 à medida que ela é resfriada ao longo da linha vertical xx' na Figura 10.12. No resfriamento até a interseção da linha xx' com a linha *solvus*, as mudanças que ocorrem são semelhantes àquelas do caso anterior, quando passamos pelas regiões de fases correspondentes (como demonstrado pelos detalhes para os pontos d, e e f). Imediatamente acima da interseção com a linha *solvus*, ponto f, a microestrutura consiste em grãos da fase α com composição C_2. Ao cruzar a linha *solvus*, a solubilidade sólida da fase α é excedida, o que resulta na formação de pequenas partículas da fase β; essas partículas estão indicadas no detalhe da microestrutura no ponto g. Com o prosseguimento do resfriamento, essas partículas crescem em tamanho, pois a fração mássica da fase β aumenta ligeiramente com a diminuição da temperatura.

O terceiro caso envolve a solidificação da composição eutética, 61,9 %p Sn (C_3 na Figura 10.13). Considere uma liga com essa composição que seja resfriada desde uma temperatura na região da fase líquida (por exemplo, 250 °C) ao longo da linha vertical yy' na Figura 10.13. À medida que a temperatura é reduzida, nenhuma alteração ocorre até ser atingida a temperatura do eutético, 183 °C. Cruzando a isoterma eutética, o líquido se transforma nas duas fases α e β. Essa transformação pode ser representada pela reação

$$L(61,9\,\%\text{p Sn}) \underset{\text{aquecimento}}{\overset{\text{resfriamento}}{\rightleftharpoons}} \alpha(18,3\,\%\text{p Sn}) + \beta(97,8\,\%\text{p Sn}) \tag{10.9}$$

em que as composições das fases α e β são ditadas pelos pontos nas extremidades da isoterma eutética.

Durante essa transformação, deve existir uma redistribuição dos componentes chumbo e estanho, visto que as fases α e β têm composições diferentes e nenhuma dessas composições é igual à

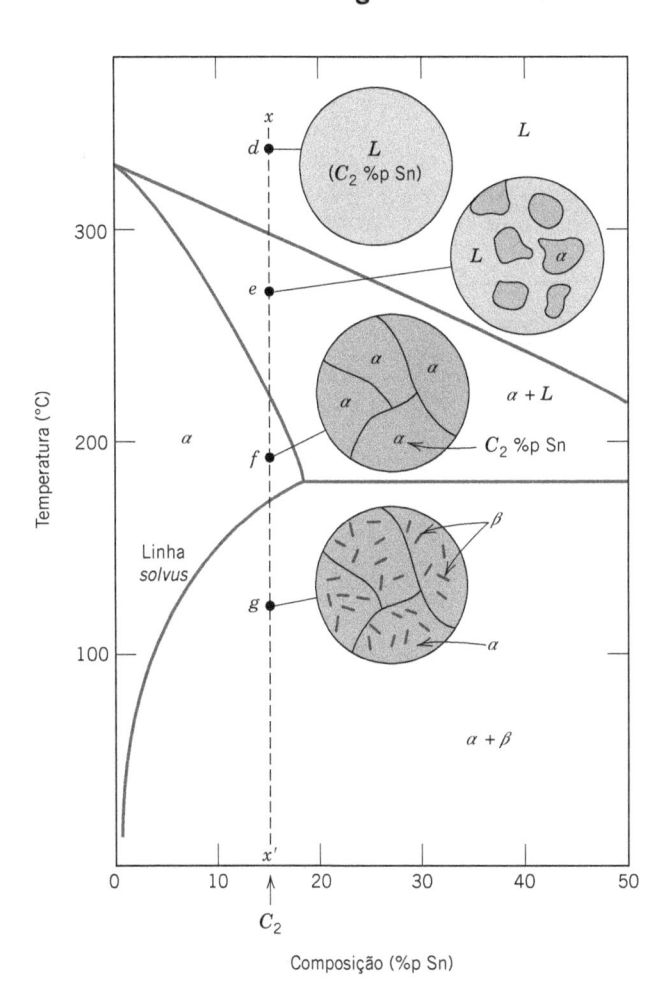

Figura 10.12 Representações esquemáticas das microestruturas em equilíbrio para uma liga chumbo–estanho com composição C_2 à medida que ela é resfriada desde a região da fase líquida.

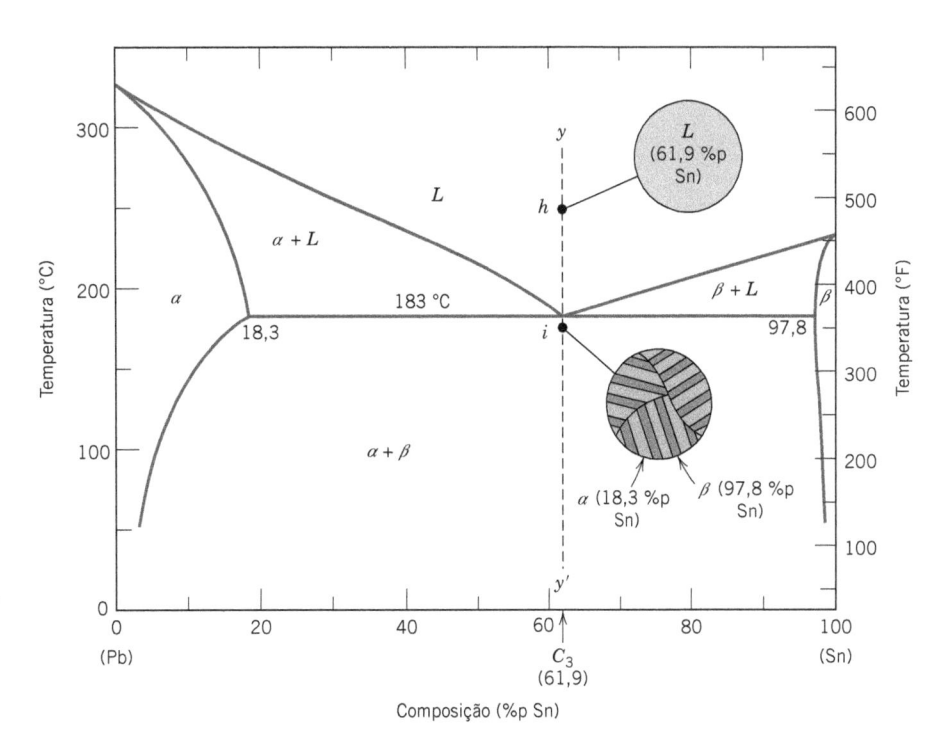

Figura 10.13 Representações esquemáticas das microestruturas em equilíbrio para uma liga chumbo–estanho com a composição eutética C_3, acima e abaixo da temperatura eutética.

composição do líquido (como indicado na Equação 10.9). Essa redistribuição é obtida por difusão atômica. A microestrutura do sólido resultante dessa transformação consiste em camadas alternadas (algumas vezes chamadas de *lamelas*) das fases α e β, as quais se formam simultaneamente durante a transformação. Essa microestrutura, representada esquematicamente no ponto *i* da Figura 10.13, é chamada de **estrutura eutética** e é característica dessa reação. Uma fotomicrografia dessa estrutura para o eutético chumbo–estanho está mostrada na Figura 10.14. O resfriamento subsequente da liga de uma posição imediatamente abaixo da temperatura eutética até a temperatura ambiente resulta apenas em alterações microestruturais de menor importância.

A mudança microestrutural que acompanha essa transformação eutética está representada esquematicamente na Figura 10.15, que mostra o eutético, composto por lamelas das fases α e β, crescendo para o interior da fase líquida, substituindo-a. *O processo de redistribuição do chumbo e do estanho ocorre por difusão no líquido imediatamente à frente da interface eutético–fase líquida. As setas indicam as direções da difusão dos átomos de chumbo e de estanho; os átomos de chumbo difundem-se em direção às camadas da fase α, uma vez que essa fase α é rica em chumbo (18,3 %p Sn–81,7 %p Pb); de maneira oposta, a difusão dos átomos de estanho ocorre em direção às camadas da fase β, rica em estanho (97,8 %p Sn–2,2 %p Pb). A estrutura eutética se forma como essas camadas alternadas porque nesse tipo de configuração lamelar a difusão atômica do chumbo e do estanho precisa ocorrer apenas em distâncias relativamente pequenas.*

O quarto e último caso microestrutural para esse sistema inclui todas as composições diferentes da eutética e que, quando resfriadas, cruzam a isoterma eutética. Considere, por exemplo, a composição C_4, na Figura 10.16, à esquerda do eutético; conforme a temperatura é reduzida, nos movemos para baixo, ao longo da linha zz', a partir do ponto *j*. O desenvolvimento microestrutural entre os pontos *j* e *l* é semelhante ao que foi apresentado para o segundo caso, de maneira tal que, imediatamente antes do cruzamento da isoterma eutética (ponto *l*), as fases α e líquida estão presentes com composições de aproximadamente 18,3 %p Sn e 61,9 %p Sn, respectivamente, como determinado a partir da linha de amarração apropriada. À medida que a temperatura é reduzida para imediatamente abaixo daquela do eutético, a fase líquida, que tem a composição do eutético, se transforma na estrutura do eutético (isto é, lamelas alternadas das fases α e β); alterações insignificantes ocorrerão com a fase α que se formou durante o resfriamento ao longo da região $\alpha + L$. Essa microestrutura está representada esquematicamente no detalhe do ponto *m* na Figura 10.16. Dessa forma, a fase α está presente tanto na estrutura eutética como na fase que se formou durante o resfriamento através do campo das fases $\alpha + L$. Para distinguir uma fase α da outra, aquela que se encontra na estrutura eutética é chamada α **eutética**, enquanto a outra, que se formou antes do cruzamento da isoterma eutética, é denominada α **primária**; ambas estão identificadas na Figura 10.16.

estrutura eutética

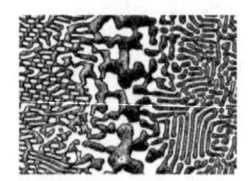

Fotomicrografia mostrando uma interface de matriz reversa (isto é, uma inversão de padrão preto no branco em branco no preto à la Escher) para uma liga eutética alumínio–cobre. Ampliação desconhecida.
(Reproduzido com permissão de *Metals Handbook*, Vol. 9, 9th edition, *Metallography and Microstructures*, American Society for Metals, Metals Park, OH, 1985.)

fase eutética
fase primária

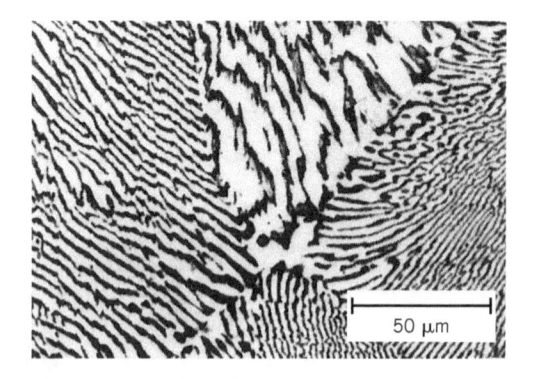

Figura 10.14 Fotomicrografia mostrando a microestrutura de uma liga chumbo–estanho com a composição eutética. Essa microestrutura consiste em camadas alternadas de uma solução sólida da fase α rica em chumbo (camadas escuras) e de uma solução sólida da fase β rica em estanho (camadas claras). Ampliação de 375×.
(Reproduzido com permissão de *Metals Handbook*, 9th edition, Vol. 9, *Metallography and Microstructures*, American Society for Metals, Materials Park, OH, 1985.)

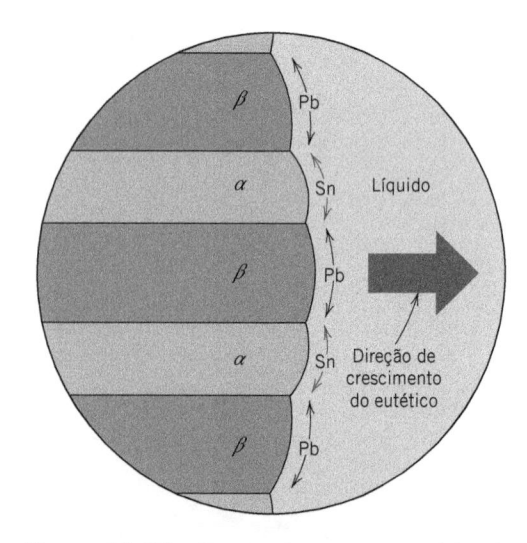

Figura 10.15 Representação esquemática da formação da estrutura eutética para o sistema chumbo–estanho. As direções da difusão dos átomos de estanho e de chumbo estão indicadas pelas respectivas setas.

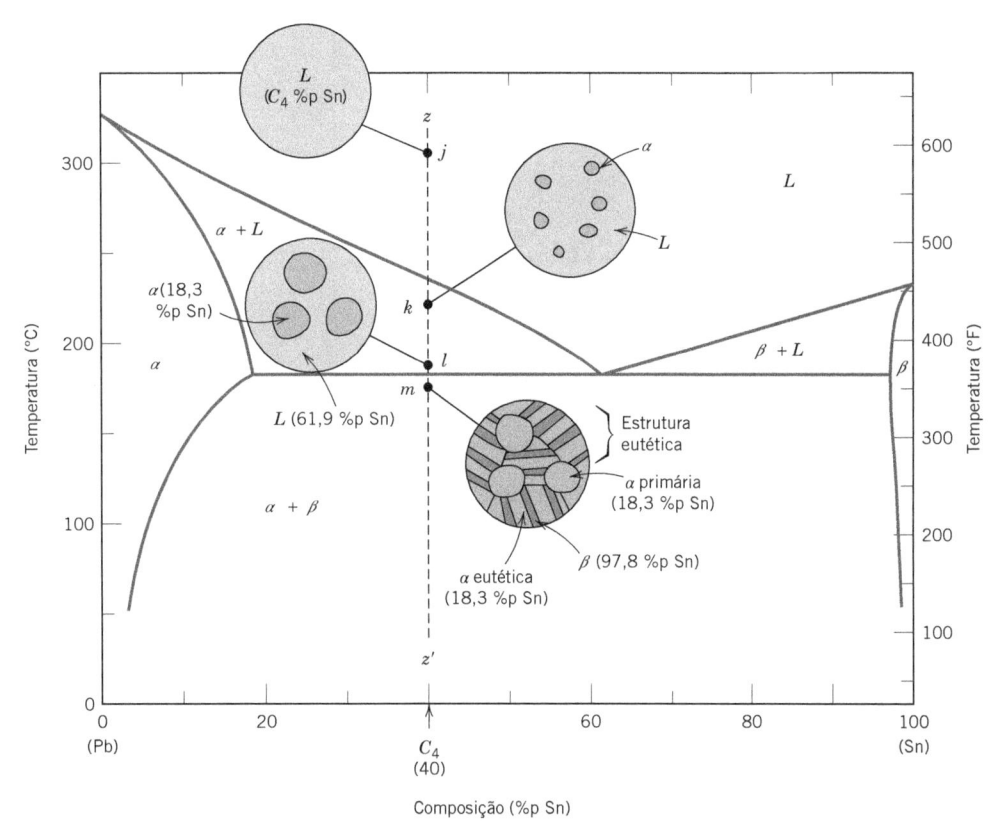

Figura 10.16 Representações esquemáticas das microestruturas em equilíbrio para uma liga chumbo–estanho com composição C_4 à medida que ela é resfriada a partir da região da fase líquida.

A fotomicrografia na Figura 10.17 é de uma liga chumbo–estanho em que estão mostradas as estruturas α primária e α eutética.

microconstituinte

Ao lidarmos com microestruturas, algumas vezes é conveniente usarmos o termo **microconstituinte** – um elemento da microestrutura com uma estrutura característica e identificável. Por exemplo, no detalhe do ponto *m*, na Figura 10.16, há dois microconstituintes – a fase α primária e a estrutura eutética. Assim, a estrutura eutética é um microconstituinte, apesar de ser uma mistura de duas fases, uma vez que apresenta uma estrutura lamelar distinta, com uma razão fixa entre as duas fases.

É possível calcular as quantidades relativas de ambos os microconstituintes, eutético e α primário. Uma vez que o microconstituinte eutético sempre se forma a partir do líquido que tem a composição eutética, pode-se considerar que esse microconstituinte exibe uma composição global de 61,9 %p Sn. Assim, a regra da alavanca é aplicada utilizando-se uma linha de amarração entre a fronteira das fases α–($\alpha + \beta$) (18,3 %p Sn) e a composição eutética. Por exemplo, considere a liga com composição C_4' mostrada na Figura 10.18. A fração do microconstituinte eutético W_e é simplesmente a mesma que a fração do líquido W_L a partir do qual ele se transforma, ou seja,

Expressão da regra da alavanca para o cálculo das frações mássicas do microconstituinte eutético e da fase líquida (composição C_4', Figura 10.18)

$$W_e = W_L = \frac{P}{P + Q}$$

$$= \frac{C_4' - 18,3}{61,9 - 18,3} = \frac{C_4' - 18,3}{43,6} \tag{10.10}$$

Além disso, a fração de α primária, $W_{\alpha'}$, é simplesmente a fração da fase α que existia antes da transformação eutética ou, da Figura 10.18,

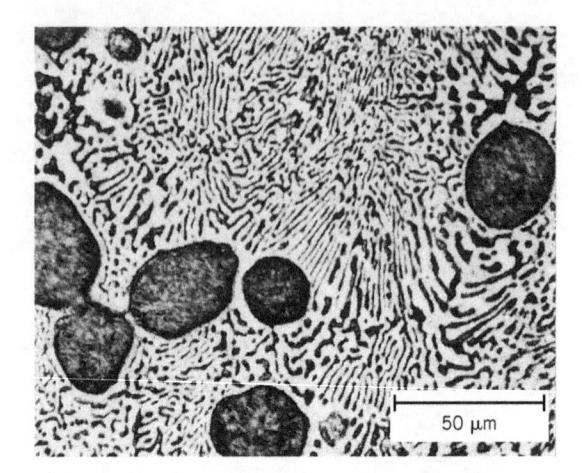

Figura 10.17 Fotomicrografia mostrando a microestrutura de uma liga chumbo–estanho com composição de 50 %p Sn-50 %p Pb. Essa microestrutura é composta por uma fase α primária rica em chumbo (grandes regiões escuras) no interior de uma estrutura eutética lamelar que consiste em uma fase β rica em estanho (camadas claras) e em uma fase α rica em chumbo (camadas escuras). Ampliação de 400×.
(Reproduzido com permissão de *Metals Handbook*, 9th edition, Vol. 9, *Metallography and Microstructures*, American Society for Metals, Materials Park, OH, 1985.)

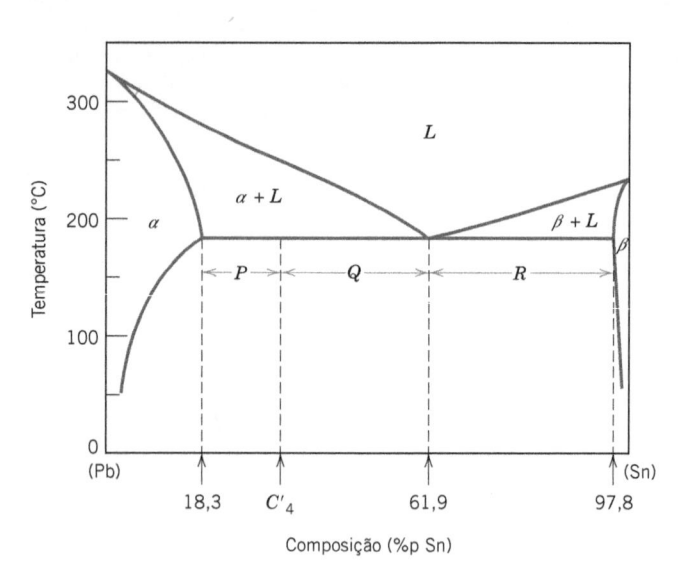

Figura 10.18 Diagrama de fases chumbo–estanho usado nos cálculos para as quantidades relativas dos microconstituintes α primário e eutético para uma liga com composição C_4'.

Expressão da regra da alavanca para o cálculo da fração mássica da fase α primária

$$W_{\alpha'} = \frac{Q}{P + Q}$$

$$= \frac{61,9 - C_4'}{61,9 - 18,3} = \frac{61,9 - C_4'}{43,6} \tag{10.11}$$

As frações da fase α *total*, W_α (tanto eutética quanto primária), e também da fase β total, W_β, são determinadas com o emprego da regra da alavanca juntamente com uma linha de amarração que se estende *totalmente ao longo do campo das fases α + β*. Novamente, para uma liga de composição C_4',

Expressão da regra da alavanca para o cálculo da fração mássica total da fase α

$$W_\alpha = \frac{Q + R}{P + Q + R}$$

$$= \frac{97,8 - C_4'}{97,8 - 18,3} = \frac{97,8 - C_4'}{79,5} \tag{10.12}$$

e

Expressão da regra da alavanca para o cálculo da fração mássica total da fase β

$$W_\beta = \frac{P}{P + Q + R}$$

$$= \frac{C_4' - 18,3}{97,8 - 18,3} = \frac{C_4' - 18,3}{79,5} \tag{10.13}$$

Transformações e microestruturas análogas resultam para as ligas com composições à direita da composição do eutético (isto é, entre 61,9 %p Sn e 97,8 %p Sn). Entretanto, abaixo da temperatura do eutético, a microestrutura consistirá nos microconstituintes eutético e β primário, pois, durante o resfriamento a partir da fase líquida, passamos pelo campo das fases β + líquido.

Para o quarto caso representado na Figura 10.16, quando não são mantidas condições de equilíbrio ao passarmos pela região das fases α (ou β) + líquido, as seguintes consequências ocorrerão na microestrutura após a isoterma eutética ser atravessada: (1) os grãos do microconstituinte primário ficarão zonados, isto é, os grãos apresentarão uma distribuição não uniforme do soluto em seu interior; e (2) a fração do microconstituinte eutético formado será maior do que na situação de equilíbrio.

10.13 DIAGRAMAS DE EQUILÍBRIO CONTENDO FASES OU COMPOSTOS INTERMEDIÁRIOS

solução sólida terminal

solução sólida intermediária

Os diagramas de fases isomorfo e eutéticos discutidos até agora são relativamente simples, mas os diagramas para muitos sistemas de ligas binárias são muito mais complexos. Os diagramas de fases eutéticos cobre–prata e chumbo–estanho (Figuras 10.7 e 10.8, respectivamente) têm apenas duas fases sólidas, α e β; essas são algumas vezes denominadas **soluções sólidas terminais**, porque existem em faixas de composição próximas às extremidades das concentrações do diagrama de fases. Em outros sistemas de ligas, podem ser encontradas **soluções sólidas intermediárias** (ou *fases intermediárias*), além daquelas composições nos dois extremos. Esse é o caso para o sistema cobre–zinco. Seu diagrama de fases (Figura 10.19) pode, a princípio, parecer formidável, pois há alguns pontos invariantes e reações semelhantes às dos eutéticos, que ainda não foram discutidos. Além disso, existem seis soluções sólidas diferentes – duas terminais (α e η) e quatro intermediárias (β, γ, δ e ε). (A fase β' é denominada *solução sólida ordenada*, na qual os átomos de cobre e de zinco estão situados segundo um arranjo específico e ordenado dentro de cada célula unitária.) Algumas linhas de fronteiras entre fases próximas à parte inferior da Figura 10.19 estão tracejadas para indicar que suas posições não foram determinadas com exatidão. A razão para tal é que, em baixas temperaturas, as taxas de difusão são muito lentas e são necessários tempos excessivamente longos para atingir o equilíbrio. Novamente, apenas regiões monofásicas e bifásicas são encontradas no diagrama, e as mesmas regras destacadas na Seção 10.8 são utilizadas para calcular as composições e as quantidades relativas das fases. Os latões comerciais são ligas cobre–zinco ricas em cobre; por exemplo, o latão para cartuchos tem uma composição de 70 %p Cu–30 %p Zn e uma microestrutura formada por uma única fase α.

composto intermetálico

Para alguns sistemas, podem ser encontrados compostos intermediários discretos no diagrama de fases, em vez de soluções sólidas, e esses compostos têm fórmulas químicas específicas; nos sistemas metal–metal, eles são chamados **compostos intermetálicos**. Por exemplo, considere o sistema magnésio–chumbo (Figura 10.20). O composto Mg_2Pb exibe uma composição de 19 %p Mg–81 %p Pb (33 %a Pb) e está representado no diagrama como linha vertical e não como região de fases com largura finita; dessa forma, o Mg_2Pb só pode existir nessa exata composição.

Várias outras características merecem ser observadas nesse sistema magnésio–chumbo. Em primeiro lugar, o composto Mg_2Pb funde-se a aproximadamente 550 °C (1020 °F), como indicado pelo ponto M na Figura 10.20. Além disso, a solubilidade do chumbo no magnésio é razoavelmente extensa, como indicado pela faixa de composições relativamente grande para o campo da fase α. Contudo, a solubilidade do magnésio no chumbo é extremamente limitada. Isso fica evidente a partir da região muito estreita para a solução sólida terminal β, na extremidade direita, ou rica em chumbo, do diagrama. Finalmente, esse diagrama de fases pode ser considerado como se fosse, na verdade, dois diagramas eutéticos simples unidos lado a lado – um para o sistema Mg–Mg_2Pb e o outro para o Mg_2Pb–Pb; como tal, o composto Mg_2Pb é realmente considerado um componente. Essa separação de diagramas de fases complexos em unidades componentes menores pode simplificá-los e acelerar sua interpretação.

10.14 REAÇÕES EUTETOIDES E PERITÉTICAS

Além do eutético, outros pontos invariantes envolvendo três fases diferentes são encontrados em alguns sistemas de ligas. Um desses pontos ocorre para o sistema cobre-zinco (Figura 10.19) a 560 °C (1040 °F) e 74 %p Zn–26 %p Cu. Uma fração do diagrama de fases nessa vizinhança está ampliada na Figura 10.21. No resfriamento, uma fase sólida δ se transforma em duas outras fases sólidas (γ e ε) de acordo com a reação

Reação eutetoide (conforme o ponto E, Figura 10.21)

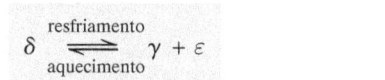

$$\delta \underset{\text{aquecimento}}{\overset{\text{resfriamento}}{\rightleftharpoons}} \gamma + \varepsilon \qquad (10.14)$$

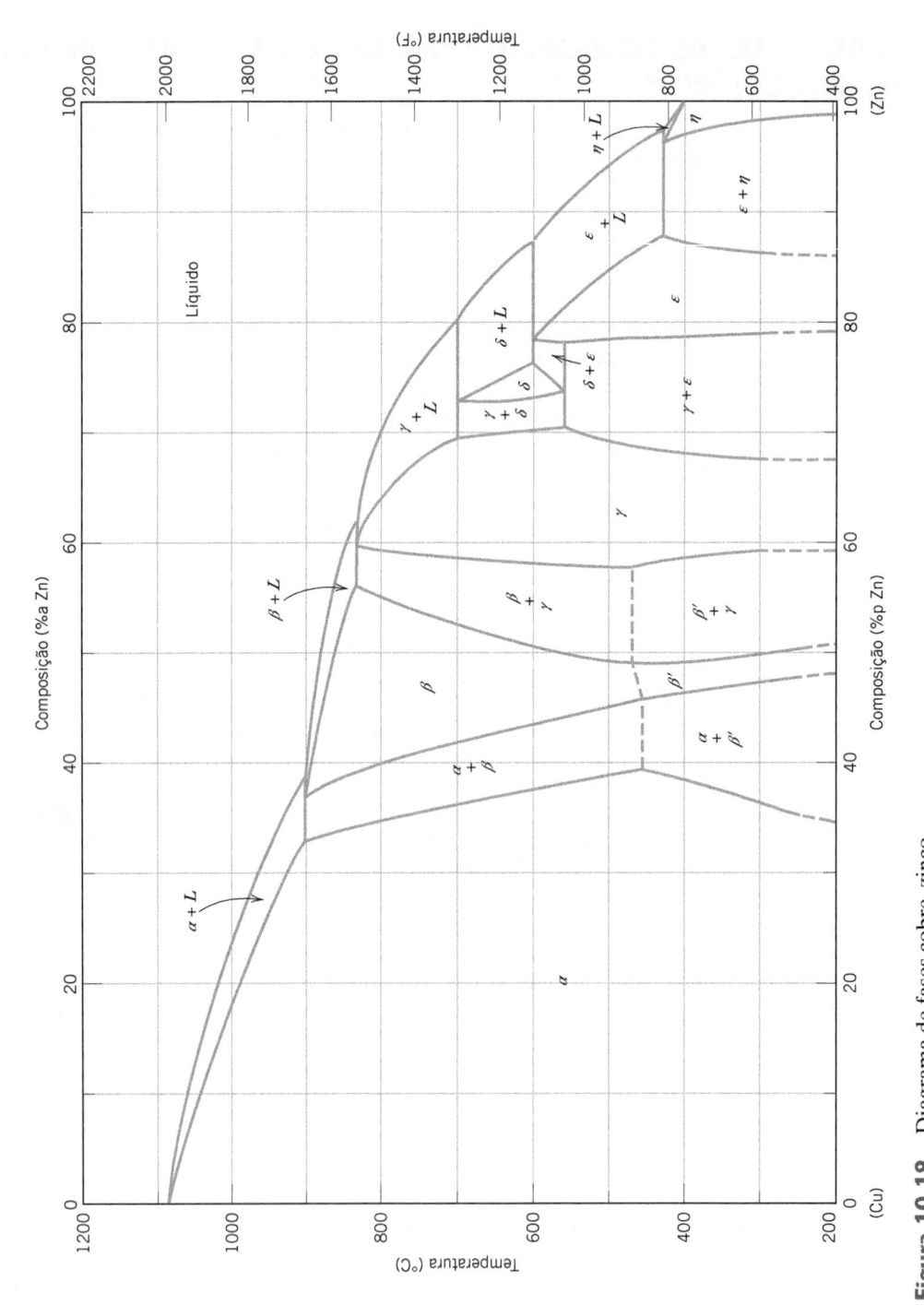

Figura 10.19 Diagrama de fases cobre–zinco.
[Adaptado de *Binary Alloy Phase Diagrams*, 2nd edition, Vol. 2, T. B. Massalski (Editor chefe), 1990. Reimpresso sob permissão da ASM International, Materials Park, OH.]

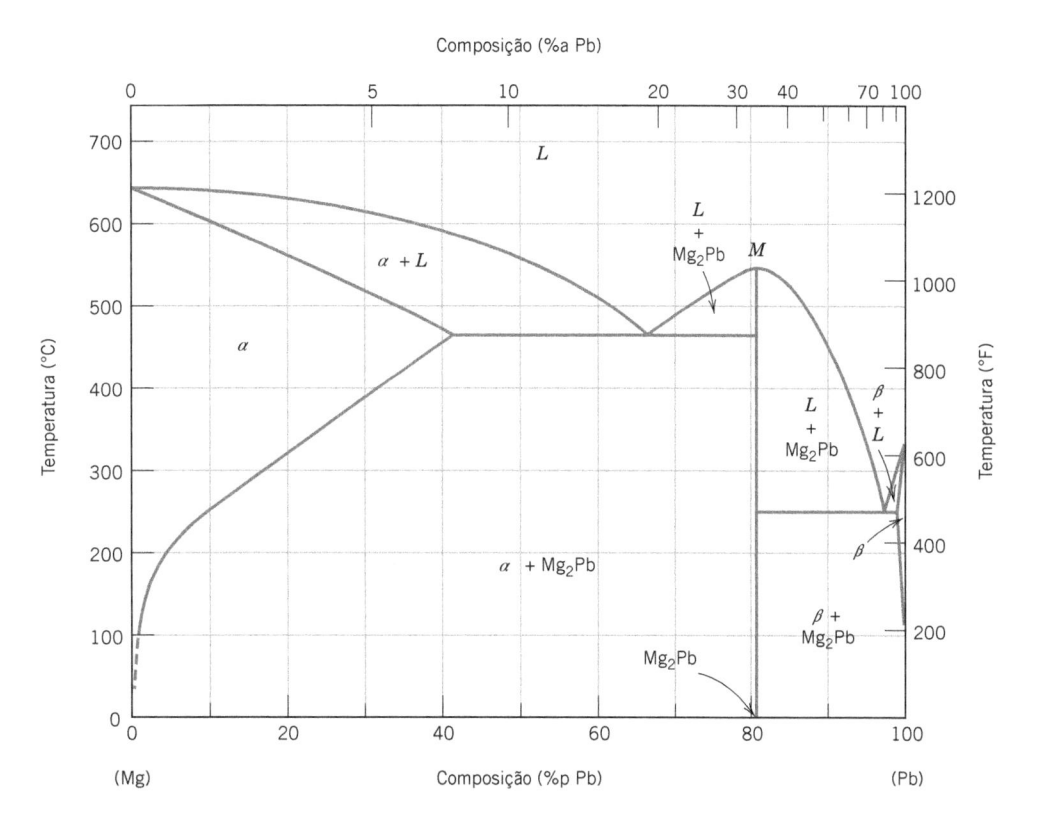

Figura 10.20 Diagrama de fases magnésio–chumbo.
[Adaptado de *Phase Diagrams of Binary Magnesium Alloys*, A. A. Nayeb-Hashemi e J. B. Clark (Editores), 1988. Reimpresso sob permissão da ASM International, Materials Park, OH.]

reação eutetoide

A reação inversa ocorre no aquecimento. Ela é chamada de **reação eutetoide** (ou semelhante à eutética), e o ponto invariante (ponto *E*, Figura 10.21) e a linha de amarração horizontal a 560 °C são denominados *eutetoide* e *isoterma eutetoide*, respectivamente. A característica que distingue um *eutetoide* de um *eutético* é o fato de que uma fase sólida, em lugar de uma fase líquida, se transforma em duas outras fases sólidas em uma única temperatura. Uma reação eutetoide muito importante no tratamento térmico de aços é encontrada no sistema ferro–carbono (Seção 10.19).

reação peritética

A **reação peritética** é outra reação invariante que envolve três fases em equilíbrio. Com essa reação, no aquecimento, uma fase sólida se transforma em uma fase líquida e outra fase sólida.

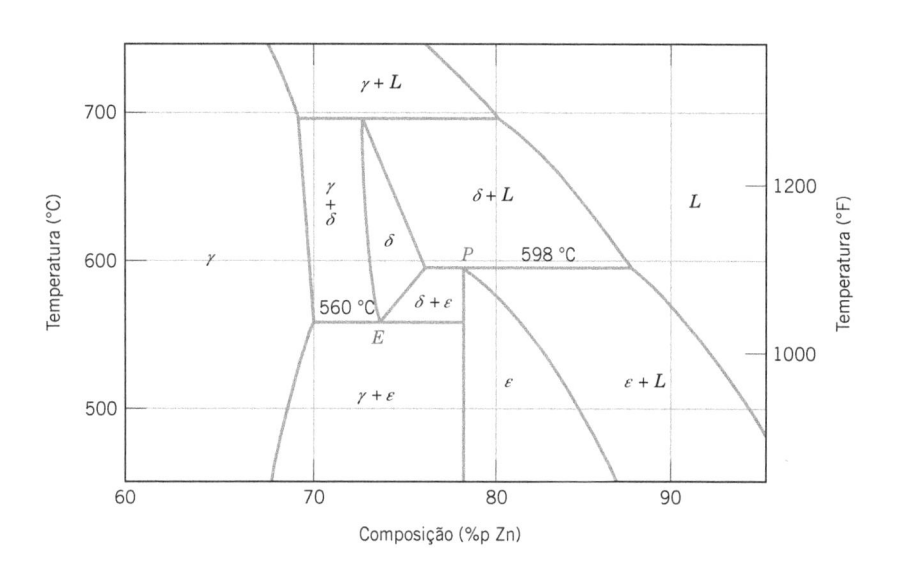

Figura 10.21 Uma região do diagrama de fases cobre–zinco ampliada para mostrar os pontos invariantes eutetoide e peritético, identificados como *E* (560 °C, 74 %p Zn) e *P* (598 °C, 78,6 %p Zn), respectivamente.
[Adaptado de *Binary Alloy Phase Diagrams*, 2nd edition, Vol. 2, T. B. Massalski, (Editor chefe), 1990. Reimpresso sob permissão da ASM International, Materials Park, OH.]

Existe um peritético para o sistema cobre-zinco (Figura 10.21, ponto P) a 598 °C (1108 °F) e 78,6 %p Zn–21,4 %p Cu; essa reação é:

Reação peritética
(conforme o ponto P,
Figura 10.21)

$$\delta + L \underset{\text{aquecimento}}{\overset{\text{resfriamento}}{\rightleftharpoons}} \varepsilon \qquad (10.15)$$

A fase sólida à baixa temperatura pode ser uma solução sólida intermediária (por exemplo, ε na reação anterior) ou pode ser uma solução sólida terminal. Um exemplo desse último peritético existe em aproximadamente 97 %p Zn, a 435 °C (815° F) (veja a Figura 10.19), em que a fase η, quando aquecida, transforma-se nas fases ε e líquida. Três outros peritéticos são encontrados no sistema Cu–Zn, cujas reações envolvem as soluções sólidas intermediárias β, δ e γ como as fases estáveis à baixa temperatura que se transformam no aquecimento.

10.15 TRANSFORMAÇÕES CONGRUENTES DE FASES

As transformações de fases podem ser classificadas de acordo com ocorrência ou não de qualquer mudança na composição das fases envolvidas. Aquelas transformações para as quais não existem alterações na composição são denominadas **transformações congruentes**. De maneira contrária, nas *transformações incongruentes*, pelo menos uma das fases apresenta mudança na composição. Exemplos de transformações congruentes incluem as transformações alotrópicas (Seção 3.10) e a fusão de materiais puros. As reações eutéticas e eutetoides, assim como a fusão de uma liga que pertence a um sistema isomorfo, representam transformações incongruentes de fases.

transformação
congruente

As fases intermediárias são algumas vezes classificadas com base no fato de elas fundirem-se de maneira congruente ou incongruente. O composto intermetálico Mg_2Pb funde-se de maneira congruente no ponto identificado como M no diagrama de fases magnésio–chumbo, Figura 10.20. Para o sistema níquel–titânio, Figura 10.22, existe um ponto de fusão congruente para a solução sólida γ, que corresponde ao ponto de tangência para os pares de linhas *liquidus* e *solidus*, a 1310 °C e 44,9 %p Ti. A reação peritética é um exemplo de fusão incongruente para uma fase intermediária.

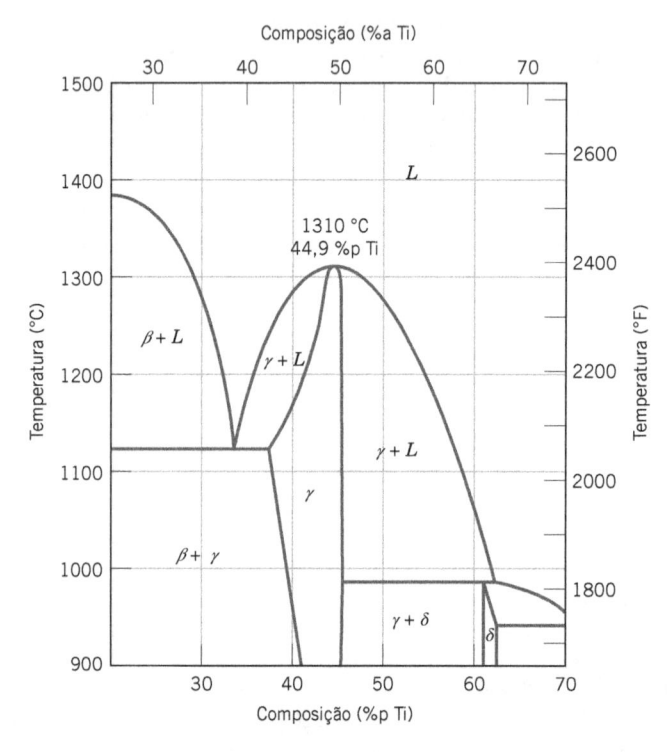

Figura 10.22 Região do diagrama de fases níquel-titânio onde está mostrado um ponto de fusão congruente para a solução sólida γ em 1310 °C e 44,9 %p Ti.
[Adaptado de *Phase Diagrams of Binary Nickel Alloys*, P. Nash (Editor), 1991. Reimpresso sob permissão da ASM International, Materials Park, OH.]

Verificação de Conceitos 10.7   A figura a seguir mostra o diagrama de fases háfnio-vanádio, para o qual apenas as regiões monofásicas estão identificadas. Especifique os pontos temperatura-composição onde ocorrem todos os eutéticos, eutetoides, peritéticos e transformações congruentes de fases. Além disso, para cada um desses pontos, escreva a reação que ocorre no resfriamento. [Diagrama de fases de *ASM Handbook*, Vol. 3, *Alloy Phase Diagrams*, H. Baker (Editor), 1992, p. 2.244. Reimpresso sob permissão da ASM International, Materials Park, OH.]

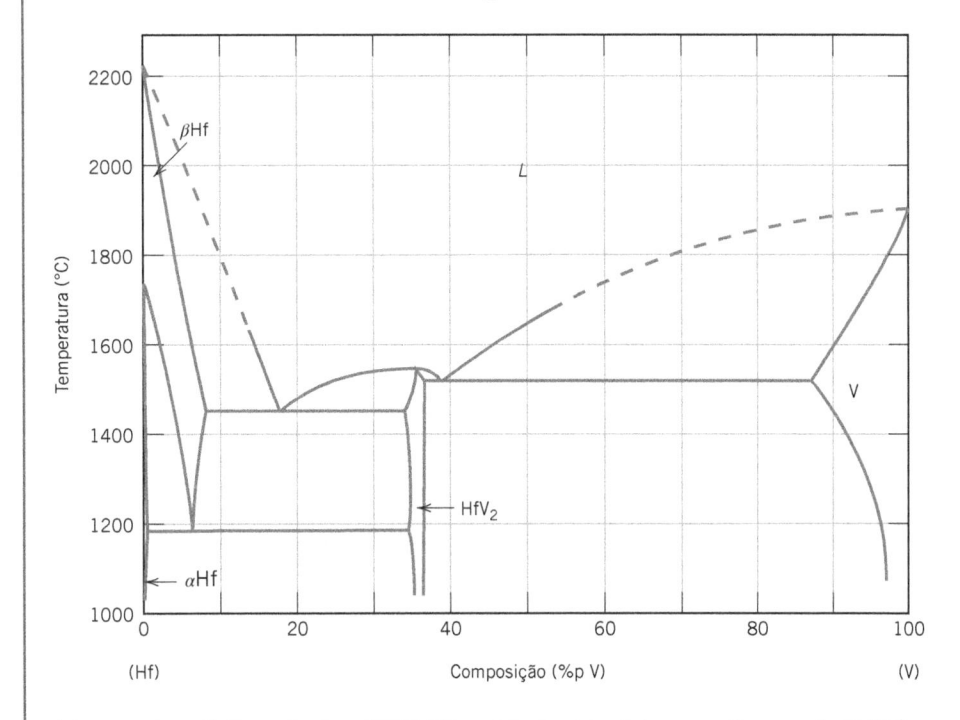

(*A resposta está disponível no GEN-IO, ambiente virtual de aprendizagem do GEN.*)

10.16   DIAGRAMAS DE FASES CERÂMICOS

Não é preciso considerar que os diagramas de fases existem somente para os sistemas metal-metal; na realidade, foram determinados experimentalmente diagramas de fases que são muito úteis no projeto e processamento de inúmeros sistemas de materiais cerâmicos. Para os diagramas de fases binários, ou de dois componentes, com frequência ocorre de os componentes serem compostos que compartilham um elemento comum, geralmente o oxigênio. Esses diagramas podem ter configurações semelhantes *às dos sistemas metal-metal* e são interpretados da mesma maneira.

Sistema Al_2O_3–Cr_2O_3

Um dos diagramas de fases cerâmicos relativamente simples é o do sistema óxido de alumínio-óxido de cromo, Figura 10.23. Esse diagrama tem a mesma forma que o diagrama de fases isomorfo cobre-níquel (Figura 10.3a), consistindo em regiões monofásicas líquida e sólida, separadas por uma região bifásica sólido-líquido com a forma de uma lâmina. A solução sólida de Al_2O_3–Cr_2O_3 é substitucional, em que os íons Al^{3+} substituem os íons Cr^{3+} e vice-versa. Ela existe para todas as composições abaixo do ponto de fusão do Al_2O_3, uma vez que tanto os íons alumínio quanto os íons cromo têm a mesma carga, assim como raios iônicos semelhantes (0,053 nm e 0,062 nm, respectivamente). Além disso, tanto o Al_2O_3 como o Cr_2O_3 apresentam a mesma estrutura cristalina.

Sistema MgO–Al_2O_3

O diagrama de fases para o sistema óxido de magnésio–óxido de alumínio (Figura 10.24) é semelhante, em muitos aspectos, ao diagrama de fases chumbo–magnésio (Figura 10.20). Existe uma fase

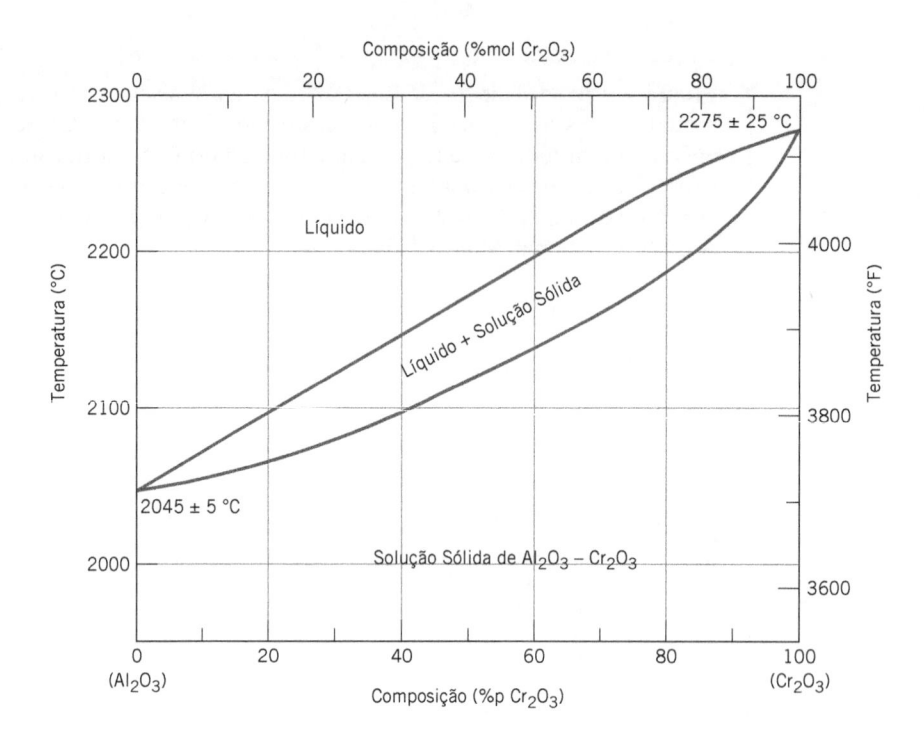

Figura 10.23 Diagrama de fases óxido de alumínio-óxido de cromo. (Adaptado de E. N. Bunting, "Phase Equilibria in the System Cr_2O_3–Al_2O_3", *Bur. Standards J. Research*, **6**, 1931, p. 948.)

intermediária, ou melhor, um composto chamado *espinélio*, que tem a fórmula química $MgAl_2O_4$ (ou MgO–Al_2O_3). Embora o espinélio seja um composto distinto [com composição equivalente a 50 %mol Al_2O_3–50 %mol MgO (72 %p Al_2O_3–28 %p MgO)], ele está representado no diagrama de fases como um campo monofásico, em vez de uma linha vertical, como ocorre para o Mg_2Pb (Figura 10.20) – isto é, há uma faixa de composições ao longo da qual o espinélio é um composto estável. Assim, o espinélio não é um composto estequiométrico (Seção 5.3) para composições diferentes de 50 %mol Al_2O_3–50 %mol MgO. Além disso, existe uma solubilidade limitada do Al_2O_3 no MgO abaixo de 1400 °C (2550 °F) na extremidade esquerda da Figura 10.24, o que se deve principalmente a diferenças nas cargas e nos raios dos íons Mg^{2+} e Al^{3+} (0,072 nm *versus* 0,053 nm). Pelas mesmas

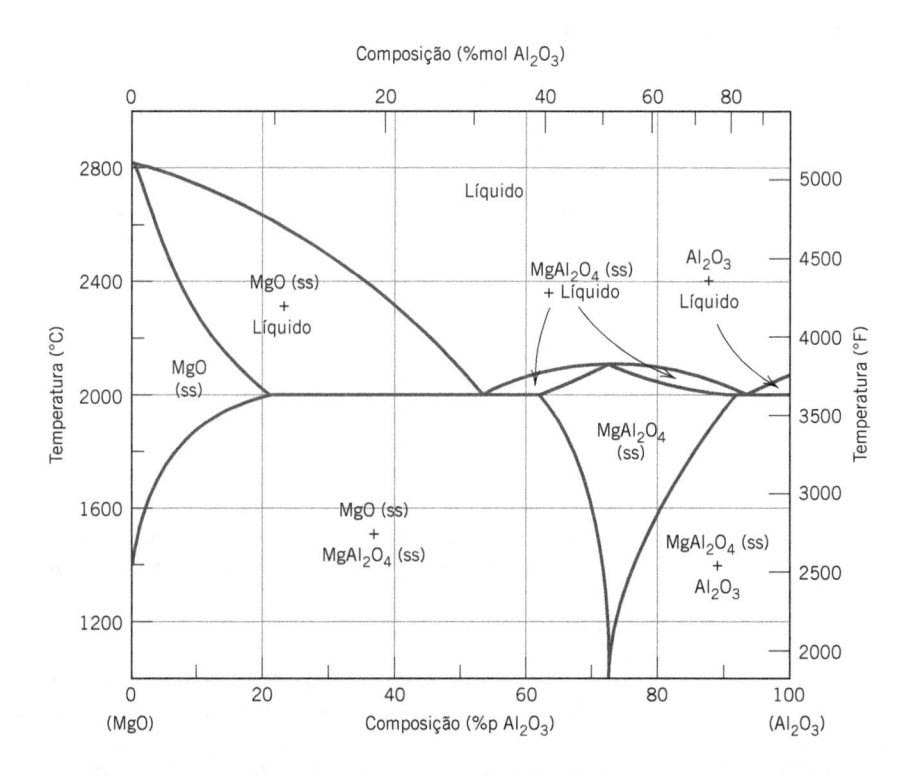

Figura 10.24 Diagrama de fases óxido de magnésio-óxido de alumínio; ss indica uma solução sólida. (Adaptado de B. Hallstedt, "Thermodynamic Assessment of the System MgO–Al_2O_3", *J. Am. Ceram. Soc.*, 75 [6], 1502 (1992). Reimpresso sob permissão da American Ceramic Society.)

razões, o MgO é virtualmente insolúvel no Al_2O_3, como fica evidenciado pela falta de uma solução sólida terminal no lado direito do diagrama de fases. Além disso, são encontrados dois eutéticos, um em cada lado do campo de fases do espinélio, e o espinélio estequiométrico se funde de maneira congruente, em aproximadamente 2100 °C (3800 °F).

Sistema ZrO_2–CaO

Outro sistema cerâmico binário importante é aquele para o óxido de zircônio (zircônia) e o óxido de cálcio (calcia); uma parte desse diagrama de fases é mostrada na Figura 10.25. O eixo horizontal se estende apenas até aproximadamente 31 %p CaO (50 %mol CaO), em cuja composição forma-se o composto $CaZrO_3$. É importante observar que um eutético (2550 °C e 23 %p CaO) e duas reações eutetoides (1000 °C e 2,5 %p CaO, e 850 °C e 7,5 %p CaO) são vistos nesse sistema.

Também pode ser observado a partir da Figura 10.25 que nesse sistema existem fases de ZrO_2 com três tipos de estruturas cristalinas diferentes – tetragonal, monoclínica e cúbica. O ZrO_2 puro apresenta uma transformação de fases de tetragonal para monoclínica a aproximadamente 1150 °C (2102 °F). Uma variação relativamente grande no volume acompanha essa transformação, o que resulta na formação de trincas que tornam uma peça cerâmica inútil. Esse problema é superado pela "estabilização" da zircônia, mediante a adição de aproximadamente 3 % a 7 %p CaO. Nessa faixa de composições e em temperaturas acima de aproximadamente 1000 °C, tanto a fase cúbica quanto a tetragonal estão presentes. No resfriamento até a temperatura ambiente sob condições normais de resfriamento, as fases monoclínica e $CaZr_4O_9$ não se formam (como previsto pelo diagrama de fases); em consequência, as fases cúbica e tetragonal são mantidas e a formação de trincas é contornada. Um material à base de zircônia contendo um teor de calcia na faixa citada é denominado *zircônia parcialmente estabilizada*, ou *PSZ (partially stabilized zirconia)*. O óxido de ítrio (Y_2O_3) e o óxido de magnésio também são empregados como agentes estabilizantes. Além disso, para teores mais elevados de estabilizantes, somente a fase cúbica pode ser mantida à temperatura ambiente; tal material está totalmente estabilizado.

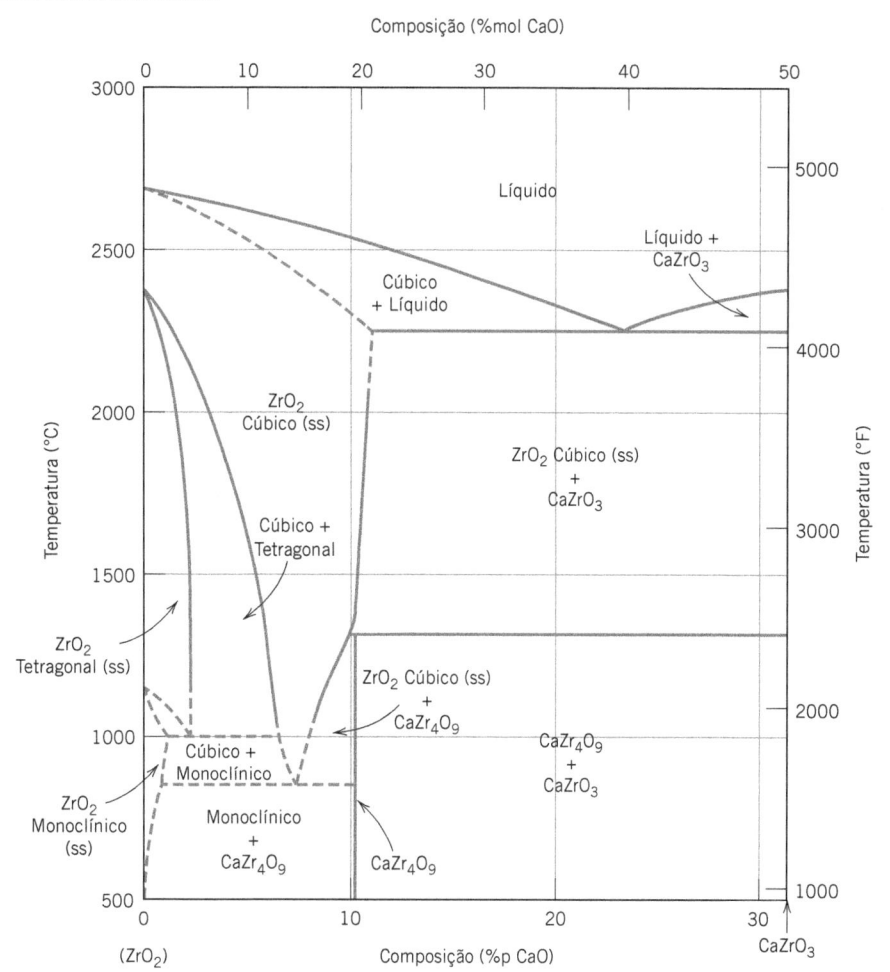

Figura 10.25 Parte do diagrama de fases zircônia–calcia; ss indica uma solução sólida.
(Adaptado de V. S. Stubican e S. P. Ray, "Phase Equilibria and Ordering in the System ZrO_2–CaO", *J. Am. Ceram. Soc.*, **60** [11-12], 535 (1977). Reimpresso sob permissão da American Ceramic Society.)

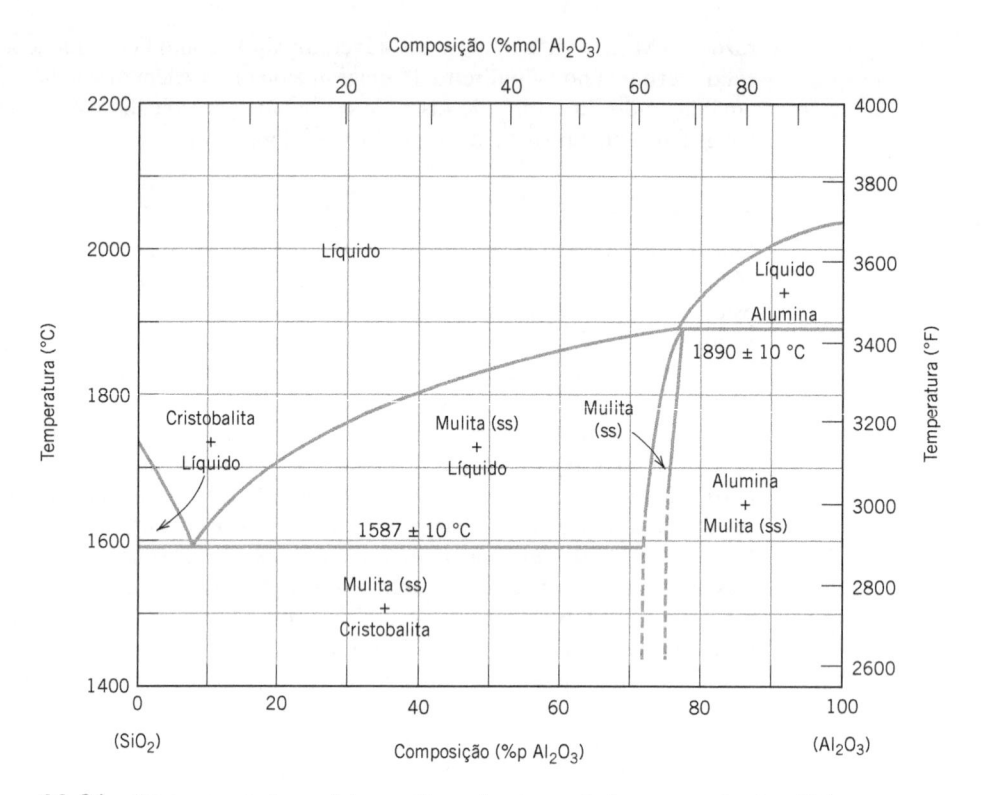

Figura 10.26 Diagrama de fases sistema sílica–alumina; ss indica uma solução sólida.
(Adaptado de F. J. Klug, S. Prochazka e R. H. Doremus, "Alumina-Silica Phase Diagram in the Mullite Region", *J. Am. Ceram. Soc.*, 70 [10], 758 (1987). Reimpresso sob permissão da American Ceramic Society.)

Sistema SiO_2–Al_2O_3

Comercialmente, o sistema sílica-alumina é um sistema importante, uma vez que esses dois materiais são os principais constituintes de muitos refratários cerâmicos. A Figura 10.26 mostra o diagrama de fases SiO_2–Al_2O_3. A forma polimórfica da sílica que é estável nessas temperaturas é denominada *cristobalita*, e sua célula unitária está mostrada na Figura 3.12. A sílica e a alumina não são mutuamente solúveis uma na outra, o que fica evidenciado pela ausência de soluções sólidas terminais em ambas as extremidades do diagrama de fases. Além disso, pode-se observar que existe um composto intermediário, *mulita*, $3Al_2O_3$–$2SiO_2$, representado na Figura 10.26 como um estreito campo de fases; a mulita funde-se de maneira incongruente a 1890 °C (3435 °F). Existe um único eutético, a 1587 °C (2890 °F) e 7,7 %p Al_2O_3. A Seção 13.7 discute os materiais cerâmicos refratários, cujos principais constituintes são a sílica e a alumina.

Verificação de Conceitos 10.8 **(a)** Para o sistema SiO_2–Al_2O_3, qual é a temperatura máxima possível sem a formação de uma fase líquida? **(b)** Em qual composição ou para qual faixa de composições essa temperatura máxima será atingida?

(*A resposta está disponível no GEN-IO, ambiente virtual de aprendizagem do GEN.*)

10.17 DIAGRAMAS DE FASES TERNÁRIOS

Também foram determinados diagramas de fases para sistemas metálicos (assim como cerâmicos) contendo mais de dois componentes; contudo, a representação e a interpretação desses diagramas podem ser excepcionalmente complexas. Por exemplo, para que um diagrama de fases composição-temperatura ternário, ou com três componentes, seja representado em sua totalidade, ele precisa ser retratado por um modelo tridimensional. É possível a representação de características do diagrama ou do modelo em duas dimensões, mas isso não é muito simples.

10.18 A LEI DAS FASES DE GIBBS

lei das fases de Gibbs

A construção dos diagramas de fases – assim como alguns dos princípios que governam as condições do equilíbrio entre as fases – é ditada pelas leis da termodinâmica. Uma dessas leis é a **lei das fases de Gibbs**, proposta pelo físico do século XIX J. Willard Gibbs. Essa lei representa um critério para o número de fases que coexiste em um sistema em equilíbrio e é expressa pela equação simples

Forma geral da lei das fases de Gibbs

$$P + F = C + N \tag{10.16}$$

em que P é o número de fases presentes (o conceito de fases está discutido na Seção 10.3). O parâmetro F é denominado *número de graus de liberdade*, ou número de variáveis que podem ser controladas externamente (por exemplo, temperatura, pressão, composição) e que deve ser especificado para definir completamente o estado do sistema. Dito de outra maneira, F é o número dessas variáveis que podem ser modificadas de maneira independente sem alterar o número de fases que coexistem em equilíbrio. O parâmetro C na Equação 10.16 representa o número de componentes no sistema. Os componentes são, em geral, elementos ou compostos estáveis e, no caso dos diagramas de fases, são os materiais nas duas extremidades do eixo horizontal das composições (por exemplo, H_2O e $C_{12}H_{22}O_{11}$ ou Cu e Ni, para os diagramas de fases mostrados nas Figuras 10.1 e 10.3a, respectivamente). Finalmente, N na Equação 10.16 é o número de variáveis que não estão relacionadas com a composição (por exemplo, temperatura e pressão).

Vamos demonstrar a lei das fases pela sua aplicação a um diagrama de fases temperatura-composição para um sistema binário, especificamente o sistema cobre-prata, Figura 10.7. Uma vez que a pressão é constante (1 atm), o parâmetro N é igual a 1 – a temperatura é a única variável que não está relacionada com a composição. A Equação 10.16 toma então a forma

$$P + F = C + 1 \tag{10.17}$$

O número de componentes C é igual a 2 (Cu e Ag), e

$$P + F = 2 + 1 = 3$$

ou

$$F = 3 - P$$

Considere o caso dos campos monofásicos no diagrama de fases (por exemplo, as regiões α, β e líquida). Uma vez que apenas uma fase está presente, $P = 1$, e

$$F = 3 - P$$
$$= 3 - 1 = 2$$

Isso significa que para descrever completamente as características de qualquer liga que exista em qualquer um desses campos de fases, devemos especificar dois parâmetros – a composição e a temperatura, que localizam, respectivamente, as posições horizontal e vertical da liga no diagrama de fases.

Para a situação em que coexistem duas fases – por exemplo, nas regiões das fases $\alpha + L$, $\beta + L$ e $\alpha + \beta$, Figura 10.7 – a lei das fases estipula que existe apenas um grau de liberdade, pois

$$F = 3 - P$$
$$= 3 - 2 = 1$$

Dessa forma, basta especificar a temperatura ou a composição de uma das fases para definir completamente o sistema. Por exemplo, suponha que seja decidido especificar a temperatura para a região das fases $\alpha + L$, digamos, T_1 na Figura 10.27. As composições das fases α e líquida (C_α e C_L) são assim definidas pelas extremidades da linha de amarração construída em T_1 através do campo $\alpha + L$. Deve-se observar que apenas a natureza das fases é importante nesse tratamento, e não as quantidades relativas de cada uma das fases. Isso significa que a composição global da liga pode estar localizada sobre qualquer ponto ao longo da linha de amarração construída à temperatura T_1 e ainda assim ela fornecerá as composições C_α e C_L para as respectivas fases α e líquida.

A segunda alternativa consiste em estipular a composição de uma das fases para essa situação bifásica, o que, por sua vez, fixa completamente o estado do sistema. Por exemplo, se tivéssemos especificado C_α como a composição para a fase α que está em equilíbrio com o líquido (Figura 10.27), então tanto a temperatura da liga (T_1) quanto a composição da fase líquida (C_L) estariam

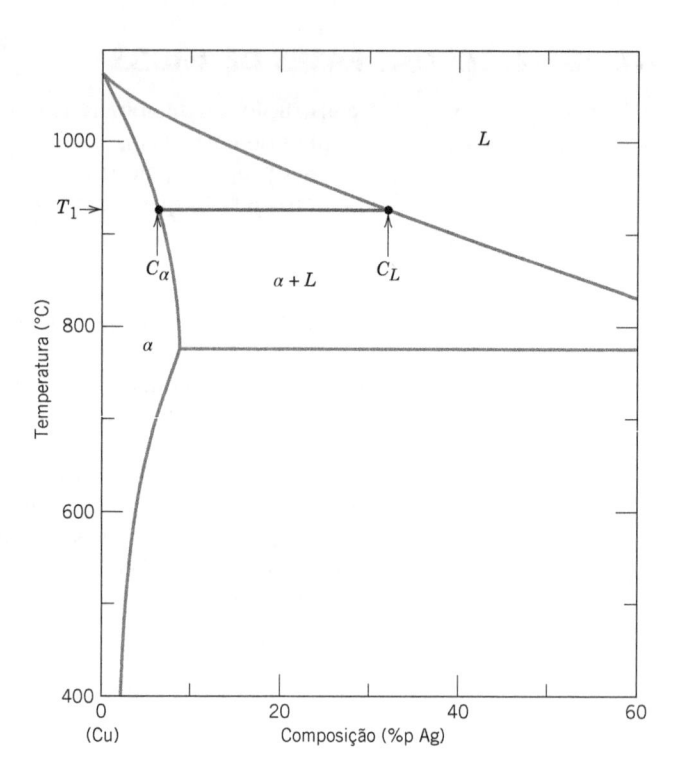

Figura 10.27 Ampliação da seção rica em cobre do diagrama de fases Cu–Ag onde está demonstrada a lei das fases de Gibbs para a coexistência de duas fases (α e L). Uma vez que a composição de qualquer uma das fases (C_α ou C_L) ou a temperatura (T_1) seja especificada, os valores para os dois parâmetros restantes ficam estabelecidos pela construção da linha de amarração apropriada.

estabelecidas, novamente pela linha de amarração traçada através do campo das fases $\alpha + L$ que passa por essa composição C_α.

Nos sistemas binários, quando três fases estão presentes, não existem graus de liberdade, uma vez que

$$F = 3 - P$$
$$= 3 - 3 = 0$$

Isso significa que as composições de todas as três fases, assim como a temperatura, estão estabelecidas. Em um sistema eutético, essa condição é atendida pela isoterma eutética; no sistema Cu–Ag (Figura 10.7), essa é a linha horizontal que se estende entre os pontos B e G. Nessa temperatura de 779 °C, os pontos em que cada um dos campos das fases α, L e β tocam a isoterma correspondem às respectivas composições das fases, quais sejam: a composição da fase α está estabelecida como 8,0 %p Ag, a da fase líquida como 71,9 %p Ag e a da fase β como 91,2 %p Ag. Dessa forma, o equilíbrio trifásico não será representado por um campo de fases, mas, em lugar disso, por uma exclusiva linha isoterma horizontal. Além disso, as três fases estão em equilíbrio para qualquer composição de liga que esteja localizada ao longo da isoterma eutética (por exemplo, para o sistema Cu–Ag, a 779 °C e em composições entre 8,0 %p e 91,2 %p Ag).

Um dos usos da lei das fases de Gibbs é na análise de condições fora do equilíbrio. Por exemplo, uma microestrutura para uma liga binária que se desenvolveu ao longo de uma faixa de temperaturas e que consiste em três fases é uma microestrutura fora de equilíbrio; sob essas circunstâncias, só existem três fases em uma única temperatura.

Verificação de Conceitos 10.9   Em um sistema ternário, três componentes estão presentes; a temperatura também é uma variável. Qual é o número máximo de fases que podem estar presentes em um sistema ternário, supondo que a pressão seja mantida constante?

(*A resposta está disponível no GEN-IO, ambiente virtual de aprendizagem do GEN.*)

O Sistema Ferro-Carbono

De todos os sistemas de ligas binárias, aquele que é possivelmente o mais importante é o formado pelo ferro e o carbono. Tanto os aços quanto os ferros fundidos, que são os principais materiais estruturais em toda cultura tecnologicamente avançada, são essencialmente ligas ferro–carbono. Esta seção está dedicada a um estudo do diagrama de fases para esse sistema e ao desenvolvimento de várias de suas possíveis microestruturas. As relações entre o tratamento térmico, a microestrutura e as propriedades mecânicas são exploradas no Capítulo 11.

10.19 DIAGRAMA DE FASES FERRO–CARBETO DE FERRO (Fe–Fe₃C)

ferrita
austenita

Uma parte do diagrama de fases ferro–carbono está apresentada na Figura 10.28. O ferro puro, ao ser aquecido, experimenta duas mudanças em sua estrutura cristalina antes de se fundir. À temperatura ambiente, a forma estável, chamada de **ferrita**, ou ferro α, apresenta uma estrutura cristalina CCC. A 912 °C (1674 °C), a ferrita apresenta uma transformação polimórfica para **austenita**, ou ferro γ, que exibe estrutura cristalina CFC. Essa austenita persiste até 1394 °C (2541 °F), temperatura em que a austenita CFC reverte novamente a uma fase CCC, conhecida como ferrita δ, e que finalmente se funde a 1538 °C (2800 °F). Todas essas mudanças ocorrem ao longo do eixo vertical à esquerda do diagrama de fases.[1]

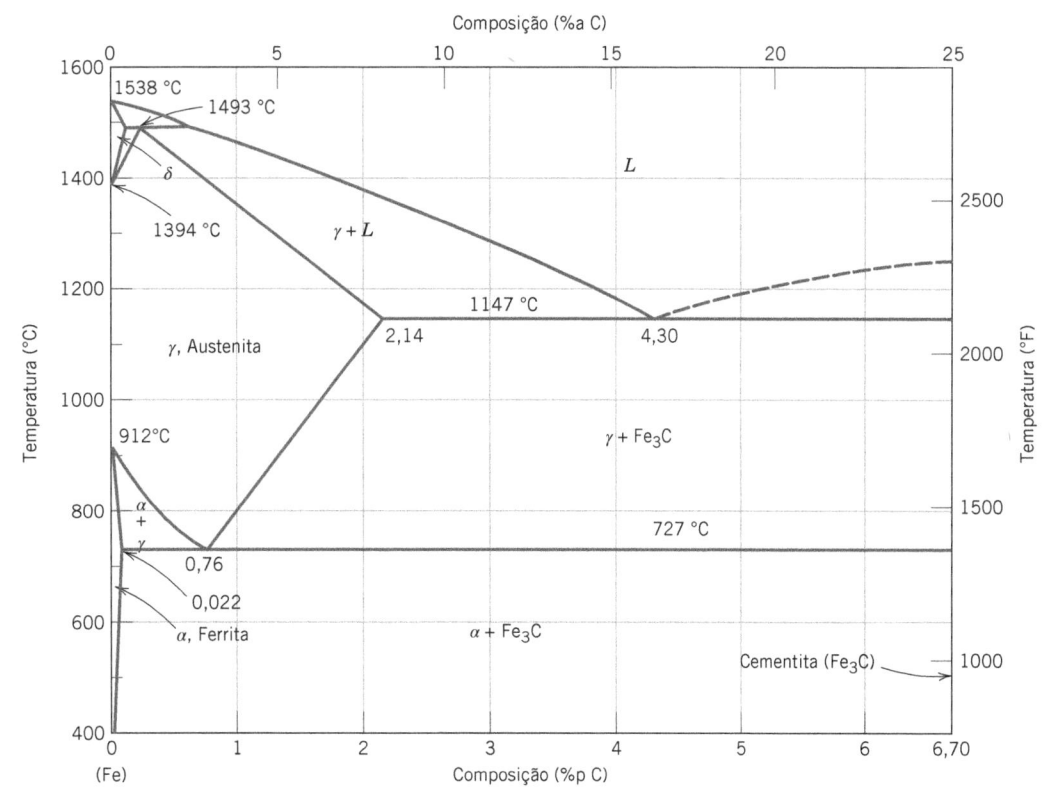

Figura 10.28 Diagrama de fases ferro–carbeto de ferro.
[Adaptado de *Binary Alloy Phase Diagrams*, 2nd edition, Vol. 1, T. B. Massalski (Editor chefe), 1990. Reimpresso sob permissão da ASM International, Materials Park, OH.]

---

[1] O leitor pode estar curioso para saber por que razão não é encontrada uma fase β no diagrama de fases Fe–Fe₃C, Figura 10.28 (o que seria consistente com o esquema de identificação α, β, γ etc. descrito anteriormente). Os primeiros investigadores observaram que o comportamento ferromagnético do ferro desaparecia a 768 °C, e atribuíram esse fenômeno a uma transformação de fases; a designação "β" foi dada para essa fase de alta temperatura. Posteriormente, descobriu-se que essa perda de magnetismo não era resultado de uma transformação de fases (veja a Seção 18.6) e, portanto, a presumida fase β não existia.

cementita

O eixo das composições na Figura 10.28 estende-se apenas até 6,70 %p C; nessa concentração forma-se o composto intermediário carbeto de ferro, ou **cementita** (Fe_3C), representado por uma linha vertical no diagrama de fases. Dessa forma, o sistema ferro–carbono pode ser dividido em duas partes: uma fração rica em ferro, como na Figura 10.28; e outra (não mostrada) para composições entre 6,70 %p C e 100 %p C (grafita pura). Na prática, todos os aços e ferros fundidos têm teores de carbono inferiores a 6,70 %p C; portanto, vamos considerar apenas o sistema ferro–carbeto de ferro. A Figura 10.28 poderia ser identificada de maneira mais apropriada como o diagrama de fases $Fe–Fe_3C$, uma vez que o Fe_3C é considerado agora um componente. A convenção e a conveniência ditam que a composição ainda seja expressa em "%p C", em vez de "%p Fe_3C"; 6,70 %p C corresponde a 100 %p Fe_3C.

O carbono é uma impureza intersticial no ferro e forma uma solução sólida tanto com a ferrita α quanto com a ferrita δ e também com a austenita, conforme indicado pelos campos monofásicos α, δ e γ na Figura 10.28. Na ferrita α, CCC, somente pequenas concentrações de carbono são solúveis; a solubilidade máxima é de 0,022 %p a 727 °C (1341°F). A solubilidade limitada é explicada pela forma e pelo tamanho das posições intersticiais na estrutura CCC, que tornam difícil acomodar os átomos de carbono. Embora presente em concentrações relativamente baixas, o carbono influencia de maneira significativa as propriedades mecânicas da ferrita. Essa fase ferro–carbono específica é relativamente macia, pode tornar-se magnética em temperaturas abaixo de 768 °C (1414 °F) e apresenta uma densidade de 7,88 g/cm^3. A Figura 10.29a mostra uma fotomicrografia da ferrita α.

A austenita, ou fase γ do ferro, quando ligada somente ao carbono, não é estável abaixo de 727 °C (1341 °F), como indicado na Figura 10.28. A solubilidade máxima do carbono na austenita, 2,14 %p, ocorre a 1147 °C (2097 °F). Essa solubilidade é aproximadamente 100 vezes maior que o valor máximo para a ferrita CCC, uma vez que os sítios octaédricos CFC são maiores do que os sítios tetraédricos CCC (compare os resultados dos Problemas 5.18a e 5.19) e, portanto, as deformações impostas sobre os átomos de ferro vizinhos são muito menores. Como demonstram as discussões a seguir, as transformações de fases envolvendo a austenita são muito importantes no tratamento térmico dos aços. A propósito, deve-se mencionar que a austenita não é magnética. A Figura 10.29b mostra uma fotomicrografia da austenita.[2]

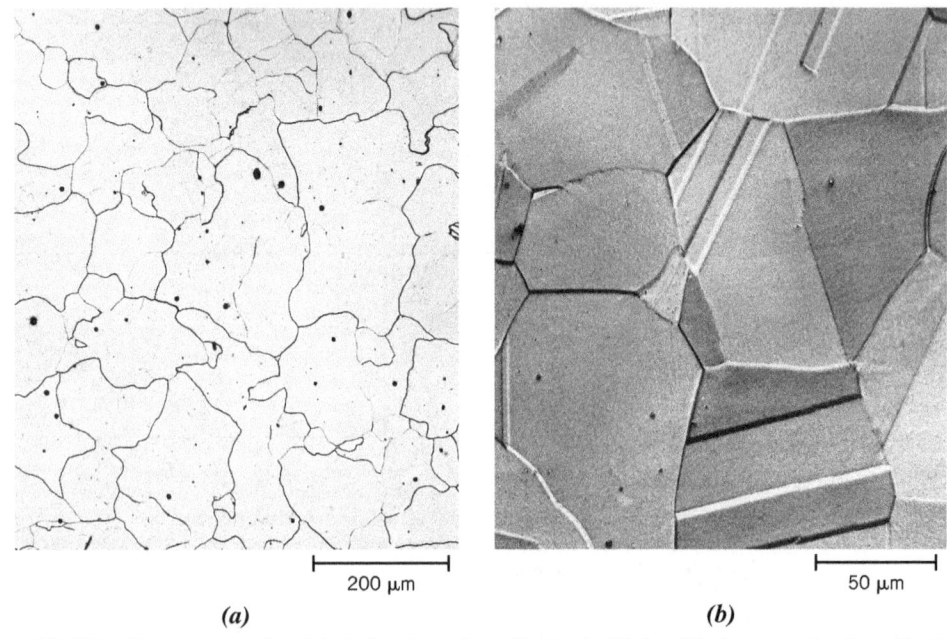

200 μm

(a)

50 μm

(b)

Figura 10.29 Fotomicrografias (*a*) da ferrita α (ampliação de 90×) e (*b*) da austenita (ampliação de 325×). (Copyright de 1971 pela United States Steel Corporation.)

---

[2] Maclas de recozimento, encontradas em ligas com estrutura cristalina CFC (Seção 5.8), podem ser observadas nessa fotomicrografia da austenita. Elas não ocorrem nas ligas CCC, o que explica sua ausência na micrografia da ferrita mostrada na Figura 10.29a.

A ferrita δ é virtualmente a mesma que a ferrita α, exceto pela faixa de temperaturas em que cada uma existe. Uma vez que a ferrita δ é estável somente em temperaturas relativamente elevadas, ela não tem qualquer importância tecnológica e não será mais discutida.

A cementita (Fe_3C) se forma quando o limite de solubilidade do carbono na ferrita α é excedido abaixo de 727 °C (1341 °F) (para composições na região das fases α + Fe_3C). Como indicado na Figura 10.28, o Fe_3C também coexiste com a fase γ entre 727 °C e 1147 °C (1341 °F e 2097 °F). Mecanicamente, a cementita é muito dura e frágil; a resistência de alguns aços é aumentada substancialmente por sua presença.

Rigorosamente falando, a cementita é apenas metaestável; isto é, à temperatura ambiente, ela permanece indefinidamente como um composto. No entanto, se for aquecida entre 650 °C e 700 °C (1200 °F e 1300 °F) durante vários anos, ela gradualmente muda ou se transforma em ferro α e carbono, na forma de grafita, os quais permanecem após um resfriamento subsequente até a temperatura ambiente. Dessa forma, o diagrama de fases na Figura 10.28 não é um verdadeiro diagrama de fases de equilíbrio, pois a cementita não é um composto em equilíbrio. Contudo, uma vez que a taxa de decomposição da cementita é extremamente lenta, virtualmente todo o carbono no aço está como Fe_3C, em vez de grafita, e o diagrama de fases ferro–carbeto de ferro será válido para todas as finalidades práticas. Como veremos na Seção 13.2, a adição de silício aos ferros fundidos acelera enormemente essa reação de decomposição da cementita para a formação de grafita.

As regiões bifásicas estão identificadas na Figura 10.28. Observa-se que há um eutético para o sistema ferro-carbeto de ferro a 4,30 %p C e 1147 °C (2097 °F); para essa reação eutética,

<table>
<tr><td>Reação eutética para o sistema ferro–carbeto de ferro</td><td>

$$L \; \underset{\text{aquecimento}}{\overset{\text{resfriamento}}{\rightleftharpoons}} \; \gamma + Fe_3C$$

</td><td>(10.18)</td></tr>
</table>

o líquido se solidifica para formar as fases austenita e cementita. O resfriamento subsequente até a temperatura ambiente promove mudanças de fases adicionais.

Pode-se observar que existe um ponto invariante eutetoide em uma composição de 0,76 %p C e uma temperatura de 727 °C (1341 °F). Essa reação eutetoide pode ser representada por

<table>
<tr><td>Reação eutetoide para o sistema ferro–carbeto de ferro</td><td>

$$\gamma(0,76\ \%p\ C) \; \underset{\text{aquecimento}}{\overset{\text{resfriamento}}{\rightleftharpoons}} \; \alpha(0,022\ \%p\ C) + Fe_3C(6,70\ \%p\ C)$$

</td><td>(10.19)</td></tr>
</table>

ou, no resfriamento, a fase γ, sólida, transforma-se em ferro α e em cementita. (As transformações de fases eutetoides foram abordadas na Seção 10.14.) As mudanças de fases eutetoides descritas pela Equação 10.19 são muito importantes, sendo fundamentais no tratamento térmico dos aços, como explicado em discussões subsequentes.

As ligas ferrosas são aquelas nas quais o ferro é o componente principal, mas o carbono, assim como outros elementos de liga, pode estar presente. No esquema de classificação das ligas ferrosas com base no teor de carbono existem três tipos de ligas: ferro, aço e ferro fundido. O ferro comercialmente puro contém menos de 0,008 %p C e, a partir do diagrama de fases, é composto à temperatura ambiente quase que exclusivamente pela fase ferrita. As ligas ferro–carbono que contêm entre 0,008 %p e 2,14 %p C são classificadas como aços. Na maioria dos aços, a microestrutura consiste nas fases α e Fe_3C. No resfriamento até a temperatura ambiente, uma liga nessa faixa de composições deve passar através de pelo menos uma porção do campo da fase γ; subsequentemente, são produzidas microestruturas distintas, como será discutido mais adiante. Embora um aço possa conter até 2,14 %p C, na prática as concentrações de carbono raramente excedem 1,0 %p. As propriedades e as várias classificações dos aços estão tratadas na Seção 13.2. Os ferros fundidos são classificados como ligas ferrosas que contêm entre 2,14 %p e 6,70 %p C. Entretanto, os ferros fundidos comerciais contêm normalmente menos de 4,5 %p C. Essas ligas estão discutidas na Seção 13.2.

10.20 DESENVOLVIMENTO DA MICROESTRUTURA EM LIGAS FERRO–CARBONO

Muitas das várias microestruturas que podem ser produzidas nos aços, e suas relações com o diagrama de fases ferro–carbeto de ferro, são agora discutidas, e será mostrado que a microestrutura que se desenvolve depende tanto do teor de carbono quanto do tratamento térmico. Essa discussão está restrita ao resfriamento muito lento dos aços, no qual as condições de equilíbrio são continuamente mantidas. Uma exploração mais detalhada da influência do tratamento térmico sobre a microestrutura e, por fim, sobre as propriedades mecânicas dos aços está incluída no Capítulo 11.

As mudanças de fases que ocorrem quando se passa da região γ para o campo das fases α + Fe₃C (Figura 10.28) são relativamente complexas e semelhantes àquelas descritas para os sistemas eutéticos na Seção 10.12. Considere, por exemplo, uma liga com a composição eutetoide (0,76 %p C) à medida que ela é resfriada desde uma temperatura na região da fase γ, digamos, 800 °C – ou seja, começando do ponto *a* na Figura 10.30 e movendo-se para baixo ao longo da linha vertical *xx'*. Inicialmente, a liga é composta inteiramente pela fase austenita, com uma composição de 0,76 %p C e a microestrutura correspondente, também indicada na Figura 10.30. Com o resfriamento da liga, não há mudanças até que a temperatura eutetoide (727 °C) é atingida. Ao cruzar essa temperatura até o ponto *b*, a austenita transforma-se de acordo com a Equação 10.19.

perlita

A microestrutura para esse aço eutetoide que é lentamente resfriado através da temperatura eutetoide consiste em camadas alternadas ou lamelas das duas fases (α e Fe₃C), que se formam simultaneamente durante a transformação. Nesse caso, a espessura relativa entre as camadas é de aproximadamente 8 para 1. Essa microestrutura, representada esquematicamente na Figura 10.30, ponto *b*, é chamada de **perlita**, em função de sua aparência de madrepérola quando vista sob um microscópio a baixas ampliações. A Figura 10.31 é a fotomicrografia de um aço eutetoide exibindo a perlita. A perlita existe em grãos, chamados frequentemente de colônias; dentro de cada colônia, as camadas estão orientadas essencialmente na mesma direção, que varia de uma colônia para outra. As camadas claras, mais grossas, são a fase ferrita, e a fase cementita aparece como finas lamelas, a maioria das quais, escuras. Muitas camadas de cementita são tão finas que as fronteiras entre as fases adjacentes estão tão próximas a ponto de não poderem ser distinguidas sob essa ampliação, aparecendo, portanto, escuras. Mecanicamente, a perlita apresenta propriedades intermediárias entre a ferrita macia e dúctil e a cementita dura e frágil.

As camadas alternadas α e Fe₃C na perlita se formam pela mesma razão que a estrutura eutética (Figuras 10.13 e 10.14) – porque a composição da fase que lhes deu origem [nesse caso a austenita (0,76 %p C)] é diferente de ambas as fases geradas [ferrita (0,022 %p C) e cementita (6,70 %p C)] e porque a transformação de fases requer que ocorra uma redistribuição dos átomos de carbono por difusão. A Figura 10.32 ilustra as mudanças microestruturais que acompanham essa reação

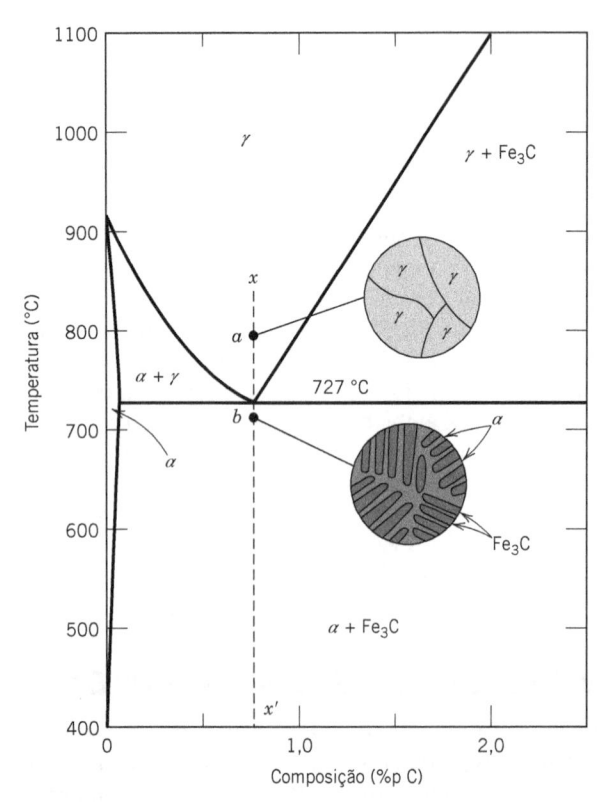

Figura 10.30 Representações esquemáticas das microestruturas para uma liga ferro–carbono com composição eutetoide (0,76 %p C) acima e abaixo da temperatura eutetoide.

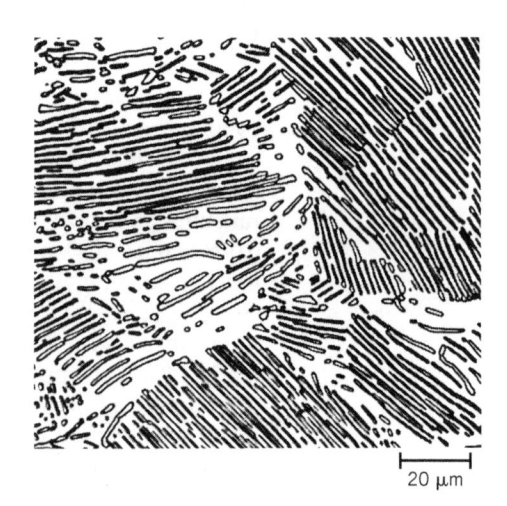

Figura 10.31 Fotomicrografia de um aço eutetoide mostrando a microestrutura da perlita, que consiste em camadas alternadas de ferrita α (a fase clara) e Fe₃C (camadas finas, a maioria das quais aparece escura). Ampliação de 500×.
(Reproduzido com permissão do *Metals Handbook*, 9th edition, Vol. 9, *Metallography and Microstructures*, American Society for Metals, Materials Park, OH, 1985.)

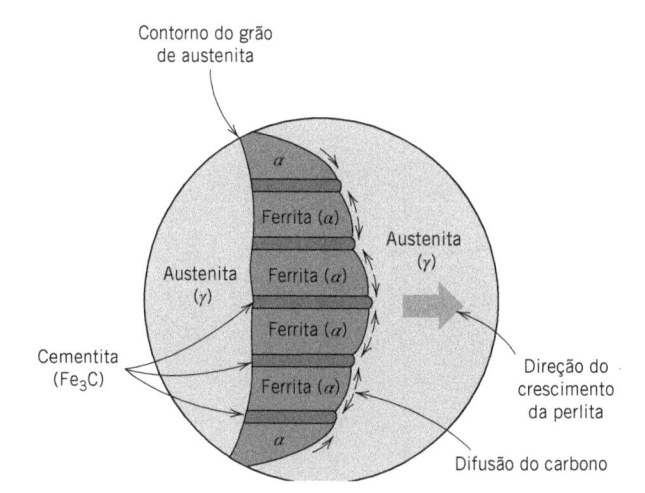

Figura 10.32 Representação esquemática da formação da perlita a partir da austenita; a direção da difusão do carbono está indicada pelas setas.

eutetoide; aqui, as direções da difusão do carbono estão indicadas por setas. Os átomos de carbono difundem-se para longe das regiões de ferrita com 0,022 %p em direção às camadas de cementita com 6,70 %p, conforme a perlita cresce do contorno do grão para o interior do grão não reagido de austenita. A perlita se forma em camadas porque os átomos de carbono precisam difundir-se apenas em mínimas distâncias nessa estrutura.

O resfriamento subsequente da perlita a partir do ponto *b* na Figura 10.30 produz mudanças microestruturais relativamente insignificantes.

Ligas Hipoeutetoides

As microestruturas para as ligas ferro–carbeto de ferro que apresentam composições diferentes da composição eutetoide são agora exploradas; essas são análogas ao quarto caso descrito na Seção 10.12 e ilustrado na Figura 10.16 para o sistema eutético. Considere uma composição C_0, localizada

liga hipoeutetoide

à esquerda do eutetoide, entre 0,022 e 0,76 %p C; essa é denominada **liga hipoeutetoide** ("menos que o eutetoide"). O resfriamento de uma liga com essa composição é representado pelo movimento vertical, para baixo, ao longo da linha *yy'* na Figura 10.33. A aproximadamente 875 °C, ponto *c*, a microestrutura consiste inteiramente em grãos da fase γ, como mostrado esquematicamente na figura. No resfriamento até o ponto *d*, em aproximadamente 775 °C, que se encontra na região das fases α + γ, essas duas fases coexistem, como está mostrado na microestrutura esquemática. A maioria das pequenas partículas α se forma ao longo dos contornos originais dos grãos γ. As composições tanto da fase α quanto da fase γ podem ser determinadas usando a linha de amarração apropriada; essas composições correspondem, respectivamente, a aproximadamente 0,020 %p C e 0,40 %p C.

Enquanto se resfria uma liga pela região das fases α + γ, a composição da fase ferrita muda com a temperatura ao longo da fronteira entre fases α – (α + γ), curva *MN*, tornando-se ligeiramente mais rica em carbono. Contudo, a mudança na composição da austenita é mais drástica, prosseguindo ao longo da fronteira (α + γ) – γ, curva *MO*, à medida que a temperatura é reduzida.

O resfriamento a partir do ponto *d* até o ponto *e*, imediatamente acima do eutetoide, mas ainda na região α + γ, produz uma proporção maior da fase α e uma microestrutura semelhante àquela que também está mostrada: as partículas α terão crescido ainda mais. Nesse ponto, as composições das fases α e γ são determinadas com a construção de uma linha de amarração na temperatura T_e; a fase α contém 0,022 %p C, enquanto a fase γ tem a composição eutetoide, 0,76 %p C.

Com a redução da temperatura até imediatamente abaixo da eutetoide, até o ponto *f*, toda a fase γ que estava presente na temperatura T_e (e que exibia a composição eutetoide) se transforma em perlita, de acordo com a reação na Equação 10.19. Ao cruzar a temperatura eutetoide, virtualmente não há nenhuma mudança na fase α que existia no ponto *e* – normalmente, ela está presente como uma fase matriz contínua envolvendo as colônias de perlita isoladas. A microestrutura no ponto *f* aparece como mostra o detalhe esquemático correspondente na Figura 10.33. Assim, a fase ferrita está presente tanto na perlita quanto na fase que se formou enquanto se resfriava através da região das fases α + γ. A ferrita presente na perlita é chamada de *ferrita eutetoide*, enquanto a outra, aquela que se formou acima de T_e, é denominada **ferrita proeutetoide** (significando "pré- ou antes

ferrita proeutetoide

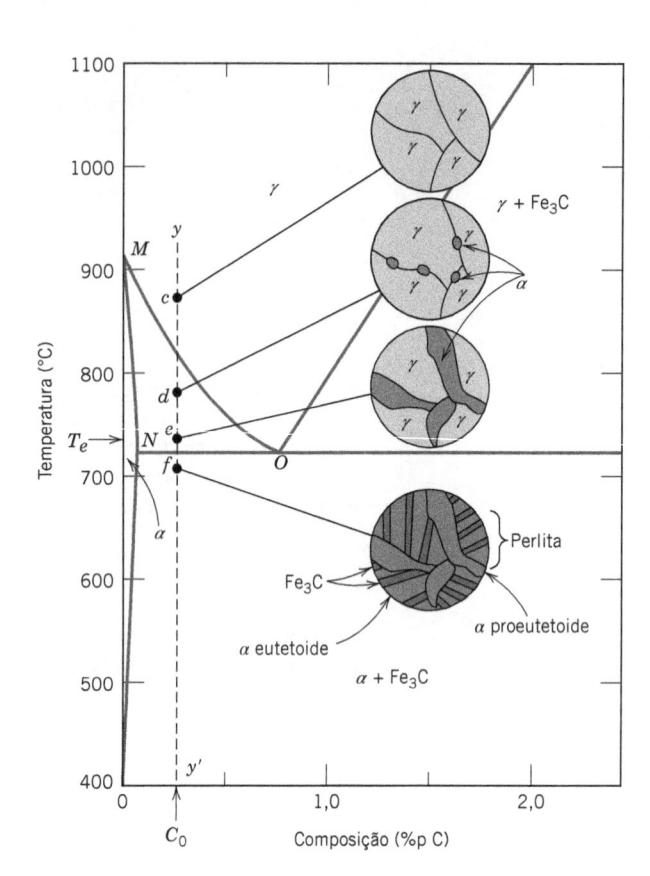

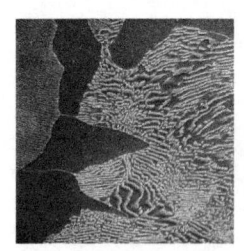

Micrografia eletrônica de varredura mostrando a microestrutura de um aço que contém 0,44 %p C. As grandes áreas escuras são a ferrita proeutetoide. As regiões com estrutura lamelar alternada em claro e escuro são a perlita; as camadas escuras e claras na perlita correspondem, respectivamente, às fases ferrita e cementita. Ampliação de 700×. (Esta fotomicrografia é uma cortesia da Republic Steel Corporation.)

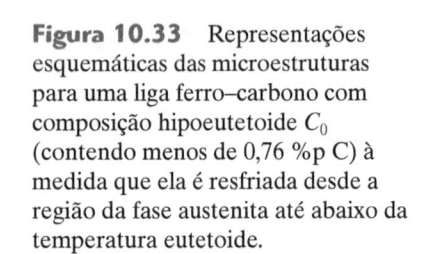

Figura 10.33 Representações esquemáticas das microestruturas para uma liga ferro–carbono com composição hipoeutetoide C_0 (contendo menos de 0,76 %p C) à medida que ela é resfriada desde a região da fase austenita até abaixo da temperatura eutetoide.

do eutetoide"), como está identificado na Figura 10.33. A Figura 10.34 mostra fotomicrografia de um aço contendo 0,38 %p C; as regiões brancas e com maiores dimensões correspondem à ferrita proeutetoide. Para a perlita, o espaçamento entre as camadas α e Fe_3C varia de grão para grão; uma parte da perlita aparece escura, pois as muitas camadas com pequeno espaçamento entre si não estão definidas na ampliação da fotomicrografia. Observe que dois microconstituintes estão presentes nessa micrografia – a ferrita proeutetoide e a perlita, que aparecem em todas as ligas ferro–carbono hipoeutetoides que são resfriadas lentamente até uma temperatura abaixo da temperatura eutetoide.

As quantidades relativas de α proeutetoide e perlita podem ser determinadas de maneira semelhante àquela descrita na Seção 10.12 para os microconstituintes primário e eutético. Usamos a regra da alavanca em conjunto com uma linha de amarração que se estende da fronteira entre fases α – ($\alpha + Fe_3C$) (0,022 %p C) até a composição eutetoide (0,76 %p C), uma vez que a perlita é o produto da transformação da austenita que exibe essa composição. Por exemplo, vamos considerar uma liga com composição C_0' na Figura 10.35. A fração de perlita, W_p, pode ser determinada de acordo com

Expressão da regra da alavanca para o cálculo da fração mássica de perlita (composição C_0', Figura 10.35)

$$W_p = \frac{T}{T + U}$$
$$= \frac{C_0' - 0,022}{0,76 - 0,022} = \frac{C_0' - 0,022}{0,74} \tag{10.20}$$

A fração de α proeutetoide, $W_{\alpha'}$, é calculada conforme a seguir:

Expressão da regra da alavanca para o cálculo da fração mássica de ferrita proeutetoide

$$W_{\alpha'} = \frac{U}{T + U}$$
$$= \frac{0,76 - C_0'}{0,76 - 0,022} = \frac{0,76 - C_0'}{0,74} \tag{10.21}$$

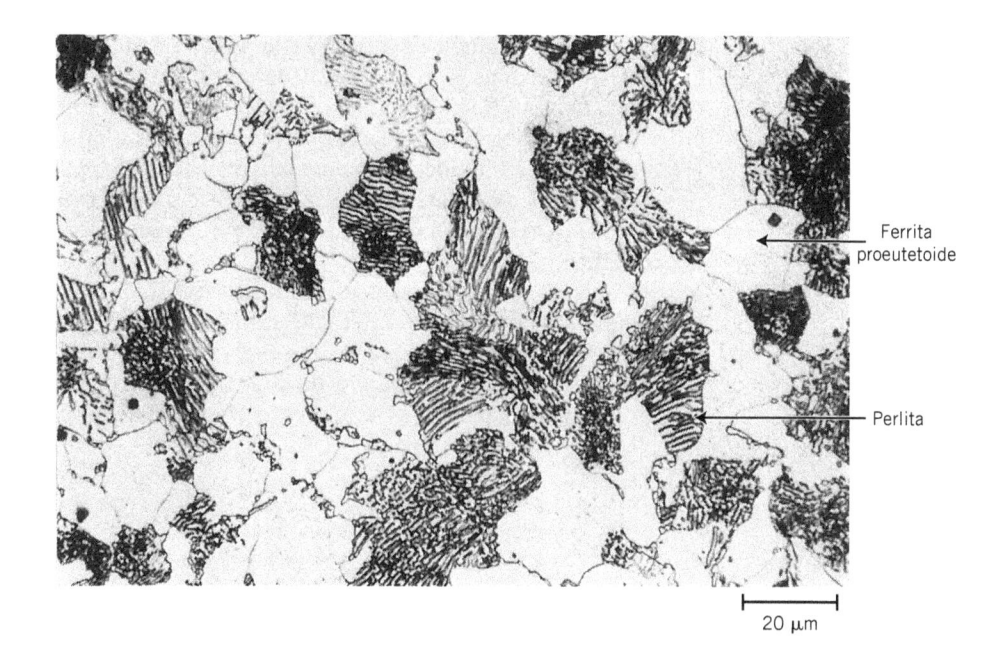

Figura 10.34 Fotomicrografia de um aço com 0,38 %p C que apresenta uma microestrutura composta por perlita e ferrita proeutetoide. Ampliação de 635×. (Esta fotomicrografia é uma cortesia da Republic Steel Corporation.)

As frações tanto de α total (eutetoide e proeutetoide) quanto de cementita são determinadas usando a regra da alavanca e uma linha de amarração que se estende por toda a região das fases α + Fe$_3$C, desde 0,022 %p C até 6,70 %p C.

Ligas Hipereutetoides

liga hipereutetoide

Transformações e microestruturas análogas resultam para as **ligas hipereutetoides** – aquelas que contêm entre 0,76 %p e 2,14 %p C – que são resfriadas a partir de temperaturas no campo da fase γ. Considere uma liga com a composição C_1 na Figura 10.36, a qual, no resfriamento, move-se verticalmente para baixo ao longo da linha zz'. No ponto g, apenas a fase γ está presente, com uma composição C_1; a microestrutura aparece como está mostrado, apresentando apenas grãos da fase γ. No resfriamento para o campo das fases γ + Fe$_3$C – digamos até o ponto h – a fase cementita começa a se formar ao longo dos contornos dos grãos da fase γ inicial, de maneira semelhante à fase α na Figura 10.33, ponto d. Essa cementita é chamada de **cementita proeutetoide** – aquela que se forma antes da reação eutetoide. A composição da cementita permanece constante (6,70 %p C), à medida

cementita proeutetoide

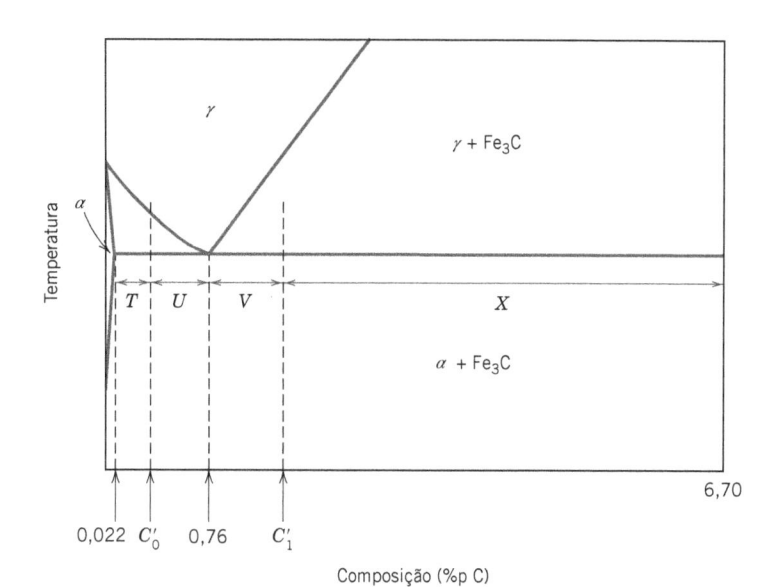

Figura 10.35 Região do diagrama de fases Fe–Fe$_3$C usada nos cálculos das quantidades relativas dos microconstituintes proeutetoide e perlita para composições hipoeutetoide ($C_0{}'$) e hipereutetoide ($C_1{}'$).

que a temperatura muda. Contudo, a composição da fase austenita se move ao longo da curva *PO* em direção à composição eutetoide. Conforme a temperatura é reduzida através da eutetoide, até o ponto *i*, toda austenita restante, com composição eutetoide, se converte em perlita; assim, a microestrutura resultante consiste em perlita e cementita proeutetoide como seus microconstituintes (Figura 10.36). Na fotomicrografia de um aço com 1,4 %p C (Figura 10.37), observe que a cementita proeutetoide aparece clara. Uma vez que ela tem aparência semelhante à da ferrita proeutetoide (Figura 10.34), existe alguma dificuldade em distinguir entre os aços hipoeutetoides e hipereutetoides com base na microestrutura.

As quantidades relativas dos dois microconstituintes, perlita e Fe$_3$C proeutetoide, podem ser calculadas para os aços hipereutetoides de maneira análoga àquela empregada para os materiais hipoeutetoides; a linha de amarração apropriada se estende entre 0,76 %p e 6,70 %p C. Assim, para a liga com composição C_1' na Figura 10.35, as frações de perlita, W_p, e cementita proeutetoide, $W_{Fe_3C'}$, são determinadas a partir das seguintes expressões para a regra da alavanca:

$$W_p = \frac{X}{V + X} = \frac{6{,}70 - C_1'}{6{,}70 - 0{,}76} = \frac{6{,}70 - C_1'}{5{,}94} \tag{10.22}$$

e

$$W_{Fe_3C'} = \frac{V}{V + X} = \frac{C_1' - 0{,}76}{6{,}70 - 0{,}76} = \frac{C_1' - 0{,}76}{5{,}94} \tag{10.23}$$

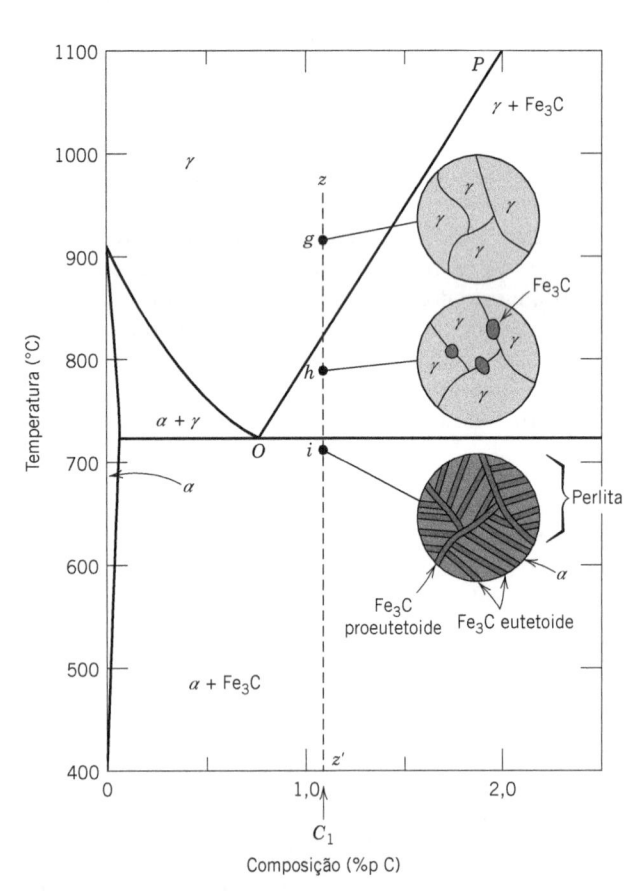

Figura 10.36 Representações esquemáticas das microestruturas de uma liga ferro–carbono com composição hipereutetoide C_1 (contendo entre 0,76 %p C e 2,14 %p C) à medida que ela é resfriada desde a região da fase austenita até abaixo da temperatura eutetoide.

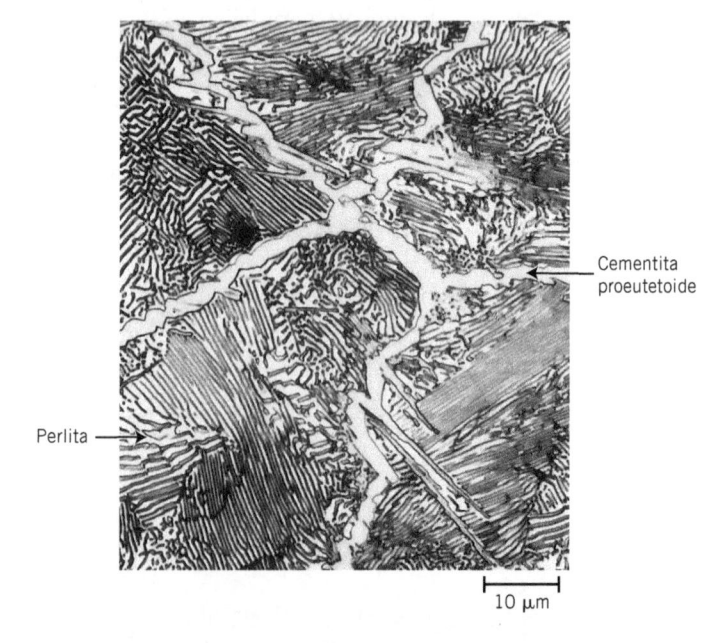

Figura 10.37 Fotomicrografia de um aço com 1,4 %p C com uma microestrutura composta por uma rede de cementita proeutetoide branca que envolve colônias de perlita. Ampliação de 1000×. (Copyright de 1971 pela United States Steel Corporation.)

Verificação de Conceitos 10.10 Explique sucintamente por que uma fase proeutetoide (ferrita ou cementita) se forma ao longo dos contornos de grãos da austenita. *Sugestão*: Consulte a Seção 5.8.

(*A resposta está disponível no GEN-IO, ambiente virtual de aprendizagem do GEN.*)

PROBLEMA-EXEMPLO 10.4

Determinação das Quantidades Relativas dos Microconstituintes Ferrita, Cementita e Perlita

Para uma liga com 99,65 %p Fe–0,35 %p C em uma temperatura imediatamente abaixo da eutetoide, determine o seguinte:

(a) As frações totais das fases ferrita e cementita
(b) As frações de ferrita proeutetoide e de perlita
(c) A fração de ferrita eutetoide

Solução

(a) Esse item do problema é resolvido pela aplicação das expressões para a regra da alavanca usando uma linha de amarração que se estende ao longo do campo das fases α + Fe_3C. Assim, C_0' é igual a 0,35 %p C e

$$W_\alpha = \frac{6,70 - 0,35}{6,70 - 0,022} = 0,95$$

e

$$W_{Fe_3C} = \frac{0,35 - 0,022}{6,70 - 0,022} = 0,05$$

(b) As frações de ferrita proeutetoide e perlita são determinadas com o emprego da regra da alavanca e uma linha de amarração que se estende somente até a composição eutetoide (isto é, as Equações 10.20 e 10.21). Ou

$$W_p = \frac{0,35 - 0,022}{0,76 - 0,022} = 0,44$$

e

$$W_{\alpha'} = \frac{0,76 - 0,35}{0,76 - 0,022} = 0,56$$

(c) Toda a ferrita está ou como proeutetoide ou como eutetoide (na perlita). Portanto, a soma dessas duas frações de ferrita é igual à fração de ferrita total; isto é,

$$W_{\alpha'} + W_{\alpha e} = W_\alpha$$

em que $W_{\alpha e}$ representa a fração total da liga que é ferrita eutetoide. Os valores para W_α e $W_{\alpha'}$ foram determinados nos itens (a) e (b) como 0,95 e 0,56, respectivamente. Portanto,

$$W_{\alpha e} = W_\alpha - W_{\alpha'} = 0,95 - 0,56 = 0,39$$

Resfriamento Fora do Equilíbrio

Nessa discussão do desenvolvimento microestrutural de ligas ferro-carbono foi considerado que durante o resfriamento eram mantidas continuamente condições de equilíbrio metaestável;[3] ou seja, era dado tempo suficiente em cada nova temperatura para que ocorresse qualquer ajuste necessário nas composições e nas quantidades relativas das fases, conforme previsto pelo diagrama de fases Fe-Fe₃C. Na maioria das situações, essas taxas de resfriamento são impraticavelmente lentas e

---

[3] O termo *equilíbrio metaestável* é usado nesta discussão, uma vez que o Fe_3C é um composto apenas metaestável.

desnecessárias; de fato, em muitas ocasiões são desejadas condições fora de equilíbrio. Dois efeitos da importância prática de condições fora de equilíbrio são (1) a ocorrência de mudanças ou transformações de fases em temperaturas diferentes daquelas previstas pelas linhas das fronteiras entre fases no diagrama de fases, e (2) a existência à temperatura ambiente de fases fora de equilíbrio, que não aparecem no diagrama de fases. Esses dois efeitos estão discutidos no próximo capítulo.

10.21 INFLUÊNCIA DE OUTROS ELEMENTOS DE LIGA

Adições de outros elementos de liga (Cr, Ni, Ti etc.) causam mudanças drásticas no diagrama de fases binário ferro-carbeto de ferro, Figura 10.28. A extensão dessas mudanças nas posições das fronteiras entre as fases e nas formas dos campos das fases depende do elemento de liga específico e de sua concentração. Uma das mudanças importantes é o deslocamento da posição do eutetoide em relação à temperatura e à concentração de carbono. Esses efeitos estão ilustrados nas Figuras 10.38 e 10.39, em que a temperatura eutetoide e a composição eutetoide (em %p C) são traçadas respectivamente em função da concentração para vários outros elementos de liga. Dessa forma, outras adições de elementos de liga não alteram somente a temperatura da reação eutetoide, mas também as frações relativas das fases perlita e proeutetoide que se formam. No entanto, em geral os aços são ligados por outras razões – normalmente, ou para melhorar sua resistência à corrosão ou para torná-los suscetíveis a um tratamento térmico (veja a Seção 14.6).

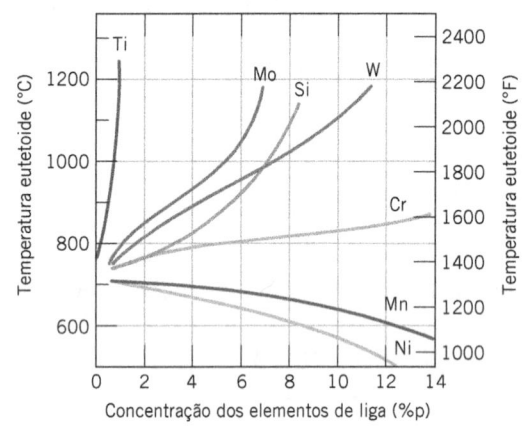

Figura 10.38 Dependência da temperatura eutetoide em relação à concentração na liga de vários elementos de liga no aço.
(De Edgar C. Bain, *Functions of the Alloying Elements in Steel*, American Society for Metals, 1939, p. 127.)

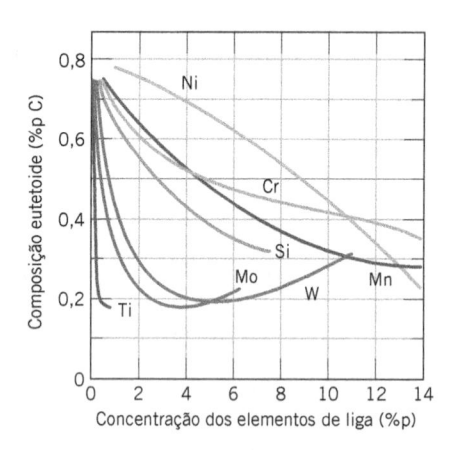

Figura 10.39 Dependência da composição eutetoide (%p C) em relação à concentração na liga de vários elementos de liga no aço.
(De Edgar C. Bain, *Functions of the Alloying Elements in Steel*, American Society for Metals, 1939, p. 127.)

RESUMO

Introdução
- Os diagramas de fases em equilíbrio são uma maneira conveniente e concisa para representar as relações mais estáveis entre as fases em sistemas de ligas.

Fases
- Uma *fase* é alguma porção de um corpo de um material ao longo da qual as características físicas e químicas são homogêneas.

Microestrutura
- Três características microestruturais importantes para as ligas multifásicas são:

    O número de fases presentes

    As proporções relativas das fases

    A maneira como as fases são arranjadas
- Três fatores que afetam a microestrutura de uma liga:

    Quais elementos de liga estão presentes

As concentrações desses elementos de liga

O tratamento térmico da liga

Equilíbrios de Fases

- Um sistema em equilíbrio está em seu estado mais estável – isto é, as características de suas fases não mudam ao longo do tempo. Termodinamicamente, a condição para o equilíbrio de fases é que a energia livre de um sistema esteja em um mínimo para determinada combinação de temperatura, pressão e composição.

- Os sistemas metaestáveis são sistemas fora de equilíbrio que persistem indefinidamente, apresentando mudanças imperceptíveis com o tempo.

Diagramas de Fases de Um Componente (ou Unários)

- Nos diagramas de fases para um único componente, o logaritmo da pressão é traçado em função da temperatura; as regiões das fases sólido, líquido e vapor são encontradas nesse tipo de diagrama.

Diagramas de Fases Binários

- Para os sistemas binários, a temperatura e a composição são variáveis, enquanto a pressão externa é mantida constante. Áreas, ou regiões de fases, são definidas nesses gráficos temperatura–composição, nas quais existem uma ou duas fases.

Sistemas Binários Isomorfos

- Os diagramas isomorfos são aqueles para os quais existe solubilidade completa na fase sólida; o sistema cobre–níquel (Figura 10.3a) exibe esse comportamento.

Interpretação de Diagramas de Fases

- Para uma liga com determinada composição, em uma temperatura conhecida e em equilíbrio, o seguinte pode ser determinado:

    Qual(is) fase(s) está(ão) presente(s) – a partir da localização do ponto temperatura-composição no diagrama de fases.

    A(s) composição(ões) da(s) fase(s) – para o caso bifásico, é empregada uma linha de amarração horizontal.

    A(s) fração(ões) mássica(s) da(s) fase(s) – a regra da alavanca [que utiliza os comprimentos dos segmentos da linha de amarração (Equações 10.1 e 10.2)] é usada nas regiões bifásicas.

Sistemas Binários Eutéticos

- Em uma reação eutética, como a encontrada em alguns sistemas de ligas, no resfriamento, uma fase líquida se transforma isotermicamente em duas fases sólidas diferentes (isto é, $L \rightarrow \alpha + \beta$). Tal reação é observada nos diagramas de fases cobre-prata e chumbo–estanho (Figuras 10.7 e 10.8, respectivamente).

- O limite de solubilidade em determinada temperatura corresponde à concentração máxima de um componente que ficará em solução em uma fase específica. Para um sistema binário eutético, os limites de solubilidade são encontrados ao longo das fronteiras *solidus* e *solvus*.

Desenvolvimento da Microestrutura em Ligas Eutéticas

- A solidificação de uma liga (líquida) com composição eutética produz uma microestrutura que consiste em camadas alternadas das duas fases sólidas.

- Uma fase primária (ou pré-eutética) e a estrutura eutética em camadas são os produtos da solidificação para todas as composições (diferentes da composição do eutético) situadas ao longo da isoterma eutética.

- As frações mássicas da fase primária e do microconstituinte eutético podem ser calculadas usando a regra da alavanca e uma linha de amarração que se estende até a composição eutética (por exemplo, Equações 10.10 e 10.11).

Diagramas de Equilíbrio Contendo Fases ou Compostos Intermediários

- Outros diagramas de equilíbrio são mais complexos, no sentido de que podem apresentar fases/soluções sólidas/compostos que não estão localizados nos extremos de concentração (isto é, horizontais) do diagrama. Esses incluem as soluções sólidas intermediárias e os compostos intermetálicos.

- Além da eutética, outras reações envolvendo três fases podem ocorrer nos pontos invariantes em um diagrama de fases:

    Em uma reação eutetoide, no resfriamento, uma fase sólida se transforma em duas outras fases sólidas (por exemplo, $\alpha \rightarrow \beta + \gamma$).

Em uma reação peritética, no resfriamento, um líquido e uma fase sólida se transformam em outra fase sólida (por exemplo, $L + \alpha \rightarrow \beta$).

- Uma transformação na qual não existe nenhuma mudança na composição das fases envolvidas é dita congruente.

Diagramas de Fases Cerâmicos

- As características gerais dos diagramas de fases cerâmicos são semelhantes àquelas dos sistemas metálicos.
- Foram discutidos os diagramas para os sistemas Al_2O_3–Cr_2O_3 (Figura 10.23), MgO–Al_2O_3 (Figura 10.24), ZrO_2–CaO (Figura 10.25) e SiO_2–Al_2O_3 (Figura 10.26).
- Esses diagramas são especialmente úteis quando se avalia o desempenho dos materiais cerâmicos em altas temperaturas.

A Lei das Fases de Gibbs

- A lei das fases de Gibbs é uma equação simples (Equação 10.16 na sua forma mais geral) que relaciona o número de fases presentes em um sistema em equilíbrio ao número de graus de liberdade, o número de componentes e o número de variáveis que não a composição.

Diagrama de Fases do Sistema Ferro–Carbeto de Ferro (Fe–Fe₃C)

- As fases importantes encontradas no diagrama de fases ferro–carbeto de ferro (Figura 10.28) são a ferrita α (CCC), a austenita γ (CFC) e o composto intermetálico carbeto de ferro [ou cementita (Fe_3C)].
- Com base na composição, as ligas ferrosas têm três classificações:

   Ferros (<0,008 %p C)

   Aços (0,008 %p C a 2,14 %p C)

   Ferros fundidos (>2,14 %p C)

Desenvolvimento da Microestrutura em Ligas Ferro–Carbono

- O desenvolvimento da microestrutura para muitas ligas ferro-carbono e aços depende de uma reação eutetoide na qual a fase austenita com composição 0,76 %p C transforma-se isotermicamente (a 727 °C) em ferrita α (0,022 %p C) e cementita (isto é, $\gamma \rightarrow \alpha + Fe_3C$).
- O produto microestrutural de uma liga ferro–carbono com composição eutetoide é a perlita, um microconstituinte que consiste em camadas alternadas de ferrita e cementita.
- As microestruturas das ligas que têm teores de carbono inferiores à eutetoide (isto é, as ligas hipoeutetoides) são compostas por uma fase ferrita proeutetoide além da perlita.
- A perlita e a cementita proeutetoide são os microconstituintes das ligas hipereutetoides – aquelas com teores de carbono superiores à composição eutetoide.
- As frações mássicas de uma fase proeutetoide (ferrita ou cementita) e de perlita podem ser calculadas usando a regra da alavanca e uma linha de amarração que se estende até a composição eutetoide (0,76 %p C) [por exemplo, Equações 10.20 e 10.21 (para as ligas hipoeutetoides) e Equações 10.22 e 10.23 (para as ligas hipereutetoides)].

Resumo das Equações

Número da Equação	Equação	Resolvendo para
10.1b	$W_L = \dfrac{C_\alpha - C_0}{C_\alpha - C_L}$	Fração mássica da fase líquida, sistema isomorfo binário
10.2b	$W_\alpha = \dfrac{C_0 - C_L}{C_\alpha - C_L}$	Fração mássica da solução sólida α, sistema binário isomorfo
10.5	$V_\alpha = \dfrac{\nu_\alpha}{\nu_\alpha + \nu_\beta}$	Fração volumétrica da fase α
10.6a	$V_\alpha = \dfrac{\dfrac{W_\alpha}{\rho_\alpha}}{\dfrac{W_\alpha}{\rho_\alpha} + \dfrac{W_\beta}{\rho_\beta}}$	Conversão de fração mássica em fração volumétrica para a fase α

Número da Equação	Equação	Resolvendo para
10.7a	$W_\alpha = \dfrac{V_\alpha \rho_\alpha}{V_\alpha \rho_\alpha + V_\beta \rho_\beta}$	Conversão de fração volumétrica em fração mássica para a fase α
10.10	$W_e = \dfrac{P}{P + Q}$	Fração mássica do microconstituinte eutético em um sistema binário eutético (segundo a Figura 10.18)
10.11	$W_{\alpha'} = \dfrac{Q}{P + Q}$	Fração mássica do microconstituinte α primário em um sistema binário eutético (segundo a Figura 10.18)
10.12	$W_\alpha = \dfrac{Q + R}{P + Q + R}$	Fração mássica total da fase α em um sistema binário eutético (segundo a Figura 10.18)
10.13	$W_\beta = \dfrac{P}{P + Q + R}$	Fração mássica da fase β em um sistema binário eutético (segundo a Figura 10.18)
10.16	$P + F = C + N$	Lei das fases de Gibbs (forma geral)
10.20	$W_p = \dfrac{C'_0 - 0{,}022}{0{,}74}$	Para uma liga Fe-C *hipo*eutetoide, a fração mássica de perlita (segundo a Figura 10.35)
10.21	$W_{\alpha'} = \dfrac{0{,}76 - C'_0}{0{,}74}$	Para uma liga Fe-C *hipo*eutetoide, a fração mássica de fase ferrita α proeutetoide (segundo a Figura 10.35)
10.22	$W_p = \dfrac{6{,}70 - C'_1}{5{,}94}$	Para uma liga Fe-C *hiper*eutetoide, a fração mássica de perlita (segundo a Figura 10.35)
10.23	$W_{Fe_3C'} = \dfrac{C'_1 - 0{,}76}{5{,}94}$	Para uma liga Fe-C *hiper*eutetoide, a fração mássica de Fe_3C proeutetoide (segundo a Figura 10.35)

Lista de Símbolos

Símbolo	Significado
C (lei das fases de Gibbs)	Número de componentes em um sistema
C_0	Composição de uma liga (em termos de um dos componentes)
C'_0	Composição de uma liga hipoeutetoide (em porcentagem em peso de carbono)
C'_1	Composição de uma liga hipereutetoide (em porcentagem em peso de carbono)
F	Número de variáveis controladas externamente que devem ser especificadas para definir completamente o estado de um sistema
N	Número de variáveis não relacionadas com a composição para um sistema
P, Q, R	Comprimentos dos segmentos das linhas de amarração
P (lei das fases de Gibbs)	Número de fases presentes em determinado sistema
v_α, v_β	Volumes das fases α e β
ρ_α, ρ_β	Densidades das fases α e β

Termos e Conceitos Importantes

austenita	fase primária	metaestável
cementita	ferrita	microconstituinte
cementita proeutetoide	ferrita proeutetoide	perlita
componente	isomorfo	reação eutética
composto intermetálico	lei das fases de Gibbs	reação eutetoide
diagrama de fases	liga hipereutetoide	reação peritética
energia livre	liga hipoeutetoide	regra da alavanca
equilíbrio	limite de solubilidade	sistema
equilíbrio de fases	linha de amarração	solução sólida intermediária
estrutura eutética	linha *liquidus*	solução sólida terminal
fase	linha *solidus*	transformação congruente
fase eutética	linha *solvus*	

REFERÊNCIAS

ASM Handbook, Vol. 3, *Alloy Phase Diagrams*, ASM International, Materials Park, OH, 1992.

ASM Handbook, Vol. 9, *Metallography and Microstructures*, ASM International, Materials Park, OH, 2004.

Bergeron, C. G., and S. H. Risbud, *Introduction to Phase Equilibria in Ceramics*, Wiley, Hoboken, NJ, 1984.

Campbell, F. C. *Phase Diagrams: Understanding the Basics*, ASM International, Materials Park, OH, 2012.

Kingery, W. D., H. K. Bowen, and D. R. Uhlmann, *Introduction to Ceramics*, 2nd edition, Wiley, New York, 1976. Capítulo 7.

Massalski, T. B., H. Okamoto, P. R. Subramanian, and L. Kacprzak (Editores), *Binary Phase Diagrams*, 2nd edition, ASM International,

Materials Park, OH, 1990. Três volumes. Também em CD-ROM com atualizações.

Okamoto, H., *Desk Handbook: Phase Diagrams for Binary Alloys*, 2nd edition, ASM International, Materials Park, OH, 2010.

Phase Equilibria Diagrams (for Ceramists), American Ceramic Society, Westerville, OH. Catorze volumes, publicados entre 1964 e 2005. Também em CD-ROM.

Villars, P., A. Prince, and H. Okamoto (Editores), *Handbook of Ternary Alloy Phase Diagrams*, ASM International, Materials Park, OH, 1995. Dez volumes. Também em CD-ROM.

PERGUNTAS E PROBLEMAS

Limite de Solubilidade

10.1 Considere o diagrama de fases açúcar-água na Figura 10.1.

(a) Que quantidade de açúcar será dissolvida em 1000 g de água a 80 °C (176 °F)?

(b) Se a solução líquida saturada do item (a) for resfriada até 20 °C (68 °F), parte do açúcar se precipitará como sólido. Qual será a composição da solução líquida saturada (em %p açúcar) a 20 °C?

(c) Qual quantidade de açúcar sólido sairá da solução no resfriamento a 20 °C?

10.2 A 100 °C, qual é a solubilidade máxima do seguinte:

(a) Pb no Sn

(b) Sn no Pb

Microestrutura

10.3 Cite três variáveis que determinam a microestrutura de uma liga.

Equilíbrios de Fases

10.4 Que condição termodinâmica deve ser atendida para a existência de um estado de equilíbrio?

Diagramas de Fases de Um Componente (ou Unários)

10.5 Considere uma amostra de gelo a –15 °C e 10 atm de pressão. Usando a Figura 10.2, que mostra o diagrama de fases pressão-temperatura para a H_2O, determine a pressão à qual a amostra deve ser elevada ou reduzida para fazer com que ela **(a)** se funda e **(b)** sublime.

10.6 A uma pressão de 0,1 atm, determine **(a)** a temperatura de fusão do gelo, e **(b)** a temperatura de ebulição da água.

Sistemas Isomorfos Binários

10.7 A seguir são dadas as temperaturas *solidus* e *liquidus* para o sistema cobre-ouro. Construa o diagrama de fases para esse sistema e identifique cada região.

Composição (%p Au)	Temperatura Solidus (°C)	Temperatura Liquidus (°C)
0	1085	1085
20	1019	1042
40	972	996
60	934	946
80	911	911
90	928	942
95	974	984
100	1064	1064

10.8 Quantos quilogramas de níquel devem ser adicionados a 1,75 kg de cobre para produzir uma temperatura *liquidus* de 1300 °C?

10.9 Quantos quilogramas de níquel devem ser adicionados a 5,43 kg de cobre para produzir uma temperatura *solidus* de 1200 °C?

Interpretação de Diagramas de Fases

10.10 Cite as fases presentes e as composições das fases para as seguintes ligas:

(a) 15 %p Sn–85 %p Pb a 100 °C (212 °F)

(b) 25 %p Pb–75 %p Mg a 425 °C (800 °F)

(c) 85 %p Ag–15 %p Cu a 800 °C (1470 °F)

(d) 55 %p Zn–45 %p Cu a 600 °C (1110 °F)

(e) 1,25 kg Sn e 14 kg Pb a 200 °C (390 °F)

(f) 7,6 lb$_m$ Cu e 144,4 lb$_m$ Zn a 600 °C (1110 °F)

(g) 21,7 mol Mg e 35,4 mol Pb a 350 °C (660 °F)

(h) 4,2 mol Cu e 1,1 mol Ag a 900 °C (1650 °F)

10.11 É possível a existência de uma liga cobre-prata que, em equilíbrio, consista em uma fase β com composição de 92 %p Ag–8 %p Cu e também uma fase líquido com composição de 76%p Ag–24%p Cu? Se for possível, qual será a temperatura aproximada da liga? Se não for possível, explique a razão.

10.12 É possível a existência de uma liga cobre–prata que, em equilíbrio, consista em uma fase α com composição de 4 %p Ag–96 %p Cu e também uma fase β com composição de 95 %p Ag–5 %p Cu? Se for possível, qual será a temperatura aproximada da liga? Se não for possível, explique a razão.

10.13 Uma liga chumbo–estanho com composição de 30 %p Sn–70 %p Pb é aquecida lentamente a partir de uma temperatura de 150 °C (300 °F).

(a) Em qual temperatura se forma a primeira fração da fase líquida?

(b) Qual é a composição dessa fase líquida?

(c) Em que temperatura ocorre a fusão completa da liga?

(d) Qual é a composição da última fração da fase sólida remanescente antes da fusão completa?

10.14 Uma liga com 50 %p Ni–50 %p Cu é resfriada lentamente de uma temperatura de 1400 °C (2550 °F) a 1200 °C (2190 °F).

(a) Em qual temperatura se forma a primeira fração da fase sólida?

(b) Qual é a composição dessa fase sólida?

(c) Em qual temperatura ocorre a solidificação do líquido?

(d) Qual é a composição dessa última fração da fase líquida remanescente?

10.15 Uma liga cobre–zinco com composição de 75 %p Zn–25 %p Cu é aquecida lentamente a partir da temperatura ambiente.

(a) Em qual temperatura se forma a primeira fração da fase líquida?

(b) Qual é a composição dessa fase líquida?

(c) Em que temperatura ocorre a fusão completa da liga?

(d) Qual é a composição da última fração da fase sólida remanescente antes da fusão completa?

10.16 Para uma liga com composição de 52 %p Zn–48 %p Cu, cite as fases presentes e também suas frações mássicas nas seguintes temperaturas: 1000 °C, 800 °C, 500 °C e 300 °C.

10.17 Determine as quantidades relativas (em termos de frações mássicas) das fases para as ligas e temperaturas dadas no Problema 10.10.

10.18 Uma amostra com 2,0 kg de uma liga com 85 %p Pb–15 %p Sn é aquecida a 200 °C (390 °F); nessa temperatura, ela consiste totalmente em uma solução sólida da fase α (Figura 10.8). A liga deve ser fundida até que 50 % da amostra fique líquida, o restante permanecendo como fase α. Isso pode ser feito ou por aquecimento da liga ou pela alteração de sua composição enquanto a temperatura é mantida constante.

(a) A que temperatura a amostra deve ser aquecida?

(b) Quanto estanho deve ser adicionado à amostra de 2,0 kg a 200 °C para esse estado ser alcançado?

10.19 Uma liga magnésio–chumbo com massa de 7,5 kg consiste em uma fase α sólida com uma composição que está apenas ligeiramente abaixo do limite de solubilidade a 300 °C (570 °F).

(a) Qual é a massa de chumbo na liga?

(b) Se a liga for aquecida a 400 °C (750 °F), que quantidade adicional de chumbo poderá ser dissolvida na fase α sem exceder o limite de solubilidade dessa fase?

10.20 Considere 2,5 kg de uma liga cobre-prata com 80 %p Cu–20 %p Ag a 800 °C. Quanto cobre deve ser adicionado a essa liga para que ela se solidifique completamente a 800 °C?

10.21 Uma liga contendo 65 %p Ni–35 %p Cu é aquecida até uma temperatura na região das fases α + líquido. Se a composição da fase α é de 70 %p Ni, determine:

(a) A temperatura da liga

(b) A composição da fase líquida

(c) As frações mássicas de ambas as fases

10.22 Uma liga contendo 40 %p Pb–60 %p Mg é aquecida até uma temperatura na região das fases α + líquido. Se a fração mássica de cada fase é de 0,5, então estime:

(a) A temperatura da liga

(b) As composições das duas fases em porcentagem em peso

(c) As composições das duas fases em porcentagem atômica

10.23 Uma liga cobre-prata é aquecida a 900 °C e consiste nas fases α e líquido. Se a fração mássica da fase líquido é de 0,68, determine:

(a) A composição de ambas as fases, tanto em porcentagem em peso quanto em porcentagem atômica, e

(b) A composição da liga, tanto em porcentagem em peso quanto em porcentagem atômica

10.24 Para as ligas de dois metais hipotéticos A e B, existe uma fase α rica em A e uma fase β rica em B. A partir das frações mássicas de ambas as fases para duas ligas diferentes dadas na tabela a seguir (que se encontram na mesma temperatura), determine a composição da fronteira entre as fases (ou o limite de solubilidade) tanto para a fase α quanto para a fase β nessa temperatura.

Composição da Liga	Fração da Fase α	Fração da Fase β
70 %p A-30 %p B	0,78	0,22
35 %p A-65 %p B	0,36	0,64

10.25 Uma liga hipotética A-B com composição de 40 %p B–60 %p A em determinada temperatura consiste em frações mássicas de 0,66 e 0,34 para as fases α e β, respectivamente. Se a composição da fase α é de 13 %p B–87 %p A, qual é a composição da fase β?

10.26 É possível haver uma liga cobre-prata com composição de 20 %p Ag–80 %p Cu a qual, em equilíbrio, consista nas fases α e líquido com frações mássicas de $W_\alpha = 0,80$ e $W_L = 0,20$? Se for possível, qual será a temperatura aproximada da liga? Se a existência dessa liga não for possível, explique a razão.

10.27 Para 5,7 kg de uma liga magnésio-chumbo com composição de 50 %p Pb–50 %p Mg, diga se é possível, em equilíbrio, haver as fases α e Mg_2Pb com massas de 5,13 kg e 0,57 kg, respectivamente. Se for possível, qual será a temperatura aproximada da liga? Se a existência dessa liga não for possível, então explique a razão.

10.28 Desenvolva as Equações 10.6a e 10.7a, que podem ser usadas para converter a fração mássica em fração volumétrica e vice-versa.

10.29 Determine as quantidades relativas (em termos de frações volumétricas) das fases para as ligas e temperaturas dadas no Problema 10.10a, b e d. A tabela a seguir fornece as densidades aproximadas para os vários metais nas temperaturas das ligas:

Metal	Temperatura (°C)	Densidade (g/cm³)
Cu	600	8,68
Mg	425	1,68
Pb	100	11,27
Pb	425	10,96
Sn	100	7,29
Zn	600	6,67

Desenvolvimento da Microestrutura em Ligas Isomorfas

10.30 (a) Descreva sucintamente o fenômeno do zoneamento e por que ele ocorre.

(b) Cite uma consequência indesejável da formação do zoneamento.

Propriedades Mecânicas de Ligas Isomorfas

10.31 Deseja-se produzir uma liga cobre–níquel não trabalhada a frio com um limite mínimo de resistência à tração de 380 MPa (55.000 psi) e uma ductilidade de pelo menos 45 AL%. Isso é possível? Em caso positivo, qual deve ser sua composição? Caso não seja possível, explique por quê.

Sistemas Binários Eutéticos

10.32 Uma liga contendo 60 %p Pb–40 %p Mg é resfriada rapidamente até a temperatura ambiente desde uma temperatura elevada, de tal maneira que a microestrutura é preservada. Determinou-se que essa microestrutura é composta pela fase α e Mg_2Pb, com frações mássicas de 0,42 e 0,58, respectivamente. Determine a temperatura aproximada a partir da qual a liga foi temperada.

Desenvolvimento da Microestrutura em Ligas Eutéticas

10.33 Explique sucintamente por que, na solidificação, uma liga com composição eutética forma uma microestrutura que consiste em camadas alternadas das duas fases sólidas.

10.34 Qual é a diferença entre uma fase e um microconstituinte?

10.35 Trace a fração mássica das fases presentes em função da temperatura para uma liga com 40 %p Sn–60 %p Pb, à medida que ela é resfriada lentamente de 250 °C até 150 °C.

10.36 É possível a existência de uma liga magnésio-chumbo em que as frações mássicas das fases α primária e α total sejam de 0,60 e 0,85, respectivamente, a 460 °C (860 °F)? Por que sim, ou por que não?

10.37 Para 2,80 kg de uma liga chumbo–estanho, é possível haver massas de β primária e β total de 2,21 kg e 2,53 kg, respectivamente, a 180 °C (355 °F)? Por que sim, ou por que não?

10.38 Para uma liga chumbo–estanho com composição de 80 %p Sn–20 %p Pb e a 180 °C (355 °C), faça o seguinte:

(a) Determine as frações mássicas das fases α e β.

(b) Determine as frações mássicas dos microconstituintes β primário e eutético.

(c) Determine a fração mássica de β eutética.

10.39 A microestrutura de uma liga cobre–prata a 775 °C (1425 °F) consiste nas estruturas α primária e eutética. Se as frações mássicas desses dois microconstituintes são de 0,73 e 0,27, respectivamente, determine a composição da liga.

10.40 Uma liga magnésio–chumbo é resfriada desde 600 °C até 450 °C e consiste nos microconstituintes Mg_2Pb

primário e eutético. Se a fração mássica do microconstituinte eutético é de 0,28, determine a composição da liga.

10.41 Considere um diagrama de fases eutético hipotético para os metais A e B semelhante ao do sistema chumbo–estanho (Figura 10.8). Considere que: (1) as fases α e β existem, respectivamente, nas extremidades A e B do diagrama de fases; (2) a composição eutética é de 36 %p A–64 %p B; e (3) a composição da fase α na temperatura eutética é de 88 %p A–12 %p B. Determine a composição de uma liga que gere frações mássicas de β primária e β total de 0,367 e 0,768, respectivamente.

10.42 Para uma liga contendo 64 %p Zn–36 %p Cu, trace esboços esquemáticos das microestruturas que seriam observadas para condições de resfriamento muito lento às seguintes temperaturas: 900 °C (1650 °F), 820 °C (1510 °F), 750 °C (1380 °F) e 600 °C (1100 °F). Identifique todas as fases e indique suas composições aproximadas.

10.43 Para uma liga com 76 %p Pb–24 %p Mg, trace esboços esquemáticos das microestruturas que seriam observadas para condições de resfriamento muito lento às seguintes temperaturas: 575 °C (1070 °F), 500 °C (930 °F), 450 °C (840 °F) e 300 °C (570 °F). Identifique todas as fases e indique suas composições aproximadas.

10.44 Para uma liga contendo 52 %p Zn–48 %p Cu, trace esboços esquemáticos das microestruturas que seriam observadas para condições de resfriamento muito lento às seguintes temperaturas: 950 °C (1740 °F), 860 °C (1580 °F), 800 °C (1470 °F) e 600 °C (1100 °F). Identifique todas as fases e indique suas composições aproximadas.

10.45 Com base na fotomicrografia (isto é, nas quantidades relativas dos microconstituintes) para a liga chumbo–estanho mostrada na Figura 10.17 e no diagrama de fases Pb–Sn (Figura 10.8), estime a composição da liga e então compare essa estimativa com a composição dada na legenda da Figura 10.17. Faça as seguintes hipóteses: (1) A fração da área de cada fase e microconstituinte na fotomicrografia é igual à sua fração volumétrica; (2) as densidades das fases α e β, assim como da estrutura eutética, são de 11,2, 7,3 e 8,7 g/cm^3, respectivamente; e (3) essa fotomicrografia representa a microestrutura em equilíbrio a 180 °C (355 °F).

10.46 Os limites de resistência à tração do cobre puro e da prata pura à temperatura ambiente são de 209 MPa e 125 MPa, respectivamente.

(a) Trace um gráfico esquemático do limite de resistência à tração na temperatura ambiente em função da composição para todas as composições entre o cobre puro e a prata pura. (*Sugestão*: Você pode consultar as Seções 10.10 e 10.11, assim como a Equação 10.24 no Problema 10.82.)

(b) Nesse mesmo gráfico, trace esquematicamente o limite de resistência à tração em função da composição a 600 °C.

(c) Explique as formas dessas duas curvas, assim como quaisquer diferenças entre elas.

Diagramas de Equilíbrio Contendo Fases ou Compostos Intermediários

10.47 Dois compostos intermetálicos, A_3B e AB_3, existem para os elementos A e B. Se as composições para A_3B e AB_3 são de 91,0 %p A–9,0 %p B e 53,0 %p A–47,0 %p B, respectivamente, e se o elemento A é o zircônio, identifique o elemento B.

10.48 Existe um composto intermetálico no sistema alumínio-zircônio com uma composição de 22,8 %p Al–77,2 %p Zr. Especifique a fórmula desse composto.

10.49 Existe um composto intermetálico no sistema ouro-titânio com uma composição de 58,0 %p Au–42,0 %p Ti. Especifique a fórmula desse composto.

10.50 Especifique as temperaturas *liquidus*, *solidus* e *solvus* para as seguintes ligas:

(a) 30 %p Ni–70 %p Cu

(b) 5 %p Ag–95 %p Cu

(c) 20 %p Zn–80 %p Cu

(d) 30 %p Pb–70 %p Mg

(e) 3 %p C–97 %p Fe

Transformações Congruentes de Fases

Reações Eutetoides e Peritéticas

10.51 Qual é a principal diferença entre as transformações de fases congruentes e incongruentes?

10.52 A Figura 10.40 mostra o diagrama de fases estanho–ouro, para o qual apenas as regiões monofásicas estão identificadas. Especifique os pontos temperatura-composição onde ocorrem todos os eutéticos, eutetoides, peritéticos e as transformações congruentes de fases.

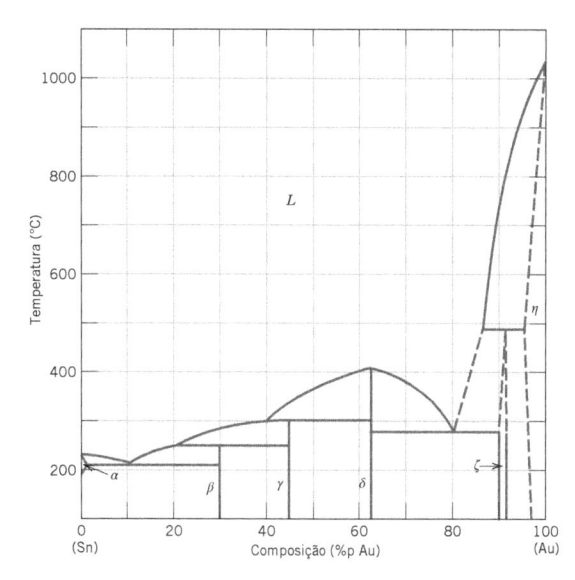

Figura 10.40 Diagrama de fases estanho–ouro.
(De *Metals Handbook*, Vol. 8, 8th edition, *Metallography, Structures and Phase Diagrams*, 1973. Reproduzido com permissão da ASM International, Materials Park, OH.)

Além disso, para cada um desses pontos, escreva a reação que ocorre no resfriamento.

10.53 A Figura 10.41 mostra uma região do diagrama de fases cobre–alumínio, para o qual apenas as regiões monofásicas estão identificadas. Especifique todos os pontos temperatura-composição onde ocorrem os eutéticos, eutetoides, peritéticos e as transformações congruentes de fases. Além disso, para cada um desses pontos, escreva a reação que ocorre com o resfriamento.

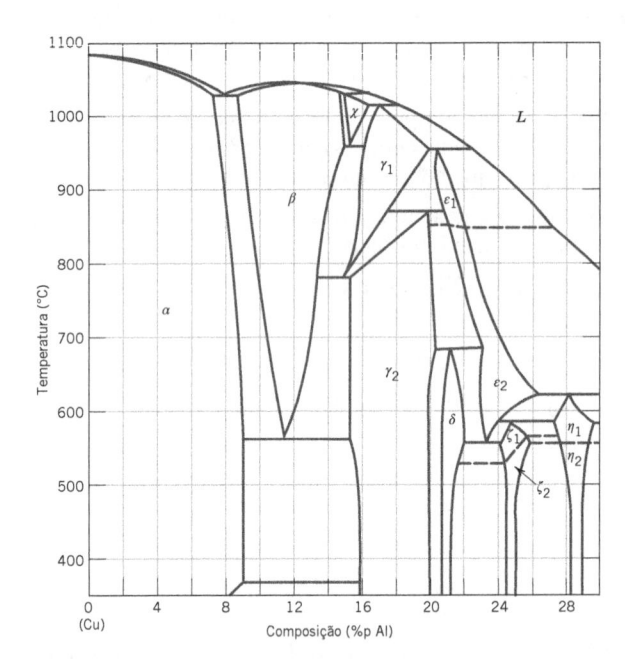

Figura 10.41 Diagrama de fases cobre–alumínio.
(De *Metals Handbook*, Vol. 8, 8th edition, *Metallography, Structures and Phase Diagrams*, 1973. Reproduzido com permissão da ASM International, Materials Park, OH.)

10.54 Construa o diagrama de fases hipotético para os metais A e B entre as temperaturas ambiente (20 °C) e 700 °C, dadas as seguintes informações:

- A temperatura de fusão do metal A é de 480 °C.
- A solubilidade máxima de B em A é de 4 %p B e ocorre a 420 °C.
- A solubilidade de B em A à temperatura ambiente é de 0 %p B.
- Um eutético ocorre a 420 °C e 18 %p B–82 %p A.
- Um segundo eutético ocorre a 475 °C e 42 %p B–58 %p A.
- O composto intermetálico AB existe em uma composição de 30 %p B–70 %p A e funde-se congruentemente a 525 °C.
- A temperatura de fusão do metal B é de 600 °C.
- A solubilidade máxima de A em B é de 13 %p A e ocorre a 475 °C.
- A solubilidade de A em B à temperatura ambiente é de 3 %p A.

Diagramas de Fases de Materiais Cerâmicos

10.55 Para o sistema ZrO_2–CaO (Figura 10.25), escreva todas as reações eutéticas e eutetoides no resfriamento.

10.56 A partir da Figura 10.24 – o diagrama de fases para o sistema MgO-Al_2O_3 – pode-se observar que a solução sólida do espinélio existe ao longo de uma faixa de composições, o que significa que ele não é estequiométrico em composições diferentes de 50 %mol MgO-50 %mol Al_2O_3.

(a) A composição não estequiométrica máxima no lado rico em Al_2O_3 do campo de fases do espinélio ocorre cerca de 2000 °C (3630 °F), correspondendo a aproximadamente 82 %mol (92 %p) de Al_2O_3. Determine o tipo de defeito por lacunas que é produzido e a porcentagem de lacunas que existe nessa composição.

(b) A composição não estequiométrica máxima no lado rico em MgO do campo de fases do espinélio ocorre cerca de 2000 °C (3630 °F), correspondendo a aproximadamente 39 %mol (62 %p) de Al_2O_3. Determine o tipo de defeito por lacunas que é produzido e a porcentagem de lacunas que existe nessa composição.

10.57 Quando a argila caolinita [$Al_2(Si_2O_5)(OH)_4$] é aquecida até uma temperatura suficientemente elevada, sua água de hidratação é eliminada.

(a) Sob essas circunstâncias, qual é a composição do produto remanescente (em porcentagem em peso de Al_2O_3)?

(b) Quais são as temperaturas *liquidus* e *solidus* para esse material?

A Lei das Fases de Gibbs

10.58 A Figura 10.42 mostra o diagrama de fases pressão–temperatura para H_2O. Aplique a lei das fases de Gibbs aos pontos A, B e C e especifique o número de graus de liberdade em cada um dos pontos – ou seja, o número de variáveis controladas externamente que precisam ser especificadas para definir completamente o sistema.

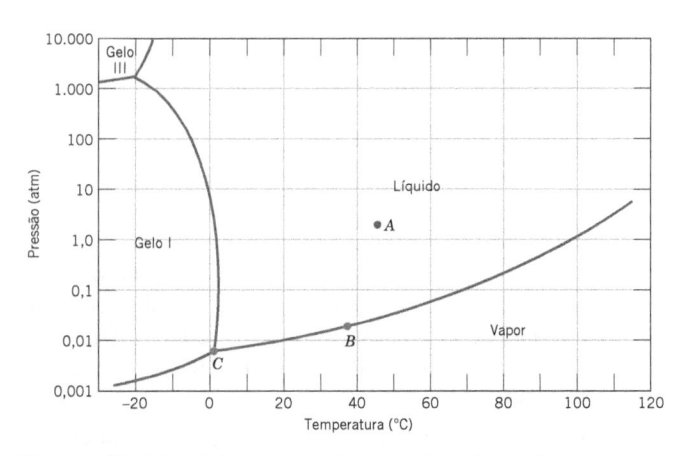

Figura 10.42 Diagrama de fases do logaritmo da pressão em função da temperatura para H_2O.

10.59 Especifique o número de graus de liberdade para as seguintes ligas:

(a) 20 %p Ni–80 %p Cu a 1300 °C

(b) 71,9 %p Ag–28,1 %p Cu a 779 °C

(c) 52,7 %p Zn–47,3 %p Cu a 525 °C

(d) 81 %p Pb–19 %p Mg a 545 °C

(e) 1 %p C–99 %p Fe a 1000 °C

Diagrama de Fases Ferro–Carbeto de Ferro (Fe-Fe₃C)

Desenvolvimento da Microestrutura em Ligas Ferro–Carbono

10.60 Calcule as frações mássicas de ferrita α e de cementita na perlita.

10.61 **(a)** Qual é a diferença entre aços hipoeutetoides e aços hipereutetoides?

(b) Em um aço hipoeutetoide, existem tanto a ferrita eutetoide quanto a ferrita proeutetoide. Explique a diferença entre elas. Qual será a concentração de carbono em cada?

10.62 Qual é a concentração de carbono em uma liga ferro–carbono para a qual a fração de cementita total é de 0,10?

10.63 Qual é a fase proeutetoide para uma liga ferro–carbono na qual as frações mássicas de ferrita total e de cementita total são de 0,86 e 0,14, respectivamente? Por quê?

10.64 Considere 3,5 kg de austenita contendo 0,95 %p C e resfriada até abaixo de 727 °C (1341 °F).

(a) Qual é a fase proeutetoide?

(b) Quantos quilogramas de cementita e de ferrita total se formam?

(c) Quantos quilogramas da fase proeutetoide e de perlita se formam?

(d) Esboce esquematicamente e identifique a microestrutura resultante.

10.65 Considere 6,0 kg de austenita contendo 0,45 %p C e resfriada até abaixo de 727 °C (1341 °F).

(a) Qual é a fase proeutetoide?

(b) Quantos quilogramas de cementita e de ferrita total se formam?

(c) Quantos quilogramas da fase proeutetoide e de perlita se formam?

(d) Esboce esquematicamente e identifique a microestrutura resultante.

10.66 Com base na fotomicrografia (isto é, as quantidades relativas dos microconstituintes) para a liga ferro–carbono mostrada na Figura 10.34 e no diagrama de fases Fe–Fe₃C (Figura 10.28), estime a composição da liga e então compare essa estimativa com a composição dada na legenda da Figura 10.34. Faça as seguintes hipóteses: (1) A fração da área de cada fase e microconstituinte na fotomicrografia é igual à sua fração volumétrica; (2) as densidades da ferrita proeutetoide e da perlita são de 7,87 e 7,84 g/cm³, respectivamente; e (3) essa fotomicrografia representa a microestrutura em equilíbrio a 725 °C.

10.67 Com base na fotomicrografia (isto é, as quantidades relativas dos microconstituintes) para a liga ferro–carbono mostrada na Figura 10.37 e no diagrama de fases Fe–Fe₃C (Figura 10.28), estime a composição da liga e então compare essa estimativa com a composição dada na legenda da Figura 10.37. Faça as seguintes hipóteses: (1) A fração da área de cada fase e microconstituinte na fotomicrografia é igual à sua fração volumétrica; (2) as densidades da cementita proeutetoide e da perlita são de 7,64 e 7,84 g/cm³, respectivamente; e (3) essa fotomicrografia representa a microestrutura em equilíbrio a 725 °C.

10.68 Calcule as frações mássicas de ferrita proeutetoide e de perlita que se formam em uma liga ferro–carbono que contém 0,35 %p C.

10.69 Para uma série de ligas Fe–Fe₃C com composição variando entre 0,022 %p C e 0,76 %p C que foram resfriadas lentamente desde 1000 °C, trace o seguinte:

(a) Frações mássicas de ferrita proeutetoide e de perlita em função da concentração de carbono a 725 °C.

(b) Frações mássicas de ferrita e de cementita em função da concentração de carbono a 725 °C.

10.70 A microestrutura de uma liga ferro–carbono consiste em ferrita proeutetoide e perlita; as frações mássicas desses dois microconstituintes são de 0,174 e 0,826, respectivamente. Determine a concentração de carbono nessa liga.

10.71 As frações mássicas de ferrita total e de cementita total em uma liga ferro–carbono são de 0,91 e 0,09, respectivamente. Essa é uma liga hipoeutetoide ou hipereutetoide? Por quê?

10.72 A microestrutura de uma liga ferro–carbono consiste em cementita proeutetoide e perlita; as frações mássicas desses microconstituintes são de 0,11 e 0,89, respectivamente. Determine a concentração de carbono nessa liga.

10.73 Considere 1,5 kg de uma liga contendo 99,7 %p Fe–0,3 %p C resfriada até uma temperatura imediatamente abaixo da eutetoide.

(a) Quantos quilogramas de ferrita proeutetoide se formam?

(b) Quantos quilogramas de ferrita eutetoide se formam?

(c) Quantos quilogramas de cementita se formam?

10.74 Calcule a fração mássica máxima de cementita proeutetoide que é possível em uma liga ferro–carbono hipereutetoide.

10.75 É possível a existência de uma liga ferro–carbono para a qual as frações mássicas de cementita total e ferrita proeutetoide sejam de 0,057 e 0,36, respectivamente? Por que sim, ou por que não?

10.76 É possível a existência de uma liga ferro–carbono para a qual as frações mássicas de ferrita total e de perlita sejam de 0,860 e 0,969, respectivamente? Por que sim, ou por que não?

10.77 Calcule a fração mássica de cementita eutetoide em uma liga ferro–carbono que contém 1,00 %p C.

10.78 Calcule a fração mássica de cementita eutetoide em uma liga ferro–carbono que contém 0,87 %p C.

10.79 A fração mássica de cementita *eutetoide* em uma liga ferro–carbono é de 0,109. Com base nessa informação, é possível determinar a composição da liga? Se for possível, qual é a composição da liga? Caso isso não seja possível, explique a razão.

10.80 A fração mássica de ferrita *eutetoide* em uma liga ferro–carbono é de 0,71. Com base nessa informação, é possível determinar a composição da liga? Se for possível, qual é a composição da liga? Caso isso não seja possível, explique a razão.

10.81 Para uma liga ferro–carbono com composição de 3 %p C–97 %p Fe, trace esboços esquemáticos para as microestruturas que seriam observadas para condições de resfriamento muito lento às seguintes temperaturas: 1250 °C (2280 °F), 1145 °C (2095 °F), e 700 °C (1290 °F). Identifique as fases e indique as suas composições (aproximadas).

10.82 Com frequência, as propriedades de ligas multifásicas podem ser aproximadas pela relação

$$E(\text{liga}) = E_\alpha V_\alpha + E_\beta V_\beta \qquad (10.24)$$

em que E representa uma propriedade específica (módulo de elasticidade, dureza etc.) e V é a fração volumétrica. Os índices subscritos α e β representam as fases ou os microconstituintes existentes. Empregue essa relação para determinar a dureza Brinell aproximada de uma liga com 99,75 %p Fe–0,25 %p C. Considere durezas Brinell de 80 e 280 para a ferrita e a perlita, respectivamente, e que as frações volumétricas podem ser aproximadas pelas frações mássicas.

A Influência de Outros Elementos de Liga

10.83 Uma liga de aço contém 95,7 %p Fe, 4,0 %p W, e 0,3 %p C.

(a) Qual é a temperatura eutetoide dessa liga?

(b) Qual é a composição eutetoide?

(c) Qual é a fase proeutetoide?

Considere que não existem alterações nas posições das outras fronteiras entre fases devido à adição do W.

10.84 Sabe-se que uma liga de aço contém 93,65 %p Fe, 6,0 %p Mn, e 0,35 %p C.

(a) Qual é a temperatura eutetoide aproximada dessa liga?

(b) Qual é a fase proeutetoide quando essa liga é resfriada até uma temperatura imediatamente abaixo da eutetoide?

(c) Calcule as quantidades relativas da fase proeutetoide e de perlita. Considere que não existem alterações nas posições das outras fronteiras entre fases com a adição do Mn.

PERGUNTAS E PROBLEMAS SOBRE FUNDAMENTOS DA ENGENHARIA

10.1FE Uma vez que um sistema esteja em estado de equilíbrio, uma mudança no equilíbrio pode resultar de uma alteração em qual, entre os seguintes?

(A) Pressão

(B) Composição

(C) Temperatura

(D) Todos os itens acima

10.2FE Um diagrama de fases binário composição-temperatura para um sistema isomorfo é composto por regiões que contêm quais, entre as seguintes fases e/ou combinações de fases?

(A) Líquida

(B) Líquida + α

(C) α

(D) α, líquida, e líquida + α

10.3FE A partir do diagrama de fases chumbo–estanho (Figura 10.8), quais, entre as seguintes fases/combinações de fases, estão presentes para uma liga com composição de 46 %p Sn-54 %p Pb que está em equilíbrio a 44 °C?

(A) α

(B) $\alpha + \beta$

(C) β + líquida

(D) $\alpha + \beta$ + líquida

10.4FE Para uma liga chumbo–estanho com composição de 25 %p Sn-75 %p Pb, selecione, a partir da seguinte lista, a(s) fase(s) presente(s) e sua(s) composição(ões) a 200 °C. (O diagrama de fases Pb-Sn aparece na Figura 10.8.)

(A) $\alpha = 17$ %p Sn–83 %p Pb; $L = 55,7$ %p Sn–44,3 %p Pb

(B) $\alpha = 25$ %p Sn–75 %p Pb; $L = 25$ %p Sn–75 %p Pb

(C) $\alpha = 17$ %p Sn–83 %p Pb; $\beta = 55,7$ %p Sn–44,3 %p Pb

(D) $\alpha = 18,3$ %p Sn–81,7 %p Pb; $\beta = 97,8$ %p Sn–2,2 %p Pb

Dois diagramas de fases pressão-temperatura são mostrados: para H_2O (acima) e CO_2 (abaixo). Ocorrem transformações de fases quando são cruzadas as fronteiras entre as fases (as curvas) nesses gráficos, em consequência de variação na temperatura e/ou pressão. Por exemplo, o gelo derrete (se transforma em água) quando aquecido, o que corresponde a cruzar a fronteira entre fases sólido-líquido, como representado pela seta no diagrama de fases para a H_2O. De maneira semelhante, ao cruzar a fronteira entre fases sólido-gás do diagrama de fases do CO_2, o gelo-seco (CO_2 sólido) sublima (se transforma em CO_2 gasoso). Novamente, uma seta delineia essa transformação de fases.

O desenvolvimento de um conjunto de características mecânicas desejáveis para um material resulta, com frequência, de uma transformação de fases, a qual é obtida por tratamento térmico. As dependências de algumas transformações de fases em relação ao tempo e à temperatura são representadas de maneira conveniente em diagramas de fases modificados. É importante saber como usar esses diagramas para projetar um tratamento térmico para determinada liga que produza as propriedades mecânicas desejadas à temperatura ambiente. Por exemplo, o limite de resistência à tração de uma liga ferro-carbono com composição eutetoide (0,76 %p C) pode ser variado entre aproximadamente 700 MPa (100.000 psi) e 2000 MPa (300.000 psi), dependendo do tratamento térmico empregado.

Objetivos do Aprendizado

Após estudar este capítulo, você deverá ser capaz de realizar o seguinte:

1. Construir um diagrama esquemático que mostre a fração transformada em função do logaritmo do tempo para uma transformação do tipo sólido-sólido típica; citar a equação que descreve esse comportamento.
2. Descrever sucintamente a microestrutura para cada um dos seguintes microconstituintes encontrados nos aços: perlita fina, perlita grosseira, cementita globulizada, bainita, martensita e martensita revenida.
3. Citar as características mecânicas gerais para cada um dos seguintes microconstituintes: perlita fina, perlita grosseira, cementita globulizada, bainita, martensita e martensita revenida; explicar sucintamente esses comportamentos em termos da microestrutura (ou estrutura cristalina).
4. Dado o diagrama de transformações isotérmicas (ou de transformação por resfriamento contínuo) para determinada liga ferro-carbono, projetar um tratamento térmico que produzirá uma microestrutura específica.
5. Usando um diagrama de fases, descrever e explicar os dois tratamentos térmicos usados para endurecer uma liga metálica por precipitação.
6. Construir um gráfico esquemático para a resistência (ou a dureza) à temperatura ambiente em função do logaritmo do tempo para um processo de tratamento térmico de precipitação a uma temperatura constante. Explicar a forma dessa curva em termos do mecanismo do endurecimento por precipitação.
7. Traçar esquematicamente o volume específico em função da temperatura para materiais cristalinos, semicristalinos e amorfos, observando as temperaturas de transição vítrea e de fusão.
8. Listar quatro características ou componentes estruturais de um polímero que afetam tanto sua temperatura de fusão quanto sua temperatura de transição vítrea.

11.1 INTRODUÇÃO

As propriedades mecânicas, como também outras propriedades, de muitos materiais dependem de suas microestruturas, as quais, com frequência, são produzidas como resultado de transformações de fases. Na primeira parte deste capítulo vamos discutir os princípios básicos das transformações de fases. Em seguida, abordamos o papel que essas transformações representam no desenvolvimento da microestrutura para ligas ferro-carbono, assim como de outras ligas, e como as propriedades mecânicas são afetadas por essas mudanças microestruturais. Finalmente, tratamos das transformações por cristalização, fusão e transição vítrea nos polímeros.

Transformações de Fases nos Metais

Uma razão para a versatilidade dos materiais metálicos está no fato de que suas propriedades mecânicas (resistência, dureza, ductilidade etc.) estão sujeitas a controle e variação em uma ampla faixa. Três mecanismos para o aumento da resistência foram discutidos no Capítulo 8 – o refino do tamanho do grão, o aumento da resistência por solução sólida e o encruamento. Existem outras técnicas em que o comportamento mecânico de uma liga metálica é influenciado por sua microestrutura.

O desenvolvimento da microestrutura tanto em ligas monofásicas quanto bifásicas envolve normalmente algum tipo de transformação de fases – uma mudança no número e/ou na natureza das fases. A primeira parte deste capítulo é dedicada a uma breve discussão de alguns dos princípios

taxa de
transformação

básicos relacionados com as transformações que envolvem fases sólidas. Uma vez que a maioria das transformações de fases não ocorre instantaneamente, são feitas considerações quanto à dependência do progresso da reação em relação ao tempo, ou à **taxa de transformação**. Essa discussão é seguida por uma abordagem do desenvolvimento de microestruturas bifásicas em ligas ferro-carbono. São introduzidos diagramas de fases modificados que permitem a determinação da microestrutura resultante de um tratamento térmico específico. Finalmente, são apresentados outros microconstituintes além da perlita e, para cada um deles, são discutidas as propriedades mecânicas.

11.2 CONCEITOS BÁSICOS

transformação de fases

Uma variedade de **transformações de fases** é importante no processamento dos materiais e, geralmente, elas envolvem alguma mudança na microestrutura. Para os objetivos desta discussão, essas transformações são divididas em três classificações. Em um grupo estão as transformações simples que dependem de difusão, em que não há nenhuma mudança tanto no número quanto na composição das fases presentes. Essas transformações incluem a solidificação de um metal puro, as transformações alotrópicas, a recristalização e o crescimento de grão (veja as Seções 8.13 e 8.14).

Em outro tipo de transformação dependente da difusão, existe mudança nas composições das fases e, com frequência, também no número de fases presentes; geralmente, a microestrutura final consiste em duas fases. A reação eutetoide, descrita pela Equação 10.19, é desse tipo e receberá atenção especial na Seção 11.5.

O terceiro tipo de transformação ocorre sem difusão, com a formação de uma fase metaestável. Como discutido na Seção 11.5, uma transformação martensítica, que pode ser induzida em alguns aços, se enquadra nessa categoria.

11.3 CINÉTICA DAS TRANSFORMAÇÕES DE FASES

Nas transformações de fases, em geral pelo menos uma nova fase é formada, a qual apresenta características físicas/químicas diferentes e/ou uma estrutura diferente daquela da fase que a originou. Além disso, a maioria das transformações de fases não ocorre instantaneamente. Ao contrário, elas começam pela formação de inúmeras pequenas partículas da(s) nova(s) fase(s), que aumentam em tamanho até que a transformação tenha sido concluída. O progresso de uma transformação de fases pode ser dividido em dois estágios distintos: **nucleação e crescimento**. A nucleação envolve o surgimento de partículas, ou núcleos, muito pequenos da nova fase (essas partículas consistem, com frequência, em apenas algumas poucas centenas de átomos), as quais são capazes de crescer. Durante o estágio de crescimento, esses núcleos aumentam em tamanho, o que resulta no desaparecimento de parte (ou da totalidade) da fase original. A transformação chegará ao seu final, caso seja permitido o prosseguimento do crescimento dessas partículas da nova fase até ser atingida a fração de equilíbrio. Vamos agora discutir a mecânica desses dois processos e como eles se relacionam com as transformações no estado sólido.

nucleação
crescimento

Nucleação

Existem dois tipos de nucleação: nucleação *homogênea* e nucleação *heterogênea*. A distinção entre elas é feita de acordo com o sítio onde ocorrem os eventos de nucleação. Na nucleação homogênea, os núcleos da nova fase formam-se de maneira uniforme por toda a fase original, enquanto para o tipo heterogêneo os núcleos formam-se preferencialmente em heterogeneidades estruturais, tais como nas superfícies de recipientes, em impurezas insolúveis, nos contornos dos grãos, nas discordâncias, e assim por diante. Começamos pela discussão da nucleação homogênea, pois sua descrição e teoria são mais simples de serem tratadas. Esses princípios são então extrapolados para uma discussão da nucleação heterogênea.

Nucleação Homogênea

energia livre

Uma discussão da teoria da nucleação envolve um parâmetro termodinâmico chamado **energia livre** (ou *energia livre de Gibbs*), G. Sucintamente, a energia livre é uma função de outros parâmetros termodinâmicos, entre os quais um é a energia interna do sistema (isto é, a *entalpia*, H) e outro é uma medida da aleatoriedade ou da desordem dos átomos ou moléculas (isto é, a *entropia*, S). Aqui, nosso objetivo não é fornecer uma discussão detalhada dos princípios da termodinâmica na medida em que eles se aplicam aos sistemas de materiais. Entretanto, em relação às transformações de fases, um importante parâmetro termodinâmico é a variação na energia livre, ΔG; uma transformação ocorrerá espontaneamente somente quando ΔG exibir um valor negativo.

Para fins de simplificação, vamos primeiro considerar a solidificação de um material puro, admitindo que os núcleos da fase sólida se formam no interior do líquido, conforme os átomos se aglomeram para formar um arranjo atômico semelhante àquele encontrado na fase sólida. Além disso, será considerado que cada núcleo é esférico e tem um raio r. Essa situação está representada esquematicamente na Figura 11.1.

Há duas contribuições para a variação na energia livre total que acompanha uma transformação por solidificação. A primeira é a diferença na energia livre entre as fases sólida e líquida, ou a energia livre de volume, ΔG_v. Seu valor será negativo se a temperatura estiver abaixo da temperatura de solidificação de equilíbrio, e a magnitude de sua contribuição é o produto de ΔG_v e o volume do núcleo esférico (isto é, $4/3\pi r^3$). A segunda contribuição de energia resulta da formação da fronteira entre fases sólido-líquido durante a transformação de solidificação. Uma energia livre de superfície, γ, que é positiva, está associada a essa fronteira entre fases; além disso, a magnitude dessa contribuição é o produto de γ e a área superficial do núcleo (isto é, $4\pi r^2$). Finalmente, a variação total na energia livre é igual à soma dessas duas contribuições:

$$\Delta G = \tfrac{4}{3}\pi r^3 \Delta G_v + 4\pi r^2 \gamma \tag{11.1}$$

Essas contribuições das energias livres de volume, de superfície e total estão traçadas esquematicamente em função do raio do núcleo nas Figuras 11.2a e 11.2b. A Figura 11.2a mostra que, para a curva que corresponde ao primeiro termo no lado direito da Equação 11.1, a energia livre (que é negativa) diminui proporcionalmente à terceira potência de r. Além disso, para a curva resultante do segundo termo na Equação 11.1, os valores de energia são positivos e aumentam com o quadrado do raio. Em consequência, a curva associada à soma de ambos os termos (Figura 11.2b) primeiro aumenta, passa por um valor máximo, e finalmente diminui. Em um sentido físico, isso significa que, quando uma partícula sólida começa a se formar como um aglomerado de átomos na fase líquida, sua energia livre primeiro aumenta. Se esse aglomerado atinge um tamanho correspondente ao do raio crítico r^*, então o crescimento continuará acompanhado de uma diminuição na energia livre. Contudo, um aglomerado com raio menor do que o crítico encolherá e se redissolverá. Essa partícula subcrítica é um *embrião*, enquanto a partícula com raio maior do que r^* é denominada *núcleo*. Uma energia livre crítica, ΔG^*, ocorre no raio crítico e, consequentemente, no ponto máximo da curva na Figura 11.2b. Esse valor de ΔG^* corresponde a uma *energia livre de ativação*, que é a energia livre necessária para a formação de um núcleo estável. De maneira equivalente, ela pode ser considerada uma barreira de energia para o processo de nucleação.

Uma vez que r^* e ΔG^* ocorrem no ponto máximo da curva da energia livre em função do raio na Figura 11.2b, a dedução de expressões para esses dois parâmetros é uma questão simples. Para r^*, diferenciamos a equação para ΔG (Equação 11.1) em relação a r, igualamos a expressão resultante a zero, e então resolvemos para r ($= r^*$). Isto é,

$$\frac{d(\Delta G)}{dr} = \tfrac{4}{3}\pi\Delta G_v(3r^2) + 4\pi\gamma(2r) = 0 \tag{11.2}$$

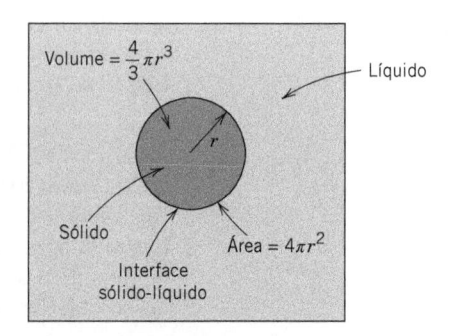

Figura 11.1 Diagrama esquemático mostrando a nucleação de uma partícula sólida esférica em um líquido.

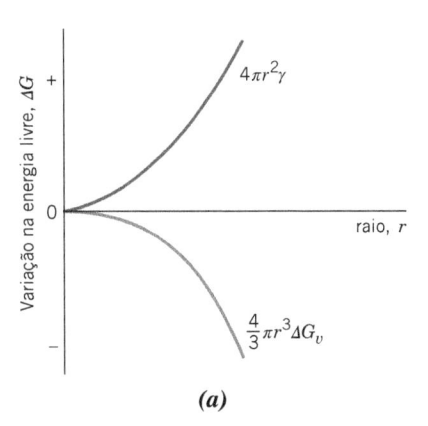 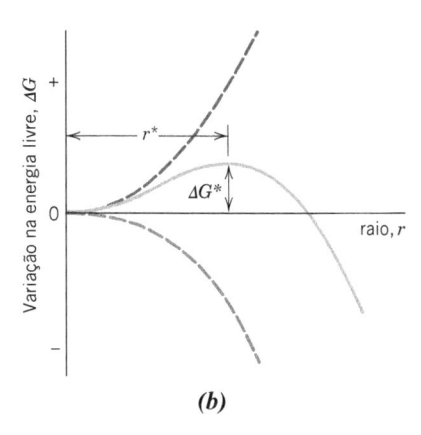

Figura 11.2 (*a*) Curvas esquemáticas para as contribuições da energia livre de volume e da energia livre de superfície para a variação total na energia livre associada à formação de um embrião/núcleo esférico durante a solidificação. (*b*) Gráfico esquemático da energia livre em função do raio do embrião/núcleo, onde são mostrados a variação na energia livre crítica (ΔG^*) e o raio crítico do núcleo (r^*).

o que leva ao resultado

Raio crítico de um núcleo de uma partícula sólida estável para uma nucleação homogênea,

$$r^* = -\frac{2\gamma}{\Delta G_v} \qquad (11.3)$$

Agora, a substituição dessa expressão para r^* na Equação 11.1 fornece a seguinte expressão para ΔG^*:

Energia livre de ativação necessária para a formação de um núcleo estável para uma nucleação homogênea

$$\Delta G^* = \frac{16\pi\gamma^3}{3(\Delta G_v)^2} \qquad (11.4)$$

Essa variação na energia livre de volume ΔG_v é a força motriz para a transformação de solidificação, e sua magnitude é uma função da temperatura. Na temperatura de solidificação em condições de equilíbrio T_f, o valor de ΔG_v é igual a zero, e com a diminuição da temperatura seu valor se torna cada vez mais negativo.

Pode ser demonstrado que ΔG_v é uma função da temperatura de acordo com a relação

$$\Delta G_v = \frac{\Delta H_f(T_f - T)}{T_f} \qquad (11.5)$$

em que ΔH_f é o calor latente de fusão (isto é, o calor liberado durante a solidificação), e T_f e a temperatura T estão em Kelvin. A substituição dessa expressão para ΔG_v nas Equações 11.3 e 11.4 fornece

Dependência do raio crítico em relação à energia livre de superfície, ao calor latente de fusão, à temperatura de fusão e à temperatura de transformação

$$r^* = \left(-\frac{2\gamma T_m}{\Delta H_f}\right)\left(\frac{1}{T_m - T}\right) \qquad (11.6)$$

e

Expressão para a energia livre de ativação

$$\Delta G^* = \left(\frac{16\pi\gamma^3 T_m^2}{3\Delta H_f^2}\right)\frac{1}{(T_m - T)^2} \qquad (11.7)$$

Dessa forma, a partir dessas duas equações, tanto o raio crítico r^* quanto a energia livre de ativação ΔG^* diminuem, à medida que a temperatura T é reduzida. (Os parâmetros γ e ΔH_f nessas expressões são relativamente insensíveis a variações na temperatura.) A Figura 11.3, um gráfico esquemático de ΔG em função de r que mostra as curvas para duas temperaturas diferentes, ilustra essas relações. Fisicamente, isso significa que, com um abaixamento da temperatura para valores abaixo da temperatura de solidificação de equilíbrio (T_f), a nucleação ocorre de maneira mais imediata.

Figura 11.3 Curvas esquemáticas da energia livre em função do raio do embrião/núcleo para duas temperaturas diferentes. A variação na energia livre crítica (ΔG^*) e o raio crítico do núcleo (r^*) estão indicados para cada temperatura.

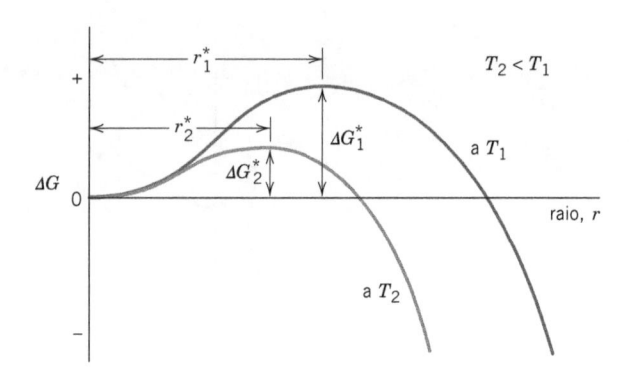

Além disso, o número de núcleos estáveis n^* (aqueles com raios maiores que r^*) é uma função da temperatura de acordo com

$$n^* = K_1 \exp\left(-\frac{\Delta G^*}{kT}\right) \tag{11.8}$$

em que a constante K_1 está relacionada com o número total de núcleos da fase sólida. Para o termo exponencial dessa expressão, as variações na temperatura apresentam um efeito maior sobre a magnitude do termo ΔG^* no numerador do que o termo T no denominador. Consequentemente, à medida que a temperatura é reduzida abaixo de T_f, o termo exponencial na Equação 11.8 também diminui, tal que a magnitude de n^* aumenta. Essa dependência em relação à temperatura (n^* em função de T) está representada no gráfico esquemático na Figura 11.4a.

Outra etapa importante, dependente da temperatura, está envolvida e também influencia a nucleação: a aglomeração dos átomos pela difusão de curta distância durante a formação dos núcleos. A influência da temperatura sobre a taxa de difusão (isto é, a magnitude do coeficiente de difusão, D) é dada na Equação 6.8. Além disso, esse efeito da difusão está relacionado com a frequência na qual os átomos do líquido se fixam ao núcleo sólido, v_d. A dependência de v_d em relação à temperatura é a mesma que para o coeficiente de difusão, qual seja:

$$v_d = K_2 \exp\left(-\frac{Q_d}{kT}\right) \tag{11.9}$$

em que Q_d é um parâmetro independente da temperatura – a energia de ativação para a difusão – e K_2 é uma constante independente da temperatura. Dessa forma, a partir da Equação 11.9, uma diminuição na temperatura resulta em redução no valor de v_d. Esse efeito, representado pela curva que está mostrada na Figura 11.4b, é simplesmente o inverso daquele observado para n^*, como discutido anteriormente.

Os princípios e os conceitos que acabaram de ser desenvolvidos são agora estendidos à discussão de outro importante parâmetro para a nucleação, a taxa de nucleação $\dot{N}$ (que tem unidades de

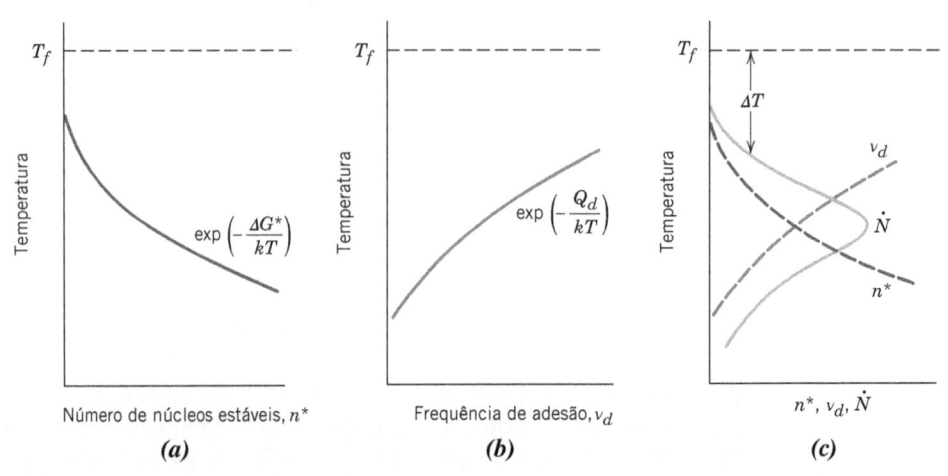

Figura 11.4 Para a solidificação, gráficos esquemáticos para (a) o número de núcleos estáveis em função da temperatura, (b) a frequência de adesão atômica em função da temperatura e (c) a taxa de nucleação em função da temperatura (as curvas tracejadas são reproduzidas das partes a e b).

núcleos por unidade de volume por segundo). Essa taxa é simplesmente proporcional ao produto de n^* (Equação 11.8) e v_d (Equação 11.9) – isto é,

Expressão para a taxa de nucleação na nucleação homogênea

$$\dot{N} = K_3 n^* v_d = K_1 K_2 K_3 \left[\exp\left(-\frac{\Delta G^*}{kT} \right) \exp\left(-\frac{Q_d}{kT} \right) \right] \qquad (11.10)$$

Aqui, K_3 é o número de átomos na superfície de um núcleo. A Figura 11.4c traça esquematicamente a taxa de nucleação como uma função da temperatura e, além disso, as curvas das Figuras 11.4a e 11.4b a partir das quais a curva para $\dot{N}$ é derivada. A Figura 11.4c mostra que, com a redução na temperatura para abaixo de T_f, a taxa de nucleação primeiro aumenta, atinge um valor máximo e, a seguir, diminui.

A forma dessa curva para $\dot{N}$ é explicada da seguinte maneira: na região superior da curva (um aumento repentino e drástico no valor de $\dot{N}$ com a diminuição de T), ΔG^* é maior que Q_d; isso significa que o termo $\exp(-\Delta G^*/kT)$ na Equação 11.10 é muito menor que $\exp(-Q_d/kT)$. Em outras palavras, a taxa de nucleação é suprimida em temperaturas elevadas devido a uma pequena força motriz de ativação. Com a continuação da redução da temperatura, chega um ponto em que ΔG^* torna-se menor que o parâmetro independente da temperatura Q_d, com o resultado de que $\exp(-Q_d/kT) < \exp(-\Delta G^*/kT)$, ou que, em temperaturas mais baixas, uma baixa mobilidade atômica suprime a taxa de nucleação. Isso é responsável pelo formato do segmento inferior da curva (uma drástica diminuição em $\dot{N}$ com a continuação da redução na temperatura). Além disso, a curva para $\dot{N}$ na Figura 11.4c passa necessariamente por um máximo ao longo da faixa de temperaturas intermediárias, em que os valores de ΔG^* e Q_d apresentam aproximadamente a mesma magnitude.

Vários comentários esclarecedores são apropriados em relação à discussão anterior. Em primeiro lugar, embora tenhamos admitido uma forma esférica para os núcleos, esse método pode ser aplicado a qualquer forma, com a obtenção do mesmo resultado final. Também, esse tratamento pode ser utilizado para outros tipos de transformação além da solidificação (isto é, líquido-sólido) – por exemplo, sólido-vapor e sólido-sólido. Contudo, as magnitudes de ΔG_v e γ, além das taxas de difusão dos componentes atômicos, sem dúvida diferem entre os vários tipos de transformação. Além disso, nas transformações sólido-sólido, poderá haver mudanças de volume associadas à formação de novas fases. Essas mudanças podem levar à introdução de deformações microscópicas, que devem ser levadas em consideração na expressão para ΔG da Equação 11.1, e, consequentemente, afetarão as magnitudes de r^* e ΔG^*.

A partir da Figura 11.4c, fica evidente que, durante o resfriamento de um líquido, uma taxa de nucleação apreciável (isto é, solidificação) só começará depois que a temperatura tiver sido reduzida até abaixo da temperatura de solidificação (ou de fusão) de equilíbrio (T_f). Esse fenômeno é denominado *super-resfriamento* (ou *sub-resfriamento*) e o grau de super-resfriamento para a nucleação homogênea pode ser significativo (da ordem de várias centenas de graus Kelvin) para alguns sistemas. A Tabela 11.1 mostra, para vários materiais, os graus típicos de super-resfriamento para nucleação homogênea.

Tabela 11.1 Grau de Super-Resfriamento (ΔT) (em Nucleação Homogênea) para Vários Metais

Metal	ΔT (°C)
Antimônio	135
Germânio	227
Prata	227
Ouro	230
Cobre	236
Ferro	295
Níquel	319
Cobalto	330
Paládio	332

Fonte: D. Turnbull and R. E. Cech, "Microscopic Observation of the Solidification of Small Metal Droplets", *J. Appl. Phys.*, **21**, 808 (1950).

PROBLEMA-EXEMPLO 11.1

Cálculo do Raio do Núcleo Crítico e da Energia Livre de Ativação

(a) Para a solidificação do ouro puro, calcule o raio crítico r^* e a energia livre de ativação ΔG^* se a nucleação é homogênea. Os valores para o calor latente de fusão e para a energia livre de superfície são de $-1,16 \times 10^9$ J/m^3 e $0,132$ J/m^2, respectivamente. Use o valor de super-resfriamento da Tabela 11.1.

(b) Então, calcule o número de átomos encontrados em um núcleo com o tamanho crítico. Considere um parâmetro de rede de 0,413 nm para o ouro sólido em sua temperatura de fusão.

Solução

(a) Para calcular o raio crítico, empregamos a Equação 11.6, considerando a temperatura de fusão de 1064 °C para o ouro, supondo o valor de super-resfriamento como de 230 °C (Tabela 11.1) e observando que o valor de ΔH_f é negativo. Dessa forma,

$$r^* = \left(-\frac{2\gamma T_f}{\Delta H_f}\right)\left(\frac{1}{T_f - T}\right)$$

$$= \left[-\frac{(2)(0,132 \text{ J/m}^2)(1064 + 273 \text{ K})}{-1,16 \times 10^9 \text{ J/m}^3}\right]\left(\frac{1}{230 \text{ K}}\right)$$

$$= 1,32 \times 10^{-9} \text{ m} = 1,32 \text{ nm}$$

Para o cálculo da energia livre de ativação, é empregada a Equação 11.7. Assim,

$$\Delta G^* = \left(\frac{16\pi\gamma^3 T_f^2}{3\Delta H_f^2}\right)\frac{1}{(T_f - T)^2}$$

$$= \left[\frac{(16)(\pi)(0,132 \text{ J/m}^2)^3(1064 + 273 \text{ K})^2}{(3)(-1,16 \times 10^9 \text{ J/m}^3)^2}\right]\left[\frac{1}{(230 \text{ K})^2}\right]$$

$$= 9,64 \times 10^{-19} \text{ J}$$

(b) Para calcular o número de átomos em um núcleo com o tamanho crítico (considerando um núcleo esférico com raio r^*), em primeiro lugar é necessário determinar o número de células unitárias, o qual então multiplicamos pelo número de átomos por célula unitária. O número de células unitárias encontradas nesse núcleo crítico é simplesmente a razão entre o volume do núcleo crítico e o volume da célula unitária. Uma vez que o ouro tem estrutura cristalina CFC (e célula unitária cúbica), o volume de sua célula unitária é simplesmente a^3, em que a é o parâmetro de rede (isto é, o comprimento da aresta da célula unitária); seu valor é de 0,413 nm, como citado no enunciado do problema. Portanto, o número de células unitárias encontradas em um raio com o tamanho crítico é simplesmente

$$\text{n}^\circ \text{ de células unitárias/partícula} = \frac{\text{volume do núcleo crítico}}{\text{volume da célula unitária}} = \frac{\frac{4}{3}\pi r^{*3}}{a^3} \tag{11.11}$$

$$= \frac{\left(\frac{4}{3}\right)(\pi)(1,32 \text{ nm})^3}{(0,413 \text{ nm})^3} = 137 \text{ células unitárias}$$

Uma vez que existem quatro átomos por célula unitária CFC (Seção 3.4), o número total de átomos por núcleo crítico é simplesmente

$$(137 \text{ células unitárias/núcleo crítico})(4 \text{ átomos/célula unitária}) = 548 \text{ átomos/núcleo crítico}$$

Nucleação Heterogênea

Embora os níveis de super-resfriamento para a nucleação homogênea possam ser significativos (ocasionalmente de várias centenas de graus Celsius), em situações práticas eles são, com frequência, da ordem de apenas alguns graus Celsius. A razão para isso é que a energia de ativação (isto é, a barreira energética) para a nucleação (ΔG^* na Equação 11.4) é diminuída quando os núcleos se formam sobre superfícies ou interfaces preexistentes, uma vez que a energia livre de superfície (γ

na Equação 11.4) é reduzida. Em outras palavras, é mais fácil a nucleação ocorrer em superfícies e interfaces do que em outros locais. Novamente esse tipo de nucleação se chama *heterogênea*.

Para compreender esse fenômeno, vamos considerar a nucleação de uma partícula sólida a partir de uma fase líquida sobre uma superfície plana. Admite-se que tanto a fase líquida quanto a fase sólida "molham" essa superfície plana – isto é, ambas as fases se espalham e cobrem a superfície; essa configuração está representada esquematicamente na Figura 11.5. Também estão destacadas na figura as três energias interfaciais (representadas como vetores) existentes nas fronteiras entre duas fases – γ_{SL}, γ_{SI} e γ_{IL} – assim como o ângulo de contato θ (o ângulo entre os vetores γ_{SI} e γ_{SL}). Fazendo um equilíbrio de forças das tensões superficiais no plano da superfície plana, é obtida a seguinte expressão:

Relação entre as energias interfaciais sólido-superfície, sólido-líquido e líquido-superfície e o ângulo de contato para a nucleação heterogênea de uma partícula sólida

Raio crítico de um núcleo de uma partícula sólida estável, para uma nucleação heterogênea

Energia livre de ativação necessária para a formação de um núcleo estável para uma nucleação heterogênea

$$\gamma_{IL} = \gamma_{SI} + \gamma_{SL} \cos \theta \tag{11.12}$$

Agora, empregando um procedimento um tanto trabalhoso, semelhante ao que foi apresentado para a nucleação homogênea (o qual optamos por omitir), é possível derivar equações para r^* e ΔG^*; essas são as seguintes:

$$r^* = -\frac{2\gamma_{SL}}{\Delta G_v} \tag{11.13}$$

$$\Delta G^* = \left(\frac{16\pi\gamma_{SL}^3}{3\Delta G_v^2}\right)S(\theta) \tag{11.14}$$

O termo $S(\theta)$ dessa última equação é uma função apenas de θ (isto é, da forma do núcleo) e tem um valor numérico entre zero e a unidade.[1]

A partir da Equação 11.13, é importante observar que o raio crítico r^* para a nucleação heterogênea é o mesmo que para a nucleação homogênea, uma vez que γ_{SL} é a mesma energia de superfície que γ na Equação 11.3. Também é evidente que a barreira da energia de ativação para a nucleação heterogênea (Equação 11.14) é menor do que a barreira para a nucleação homogênea (Equação 11.4) por uma quantidade que corresponde ao valor dessa função $S(\theta)$, ou

$$\Delta G^*_{het} = \Delta G^*_{hom} S(\theta) \tag{11.15}$$

A Figura 11.6, um gráfico esquemático de ΔG em função do raio do núcleo, mostra curvas para ambos os tipos de nucleação e indica a diferença nas magnitudes de ΔG^*_{het} e ΔG^*_{hom}, além da constância do valor de r^*. Esse menor valor de ΔG^* para a nucleação heterogênea significa que uma energia menor deve ser superada durante o processo de nucleação (em relação à nucleação homogênea), e, portanto, a nucleação heterogênea ocorre mais prontamente (Equação 11.10). Em termos da taxa de nucleação, na nucleação heterogênea, a curva de $\dot{N}$ em função de T (Figura 11.4c) é deslocada para temperaturas mais elevadas. Esse efeito está representado na Figura 11.7, que também mostra que para a nucleação heterogênea é necessário um grau de super-resfriamento (ΔT) muito menor.

Figura 11.5 Nucleação heterogênea de um sólido a partir de um líquido. As energias interfaciais sólido-superfície (γ_{SI}), sólido-líquido (γ_{SL}), e líquido-superfície (γ_{IL}) estão representadas por vetores. O ângulo de contato (θ) também está mostrado.

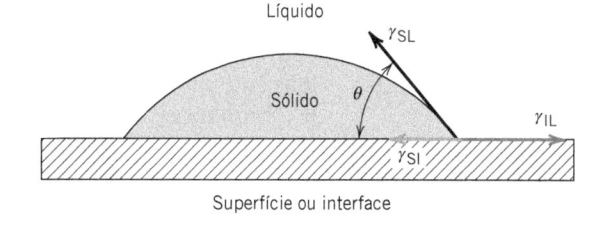

---

[1] Por exemplo, para ângulos θ de 30° e 90°, os valores de $S(\theta)$ são aproximadamente 0,01 e 0,5, respectivamente.

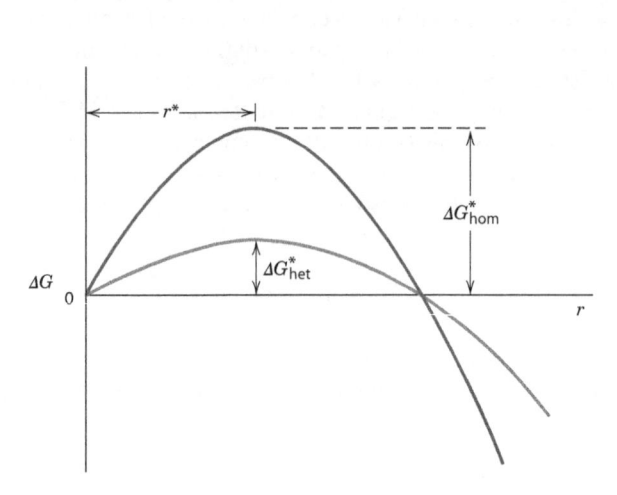

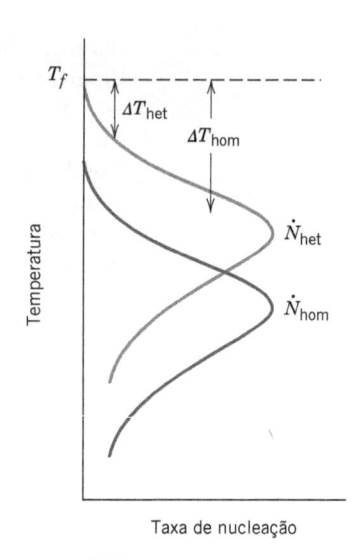

Figura 11.6 Curvas esquemáticas para a energia livre em função do raio do embrião/núcleo, onde são apresentadas as curvas tanto para a nucleação homogênea quanto para a nucleação heterogênea. As energias livres críticas e o raio crítico também estão mostrados.

Figura 11.7 Taxa de nucleação em função da temperatura para a nucleação homogênea e para a nucleação heterogênea. Os graus de super-resfriamento (ΔT) para cada curva também estão mostrados.

Crescimento

A etapa de crescimento em uma transformação de fases começa quando um embrião tenha excedido o seu tamanho crítico, r^*, e tenha se tornado um núcleo estável. Observe que a nucleação continuará ocorrendo simultaneamente ao crescimento das partículas da nova fase; obviamente, a nucleação não pode ocorrer em regiões que já tenham se transformado na nova fase. Além disso, o processo de crescimento cessará em qualquer região em que partículas da nova fase se encontrem, uma vez que nesse ponto a transformação terá terminado.

O crescimento das partículas ocorre por difusão atômica de larga distância, o que envolve normalmente várias etapas – por exemplo, a difusão ao longo da fase original, através de uma fronteira entre fases e, então, para dentro do núcleo. Consequentemente, a taxa de crescimento $\dot{G}$ é determinada pela taxa de difusão, e sua dependência em relação à temperatura é a mesma que para o coeficiente de difusão (Equação 6.8), qual seja:

Dependência da taxa de crescimento das partículas em relação à energia de ativação para a difusão e à temperatura

$$\dot{G} = C \exp\left(-\frac{Q}{kT}\right) \tag{11.16}$$

em que Q (a energia de ativação) e C (um termo pré-exponencial) são independentes da temperatura.[2] A dependência de $\dot{G}$ em relação à temperatura está representada por uma das curvas na Figura 11.8; também está mostrada uma curva para a taxa de nucleação, $\dot{N}$ (novamente, quase sempre a taxa para a nucleação heterogênea). Agora, em determinada temperatura, a taxa de transformação global é igual a algum produto de $\dot{N}$ e $\dot{G}$. A terceira curva na Figura 11.8, que representa a taxa total, mostra esse efeito combinado. A forma geral dessa curva é a mesma da curva para a taxa da nucleação, no sentido de que ela apresenta um pico ou valor máximo que se deslocou para cima em relação à curva para $\dot{N}$.

Embora esse tratamento em relação às transformações tenha sido desenvolvido para a solidificação, os mesmos princípios gerais também se aplicam às transformações sólido-sólido e sólido-gás.

transformação
termicamente
ativada

[2] Os processos cujas taxas dependem da temperatura, como é o caso de $\dot{G}$ na Equação 11.16, são denominados, algumas vezes, **termicamente ativados**. Ainda, uma equação para a taxa que possui essa forma (isto é, que tem uma dependência exponencial em relação à temperatura) é denominada *equação de Arrhenius para a taxa*.

Como veremos mais adiante, a taxa de transformação e o tempo necessário para que a transformação prossiga até certo grau de conclusão (por exemplo, o tempo para que 50 % da reação seja completada, $t_{0,5}$) são inversamente proporcionais um ao outro (Equação 11.18). Dessa forma, se o logaritmo desse tempo de transformação (isto é, log $t_{0,5}$) for traçado em função da temperatura, o resultado será uma curva com o formato geral mostrado na Figura 11.9*b*. Essa curva "em forma de C" é uma imagem virtual em espelho (através de um plano vertical) da curva para a taxa de transformação apresentada na Figura 11.8, como demonstrado na Figura 11.9. Frequentemente, a cinética das transformações de fases é representada usando-se gráficos do logaritmo do tempo (até determinado grau de transformação) em função da temperatura (por exemplo, veja a Seção 11.5).

Vários fenômenos físicos podem ser explicados em termos da curva para a taxa de transformação em função da temperatura na Figura 11.8. Em primeiro lugar, o tamanho das partículas na fase do produto depende da temperatura da transformação. Por exemplo, nas transformações que ocorrem em temperaturas próximas a T_f, que correspondem a baixas taxas de nucleação e a altas taxas de crescimento, há a formação de poucos núcleos, os quais crescem rapidamente. Dessa forma, a microestrutura resultante consistirá em poucas e relativamente grandes partículas (por exemplo, grãos grandes). De maneira contrária, para as transformações que ocorrem em temperaturas mais baixas, as taxas de nucleação são altas e as taxas de crescimento são baixas, o que resulta em muitas partículas pequenas (por exemplo, grãos finos).

Além disso, a partir da Figura 11.8, quando um material é resfriado muito rapidamente através da faixa de temperaturas abrangida pela curva da taxa de transformação até uma temperatura relativamente baixa em que a taxa é extremamente pequena, é possível produzir estruturas de fases fora de equilíbrio (por exemplo, veja as Seções 11.5 e 11.11).

Considerações Cinéticas sobre as Transformações no Estado Sólido

cinética

A discussão anterior nesta seção enfocou as dependências em relação à temperatura das taxas de nucleação, crescimento e transformação. A dependência em relação ao *tempo* (denominada, com frequência, **cinética** de uma transformação) também é uma consideração importante, especialmente no tratamento térmico de materiais. Além disso, uma vez que muitas transformações de interesse para os cientistas e engenheiros de materiais envolvem apenas fases sólidas, dedicamos a discussão a seguir à cinética das transformações no estado sólido.

Em muitas investigações cinéticas, a fração da reação que ocorreu é medida como uma função do tempo, enquanto a temperatura é mantida constante. O progresso da transformação é verificado geralmente por um exame ao microscópio ou pela medição de alguma propriedade física (tal como a condutividade elétrica) cuja magnitude seja característica da nova fase. Os dados são representados graficamente como a fração do material transformado em função do logaritmo do tempo; uma curva em forma de "S", semelhante àquela na Figura 11.10, representa o comportamento cinético típico da maioria das reações no estado sólido. Os estágios de nucleação e de crescimento também estão indicados na figura.

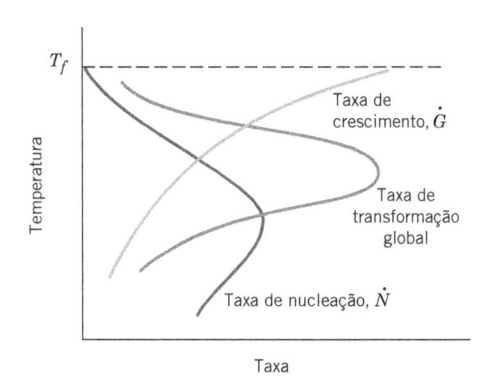

Figura 11.8 Gráfico esquemático mostrando as curvas para a taxa de nucleação ($\dot{N}$), a taxa de crescimento ($\dot{G}$) e a taxa de transformação global em função da temperatura.

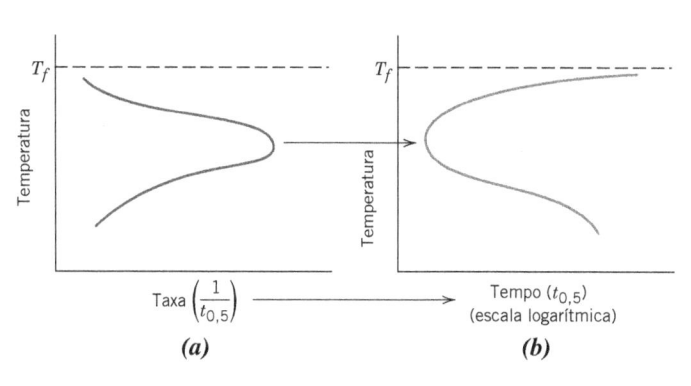

Figura 11.9 Gráficos esquemáticos (*a*) da taxa de transformação em função da temperatura e (*b*) do logaritmo do tempo [até certo grau de transformação (por exemplo, uma fração de 0,5)] em função da temperatura. As curvas tanto em (*a*) quanto em (*b*) são geradas a partir do mesmo conjunto de dados – isto é, para eixos horizontais, o tempo [em escala logarítmica no gráfico (*b*)] é simplesmente o inverso da taxa no gráfico (*a*).

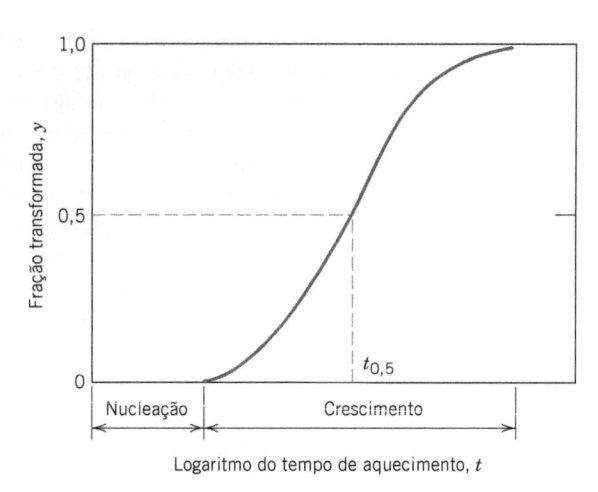

Figura 11.10 Gráfico da fração reagida em função do logaritmo do tempo, típico para muitas transformações no estado sólido nas quais a temperatura é mantida constante.

Para as transformações no estado sólido que exibem o comportamento cinético representado na Figura 11.10, a fração da transformação y é uma função do tempo t de acordo com a seguinte relação:

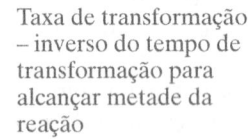

Equação de Avrami – dependência da fração transformada em relação ao tempo

$$y = 1 - \exp(-kt^n) \tag{11.17}$$

em que k e n são constantes que independem do tempo para a reação específica. Essa expressão é chamada, com frequência, de *equação de Avrami*.

Por convenção, a taxa de uma transformação é tomada como o inverso do tempo necessário para que a transformação alcance metade da sua conclusão, $t_{0,5}$, ou seja,

Taxa de transformação – inverso do tempo de transformação para alcançar metade da reação

$$\text{taxa} = \frac{1}{t_{0,5}} \tag{11.18}$$

A temperatura tem uma influência profunda sobre a cinética e, portanto, sobre a taxa de uma transformação. Isso está demonstrado na Figura 11.11, em que são mostradas as curvas em forma de "S" para y em função de log t para a recristalização do cobre em várias temperaturas.

Uma discussão detalhada sobre a influência tanto da temperatura quanto do tempo sobre as transformações de fases está apresentada na Seção 11.5.

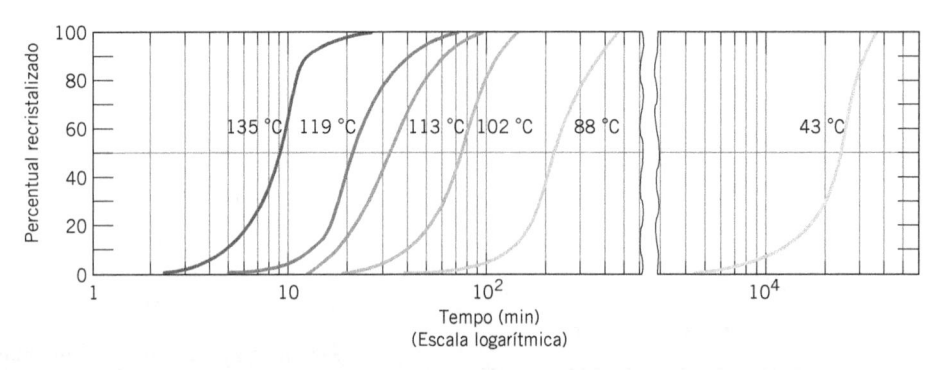

Figura 11.11 Percentual de recristalização em função do tempo e sob temperatura constante para o cobre puro.
(Reimpresso com permissão de *Metallurgical Transactions*, Vol. 188, 1950, uma publicação de The Metallurgical Society of AIME, Warrendale, PA. Adaptado de B. F. Decker e D. Harker, "Recrystallization in Rolled Copper", *Trans. AIME*, **188**, 1950, p. 888.)

PROBLEMA-EXEMPLO 11.2

Cálculo da Taxa de Recristalização

Sabe-se que a cinética de recristalização de determinada liga obedece à equação de Avrami e que o valor de n é 3,1. Se a fração recristalizada é de 0,30 após 20 min, determine a taxa de recristalização.

Solução

A taxa de uma reação é definida pela Equação 11.18 como

$$\text{taxa} = \frac{1}{t_{0,5}}$$

Portanto, para esse problema é necessário calcular o valor de $t_{0,5}$, o tempo que leva para a reação progredir até 50 % do seu término – ou para que a fração de reação y seja igual a 0,50. Além disso, podemos determinar $t_{0,5}$ usando a equação de Avrami, Equação 11.17:

$$y = 1 - \exp(-kt^n)$$

O enunciado do problema estabelece o valor de y (0,30) em determinado momento no tempo t (20 min) e também o valor de n (3,1), dados a partir dos quais é possível calcular o valor da constante k. Para realizar esse cálculo, é necessária alguma manipulação algébrica da Equação 11.17. Primeiro, rearranjamos essa expressão da seguinte maneira:

$$\exp(-kt^n) = 1 - y$$

Tirando os logaritmos naturais de ambos os lados, leva a

$$-kt^n = \ln(1 - y) \tag{11.17a}$$

Agora, resolvendo para k,

$$k = -\frac{\ln(1 - y)}{t^n}$$

Incorporando os valores citados acima para y, n e t resulta o seguinte valor para k:

$$k = -\frac{\ln(1 - 0,30)}{(20\ \text{min})^{3,1}} = 3,30 \times 10^{-5}$$

Nesse ponto, queremos calcular $t_{0,5}$ – o valor de t para $y = 0,5$ – o que significa que é necessário estabelecer uma forma da Equação 11.17 em que t seja a variável dependente. Isso é feito empregando uma forma rearranjada da Equação 11.17a, conforme

$$t^n = -\frac{\ln(1 - y)}{k}$$

a partir da qual resolvemos para t

$$t = \left[-\frac{\ln(1 - y)}{k}\right]^{1/n}$$

E para $t = t_{0,5}$, essa equação se torna

$$t_{0,5} = \left[-\frac{\ln(1 - 0,5)}{k}\right]^{1/n}$$

Agora, substituindo nessa expressão o valor de k determinado acima, assim como o valor de n citado no enunciado do problema (qual seja, 3,1), calculamos $t_{0,5}$ conforme a seguir:

$$t_{0,5} = \left[-\frac{\ln(1 - 0,5)}{3,30 \times 10^{-5}}\right]^{1/3,1} = 24,8\ \text{min}$$

E, finalmente, a partir da Equação 11.18, a taxa é igual a

$$\text{taxa} = \frac{1}{t_{0,5}} = \frac{1}{24,8\ \text{min}} = 4,0 \times 10^{-2}\ (\text{min})^{-1}$$

11.4 ESTADOS METAESTÁVEIS *VERSUS* ESTADOS DE EQUILÍBRIO

As transformações de fases podem ocorrer em sistemas de ligas metálicas pela variação da temperatura, da composição e da pressão externa; entretanto, as variações de temperatura por meio de tratamentos térmicos são as mais convenientemente utilizadas para induzir as transformações de fases. Isso corresponde a cruzar uma fronteira entre fases no diagrama de fases composição-temperatura, à medida que uma liga com determinada composição seja aquecida ou resfriada.

Durante uma transformação de fases, uma liga prossegue em direção a um estado de equilíbrio que é caracterizado pelo diagrama de fases em termos das fases produzidas, de suas composições e de suas quantidades relativas. Como foi observado na Seção 11.3, a maioria das transformações de fases requer um tempo finito para atingir sua conclusão, e a velocidade ou taxa é, com frequência, importante na relação entre o tratamento térmico e o desenvolvimento da microestrutura. Uma limitação dos diagramas de fases é sua incapacidade em indicar o tempo necessário para o equilíbrio ser atingido.

A taxa de aproximação do equilíbrio para os sistemas sólidos é tão lenta que raramente são atingidas estruturas que se encontram em verdadeiro equilíbrio. Quando as transformações de fases são induzidas por variações na temperatura, as condições de equilíbrio só podem ser mantidas se o aquecimento ou o resfriamento for conduzido a taxas extremamente lentas e inviáveis na prática. Em transformações diferentes daquelas de um resfriamento em equilíbrio, as transformações são deslocadas para temperaturas mais baixas do que as indicadas no diagrama de fases; em um aquecimento, o deslocamento se dá para temperaturas mais elevadas. Esses fenômenos são denominados **super-resfriamento** e **superaquecimento**, respectivamente. O grau de cada um depende da taxa de variação da temperatura; quanto mais rápido for o resfriamento ou o aquecimento, maior o super-resfriamento ou o superaquecimento. Por exemplo, em taxas de resfriamento normais, a reação eutetoide ferro-carbono é deslocada tipicamente de 10 °C a 20 °C (18 °F a 36 °F) abaixo da temperatura de transformação de equilíbrio.[3]

Para muitas ligas tecnologicamente importantes, o estado ou a microestrutura preferida é metaestável, intermediária entre os estados inicial e de equilíbrio; ocasionalmente, deseja-se uma estrutura bastante distante daquela de equilíbrio. Assim, torna-se imperativo investigar a influência do tempo sobre as transformações de fases. Essa informação cinética é, em muitos casos, de maior valor do que o conhecimento do estado final de equilíbrio.

super-resfriamento
superaquecimento

Alterações Microestruturais e das Propriedades em Ligas Ferro-Carbono

Alguns dos princípios cinéticos básicos das transformações no estado sólido serão agora estendidos e aplicados especificamente às ligas ferro-carbono em termos das relações entre o tratamento térmico, o desenvolvimento da microestrutura e as propriedades mecânicas. Esse sistema foi escolhido porque é familiar e porque possibilita uma grande variedade de microestruturas e de propriedades mecânicas para as ligas ferro-carbono (ou aços).

11.5 DIAGRAMAS DE TRANSFORMAÇÕES ISOTÉRMICAS

Perlita

Considere novamente a reação eutetoide ferro-carbeto de ferro,

Reação eutetoide para o sistema ferro-carbeto de ferro

$$\gamma(0{,}76 \text{ \%p C}) \underset{\text{aquecimento}}{\overset{\text{resfriamento}}{\rightleftharpoons}} \alpha(0{,}022 \text{ \%p C}) + Fe_3C(6{,}70 \text{ \%p C}) \tag{11.19}$$

---

[3] É importante observar que os tratamentos relacionados com a cinética das transformações de fases apresentados na Seção 11.3 estão restritos à condição de uma temperatura constante. De maneira contrária, a discussão nessa seção diz respeito a transformações de fases que ocorrem com mudanças na temperatura. Essa mesma diferença existe entre as Seções 11.5 (Diagramas de Transformações Isotérmicas) e 11.6 (Diagramas de Transformações por Resfriamento Contínuo).

que é fundamental para o desenvolvimento da microestrutura em aços. Com o resfriamento, a austenita, que exibe uma concentração de carbono intermediária, se transforma em uma fase ferrita, que apresenta um teor de carbono muito mais baixo, e também em cementita, com uma concentração de carbono muito mais alta. A perlita é um produto microestrutural dessa transformação (Figura 10.31). O mecanismo de formação da perlita foi discutido anteriormente (Seção 10.20), tendo sido demonstrado na Figura 10.32.

A temperatura desempenha um papel importante na taxa de transformação da austenita em perlita. A dependência em relação à temperatura para uma liga ferro-carbono com composição eutetoide está indicada na Figura 11.12, em que estão traçadas curvas em forma de "S" do percentual da transformação em função do logaritmo do tempo para três temperaturas diferentes. Para cada curva, os dados foram coletados após se resfriar rapidamente uma amostra composta 100 % por austenita até a temperatura indicada que foi mantida constante ao longo de todo o curso da reação.

Uma maneira mais conveniente de representar a dependência dessa transformação tanto em relação ao tempo quanto em relação à temperatura está apresentada na parte inferior da Figura 11.13. Nessa figura, os eixos vertical e horizontal são, respectivamente, a temperatura e o logaritmo do tempo. Estão traçadas duas curvas contínuas; uma representa o tempo necessário a cada temperatura para o início ou começo da transformação, e a outra representa a conclusão da transformação. A curva tracejada corresponde a 50 % da transformação concluída. Essas curvas foram geradas a partir de uma série de gráficos da porcentagem transformada em função do logaritmo do tempo, tomados ao longo de uma faixa de temperaturas. A curva em forma de "S" [para 675 °C (1247 °F)] na parte superior da Figura 11.13 ilustra como é feita a transferência dos dados.

Ao interpretar esse diagrama, observe, em primeiro lugar, que a temperatura eutetoide [727 °C (1341 °F)] está indicada por uma linha horizontal; em temperaturas acima da eutetoide e para qualquer tempo, há apenas a austenita, como indicado na figura. A transformação da austenita em perlita acontece somente se uma liga for super-resfriada até abaixo da temperatura eutetoide; como indicado pelas curvas, o tempo necessário para que a transformação comece e então termine depende da temperatura. As curvas de início e de término são praticamente paralelas e se aproximam assintoticamente da curva eutetoide. À esquerda da curva de início da transformação, apenas a austenita (que é instável) está presente, enquanto à direita da curva de término existe apenas a perlita. Entre as duas curvas, a austenita está em processo de transformação em perlita; dessa forma, ambos os microconstituintes estão presentes.

De acordo com a Equação 11.18, a taxa de transformação a determinada temperatura é inversamente proporcional ao tempo necessário para que a reação prossiga até 50 % da sua conclusão (até a curva tracejada na Figura 11.13). Isto é, quanto mais curto for esse tempo, maior será a taxa. Dessa forma, a partir da Figura 11.13, em temperaturas imediatamente abaixo da eutetoide (o que corresponde a apenas um pequeno grau de sub-resfriamento), são necessários tempos muito longos (da ordem de 10^5 s) para se obter uma transformação de 50 %, e portanto a taxa da reação é muito lenta. A taxa de transformação aumenta com a diminuição da temperatura, tal que a 540 °C (1000 °F) apenas aproximadamente 3 s são necessários para que a reação prossiga até 50 % de sua conclusão.

Várias restrições são impostas em relação ao emprego de diagramas como o da Figura 11.13. Em primeiro lugar, esse gráfico específico é válido somente para uma liga ferro-carbono com composição eutetoide; para outras composições, as curvas têm configurações diferentes. Além disso, esses

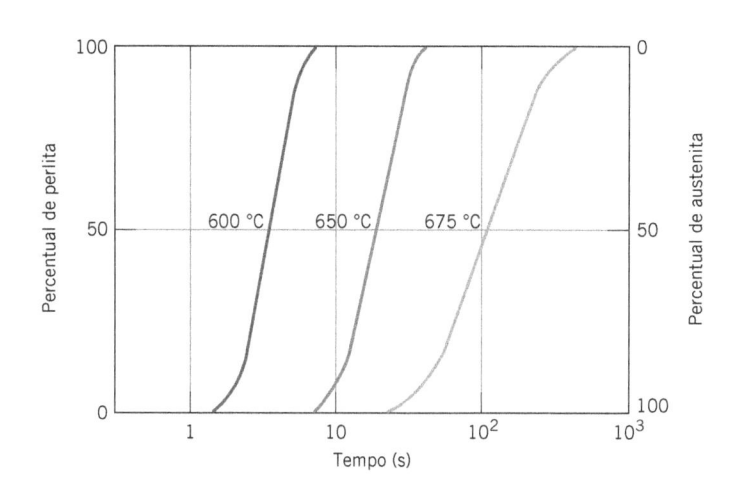

Figura 11.12 Fração que reagiu isotermicamente em função do logaritmo do tempo para a transformação da austenita em perlita para uma liga ferro-carbono com composição eutetoide (0,76 %p C).

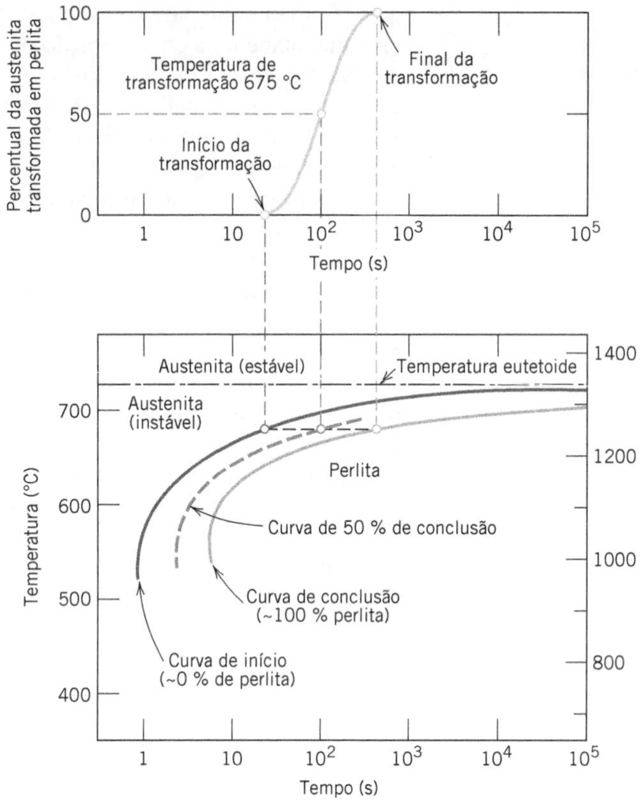

Figura 11.13 Demonstração de como um diagrama para uma transformação isotérmica (parte inferior) é gerado a partir de medições do percentual da transformação em função do logaritmo do tempo (parte superior). [Adaptado de H. Boyer (Editor), *Atlas of Isothermal Transformation and Cooling Transformation Diagrams*, American Society for Metals, 1977, p. 369.]

gráficos são precisos somente para transformações em que a temperatura da liga é mantida constante ao longo da duração da reação. As condições de temperatura constante são denominadas *isotérmicas*; dessa forma, os gráficos do tipo da Figura 11.13 são conhecidos como **diagramas de transformações isotérmicas** ou, algumas vezes, como gráficos da *transformação tempo-temperatura* (ou *T-T-T*).

diagramas de transformações isotérmicas

A Figura 11.14 mostra a curva real de um tratamento térmico isotérmico (*ABCD*) que está superposta ao diagrama de transformação isotérmica para uma liga ferro-carbono eutetoide. Um resfriamento muito rápido da austenita até determinada temperatura é indicado pela curva *AB*, praticamente vertical, enquanto o tratamento isotérmico nessa temperatura é representado pelo segmento horizontal *BCD*. O tempo aumenta da esquerda para a direita ao longo dessa curva. A transformação da austenita em perlita começa na interseção, ponto *C* (após aproximadamente 3,5 s) e termina depois de aproximadamente 15 s, o que corresponde ao ponto *D*. A Figura 11.14 também mostra microestruturas esquemáticas em vários instantes durante o progresso da reação.

A razão entre as espessuras das camadas de ferrita e de cementita na perlita é de aproximadamente 8 para 1. Contudo, a espessura absoluta da camada depende da temperatura na qual a transformação isotérmica ocorre. Em temperaturas imediatamente abaixo da eutetoide, são produzidas camadas relativamente grossas tanto da fase ferrita α quanto de Fe_3C; essa microestrutura é chamada

perlita grosseira

de **perlita grosseira**, e a região na qual ela se forma está indicada à direita da curva de conclusão da transformação na Figura 11.14. Nessas temperaturas, as taxas de difusão são relativamente altas, tal que durante a transformação ilustrada na Figura 10.32 os átomos de carbono podem se difundir em distâncias relativamente grandes, o que resulta na formação de lamelas grossas. Com a diminuição da temperatura, a taxa de difusão do carbono diminui e as camadas se tornam progressivamente mais finas. A estrutura com camadas finas produzida na vizinhança de 540 °C é denominada **perlita**

perlita fina

fina; essa estrutura também está indicada na Figura 11.14. A dependência das propriedades mecânicas em relação à espessura das lamelas está discutida na Seção 11.7. A Figura 11.15 apresenta fotomicrografias da perlita grosseira e da perlita fina para uma composição eutetoide.

Para ligas ferro-carbono com outras composições, uma fase proeutetoide (ou ferrita ou cementita) coexiste com a perlita, como foi discutido na Seção 10.20. Dessa forma, também devem ser incluídas no diagrama de transformação isotérmica as curvas adicionais que correspondem a uma transformação proeutetoide. Uma parte de um diagrama desse tipo para uma liga contendo 1,13 %p C está mostrada na Figura 11.16.

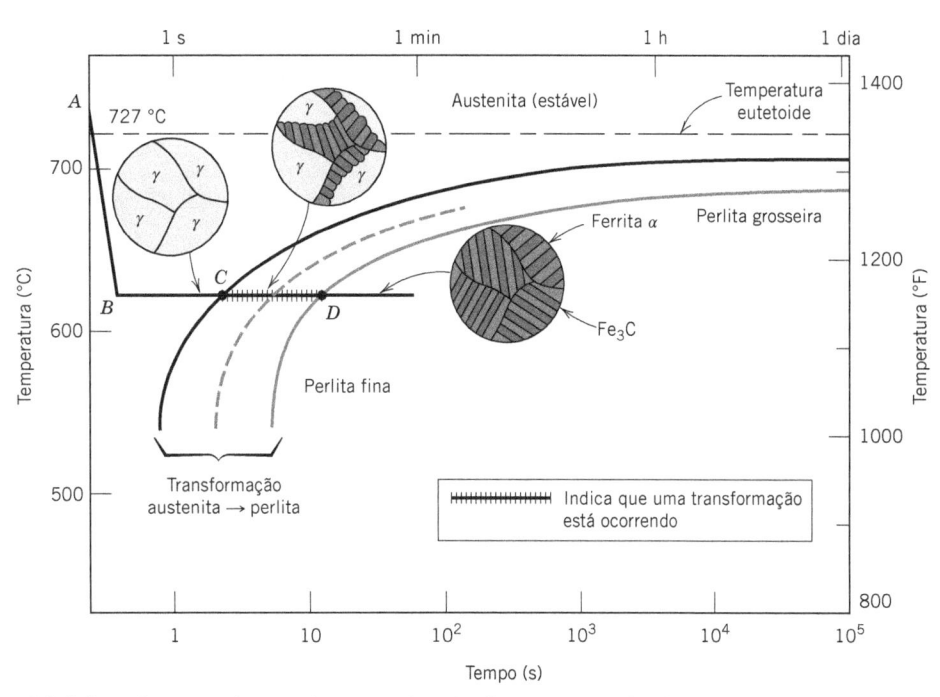

Figura 11.14 Diagrama de transformação isotérmica para uma liga ferro-carbono com composição eutetoide, com a curva para tratamento térmico isotérmico superposta (*ABCD*). As microestruturas antes, durante e depois da transformação da austenita em perlita também estão mostradas.
[Adaptado de H. Boyer (Editor), *Atlas of Isothermal Transformation and Cooling Transformation Diagrams*, American Society for Metals, 1977, p. 28.]

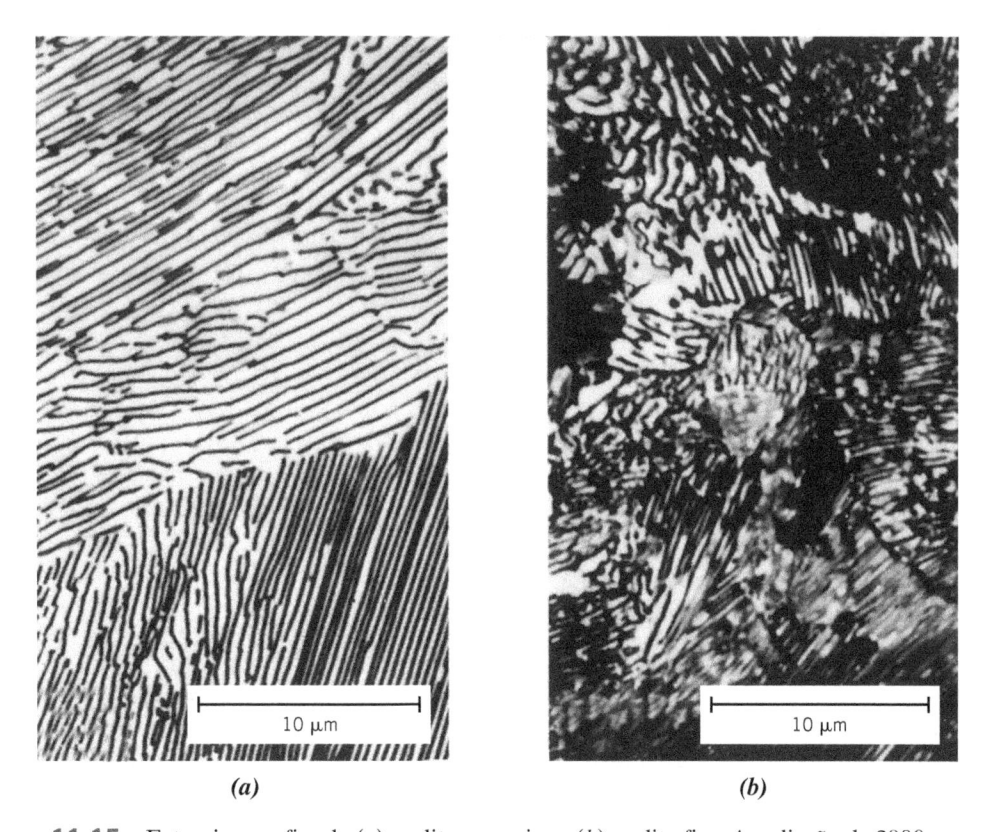

(a) *(b)*

Figura 11.15 Fotomicrografias de (*a*) perlita grosseira e (*b*) perlita fina. Ampliação de 3000×.
(De K. M. Ralls, et al., *An Introduction to Materials Science and Engineering*, p. 361. Copyright © 1976 por John Wiley & Sons, New York. Reimpresso sob permissão de John Wiley & Sons, Inc.)

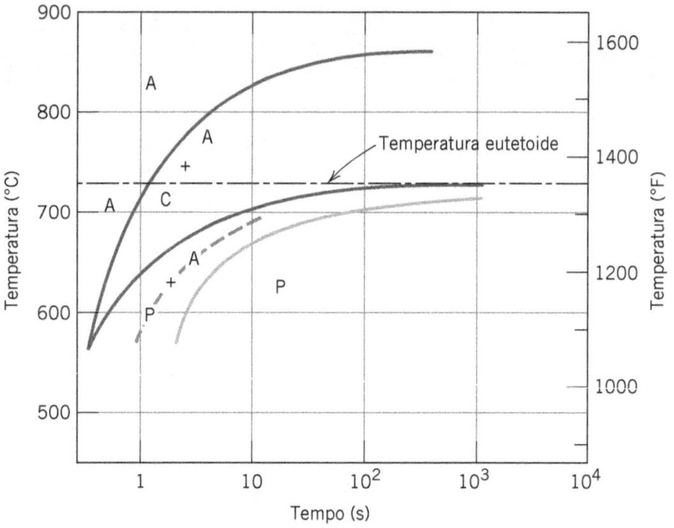

Figura 11.16 Diagrama de transformação isotérmica para uma liga ferro-carbono contendo 1,13 %p C: A, austenita; C, cementita proeutetoide; P, perlita. [Adaptado de H. Boyer (Editor), *Atlas of Isothermal Transformation and Cooling Transformation Diagrams*, American Society for Metals, 1977, p. 33.]

Bainita

bainita

Além da perlita, existem outros microconstituintes que são produtos da transformação austenítica. Um desses microconstituintes é chamado de **bainita**. A microestrutura da bainita consiste nas fases ferrita e cementita e, dessa forma, processos de difusão estão envolvidos em sua formação. A bainita se forma como agulhas ou placas, dependendo da temperatura da transformação; os detalhes microestruturais da bainita são tão finos que sua resolução só é possível com o auxílio de um microscópio eletrônico. A Figura 11.17 mostra uma micrografia eletrônica de um grão de bainita (posicionado diagonalmente do canto inferior esquerdo para o canto superior direito). Ele é composto por uma matriz de ferrita e por partículas alongadas de Fe_3C; as diferentes fases nessa micrografia foram identificadas na figura. Além disso, a fase que envolve a agulha é martensita, que será o tópico de uma seção subsequente. Nenhuma fase proeutetoide se forma com a bainita.

A dependência tempo-temperatura da transformação bainítica também pode ser representada no diagrama de transformação isotérmica. Ela ocorre em temperaturas abaixo daquelas nas quais a perlita se forma. As curvas para o início, o final e o meio da reação são apenas extensões das curvas para a transformação perlítica, como mostrado na Figura 11.18, que exibe o diagrama de transformação isotérmica para uma liga ferro-carbono com composição eutetoide que foi estendido até temperaturas mais baixas. Todas as três curvas apresentam forma de "C" e exibem um "nariz" no ponto *N*,

Figura 11.17 Micrografia eletrônica de transmissão que mostra a estrutura da bainita. Um grão de bainita cruza do canto inferior esquerdo para o canto superior direito, e consiste em partículas alongadas e com o formato de agulha de Fe_3C no interior de uma matriz de ferrita. A fase que envolve a bainita é a martensita. Ampliação de 15.000×.
(Reproduzido com permissão de *Metals Handbook*, 8th edition, Vol. 8, *Metallography, Structures and Phase Diagrams*, American Society for Metals, Materials Park, OH, 1973.)

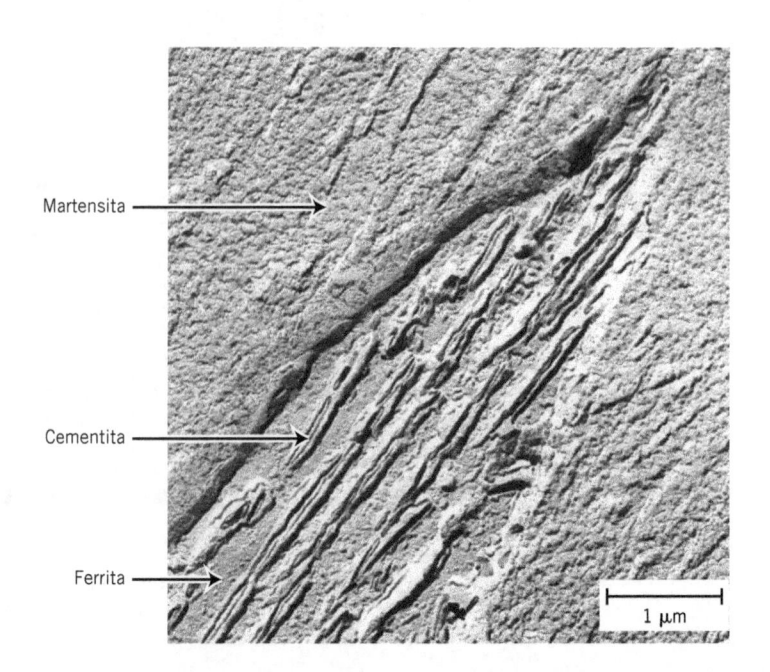

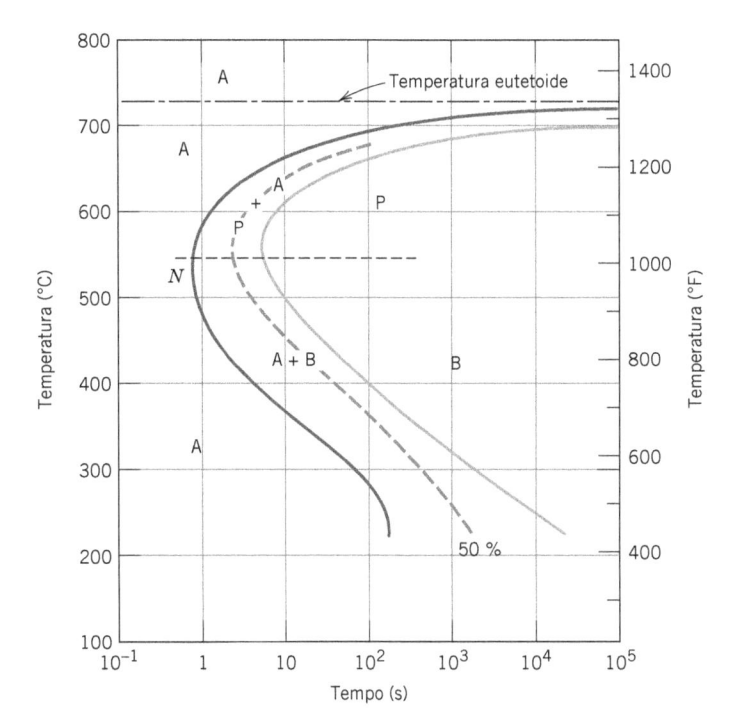

Figura 11.18 Diagrama de transformação isotérmica para uma liga ferro-carbono com composição eutetoide, incluindo as transformações da austenita em perlita (A-P) e da austenita em bainita (A-B). [Adaptado de H. Boyer (Editor), *Atlas of Isothermal Transformation and Cooling Transformation Diagrams*, American Society for Metals, 1977, p. 28.]

onde a taxa de transformação tem um valor máximo. Como pode ser observado, enquanto a perlita se forma acima do nariz [isto é, ao longo da faixa de temperaturas entre aproximadamente 540 °C e 727 °C (1000 °F a 1341 °F)], em temperaturas entre aproximadamente 215 °C e 540 °C (420 °F e 1000 °F), o produto da transformação é a bainita.

Deve-se observar que as transformações perlítica e bainítica são, na realidade, concorrentes uma da outra, e quando determinada fração de uma liga se transformou em perlita ou em bainita, a transformação no outro microconstituinte não é possível sem um reaquecimento para formar austenita.

Cementita Globulizada

cementita globulizada

Se um aço com microestrutura perlítica ou bainítica for aquecido e deixado a uma temperatura abaixo da eutetoide durante um período suficientemente longo – por exemplo, a aproximadamente 700 °C (1300 °F) por um período entre 18 e 24 horas – outra microestrutura irá se formar. Ela é chamada de **cementita globulizada** (Figura 11.19). Em vez das lamelas alternadas de ferrita e cementita (perlita) ou da microestrutura observada para a bainita, a fase Fe_3C aparece como partículas com aspecto esférico, envolvidas em uma matriz contínua da fase α. Essa transformação ocorre pela difusão adicional de carbono, sem qualquer alteração nas composições ou nas quantidades relativas das fases ferrita e cementita. A fotomicrografia na Figura 11.20 mostra um aço perlítico que se transformou parcialmente em cementita globulizada. A força motriz para essa transformação é a redução na área de contornos entre as fases α e Fe_3C. A cinética da formação da cementita globulizada não está incluída nos diagramas de transformação isotérmica.

Verificação de Conceitos 11.1   Qual microestrutura é mais estável, a perlítica ou a da cementita globulizada? Por quê?

(*A resposta está disponível no GEN-IO, ambiente virtual de aprendizagem do GEN.*)

Martensita

martensita

Outro microconstituinte, ou fase, chamado **martensita**, é ainda formado quando ligas ferro-carbono austenitizadas são resfriadas rapidamente (ou temperadas) até uma temperatura relativamente baixa (na vizinhança da temperatura ambiente). A martensita é uma estrutura monofásica que

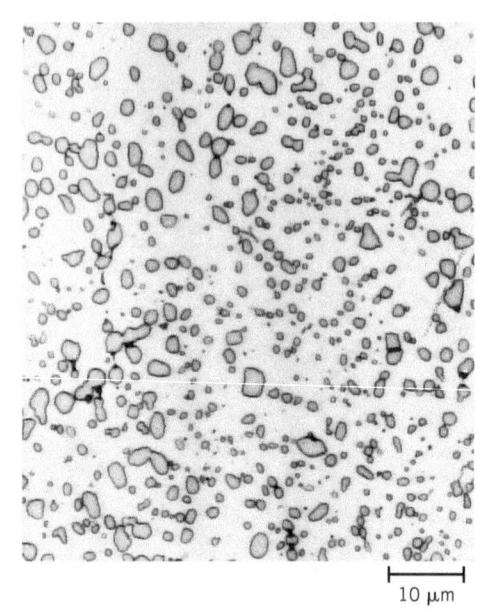

10 μm

Figura 11.19 Fotomicrografia de um aço que tem uma microestrutura de cementita globulizada. As partículas pequenas são de cementita; a fase contínua é ferrita α. Ampliação de 1000×. (Copyright 1971 pela United States Steel Corporation.)

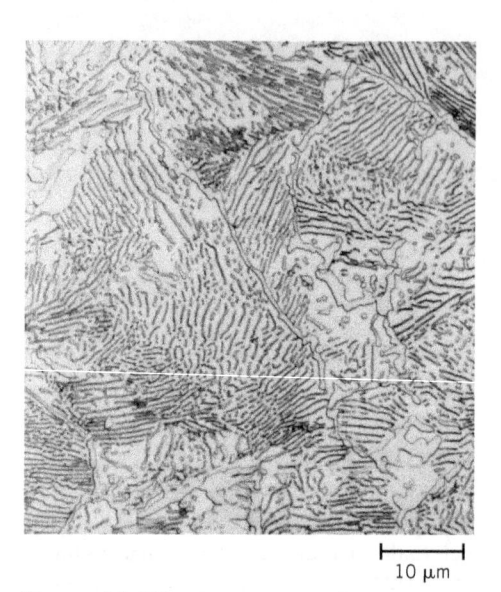

10 μm

Figura 11.20 Fotomicrografia de um aço perlítico que se transformou parcialmente em cementita globulizada. Ampliação de 1000×. (Cortesia da United States Steel Corporation.)

não está em equilíbrio, resultante de uma transformação adifusional da austenita. Ela pode ser considerada um produto da transformação que compete com a perlita e a bainita. A transformação martensítica ocorre quando a taxa de resfriamento é rápida o suficiente para impedir a difusão do carbono. Qualquer difusão que porventura ocorra resulta na formação das fases ferrita e cementita.

A transformação martensítica não é bem compreendida. Entretanto, grandes números de átomos têm movimentos cooperativos, no sentido de que existe apenas um pequeno deslocamento de cada átomo em relação aos seus vizinhos. Isso ocorre de maneira tal que a austenita CFC apresenta uma transformação polimórfica em uma martensita tetragonal de corpo centrado (TCC). Uma célula unitária dessa estrutura cristalina (Figura 11.21) é simplesmente um cubo de corpo centrado que foi alongado ao longo de uma de suas dimensões; essa estrutura é bastante diferente daquela da ferrita CCC. Todos os átomos de carbono permanecem como impurezas intersticiais na martensita; como tal, eles constituem uma solução sólida supersaturada capaz de se transformar rapidamente em outras estruturas quando aquecida a temperaturas nas quais as taxas de difusão se tornam apreciáveis. Muitos aços, no entanto, retêm quase indefinidamente sua estrutura martensítica à temperatura ambiente.

A transformação martensítica não é, contudo, exclusiva das ligas ferro-carbono. Ela é encontrada em outros sistemas e é caracterizada, em parte, pela transformação adifusional.

Uma vez que a transformação martensítica não envolve difusão, ela ocorre quase instantaneamente; os grãos de martensita nucleiam e crescem em uma taxa muito rápida – na velocidade do som no interior da matriz de austenita. Dessa forma, a taxa de transformação martensítica, para todos os fins práticos, é independente do tempo.

Os grãos de martensita assumem a aparência ou de placas ou de agulhas, como indicado na Figura 11.22. A fase branca na micrografia é a austenita (austenita retida) que não se transformou durante o resfriamento rápido. Como mencionado anteriormente, a martensita, assim como outros microconstituintes (por exemplo, a perlita), podem coexistir.

Por ser uma fase fora de equilíbrio, a martensita não aparece no diagrama de fases ferro-carbeto de ferro (Figura 10.28). A transformação da austenita em martensita está, no entanto, representada no diagrama de transformação isotérmica. Uma vez que a transformação martensítica é adifusional e instantânea, ela não está representada nesse diagrama da mesma forma como estão representadas as reações perlítica e bainítica. O início dessa transformação é representado por uma linha horizontal designada por M(início) (Figura 11.23). Duas outras linhas horizontais e tracejadas, identificadas

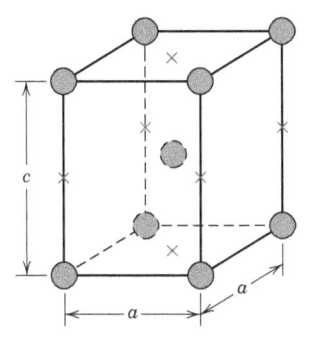

Figura 11.21 A célula unitária tetragonal de corpo centrado para o aço martensítico, mostrando os átomos de ferro (círculos) e os sítios que podem ser ocupados por átomos de carbono (×s). Para esta célula unitária tetragonal, $c > a$.

Figura 11.22 Fotomicrografia mostrando a microestrutura martensítica. Os grãos em forma de agulha são a fase martensita, enquanto as regiões em branco são a austenita que não se transformou durante o resfriamento rápido. Ampliação de 1220×.
(Essa fotomicrografia é uma cortesia da United States Steel Corporation.)

10 µm

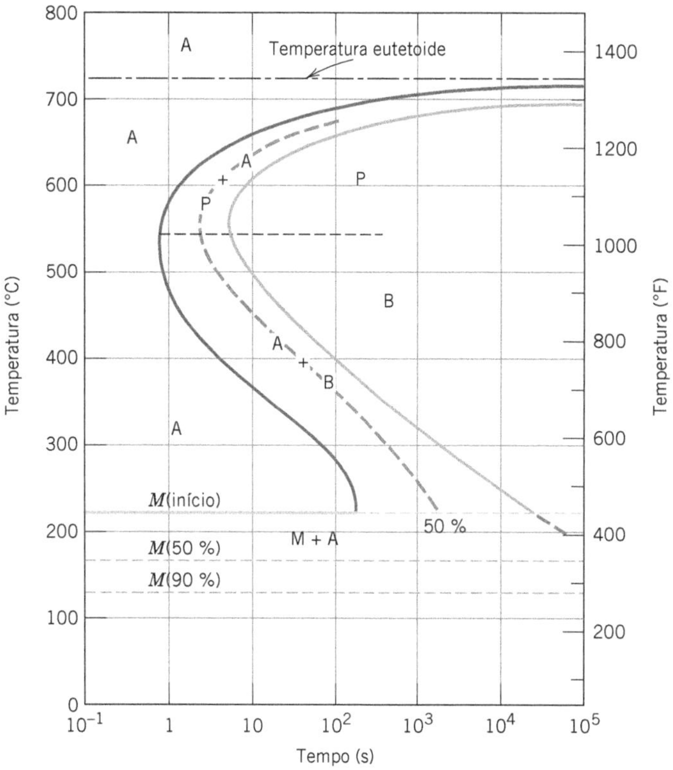

Figura 11.23 Diagrama de transformação isotérmica completo para uma liga ferro-carbono com composição eutetoide: A, austenita; B, bainita; M, martensita; P, perlita.

como $M(50\,\%)$ e $M(90\,\%)$, indicam os percentuais da transformação da austenita em martensita. As temperaturas nas quais essas linhas estão localizadas variam com a composição da liga, porém elas devem ser relativamente baixas, uma vez que a difusão do carbono deve ser virtualmente inexistente.[4] A natureza horizontal e linear dessas linhas indica que a transformação martensítica é independente do tempo; ela é uma função exclusivamente da temperatura à qual a liga é resfriada rapidamente ou temperada. Uma transformação desse tipo é denominada **transformação atérmica**.

transformação atérmica

---

[4] A liga apresentada na Figura 11.22 não é uma liga ferro-carbono com composição eutetoide; além disso, sua temperatura para 100 % de transformação em martensita encontra-se abaixo da temperatura ambiente. Visto que a fotomicrografia foi tirada à temperatura ambiente, alguma austenita (isto é, a austenita retida) está presente, não tendo se transformado em martensita.

Considere uma liga com composição eutetoide resfriada muito rapidamente desde uma temperatura acima de 727 °C (1341 °F) até, digamos, 165 °C (330 °F). A partir do diagrama de transformação isotérmica (Figura 11.23), pode-se observar que 50 % da austenita irá se transformar imediatamente em martensita; enquanto essa temperatura for mantida, não existirá nenhuma transformação adicional.

A presença de outros elementos de liga além do carbono (por exemplo, Cr, Ni, Mo e W) pode causar alterações significativas nas posições e nas formas das curvas nos diagramas de transformação isotérmica. Essas alterações incluem: (1) o deslocamento do nariz da transformação da austenita em perlita para tempos maiores (e também de um nariz da fase proeutetoide, caso esse exista) e (2) a formação de um nariz separado para a bainita. Essas alterações podem ser observadas comparando-se as Figuras 11.23 e Figura 11.24, que são diagramas de transformação isotérmica para um aço-carbono e um aço-liga, respectivamente.

aço-carbono simples
aço-liga

Os aços em que o carbono é o principal elemento de liga são denominados aços-carbono simples, enquanto os aços-liga contêm concentrações apreciáveis de outros elementos, incluindo aqueles citados no parágrafo anterior. O Capítulo 13 aborda de forma mais abrangente a classificação e as propriedades das ligas ferrosas.

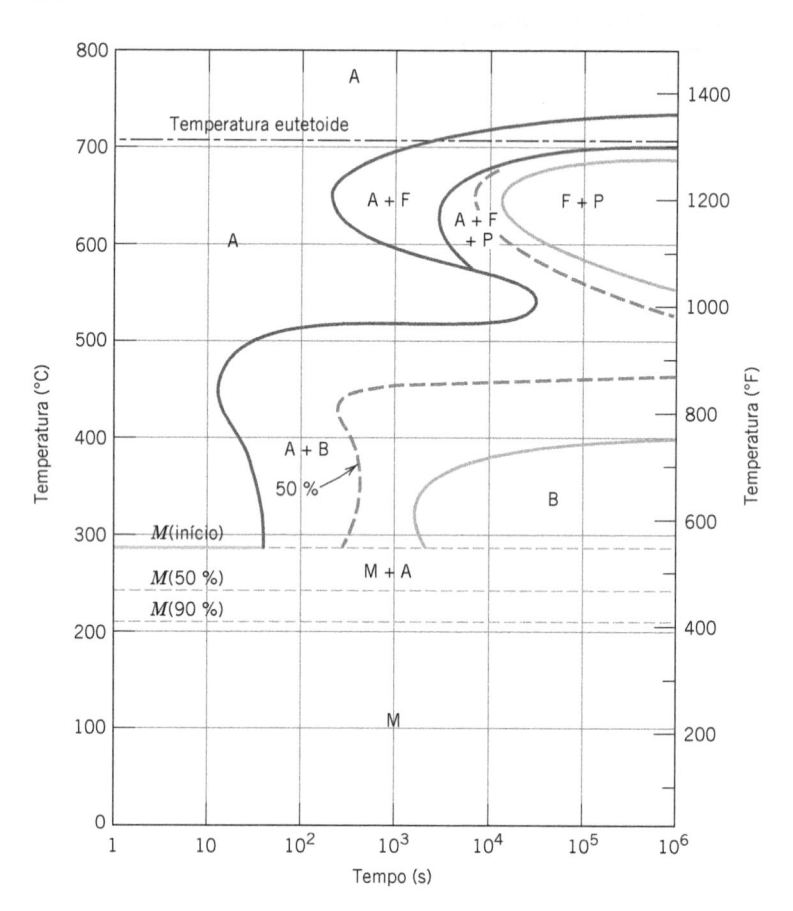

Figura 11.24 Diagrama de transformação isotérmica para um aço-liga (tipo 4340): A, austenita; B, bainita; P, perlita; M, martensita; F, ferrita proeutetoide.
[Adaptado de H. Boyer (Editor), *Atlas of Isothermal Transformation and Cooling Transformation Diagrams*, American Society for Metals, 1977, p. 181.]

✓ *Verificação de Conceitos 11.2* Cite duas diferenças principais entre as transformações martensítica e perlítica.

(*A resposta está disponível no GEN-IO, ambiente virtual de aprendizagem do GEN.*)

PROBLEMA-EXEMPLO 11.3

Determinações Microestruturais para Três Tratamentos Térmicos Isotérmicos

Considerando o diagrama de transformação isotérmica para uma liga ferro-carbono com composição eutetoide (Figura 11.23), especifique a natureza da microestrutura final (em termos dos microconstituintes presentes e dos percentuais aproximados) de uma amostra pequena que tenha sido submetida aos seguintes tratamentos tempo-temperatura. Em cada caso, admita que a amostra esteja inicialmente a 760 °C (1400 °F) e que tenha sido mantida nessa temperatura tempo suficiente para ser obtida uma estrutura homogênea e completamente austenítica.

(a) Resfriamento rápido até 350 °C (660 °F), manutenção nessa temperatura durante 10^4 s e têmpera até a temperatura ambiente.

(b) Resfriamento rápido até 250 °C (480 °F), manutenção nessa temperatura durante 100 s e têmpera até a temperatura ambiente.

(c) Resfriamento rápido até 650 °C (1200 °F), manutenção nessa temperatura durante 20 s, resfriamento rápido até 400 °C (750 °F), manutenção nessa temperatura durante 10^3 s e têmpera até a temperatura ambiente.

Solução

Os trajetos tempo-temperatura para todos os três tratamentos estão mostrados na Figura 11.25. Em cada caso, o resfriamento inicial é rápido o suficiente para impedir que ocorra qualquer transformação.

(a) A 350 °C, a austenita se transforma isotermicamente em bainita; essa reação começa após aproximadamente 10 s e termina depois de transcorridos aproximadamente 500 s. Portanto, passados 10^4 s, como estipulado neste problema, a amostra é 100 % bainita e nenhuma transformação adicional é possível, apesar de a linha para a têmpera final passar através da região da martensita no diagrama.

(b) Nesse caso, leva-se cerca de 150 s a 250 °C para que a transformação em bainita comece, de modo que em 100 s a amostra ainda é 100 % austenita. À medida que a amostra é resfriada através da região da martensita, tendo início a aproximadamente 215 °C, progressivamente uma quantidade maior da austenita se transforma instantaneamente em martensita. Essa transformação está concluída no momento em que a temperatura ambiente é atingida, tal que a microestrutura final é 100 % martensita.

(c) Para a curva isotérmica a 650 °C, a perlita começa a se formar após aproximadamente 7 s; depois de transcorridos 20 s, apenas cerca de 50 % da amostra se transformou em perlita. O resfriamento rápido até 400 °C está indicado pela linha vertical; durante esse resfriamento, uma quantidade muito pequena

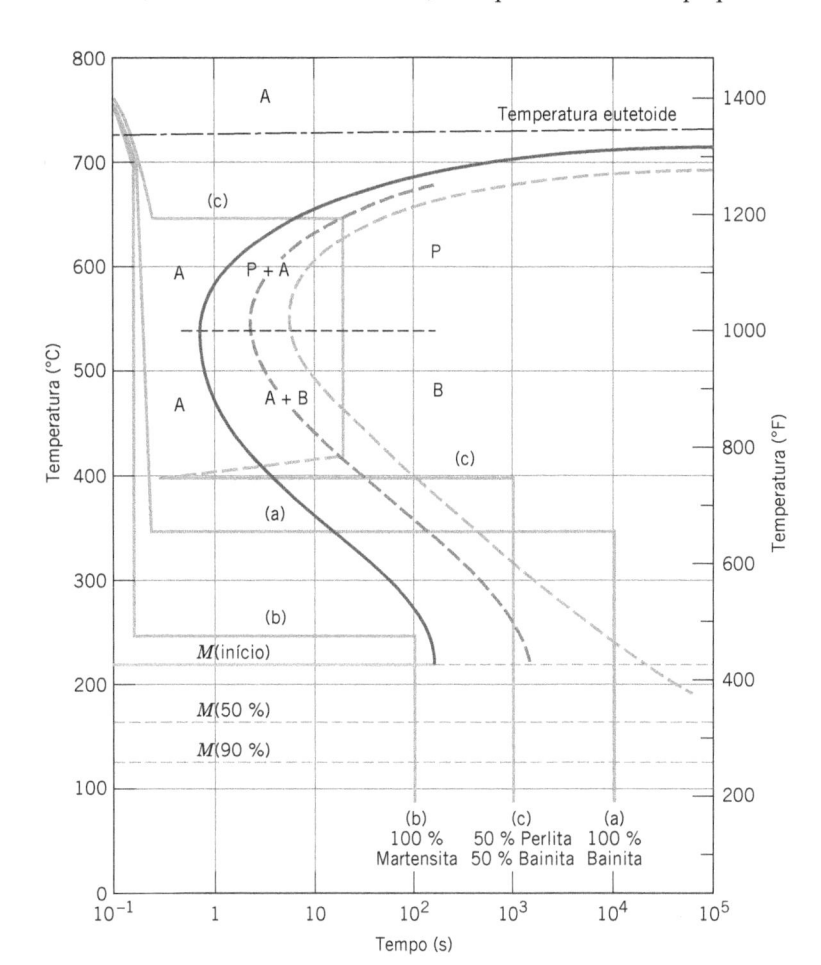

Figura 11.25 Diagrama de transformação isotérmica para uma liga ferro-carbono com composição eutetoide e os tratamentos térmicos isotérmicos (a), (b) e (c) no Problema-Exemplo 11.3.

da austenita residual, se é que alguma, irá se transformar em perlita ou em bainita, embora a curva de resfriamento passe pelas regiões da perlita e da bainita no diagrama. A 400 °C, começamos a cronometrar o tempo, essencialmente no instante zero (como está indicado na Figura 11.25); dessa forma, após passados 10^3 segundos, todos os 50 % remanescentes de austenita terão se transformado completamente em bainita. Com a têmpera até a temperatura ambiente, nenhuma transformação adicional é possível, uma vez que não existe nenhuma austenita residual; dessa forma, a microestrutura final à temperatura ambiente consiste em 50 % perlita e 50 % bainita.

Verificação de Conceitos 11.3 Copie o diagrama de transformação isotérmica para uma liga ferro-carbono com composição eutetoide (Figura 11.23) e, a seguir, esboce e identifique nesse diagrama uma trajetória tempo-temperatura que produzirá 100 % de perlita fina.

(*A resposta está disponível no GEN-IO, ambiente virtual de aprendizagem do GEN.*)

11.6 DIAGRAMAS DE TRANSFORMAÇÕES POR RESFRIAMENTO CONTÍNUO

Os tratamentos térmicos isotérmicos não são os mais práticos de serem conduzidos, pois uma liga deve ser resfriada rapidamente e mantida em uma temperatura elevada desde uma temperatura ainda mais alta, acima da temperatura eutetoide. A maioria dos tratamentos térmicos para os aços envolve o resfriamento contínuo de uma amostra até a temperatura ambiente. Um diagrama de transformação isotérmica só é válido para condições de temperatura constante; esse diagrama deve ser modificado para transformações que ocorrem enquanto a temperatura está mudando constantemente. Para o resfriamento contínuo, os tempos necessários para que uma reação comece e termine são retardados. Dessa forma, as curvas isotérmicas são deslocadas para tempos mais longos e temperaturas mais baixas, como indicado na Figura 11.26 para uma liga ferro-carbono com composição eutetoide. Um gráfico com essas curvas modificadas para o início e o término da reação é denominado **diagrama de transformações por resfriamento contínuo** (*TRC*). Pode ser mantido algum controle sobre a taxa de variação da temperatura, dependendo de resfriamento. Duas curvas de resfriamento, correspondendo a uma taxa de resfriamento moderadamente rápida e a uma lenta, estão superpostas e identificadas na Figura 11.27, novamente para um aço eutetoide. A transformação inicia após o período de tempo que corresponde à interseção da curva de resfriamento com a curva para o início da reação e termina ao cruzar a curva para o término da transformação. Os produtos microestruturais para as curvas para a taxa de resfriamento moderadamente rápida e lenta na Figura 11.27 são a perlita fina e a perlita grosseira, respectivamente.

Normalmente, a bainita não irá se formar quando uma liga com composição eutetoide ou, na prática, qualquer aço-carbono simples for resfriado continuamente até a temperatura ambiente. Isso ocorre porque toda a austenita já terá se transformado em perlita na ocasião em que a transformação bainítica se tornar possível. Dessa forma, a região que representa a transformação da austenita em perlita termina imediatamente antes do nariz (Figura 11.27), como indicado pela curva *AB*. Para qualquer curva de resfriamento que passe através de *AB* na Figura 11.27, a transformação termina no ponto de interseção; com a continuidade do resfriamento, a austenita que não reagiu começa a se transformar em martensita ao cruzar a linha *M*(início).

Em relação à representação da transformação martensítica, as linhas *M*(início), *M*(50 %) e *M*(90 %) ocorrem em temperaturas idênticas tanto no diagrama de transformação isotérmica quanto no de transformação por resfriamento contínuo. Isso pode ser verificado para uma liga ferro-carbono com composição eutetoide comparando as Figuras 11.23 e 11.26.

Para o resfriamento contínuo de um aço, existe uma taxa de têmpera crítica, que representa a taxa mínima de têmpera que produz uma estrutura totalmente martensítica. A curva da taxa de resfriamento crítica, quando incluída no diagrama de transformação por resfriamento contínuo, quase tangencia o nariz no qual começa a transformação perlítica, como está ilustrado na Figura 11.28. Como a figura também mostra, há apenas martensita para taxas de têmpera superiores à crítica; além disso, existe uma faixa de taxas ao longo da qual tanto a perlita quanto a martensita são produzidas. Finalmente, uma estrutura totalmente perlítica se desenvolve para baixas taxas de resfriamento.

diagrama de transformações por resfriamento contínuo

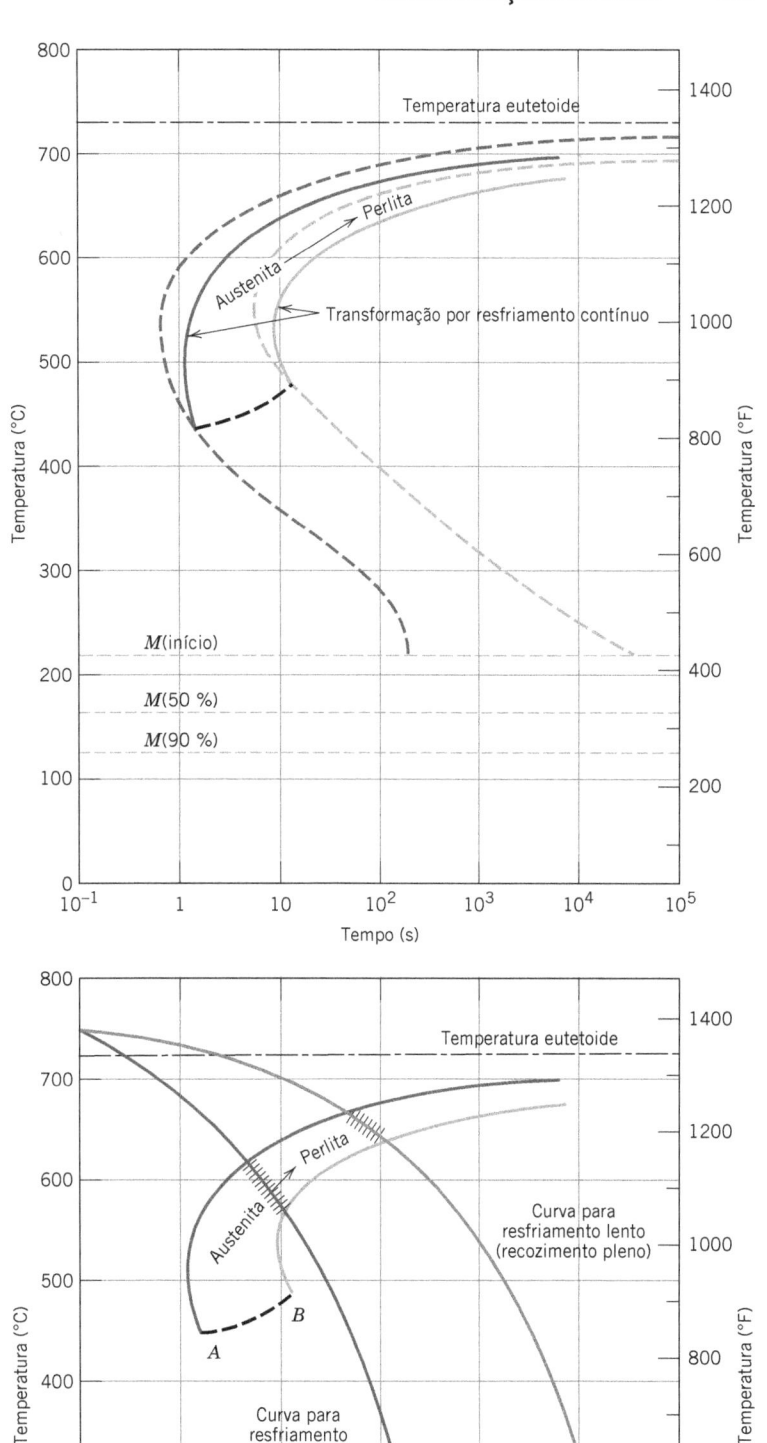

Figura 11.26 Superposição dos diagramas de transformação isotérmica e de resfriamento contínuo para uma liga ferro-carbono eutetoide.
[Adaptado de H. Boyer (Editor), *Atlas of Isothermal Transformation and Cooling Transformation Diagrams*, American Society for Metals, 1977, p. 376.]

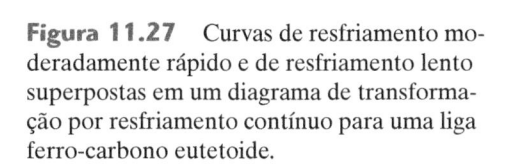

Figura 11.27 Curvas de resfriamento moderadamente rápido e de resfriamento lento superpostas em um diagrama de transformação por resfriamento contínuo para uma liga ferro-carbono eutetoide.

O carbono e outros elementos de liga também deslocam os narizes da perlita (assim como a fase proeutetoide) e da bainita para tempos mais longos, diminuindo, dessa forma, a taxa de resfriamento crítica. De fato, uma das razões para a adição de elementos de liga aos aços é para facilitar a formação da martensita, tal que estruturas totalmente martensíticas possam se desenvolver em seções transversais relativamente grossas. A Figura 11.29 mostra o diagrama de

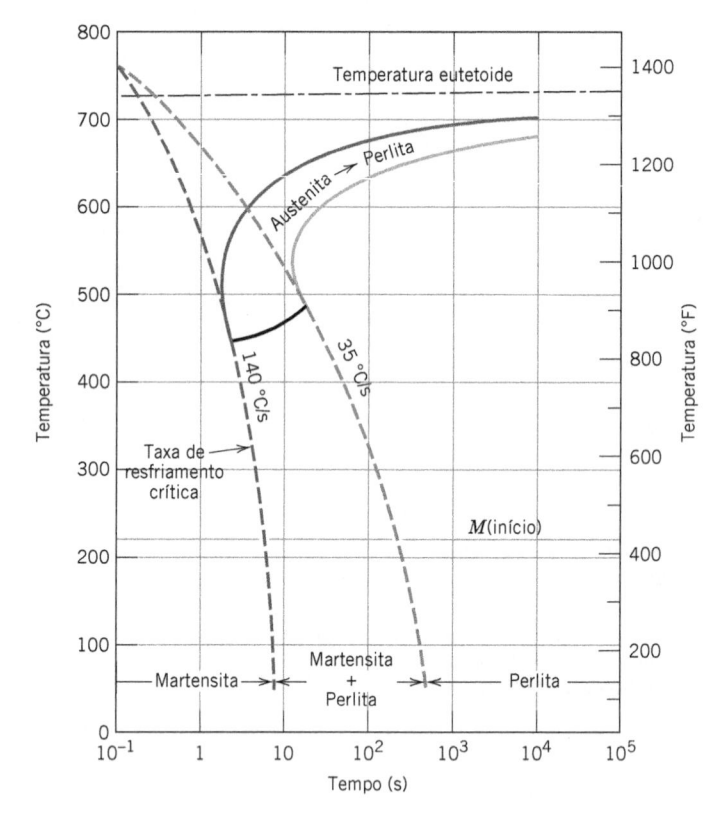

Figura 11.28 Diagrama de transformação por resfriamento contínuo para uma liga ferro-carbono eutetoide e a superposição das curvas de resfriamento, demonstrando a dependência da microestrutura final em relação às transformações que ocorrem durante o resfriamento.

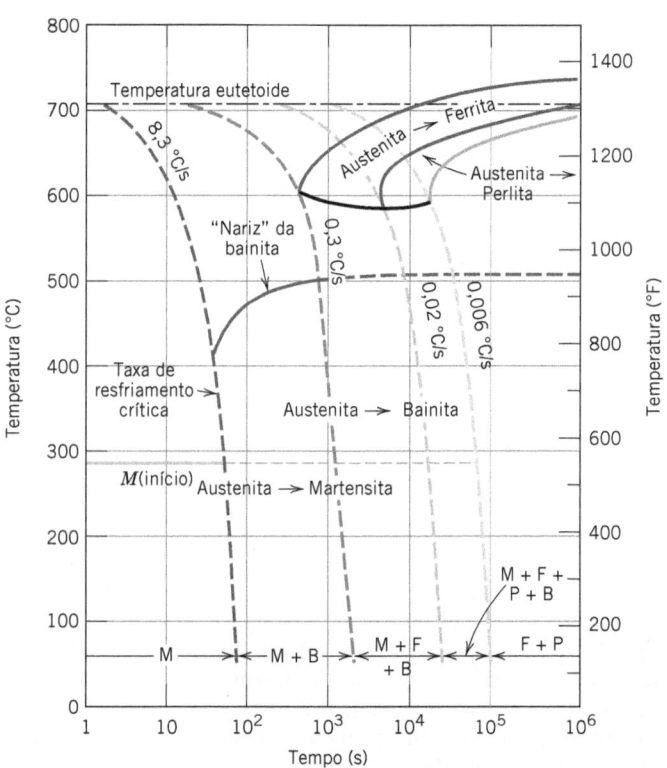

Figura 11.29 Diagrama de transformação por resfriamento contínuo para um aço-liga (tipo 4340) e superposição de várias curvas de resfriamento, demonstrando a dependência da microestrutura final dessa liga em relação às transformações que ocorrem durante o resfriamento.
[Adaptado de H. E. McGannon (Editor), *The Making, Shaping and Treating of Steel*, 9th edition, United States Steel Corporation, Pittsburgh, 1971, p. 1096.]

transformação por resfriamento contínuo para o mesmo aço-liga cujo diagrama de transformação isotérmica está apresentado na Figura 11.24. A presença do nariz da bainita é responsável pela possibilidade da formação de bainita durante um tratamento térmico por resfriamento contínuo. Várias curvas de resfriamento superpostas na Figura 11.29 indicam a taxa de resfriamento crítica e também como o comportamento da transformação e a microestrutura final são influenciados pela taxa de resfriamento.

Bastante interessante é o fato de que a taxa de resfriamento crítica é diminuída até mesmo pela presença de carbono. Com efeito, as ligas ferro-carbono que contêm menos do que aproximadamente 0,25 %p de carbono não são normalmente tratáveis termicamente para formar martensita, uma vez que são necessárias taxas de resfriamento muito rápidas para serem utilizadas na prática. Outros elementos de liga especialmente efetivos na tarefa de tornar possível o tratamento térmico de um aço são cromo, níquel, molibdênio, manganês, silício e tungstênio; contudo, esses elementos devem estar em solução sólida com a austenita no momento da têmpera.

Em resumo, os diagramas de transformação isotérmica e por resfriamento contínuo são, em certo sentido, diagramas de fases em que é introduzido o parâmetro tempo. Cada um deles é determinado experimentalmente para uma liga com uma composição específica, em que as variáveis são a temperatura e o tempo. Esses diagramas permitem prever a microestrutura após determinado intervalo de tempo para tratamentos térmicos conduzidos à temperatura constante e com resfriamento contínuo, respectivamente.

Verificação de Conceitos 11.4   Descreva sucintamente o procedimento de tratamento térmico por resfriamento contínuo mais simples que pode ser utilizado para converter um aço 4340 de (martensita + bainita) em (ferrita + perlita).

(A resposta está disponível no GEN-IO, ambiente virtual de aprendizagem do GEN.)

11.7 COMPORTAMENTO MECÂNICO DE LIGAS FERRO-CARBONO

Discutimos agora o comportamento mecânico de ligas ferro-carbono que apresentam as microestruturas analisadas até o momento – quais sejam, as perlitas fina e grosseira, a cementita globulizada, a bainita e a martensita. Para todas as microestruturas, à exceção da martensita, duas fases estão presentes (ferrita e cementita); dessa forma, é oferecida uma oportunidade para a exploração de várias relações entre as propriedades mecânicas e as microestruturas que existem para essas ligas.

Perlita

A cementita é muito mais dura, porém mais frágil, do que a ferrita. Assim, o aumento da fração de Fe_3C em um aço enquanto se mantêm outros elementos microestruturais constantes resultará em um material mais duro e mais resistente. Isso está demonstrado na Figura 11.30a, em que os limites de resistência à tração e de escoamento e os índices de dureza Brinell estão traçados como uma função do percentual em peso de carbono (ou, de maneira equivalente, como um percentual do teor de Fe_3C) para aços compostos por perlita fina. Todos os três parâmetros aumentam com o aumento da concentração de carbono. Uma vez que a cementita é mais frágil, o aumento de seu teor resulta em uma diminuição tanto da ductilidade quanto da tenacidade (ou da energia de impacto). Esses efeitos estão mostrados na Figura 11.30b para os mesmos aços com perlita fina.

A espessura da camada de cada fase, ferrita e cementita, na microestrutura também influencia o comportamento mecânico do material. A perlita fina é mais dura e mais resistente do que a perlita grosseira, como demonstrado pelas duas curvas superiores na Figura 11.31a, em que a dureza está traçada em função da concentração de carbono.

As razões para esse comportamento estão relacionadas com fenômenos que ocorrem nas fronteiras entre fases α-Fe_3C. Em primeiro lugar, existe um elevado grau de aderência entre as duas fases através da fronteira. Portanto, a fase cementita, resistente e rígida, restringe severamente a deformação da fase ferrita, de menor dureza, nas regiões adjacentes à fronteira; portanto, pode-se dizer que a cementita reforça a ferrita. A intensidade desse reforço é substancialmente maior na perlita fina, devido à maior área de fronteira entre fases por unidade de volume do material. Além disso, as fronteiras entre fases servem como barreiras para o movimento das discordâncias, da mesma maneira que os contornos dos grãos (Seção 8.9). Na perlita fina há mais contornos através dos quais

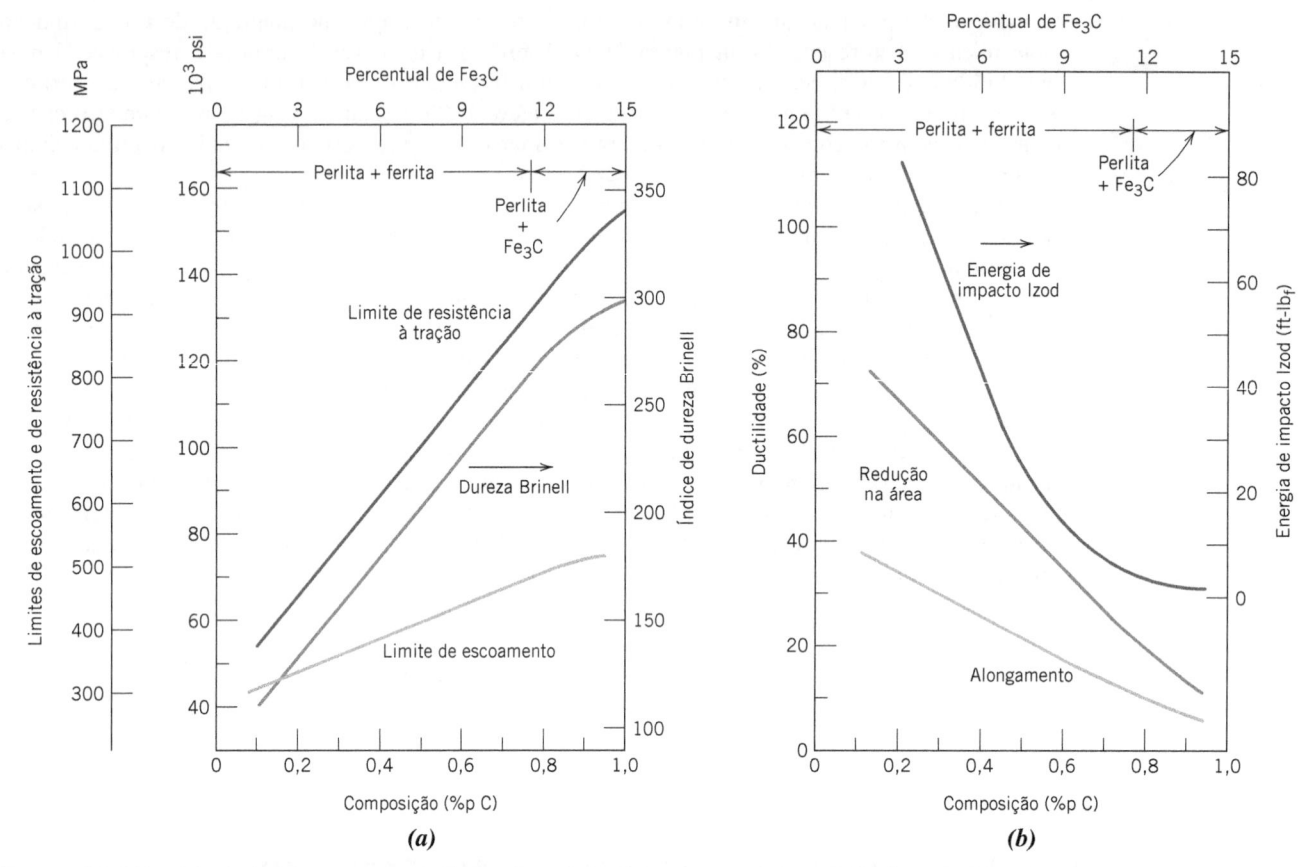

Figura 11.30 (*a*) Limite de escoamento, limite de resistência à tração e dureza Brinell em função da concentração de carbono para aços-carbono comuns que exibem microestruturas compostas por perlita fina. (*b*) Ductilidade (AL% e RA%) e a energia de impacto Izod em função da concentração de carbono para aços-carbono comuns com microestruturas compostas por perlita fina. [Dados obtidos de *Metals Handbook: Heat Treating*, Vol. 4, 9th edition, V. Masseria (Editor chefe), American Society for Metals, 1981, p. 9.]

uma discordância deve passar durante a deformação plástica. Dessa forma, o maior aumento da resistência e a maior restrição ao movimento das discordâncias na perlita fina são responsáveis por sua maior dureza e resistência.

A perlita grosseira é mais dúctil do que a perlita fina, como ilustrado na Figura 11.31*b*, em que está mostrada a redução percentual na área em função da concentração de carbono para ambos os tipos de microestrutura. Esse comportamento resulta da maior restrição à deformação plástica na perlita fina.

Cementita Globulizada

Outros elementos da microestrutura estão relacionados com a forma e com a distribuição das fases. Nesse sentido, a fase cementita possui formas e arranjos bastante diferentes nas microestruturas da perlita e da cementita globulizada (Figuras 11.15 e 11.19). As ligas que contêm uma microestrutura perlítica apresentam maior resistência e maior dureza do que aquelas com cementita globulizada. Isso está demonstrado na Figura 11.31*a*, que compara as durezas em função do percentual em peso de carbono da cementita globulizada com ambos os tipos de perlita. Esse comportamento é explicado novamente em termos do aumento da resistência e da restrição ao movimento das discordâncias através dos contornos entre as fases ferrita e cementita, como discutido anteriormente. Existe uma área de contornos por unidade de volume menor na cementita globulizada e, consequentemente, a deformação plástica não está tão restringida, o que dá origem a um material relativamente pouco resistente e com baixa dureza. De fato, entre todos os aços, aqueles que têm menor dureza e são menos resistentes exibem uma microestrutura de cementita globulizada.

Como se poderia esperar, os aços que contêm cementita globulizada são extremamente dúcteis, muito mais do que aqueles que contêm perlita fina ou grosseira (Figura 11.31*b*). Além disso, eles são

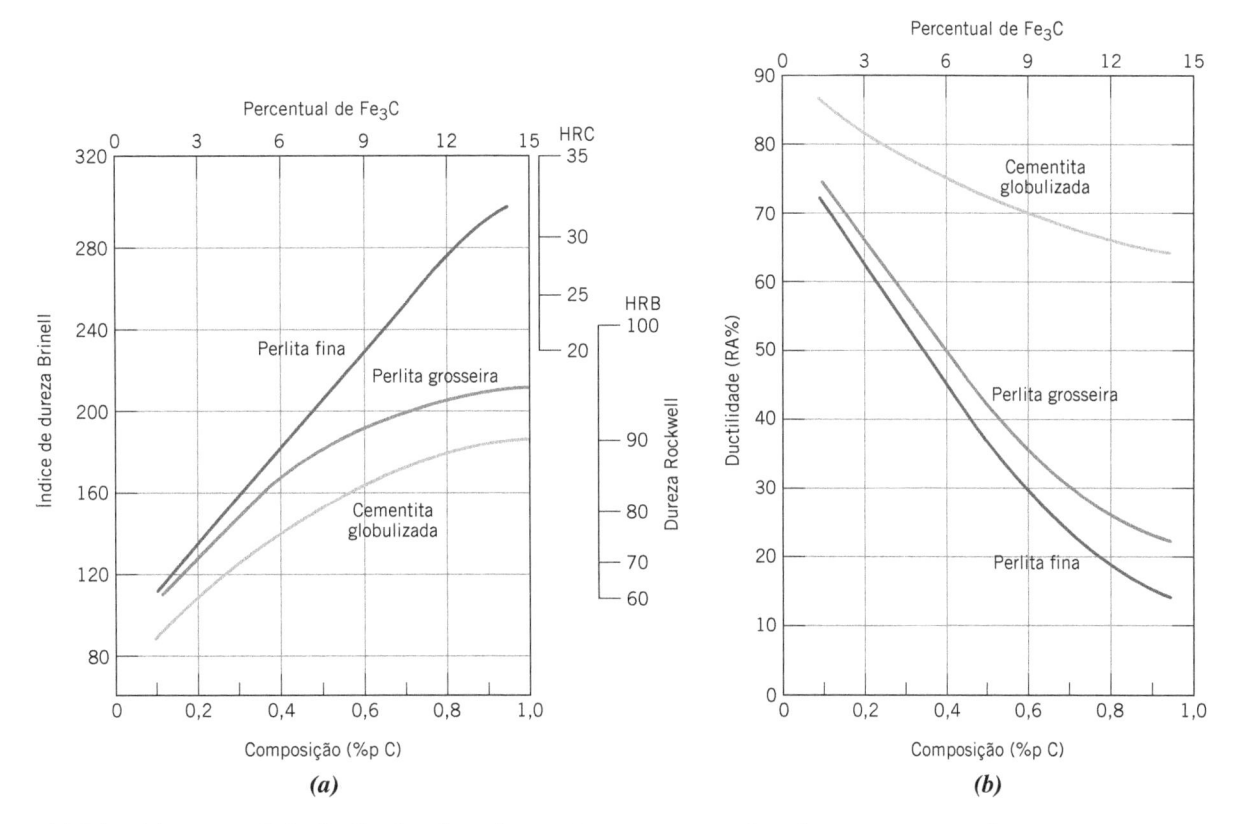

Figura 11.31 (*a*) Durezas Brinell e Rockwell em função da concentração de carbono para aços-carbono comuns que apresentam as microestruturas das perlitas fina e grosseira, assim como da cementita globulizada. (*b*) Ductilidade (RA%) em função da concentração de carbono para aços-carbono comuns que apresentam as microestruturas das perlitas fina e grosseira, assim como da cementita globulizada.
[Dados obtidos de *Metals Handbook: Heat Treating*, Vol. 4, 9th edition, V. Masseria (Editor chefe), American Society for Metals, 1981, pp. 9 e 17.]

notavelmente tenazes, pois uma trinca qualquer pode encontrar apenas uma fração muito pequena das partículas frágeis de cementita à medida que ela se propaga através da matriz dúctil de ferrita.

Bainita

Uma vez que os aços bainíticos têm estrutura mais fina (isto é, menores partículas de ferrita α e Fe_3C), eles são, em geral, mais resistentes e mais duros que os aços perlíticos; ainda assim eles exibem uma combinação desejável de resistência e de ductilidade. As Figuras 11.32*a* e 11.32*b* mostram, respectivamente, a influência da temperatura de transformação sobre a resistência/dureza e a ductilidade para uma liga ferro-carbono com composição eutetoide. As faixas de temperatura ao longo das quais a perlita e a bainita se formam (consistente com o diagrama de transformação isotérmica para essa liga, Figura 11.18) estão anotadas na parte superior das Figuras 11.32*a* e 11.32*b*.

Martensita

Entre as várias microestruturas que podem ser produzidas para determinado aço, a martensita é a mais dura e a mais resistente e, além disso, a mais frágil; ela tem, na realidade, uma ductilidade desprezível. Sua dureza depende do teor de carbono até aproximadamente 0,6 %p, como demonstrado na Figura 11.33, em que está traçada a dureza da martensita e da perlita fina em função do percentual em peso de carbono (curvas superior e inferior). Em contraste com os aços perlíticos, acredita-se que a resistência e a dureza da martensita não estejam relacionadas à sua microestrutura. Em vez disso, essas propriedades são atribuídas à eficiência dos átomos de carbono intersticiais em restringir o movimento das discordâncias (em um efeito de solução sólida, Seção 8.10) e ao número relativamente pequeno de sistemas de escorregamento (ao longo dos quais as discordâncias se movem) que existe na estrutura TCC.

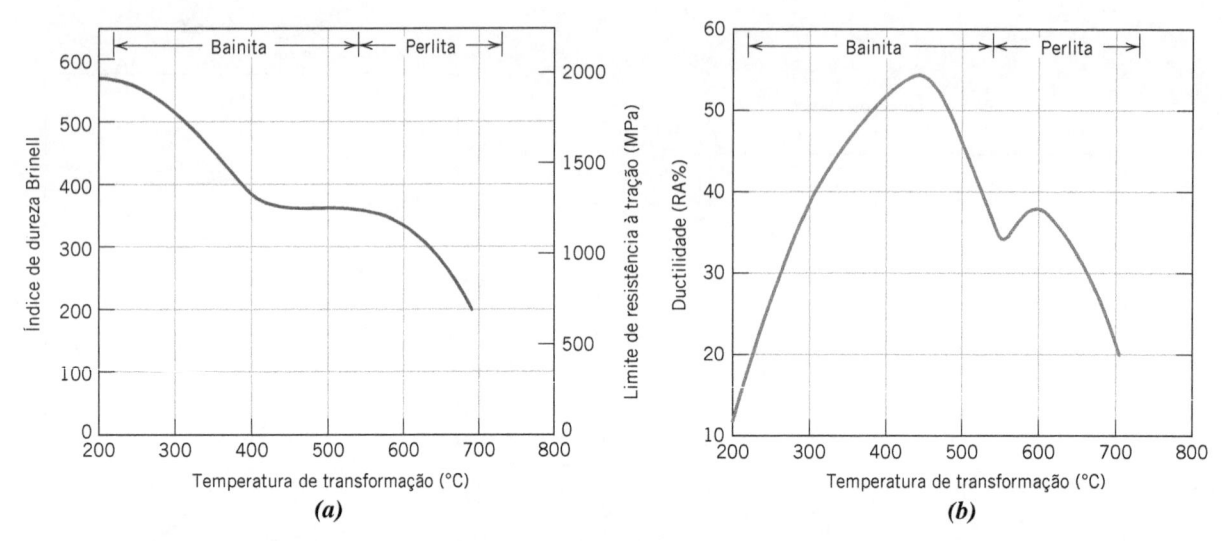

Figura 11.32 (*a*) Dureza Brinell e limite de resistência à tração e (*b*) ductilidade (RA%) (à temperatura ambiente) como uma função da temperatura de transformação isotérmica para uma liga ferro-carbono com composição eutetoide, medidos ao longo da faixa de temperaturas na qual se formam as microestruturas bainítica e perlítica.
[Figura (*a*) adaptada de E. S. Davenport, "Isothermal Transformation in Steels", *Trans. ASM*, **27**, 1939, p. 847. Reimpresso sob permissão da ASM International, Materials Park, OH.]

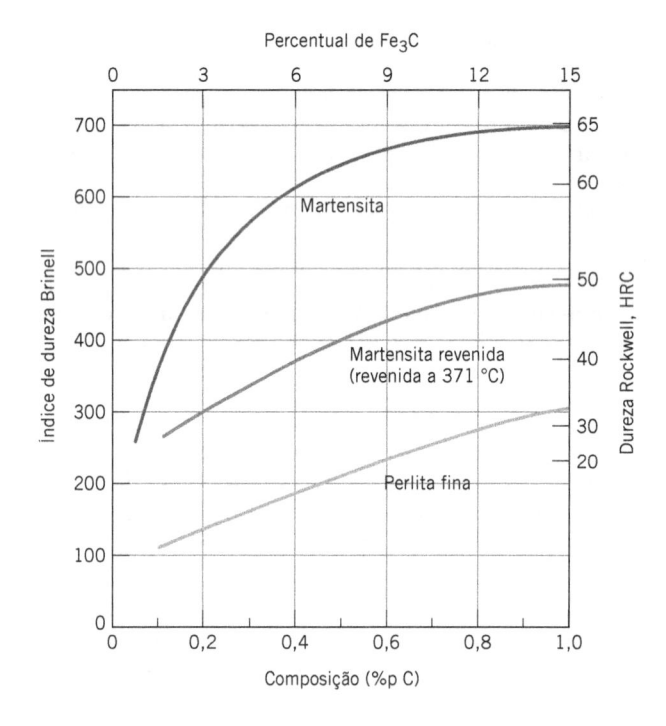

Figura 11.33 Dureza (à temperatura ambiente) como uma função da concentração de carbono para aços-carbono comuns martensítico, martensítico revenido [revenido a 371 °C (700 °F)] e perlítico.
(Adaptado de Edgar C. Bain, *Functions of the Alloying Elements in Steel*, American Society for Metals, 1939, p. 36; e R. A. Grange, C. R. Hribal, e L. F. Porter, *Metall. Trans. A*, **8A**, p. 1776.)

A austenita é ligeiramente mais densa que a martensita; portanto, durante a transformação de fases na têmpera, existe um aumento no volume. Em consequência, quando peças relativamente grandes são temperadas rapidamente, elas podem trincar como resultado de tensões internas; isso se torna um problema, especialmente quando o teor de carbono é maior do que aproximadamente 0,5 %p.

✓

Verificação de Conceitos 11.5   Classifique as seguintes ligas ferro-carbono e suas microestruturas associadas em ordem decrescente de limite de resistência à tração:

0,25 %p C com cementita globulizada

0,25 %p C com perlita grosseira

0,60 %p C com perlita fina

0,60 %p C com perlita grosseira.

Justifique essa classificação.

Verificação de Conceitos 11.6   Para um aço eutetoide, descreva um tratamento térmico isotérmico que seria necessário para produzir uma amostra com dureza de 93 HRB.

(*As respostas podem ser encontradas no GEN-IO, ambiente virtual de aprendizagem do GEN.*)

11.8   MARTENSITA REVENIDA

No estado temperado, a martensita, além de ser muito dura, é tão frágil que não pode ser usada para a maioria das aplicações; além disso, quaisquer tensões internas que possam ter sido introduzidas durante a têmpera apresentam um efeito de redução da resistência. A ductilidade e a tenacidade da martensita podem ser melhoradas e essas tensões internas podem ser aliviadas por um tratamento térmico conhecido por *revenido*.

O revenido é obtido pelo aquecimento de um aço martensítico até uma temperatura abaixo da temperatura eutetoide durante um período de tempo específico. Normalmente, o revenido é conduzido em temperaturas entre 250 °C e 650 °C (480 °F e 1200 °F); as tensões internas, no entanto, podem ser aliviadas em temperaturas tão baixas quanto 200 °C (390 °F). Esse tratamento térmico de revenido permite, por processos de difusão, a formação da **martensita revenida**, de acordo com a reação

martensita revenida

Reação de transformação da martensita em martensita revenida

$$\text{martensita (TCC, monofásica)} \rightarrow \text{martensita revenida (fases } \alpha + Fe_3C) \qquad (11.20)$$

em que a martensita TCC monofásica, que está supersaturada com carbono, transforma-se em martensita revenida, composta pelas fases estáveis ferrita e cementita, como indicado no diagrama de fases ferro-carbeto de ferro.

A microestrutura da martensita revenida consiste em partículas de cementita extremamente pequenas e uniformemente dispersas em uma matriz contínua de ferrita. Essa microestrutura é semelhante à microestrutura da cementita globulizada, exceto pelo fato de que as partículas de cementita são muito, muito menores. Uma micrografia eletrônica mostrando a microestrutura da martensita revenida sob uma ampliação muito grande está apresentada na Figura 11.34.

A martensita revenida pode ser quase tão dura e resistente quanto a martensita, porém com ductilidade e tenacidade substancialmente melhoradas. Por exemplo, no gráfico da dureza em função da

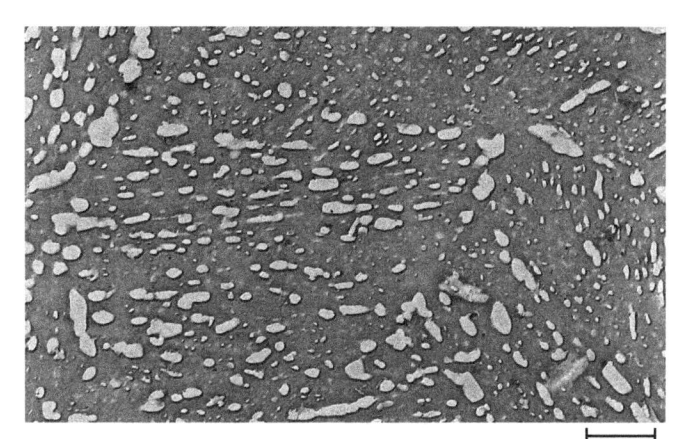

Figura 11.34   Micrografia eletrônica da martensita revenida. O revenido foi conduzido a 594 °C (1100 °F). As partículas pequenas são a fase cementita; a fase matriz é a ferrita α. Ampliação de 9300×.
(Copyright 1971 da United States Steel Corporation.)

1 μm

porcentagem em peso de carbono da Figura 11.33, está incluída uma curva para a martensita revenida. A dureza e a resistência podem ser explicadas pela grande área de contornos entre as fases ferrita e cementita por unidade de volume que existe para as numerosas e muito finas partículas de cementita. Novamente, a fase cementita, dura, reforça a matriz de ferrita ao longo das fronteiras e essas fronteiras também atuam como barreiras ao movimento das discordâncias durante a deformação plástica. A fase contínua de ferrita também é muito dúctil e relativamente tenaz, o que responde pela melhoria dessas duas propriedades na martensita revenida.

O tamanho das partículas de cementita influencia o comportamento mecânico da martensita revenida; o aumento no tamanho das partículas diminui a área de contornos entre as fases ferrita e cementita e, consequentemente, resulta em um material de menor dureza e menor resistência, porém ainda assim um material mais tenaz e mais dúctil. Além disso, o tratamento térmico de revenido determina o tamanho das partículas de cementita. As variáveis do tratamento térmico são a temperatura e o tempo, e a maioria dos tratamentos térmicos são processos realizados a temperatura constante. Uma vez que a difusão do carbono está envolvida na transformação da martensita em martensita revenida, o aumento da temperatura acelera a difusão, a taxa de crescimento das partículas de cementita e, subsequentemente, a taxa de amolecimento. A dependência dos limites de resistência à tração e escoamento e da ductilidade em relação à temperatura de revenido para um aço-liga está mostrada na Figura 11.35. Antes do revenido, o material foi temperado em óleo para produzir a estrutura martensítica; o tempo de revenido em cada temperatura foi de 1 h. Esse tipo de informação de revenido é fornecido normalmente pelo fabricante do aço.

A dependência da dureza em relação ao tempo em várias temperaturas diferentes para um aço com composição eutetoide temperado em água está apresentada na Figura 11.36; a escala do tempo é logarítmica. Com o aumento do tempo, a dureza diminui, o que corresponde ao crescimento e à coalescência das partículas de cementita. Em temperaturas que se aproximam da eutetoide [700 °C (1300 °F)] e após várias horas, a microestrutura se torna cementita globulizada (Figura 11.19), com grandes esferoides de cementita globulizada em uma fase contínua de ferrita. De maneira correspondente, a martensita com excesso de revenido é relativamente dúctil e de baixa dureza.

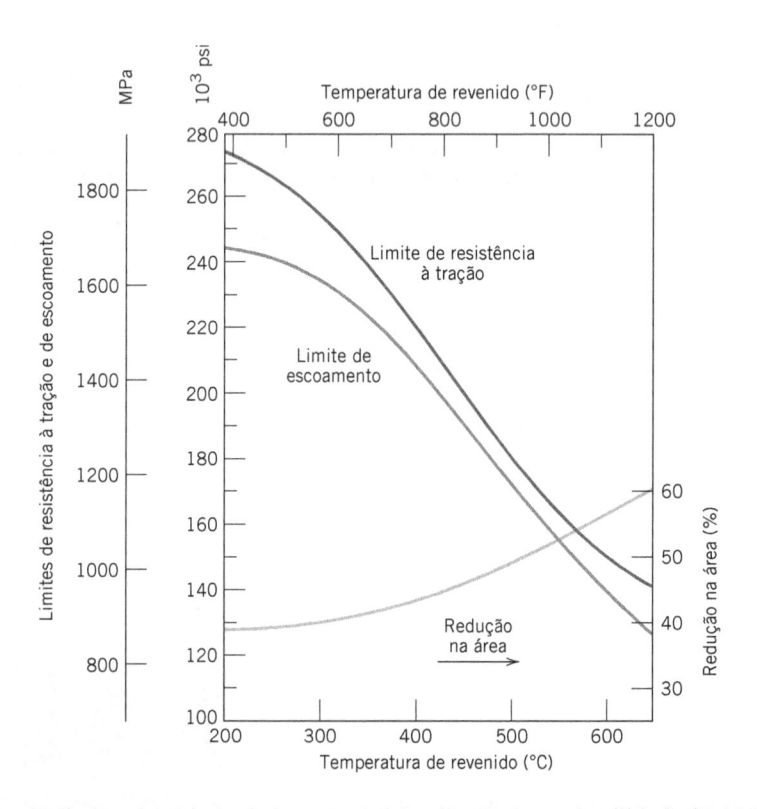

Figura 11.35 Os limites de resistência à tração e de escoamento e a ductilidade (RA%) (à temperatura ambiente) em função da temperatura de revenido para um aço-liga (tipo 4340) temperado em óleo. (Adaptado de figura fornecida como cortesia pela Republic Steel Corporation.)

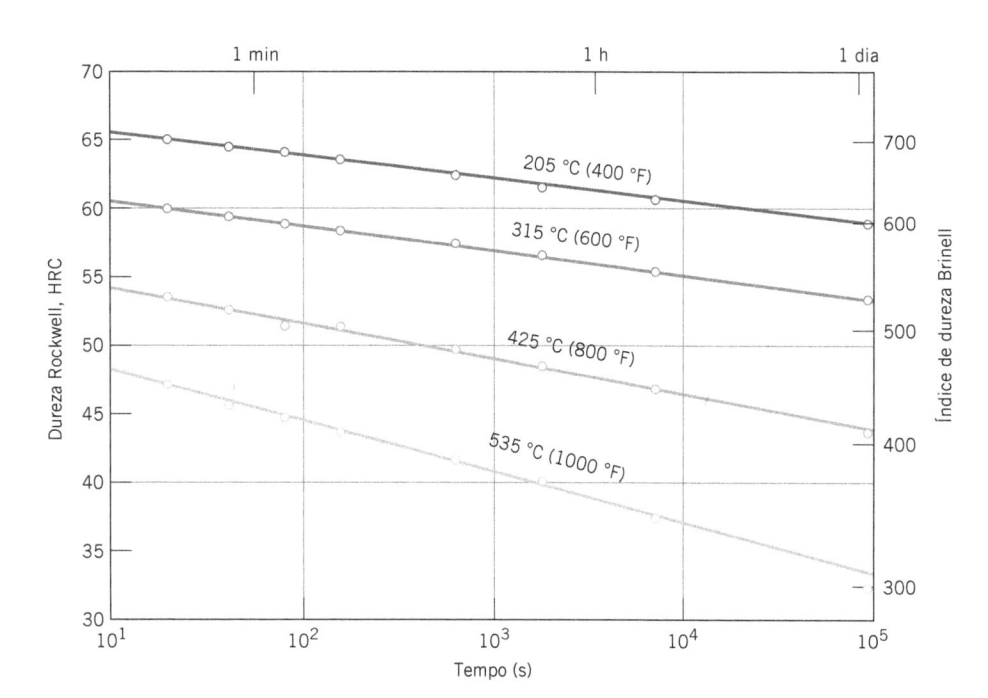

Figura 11.36 Dureza (à temperatura ambiente) em função do tempo de revenido para um aço-carbono comum (1080) eutetoide que foi temperado em água. (Adaptado de Edgar C. Bain, *Functions of the Alloying Elements in Steel*, American Society for Metals, 1939, p. 233.)

Verificação de Conceitos 11.7 Um aço é temperado em água à temperatura ambiente desde uma temperatura dentro da região da fase austenita, de modo a formar martensita. Na sequência, a liga é revenida em uma temperatura elevada que é mantida constante.

(a) Trace um gráfico esquemático que mostre como a ductilidade à temperatura ambiente varia em função do logaritmo do tempo de revenido na temperatura elevada. (Certifique-se de identificar os eixos.)

(b) Superponha e identifique nesse mesmo gráfico o comportamento à temperatura ambiente que resulta do revenido em uma temperatura mais elevada, e explique sucintamente a diferença de comportamento entre essas duas temperaturas.

(*As respostas estão disponíveis no GEN-IO, ambiente virtual de aprendizagem do GEN.*)

O revenido de alguns aços pode resultar em uma redução na tenacidade, medida por ensaios de impacto (Seção 9.8); isso se denomina *fragilização por revenido*. O fenômeno ocorre quando o aço é revenido em uma temperatura acima de aproximadamente 575 °C (1070 °F), seguido por um resfriamento lento até a temperatura ambiente, ou quando o revenido é realizado entre aproximadamente 375 °C e 575 °C (700 °F e 1070 °F). Foi determinado que os aços que são suscetíveis a fragilização por revenido contêm concentrações apreciáveis dos elementos de liga manganês, níquel ou cromo e, além disso, uma ou mais entre as impurezas antimônio, fósforo, arsênio e estanho em concentrações relativamente baixas. A presença desses elementos de liga e das impurezas desloca a transição dúctil-frágil para temperaturas significativamente mais elevadas; a temperatura ambiente está, dessa forma, abaixo dessa transição, na região frágil. Observou-se que a propagação de trincas nesses materiais fragilizados é *intergranular* (Figura 9.7); isto é, a trajetória da fratura ocorre ao longo dos contornos dos grãos da fase austenítica precursora. Além disso, foi determinado que os elementos de liga e as impurezas se segregam preferencialmente nessas regiões.

A fragilização por revenido pode ser evitada por (1) controle da composição e/ou (2) revenido acima de 575 °C ou abaixo de 375 °C, seguido por têmpera até a temperatura ambiente. Além disso, a tenacidade de aços fragilizados pode ser melhorada de maneira significativa pelo aquecimento até aproximadamente 600 °C (1100 °F) seguido por um resfriamento rápido até abaixo de 300 °C (570 °F).

11.9 REVISÃO DAS TRANSFORMAÇÕES DE FASES E DAS PROPRIEDADES MECÂNICAS PARA LIGAS FERRO-CARBONO

Neste capítulo, discutimos várias microestruturas diferentes que podem ser produzidas em ligas ferro-carbono, dependendo do tratamento térmico. A Figura 11.37 resume as trajetórias das transformações que produzem essas várias microestruturas. Aqui, considera-se que perlita, bainita e martensita resultem de processos de tratamento por resfriamento contínuo; além disso, a formação da bainita só é possível para os aços-liga (não para os aços-carbono comuns), como destacado anteriormente.

As características microestruturais e as propriedades mecânicas dos vários microconstituintes de ligas ferro-carbono estão resumidas na Tabela 11.2.

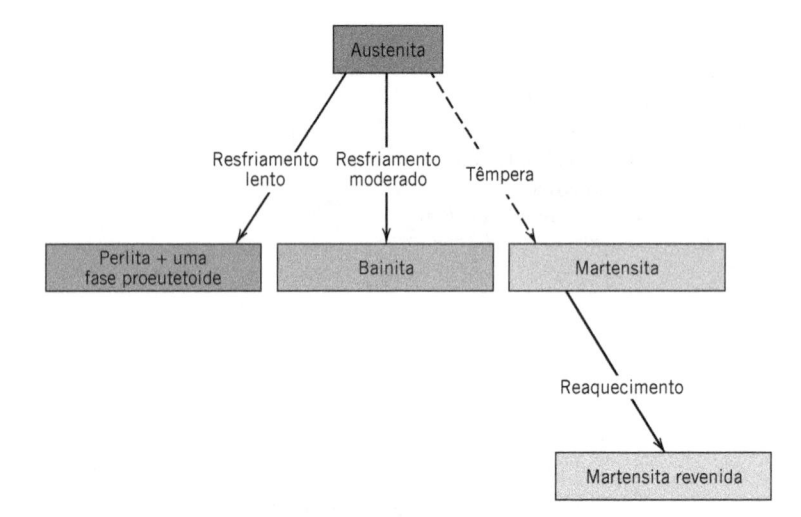

Figura 11.37 Transformações possíveis envolvendo a decomposição da austenita. As setas contínuas representam transformações que envolvem difusão; a seta tracejada envolve uma transformação em que não há difusão.

Tabela 11.2 Microestruturas e Propriedades Mecânicas para Ligas Ferro-Carbono

Microconstituinte	Fases Presentes	Arranjo das Fases	Propriedades Mecânicas (Relativas)
Cementita globulizada	Ferrita α + F_3C	Partículas relativamente pequenas de Fe_3C com formato esferoide em uma matriz de ferrita α	De baixa dureza e dúctil
Perlita grosseira	Ferrita α + F_3C	Camadas alternadas de ferrita α e Fe_3C que são relativamente grossas	Mais dura e mais resistente do que a cementita globulizada, mas não tão dúctil quanto a cementita globulizada
Perlita fina	Ferrita α + F_3C	Camadas alternadas de ferrita α e Fe_3C que são relativamente finas	Mais dura e mais resistente do que a perlita grosseira, mas não tão dúctil quanto a perlita grosseira
Bainita	Ferrita α + F_3C	Partículas muito finas e alongadas de Fe_3C em uma matriz de ferrita α	Mais dura e mais resistente do que a perlita fina; dureza menor do que a da martensita; mais dúctil do que a martensita
Martensita revenida	Ferrita α + F_3C	Partículas muito pequenas de Fe_3C com formato esferoide em uma matriz de ferrita α	Resistente; não é tão dura quanto a martensita, mas é muito mais dúctil do que a martensita
Martensita	Tetragonal de corpo centrado, monofásico	Grãos em forma de agulha	Muito dura e muito frágil

PROBLEMA-EXEMPLO 11.4

Determinação de Propriedades para uma Liga Fe-Fe₃C Eutetoide Submetida a um Tratamento Térmico Isotérmico

Determine o limite de resistência à tração e a ductilidade (RA%) de uma liga Fe-Fe₃C eutetoide que foi submetida ao tratamento térmico (c) do Problema-Exemplo 11.3.

Solução

De acordo com a Figura 11.25, a microestrutura final para o tratamento térmico (c) consiste em aproximadamente 50 % perlita que se formou durante o tratamento térmico isotérmico a 650 °C, enquanto os restantes 50 % de austenita se transformaram em bainita a 400 °C; dessa forma, a microestrutura final é 50 % perlita e 50 % bainita. O limite de resistência à tração pode ser determinado usando a Figura 11.32a. Para a perlita, que se formou em uma temperatura de transformação isotérmica de 650 °C, o limite de resistência à tração é de aproximadamente 950 MPa, ao passo que usando esse mesmo gráfico, a bainita que se formou a 400 °C possui um limite de resistência à tração ao redor de 1300 MPa. A determinação desses dois valores de limite de resistência à tração está demonstrada na seguinte ilustração.

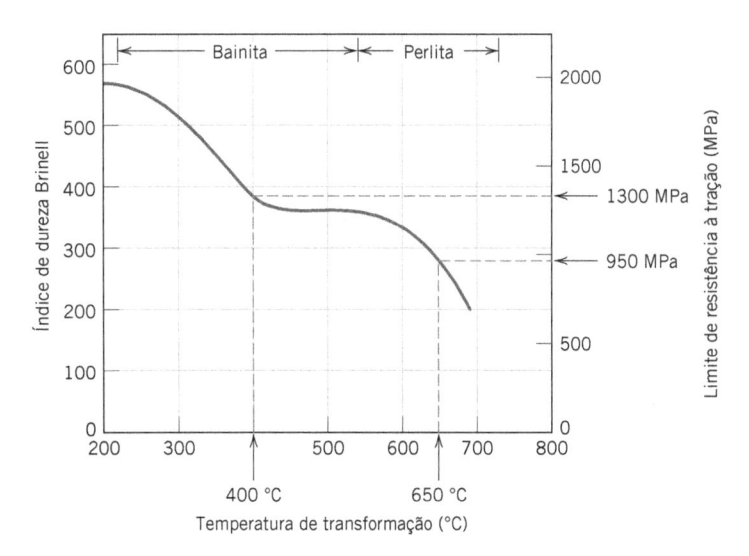

O limite de resistência à tração dessa liga com dois microconstituintes pode ser aproximado usando uma relação de "regra de misturas" – isto é, o limite de resistência à tração da liga é igual à média ponderada pela fração dos dois microconstituintes, a qual pode ser expressa pela seguinte equação:

$$\overline{LRT} = W_p(LRT)_p + W_b(LRT)_b \tag{11.21}$$

Aqui,

$\overline{LRT}$ = limite de resistência à tração da liga,

W_p e W_b = frações mássicas de perlita e bainita, respectivamente, e

$(LRT)_p$ e $(LRT)_b$ = limites de resistência à tração dos respectivos microconstituintes.

Assim, incorporando os valores para esses quatro parâmetros na Equação 11.21 resulta no seguinte limite de resistência à tração da liga:

$$\overline{LRT} = (0,50)(950\,\text{MPa}) + (0,50)(1300\,\text{MPa})$$

$$= 1125\,\text{MPa}$$

Essa mesma técnica é utilizada para o cálculo da ductilidade. Nesse caso, os valores aproximados para a ductilidade dos dois microconstituintes, tomados a 650 °C (para perlita) e 400 °C (para bainita), são, respectivamente, 32 RA% e 52 RA%, conforme obtidos da seguinte adaptação da Figura 11.32b:

A adaptação da expressão da regra de misturas (Equação 11.21) para esse caso é a seguinte:

$$\overline{RA\%} = W_p(RA\%)_p + W_b(RA\%)_b$$

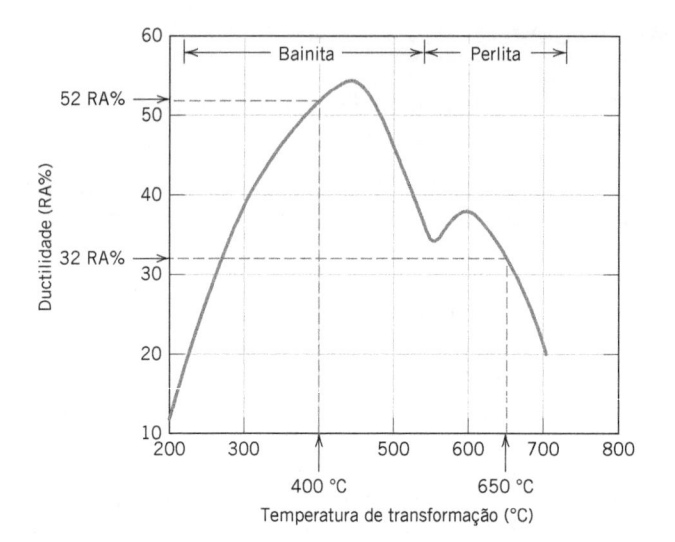

Quando os valores de W e RA% são inseridos nessa expressão, a ductilidade aproximada é calculada como

$$\overline{RA}\% = (0,50)(32\ RA\%) + (0,50)(52\ RA\%)$$
$$= 42\ RA\%$$

Em resumo, para a liga eutetoide submetida ao tratamento térmico isotérmico especificado, os valores para o limite de resistência à tração e a ductilidade são de aproximadamente 1125 MPa e 42 RA%, respectivamente.

MATERIAIS DE IMPORTÂNCIA

Ligas com Memória da Forma

Um grupo relativamente novo de metais que exibem um fenômeno interessante (e prático) é o das *ligas com memória da forma* (ou *Shape Memory Alloys – SMA*). Um material desse tipo, após ter sido deformado, tem a habilidade de, ao ser submetido a um tratamento térmico apropriado, voltar ao seu tamanho e à sua forma existentes antes da deformação – isto é, o material "se lembra" do seu tamanho/forma anteriores. A deformação é conduzida normalmente em uma temperatura relativamente baixa, enquanto a memória da forma ocorre no aquecimento.[5] Entre os materiais descobertos como capazes de recuperar quantidades significativas de deformação estão as ligas níquel-titânio (Nitinol[6] é o seu nome comercial) e algumas ligas à base de cobre (ligas Cu-Zn-Al e Cu-Al-Ni).

Uma liga com memória da forma é polimórfica (Seção 3.10), isto é, pode apresentar duas estruturas cristalinas (ou fases), e o efeito de memória da forma envolve transformações de fases entre elas. Uma fase (denominada *fase austenita*) apresenta uma estrutura cúbica de corpo centrado que existe em temperaturas elevadas; sua estrutura está representada esquematicamente no destaque mostrado no estágio 1 na Figura 11.38. No resfriamento, a austenita transforma-se espontaneamente em uma fase martensítica, em um processo semelhante à transformação martensítica para o sistema ferro-carbono (Seção 11.5) – isto é, a transformação é adifusional, envolve uma mudança ordenada de grandes grupos de átomos, ocorre muito rapidamente e o grau de transformação depende da temperatura; as temperaturas nas quais a transformação começa e termina estão indicadas, respectivamente, pelas legendas M_i e M_f no eixo vertical à esquerda na Figura 11.38. Além disso, essa martensita está altamente maclada,[7] como representado esquematicamente no destaque para o

---

[5] As ligas que demonstram esse fenômeno apenas quando são aquecidas são ditas terem uma memória da forma *unidirecional*. Alguns desses materiais apresentam mudanças no tamanho/forma tanto no aquecimento quanto no resfriamento; esses materiais são denominados ligas com memória da forma *bidirecional*. Nessa discussão, vamos analisar o mecanismo apenas para as ligas com memória da forma unidirecional.

[6] *Nitinol* é um acrônimo do inglês para Laboratório de Ordenança Naval níquel-titânio (*ni*ckel-*ti*tanium *N*aval *O*rdnance *L*aboratory), onde essa liga foi descoberta.

[7] O fenômeno da maclação foi descrito na Seção 8.8.

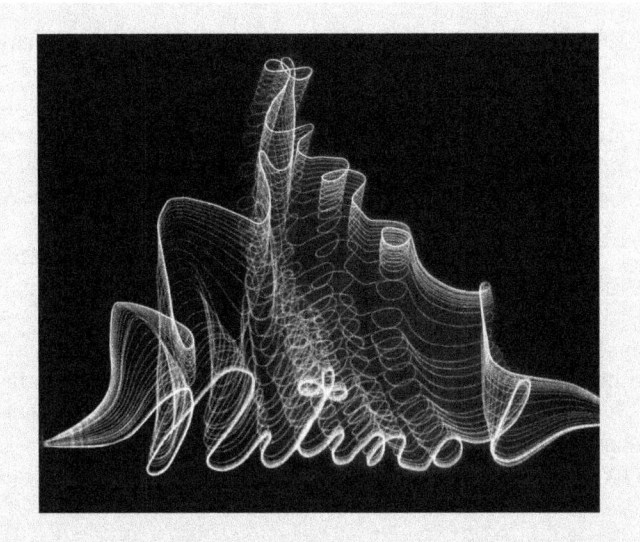

Fotografia tirada ao longo de intervalos de tempo que demonstra o efeito da memória da forma. Um arame de uma liga com memória da forma (Nitinol) foi torcido e então tratado, tal que a sua memória da forma escrevesse a palavra "Nitinol". O arame foi então deformado e, com seu aquecimento (pela passagem de uma corrente elétrica), ele se contorce voltando à sua forma pré-deformada; esse processo de recuperação da forma está registrado na fotografia.

[Esta fotografia é uma cortesia do Centro Naval de Guerra de Superfície (*Naval Surface Warfare Center*), conhecido anteriormente como Laboratório de Ordenança Naval (*Naval Ordnance Laboratory*).]

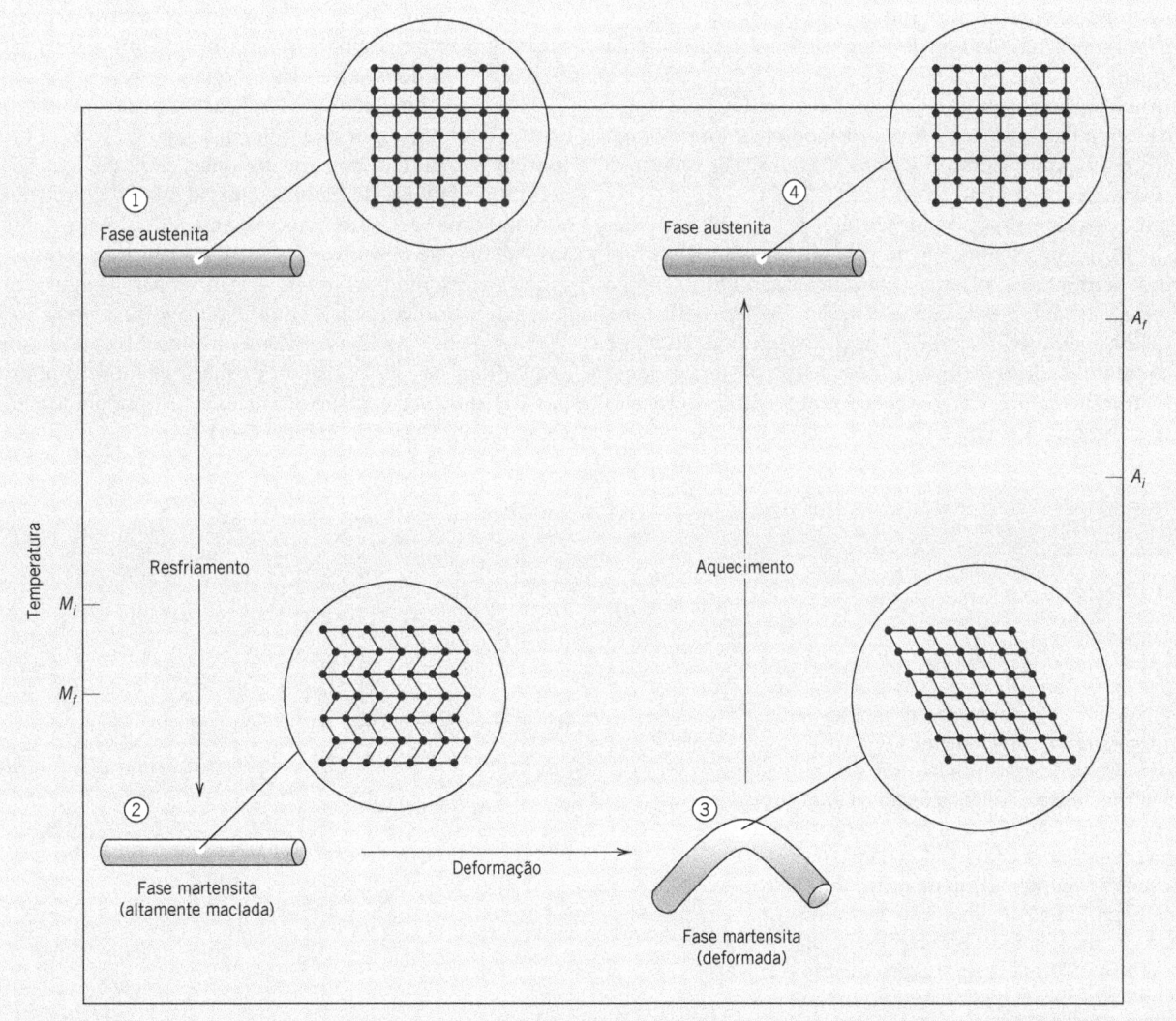

Figura 11.38 Diagrama que ilustra o efeito da memória da forma. Os destaques são representações esquemáticas das estruturas cristalinas nos quatro estágios. M_i e M_f representam as temperaturas nas quais a transformação martensítica começa e termina, respectivamente. De maneira semelhante, para a transformação austenítica, A_i e A_f representam, respectivamente, as temperaturas de começo e de término da transformação.

estágio 2 na Figura 11.38. Sob a influência da aplicação de uma tensão, a deformação da martensita (isto é, a passagem do estágio 2 para o estágio 3 na Figura 11.38) ocorre pela migração de contornos de maclas – algumas regiões macladas crescem enquanto outras encolhem; essa estrutura martensítica deformada está representada no destaque para o estágio 3. Além disso, quando a tensão é removida, a forma deformada é retida nessa temperatura. Finalmente, em um aquecimento subsequente até a temperatura inicial, o material reverte (isto é, "se lembra") ao seu tamanho e sua forma originais (estágio 4). Esse processo de transformação do estágio 3 para o estágio 4 é acompanhado por uma transformação de fases da martensita deformada para a fase austenita original de alta temperatura. Para essas ligas com memória da forma, a transformação da martensita em austenita ocorre em uma faixa de temperaturas, entre as temperaturas indicadas por A_i (início da austenita) e A_f (final da austenita) no eixo vertical à direita na Figura 11.38. Esse ciclo deformação-transformação pode ser repetido para o material com memória da forma.

A forma original (aquela que deve ser lembrada) é criada pelo aquecimento até bem acima da temperatura A_f (tal que a transformação em austenita seja completa) e então pela restrição do material na forma que se deseja memorizar durante um período de tempo suficiente. Por exemplo, para as ligas Nitinol, é necessário um tratamento por 1 hora a 500 °C.

Embora a deformação apresentada pelas ligas com memória da forma seja semipermanente, ela não é uma deformação verdadeiramente "plástica", como foi discutido na Seção 7.6, nem é estritamente "elástica" (Seção 7.3). Em vez disso, ela é denominada *termoelástica*, porque a deformação não é permanente quando o material deformado é posteriormente tratado termicamente. O comportamento tensão-deformação-temperatura de um material termoelástico está mostrado

na Figura 11.39. As deformações recuperáveis máximas para esses materiais são da ordem de 8 %.

Para essas ligas da família Nitinol, as temperaturas de transformação podem ser projetadas para variar ao longo de ampla faixa de temperaturas (aproximadamente entre –200 °C e 110 °C), pela alteração da razão Ni-Ti e também pela adição de outros elementos.

Uma importante aplicação da SMA é em acoplamentos e tubulação sem solda, adaptados para se contrair e se ajustar, usados para as linhas hidráulicas em aeronaves, para junções em tubulações submarinas e para encanamentos em navios e submarinos. Cada acoplamento (na forma de uma luva cilíndrica) é fabricado de forma a ter um diâmetro interno ligeiramente menor do que o diâmetro externo das tubulações a serem unidas. Ele é então estirado (circunferencialmente) em alguma temperatura bem abaixo da temperatura ambiente. Em seguida, o acoplamento é colocado sobre a junção dos tubos e então é aquecido até a temperatura ambiente; o aquecimento faz com que o acoplamento se contraia novamente ao seu diâmetro original, criando, dessa forma, uma vedação firme entre as duas seções de tubo.

Há uma gama de outras aplicações para as ligas que exibem esse efeito – por exemplo, nas armações de óculos, em aparelhos ortodônticos, em antenas retráteis, em sistemas para abrir janelas de estufas, em válvulas de controle antiqueimaduras para chuveiros, nos saltos de sapatos femininos, nas válvulas de chuveiros (*sprinklers*) contra incêndios, e em aplicações biomédicas [como em filtros para coágulos no sangue, extensores coronários autoextensíveis (*stents*) e suportes para os ossos]. As ligas com memória da forma também se enquadram na classificação de "materiais inteligentes" (Seção 1.5), uma vez que são sensíveis e respondem a mudanças no ambiente (isto é, à temperatura).

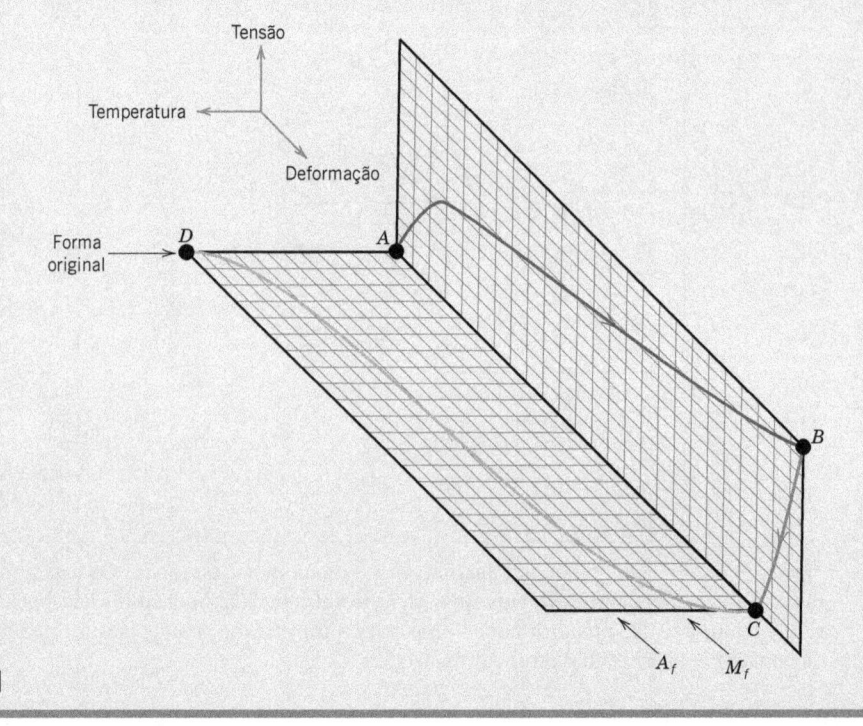

Figura 11.39 Comportamento tensão-deformação-temperatura típico de uma liga com memória da forma, demonstrando o seu comportamento termoelástico. A deformação da amostra, que corresponde à curva de A até B, é conduzida em uma temperatura abaixo daquela na qual a transformação martensítica está concluída (isto é, M_f na Figura 11.38). A liberação da tensão aplicada (também em M_f) está representada pela curva BC. O aquecimento subsequente até acima da temperatura da transformação total em austenita (A_f, Figura 11.38) faz com que a peça deformada volte à sua forma original (ao longo da curva que vai do ponto C até o ponto D).
[De Helsen, J. A., e H. J. Breme (Editores), *Metals as Biomaterials*, John Wiley & Sons, Chichester, UK, 1998.]

Endurecimento por Precipitação

endurecimento por precipitação

A resistência e a dureza de algumas ligas metálicas podem ser melhoradas pela formação de partículas extremamente pequenas e uniformemente dispersas de uma segunda fase no interior da fase original; isso deve ser obtido por transformações de fases induzidas por tratamentos térmicos apropriados. O processo é chamado de **endurecimento por precipitação**, uma vez que as pequenas partículas da nova fase são denominadas *precipitados*. A denominação *endurecimento por envelhecimento* também é usada para designar esse procedimento, porque a resistência se desenvolve ao longo do tempo, ou à medida que a liga envelhece. Exemplos de ligas que são endurecidas por tratamentos de precipitação incluem as ligas alumínio-cobre, cobre-berílio, cobre-estanho e magnésio-alumínio; algumas ligas ferrosas também podem ser endurecidas por precipitação.

O endurecimento por precipitação e o tratamento de aços para formar martensita revenida são fenômenos totalmente diferentes, embora os procedimentos de tratamento térmico sejam semelhantes; portanto, os processos não devem ser confundidos. A principal diferença está nos mecanismos pelos quais o endurecimento e o aumento da resistência são obtidos. Essa diferença deve ficar evidente com a explicação a seguir sobre o endurecimento por precipitação.

11.10 TRATAMENTOS TÉRMICOS

Uma vez que o endurecimento por precipitação resulta do desenvolvimento de partículas de uma nova fase, uma explicação do procedimento do tratamento térmico fica facilitada pelo uso de um diagrama de fases. Embora, na prática, muitas ligas endurecíveis por precipitação contenham dois ou mais elementos de liga, a discussão se torna simplificada quando se faz referência a um sistema binário. O diagrama de fases deve ser da forma mostrada para o sistema hipotético A-B representado na Figura 11.40.

Duas características necessárias devem ser exibidas pelos diagramas de fases dos sistemas de liga para haver endurecimento por precipitação: uma solubilidade máxima apreciável de um componente no outro, da ordem de vários pontos percentuais; e um limite de solubilidade que diminua rapidamente em relação à concentração do componente principal com a redução na temperatura. Essas duas condições são satisfeitas por esse diagrama de fases hipotético (Figura 11.40). A solubilidade máxima corresponde à composição no ponto M. Além disso, a fronteira do limite de solubilidade entre os campos de fases α e $\alpha + \beta$ diminui desde essa concentração máxima até um teor muito baixo de B em A, no ponto N. Também, a composição de uma liga endurecível por precipitação deve ser menor do que a solubilidade máxima. Essas condições são necessárias, porém *não* suficientes para que ocorra o endurecimento por precipitação em um sistema de ligas. Um requisito adicional será discutido abaixo.

Tratamento Térmico de Solubilização

tratamento térmico de solubilização

O endurecimento por precipitação é obtido por dois tratamentos térmicos diferentes. O primeiro é um **tratamento térmico de solubilização**, no qual todos os átomos de soluto são dissolvidos para formar uma solução sólida monofásica. Considere uma liga com composição C_0 na Figura 11.40. O tratamento consiste em aquecer a liga até uma temperatura dentro do campo de fases α – por exemplo, T_0 – e aguardar até que toda a fase β que possa ter existido seja completamente dissolvida. Nesse ponto, a liga consiste apenas em uma fase α com composição C_0. Esse procedimento é seguido pelo resfriamento rápido, ou têmpera, até uma temperatura T_1, a qual, para muitas ligas, é a temperatura ambiente, tal que se previne qualquer processo de difusão e a formação associada de qualquer fração de fase β. Dessa forma, existe uma situação fora de equilíbrio, na qual apenas a solução sólida da fase α, supersaturada com átomos de B, está presente em T_1; nesse estado, a liga é relativamente pouco resistente e de baixa dureza. Além disso, para a maioria das ligas, as taxas de difusão em T_1 são extremamente baixas, de modo que a fase α é mantida nessa temperatura por períodos de tempo relativamente longos.

Tratamento Térmico de Precipitação

tratamento térmico de precipitação

Para o segundo tratamento, ou **tratamento térmico de precipitação**, a solução sólida α supersaturada é aquecida normalmente até uma temperatura intermediária T_2 (Figura 11.40), na região bifásica

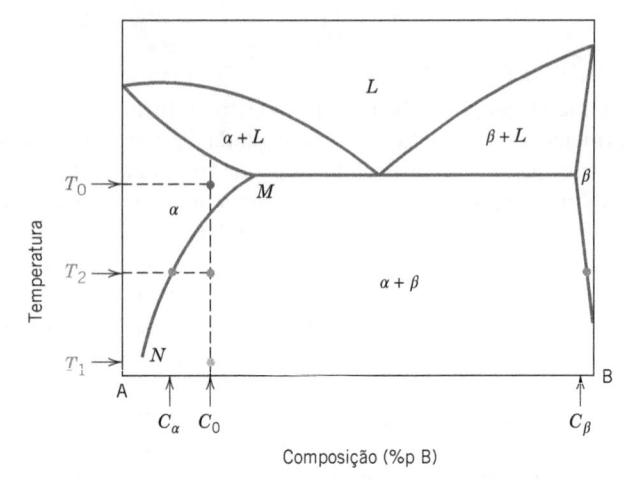

Figura 11.40 Diagrama de fases hipotético para uma liga endurecível por precipitação com composição C_0.

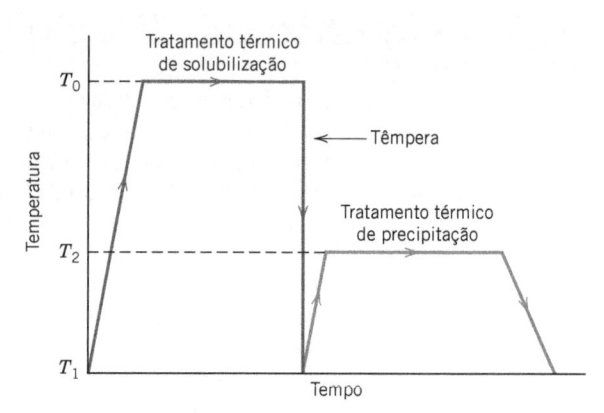

Figura 11.41 Gráfico esquemático da temperatura em função do tempo mostrando tanto o tratamento térmico de solubilização quanto o de precipitação para o endurecimento por precipitação.

$\alpha + \beta$, em cuja temperatura as taxas de difusão se tornam apreciáveis. A fase β precipitada começa a se formar como partículas finamente dispersas com composição C_β, em um processo que é algumas vezes denominado *envelhecimento*. Após o tempo de envelhecimento apropriado em T_2, a liga é resfriada até a temperatura ambiente; normalmente, essa taxa de resfriamento não é uma consideração importante. Tanto o tratamento térmico de solubilização quanto o de precipitação estão representados no gráfico da temperatura em função do tempo na Figura 11.41. A natureza dessas partículas da fase β, e subsequentemente a resistência e a dureza da liga, dependem tanto da temperatura de precipitação T_2 quanto do tempo de envelhecimento nessa temperatura. Para algumas ligas, o envelhecimento ocorre espontaneamente à temperatura ambiente em períodos de tempo prolongados.

A dependência do crescimento das partículas β precipitadas em relação ao tempo e à temperatura sob condições de tratamento térmico isotérmicas pode ser representada por curvas em forma de "C" semelhantes àquelas mostradas na Figura 11.18 para a transformação eutetoide em aços. Contudo, é mais útil e conveniente apresentar os dados na forma do limite de resistência à tração, do limite de escoamento ou da dureza à temperatura ambiente como uma função do logaritmo do tempo de envelhecimento a uma temperatura constante T_2. O comportamento para uma liga típica endurecível por precipitação está representado esquematicamente na Figura 11.42. Com o aumento do tempo, a resistência ou a dureza aumentam, atingem um valor máximo e finalmente diminuem. Essa redução na resistência e na dureza que ocorre após longos períodos de tempo é conhecida como **superenvelhecimento**. A influência da temperatura é incorporada pela superposição, em um único gráfico, das curvas em diversas temperaturas.

superenvelhecimento

11.11 MECANISMO DE ENDURECIMENTO

O endurecimento por precipitação é empregado comumente em ligas de alumínio de alta resistência. Embora um grande número dessas ligas apresente diferentes proporções e combinações de

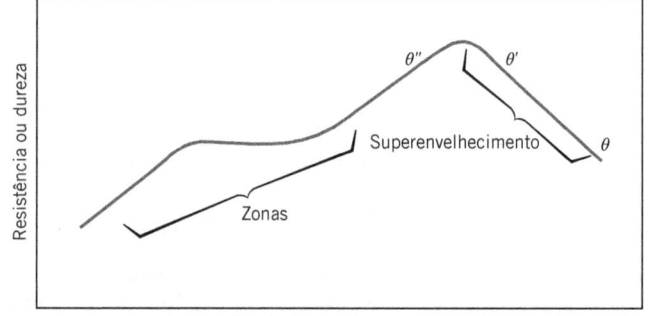

Figura 11.42 Diagrama esquemático mostrando a resistência e a dureza como uma função do logaritmo do tempo de envelhecimento a uma temperatura constante durante o tratamento térmico de precipitação.

elementos de liga, o mecanismo de endurecimento talvez tenha sido estudado mais extensivamente para as ligas alumínio-cobre. A Figura 11.43 apresenta a região rica em alumínio do diagrama de fases alumínio-cobre. A fase α é uma solução sólida substitucional do cobre no alumínio, enquanto o composto intermetálico $CuAl_2$ é designado como a fase θ. Para uma liga alumínio-cobre com composição de, por exemplo, 96 %p Al-4 %p Cu, no desenvolvimento dessa fase de equilíbrio θ durante o tratamento térmico de precipitação, várias fases de transição são, primeiramente, formadas, em uma sequência específica. As propriedades mecânicas são influenciadas pela natureza das partículas dessas fases de transição. Durante o estágio inicial de endurecimento (para tempos curtos, Figura 11.42), os átomos de cobre se aglomeram em discos muito pequenos e finos, que têm espessura de apenas um ou dois átomos e têm aproximadamente 25 átomos de diâmetro; esses aglomerados se formam em incontáveis posições no interior da fase α. Os aglomerados, algumas vezes chamados de *zonas*, são tão pequenos que não são realmente considerados como partículas distintas de precipitado. Entretanto, com o transcorrer do tempo e a subsequente difusão dos átomos de cobre, as zonas se tornam partículas, à medida que aumentam em tamanho. Essas partículas de precipitado passam então por duas fases de transição (representadas como θ'' e θ'), antes da formação da fase de equilíbrio θ (Figura 11.44c). As partículas da fase de transição para uma liga de alumínio 7150 endurecida por precipitação estão mostradas na micrografia eletrônica da Figura 11.45.

Os efeitos de aumento de resistência e endurecimento mostrados na Figura 11.42 resultam das inúmeras partículas dessas fases metaestáveis e de transição. Como mostrado na figura, a resistência máxima coincide com a formação da fase θ'', que pode ser preservada no resfriamento da liga até a

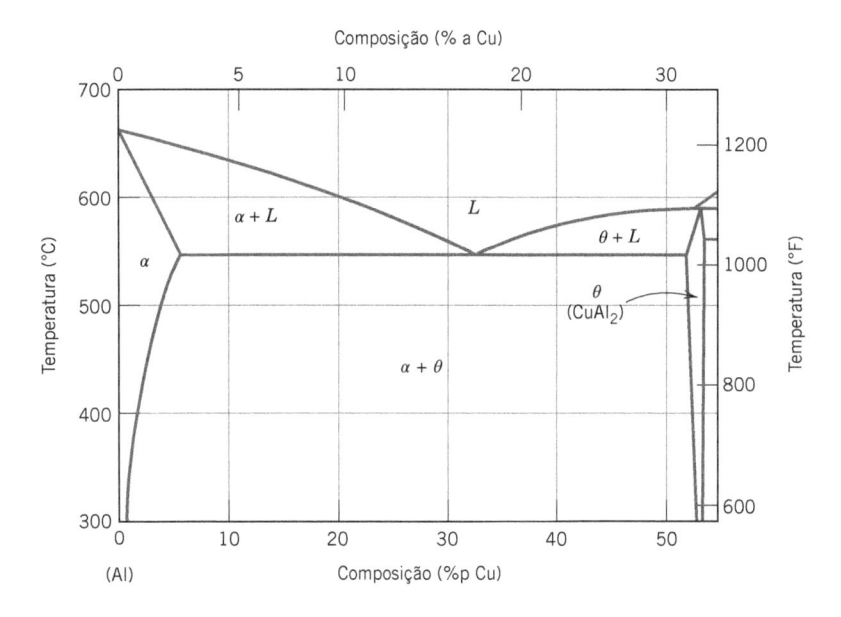

Figura 11.43 Região rica em alumínio do diagrama de fases alumínio-cobre.
(Adaptado de J. L. Murray, *International Metals Review*, **30**, 5, 1985. Reimpresso sob permissão da ASM International.)

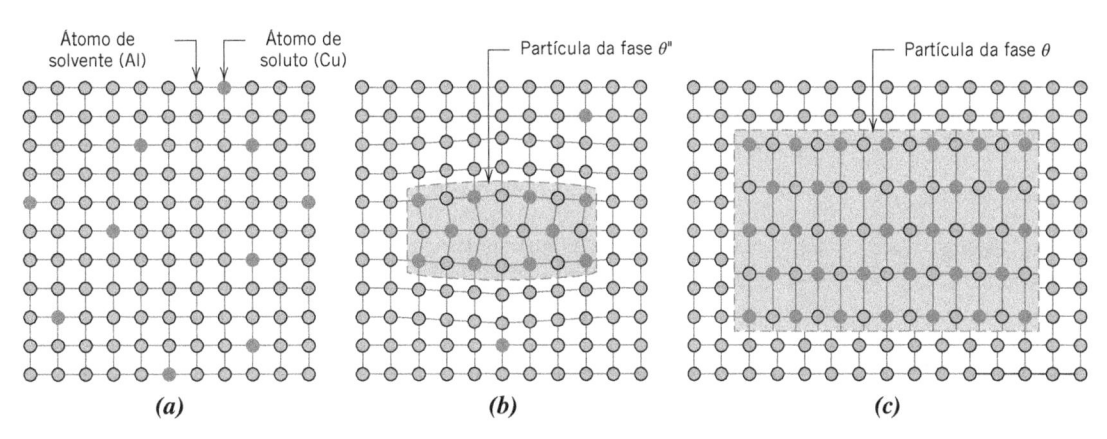

Figura 11.44 Representação esquemática de vários estágios da formação da fase precipitada de equilíbrio (θ). (*a*) Uma solução sólida α supersaturada. (*b*) Uma fase precipitada de transição θ''. (*c*) A fase de equilíbrio θ na fase matriz α.

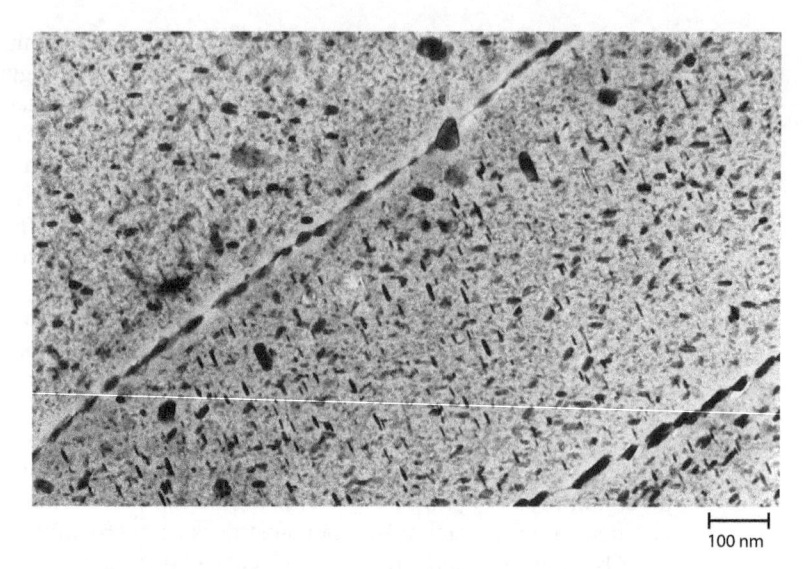

100 nm

Figura 11.45   Micrografia eletrônica de transmissão mostrando a microestrutura de uma liga de alumínio 7150-T651 (6,2 %p Zn, 2,3 %p Cu, 2,3 %p Mg, 0,12 %p Zr, sendo o restante Al) que foi endurecida por precipitação. A fase matriz, mais clara na micrografia, é uma solução sólida de alumínio. A maior parte das pequenas partículas de precipitado em forma de plaquetas, de coloração escura, é uma fase de transição η', e o restante é a fase de equilíbrio η ($MgZn_2$). Observe que os contornos dos grãos estão "decorados" com algumas dessas partículas. Ampliação de 90.000×.
(Cortesia de G. H. Narayanan and A. G. Miller, Boeing Commercial Airplane Company.)

temperatura ambiente. Um superenvelhecimento resulta da continuação do crescimento das partículas e do desenvolvimento das fases θ' e θ.

O processo de aumento da resistência é acelerado, à medida que a temperatura é aumentada. Isso está demonstrado na Figura 11.46a, um gráfico do limite de escoamento em função do logaritmo do tempo para uma liga de alumínio 2014 em várias temperaturas de precipitação diferentes. De maneira ideal, a temperatura e o tempo para o tratamento térmico de precipitação devem ser projetados para produzir uma dureza ou uma resistência na vizinhança da máxima. Uma redução na ductilidade está associada ao aumento da resistência, o que está demonstrado na Figura 11.46b para a mesma liga de alumínio 2014 nas mesmas temperaturas.

Nem todas as ligas que satisfazem as condições citadas anteriormente em relação à composição e à configuração do diagrama de fases são suscetíveis ao endurecimento por precipitação. Além disso, devem ser geradas deformações na rede, na interface precipitado-matriz. Nas ligas alumínio-cobre existe uma distorção da estrutura da rede cristalina em torno e na vizinhança das partículas dessas fases de transição (Figura 11.44b). Durante a deformação plástica, os movimentos das discordâncias são efetivamente impedidos como resultado dessas distorções e, consequentemente, a liga se torna mais dura e mais resistente. Conforme a fase θ se forma, o superenvelhecimento resultante (redução da resistência e da dureza) é explicado por uma redução na resistência ao escorregamento proporcionada por essas partículas de precipitado.

As ligas que apresentam endurecimento por precipitação apreciável à temperatura ambiente e após intervalos de tempo relativamente curtos devem ser temperadas e armazenadas sob condições refrigeradas. Várias ligas de alumínio usadas como rebite exibem esse comportamento. Esses rebites são aplicados enquanto ainda têm baixa dureza e, então, são deixados endurecer por envelhecimento na temperatura ambiente normal. Esse processo é denominado **envelhecimento natural**; o **envelhecimento artificial** é realizado em temperaturas elevadas.

envelhecimento natural, envelhecimento artificial

11.12   CONSIDERAÇÕES DIVERSAS

Os efeitos combinados do encruamento e do endurecimento por precipitação podem ser empregados em ligas de alta resistência. A ordem desses procedimentos de endurecimento é importante na produção de ligas que apresentam uma combinação ótima de propriedades mecânicas. Normalmente, a liga é tratada termicamente por solubilização e então é temperada. Isso é seguido por

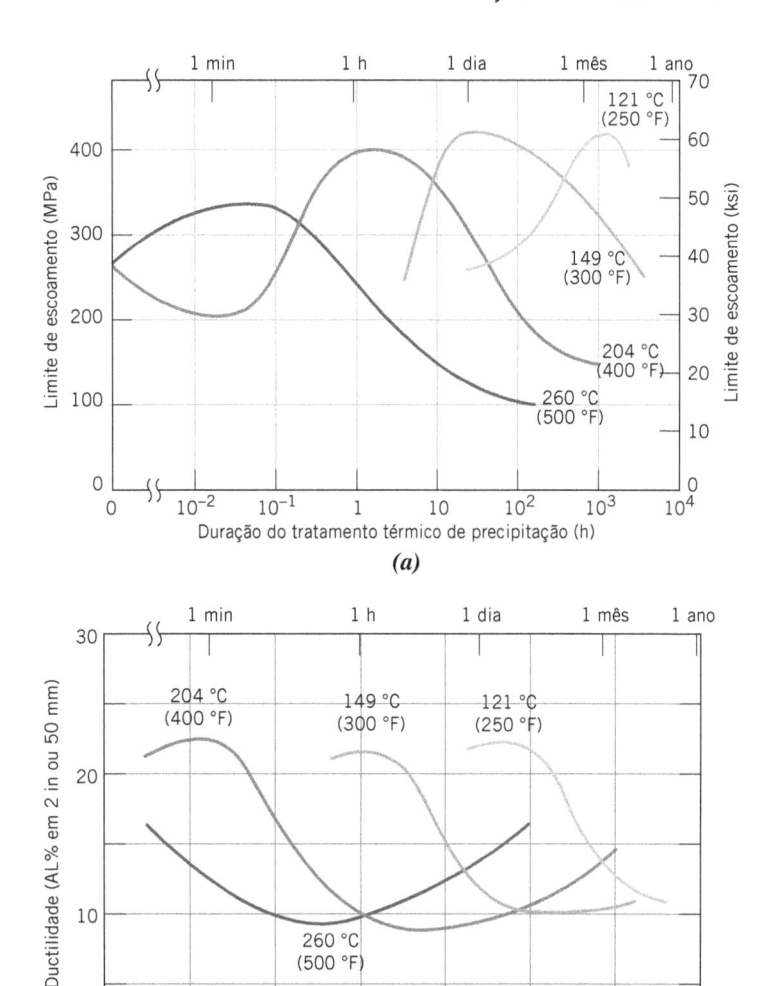

Figura 11.46 Características do endurecimento por precipitação de uma liga de alumínio 2014 (0,9 %p Si, 4,4 %p Cu, 0,8 %p Mn, 0,5 %p Mg) em quatro temperaturas de envelhecimento diferentes: (*a*) limite de escoamento e (*b*) ductilidade (AL%).
[Adaptado de *Metals Handbook: Properties and Selection: Nonferrous Alloys and Pure Metals*, Vol. 2, 9th edition, H. Baker (Editor chefe), American Society for Metals, 1979, p. 41.]

um trabalho a frio e, finalmente, pelo tratamento térmico de endurecimento por precipitação. No tratamento final, uma pequena perda de resistência ocorre devido à recristalização. Se a liga for endurecida por precipitação antes do trabalho a frio, mais energia deverá ser gasta em sua deformação; além disso, também poderão surgir trincas devido à redução na ductilidade que acompanha o processo de endurecimento por precipitação.

A maioria das ligas endurecidas por precipitação está limitada em relação às suas temperaturas máximas de serviço. A exposição a temperaturas nas quais ocorre envelhecimento pode levar a uma perda de resistência devido ao superenvelhecimento.

Fenômenos de Cristalização, Fusão e a Transição Vítrea em Polímeros

Os fenômenos das transformações de fases são importantes em relação ao projeto e ao processamento dos materiais poliméricos. Nas próximas seções discutiremos três desses fenômenos – a cristalização, a fusão e a transição vítrea.

A cristalização é o processo pelo qual, mediante um resfriamento, uma fase sólida ordenada (isto é, cristalina) é produzida a partir de um líquido fundido com uma estrutura molecular altamente aleatória. A transformação por fusão é o processo inverso, que ocorre quando um polímero é aquecido. O fenômeno da transição vítrea ocorre com polímeros amorfos ou que não podem ser cristalizados, os quais, quando resfriados a partir de um líquido fundido, tornam-se sólidos rígidos, mas retêm a estrutura molecular desordenada característica do estado líquido. Mudanças nas propriedades físicas e mecânicas acompanham a cristalização, a fusão e a transição vítrea. Além disso, para polímeros semicristalinos, as regiões cristalinas sofrerão fusão (e cristalização), enquanto as áreas não cristalinas passarão pela transição vítrea.

11.13 CRISTALIZAÇÃO

Uma compreensão do mecanismo e da cinética da cristalização dos polímeros é importante, uma vez que o grau de cristalinidade influencia as propriedades mecânicas e térmicas desses materiais. A cristalização de um polímero fundido ocorre pelos processos de nucleação e de crescimento, tópicos que foram discutidos no contexto das transformações de fases para os metais na Seção 11.3. Nos polímeros, no resfriamento pela temperatura de fusão, formam-se núcleos, em que pequenas regiões das moléculas embaraçadas e aleatórias se tornam ordenadas e alinhadas, formando camadas com cadeias dobradas (Figura 4.12). Em temperaturas acima da temperatura de fusão, esses núcleos são instáveis devido às vibrações térmicas dos átomos, que tendem a romper os arranjos moleculares ordenados. Após a nucleação e durante o estágio de crescimento da cristalização, os núcleos crescem pela continuidade da ordenação e do alinhamento de novos segmentos de cadeias moleculares; isto é, as camadas com cadeias dobradas permanecem com a mesma espessura, mas aumentam em suas dimensões laterais, ou, nas estruturas esferulíticas (Figura 4.13), existe um aumento no raio da esferulita.

A dependência da cristalização em relação ao tempo é a mesma que existe para muitas transformações no estado sólido (Figura 11.10), isto é, tem a forma de uma curva sigmoidal quando a fração da transformação (isto é, a fração cristalizada) é traçada em função do logaritmo do tempo (a uma temperatura constante). Tal gráfico está apresentado na Figura 11.47 para a cristalização do polipropileno em três temperaturas. Matematicamente, a fração cristalizada y é uma função do tempo t de acordo com a equação de Avrami, Equação 11.17,

$$y = 1 - \exp(-kt^n) \tag{11.17}$$

em que k e n *são* constantes independentes do tempo, cujos valores dependem do sistema que está sendo cristalizado. Normalmente, a extensão da cristalização é medida por alterações no volume da amostra, uma vez que haverá diferença no volume para as fases líquida e cristalizada. A taxa de cristalização pode ser especificada da mesma maneira como foi feito para as transformações discutidas na Seção 11.3 e de acordo com a Equação 11.18; isto é, a taxa é igual ao inverso do tempo necessário para que a cristalização alcance 50 % do seu total. Essa taxa é dependente da temperatura de cristalização (Figura 11.47) e também do peso molecular do polímero; a taxa diminui com o aumento do peso molecular.

Para o polipropileno (assim como para qualquer polímero), não é possível a obtenção de 100 % de cristalinidade. Portanto, na Figura 11.47, o eixo vertical tem como escala a *fração cristalizada*

Figura 11.47 Gráfico da fração cristalizada normalizada em função do logaritmo do tempo para o polipropileno nas temperaturas constantes de 140 °C, 150 °C e 160 °C.
(Adaptado de P. Parrini e G. Corrieri, *Makromol. Chem.*, **62**, 83, 1963. Reimpresso sob permissão de Hüthig & Wepf Publishers, Zug, Suíça.)

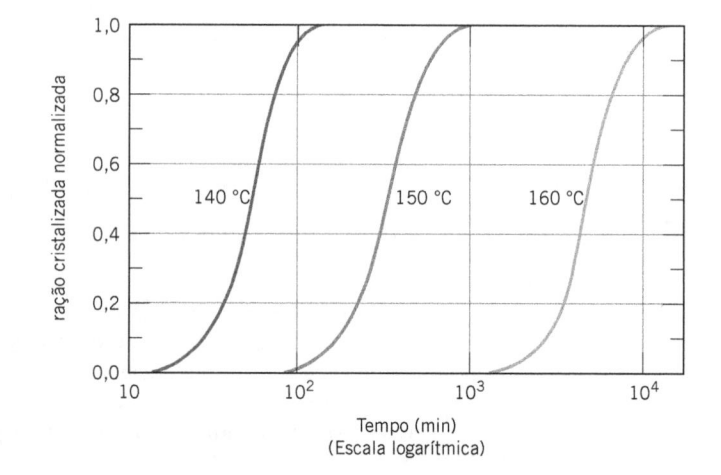

normalizada. Um valor de 1,0 para esse parâmetro corresponde ao nível de cristalização mais elevado que é atingido durante os ensaios, o qual, na realidade, é menor do que o equivalente a uma cristalização completa.

11.14 FUSÃO

temperatura de fusão

A fusão de um cristal polimérico corresponde à transformação de um material sólido com uma estrutura ordenada de cadeias moleculares alinhadas em um líquido viscoso cuja estrutura é altamente aleatória. Esse fenômeno ocorre, no aquecimento, na **temperatura de fusão**, T_f. Existem várias características específicas da fusão dos polímeros que normalmente não são observadas nos metais e nas cerâmicas; essas características são consequência das estruturas moleculares dos polímeros e de suas morfologias cristalinas lamelares. Em primeiro lugar, a fusão dos polímeros ocorre em uma faixa de temperaturas; esse fenômeno será discutido, a seguir, com mais detalhes. Além disso, o comportamento na fusão depende do histórico da amostra – em particular, da temperatura na qual a amostra foi cristalizada. A espessura das lamelas com cadeias dobradas depende da temperatura de cristalização; quanto mais grossas forem as lamelas, maior será a temperatura de fusão. As impurezas nos polímeros e as imperfeições nos cristais também diminuem a temperatura de fusão. Finalmente, o comportamento aparente da fusão é uma função da taxa de aquecimento; o aumento dessa taxa resulta em uma elevação da temperatura de fusão.

Como foi observado na Seção 8.18, os materiais poliméricos respondem a tratamentos térmicos que produzem alterações estruturais e em suas propriedades. Um aumento na espessura das lamelas pode ser induzido por recozimento a uma temperatura imediatamente abaixo da temperatura de fusão. O recozimento também eleva a temperatura de fusão pela diminuição das lacunas e outras imperfeições nos cristais poliméricos e pelo aumento da espessura do cristalito.

11.15 TRANSIÇÃO VÍTREA

temperatura
de transição
vítrea

A transição vítrea ocorre em polímeros amorfos (ou vítreos) e semicristalinos e se deve a uma redução no movimento de grandes segmentos de cadeias moleculares com a diminuição da temperatura. No resfriamento, a transição vítrea corresponde a uma transformação gradual de um líquido em um material com as características de uma borracha e, finalmente, em um sólido rígido. A temperatura em que o polímero apresenta a transição do estado no qual apresenta as características de uma borracha para o estado rígido é denominada **temperatura de transição vítrea**, T_g. Essa sequência de eventos ocorre na ordem inversa quando um vidro rígido em uma temperatura abaixo de T_g é aquecido. Além disso, mudanças bruscas em outras propriedades físicas acompanham essa transição vítrea – por exemplo, a rigidez (Figura 7.28), a capacidade calorífica e o coeficiente de expansão térmica.

11.16 TEMPERATURAS DE FUSÃO E DE TRANSIÇÃO VÍTREA

As temperaturas de fusão e de transição vítrea são parâmetros importantes relacionados com as aplicações de serviço dos polímeros. Elas definem, respectivamente, os limites de temperatura superior e inferior para inúmeras aplicações, especialmente para os polímeros semicristalinos. A temperatura de transição vítrea também pode definir a temperatura superior para o uso de materiais vítreos amorfos. Além disso, os valores de T_f e T_g também influenciam os procedimentos de fabricação e de processamento para os polímeros e os compósitos com matriz polimérica. Essas questões estão discutidas em outros capítulos.

As temperaturas nas quais a fusão e/ou a transição vítrea ocorrem para um polímero são determinadas da mesma maneira que para os materiais cerâmicos – a partir de um gráfico do volume específico (o inverso da massa específica) em função da temperatura. A Figura 11.48 mostra um desses gráficos, em que as curvas A e C, para polímeros amorfos e cristalinos, respectivamente, têm as mesmas configurações que seus análogos cerâmicos (Figura 14.16).[8] Para o material cristalino, existe uma variação descontínua no volume específico na temperatura de fusão T_f. A curva para o

---

[8] Nenhum polímero em engenharia é 100 % cristalino; a curva C foi incluída na Figura 11.48 para ilustrar o comportamento extremo que seria exibido por um material totalmente cristalino.

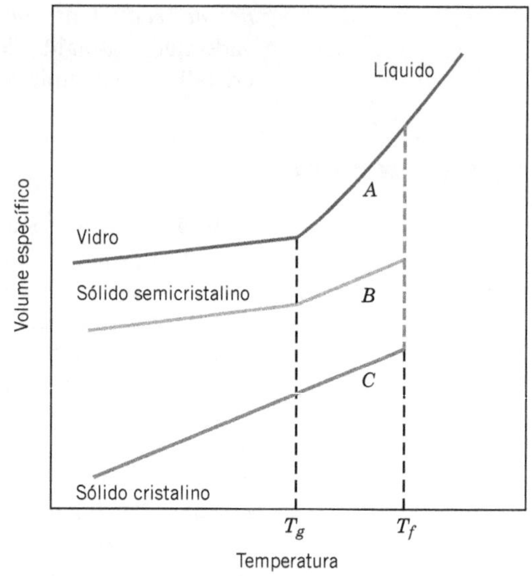

Figura 11.48 Volume específico em função da temperatura no resfriamento de um líquido fundido, para um polímero totalmente amorfo (curva *A*), semicristalino (curva *B*) e cristalino (curva *C*).

material totalmente amorfo é contínua, mas apresenta uma ligeira diminuição em sua inclinação na temperatura de transição vítrea, T_g. Para um polímero semicristalino (curva *B*), o comportamento é intermediário entre esses dois extremos, sendo observados os fenômenos tanto da fusão quanto da transição vítrea; T_f e T_g são propriedades das respectivas fases cristalina e amorfa no material semicristalino. Como discutido anteriormente, os comportamentos representados na Figura 11.48 dependerão da taxa de resfriamento ou de aquecimento. A Tabela 11.3 e o Apêndice E apresentam temperaturas de fusão e de transição vítrea que são representativas para inúmeros polímeros.

11.17 FATORES QUE INFLUENCIAM AS TEMPERATURAS DE FUSÃO E DE TRANSIÇÃO VÍTREA

Temperatura de Fusão

Durante a fusão de um polímero existe um rearranjo das moléculas na transformação de um estado molecular ordenado para um estado desordenado. As estruturas química e molecular influenciam a habilidade das moléculas que compõem a cadeia de um polímero em efetuar esses rearranjos e, portanto, também afetam a temperatura de fusão.

A rigidez da cadeia, que é controlada pela facilidade de rotação ao redor das ligações químicas ao longo da cadeia, apresenta um efeito pronunciado. A presença de ligações duplas e de grupos aromáticos na cadeia principal do polímero diminui a flexibilidade da cadeia e causa um aumento

Tabela 11.3 Temperaturas de Fusão e de Transição Vítrea para Alguns dos Materiais Poliméricos Mais Comuns

Material	Temperatura de Transição Vítrea [°C (°F)]	Temperatura de Fusão [°C (°F)]
Polietileno (baixa densidade)	−110 (−165)	115 (240)
Politetrafluoroetileno	−97 (−140)	327 (620)
Polietileno (alta densidade)	−90 (−130)	137 (279)
Polipropileno	−18 (0)	175 (347)
Náilon 6,6	57 (135)	265 (510)
Polietileno tereftalato (PET)	69 (155)	265 (510)
Cloreto de polivinila	87 (190)	212 (415)
Poliestireno	100 (212)	240 (465)
Policarbonato	150 (300)	265 (510)

em T_f. Além disso, o tamanho e o tipo dos grupos laterais influenciam a flexibilidade e a liberdade rotacional da cadeia; grupos laterais volumosos ou grandes tendem a restringir a rotação molecular e a elevar T_f. Por exemplo, o polipropileno tem uma temperatura de fusão mais elevada que o polietileno (175 °C contra 115 °C; Tabela 11.3); o grupo lateral metila, CH_3, no polipropileno é maior que o átomo de hidrogênio, H, encontrado no polietileno. A presença de grupos polares (Cl, OH e CN), mesmo não sendo excessivamente grandes, leva a forças de ligação intermoleculares significativas e a valores de T_f relativamente elevados. Isso pode ser verificado pela comparação entre as temperaturas de fusão do polipropileno (175 °C) e do cloreto de polivinila (212 °C).

A temperatura de fusão de um polímero também depende do peso molecular. Para pesos moleculares relativamente baixos, um aumento em $\bar{M}$ (ou no comprimento da cadeia) aumenta T_f (Figura 11.49). Além disso, a fusão de um polímero ocorre em uma faixa de temperaturas; assim, há uma faixa de valores de T_f, em vez de uma única temperatura de fusão. Isso ocorre porque cada polímero é composto por moléculas que exibem uma variedade de pesos moleculares (Seção 4.5) e porque T_f depende do peso molecular. Para a maioria dos polímeros, essa faixa de temperaturas de fusão é normalmente da ordem de vários graus centígrados. Aquelas temperaturas de fusão listadas na Tabela 11.3 e no Apêndice E estão próximas às extremidades superiores dessas faixas.

O grau de ramificações também afeta a temperatura de fusão de um polímero. A introdução de ramificações laterais introduz defeitos no material cristalino e reduz a temperatura de fusão. O polietileno de alta densidade, por ser um polímero predominantemente linear, tem uma temperatura de fusão (137 °C, Tabela 11.3) mais elevada do que o polietileno de baixa densidade (115 °C), que apresenta algumas ramificações.

Temperatura de Transição Vítrea

No aquecimento pela temperatura de transição vítrea, o polímero amorfo sólido se transforma de um estado rígido para um estado borrachoso. De maneira correspondente, as moléculas que estão virtualmente congeladas nas suas posições abaixo de T_g começam a experimentar movimentos de rotação e de translação quando acima de T_g. Dessa forma, o valor da temperatura de transição vítrea depende das características moleculares que afetam a rigidez da cadeia; a maioria desses fatores e suas influências são os mesmos apresentados para a temperatura de fusão, como discutido anteriormente. Novamente, a flexibilidade da cadeia é diminuída e o valor de T_g é aumentado pela presença dos seguintes fatores:

1. Grupos laterais volumosos; a partir da Tabela 11.3, os respectivos valores de T_g para o polipropileno e o poliestireno são de –18 °C e 100 °C.

2. Grupos polares; por exemplo, os valores de T_g para o cloreto de polivinila e o polipropileno são de 87 °C e –18 °C, respectivamente.

3. Ligações duplas e grupos aromáticos na cadeia principal, os quais tendem a enrijecer a cadeia polimérica.

O aumento do peso molecular também tende a aumentar a temperatura de transição vítrea, como observado na Figura 11.49. Uma pequena quantidade de ramificações tende a reduzir o valor

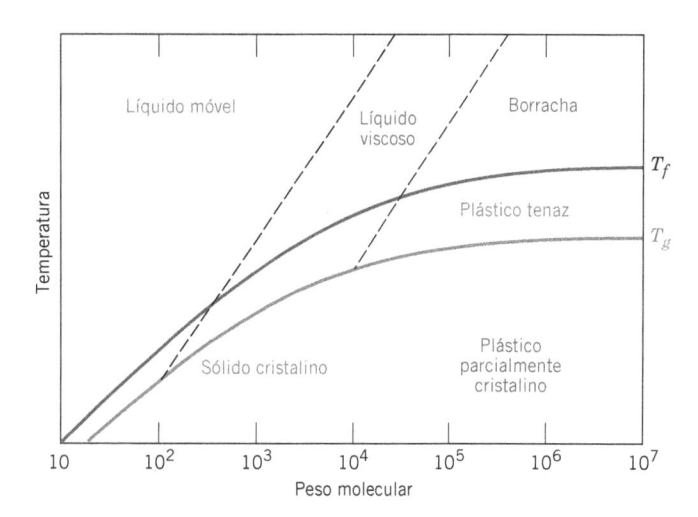

Figura 11.49 Dependência das propriedades de um polímero e das temperaturas de fusão e de transição vítrea em relação ao peso molecular.
(De F. W. Billmeyer, Jr., *Textbook of Polymer Science*, 3rd edition. Copyright © 1984 por John Wiley & Sons, New York. Reimpresso sob permissão de John Wiley & Sons, Inc.)

de T_g; por outro lado, uma grande densidade de ramificações reduz a mobilidade da cadeia e eleva a temperatura de transição vítrea. Alguns polímeros amorfos apresentam ligações cruzadas, o que eleva o valor de T_g; as ligações cruzadas restringem o movimento molecular. Com alta densidade de ligações cruzadas, o movimento molecular fica virtualmente impossibilitado; o movimento molecular em larga escala fica impedido, ao nível tal que esses polímeros não apresentam uma transição vítrea ou o seu consequente amolecimento.

A partir da discussão anterior, é evidente que, essencialmente, as mesmas características moleculares aumentam e diminuem os valores tanto da temperatura de fusão quanto da de transição vítrea. Normalmente, o valor de T_g está situado entre aproximadamente $0,5\ T_f$ e $0,8T_f$ (em Kelvin). Consequentemente, para um homopolímero, não é possível variar de maneira independente T_f e T_g. Maior grau de controle sobre esses dois parâmetros é possível pela síntese e utilização de copolímeros.

Verificação de Conceitos 11.8 Para cada um dos seguintes polímeros, trace e identifique uma curva esquemática para o volume específico em função da temperatura (inclua ambas as curvas no mesmo gráfico):

- Polipropileno esferulítico com 25 % de cristalinidade e peso molecular ponderal médio de 75.000 g/mol.

- Poliestireno esferulítico com 25 % de cristalinidade e peso molecular ponderal médio 100.000 g/mol.

Verificação de Conceitos 11.9 Para a seguinte parte de polímeros: (1) diga se é possível determinar se um polímero apresenta maior temperatura de fusão do que o outro; (2) se isso for possível, diga qual polímero tem maior temperatura de fusão e então cite a(s) razão(ões) para essa escolha; e (3) se essa decisão não for possível, diga a razão para tal.

- Poliestireno isotático com massa específica de 1,12 g/cm³ e peso molecular ponderal médio de 150.000 g/mol.

- Poliestireno sindiotático com massa específica de 1,10 g/cm³ e peso molecular ponderal médio de 125.000 g/mol.

(*As respostas estão disponíveis no GEN-IO, ambiente virtual de aprendizagem do GEN.*)

RESUMO

Cinética das Transformações de Fases

- A nucleação e o crescimento são as duas etapas envolvidas na produção de uma nova fase.
- São possíveis dois tipos de nucleação: homogênea e heterogênea.

  Na nucleação homogênea, os núcleos da nova fase se formam uniformemente por toda a fase original.

  Na nucleação heterogênea, os núcleos se formam preferencialmente nas superfícies de não homogeneidades estruturais (por exemplo, superfícies de recipientes, impurezas insolúveis).

- Na nucleação homogênea de uma partícula sólida esférica em uma solução líquida, as expressões para o raio crítico (r^*) e a energia livre de ativação (ΔG^*) são representadas pelas Equações 11.3 e 11.4, respectivamente. Esses dois parâmetros estão indicados no gráfico da Figura 11.2*b*.

- A energia livre de ativação para a nucleação heterogênea ( ) é menor do que para a nucleação homogênea ( ), como demonstrado nas curvas esquemáticas para a energia livre em função do raio do núcleo, Figura 11.6.

- A nucleação heterogênea ocorre mais facilmente que a nucleação homogênea, o que se reflete em um menor grau de super-resfriamento (ΔT) para o processo heterogêneo – isto é, $\Delta T_{het} < \Delta T_{hom}$, Figura 11.7.

- O estágio de crescimento de formação de partículas de uma fase começa quando um núcleo excede o raio crítico (r^*).

- Para as transformações sólidas típicas, um gráfico da fração transformada em função do logaritmo do tempo gera uma curva em forma de "S" (sigmoidal), como representado esquematicamente na Figura 11.10.

- A dependência em relação ao tempo do grau de transformação é representada pela equação de Avrami, Equação 11.17.

- A taxa de transformação é obtida como o inverso do tempo necessário para que uma transformação prossiga até a metade de sua conclusão – Equação 11.18.

- Nas transformações induzidas por mudanças na temperatura, quando a taxa de variação na temperatura é tal que não são mantidas condições de equilíbrio, a temperatura de transformação é elevada (para o aquecimento) e reduzida (para o resfriamento). Esses fenômenos têm a denominação de superaquecimento e super-resfriamento, respectivamente.

Diagramas de Transformações Isotérmicas

- Os diagramas de fases não fornecem nenhuma informação sobre a dependência do progresso da transformação em relação ao tempo. Entretanto, o elemento tempo é incorporado nos diagramas de transformações isotérmicas. Esses diagramas fazem o seguinte:

  Traçam a temperatura em função do logaritmo do tempo, com curvas para o começo, assim como para 50 % e 100 % da conclusão da transformação.

  São gerados a partir de uma série de gráficos do percentual de transformação em função do logaritmo do tempo obtido em uma faixa de temperaturas (Figura 11.13).

  São válidos apenas para tratamentos térmicos conduzidos a temperatura constante.

  Permitem a determinação dos tempos nos quais uma transformação de fases começa e termina.

Diagramas de Transformações por Resfriamento Contínuo

- Os diagramas de transformações isotérmicas podem ser modificados para tratamentos térmicos com resfriamento contínuo; as curvas de início e de fim de uma transformação isotérmica são deslocadas para tempos mais longos e temperaturas mais baixas (Figura 11.26). As interseções com essas curvas de resfriamento contínuo representam os tempos nos quais a transformação começa e termina.

- Os diagramas de transformações isotérmicas e por resfriamento contínuo tornam possível a previsão de produtos microestruturais para tratamentos térmicos específicos. Essa característica foi demonstrada para ligas de ferro e carbono.

- Os produtos microestruturais para as ligas ferro-carbono são os seguintes:

  Perlita grosseira e perlita fina – as camadas alternadas de ferrita α e cementita são mais finas na perlita fina do que na perlita grosseira. A perlita grosseira se forma em temperaturas mais altas (isotermicamente) e para taxas de resfriamento mais lentas (resfriamento contínuo).

  Bainita – apresenta uma estrutura muito fina composta por uma matriz de ferrita e partículas alongadas de cementita. Ela se forma em temperaturas mais baixas/taxas de resfriamento mais altas do que a perlita fina.

  Cementita globulizada – é composta por partículas de cementita de formato esférico em uma matriz de ferrita. O aquecimento da perlita fina/grosseira ou da bainita a aproximadamente 700 °C durante várias horas produz a cementita globulizada.

  Martensita – essa microestrutura exibe grãos em forma de plaquetas ou de agulhas de uma solução sólida ferro-carbono com uma estrutura cristalina tetragonal de corpo centrado. A martensita é produzida por uma têmpera rápida da austenita até uma temperatura suficientemente baixa, de modo a prevenir a difusão do carbono e a formação de perlita e/ou de bainita.

  Martensita revenida – consiste em partículas de cementita muito pequenas em uma matriz de ferrita. O aquecimento da martensita a temperaturas dentro da faixa de aproximadamente 250 °C a 650 °C resulta na sua transformação em martensita revenida.

- A adição de alguns elementos de liga (diferentes do carbono) desloca as inflexões (narizes) da perlita e da bainita em um diagrama de transformações por resfriamento contínuo para tempos mais longos, tornando a transformação em martensita mais favorável (e uma liga mais fácil de ser tratada termicamente).

Comportamento Mecânico de Ligas Ferro-Carbono

- Os aços martensíticos são os mais duros e resistentes, mas também são os mais frágeis.

- A martensita revenida é muito resistente, porém relativamente dúctil.

- A bainita apresenta uma combinação desejável de resistência e ductilidade, mas não é tão resistente quanto a martensita revenida.

- A perlita fina é mais dura, mais resistente e mais frágil que a perlita grosseira.

- A cementita globulizada tem a menor dureza e é a mais dúctil entre as microestruturas discutidas.
- A fragilização de alguns aços resulta quando estão presentes elementos de liga e impurezas específicos e quando se faz um revenido em uma faixa de temperaturas específica.

Ligas com Memória da Forma
- Essas ligas podem ser deformadas e, quando são aquecidas, retornam aos seus tamanhos e formas existentes antes da deformação.
- A deformação ocorre pela migração de contornos de maclas. Uma transformação de fases de martensita em austenita acompanha a reversão ao tamanho/forma originais.

Endurecimento por Precipitação
- Algumas ligas são suscetíveis ao *endurecimento por precipitação* – isto é, ao aumento da resistência pela formação de partículas muito pequenas de uma segunda fase, ou fase precipitada.
- O controle do tamanho da partícula e, subsequentemente, da resistência é obtido por dois tratamentos térmicos:

  No primeiro, ou tratamento térmico de *solubilização*, todos os átomos de soluto são dissolvidos para formar uma solução sólida monofásica; a têmpera até uma temperatura relativamente baixa preserva esse estado.

  Durante o segundo tratamento, ou tratamento por *precipitação* (em uma temperatura constante), partículas de precipitado se formam e crescem; a resistência, a dureza e a ductilidade são dependentes do tempo de tratamento térmico (e do tamanho das partículas).

- A resistência e a dureza aumentam com o tempo até um valor máximo e, então, diminuem durante o superenvelhecimento (Figura 11.42). Esse processo é acelerado com o aumento da temperatura (Figura 11.46a).
- O fenômeno de aumento da resistência é explicado em termos de maior resistência ao movimento das discordâncias por deformações na rede que são geradas na vizinhança dessas partículas de precipitado microscopicamente pequenas.

Cristalização (Polímeros)
- Durante a cristalização de um polímero, as moléculas com orientação aleatória na fase líquida se transformam em cristalitos com cadeias dobradas que têm estruturas moleculares ordenadas e alinhadas.

Fusão
- A fusão das regiões cristalinas de um polímero corresponde à transformação de um material sólido com uma estrutura ordenada de cadeias moleculares alinhadas em um líquido viscoso no qual a estrutura é altamente aleatória.

Transição Vítrea
- A transição vítrea ocorre nas regiões amorfas dos polímeros.
- No resfriamento, esse fenômeno corresponde a uma transformação gradual de um líquido em um material borrachoso e, finalmente, em um sólido rígido. Com a diminuição da temperatura, existe uma redução no movimento de grandes segmentos de cadeias moleculares.

Temperaturas de Fusão e de Transição Vítrea
- As temperaturas de fusão e de transição vítrea podem ser determinadas a partir de gráficos do volume específico em função da temperatura (Figura 11.48).
- Esses parâmetros são importantes em relação à faixa de temperaturas na qual um polímero específico pode ser usado e processado.

Fatores que Influenciam as Temperaturas de Fusão e de Transição Vítrea
- As magnitudes de T_f e T_g aumentam em função do aumento na rigidez da cadeia do polímero; a rigidez é aumentada pela presença de ligações duplas e de grupos laterais volumosos ou polares na cadeia.
- Para baixos pesos moleculares, T_f e T_g aumentam com o aumento de $\bar{M}$.

Resumo das Equações

Número da Equação	Equação	Resolvendo para
11.3	$r^* = -\dfrac{2\gamma}{\Delta G_v}$	Raio crítico para uma partícula sólida estável (nucleação homogênea)
11.4	$\Delta G^* = \dfrac{16\pi\gamma^3}{3(\Delta G_v)^2}$	Energia livre de ativação para a formação de uma partícula sólida estável (nucleação homogênea)
11.6	$r^* = \left(-\dfrac{2\gamma T_f}{\Delta H_f}\right)\left(\dfrac{1}{T_f - T}\right)$	Raio crítico – em termos do calor latente de fusão e da temperatura de fusão
11.7	$\Delta G^* = \left(\dfrac{16\pi\gamma^3 T_f^2}{3\Delta H_f^2}\right)\dfrac{1}{(T_f - T)^2}$	Energia livre de ativação – em termos do calor latente de fusão e da temperatura de fusão
11.12	$\gamma_{IL} = \gamma_{SI} + \gamma_{SL}\cos\theta$	Relação entre as energias interfaciais para a nucleação heterogênea
11.13	$r^* = -\dfrac{2\gamma_{SL}}{\Delta G_v}$	Raio crítico para uma partícula sólida estável (nucleação heterogênea)
11.14	$\Delta G^* = \left(\dfrac{16\pi\gamma_{SL}^3}{3\Delta G_v^2}\right)S(\theta)$	Energia livre de ativação para a formação de uma partícula sólida estável (nucleação heterogênea)
11.17	$y = 1 - \exp(-kt^n)$	Fração transformada (equação de Avrami)
11.18	$\text{taxa} = \dfrac{1}{t_{0,5}}$	Taxa de transformação

Lista de Símbolos

Símbolo	Significado
ΔG_v	Energia livre de volume
ΔH_f	Calor latente de fusão
k, n	Constantes independentes do tempo
$S(\theta)$	Função da forma do núcleo
T	Temperatura (K)
T_f	Temperatura de solidificação em equilíbrio (K)
$t_{0,5}$	Tempo necessário para que uma transformação prossiga até 50 % de sua conclusão
γ	Energia livre de superfície
γ_{IL}	Energia interfacial líquido-superfície (Figura 11.5)
γ_{SL}	Energia interfacial sólido-líquido
γ_{SI}	Energia interfacial sólido-superfície
θ	Ângulo de contato (ângulo entre os vetores γ_{SI} e γ_{SL}) (Figura 11.5)

Termos e Conceitos Importantes

aço-carbono comum
aço-liga
bainita
cementita globulizada

cinética
crescimento (partícula de uma fase)
diagrama de transformações
  isotérmicas

diagrama de transformações por
  resfriamento contínuo
endurecimento por precipitação
energia livre

envelhecimento artificial	perlita grosseira	temperatura de transição vítrea
envelhecimento natural	superaquecimento	transformação atérmica
martensita	superenvelhecimento	transformação de fases
martensita revenida	super-resfriamento	transformação termicamente ativada
nucleação	taxa de transformação	tratamento térmico de precipitação
perlita fina	temperatura de fusão (polímeros)	tratamento térmico de solubilização

REFERÊNCIAS

Atkins, M., *Atlas of Continuous Cooling Transformation Diagrams for Engineering Steels*, British Steel Corporation, Sheffield, England, 1980.

Atlas of Isothermal Transformation and Cooling Transformation Diagrams, ASM International, Materials Park, OH, 1977.

Billmeyer, F. W., Jr., *Textbook of Polymer Science*, 3rd edition, Wiley-Interscience, New York, 1984. Capítulo 10.

Brooks, C. R., *Principles of the Heat Treatment of Plain Carbon and Low Alloy Steels*, ASM International, Materials Park, OH, 1996.

Porter, D. A., K. E. Easterling, and M. Y. Sherif, *Phase Transformations in Metals and Alloys*, 3rd edition, CRC Press, Boca Raton, FL, 2009.

Shewmon, P. G., *Transformations in Metals*, Indo American Books, Abbotsford, B.C., Canada, 2007.

Vander Voort, G. (Editor), *Atlas of Time-Temperature Diagrams for Irons and Steels*, ASM International, Materials Park, OH, 1991.

Vander Voort, G. (Editor), *Atlas of Time-Temperature Diagrams for Nonferrous Alloys*, ASM International, Materials Park, OH, 1991.

Young, R. J. and P. Lovell, *Introduction to Polymers*, 3rd edition, CRC Press, Boca Raton, FL, 2011.

PERGUNTAS E PROBLEMAS

A Cinética das Transformações de Fases

11.1 Cite os dois estágios envolvidos na formação das partículas de uma nova fase. Descreva sucintamente cada um deles.

11.2 (a) Reescreva a expressão para a variação da energia livre total durante a nucleação (Equação 11.1) para o caso de um núcleo cúbico com comprimento de aresta a (em vez de uma esfera com raio r). Então, tire a derivada dessa expressão em relação a a (conforme a Equação 11.2) e resolva tanto para o comprimento crítico da aresta do cubo, a^*, quanto para ΔG^*.

(b) ΔG^* é maior para um cubo ou para uma esfera? Por quê?

11.3 Se o gelo nucleia de maneira homogênea a –40 °C, calcule o raio crítico considerando valores de $-3,1 \times 11^8$ J/m^3 e 25×10^{-3} J/m^2, respectivamente, para o calor latente de fusão e a energia livre de superfície.

11.4 (a) Para a solidificação do níquel, calcule o raio crítico r^* e a energia livre de ativação ΔG^* se a nucleação é homogênea. Os valores para o calor latente de fusão e a energia livre de superfície são de $-2,53 \times 10^9$ J/m^3 e 0,255 J/m^2, respectivamente. Considere o valor de super-resfriamento encontrado na Tabela 11.1.

(b) Calcule agora o número de átomos encontrados em um núcleo com o tamanho crítico. Considere um parâmetro da rede de 0,360 nm para o níquel sólido em sua temperatura de fusão.

11.5 (a) Assuma para a solidificação do níquel (Problema 11.4) que a nucleação seja homogênea e que o número de núcleos estáveis seja de 10^6 núcleos por metro cúbico. Calcule o raio crítico e o número de núcleos estáveis existentes nos seguintes graus de super-resfriamento: 200 K e 300 K.

(b) O que é significativo em relação às magnitudes desses raios críticos e do número de núcleos estáveis?

11.6 Para determinada transformação com uma cinética que obedece à equação de Avrami (Equação 11.17), sabe-se que o parâmetro n tem um valor de 1,5. Se depois de transcorridos 125 s a reação está 25 % completa, quanto tempo (tempo total) será necessário para que a transformação atinja 90 % de sua totalidade?

11.7 Calcule a taxa de determinada reação que obedece à cinética de Avrami, assumindo que as constantes n e k têm valores de 2,0 e de 5×10^{-4}, respectivamente, com o tempo expresso em segundos.

11.8 Sabe-se que a cinética da recristalização para determinada liga obedece à equação de Avrami e que o valor de n na exponencial é de 5,0. Se em determinada temperatura a fração recristalizada equivale a 0,30 depois de 100 min, calcule a taxa de recristalização nessa temperatura.

11.9 Sabe-se que a cinética de uma transformação obedece à equação de Avrami e que o valor de k é de $2,6 \times 10^{-6}$ (para o tempo em minutos). Se a fração recristalizada é de 0,65 depois de 120 min, determine a taxa dessa transformação.

11.10 A cinética da transformação da austenita em perlita obedece à relação de Avrami. Considerando os dados fornecidos abaixo para a fração transformada em função do tempo, determine o tempo total necessário para 95 % da austenita se transformar em perlita.

Fração Transformada	Tempo (s)
0,2	280
0,6	425

11.11 Os dados da fração recristalizada em função do tempo para a recristalização realizada a 350 °C de um alumínio previamente deformado estão na tabela a seguir.

Assumindo que a cinética desse processo obedece à relação de Avrami, determine a fração recristalizada após um tempo total de 116,8 min.

Fração Recristalizada	Tempo (min)
0,30	95,2
0,80	126,6

11.12 **(a)** A partir das curvas mostradas na Figura 11.11 e usando a Equação 11.18, calcule a taxa de recristalização para o cobre puro nas várias temperaturas.

(b) Trace um gráfico de ln(taxa) em função do inverso da temperatura (em K^{-1}) e determine a energia de ativação para esse processo de recristalização. (Veja a Seção 6.5.)

(c) Por extrapolação, estime o tempo necessário para 50 % de recristalização na temperatura ambiente de 20 °C (293 K).

11.13 Determine os valores para as constantes n e k (Equação 11.17) na recristalização do cobre (Figura 11.11) a 119 °C.

Estados Metaestáveis versus *Estados de Equilíbrio*

11.14 Em termos do tratamento térmico e do desenvolvimento da microestrutura, quais são as duas principais limitações do diagrama de fases ferro-carbeto de ferro?

11.15 **(a)** Descreva sucintamente os fenômenos do super-resfriamento e do superaquecimento.

(b) Por que esses fenômenos ocorrem?

Diagramas de Transformações Isotérmicas

11.16 Suponha que um aço com composição eutetoide seja resfriado desde 760 °C (1400 °F) até 675 °C (1250 °F) em menos de 0,5 s e seja mantido nessa temperatura.

(a) Quanto tempo será necessário para que a reação de transformação da austenita em perlita atinja 50 %? E para atingir 100 %?

(b) Estime a dureza da liga que se transformou completamente em perlita.

11.17 Cite sucintamente as diferenças entre a perlita, a bainita e a cementita globulizada em relação às suas microestruturas e propriedades mecânicas.

11.18 Qual é a força motriz para a formação da cementita globulizada?

11.19 Considerando o diagrama de transformações isotérmicas para uma liga ferro-carbono com composição eutetoide (Figura 11.23), especifique a natureza da microestrutura final (em termos dos microconstituintes presentes e dos percentuais aproximados de cada um deles) para uma pequena amostra que foi submetida aos seguintes tratamentos tempo-temperatura. Para cada caso, assuma que a amostra encontra-se inicialmente a 760 °C (1400 °F) e que foi mantida nessa

temperatura durante tempo suficiente para que fosse atingida uma estrutura totalmente austenítica e homogênea.

(a) Resfriamento rápido até 350 °C (660 °F), manutenção nessa temperatura durante 10^3 s e então têmpera até a temperatura ambiente.

(b) Resfriamento rápido até 625 °C (1160 °F), manutenção nessa temperatura durante 10 s e então têmpera até a temperatura ambiente.

(c) Resfriamento rápido até 600 °C (1110 °F), manutenção nessa temperatura durante 4 s, resfriamento rápido até 450 °C (840 °F), manutenção nessa temperatura durante 10 s e então têmpera até a temperatura ambiente.

(d) Reaquecimento da amostra no item (c) até 700 °C (1290 °F) durante 20 h.

(e) Resfriamento rápido até 300 °C (570 °F), manutenção nessa temperatura durante 20 s e então têmpera em água até a temperatura ambiente. Reaquecimento a 425 °C (800 °F) durante 10^3 s e resfriamento lento até a temperatura ambiente.

(f) Resfriamento rápido até 665 °C (1230 °F), manutenção nessa temperatura durante 10^3 s e então têmpera até a temperatura ambiente.

(g) Resfriamento rápido até 575 °C (1065 °F), manutenção nessa temperatura durante 20 s, resfriamento rápido até 350 °C (660 °F), manutenção nessa temperatura durante 100 s e então têmpera até a temperatura ambiente.

(h) Resfriamento rápido até 350 °C (660 °F), manutenção nessa temperatura durante 150 s e então têmpera até a temperatura ambiente.

11.20 Faça uma cópia do diagrama de transformações isotérmicas para uma liga ferro-carbono com composição eutetoide (Figura 11.23) e então esboce e identifique nesse diagrama as trajetórias tempo-temperatura para produzir as seguintes microestruturas:

(a) 100 % perlita grosseira

(b) 50 % martensita e 50 % austenita

(c) 50 % perlita grosseira, 25 % bainita e 25 % martensita.

11.21 Utilizando o diagrama de transformações isotérmicas para um aço contendo 1,13 %p C (Figura 11.50), determine a microestrutura final (em termos somente dos microconstituintes presentes) de uma pequena amostra que tenha sido submetida aos seguintes tratamentos tempo-temperatura. Para cada caso, assuma que a amostra estava inicialmente a 920 °C (1690 °F) e que ela foi mantida nessa temperatura durante tempo suficiente para atingir uma estrutura totalmente austenítica e homogênea.

(a) Resfriamento rápido até 250 °C (480 °F), manutenção nessa temperatura durante 10^3 s e então têmpera até a temperatura ambiente.

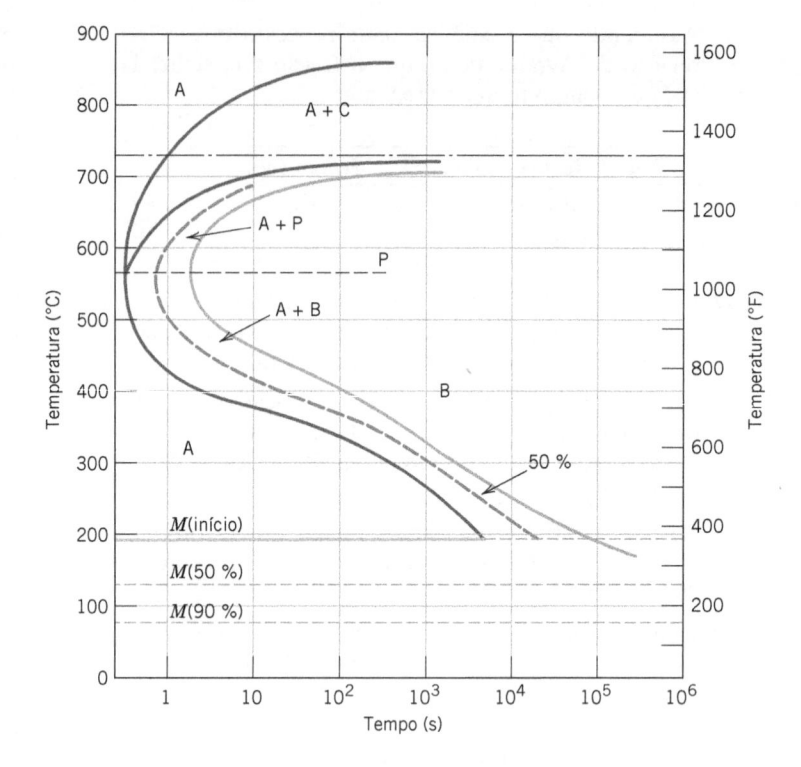

Figura 11.50 Diagrama de transformações isotérmicas para uma liga ferro-carbono contendo 1,13 %p C: A, austenita; B, bainita; C, cementita proeutetoide; M, martensita; P, perlita. [Adaptado de H. Boyer (Editor), *Atlas of Isothermal Transformation and Cooling Transformation Diagrams*, 1977. Reproduzido sob permissão da ASM International, Materials Park, OH.]

(b) Resfriamento rápido até 775 °C (1430 °F), manutenção nessa temperatura durante 500 s e então têmpera até a temperatura ambiente.

(c) Resfriamento rápido até 400 °C (750 °F), manutenção nessa temperatura durante 500 s e então têmpera até a temperatura ambiente.

(d) Resfriamento rápido até 700 °C (1290 °F), manutenção nessa temperatura durante 10^5 s e então têmpera até a temperatura ambiente.

(e) Resfriamento rápido até 650 °C (1200 °F), manutenção nessa temperatura durante 3 s, resfriamento rápido até 400 °C (750 °F), manutenção nessa temperatura durante 25 s, e então têmpera até a temperatura ambiente.

(f) Resfriamento rápido até 350 °C (660 °F), manutenção nessa temperatura durante 300 s e então têmpera até a temperatura ambiente.

(g) Resfriamento rápido até 675 °C (1250 °F), manutenção nessa temperatura durante 7 s e então têmpera até a temperatura ambiente.

(h) Resfriamento rápido até 600 °C (1110 °F), manutenção nessa temperatura durante 7 s, resfriamento rápido até 450 °C (840 °F), manutenção nessa temperatura durante 4 s e então têmpera até a temperatura ambiente.

11.22 Para os itens (a), (c), (d), (f) e (h) do Problema 11.21, determine os percentuais aproximados dos microconstituintes que são formados.

11.23 Faça uma cópia do diagrama de transformações isotérmicas para uma liga ferro-carbono contendo 1,13 %p C (Figura 11.50) e então esboce e identifique nesse dia-

grama as trajetórias tempo-temperatura para produzir as seguintes microestruturas:

(a) 6,2 % cementita proeutetoide e 93,8 % perlita grosseira

(b) 50 % perlita fina e 50 % bainita

(c) 100 % martensita

(d) 100 % martensita revenida

Diagramas de Transformações por Resfriamento Contínuo

11.24 Cite os produtos microestruturais de amostras de uma liga ferro-carbono eutetoide (0,76 %p C) que são, em primeiro lugar, completamente transformadas em austenita e então são resfriadas até a temperatura ambiente nas seguintes taxas de resfriamento:

(a) 1 °C/s

(b) 20 °C/s

(c) 50 °C/s

(d) 175 °C/s

11.25 A Figura 11.51 mostra o diagrama de transformações por resfriamento contínuo para uma liga ferro-carbono contendo 0,35 %p C. Faça uma cópia dessa figura e então esboce e identifique as curvas de resfriamento contínuo para produzir as seguintes microestruturas:

(a) Perlita fina e ferrita proeutetoide

(b) Martensita

(c) Martensita e ferrita proeutetoide

(d) Perlita grosseira e ferrita proeutetoide

(e) Martensita, perlita fina e ferrita proeutetoide

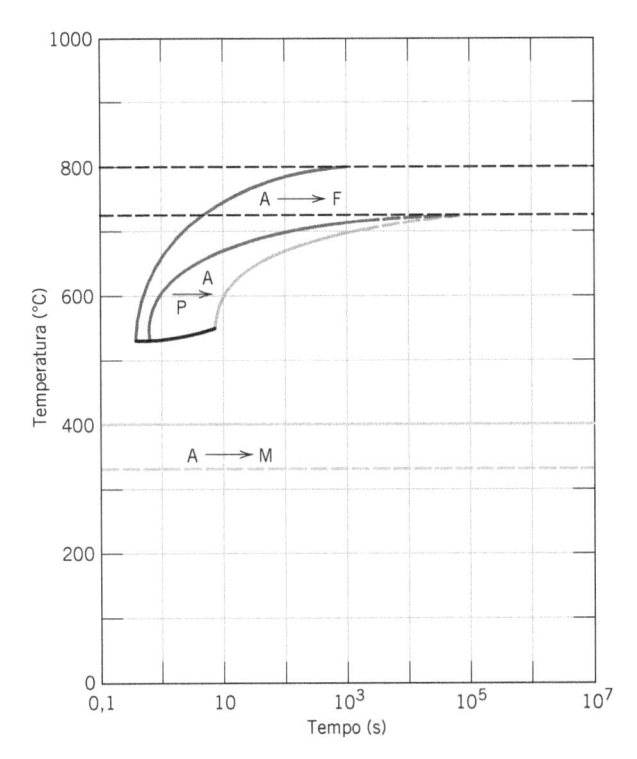

Figura 11.51 Diagrama de transformações por resfriamento contínuo para uma liga ferro-carbono contendo 0,35 %p C.

11.26 Cite duas diferenças importantes entre os diagramas de transformações por resfriamento contínuo para os aços-carbono comuns e os aços-liga.

11.27 Explique sucintamente por que não existe uma região de transformação bainítica no diagrama de transformações por resfriamento contínuo para uma liga ferro-carbono com composição eutetoide.

11.28 Cite os produtos microestruturais de amostras de aço-liga 4340 que são, primeiro, transformadas completamente em austenita, e então resfriadas até a temperatura ambiente nas seguintes taxas de resfriamento:

(a) 0,005 °C/s

(b) 0,05 °C/s

(c) 0,5 °C/s

(d) 5 °C/s

11.29 Descreva sucintamente o procedimento de tratamento térmico por resfriamento contínuo mais simples que pode ser utilizado para converter um aço 4340 de uma microestrutura na outra:

(a) (Martensita + ferrita + bainita) em (martensita + ferrita + perlita + bainita)

(b) (Martensita + ferrita + bainita) em cementita globulizada

(c) (Martensita + bainita + ferrita) em martensita revenida

11.30 Com base em considerações de difusão, explique por que a perlita fina se forma sob condições moderadas

de resfriamento da austenita através da temperatura eutetoide, enquanto a perlita grosseira é o produto para taxas de resfriamento relativamente baixas.

Comportamento Mecânico de Ligas Ferro-Carbono

Martensita Revenida

11.31 Explique sucintamente por que a perlita fina é mais dura e mais resistente do que a perlita grosseira, a qual, por sua vez, é mais dura e mais resistente do que a cementita globulizada.

11.32 Cite duas razões pelas quais a martensita é tão dura e frágil.

11.33 Classifique as seguintes ligas ferro-carbono e suas microestruturas associadas, da mais dura para a de menor dureza:

(a) 0,25 %p C com perlita grosseira

(b) 0,80 %p C com cementita globulizada

(c) 0,25 %p C com cementita globulizada

(d) 0,80 %p C com perlita fina

Justifique sua classificação.

11.34 Explique sucintamente por que a dureza da martensita revenida diminui com o tempo de revenido (a temperatura constante) e com o aumento da temperatura (com um tempo de revenido constante).

11.35 Descreva sucintamente o procedimento de tratamento térmico mais simples que pode ser usado para converter um aço contendo 0,76 %p C de uma microestrutura na outra, como se segue:

(a) Martensita em cementita globulizada

(b) Cementita globulizada em martensita

(c) Bainita em perlita

(d) Perlita em bainita

(e) Cementita globulizada em perlita

(f) Perlita em cementita globulizada

(g) Martensita revenida em martensita

(h) Bainita em cementita globulizada.

11.36 (a) Descreva sucintamente a diferença microestrutural entre a cementita globulizada e a martensita revenida.

(b) Explique por que a martensita revenida é muito mais dura e resistente.

11.37 Estime as durezas Brinell e as ductilidades (RA%) para amostras de uma liga ferro-carbono com composição eutetoide que foram submetidas aos tratamentos térmicos descritos nos itens (a) a (h) do Problema 11.19.

11.38 Estime as durezas Brinell para amostras de uma liga ferro-carbono contendo 1,13 %p C que foram submetidas aos tratamentos térmicos descritos nos itens (a), (d) e (h) do Problema 11.21.

11.39 Determine os limites de resistência à tração e as ductilidades (RA%) aproximados para amostras de uma liga ferro-carbono eutetoide que sofreram os tratamentos térmicos descritos nos itens (a) a (d) do Problema 11.24.

Endurecimento por Precipitação

11.40 Compare o endurecimento por precipitação (Seções 11.10 e 11.11) com o endurecimento de um aço por têmpera e revenido (Seções 11.5, 11.6 e 11.8) em relação aos seguintes aspectos:

(a) O procedimento completo de tratamento térmico.

(b) As microestruturas que se desenvolvem.

(c) Como as propriedades mecânicas mudam durante os vários estágios do tratamento térmico.

11.41 Qual é a principal diferença entre os processos de envelhecimento natural e artificial?

Cristalização (Polímeros)

11.42 Determine os valores para as constantes n e k (Equação 11.17) para a cristalização do polipropileno (Figura 11.47) a 150 °C.

Temperaturas de Fusão e de Transição Vítrea

11.43 Qual(is), entre os seguintes polímeros, seria(m) adequado(s) para a fabricação de copos para café quente: polietileno, polipropileno, cloreto de polivinila, poliéster PET e policarbonato? Por quê?

11.44 Entre os polímeros listados na Tabela 11.3, qual(is) polímero(s) seria(m) mais adequado(s) para uso como bandeja para cubos de gelo? Por quê?

Fatores que Influenciam as Temperaturas de Fusão e de Transição Vítrea

11.45 Para cada um dos seguintes pares de polímeros, trace e identifique em um mesmo gráfico as curvas esquemáticas para o volume específico em função da temperatura [isto é, faça gráficos separados para os itens (a) a (c)].

(a) Polietileno linear com peso molecular ponderal médio de 75.000 g/mol; polietileno ramificado com peso molecular ponderal médio de 50.000 g/mol.

(b) Cloreto de polivinila esferulítico com 50 % de cristalinidade e grau de polimerização de 5000; polipropileno esferulítico com 50 % de cristalinidade e grau de polimerização de 10.000.

(c) Poliestireno totalmente amorfo com um grau de polimerização de 7000; polipropileno totalmente amorfo com um grau de polimerização de 7000.

11.46 Para cada um dos seguintes pares de polímeros faça o seguinte: (1) diga se é ou não possível determinar se um polímero tem maior temperatura de fusão do que o outro; (2) se isso for possível, diga qual polímero tem a maior temperatura de fusão, e então cite a(s) razão(ões) para sua escolha; e (3) se essa decisão não for possível, então explique por quê.

(a) Polietileno ramificado com peso molecular numérico médio de 850.000 g/mol; polietileno linear com peso molecular numérico médio de 850.000 g/mol.

(b) Politetrafluroetileno com massa específica de 2,14 g/cm^3 e peso molecular ponderal médio de 600.000 g/mol; PTFE com massa específica de 2,20 g/cm^3 e peso molecular ponderal médio de 600.000 g/mol.

(c) Cloreto de polivinila linear e sindiotático com peso molecular numérico médio de 500.000 g/mol; polietileno linear com peso molecular numérico médio de 225.000 g/mol.

(d) Polipropileno linear e sindiotático com peso molecular ponderal médio de 500.000 g/mol; polipropileno linear e atático com peso molecular ponderal médio de 750.000 g/mol.

11.47 Trace um gráfico esquemático mostrando como o módulo de elasticidade de um polímero amorfo depende da temperatura de transição vítrea. Assuma que o peso molecular seja mantido constante.

Problema com Planilha Eletrônica

11.1PE Para determinada transformação de fases, dados pelo menos dois valores da fração transformada e seus tempos correspondentes, gere uma planilha que permitirá ao usuário determinar o seguinte:

(a) os valores de n e k na equação de Avrami,

(b) o tempo necessário para a transformação prosseguir até determinado grau da fração transformada,

(c) a fração transformada depois de decorrido um tempo específico.

PROBLEMAS DE PROJETO

Diagramas de Transformação por Resfriamento Contínuo

Comportamento Mecânico de Ligas Ferro-Carbono

11.P1 É possível produzir uma liga ferro-carbono com composição eutetoide que exiba uma dureza mínima de 200 HB e uma ductilidade mínima de 25 RA%? Se isso for possível, descreva o tratamento térmico por resfriamento contínuo ao qual a liga deve ser submetida para atingir essas propriedades. Se isso não for possível, explique por quê.

11.P2 Para um aço eutetoide, descreva os tratamentos térmicos isotérmicos que seriam necessários para gerar amostras com as seguintes combinações de limite de resistência à tração e ductilidade (RA%):

(a) 900 MPa e 30 RA%

(b) 700 MPa e 25 RA%

11.P3 Para um aço eutetoide, descreva os tratamentos térmicos isotérmicos que seriam necessários para gerar amostras com as seguintes combinações de limite de resistência à tração e ductilidade (RA%):

(a) 1800 MPa e 30 RA%

(b) 1700 MPa e 45 RA%

(c) 1400 MPa e 50 RA%

11.P4 Para um aço eutetoide, descreva os tratamentos térmicos por resfriamento contínuo que seriam necessários para gerar amostras com as seguintes combinações de dureza Brinell e ductilidade (RA%):

(a) 680 HB e ~0 RA%

(b) 260 HB e 20 RA%

(c) 200 HB e 28 RA%

(d) 160 HB e 67 RA%

11.P5 É possível produzir uma liga ferro-carbono com um limite de resistência à tração mínimo de 620 MPa (90.000 psi) e uma ductilidade mínima de 50 RA%? Se isso for possível, quais serão sua composição e sua microestrutura (as perlitas grosseira e fina e a cementita globulizada são alternativas)? Se isso não for possível, explique por quê.

11.P6 Deseja-se produzir uma liga ferro-carbono com uma dureza mínima de 200 HB e uma ductilidade mínima de 35 RA%. Essa liga é possível? Se esse for o caso, quais serão sua composição e sua microestrutura (as perlitas grosseira e fina e a cementita globulizada são alternativas)? Se isso não for possível, explique por quê.

Martensita Revenida

11.P7 (a) Para um aço 1080 temperado em água, estime o tempo de revenido a 535 °C (1000 °F) para atingir uma dureza de 45 HRC.

(b) Qual será o tempo de revenido a 425 °C (800 °F) necessário para atingir essa mesma dureza?

11.P8 Um aço-liga (4340) deve ser usado em uma aplicação que requer um limite de resistência à tração mínimo de 1515 MPa (220.000 psi) e uma ductilidade mínima de 40 RA%. Deve-se usar têmpera em óleo seguida por revenido. Descreva sucintamente o tratamento térmico de revenido.

11.P9 Para uma liga de aço 4340, descreva os tratamentos térmicos por resfriamento contínuo e revenido que seriam necessários para gerar amostras com as seguintes combinações de limites de escoamento/resistência à tração e ductilidade:

(a) limite de resistência à tração de 1100 MPa, ductilidade de 50 RA%

(b) limite de escoamento de 1200 MPa, ductilidade de 45 RA%

(c) limite de resistência à tração de 1300 MPa, ductilidade de 45 RA%

11.P10 É possível produzir um aço 4340 temperado em óleo e revenido que apresente um limite de escoamento mínimo de 1240 MPa (180.000 psi) e uma ductilidade de pelo menos 50 RA%? Se isso for possível, descreva o tratamento térmico de revenido. Se não for possível, explique por quê.

Endurecimento por Precipitação

11.P11 As ligas cobre-berílio ricas em cobre são endurecíveis por precipitação. Após consultar a região do diagrama de fases mostrado na Figura 11.52, faça o seguinte:

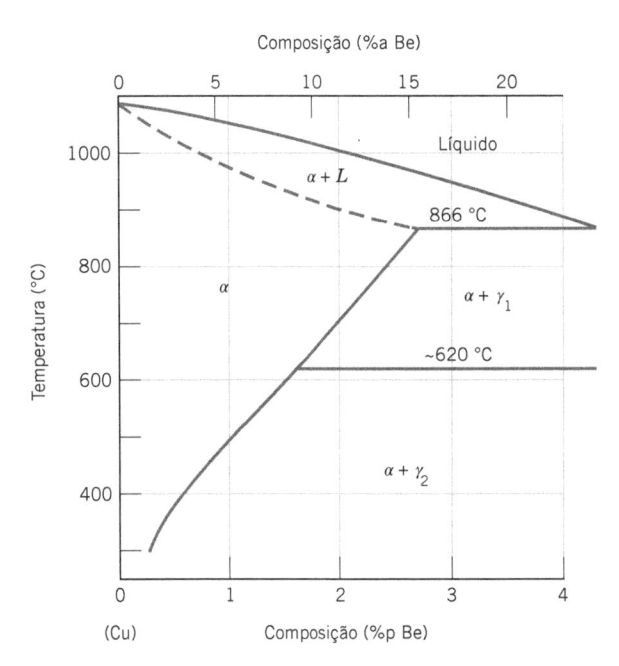

Figura 11.52 Região rica em cobre do diagrama de fases cobre-berílio.
[Adaptado de *Binary Alloy Phase Diagrams*, 2nd edition, Vol. 2, T. B. Massalski (Editor Chefe), 1990. Reimpresso sob permissão da ASM International, Materials Park, OH.]

(a) Especifique a faixa de composições ao longo da qual essas ligas podem ser endurecidas por precipitação.

(b) Descreva sucintamente os procedimentos de tratamento térmico (em termos de temperaturas) que seriam usados para endurecer por precipitação uma liga que tivesse uma composição de sua escolha, porém que estivesse compreendida na faixa de composições especificada no item (a).

11.P12 Uma liga de alumínio 2014 tratada termicamente por solubilização deve ser endurecida por precipitação para adquirir um limite de escoamento mínimo de 345 MPa (50.000 psi) e uma ductilidade de pelo menos 12 AL%. Especifique um tratamento térmico por precipitação prático em termos da temperatura e do tempo que proporcione essas características mecânicas. Justifique sua resposta.

11.P13 É possível produzir uma liga de alumínio 2014 endurecida por precipitação com limite de escoamento mínimo de 380 MPa (55.000 psi) e uma ductilidade de pelo menos 15 AL%? Caso isso seja possível, especifique o tratamento térmico de precipitação. Caso não seja possível, então explique a razão.

PERGUNTAS E PROBLEMAS SOBRE FUNDAMENTOS DA ENGENHARIA

11.1FE Qual dos seguintes itens descreve a recristalização?

(A) Dependente da difusão com mudança na composição das fases

(B) Adifusional

(C) Dependente da difusão sem qualquer mudança na composição das fases

(D) Todas as alternativas acima

11.2FE As microestruturas esquemáticas à temperatura ambiente para quatro ligas ferro-carbono são como a seguir. Classifique essas microestruturas (por letras), da mais dura para a de menor dureza.

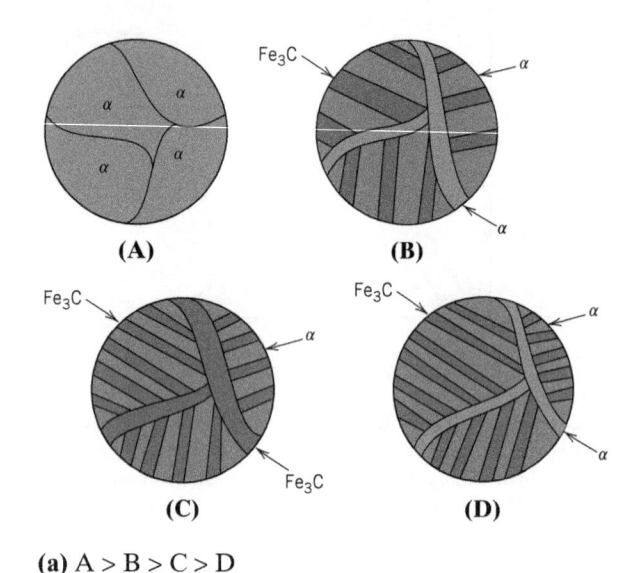

(A) **(B)** **(C)** **(D)**

(a) A > B > C > D

(b) C > D > B > A

(c) A > B > D > C

(d) Nenhuma das alternativas acima

11.3FE Com base no diagrama de transformações isotérmicas a seguir para uma liga ferro-carbono com 0,45 %p C, qual tratamento térmico poderia ser usado para converter isotermicamente uma microestrutura que consiste em ferrita proeutetoide e perlita fina em uma microestrutura composta por ferrita proeutetoide e martensita?

(A) Austenitizar a amostra a aproximadamente 700 °C, resfriar rapidamente até aproximadamente 675 °C, manter nessa temperatura durante 1 a 2 s e então temperar até a temperatura ambiente.

(B) Aquecer rapidamente a amostra até aproximadamente 675 °C, manter nessa temperatura durante 1 a 2 s e então temperar até a temperatura ambiente.

(C) Austenitizar a amostra a aproximadamente 775 °C, resfriar rapidamente até aproximadamente 500 °C, manter nessa temperatura durante 1 a 2 s e então temperar até a temperatura ambiente.

(D) Austenitizar a amostra a aproximadamente 775 °C, resfriar rapidamente até aproximadamente 675 °C, manter nessa temperatura durante 1 a 2 s e então temperar até a temperatura ambiente.

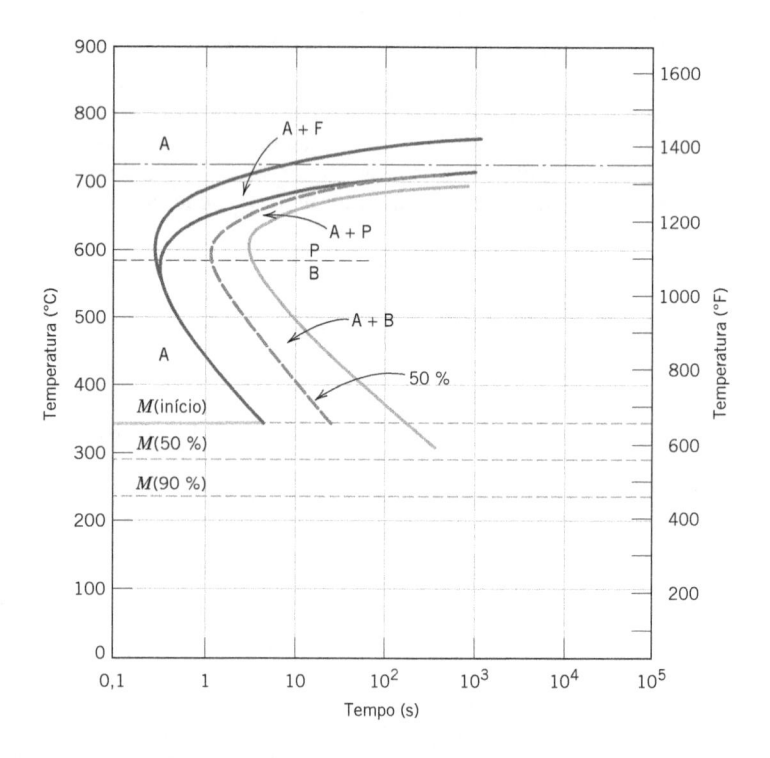

Diagrama de transformação isotérmica para uma liga de ferro-carbono: A, austenita; B bainita; F, ferrita proeutectoide; M, martensita; P. perlita. (Adaptado do Atlas of Time-Temperature Diagrams for Irons and Steels, G. F. Vander Voort, editor, 1991. Reimpresso com permissão da ASM International, Materials Park, OH.)

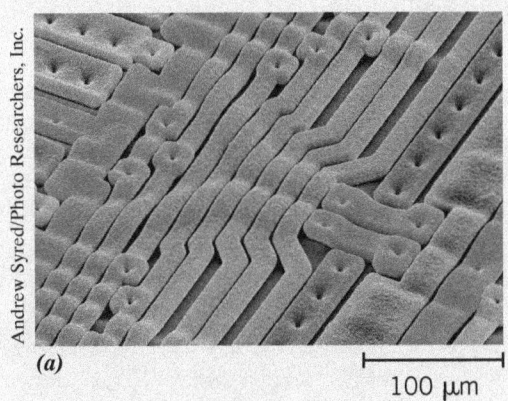

Andrew Syred/Photo Researchers, Inc.

(a)

100 μm

O funcionamento dos cartões de memória modernos, usados para armazenar informações digitais, depende das propriedades elétricas particulares do silício, um material semicondutor. (O cartão de memória está discutido na Seção 12.15.)

(a) Micrografia eletrônica de varredura de um circuito integrado, composto por silício e interconexões metálicas. Os componentes do circuito integrado são usados para armazenar informações em um formato digital.

(b) Três tipos diferentes de cartões de memória.

(c) Cartão de memória sendo inserido em uma câmera digital. Esse cartão de memória será usado para armazenar imagens fotográficas (e, em alguns casos, as localizações GPS).

Cortesia de SanDisk Corporation

(b)

© GaryPhoto/iStockphoto

(c)

Considerações sobre as propriedades elétricas dos materiais são, com frequência, importantes quando a seleção de materiais e a escolha dos processos de fabricação estão sendo feitas durante o projeto de um componente ou estrutura. Por exemplo, quando consideramos um circuito integrado, os comportamentos elétricos dos vários materiais são distintos. Alguns materiais precisam ser altamente condutores elétricos (por exemplo, os fios de conexão), enquanto outros devem ser isolantes (por exemplo, para o encapsulamento de proteção dos circuitos).

Objetivos do Aprendizado

Após estudar este capítulo, você deverá ser capaz de realizar o seguinte:

1. Descrever as quatro estruturas de banda eletrônica que são possíveis para os materiais sólidos.
2. Descrever sucintamente os eventos de excitação eletrônica que produzem elétrons livres/buracos em (a) metais, (b) semicondutores (intrínsecos e extrínsecos) e (c) isolantes.
3. Calcular as condutividades elétricas de metais, semicondutores (intrínsecos e extrínsecos) e isolantes, dadas as densidades e as mobilidades dos seus portadores de cargas.
4. Distinguir entre materiais semicondutores *intrínsecos* e *extrínsecos*.
5. (a) Em um gráfico do logaritmo da concentração do portador (elétron, buraco) em função da temperatura absoluta, traçar curvas esquemáticas para materiais semicondutores tanto intrínsecos quanto extrínsecos.

(b) Na curva para o semicondutor extrínseco, determinar as regiões de congelamento, extrínseca e intrínseca.
6. Para uma junção do tipo *p–n*, explicar o processo de retificação em termos dos movimentos de elétrons e buracos.
7. Calcular a capacitância de um capacitor de placas paralelas.
8. Definir a constante dielétrica em termos das permissividades.
9. Explicar sucintamente como a capacidade de armazenamento de cargas de um capacitor pode ser aumentada pela inserção e a polarização de um material dielétrico entre suas placas.
10. Citar e descrever os três tipos de polarização.
11. Descrever sucintamente os fenômenos da *ferroeletricidade* e *piezeletricidade*.

12.1 INTRODUÇÃO

O principal objetivo deste capítulo é explorar as propriedades elétricas dos materiais, isto é, suas respostas à aplicação de um campo elétrico. Começamos com o fenômeno da condução elétrica: os parâmetros pelos quais ela é expressa, o mecanismo da condução por elétrons e como a estrutura da banda de energia eletrônica de um material influencia sua habilidade de conduzir eletricidade. Esses princípios são estendidos para os metais, os semicondutores e os isolantes. É dada uma atenção particular às características dos semicondutores e, em seguida, aos dispositivos semicondutores. As características dielétricas dos materiais isolantes também são tratadas. As seções finais são dedicadas aos fenômenos da ferroeletricidade e da piezeletricidade.

Condução Elétrica

12.2 LEI DE OHM

lei de Ohm

Uma das características elétricas mais importantes de um material sólido é a facilidade com a qual ele transmite uma corrente elétrica. A **lei de Ohm** relaciona a corrente I – ou a taxa de passagem de carga – à voltagem aplicada V da seguinte maneira:

Expressão da lei de Ohm

$$V = IR \qquad (12.1)$$

em que R é a resistência do material através do qual a corrente está passando. As unidades para V, I, e R são, respectivamente, volt (J/C), ampère (C/s) e ohm (V/A). O valor de R é influenciado pela configuração da amostra, e para muitos materiais é independente da corrente. A **resistividade elétrica** ρ é independente da geometria da amostra, mas está relacionada a R pela expressão

resistividade elétrica

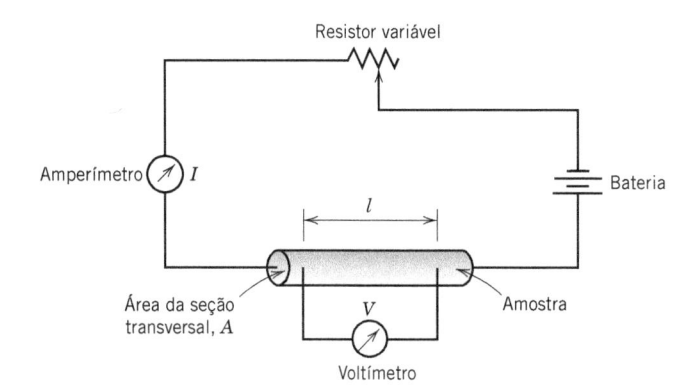

Figura 12.1 Representação esquemática de um sistema usado para medir a resistividade elétrica.

Resistividade elétrica – dependência em relação à resistência, à área da seção transversal da amostra e à distância entre os pontos de medição

$$\rho = \frac{RA}{l} \tag{12.2}$$

em que l é a distância entre os dois pontos onde é medida a voltagem, e A é a área da seção transversal perpendicular à direção da corrente. A unidade para ρ é o ohm-metro ($\Omega \cdot$ m). A partir da expressão para a lei de Ohm e da Equação 12.2,

Resistividade elétrica – dependência em relação à voltagem aplicada, à corrente, à área da seção transversal da amostra e à distância entre os pontos de medição

$$\rho = \frac{VA}{Il} \tag{12.3}$$

A Figura 12.1 é um diagrama esquemático de um arranjo experimental para medição da resistividade elétrica.

12.3 CONDUTIVIDADE ELÉTRICA

condutividade elétrica

Algumas vezes, a **condutividade elétrica** σ é usada para especificar a natureza elétrica de um material. Ela é simplesmente o inverso da resistividade, ou seja,

Relação inversa entre a condutividade e a resistividade elétrica

$$\sigma = \frac{1}{\rho} \tag{12.4}$$

e indica a facilidade com que um material é capaz de conduzir uma corrente elétrica. A unidade para σ é o inverso de ohm-metro $[(\Omega \cdot$ m$)^{-1}]$.[1] As discussões a seguir sobre as propriedades elétricas consideram tanto a resistividade quanto a condutividade.

Além da Equação 12.1, a lei de Ohm pode ser expressa como

Expressão da lei de Ohm – em termos da densidade de corrente, da condutividade e do campo elétrico aplicado

$$J = \sigma \mathscr{E} \tag{12.5}$$

em que J é a densidade de corrente – a corrente por unidade de área da amostra, I/A – e $\mathscr{E}$ é a intensidade do campo elétrico, ou a diferença de voltagem entre dois pontos dividida pela distância que os separa, ou seja,

Intensidade do campo elétrico

$$\mathscr{E} = \frac{V}{l} \tag{12.6}$$

A demonstração da equivalência entre as duas expressões para a lei de Ohm (Equações 12.1 e 12.5) é deixada como um exercício.

---

[1] As unidades SI para a condutividade elétrica são siemens por metro (S/m) – siemen é a unidade SI para condutância elétrica. A conversão de ohms para siemens é 1 S = 1 Ω^{-1}. Optamos por usar $(\Omega \cdot$ m$)^{-1}$ por questão de convenção – essas unidades são usadas tradicionalmente em livros introdutórios da ciência e engenharia de materiais.

Os materiais sólidos exibem uma faixa surpreendente de condutividades elétricas, estendendo-se ao longo de 27 ordens de grandeza; provavelmente, nenhuma outra propriedade física exibe essa amplitude de variação. De fato, uma forma de classificar os materiais sólidos é de acordo com a facilidade com a qual eles conduzem uma corrente elétrica. Nesse esquema de classificação, existem

metal

isolante

semicondutor

três grupos: *condutores*, *semicondutores* e *isolantes*. Os **metais** são bons condutores e comumente apresentam condutividades da ordem de 10^7 $(\Omega \cdot m)^{-1}$. No outro extremo estão os materiais com condutividades muito baixas, variando entre 10^{-10} e 10^{-20} $(\Omega \cdot m)^{-1}$; esses materiais são os **isolantes** elétricos. Os materiais com condutividades intermediárias, em geral entre 10^{-6} e 10^4 $(\Omega \cdot m)^{-1}$, são chamados de **semicondutores**. As faixas de condutividade elétrica para os vários tipos de materiais estão comparadas no gráfico de barras da Figura 1.8.

12.4 CONDUÇÃO ELETRÔNICA E IÔNICA

Uma corrente elétrica resulta do movimento de partículas eletricamente carregadas em resposta a forças que atuam sobre elas a partir de um campo elétrico aplicado externamente. As partículas carregadas positivamente são aceleradas na direção do campo, enquanto as partículas carregadas negativamente são aceleradas na direção oposta. Na maioria dos materiais sólidos, uma corrente tem origem no fluxo de elétrons, o que é conhecido como *condução eletrônica*. Além disso, nos materiais iônicos, é possível um movimento resultante de íons carregados, o que produz uma corrente; esse

condução iônica

fenômeno é denominado **condução iônica**. A presente discussão trata da condução eletrônica. A condução iônica é tratada sucintamente na Seção 12.16.

12.5 ESTRUTURAS DAS BANDAS DE ENERGIA NOS SÓLIDOS

Em todos os condutores, semicondutores e em muitos materiais isolantes, existe apenas a condução eletrônica, e a magnitude da condutividade elétrica é fortemente dependente do número de elétrons disponível para participar no processo de condução. Contudo, nem todos os elétrons em um átomo aceleram na presença de um campo elétrico. O número de elétrons disponível para a condução elétrica em um material particular está relacionado com o arranjo dos estados ou níveis eletrônicos em relação à energia e à maneira pela qual esses estados são ocupados pelos elétrons. Uma exploração aprofundada desses tópicos é complicada e envolve princípios da mecânica quântica que estão além do escopo deste livro; o desenvolvimento a seguir omite alguns conceitos e simplifica outros.

Os conceitos relacionados com os estados de energia dos elétrons, suas ocupações e configuração eletrônica resultante para os átomos isolados foram discutidos na Seção 2.3. Para fins de revisão, para cada átomo individual há níveis energéticos discretos que podem ser ocupados pelos elétrons e que estão arrumados em camadas e subcamadas. As camadas são designadas por números inteiros (1, 2, 3 etc.) e as subcamadas por letras (s, p, d e f). Para cada uma das subcamadas s, p, d e f existem, respectivamente, um, três, cinco e sete estados. Os elétrons na maioria dos átomos preenchem somente os estados com as energias mais baixas – dois elétrons com *spins* opostos por estado, de acordo com o princípio da exclusão de Pauli. A configuração eletrônica de um átomo isolado representa o arranjo dos elétrons dentro dos estados permitidos.

Vamos agora fazer uma extrapolação de alguns desses conceitos para os materiais sólidos. Um sólido pode ser considerado como composto por um grande número – digamos N – de átomos inicialmente separados uns dos outros que são subsequentemente agrupados e ligados para formar o arranjo atômico ordenado que é encontrado no material cristalino. Em distâncias de separação relativamente grandes, cada átomo é independente de todos os demais e tem os níveis atômicos de energia e a configuração eletrônica que teria se estivesse isolado. Contudo, à medida que esses átomos se aproximam uns dos outros, os elétrons interagem, ou são *perturbados*, pelos elétrons e pelos núcleos dos átomos adjacentes. Essa influência é tal que cada estado atômico distinto pode se dividir em uma série de estados eletrônicos espaçados, mas próximos, uns dos outros no sólido, para formar

banda de energia eletrônica

o que é denominado **banda de energia eletrônica**. A extensão da divisão depende da separação interatômica (Figura 12.2) e começa com as camadas eletrônicas mais externas, uma vez que elas são as primeiras a serem perturbadas quando os átomos se aproximam. Dentro de cada banda, os estados de energia são discretos, porém a diferença entre os estados adjacentes é tremendamente pequena. No espaçamento de equilíbrio, a formação de bandas pode não ocorrer para as subcamadas eletrônicas mais próximas ao núcleo, como mostra a Figura 12.3b. Além disso, podem existir espaçamentos entre as bandas adjacentes, como também está indicado na figura; normalmente, as energias que se

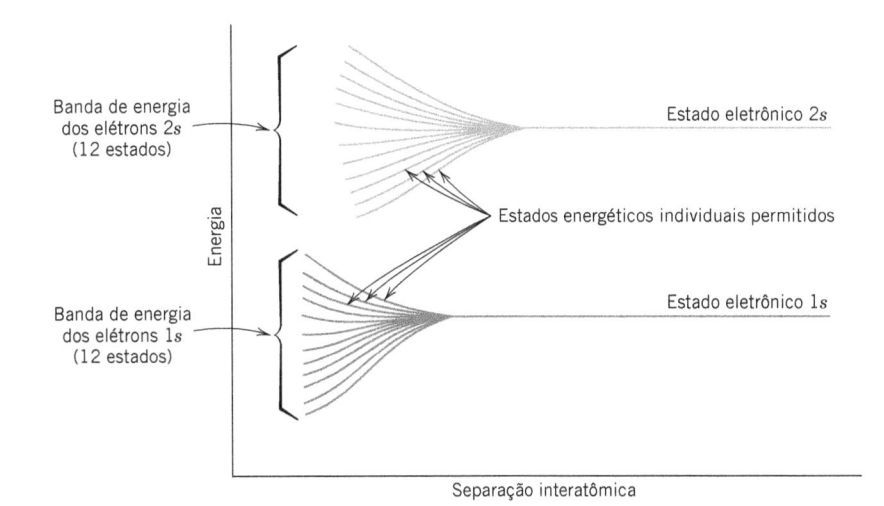

Figura 12.2 Gráfico esquemático da energia eletrônica em função da separação interatômica para um agregado de 12 átomos ($N = 12$). Com a aproximação dos átomos, cada um dos estados atômicos $1s$ e $2s$ se divide para formar uma banda de energia eletrônica que consiste em 12 estados.

encontram dentro desses espaçamentos entre bandas não estão disponíveis para serem ocupadas por elétrons. A forma convencional de representar as estruturas das bandas eletrônicas nos sólidos está apresentada na Figura 12.3*a*.

O número de estados em cada banda é igual ao total da contribuição de todos os estados dos N átomos. Por exemplo, uma banda *s* consistirá em N estados, e uma banda *p* em $3N$ estados. Em relação à ocupação, cada estado de energia pode acomodar dois elétrons que devem ter *spins* de direções opostas. Além disso, as bandas conterão os elétrons que residem nos níveis correspondentes dos átomos isolados; por exemplo, uma banda de energia $4s$ no sólido conterá aqueles elétrons $4s$ dos átomos isolados. Obviamente, haverá bandas vazias e, possivelmente, bandas que estão apenas parcialmente preenchidas.

As propriedades elétricas de um material sólido são uma consequência da sua estrutura da banda eletrônica – isto é, do arranjo das bandas eletrônicas mais externas e da maneira pela qual elas estão preenchidas com elétrons.

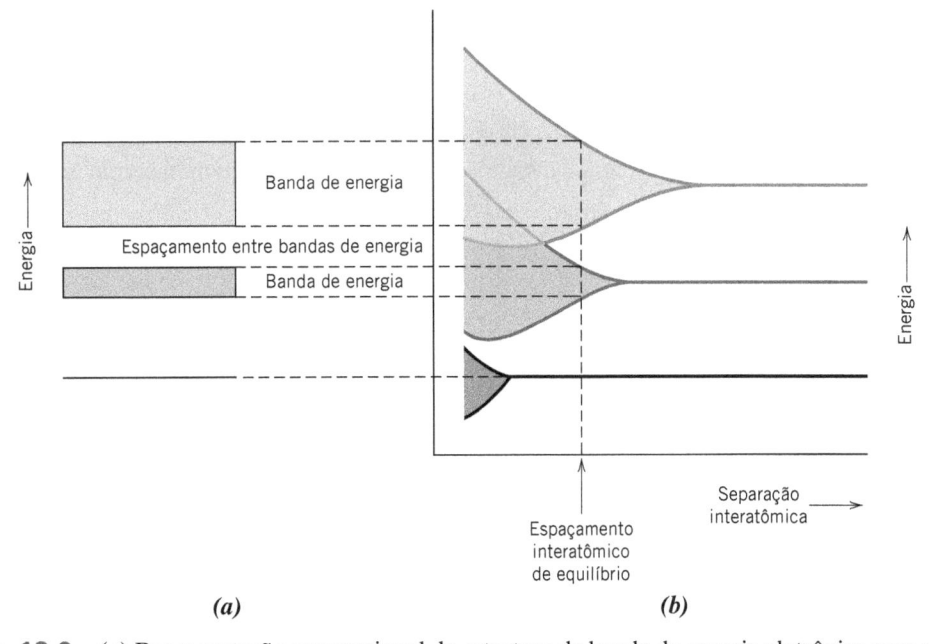

(a)   **(b)**

Figura 12.3 (*a*) Representação convencional da estrutura da banda de energia eletrônica para um material sólido na separação interatômica de equilíbrio. (*b*) Energia eletrônica em função da separação interatômica para um agregado de átomos, ilustrando como é gerada a estrutura de bandas de energia na separação de equilíbrio em (*a*).
(De Z. D. Jastrzebski, *The Nature and Properties of Engineering Materials*, 3rd edition. Copyright © 1987 por John Wiley & Sons, Inc. Reimpresso sob permissão de John Wiley & Sons, Inc.)

energia de Fermi

São possíveis quatro tipos de estruturas de bandas diferentes a 0 K. Na primeira (Figura 12.4a), uma banda mais externa está apenas parcialmente preenchida com elétrons. A energia correspondente ao estado preenchido mais elevado a 0 K é chamada de **energia de Fermi**, E_f, como está indicado na figura. Essa estrutura de banda de energia é característica de alguns metais, em particular aqueles com um único elétron de valência s (por exemplo, o cobre). Cada átomo de cobre tem um único elétron 4s; contudo, para um sólido composto por N átomos, a banda 4s é capaz de acomodar 2N elétrons. Dessa forma, apenas metade das posições eletrônicas disponíveis dentro dessa banda 4s está preenchida.

Para a segunda estrutura de banda, também encontrada nos metais (Figura 12.4b), existe uma superposição de uma banda vazia com uma banda preenchida. O magnésio tem essa estrutura de banda. Cada átomo de Mg isolado exibe dois elétrons 3s. Contudo, quando um sólido é formado, as bandas 3s e 3p se superpõem. Nesse caso e a 0 K, a energia de Fermi é tomada como a energia abaixo da qual, para N átomos, N estados estão preenchidos, dois elétrons por estado.

banda de valência
banda de condução
espaçamento entre bandas de energia

As duas últimas estruturas de banda são semelhantes; uma banda (a **banda de valência**) que está completamente preenchida com elétrons está separada de uma **banda de condução** vazia; e um **espaçamento entre bandas de energia** existe entre elas. Nos materiais muito puros, os elétrons não podem ter energias localizadas dentro desse espaçamento. A diferença entre as duas estruturas de banda está na magnitude do espaçamento entre as bandas de energia; nos materiais isolantes, o espaçamento entre as bandas de energia é relativamente amplo (Figura 12.4c), enquanto nos semicondutores esse espaçamento é estreito (Figura 12.4d). A energia de Fermi para essas duas estruturas de banda está localizada dentro do espaçamento entre as bandas – próximo ao seu centro.

12.6 CONDUÇÃO EM TERMOS DE BANDAS E MODELOS DE LIGAÇÃO ATÔMICA

Neste ponto da discussão, é vital a compreensão de outro conceito – qual seja, que apenas os elétrons com energias maiores do que a energia de Fermi podem ser perturbados e acelerados na presença de um campo elétrico. Esses são os elétrons que participam no processo de condução, os quais são denominados **elétrons livres**. Outra entidade eletrônica carregada, chamada de **buraco**, é encontrada nos semicondutores e nos isolantes. Os buracos têm energias menores que E_f e também participam na condução eletrônica. A discussão a seguir mostra que a condutividade elétrica é uma função direta do número de elétrons livres e de buracos. Além disso, a distinção entre condutores e não condutores (isolantes e semicondutores) está nas quantidades desses portadores de carga, os elétrons livres e os buracos.

elétron livre
buraco

Metais

Para que um elétron se torne livre, ele deve ser excitado ou promovido para um dos estados de energia vazios e disponíveis acima de E_f. Para os metais com qualquer uma das estruturas de banda

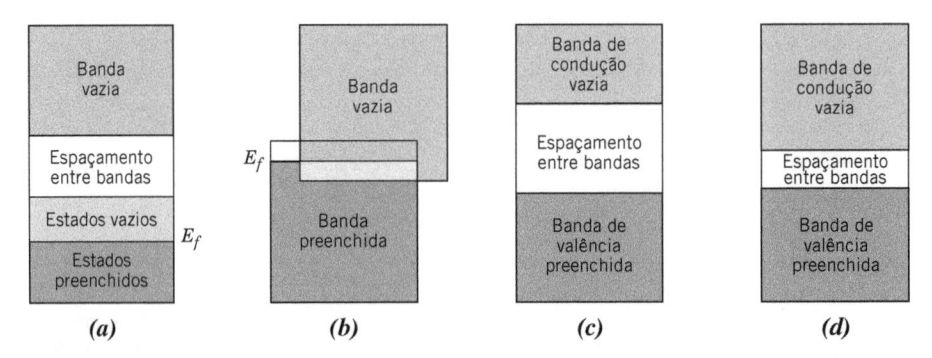

(a)   (b)   (c)   (d)

Figura 12.4 As várias estruturas de bandas eletrônicas possíveis em sólidos a 0 K. (a) Estrutura de banda eletrônica encontrada em metais como o cobre, no qual há estados eletrônicos disponíveis acima e adjacentes aos estados preenchidos, na mesma banda. (b) Estrutura de banda eletrônica de metais, como o magnésio, no qual há superposição entre as bandas preenchidas e vazias mais externas. (c) Estrutura de banda eletrônica característica dos isolantes; a banda de valência preenchida está separada da banda de condução vazia por um espaçamento entre bandas relativamente grande (>2 eV). (d) Estrutura de banda eletrônica encontrada nos semicondutores, que é a mesma dos isolantes, exceto pelo fato de que o espaçamento entre bandas é relativamente estreito (<2 eV).

mostradas nas Figuras 12.4*a* e 12.4*b*, existem estados de energia vazios adjacentes ao estado preenchido mais elevado em E_f. Dessa forma, é necessária muito pouca energia para promover os elétrons para os estados vazios mais baixos, como está mostrado na Figura 12.5. Geralmente, a energia fornecida por um campo elétrico é suficiente para excitar um grande número de elétrons para esses estados de condução.

Para o modelo da ligação metálica discutido na Seção 2.6, foi admitido que todos os elétrons de valência têm liberdade de movimento e formam um *gás eletrônico*, que está distribuído uniformemente por toda a rede de núcleos iônicos. Embora esses elétrons não estejam ligados localmente a nenhum átomo específico, eles devem experimentar alguma excitação para se tornar elétrons de condução, que são realmente livres. Dessa forma, embora apenas uma fração desses elétrons seja excitada, isso ainda dá origem a um número relativamente grande de elétrons livres e, consequentemente, a uma alta condutividade.

Isolantes e Semicondutores

No caso dos isolantes e semicondutores, os estados vazios adjacentes ao topo da banda de valência preenchida não estão disponíveis. Para se tornarem livres, portanto, os elétrons devem ser promovidos através do espaçamento entre bandas de energia para estados vazios na parte inferior da banda de condução. Isso é possível somente fornecendo a um elétron a diferença de energia entre esses dois estados, a qual é aproximadamente igual à energia do espaçamento entre as bandas, E_e. Esse processo de excitação está demonstrado na Figura 12.6.[2] Para muitos materiais, esse espaçamento entre bandas tem uma largura equivalente a vários elétrons-volts. Mais frequentemente, a energia de excitação vem de uma fonte não elétrica, tal como o calor ou a luz, geralmente a primeira.

O número de elétrons termicamente excitados (por energia térmica) para a banda de condução depende da largura do espaçamento entre as bandas de energia e da temperatura. A uma temperatura qualquer, quanto maior for E_e, menor é a probabilidade de que um elétron de valência seja promovido para um estado de energia dentro da banda de condução; isso resulta em menos elétrons de condução. Em outras palavras, quanto maior for o espaçamento entre as bandas, menor será a condutividade elétrica a uma determinada temperatura. Dessa forma, a distinção entre os semicondutores e os isolantes está na largura do espaçamento entre as bandas; nos materiais semicondutores, esse espaçamento é estreito, enquanto nos materiais isolantes ele é relativamente grande.

O aumento da temperatura tanto dos semicondutores quanto dos isolantes resulta em um aumento na energia térmica que está disponível para a excitação dos elétrons. Dessa forma, mais elétrons são promovidos para a banda de condução, o que dá origem a uma maior condutividade.

A condutividade dos isolantes e dos semicondutores também pode ser vista a partir da perspectiva dos modelos de ligação atômica discutidos na Seção 2.6. Para os materiais isolantes elétricos, a ligação interatômica é iônica ou fortemente covalente. Dessa forma, os elétrons de valência estão firmemente ligados ou são compartilhados com os átomos individuais. Em outras palavras, esses

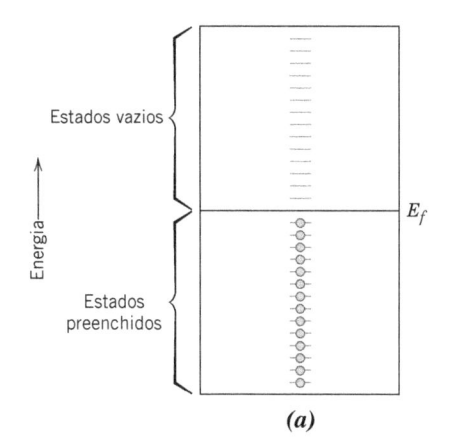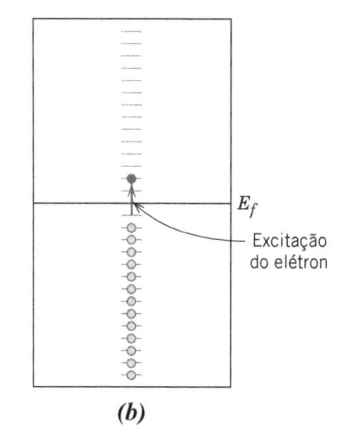

Figura 12.5 Para um metal, a ocupação dos estados eletrônicos (*a*) antes e (*b*) depois da excitação dos elétrons.

---

[2] As magnitudes da energia do espaçamento entre bandas e das energias entre níveis adjacentes tanto na banda de valência quanto na de condução na Figura 12.6 não estão em escala. Enquanto a energia do espaçamento entre bandas é da ordem de um elétron-volt, esses níveis estão separados por energias da ordem de 10^{-10} eV.

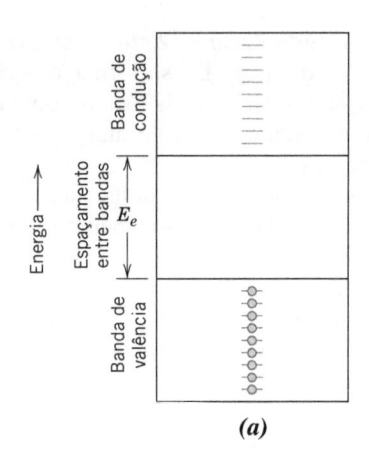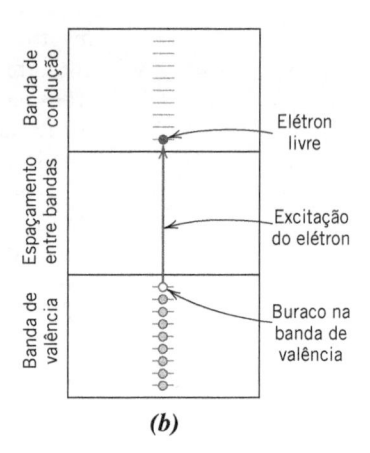

Figura 12.6 Para um isolante ou semi-condutor, a ocupação dos estados eletrônicos (*a*) antes e (*b*) depois de uma excitação dos elétrons da banda de valência para a banda de condução, em que tanto um elétron livre quanto um buraco são gerados.

elétrons estão altamente localizados e não são, em qualquer sentido, livres para vagar pelo cristal. A ligação nos semicondutores é covalente (ou predominantemente covalente) e relativamente fraca; isso significa que os elétrons de valência não estão tão firmemente ligados aos átomos. Consequentemente, esses elétrons são mais facilmente removidos por excitação térmica do que os elétrons dos isolantes.

12.7 MOBILIDADE ELETRÔNICA

Quando um campo elétrico é aplicado, uma força é gerada sobre os elétrons livres; como consequência, todos eles sofrem uma aceleração em direção oposta àquela do campo, em virtude de suas cargas negativas. De acordo com a mecânica quântica, não existe nenhuma interação entre um elétron em aceleração e os átomos em uma rede cristalina perfeita. Sob tais circunstâncias, todos os elétrons livres devem acelerar enquanto o campo elétrico estiver sendo aplicado, o que daria origem a uma corrente elétrica continuamente crescente ao longo do tempo. Contudo, sabemos que uma corrente atinge um valor constante no instante em que um campo é aplicado, indicando que existe o que pode ser denominado *forças de atrito*, as quais se contrapõem a essa aceleração devido ao campo externo. Essas forças de atrito resultam do espalhamento dos elétrons pelas imperfeições na rede cristalina, incluindo átomos de impurezas, lacunas, átomos intersticiais, discordâncias e mesmo as vibrações térmicas dos próprios átomos. Cada evento de espalhamento faz com que um elétron perca energia cinética e mude a direção do seu movimento, como está representado esquematicamente na Figura 12.7. Existe, contudo, um movimento resultante dos elétrons em uma direção oposta ao campo, e esse fluxo de carga é a corrente elétrica.

O fenômeno do espalhamento é manifestado como uma resistência à passagem de uma corrente elétrica. São usados vários parâmetros para descrever a magnitude desse espalhamento, incluindo-se a *velocidade de arraste* e a **mobilidade** de um elétron. A velocidade de arraste v_a representa a velocidade média do elétron na direção da força imposta pelo campo aplicado. Ela é diretamente proporcional ao campo elétrico, como a seguir:

mobilidade

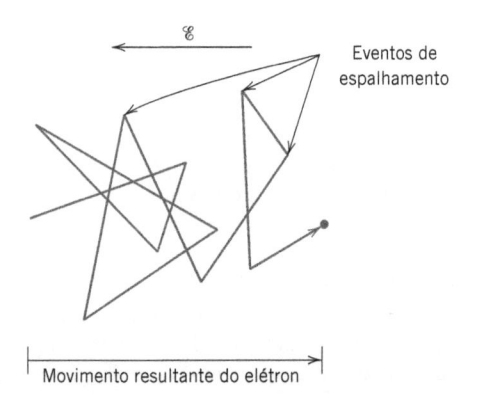

Figura 12.7 Diagrama esquemático que mostra a trajetória de um elétron defletido por eventos de espalhamento.

Velocidade de arraste do elétron – dependência em relação à mobilidade do elétron e à intensidade do campo elétrico

$$v_a = \mu_e \mathcal{E} \tag{12.7}$$

A constante de proporcionalidade μ_e é chamada de *mobilidade eletrônica* e é uma indicação da frequência dos eventos de espalhamento; sua unidade é metro quadrado por volt-segundo ($m^2/V \cdot s$).

A condutividade σ para a maioria dos materiais pode ser expressa como

Condutividade elétrica – dependência em relação à concentração, carga e mobilidade dos elétrons

$$\sigma = n|e|\mu_e \tag{12.8}$$

em que n é o número de elétrons livres ou de condução por unidade de volume (por exemplo, por metro cúbico), e $|e|$ é a magnitude absoluta da carga elétrica de um elétron ($1,6 \times 10^{-19}$ C). Dessa forma, a condutividade elétrica é proporcional tanto ao número de elétrons livres quanto à mobilidade dos elétrons.

Verificação de Conceitos 12.1   Se um material metálico for resfriado através de sua temperatura de fusão a uma taxa extremamente rápida, ele vai formar um sólido não cristalino (isto é, um vidro metálico). A condutividade elétrica do metal não cristalino será maior ou menor do que a do seu análogo cristalino? Por quê?

(A resposta está disponível no GEN-IO, ambiente virtual de aprendizagem do GEN.)

12.8   RESISTIVIDADE ELÉTRICA DOS METAIS

Como mencionado anteriormente, a maioria dos metais é extremamente boa condutora de eletricidade; as condutividades à temperatura ambiente para vários dos metais mais comuns estão apresentadas na Tabela 12.1. (A Tabela B.9 no Apêndice B lista as resistividades elétricas de um grande número de metais e ligas.) Novamente, os metais têm altas condutividades devido ao grande número de elétrons livres que são excitados para espaços vazios acima da energia de Fermi. Dessa forma, n tem um valor elevado na expressão para a condutividade, Equação 12.8.

Tabela 12.1   Condutividades Elétricas à Temperatura Ambiente para Nove Metais e Ligas Comuns

Metal	*Condutividade Elétrica* $[(\Omega \cdot m)^{-1}]$
Prata	$6,8 \times 10^7$
Cobre	$6,0 \times 10^7$
Ouro	$4,3 \times 10^7$
Alumínio	$3,8 \times 10^7$
Latão (70 Cu-30 Zn)	$1,6 \times 10^7$
Ferro	$1,0 \times 10^7$
Platina	$0,94 \times 10^7$
Aço-carbono comum	$0,6 \times 10^7$
Aço inoxidável	$0,2 \times 10^7$

Nesse ponto, é conveniente discutir a condução nos metais em termos da resistividade – o inverso da condutividade; a razão para isso deve ficar aparente na discussão a seguir.

Uma vez que os defeitos cristalinos servem como centros de espalhamento para os elétrons de condução nos metais, o aumento do número destes também aumenta a resistividade (ou diminui a condutividade). A concentração dessas imperfeições depende da temperatura, da composição e do grau de trabalho a frio da amostra metálica. De fato, foi observado experimentalmente que a resistividade total de um metal é a soma das contribuições das vibrações térmicas, das impurezas e

Regra de Matthiessen – para um metal, a resistividade elétrica total é igual à soma das contribuições térmica, das impurezas e das deformações

regra de Matthiessen

da deformação plástica – isto é, os mecanismos de espalhamento atuam de maneira independente uns dos outros. Isso pode ser representado, em termos matemáticos, da seguinte forma:

$$\rho_{total} = \rho_t + \rho_i + \rho_d \tag{12.9}$$

em que ρ_t, ρ_i e ρ_d representam, respectivamente, as contribuições individuais das resistividades térmicas, das impurezas e da deformação. A Equação 12.9 é algumas vezes conhecida como **regra de Matthiessen**. A influência de cada variável ρ sobre a resistividade total está demonstrada na Figura 12.8, na forma de um gráfico da resistividade em função da temperatura para o cobre e para várias ligas cobre-níquel nos estados recozido e deformado. A natureza aditiva das contribuições resistivas individuais está demonstrada para –100 °C.

Influência da Temperatura

Para o metal puro e todas as ligas cobre-níquel mostradas na Figura 12.8, a resistividade aumentará linearmente quando a temperatura estiver acima de aproximadamente –200 °C. Dessa forma,

Dependência da contribuição da resistividade térmica em relação à temperatura

$$\rho_t = \rho_0 + aT \tag{12.10}$$

em que ρ_0 e a são constantes para cada metal específico. Essa dependência do componente da resistividade térmica em relação à temperatura se deve ao aumento das vibrações térmicas e de outras irregularidades da rede (por exemplo, as lacunas), que servem como centros de espalhamento de elétrons.

Influência das Impurezas

Para as adições de uma única impureza que forma uma solução sólida, a resistividade devido às impurezas ρ_i está relacionada com a concentração das impurezas c_i em termos da fração atômica (%a/100) da seguinte maneira:

Contribuição da resistividade devido às impurezas (para soluções sólidas) – dependência em relação à concentração de impurezas (fração atômica)

$$\rho_i = Ac_i(1 - c_i) \tag{12.11}$$

em que A é uma constante independente da composição que é uma função tanto do metal que compõe a impureza quanto do metal hospedeiro. A influência de adições de impurezas de níquel sobre a resistividade do cobre à temperatura ambiente está demonstrada na Figura 12.9 para até 50 %p Ni; ao longo dessa faixa de composições o níquel é completamente solúvel no cobre (Figura 10.3a). Novamente, os átomos de níquel no cobre atuam como centros de espalhamento, e um aumento na concentração de níquel no cobre resulta em um aumento da resistividade.

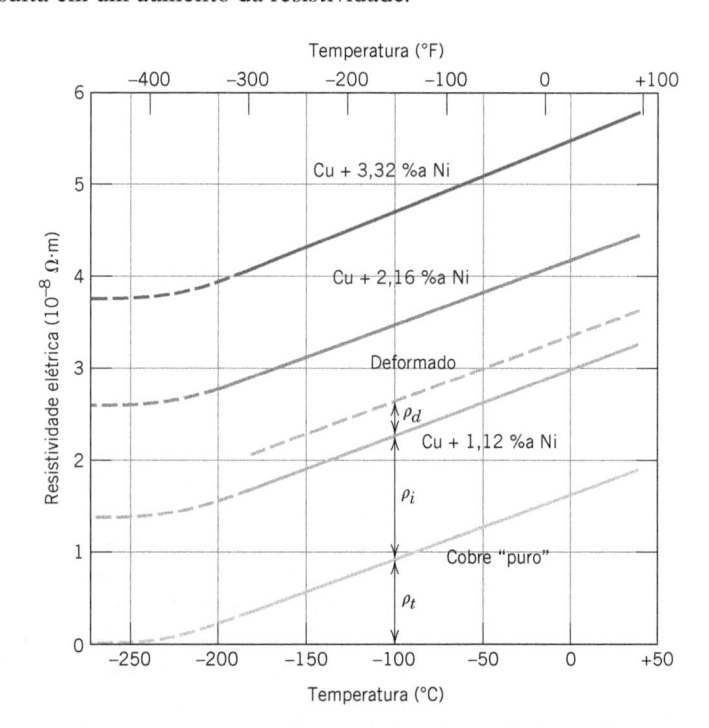

Figura 12.8 Resistividade elétrica em função da temperatura para o cobre e três ligas cobre-níquel, uma das quais foi deformada. As contribuições térmicas, das impurezas e da deformação para a resistividade estão indicadas a –100 °C.
[Adaptado de J. O. Linde, *Ann. Physik*, 5, 219 (1932); e C. A. Wert e R. M. Thomson, *Physics of Solids*, 2nd edition, McGraw-Hill Book Company, New York, 1970.]

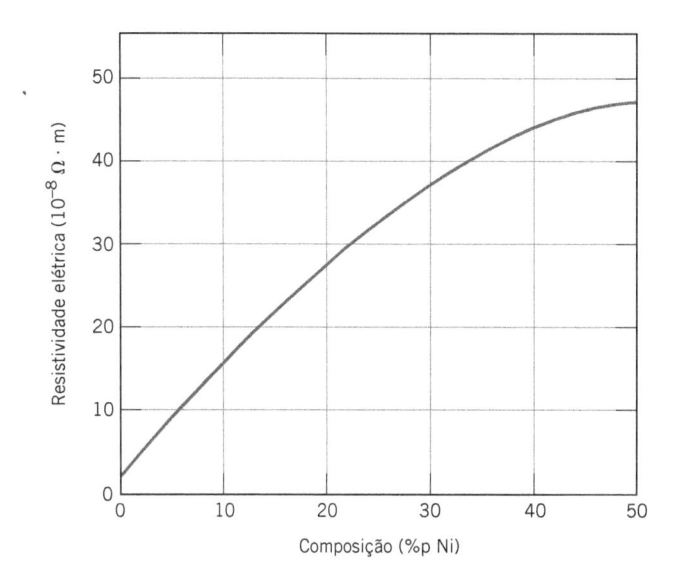

Figura 12.9 Resistividade elétrica à temperatura ambiente em função da composição para ligas cobre-níquel.

Para uma liga bifásica que consiste nas fases α e β, uma expressão do tipo regra das misturas pode ser utilizada para obter um valor aproximado da resistividade, conforme a seguir:

Contribuição da resistividade devido às impurezas (para ligas bifásicas) – dependência em relação às frações volumétricas e às resistividades das duas fases

$$\rho_i = \rho_\alpha V_\alpha + \rho_\beta V_\beta \tag{12.12}$$

em que os termos V e ρ representam as frações volumétricas e as resistividades individuais para as respectivas fases.

Influência da Deformação Plástica

A deformação plástica também aumenta a resistividade elétrica como resultado do maior número de discordâncias que causam espalhamento de elétrons. O efeito da deformação sobre a resistividade também está representado na Figura 12.8. Além disso, sua influência é muito mais fraca do que a do aumento da temperatura ou a da presença de impurezas.

Verificação de Conceitos 12.2 As resistividades elétricas à temperatura ambiente para o chumbo puro e o estanho puro são de $2,06 \times 10^{-7}$ e $1,11 \times 10^{-7}$ $\Omega \cdot$ m, respectivamente.

(a) Trace um gráfico esquemático da resistividade elétrica à temperatura ambiente em função da composição para todas as composições entre o chumbo puro e o estanho puro.

(b) Nesse mesmo gráfico, trace esquematicamente a resistividade elétrica em função da composição a 150 °C.

(c) Explique as formas dessas duas curvas, assim como quaisquer diferenças entre elas.

Sugestão: Você pode querer consultar o diagrama de fases chumbo-estanho, Figura 10.8.

(*A resposta está disponível no GEN-IO, ambiente virtual de aprendizagem do GEN.*)

12.9 CARACTERÍSTICAS ELÉTRICAS DE LIGAS COMERCIAIS

As propriedades elétricas, além de outras, tornam o cobre o condutor metálico mais amplamente utilizado. O cobre de alta condutividade, isento de oxigênio (*Oxygen-free high-conductivity* – OFHC), que apresenta teores de oxigênio e de outras impurezas extremamente baixos, é produzido para muitas aplicações elétricas. O alumínio, com uma condutividade de apenas metade daquela do cobre, também é usado com frequência como condutor elétrico. A prata tem uma condutividade elétrica maior do que o cobre ou o alumínio; entretanto, sua utilização é restrita devido ao seu custo.

Ocasionalmente, é necessário melhorar a resistência mecânica de uma liga metálica sem comprometer significativamente sua condutividade elétrica. Tanto a formação de ligas por solução sólida (Seção 8.10) quanto o trabalho a frio (Seção 8.11) melhoram a resistência mecânica ao custo da condutividade; dessa forma, deve ser feito um compromisso entre essas duas propriedades. Com maior frequência, a resistência é melhorada pela introdução de uma segunda fase que não tenha um efeito tão adverso sobre a condutividade. Por exemplo, as ligas cobre-berílio são endurecidas por precipitação (Seções 11.10 e 11.11); mesmo assim a condutividade é reduzida por um fator de aproximadamente 5 em relação ao cobre de alta pureza.

Para algumas aplicações, tais como em elementos de aquecimento de fornos, deseja-se uma elevada resistividade elétrica. A perda de energia pelos elétrons que são espalhados é dissipada como energia térmica. Tais materiais não devem ter apenas resistividade elevada, mas também resistência à oxidação em temperaturas elevadas e, obviamente, um ponto de fusão elevado. O nicromo, uma liga níquel-cromo, é empregado comumente na fabricação de elementos aquecedores.

MATERIAIS DE IMPORTÂNCIA

Fios Elétricos de Alumínio

O cobre é usado normalmente para as fiações elétricas em prédios residenciais e comerciais. No entanto, entre 1965 e 1973, o preço do cobre aumentou de maneira significativa e, consequentemente, foram instaladas fiações de alumínio em muitos prédios construídos ou reformados durante esse período, pois o alumínio era um condutor elétrico mais barato. Um número anormalmente grande de incêndios ocorreu nesses prédios e as investigações revelaram que o uso do alumínio impunha maior risco de incêndios do que a fiação de cobre.

Quando corretamente instalada, a fiação de alumínio pode ser tão segura quanto a de cobre. Esses problemas de segurança surgiram em pontos de conexão entre o alumínio e o cobre; a fiação de cobre foi usada para os terminais de conexão em equipamentos elétricos (disjuntores, tomadas, interruptores etc.), aos quais a fiação de alumínio foi fixada.

Conforme os circuitos elétricos são ligados e desligados, a fiação elétrica aquece e então resfria. Esse ciclo térmico faz com que os fios alternadamente se expandam e se contraiam. As intensidades da expansão e da contração para o alumínio são maiores do que para o cobre – o alumínio tem um coeficiente de expansão térmica maior do que o cobre (Seção 17.3).[3] Consequentemente, essas diferenças na expansão e na contração entre os fios de alumínio e de cobre podem causar o afrouxamento das conexões.

Outro fator que contribui para o afrouxamento das conexões das fiações de cobre e alumínio é a fluência (Seção 9.15); existem tensões mecânicas nessas conexões das fiações, e o alumínio é mais suscetível do que o cobre à deformação por fluência à temperatura ambiente ou em temperaturas próximas. Esse afrouxamento das conexões compromete o contato elétrico fio a fio, o que aumenta a resistência elétrica na conexão e leva a um maior aquecimento. O alumínio se oxida com maior facilidade do que o cobre, e esse revestimento de óxido aumenta ainda mais a resistência elétrica na conexão. Por fim, uma conexão pode se deteriorar até o ponto de que faíscas elétricas e/ou o acúmulo de calor incendeiem quaisquer materiais combustíveis na vizinhança da junção. Uma vez que a maioria das tomadas, interruptores e outras conexões estão fora de visão, esses materiais podem arder lentamente ou um incêndio pode se espalhar sem ser detectado durante um período de tempo prolongado.

Os sinais de alerta que sugerem possíveis problemas com as conexões incluem interruptores ou tomadas quentes, odor de plástico queimado próximo às tomadas ou interruptores, luzes que piscam ou que queimam rapidamente, estática anormal em rádios/televisões e disjuntores que desarmam sem nenhuma razão aparente.

Várias opções estão disponíveis para tornar seguros os prédios com fiações de alumínio.[4] A mais óbvia (e também a mais cara) consiste em substituir todos os fios de alumínio por fios de cobre. A próxima melhor opção consiste na instalação de uma unidade de reparo com conector de plissar em cada conexão alumínio-cobre. Com essa técnica, uma peça de fio de cobre é presa ao ramal de fiação de alumínio existente, com o uso de uma luva metálica especialmente projetada e uma ferramenta elétrica de plissagem; a luva metálica é chamada um "conector de emenda paralela" (COPALUM). A ferramenta de plissagem faz essencialmente uma solda a frio entre os dois fios. Finalmente, a conexão é encapsulada em uma luva isolante. Uma representação esquemática de um dispositivo COPALUM está mostrada na Figura 12.10. Apenas eletricistas qualificados e especialmente treinados estão habilitados para instalar esses conectores COPALUM.

---

[3] Os valores para o coeficiente de expansão térmica, assim como as composições e outras propriedades de ligas de alumínio e de cobre usadas em fiações elétricas estão apresentados na Tabela 12.2.

[4] Uma discussão das várias opções de reparos pode ser baixada da seguinte página na internet: http://www.cpsc.gov/cpscpub/pubs/516.pdf. Acessada em janeiro de 2015.

Tabela 12.2 Composições, Condutividades Elétricas e Coeficientes de Expansão para Ligas de Alumínio e de Cobre Usadas em Fiações Elétricas

Nome da Liga	Designação da Liga	Composição (%p)	Condutividade Elétrica $[(\Omega \cdot m)^{-1}]$	Coeficiente de Expansão Térmica $[(°C)^{-1}]$
Alumínio (grau para condutor elétrico)	1350	99,50 A1, 0,10 Si, 0,05 Cu, 0,01 Mn, 0,01 Cr, 0,05 Zn, 0,03 Ga, 0,05 B	$3,57 \times 10^{7}$	$23,8 \times 10^{-6}$
Cobre (acabamento de superfície eletrolítico)	C11000	99,90 Cu, 0,04 O	$5,88 \times 10^{7}$	$17,0 \times 10^{-6}$

Outras duas opções menos desejáveis são os dispositivos CO/ALR e a emenda das extremidades. Um dispositivo CO/ALR é simplesmente um interruptor ou uma tomada de parede, projetado para ser usado com fiação de alumínio. Na emenda das extremidades, uma porca conectora de fiação por torção é usada, a qual emprega uma graxa que inibe a corrosão ao mesmo tempo que mantém uma condutividade elétrica elevada na junção.

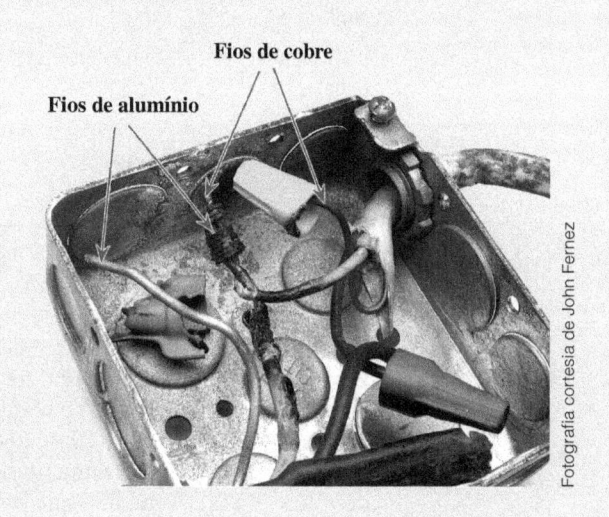

Figura 12.10 Diagrama esquemático de um dispositivo conector COPALUM que é usado em circuitos elétricos com fiação em alumínio.
(Reimpresso sob permissão da *US Consumer Product Safety Commission*.)

Duas junções fio de cobre-fio de alumínio (localizada em uma caixa de junções) que sofreram aquecimento excessivo. A junção da direita (dentro da porca para fiação) falhou completamente.

Semicondutividade

semicondutor intrínseco

semicondutor extrínseco

A condutividade elétrica dos materiais semicondutores não é tão alta quanto a dos metais; de qualquer forma, eles possuem algumas características elétricas distintas que os tornam especialmente úteis. As propriedades elétricas desses materiais são extremamente sensíveis, mesmo na presença de minúsculas concentrações de impurezas. Os **semicondutores intrínsecos** são aqueles em que o comportamento elétrico é baseado na estrutura eletrônica inerente ao material puro. Quando as características elétricas são ditadas pelos átomos de impurezas, diz-se que o semicondutor é **extrínseco**.

12.10 SEMICONDUÇÃO INTRÍNSECA

Os semicondutores intrínsecos são caracterizados pela estrutura de banda eletrônica mostrada na Figura 12.4*d*: a 0 K, uma banda de valência completamente preenchida, separada de uma banda de condução vazia por um espaçamento proibido entre bandas relativamente estreito, geralmente menor do que 2 eV. Os dois elementos semicondutores intrínsecos são o silício (Si) e o germânio (Ge), que têm energias de espaçamento entre bandas de aproximadamente 1,1 e 0,7 eV, respectivamente. Ambos se encontram no Grupo IVA da tabela periódica (Figura 2.8) e se ligam por ligações

Tabela 12.3 Energias dos Espaçamentos entre Bandas, Mobilidades dos Elétrons e dos Buracos e Condutividades Elétricas Intrínsecas à Temperatura Ambiente para Materiais Semicondutores

Material	Espaçamento entre Bandas (eV)	Mobilidade do Elétron ($m^2/V \cdot s$)	Mobilidade do Buraco ($m^2/V \cdot s$)	Condutividade Elétrica (Intrínseca) ($\Omega \cdot m$)$^{-1}$
Elementos				
Ge	0,67	0,39	0,19	2,2
Si	1,11	0,145	0,050	$3,4 \times 10^{-4}$
Compostos III-V				
AlP	2,42	0,006	0,045	—
AlSb	1,58	0,02	0,042	—
GaAs	1,42	0,80	0,04	3×10^{-7}
GaP	2,26	0,011	0,0075	—
InP	1,35	0,460	0,015	$2,5 \times 10^{-6}$
InSb	0,17	8,00	0,125	2×10^{4}
Compostos II-VI				
CdS	2,40	0,040	0,005	—
CdTe	1,56	0,105	0,010	—
ZnS	3,66	0,060	—	—
ZnTe	2,40	0,053	0,010	—

Fonte: Este material é reproduzido com permissão de John Wiley & Sons, Inc.

covalentes.[5] Além disso, uma gama de compostos semicondutores também exibe um comportamento intrínseco. Um desses grupos é formado entre os elementos dos Grupos IIIA e VA – por exemplo, o arseneto de gálio (GaAs) e o antimoneto de índio (InSb); muitas vezes, esses semicondutores são chamados de compostos III-V. Os compostos constituídos por elementos dos Grupos IIB e VIA também exibem comportamento semicondutor; eles incluem o sulfeto de cádmio (CdS) e o telureto de zinco (ZnTe). À medida que os dois elementos que formam esses compostos se encontram mais separados em relação às suas posições relativas na tabela periódica (isto é, suas eletronegatividades tornam-se mais diferentes, Figura 2.9), a ligação atômica entre eles torna-se mais iônica e a magnitude da energia do espaçamento entre bandas aumenta – os materiais tendem a se tornar mais isolantes. A Tabela 12.3 fornece os espaçamentos entre bandas para alguns compostos semicondutores.

Verificação de Conceitos 12.3   Qual, entre os compostos ZnS e CdSe, apresenta a maior energia de espaçamento entre bandas E_e? Cite a(s) razão(ões) para essa escolha.

(*A resposta está disponível no GEN-IO, ambiente virtual de aprendizagem do GEN.*)

Conceito de Buraco

Nos semicondutores intrínsecos, para cada elétron excitado para a banda de condução haverá a falta de um elétron em uma das ligações covalentes, ou, no esquema de bandas, haverá um estado eletrônico vazio na banda de valência, como está mostrado na Figura 12.6b.[6] Sob a influência de um campo elétrico, a posição desse elétron que está ausente na rede cristalina pode ser considerada como se tivesse movimento devido ao movimento de outros elétrons de valência que preenchem repetidamente a ligação incompleta (Figura 12.11). Esse processo poderá ser compreendido de maneira

---

[5] As bandas de valência no silício e no germânio correspondem a níveis de energia híbridos sp^3 para o átomo isolado; essas bandas de valência hibridizadas estão completamente preenchidas a 0 K.

[6] Os buracos (além dos elétrons livres) são criados nos semicondutores e são isolantes quando ocorrem transições eletrônicas de estados preenchidos na banda de valência para estados vazios na banda de condução (Figura 12.6). Nos metais, as transições eletrônicas ocorrem normalmente de estados vazios para estados preenchidos *dentro da mesma banda* (Figura 12.5), sem a criação de buracos.

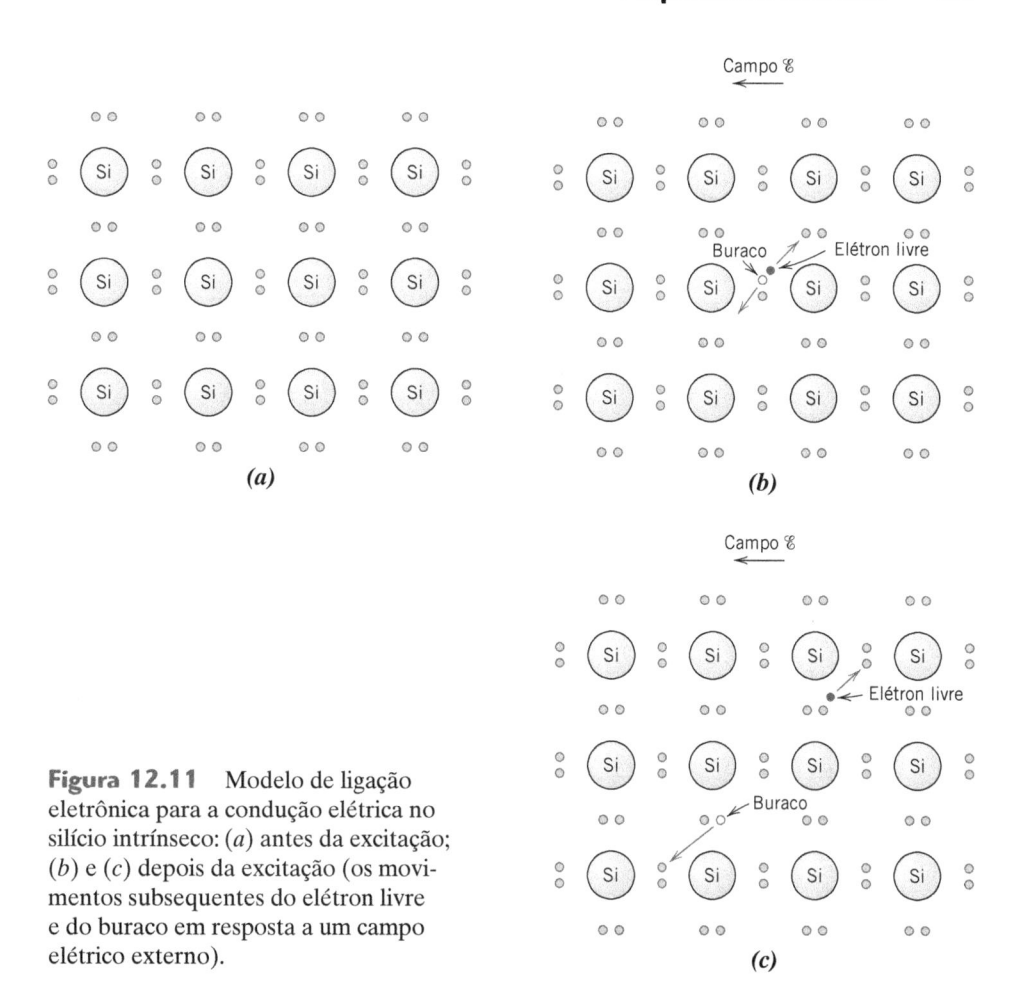

Figura 12.11 Modelo de ligação eletrônica para a condução elétrica no silício intrínseco: (*a*) antes da excitação; (*b*) e (*c*) depois da excitação (os movimentos subsequentes do elétron livre e do buraco em resposta a um campo elétrico externo).

mais simples se o elétron ausente na banda de valência for tratado como uma partícula carregada positivamente chamada de *buraco*. Considera-se que um buraco exibe uma carga com a mesma magnitude daquela de um elétron, porém com sinal oposto ($+1,6 \times 10^{-19}$ C). Dessa forma, na presença de um campo elétrico, os elétrons excitados e os buracos se movem em direções opostas. Além do mais, nos semicondutores, tanto os elétrons quanto os buracos são espalhados pelas imperfeições da rede.

Condutividade Intrínseca

Uma vez que há dois tipos de portadores de carga (os elétrons livres e os buracos) em um semicondutor intrínseco, a expressão para a condução elétrica, Equação 12.8, precisa ser modificada para incluir um termo que leve em consideração a contribuição da corrente devida aos buracos. Portanto, podemos escrever:

Condutividade elétrica para um semicondutor intrínseco – dependência em relação às concentrações de elétrons/buracos e às mobilidades dos elétrons/buracos

$$\sigma = n|e|\mu_e + p|e|\mu_b \tag{12.13}$$

em que p é o número de buracos por metro cúbico e μ_b é a mobilidade dos buracos. A magnitude de μ_b é sempre menor do que a magnitude de μ_e para os semicondutores. Para os semicondutores intrínsecos, cada elétron promovido através do espaçamento entre bandas deixa para trás um buraco na banda de valência; dessa forma,

$$n = p = n_i \tag{12.14}$$

em que n_i é conhecido como *concentração de portadores intrínsecos*. Além disso,

Condutividade em termos da concentração de portadores intrínsecos para um semicondutor intrínseco

$$\begin{aligned} \sigma &= n|e|(\mu_e + \mu_b) = p|e|(\mu_e + \mu_b) \\ &= n_i|e|(\mu_e + \mu_b) \end{aligned} \tag{12.15}$$

As condutividades intrínsecas à temperatura ambiente e as mobilidades dos elétrons e dos buracos para vários materiais semicondutores também estão apresentadas na Tabela 12.3.

PROBLEMA-EXEMPLO 12.1

Cálculo da Concentração de Portadores Intrínsecos à Temperatura Ambiente para o Arseneto de Gálio

Para o arseneto de gálio intrínseco, a condutividade elétrica à temperatura ambiente é de 3×10^{-7} ($\Omega \cdot$ m)$^{-1}$; as mobilidades dos elétrons e dos buracos são, respectivamente, de 0,80 e 0,04 m^2/V · s. Calcule a concentração de portadores intrínsecos n_i à temperatura ambiente.

Solução

Uma vez que o material é intrínseco, a concentração de portadores pode ser calculada utilizando-se a Equação 12.15, de acordo com

$$n_i = \frac{\sigma}{|e|(\mu_e + \mu_h)}$$

$$= \frac{3 \times 10^{-7}\,(\Omega \cdot \text{m})^{-1}}{(1,6 \times 10^{-19}\,\text{C})[(0,80 + 0,04)\,\text{m}^2/\text{V} \cdot \text{s}]}$$

$$= 2,2 \times 10^{12}\,\text{m}^{-3}$$

12.11 SEMICONDUÇÃO EXTRÍNSECA

Virtualmente, todos os semicondutores comerciais são *extrínsecos* – isto é, o comportamento elétrico é determinado pelas impurezas que, quando presentes mesmo em concentrações diminutas, introduzem um excesso de elétrons ou de buracos. Por exemplo, uma concentração de impurezas de 1 átomo em cada 10^{12} átomos é suficiente para tornar o silício extrínseco à temperatura ambiente.

Semicondução Extrínseca do Tipo *n*

Para ilustrar como a semicondução extrínseca é realizada, considere novamente o semicondutor elementar silício. Um átomo de Si tem quatro elétrons, cada um dos quais está ligado covalentemente a um de quatro átomos de Si adjacentes. Agora, suponha que um átomo de impureza com valência 5 seja adicionado como uma impureza substitucional; as possibilidades incluem os átomos da coluna do Grupo VA da tabela periódica (isto é, P, As e Sb). Apenas quatro dos cinco elétrons de valência desses átomos de impurezas podem participar das ligações, pois existem apenas quatro ligações possíveis com átomos vizinhos. O elétron adicional que não forma ligações fica preso fracamente à região ao redor do átomo de impureza, por uma atração eletrostática fraca, como está ilustrado na Figura 12.12*a*. A energia de ligação desse elétron é relativamente pequena (da ordem de 0,01 eV); dessa forma, ele é removido com facilidade do átomo de impureza, tornando-se um elétron livre ou de condução (Figuras 12.12*b* e 12.12*c*).

O estado de energia de um elétron desse tipo pode ser visto a partir da perspectiva do esquema do modelo de bandas eletrônicas. Para cada um dos elétrons fracamente ligados existe um único nível de energia, ou estado de energia, que está localizado dentro do espaçamento da zona proibida entre bandas, imediatamente abaixo da região inferior da banda de condução (Figura 12.13*a*). A energia de ligação do elétron corresponde à energia para excitar o elétron desde um desses estados de impureza até um estado na banda de condução. Cada evento de excitação (Figura 12.13*b*) fornece ou doa um único elétron para a banda de condução; uma impureza desse tipo é denominada apropriadamente *doadora*. Uma vez que cada elétron doador é excitado a partir de um nível de impureza, nenhum buraco correspondente é criado na banda de valência.

estado doador

Na temperatura ambiente, a energia térmica disponível é suficiente para excitar grande número de elétrons a partir dos **estados doadores**; além disso, ocorrem algumas transições intrínsecas da banda de valência para a banda de condução, como mostrado na Figura 12.6*b*, mas em intensidade desprezível. Dessa forma, o número de elétrons na banda de condução excede em muito o número

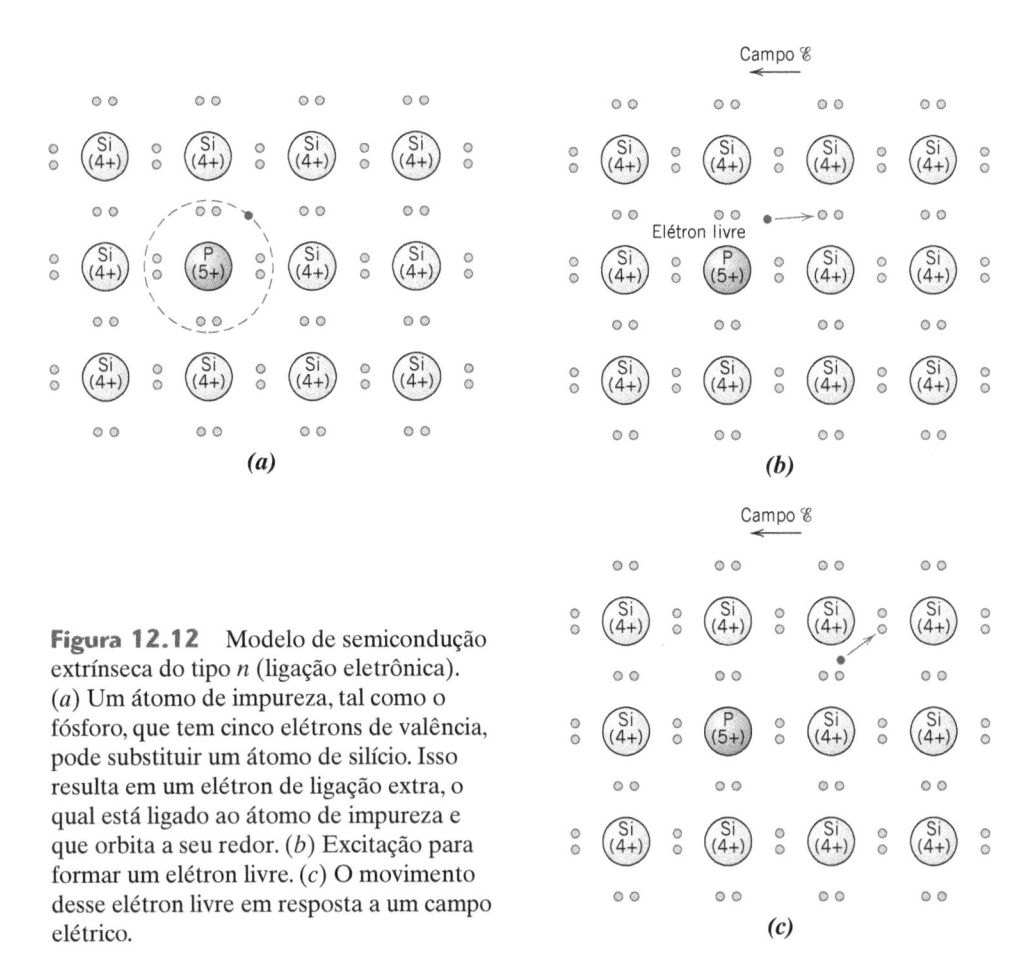

Figura 12.12 Modelo de semicondução extrínseca do tipo *n* (ligação eletrônica). (*a*) Um átomo de impureza, tal como o fósforo, que tem cinco elétrons de valência, pode substituir um átomo de silício. Isso resulta em um elétron de ligação extra, o qual está ligado ao átomo de impureza e que orbita a seu redor. (*b*) Excitação para formar um elétron livre. (*c*) O movimento desse elétron livre em resposta a um campo elétrico.

Dependência da condutividade em relação à concentração e à mobilidade dos elétrons para um semicondutor extrínseco do tipo *n*

de buracos na banda de valência (ou $n \gg p$) e o primeiro termo no lado direito da Equação 12.13 suplanta o segundo – ou seja,

$$\sigma \cong n|e|\mu_e \tag{12.16}$$

Diz-se que um material desse tipo é um semicondutor extrínseco do *tipo n*. Os elétrons são os *portadores majoritários* em virtude de sua densidade ou concentração; os buracos, por outro lado, são os *portadores de carga minoritários*. Nos semicondutores do tipo *n*, o nível de Fermi é deslocado para cima no espaçamento entre bandas, até a vizinhança do estado doador; sua posição exata é uma função tanto da temperatura quanto da concentração de doadores.

Figura 12.13 (*a*) Esquema da banda de energia eletrônica para um nível de impureza doadora localizado dentro do espaçamento entre bandas, imediatamente abaixo da região inferior da banda de condução. (*b*) Excitação a partir de um estado doador no qual um elétron livre é gerado na banda de condução.

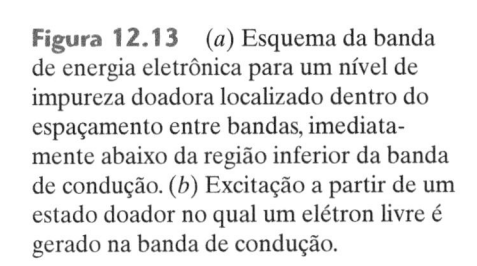

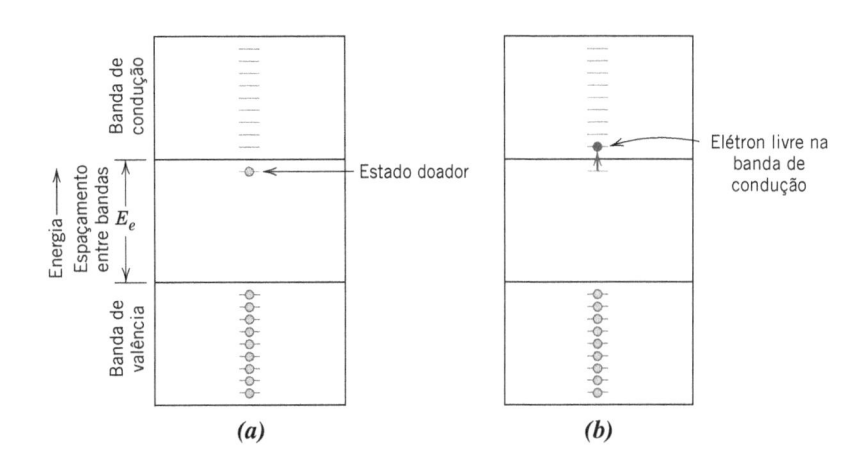

Semicondução Extrínseca do Tipo *p*

Um efeito oposto é produzido pela adição ao silício ou ao germânio de impurezas substitucionais trivalentes, tais como o alumínio, o boro e o gálio, do Grupo IIIA da tabela periódica. Uma das ligações covalentes ao redor de cada um desses átomos fica deficiente em um elétron; tal deficiência pode ser vista como um buraco que está fracamente ligado ao átomo de impureza. Esse buraco pode ser liberado do átomo de impureza pela transferência de um elétron de uma ligação adjacente, como está ilustrado na Figura 12.14. Essencialmente, o elétron e o buraco trocam de posições. Um buraco em movimento é considerado como estando em um estado excitado, e participa no processo de condução de maneira análoga à de um elétron doador excitado, conforme descrito anteriormente.

As excitações extrínsecas, nas quais são gerados buracos, também podem ser representadas usando o modelo de bandas. Cada átomo de impureza desse tipo introduz um nível de energia dentro do espaçamento entre bandas, localizado acima, porém muito próximo ao topo da banda de valência (Figura 12.15*a*). Imagina-se que um buraco seja criado na banda de valência pela excitação térmica de um elétron da banda de valência para esse estado eletrônico da impureza, como demonstrado na Figura 12.15*b*. Em uma transição desse tipo, apenas um portador é produzido – um buraco na banda de valência; um elétron livre *não* é criado nem no nível da impureza nem na banda de condução. Uma impureza desse tipo é chamada de *receptora*, pois é capaz de aceitar um elétron da banda de valência, deixando para trás um buraco. Segue-se que o nível de energia dentro do espaçamento entre bandas introduzido por esse tipo de impurezas é chamado de um **estado receptor**.

estado receptor

Para esse tipo de condução extrínseca, os buracos estão presentes em concentrações muito maiores do que os elétrons (isto é, $p \gg n$) e sob essas circunstâncias um material é denominado do *tipo p*, pois partículas carregadas positivamente são as principais responsáveis pela condução elétrica. Obviamente, os buracos são os portadores majoritários e os elétrons estão presentes em

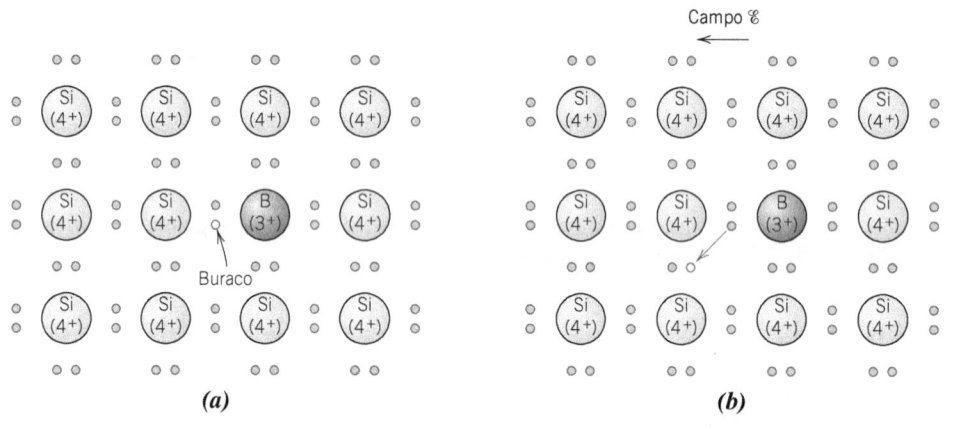

Figura 12.14 Modelo de semicondução extrínseca do tipo *p* (ligação eletrônica). (*a*) Um átomo de impureza, tal como o boro, que exibe três elétrons de valência, pode substituir um átomo de silício. Isso resulta na deficiência de um elétron de valência, ou em um buraco associado ao átomo de impureza. (*b*) Movimento desse buraco em resposta a um campo elétrico.

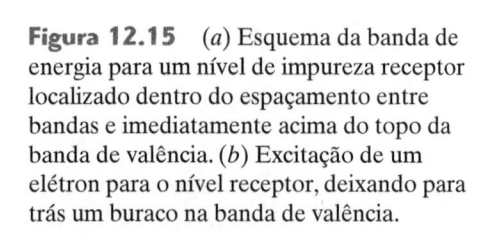

Figura 12.15 (*a*) Esquema da banda de energia para um nível de impureza receptor localizado dentro do espaçamento entre bandas e imediatamente acima do topo da banda de valência. (*b*) Excitação de um elétron para o nível receptor, deixando para trás um buraco na banda de valência.

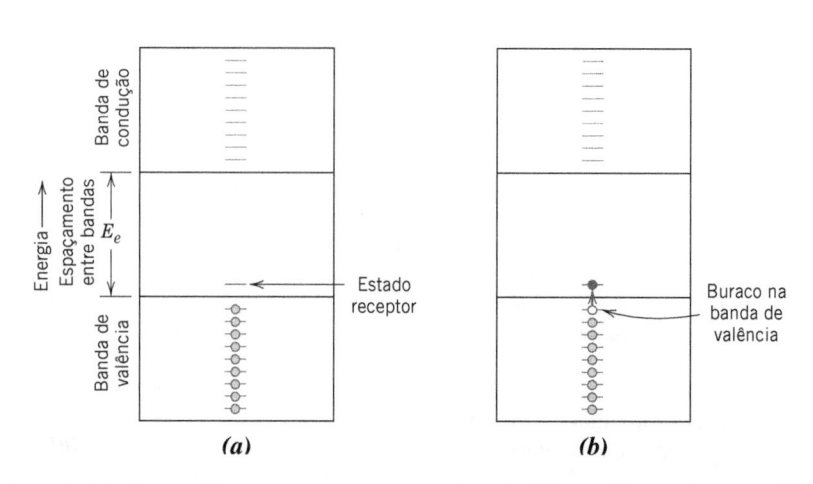

concentrações minoritárias. Isso dá origem a uma predominância do segundo termo no lado direito da Equação 12.13, ou seja,

$$\sigma \cong p|e|\mu_b \qquad (12.17)$$

Nos semicondutores do tipo p, o nível de Fermi está posicionado no espaçamento entre bandas e próximo ao nível do receptor.

Os semicondutores extrínsecos (tanto do tipo n quanto do tipo p) são produzidos a partir de materiais que são, inicialmente, de pureza extremamente elevada, contendo geralmente teores totais de impurezas da ordem de 10^{-7} %a. Concentrações controladas de doadores ou de receptores específicos são então adicionadas intencionalmente, por diferentes técnicas. Tal processo de formação de ligas em materiais semicondutores é denominado **dopagem**.

Nos semicondutores extrínsecos, um grande número de portadores de carga (elétrons ou buracos, dependendo do tipo de impureza) é criado à temperatura ambiente pela energia térmica disponível. Como consequência, nos semicondutores extrínsecos são obtidas condutividades elétricas relativamente elevadas na temperatura ambiente. A maioria desses materiais é projetada para aplicações em dispositivos eletrônicos a serem operados em condições ambientes.

Verificação de Conceitos 12.4 Em temperaturas relativamente elevadas, tanto os materiais semicondutores dopados com doadores quanto com receptores exibem comportamento intrínseco (Seção 12.12). Com base nas discussões da Seção 12.5 e desta seção, trace um gráfico esquemático da energia de Fermi em função da temperatura para um semicondutor do tipo n até uma temperatura na qual ele se torna intrínseco. Anote nesse gráfico também as posições de energia que correspondem ao topo da banda de valência e à parte inferior da banda de condução.

Verificação de Conceitos 12.5 O Zn atua como um doador ou como um receptor quando é adicionado a um composto semicondutor de GaAs? Por quê? (Assuma que o Zn seja uma impureza substitucional.)

(As respostas estão disponíveis no GEN-IO, ambiente virtual de aprendizagem do GEN.)

12.12 A DEPENDÊNCIA DA CONCENTRAÇÃO DE PORTADORES EM RELAÇÃO À TEMPERATURA

A Figura 12.16 traça o logaritmo da concentração dos portadores *intrínsecos* n_i em função da temperatura, tanto para o silício quanto para o germânio. Duas características nesse gráfico merecem ser comentadas. Em primeiro lugar, as concentrações de elétrons e de buracos aumentam com a elevação da temperatura, uma vez que, com o aumento da temperatura, mais energia térmica está disponível para excitar os elétrons da banda de valência para a banda de condução (de acordo com a Figura 12.6*b*). Além disso, em todas as temperaturas, a concentração de portadores no Ge é maior do que no Si. Esse efeito se deve ao menor espaçamento entre bandas no germânio (0,67 contra 1,11 eV; Tabela 12.3); dessa forma, para o Ge, em qualquer temperatura, mais elétrons serão excitados pelo seu espaçamento entre bandas.

Contudo, o comportamento concentração de portadores-temperatura para um semicondutor *extrínseco* é muito diferente. Por exemplo, o gráfico para a concentração de elétrons em função da temperatura para o silício que foi dopado com 10^{21} m^{-3} de átomos de fósforo está traçado na Figura 12.17. [Para comparação, a curva tracejada mostrada na figura representa o Si intrínseco (tirada da Figura 12.16)].[7] Três regiões podem ser observadas na curva extrínseca. Nas temperaturas intermediárias (entre aproximadamente 150 K e 475 K), o material é do tipo n (uma vez que P é uma impureza doadora) e a concentração de elétrons é constante. Essa região é denominada *região de*

---

[7] Observe que as formas da curva para o Si na Figura 12.16 e da curva para n_i na Figura 12.17 não são as mesmas, embora parâmetros idênticos estejam sendo traçados em ambos os casos. Essa disparidade se deve às escalas dos eixos: os eixos da temperatura (isto é, os eixos horizontais) em ambos os gráficos estão em escala linear; contudo, o eixo da concentração de portadores na Figura 12.16 está em escala logarítmica, enquanto esse mesmo eixo na Figura 12.17 está em escala linear.

temperatura extrínseca.[8] Os elétrons na banda de condução são excitados a partir do estado doador do fósforo (conforme a Figura 12.13*b*), e uma vez que a concentração de elétrons é aproximadamente igual ao teor de P (10^{21} m^{-3}), virtualmente todos os átomos de fósforo foram ionizados (isto é, doaram elétrons). Além disso, as excitações intrínsecas através do espaçamento entre bandas são insignificantes em comparação a essas excitações do doador extrínseco. A faixa de temperaturas na qual essa região extrínseca existe depende da concentração de impurezas; assim, a maioria dos dispositivos em estado sólido é projetada para operar nessa faixa de temperaturas.

Em baixas temperaturas, abaixo de aproximadamente 100 K (Figura 12.17), a concentração de elétrons cai drasticamente com a diminuição da temperatura e se aproxima de zero em 0 K. Nessas temperaturas, a energia térmica é insuficiente para excitar os elétrons do nível doador P para a banda de condução. Essa região é denominada *região de temperatura de congelamento*, uma vez que os portadores carregados (isto é, os elétrons) estão "congelados" junto aos átomos de dopantes.

Finalmente, na extremidade superior da escala de temperaturas na Figura 12.17, a concentração de elétrons aumenta acima do teor de P e se aproxima assintoticamente da curva para o material intrínseco conforme a temperatura aumenta. Essa região é denominada *região de temperatura intrínseca*, uma vez que nessas temperaturas elevadas o semicondutor se torna intrínseco – isto é, com o aumento da temperatura, as concentrações de portadores de cargas resultantes das excitações dos elétrons através do espaçamento entre bandas primeiro se tornam iguais e então superam completamente a contribuição devido ao portador doador.

> **Verificação de Conceitos 12.6** Com base na Figura 12.17, à medida que o nível de dopagem aumenta, você espera que a temperatura na qual um semicondutor se torna intrínseco aumente, permaneça essencialmente a mesma ou diminua? Por quê?
>
> (*A resposta está disponível no GEN-IO, ambiente virtual de aprendizagem do GEN.*)

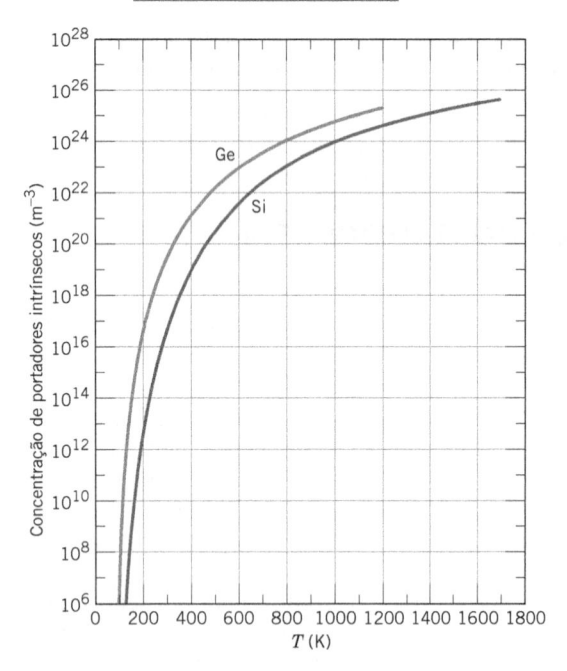

Figura 12.16 Concentração de portadores intrínsecos (escala logarítmica) em função da temperatura para o germânio e o silício.
(De C. D. Thurmond, "The Standard Thermodynamic Functions for the Formation of Electrons and Holes in Ge, Si, GaAs and GaP", *Journal of the Electrochemical Society*, **122**, [8], 1139 (1975). Reimpresso sob permissão de The Electrochemical Society, Inc.)

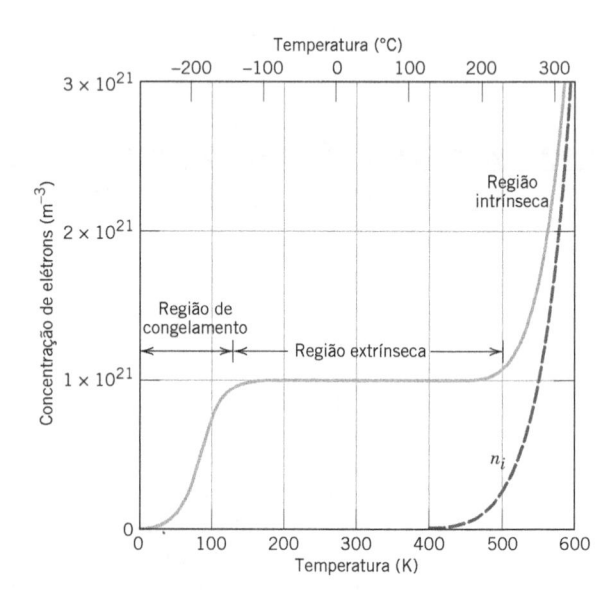

Figura 12.17 Concentração de elétrons em função da temperatura para o silício (tipo *n*) dopado com 10^{21} m^{-3} de uma impureza doadora e para o silício intrínseco (linha tracejada). Os regimes de temperatura de congelamento, extrínseco e intrínseco estão identificados neste gráfico.
(De S. M. Sze, *Semiconductor Devices, Physics and Technology*. Copyright © 1985 por Bell Telephone Laboratories, Inc. Reimpresso sob permissão de John Wiley & Sons, Inc.)

---

[8] Para semicondutores dopados com doadores, essa região é algumas vezes chamada de região de *saturação*; para os materiais dopados com receptores, ela é chamada, com frequência, de região de *exaustão*.

12.13 FATORES QUE AFETAM A MOBILIDADE DOS PORTADORES

Além de depender das concentrações de elétrons e/ou dos buracos, a condutividade (ou a resistividade) de um material semicondutor também é uma função das mobilidades dos portadores de cargas (Equação 12.13) – isto é, da facilidade com que os elétrons e os buracos são transportados através do cristal. Além disso, as magnitudes das mobilidades dos elétrons e dos buracos são influenciadas pela presença daqueles mesmos defeitos cristalinos que são responsáveis pelo espalhamento dos elétrons nos metais – as vibrações térmicas (isto é, a temperatura) e os átomos de impurezas. Vamos agora explorar a maneira pela qual o teor de impurezas dopantes e a temperatura influenciam as mobilidades tanto dos elétrons quanto dos buracos.

Influência do Teor de Dopante

A Figura 12.18 representa as mobilidades dos elétrons e dos buracos no silício em relação ao teor de dopante (tanto receptor quanto doador) à temperatura ambiente; observe que ambos os eixos nesse gráfico estão em escala logarítmica. Em concentrações de dopante menores do que aproximadamente 10^{20} m^{-3}, as mobilidades de ambos os portadores estão em seus níveis máximos e são independentes da concentração de dopante. Além disso, ambas as mobilidades diminuem com o aumento do teor de impurezas. Também é importante observar que a mobilidade dos elétrons é sempre maior do que a mobilidade dos buracos.

Influência da Temperatura

As dependências em relação à temperatura das mobilidades dos elétrons e dos buracos para o silício estão apresentadas nas Figuras 12.19a e 12.19b, respectivamente. As curvas para vários teores de impurezas dopantes estão mostradas para ambos os tipos de portadores; observe que ambos os conjuntos de eixos estão em escala logarítmica. A partir desses gráficos, é possível notar que, para concentrações de dopante iguais a 10^{24} m^{-3} ou menos, a mobilidade tanto dos elétrons quanto dos buracos diminui em magnitude com o aumento da temperatura; novamente, esse efeito se deve ao maior espalhamento térmico dos portadores. Tanto para os elétrons quanto para os buracos, em níveis de dopante menores do que 10^{20} m^{-3}, a dependência da mobilidade em relação à temperatura é independente da concentração de receptores/doadores (ou seja, é representada por uma única curva). Além disso, para concentrações maiores do que 10^{20} m^{-3}, as curvas em ambos os gráficos são deslocadas para valores de mobilidade progressivamente mais baixos com o aumento do nível de dopante. Esses dois últimos efeitos estão de acordo com os dados apresentados na Figura 12.18.

As abordagens anteriores discutiram a influência da temperatura e do teor de dopante tanto sobre a concentração de portadores quanto sobre a mobilidade dos portadores. Uma vez que os valores de n, p, μ_e e μ_b tenham sido determinados para uma concentração de doadores/receptores específica e para uma temperatura específica (usando as Figuras 12.16 a 12.19), o cálculo do valor de σ é possível utilizando as Equações 12.15, 12.16 ou 12.17.

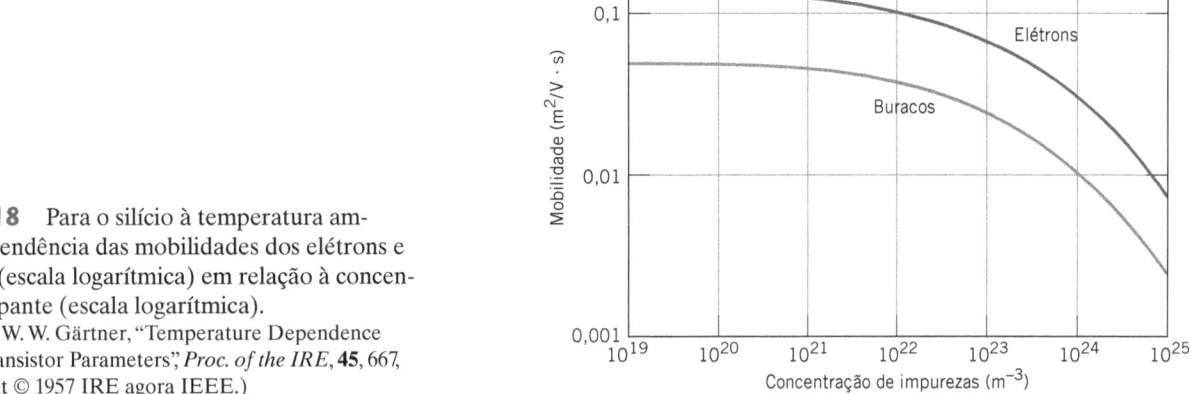

Figura 12.18 Para o silício à temperatura ambiente, a dependência das mobilidades dos elétrons e dos buracos (escala logarítmica) em relação à concentração de dopante (escala logarítmica).
(Adaptado de W. W. Gärtner, "Temperature Dependence of Junction Transistor Parameters", *Proc. of the IRE*, **45**, 667, 1957, Copyright © 1957 IRE agora IEEE.)

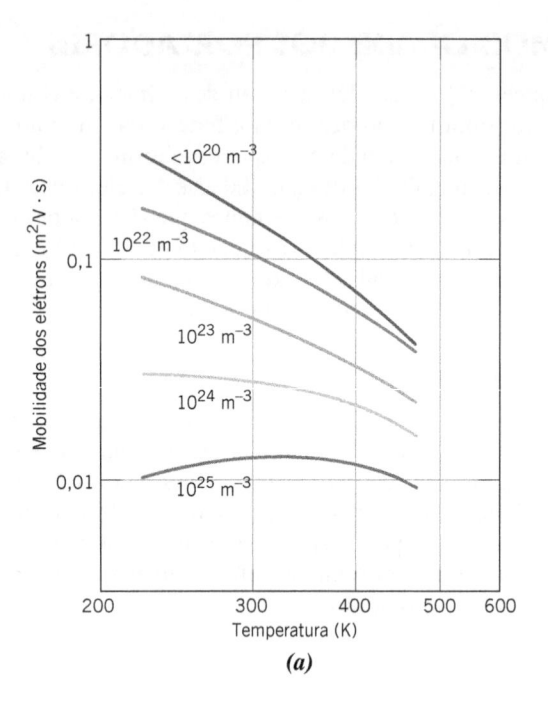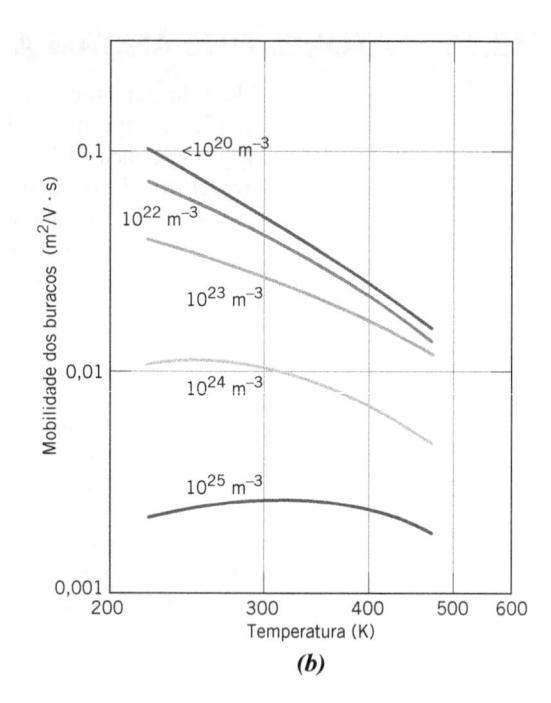

Figura 12.19 Dependência em relação à temperatura das mobilidades (*a*) dos elétrons e (*b*) dos buracos para o silício dopado com várias concentrações de doadores e de receptores. Ambos os conjuntos de eixos estão em escala logarítmica.

(De W. W. Gärtner, "Temperature Dependence of Junction Transistor Parameters", *Proc. of the IRE*, **45**, 667, 1957, Copyright © 1957 IRE agora IEEE.)

> **Verificação de Conceitos 12.7** Com base na curva para a concentração de elétrons em função da temperatura para o silício do tipo *n* que foi mostrada na Figura 12.17 e na dependência do logaritmo da mobilidade dos elétrons em relação à temperatura (Figura 12.19*a*), trace um gráfico esquemático do logaritmo da condutividade elétrica em função da temperatura para o silício que foi dopado com 10^{21} m^{-3} de uma impureza doadora. Em seguida, explique sucintamente a forma dessa curva. Lembre-se de que a Equação 12.16 expressa a dependência da condutividade em relação à concentração de elétrons e à mobilidade dos elétrons.
>
> (*A resposta está disponível no GEN-IO, ambiente virtual de aprendizagem do GEN.*)

PROBLEMA-EXEMPLO 12.2

Determinação da Condutividade Elétrica para o Silício Intrínseco a 150 °C

Calcule a condutividade elétrica do silício intrínseco a 150 °C (423 K).

Solução

Este problema pode ser resolvido com o emprego da Equação 12.15, que requer a especificação dos valores de n_i, μ_e e μ_b. A partir da Figura 12.16, o valor de n_i para o silício a 423 K é de 4×10^{19} m^{-3}. Além disso, as mobilidades intrínsecas dos elétrons e dos buracos são tomadas a partir das curvas para $< 10^{20}$ m^{-3} nas Figuras 12.19*a* e 12.19*b*, respectivamente; a 423 K, $\mu_e = 0,06$ m^2/V · s e $\mu_b = 0,022$ m^2/V · s (levando-se em consideração que tanto o eixo da mobilidade quanto o da temperatura estão em escala logarítmica). Finalmente, a partir da Equação 12.15, a condutividade elétrica é igual a

$$
\begin{aligned}
\sigma &= n_i |e| (\mu_e + \mu_b) \\
&= (4 \times 10^{19} \text{ m}^{-3})(1,6 \times 10^{-19} \text{ C})(0,06 \text{ m}^2/\text{V} \cdot \text{s} + 0,022 \text{ m}^2/\text{V} \cdot \text{s}) \\
&= 0,52 \ (\Omega \cdot \text{m})^{-1}
\end{aligned}
$$

PROBLEMA-EXEMPLO 12.3

Cálculos da Condutividade Elétrica na Temperatura Ambiente e em Temperaturas Elevadas para o Silício Extrínseco

São adicionados ao silício de alta pureza 10^{23} m^{-3} átomos de arsênio.
(a) Esse material é do tipo n ou do tipo p?
(b) Calcule a condutividade elétrica desse material na temperatura ambiente.
(c) Calcule a condutividade a 100 °C (373 K).

Solução

(a) O arsênio é um elemento do Grupo VA (Figura 2.8) e, portanto, atua como um doador no silício; isso significa que esse material é do tipo n.

(b) Na temperatura ambiente (298 K), estamos na região de temperatura extrínseca da Figura 12.17; isso significa que virtualmente todos os átomos de arsênio doaram elétrons (isto é, $n = 10^{23}$ m^{-3}). Além disso, uma vez que esse material é extrínseco do tipo n, a condutividade pode ser calculada utilizando a Equação 12.16. Em consequência, é necessário determinar a mobilidade dos elétrons para uma concentração de doadores de 10^{23} m^{-3}. Podemos fazer isso utilizando a Figura 12.18: para 10^{23} m^{-3}, $\mu_e = 0{,}07$ m^2/V · s (lembre-se de que ambos os eixos na Figura 12.18 estão em escala logarítmica). Dessa forma, a condutividade é simplesmente

$$\sigma = n|e|\mu_e$$
$$= (10^{23} \text{ m}^{-3})(1{,}6 \times 10^{-19} \text{ C})(0{,}07 \text{ m}^2/\text{V} \cdot \text{s})$$
$$= 1120 \ (\Omega \cdot \text{m})^{-1}$$

(c) Para determinar a condutividade desse material a 373 K, utilizamos novamente a Equação 12.16 com a mobilidade dos elétrons nessa temperatura. A partir da curva para 10^{23} m^{-3} na Figura 12.19a, a 373 K, $\mu_e = 0{,}04$ m^2/V · s, o que leva a

$$\sigma = n|e|\mu_e$$
$$= (10^{23} \text{ m}^{-3})(1{,}6 \times 10^{-19} \text{ C})(0{,}04 \text{ m}^2/\text{V} \cdot \text{s})$$
$$= 640 \ (\Omega \cdot \text{m})^{-1}$$

EXEMPLO DE PROJETO 12.1

Dopagem com Impureza Receptora no Silício

Deseja-se um material de silício extrínseco do tipo p com uma condutividade à temperatura ambiente de $50 \ (\Omega \cdot \text{m})^{-1}$. Especifique um tipo de impureza receptora que possa ser usado, assim como sua concentração em porcentagem atômica, para produzir essas características elétricas.

Solução

Em primeiro lugar, os elementos que, quando adicionados ao silício, o tornam do tipo p estão localizados em um grupo à esquerda do silício na tabela periódica. Esse grupo inclui os elementos do Grupo IIIA (Figura 2.8): boro, alumínio, gálio e índio.

Uma vez que esse material é extrínseco e do tipo p (isto é, $p \gg n$), a condutividade elétrica é uma função tanto da concentração de buracos quanto da mobilidade dos buracos, de acordo com a Equação 12.17. Além disso, considera-se que à temperatura ambiente todos os átomos do dopante receptor tenham recebido elétrons para formar buracos (isto é, que estamos na *região extrínseca* na Figura 12.17), o que é o mesmo que dizer que o número de buracos é aproximadamente igual ao número de impurezas receptoras N_r.

Esse problema é complicado pelo fato de que μ_b depende do teor de impurezas de acordo com a Figura 12.18. Consequentemente, um método para resolver o problema é por "tentativa e erro": supõe-se uma concentração de impurezas e então se calcula a condutividade usando esse valor e a mobilidade dos buracos correspondente a partir da sua curva na Figura 12.18. Então, com base nesse resultado, repete-se o processo supondo-se outra concentração de impurezas.

Como exemplo, vamos selecionar um valor de N_r (isto é, um valor de p) de 10^{22} m^{-3}. Nessa concentração, a mobilidade dos buracos é igual a aproximadamente 0,04 m^2/V · s (Figura 12.18); esses valores levam a uma condutividade de

$$\sigma = p|e|\mu_b = (10^{22}\ \text{m}^{-3})(1,6 \times 10^{-19}\ \text{C})(0,04\ \text{m}^2/\text{V} \cdot \text{s})$$
$$= 64\ (\Omega \cdot \text{m})^{-1}$$

o que está um pouco acima do valor desejado. A diminuição do teor de impurezas em uma ordem de grandeza, para 10^{21} m^{-3}, resulta em apenas um pequeno aumento em μ_b para aproximadamente 0,045 m^2/V · s (Figura 12.18); dessa forma, a condutividade resultante é

$$\sigma = (10^{21}\ \text{m}^{-3})(1,6 \times 10^{-19}\ \text{C})(0,045\ \text{m}^2/\text{V} \cdot \text{s})$$
$$= 7,2\ (\Omega \cdot \text{m})^{-1}$$

Com algum ajuste fino desses números, uma condutividade de 50 $(\Omega \cdot \text{m})^{-1}$ é obtida quando $N_r = p \cong 8 \times 10^{21}$ m^{-3}; nesse valor de N_r, μ_b permanece aproximadamente igual a 0,04 m^2/V · s.

Em seguida, torna-se necessário calcular a concentração de impurezas receptoras em porcentagem atômica. Esse cálculo requer que primeiro seja determinado o número de átomos de silício por metro cúbico, N_{Si}, com o auxílio da Equação 5.2, que é a seguinte:

$$N_{\text{Si}} = \frac{N_A \rho_{\text{Si}}}{A_{\text{Si}}}$$

$$= \frac{(6,022 \times 10^{23}\ \text{átomos/mol})(2,33\ \text{g/cm}^3)(10^6\ \text{cm}^3/\text{m}^3)}{28,09\ \text{g/mol}}$$

$$= 5 \times 10^{28}\ \text{m}^{-3}$$

A concentração de impurezas receptoras em termos da percentagem atômica (C_r') é simplesmente a razão entre N_r e $N_r + N_{\text{Si}}$ multiplicada por 100, ou seja,

$$C_r' = \frac{N_r}{N_r + N_{\text{Si}}} \times 100$$

$$= \frac{8 \times 10^{21}\ \text{m}^{-3}}{(8 \times 10^{21}\ \text{m}^{-3}) + (5 \times 10^{28}\ \text{m}^{-3})} \times 100 = 1,60 \times 10^{-5}$$

Dessa forma, um material de silício com condutividade elétrica do tipo p à temperatura ambiente igual a 50 $(\Omega \cdot \text{m})^{-1}$ deve conter $1,60 \times 10^{-5}$ %a de boro, alumínio, gálio ou índio.

12.14   O EFEITO HALL

efeito Hall

Para alguns materiais, deseja-se ocasionalmente determinar o tipo, a concentração e a mobilidade do portador de cargas majoritário. Tais determinações não são possíveis a partir de uma simples medição da condutividade elétrica – também deve ser realizado um experimento de **efeito Hall**. Esse efeito Hall é um resultado do fenômeno pelo qual um campo magnético aplicado perpendicularmente à direção do movimento de uma partícula carregada exerce uma força sobre a partícula perpendicularmente às direções tanto do campo magnético quanto do movimento da partícula.

Para demonstrar o efeito Hall, considere a geometria mostrada na Figura 12.20 – uma amostra com o formato de um paralelepípedo com um dos vértices localizado na origem de um sistema de coordenadas cartesianas. Em resposta à aplicação de um campo elétrico externo, os elétrons e/ou buracos se movem na direção x e dão origem a uma corrente I_x. Quando um campo magnético é imposto na direção positiva de z (representada como B_z), a força resultante sobre os portadores de cargas fará com que eles sejam defletidos na direção y – os buracos (portadores com cargas positivas) para a face da amostra à direita e os elétrons (portadores com cargas negativas) para a face à esquerda, como está indicado na figura. Dessa forma, uma tensão, denominada *tensão Hall*, V_H, é estabelecida na direção y. A magnitude de V_H depende de I_x, B_z e da espessura da amostra d, de acordo com:

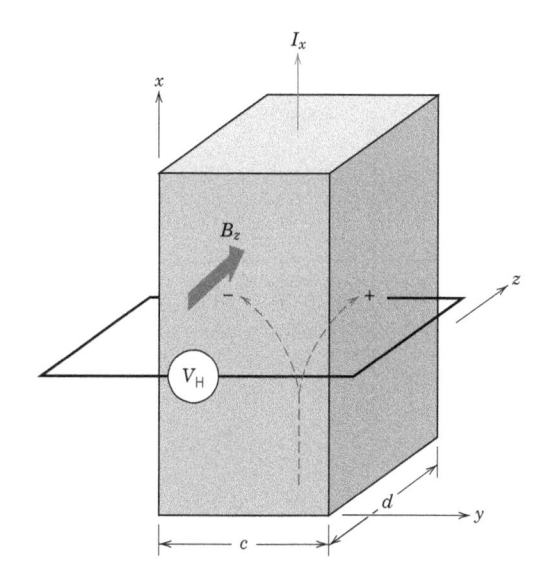

Figura 12.20 Demonstração esquemática do efeito Hall. Portadores de cargas positivos e/ou negativos que são parte da corrente I_x são defletidos pelo campo magnético B_z e dão origem à tensão Hall, V_H.

Dependência da voltagem Hall em relação ao coeficiente de Hall, à espessura da amostra e aos parâmetros da corrente e do campo magnético mostrados na Figura 12.20

$$V_H = \frac{R_H I_x B_z}{d} \qquad (12.18)$$

Nessa expressão, R_H é denominado *coeficiente de Hall* e é uma constante para determinado material. Para os metais, em que a condução é feita por elétrons, R_H é negativo e é dado por

Coeficiente de Hall para metais

$$R_H = \frac{1}{n|e|} \qquad (12.19)$$

Dessa forma, n pode ser determinado, uma vez que R_H pode ser medido com o auxílio da Equação 12.18 e com a magnitude de e, a carga de um elétron, que é conhecida.

Além disso, a partir da Equação 12.8, a mobilidade do elétron μ_e é simplesmente

$$\mu_e = \frac{\sigma}{n|e|} \qquad (12.20a)$$

ou, usando a Equação 12.19,

Mobilidade dos elétrons em termos do coeficiente de Hall e da condutividade para os metais

$$\mu_e = |R_H|\sigma \qquad (12.20b)$$

Sendo assim, a magnitude de μ_e também pode ser determinada se a condutividade σ também tiver sido medida.

Para materiais semicondutores, a determinação do tipo de portador majoritário e o cálculo da concentração e da mobilidade dos portadores são mais complicados e não serão discutidos aqui.

PROBLEMA-EXEMPLO 12.4

Cálculo da Tensão Hall

A condutividade elétrica e a mobilidade dos elétrons para o alumínio são de $3{,}8 \times 10^7$ $(\Omega \cdot m)^{-1}$ e 0,0012 $m^2/V \cdot s$, respectivamente. Calcule a tensão Hall para uma amostra de alumínio com 15 mm de espessura para uma corrente de 25 A e um campo magnético de 0,6 tesla (imposto em uma direção perpendicular à corrente).

Solução

A tensão Hall V_H pode ser determinada usando-se a Equação 12.18. Entretanto, em primeiro lugar, é necessário calcular o coeficiente de Hall (R_H) a partir da Equação 12.20b

$$R_H = -\frac{\mu_e}{\sigma}$$

$$= -\frac{0,0012 \text{ m}^2/\text{V}\cdot\text{s}}{3,8 \times 10^7 \ (\Omega\cdot\text{m})^{-1}} = -3,16 \times 10^{-11} \text{ V}\cdot\text{m}/\text{A}\cdot\text{tesla}$$

Agora, o uso da Equação 12.18 leva a

$$V_H = \frac{R_H I_x B_z}{d}$$

$$= \frac{(-3,16 \times 10^{-11} \text{ V}\cdot\text{m}/\text{A}\cdot\text{tesla})(25 \text{ A})(0,6 \text{ tesla})}{15 \times 10^{-3} \text{ m}}$$

$$= -3,16 \times 10^{-8} \text{ V}$$

12.15 DISPOSITIVOS SEMICONDUTORES

As propriedades elétricas diferenciadas dos semicondutores permitem seu uso em dispositivos para executar funções eletrônicas específicas. Os diodos e os transistores, que substituíram as ultrapassadas válvulas a vácuo, são dois exemplos familiares. As vantagens dos dispositivos semicondutores (algumas vezes denominados *dispositivos em estado sólido*) incluem pequenas dimensões, baixo consumo de energia e inexistência de tempo de aquecimento. Um vasto número de circuitos extremamente pequenos, cada um deles formado por numerosos dispositivos eletrônicos, pode ser incorporado em um pequeno chip de silício. A invenção dos dispositivos semicondutores, que deu origem aos circuitos em miniatura, é responsável pelo advento e pelo crescimento extremamente rápido de uma gama de novas indústrias nos últimos anos.

Junção Retificadora *p-n*

diodo

junção retificadora

Um retificador, ou **diodo**, é um dispositivo eletrônico que permite que a corrente flua em apenas uma direção; por exemplo, um retificador transforma uma corrente alternada em uma corrente contínua. Antes do advento do retificador semicondutor de junção *p-n*, essa operação era realizada com o emprego de um diodo de válvula a vácuo. A **junção retificadora** *p-n* é construída a partir de uma única peça de semicondutor, que é dopada tal que ela seja do tipo *n* em um dos seus lados e do tipo *p* do outro lado (Figura 12.21a). Se peças de materiais do tipo *n* e do tipo *p* forem unidas uma à outra, tem-se como resultado um retificador ruim, uma vez que a presença de uma superfície entre as duas seções torna o dispositivo muito ineficiente. Além disso, devem ser utilizados monocristais de materiais semicondutores em todos os dispositivos, pois os fenômenos eletrônicos prejudiciais à operação ocorrem nos contornos de grãos.

Antes da aplicação de qualquer potencial através da amostra *p-n*, os buracos serão os portadores dominantes no lado *p* e os elétrons predominam na região *n*, como está ilustrado na Figura 12.21a. Um potencial elétrico externo pode ser estabelecido por uma junção *p-n* com duas polaridades diferentes. Quando é usada uma bateria, o terminal positivo pode ser conectado ao lado *p* e o terminal negativo ao lado *n*; isso é denominado **fluxo para a frente**. A polaridade oposta (negativo em *p* e positivo em *n*) é denominada **fluxo reverso**.

fluxo para a frente
fluxo reverso

A resposta dos portadores de cargas à aplicação de um potencial com fluxo para a frente está demonstrada na Figura 12.21b. Os buracos no lado *p* e os elétrons no lado *n* são atraídos para a junção. À medida que os elétrons e os buracos se encontram uns com os outros próximos à junção, eles se recombinam continuamente, aniquilando-se mutuamente, de acordo com a reação

$$\text{elétron} + \text{buraco} \rightarrow \text{energia} \tag{12.21}$$

Dessa forma, para esse fluxo, um grande número de portadores de cargas flui através do semicondutor e em direção à junção, como fica evidenciado por uma corrente considerável e uma baixa resistividade. As características corrente-tensão para o fluxo para a frente estão mostradas no lado direito da Figura 12.22.

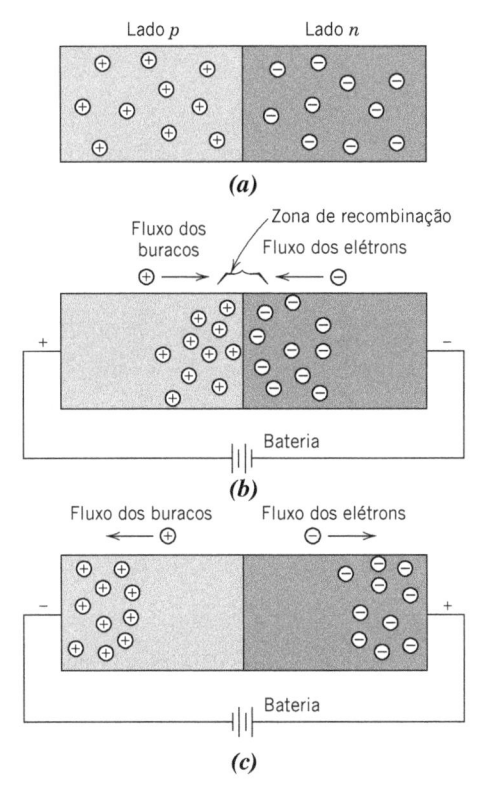

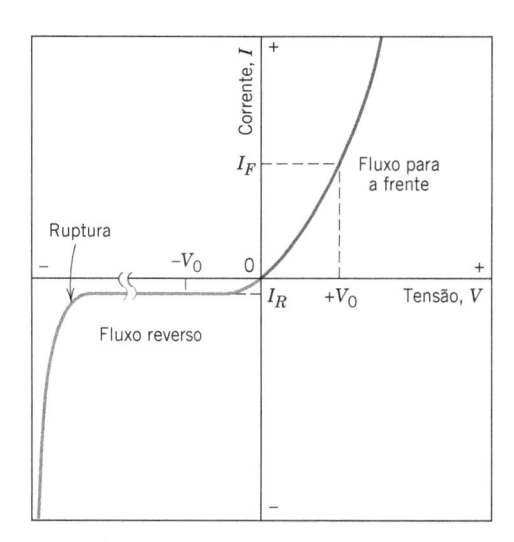

Figura 12.21 Representações das distribuições dos elétrons e dos buracos para (*a*) nenhum potencial elétrico, (*b*) um fluxo para a frente e (*c*) um fluxo reverso, para uma junção retificadora *p-n*.

Figura 12.22 Características corrente-tensão de uma junção *p-n* para os fluxos para a frente e reverso. O fenômeno da ruptura também está mostrado.

Para o fluxo reverso (Figura 12.21*c*), tanto os buracos quanto os elétrons, como portadores majoritários, são rapidamente afastados da junção; essa separação entre as cargas positivas e negativas (ou polarização) deixa a região da junção relativamente livre de portadores de cargas móveis. A recombinação não ocorre em nenhum grau apreciável, de tal modo que a junção torna-se, então, altamente isolante. A Figura 12.22 também ilustra o comportamento corrente-tensão para o fluxo reverso.

O processo de retificação em termos da tensão de entrada e da corrente de saída está demonstrado na Figura 12.23. Enquanto a tensão varia de forma senoidal ao longo do tempo (Figura 12.23*a*), o fluxo máximo de corrente para a tensão em fluxo reverso I_R é extremamente pequeno em comparação com aquele para o fluxo para a frente, I_F (Figura 12.23*b*). Além disso, a correspondência entre I_F e I_R e a tensão máxima imposta ($\pm V_0$) está indicada na Figura 12.22.

Sob altas tensões de fluxo reverso – algumas vezes da ordem de várias centenas de volts – é gerado um grande número de portadores de cargas (elétrons e buracos). Isso dá origem a um aumento muito brusco na corrente, um fenômeno conhecido como *ruptura*, e que também está mostrado na Figura 12.22. Esse fenômeno está discutido em mais detalhes na Seção 12.22.

Transistor

Os transistores, dispositivos semicondutores extremamente importantes nos circuitos microeletrônicos dos dias de hoje, são capazes de realizar dois tipos de funções principais. Em primeiro lugar, eles podem realizar as mesmas operações que seus precursores de válvulas a vácuo, o triodo – isto é, eles podem amplificar um sinal elétrico. Além disso, servem como dispositivos interruptores nos computadores para o processamento e o armazenamento de informações. Os dois tipos principais são o **transistor de junção** (ou bimodal) e o *transistor de efeito de campo com semicondutor de óxido metálico* (*metal-oxide-semiconductor field effect transistor* – abreviado como MOSFET).

transistor de junção

MOSFET

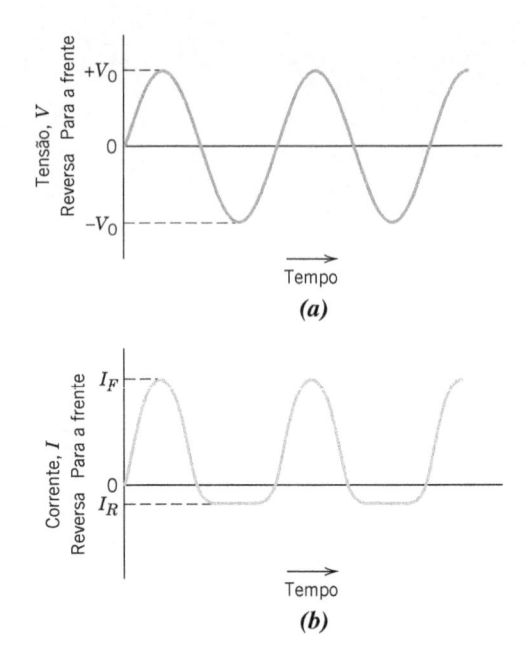

Figura 12.23 (*a*) Tensão em função do tempo para a alimentação de uma junção retificadora *p-n*. (*b*) Corrente em função do tempo, mostrando a retificação da tensão em (*a*) por uma junção retificadora *p-n* que possui as características tensão-corrente mostradas na Figura 12.22.

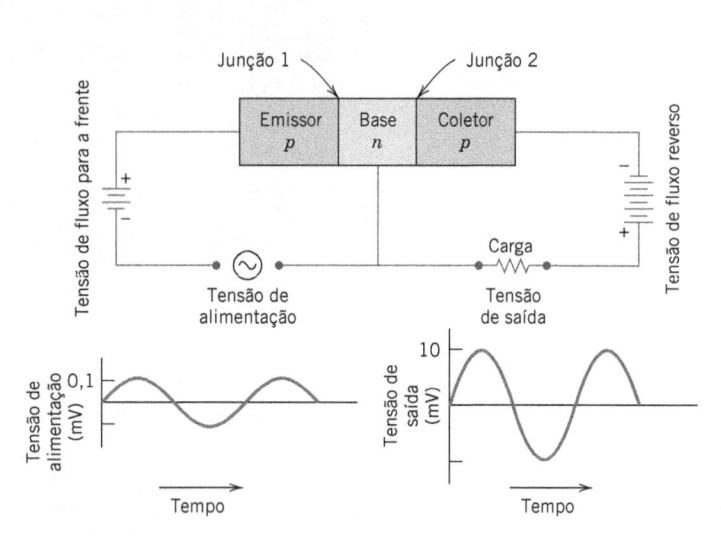

Figura 12.24 Diagrama esquemático de um transistor de junção *p-n-p* e de seu circuito associado, incluindo as características da tensão de entrada e da tensão de saída em função do tempo, que mostram a amplificação da tensão.

Transistores de Junção

O transistor de junção é composto por duas junções *p-n* posicionadas verso a verso em uma configuração *n-p-n* ou *p-n-p*; a última variedade será discutida aqui. A Figura 12.24 é uma representação esquemática de um transistor de junção *p-n-p*, juntamente com seu circuito correspondente. Uma região de *base*, muito fina, do tipo *n* está posicionada entre regiões *emissora* e *coletora* do tipo *p*. O circuito, que inclui a junção emissor-base (junção 1), apresenta fluxo para a frente, enquanto uma tensão de fluxo reverso é aplicada através da junção base-coletor (junção 2).

A Figura 12.25 ilustra a mecânica da operação em termos do movimento dos portadores de cargas. Uma vez que o emissor é do tipo *p* e a junção 1 apresenta fluxo para a frente, um grande número de buracos entra na região de base. Esses buracos injetados são portadores minoritários na base do tipo *n* e alguns combinam-se com os elétrons majoritários. Contudo, se a base for extremamente fina e se os materiais semicondutores tiverem sido preparados apropriadamente, a maioria desses buracos será varrida pela base sem recombinação, indo depois pela junção 2 e para o coletor do tipo *p*. Os buracos tornam-se agora uma parte do circuito emissor-coletor. Um pequeno aumento na tensão de alimentação no circuito emissor-base produz um grande aumento na corrente através da junção 2. Esse grande aumento na corrente do coletor também é refletido por um grande aumento na tensão por meio do resistor de carga, que também está mostrado no circuito (Figura 12.24). Dessa forma, um sinal de tensão que passa através de um transistor de junção é amplificado; esse efeito também está ilustrado na Figura 12.24 pelos dois gráficos tensão-tempo.

Um raciocínio semelhante pode ser aplicado para a operação de um transistor *n-p-n*, exceto pelo fato de que, em vez de buracos, são injetados elétrons através da base e para o coletor.

O MOSFET

Uma variedade de MOSFET[9] consiste em duas pequenas ilhas de semicondutor do tipo *p* que são criadas dentro de um substrato de silício do tipo *n*, como está mostrado em seção transversal na Figura 12.26; as ilhas estão unidas por um estreito canal do tipo *p*. São feitas conexões metálicas

---

[9] O MOSFET aqui descrito é do *modo de exaustão do tipo p*. Um MOSFET de *modo de exaustão do tipo n* também é possível, em que as regiões *n* e *p* na Figura 12.26 são invertidas.

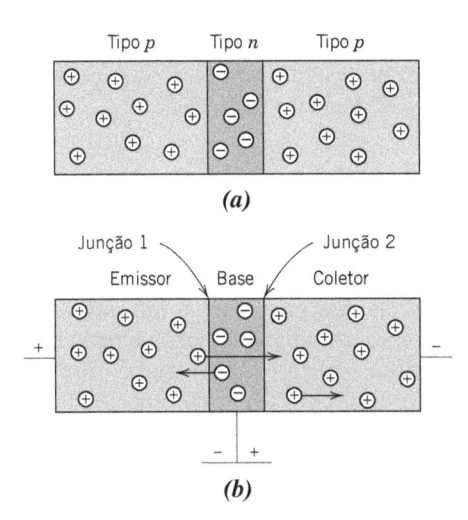

Figura 12.25 Para um transistor de junção (tipo *p-n-p*), as distribuições e as direções dos movimentos dos elétrons e dos buracos (*a*) quando nenhum potencial está sendo aplicado e (*b*) com o fluxo apropriado para a amplificação da tensão.

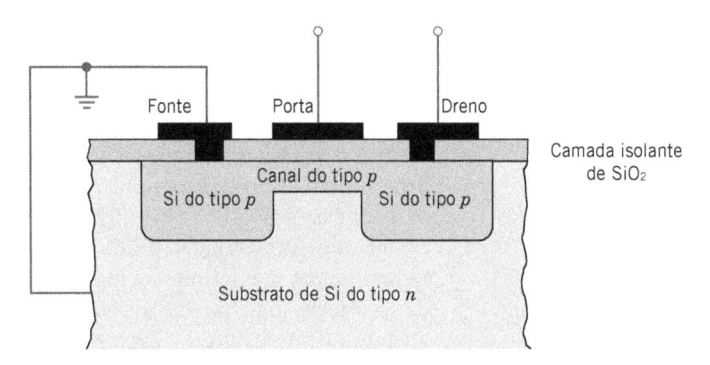

Figura 12.26 Vista esquemática da seção transversal de um transistor MOSFET.

apropriadas (de fonte e de dreno) para essas ilhas; uma camada isolante de dióxido de silício é formada pela oxidação da superfície do silício. Um conector final (porta de alimentação) é então colocado sobre a superfície dessa camada isolante.

A condutividade do canal é variada pela presença de um campo elétrico imposto sobre a porta de alimentação. Por exemplo, a imposição de um campo positivo sobre a porta de alimentação direciona os portadores de cargas (nesse caso, buracos) para fora do canal, reduzindo assim a condutividade elétrica. Dessa forma, uma pequena alteração no campo na porta de alimentação produz uma variação relativamente grande na corrente entre a fonte e o dreno. Em alguns aspectos, então, a operação de um MOSFET é muito semelhante àquela descrita para o transistor de junção. A diferença principal está no fato de que a corrente da porta de alimentação é muito pequena em comparação com a corrente da base de um transistor de junção. Os MOSFETs são utilizados, portanto, onde as fontes de sinal a serem amplificadas não são capazes de suportar uma corrente de intensidade apreciável.

Outra importante diferença entre os MOSFETs e os transistores de junção é que, enquanto os portadores majoritários são dominantes no funcionamento dos MOSFETs (isto é, os buracos para o MOSFET de modo de exaustão do tipo *p* na Figura 12.26), os portadores minoritários têm um papel importante nos transistores de junção (isto é, os buracos injetados na região de base do tipo *n*, Figura 12.25).

✓ *Verificação de Conceitos 12.8* Você espera que um aumento na temperatura influencie a operação de transistores e de retificadores de junção do tipo *p-n*? Explique.

(*A resposta está disponível no GEN-IO, ambiente virtual de aprendizagem do GEN.*)

Semicondutores nos Computadores

Além da sua habilidade em amplificar um sinal elétrico imposto, os transistores e os diodos também podem atuar como dispositivos interruptores, uma característica utilizada para operações aritméticas e lógicas, e também para o armazenamento de informações em computadores. Os números e as funções nos computadores são expressos em termos de um código binário (isto é, números escritos na base 2). Nessa estrutura, os números são representados por uma série de dois estados (algumas vezes designados por 0 e 1). Os transistores e os diodos em um circuito digital operam como interruptores que também têm dois estados – ligado (*on*) e desligado (*off*), ou condutor e não condutor;

"desligado" (*off*) corresponde a um estado do número binário, enquanto "ligado" (*on*) corresponde ao outro estado. Dessa forma, um único número pode ser representado por um conjunto de elementos de circuito contendo transistores que são comutados de maneira apropriada.

Memória Tipo *Flash* (*Drive* em Estado Sólido)

Uma tecnologia de armazenamento de informações relativamente nova e que está se desenvolvendo rapidamente, e que usa dispositivos semicondutores é a *memória flash*. A memória *flash* é programada e apagada eletronicamente, como foi descrito no parágrafo anterior. Além disso, a tecnologia *flash* é *não volátil* – ou seja, não é necessário energia elétrica para reter a informação que está armazenada. Não existem partes móveis (como ocorre para os discos rígidos magnéticos e as fitas magnéticas; Seção 18.11), o que torna a memória *flash* especialmente atrativa para armazenamento em geral e transferência de dados entre dispositivos portáteis, tais como câmeras digitais, computadores *laptop*, telefones celulares, tocadores de áudio digitais e consoles de *videogames*. Além disso, a tecnologia *flash* é apresentada na forma de cartões de memória [veja as figuras (*b*) a (*c*) na abertura deste capítulo], *drives* em estado sólido e *drives flash* USB. Diferentemente da memória magnética, a memória *flash* é extremamente durável e capaz de suportar extremos de temperatura relativamente amplos, assim como a imersão em água. Além disso, com o tempo e com a evolução dessa tecnologia de memória *flash*, a capacidade de armazenamento continuará a aumentar, o tamanho físico do *chip* diminuirá e o preço cairá.

O mecanismo de operação da memória *flash* é relativamente complicado e está além da abrangência desta discussão. Essencialmente, a informação é armazenada em um *chip* que é composto por um número muito grande de células de memória. Cada célula consiste em uma matriz de transistores semelhante aos MOSFETs que foram descritos anteriormente neste capítulo; a principal diferença é que os transistores da memória *flash* têm duas portas de alimentação, em vez de apenas uma, como nos MOSFETs (Figura 12.26). A memória *flash* é um tipo especial de memória eletronicamente apagável, programável e de leitura apenas (que tem o acrônimo EEPROM – *e*lectronically *e*rasable, *p*rogrammable, *r*ead-*o*nly *m*emory). O apagamento dos dados é muito rápido para blocos de células inteiros, o que torna esse tipo de memória ideal para aplicações que requerem atualizações frequentes de grandes quantidades de dados (como é o caso das aplicações citadas no parágrafo anterior). O apagamento leva a uma limpeza dos conteúdos das células, tal que eles podem ser reescritos; isso acontece por uma mudança na carga eletrônica em uma das portas de alimentação, o que ocorre muito rapidamente – isto é, em um *flash*, ou "instante" – daí o nome desse tipo de memória.

Circuitos Microeletrônicos

O advento dos circuitos microeletrônicos, em que milhões de componentes eletrônicos e circuitos estão incorporados em um espaço muito pequeno, revolucionou o campo da eletrônica. Essa revolução foi precipitada, em parte, pela tecnologia aeroespacial, que necessitava de computadores e de dispositivos eletrônicos que fossem pequenos e que tivessem pequena demanda de energia. Como resultado do refinamento das técnicas de processamento e fabricação, ocorreu uma surpreendente queda nos custos dos circuitos integrados. Consequentemente, os computadores pessoais tornaram-se acessíveis a grandes segmentos da população em muitos países. Além disso, o uso de **circuitos integrados** tornou-se presente em muitos outros aspectos das nossas vidas – em calculadoras, nas comunicações, nos relógios, na produção e no controle industrial e em todas as fases da indústria de equipamentos eletrônicos.

Circuitos microeletrônicos de baixo custo são produzidos em massa pelo uso de algumas técnicas de fabricação muito engenhosas. O processo começa com o crescimento de monocristais cilíndricos relativamente grandes de silício de alta pureza, a partir dos quais são cortadas pastilhas circulares muito finas. Muitos circuitos microeletrônicos ou integrados, algumas vezes chamados de *chips*, são preparados em uma única pastilha. Um *chip* tem formato retangular, tipicamente da ordem de 6 mm (1/4 in) de lado e contém milhões de elementos de circuitos: diodos, transistores, resistores e capacitores. Fotografias ampliadas e mapas de elementos de um *chip* microprocessador estão apresentados na Figura 12.27; essas micrografias revelam a complexidade dos circuitos integrados. Neste momento, estão sendo produzidos *chips* microprocessadores com densidades da ordem de 1 bilhão de transistores, e esse número dobra aproximadamente a cada 18 meses.

circuito integrado

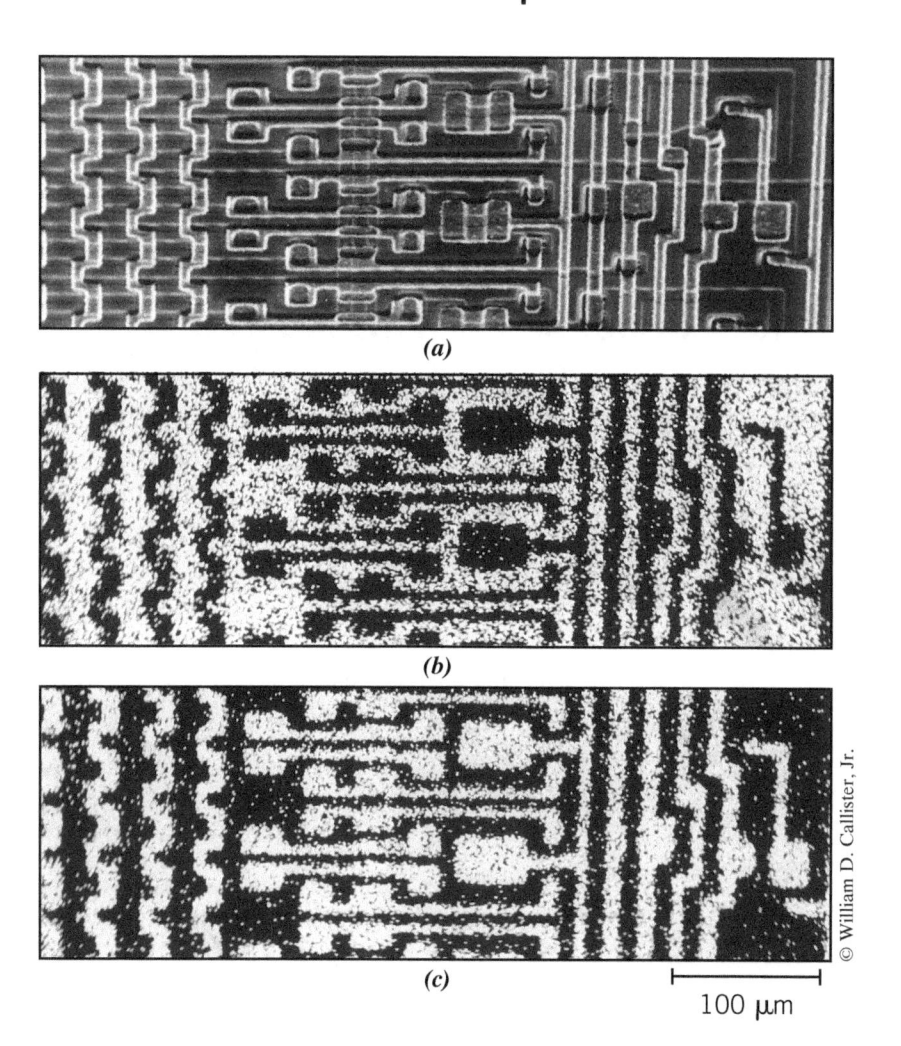

Figura 12.27 (*a*) Micrografia eletrônica de varredura de um circuito integrado. (*b*) Um mapa de pontos do silício no circuito integrado acima, mostrando as regiões em que os átomos de silício estão concentrados. Silício dopado é o material semicondutor a partir do qual são feitos os elementos de um circuito integrado. (*c*) Um mapa de pontos do alumínio. O alumínio metálico é um condutor elétrico e, como tal, faz a ligação elétrica entre os elementos do circuito. Ampliação de aproximadamente 200×.
Nota: A discussão na Seção 5.12 mencionou que uma imagem é gerada em um microscópio eletrônico por varredura quando um feixe de elétrons varre a superfície da amostra que está sendo examinada. Os elétrons nesse feixe fazem com que alguns dos átomos na superfície da amostra emitam raios X; a energia de um fóton de raios X depende do átomo específico a partir do qual ele se irradia. É possível filtrar de maneira seletiva todos os raios X emitidos, à exceção daqueles emitidos por um tipo específico de átomo. Quando esses raios são projetados sobre um tubo de raios catódicos, são produzidos pequenos pontos brancos que indicam as localizações daquele tipo específico de átomo; dessa forma, é gerada uma imagem denominada *mapa de pontos*.

(*a*)

(*b*)

(*c*)

100 μm

© William D. Callister, Jr.

Os circuitos microeletrônicos consistem em muitas camadas que se encontram dentro ou que são empilhadas sobre a pastilha de silício de acordo com um padrão precisamente detalhado. Empregando-se técnicas fotolitográficas, são feitas as máscaras de elementos muito pequenos de acordo com um padrão microscópico específico para cada camada. Os elementos do circuito são construídos pela introdução seletiva de materiais específicos [por difusão (Seção 6.6) ou pela implantação de íons] nas regiões não mascaradas, de modo a criar áreas localizadas do tipo *n*, do tipo *p*, de alta resistividade ou condutoras. Esse procedimento é repetido camada a camada, até que todo o circuito integrado tenha sido fabricado, como está ilustrado no diagrama esquemático do MOSFET (Figura 12.26). Elementos de circuitos integrados estão mostrados na Figura 12.27 e na fotografia (*a*) da página inicial deste capítulo.

Condução Elétrica em Cerâmicas Iônicas e em Polímeros

A maioria dos polímeros e dos cerâmicos iônicos são materiais isolantes à temperatura ambiente e, portanto, tem uma estrutura da banda de energia eletrônica semelhante àquela representada na Figura 12.4*c*; uma banda de valência preenchida está separada de uma banda de condução vazia por um espaçamento entre bandas relativamente grande, geralmente maior do que 2 eV. Dessa forma, em temperaturas normais, apenas muito poucos elétrons podem ser excitados através do espaçamento entre bandas pela energia térmica disponível, o que é responsável por valores de condutividade muito pequenos. A Tabela 12.4 fornece as condutividades elétricas à temperatura ambiente para vários desses materiais. (As resistividades elétricas de grande número de materiais cerâmicos e poliméricos são fornecidas na Tabela B.9, do Apêndice B.) Muitos materiais são utilizados com base em sua capacidade de isolamento e, dessa forma, uma resistividade elétrica elevada é desejável. Com o aumento da temperatura, os materiais isolantes apresentam aumento na condutividade elétrica.

12.16 CONDUÇÃO EM MATERIAIS IÔNICOS

Tanto os cátions quanto os ânions nos materiais iônicos têm uma carga elétrica e, como consequência disso, são capazes de migrar ou de se difundir quando um campo elétrico está presente. Dessa forma, uma corrente elétrica resulta do movimento líquido desses íons carregados, a qual está presente em adição àquela devida a qualquer movimento dos elétrons. As migrações dos ânions e dos cátions são em direções opostas. A condutividade total de um material iônico σ_{total} é, portanto, igual à soma das contribuições eletrônica e iônica, como indicado a seguir.

A condutividade é igual à soma das contribuições eletrônica e iônica para os materiais iônicos

$$\sigma_{total} = \sigma_{eletrônica} + \sigma_{iônica} \tag{12.22}$$

Qualquer uma das contribuições pode ser predominante, dependendo do material, de sua pureza e da temperatura.

Uma mobilidade μ_I pode estar associada a cada uma das espécies iônicas, da seguinte maneira:

Cálculo da mobilidade para uma espécie iônica

$$\mu_I = \frac{n_I e D_I}{kT} \tag{12.23}$$

em que n_I e D_I representam, respectivamente, a valência e o coeficiente de difusão de um íon específico; e, k e T indicam os mesmos parâmetros explicados anteriormente neste capítulo. Dessa forma, a contribuição iônica para a condutividade total aumenta em função do aumento na temperatura, como acontece com o componente eletrônico. Contudo, apesar das duas contribuições para a condutividade, a maioria dos materiais iônicos permanece isolante, mesmo em temperaturas elevadas.

Tabela 12.4 Condutividades Elétricas Típicas à Temperatura Ambiente para 13 Materiais Não Metálicos

Material	*Condutividade Elétrica* $[(\Omega \cdot m)^{-1}]$
Grafita	$3 \times 10^4 - 2 \times 10^5$
Cerâmicas	
Concreto (seco)	10^{-9}
Vidro de cal de soda	$10^{-10} - 10^{-11}$
Porcelana	$10^{-10} - 10^{-12}$
Vidro borossilicato	$\sim 10^{-13}$
Óxido de alumínio	$< 10^{-13}$
Sílica fundida	$< 10^{-18}$
Polímeros	
Fenol-formaldeído	$10^{-9} - 10^{-10}$
Poli(metil metacrilato)	$< 10^{-12}$
Náilon 6,6	$10^{-12} - 10^{-13}$
Poliestireno	$< 10^{-14}$
Polietileno	$10^{-15} - 10^{-17}$
Politetrafluoroetileno	$< 10^{-17}$

12.17 PROPRIEDADES ELÉTRICAS DOS POLÍMEROS

A maioria dos materiais poliméricos é má condutora de eletricidade (Tabela 12.4) em razão da falta de disponibilidade de grande número de elétrons livres para participar no processo de condução; nos polímeros, os elétrons estão fortemente presos em ligações covalentes. O mecanismo da condução elétrica nesses materiais não é bem compreendido, mas acredita-se que a condução elétrica nos polímeros de alta pureza seja eletrônica.

Polímeros Condutores

Foram sintetizados materiais poliméricos com condutividades elétricas compatíveis com aquelas de condutores metálicos; eles são denominados, apropriadamente, *polímeros condutores*. Foram obtidas nesses materiais condutividades tão elevadas quanto $1,5 \times 10^7$ $(\Omega \cdot m)^{-1}$; em termos volumétricos, esse valor corresponde a um quarto da condutividade do cobre, mas em termos de peso corresponde a duas vezes a sua condutividade.

Esse fenômeno é observado em aproximadamente uma dúzia de polímeros, incluindo o poliacetileno, o poliparafenileno, o polipirrol e a polianilina. Cada um desses polímeros contém em sua cadeia um sistema que alterna ligações simples e duplas e/ou unidades aromáticas. Por exemplo, a estrutura da cadeia do poliacetileno é a seguinte:

Unidade
repetida

Os elétrons de valência associados às ligações simples e duplas alternadas ao longo da cadeia não estão localizados; isso significa que eles são compartilhados pelos átomos na cadeia principal do polímero – semelhante à maneira como os elétrons em uma banda parcialmente preenchida de um metal são compartilhados pelos núcleos iônicos. Além disso, a estrutura da banda de um polímero condutor é característica daquela para um isolante elétrico (Figura 12.4*c*) – a 0 K existe uma banda de valência preenchida que está separada de uma banda de condução vazia por um espaçamento proibido entre bandas de energia. Nas suas formas puras, esses polímeros, que têm tipicamente energias de espaçamento entre bandas maiores do que 2 eV, são semicondutores ou isolantes. Contudo, eles tornam-se condutores quando são dopados com impurezas apropriadas, tais como AsF_5, SbF_5 ou iodo. Como ocorre com os semicondutores, os polímeros condutores podem ser do tipo *n* (isto é, com a dominância de elétrons livres) ou do tipo *p* (isto é, com a dominância de buracos), dependendo do dopante. No entanto, ao contrário dos semicondutores, os átomos ou moléculas do dopante não substituem nenhum dos átomos do polímero.

O mecanismo pelo qual grande número de elétrons livres e de buracos é gerado nesses polímeros condutores é complexo e não é bem compreendido. Em termos muito simples, parece que os átomos dos dopantes levam à formação de novas bandas de energia que se superpõem às bandas de valência e de condução do polímero intrínseco, dando origem a uma banda parcialmente preenchida e à produção de uma elevada concentração de elétrons livres e de buracos à temperatura ambiente. A orientação das cadeias poliméricas durante a síntese, quer mecanicamente (Seção 8.17), quer magneticamente, resulta em um material altamente anisotrópico com uma condutividade máxima ao longo da direção da orientação.

Esses polímeros condutores têm o potencial de serem utilizados em uma gama de aplicações, uma vez que têm baixas densidades e são flexíveis. Estão sendo fabricadas baterias recarregáveis e células de combustível que usam eletrodos poliméricos. Em muitos aspectos, essas baterias são superiores às baterias metálicas. Outras possíveis aplicações incluem fiações em aeronaves e em componentes aeroespaciais, revestimentos antiestáticos para vestimentas, materiais com atenuação eletromagnética e dispositivos eletrônicos (por exemplo, transistores e diodos). Vários polímeros condutores exibem o fenômeno da *eletroluminescência* – isto é, emissão de luz estimulada por uma corrente elétrica. Os polímeros eletroluminescentes estão sendo usados em aplicações como painéis solares e telas planas (veja o item Materiais de Importância sobre diodos emissores de luz no Capítulo 19).

Comportamento Dielétrico

dielétrico
dipolo elétrico

Um material **dielétrico** é um material que é isolante elétrico (não metálico) e que exibe ou que pode ser feito de modo a exibir uma estrutura de **dipolo elétrico**; isto é, no nível molecular ou atômico, existe uma separação entre as entidades positivas e negativas eletricamente carregadas. Esse conceito de dipolo elétrico foi introduzido na Seção 2.7. Como resultado de interações do dipolo com os campos elétricos, os materiais dielétricos são utilizados em capacitores.

12.18 CAPACITÂNCIA

Quando uma tensão é aplicada através de um capacitor, uma placa torna-se positivamente carregada, enquanto a outra se torna negativamente carregada, com o campo elétrico correspondente direcionado da carga positiva para a carga negativa. A **capacitância** C está relacionada com a quantidade de cargas armazenadas em cada uma das placas Q pela relação

capacitância

Capacitância em termos da carga armazenada e da tensão aplicada

$$C = \frac{Q}{V} \tag{12.24}$$

em que V é a tensão aplicada através do capacitor. A unidade para a capacitância é o coulomb por volt, ou farad (F).

Agora, considere um capacitor de placas paralelas com vácuo na região entre as placas (Figura 12.28a). A capacitância pode ser calculada a partir da relação

Capacitância para um capacitor de placas paralelas no vácuo

$$C = \varepsilon_0 \frac{A}{l} \tag{12.25}$$

em que A representa a área das placas e l é a distância entre elas. O parâmetro ε_0, chamado de **permissividade** do vácuo, é uma constante universal com o valor de $8{,}85 \times 10^{-12}$ F/m.

permissividade

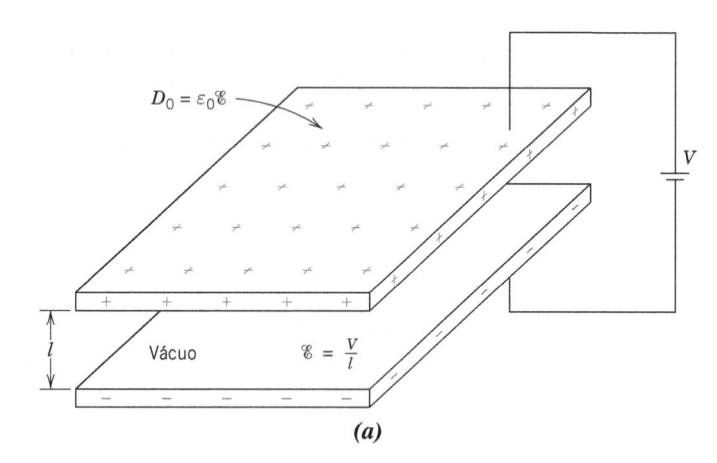

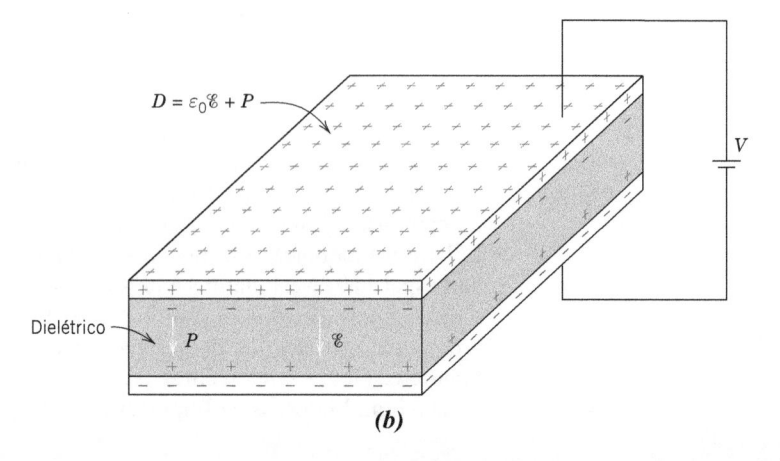

Figura 12.28 Capacitor de placas paralelas (a) quando um vácuo está presente entre as placas e (b) quando um material dielétrico está presente.
(De K. M. Ralls, T. H. Courtney e J. Wulff, *Introduction to Materials Science and Engineering*. Copyright © 1976 por John Wiley & Sons, Inc. Reimpresso sob permissão de John Wiley & Sons, Inc.)

Se um material dielétrico for inserido na região entre as placas (Figura 12.28b), então

Capacitância para um
capacitor de placas
paralelas com material
dielétrico

$$C = \varepsilon \frac{A}{l}$$ (12.26)

em que ε é a permissividade desse meio dielétrico, que é maior em magnitude do que ε_0. A permis-
constante dielétrica   sividade relativa ε_r, que é chamada frequentemente de **constante dielétrica**, é igual à razão

Definição da constante
dielétrica

$$\varepsilon_r = \frac{\varepsilon}{\varepsilon_0}$$ (12.27)

que é maior do que a unidade e representa o aumento na capacidade de armazenamento de cargas
pela inserção do meio dielétrico entre as placas. A constante dielétrica é uma das propriedades dos
materiais de consideração primordial no projeto de capacitores. Os valores de ε_r para inúmeros materiais dielétricos estão apresentados na Tabela 12.5.

12.19 VETORES DE CAMPO E POLARIZAÇÃO

Talvez o melhor enfoque para explicar o fenômeno da capacitância seja com o auxílio de vetores
de campo. Para começar, para cada dipolo elétrico existe uma separação entre uma carga elétrica
positiva e uma negativa, como demonstrado na Figura 12.29. Um momento de dipolo elétrico p está
associado a cada dipolo como a seguir.

Momento de dipolo
elétrico

$$p = qd$$ (12.28)

em que q é a magnitude de cada carga do dipolo e d é a distância de separação entre elas. Um
momento de dipolo é um vetor que está direcionado da carga negativa para a carga positiva, como
indicado na Figura 12.29. Na presença de um campo elétrico $\mathscr{E}$, que também é uma grandeza vetorial, uma força (ou torque) atuará sobre um dipolo elétrico para orientá-lo em relação ao campo
polarização   aplicado; esse fenômeno está ilustrado na Figura 12.30. O processo de alinhamento de um dipolo é
denominado **polarização**.

Tabela 12.5   Constantes e Resistências Dielétricas para Alguns Materiais Dielétricos

| | *Constante Dielétrica* | | |
Material	*60 Hz*	*1 MHz*	*Resistência Dielétrica (V/mil)[a]*
Cerâmicas			
Cerâmicas à base de titanato	–	15–10.000	50–300
Mica	–	5,4-8,7	1000–2000
Esteadita (MgO–SiO$_2$)	–	5,5-7,5	200–350
Vidro de cal de soda	6,9	6,9	250
Porcelana	6,0	6,0	40–400
Sílica fundida	4,0	3,8	250
Polímeros			
Fenol-formaldeído	5,3	4,8	300–400
Náilon 6,6	4,0	3,6	400
Poliestireno	2,6	2,6	500–700
Polietileno	2,3	2,3	450–500
Politetrafluoroetileno	2,1	2,1	400–500

[a] Um mil = 0,001 in. Esses valores para a resistência dielétrica são valores médios, nos quais a magnitude depende da
espessura e da geometria da amostra, assim como da taxa de aplicação e da duração da aplicação do campo elétrico.

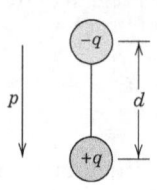

Figura 12.29 Representação esquemática de um dipolo elétrico gerado por duas cargas elétricas (de magnitude q) separadas por uma distância d; também está mostrado o vetor de polarização associado p.

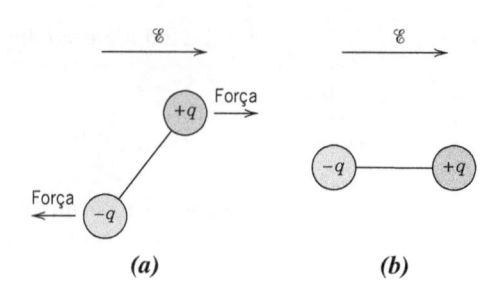

Figura 12.30 (a) Forças impostas (e torque) que atuam sobre um dipolo devido a um campo elétrico. (b) Alinhamento final do dipolo com o campo elétrico.

Novamente, retornando ao capacitor, a densidade de cargas da superfície D, ou a quantidade de cargas por unidade de área da placa do capacitor (C/m^2), é proporcional ao campo elétrico. Quando vácuo está presente, então

Deslocamento dielé-trico (densidade de carga da superfície) no vácuo

$$D_0 = \varepsilon_0 \mathcal{E} \tag{12.29}$$

em que a constante de proporcionalidade é ε_0. Além disso, existe uma expressão análoga para o caso de um dielétrico – isto é,

Deslocamento dielétrico quando um meio dielétrico está presente

$$D = \varepsilon \mathcal{E} \tag{12.30}$$

deslocamento dielétrico

Algumas vezes, D também é chamado de **deslocamento dielétrico**.

O aumento na capacitância, ou constante dielétrica, pode ser explicado com o emprego de um modelo simplificado de polarização em um material dielétrico. Considere o capacitor mostrado na Figura 12.31a – representando o caso em que existe vácuo – onde uma carga de $+Q_0$ está

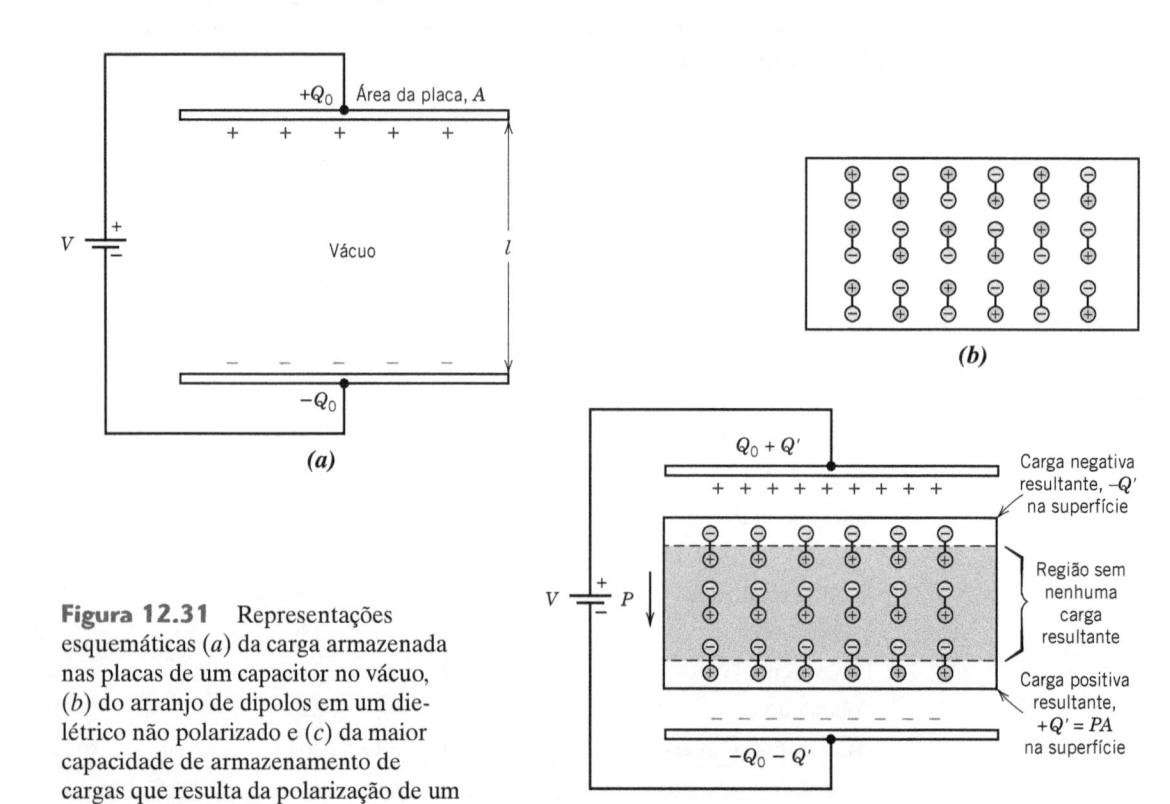

Figura 12.31 Representações esquemáticas (a) da carga armazenada nas placas de um capacitor no vácuo, (b) do arranjo de dipolos em um dielétrico não polarizado e (c) da maior capacidade de armazenamento de cargas que resulta da polarização de um material dielétrico.

armazenada na placa superior e uma carga $-Q_0$ está armazenada na placa inferior. Quando um material dielétrico é introduzido e um campo elétrico é aplicado, todo o sólido entre as placas fica polarizado (Figura 12.31c). Como resultado dessa polarização, existe um acúmulo líquido de cargas negativas com magnitude $-Q'$ na superfície do dielétrico próxima à placa carregada positivamente e, de maneira semelhante, existe um excesso de cargas $+Q'$ na superfície adjacente à placa negativa. Nas regiões do dielétrico distantes dessas superfícies, os efeitos da polarização não são importantes. Dessa forma, se cada placa e a sua superfície dielétrica adjacente for considerada como única entidade, a carga induzida do dielétrico ($+Q'$ ou $-Q'$) pode ser considerada como se estivesse anulando uma parcela da carga que existia originalmente na placa no vácuo ($-Q_0$ ou $+Q_0$). A tensão imposta através das placas é mantida no valor para o vácuo pelo aumento da carga na placa negativa (ou inferior) por uma quantidade de $-Q'$, e na placa superior por $+Q'$. Os elétrons são forçados a fluir da placa positiva para a placa negativa pela fonte de voltagem externa, de modo tal que é restabelecida a tensão apropriada. Assim, a carga em cada placa passa a ser de $Q_0 + Q'$, tendo sido aumentada por uma quantidade Q'.

Na presença de um dielétrico, a densidade de cargas entre as placas, que é igual à densidade de cargas da superfície sobre as placas de um capacitor, também pode ser representada pela expressão

Deslocamento dielétrico – dependência em relação à intensidade do campo elétrico e à polarização (do meio dielétrico)

$$D = \varepsilon_0 \mathscr{E} + P \tag{12.31}$$

em que P é a *polarização*, ou o aumento na densidade de cargas acima daquela para o vácuo devido à presença do dielétrico; ou, a partir da Figura 12.31c, $P = Q'/A$, em que A é a área de cada placa. As unidades de P são as mesmas de D (C/m^2).

A polarização P também pode ser entendida como o momento total de dipolo por unidade de volume do material dielétrico, ou como um campo elétrico de polarização dentro do dielétrico que resulta do alinhamento mútuo de muitos dipolos atômicos ou moleculares com o campo elétrico aplicado externamente $\mathscr{E}$. Para muitos materiais dielétricos, P é proporcional a $\mathscr{E}$ através da relação

Polarização de um meio dielétrico – dependência em relação à constante dielétrica e à intensidade do campo elétrico

$$P = \varepsilon_0 (\varepsilon_r - 1) \mathscr{E} \tag{12.32}$$

em cujo caso ε_r é independente da magnitude do campo elétrico.

A Tabela 12.6 lista parâmetros dielétricos juntamente com suas unidades.

Tabela 12.6   Unidades Primárias e Derivadas para Vários Parâmetros Elétricos e Vetores de Campo

Grandeza	Símbolo	Unidades SI Derivada	Unidades SI Primária
Potencial elétrico	V	volt	$kg \cdot m^2/s^2 \cdot C$
Corrente elétrica	I	ampère	C/s
Resistência do campo elétrico	$\mathscr{E}$	volt/metro	$kg \cdot m/s^2 \cdot C$
Resistência	R	ohm	$kg \cdot m^2/s \cdot C^2$
Resistividade	ρ	ohm-metro	$kg \cdot m^3/s \cdot C^2$
Condutividade[a]	σ	(ohm-metro)$^{-1}$	$s \cdot C^2/kg \cdot m^3$
Carga elétrica	Q	coulomb	C
Capacitância	C	farad	$s^2 \cdot C^2/kg \cdot m^2$
Permissividade	ε	farad/metro	$s^2 \cdot C2/kg \cdot m^3$
Constante dielétrica	ε_r	adimensional	adimensional
Deslocamento dielétrico	D	farad-volt/m^2	C/m^2
Polarização elétrica	P	farad-volt/m^2	C/m^2

[a]A unidade SI derivada para a condutividade é o siemens por metro (S/m).

PROBLEMA-EXEMPLO 12.5

Cálculos das Propriedades de Capacitores

Considere um capacitor de placas paralelas com área de $6,45 \times 10^{-4}$ m^2 (1 in^2) e uma separação entre placas de 2×10^{-3} m (0,08 in), através do qual é aplicada uma diferença de potencial de 10 V. Se um material com uma constante dielétrica de 6,0 for posicionado na região entre as placas, calcule o seguinte:

(a) A capacitância

(b) A magnitude da carga armazenada em cada placa

(c) O deslocamento dielétrico D

(d) A polarização.

Solução

(a) A capacitância é calculada com o auxílio da Equação 12.26; contudo, a permissividade do meio dielétrico ε deve ser determinada em primeiro lugar, utilizando-se a Equação 12.27, da seguinte maneira:

$$\varepsilon = \varepsilon_r \varepsilon_0 = (6,0)(8,85 \times 10^{-12} \text{ F/m})$$
$$= 5,31 \times 10^{-11} \text{ F/m}$$

Dessa forma, a capacitância é dada por

$$C = \varepsilon \frac{A}{l} = (5,31 \times 10^{-11} \text{ F/m}) \left(\frac{6,45 \times 10^{-4} \text{ m}^2}{20 \times 10^{-3} \text{ m}} \right)$$
$$= 1,71 \times 10^{-11} \text{ F}$$

(b) Uma vez que a capacitância foi determinada, a carga armazenada pode ser calculada utilizando-se a Equação 12.24, de acordo com

$$Q = CV = (1,71 \times 10^{-11} \text{ F})(10 \text{ V}) = 1,71 \times 10^{-10} \text{ C}$$

(c) O deslocamento dielétrico é calculado a partir da Equação 12.30, o que fornece

$$D = \varepsilon \mathscr{E} = \varepsilon \frac{V}{l} = \frac{(5,31 \times 10^{-11} \text{ F/m})(10 \text{ V})}{2 \times 10^{-3} \text{ m}}$$
$$= 2,66 \times 10^{-7} \text{ C/m}^2$$

(d) Usando a Equação 12.31, a polarização pode ser determinada da seguinte maneira:

$$P = D - \varepsilon_0 \mathscr{E} = D - \varepsilon_0 \frac{V}{l}$$
$$= 2,66 \times 10^{-7} \text{ C/m}^2 - \frac{(8,85 \times 10^{-12} \text{ F/m})(10 \text{ V})}{2 \times 10^{-3} \text{ m}}$$
$$= 2,22 \times 10^{-7} \text{ C/m}^2$$

12.20 TIPOS DE POLARIZAÇÃO

Novamente, a polarização é o alinhamento de momentos de dipolo atômicos ou moleculares, permanentes ou induzidos, com um campo elétrico aplicado externamente. Existem três tipos ou fontes de polarização: eletrônica, iônica e de orientação. Os materiais dielétricos exibem geralmente pelo menos um desses tipos de polarização, dependendo do material e da maneira pela qual o campo externo é aplicado.

Polarização Eletrônica

polarização eletrônica

A **polarização eletrônica** pode ser induzida em maior ou em menor grau em todos os átomos. Ela resulta de um deslocamento do centro da nuvem eletrônica carregada negativamente em relação ao núcleo positivo de um átomo pelo campo elétrico (Figura 12.32*a*). Esse tipo de polarização é encontrado em todos os materiais dielétricos e existe somente enquanto um campo elétrico estiver presente.

Nenhum campo

Campo $\mathscr{E}$ aplicado

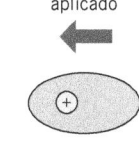

(a)

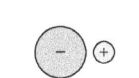

(b)

Figura 12.32 (*a*) Polarização eletrônica que resulta da distorção da nuvem eletrônica dos átomos por um campo elétrico. (*b*) Polarização iônica que resulta do deslocamento relativo de íons eletricamente carregados em resposta a um campo elétrico. (*c*) Resposta de dipolos elétricos permanentes (setas) à aplicação de um campo elétrico, produzindo polarização por orientação.

(c)

Polarização Iônica

polarização iônica

A **polarização iônica** ocorre somente nos materiais iônicos. Um campo aplicado atua no deslocamento dos cátions em uma direção e dos ânions na direção oposta, o que dá origem a um momento de dipolo resultante. Esse fenômeno está ilustrado na Figura 12.32*b*. A magnitude do momento de dipolo para cada par iônico p_i é igual ao produto do deslocamento relativo d_i pela carga de cada íon, ou seja,

Momento de dipolo elétrico para um par de íons

$$p_i = qd_i \qquad (12.33)$$

Polarização por Orientação

polarização por orientação

O terceiro tipo, a **polarização por orientação**, é encontrado somente em substâncias com momentos de dipolo permanentes. A polarização resulta de uma rotação dos momentos permanentes na direção do campo aplicado, como está representado na Figura 12.32*c*. Essa tendência de alinhamento é contraposta pelas vibrações térmicas dos átomos, de modo tal que a polarização diminui com o aumento da temperatura.

A polarização total *P* de uma substância é igual à soma das polarizações eletrônica, iônica e por orientação (P_e, P_i e P_o, respectivamente), ou

A polarização total de uma substância é igual à soma das polarizações eletrônica, iônica e de orientação

$$P = P_e + P_i + P_o \qquad (12.34)$$

É possível que uma ou mais dessas contribuições para a polarização total esteja ausente ou tenha uma magnitude desprezível em comparação às demais. Por exemplo, não há polarização iônica nos materiais com ligações covalentes, nos quais não existem íons.

Verificação de Conceitos 12.9 No titanato de chumbo sólido ($PbTiO_3$), qual (ou quais) tipo(s) de polarização é(são) possível(is)? Por quê? *Nota*: O titanato de chumbo possui a mesma estrutura cristalina que o titanato de bário (Figura 12.35).

(*A resposta está disponível no GEN-IO, ambiente virtual de aprendizagem do GEN.*)

12.21 DEPENDÊNCIA DA CONSTANTE DIELÉTRICA EM RELAÇÃO À FREQUÊNCIA

Em muitas situações práticas, a corrente é alternada (CA); isto é, a tensão ou o campo elétrico aplicado muda de direção ao longo do tempo, como está indicado na Figura 12.23a. Agora, considere um material dielétrico que esteja sujeito a polarização por um campo elétrico CA. Em cada inversão da direção, os dipolos tentam reorientar-se com o campo, como está ilustrado na Figura 12.33, em um processo que requer um tempo finito. Para cada tipo de polarização, há um tempo mínimo de reorientação que depende da facilidade com que os dipolos específicos são capazes de se realinhar. Uma **frequência de relaxação** é tomada como o inverso desse tempo mínimo para reorientação.

frequência de relaxação

Um dipolo não pode se manter trocando a direção de orientação quando a frequência do campo elétrico aplicado excede sua frequência de relaxação e, dessa forma, ele não contribuirá para a constante dielétrica. A dependência de ε_r em relação à frequência do campo está representada esquematicamente na Figura 12.34 para um meio dielétrico que exibe todos os três tipos de polarização; observe que o eixo da frequência está em escala logarítmica. Como indicado na Figura 12.34, quando um mecanismo de polarização deixa de funcionar, existe uma queda brusca no valor da constante dielétrica; de outra forma, o valor de ε_r é virtualmente independente da frequência. A Tabela 12.5 fornece valores para a constante dielétrica a 60 Hz e 1 MHz; esses dados dão uma indicação dessa dependência em relação à frequência na extremidade inferior do espectro de frequências.

A absorção de energia elétrica por um material dielétrico que está sujeito a um campo elétrico alternado é denominada *perda dielétrica*. Essa perda pode ser importante em frequências de campo elétrico na vizinhança da frequência de relaxação para cada um dos tipos de dipolo em operação para um material específico. É desejada uma baixa perda dielétrica na frequência de utilização.

12.22 RESISTÊNCIA DIELÉTRICA

Quando são aplicados campos elétricos muito grandes através de materiais dielétricos, grande número de elétrons pode repentinamente ser excitado para energias na banda de condução. Como resultado disso, a corrente através do dielétrico devido ao movimento desses elétrons aumenta drasticamente; algumas vezes, uma fusão, queima ou vaporização localizada produz uma degradação irreversível e talvez até mesmo a falha do material. Esse fenômeno é conhecido como *ruptura do dielétrico*. A **resistência do dielétrico**, às vezes chamada de *resistência à ruptura*, representa a magnitude de um campo elétrico necessária para produzir ruptura. A Tabela 12.5 apresenta as resistências dielétricas para vários materiais.

resistência dielétrica

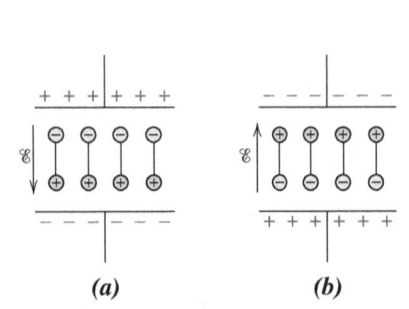

Figura 12.33 Orientações do dipolo para (a) uma polaridade de um campo elétrico alternado e (b) para a polaridade inversa.
(De Richard A. Flinn e Paul K. Trojan, *Engineering Materials and Their Applications*, 4th edition. Copyright © 1990 por John Wiley & Sons, Inc. Adaptado sob permissão de John Wiley & Sons, Inc.)

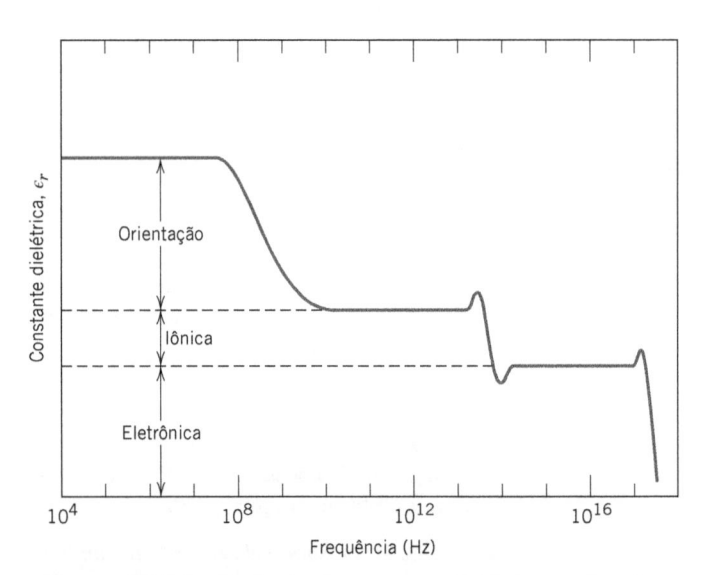

Figura 12.34 Variação da constante dielétrica em função da frequência de um campo elétrico alternado. Estão indicadas as contribuições das polarizações eletrônica, iônica e de orientação para a constante dielétrica.

12.23 MATERIAIS DIELÉTRICOS

Inúmeros materiais cerâmicos e polímeros são usados como isolantes e/ou em capacitores. Muitos dos cerâmicos, incluindo o vidro, a porcelana, a esteatita e a mica, têm constantes dielétricas na faixa de 6 a 10 (Tabela 12.5). Esses materiais também exibem um alto grau de estabilidade dimensional e de resistência mecânica. Entre suas aplicações típicas incluem-se o isolamento elétrico e linhas de transmissão, bases de interruptores e bocais de lâmpadas. A titânia (TiO_2) e as cerâmicas à base de titanato, tais como o titanato de bário ($BaTiO_3$), podem ser fabricadas com constantes dielétricas extremamente altas, o que as torna especialmente úteis para algumas aplicações em capacitores.

A magnitude da constante dielétrica para a maioria dos polímeros é menor do que a das cerâmicas, uma vez que essas últimas podem exibir maiores momentos de dipolo; os valores de ε_r para os polímeros ficam geralmente entre 2 e 5. Esses materiais são usados normalmente para o isolamento de fios, cabos, motores, geradores, e assim por diante, além de alguns capacitores.

Outras Características Elétricas dos Materiais

Duas outras características elétricas novas e relativamente importantes encontradas em alguns materiais merecem uma breve menção – ferroeletricidade e piezeletricidade.

12.24 FERROELETRICIDADE

ferroelétrico

O grupo de materiais dielétricos denominado **ferroelétrico** exibe *polarização espontânea* – isto é, polarização na ausência de um campo elétrico. Eles são os análogos dielétricos dos materiais ferromagnéticos, que podem exibir um comportamento magnético permanente. Devem existir dipolos elétricos permanentes nos materiais ferroelétricos, cuja origem é explicada para o titanato de bário, um dos materiais ferroelétricos mais comuns. A polarização espontânea é consequência do posicionamento dos íons Ba^{2+}, Ti^{4+} e O^{2-} na célula unitária, como está representado na Figura 12.35. Os íons Ba^{2+} estão localizados nos vértices da célula unitária, a qual apresenta *simetria tetragonal* (um cubo que foi ligeiramente alongado em uma direção). O momento de dipolo resulta dos deslocamentos relativos dos íons O^{2-} e Ti^{4+} de suas posições simétricas, como está mostrado na vista lateral da célula unitária. Os íons O^{2-} estão localizados próximos, porém ligeiramente abaixo, dos centros de cada uma das seis faces, enquanto o íon Ti^{4+} está deslocado para cima do centro da célula unitária. Dessa

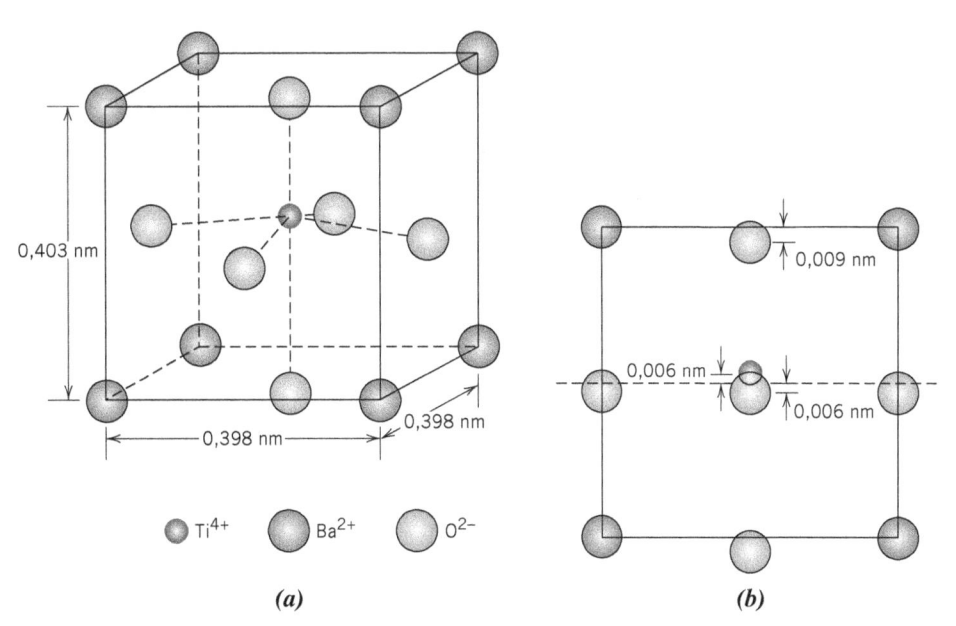

(a)   (b)

Figura 12.35   Célula unitária de titanato de bário ($BaTiO_3$) (*a*) em uma projeção isométrica, e (*b*) segundo a vista lateral de uma das faces, a qual mostra os deslocamentos dos íons Ti^{4+} e O^{2-} em relação ao centro da face.

forma, um momento de dipolo iônico permanente está associado a cada célula unitária (Figura 12.35b). Contudo, quando o titanato de bário é aquecido acima de sua *temperatura de Curie ferroelétrica* [120 °C (250 °F)], a célula unitária torna-se cúbica e todos os íons assumem posições simétricas na célula unitária cúbica; o material tem agora uma estrutura cristalina da perovskita (Seção 3.10), e o comportamento ferroelétrico deixa de existir.

A polarização espontânea desse grupo de materiais resulta como uma consequência de interações entre dipolos permanentes adjacentes, que se alinham mutuamente, todos na mesma direção. Por exemplo, com o titanato de bário, os deslocamentos relativos dos íons O^{2-} e Ti^{4+} são na mesma direção para todas as células unitárias em determinada região volumétrica da amostra. Outros materiais apresentam ferroeletricidade; esses incluem o sal de Rochelle ($NaKC_4H_4O_6 \cdot 4H_2O$), o di-hidrogeno fosfato de potássio (KH_2PO_4), o niobato de potássio ($KNbO_3$) e o zirconato-titanato de chumbo ($Pb[ZrO_3, TiO_3]$). Os materiais ferroelétricos apresentam constantes dielétricas extremamente elevadas sob frequências relativamente baixas do campo aplicado; por exemplo, à temperatura ambiente, o valor de ε_r para o titanato de bário pode ser tão alto quanto 5000. Consequentemente, os capacitores feitos a partir desses materiais podem ser significativamente menores do que os capacitores feitos a partir de outros materiais dielétricos.

12.25 PIEZELETRICIDADE

Um fenômeno não usual exibido por alguns poucos materiais cerâmicos (assim como alguns polímeros) é a *piezeletricidade* – literalmente, a eletricidade pela pressão. A polarização elétrica (isto é, um campo elétrico ou tensão) é induzida no cristal piezelétrico como resultado de uma deformação mecânica (alteração dimensional) produzida pela aplicação de uma força externa (Figura 12.36). A inversão do sinal da força (por exemplo, de tração para compressão) inverte a direção do campo. O efeito piezelétrico inverso também é exibido por esse grupo de materiais – isto é, uma deformação mecânica resulta da imposição de um campo elétrico.

piezelétrico

Os materiais **piezelétricos** podem ser usados como transdutores entre as energias elétrica e mecânica. Uma das primeiras utilizações das cerâmicas piezelétricas foi em sistemas de sonares, em que objetos submersos (por exemplo, submarinos) são detectados e suas posições são determinadas usando um sistema de emissão e recepção ultrassônico. Um cristal piezelétrico é feito oscilar por meio de um sinal elétrico, que produz vibrações mecânicas de alta frequência que são transmitidas pela água. Ao encontrar um objeto, os sinais são refletidos, e outro material piezelétrico recebe essa energia vibracional refletida, que ele então converte novamente em um sinal elétrico. A distância entre a fonte ultrassônica e o corpo refletor é determinada a partir do tempo que passa entre os eventos de envio e de recepção.

Mais recentemente, o uso de dispositivos piezelétricos cresceu drasticamente como consequência do aumento na automatização e da atração por parte dos consumidores em relação a aparelhos sofisticados modernos. Os dispositivos piezelétricos estão sendo usados em muitas das aplicações atuais, incluindo as indústrias *automotiva* – balanceamento de rodas, alarmes de cinto de segurança, indicadores de desgaste da banda de rolamento de pneus, portas sem chave e sensores de *air-bag*; *computadores/eletrônica* – microfones, alto-falantes, microatuadores para discos rígidos e transformadores de *notebooks*; *comercial/de consumo* – cabeçotes de impressoras jato de tinta, medidores de deformação, soldadores ultrassônicos e detectores de fumaça; e *médica* – bombas de insulina, terapia ultrassônica e dispositivos ultrassônicos para remoção de catarata.

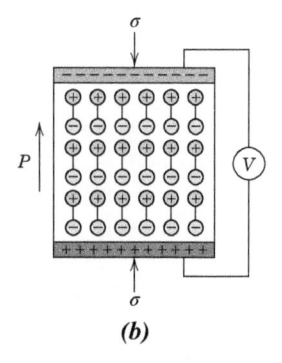

Figura 12.36   (*a*) Dipolos no interior de um material piezelétrico. (*b*) Uma tensão é gerada quando o material é submetido a uma tensão de compressão.
(De L. H. Van Vlack, *A Textbook of Materials Technology*, Addison-Wesley Publishing Co., 1973. Reproduzido com permissão do Espólio de Lawrence H. Van Vlack.)

(*a*)   (*b*)

Os materiais cerâmicos piezelétricos incluem os titanatos de bário e de chumbo ($BaTiO_3$ e $PbTiO_3$), o zirconato de chumbo ($PbZrO_3$), o zirconato-titanato de chumbo (PZT) [$Pb(Zr,Ti)O_3$] e o niobato de potássio ($KNbO_3$). Essa propriedade é característica de materiais com estruturas cristalinas complicadas e com baixo grau de simetria. O comportamento piezelétrico de uma amostra policristalina pode ser melhorado pelo aquecimento do material acima de sua temperatura de Curie, seguido pelo seu resfriamento até a temperatura ambiente na presença de um forte campo elétrico.

MATERIAIS DE IMPORTÂNCIA

Cabeçotes de Cerâmica Piezelétrica para Impressoras Jato de Tinta

Os materiais piezelétricos são usados em um tipo de cabeçote de impressora jato de tinta que possui componentes e um modo de operação que estão representados nos diagramas esquemáticos nas Figuras 12.37a a 12.37c. Um componente do cabeçote é um disco flexível com duas camadas que consiste em uma cerâmica piezelétrica (região cinza-claro) ligada a um material deformável não piezelétrico (região cinza-escuro); a tinta líquida e o seu reservatório estão representados pelas áreas em preto nesses diagramas. As pequenas setas horizontais dentro do material piezelétrico apontam a direção do momento de dipolo permanente.

A operação do cabeçote da impressora (isto é, a ejeção de gotículas de tinta através do bocal) é o resultado do efeito piezelétrico inverso, ou seja, o disco com duas camadas é forçado a flexionar para trás e para a frente pela expansão e contração da camada piezelétrica em resposta a mudanças na polarização de uma tensão que está sendo aplicada. Por exemplo, a Figura 12.37a mostra como a imposição de uma tensão com polarização direta faz com que o disco com duas camadas se flexione de maneira tal que a tinta seja puxada (succionada) do reservatório para o interior da câmara do bocal. A inversão da polarização da tensão força o disco com duas camadas a flexionar-se na direção oposta, em direção ao bocal, de forma a ejetar uma gota de tinta (Figura 12.37b). Finalmente, a remoção da tensão faz com que o disco retorne à sua configuração não flexionada (Figura 12.37c) em preparação para outra sequência de ejeção.

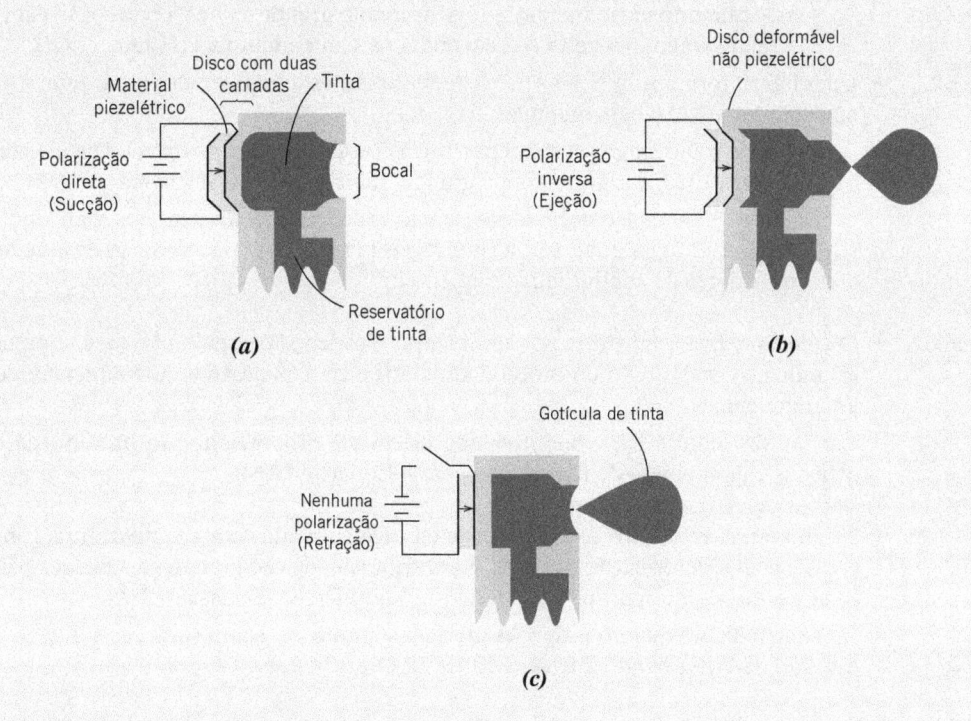

(a)

(b)

(c)

Figura 12.37 Sequência de operação de um cabeçote de impressora jato de tinta com cerâmica piezelétrica (diagrama esquemático). (a) A imposição de uma tensão com polarização direta succiona tinta para o interior da câmara do bocal, na medida em que o disco com duas camadas se flexiona em uma direção. (b) Ejeção de uma gota de tinta pela inversão da polarização da tensão, que força o disco a flexionar na direção oposta. (c) A remoção da tensão retrai o disco com duas camadas à sua configuração não dobrada em preparação para a próxima sequência.

(Imagens fornecidas sob cortesia da Epson America, Inc.)

RESUMO

Lei de Ohm **Condutividade** **Elétrica**	• A facilidade com que um material é capaz de transmitir uma corrente elétrica é expressa em termos da condutividade elétrica ou do seu inverso, a resistividade elétrica (Equações 12.2 e 12.3). • A relação entre a tensão aplicada, a corrente e a resistência é a lei de Ohm (Equação 12.1). Uma expressão equivalente, a Equação 12.5, relaciona a densidade de corrente, a condutividade e a intensidade do campo elétrico. • Com base em sua condutividade, um material sólido pode ser classificado como metal, semicondutor ou isolante.
Condução Eletrônica **e Iônica**	• Para a maioria dos materiais, uma corrente elétrica resulta do movimento de elétrons livres, que são acelerados em resposta à aplicação de um campo elétrico. • Nos materiais iônicos, também pode haver um movimento resultante de íons, o que também contribui para o processo de condução.
Estruturas da Banda **de Energia nos Sólidos** **Condução em Termos** **de Bandas e Modelos** **de Ligação Atômica**	• O número de elétrons livres depende da estrutura da banda de energia eletrônica do material. • Uma banda eletrônica é uma série de estados eletrônicos com espaçamentos próximos uns dos outros em termos de energia e uma dessas bandas pode existir para cada subcamada eletrônica encontrada no átomo isolado. • A *estrutura da banda de energia eletrônica* refere-se à maneira pela qual as bandas mais externas estão arranjadas umas em relação às outras e então são preenchidas com elétrons. Para os metais, são possíveis dois tipos de estrutura de banda (Figuras 12.4*a* e 12.4*b*) – estados eletrônicos vazios são adjacentes a estados preenchidos. As estruturas das bandas nos semicondutores e isolantes são semelhantes – ambas têm uma zona proibida de espaçamento entre bandas de energia que, a 0 K, está localizada entre uma banda de valência preenchida e uma banda de condução vazia. A magnitude desse espaçamento entre bandas é relativamente grande (>2 eV) para os isolantes (Figura 12.4*c*) e relativamente estreita (<2 eV) para os semicondutores (Figura 12.4*d*). • Um elétron torna-se livre ao ser excitado de um estado preenchido para um estado vazio disponível em um nível de energia mais elevado. Energias relativamente pequenas são necessárias para as excitações eletrônicas nos metais (Figura 12.5), dando origem a grande número de elétrons livres. Energias maiores são necessárias para as excitações eletrônicas nos semicondutores e isolantes (Figura 12.6), as quais são responsáveis pela menor concentração de elétrons livres e menores valores de condutividade.
Mobilidade Eletrônica	• Os elétrons livres movidos por um campo elétrico são espalhados pelas imperfeições da rede cristalina. A magnitude da mobilidade eletrônica é indicativo da frequência desses eventos de espalhamento. • Em muitos materiais, a condutividade elétrica é proporcional ao produto da concentração de elétrons e da mobilidade (de acordo com a Equação 12.8).
Resistividade Elétrica **dos Metais**	• Nos materiais metálicos, a resistividade elétrica aumenta com a temperatura, com o teor de impurezas e com a deformação plástica. A contribuição de cada um desses fatores para a resistividade total é aditiva – de acordo com a regra de Matthiessen, Equação 12.9. • As contribuições quanto à temperatura e às impurezas (para soluções sólidas e para ligas bifásicas) são descritas pelas Equações 12.10, 12.11 e 12.12.
Semicondução **Intrínseca** **Semicondução** **Extrínseca**	• Os semicondutores podem ser ou elementos (Si e Ge) ou compostos com ligações covalentes. • Nesses materiais, além dos elétrons livres, os buracos (elétrons ausentes na banda de valência) também podem participar no processo de condução (Figura 12.11). • Os semicondutores são classificados como intrínsecos ou extrínsecos. No comportamento intrínseco, as propriedades elétricas são inerentes ao material puro, e as concentrações de elétrons e de buracos são iguais. A condutividade elétrica pode ser calculada usando a Equação 12.13 (ou a Equação 12.15).

Nos semicondutores extrínsecos, o comportamento elétrico é ditado pelas impurezas. Os semicondutores extrínsecos podem ser do tipo *n* ou do tipo *p*, dependendo se os elétrons ou os buracos, respectivamente, são os portadores de carga predominantes.

- Impurezas doadoras introduzem excesso de elétrons (Figuras 12.12 e 12.13); as impurezas receptoras introduzem excesso de buracos (Figuras 12.14 e 12.15).

- A condutividade elétrica em um semicondutor do tipo *n* pode ser calculada utilizando a Equação 12.16; para um semicondutor do tipo *p*, a Equação 12.17 é usada.

Dependência da Concentração de Portadores em Relação à Temperatura

- Com o aumento da temperatura, a concentração de portadores intrínsecos aumenta drasticamente (Figura 12.16).

- Nos semicondutores extrínsecos, em um gráfico da concentração de portadores majoritários em função da temperatura, a concentração de portadores é independente da temperatura na *região extrínseca* (Figura 12.17). A magnitude da concentração de portadores nessa região é aproximadamente igual ao nível de impurezas.

Fatores que Afetam a Mobilidade dos Portadores

- Nos semicondutores extrínsecos, as mobilidades dos elétrons e buracos (1) diminuem com o aumento do teor de impurezas (Figura 12.18) e (2) em geral diminuem com o aumento da temperatura (Figuras 12.19*a* e 12.19*b*).

O Efeito Hall

- Usando um experimento para o efeito Hall, é possível determinar o tipo do portador de carga (isto é, elétrons ou buracos), assim como a concentração e a mobilidade do portador.

Dispositivos Semicondutores

- Inúmeros dispositivos semicondutores empregam a característica elétrica especial exibida por esses materiais para executar funções eletrônicas específicas.

- A junção retificadora *p-n* (Figura 12.21) é usada para transformar a corrente alternada em corrente contínua.

- Outro tipo de dispositivo semicondutor é o transistor, que pode ser empregado na amplificação de sinais elétricos, assim como nos dispositivos interruptores em circuitos de computadores. São possíveis os transistores de junção e os MOSFETs (Figuras 12.24, 12.25 e 12.26).

Condução Elétrica em Cerâmicas Iônicas e em Polímeros

- A maior parte das cerâmicas iônicas e dos polímeros são isolantes à temperatura ambiente. As condutividades elétricas variam aproximadamente entre 10^{-9} e 10^{-18} $(\Omega \cdot m)^{-1}$; para fins de comparação, para a maioria dos metais, σ é da ordem de 10^7 $(\Omega \cdot m)^{-1}$.

Comportamento Dielétrico

- Diz-se que há um *dipolo* quando há uma separação espacial resultante entre as entidades carregadas positivamente e as entidades carregadas negativamente em um nível atômico ou molecular.

Capacitância

- *Polarização* é o alinhamento de dipolos elétricos com um campo elétrico.

Vetores de Campo e Polarização

- Os *materiais dielétricos* são isolantes elétricos que podem ser polarizados quando um campo elétrico está presente.

- Esse fenômeno de polarização é responsável pela habilidade dos materiais dielétricos em aumentar a capacidade de armazenamento de cargas dos capacitores.

- A capacitância é dependente da tensão aplicada e da quantidade de carga armazenada, de acordo com a Equação 12.24.

- A eficiência do armazenamento de cargas de um capacitor é expressa em termos de uma constante dielétrica ou permissividade relativa (Equação 12.27).

- Para um capacitor de placas paralelas, a capacitância é uma função da permissividade do material que está entre as placas, assim como da área das placas e da distância de separação entre as placas, conforme a Equação 12.26.

- O deslocamento dielétrico em um meio dielétrico depende do campo elétrico aplicado e da polarização induzida de acordo com a Equação 12.31.

- Para alguns materiais dielétricos, a polarização induzida pela aplicação de um campo elétrico é descrita pela Equação 12.32.

Tipos de Polarização

Dependência da Constante Dielétrica em Relação à Frequência

- Os tipos de polarização possíveis incluem o eletrônico (Figura 12.32*a*), o iônico (Figura 12.32*b*) e o por orientação (Figura 12.32*c*); nem todos os tipos de polarização precisam estar presentes em um dielétrico particular.

- Para os campos elétricos alternados, um tipo de polarização específico contribui ou não para a polarização total e para a constante dielétrica, dependendo da frequência do campo elétrico; cada mecanismo de polarização deixa de funcionar quando a frequência do campo elétrico aplicado excede sua frequência de relaxação (Figura 12.34).

Outras Características Elétricas dos Materiais

- Os materiais ferroelétricos exibem polarização espontânea – ou seja, eles ficam polarizados na ausência de um campo elétrico.
- Um campo elétrico é gerado quando tensões mecânicas são aplicadas a um material piezelétrico.

Resumo das Equações

Número da Equação	*Equação*	*Resolvendo para*
12.1	$V = IR$	Voltagem (lei de Ohm)
12.2	$\rho = \dfrac{RA}{l}$	Resistividade elétrica
12.4	$\sigma = \dfrac{1}{\rho}$	Condutividade elétrica
12.5	$J = \sigma\mathscr{E}$	Densidade de corrente
12.6	$\mathscr{E} = \dfrac{V}{l}$	Intensidade do campo elétrico
12.8, 12.16	$\sigma = n|e|\mu_e$	Condutividade elétrica (metal); condutividade para um semicondutor extrínseco do tipo n
12.9	$\rho_{total} = \rho_t + \rho_i + \rho_d$	Para os metais, a resistividade total (regra de Matthiessen)
12.10	$\rho_t = \rho_0 + aT$	Contribuição da resistividade térmica
12.11	$\rho_i = Ac_i(1 - c_i)$	Contribuição da resistividade devido às impurezas – liga monofásica
12.12	$\rho_i = \rho_\alpha V_\alpha + \rho_\beta V_\beta$	Contribuição da resistividade devido às impurezas – liga bifásica
12.13 12.15	$\sigma = n|e|\mu_e + p|e|\mu_b$ $= n_i|e|(\mu_e + \mu_b)$	Condutividade para um semicondutor intrínseco
12.17	$\sigma = p|e|\mu_h$	Condutividade para um semicondutor extrínseco do tipo p
12.24	$C = \dfrac{Q}{V}$	Capacitância
12.25	$C = \varepsilon_0\dfrac{A}{l}$	Capacitância para um capacitor de placas paralelas no vácuo
12.26	$C = \varepsilon\dfrac{A}{l}$	Capacitância para um capacitor de placas paralelas com um meio dielétrico entre as placas
12.27	$\varepsilon_r = \dfrac{\varepsilon}{\varepsilon_0}$	Constante dielétrica
12.29	$D_0 = \varepsilon_0\mathscr{E}$	Deslocamento dielétrico no vácuo
12.30	$D = \varepsilon\mathscr{E}$	Deslocamento dielétrico em um material dielétrico
12.31	$D = \varepsilon_0\mathscr{E} + P$	Deslocamento dielétrico
12.32	$P = \varepsilon_0(\varepsilon_r - 1)\mathscr{E}$	Polarização

Lista de Símbolos

Símbolo	Significado
A	Área da placa para um capacitor de placas paralelas; constante independente da concentração
a	Constante independente da temperatura
c_i	Concentração em termos da fração atômica
$\|e\|$	Magnitude absoluta da carga em um elétron ($1,6 \times 10^{-19}$ C)
I	Corrente elétrica
l	Distância entre pontos de contato que são usados para medir a voltagem (Figura 12.1); distância de separação entre placas para um capacitor de placas paralelas (Figura 12.28a)
n	Número de elétrons livres por unidade de volume
n_i	Concentração de portadores intrínsecos
p	Número de buracos por unidade de volume
Q	Quantidade de carga armazenada em uma placa de capacitor
R	Resistência
T	Temperatura
V_α, V_β	Frações volumétricas das fases α e β
ε	Permissividade de um material dielétrico
ε_0	Permissividade do vácuo ($8,85 \times 10^{-12}$ F/m)
μ_e, μ_b	Mobilidades do elétron, buraco
ρ_α, ρ_β	Resistividades elétricas das fases α e β
ρ_0	Constante independente da concentração

Termos e Conceitos Importantes

banda de condução
banda de energia eletrônica
banda de valência
buraco
capacitância
circuito integrado
condução iônica
condutividade elétrica
constante dielétrica
deslocamento dielétrico
dielétrico
diodo
dipolo elétrico
dopagem
efeito Hall

elétron livre
energia de Fermi
espaçamento entre bandas de energia
estado (nível) doador
estado (nível) receptor
ferroelétrico
fluxo para a frente
fluxo reverso
frequência de relaxação
isolante
junção retificadora
lei de Ohm
metal
mobilidade

MOSFET
permissividade
piezelétrico
polarização
polarização eletrônica
polarização iônica
polarização por orientação
regra de Matthiessen
resistência dielétrica
resistividade elétrica
semicondutor
semicondutor extrínseco
semicondutor intrínseco
transistor de junção

REFERÊNCIAS

Bube, R. H., *Electrons in Solids*, 3rd edition, Academic Press, San Diego, 1992.

Hoffman, P., *Solid State Physics: An Introduction*, Wiley-VCH, Weinheim, Germany, 2008.

Hummel, R. E., *Electronic Properties of Materials*, 4th edition, Springer-Verlag, New York, 2011.

Irene, E. A., *Electronic Materials Science*, Wiley, Hoboken, NJ, 2005.

Jiles, D. C., *Introduction to the Electronic Properties of Materials*, 2nd edition, CRC Press, Boca Raton, FL, 2001.

Kingery, W. D., H. K. Bowen, and D.R. Uhlmann, *Introduction to Ceramics*, 2nd edition, Wiley, New York, 1976. Capítulos 17 e 18.

Kittel, C., *Introduction to Solid State Physics*, 8th edition, Wiley, Hoboken, NJ, 2005. Um tratamento avançado.

Livingston, J., *Electronic Properties of Engineering Materials*, Wiley, New York, 1999.

Pierret, R. F., *Semiconductor Device Fundamentals*, Addison-Wesley, Boston, 1996.

Rockett, A., *The Materials Science of Semiconductors*, Springer, New York, 2008.

Solymar, L., and D. Walsh, *Electrical Properties of Materials*, 9th edition, Oxford University Press, New York, 2014.

PERGUNTAS E PROBLEMAS

Lei de Ohm

Condutividade Elétrica

12.1 **(a)** Calcule a condutividade elétrica de uma amostra cilíndrica de silício com diâmetro de 7,0 mm (0,28 in) e comprimento de 57 mm (2,25 in), através da qual passa uma corrente de 0,25 A em uma direção axial. Uma voltagem de 24 V é medida entre duas sondas que estão separadas de 45 mm (1,75 in).

(b) Calcule a resistência ao longo dos 57 mm (2,25 in) da amostra.

12.2 Um fio de alumínio com 10 m de comprimento deve apresentar uma queda de voltagem de menos de 1,0 V quando uma corrente de 5 A passar através dele. Considerando os dados na Tabela 12.1, calcule o diâmetro mínimo desse fio.

12.3 Um fio de aço-carbono comum com 3 mm de diâmetro deve oferecer uma resistência que não seja superior a 20 Ω. Usando os dados na Tabela 12.1, calcule o comprimento máximo do fio.

12.4 Demonstre que as duas expressões para a lei de Ohm, Equações 12.1 e 12.5, são equivalentes.

12.5 **(a)** Considerando os dados na Tabela 12.1, calcule a resistência de um fio de alumínio com 5 mm (0,20 in) de diâmetro e 5 m (200 in) de comprimento.

(b) Qual seria o fluxo de corrente se a queda de potencial entre as extremidades do fio fosse de 0,04 V?

(c) Qual é a densidade de corrente?

(d) Qual é a magnitude do campo elétrico através das extremidades do fio?

Condução Eletrônica e Iônica

12.6 Qual é a diferença entre a condução *eletrônica* e a *iônica*?

Estruturas das Bandas de Energia nos Sólidos

12.7 Como a estrutura eletrônica de um átomo isolado difere daquela de um material sólido?

Condução em Termos de Bandas e Modelos de Ligação Atômica

12.8 Em termos da estrutura da banda de energia eletrônica, discuta as razões para as diferenças entre as condutividades elétricas dos metais, semicondutores e isolantes.

Mobilidade Eletrônica

12.9 Explique sucintamente o que significam *velocidade de arraste* e *mobilidade* de um elétron livre.

12.10 **(a)** Calcule a velocidade de arraste dos elétrons no silício à temperatura ambiente e quando a magnitude do campo elétrico é de 500 V/m.

(b) Sob essas circunstâncias, quanto tempo um elétron leva para atravessar um comprimento de 25 mm (1 in) do cristal?

12.11 À temperatura ambiente, a condutividade elétrica e a mobilidade eletrônica para o alumínio são de $3,8 \times 10^7 \ (\Omega \cdot m)^{-1}$ e 0,0012 m²/V · s, respectivamente.

(a) Calcule o número de elétrons livres por metro cúbico para o alumínio à temperatura ambiente.

(b) Qual é o número de elétrons livres por átomo de alumínio? Considere uma massa específica de 2,7 g/cm³.

12.12 **(a)** Calcule o número de elétrons livres por metro cúbico de prata supondo que existe 1,3 elétron livre por átomo de prata. A condutividade elétrica e a massa específica para a Ag são de $6,8 \times 10^7 \ (\Omega \cdot m)^{-1}$ e 10,5 g/cm³, respectivamente.

(b) Agora, calcule a mobilidade eletrônica para a Ag.

Resistividade Elétrica dos Metais

12.13 A partir da Figura 12.38, estime o valor de *A* na Equação 12.11 para o zinco como uma impureza em ligas cobre-zinco.

12.14 **(a)** Com base nos dados da Figura 12.8, determine os valores de ρ_0 e *a* na Equação 12.10 para o cobre puro. Considere a temperatura *T* em graus Celsius.

(b) Determine o valor de *A* na Equação 12.11 para o níquel como uma impureza no cobre, usando os dados da Figura 12.8.

(c) Considerando os resultados dos itens **(a)** e **(b)**,

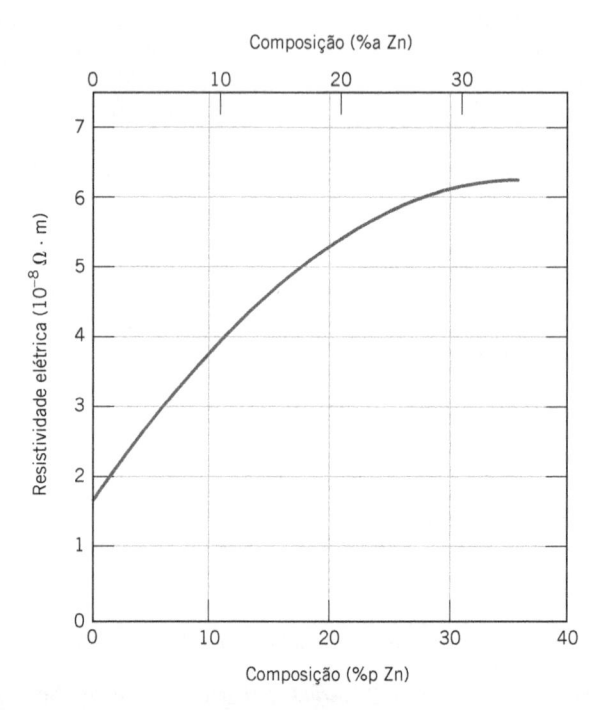

Figura 12.38 Resistividade elétrica à temperatura ambiente em função da composição para ligas cobre-zinco.
[Adaptado de *Metals Handbook: Properties and Selection: Nonferrous Alloys and Pure Metals*, Vol. 2, 9th edition, H. Baker (Editor chefe), 1979. Reproduzido sob permissão da ASM International, Materials Park, OH.]

estime a resistividade elétrica para o cobre contendo 2,50 %a Ni a 120 °C.

12.15 Determine a condutividade elétrica de uma liga Cu-Ni que exibe limite de resistência à tração de 275 MPa (40.000 psi). Consulte a Figura 8.16.

12.16 Um bronze ao estanho tem uma composição de 89 %p Cu e 11 %p Sn e, à temperatura ambiente, consiste em duas fases: uma fase α composta por cobre e contendo uma quantidade muito pequena de estanho em solução sólida, e uma fase ε que contém aproximadamente 37 %p Sn. Calcule a condutividade dessa liga à temperatura ambiente, de acordo com os seguintes dados:

Fase	Resistividade Elétrica ($\Omega \cdot m$)	Massa Específica (g/cm^3)
α	$1,88 \times 10^{-8}$	8,94
ε	$5,32 \times 10^{-7}$	8,25

12.17 Um fio metálico cilíndrico com 3 mm (0,12 in) de diâmetro é necessário para conduzir uma corrente de 12 A com uma queda mínima de voltagem de 0,01 V por pé (300 mm) de fio. Quais, dos metais e ligas listados na Tabela 12.1, são possíveis candidatos?

Semicondução Intrínseca

12.18 **(a)** Com base nos dados apresentados na Figura 12.16, determine o número de elétrons livres por átomo para o germânio e o silício intrínsecos à temperatura ambiente (298 K). As massas específicas para o Ge e para o Si são de 5,32 e 2,33 g/cm^3, respectivamente.

(b) Agora, explique a diferença desses valores para o número de elétrons livres por átomo.

12.19 Para os semicondutores intrínsecos, a concentração de portadores intrínsecos n_i depende da temperatura de acordo com:

$$n_i \propto \exp\left(-\frac{E_e}{2kT}\right) \qquad (12.35a)$$

ou, tomando os logaritmos naturais,

$$\ln n_i \propto -\frac{E_e}{2kT} \qquad (12.35b)$$

Dessa forma, um gráfico de ln n_i em função de 1/T $(K)^{-1}$ deve ser linear e ter uma inclinação de $-E_e/2k$. Considerando essa informação e os dados apresentados na Figura 12.16, determine as energias do espaçamento entre bandas para o silício e o germânio e compare esses valores com aqueles fornecidos na Tabela 12.3.

12.20 Explique sucintamente a presença do fator 2 no denominador da Equação 12.35a.

12.21 Na temperatura ambiente, a condutividade elétrica do PbS é de 25 $(\Omega \cdot m)^{-1}$, enquanto as mobilidades dos elétrons e dos buracos são de 0,06 e 0,02 $m^2/V \cdot s$, respectivamente. Calcule a concentração de portadores intrínsecos para o PbS à temperatura ambiente.

12.22 É possível que compostos semicondutores exibam um comportamento intrínseco? Explique sua resposta.

12.23 Para cada um dos seguintes pares de semicondutores, decida qual tem a menor energia de espaçamento entre bandas, E_e, e então cite a razão para sua escolha.

(a) C (diamante) e Ge

(b) AlP e InAs

(c) GaAs e ZnSe

(d) ZnSe e CdTe

(e) CdS e NaCl

Semicondução Extrínseca

12.24 Defina os seguintes termos na medida em que eles se relacionam aos materiais semicondutores: *intrínseco*, *extrínseco*, *composto*, *elementar*. Dê um exemplo de cada.

12.25 Sabe-se que um semicondutor do tipo *n* possui uma concentração de elétrons de 5×10^{17} m^{-3}. Se a velocidade de arraste do elétron é de 350 m/s em um campo elétrico de 1000 V/m, calcule a condutividade desse material.

12.26 **(a)** Explique, com suas próprias palavras, como as impurezas doadoras nos semicondutores dão origem a elétrons livres em números superiores àqueles que são gerados pelas excitações da banda de valência para a banda de condução.

(b) Explique também como as impurezas receptoras dão origem a buracos em números superiores àqueles que são gerados pelas excitações da banda de valência para a banda de condução.

12.27 **(a)** Explique por que nenhum buraco é gerado pela excitação eletrônica que envolve um átomo de impureza doadora.

(b) Explique por que nenhum elétron livre é gerado pela excitação eletrônica que envolve um átomo de impureza receptora.

12.28 Cada um dos seguintes elementos atuará como um doador ou como um receptor quando ele for adicionado ao material semicondutor indicado? Considere que os elementos de impureza sejam substitucionais.

Impureza	Semicondutor
N	Si
B	Ge
S	InSb
In	CdS
As	ZnTe

12.29 **(a)** A condutividade elétrica à temperatura ambiente de uma amostra de silício é de 500 $(\Omega \cdot m)^{-1}$. Sabe-se que a concentração de buracos é de $2,0 \times 10^{22}$ m^{-3}. Usando as mobilidades dos elétrons e dos buracos no silício, fornecidas na Tabela 12.3, calcule a concentração de elétrons.

(b) Com base no resultado do item **(a)**, a amostra é intrínseca, extrínseca do tipo n ou extrínseca do tipo p? Por quê?

12.30 O germânio, ao qual foram adicionados 10^{24} m^{-3} átomos de As, é um semicondutor extrínseco à temperatura ambiente, em que virtualmente todos os átomos de As podem ser considerados como estando ionizados (isto é, existe um portador de carga para cada átomo de As).

(a) Esse material é do tipo n ou do tipo p?

(b) Calcule a condutividade elétrica desse material, considerando que as mobilidades dos elétrons e dos buracos são de 0,1 e 0,05 m^2/V · s, respectivamente.

12.31 As seguintes características elétricas foram determinadas para o antimoneto de gálio (GaSb) tanto intrínseco quanto extrínseco do tipo p à temperatura ambiente:

	β $(\Omega \cdot m)^{-1}$	n (m^{-3})	p (m^{-3})
Intrínseco	$8,9 \times 10^4$	$8,7 \times 10^{23}$	$8,7 \times 10^{23}$
Extrínseco (tipo p)	$2,3 \times 10^5$	$7,6 \times 10^{22}$	$1,0 \times 10^{25}$

Calcule as mobilidades dos elétrons e dos buracos.

Dependência da Concentração de Portadores em Relação à Temperatura

12.32 Calcule a condutividade do silício intrínseco a 80 °C.

12.33 Em temperaturas próximas à temperatura ambiente, a dependência da condutividade em relação à temperatura para o germânio intrínseco é dada por

$$\sigma = CT^{-3/2} \exp\left(-\frac{E_e}{2kT}\right) \qquad (12.36)$$

em que C é uma constante independente da temperatura e T está em Kelvin. Usando a Equação 12.36, calcule a condutividade elétrica intrínseca do germânio a 175 °C.

12.34 Considerando a Equação 12.36 e os resultados do Problema 12.33, determine a temperatura na qual a condutividade elétrica do germânio intrínseco é de 40 $(\Omega \cdot m)^{-1}$.

12.35 Estime a temperatura na qual o GaAs apresenta uma condutividade elétrica de $1,6 \times 10^{-3}$ $(\Omega \cdot m)^{-1}$, considerando a dependência de σ em relação à temperatura apresentada pela Equação 12.36. Os dados apresentados na Tabela 12.3 podem ser úteis.

12.36 Compare a dependência em relação à temperatura da condutividade nos metais e nos semicondutores intrínsecos. Explique sucintamente a diferença em comportamento.

Fatores que Afetam a Mobilidade dos Portadores

12.37 Calcule a condutividade elétrica à temperatura ambiente para o silício que foi dopado com 10^{23} m^{-3} átomos de arsênio.

12.38 Calcule a condutividade elétrica à temperatura ambiente para o silício que foi dopado com 2×10^{24} m^{-3} átomos de boro.

12.39 Determine a condutividade elétrica a 75 °C para o silício que foi dopado com 10^{22} m^{-3} átomos de fósforo.

12.40 Indique a condutividade elétrica a 135 °C para o silício que foi dopado com 10^{24} m^{-3} átomos de alumínio.

O Efeito Hall

12.41 Sabe-se que um metal hipotético tem uma resistividade elétrica de $3,3 \times 10^{-8}$ $(\Omega \cdot m)$. Uma corrente de 25 A é passada através de uma amostra desse metal que tem 15 mm de espessura. Quando um campo magnético de 0,95 tesla é imposto simultaneamente em uma direção perpendicular à direção da corrente, uma tensão Hall de $-2,4 \times 10^{-7}$ V é medida. Calcule o seguinte:

(a) a mobilidade dos elétrons nesse metal,

(b) o número de elétrons livres por metro cúbico.

12.42 Sabe-se que uma liga metálica tem uma condutividade elétrica e uma mobilidade dos elétrons de $1,2 \times 10^7$ $(\Omega \cdot m)^{-1}$ e 0,0050 m^2/V · s, respectivamente. Uma corrente de 40 A é passada através de uma amostra dessa liga com 35 mm de espessura. Qual é o campo magnético que precisaria ser imposto para proporcionar uma tensão Hall de $-3,5 \times 10^{-7}$ V?

Dispositivos Semicondutores

12.43 Descreva sucintamente os movimentos dos elétrons e dos buracos em uma junção p-n para os fluxos para a frente e reverso; em seguida, explique como esses movimentos levam à retificação.

12.44 Como é dissipada a energia na reação descrita pela Equação 12.21?

12.45 Quais são as duas funções que um transistor pode executar em um circuito eletrônico?

12.46 Cite as diferenças na operação e nas aplicações dos transistores de junção e dos MOSFETs.

Condução em Materiais Iônicos

12.47 Observamos na Seção 5.3 (Figura 5.4) que no FeO (wustita), os íons ferro podem existir nos estados Fe^{2+} e Fe^{3+}. A quantidade de cada um desses tipos de íon depende da temperatura e da pressão ambiente do oxigênio. Além disso, também foi observado que, para manter a eletroneutralidade, uma lacuna de Fe^{2+} é criada para cada dois íons Fe^{3+} que são formados; consequentemente, para refletir a existência dessas lacunas, a fórmula da wustita é representada com frequência como $Fe_{(1-x)}O$, em que x é alguma pequena fração menor do que a unidade.

Nesse material $Fe_{(1-x)}O$ não estequiométrico, a condução é eletrônica e, de fato, ele se comporta como um semicondutor do tipo p – isto é, os íons Fe^{3+} atuam como receptores de elétrons, e é relativamente fácil excitar um elétron da banda de valência para um estado receptor Fe^{3+}, com a formação de um buraco.

Determine a condutividade elétrica de uma amostra de wustita com uma mobilidade dos buracos de $1,0 \times 10^{-5}$ m^2/V · s e para a qual o valor de x é de 0,040. Considere que os estados receptores estejam *saturados* (isto é, que existe um buraco para cada íon Fe^{3+}). A wustita apresenta a estrutura cristalina do cloreto de sódio, com um comprimento da aresta da célula unitária de 0,437 nm.

12.48 Em temperaturas entre 540 °C (813 K) e 727 °C (1000 K), a energia de ativação e a constante pré-exponencial para o coeficiente de difusão do Na$^+$ no NaCl são de 173.000 J/mol e $4,0 \times 10^{-4}$ m^2/s, respectivamente. Calcule a mobilidade para um íon Na$^+$ a 600 °C (873 K).

Capacitância

12.49 Um capacitor de placas paralelas que utiliza um material dielétrico com ε_r de 2,2 tem um espaçamento entre placas de 2 mm (0,08 in). Se outro material com uma constante dielétrica de 3,7 for usado e a capacitância tiver que permanecer inalterada, qual deverá ser o novo espaçamento entre as placas?

12.50 Um capacitor de placas paralelas com dimensões de 38 mm por 65 mm (1½ in por 2½ in) e com uma separação entre as placas de 1,3 mm (0,05 in) deve ter uma capacitância mínima de 70 pF (7×10^{-11} F) quando um potencial CA de 1000 V for aplicado a uma frequência de 1 MHz. Quais, entre os materiais listados na Tabela 12.5, são possíveis candidatos? Por quê?

12.51 Considere um capacitor de placas paralelas com uma área de 3225 mm^2 (5 in^2), uma separação entre as placas de 1 mm (0,04 in) e que apresenta um material com constante dielétrica de 3,5 posicionado entre as placas.

(a) Qual é a capacitância desse capacitor?

(b) Calcule o campo elétrico que deve ser aplicado para que uma carga de 2×10^{-8} C seja armazenada em cada placa.

12.52 Explique, com suas próprias palavras, o mecanismo pelo qual a capacidade de armazenamento de cargas é aumentada pela inserção de um material dielétrico entre as placas de um capacitor.

Vetores de Campo e Polarização

Tipos de Polarização

12.53 Para o CaO, os raios iônicos para os íons Ca^{2+} e O^{2-} são de 0,100 e 0,140 nm, respectivamente. Se um campo elétrico aplicado externamente produz uma expansão na rede equivalente a 5 %, calcule o momento de dipolo para cada par Ca^{2+}–O^{2-}. Considere que esse material esteja completamente não polarizado na ausência de um campo elétrico.

12.54 A polarização P de um material dielétrico posicionado entre as placas de um capacitor de placas paralelas deve ser de $4,0 \times 10^{-6}$ C/m^2.

(a) Qual deve ser a constante dielétrica se um campo elétrico de 10^5 V/m for aplicado?

(b) Qual será o deslocamento dielétrico D?

12.55 Uma carga de $2,0 \times 10^{-10}$ C deve ser armazenada em cada placa de um capacitor de placas paralelas com uma área de 650 mm^2 (1,0 in^2) e uma separação entre as placas de 4,0 mm (0,16 in).

(a) Qual é a voltagem necessária se um material com constante dielétrica de 3,5 for posicionado entre as placas?

(b) Qual voltagem seria necessária se fosse utilizado o vácuo?

(c) Quais são as capacitâncias para os itens **(a)** e **(b)**?

(d) Calcule o deslocamento dielétrico para o item **(a)**.

(e) Calcule a polarização para o item **(a)**.

12.56 (a) Para cada um dos três tipos de polarização, descreva sucintamente o mecanismo pelo qual os dipolos são induzidos e/ou orientados pela ação da aplicação de um campo elétrico.

(b) Para o argônio gasoso, o LiF sólido, a H$_2$O líquida e o Si sólido, qual(is) tipo(s) de polarização é(são) possível(is)? Por quê?

12.57 (a) Calcule a magnitude do momento de dipolo associado a cada célula unitária do BaTiO$_3$, como ilustrado na Figura 12.35.

(b) Calcule a polarização máxima possível para esse material.

Dependência da Constante Dielétrica em Relação à Frequência

12.58 A constante dielétrica para um vidro de cal de soda medida em frequências muito altas (da ordem de 10^{15} Hz) é de aproximadamente 2,3. Qual fração da constante dielétrica em frequências relativamente baixas (1 MHz) é atribuída à polarização iônica? Despreze qualquer contribuição da polarização por orientação.

Ferroeletricidade

12.59 Explique sucintamente por que o comportamento ferroelétrico do BaTiO$_3$ cessa acima de sua temperatura de Curie ferroelétrica.

Problema com Planilha Eletrônica

12.1PE Para um condutor intrínseco cuja condutividade elétrica é dependente da temperatura de acordo com a Equação 12.36, gere uma planilha que permita ao usuário determinar a temperatura na qual a condutividade elétrica é igual a algum valor específico, considerando os valores para a constante C e a energia do espaçamento entre bandas E_e.

PROBLEMAS DE PROJETO

Resistividade Elétrica dos Metais

12.P1 Sabe-se que uma liga contendo 90 %p Cu e 10 %p Ni tem resistividade elétrica de $1,90 \times 10^{-7}$ Ω · m à temperatura ambiente (25 °C). Calcule a composição de uma liga cobre-níquel que, à temperatura ambiente, tem resistividade de $2,5 \times 10^{-7}$ Ω · m. A resistividade do cobre puro à temperatura ambiente pode ser determinada a partir dos dados na Tabela 12.1; considere que o cobre e o níquel formem uma solução sólida.

12.P2 Com base nas informações contidas nas Figuras 12.8 e 12.38, determine a condutividade elétrica de uma liga 85 %p Cu-15 %p Zn a –100 °C (–150 °F).

12.P3 É possível formar uma liga de cobre e níquel que atinja um limite de escoamento mínimo de 130 MPa (19.000 psi) e que ainda mantenha uma condutividade elétrica de $4,0 \times 10^6$ ($\Omega \cdot$ m)$^{-1}$? Se não for possível, diga por quê. Se for possível, qual é a concentração de níquel necessária? Consulte a Figura 8.16b.

Semicondução Extrínseca

Fatores que Afetam a Mobilidade dos Portadores

12.P4 Especifique um tipo de impureza doadora e sua concentração (em porcentagem em peso) que produzirá um material à base de silício do tipo *n* com uma condutividade elétrica à temperatura ambiente de 200 ($\Omega \cdot$ m)$^{-1}$.

12.P5 Um projeto de circuito integrado requer a difusão de boro para o interior de silício com pureza muito alta em uma temperatura elevada. É necessário que a uma distância de 0,2 μm da superfície da pastilha de silício a condutividade elétrica à temperatura ambiente seja de 1000 ($\Omega \cdot$ m)$^{-1}$. A concentração de B na superfície do Si é mantida em um nível constante de $1,0 \times 10^{25}$ m^{-3}; além disso, considera-se que a concentração de B no silício original seja desprezível e que à temperatura ambiente os átomos de boro estejam saturados. Especifique a temperatura na qual esse tratamento térmico de difusão deve ser conduzido, se o tempo de tratamento deve ser de 1 h. O coeficiente de difusão para a difusão de B no Si é função da temperatura, de acordo com

$$D(\text{m}^2/\text{s}) = 2,4 \times 10^{-4} \exp\left(-\frac{347.000 \text{ J/mol}}{RT}\right)$$

Dispositivos Semicondutores

12.P6 Um dos procedimentos na produção de circuitos integrados é a formação de uma fina camada isolante de SiO$_2$ sobre a superfície dos *chips* (veja a Figura 12.26). Isso é obtido pela oxidação da superfície do silício, submetendo-o a uma atmosfera oxidante (isto é, oxigênio gasoso ou vapor d'água) em uma temperatura elevada. A taxa de crescimento do filme de óxido é *parabólica* – ou seja, a espessura da camada de óxido (x) é uma função do tempo (t), de acordo com a seguinte equação:

$$x^2 = Bt \qquad (12.37)$$

Aqui, o parâmetro B depende tanto da temperatura quanto da atmosfera oxidante.

(a) Para uma atmosfera de O$_2$ em uma pressão de 1 atm, a dependência de B em relação à temperatura (em unidades de μm^2/h) é a seguinte:

$$B = 800 \exp\left(-\frac{1,24 \text{ eV}}{kT}\right) \qquad (12.38a)$$

em que k é a constante de Boltzmann ($8,62 \times 10^{-5}$ eV/átomo) e T está em kelvin. Calcule o tempo necessário para o crescimento de uma camada de óxido (em uma atmosfera de O$_2$) com 100 nm de espessura tanto a 700 °C quanto a 1000 °C.

(b) Em uma atmosfera de H$_2$O (1 atm de pressão), a expressão para B (novamente em unidades de μm^2/h) é

$$B = 215 \exp\left(-\frac{0,70 \text{ eV}}{kT}\right) \qquad (12.38b)$$

Calcule o tempo necessário para crescer uma camada de óxido com 100 nm de espessura (em uma atmosfera de H$_2$O) tanto a 700 °C quanto a 1000 °C e compare esses tempos com aqueles calculados no item **(a)**.

12.P7 O material semicondutor básico usado em virtualmente todos os circuitos integrados modernos é o silício. No entanto, o silício apresenta algumas limitações e restrições. Escreva uma redação comparando as propriedades e as aplicações (e/ou as aplicações potenciais) para o silício e o arseneto de gálio.

Condução em Materiais Iônicos

12.P8 No Problema 12.47 foi observado que o FeO (wustita) pode se comportar como um semicondutor, em virtude da transformação de íons Fe^{2+} em íons Fe^{3+} e a criação de lacunas de Fe^{2+}; a manutenção da eletroneutralidade requer que para cada dois íons Fe^{3+} seja formada uma lacuna. A existência dessas lacunas fica refletida na fórmula química para essa wustita não estequiométrica, como Fe$_{(1-x)}$O, em que x é um número pequeno com valor menor do que a unidade. O grau de não estequiometria (isto é, o valor de x) pode ser variado mudando a temperatura e a pressão parcial de oxigênio. Calcule o valor de x necessário para produzir um material Fe$_{(1-x)}$O com condutividade elétrica do tipo *p* de 1200 ($\Omega \cdot$ m)$^{-1}$; considere que a mobilidade dos buracos seja de $1,0 \times 10^{-5}$ m^2/V $\cdot$ s, que a estrutura cristalina do FeO seja a do cloreto de sódio (com um comprimento da aresta da célula unitária de 0,437 nm) e que os estados receptores estejam saturados.

PERGUNTAS E PROBLEMAS SOBRE FUNDAMENTOS DA ENGENHARIA

12.1FE Para um metal com uma condutividade elétrica de $6,1 \times 10^7$ ($\Omega \cdot$ m)$^{-1}$, calcule a resistência de um fio com 4,3 mm de diâmetro e 8,1 m de comprimento.

(A) $3,93 \times 10^{-5}$ Ω

(B) $2,29 \times 10^{-3}$ Ω

(C) $9,14 \times 10^{-3}$ Ω

(D) $1,46 \times 10^{11}$ Ω

12.2FE Qual é o valor/faixa de condutividade elétrica típico para materiais semicondutores?

(A) 10^7 $(\Omega \cdot m)^{-1}$

(B) 10^{-20} a 10^7 $(\Omega \cdot m)^{-1}$

(C) 10^{-6} a 10^4 $(\Omega \cdot m)^{-1}$

(D) 10^{-20} a 10^{-10} $(\Omega \cdot m)^{-1}$

12.3FE Sabe-se que uma liga metálica bifásica é composta pelas fases α e β, que apresentam frações mássicas de 0,64 e 0,36, respectivamente. Considerando a resistividade elétrica à temperatura ambiente e os seguintes dados de massa específica, calcule a resistividade elétrica dessa liga à temperatura ambiente.

Fase	Resistividade $(\Omega \cdot m)$	Massa Específica (g/cm^3)
α	$1,9 \times 10^{-8}$	8,26
β	$5,6 \times 10^{-7}$	8,60

(A) $2,09 \times 10^{-7}$ $\Omega \cdot m$

(B) $2,14 \times 10^{-7}$ $\Omega \cdot m$

(C) $3,70 \times 10^{-7}$ $\Omega \cdot m$

(D) $5,90 \times 10^{-7}$ $\Omega \cdot m$

12.4FE Onde está localizado o nível de Fermi para um semicondutor do tipo n?

(A) Na banda de valência.

(B) No espaçamento entre as bandas, imediatamente acima do topo da banda de valência.

(C) No meio do espaçamento entre as bandas.

(D) No espaçamento entre bandas, imediatamente abaixo da parte inferior da banda de condução.

12.5FE A condutividade elétrica, à temperatura ambiente, de uma amostra semicondutora é igual a $2,8 \times 10^4$ $(\Omega \cdot m)^{-1}$. Caso a concentração de elétrons seja de $2,9 \times 10^{22}$ m^{-3} e as mobilidades dos elétrons e dos buracos sejam de 0,14 e 0,023 $m^2/V \cdot s$, respectivamente, calcule a concentração de buracos.

(A) $1,24 \times 10^{24}$ m^{-3}

(B) $7,42 \times 10^{24}$ m^{-3}

(C) $7,60 \times 10^{24}$ m^{-3}

(D) $7,78 \times 10^{24}$ m^{-3}

Capítulo 13 Tipos e Aplicações dos Materiais

A fotografia (a) mostra bolas de bilhar feitas de fenol-formaldeído (baquelita). O texto da Seção Materiais de Importância, que segue a Seção 13.12, discute a invenção do fenol-formaldeído e seu uso em substituição ao marfim em bolas de bilhar. A fotografia (b) mostra uma mulher jogando bilhar.

(a)

© William D. Callister, Jr.

© RapidEye/iStockphoto

(b)

Os engenheiros estão, com frequência, envolvidos em decisões sobre a seleção de materiais; isso exige que eles tenham alguma familiaridade com as características gerais de uma ampla variedade de materiais. Além disso, o acesso a bases de dados contendo os valores das propriedades para um grande número de materiais pode ser necessário. Por exemplo, nas Seções M.2 e M.3 do Módulo de Suporte *On-line* para Engenharia Mecânica, disponível *on-line* no GEN-IO, discutimos um processo de seleção de materiais que se aplica a um eixo cilíndrico que é tensionado em torção.

Objetivos do Aprendizado

Após estudar este capítulo, você deverá ser capaz de realizar o seguinte:

1. Citar quatro tipos diferentes de aços, citar as diferenças em composição, as propriedades que os distinguem e algumas aplicações típicas para cada tipo.

2. Citar os cinco tipos de ferro fundido, descrever sua microestrutura e observar as características mecânicas gerais para cada tipo.

3. Citar sete tipos diferentes de ligas não ferrosas, citar as características físicas e mecânicas que as distinguem e listar pelo menos três aplicações típicas para cada uma delas.

4. Descrever o processo usado para produzir vidrocerâmicas.

5. Citar os dois tipos de produtos à base de argila e dar dois exemplos de cada um.

6. Citar três requisitos importantes que normalmente devem ser atendidos pelas cerâmicas refratárias e pelas cerâmicas abrasivas.

7. Descrever o mecanismo pelo qual o cimento endurece quando é adicionada água.

8. Citar três formas de carbono discutidas neste capítulo e observar pelo menos duas características distintas de cada.

9. Citar os sete tipos diferentes de aplicações dos polímeros e comentar as características gerais de cada tipo.

13.1 INTRODUÇÃO

Muitas vezes, um problema relacionado com materiais consiste realmente em uma questão de selecionar o material que apresenta a combinação correta de características para uma aplicação específica. Portanto, as pessoas que estão envolvidas nessa decisão devem ter algum conhecimento das opções disponíveis. Esta apresentação extremamente resumida dá uma visão geral de alguns dos tipos de ligas metálicas, cerâmicas e materiais poliméricos, de suas propriedades gerais e de suas limitações.

Tipos de Ligas Metálicas

As ligas metálicas, em virtude de sua composição, são agrupadas com frequência em duas classes – ferrosas e não ferrosas. As ligas ferrosas – aquelas em que o ferro é o principal constituinte – incluem os aços e os ferros fundidos. Essas ligas e suas características são o primeiro tópico de discussão nesta seção. As ligas não ferrosas – que são todas aquelas ligas que não são à base de ferro – serão tratadas na sequência.

13.2 LIGAS FERROSAS

liga ferrosa

As ligas ferrosas – aquelas nas quais o ferro é o constituinte principal – são produzidas em maiores quantidades do que qualquer outro tipo de metal. Essas ligas são especialmente importantes como materiais de construção em engenharia. Seu amplo uso é o resultado de três fatores: (1) compostos contendo ferro existem em quantidades abundantes no interior da crosta terrestre; (2) o ferro metálico e os aços podem ser produzidos empregando técnicas de extração, beneficiamento, formação de ligas e fabricação que são relativamente econômicas; e (3) as ligas ferrosas são extremamente versáteis, no sentido de que elas podem ser adaptadas para exibir uma ampla faixa de propriedades físicas e mecânicas. A principal desvantagem de muitas ligas ferrosas é sua susceptibilidade à corrosão. Esta seção discute as composições, as microestruturas e as propriedades de uma variedade de diferentes classes de aços e ferros fundidos. Um esquema de classificação taxonômica para as várias ligas ferrosas está apresentado na Figura 13.1.

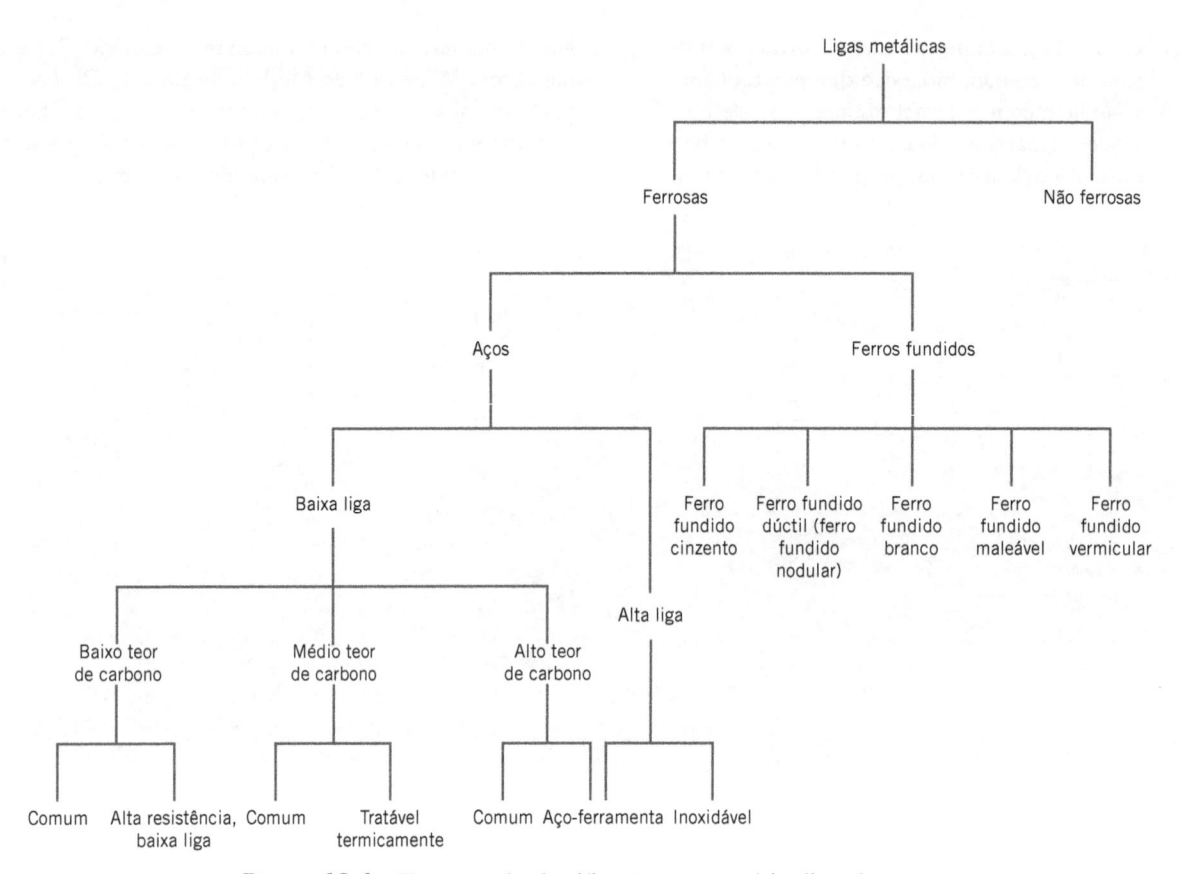

Figura 13.1 Esquema de classificação para as várias ligas ferrosas.

Aços

Aços são ligas ferro-carbono que podem conter concentrações apreciáveis de outros elementos de liga; existem milhares de ligas com composições e/ou tratamentos térmicos diferentes. As propriedades mecânicas são sensíveis ao teor de carbono, que é normalmente inferior a 1,0 %p. Alguns dos aços mais comuns são classificados conforme a concentração de carbono em aços de baixo, médio e elevado teor de carbono. Também existem subclasses em cada grupo, de acordo com as concentrações de outros elementos de liga. Os **aços-carbono comuns** contêm apenas concentrações residuais de impurezas além do carbono e de um pouco de manganês. Nos **aços-liga**, mais elementos de liga são adicionados intencionalmente em concentrações específicas.

aço-carbono comum
aço-liga

Aços com Baixo Teor de Carbono

Entre os diferentes tipos de aços, aqueles produzidos em maiores quantidades enquadram-se na classificação de baixo teor de carbono. Esses aços contêm geralmente menos do que aproximadamente 0,25 %p C e não respondem a tratamentos térmicos para formar martensita; um aumento na resistência é obtido por trabalho a frio. As microestruturas consistem nos constituintes ferrita e perlita. Como consequência, essas ligas têm relativamente baixa resistência e baixa dureza, porém têm ductilidade e tenacidade excepcionais; além disso, elas são usináveis, soldáveis e, entre todos os tipos de aço, são os mais baratos de serem produzidos. Suas aplicações típicas incluem componentes de carrocerias de automóveis, formas estruturais (vigas I, canaletas e cantoneiras) e chapas usadas em tubulações, edificações, pontes e latas estanhadas. As Tabelas 13.1a e 13.1b apresentam as composições e as propriedades mecânicas de vários aços-carbono comuns com baixo teor de carbono. Em geral, eles possuem um limite de escoamento de 275 MPa (40.000 psi), limites de resistência à tração entre 415 e 550 MPa (60.000 e 80.000 psi) e uma ductilidade de 25 %AL.

aço de alta resistência e baixa liga

Outro grupo de ligas com baixo teor de carbono são os **aços de alta resistência e baixa liga** (**ARBL**). Eles contêm outros elementos de liga, tais como cobre, vanádio, níquel e molibdênio, em concentrações combinadas que podem ser tão elevadas quanto 10 %p, e apresentam maiores resistências do que os aços-carbono comuns com baixo teor de carbono. A maioria pode ter sua resistência aumentada por tratamento térmico, obtendo-se limites de resistência à tração superiores a 480 MPa (70.000 psi); além disso, eles são dúcteis, conformáveis e usináveis. Vários desses aços estão listados nas Tabelas 13.1a e 13.1b. Em atmosferas normais, os aços ARBL são mais resistentes à corrosão do que os aços-carbono comuns, os quais eles substituíram em muitas aplicações em que a resistência estrutural é um fator crítico (por exemplo, em pontes, torres, colunas de sustentação em prédios altos e vasos de pressão).

Tabela 13.1a Composições de Quatro Aços-Carbono Comuns com Baixo Teor de Carbono e de Três Aços de Alta Resistência e Baixa Liga

Especificação[a]		*Composição (%p)*[b]		
Número AISI/SAE ou ASTM	*Número SNU*	*C*	*Mn*	*Outros*
Aços-Carbono Comuns com Baixo Teor de Carbono				
1010	G10100	0,10	0,45	
1020	G10200	0,20	0,45	
A36	K02600	0,29	1,00	0,20 Cu (mín.)
A516 Classe 70	K02700	0,31	1,00	0,25 Si
Aços de Alta Resistência e Baixa Liga				
A440	K12810	0,28	1,35	0,30 Si (máx.), 0,20 Cu (mín.)
A633 Classe E	K12002	0,22	1,35	0,30 Si, 0,08 V, 0,02 N, 0,03 Nb
A656 Classe 1	K11804	0,18	1,60	0,60 Si, 0,1 V, 0,20 Al, 0,015 N

[a]Os códigos usados pelo Instituto Americano do Ferro e do Aço (*American Iron and Steel Institute – AISI*), pela Sociedade de Engenheiros Automotivos (*Society of Automotive Engineers – SAE*) e pela Sociedade Americana para Ensaios e Materiais (*American Society for Testing and Materials – ASTM*) e o Sistema de Numeração Uniforme (*Uniform Numbering System – UNS*) estão explicados no texto.

[b]Ainda, um máximo de 0,04 %p P, 0,05 %p S, e 0,30 %p Si (a menos que indicado o contrário).

Fonte: Adaptado de *Metals Handbook: Properties and Selection: Irons and Steels*, Vol. 1, 9th edition, B. Bardes (Editor), American Society for Metals, 1978, pp. 185, 407.

Tabela 13.1b Características Mecânicas de Materiais Laminados a Quente e Aplicações Típicas para Vários Aços-Carbono Comuns com Baixo Teor de Carbono e Aços de Alta Resistência e Baixa Liga

Número AISI/ SAE ou ASTM	*Limite de Resistência à Tração [MPa (ksi)]*	*Limite de Escoamento [MPa (ksi)]*	*Ductilidade [AL% em 50 mm (2 in)]*	*Aplicações Típicas*
Aços-Carbono Comuns com Baixo Teor de Carbono				
1010	325 (47)	180 (26)	28	Painéis de automóveis, pregos e arames
1020	380 (55)	210 (30)	25	Tubos; aço estrutural e em chapa
A36	400 (58)	220 (32)	23	Estrutural (pontes e edificações)
A516 Classe 70	485 (70)	260 (38)	21	Vasos de pressão para baixas temperaturas
Aços de Alta Resistência e Baixa Liga				
A440	435 (63)	290 (42)	21	Estruturas que são aparafusadas ou rebitadas
A633 Classe E	520 (75)	380 (55)	23	Estruturas usadas em baixas temperaturas ambientes
A656 Classe 1	655 (95)	552 (80)	15	Chassis de caminhões e vagões de trem

Aços com Médio Teor de Carbono

Os aços com médio teor de carbono possuem concentrações de carbono entre aproximadamente 0,25 %p e 0,60 %p. Essas ligas podem ser tratadas termicamente por austenitização, têmpera, e então revenido para melhorar suas propriedades mecânicas. Elas são utilizadas com maior frequência na condição revenida, apresentando microestruturas de martensita revenida. Os aços-carbono comuns com médio teor de carbono têm baixas temperabilidades (Seção 14.6) e podem ser termicamente tratados com sucesso apenas em seções muito finas e com taxas de resfriamento muito rápidas. Adições de cromo, níquel e molibdênio melhoram a capacidade dessas ligas de serem tratadas termicamente (Seção 14.6), dando origem a uma variedade de combinações resistência-ductilidade. Essas ligas tratadas termicamente são mais resistentes do que os aços com baixo teor de carbono, porém com o sacrifício de ductilidade e tenacidade. Suas aplicações incluem as rodas e os trilhos de trens, engrenagens, virabrequins e outras peças de máquinas e componentes estruturais de alta resistência que requerem uma combinação de alta resistência, resistência à abrasão e tenacidade.

As composições de vários desses aços ligados com médio teor de carbono estão apresentadas na Tabela 13.2a. Alguns comentários mostram-se apropriados em relação aos esquemas de identificação que também estão incluídos nas tabelas. A Sociedade de Engenheiros Automotivos (*Society of Automotive Engineers – SAE*), o Instituto Americano do Ferro e do Aço (*American Iron and Steel Institute – AISI*), e a Sociedade Americana para Ensaios e Materiais (*American Society for Testing and Materials – ASTM*) são responsáveis pela classificação e especificação dos aços, assim como de outras ligas. A designação da AISI/SAE para esses aços consiste em um número com quatro dígitos: os dois primeiros dígitos indicam o conteúdo da liga; os dois últimos indicam o teor de carbono. Para aços-carbono comuns, os dois primeiros dígitos são 1 e 0; os aços-liga são designados por outras combinações de dois dígitos iniciais (por exemplo, 13, 41, 43). O terceiro e o quarto dígitos representam a porcentagem em peso de carbono multiplicada por 100. Por exemplo, um aço 1060 é um aço-carbono comum que contém 0,60 %p C.

Um sistema de numeração unificado (SNU) é usado para indexar de maneira uniforme tanto as ligas ferrosas quanto as ligas não ferrosas. Cada número SNU consiste em um prefixo com uma

Tabela 13.2a Sistemas de Identificação AISI/SAE e SNU e Faixas de Composição para Aços-Carbono Comuns e Vários Aços de Baixa Liga

Especificação AISI/SAE[a]	Especificação SNU	Faixas de Composição (%p de Elementos de Liga Além do C)[b]			
		Ni	**Cr**	**Mo**	**Outros**
10xx, Ao carbono comum	G10xx0				
11xx, Fácil usinagem	G11xx0				0,08–0,33 S
12xx, Fácil usinagem	G12xx0				0,10–0,35 S, 0,04–0,12 P
13xx	G13xx0				1,60–1,90 Mn
40xx	G40xx0			0,20–0,30	
41xx	G41xx0		0,80–1,10	0,15–0,25	
43xx	G43xx0	1,65–2,00	0,40–0,90	0,20–0,30	
46xx	G46xx0	0,70–2,00		0,15–0,30	
48xx	G48xx0	3,25–3,75		0,20–0,30	
51xx	G51xx0		0,70–1,10		
61xx	G61xx0		0,50–1,10		0,10–0,15 V
86xx	G86xx0	0,40–0,70	0,40–0,60	0,15–0,25	
92xx	G92xx0				1,80–2,20 Si

[a]A concentração de carbono, em porcentagem em peso vezes 100, é inserida em lugar de "xx" para cada aço específico.
[b]Exceto para as ligas 13xx, a concentração de manganês é menor do que 1,00 %p.
Exceto para as ligas 12xx, a concentração de fósforo é menor do que 0,35 %p.
Exceto para as ligas 11xx e 12xx, a concentração de enxofre é menor do que 0,04 %p.
Exceto para as ligas 92xx, a concentração de silício varia sempre entre 0,15 e 0,35 %p.

Tabela 13.2b Aplicações Típicas e Faixas de Propriedades Mecânicas para Aços-Carbono Comuns e Aços-Liga Temperados em Óleo e Revenidos

Número AISI	Número SNU	Limite de Resistência à Tração [MPa (ksi)]	Limite de escoamento [MPa (ksi)]	Ductilidade [AL% em 50 mm (2 in)]	Aplicações Típicas
			Aços-Carbono Comuns		
1040	G10400	605–780 (88–113)	430–585 (62–85)	33–19	Virabrequins, parafusos
1080[a]	G10800	800–1310 (116–190)	480–980 (70–142)	24–13	Talhadeiras, martelos
1095[a]	G10950	760–1280 (110–186)	510–830 (74–120)	26–10	Facas, lâminas de serra para metais
			Aços-Liga		
4063	G40630	786–2380 (114–345)	710–1770 (103–257)	24–4	Molas, ferramentas manuais
4340	G43400	980–1960 (142–284)	895–1570 (130–228)	21–11	Buchas, tubulações em aeronaves
6150	G61500	815–2170 (118–315)	745–1860 (108–270)	22–7	Eixos, pistões, engrenagens

[a]Classificados como aços com alto teor de carbono.

única letra, seguido por um número com cinco dígitos. A letra indica a família de metais à qual uma liga pertence. A designação SNU para os aços começa com a letra G, seguida pelo número AISI/SAE; o quinto dígito é um zero. A Tabela 13.2b contém as características mecânicas e as aplicações típicas de vários desses aços que foram temperados e revenidos.

Aços com Alto Teor de Carbono

Os aços com alto teor de carbono, que normalmente apresentam teores de carbono entre 0,60 %p e 1,4 %p, são os mais duros e os mais resistentes, porém são os menos dúcteis entre os aços-carbono. Eles são empregados quase sempre em uma condição endurecida e revenida e, como tal, são especialmente resistentes ao desgaste e são capazes de manter um fio de corte afiado. Os aços-ferramenta e para matrizes são ligas com alto teor de carbono, contendo geralmente cromo, vanádio, tungstênio e molibdênio. Esses elementos de liga combinam-se com o carbono para formar carbetos muito duros e resistentes ao desgaste (por exemplo, $Cr_{23}C_6$, V_4C_3 e WC). Algumas composições de aços-ferramenta e suas aplicações estão listadas na Tabela 13.3. Esses aços são empregados como

Tabela 13.3 Identificações, Composições e Aplicações para Seis Aços-Ferramenta

Número AISI	Número SNU	Composição (%p)[a]						Aplicações Típicas
		C	Cr	Ni	Mo	W	V	
M1	T11301	0,85	3,75	0,30 máx.	8,70	1,75	1,20	Brocas, serras; ferramentas de torno e plaina
A2	T30102	1,00	5,15	0,30 máx.	1,15	—	0,35	Punções, matrizes para gravação em relevo
D2	T30402	1,50	12	0,30 máx.	0,95	—	1,10 máx.	Cutelaria, matrizes de trefilação
O1	T31501	0,95	0,50	0,30 máx.	—	0,50	0,30 máx.	Lâminas de tesouras, ferramentas de corte
S1	T41901	0,50	1,40	0,30 máx.	0,50 máx.	2,25	0,25	Corta-tubos, brocas para concreto
W1	T72301	1,10	0,15 máx.	0,20 máx.	0,10 máx.	0,15 máx.	0,10 máx.	Ferramentas de ferreiro, ferramentas para madeira

[a]O restante da composição é o ferro. As concentrações de manganês variam entre 0,10 %p e 1,4 %p, dependendo da liga; as concentrações de silício estão entre 0,20 %p e 1,2 %p, dependendo da liga.
Fonte: Adaptado de *ASM Handbook*, Vol. 1, *Properties and Selection: Irons, Steels, and High-Performance Alloys*, 1990. Reimpresso sob permissão da ASM International, Materials Park, OH.

ferramentas de corte e como matrizes para conformação de materiais, assim como para facas, lâminas de corte, lâminas de serras, molas, e arames de alta resistência.

Aços Inoxidáveis

aço inoxidável

Os **aços inoxidáveis** são altamente resistentes à corrosão (ferrugem) em uma variedade de ambientes, especialmente na atmosfera ambiente. Seu elemento de liga predominante é o cromo; uma concentração de cromo de pelo menos 11 %p é necessária. A resistência à corrosão também pode ser melhorada por adições de níquel e molibdênio.

Os aços inoxidáveis estão divididos em três classes com base na fase constituinte predominante em sua microestrutura – martensítica, ferrítica ou austenítica. A Tabela 13.4 lista vários aços inoxidáveis pela classe, juntamente com suas respectivas composições, propriedades mecânicas típicas e aplicações. Uma ampla variedade de propriedades mecânicas, combinadas a uma excelente resistência à corrosão, torna os aços inoxidáveis muito versáteis em suas aplicações.

Os aços inoxidáveis martensíticos são capazes de ser tratados termicamente, de tal maneira que a martensita é o microconstituinte principal. A adição de elementos de liga em concentrações significativas produz mudanças drásticas no diagrama de fases ferro-carbeto de ferro (Figura 10.28). Para os aços inoxidáveis austeníticos, o campo de fases da austenita (ou γ) estende-se até a temperatura

Tabela 13.4 Identificações, Composições, Propriedades Mecânicas e Aplicações Típicas para Aços Inoxidáveis Austeníticos, Ferríticos, Martensíticos e Endurecíveis por Precipitação

Número AISI	Número SNU	Composição (%p)[a]	Condição[b]	Limite de Resistência à Tração [MPa (ksi)]	Limite de Escoamento [MPa (ksi)]	Ductilidade [AL% em 50 mm (2 in)]	Aplicações Típicas
				Propriedades Mecânicas			
				Ferríticos			
409	S40900	0,08 C, 11,0 Cr, 1,0 Mn, 0,50 Ni, 0,75 Ti	Recozido	380 (55)	205 (30)	20	Componentes de exaustão automotivos, tanques para pulverizadores agrícolas
446	S44600	0,20 C, 25 Cr, 1,5 Mn	Recozido	515 (75)	275 (40)	20	Válvulas (para alta temperatura), moldes para vidro, câmaras de combustão
				Austeníticos			
304	S30400	0,08 C, 19 Cr, 9 Ni, 2,0 Mn	Recozido	515 (75)	205 (30)	40	Equipamentos para processamentos químicos e de alimentos, vasos criogênicos
316L	S31603	0,03 C, 17 Cr, 12 Ni, 2,5 Mo, 2,0 Mn	Recozido	485 (70)	170 (25)	40	Construções com soldas
				Martensíticos			
410	S41000	0,15 C, 12,5 Cr, 1,0 Mn	Recozido T & R	485 (70) 825 (120)	275 (40) 620 (90)	20 12	Canos de rifles, cutelaria, peças de motores de jatos
440A	S44002	0,70 C, 17 Cr, 0,75 Mo, 1,0 Mn	Recozido T & R	725 (105) 1790 (260)	415 (60) 1650 (240)	20 5	Cutelaria, mancais, instrumentos cirúrgicos
				Endurecível por Precipitação			
17-4PH	S17400	0,07 C, 16,25 Cr, 4 Ni, 4 Cu, 0,3 (Nb + Ta), 1,0 Mn, 1,0 Si	Endurecido por precipitação	1310 (190)	1172 (170)	10	Equipamentos químicos, petroquímicos e para o processamento de alimentos; peças aeroespaciais

[a]O restante da composição é o ferro.
[b]T & R significa temperado e revenido.
Fonte: Adaptado de *ASM Handbook*, Vol. 1, *Properties and Selection: Irons, Steels, and High-Performance Alloys*, 1990. Reimpresso sob permissão da ASM International, Materials Park, OH.

ambiente. Os aços inoxidáveis ferríticos são compostos pela fase ferrita α (CCC). Os aços inoxidáveis austeníticos e ferríticos são endurecidos e têm sua resistência aumentada por trabalho a frio, uma vez que não são tratáveis termicamente. Os aços inoxidáveis austeníticos são os mais resistentes à corrosão, devido a seus altos teores de cromo e também às adições de níquel; eles são produzidos em maiores quantidades. Tanto os aços inoxidáveis martensíticos quanto os ferríticos são magnéticos; os aços inoxidáveis austeníticos não o são.

Alguns aços inoxidáveis são usados com frequência em temperaturas elevadas e ambientes severos, uma vez que eles resistem à oxidação e mantêm suas integridades mecânicas sob essas condições; o limite de temperatura superior em uma atmosfera oxidante é de aproximadamente 1000 °C (1800 °F). Os equipamentos que empregam esses aços incluem as turbinas a gás, as caldeiras de vapor de altas temperaturas, os fornos para tratamento térmico, as aeronaves, os mísseis, e as unidades geradoras de energia nuclear. Na Tabela 13.4 também está incluído um aço inoxidável de resistência ultra-alta (17-7PH), que é incomumente resistente à corrosão. O aumento de resistência é obtido por tratamentos térmicos de endurecimento por precipitação (Seção 11.10).

Verificação de Conceitos 13.1 Explique sucintamente por que os aços inoxidáveis ferríticos e austeníticos não são tratáveis termicamente. *Sugestão*: Pode ser útil consultar a primeira parte da Seção 13.3.

(A resposta está disponível no GEN-IO, ambiente virtual de aprendizagem do GEN.)

Ferros Fundidos

ferro fundido

Genericamente, os **ferros fundidos** são uma classe de ligas ferrosas com teores de carbono acima de 2,14 %p; na prática, contudo, a maioria dos ferros fundidos contém entre 3,0 %p e 4,5 %p C e, além disso, outros elementos de liga. Um reexame do diagrama de fases ferro-carbeto de ferro (Figura 10.28) revela que as ligas nessa faixa de composições tornam-se completamente líquidas em temperaturas entre aproximadamente 1150 °C e 1300 °C (2100 °F e 2350 °F), o que é consideravelmente mais baixo do que para os aços. Dessa forma, eles são fundidos com facilidade e adequados à fundição. Além disso, alguns ferros fundidos são muito frágeis e a fundição é a técnica de fabricação mais conveniente.

A cementita (Fe_3C) é um composto metaestável e, sob algumas circunstâncias, pode se dissociar ou se decompor para formar ferrita α e grafita, de acordo com a reação

Decomposição do carbeto de ferro para formar ferrita α e grafita

$$Fe_3C \rightarrow 3Fe(\alpha) + C(grafita) \tag{13.1}$$

Dessa forma, o verdadeiro diagrama de equilíbrio para o ferro e o carbono não é aquele mostrado na Figura 10.28, e sim o que está apresentado na Figura 13.2. Os dois diagramas são virtualmente idênticos no lado rico em ferro (por exemplo, as temperaturas do eutético e do eutetoide, para o sistema Fe-Fe_3C, são de 1147 °C e 727 °C, respectivamente, em comparação com 1153 °C e 740 °C para o sistema Fe-C); contudo, a Figura 13.2 se estende até 100 %p carbono, de tal modo que a fase rica em carbono é a grafita, em vez de cementita a 6,7 %p C (Figura 10.28).

Essa tendência em formar grafita é regulada pela composição e pela taxa de resfriamento. A formação da grafita é promovida pela presença de silício em concentrações superiores a aproximadamente 1 %p. Além disso, taxas de resfriamento mais lentas durante a solidificação favorecem a grafitização (isto é, a formação de grafita). Para a maioria dos ferros fundidos, o carbono existe como grafita, e tanto a microestrutura quanto o comportamento mecânico dependem da composição e do tratamento térmico. Os tipos mais comuns de ferros fundidos são o cinzento, o nodular, o branco, o maleável e o vermicular.

Ferro Fundido Cinzento

ferro fundido cinzento

Os teores de carbono e silício nos **ferros fundidos cinzentos** variam entre 2,5 %p e 4,0 %p, e 1,0 %p e 3,0 %p, respectivamente. Para a maioria desses ferros fundidos, a grafita existe na forma de flocos (semelhantes aos flocos de milho), que estão normalmente envolvidos por uma matriz de ferrita α ou de perlita; a microestrutura de um ferro fundido cinzento típico está mostrada na Figura 13.3a. Devido a esses flocos de grafita, uma superfície fraturada assume uma aparência acinzentada – daí seu nome.

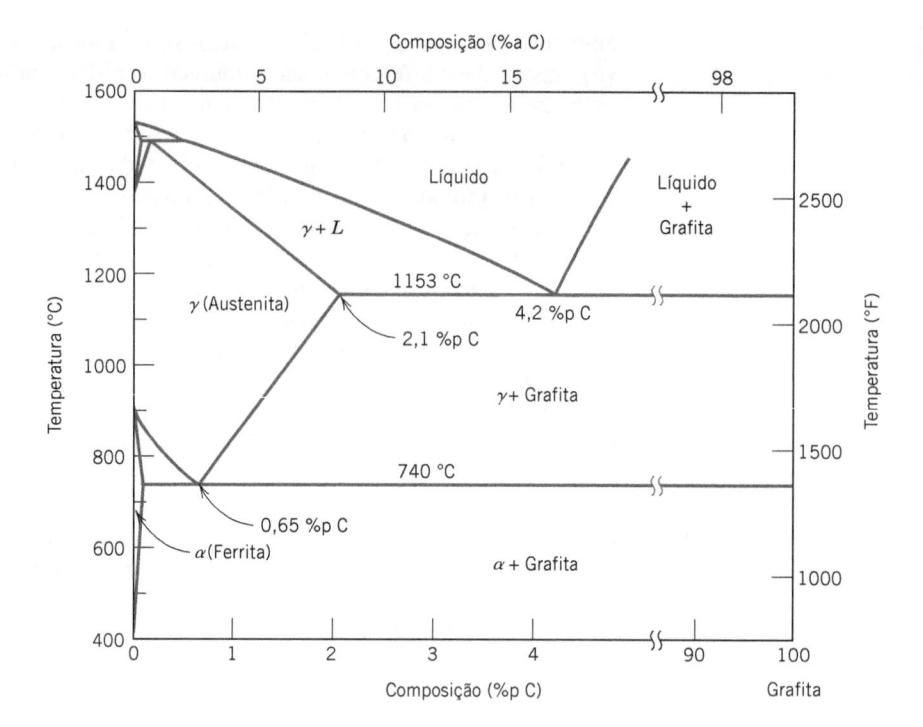

Figura 13.2 O verdadeiro diagrama de fases ferro-carbono de equilíbrio, com a grafita, em lugar da cementita, como uma fase estável.
[Adaptado de *Binary Alloy Phase Diagrams*, T. B. Massalski (Editor Chefe), 1990. Reimpresso sob permissão da ASM International, Materials Park, OH.]

Mecanicamente, o ferro fundido cinzento é comparativamente pouco resistente e frágil em tração, como consequência de sua microestrutura; as extremidades dos flocos de grafita são afiladas e pontiagudas e podem servir como pontos de concentração de tensões quando uma tensão de tração externa é aplicada. A resistência e a ductilidade são muito maiores sob cargas de compressão. As propriedades mecânicas típicas e as composições de vários ferros fundidos cinzentos mais comuns estão listadas na Tabela 13.5. Os ferros fundidos cinzentos têm algumas características desejáveis e são usados extensivamente. São muito eficientes no amortecimento de energia vibracional; isso está representado na Figura 13.4, que compara as capacidades relativas de amortecimento para o aço e o ferro fundido cinzento. As estruturas das bases de máquinas e equipamentos pesados que estão expostas a vibrações são construídas com frequência a partir desse material. Além disso, os ferros fundidos cinzentos exibem uma elevada resistência ao desgaste. No estado fundido, eles apresentam alta fluidez à temperatura de fundição, o que permite a fundição de peças com formas complexas; a contração do metal fundido também é baixa. Finalmente, e talvez o aspecto mais importante, os ferros fundidos cinzentos estão entre os materiais metálicos mais baratos.

Ferros cinzentos com microestruturas diferentes daquela que está mostrada na Figura 13.3*a* podem ser gerados pelo ajuste da composição e/ou com o emprego de um tratamento apropriado. Por exemplo, a redução do teor de silício ou o aumento na taxa de resfriamento pode prevenir a completa dissociação da cementita para formar grafita (Equação 13.1). Sob essas circunstâncias, a microestrutura consiste em flocos de grafita em uma matriz de perlita. A Figura 13.5 compara esquematicamente as várias microestruturas do ferro fundido que são obtidas com a variação da composição e do tratamento térmico.

Ferro Fundido Dúctil (ou Nodular)

ferro fundido dúctil (nodular)

A adição de pequena quantidade de magnésio e/ou de cério ao ferro fundido cinzento antes da fundição produz uma microestrutura e um conjunto de propriedades mecânicas bastante diferentes. A grafita ainda se forma, porém na forma de nódulos ou de partículas com formato esférico, em vez do formato de flocos. A liga resultante é chamada **ferro fundido nodular** ou **ferro fundido dúctil**; uma microestrutura típica está mostrada na Figura 13.3*b*. A fase matriz que envolve essas partículas é perlita ou ferrita, dependendo do tratamento térmico (Figura 13.5); normalmente, ela é perlita em uma peça que acaba de ser fundida. Contudo, um tratamento térmico realizado durante várias horas a aproximadamente 700 °C (1300 °F) produz uma matriz de ferrita, como nessa fotomicrografia. Os fundidos são mais resistentes e muito mais dúcteis do que o ferro fundido cinzento, como mostra uma comparação entre suas propriedades mecânicas na Tabela 13.5. De fato, o ferro fundido dúctil

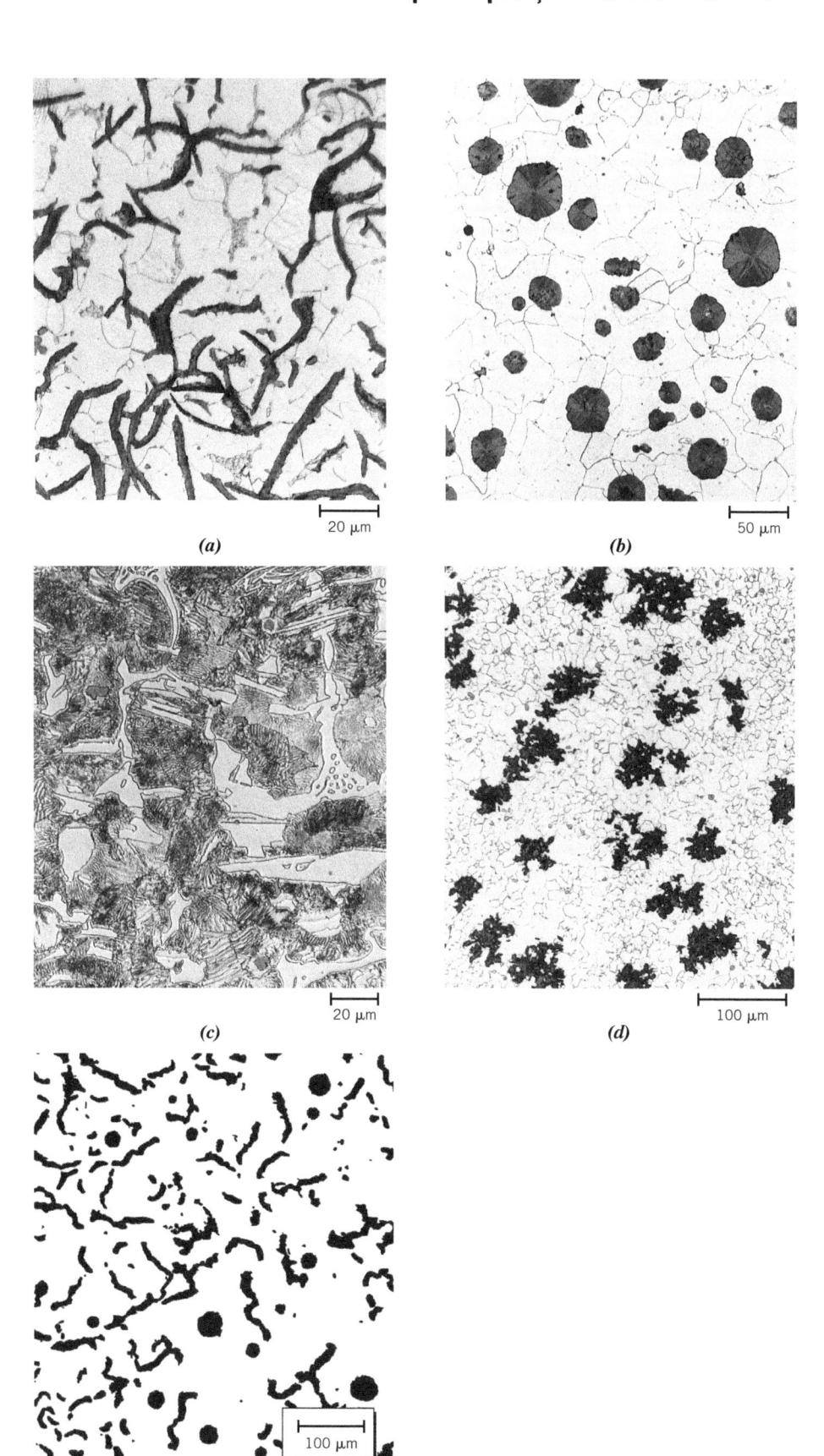

Figura 13.3 Fotomicrografias ópticas de vários ferros fundidos. (*a*) Ferro fundido cinzento: os flocos escuros de grafita estão em uma matriz de ferrita α. Ampliação de 500×. (*b*) Ferro fundido nodular (dúctil): os nódulos escuros de grafita estão envolvidos por uma matriz de ferrita α. Ampliação de 200×. (*c*) Ferro fundido branco: as regiões claras de cementita estão envolvidas por perlita, a qual exibe a estrutura em camadas de ferrita-cementita. Ampliação de 400×. (*d*) Ferro fundido maleável: rosetas escuras de grafita (grafita de revenido) em uma matriz de ferrita α. Ampliação de 150×. (*e*) Ferro fundido vermicular: partículas escuras de grafita em forma de vermes em uma matriz de ferrita α. Ampliação de 100×. [As figuras (*a*) e (*b*) são cortesias de C. H. Brady e L. C. Smith, National Bureau of Standards, Washington, DC (atualmente, National Institute of Standards and Technology, Gaithersburg, MD). A figura (*c*) é uma cortesia da Amcast Industrial Corporation. A figura (*d*) foi reimpressa sob permissão da Iron Castings Society, Des Plaines, IL. A figura (*e*) é uma cortesia da SinterCast, Ltd.]

Tabela 13.5 Identificações, Propriedades Mecânicas Mínimas, Composições Aproximadas e Aplicações Típicas para Vários Ferros Fundidos Cinzentos, Nodulares, Maleáveis e Vermiculares

Classe	Número SNU	Composição (%p)^a	Estrutura da Matriz	Propriedades Mecânicas			Aplicações Típicas
				Limite de Resistência à Tração [MPa (ksi)]	Limite de Escoamento [MPa (ksi)]	Ductilidade [AL% em 50 mm (2 in)]	
Ferro Fundido Cinzento							
SAE G1800	F10004	3,40–3,7 C, 2,55 Si, 0,7 Mn	Ferrita + perlita	124 (18)	—	—	Fundições diversas de ferro doce em que a resistência não é uma das principais considerações
SAE G2500	F10005	3,2–3,5 C, 2,20 Si, 0,8 Mn	Ferrita + perlita	173 (25)	—	—	Pequenos blocos cilíndricos, cabeçotes de cilindros, pistões, placas de embreagem, caixas de transmissão
SAE G4000	F10008	3,0–3,3 C, 2,0 Si, 0,8 Mn	Perlita	276 (40)	—	—	Fundições de motores diesel, revestimentos, cilindros, e pistões
Ferro Fundido Dúctil (Nodular)							
ASTM A536							
60-40-18	F32800	3,5–3,8 C, 2,0–2,8 Si, 0,05 Mg, <0,20 Ni, <0,10 Mo	Ferrita	414 (60)	276 (40)	18	Peças que suportam pressões, tais como os corpos de válvulas e bombas
100-70-03	F34800		Perlita	689 (100)	483 (70)	3	Engrenagens e componentes de máquinas de alta resistência
120-90-02	F36200		Martensita revenida	827 (120)	621 (90)	2	Pinhões, engrenagens, cilindros, peças deslizantes
Ferro Fundido Maleável							
32510	F22200	2,3–2,7 C, 1,0–1,75 Si, <0,55 Mn	Ferrita	345 (50)	224 (32)	10	Serviços gerais em engenharia sob temperaturas normais e elevadas
45006	F23131	2,4–2,7 C, 1,25–1,55 Si, <0,55 Mn	Ferrita + perlita	448 (65)	310 (45)	6	
Ferro Fundido Vermicular							
ASTM A842							
Classe 250	—	3,1–4,0 C, 1,7–3,0 Si, 0,015–0,035 Mg, 0,06–0,13 Ti	Ferrita	250 (36)	175 (25)	3	Blocos de motores diesel, distribuidores de exaustão, discos de freio para trens de alta velocidade
Classe 450	—		Perlita	450 (65)	315 (46)	1	

^a O restante da composição é o ferro.

Fonte: Adaptado de *ASM Handbook*, Vol. 1, *Properties and Selection: Irons, Steels, and High-Performance Alloys*, 1990. Reimpresso sob permissão da ASM International, Materials Park, OH.

tem características mecânicas que se aproximam daquelas do aço. Por exemplo, os ferros fundidos dúcteis ferríticos têm limites de resistência à tração entre 380 e 480 MPa (55.000 e 70.000 psi) e ductilidades (na forma de alongamento percentual) entre 10 % e 20 %. Entre as aplicações típicas desse material, incluem-se as válvulas, os corpos de bombas, virabrequins, engrenagens e outros componentes automotivos e de máquinas.

Ferro Fundido Branco e Ferro Fundido Maleável

Para os ferros fundidos com baixo teor de silício (que contêm menos de 1,0 %p Si) e para taxas de resfriamento rápidas, a maioria do carbono existe como cementita, em vez de grafita, como está indicado na Figura 13.5. Uma superfície de fratura dessa liga tem uma aparência clara e, por isso,

Figura 13.4 Comparação entre as capacidades relativas de amortecimento vibracional (*a*) do aço e (*b*) do ferro fundido cinzento. (De *Metals Engineering Quarterly*, February 1961. Copyright 1961 American Society for Metals.)

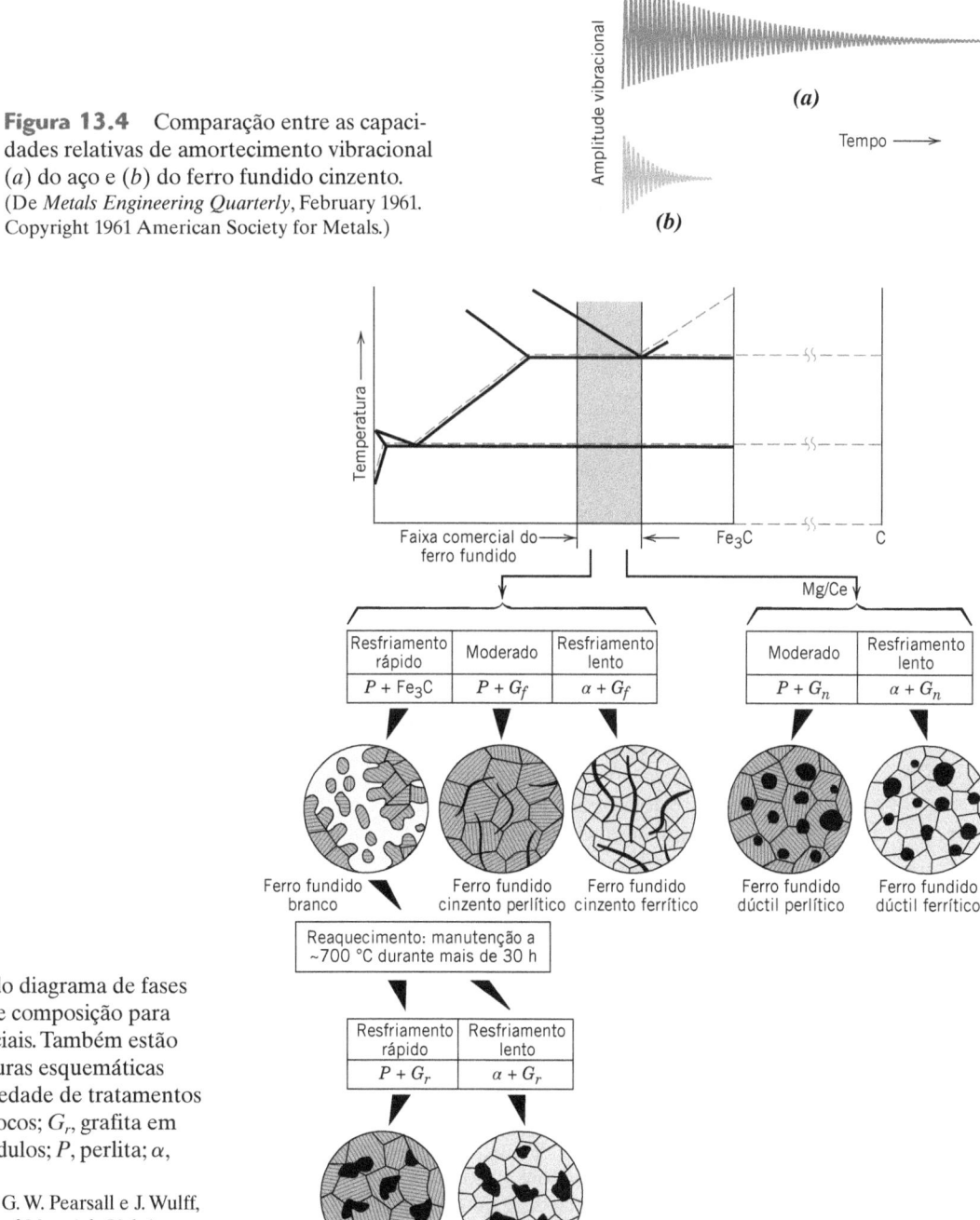

Figura 13.5 A partir do diagrama de fases ferro-carbono, as faixas de composição para os ferros fundidos comerciais. Também estão mostradas as microestruturas esquemáticas que resultam de uma variedade de tratamentos térmicos. G_f, grafita em flocos; G_r, grafita em rosetas; G_n, grafita em nódulos; P, perlita; α, ferrita.
(Adaptado de W. G. Moffatt, G. W. Pearsall e J. Wulff, *The Structure and Properties of Materials*, Vol. 1, *Structure*, p. 195. Copyright © 1964 por John Wiley & Sons, New York. Reimpresso sob permissão de John Wiley & Sons, Inc.)

ferro fundido branco

ele é denominado **ferro fundido branco**. Uma fotomicrografia óptica mostrando a microestrutura do ferro fundido branco está apresentada na Figura 13.3c. As seções mais grossas podem ter apenas uma camada superficial de ferro fundido branco que foi "resfriada mais rapidamente" durante o processo de fundição; o ferro fundido cinzento se forma nas regiões internas, que resfriam mais lentamente. Como consequência de grandes quantidades da fase cementita, o ferro fundido branco é extremamente duro, mas também é muito frágil, a ponto de sua usinagem ser virtualmente impossível. Seu uso está limitado a aplicações que exigem uma superfície muito dura e muito resistente à abrasão, porém sem um grau de ductilidade elevado – por exemplo, como os cilindros de laminação em laminadores. Em geral, o ferro fundido branco é usado como um intermediário na produção de ainda outro ferro fundido, o **ferro fundido maleável**.

ferro fundido maleável

O aquecimento do ferro fundido branco a temperaturas entre 800 °C e 900 °C (1470 °F e 1650 °F) durante um período de tempo prolongado e em uma atmosfera neutra (para prevenir a oxidação) causa a decomposição da cementita, formando grafita, a qual existe na forma de aglomerados ou rosetas que estão envolvidas por uma matriz de ferrita ou de perlita, dependendo da taxa de resfriamento, como está indicado na Figura 13.5. Uma fotomicrografia de um ferro fundido maleável ferrítico está apresentada na Figura 13.3d. A microestrutura é semelhante àquela do ferro fundido nodular (Figura 13.3b), o que resulta em uma resistência relativamente alta e uma ductilidade ou maleabilidade considerável. Algumas características mecânicas típicas também estão listadas na Tabela 13.5. As aplicações representativas desse material incluem as barras de ligação, as engrenagens de transmissão e os cárteres do diferencial para a indústria automotiva e também os flanges, conexões de tubulações e peças de válvulas para serviços marinhos, em ferrovias e em outras áreas com serviços pesados.

Os ferros fundidos cinzento e dúctil são produzidos em quantidades aproximadamente iguais; entretanto, os ferros fundidos brancos e maleáveis são produzidos em quantidades menores.

Verificação de Conceitos 13.2   É possível produzir ferros fundidos que consistem em uma matriz martensítica na qual a grafita encontra-se na forma de flocos, ou de nódulos, ou de rosetas. Descreva sucintamente o tratamento necessário para produzir cada uma dessas três microestruturas.

(*A resposta está disponível no GEN-IO, ambiente virtual de aprendizagem do GEN.*)

Ferro Fundido Vermicular

ferro fundido vermicular

Uma adição relativamente recente à família dos ferros fundidos é o **ferro fundido vermicular**. Como ocorre com os ferros cinzento, dúctil e maleável, o carbono existe como grafita, cuja formação é promovida pela presença de silício. O teor de silício varia entre 1,7 %p e 3,0 %p, enquanto a concentração de carbono fica normalmente entre 3,1 %p e 4,0 %p. Dois ferros fundidos vermiculares estão incluídos na Tabela 13.5.

Microestruturalmente, a grafita nessas ligas tem a forma de um verme (ou vermicular); uma microestrutura típica está mostrada na micrografia óptica da Figura 13.3e. Em certo sentido, essa microestrutura é intermediária entre aquelas do ferro fundido cinzento (Figura 13.3a) e o ferro fundido dúctil (nodular) (Figura 13.3b) e, de fato, parte da grafita (menos de 20 %) pode estar na forma de nódulos. Entretanto, as arestas vivas (características dos flocos de grafita) devem ser evitadas; a presença dessa característica leva a uma redução nas resistências à fratura e à fadiga do material. Magnésio e/ou cério também é adicionado, mas as concentrações são mais baixas do que no ferro dúctil. A composição química dos ferros fundidos vermiculares é mais complexa do que a dos outros tipos de ferro fundido; as composições de magnésio, cério e outros aditivos devem ser controladas para produzir uma microestrutura que consista em partículas de grafita com forma vermicular, ao mesmo tempo que se limita o grau de nodularidade da grafita e se previne a formação de flocos de grafita. Além disso, dependendo do tratamento térmico, a fase matriz será perlita e/ou ferrita.

Como ocorre com outros tipos de ferros fundidos, as propriedades mecânicas dos ferros fundidos vermiculares estão relacionadas à microestrutura: à forma das partículas de grafita, assim como à fase/microconstituinte da matriz. Um aumento no grau de nodularidade das partículas de grafita leva a melhorias, tanto na resistência quanto na ductilidade. Além disso, os ferros fundidos nodulares com matrizes ferríticas têm menores resistências e maiores ductilidades do que aqueles com matrizes perlíticas. Os limites de resistência à tração e de escoamento para os ferros fundidos vermiculares são comparáveis àqueles dos ferros fundidos dúcteis e maleáveis e são maiores do que os observados para os ferros fundidos cinzentos de maior resistência (Tabela 13.5). Além disso, as ductilidades dos ferros fundidos vermiculares são intermediárias entre os valores dos ferros fundidos cinzento e dúctil; os módulos de elasticidade variam entre 140 e 165 GPa (20×10^6 e 24×10^6 psi).

Em comparação aos outros tipos de ferro fundido, as características desejáveis dos ferros fundidos vermiculares incluem o seguinte:

- Maior condutividade térmica
- Melhor resistência a choques térmicos (isto é, a fratura que resulta de mudanças rápidas na temperatura)
- Menor oxidação em temperaturas elevadas

Os ferros fundidos vermiculares estão sendo empregados atualmente em inúmeras aplicações importantes, que incluem os blocos de motores diesel, os distribuidores de exaustão, as carcaças de caixas de engrenagens, os discos de freio para trens de alta velocidade e volantes de motores.

13.3 LIGAS NÃO FERROSAS

O aço e outras ligas ferrosas são consumidos em quantidades extraordinariamente grandes, pois eles têm enorme variedade de propriedades mecânicas, podem ser fabricados com relativa facilidade e são produzidos de forma econômica. Entretanto, eles apresentam algumas limitações características, principalmente (1) massa específica relativamente elevada, (2) condutividade elétrica comparativamente baixa e (3) suscetibilidade inerente à corrosão em alguns ambientes usuais. Assim, para muitas aplicações é vantajoso ou até mesmo necessário o emprego de outras ligas que tenham combinações de propriedades mais adequadas. Os sistemas de ligas são classificados de acordo com seu metal básico, ou de acordo com alguma característica específica que um grupo de ligas compartilha. Esta seção discute os seguintes metais e grupos de ligas: ligas de cobre, alumínio, magnésio e titânio; os metais refratários; as superligas; os metais nobres; e ligas diversas, incluindo aquelas com níquel, chumbo, estanho, zircônio e zinco como metais principais. A Figura 13.6 representa um esquema de classificação para as ligas não ferrosas discutidas nesta seção.

Ocasionalmente, é feita uma distinção entre as ligas fundidas e as ligas forjadas. As ligas que são tão frágeis que uma conformação por uma deformação apreciável não é em geral possível são fundidas; essas ligas são classificadas como *ligas fundidas*. Contudo, aquelas ligas que são suscetíveis a uma deformação mecânica são denominadas **ligas forjadas**.

liga forjada

Além disso, a tratabilidade térmica de um sistema de ligas é mencionada com frequência. O termo "tratável termicamente" designa uma liga cuja resistência mecânica é melhorada por endurecimento por precipitação (Seções 11.10 e 11.11) ou por uma transformação martensítica (normalmente o primeiro processo); ambos os processos envolvem procedimentos específicos de tratamento térmico.

Cobre e Suas Ligas

O cobre e as ligas à base de cobre, que apresentam uma combinação desejável de propriedades físicas, têm sido utilizados em grande variedade de aplicações, desde a Antiguidade. O cobre, sem

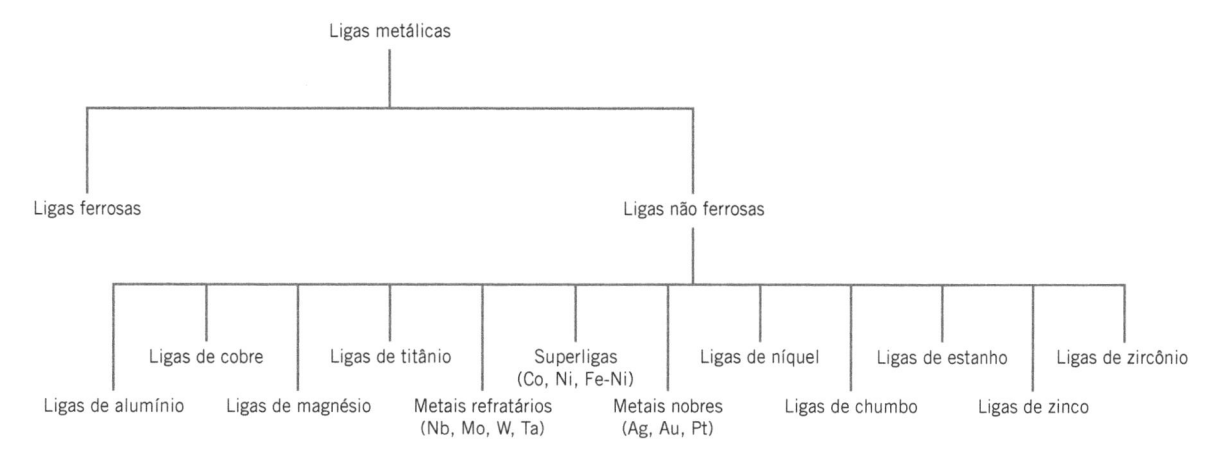

Figura 13.6 Esquema de classificação para as várias ligas não ferrosas.

elementos de ligas, tem dureza tão baixa e é tão dúctil que é muito difícil de ser usinado; ele também tem capacidade quase ilimitada de ser trabalhado a frio. Além disso, é altamente resistente à corrosão em diversos ambientes, que incluem a atmosfera ambiente, a água do mar e alguns produtos químicos industriais. As propriedades mecânicas e de resistência à corrosão do cobre podem ser aprimoradas pela formação de ligas. A maioria das ligas de cobre não pode ser endurecida ou ter a sua resistência melhorada por procedimentos de tratamento térmico; consequentemente, o trabalho a frio e/ou a formação de ligas por solução sólida devem ser utilizados para melhorar essas propriedades mecânicas.

latão

As ligas de cobre mais comuns são os latões, dos quais o zinco, na forma de uma impureza substitucional, é o elemento de liga predominante. Como pode ser observado no diagrama de fases cobre-zinco (Figura 10.19), a fase α é estável para concentrações de até aproximadamente 35 %p Zn. Essa fase exibe uma estrutura cristalina CFC, e os latões α são relativamente de baixa dureza, dúcteis e facilmente trabalhados a frio. Os latões com teor de zinco mais alto contêm tanto a fase α quanto a fase β' na temperatura ambiente. A fase β' tem uma estrutura cristalina CCC ordenada e é mais dura e mais resistente do que a fase α; consequentemente, as ligas $\alpha + \beta'$ são, em geral, trabalhadas a quente.

Alguns dos latões mais comuns são o latão amarelo, o latão naval, o latão para cartuchos, o metal muntz e o metal de douradura. As composições, as propriedades e as aplicações típicas de várias dessas ligas estão listadas na Tabela 13.6. Alguns dos usos mais comuns para os latões incluem bijuterias, cartuchos de munição, radiadores automotivos, instrumentos musicais, componentes eletrônicos e moedas.

bronze

Os bronzes são ligas de cobre com vários outros elementos, incluindo estanho, alumínio, silício e níquel. São relativamente mais resistentes do que os latões, tendo ainda um alto grau de resistência à corrosão. A Tabela 13.6 contém vários bronzes, suas composições, propriedades e aplicações. Em geral, essas ligas são utilizadas quando, além de resistência à corrosão, também são necessárias boas propriedades à tração.

As ligas de cobre endurecíveis por precipitação mais comuns são as ligas cobre-berílio. Elas apresentam uma excelente combinação de propriedades: limites de resistência à tração tão elevados quanto 1400 MPa (200.000 psi), excelentes propriedades elétricas e de resistência à corrosão e resistência à abrasão quando lubrificadas da maneira apropriada; elas podem ser fundidas, trabalhadas a quente ou trabalhadas a frio. São obtidas resistências elevadas por tratamentos térmicos de endurecimento por precipitação (Seção 11.10). Essas ligas são caras devido às adições de berílio, que variam entre 1,0 %p e 2,5 %p. Suas aplicações incluem os mancais e as buchas dos trens de pouso de aeronaves a jato, molas e instrumentos cirúrgicos e dentários. Uma dessas ligas (C17200) está incluída na Tabela 13.6.

✓ Verificação de Conceitos 13.3   Qual é a principal diferença entre o latão e o bronze?

(*A resposta está disponível no GEN-IO, ambiente virtual de aprendizagem do GEN.*)

Alumínio e Suas Ligas

O alumínio e suas ligas são caracterizados por massa específica relativamente baixa (2,7 g/cm^3, em comparação com 7,9 g/cm^3 para o aço), condutividades elétrica e térmica elevadas e resistência à corrosão em alguns ambientes comuns, incluindo a atmosfera ambiente. Muitas dessas ligas são conformadas com facilidade, em virtude de suas elevadas ductilidades; isso fica evidente pelas finas folhas de papel-alumínio nas quais o material relativamente puro pode ser laminado. Uma vez que o alumínio exibe uma estrutura cristalina CFC, sua ductilidade é mantida até mesmo em temperaturas muito baixas. A principal limitação do alumínio está em sua baixa temperatura de fusão [660 °C (1220 °F)], o que restringe a temperatura máxima na qual ele pode ser utilizado.

A resistência mecânica do alumínio pode ser aumentada por trabalho a frio e pela formação de ligas; entretanto, ambos os processos tendem a diminuir a resistência à corrosão. Os principais elementos de liga incluem o cobre, o magnésio, o silício, o manganês e o zinco. As ligas que não são tratáveis termicamente consistem em uma única fase, e um aumento na resistência é obtido pelo endurecimento por soluções sólidas. Outras ligas são termicamente tratáveis (capazes de ser endurecidas por precipitação) como um resultado da formação ligas. Em várias dessas ligas, o endurecimento por precipitação se deve à precipitação de dois elementos, que não o alumínio, formando um composto intermetálico, tal como o MgZn$_2$.

Tabela 13.6 Composições, Propriedades Mecânicas e Aplicações Típicas para Oito Ligas de Cobre

Nome da Liga	Número SNU	Composição (%p)^a	Condição	Propriedades Mecânicas			Aplicações Típicas
				Limite de Resistência à Tração [MPa (ksi)]	Limite de Escoamento [MPa (ksi)]	Ductilidade [AL% em 50 mm (2 in)]	
				Ligas Forjadas			
Cobre eletrolítico tenaz	C11000	0,04 O	Recozido	220 (32)	69 (10)	45	Fios elétricos, rebites, telas para peneiras, gaxetas, panelas, pregos, coberturas para telhados
Cobre-berílio	C17200	1,9 Be, 0,20 Co	Endurecido por precipitação	1140–1310 (165–190)	965–1205 (140–175)	4–10	Molas, foles, percussores, buchas, válvulas, diafragmas
Latão para cartuchos	C26000	30 Zn	Recozido Trabalhado a frio (dureza H04)	300 (44) 525 (76)	75 (11) 435 (63)	68 8	Núcleo de radiadores automotivos, componentes de munições, acessórios de luminárias, cápsulas de lanternas, placas contra recuos
Bronze fosforoso, 5 % Al	C51000	5 Sn, 0,2 P	Recozido Trabalhado a frio (dureza H04)	325 (47) 560 (81)	130 (19) 515 (75)	64 10	Foles, discos de embreagem, diafragmas, grampos de fusíveis, molas, eletrodos de solda
Cobre-níquel, 30 %	C71500	30 Ni	Recozido Trabalhado a frio (dureza H02)	380 (55) 515 (75)	125 (18) 485 (70)	36 15	Componentes de condensadores e trocadores de calor, tubulações para água salgada
				Ligas Fundidas			
Latão amarelo com chumbo	C85400	29 Zn, 3 Pb, 1 Sn	Bruto de fundição	234 (34)	83 (12)	35	Peças de mobília, conexões de radiadores, acessórios de iluminação, grampos de bateria
Bronze ao estanho	C90500	10 Sn, 2 Zn	Bruto de fundição	310 (45)	152 (22)	25	Mancais, buchas, anéis de pistões, conexões para vapor, engrenagens
Bronze ao alumínio	C95400	4 Fe, 11 Al	Bruto de fundição	586 (85)	241 (35)	18	Mancais, engrenagens, roscas sem fim, buchas, sedes e guardas de válvulas, ganchos de decapagem

^{a}O restante da composição é cobre.
Fonte: Adaptado de *ASM Handbook*, Vol. 2, *Properties and Selection: Nonferrous Alloys and Special-Purpose Materials*, 1990. Reimpresso sob permissão da ASM International, Materials Park, OH.

especificação de revenido

Em geral, as ligas de alumínio são classificadas como fundidas ou como forjadas. As composições para ambos os tipos são especificadas por um número com quatro dígitos, o qual indica quais são as principais impurezas e, em alguns casos, o nível de pureza. Para as ligas fundidas, um ponto decimal é colocado entre os dois últimos dígitos. Após esses dígitos, existe um hífen e a **especificação de revenido** básica – uma letra e, possivelmente, um número com um a três dígitos, o qual indica o tratamento mecânico e/ou térmico ao qual a liga foi submetida. Por exemplo, F, H e O representam, respectivamente, os estados "conforme fabricado", "encruado" e "recozido". A Tabela 13.7 apresenta o esquema de especificação de revenido para as ligas de alumínio. Além disso, as composições, propriedades e aplicações de diversas ligas forjadas e fundidas estão apresentadas na Tabela 13.8. Aplicações comuns das ligas de alumínio incluem peças estruturais de aeronaves, latas de bebidas, carcaças de ônibus e peças automotivas (blocos do motor, pistões e distribuidores).

Recentemente, tem sido dada atenção às ligas de alumínio com outros metais de baixa densidade (por exemplo, Mg e Ti) como materiais para aplicações em engenharia na área de transportes, para se obter reduções no consumo de combustíveis. Uma característica importante desses materiais

Tabela 13.7 Esquema de Especificação de Revenido para Ligas de Alumínio

Especificação	Descrição
	Revenidos Básicos
F	Conforme fabricado – por fundição ou trabalho a frio
O	Recozido – revenido de mais baixa resistência (apenas para produtos forjados)
H	Encruado (apenas para produtos forjados)
W	Tratado termicamente por solução – usado apenas em produtos que endurecem naturalmente por precipitação à temperatura ambiente ao longo de períodos de meses ou anos
T	Tratado termicamente por solução – usado em produtos que estabilizam a resistência em algumas poucas semanas – seguido por um ou mais dígitos
	Revenidos com Encruamento[a]
H1	Apenas encruado
H2	Encruado e então parcialmente recozido
H3	Encruado e então estabilizado
	Revenidos com Tratamento Térmico[a]
T1	Resfriado de um processo de conformação a temperatura elevada e envelhecido naturalmente
T2	Resfriado de um processo de conformação a temperatura elevada, trabalhado a frio e envelhecido naturalmente
T3	Tratado termicamente por solução, trabalhado a frio e envelhecido naturalmente
T4	Tratado termicamente por solução e envelhecido naturalmente
T5	Resfriado de um processo de conformação a temperatura elevada e envelhecido artificialmente
T6	Tratado termicamente por solução e envelhecido artificialmente
T7	Tratado termicamente por solução e superenvelhecido ou estabilizado
T8	Tratado termicamente por solução, trabalhado a frio e envelhecido artificialmente
T9	Tratado termicamente por solução, envelhecido artificialmente e trabalhado a frio
T10	Resfriado de um processo de conformação a temperatura elevada, trabalhado a frio e envelhecido artificialmente

[a]Podem ser acrescentados dois dígitos adicionais para representar o grau de encruamento.
São usados dígitos adicionais (o primeiro dos quais não pode ser zero) para representar variações desses 10 revenidos.
Fonte: Adaptado de *ASM Handbook*, Vol. 2, *Properties and Selection: Nonferrous Alloys and Special-Purpose Materials*, 1990. Reproduzido com permissão da ASM International, Materials Park, OH, 44073.

resistência específica é sua **resistência específica**, que é quantificada como a razão entre o limite de resistência à tração e a gravidade específica. Embora uma liga de um desses metais possa ter um limite de resistência à tração inferior àquele de um material mais denso (tal como o aço), com base no peso ela será capaz de suportar uma carga maior.

Uma geração de novas ligas alumínio-lítio foi desenvolvida recentemente para uso pelas indústrias aeronáutica e aeroespacial. Esses materiais têm massas específicas relativamente baixas (entre aproximadamente 2,5 e 2,6 g/cm^3), módulos específicos elevados (razões módulo de elasticidade-gravidade específica) e excelentes propriedades à fadiga e de tenacidade a baixas temperaturas. Além disso, algumas delas podem ser endurecidas por precipitação. Contudo, esses materiais são de fabricação mais cara do que as ligas de alumínio convencionais, pois técnicas de processamento especiais são necessárias, como consequência da reatividade química do lítio.

✓ *Verificação de Conceitos 13.4* Explique por que, sob algumas circunstâncias, não é aconselhável soldar uma estrutura que seja fabricada com a liga de alumínio 3003. *Sugestão*: Pode ser útil consultar a Seção 8.13.

(*A resposta está disponível no GEN-IO, ambiente virtual de aprendizagem do GEN.*)

Tabela 13.8 Composições, Propriedades Mecânicas e Aplicações Típicas para Várias Ligas Comuns de Alumínio

Número da Associação do Alumínio	Número SNU	Composição (%p)[a]	Condição (Especificação de Revenido)	*Propriedades Mecânicas*			Aplicações/Características Típicas
				Limite de Resistência à Tração [MPa (ksi)]	Limite de Escoamento [MPa (ksi)]	Ductilidade [AL% em 50 mm (2 in)]	
Ligas Forjadas, Não Tratáveis Termicamente							
1100	A91100	0,12 Cu	Recozida (O)	90 (13)	35 (5)	35–45	Equipamentos para o manuseio e armazenamento de alimentos/produtos químicos, trocadores de calor, refletores de luz
3003	A93003	0,12 Cu, 1,2 Mn, 0,1 Zn	Recozida (O)	110 (16)	40 (6)	30–40	Utensílios de cozinha, vasos e tubulações de pressão
5052	A95052	2,5 Mg, 0,25 Cr	Encruada (H32)	230 (33)	195 (28)	12–18	Linhas de combustível e de óleo em aeronaves, tanques de combustível, utensílios, rebites e arames
Ligas Forjadas, Tratáveis Termicamente							
2024	A92024	4,4 Cu, 1,5 Mg, 0,6 Mn	Tratada termicamente (T4)	470 (68)	325 (47)	20	Estruturas de aeronaves, rebites, rodas de caminhões, peças de máquinas de parafuso
6061	A96061	1,0 Mg, 0,6 Si, 0,30 Cu, 0,20 Cr	Tratada termicamente (T4)	240 (35)	145 (21)	22–25	Caminhões, canoas, vagões de trem, mobílias, tubulações
7075	A97075	5,6 Zn, 2,5 Mg, 1,6 Cu, 0,23 Cr	Tratada termicamente (T4)	570 (83)	505 (73)	11	Peças estruturais de aeronaves e outras aplicações submetidas a tensões elevadas
Ligas Fundidas, Tratáveis Termicamente							
295.0	A02950	4,5 Cu, 1,1 Si	Tratada termicamente (T4)	221 (32)	110 (16)	8.5	Alojamentos de volantes de motores e de eixos traseiros, rodas de ônibus e de aeronaves, cárteres
356.0	A03560	7,0 Si, 0,3 Mg	Tratada termicamente (T6)	228 (33)	164 (24)	3.5	Peças de bombas de aeronaves, caixas de transmissão automotivas, blocos de cilindros resfriados a água
Ligas Alumínio-Lítio							
2090	—	2,7 Cu, 0,25 Mg, 2,25 Li, 0,12 Zr	Tratada termicamente, trabalhada a frio (T83)	455 (66)	455 (66)	5	Estruturas de aeronaves e estruturas de tancagem criogênica
8090	—	1,3 Cu, 0,95 Mg, 2,0 Li, 0,1 Zr	Tratada termicamente, trabalhada a frio (T651)	465 (67)	360 (52)	—	Estruturas de aeronaves que devem possuir alta tolerância a danos

[a]O restante da composição é alumínio.
Fonte: Adaptado de *ASM Handbook*, Vol. 2, *Properties and Selection: Nonferrous Alloys and Special-Purpose Materials*, 1990. Reimpresso sob permissão da ASM International, Materials Park, OH.

Magnésio e Suas Ligas

Talvez a característica mais excepcional do magnésio seja sua massa específica, 1,7 g/cm³, que é a mais baixa entre todos os metais estruturais; dessa forma, suas ligas são usadas onde um baixo peso é uma consideração importante (por exemplo, em componentes de aeronaves). O magnésio exibe uma estrutura cristalina HC, tem dureza relativamente baixa e um pequeno módulo de elasticidade: 45 GPa (6,5 × 10⁶ psi). Na temperatura ambiente, o magnésio e suas ligas são difíceis de serem deformados; de fato, apenas uma pequena intensidade de trabalho a frio pode ser imposta sem recozimento. Consequentemente, a maior parte da fabricação ocorre por fundição ou por deformação a quente em temperaturas entre 200 °C e 350 °C (400 °F e 650 °F). O magnésio, tal como o alumínio, tem uma temperatura de fusão moderadamente baixa [651 °C (1204 °F)]. Quimicamente, as ligas de magnésio são relativamente instáveis e especialmente suscetíveis à corrosão em ambientes marinhos. No entanto, a resistência à corrosão ou à oxidação é razoavelmente boa na atmosfera normal; acredita-se que esse comportamento seja em razão das impurezas, em vez de ser uma característica inerente às ligas de Mg. O pó de magnésio finamente dividido entra em ignição facilmente quando aquecido ao ar; por conseguinte, deve ser tomado cuidado ao manusear esse material nesse estado.

Essas ligas são classificadas como fundidas ou forjadas, e algumas delas são termicamente tratáveis. O alumínio, o zinco, o manganês e algumas terras-raras são os principais elementos de liga. Também é utilizado um esquema de identificação composição-revenido semelhante àquele empregado para as ligas de alumínio. A Tabela 13.9 lista várias ligas comuns de magnésio e suas composições, propriedades e aplicações. Essas ligas são usadas em aplicações em aeronaves e em mísseis, assim como em bagagens. Além disso, nos últimos anos a demanda por ligas de magnésio aumentou drasticamente em uma gama de diferentes indústrias. Para muitas aplicações, as ligas de magnésio substituíram os plásticos de engenharia, que têm massas específicas comparáveis, uma vez que os

Tabela 13.9 Composições, Propriedades Mecânicas e Aplicações Típicas para Seis Ligas de Magnésio Comuns

Número ASTM	Número SNU	Composição (%p)[a]	Condição	Propriedades Mecânicas			Aplicações Típicas
				Limite de Resistência à Tração [MPa (ksi)]	Limite de Escoamento [MPa (ksi)]	Ductilidade [AL% em 50 mm (2 in)]	
Ligas Forjadas							
AZ31B	M11311	3,0 Al, 1,0 Zn, 0,2 Mn	Extrudado	262 (38)	200 (29)	15	Estruturas e tubulações, proteção catódica
HK31A	M13310	3,0 Th, 0,6 Zr	Encruada, parcialmente recozida	255 (37)	200 (29)	9	Alta resistência até 315 °C (600 °F)
ZK60A	M16600	5,5 Zn, 0,45 Zr	Envelhecida artificialmente	350 (51)	285 (41)	11	Peças forjadas de máxima resistência para aeronaves
Ligas Fundidas							
AZ91D	M11916	9,0 Al, 0,15 Mn, 0,7 Zn	Bruto de fundição	230 (33)	150 (22)	3	Peças fundidas em matriz para automóveis, bagagens e dispositivos eletrônicos
AM60A	M10600	6,0 Al, 0,13 Mn	Bruto de fundição	220 (32)	130 (19)	6	Rodas automotivas
AS41A	M10410	4,3 Al, 1,0 Si, 0,35 Mn	Bruto de fundição	210 (31)	140 (20)	6	Fundições em matriz que requerem boa resistência à fluência

[a]O restante da composição é magnésio.

Fonte: Adaptado de *ASM Handbook*, Vol. 2, *Properties and Selection: Nonferrous Alloys and Special-Purpose Materials*, 1990. Reimpresso sob permissão da ASM International, Materials Park, OH.

materiais à base de magnésio são mais rígidos, mais recicláveis e menos caros para serem produzidos. Por exemplo, o magnésio é empregado em diversos dispositivos portáteis (como motosserras, ferramentas mecânicas e tesouras de aparar), em automóveis (por exemplo, volantes e colunas de direção, nas estruturas dos assentos e nas caixas de transmissão) e em equipamentos de áudio, vídeo, computação e comunicação (como computadores portáteis tipo *laptop*, câmeras de vídeo, aparelhos de televisão e telefones celulares).

Verificação de Conceitos 13.5 Com base na temperatura de fusão, na resistência à oxidação, no limite de escoamento e no grau de fragilidade, discuta se seria aconselhável trabalhar a quente ou a frio: (a) ligas de alumínio e (b) ligas de magnésio. *Sugestão*: Pode ser útil consultar as Seções 8.11 e 8.13.

(*A resposta está disponível no GEN-IO, ambiente virtual de aprendizagem do GEN.*)

Titânio e Suas Ligas

O titânio e suas ligas são materiais relativamente novos na engenharia, com uma extraordinária combinação de propriedades. O metal puro tem massa específica relativamente baixa ($4,5$ g/cm^3), um elevado ponto de fusão [$1668\ °C$ ($3035\ °F$)] e um módulo de elasticidade de 107 GPa ($15,5 \times 10^6$ psi). As ligas de titânio são extremamente resistentes; são alcançados limites de resistência à tração à temperatura ambiente tão elevados quanto 1400 MPa (200.000 psi), levando a resistências específicas excepcionais. Além disso, as ligas são muito dúcteis e podem ser forjadas e usinadas com facilidade.

O titânio sem elementos de liga (isto é, comercialmente puro) exibe uma estrutura hexagonal compacta, às vezes denotada como fase α à temperatura ambiente. A 883 °C (1621 °F), o material HC se transforma em uma fase cúbica de corpo centrado (ou β). Essa temperatura de transformação é fortemente influenciada pela presença de elementos de liga. Por exemplo, vanádio, nióbio e molibdênio diminuem a temperatura de transformação de α em β, promovendo a formação da fase β (isto é, são estabilizadores da fase β), que pode passar a existir na temperatura ambiente. Além disso, para algumas composições, tanto a fase α quanto a fase β coexistirão. Com base na(s) fase(s) presente(s) após o processamento, as ligas de titânio se dividem em quatro classificações: α, β, $\alpha + \beta$, e quase α.

As ligas de titânio α, ligadas com frequência ao alumínio e ao estanho, são as preferidas para aplicações em altas temperaturas, por suas características superiores frente à fluência. Além disso, o aumento da resistência por tratamento térmico não é possível, uma vez que a fase α é a fase estável; consequentemente, esses materiais são usados normalmente no estado recozido ou recristalizado. A resistência e a tenacidade são satisfatórias, enquanto a capacidade de serem forjadas é inferior à de outros tipos de ligas de titânio.

As ligas de titânio β contêm concentrações suficientes de elementos estabilizadores da fase β (V e Mo), tal que, no resfriamento em taxas suficientemente rápidas, a fase β (metaestável) é retida à temperatura ambiente. Esses materiais podem ser forjados com facilidade e exibem tenacidades à fratura elevadas.

Os materiais $\alpha + \beta$ são ligados com elementos estabilizadores para ambas as fases constituintes. A resistência dessas ligas pode ser melhorada e controlada por tratamento térmico. Inúmeras microestruturas são possíveis, as quais consistem em uma fase α e uma fase β retida ou transformada. Em geral, esses materiais são bastante conformáveis.

As ligas quase α também são compostas tanto pela fase α quanto pela fase β, com apenas uma pequena proporção da fase β – isto é, elas contêm baixas concentrações de estabilizadores de β. Suas propriedades e características de fabricação são semelhantes às dos materiais α, exceto por ser possível uma diversidade maior de microestruturas e de propriedades para as ligas quase α.

A principal limitação do titânio é sua reatividade química com outros materiais em temperaturas elevadas. Essa propriedade exigiu o desenvolvimento de técnicas não convencionais de refino, fusão e fundição; consequentemente, as ligas de titânio são bastante caras. Apesar dessa reatividade em temperaturas elevadas, a resistência à corrosão das ligas de titânio nas temperaturas normais é anormalmente alta; elas são virtualmente imunes ao ar, a ambientes marinhos e a diversos ambientes industriais. A Tabela 13.10 apresenta várias ligas de titânio juntamente com suas propriedades e aplicações típicas. Essas ligas são usadas, com frequência, nas estruturas de aeronaves, em veículos espaciais, em implantes cirúrgicos e nas indústrias químicas e do petróleo.

Tabela 13.10 Composições, Propriedades Mecânicas e Aplicações Típicas para Várias Ligas de Titânio Comuns

Tipo da Liga	Nome Comum (Número SNU)	Composição (%p)	Condição	Propriedades Mecânicas Médias			Aplicações Típicas
				Limite de Resistência à Tração [MPa (ksi)]	Limite de Escoamento [MPa (ksi)]	Ductilidade [AL% em 50 mm (2 in)]	
Comercialmente puro	Não ligado (R50250)	99,5 Ti	Recozida	240 (35)	170 (25)	24	Protetores de motores a jato, carcaças e fuselagens de aviões, equipamentos resistentes à corrosão para as indústrias naval e de processamento químico
α	Ti-5Al-2,5Sn (R54520)	5 Al, 2,5 Sn, restante Ti	Recozida	826 (120)	784 (114)	16	Carcaças e anéis de motores de turbina a gás; equipamentos para processamento químico que requerem resistência a temperaturas de 480 °C (900 °F)
Quase α	Ti-8Al-1Mo-1V (R54810)	8 Al, 1 Mo, 1 V, restante Ti	Recozida (duplex)	950 (138)	890 (129)	15	Peças forjadas para componentes de motores a jato (discos, placas e conectores de compressores)
α + β	Ti-6Al-4V (R56400)	6 Al, 4 V, restante Ti	Recozida	947 (137)	877 (127)	14	Próteses de alta resistência, equipamentos para processamento químico, componentes estruturais das fuselagens de aviões
α + β	Ti-6Al-6V-2Sn (R56620)	6 Al, 2 Sn, 6 V, 0,75 Cu, restante Ti	Recozida	1050 (153)	985 (143)	14	Aplicações nas fuselagens das carcaças de motores a foguete e nas estruturas de fuselagens de alta resistência para aviões
β	Ti-10V-2Fe-3Al	10 V, 2 Fe, 3 Al, restante Ti	Solubilização + envelhecimento	1223 (178)	1150 (167)	10	Melhor combinação de alta resistência e tenacidade entre todas as ligas de titânio comerciais; usada para aplicações que requerem uniformidade das propriedades à tração na superfície e no centro do material; componentes de alta resistência das fuselagens de aviões

Fonte: Adaptado de *ASM Handbook*, Vol. 2, *Properties and Selection: Nonferrous Alloys and Special-Purpose Materials*, 1990. Reimpresso sob permissão da ASM International, Materials Park, OH.

Os Metais Refratários

Os metais que apresentam temperaturas de fusão extremamente elevadas são classificados como metais refratários. Nesse grupo estão incluídos o nióbio (Nb), o molibdênio (Mo), o tungstênio (W) e o tântalo (Ta). As temperaturas de fusão variam entre 2468 °C (4474 °F) para o nióbio e 3410 °C (6170 °F), a mais alta temperatura de fusão entre todos os metais, para o tungstênio. A ligação interatômica nesses metais é extremamente forte, o que é responsável pelas temperaturas de fusão e, além disso, pelos elevados módulos de elasticidade e altas resistências e durezas, tanto na temperatura ambiente quanto em temperaturas elevadas. As aplicações desses metais são variadas. Por exemplo, o tântalo e o molibdênio são usados como elementos de liga no aço inoxidável para melhorar sua resistência à corrosão. As ligas de molibdênio são utilizadas em matrizes de extrusão e em peças estruturais em veículos espaciais; filamentos de lâmpadas incandescentes, tubos de raios X e eletrodos de solda empregam ligas de tungstênio. O tântalo é imune ao ataque químico em virtualmente todos os ambientes em temperaturas abaixo de 150 °C e é usado com frequência em aplicações que requerem um material com esse nível de resistência à corrosão.

As Superligas

As superligas têm combinações superlativas de propriedades. A maioria é utilizada nos componentes das turbinas de aeronaves, que devem suportar a exposição a ambientes oxidantes extremos e a temperaturas elevadas, durante períodos de tempo razoáveis. A integridade mecânica sob essas condições é crítica; nesse sentido, a massa específica é um importante fator a ser considerado, pois as tensões centrífugas sobre os elementos rotativos diminuem quando a massa específica é reduzida. Esses materiais são classificados de acordo com o(s) metal(is) predominante(s) na liga, existindo três grupos: ferro-níquel, níquel e cobalto. Outros elementos de liga incluem os metais refratários (Nb, Mo, W, Ta), o cromo e o titânio. Além disso, essas ligas também são classificadas como forjadas ou fundidas. As composições de várias delas estão apresentadas na Tabela 13.11.

Além das aplicações em turbinas, as superligas são empregadas em reatores nucleares e em equipamentos da indústria petroquímica.

Tabela 13.11 Composições de Várias Superligas

Nome da Liga	Composição (%p)									
	Ni	Fe	Co	Cr	Mo	W	Ti	Al	C	Outros
Ferro-Níquel (Forjadas)										
A-286	26	55,2	—	15	1,25	—	2,0	0,2	0,04	0,005 B, 0,3 V
Incoloy 925	44	29	—	20,5	2,8	—	2,1	0,2	0,01	1,8 Cu
Níquel (Forjadas)										
Inconel-718	52,5	18,5	—	19	3,0	—	0,9	0,5	0,08	5,1 Nb, 0,15 máx. Cu
Waspaloy	57,0	2,0 máx.	13,5	19,5	4,3	—	3,0	1,4	0,07	0,006 B, 0,09 Zr
Níquel (Fundidas)										
Rene 80	60	—	9,5	14	4	4	5	3	0,17	0,015 B, 0,03 Zr
Mar-M-247	59	0,5	10	8,25	0,7	10	1	5,5	0,15	0,015 B, 3 Ta, 0,05 Zr, 1,5 Hf
Cobalto (Forjada)										
Haynes 25 (L-605)	10	1	54	20	—	15	—	—	0,1	
Cobalto (Fundida)										
X-40	10	1,5	57,5	22	—	7,5	—	—	0,50	0,5 Mn, 0,5 Si

Fonte: Reimpresso com permissão da ASM International.® Todos os direitos reservados. www.asminternational.org.

Os Metais Nobres

Os metais nobres ou preciosos formam um grupo de oito elementos que exibem algumas características físicas em comum. Eles são caros (preciosos) e têm propriedades superiores ou notáveis (nobres) – são caracteristicamente de baixa dureza, dúcteis e resistentes à oxidação. Os metais nobres são a prata, o ouro, a platina, o paládio, o ródio, o rutênio, o irídio e o ósmio; os três primeiros são mais comuns e são usados extensivamente em joalheria. A prata e o ouro podem ter sua resistência aumentada por solução sólida com o cobre; a prata de lei é uma liga prata-cobre que contém aproximadamente 7,5 %p Cu. As ligas tanto de prata quanto de ouro são empregadas como materiais para restauração dentária. Alguns contatos elétricos em circuitos integrados são feitos em ouro. A platina é utilizada em equipamentos de laboratórios químicos, como um catalisador (especialmente na fabricação de gasolina) e em termopares utilizados para a medição de temperaturas elevadas.

Ligas Não Ferrosas Diversas

A discussão anterior cobre a grande maioria das ligas não ferrosas; entretanto, várias outras ligas são encontradas em diversas aplicações em engenharia, e uma breve menção dessas ligas é importante.

O níquel e suas ligas são altamente resistentes à corrosão em muitos ambientes, especialmente aqueles que são básicos (alcalinos). O níquel é usado frequentemente como revestimento, sendo depositado sobre alguns metais que são suscetíveis à corrosão, como uma medida protetora. O monel, uma liga à base de níquel que contém aproximadamente 65 %p Ni e 28 %p Cu (o restante sendo ferro), apresenta uma resistência muito elevada e é extremamente resistente à corrosão; é usado em bombas, válvulas e outros componentes que estão em contato com soluções ácidas ou à base de petróleo. Como já mencionado, o níquel é um dos principais elementos de liga nos aços inoxidáveis e um dos principais constituintes nas superligas.

O chumbo, o estanho e suas ligas encontram algum uso como materiais de engenharia. Ambos têm baixa resistência e baixa dureza, baixas temperaturas de fusão, são bastante resistentes a muitos ambientes corrosivos e têm temperaturas de recristalização abaixo da temperatura ambiente. Muitas soldas comuns são de ligas chumbo-estanho, as quais exibem baixas temperaturas de fusão. As aplicações para o chumbo e suas ligas incluem as barreiras contra raios X e as baterias de armazenamento de energia. O uso principal do estanho é na forma de um revestimento muito fino colocado no lado de dentro de latas de aço-carbono comum (latas estanhadas) usadas como recipientes para alimentos; esse revestimento inibe as reações químicas entre o aço e os produtos alimentícios.

O zinco não ligado também é um metal de dureza relativamente baixa, com baixa temperatura de fusão e temperatura de recristalização abaixo da temperatura ambiente. Quimicamente, esse metal é reativo em inúmeros ambientes comuns e, portanto, suscetível à corrosão. O aço galvanizado é simplesmente um aço-carbono comum que foi revestido com uma fina camada de zinco; o zinco é corroído preferencialmente, protegendo o aço (Seção 16.9). As aplicações típicas para o aço galvanizado são familiares (chapas metálicas, cercas, telas, parafusos etc.). Entre as aplicações usuais para as ligas de zinco incluem-se os cadeados, os acessórios em encanamentos hidráulicos, as peças automotivas (maçanetas de portas e grelhas) e os equipamentos de escritório.

Embora o zircônio seja relativamente abundante na crosta terrestre, até bem recentemente não haviam sido desenvolvidas técnicas para o refino comercial desse metal. O zircônio e suas ligas são dúcteis e apresentam outras características mecânicas que são comparáveis àquelas das ligas de titânio e dos aços inoxidáveis austeníticos. Entretanto, o principal valor dessas ligas está na sua resistência à corrosão em uma variedade de meios corrosivos, incluindo a água superaquecida. Além disso, o zircônio é transparente aos nêutrons térmicos, de modo que suas ligas têm sido usadas como revestimento para o urânio combustível em reatores nucleares resfriados à água. Em termos de custo, essas ligas também são, com frequência, os materiais escolhidos para os trocadores de calor, vasos de reação e sistemas de tubulações para as indústrias de processamento químico e nuclear. Também são usadas em materiais bélicos incendiários e em dispositivos de vedação para tubos de vácuo.

No Apêndice B está listada uma ampla variedade de propriedades (massa específica, módulo de elasticidade, limite de escoamento, limite de resistência à tração, resistividade elétrica, coeficiente de expansão térmica etc.) para um grande número de metais e ligas.

M A T E R I A I S   D E   I M P O R T Â N C I A

Ligas Metálicas Usadas para as Moedas de Euro

Em primeiro de janeiro de 2002, o euro tornou-se a única moeda legal em doze países europeus; desde aquela data, várias outras nações também se uniram à união monetária europeia e adotaram o euro como sua moeda oficial. As moedas de euro são cunhadas em oito valores diferentes: 1 e 2 euros, assim como 50, 20, 10, 5, 2 e 1 centavos de euro. Cada moeda exibe um desenho comum em uma das faces, enquanto o desenho na outra face é um entre vários desenhos escolhidos pelos países da união monetária. Várias dessas moedas estão mostradas na fotografia na Figura 13.7.

Ao se decidir por quais ligas metálicas usar para essas moedas, várias questões foram consideradas, a maioria relacionada com as propriedades dos materiais.

- A habilidade em distinguir a moeda de um valor daquela de outro valor é importante. Isso pode ser realizado com diferentes tamanhos, cores e formas das moedas. Em relação à cor, é preciso escolher ligas que mantenham suas cores características, pois as moedas não devem perder seu brilho com facilidade quando expostas ao ar e a outros ambientes comumente encontrados.
- A segurança é uma questão importante – isto é, devem ser produzidas moedas que sejam de difícil falsificação. A maioria das máquinas de vendas utiliza a condutividade elétrica para identificar as moedas, a fim de prevenir o uso de moedas falsas. Isso significa que cada moeda deve ter sua própria *assinatura eletrônica*, a qual depende da composição da sua liga.

Figura 13.7 Fotografia que mostra as moedas de 1 euro, 2 euros, 20 centavos de euro, e 50 centavos de euro. (Esta fotografia é uma cortesia da Outokumpu Copper.)

- As ligas escolhidas devem ser fáceis de serem *cunhadas* – isto é, devem ser suficientemente macias e dúcteis para permitir que os relevos do desenho sejam estampados nas superfícies da moeda.
- As ligas devem ser resistentes ao desgaste (isto é, devem ser duras e resistentes) para serem usadas durante um longo período e para que os relevos estampados sobre as superfícies da moeda sejam retidos. Ocorre encruamento (Seção 8.11) durante a operação de cunhagem, o que melhora a dureza.
- São necessários altos níveis de resistência à corrosão em ambientes comuns para as ligas selecionadas, para assegurar perdas mínimas do material ao longo da vida útil das moedas.
- É altamente desejável usar ligas de um metal (ou metais) de base que retenham o(s) seu(s) valor(es) intrínseco(s).
- A reciclabilidade da liga é ainda outra necessidade para a(s) liga(s) utilizada(s).
- A(s) liga(s) a partir da(s) qual(is) as moedas são feitas também deve(m) atender as exigências da saúde humana – isto é, ela(s) deve(m) ter características antibacterianas, de modo que microrganismos indesejáveis não cresçam sobre suas superfícies.

O cobre foi selecionado como o metal básico para todas as moedas de euro, uma vez que ele e suas ligas satisfazem esses critérios. Várias ligas e combinações de ligas de cobre diferentes são usadas para as oito moedas de euro, conforme a seguir:

- Moeda de 2 euros: Essa moeda é denominada *bimetálica* – ela consiste em um anel externo e um disco interno. Para o anel externo, uma liga 75 Cu-25 Ni é usada, a qual apresenta uma coloração prateada. O disco interno é composto por uma estrutura em três camadas – níquel de alta pureza que é revestido em ambos os lados por uma liga de latão ao níquel (75 Cu-20 Zn-5 Ni); essa liga exibe uma coloração dourada.
- Moeda de 1 euro: Essa moeda também é bimetálica, mas as ligas usadas para o anel exterior e o disco interno estão invertidas em relação à moeda de 2 euros.
- Moedas de 50, 20 e 10 centavos de euro: Essas moedas são feitas a partir de uma liga de "ouro nórdico" – 89 Cu-5 Al-5 Zn-1 Sn.
- Moedas de 5, 2 e 1 centavo de euro: Aços revestidos com cobre são usados para fabricar essas moedas.

Tipos de Cerâmicas

As discussões anteriores sobre as propriedades dos materiais demonstraram que há uma disparidade significativa entre as características físicas dos metais e das cerâmicas. Consequentemente, esses materiais são empregados em tipos de aplicações completamente diferentes e, nesse sentido, tendem a se complementar mutuamente e também aos polímeros. A maioria dos materiais cerâmicos se enquadra em um sistema de aplicação-classificação que inclui os seguintes grupos: vidros, produtos estruturais à base de argila, louças brancas, refratários, abrasivos, cimentos, e as recentemente desenvolvidas cerâmicas avançadas. A Figura 13.8 apresenta uma taxonomia desses vários tipos; neste capítulo, será dedicada alguma discussão a cada um deles. Optamos por discutir também as características e aplicações do diamante e da grafita nesta seção.

13.4 VIDROS

Os vidros são um grupo familiar de cerâmicos; os recipientes, as lentes e a fibra de vidro representam aplicações típicas. Como mencionado anteriormente, os vidros são silicatos não cristalinos que contêm outros óxidos, principalmente CaO, Na_2O, K_2O e Al_2O_3, os quais influenciam suas propriedades. Um vidro de cal de soda típico consiste em aproximadamente 70 %p SiO_2, e o restante é composto principalmente por Na_2O (soda) e CaO (cal). As composições de vários vidros comuns estão listadas na Tabela 13.12. Possivelmente, as duas principais características positivas desses materiais são sua transparência óptica e a relativa facilidade com a qual eles podem ser fabricados.

13.5 VIDROCERÂMICAS

cristalização
vidrocerâmica

A maioria dos vidros inorgânicos pode ser transformada de um estado não cristalino em um estado cristalino por um tratamento térmico apropriado em altas temperaturas. Esse processo é chamado de **cristalização** e seu produto *é* um material policristalino com grãos finos, chamado frequentemente de **vidrocerâmica**. A formação desses pequenos grãos vidrocerâmicos é, em certo sentido, uma transformação de fases, a qual envolve os estágios de nucleação e crescimento. Como consequência, a cinética (isto é, a taxa) de cristalização pode ser descrita usando os mesmos princípios que foram aplicados às transformações de fases dos sistemas metálicos na Seção 11.3. Por exemplo, a dependência do grau de transformação em relação à temperatura e ao tempo pode ser expressa utilizando diagramas de transformação isotérmica e de transformação por resfriamento contínuo (Seções 11.5 e 11.6). O diagrama de transformação por resfriamento contínuo para a cristalização de um vidro lunar está apresentado na Figura 13.9; as curvas para o início e o final da transformação nesse gráfico têm a mesma forma geral que aquelas para uma liga ferro-carbono com composição eutetoide (Figura 11.26). Também estão incluídas duas curvas de resfriamento contínuo, identificadas como "1" e "2"; a taxa de resfriamento representada pela curva 2 é muito maior do que aquela para a curva 1. Como também está observado nesse gráfico, para a trajetória de resfriamento contínuo representada pela curva 1 a cristalização começa na sua interseção com a curva superior e progride conforme tempo aumenta e a temperatura continua a diminuir; ao cruzar a curva inferior, todo o vidro original já terá sido cristalizado. A outra curva de resfriamento (curva 2) quase toca

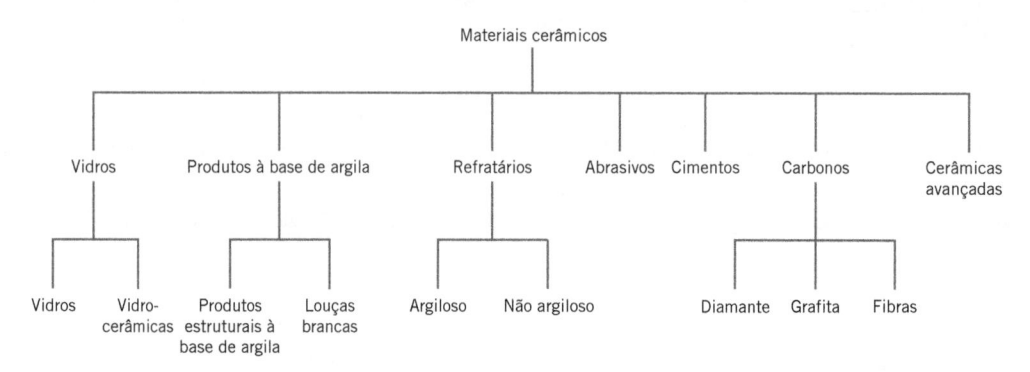

Figura 13.8 Classificação dos materiais cerâmicos com base na sua aplicação.

Tabela 13.12 Composições e Características de Alguns Vidros Comerciais Comuns

Tipo de Vidro	Composição (%p)						Características e Aplicações
	SiO_2	Na_2O	CaO	Al_2O_3	B_2O_3	Outros	
Sílica fundida	>99,5						Elevada temperatura de fusão, coeficiente de expansão muito pequeno (resistente a choques térmicos)
Sílica a 96 % (Vycor)	96			4			Resistente a choques térmicos e a ataques químicos – usado em vidrarias de laboratório
Borossilicato (Pyrex)	81	3,5		2,5	13		Resistente a choques térmicos e a ataques químicos – usado em vidrarias para fornos
Vasilhames (cal de soda)	74	16	5	1		4 MgO	Baixa temperatura de fusão, facilmente trabalhável e também durável
Fibra de vidro	55		16	15	10	4 MgO	Facilmente estirada na forma de fibras – compósitos fibra de vidro-resina
Sílex óptico	54	1				37 PbO, 8 K_2O	Alta massa específica e alto índice de refração – lentes ópticas
Vidrocerâmica (Pyroceram)	43,5	14		30	5,5	6,5 TiO_2, 0,5 As_2O_3	Facilmente fabricada; resistente; resiste a choques térmicos – usadas em vidrarias para fornos

a inflexão (nariz) da curva para o início da cristalização. Ela representa uma taxa de resfriamento crítica (para esse vidro, de 100 °C/min) – isto é, a taxa de resfriamento mínima para a qual o produto final à temperatura ambiente é 100 % vítreo; para taxas de resfriamento menores do que essa, algum material vidrocerâmico irá se formar.

Um agente de nucleação (frequentemente o dióxido de titânio) é adicionado normalmente ao vidro para promover a cristalização. A presença de um agente de nucleação desloca as curvas de início e final da transformação para tempos mais curtos.

Propriedades e Aplicações das Vidrocerâmicas

Os materiais vidrocerâmicos foram projetados para apresentar as seguintes características: resistências mecânicas relativamente elevadas; baixos coeficientes de expansão térmica (para evitar choques térmicos); propriedades para utilização em temperaturas elevadas; boas propriedades dielétricas (para aplicações em componentes eletrônicos); e boa compatibilidade biológica. Algumas vidrocerâmicas podem ser fabricadas opticamente transparentes, enquanto outras são opacas. Possivelmente, o atributo mais atrativo dessa classe de materiais é a facilidade com a qual eles podem ser fabricados; técnicas convencionais de conformação de vidros podem ser usadas de maneira conveniente na produção em massa de peças praticamente isentas de porosidade.

As vidrocerâmicas são fabricadas comercialmente sob as marcas Pyroceram, CorningWare, Cercor e Vision. As aplicações mais comuns para esses materiais são como travessas que vão ao forno, travessas de mesa, janelas de fornos e tampas de fogões de cozinha – principalmente devido à resistência mecânica e excelente resistência a choques térmicos. Eles também servem como isolantes elétricos e como substratos para placas de circuitos impressos, e são empregados como revestimentos em arquitetura e para trocadores de calor e regeneradores. Uma vidrocerâmica típica também está incluída na Tabela 13.12. A Figura 13.10 mostra uma micrografia eletrônica de varredura da microestrutura de um material vidrocerâmico.

Verificação de Conceitos 13.6 Explique sucintamente por que as vidrocerâmicas podem não ser transparentes. *Sugestão*: Pode ser útil consultar o Capítulo 19.

(*A resposta está disponível no GEN-IO, ambiente virtual de aprendizagem do GEN.*)

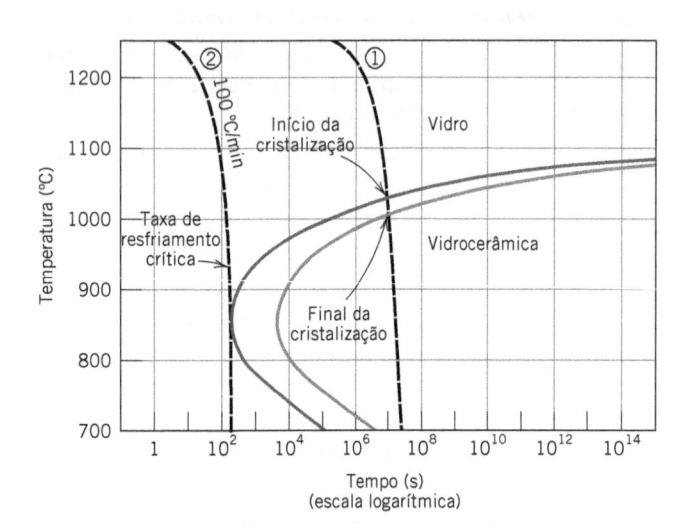

Figura 13.9 Diagrama de transformação por resfriamento contínuo para a cristalização de um vidro lunar (35,5 %p SiO_2, 14,3 %p TiO_2, 3,7 %p Al_2O_3, 23,5 %p FeO, 11,6 %p MgO, 11,1 %p CaO, e 0,2 %p Na_2O). Também estão superpostas neste gráfico duas curvas de resfriamento, identificadas como "1" e "2". [Reimpresso de *Glass: Science and Technology*, Vol. 1, D. R. Uhlmann e N. J. Kreidl (Editores), "The Formation of Glasses", p. 22, copyright 1983, com permissão da Elsevier.]

Figura 13.10 Micrografia eletrônica de varredura que mostra a microestrutura de um material vidrocerâmico. As longas partículas aciculares com forma de lâmina geram um material com resistência e tenacidade fora do comum. Ampliação de 37.000×. (Esta fotografia é uma cortesia de L. R. Pinckney e G. J. Fine, Corning Incorporated.)

13.6 PRODUTOS À BASE DE ARGILA

Uma das matérias-primas cerâmicas mais amplamente utilizadas é a argila. Esse componente muito barato, encontrado naturalmente em abundância, é usado com frequência na forma como é extraído, sem nenhuma melhoria de sua qualidade. Outra razão para sua popularidade está na facilidade com a qual os produtos à base de argila podem ser conformados; quando misturados nas proporções corretas, a argila e a água formam uma massa plástica que é muito suscetível à modelagem. A peça modelada é seca para remover parte de sua umidade e depois é cozida em uma temperatura elevada para melhorar sua resistência mecânica.

produto estrutural à base de argila
louça branca
cozimento

A maioria dos produtos à base de argila se enquadra em duas classificações abrangentes: os **produtos estruturais à base de argila** e as **louças brancas**. Os produtos estruturais à base de argila incluem os tijolos de construção, os azulejos e as tubulações de esgoto – aplicações em que a integridade estrutural é importante. Os cerâmicos que constituem as louças brancas se tornam brancos após um **cozimento** em temperatura elevada. Nesse grupo estão incluídas as porcelanas, as louças de barro, as louças para mesa, as louças vitrificadas e os acessórios para encanamentos hidráulicos (louças sanitárias). Além da argila, muitos desses produtos contêm também componentes não plásticos, os quais influenciam as mudanças que ocorrem durante os processos de secagem e cozimento e as características da peça acabada (Seção 14.8).

13.7 REFRATÁRIOS

cerâmica refratária

Outra classe importante de materiais cerâmicos usada em larga escala é a das **cerâmicas refratárias**. As propriedades características desses materiais incluem sua capacidade em resistir a temperaturas elevadas sem se fundir ou se decompor e sua capacidade em permanecer não reativos e inertes quando expostos a ambientes severos (por exemplo, fluidos quentes e corrosivos). Além disso, suas habilidades em prover isolamento térmico e suportar cargas mecânicas são, com frequência, considera*ções* importantes, assim como a resistência ao choque térmico (fratura causada por rápidas mudanças na temperatura). As aplicações típicas incluem os revestimentos de fornos e fundidoras que refinam aços, alumínio e cobre, assim como outros metais; fornos usados para fabricação de vidro e tratamentos térmicos metalúrgicos; fornos de cimento; e geradores de energia.

O desempenho de uma cerâmica refratária depende da sua composição e de como ela é processada; a maioria dos refratários comuns é feita a partir de materiais naturais – por exemplo, óxidos refratários como SiO_2, Al_2O_3, MgO, CaO, Cr_2O_3 e ZrO_2. Com base na composição, existem duas classificações gerais – *argiloso* e *não argiloso*. A Tabela 13.13 fornece as composições de vários materiais refratários comerciais.

Refratários Argilosos

Os refratários argilosos são subclassificados em duas categorias: argila refratária e argila refratária com alto teor de alumina. Os componentes principais dos refratários à base de argila são argilas refratárias de alta pureza – misturas de alumina e sílica contendo geralmente entre 25 %p e 45 %p de alumina. De acordo com o diagrama de fases SiO_2–Al_2O_3, Figura 10.26, ao longo dessa faixa de composições, a maior temperatura possível sem a formação de uma fase líquida é de 1587 °C (2890 °F). Abaixo dessa temperatura, as fases de equilíbrio presentes são a mulita e a sílica (cristobalita). Durante o uso em serviço dos refratários, a presença de pequena quantidade de uma fase líquida pode ser permitida sem comprometer a integridade mecânica. Acima de 1587 °C, a fração de fase líquida presente depende da composição do refratário. O aumento no teor de alumina aumenta a temperatura máxima de serviço, permitindo a formação de pequena quantidade de líquido.

O principal componente dos refratários com alto teor de alumina é a bauxita, um mineral de ocorrência natural composto principalmente por hidróxido de alumínio $Al(OH)_3$ e argilas caulinitas; o teor de alumina varia entre 50 %p e 87,5 %p. Esses materiais são mais robustos em temperaturas elevadas do que as argilas refratárias e podem ser expostos a ambientes mais severos.

Refratários Não Argilosos

As matérias-primas para os refratários não argilosos são outras que não os minerais à base de argila. Os refratários incluídos nesse grupo são a sílica, a periclase, a alumina extra-alta, a zirconita e o carbeto de silício.

O componente principal dos refratários à base de sílica, algumas vezes denominados *refratários ácidos*, é a sílica. Esses materiais, bastante conhecidos por sua capacidade de suportar cargas em temperaturas elevadas, são usados comumente nos tetos em arco dos fornos para a fabricação de aços e vidros; nessas aplicações, podem ser atingidas temperaturas tão elevadas quanto 1650 °C (3000 °F). Sob essas condições, uma pequena fração do tijolo, na realidade, existe como um líquido. A presença de concentrações, mesmo que pequenas, de alumina, tem influência negativa sobre o desempenho desses refratários, o que pode ser explicado pelo diagrama de fases sílica-alumina, Figura 10.26. Uma vez que a composição eutética (7,7 %p Al_2O_3) está muito próxima da extremidade da sílica no diagrama de fases, mesmo pequenas adições de Al_2O_3 reduzem a temperatura *liquidus* de maneira expressiva, significando que quantidades substanciais de líquido podem estar presentes em temperaturas acima de 1600 °C (2910 °F). Assim, o teor de alumina deve ser mantido em um valor mínimo, normalmente até entre 0,2 %p e 1,0 %p. Esses materiais refratários também são resistentes a escórias ricas em sílica (chamadas de *escórias ácidas*) e são

Tabela 13.13 Composições de Sete Materiais Cerâmicos Refratários

Tipo de Material Refratário	Composição (%p)					
	Al₂O₃	*SiO₂*	*MgO*	*Fe₂O₃*	*CaO*	*Outros*
Argila refratária	25–45	70–50	<1	<1	<1	1–2 TiO_2
Argila refratária com alto teor de alumina	50–87,5	45–10	<1	1–2	<1	2–3 TiO_2
Sílica	<1	94–96,5	<1	<1,5	<2,5	
Periclásio	<1	<3	>94	<1,5	<2,5	
Ultra-alto teor de alumina	87,5–99+	<10	—	<1	—	<3 TiO_2
Zirconita	—	34–31	—	<0,3	—	63–66 ZrO_2
Carbeto de silício	12–2	10–2	—	<1	—	80–90 SiC

usados com frequência como vasos de contenção para elas. Contudo, eles são facilmente atacados por escórias que contêm alta proporção de CaO e/ou MgO (escórias básicas), e o contato com esses materiais óxidos deve ser evitado.

Os refratários ricos em periclásio (a forma mineral da magnesita, MgO), minérios de cromo e misturas desses dois minerais são denominados *básicos*; eles também podem conter compostos de cálcio e ferro. A presença de sílica é prejudicial a seu desempenho em temperaturas elevadas. Os refratários básicos são especialmente resistentes ao ataque por escórias que contêm concentrações elevadas de MgO; esses materiais encontram larga aplicação no processo de fabricação de aço a oxigênio básico (BOP – *Basic Oxygen Process*) e em fornos elétricos a arco.

Os refratários com *alumina extra-alta* possuem altas concentrações de alumina – entre 87,5 %p e mais de 99 %p. Esses materiais podem ser expostos a temperaturas acima de 1800 °C sem experimentar a formação de uma fase líquida; além disso, eles são altamente resistentes a choques térmicos. Aplicações comuns incluem o uso em fornos de vidro, fundições de ferro, incineradores de resíduos e revestimentos de fornos cerâmicos.

Outro refratário não argiloso é o mineral zirconita, ou silicato de zircônio ($ZrO_2 \cdot SiO_2$); as faixas de composição para esses refratários comerciais estão indicadas na Tabela 13.13. A característica refratária mais notável da zirconita é sua resistência à corrosão por vidros fundidos a altas temperaturas. Além disso, a zirconita possui uma resistência mecânica relativamente elevada e é resistente aos choques térmicos e à fluência. Sua aplicação mais comum é na construção de fornos para a fusão de vidros.

O carbeto de silício (SiC), outra cerâmica refratária, é produzido por um processo denominado colagem por reação – reagindo areia e coque[1] em um forno elétrico em temperatura elevada (entre 2200 °C e 2480 °C). Areia é a fonte de silício, e coque é a fonte de carbono. As características de resistência a cargas em temperaturas elevadas exibidas pelo SiC são excelentes; ele possui condutividade térmica excepcionalmente alta, e é muito resistente a choques térmicos que podem resultar de rápidas variações na temperatura. O principal uso do SiC é em equipamentos de fornos para suportar e separar peças cerâmicas que estão sendo cozidas.

O carbono e a grafita são muito refratários, mas têm aplicação limitada em razão de sua susceptibilidade à oxidação quando em temperaturas acima de, aproximadamente, 800 °C (1470 °F).

As cerâmicas refratárias estão disponíveis em formas pré-moldadas, que são facilmente instaladas e de uso econômico. Os produtos pré-moldados incluem tijolos, cadinhos e peças estruturais de fornos.

Os refratários monolíticos são comercializados tipicamente como pós ou massas plásticas que são instalados (moldados, despejados, bombeados, borrifados, alimentados) no local. Os tipos de refratários monolíticos incluem os seguintes: argamassas, plásticos, moldáveis, deformáveis e adesivos.

A Figura 13.11 mostra um trabalhador removendo uma amostra de aço fundido de um forno a alta temperatura que está revestido com uma cerâmica refratária.

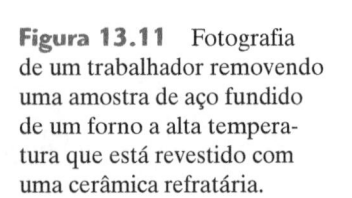

Figura 13.11 Fotografia de um trabalhador removendo uma amostra de aço fundido de um forno a alta temperatura que está revestido com uma cerâmica refratária.

jordachiar/Getty Images

---

[1] Coque é produzido pelo aquecimento de carvão em um forno deficiente de oxigênio, tal que todas as impurezas constituintes voláteis são eliminadas.

Verificação de Conceitos 13.7   Considerando o diagrama de fases para o sistema SiO_2–Al_2O_3 (Figura 10.26), para o seguinte par de composições, qual composição você julga possuir as características refratárias mais desejáveis? Justifique a sua escolha.

20 %p Al_2O_3-80 %p SiO_2

25 %p Al_2O_3-75 %p SiO_2

(A resposta está disponível no GEN-IO, ambiente virtual de aprendizagem do GEN.)

13.8 ABRASIVOS

cerâmica abrasiva

As **cerâmicas abrasivas** (em forma particulada) são usadas para desgastar, esmerilhar ou cortar outros materiais, os quais têm obrigatoriamente menor dureza. A ação abrasiva ocorre pela ação de fricção do abrasivo, sob pressão, contra a superfície a ser desgastada, cuja superfície é removida. O requisito principal para esse grupo de materiais é a dureza ou resistência ao desgaste; a maioria dos materiais abrasivos possui uma dureza de Mohs de pelo menos 7. Além disso, um elevado grau de tenacidade é essencial para assegurar que as partículas abrasivas não fraturem com facilidade. Ainda, podem ser produzidas temperaturas elevadas a partir das forças abrasivas de atrito, tal que também são desejáveis algumas propriedades refratárias. As aplicações comuns para os abrasivos incluem o esmerilhamento, o polimento, a lapidação, a perfuração, o corte, a afiação, o arredondamento e o lixamento. Uma gama de indústrias de fabricação e de alta tecnologia usam esses materiais.

Os materiais abrasivos são algumas vezes classificados como de ocorrência natural (minerais que são extraídos) e fabricados (criados através de um processo de fabricação); alguns abrasivos (por exemplo, diamante) se enquadram em ambas as classificações. Os abrasivos de ocorrência natural incluem os seguintes: diamante, coríndon (óxido de alumínio), esmeril (coríndon impuro), granada, calcita (carbonato de cálcio), pedra-pomes, *rouge* (um óxido de ferro) e areia. Aqueles que se encaixam na categoria dos fabricados são os seguintes: diamante, coríndon, borazon (nitreto de boro cúbico ou CBN – *Cubic Boron Nitride*), carborundum (carbeto de silício), zircônia-alumina e carbeto de boro. Aqueles abrasivos fabricados extremamente duros (por exemplo, diamante, borazon e carbeto de boro) são algumas vezes denominados *superabrasivos*. O abrasivo selecionado para uma aplicação específica dependerá da dureza do material a ser trabalhado, do seu tamanho e da sua forma, assim como do acabamento desejado.

Vários fatores influenciam a taxa de remoção da superfície e o grau de acabamento da superfície. Esses incluem os seguintes:

- Diferença na dureza entre o abrasivo e a peça a ser esmerilhada/polida. Quanto maior essa diferença, mais rápida e profunda a ação de corte.
- Tamanho do grão – quanto maiores (mais grosseiros) os grãos, mais rápida a abrasão e mais grosseira a superfície esmerilhada. Meios abrasivos contendo grãos pequenos (finos) são usados para produzir superfícies lisas e polidas na peça trabalhada. Além disso, todos os meios abrasivos consistem em uma distribuição de tamanhos de grãos (partículas). O tamanho médio das partículas de abrasivos varia entre aproximadamente 1 μm e 2 mm (2000 μm) para os grãos finos e grosseiros, respectivamente.
- A força de contato criada entre o abrasivo e a superfície da peça sendo trabalhada; quanto maior essa força, mais rápida a taxa de abrasão.

Os abrasivos são usados em três formas – como abrasivos colados, abrasivos revestidos e grãos soltos.

- Os abrasivos colados consistem em grãos abrasivos que estão presos dentro de algum tipo de matriz e estão tipicamente colados a um disco (discos de esmerilhamento, polimento e corte) – a ação abrasiva é atingida pela rotação do disco. Os materiais de resina/colagem incluem cerâmicas vítreas, resinas poliméricas, gomas-lacas e borrachas. A estrutura da superfície deve conter alguma porosidade; um escoamento contínuo de correntes de ar ou de refrigerantes líquidos dentro dos poros que envolvem os grãos do refratário previne um aquecimento excessivo. A Figura 13.12 mostra a microestrutura de um abrasivo colado, revelando os grãos do abrasivo, a fase de colagem e os poros. As aplicações dos abrasivos colados incluem as serras para cortar concreto, asfalto, metais, e para dividir amostras para análises metalográficas; e discos para esmerilhar, afiar e desbastar. A fotografia na Figura 13.13 é de uma placa de pressão de revestimento de embreagem que está sendo esmerilhada com um disco de esmeril.

- Os abrasivos revestidos são aqueles em que partículas abrasivas são fixadas (usando um adesivo) a algum tipo de material de base de tecido ou papel; a lixa de papel é provavelmente o exemplo mais familiar. Os materiais de base típicos incluem o papel e vários tipos de tecidos – por exemplo, *rayon*, algodão, poliéster e náilon; os materiais de base podem ser flexíveis ou rígidos. Polímeros são usados comumente como adesivo entre o material de base e as partículas – por exemplo, fenólicos, epóxis, acrilatos e colas. Componentes abrasivos possíveis são alumina, alumina-zircônia, carbeto de silício, granada e os superabrasivos. As aplicações típicas para os abrasivos revestidos são em cintas abrasivas, ferramentas abrasivas manuais e em lapidação (isto é, polimento) de madeira, equipamentos oftálmicos, vidro, plásticos, joias e materiais cerâmicos.
- Moinhos, lixas e discos de polimento empregam, com frequência, grãos soltos de materiais abrasivos, os quais são liberados em algum tipo de meio à base de água ou óleo. As partículas não

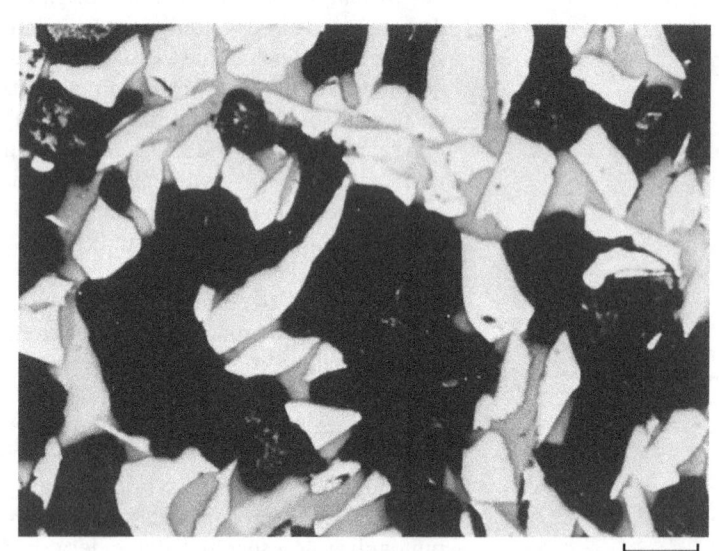

Figura 13.12 Fotomicrografia de um abrasivo cerâmico colado à base de óxido de alumínio. As regiões claras mostram os grãos abrasivos de Al_2O_3; as áreas cinzentas e escuras são a fase de colagem e a porosidade, respectivamente. Ampliação de 100×. (De W. D. Kingery, H. K. Bowen e D. R. Uhlmann, *Introduction to Ceramics*, 2nd edition, p. 568. Copyright © 1976 por John Wiley & Sons. Reimpresso sob permissão de John Wiley & Sons, Inc.)

100 μm

1001slide/iStock/Getty Images

Figura 13.13 Fotografia de uma placa de pressão de revestimento de embreagem que está sendo esmerilhada com um disco de esmeril.

estão ligadas a outra superfície, mas estão livres para rolar ou deslizar; seus tamanhos ficam na faixa do micrômetro e do submicrômetro. Os processos com abrasivos soltos são usados tipicamente em operações de acabamento de alta precisão. Os objetivos da lapidação e do polimento são diferentes. Enquanto o polimento é usado para reduzir a rugosidade da superfície, o propósito da lapidação é melhorar a precisão da forma de um objeto – por exemplo, para aumentar o nivelamento de objetos planos e a esfericidade de esferas. As aplicações típicas para os abrasivos soltos incluem os selos mecânicos, os rolamentos de relógios, os cabeçotes de gravação magnéticos, os substratos de circuitos eletrônicos, as peças automotivas, os instrumentos cirúrgicos e os conectores de fibras óticas.

Deve ser observado que os abrasivos colados (serras de corte), abrasivos revestidos e grãos de abrasivos soltos são usados para cortar, esmerilhar e polir amostras para exames ao microscópio, como discutido na Seção 5.12.

13.9 CIMENTOS

cimento

Vários materiais cerâmicos familiares são classificados como **cimentos** inorgânicos: cimento, gesso de paris e cal, os quais, como um grupo, são produzidos em quantidades extremamente grandes. A característica especial desses materiais é que quando eles são misturados com água formam uma pasta que, subsequentemente, pega e endurece. Esse comportamento é especialmente útil no sentido de que estruturas sólidas e rígidas com praticamente qualquer forma podem ser moldadas com rapidez. Além disso, alguns desses materiais atuam como uma fase de colagem, que aglutina quimicamente agregados particulados em uma única estrutura coesa. Sob tais circunstâncias, o papel do cimento é semelhante ao da fase de colagem vítrea que se forma quando produtos à base de argila e alguns tijolos refratários são cozidos. Uma diferença importante, no entanto, é que no cimento a ligação se desenvolve à temperatura ambiente.

Entre esse grupo de materiais, o cimento Portland é o consumido em maiores quantidades. Ele é produzido pela moagem e mistura íntima de argila e minerais que contêm cal em proporções adequadas, e então pelo aquecimento da mistura em um forno rotativo até aproximadamente 1400 °C

calcinação

(2550 °F); esse processo, algumas vezes chamado de **calcinação**, produz mudanças físicas e químicas nas matérias-primas. O produto resultante, "clínquer", é então moído em um pó muito fino, ao qual se adiciona uma pequena quantidade de gesso ($CaSO_4$–$2H_2O$) para retardar o processo de pega. Esse produto é o cimento Portland. As propriedades do cimento Portland, incluindo seu tempo de pega e sua resistência final, dependem em grande parte de sua composição.

Vários constituintes diferentes são encontrados no cimento Portland, sendo os principais o silicato tricálcico ($3CaO$–SiO_2) e o silicato dicálcico ($2CaO$–SiO_2). A pega e o endurecimento desse material resultam de reações de hidratação relativamente complicadas que ocorrem entre os vários constituintes do cimento e a água que é adicionada. Por exemplo, uma reação de hidratação envolvendo o silicato dicálcico é a seguinte:

$$2CaO - SiO_2 + xH_2O \rightarrow 2CaO - SiO_2 - xH_2O \qquad (13.2)$$

em que x é um valor variável que depende da quantidade de água disponível. Esses produtos hidratados estão na forma de substâncias cristalinas ou géis complexos que formam as ligações de cimentação. As reações de hidratação começam imediatamente após a adição da água ao cimento. Essas reações se manifestam primeiramente na forma de uma pega (o enrijecimento da pasta que antes era plástica), que ocorre logo após a mistura, geralmente em um intervalo de algumas horas. O endurecimento da massa prossegue como o resultado de uma hidratação adicional, em um processo relativamente lento, que pode continuar durante períodos tão longos quanto vários anos. Deve ser enfatizado que o processo pelo qual o cimento endurece não é um processo de secagem, mas sim de hidratação, no qual a água participa efetivamente em uma reação química de união.

O cimento Portland é denominado *cimento hidráulico*, pois sua dureza se desenvolve por reações químicas com a água. É usado principalmente em argamassa e em concreto, para aglutinar, em uma massa coesa, agregados de partículas inertes (areia e/ou cascalho); esses materiais são considerados materiais compósitos (veja a Seção 15.2). Outros materiais de cimentação, tais como a cal, não são hidráulicos; isto é, outros compostos que não a água (por exemplo, o CO_2) estão envolvidos na reação de endurecimento.

Verificação de Conceitos 13.8 Explique por que é importante moer o cimento em um pó fino.

(*A resposta está disponível no GEN-IO, ambiente virtual de aprendizagem do GEN.*)

13.10 CARBONOS

A Seção 3.9 apresentou as estruturas cristalinas de duas formas polimórficas do carbono – o diamante e a grafita. Além disso, as fibras são feitas de materiais à base de carbono que possuem outras estruturas. Nesta seção, vamos discutir essas estruturas e, adicionalmente, as importantes propriedades e aplicações para essas três formas de carbono.

Diamante

As propriedades físicas do diamante são extraordinárias. Quimicamente, ele é muito inerte e resistente ao ataque por uma gama de meios corrosivos. Entre todos os materiais brutos conhecidos, o diamante é o mais duro – como resultado das suas ligações interatômicas do tipo sp^3 que são extremamente fortes. Além disso, entre todos os sólidos, ele possui o mais baixo coeficiente de atrito por deslizamento. Sua condutividade térmica é extremamente elevada, suas propriedades elétricas são notáveis e, opticamente, ele é transparente nas regiões visível e infravermelha do espectro eletromagnético – de fato, o diamante tem a mais ampla faixa de transmissão espectral entre todos os materiais. O alto índice de refração e o brilho óptico dos monocristais tornam o diamante a pedra preciosa de maior valor. Várias propriedades importantes do diamante, assim como de outros materiais à base de carbono, estão listadas na Tabela 13.14.

As técnicas sob alta pressão e alta temperatura (HPHT – *High-Pressure High-Temperature*) para a produção de diamantes sintéticos foram desenvolvidas a partir da metade da década de 1950. Essas técnicas foram refinadas em termos de que atualmente uma grande proporção dos diamantes de qualidade industrial são sintéticos, assim como alguns usados como pedras preciosas.

Os diamantes industriais são usados para muitas aplicações que exploram sua extrema dureza, sua resistência ao desgaste e baixo coeficiente de atrito. Essas aplicações incluem as pontas de brocas e serras revestidas com diamante, as matrizes para trefilação de arames e como abrasivos usados em equipamentos de corte, moagem e polimento (Seção 13.8).

Grafita

Como consequência de sua estrutura (Figura 3.18), a grafita é altamente anisotrópica – os valores das propriedades dependem da direção cristalográfica ao longo da qual elas são medidas. Por exemplo, as resistividades elétricas nas direções paralela e perpendicular ao plano do grafeno são, respectivamente, da ordem de 10^{-5} e 10^{-2} $\Omega \cdot$ m. Os elétrons livres são altamente móveis, e seu movimento

Tabela 13.14 Propriedades do Diamante, Grafita e Carbono (para Fibras)

| | | *Material* | | |
| | | *Grafita* | | |
Propriedade	*Diamante*	*No Plano*	*Fora do Plano*	*Carbono (Fibras)*
Massa específica (g/cm³)	3,51	2,26		1,78–2,15
Módulo de elasticidade (GPa)	700–1200	350	36,5	230–725[a]
Resistência mecânica (MPa)	1050	2500	—	1500–4500[a]
Condutividade térmica (W/m · K)	2000–2500	1960	6,0	11–70[a]
Coeficiente, expansão térmica (10^{-6} K⁻¹)	0,11–1,2	–1	+29	–0,5––0,6[a] 7–10[b]
Resistividade elétrica ($\Omega \cdot$ m)	10^{11}–10^{14}	$1,4 \times 10^{-5}$	1×10^{-2}	$9,5 \times 10^{-6}$–17×10^{-6}

[a]Direção longitudinal da fibra.
[b]Direção transversal (radial) da fibra.

em resposta à presença de um campo elétrico que esteja sendo aplicado em uma direção paralela ao plano é responsável pela resistência relativamente baixa (isto é, alta condutividade) naquela direção. Ainda, como consequência das fracas ligações interplanares de van der Waals, é relativamente fácil para os planos se deslizarem uns em relação aos outros, o que explica as excelentes propriedades de lubrificação da grafita.

Existe uma disparidade significativa entre as propriedades da grafita e do diamante, como pode ser observado na Tabela 13.14. Por exemplo, mecanicamente, a grafita é muito macia e quebradiça, e possui um módulo ou elasticidade significativamente menor. Sua condutividade elétrica no plano é 10^{16} a 10^{19} vezes a do diamante, enquanto a condutividade térmica é aproximadamente a mesma. Além disso, enquanto o coeficiente de expansão térmica para o diamante é relativamente pequeno e positivo, o valor no plano para a grafita é pequeno e negativo, enquanto o coeficiente perpendicular ao plano é positivo e relativamente grande. Além disso, a grafita é opticamente opaca com uma coloração negro-prateada. Outras propriedades desejáveis da grafita incluem boa estabilidade química em temperaturas elevadas e em atmosferas não oxidantes, alta resistência ao choque térmico, alta adsorção de gases e boa usinabilidade.

As aplicações para a grafita são muitas, variadas, e incluem lubrificantes, lápis, eletrodos de baterias, materiais para fricção (por exemplo, sapatas de freio), resistências para fornos elétricos, eletrodos de solda, cadinhos metalúrgicos, refratários e isolantes para altas temperaturas, tubeiras de foguetes, vasos reatores químicos, contatos elétricos (por exemplo, escovas), e dispositivos para purificação do ar.

Fibras de Carbono

Fibras de pequeno diâmetro, alta resistência e alto módulo de elasticidade, compostas por carbono são usadas como reforços em compósitos com matriz polimérica (Seção 15.8). O carbono nessas fibras se encontra na forma de camadas de grafeno. Contudo, dependendo do precursor (isto é, do material a partir do qual as fibras foram feitas) e do tratamento térmico, há diferentes arranjos estruturais nessas camadas de grafeno. Para o que é denominado fibras de *carbono grafíticas*, as camadas de grafeno assumem a estrutura ordenada da grafita – os planos são paralelos uns aos outros e possuem ligações interplanares de van der Waals relativamente fracas. Alternativamente, uma estrutura mais desordenada resulta quando, durante a fabricação, as lâminas de grafeno ficam aleatoriamente dobradas, inclinadas e contorcidas para formar o que se denomina *carbono turbostrático*. Também podem ser sintetizadas as fibras híbridas grafítico-turbostráticas que são compostas por regiões com ambos os tipos de estruturas. A Figura 13.14, uma representação estrutural esquemática de uma fibra híbrida, mostra tanto a estrutura grafítica quanto a turbostrática.[2] As fibras grafíticas possuem tipicamente módulos de elasticidade maiores do que as fibras turbostráticas, enquanto as fibras turbostráticas tendem a ser mais resistentes. Além disso, as propriedades das fibras de carbono são anisotrópicas – os valores para a resistência e o módulo de elasticidade são maiores na direção paralela ao eixo da fibra (a direção longitudinal) do que na direção perpendicular ao eixo da fibra (a direção transversal ou radial). A Tabela 13.14 também lista valores típicos para as propriedades das fibras de carbono.

Uma vez que a maioria dessas fibras é composta tanto pela forma grafítica quanto pela forma turbostrática, o termo *carbono*, em lugar de *grafita*, é usado para denominar essas fibras.

Entre os três tipos de fibras de reforço mais comuns que são usados em compósitos poliméricos reforçados (carbono, vidro e aramida), as fibras de carbono são as que possuem o maior módulo de elasticidade e maior resistência; além disso, são as mais caras. As propriedades dessas três fibras (assim como de outros tipos) são comparadas na Tabela 15.4. Nota-se que os compósitos poliméricos reforçados com fibras de carbono possuem excepcionais razões entre o módulo de elasticidade e o peso e a resistência mecânica e o peso.

13.11 CERÂMICAS AVANÇADAS

Embora as cerâmicas tradicionais discutidas anteriormente correspondam à maior parte da produção, o desenvolvimento de novas cerâmicas, denominadas *cerâmicas avançadas*, teve início e continuará a estabelecer um nicho proeminente em nossas tecnologias de ponta. Em particular, as

---

[2] Outra forma de carbono turbostrático – o *carbono pirolítico* – possui propriedades isotrópicas. Ele é usado extensivamente como um biomaterial, em razão de sua biocompatibilidade com alguns tecidos do corpo.

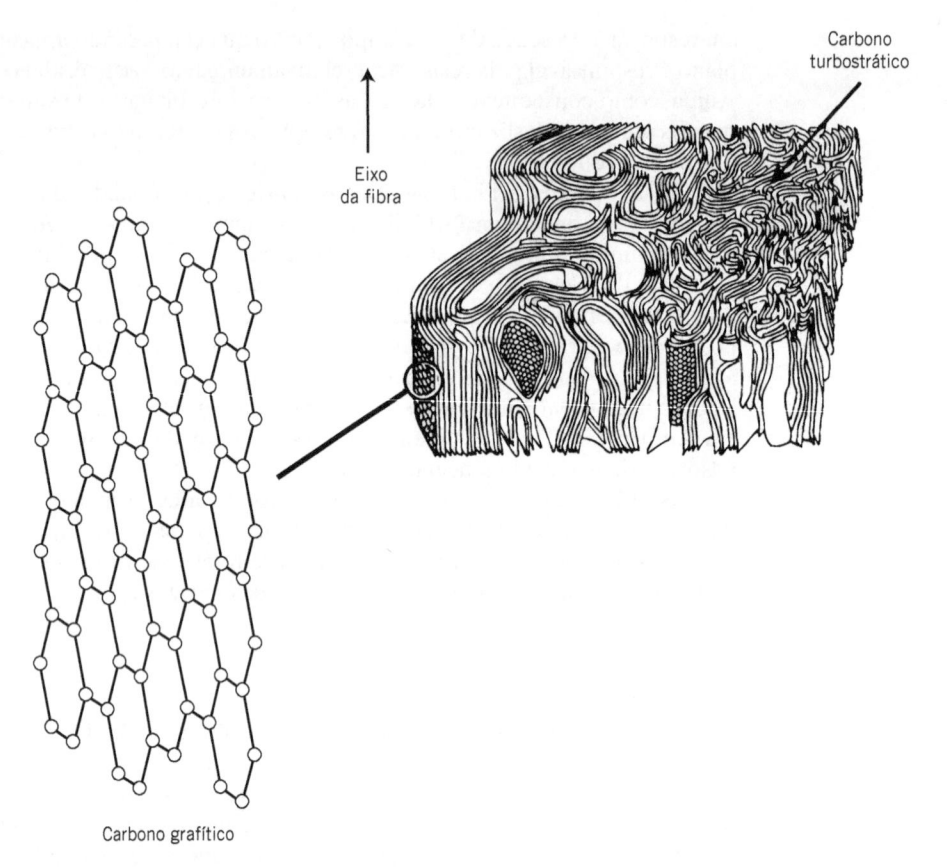

Carbono turbostrático

Eixo da fibra

Carbono grafítico

Figura 13.14 Diagrama esquemático de uma fibra de carbono que mostra tanto a estrutura grafítica quanto a estrutura turbostrática do carbono.
(Adaptado de S. C. Bennett e D. J. Johnson, *Structural Heterogeneity in Carbon Fibres*, "Proceedings of the Fifth London International Carbon and Graphite Conference", Vol. I, Society of Chemical Industry, London, 1978. Reimpresso com permissão de S. C. Bennett e D. J. Johnson.)

propriedades elétricas, magnéticas e ópticas, assim como combinações de propriedades exclusivas das cerâmicas, têm sido exploradas em uma gama de novos produtos; alguns desses produtos são analisados nos Capítulos 12, 18 e 19. As cerâmicas avançadas incluem materiais que são usados em sistemas microeletromecânicos, assim como os nanocarbonos (fullerenos, nanotubos de carbono e grafeno). Esses são discutidos na sequência.

Sistemas Microeletromecânicos

sistema microeletromecânico

Sistemas microeletromecânicos (abreviado *MEMS*, do inglês) são sistemas "inteligentes" em miniatura (Seção 1.5), e consistem em um grande número de dispositivos mecânicos integrados a grandes quantidades de elementos elétricos em um substrato de silício. Os componentes mecânicos são microssensores e microatuadores. Os microssensores coletam informações do ambiente pela medição de fenômenos mecânicos, térmicos, químicos, ópticos e/ou magnéticos. Os componentes microeletrônicos, então, processam essas informações dos sensores e, na sequência, retornam decisões que direcionam as respostas dos dispositivos microatuadores – dispositivos que executam tais respostas, como posicionamento, movimentação, bombeamento, regulagem ou filtragem. Esses dispositivos de atuação incluem eixos, sulcos, engrenagens, motores e membranas, que têm dimensões microscópicas, da ordem de apenas alguns micrômetros de tamanho. A Figura 13.15 é uma micrografia eletrônica de varredura de um MEMS de acionamento de redução para as engrenagens de um trilho linear.

O processamento do MEMS é virtualmente o mesmo utilizado para a produção dos circuitos integrados à base de silício; isso inclui tecnologias de fotolitografia, de implantação de íons, de ataques químicos e de deposição, as quais estão bem consolidadas. Adicionalmente, alguns componentes mecânicos são fabricados usando técnicas de microusinagem. Os componentes dos MEMS são

Figura 13.15 Micrografia eletrônica de varredura mostrando um MEMS de acionamento de redução para as engrenagens de um trilho linear. Esta cadeia de engrenagens converte o movimento de rotação da engrenagem superior esquerda em movimento linear para acionar o trilho linear (canto inferior direito). Ampliação de aproximadamente 100×.
(Cortesia da Sandia National Laboratories, SUMMiT* Technologies, www.mems.sandia.gov.)

100 μm

muito sofisticados, confiáveis e de dimensões minúsculas. Além disso, uma vez que as técnicas de fabricação envolvem operações em batelada, a tecnologia dos MEMS é muito econômica e eficiente em termos de custos.

Existem algumas limitações quanto ao uso do silício nos MEMS. O silício apresenta baixa tenacidade à fratura ($\sim$0,90 MPa $\sqrt{m}$), uma temperatura de amolecimento relativamente baixa (600 °C) e é altamente reativo na presença de água e oxigênio. Consequentemente, no momento estão sendo conduzidas pesquisas que visam ao emprego de materiais cerâmicos – que são mais tenazes, mais refratários e mais inertes – para alguns componentes de MEMS, especialmente para dispositivos de alta velocidade e em nanoturbinas. Os materiais cerâmicos que estamos considerando são os carbonitretos de silício amorfo (ligas de carbeto de silício e nitreto de silício), que podem ser produzidos usando precursores organometálicos.

Um exemplo de aplicação prática dos MEMS é em um acelerômetro (sensor de aceleração/desaceleração), usado na ativação de sistemas de *air bag* em acidentes de automóveis. Para essa aplicação, o componente microeletrônico importante é um microeixo autoportante. Comparado aos sistemas convencionais de *air bag*, as unidades MEMS são menores, mais leves, mais confiáveis e são produzidas a um custo consideravelmente menor.

Aplicações potenciais para MEMS incluem mostradores eletrônicos, unidades de armazenamento de dados, dispositivos de conversão de energia, detectores para produtos químicos (para agentes químicos e biológicos perigosos e para a detecção de drogas) e microssistemas para amplificação e identificação do DNA. Sem dúvida alguma, existem ainda muitas aplicações não identificadas para essa tecnologia de MEMS, as quais no futuro terão impactos profundos sobre nossa sociedade; esses impactos provavelmente ofuscarão os efeitos dos circuitos integrados microeletrônicos ocorridos durante as três últimas décadas.

Nanocarbonos

nanocarbono

Uma classe de materiais de carbono recentemente descoberta, os **nanocarbonos**, que possuem propriedades novas e excepcionais, está sendo atualmente utilizada em algumas tecnologias de ponta, e vai certamente desempenhar um papel importante em aplicações futuras de alta tecnologia. Três nanocarbonos que pertencem a essa classe são os fullerenos, os nanotubos de carbono e o grafeno. O prefixo "nano" indica que o tamanho da partícula é menor que aproximadamente 100 nanômetros. Além disso, os átomos de carbono em cada nanopartícula estão ligados uns aos outros por orbitais híbridos sp^2.[3]

Fullerenos

Um tipo de fullereno, descoberto em 1985, consiste em um aglomerado esférico oco contendo 60 átomos de carbono; uma única molécula é representada por C_{60}. Os átomos de carbono se ligam uns

---

[3] Como ocorre com a grafita, elétrons não localizados estão associados a essas ligações sp^2; essas ligações estão confinadas ao interior da molécula.

aos outros para formar configurações geométricas tanto hexagonais (com seis átomos de carbono) quanto pentagonais (com cinco átomos de carbono). Uma dessas moléculas, mostrada na Figura 13.16, consiste em 20 hexágonos e 12 pentágonos, os quais estão arranjados de maneira tal que não existem dois pentágonos compartilhando um mesmo lado; a superfície molecular exibe, dessa forma, a simetria de uma bola de futebol. O material composto por moléculas de C_{60} é conhecido como *buckminsterfullerene* (ou, abreviadamente, *buckyball* = *buckybola*), em homenagem a R. Buckminster Fuller, que inventou o domo geodésico; cada molécula de C_{60} é simplesmente uma réplica, em escala molecular, desse tipo de domo. O termo *fullereno* é usado para identificar a classe dos materiais compostos por esse tipo de molécula.[4]

No estado sólido, as unidades C_{60} formam uma estrutura cristalina e se compactam segundo uma matriz cúbica centrada nas faces. Esse material é chamado de *fullerita*, e a Tabela 13.15 lista algumas de suas propriedades.

Uma variedade de compostos do tipo fullereno foi desenvolvida, os quais possuem características químicas, físicas e biológicas não usuais, e que estão sendo usados, ou que possuem o potencial para serem usados, em uma gama de novas aplicações. Alguns desses compostos envolvem átomos ou grupos de átomos que estão encapsulados no interior da gaiola de átomos de carbono (e são denominados fullerenos endoédricos). Nos outros compostos, os átomos, íons ou aglomerados de átomos estão fixados pelo lado exterior da casca de fullereno (fullerenos exoédricos).

Os usos e as aplicações potenciais dos fullerenos incluem antioxidantes em produtos de higiene pessoal, biofarmacêuticos, catalisadores, células solares orgânicas, baterias de vida longa, supercondutores para altas temperaturas, e ímãs moleculares.

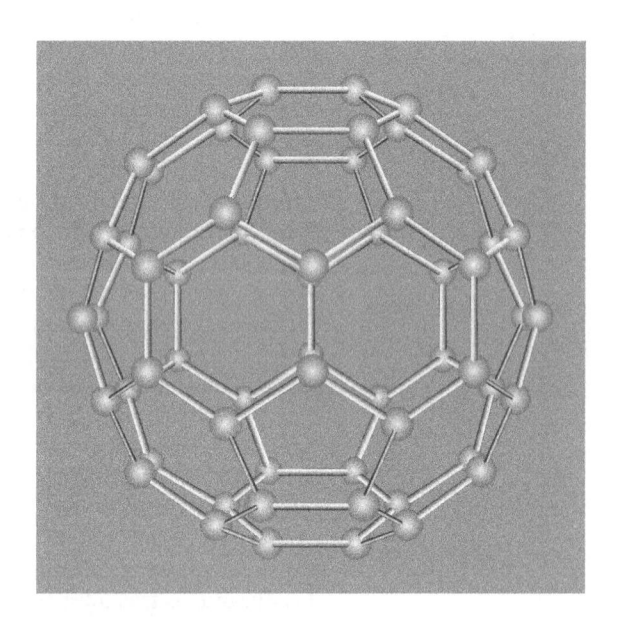

Figura 13.16 Estrutura de uma molécula de fullereno C_{60} (esquemática).

Tabela 13.15 Propriedades de Nanomateriais à Base de Carbono

	Material		
Propriedade	C_{60} *(Fullerita)*	*Nanotubos de Carbono (Parede Única)*	*Grafeno (No Plano)*
Massa específica (g/cm³)	1,69	1,33–1,40	—
Módulo de elasticidade (GPa)	—	1000	1000
Resistência mecânica (MPa)	—	13.000–53.000	130,000
Condutividade térmica (W/m · K)	0,4	~2000	3000–5000
Coeficiente, expansão térmica (10^{-6} K^{-1})	—	—	~–6
Resistividade elétrica (Ω · m)	10^{14}	10^{-6}	10^{-8}

[4] Existem moléculas de fullereno além das C_{60} (por exemplo, C_{50}, C_{70}, C_{76}, C_{84}) que também formam aglomerados ocos em forma de esfera. Cada um desses aglomerados é composto por 12 pentágonos, enquanto o número de hexágonos é variável.

Nanotubos de Carbono

Outra forma molecular do carbono foi descoberta recentemente, com algumas propriedades únicas e tecnologicamente promissoras. Sua estrutura consiste em uma única lâmina de grafita (isto é, grafeno), enrolada na forma de um tubo, e que está representada esquematicamente na Figura 13.17; o termo *nanotubo de carbono com parede única* (abreviado do inglês como SWCNT = *single-walled carbon nanotube*) é usado para definir essa estrutura. Cada nanotubo é uma única molécula composta por milhões de átomos; o comprimento dessa molécula é muito maior (da ordem de milhares de vezes maior) que seu diâmetro. Também existem nanotubos de carbono com paredes múltiplas (MWCNT = *multiple-walled carbon nanotubes*), que são compostos por cilindros concêntricos.

Os nanotubos são extremamente resistentes e rígidos, além de relativamente dúcteis. Para os nanotubos com parede única, os limites de resistência à tração medidos variam entre 13 e 53 GPa (aproximadamente uma ordem de grandeza acima dos limites das fibras de carbono, quais sejam, entre 2 e 6 GPa); esse é um dos materiais mais resistentes conhecidos. Os valores para o módulo de elasticidade são da ordem de um terapascal [TPa (1 TPa = 10^3 GPa)], com deformações na fratura entre aproximadamente 5 % e 20 %. Adicionalmente, os nanotubos apresentam massas específicas relativamente baixas. Várias propriedades de nanotubos com parede única estão apresentadas na Tabela 13.15.

Com base na sua resistência mecânica extraordinariamente alta, os nanotubos de carbono têm potencial para serem usados em aplicações estruturais. A maioria das aplicações atuais, no entanto, está limitada ao uso de nanotubos no estado bruto – conjuntos desorganizados de segmentos de tubos. Dessa forma, os materiais compostos por nanotubos no estado bruto muito provavelmente jamais atingirão resistências comparáveis às dos tubos individuais. Os nanotubos em estado bruto estão sendo utilizados atualmente como reforços em nanocompósitos com matriz polimérica (Seção 15.16) para melhorar não apenas a resistência mecânica, mas também as propriedades térmicas e elétricas.

Os nanotubos de carbono também apresentam características elétricas únicas e são sensíveis à estrutura. Dependendo da orientação das unidades hexagonais no plano do grafeno (isto é, na parede do tubo) em relação ao eixo do tubo, o nanotubo pode comportar-se eletricamente tanto como metal quanto como semicondutor. Como metal, eles têm potencial para serem usados como fiação em circuitos de pequena escala. No estado semicondutor, eles podem ser usados para transistores e diodos. Além disso, os nanotubos são excelentes emissores de campo elétrico. Nessa condição, eles podem ser usados em monitores de tela plana (por exemplo, em telas de televisão e monitores de computador).

Outras aplicações potenciais são várias e numerosas, e incluem as seguintes:

- Células solares mais eficientes
- Capacitores melhores para substituir as baterias
- Aplicações envolvendo a remoção de calor
- Tratamentos de câncer (para alvejar e destruir células cancerosas)
- Aplicações como biomateriais (por exemplo, pele artificial, monitoramento e avaliação dos tecidos engenheirados)

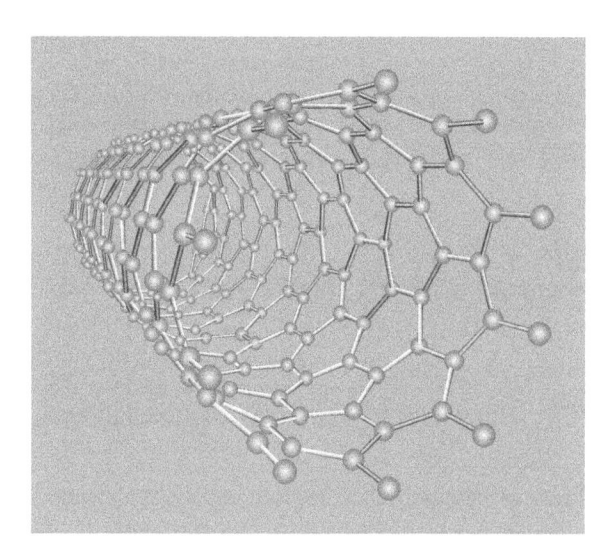

Figura 13.17 Estrutura de um nanotubo de carbono com parede única (esquemática).

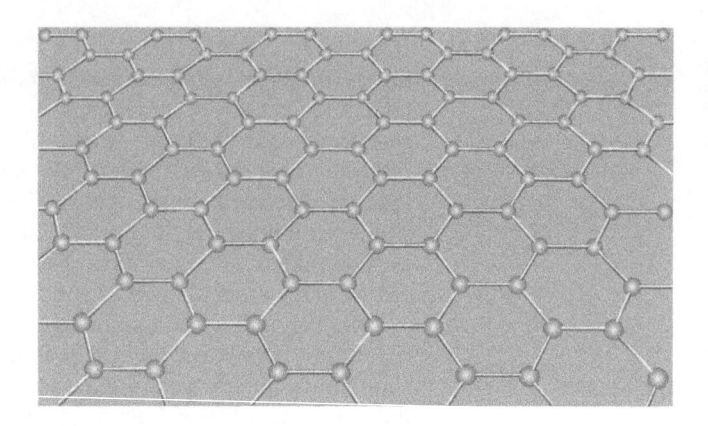

Figura 13.18 Estrutura de uma camada de grafeno (esquemática).

- Armadura para o corpo
- Estações municipais de tratamento de água (para uma remoção mais eficiente de poluentes e contaminantes)

Grafeno

O grafeno, o membro mais novo dos nanocarbonos, consiste em uma única camada atômica de grafita, composta por átomos de carbono hexagonalmente ligados por ligações sp^2 (Figura 13.18). Essas ligações são extremamente resistentes e ainda assim flexíveis, o que permite que as lâminas se dobrem. O primeiro material à base de grafeno foi produzido pelo desfolhamento de uma peça de grafita, camada por camada, usando uma fita adesiva plástica até que restasse uma única camada de carbono.[5] Embora o grafeno puro ainda seja produzido usando essa técnica (que é muito cara), foram desenvolvidos outros processos que produzem grafeno de alta qualidade a custos muito menores.

Duas características do grafeno o tornam um material excepcional. Em primeiro lugar, a ordem perfeita que é encontrada nas suas lâminas – não existem defeitos, tais como lacunas; além disso, essas lâminas são extremamente puras – estão presentes apenas átomos de carbono. A segunda característica está relacionada com a natureza dos elétrons não ligados: a uma temperatura ambiente, eles se movem muito mais rapidamente que os elétrons de condução nos metais e materiais semicondutores ordinários.[6]

Em termos de suas propriedades (algumas das quais estão listadas na Tabela 13.15), o grafeno poderia ser chamado de "material definitivo". Ele é o material mais resistente conhecido (~130 GPa), o melhor condutor térmico (~5000 W/m · K) e possui a mais baixa resistividade elétrica (10^{-8} Ω · m) – ou seja, é o melhor condutor elétrico. Adicionalmente, ele é transparente, quimicamente inerte e possui um módulo de elasticidade comparável ao de outros nanocarbonos (~1 TPa).

Dado esse conjunto de propriedades, o potencial tecnológico para o grafeno é enorme e espera-se que ele revolucione muitas indústrias, incluindo as indústrias eletrônica, de energia, transportes, medicina/biotecnologia e aeronáutica. Contudo, antes de essa revolução poder ter seu início, devem ser concebidos métodos econômicos e confiáveis para a produção em massa do grafeno.

A seguir é apresentada uma lista reduzida dessas aplicações potenciais para o grafeno: *eletrônicos* – telas sensíveis ao toque (*touch-screen*), tinta condutora para impressão eletrônica, condutores transparentes, transistores, dissipadores de calor; *energia* – células solares poliméricas, catalisadores em células de combustível, eletrodos de baterias, supercapacitores; *medicina/biotecnologia* – músculos artificiais, biossensores para enzimas e DNA, imagens fotográficas; *aeronáutica* – sensores químicos (para explosivos) e nanocompósitos para componentes estruturais de aeronaves (Seção 15.16).

Tipos de Polímeros

Existem muitos materiais poliméricos diferentes que nos são familiares e que têm grande variedade de aplicações; de fato, uma maneira de classificar esses materiais é de acordo com sua aplicação final. Nesse sistema, os vários tipos de polímeros compreendem os plásticos, os elastômeros (ou

---

[5] Esse processo é conhecido como *esfoliação micromecânica*, ou *método da fita adesiva*.
[6] Esse fenômeno é chamado de *condução balística*.

borrachas), as fibras, os revestimentos, os adesivos, as espumas, e os filmes. Dependendo de suas propriedades, um polímero específico pode ser usado em duas ou mais dessas categorias de aplicação. Por exemplo, um plástico, se dotado de ligações cruzadas e usado acima de sua temperatura de transição vítrea, pode se constituir em um elastômero satisfatório. Ou então, um material para a fabricação de fibras pode ser usado como um plástico se não for estirado na forma de filamentos. Essa parte deste capítulo inclui uma discussão sucinta de cada um desses tipos de polímeros.

13.12 PLÁSTICOS

plástico

Possivelmente, o maior número de materiais poliméricos diferentes se enquadra sob a classificação dos plásticos. Os **plásticos** são materiais que apresentam alguma rigidez estrutural sob carga e são usados em aplicações de uso geral. O polietileno, polipropileno, cloreto de polivinila, poliestireno e os fluorocarbonos, epóxis, fenólicos e poliésteres podem ser classificados como plásticos. Eles têm grande variedade de combinações de propriedades. Alguns plásticos são muito rígidos e frágeis (Figura 7.22, curva *A*). Outros são flexíveis, exibindo tanto deformações elásticas quanto plásticas quando submetidos a uma tensão e, algumas vezes, apresentam uma deformação considerável antes da fratura (Figura 7.22, curva *B*).

Os polímeros que se enquadram nessa classificação podem apresentar qualquer grau de cristalinidade, e todas as estruturas e configurações moleculares (linear, ramificada, isotática etc.) são possíveis. Os materiais plásticos podem ser termoplásticos ou termofixos; de fato, essa é a maneira pela qual eles são geralmente subclassificados. Entretanto, para serem considerados plásticos, os polímeros lineares ou ramificados devem ser usados em temperaturas abaixo de sua temperatura de transição vítrea (se forem amorfos) ou abaixo de suas temperaturas de fusão (se forem semicristalinos) ou, então, devem ter ligações cruzadas suficientes para que suas formas sejam mantidas. Os nomes comerciais, as características e as aplicações típicas de inúmeros plásticos são fornecidos na Tabela 13.16.

Tabela 13.16 Nomes Comerciais, Características e Aplicações Típicas para Inúmeros Materiais Plásticos

Tipo de Material	Nomes Comerciais	Principais Características de Aplicação	Aplicações Típicas
		Termoplásticos	
Acrilonitrila-butadieno-estireno (ABS)	Abson Cycolac Kralastic Lustran Lucon Novodur	Excepcionais resistência mecânica e tenacidade, resistente à distorção térmica; boas propriedades elétricas; inflamável e solúvel em alguns solventes orgânicos	Aplicações sob o capô de automóveis, revestimentos de refrigeradores, carcaças de computadores e televisores, brinquedos, dispositivos de segurança em autoestradas
Acrílicos [poli(metil metacrilato)]	Acrylite Diakon Lucite Paraloid Plexiglas	Excepcional transmissão da luz e resistência às intempéries; propriedades mecânicas apenas regulares	Lentes, janelas transparentes em aeronaves, equipamentos de desenho, banheiras e boxes de chuveiros
Fluorocarbonos (PTFE ou TFE)	Teflon Fluon Halar Hostaflon TF Neoflon	Quimicamente inertes em quase todos os ambientes, excelentes propriedades elétricas; baixo coeficiente de atrito; podem ser usados a até 260 °C (500 °F); relativamente pouco resistentes e propriedades de escoamento a frio ruins	Vedações anticorrosivas, válvulas e tubulações para produtos químicos, mancais, isolamentos de fios e cabos, revestimentos antiadesivos, peças de componentes eletrônicos para operação em altas temperaturas
Poliamidas (náilons)	Nylon (Náilon) Akulon Durethan Fostamid Nomex Ultramid Zytel	Boa resistência mecânica, resistência à abrasão, e tenacidade; baixo coeficiente de atrito; absorve água e outros líquidos	Mancais, engrenagens, cames, buchas, manoplas e revestimentos para fios e cabos, fibras para carpete, mangueiras e reforços para correias

(continua)

Tabela 13.16 Nomes Comerciais, Características e Aplicações Típicas para Inúmeros Materiais Plásticos (*continuação*)

Tipo de Material	Nomes Comerciais	Principais Características de Aplicação	Aplicações Típicas
Policarbonatos	Calibre Iupilon Lexan Makrolon Novarex	Dimensionalmente estáveis; baixa absorção de água; transparentes; muito boa resistência ao impacto e ductilidade; a resistência química não é excepcional	Capacetes de segurança, lentes, globos de luz, bases para filmes fotográficos, carcaças de baterias automotivas
Polietilenos	Alathon Alkathene Fortiflex Hifax Petrothene Rigidex Zemid	Quimicamente resistente e isolante elétrico; tenaz e coeficiente de atrito relativamente baixo; baixa resistência mecânica e resistência ruim às intempéries	Garrafas flexíveis, brinquedos, copos, peças de baterias, bandejas de gelo, filmes para embalagem de materiais, tanques de combustível de automóveis
Polipropilenos	Hicor Meraklon Metocene Polypro Pro-fax Propak Propathene	Resistente à distorção pelo calor; excelentes propriedades elétricas e resistência à fadiga; quimicamente inerte; relativamente barato; resistência ruim à luz ultravioleta	Garrafas esterilizáveis, filmes para embalagens, painéis para os pés em automóveis, fibras, bagagens
Poliestirenos	Avantra Dylene Innova Lutex Styron Vestyron	Excelentes propriedades elétricas e clareza óptica; boa estabilidade térmica e dimensional; relativamente barato	Azulejos de paredes, carcaças de baterias, brinquedos, painéis de iluminação interna, carcaças de utensílios, embalagens
Vinis	Dural Formolon Geon Pevikon Saran Tygon Vinidur	Bons materiais de custo reduzido para uso geral; ordinariamente rígidos, mas podem ser tornados flexíveis pela adição de plastificantes; são copolimerizados com frequência; suscetíveis a distorção térmica	Revestimentos para pisos, tubulações, isolamento elétrico de fios, mangueiras de jardim, embalagem com encolhimento
Poliésteres (PET ou PETE)	Crystar Dacron Eastapak HiPET Melinex Mylar Petra	Um dos filmes plásticos mais tenazes e resistentes; excelentes resistências à fadiga e ao rasgamento e resistência à umidade, ácidos, graxas, óleos e solventes	Filmes orientados, vestimentas, cabos de pneus de automóveis, vasilhames de bebidas
		Polímeros Termofixos	
Epóxis	Araldite Epikote Lytex Maxive Sumilite Vipel	Excelente combinação de propriedades mecânicas e resistência à corrosão; dimensionalmente estáveis; boa adesão; relativamente baratos; boas propriedades elétricas	Moldes elétricos, ralos, adesivos, revestimentos protetores, usados em laminados de fibra de vidro
Fenólicos	Bakelite Duralite Milex Novolac Resole	Excelente estabilidade térmica até mais de 150 °C (300 °F); podem ser combinados com um grande número de resinas, enchimentos etc.; baratos	Carcaças de motores, adesivos, placas de circuitos, tomadas elétricas
Poliésteres	Aropol Baygal Derakane Luytex Vitel	Excelentes propriedades elétricas e baixo custo; podem ser formulados para uso à temperatura ambiente ou elevada; geralmente reforçados com fibras	Capacetes, barcos em fibra de vidro, componentes de carrocerias de automóveis, cadeiras, ventiladores

Fonte: Adaptado de C. A. Harper (Editor), *Handbook of Plastics and Elastomers*. Copyright © 1975 por McGraw-Hill Book Company. Reproduzido com permissão.

Vários plásticos exibem propriedades especialmente excepcionais. Para aplicações em que a transparência óptica é crítica, o poliestireno e o poli(metil metacrilato) são especialmente bem adequados; entretanto, é essencial que o material seja altamente amorfo ou, se for semicristalino, que tenha cristalitos muito pequenos. Os fluorocarbonos têm baixo coeficiente de atrito e são extremamente resistentes ao ataque por uma gama de produtos químicos, mesmo em temperaturas relativamente elevadas. São usados como revestimentos não aderentes em utensílios de cozinha, em mancais e buchas, e para a fabricação de componentes eletrônicos que operam em temperaturas elevadas.

M A T E R I A I S   D E   I M P O R T Â N C I A

Bolas de Bilhar Fenólicas

Até aproximadamente 1912, virtualmente todas as bolas de bilhar eram feitas de marfim, proveniente das presas de elefantes. Para que uma bola rolasse com perfeição, ela precisava ser confeccionada a partir de marfim de alta qualidade, que vinha do centro de presas isentas de defeitos – uma presa em cada cinquenta apresentava a consistência de massa específica necessária. Naquela época, o marfim estava se tornando escasso e caro, conforme mais e mais elefantes estavam sendo mortos (e o bilhar se tornava cada vez mais popular). Havia então, e ainda há, uma séria preocupação em relação a reduções nas populações de elefantes e em sua eventual extinção devido aos caçadores de marfim, de modo que alguns países impuseram, e ainda impõem, restrições severas à importação de marfim e de produtos à base de marfim.

Consequentemente, foram buscados substitutos para o marfim nas bolas de bilhar. Uma das primeiras alternativas foi uma mistura prensada de polpa de madeira e pó de osso; esse material mostrou-se bastante insatisfatório. A substituição mais adequada, e que ainda é usada para as bolas de bilhar nos dias de hoje, é um dos primeiros polímeros sintéticos – o fenol-formaldeído, algumas vezes também chamado de *fenólico*.

A invenção desse material constitui um dos eventos importantes e interessantes nos anais dos polímeros sintéticos. Leo Baekeland foi o descobridor do processo para a síntese do fenol-formaldeído. Como um jovem e muito brilhante Ph.D. em química, ele emigrou da Bélgica para os Estados Unidos no início do século XX. Pouco depois de sua chegada, iniciou uma pesquisa para a criação de uma goma-laca sintética para substituir o material natural, que era então relativamente caro para ser fabricado; a goma-laca era, e ainda é, usada como um verniz, um preservativo para a madeira, e como um isolante elétrico na então emergente indústria elétrica. Seus esforços eventualmente levaram à descoberta de que um substituto adequado poderia ser sintetizado pela reação entre o fenol [ou ácido carbólico (C_6H_5OH), um material cristalino branco] e o formaldeído (HCHO, um gás incolor e venenoso) sob condições controladas de calor e pressão. O produto dessa reação foi um líquido que na sequência endurecia em um sólido transparente e de cor âmbar. Baekeland chamou seu novo material de bakelite (em português, baquelite); atualmente, utilizamos os nomes genéricos *fenol-formaldeído* ou simplesmente *fenólico*. Logo após sua descoberta, a baquelite foi identificada como o material sintético ideal para a fabricação de bolas de bilhar (como mostram as fotografias na abertura deste capítulo).

O fenol-formaldeído é um polímero termofixo e apresenta uma variedade de propriedades desejáveis; para um polímero, ele é muito resistente ao calor e muito duro; é menos frágil do que muitos dos materiais cerâmicos; é muito estável e não reage com a maioria das soluções e solventes comuns; e não lasca, esmaece ou descolora com facilidade. Além disso, é um material relativamente barato e os fenólicos modernos podem ser produzidos com grande variedade de cores. As características elásticas desse polímero são muito semelhantes àquelas do marfim; quando as bolas de bilhar fenólicas colidem, elas emitem o mesmo som de choque que as bolas de marfim. Outros usos desse importante material polimérico são fornecidos na Tabela 13.16.

13.13 ELASTÔMEROS

As características e o mecanismo de deformação dos elastômeros foram tratados anteriormente (Seção 8.9). A discussão atual, portanto, concentra-se nos tipos de materiais elastoméricos.

A Tabela 13.17 lista as propriedades e aplicações de alguns elastômeros comuns; essas propriedades são típicas e dependem do grau de vulcanização e se qualquer reforço foi usado ou não. A borracha natural ainda é empregada em larga escala, pois apresenta uma combinação excepcional de propriedades desejáveis. No entanto, o elastômero sintético mais importante é o SBR, usado predominantemente nos pneus de automóveis, reforçado com negro de fumo. O NBR, que é altamente resistente à degradação e ao intumescimento, é outro elastômero sintético comum.

Tabela 13.17 Características Importantes e Aplicações Típicas para Cinco Elastômeros Comerciais

Tipo Químico	*Nomes Comerciais (Comuns)*	*Alongamento (%)*	*Faixa de Temperatura Útil [°C (°F)]*	*Principais Características de Aplicação*	*Aplicações Típicas*
Poli-isopreno natural	Borracha natural (*Natural rubber –* NR)	500–760	–60 a 120 (–75 a 250)	Excelentes propriedades físicas; boa resistência ao corte, entalhe e abrasão; baixas resistências ao calor, ao ozônio e a óleos; boas propriedades elétricas	Pneus e tubos; biqueiras e solas; gaxetas; mangueira extrudada
Copolímero estireno-buta-dieno	GRS, Buna S (SBR)	450–500	–60 a 120 (–75 a 250)	Boas propriedades físicas; excelente resistência à abrasão; não tem resistência a óleos, ao ozônio ou a intempéries; boas propriedades elétricas, porém não excepcionais	As mesmas que a borracha natural
Copolímero acrilonitri-la-butadieno	Buna A, Nitrila (NBR)	400–600	–50 a 150 (–60 a 300)	Excelente resistência a óleos vegetais, animais e petróleo; propriedades ruins a baixas temperaturas; as propriedades elétricas não são excepcionais	Mangueiras para gasolina, produtos químicos e óleos; selos e O-rings; biqueiras e solas; brinquedos
Cloropreno	Neoprene (CR)	100–800	–50 a 105 (–60 a 225)	Excelente resistência ao ozônio, calor e intempéries; boa resistência a óleos; excelente resistência a chamas; não é tão bom em aplicações elétricas quanto a borracha natural	Fios e cabos; revestimentos de tanques para produtos químicos; correias, mangueiras, vedações e gaxetas
Polissiloxano	Silicone (VMQ)	100–800	–115 a 315 (–175 a 600)	Excelente resistência a temperaturas altas e baixas; baixa resistência mecânica; excelentes propriedades elétricas	Isolamento para temperaturas altas e baixas; vedações, diafragmas; tubos para aplicações médicas e para alimentos

Fontes: Adaptado de C. A. Harper (Editor), *Handbook of Plastics and Elastomers*. Copyright © 1975 por McGraw-Hill Book Company, reproduzido com permissão; e Materials Engineering's *Materials Selector*, copyright Penton/IPC.

Para muitas aplicações (por exemplo, nos pneus de automóveis), as propriedades mecânicas até mesmo das borrachas vulcanizadas não são satisfatórias em termos do limite de resistência à tração, das resistências à abrasão e ao rasgamento, e da rigidez. Essas características podem ser melhoradas com o uso de aditivos, tais como o negro de fumo (Seção 15.2).

Finalmente, devem ser mencionadas as borrachas à base de silicone. Nesses materiais, a cadeia principal é feita de átomos alternados de silício e oxigênio:

$$\left(\begin{array}{c} R \\ | \\ Si - O \\ | \\ R' \end{array}\right)_n$$

em que R e R' representam átomos ligados lateralmente, tais como o hidrogênio, ou grupos de átomos, tais como o CH_3. Por exemplo, o polidimetilsiloxano tem a unidade repetida

$$\left(\begin{array}{c} CH_3 \\ | \\ Si - O \\ | \\ CH_3 \end{array}\right)_n$$

Obviamente, como elastômeros, esses materiais apresentam ligações cruzadas.

Os silicones elastoméricos têm um alto grau de flexibilidade em temperaturas baixas [de até –90 °C (–130 °F)] e ainda assim são estáveis em temperaturas tão elevadas quanto 250 °C (480 °F). Além disso, eles são resistentes às intempéries e aos óleos lubrificantes, o que os torna particularmente desejáveis para aplicações nos compartimentos de motores de automóveis. A biocompatibilidade é outra de suas vantagens e, portanto, eles são empregados com frequência em aplicações em medicina, tais como em tubos para sangue. Uma característica atrativa adicional é que algumas borrachas de silicone vulcanizam na temperatura ambiente. [Borrachas RTV (*Room Temperature Vulcanization* – RTV).]

Verificação de Conceitos 13.9 Durante os meses de inverno, a temperatura em algumas partes do Alasca pode ser tão baixa quanto –55 °C (–65 °F). Entre os elastômeros isopreno natural, estireno-butadieno, acrilonitrila-butadieno, cloropreno e polissiloxano, qual(is) seria(m) adequado(s) para pneus de automóveis sob essas condições? Por quê?

Verificação de Conceitos 13.10 Os polímeros à base de silicone podem ser preparados para existir como líquidos à temperatura ambiente. Cite diferenças na estrutura molecular entre eles e os silicones elastoméricos. *Sugestão*: Pode ser útil consultar as Seções 4.5 e 8.19.

(*As respostas estão disponíveis no GEN-IO, ambiente virtual de aprendizagem do GEN.*)

13.14 FIBRAS

fibra

Os polímeros para fabricação de **fibras** são capazes de serem estirados em longos filamentos com uma razão entre seu comprimento e seu diâmetro de pelo menos 100:1. A maioria das fibras poliméricas comerciais é usada na indústria têxtil, tecidas ou costuradas em panos ou tecidos. Além disso, as fibras aramidas são empregadas em materiais compósitos (Seção 15.8). Para ser útil como material têxtil, uma fibra polimérica deve ter uma gama de propriedades físicas e químicas bem restritas. Quando em uso, as fibras podem ser submetidas a diversas deformações mecânicas – estiramento, torção, cisalhamento e abrasão. Consequentemente, elas devem apresentar um limite elevado de resistência à tração (em uma faixa de temperaturas relativamente ampla) e um alto módulo de elasticidade, assim como resistência à abrasão. Essas propriedades são controladas pela composição química das cadeias poliméricas e também pelo processo de estiramento das fibras.

Os pesos moleculares dos materiais para a fabricação de fibras devem ser relativamente elevados, ou o material fundido terá muito pouca resistência e se quebrará durante o processo de estiramento. Além disso, uma vez que o limite de resistência à tração aumenta com o grau de cristalinidade, a estrutura e a configuração das cadeias devem permitir a produção de um polímero altamente cristalino. Isso se traduz em uma exigência por cadeias lineares e sem ramificações, que sejam simétricas e que apresentem unidades repetidas regulares. A presença de grupos polares no polímero também melhora as propriedades de conformação das fibras, pelo aumento tanto da cristalinidade quanto das forças intermoleculares entre as cadeias.

A conveniência de lavar e conservar os tecidos depende principalmente das propriedades térmicas da fibra polimérica, isto é, de suas temperaturas de fusão e de transição vítrea. As fibras poliméricas também devem exibir estabilidade química junto a uma variedade considerável de ambientes, incluindo meios ácidos e básicos, alvejantes, solventes de lavagem a seco e à luz do sol. Além disso, elas devem ser relativamente não inflamáveis e suscetíveis à secagem.

13.15 APLICAÇÕES DIVERSAS

Revestimentos

Com frequência, revestimentos são aplicados às superfícies de materiais para servir a uma ou mais das seguintes funções: (1) proteger o item contra um ambiente capaz de produzir reações corrosivas ou de deterioração; (2) melhorar a aparência do item; e (3) proporcionar isolamento elétrico. Muitos dos componentes presentes nos materiais usados como revestimentos são polímeros, a maioria dos quais de origem orgânica. Esses revestimentos orgânicos se enquadram em *várias classificações diferentes: tintas, vernizes, esmaltes, lacas e gomas.*

Muitos revestimentos comuns são *látexes*. Um látex consiste em uma suspensão estável de pequenas partículas insolúveis de polímeros que estão dispersas em água. Esses materiais se tornaram cada vez mais populares, pois não contêm grandes quantidades de solventes orgânicos que são emitidos para o meio ambiente – isto é, eles apresentam baixas emissões de compostos orgânicos voláteis (*volatile organic compound* – VOC). Os VOCs reagem na atmosfera para produzir *smog.*[7] Os grandes usuários de revestimentos, tais como os fabricantes de automóveis, continuam a reduzir as suas emissões de VOC para atender às regulamentações do meio ambiente.

Adesivos

adesivo **Adesivo** é uma substância usada para unir as superfícies de dois materiais sólidos (denominados aderentes). Existem dois tipos de mecanismos de união: mecânico e químico. Na colagem mecânica há uma efetiva penetração do adesivo no interior dos poros e reentrâncias na superfície. A colagem química envolve forças intermoleculares entre o adesivo e o aderente, forças essas que podem ser covalentes e/ou de van der Waals; o grau de ligações de van der Waals é aumentado quando o material adesivo contém grupos polares.

Embora os adesivos naturais (cola animal, caseína, amido e rosina) ainda sejam usados para muitas aplicações, foi desenvolvida uma gama de novos materiais adesivos com base em polímeros sintéticos; esses incluem poliuretanas, polissiloxanos (silicones), epóxis, poli-imidas, acrílicos e materiais à base de borrachas. Os adesivos podem ser usados para unir uma grande variedade de materiais – metais, cerâmicas, polímeros, compósitos, pele etc. – e a escolha de qual adesivo deve ser usado dependerá de fatores como (1) os materiais a serem unidos e suas porosidades; (2) as propriedades adesivas necessárias (isto é, se a colagem deve ser temporária ou permanente); (3) as temperaturas de exposição máxima/mínima; e (4) as condições de processamento.

Para todos os adesivos, à exceção daqueles sensíveis à pressão (que serão discutidos a seguir), o material adesivo é aplicado como um líquido de baixa viscosidade, de forma a cobrir por igual e completamente as superfícies a serem aderidas e a permitir máximas interações de colagem. A efetiva união por colagem se forma conforme o adesivo passa por uma transição do estado líquido para o sólido (ou cura), o que pode ser realizado por um processo físico (por exemplo, cristalização, evaporação do solvente) ou por um processo químico [por exemplo, polimerização (Seção 14.11), vulcanização]. As características de uma união bem feita devem incluir elevadas resistências ao cisalhamento, à escamação e à fratura.

A união com adesivos oferece algumas vantagens em relação a outras tecnologias de união (por exemplo, rebitagem, aparafusagem e soldagem), que incluem pesos mais leves, a habilidade de unir materiais diferentes e componentes finos, melhor resistência à fadiga e menores custos de fabricação. Além disso, essa é a tecnologia escolhida quando são essenciais o posicionamento exato dos componentes e a velocidade de processamento. A grande desvantagem das uniões por adesivo é a limitação da temperatura de serviço; os polímeros mantêm sua integridade mecânica apenas em temperaturas relativamente baixas, e a resistência diminui rapidamente com o aumento da temperatura. A temperatura máxima possível para o uso contínuo de alguns polímeros recentemente desenvolvidos é de 300 °C. As juntas adesivas são encontradas em um grande número de aplicações, especialmente nas indústrias aeroespacial, automotiva e de construção, em embalagens e em alguns produtos domésticos.

Uma classe especial desse grupo de materiais consiste nos adesivos sensíveis à pressão (ou materiais autoadesivos), tais como aqueles encontrados nas fitas autoadesivas, em rótulos e selos postais. Esses materiais são projetados para aderir a praticamente qualquer superfície, por contato e aplicação de uma leve pressão. Diferentemente dos adesivos descritos anteriormente, a ação de colagem não resulta de uma transformação física ou de uma reação química. Em vez disso, esses materiais contêm resinas poliméricas que fazem a pega; durante a separação das duas superfícies de colagem, pequenas fibrilas se formam, as quais ficam presas às superfícies e tendem a mantê-las unidas. Os polímeros usados para os adesivos sensíveis à pressão incluem os acrílicos, os copolímeros estirênicos em bloco (Seção 13.16) e a borracha natural.

Filmes

Os materiais poliméricos encontraram ampla aplicação na forma de *filmes* finos. Filmes com espessuras entre 0,025 e 0,125 mm (0,001 e 0,005 in) têm sido fabricados e usados extensivamente como sacos para a embalagem de produtos alimentícios e outros artigos, como produtos têxteis, e para uma

---

[7] A palavra *smog* é uma combinação das palavras em inglês *smoke* (fumaça) e *fog* (névoa). (N.T.)

gama de outras finalidades. As características importantes dos materiais produzidos e usados como filmes incluem baixa massa específica, alto grau de flexibilidade, elevados limites de resistência à tração e resistência ao rasgamento, resistência ao ataque pela umidade e por outros produtos químicos e baixa permeabilidade a alguns gases, especialmente o vapor d'água (Seção 6.8). Alguns dos polímeros que atendem a esses critérios e que são fabricados na forma de filmes são o polietileno, o polipropileno, o celofane e o acetato de celulose.

Espumas

espuma

Espumas são materiais plásticos que contêm uma porcentagem volumétrica relativamente elevada de pequenos poros e bolhas de gás aprisionadas. Tanto os materiais termoplásticos quanto os termofixos são usados como espumas; esses incluem o poliuretano, a borracha, o poliestireno e o cloreto de polivinila. As espumas são usadas geralmente como almofadas em automóveis e móveis, assim como em embalagens e como isolamento térmico. O processo de formação de uma espuma é realizado, com frequência, pela incorporação de um agente de insuflação em uma batelada do material, o qual, ao ser aquecido, se decompõe com a liberação de um gás. Bolhas de gás são geradas por toda a massa fluida, que permanecem no sólido após o resfriamento, dando origem a uma estrutura semelhante à de uma esponja. O mesmo efeito é produzido pela dissolução de um gás inerte em um polímero fundido sob alta pressão. Quando a pressão é reduzida rapidamente, o gás sai da solução e forma bolhas e poros que permanecem no sólido conforme ele resfria.

13.16 MATERIAIS POLIMÉRICOS AVANÇADOS

Diversos polímeros novos com combinações únicas e desejáveis de propriedades têm sido desenvolvidos nos últimos anos; muitos encontraram nichos em novas tecnologias e/ou substituíram de maneira satisfatória outros materiais. Alguns desses novos polímeros incluem o polietileno de ultra-alto peso molecular, os cristais líquidos poliméricos e os elastômeros termoplásticos. Cada um deles será agora discutido.

Polietileno de Ultra-Alto Peso Molecular

polietileno de ultra-alto peso molecular (PEUAPM)

O **polietileno de ultra-alto peso molecular** (*PEUAPM*) é um polietileno linear com peso molecular extremamente elevado. Seu peso molecular ponderal médio $\bar{M}_w$ típico é de aproximadamente 4×10^6 g/mol, o que é uma ordem de grandeza (isto é, um fator de 10) maior do que o do polietileno de alta densidade. Na forma de fibras, o PEUAPM está altamente alinhado e apresenta o nome comercial de Spectra. Algumas das características extraordinárias desse material são as seguintes:

1. Resistência ao impacto extremamente elevada
2. Resistência excepcional ao desgaste e à abrasão
3. Coeficiente de atrito muito baixo
4. Superfície autolubrificante e não aderente
5. Resistência química muito boa aos solventes normalmente encontrados
6. Excelentes propriedades a baixas temperaturas
7. Características excepcionais de amortecimento acústico e de absorção de energia
8. Isolante elétrico e excelentes propriedades dielétricas

No entanto, uma vez que esse material exibe uma temperatura de fusão relativamente baixa, suas propriedades mecânicas diminuem rapidamente com o aumento da temperatura.

Essa combinação não usual de propriedades leva a aplicações numerosas e diversificadas para esse material, que incluem coletes à prova de balas, capacetes militares compósitos, linhas de pesca, superfícies inferiores de esquis, núcleos de bolas de golfe, superfícies de pistas de boliche e rinques de patinação no gelo, próteses biomédicas, filtros para sangue, ponteiras de canetas marcadoras, equipamentos para o manuseio de materiais a granel (para carvão, grãos, cimento, cascalho etc.), buchas, rotores de bombas e gaxetas de válvulas.

cristal líquido
polimérico

Cristais Líquidos Poliméricos

Os **cristais líquidos poliméricos** (*liquid crystal polymer – LCP*) são um grupo de materiais quimicamente complexos e estruturalmente distintos, com propriedades únicas e que são utilizados em diversas aplicações. A discussão da característica química desses materiais está além do escopo deste livro. Os LCPs são compostos por moléculas estendidas, rígidas e com forma de bastões. Em termos do arranjo molecular, esses materiais não se enquadram em nenhuma classificação convencional para líquidos, materiais amorfos, cristalinos ou semicristalinos, mas podem ser considerados como um novo estado da matéria – o estado líquido cristalino, não sendo nem líquidos nem cristalinos. Na condição fundida (ou líquida), enquanto outras moléculas poliméricas ficam orientadas de maneira aleatória, as moléculas dos LCPs podem ficar alinhadas em configurações altamente ordenadas. No estado sólido, esse alinhamento molecular permanece e, além disso, as moléculas se posicionam em estruturas de domínio com espaçamentos intermoleculares característicos. Uma comparação esquemática entre os cristais líquidos, os polímeros amorfos e os polímeros semicristalinos tanto no estado fundido quanto no estado sólido está ilustrada na Figura 13.19. Há três tipos de cristais líquidos com base em sua orientação e em seu ordenamento posicional – esmético, nemático, e colestérico; as diferenças entre esses tipos também estão além do escopo desta discussão.

O principal uso dos cristais líquidos poliméricos é em *mostradores de cristal líquido* (*liquid crystal dysplay – LCD*) de relógios digitais, monitores de computador e televisores de tela plana e outros mostradores digitais. Para essas aplicações são empregados os LCPs do tipo colestérico, os quais, à temperatura ambiente, são líquidos fluidos, transparentes e opticamente anisotrópicos. Os mostradores são compostos por duas lâminas de vidro entre as quais o material líquido cristalino está colocado. A face externa de cada lâmina de vidro é revestida com um filme transparente e eletricamente condutor; além disso, os elementos que formam os caracteres alfanuméricos são gravados nesse filme, no lado a ser visto. A aplicação de uma voltagem nos filmes condutores (e dessa forma entre essas duas lâminas de vidro) sobre uma dessas regiões formadoras de caracteres causa um rompimento da orientação das moléculas dos LCPs nessa região, um escurecimento desse material LCP e, por sua vez, a formação de um caractere visível.

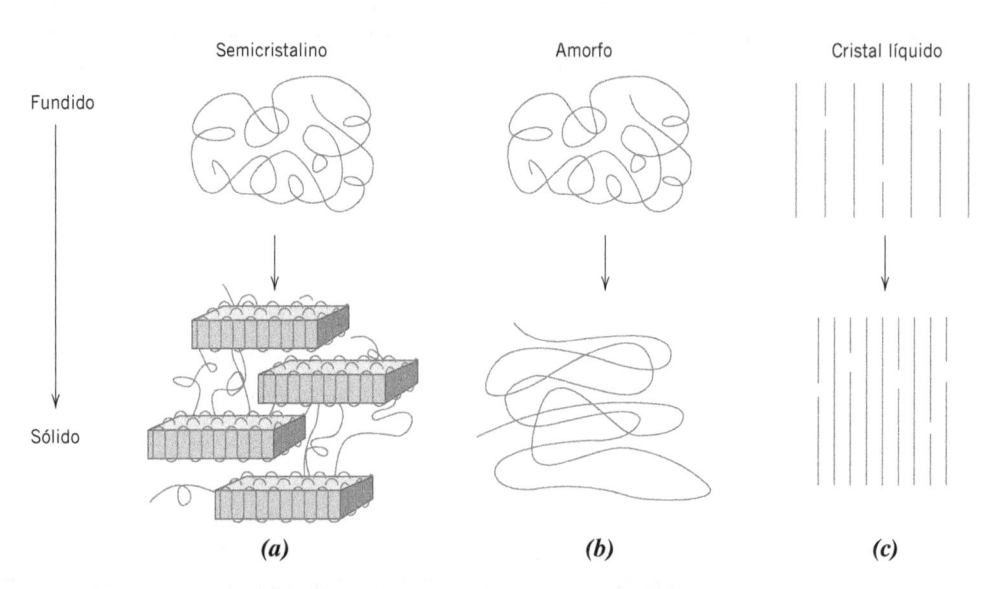

Figura 13.19 Representações esquemáticas das estruturas moleculares tanto no estado fundido quanto no estado sólido para polímeros (*a*) semicristalinos, (*b*) amorfos e (*c*) cristais líquidos. (Adaptado de G. W. Calundann e M. Jaffe, "Anisotropic Polymers, Their Synthesis and Properties", Capítulo VII em *Proceedings of the Robert A. Welch Foundation Conferences on Polymer Research*, 26th Conference, Synthetic Polymers, Nov. 1982.)

Alguns dos cristais líquidos poliméricos do tipo nemático são sólidos rígidos à temperatura ambiente e, com base em uma combinação excepcional de propriedades e de características de processamento, encontraram largo uso em diversas aplicações comerciais. Por exemplo, esses materiais exibem os seguintes comportamentos:

1. Excelente estabilidade térmica; eles podem ser usados em temperaturas tão elevadas quanto 230 °C (450 °F).

2. Rigidez e resistência; seus módulos à tração variam entre 10 e 24 GPa ($1,4 \times 10^6$ e $3,5 \times 10^6$ psi) e seus limites de resistência à tração variam entre 125 e 255 MPa (18.000 e 37.000 psi).

3. Elevada resistência a impactos, que é mantida ao se resfriar o material até temperaturas relativamente baixas.

4. Inércia química frente a uma ampla variedade de ácidos, solventes, alvejantes etc.

5. Resistência inerente a chamas e geração de produtos de combustão que são relativamente atóxicos.

A estabilidade térmica e a inércia química desses materiais são explicadas por forças intermoleculares extremamente altas.

O seguinte pode ser dito a respeito de suas características de processamento e fabricação:

1. Todas as técnicas de processamento convencionais disponíveis para os materiais termoplásticos podem ser empregadas.

2. A contração em volume e o empenamento que ocorrem durante a moldagem são extremamente pequenos.

3. Existe uma excepcional repetitividade dimensional de uma peça para a outra.

4. Baixa viscosidade do fundido, o que permite a moldagem de seções finas e/ou formas complexas.

5. Baixos calores de fusão; isso resulta em uma fusão rápida e em um rápido resfriamento subsequente, o que reduz os tempos dos ciclos de moldagem.

6. As propriedades da peça acabada são anisotrópicas; efeitos da orientação molecular são gerados a partir do escoamento do material fundido durante a moldagem.

Esses materiais são usados extensivamente pela indústria de componentes eletrônicos (em dispositivos de interconexão, carcaças de relés e de capacitores, suportes etc.), pela indústria de equipamentos médicos (em componentes que devem ser esterilizados repetidamente), e em fotocopiadoras e componentes de fibras ópticas.

Elastômeros Termoplásticos

elastômero termoplástico

Os **elastômeros termoplásticos** (*ET*) são um tipo de material polimérico que, em condições ambientes, exibe comportamento *elastomérico* (ou semelhante ao da borracha); no entanto, é termoplástico (Seção 4.9). Para comparação, a maioria dos elastômeros discutidos até o momento são termofixos, uma vez que adquirem ligações cruzadas durante a vulcanização. Entre as diferentes variedades de ETs, uma das mais conhecidas e amplamente empregadas é um copolímero em bloco formado por segmentos de blocos de um termoplástico duro e rígido (em geral, o estireno [S]), que se alterna com segmentos de blocos de um material elástico de baixa dureza e flexível (com frequência, o butadieno [B] ou o isopreno [I]). Em um ET comum, os segmentos polimerizados duros estão localizados nas extremidades das cadeias, enquanto cada região central, de baixa dureza, consiste em unidades polimerizadas de butadieno ou isopreno. Esses ETs são denominados frequentemente *copolímeros em bloco estirênicos*; as estruturas químicas da cadeia para os dois tipos (S-B-S e S-I-S) estão mostradas na Figura 13.20.

Em temperatura ambiente, os segmentos centrais (butadieno ou isopreno), que são de baixa dureza e amorfos, conferem o comportamento elastomérico, semelhante ao de uma borracha, ao material. Além disso, em temperaturas abaixo da temperatura de fusão T_f do componente duro (estireno), os segmentos duros nas extremidades da cadeia de diversas cadeias adjacentes se agregam para formar regiões rígidas de domínio cristalino. Esses domínios são *ligações cruzadas físicas* que atuam como pontos de fixação que restringem os movimentos dos segmentos flexíveis das cadeias; eles funcionam de maneira semelhante às *ligações cruzadas químicas* dos elastômeros termofixos. Uma ilustração esquemática para a estrutura desse tipo de ET está apresentada na Figura 13.21.

O módulo à tração desse ET está sujeito a variações; o aumento no número de blocos do componente de baixa dureza por cadeia levará a uma diminuição no módulo e, portanto, a uma

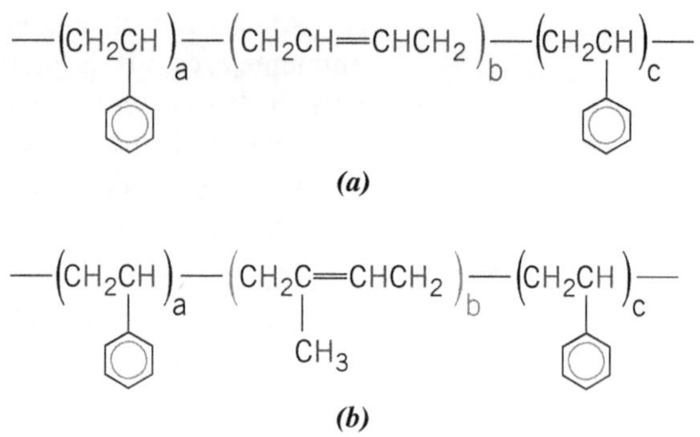

$$—\left(CH_2CH\right)_a—\left(CH_2CH=CHCH_2\right)_b—\left(CH_2CH\right)_c—$$

(a)

Figura 13.20 Representações das estruturas químicas da cadeia para os elastômeros termoplásticos (*a*) estireno-butadieno-estireno (S-B-S) e (*b*) estireno-isopreno-estireno (S-I-S).

$$—\left(CH_2CH\right)_a—\left(CH_2C=CHCH_2\right)_b—\left(CH_2CH\right)_c—$$

(b)

diminuição da rigidez. Além disso, a faixa de temperatura útil encontra-se entre o valor da T_g do componente flexível e o valor da T_f do componente duro e rígido. Para os copolímeros em bloco estirênicos, essa faixa está entre aproximadamente –70 °C (–95 °F) e 100 °C (212 °F).

Além dos copolímeros em bloco estirênicos, existem outros tipos de ETs, incluindo as olefinas termoplásticas, os copoliésteres, as poliuretanas termoplásticas e as poliamidas elastoméricas.

A principal vantagem dos ETs em relação aos elastômeros termofixos é que, no aquecimento acima de T_f da fase dura, eles se fundem (isto é, as ligações cruzadas físicas desaparecem) e, portanto, eles podem ser processados utilizando-se as técnicas convencionais para a conformação de termoplásticos [por exemplo, moldagem por sopro, moldagem por injeção etc. (Seção 14.13)]; os polímeros termofixos não apresentam fusão e, consequentemente, sua conformação é normalmente mais difícil. Além disso, uma vez que para os elastômeros termoplásticos o processo de fusão-solidificação é reversível e pode ser repetido, as peças em ET podem ser reconformadas em outras formas. Em outras palavras, eles são recicláveis; os elastômeros termofixos são, em grande parte, não recicláveis. Os refugos gerados durante os procedimentos de conformação também podem ser reciclados, o que resulta em menores custos de produção em comparação aos dos termofixos. Além disso, no caso dos ETs, podem ser mantidos controles mais rigorosos sobre as dimensões das peças, e os ETs têm menores massas específicas.

Em uma grande variedade de aplicações, os elastômeros termoplásticos substituíram os elastômeros termofixos convencionais. Usos típicos para os ETs incluem os acabamentos externos de automóveis (para-choques, abas etc.), os componentes que ficam no cofre do motor dos automóveis (isolamento e conexões elétricas e gaxetas), solas e saltos de sapatos, itens esportivos (tais como as câmaras de bolas de futebol e futebol americano), revestimentos protetores e filmes usados como barreiras em medicina e como componentes em materiais de vedação, calafetagem e adesivos.

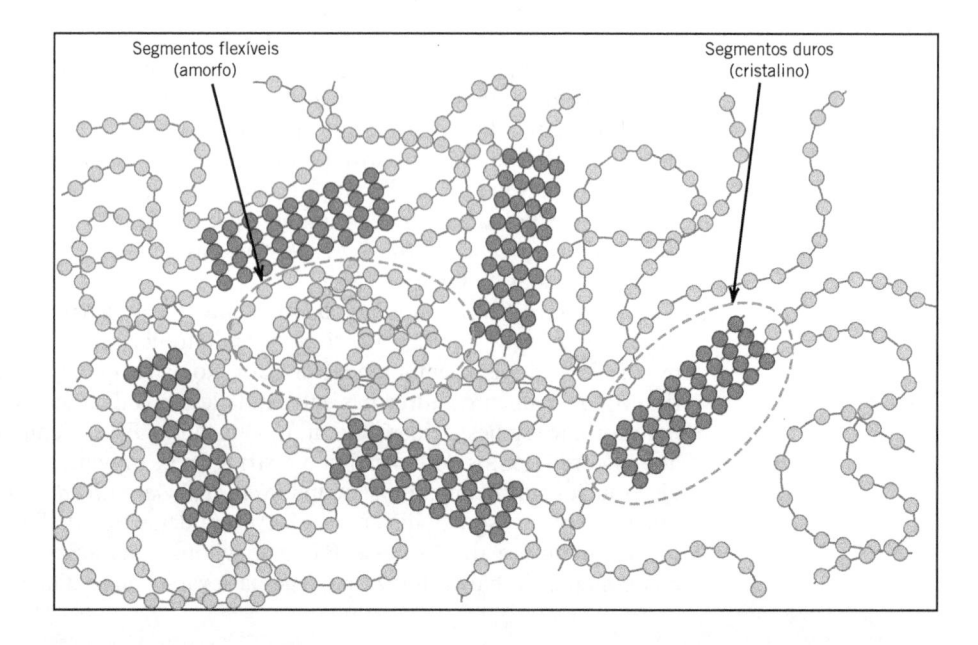

Figura 13.21 Representação esquemática da estrutura molecular para um elastômero termoplástico. Esta estrutura consiste em segmentos centrais na cadeia compostos por unidades repetidas "flexíveis" (isto é, butadieno ou isopreno) e domínios (extremidades de cadeias) "duros" (isto é, estireno), que atuam como ligações cruzadas físicas à temperatura ambiente.

Segmentos flexíveis (amorfo)

Segmentos duros (cristalino)

RESUMO

Ligas Ferrosas

- As ligas ferrosas (aços e ferros fundidos) são aquelas em que o ferro é o constituinte principal. A maioria dos aços contém menos de 1,0 %p C e, além disso, outros elementos de liga, os quais os tornam suscetíveis a tratamentos térmicos (e a uma melhoria de suas propriedades mecânicas) e/ou mais resistentes à corrosão.
- As ligas ferrosas são usadas extensivamente como materiais de engenharia, pelas seguintes razões:
    - Os compostos contendo ferro são abundantes.
    - Estão disponíveis técnicas econômicas de extração, beneficiamento e fabricação.
    - Elas podem ser fabricadas de modo a ter uma ampla variedade de propriedades mecânicas e físicas.
- As limitações das ligas ferrosas incluem o seguinte:
    - Massas específicas relativamente altas.
    - Condutividades elétricas comparativamente baixas.
    - Susceptibilidade à corrosão em ambientes comuns.
- Os tipos de aços mais usuais são os aços-carbono comuns com baixo teor de carbono, os aços de baixa liga e alta resistência, os aços com médios teores de carbono, os aços-ferramenta e os aços inoxidáveis.
- Os aços-carbono comuns contêm (além do carbono) um pouco de manganês e apenas concentrações residuais de outras impurezas.
- Os aços inoxidáveis são classificados de acordo com o principal constituinte microestrutural. As três classes são ferrítico, austenítico e martensítico.
- Os ferros fundidos apresentam um teor de carbono maior do que os aços – normalmente entre 3,0 %p e 4,5 %p C – assim como outros elementos de liga, notadamente o silício. Nesses materiais, a maioria do carbono existe na forma de grafita, em vez de estar combinado com o ferro como cementita.
- Os ferros fundidos cinzento, dúctil (ou nodular), maleável e vermicular são os quatro tipos de ferro fundido mais largamente utilizados; os três últimos são razoavelmente dúcteis.

Ligas Não Ferrosas

- Todas as demais ligas enquadram-se na categoria de ligas não ferrosas, que ainda é subdividida de acordo com o metal base ou com alguma característica distinta que é compartilhada por um grupo de ligas.
- As ligas não ferrosas podem ainda ser subclassificadas como forjadas ou fundidas. As ligas suscetíveis à conformação por deformação são classificadas como forjadas. As ligas fundidas são relativamente frágeis e, portanto, a fabricação por fundição é mais apropriada.
- Foram discutidas sete classificações de ligas não ferrosas – ligas de cobre, alumínio, magnésio, titânio, os metais refratários, as superligas e os metais nobres – assim como as ligas diversas (níquel, chumbo, estanho, zinco e zircônio).

Vidros

- Os vidros familiares são silicatos não cristalinos que contêm outros óxidos. Além da sílica (SiO_2), os dois outros componentes principais de um vidro de cal de soda típico são a soda (Na_2O) e a cal (CaO).
- As duas principais características dos materiais vítreos são sua transparência óptica e facilidade de fabricação.

Vidrocerâmicas

- As vidrocerâmicas são fabricadas inicialmente como vidro, que então, por tratamento térmico, é cristalizado para formar materiais policristalinos com grãos finos.
- Duas propriedades das vidrocerâmicas que as tornam superiores ao vidro são melhor resistência mecânica e menor coeficiente de expansão térmica (o que melhora a resistência ao choque térmico).

Produtos à Base de Argila

- A argila é o componente principal das louças brancas (por exemplo, vasos cerâmicos e louças para mesa) e dos produtos estruturais à base de argila (por exemplo, tijolos e azulejos de construção). Outros componentes (além da argila) podem ser adicionados, tais como o feldspato e o quartzo; esses componentes influenciam mudanças que ocorrem durante o cozimento.

Refratários
- Os materiais empregados em temperaturas elevadas e com frequência em ambientes reativos são denominados *cerâmicas refratárias*.
- As exigências para essa classe de material incluem uma elevada temperatura de fusão, a habilidade em permanecer não reativo e inerte quando exposto a ambientes severos (com frequência em temperaturas elevadas) e a habilidade em prover isolamento térmico.
- Com base na composição, as cerâmicas refratárias são classificadas como argilosas e não argilosas. A argila refratária e a argila com alto teor de alumina são os dois tipos de argilas, enquanto os refratários não argilosos incluem a sílica (ou ácido), a periclase (ou básico – os ricos em magnésia, MgO), com ultra-alto teor de alumina, a zirconita (silicato de zircônio) e o carbeto de silício.

Abrasivos
- As cerâmicas abrasivas são usadas para cortar, esmerilhar e polir outros materiais de menor dureza.
- Esse grupo de materiais deve ser duro e tenaz, além de ser capaz de suportar as temperaturas elevadas que resultam das forças de atrito.
- Duas classificações das cerâmicas abrasivas são as de ocorrência natural e as fabricadas. O diamante, o coríndon (Al_2O_3), o esmeril, a granada e a areia são abrasivos de ocorrência natural. Os abrasivos que se enquadram na categoria dos fabricados incluem o diamante, o coríndon, o borazon (nitreto de boro cúbico), o carborundum (carbeto de silício), a zircônia-alumina e o carbeto de boro.

Cimentos
- O cimento Portland é produzido pelo aquecimento de uma mistura de argila e minerais que contêm cal em um forno rotativo. O "clínquer" resultante é moído em partículas muito finas, às quais é adicionada uma pequena quantidade de gesso.
- Quando misturados à água, os cimentos inorgânicos formam uma pasta que é capaz de assumir praticamente qualquer forma desejada.
- A subsequente pega ou endurecimento do cimento é resultado de reações químicas que envolvem as partículas de cimento e que ocorrem à temperatura ambiente. Nos cimentos hidráulicos, entre os quais o cimento Portland é o mais comum, a reação química é uma reação de hidratação.

Carbonos
- Duas formas alotrópicas do carbono, o diamante e a grafita, possuem conjuntos de propriedades físicas e químicas distintas.
- O diamante é extremamente duro, quimicamente inerte, possui condutividade térmica elevada, baixa condutividade elétrica e é transparente com um alto índice de refração.
- A grafita é macia e quebradiça (isto é, possui boas propriedades lubrificantes), é opticamente opaca e quimicamente estável em temperaturas elevadas e em atmosferas não oxidantes. Algumas de suas propriedades são altamente isotrópicas, incluindo a condutividade elétrica.
- Uma forma de carbono usada como fibra de reforço também foi discutida.

    Dois arranjos estruturais de camadas de grafeno podem ser encontrados nas fibras de carbono – grafítico e turbostrático (Figura 13.14).

    Resistência mecânica e módulo de elasticidade elevados se desenvolvem na direção paralela ao eixo das fibras.

Cerâmicas Avançadas
- Muitas das nossas tecnologias modernas empregam e continuarão a empregar cerâmicas avançadas, em função de suas exclusivas propriedades mecânicas, químicas, elétricas, magnéticas e ópticas, assim como por causa de suas combinações de propriedades.
- Sistemas microeletromecânicos (MEMS) – sistemas inteligentes que consistem em dispositivos mecânicos miniaturizados integrados a elementos elétricos em um substrato (normalmente silício).
- Nanocarbonos – materiais à base de carbono e que possuem tamanhos de partícula menores do que aproximadamente 100 nm. Três tipos de nanocarbonos que podem existir são os seguintes:

    Fullerenos (por exemplo, C_{60}, Figura 13.16)

    Nanotubos de carbono (Figura 13.17)

    Grafeno (Figura 13.18)

- As aplicações atuais e potenciais para os nanocarbonos incluem o seguinte:

  Fullerenos – supercondutores para altas temperaturas, antioxidantes (produtos de higiene pessoal), células solares orgânicas.

  Nanotubos de carbono – emissores de campos elétricos, tratamentos de câncer, fotovoltaicos (células solares), melhores capacitores (para substituir baterias).

  Grafeno – transistores, supercapacitores, condutores elétricos transparentes, biossensores.

Tipos de Polímeros
- Uma maneira de classificar os materiais poliméricos é de acordo com sua aplicação final. Segundo esse sistema, os vários tipos de polímeros incluem os plásticos, as fibras, os revestimentos, os adesivos, os filmes, as espumas e os materiais avançados.

- Os materiais plásticos compõem talvez o grupo de polímeros mais largamente utilizados e que incluem os seguintes materiais: polietileno, polipropileno, cloreto de polivinila, poliestireno, fluorocarbonos, epóxis, fenólicos e poliésteres.

- Muitos materiais poliméricos podem ser fiados na forma de fibras, que são usadas principalmente em produtos têxteis. As características mecânicas, térmicas e químicas desses materiais são especialmente críticas.

- Os três materiais poliméricos avançados que foram discutidos: o polietileno de ultra-alto peso molecular, os cristais líquidos poliméricos e os elastômeros termoplásticos. Esses materiais têm propriedades não usuais e são empregados em uma gama de aplicações de alta tecnologia.

Termos e Conceitos Importantes

abrasivo (cerâmica)
aço-carbono comum
aço de alta resistência e baixa liga (ARBL)
aço inoxidável
aço-liga
adesivo
bronze
calcinação
cimento
cozimento
cristalização (vidrocerâmicas)
cristal líquido polimérico

elastômero termoplástico
especificação de revenido
espuma
ferro fundido
ferro fundido branco
ferro fundido cinzento
ferro fundido dúctil (nodular)
ferro fundido maleável
ferro fundido vermicular
fibra
latão
liga ferrosa

liga forjada
liga não ferrosa
louça branca
nanocarbono
plástico
polietileno de ultra-altopeso molecular (PEUAPM)
produto estrutural à base de argila
refratário (cerâmica)
resistência específica
sistema microeletromecânico (MEMS)
vidrocerâmica

REFERÊNCIAS

ASM Handbook, Vol. 1, *Properties and Selection: Irons, Steels, and High-Performance Alloys*, ASM International, Materials Park, OH, 1990.

ASM Handbook, Vol. 2, *Properties and Selection: Nonferrous Alloys and Special-Purpose Materials*, ASM International, Materials Park, OH, 1990.

Billmeyer, F. W., Jr., *Textbook of Polymer Science*, 3rd edition, Wiley-Interscience, New York, 1984.

Bryson, J., *Plastics Materials*, 7th edition, Butterworth-Heinemann, Oxford, UK, 1999.

Davis, J. R., *Cast Irons*, ASM International, Materials Park, OH, 1996.

Doremus, R. H., *Glass Science*, 2nd edition, Wiley, New York, NY, 1994.

Engineered Materials Handbook, Vol. 2, *Engineering Plastics*, ASM International, Materials Park, OH, 1988.

Engineered Materials Handbook, Vol. 4, *Ceramics and Glasses*, ASM International, Materials Park, OH, 1991.

Frick, J. (Editor), *Woldman's Engineering Alloys*, 9th edition, ASM International, Materials Park, OH, 2000.

Harper, C. A. (Editor), *Handbook of Plastics, Elastomers and Composites*, 4th edition, McGraw-Hill, New York, 2002.

Hewlett, P. C., *Lea's Chemistry of Cement & Concrete*, 4th edition, Elsevier Butterworth-Heinemann, Oxford, 2003.

Metals and Alloys in the Unified Numbering System, 12th edition, Society of Automotive Engineers, and American Society for Testing and Materials, Warrendale, PA, 2012.

Neville, A. M., *Properties of Concrete*, 5th edition, Pearson Education Limited, Harlow, UK, 2012.

Schact, C. A. (Editor), *Refractories Handbook*, Marcel Dekker, New York, NY, 2004.

Shelby, J. E., *Introduction to Glass Science and Technology*, 2nd edition, Royal Society of Chemistry, Cambridge, UK, 2005.

Strong, A. B., *Plastics: Materials and Processing*, 3rd edition, Pearson Education, Upper Saddle River, NJ, 2006.

Varshneya, A. K., *Fundamentals of Inorganic Glasses*, Society of Glass Technology, Sheffield, UK, 2013.

Worldwide Guide to Equivalent Irons and Steels, 5th edition, ASM International, Materials Park, OH, 2006.

Worldwide Guide to Equivalent Nonferrous Metals and Alloys, 4th edition, ASM International, Materials Park, OH, 2001.

PERGUNTAS E PROBLEMAS

Ligas Ferrosas

13.1 (a) Liste as quatro classificações dos aços.

(b) Para cada uma, descreva sucintamente as propriedades e aplicações típicas.

13.2 (a) Cite três razões por que as ligas ferrosas são usadas tão extensivamente.

(b) Cite três características das ligas ferrosas que limitam sua utilização.

13.3 Qual é a função dos elementos de liga nos aços-ferramenta?

13.4 Determine a porcentagem volumétrica da grafita, V_{Gr}, em um ferro fundido com 2,5 %p C, assumindo que todo o carbono existe na forma de grafita. Considere massas específicas de 7,9 e 2,3 g/cm^3 para a ferrita e a grafita, respectivamente.

13.5 Com base na microestrutura, explique sucintamente por que o ferro cinzento é frágil e pouco resistente em tração.

13.6 Compare os ferros fundidos cinzento e maleável em relação a

(a) composição e tratamento térmico

(b) microestrutura

(c) características mecânicas.

13.7 Compare os ferros fundidos branco e nodular em relação a

(a) composição e tratamento térmico

(b) microestrutura

(c) características mecânicas.

13.8 É possível produzir ferro fundido maleável em peças com seções transversais com grandes dimensões? Por que sim, ou por que não?

Ligas Não Ferrosas

13.9 Qual é a principal diferença entre as ligas forjadas e as fundidas?

13.10 Por que os rebites feitos a partir de uma liga de alumínio 2017 devem ser refrigerados antes de serem usados?

13.11 Qual é a principal diferença entre ligas tratáveis termicamente e ligas não tratáveis termicamente?

13.12 Forneça as características próprias, as limitações e as aplicações dos seguintes grupos de ligas: ligas de titânio, metais refratários, superligas e metais nobres.

Vidros

Vidrocerâmicas

13.13 Cite as duas características desejáveis para os vidros.

13.14 (a) O que é cristalização?

(b) Cite duas propriedades que podem ser melhoradas pela cristalização.

Refratários

13.15 Para os materiais cerâmicos refratários, cite três características que melhoram e duas características que são afetadas adversamente por um aumento na porosidade.

13.16 Determine a temperatura máxima até a qual os dois seguintes materiais refratários de magnésia-alumina podem ser aquecidos antes do aparecimento de uma fase líquida.

(a) Um material magnésia-espinélio com composição de 88,5 %p MgO–11,5 %p Al_2O_3.

(b) Um espinélio de magnésia-alumina com composição de 25 %p MgO–75 %p Al_2O_3. Consulte a Figura 10.24.

13.17 Para cada par da seguinte lista de composições, considerando o diagrama de fases SiO_2–Al_2O_3 na Figura 10.26, diga qual composição você julga ter as características refratárias mais desejáveis. Justifique suas escolhas.

(a) 99,8 %p SiO_2–0,2 %p Al_2O_3 e 99,0 %p SiO_2–1,0 %p Al_2O_3

(b) 70 %p Al_2O_3–30 %p SiO_2 e 74 %p Al_2O_3–26 %p SiO_2

(c) 90 %p Al_2O_3–10 %p SiO_2 e 95 %p Al_2O_3–5 %p SiO_2

13.18 Determine as frações mássicas de líquido nas seguintes argilas refratárias a 1600 °C (2910 °F):

(a) 25 %p Al_2O_3–75 %p SiO_2

(b) 45 %p Al_2O_3–55 %p SiO_2

13.19 Para o sistema MgO–Al_2O_3, qual é a temperatura máxima possível sem haver a formação de uma fase líquida? Em qual composição, ou em qual faixa de composições, essa temperatura máxima é atingida?

Cimentos

13.20 Compare a maneira na qual o agregado de partículas fica unido entre si nas misturas à base de argila durante o cozimento e durante a pega nos cimentos.

Elastômeros

Fibras

Aplicações Diversas

13.21 Explique sucintamente a diferença da química molecular entre os polímeros de silicone e outros materiais poliméricos.

13.22 Liste duas características importantes dos polímeros que são usados em aplicações como fibras.

13.23 Cite cinco características importantes dos polímeros usados em aplicações como filmes finos.

PROBLEMAS DE PROJETO

Ligas Ferrosas

Ligas Não Ferrosas

13.P1 A seguir está apresentada uma lista de metais e ligas:

Aço-carbono comum	Magnésio
Latão	Zinco

Ferro fundido cinzento   Aço-ferramenta

Platina   Alumínio

Aço inoxidável   Tungstênio

Liga de titânio

Selecione a partir dessa lista aquele metal ou liga mais adequado para cada uma das seguintes aplicações e cite pelo menos uma razão para sua escolha:

(a) O bloco de um motor de combustão interna

(b) Trocador de calor por condensação para vapor

(c) Lâminas das turbinas de motores a jato

(d) Broca de perfuração

(e) Recipiente criogênico (isto é, para temperaturas muito baixas)

(f) Como um pirotécnico (isto é, em sinalizadores e fogos de artifício)

(g) Elementos para fornos de altas temperaturas a serem usados em atmosferas oxidantes

13.P2 Um grupo de novos materiais são os vidros metálicos (ou metais amorfos). Escreva uma redação sobre esses materiais em que você aborde as seguintes questões:

(a) composições de alguns dos vidros metálicos comuns

(b) características desses materiais que os tornam tecnologicamente atrativos

(c) características que limitam sua utilização

(d) usos atuais e potenciais, e

(e) pelo menos uma técnica usada para produzir os vidros metálicos.

13.P3 Entre as seguintes ligas, selecione aquela(s) que pode(m) ser endurecida(s) por tratamento térmico, trabalho a frio ou ambos: aço inoxidável 410, aço 4340, ferro fundido F10004, latão para cartuchos C26000, alumínio 356.0, magnésio ZK60A, titânio R56400, alumínio 1100 e zinco.

13.P4 Um elemento estrutural com 250 mm (10 in) de comprimento deve ser capaz de suportar uma carga de 44.000 N (10.000 lb$_f$) sem apresentar nenhuma deformação plástica. De acordo com os dados a seguir para o latão, aço, alumínio e titânio, classifique esses materiais do menor para o maior peso seguindo esses critérios.

Liga	Limite de Escoamento [MPa (ksi)]	Massa Específica (g/cm³)
Latão	345 (50)	8,5
Aço	690 (100)	7,9
Alumínio	275 (40)	2,7
Titânio	480 (70)	4,5

13.P5 Discuta se seria ou não aconselhável trabalhar a quente ou a frio os seguintes metais e ligas com base na temperatura de fusão, resistência à oxidação, limite de escoamento e grau de fragilidade: platina, molibdênio, chumbo, aço inoxidável 304 e cobre.

Cerâmicas

13.P6 Alguns utensílios de cozinha modernos são feitos de materiais cerâmicos.

(a) Liste pelo menos três características importantes necessárias para um material ser usado em uma aplicação desse tipo.

(b) Compare as propriedades relativas e os custos de três materiais cerâmicos diferentes.

(c) Com base nessa comparação, selecione o material mais adequado para ser usado como utensílio de cozinha.

Polímeros

13.P7 **(a)** Liste várias vantagens e desvantagens de usar materiais poliméricos transparentes em lentes para óculos.

(b) Cite quatro propriedades (além do fato de ser transparente) importantes para essa aplicação.

(c) Cite três polímeros que podem ser usados para lentes de óculos e, então, liste os valores das propriedades citadas no item **(b)** para esses três materiais.

13.P8 Escreva uma redação sobre os materiais poliméricos usados nas embalagens de produtos alimentícios e bebidas. Inclua uma lista das características gerais necessárias para os materiais empregados nessas aplicações. Cite, então, um material específico que seja usado para cada um de três tipos de embalagens diferentes e o raciocínio de cada escolha.

PERGUNTAS SOBRE FUNDAMENTOS DA ENGENHARIA

13.1FE Qual, entre os seguintes elementos, é o principal constituinte das ligas ferrosas?

(A) Cobre   (B) Carbono

(C) Ferro   (D) Titânio

13.2FE Qual(is), entre os seguintes microconstituintes/fases, é(são) encontrado(s) tipicamente nos aços com baixo teor de carbono?

(A) Austenita   (B) Perlita

(C) Ferrita   (D) Tanto perlita quanto ferrita

13.3FE Qual, entre as seguintes características, distingue os aços inoxidáveis dos outros tipos de aços?

(A) Eles são mais resistentes à corrosão.

(B) Eles têm maior resistência mecânica.

(C) Eles são mais resistentes ao desgaste.

(D) Eles são mais dúcteis.

13.4FE À medida que a porosidade de um tijolo de cerâmica refratária aumenta,

(A) a resistência mecânica diminui, a resistência química diminui, e o isolamento térmico aumenta.

(B) a resistência mecânica aumenta, a resistência química aumenta, e o isolamento térmico diminui.

(C) a resistência mecânica diminui, a resistência química aumenta, e o isolamento térmico diminui.

(D) a resistência mecânica aumenta, a resistência química aumenta, e o isolamento térmico aumenta.

© William D. Callister, Jr.

(a)

A Figura (*a*) mostra uma lata de alumínio para bebidas em vários estágios de sua produção. A lata é conformada a partir de uma única lâmina de uma liga de alumínio. As operações de produção incluem o estiramento, a conformação do domo, o recorte de aparas, a limpeza, a decoração e a conformação do pescoço e do flange.

A Figura (*b*) mostra um trabalhador inspecionando um rolo de lâmina de alumínio.

Daniel R. Patmore/© AP/Wide World Photos.

(b)

Ocasionalmente, os procedimentos de fabricação e de processamento afetam de maneira adversa algumas das propriedades dos materiais. Por exemplo, na Seção 11.8 observamos que alguns aços podem se tornar frágeis durante tratamentos térmicos de revenido. Também, alguns aços inoxidáveis tornam-se suscetíveis à corrosão intergranular (Seção 16.7) quando são aquecidos durante longos períodos em uma faixa de temperaturas específica. Além disso, como discutido na Seção 14.4, as regiões adjacentes a juntas soldadas podem apresentar reduções na resistência e tenacidade como resultado de mudanças microestruturais indesejáveis. É importante que os engenheiros se familiarizem com as possíveis consequências associadas aos procedimentos de processamento e de fabricação para prevenir falhas não previstas dos materiais.

Objetivos do Aprendizado

Após estudar este capítulo, você deverá ser capaz de realizar o seguinte:

1. Citar e descrever quatro operações de conformação usadas para dar forma às ligas metálicas.
2. Citar e descrever cinco técnicas de fundição.
3. Citar os objetivos e descrever os procedimentos para os seguintes tratamentos térmicos: recozimento intermediário, recozimento para o alívio de tensões, normalização, recozimento pleno e recozimento subcrítico.
4. Definir *temperabilidade*.
5. Gerar um perfil de dureza para uma amostra cilíndrica de aço que tenha sido austenitizada e em seguida temperada, sendo dada a curva de temperabilidade para a liga específica, assim como informações sobre a taxa de têmpera em função do diâmetro da barra.
6. Citar e descrever sucintamente cinco métodos de conformação usados para fabricar peças de vidro.
7. Descrever e explicar sucintamente o procedimento pelo qual as peças de vidro são temperadas termicamente.
8. Descrever sucintamente os processos que ocorrem durante a secagem e o cozimento de peças cerâmicas à base de argila.
9. Descrever/diagramar sucintamente o processo de sinterização de agregados de partículas pulverizadas.
10. Descrever sucintamente os mecanismos de polimerização por adição e por condensação.
11. Citar os cinco tipos de aditivos poliméricos e, para cada um deles, indicar como modificam as propriedades do polímero.
12. Citar e descrever sucintamente cinco técnicas de fabricação usadas para os polímeros.

14.1 INTRODUÇÃO

As técnicas de fabricação são métodos pelos quais os materiais são conformados ou fabricados em componentes que podem ser incorporados em produtos úteis. Algumas vezes, também pode ser necessário submeter o componente a algum tipo de tratamento no processamento com o objetivo de atingir as propriedades necessárias. Além disso, ocasionalmente, a adequação de um material a uma aplicação é ditada por considerações econômicas relacionadas com as operações de fabricação e de processamento. Neste capítulo, discutiremos várias técnicas consideradas para fabricar e processar os metais, as cerâmicas e os polímeros (e para os polímeros, também a forma como eles são sintetizados).

Fabricação de Metais

As técnicas de fabricação dos metais são precedidas normalmente por processos de beneficiamento – processos de fabricação de ligas e, com frequência, tratamentos térmicos que produzem as ligas com as características desejadas. As classificações das técnicas de fabricação incluem vários métodos de conformação dos metais, fundição, metalurgia do pó, soldagem e usinagem; com frequência, duas ou mais dessas técnicas precisam ser usadas antes de uma peça estar acabada. Os métodos escolhidos dependem de vários fatores; os mais importantes são as propriedades do metal, o tamanho e a forma da peça acabada e o custo. As técnicas de fabricação de metais aqui discutidas são classificadas conforme o esquema ilustrado na Figura 14.1.

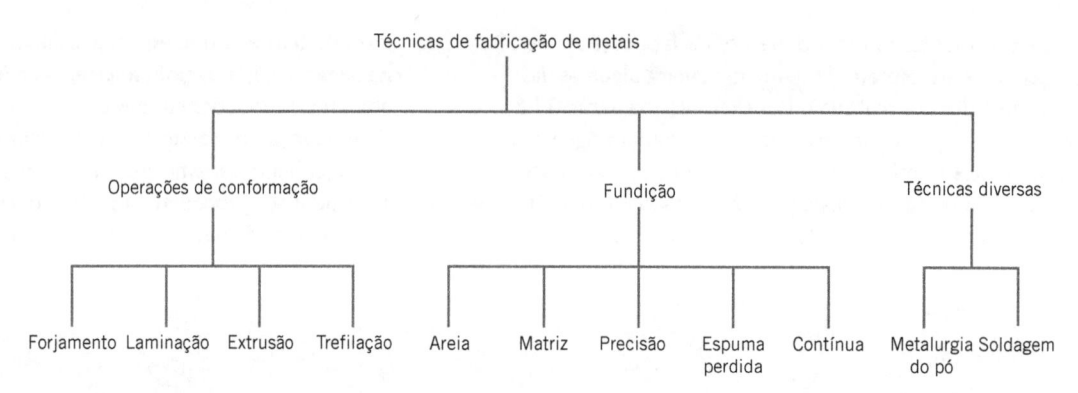

Figura 14.1 Esquema de classificação das técnicas de fabricação de metais discutidas neste capítulo.

14.2 OPERAÇÕES DE CONFORMAÇÃO

As operações de conformação são aquelas nas quais a forma de uma peça metálica é alterada por deformação plástica; por exemplo, o forjamento, a laminação, a extrusão e a trefilação são técnicas de conformação usuais. A deformação deve ser induzida por uma força ou tensão externa, cuja magnitude precisa exceder o limite de escoamento do material. A maioria dos materiais metálicos é especialmente suscetível a esses procedimentos, sendo pelo menos moderadamente dúcteis e capazes de sofrer alguma deformação permanente sem trincar ou fraturar.

trabalho a quente

Quando a deformação é obtida em uma temperatura acima daquela na qual ocorre a recristalização, o processo é denominado **trabalho a quente** (Seção 8.13); de outro modo, é denominado trabalho a frio. Para a maioria das técnicas de conformação, tanto o procedimento de trabalho a quente quanto o de trabalho a frio são possíveis. Nas operações de trabalho a quente, são possíveis grandes deformações, que podem ser repetidas sucessivamente, pois o metal permanece dúctil e com baixa dureza. Além disso, a energia necessária para a deformação é menor do que no trabalho a frio. Contudo, a maioria dos metais apresenta alguma oxidação de sua superfície, o que resulta em perda de material e em um pobre acabamento final da superfície. O **trabalho a frio** produz aumento na resistência com consequente diminuição na ductilidade, uma vez que o metal encrua; as vantagens em relação ao trabalho a quente incluem melhor qualidade do acabamento da superfície, melhores propriedades mecânicas e maior variedade dessas propriedades, assim como um controle dimensional mais preciso da peça acabada. Às vezes, a deformação total é obtida por meio de uma série de etapas, nas quais a peça é sucessivamente submetida a um pequeno trabalho a frio e depois a um recozimento intermediário (Seção 14.5); entretanto, esse é um procedimento caro e inconveniente.

trabalho a frio

As técnicas de conformação a serem discutidas estão ilustradas de forma esquemática na Figura 14.2.

Forjamento

forjamento

O **forjamento** consiste no trabalho mecânico ou na deformação de uma única peça de metal normalmente quente; isso pode ser obtido pela aplicação de golpes sucessivos ou por compressões contínuas. O forjamento é classificado como de matriz fechada ou de matriz aberta. Na matriz fechada, uma força atua sobre duas ou mais partes de uma matriz que apresenta a forma da peça acabada, tal que o metal é deformado na cavidade entre essas partes da matriz (Figura 14.2a). Na matriz aberta, são empregadas duas matrizes com formas geométricas simples (por exemplo, placas paralelas, semicírculos), normalmente em peças grandes. Os itens forjados apresentam estruturas de grãos excepcionais e melhor combinação de propriedades mecânicas. Chaves e ferramentas, virabrequins e barras de conexão dos pistões automotivos são itens típicos fabricados empregando essa técnica.

Laminação

laminação

A **laminação**, o processo de deformação mais amplamente utilizado, consiste em passar uma peça metálica entre dois cilindros; uma redução na espessura resulta das tensões de compressão exercidas pelos cilindros. A laminação a frio pode ser considerada na produção de chapas, tiras e folhas com elevada qualidade de acabamento da superfície. Formas circulares, assim como vigas "I" e trilhos de trem, são fabricadas usando cilindros com ranhuras.

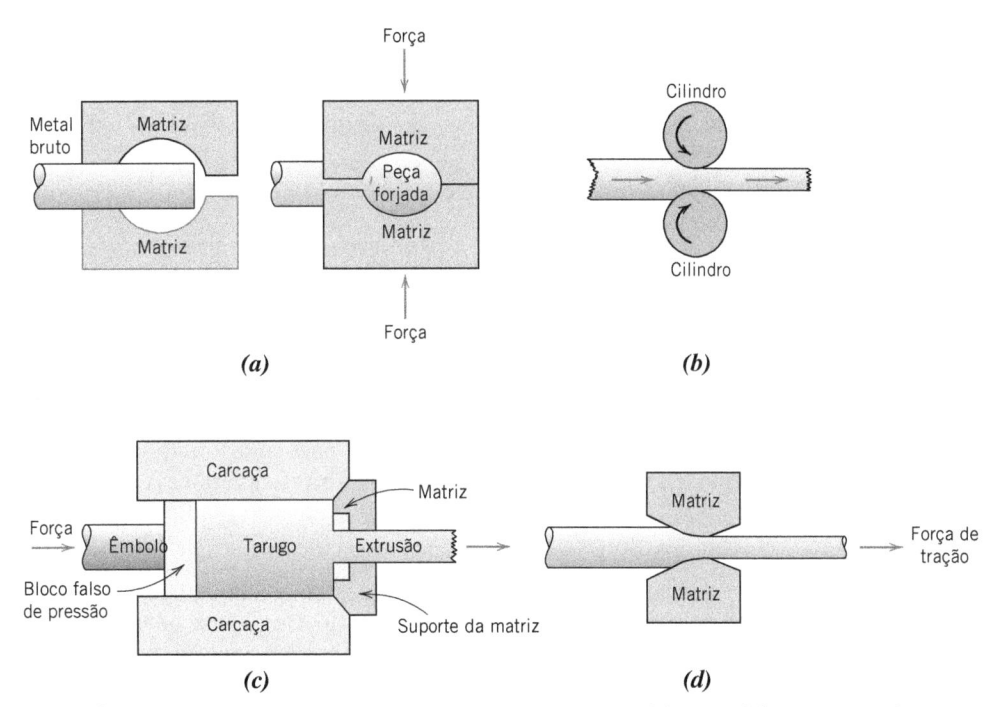

Figura 14.2 Deformação de um metal durante os processos de (*a*) forja, (*b*) laminação, (*c*) extrusão e (*d*) estiramento.

Extrusão

extrusão

Em uma **extrusão**, uma barra metálica é forçada através de um orifício em uma matriz por uma força de compressão aplicada sobre um êmbolo; a peça extrudada que emerge exibe a forma desejada e uma área de seção transversal reduzida. Produtos extrudados incluem barras e tubos com geometrias de seção transversal relativamente complexas; tubos sem costura também podem ser extrudados.

Trefilação

trefilação

A **trefilação** consiste em puxar uma peça metálica através de uma matriz que apresenta um orifício cônico, por meio de uma força de tração aplicada pelo lado de saída do material. Tem-se como resultado uma redução na área de seção transversal, com um aumento correspondente no comprimento. A operação completa de trefilação pode consistir em várias matrizes posicionadas em série. Barras, arames e produtos tubulares são fabricados geralmente dessa maneira.

14.3 FUNDIÇÃO

Fundição é um processo de fabricação em que um metal totalmente fundido é derramado no interior da cavidade de um molde que exibe a forma desejada; com a solidificação, o metal assume a forma do molde, mas apresenta certa contração. As técnicas de fundição são empregadas quando (1) a forma acabada é tão grande ou complicada que qualquer outro método seria impraticável; (2) uma liga específica tem uma ductilidade tão baixa que tanto o trabalho a quente quanto a frio seria difícil; e (3) em comparação com outros processos de fabricação, a fundição é mais econômica. A etapa final no refino, até mesmo de metais dúcteis, pode envolver um processo de fundição. Diversas técnicas de fundição diferentes são comumente empregadas, incluindo a fundição em molde de areia, em matriz, de precisão, com espuma perdida e a fundição contínua. Neste texto, será oferecido apenas um tratamento introdutório de cada uma dessas técnicas.

Fundição em Molde de Areia

Na fundição em molde de areia, que é provavelmente o método de fundição mais comum, areia comum é usada como o material de molde. Um molde em duas partes é formado pela compactação da areia ao redor de um molde que tem a forma da peça que se deseja fundir. Um *sistema de canais de alimentação* é geralmente incorporado ao molde para acelerar o escoamento do metal fundido para dentro da cavidade e para minimizar defeitos de fundição internos. Entre as peças fundidas em molde de areia estão os blocos de cilindros automotivos, os hidrantes e as conexões de tubulações com grandes dimensões.

Fundição em Matriz

Na fundição em matriz, o metal líquido é forçado sob pressão para dentro de um molde, a uma velocidade relativamente alta, sendo deixado solidificar enquanto a pressão é mantida. Emprega-se um molde ou matriz permanente, de aço, formado por duas peças; quando estão unidas, as duas peças compõem a forma desejada. Quando o metal está completamente solidificado, as peças da matriz são abertas e a peça fundida é ejetada. São possíveis altas taxas de fundição, tornando esse um método barato; além disso, um único conjunto de matrizes pode ser usado para milhares de fundições. Contudo, essa técnica se presta apenas para peças relativamente pequenas e para ligas de zinco, alumínio e magnésio, que apresentam baixas temperaturas de fusão.

Fundição de Precisão

Na fundição de precisão (algumas vezes chamada de *cera perdida*), o modelo é feito em cera ou plástico, com baixas temperaturas de fusão. Despeja-se uma lama fluida ao redor do modelo, a qual endurece, formando um molde ou revestimento sólido; geralmente, o material utilizado é o gesso de Paris. O molde é então aquecido, tal que o gabarito se funde e é queimado, deixando uma cavidade no molde, que exibe a forma desejada. Essa técnica é empregada quando é necessário alta precisão dimensional, reprodução de pequenos detalhes e excelente acabamento – por exemplo, em joalheria e em coroas e obturações dentárias). Lâminas de turbinas a gás e propulsores de motores a jato são também fabricados usando fundição de precisão.

Fundição com Espuma Perdida

Uma variação da fundição de precisão é a *fundição com espuma perdida* (ou com *modelo consumível*). Nesse caso, o modelo consumível consiste em uma espuma que pode ser conformada na forma desejada pela compressão de pelotas de poliestireno, que são então unidas por aquecimento. Alternativamente, as formas do modelo podem ser cortadas a partir de chapas e montadas com cola. Areia é então compactada ao redor do modelo para formar o molde. Conforme o metal fundido é derramado no interior do molde, ele substitui o modelo, que vaporiza. A areia compactada permanece no lugar e, com a solidificação, o metal assume a forma do molde.

Na fundição com espuma perdida podem ser obtidas geometrias complexas e tolerâncias rigorosas. Além disso, em comparação com a fundição em molde de areia, a fundição com espuma perdida é mais simples, mais rápida e mais barata, além de gerar menos resíduos. As ligas metálicas mais comumente utilizadas nessa técnica são os ferros fundidos e as ligas de alumínio; além disso, as aplicações incluem os blocos de motores de automóveis, cabeçotes de cilindros, virabrequins, blocos de motores marítimos e estruturas de motores elétricos.

Fundição Contínua

Ao término de processos de extração, muitos metais fundidos são solidificados por sua fundição em grandes lingotes. Esses lingotes são submetidos normalmente a uma operação primária de laminação a quente, cujo produto consiste em uma chapa plana ou um tarugo; esses produtos são formas mais convenientes de serem usadas como matérias-primas para as subsequentes operações secundárias de conformação dos metais (forjamento, extrusão, laminação). Essas etapas de fundição e de laminação podem ser combinadas em um processo de *fundição contínua* (algumas vezes também denominado *fundição em chapas*). Com a utilização dessa técnica, o metal beneficiado e fundido é moldado diretamente na forma de uma chapa contínua que pode ter uma seção transversal retangular ou circular; a solidificação ocorre em uma matriz resfriada com água, que apresenta a geometria de seção transversal desejada. A composição química e as propriedades mecânicas são mais uniformes ao longo de todas as seções transversais nas fundições contínuas do que nos produtos de fundição em lingotes. Além disso, a fundição contínua é altamente automatizada e mais eficiente.

14.4 TÉCNICAS DIVERSAS

Metalurgia do Pó

metalurgia do pó

Outra técnica de fabricação envolve a compactação de um metal em pó seguida por um tratamento térmico para produzir uma peça mais densa. O processo é chamado apropriadamente de **metalurgia do pó**, sendo designado frequentemente por M/P. A metalurgia do pó torna possível a produção de uma peça virtualmente sem poros com propriedades quase equivalentes às do material original completamente denso. Os processos de difusão durante o tratamento térmico são fundamentais para o desenvolvimento dessas propriedades. Esse método é especialmente adequado para metais com baixas ductilidades, uma vez que há a necessidade apenas de pequena deformação plástica das partículas de pó. Os metais com temperaturas de fusão elevadas são difíceis de serem derretidos e fundidos, e a fabricação é acelerada utilizando a M/P. Além disso, peças que requerem tolerâncias dimensionais muito restritas (por exemplo, buchas e engrenagens) podem ser produzidas de uma maneira econômica utilizando-se essa técnica.

> **Verificação de Conceitos 14.1** (a) Cite duas vantagens da metalurgia do pó em relação à fundição. (b) Cite duas desvantagens.
>
> (*A resposta está disponível no GEN-IO, ambiente virtual de aprendizagem do GEN.*)

Soldagem

soldagem

Em certo sentido, a soldagem pode ser considerada uma técnica de fabricação. Na **soldagem**, duas ou mais peças metálicas são unidas para formar uma única peça quando a fabricação em uma única parte é cara ou inconveniente. Tanto metais semelhantes quanto diferentes podem ser soldados. A ligação de união é metalúrgica (envolvendo alguma difusão) e não simplesmente mecânica, como nas peças rebitadas ou aparafusadas. Existem vários métodos de soldagem, incluindo a soldagem a arco e a gás, assim como a solda brasagem e a solda branca.

Durante a soldagem a arco e a gás, as peças a serem unidas e o material de adição (isto é, o eletrodo de solda) são aquecidos até uma temperatura suficientemente elevada para fazer com que ambos se fundam; com a solidificação, o material de adição forma uma junção entre as peças. Dessa forma, há uma região adjacente à solda que pode apresentar alterações microestruturais e de propriedades; essa região é denominada *zona termicamente afetada* (algumas vezes abreviada por *ZTA*). Entre as possíveis alterações, incluem-se as seguintes:

1. Se o material da peça tiver sido previamente trabalhado a frio, essa zona termicamente afetada pode ter sofrido recristalização e crescimento dos grãos e, assim, uma diminuição de resistência, dureza e tenacidade. A *ZTA* para uma situação desse tipo está representada esquematicamente na Figura 14.3.
2. No resfriamento, podem se formar tensões residuais nessa região, as quais enfraquecem a junção.

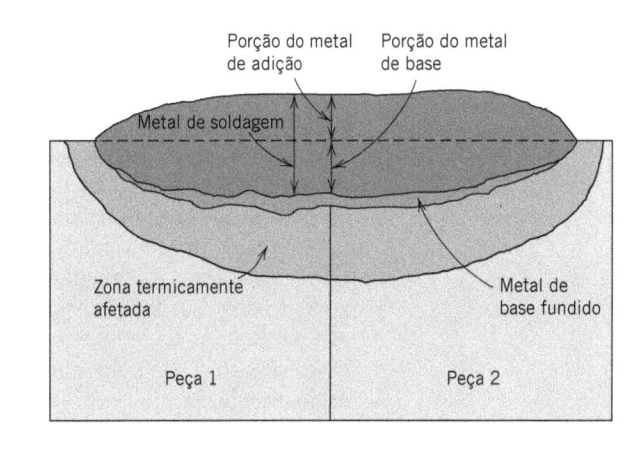

Figura 14.3 Representação esquemática da seção transversal mostrando as zonas na vizinhança de uma típica solda por fusão.
[De *Iron Castings Handbook*, C. F. Walton e T. J. Opar (Editores), Iron Castings Society, Des Plaines, IL, 1981.]

3. Para os aços, o material nessa zona pode ter sido aquecido até temperaturas suficientemente elevadas para a formação de austenita. Com o resfriamento até a temperatura ambiente, os produtos microestruturais que se formam dependem da taxa de resfriamento e da composição da liga. Nos aços-carbono comuns, normalmente estarão presentes a perlita e uma fase proeutetoide. Contudo, nos aços-liga, um produto microestrutural pode ser a martensita, que é normalmente indesejável, uma vez que é muito frágil.

4. Alguns aços inoxidáveis podem ser "sensibilizados" durante a soldagem, o que os torna suscetíveis à corrosão intergranular, como explicado na Seção 16.7.

Uma técnica de junção relativamente moderna é aquela por soldagem com raio laser, na qual um feixe de laser intenso e altamente concentrado é usado como fonte de calor. O raio laser derrete o metal de base e, ao solidificar, produz uma junção; com frequência, não é utilizado um material de adição. Algumas das vantagens dessa técnica são as seguintes: (1) é um processo em que não há contato, o que elimina a distorção mecânica das peças de trabalho; (2) ela pode ser rápida e altamente automatizada; (3) a alimentação de energia à peça é baixa e, portanto, o tamanho da zona termicamente afetada é mínimo; (4) as soldas podem ter um tamanho pequeno e ser muito precisas; (5) uma grande variedade de metais e ligas pode ser unida utilizando-se essa técnica; e (6) é possível a obtenção de soldas sem porosidade com resistências iguais ou superiores àquelas do metal de base. A soldagem utilizando raio laser é largamente empregada nas indústrias automotiva e de produtos eletrônicos, em que são necessárias soldas de alta qualidade e produzidas sob taxas de soldagem elevadas.

Verificação de Conceitos 14.2 Quais são as principais diferenças entre a soldagem, a solda brasagem e a solda branca? Você pode precisar consultar outra referência.

(*A resposta está disponível no GEN-IO, ambiente virtual de aprendizagem do GEN.*)

Processamento Térmico de Metais

Em capítulos anteriores foram discutidos vários fenômenos que ocorrem em metais e ligas a temperaturas elevadas – por exemplo, a recristalização e a decomposição da austenita. Esses fenômenos são eficazes em alterar as características mecânicas quando são empregados tratamentos térmicos ou processos térmicos apropriados. De fato, o uso de tratamentos térmicos em ligas comerciais é uma prática extremamente comum. Portanto, vamos considerar em seguida os detalhes de alguns desses processos, incluindo os procedimentos de recozimento e de tratamento térmico dos aços.

14.5 PROCESSOS DE RECOZIMENTO

recozimento

O termo **recozimento** refere-se a um tratamento térmico no qual um material é exposto a uma temperatura elevada durante um período de tempo prolongado e a seguir é resfriado lentamente. Normalmente, o recozimento é realizado para (1) aliviar tensões; (2) aumentar a ductilidade e a tenacidade e reduzir a dureza; e/ou (3) produzir uma microestrutura específica. Diversos tratamentos térmicos de recozimento são possíveis; esses tratamentos são caracterizados pelas mudanças induzidas, as quais muitas vezes são microestruturais e são responsáveis pela alteração das propriedades mecânicas.

Qualquer processo de recozimento consiste em três estágios: (1) aquecimento até a temperatura desejada, (2) manutenção ou "encharque" naquela temperatura, e (3) resfriamento, geralmente até a temperatura ambiente. O tempo é um parâmetro importante nesses procedimentos. Durante o aquecimento e o resfriamento há gradientes de temperatura entre as partes externa e interna da peça; suas magnitudes dependem do tamanho e da geometria da peça. Se a taxa de variação da temperatura for muito grande, podem ser induzidos gradientes de temperatura e de tensões internas que podem levar a empenamento ou até mesmo a trincamento. Além disso, o tempo real de recozimento deve ser longo o suficiente para permitir quaisquer reações de transformação necessárias. A temperatura de recozimento também é um fator importante a ser considerado; o recozimento pode ser acelerado pelo aumento da temperatura, uma vez que processos de difusão normalmente estão envolvidos.

Recozimento Intermediário

O **recozimento intermediário** é um tratamento térmico usado para anular os efeitos do trabalho a frio – isto é, ele serve para reduzir a dureza e aumentar a ductilidade de um metal que foi previamente encruado. O recozimento intermediário é utilizado geralmente durante procedimentos de fabricação que requerem uma extensa deformação plástica, com o objetivo de permitir a continuidade da deformação sem fratura ou um consumo excessivo de energia. É permitido que os processos de recuperação e de recristalização ocorram. Normalmente, deseja-se obter uma microestrutura com grãos finos; portanto, o tratamento térmico é encerrado antes que se tenha um crescimento apreciável dos grãos. A oxidação ou escamação da superfície pode ser prevenida ou minimizada por um processo de recozimento em uma temperatura relativamente baixa (porém acima da temperatura de recristalização) ou em uma atmosfera não oxidante.

Alívio de Tensão

Tensões residuais internas podem se desenvolver em peças metálicas em resposta ao seguinte: (1) processos de deformação plástica, tais como usinagem e lixamento; (2) resfriamento não uniforme de uma peça que foi processada ou fabricada em uma temperatura elevada, tal como em uma solda ou uma fundição; e (3) uma transformação de fases que seja induzida no resfriamento, em que as fases original e resultante apresentam densidades diferentes. Podem ocorrer distorção e empenamento se essas tensões residuais não forem removidas. Essas tensões residuais podem ser eliminadas por um tratamento térmico de recozimento para o **alívio de tensões**, em que a peça é aquecida até a temperatura recomendada, mantida nessa temperatura durante tempo suficiente para atingir uma temperatura uniforme, e finalmente resfriada ao ar até a temperatura ambiente. A temperatura de recozimento é geralmente uma temperatura relativamente baixa, tal que os efeitos resultantes do trabalho a frio e de outros tratamentos térmicos não sejam afetados.

Recozimento de Ligas Ferrosas

Diversos procedimentos de recozimento diferentes são empregados para melhorar as propriedades dos aços. Entretanto, antes de esses métodos serem discutidos são necessários alguns comentários em relação à identificação das fronteiras entre as fases. A Figura 14.4 mostra a parte do diagrama de fases ferro-carbeto de ferro na vizinhança da composição eutetoide. A linha horizontal na temperatura eutetoide, identificada por convenção como A_1, é denominada **temperatura crítica inferior**,
abaixo da qual, sob condições de equilíbrio, toda a austenita se transformou nas fases ferrita e cementita. As fronteiras entre fases identificadas como A_3 e A_{cm} representam as curvas da **temperatura crítica superior** para aços hipoeutetoides e aços hipereutetoides, respectivamente. Para temperaturas e composições acima dessas fronteiras, somente a fase austenita prevalece. Como explicado na Seção 10.21, outros elementos de liga deslocam o eutetoide e as posições dessas curvas de fronteira entre as fases.

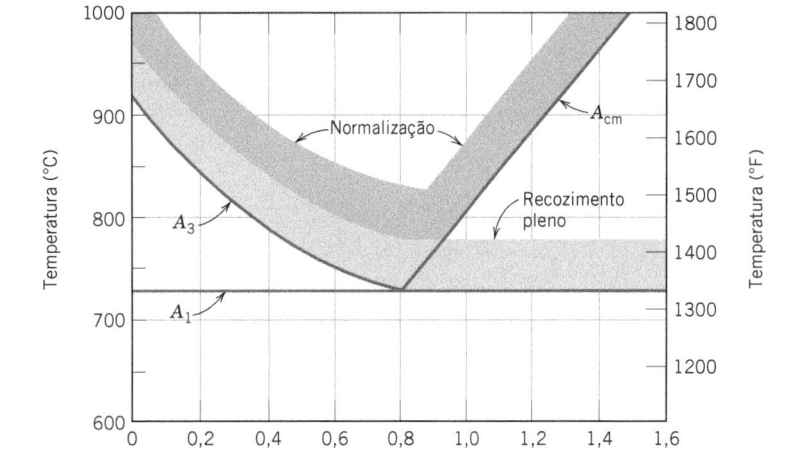

Figura 14.4 Diagrama de fases ferro-carbeto de ferro na vizinhança do eutetoide, indicando as faixas de temperatura dos tratamentos térmicos para aços-carbono comuns.
(Adaptado de G. Krauss, *Steels: Heat Treatment and Processing Principles*, ASM International, 1990, p. 108.)

Normalização

Os aços deformados plasticamente mediante, por exemplo, uma operação de laminação, consistem em grãos de perlita (e, muito provavelmente, uma fase proeutetoide), que têm formas irregulares, são relativamente grandes e variam substancialmente em tamanho. Um tratamento térmico de recozimento denominado **normalização** é utilizado para refinar os grãos (isto é, para diminuir o tamanho médio dos grãos) e produzir uma distribuição de tamanhos mais uniforme e desejável; os aços perlíticos com grãos finos são mais tenazes do que os com grãos mais grosseiros. A normalização é realizada pelo aquecimento a pelo menos 55 °C (100 °F) acima da temperatura crítica superior – isto é, acima de A_3 para composições menores do que a eutetoide (0,76 %p C) e acima de A_{cm} para composições maiores do que a eutetoide, como está representado na Figura 14.4. Após ter sido dado tempo suficiente para a liga se transformar completamente em austenita – em um procedimento denominado **austenitização** – o tratamento é terminado pelo resfriamento do material ao ar. Uma curva de resfriamento de normalização está superposta ao diagrama de transformação por resfriamento contínuo (Figura 11.27).

Recozimento Pleno

Um tratamento térmico conhecido como **recozimento pleno** é usado com frequência em aços com baixos e médios teores de carbono que serão usinados ou que sofrerão extensa deformação plástica durante uma operação de conformação. Em geral, a liga é tratada por aquecimento até uma temperatura aproximadamente 50 °C acima da curva A_3 (para formar austenita) para composições menores do que a eutetoide, ou, para composições acima da eutetoide, 50 °C acima da curva A_1 (para formar as fases austenita e Fe_3C), como observado na Figura 14.4. A liga é então resfriada no forno – isto é, o forno de tratamento térmico é desligado e tanto o forno quanto o aço se resfriam até a temperatura ambiente à mesma taxa, o que demanda várias horas. O produto microestrutural desse recozimento é perlita grosseira (além de qualquer fase proeutetoide), que é relativamente dúctil e de baixa dureza. O procedimento de resfriamento em um recozimento pleno (também mostrado na Figura 11.27) demanda tempo; entretanto, tem-se como resultado uma microestrutura com grãos pequenos e uma estrutura de grãos uniforme.

Recozimento Subcrítico (Esferoidização)

Aços com teores de carbono médios e altos e microestrutura composta por perlita grosseira uniforme podem ainda ser muito duros para serem convenientemente usinados ou deformados plasticamente. Esses aços, e na realidade qualquer aço, podem ser termicamente tratados ou recozidos para desenvolver a estrutura da cementita globulizada, como descrito na Seção 11.5. Os aços que sofrem recozimento subcrítico têm ductilidade máxima e a menor dureza, e são facilmente usinados ou deformados. O tratamento térmico de **recozimento subcrítico (esferoidização)**, durante o qual existe uma coalescência do Fe_3C para formar as partículas de cementita globulizada (veja a Figura 11.20), pode ser realizado por diferentes métodos, conforme a seguir:

- Aquecimento da liga até uma temperatura imediatamente abaixo da temperatura eutetoide [curva A_1 na Figura 14.4, ou até aproximadamente 700 °C (1300 °F)] na região $\alpha + Fe_3C$ do diagrama de fases. Se a microestrutura original contiver perlita, os tempos de recozimento subcrítico ficarão geralmente na faixa entre 15 e 25 h.
- Aquecimento até uma temperatura imediatamente acima da eutetoide, e então um resfriamento muito lento no forno ou a manutenção a uma temperatura imediatamente abaixo da temperatura eutetoide.
- Aquecimento e resfriamento alternados entre aproximadamente ±50 °C da curva A_1 na Figura 14.4.

Em certo grau, a taxa na qual a cementita globulizada se forma depende da microestrutura previamente existente. Por exemplo, ela é a mais lenta para a perlita, e quanto mais fina for a perlita, mais rápida será a taxa. Além disso, um trabalho a frio, prévio, aumenta a taxa da reação de formação da cementita globulizada.

Ainda são possíveis outros tipos de tratamento de recozimento. Por exemplo, os vidros são recozidos, como descrito na Seção 14.7, para remover tensões residuais internas que tornam o material excessivamente pouco resistente. Além disso, as alterações microestruturais e as consequentes modificações nas propriedades mecânicas dos ferros fundidos, como discutidas na Seção 13.2, resultam do que são, em certo sentido, tratamentos de recozimento.

14.6 TRATAMENTO TÉRMICO DE AÇOS

Os procedimentos convencionais de tratamento térmico para a produção de aços martensíticos envolvem normalmente o resfriamento rápido e contínuo de uma amostra austenitizada em algum tipo de meio de resfriamento, tal como a água, o óleo ou o ar. As propriedades ótimas de um aço que foi temperado e depois revenido podem ser obtidas somente se durante o tratamento térmico por têmpera a amostra tiver sido transformada tal que contenha alto teor de martensita; a formação de qualquer fração de perlita e/ou de bainita resultará em uma combinação diferente daquela com a melhor combinação de características mecânicas. Durante o tratamento de têmpera, é impossível resfriar completamente a amostra sob uma taxa uniforme – a superfície sempre se resfria mais rapidamente do que as regiões internas. Portanto, a austenita se transformará ao longo de uma faixa de temperaturas, produzindo uma possível variação nas microestruturas e nas propriedades em função da posição no interior de uma amostra.

O sucesso de um tratamento térmico de aços para produzir uma microestrutura predominantemente martensítica ao longo de toda a seção transversal depende principalmente de três fatores: (1) composição da liga, (2) tipo e natureza do meio de resfriamento e (3) tamanho e forma da amostra. A influência de cada um desses fatores será agora discutida.

Temperabilidade

temperabilidade

A influência da composição da liga sobre a habilidade de um aço se transformar em martensita para um tratamento por têmpera específico está relacionada com um parâmetro chamado **temperabilidade**. Para cada aço diferente há uma relação específica entre as propriedades mecânicas e a taxa de resfriamento. *Temperabilidade* é um termo usado para descrever a habilidade de uma liga em ser endurecida pela formação de martensita como resultado de determinado tratamento térmico. A temperabilidade não é o mesmo que "dureza", que significa a resistência à indentação; em vez disso, a temperabilidade é uma medida qualitativa da taxa na qual a dureza cai, em função da distância, para o interior de uma amostra como resultado de um menor teor de martensita. Um aço com uma temperabilidade elevada é aquele que endurece, ou que forma martensita, não apenas em sua superfície, mas em elevado grau também em todo o seu interior.

Ensaio Jominy da Extremidade Temperada

ensaio Jominy da extremidade temperada

Um procedimento padrão usado amplamente para determinar a temperabilidade é o **ensaio Jominy da extremidade temperada**.[1] Com esse procedimento, à exceção da composição da liga, todos os fatores que podem influenciar a profundidade até a qual uma peça endurece (isto é, o tamanho e a forma da amostra, e o tratamento térmico por têmpera) são mantidos constantes. Um corpo de prova cilíndrico com 25,4 mm (1,0 in) de diâmetro e 100 mm (4 in) de comprimento é austenitizado em uma temperatura predeterminada durante um período de tempo predeterminado. Após a remoção do forno, ele é montado rapidamente em um suporte, como mostrado esquematicamente na Figura 14.5a. A extremidade inferior é resfriada rapidamente por um jato de água com vazão e temperatura especificadas. Dessa forma, a taxa de resfriamento é máxima na extremidade temperada, diminuindo em função da posição desde esse ponto e ao longo do comprimento do corpo de prova. Após a peça ter sido resfriada até a temperatura ambiente, chanfros planos e rasos com 0,4 mm (0,015 in) de profundidade são usinados ao longo do comprimento do corpo de prova, e são realizadas medições de dureza Rockwell para os primeiros 50 mm (2 in) ao longo de cada chanfro (Figura 14.5b); para os primeiros 12,8 mm (0,5 in), as leituras de dureza são tiradas em intervalos de 1,6 mm (1/16 in), enquanto para os demais 38,4 mm (1,5 in) as leituras são tomadas a cada 3,2 mm (1/8 in). Uma curva de temperabilidade é produzida quando a dureza é representada graficamente em função da posição a partir da extremidade temperada.

Curvas de Temperabilidade

Uma curva de temperabilidade típica está representada na Figura 14.6. A extremidade temperada é resfriada mais rapidamente e exibe a dureza máxima; para a maioria dos aços, o produto nessa posição é 100 % martensita. A taxa de resfriamento diminui em função da distância à extremidade

---

[1] Norma ASTM A255, "Métodos de Ensaio Padronizados para Determinação da Temperabilidade de Aços" ("*Standard Test Methods for Determining Hardenability of Steel*").

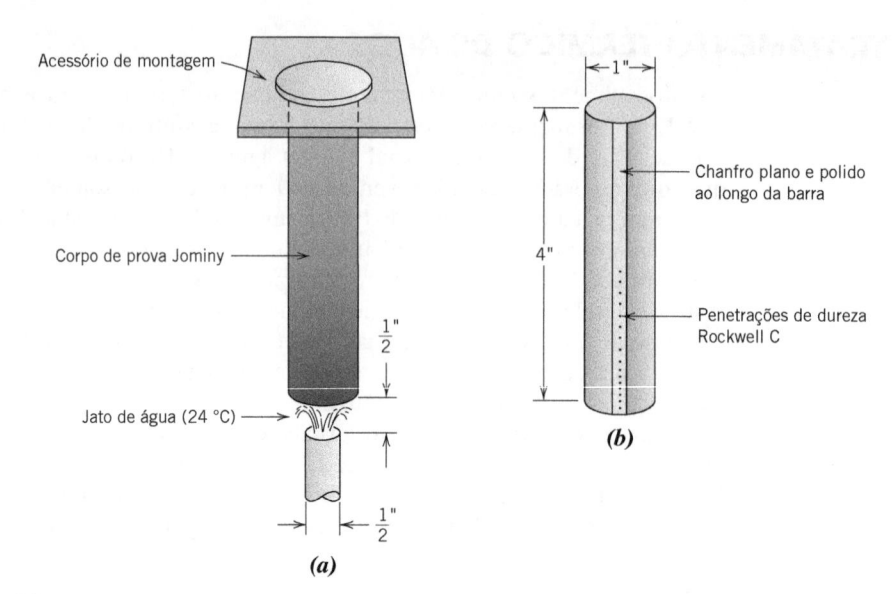

Figura 14.5 Diagrama esquemático de um corpo de prova para ensaio Jominy da extremidade temperada (*a*) montado durante a têmpera e (*b*) após o ensaio de dureza a partir da extremidade temperada e ao longo de um chanfro plano e polido.

temperada, e a dureza também diminui, como indicado na figura. Com a diminuição da taxa de resfriamento, existe mais tempo para a difusão do carbono e a formação de maior proporção da perlita, de menor dureza, e que pode estar misturada com martensita e bainita. Dessa forma, um aço muito temperável retém altos valores de dureza até distâncias relativamente grandes; um aço pouco temperável não retém altos valores de dureza. Além disso, cada aço tem sua própria e exclusiva curva de temperabilidade.

Algumas vezes, é conveniente relacionar a dureza com uma taxa de resfriamento, em vez de relacioná-la à localização até a extremidade temperada de um corpo de prova Jominy padrão. A taxa de resfriamento [tomada a uma temperatura de 700 °C (1300 °F)] é mostrada geralmente no eixo horizontal superior de um diagrama de temperabilidade; essa escala está incluída nos gráficos de temperabilidade aqui apresentados. Essa correlação entre a posição e a taxa de resfriamento é a mesma para os aços-carbono comuns e para muitos aços-liga, uma vez que a taxa de transferência de calor é praticamente independente da composição. Ocasionalmente, a taxa de resfriamento ou a posição a partir da extremidade temperada é especificada em termos da distância Jominy, em que uma unidade de distância Jominy equivale a 1,6 mm (1/16 in).

Pode ser estabelecida uma correlação entre a posição ao longo do corpo de prova Jominy e as transformações por resfriamento contínuo. Por exemplo, a Figura 14.7 é um diagrama de transformação por resfriamento contínuo para uma liga ferro-carbono com composição eutetoide sobre o qual estão superpostas as curvas de resfriamento para quatro posições Jominy diferentes, além das microestruturas correspondentes que resultam para cada uma delas. A curva de temperabilidade para essa liga também está incluída.

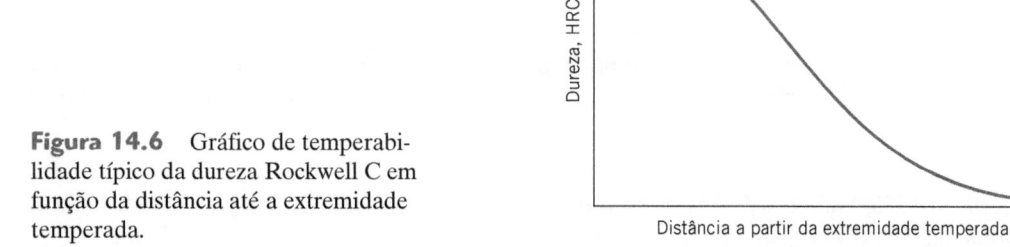

Figura 14.6 Gráfico de temperabilidade típico da dureza Rockwell C em função da distância até a extremidade temperada.

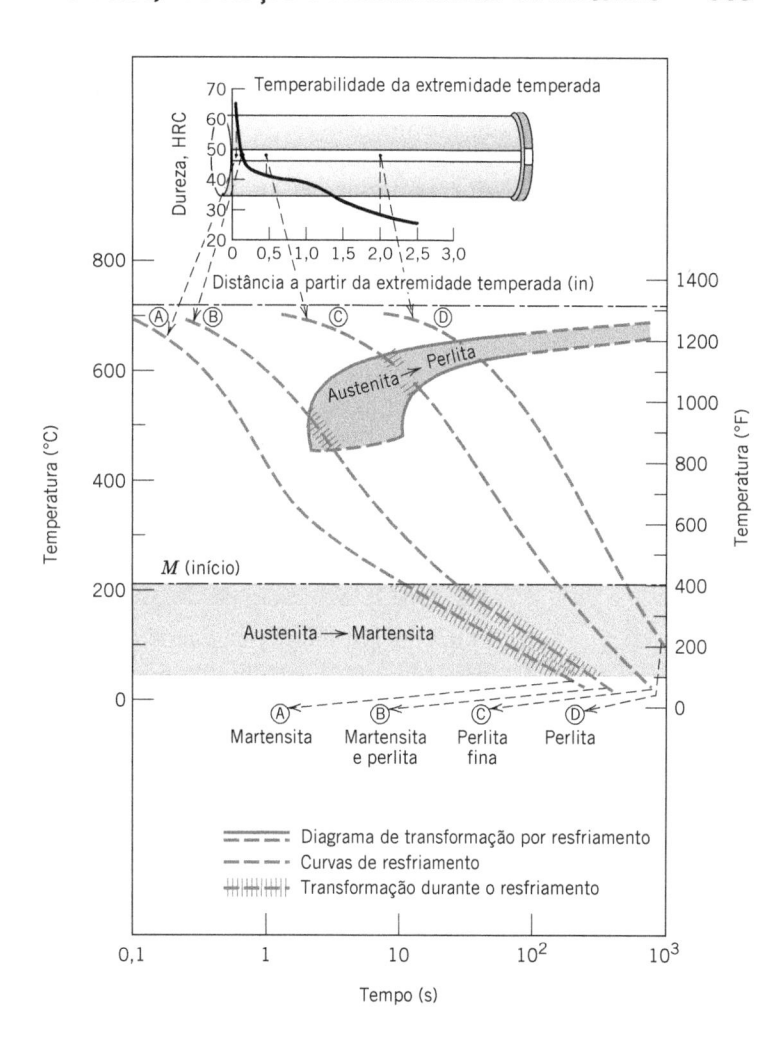

Figura 14.7 Correlação de informações sobre a temperabilidade e o resfriamento contínuo para uma liga ferro-carbono com composição eutetoide.
[Adaptado de H. Boyer (Editor), *Atlas of Isothermal Transformation and Cooling Transformation Diagrams*, American Society for Metals, 1977, p. 376.]

A Figura 14.8 mostra as curvas de temperabilidade para cinco aços diferentes, todos com 0,40 %p C, porém com quantidades diferentes de outros elementos de liga. Uma das amostras é um aço-carbono comum (1040); as outras quatro (4140, 4340, 5140 e 8640) são aços-liga. As composições dos quatro aços-liga estão incluídas na figura. O significado dos números de especificação da liga (por exemplo, 1040) está explicado na Seção 13.2. Nessa figura, vários detalhes devem ser observados. Em primeiro lugar, todas as cinco ligas têm durezas idênticas na extremidade temperada (57 HRC); essa dureza é função apenas do teor de carbono, que é o mesmo para todas essas ligas.

Provavelmente, a característica mais significativa dessas curvas é o seu formato, o qual se relaciona à temperabilidade. A temperabilidade do aço-carbono comum 1040 é baixa, pois a dureza cai de maneira brusca (até aproximadamente 30 HRC) após uma distância Jominy relativamente curta (6,4 mm, 1/4 in). Em contraste, as reduções na dureza para os outros quatro aços-liga são distintamente mais graduais. Por exemplo, a uma distância Jominy de 50 mm (2 in), as durezas das ligas 4340 e 8640 são de aproximadamente 50 e 32 HRC, respectivamente; dessa forma, entre essas duas ligas, a 4340 é mais temperável. Quando temperado em água, um corpo de prova de aço-carbono comum 1040 endurece apenas até uma distância pouco profunda abaixo da superfície, enquanto para os outros quatro aços-liga a alta dureza obtida na têmpera persiste até uma profundidade muito maior.

Os perfis de dureza na Figura 14.8 são indicativos da influência da taxa de resfriamento sobre a microestrutura. Na extremidade temperada, onde a taxa de resfriamento é de aproximadamente 600 °C/s (1100 °F/s), 100 % de martensita estão presentes em todas as cinco ligas. Para taxas de resfriamento inferiores a aproximadamente 70 °C/s (125 °F/s) ou para distâncias Jominy maiores do que aproximadamente 6,4 mm (1/4 in), a microestrutura do aço 1040 é predominantemente perlítica, com a presença de alguma ferrita proeutetoide. Entretanto, as microestruturas dos quatro aços-liga consistem principalmente em uma mistura de martensita e bainita; o teor de bainita aumenta com a diminuição da taxa de resfriamento.

Essa disparidade no comportamento da temperabilidade para as cinco ligas mostradas na Figura 14.8 é explicada pela presença de níquel, cromo e molibdênio nos aços-liga. Esses elementos de liga retardam as reações de transformação da austenita em perlita e/ou bainita, como explicado nas Seções 11.5 e 11.6; isso permite que mais martensita se forme para uma taxa de resfriamento específica, produzindo maior dureza. O eixo da direita na Figura 14.8 mostra o percentual aproximado de martensita presente em diferentes durezas para essas ligas.

As curvas de temperabilidade também dependem do teor de carbono. Esse efeito está demonstrado na Figura 14.9 para uma série de aços-liga na qual somente a concentração de carbono é variada. A dureza em qualquer posição Jominy aumenta com a concentração de carbono.

Ainda, durante a produção industrial do aço, sempre ocorre uma ligeira e inevitável variação na composição e no tamanho médio dos grãos de uma batelada para outra. Essa variação resulta em alguma dispersão nos dados de temperabilidade medidos, os quais são representados graficamente, com frequência, como uma faixa que representa os valores máximo e mínimo esperados para a liga específica. Tal faixa de temperabilidade está ilustrada na Figura 14.10 para um aço 8640. Um "H" após a especificação de uma liga (por exemplo, 8640H) indica que a composição e as características da liga são tais que sua curva de temperabilidade se encontra no interior de uma faixa especificada.

Influência do Meio de Resfriamento, do Tamanho e da Geometria da Amostra

O tratamento anterior da temperabilidade discutiu a influência tanto da composição da liga quanto da taxa de resfriamento ou de têmpera sobre a dureza. A taxa de resfriamento de uma amostra depende da taxa de extração de energia térmica, que é uma função das características do meio de resfriamento que está em contato com a superfície da amostra, assim como do tamanho e da geometria da amostra.

A *severidade da têmpera* é um termo usado com frequência para indicar a taxa de resfriamento; quanto mais rápido for o resfriamento, mais severa será a têmpera. Entre os três meios de têmpera mais comuns – água, óleo e ar – a água produz a têmpera mais severa, seguida pelo óleo, que por sua

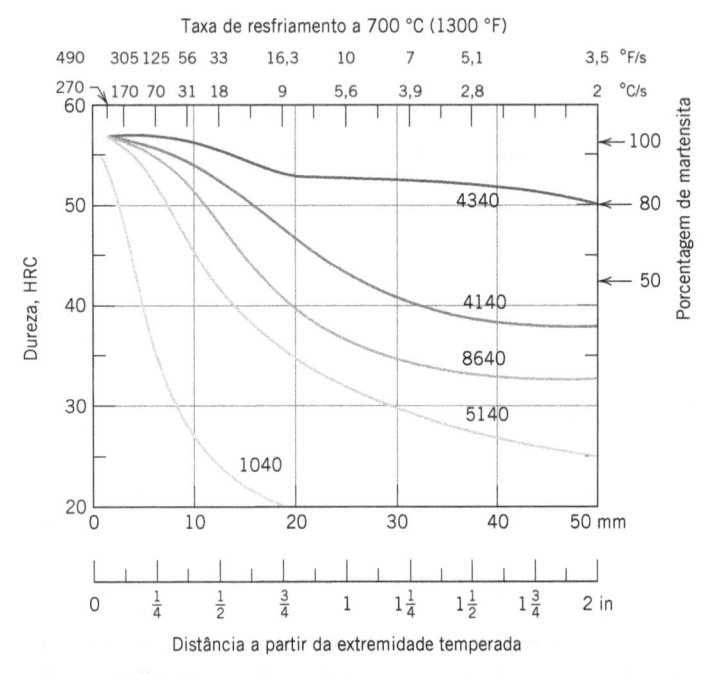

Figura 14.8 Curvas de temperabilidade para cinco aços diferentes, todos contendo 0,4 %p C. As composições (%p) aproximadas são as seguintes: 4340-1,85 Ni, 0,80 Cr e 0,25 Mo; 4140-1,0 Cr e 0,20 Mo; 8640-0,55 Ni, 0,50 Cr e 0,20 Mo; 5140-0,85 Cr; 1040 é um aço sem elementos de liga.
(Adaptado de figura fornecida em cortesia da Republic Steel Corporation.)

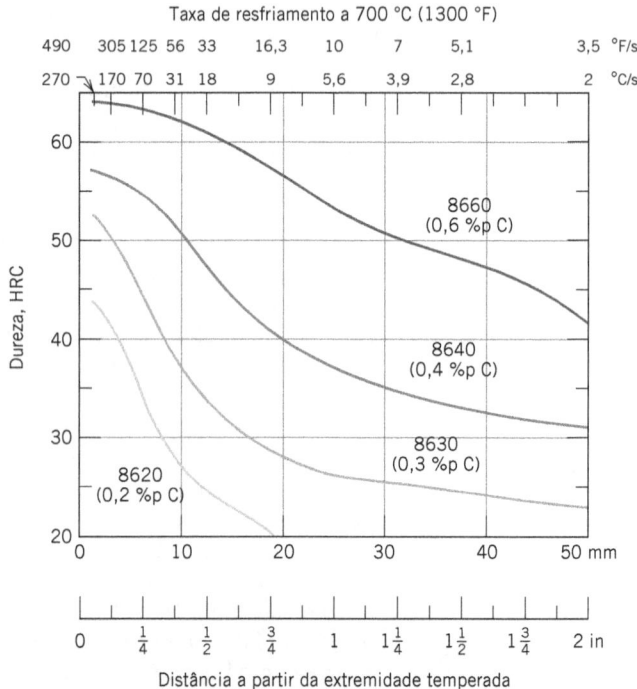

Figura 14.9 Curvas de temperabilidade para quatro ligas da série 8600 com o teor de carbono indicado.
(Adaptado de figura fornecida em cortesia da Republic Steel Corporation.)

vez é mais eficaz do que o ar.[2] O grau de agitação de cada meio também influencia a taxa de remoção de calor. O aumento da velocidade do meio de resfriamento ao longo da superfície da amostra melhora a eficiência da têmpera. As têmperas em óleo são adequadas para o tratamento térmico de muitos aços-liga. De fato, para os aços com maiores teores de carbono, a têmpera em água é muito severa, pois podem ser produzidas trincas ou empenamento. O resfriamento ao ar de aços-carbono comuns austenitizados produz normalmente uma estrutura quase exclusivamente perlítica.

Durante a têmpera de uma amostra de aço, a energia térmica deve ser transportada para a superfície antes que ela possa ser dissipada no meio de têmpera. Como consequência disso, a taxa de resfriamento dentro e ao longo de todo o interior de uma estrutura de aço varia de acordo com a posição e depende da geometria e do tamanho do material. As Figuras 14.11a e 14.11b mostram a taxa de resfriamento a 700 °C (1300 °F) em função do diâmetro para barras cilíndricas em quatro posições radiais diferentes (na superfície, a três quartos do raio, na metade do raio e no centro). A têmpera foi feita em água (Figura 14.11a) e em óleo (Figura 14.11b) com agitação moderada; a taxa de resfriamento também está expressa em termos da distância Jominy equivalente, uma vez que esses dados são usados com frequência em conjunto com as curvas de temperabilidade. Também são gerados diagramas semelhantes aos mostrados na Figura 14.11 para geometrias diferentes da cilíndrica (por exemplo, para chapas planas).

Uma utilidade desses diagramas está na previsão da dureza transversalmente ao longo da seção transversal de uma amostra. Por exemplo, a Figura 14.12a compara as distribuições radiais da dureza em amostras cilíndricas de aço-carbono comum (1040) e de aço-liga (4140); ambas apresentam um diâmetro de 50 mm (2 in) e são temperadas em água. A diferença na temperabilidade é evidente a partir desses dois perfis. O diâmetro da amostra também influencia a distribuição da dureza, como está demonstrado na Figura 14.12b, onde são traçados os perfis de dureza para cilindros em aço 4140 com diâmetros de 50 e 75 mm (2 e 3 in) que foram temperados em óleo. O Problema-Exemplo 14.1 ilustra como esses perfis de dureza são determinados.

No que se refere à forma da amostra, uma vez que a energia térmica é dissipada para o meio de resfriamento na superfície da amostra, a taxa de resfriamento para um tratamento por têmpera específico depende da razão entre a área da superfície e a massa da amostra. Quanto maior for essa

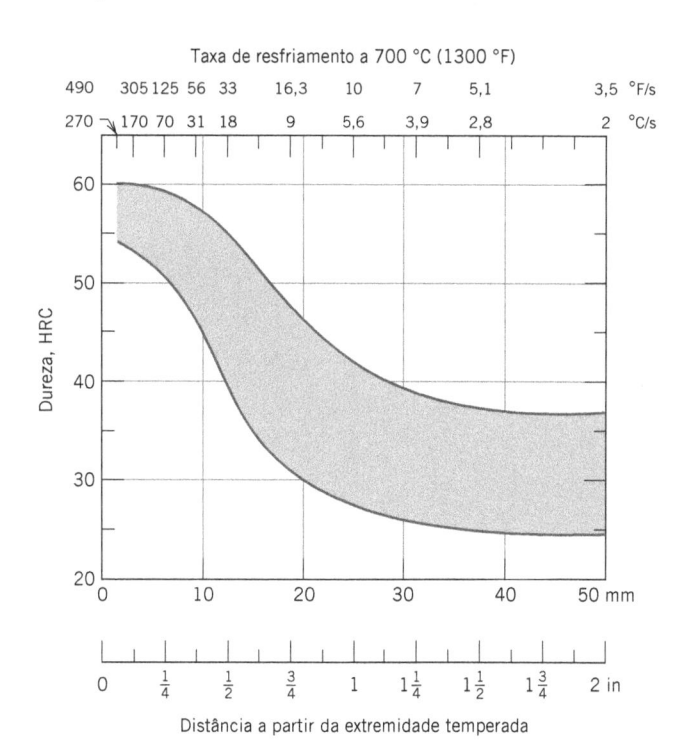

Figura 14.10 A faixa de temperabilidade para um aço 8640 indicando os limites máximo e mínimo de dureza.
(Adaptado de figura fornecida em cortesia da Republic Steel Corporation.)

---

[2] Recentemente, foram desenvolvidos meios de têmpera consistindo em soluções poliméricas aquosas [soluções compostas por água e um polímero – normalmente poli(alquileno glicol) ou PAG] que fornecem taxas de resfriamento intermediárias entre aquelas da água e do óleo. A taxa de têmpera pode ser ajustada para atender exigências específicas, pela mudança da concentração de polímero e da temperatura do banho de têmpera.

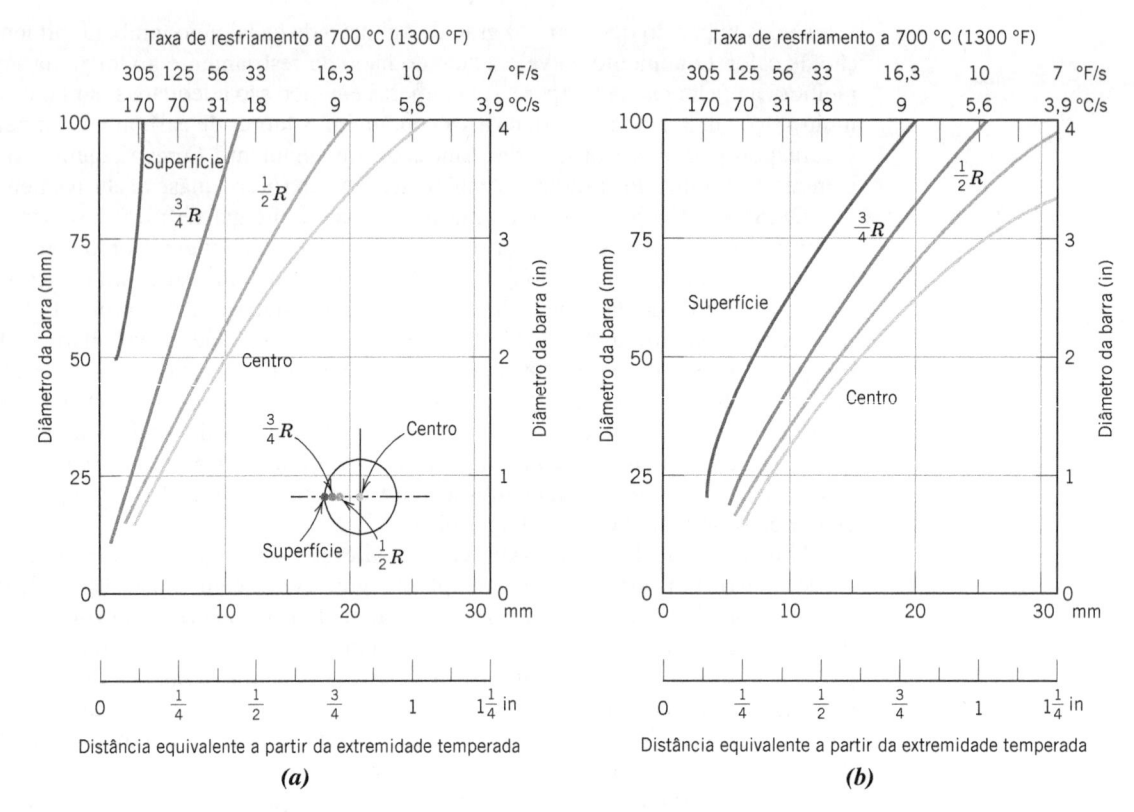

Figura 14.11 Taxa de resfriamento em função do diâmetro em posições na superfície, a três quartos do raio (3/4R), na metade do raio (1/2R) e no centro, para barras cilíndricas temperadas em (a) água e em (b) óleo agitações moderadas. As posições Jominy equivalentes estão incluídas ao longo do eixo inferior.
[Adaptado de *Metals Handbook: Properties and Selection: Irons and Steels*, Vol. 1, 9th edition, B. Bardes (Editor), American Society for Metals, 1978, p. 492.]

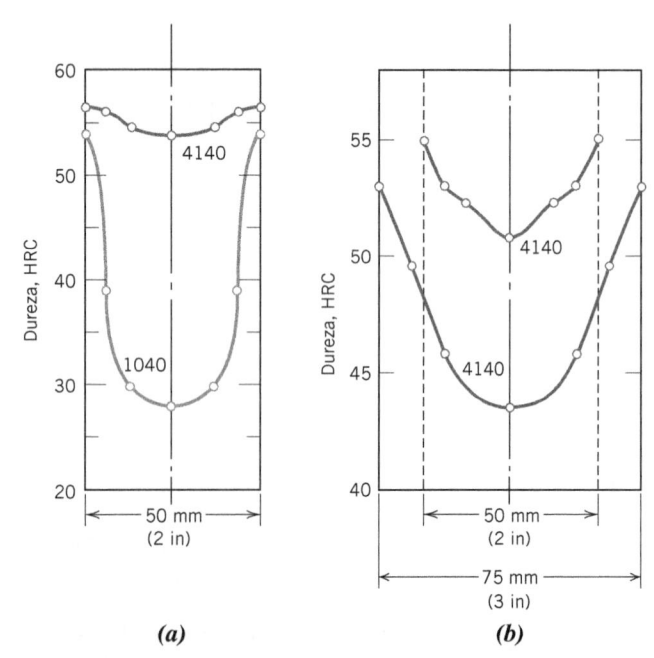

Figura 14.12 Perfis radiais de dureza para (a) amostras cilíndricas de aços 1040 e 4140 com diâmetro de 50 mm (2 in) temperadas em água moderadamente agitada, e (b) amostras cilíndricas de aço 4140 com diâmetros de 50 mm e 75 mm (2 e 3 in) temperadas em óleo moderadamente agitado.

razão, mais rápida será a taxa de resfriamento e, consequentemente, mais profundo será o efeito de endurecimento. As formas irregulares com arestas e cantos têm maiores razões superfície-massa do que as formas regulares e arredondadas (por exemplo, esferas e cilindros) e são, dessa forma, mais suscetíveis ao endurecimento por têmpera.

Existe grande variedade de aços que são suscetíveis a um tratamento térmico para formação de martensita, e um dos critérios mais importantes no processo de seleção é a temperabilidade. As curvas de temperabilidade, quando utilizadas em conjunto com gráficos como aqueles mostrados na Figura 14.11 para vários meios de resfriamento, podem ser consideradas para garantir a adequação de um aço específico para alguma aplicação. De maneira contrária, pode ser determinada a adequação de um procedimento de têmpera para determinada liga. Para peças que devem ser usadas em aplicações envolvendo tensões relativamente elevadas, um mínimo de 80 % de martensita deve ser produzido em todo o interior do material como consequência do procedimento de têmpera. Para os materiais submetidos a tensões moderadas é exigido um mínimo de apenas 50 %.

Verificação de Conceitos 14.3   Cite os três fatores que influenciam o grau no qual a martensita é formada em toda a seção transversal de uma amostra de aço. Para cada um deles, diga como o grau de formação de martensita pode ser aumentado.

(*A resposta está disponível no GEN-IO, ambiente virtual de aprendizagem do GEN.*)

PROBLEMA-EXEMPLO 14.1

Determinação do Perfil de Dureza para um Aço 1040 Tratado Termicamente

Determine o perfil radial da dureza para uma amostra cilíndrica de um aço 1040 com 50 mm (2 in) de diâmetro que foi temperada em água moderadamente agitada.

Solução

Em primeiro lugar, deve-se avaliar a taxa de resfriamento (em termos da distância a partir da extremidade temperada no ensaio Jominy) em posições radiais localizadas no centro, na superfície, na metade do raio e a três quartos do raio da amostra cilíndrica. Isso é conseguido com o auxílio do gráfico da taxa de resfriamento em função do diâmetro da barra para o meio de resfriamento apropriado – neste caso, a Figura 14.11*a*. Então, deve-se converter a taxa de resfriamento em cada uma dessas posições radiais em um valor de dureza a partir de um gráfico da temperabilidade da liga em questão. Finalmente, deve-se determinar o perfil de dureza traçando a dureza em função da posição radial na amostra.

Esse procedimento está demonstrado na Figura 14.13 para a posição central. Note que, para um cilindro resfriado em água com 50 mm (2 in) de diâmetro, a taxa de resfriamento no centro é equivalente àquela a aproximadamente 9,5 mm (3/8 in) da extremidade temperada de um corpo de prova Jominy (Figura 14.13*a*). Isso corresponde a uma dureza de aproximadamente 28 HRC, como pode ser observado no gráfico da temperabilidade para o aço 1040 (Figura 14.13*b*). Finalmente, esse dado é traçado no perfil de dureza apresentado na Figura 14.13*c*.

As durezas na superfície, na metade do raio e a três quartos do raio podem ser determinadas de maneira semelhante. Um perfil completo foi incluído e os dados que foram usados estão mostrados na tabela adiante.

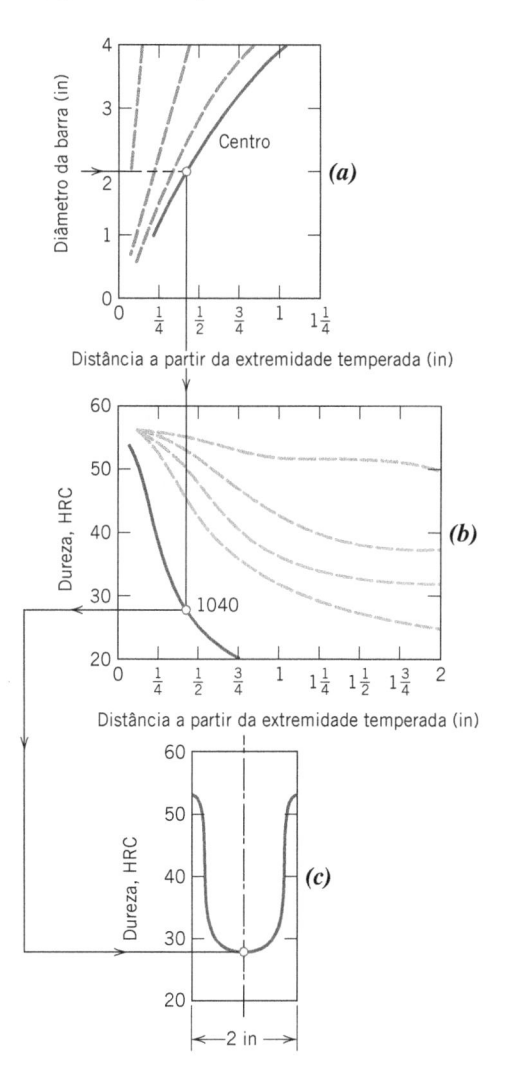

Figura 14.13   Uso de dados da temperabilidade para a geração de perfis de dureza. (*a*) É determinada a taxa de resfriamento no centro de um corpo de prova com 50 mm (2 in) de diâmetro que foi temperado em água. (*b*) A taxa de resfriamento é convertida em uma dureza HRC para um aço 1040. (*c*) A dureza Rockwell é traçada no perfil radial de dureza.

Posição Radial	Distância Equivalente a Partir da Extremidade Temperada [mm (in)]	Dureza (HRC)
Centro	9,5 $(\frac{3}{8})$	28
Metade do raio	8 $(\frac{5}{16})$	30
Três quartos do raio	4,8 $(\frac{3}{16})$	39
Superfície	1,6 $(\frac{1}{16})$	54

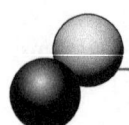

EXEMPLO DE PROJETO 14.1

Seleção de um Aço e Seu Tratamento Térmico

É necessário selecionar um aço para um eixo de saída de uma caixa de engrenagens. O projeto requer um eixo cilíndrico com diâmetro de 25,4 mm (1 in), com uma dureza superficial de pelo menos 38 HRC e uma ductilidade mínima de 12 AL%. Especifique uma liga e um tratamento para satisfazer esses critérios.

Solução

Em primeiro lugar, o custo é também, muito provavelmente, uma importante consideração de projeto. É quase certo que isso eliminaria aços relativamente caros, como os aços inoxidáveis e os que são endurecíveis por precipitação. Portanto, vamos começar analisando aços-carbono comuns e aços de baixa liga, assim como quais tratamentos estão disponíveis para alterar suas características mecânicas.

É improvável que um simples trabalho a frio em um desses aços venha a produzir a combinação desejada de dureza e ductilidade. Por exemplo, a partir da Figura 7.31, uma dureza de 38 HRC corresponde a um limite de resistência à tração de 1200 MPa (175.000 psi). O limite de resistência à tração em função do percentual de trabalho a frio para um aço 1040 está representado na Figura 8.19*b*. Nessa figura, pode ser observado que para 50 %TF obtém-se um limite de resistência à tração de apenas aproximadamente 900 MPa (130.000 psi); além disso, a ductilidade correspondente é de aproximadamente 10 AL% (Figura 8.19*c*). Portanto, essas duas propriedades não atendem às condições de projeto especificadas; ainda, o trabalho a frio em outros aços-carbono comuns ou aços de baixa liga provavelmente também não atingiria os valores mínimos necessários.

Outra possibilidade é realizar uma série de tratamentos térmicos nos quais o aço seria austenitizado, temperado (para formar martensita) e finalmente revenido. Vamos agora examinar as propriedades mecânicas de vários aços-carbono comuns e aços de baixa liga que foram tratados termicamente dessa maneira. A dureza superficial do material temperado (que por fim afeta a dureza do material revenido) depende tanto da composição da liga quanto do diâmetro do eixo, como foi discutido nas duas seções anteriores. Por exemplo, o grau no qual a dureza superficial diminui em função do diâmetro está representado na Tabela 14.1 para um aço 1060 que foi temperado em óleo. Além disso, a dureza superficial após o revenido também depende da temperatura e do tempo de revenimento.

Tabela 14.1 Durezas Superficiais para Cilindros de Aço 1060 com Diferentes Diâmetros Temperados em Óleo

Diâmetro (in)	Dureza Superficial (HRC)
0,5	59
1	34
2	30,5
4	29

Os dados de dureza e de ductilidade após a têmpera e após o revenido foram coletados para um aço-carbono comum (AISI/SAE 1040) e para vários aços de baixa liga mais comuns e facilmente disponíveis, para os quais os dados estão apresentados na Tabela 14.2. O meio de resfriamento (óleo ou água) está indicado e as temperaturas de revenido foram de 540 °C (1000 °F), 595 °C (1100 °F) e 650 °C (1200 °F). Como pode ser observado, as únicas combinações liga-tratamento térmico que atendem aos critérios estipulados são a liga 4150, têmpera em óleo e revenido a 540 °C; liga 4340, têmpera em óleo e revenido a 540 °C;

e liga 6150, têmpera em óleo e revenido a 540 °C. Os dados para essas ligas/tratamentos térmicos estão em negrito na tabela. Os custos desses três materiais são provavelmente comparáveis; entretanto, deve ser realizada uma análise de custos. Além do mais, a liga 6150 possui a maior ductilidade (por uma pequena margem), o que daria a essa liga uma pequena vantagem no processo de seleção.

Tabela 14.2 Dureza Rockwell C (Superficial) e Alongamento Percentual para Cilindros com 25,4 mm (1 in) de Diâmetro Feitos a Partir de Seis Aços Diferentes, na Condição de como Temperado e para Vários Tratamentos Térmicos de Revenido

Especificação da Liga/Meio de Têmpera	*Após a Têmpera* *Dureza (HRC)*	*Revenido a 540 °C (1000 °F)* *Dureza (HRC)*	*Ductilidade (AL%)*	*Revenido a 595 °C (1100 °F)* *Dureza (HRC)*	*Ductilidade (AL%)*	*Revenido a 650 °C (1200 °F)* *Dureza (HRC)*	*Ductilidade (AL%)*
1040 óleo	23	$(12,5)^a$	26,5	$(10)^a$	28,2	$(5,5)^a$	30,0
1040 água	50	$(17,5)^a$	23,2	$(15)^a$	26,0	$(12,5)^a$	27,7
4130 água	51	31	18,5	26,5	21,2	–	–
4140 óleo	55	33	16,5	30	18,8	27,5	21,0
4150 óleo	62	**38**	**14,0**	35,5	15,7	30	18,7
4340 óleo	57	**38**	**14,2**	35,5	16,5	29	20,0
6150 óleo	60	**38**	**14,5**	33	16,0	31	18,7

^{a}Esses valores de dureza são apenas aproximados, pois são inferiores a 20 HRC.

Como a seção anterior destacou, para amostras cilíndricas de aços que foram temperados, a dureza superficial depende não apenas da composição da liga e do meio de têmpera, mas também do diâmetro da amostra. Da mesma maneira, as características mecânicas de amostras de aço que foram temperadas e subsequentemente revenidas também serão uma função do diâmetro da amostra. Esse fenômeno está ilustrado na Figura 14.14, que mostra os gráficos do limite de resistência à tração, limite de escoamento e ductilidade (AL%) em função da temperatura de revenido para quatro diâmetros de um aço 4140 temperado em óleo – 12,5 mm (0,5 in), 25 mm (1 in), 50 mm (2 in) e 100 mm (4 in).

Fabricação de Materiais Cerâmicos

Uma preocupação principal na aplicação dos materiais cerâmicos é o método de fabricação. Muitas das operações de conformação de metais discutidas anteriormente neste capítulo dependem de fundição e/ou de técnicas que envolvem alguma forma de deformação plástica. Uma vez que os materiais cerâmicos apresentam temperaturas de fusão relativamente elevadas, sua fundição é normalmente impraticável. Além disso, na maioria dos casos, a fragilidade desses materiais impede sua deformação. Algumas peças cerâmicas são conformadas a partir de pós (ou de partículas) que devem ao final ser secados e cozidos. Os vidros são conformados em temperaturas elevadas a partir de uma massa fluida que se torna muito viscosa no resfriamento. Os cimentos são conformados pela colocação de uma pasta fluida no interior de moldes, onde endurecem e assumem uma pega permanente em virtude de reações químicas. Um esquema taxonômico para os vários tipos de técnicas de conformação para os materiais cerâmicos está apresentado na Figura 14.15.

14.7 FABRICAÇÃO E PROCESSAMENTO DE VIDROS E DE VIDROCERÂMICAS

Propriedades dos Vidros

Antes de discutirmos as técnicas específicas para a conformação dos vidros, algumas das propriedades dos materiais vítreos sensíveis à temperatura devem ser apresentadas. Os materiais vítreos, ou não cristalinos, não se solidificam do mesmo modo que os materiais cristalinos. No resfriamento,

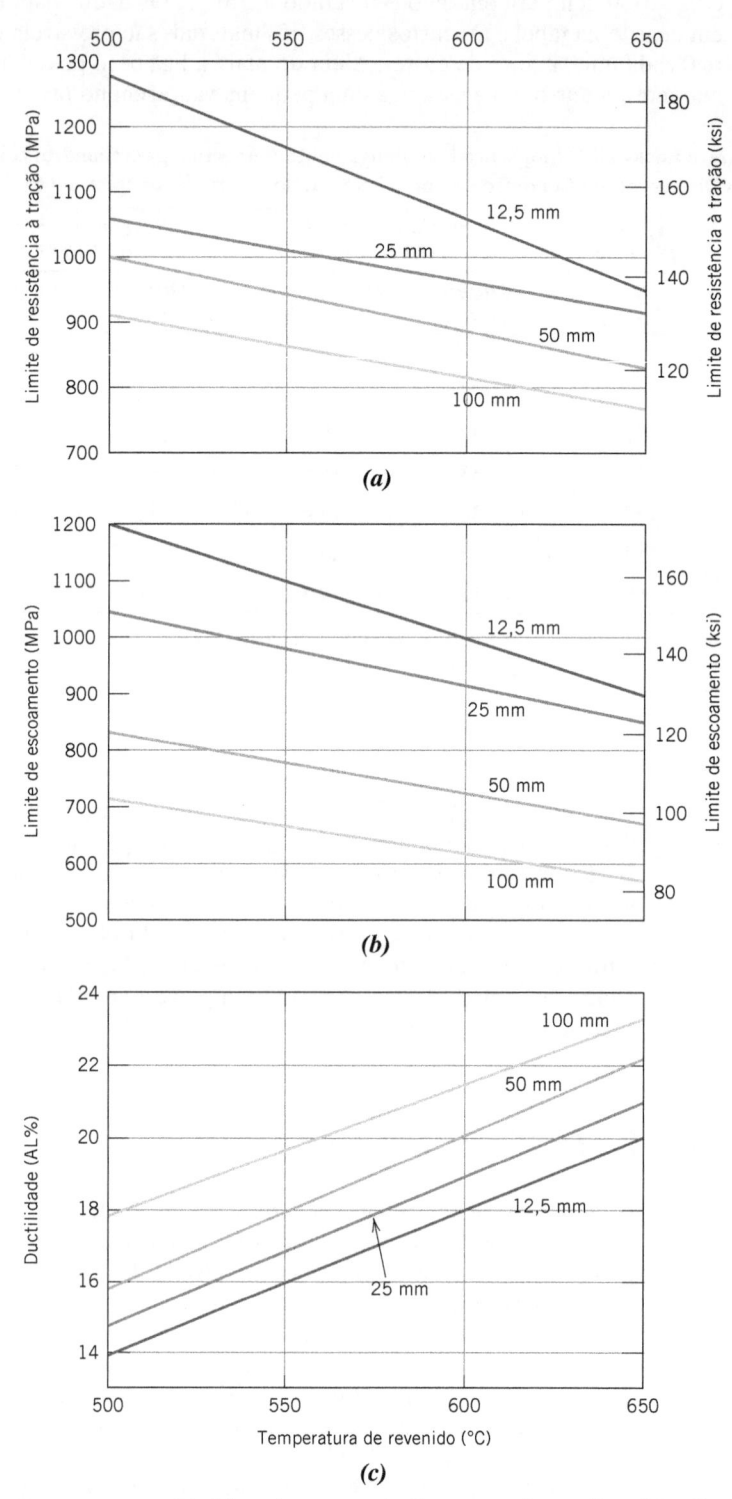

Figura 14.14 Para amostras cilíndricas de um aço 4140 temperado em óleo, (*a*) o limite de resistência à tração, (*b*) o limite de escoamento e (*c*) a ductilidade (alongamento percentual) em função da temperatura de revenido para diâmetros de 12,5 mm (0,5 in), 25 mm (1 in), 50 mm (2 in) e 100 mm (4 in).

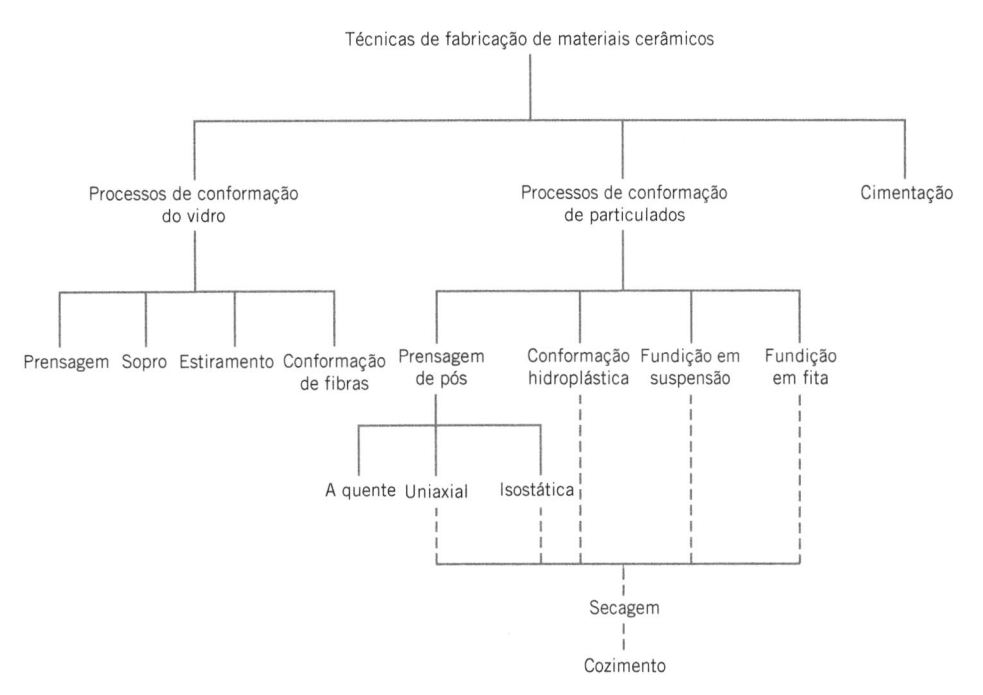

Figura 14.15 Esquema de classificação para as técnicas de fabricação de materiais cerâmicos discutidas neste capítulo.

com a diminuição da temperatura, um vidro torna-se continuamente mais e mais viscoso; não existe uma temperatura definida na qual o líquido se transforma em sólido, como ocorre com os materiais cristalinos. De fato, uma das diferenças entre os materiais cristalinos e os não cristalinos está na dependência do volume específico (ou volume por unidade de massa, que é o inverso da massa específica) em relação à temperatura, como está ilustrado na Figura 14.16; esse mesmo comportamento é exibido pelos polímeros altamente cristalinos e pelos polímeros amorfos (Figura 11.48). Para os materiais cristalinos, há uma diminuição descontínua no volume na temperatura de fusão, T_f. Entretanto, para os materiais vítreos, o volume diminui continuamente com a redução da temperatura; ocorre uma ligeira diminuição na inclinação da curva na chamada **temperatura de transição vítrea**, T_g, ou temperatura *fictícia*. Abaixo dessa temperatura, o material é considerado um vidro; acima dela, o material é primeiro um líquido super-resfriado e, finalmente, um líquido.

As características viscosidade-temperatura dos vidros também são importantes para as operações de conformação do vidro. A Figura 14.17 traça o logaritmo da viscosidade em função da temperatura para vidros de sílica fundida, de alto teor de sílica, borossilicato e de cal de soda. Na escala de viscosidade estão identificados vários pontos específicos importantes na fabricação e no processamento dos vidros:

temperatura de transição vítrea

ponto de fusão

1. O **ponto de fusão** corresponde à temperatura na qual a viscosidade é de 10 Pa · s (100 P); o vidro é fluido o suficiente para ser considerado um líquido.

ponto de operação

2. O **ponto de operação** representa a temperatura na qual a viscosidade é de 10^3 Pa · s (10^4 P); o vidro é deformado com facilidade nessa viscosidade.

ponto de amolecimento

3. O **ponto de amolecimento**, a temperatura na qual a viscosidade é de 4×10^6 Pa · s (4×10^7 P), é a temperatura máxima na qual uma peça de vidro pode ser manuseada sem que ocorram alterações dimensionais significativas.

ponto de recozimento

4. O **ponto de recozimento** é a temperatura na qual a viscosidade é de 10^{12} Pa · s (10^{13} P); nessa temperatura, a difusão atômica é suficientemente rápida, tal que quaisquer tensões residuais podem ser removidas em aproximadamente 15 min.

ponto de deformação

5. O **ponto de deformação** corresponde à temperatura na qual a viscosidade se torna 3×10^{13} Pa · s (3×10^{14} P); para temperaturas abaixo do ponto de deformação, a fratura ocorrerá antes do surgimento de deformação plástica. A temperatura de transição vítrea estará acima da temperatura do ponto de deformação.

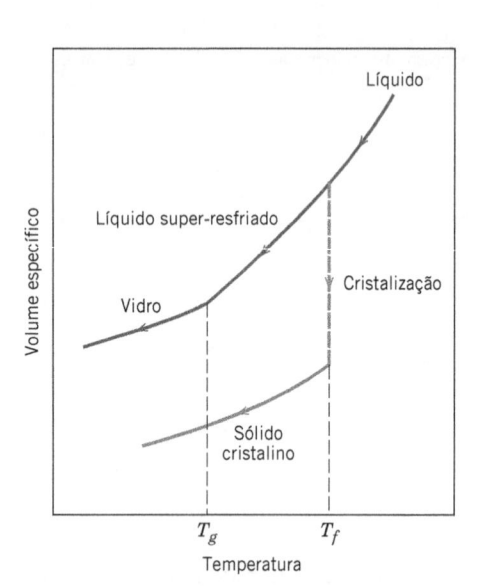

Figura 14.16 Diferença entre os comportamentos volume específico-temperatura dos materiais cristalinos e não cristalinos. Os materiais cristalinos solidificam-se na temperatura de fusão T_f. Uma característica do estado não cristalino é a temperatura de transição vítrea T_g.

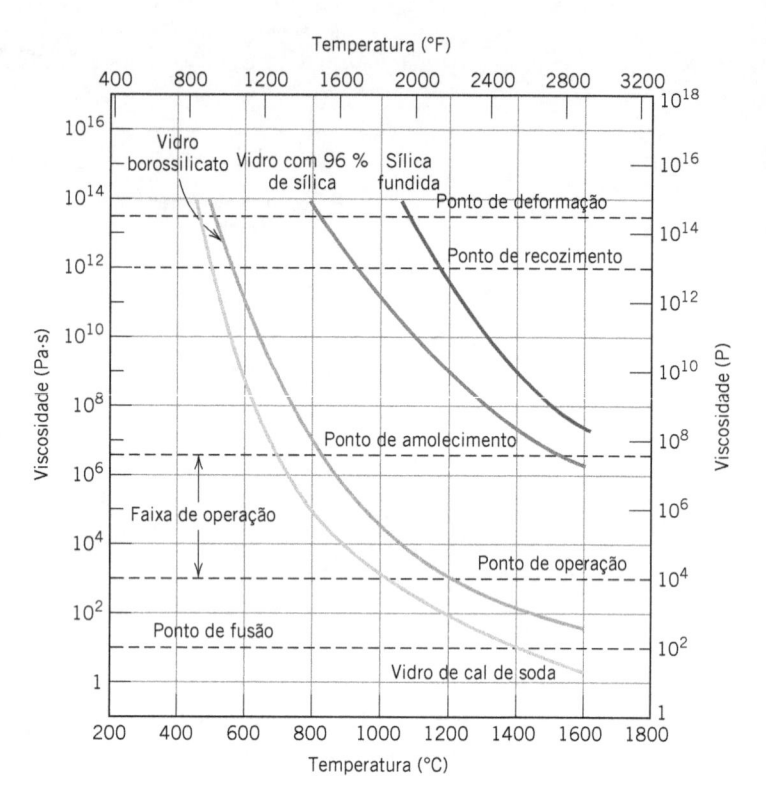

Figura 14.17 Logaritmo da viscosidade em função da temperatura para vidros de sílica fundida e três vidros à base de sílica. (De E. B. Shand, *Engineering Glass*, Modern Materials, Vol. 6, Academic Press, New York, 1968, p. 262.)

A maioria das operações de conformação dos vidros é conduzida na faixa de operação – entre as temperaturas de operação e de amolecimento.

A temperatura na qual cada um desses pontos ocorre depende da composição do vidro. Por exemplo, de acordo com a Figura 14.17, os pontos de amolecimento para os vidros de cal de soda e com 96 % de sílica são de aproximadamente 700 °C e 1550 °C (1300 °F e 2825 °F), respectivamente. Isto é, as operações de conformação podem ser conduzidas em temperaturas significativamente mais baixas para os vidros de cal de soda. A conformabilidade de um vidro pode ser modificada em grande parte por sua composição.

Conformação do Vidro

O vidro é produzido pelo aquecimento das suas matérias-primas até uma temperatura elevada, acima da qual ocorre a fusão dos materiais. A maioria dos vidros comerciais é do tipo sílica-soda-cal; a sílica é suprida geralmente na forma de areia de quartzo comum, enquanto o Na_2O e o CaO são adicionados como soda barrilha (Na_2CO_3) e calcário ($CaCO_3$). Para a maioria das aplicações, especialmente quando a transparência óptica é importante, é essencial que o vidro produzido seja homogêneo e isento de poros. A homogeneidade é atingida pela fusão e pela mistura completa dos componentes brutos. A porosidade resulta de pequenas bolhas de gás que são produzidas; essas devem ser absorvidas no material fundido ou devem ser eliminadas de outra maneira, o que requer um ajuste apropriado da viscosidade do material fundido.

Cinco métodos de conformação diferentes são empregados para fabricar os produtos à base de vidro: prensagem, sopro, estiramento e a conformação de chapas e de fibras. A prensagem é usada na fabricação de peças com paredes relativamente espessas, tais como pratos e louças. A peça de vidro é conformada pela aplicação de pressão em um molde de ferro fundido revestido com grafita que tem a forma desejada; o molde é normalmente aquecido para assegurar uma superfície uniforme.

Embora algum sopro de vidros seja feito manualmente, em especial para objetos de arte, o processo foi completamente automatizado para a produção de jarras, garrafas e bulbos de lâmpadas de vidro. As várias etapas envolvidas em uma dessas técnicas estão ilustradas na Figura 14.18. A partir

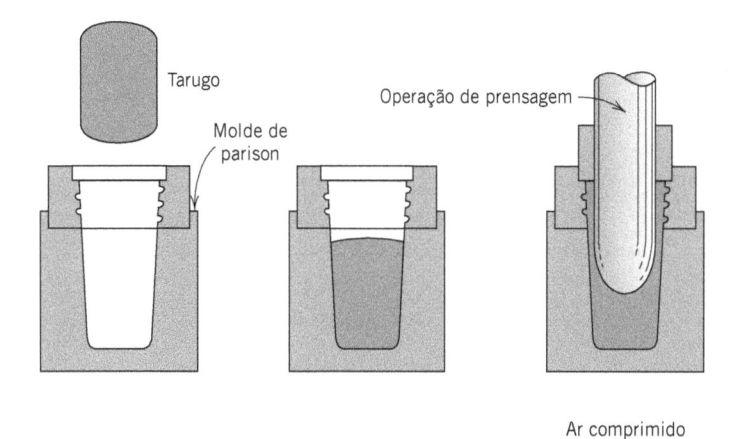

Figura 14.18 Técnica de prensagem e sopro para produção de uma garrafa de vidro.
(Adaptado de C. J. Phillips, *Glass: The Miracle Maker*, Pitman, London, 1941. Reproduzido sob permissão da Pitman Publishing Ltd., Londres.)

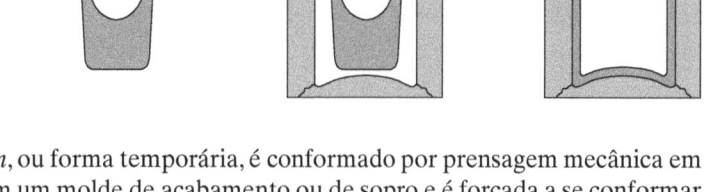

de um tarugo de vidro, um *parison*, ou forma temporária, é conformado por prensagem mecânica em um molde. Essa peça é inserida em um molde de acabamento ou de sopro e é forçada a se conformar aos contornos do molde pela pressão criada por uma injeção de ar.

O estiramento é usado para conformar peças de vidro longas, tais como chapas, barras, tubos e fibras, que têm uma seção transversal constante.

Até o final da década de 1950, o vidro em chapas (ou placas) era produzido por fundição (ou estiramento) do vidro na forma de uma placa, seguido pelo esmerilhamento de ambas as faces para torná-las planas e paralelas, e finalmente pelo polimento das faces para tornar a chapa transparente – um procedimento que era relativamente caro. Um processo de flutuação mais econômico foi patenteado em 1959 na Inglaterra. Por essa *técnica (representada esquematicamente na Figura 14.19), o vidro fundido passa (sobre rolos) de um forno para um banho de estanho líquido localizado em um segundo forno. Dessa forma,* conforme essa fita de vidro contínua "flutua" sobre a superfície do estanho fundido, as forças da gravidade e de tensão superficial fazem com que as faces fiquem perfeitamente planas e paralelas, e a chapa resultante tenha uma espessura uniforme. Além disso,

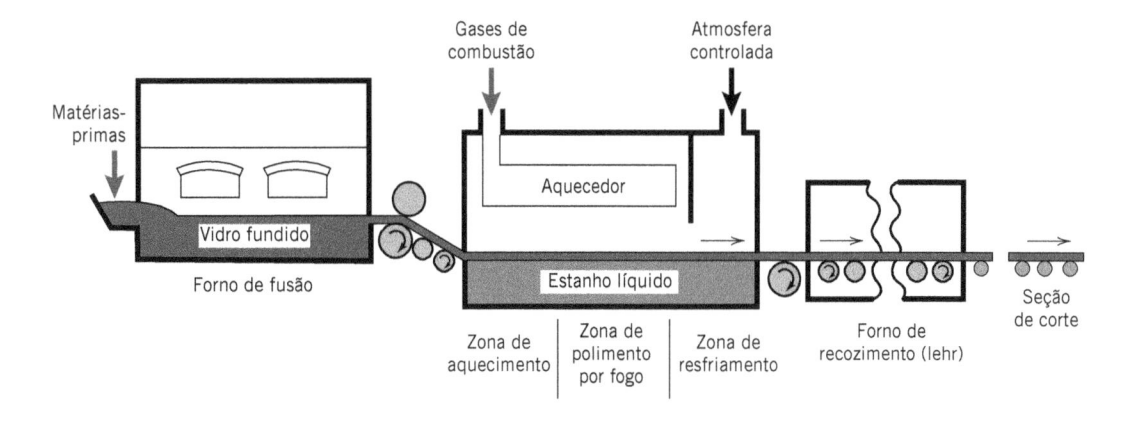

Forno de Banho com Flutuação

Figura 14.19 Diagrama esquemático mostrando o processo de flutuação para a fabricação de chapas de vidro.
(Cortesia da Pilkington Group Limited.)

as faces da chapa adquirem um acabamento brilhante do tipo "polido com fogo" em uma região do forno. A chapa passa a seguir para o interior de um forno de recozimento (tipo lehr), e é finalmente cortada em seções (Figura 14.19). O sucesso dessa operação requer um controle rígido tanto da temperatura quanto da composição química da atmosfera gasosa.

As fibras de vidro contínuas são conformadas por uma operação de estiramento um tanto quanto sofisticada. O vidro fundido é colocado em uma câmara de aquecimento de platina. As fibras são conformadas pelo estiramento do vidro fundido através de muitos pequenos orifícios na base da câmara. A viscosidade do vidro, que é crítica, é controlada pelas temperaturas da câmara e dos orifícios.

Tratamento Térmico dos Vidros

Recozimento

Quando um material cerâmico é resfriado a partir de uma temperatura elevada, tensões internas, denominadas tensões térmicas, podem ser introduzidas como resultado da diferença na taxa de resfriamento e na contração térmica entre as regiões superficiais e do interior. Essas tensões térmicas são importantes nas cerâmicas frágeis, especialmente nos vidros, uma vez que elas podem enfraque-

choque térmico

cer o material ou, em casos extremos, levar à fratura, em um fenômeno denominado **choque térmico** (veja a Seção 17.5). Normalmente, são feitas tentativas para evitar as tensões térmicas, o que pode ser conseguido pelo resfriamento da peça em uma taxa suficientemente lenta. Embora tais tensões tenham sido introduzidas, é possível, no entanto, a eliminação, ou pelo menos uma redução em sua magnitude, por um tratamento térmico de recozimento no qual a peça de vidro é aquecida até o ponto de recozimento e, então, resfriada lentamente até a temperatura ambiente.

Têmpera do Vidro

A resistência de uma peça de vidro pode ser melhorada pela indução intencional de tensões residuais superficiais compressivas. Isso pode ser conseguido por um procedimento de tratamento tér-

têmpera térmica

mico chamado **têmpera térmica**. Nessa técnica, uma peça de vidro é aquecida até uma temperatura acima da região de transição vítrea, porém abaixo do ponto de amolecimento. Ela é então resfriada até a temperatura ambiente em meio a um jato de ar ou, em alguns casos, em um banho de óleo. As tensões residuais surgem de diferenças nas taxas de resfriamento nas regiões superficiais e do interior. Inicialmente, a superfície se resfria mais rapidamente e, uma vez que tenha resfriado até uma temperatura abaixo do ponto de deformação, ela torna-se rígida. Nesse momento, o interior, que se resfriou mais lentamente, está a uma temperatura mais alta (acima do ponto de deformação) e, portanto, ainda é plástico. Com a continuidade do resfriamento, o interior tenta se contrair em maior grau do que o agora rígido exterior permitirá. Dessa forma, o interior tende a contrair o exterior, ou a impor tensões radiais voltadas para dentro. Como consequência, após a peça de vidro ter resfriado até a temperatura ambiente, ela manterá tensões compressivas na superfície e tensões de tração nas regiões do interior. A distribuição de tensões à temperatura ambiente ao longo da seção transversal de uma placa de vidro está representada esquematicamente na Figura 14.20.

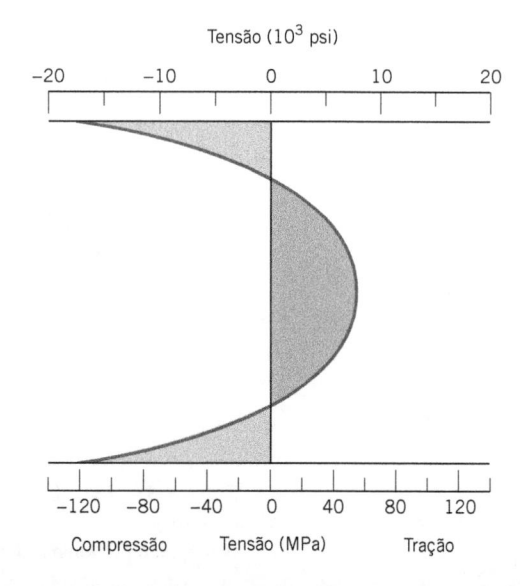

Figura 14.20 Distribuição de tensões residuais à temperatura ambiente ao longo da seção transversal de uma placa de vidro temperado. (De W. D. Kingery, H. K. Bowen e D. R. Uhlmann, *Introduction to Ceramics*, 2nd edition. Copyright © 1976 por John Wiley & Sons, New York. Reimpresso sob permissão de John Wiley & Sons, Inc.)

A falha de materiais cerâmicos resulta quase sempre de uma trinca iniciada na superfície em razão de uma tensão de tração aplicada. Para causar a fratura de uma peça de vidro temperado, a magnitude de uma tensão de tração aplicada externamente deve ser grande o suficiente para, primeiro, superar a tensão residual de compressão na superfície e, além disso, para tensionar a superfície em tração o suficiente para iniciar uma trinca, a qual poderá então se propagar. Em um vidro que não foi temperado, uma trinca é introduzida em um nível de tensão externa mais baixo e, consequentemente, a resistência à fratura é menor.

O vidro temperado é usado em aplicações em que uma alta resistência é importante; essas aplicações incluem portas de grandes dimensões e lentes de óculos.

Verificação de Conceitos 14.4 Como a espessura de uma peça de vidro afeta a magnitude das tensões térmicas que podem ser introduzidas? Por quê?

(*A resposta está disponível no GEN-IO, ambiente virtual de aprendizagem do GEN.*)

Fabricação e Tratamento Térmico de Vidrocerâmicas

O primeiro estágio na fabricação de um produto vidrocerâmico é sua conformação na forma desejada como ocorre com um vidro. As técnicas de conformação empregadas são as mesmas usadas para as peças de vidro, como descritas anteriormente (por exemplo, prensagem e estiramento). A conversão do vidro em uma vidrocerâmica (isto é, a cristalização, Seção 13.5) é conseguida por tratamentos térmicos apropriados. Um desses conjuntos de tratamentos térmicos para uma vidrocerâmica à base de Li_2O–Al_2O_3–SiO_2 está detalhado no gráfico do tempo em função da temperatura mostrado na Figura 14.21. Após as operações de fusão e conformação, a nucleação e o crescimento das partículas da fase cristalina são conduzidos isotermicamente em duas temperaturas diferentes.

14.8 FABRICAÇÃO E PROCESSAMENTO DE PRODUTOS À BASE DE ARGILA

Como observado na Seção 13.6, essa classe de materiais inclui os produtos estruturais à base de argila e as louças brancas. Além da argila, muitos desses produtos também contêm outros componentes. Após serem conformadas, na maioria dos casos, as peças precisam ser submetidas a operações de secagem e de cozimento; cada um dos componentes influencia as mudanças que ocorrem durante esses processos e as características da peça acabada.

Características das Argilas

Os minerais argilosos desempenham dois papéis muito importantes nos corpos cerâmicos. Em primeiro lugar, quando é adicionada água, eles se tornam muito plásticos, uma condição denominada *hidroplasticidade*. Essa propriedade é muito importante nas operações de conformação, como será

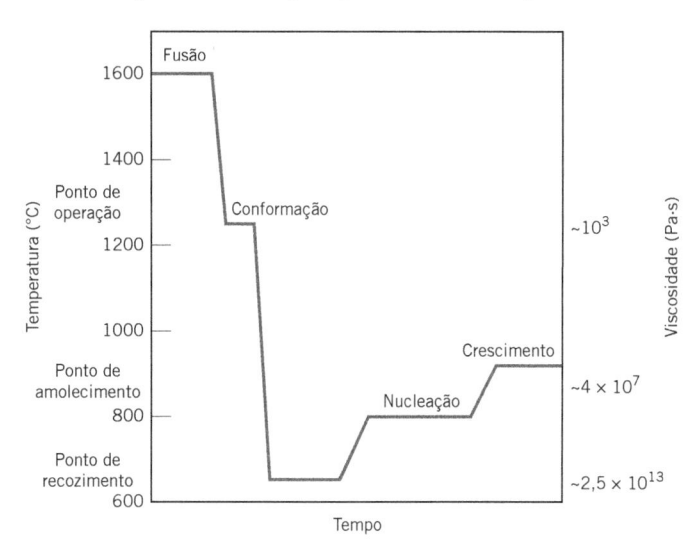

Figura 14.21 Ciclo de processamento tempo em função da temperatura típico para uma vidrocerâmica à base de Li_2O–Al_2O_3–SiO_2. (Adaptado de Y. M. Chiang, D. P. Birnie, III, e W. D. Kingery, *Physical Ceramics – Principles for Ceramic Science and Engineering*. Copyright © 1997 por John Wiley & Sons, New York. Reimpresso sob permissão de John Wiley & Sons, Inc.)

discutido a seguir. Além disso, a argila se funde ou derrete em uma faixa de temperaturas; dessa forma, uma peça cerâmica densa e resistente pode ser produzida durante o cozimento sem haver fusão completa, tal que a forma desejada é mantida. Essa faixa de temperaturas de fusão depende da composição da argila.

As argilas são aluminossilicatos compostos de alumina (Al_2O_3) e sílica (SiO_2) e contêm água ligada quimicamente. Elas exibem uma ampla faixa de características físicas, composições químicas e estruturas; impurezas comuns incluem compostos (geralmente óxidos) de bário, cálcio, sódio, potássio, ferro e também alguns materiais orgânicos. As estruturas cristalinas para os minerais à base de argila são relativamente complicadas; entretanto, uma característica que prevalece é uma estrutura em camadas. Os minerais argilosos mais comuns que são de interesse apresentam o que é denominado estrutura da caolinita. A argila caolinita $[Al_2(Si_2O_5)(OH)_4]$ tem a estrutura cristalina mostrada na Figura 3.15. Quando é adicionada água, as moléculas de água posicionam-se entre essas lâminas em camadas e formam uma fina película ao redor das partículas de argila. As partículas ficam, dessa forma, livres para se moverem umas sobre as outras, o que é responsável pela plasticidade resultante da mistura água-argila.

Composições dos Produtos à Base de Argila

Além da argila, muitos desses produtos (em particular as louças brancas) também contêm alguns componentes não plásticos; os minerais não argilosos incluem o sílex, ou quartzo finamente moído, e um fundente, tal como o feldspato.[3] O quartzo é usado principalmente como material de enchimento, ou carga, pois é barato, relativamente duro e quimicamente não reativo. Ele apresenta pouca alteração durante o tratamento térmico em alta temperatura, pois tem uma temperatura de fusão bem acima da temperatura normal de cozimento; quando fundido, no entanto, o quartzo apresenta a habilidade de formar um vidro.

Quando misturado com a argila, um fundente forma um vidro com um ponto de fusão relativamente baixo. Os feldspatos são alguns dos agentes fundentes mais comuns; eles são um grupo de materiais à base de aluminossilicatos e contêm os íons K^+, Na^+ e Ca^{2+}.

Como esperado, as alterações que ocorrem durante os processos de secagem e cozimento, e também as características da peça acabada, são influenciadas pelas proporções desses três constituintes: argila, quartzo e fundente. Uma porcelana típica pode conter aproximadamente 50 % de argila, 25 % de quartzo e 25 % de feldspato.

Técnicas de Fabricação

As matérias-primas no estado em que são extraídas têm, geralmente, que ser submetidas a uma operação de moagem ou de trituração, na qual os tamanhos das partículas são reduzidos; esse procedimento é seguido por uma etapa de peneiramento ou de classificação granulométrica, para produzir um produto pulverizado com a faixa desejada de granulometria das partículas. Nos sistemas multicomponentes, os materiais pulverizados devem ser completamente misturados com água e, talvez, com outros componentes, a fim de produzir características de escoamento compatíveis com a técnica de conformação específica. A peça conformada deve apresentar resistência mecânica suficiente para permanecer intacta durante as operações de transporte, secagem e cozimento. Duas técnicas usuais de moldagem são utilizadas para a conformação de composições à base de argila: a **conformação hidroplástica** e a **fundição por suspensão**.

conformação
hidroplástica
fundição por
suspensão

Conformação Hidroplástica

Como mencionado anteriormente, os minerais à base de argila, quando misturados com água, tornam-se altamente plásticos e flexíveis, e podem ser moldados sem que ocorram trincas; entretanto, eles têm limites de escoamento extremamente baixos. A consistência (razão água-argila) da massa hidroplástica deve produzir um limite de escoamento suficiente para permitir que uma peça conformada mantenha sua forma durante o manuseio e a secagem.

A técnica de conformação hidroplástica mais comum é a extrusão, na qual uma massa cerâmica plástica rígida é forçada através do orifício de uma matriz com geometria de seção transversal desejada; ela é semelhante à extrusão de metais (Figura 14.2c). Tijolos, tubos, blocos cerâmicos e

---

[3] *Fundente*, no contexto dos produtos à base de argila, é uma substância que promove a formação de uma fase vítrea durante o tratamento térmico de cozimento.

azulejos são fabricados geralmente usando a técnica de conformação hidroplástica. Normalmente, a cerâmica plástica é forçada através de uma matriz por meio de uma rosca sem fim acionada por um motor e, frequentemente, o ar é removido em uma câmara a vácuo para aumentar a massa específica. As colunas ocas no interior de uma peça extrudada (por exemplo, no tijolo de construção) são formadas pela introdução de inserções colocadas dentro do molde.

Fundição por Suspensão

Outro processo de conformação usado para composições à base de argila é a fundição por suspensão. A "suspensão" consiste em uma suspensão de argila e/ou outros materiais não plásticos em água. Quando derramada em um molde poroso (feito em geral de gesso de Paris), a água da suspensão é absorvida para o interior do molde, deixando para trás uma camada sólida sobre a parede do molde, cuja espessura depende do tempo. Esse processo pode ser continuado até que a totalidade da cavidade do molde se torne sólida (*fundição sólida*), como está demonstrado na Figura 14.22a. Alternativamente, o processo pode ser interrompido quando a casca sólida atinge a espessura desejada, pela inversão do molde e o derramamento do excesso de suspensão; isso é denominado *fundição com drenagem* (Figura 14.22b). À medida que a peça fundida seca e se contrai, ela se separa (ou se libera) da parede do molde; nesse momento, o molde pode ser desmontado e a peça fundida pode ser removida.

A natureza da suspensão é extremamente importante; ela deve ter uma gravidade específica alta e, ainda assim, deve ser muito fluida e capaz de ser derramada. Essas características dependem da razão entre as quantidades de sólido e de água, assim como de outros agentes que são adicionados. Uma taxa de fundição satisfatória é um requisito essencial. Além disso, a peça fundida deve estar isenta de bolhas e ter baixa contração em volume ao secar e uma resistência relativamente elevada.

As propriedades do molde influenciam a qualidade da fundição. Normalmente, o gesso de Paris, que é econômico, relativamente fácil de ser fabricado em formas intrincadas e reutilizável, é usado como material de molde. A maioria dos moldes é composta por múltiplas partes, que devem ser montadas antes da fundição. A porosidade do molde pode ser variada para controle da taxa de fundição. As formas cerâmicas consideravelmente complexas que podem ser produzidas por meio da fundição por suspensão incluem as louças sanitárias, objetos de arte e peças específicas utilizadas em laboratórios científicos, como tubos cerâmicos.

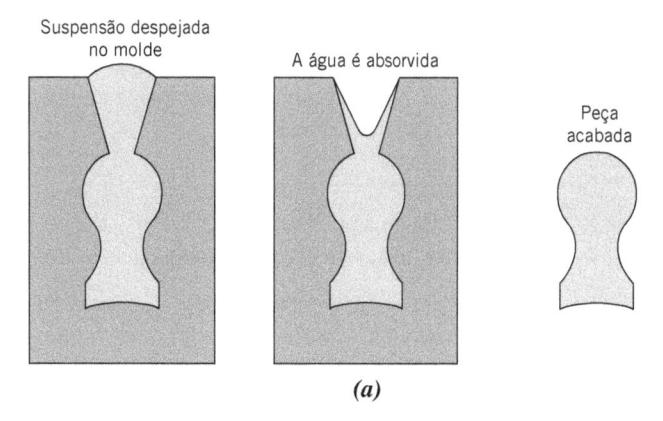

(a)

(b)

Figura 14.22 Etapas em uma fundição por suspensão (*a*) sólida e (*b*) com drenagem, utilizando um molde de gesso de Paris.
(De W. D. Kingery, *Introduction to Ceramics*. Copyright © 1960 por John Wiley & Sons, New York. Reimpresso sob permissão de John Wiley & Sons, Inc.)

Secagem e Cozimento

Uma peça cerâmica que tenha sido conformada hidroplasticamente ou por fundição por suspensão retém uma porosidade significativa e apresenta uma resistência insuficiente para a maioria das aplicações práticas. Além disso, ela pode conter ainda algum líquido (por exemplo, água) que foi adicionado para auxiliar na operação de conformação. Esse líquido é removido durante um processo de secagem; a densidade e a resistência são melhoradas como resultado de um tratamento térmico a alta temperatura ou de um procedimento de cozimento. Um corpo que tenha sido conformado e que esteja seco, mas que não tenha sido cozido, é denominado **cru**. As técnicas de secagem e de cozimento são críticas, pois defeitos que geralmente tornam a peça imprestável (por exemplo, empenamento, distorção, trincas) podem ser introduzidos durante a operação. Esses defeitos resultam normalmente de tensões que são estabelecidas a partir de uma contração não uniforme.

corpo cerâmico cru

Secagem

À medida que um corpo cerâmico à base de argila seca, ele também apresenta alguma contração. Nos estágios iniciais da secagem, as partículas de argila estão virtualmente envolvidas e separadas umas das outras por uma fina película de água. À medida que a secagem progride e a água é removida, a separação entre as partículas diminui, o que se manifesta como uma contração em volume (Figura 14.23). Durante a secagem, torna-se crítico controlar a taxa de remoção da água. A secagem das regiões internas de um corpo é realizada pela difusão das moléculas de água para a superfície, onde ocorre sua evaporação. Se a taxa de evaporação for maior do que a taxa de difusão, a superfície seca (e consequentemente se contrai em volume) mais rapidamente do que o interior, com grande probabilidade de formação dos defeitos mencionados anteriormente. A taxa de evaporação da superfície deve ser diminuída para, no máximo, ser igual à taxa de difusão da água; a taxa de evaporação pode ser controlada pela temperatura, umidade e taxa de escoamento do ar.

Outros fatores também influenciam a contração. Um desses fatores é a espessura do corpo; a contração não uniforme no volume e a formação de defeitos são mais pronunciados em peças espessas do que em peças finas. O teor de água no corpo conformado também é crítico: quanto maior for o teor de água, mais intensa será a contração. Consequentemente, o teor de água é mantido normalmente tão baixo quanto possível. O tamanho das partículas de argila também tem influência; a contração é aumentada à medida que o tamanho das partículas é diminuído. Para minimizar a contração, o tamanho das partículas pode ser aumentado ou materiais não plásticos com partículas relativamente grandes podem ser adicionados à argila.

A energia de micro-ondas também pode ser usada para secar peças cerâmicas. Uma vantagem dessa técnica é que as altas temperaturas usadas nos métodos convencionais são evitadas; as temperaturas de secagem podem ser mantidas abaixo de 50 °C (120 °F). Isso é importante, uma vez que a temperatura de secagem de alguns materiais sensíveis à temperatura deve ser mantida tão baixa quanto possível.

Verificação de Conceitos 14.5 As peças cerâmicas espessas são mais suscetíveis ao desenvolvimento de trincas ao serem secas do que as peças finas. Por que isso ocorre?

(*A resposta está disponível no GEN-IO, ambiente virtual de aprendizagem do GEN.*)

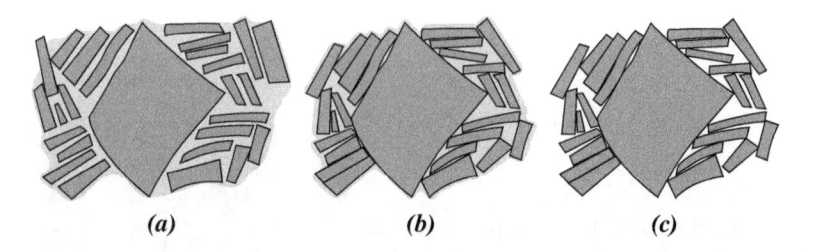

(a)   (b)   (c)

Figura 14.23 Vários estágios na remoção da água entre as partículas de argila durante o processo de secagem. (*a*) Corpo molhado. (*b*) Corpo parcialmente seco. (*c*) Corpo completamente seco.
(De W. D. Kingery, *Introduction to Ceramics*. Copyright © 1960 por John Wiley & Sons, New York. Reimpresso sob permissão de John Wiley & Sons, Inc.)

Cozimento

Depois da secagem, geralmente um corpo é cozido a uma temperatura entre 900 °C e 1400 °C (1650 °F e 2550 °F); a temperatura de cozimento depende da composição e das propriedades desejadas para a peça acabada. Durante a operação de cozimento, a densidade é novamente aumentada (com uma consequente diminuição na porosidade) e a resistência mecânica é melhorada.

vitrificação

Quando materiais à base de argila são aquecidos a temperaturas elevadas, ocorrem algumas reações consideravelmente complexas e intrincadas. Uma dessas reações é a **vitrificação** – formação gradual de um vidro líquido que flui para dentro dos poros e preenche parte do volume desses. O grau de vitrificação depende da temperatura e do tempo de cozimento, assim como da composição do corpo. A temperatura na qual a fase líquida se forma é reduzida pela adição de agentes fundentes, como o feldspato. Essa fase fundida escoa ao redor das partículas não fundidas remanescentes e preenche os poros como resultado de forças de tensão superficial (ou por ação capilar); uma contração em volume também acompanha esse processo. Com o resfriamento, essa fase fundida forma uma matriz vítrea que resulta em um corpo denso e resistente. Dessa forma, a microestrutura final consiste em uma fase vitrificada, quaisquer partículas de quartzo que não tenham reagido e certa porosidade. A Figura 14.24 é uma micrografia eletrônica de varredura de uma porcelana cozida na qual podem ser vistos esses elementos microestruturais.

O grau de vitrificação controla as propriedades da peça cerâmica à temperatura ambiente; a resistência, a durabilidade e a densidade são todas melhoradas à medida que a vitrificação aumenta. A temperatura de cozimento determina a extensão na qual a vitrificação ocorre – isto é, a vitrificação aumenta à medida que se eleva a temperatura de cozimento. Os tijolos de construção são cozidos normalmente a aproximadamente 900 °C (1650 °F) e são relativamente porosos. No entanto, o cozimento de uma porcelana altamente vitrificada, que está no limiar de ser opticamente translúcida, ocorre em temperaturas muito mais elevadas. Uma vitrificação completa deve ser evitada durante o cozimento, uma vez que o corpo se torna muito mole e eventualmente entra em colapso.

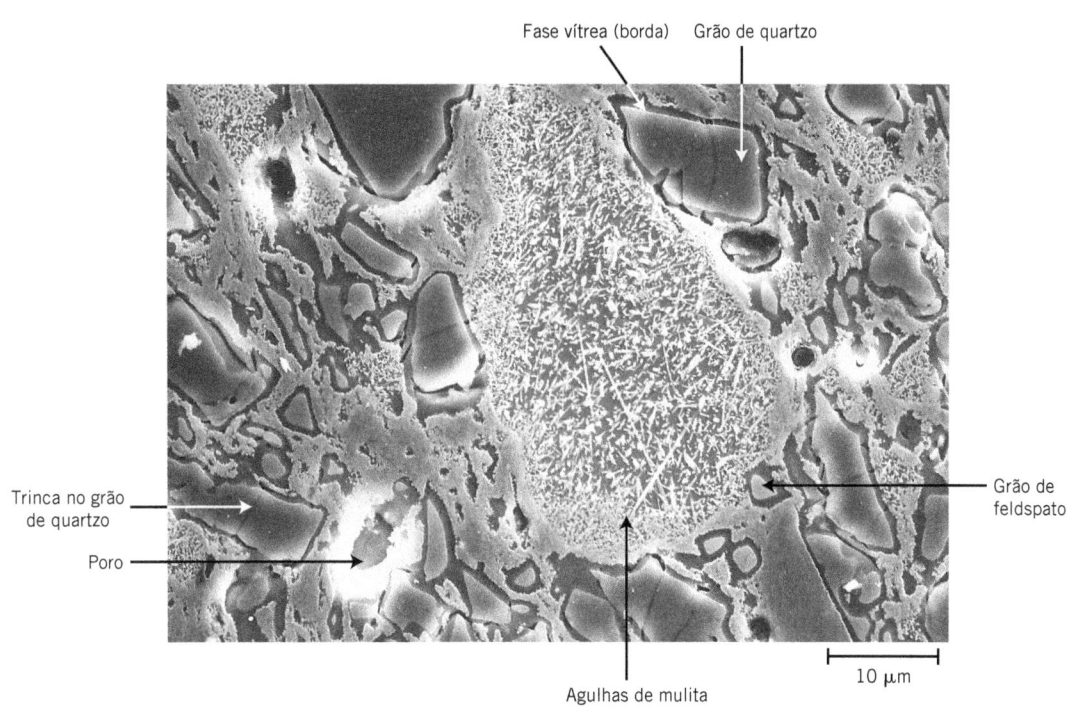

Figura 14.24 Micrografia eletrônica de varredura de uma amostra de porcelana cozida (atacada quimicamente durante 15 s, a 5 °C, com solução de HF a 10 %) na qual podem ser vistas as seguintes características: grãos de quartzo (grandes partículas escuras), envolvidos por bordas escuras da solução vítrea; regiões contendo feldspato parcialmente dissolvido (pequenas áreas sem características distintas); agulhas de mulita; e poros (buracos escuros com regiões de borda branca). Além disso, podem ser observadas trincas dentro das partículas de quartzo, formadas durante o resfriamento, como resultado da diferença da contração entre a matriz vítrea e o quartzo. Ampliação de 1500×.
(Cortesia de H. G. Brinkies, Swinburne University of Technology, Hawthorn Campus, Hawthorn, Victoria, Austrália.)

Verificação de Conceitos 14.6 Explique por que uma argila, uma vez cozida a uma temperatura elevada, perde sua hidroplasticidade.

(*A resposta está disponível no GEN-IO, ambiente virtual de aprendizagem do GEN.*)

14.9 PRENSAGEM DE PÓS

Várias técnicas de conformação de cerâmicos já foram discutidas em relação à fabricação de produtos de vidro e à base de argila. Outro método importante e comumente utilizado que merece uma abordagem sucinta é a prensagem de pós. A *prensagem de pós* – que é o análogo cerâmico à metalurgia do pó – é usada para fabricar composições tanto argilosas quanto não argilosas, incluindo cerâmicas eletrônicas e magnéticas, assim como alguns produtos à base de tijolos refratários. Essencialmente, uma massa pulverizada contendo geralmente uma pequena quantidade de água ou de outro aglutinante é compactada na forma desejada pela aplicação de pressão. O grau de compactação é maximizado e a fração de espaços vazios é minimizada com o emprego de partículas maiores misturadas com partículas mais finas em proporções apropriadas. Não há nenhuma deformação plástica das partículas durante a compactação, como pode ocorrer com os pós metálicos. Uma das funções do aglutinante é lubrificar as partículas pulverizadas à medida que elas se movem umas em relação às outras durante o processo de compactação.

Existem três procedimentos básicos para a prensagem de pós: prensagem uniaxial, prensagem isostática (ou hidrostática) e prensagem a quente. Na prensagem uniaxial, o pó é compactado em uma matriz metálica por uma pressão aplicada em uma única direção. A peça conformada assume a configuração da matriz e do cursor da prensa através do qual a pressão é aplicada. Esse método é restrito a formas relativamente simples; contudo, as taxas de produção são altas e o processo é barato. As etapas envolvidas nessa técnica estão ilustradas na Figura 14.25.

Na prensagem isostática, o material pulverizado está contido em um envelope de borracha e a pressão é aplicada isostaticamente por um fluido (isto é, ela apresenta a mesma magnitude em todas as direções). São possíveis formas mais complexas do que as obtidas com a prensagem uniaxial; entretanto, a técnica isostática demanda mais tempo e é cara.

Tanto para o procedimento uniaxial quanto para o procedimento isostático é necessária uma operação de cozimento após a operação de prensagem. Durante o cozimento, a peça conformada se contrai e apresenta uma redução de porosidade e uma melhoria de sua integridade mecânica. Essas alterações ocorrem pela coalescência das partículas de pó em uma massa mais densa, em um processo denominado **sinterização**. O mecanismo da sinterização está ilustrado esquematicamente na Figura 14.26. Após a prensagem, muitas das partículas do pó se tocam umas nas outras (Figura 14.26a). Durante o estágio inicial da sinterização ocorre a formação de empescoçamentos ao longo das regiões de contato entre partículas adjacentes; além disso, um contorno de grão se forma em cada pescoço e cada interstício entre partículas se torna um poro (Figura 14.26b). Conforme o processo de sinterização avança, os poros se tornam menores e mais esféricos (Figura 14.26c). Uma micrografia eletrônica de varredura de uma alumina sinterizada está mostrada na Figura 14.27. A força motriz para a sinterização é a redução na área superficial total das partículas; as energias de superfície são maiores em magnitude do que as energias dos contornos dos grãos. A sinterização é conduzida em uma temperatura abaixo da temperatura de fusão, tal que, em geral, não há uma fase líquida presente. O transporte de massa necessário para efetuar as alterações mostradas na Figura 14.26 é obtido pela difusão atômica das partículas para as regiões do pescoço.

sinterização

Na prensagem a quente, a prensagem de pós e o tratamento térmico são realizados simultaneamente – o agregado pulverizado é compactado a uma temperatura elevada. O procedimento é usado para materiais que não formam uma fase líquida, exceto em temperaturas muito elevadas e inviáveis; além disso, ele é empregado quando são desejadas densidades elevadas sem que haja um crescimento apreciável dos grãos. A prensagem a quente é uma técnica de fabricação cara e apresenta algumas limitações. Ela é custosa em termos de tempo, uma vez que tanto o molde quanto a matriz devem ser aquecidos e resfriados durante cada ciclo. Além disso, geralmente a fabricação do molde é cara e este tem normalmente uma vida útil curta.

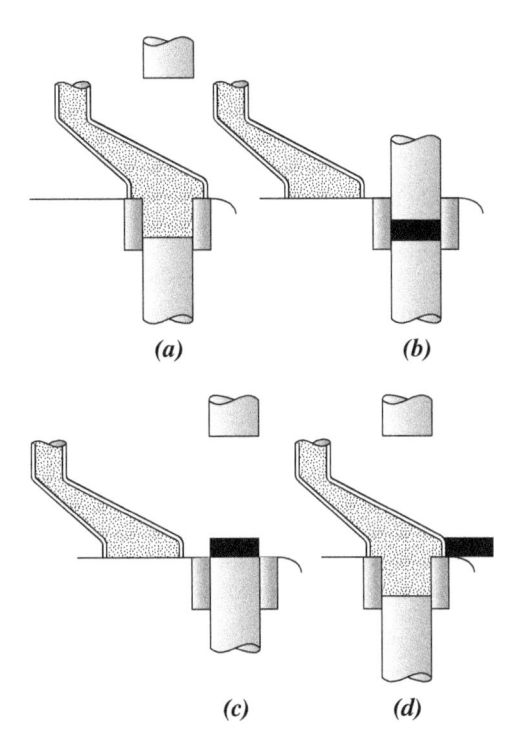

(a)   *(b)*

(c)   *(d)*

Figura 14.25 Representação esquemática das etapas do processo de prensagem uniaxial de pós. (*a*) A cavidade do molde é preenchida com o pó. (*b*) O pó é compactado pela aplicação de pressão na parte superior do molde. (*c*) A peça compactada é ejetada pela ação de elevação do punção inferior. (*d*) A sapata de enchimento empurra a peça compactada e a etapa de enchimento é repetida. (De W. D. Kingery, Editor, *Ceramic Fabrication Processes*, MIT Press, Cambridge, MA, 1958. Copyright © 1958 pelo Massachusetts Institute of Technology.)

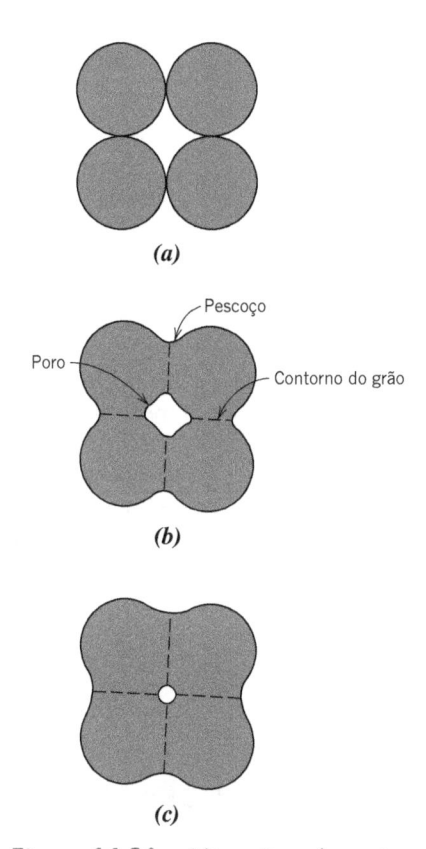

(a)

(b)

(c)

Figura 14.26 Alterações microestruturais que ocorrem durante o cozimento em um compactado de pós. (*a*) Partículas de pó após a prensagem. (*b*) Coalescência das partículas e formação de poros quando começa a sinterização. (*c*) À medida que a sinterização avança, os poros mudam de tamanho e de forma.

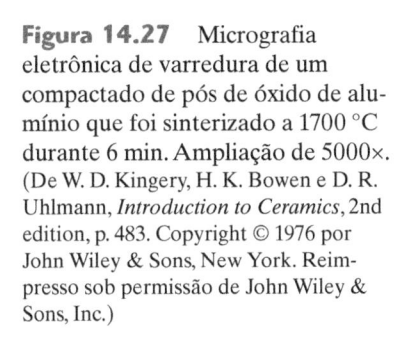

Figura 14.27 Micrografia eletrônica de varredura de um compactado de pós de óxido de alumínio que foi sinterizado a 1700 °C durante 6 min. Ampliação de 5000×. (De W. D. Kingery, H. K. Bowen e D. R. Uhlmann, *Introduction to Ceramics*, 2nd edition, p. 483. Copyright © 1976 por John Wiley & Sons, New York. Reimpresso sob permissão de John Wiley & Sons, Inc.)

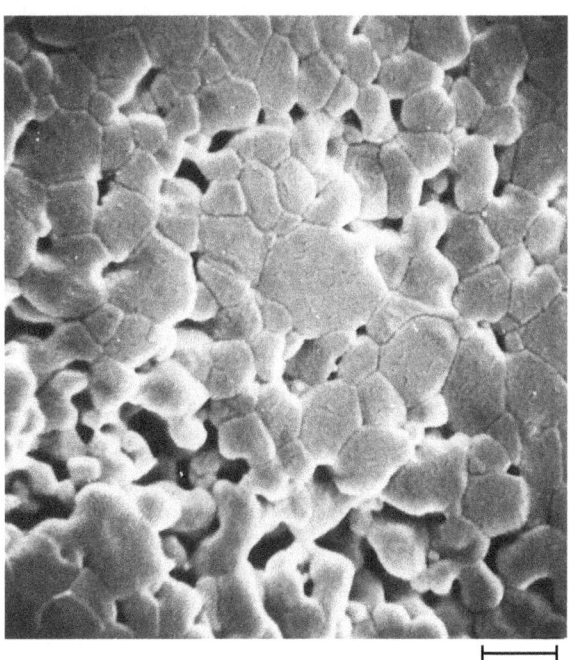

2 μm

14.10 FUNDIÇÃO EM FITA

A fundição em fita é uma técnica importante para a fabricação de materiais cerâmicos. Como o nome indica, nessa técnica, lâminas finas de uma fita flexível são produzidas por um processo de fundição. Essas lâminas são preparadas a partir de suspensões, em muitos aspectos semelhantes àquelas empregadas em um processo de fundição por suspensão (Seção 14.8). Esse tipo de suspensão consiste em uma suspensão de partículas cerâmicas em um líquido orgânico que contém também aglutinantes e plastificantes, os quais são incorporados para introduzir resistência e flexibilidade à fita fundida. A desaeração em vácuo pode também ser necessária para remover quaisquer bolhas de ar ou de vapor de solvente que tenham sido aprisionadas, que podem atuar como sítios de iniciação de trincas na peça acabada. A fita é formada pelo derramamento da suspensão sobre uma superfície plana (de aço inoxidável, vidro, de um filme polimérico ou de papel); uma espátula espalha a suspensão na forma de uma fita fina com espessura uniforme, como está mostrado esquematicamente na Figura 14.28. No processo de secagem, os componentes voláteis da suspensão são removidos por evaporação; esse produto cru é uma fita flexível que pode ser cortada ou no interior da qual podem ser perfurados orifícios antes de uma operação de cozimento. As espessuras das fitas variam normalmente entre 0,1 e 2 mm (0,004 a 0,08 in). A fundição em fita é utilizada amplamente na produção de substratos cerâmicos que são usados em circuitos integrados e capacitores com múltiplas camadas.

A cimentação também é considerada um processo de fabricação de cerâmicos (Figura 14.15). O cimento, quando misturado com água, forma uma pasta que, após ser moldada com o formato desejado, endurece subsequentemente como o resultado de reações químicas complexas. Os cimentos e o processo de cimentação foram discutidos sucintamente na Seção 13.9.

Síntese e Fabricação de Polímeros

As grandes macromoléculas dos polímeros comercialmente úteis devem ser sintetizadas a partir de substâncias com moléculas menores, em um processo denominado polimerização. Além disso, as propriedades de um polímero podem ser modificadas ou aprimoradas pela inclusão de aditivos. Finalmente, uma peça acabada, com uma forma desejada, deve ser moldada durante uma operação de conformação. Essa seção trata dos processos de polimerização e dos vários tipos de aditivos, assim como de procedimentos de conformação específicos.

14.11 POLIMERIZAÇÃO

A síntese dessas grandes moléculas (polímeros) é denominada *polimerização*; ela consiste simplesmente no processo pelo qual os monômeros se unem uns aos outros para gerar cadeias longas compostas por unidades repetidas. Na maioria das vezes, as matérias-primas para os polímeros sintéticos são derivadas do carvão, do gás natural e de produtos da indústria do petróleo. As reações pelas quais a polimerização ocorre são agrupadas em duas classificações gerais – adição e condensação – de acordo com o mecanismo de reação, como discutido a seguir.

Polimerização por Adição

polimerização por adição

Polimerização por adição (algumas vezes chamada de *polimerização de reação em cadeia*) é um processo pelo qual unidades monoméricas são fixadas, uma de cada vez, na forma de uma cadeia,

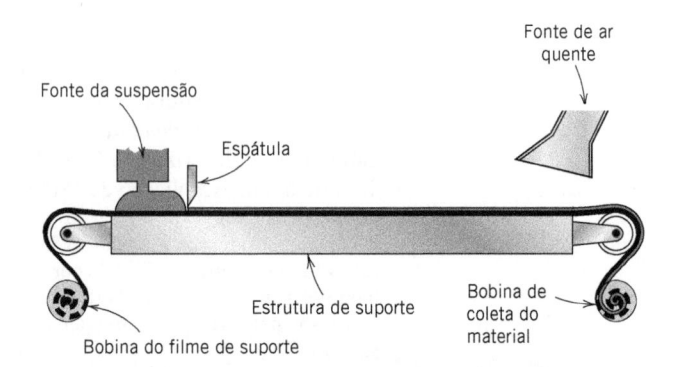

Figura 14.28 Diagrama esquemático mostrando o processo de fundição em fita com a utilização de uma espátula.
(De D. W. Richerson, *Modern Ceramic Engineering*, 2nd edition, Marcel Dekker, Inc., NY, 1992. Reimpresso de *Modern Ceramic Engineering*, 2nd edition, p. 472, por cortesia de Marcel Dekker, Inc.)

para formar uma macromolécula linear. A composição da molécula resultante é um múltiplo exato do monômero reagente original.

Três estágios distintos – iniciação, propagação e terminação – estão envolvidos na polimerização por adição. Durante a etapa de iniciação, um centro ativo capaz de propagação é formado por uma reação entre uma espécie iniciadora (ou catalisadora) e uma unidade monomérica. Esse processo já foi demonstrado para o polietileno na Equação 4.1, e é repetido como a seguir:

$$R\cdot + \overset{\overset{\displaystyle H}{|}}{\underset{\underset{\displaystyle H}{|}}{C}} = \overset{\overset{\displaystyle H}{|}}{\underset{\underset{\displaystyle H}{|}}{C} } \longrightarrow R - \overset{\overset{\displaystyle H}{|}}{\underset{\underset{\displaystyle H}{|}}{C}} - \overset{\overset{\displaystyle H}{|}}{\underset{\underset{\displaystyle H}{|}}{C}}\cdot \tag{14.1}$$

R· representa o iniciador ativo, e · é um elétron não emparelhado.

A propagação envolve o crescimento linear da cadeia polimérica pela adição sequencial de unidades monoméricas a essa molécula em cadeia, crescente e ativa. Isso pode ser representado, novamente para o polietileno, da seguinte forma:

$$R - C - C\cdot + C = C \longrightarrow R - C - C - C - C\cdot \tag{14.2}$$

O crescimento da cadeia é relativamente rápido; o tempo necessário para que se forme uma molécula composta por, digamos, 1000 unidades repetidas é da ordem de 10^{-3} a 10^{-2} s.

A propagação pode terminar ou se encerrar de diferentes maneiras. Em primeiro lugar, as extremidades ativas de duas cadeias que se propagam podem se ligar para formar uma molécula, de acordo com a seguinte reação:[4]

$$R(C-C)_m C - C\cdot + \cdot C - C(C-C)_n R \longrightarrow R(C-C)_m C - C - C - C(C-C)_n R \tag{14.3}$$

A outra possibilidade de terminação envolve duas moléculas em crescimento que reagem para formar duas "cadeias mortas", conforme a reação:[5]

$$R(C-C)_m C - C\cdot + \cdot C - C(C-C)_n R \longrightarrow R(C-C)_m C - C - H + C = C(C-C)_n R \tag{14.4}$$

com o consequente término do crescimento de cada cadeia.

O peso molecular é governado pelas taxas relativas dos processos de iniciação, propagação e terminação. Normalmente, elas são controladas para garantir a produção de um polímero que tenha o grau de polimerização desejado.

A polimerização por adição é usada na síntese do polietileno, polipropileno, cloreto de polivinila e poliestireno, assim como de muitos copolímeros.

Verificação de Conceitos 14.7 Diga se o peso molecular de um polímero sintetizado por polimerização por adição será relativamente alto, médio ou relativamente baixo para as seguintes situações:

(a) Iniciação rápida, propagação lenta e terminação rápida.

(b) Iniciação lenta, propagação rápida e terminação lenta.

(c) Iniciação rápida, propagação rápida e terminação lenta.

(d) Iniciação lenta, propagação lenta e terminação rápida.

(As respostas estão disponíveis no GEN-IO, ambiente virtual de aprendizagem do GEN.)

---

[4] Esse tipo de reação de terminação é conhecido como *combinação*.
[5] Esse tipo de reação de terminação é denominado *desproporcionamento*.

Polimerização por Condensação

polimerização por
condensação

A **polimerização por condensação** (ou *reação em etapas*) consiste na formação de polímeros por reações químicas intermoleculares em etapas, as quais podem envolver mais de um tipo de monômero. Existe geralmente um subproduto de baixo peso molecular, como a água, que é eliminado (ou condensado). Nenhum componente reagente exibe a fórmula química da unidade repetida, e a reação intermolecular ocorre toda vez que é formada uma unidade repetida. Por exemplo, considere a formação do poliéster poli(etileno tereftalato) (PET) a partir da reação entre o dimetil tereftalato e o etileno glicol para formar a molécula linear de PET com o álcool metílico como um subproduto; a reação intermolecular é a seguinte:

$$\qquad\qquad\qquad (14.5)$$

Esse processo em etapas se repete sucessivamente, produzindo uma molécula linear. Os tempos de reação para a polimerização por condensação são geralmente mais longos do que para a polimerização por adição.

Para a reação de condensação anterior, tanto o etileno glicol quanto o dimetil tereftalato são bifuncionais. No entanto, as reações de condensação podem incluir monômeros trifuncionais ou de funcionalidade ainda maior, capazes de formar polímeros com ligações cruzadas e em rede. Os poliésteres e os fenóis-formaldeídos termofixos, os náilons e os policarbonatos são produzidos por polimerização por condensação. Alguns polímeros, como o náilon, podem ser polimerizados por ambas as técnicas.

Verificação de Conceitos 14.8 O náilon 6,6 pode ser formado por uma reação de polimerização por condensação na qual o hexametileno diamina $[NH_2–(CH_2)_6–NH_2]$ e o ácido adípico reagem um com o outro formando água como um subproduto. Escreva essa reação de maneira semelhante à da Equação 14.5. *Observação*: A estrutura do ácido adípico é a seguinte:

(A resposta está disponível no GEN-IO, ambiente virtual de aprendizagem do GEN.)

14.12 ADITIVOS POLIMÉRICOS

A maioria das propriedades dos polímeros discutidas anteriormente neste capítulo é intrínseca – ou seja, elas são características do polímero específico ou fundamentais a esse polímero específico. Algumas dessas propriedades estão relacionadas com a estrutura molecular e são por esta controladas. Muitas vezes, entretanto, é necessário modificar as propriedades mecânicas, químicas e físicas a um nível muito maior do que é possível pela simples alteração dessa estrutura molecular fundamental. Substâncias exógenas chamadas *aditivos* são introduzidas intencionalmente para melhorar ou para modificar muitas dessas propriedades e, dessa forma, tornar um polímero mais útil para determinado serviço. Entre os aditivos típicos estão incluídos os materiais de enchimento, ou cargas, plastificantes, estabilizadores, corantes e retardantes de chama.

Cargas

carga

Na maioria das vezes, as **cargas** são adicionadas aos polímeros para melhorar as resistências à tração e à compressão, a resistência à abrasão, a tenacidade, as estabilidades dimensional e térmica, além de outras propriedades. Os materiais usados como cargas particuladas incluem pó de madeira (serragem na forma de um pó muito fino), pó e areia de sílica, vidro, argila, talco, calcário e até mesmo alguns polímeros sintéticos. Os tamanhos das partículas variam desde 10 nm até dimensões macroscópicas. Os polímeros que contêm cargas também podem ser classificados como materiais compósitos, os quais são discutidos no Capítulo 15. Com frequência, as cargas são materiais baratos que substituem parte do volume do polímero, que é mais caro, dessa forma reduzindo o custo do produto final.

Plastificantes

plastificante

A flexibilidade, ductilidade e tenacidade dos polímeros podem ser melhoradas com o auxílio de aditivos chamados **plastificantes**. Sua presença também produz reduções na dureza e na rigidez. Os plastificantes são geralmente líquidos com baixas pressões de vapor e baixos pesos moleculares. As pequenas moléculas dos plastificantes ocupam posições entre as grandes cadeias poliméricas, aumentando efetivamente a distância entre as cadeias com uma redução na ligação intermolecular secundária. Os plastificantes são usados comumente em polímeros que são intrinsecamente frágeis à temperatura ambiente, tais como o cloreto de polivinila e alguns dos copolímeros à base de acetato. O plastificante reduz a temperatura de transição vítrea, tal que nas condições ambientes os polímeros podem ser usados em aplicações que requerem algum grau de flexibilidade e ductilidade. Essas aplicações incluem lâminas ou filmes finos, tubos, capas de chuva e cortinas.

Verificação de Conceitos 14.9 **(a)** Por que a pressão de vapor de um plastificante deve ser relativamente baixa?

(b) Como a cristalinidade de um polímero será afetada pela adição de um plastificante? Por quê?

(c) Como a adição de um plastificante influencia o limite de resistência à tração de um polímero? Por quê?

(A resposta está disponível no GEN-IO, ambiente virtual de aprendizagem do GEN.)

Estabilizadores

estabilizador

Alguns materiais poliméricos, sob condições ambientais normais, estão sujeitos a uma rápida deterioração, geralmente em termos de sua integridade mecânica. Os aditivos que atuam contra esses processos de deterioração são chamados de **estabilizadores**.

Uma forma comum de deterioração resulta da exposição à luz [em particular à radiação ultravioleta (UV)]. A radiação ultravioleta interage com algumas das ligações covalentes ao longo da cadeia molecular, causando o seu rompimento, o que pode também resultar na formação de algumas ligações cruzadas. Existem dois enfoques principais em relação à estabilização de um polímero à radiação UV. O primeiro consiste em adicionar um material que absorve a radiação UV, frequentemente como uma fina camada sobre a superfície. Essa camada atua essencialmente como uma barreira de proteção solar, bloqueando a radiação UV antes que ela possa penetrar no polímero e danificá-lo. O segundo enfoque consiste em adicionar materiais que reagem com as ligações que são quebradas pela radiação UV antes que elas possam participar em outras reações que levem a danos adicionais no polímero.

Outro tipo importante de deterioração é a oxidação (Seção 16.12). Ela é consequência da interação química entre o oxigênio [tanto na forma de oxigênio diatômico (O_2) quanto na forma de ozônio (O_3)] e as moléculas do polímero. Os estabilizadores que protegem contra a oxidação consomem oxigênio antes de ele atingir o polímero e/ou previnem que reações de oxidação ocorram, as quais causariam outros danos ao material.

Corantes

corante

Os **corantes** conferem uma cor específica a um polímero; eles podem ser adicionados na forma de tinturas ou de pigmentos. As moléculas em uma tintura na realidade se dissolvem no polímero. Os pigmentos são cargas que não se dissolvem, mas que permanecem como uma fase distinta; normalmente, eles têm um pequeno tamanho de partícula e um índice de refração próximo ao do polímero ao qual estão adicionados. Outros pigmentos podem conferir opacidade, além de cor, ao polímero.

Retardantes de Chama

retardante de chama

A flamabilidade dos materiais poliméricos é uma preocupação importante, principalmente nas indústrias têxteis e de brinquedos infantis. A maioria dos polímeros é inflamável em sua forma pura; as exceções incluem aqueles que contêm teores significativos de cloro e/ou flúor, tais como o cloreto de polivinila e o politetrafluoroetileno. A resistência ao fogo dos demais polímeros combustíveis pode ser melhorada pela introdução de aditivos chamados **retardantes de chama**. Esses retardantes podem atuar pela interferência no processo de combustão por meio da fase gasosa ou pela iniciação de uma reação de combustão diferente que gere menos calor, reduzindo assim a temperatura; isso leva a uma desaceleração ou interrupção da combustão.

14.13 TÉCNICAS DE CONFORMAÇÃO PARA OS PLÁSTICOS

Uma grande variedade de diferentes técnicas é empregada na conformação dos materiais poliméricos. O método usado para um polímero específico depende de diversos fatores: (1) se o material é termoplástico ou termofixo; (2) se ele for termoplástico, da temperatura na qual ele amolece; (3) da estabilidade atmosférica do material que está sendo conformado; (4) da geometria e do tamanho do produto acabado. Existem inúmeras semelhanças entre algumas dessas técnicas e aquelas utilizadas na fabricação de metais e cerâmicos.

A fabricação de materiais poliméricos ocorre normalmente em temperaturas elevadas e, com frequência, com a aplicação de pressão. Os termoplásticos são conformados acima de suas temperaturas de transição vítrea, se forem amorfos, ou acima de suas temperaturas de fusão, se forem semicristalinos. A aplicação de uma pressão deve ser mantida conforme a peça é resfriada, para que o item conformado retenha sua forma. Um benefício econômico significativo de usar termoplásticos é que eles podem ser reciclados; as peças usadas e descartadas de termoplásticos podem ser fundidas novamente e reconformadas em novos formatos.

A fabricação de polímeros termofixos é realizada normalmente em dois estágios. Em primeiro lugar, ocorre a preparação de um polímero linear (algumas vezes chamado um pré-polímero) na forma de um líquido, que apresenta baixo peso molecular. Esse material é convertido no produto final, duro e rígido, durante o segundo estágio, que é realizado normalmente em um molde com a forma desejada. Esse segundo estágio, denominado *cura*, pode ocorrer durante o aquecimento e/ou pela adição de catalisadores, e ocorre frequentemente sob pressão. Durante a cura, ocorrem alterações químicas e estruturais ao nível molecular: forma-se uma estrutura com ligações cruzadas ou em rede. Após a cura, os polímeros termofixos podem ser removidos de um molde enquanto ainda estão quentes, uma vez que agora eles têm estabilidade dimensional. Os termofixos são difíceis de serem reciclados, não se fundem, podem ser usados em temperaturas mais elevadas do que os termoplásticos e são, com frequência, quimicamente mais inertes.

moldagem

Moldagem é o método mais comum para a conformação de polímeros. As várias técnicas de moldagem usadas incluem as moldagens por compressão, transferência, sopro, injeção e extrusão. Em cada uma delas, um plástico finamente peletizado ou granulado é forçado, a uma temperatura elevada e sob pressão, a escoar para o interior, preencher e assumir a forma da cavidade de um molde.

Moldagem por Compressão e por Transferência

Em uma moldagem por compressão, as quantidades apropriadas do polímero e dos aditivos necessários são colocadas completamente misturadas entre os elementos macho e fêmea do molde, como ilustrado na Figura 14.29. Ambas as partes do molde são aquecidas; contudo, apenas uma é móvel. O molde é fechado, e calor e pressão são aplicados, fazendo com que o plástico se torne viscoso e escoe, ajustando-se à forma do molde. Antes da moldagem, as matérias-primas podem ser misturadas e pressionadas a frio para formar um disco, que é chamado de *pré-forma*. O preaquecimento

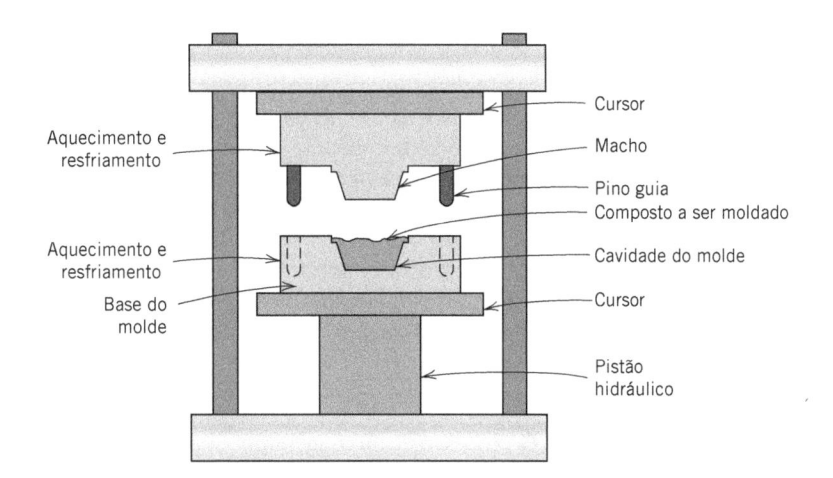

Figura 14.29 Diagrama esquemático de um equipamento para a realização de moldagem por compressão.
(De F. W. Billmeyer, Jr., *Textbook of Polymer Science*, 3rd edition. Copyright © 1984 por John Wiley & Sons, New York. Reimpresso sob permissão de John Wiley & Sons, Inc.)

da pré-forma reduz o tempo e a pressão da moldagem, estende o tempo de vida útil da matriz e produz uma peça acabada mais uniforme. Essa técnica de moldagem se aplica à fabricação tanto de polímeros termoplásticos quanto de polímeros termofixos; entretanto, seu uso com termoplásticos demanda um tempo maior e é mais caro do que as técnicas mais comumente usadas de extrusão e de injeção, que serão discutidas a seguir.

Na moldagem por transferência – uma variação da moldagem por compressão – os componentes sólidos são, em primeiro lugar, fundidos em uma câmara de transferência aquecida. À medida que o material fundido é injetado no interior da câmara do molde, a pressão é distribuída mais uniformemente sobre todas as superfícies. Esse processo é usado com polímeros termofixos e para peças com geometrias complexas.

Moldagem por Injeção

A moldagem por injeção – o análogo dos polímeros à fundição com matriz para os metais – é a técnica mais amplamente usada para a fabricação de materiais termoplásticos. Uma seção transversal esquemática do equipamento utilizado está ilustrada na Figura 14.30. A quantidade correta de material peletizado é alimentada a partir de uma moega de carregamento para o interior de um cilindro, pelo movimento de um êmbolo ou pistão. Essa carga é empurrada para a frente, para o interior de uma câmara de aquecimento, onde é forçada ao redor de um espalhador, de forma a ter melhor contato com a parede aquecida. Como resultado, o material termoplástico funde-se para formar um líquido viscoso. Em seguida, o plástico fundido é impelido, novamente pelo movimento de um pistão, através de um bico injetor, para o interior da cavidade fechada do molde; a pressão é mantida até que o material moldado tenha se solidificado. Finalmente, o molde é aberto, a peça é ejetada, o molde é fechado e todo o ciclo se repete. Provavelmente, a característica mais excepcional dessa técnica seja a velocidade com que as peças podem ser produzidas. Para termoplásticos, a solidificação da carga injetada é quase imediata; consequentemente, os tempos do ciclo para esse processo são curtos (comumente na faixa entre 10 e 30 s). Os polímeros termofixos também podem ser moldados por injeção; a cura ocorre enquanto o material está sob pressão em um molde aquecido, o que resulta em tempos do ciclo mais longos do que para os termoplásticos. Esse processo é algumas vezes denominado *moldagem por injeção com reação* (*reaction injection molding – RIM*) e é empregado comumente para materiais como o poliuretano.

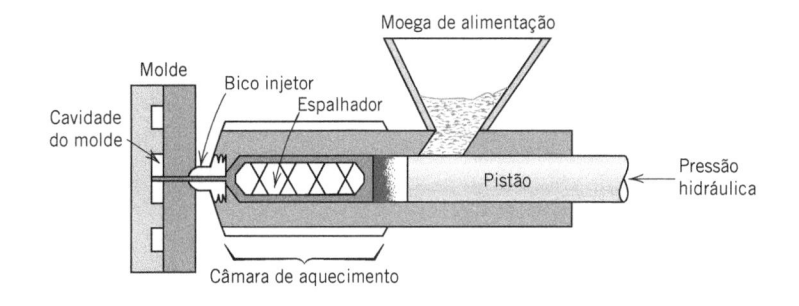

Figura 14.30 Diagrama esquemático de um equipamento de moldagem por injeção.
(Adaptado de F. W. Billmeyer, Jr., *Textbook of Polymer Science*, 2nd edition. Copyright © 1971 por John Wiley & Sons, New York. Reimpresso sob permissão de John Wiley & Sons, Inc.)

Extrusão

O processo de extrusão consiste na moldagem de um termoplástico viscoso sob pressão através de uma matriz com extremidade aberta, de maneira semelhante à extrusão de metais (Figura 14.2c). Uma rosca mecânica ou parafuso sem fim transporta o material peletizado através de uma câmara, onde ele é sucessivamente compactado, fundido e conformado em uma carga contínua de um fluido viscoso (Figura 14.31). A extrusão ocorre à medida que essa massa fundida é forçada através de um orifício na matriz. A solidificação do segmento extrudado é acelerada por sopradores, um *spray* de água ou um banho. A técnica está especialmente adaptada para a produção de comprimentos contínuos com geometrias de seção transversal constantes – por exemplo, barras, tubos, mangueiras, chapas e filamentos.

Moldagem por Sopro

O processo de moldagem por sopro para a fabricação de recipientes plásticos é semelhante ao usado para o sopro de garrafas de vidro, como foi representado na Figura 14.18. Em primeiro lugar, um *parison*, ou tubo feito de polímero, é extrudado. Enquanto ainda se encontra em estado semifundido, o *parison* é colocado em um molde composto por duas peças e que tem a configuração desejada para o recipiente. A peça oca é conformada por sopro de ar ou de vapor sob pressão no interior do *parison*, forçando as paredes do tubo a conformarem-se com os contornos do molde. A temperatura e a viscosidade do *parison* devem ser cuidadosamente reguladas.

Fundição

A exemplo dos metais, os materiais poliméricos também podem ser fundidos, como quando um material plástico fundido é derramado no interior de um molde e deixado para se solidificar. Tanto os plásticos termoplásticos quanto os termofixos podem ser fundidos. Para os termoplásticos, a solidificação ocorre pelo resfriamento a partir do estado fundido; entretanto, para os termofixos, o endurecimento é uma consequência do verdadeiro processo de polimerização ou cura, que é realizado geralmente em uma temperatura elevada.

14.14 FABRICAÇÃO DE ELASTÔMEROS

As técnicas usadas na fabricação de peças de borracha são essencialmente as mesmas discutidas anteriormente para os plásticos – isto é, a moldagem por compressão, extrusão, e assim por diante. Além disso, a maioria das borrachas é vulcanizada (Seção 8.19) e algumas são reforçadas com negro de fumo (Seção 15.2).

Verificação de Conceitos 14.10 A vulcanização deve ser realizada antes ou depois da operação de conformação para determinado componente de borracha que deve estar vulcanizado em sua forma final? Por quê? *Sugestão*: Pode ser útil consultar a Seção 8.19.

(*A resposta está disponível no GEN-IO, ambiente virtual de aprendizagem do GEN.*)

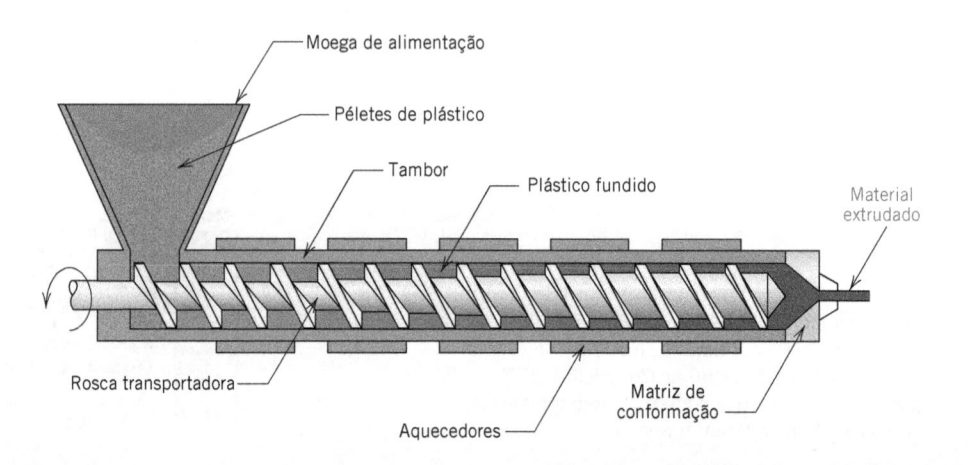

Figura 14.31 Diagrama esquemático de uma extrusora.

14.15 FABRICAÇÃO DE FIBRAS E FILMES

Fibras

fiação

O processo pelo qual as fibras são conformadas a partir do material polimérico bruto é denominado **fiação**. Na maioria das vezes, as fibras são fiadas a partir do estado fundido, em um processo chamado *fiação do material fundido*. O material que vai ser fiado é primeiro aquecido, até formar um líquido relativamente viscoso. Em seguida, esse líquido é bombeado através de uma placa chamada de *fieira*, a qual contém numerosos pequenos orifícios, tipicamente redondos. Conforme o material fundido passa através de cada um desses orifícios, uma única fibra é formada, que se solidifica rapidamente pelo resfriamento com sopradores de ar ou em um banho de água.

A cristalinidade da fibra fiada depende da taxa de resfriamento durante a fiação. A resistência das fibras é melhorada por um processo de pós-conformação chamado *estiramento*, como discutido na Seção 8.18. Novamente, o estiramento consiste simplesmente no alongamento mecânico permanente de uma fibra na direção do seu eixo. Durante esse processo, as cadeias moleculares se tornam orientadas na direção do estiramento (Figura 8.28*d*), tal que o limite de resistência à tração, o módulo de elasticidade e a tenacidade são melhorados. A seção transversal de fibras fiadas a partir do material fundido e estiradas é com frequência praticamente circular e as propriedades são uniformes por toda a seção transversal.

Duas outras técnicas que envolvem a produção de fibras a partir de soluções de polímeros dissolvidos são a *fiação a seco* e a *fiação úmida*. Na fiação a seco, o polímero é dissolvido em um solvente volátil. A solução polímero-solvente é então bombeada através de uma fieira para uma zona aquecida; ali as fibras se solidificam conforme o solvente evapora. Na fiação úmida, as fibras são formadas pela passagem de uma solução polímero-solvente através de uma fieira diretamente em um segundo solvente, que faz com que a fibra de polímero saia da solução (isto é, se precipite). Em ambas as técnicas, primeiro ocorre a formação de uma película sobre a superfície da fibra. Na sequência, ocorre alguma contração, tal que a fibra murcha (como uma passa); isso leva a um perfil de seção transversal muito irregular, que faz com que a fibra se torne mais rígida (isto é, aumenta seu módulo de elasticidade).

Filmes

Muitos filmes são simplesmente extrudados através de um rasgo fino em uma matriz; isso pode ser seguido por uma operação de laminação (calandragem) ou de estiramento, que serve para reduzir a espessura e melhorar a resistência. Como alternativa, um filme pode ser soprado: um tubo contínuo é extrudado através de uma matriz anular; em seguida, pela manutenção de uma pressão positiva de gás cuidadosamente controlada no interior do tubo e pelo estiramento do filme na direção axial na medida em que ele emerge da matriz, o material se expande ao redor dessa bolha de ar presa como se fosse um balão (Figura 14.32). Como resultado, a espessura da parede é reduzida continuamente

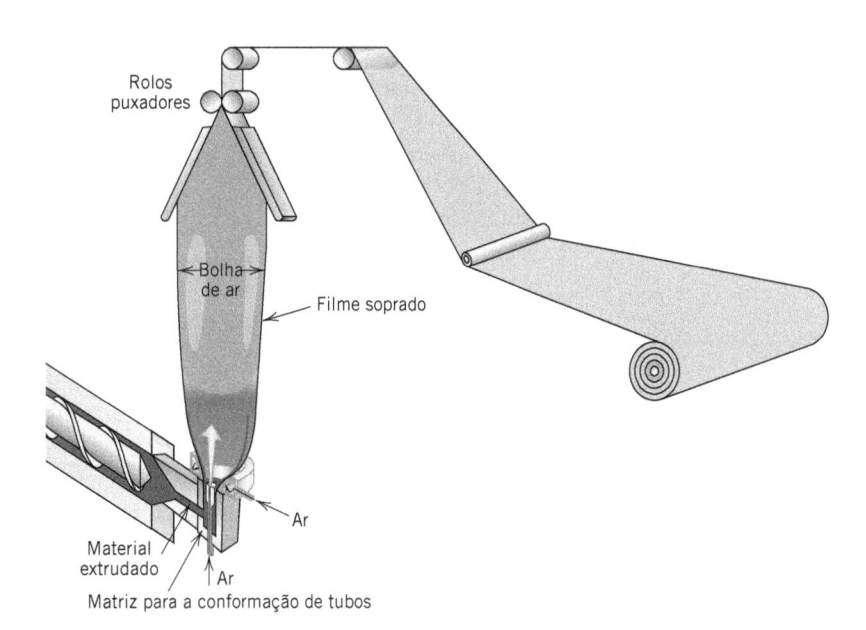

Figura 14.32 Diagrama esquemático de um equipamento usado para conformar filmes poliméricos finos.

para produzir um filme cilíndrico fino, que pode ser fechado na extremidade para fabricar sacos de lixo, ou pode ser cortado e aplainado para se obter um filme. Esse procedimento é denominado *processo de estiramento biaxial* e produz filmes que são resistentes em ambas as direções de estiramento. Alguns dos filmes mais recentes são produzidos por *coextrusão* – isto é, múltiplas camadas de mais de um tipo de polímero são extrudadas simultaneamente.

RESUMO

Operações de Conformação (Metais)

- As *operações de conformação* são aquelas nas quais uma peça metálica é moldada por deformação plástica.
- Quando a deformação é realizada acima da temperatura de recristalização, ela é denominada *trabalho a quente*; de outra maneira, ela é chamada *trabalho a frio*.
- O forjamento, a laminação, a extrusão e a trefilação são quatro das técnicas de conformação mais comuns (Figura 14.2).

Fundição

- Dependendo das propriedades e da forma da peça acabada, a fundição pode ser o processo de fabricação mais desejável e econômico.
- As técnicas de fundição mais comuns são a fundição em areia, em matriz, de precisão, com espuma perdida, e fundição contínua.

Técnicas Diversas

- A metalurgia do pó envolve a compactação de partículas metálicas pulverizadas na forma desejada, que é então densificada por um tratamento térmico. A M/P é usada principalmente para metais com baixas ductilidades e/ou temperaturas de fusão elevadas.
- A soldagem é usada para unir duas ou mais peças; uma ligação por fusão se forma pela fusão de partes das peças de trabalho e, em algumas situações, de um material de adição.

Processos de Recozimento

- Recozimento é a exposição de um material a uma temperatura elevada durante um período de tempo prolongado, seguida pelo resfriamento até a temperatura ambiente em uma taxa relativamente lenta.
- Durante o recozimento intermediário, uma peça trabalhada a frio tem sua dureza reduzida, porém torna-se mais dúctil, em consequência da recristalização.
- As tensões residuais internas que tenham sido introduzidas são eliminadas durante um recozimento para alívio de tensões.
- Nas ligas ferrosas, a normalização é usada para refinar e melhorar a estrutura dos grãos.

Tratamento Térmico de Aços

- Para os aços de alta resistência, a melhor combinação de características mecânicas pode ser obtida se uma microestrutura predominantemente martensítica for desenvolvida por toda a seção transversal; essa microestrutura é convertida em martensita revenida durante um tratamento térmico de revenido.
- *Temperabilidade* é um parâmetro usado para avaliar a influência da composição sobre a susceptibilidade à formação de uma estrutura predominantemente martensítica durante algum tratamento térmico específico. O teor de martensita é determinado usando medições de dureza.
- A determinação da temperabilidade é obtida por um ensaio Jominy da extremidade temperada padrão (Figura 14.5), a partir do qual são geradas curvas de temperabilidade.
- Uma *curva de temperabilidade* traça a dureza em função da distância a partir da extremidade temperada de um corpo de provas Jominy. A dureza diminui com a distância a partir da extremidade temperada (Figura 14.6), uma vez que a taxa de têmpera diminui com essa distância, assim como também ocorre com o teor de martensita. Cada aço tem sua própria curva distinta de temperabilidade.
- O meio de têmpera também influencia a extensão na qual a martensita se forma. Entre os meios de têmpera mais comuns, a água é o mais eficiente, seguida pelos polímeros aquosos, óleo e ar, nessa ordem. O aumento do grau de agitação do meio também melhora a eficiência da têmpera.

- As relações entre a taxa de resfriamento e o tamanho e a geometria da amostra para um meio de têmpera específico são expressas com frequência em gráficos empíricos (Figuras 14.11*a* e 14.11*b*). Esses gráficos podem ser usados em combinação com os dados de temperabilidade para estimar os perfis de dureza em uma seção transversal (Problema-Exemplo 14.1).

Fabricação e Processamento de Vidros e Vidrocerâmicas

- Uma vez que os vidros são conformados em temperaturas elevadas, o comportamento temperatura-viscosidade é um fator importante. Os pontos de fusão, operação, amolecimento, recozimento e deformação representam temperaturas que correspondem a valores específicos da viscosidade.

- Entre as técnicas mais usuais para a conformação de um vidro estão as de prensagem, sopro (Figura 14.18), estiramento (Figura 14.19) e conformação de fibras.

- Quando as peças de vidro são resfriadas, podem ser geradas tensões térmicas internas devido a diferenças na taxa de resfriamento (e graus de contração térmica) entre as regiões do interior e da superfície.

- Após a fabricação, os vidros podem ser recozidos e/ou temperados para melhorar suas características mecânicas.

Fabricação e Processamento dos Produtos à Base de Argila

- Os minerais à base de argila assumem dois papéis na fabricação dos corpos cerâmicos:

    Quando água é adicionada à argila, ela se torna flexível e suscetível a conformação.

    Os minerais à base de argila se fundem em uma faixa de temperaturas; dessa forma, durante o cozimento, uma peça densa e resistente é produzida sem fusão completa.

- Para os produtos à base de argila, duas técnicas de fabricação comuns são a conformação hidroplástica e a fundição em suspensão.

    Na conformação hidroplástica, uma massa plástica e flexível é conformada na forma desejada forçando-se a massa através do orifício de uma matriz.

    Na fundição em suspensão, uma suspensão (suspensão de argila e de outros minerais em água) é derramada em um molde poroso. Conforme a água é absorvida no molde, uma camada sólida se deposita no lado de dentro da parede do molde.

- Após a conformação, um corpo à base de argila deve ser primeiro seco e então cozido em uma temperatura elevada para reduzir a porosidade e aumentar a resistência.

Prensagem de Pós

- Algumas peças cerâmicas são conformadas por um processo de compactação de pós; são possíveis técnicas de prensagem uniaxial, isostática e a quente.

- O aumento da densidade das peças prensadas ocorre por um mecanismo de sinterização (Figura 14.26), durante um procedimento de cozimento a alta temperatura.

Fundição em Fita

- Na fundição em fita, uma chapa fina de material cerâmico com espessura uniforme é conformada a partir de uma suspensão que é espalhada sobre uma superfície plana utilizando-se uma espátula (Figura 14.28). Essa fita é então submetida a operações de secagem e cozimento.

Polimerização

- A síntese de polímeros com altos pesos moleculares é obtida pela polimerização, para a qual existem dois tipos: adição e condensação.

    Na polimerização por adição, as unidades monoméricas são unidas uma a uma na forma de uma cadeia para formar uma molécula linear.

    A polimerização por condensação envolve reações químicas intermoleculares que ocorrem em etapas e que podem envolver mais de uma única espécie molecular.

Aditivos Poliméricos

- As propriedades dos polímeros podem ser modificadas pelo uso de aditivos; estes incluem cargas, plastificantes, estabilizadores, corantes e retardantes de chamas.

    As cargas são adicionadas para melhorar a resistência, resistência à abrasão, tenacidade e/ou estabilidade térmica/dimensional dos polímeros.

    Flexibilidade, ductilidade e tenacidade são melhoradas pela adição de plastificantes.

    Os estabilizadores reduzem os processos de deterioração causados pela exposição à luz e a componentes gasosos na atmosfera.

    Os corantes são usados para conferir cores específicas aos polímeros.

A resistência à flamabilidade dos polímeros é melhorada pela incorporação de retardantes de chamas.

Técnicas de Conformação para Plásticos

- A fabricação dos polímeros plásticos é realizada geralmente pela conformação do material na forma fundida em uma temperatura elevada, usando pelo menos uma de várias técnicas de moldagem diferentes – compressão (Figura 14.29), transferência, injeção (Figura 14.30) e sopro. Extrusão (Figura 14.31) e fundição também são possíveis.

Fabricação de Fibras e Filmes

- Algumas fibras são fiadas a partir de um material fundido viscoso ou de uma solução; depois são alongadas plasticamente durante uma operação de estiramento, que melhora a resistência mecânica.
- Os filmes são conformados por processos de extrusão e sopro (Figura 14.32) ou por calandragem.

Termos e Conceitos Importantes

alívio de tensões	fundição por suspensão	recozimento intermediário
austenitização	laminação	recozimento pleno
carga	metalurgia do pó (M/P)	recozimento subcrítico (esferoidização)
choque térmico	moldagem	retardante de chama
conformação hidroplástica	normalização	sinterização
corante	plastificante	soldagem
corpo cerâmico cru	polimerização por adição	temperabilidade
cozimento	polimerização por condensação	têmpera térmica
ensaio Jominy da extremidade temperada	ponto de amolecimento (vidro)	temperatura crítica inferior
	ponto de deformação (vidro)	temperatura crítica superior
estabilizador	ponto de fusão (vidro)	temperatura de transição vítrea
estiramento	ponto de operação (vidro)	trabalho a frio
extrusão	ponto de recozimento (vidro)	trabalho a quente
fiação	recozimento	vitrificação
forjamento		

REFERÊNCIAS

ASM Handbook, Vol. 4, *Heat Treating*, ASM International, Materials Park, OH, 1991.

ASM Handbook, Vol. 6, *Welding, Brazing and Soldering*, ASM International, Materials Park, OH, 1993.

ASM Handbook, Vol. 14A: *Metalworking: Bulk Forming*, ASM International, Materials Park, OH, 2005.

ASM Handbook, Vol. 14B: *Metalworking: Sheet Forming*, ASM International, Materials Park, OH, 2006.

ASM Handbook, Vol. 15, *Casting*, ASM International, Materials Park, OH, 2008.

Billmeyer, F. W., Jr., *Textbook of Polymer Science*, 3rd edition, Wiley-Interscience, New York, 1984.

Black, J. T., and R. A. Kohser, *Degarmo's Materials and Processes in Manufacturing*, 11th edition, Wiley, Hoboken, NJ, 2012.

Carter, C. B., and M. G. Norton, *Ceramic Materials Science and Engineering*, Springer, New York, NY, 2007.

Dieter, G.E., *Mechanical Metallurgy*, 3rd edition, McGraw-Hill, New York, 1986. Os Capítulos 15-21 apresentam uma excelente discussão de várias técnicas de conformação de metais.

Fried, J. R., *Polymer Science & Technology*, 3rd edition, Pearson Education, Upper Saddle River, NJ, 2014.

Heat Treater's Guide: Standard Practices and Procedures for Irons and Steels, 2nd edition, ASM International, Materials Park, OH, 1995.

Kalpakjian, S., and S. R. Schmid, *Manufacturing Processes for Engineering Materials*, 5th edition, Pearson Education, Upper Saddle River, NJ, 2008.

King, A. G., *Ceramic Technology and Processing*, Noyes Publications, Norwich, NY, 2002.

Krauss, G., *Steels: Processing, Structure, and Performance*, ASM International, Materials Park, OH, 2005.

McCrum, N. G., C. P. Buckley, and C. B. Bucknall, *Principles of Polymer Engineering*, 2nd edition, Oxford University Press, Oxford, 1997.

Muccio, E. A., *Plastic Part Technology*, ASM International, Materials Park, OH, 1991.

Muccio, E. A., *Plastics Processing Technology*, ASM International, Materials Park, OH, 1994.

Powell, P. C., and A. J. Housz, *Engineering with Polymers*, 2nd edition, CRC Press, Boca Raton, FL, 1998.

Reed, J. S., *Principles of Ceramic Processing*, 2nd edition, Wiley, New York, 1995.

Richerson, D. W., *Modern Ceramic Engineering*, 3rd edition, CRC Press, Boca Raton, FL, 2006.

Riedel, R. and I. W. Chen (Editors), *Ceramic Science and Technology*, Wiley-VCH, Weinheim, Germany, 2012.

Saldivar-Guerra, E., and E. Vivaldo-Lima (Editors), *Handbook of Polymer Synthesis, Characterization, and Processing*, Wiley, Hoboken, NJ, 2013.

Shackelford, J. F., and R. H. Doremus (Editors), *Ceramic and Glass Materials*, Springer, New York, NY, 2008.

Strong, A. B., *Plastics: Materials and Processing*, 3rd edition, Pearson Education, Upper Saddle River, NJ, 2006.

PERGUNTAS E PROBLEMAS

Operações de Conformação (Metais)

14.1 Cite vantagens e desvantagens do trabalho a quente e do trabalho a frio.

14.2 **(a)** Cite vantagens da conformação de metais por extrusão em comparação à laminação.

(b) Cite algumas desvantagens.

Fundição

14.3 Liste quatro situações em que a fundição é a técnica de fabricação preferida.

14.4 Compare as técnicas de fundição em molde de areia, em matriz, de precisão, de espuma perdida e contínua.

Técnicas Diversas

14.5 Se for considerado que para os aços a taxa média de resfriamento da zona termicamente afetada na vizinhança de uma solda é de 10 °C/s, compare as microestruturas e as propriedades associadas que resultarão para ligas 1080 (eutetoide) e 4340 em suas ZTAs.

14.6 Descreva um problema que pode existir com uma solda de aço que tenha resfriado muito rapidamente.

Processos de Recozimento

14.7 Descreva, com suas próprias palavras, os seguintes procedimentos de tratamento térmico para aços e, para cada um deles, a microestrutura final pretendida:

(a) recozimento pleno

(b) normalização

(c) têmpera

(d) revenido.

14.8 Cite três fontes de tensões residuais internas em componentes metálicos. Quais são duas possíveis consequências adversas dessas tensões?

14.9 Indique a temperatura mínima aproximada na qual é possível austenitizar cada uma das seguintes ligas ferro-carbono durante um tratamento térmico de normalização:

(a) 0,15 %p C

(b) 0,50 %p C

(c) 1,10 %p C.

14.10 Indique a temperatura aproximada até a qual é desejável aquecer cada uma das seguintes ligas ferro-carbono durante um tratamento térmico de recozimento pleno:

(a) 0,20 %p C

(b) 0,60 %p C

(c) 0,76 %p C

(d) 0,95 %p C.

14.11 Qual é o propósito de um tratamento térmico de recozimento subcrítico? Em quais classes de ligas esse tratamento é normalmente utilizado?

Tratamento Térmico de Aços

14.12 Explique sucintamente a diferença entre *dureza* e *temperabilidade*.

14.13 Qual é a influência que a presença de elementos de liga (outros que não o carbono) tem sobre a forma de uma curva de temperabilidade? Explique sucintamente esse efeito.

14.14 Como você esperaria que uma diminuição no tamanho do grão austenítico afetasse a temperabilidade de um aço? Por quê?

14.15 Cite duas propriedades térmicas de um meio líquido que influenciarão sua eficácia como meio de têmpera.

14.16 Construa perfis de dureza radiais para os seguintes materiais:

(a) Uma amostra cilíndrica com 75 mm (3 in) de diâmetro de um aço 8640 que foi temperado em óleo sob agitação moderada.

(b) Uma amostra cilíndrica com 50 mm (2 in) de diâmetro de um aço 5140 que foi temperado em óleo sob agitação moderada.

(c) Uma amostra cilíndrica com 90 mm (3 1/2 in) de diâmetro de um aço 8630 que foi temperado em água sob agitação moderada.

(d) Uma amostra cilíndrica com 100 mm (4 in) de diâmetro de um aço 8660 que foi temperado em água sob agitação moderada.

14.17 Compare a eficácia de uma têmpera em água e óleo sob agitação moderada, colocando em um mesmo gráfico os perfis radiais de dureza para amostras cilíndricas com 75 mm (3 in) de diâmetro de um aço 8640 que foram temperadas em ambos os meios.

Fabricação e Processamento de Vidros e Vidrocerâmicas

14.18 Soda e cal são adicionadas a uma batelada de vidro na forma de soda barrilha (Na_2CO_3) e calcário ($CaCO_3$). Durante o aquecimento, esses dois componentes se decompõem para liberar dióxido de carbono (CO_2), tendo como produtos resultantes a soda e a cal. Calcule os pesos de soda barrilha e de calcário que devem ser adicionados a 125 lb_m de quartzo (SiO_2) para produzir um vidro com composição de 78 %p SiO_2, 17 %p Na_2O e 5 %p CaO.

14.19 Qual é a distinção entre a *temperatura de transição vítrea* e a *temperatura de fusão*?

14.20 Compare as temperaturas nas quais os vidros de cal de soda, borossilicato, com 96 % de sílica e de sílica fundida podem ser recozidos.

14.21 Compare os pontos de amolecimento para os vidros com 96 % de sílica, borossilicato, e de cal de soda.

14.22 A viscosidade η de um vidro varia em função da temperatura de acordo com a seguinte relação

$$\eta = A \exp\left(\frac{Q_{vis}}{RT}\right)$$

em que Q_{vis} é a energia de ativação para o escoamento viscoso, A é uma constante independente da temperatura e R e T são, respectivamente, a constante dos gases e a temperatura absoluta. Um gráfico de ln η em função de $1/T$ deve ser praticamente linear e exibir uma inclinação igual a Q_{vis}/R. Considerando os dados da Figura 14.17,

(a) construa um gráfico desse tipo para o vidro de cal de soda e

(b) determine a energia de ativação entre as temperaturas de 900 e 1600 °C.

14.23 Para muitos materiais viscosos, a viscosidade η pode ser definida em termos da expressão

$$\eta = \frac{\sigma}{d\varepsilon/dt}$$

em que σ e $d\varepsilon/dt$ são, respectivamente, a tensão de tração e a taxa de deformação. Uma amostra cilíndrica de um vidro borossilicato com diâmetro de 4 mm (0,16 in) e comprimento de 125 mm (4,9 in) é submetida a uma força de tração de 2 N (0,45 lb$_f$) ao longo do seu eixo. Se a deformação após um período de uma semana deve ser inferior a 2,5 mm (0,10 in), determine, com base na Figura 14.17, a temperatura máxima à qual a amostra pode ser aquecida.

14.24 (a) Explique por que são introduzidas tensões térmicas residuais em uma peça de vidro quando esta é resfriada.

(b) Tensões térmicas também são introduzidas no aquecimento? Por que sim, ou por que não?

14.25 Os vidros borossilicato e de sílica fundida são resistentes a choques térmicos. Por que isso ocorre?

14.26 Descreva sucintamente, com suas próprias palavras, o que acontece quando uma peça de vidro é temperada termicamente.

14.27 As peças de vidro também podem ter sua resistência aumentada por têmpera química. Nesse procedimento, a superfície do vidro é colocada em um estado de compressão pela troca de alguns dos cátions próximos à superfície por outros cátions que apresentam um diâmetro maior. Sugira um tipo de cátion que, substituindo íons Na$^+$, induza uma têmpera química em um vidro de cal de soda.

Fabricação e Processamento de Produtos à Base de Argila

14.28 Cite as duas características desejáveis dos minerais argilosos em relação aos processos de fabricação.

14.29 De uma perspectiva molecular, explique sucintamente o mecanismo pelo qual os minerais argilosos tornam-se hidroplásticos quando se adiciona água.

14.30 (a) Quais são os três componentes principais de uma cerâmica do tipo louça branca, como a porcelana?

(b) Qual é o papel que cada um desses componentes desempenha nos procedimentos de conformação e de cozimento?

14.31 (a) Por que é tão importante controlar a taxa de secagem de um corpo cerâmico que tenha sido conformado hidroplasticamente ou fundido por suspensão?

(b) Cite três fatores que influenciam a taxa de secagem e explique como cada um deles afeta essa taxa.

14.32 Cite uma razão pela qual a contração durante a secagem é maior para os produtos hidroplásticos ou de uma fundição por suspensão com partículas de argila menores.

14.33 (a) Cite três fatores que influenciam o grau no qual ocorre a vitrificação em peças cerâmicas feitas à base de argila.

(b) Explique como a densidade, a distorção devida ao cozimento, a resistência, a resistência à corrosão e a condutividade térmica são afetadas pelo grau de vitrificação.

Prensagem de Pós

14.34 Alguns materiais cerâmicos são fabricados por prensagem isostática a quente. Cite algumas das limitações e das dificuldades associadas a essa técnica.

Polimerização

14.35 Cite as principais diferenças entre as técnicas de polimerização por adição e por condensação.

14.36 (a) Quanto etileno glicol deve ser adicionado a 20,0 kg de dimetil tereftalato para produzir uma estrutura de cadeia linear de poli(etileno tereftalato) de acordo com a Equação 14.5?

(b) Qual é a massa do polímero resultante?

14.37 O náilon 6,6 pode ser formado por meio de uma reação de polimerização por condensação na qual o hexametileno diamina [NH$_2$–(CH$_2$)$_6$–NH$_2$] e o ácido adípico reagem um com o outro com a formação de água como um subproduto. Quais são as massas de hexametileno diamina e de ácido adípico necessárias para produzir 20 kg de náilon 6,6 completamente linear? (*Observação*: A equação química para essa reação é a resposta para a Verificação de Conceitos 14.8.)

Aditivos Poliméricos

14.38 Qual é a diferença entre os *corantes por tintura* e *por pigmento*?

Técnicas de Conformação para Plásticos

14.39 Cite quatro fatores que determinam a técnica de fabricação que deve ser usada para conformar um material polimérico.

14.40 Compare as técnicas de moldagem por compressão, por injeção e por transferência usadas para conformar materiais plásticos.

Fabricação de Fibras e Películas

14.41 Por que as fibras que são submetidas à fiação no estado fundido e que depois são estiradas devem ser termoplásticas? Cite duas razões.

14.42 Qual, entre os seguintes filmes finos de polietileno, apresenta as melhores características mecânicas? (1) Os conformados por sopro. (2) Os conformados por extrusão e então laminados. Por quê?

PROBLEMAS DE PROJETO

Tratamento Térmico de Aços

14.P1 Uma peça cilíndrica em aço com 38 mm (1 1/2 in) de diâmetro deve ser temperada em óleo sob agitação moderada. As durezas na superfície e no centro da peça devem ser de pelo menos 50 e 40 HRC, respectivamente. Quais das seguintes ligas satisfazem essas exigências: 1040, 5140, 4340, 4140 e 8640? Justifique sua seleção.

14.P2 Uma peça cilíndrica em aço com 57 mm (2 1/4 in) de diâmetro deve ser austenitizada e temperada de modo a produzir uma dureza mínima de 45 HRC ao longo de toda a peça. Entre as ligas 8660, 8640, 8630 e 8620, quais se qualificam se o meio de resfriamento for **(a)** água sob agitação moderada, e **(b)** óleo sob agitação moderada? Justifique sua seleção.

14.P3 Uma peça cilíndrica em aço com 44 mm (1 3/4 in) de diâmetro deve ser austenitizada e temperada de modo que uma microestrutura composta por pelo menos 50 % de martensita seja produzida ao longo de toda a peça. Entre as ligas 4340, 4140, 8640, 5140 e 1040, quais se qualificam se o meio de têmpera for **(a)** óleo sob agitação moderada, e **(b)** água sob agitação moderada? Justifique sua seleção.

14.P4 Uma peça cilíndrica em aço com 50 mm (2 in) de diâmetro deve ser temperada em água sob agitação moderada. As durezas na superfície e no centro da peça devem ser de pelo menos 50 e 40 HRC, respectivamente. Quais das seguintes ligas satisfazem essas exigências: 1040, 5140, 4340, 4140, 8620, 8630, 8640 e 8660? Justifique sua seleção.

14.P5 Uma peça cilíndrica em aço 4140 deve ser austenitizada e temperada em óleo sob agitação moderada. Se a microestrutura deve consistir em pelo menos 80 % de martensita ao longo de toda a peça, qual é o diâmetro máximo admissível? Justifique sua resposta.

14.P6 Uma peça cilíndrica em aço 8660 deve ser austenitizada e temperada em óleo sob agitação moderada. Se a dureza na superfície da peça deve ser de pelo menos 58 HRC, qual é o diâmetro máximo admissível? Justifique sua resposta.

14.P7 É possível revenir um eixo cilíndrico com 25 mm (1 in) de diâmetro de aço 4140 temperado em óleo de modo a obter um limite de escoamento mínimo de 950 MPa (140.000 psi) e uma ductilidade mínima de 17 AL%?

Se for possível, especifique uma temperatura para o revenido. Se não for possível, então explique a razão.

14.P8 É possível revenir um eixo cilíndrico com 50 mm (2 in) de diâmetro de aço 4140 temperado em óleo para obter um limite de resistência à tração mínimo de 900 MPa (130.000 psi) e uma ductilidade mínima de 20 AL%? Se for possível, especifique uma temperatura para o revenido. Se não for possível, então explique a razão.

PERGUNTAS E PROBLEMAS SOBRE FUNDAMENTOS DA ENGENHARIA

14.1FE Para um metal, o trabalho a quente é feito em uma temperatura acima da

(A) temperatura de fusão.

(B) temperatura de recristalização.

(C) temperatura eutetoide.

(D) temperatura de transição vítrea.

14.2FE Qual, entre os seguintes itens, pode ocorrer durante um tratamento térmico de recozimento?

(A) As tensões podem ser aliviadas.

(B) A ductilidade pode aumentar.

(C) A tenacidade pode aumentar.

(D) Todos os itens acima.

14.3FE Qual, entre os seguintes fatores, influencia a temperabilidade de um aço?

(A) A composição do aço.

(B) O tipo de meio de têmpera.

(C) A natureza do meio de têmpera.

(D) O tamanho e a forma da amostra.

14.4FE Quais, entre as seguintes matérias-primas, são os dois principais constituintes das argilas?

(A) Alumina (Al_2O_3) e calcário $(CaCO_3)$.

(B) Calcário $(CaCO_3)$ e óxido cúprico (CuO).

(C) Sílica (SiO_2) e calcário $(CaCO_3)$.

(D) Alumina (Al_2O_3) e sílica (SiO_2).

14.5FE Os termoplásticos amorfos são conformados acima de suas(seus):

(A) Temperaturas de transição vítrea.

(B) Pontos de amolecimento.

(C) Temperaturas de fusão.

(D) Nenhum dos itens anteriores.

Lâmina superior. Polímero (poliamida) com uma temperatura de transição vítrea relativamente baixa e que resiste a lascamento.

Invólucro da caixa de torção. Compósitos reforçados com fibras que usam fibras de vidro, aramidas ou de carbono. Inúmeras tramas de tecidos e pesos de reforço são possíveis para "afinar" as características à flexão do esqui.

Núcleo. Espuma, laminados verticais de madeira, laminados de espuma-madeira, colmeias e outros materiais. Entre as madeiras comumente usadas incluem-se álamo, bambu, balsa e vidoeiro.

Material para absorção de vibrações. Normalmente usa-se a borracha.

Base. Polietileno de ultra-alto peso molecular é usado, em virtude do seu baixo coeficiente de atrito e sua resistência à abrasão.

Cortesia de Black Diamond Equipment, Ltd.

Camadas de reforço. Compósitos reforçados com fibras que normalmente usam fibras de vidro. Inúmeras tramas de tecidos e pesos de reforço são possíveis para prover rigidez longitudinal.

Arestas. Aço-carbono que foi tratado para apresentar uma dureza de 48 HRC. Facilitam a realização de curvas ao "cortar" a neve.

(a)

(*a*) Uma estrutura compósita relativamente complexa é o esqui moderno. Essa ilustração, uma seção transversal de um esqui de neve de alto desempenho, mostra os vários componentes. A função de cada componente está anotada, assim como o material empregado em sua construção.

(*b*) A fotografia de um esquiador em uma neve fresca.

© Doug Berry/iStockphoto

(b)

Com o conhecimento dos vários tipos de compósitos, assim como uma compreensão da dependência de seus comportamentos em relação às características, às quantidades relativas, à geometria/distribuição e às propriedades das fases constituintes, é possível projetar materiais com combinações de propriedades melhores do que as encontradas em quaisquer ligas metálicas, cerâmicos e materiais poliméricos monolíticos. Por exemplo, no Exemplo de Projeto 15.1 discutimos como um eixo tubular é projetado para atender requisitos específicos de rigidez.

Objetivos do Aprendizado

Após estudar este capítulo, você deverá ser capaz de realizar o seguinte:

1. Listar as três divisões principais dos materiais compósitos e citar a característica que distingue cada uma delas.
2. Citar as diferenças nos mecanismos de aumento da resistência para os compósitos reforçados com partículas grandes e reforçados por dispersão.
3. Distinguir os três tipos diferentes de compósitos reforçados com fibras com base no comprimento e na orientação das fibras; comentar a respeito das características mecânicas distintas de cada tipo.
4. Calcular o módulo longitudinal e a resistência longitudinal para um compósito reforçado com fibras alinhadas e contínuas.
5. Calcular as resistências longitudinais para materiais compósitos fibrosos com fibras descontínuas e alinhadas.
6. Observar os três tipos de reforços fibrosos comumente utilizados em compósitos com matriz polimérica e, para cada um deles, citar tanto as características desejáveis quanto as limitações.
7. Citar as características desejáveis dos compósitos com matriz metálica.
8. Observar a principal razão para o desenvolvimento de compósitos com matriz cerâmica.
9. Citar e descrever sucintamente as duas subclassificações dos compósitos estruturais.

15.1 INTRODUÇÃO

O advento dos compósitos como uma classificação de materiais distinta teve seu início durante a metade do século XX, com a fabricação de compósitos multifásicos deliberadamente projetados e engenheirados, tais como os polímeros reforçados com fibras de vidro. Embora materiais multifásicos, tais como madeira, tijolos feitos de argila reforçada com palha, conchas marinhas e mesmo ligas, tal como o aço, fossem conhecidos há milênios, o reconhecimento desse novo conceito de combinar materiais diferentes durante a fabricação levou à identificação dos compósitos como uma nova classe, distinta dos familiares metais, cerâmicas e polímeros. Esse conceito de compósitos multifásicos fornece excitantes oportunidades para o projeto de uma variedade bastante grande de materiais com combinações de propriedades que não podem ser atendidas por quaisquer ligas metálicas, cerâmicas ou materiais poliméricos monolíticos convencionais.[1]

Materiais com propriedades específicas e não usuais são necessários para uma gama de aplicações de alta tecnologia, tais como as encontradas nas indústrias aeroespacial, submarina, de bioengenharia e de transporte. Por exemplo, os engenheiros aeronáuticos estão buscando cada vez mais materiais estruturais de baixas densidades, que sejam resistentes, rígidos e apresentem resistência à abrasão e ao impacto, ao mesmo tempo que não sejam corroídos com facilidade. Essa é uma combinação formidável de características. Entre os materiais monolíticos, os materiais resistentes são relativamente densos; o aumento da resistência ou da rigidez resulta geralmente em uma redução da tenacidade.

As combinações e as faixas das propriedades dos materiais foram, e continuam sendo, ampliadas pelo desenvolvimento de materiais compósitos. De maneira geral, um compósito pode ser considerado como qualquer material multifásico que exibe uma proporção significativa das propriedades de ambas as fases que o constituem, tal que é obtida uma combinação melhor de propriedades.

---

[1] Por *monolítico* queremos dizer que apresenta uma microestrutura uniforme e contínua e que foi formado a partir de um único material; entretanto, mais de um microconstituinte pode estar presente. De maneira contrária, a microestrutura de um compósito não é uniforme, é descontínua e multifásica, no sentido de que ele é uma mistura de dois ou mais materiais distintos.

princípio da ação combinada

De acordo com esse **princípio da ação combinada**, melhores combinações de propriedades são criadas pela combinação judiciosa de dois ou mais materiais distintos. Para muitos compósitos, também há um compromisso entre as propriedades.

Até o momento, já foram discutidos compósitos de vários tipos; eles incluem as ligas metálicas, as cerâmicas e os polímeros multifásicos. Por exemplo, os aços perlíticos (Seção 10.20) exibem uma microestrutura que consiste em camadas alternadas de ferrita α e cementita (Figura 10.31). A fase ferrita é macia e dúctil, enquanto a cementita é dura e muito frágil. As características mecânicas combinadas da perlita (ductilidade e resistência razoavelmente elevadas) são superiores àquelas de ambas as fases que a constituem. Existem também inúmeros compósitos na natureza. Por exemplo, a madeira consiste em fibras de celulose resistentes e flexíveis envolvidas e mantidas unidas por um material mais rígido chamado lignina. O osso é um compósito constituído por colágeno, uma proteína resistente, porém macia, e o mineral apatita, duro e frágil.

Um compósito, no presente contexto, é um material multifásico *feito artificialmente*, em contraste com um material que ocorre ou que se forma naturalmente. Além disso, as fases constituintes devem ser quimicamente diferentes e devem estar separadas por uma interface distinta.

No projeto de materiais compósitos, os cientistas e os engenheiros combinam de maneira engenhosa vários metais, cerâmicas e polímeros para produzir uma nova geração de materiais com características extraordinárias. A maioria dos compósitos foi criada para melhorar combinações de características mecânicas, tais como rigidez, tenacidade e resistência nas condições ambientes e de altas temperaturas.

fase matriz
fase dispersa

Muitos materiais compósitos são compostos por apenas duas fases; uma é denominada **matriz**, que é contínua e envolve a outra fase, chamada frequentemente de **fase dispersa**. As propriedades dos compósitos são uma função das propriedades das fases constituintes, de suas quantidades relativas e da geometria da fase dispersa. Nesse contexto, a *geometria da fase dispersa* significa a forma das partículas e o tamanho, a distribuição e a orientação dessas partículas; essas características estão representadas na Figura 15.1.

Um esquema simples para a classificação dos materiais compósitos está mostrado na Figura 15.2. Esse esquema consiste em quatro divisões principais: os compósitos reforçados com partículas, os compósitos reforçados com fibras, os compósitos estruturais e os nanocompósitos. Para os compósitos reforçados com partículas a fase dispersa é *equiaxial* (isto é, as dimensões das partículas são aproximadamente as mesmas em todas as direções); para os compósitos reforçados com fibras, a fase dispersa apresenta a geometria de uma fibra (isto é, uma grande razão entre o comprimento e o

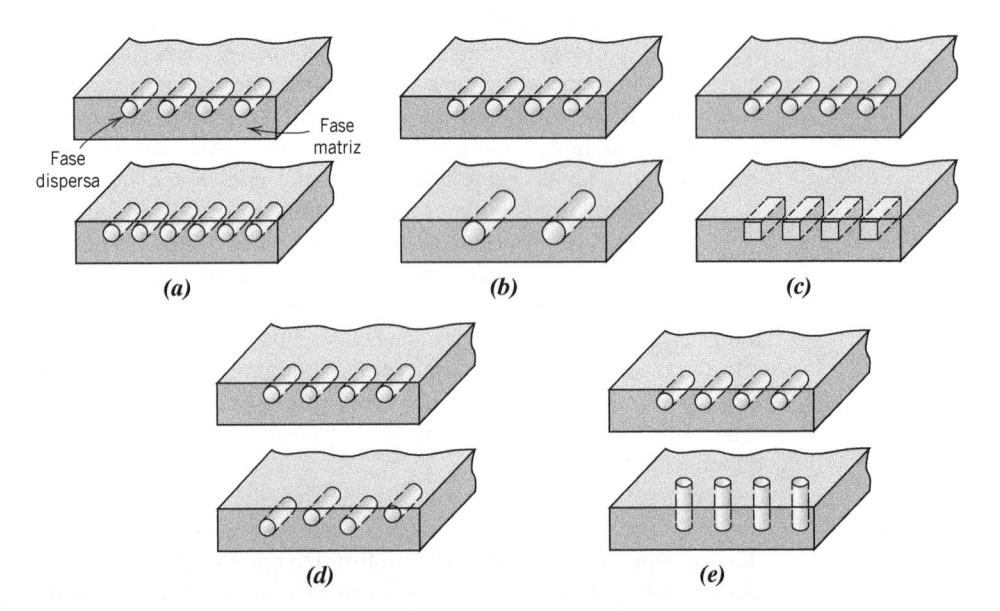

Figura 15.1 Representações esquemáticas das diversas características geométricas e espaciais das partículas da fase dispersa que podem influenciar as propriedades dos compósitos: (*a*) concentração, (*b*) tamanho, (*c*) forma, (*d*) distribuição e (*e*) orientação.
(De Richard A. Flinn e Paul K. Trojan, *Engineering Materials and Their Applications*, 4th edition. Copyright © 1990 por John Wiley & Sons, Inc. Adaptado sob permissão de John Wiley & Sons, Inc.)

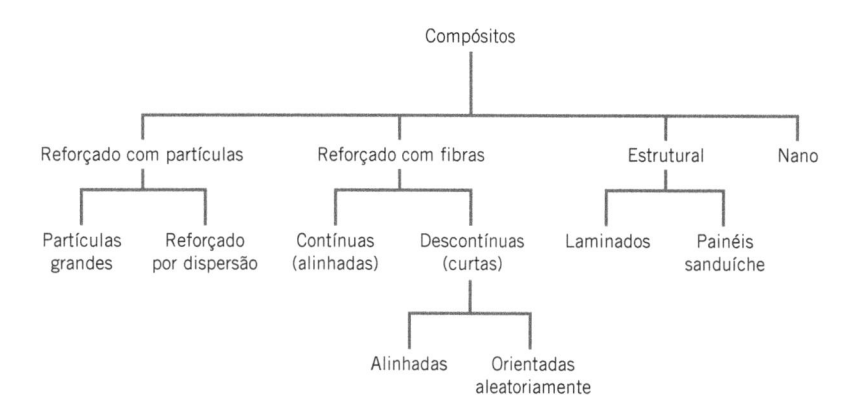

Figura 15.2 Esquema de classificação para os vários tipos de compósitos discutidos neste capítulo.

diâmetro). Os compósitos estruturais têm múltiplas camadas e são projetados para apresentar massas específicas baixas e altos graus de integridade estrutural. Para os nanocompósitos, as dimensões das partículas da fase dispersa são da ordem do nanômetro. A discussão no restante deste capítulo está organizada de acordo com esse esquema de classificação.

Compósitos Reforçados com Partículas

compósito com partículas grandes

compósito reforçado por dispersão

Como foi observado na Figura 15.2, os **compósitos com partículas grandes** e os **compósitos reforçados por dispersão** são as duas subclassificações dos compósitos reforçados com partículas. A distinção entre essas subclassificações está baseada no mecanismo de reforço ou de aumento da resistência. O termo *grande* é usado para indicar que as interações partícula-matriz não podem ser tratadas no nível atômico ou molecular; em vez disso, deve ser empregada a mecânica do contínuo. Para a maioria desses compósitos, a fase particulada é mais dura e mais rígida do que a fase matriz. Essas partículas de reforço tendem a restringir o movimento da fase matriz na vizinhança de cada partícula. Essencialmente, a matriz transfere uma parte da tensão aplicada às partículas, as quais suportam uma fração da carga. O grau de reforço ou de melhoria do comportamento mecânico depende de uma ligação forte na interface matriz-partícula.

Para os compósitos reforçados por dispersão, as partículas são, em geral, muito menores, com diâmetros entre 0,01 e 0,1 μm (10 e 100 nm). As interações partícula-matriz que levam ao aumento da resistência ocorrem no nível atômico ou molecular. O mecanismo do aumento da resistência é semelhante àquele do endurecimento por precipitação, discutido na Seção 11.11. Enquanto a matriz suporta a maior parte de uma carga aplicada, as pequenas partículas dispersas evitam ou dificultam o movimento de discordâncias. Dessa forma, a deformação plástica é restringida, tal que os limites de escoamento e de resistência à tração, assim como a dureza, são melhorados.

15.2 COMPÓSITOS COM PARTÍCULAS GRANDES

Alguns materiais poliméricos aos quais foram adicionadas cargas (Seção 14.12) são, na realidade, compósitos com partículas grandes. Novamente, as cargas modificam ou melhoram as propriedades do material e/ou substituem parte do volume do polímero utilizando um material mais barato – a carga.

Outro compósito com partículas grandes que nos é familiar é o concreto, composto por cimento (a matriz) e areia e brita (os particulados). O concreto será o tópico da discussão em uma seção posterior.

As partículas podem ter uma grande variedade de geometrias, mas devem ter aproximadamente as mesmas dimensões em todas as direções (equiaxiais). Para que o reforço seja eficaz, as partículas devem ser pequenas e estar distribuídas de forma homogênea por toda a matriz. Além disso, a fração volumétrica das duas fases influencia o comportamento; as propriedades mecânicas são melhoradas com o aumento do teor de partículas. Duas expressões matemáticas foram formuladas para representar a dependência do módulo de elasticidade em relação à fração volumétrica das fases constituintes para um compósito bifásico. Essas equações da **regra das misturas** estimam que o módulo de elasticidade deve ficar entre um limite superior representado por

regra das misturas

$$E_c(s) = E_m V_m + E_p V_p \qquad (15.1)$$

e um limite inferior,

$$E_c(i) = \frac{E_m E_p}{V_m E_p + V_p E_m} \qquad (15.2)$$

Nessas expressões, E e V representam o módulo de elasticidade e a fração volumétrica, respectivamente, e os subscritos c, m e p indicam o compósito e as fases matriz e particulada, respectivamente. A Figura 15.3 mostra as curvas com os limites superior e inferior de E_c em função de V_p para um compósito cobre-tungstênio, no qual o tungstênio é a fase particulada; os pontos de dados experimentais estão localizados entre as duas curvas. Equações análogas às Equações 15.1 e 15.2 para compósitos reforçados com fibras estão desenvolvidas na Seção 15.5.

Os compósitos com partículas grandes são utilizados com todos os três tipos de materiais (metais, polímeros e cerâmicas). Os **cermetos** são exemplos de compósitos cerâmica-metal. O cermeto mais comum é o carbeto cimentado, composto por partículas extremamente duras de um carbeto cerâmico refratário, tal como o carbeto de tungstênio (WC) ou o carbeto de titânio (TiC), que se encontram envolvidas por uma matriz de um metal, tal como o cobalto ou o níquel. Esses compósitos são amplamente utilizados como ferramentas de corte para aços endurecidos. As partículas duras de carbeto fornecem a superfície de corte; no entanto, como são extremamente frágeis, não são capazes de suportar as tensões do corte. A tenacidade é aumentada por sua inclusão em uma matriz metálica dúctil, a qual isola as partículas de carbeto umas das outras e previne a propagação de trinca de uma partícula para a outra. Ambas as fases, matriz e particulada, são bastante refratárias, de forma a suportar as temperaturas elevadas geradas pela ação de corte sobre materiais que são extremamente duros. Nenhum material isolado poderia proporcionar a combinação de propriedades que um cermeto tem. Podem ser usadas frações volumétricas relativamente altas da fase particulada, frequentemente superiores a 90 %v; assim, a ação abrasiva do compósito é maximizada. Uma fotomicrografia de um carbeto cimentado WC–Co está mostrada na Figura 15.4.

Tanto os elastômeros quanto os plásticos são reforçados, com frequência, com vários materiais particulados. O emprego de muitas borrachas modernas seria restringido drasticamente sem o reforço com materiais particulados, tais como o *negro de fumo*. O negro de fumo consiste em partículas de carbono muito pequenas e essencialmente esféricas, produzidas pela combustão de gás natural ou de óleo em uma atmosfera com um suprimento apenas limitado de ar. Quando adicionado à borracha vulcanizada, esse material extremamente barato melhora o limite de resistência à tração, a tenacidade, e as resistências ao rasgamento e à abrasão. Os pneus de automóveis contêm entre aproximadamente 15 %v e 30 %v de negro de fumo. Para que o negro de fumo proporcione um reforço significativo, o tamanho das partículas deve ser extremamente pequeno, com diâmetros entre 20 e 50 nm; além disso, as partículas devem estar distribuídas de forma homogênea por toda a borracha e devem ter uma forte ligação adesiva com a matriz de borracha. O reforço com partículas quando outros materiais são utilizados (por exemplo, sílica) é muito menos eficaz, pois não existe essa interação especial entre as moléculas de borracha e as superfícies das partículas. A Figura 15.5 mostra uma micrografia eletrônica de uma borracha reforçada com negro de fumo.

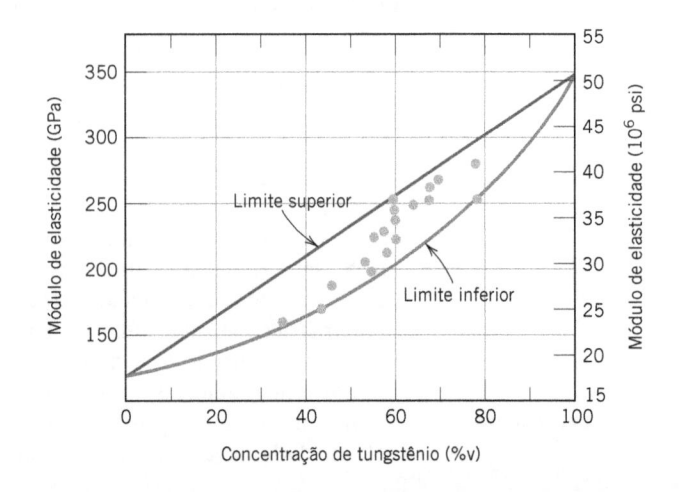

Figura 15.3 Módulo de elasticidade em função da porcentagem volumétrica de tungstênio para um compósito com partículas de tungstênio dispersas em uma matriz de cobre. Os limites superior e inferior estão de acordo com as Equações 15.1 e 15.2, respectivamente; pontos de dados experimentais também estão incluídos.
(De R. H. Krock, *ASTM Proceedings*, Vol. 63, 1963. Copyright ASTM, 1916 Race Street, Philadelphia, PA 19103. Reimpresso com permissão.)

100 μm

Figura 15.4 Fotomicrografia de um carbeto cimentado WC–Co. As áreas claras são a matriz de cobalto; as regiões escuras são as partículas de carbeto de tungstênio. Ampliação de 100×.
(Cortesia de Carboloy Systems Department, General Electric Company.)

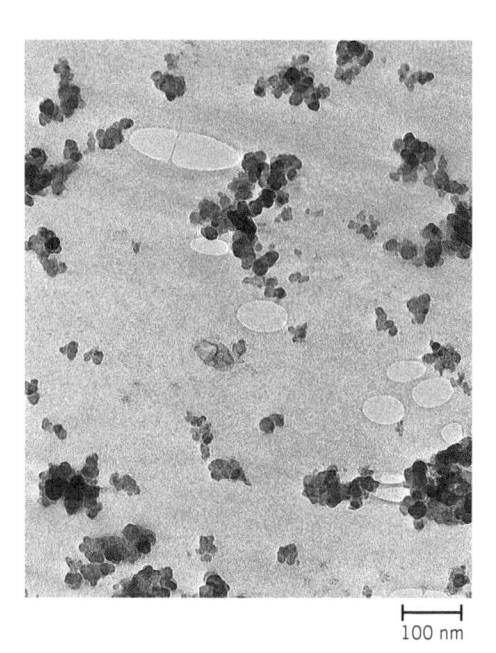

100 nm

Figura 15.5 Micrografia eletrônica mostrando as partículas esféricas de negro de fumo usadas como reforço no composto em um pneu de borracha sintética. As áreas que lembram marcas d'água são minúsculos bolsões de ar na borracha. Ampliação de 80.000×.
(Cortesia da Goodyear Tire & Rubber Company.)

Concreto

concreto

Concreto é um compósito comum feito com partículas grandes, em que ambas as fases, matriz e dispersa, são materiais cerâmicos. Uma vez que os termos *concreto* e *cimento* são algumas vezes incorretamente trocados, é apropriado fazer uma distinção entre eles. Em um sentido mais amplo, o termo concreto subentende um material compósito que consiste em um agregado de partículas ligadas umas às outras em um corpo sólido por algum tipo de meio de ligação, isto é, um cimento. Os dois tipos de concreto mais familiares são aqueles feitos com os cimentos Portland e asfáltico, no qual o agregado é brita e areia. O concreto asfáltico é amplamente utilizado, principalmente como material de pavimentação, enquanto o concreto de cimento Portland é largamente empregado como material estrutural de construção. Apenas esse último tipo será tratado nesta discussão.

Concreto de Cimento Portland

Os componentes desse concreto são o cimento Portland, um agregado fino (areia), um agregado grosseiro (brita) e água. O processo pelo qual o cimento Portland é produzido e o mecanismo da pega e do endurecimento foram discutidos muito sucintamente na Seção 13.9. As partículas de agregados atuam como material de carga para reduzir o custo global do concreto produzido, uma vez que elas são baratas, enquanto o cimento é relativamente caro. Para atingir a resistência e a trabalhabilidade ótimas de uma mistura de concreto, os componentes devem ser adicionados nas proporções corretas. A densificação do agregado e um bom contato interfacial são obtidos quando se empregam partículas com dois tamanhos diferentes; as partículas finas de areia devem preencher os espaços vazios entre as partículas de brita. Normalmente, esses agregados compreendem entre 60 % e 80 % do volume total. A quantidade da pasta cimento-água deve ser suficiente para cobrir todas as partículas de areia e de brita; de outra forma a ligação de cimentação será incompleta. Além disso, todos os constituintes devem ser misturados por completo. Uma ligação completa entre o cimento e as partículas de agregados depende da adição correta de quantidade de água. Pouca água leva a uma ligação incompleta, enquanto muita água resulta em uma porosidade excessiva; em ambos os casos, a resistência do produto final é inferior à ótima.

A natureza das partículas de agregado é um importante fator a ser considerado. Em particular, a distribuição de tamanhos dos agregados influencia a quantidade da pasta cimento-água necessária. Além disso, as superfícies devem estar limpas e isentas de argila e sedimentos, que impedem a formação de uma ligação eficiente na superfície das partículas.

O concreto de cimento Portland é um importante material de construção, principalmente porque pode ser derramado no local e porque endurece, à temperatura ambiente, até mesmo quando submerso em água. Contudo, como material estrutural, ele apresenta algumas limitações e desvantagens. Como a maioria dos cerâmicos, o concreto de cimento Portland é relativamente fraco e extremamente frágil; seu limite de resistência à tração é aproximadamente 10 a 15 vezes menor do que sua resistência à compressão. Além disso, as grandes estruturas de concreto podem apresentar consideráveis expansões e contrações térmicas devido a flutuações na temperatura. A água pode penetrar em poros externos, o que pode causar trincas severas em climas frios, como consequência de ciclos de congelamento e descongelamento. A maioria dessas desvantagens pode ser eliminada, ou pelo menos reduzida, por meio de reforços e/ou da incorporação de aditivos.

Concreto Armado

A resistência do concreto de cimento Portland pode ser aumentada por um reforço adicional. Isso é obtido geralmente com o emprego de vergalhões, arames, barras ou malhas de aço inseridos no concreto fresco e não curado. Dessa forma, o reforço torna a estrutura endurecida capaz de suportar maiores tensões de tração, compressão e cisalhamento. Mesmo se houver desenvolvimento de trincas no concreto, um reforço considerável ainda será mantido.

O aço serve como material de reforço adequado, pois seu coeficiente de expansão térmica é praticamente igual ao do concreto. Além disso, o aço não é corroído rapidamente no ambiente do cimento, e uma ligação de adesão relativamente forte se forma entre ele e o concreto curado. Essa adesão pode ser melhorada pela incorporação de contornos na superfície do elemento de aço, o que permite maior grau de intertravamento mecânico.

O concreto de cimento Portland também pode ser reforçado pela mistura ao concreto fresco de fibras de um material com alto módulo, tal como vidro, aço, náilon ou polietileno. Deve-se tomar cuidado na utilização desse tipo de reforço, uma vez que alguns materiais fibrosos apresentam rápida deterioração quando expostos ao ambiente do cimento.

concreto protendido
Outra técnica de reforço para o aumento da resistência do concreto envolve a introdução de tensões residuais de compressão no elemento estrutural; o material resultante é chamado de **concreto protendido**. Esse método utiliza uma característica das cerâmicas frágeis – qual seja, que elas são mais resistentes em compressão do que em tração. Assim, para fraturar um elemento de concreto protendido, a magnitude da tensão residual de compressão deve ser excedida pela tensão de tração aplicada.

Em uma dessas técnicas de protensão, cabos de aço de alta resistência são posicionados dentro dos moldes vazios, e então são esticados com uma força de tração elevada, que é mantida constante. Após o concreto ter sido colocado no molde e ter endurecido, a força é liberada. À medida que os cabos se contraem, eles colocam a estrutura em um estado de compressão, uma vez que a tensão é transmitida ao concreto por meio da ligação formada entre o concreto e o cabo.

Outra técnica em que as tensões são aplicadas após o concreto ter endurecido é chamada apropriadamente de *pós-tracionamento*. Chapas metálicas ou tubos de borracha são colocados no interior, e passam através de fôrmas de concreto, ao redor dos quais o concreto é moldado. Após o cimento ter endurecido, cabos de aço são inseridos através dos orifícios resultantes e aplica-se tração aos cabos por meio de macacos que são presos e ficam apoiados às faces da estrutura. Novamente, uma tensão compressiva é imposta sobre a peça de concreto, dessa vez pelos macacos. Finalmente, os espaços vazios dentro dos tubos são preenchidos com argamassa, para proteger os cabos contra corrosão.

O concreto que é protendido deve ser de alta qualidade, com baixa contração e baixa taxa de fluência. Os concretos protendidos, geralmente pré-fabricados, são utilizados comumente em pontes rodoviárias e ferroviárias.

15.3 COMPÓSITOS REFORÇADOS POR DISPERSÃO

Os metais e as ligas metálicas podem ter sua resistência aumentada e podem ser endurecidos pela dispersão uniforme de certo percentual volumétrico de partículas finas de um material inerte e muito duro. A fase dispersa pode ser metálica ou não metálica; os materiais à base de óxidos são usados com frequência. Novamente, o mecanismo de aumento da resistência envolve interações entre as partículas e as discordâncias no interior da matriz, como ocorre com o endurecimento por precipitação. O efeito de aumento de resistência por dispersão não é tão pronunciado quanto aquele do endurecimento por precipitação; entretanto, o aumento da resistência é mantido em temperaturas elevadas e por períodos de tempo prolongados, pois as partículas dispersas são escolhidas de modo a não serem reativas com a fase matriz. Para as ligas endurecidas por precipitação, o aumento da resistência pode desaparecer com um tratamento térmico, como consequência de um crescimento do precipitado ou da dissolução da fase precipitada.

A resistência a altas temperaturas das ligas de níquel pode ser melhorada de maneira significativa pela adição de aproximadamente 3 %v de óxido de tório (ThO_2) na forma de partículas finamente dispersas; esse material é conhecido como *níquel com óxido de tório disperso* [ou níquel TD (*thoria-dispersed*)]. O mesmo efeito é produzido no sistema alumínio-óxido de alumínio. A formação de um revestimento muito fino e aderente de alumina ocorre sobre a superfície de flocos de alumínio extremamente pequenos (0,1 a 0,2 μm de espessura), os quais estão dispersos no interior de uma matriz de alumínio metálico; esse material é denominado *pó de alumínio sinterizado* (*sintered aluminum powder* – SAP).

Verificação de Conceitos 15.1   Cite a diferença básica dos mecanismos de aumento de resistência entre os compósitos reforçados com partículas grandes e compósitos reforçados por dispersão.

(*A resposta está disponível no GEN-IO, ambiente virtual de aprendizagem do GEN.*)

Compósitos Reforçados com Fibras

compósito reforçado com fibras

resistência específica

módulo específico

Tecnologicamente, os compósitos mais importantes são aqueles nos quais a fase dispersa está na forma de uma fibra. Os objetivos de projeto dos **compósitos reforçados com fibras** incluem, com frequência, resistência e/ou rigidez elevadas em relação ao peso. Essas características são expressas em termos dos parâmetros **resistência específica** e **módulo específico**, que correspondem, respectivamente, às razões entre o limite de resistência à tração e o peso específico e entre o módulo de elasticidade e o peso específico. Foram produzidos compósitos reforçados com fibras com resistências e módulos específicos excepcionalmente altos, que empregam fibras e matrizes de baixa densidade.

Como observado na Figura 15.2, os compósitos reforçados com fibras são subclassificados de acordo com o comprimento das fibras. Para os compósitos com fibras curtas, as fibras são muito curtas para produzir um aumento significativo na resistência.

15.4 INFLUÊNCIA DO COMPRIMENTO DA FIBRA

As características mecânicas de um compósito reforçado com fibras não dependem apenas das propriedades da fibra, mas também do grau pelo qual uma carga aplicada é transmitida às fibras pela fase matriz. A magnitude da ligação interfacial entre as fases fibra e matriz é importante para a extensão dessa transmissão de carga. Sob a tensão aplicada, essa ligação fibra-matriz cessa nas extremidades da fibra, produzindo um padrão de deformação da matriz, como está mostrado esquematicamente na Figura 15.6; em outras palavras, não há nenhuma transmissão de carga a partir da matriz em cada uma das extremidades da fibra.

Um determinado comprimento de fibra crítico é necessário para haver um aumento efetivo na resistência e na rigidez de um material compósito. Esse comprimento crítico l_c depende do diâmetro da fibra d e de sua resistência máxima (ou limite de resistência à tração) σ_f^*, assim como da resistência da ligação entre a fibra e a matriz (ou do limite de escoamento em cisalhamento da matriz, o que for menor) τ_c, de acordo com

Comprimento crítico da fibra – dependência em relação à resistência e ao diâmetro da fibra e à resistência da ligação fibra-matriz (ou do limite de escoamento em cisalhamento da matriz)

$$l_c = \frac{\sigma_f^* d}{2\tau_c}$$

(15.3)

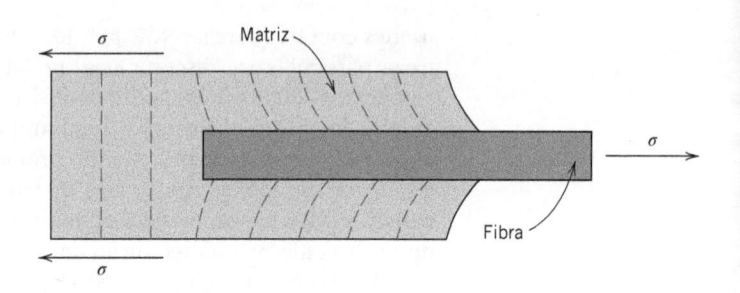

Figura 15.6 Padrão de deformação na matriz que está envolvendo uma fibra sujeita à aplicação de uma carga de tração.

Para diversas combinações matriz-fibra de vidro e matriz-fibra de carbono, esse comprimento crítico é da ordem de 1 mm, que se situa entre 20 e 150 vezes o diâmetro da fibra.

Quando uma tensão igual a σ_f^* é aplicada a uma fibra que tem exatamente esse comprimento crítico, o resultado é o perfil tensão-posição mostrado na Figura 15.7a; isto é, a carga máxima na fibra é atingida somente na posição central da fibra. À medida que o comprimento da fibra l aumenta, o reforço proporcionado pela fibra torna-se mais efetivo; isso está demonstrado na Figura 15.7b, que expressa um perfil da tensão em função da posição axial para $l > l_c$ quando a tensão aplicada é igual à resistência da fibra. A Figura 15.7c representa o perfil tensão-posição quando $l < l_c$.

As fibras para as quais $l \gg l_c$ (normalmente $l > 15l_c$) são denominadas *fibras contínuas*; as *fibras descontínuas* ou *curtas* têm comprimentos menores que este. Para as fibras descontínuas com comprimentos significativamente menores que l_c, a matriz deforma-se ao redor da fibra de modo tal que virtualmente não existe nenhuma transferência de tensões, havendo apenas um pequeno reforço devido à fibra. Essa situação corresponde, essencialmente, à dos compósitos particulados, como descrito anteriormente. Para que se desenvolva uma melhoria significativa na resistência do compósito, as fibras precisam ser contínuas.

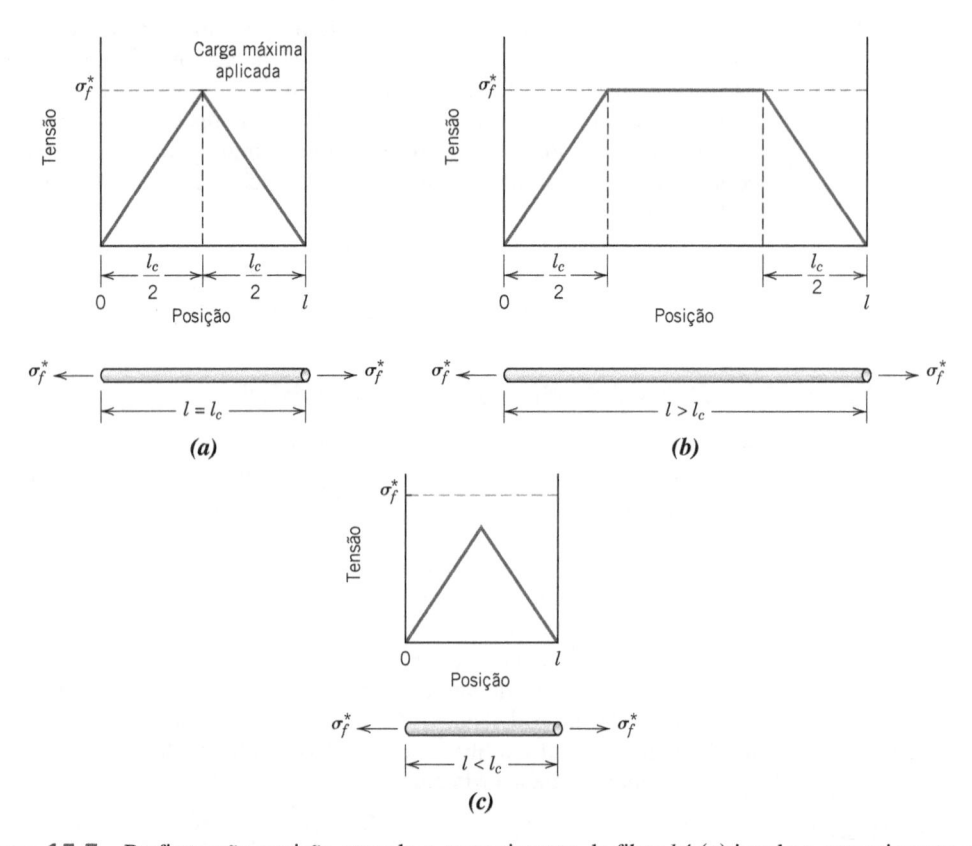

Figura 15.7 Perfis tensão-posição quando o comprimento da fibra l é (a) igual ao comprimento crítico l_c, (b) maior que o comprimento crítico, e (c) menor que o comprimento crítico para um compósito reforçado com fibras que está submetido a uma tensão de tração igual ao limite de resistência à tração da fibra σ_f^*.

15.5 INFLUÊNCIA DA ORIENTAÇÃO E DA CONCENTRAÇÃO

O arranjo ou a orientação das fibras umas em relação às outras, a concentração das fibras e sua distribuição exercem influência significativa sobre a resistência e sobre outras propriedades dos compósitos reforçados com fibras. Em relação à orientação, são possíveis duas situações extremas: (1) um alinhamento paralelo do eixo longitudinal das fibras em uma única direção e (2) um alinhamento totalmente aleatório. Normalmente, as fibras contínuas são alinhadas (Figura 15.8a), enquanto as fibras descontínuas podem estar alinhadas (Figura 15.8b), orientadas aleatoriamente (Figura 15.8c), ou parcialmente orientadas. A melhor combinação geral das propriedades dos compósitos é obtida quando a distribuição das fibras é uniforme.

Compósitos com Fibras Contínuas e Alinhadas

Comportamento Tensão–Deformação em Tração – Carregamento Longitudinal

As respostas mecânicas desse tipo de compósito dependem de diversos fatores, incluindo os comportamentos tensão-deformação das fases fibra e matriz, as frações volumétricas das fases e a direção na qual a tensão ou carga é aplicada. Além disso, as propriedades de um compósito que tem suas fibras alinhadas são altamente anisotrópicas, isto é, elas dependem da direção na da qual são medidas. Em primeiro lugar, vamos considerar o comportamento tensão-deformação para a situação na qual a tensão é aplicada ao longo da direção do alinhamento, a **direção longitudinal**, indicada na Figura 15.8a.

direção longitudinal

Para começar, vamos considerar os comportamentos tensão em função da deformação para as fases fibra e matriz representados esquematicamente na Figura 15.9a; nesse tratamento, vamos considerar a fibra como totalmente frágil e a fase matriz sendo razoavelmente dúctil. Também estão indicadas nessa figura as resistências à fratura em tração para a fibra e para a matriz, σ_f^* e σ_m^*, respectivamente, e suas correspondentes deformações no momento da fratura, ε_f^* e ε_m^*; além disso, é considerado que $\varepsilon_m^* > \varepsilon_f^*$, o que normalmente ocorre.

Um compósito reforçado com fibras composto por essas fibras e matrizes exibirá a resposta tensão-deformação uniaxial ilustrada na Figura 15.9b; os comportamentos da fibra e da matriz mostrados na Figura 15.9a estão incluídos nessa figura para dar uma perspectiva dos comportamentos. Na região inicial do Estágio I, tanto a fibra quanto a matriz se deformam elasticamente; normalmente, essa parte da curva é linear. Tipicamente, para um compósito desse tipo, a matriz escoa e se deforma plasticamente (em ε_{lm}, na Figura15.9b), enquanto as fibras continuam a se alongar elasticamente, uma vez que o limite de resistência à tração das fibras é significativamente maior do que o limite de escoamento da matriz. Esse processo constitui o Estágio II, como se vê na figura; esse estágio tem um comportamento normalmente muito próximo do linear, porém com uma inclinação menor em comparação àquela exibida pelo Estágio I. Na passagem do Estágio I para o Estágio II, há um aumento na proporção da carga aplicada que é suportada pelas fibras.

O início da falha do compósito ocorre conforme as fibras começam a fraturar, o que corresponde a uma deformação de aproximadamente ε_f^*, como está observado na Figura 15.9b. A falha de

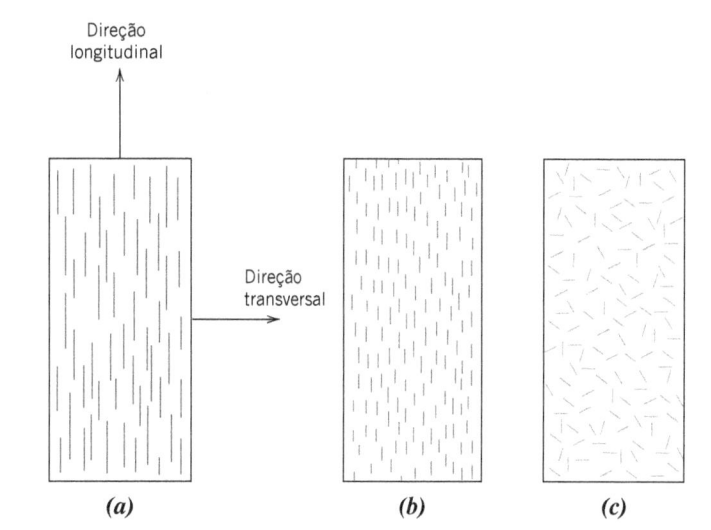

Figura 15.8 Representações esquemáticas de compósitos reforçados com fibras (a) contínuas e alinhadas, (b) descontínuas e alinhadas e (c) descontínuas e aleatoriamente orientadas.

Direção longitudinal

Direção transversal

(a) *(b)* *(c)*

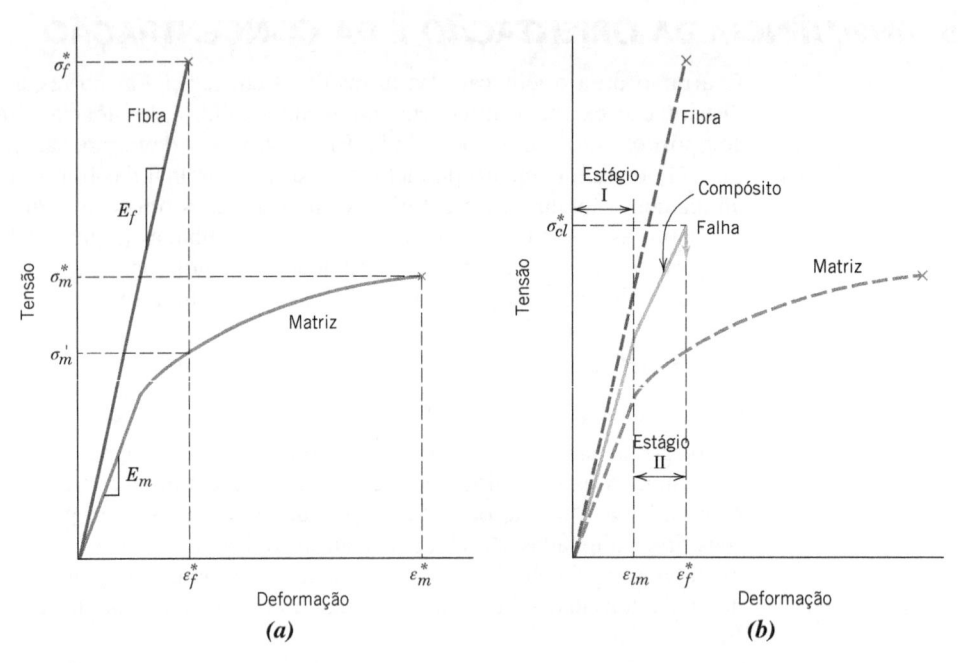

Figura 15.9 (*a*) Curvas tensão-deformação esquemáticas para a fibra frágil e a matriz dúctil. As tensões e as deformações na fratura para ambos os materiais estão indicadas. (*b*) Curva tensão-deformação esquemática para um compósito reforçado com fibras alinhadas, exposto a uma tensão uniaxial aplicada na direção do alinhamento; as curvas para a fibra e a matriz mostradas no item (*a*) também estão superpostas.

um compósito não é catastrófica, por duas razões: Em primeiro lugar, nem todas as fibras fraturam ao mesmo tempo, uma vez que sempre haverá uma variação considerável na resistência à fratura dos materiais fibrosos frágeis (Seção 9.6). Além disso, mesmo após a falha da fibra, a matriz ainda estará intacta, uma vez que $\varepsilon_f^* < \varepsilon_m^*$ (Figura 15.9*a*). Dessa forma, essas fibras fraturadas, que são mais curtas do que as fibras originais, ainda estarão inseridas no interior da matriz intacta e, consequentemente, ainda são capazes de suportar uma carga menor enquanto a matriz continua a se deformar plasticamente.

Comportamento Elástico – Carregamento Longitudinal

Vamos agora considerar o comportamento elástico de um compósito com fibras contínuas e orientadas que é carregado na direção do alinhamento das fibras. Em primeiro lugar, considera-se que a ligação interfacial entre a fibra e a matriz é muito boa, tal que as deformações tanto da matriz quanto das fibras são as mesmas (existe uma situação de *isodeformação*). Sob essas condições, a carga total suportada pelo compósito F_c é igual à soma das cargas suportadas pela fase matriz F_m e pela fase fibra F_f, ou seja,

$$F_c = F_m + F_f \tag{15.4}$$

A partir da definição de tensão, Equação 7.1, $F = \sigma A$; dessa forma, é possível o desenvolvimento de expressões para F_c, F_m e F_f em termos de suas respectivas tensões (σ_c, σ_m e σ_f) e áreas de seção transversal (A_c, A_m e A_f). A substituição dessas expressões na Equação 15.4 fornece

$$\sigma_c A_c = \sigma_m A_m + \sigma_f A_f \tag{15.5}$$

Dividindo todos os termos pela área da seção transversal total do compósito, A_c, temos

$$\sigma_c = \sigma_m \frac{A_m}{A_c} + \sigma_f \frac{A_f}{A_c} \tag{15.6}$$

em que A_m/A_c e A_f/A_c são as frações das áreas para as fases matriz e fibra, respectivamente. Se os comprimentos do compósito e das fases matriz e fibra forem todos iguais, A_m/A_c será equivalente à fração volumétrica da matriz, V_m, e de maneira análoga para as fibras, $V_f = A_f/A_c$. A Equação 15.6 torna-se então

$$\sigma_c = \sigma_m V_m + \sigma_f V_f \tag{15.7}$$

A hipótese anterior de um estado de isodeformação significa que

$$\varepsilon_c = \varepsilon_m = \varepsilon_f \tag{15.8}$$

e quando cada termo na Equação 15.7 é dividido por sua respectiva deformação, temos

$$\frac{\sigma_c}{\varepsilon_c} = \frac{\sigma_m}{\varepsilon_m} V_m + \frac{\sigma_f}{\varepsilon_f} V_f \tag{15.9}$$

Além disso, se as deformações do compósito, da matriz e da fibra são todas elásticas, então $\sigma_c/\varepsilon_c = E_c$, $\sigma_m/\varepsilon_m = E_m$, e $\sigma_f/\varepsilon_f = E_f$, em que os termos E são os módulos de elasticidade para as respectivas fases. A substituição na Equação 15.9 fornece uma expressão para o módulo de elasticidade de um compósito com fibras contínuas e alinhadas *na direção do alinhamento* (ou *direção longitudinal*), E_{cl},

O módulo de elasticidade na direção longitudinal para um compósito reforçado com fibras contínuas e alinhadas

$$E_{cl} = E_m V_m + E_f V_f \tag{15.10a}$$

ou

$$E_{cl} = E_m(1 - V_f) + E_f V_f \tag{15.10b}$$

uma vez que o compósito consiste apenas nas fases matriz e fibra; isto é, $V_m + V_f = 1$.

Dessa forma, E_{cl} é igual à média ponderada pela fração volumétrica dos módulos de elasticidade das fases fibra e matriz. Outras propriedades, incluindo a densidade, também apresentam essa dependência em relação às frações volumétricas. A Equação 15.10a é o análogo, para os compósitos reforçados com fibras, da Equação 15.1, isto é, o limite superior para os compósitos reforçados com partículas.

Também pode ser mostrado para um carregamento longitudinal que a razão entre a carga suportada pelas fibras e a suportada pela matriz é

Razão entre as cargas suportadas pelas fibras e pela fase matriz em um carregamento longitudinal

$$\frac{F_f}{F_m} = \frac{E_f V_f}{E_m V_m} \tag{15.11}$$

Essa demonstração é deixada como um problema para o aluno.

PROBLEMA-EXEMPLO 15.1

Determinações das Propriedades para um Compósito Reforçado com Fibras de Vidro – Direção Longitudinal

Um compósito reforçado com fibras de vidro contínuas e alinhadas consiste em 40 %v de fibras de vidro com um módulo de elasticidade de 69 GPa (10×10^6 psi) e 60 %v de uma resina poliéster que, quando endurecida, exibe um módulo de 3,4 GPa ($0,5 \times 10^6$ psi).

(a) Calcule o módulo de elasticidade desse compósito na direção longitudinal.
(b) Se a área de seção transversal é de 250 mm² (0,4 in²) e se uma tensão de 50 MPa (7250 psi) é aplicada nessa direção longitudinal, calcule a magnitude da carga suportada por cada uma das fases, a fibra e a matriz.
(c) Determine a deformação suportada por cada fase quando é aplicada a tensão do item (b).

Solução

(a) O módulo de elasticidade do compósito é calculado usando-se a Equação 15.10a:

$$E_{cl} = (3,4 \, \text{GPa})(0,6) + (69 \, \text{GPa})(0,4)$$

$$= 30 \, \text{GPa} \, (4,3 \times 10^6 \, \text{psi})$$

(b) Para resolver essa parte do problema, deve-se, em primeiro lugar, determinar a razão entre a carga na fibra e na matriz, utilizando a Equação 15.11; dessa forma,

$$\frac{F_f}{F_m} = \frac{(69\ \text{GPa})(0,4)}{(3,4\ \text{GPa})(0,6)} = 13,5$$

ou $F_f = 13,5\ F_m$.

Além disso, a força total suportada pelo compósito, F_c, pode ser calculada a partir da tensão aplicada σ e da área total da seção transversal do compósito A_c, de acordo com

$$F_c = A_c\sigma = (250\ \text{mm}^2)(50\ \text{MPa}) = 12.500\ \text{N}\ (2900\ \text{lb}_f)$$

Contudo, essa carga total é simplesmente a soma das cargas suportadas pelas fases fibra e matriz, isto é,

$$F_c = F_f + F_m = 12.500\ \text{N}\ (2900\ \text{lb}_f)$$

A substituição de F_f na expressão acima fornece

$$13,5\ F_m + F_m = 12.500\ \text{N}$$

ou

$$F_m = 860\ \text{N}\ (200\ \text{lb}_f)$$

enquanto

$$F_f = F_c - F_m = 12.500\ \text{N} - 860\ \text{N} = 11.640\ \text{N}\ (2700\ \text{lb}_f)$$

Dessa forma, a fase fibra suporta a maior parte da carga aplicada.

(c) As tensões tanto para a fase fibra quanto para a fase matriz devem ser calculadas em primeiro lugar. Então, considerando o módulo de elasticidade para cada fase [obtidos na parte (a)], os valores para a deformação podem ser determinados.

Para os cálculos da tensão, são necessárias as áreas das seções transversais das fases:

$$A_m = V_m A_c = (0,6)(250\ \text{mm}^2) = 150\ \text{mm}^2\ (0,24\ \text{in}^2)$$

e

$$A_f = V_f A_c = (0,4)(250\ \text{mm}^2) = 100\ \text{mm}^2\ (0,16\ \text{in}^2)$$

Dessa forma,

$$\sigma_m = \frac{F_m}{A_m} = \frac{860\ \text{N}}{150\ \text{mm}^2} = 5,73\ \text{MPa}\ (833\ \text{psi})$$

$$\sigma_f = \frac{F_f}{A_f} = \frac{11.640\ \text{N}}{100\ \text{mm}^2} = 116,4\ \text{MPa}\ (16.875\ \text{psi})$$

Finalmente, as deformações são calculadas como

$$\varepsilon_m = \frac{\sigma_m}{E_m} = \frac{5,73\ \text{MPa}}{3,4 \times 10^3\ \text{MPa}} = 1,69 \times 10^{-3}$$

$$\varepsilon_f = \frac{\sigma_f}{E_f} = \frac{116,4\ \text{MPa}}{69 \times 10^3\ \text{MPa}} = 1,69 \times 10^{-3}$$

Portanto, as deformações para as fases matriz e fibra são idênticas, o que realmente deveria acontecer de acordo com a Equação 15.8 no desenvolvimento anterior.

Comportamento Elástico – Carregamento Transversal

direção transversal Um compósito com fibras contínuas e orientadas pode ser carregado na **direção transversal**; isto é, a carga pode ser aplicada em um ângulo de 90° em relação à direção do alinhamento das fibras, como está mostrado na Figura 15.8*a*. Para essa situação, a tensão σ à qual o compósito e ambas as fases estão expostos é a mesma, ou seja,

$$\sigma_c = \sigma_m = \sigma_f = \sigma \tag{15.12}$$

Isso é denominado estado de *isotensão*. A deformação do compósito ε_c é de

$$\varepsilon_c = \varepsilon_m V_m + \varepsilon_f V_f \tag{15.13}$$

porém, uma vez que $\varepsilon = \sigma/E$,

$$\frac{\sigma}{E_{ct}} = \frac{\sigma}{E_m} V_m + \frac{\sigma}{E_f} V_f \tag{15.14}$$

em que E_{ct} é o módulo de elasticidade na direção transversal. Agora, dividindo toda a expressão por σ, temos

$$\frac{1}{E_{ct}} = \frac{V_m}{E_m} + \frac{V_f}{E_f} \tag{15.15}$$

que se reduz a

Módulo de elasticidade na direção transversal para um compósito reforçado com fibras contínuas e alinhadas

$$E_{ct} = \frac{E_m E_f}{V_m E_f + V_f E_m} = \frac{E_m E_f}{(1 - V_f)E_f + V_f E_m} \tag{15.16}$$

A Equação 15.16 é análoga à expressão para o limite inferior para os compósitos particulados, Equação 15.2.

PROBLEMA-EXEMPLO 15.2

Determinação do Módulo de Elasticidade para um Compósito Reforçado com Fibras de Vidro – Direção Transversal

Calcule o módulo de elasticidade do material compósito descrito no Problema-Exemplo 15.1, porém considerando que a tensão é aplicada em uma direção perpendicular ao alinhamento das fibras.

Solução

De acordo com a Equação 15.16,

$$E_{ct} = \frac{(3,4\ \text{GPa})(69\ \text{GPa})}{(0,6)(69\ \text{GPa}) + (0,4)(3,4\ \text{GPa})}$$

$$= 5,5\ \text{GPa}\ (0,81 \times 10^6\ \text{psi})$$

Esse valor para E_{ct} é ligeiramente superior ao valor da fase matriz, porém, de acordo com o Problema-Exemplo 15.1a, ele equivale a apenas cerca de um quinto do módulo de elasticidade ao longo da direção das fibras (E_{cl}), que indica o grau de anisotropia dos compósitos com fibras contínuas e orientadas.

Limite de Resistência à Tração Longitudinal

Agora vamos considerar as características de resistência dos compósitos reforçados com fibras contínuas e alinhadas carregados na direção longitudinal. Sob essas circunstâncias, a resistência é tomada normalmente como a tensão máxima na curva tensão-deformação, Figura 15.9*b*; com frequência, esse ponto corresponde à fratura da fibra e marca o início da falha do compósito. A Tabela 15.1 lista valores típicos para o limite de resistência à tração longitudinal de três compósitos fibrosos comuns. A falha desse tipo de material compósito é um processo relativamente complexo, e vários modos de falha diferentes são possíveis. O modo de falha que ocorre para um compósito específico dependerá das propriedades das fibras e da matriz, assim como da natureza e da resistência da ligação interfacial entre a fibra e a matriz.

Se considerarmos que $\varepsilon_f^* < \varepsilon_m^*$ (Figura 15.9*a*), que é o caso mais geral, então as fibras falharão antes da matriz. Quando as fibras tiverem fraturado, a maior parte da carga que era suportada pelas fibras será transferida para a matriz. Nesse caso, é possível adaptar a expressão para a tensão nesse tipo de compósito, Equação 15.7, à seguinte expressão para a resistência longitudinal do compósito, σ_{cl}^*:

Resistência longitudinal em tração para um compósito reforçado com fibras contínuas e alinhadas

$$\sigma_{cl}^* = \sigma_m'(1 - V_f) + \sigma_f^* V_f \tag{15.17}$$

Tabela 15.1 Limites de Resistência à Tração Longitudinais e Transversais Típicos para Três Compósitos Reforçados com Fibras Unidirecionais[a]

Material	Limite de Resistência à Tração Longitudinal (MPa)	Limite de Resistência à Tração Transversal (MPa)
Vidro-poliéster	700	47–57
Carbono (alto módulo)-Epóxi	1000–1900	40–55
Kevlar-Epóxi	1200	20

[a]O teor de fibras para cada compósito é de aproximadamente 50 %v.

Aqui, σ_m' é a tensão na matriz no momento em que ocorre a falha da fibra (como está ilustrado na Figura 15.9a) e, como anteriormente, σ_f^* é o limite de resistência à tração da fibra.

Limite de Resistência à Tração Transversal

As resistências dos compósitos com fibras contínuas e unidirecionais são altamente anisotrópicas, e tais compósitos são projetados normalmente para serem carregados ao longo da direção longitudinal, que apresenta alta resistência. Entretanto, durante as aplicações em condições de serviço, também podem estar presentes cargas de tração transversais. Sob essas circunstâncias, podem ocorrer falhas prematuras, uma vez que o limite de resistência à tração transversal é, em geral, extremamente baixo – algumas vezes ele é inferior ao limite de resistência à tração da matriz. Dessa forma, o efeito de reforço das fibras é negativo. Os limites de resistência à tração transversais típicos para três compósitos unidirecionais estão listados na Tabela 15.1.

Enquanto a resistência longitudinal é dominada pela resistência da fibra, diversos fatores terão uma influência significativa sobre a resistência transversal; esses fatores incluem as propriedades tanto da fibra quanto da matriz, a força da ligação entre a fibra e a matriz e a presença de vazios. As medidas que têm sido empregadas para melhorar a resistência transversal desses compósitos envolvem geralmente a modificação das propriedades da matriz.

Verificação de Conceitos 15.2 Na tabela a seguir estão listados quatro compósitos hipotéticos reforçados com fibras alinhadas (identificados por A a D), juntamente com suas respectivas características. Com base nesses dados, classifique os quatro compósitos em ordem decrescente de resistência na direção longitudinal e, então, justifique sua classificação.

Compósito	Tipo de Fibra	Fração Volumétrica das Fibras	Resistência das Fibras (MPa)	Comprimento Médio das Fibras (mm)	Comprimento Crítico (mm)
A	vidro	0,20	$3,5 \times 10^3$	8	0,70
B	vidro	0,35	$3,5 \times 10^3$	12	0,75
C	carbono	0,40	$5,5 \times 10^3$	8	0,40
D	carbono	0,30	$5,5 \times 10^3$	8	0,50

(*A resposta está disponível no GEN-IO, ambiente virtual de aprendizagem do GEN.*)

Compósitos com Fibras Descontínuas e Alinhadas

Embora a eficiência de reforço seja menor para as fibras descontínuas em relação às fibras contínuas, os compósitos com fibras descontínuas e alinhadas (Figura 15.8b) estão se tornando cada vez mais importantes no mercado comercial. As fibras de vidro picadas são os reforços mais usados; contudo, também são usadas fibras descontínuas de carbono e aramidas. Esses compósitos com fibras curtas podem ser produzidos com módulos de elasticidade e limites de resistência à tração que se aproximam de 90 % e 50 %, respectivamente, dos seus análogos com fibras contínuas.

Para um compósito com fibras descontínuas e alinhadas com uma distribuição uniforme das fibras e para o qual $l > l_c$, a resistência longitudinal (σ_{cd}^*) é dada pela relação

$$\sigma_{cd}^* = \sigma_f^* V_f \left(1 - \frac{l_c}{2l}\right) + \sigma_m'(1 - V_f) \tag{15.18}$$

em que σ_f^* e σ_m' representam, respectivamente, a resistência à fratura da fibra e a tensão na matriz no momento em que o compósito falha (Figura 15.9a).

Se o comprimento da fibra for menor que o comprimento crítico ($l < l_c$), então a resistência longitudinal do compósito ($\sigma_{cd'}^*$) será dada por

$$\sigma_{cd'}^* = \frac{l\tau_c}{d}V_f + \sigma_m'(1 - V_f) \tag{15.19}$$

em que d é o diâmetro da fibra e τ_c é o menor valor entre a resistência da ligação fibra-matriz e o limite de escoamento em cisalhamento da matriz.

Compósitos com Fibras Descontínuas e Orientadas Aleatoriamente

Normalmente, quando a orientação da fibra é aleatória, são usadas fibras curtas e descontínuas; um reforço desse tipo está demonstrado esquematicamente na Figura 15.8c. Sob essas circunstâncias, pode ser utilizada uma expressão da *regra de misturas* para o módulo de elasticidade, semelhante à Equação 15.10a, como a seguir.

$$E_{cd} = KE_f V_f + E_m V_m \tag{15.20}$$

Nessa expressão, K é um parâmetro de eficiência da fibra que depende de V_f e da razão E_f/E_m. Sua magnitude será menor do que a unidade, ficando geralmente na faixa entre 0,1 e 0,6. Dessa forma, para um reforço com fibras aleatórias (como ocorre com o reforço com fibras orientadas), o módulo aumenta com o aumento da fração volumétrica das fibras. A Tabela 15.2, que fornece algumas propriedades mecânicas de policarbonatos sem reforço e reforçados com fibras de vidro descontínuas e orientadas aleatoriamente, dá uma ideia da magnitude do reforço possível.

Para resumir, então, podemos dizer que os compósitos com fibras alinhadas são inerentemente anisotrópicos, no sentido de que a resistência e o reforço máximos são obtidos ao longo da direção do alinhamento (longitudinal). Na direção transversal, o reforço devido às fibras é virtualmente inexistente: a fratura ocorre normalmente em níveis de tensões de tração relativamente baixos. Para outras orientações da tensão, a resistência do compósito fica entre esses dois extremos. A eficiência dos reforços com fibras para várias situações está apresentada na Tabela 15.3; essa eficiência é tomada como igual à unidade para um compósito com fibras orientadas, na direção do alinhamento, e igual a zero perpendicularmente a essa direção.

Tabela 15.2 Propriedades do Policarbonato Não Reforçado e Reforçado com Fibras de Vidro Orientadas Aleatoriamente

Propriedade	Sem Reforço	Valor para Determinada Quantidade de Reforço (%v)		
		20	30	40
Massa específica	1,19–1,22	1,35	1,43	1,52
Limite de resistência à tração [MPa (ksi)]	59–62 (8,5–9,0)	110 (16)	131 (19)	159 (23)
Módulo de elasticidade [GPa (10^6 psi)]	2,24–2,345 (0,325–0,340)	5,93 (0,86)	8,62 (1,25)	11,6 (1,68)
Alongamento (%)	90–115	4–6	3–5	3–5
Resistência ao impacto, Izod com entalhe (lb_f/in)	12–16	2,0	2,0	2,5

Fonte: Adaptado de Materials Engineering's *Materials Selector*, copyright © Penton/IPC.

Tabela 15.3 Eficiência do Reforço de Compósitos Reforçados com Fibras para Diversas Orientações das Fibras e em Várias Direções da Aplicação da Tensão

Orientação da Fibra	Direção da Tensão	Eficiência do Reforço
Todas as fibras paralelas	Paralela às fibras	1
	Perpendicular às fibras	0
Fibras distribuídas aleatória e uniformemente em um plano específico	Qualquer direção no plano das fibras	$\frac{3}{8}$
Fibras distribuídas aleatória e uniformemente nas três dimensões no espaço	Qualquer direção	$\frac{1}{5}$

Fonte: H. Krenchel, *Fibre Reinforcement*, Akademisk Forlag, Copenhagen, 1964.

Quando são impostas tensões em diversas direções e em um único plano, frequentemente são usadas camadas alinhadas, unidas entre si, umas sobre as outras, e com diferentes orientações. Esses materiais, denominados *compósitos laminados*, estão discutidos na Seção 15.14.

As aplicações que envolvem a aplicação de tensões totalmente multidirecionais utilizam normalmente fibras descontínuas, as quais são orientadas aleatoriamente no material matriz. A Tabela 15.3 mostra que a eficiência do reforço é de apenas um quinto da eficiência do reforço em um compósito alinhado na direção longitudinal; no entanto, as características mecânicas são isotrópicas.

A consideração em relação à orientação e ao comprimento das fibras para um compósito específico depende do nível e da natureza da tensão aplicada, assim como dos custos de fabricação. As taxas de produção para os compósitos com fibras curtas (tanto os alinhados quanto os com orientação aleatória) são rápidas, e formas complexas, que não são possíveis com o reforço com fibras contínuas, podem ser conformadas. Além disso, os custos de fabricação são consideravelmente menores do que para as fibras contínuas e alinhadas; as técnicas de fabricação aplicadas para os materiais compósitos com fibras curtas incluem a moldagem por compressão, por injeção e extrusão, descritas para os polímeros não reforçados, na Seção 14.13.

Verificação de Conceitos 15.3   Cite uma característica desejável e uma característica menos desejável para (1) compósitos reforçados com fibras descontínuas e orientadas e (2) compósitos reforçados com fibras descontínuas e com orientação aleatória.

(*A resposta está disponível no GEN-IO, ambiente virtual de aprendizagem do GEN.*)

15.6 FASE FIBRA

Uma característica importante da maioria dos materiais, especialmente dos frágeis, é a de que uma fibra de pequeno diâmetro é muito mais resistente do que o material bruto. Como foi discutido na Seção 9.6, a probabilidade da presença de um defeito superficial crítico capaz de causar fratura diminui com a redução do volume da amostra e essa característica é usada de forma vantajosa nos compósitos reforçados com fibras. Além disso, os materiais usados como fibras de reforço apresentam altos limites de resistência à tração.

uísquer

Com base em seu diâmetro e sua natureza, as fibras são agrupadas em três classificações diferentes: *uísqueres, fibras* e *fios*. **Uísqueres** são monocristais muito finos que apresentam razões comprimento-diâmetro extremamente grandes. Como consequência de suas pequenas dimensões, eles têm um alto grau de perfeição cristalina e são virtualmente isentos de defeitos, o que é responsável pelas suas resistências excepcionalmente elevadas; eles estão entre os materiais mais resistentes que se conhece. Apesar dessas altas resistências, os uísqueres não são utilizados em larga escala como meio de reforço, pois são extremamente caros. Além disso, é difícil e frequentemente impraticável incorporar uísqueres em uma matriz. Os materiais dos uísqueres incluem a grafita, o carbeto de silício, o nitreto de silício e o óxido de alumínio; algumas características mecânicas desses materiais são fornecidas na Tabela 15.4.

fibra

Os materiais classificados como **fibras** são ou policristalinos ou amorfos e exibem pequenos diâmetros; os materiais fibrosos são geralmente polímeros ou cerâmicas (por exemplo, as aramidas

Tabela 15.4 Características de Vários Materiais Fibrosos Usados como Reforço

Material	Massa Específica	Limite de Resistência à Tração [GPa (10^6 psi)]	Resistência Específica (GPa)	Módulo de Elasticidade [GPa (10^6 psi)]	Módulo Específico (GPa)
Uísqueres					
Grafita	2,2	20 (3)	9,1	700 (100)	318
Nitreto de silício	3,2	5–7 (0,75–1,0)	1,56–2,2	350–380 (50–55)	109–118
Óxido de alumínio	4,0	10–20 (1–3)	2,5–5,0	700–1500 (100–220)	175–375
Carbeto de silício	3,2	20 (3)	6,25	480 (70)	150
Fibras					
Óxido de alumínio	3,95	1,38 (0,2)	0,35	379 (55)	96
Aramida (Kevlar 49)	1,44	3,6–4,1 (0,525–0,600)	2,5–2,85	131 (19)	91
Carbono[a]	1,78–2,15	1,5–4,8 (0,22–0,70)	0,70–2,70	228–724 (32–100)	106–407
Vidro-E	2,58	3,45 (0,5)	1,34	72,5 (10,5)	28,1
Boro	2,57	3,6 (0,52)	1,40	400 (60)	156
Carbeto de silício	3,0	3,9 (0,57)	1,30	400 (60)	133
PEUAPM (Spectra 900)	0,97	2,6 (0,38)	2,68	117 (17)	121
Fios Metálicos					
Aço de alta resistência	7,9	2,39 (0,35)	0,30	210 (30)	26,6
Molibdênio	10,2	2,2 (0,32)	0,22	324 (47)	31,8
Tungstênio	19,3	2,89 (0,42)	0,15	407 (59)	21,1

[a]O termo *carbono*, em lugar de *grafita*, é usado para identificar essas fibras, uma vez que, como explicado na Seção 13.10, essas fibras são compostas tanto pela forma grafítica quanto pela forma turbostrática do carbono.

poliméricas, vidro, carbono, boro, óxido de alumínio e carbeto de silício). A Tabela 15.4 também apresenta alguns dados para alguns poucos materiais usados na forma de fibras.

Os fios finos têm diâmetros relativamente grandes; os materiais típicos dessa classe incluem o aço, o molibdênio e o tungstênio. Os fios de aço são utilizados como um reforço radial nos pneus de automóveis, no enrolamento filamentar nas carcaças de motores a jato e em mangueiras de alta pressão.

15.7 FASE MATRIZ

A *fase matriz* dos compósitos com fibras pode ser um metal, um polímero ou uma cerâmica. Em geral, os metais e os polímeros são usados como matriz, pois alguma ductilidade é desejável; para os compósitos com matriz cerâmica (Seção 15.10), o componente de reforço é adicionado para melhorar a tenacidade à fratura. A discussão dessa seção está concentrada nas matrizes poliméricas e metálicas.

Para os compósitos reforçados com fibras, a fase matriz tem várias funções. Em primeiro lugar, ela liga as fibras umas às outras e atua como o meio pelo qual uma tensão aplicada externamente é transmitida e distribuída para as fibras; apenas uma proporção muito pequena da carga aplicada é suportada pela fase matriz. Além disso, o material da matriz deve ser dúctil. O módulo de elasticidade da fibra também deve ser muito maior do que o da matriz. A segunda função da matriz é proteger as fibras individuais contra danos superficiais devido à abrasão mecânica ou a reações químicas com o ambiente. Tais interações podem introduzir defeitos superficiais capazes de formar trincas, que podem levar a falhas, mesmo sob baixos níveis de tensão de tração. Finalmente, a matriz separa as fibras umas das outras e, em virtude de sua relativa ductilidade e plasticidade, previne a propagação de trincas frágeis de uma fibra para outra, o que poderia resultar em uma falha catastrófica. Em outras palavras, a fase matriz serve como barreira contra a propagação de trincas. Embora algumas das fibras individuais possam falhar, a fratura total do compósito não ocorrerá até que um grande número de fibras adjacentes falhe e elas formem um aglomerado de dimensões críticas.

É essencial que as forças de ligação adesivas entre a fibra e a matriz sejam grandes para minimizar o arrancamento das fibras. A força da ligação entre a fibra e a matriz é uma consideração importante na seleção de uma combinação matriz-fibra. O limite de resistência do compósito depende, em grande parte, da magnitude dessa ligação; uma ligação adequada é essencial para maximizar a transmissão da tensão de uma matriz de baixa resistência para as fibras mais resistentes.

15.8 COMPÓSITOS DE MATRIZ POLIMÉRICA

compósito de matriz polimérica

Os **compósitos de matriz polimérica** (CMPs) consistem em uma resina[2] polimérica como a fase matriz e fibras como o meio de reforço. Esses materiais são usados na maior diversidade de aplicações de compósitos, assim como nas maiores quantidades, em função de suas propriedades à temperatura ambiente, de sua facilidade de fabricação e de seu custo. Nesta seção, são discutidas as várias classificações dos CMPs de acordo com o tipo de reforço (isto é, vidro, carbono e aramida), juntamente com suas aplicações e as várias resinas poliméricas que são empregadas.

Compósitos Poliméricos Reforçados com Fibras de Vidro (PRFV)

"Fibra de vidro" é simplesmente um termo usado para designar um compósito que consiste em fibras de vidro, contínuas ou descontínuas, contidas em uma matriz polimérica; esse tipo de compósito é produzido em maiores quantidades. A composição do vidro mais comumente estirado na forma de fibras (algumas vezes chamado de *Vidro-E*) está apresentada na Tabela 13.12; os diâmetros das fibras variam normalmente entre 3 e 20 μm. O vidro é popular como material de reforço em forma de fibra, por várias razões:

1. Ele é facilmente estirado em fibras de alta resistência a partir do seu estado fundido.
2. É um material facilmente disponível e pode ser usado economicamente para fabricar um plástico reforçado, empregando-se uma ampla variedade de técnicas de fabricação de compósitos.
3. Como fibra, ele é relativamente resistente e, quando se encontra no interior de uma matriz de plástico, produz um compósito de resistência específica muito alta.
4. Quando associado a diferentes plásticos, ele apresenta uma inércia química que torna o compósito adequado a inúmeros ambientes corrosivos.

As características superficiais das fibras de vidro são extremamente importantes, porque, mesmo diminutos defeitos superficiais, podem afetar negativamente as propriedades à tração, como discutido na Seção 9.6. Os defeitos superficiais são introduzidos com facilidade pelo atrito ou pela abrasão da superfície com outro material duro. Além disso, as superfícies do vidro que foram expostas à atmosfera normal, mesmo que por curtos períodos de tempo, têm geralmente uma camada superficial enfraquecida, que interfere na ligação com a matriz. As fibras recém-estiradas são normalmente revestidas, durante o estiramento, com uma *cobertura*, ou seja, uma fina camada de uma substância que protege a superfície da fibra contra danos e contra interações indesejáveis com o ambiente. Normalmente, essa cobertura é removida antes da fabricação do compósito e substituída por um *agente de acoplamento* ou acabamento, o qual produz uma ligação química entre a fibra e a matriz.

---

[2] O termo *resina* é usado neste contexto para identificar um plástico reforçado com alto peso molecular.

Existem várias limitações a esse grupo de materiais. Apesar de apresentarem resistências elevadas, eles não são muito rígidos e não exibem a rigidez necessária para algumas aplicações (por exemplo, como elementos estruturais para aviões e pontes). A maioria dos materiais em fibra de vidro está limitada a aplicações em temperaturas de serviço abaixo de 200 °C (400 °F); em temperaturas mais altas, a maioria dos polímeros começa a escoar ou a se deteriorar. As temperaturas de serviço podem ser estendidas até aproximadamente 300 °C (575 °C) pelo uso de sílica fundida de alta pureza para as fibras e de polímeros de alta temperatura, tais como as resinas poli-imidas.

Muitas das aplicações das fibras de vidro são familiares: carrocerias de automóveis e cascos de barcos, tubulações de plástico, recipientes para armazenamento e pisos industriais. As indústrias de transporte estão utilizando quantidades crescentes de plásticos reforçados com fibras de vidro em um esforço para reduzir o peso dos veículos e assim aumentar a eficiência dos combustíveis. Inúmeras aplicações novas estão sendo empregadas ou investigadas pela indústria automotiva.

Compósitos Poliméricos Reforçados com Fibras de Carbono

O carbono é um material fibroso de alto desempenho que é o reforço mais comumente utilizado em compósitos avançados de matriz polimérica (isto é, que não contêm fibra de vidro). As razões para tal são as seguintes:

1. As fibras de carbono têm alto módulo específico e alta resistência específica.

2. Elas retêm seus elevados módulos à tração e suas altas resistências em temperaturas elevadas; a oxidação em temperaturas elevadas, no entanto, pode ser um problema.

3. Na temperatura ambiente, as fibras de carbono não são afetadas pela umidade ou por uma grande variedade de solventes, ácidos e bases.

4. Essas fibras exibem uma diversidade de características físicas e mecânicas, o que permite que os compósitos que incorporam essas fibras tenham propriedades criteriosamente projetadas.

5. Foram desenvolvidos processos de fabricação para as fibras e para os compósitos que são relativamente baratos e de boa relação custo-benefício.

Uma representação esquemática da estrutura de uma fibra de carbono típica está mostrada na Figura 13.14, em que pode ser observado que a fibra é composta tanto por estruturas grafíticas (ordenadas) quanto por estruturas turbostráticas (desordenadas).

As técnicas de fabricação para a produção de fibras de carbono são relativamente complexas e não são discutidas aqui. Contudo, são utilizados três materiais precursores orgânicos diferentes: o raiom, a poliacrilonitrila (PAN) e o piche. A técnica de processamento varia de acordo com o precursor, da mesma forma como as características da fibra resultante.

Um esquema de classificação para as fibras de carbono considera o módulo de tração; com base nisso, as quatro classes são as de módulo padrão, intermediário, alto e ultra-alto. Os diâmetros das fibras variam normalmente entre 4 e 10 μm; tanto formas contínuas quanto picadas estão disponíveis. Além disso, as fibras de carbono são revestidas normalmente com uma camada protetora de epóxi, o que também melhora a adesão da fibra com a matriz polimérica.

Os compósitos poliméricos reforçados com carbono estão sendo empregados largamente em equipamentos esportivos e de recreação (varas de pescar, tacos de golfe), no enrolamento filamentar nas carcaças de motores de foguete, em vasos de pressão e em componentes estruturais de aeronaves – tanto militares quanto comerciais, em aeronaves e em helicópteros (por exemplo, como componentes da asa, da fuselagem, do estabilizador e da pá do leme).

Compósitos Poliméricos Reforçados com Fibras Aramidas

As fibras aramidas são materiais de alta resistência e alto módulo. Foram introduzidas no início da década de 1970 e são especialmente desejáveis em razão de suas excepcionais relações resistência-peso, que são superiores àquelas exibidas pelos metais. Quimicamente, esse grupo de materiais é conhecido como poli(parafenileno-tereftalamida). Existe uma variedade de materiais aramidas; os nomes comerciais para dois dos mais comuns são Kevlar e Nomex. Para o primeiro, existem várias classes (Kevlar 29, 49 e 149), com diferentes comportamentos mecânicos. Durante a síntese, as moléculas rígidas são alinhadas na direção do eixo das fibras, na forma de domínios de cristais líquidos (Seção 13.16); a unidade repetida e o modo de alinhamento das cadeias estão representados na Figura 15.10. Mecanicamente, essas fibras têm módulos de tração e limites de resistência à tração longitudinal (Tabela 15.4) que são maiores do que os de outros materiais fibrosos poliméricos;

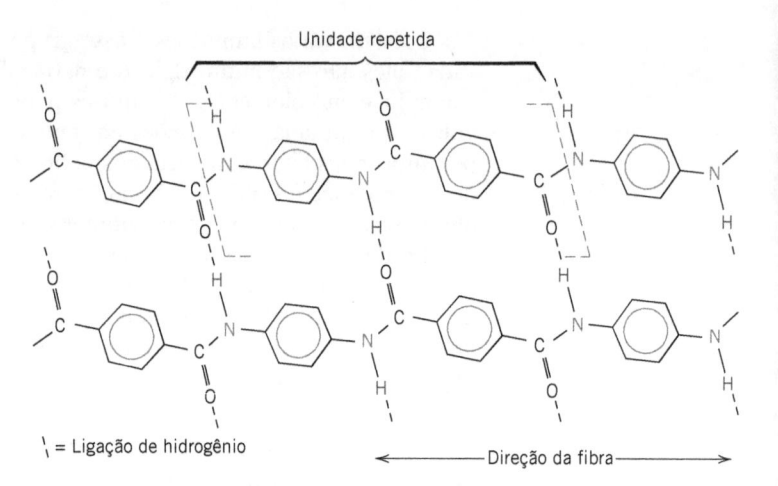

Unidade repetida

Figura 15.10 Representação esquemática da unidade repetida e das estruturas da cadeia das fibras aramidas (Kevlar). O alinhamento das cadeias com a direção das fibras e as ligações de hidrogênio que se formam entre as cadeias adjacentes também estão mostrados.

$\backslash$ = Ligação de hidrogênio ◄————— Direção da fibra —————►

entretanto, elas são relativamente pouco resistentes quando submetidas à compressão. Afora isso, esse material é conhecido por sua tenacidade, resistência ao impacto e pelas resistências à fluência e à falha por fadiga. Embora as aramidas sejam termoplásticas, elas são, todavia, resistentes à combustão e estáveis até temperaturas relativamente elevadas; a faixa de temperaturas na qual elas mantêm suas elevadas propriedades mecânicas fica entre –200 °C e 200 °C (–330 °F e 390 °F). Quimicamente, as aramidas são suscetíveis à degradação por ácidos e bases fortes, mas relativamente inertes a outros solventes e produtos químicos.

As fibras aramidas são utilizadas mais frequentemente em compósitos com matrizes poliméricas; materiais comuns para as matrizes são os epóxis e os poliésteres. Uma vez que as fibras são relativamente flexíveis e de certa forma dúcteis, esses materiais podem ser processados pelas operações têxteis mais comuns. As aplicações típicas desses compósitos com aramidas são em produtos balísticos (coletes e escudos à prova de balas), artigos esportivos, pneus, cordas, carcaças de mísseis, vasos de pressão e como substituto para o amianto em freios automotivos e nos revestimentos de embreagens e gaxetas.

As propriedades de compósitos com matriz epóxi, reforçados com fibras contínuas e alinhadas de vidro, carbono e aramidas estão incluídas na Tabela 15.5. Uma comparação das características mecânicas desses três materiais pode ser feita tanto para a direção longitudinal quanto para a transversal.

Tabela 15.5 Propriedades de Compósitos de Matriz Epóxi Reforçados com Fibras Contínuas e Alinhadas de Vidro, Carbono e Aramida nas Direções Longitudinal e Transversal[a]

Propriedade	Vidro (Vidro-E)	Carbono (Alta Resistência)	Aramida (Kevlar 49)
Massa específica	2,1	1,6	1,4
Módulo à tração			
Longitudinal [GPa (10^6 psi)]	45 (6,5)	145 (21)	76 (11)
Transversal [GPa (10^6 psi)]	12 (1,8)	10 (1,5)	5,5 (0,8)
Limite de resistência à tração			
Longitudinal [MPa (ksi)]	1020 (150)	1240 (180)	1380 (200)
Transversal [MPa (ksi)]	40 (5,8)	41 (6)	30 (4,3)
Deformação no limite de resistência à tração			
Longitudinal	2,3	0,9	1,8
Transversal	0,4	0,4	0,5

[a]Em todos os casos a fração volumétrica da fibra é de 0,60.

Fonte: Adaptado de R. F. Floral e S. T. Peters, "Composite Structures and Technologies", notas de aula, 1989.

Outros Materiais Fibrosos de Reforço

O vidro, o carbono e as aramidas são os reforços fibrosos mais comumente incorporados em matrizes poliméricas. Outros materiais fibrosos que são usados em quantidades muito menores são boro, carbeto de silício e óxido de alumínio; os módulos à tração, os limites de resistência à tração, as resistências específicas e os módulos específicos desses materiais quando na forma de fibras estão incluídos na Tabela 15.4. Os compósitos poliméricos reforçados com fibras de boro têm sido utilizados em componentes de aeronaves militares, em lâminas de rotores de helicópteros e em alguns artigos esportivos. As fibras de carbeto de silício e de óxido de alumínio são utilizadas em raquetes de tênis, placas de circuitos, blindagens militares e cones da ponta de foguetes.

Materiais para Matrizes Poliméricas

Os papéis desempenhados pela matriz polimérica estão destacados na Seção 15.7. Além disso, com frequência, a matriz determina a temperatura máxima de serviço, uma vez que ela normalmente amolece, se funde ou se degrada em uma temperatura muito mais baixa do que a fibra de reforço.

As resinas poliméricas mais amplamente utilizadas e mais baratas são os poliésteres e as ésteres vinílicas.[3] Esses materiais de matriz são usados principalmente nos compósitos reforçados com fibras de vidro. Grande número de formulações de resinas proporciona ampla variedade de propriedades para esses polímeros. Os epóxis são mais caros e, além das aplicações comerciais, são usados extensivamente em CMPs para aplicações aeroespaciais; eles têm melhores propriedades mecânicas e maior resistência à umidade do que as resinas poliésteres e vinílicas. Para aplicações em temperaturas elevadas, são empregadas resinas poli-imidas; seu limite superior de temperatura para uso em regime contínuo é de aproximadamente 230 °C (450 °F). Finalmente, as resinas termoplásticas para altas temperaturas oferecem o potencial para serem usadas em futuras aplicações aeroespaciais; esses materiais incluem a poli-éter-éter-cetona (*Polyetheretherketone* – PEEK), o sulfeto de polifenileno (*Polyphenylene sulfide* – PPS) e a polieterimida (*Polyetherimide* – PEI).

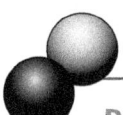

EXEMPLO DE PROJETO 15.1

Projeto de um Eixo Compósito Tubular

Um eixo compósito tubular deve ser projetado com um diâmetro externo de 70 mm (2,75 in), um diâmetro interno de 50 mm (1,97 in) e um comprimento de 1,0 m (39,4 in); esse eixo está representado esquematicamente na Figura 15.11. A característica mecânica de principal importância é a rigidez ao dobramento em termos do módulo de elasticidade longitudinal; a resistência mecânica e a resistência à fadiga não são parâmetros significativos para essa aplicação quando são utilizados compósitos reforçados com fibras. A rigidez deve ser especificada como a deflexão máxima permissível no dobramento; quando submetido a uma flexão em três pontos, como está mostrado na Figura 7.18 (isto é, pontos de apoio em ambas as extremidades do tubo e aplicação da carga no ponto central longitudinal), uma carga de 1000 N (225 lb$_f$) deve produzir uma deflexão elástica não superior a 0,35 mm (0,014 in) na posição do ponto central.

Serão usadas fibras contínuas orientadas paralelamente ao eixo do tubo; possíveis materiais a serem usados são o vidro e o carbono nas classes de módulo padrão, intermediário e alto. O material da matriz deve ser uma resina epóxi, e a máxima fração volumétrica de fibras permissível deve ser de 0,60.

Esse problema de projeto pede que se faça o seguinte:

(a) Decidir quais, entre os quatro materiais fibrosos, quando inseridos na matriz epóxi, atendem aos critérios estipulados.

(b) Entre essas possibilidades, selecionar o material fibroso que produzirá o material compósito de mais baixo custo (considere os mesmos custos de fabricação para todas as fibras).

Os dados para os módulos de elasticidade, as massas específicas e os custos para as fibras e a matriz estão apresentados na Tabela 15.6.

---

[3] A estrutura química e as propriedades típicas de alguns dos materiais empregados como matriz discutidos nesta seção estão incluídas nos Apêndices B, D, e E.

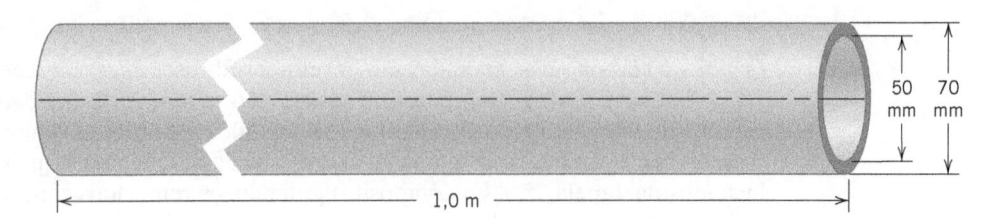

Figura 15.11 Representação esquemática de um eixo compósito tubular conforme o Exemplo de Projeto 15.1.

Tabela 15.6 Dados para o Módulo de Elasticidade, a Massa Específica e o Custo para Fibras de Vidro, Várias Fibras de Carbono e Resina Epóxi

Material	Módulo de Elasticidade (GPa)	Massa Específica (g/cm³)	Custo (US$/kg)
Fibras de vidro	72,5	2,58	1,70
Fibras de carbono (módulo padrão)	230	1,80	45,00
Fibras de carbono (módulo intermediário)	285	1,80	90,00
Fibras de carbono (módulo alto)	400	1,80	150,00
Resina epóxi	2,4	1,14	3,50

Solução

(a) Em primeiro lugar, é preciso determinar o módulo de elasticidade longitudinal necessário para esse material compósito de maneira compatível com os critérios estipulados. Esse cálculo requer o uso da expressão para a deflexão na flexão em três pontos

$$\Delta y = \frac{FL^3}{48\,EI} \tag{15.21}$$

em que Δy é a deflexão no ponto central, F é a força aplicada, L é a distância de separação entre os pontos de apoio, E é o módulo de elasticidade e I é o momento de inércia da seção transversal. Para um tubo com diâmetros interno e externo d_i e d_e, respectivamente, temos

$$I = \frac{\pi}{64}(d_o^4 - d_i^4) \tag{15.22}$$

e

$$E = \frac{4FL^3}{3\pi\Delta y(d_o^4 - d_i^4)} \tag{15.23}$$

Para esse projeto de eixo,

$$F = 1000\ \text{N}$$
$$L = 1,0\ \text{m}$$
$$\Delta y = 0,35\ \text{mm}$$
$$d_e = 70\ \text{mm}$$
$$d_i = 50\ \text{mm}$$

Dessa forma, o módulo de elasticidade longitudinal requerido para esse eixo é de

$$E = \frac{4(1000\ \text{N})(1,0\ \text{m})^3}{3\pi(0,35 \times 10^{-3}\ \text{m})[(70 \times 10^{-3}\ \text{m})^4 - (50 \times 10^{-3}\ \text{m})^4]}$$

$$= 69,3\ \text{GPa}\ (9,9 \times 10^6\ \text{psi})$$

A próxima etapa consiste em determinar as frações volumétricas das fibras e da matriz para cada um dos quatro materiais fibrosos candidatos. Isso é possível utilizando a expressão para a regra das misturas, a Equação 15.10b:

$$E_{cs} = E_m V_m + E_f V_f = E_m(1 - V_f) + E_f V_f$$

Na Tabela 15.7 estão listados os valores de V_m e de V_f necessários para que $E_{ec} = 69,3$ GPa; a Equação 15.10b e os dados para os módulos apresentados na Tabela 15.6 foram usados nesses cálculos. Apenas os três tipos de fibras de carbono são candidatos possíveis, uma vez que seus valores de V_f são menores que 0,6.

Tabela 15.7 Frações Volumétricas das Fibras e da Matriz para a Fibra de Vidro e Três Tipos de Fibras de Carbono Conforme o Requerido para Produzir um Compósito com Módulo de 69,3 GPa

Tipo de Fibra	V_f	V_m
Vidro	0,954	0,046
Carbono (módulo padrão)	0,293	0,707
Carbono (módulo intermediário)	0,237	0,763
Carbono (módulo alto)	0,168	0,832

(b) Nesse ponto, é necessário determinar o volume das fibras e da matriz para cada um dos três tipos de fibras de carbono. O volume total do tubo V_c em centímetros cúbicos é de

$$V_c = \frac{\pi L}{4}(d_o^2 - d_i^2) \tag{15.24}$$

$$= \frac{\pi(100 \text{ cm})}{4}[(7,0 \text{ cm})^2 - (5,0 \text{ cm})^2]$$

$$= 1885 \text{ cm}^3 \, (114 \text{ in}^3)$$

Dessa forma, os volumes de fibra e da matriz resultam, respectivamente, dos produtos entre esse valor e os valores de V_f e V_m citados na Tabela 15.7. Esses valores de volume estão apresentados na Tabela 15.8 e são, então, convertidos em massas empregando as massas específicas (Tabela 15.6); finalmente, as informações são convertidas nos custos dos materiais a partir dos custos por unidade de massa (também fornecidos na Tabela 15.6).

Como pode ser observado na Tabela 15.8, o material selecionado (isto é, o mais barato) é o compósito com fibras de carbono de módulo padrão; o custo relativamente baixo por unidade de massa dessa fibra compensa seu módulo de elasticidade relativamente baixo e a alta fração volumétrica necessária.

Tabela 15.8 Volumes, Massas e Custos para as Fibras e a Matriz e o Custo Total do Material para Três Compósitos com Matriz de Epóxi e Fibras de Carbono

Tipo de Fibra	Volume da Fibra (cm^3)	Massa da Fibra (kg)	Custo da Fibra $(US\$)$	Volume da Matriz (cm^3)	Massa da Matriz (kg)	Custo da Matriz $(US\$)$	Custo Total $(US\$)$
Carbono (módulo padrão)	552	0,994	44,70	1333	1,520	5,30	50,00
Carbono (módulo intermediário)	447	0,805	72,50	1438	1,639	5,70	78,20
Carbono (módulo alto)	317	0,571	85,70	1568	1,788	6,30	92,00

15.9 COMPÓSITOS COM MATRIZ METÁLICA

compósito com matriz metálica

Como o próprio nome indica, nos **compósitos com matriz metálica** (CMM), a matriz é um metal dúctil. Esses materiais podem ser utilizados em temperaturas de serviço mais elevadas do que os seus metais de base análogos; além disso, o reforço pode melhorar a rigidez específica, a resistência específica, a resistência à abrasão, a resistência à fluência, a condutividade térmica e a estabilidade dimensional. Algumas das vantagens desses materiais em relação aos compósitos com matriz polimérica incluem temperaturas de operação mais elevadas, não serem inflamáveis e sua maior resistência à degradação por fluidos orgânicos. Os compósitos com matriz metálica são muito mais caros do que os CMPs; portanto, o uso dos CMMs é um tanto quanto restrito.

As superligas, assim como as ligas de alumínio, magnésio, titânio e cobre, são usadas como materiais de matriz. O reforço pode ser na forma de particulados, de fibras tanto contínuas quanto descontínuas, e de uísqueres; as concentrações variam normalmente entre 10 %v e 60 %v. Os materiais das fibras contínuas incluem o carbono, o carbeto de silício, o boro, o óxido de alumínio e os metais refratários. Contudo, os reforços descontínuos consistem principalmente em uísqueres de carbeto de silício, fibras picadas de óxido de alumínio e de carbono e particulados de carbeto de silício e óxido de alumínio. Em certo sentido, os cermetos (Seção 15.2) enquadram-se nessa classificação de CMM. Na Tabela 15.9 estão apresentadas as propriedades de diversos compósitos de matrizes metálicas reforçadas com fibras contínuas e alinhadas comumente utilizados.

Algumas combinações matriz-reforço são altamente reativas em temperaturas elevadas. Consequentemente, a degradação do compósito pode ser causada pelo processamento a altas temperaturas ou quando se submete o CMM a temperaturas elevadas durante o serviço. Esse problema é resolvido, em geral, ou pela aplicação de um revestimento protetor à superfície do reforço, ou pela modificação da composição da liga da matriz.

Normalmente, o processamento dos CMMs envolve pelo menos duas etapas: consolidação ou síntese (isto é, a introdução do reforço na matriz), seguida por uma operação de conformação. Uma gama de técnicas de consolidação encontra-se disponível, algumas das quais são relativamente sofisticadas; os CMMs com fibras descontínuas são suscetíveis à conformação por operações padrão de conformação de metais (por exemplo, forjamento, extrusão e laminação).

Recentemente, alguns fabricantes de automóveis começaram a utilizar os CMMs em seus produtos. Por exemplo, foram introduzidos alguns componentes dos motores que consistem em uma matriz em liga de alumínio reforçada com fibras de óxido de alumínio e fibras de carbono; esse CMM é leve e resiste ao desgaste e à distorção térmica. Os compósitos com matriz metálica também são empregados em eixos propulsores de motores (que exibem maiores velocidades de rotação e níveis de emissão de ruídos por vibração mais reduzidos), barras estabilizadoras extrudadas e componentes forjados da suspensão e da transmissão.

A indústria aeroespacial também emprega os CMMs na forma de compósitos avançados com matriz metálica em liga de alumínio. Esses materiais têm baixas densidades e é possível controlar suas propriedades (isto é, propriedades mecânicas e térmicas). Fibras de grafita contínuas são usadas como o reforço para a lança da antena do Telescópio Espacial Hubble; essa lança estabiliza a posição da antena durante as manobras espaciais. Adicionalmente, os satélites do Sistema de Posicionamento Global (*Global Positioning System* – GPS) empregam CMM carbeto de silício-alumínio e grafita-alumínio para os sistemas de encapsulamento de componentes eletrônicos e de gestão térmica. Esses CMMs têm elevadas condutividades térmicas, e é possível compatibilizar seus coeficientes de expansão com aqueles de outros materiais eletrônicos nos componentes do GPS.

As propriedades de fluência e de ruptura a altas temperaturas de algumas superligas (ligas à base de Ni e de Co) podem ser melhoradas pelo reforço com fibras, usando-se metais refratários,

Tabela 15.9 Propriedades de Diversos Compósitos com Matriz Metálica Reforçados com Fibras Contínuas e Alinhadas

Fibra	Matriz	Teor de Fibras (%v)	Massa Específica (g/cm³)	Módulo de Tração Longitudinal (GPa)	Limite de Resistência à Tração Longitudinal (MPa)
Carbono	6061 Al	41	2,44	320	620
Boro	6061 Al	48	–	207	1515
SiC	6061 Al	50	2,93	230	1480
Alumina	380,0 Al	24	–	120	340
Carbono	AZ31 Mg	38	1,83	300	510
Borsic	Ti	45	3,68	220	1270

Fonte: Adaptado de J. W. Weeton, D. M. Peters e K. L. Thomas, *Engineers' Guide to Composite Materials*, ASM International, Materials Park, OH, 1987.

tais como o tungstênio. Também são mantidas excelentes resistências à oxidação e ao impacto em temperaturas elevadas. Os projetos que incorporam esses compósitos permitem temperaturas de operação mais elevadas e melhor eficiência para os motores a turbina.

15.10 COMPÓSITOS COM MATRIZ CERÂMICA

Como foi discutido no Capítulo 13, os materiais cerâmicos são inerentemente resistentes à oxidação e à deterioração em temperaturas elevadas; não fosse a predisposição à fratura frágil, alguns desses materiais seriam candidatos ideais para o uso em aplicações a temperaturas elevadas e sob tensões severas, especialmente em componentes de motores de automóveis e de aeronaves a turbina a gás. Os valores da tenacidade à fratura dos materiais cerâmicos são baixos, ficando geralmente entre 1 e 5 MPa$\sqrt{m}$ (0,9 e 4,5 ksi$\sqrt{in}$), como está mostrado na Tabela 9.1 e na Tabela B.5, Apêndice B. Em contraste, os valores de K_{Ic} para a maioria dos metais são muito maiores [entre 15 e mais de 150 MPa$\sqrt{m}$ (14 a >140 ksi$\sqrt{in}$)].

compósito com matriz cerâmica

A tenacidade à fratura das cerâmicas tem sido melhorada de forma significativa pelo desenvolvimento de uma nova geração de **compósitos com matriz cerâmica** (CMCs), os quais consistem em particulados, fibras ou uísqueres de um material cerâmico e que foram colocados em uma matriz de outro cerâmico. Os materiais compósitos com matriz cerâmica estenderam as tenacidades à fratura até entre aproximadamente 6 e 20 MPa$\sqrt{m}$ (5,5 e 18 ksi$\sqrt{in}$).

Essencialmente, essa melhoria nas propriedades de fratura resulta das interações entre as trincas que estão avançando e as partículas da fase dispersa. A iniciação das trincas ocorre normalmente na fase matriz, enquanto sua propagação é impedida ou retardada pela presença das partículas, fibras ou uísqueres. Diversas técnicas são usadas para retardar a propagação das trincas, e serão discutidas a seguir.

Uma técnica de aumento da tenacidade particularmente interessante e promissora usa uma transformação de fases para impedir a propagação das trincas; essa técnica é denominada apropriadamente *aumento da tenacidade por transformação*. Pequenas partículas de zircônia parcialmente estabilizada (Seção 10.16) são dispersas no interior do material da matriz, frequentemente Al_2O_3 ou a própria ZrO_2. Normalmente, CaO, MgO, Y_2O_3 e CeO são usados como estabilizadores. A estabilização parcial permite a manutenção da fase tetragonal metaestável em condições ambientes, em vez da fase monoclínica estável; essas duas fases estão indicadas no diagrama de fases ZrO_2–$ZrCaO_3$, na Figura 10.25. O campo de tensões na frente de uma trinca que está se propagando faz com que essas partículas tetragonais mantidas metaestavelmente sofram transformações para a fase monoclínica estável. Acompanhando essa transformação há um ligeiro aumento no volume das partículas, e o resultado global é que são estabelecidas tensões de compressão sobre as superfícies da trinca, próximo à sua extremidade, que tendem a manter a trinca fechada, interrompendo assim seu crescimento. Esse processo está demonstrado esquematicamente na Figura 15.12.

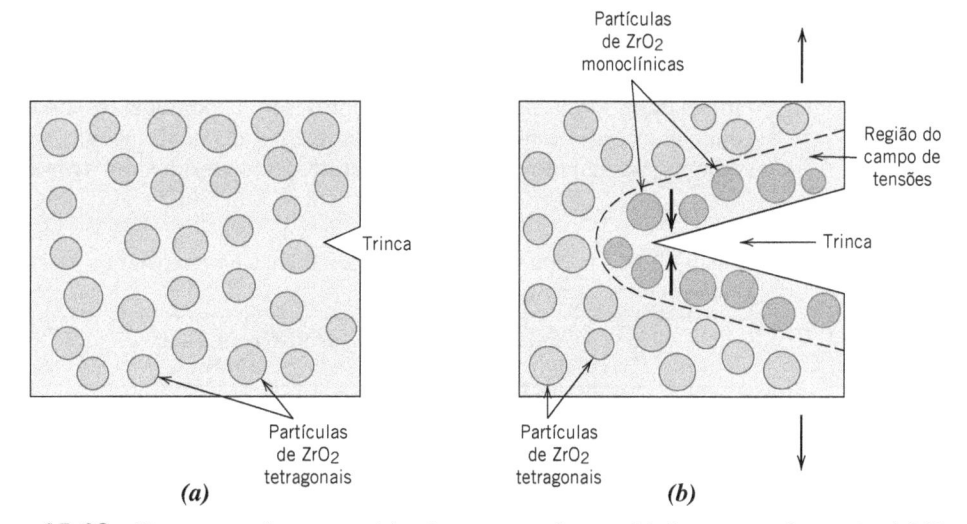

Figura 15.12 Demonstração esquemática do aumento da tenacidade por transformação. (*a*) Uma trinca antes da indução da transformação de fases das partículas de ZrO_2. (*b*) Parada da trinca devido à transformação de fases induzida pela tensão.

Outras técnicas de aumento da tenacidade desenvolvidas recentemente envolvem a utilização de uísqueres cerâmicos, com frequência SiC ou Si_3N_4. Esses uísqueres podem inibir a propagação das trincas por (1) deflexão das extremidades das trincas, (2) formação de pontes por meio das faces das trincas, (3) absorção de energia durante a extração dos uísqueres, à medida que esses se deslocam da matriz, e/ou (4) indução de uma redistribuição das tensões nas regiões adjacentes às extremidades das trincas.

Em geral, o aumento do teor de fibras melhora a resistência e a tenacidade à fratura; isso está demonstrado na Tabela 15.10 para a alumina reforçada com uísqueres de SiC. Além disso, existe uma redução considerável na dispersão das resistências à fratura das cerâmicas reforçadas com uísqueres em comparação aos seus análogos sem reforço. Esses CMCs exibem também melhor comportamento à fluência em temperaturas elevadas e maior resistência a choques térmicos (isto é, a falhas resultantes de mudanças repentinas na temperatura).

Os compósitos com matriz cerâmica podem ser fabricados utilizando-se técnicas de prensagem a quente, prensagem isostática a quente e sinterização na fase líquida. Em relação às aplicações, as aluminas reforçadas com uísqueres de SiC estão sendo utilizadas como enxertos em ferramentas de corte para a usinagem de ligas metálicas duras. A vida útil das ferramentas desses materiais é maior do que a das ferramentas de carbetos cimentados (Seção 15.2).

15.11 COMPÓSITOS CARBONO-CARBONO

compósito carbono-carbono

Um dos materiais mais avançados e promissores em engenharia é o compósito de matriz de carbono reforçada com fibras de carbono, denominado com frequência **compósito carbono-carbono**; como o próprio nome indica, tanto o reforço quanto a matriz são feitos em carbono. Esses materiais são relativamente novos e caros e, portanto, não estão sendo amplamente utilizados. Suas propriedades desejáveis incluem altos módulos e limites de resistência à tração, que são mantidos até temperaturas acima de 2000 °C (3630 °F), resistência à fluência e valores relativamente altos da tenacidade à fratura. Além disso, os compósitos carbono-carbono têm baixos coeficientes de expansão térmica e condutividades térmicas relativamente altas; essas características, somadas às altas resistências, dão origem a uma suscetibilidade relativamente baixa a choques térmicos. Sua principal desvantagem é uma propensão à oxidação em altas temperaturas.

Os compósitos carbono-carbono são empregados em motores de foguetes, como materiais de atrito em aeronaves e em automóveis de alto desempenho, em moldes para prensagem a quente, em componentes para motores a turbina avançados e como escudos térmicos para veículos espaciais na reentrada na atmosfera.

A razão principal para que esses materiais compósitos sejam tão caros é a necessidade de técnicas de processamento relativamente complexas. Os procedimentos preliminares são semelhantes aos usados para os compósitos com matriz polimérica e fibra de carbono – isto é, as fibras de carbono contínuas são posicionadas de acordo com o padrão bidimensional ou tridimensional desejado; essas fibras são então impregnadas com uma resina polimérica líquida, frequentemente uma resina fenólica; na sequência, a peça de trabalho é conformada na forma final desejada e a resina é curada. Nesse instante, a resina da matriz é *pirolisada* – isto é, convertida em carbono pelo seu aquecimento em uma atmosfera inerte. Durante a pirólise, os componentes moleculares que consistem em oxigênio, hidrogênio e nitrogênio são eliminados, deixando apenas grandes cadeias de moléculas de carbono. Tratamentos térmicos subsequentes realizados em temperaturas mais altas fazem com

Tabela 15.10 Resistências e Tenacidades à Fratura na Temperatura Ambiente para Vários Teores de Uísqueres de SiC em Al_2O_3

Teor de Uísquer (%v)	Resistência à Fratura (MPa)	Tenacidade à Fratura (MPa$\sqrt{m}$)
0	–	4,5
10	455 ± 55	7,1
20	655 ± 135	7,5–9,0
40	850 ± 130	6,0

Fonte: Adaptado de *Engineered Materials Handbook*, Vol. 1, *Composites*, C. A. Dostal (Editor Sênior), ASM International, Materials Park, OH, 1987.

que essa matriz de carbono fique mais densa, aumentando sua resistência. O compósito resultante consiste nas fibras de carbono originais, que permaneceram essencialmente inalteradas nessa matriz de carbono pirolisado.

15.12 COMPÓSITOS HÍBRIDOS

compósito híbrido

Um compósito reforçado com fibras relativamente novo é o **híbrido**, obtido pelo uso de dois ou mais tipos de fibras diferentes em uma única matriz; os híbridos têm uma combinação global de propriedades melhor do que os compósitos que contêm apenas um único tipo de fibra. São usadas várias combinações de fibras e de materiais para a matriz, porém, no sistema mais comum, fibras tanto de carbono quanto de vidro são incorporadas em uma resina polimérica. As fibras de carbono são resistentes e relativamente rígidas, e proporcionam um reforço de baixa densidade; no entanto, são caras. As fibras de vidro são baratas, mas carecem da rigidez do carbono. O híbrido vidro-carbono é mais resistente e mais tenaz, tem maior resistência ao impacto e pode ser produzido a um custo menor do que os plásticos similares reforçados totalmente com fibras de carbono ou totalmente com fibras de vidro.

Há diversas maneiras pelas quais as duas fibras diferentes podem ser combinadas, o que, ao final, afetará as propriedades globais. Por exemplo, as fibras podem estar todas alinhadas e intimamente misturadas umas com as outras; ou podem ser construídos laminados em camadas superpostas, cada uma das quais composta por um único tipo de fibra, que se alterna com as fibras do outro tipo. Em virtualmente todos os híbridos, as propriedades são anisotrópicas.

Quando os compósitos híbridos são tensionados em tração, geralmente a falha é *não catastrófica* (isto é, não ocorre subitamente). As fibras de carbono são as primeiras a falhar, no instante em que a carga é transferida para as fibras de vidro. Com a falha das fibras de vidro, a fase matriz deve suportar a carga aplicada. A falha eventual do compósito coincide com a falha da fase matriz.

As principais aplicações para os compósitos híbridos incluem componentes estruturais de baixo peso para meios de transportes terrestres, aquáticos e aéreos, artigos esportivos e componentes ortopédicos leves.

15.13 PROCESSAMENTO DE COMPÓSITOS REFORÇADOS COM FIBRAS

Para a fabricação de plásticos reforçados com fibras contínuas que atendam a especificações de projeto, as fibras devem estar distribuídas uniformemente na matriz plástica e, na maioria dos casos, todas devem estar orientadas virtualmente na mesma direção. Esta seção discute várias técnicas (os processos de produção por pultrusão, enrolamento filamentar e prepreg) pelas quais são fabricados artigos úteis desses materiais.

Pultrusão

A *pultrusão* é utilizada para a fabricação de componentes com comprimentos contínuos e forma da seção transversal constante (barras, tubos, vigas etc.). Nessa técnica, ilustrada esquematicamente na Figura 15.13, as *mechas* ou *cabos*[4] de fibras contínuas são primeiro impregnados com uma resina termofixa; essas fibras são então puxadas por um molde de aço que as pré-conforma à forma desejada e também estabelece a razão resina/fibra. Esse material passa então através de um molde de cura que é usinado com precisão, a fim de conferir à peça sua forma final; esse molde também é aquecido com o objetivo de iniciar a cura da matriz de resina. Um dispositivo puxa o material através dos moldes e também determina a velocidade de produção. Seções tubulares e ocas podem ser feitas pelo uso de mandris centrais ou pela inserção de núcleos ocos. Os principais reforços são as fibras de vidro, de carbono e aramidas, adicionadas normalmente em concentrações entre 40 %v e 70 %v. Os materiais comumente utilizados como matrizes incluem os poliésteres, os ésteres vinílicos e as resinas epóxi.

A pultrusão é um processo contínuo automatizado com facilidade; as taxas de produção são relativamente altas, o que torna o processo muito eficaz em termos de custos. Além disso, é possível obter uma ampla variedade de formas e não há realmente nenhum limite prático para o comprimento do material que pode ser fabricado.

---

[4] Uma *mecha*, ou *cabo*, é um feixe solto e não torcido de fibras contínuas que são estiradas em conjunto em fios paralelos.

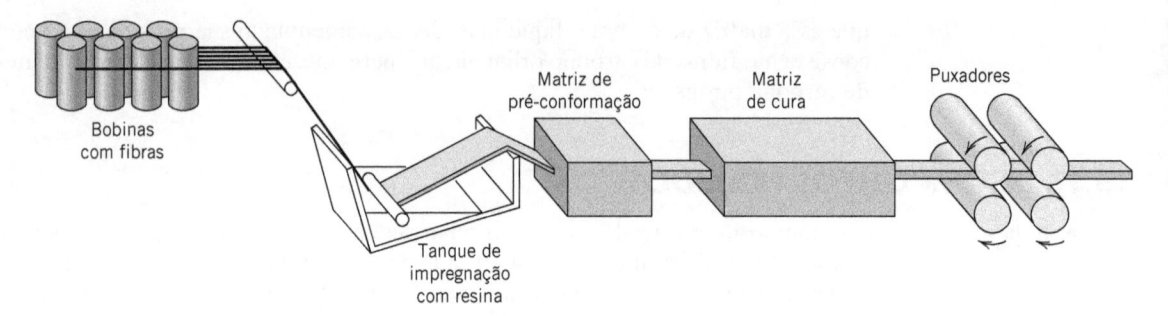

Figura 15.13 Diagrama esquemático mostrando o processo de pultrusão.

Processos de Produção de Prepregs

Prepreg é o termo empregado pela indústria de compósitos para reforços de fibras contínuas pré-impregnadas com uma resina polimérica que está apenas parcialmente curada. Esse material é enviado para o fabricante na forma de uma fita, que então molda diretamente e cura por completo o produto sem necessidade de nenhuma adição de resina. Essa é provavelmente a forma de material compósito mais amplamente usada para aplicações estruturais.

O processo de prepreg, representado esquematicamente para polímeros termofixos na Figura 15.14, começa pela colimação de uma série de mechas de fibras contínuas enroladas em uma bobina. Essas mechas são então laminadas e prensadas entre folhas de papel de desmoldagem e de transporte com o auxílio de rolos aquecidos, em um processo denominado *calandragem*. A folha de papel de desmoldagem é revestida com um filme fino de uma solução de resina aquecida, com viscosidade relativamente baixa, de forma a proporcionar a completa impregnação das fibras. Uma *espátula* espalha a resina para formar uma película com espessura e largura uniformes. O produto final prepreg – a fita fina que consiste em fibras contínuas e alinhadas em uma resina parcialmente curada – é preparado para embalagem, enrolando-o em uma bobina de papelão. Como mostrado na Figura 15.14, a folha de papel de desmoldagem é removida à medida que a fita impregnada é enrolada. As espessuras típicas para a fita variam entre 0,08 e 0,25 mm (entre 3×10^{-3} e 10^{-2} in), e as larguras das fitas variam entre 25 e 1525 mm (1 e 60 in), enquanto o teor de resina fica geralmente entre aproximadamente 35 %v e 45 %v.

Na temperatura ambiente, a matriz termofixa desenvolve as reações de cura; portanto, o prepreg é armazenado a 0 °C (32 °F) ou menos. Além disso, o tempo em uso à temperatura ambiente (ou *tempo fora*) deve ser minimizado. Se manuseados da maneira apropriada, os prepregs de resinas termofixas têm um tempo de vida útil de pelo menos seis meses, e geralmente mais do que isso.

Tanto resinas termoplásticas quanto termofixas são utilizadas; fibras de carbono, de vidro e aramidas são os reforços comumente empregados.

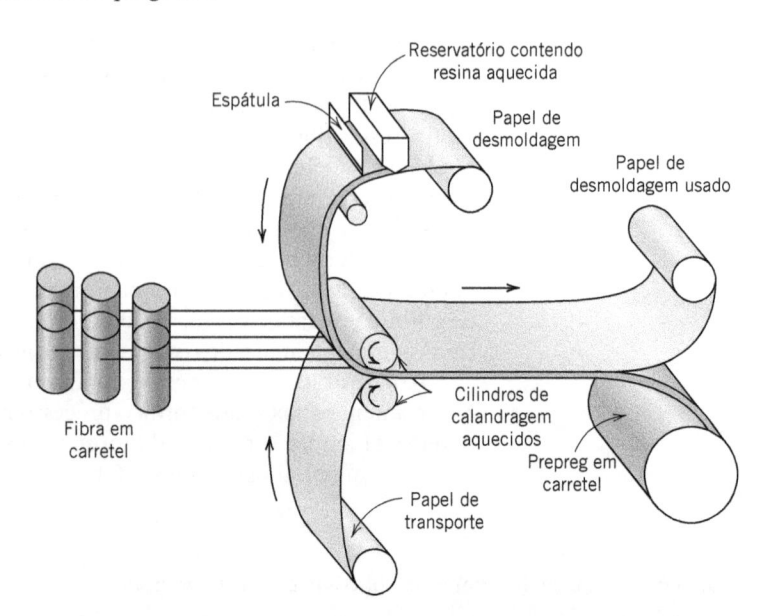

Figura 15.14 Diagrama esquemático ilustrando a produção de fita de prepreg usando um polímero termofixo.

O processo real de fabricação começa com o *empilhamento* – colocação da fita de prepreg sobre a superfície de uma ferramenta. Normalmente, várias camadas são colocadas umas sobre as outras (após a retirada do papel de revestimento) para proporcionar a espessura desejada. O arranjo de colocação das camadas pode ser unidirecional, porém na maioria das vezes a orientação das fibras é alternada para produzir um laminado com camadas cruzadas ou em ângulo (Seção 15.14). A cura final é obtida pela aplicação simultânea de calor e pressão.

O procedimento de empilhamento pode ser executado de forma totalmente manual (empilhamento manual), na qual o operador corta os comprimentos das fitas e também as posiciona na orientação desejada sobre a superfície da ferramenta. Alternativamente, as fitas podem ser cortadas à máquina e a seguir posicionadas manualmente. Os custos de fabricação podem ser reduzidos ainda mais pela automação do posicionamento dos prepregs, além da automação de outros procedimentos de fabricação (por exemplo, o enrolamento dos filamentos, como discutido a seguir), o que elimina virtualmente a necessidade de mão de obra. Esses métodos automatizados são essenciais para que muitas aplicações dos materiais compósitos sejam eficazes em termos de custos.

Enrolamento Filamentar

O *enrolamento filamentar* é um processo pelo qual as fibras de reforço contínuas são posicionadas de maneira precisa, em um padrão predeterminado, para compor uma forma oca (geralmente cilíndrica). As fibras, tanto na forma de fios individuais quanto na forma de mechas, são primeiro alimentadas por meio de um banho de resina e, em seguida, são enroladas continuamente ao redor de um mandril, em geral utilizando equipamentos de enrolamento automáticos (Figura 15.15). Após o número apropriado de camadas ter sido aplicado, a cura é conduzida ou em um forno ou à temperatura ambiente, e então o mandril é removido. Como alternativa, prepregs estreitos e finos (isto é, mechas impregnadas) com 10 mm ou menos de largura podem ser usados no enrolamento filamentar.

Vários padrões de enrolamento são possíveis (isto é, circunferencial, helicoidal e polar), de forma a dar as características mecânicas desejadas. As peças fabricadas por enrolamento filamentar têm razões resistência-peso muito altas. Além disso, essa técnica permite um alto grau de controle sobre a uniformidade e a orientação do enrolamento. Afora isso, quando automatizado, o processo é muito atrativo economicamente. As estruturas mais comuns feitas por enrolamento filamentar incluem carcaças de motores de foguetes, tanques e tubulações de armazenamento e vasos de pressão.

Atualmente, estão sendo utilizadas técnicas de fabricação para a produção de uma ampla variedade de formas estruturais, as quais não estão limitadas necessariamente a superfícies de revolução (por exemplo, vigas "I"). Essa tecnologia está avançando muito rapidamente, pois apresenta excelente relação custo-benefício.

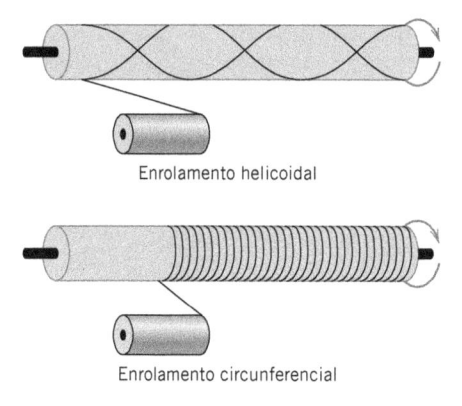

Enrolamento helicoidal

Enrolamento circunferencial

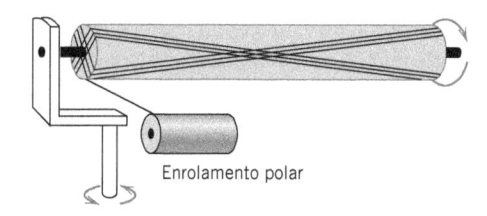

Enrolamento polar

Figura 15.15 Representações esquemáticas das técnicas de enrolamento filamentar helicoidal, circunferencial e polar.
[De N. L. Hancox (Editor), *Fibre Composite Hybrid Materials*, The Macmillan Company, New York, 1981.]

Compósitos Estruturais

compósito estrutural

Um **compósito estrutural** é um compósito multicamada e em geral de baixa massa específica, usado em aplicações que exigem integridade estrutural, resistências à tração, compressão e torção e rigidez normalmente elevadas. As propriedades desses compósitos dependem não somente das propriedades dos materiais constituintes, mas também do projeto geométrico dos vários elementos estruturais. Os compósitos laminados e os painéis sanduíche são dois dos mais comuns compósitos estruturais.

15.14 COMPÓSITOS LAMINADOS

compósito laminado

Um **compósito laminado** é composto por *lâminas* ou *painéis* (ou camadas) bidimensionais que estão colados uns aos outros. Cada camada possui uma direção preferencial de alta resistência, como ocorre nos polímeros reforçados com fibras contínuas e alinhadas. Uma estrutura em múltiplas camadas desse tipo é conhecida como *laminado*. As propriedades do laminado dependem de vários fatores, incluindo como a direção de alta resistência varia de camada para camada. Nesse sentido, existem quatro classes de compósitos laminados: *unidirecional*, *cruzado*, *com camadas em ângulo* e *multidirecional*. Nos unidirecionais, a orientação da direção de alta resistência para todas as lâminas é a mesma (Figura 15.16a); os laminados cruzados possuem orientações da camada de alta resistência alternadas em ângulos de 0° e 90° (Figura 15.16b); e nos laminados com camadas em ângulo, as camadas sucessivas se alternam entre orientações de alta resistência de +θ e –θ (por exemplo,

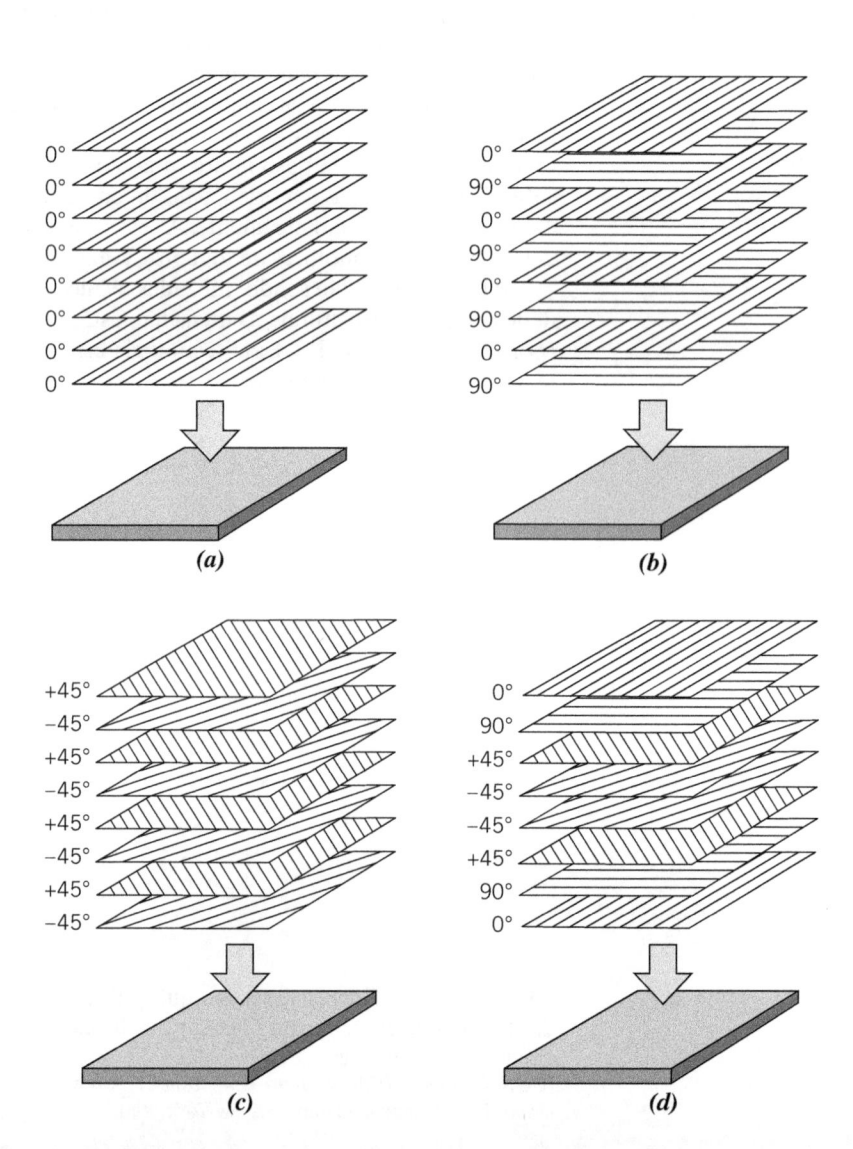

Figura 15.16 O empilhamento (diagrama esquemático) em compósitos laminados.
(*a*) Unidirecional; (*b*) cruzado; (*c*) camada em ângulo; e (*d*) multidirecional.
(Adaptado de *ASM Handbook*, Vol. 21, *Composites*, 2001. Reproduzido com permissão de ASM International, Materials Park, OH, 44073.)

±45°) (Figura 15.16c). Os laminados multidirecionais possuem várias orientações de alta resistência (Figura 15.16d). Em praticamente todos os laminados, as camadas são tipicamente empilhadas de modo tal que as orientações das fibras são simétricas em relação ao plano central do laminado; esse arranjo previne qualquer torção ou flexão fora do plano.

As propriedades (por exemplo, módulo de elasticidade e resistência) no plano de um laminado unidirecional são altamente anisotrópicas. Os laminados cruzados, com camadas em ângulo e multidirecionais são projetados para aumentar o grau de isotropia no plano; os multidirecionais podem ser fabricados para apresentar isotropia; o grau de isotropia diminui com os materiais com camadas em ângulo e cruzado.

Foram desenvolvidas relações de tensão e deformação para laminados que são análogas às Equações 15.10 e 15.16 para compósitos reforçados com fibras contínuas e alinhadas. Contudo, essas expressões utilizam álgebra tensorial, que está além do escopo desta discussão.

Um dos materiais laminados mais comuns é uma fita prepreg unidirecional em uma resina de matriz não curada. Uma estrutura em multicamadas com a configuração desejada é produzida pela disposição de várias fitas umas sobre as outras segundo uma variedade de orientações de alta resistência predeterminadas. A resistência global e o grau de isotropia dependem do material da fibra e do número de camadas, assim como da sequência de orientação. A maioria das fibras em materiais laminados consiste em carbono, vidro e aramida. Após a disposição, a resina deve ser curada e as camadas coladas umas às outras; isso é conseguido mediante o aquecimento da peça enquanto se aplica pressão. As técnicas usadas para o processamento pós-disposição incluem a moldagem em autoclave, a moldagem por compressão por ar e a moldagem a vácuo.

Também podem ser construídos laminados utilizando tecidos, tais como fibras de algodão, de papel ou de vidro tramadas, embebidas em uma matriz plástica. O grau de isotropia no plano é relativamente alto nesse grupo de materiais.

As aplicações que utilizam compósitos laminados são principalmente nos setores aeronáutico, automotivo, marítimo e de construção e infraestrutura civil. Aplicações específicas incluem o seguinte: *aeronaves* – fuselagem, estabilizadores vertical e horizontal, porta do compartimento do trem de pouso, pisos, carenagens e lâminas de rotores de helicópteros; *automotivo* – painéis de automóveis, carrocerias de carros esportivos e eixos de direção; *marítimo* – cascos de navios, tampas de escotilhas, conveses, quilhas e propulsores; *construção/infraestrutura civil* – componentes de pontes, estruturas de telhados para grandes vãos, vigas, painéis estruturais, painéis de telhados e tanques.

Os laminados também são usados extensivamente em equipamentos esportivos e de recreação. Por exemplo, o esqui moderno (veja a ilustração na página inicial deste capítulo) consiste em uma estrutura laminada relativamente complexa.

15.15 PAINÉIS SANDUÍCHE

painel sanduíche

Os **painéis sanduíche**, considerados como uma classe de compósitos estruturais, são projetados para serem vigas ou painéis de baixo peso, com rigidez e resistência relativamente elevadas. Um painel sanduíche consiste em duas lâminas externas, ou faces, que se encontram separadas e são unidas com adesivo a um núcleo mais espesso (Figura 15.17). As lâminas externas são feitas de um material relativamente rígido e resistente, tipicamente ligas de alumínio, aço e aço inoxidável, plásticos reforçados com fibras e madeira compensada; elas suportam as cargas de flexão que são aplicadas ao painel. Quando um painel sanduíche é fletido, uma face sofre tensões de compressão e a outra tensões de tração.

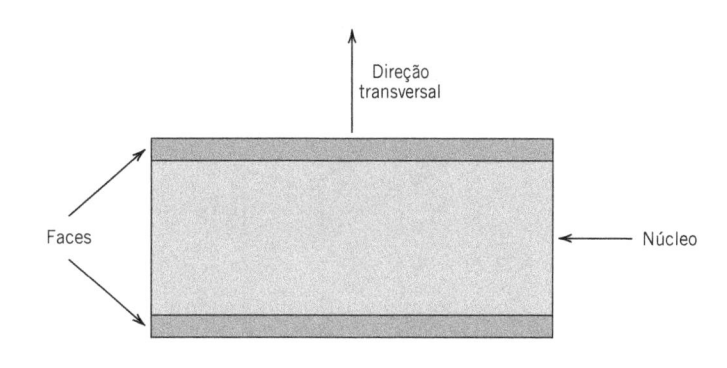

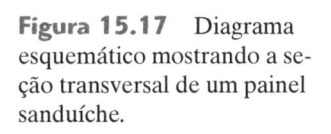

Figura 15.17 Diagrama esquemático mostrando a seção transversal de um painel sanduíche.

O material do núcleo é leve e apresenta normalmente um baixo módulo de elasticidade. Estruturalmente, ele desempenha várias funções. Em primeiro lugar, ele proporciona um suporte contínuo para as faces e as mantém unidas. Além disso, possui suficiente resistência ao cisalhamento para resistir às tensões de cisalhamento transversais, e também é espesso o suficiente para prover alta rigidez em cisalhamento (para prevenir a flambagem do painel). As tensões de tração e de compressão sobre o núcleo são muito menores do que sobre as faces. A rigidez do painel depende principalmente das propriedades do material do núcleo e da espessura do núcleo; a rigidez à flexão aumenta significativamente com o aumento da espessura do núcleo. Além disso, é essencial que as faces estejam fortemente coladas ao núcleo. O painel sanduíche é um compósito eficiente em termos de custo, pois os materiais do núcleo são mais baratos do que os materiais usados nas faces.

Tipicamente, os materiais do núcleo enquadram-se em três categorias: espumas poliméricas rígidas, madeira e colmeias.

- Tanto polímeros termoplásticos quanto polímeros termofixos são usados como espumas rígidas; eles incluem (e estão ordenados em ordem crescente do custo) poliestireno, fenol-formaldeído (fenólico), poliuretano, cloreto de polivinila, polipropileno, poli(éter-imida), e polimetacrilimida.
- A madeira balsa também é comumente usada como um material de núcleo por várias razões: (1) Sua massa específica é extremamente baixa (0,10 a 0,25 g/cm^3), a qual, no entanto, é maior que a de outros materiais de núcleo; (2) é relativamente barata; e (3) possui resistências à compressão e ao cisalhamento relativamente altas.
- Outro tipo de núcleo popular é uma estrutura em "colmeia" – finas folhas que foram produzidas como células intertravadas (com formato hexagonal ou com outras configurações), com os eixos orientados perpendicularmente aos planos das faces. A Figura 15.18 mostra uma vista em corte de um painel sanduíche com núcleo de colmeia. As propriedades mecânicas das colmeias são anisotrópicas: a resistência à tração e à compressão é maior em uma direção paralela ao eixo da célula; a resistência ao cisalhamento é maior no plano do painel. A resistência e a rigidez das estruturas em colmeia dependem do tamanho da célula, da espessura da parede da célula e do material a partir do qual é feita a colmeia. As estruturas em colmeia também possuem excelentes características de amortecimento do som e de vibrações por causa da alta fração volumétrica de espaços vazios no interior de cada célula. As colmeias são fabricadas a partir de lâminas delgadas. Os materiais usados para essas estruturas de núcleo incluem as ligas metálicas – alumínio, titânio, à base de níquel e aços inoxidáveis; e polímeros – polipropileno, poliuretano, papel *kraft* (um papel de cor marrom, resistente, usado em sacos de compras para serviços pesados e papelão), e fibras de aramida.

Os painéis sanduíche são usados em uma ampla variedade de aplicações em aeronaves, construção e nas indústrias automotiva e marinha, incluindo as seguintes: *aeronaves* – bordos de ataque e de fuga, domos de radares, carenagens, carcaças de motores (seções de carenagem e dos dutos de ventilação ao redor dos motores das turbinas), *flaps*, lemes, estabilizadores e lâminas de rotores

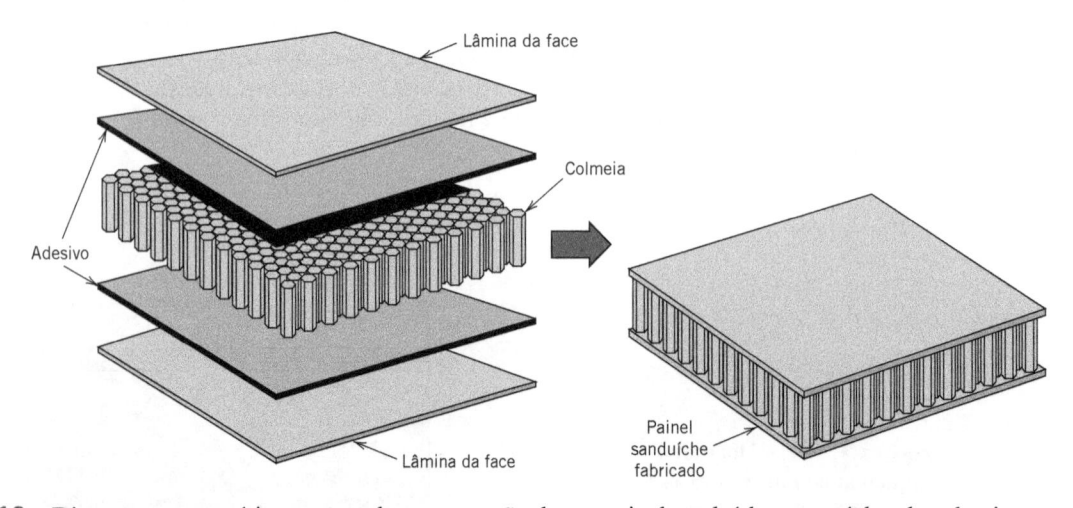

Figura 15.18 Diagrama esquemático mostrando a construção de um painel sanduíche com núcleo de colmeia.
(Reimpresso com permissão de *Engineered Materials Handbook*, Vol. 1, *Composites*, ASM International, Materials Park, OH, 1987.)

ESTUDO DE CASO

Uso de Compósitos no Boeing 787 Dreamliner

Uma revolução no uso de materiais compósitos para aeronaves comerciais teve início recentemente com o advento do Boeing 787 Dreamliner (Figura 15.19). Essa aeronave – um avião a jato com duas turbinas, de tamanho médio (capacidade de 210 a 290 passageiros) e longo alcance – é a primeira a usar materiais compósitos para a maior parte da sua construção. Dessa forma, o avião é mais leve que seus antecessores, o que traz maior eficiência em termos de combustível (uma redução de aproximadamente 20 %), menos emissões e maior autonomia de voo. Além disso, essa construção em compósito torna mais confortável a experiência de voar – os níveis de pressão e de umidade da cabine são maiores do que os de seus antecessores e os níveis de ruídos foram reduzidos. Além disso, os compartimentos de bagagem acima dos assentos são mais espaçosos e as janelas são maiores.

Os materiais compósitos correspondem a 50 % (em peso) do Dreamliner, enquanto as ligas de alumínio correspondem a 20 %. Em contraste, o Boeing 777 consiste em 11 % compósitos e 70 % ligas de alumínio. Esses teores de compósitos e alumínio, assim como os teores de outros materiais usados na construção tanto da aeronave 777 quanto da 787 (isto é, ligas de titânio, aço e outros) estão listados na Tabela 15.11.

Tabela 15.11 Tipos e Teores de Materiais para as Aeronaves Boeing 787 e 777

Aeronave	Teor dos Materiais (Porcentagem em Peso)				
	Compósitos	Ligas de Al	Ligas de Ti	Aço	Outros
787	50	20	15	10	5
777	11	70	7	11	1

De longe, as estruturas de compósito mais comuns são os laminados de epóxi com fibras contínuas de carbono, a maioria das quais são usadas na fuselagem (Figura 15.20). Esses laminados são compostos por fitas prepreg que são empilhadas umas sobre as outras segundo orientações predeterminadas usando uma máquina de colocação de fitas contínua. Uma única seção de fuselagem (ou *tambor*) é confeccionada dessa maneira, a qual é subsequentemente curada sob pressão em uma enorme autoclave. Seis desses tambores são unidos uns aos outros para formar a fuselagem completa. Nas aeronaves comerciais anteriores, os principais componentes da estrutura da fuselagem eram lâminas de alumínio presas umas às outras por meio de rebites. As vantagens dessa estrutura em

© Jens Wolf/dpa/Corbis

Figura 15.19 Um Boeing 787 Dreamliner.

Laminado de carbono
Sanduíche de carbono
Outros compósitos
Alumínio
Titânio
Outros

Figura 15.20 Localização dos vários tipos de materiais usados no Boeing 787 Dreamliner.
(Adaptado de Ghabchi, Arash, "Thermal Spray at Boeing: Past, Present, and Future". *International Thermal Spray & Surface Engineering* (*iTSSe*), Vol. 8, Nº 1, February 2013, ASM International, Materials Park, OH.)

tambores de compósitos em relação aos projetos anteriores usando ligas de alumínio incluem:

- Reduções nos custos de montagem – são eliminadas aproximadamente 1500 lâminas de alumínio presas umas às outras com aproximadamente 50.000 rebites.
- Redução nos custos de manutenção programada e de inspeções de corrosão e trincas de fadiga.
- Redução no arraste aerodinâmico – os rebitem aparentes nas superfícies aumentam a resistência ao vento e reduzem a eficiência em termos de combustível.

A fuselagem do Dreamliner foi a primeira tentativa de produzir em massa estruturas de compósito extremamente grandes compostas por fibras de carbono em um polímero termofixo (isto é, um epóxi). Dessa forma, foi necessário para a Boeing (e suas subcontratadas) desenvolver e implementar tecnologias de manufatura novas e inovadoras.

Como indicado na Figura 15.20, laminados de carbono também são usados nas estruturas da asa e da cauda. Os outros compósitos indicados nessa mesma ilustração são compósitos de epóxi reforçados com fibra de vidro e compósitos híbridos, os quais são compostos por fibras tanto de vidro quanto de carbono. Esses outros compósitos são usados principalmente nas estruturas da cauda e das asas.

Os painéis sanduíche são usados nas *carcaças* de motores (isto é, nas estruturas que envolvem os motores), assim como nos componentes da cauda (Figura 15.20). As faces da maioria desses painéis são de laminados de epóxi com fibras de carbono, enquanto os núcleos consistem em estruturas em colmeia feitas tipicamente a partir de lâminas em liga de alumínio. A redução no ruído de alguns dos componentes das carcaças de motores é promovida pela inserção de um material não metálico (ou material de "*cap*") no interior das células de colmeia.

de helicópteros; *construção* – revestimento arquitetônico para edifícios, fachadas decorativas e superfícies de interiores, sistemas de telhados e paredes de isolamento, painéis para salas limpas e gabinetes embutidos; *automotivo* – revestimentos de teto, pisos de compartimentos de bagagens, coberturas de pneus de estepe e pisos de cabines; *marítimo* – quilhas, mobílias e painéis de paredes, tetos e divisórias.

15.16 NANOCOMPÓSITOS

nanocompósito

O mundo dos materiais está experimentando uma revolução com o desenvolvimento de uma nova classe de materiais compósitos – os **nanocompósitos**. Os nanocompósitos são compostos por partículas com tamanho nanométrico (ou *nanopartículas*)[5] que estão inseridas em um material de matriz. Eles podem ser projetados para possuir propriedades mecânicas, elétricas, magnéticas, óticas, térmicas, biológicas e de transporte que são superiores às de materiais de carga convencionais; além disso, essas propriedades podem ser adaptadas para aplicações específicas. Por essas razões, os nanocompósitos estão se tornando parte de uma variedade de tecnologias modernas.[6]

Um novo e interessante fenômeno acompanha a diminuição no tamanho de uma nanopartícula – as suas propriedades físicas e químicas sofrem mudanças drásticas; além disso, o grau de mudança depende do tamanho da partícula (isto é, do número de átomos). Por exemplo, o comportamento magnético permanente de alguns materiais [por exemplo, ferro, cobalto e óxido de ferro (Fe_3O_4)] desaparece para as partículas que possuem diâmetros menores do que aproximadamente 50 nm.[7]

Dois fatores são responsáveis por essas propriedades induzidas pelo tamanho apresentado pelas nanopartículas: (1) o aumento na razão entre a área e o volume das partículas; e (2) o tamanho das partículas. Como observado na Seção 5.8, os átomos na superfície se comportam de maneira diferente dos átomos localizados no interior de um material. Consequentemente, à medida que o tamanho de uma partícula diminui, a razão relativa entre os átomos na superfície e os átomos no volume aumenta; isso significa que os fenômenos de superfície começam a dominar. Além disso, para partículas extremamente pequenas, os efeitos quânticos começam a aparecer.

---

[5] Para se qualificar como uma nanopartícula, a maior dimensão da partícula deve ser da ordem de, no máximo, 100 nm.

[6] A borracha reforçada com negro de fumo (Seção 15.2) é um exemplo de um nanocompósito; o tamanho das partículas varia normalmente entre 20 e 50 nm. A resistência e a tenacidade, assim como a resistência ao rasgamento e à abrasão são melhoradas pela presença das partículas de negro de fumo.

[7] Esse fenômeno é denominado *superparamagnetismo*; partículas superparamagnéticas inseridas em uma matriz são usadas para armazenamento magnético, o que está discutido na Seção 18.11.

Embora os materiais das matrizes de nanocompósitos possam ser metálicos e cerâmicos, as matrizes mais comuns são poliméricas. Nesses *nanocompósitos poliméricos* é usado um grande número de matrizes termoplásticas, termofixas e elastoméricas, incluindo resinas epóxi, poliuretanos, polipropileno, policarbonato, poli(etileno tereftalato), resinas silicone, poli(metil metacrilato), poliamidas (náilon), cloreto de polivinilideno, álcool etileno vinílico, borracha butila e borracha natural.

As propriedades de um nanocompósito dependem não apenas das propriedades da matriz e da nanopartícula, mas também da forma e do teor das nanopartículas, assim como das características interfaciais matriz-nanopartícula. A maioria dos nanocompósitos comerciais atuais utiliza três tipos genéricos de nanopartículas: *nanocarbonos*, *nanoargilas* e *nanocristais particulados*.

- Estão incluídos no grupo dos nanocarbonos os nanotubos de carbono com parede simples e paredes múltiplas, as lâminas de grafeno (Seção 13.11) e as nanofibras de carbono.
- As nanoargilas consistem em silicatos em camadas (Seção 3.8); o tipo mais comum é a argila montmorilonita.
- A maioria dos nanocristais particulados consiste em óxidos inorgânicos, tais como sílica, alumina, zircônia, halfnia e titânia.

As cargas de nanopartículas (isto é, os teores) variam significativamente e dependem da aplicação. Por exemplo, concentrações de nanotubos de carbono da ordem de 5 %p podem levar a um aumento significativo na resistência e na rigidez. Entretanto, entre 15 e 20 %p de nanotubos de carbono são exigidos para produzir as condutividades elétricas necessárias para algumas aplicações (por exemplo, para proteger uma estrutura de nanocompósitos contra descargas eletrostáticas).

Um dos principais desafios na produção de materiais nanocompósitos é o processamento. Para a maioria das aplicações, as partículas com dimensões nanométricas devem estar dispersas, uniforme e homogeneamente, no interior da matriz. Novas técnicas de dispersão e de fabricação foram e estão sendo continuamente desenvolvidas para a produção de nanocompósitos com as propriedades desejadas.

Esses materiais nanocompósitos encontraram nichos em uma gama de diferentes tecnologias e indústrias, incluindo:

- **Revestimentos de barreira contra gases** – O frescor e a vida de prateleira de alimentos e bebidas podem ser aumentados quando eles são embalados em sacos/recipientes feitos a partir de filmes delgados de nanocompósitos. Normalmente, esses filmes são compostos por partículas de nanoargila montmorilonita que foram *esfoliadas* (isto é, separadas umas das outras) e que durante a incorporação na matriz polimérica foram alinhadas de modo que seus eixos laterais ficaram paralelos ao plano do revestimento. Além disso, os revestimentos podem ser transparentes. A presença de partículas de nanoargila é responsável pela habilidade do filme em efetivamente conter as moléculas de H_2O nos alimentos embalados (para preservar o frescor) e as moléculas de CO_2 nas bebidas carbonatadas (para reter o "gás"), e também por manter as moléculas de O_2 do ar do lado de fora (para proteger os alimentos embalados contra a oxidação). Essas partículas em forma de plaquetas atuam como barreiras multicamadas contra a difusão das moléculas de gás – ou seja, elas diminuem a taxa de difusão, uma vez que as moléculas de gás devem desviar-se das partículas enquanto elas se difundem através do revestimento. Outra vantagem desses revestimentos é o fato de eles serem recicláveis.

  Os revestimentos à base de nanocompósitos também são usados para aumentar a retenção da pressão do ar nos pneus de automóveis e nas bolas esportivas (por exemplo, tênis, futebol). Esses revestimentos são compostos por pequenas plaquetas de vermiculita[8] esfoliada, as quais são inseridas no pneu/borracha de bolas esportivas. Além disso, as partículas em forma de plaquetas estão alinhadas da mesma maneira que nos revestimentos para alimentos/bebidas, como foi descrito anteriormente, de modo tal que é suprimida a difusão das moléculas de ar pressurizado através das paredes de borracha.

- **Armazenamento de energia** – Nanocompósitos à base de grafeno são usados nos anodos de baterias recarregáveis de íon lítio – as baterias que armazenam a energia elétrica em veículos elétricos híbridos. As áreas superficiais de eletrodos nanocompósitos que estão em contato com o eletrólito de lítio são maiores que para os eletrodos convencionais. A capacidade da bateria é maior, os ciclos de vida são mais longos, e o dobro da potência está disponível em altas taxas de carga/descarga quando são usados os anodos em nanocompósitos de grafeno.

---

[8] A vermiculita é outro membro do grupo dos silicatos em camadas discutido na Seção 3.8.

- **Revestimentos de barreira contra chamas** – Revestimentos delgados compostos por nanotubos de carbono com paredes múltiplas dispersos em matrizes de silicone exibem características excepcionais de barreira contra chamas (isto é, proteção contra combustão e decomposição). Além disso, eles oferecem resistência à abrasão e ao risco; não produzem gases tóxicos; e são extremamente aderentes à superfície da maioria dos vidros, metais, madeiras, plásticos e compósitos. Os revestimentos de barreira contra chamas são usados em aplicações aeroespaciais, em aviação, em eletrônica e aplicações industriais, e são aplicados tipicamente sobre fios e cabos, espumas, tanques de combustível e compósitos reforçados.

- **Restaurações dentárias** – Alguns materiais de restauração dentária (isto é, enchimentos) recentemente desenvolvidos são nanocompósitos poliméricos. Os materiais cerâmicos de nanocarga usados incluem as nanopartículas de sílica (com aproximadamente 20 nm de diâmetro) e nanoaglomerados compostos por aglomerados fracamente presos compostos por partículas com nanodimensões tanto de sílica quanto de zircônia. A maioria dos materiais de matrizes poliméricas pertence à família do dimetacrilato. Esses materiais de restauração à base de nanocompósitos possuem alta tenacidade à fratura, são resistentes ao desgaste, possuem curto tempo de cura e baixo encolhimento durante a cura, e podem ser feitos para assumir a cor e a aparência natural dos dentes.

- **Aprimoramentos da resistência mecânica** – Nanocompósitos poliméricos de alta resistência e baixo peso são produzidos pela adição de nanotubos de carbono com paredes múltiplas no interior de resinas epóxi; normalmente são exigidos teores de nanotubos que variam entre 20 %p e 30 %p. Esses nanocompósitos são usados em pás de turbinas eólicas, assim como em alguns equipamentos esportivos (por exemplo, raquetes de tênis, bastões de beisebol, tacos de golfe, esquis, quadros de bicicletas e nos cascos e mastros de barcos).

- **Dissipação eletrostática** – O movimento de combustíveis altamente inflamáveis nas linhas de combustível poliméricas de automóveis e aeronaves pode levar à produção de cargas estáticas. Se não forem eliminadas, essas cargas apresentam risco de geração de faíscas e a possibilidade de uma explosão. Entretanto, a dissipação desses acúmulos de carga pode ocorrer se as linhas de combustível forem condutoras elétricas. Condutividades adequadas podem ser obtidas pela incorporação de nanotubos de carbono com paredes múltiplas no interior do polímero. São exigidos teores de carga de até 15 %p a 20 %p, os quais normalmente não comprometem as outras propriedades do polímero.

O número de aplicações comerciais dos nanocompósitos está em rápida aceleração e podemos esperar uma explosão na quantidade e na diversidade de futuros nanocompósitos. As técnicas de produção melhorarão e, além dos polímeros, serão desenvolvidos materiais nanocompósitos com matrizes metálicas e cerâmicas. Produtos nanocompósitos encontrarão aplicação em uma variedade de setores comerciais [por exemplo, em células combustíveis, células solares, na liberação controlada de fármacos e nos setores biomédico, eletrônico, optoeletrônico e automotivo (lubrificantes, estruturas do corpo e sob o capô, tintas contra riscos)].

Uma lata de bolas de tênis *Double Core* e uma bola individual. Cada bola retém a sua pressão original e quica duas vezes mais que uma bola convencional, pois seu núcleo possui um revestimento de barreira à base de nanocompósito que consiste em uma matriz de borracha butila, no interior da qual estão inseridas finas plaquetas de vermiculita. Essas partículas inibem a permeação das moléculas de ar através das paredes da bola.
(Esta fotografia é uma cortesia da Wilson Sporting Goods Company.)

RESUMO

- Os compósitos são materiais multifásicos produzidos artificialmente com combinações desejáveis das melhores propriedades de suas fases constituintes.
- Normalmente, uma fase (a matriz) é contínua e envolve completamente a outra (a fase dispersa).
- Nessa discussão, os compósitos foram classificados como reforçados com partículas, reforçados com fibras, estruturais e nanocompósitos.

- Os compósitos reforçados com partículas grandes e os reforçados por dispersão enquadram-se na classificação de compósitos reforçados com partículas.

- No aumento da resistência por dispersão, melhor resistência é obtida por partículas extremamente pequenas da fase dispersa, que inibem o movimento das discordâncias.
- O tamanho das partículas é geralmente maior nos compósitos com partículas grandes, cujas características mecânicas são melhoradas por uma ação de reforço.
- Nos compósitos com partículas grandes, os valores dos módulos de elasticidade superior e inferior dependem dos módulos e das frações volumétricas das fases matriz e particulada, de acordo com as expressões da regra das misturas, Equações 15.1 e 15.2.
- O concreto, que é um tipo de compósito com partículas grandes, consiste em um agregado de partículas unidas umas às outras por cimento. No caso do concreto de cimento Portland, o agregado consiste em areia e brita; a ligação de cimentação se desenvolve como resultado de reações químicas entre o cimento Portland e a água.
- A resistência mecânica do concreto pode ser melhorada por métodos de reforço (por exemplo, pela inserção de barras de aço, fios etc. no concreto fresco).

- Entre os vários tipos de compósitos, o potencial de eficiência do reforço é maior para aqueles reforçados com fibras.
- Nos compósitos reforçados com fibras, uma carga aplicada é transmitida e distribuída entre as fibras pela fase matriz, que na maioria dos casos é pelo menos moderadamente dúctil.
- Um reforço significativo é possível apenas se a ligação matriz-fibra for resistente. Uma vez que o reforço é interrompido nas extremidades das fibras, a eficiência do reforço depende do comprimento da fibra.
- Para cada combinação fibra-matriz, há um determinado comprimento crítico (l_c) que depende do diâmetro e da resistência da fibra, além da resistência da ligação fibra-matriz, de acordo com a Equação 15.3.
- O comprimento das fibras contínuas excede em muito esse valor crítico (isto é, $l > 15l_c$), enquanto as fibras mais curtas do que esse comprimento crítico são ditas descontínuas.

- Com base no comprimento e na orientação das fibras, são possíveis três tipos de compósitos reforçados com fibras diferentes:

    Fibras contínuas e alinhadas (Figura 15.8a) – as propriedades mecânicas são altamente anisotrópicas. Na direção do alinhamento, o reforço e a resistência são máximos; na direção perpendicular ao alinhamento, eles são mínimos.

    Fibras descontínuas e alinhadas (Figura 15.8b) – são possíveis resistência e rigidez significativas na direção longitudinal.

    Fibras descontínuas e com orientação aleatória (Figura 15.8c) – apesar de algumas limitações na eficiência do reforço, as propriedades são isotrópicas.

- Para os compósitos com fibras contínuas e alinhadas, foram desenvolvidas expressões da regra das misturas para o módulo nas orientações longitudinal e transversal (Equações 15.10 e 15.16). Além disso, também foi citada uma equação para a resistência longitudinal (Equação 15.17).
- Para os compósitos com fibras descontínuas e alinhadas, foram apresentadas equações para a resistência do compósito em duas situações diferentes:

    Quando $l > l_c$, a Equação 15.18 é válida.

    Quando $l < l_c$, é apropriado o uso da Equação 15.19.

- O módulo de elasticidade para compósitos com fibras descontínuas e orientadas aleatoriamente pode ser determinado usando a Equação 15.20.

Fase Fibra
- Com base no diâmetro e no tipo do material, os reforços fibrosos são classificados da seguinte maneira:

   Uísqueres – monocristais extremamente resistentes que exibem diâmetros muito pequenos.

   Fibras – normalmente polímeros ou cerâmicas que podem ser amorfos ou policristalinos.

   Fios – metais/ligas que possuem diâmetros relativamente grandes.

Fase Matriz
- Embora todos os três tipos básicos de materiais sejam usados para matrizes, os mais comuns são os polímeros e os metais.
- A fase matriz exerce normalmente três funções:

   Ela une as fibras umas às outras e transmite uma carga aplicada externamente às fibras.

   Ela protege as fibras individuais contra danos superficiais.

   Ela previne a propagação de trincas de fibra para fibra.
- Os compósitos reforçados com fibras são algumas vezes classificados de acordo com o tipo da matriz; nesse esquema existem três classificações: compósitos com matriz polimérica, metálica e cerâmica.

Compósitos com Matriz Polimérica
- Os compósitos com matriz polimérica são os mais comuns; eles podem ser reforçados com fibras de vidro, carbono e aramida.

Compósitos com Matriz Metálica
- As temperaturas de operação são maiores para os compósitos com matriz metálica (CMM) do que para os compósitos com matriz polimérica. Os CMMs também utilizam uma variedade de tipos de fibras e uísqueres.

Compósitos com Matriz Cerâmica
- Para os compósitos com matriz cerâmica, o objetivo de projeto é maior tenacidade à fratura. Isso é obtido por interações entre as trincas que estão avançando e as partículas da fase dispersa.
- O aumento da tenacidade por transformação é uma das técnicas para aumentar o valor de K_{Ic}.

Compósitos Carbono-Carbono
- Os compósitos carbono-carbono são compostos por fibras de carbono inseridas em uma matriz de carbono pirolisado.
- Esses materiais são caros e usados em aplicações que requerem elevada resistência e elevada rigidez (que devem ser mantidas em altas temperaturas), resistência à fluência e boa tenacidade à fratura.

Compósitos Híbridos
- Os compósitos híbridos contêm pelo menos dois tipos de fibras diferentes. O emprego de compósitos híbridos possibilita projetar compósitos com os melhores conjuntos gerais de propriedades.

Processamento de Compósitos Reforçados com Fibras
- Foram desenvolvidas várias técnicas de processamento de compósitos que proporcionam uma distribuição uniforme e um alto grau de alinhamento das fibras.
- Com a pultrusão são formados componentes com comprimento contínuo e seção transversal constante, à medida que mechas de fibras impregnadas com resina são puxadas através de um molde.
- Os compósitos utilizados para muitas aplicações estruturais são preparados comumente por uma operação de empilhamento (manual ou automática), na qual camadas de fitas de prepreg são dispostas sobre a superfície da ferramenta e subsequentemente curadas por completo pela aplicação simultânea de calor e pressão.
- Algumas estruturas ocas podem ser fabricadas utilizando-se procedimentos automatizados de enrolamento filamentar, nos quais fios, mechas ou fitas prepreg recobertos com resina são enrolados continuamente sobre um mandril, seguido por uma operação de cura.

Compósitos Estruturais
- Dois tipos genéricos de compósitos estruturais foram discutidos: os compósitos laminados e os painéis sanduíche.

- Os compósitos laminados são compostos por um conjunto de lâminas bidimensionais que estão coladas umas às outras; cada lâmina possui uma direção de alta resistência.

  As propriedades dos laminados ao longo do seu plano dependem do sequenciamento das direções de alta resistência de camada para camada – nesse sentido, existem quatro tipos de laminados: unidirecional, cruzado, com camadas em ângulo e multidirecional. Os laminados multidirecionais são os mais isotrópicos, enquanto os laminados unidirecionais possuem o maior grau de anisotropia.

  Um material laminado comum é a fita prepreg unidirecional, a qual pode ser convenientemente disposta segundo orientações de alta resistência predeterminadas.

- Os painéis sanduíche consistem em duas lâminas superficiais rígidas e resistentes que estão separadas por um material ou estrutura de núcleo. Essas estruturas combinam resistência e rigidez relativamente altas com baixa massa específica.

  Tipos de núcleo comuns são as espumas poliméricas rígidas, as madeiras de baixa massa específica e as estruturas em colmeia.

  As estruturas em colmeia são compostas por células intertravadas (frequentemente com geometria hexagonal) produzidas a partir de lâminas delgadas; os eixos das células estão orientados perpendicularmente às lâminas da face.

- A maior parte da construção do Boeing 787 Dreamliner utiliza materiais compósitos de baixa massa específica (isto é, estruturas em colmeia e laminados de resina epóxi com fibras contínuas de carbono).

Nanocompósitos
- Nanocompósitos – nanomateriais inseridos em uma matriz (frequentemente um polímero) – utilizam as propriedades não comuns de partículas com nanodimensões.

- Os tipos de nanopartículas incluem os nanocarbonos, as nanoargilas e os nanocristais particulados.

- A distribuição uniforme e homogênea das nanopartículas no interior da matriz é o maior desafio para a produção de nanocompósitos.

Resumo das Equações

Número da Equação	Equação	Resolvendo para
15.1	$E_c(u) = E_m V_m + E_p V_p$	Expressão para a regra das misturas – limite superior
15.2	$E_c(l) = \dfrac{E_m E_p}{V_m E_p + V_p E_m}$	Expressão para a regra das misturas – limite inferior
15.3	$l_c = \dfrac{\sigma_f^* d}{2\tau_c}$	Comprimento crítico da fibra
15.10a	$E_{cl} = E_m V_m + E_f V_f$	Módulo de elasticidade na direção longitudinal para um compósito com fibras contínuas e alinhadas
15.16	$E_{ct} = \dfrac{E_m E_f}{V_m E_f + V_f E_m}$	Módulo de elasticidade na direção transversal para um compósito com fibras contínuas e alinhadas
15.17	$\sigma_{cl}^* = \sigma_m'(1 - V_f) + \sigma_f^* V_f$	Limite de resistência à tração na direção longitudinal para um compósito com fibras contínuas e alinhadas
15.18	$\sigma_{cd}^* = \sigma_f^* V_f\left(1 - \dfrac{l_c}{2l}\right) + \sigma_m'(1 - V_f)$	Limite de resistência à tração na direção longitudinal para um compósito com fibras descontínuas e alinhadas, para $l > l_c$
15.19	$\sigma_{cd'}^* = \dfrac{l\tau_c}{d} V_f + \sigma_m'(1 - V_f)$	Limite de resistência à tração na direção longitudinal para um compósito com fibras descontínuas e alinhadas, para $l < l_c$

Lista de Símbolos

Símbolo	Significado
d	Diâmetro da fibra
E_f	Módulo de elasticidade da fase fibra
E_m	Módulo de elasticidade da fase matriz
E_p	Módulo de elasticidade da fase particulada
l	Comprimento da fibra
l_c	Comprimento crítico da fibra
V_f	Fração volumétrica da fase fibra
V_m	Fração volumétrica da fase matriz
V_p	Fração volumétrica da fase particulada
σ_f^*	Limite de resistência à tração da fibra
σ_m'	Tensão na matriz na falha do compósito
τ_c	Resistência da ligação fibra-matriz ou limite de escoamento em cisalhamento da matriz

Termos e Conceitos Importantes

cermeto
compósito carbono-carbono
compósito com matriz cerâmica
compósito com matriz metálica
compósito com matriz polimérica
compósito com partículas grandes
compósito estrutural
compósito híbrido
compósito laminado
compósito reforçado com fibras
compósito reforçado por dispersão
concreto
concreto armado
concreto protendido
direção longitudinal
direção transversal
fase dispersa
fase matriz
fibra
módulo específico
nanocompósito
painel sanduíche
prepreg
princípio da ação combinada
regra das misturas
resistência específica
uísquer

REFERÊNCIAS

Agarwal, B. D., L. J. Broutman, and K. Chandrashekhara, *Analysis and Performance of Fiber Composites*, 3rd edition, Wiley, Hoboken, NJ, 2006.

Ashbee, K. H., *Fundamental Principles of Fiber Reinforced Composites*, 2nd edition, CRC Press, Boca Raton, FL, 1993.

ASM Handbook, Vol. 21, *Composites*, ASM International, Materials Park, OH, 2001.

Bansal, N. P., and J. Lamon, *Ceramic Matrix Composites: Materials, Modeling and Technology*, Wiley, Hoboken, NJ, 2015.

Barbero, E. J., *Introduction to Composite Materials Design*, 2nd edition, CRC Press, Boca Raton, FL, 2010.

Cantor, B., F. Dunne, and I. Stone (Editors), *Metal and Ceramic Matrix Composites*, Institute of Physics Publishing, Bristol, UK, 2004.

Chawla, K. K., *Composite Materials Science and Engineering*, 3rd edition, Springer, New York, 2013.

Chawla, N., and K. K. Chawla, *Metal Matrix Composites*, 2nd edition, Springer, New York, NY, 2013.

Chung, D. D. L., *Composite Materials: Science and Applications*, 2nd edition, Springer, New York, NY, 2010.

Gay, D., *Composite Materials: Design and Applications*, 3rd edition, CRC Press, Boca Raton, FL, 2015.

Gerdeen, J. C., H. W. Lord, and R. A. L. Rorrer, *Engineering Design with Polymers and Composites*, 2nd edition, CRC Press, Boca Raton, FL, 2011.

Hull, D. and T. W. Clyne, *An Introduction to Composite Materials*, 2nd edition, Cambridge University Press, New York, 1996.

Loos, M., *Carbon Nanotube Reinforced Composites*, Elsevier, Oxford, UK, 2015.

Mallick, P. K., *Composites Engineering Handbook*, CRC Press, Boca Raton, FL, 1997.

Mallick, P. K., *Fiber-Reinforced Composites: Materials, Manufacturing, and Design*, 3rd edition, CRC Press, Boca Raton, FL, 2008.

Park, S. J., *Carbon Fibers*, Springer, New York, NY, 2015.

Strong, A. B., *Fundamentals of Composites: Materials, Methods, and Applications*, 2nd edition, Society of Manufacturing Engineers, Dearborn, MI, 2008.

PERGUNTAS E PROBLEMAS

Compósitos com Partículas Grandes

15.1 As propriedades mecânicas do cobalto podem ser melhoradas pela incorporação de partículas finas de carbeto de tungstênio (WC). Considerando que os módulos de elasticidade desses materiais são, respectivamente, 200 GPa (30×10^6 psi) e 700 GPa (102×10^6 psi), trace o gráfico do módulo de elasticidade em função do percentual volumétrico de WC no Co entre 0 e 100 %v, usando as expressões para os limites superior e inferior.

15.2 Estime os valores máximo e mínimo para a condutividade térmica de um cermeto que contém 90 %v de partículas de carbeto de titânio (TiC) em uma matriz de níquel. Considere as condutividades térmicas de 27 e 67 W/m · K para o TiC e o Co, respectivamente.

15.3 Um compósito com partículas grandes formado por partículas de tungstênio deve ser preparado em uma matriz de cobre. Se as frações volumétricas de tungstênio e cobre são de 0,70 e 0,30, respectivamente, estime o limite superior para a rigidez específica desse compósito a partir dos dados a seguir.

	Gravidade Específica	Módulo de Elasticidade (GPa)
Cobre	8,9	110
Tungstênio	19,3	407

15.4 (a) Qual é a distinção entre *cimento* e *concreto*?

(b) Cite três limitações importantes que restringem o uso do concreto como um material estrutural.

(c) Explique sucintamente três técnicas que são usadas para aumentar a resistência do concreto empregando-se um reforço.

Compósitos Reforçados por Dispersão

15.5 Cite uma semelhança e duas diferenças entre o endurecimento por precipitação e o aumento da resistência por dispersão.

Influência do Comprimento da Fibra

15.6 Para uma combinação fibra de vidro-matriz epóxi, a razão crítica entre o comprimento e o diâmetro da fibra é 40. Considerando os dados na Tabela 15.4, determine a resistência da ligação fibra-matriz.

15.7 (a) Para um compósito reforçado com fibras, a eficiência do reforço η depende do comprimento das fibras l de acordo com a relação

$$\eta = \frac{l - 2x}{l}$$

em que x representa o comprimento da fibra em cada extremidade que não contribui para a transferência de carga. Trace um gráfico de η em função de l para valores de l a $l = 50$ mm (2,0 in), assumindo que $x = 1,25$ mm (0,05 in).

(b) Qual é o comprimento necessário para uma eficiência de reforço de 0,90?

Influência da Orientação e da Concentração das Fibras

15.8 Um compósito reforçado com fibras contínuas e alinhadas deve ser produzido com 45 %v de fibras aramidas e 55 %v de uma matriz de policarbonato; as características mecânicas desses dois materiais são as seguintes:

	Módulo de Elasticidade [GPa (psi)]	Limite de Resistência à Tração [MPa (psi)]
Fibra aramida	131 (19×10^6)	3600 (520.000)
Policarbonato	2,4 ($3,5 \times 10^5$)	65 (9425)

A tensão sobre a matriz de policarbonato quando as fibras aramidas falham é de 35 MPa (5075 psi).

Para esse compósito, calcule o seguinte:

(a) O limite de resistência à tração longitudinal

(b) O módulo de elasticidade longitudinal.

15.9 É possível produzir um compósito com matriz epóxi e fibras aramidas contínuas e orientadas que tenha módulos de elasticidade longitudinal e transversal de 35 GPa (5×10^6 psi) e 5,17 GPa ($7,5 \times 10^5$ psi), respectivamente? Por que isso é ou não é possível? Considere que o módulo de elasticidade do epóxi seja de 3,4 GPa ($4,93 \times 10^5$ psi).

15.10 Para um compósito reforçado com fibras contínuas e orientadas, os módulos de elasticidade nas direções longitudinal e transversal são de 33,1 e 3,66 GPa ($4,8 \times 10^6$ e $5,3 \times 10^5$ psi), respectivamente. Se a fração volumétrica das fibras for de 0,30, determine os módulos de elasticidade das fases fibra e matriz.

15.11 (a) Verifique se a Equação 15.11, a expressão para a razão entre as cargas na fibra e na matriz (F_f/F_m), é válida.

(b) Qual é a razão F_f/F_c em termos de E_f, E_m e V_f?

15.12 Em um compósito de náilon 6,6 reforçado com fibras de carbono contínuas e alinhadas, as fibras devem suportar 97 % de uma carga aplicada na direção longitudinal.

(a) Considerando os dados fornecidos, determine a fração volumétrica de fibras necessária.

(b) Qual é o limite de resistência à tração desse compósito? Considere que a tensão na matriz no momento da falha da fibra seja de 50 MPa (7250 psi).

	Módulo de Elasticidade [GPa (psi)]	Limite de Resistência à Tração [MPa (psi)]
Fibra de vidro	260 (37×10^6)	4.000 (580.000)
Náilon 6,6	2,8 ($4,0 \times 10^5$)	76 (11.000)

15.13 Considere que o compósito descrito no Problema 15.8 tenha uma área de seção transversal de 480 mm² (0,75 in²) e que esteja sujeito a uma carga longitudinal de 53.400 N (12.000 lb$_f$).

(a) Calcule a razão entre as cargas na fibra e na matriz.

(b) Calcule as cargas reais suportadas pelas fases fibra e matriz.

(c) Calcule a magnitude da tensão sobre cada uma das fases fibra e matriz.

(d) Qual é a deformação no compósito?

15.14 Um compósito reforçado com fibras contínuas e alinhadas com uma área de seção transversal de 970 mm² (1,5 in²) está sujeito a uma carga externa de tração. Se as tensões suportadas pelas fases fibra e matriz forem de 215 MPa (31.300 psi) e 5,38 MPa (780 psi), respectivamente, se a força suportada pela fase fibra for de 76.800 N (17.265 lb$_f$) e a deformação longitudinal total do compósito for de $1,56 \times 10^{-3}$, determine o seguinte:

(a) A força suportada pela fase matriz;

(b) O módulo de elasticidade do material compósito na direção longitudinal;

(c) Os módulos de elasticidade das fases fibra e matriz.

15.15 Calcule a resistência longitudinal de um compósito com matriz epóxi e fibras de carbono alinhadas que exibe uma fração volumétrica de fibras de 0,20, supondo o seguinte: (1) um diâmetro médio das fibras de 6×10^{-3} mm ($2,4 \times 10^{-4}$ in), (2) um comprimento médio das fibras de 8,0 mm (0,31 in), (3) uma resistência à fratura das fibras de 4,5 GPa ($6,5 \times 10^5$ psi), (4) uma resistência da ligação fibra-matriz de 75 MPa (10.900 psi), (5) uma tensão na matriz, na falha do compósito, de 6,0 MPa (870 psi) e (6) um limite de resistência à tração da matriz de 60 MPa (8700 psi).

15.16 Deseja-se produzir um compósito com matriz epóxi e fibras de carbono alinhadas com limite de resistência à tração longitudinal de 500 MPa (72.500 psi). Calcule a fração volumétrica de fibras necessária, se (1) o diâmetro e o comprimento médios das fibras são de 0,01 mm ($3,9 \times 10^{-4}$ in) e 0,5 mm (2×10^{-2} in), respectivamente; (2) a resistência à fratura das fibras é de 4,0 GPa ($5,8 \times 10^5$ psi); (3) a resistência da ligação fibra-matriz é de 25 MPa (3625 psi); e (4) a tensão na matriz, na falha do compósito, é de 7,0 MPa (1000 psi).

15.17 Calcule o limite de resistência à tração longitudinal de um compósito com matriz epóxi e fibras de vidro alinhadas no qual o diâmetro e o comprimento médios das fibras são de 0,015 mm ($5,9 \times 10^{-4}$ in) e 2,0 mm (0,08 in), respectivamente, e a fração volumétrica das fibras é de 0,25. Considere que (1) a resistência da ligação fibra-matriz é de 100 MPa (14.500 psi), (2) a resistência à fratura das fibras é de 3500 MPa (5×10^5 psi) e (3) a tensão na matriz, na falha do compósito, é de 5,5 MPa (800 psi).

15.18 (a) A partir dos dados para os módulos de elasticidade na Tabela 15.2 para compósitos de policarbonato reforçados com fibras de vidro, determine o valor do parâmetro de eficiência da fibra para teores de fibras de 20, 30 e 40 %v.

(b) Estime o módulo de elasticidade para 50 %v de fibras de vidro.

Fase Fibra
Fase Matriz

15.19 Para um compósito de matriz polimérica reforçado com fibras:

(a) Liste três funções da fase matriz.

(b) Compare as características mecânicas desejadas para as fases matriz e fibra.

(c) Cite duas razões pelas quais deve existir uma ligação forte entre a fibra e a matriz na interface.

15.20 (a) Qual é a diferença entre as fases matriz e dispersa em um material compósito?

(b) Compare as características mecânicas das fases matriz e dispersa nos compósitos reforçados com fibras.

Compósitos com Matriz Polimérica

15.21 (a) Determine as resistências longitudinais específicas dos compósitos com matriz de epóxi reforçados com fibras de vidro, fibras de carbono e fibras aramidas na Tabela 15.5 e compare-as com as resistências das seguintes ligas: aço inoxidável 17-4PH recozido, aço-carbono comum 1040 normalizado, liga de alumínio 7075-T6, latão de cartucho C26000 trabalhado a frio (revenido H04), liga de magnésio AZ31B extrudada e liga de titânio Ti-5Al-2.5Sn recozida.

(b) Compare os módulos específicos dos mesmos três compósitos com matriz de epóxi e reforçados com fibras com as mesmas ligas metálicas. As densidades (isto é, massas específicas), limites de resistência à tração e módulos de elasticidade para essas ligas metálicas estão listados nas Tabelas B.1, B.4 e B.2, respectivamente, no Apêndice B.

15.22 (a) Liste quatro razões pelas quais as fibras de vidro são mais comumente utilizadas como reforço.

(b) Por que a perfeição da superfície das fibras de vidro é tão importante?

(c) Que medidas são tomadas para proteger a superfície das fibras de vidro?

15.23 Cite a diferença entre *carbono* e *grafita*.

15.24 (a) Cite várias razões pelas quais os compósitos reforçados com fibras de vidro são usados extensivamente.

(b) Cite várias limitações desse tipo de compósito.

Compósitos Híbridos

15.25 (a) O que é um *compósito híbrido*?

(b) Liste duas vantagens importantes dos compósitos híbridos em relação aos compósitos fibrosos comuns.

15.26 (a) Escreva uma expressão para o módulo de elasticidade de um compósito híbrido no qual todas as fibras de ambos os tipos estão orientadas na mesma direção.

(b) Considerando essa expressão, calcule o módulo de elasticidade longitudinal de um compósito híbrido formado por fibras aramidas e fibras de vidro em frações volumétricas de 0,25 e 0,35, respectivamente, em uma matriz de resina poliéster [E_m = 4,0 GPa (6 × 10^5 psi)].

15.27 Desenvolva uma expressão geral análoga à Equação 15.16 para o módulo de elasticidade transversal de um compósito híbrido formado por dois tipos de fibras contínuas e alinhadas.

Processamento de Compósitos Reforçados com Fibras

15.28 Descreva sucintamente os processos de fabricação por *pultrusão, enrolamento filamentar* e *produção de prepregs*; cite as vantagens e desvantagens de cada processo.

Compósitos Laminados

Painéis Sanduíche

15.29 Descreva sucintamente os *compósitos laminados*. Qual é a principal razão para a fabricação desses materiais?

15.30 (a) Descreva sucintamente os *painéis sanduíche*.

(b) Qual é a principal razão para a fabricação desses compósitos estruturais?

(c) Quais são as funções das faces e do núcleo?

Problemas com Planilha Eletrônica

15.1PE Para um compósito com matriz polimérica e fibras alinhadas, desenvolva uma planilha eletrônica que permita ao usuário calcular o limite de resistência à tração longitudinal após entrar com os valores para os seguintes parâmetros: fração volumétrica das fibras, diâmetro médio das fibras, comprimento médio das fibras, resistência à fratura das fibras, resistência da ligação fibra-matriz, tensão na matriz na falha do compósito e limite de resistência à tração da matriz.

15.2PE Gere uma planilha eletrônica para o projeto de um eixo compósito tubular (Exemplo de Projeto 15.1) – ou seja, para determinar quais, entre os materiais fibrosos disponíveis, proporcionam a rigidez necessária e, entre essas possibilidades, qual custará menos. As fibras são contínuas e devem estar alinhadas paralelamente ao eixo do tubo. O usuário deve poder entrar com os valores dos seguintes parâmetros: diâmetros interno e externo do tubo, comprimento do tubo, deflexão máxima no ponto axial central para determinada carga aplicada, fração volumétrica máxima de fibras, módulos de elasticidade da matriz e de todos os materiais fibrosos, massas específicas da matriz e das fibras, e custo por unidade de massa para a matriz e todos os materiais fibrosos.

PROBLEMAS DE PROJETO

15.P1 Materiais compósitos estão sendo usados extensivamente em equipamentos esportivos.

(a) Liste pelo menos quatro implementos esportivos diferentes que são feitos de compósitos ou que contêm compósitos.

(b) Para um desses implementos, escreva um texto incluindo o seguinte: (1) Cite os materiais usados nas fases matriz e dispersa e, se possível, as proporções de cada fase; (2) anote a natureza da fase dispersa (por exemplo, fibras contínuas); e (3) descreva o processo pelo qual o implemento é fabricado.

Influência da Orientação e da Concentração das Fibras

15.P2 Deseja-se produzir um compósito em epóxi reforçado com fibras contínuas e alinhadas contendo um máximo de 40 %v de fibras. Além disso, é necessário um módulo de elasticidade longitudinal mínimo de 55 GPa (8 × 10^6 psi), assim como um limite de resistência à tração mínimo de 1200 MPa (175.000 psi). Entre as seguintes fibras – vidro-E, carbono (PAN com módulo padrão) e aramida – quais são possíveis candidatos e por quê? O epóxi possui módulo de elasticidade de 3,1 GPa (4,5 × 10^5 psi) e um limite de resistência à tração de 69 MPa (11.000 psi). Além disso, considere os seguintes níveis de tensão sobre a matriz de epóxi na falha da fibra: vidro-E, 70 MPa (10.000 psi); carbono (PAN com módulo padrão), 30 MPa (4350 psi); e aramida, 50 MPa (7250 psi). Outros dados para as fibras são fornecidos nas Tabelas B.2 e B.4 do Apêndice B. Para as fibras aramidas, use as resistências mínimas das faixas de valores fornecidas na Tabela B.4.

15.P3 Deseja-se produzir um compósito em epóxi reforçado com fibras de carbono contínuas e orientadas, com um módulo de elasticidade de pelo menos 69 GPa (10 × 10^6 psi) na direção do alinhamento das fibras. A massa específica máxima permissível é de 1,40. Fornecidos os dados na tabela a seguir, a fabricação desse compósito é possível? Por que sim ou por que não? Considere que a massa específica do compósito possa ser determinada a partir de uma relação semelhante à Equação 15.10a.

	Massa Específica	Módulo de Elasticidade [GPa (psi)]
Fibra de carbono	1,8	260 (37 × 10^6)
Epóxi	1,25	2,4 (3,5 × 10^5)

15.P4 Deseja-se fabricar um compósito em poliéster reforçado com fibras de vidro contínuas e alinhadas, com um limite de resistência à tração de pelo menos 1250 MPa (180.000 psi) na direção longitudinal. A massa específica máxima possível é de 1,80. Considerando os dados a seguir, determine se tal compósito é possível. Justifique sua decisão. Considere um valor de 20 MPa para a tensão sobre a matriz na falha da fibra.

	Massa Específica	Limite de Resistência à Tração [MPa (psi)]
Fibra de vidro	2,50	3500 (5 × 10^5)
Poliéster	1,35	50 (7,25 × 10^3)

15.P5 É necessário fabricar um compósito com matriz em epóxi e fibras de vidro descontínuas e alinhadas, com um limite de resistência à tração longitudinal de 1200 MPa (175.000 psi), usando uma fração volumétrica de fibras de 0,35. Calcule a resistência à fratura necessária para as fibras considerando que o diâmetro e o comprimento médios das fibras são de 0,015 mm ($5,9 \times 10^{-4}$ in) e 5,0 mm (0,20 in), respectivamente. A resistência da ligação fibra-matriz é de 80 MPa (11.600 psi) e a tensão na matriz, na falha da fibra, é de 6,55 MPa (950 psi).

15.P6 Um eixo tubular semelhante ao mostrado na Figura 15.11 deve ser projetado com um diâmetro externo de 100 mm (4 in) e um comprimento de 1,25 m (4,1 ft). A característica mecânica de maior importância é a rigidez à flexão em termos do módulo de elasticidade longitudinal. A rigidez deve ser especificada como a deflexão máxima admissível em flexão. Quando submetido a uma flexão em três pontos, como na Figura 7.18, uma carga de 1700 N (380 lb$_f$) deve produzir uma deflexão elástica não superior a 0,20 mm (0,008 in) na posição central.

Serão usadas fibras contínuas orientadas paralelamente ao eixo do tubo. Os possíveis materiais para as fibras são o vidro e o carbono nas classes com módulo padrão, intermediário e alto. O material da matriz deve ser uma resina epóxi, e a fração volumétrica das fibras deve ser de 0,40.

(a) Decida quais dos quatro materiais fibrosos são possíveis candidatos para essa aplicação e, para cada candidato, determine o diâmetro interno necessário consistente com os critérios estipulados.

(b) Para cada candidato, determine o custo necessário e, com base nesse parâmetro, especifique a fibra de uso mais barato.

O módulo de elasticidade, a massa específica e os dados referentes aos custos para os materiais da fibra e da matriz são fornecidos na Tabela 15.6.

PERGUNTAS E PROBLEMAS SOBRE FUNDAMENTOS DA ENGENHARIA

15.1FE As propriedades mecânicas de alguns metais podem ser melhoradas pela incorporação de finas partículas do seu óxido. Se os módulos de elasticidade do metal e do seu óxido são de 55 e 430 GPa, respectivamente,

qual é o valor para o limite superior do módulo de elasticidade para um compósito com 31 %v de partículas de óxido?

(A) 48,8 GPa

(B) 75,4 GPa

(C) 138 GPa

(D) 171 GPa

15.2FE Como as fibras *contínuas* ficam normalmente orientadas nos compósitos fibrosos?

(A) Alinhadas

(B) Parcialmente orientadas

(C) Aleatoriamente orientadas

(D) Todas as respostas anteriores

15.3FE Em comparação a outros materiais cerâmicos, os compósitos com matriz cerâmica apresentam melhor/mais alta:

(A) Resistência à oxidação

(B) Estabilidade em temperaturas elevadas

(C) Tenacidade à fratura

(D) Todos os itens acima

15.4FE Um compósito híbrido com fibras contínuas e alinhadas consiste em fibras aramidas e de vidro em uma matriz de resina polimérica. Calcule o módulo de elasticidade longitudinal (em GPa) desse material se as respectivas frações volumétricas são de 0,24 e 0,28, sendo fornecidos os seguintes dados:

Material	Módulo de Elasticidade (GPa)
Poliéster	2,5
Fibras aramidas	131
Fibras de vidro	72,5

(A) 5,06 GPa

(B) 32,6 GPa

(C) 52,9 GPa

(D) 131 GPa

Capítulo 16 Corrosão e Degradação dos Materiais

(a) Um Ford Sedan Deluxe 1936 com uma carroceria feita inteiramente em aço inoxidável não pintado. Seis desses carros foram fabricados para prover um teste definitivo quanto à durabilidade e resistência à corrosão dos aços inoxidáveis. Cada automóvel registrou centenas de milhares de quilômetros de direção diária. Embora o acabamento superficial do aço inoxidável seja essencialmente o mesmo de quando o carro deixou a linha de montagem do fabricante, outros componentes não fabricados em aço inoxidável, tais como o motor, amortecedores, freios, molas, embreagem, transmissão e engrenagens, tiveram que ser substituídos; por exemplo, um carro teve três motores.

(b) Em contraste, um automóvel clássico do mesmo período que o mostrado em (a) está enferrujando em um campo em Bodie, Califórnia. Sua carroceria foi feita em aço-carbono comum, que um dia foi pintada. Essa tinta oferecia uma proteção limitada para o aço, que é suscetível a corrosão em ambientes atmosféricos normais.

Cortesia de Dan L. Greenfield, Allegheny Ludlum Corporation, Pittsburgh, PA.

(a)

Cortesia de iStockphoto.

(b)

Com conhecimento dos tipos e uma compreensão dos mecanismos e das causas da corrosão e da degradação, é possível tomar medidas para prevenir que esses fenômenos ocorram.

Por exemplo, podemos alterar a natureza do ambiente, selecionar um material que seja relativamente não reativo e/ou proteger o material contra uma deterioração apreciável.

Objetivos do Aprendizado

Após estudar este capítulo, você deverá ser capaz de realizar o seguinte:

1. Distinguir entre as reações eletroquímicas de *oxidação* e de *redução*.
2. Descrever o seguinte: par galvânico, semipilha-padrão e eletrodo-padrão de hidrogênio.
3. Calcular o potencial da pilha e escrever a direção da reação eletroquímica espontânea para dois metais puros que estejam conectados eletricamente e também submersos em soluções dos seus respectivos íons.
4. Determinar a taxa de oxidação de um metal, dada a densidade de corrente da reação.
5. Citar e descrever sucintamente os dois tipos diferentes de polarização e especificar as condições nas quais cada um controla a taxa de reação.

6. Descrever a natureza do processo de deterioração e então mencionar o mecanismo proposto para cada uma das oito formas de corrosão e para a fragilização por hidrogênio.
7. Listar cinco medidas utilizadas com frequência para prevenir a corrosão.
8. Explicar por que os materiais cerâmicos são, em geral, muito resistentes à corrosão.
9. Discutir, para os materiais poliméricos, (a) dois processos de degradação que ocorrem quando eles são expostos a solventes líquidos e (b) as causas e as consequências da ruptura de ligações da cadeia molecular.

16.1 INTRODUÇÃO

Em maior ou em menor grau, a maioria dos materiais apresenta algum tipo de interação com grande número de ambientes diversos. Com frequência, tais interações comprometem a utilidade de um material como resultado da deterioração de suas propriedades mecânicas (por exemplo, ductilidade e resistência), de outras propriedades físicas ou de sua aparência. Ocasionalmente, para dissabor do engenheiro de projetos, o comportamento de degradação de um material para determinada aplicação é ignorado, com consequências adversas.

corrosão

Os mecanismos de deterioração são diferentes para os três tipos de materiais. Nos metais, existe uma efetiva perda de material, seja ela por dissolução (**corrosão**) ou pela formação de uma incrustação ou filme de material não metálico (*oxidação*). Os materiais cerâmicos são relativamente resistentes à deterioração, que ocorre geralmente em temperaturas elevadas ou em ambientes bastante extremos; com frequência, o processo também é chamado de corrosão. Para os polímeros, os

degradação

mecanismos e as consequências são diferentes daqueles nos metais e cerâmicas, e o termo **degradação** é empregado com maior frequência. Os polímeros podem se dissolver quando são expostos a um solvente líquido ou podem absorver o solvente e inchar; além disso, a radiação eletromagnética (principalmente a radiação ultravioleta) e o calor podem causar alterações em suas estruturas moleculares.

A deterioração de cada um desses tipos de materiais será discutida neste capítulo, com especial atenção para o mecanismo, a resistência ao ataque causado por vários ambientes e as medidas para prevenir ou reduzir a degradação.

Corrosão de Metais

A corrosão é definida como o ataque destrutivo e não intencional de um metal; esse ataque é eletroquímico e começa normalmente na superfície. O problema da corrosão metálica é significativo; foi estimado que aproximadamente 5 % da receita de uma nação industrializada sejam gastos na prevenção da corrosão e na manutenção ou na substituição de produtos perdidos ou contaminados como resultado de reações de corrosão. As consequências da corrosão são todas muito comuns. São exemplos familiares a ferrugem nas carrocerias, nos radiadores e nos componentes de exaustão dos automóveis.

Os processos de corrosão também são, eventualmente, utilizados favoravelmente. Por exemplo, os procedimentos de ataque químico, como discutido na Seção 5.12, fazem uso da reatividade química seletiva dos contornos de grãos ou dos vários constituintes microestruturais.

16.2 CONSIDERAÇÕES ELETROQUÍMICAS

Para os materiais metálicos, o processo de corrosão é normalmente eletroquímico, isto é, uma reação química na qual existe uma transferência de elétrons de um componente químico para outro. Caracteristicamente, os átomos metálicos perdem ou cedem elétrons, o que é denominado reação de **oxidação**. Por exemplo, um metal hipotético M com uma valência de n (ou n elétrons de valência) pode apresentar um processo de oxidação de acordo com a reação

oxidação

Reação de oxidação para o metal M

$$M \rightarrow M^{n+} + ne^-$$ (16.1)

em que M torna-se um íon positivamente carregado n^+, que nesse processo perde seus n elétrons de valência; e^- é usado para simbolizar um elétron. Exemplos em que há oxidação de metais são

$$Fe \rightarrow Fe^{2+} + 2e^-$$ (16.2a)
$$Al \rightarrow Al^{3+} + 3e^-$$ (16.2b)

anodo

O local onde ocorre a oxidação é chamado de **anodo**; a oxidação é algumas vezes chamada de reação anódica.

Os elétrons gerados a partir de cada átomo de metal que é oxidado devem ser transferidos para outro componente químico e tornar-se parte dele; isso é denominado reação de **redução**. Por exemplo, alguns metais sofrem corrosão em soluções ácidas, que têm concentrações elevadas de íons hidrogênio (H^+); os íons H^+ são reduzidos da seguinte maneira:

redução

Redução de íons hidrogênio em uma solução ácida

$$2H^+ + 2e^- \rightarrow H_2$$ (16.3)

e o gás hidrogênio (H_2) é liberado.

Outras reações de redução são possíveis, dependendo da natureza da solução à qual o metal está exposto. Para uma solução ácida que contém oxigênio dissolvido, uma redução de acordo com a reação

Reação de redução em uma solução ácida contendo oxigênio dissolvido

$$O_2 + 4H^+ + 4e^- \rightarrow 2H_2O$$ (16.4)

provavelmente ocorrerá. Para soluções aquosas neutras ou básicas em que também existe oxigênio dissolvido,

Reação de redução em uma solução neutra ou básica contendo oxigênio dissolvido

$$O_2 + 2H_2O + 4e^- \rightarrow 4(OH^-)$$ (16.5)

Qualquer íon metálico presente na solução também poderá ser reduzido; para íons que podem existir em mais de um estado de valência (íons multivalentes), a redução pode ocorrer segundo a reação

Redução de um íon metálico multivalente para um estado de valência menor

$$M^{n+} + e^- \rightarrow M^{(n-1)+}$$ (16.6)

na qual o íon metálico diminui seu estado de valência aceitando um elétron. Um metal pode ser totalmente reduzido a partir de um estado iônico para um estado metálico neutro de acordo com a reação

Redução de um íon metálico ao seu átomo eletricamente neutro

$$M^{n+} + ne^- \rightarrow M$$ (16.7)

catodo

O local onde ocorre a reação de redução é chamado de **catodo**. É possível que ocorram simultaneamente duas ou mais das reações de redução anteriores.

Uma reação eletroquímica global deve consistir em pelo menos uma reação de oxidação e uma de redução, e será a soma de ambas; com frequência, as reações individuais de oxidação e de redução são denominadas *semirreações*. Não pode haver nenhum acúmulo resultante de cargas elétricas dos elétrons e íons; isto é, a taxa total de oxidação deve ser igual à taxa total de redução; ou seja, todos os elétrons gerados pelas reações de oxidação devem ser consumidos pelas reações de redução.

Considere, por exemplo, o metal zinco imerso em uma solução ácida contendo íons H^+. Em algumas regiões sobre a superfície do metal, o zinco sofrerá um processo de oxidação ou corrosão, como está ilustrado na Figura 16.1, de acordo com a reação

$$Zn \rightarrow Zn^{2+} + 2e^- \tag{16.8}$$

Uma vez que o zinco é um metal e, portanto, um bom condutor de eletricidade, esses elétrons podem ser transferidos para uma região adjacente onde os íons H^+ são reduzidos de acordo com

$$2H^+ + 2e^- \rightarrow H_2 \text{ (gás)} \tag{16.9}$$

Se nenhuma outra reação de oxidação ou de redução ocorrer, a reação eletroquímica total é simplesmente a soma das reações 16.8 e 16.9, ou seja,

$$\begin{array}{c} Zn \rightarrow Zn^{2+} + 2e^- \\ \underline{2H^+ + 2e^- \rightarrow H_2 \text{ (gás)}} \\ Zn + 2H^+ \rightarrow Zn^{2+} + H_2 \text{ (gás)} \end{array} \tag{16.10}$$

Outro exemplo é a oxidação ou ferrugem do ferro na água que contém oxigênio dissolvido. Esse processo ocorre em duas etapas: na primeira, o Fe é oxidado a Fe^{2+} [como $Fe(OH)_2$],

$$Fe + \tfrac{1}{2}O_2 + H_2O \rightarrow Fe^{2+} + 2OH^- \rightarrow Fe(OH)_2 \tag{16.11}$$

e, na segunda etapa, ele é oxidado a Fe^{3+} [como $Fe(OH)_3$], de acordo com

$$2Fe(OH)_2 + \tfrac{1}{2}O_2 + H_2O \rightarrow 2Fe(OH)_3 \tag{16.12}$$

O composto $Fe(OH)_3$ é a tão familiar ferrugem.

Como consequência da oxidação, os íons metálicos podem ou transferir-se para a solução corrosiva na forma de íons (reação 16.8), ou formar um composto insolúvel com elementos não metálicos, como na reação 16.12.

Verificação de Conceitos 16.1   Você esperaria que o ferro corroesse em água de alta pureza? Por que sim ou por que não?

(*A resposta está disponível no GEN-IO, ambiente virtual de aprendizagem do GEN.*)

Potenciais de Eletrodo

Nem todos os materiais metálicos se oxidam para formar íons com o mesmo grau de facilidade. Considere a pilha eletroquímica mostrada na Figura 16.2. No lado esquerdo está uma peça em ferro puro imersa em uma solução que contém íons Fe^{2+} em uma concentração de 1 M.[1] O outro lado da pilha consiste em um eletrodo de cobre puro imerso em uma solução 1 M de íons Cu^{2+}. As semipilhas estão separadas por uma membrana, que limita a mistura das duas soluções. Se os eletrodos de ferro e de cobre forem conectados eletricamente, a redução ocorrerá para o cobre à custa da oxidação do ferro, da seguinte maneira:

$$Cu^{2+} + Fe \rightarrow Cu + Fe^{2+} \tag{16.13}$$

ou os íons Cu^{2+} irão se depositar (eletrodeposição) na forma de cobre metálico sobre o eletrodo de cobre, enquanto o ferro se dissolve (corrói) no outro lado da pilha, transferindo-se para a solução na forma de íons Fe^{2+}. Dessa forma, as reações para as duas semipilhas podem ser representadas pelas relações

---

molaridade

[1] A concentração de soluções líquidas é expressa, com frequência, em termos da **molaridade**, M, que é o número de mols de soluto por milhão de mililitros cúbicos (10^6 mm^3, ou 1000 cm^3) de solução.

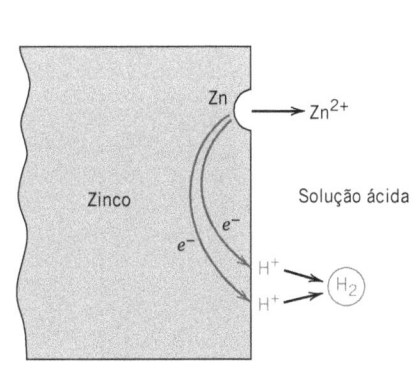

Figura 16.1 Reações eletroquímicas associadas à corrosão do zinco em uma solução ácida.
(De M. G. Fontana, *Corrosion Engineering*, 3rd edition. Copyright © 1986 por McGraw-Hill Book Company. Reproduzido com permissão.)

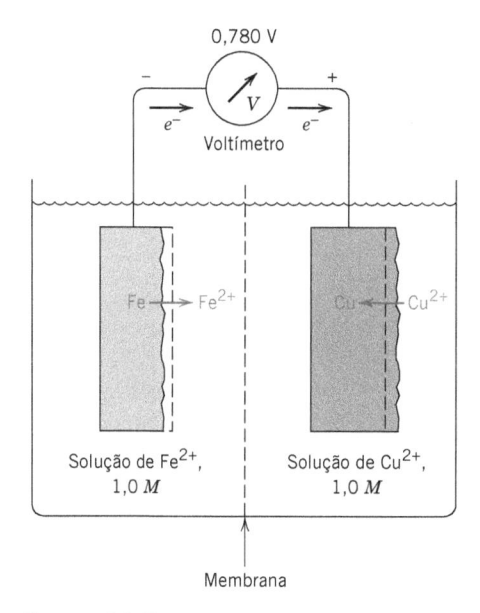

Figura 16.2 Pilha eletroquímica composta por eletrodos de ferro e de cobre, cada um dos quais imerso em uma solução 1 M dos seus íons. O ferro se corrói, enquanto o cobre se eletrodeposita.

$$Fe \rightarrow Fe^{2+} + 2e^- \qquad (16.14a)$$
$$Cu^{2+} + 2e^- \rightarrow Cu \qquad (16.14b)$$

Quando uma corrente passa pelo circuito externo, os elétrons gerados na oxidação do ferro fluem para a pilha de cobre, para que os íons Cu^{2+} sejam reduzidos. Além disso, haverá um movimento resultante dos íons de cada pilha para a outra através da membrana. Isso é chamado de um *par galvânico* – dois metais que estão conectados eletricamente em um **eletrólito** líquido, em que um metal torna-se um anodo e sofre corrosão, enquanto o outro atua como um catodo.

eletrólito

Haverá um potencial elétrico entre as duas semipilhas, cuja magnitude pode ser determinada se um voltímetro for conectado ao circuito externo. Forma-se um potencial de 0,780 V para uma pilha galvânica cobre-ferro quando a temperatura é de 25 °C (77 °F).

Considere agora outro par galvânico que consiste na mesma semipilha de ferro, conectada a um eletrodo de zinco metálico imerso em uma solução 1 M de íons Zn^{2+} (Figura 16.3). Nesse caso, o zinco é o anodo e se corrói, enquanto o Fe torna-se o catodo. A reação eletroquímica é, portanto,

$$Fe^{2+} + Zn \rightarrow Fe + Zn^{2+} \qquad (16.15)$$

O potencial associado a essa pilha de reação é de 0,323 V.

Dessa forma, os diversos pares de eletrodos apresentam diferentes tensões; a magnitude dessa tensão pode ser considerada representativa da força motriz para a reação eletroquímica de oxidação-redução. Consequentemente, os materiais metálicos podem ser classificados de acordo com sua tendência para sofrer uma reação de oxidação ao serem acoplados a outros metais em soluções dos seus respectivos íons. Uma semipilha semelhante àquelas descritas [isto é, um eletrodo de um metal puro imerso em uma solução 1 M dos seus íons e a 25 °C (77 °F)] é denominada **semipilha-padrão**.

semipilha-padrão

Série de Potenciais de Eletrodo–Padrão

Essas medidas de tensão da pilha representam apenas diferenças no potencial elétrico e, portanto, é conveniente estabelecer um ponto de referência, ou uma pilha de referência, em relação à qual as outras semipilhas possam ser comparadas. Essa pilha de referência, escolhida arbitrariamente, é o eletrodo-padrão de hidrogênio (Figura 16.4). Ele consiste em um eletrodo inerte de platina imerso em uma solução 1 M de íons H^+, saturada com gás hidrogênio, o qual é borbulhado através da solução a uma pressão de 1 atm e uma temperatura de 25 °C (77 °F). A platina propriamente dita não

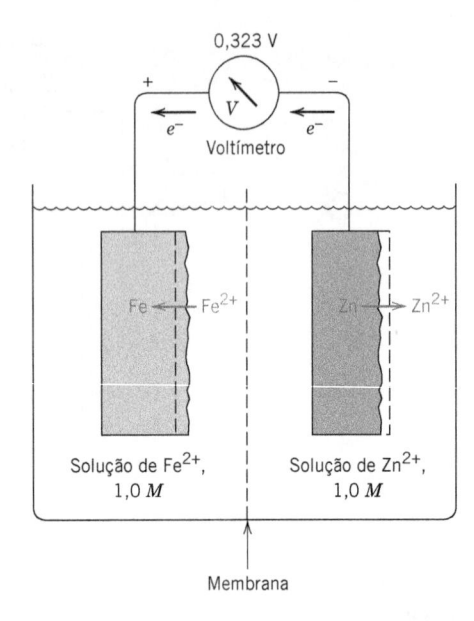

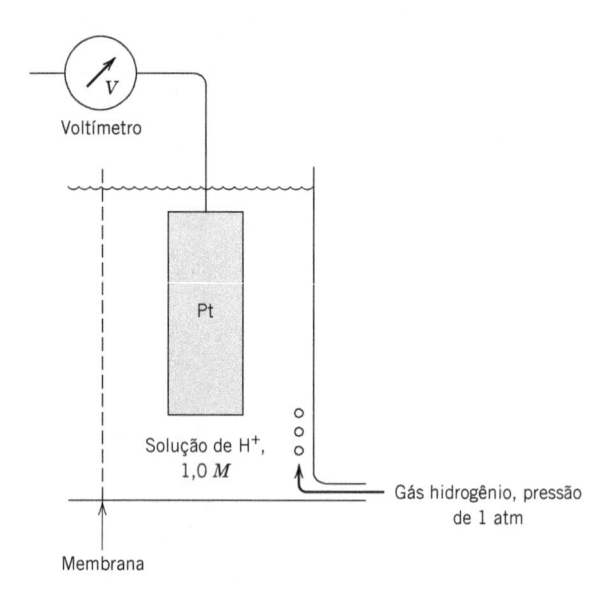

Figura 16.3 Pilha eletroquímica composta por eletrodos de ferro e de zinco, cada um dos quais imerso em uma solução 1 M dos seus íons. O ferro se eletrodeposita, enquanto o zinco se corrói.

Figura 16.4 Semipilha de referência-padrão de hidrogênio.

série de potenciais de eletrodo

participa da reação eletroquímica; ela atua apenas como uma superfície sobre a qual os átomos de hidrogênio podem ser oxidados ou os íons hidrogênio podem ser reduzidos. A **série de potenciais de eletrodo** (Tabela 16.1) é gerada pelo acoplamento de semipilhas-padrão para vários metais ao eletrodo-padrão de hidrogênio, seguido pela classificação desses metais de acordo com a tensão medida. A Tabela 16.1 apresenta as tendências à corrosão para vários metais; os metais na parte superior da tabela (isto é, o ouro e a platina) são metais *nobres*, ou quimicamente inertes. Seguindo para baixo na tabela, os metais tornam-se cada vez mais ativos – isto é, mais suscetíveis à oxidação. O sódio e o potássio exibem as maiores reatividades.

As tensões na Tabela 16.1 são para as semirreações na forma de *reações de redução*, com os elétrons no lado esquerdo da equação química; para a oxidação, a direção da reação é invertida e o sinal da tensão é trocado.

Considere as reações genéricas envolvendo a oxidação de um metal M_1 e a redução de um metal M_2, isto é,

$$M_1 \rightarrow M_1^{n+} + ne^- \qquad -V_1^0 \qquad (16.16a)$$

$$M_2^{n+} + ne^- \rightarrow M_2 \qquad +V_2^0 \qquad (16.16b)$$

em que V^0 são os potenciais-padrão obtidos da série de potenciais de eletrodo-padrão. Uma vez que o metal M_1 é oxidado, o sinal de V_1^0 é o oposto ao que está apresentado na Tabela 16.1. A soma das Equações 16.16a e 16.16b fornece

$$M_1 + M_2^{n+} \rightarrow M_1^{n+} + M_2 \qquad (16.17)$$

e o potencial global para a pilha ΔV^0 é

Potencial da pilha eletroquímica para duas semipilhas-padrão acopladas eletricamente

$$\Delta V^0 = V_2^0 - V_1^0 \qquad (16.18)$$

Para que essa reação ocorra espontaneamente, ΔV^0 deve ser positivo; se for negativo, a direção espontânea para a reação da pilha é inversa àquela da Equação 16.17. Quando semipilhas-padrão são acopladas entre si, o metal que está localizado mais abaixo na Tabela 16.1 sofre oxidação (isto é, corrosão), enquanto o metal mais acima na tabela é reduzido.

Tabela 16.1 Série de Potenciais de Eletrodo-Padrão

	Reação do Eletrodo	Potencial de Eletrodo-Padrão, V^0 (V)
	$Au^{3+} + 3e^- \rightarrow Au$	+ 1,420
↑	$O_2 + 4H^+ + 4e^- \rightarrow 2H_2O$	+ 1,229
	$Pt^{2+} + 2e^- \rightarrow Pt$	$\sim$ + 1,2
	$Ag^+ + e^- \rightarrow Ag$	+ 0,800
Progressivamente	$Fe^{3+} + e^- \rightarrow Fe^{2+}$	+ 0,771
mais inerte (catódico)	$O_2 + 2H_2O + 4e^- \rightarrow 4(OH^-)$	+ 0,401
	$Cu^{2+} + 2e^- \rightarrow Cu$	+ 0,340
	$2H^+ + 2e^- \rightarrow H_2$	0,000
	$Pb^{2+} + 2e^- \rightarrow Pb$	– 0,126
	$Sn^{2+} + 2e^- \rightarrow Sn$	– 0,136
	$Ni^{2+} + 2e^- \rightarrow Ni$	– 0,250
	$Co^{2+} + 2e^- \rightarrow Co$	– 0,277
	$Cd^{2+} + 2e^- \rightarrow Cd$	– 0,403
	$Fe^{2+} + 2e^- \rightarrow Fe$	– 0,440
Progressivamente	$Cr^{3+} + 3e^- \rightarrow Cr$	– 0,744
mais ativo (anódico)	$Zn^{2+} + 2e^- \rightarrow Zn$	– 0,763
	$Al^{3+} + 3e^- \rightarrow Al$	– 1,662
↓	$Mg^{2+} + 2e^- \rightarrow Mg$	– 2,363
	$Na^+ + e^- \rightarrow Na$	– 2,714
	$K^+ + e^- \rightarrow K$	– 2,924

Influência da Concentração e da Temperatura sobre o Potencial de Eletrodo

A série de potenciais de eletrodo se aplica a pilhas eletroquímicas altamente idealizadas (isto é, a metais puros em soluções 1 *M* de seus íons, a 25 °C). A alteração da temperatura ou da concentração da solução ou a utilização de ligas nos eletrodos e não de metais puros muda o potencial da pilha e, em alguns casos, a direção da reação espontânea pode ser invertida.

Considere novamente a reação eletroquímica descrita pela Equação 16.17. Se os eletrodos M_1 e M_2 forem de metais puros, o potencial da pilha depende da temperatura absoluta *T* e das concentrações molares dos íons $[M_1^{n+}]$ e $[M_2^{n+}]$ segundo a equação de Nernst:

Equação de Nernst – potencial da pilha eletroquímica para duas semipilhas acopladas eletricamente e para as quais as concentrações dos íons na solução são diferentes de 1 M

$$\Delta V = (V_2^0 - V_1^0) - \frac{RT}{n\mathscr{F}} \ln \frac{[M_1^{n+}]}{[M_2^{n+}]} \qquad (16.19)$$

em que *R* é a constante dos gases, *n* é o número de elétrons que participam de cada uma das reações das semipilhas e $\mathscr{F}$ é a constante de Faraday, 96.500 C/mol – a magnitude de carga por mol (6,022 × 10^{23}) de elétrons. A 25 °C (aproximadamente a temperatura ambiente),

Forma simplificada da Equação 16.19 para T = 25 °C (temperatura ambiente)

$$\Delta V = (V_2^0 - V_1^0) - \frac{0,0592}{n} \log \frac{[M_1^{n+}]}{[M_2^{n+}]} \qquad (16.20)$$

para fornecer ΔV em volts. Novamente, para haver espontaneidade da reação, ΔV deve ser positivo. Como esperado, para concentrações de 1 *M* de ambos os tipos de íons (isto é, para $[M_1^{n+}] = [M_2^{n+}] = 1$), a Equação 16.19 se simplifica à Equação 16.18.

Verificação de Conceitos 16.2   Modifique a Equação 16.19 para o caso em que os metais M_1 e M_2 são ligas.

(*A resposta está disponível no GEN-IO, ambiente virtual de aprendizagem do GEN.*)

PROBLEMA-EXEMPLO 16.1

Determinação das Características da Pilha Eletroquímica

Metade de uma pilha eletroquímica consiste em um eletrodo de níquel puro em uma solução de íons Ni^{2+}; a outra metade é composta por um eletrodo de cádmio imerso em uma solução de íons Cd^{2+}.

(a) Se a pilha é uma pilha-padrão, escreva a reação global espontânea e calcule a tensão gerada.

(b) Calcule o potencial da pilha a 25 °C se as concentrações de Cd^{2+} e Ni^{2+} forem de 0,5 e $10^{-3}M$, respectivamente. A direção da reação espontânea continuará a mesma que a da pilha-padrão?

Solução

(a) O eletrodo de cádmio é oxidado e o eletrodo de níquel é reduzido, uma vez que o cádmio está mais abaixo na série de potenciais de eletrodo; dessa forma, as reações espontâneas são

$$\begin{array}{r} Cd \rightarrow Cd^{2+} + 2e^- \\ \underline{Ni^{2+} + 2e^- \rightarrow Ni} \\ Ni^{2+} + Cd \rightarrow Ni + Cd^{2+} \end{array} \qquad (16.21)$$

Da Tabela 16.1, os potenciais da semipilha para o cádmio e o níquel são, respectivamente, de –0,403 e –0,250 V. Portanto, a partir da Equação 16.18,

$$\Delta V = V^0_{Ni} - V^0_{Cd} = -0,250\ V - (-0,403\ V) = +0,153\ V$$

(b) Para esse item do problema, deve ser usada a Equação 16.20, uma vez que as concentrações das soluções das semipilhas não são mais de 1 M. Nesse ponto, é preciso fazer uma estimativa calculada de qual componente metálico se oxida (ou se reduz). Essa escolha será confirmada ou rejeitada com base no sinal de ΔV ao final dos cálculos. Como argumentação, vamos considerar que, ao contrário do item (a), o níquel seja oxidado e o cádmio reduzido, de acordo com

$$Cd^{2+} + Ni \rightarrow Cd + Ni^{2+} \qquad (16.22)$$

Dessa forma,

$$\begin{aligned} \Delta V &= (V^0_{Cd} - V^0_{Ni}) - \frac{RT}{n\mathscr{F}} \ln \frac{[Ni^{2+}]}{[Cd^{2+}]} \\ &= -0,403\ V - (-0,250\ V) - \frac{0,0592}{2} \log\left(\frac{10^{-3}}{0,50}\right) \\ &= -0,073\ V \end{aligned}$$

Uma vez que ΔV é negativo, a direção da reação espontânea é oposta à indicada pela Equação 16.22, ou seja,

$$Ni^{2+} + Cd \rightarrow Ni + Cd^{2+}$$

Isto é, o cádmio é oxidado e o níquel é reduzido.

A Série Galvânica

série galvânica

Embora a Tabela 16.1 tenha sido gerada sob condições altamente idealizadas e tenha utilidade limitada, ela, no entanto, indica as reatividades relativas dos metais. Uma classificação mais prática e realista é fornecida pela **série galvânica**, Tabela 16.2. Ela representa as reatividades relativas de diversos metais e ligas comerciais na água do mar. As ligas próximas ao topo da lista são catódicas e não reativas, enquanto aquelas na parte de baixo são as mais anódicas; nenhuma informação de

Tabela 16.2 A Série Galvânica

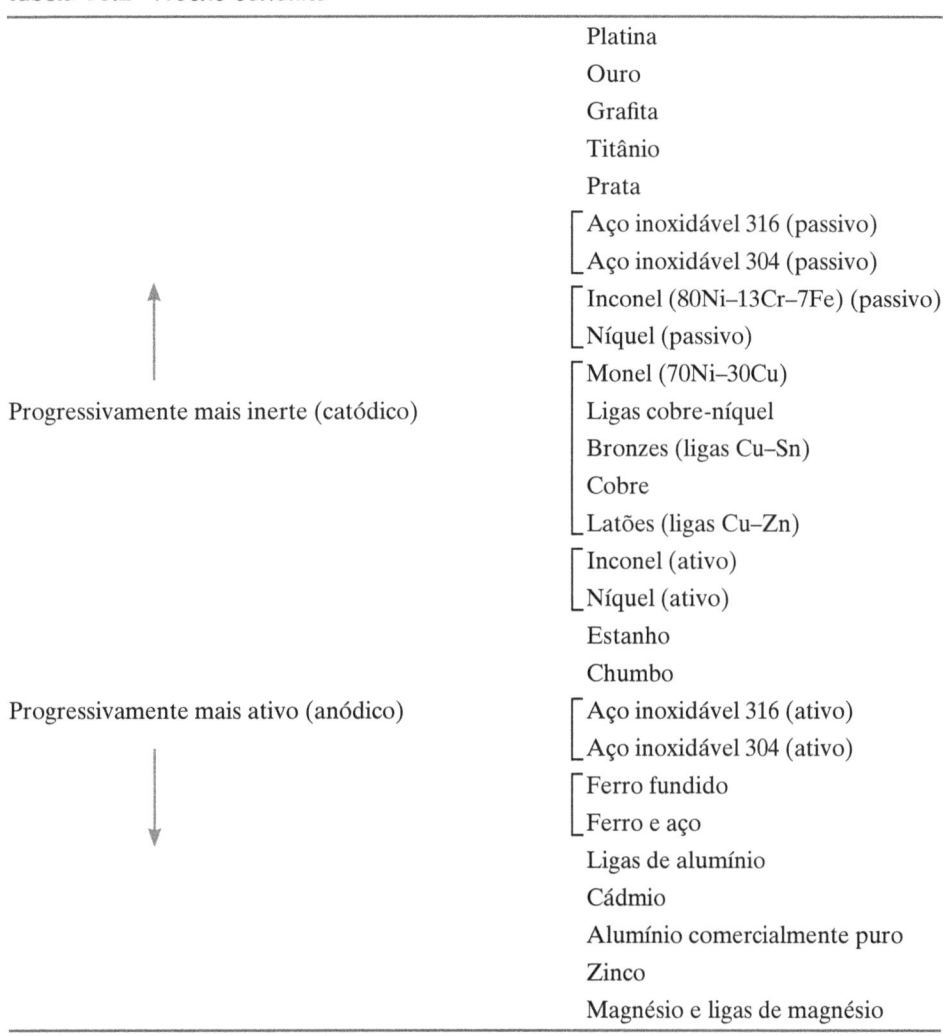

	Platina
	Ouro
	Grafita
	Titânio
	Prata
	⌈ Aço inoxidável 316 (passivo)
	⌊ Aço inoxidável 304 (passivo)
	⌈ Inconel (80Ni–13Cr–7Fe) (passivo)
	⌊ Níquel (passivo)
Progressivamente mais inerte (catódico)	⌈ Monel (70Ni–30Cu)
	Ligas cobre-níquel
	Bronzes (ligas Cu–Sn)
	Cobre
	⌊ Latões (ligas Cu–Zn)
	⌈ Inconel (ativo)
	⌊ Níquel (ativo)
	Estanho
	Chumbo
Progressivamente mais ativo (anódico)	⌈ Aço inoxidável 316 (ativo)
	⌊ Aço inoxidável 304 (ativo)
	⌈ Ferro fundido
	⌊ Ferro e aço
	Ligas de alumínio
	Cádmio
	Alumínio comercialmente puro
	Zinco
	Magnésio e ligas de magnésio

Fonte: M. G. Fontana, *Corrosion Engineering*, 3rd edition. Copyright 1986 por McGraw-Hill Book Company. Reproduzido sob permissão.

tensão é fornecida. Uma comparação entre os potenciais de eletrodo-padrão e a série galvânica revela um alto grau de correspondência entre as posições relativas dos metais puros.

A maioria dos metais e ligas está sujeita à oxidação ou corrosão em maior ou em menor grau, em uma ampla variedade de ambientes – isto é, eles são mais estáveis em um estado iônico do que como metais. Em termos termodinâmicos, existe uma diminuição resultante na energia livre ao ir de um estado metálico para um estado oxidado. Em consequência, essencialmente todos os metais ocorrem na natureza como compostos – por exemplo, óxidos, hidróxidos, carbonatos, silicatos, sulfetos e sulfatos. Duas exceções são os metais nobres ouro e platina, para os quais, na maioria dos ambientes, a oxidação não é favorável e, portanto, eles podem existir na natureza em seu estado metálico.

16.3 TAXAS DE CORROSÃO

Os potenciais de semipilha listados na Tabela 16.1 são parâmetros termodinâmicos relacionados com sistemas em equilíbrio. Por exemplo, para as discussões relacionadas com as Figuras 16.2 e 16.3, considerou-se tacitamente que não havia nenhum fluxo de corrente através do circuito externo. Os sistemas reais, sob corrosão, não estão em equilíbrio; existe um fluxo de elétrons do anodo para o catodo (correspondente ao curto-circuito das pilhas eletroquímicas nas Figuras 16.2 e 16.3); isso significa que os parâmetros dos potenciais das semipilhas (Tabela 16.1) não podem ser aplicados.

Além disso, esses potenciais de semipilha representam a magnitude de uma força motriz, ou a tendência à ocorrência da reação da semipilha específica. Contudo, embora esses potenciais possam ser usados para determinar as direções da reação espontânea, eles não fornecem nenhuma informação quanto às taxas de corrosão. Isto é, embora um potencial ΔV calculado para uma situação de corrosão específica usando a Equação 16.20 possa ser um número positivo relativamente grande, a reação pode ocorrer somente a uma taxa insignificantemente lenta. A partir de uma perspectiva de engenharia, estamos interessados em estimar as taxas nas quais os sistemas se corroem; isso requer a utilização de outros parâmetros, como discutido a seguir.

A taxa de corrosão, ou a taxa de remoção de material como consequência da ação química, é um importante parâmetro da corrosão. Esse parâmetro pode ser expresso como a **taxa de penetração da corrosão (TPC)**, ou a perda de espessura do material por unidade de tempo. A fórmula para esse cálculo é

taxa de penetração da corrosão (TPC)

Taxa de penetração da corrosão – em função da perda de peso da amostra, massa específica, área, e tempo de exposição

$$TPC = \frac{KW}{\rho At} \qquad (16.23)$$

em que W é a perda de peso após um tempo de exposição t; ρ e A representam, respectivamente, a massa específica e a área da amostra que está exposta e K é uma constante cuja magnitude depende do sistema de unidades utilizado. A TPC é expressa de maneira conveniente em termos de mils por ano (mpa) ou milímetros por ano (mm/ano). No primeiro caso, $K = 534$ para fornecer a TPC em mpa (em que 1 mil = 0,001 in), W, ρ, A e t são especificados em unidades de miligramas, gramas por centímetro cúbico, polegadas quadradas e horas, respectivamente. No segundo caso, $K = 87,6$ para mm/ano, e as unidades para os outros parâmetros são as mesmas que para o caso de mils por ano, exceto pelo fato de A ser dado em centímetros quadrados. Para a maioria das aplicações, uma taxa de penetração da corrosão de menos de aproximadamente 20 mpa (0,50 mm/ano) é aceitável.

A seguinte tabela é um resumo das unidades para os dois esquemas de taxa de penetração da corrosão:

		Unidades			
Unidades da TPC	Valor de K	W	r	A	t
mpa	534	mg	g/cm³	in²	h
mm/ano	87,6	mg	g/cm³	cm²	h

Uma vez que existe uma corrente elétrica associada às reações de corrosão eletroquímicas, também podemos expressar a taxa de corrosão em termos dessa corrente ou, mais especificamente, da densidade de corrente – isto é, da corrente por unidade de área superficial do material que está se corroendo – a qual é designada por i. A taxa r, em unidades de mol/m² · s, é determinada usando a expressão

Expressão que relaciona a taxa de corrosão com a densidade de corrente

$$r = \frac{i}{n\mathscr{F}} \qquad (16.24)$$

em que, novamente, n é o número de elétrons associados à ionização de cada átomo metálico e $\mathscr{F}$ vale 96.500 C/mol.

16.4 ESTIMATIVA DAS TAXAS DE CORROSÃO

Polarização

Considere a pilha eletroquímica Zn/H_2 padrão que está mostrada na Figura 16.5, a qual foi colocada em curto-circuito tal que a oxidação do zinco e a redução do hidrogênio ocorrem nas superfícies dos seus respectivos eletrodos. Os potenciais dos dois eletrodos não estão nos valores determinados pela Tabela 16.1, pois o sistema agora não está em equilíbrio. O deslocamento de cada potencial de eletrodo do seu valor de equilíbrio é denominado **polarização**, e a magnitude desse deslocamento é a *sobretensão*, representada normalmente pelo símbolo η. A sobretensão é expressa em termos de mais ou menos volts (ou milivolts) em relação ao potencial de equilíbrio. Por exemplo, suponha

polarização

que o eletrodo de zinco, na Figura 16.5, tenha um potencial de –0,621 V após ter sido conectado ao eletrodo de platina. O potencial de equilíbrio é de –0,763 V (Tabela 16.1); portanto,

$$\eta = -0{,}621 \text{ V} - (-0{,}763 \text{ V}) = +0{,}142 \text{ V}$$

Existem dois tipos de polarização – ativação e concentração. Seus mecanismos são agora discutidos, uma vez que eles controlam a taxa das reações eletroquímicas.

Polarização por Ativação

polarização por ativação

Todas as reações eletroquímicas consistem em uma sequência de etapas que ocorrem em série na interface entre o eletrodo metálico e a solução eletrolítica. A **polarização por ativação** refere-se à condição em que a taxa de reação é controlada pela etapa na série que ocorre à taxa mais lenta. O termo *ativação* é aplicado a esse tipo de polarização porque uma barreira devido à energia de ativação está associada a essa etapa mais lenta, que limita a taxa de reação.

Como exemplo, vamos considerar a redução de íons hidrogênio para formar bolhas de gás hidrogênio sobre a superfície de um eletrodo de zinco (Figura 16.6). É concebível que essa reação possa prosseguir de acordo com a seguinte sequência de etapas:

1. Adsorção dos íons H^+ da solução sobre a superfície do zinco.
2. Transferência de elétrons do zinco para formar um átomo de hidrogênio,

$$H^+ + e^- \rightarrow H$$

3. Combinação de dois átomos de hidrogênio para formar uma molécula de hidrogênio,

$$2H \rightarrow H_2$$

4. Coalescência de muitas moléculas de hidrogênio para formar uma bolha.

A mais lenta dessas etapas determina a taxa da reação global.

Para a polarização por ativação, a relação entre a sobretensão η_a e a densidade de corrente i é

Relação entre a sobretensão e a densidade de corrente para a polarização por ativação

$$\eta_a = \pm\ \beta \log\frac{i}{i_0} \tag{16.25}$$

em que β e i_0 são constantes para a semipilha específica. O parâmetro i_0 é denominado *densidade de corrente de troca* e merece uma explicação sucinta. O equilíbrio para uma reação de semipilha

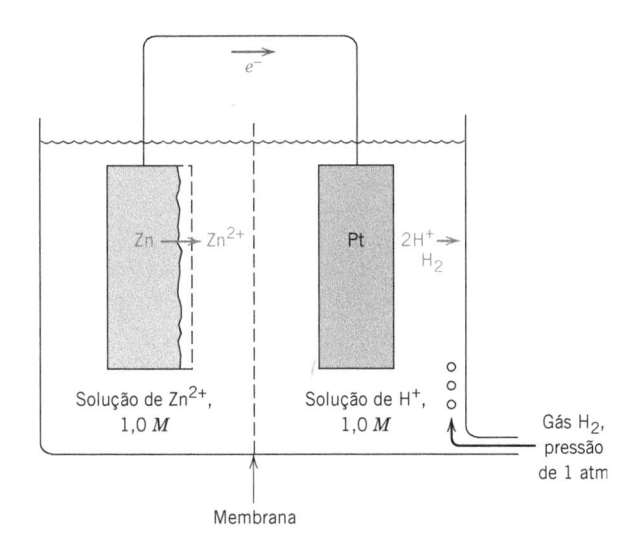

Figura 16.5 Pilha eletroquímica composta por eletrodos-padrão de zinco e de hidrogênio que foram colocados em curto-circuito.

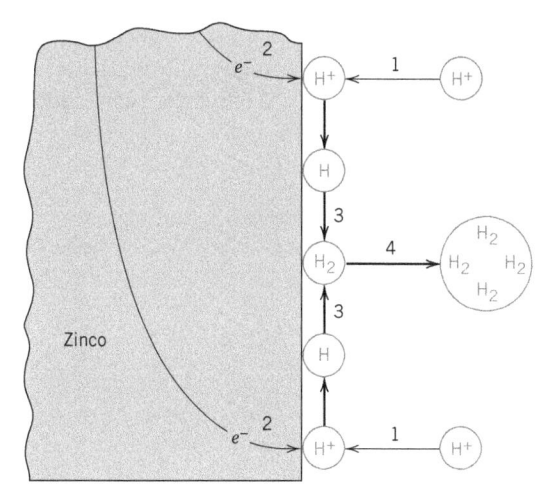

Figura 16.6 Representação esquemática de possíveis etapas na reação de redução do hidrogênio, cuja taxa é controlada pela polarização por ativação. (De M. G. Fontana, *Corrosion Engineering*, 3rd edition. Copyright © 1986 por McGraw-Hill Book Company. Reproduzido com permissão.)

específica é realmente um estado dinâmico ao nível atômico – isto é, os processos de oxidação e de redução estão ocorrendo, mas ambos a uma mesma taxa, de forma que não existe uma reação resultante. Por exemplo, para a pilha de hidrogênio-padrão (Figura 16.4), a redução dos íons hidrogênio que estão em solução ocorre sobre a superfície do eletrodo de platina, de acordo com

$$2H^+ + 2e^- \rightarrow H_2$$

com uma taxa correspondente de r_{red}. De maneira semelhante, o gás hidrogênio na solução sofre oxidação, de acordo com

$$H_2 \rightarrow 2H^+ + 2e^-$$

à taxa de r_{oxid}. As condições de equilíbrio existem quando

$$r_{red} = r_{oxid}$$

Essa densidade de corrente de troca é simplesmente a densidade de corrente da Equação 16.24 em equilíbrio, ou seja,

| Igualdade das taxas de oxidação e de redução em equilíbrio e suas relações com a densidade de corrente de troca |

$$r_{red} = r_{oxid} = \frac{i_0}{n\mathscr{F}} \tag{16.26}$$

O uso do termo *densidade de corrente* para i_0 é um pouco enganoso, uma vez que não existe nenhum fluxo resultante de corrente. Além disso, o valor para i_0 é determinado experimentalmente e varia de sistema para sistema.

De acordo com a Equação 16.25, quando a sobretensão é traçada em função do logaritmo da densidade de corrente, resultam segmentos de retas que estão mostrados na Figura 16.7 para o eletrodo de hidrogênio. O segmento de reta com uma inclinação de $+\beta$ corresponde à semirreação de oxidação, enquanto a reta com uma inclinação de $-\beta$ corresponde à semirreação de redução. Também é importante observar que ambos os segmentos de reta têm sua origem em i_0 (H_2/H^+), na densidade de corrente de troca e em uma sobretensão de zero, uma vez que nesse ponto o sistema está em equilíbrio e não existe nenhuma reação resultante.

Polarização por Concentração

| polarização por concentração |

Existe **polarização por concentração** quando a taxa da reação está limitada pela difusão na solução. Por exemplo, considere novamente a reação de redução com evolução de hidrogênio. Quando a taxa da reação é lenta e/ou a concentração de íons H^+ é alta, existe sempre um suprimento adequado de íons hidrogênio disponível na solução na região próxima à interface do eletrodo (Figura 16.8a). Contudo, quando as taxas são elevadas e/ou há baixas concentrações de íons H^+, pode haver a formação de uma zona com escassez de íons hidrogênio na vizinhança da interface, uma vez que os íons H^+ não são repostos em uma taxa suficientemente rápida para manter a reação (Figura 16.8b). Dessa forma, a difusão dos íons H^+ para a interface é o processo que controla a taxa da reação, e o sistema é dito estar polarizado por concentração.

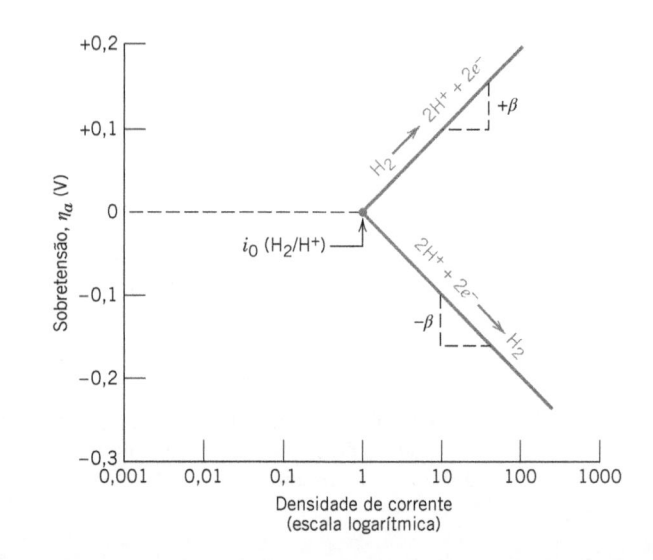

Figura 16.7 Gráfico da sobretensão da polarização por ativação em função do logaritmo da densidade de corrente para as reações de oxidação e de redução para um eletrodo de hidrogênio.
(Adaptado de M. G. Fontana, *Corrosion Engineering*, 3rd edition. Copyright © 1986 por McGraw-Hill Book Company. Reproduzido com permissão.)

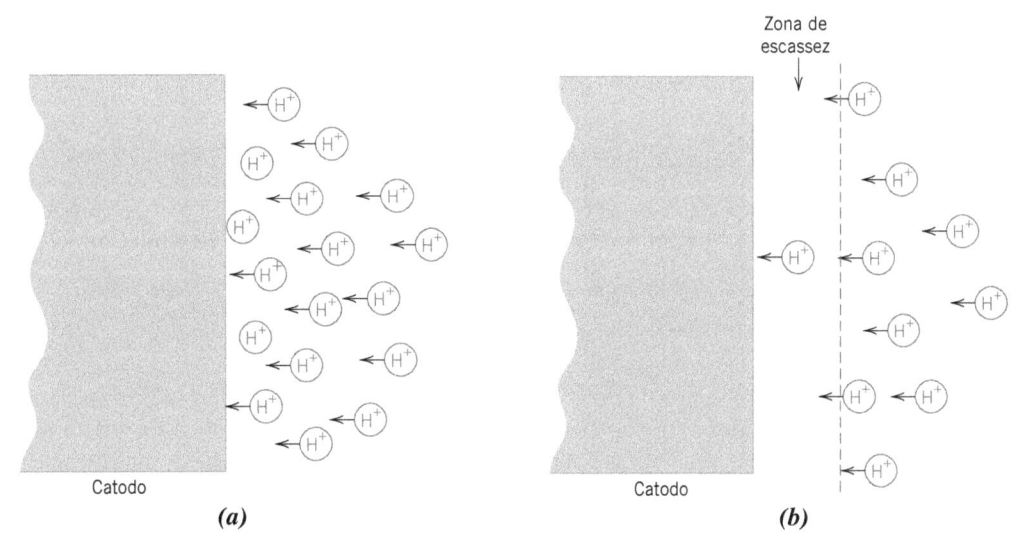

Figura 16.8 Representações esquemáticas da distribuição dos íons H+ na vizinhança do catodo para a redução do hidrogênio para (a) baixas taxas de reação e/ou altas concentrações, e (b) altas taxas de reação e/ou baixas concentrações, em que há a formação de uma zona de escassez que dá origem a uma polarização por concentração.
(Adaptado de M. G. Fontana, *Corrosion Engineering*, 3rd edition. Copyright © 1986 por McGraw-Hill Book Company. Reproduzido com permissão.)

Os dados para a polarização por concentração também são normalmente traçados na forma da sobretensão em função do logaritmo da densidade de corrente; um desses gráficos está representado esquematicamente na Figura 16.9a.[2] Pode ser observado a partir dessa figura que a sobretensão é independente da densidade de corrente até i se aproximar de i_L; nesse ponto, η_c diminui bruscamente.

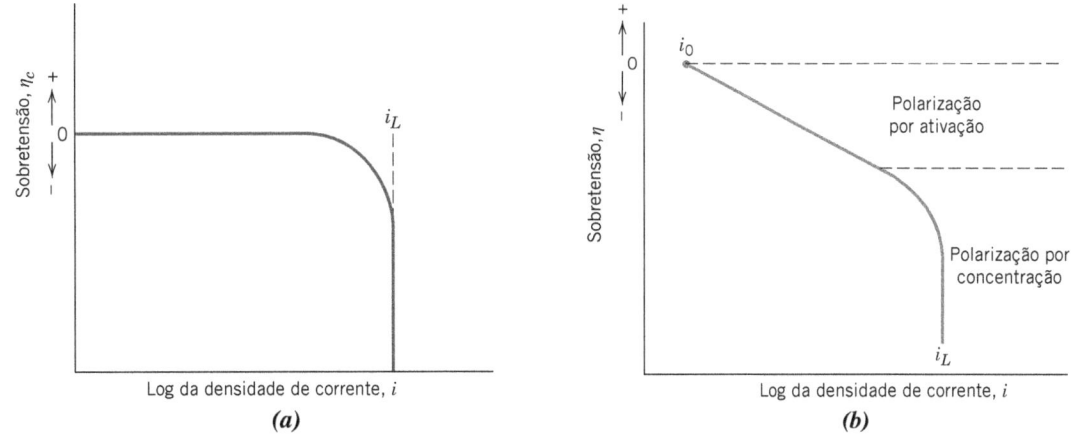

Figura 16.9 Gráficos esquemáticos da sobretensão em função do logaritmo da densidade de corrente para reações de redução para (a) uma polarização por concentração e (b) uma polarização combinada por ativação e concentração.

---

[2] A expressão matemática que relaciona a sobretensão da polarização por concentração η_c à densidade de corrente i é

Relação entre a sobretensão e a densidade de corrente para a polarização por concentração

$$\eta_c = \frac{2{,}3RT}{n\mathscr{F}} \log\left(1 - \frac{i}{i_L}\right) \tag{16.27}$$

em que R e T são, respectivamente, a constante dos gases e a temperatura absoluta, n e $\mathscr{F}$ têm os mesmos significados dados anteriormente e i_L é a densidade de corrente limite para difusão.

São possíveis uma polarização tanto por concentração quanto por ativação para as reações de redução. Sob essas circunstâncias, a sobretensão total é simplesmente a soma de ambas as contribuições de sobretensão. A Figura 16.9*b* mostra um gráfico esquemático desse tipo para η em função de log *i*.

Verificação de Conceitos 16.3 Explique sucintamente por que a polarização por concentração não é geralmente a responsável pelo controle da taxa em reações de oxidação.

(*A resposta está disponível no GEN-IO, ambiente virtual de aprendizagem do GEN.*)

Taxas de Corrosão a Partir de Dados de Polarização

Vamos agora aplicar os conceitos desenvolvidos acima para a determinação das taxas de corrosão. Dois tipos de sistemas são discutidos. No primeiro caso, tanto a reação de oxidação quanto a de redução têm suas taxas limitadas por polarização por ativação. No segundo caso, tanto a polarização por concentração quanto a por ativação controlam a reação de redução, enquanto apenas a polarização por ativação é importante para a oxidação. O primeiro caso é ilustrado considerando-se a corrosão do zinco imerso em uma solução ácida (veja a Figura 16.1). A redução dos íons H^+ para formar bolhas de H_2 gasoso ocorre sobre a superfície do zinco, de acordo com a reação 16.3,

$$2H^+ + 2e^- \rightarrow H_2$$

e o zinco se oxida de acordo com a reação 16.8,

$$Zn \rightarrow Zn^{2+} + 2e^-$$

Não pode haver nenhum acúmulo resultante de cargas devido a essas duas reações – isto é, todos os elétrons gerados pela reação 16.8 devem ser consumidos pela reação 16.3, o que significa dizer que as taxas de oxidação e de redução devem ser iguais.

A polarização por ativação para ambas as reações está expressa graficamente na Figura 16.10, na forma do potencial de eletrodo com referência ao eletrodo de hidrogênio-padrão (sem sobretensão) em função do logaritmo da densidade de corrente. Estão indicados os potenciais das semipilhas de hidrogênio e de zinco, não acopladas, $V(H^+/H_2)$ e $V(Zn/Zn^{2+})$, respectivamente, juntamente com suas respectivas densidades de corrente de troca, $i_0(H^+/H_2)$ e $i_0(Zn/Zn^{2+})$. São mostrados segmentos de linha reta para as reações de redução do hidrogênio e de oxidação do zinco. Na imersão, tanto o hidrogênio quanto o zinco apresentam polarização por ativação ao longo de suas respectivas linhas. Além disso, as taxas de oxidação e de redução devem ser iguais, como já explicado, o que só é possível na interseção dos dois segmentos de reta; essa interseção ocorre no potencial de corrosão designado por V_C e na densidade de corrente de corrosão i_C. A taxa de corrosão do zinco (que também corresponde à taxa de produção de hidrogênio) pode, dessa forma, ser calculada pela colocação desse valor de i_C na Equação 16.24.

O segundo caso de corrosão (polarização por ativação combinada com polarização por concentração na redução do hidrogênio e polarização por ativação na oxidação do metal M) é tratado de maneira semelhante. A Figura 16.11 mostra ambas as curvas de polarização; como no caso anterior, o potencial de corrosão e a densidade de corrente de corrosão correspondem ao ponto onde as linhas de oxidação e de redução se cruzam.

PROBLEMA-EXEMPLO 16.2

Cálculo da Taxa de Oxidação

O zinco apresenta corrosão em uma solução ácida de acordo com a reação

$$Zn + 2H^+ \rightarrow Zn^{2+} + H_2$$

As taxas das semirreações de oxidação e de redução são controladas por polarização por ativação.
(a) Calcule a taxa de oxidação do Zn (em mol/cm$^2 \cdot$ s), dadas as seguintes informações de polarização por ativação:

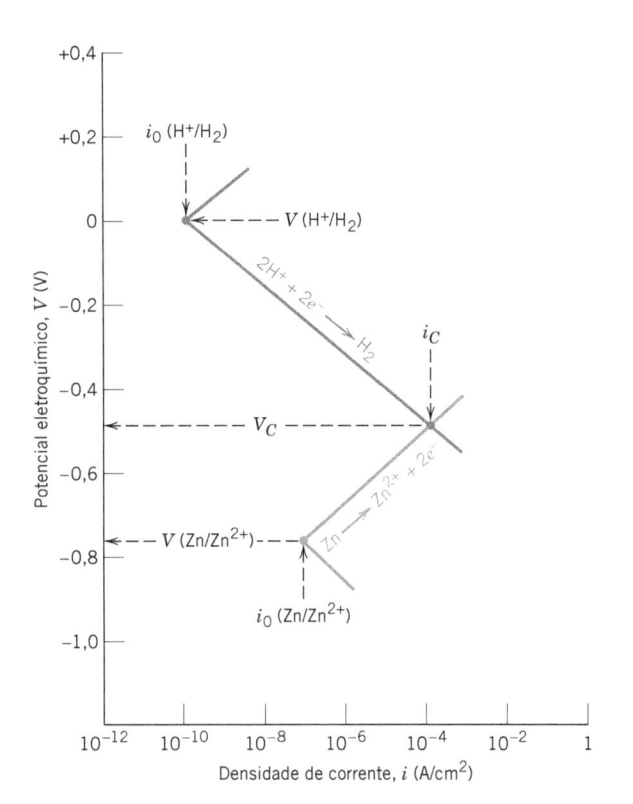

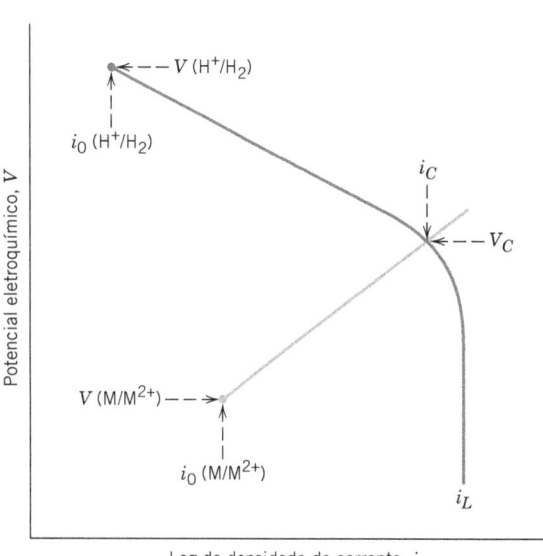

Figura 16.10 Comportamento cinético de um eletrodo de zinco em uma solução ácida; tanto a reação de oxidação quanto a de redução têm sua taxa limitada pela polarização por ativação.
(Adaptado de M. G. Fontana, *Corrosion Engineering*, 3rd edition. Copyright © 1986 por McGraw-Hill Book Company. Reproduzido com permissão.)

Figura 16.11 Comportamento cinético esquemático de um eletrodo para o metal M; a reação de redução está sob o controle combinado de polarização por ativação e polarização por concentração.

Para o Zn	*Para o Hidrogênio*
$V_{(Zn/Zn^{2+})} = -0{,}763$ V	$V_{(H^{+}/H_2)} = 0$ V
$i_0 = 10^{-7}$ A/cm^2	$i_0 = 10^{-10}$ A/cm^2
$\beta = +0{,}09$	$\beta = -0{,}08$

(b) Calcule o valor do potencial de corrosão.

Solução

(a) Para calcular a taxa de oxidação do Zn é necessário, em primeiro lugar, estabelecer relações na forma da Equação 16.25 para os potenciais das reações tanto de oxidação quanto de redução. Em seguida, essas duas expressões são igualadas uma à outra e, então, resolvemos a equação resultante para o valor de i, que é a densidade de corrente de corrosão, i_C. Finalmente, a taxa de corrosão pode ser calculada empregando-se a Equação 16.24. As duas expressões para os potenciais são as seguintes: Para a redução do hidrogênio,

$$V_{\mathrm{H}} = V_{(H^{+}/H_2)} + \beta_{\mathrm{H}} \log\left(\frac{i}{i_{0_{\mathrm{H}}}}\right)$$

e para a oxidação do Zn,

$$V_{\mathrm{Zn}} = V_{(Zn/Zn^{2+})} + \beta_{\mathrm{Zn}} \log\left(\frac{i}{i_{0_{\mathrm{Zn}}}}\right)$$

Agora, igualando $V_H = V_{Zn}$, obtém-se

$$V_{(H^+/H_2)} + \beta_H \log\left(\frac{i}{i_{0_H}}\right) = V_{(Zn/Zn^{2+})} + \beta_{Zn} \log\left(\frac{i}{i_{0_{Zn}}}\right)$$

Resolvendo para $\log i$ (isto é, $\log i_C$), obtém-se

$$\log i_C = \left(\frac{1}{\beta_{Zn} - \beta_H}\right)\left[V_{(H^+/H_2)} - V_{(Zn/Zn^{2+})} - \beta_H \log i_{0_H} + \beta_{Zn} \log i_{0_{Zn}}\right]$$

$$= \left[\frac{1}{0,09 - (-0,08)}\right][0 - (-0,763) - (-0,08)(\log 10^{-10})$$

$$+ (0,09)(\log 10^{-7})]$$

$$= -3,924$$

ou

$$i_C = 10^{-3,924} = 1,19 \times 10^{-4}\,\text{A/cm}^2$$

A partir da Equação 16.24,

$$r = \frac{i_C}{n\mathscr{F}}$$

$$= \frac{1,19 \times 10^{-4}\,\text{C/cm}^2 \cdot \text{s}}{(2)(96.500\,\text{C/mol})} = 6,17 \times 10^{-10}\,\text{mol/cm}^2 \cdot \text{s}$$

(b) Agora, torna-se necessário calcular o valor do potencial de corrosão V_C. Isso é possível usando-se qualquer uma das equações anteriores para V_H ou V_{Zn} e substituindo i pelo valor determinado anteriormente para i_C. Dessa forma, utilizando a expressão para V_H, temos

$$V_C = V_{(H^+/H_2)} + \beta_H \log\left(\frac{i_C}{i_{0_H}}\right)$$

$$= 0 + (-0,08\,\text{V})\log\left(\frac{1,19 \times 10^{-4}\,\text{A/cm}^2}{10^{-10}\,\text{A/cm}^2}\right) = -0,486\,\text{V}$$

Esse é o mesmo problema que está representado e que foi resolvido graficamente no gráfico para a tensão em função do logaritmo da densidade de corrente na Figura 16.10. É importante observar que os valores de i_C e de V_C que obtivemos por esse tratamento analítico estão de acordo com aqueles valores encontrados na interseção dos dois segmentos de reta do gráfico.

16.5 PASSIVIDADE

passividade

Sob condições ambientais específicas, alguns metais e ligas normalmente ativos perdem sua reatividade química e tornam-se extremamente inertes. Esse fenômeno, denominado **passividade**, é exibido pelo cromo, ferro, níquel, titânio e muitas das ligas desses metais. Acredita-se que esse comportamento passivo seja resultante da formação de um filme de óxido muito fino e altamente aderente sobre a superfície do metal, o qual serve como uma barreira de proteção contra uma corrosão adicional. Os aços inoxidáveis são altamente resistentes à corrosão em meio a uma grande variedade de atmosferas como resultado da passivação. Eles contêm pelo menos 11 % de cromo, o qual, como um elemento de liga por solução sólida no ferro, minimiza a formação da ferrugem; em vez disso, um filme protetor se forma sobre a superfície em atmosferas oxidantes. (Os aços inoxidáveis são suscetíveis à corrosão em alguns ambientes e, portanto, não são sempre "inoxidáveis".) O alumínio é altamente resistente à corrosão em muitos ambientes, pois ele também sofre passivação. Se danificado, o filme protetor normalmente se regenera muito rapidamente. Contudo, uma alteração na natureza do ambiente (por exemplo, uma alteração na concentração do componente corrosivo ativo) pode fazer com que um material passivado reverta a um estado ativo. Um dano subsequente a um filme passivo preexistente pode resultar em um aumento substancial na taxa de corrosão, por um fator tão alto quanto 100.000 vezes.

Esse fenômeno da passivação pode ser explicado em termos das curvas do potencial de polarização em função do logaritmo da densidade de corrente que foram discutidas na seção anterior. A curva de polarização para um metal que se passiva terá o formato geral mostrado na Figura 16.12. Em valores de potencial relativamente baixos, na região "ativa", o comportamento é linear, como acontece para os metais normais. Com o aumento do potencial, a densidade de corrente diminui repentinamente até um valor muito baixo, que permanece independente do potencial; isso é denominado região "passiva". Finalmente, em valores de potencial ainda maiores, a densidade de corrente aumenta novamente em função do potencial, na região conhecida como "transpassiva".

A Figura 16.13 ilustra como um metal pode apresentar um comportamento tanto ativo quanto passivo, dependendo do ambiente corrosivo. Essa figura mostra a curva de polarização para a oxidação em forma de "S" para um metal ativo-passivo M, assim como as linhas de polarização para a redução para duas soluções diferentes, identificadas como 1 e 2. A linha 1 intercepta a curva de polarização para a oxidação na região ativa, no ponto A, produzindo uma densidade de corrente de corrosão $i_C(A)$. A interseção da linha 2 no ponto B encontra-se na região passiva, em uma densidade de corrente $i_C(B)$. A taxa de corrosão do metal M na solução 1 é maior do que na solução 2, uma vez que $i_C(A)$ é maior do que $i_C(B)$ e a taxa de corrosão é proporcional à densidade de corrente de acordo com a Equação 16.24. Essa diferença na taxa de corrosão entre as duas soluções pode ser significativa – de várias ordens de grandeza – considerando que a escala da densidade de corrente mostrada na Figura 16.3 é logarítmica.

16.6 EFEITOS DO AMBIENTE

As variáveis no ambiente corrosivo, que incluem a velocidade, a temperatura e a composição do fluido, podem ter influência decisiva sobre as propriedades à corrosão dos materiais que estão em contato com esse ambiente. Na maioria das situações, um aumento na velocidade do fluido aumenta a taxa de corrosão devido a efeitos de erosão, como será discutido posteriormente neste capítulo. As taxas da maioria das reações químicas aumentam com o aumento da temperatura; isso também é válido para a maioria das situações que causam corrosão. O aumento da concentração do componente corrosivo (por exemplo, os íons H^+ nos ácidos) produz, em muitas situações, uma taxa de corrosão mais elevada. Contudo, para os materiais capazes de passivação, o aumento no teor do componente corrosivo pode resultar em uma transição de ativo para passivo, com uma considerável redução na corrosão.

O trabalho a frio ou a deformação plástica de metais dúcteis é usado para aumentar sua resistência; entretanto, um metal trabalhado a frio é mais suscetível à corrosão do que o mesmo metal em um estado recozido. Por exemplo, os processos de deformação são usados para conformar a cabeça

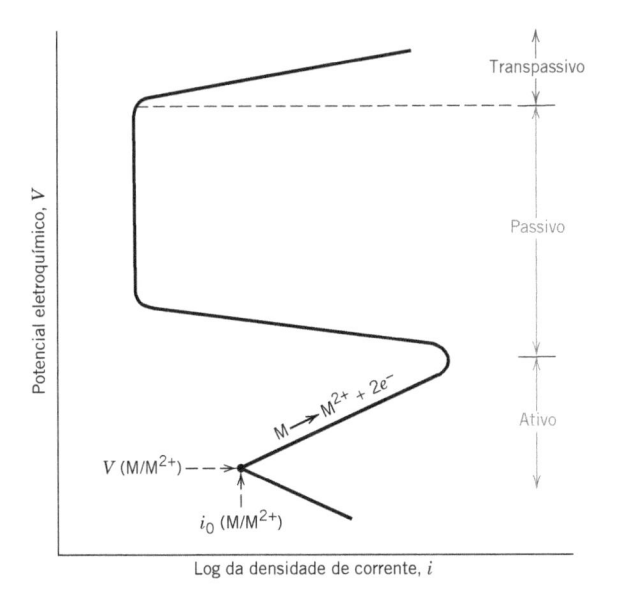

Figura 16.12 Curva esquemática de polarização para um metal que exibe transição ativa-passiva.

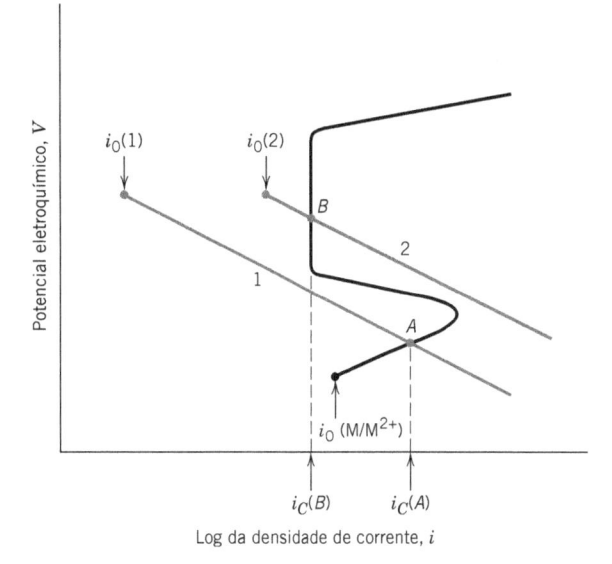

Figura 16.13 Demonstração de como um metal ativo-passivo pode exibir um comportamento tanto ativo quanto passivo frente à corrosão.

e a ponta de um prego; consequentemente, essas posições são anódicas em relação à região da haste do prego. Dessa forma, um trabalho a frio diferencial em uma estrutura deve ser um fator a ser considerado quando um ambiente corrosivo puder ser encontrado durante o serviço.

16.7 FORMAS DE CORROSÃO

É conveniente classificar a corrosão de acordo com a maneira como ela se manifesta. A corrosão metálica é algumas vezes classificada em oito formas: uniforme, galvânica, em frestas, por pites, intergranular, por lixívia seletiva, erosão-corrosão e corrosão sob tensão. As causas e os meios de prevenção de cada uma dessas formas de corrosão são discutidos sucintamente. Além disso, optamos por discutir nesta seção o tópico da fragilização por hidrogênio. A fragilização por hidrogênio é, em um sentido mais correto, um tipo de falha e não uma forma de corrosão; contudo, ela é produzida com frequência pelo hidrogênio gerado a partir de reações de corrosão.

Ataque Uniforme

O ataque uniforme é uma forma de corrosão eletroquímica que ocorre com intensidade equivalente na totalidade de uma superfície exposta, gerando com frequência uma incrustação ou um depósito. Em sentido microscópico, as reações de oxidação e de redução ocorrem aleatoriamente em toda a superfície. Alguns exemplos familiares incluem a ferrugem generalizada no aço e no ferro e o escurecimento em pratarias. Essa é provavelmente a forma mais comum de corrosão. A ferrugem é também a menos discutida, uma vez que pode ser prevista e levada em consideração com relativa facilidade nos projetos.

Corrosão Galvânica

corrosão galvânica

A **corrosão galvânica** ocorre quando dois metais ou ligas que apresentam composições diferentes são acoplados eletricamente enquanto estão expostos a um eletrólito. Esse é o tipo de corrosão ou de dissolução que foi descrito na Seção 16.2. O metal menos nobre, ou mais reativo, naquele ambiente específico sofre corrosão; o metal mais inerte, o catodo, está protegido contra a corrosão. Por exemplo, parafusos de aço se corroem quando entram em contato com o latão em um ambiente marinho; se tubulações de cobre e de aço são unidas em um aquecedor de água doméstico, o aço se corrói na vizinhança da junção. Dependendo da natureza da solução, ocorre na superfície do catodo uma ou mais das reações de redução, Equações 16.3 a 16.7. A Figura 16.14 mostra um exemplo de corrosão galvânica.

A série galvânica na Tabela 16.2 indica as reatividades relativas na água do mar de inúmeros metais e ligas. Quando duas ligas são acopladas em meio à água do mar, aquela localizada mais abaixo na série galvânica sofre corrosão. Algumas das ligas na tabela estão agrupadas com colchetes. De maneira geral, o metal base é o mesmo para as ligas agrupadas em um mesmo colchete e existe pouco risco de corrosão se as ligas dentro de um mesmo grupo forem acopladas umas às outras. Também é importante observar, a partir dessa série, que algumas ligas estão listadas duas vezes (por exemplo, o níquel e os aços inoxidáveis), em seus estados ativo e passivo.

A taxa de ataque galvânico depende da relação entre as áreas das superfícies do anodo e do catodo que são expostas ao eletrólito, e a taxa está relacionada diretamente com a razão entre as áreas do catodo e do anodo; isto é, para determinada área de catodo, um anodo menor se corrói mais rapidamente do que um anodo maior. A razão para isso é que a taxa de corrosão depende da densidade de corrente (Equação 16.24) – a corrente por unidade de área da superfície que está sendo corroída – e não simplesmente da corrente. Dessa forma, uma densidade de corrente elevada ocorre no anodo quando sua área é pequena em comparação com a área do catodo.

Podem ser tomadas diversas medidas para reduzir de maneira significativa os efeitos da corrosão galvânica. Entre essas medidas estão as seguintes:

1. Se for necessário o acoplamento de metais diferentes, selecione dois metais que estejam na série galvânica.

2. Evite uma razão desfavorável entre as áreas das superfícies do anodo e do catodo; utilize uma área para o anodo que seja tão grande quanto possível.

3. Isole eletricamente uns dos outros os metais que não forem semelhantes.

4. Conecte eletricamente um terceiro metal com características anódicas em relação aos outros dois; essa é uma forma de *proteção catódica*, discutida na Seção 16.9.

Corrosão galvânica   Núcleo de aço

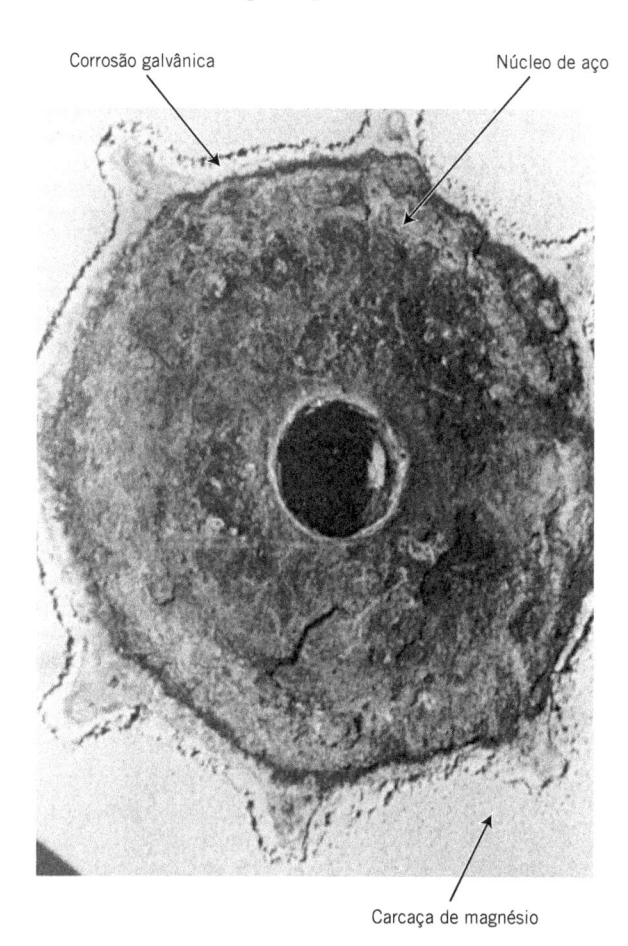

Figura 16.14 Fotografia da corrosão galvânica ao redor da entrada de uma bomba de drenagem de estágio simples, que é encontrada em embarcações pesqueiras. A corrosão ocorreu entre uma carcaça de magnésio que foi fundida ao redor de um núcleo de aço.
(Esta fotografia é uma cortesia do LaQue Center for Corrosion Technology, Inc.)

Carcaça de magnésio

Verificação de Conceitos 16.4   **(a)** A partir da série galvânica (Tabela 16.2), cite três metais ou ligas que possam ser usados para proteger galvanicamente o níquel em seu estado ativo.

(b) Algumas vezes, a corrosão galvânica é prevenida fazendo-se um contato elétrico entre ambos os metais no par e um terceiro metal que é anódico em relação a esses dois. Usando a série galvânica, cite um metal que poderia ser usado para proteger um par galvânico cobre-alumínio.

Verificação de Conceitos 16.5   Cite dois exemplos do uso benéfico da corrosão galvânica. *Sugestão*: Um exemplo é citado posteriormente neste capítulo.

(*As respostas estão disponíveis no GEN-IO, ambiente virtual de aprendizagem do GEN.*)

Corrosão em Frestas

A corrosão eletroquímica também pode ocorrer como consequência de diferenças na concentração dos íons ou dos gases dissolvidos na solução eletrolítica e entre duas regiões da mesma peça metálica. Para uma *pilha de concentração* desse tipo, a corrosão ocorre no local que possui a menor concentração. Um bom exemplo desse tipo de corrosão ocorre em frestas e rebaixos, ou sob depósitos de sujeira ou de produtos de corrosão, onde a solução fica estagnada e existe uma exaustão localizada do oxigênio dissolvido. A corrosão que ocorre preferencialmente nessas posições é chamada de **corrosão em frestas** (Figura 16.15). A fresta deve ser ampla o suficiente para que a solução penetre, porém deve ser estreita o suficiente para que haja estagnação; geralmente, a largura é de vários milésimos de um centímetro.

corrosão em frestas

O mecanismo proposto para a corrosão em frestas está ilustrado na Figura 16.16. Após o oxigênio ter sido exaurido dentro da fresta, a oxidação do metal ocorre nessa posição de acordo com a Equação 16.1. Os elétrons dessa reação eletroquímica são conduzidos através do metal para regiões externas adjacentes, onde eles são consumidos em reações de redução – mais provavelmente

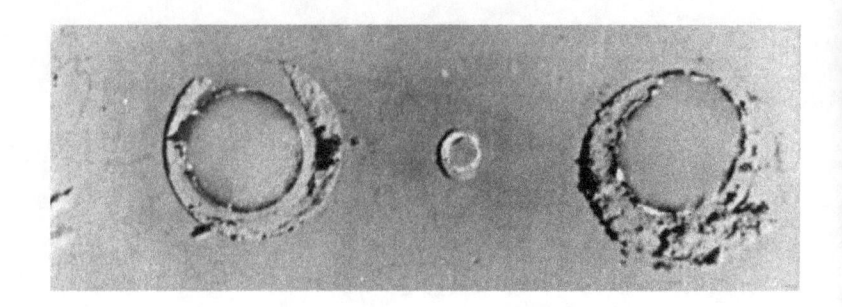

Figura 16.15 Sobre essa lâmina que estava imersa em água do mar ocorreu corrosão em frestas nas regiões que estavam cobertas por arruelas.
(Esta fotografia é uma cortesia do LaQue Center for Corrosion Technology, Inc.)

pela reação 16.5. Em muitos ambientes aquosos, foi observado que a solução no interior da fresta desenvolve concentrações elevadas de íons H^+ e Cl^-, os quais são especialmente corrosivos. Muitas ligas que podem ser passivadas são suscetíveis à corrosão em frestas, pois os filmes protetores são destruídos com frequência pelos íons H^+ e Cl^-.

A corrosão em frestas pode ser prevenida usando-se juntas soldadas, em vez de rebitadas ou aparafusadas, utilizando-se, sempre que possível, juntas não absorventes, removendo-se frequentemente os depósitos acumulados e projetando-se vasos de contenção que evitem áreas de estagnação e que assegurem uma drenagem completa.

Pites

pite

A corrosão por **pites** é outra forma muito localizada de ataque corrosivo, onde pequenos pites ou buracos se formam. Ordinariamente, eles penetram para o interior do material a partir do topo de uma superfície horizontal, em uma direção praticamente vertical. Esse é um tipo de corrosão extremamente traiçoeiro, que frequentemente fica sem ser detectado e que apresenta uma perda de material muito pequena até que ocorra a falha. Um exemplo de corrosão por pites está mostrado na Figura 16.17.

O mecanismo para a corrosão por pites é provavelmente o mesmo da corrosão em frestas, no sentido de que a oxidação ocorre no interior do próprio pite, com a redução complementar na superfície. Supõe-se que a gravidade faça com que os pites cresçam para baixo, com a solução na extremidade do pite tornando-se mais concentrada e densa à medida que o pite cresce. Um pite pode ser iniciado por um defeito superficial localizado, como um arranhão ou uma pequena variação na composição. De fato, foi observado que as amostras que têm superfícies polidas exibem maior resistência à

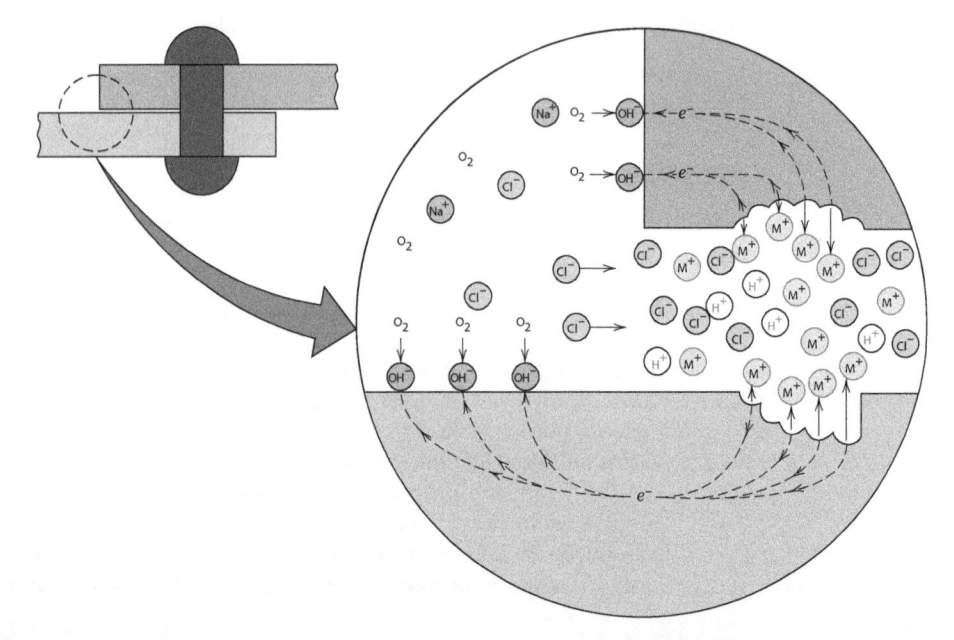

Figura 16.16 Ilustração esquemática do mecanismo da corrosão em frestas entre duas lâminas rebitadas.
(De M. G. Fontana, *Corrosion Engineering*, 3rd edition. Copyright © 1986 por McGraw-Hill Book Company. Reproduzido com permissão.)

corrosão por pites. Os aços inoxidáveis são razoavelmente suscetíveis a essa forma de corrosão; contudo, a adição de aproximadamente 2 % de molibdênio aumenta significativamente sua resistência à corrosão por pites.

✓ Verificação de Conceitos 16.6 A Equação 16.23 é igualmente válida para as corrosões uniforme e por pites? Por que sim ou por que não?

(*A resposta está disponível no GEN-IO, ambiente virtual de aprendizagem do GEN.*)

Corrosão Intergranular

corrosão intergranular

Como o nome sugere, a **corrosão intergranular** ocorre preferencialmente ao longo dos contornos dos grãos para algumas ligas e em alguns ambientes específicos. O resultado final é que uma amostra macroscópica se desintegra ao longo dos seus contornos de grãos. Esse tipo de corrosão prevalece, principalmente, em alguns tipos de aços inoxidáveis. Quando aquecidas a temperaturas entre 500 °C e 800 °C (950 °F e 1450 °F) durante períodos de tempo suficientemente longos, essas ligas tornam-se sensíveis a um ataque intergranular. Acredita-se que esse tratamento térmico permite a formação de pequenas partículas de precipitado de carbeto de cromo ($Cr_{23}C_6$), pela reação entre o cromo e o carbono no aço inoxidável. Essas partículas formam-se ao longo dos contornos dos grãos, como está ilustrado na Figura 16.18. Tanto o cromo quanto o carbono precisam se difundir até os contornos dos grãos, para formar os precipitados, o que deixa uma zona pobre em cromo adjacente ao contorno de grão. Consequentemente, essa região do contorno de grão fica altamente suscetível à corrosão.

degradação da solda

A corrosão intergranular é um problema especialmente sério na solda de aços inoxidáveis, sendo denominada com frequência **degradação da solda**. A Figura 16.19 mostra esse tipo de corrosão intergranular.

Os aços inoxidáveis podem ser protegidos contra a corrosão intergranular pelas seguintes medidas: (1) submeter o material sensibilizado a um tratamento térmico em temperatura elevada em que todas as partículas de carbeto de cromo sejam redissolvidas; (2) reduzir o teor de carbono para abaixo de 0,03 %p C, tal que a formação de carbeto seja minimizada; e (3) adicionar ao aço inoxidável elemento de liga de outro metal, como o nióbio ou o titânio, que possua maior tendência para formar carbetos do que o cromo, tal que o Cr permaneça em solução sólida.

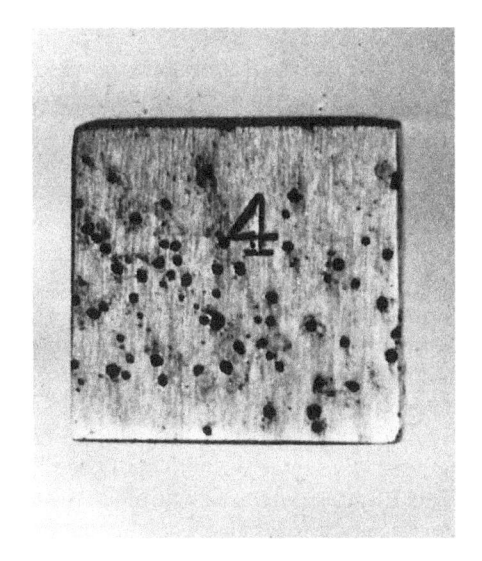

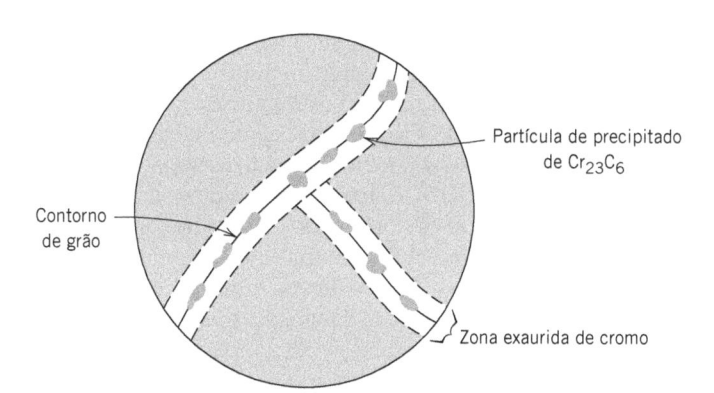

Figura 16.17 Pites em uma chapa de aço inoxidável 304 causados por uma solução de ácido clorídrico.
(Esta fotografia é uma cortesia de Mars G. Fontana. De M. G. Fontana, *Corrosion Engineering*, 3rd edition. Copyright © 1986 por McGraw-Hill Book Company. Reproduzido com permissão.)

Figura 16.18 Ilustração esquemática das partículas de carbeto de cromo que se precipitaram ao longo dos contornos de grãos no aço inoxidável e as respectivas zonas com falta de cromo.

Contorno de grão

Partícula de precipitado de $Cr_{23}C_6$

Zona exaurida de cromo

Figura 16.19 Degradação da solda em um aço inoxidável. As regiões ao longo das quais se formaram ranhuras foram sensibilizadas enquanto a solda esfriava. (De H. H. Uhlig e R. W. Revie, *Corrosion and Corrosion Control*, 3rd edition, Figura 2, p. 307. Copyright © 1985 por John Wiley & Sons, Inc. Reimpresso sob permissão de John Wiley & Sons, Inc.)

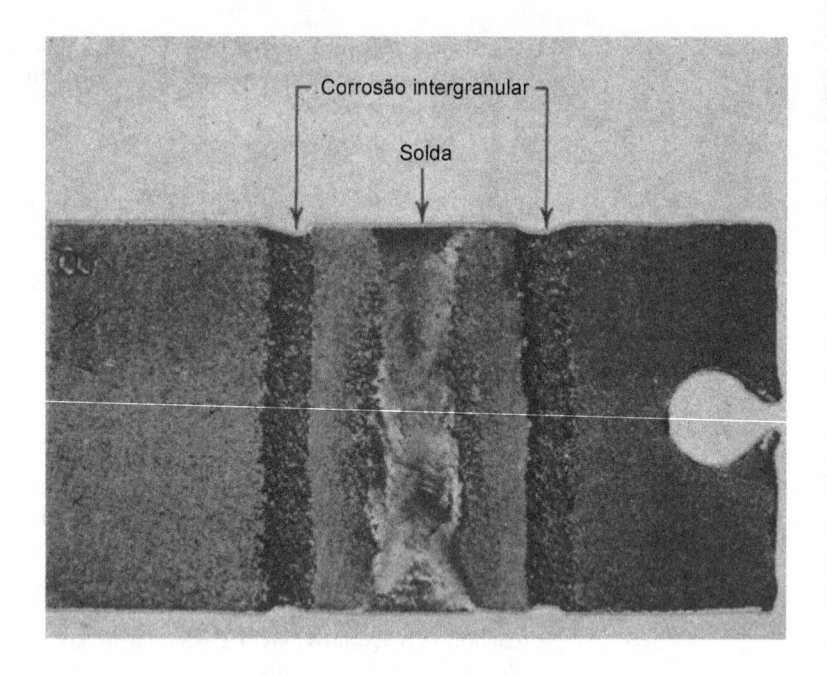

Lixívia Seletiva

lixívia seletiva

A **lixívia seletiva** é encontrada em ligas de solução sólida e ocorre quando um elemento ou constituinte é removido preferencialmente como consequência de processos de corrosão. O exemplo mais comum é a remoção do zinco no latão, em que o zinco é lixiviado seletivamente de um latão cobre-zinco. As propriedades mecânicas da liga são comprometidas de maneira significativa, uma vez que somente uma massa porosa de cobre permanece na região onde houve a remoção do zinco. Além disso, o material muda da coloração amarelada para avermelhada ou semelhante à do cobre. A lixívia seletiva também pode ocorrer com outros sistemas de ligas em que alumínio, ferro, cobalto, cromo e outros elementos sejam vulneráveis a remoção preferencial.

Erosão–corrosão

erosão–corrosão

A **erosão–corrosão** surge da ação combinada de um ataque químico e de abrasão ou desgaste mecânico, como consequência do movimento de um fluido. Virtualmente, todas as ligas metálicas, em maior ou em menor grau, são suscetíveis à erosão–corrosão. Ela é especialmente prejudicial para as ligas que são passivadas pela formação de um filme superficial protetor; a ação abrasiva pode erodir esse filme, deixando exposta uma superfície nua do metal. Se o revestimento não for capaz de se refazer continuamente e de maneira rápida para recompor a barreira protetora, a corrosão pode ser severa. Metais relativamente moles, como o cobre e o chumbo, também são sensíveis a essa forma de ataque. Geralmente, esse ataque pode ser identificado por ranhuras e ondulações superficiais, que são características do escoamento de um fluido.

A natureza do fluido pode ter forte influência sobre o comportamento da corrosão. O aumento da velocidade do fluido geralmente aumenta a taxa de corrosão. Além disso, uma solução é mais erosiva quando estão presentes bolhas e sólidos particulados em suspensão.

A erosão–corrosão é encontrada com frequência em tubulações, principalmente em curvas, conexões e mudanças bruscas no diâmetro da tubulação – posições onde o fluido muda de direção ou onde o escoamento torna-se repentinamente turbulento. Rotores, palhetas de turbinas, válvulas e bombas também são suscetíveis a essa forma de corrosão. A Figura 16.20 ilustra a falha por colisão em uma conexão.

Uma das melhores maneiras de reduzir a erosão–corrosão é modificar o projeto, para eliminar os efeitos da turbulência e da colisão do fluido. Também podem ser utilizados outros materiais que sejam inerentemente mais resistentes à corrosão. Além disso, a remoção de particulados e de bolhas da solução reduz a capacidade dessa solução de causar erosão.

Corrosão sob Tensão

corrosão sob tensão

A **corrosão sob tensão**, algumas vezes denominada *trincamento por corrosão sob tensão*, resulta da ação combinada da aplicação de uma tensão de tração e um ambiente corrosivo; ambas as influências são necessárias. De fato, alguns materiais que são virtualmente inertes em um meio corrosivo específico tornam-se suscetíveis a essa forma de corrosão quando uma tensão é aplicada. Pequenas trincas se formam e então se propagam em uma direção perpendicular à tensão (Figura 16.21), com o resultado de que uma falha pode eventualmente ocorrer. O comportamento das falhas é característico daquele de um material frágil, embora a liga metálica possa ser intrinsecamente dúctil. Além disso, as trincas podem se formar sob níveis de tensão relativamente baixos, significativamente abaixo do limite de resistência à tração. A maioria das ligas está suscetível à corrosão sob tensão em ambientes específicos, especialmente sob níveis de tensão moderados. Por exemplo, a maioria dos aços inoxidáveis se corrói sob tensão em soluções que contêm íons cloreto, enquanto os latões são especialmente vulneráveis quando ficam expostos à amônia. A Figura 16.22 é uma fotomicrografia que mostra um exemplo de trincamento intergranular devido à corrosão sob tensão no latão.

A tensão que produz o trincamento por corrosão sob tensão não precisa ser aplicada externamente; ela pode ser uma tensão residual que resulte de rápidas mudanças na temperatura e de uma contração desigual, ou, para ligas bifásicas, onde cada fase tenha um coeficiente de expansão diferente. Além disso, os produtos de corrosão sólidos e gasosos que ficam presos internamente podem dar origem a tensões internas.

Provavelmente, a melhor medida a ser tomada para reduzir ou eliminar por completo a corrosão sob tensão consiste em diminuir a magnitude da tensão. Isso é obtido pela redução na carga externa ou por um aumento na área de seção transversal perpendicular à tensão aplicada. Além disso, um tratamento térmico apropriado pode ser usado para recozer e eliminar quaisquer tensões térmicas residuais.

Figura 16.20 Falha por colisão em uma curva de tubulação que fazia parte de uma linha de vapor condensado. (Esta fotografia é uma cortesia de Mars G. Fontana. De M. G. Fontana, *Corrosion Engineering*, 3rd edition. Copyright © 1986 por McGraw-Hill Book Company. Reproduzido com permissão.)

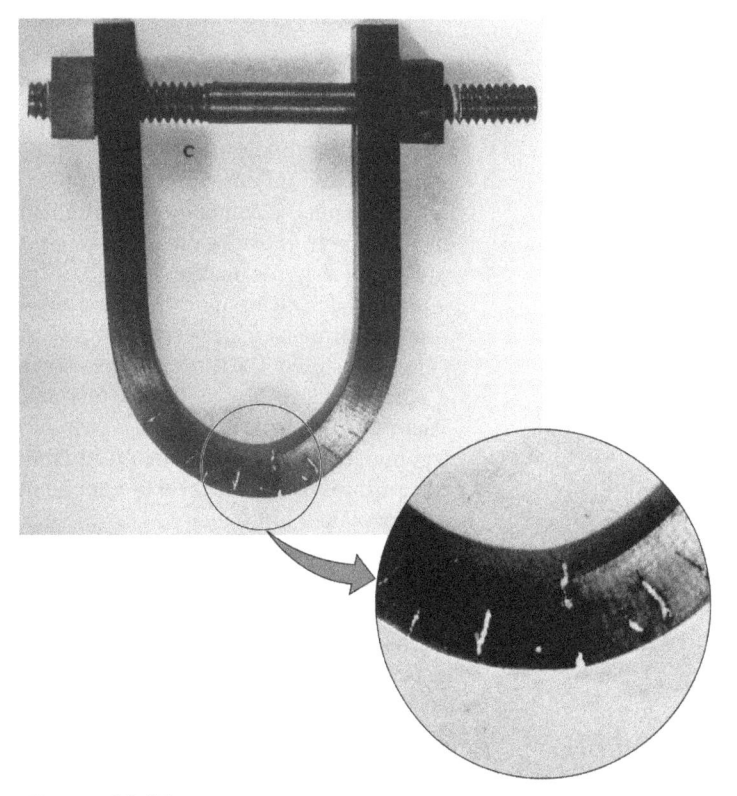

Figura 16.21 Uma barra de aço dobrada em forma de ferradura utilizando-se um conjunto de porca e parafuso. Enquanto a barra ficou imersa em água do mar, foram formadas trincas de corrosão sob tensão ao longo da parte dobrada, naquelas regiões em que as tensões de tração eram maiores. (Esta fotografia é uma cortesia de F. L. LaQue. De F. L. LaQue, *Marine Corrosion, Causes and Prevention*. Copyright © 1975 por John Wiley & Sons, Inc. Reimpresso sob permissão de John Wiley & Sons, Inc.)

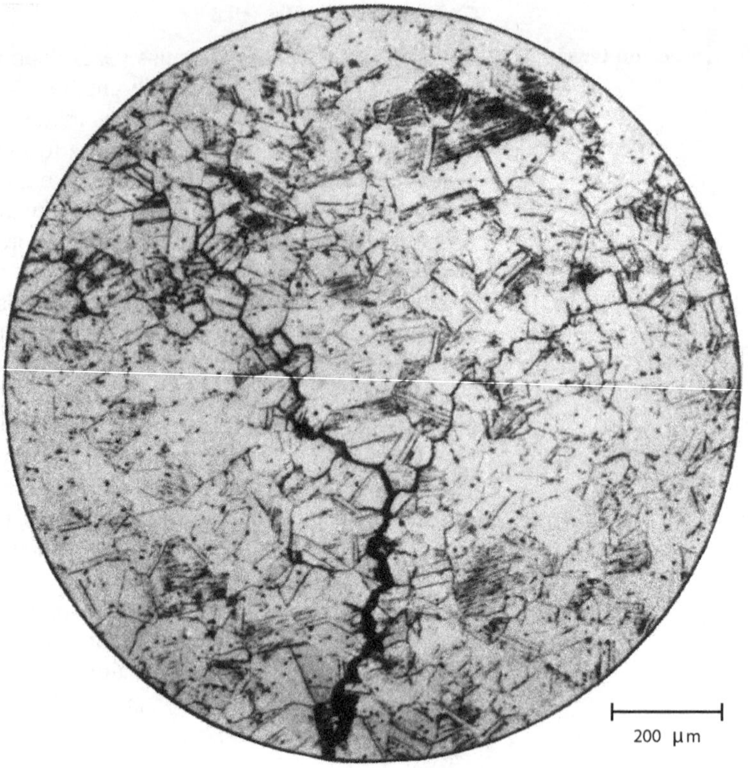

Figura 16.22 Fotomicrografia mostrando um trincamento devido à corrosão sob tensão intergranular no latão. Ampliação de 75×. (De H. H. Uhlig e R. W. Revie, *Corrosion and Corrosion Control*, 3rd edition, Fig. 5, p. 335. Copyright © 1985 por John Wiley & Sons, Inc. Reimpresso sob permissão de John Wiley & Sons, Inc.)

Fragilização por Hidrogênio

fragilização por
hidrogênio

Várias ligas metálicas, especificamente alguns aços, experimentam uma redução significativa na ductilidade e no limite de resistência à tração quando hidrogênio atômico (H) penetra no material. Esse fenômeno é chamado apropriadamente de **fragilização por hidrogênio**; os termos *trincamento induzido pelo hidrogênio* e *trincamento sob tensão devido ao hidrogênio* também são algumas vezes utilizados. Rigorosamente falando, a fragilização por hidrogênio é um tipo de falha; em resposta a tensões de tração aplicadas ou a tensões de tração residuais, ocorre uma fratura frágil catastrófica, conforme as trincas crescem e se propagam rapidamente. O hidrogênio na forma atômica (H, em contraste com a forma molecular, H_2) se difunde intersticialmente através da rede cristalina, e concentrações tão reduzidas quanto algumas partes por milhão podem levar ao trincamento. Além disso, as trincas induzidas pelo hidrogênio são, em maior frequência, transgranulares, embora fraturas intergranulares sejam observadas para alguns sistemas de ligas. Foram propostos diversos mecanismos para explicar o fenômeno da fragilização pelo hidrogênio; a maioria é baseada na interferência que o hidrogênio dissolvido acarreta sobre o movimento das discordâncias.

A fragilização por hidrogênio é semelhante à corrosão sob tensão no sentido de que um metal normalmente dúctil apresenta fratura frágil quando exposto tanto a uma tensão de tração quanto a uma atmosfera corrosiva. Contudo, esses dois fenômenos podem ser distinguidos com base nas suas interações com correntes elétricas aplicadas. Embora uma proteção catódica (Seção 16.9) reduza ou cause uma interrupção na corrosão sob tensão, ela pode, no entanto, levar a uma iniciação ou a um aumento da fragilização por hidrogênio.

Para que a fragilização por hidrogênio ocorra, alguma fonte de hidrogênio deve estar presente; além disso, deve haver a possibilidade de formação da sua espécie atômica. Situações nas quais essas condições são atendidas incluem as seguintes: decapagem[3] de aços pelo ácido sulfúrico; eletrogalvanização; e a presença de atmosferas que contenham hidrogênio (incluindo o vapor d'água) em temperaturas elevadas, tal como durante a soldagem ou um tratamento térmico. Além disso, a presença de compostos denominados *venenos*, tais como os compostos à base de enxofre (isto é, H_2S) e de

---

[3] *Decapagem* é um procedimento usado para remover incrustações superficiais de óxidos em peças de aço pela imersão dessas peças em um vaso contendo ácido sulfúrico ou ácido clorídrico diluído e quente.

arsênio, acelera a fragilização por hidrogênio; essas substâncias retardam a formação do hidrogênio molecular e, dessa forma, aumentam o tempo de residência do hidrogênio atômico na superfície do metal. O sulfeto de hidrogênio, provavelmente o veneno mais agressivo, é encontrado em fluidos derivados do petróleo, no gás natural, em salmouras de poços de petróleo e em fluidos geotérmicos.

Os aços de alta resistência são suscetíveis à fragilização por hidrogênio e uma maior resistência tende a aumentar a suscetibilidade do material. Os aços martensíticos são especialmente vulneráveis a esse tipo de falha; os aços bainíticos, ferríticos e esferoidizados são mais resilientes. Além disso, as ligas CFC (os aços inoxidáveis austeníticos e as ligas de cobre, alumínio e níquel) são relativamente resistentes à fragilização por hidrogênio, principalmente devido às suas ductilidades inerentemente altas. Contudo, o endurecimento por deformação a frio dessas ligas aumenta a suscetibilidade desses materiais à fragilização.

Técnicas comumente utilizadas para reduzir a probabilidade da fragilização por hidrogênio incluem a diminuição do limite de resistência à tração da liga por um tratamento térmico, a remoção da fonte de hidrogênio, o "cozimento" da liga em uma temperatura elevada para eliminar qualquer hidrogênio dissolvido e a substituição por uma liga mais resistente à fragilização por hidrogênio.

16.8 AMBIENTES DE CORROSÃO

Os ambientes corrosivos incluem a atmosfera, soluções aquosas, solos, ácidos, bases, solventes inorgânicos, sais fundidos, metais líquidos e, por fim, mas não menos importante, o corpo humano. Em uma base ponderada, a corrosão atmosférica é responsável pelas maiores perdas. A umidade contendo oxigênio dissolvido é o principal agente corrosivo, mas outras substâncias, incluindo os compostos à base de enxofre e o cloreto de sódio, também podem contribuir. Isso é especialmente verdadeiro em atmosferas marinhas, que são altamente corrosivas devido à presença do cloreto de sódio. Soluções de ácido sulfúrico diluído (chuva ácida) em ambientes industriais também podem causar problemas de corrosão. Os metais comumente utilizados para aplicações atmosféricas incluem as ligas de alumínio e de cobre, além do aço galvanizado.

Os ambientes aquosos podem também apresentar uma variedade de composições e características de corrosão. A água doce contém normalmente oxigênio dissolvido, assim como minerais, vários dos quais são responsáveis por sua dureza. A água do mar contém aproximadamente 3,5 % de sal (predominantemente cloreto de sódio), assim como alguns minerais e matéria orgânica. A água do mar é, em geral, mais corrosiva do que a água doce, produzindo com frequência as corrosões por pites e em frestas. Ferro fundido, aço, alumínio, cobre, latão e alguns aços inoxidáveis são, em geral, adequados para uso com água doce, enquanto titânio, latão, alguns bronzes, ligas cobre-níquel e ligas níquel-cromo-molibdênio são altamente resistentes à corrosão à água do mar.

Os solos apresentam uma grande faixa de composições e de suscetibilidades à corrosão. As variáveis relacionadas com a composição incluem a umidade, o teor de oxigênio, os teores de sais, a alcalinidade e a acidez, assim como a presença de várias formas de bactérias. O ferro fundido e os aços-carbono comuns, tanto com revestimentos superficiais de proteção quanto sem esses revestimentos, são os mais econômicos para estruturas subterrâneas.

Uma vez que existem tantos ácidos, bases e solventes orgânicos, não será feita nenhuma tentativa de discutir essas soluções neste texto. Estão disponíveis excelentes referências que tratam com detalhes desses tópicos.

16.9 PREVENÇÃO DA CORROSÃO

Alguns métodos de prevenção da corrosão foram tratados em relação às oito diferentes formas de corrosão; contudo, apenas as medidas específicas para cada um dos vários tipos de corrosão foram discutidas. Agora, são apresentadas algumas técnicas mais gerais, que compreendem a seleção dos materiais, a alteração do ambiente, o projeto, revestimentos e a proteção catódica.

Talvez a maneira mais comum e mais fácil de prevenir a corrosão seja pela seleção criteriosa dos materiais, desde que o ambiente corrosivo tenha sido caracterizado. As referências-padrão sobre corrosão são úteis nesse sentido. Nesse caso, o custo pode ser um fator significativo. Não é sempre economicamente viável empregar o material que proporciona a condição ótima de resistência à corrosão; algumas vezes, deve ser empregada outra liga e/ou alguma outra medida.

A alteração das características do ambiente, se possível, também influencia a corrosão de maneira significativa. A redução na temperatura do fluido e/ou de sua velocidade produz geralmente uma redução da taxa na qual a corrosão ocorre. Muitas vezes, um aumento ou uma diminuição na concentração de algum componente na solução terá um efeito positivo; por exemplo, o metal pode sofrer passivação.

inibidor

Inibidores são substâncias que, quando adicionadas em concentrações relativamente baixas no ambiente, reduzem sua corrosividade. O inibidor específico depende tanto da liga quanto do ambiente corrosivo. Existem vários mecanismos que podem ser responsáveis pela eficácia dos inibidores. Alguns reagem e virtualmente eliminam um componente quimicamente ativo presente na solução (como o oxigênio dissolvido). Outras moléculas dos inibidores se fixam à superfície que está sendo corroída e interferem ou na reação de oxidação ou na reação de redução, ou formam um revestimento protetor muito fino. Os inibidores são usados normalmente em sistemas fechados, tais como os radiadores de automóveis e as caldeiras de vapor.

Vários aspectos relacionados a considerações de projeto já foram discutidos, especialmente os referentes às corrosões galvânica e em frestas, e à erosão–corrosão. Além disso, o projeto deve permitir uma drenagem completa no caso de uma parada, além de uma fácil lavagem. Uma vez que o oxigênio dissolvido pode aumentar a corrosividade de muitas soluções, o projeto deve, se possível, incluir recursos para permitir a exclusão do ar.

Barreiras físicas à corrosão são aplicadas sobre as superfícies na forma de filmes e revestimentos. Há disponível uma grande diversidade de materiais de revestimento metálicos e não metálicos. É essencial que o revestimento mantenha um alto grau de adesão à superfície, o que sem dúvida requer um tratamento da superfície anterior à sua aplicação. Na maioria dos casos, o revestimento deve ser virtualmente não reativo no ambiente corrosivo e resistente a danos mecânicos que exponham o metal ao ambiente corrosivo. Todos os três tipos de materiais – metais, cerâmicas e polímeros – são usados como revestimentos para os metais.

Proteção Catódica

proteção catódica

Um dos métodos mais eficazes para a prevenção da corrosão é a **proteção catódica**; ela pode ser usada para todas as oito diferentes formas de corrosão discutidas anteriormente e pode, em algumas situações, interromper por completo a corrosão. Novamente, a oxidação ou a corrosão de um metal M ocorre segundo a reação genérica 16.1,

Reação de oxidação para o metal M

$$M \rightarrow M^{n+} + ne^-$$

A proteção catódica envolve simplesmente o suprimento, a partir de uma fonte externa, de elétrons para o metal a ser protegido, tornando-o um catodo; a reação acima é, dessa forma, forçada a prosseguir sua direção inversa (ou seja, na direção da reação de redução).

Uma técnica de proteção catódica emprega um par galvânico: o metal a ser protegido é conectado eletricamente a outro metal que é mais reativo naquele ambiente específico. Esse último metal sofre oxidação e, ao ceder elétrons, protege o primeiro metal contra corrosão. O metal oxidado é

anodo de sacrifício

chamado, com frequência, de **anodo de sacrifício**, e o magnésio e o zinco são comumente usados, pois estão localizados próximos à extremidade anódica da série galvânica. Essa forma de proteção galvânica para estruturas enterradas no solo está ilustrada na Figura 16.23a.

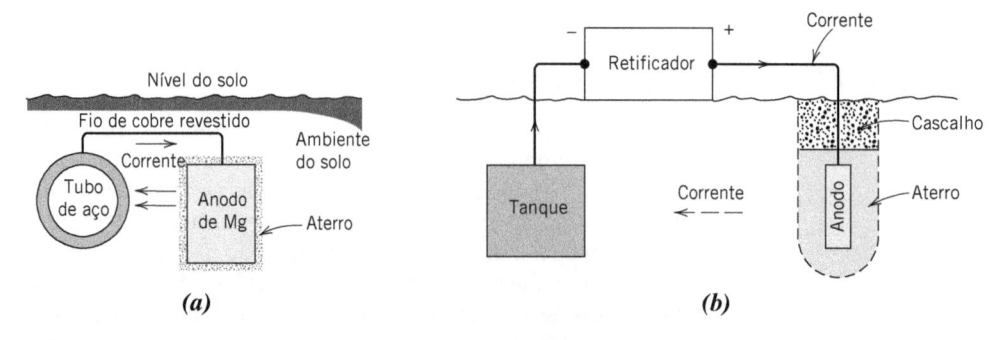

(a)   (b)

Figura 16.23 Proteção catódica de (a) uma tubulação subterrânea usando um anodo de sacrifício de magnésio e (b) um tanque subterrâneo usando uma corrente imposta.
(De M. G. Fontana, *Corrosion Engineering*, 3rd edition. Copyright © 1986 por McGraw-Hill Book Company. Reproduzido com permissão.)

O processo de *galvanização* consiste simplesmente em um processo no qual uma camada de zinco é aplicada sobre a superfície do aço por imersão a quente. Na atmosfera e na maioria dos ambientes aquosos, o zinco é anódico e, dessa forma, protegerá catodicamente o aço se houver qualquer dano superficial (Figura 16.24). Qualquer corrosão do revestimento de zinco procederá a uma taxa extremamente lenta, pois a razão entre as áreas superficiais do anodo e do catodo é bastante grande.

Em outro método de proteção catódica, a fonte dos elétrons é uma corrente imposta a partir de uma fonte de energia externa CC, como está representado na Figura 16.23b para um tanque subterrâneo. O terminal negativo da fonte de energia está conectado à estrutura a ser protegida. O outro terminal está ligado a um anodo inerte (com frequência, de grafita), o qual está, nesse caso, enterrado no solo; um material de aterro de alta condutividade proporciona um bom contato elétrico entre o anodo e o solo ao seu redor. Existe entre o catodo e o anodo um caminho de corrente, através do solo entre eles, completando o circuito elétrico. A proteção catódica é especialmente útil para a prevenção da corrosão em aquecedores de água, em tubulações e tanques subterrâneos e em equipamentos marinhos.

Verificação de Conceitos 16.7   As latas de estanho são feitas de aço e seu interior é revestido com uma fina camada de estanho. O estanho protege o aço contra a corrosão causada pelos produtos alimentícios, da mesma maneira que o zinco protege o aço contra a corrosão atmosférica. Explique sucintamente como é possível essa proteção catódica das latas de estanho, uma vez que o estanho é eletroquimicamente menos ativo do que o aço na série galvânica (Tabela 16.2).

(A resposta está disponível no GEN-IO, ambiente virtual de aprendizagem do GEN.)

16.10   OXIDAÇÃO

A discussão da Seção 16.2 tratou da corrosão dos materiais metálicos em termos de reações eletroquímicas que ocorrem em soluções aquosas. Afora isso, a oxidação das ligas metálicas também pode ocorrer em atmosferas gasosas, normalmente ao ar, onde uma camada de óxido, ou incrustação, se forma sobre a superfície do metal. Esse fenômeno é denominado, frequência, *incrustação*, *deslustre* ou *corrosão seca*. Nesta seção discutimos os possíveis mecanismos para esse tipo de corrosão, os tipos de camadas de óxidos que podem se formar e a cinética da formação dos óxidos.

Mecanismos

Como ocorre com a corrosão aquosa, o processo de formação de uma camada de óxido é um processo eletroquímico, o qual pode ser expresso, para o metal divalente M, pela seguinte reação:[4]

$$M + \tfrac{1}{2}O_2 \rightarrow MO \tag{16.28}$$

A reação anterior consiste nas semirreações de oxidação e de redução. A primeira, com a formação de íons metálicos,

$$M \rightarrow M^{2+} + 2e^- \tag{16.29}$$

ocorre na interface metal-incrustação. A semirreação de redução produz íons oxigênio da seguinte maneira:

$$\tfrac{1}{2}O_2 + 2e^- \rightarrow O^{2-} \tag{16.30}$$

e ocorre na interface incrustação-gás. Uma representação esquemática desse sistema metal-incrustação-gás está mostrada na Figura 16.25.

Para que a camada de óxido aumente em espessura de acordo com a Equação 16.28, é necessário que os elétrons sejam conduzidos até a interface incrustação-gás, onde ocorre a reação de redução; além disso, os íons M^{2+} devem se difundir para longe da interface metal-incrustação e/ou os

---

[4] Para metais que não sejam divalentes, essa reação pode ser expressa como

$$aM + \frac{b}{2}O_2 \rightarrow M_aO_b \tag{16.31}$$

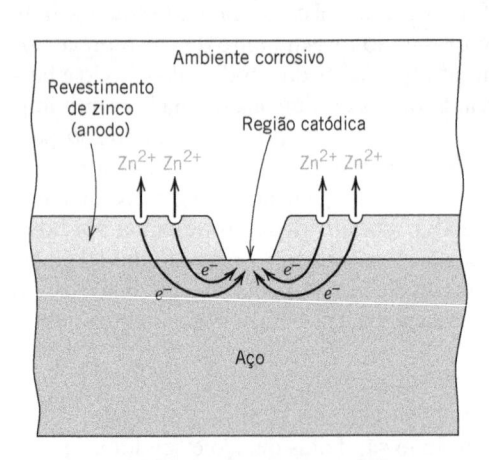

Figura 16.24 Proteção galvânica do aço conferida por um revestimento de zinco.

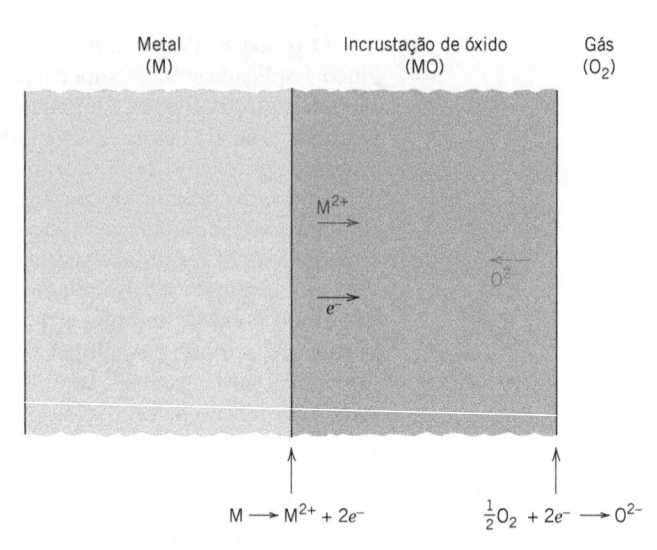

Figura 16.25 Representação esquemática de processos que estão envolvidos na oxidação gasosa sobre uma superfície metálica.

íons O^{2-} devem se difundir em direção a essa mesma interface (Figura 16.25).[5] Dessa forma, a incrustação de óxido serve tanto como um eletrólito através do qual os íons se difundem quanto como um circuito elétrico para a passagem dos elétrons. A incrustação também pode proteger o metal contra uma oxidação rápida quando atua como uma barreira à difusão iônica e/ou à condução elétrica; a maioria dos óxidos metálicos é um forte isolante elétrico.

Tipos de Incrustação

A taxa de oxidação (isto é, a taxa de aumento da espessura do filme) e a tendência do filme em proteger o metal contra uma oxidação adicional estão relacionadas com os volumes relativos do óxido e do metal. A razão entre esses volumes, denominada a **razão de Pilling–Bedworth**, pode ser determinada a partir da seguinte expressão:[6]

razão de Pilling–Bedworth

Razão de Pilling–Bedworth para um metal divalente – dependência em relação às massas específicas e aos pesos atômicos/fórmula do metal e do seu óxido

$$\text{Razão P–B} = \frac{A_O \rho_M}{A_M \rho_O} \qquad (16.32)$$

em que A_O é o peso molecular (ou peso-fórmula) do óxido, A_M é o peso atômico do metal, e ρ_O e ρ_M são, respectivamente, as massas específicas do óxido e do metal. Para os metais com razões P–B menores do que a unidade, o filme de óxido tende a ser poroso e não protetor, pois ele é insuficiente para cobrir completamente a superfície metálica. Se essa razão for maior do que a unidade, resultam tensões de compressão no filme à medida que ele se forma. Para uma razão maior do que 2 a 3, o revestimento de óxido pode trincar e esfarelar, expondo continuamente uma superfície metálica nova e não protegida. A razão P–B ideal para a formação de um filme de óxido protetor é a unidade. A Tabela 16.3 apresenta razões P–B para metais que formam revestimentos protetores, assim como para metais que não formam tais revestimentos. Pode-se observar, a partir desses dados, que os revestimentos protetores se formam, em geral, para os metais que têm razões P–B entre 1 e 2, enquanto revestimentos não protetores resultam quando essa razão é menor do que 1 ou maior do

---

[5] Alternativamente, buracos de elétrons (Seção 12.10) e lacunas podem se difundir em vez dos elétrons e íons.

[6] Para metais que não sejam divalentes, a Equação 16.32 torna-se

Razão de Pilling–Bedworth para um metal que não é divalente

$$\text{Razão P–B} = \frac{A_O \rho_M}{a A_M \rho_O} \qquad (16.33)$$

em que a é o coeficiente da espécie metálica para a reação global de oxidação descrita pela Equação 16.31.

Tabela 16.3   Razões de Pilling–Bedworth para Vários Metais/Óxidos Metálicos[a]

Protetores			Não Protetores		
Metal	*Óxido*	*Razão P–B*	*Metal*	*Óxido*	*Razão P–B*
Al	Al_2O_3	1,29	K	K_2O	0,46
Cu	Cu_2O	1,68	Li	Li_2O	0,57
Ni	NiO	1,69	Na	Na_2O	0,58
Fe	FeO	1,69	Ca	CaO	0,65
Be	BeO	1,71	Ag	AgO	1,61
Co	CoO	1,75	Ti	TiO_2	1,78
Mn	MnO	1,76	U	UO_2	1,98
Cr	Cr_2O_3	2,00	Mo	MoO_2	2,10
Si	SiO_2	2,14	W	WO_2	2,10
			Ta	Ta_2O_5	2,44
			Nb	Nb_2O_5	2,67

[a]Massa específica dos metais e dos óxidos baseados em *Handbook of Chemistry and Physics*, 85th edition (2004-2005).

que aproximadamente 2. Além da razão P–B, outros fatores também influenciam a resistência à oxidação conferida pelo filme; esses fatores incluem um alto grau de aderência entre o filme e o metal, coeficientes de expansão térmica comparáveis para o metal e o óxido e, para o óxido, um ponto de fusão relativamente elevado e uma boa plasticidade em altas temperaturas.

Várias técnicas estão disponíveis para melhorar a resistência à oxidação de um metal. Uma envolve a aplicação de um revestimento protetor superficial de outro material que tenha boa aderência ao metal e que, também, seja resistente à oxidação. Em alguns casos, a adição de elementos de liga formará uma incrustação de óxido mais aderente e protetora, em virtude da produção de uma razão de Pilling–Bedworth mais favorável e/ou de uma melhoria em outras características da incrustação.

Cinética

Uma das principais preocupações em relação à oxidação de um metal é a taxa na qual a reação progride. Uma vez que o produto da reação de formação da incrustação de óxido normalmente permanece sobre a superfície, a taxa da reação pode ser determinada pela medição do ganho de peso por unidade de área em função do tempo.

Quando o óxido que se forma não é poroso e adere à superfície do metal, a taxa de crescimento da camada é controlada pela difusão iônica. Existe uma relação *parabólica* entre o ganho de peso por unidade de área *W* e o tempo *t* como a seguir:

Expressão parabólica para a taxa de oxidação de um metal – dependência do ganho de peso (por unidade de área) em relação ao tempo

$$W^2 = K_1 t + K_2 \qquad (16.34)$$

em que, a uma dada temperatura, K_1 e K_2 são constantes independentes do tempo. Esse comportamento do ganho de peso em função do tempo está traçado esquematicamente na Figura 16.26. As oxidações do ferro, do cobre e do cobalto seguem essa expressão para a taxa do ganho de peso.

Na oxidação de metais em que a incrustação é porosa ou se esfarela (isto é, para razões P–B menores do que aproximadamente 1 ou maiores do que aproximadamente 2), a expressão para a taxa de oxidação é *linear* – isto é,

Expressão linear para a taxa de oxidação de um metal

$$W = K_3 t \qquad (16.35)$$

em que K_3 é uma constante. Sob essas circunstâncias, o oxigênio está sempre disponível para a reação com uma superfície metálica não protegida, pois o óxido não atua como uma barreira à reação. O sódio, o potássio e o tântalo se oxidam de acordo com essa expressão para a taxa de reação e, incidentalmente, têm razões P–B significativamente diferentes da unidade (Tabela 16.3). A cinética linear para a taxa de crescimento também está representada na Figura 16.26.

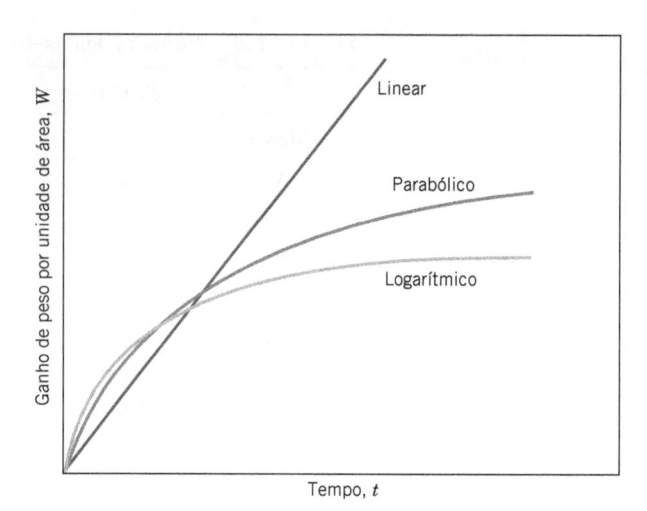

Figura 16.26 Curvas de crescimento para um filme de oxidação segundo as leis para as taxas de reação linear, parabólica e logarítmica.

Uma terceira lei para a taxa de reação foi, ainda, observada para camadas de óxido muito finas (com espessuras geralmente inferiores a 100 nm), que se formam em temperaturas relativamente baixas. A dependência do ganho de peso em relação ao tempo é *logarítmica* e assume a forma

Expressão logarítmica para a taxa de oxidação de um metal

$$W = K_4 \log (K_5 t + K_6) \tag{16.36}$$

Novamente, os *Ks* são constantes. Esse comportamento de oxidação, que também está mostrado na Figura 16.26, foi observado para o alumínio, o ferro e o cobre em temperaturas próximas à ambiente.

Corrosão de Materiais Cerâmicos

Os materiais cerâmicos, por serem compostos entre elementos metálicos e não metálicos, podem ser considerados como já tendo sido corroídos. Dessa forma, eles são bastante imunes à corrosão causada pela quase totalidade dos ambientes, especialmente à temperatura ambiente. A corrosão dos materiais cerâmicos envolve, geralmente, uma dissolução química simples, ao contrário dos processos eletroquímicos encontrados para os metais, conforme descrito anteriormente.

Os materiais cerâmicos são utilizados com frequência, em virtude de sua resistência à corrosão. Por esse motivo, o vidro é usado frequentemente para armazenar líquidos. As cerâmicas refratárias não devem resistir somente a temperaturas elevadas e proporcionar isolamento térmico, mas, em muitas situações, também devem resistir aos ataques por metais, sais, escórias e vidros fundidos em temperaturas elevadas. Alguns dos novos sistemas tecnológicos empregados para converter a energia de uma forma em outra que seja mais útil requerem temperaturas relativamente elevadas, atmosferas corrosivas e pressões acima da pressão ambiente. Os materiais cerâmicos são muito mais adequados do que os metais para suportar a maioria desses ambientes por períodos de tempo razoáveis.

Degradação de Polímeros

Os materiais poliméricos também apresentam deterioração por interações com o ambiente. Contudo, uma interação indesejável é especificada como uma degradação, em vez de corrosão, pois esses processos são basicamente diferentes. Enquanto a maioria das reações de corrosão nos metais é de natureza eletroquímica, a degradação polimérica é físico-química: isto é, ela envolve fenômenos físicos, assim como fenômenos químicos. Além disso, é possível uma grande variedade de reações e de consequências adversas na degradação dos polímeros. Os polímeros podem se deteriorar por inchamento e por dissolução. Também é possível a ruptura de ligações covalentes como resultado de energia térmica, de reações químicas e da radiação, ordinariamente com uma redução concomitante na integridade mecânica. Devido à complexidade química dos polímeros, seus mecanismos de degradação não são bem compreendidos.

Para citar dois exemplos de degradação de polímeros: o polietileno, se exposto a temperaturas elevadas em uma atmosfera rica em oxigênio, sofre uma queda das suas propriedades mecânicas, tornando-se frágil, e a utilidade do cloreto de polivinila pode ser limitada, pois esse material pode perder a coloração quando exposto a temperaturas elevadas, embora tais ambientes não afetem suas características mecânicas.

16.11 INCHAMENTO E DISSOLUÇÃO

Quando os polímeros são expostos a líquidos, as principais formas de degradação são o inchamento e a dissolução. Com o inchamento, o líquido ou o soluto se difunde para o interior e é absorvido no interior do polímero; as pequenas moléculas de soluto se ajustam e ocupam posições entre as moléculas do polímero. Isso força uma separação das macromoléculas, que faz com que a amostra se expanda, ou inche. Além disso, esse aumento na separação das cadeias resulta em uma redução das forças de ligação intermolecular secundárias; como consequência disso, o material torna-se menos rígido e mais dúctil. O soluto líquido também diminui a temperatura de transição vítrea e, se essa temperatura for reduzida abaixo da temperatura ambiente, um material que antes era resistente irá se tornar um material pouco resistente e com as características de uma borracha.

O inchamento pode ser considerado um processo de dissolução parcial, onde existe apenas uma solubilidade limitada do polímero no solvente. A dissolução, que ocorre quando o polímero é completamente solúvel, pode ser considerada apenas uma continuação do inchamento. Como regra geral, quanto maior for a semelhança entre as estruturas químicas do solvente e do polímero, maior será a probabilidade de inchamento e/ou dissolução. Por exemplo, muitas borrachas à base de hidrocarbonetos absorvem, de imediato, hidrocarbonetos líquidos, tais como a gasolina, mas não absorvem virtualmente nenhuma água. As respostas de alguns materiais poliméricos selecionados a solventes orgânicos estão mostradas nas Tabelas 16.4 e 16.5.

Os comportamentos do inchamento e da dissolução também são afetados pela temperatura, assim como por características da estrutura molecular. Em geral, o aumento do peso molecular, o

Tabela 16.4 Resistência à Degradação por Vários Ambientes de Materiais Plásticos Selecionados[a]

Material	Ácidos Não Oxidantes (20 % H_2SO_4)	Ácidos Oxidantes (10% HNO_3)	Soluções Salinas Aquosas (NaCl)	Álcalis Aquosos (NaOH)	Solventes Polares (C_2H_5OH)	Solventes Não Polares (C_6H_6)	Água
Politetrafluoroetileno	S	S	S	S	S	S	S
Náilon 6,6	U	U	S	S	Q	S	S
Policarbonato	Q	U	S	U	S	U	S
Poliéster	Q	Q	S	Q	Q	U	S
Poliéter-éter-cetona	S	S	S	S	S	S	S
Polietileno de baixa densidade	S	Q	S	—	S	Q	S
Polietileno de alta densidade	S	Q	S	—	S	Q	S
Poli(etileno tereftalato)	S	Q	S	S	S	S	S
Óxido de polifenileno	S	Q	S	S	S	U	S
Polipropileno	S	Q	S	S	S	Q	S
Poliestireno	S	Q	S	S	S	U	S
Poliuretano	Q	U	S	Q	U	Q	S
Epóxi	S	U	S	S	S	S	S
Silicone	Q	U	S	S	S	Q	S

[a] S = satisfatório; Q = questionável; I = insatisfatório.

Fonte: Adaptado de R. B. Seymour, *Polymers for Engineering Applications*, ASM International, Materials Park, OH, 1987.

Tabela 16.5 Resistência à Degradação por Vários Ambientes de Materiais Elastoméricos Selecionados[a]

Material	Envelhecimento por Intemperismo do Sol	Oxidação	Trincamento pelo Ozônio	Álcalis Diluídos/ Concentrados	Ácidos Diluídos/ Concentrados	Hidrocarbonetos Clorados, Desengraxantes	Hidrocarbonetos Alifáticos, Querosene etc.	Óleos Animais e Vegetais
Poli-isopreno (natural)	D	B	NR	A/C-B	A/C-B	NR	NR	D-B
Poli-isopreno (sintético)	NR	B	NR	C-B/C-B	C-B/C-B	NR	NR	D-B
Butadieno	D	B	NR	C-B/C-B	C-B/C-B	NR	NR	D-B
Estireno-butadieno	D	C	NR	C-B/C-B	C-B/C-B	NR	NR	D-B
Neopreno	B	A	A	A/A	A/A	D	C	B
Nitrila (alta)	D	B	C	B/B	B/B	C-B	A	B
Silicone (polisiloxano)	A	A	A	A/A	B/C	NR	D-C	A

[a] A = excelente; B = bom; C = razoável; D = usar com cautela; NR = não recomendado.

Fonte: *Compound Selection and Service Guide*, Seals Eastern, Inc., Red Bank, NJ, 1977.

aumento dos graus de ligações cruzadas e de cristalinidade e a diminuição da temperatura causam redução desses processos de deterioração.

Em geral, os polímeros são muito mais resistentes a ataques por soluções ácidas e alcalinas do que os metais. Por exemplo, o ácido fluorídrico (HF) pode corroer muitos metais, assim como atacar quimicamente e dissolver o vidro, tal que ele é armazenado em frascos de plástico. Uma comparação qualitativa do comportamento de vários polímeros nessas soluções está apresentada nas Tabelas 16.4 e 16.5. Os materiais que exibem uma resistência excepcional ao ataque por ambos os tipos de solução incluem o politetrafluoroetileno (e outros fluorocarbonos) e a poliéter-éter-cetona.

Verificação de Conceitos 16.8 A partir de uma perspectiva molecular, explique por que um aumento no grau de ligações cruzadas e na cristalinidade de um material polimérico irá melhorar sua resistência ao inchamento e à dissolução. Você espera que o grau de ligações cruzadas ou a cristalinidade apresente a maior influência? Justifique sua escolha. *Sugestão*: Pode ser útil consultar as Seções 4.7 e 4.11.

(*A resposta está disponível no GEN-IO, ambiente virtual de aprendizagem do GEN.*)

16.12 RUPTURA DA LIGAÇÃO

cisão

Os polímeros também podem experimentar degradação por um processo denominado cisão – o rompimento ou a ruptura de ligações das cadeias moleculares. Isso causa uma separação dos segmentos da cadeia no ponto de cisão e a redução no peso molecular. Como discutido anteriormente (Capítulo 8), várias das propriedades dos materiais poliméricos, incluindo resistência mecânica e resistência ao ataque químico, dependem do peso molecular. Consequentemente, algumas das propriedades físicas e químicas dos polímeros podem ser afetadas de maneira adversa por esse tipo de degradação. A ruptura da ligação pode resultar da exposição à radiação ou ao calor, assim como de uma reação química.

Efeitos da Radiação

Certos tipos de radiação [feixes de elétrons, raios X, raios β, raios γ e a radiação ultravioleta (UV)] possuem energia suficiente para penetrar em uma amostra de polímero e interagir com os átomos constituintes ou com os seus elétrons. Uma dessas reações é a *ionização*, em que a radiação remove um elétron orbital de um átomo específico, convertendo aquele átomo em um íon carregado positivamente. Como consequência, uma das ligações covalentes associadas àquele átomo específico é quebrada e existe um rearranjo de átomos ou de grupos de átomos naquele ponto. Essa quebra de ligação leva a uma cisão ou à formação de uma ligação cruzada no sítio da ionização, dependendo da estrutura química do polímero e também da dose de radiação. Podem ser adicionados agentes estabilizadores (Seção 14.12) para proteger os polímeros contra os danos causados pela radiação. No uso do dia a dia, os maiores danos causados a polímeros por radiação são decorrentes da irradiação UV. Após uma exposição prolongada, a maioria dos filmes poliméricos torna-se frágil, descolore, trinca e falha. Por exemplo, as barracas de acampamento começam a rasgar, os painéis de automóveis desenvolvem trincas e as janelas de plástico ficam embaçadas. Os problemas causados pela radiação são mais severos para algumas aplicações. Os polímeros em veículos espaciais devem resistir à degradação após exposições prolongadas à radiação cósmica. De maneira semelhante, os polímeros usados em reatores nucleares devem suportar níveis elevados de radiação nuclear. O desenvolvimento de materiais poliméricos que podem resistir a esses ambientes extremos é um desafio contínuo.

Nem todas as consequências da exposição à radiação são negativas. A formação de ligações cruzadas pode ser induzida pela irradiação, para melhorar o comportamento mecânico e as características à degradação. Por exemplo, a radiação γ é usada comercialmente para formar ligações cruzadas no polietileno, para melhorar sua resistência ao amolecimento e ao escoamento em temperaturas elevadas; de fato, esse processo pode ser realizado até mesmo em produtos que já foram fabricados.

Efeitos de Reações Químicas

O oxigênio, o ozônio e outras substâncias podem causar ou acelerar a cisão da cadeia como resultado de reações químicas. Esse efeito é especialmente importante junto às borrachas vulcanizadas que exibem átomos de carbono com ligações duplas ao longo das suas cadeias moleculares e que são expostas ao ozônio (O_3), um poluente encontrado na atmosfera. Uma dessas reações de cisão pode ser representada por

$$-\text{R}-\underset{\underset{\text{H}}{|}}{\text{C}}=\underset{\underset{\text{H}}{|}}{\text{C}}-\text{R}'- + O_3 \longrightarrow -\text{R}-\underset{\underset{\text{H}}{|}}{\text{C}}=O + O=\underset{\underset{\text{H}}{|}}{\text{C}}-\text{R}'- + O\cdot \qquad (16.37)$$

em que a cadeia é rompida no ponto da dupla ligação; R e R' representam grupos de átomos que não são afetados durante a reação. Ordinariamente, se a borracha está em um estado sem tensões, um filme de óxido irá se formar sobre a superfície, protegendo o material contra qualquer reação adicional. Contudo, quando esses materiais estão sujeitos a tensões de tração, ocorre a formação de trincas e frestas que crescem em uma direção perpendicular à tensão; eventualmente, pode ocorrer a ruptura do material. Essa é a razão pela qual as paredes laterais dos pneus de borracha de bicicletas desenvolvem trincas quando eles ficam velhos. Aparentemente, essas trincas resultam de grande número de cisões induzidas pelo ozônio. A degradação química é um problema especial para os polímeros usados em áreas com altos índices de poluentes do ar, tais como *smog* (fumaça e névoa) e ozônio. Os elastômeros listados na Tabela 16.5 estão classificados de acordo com sua resistência à degradação pela exposição ao ozônio. Muitas dessas reações de cisão da cadeia envolvem grupos reativos denominados *radicais livres*. Estabilizantes (Seção 14.12) podem ser adicionados para proteger os polímeros contra oxidação. Os estabilizantes reagem preferencialmente com o ozônio para consumi-lo ou reagem e eliminam os radicais livres antes que eles possam causar maiores danos.

Efeitos Térmicos

A degradação térmica corresponde à cisão de cadeias moleculares em temperaturas elevadas; como consequência disso, alguns polímeros sofrem reações químicas onde são produzidos componentes gasosos. Essas reações ficam evidenciadas por uma perda de peso do material; a estabilidade térmica de um polímero é uma medida da sua resistência a essa decomposição. A estabilidade térmica está relacionada principalmente com a magnitude das energias de ligação entre os vários constituintes atômicos do polímero: maiores energias de ligação resultam em materiais termicamente mais estáveis. Por exemplo, a magnitude da ligação C–F é maior do que a da ligação C–H, que por sua vez é maior do que a da ligação C–Cl. Os fluorocarbonos, que têm ligações C–F, estão entre os materiais poliméricos termicamente mais resistentes e podem ser utilizados em temperaturas relativamente elevadas. Entretanto, devido às fracas ligações C–Cl, quando o cloreto de polivinila é aquecido a 200 °C, mesmo durante alguns poucos minutos, ele se descolore e libera grandes quantidades de HCl, o que acelera a continuidade de sua decomposição. Estabilizantes (Seção 14.12), tais como o ZnO, podem reagir com o HCl, proporcionando maior estabilidade térmica ao cloreto de polivinila.

Alguns dos polímeros termicamente mais estáveis são os polímeros em escada.[7] Por exemplo, o polímero em escada que exibe a estrutura

Unidade
repetida

é tão termicamente estável que um tecido desse material pode ser aquecido diretamente em uma chama viva sem haver degradação. Os polímeros desse tipo são usados no lugar do asbesto em luvas para uso em altas temperaturas.

16.13 INTEMPERISMO

Muitos materiais poliméricos são usados em aplicações que requerem sua exposição às condições de um ambiente externo. Qualquer degradação resultante é denominada *intemperismo*, que pode ser uma combinação de vários processos diferentes. Sob essas condições, a deterioração é principalmente um resultado de reações de oxidação, as quais são iniciadas pela radiação ultravioleta do Sol. Alguns polímeros, como o náilon e a celulose, também estão suscetíveis à absorção de água, o que produz uma redução em sua dureza e rigidez. A resistência ao intemperismo entre os vários polímeros é bastante diversa. Os fluorocarbonos são virtualmente inertes sob essas condições; no entanto, alguns materiais, incluindo o cloreto de polivinila e o poliestireno, são suscetíveis ao intemperismo.

Verificação de Conceitos 16.9   Liste três diferenças entre a corrosão dos metais e cada uma das seguintes:

(a) A corrosão dos materiais cerâmicos

(b) A degradação dos polímeros

(*A resposta está disponível no GEN-IO, ambiente virtual de aprendizagem do GEN.*)

RESUMO

Considerações Eletroquímicas

• A corrosão metálica é tipicamente eletroquímica, envolvendo reações tanto de oxidação quanto de redução.

A oxidação é a perda dos elétrons de valência do átomo de um metal e ocorre no anodo; os íons metálicos resultantes podem ir para a solução corrosiva ou formar um composto insolúvel.

Durante a redução (que ocorre no catodo), esses elétrons são transferidos para pelo menos uma outra espécie química. A natureza do ambiente corrosivo estabelece qual, entre várias possíveis reações de redução, ocorrerá.

• Nem todos os metais se oxidam com o mesmo grau de facilidade, o que pode ser demonstrado com um par galvânico.

Em meio a um eletrólito, um metal (o anodo) se corrói, enquanto uma reação de redução ocorre no outro metal (o catodo).

---

[7] A estrutura da cadeia de um *polímero em escada* consiste em dois conjuntos de ligações covalentes ao longo de todo o seu comprimento que encontram-se unidos por ligações cruzadas.

A magnitude do potencial elétrico que é estabelecido entre o anodo e o catodo é indicativo da força motriz para a reação de corrosão.

- A série de potenciais de eletrodo-padrão e a série galvânica são classificações dos materiais metálicos com base em sua tendência em corroer-se quando acoplados a outros metais.

   Para a série de potenciais de eletrodo-padrão, a classificação está baseada na magnitude da tensão que é gerada quando a pilha-padrão de um metal é acoplada ao eletrodo-padrão de hidrogênio a 25 °C (77 °F).

   A série galvânica consiste nas reatividades relativas dos metais e suas ligas na água do mar.

- Os potenciais de semipilha na série de potenciais de eletrodo-padrão são parâmetros termodinâmicos que são válidos apenas sob condições de equilíbrio; os sistemas nos quais está havendo corrosão não estão em equilíbrio. Além disso, as magnitudes desses potenciais não fornecem nenhuma indicação das taxas em que ocorrem as reações de corrosão.

Taxas de Corrosão
- A taxa de corrosão pode ser expressa como uma taxa de penetração da corrosão, ou seja, a perda de espessura de um material por unidade de tempo; a TPC pode ser determinada usando a Equação 16.23. Mils por ano (milésimos de polegada por ano) e milímetros por ano são as unidades comuns para esse parâmetro.

- Alternativamente, a taxa é proporcional à densidade de corrente associada à reação eletroquímica, de acordo com a Equação 16.24.

Estimativa das Taxas de Corrosão
- Os sistemas sob corrosão apresentarão polarização, que é o deslocamento de cada um dos potenciais de eletrodo do seu valor de equilíbrio; a magnitude do deslocamento é denominada *sobretensão*.

- A taxa de corrosão de uma reação é limitada pela polarização, para a qual existem dois tipos – ativação e concentração.

   A polarização por ativação está relacionada com os sistemas em que a taxa de corrosão é determinada pela etapa que ocorre mais lentamente na série. Para a polarização por ativação, um gráfico da sobretensão em função do logaritmo da densidade de corrente vai aparecer, como mostrado na Figura 16.7.

   A polarização por concentração prevalece quando a taxa de corrosão está limitada pela difusão na solução. Quando a sobretensão é representada graficamente em função do logaritmo da densidade de corrente, a curva resultante aparece como a que está apresentada na Figura 16.9a.

- A taxa de corrosão para uma reação específica pode ser calculada usando a Equação 16.24, incorporando a densidade de corrente associada ao ponto de interseção entre as curvas de polarização para as reações de oxidação e de redução.

Passividade
- Diversos metais e ligas sofrem passivação, ou perdem a sua reatividade química, sob algumas circunstâncias do ambiente. Acredita-se que esse fenômeno envolva a formação de um fino filme protetor de óxido. Os aços inoxidáveis e as ligas de alumínio exibem esse tipo de comportamento.

- O comportamento de ativo para passivo pode ser explicado pela curva em forma de "S" do potencial eletroquímico em função do logaritmo da densidade de corrente (Figura 16.12). As interseções com as curvas de polarização para a redução nas regiões ativa e passiva correspondem, respectivamente, a uma alta e a uma baixa taxa de corrosão (Figura 16.13).

Formas de Corrosão
- A corrosão metálica é algumas vezes classificada em nove formas diferentes:

   Ataque uniforme – o grau de corrosão é aproximadamente uniforme em toda a superfície exposta.

   Corrosão galvânica – ocorre quando dois metais ou ligas diferentes são unidos eletricamente enquanto expostos a uma solução de eletrólito.

   Corrosão em frestas – a situação quando a corrosão ocorre sob frestas ou outras áreas em que existe uma exaustão localizada de oxigênio.

   Corrosão por pites – um tipo de corrosão localizada onde pites ou orifícios se formam a partir do topo de superfícies horizontais.

Corrosão intergranular – ocorre preferencialmente ao longo de contornos de grãos para metais/ligas específicas (por exemplo, alguns aços inoxidáveis).

Lixívia seletiva – o caso em que um elemento/constituinte de uma liga é removido seletivamente pela ação da corrosão.

Erosão-corrosão – a ação combinada de ataque químico e desgaste mecânico como consequência do movimento de um fluido.

Corrosão sob tensão – a formação e propagação de trincas (e uma possível falha) resultante dos efeitos combinados de corrosão e da aplicação de uma tensão de tração.

Fragilização por hidrogênio – uma redução significativa na ductilidade que acompanha a penetração de hidrogênio atômico em um metal/liga.

Prevenção da Corrosão

- Várias medidas podem ser tomadas para prevenir, ou pelo menos reduzir, a corrosão. Essas incluem a seleção do material, alterações no ambiente, o uso de inibidores, mudanças no projeto, a aplicação de revestimentos e proteção catódica.
- Com a proteção catódica, o metal a ser protegido torna-se um catodo pelo suprimento de elétrons de uma fonte externa.

Oxidação

- A oxidação de materiais metálicos pela ação eletroquímica também é possível em atmosferas gasosas secas (Figura 16.25).
- Um filme de óxido se forma sobre a superfície, o qual pode atuar como barreira contra oxidação adicional se os volumes de metal e de filme de óxido forem semelhantes, ou seja, se a razão de Pilling–Bedworth (Equações 16.32 e 16.33) estiver próxima da unidade.
- A cinética da formação do filme pode seguir relações para a taxa com características parabólica (Equação 16.34), linear (Equação 16.35) ou logarítmica (Figura 16.36).

Corrosão de Materiais Cerâmicos

- Os materiais cerâmicos, sendo inerentemente resistentes à corrosão, são utilizados com frequência em temperaturas elevadas e/ou ambientes extremamente corrosivos.

Degradação de Polímeros

- Os materiais poliméricos se deterioram por processos não corrosivos. Com a sua exposição a líquidos, esses materiais podem sofrer degradação por inchamento ou por dissolução.

  No inchamento, as moléculas de soluto se posicionam no interior da estrutura molecular.

  A dissolução pode ocorrer quando o polímero é completamente solúvel no líquido.
- A cisão, ou o rompimento das ligações da cadeia molecular, pode ser induzida por radiação, reações químicas ou calor. Isso resulta em uma redução do peso molecular e na deterioração das propriedades físicas e químicas do polímero.

Resumo das Equações

Número da Equação	Equação	Resolvendo para
16.18	$\Delta V^0 = V_2^0 - V_1^0$	Potencial da pilha eletroquímica para duas semipilhas-padrão
16.19	$\Delta V = (V_2^0 - V_1^0) - \dfrac{RT}{n\mathscr{F}} \ln \dfrac{[M_1^{n+}]}{[M_2^{n+}]}$	Potencial da pilha eletroquímica para duas semipilhas não padrão
16.20	$\Delta V = (V_2^0 - V_1^0) - \dfrac{0,0592}{n} \log \dfrac{[M_1^{n+}]}{[M_2^{n+}]}$	Potencial da pilha eletroquímica para duas semipilhas não padrão à temperatura ambiente
16.23	$TPC = \dfrac{KW}{\rho At}$	Taxa de penetração da corrosão
26.24	$r = \dfrac{i}{n\mathscr{F}}$	Taxa de corrosão

Número da Equação	Equação	Resolvendo para
16.25	$\eta_a = \pm \beta \log \dfrac{i}{i_0}$	Sobretensão para polarização por ativação
16.27	$\eta_c = \dfrac{2,3RT}{n\mathcal{F}} \log\left(1 - \dfrac{i}{i_L}\right)$	Sobretensão para polarização por concentração
16.32	Razão P–B $= \dfrac{A_O \rho_M}{A_M \rho_O}$	Razão de Pilling–Bedworth para metais divalentes
16.33	Razão P–B $= \dfrac{A_O \rho_M}{a A_M \rho_O}$	Razão de Pilling–Bedworth para metais que não são divalentes
16.34	$W^2 = K_1 t + K_2$	Expressão parabólica para a taxa de oxidação de um metal
16.35	$W = K_3 t$	Expressão linear para a taxa de oxidação de um metal
16.36	$W = K_4 \log(K_5 t + K_6)$	Expressão logarítmica para a taxa de oxidação de um metal

Lista de Símbolos

Símbolo	Significado
A	Área superficial exposta
A_M	Peso atômico do metal M
A_O	Peso fórmula do óxido do metal M
F	Constante de Faraday (96.500 C/mol)
i	Densidade de corrente
i_L	Densidade de corrente limite para difusão
i_0	Densidade de corrente de troca
K	Constante da TPC
$K_1, K_2, K_3, K_4, K_5, K_6$	Constantes independentes do tempo
$[M_1^{n+}], [M_2^{n+}]$	Concentrações iônicas molares para os metais 1 e 2 (Reação 16.17)
n	Número de elétrons que participam em cada uma das reações de semi-pilha
R	Constante dos gases (8,31 J/mol · K)
T	Temperatura (K)
t	Tempo
V_1^0, V_2^0	Potenciais de eletrodo de semipilha-padrão (Tabela 16.1) para os metais 1 e 2 (Reação 16.17)
W	Perda de peso (Equação 16.23); ganho de peso por unidade de área (Equações 16.34, 16.35, 16.36)
β	Constante da semipilha
ρ	Massa específica
ρ_M	Massa específica do metal M
ρ_O	Massa específica do óxido do metal M

Termos e Conceitos Importantes

anodo	degradação da solda	polarização
anodo de sacrifício	eletrólito	polarização por ativação
catodo	erosão-corrosão	polarização por concentração
cisão	fragilização por hidrogênio	proteção catódica
corrosão	inibidor	razão de Pilling–Bedworth
corrosão em frestas	lixívia seletiva	redução
corrosão galvânica	molaridade	semipilha-padrão
corrosão intergranular	oxidação	série de potenciais de eletrodo
corrosão sob tensão	passividade	série galvânica
degradação	pite	taxa de penetração da corrosão

REFERÊNCIAS

ASM Handbook,Vol. 13A, *Corrosion: Fundamentals,Testing, and Protection*, ASM International, Materials Park, OH, 2003.

ASM Handbook, Vol. 13B, *Corrosion: Materials*, ASM International, Materials Park, OH, 2005.

ASM Handbook, Vol. 13C, *Corrosion: Environments and Industries*, ASM International, Materials Park, OH, 2006.

Cicek, V., and B. Al-Numan, *Corrosion Chemistry*, Wiley, Hoboken, NJ 2011.

Craig, B. D., and D. Anderson (Editors), *Handbook of Corrosion Data*, 2nd edition, ASM International, Materials Park, OH, 1995.

Jones, D. A., *Principles and Prevention of Corrosion*, 2nd edition, Pearson Education, Upper Saddle River, NJ, 1996.

Marcus, P. (Editor), *Corrosion Mechanisms in Theory and Practice*, 3rd edition, CRC Press, Boca Raton, FL, 2011.

McCafferty, E., *Introduction to Corrosion Science*, Springer, New York, NY, 2010.

McCauley, R. A., *Corrosion of Ceramic Materials*, 3rd edition, CRC Press, Boca Raton, FL, 2013.

Revie, R. W., *Corrosion and Corrosion Control*, 4th edition, Wiley, Hoboken, NJ, 2008.

Revie, R. W., (Editor), *Uhlig's Corrosion Handbook*, 3rd edition, Wiley, Hoboken, NJ, 2011.

Roberge, P. R., *Corrosion Engineering: Principles and Practice*, McGraw-Hill, New York, 2008.

Roberge, P. R., *Handbook of Corrosion Engineering*, 2nd edition, McGraw-Hill, New York, NY, 2012.

Schweitzer, P. A., *Atmospheric Degradation and Corrosion Control*, CRC Press, Boca Raton, FL, 1999.

Schweitzer, P. A. (Editor), *Corrosion Engineering Handbook*, 2nd edition, CRC Press, Boca Raton, FL, 2007. Conjunto de três volumes.

Schweitzer, P. A., *Corrosion of Polymers and Elastomers*, CRC Press, Boca Raton, FL, 2006.

Schweitzer, P. A., *Fundamentals of Corrosion: Mechanisms, Causes, and Preventative Methods*, CRC Press, Boca Raton, FL, 2009.

Schweitzer, P. A., *Fundamentals of Metallic Corrosion: Atmospheric and Media Corrosion of Metals*, CRC Press, Boca Raton, FL, 2006.

Talbot, E. J., and D. R. Talbot, *Corrosion Science and Technology*, 2nd edition, CRC Press, Boca Raton, FL, 2007.

PERGUNTAS E PROBLEMAS

Considerações Eletroquímicas

16.1 (a) Explique sucintamente a diferença entre reações eletroquímicas de oxidação e redução.

(b) Qual reação ocorre no anodo e qual ocorre no catodo?

16.2 (a) Escreva as possíveis semirreações de oxidação e de reação que ocorrem quando o magnésio é imerso em cada uma das seguintes soluções: (i) HCl, (ii) uma solução de HCl contendo oxigênio dissolvido, (iii) uma solução de HCl contendo oxigênio dissolvido e, além disso, íons Fe^{2+}.

(b) Em qual dessas soluções você esperaria que o magnésio se oxidasse mais rapidamente? Por quê?

16.3 Demonstre o seguinte:

(a) o valor de $\mathscr{F}$ na Equação 16.19 é de 96.500 C/mol

(b) a 25 °C (298 K),

$$\frac{RT}{n\mathscr{F}} \ln x = \frac{0{,}0592}{n} \log x$$

16.4 (a) Calcule a voltagem a 25 °C de uma pilha eletroquímica que consiste em chumbo puro imerso em uma solução $5 \times 10^{-2} M$ de íons Pb^{2+} e estanho puro em uma solução $0{,}25 M$ de íons Sn^{2+}.

(b) Escreva a reação eletroquímica espontânea.

16.5 Uma pilha de concentração Fe/Fe^{2+} é construída onde ambos os eletrodos são de ferro puro. A concentração de Fe^{2+} para uma das semipilhas é de $0{,}5 M$, enquanto para outra é de $2 \times 10^{-2} M$. Uma voltagem será gerada entre as duas semipilhas? Se esse for o caso, qual será sua magnitude e qual eletrodo será oxidado? Se nenhuma voltagem for produzida, explique esse resultado.

16.6 Uma pilha eletroquímica é composta por eletrodos de cobre puro e cádmio puro imersos em soluções dos seus respectivos íons divalentes. Para uma concentração de íons Cd^{2+} de $6{,}5 \times 10^{-2} M$, o eletrodo de cádmio é oxidado, gerando um potencial da pilha de 0,775 V. Calcule a concentração de íons Cu^{2+} se a temperatura é de 25 °C.

16.7 Uma pilha eletroquímica é construída tal que em um dos lados um eletrodo de Zn puro está em contato com uma solução contendo íons Zn^{2+} em uma concentração de $10^{-2}M$. A outra semipilha consiste em um eletrodo de Pb puro que está imerso em uma solução de íons Pb^{2+}que possui uma concentração de $10^{-4}M$. Em qual temperatura o potencial entre os dois eletrodos será de +0,568 V?

16.8 Para os seguintes pares de ligas que estão acoplados na água do mar, preveja a possibilidade de corrosão; se a corrosão for provável, mencione qual metal/liga irá se corroer.

(a) Alumínio e ferro fundido

(b) Inconel e níquel

(c) Cádmio e zinco

(d) Latão e titânio

(e) Aço de baixo teor de carbono e cobre

16.9 (a) A partir da série galvânica (Tabela 16.2), cite três metais/ligas que podem ser usados para proteger galvanicamente o ferro fundido.

(b) Como observado na Verificação de Conceitos 16.4(b), a corrosão galvânica é prevenida fazendo-se um contato elétrico entre os dois metais no par e um terceiro metal que é anódico em relação aos outros dois. Usando a série galvânica, cite um metal que pode ser usado para proteger um par galvânico níquel-aço.

Taxas de Corrosão

16.10 Demonstre que a constante K na Equação 16.23 terá valores de 534 e 87,6 para a TPC em unidades de mpa e mm/ano, respectivamente.

16.11 Uma peça em chapa de uma liga metálica corroída foi encontrada em um navio submerso no oceano. Estimou-se que a área original da chapa era de 800 cm² e que aproximadamente 7,6 kg do material foram corroídos durante o tempo submerso. Assumindo uma taxa de penetração da corrosão de 4 mm/ano para essa liga na água do mar, estime em anos o tempo que a chapa permaneceu submersa. A massa específica da liga é de 4,5 g/cm³.

16.12 Uma chapa grossa de aço com área de 100 in² está exposta ao ar em um local próximo ao oceano. Após o período de um ano, verificou-se que a placa perdeu 485 g devido à corrosão. Isso corresponde a qual taxa de corrosão, tanto em mpa quanto em mm/ano?

16.13 (a) Demonstre que a TPC está relacionada com a densidade de corrente de corrosão i (A/cm^2) pela expressão

$$TPC = \frac{KAi}{n\rho} \qquad (16.38)$$

em que K é uma constante, A é o peso atômico do metal que está sofrendo corrosão, n é o número de elétrons associado à ionização de cada átomo metálico e ρ é a massa específica do metal.

(b) Calcule o valor da constante K para a TPC em mpa e i em $\mu A/cm^2$ (10^{-6} A/cm^2).

16.14 Considerando os resultados do Problema 16.13, calcule a taxa de penetração da corrosão, em mpa, para a corrosão do ferro no HCl (para formar íons Fe^{2+}), se a densidade de corrente de corrosão é de 8×10^{-5} A/cm^2.

Estimativa das Taxas de Corrosão

16.15 (a) Cite as principais diferenças entre as polarizações por ativação e por concentração.

(b) Sob quais condições a polarização por ativação controla a taxa da reação?

(c) Sob quais condições a polarização por concentração controla a taxa da reação?

16.16 (a) Descreva o fenômeno do equilíbrio dinâmico quanto ao que ele se aplica às reações eletroquímicas de oxidação e de redução.

(b) O que é a densidade de corrente de troca?

16.17 O níquel sofre corrosão em uma solução ácida de acordo com a reação

$$Ni + 2H^+ \rightarrow Ni^{2+} + H_2$$

As taxas das semirreações de oxidação e redução são controladas pela polarização por ativação.

(a) Calcule a taxa de oxidação do Ni (em $mol/cm^2 \cdot s$), dados os seguintes valores para a polarização por ativação:

Para o Níquel	*Para o Hidrogênio*
$V_{(Ni/Ni^{2+})} = -0,126$ V	$V_{(H^+/H_2)} = 0$ V
$i_0 = 2 \times 10^{-8}$ A/cm^2	$i_0 = 6 \times 10^{-7}$ A/cm^2
$\beta = +0,12$	$\beta = -0,10$

(b) Calcule o valor do potencial de corrosão.

16.18 A taxa de corrosão para um metal divalente M em uma solução contendo íons hidrogênio deve ser determinada. Os seguintes dados de corrosão são conhecidos para o metal e a solução:

Para o Metal M	*Para o Hidrogênio*
$V_{(M/M^{2+})} = -0,90$ V	$V_{(H^+/H_2)} = 0$ V
$i_0 = 10^{-12}$ A/cm^2	$i_0 = 10^{-10}$ A/cm^2
$\beta = +0,10$	$\beta = -0,15$

(a) Assumindo que a polarização por ativação controla tanto a reação de oxidação quanto a de redução, determine a taxa de corrosão para o metal M (em $mol/cm^2 \cdot s$).

(b) Calcule o potencial de corrosão para essa reação.

16.19 A influência do aumento da velocidade da solução sobre o comportamento da sobretensão em relação ao logaritmo da densidade de corrente para uma solução que apresenta uma polarização combinada por ativação e por concentração está indicada na Figura 16.27. Com base nesse comportamento, trace um gráfico esquemático que mostre a taxa de corrosão em função da velocidade da solução para a oxidação de um metal;

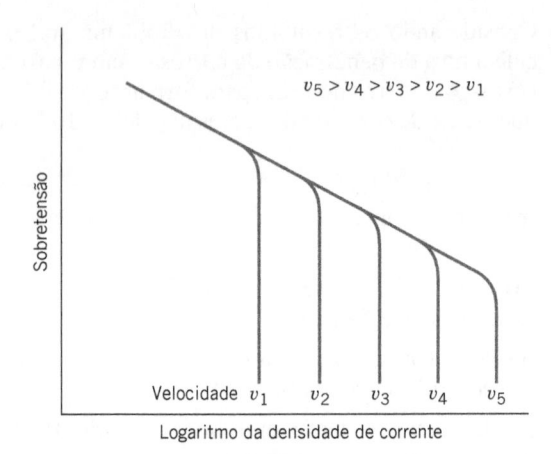

Figura 16.27 Gráfico da sobretensão em função do logaritmo da densidade de corrente para uma solução que apresenta polarização combinada por ativação e por concentração em várias velocidades da solução.

considere que a reação de oxidação seja controlada pela polarização por ativação.

Passividade

16.20 Descreva sucintamente o fenômeno da *passividade*. Cite dois tipos comuns de ligas que sofrem passivação.

16.21 Por que o cromo nos aços inoxidáveis torna esses aços mais resistentes à corrosão do que os aços-carbono comuns em muitos ambientes?

Formas de Corrosão

16.22 Para cada forma de corrosão, excluindo a uniforme, faça o seguinte:

(a) Descreva por que, onde e sob quais condições a corrosão ocorre.

(b) Cite três medidas que podem ser tomadas para prevenir ou controlar a corrosão.

16.23 Explique sucintamente por que os metais trabalhados a frio são mais suscetíveis à corrosão do que os metais que não foram trabalhados a frio.

16.24 Explique sucintamente por que, para uma pequena razão entre as áreas do anodo e do catodo, a taxa de corrosão será maior do que para uma grande razão entre essas áreas.

16.25 Para uma pilha de concentração, explique sucintamente por que a corrosão ocorre na região que tem a menor concentração.

Prevenção da Corrosão

16.26 (a) O que são inibidores?

(b) Quais são os possíveis mecanismos responsáveis por sua eficácia?

16.27 Descreva sucintamente as duas técnicas usadas para proteção galvânica.

Oxidação

16.28 Para cada um dos metais listados na tabela a seguir, determine a razão de Pilling–Bedworth. Além disso, com base nesse valor, especifique se você espera ou não que a incrustação de óxido que se forma sobre a superfície seja protetora e, então, justifique sua decisão. Os dados para a massa específica tanto do metal quanto do seu óxido também estão listados.

Metal	Massa Específica do Metal (g/cm³)	Óxido do Metal	Massa Específica do Óxido (g/cm³)
Zr	1,74	MgO	3,58
Sn	6,11	V_2O_5	3,36
Bi	7,13	ZnO	5,61

16.29 De acordo com a Tabela 16.3, o revestimento de óxido que se forma sobre a prata deve ser não protetor, mas ainda assim a Ag não se oxida de maneira apreciável à temperatura ambiente quando exposta ao ar. Como você explica essa aparente discrepância?

16.30 Na tabela a seguir são apresentados os dados para o ganho de peso em função do tempo para a oxidação do níquel em uma temperatura elevada.

W (mg/cm²)	Tempo (min)
0,527	10
0,857	30
1,526	100

(a) Determine se a cinética da taxa da oxidação obedece a uma expressão linear, parabólica ou logarítmica.

(b) Calcule, então, W após um tempo de 600 min.

16.31 Na tabela a seguir são apresentados os dados para o ganho de peso em função do tempo para a oxidação de determinado metal em uma temperatura elevada.

W (mg/cm²)	Tempo (min)
6,16	100
8,59	250
12,72	1000

(a) Determine se a cinética da taxa de oxidação obedece a uma expressão linear, parabólica ou logarítmica.

(b) Calcule, então, W após um tempo de 5000 min.

16.32 Na tabela a seguir são apresentados os dados para o ganho de peso em função do tempo para a oxidação de determinado metal em uma temperatura elevada.

W (mg/cm²)	Tempo (min)
1,54	10
23,24	150
95,37	620

(a) Determine se a cinética da taxa de oxidação obedece a uma expressão linear, parabólica ou logarítmica.

(b) Calcule, então, W após um tempo de 1200 min.

Problemas com Planilha Eletrônica

16.1PE Gere uma planilha eletrônica que determine a taxa de oxidação (em mol/cm^2 · s) e o potencial de corrosão para um metal que está imerso em uma solução ácida. O usuário deve poder entrar com os seguintes parâmetros para cada uma das duas semipilhas: o potencial de corrosão, a densidade de corrente de troca e o valor de β.

16.2PE Para a oxidação de algum metal, dado um conjunto de valores de ganho de peso e seus tempos correspondentes (pelo menos três valores), gere uma planilha eletrônica que permita ao usuário determinar o seguinte:

(a) Se a cinética da oxidação obedece a uma expressão linear, parabólica ou logarítmica para a taxa de reação

(b) Os valores das constantes na expressão apropriada para a taxa de reação

(c) O ganho de peso após determinado tempo.

PROBLEMAS DE PROJETO

16.P1 Uma solução de salmoura é usada como meio de resfriamento em um trocador de calor fabricado de aço. A salmoura é circulada no interior do trocador de calor e contém algum oxigênio dissolvido. Sugira três métodos, excluindo a proteção catódica, para reduzir a corrosão do aço pela salmoura. Explique o raciocínio para cada sugestão.

16.P2 Sugira um material apropriado para cada uma das seguintes aplicações e, se necessário, recomende medidas para a prevenção da corrosão. Justifique suas sugestões.

(a) Frascos de laboratório para acondicionar soluções relativamente diluídas de ácido nítrico.

(b) Tonéis para armazenar benzeno.

(c) Tubulação para o transporte de soluções alcalinas (básicas) quentes.

(d) Tanques subterrâneos para a armazenagem de grandes quantidades de água de alta pureza.

(e) Remates de arquitetura para prédios muito altos.

16.P3 Cada aluno (ou grupo de alunos) deve encontrar um problema de corrosão da vida real que ainda não tenha sido resolvido, conduzir uma investigação completa sobre a(s) causa(s) e o(s) tipo(s) de corrosão e propor possíveis soluções para o problema, indicando qual das soluções é a melhor e por quê. Entregue um relatório abordando essas questões.

PERGUNTAS E PROBLEMAS SOBRE FUNDAMENTOS DA ENGENHARIA

16.1FE Qual(is), entre as seguintes reações, é(são) reação(ões) de redução?

(A) $Fe^{2+} \rightarrow Fe^{3+} + e^-$

(B) $Al^{3+} + 3e^- \rightarrow Al$

(C) $H_2 \rightarrow 2H^+ + 2e^-$

(D) Tanto A quanto C

16.2FE Uma pilha eletroquímica é composta por eletrodos de níquel puro e de ferro puro imersos em soluções dos seus respectivos íons divalentes. Se as concentrações dos íons Ni^{2+} e Fe^{2+} são de 0,002 M e de 0,40 M, respectivamente, qual é a tensão gerada a 25 °C? (Os respectivos potenciais de redução-padrão para o Ni e para o Fe são de –0,250 V e –0,440 V.)

(A) –0,76 V

(B) –0,26 V

(C) +0,12 V

(D) +0,76 V

16.3FE Qual, entre os seguintes itens, descreve a corrosão em frestas?

(A) Corrosão que ocorre preferencialmente ao longo dos contornos dos grãos.

(B) Corrosão que resulta da ação combinada da aplicação de uma tensão de tração e de um ambiente corrosivo.

(C) Corrosão localizada que pode ser iniciada em um defeito da superfície.

(D) Corrosão que é produzida por uma diferença na concentração de íons ou de gases dissolvidos no eletrólito.

16.4FE A deterioração de polímeros por inchamento pode ser reduzida por qual dos seguintes itens?

(A) Aumento do grau de ligações cruzadas, aumento do peso molecular e aumento do grau de cristalinidade.

(B) Diminuição do grau de ligações cruzadas, diminuição do peso molecular e diminuição do grau de cristalinidade.

(C) Aumento do grau de ligações cruzadas, aumento do peso molecular e diminuição do grau de cristalinidade.

(D) Diminuição do grau de ligações cruzadas, aumento do peso molecular e aumento do grau de cristalinidade.

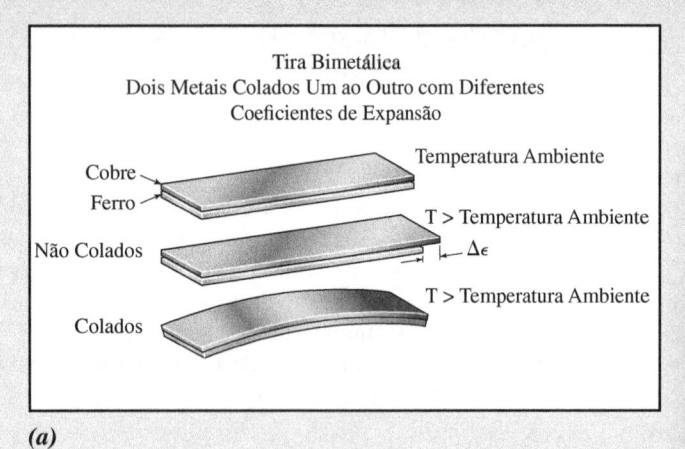

Tira Bimetálica
Dois Metais Colados Um ao Outro com Diferentes
Coeficientes de Expansão

Cobre

Ferro

Não Colados

Colados

Temperatura Ambiente

T > Temperatura Ambiente

$\Delta\epsilon$

T > Temperatura Ambiente

(a)

Elemento Bimetálico Espiral

Bulbo de Mercúrio

© Steven Langerman/Alamy Limited

(b)

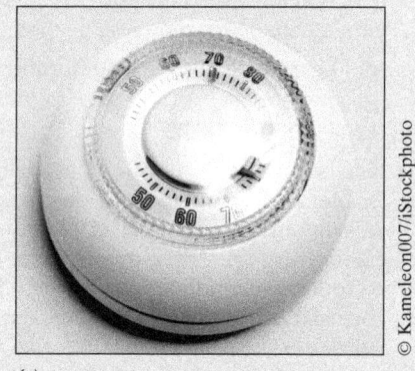

© Kameleon007/iStockphoto

(c)

Um tipo de *termostato* – um dispositivo usado para regular a temperatura – utiliza o fenômeno da *expansão térmica* – o alongamento de um material ao ser aquecido. O coração desse tipo de termostato é uma *tira bimetálica* – tiras de dois metais com diferentes coeficientes de expansão térmica, as quais foram coladas ao longo dos seus comprimentos. Uma mudança na temperatura faz com que a tira se dobre; no aquecimento, o metal com o maior coeficiente de expansão se alongará mais, produzindo a direção do dobramento mostrada na Figura (*a*). No termostato mostrado na Figura (*b*), a tira bimetálica é uma bobina ou espiral; essa configuração permite uma tira bimetálica relativamente longa, mais deflexão para determinada variação na temperatura e maior precisão. O metal com o maior coeficiente de expansão está localizado no lado inferior da tira, tal que, no aquecimento, a bobina tende a se desenrolar. Preso à extremidade da bobina encontra-se um *interruptor de mercúrio* – um pequeno bulbo de vidro que contém várias gotas de mercúrio [Figura (*b*)]. Esse interruptor está montado de modo tal que, quando a temperatura é variada, as deflexões da extremidade da bobina empurram o bulbo em uma direção ou na direção oposta; de maneira correspondente, o bolsão de mercúrio se desloca de uma extremidade à outra do bulbo. Quando a temperatura atinge o ponto de controle do termostato, é feito o contato elétrico, conforme o mercúrio se desloca para uma extremidade; isso liga a unidade de aquecimento ou de resfriamento (isto é, um forno ou um ar condicionado). A unidade se desliga quando uma temperatura limite é atingida e, à medida que o bulbo se inclina na outra direção, o bolsão de mercúrio se desloca para a outra extremidade e o contato elétrico é desfeito.

A Figura (*d*) mostra as consequências de temperaturas inesperadamente altas em 24 de julho de 1978 próximo a Asbury Park, New Jersey: os trilhos de trem flambaram [o que causou o descarrilamento de um vagão de passageiros (no fundo)] como resultado de tensões de uma expansão térmica imprevista.

ASSOCIATED PRESS/© AP/Wide World Photos

(d)

Entre os três tipos de materiais principais, as cerâmicas são as mais suscetíveis a *choques térmicos* – fratura frágil que resulta das tensões internas estabelecidas no interior de uma peça cerâmica como resultado de rápidas mudanças na temperatura (normalmente no resfriamento). O choque térmico é geralmente um evento indesejável, e a suscetibilidade de um material cerâmico a esse fenômeno é uma função de suas propriedades térmicas e mecânicas (coeficiente de expansão térmica, condutividade térmica, módulo de elasticidade e resistência à fratura). A partir de um conhecimento das relações entre os parâmetros do choque térmico e essas propriedades, é possível: (1) em alguns casos, fazer as alterações apropriadas nas características térmicas e/ou mecânicas para tornar uma cerâmica mais resistente ao choque térmico; (2) para um material cerâmico específico, estimar a variação máxima de temperatura que é permissível sem que ocorra uma fratura.

Objetivos do Aprendizado

Após estudar este capítulo, você deverá ser capaz de realizar o seguinte:

1. Definir *capacidade calorífica* e *calor específico*.
2. Dizer o mecanismo principal pelo qual a energia térmica é assimilada nos materiais sólidos.
3. Determinar o coeficiente linear de expansão térmica, considerando a alteração em comprimento que acompanha uma mudança de temperatura específica.
4. Explicar sucintamente o fenômeno da expansão térmica a partir de uma perspectiva atômica, utilizando um gráfico da energia potencial em função da separação interatômica.
5. Definir *condutividade térmica*.
6. Dizer quais são os dois mecanismos principais para a condução de calor nos sólidos e comparar as magnitudes relativas dessas contribuições para os materiais metálicos, cerâmicos e poliméricos.

17.1 INTRODUÇÃO

Por *propriedade térmica* entende-se a resposta de um material à aplicação de calor. À medida que um sólido absorve energia na forma de calor, sua temperatura e dimensões aumentam. A energia pode ser transportada para regiões mais frias da amostra, caso existam gradientes de temperatura e, por fim, a amostra pode fundir-se. A capacidade calorífica, a expansão térmica e a condutividade térmica são propriedades que com muita frequência são críticas para a utilização prática de um sólido.

17.2 CAPACIDADE CALORÍFICA

capacidade calorífica

Um material sólido, quando aquecido, apresenta um aumento de temperatura, o que significa que alguma energia foi absorvida. A **capacidade calorífica** indica a habilidade de um material em absorver calor de sua vizinhança externa; ela representa a quantidade de energia necessária para produzir um aumento unitário na temperatura. Em termos matemáticos, a capacidade calorífica C é expressa da seguinte maneira:

Definição de *capacidade calorífica* – razão entre a variação de energia (energia ganha ou perdida) e a variação de temperatura resultante

$$C = \frac{dQ}{dT} \tag{17.1}$$

calor específico

em que dQ é a energia necessária para produzir uma variação dT de temperatura. Ordinariamente, a capacidade calorífica é especificada por mol do material (isto é, J/mol · K, ou cal/mol · K). Algumas vezes é usado o **calor específico** (representado frequentemente por um c minúsculo), o qual representa a capacidade calorífica por unidade de massa e exibe várias unidades (J/kg · K, cal/g · K, Btu/lb$_m$ · °F).

Existem duas maneiras pelas quais essa propriedade pode ser medida, de acordo com as condições ambientais que acompanham a transferência de calor. Uma é a capacidade calorífica enquanto se mantém constante o volume da amostra, C_v; a outra se aplica a uma condição de pressão externa constante, sendo representada por C_p. A magnitude de C_p é sempre maior ou igual à de C_v; entretanto, essa diferença é muito pequena para a maioria dos materiais sólidos em temperaturas iguais ou abaixo da temperatura ambiente.

Capacidade Calorífica Vibracional

Na maioria dos sólidos, o principal modo de assimilação de energia térmica ocorre pelo aumento da energia vibracional dos átomos. Os átomos nos materiais sólidos estão vibrando constantemente em frequências muito altas e com amplitudes relativamente pequenas. Em vez de serem independentes umas das outras, as vibrações de átomos adjacentes estão acopladas entre si em virtude das ligações atômicas. Essas vibrações estão coordenadas de maneira tal que são produzidas ondas que se propagam pela rede, um fenômeno que está representado na Figura 17.1. Essas ondas são consideradas elásticas, ou simplesmente ondas sonoras, com comprimentos de onda curtos e frequências muito altas, que se propagam pelo cristal na velocidade do som. A energia térmica vibracional para um material consiste em uma série dessas ondas elásticas que apresentam uma variedade de distribuições e de frequências. Apenas certos valores de energia são permitidos (diz-se que a energia está *quantizada*) e um único *quantum* de energia vibracional é chamado de um **fônon**. (Um fônon é análogo a um *quantum* de radiação eletromagnética, o *fóton*.) Ocasionalmente, as próprias ondas vibracionais são denominadas *fônons*.

fônon

O espalhamento térmico dos elétrons livres durante a condução eletrônica (Seção 12.7) ocorre por meio dessas ondas vibracionais, e essas ondas elásticas também participam do transporte de energia durante a condução térmica (veja a Seção 17.4).

Dependência da Capacidade Calorífica em Relação à Temperatura

A variação da contribuição vibracional para a capacidade calorífica em função da temperatura a volume constante para muitos sólidos cristalinos relativamente simples está mostrada na Figura 17.2. O valor de C_v é igual a zero a 0 K, mas sobe rapidamente com a temperatura; isso corresponde a uma maior habilidade das ondas na rede em elevar sua energia média com o aumento da temperatura. Em baixas temperaturas, a relação entre C_v e a temperatura absoluta T é

Dependência da capacidade calorífica (a volume constante) em relação à temperatura em baixas temperaturas (próximas a 0 K)

$$C_v = AT^3 \tag{17.2}$$

em que A é uma constante independente da temperatura. Acima do que é chamado *temperatura de Debye* θ_D, o valor de C_v se estabiliza, tornando-se essencialmente independente da temperatura e

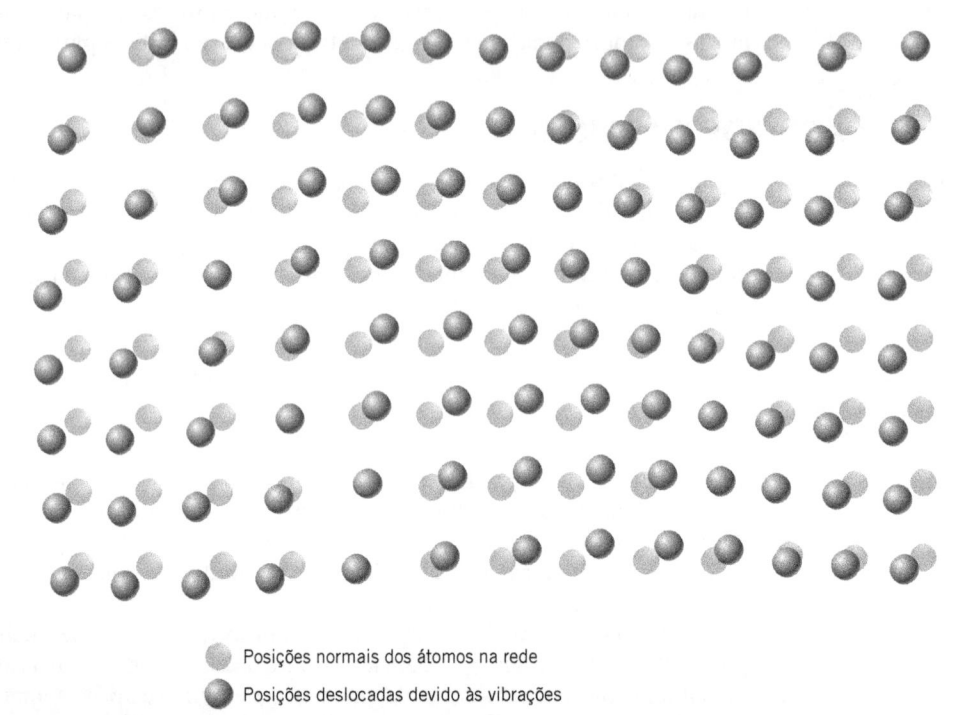

⬤ Posições normais dos átomos na rede

⬤ Posições deslocadas devido às vibrações

Figura 17.1 Representação esquemática da geração de ondas na rede em um cristal por meio de vibrações atômicas.
(Adaptado de "The Thermal Properties of Materials", por J. Ziman. Copyright © 1967 por Scientific American, Inc. Todos os direitos reservados.)

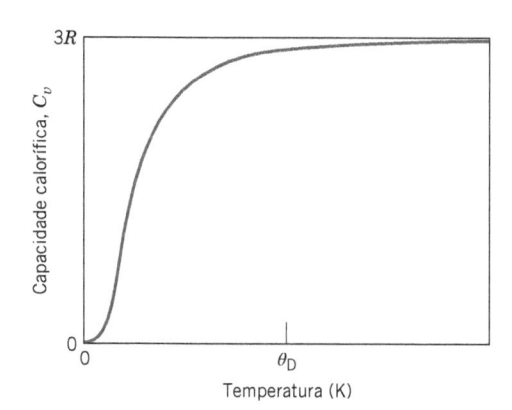

Figura 17.2 Dependência da capacidade calorífica a volume constante em relação à temperatura; θ_D representa a temperatura de Debye.

assumindo um valor aproximadamente igual a $3R$, em que R é a constante dos gases. Dessa forma, embora a energia total do material esteja aumentando com a temperatura, a quantidade de energia necessária para produzir uma variação de 1 grau na temperatura é constante. Para muitos materiais sólidos, o valor de θ_D é inferior à temperatura ambiente, e 25 J/mol · K é uma aproximação razoável para o valor de C_v à temperatura ambiente.[1] A Tabela 17.1 apresenta calores específicos experimentais para vários materiais; os valores de c_p para ainda mais materiais estão listados na Tabela B.8, do Apêndice B.

Outras Contribuições para a Capacidade Calorífica

Também há outros mecanismos de absorção de energia que podem se somar à capacidade calorífica total de um sólido. Na maioria dos casos, no entanto, essas contribuições são pequenas quando comparadas à magnitude da contribuição vibracional. Existe uma contribuição eletrônica, na qual os elétrons absorvem energia aumentando a sua energia cinética. Contudo, isso só é possível para os elétrons livres – aqueles que foram excitados desde estados preenchidos para estados vazios acima da energia de Fermi (Seção 12.6). Nos metais, apenas os elétrons em estados próximos à energia de Fermi são capazes de tais transições, e eles representam apenas uma fração muito pequena do número total de elétrons. Uma proporção ainda menor dos elétrons sofre excitação nos materiais isolantes e semicondutores. Portanto, essa contribuição eletrônica é, em geral, insignificante, a não ser em temperaturas próximas a 0 K.

Além disso, em alguns materiais, outros processos de absorção de energia ocorrem em temperaturas específicas – por exemplo, a distribuição aleatória dos *spins* dos elétrons em um material ferromagnético quando este é aquecido acima da sua temperatura Curie. Um grande pico é produzido na curva da capacidade calorífica em função da temperatura na temperatura em que ocorre essa transformação.

17.3 EXPANSÃO TÉRMICA

A maioria dos materiais sólidos se expande quando aquecida e se contrai quando resfriada. A variação no comprimento em função da temperatura para um material sólido pode ser expressa da seguinte maneira:

Para a expansão térmica, a dependência da variação fracional do comprimento em relação ao seu coeficiente linear de expansão térmica e à variação na temperatura

$$\frac{l_f - l_0}{l_0} = \alpha_l \left(T_f - T_0 \right) \tag{17.3a}$$

---

[1] Para os *elementos metálicos sólidos*, $C_v \cong 25$ J/mol · K. No entanto, esse valor não é válido para todos os sólidos. Por exemplo, em uma temperatura maior do que a sua θ_D, o valor de C_v para um material cerâmico é de 25 joules por mol de íons – por exemplo, a capacidade calorífica "molar" da, digamos, Al_2O_3, é de aproximadamente $(5)(25$ J/mol · K$) = 125$ J/mol · K, dado que existem cinco íons (dois íons Al^{3+} e três íons O^{2-}) por unidade da fórmula (Al_2O_3).

Tabela 17.1   Propriedades Térmicas para Diversos Materiais

Material	c_p $(J/kg \cdot K)^a$	α_l $[(^\circ C)^{-1} \times 10^{-6}]^b$	k $(W/m \cdot K)^c$	L $[\Omega \cdot W/(K)^2 \times 10^{-8}]$
		Metais		
Alumínio	900	23,6	247	2,20
Cobre	386	17,0	398	2,25
Ouro	128	14,2	315	2,50
Ferro	448	11,8	80	2,71
Níquel	443	13,3	90	2,08
Prata	235	19,7	428	2,13
Tungstênio	138	4,5	178	3,20
Aço 1025	486	12,0	51,9	—
Aço inoxidável 316	502	16,0	15,9	—
Latão (70Cu–30Zn)	375	20,0	120	—
Kovar (54Fe–29Ni–17Co)	460	5,1	17	2,80
Invar (64Fe–36Ni)	500	1,6	10	2,75
Super Invar (63Fe–32Ni–5Co)	500	0,72	10	2,68
		Cerâmicas		
Alumina (Al_2O_3)	775	7,6	39	—
Magnésia (MgO)	940	$13,5^d$	37,7	—
Espinélio ($MgAl_2O_4$)	790	$7,6^d$	$15,0^e$	—
Sílica fundida (SiO_2)	740	0,4	1,4	—
Vidro de cal de soda	840	9,0	1,7	—
Vidro borossilicato (Pyrex)	850	3,3	1,4	—
		Polímeros		
Polietileno (alta densidade)	1850	106–198	0,46–0,50	—
Polipropileno	1925	145–180	0,12	—
Poliestireno	1170	90–150	0,13	—
Politetrafluoroetileno (Teflon)	1050	126–216	0,25	—
Fenol-formaldeído, fenólico	1590–1760	122	0,15	—
Náilon 6,6	1670	144	0,24	—
Poli-isopreno	—	220	0,14	—

[a] Para converter em cal/g · K, multiplicar por $2,39 \times 10^{-4}$; para converter em Btu/lb$_m$ · °F, multiplicar por $2,39 \times 10^{-4}$.

[b] Para converter em (°F)$^{-1}$, multiplicar por 0,56.

[c] Para converter em cal/s · cm · K, multiplicar por $2,39 \times 10^{-3}$; para converter em Btu/ft · h · °F, multiplicar por 0,578.

[d] Valor medido a 100 °C.

[e] Valor médio tomado ao longo da faixa de temperaturas entre 0 °C e 1000 °C.

ou

$$\frac{\Delta l}{l_0} = \alpha_l \Delta T \tag{17.3b}$$

coeficiente linear de expansão térmica

em que l_0 e l_f representam, respectivamente, os comprimentos inicial e final para uma variação de temperatura de T_0 para T_f. O parâmetro α_l é chamado de **coeficiente linear de expansão térmica**; é uma propriedade do material que indica o grau pelo qual um material se expande quando é aquecido e apresenta unidades do inverso da temperatura [$(^\circ C)^{-1}$ ou $(^\circ F)^{-1}$]. O aquecimento ou

Para a expansão térmica, a dependência da variação fracional do volume em relação ao coeficiente volumétrico de expansão térmica e à variação na temperatura

resfriamento afeta todas as dimensões de um corpo, resultando em alteração no seu volume. A variação do volume em função da temperatura pode ser calculada a partir de

$$\frac{\Delta V}{V_0} = \alpha_v \Delta T \qquad (17.4)$$

em que ΔV e V_0 são, respectivamente, a variação no volume e o volume original e α_v é o coeficiente volumétrico de expansão térmica. Em muitos materiais, o valor de α_v é anisotrópico; isto é, ele depende da direção cristalográfica ao longo da qual está sendo medido. Para os materiais com uma expansão térmica isotrópica, o valor de α_v é aproximadamente $3\alpha_l$.

A partir de uma perspectiva atômica, a expansão térmica é refletida por um aumento na distância média entre os átomos. Esse fenômeno pode ser mais bem compreendido por uma consulta à curva da energia potencial em função do espaçamento interatômico para um material sólido, a qual foi introduzida anteriormente (Figura 2.10b) e que está reproduzida na Figura 17.3a. A curva está na forma de um poço de energia potencial e o espaçamento interatômico de equilíbrio a 0 K, r_0, corresponde ao ponto mínimo no poço de energia potencial. O aquecimento a temperaturas sucessivamente mais elevadas (T_1, T_2, T_3 etc.) aumenta a energia vibracional de E_1 para E_2, para E_3, e assim por diante. A amplitude vibracional média de um átomo corresponde à largura do poço de energia potencial em cada temperatura, e a distância interatômica média é representada pela posição intermediária, a qual aumenta em função da temperatura de r_0 para r_1, para r_2, e assim por diante.

A expansão térmica se deve à curvatura assimétrica desse poço de energia potencial, e não às maiores amplitudes vibracionais dos átomos em função da elevação da temperatura. Se a curva da energia potencial fosse simétrica (Figura 17.3b), não haveria nenhuma variação resultante na separação interatômica e, consequentemente, não existiria expansão térmica.

Para cada classe de materiais (metais, cerâmicas e polímeros), quanto maior for a energia da ligação atômica, mais profundo e mais estreito será esse poço de energia potencial. Como resultado, o aumento na separação interatômica em função de determinada elevação na temperatura será menor, levando a um menor valor de α_l. A Tabela 17.1 lista os coeficientes lineares de expansão térmica para vários materiais. Com respeito à dependência em relação à temperatura, a magnitude do coeficiente de expansão aumenta com a elevação da temperatura. Os valores na Tabela 17.1 foram tomados à temperatura ambiente, a menos que esteja indicado o contrário. Uma lista mais completa de coeficientes de expansão térmica é fornecida na Tabela B.6 do Apêndice B.

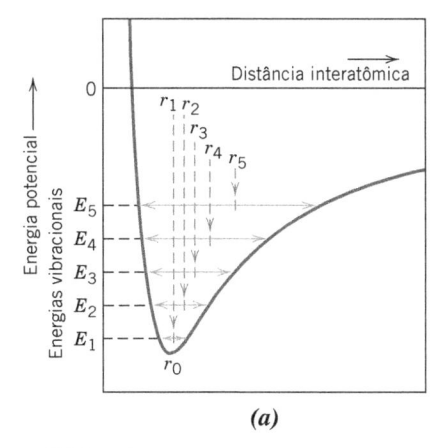

(a)

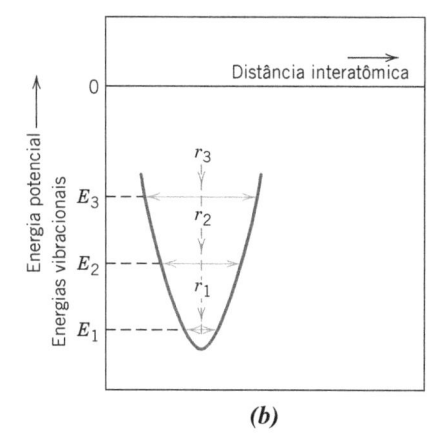

(b)

Figura 17.3 (*a*) Gráfico da energia potencial em função da distância interatômica, demonstrando o aumento na separação interatômica em função da elevação da temperatura. No aquecimento, a separação interatômica aumenta de r_0 para r_1, para r_2, e assim por diante. (*b*) Para uma curva simétrica da energia potencial em função da distância interatômica, não existe nenhum aumento na separação interatômica em função da elevação da temperatura (isto é, $r_1 = r_2 = r_3$).

(Adaptado de R. M. Rose, L. A. Shepard e J. Wulff, *The Structure and Properties of Materials*, Vol. IV, *Electronic Properties*. Copyright © 1966 por John Wiley & Sons, New York. Reimpresso sob permissão de John Wiley & Sons, Inc.)

Metais

Conforme observado na Tabela 17.1, os coeficientes lineares de expansão térmica para alguns metais comuns variam entre aproximadamente 5×10^{-6} e 25×10^{-6} $(°C)^{-1}$; esses valores são intermediários em magnitude entre aqueles dos materiais cerâmicos e poliméricos. Como a seção Materiais de Importância a seguir explica, foram desenvolvidas várias ligas metálicas de baixa expansão e de expansão controlada, que são usadas em aplicações que requerem estabilidade dimensional ante a variações na temperatura.

Cerâmicas

Em muitos materiais cerâmicos são encontradas forças de ligação interatômicas relativamente fortes, o que se reflete em coeficientes de expansão térmica comparativamente baixos; os valores variam normalmente entre aproximadamente $0,5 \times 10^{-6}$ e 15×10^{-6} $(°C)^{-1}$. Para as cerâmicas não cristalinas e também para aquelas com estruturas cristalinas cúbicas, α_l é isotrópico. Nos demais casos, ele é anisotrópico; alguns materiais cerâmicos, ao serem aquecidos, se contraem em algumas direções cristalográficas enquanto se expandem em outras. Para os vidros inorgânicos, o coeficiente de expansão depende da composição. A sílica fundida (vidro de SiO_2 de alta pureza) tem um coeficiente de expansão pequeno, de $0,4 \times 10^{-6}$ $(°C)^{-1}$. Isso pode ser explicado por uma baixa densidade de compactação atômica, tal que a expansão interatômica produz alterações dimensionais macroscópicas relativamente pequenas.

Os materiais cerâmicos que precisam ser submetidos a mudanças de temperatura devem ter coeficientes de expansão térmica que sejam relativamente pequenos e isotrópicos. De outra forma, esses materiais frágeis podem se fraturar em consequência de variações dimensionais não uniformes, o que é denominado **choque térmico**, como discutido posteriormente neste capítulo.

choque térmico

Polímeros

Alguns materiais poliméricos apresentam expansões térmicas muito grandes ao serem aquecidos, conforme indicado por coeficientes que variam desde aproximadamente 50×10^{-6} até 400×10^{-6} $(°C)^{-1}$. Os maiores valores de α_l são encontrados para os polímeros lineares e com ramificações, pois as ligações secundárias intermoleculares são fracas e existe uma quantidade mínima de ligações cruzadas. Com o aumento da quantidade de ligações cruzadas, a magnitude do coeficiente de expansão térmica diminui; os menores coeficientes são encontrados nos polímeros termofixos em rede, como o fenol-formaldeído, no qual as ligações são quase inteiramente covalentes.

Verificação de Conceitos 17.1 **(a)** Explique por que o anel de latão da tampa de uma jarra de vidro afrouxa quando é aquecido.

(b) Suponha que o anel seja feito de tungstênio em vez de latão. Qual será o efeito do aquecimento da tampa e da jarra? Por quê?

(*A resposta está disponível no GEN-IO, ambiente virtual de aprendizagem do GEN.*)

17.4 CONDUTIVIDADE TÉRMICA

A condução térmica é o fenômeno pelo qual o calor é transportado das regiões de alta temperatura para as de baixa temperatura em uma substância. A propriedade que caracteriza a habilidade de um material transferir calor é a **condutividade térmica**. Ela pode ser mais bem definida em termos da expressão

condutividade térmica

Dependência do fluxo de calor em relação à condutividade térmica e ao gradiente de temperatura para o fluxo de calor em regime estacionário

$$q = -k\frac{dT}{dx} \tag{17.5}$$

em que q representa o *fluxo de calor*, ou escoamento de calor, por unidade de tempo por unidade de área (a área sendo tomada como aquela perpendicular à direção do escoamento), k é a condutividade térmica e dT/dx é o *gradiente de temperatura* através do meio de condução.

MATERIAIS DE IMPORTÂNCIA

Invar e Outras Ligas de Baixa Expansão

Em 1896, Charles-Edouard Guillaume, da França, fez uma descoberta interessante e importante que lhe valeu o Prêmio Nobel de Física em 1920: uma liga ferro-níquel com um coeficiente de expansão térmica muito baixo (próximo a zero) entre a temperatura ambiente e aproximadamente 230 °C. Esse material se tornou o precursor de uma família de ligas metálicas de "baixa expansão" (algumas vezes também chamadas de "expansão controlada"). Sua composição é de 64 %p Fe–36 %p Ni e recebeu o nome comercial de *Invar*, pois o comprimento de uma amostra desse material é virtualmente invariável com mudanças na temperatura. Seu coeficiente de expansão térmica em temperaturas próximas à ambiente é de $1,6 \times 10^{-6}$ $(°C)^{-1}$.

Pode-se supor que sua expansão próxima de zero seja explicada por uma simetria da curva para a energia potencial em função da distância interatômica (Figura 17.3*b*). Mas esse não é o caso; em vez disso, esse comportamento está relacionado com as características magnéticas do Invar. Tanto o ferro quanto o níquel são materiais ferromagnéticos (Seção 18.4). Um material ferromagnético pode formar um ímã permanente e forte; ao ser aquecido, essa propriedade desaparece em uma temperatura específica, chamada *temperatura de Curie*, a qual varia de um material ferromagnético para outro (Seção 18.6). Conforme uma amostra de Invar é aquecida, sua tendência em expandir é contrabalançada por um fenômeno de contração associado às suas propriedades ferromagnéticas (denominado *magnetoestricção*). Acima da sua temperatura de Curie (de aproximadamente 230 °C), o Invar se expande de maneira normal e seu coeficiente de expansão térmica assume um valor muito maior.

O tratamento térmico e o processamento do Invar também afetam suas características de expansão térmica. Os menores valores de α_l são obtidos para amostras temperadas a partir de temperaturas elevadas (próximas a 800 °C) e que foram então trabalhadas a frio. O recozimento leva a um aumento no valor de α_l.

Outras ligas de baixa expansão foram desenvolvidas. Uma delas é chamada de Super Invar, pois seu coeficiente de expansão térmica $[0,72 \times 10^{-6}$ $(°C)^{-1}]$ é menor que o valor para o Invar. Entretanto, a faixa de temperaturas ao longo da qual suas características de baixa expansão persistem é relativamente estreita. Em termos da composição, no Super Invar, parte do níquel no Invar é substituída por outro metal ferromagnético, o cobalto; o Super Invar contém 63 %p Fe, 32 %p Ni e 5 %p Co.

Outra dessas ligas, com o nome comercial de Kovar, foi projetada para ter características de expansão próximas àquelas do vidro borossilicato (ou Pyrex); quando essa liga é unida ao Pyrex e submetida a variações na temperatura, são evitadas tensões térmicas e uma possível fratura nas junções. A composição do Kovar é 54 %p Fe, 29 %p Ni, e 17 % Co.

Essas ligas de baixa expansão são usadas em aplicações que requerem estabilidade dimensional frente a flutuações na temperatura, incluindo as seguintes:

- Pêndulos de compensação e rodas para relógios mecânicos.
- Componentes estruturais em sistemas de medição óticos e a laser que requerem estabilidades dimensionais da ordem de um comprimento de onda da luz.
- Tiras bimetálicas usadas para acionar microinterruptores em sistemas de aquecimento de água.
- Máscaras de sombra em tubos de raios catódicos usados para telas de monitores e de televisão; maior contraste, melhor brilho e definição mais nítida são possíveis com o emprego de materiais de baixa expansão.
- Vasos e tubulações para o armazenamento e o transporte de gás natural liquefeito.

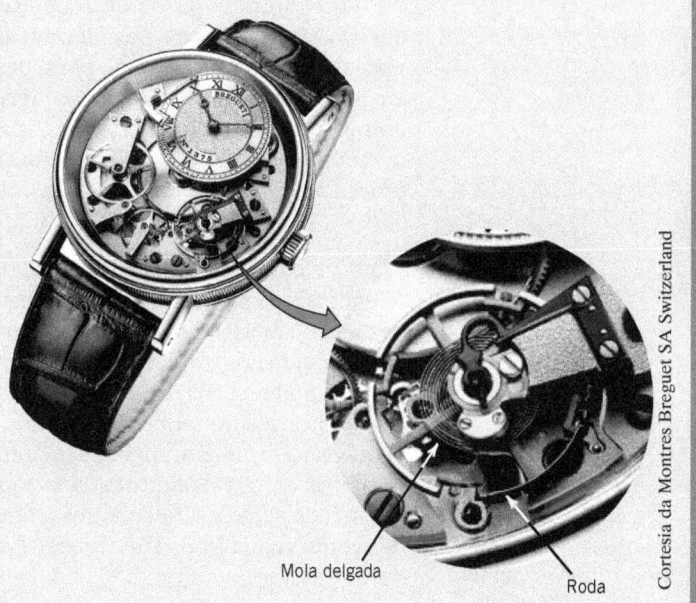

Mola delgada   Roda

Cortesia da Montres Breguet SA Switzerland

Um relógio de pulso que mostra o seu *movimento de precisão* – o mecanismo que mede a passagem do tempo. Dois componentes importantes desse movimento são uma roda e uma mola delgada – a mola espiral que está posicionada no centro da roda. O tempo é dividido em incrementos iguais pela roda circular, conforme ela oscila para a frente e para trás ao redor do seu eixo de rotação. A frequência das oscilações da roda é controlada e mantida constante pela mola delgada.

A precisão de um relógio é influenciada por mudanças na temperatura. Por exemplo, um aumento na temperatura produz um ligeiro aumento no diâmetro da roda, o que faz com que a roda oscile mais lentamente e o relógio perca tempo. As imprecisões podem ser reduzidas pelo uso de uma liga de baixa expansão, tal como o Invar, para a fabricação da roda. A maioria dos relógios de alta precisão atuais, no entanto, usa uma liga de baixa expansão de berílio-cobre-ferro que tem o nome comercial de *Glucydur*; suas características antimagnéticas são superiores às do Invar.

As unidades para q e k são W/m^2 (Btu/ft^2 · h) e W/m · K (Btu/ft · h · °F), respectivamente. A Equação 17.5 é válida somente para o escoamento de calor em regime estacionário – isto é, para as situações nas quais o fluxo de calor não se altera ao longo do tempo. O sinal de menos na expressão indica que a direção do escoamento do calor ocorre da região mais quente para a região mais fria, ou seja, aquela que "desce" o gradiente de temperatura.

A Equação 17.5 é semelhante, em forma, à primeira lei de Fick (Equação 6.2) para a difusão em regime estacionário. Nessas duas expressões, k é análogo ao coeficiente de difusão D, e o gradiente de temperatura é análogo ao gradiente de concentração, dC/dx.

Mecanismos da Condução de Calor

O calor é transportado nos materiais sólidos tanto por ondas de vibração da rede (fônons) quanto por elétrons livres. Uma condutividade térmica está associada a cada um desses mecanismos e a condutividade total é a soma dessas duas contribuições, ou

$$k = k_r + k_e \tag{17.6}$$

em que k_r e k_e representam, respectivamente, as condutividades térmicas devido à vibração e aos elétrons; em geral, uma forma ou outra é predominante. A energia térmica associada aos fônons ou às ondas da rede é transportada na direção do seu movimento. A contribuição devida a k_r resulta de um movimento global dos fônons desde as regiões de alta temperatura para as de baixa temperatura de um corpo, através das quais existe um gradiente de temperatura.

Os elétrons livres ou de condução participam da condução térmica eletrônica. Um ganho em energia cinética ocorre nos elétrons livres em uma região quente da amostra. Eles então migram para as áreas mais frias, onde parte dessa energia cinética é transferida para os átomos (na forma de energia vibracional), como consequência de colisões com os fônons ou com outras imperfeições no cristal. A contribuição relativa de k_e para a condutividade térmica total aumenta com o aumento das concentrações de elétrons livres, uma vez que mais elétrons estão disponíveis para participar nesse processo de transferência de calor.

Metais

Nos metais de alta pureza, o mecanismo eletrônico de transporte de calor é muito mais eficiente do que a contribuição dos fônons, já que os elétrons não são tão facilmente dispersos como os fônons e possuem maiores velocidades. Além disso, os metais são condutores de calor extremamente bons, pois há números relativamente grandes de elétrons livres que participam da condução térmica. As condutividades térmicas de vários metais comuns estão listadas na Tabela 17.1; os valores geralmente variam entre aproximadamente 20 e 400 W/m · K.

Uma vez que os elétrons livres são responsáveis pela condução elétrica e pela condução térmica nos metais puros, os tratamentos teóricos sugerem que as duas condutividades estejam relacionadas de acordo com a *lei de Wiedemann-Franz*:

Lei de Weidemann-Franz – para o metais, a razão entre a condutividade térmica e o produto da condutividade elétrica e a temperatura deve ser uma constante

$$L = \frac{k}{\sigma T} \tag{17.7}$$

em que σ representa a condutividade elétrica, T é a temperatura absoluta e L é uma constante. O valor teórico de L, $2,44 \times 10^{-8}$ Ω · W/(K)^2, deve ser independente da temperatura e ser o mesmo para todos os metais se a energia térmica for transportada inteiramente pelos elétrons livres. Estão incluídos na Tabela 17.1 os valores experimentais de L para vários metais; observe que a concordância entre esses valores e o valor teórico é bastante razoável (folgadamente dentro de um fator de 2).

A adição de impurezas em ligas metálicas resulta em uma redução na condutividade térmica, pela mesma razão pela qual a condutividade elétrica é diminuída (Seção 12.8); qual seja, os átomos de impurezas, especialmente se estiverem em solução sólida, atuam como centros de espalhamento, reduzindo a eficiência do movimento dos elétrons. Um gráfico da condutividade térmica em função da composição para ligas cobre–zinco (Figura 17.4) mostra esse efeito.

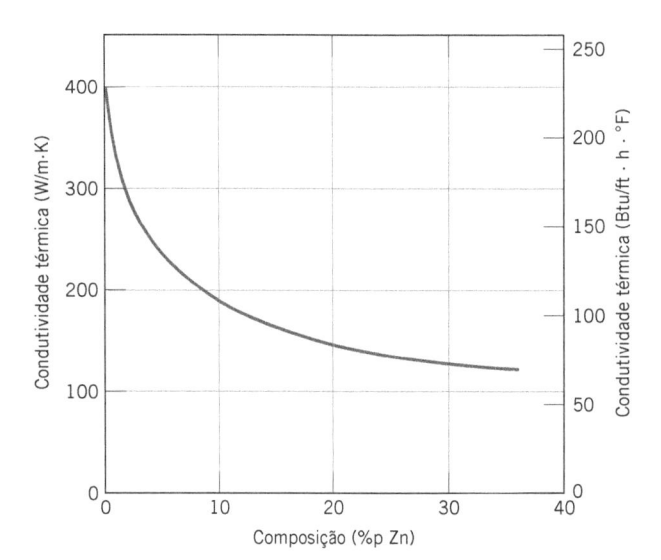

Figura 17.4 Condutividade térmica em função da composição para ligas cobre–zinco.
[Adaptado de *Metals Handbook: Properties and Selection: Nonferrous Alloys and Pure Metals*, Vol. 2, 9th edition, H. Baker (Editor chefe), American Society for Metals, 1979, p. 315.]

Verificação de Conceitos 17.2   A condutividade térmica de um aço-carbono comum é maior do que a de um aço inoxidável. Por que isso ocorre? *Sugestão*: Pode ser útil consultar a Seção 13.2.

(*A resposta está disponível no GEN-IO, ambiente virtual de aprendizagem do GEN.*)

Cerâmicas

Os materiais não metálicos são isolantes térmicos, uma vez que carecem de grande número de elétrons livres. Dessa forma, os fônons são os principais responsáveis pela condutividade térmica: o valor de k_e é muito menor do que o valor de k_r. Novamente, os fônons não são tão efetivos quanto os elétrons livres no transporte da energia térmica devido ao espalhamento muito eficiente dos fônons pelas imperfeições da rede.

Os valores para a condutividade térmica de diversos materiais cerâmicos estão apresentados na Tabela 17.1; as condutividades térmicas à temperatura ambiente variam entre aproximadamente 2 e 50 W/m · K. O vidro e outras cerâmicas amorfas apresentam menores condutividades do que as cerâmicas cristalinas, uma vez que o espalhamento dos fônons é muito mais efetivo quando a estrutura atômica é altamente desordenada e irregular.

O espalhamento das vibrações da rede cristalina se torna mais pronunciado com o aumento da temperatura; assim, a condutividade térmica da maioria dos materiais cerâmicos diminui normalmente com o aumento na temperatura, pelo menos em temperaturas relativamente baixas (Figura 17.5). Como a Figura 17.5 indica, a condutividade começa a aumentar em temperaturas mais elevadas, o que se deve à transferência de calor por radiação; quantidades significativas de calor radiante infravermelho podem ser transportadas através de um material cerâmico transparente. A eficiência desse processo aumenta com a temperatura.

A porosidade nos materiais cerâmicos pode ter influência drástica sobre a condutividade térmica; na maioria das circunstâncias, o aumento do volume dos poros resulta em uma redução da condutividade térmica. De fato, muitos cerâmicos usados como isolantes térmicos são porosos. A transferência de calor através dos poros é ordinariamente lenta e ineficiente. Os poros internos contêm, normalmente, ar estagnado, que tem condutividade térmica extremamente baixa – aproximadamente 0,02 W/m · K. Além disso, a convecção gasosa no interior dos poros também é comparativamente ineficiente.

Verificação de Conceitos 17.3   A condutividade térmica de uma amostra cerâmica monocristalina é ligeiramente maior do que a de uma amostra policristalina do mesmo material. Por que isso ocorre?

(*A resposta está disponível no GEN-IO, ambiente virtual de aprendizagem do GEN.*)

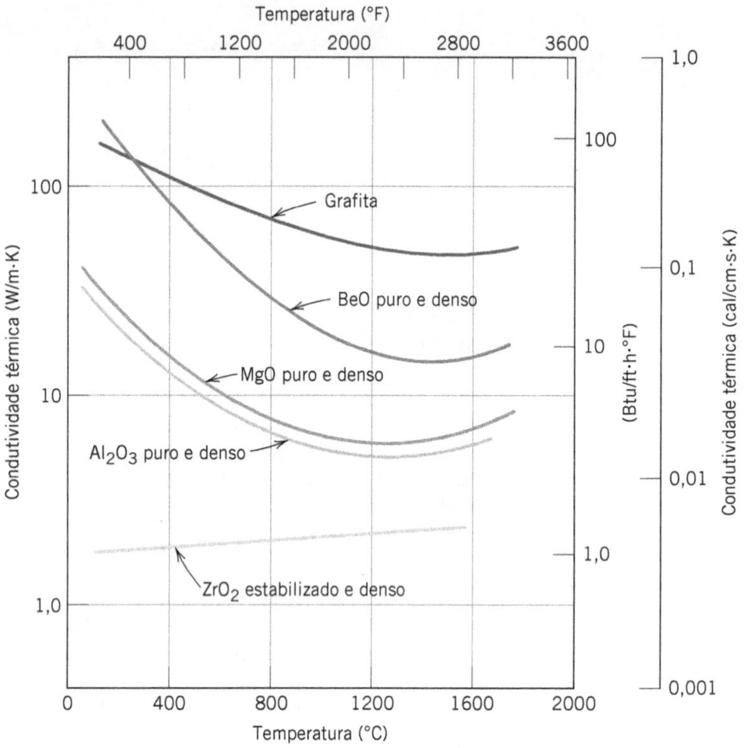

Figura 17.5 Dependência da condutividade térmica em relação à temperatura para vários materiais cerâmicos.
(Adaptado de W. D. Kingery, H. K. Bowen, e D. R. Uhlmann, *Introduction to Ceramics*, 2nd edition. Copyright © 1976 por John Wiley & Sons, New York. Reimpresso sob permissão de John Wiley & Sons, Inc.)

Polímeros

Como pode ser observado na Tabela 17.1, as condutividades térmicas para a maioria dos polímeros são da ordem de 0,3 W/m · K. Para esses materiais, a transferência de energia é realizada pela vibração e rotação das moléculas da cadeia. A magnitude da condutividade térmica depende do grau de cristalinidade; um polímero com uma estrutura altamente cristalina e ordenada apresenta maior condutividade do que o material amorfo equivalente, por causa da vibração coordenada mais efetiva das cadeias moleculares no estado cristalino.

Os polímeros são usados com frequência como isolantes térmicos em função de suas baixas condutividades térmicas. Como ocorre com os cerâmicos, suas propriedades isolantes são melhoradas ainda mais pela introdução de pequenos poros, que são introduzidos geralmente pela formação de espuma (Seção 13.15). A espuma de poliestireno é usada comumente para fabricar copos de bebidas e caixas isolantes.

Verificação de Conceitos 17.4 Entre um polietileno linear (= 450.000 g/mol) e um polietileno levemente ramificado (= 650.000 g/mol), qual tem a maior condutividade térmica? Por quê? *Sugestão*: Você pode querer consultar a Seção 4.11.

Verificação de Conceitos 17.5 Explique por que, em um dia frio, a maçaneta metálica da porta de um automóvel parece mais fria ao toque do que um volante de plástico, apesar de ambos estarem à mesma temperatura.

(*As respostas estão disponíveis no GEN-IO, ambiente virtual de aprendizagem do GEN.*)

17.5 TENSÕES TÉRMICAS

tensão térmica

As **tensões térmicas** são tensões induzidas em um corpo como resultado de variações na temperatura. É importante uma compreensão das origens e da natureza das tensões térmicas, pois elas podem levar à fratura ou a uma deformação plástica indesejável.

Tensões Resultantes da Restrição a Expansões e Contrações Térmicas

Dependência da tensão térmica em relação ao módulo de elasticidade, ao coeficiente linear de expansão térmica e à variação da temperatura

Em primeiro lugar, vamos considerar uma barra sólida homogênea e isotrópica que é aquecida ou resfriada de maneira uniforme – isto é, não são impostos gradientes de temperatura. Na expansão ou na contração livre, a barra fica isenta de tensões. Se, no entanto, o movimento axial da barra for restringido por suportes rígidos em suas extremidades, são introduzidas tensões térmicas. A magnitude da tensão σ resultante de uma mudança na temperatura de T_0 para T_f é de

$$\sigma = E\alpha_l (T_0 - T_f) = E\alpha_l \Delta T \qquad (17.8)$$

em que E é o módulo de elasticidade e α_l é o coeficiente linear de expansão térmica. No aquecimento ($T_f > T_0$), a tensão é compressiva ($\sigma < 0$), uma vez que a expansão da barra foi impedida. Se a barra for resfriada ($T_f < T_0$), uma tensão de tração é imposta ($\sigma > 0$). Além disso, a tensão na Equação 17.8 é a mesma necessária para comprimir (ou alongar) elasticamente a barra de volta ao seu comprimento original após ela ter podido expandir (ou contrair) livremente devido à variação $T_0 - T_f$ da temperatura.

PROBLEMA-EXEMPLO 17.1

Tensão Térmica Criada por Aquecimento

Uma barra de latão deve ser usada em uma aplicação que requer que suas extremidades sejam mantidas rígidas. Se à temperatura ambiente [20 °C (68 °F)] a barra estiver livre de tensões, qual será a temperatura máxima na qual a barra pode ser aquecida sem que uma tensão de compressão de 172 MPa (25.000 psi) seja excedida? Assuma um módulo de elasticidade de 100 GPa (14,6 × 10⁶ psi) para o latão.

Solução

Use a Equação 17.8 para resolver este problema, no qual a tensão de 172 MPa é considerada negativa. Além disso, a temperatura inicial T_0 é de 20 °C e a magnitude do coeficiente linear de expansão térmica, obtido da Tabela 17.1, é de $20,0 \times 10^{-6}$ (°C)$^{-1}$. Dessa forma, resolvendo a equação para a temperatura final T_f, temos

$$T_f = T_0 - \frac{\sigma}{E\alpha_l}$$

$$= 20\,°C - \frac{-172\,MPa}{(100 \times 10^3\,MPa)[20 \times 10^{-6}(°C)^{-1}]}$$

$$= 20\,°C + 86\,°C = 106\,°C\ (223\,°F)$$

Tensões Resultantes de Gradientes de Temperatura

Quando um corpo sólido é aquecido ou resfriado, a distribuição interna de temperaturas depende do seu tamanho e da sua forma, da condutividade térmica do material e da taxa de variação da temperatura. Podem ser geradas tensões térmicas como resultado de gradientes de temperatura ao longo de um corpo, os quais são causados, com frequência, por um rápido aquecimento ou resfriamento, em que a parte exterior do corpo muda de temperatura mais rapidamente do que a parte interna; variações diferenciais nas dimensões restringem a livre expansão ou contração de elementos de volume adjacentes no interior da peça. Por exemplo, no aquecimento, a parte externa de uma amostra está mais quente e, portanto, expande mais do que as regiões internas. Dessa forma, são induzidas tensões superficiais de compressão, que são contrabalançadas por tensões internas de tração. As condições das tensões internas-externas se invertem no resfriamento rápido, tal que a superfície é colocada em um estado de tração.

Choque Térmico de Materiais Frágeis

Para polímeros e metais dúcteis, o alívio das tensões termicamente induzidas pode ser realizado por deformação plástica. Entretanto, a falta de ductilidade da maioria dos cerâmicos aumenta a possibilidade de uma fratura frágil a partir dessas tensões. O resfriamento rápido de um corpo frágil tem maior probabilidade de causar esse choque térmico do que o aquecimento, uma vez que as tensões superficiais induzidas são de tração. A formação e a propagação de trincas a partir de defeitos superficiais são mais prováveis quando é imposta uma tensão de tração (Seção 9.6).

A capacidade de um material resistir a esse tipo de falha é denominada *resistência ao choque térmico*. Para um corpo cerâmico resfriado rapidamente, a resistência ao choque térmico depende não apenas da magnitude da variação de temperatura, mas também das propriedades mecânicas e térmicas do material. A resistência ao choque térmico é maior em cerâmicos com elevadas resistências à fratura σ_f e altas condutividades térmicas, assim como baixos módulos de elasticidade e baixos coeficientes de expansão térmica. A resistência de muitos materiais a esse tipo de falha pode ser aproximada por um parâmetro de resistência ao choque térmico, RCT:

Definição do parâmetro de resistência ao choque térmico

$$RCT \cong \frac{\sigma_f k}{E\alpha_l} \tag{17.9}$$

O choque térmico pode ser prevenido pela alteração das condições externas, reduzindo as taxas de resfriamento e de aquecimento e minimizando os gradientes de temperatura ao longo de um corpo. A modificação das características térmicas e/ou mecânicas na Equação 17.9 também pode melhorar a resistência ao choque térmico de um material. Entre esses parâmetros, o coeficiente de expansão térmica é provavelmente aquele que pode ser modificado e controlado mais facilmente. Por exemplo, os vidros de cal de soda comuns, que têm um valor de α_l de aproximadamente 9×10^{-6} $(°C)^{-1}$, são particularmente suscetíveis a choques térmicos, como qualquer pessoa que já cozinhou pode provavelmente atestar. A diminuição nos teores de CaO e Na_2O enquanto ao mesmo tempo se adiciona B_2O_3 em quantidades suficientes para formar um vidro borossilicato (ou Pyrex) reduz o coeficiente de expansão térmica para aproximadamente 3×10^{-6} $(°C)^{-1}$; esse material é perfeitamente adequado para os ciclos de aquecimento e de resfriamento em fornos de cozinha.[2] A introdução de alguns poros relativamente grandes ou de uma segunda fase dúctil também pode melhorar as características de choque térmico de um material; ambos impedem a propagação de trincas termicamente induzidas.

Com frequência, é necessário remover as tensões térmicas existentes nos materiais cerâmicos como um meio de melhorar suas resistências mecânicas e suas características ópticas. Isso pode ser realizado por um tratamento térmico de recozimento, como foi discutido para os vidros na Seção 14.7.

RESUMO

Capacidade Calorífica
- A capacidade calorífica representa a quantidade de calor necessária para produzir um aumento unitário na temperatura para um mol de uma substância; em uma base por unidade de massa, ela é denominada *calor específico*.
- A maior parte da energia assimilada por muitos materiais sólidos está associada a um aumento na energia vibracional dos átomos.
- Apenas valores de energia vibracional específicos são permitidos (a energia é dita estar quantizada); um único *quantum* de energia vibracional é denominado um *fônon*.
- Para muitos sólidos cristalinos e em temperaturas na vizinhança de 0 K, a capacidade calorífica medida sob volume constante varia com o cubo da temperatura absoluta (Equação 17.2).
- Acima da temperatura de Debye, C_v, para alguns materiais, torna-se independente da temperatura, assumindo um valor de aproximadamente $3R$.

Expansão Térmica
- Os materiais sólidos se expandem quando aquecidos e se contraem quando resfriados. A variação fracional no comprimento é proporcional à variação na temperatura, onde a constante de proporcionalidade é o coeficiente de expansão térmica (Equação 17.3).

---

[2] Nos Estados Unidos, alguns produtos de vidro Pyrex para forno são feitos atualmente a partir de vidros de cal de soda, mais baratos, que foram termicamente temperados. Essas peças de vidro não são tão resistentes ao choque térmico quanto um vidro borossilicato. Consequentemente, várias dessas peças se estilhaçaram quando foram submetidas a variações de temperatura razoáveis, encontradas durante as atividades normais de cozimento, lançando cacos de vidro em todas as direções (e em alguns casos causando ferimentos). As peças de vidro Pyrex vendidas na Europa são muito mais resistentes ao choque térmico. Uma empresa diferente é proprietária dos direitos da marca Pyrex na Europa e ela ainda utiliza o vidro borossilicato em seu processo de fabricação.

- A expansão térmica se reflete por um aumento na separação interatômica média, que é uma consequência da natureza assimétrica do poço na curva da energia potencial em função do espaçamento interatômico (Figura 17.3a). Quanto maior for a energia de ligação interatômica, menor será o coeficiente de expansão térmica.

- Os valores para os coeficientes de expansão térmica dos polímeros são tipicamente maiores do que aqueles para os metais, que por sua vez são maiores do que aqueles para os materiais cerâmicos.

Condutividade Térmica

- O transporte de energia térmica das regiões de alta temperatura para as de baixa temperatura de um material é denominado *condução térmica*.

- Para o transporte de calor em regime estacionário, o fluxo pode ser determinado usando a Equação 17.5.

- Nos materiais sólidos, o calor é transportado por elétrons livres e por ondas vibracionais da rede, ou fônons.

- As condutividades térmicas elevadas dos metais relativamente puros se devem ao grande número de elétrons livres e à eficiência com a qual esses elétrons transportam a energia térmica. De maneira contrária, as cerâmicas e os polímeros são maus condutores térmicos, pois as concentrações de elétrons livres são baixas e há predominância da condução por fônons.

Tensões Térmicas

- Tensões térmicas, introduzidas em um corpo como consequência de variações na temperatura, podem levar à fratura ou a uma deformação plástica indesejável.

- Uma fonte de tensões térmicas é a restrição à expansão (ou à contração) térmica de um corpo. A magnitude da tensão pode ser calculada usando a Equação 17.8.

- A geração das tensões térmicas resultantes de um aquecimento ou resfriamento rápido de um corpo de um material resulta de gradientes de temperatura entre as partes externa e interna do corpo e das mudanças dimensionais diferenciais que os acompanham.

- O *choque térmico* consiste na fratura de um corpo como resultado de tensões térmicas induzidas por variações rápidas na temperatura. Uma vez que os materiais cerâmicos são frágeis, eles são especialmente suscetíveis a esse tipo de falha.

Resumo das Equações

Número da Equação	Equação	Resolvendo para
17.1	$C = \dfrac{dQ}{dT}$	Definição da capacidade calorífica
17.3a	$\dfrac{l_f - l_0}{l_0} = \alpha_l (T_f - T_0)$	Definição do coeficiente linear de expansão térmica
17.3b	$\dfrac{\Delta l}{l_0} = \alpha_l \Delta T$	
17.4	$\dfrac{\Delta V}{V_0} = \alpha_v \Delta T$	Definição do coeficiente volumétrico de expansão térmica
17.5	$q = -k \dfrac{dT}{dx}$	Definição da condutividade térmica
17.8	$\sigma = E\alpha_l (T_0 - T_f)$ $\quad = E\alpha_l \Delta T$	Tensão térmica
17.9	$RCT \cong \dfrac{\sigma_f k}{E\alpha_l}$	Parâmetro de resistência ao choque térmico

Lista de Símbolos

Símbolo	Significado
E	Módulo de elasticidade
k	Condutividade térmica
l_0	Comprimento original
l_f	Comprimento final
q	Fluxo de calor – transporte de calor por unidade de tempo por unidade de área
Q	Energia
T	Temperatura
T_f	Temperatura final
T_0	Temperatura inicial
α_l	Coeficiente linear de expansão térmica
α_v	Coeficiente volumétrico de expansão térmica
σ	Tensão térmica
σ_f	Resistência à fratura

Termos e Conceitos Importantes

calor específico

capacidade calorífica

choque térmico

coeficiente linear de expansão térmica

condutividade térmica

fônon

tensão térmica

REFERÊNCIAS

Bagdade, S. D., *ASM Ready Reference: Thermal Properties of Metals*, ASM International, Materials Park, OH, 2002.

Hummel, R. E., *Electronic Properties of Materials*, 4th edition, Springer-Verlag, New York, 2011.

Jiles, D. C., *Introduction to the Electronic Properties of Materials*, 2nd edition, CRC Press, Boca Raton, FL, 2001.

Kingery, W. D., H. K. Bowen, and D. R. Uhlmann, *Introduction to Ceramics*, 2nd edition, Wiley, New York, 1976. Capítulos 12 e 16.

PERGUNTAS E PROBLEMAS

Capacidade Calorífica

17.1 Estime a energia necessária para elevar a temperatura de 5 kg (11,0 lb_m) dos seguintes materiais desde 20 °C até 150 °C (68 °F a 300 °F): alumínio, latão, óxido de alumínio (alumina) e polipropileno.

17.2 Até qual temperatura seria elevada uma amostra de 10 lb_m de um latão a 25 °C (77 °F) se 65 Btus de calor fossem fornecidos?

17.3 (a) Determine as capacidades caloríficas à temperatura ambiente e à pressão constante para os seguintes materiais: cobre, ferro, ouro e níquel.

(b) Como esses valores se comparam entre si? Como você explica isso?

17.4 Para o cobre, a capacidade calorífica a volume constante C_v a 20 K é de 0,38 J/mol · K e a temperatura de Debye é de 340 K. Estime o calor específico para o seguinte:

(a) a 40 K

(b) a 400 K

17.5 A constante A na Equação 17.2 vale $12\pi^4 R/5\theta_D^3$, em que R é a constante dos gases e θ_D é a temperatura de Debye (K). Estime o valor de θ_D para o alumínio, dado que o calor específico a 15 K é de 4,60 J/kg · K.

17.6 (a) Explique sucintamente por que C_v aumenta com o aumento da temperatura em temperaturas próximas a 0 K.

(b) Explique sucintamente por que C_v torna-se virtualmente independente da temperatura em temperaturas afastadas de 0 K.

Expansão Térmica

17.7 Um fio de cobre com 15 m (49,2 ft) de comprimento é resfriado desde 40 °C até –9 °C (104 °F a 15 °F). Qual é a variação em comprimento desse fio?

17.8 Uma barra metálica com 0,4 m (15,7 in) de comprimento se alonga 0,48 mm (0,019 in) ao ser aquecida de 20 °C até 100 °C (68 °F até 212 °F). Determine o valor do coeficiente linear de expansão térmica para esse material.

17.9 Explique sucintamente a *expansão térmica* usando a curva da energia potencial em função do espaçamento interatômico.

17.10 Calcule a massa específica para o ferro a 700 °C, supondo que sua massa específica à temperatura ambiente é de 7,870 g/cm^3. Considere o coeficiente volumétrico de expansão térmica, α_v, igual a $3\alpha_l$.

17.11 Quando um metal é aquecido, sua massa específica diminui. Existem duas fontes que dão origem a essa diminuição no valor de ρ: (1) a expansão térmica do sólido e (2) a formação de lacunas (Seção 5.2). Considere uma amostra de ouro à temperatura ambiente (20 °C) com massa específica de 19,320 g/cm^3.

(a) Determine sua massa específica após o aquecimento a 800 °C quando apenas a expansão térmica é considerada.

(b) Repita o cálculo para quando a introdução de lacunas é levada em consideração. Assuma que a energia para a formação das lacunas seja de 0,98 eV/átomo e que o coeficiente volumétrico de expansão térmica α_v seja igual a $3\alpha_l$.

17.12 A diferença entre os calores específicos a pressão constante e a volume constante é descrita pela expressão

$$c_p - c_v = \frac{\alpha_v^2 v_0 T}{\beta} \qquad (17.10)$$

em que α_v é o coeficiente volumétrico de expansão térmica, v_0 é o volume específico (isto é, o volume por unidade de massa, ou o inverso da massa específica), β é a compressibilidade e T é a temperatura absoluta. Calcule os valores de c_v à temperatura ambiente (293 K) para o alumínio e o ferro utilizando os dados apresentados na Tabela 17.1, e considerando que $\alpha_v = 3\alpha_l$. Os valores de β para o Al e o Fe são de $1,77 \times 10^{-11}$ e $2,65 \times 10^{-12}$ (Pa)$^{-1}$, respectivamente.

17.13 Até qual temperatura uma barra cilíndrica de tungstênio com 15,025 mm de diâmetro e uma placa de aço 1025 com um orifício circular de 15,000 mm de diâmetro devem ser aquecidas para que a barra se ajuste exatamente no interior do orifício? Assuma uma temperatura inicial de 25 °C.

Condutividade Térmica

17.14 **(a)** Calcule o fluxo de calor através de uma chapa de latão com 7,5 mm (0,30 in) de espessura se as temperaturas nas duas faces forem de 150 °C e 50 °C (302 °F e 122 °F); assuma um fluxo de calor em regime estacionário.

(b) Qual é a perda de calor por hora se a área da chapa for de 0,5 m^2 (5,4 ft^2)?

(c) Qual é a perda de calor por hora se um vidro de cal de soda for usado no lugar do latão?

(d) Calcule a perda de calor por hora se for usado latão e se a espessura for aumentada para 15 mm (0,59 in).

17.15 **(a)** Você espera que a Equação 17.7 seja válida para materiais cerâmicos e poliméricos? Por que sim, ou por que não?

(b) Estime o valor para a constante de Wiedemann-Franz, L [em $\Omega \cdot$ W/(K)^2], à temperatura ambiente (293 K), para os materiais não metálicos: zircônia (3 mol % Y$_2$O$_3$), diamante (sintético), arseneto de gálio (intrínseco), poli(etileno tereftalato) (PET) e silicone. Consulte as Tabelas B.7 e B.9 do Apêndice B.

17.16 Explique sucintamente por que as condutividades térmicas são maiores para as cerâmicas cristalinas do que para as cerâmicas não cristalinas.

17.17 Explique sucintamente por que os metais são tipicamente melhores condutores térmicos do que os materiais cerâmicos.

17.18 **(a)** Explique sucintamente por que a porosidade diminui a condutividade térmica dos materiais cerâmicos e poliméricos, tornando-os mais termicamente isolantes.

(b) Explique sucintamente como o grau de cristalinidade afeta a condutividade térmica dos materiais poliméricos, e por quê.

17.19 Por que a condutividade térmica primeiro diminui e então aumenta com a elevação da temperatura para alguns materiais cerâmicos?

17.20 Para cada um dos seguintes pares de materiais, decida qual material apresenta a maior condutividade térmica. Justifique suas escolhas.

(a) Prata pura; prata de lei (92,5 %p Ag–7,5 %p Cu)

(b) Sílica fundida; sílica policristalina

(c) Cloreto de polivinila linear e sindiotático ($DP = 1000$); poliestireno linear e sindiotático ($DP = 1000$)

(d) Polipropileno atático ($\overline{M}_w = 10^6$ g/mol); polipropileno isotático ($\overline{M}_w = 10^5$ g/mol)

17.21 Podemos considerar um material poroso como um compósito no qual uma das fases são os poros. Estime os limites superior e inferior para a condutividade térmica à temperatura ambiente de um material à base de óxido de alumínio que tem uma fração volumétrica de poros de 0,25, os quais estão preenchidos com ar estagnado.

17.22 O fluxo de calor em regime não estacionário pode ser descrito pela seguinte equação diferencial parcial:

$$\frac{\partial T}{\partial t} = D_T \frac{\partial^2 T}{\partial x^2}$$

em que D_T é a difusividade térmica; essa expressão é o equivalente térmico à segunda lei da difusão de Fick (Equação 6.4b). A difusividade térmica é definida de acordo com

$$D_T = \frac{k}{\rho c_p}$$

Nessa expressão, k, ρ e c_p representam, respectivamente, a condutividade térmica, a massa específica e o calor específico à pressão constante.

(a) Quais são as unidades SI para D_T?

(b) Determine os valores de D_T para o cobre, latão, magnésia, sílica fundida, poliestireno e polipropileno usando os dados na Tabela 17.1. Os valores para a massa específica estão incluídos na Tabela B.1, do Apêndice B.

Tensões Térmicas

17.23 Partindo da Equação 17.3, mostre a validade da Equação 17.8.

17.24 (a) Explique sucintamente por que podem ser introduzidas tensões térmicas em uma estrutura por aquecimento ou resfriamento rápido.

(b) Qual é a natureza das tensões superficiais no resfriamento?

(c) Qual é a natureza das tensões superficiais no aquecimento?

17.25 (a) Se uma barra em latão com 0,35 m (13,8 in) de comprimento for aquecida de 15 °C a 85 °C (60 °F a 185 °F) enquanto suas extremidades são mantidas rígidas, determine o tipo e a magnitude da tensão que é gerada. Assuma que a 15 °C a barra está livre de tensões.

(b) Qual é a magnitude da tensão se for usada uma barra com 1 m (39,4 in) de comprimento?

(c) Qual é o tipo e qual a magnitude da tensão resultante se a barra do item (a) for resfriada de 15 °C a –15 °C (60 °F a 5 °F)?

17.26 Um arame de aço é esticado com uma tensão de 70 MPa (10.000 psi) a 20 °C (68 °F). Se o comprimento for mantido constante, até que temperatura o arame deverá ser aquecido para que a tensão seja reduzida para 17 MPa (2500 psi)?

17.27 Determine a alteração no diâmetro de uma barra cilíndrica de latão com 150,00 mm de comprimento e 10,000 mm de diâmetro se ela for aquecida desde 20 °C até 160 °C enquanto suas extremidades são mantidas rígidas. *Sugestão*: Você pode querer consultar a Tabela 7.1.

17.28 As duas extremidades de uma barra cilíndrica de níquel com 120,00 mm de comprimento e 12,000 mm de diâmetro são mantidas rígidas. Se a barra está inicialmente a 70 °C, até qual temperatura ela deve ser resfriada para ter uma redução de 0,023 mm em seu diâmetro?

17.29 Quais medidas podem ser tomadas para reduzir a probabilidade de choque térmico de uma peça cerâmica?

PROBLEMAS DE PROJETO

Expansão Térmica

17.P1 Trilhos de estradas de ferro fabricados em aço 1025 devem ser colocados durante o período do ano em que a temperatura média é da ordem de 4 °C (40 °F). Se uma folga de 5,4 mm (0,210 in) for deixada entre trilhos-padrão com 11,9 m (39 ft) de comprimento, qual será a maior temperatura possível de ser tolerada sem a introdução de tensões térmicas?

Tensões Térmicas

17.P2 As extremidades de uma barra cilíndrica com 6,4 mm (0,25 in) de diâmetro e 250 mm (10 in) de comprimento estão montadas entre suportes rígidos. A barra está livre de tensões, à temperatura ambiente [20 °C (68 °F)]; com um resfriamento de até –60 °C (–76 °F), é possível gerar uma tensão de tração termicamente induzida máxima de 138 MPa (20.000 psi). Entre quais dos seguintes metais ou ligas pode ser fabricada a barra: alumínio, cobre, latão, aço 1025 e tungstênio? Por quê?

17.P3 (a) Quais são as unidades para o parâmetro de resistência ao choque térmico (RCT)?

(b) Classifique os seguintes materiais cerâmicos de acordo com suas resistências ao choque térmico: vidro de cal de soda, sílica fundida e silício [direção <100> e orientação {100}, com a superfície no estado em que é cortada]. Os dados apropriados podem ser encontrados nas Tabelas B.2, B.4, B.6 e B.7, do Apêndice B.

17.P4 A Equação 17.9, para a resistência ao choque térmico de um material, é válida para taxas de transferência de calor relativamente baixas. Quando a taxa é alta, então, no resfriamento de um corpo, a variação máxima de temperatura admissível sem choque térmico, ΔT_f, é dada por aproximadamente

$$\Delta T_f \cong \frac{\sigma_f}{E\alpha_l}$$

em que σ_f é a resistência à fratura. Considerando os dados nas Tabelas B.2, B.4 e B.6 (Apêndice B), determine o valor de ΔT_f para um vidro de cal de soda, um vidro borossilicato (Pyrex), óxido de alumínio (96 % puro) e arseneto de gálio [direção ⟨100⟩ e orientação {100}, com a superfície no estado em que é cortada].

PERGUNTAS E PROBLEMAS SOBRE FUNDAMENTOS DA ENGENHARIA

17.1FE Até qual temperatura seriam aquecidos 23,0 kg de algum material a 100 °C se 255 kJ de calor fossem cedidos ao material? Considere um valor de c_p de 423 J/kg · K para esse material.

(A) 26,2 °C

(B) 73,8 °C

(C) 126 °C

(D) 152 °C

17.2FE Uma barra de algum material com 0,50 m de comprimento se alonga 0,40 mm ao ser aquecida de 50 °C a 151 °C. Qual é o valor do coeficiente linear de expansão térmica desse material?

(A) $5,30 \times 10^{-6}$ (°C)$^{-1}$

(B) $7{,}92 \times 10^{-6}$ $(°C)^{-1}$

(C) $1{,}60 \times 10^{-5}$ $(°C)^{-1}$

(D) $1{,}24 \times 10^{1}$ $(°C)^{-1}$

17.2FE Qual, entre os seguintes conjuntos de propriedades, leva a um alto grau de resistência ao choque térmico?

(A) Alta resistência à fratura

    Alta condutividade térmica

    Alto módulo de elasticidade

    Alto coeficiente de expansão térmica

(B) Baixa resistência à fratura

    Baixa condutividade térmica

    Baixo módulo de elasticidade

    Baixo coeficiente de expansão térmica

(C) Alta resistência à fratura

    Alta condutividade térmica

    Baixo módulo de elasticidade

    Baixo coeficiente de expansão térmica

(D) Baixa resistência à fratura

    Baixa condutividade térmica

    Alto módulo de elasticidade

    Alto coeficiente de expansão térmica

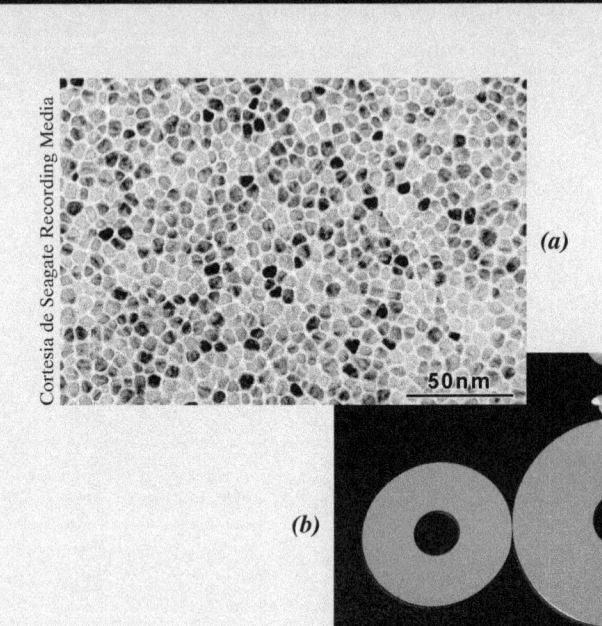

(*a*) Micrografia eletrônica de transmissão que mostra a microestrutura perpendicular do meio de gravação magnético usado em *drives* de disco rígido.

(*a*)

(*b*) Discos rígidos de armazenamento magnético usados em computadores tipo *laptop* (à esquerda) e *desktop* (à direita).

(*b*)

(*c*) O interior de um *drive* de disco rígido. O disco circular gira tipicamente em uma velocidade de 5400 ou 7200 revoluções por minuto.

(*d*) Um computador tipo *laptop*; um dos seus componentes internos é um *drive* de disco rígido.

(*c*)

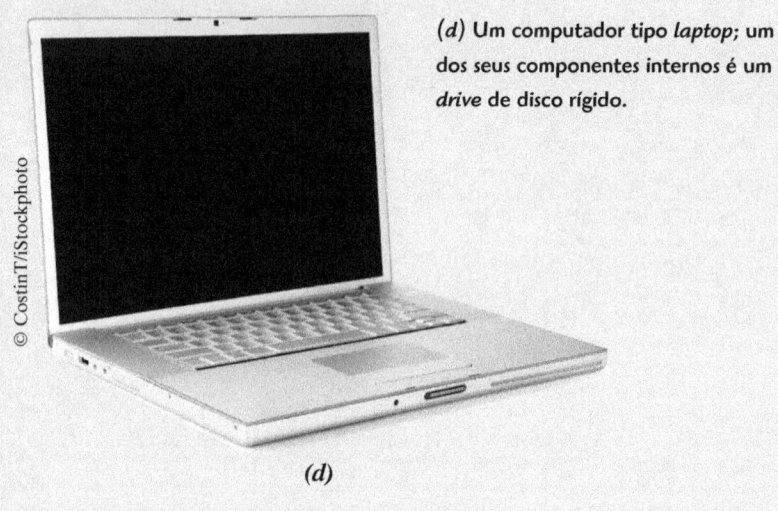

(*d*)

Uma compreensão do mecanismo que explica o comportamento magnético permanente de alguns materiais pode nos permitir alterar e, em alguns casos, moldar as propriedades magnéticas. Por exemplo, no Exemplo de Projeto 18.1, observamos como o comportamento de um material magnético cerâmico pode ser aprimorado pela alteração da sua composição.

Objetivos do Aprendizado

Após estudar este capítulo, você deverá ser capaz de realizar o seguinte:

1. Determinar a magnetização de algum material dada a sua suscetibilidade magnética e a intensidade do campo magnético aplicado.
2. A partir de uma perspectiva eletrônica, citar e explicar sucintamente as duas fontes de momentos magnéticos nos materiais.
3. Explicar sucintamente a natureza e a fonte (a) do diamagnetismo, (b) do paramagnetismo e (c) do ferromagnetismo.
4. Em termos da estrutura cristalina, explicar a fonte do ferrimagnetismo para as ferritas cúbicas.
5. (a) Descrever a histerese magnética; (b) explicar por que os materiais ferromagnéticos e os materiais ferrimagnéticos apresentam histerese magnética; e (c) explicar por que esses materiais podem se tornar ímãs permanentes.
6. Citar as características magnéticas distintas dos materiais magnéticos moles e dos materiais magnéticos duros.
7. Descrever o fenômeno da *supercondutividade*.

18.1 INTRODUÇÃO

O *magnetismo* – fenômeno pelo qual os materiais exercem uma força atrativa ou repulsiva, ou influência, sobre outros materiais – é conhecido há milhares de anos. Entretanto, os princípios e os mecanismos que fundamentam e explicam os fenômenos magnéticos são complexos e sutis, e sua compreensão iludiu os cientistas até relativamente pouco tempo. Muitos dos dispositivos tecnológicos modernos dependem do magnetismo e dos materiais magnéticos; esses dispositivos incluem os geradores e os transformadores de energia elétrica, os motores elétricos, rádios, televisões, telefones, computadores e componentes de sistemas de reprodução de som e vídeo.

O ferro, alguns aços e o mineral magnetita, de ocorrência natural, são exemplos bem conhecidos de materiais com propriedades magnéticas. Não tão familiar, no entanto, é o fato de que todas as substâncias são influenciadas, em maior ou em menor grau, pela presença de um campo magnético. Este capítulo fornece uma descrição sucinta da origem dos campos magnéticos e discute os vetores do campo magnético e parâmetros magnéticos; diamagnetismo, paramagnetismo, ferromagnetismo e ferrimagnetismo; diferentes materiais magnéticos; e a supercondutividade.

18.2 CONCEITOS BÁSICOS

Dipolos Magnéticos

As forças magnéticas são geradas pelo movimento de partículas eletricamente carregadas; essas forças magnéticas são adicionais a quaisquer forças eletrostáticas que possam existir. Com frequência, é conveniente pensar nas forças magnéticas em termos de campos. Linhas de forças imaginárias podem ser traçadas para indicar a direção da força em posições na vizinhança da fonte do campo. As distribuições do campo magnético, conforme indicadas por linhas de força, estão mostradas na Figura 18.1 para uma corrente circular e também para um ímã.

Os dipolos magnéticos são encontrados nos materiais magnéticos e em alguns aspectos são análogos aos dipolos elétricos (Seção 12.19). Os dipolos magnéticos podem ser considerados como pequenos ímãs compostos por um polo norte e um polo sul, em vez de cargas elétricas positiva e negativa. Na discussão atual, os momentos de dipolo magnéticos são representados por setas, como está mostrado na Figura 18.2. Os dipolos magnéticos são influenciados pelos campos magnéticos de uma maneira semelhante à forma como os dipolos elétricos são afetados pelos campos elétricos (Figura 12.30). Em um campo magnético, a força do campo exerce um torque que tende a orientar os dipolos em relação ao campo. Um exemplo familiar disso é a maneira como a agulha de uma bússola magnética se alinha com o campo magnético da terra.

Vetores do Campo Magnético

Antes de discutirmos a origem dos momentos magnéticos nos materiais sólidos, vamos descrever o comportamento magnético em termos de vários vetores de campo. O campo magnético aplicado externamente, algumas vezes chamado de **intensidade do campo magnético**, é designado por H. Se o campo magnético for gerado por meio de uma bobina cilíndrica (ou solenoide) formada por N espiras muito próximas, de comprimento l e transportando uma corrente com magnitude I, então

intensidade do campo magnético

Intensidade do campo magnético em uma bobina – dependência em relação ao número de espiras, à corrente aplicada e ao comprimento da bobina

$$H = \frac{NI}{l} \tag{18.1}$$

Um diagrama esquemático de um arranjo desse tipo está mostrado na Figura 18.3a. O campo magnético gerado pela corrente circular e pelo ímã na Figura 18.1 é um campo H. As unidades para H são o ampère-espira por metro, ou simplesmente o ampère por metro.

A **indução magnética**, ou a **densidade do fluxo magnético**, indicada por B, representa a magnitude da força do campo interno no interior de uma substância que está sujeita à ação de um campo H. As unidades para B são *teslas* [ou webers por metro quadrado (Wb/m²)]. Tanto B quanto H são vetores do campo, sendo caracterizados não somente por sua magnitude, mas também pela direção no espaço.

A intensidade do campo magnético e a densidade do fluxo estão relacionadas segundo a relação

indução magnética

densidade do fluxo magnético

Densidade do fluxo magnético em um material – dependência em relação à permeabilidade e à intensidade do campo magnético

$$B = \mu H \tag{18.2}$$

O parâmetro μ é chamado de **permeabilidade**, que é uma propriedade do meio específico através do qual o campo H passa e onde B é medido, como está ilustrado na Figura 18.3b. A permeabilidade tem dimensões de webers por ampère-metro (Wb/A · m), ou henrys por metro (H/m).

No vácuo,

permeabilidade

Densidade do fluxo magnético no vácuo

$$B_0 = \mu_0 H \tag{18.3}$$

em que μ_0 é a *permeabilidade do vácuo*, uma constante universal, com um valor de $4\pi \times 10^{-7}$ (1,257 $\times 10^{-6}$) H/m. O parâmetro B_0 representa a densidade do fluxo no vácuo, como está demonstrado na Figura 18.3a.

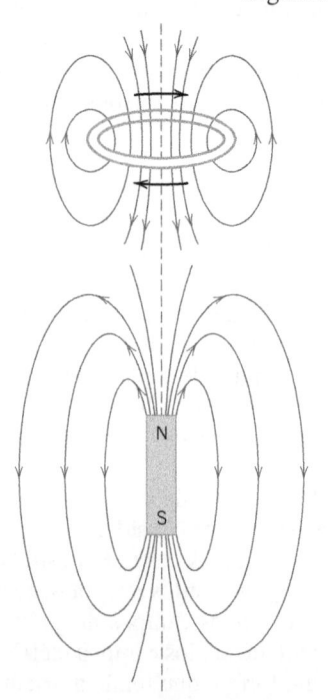

Figura 18.1 Linhas de força de um campo magnético ao redor de uma corrente circular e de um ímã.

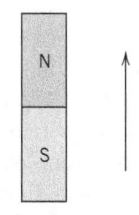

Figura 18.2 Momento magnético indicado por uma seta.

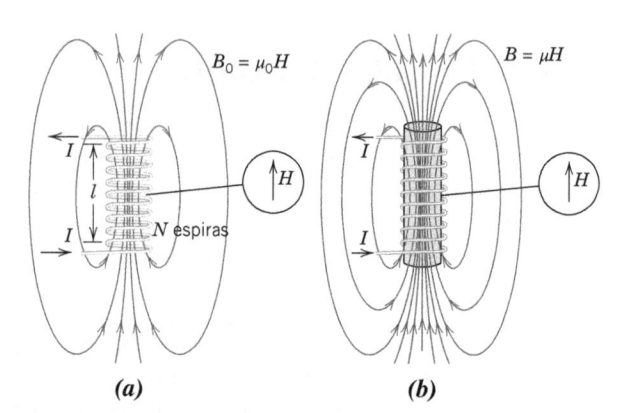

(a)   *(b)*

Figura 18.3   *(a)* O campo magnético H gerado por uma bobina cilíndrica é dependente da corrente I, do número de espiras N e do comprimento da bobina l, de acordo com a Equação 18.1. A densidade do fluxo magnético B_0 na presença de vácuo é igual a $\mu_0 H$, em que μ_0 é a permeabilidade do vácuo, $4\pi \times 10^{-7}$ H/m. *(b)* A densidade do fluxo magnético B em um material sólido é igual a μH, em que μ é a permeabilidade do material sólido.

Vários parâmetros podem ser usados para descrever as propriedades magnéticas dos sólidos. Um deles é a razão entre a permeabilidade em um material e a permeabilidade no vácuo, ou seja

Definição de permeabilidade relativa

$$\mu_r = \frac{\mu}{\mu_0} \qquad (18.4)$$

em que μ_r é chamado *permeabilidade relativa*, que é um parâmetro adimensional. A permeabilidade ou permeabilidade relativa de um material é uma medida do grau pelo qual o material pode ser magnetizado, ou da facilidade pela qual um campo B pode ser induzido na presença de um campo externo H.

magnetização

Densidade do fluxo magnético – como uma função da intensidade do campo magnético e da magnetização de um material

Magnetização de um material – dependência em relação à suscetibilidade e à intensidade do campo magnético

suscetibilidade magnética

Relação entre a suscetibilidade magnética e a permeabilidade relativa

Outra grandeza de campo, M, chamada de **magnetização** do sólido, é definida pela expressão

$$B = \mu_0 H + \mu_0 M \qquad (18.5)$$

Na presença de um campo H, os momentos magnéticos no interior de um material tendem a ficar alinhados com o campo e a reforçá-lo em virtude dos seus campos magnéticos; o termo $\mu_0 M$ na Equação 18.5 é uma medida dessa contribuição.

A magnitude de M é proporcional ao campo aplicado da seguinte maneira:

$$M = \chi_m H \qquad (18.6)$$

e χ_m é chamado de **suscetibilidade magnética**, que é adimensional.[1] A suscetibilidade magnética e a permeabilidade relativa estão relacionadas da seguinte maneira:

$$\chi_m = \mu_r - 1 \qquad (18.7)$$

Existe um análogo dielétrico para cada um dos parâmetros do campo magnético acima. Os campos B e H são, respectivamente, análogos ao deslocamento dielétrico D e ao campo elétrico $\mathscr{E}$, enquanto a permeabilidade μ é análoga à permissividade ε (compare as Equações 18.2 e 12.30). Além disso, a magnetização M e a polarização P são correlatas (Equações 18.5 e 12.31).

As unidades magnéticas podem ser uma fonte de confusão, pois existem na realidade dois sistemas comumente utilizados. As unidades empregadas até o momento são do sistema SI [sistema *MKS* (metro-quilograma-segundo) racionalizado]; as outras unidades são originárias do sistema *cgs-uem* (centímetro-grama-segundo-unidade eletromagnética). As unidades para ambos os sistemas, assim como os fatores de conversão apropriados, são fornecidos na Tabela 18.1.

Origens dos Momentos Magnéticos

As propriedades magnéticas macroscópicas dos materiais são uma consequência dos *momentos magnéticos* associados aos elétrons individuais. Alguns desses conceitos são relativamente complexos e envolvem alguns princípios quântico-mecânicos que estão além do âmbito desta discussão; consequentemente, foram feitas simplificações, e alguns dos detalhes foram omitidos. Cada elétron em um átomo apresenta momentos magnéticos que têm origem em duas fontes. Uma está relacionada com o seu movimento orbital ao redor do núcleo, pois o elétron é uma carga em movimento, podendo ser considerado um pequeno circuito de corrente que gera um campo magnético muito pequeno e que tem um momento magnético ao longo do seu eixo de rotação, como está ilustrado esquematicamente na Figura 18.4a.

Cada elétron também pode ser considerado como se estivesse girando ao redor de um eixo; o outro momento magnético tem sua origem nessa rotação do elétron e está direcionado ao longo do eixo de rotação, como mostrado na Figura 18.4b. Os momentos magnéticos de *spin* podem estar apenas em uma direção "para cima" ou em uma direção antiparalela "para baixo". Dessa forma, cada elétron em um átomo pode ser considerado como um pequeno ímã com momentos magnéticos orbital e de *spin* permanentes.

---

[1] O parâmetro χ_m é tomado como a suscetibilidade volumétrica nas unidades SI, a qual, quando multiplicada por H, fornece a magnetização por unidade de volume (metro cúbico) do material. Outras suscetibilidades também são possíveis; consulte o Problema 18.3.

Tabela 18.1 Unidades Magnéticas e Fatores de Conversão para os Sistemas SI e cgs-uem

Grandeza	Símbolo	Unidades SI		Unidade cgs-uem	Conversão
		Derivada	Primária		
Indução magnética (densidade do fluxo)	B	Tesla $(Wb/m^2)^a$	$kg/s \cdot C$	Gauss	$1Wb/m^2 = 10^4$ gauss
Intensidade do campo magnético	H	Amp-espira/m	$C/m \cdot s$	Oersted	1 amp-espira/m = $4\pi \times 10^{-3}$ oersted
Magnetização	M (SI) I (cgs-uem)	Amp-espira/m	$C/m \cdot s$	Maxwell/cm²	1 amp-espira/m = 10^{-3} maxwell/cm²
Permeabilidade do vácuo	μ_0	Henry/m^b	$kg \cdot m/C^2$	Adimensional (uem)	$4\pi \times 10^{-7}$ henry/m = 1 uem
Permeabilidade relativa	μ_r (SI) μ' (cgs-uem)	Adimensional	Adimensional	Adimensional	$\mu_r = \mu'$
Suscetibilidade	χ_m(SI) χ'_m(cgs-uem)	Adimensional	Adimensional	Adimensional	$\chi_m = 4\pi \chi'_m$

^{a}As unidades do weber (Wb) são volt-segundo.
^{b}As unidades do henry são weber por ampère.

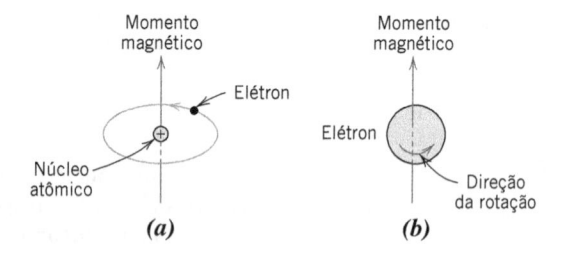

Figura 18.4 Demonstração do momento magnético associado (*a*) a um elétron em órbita e (*b*) a um elétron girando ao redor do seu eixo.

magnéton de Bohr

O momento magnético mais fundamental é o **magnéton de Bohr**, μ_B, com magnitude de 9,27 $\times 10^{-24}$ A $\cdot$ m². Para cada elétron em um átomo, o momento magnético de *spin* é de $\pm\mu_B$ (sinal positivo para o *spin* para cima, sinal negativo para o *spin* para baixo). Além disso, a contribuição do momento magnético orbital é igual a $m_l\mu_B$, em que m_l é o número quântico magnético do elétron, como mencionado na Seção 2.3.

Em cada átomo, os momentos orbitais de alguns pares eletrônicos se cancelam mutuamente; isso também é válido para os momentos de *spin*. Por exemplo, o momento de *spin* de um elétron com *spin* para cima cancela o momento de *spin* de um elétron com *spin* para baixo. O momento magnético resultante de um átomo é, então, simplesmente a soma dos momentos magnéticos de cada um dos seus elétrons constituintes, incluindo as contribuições tanto orbitais quanto de *spin* e levando-se em consideração os cancelamentos de momento. Para um átomo com camadas ou subcamadas eletrônicas completamente preenchidas, quando todos os elétrons são considerados, existe um cancelamento total tanto do momento orbital quanto do momento de *spin*. Dessa forma, os materiais compostos por átomos que apresentam camadas eletrônicas totalmente preenchidas não são capazes de ser permanentemente magnetizados. Essa categoria inclui os gases inertes (He, Ne, Ar etc.), assim como alguns materiais iônicos. Os tipos de magnetismo incluem o diamagnetismo, o paramagnetismo e o ferromagnetismo; além desses, o antiferromagnetismo e o ferrimagnetismo são considerados subclasses do ferromagnetismo. Todos os materiais exibem pelo menos um desses tipos de magnetismo, e o comportamento depende da resposta do elétron e dos dipolos atômicos magnéticos à aplicação de um campo magnético externo.

18.3 DIAMAGNETISMO E PARAMAGNETISMO

diamagnetismo

O **diamagnetismo** é uma forma muito fraca de magnetismo, que não é permanente e que persiste somente enquanto um campo externo está sendo aplicado. Ele é induzido por uma mudança no movimento orbital dos elétrons devido à aplicação de um campo magnético. A magnitude do momento magnético induzido é extremamente pequena e em uma direção oposta àquela do campo aplicado. Dessa forma, a permeabilidade relativa μ_r é menor do que a unidade (entretanto, apenas um pouco menor), e a suscetibilidade magnética é negativa – isto é, a magnitude do campo B no interior de um sólido diamagnético é menor do que no vácuo. A suscetibilidade volumétrica χ_m para materiais sólidos diamagnéticos é da ordem de -10^{-5}. Quando colocados entre os polos de um eletroímã forte, os materiais diamagnéticos são atraídos em direção às regiões onde o campo é fraco.

A Figura 18.5a ilustra esquematicamente as configurações de dipolo magnético atômico para um material diamagnético, com e sem um campo externo; na figura, as setas representam os momentos de dipolo atômico, enquanto na discussão anterior as setas representavam apenas os momentos eletrônicos. A dependência de B em relação ao campo externo H para um material que exibe um comportamento diamagnético está apresentada na Figura 18.6. A Tabela 18.2 fornece as suscetibilidades de vários materiais diamagnéticos. O diamagnetismo é encontrado em todos os materiais, mas, como ele é muito fraco, só pode ser observado quando outros tipos de magnetismo estão totalmente ausentes. Essa forma de magnetismo não apresenta nenhuma importância prática.

Para alguns materiais sólidos, cada átomo apresenta um momento de dipolo permanente em virtude de um cancelamento incompleto dos momentos magnéticos de *spin* e/ou orbital do elétron. Na ausência de um campo magnético externo, as orientações desses momentos magnéticos atômicos são aleatórias, tal que uma peça do material não tem nenhuma magnetização macroscópica resultante. Esses dipolos atômicos estão livres para girar, e o **paramagnetismo** surge quando eles se alinham preferencialmente, por rotação, com um campo externo, como está mostrado na Figura 18.5b. Esses dipolos magnéticos agem individualmente, sem nenhuma interação mútua entre dipolos adjacentes. Uma vez que os dipolos estejam alinhados com o campo externo, eles o aumentam, dando origem a uma permeabilidade relativa μ_r que é maior do que a unidade, e a uma suscetibilidade magnética que é relativamente pequena, mas positiva. As suscetibilidades para os materiais paramagnéticos variam entre aproximadamente 10^{-5} e 10^{-2} (Tabela 18.2). Uma curva esquemática de B em função de H para um material paramagnético está mostrada na Figura 18.6.

Tanto os materiais diamagnéticos quanto os materiais paramagnéticos são considerados não magnéticos, pois exibem magnetização apenas quando estão na presença de um campo externo. Além disso, para ambos os tipos de materiais, a densidade do fluxo B no interior dos mesmos é quase igual à que seria no vácuo.

paramagnetismo *(marginal)*

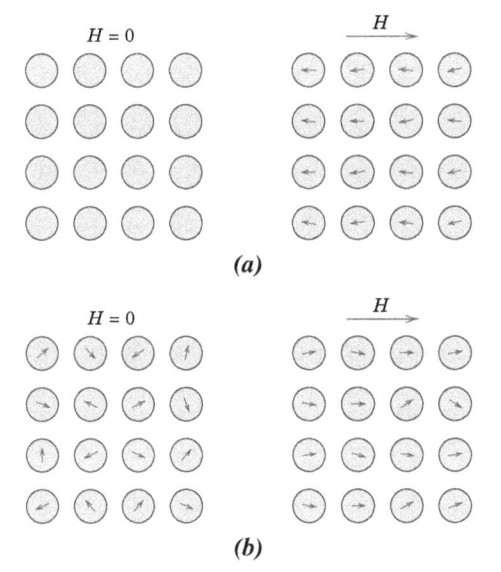

(a)

(b)

Figura 18.5 (*a*) Configuração do dipolo atômico para um material diamagnético com e sem a presença de um campo magnético. Na ausência de um campo externo, não existem dipolos; na presença de um campo, são induzidos dipolos alinhados em uma direção oposta à direção do campo. (*b*) Configuração do dipolo atômico com e sem um campo magnético externo para um material paramagnético.

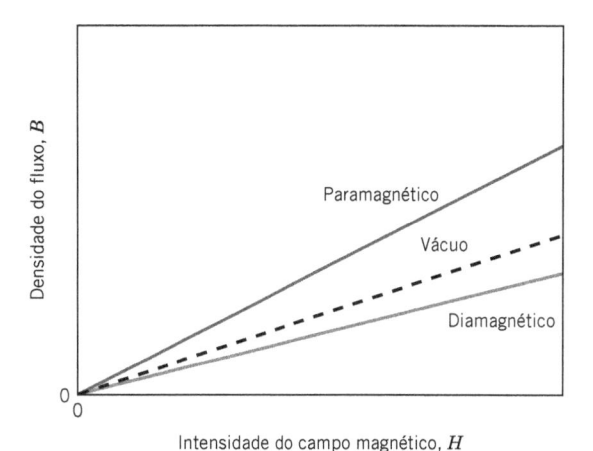

Figura 18.6 Representação esquemática da densidade do fluxo B em função da intensidade do campo magnético H para materiais diamagnéticos e paramagnéticos.

Tabela 18.2 Suscetibilidades Magnéticas à Temperatura Ambiente para Materiais Diamagnéticos e Paramagnéticos

	Diamagnéticos		Paramagnéticos
Material	Suscetibilidade χ_m (volumétrica) (unidades SI)	Material	Suscetibilidade χ_m (volumétrica) (unidades SI)
Cloreto de sódio	$-1,41 \times 10^{-5}$	Alumínio	$2,07 \times 10^{-5}$
Cobre	$-0,96 \times 10^{-5}$	Cloreto de cromo	$1,51 \times 10^{-3}$
Mercúrio	$-2,85 \times 10^{-5}$	Cromo	$3,13 \times 10^{-4}$
Ouro	$-3,44 \times 10^{-5}$	Molibdênio	$1,19 \times 10^{-4}$
Óxido de alumínio	$-1,81 \times 10^{-5}$	Sódio	$8,48 \times 10^{-6}$
Prata	$-2,38 \times 10^{-5}$	Sulfato de manganês	$3,70 \times 10^{-3}$
Silício	$-0,41 \times 10^{-5}$	Titânio	$1,81 \times 10^{-4}$
Zinco	$-1,56 \times 10^{-5}$	Zircônio	$1,09 \times 10^{-4}$

18.4 FERROMAGNETISMO

ferromagnetismo

Relação entre a densidade do fluxo magnético e a magnetização para um material ferromagnético

domínio

magnetização de saturação

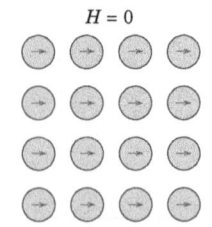

Figura 18.7 Ilustração esquemática do alinhamento mútuo de dipolos atômicos para um material ferromagnético, o qual existirá mesmo na ausência de um campo magnético externo.

Certos materiais metálicos apresentam um momento magnético permanente na ausência de um campo externo e apresentam magnetizações muito grandes e permanentes. Essas são as características do **ferromagnetismo** e são exibidas pelos metais de transição ferro (como ferrita α CCC), cobalto, níquel e alguns dos metais terras-raras, como o gadolínio (Gd). Suscetibilidades magnéticas tão elevadas quanto 10^6 são possíveis para os materiais ferromagnéticos. Consequentemente, $H \ll M$ e a partir da Equação 18.5 podemos escrever

$$B \cong \mu_0 M \tag{18.8}$$

Os momentos magnéticos permanentes nos materiais ferromagnéticos resultam dos momentos magnéticos atômicos devido aos *spins* não cancelados dos elétrons como uma consequência da estrutura eletrônica. Existe também uma contribuição do momento magnético orbital, que é pequena em comparação ao momento de *spin*. Além disso, em um material ferromagnético, o acoplamento de interações faz com que os momentos magnéticos de *spin* resultantes de átomos adjacentes se alinhem uns com os outros, mesmo na ausência de um campo externo. Isso está ilustrado esquematicamente na Figura 18.7. A origem dessas forças de acoplamento não é completamente compreendida, mas acredita-se que ocorra na estrutura eletrônica do metal. Esse alinhamento mútuo de *spins* existe ao longo de regiões volumétricas do cristal relativamente grandes, chamadas **domínios** (veja a Seção 18.7).

A máxima magnetização possível, ou **magnetização de saturação**, M_s, de um material ferromagnético representa a magnetização que resulta quando todos os dipolos magnéticos em uma peça sólida estão mutuamente alinhados com o campo externo; existe também uma correspondente densidade do fluxo de saturação, B_s. A magnetização de saturação é igual ao produto entre o momento magnético resultante para cada átomo e o número de átomos presentes. Para ferro, cobalto e níquel, os momentos magnéticos resultantes para cada átomo são de 2,22, 1,72 e 0,60 magnétons de Bohr, respectivamente.

PROBLEMA-EXEMPLO 18.1

Cálculos da Magnetização de Saturação e da Densidade do Fluxo de Saturação para o Níquel

Calcule **(a)** a magnetização de saturação e **(b)** a densidade do fluxo de saturação para o níquel, que tem uma densidade de 8,90 g/cm³.

Solução

(a) A magnetização de saturação é o produto entre o número de magnétons de Bohr por átomo (0,60, como dado anteriormente), a magnitude do magnéton de Bohr μ_B e o número de átomos N por metro cúbico, ou seja,

Magneti-
zação de sa-
turação para
o níquel

$$M_s = 0,60\mu_B N \tag{18.9}$$

O número de átomos por metro cúbico está relacionado com a densidade ρ, ao peso atômico A_{Ni} e ao número de Avogadro N_A, da seguinte maneira:

Cálculo do
número de
átomos por
unidade
de volu-
me para o
níquel

$$N = \frac{\rho N_A}{A_{Ni}} \tag{18.10}$$

$$= \frac{(8,90 \times 10^6 \text{ g/m}^3)(6,022 \times 10^{23} \text{ átomos/mol})}{58,71 \text{ g/mol}}$$

$$= 9,13 \times 10^{28} \text{ átomos/m}^3$$

Finalmente,

$$M_s = \left(\frac{0,60 \text{ magnéton de Bohr}}{\text{átomo}}\right)\left(\frac{9,27 \times 10^{-24} \text{ A·m}^2}{\text{magnéton de Bohr}}\right)\left(\frac{9,13 \times 10^{28} \text{ átomos}}{\text{m}^3}\right)$$

$$= 5,1 \times 10^5 \text{ A/m}$$

(b) A partir da Equação 18.8, a densidade do fluxo de saturação é igual a

$$B_s = \mu_0 M_s$$

$$= \left(\frac{4\pi \times 10^{-7} \text{ H}}{\text{m}}\right)\left(\frac{5,1 \times 10^5 \text{ A}}{\text{m}}\right)$$

$$= 0,64 \text{ tesla}$$

18.5 ANTIFERROMAGNETISMO E FERRIMAGNETISMO

Antiferromagnetismo

antiferromagnetismo

O acoplamento do momento magnético entre átomos ou íons adjacentes também ocorre em materiais que não são ferromagnéticos. Em um desses grupos, esse acoplamento resulta em um alinhamento antiparalelo; o alinhamento dos momentos de *spin* de átomos ou íons vizinhos em direções exatamente opostas é denominado **antiferromagnetismo**. O óxido de manganês (MnO) é um material que exibe esse comportamento. O óxido de manganês é um material cerâmico de natureza iônica, que exibe tanto íons Mn^{2+} quanto íons O^{2-}. Nenhum momento magnético resultante está associado aos íons O^{2-}, uma vez que existe um cancelamento total tanto do momento de *spin* quanto do momento orbital. Entretanto, os íons Mn^{2+} têm um momento magnético resultante que é de origem predominantemente *spin*. Esses íons Mn^{2+} estão arranjados na estrutura cristalina de modo tal que os momentos de íons adjacentes são antiparalelos. Esse arranjo está representado esquematicamente na Figura 18.8. Os momentos magnéticos opostos se cancelam uns aos outros e, consequentemente, o sólido como um todo não tem nenhum momento magnético resultante.

Ferrimagnetismo

ferrimagnetismo

Alguns cerâmicos também exibem uma magnetização permanente, denominada **ferrimagnetismo**. As características magnéticas macroscópicas dos ferromagnetos e dos ferrimagnetos são semelhantes; a distinção entre eles está na fonte dos momentos magnéticos resultantes. Os princípios do ferrimagnetismo são ilustrados com as ferritas cúbicas.[2] Esses materiais iônicos podem ser representados

ferrita

[2]A ferrita no sentido magnético não deve ser confundida com a ferrita do ferro α, discutida na Seção 10.19; no restante deste capítulo, o termo **ferrita** indica o cerâmico magnético.

pela fórmula química MFe_2O_4, em que M representa qualquer um dos vários elementos metálicos. A ferrita protótipo é o Fe_3O_4 – o mineral magnetita, que algumas vezes é chamado de pedra-ímã.

A fórmula para a Fe_3O_4 também pode ser escrita como $Fe^{2+}O^{2-}–(Fe^{3+})_2(O^{2-})_3$, em que os íons Fe existem nos estados de valência +2 e +3 na razão de 1:2. Existe um momento magnético de *spin* resultante para cada íon Fe^{2+} e Fe^{3+}, o qual corresponde a 4 e 5 magnétons de Bohr, respectivamente, para os dois tipos de íons. Além disso, os íons O^{2-} são magneticamente neutros. Existem interações de acoplamento de *spins* antiparalelos entre os íons Fe, semelhantes em natureza ao antiferromagnetismo. Entretanto, o momento ferrimagnético resultante tem origem no cancelamento incompleto dos momentos de *spin*.

As ferritas cúbicas apresentam uma estrutura cristalina inversa à do espinélio, a qual exibe simetria cúbica (Seção 3.16). A estrutura cristalina inversa à do espinélio pode ser imaginada como tendo sido gerada pelo empilhamento de planos compactos de íons O^{2-}. Novamente, existem dois tipos de posições que podem ser ocupadas pelos cátions ferro, como ilustrado na Figura 3.32. Para uma delas, o número de coordenação é 4 (coordenação tetraédrica) – isto é, cada íon Fe está envolvido por quatro átomos de oxigênio vizinhos mais próximos. Para o outro tipo de posição, o número de coordenação é 6 (coordenação octaédrica). Com essa estrutura inversa à do espinélio, metade dos íons trivalentes (Fe^{3+}) está situada em posições octaédricas, enquanto a outra metade está em posições tetraédricas. Os íons Fe^{2+}, divalentes, estão todos localizados em posições octaédricas. O fator crítico é o arranjo dos momentos de *spin* dos íons Fe, como está representado na Figura 18.9 e na Tabela 18.3. Os momentos de *spin* de todos os íons Fe^{3+} localizados nas posições octaédricas estão alinhados paralelamente uns aos outros; entretanto, eles estão posicionados em direção oposta aos íons Fe^{3+} localizados nas posições tetraédricas, os quais também estão alinhados. Isso resulta do acoplamento antiparalelo de íons ferro adjacentes. Dessa forma, os momentos de *spin* de todos os íons Fe^{3+} se cancelam uns aos outros e não têm nenhuma contribuição para a magnetização do sólido. Todos os íons Fe^{2+} têm seus momentos alinhados na mesma direção; esse momento total é responsável pela magnetização resultante (veja a Tabela 18.3). Dessa forma, a magnetização de saturação de um sólido ferrimagnético pode ser calculada a partir do produto entre o momento magnético de *spin* resultante para cada íon Fe^{2+} e o número de íons Fe^{2+}; isso corresponde ao alinhamento mútuo de todos os momentos magnéticos dos íons Fe^{2+} na amostra de Fe_3O_4.

Ferritas cúbicas com outras composições podem ser produzidas pela adição de íons metálicos que substituem alguns dos íons ferro na estrutura cristalina. Novamente, a partir da fórmula química da ferrita, $M^{2+}O^{2-}–(Fe^{3+})_2(O^{2-})_3$, além do Fe^{2+}, o M^{2+} pode representar íons divalentes tais como o Ni^{2+}, Mn^{2+}, Co^{2+} e Cu^{2+}, cada um dos quais com um momento magnético de *spin* resultante diferente de 4; vários estão listados na Tabela 18.4. Dessa forma, pelo ajuste da composição, podem ser produzidos compostos ferrita com uma faixa de propriedades magnéticas. Por exemplo, a ferrita de níquel tem a fórmula $NiFe_2O_4$. Também podem ser produzidos outros compostos que contêm misturas de dois íons metálicos divalentes, tais como o $(Mn,Mg)Fe_2O_4$, em que a razão entre os íons $Mn^{2+}:Mg^{2+}$ pode ser variada; esses materiais são chamados de *ferritas mistas*.

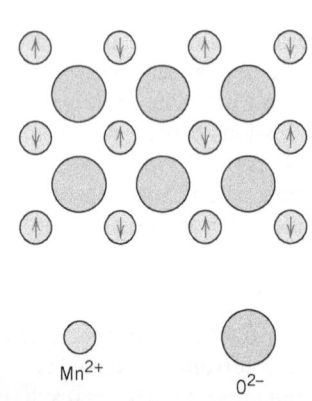

Figura 18.8 Representação esquemática do alinhamento antiparalelo de momentos magnéticos de *spin* para o óxido de manganês antiferromagnético.

Mn^{2+}

O^{2-}

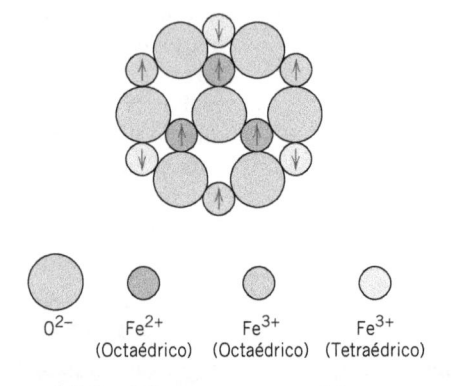

O^{2-} Fe^{2+} (Octaédrico) Fe^{3+} (Octaédrico) Fe^{3+} (Tetraédrico)

Figura 18.9 Diagrama esquemático mostrando a configuração do momento magnético de *spin* para os íons Fe^{2+} e Fe^{3+} no Fe_3O_4. (De Richard A. Flinn e Paul K. Trojan, *Engineering Materials and Their Applications*, 4th edition. Copyright © 1990 por John Wiley & Sons, Inc. Adaptado sob permissão de John Wiley & Sons, Inc.)

Tabela 18.3 Distribuição de Momentos Magnéticos de *Spin* para os Íons Fe^{2+} e Fe^{3+} em uma Célula Unitária de $Fe_3O_4{}^a$

Cátion	*Sítio Octaédrico da Rede Cristalina*	*Sítio Tetraédrico da Rede Cristalina*	*Momento Magnético Resultante*
Fe^{3+}	↑↑↑↑ ↑↑↑↑	↓↓↓↓ ↓↓↓↓	Cancelamento completo
Fe^{2+}	↑↑↑↑ ↑↑↑↑	–	↑↑↑↑ ↑↑↑↑

^{a}Cada seta representa a orientação do momento magnético para um dos cátions.

Tabela 18.4 Momentos Magnéticos Resultantes para Seis Cátions

Cátion	*Momento Magnético de* **Spin** *Resultante* (*Magnétons de Bohr*)
Fe^{3+}	5
Fe^{2+}	4
Mn^{2+}	5
Co^{2+}	3
Ni^{2+}	2
Cu^{2+}	1

Outros materiais cerâmicos, além das ferritas cúbicas, também são ferrimagnéticos e incluem as ferritas hexagonais e as granadas. As ferritas hexagonais apresentam uma estrutura cristalina semelhante à estrutura inversa do espinélio, porém com simetria hexagonal em vez de cúbica. A fórmula química para esses materiais pode ser representada por $AB_{12}O_{19}$, em que A é um metal divalente tal como bário, chumbo ou estrôncio, e B é um metal trivalente tal como alumínio, gálio, cromo ou ferro. Os dois exemplos mais comuns de ferritas hexagonais são o $PbFe_{12}O_{19}$ e o $BaFe_{12}O_{19}$.

As granadas exibem uma estrutura cristalina muito complicada, que pode ser representada pela fórmula geral $M_3Fe_5O_{12}$; aqui, M representa um íon de terras-raras tal como o samário, európio, gadolínio ou ítrio. A granada de ferro e ítrio ($Y_3Fe_5O_{12}$), algumas vezes representada como YIG, é o material mais comum desse tipo.

As magnetizações de saturação para os materiais ferrimagnéticos não são tão altas quanto para os ferromagnéticos. Entretanto, as ferritas, por serem materiais cerâmicos, são boas isolantes elétricas. Para algumas aplicações magnéticas, tais como em transformadores de alta frequência, é mais desejável uma baixa condutividade elétrica.

Verificação de Conceitos 18.1   Cite as principais semelhanças e diferenças entre os materiais ferromagnéticos e os materiais ferrimagnéticos.

Verificação de Conceitos 18.2   Qual é a diferença entre as estruturas cristalinas do espinélio e a inversa à do espinélio? *Sugestão*: Você pode achar útil consultar a Seção 3.16.

(*As respostas estão disponíveis no GEN-IO, ambiente virtual de aprendizagem do GEN.*)

PROBLEMA-EXEMPLO 18.2

Determinação da Magnetização de Saturação para o Fe_3O_4

Calcule a magnetização de saturação para o Fe_3O_4 dado que cada célula unitária cúbica contém 8 íons Fe^{2+} e 16 íons Fe^{3+} e que o comprimento da aresta da célula unitária é de 0,839 nm.

Magnetiza-
ção de satu-
ração para
um material
ferrimagnéti-
co (Fe_3O_4)

Cálculo do
número de
magnétons
de Bohr
por célula
unitária

Solução

Este problema é resolvido de maneira semelhante ao Problema-Exemplo 18.1, exceto que a base de cálculo é por célula unitária e não por átomo ou por íon.

A magnetização de saturação é igual ao produto entre o número N' de magnétons de Bohr por metro cúbico de Fe_3O_4 e o momento magnético por magnéton de Bohr μ_B,

$$M_s = N'\mu_B \tag{18.11}$$

Agora, N' é simplesmente o número de magnétons de Bohr por célula unitária n_B dividido pelo volume da célula unitária V_C, ou seja,

$$N' = \frac{n_B}{V_C} \tag{18.12}$$

Novamente, a magnetização resultante é devida somente aos íons Fe^{2+}. Uma vez que existem 8 íons Fe^{2+} por célula unitária e 4 magnétons de Bohr por íon Fe^{2+}, o valor de n_B é 32. Além disso, a célula unitária é cúbica, e $V_C = a^3$, em que a é o comprimento da aresta da célula unitária. Dessa forma,

$$M_s = \frac{n_B\mu_B}{a^3} \tag{18.13}$$

$$= \frac{(32 \text{ magnétons de Bohr/célula unitária }(9,27 \times 10^{-24} \text{ A} \cdot \text{m}^2/\text{magnéton de Bohr})}{(0,839 \times 10^{-9} \text{ m})^3/\text{célula unitária}}$$

$$= 5,0 \times 10^5 \text{ A/m}$$

EXEMPLO DE PROJETO 18.1

Projeto de um Material Magnético de Ferrita Mista

Projete um material magnético de uma ferrita mista com estrutura cúbica com uma magnetização de saturação de $5,25 \times 10^5$ A/m.

Solução

De acordo com o Problema-Exemplo 18.2, a magnetização de saturação para o Fe_3O_4 é de $5,0 \times 10^5$ A/m. Para aumentar a magnitude de M_s é necessário substituir uma fração dos íons Fe^{2+} por um íon metálico divalente que tenha um momento magnético maior – por exemplo o Mn^{2+}; a partir da Tabela 18.4, pode-se observar que existem 5 magnétons de Bohr/íon Mn^{2+}, em comparação com 4 magnétons de Bohr/Fe^{2+}. Em primeiro lugar, vamos empregar a Equação 18.13 para calcular o número de magnétons de Bohr por célula unitária (n_B), considerando que a adição dos íons Mn^{2+} não altera o comprimento da aresta da célula unitária (0,839 nm). Dessa forma,

$$n_B = \frac{M_s a^3}{\mu_B}$$

$$= \frac{(5,25 \times 10^5 \text{ A/m})(0,839 \times 10^{-9}\text{m})^3/\text{célula unitária}}{9,27 \times 10^{-24} \text{ A}\cdot\text{m}^2/\text{magnéton de Bohr}}$$

$$= 33,45 \text{ magnétons de Bohr/célula unitária}$$

Se deixarmos x representar a fração de íons Mn^{2+} que substituiu os íons Fe^{2+}, então a fração de íons Fe^{2+} que permaneceu sem ser substituída é igual a $(1 - x)$. Além disso, uma vez que existem 8 íons divalentes por célula unitária, podemos escrever a seguinte expressão:

$$8[5x + 4(1 - x)] = 33,45$$

que leva a $x = 0,181$. Dessa forma, se 18,1 %a dos íons Fe^{2+} no Fe_3O_4 forem substituídos por íons Mn^{2+}, a magnetização de saturação será aumentada para $5,25 \times 10^5$ A/m.

18.6 INFLUÊNCIA DA TEMPERATURA SOBRE O COMPORTAMENTO MAGNÉTICO

A temperatura também pode influenciar as características magnéticas dos materiais. Devemos lembrar que o aumento da temperatura de um sólido aumenta a magnitude das vibrações térmicas dos átomos. Os momentos magnéticos atômicos estão livres para girar; dessa forma, com o aumento da temperatura, o maior movimento térmico dos átomos tende a tornar aleatórias as direções de quaisquer momentos que possam estar alinhados.

Para os materiais ferromagnéticos, antiferromagnéticos e ferrimagnéticos, os movimentos térmicos atômicos se contrapõem às forças de acoplamento entre os momentos dipolo atômicos adjacentes, causando algum desalinhamento dos dipolos, independente do fato de um campo externo estar presente. Isso resulta em uma diminuição na magnetização de saturação tanto para os materiais ferromagnéticos quanto para os materiais ferrimagnéticos. A magnetização de saturação é máxima a 0 K, onde as vibrações térmicas são mínimas. Com o aumento da temperatura, a magnetização de saturação diminui gradualmente e, então, cai abruptamente para zero; isso é chamado de **temperatura de Curie**, T_c. Os comportamentos magnetização-temperatura para o ferro e para o Fe_3O_4 estão representados na Figura 18.10. Em T_c, as forças mútuas de acoplamento de *spins* são completamente destruídas, tal que para temperaturas acima de T_c tanto os materiais ferromagnéticos quanto os ferrimagnéticos são paramagnéticos. A magnitude da temperatura de Curie varia de material para material; por exemplo, para o ferro, cobalto, níquel e Fe_3O_4, os respectivos valores são de 768 °C, 1120 °C, 335 °C e 585 °C.

temperatura de Curie

O antiferromagnetismo também é afetado pela temperatura; esse comportamento desaparece no que é chamado de *temperatura Néel*. Em temperaturas acima desse ponto, os materiais antiferromagnéticos também se tornam paramagnéticos.

Verificação de Conceitos 18.3 Explique por que repetidas quedas de um ímã permanente sobre o chão fazem com que ele fique desmagnetizado.

(*A resposta está disponível no GEN-IO, ambiente virtual de aprendizagem do GEN.*)

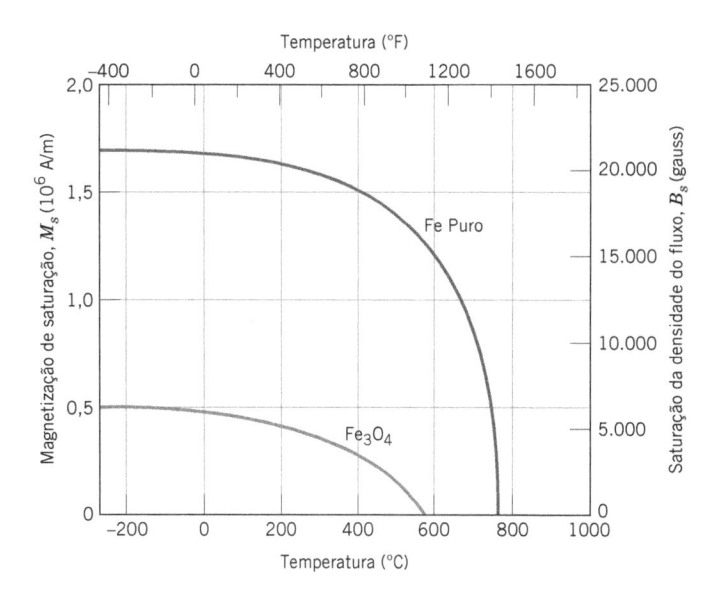

Figura 18.10 Gráfico da magnetização de saturação em função da temperatura para o ferro e o Fe_3O_4.
[Adaptado de J. Smit e H. P. J. Wijn, *Ferrites*. Copyright © 1959 por N. V. Philips Gloeilampenfabrieken, Eindhoven (Holland). Reimpresso sob permissão.]

18.7 DOMÍNIOS E HISTERESE

Qualquer material ferromagnético ou ferrimagnético em uma temperatura abaixo de T_c é composto por regiões de pequeno volume onde existe um alinhamento mútuo de todos os momentos de dipolo magnéticos na mesma direção, como ilustrado na Figura 18.11. Tal região é chamada de *domínio* e cada um está magnetizado até sua magnetização de saturação. Os domínios adjacentes estão separados por contornos ou paredes de domínio através dos quais a direção da magnetização varia gradualmente (Figura 18.12). Normalmente, os domínios têm dimensões microscópicas e, para uma amostra policristalina, cada grão pode consistir em mais de um único domínio. Dessa forma, em uma peça de material com dimensões macroscópicas, existe um grande número de domínios e todos podem ter diferentes orientações de magnetização. A magnitude do campo M para o sólido como um todo é a soma vetorial das magnetizações de todos os domínios, onde a contribuição de cada domínio é ponderada de acordo com sua fração volumétrica. Para uma amostra não magnetizada, a soma vetorial apropriadamente ponderada das magnetizações de todos os domínios é igual a zero.

A densidade do fluxo B e a intensidade do campo H não são proporcionais para os materiais ferromagnéticos e ferrimagnéticos. Se inicialmente o material não está magnetizado, então B varia em função de H, como está mostrado na Figura 18.13. A curva começa na origem e, conforme H aumenta, o campo B começa a aumentar lentamente, depois mais rapidamente, finalmente se nivelando e se tornando independente de H. Esse valor máximo de B é a densidade do fluxo de saturação B_s e a magnetização correspondente é a magnetização de saturação M_s, mencionada anteriormente. Uma vez que a permeabilidade μ na Equação 18.2 é a inclinação da curva de B em função de H, pode-se observar a partir da Figura 18.13 que a permeabilidade é dependente de H. A inclinação da curva de B em função de H, em $H = 0$, é especificada como sendo uma propriedade do material, denominada *permeabilidade inicial* μ_i, como está indicado na Figura 18.13.

Conforme um campo H é aplicado, os domínios mudam de forma e de tamanho pelo movimento dos contornos dos domínios. Nos detalhes (identificados com as letras U a Z) na Figura 18.13, estão representadas as estruturas esquemáticas dos domínios em vários pontos ao longo da curva de B em função de H. Inicialmente, os momentos dos domínios constituintes estão orientados aleatoriamente, tal que não existe nenhum campo B (ou M) resultante (detalhe U). À medida que o campo externo é aplicado, os domínios orientados em direções favoráveis (ou praticamente alinhados ao campo) em relação ao campo aplicado crescem à custa daqueles que estão orientados de modo desfavorável (detalhes V a X). Esse processo continua com o aumento da intensidade do campo, até que a amostra macroscópica se torna um único domínio, o qual está praticamente alinhado com o campo (detalhe Y). A saturação é atingida quando, por meio de rotação, esse domínio fica orientado com o campo H (detalhe Z).

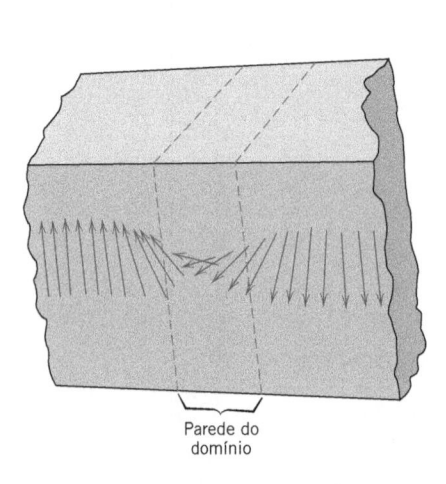

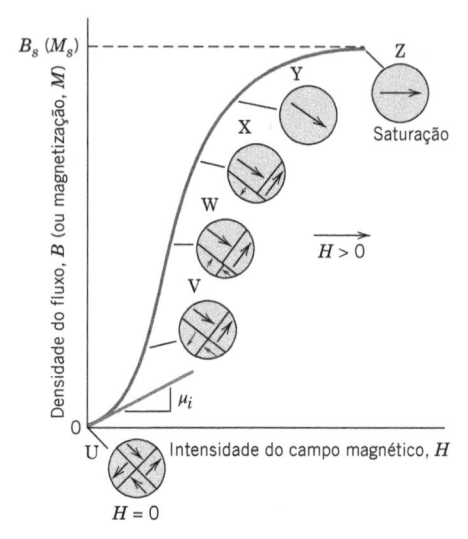

Figura 18.11 Representação esquemática de domínios em um material ferromagnético ou ferrimagnético; as setas representam os dipolos magnéticos atômicos. Em cada domínio, todos os dipolos estão alinhados, enquanto a direção do alinhamento varia de um domínio para outro.

Figura 18.12 Variação gradual na orientação do dipolo magnético ao longo da parede de um domínio.
(De W. D. Kingery, H. K. Bowen e D. R. Uhlmann, *Introduction to Ceramics*, 2nd edition. Copyright © 1976 por John Wiley & Sons, New York. Reimpresso sob permissão de John Wiley & Sons, Inc.)

Figura 18.13 Comportamento de B em função de H para um material ferromagnético ou ferrimagnético que não estava inicialmente magnetizado. Estão representadas as configurações dos domínios durante vários estágios da magnetização. A densidade do fluxo de saturação B_s, a magnetização M_s e a permeabilidade inicial μ_i também estão indicadas.

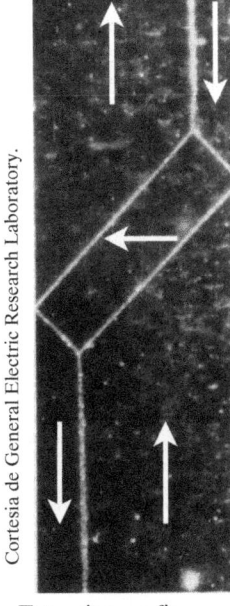

Fotomicrografia mostrando a estrutura dos domínios de um monocristal de ferro (as setas indicam as direções da magnetização).

histerese

remanência

coercividade

A partir da saturação – ponto S na Figura 18.14 – conforme o campo H é reduzido pela reversão da direção do campo, a curva não retorna seguindo seu trajeto original. Um efeito de **histerese** é produzido, no qual o campo B se defasa em relação ao campo H aplicado, ou diminui a uma taxa mais baixa. Em um campo H igual a zero (ponto R sobre a curva), existe um campo B residual que é chamado de **remanência**, ou *densidade do fluxo remanescente*, B_r; o material permanece magnetizado na ausência de um campo externo H.

O comportamento de histerese e a magnetização permanente podem ser explicados pelo movimento das paredes dos domínios. Com a reversão da direção do campo a partir da saturação (ponto S na Figura 18.14), o processo pelo qual a estrutura do domínio se altera é invertido. Em primeiro lugar, existe uma rotação do único domínio com o campo invertido. Em seguida, são formados domínios com momentos magnéticos alinhados com o novo campo, os quais crescem à custa dos domínios originais. Crítica para essa explicação é a resistência ao movimento das paredes dos domínios que ocorre em resposta ao aumento do campo magnético na direção oposta; isso responde pela defasagem de B em relação a H, ou a histerese. Quando o campo aplicado atinge zero, existe ainda uma fração volumétrica de domínios orientada na direção original, o que explica a existência da remanência B_r.

Para reduzir o campo B no interior da amostra até zero (ponto C na Figura 18.14), precisa ser aplicado um campo H com magnitude $-H_c$ em uma direção oposta àquela do campo original; H_c é chamado de **coercividade**, ou algumas vezes *força coercitiva*. Com a continuidade da aplicação do campo nessa direção inversa, como está indicado na figura, a saturação é finalmente atingida no sentido oposto, correspondendo ao ponto S'. Uma segunda inversão do campo até o ponto da saturação inicial (ponto S) completa o ciclo simétrico da histerese e também produz tanto uma remanência negativa ($-B_r$) quanto uma coercividade positiva ($+H_c$).

A curva de B em função de H na Figura 18.14 representa um ciclo de histerese levado até a saturação. Não é necessário aumentar o campo H até a saturação antes de inverter a direção do campo; na Figura 18.15, o ciclo NP é uma curva de histerese que corresponde a menos do que a saturação. Além disso, é possível inverter a direção do campo em qualquer ponto ao longo da curva e gerar outros ciclos de histerese. Um desses ciclos está indicado na curva de saturação da Figura 18.15: para o ciclo LM, o campo H é invertido até zero. Um método para desmagnetizar um material ferromagnético ou ferrimagnético consiste em ciclá-lo repetidamente em um campo H que muda de direção e que diminui em magnitude.

Nesse ponto, é útil comparar os comportamentos das curvas de B em função de H para materiais paramagnéticos, diamagnéticos e ferromagnéticos/ferrimagnéticos; tal comparação está mostrada na Figura 18.16. A linearidade dos materiais paramagnéticos e diamagnéticos pode ser observada no

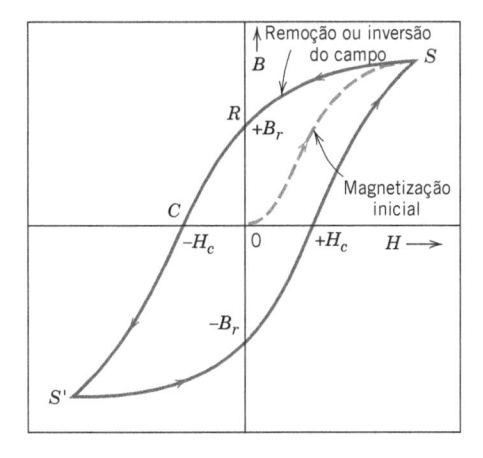

Figura 18.14 Densidade do fluxo magnético em função da intensidade do campo magnético para um material ferromagnético sujeito a saturações avante e reversa (pontos S e S'). O ciclo da histerese é representado pela curva contínua; a curva tracejada indica a magnetização inicial. A remanência B_r e a força coercitiva H_c também estão mostradas.

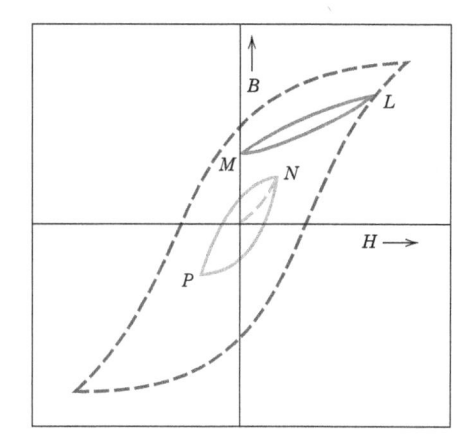

Figura 18.15 Curva de histerese em condições abaixo da saturação (curva NP) dentro do ciclo de saturação para um material ferromagnético. O comportamento $B–H$ para a inversão do campo em uma condição que não é a de saturação está indicado pela curva LM.

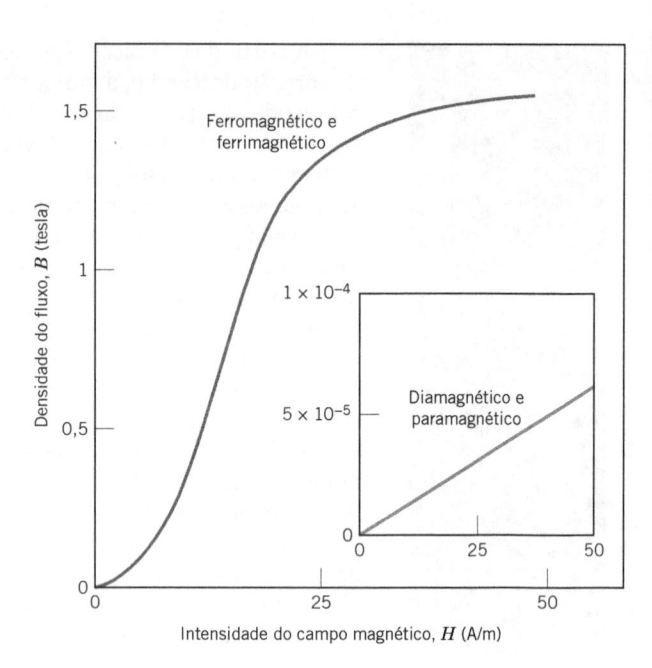

Figura 18.16 Comparação dos comportamentos de B em função de H para materiais ferromagnéticos/ferrimagnéticos e diamagnéticos/paramagnéticos (gráfico em destaque). Pode ser observado que campos B extremamente pequenos são gerados nos materiais que apresentam apenas comportamento diamagnético/paramagnético, que é a razão pela qual eles são considerados materiais não magnéticos.

pequeno gráfico em destaque, enquanto o comportamento de um material ferromagnético/ferrimagnético típico é não linear. Além disso, o raciocínio de rotular os materiais paramagnéticos e diamagnéticos como materiais não magnéticos é verificado pela comparação das escalas de B nos eixos verticais dos dois gráficos – em um campo H com intensidade de 50 A/m, a densidade do fluxo para materiais ferromagnéticos/ferrimagnéticos é da ordem de 1,5 tesla, enquanto para os materiais paramagnéticos e diamagnéticos é da ordem de 5×10^{-5} tesla.

Verificação de Conceitos 18.4 Esboce esquematicamente em um único gráfico o comportamento de B em função de H para um material ferromagnético (a) a 0 K, (b) em uma temperatura imediatamente abaixo da sua temperatura de Curie e (c) em uma temperatura imediatamente acima da sua temperatura de Curie. Explique sucintamente por que essas curvas possuem formas diferentes.

Verificação de Conceitos 18.5 Esboce esquematicamente o comportamento de histerese para um material ferromagnético que é desmagnetizado gradualmente ao ser ciclado em um campo H que muda de direção e que diminui de magnitude.

(*As respostas estão disponíveis no GEN-IO, ambiente virtual de aprendizagem do GEN.*)

18.8 ANISOTROPIA MAGNÉTICA

As curvas de histerese magnética discutidas na Seção 18.7 têm formas diferentes dependendo de diversos fatores: (1) se a amostra é um monocristal ou se é policristalina; (2) se ela for policristalina, se existe qualquer orientação preferencial dos grãos; (3) da presença de poros ou de partículas de uma segunda fase; e (4) de outros fatores, como temperatura e, se uma tensão mecânica for aplicada, estado de tensão.

Por exemplo, a curva de B (ou de M) em função de H para um monocristal de um material ferromagnético depende de sua orientação cristalográfica em relação à direção do campo H aplicado. Esse comportamento está demonstrado na Figura 18.17 para monocristais de níquel (CFC) e de ferro (CCC), onde o campo de magnetização é aplicado nas direções cristalográficas [100], [110] e [111] e na Figura 18.18 para o cobalto (HC) nas direções cristalográficas [0001] e [10$\bar{1}$0]/[11$\bar{2}$0]. Essa dependência do comportamento magnético em relação à orientação cristalográfica é denominada *anisotropia magnética* (ou algumas vezes *anisotropia magnetocristalina*).

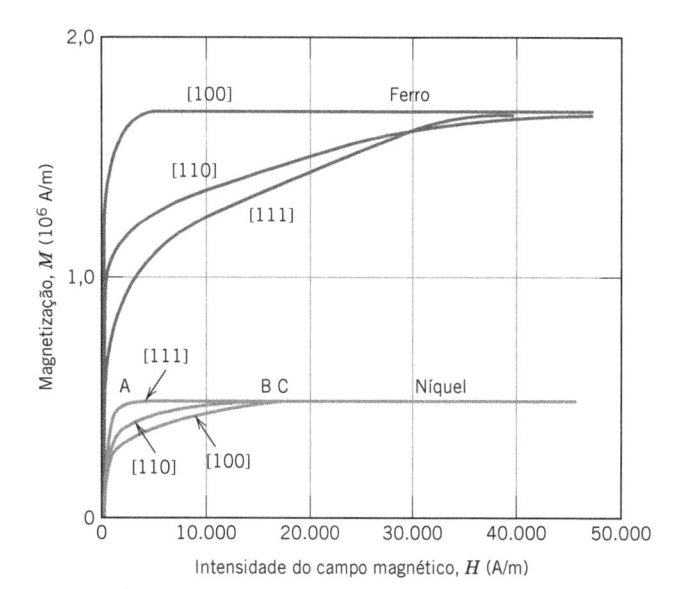

Figura 18.17 Curvas de magnetização para monocristais de ferro e de níquel. Para ambos os metais foram
geradas curvas diferentes quando o campo magnético foi
aplicado em cada uma das direções cristalográficas [100],
[110] e [111].
[Adaptado de K. Honda e S. Kaya, "On the Magnetisation of
Single Crystals of Iron", *Sci. Rep. Tohoku Univ.*, 15, 721 (1926); e de
S. Kaya, "On the Magnetisation of Single Crystals of Nickel", *Sci.
Rep. Tohoku Univ.*, 17, 639 (1928).]

Para cada um desses materiais há uma direção cristalográfica na qual a magnetização é mais
fácil – ou seja, a saturação (de M) é atingida para o menor campo H; isso é chamado de direção de
fácil magnetização. Por exemplo, para o Ni (Figura 18.17) essa direção é a [111], visto que a saturação ocorre no ponto A; para as orientações [110] e [100], os pontos de saturação correspondem,
respectivamente, aos pontos B e C. De maneira correspondente, as direções de fácil magnetização
para o Fe e o Co são [100] e [0001], respectivamente (Figuras 18.17 e 18.18). De maneira inversa,
uma direção cristalográfica *dura* é aquela direção para a qual a magnetização de saturação é a mais
difícil; as direções duras para Ni, Fe e Co são, respectivamente, [100], [111] e [10$\bar{1}$0]/[11$\bar{2}$0].

Como foi observado na Seção 18.7, os detalhes da Figura 18.13 representam as configurações
dos domínios em vários estágios ao longo da curva de B (ou de M) em função de H durante a
magnetização de um material ferromagnético/ferrimagnético. Aqui, cada uma das setas representa
uma direção de fácil magnetização do domínio; os domínios cujas direções de fácil magnetização
estão alinhadas de maneira mais próxima com o campo H crescem à custa dos outros domínios, que
encolhem (detalhes V a X). Além disso, a magnetização do único domínio no detalhe Y também
corresponde a uma direção fácil. A saturação é atingida conforme a direção desse domínio gira para
longe da direção fácil, para a direção do campo aplicado (detalhe Z).

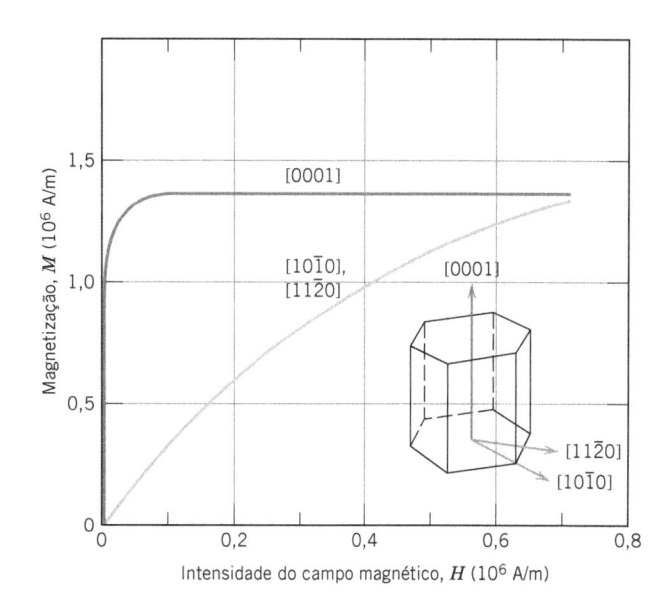

Figura 18.18 Curvas de magnetização para monocristais de cobalto. As
curvas foram geradas quando o campo
magnético foi aplicado nas direções
cristalográficas [0001] e [100]/[110].
[Adaptado de S. Kaya, "On the
Magnetisation of Single Crystals of Cobalt",
Sci. Rep. Tohoku Univ., 17, 1157 (1928).]

18.9 MATERIAIS MAGNÉTICOS MOLES

O tamanho e a forma da curva de histerese para os materiais ferromagnéticos e ferrimagnéticos são de importância prática considerável. A área no interior de um ciclo representa uma perda de energia magnética por unidade de volume do material por ciclo de magnetização-desmagnetização; essa perda de energia se manifesta na forma de calor, que é gerado no interior da amostra magnética e é capaz de aumentar sua temperatura.

material magnético mole

Tanto os materiais ferromagnéticos quanto os ferrimagnéticos são classificados ou como *moles* ou como *duros*, com base em suas características de histerese. Os **materiais magnéticos moles** são usados em dispositivos que estão submetidos a campos magnéticos alternados e onde as perdas de energia devem ser baixas; um exemplo familiar consiste nos núcleos de transformadores. Por esse motivo, a área relativa no interior do ciclo de histerese deve ser pequena; ela é caracteristicamente fina e estreita, como está representado na Figura 18.19. Consequentemente, um material magnético mole deve apresentar elevada permeabilidade inicial e baixa coercividade. Um material com essas propriedades pode atingir sua magnetização de saturação com a aplicação de um campo relativamente pequeno (isto é, pode ser facilmente magnetizado e desmagnetizado) e ainda ter baixas perdas de energia por histerese.

O campo de saturação ou de magnetização é determinado apenas pela composição do material. Por exemplo, nas ferritas cúbicas, a substituição de um íon metálico divalente, tal como o Ni^{2+} pelo Fe^{2+} no $FeO–Fe_2O_3$, muda a magnetização de saturação. Entretanto, a suscetibilidade e a coercividade (H_c), que também influenciam a forma da curva de histerese, são sensíveis a variáveis estruturais, e não à composição. Por exemplo, um baixo valor de coercividade corresponde a um movimento fácil das paredes dos domínios à medida que o campo magnético muda de magnitude e/ou de direção. Os defeitos estruturais, tais como partículas de uma fase não magnética ou vazios no material magnético, tendem a restringir o movimento das paredes do domínio e, dessa forma, aumentar a coercividade. Consequentemente, um material magnético mole deve estar isento de tais defeitos estruturais.

Outra consideração em relação às propriedades para os materiais magnéticos moles é a resistividade elétrica. Além das perdas de energia por histerese descritas anteriormente, as perdas de energia podem resultar de correntes elétricas que são induzidas em um material magnético por um campo magnético que varia em magnitude e em direção ao longo do tempo; essas correntes são chamadas *correntes de turbilhonamento*. É muito desejável minimizar essas perdas de energia nos materiais magnéticos moles pelo aumento da resistividade elétrica. Isso é obtido nos materiais ferromagnéticos mediante a formação de ligas por solução sólida; as ligas ferro-silício e ferro-níquel são exemplos. As ferritas cerâmicas são utilizadas comumente em aplicações que requerem materiais magnéticos moles, pois intrinsecamente elas são isolantes elétricos. No entanto, sua aplicabilidade é um tanto quanto limitada, uma vez que suas suscetibilidades são relativamente pequenas. As propriedades de alguns materiais magnéticos moles estão expostas na Tabela 18.5.

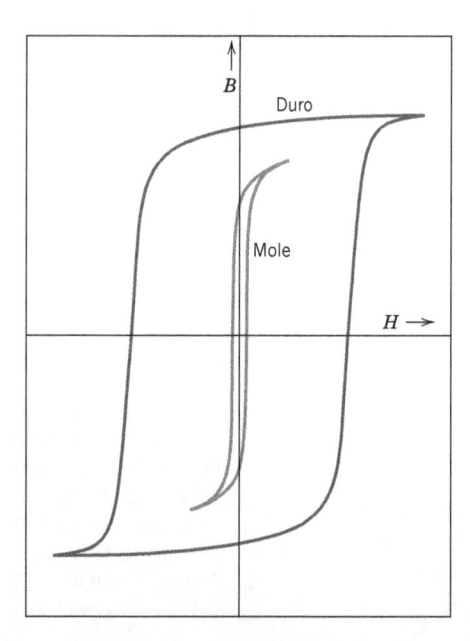

Figura 18.19 Curvas esquemáticas de magnetização para materiais magnéticos mole e duro.
(De K. M. Ralls, T. H. Courtney e J. Wulff, *Introduction to Materials Science and Engineering*, Copyright © 1976 por John Wiley & Sons, New York. Reimpresso sob permissão de John Wiley & Sons, Inc.)

M A T E R I A I S   D E   I M P O R T Â N C I A

Uma Liga Ferro–Silício Usada nos Núcleos de Transformadores

Como mencionado anteriormente nesta seção, os núcleos de transformadores requerem o uso de materiais magnéticos moles, os quais são magnetizados e desmagnetizados com facilidade (e também têm resistividades elétricas relativamente elevadas). Uma liga comumente empregada para essa aplicação é a liga ferro-silício que está listada na Tabela 18.5 (97 %p Fe–3 %p Si). Os monocristais dessa liga são magneticamente anisotrópicos, assim como também o são os monocristais de ferro (como explicado anteriormente). Consequentemente, as perdas de energia em transformadores podem ser minimizadas se seus núcleos forem fabricados a partir de monocristais e de forma tal que uma direção do tipo [100] [a direção de fácil magnetização (Figura 18.17)] fique orientada paralelamente à direção do campo magnético aplicado; essa configuração para um núcleo de transformador está representada esquematicamente na Figura 18.20. Infelizmente, é caro o preparo dos monocristais e, portanto, essa não é uma situação economicamente viável. Uma melhor alternativa – utilizada comercialmente, pois é economicamente mais atrativa – consiste em fabricar núcleos a partir de lâminas dessa liga que são anisotrópicas.

Com frequência, os grãos em materiais policristalinos estão orientados de maneira aleatória, resultando em propriedades isotrópicas (Seção 3.19). No entanto, uma maneira de desenvolver anisotropia em metais policristalinos é por deformação plástica, por exemplo, por laminação (Seção 14.2, Figura 14.2*b*); laminação é a técnica pela qual são fabricadas as lâminas dos núcleos de transformadores. Uma placa plana que foi laminada é dita ter uma *textura laminada* (ou em *lâmina*), onde existe uma orientação cristalográfica preferencial dos grãos. Nesse tipo de textura, durante a operação de laminação, para a maioria dos grãos na lâmina, um plano cristalográfico específico (*hkl*) fica alinhado paralelamente (ou quase paralelo) à superfície da lâmina e, além disso, uma direção [*uvw*] naquele plano fica paralela (ou quase paralela) à direção da laminação. Dessa forma, uma textura de laminação é indicada pela combinação plano-direção, (*hkl*)[*uvw*]. Para as ligas cúbicas de corpo centrado (que inclui a liga ferro–silício mencionada antes), a textura da laminação é (110)[001], e está representada esquematicamente na Figura 18.21. Assim, os núcleos de transformadores feitos dessa liga ferro–silício são fabricados de forma que a direção na qual a lâmina é laminada (correspondendo a uma direção do tipo [001] para a maioria dos grãos) fique alinhada paralelamente à direção da aplicação do campo magnético.[3]

As características magnéticas dessa liga podem ser melhoradas ainda mais por uma série de procedimentos de deformação e tratamento térmico que produzem uma textura (100)[001].

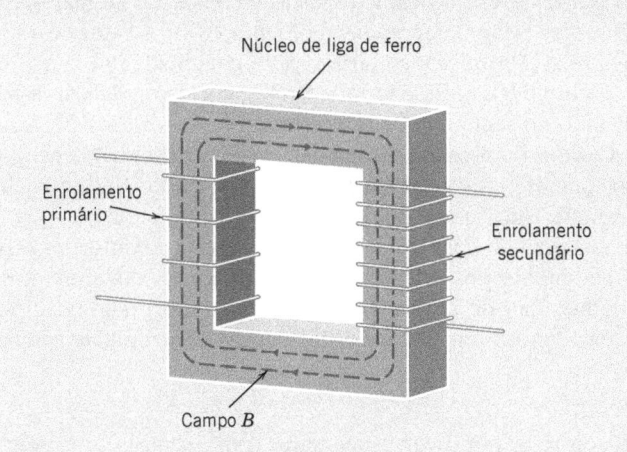

Figura 18.20 Diagrama esquemático de um núcleo de transformador, incluindo a direção do campo *B* que é gerado.

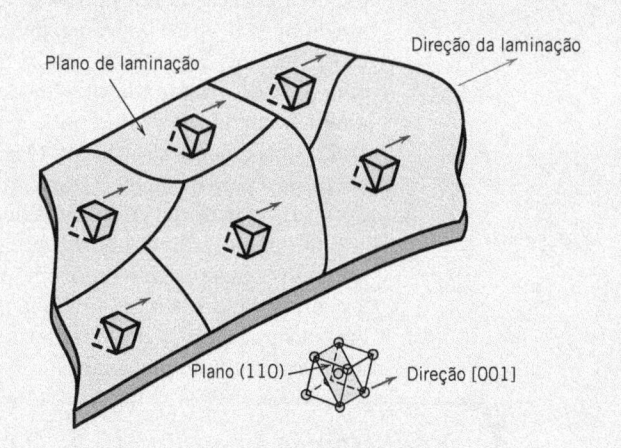

Figura 18.21 Representação esquemática da textura de laminação (110)[001] para o ferro com estrutura cúbica de corpo centrado.

---

[3] Para metais e ligas com estrutura cristalina cúbica de corpo centrado, as direções [100] e [001] são equivalentes (Seção 3.13) – ou seja, ambas são direções de fácil magnetização.

Tabela 18.5 Propriedades Típicas para Vários Materiais Magnéticos Moles

Material	Composição (%p)	Permeabilidade Relativa Inicial, μ_i	Densidade do Fluxo de Saturação, B_s [tesla (gauss)]	Perda por Histerese/Ciclo [J/m³ (erg/cm³)]	Resistividade, $\rho(\Omega \cdot m)$
Lingote de ferro comercial	99,95 Fe	150	2,14 (21.400)	270 (2.700)	$1,0 \times 10^{-7}$
Ferro-silício (orientado)	97 Fe, 3 Si	1.400	2,01 (20.100)	40 (400)	$4,7 \times 10^{-7}$
Permalloy 45	55 Fe, 45 Ni	2.500	1,60 (16.000)	120 (1.200)	$4,5 \times 10^{-7}$
Supermalloy	79 Ni, 15 Fe, 5 Mo, 0,5 Mn	75.000	0,80 (8.000)	–	$6,0 \times 10^{-7}$
Ferroxcube A	48 $MnFe_2O_4$, 52 $ZnFe_2O_4$	1.400	0,33 (3.300)	~40 (~400)	2.000
Ferroxcube B	36 $NiFe_2O_4$, 64 $ZnFe_2O_4$	650	0,36 (3.600)	~35 (~350)	10^7

Fonte: Adaptado de *Metals Handbook: Properties and Selection: Stainless Steels, Tool Materials and Special-Purpose Metals*, Vol. 3, 9th edition, D. Benjamin (Editor Sênior), American Society for Metals, 1980.

As características de histerese dos materiais magnéticos moles podem ser melhoradas para algumas aplicações mediante um tratamento térmico apropriado na presença de um campo magnético. Empregando uma técnica dessa natureza, pode-se produzir um ciclo de histerese quadrado, o que é desejável em algumas aplicações de amplificadores magnéticos e transformadores de pulsos. Além disso, os materiais magnéticos moles são usados em geradores, motores, dínamos e circuitos de comutação.

18.10 MATERIAIS MAGNÉTICOS DUROS

material magnético duro

Os materiais magnéticos duros são usados em ímãs permanentes, que precisam ter alta resistência à desmagnetização. Em termos de comportamento de histerese, um **material magnético duro** tem remanência, coercividade e densidade do fluxo de saturação elevadas, assim como baixa permeabilidade inicial e grandes perdas de energia por histerese. As características de histerese de materiais magnéticos duros e materiais magnéticos moles estão comparadas na Figura 18.19. As duas características mais importantes em relação às aplicações desses materiais são a coercividade e o que é denominado *produto da energia*, designado por $(BH)_{máx}$. Esse termo $(BH)_{máx}$ corresponde à área do maior retângulo $B–H$ que pode ser construído no segundo quadrante da curva de histerese, Figura 18.22; suas unidades são kJ/m³ (MGOe).[4] O valor do produto da energia é representativo da energia necessária para desmagnetizar um ímã permanente; isto é, quanto maior for o valor de $(BH)_{máx}$, mais duro será o material em termos de suas características magnéticas.

O comportamento de histerese está relacionado com a facilidade pela qual os contornos dos domínios magnéticos se movem; pelo impedimento dos movimentos dos contornos dos domínios, a coercividade e a suscetibilidade são melhoradas, de modo que é necessário um grande campo externo para haver desmagnetização. Além disso, essas características estão relacionadas com a microestrutura do material.

✓ *Verificação de Conceitos 18.6*   É possível controlar por diversas maneiras (por exemplo, alterações na microestrutura e adição de impurezas) a facilidade pela qual as paredes do domínio se movem conforme o campo magnético é variado para materiais ferromagnéticos e ferrimagnéticos. Esboce um ciclo de histerese esquemático de B em função de H para um material ferromagnético e superponha nesse gráfico as alterações que ocorreriam no ciclo se os movimentos das fronteiras dos domínios fossem impedidos.

(*A resposta está disponível no GEN-IO, ambiente virtual de aprendizagem do GEN.*)

---

[4] MGOe é definido como

$$1 \text{ MGOe} = 10^6 \text{ gauss-oersted}$$

A conversão de unidades cgs-uem para unidades SI é realizada pela relação

$$1 \text{ MGOe} = 7,96 \text{ kJ/m}^3$$

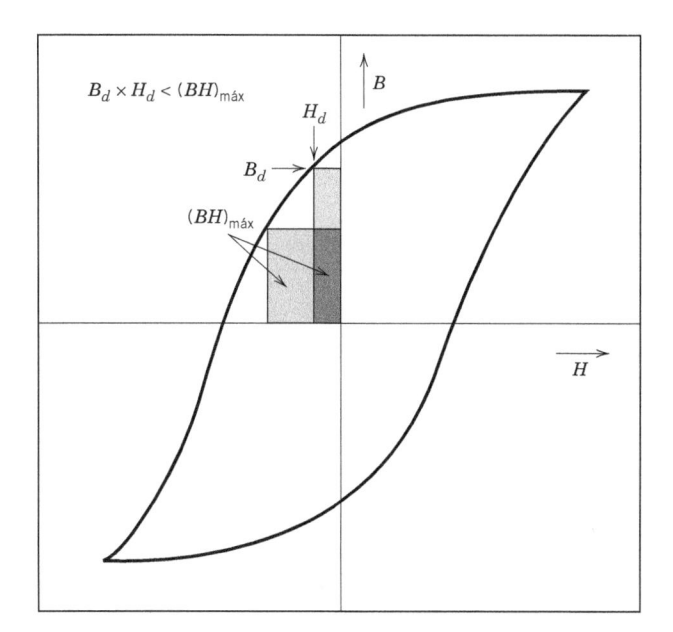

Figura 18.22 Curva de magnetização esquemática que exibe histerese. No segundo quadrante estão desenhados dois retângulos do produto da energia $B–H$; a área do retângulo identificado como $(BH)_{máx}$ é a maior possível, sendo maior do que a área definida por B_d-H_d.

Materiais Magnéticos Duros Convencionais

Os materiais magnéticos duros se enquadram em duas categorias principais – convencional e de alta energia. Os materiais convencionais têm valores de $(BH)_{máx}$ que variam entre aproximadamente 2 e 80 kJ/m³ (0,25 e 10 MGOe). Esses materiais incluem os materiais ferromagnéticos – ímãs de aço, ligas cunife (Cu–Ni–Fe) e ligas alnico (Al–Ni–Co) – assim como as ferritas hexagonais (BaO–6Fe₂O₃). A Tabela 18.6 apresenta algumas das propriedades críticas de vários desses materiais magnéticos duros.

Os ímãs de aço duros têm normalmente como elementos de liga o tungstênio e/ou o cromo. Sob condições apropriadas de tratamento térmico, esses dois elementos se combinam de imediato com o carbono presente no aço para formar partículas de precipitado de carbeto de tungstênio e carbeto de cromo, que são particularmente eficazes na obstrução do movimento das paredes dos domínios. Para as outras ligas metálicas, um tratamento térmico apropriado forma, dentro de uma fase matriz não magnética, partículas ferro-cobalto extremamente pequenas e altamente magnéticas que são compostas por um único domínio.

Tabela 18.6 Propriedades Típicas para Vários Materiais Magnéticos Duros

Material	Composição (%p)	Remanência, B_r [tesla (gauss)]	Coercividade, H_c [amp. espira/m (Oe)]	$(BH)_{máx}$ [kJ/m³ (MGOe)]	Temperatura de Curie, T_c [°C(°F)]	Resistividade, $\rho(\Omega \cdot m)$
Aço ao tungstênio	92,8 Fe, 6 W, 0,5 Cr, 0,7 C	0,95 (9.500)	5.900 (74)	2,6 (0,33)	760 (1.400)	$3,0 \times 10^{-7}$
Cunife	20 Fe, 20 Ni, 60 Cu	0,54 (5.400)	44.000 (550)	12 (1,5)	410 (770)	$1,8 \times 10^{-7}$
Alnico 8 sinterizado	34 Fe, 7 Al, 15 Ni, 35 Co, 4 Cu, 5 Ti	0,76 (7.600)	125.000 (1.550)	36 (4,5)	860 (1.580)	–
Ferrita 3 sinterizada	BaO–6Fe₂O₃	0,32 (3.200)	240.000 (3.000)	20 (2,5)	450 (840)	~10^4
Cobalto – terras-raras 1	SmCo₅	0,92 (9.200)	720.000 (9.000)	170 (21)	725 (1.340)	$5,0 \times 10^{-7}$
Neodímio-ferro-boro sinterizado	Nd₂Fe₁₄B	1,16 (11.600)	848.000 (10.600)	255 (32)	310 (590)	$1,6 \times 10^{-6}$

Fonte: Adaptado de *ASM Handbook*, Vol. 2, *Properties and Selection: Nonferrous Alloys and Special-Purpose Materials*. Copyright © 1990 por ASM International. Reimpresso sob permissão da ASM International, Materials Park, OH.

Materiais Magnéticos Duros de Alta Energia

Os materiais magnéticos permanentes com produtos da energia superiores a aproximadamente 80 kJ/m³ (10 MGOe) são considerados do tipo de alta energia. Esses materiais são compostos intermetálicos recentemente desenvolvidos com diversas composições; os dois que encontraram exploração comercial são o $SmCo_5$ e o $Nd_2Fe_{14}B$. Suas propriedades magnéticas também estão listadas na Tabela 18.6.

Ímãs Samário–Cobalto

Samário–cobalto, $SmCo_5$, é um membro de um grupo de ligas que são combinações do cobalto ou do ferro com um elemento terra-rara leve; várias dessas ligas exibem um comportamento magnético duro de alta energia, mas o $SmCo_5$ é o único que apresenta importância comercial. Os produtos da energia desses materiais à base de $SmCo_5$ [entre 120 e 240 kJ/m³ (15 e 30 MGOe)] são consideravelmente maiores do que os produtos da energia dos materiais magnéticos duros convencionais (Tabela 18.6); além disso, eles têm coercividades relativamente elevadas. Técnicas de metalurgia do pó são empregadas para fabricar ímãs de $SmCo_5$. A liga de composição apropriada primeiro é moída em um pó fino; as partículas pulverizadas são alinhadas utilizando-se um campo magnético externo e então são prensadas no formato desejado. A peça é então sinterizada em uma temperatura elevada, o que é seguido por outro tratamento térmico que melhora as propriedades magnéticas.

Ímãs Neodímio–Ferro–Boro

Samário é um material raro e relativamente caro; além disso, o preço do cobalto é variável e suas fontes não são confiáveis. Consequentemente, as ligas neodímio–ferro–boro, $Nd_2Fe_{14}B$, se tornaram os materiais escolhidos para grande número e ampla diversidade de aplicações que requerem materiais magnéticos duros. As coercividades e os produtos da energia desses materiais são comparáveis aos das ligas samário-cobalto (Tabela 18.6).

O comportamento de magnetização-desmagnetização desses materiais é uma função da mobilidade da parede dos domínios, a qual é controlada pela microestrutura final – isto é, pelo tamanho, forma e orientação dos cristalitos ou grãos, assim como pela natureza e distribuição de quaisquer partículas de uma segunda fase que estiverem presentes. A microestrutura depende de como o material é processado. Duas técnicas de processamento diferentes estão disponíveis para a fabricação de ímãs $Nd_2Fe_{14}B$: metalurgia do pó (sinterização) e solidificação rápida (*melt spinning*). O procedimento da metalurgia do pó é semelhante ao que é utilizado para os materiais à base de $SmCo_5$. Na solidificação rápida, a liga, em sua forma fundida, é resfriada muito rapidamente, de modo que se produz uma fita sólida fina amorfa ou com grãos muito finos. Essa fita é então pulverizada, compactada na forma desejada e subsequentemente tratada termicamente. A solidificação rápida é o mais complexo dos dois processos de fabricação; entretanto, é um processo contínuo, enquanto a metalurgia do pó é um processo em bateladas, que por isso apresenta inerentes desvantagens.

Esses materiais magnéticos duros de alta energia são empregados em uma gama de dispositivos diferentes, em diversos campos tecnológicos. Uma aplicação usual é em motores. Os ímãs permanentes são muito superiores aos eletroímãs, no sentido de que seus campos magnéticos são mantidos continuamente, inclusive sem a necessidade de consumo de energia elétrica; além disso, nenhum calor é gerado durante a operação. Os motores que utilizam ímãs permanentes são muito menores do que seus análogos que empregam eletroímãs e são largamente utilizados em unidades com potências de frações de um cavalo-vapor. Algumas aplicações familiares dos ímãs permanentes em motores incluem as furadeiras e chaves de parafuso sem fio; em automóveis (na partida, em vidros elétricos, nos limpadores de para-brisas, nos esguichos de água e nos ventiladores de motores); em gravadores de áudio e vídeo; relógios; alto-falantes em sistemas de áudio, pequenos fones de ouvido e aparelhos auditivos; e periféricos de computador.

18.11 ARMAZENAMENTO MAGNÉTICO

Os materiais magnéticos são importantes na área de armazenamento de informações; de fato, a gravação magnética[5] se tornou virtualmente a tecnologia universal para o armazenamento de informações eletrônicas. Isso fica evidenciado pela preponderância dos meios de armazenamento em disco

---

[5] O termo *gravação magnética* é usado com frequência para representar a gravação e o armazenamento de sinais de áudio ou áudio & vídeo, enquanto no campo da computação o termo *armazenamento magnético* é frequentemente o preferido.

[por exemplo, computadores (tanto *desktop* quanto *laptop*) e *drives* de disco rígido em filmadoras de alta definição], cartões de crédito/débito (tiras magnéticas), e assim por diante. Enquanto nos computadores elementos semicondutores servem como memória principal, os discos rígidos magnéticos são usados normalmente como memórias secundárias, pois são capazes de armazenar maiores quantidades de informação e a um menor custo; no entanto, suas taxas de transferência são mais lentas. Além disso, as indústrias de gravação e de televisão dependem, em larga escala, de fitas magnéticas para o armazenamento e a reprodução de sequências de áudio e de vídeo. As fitas são usadas, ainda, em grandes sistemas de computadores para o arquivamento de dados e cópias de segurança.

Essencialmente, os *bytes* de computador, o som ou as imagens visuais na forma de sinais elétricos são gravados magneticamente em segmentos muito pequenos do meio de armazenamento magnético – uma fita ou um disco. A transferência para fita ou disco (isto é, "gravação") e para recuperação desses elementos (isto é, "leitura") é realizada por um sistema de gravação que consiste em cabeçotes de leitura e de gravação. Nos *drives* de disco rígido, esse sistema de cabeçote é suportado acima e muito próximo do meio magnético por um mancal de ar que é autogerado à medida que o meio passa abaixo em velocidades de rotação relativamente elevadas.[6] Por outro lado, as fitas têm um contato físico com os cabeçotes durante as operações de leitura e gravação. As velocidades da fita podem ser tão elevadas quanto 10 m/s.

Como observado anteriormente, existem dois tipos principais de meios magnéticos – *drives de disco rígido* (*HDDs – hard disk drive*) e *fitas magnéticas* – ambos os quais iremos agora discutir sucintamente.

Drives de Disco Rígido

Os *drives* de armazenamento magnético de discos rígidos consistem em discos circulares rígidos com diâmetros que variam entre aproximadamente 65 mm (2,5 in) e 95 mm (3,75 in). Durante os processos de gravação e leitura, o disco gira em velocidades relativamente elevadas – 5400 e 7200 revoluções por minuto são comuns. São possíveis altas taxas de armazenamento e recuperação de dados com os HDDs, assim como são possíveis altas densidades de armazenamento.

Na tecnologia atual de HDD, os "bits magnéticos" apontam para cima ou para baixo, perpendicularmente ao plano da superfície do disco; esse esquema é chamado apropriadamente de *gravação magnética perpendicular* (abreviado como PMR – *perpendicular magnetic recording*), e se encontra representado esquematicamente na Figura 18.23.

Os dados (ou bits) são introduzidos (gravados) no meio de armazenamento utilizando um cabeçote de gravação indutivo. Em um projeto de cabeçote, mostrado na Figura 18.23, um fluxo magnético de gravação, variável no tempo, é gerado na ponta da haste principal – um núcleo de material ferromagnético/ferrimagnético, ao redor do qual está enrolada uma bobina de fio – por uma corrente elétrica (que também varia no tempo) que passa pela bobina. Esse fluxo penetra através

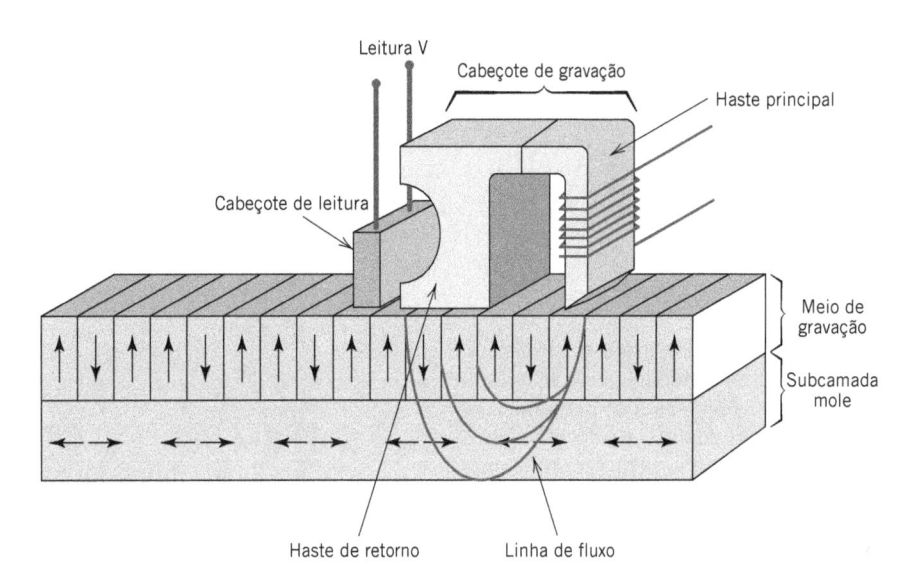

Figura 18.23 Diagrama esquemático de um *drive* de disco rígido que usa o meio de gravação magnética perpendicular; também são mostrados os cabeçotes de gravação indutivos e de leitura magnetorresistivos.
(Cortesia de HGST, uma empresa Western Digital.)

---

[6] Algumas vezes diz-se que o cabeçote "voa" sobre o disco.

da camada de armazenamento magnético para o interior de uma subcamada magneticamente mole e então entra novamente no conjunto do cabeçote por uma haste de retorno (Figura 18.23). Um campo magnético muito intenso é concentrado na camada de armazenamento abaixo da extremidade da haste principal. Nesse ponto, os dados são gravados quando uma região muito pequena da camada de armazenamento fica magnetizada. Com a remoção do campo (isto é, conforme o disco continua sua rotação), a magnetização permanece; ou seja, o sinal (isto é, dados) foi armazenado. O armazenamento digital de dados (isto é, na forma de 1s e 0s) ocorre na forma de diminutos padrões de magnetização; o 1s e o 0s correspondem à presença ou ausência de inversões na direção magnética entre regiões adjacentes.

A recuperação de dados do meio de armazenamento é realizada usando um cabeçote de leitura magnetorresistivo (Figura 18.23). Durante a leitura, os campos magnéticos dos padrões magnéticos gravados são sentidos por esse cabeçote; esses campos produzem mudanças na resistência elétrica. Os sinais resultantes são então processados para reproduzir os dados originais.

A camada de armazenamento é composta por um *meio granular* – um filme delgado (com 15 a 20 nm de espessura) que consiste em grãos muito pequenos (~10 nm em diâmetro) e isolados de uma liga cobalto–cromo com estrutura HC, os quais são magneticamente anisotrópicos. Outros elementos de liga (notavelmente Pt e Ta) são adicionados para melhorar a anisotropia magnética, assim como para formar óxidos que se segregam nos contornos de grão, os quais isolam os grãos. A Figura 18.24 é uma micrografia eletrônica de transmissão que mostra a estrutura de grãos da camada de armazenamento de um HDD. Cada grão consiste em um único domínio que está orientado com o seu eixo c (isto é, a direção cristalográfica [0001]) perpendicular (ou praticamente perpendicular) à superfície do disco. Essa direção [0001] é a direção de fácil magnetização para o Co (Figura 18.18); dessa forma, quando magnetizado, a direção de magnetização de cada grão exibe essa orientação perpendicular desejada. O armazenamento confiável de dados requer que cada *bit* gravado no disco englobe aproximadamente 100 grãos. Além disso, há um limite inferior para o tamanho do grão; para tamanhos de grão abaixo desse limite, existe a possibilidade de a direção de magnetização inverter espontaneamente devido a efeitos de agitação térmica (Seção 18.6), o que causa uma perda dos dados armazenados.

As capacidades de armazenamento atuais dos HDDs perpendiculares são superiores a 100 Gbit/in^2 (10^{11} bit/in^2); a meta final para os HDDs é uma capacidade de armazenamento de 1 Tbit/in^2 (10^{12} bit/in^2).

Fitas Magnéticas

O desenvolvimento do armazenamento em fitas magnéticas precedeu aquele em *drives* de disco rígido. Atualmente, o armazenamento em fitas é mais barato que em HDDs; no entanto, as densidades de armazenamento por área são menores para as fitas (por um fator da ordem de 100). As fitas [com largura-padrão de 0,5 in (12,7 mm)] são enroladas em carretéis e encerradas no interior de cartuchos, para proteção e facilidade de manuseio. Durante a operação, um acionador da fita, usando motores

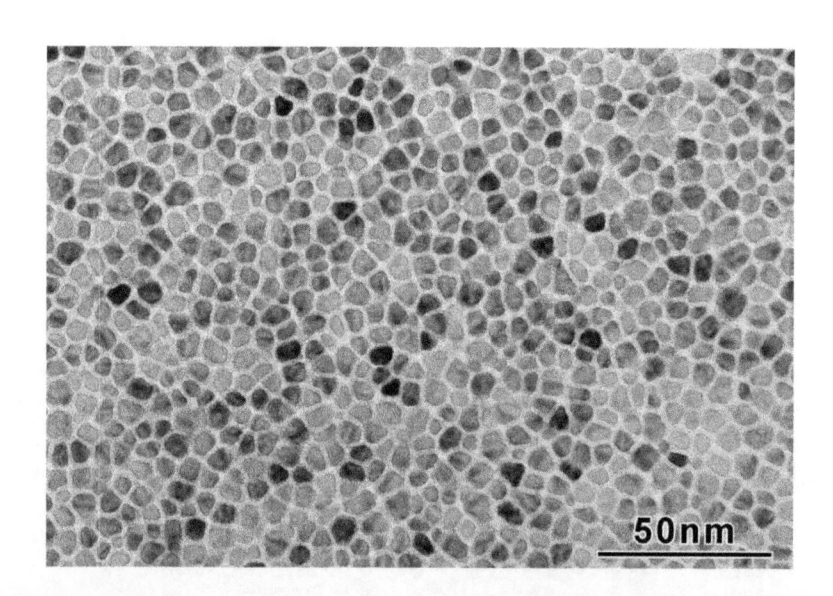

Figura 18.24 Micrografia eletrônica de transmissão mostrando a microestrutura do meio de gravação magnético perpendicular usado em *drives* de disco rígido. Esse "meio granular" consiste em pequenos grãos de uma liga cobalto–cromo (regiões mais escuras) que estão isolados uns dos outros por um óxido segregado nos contornos dos grãos (regiões mais claras). Ampliação de 500.000×.
(Esta fotografia é uma cortesia da Seagate Recording Media.)

sincronizados com precisão, enrola a fita, de um carretel para outro, passando por um sistema de cabeçotes de leitura/gravação para acessar um ponto de interesse. A velocidade típica das fitas é de 4,8 m/s; alguns sistemas giram tão rápido quanto 10 m/s. Os sistemas de cabeçote para armazenamento em fita são semelhantes àqueles empregados para os HDDs, conforme descrito anteriormente.

Na tecnologia mais atual de memória em fita, os meios de armazenamento são particulados de materiais magnéticos com dimensões da ordem de dezenas de nanômetros: partículas ferromagnéticas metálicas com formato *acicular* (em forma de agulha) e partículas ferrimagnéticas de ferrita de bário hexagonais e *tabulares* (em forma de placas). Fotomicrografias de ambos os tipos de meios estão mostradas na Figura 18.25. Os produtos em fita usam um tipo de partícula ou outro (não os dois juntos), dependendo da aplicação. Essas partículas magnéticas são completa e uniformemente dispersas em um material de ligação orgânico de alto peso molecular, patenteado, para formar uma camada magnética com aproximadamente 50 nm de espessura. Abaixo dessa camada existe um substrato de suporte formado por um filme fino não magnético, com espessura entre aproximadamente 100 e 300 nm, que está fixado na fita. Poli(etileno naftalato) (PEN) ou poli(etileno tereftalato) (PET) é o material usado para a fita.

Ambos os tipos de partículas são magneticamente *anisotrópicas* – ou seja, elas têm uma direção "fácil" ou preferencial, ao longo da qual podem ser magnetizadas; por exemplo, para as partículas metálicas, essa direção é paralela a seus eixos mais longos. Durante a fabricação, essas partículas são alinhadas de modo que essa direção fica paralela à direção do movimento da fita ao passar pelo cabeçote de gravação. Uma vez que cada partícula é um único domínio que pode ser magnetizado apenas em uma direção ou em sua direção oposta, são possíveis dois estados magnéticos. Esses dois estados permitem o armazenamento das informações em formato digital, na forma de 1s e 0s.

Usando o meio de ferrita de bário em forma de placa, foi obtida uma densidade de armazenamento em fita de 6,7 Gbit/in². Para o cartucho de fita padrão industrial tipo LTO (*linear tape-open*), essa densidade corresponde a uma capacidade de armazenamento de 8 Tbytes de dados não comprimidos.

18.12 SUPERCONDUTIVIDADE

Supercondutividade é basicamente um fenômeno elétrico; entretanto, sua discussão foi adiada até este ponto porque existem implicações magnéticas relacionadas com o estado supercondutor e, além disso, os materiais supercondutores são usados principalmente em ímãs capazes de gerar grandes campos.

À medida que a maioria dos metais de alta pureza é resfriada até temperaturas próximas a 0 K, sua resistividade elétrica diminui gradualmente, aproximando-se de um valor pequeno, porém finito, que é característico de cada metal específico. Existem alguns poucos materiais, no entanto, para os quais a resistividade cai bruscamente em uma temperatura muito baixa, desde um valor finito até um valor virtualmente igual a zero, permanecendo nesse ponto sob um resfriamento adicional. Os materiais que exibem esse comportamento são denominados *supercondutores*, e a temperatura

supercondutividade na qual eles atingem a **supercondutividade** é chamada temperatura crítica, T_c.[7] Os comportamentos

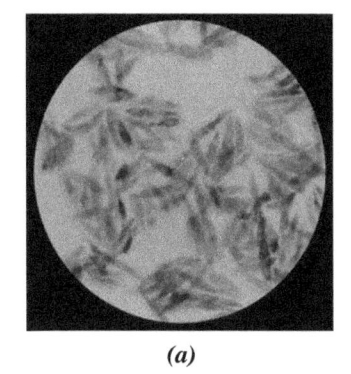
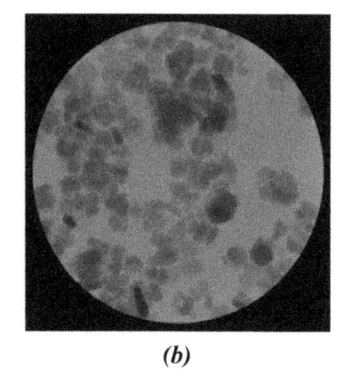

Figura 18.25 Micrografias eletrônicas de varredura mostrando os meios particulados empregados no armazenamento de memória em fita. (*a*) Partículas metálicas ferromagnéticas em forma de agulha. (*b*) Partículas ferrimagnéticas de ferrita de bário em forma de placa. As ampliações são desconhecidas.
(As fotografias são uma cortesia da Fujifilm, Inc., Divisão de Meios de Gravação.)

(a) *(b)*

[7] Na literatura científica, o símbolo T_c é usado para representar tanto a temperatura de Curie (Seção 18.6) quanto a temperatura crítica supercondutora. Esses parâmetros são diferentes e não devem ser confundidos. Na presente discussão, eles são representados por T_c e T_C, respectivamente.

resistividade-temperatura para materiais supercondutivos e não supercondutivos são comparados na Figura 18.26. A temperatura crítica varia de um supercondutor para outro, mas encontra-se entre menos de 1 K e aproximadamente 20 K para os metais e as ligas metálicas. Recentemente, foi demonstrado que alguns óxidos cerâmicos complexos exibem temperaturas críticas superiores a 100 K.

Em temperaturas abaixo de T_C, o estado supercondutor deixa de existir com a aplicação de um campo magnético suficientemente grande, denominado *campo crítico* H_C, que depende da temperatura e diminui com o aumento de temperatura. O mesmo pode ser dito sobre a densidade de corrente; isto é, existe uma densidade de corrente aplicada crítica J_C abaixo da qual um material é supercondutivo. A Figura 18.27 mostra, de maneira esquemática, a fronteira no espaço temperatura-campo magnético-densidade de corrente, que separa os estados normal e supercondutor. A posição dessa fronteira depende do material. Para os valores de temperatura, campo magnético e densidade de corrente localizados entre a origem e essa fronteira, o material é supercondutivo; fora da fronteira, a condução é normal.

O fenômeno da supercondutividade foi explicado de maneira satisfatória por uma teoria consideravelmente complexa. Essencialmente, o estado supercondutivo resulta das interações de atração entre pares de elétrons condutores. Os movimentos desses elétrons acoplados ficam coordenados tal que a dispersão por vibrações térmicas e por átomos de impurezas é altamente ineficiente. Dessa forma, a resistividade, sendo proporcional à incidência da dispersão dos elétrons, é nula.

Com base na resposta magnética, os materiais supercondutores podem ser divididos em duas classificações: tipo I e tipo II. Os materiais do tipo I, enquanto no estado supercondutor, são completamente diamagnéticos – isto é, a totalidade de um campo magnético aplicado é excluída do corpo do material, em um fenômeno conhecido como *efeito Meissner*, que está ilustrado na Figura 18.28. À medida que o valor de H aumenta, o material permanece diamagnético até o campo magnético crítico H_C ser atingido. Nesse ponto, a condução se torna normal, e ocorre uma penetração completa do fluxo magnético. Diversos elementos metálicos, incluindo alumínio, chumbo, estanho e mercúrio, pertencem ao grupo dos supercondutores do tipo I.

Os supercondutores do tipo II são completamente diamagnéticos sob a aplicação de campos pequenos, e a exclusão do campo é total. Contudo, a transição do estado supercondutor para o estado normal é gradual e ocorre entre os campos críticos inferior e superior, designados por H_{C1} e H_{C2}, respectivamente. As linhas do fluxo magnético começam a penetrar no interior do corpo do material em H_{C1}, e com o aumento do campo magnético aplicado essa penetração continua; em H_{C2}, a penetração do campo está completa. Para campos com intensidade entre H_{C1} e H_{C2}, o material existe, o que é denominado *estado misto* – onde estão presentes regiões tanto normais quanto supercondutoras.

Os supercondutores do tipo II são preferíveis em relação aos do tipo I para a maioria das aplicações práticas, em razão de suas temperaturas críticas e de seus campos magnéticos críticos

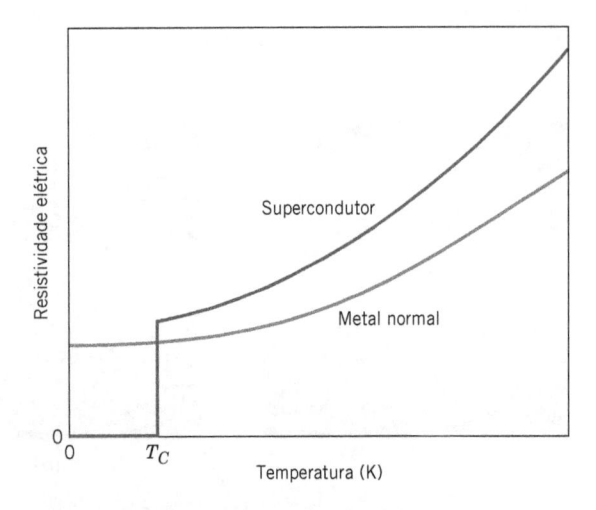

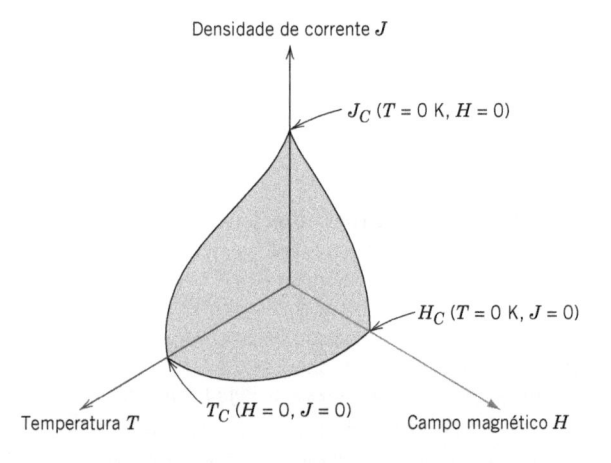

Figura 18.26 Dependência da resistividade elétrica em relação à temperatura para materiais condutores normais e materiais supercondutores na vizinhança de 0 K.

Figura 18.27 Fronteiras críticas da temperatura, densidade de corrente e campo magnético que separam os estados supercondutor e condutor normal (diagrama esquemático).

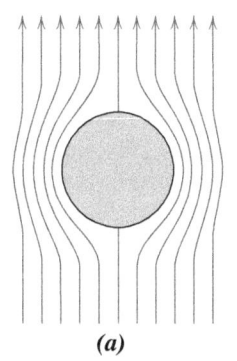
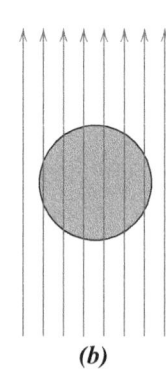

(a) *(b)*

Figura 18.28 Representação do efeito Meissner. (*a*) Enquanto no estado supercondutor, um corpo de material (círculo) exclui um campo magnético (setas) do seu interior. (*b*) O campo magnético penetra no mesmo corpo de material quando ele se torna um condutor normal.

mais elevados. Os três supercondutores mais comumente utilizados são o nióbio–zircônio (Nb–Zr), as ligas nióbio–titânio (Nb–Ti) e o composto intermetálico nióbio–estanho, Nb_3Sn. A Tabela 18.7 lista vários supercondutores dos tipos I e II, temperaturas críticas e densidades do fluxo magnético críticas.

Recentemente, descobriu-se que uma família de materiais cerâmicos, normalmente isolantes elétricos, é supercondutora em temperaturas críticas anormalmente elevadas. A pesquisa inicial se concentrou no óxido de ítrio, bário e cobre, $YBa_2Cu_3O_7$, que tem temperatura crítica de aproximadamente 92 K. Esse material tem uma estrutura cristalina complexa do tipo da perovskita (Seção 3.6). Novos materiais cerâmicos supercondutores, relatados como tendo temperaturas críticas ainda mais elevadas, foram e estão sendo desenvolvidos na atualidade. Vários desses materiais e suas temperaturas críticas estão listados na Tabela 18.7. O potencial tecnológico desses materiais é extremamente

Tabela 18.7 Temperaturas e Fluxos Magnéticos Críticos para Materiais Supercondutores Selecionados

Material	*Temperatura Crítica, T_C (K)*	*Densidade do Fluxo Magnético Crítico, B_C (tesla)[a]*
Elementos[b]		
Tungstênio	0,02	0,0001
Titânio	0,40	0,0056
Alumínio	1,18	0,0105
Estanho	3,72	0,0305
Mercúrio (α)	4,15	0,0411
Chumbo	7,19	0,0803
Compostos e Ligas[b]		
Liga Nb–Ti	10,2	12
Liga Nb–Zr	10,8	11
$PbMo_6S_8$	14,0	45
V_3Ga	16,5	22
Nb_3Sn	18,3	22
Nb_3Al	18,9	32
Nb_3Ge	23,0	30
Compostos Cerâmicos		
$YBa_2Cu_3O_7$	92	–
$Bi_2Sr_2Ca_2Cu_3O_{10}$	110	–
$Tl_2Ba_2Ca_2Cu_3O_{10}$	125	–
$HgBa_2Ca_2Cu_2O_8$	153	–

[a]A densidade do fluxo magnético crítico ($\mu_0 H_C$) para os elementos foi medida a 0 K. Para as ligas e compostos, o fluxo é tomado como igual a $\mu_0 H_{C2}$ (em tesla), medido a 0 K.

[b]**Fonte:** Adaptado com permissão de *Materials at Low Temperatures*, R. P. Reed and A. F. Clark, (Editors), American Society for Metals, Metals Park, OH, 1983.

promissor devido às suas temperaturas críticas acima de 77 K, o que permite o uso de nitrogênio líquido, um refrigerante muito barato quando comparado ao hidrogênio líquido e ao hélio líquido. Esses novos supercondutores cerâmicos não estão isentos de desvantagens, entre as quais a principal é sua natureza frágil. Essa característica limita a habilidade desses materiais de serem fabricados em formas úteis, tais como em fios.

O fenômeno da supercondutividade tem muitas implicações práticas importantes. Ímãs supercondutores capazes de gerar campos fortes com baixo consumo de energia estão sendo empregados em testes científicos e em equipamentos de pesquisa. Além disso, eles também estão sendo empregados em equipamentos de imagem por ressonância magnética no campo da medicina, como uma ferramenta de diagnósticos. As anormalidades em tecidos e em órgãos do corpo podem ser detectadas com base na produção de imagens em corte transversal. A análise química de tecidos do corpo também é possível com o emprego da espectroscopia de ressonância magnética. Também há inúmeras outras aplicações potenciais para os materiais supercondutores. Algumas das áreas que estão sendo exploradas incluem (1) a transmissão de energia elétrica por materiais supercondutores – as perdas de energia seriam extremamente baixas e os equipamentos operariam em níveis de tensão baixos; (2) ímãs para aceleradores de partículas de alta energia; (3) comutação e transmissão de sinais em computadores a maiores velocidades; e (4) trens de alta velocidade magneticamente levitados, nos quais a levitação resulta da repulsão do campo magnético. O principal obstáculo à ampla aplicação desses materiais supercondutores está na dificuldade para atingir e manter temperaturas extremamente baixas. Espera-se superar esse problema com o desenvolvimento de uma nova geração de supercondutores com temperaturas críticas razoavelmente elevadas.

RESUMO

Conceitos Básicos

- As propriedades magnéticas macroscópicas de um material são consequência de interações entre um campo magnético externo e os momentos de dipolo magnéticos dos átomos constituintes.
- A intensidade do campo magnético (H) em uma bobina é proporcional ao número de espiras e à magnitude da corrente, e inversamente proporcional ao comprimento da bobina (Equação 18.1).
- A densidade do fluxo magnético e a intensidade do campo magnético são proporcionais uma à outra.

    No vácuo, a constante de proporcionalidade é a permeabilidade do vácuo (Equação 18.3).

    Quando algum material está presente, essa constante é a permeabilidade do material (Equação 18.2).

- Momentos magnéticos orbital e de *spin* estão associados a cada elétron individual.

    A magnitude do momento magnético orbital de um elétron é igual ao produto entre o valor do magnéton de Bohr e o número quântico magnético do elétron.

    O momento magnético de *spin* de um elétron é igual a mais ou menos o valor do magnéton de Bohr ("mais" para o *spin* para cima e "menos" para o *spin* para baixo).

- O momento magnético resultante para um átomo é a soma das contribuições de cada um dos seus elétrons, onde há um cancelamento dos momentos de *spin* e orbital de pares eletrônicos. Quando o cancelamento é completo, o átomo não exibe momento magnético.

Diamagnetismo e Paramagnetismo

- O *diamagnetismo* resulta de mudanças no movimento orbital dos elétrons que são induzidas por um campo externo. O efeito é extremamente pequeno (com suscetibilidades da ordem de -10^{-5}) e em oposição ao campo aplicado. Todos os materiais são diamagnéticos.
- Os *materiais paramagnéticos* são aqueles com dipolos atômicos permanentes, os quais são influenciados individualmente e estão alinhados na direção de um campo externo.
- Os materiais diamagnéticos e paramagnéticos são considerados não magnéticos, pois as magnetizações são relativamente pequenas e persistem somente enquanto um campo está sendo aplicado.

Ferromagnetismo

- Magnetizações grandes e permanentes podem ser estabelecidas no interior dos metais ferromagnéticos (Fe, Co, Ni).
- Os momentos de dipolo magnéticos atômicos, que são de origem de *spin*, estão acoplados e mutuamente alinhados com os momentos de átomos adjacentes.

Antiferromagnetismo e Ferrimagnetismo	• O acoplamento antiparalelo de momentos de *spin* de cátions adjacentes é encontrado em alguns materiais iônicos. Aqueles nos quais existe um cancelamento total dos momentos de *spin* são denominados *antiferromagnéticos*. • No ferrimagnetismo, é possível a magnetização permanente, uma vez que o cancelamento dos momentos de *spin* é incompleto. • Para as ferritas cúbicas, a magnetização resultante é consequência dos íons divalentes (por exemplo, Fe^{2+}) que estão localizados nos sítios octaédricos da rede, cujos momentos de *spin* estão todos mutuamente alinhados.
A Influência da Temperatura sobre o Comportamento Magnético	• Com o aumento da temperatura, maiores vibrações térmicas tendem a contrabalançar as forças de acoplamento dos dipolos nos materiais ferromagnéticos e ferrimagnéticos. Consequentemente, a magnetização de saturação diminui gradualmente com o aumento da temperatura até a temperatura de Curie, em cujo ponto ela cai para próximo de zero (Figura 18.10). • Acima de T_c, os materiais ferromagnéticos e ferrimagnéticos são paramagnéticos.

Domínios e Histerese	• Abaixo de sua temperatura de Curie, um material ferromagnético ou ferrimagnético é composto por *domínios* – regiões de pequeno volume onde todos os momentos de dipolo resultantes estão mutuamente alinhados e a magnetização está saturada (Figura 18.11).
	
	• A magnetização total do sólido é simplesmente a soma vetorial apropriadamente ponderada das magnetizações de todos esses domínios.
	
	• Quando um campo magnético externo é aplicado, os domínios com vetores de magnetização orientados na direção do campo crescem à custa dos domínios com orientações de magnetização desfavoráveis (Figura 18.13).
	
	• Na saturação total, todo o sólido é um único domínio e a magnetização está alinhada com a direção do campo.
	
	• A mudança na estrutura do domínio com o aumento ou a inversão de um campo magnético é obtida pelo movimento das paredes do domínio. Tanto a histerese (o retardo do campo B em relação ao campo H aplicado) quanto a magnetização permanente (ou *remanência*) resultam da resistência ao movimento dessas paredes de domínio.
	
	• A partir de uma curva de histerese completa para um material ferromagnético/ferrimagnético, o seguinte pode ser determinado:
	    Remanência – valor do campo B quando $H = 0$ (B_r, Figura 18.14)
	    Coercividade – valor do campo H quando $B = 0$ (H_c, Figura 18.14)

Anisotropia Magnética	• O comportamento de M (ou B) em função de H para um monocristal ferromagnético é *anisotrópico* – ou seja, depende da direção cristalográfica ao longo da qual o campo magnético é aplicado. • A direção cristalográfica para a qual M_s é atingida no menor campo H é uma direção de fácil magnetização. • Para o Fe, o Ni e o Co, as direções de fácil magnetização são, respectivamente, [100], [111] e [0001]. • As perdas de energia em núcleos de transformadores feitos de ligas ferrosas magnéticas podem ser minimizadas tomando-se proveito do comportamento magnético anisotrópico.
Materiais Magnéticos Moles	• Nos materiais magnéticos moles, o movimento das paredes dos domínios é fácil durante a magnetização e a desmagnetização. Consequentemente, eles têm pequenos ciclos de histerese e baixas perdas de energia.
Materiais Magnéticos Duros	• O movimento das paredes do domínio é muito mais difícil para os materiais magnéticos duros, o que resulta em maiores ciclos de histerese; uma vez que são necessários campos maiores para a desmagnetização desses materiais, a magnetização é mais permanente.
Armazenamento Magnético	• O armazenamento de informações é obtido com o emprego de materiais magnéticos; os dois tipos principais de meios magnéticos são os *drives* de disco rígido e as fitas magnéticas. • O meio de armazenamento para os *drives* de disco rígido é composto por grãos com dimensões nanométricas de uma liga cobalto–cromo com estrutura HC. Esses grãos estão orientados tal que sua direção de fácil magnetização (isto é, [0001]) é perpendicular ao plano do disco.

- No armazenamento de memória em fita são usadas partículas metálicas ferromagnéticas em forma de agulhas ou partículas ferromagnéticas de ferrita de bário em forma de placas. O tamanho das partículas é da ordem de dezenas de nanômetros.

Supercondutividade

- A supercondutividade tem sido observada em inúmeros materiais; no resfriamento e na vizinhança da temperatura do zero absoluto, a resistividade elétrica desaparece (Figura 18.26).
- O estado supercondutor deixa de existir quando a temperatura, o campo magnético ou a densidade de corrente excedem um valor crítico.
- Para os supercondutores do tipo I, a exclusão do campo magnético é completa abaixo de um campo crítico e a penetração do campo é completa quando H_C for excedido. Essa penetração é gradual com o aumento do campo magnético para os materiais do tipo II.
- Estão sendo desenvolvidos novos óxidos cerâmicos complexos com temperaturas críticas relativamente elevadas que permitem que o nitrogênio líquido, que é de baixo custo, seja usado como meio refrigerante.

Resumo das Equações

Número da Equação	Equação	Resolvendo para
18.1	$H = \dfrac{NI}{l}$	Intensidade do campo magnético no interior de uma bobina
18.2	$B = \mu H$	Densidade do fluxo magnético em um material
18.3	$B_0 = \mu_0 H$	Densidade do fluxo magnético no vácuo
18.4	$\mu_r = \dfrac{\mu}{\mu_0}$	Permeabilidade relativa
18.5	$B = \mu_0 H + \mu_0 M$	Densidade do fluxo magnético, em termos da magnetização
18.6	$M = \chi_m H$	Magnetização
18.7	$\chi_m = \mu_r - 1$	Suscetibilidade magnética
18.8	$B \cong \mu_0 M$	Densidade do fluxo magnético para um material ferromagnético
18.9	$M_s = 0{,}60\mu_B N$	Magnetização de saturação para o Ni
18.11	$M_s = N' \mu_B$	Magnetização de saturação para um material ferrimagnético

Lista de Símbolos

Símbolo	Significado
I	Magnitude da corrente que passa através de uma bobina magnética
l	Comprimento da bobina magnética
N	Número de espiras em uma bobina magnética (Equação 18.1); número de átomos por unidade de volume (Equação 18.9)
N'	Número de magnétons de Bohr por célula unitária
μ	Permeabilidade de um material
μ_0	Permeabilidade do vácuo
μ_B	Magnéton de Bohr ($9{,}27 \times 10^{-24}$ A·m²)

Termos e Conceitos Importantes

antiferromagnetismo
coercividade
densidade do fluxo magnético
diamagnetismo
domínio
ferrimagnetismo
ferrita (cerâmica)
ferromagnetismo

histerese
indução magnética
intensidade do campo magnético
magnetização
magnetização de saturação
magnéton de Bohr
material magnético duro

material magnético mole
paramagnetismo
permeabilidade
remanência
supercondutividade
suscetibilidade magnética
temperatura de Curie

REFERÊNCIAS

Bozorth, R. M., *Ferromagnetism*, Wiley-IEEE Press, New York/Piscataway, NJ, 1993.

Brockman, F. G., "Magnetic Ceramics – A Review and Status Report", *American Ceramic Society Bulletin*, Vol. 47, N° 2, February 1968, pp. 186-194.

Coey, J. M. D., *Magnetism and Magnetic Materials*, Cambridge University Press, Cambridge, UK, 2009.

Craik, D. J., *Magnetism: Principles and Applications*, Wiley, New York, 1998.

Cullity, B. D., and C. D. Graham, *Introduction to Magnetic Materials*, 2nd edition, Wiley, Hoboken, NJ, 2009.

Hilzinger, R., and W. Rodewald, *Magnetic Materials: Fundamentals, Products, Properties, Applications*, Wiley, Hoboken, NJ, 2013.

Jiles, D., *Introduction to Magnetism and Magnetic Materials*, 2nd edition, CRC Press, Boca Raton, FL, 1998.

Morrish, A. H., *The Physical Principles of Magnetism*, Wiley-IEEE Press, New York/Piscataway, NJ, 2001.

O'Handley, R. C., *Modern Magnetic Materials: Principles and Applications*, Wiley, New York, 2000.

Spaldin, N. A., *Magnetic Materials: Fundamentals and Device Applications*, 2nd edition, Cambridge University Press, Cambridge, UK, 2011.

PERGUNTAS E PROBLEMAS

Conceitos Básicos

18.1 Uma bobina com 0,25 m de comprimento e 400 espiras transporta uma corrente de 15 A.

(a) Qual é a magnitude da intensidade do campo magnético, H?

(b) Calcule a densidade do fluxo B se a bobina está no vácuo.

(c) Calcule a densidade do fluxo magnético dentro de uma barra de cromo posicionada no interior da bobina. A suscetibilidade para o cromo está fornecida na Tabela 18.2.

(d) Calcule a magnitude da magnetização M.

18.2 Demonstre que a permeabilidade relativa e a suscetibilidade magnética estão relacionadas de acordo com a Equação 18.7.

18.3 É possível expressar a suscetibilidade magnética χ_m em várias unidades diferentes. Para a discussão deste capítulo, χ_m foi usada para designar a suscetibilidade volumétrica em unidades SI, isto é, a grandeza que dá a magnetização por unidade de volume (m^3) de material quando multiplicada por H. A suscetibilidade mássica $\chi_m(kg)$ fornece o momento magnético (ou a magnetização) por quilograma de material quando multiplicado por H; de maneira semelhante, a suscetibilidade atômica $\chi_m(a)$ fornece a magnetização por quilograma-mol. Essas duas últimas grandezas estão relacionadas com χ_m pelas seguintes relações:

$$\chi_m = \chi_m(kg) \times \text{densidade mássica (em kg/m}^3)$$

$$\chi_m(a) = \chi_m(kg) \times \text{peso atômico (em kg)}$$

Quando se usa o sistema cgs-uem, há parâmetros comparáveis, os quais podem ser designados por χ'_m, $\chi'_m(g)$, e $\chi'_m(a)$; os valores de χ_m e de χ'_m estão relacionados de acordo com a Tabela 18.1. Considerando a Tabela 18.2, o valor de χ_m para o cobre é de $-0,96 \times 10^{-5}$. Converta esse valor nas outras cinco suscetibilidades.

18.4 (a) Explique as duas fontes de momentos magnéticos para os elétrons.

(b) Todos os elétrons têm um momento magnético resultante? Por que sim, ou por que não?

(c) Todos os átomos têm um momento magnético resultante? Por que sim, ou por que não?

Diamagnetismo e Paramagnetismo

Ferromagnetismo

18.5 A densidade do fluxo magnético no interior de uma barra de determinado material é de 0,630 tesla para um campo H de 5×10^5 A/m. Calcule os seguintes parâmetros para esse material: (a) a permeabilidade magnética e (b) a suscetibilidade magnética. (c) Qual(is) é(são) o(s) tipo(s) de magnetismo(s) que você sugere estar(em) sendo exibido(s) por esse material? Por quê?

18.6 A magnetização no interior de uma barra de determinada liga metálica é de $1,2 \times 10^6$ A/m para um campo H de 200 A/m. Calcule o seguinte: (a) a suscetibilidade magnética, (b) a permeabilidade e (c) a densidade do fluxo magnético no interior desse material. (d) Qual(is) é(são) o(s) tipo(s) de magnetismo que você sugere estar(em) sendo exibido(s) por esse material? Por quê?

18.7 Calcule **(a)** a magnetização de saturação e **(b)** a densidade do fluxo de saturação para o ferro, o qual tem um momento magnético resultante por átomo de 2,2 magnétons de Bohr e uma massa específica de 7,87 g/cm^3.

18.8 Confirme se existe 1,72 magnéton de Bohr associado a cada átomo de cobalto, considerando que a magnetização de saturação é de $1,45 \times 10^6$ A/m, que o cobalto apresenta uma estrutura cristalina HC com um raio atômico de 0,1253 nm e uma razão c/a de 1,623.

18.9 Suponha que existe algum metal hipotético que exibe comportamento ferromagnético e que possui (1) uma estrutura cristalina cúbica simples (Figura 3.3), (2) um raio atômico de 0,125 nm e (3) uma densidade do fluxo de saturação de 0,85 tesla. Determine o número de magnétons de Bohr por átomo para esse material.

18.10 Existe um momento magnético resultante associado a cada átomo nos materiais paramagnéticos e ferromagnéticos. Explique por que os materiais ferromagnéticos podem ser permanentemente magnetizados enquanto os paramagnéticos não podem.

Antiferromagnetismo e Ferrimagnetismo

18.11 Consulte uma referência em que a regra de Hund seja discutida e, com base nessa regra, explique os momentos magnéticos resultantes para cada um dos cátions listados na Tabela 18.4.

18.12 Estime **(a)** a magnetização de saturação e **(b)** a densidade do fluxo de saturação para a ferrita de cobalto $[(CoFe_2O_4)_8]$, a qual tem um comprimento da aresta da célula unitária de 0,838 nm.

18.13 A fórmula química para a ferrita de cobre pode ser escrita como $(CuFe_2O_4)_8$, pois há oito unidades da fórmula por célula unitária. Se esse material tem uma magnetização de saturação de $1,35 \times 10^5$ A/m e massa específica de 5,40 g/cm^3, estime o número de magnétons de Bohr que estão associados a cada íon Cu^{2+}.

18.14 A fórmula para a granada de samário e ferro $(Sm_3Fe_5O_{12})$ pode ser escrita na forma $Sm_3^a Fe_2^g Fe_3^d O_{12}$, na qual os índices sobrescritos a, c e d representam diferentes sítios onde os íons Sm^{3+} e Fe^{3+} estão localizados. Os momentos magnéticos de *spin* para os íons Sm^{3+} e Fe^{3+} posicionados nos sítios a e c estão orientados paralelamente uns aos outros e antiparalelamente aos íons Fe^{3+} nos sítios d. Calcule o número de magnétons de Bohr associados a cada íon Sm^{3+}, com base nas seguintes informações: (1) cada célula unitária consiste em oito unidades da fórmula $(Sm_3Fe_5O_{12})$; (2) a célula unitária é cúbica e tem um comprimento de aresta de 1,2529 nm; (3) a magnetização de saturação para esse material é de $1,35 \times 10^5$ A/m; e (4) há 5 magnétons de Bohr associados a cada íon Fe^{3+}.

Influência da Temperatura sobre o Comportamento Magnético

18.15 Explique sucintamente por que a magnitude da magnetização de saturação diminui com o aumento da temperatura para os materiais ferromagnéticos e por

que o comportamento ferromagnético cessa acima da temperatura de Curie.

Domínios e Histerese

18.16 Descreva sucintamente o fenômeno da histerese magnética e por que ela ocorre para os materiais ferromagnéticos e ferrimagnéticos.

18.17 Uma bobina com 0,5 m de comprimento e 20 espiras transporta uma corrente de 1,0 A.

(a) Calcule a densidade do fluxo se a bobina está no vácuo.

(b) Uma barra de uma liga ferro-silício, para a qual o comportamento B-H está mostrado na Figura 18.29, está posicionada no interior da bobina. Qual é a densidade do fluxo no interior dessa barra?

(c) Suponha que uma barra de molibdênio esteja, agora, colocada no interior da bobina. Qual corrente deve ser usada para produzir no Mo o mesmo campo B que foi produzido na liga ferro–silício (item b) usando 1,0 A?

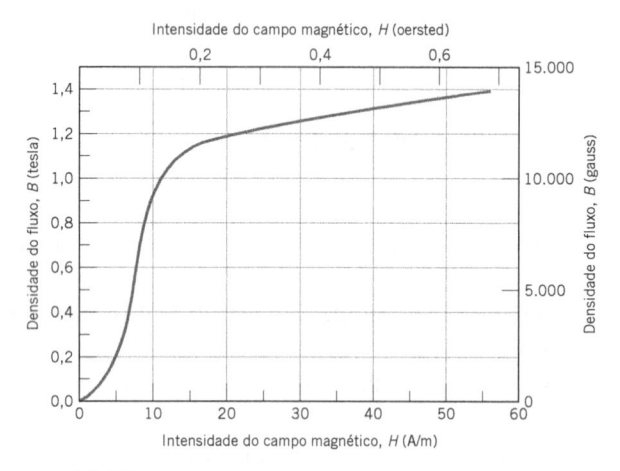

Figura 18.29 Curva da magnetização inicial B em função de H para uma liga ferro-silício.

18.18 Um material ferromagnético tem uma remanência de 1,0 tesla e uma coercividade de 15.000 A/m. A saturação é atingida em uma intensidade do campo magnético de 25.000 A/m, na qual a densidade do fluxo é de 1,25 tesla. Considerando esses dados, esboce toda a curva de histerese no intervalo entre $H = -25.000$ A/m e $H = +25.000$ A/m. Certifique-se de colocar a escala e de identificar ambos os eixos coordenados.

18.19 Os dados a seguir se aplicam ao aço-carbono comum:

H (A/m)	B (tesla)	H (A/m)	B (tesla)
0	0	80	0,90
15	0,007	100	1,14
30	0,033	150	1,34
50	0,10	200	1,41
60	0,30	300	1,48
70	0,63		

(a) Construa um gráfico de B em função de H.

(b) Quais são os valores para a permeabilidade inicial e a permeabilidade relativa inicial?

(c) Qual é o valor da permeabilidade máxima?

(d) Em aproximadamente qual campo H ocorre essa permeabilidade máxima?

(e) A qual suscetibilidade magnética corresponde essa permeabilidade máxima?

18.20 Uma barra de um ímã de ferro com uma coercividade de 7000 A/m deve ser desmagnetizada. Se a barra for inserida no interior de uma bobina cilíndrica com 0,25 m de comprimento e 150 espiras, qual será a corrente elétrica exigida para gerar o campo magnético necessário?

18.21 Uma barra de uma liga ferro–silício, que exibe o comportamento B-H mostrado na Figura 18.29, e através da qual passa uma corrente de 0,1 A, é inserida no interior de uma bobina com 0,40 m de comprimento e 50 espiras.

(a) Qual é o campo B no interior dessa barra?

(b) Nesse campo magnético:

  (i) Qual é a permeabilidade?

  (ii) Qual é a permeabilidade relativa?

  (iii) Qual é a suscetibilidade?

  (iv) Qual é a magnetização?

Anisotropia Magnética

18.22 Estime os valores de saturação de H para um monocristal de níquel nas direções [100], [110] e [111].

18.23 A energia (por unidade de volume) necessária para magnetizar um material ferromagnético até a saturação (E_s) é definida pela seguinte equação:

$$E_s = \int_0^{M_s} \mu_0 H dM$$

Ou seja, E_s é igual ao produto de μ_0 pela área sob a curva de M em função de H, até o ponto de saturação referenciado ao eixo das ordenadas (ou M) – por exemplo, na Figura 18.17, a área entre o eixo vertical e a curva de magnetização até M_s. Estime os valores de E_s (em J/m³) para o monocristal de ferro nas direções [100], [110] e [111].

Materiais Magnéticos Moles

Materiais Magnéticos Duros

18.24 Cite as diferenças entre os materiais magnéticos duros e moles em termos tanto de seus comportamentos de histerese quanto de suas aplicações típicas.

18.25 Considere que o ferro-silício (97 Fe, 3 Si) na Tabela 18.5 atinge exatamente o ponto de saturação quando é inserido no interior da bobina do Problema 18.1. Calcule a magnetização de saturação.

18.26 A Figura 18.30 mostra a curva de B em função de H para uma liga níquel-ferro.

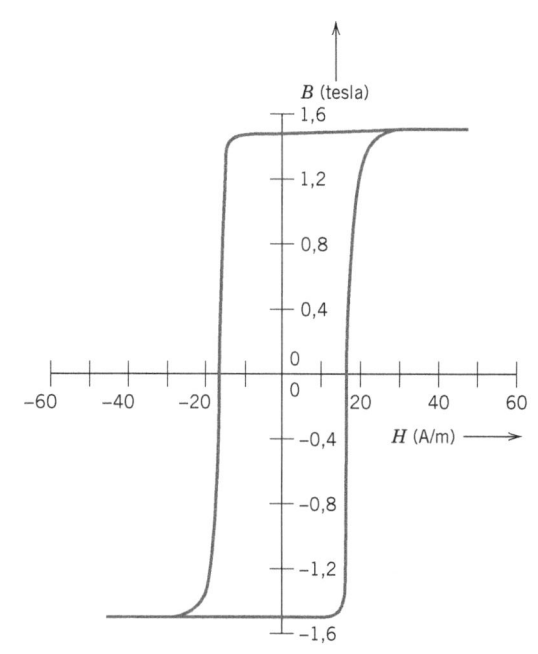

Figura 18.30 Ciclo completo de histerese magnética para uma liga níquel-ferro.

(a) Qual é a densidade do fluxo de saturação?

(b) Qual é a magnetização de saturação?

(c) Qual é a remanência?

(d) Qual é a coercividade?

(e) Com base nos dados das Tabelas 18.5 e 18.6, você classificaria esse material como material magnético mole ou duro? Por quê?

Armazenamento Magnético

18.27 Explique sucintamente a maneira pela qual as informações são armazenadas magneticamente.

Supercondutividade

18.28 Para um material supercondutor a uma temperatura T, abaixo de sua temperatura crítica T_C, o campo crítico $H_C(T)$ depende da temperatura de acordo com a relação

$$H_C(T) = H_C(0)\left(1 - \frac{T^2}{T_C^2}\right) \qquad (18.14)$$

em que $H_C(0)$ é o campo crítico a 0 K.

(a) Usando os dados na Tabela 18.7, calcule os campos magnéticos críticos para o chumbo a 2,5 e 5,0 K.

(b) Até qual temperatura o chumbo deve ser resfriado em um campo magnético de 15.000 A/m para que ele se torne supercondutor?

18.29 Usando a Equação 18.14, determine quais dos elementos supercondutores na Tabela 18.7 são supercondutores a 2 K e em um campo magnético de 40.000 A/m.

18.30 Cite as diferenças entre os supercondutores do tipo I e do tipo II.

18.31 Descreva sucintamente o efeito Meissner.

18.32 Cite a principal limitação dos novos materiais super-condutores com temperaturas críticas relativamente elevadas.

PROBLEMAS DE PROJETO

Ferromagnetismo

18.P1 Deseja-se uma liga cobalto–ferro com uma magnetização de saturação de $1,47 \times 10^6$ A/m. Especifique sua composição em porcentagem em peso de ferro. O cobalto tem uma estrutura cristalina HC, com uma razão c/a de 1,623. Considere que o volume da célula unitária para essa liga é o mesmo que o da célula unitária para o Co puro.

Ferrimagnetismo

18.P2 Projete um material magnético à base de ferrita mista de estrutura cúbica que tenha uma magnetização de saturação de $4,25 \times 10^5$ A/m.

PERGUNTAS E PROBLEMAS SOBRE FUNDAMENTOS DA ENGENHARIA

18.1FE A magnetização no interior de uma barra de determinada liga metálica é de $4,6 \times 10^5$ A/m em um campo H de 52 A/m. Qual é a suscetibilidade magnética dessa liga?

(A) $1,13 \times 10^{-4}$

(B) $8,85 \times 10^3$

(C) $1,11 \times 10^{-2}$ H/m

(D) $5,78 \times 10^{-1}$ tesla

18.2FE Qual, entre os seguintes pares de materiais, exibe comportamento ferromagnético?

(A) Óxido de alumínio e cobre

(B) Alumínio e titânio

(C) MnO e Fe_3O_4

(D) Ferro (ferrita α) e níquel

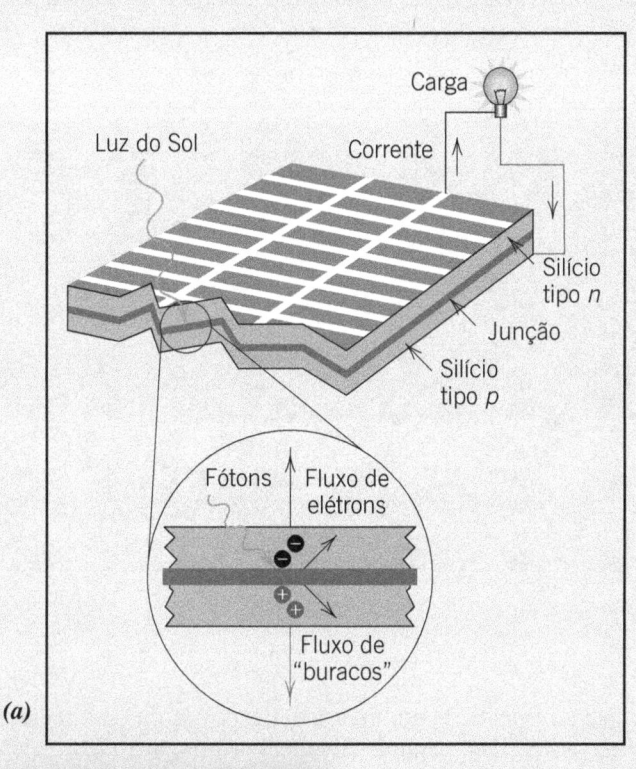

Cortesia do Research Institute for Sustainable Energy (Instituto de Pesquisas para Energia Sustentável) (www.rise.org.au) e da Murdoch University

Luz do Sol

Carga

Corrente

Silício tipo *n*

Junção

Silício tipo *p*

Fótons Fluxo de elétrons

Fluxo de "buracos"

(a)

(*a*) Diagrama esquemático ilustrando a operação de uma célula solar fotovoltaica. A célula é feita de silício policristalino fabricado para formar uma junção *p–n* (veja as Seções 12.11 e 12.15). Os fótons se originam quando a luz do Sol excita os elétrons para a banda de condução no lado *n* da junção e cria buracos no lado *p*. Esses elétrons e buracos são removidos da junção em direções opostas e se tornam parte de uma corrente elétrica externa.

© Gabor Izso/iStockphoto

(b)

(*b*) Um arranjo de células fotovoltaicas de silício policristalino.

(*c*) Uma casa que possui vários painéis solares.

©Brainstorm1962/iStockphoto

(c)

Quando os materiais são expostos à radiação eletromagnética, algumas vezes é importante ser capaz de antecipar e alterar suas respostas. Isso é possível quando estamos familiarizados com as propriedades ópticas e compreendemos os mecanismos responsáveis por seus comportamentos ópticos. Por exemplo, na Seção 19.14, relacionada com os materiais usados em fibras ópticas em comunicações, observamos que o desempenho das fibras ópticas é aumentado pela introdução de uma variação gradual do índice de refração (isto é, um índice variável) na superfície externa da fibra. Isso é obtido mediante a adição de impurezas específicas em concentrações controladas.

Objetivos do Aprendizado

Após estudar este capítulo, você deverá ser capaz de realizar o seguinte:

1. Calcular a energia de um fóton, considerando sua frequência e o valor da constante de Planck.
2. Descrever sucintamente a polarização eletrônica que resulta das interações entre a radiação eletromagnética e os átomos, e citar duas consequências da polarização eletrônica.
3. Explicar sucintamente por que os materiais metálicos são opacos à luz visível.
4. Definir índice de refração.

5. Descrever o mecanismo da absorção de fótons para (a) isolantes e semicondutores de alta pureza e (b) isolantes e semicondutores que contêm defeitos eletricamente ativos.
6. Para os materiais dielétricos inerentemente transparentes, observar três fontes de espalhamento interno que podem levar à translucidez e à opacidade.
7. Descrever sucintamente a construção e a operação de lasers de rubi e lasers semicondutores.

19.1 INTRODUÇÃO

Por *propriedade óptica* subentende-se a resposta de um material à exposição a uma radiação eletromagnética e, em particular, à luz visível. Este capítulo discute, em primeiro lugar, alguns dos princípios e conceitos básicos relacionados com a natureza da radiação eletromagnética e com as suas possíveis interações com os materiais sólidos. A seguir, são explorados os comportamentos ópticos dos materiais metálicos e não metálicos segundo suas características de absorção, reflexão e transmissão. As seções finais resumem a luminescência, a fotocondutividade e a amplificação da luz pela emissão estimulada de radiação (laser), a utilização prática desses fenômenos e o emprego das fibras ópticas em comunicações.

Conceitos Básicos

19.2 RADIAÇÃO ELETROMAGNÉTICA

No sentido clássico, a radiação eletromagnética é considerada de natureza ondulatória, consistindo em componentes de campo elétrico e de campo magnético perpendiculares entre si e também em relação à direção de propagação (Figura 19.1). Luz, calor (ou energia radiante), radar, ondas de rádio e raios X são todos formas de radiação eletromagnética. Cada uma é caracterizada principalmente por uma faixa específica de comprimentos de onda e também de acordo com a técnica pela qual é gerada. O *espectro eletromagnético* da radiação abrange a larga faixa que vai desde os raios γ (emitidos pelos materiais radioativos), que exibem comprimentos de onda da ordem de 10^{-12} m (10^{-3} nm), passa pelos raios X, ultravioleta, visível, infravermelho e, finalmente, as ondas de rádio, que têm comprimentos de onda tão longos quanto 10^5 m. Esse espectro está mostrado na Figura 19.2 em uma escala logarítmica.

A luz visível está localizada em uma região muito estreita do espectro, em comprimentos de onda que variam entre aproximadamente 0,4 μm (4×10^{-7} m) e 0,7 μm (7×10^{-7} m). A cor percebida é determinada pelo comprimento de onda; por exemplo, a radiação com um comprimento de onda de aproximadamente 0,4 μm tem aparência violeta, enquanto as cores verde e vermelha ocorrem em aproximadamente 0,5 e 0,65 μm, respectivamente. As faixas espectrais para as várias cores estão incluídas na Figura 19.2. A luz branca consiste simplesmente na mistura de todas as cores. A discussão

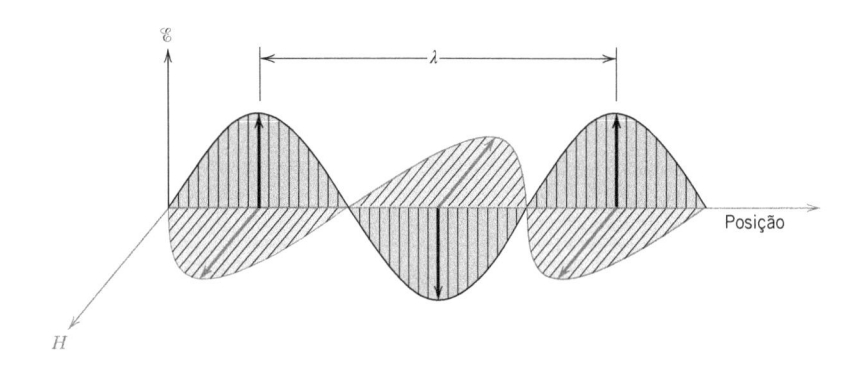

Figura 19.1 Onda eletromagnética mostrando as componentes do campo elétrico $\mathcal{E}$ e do campo magnético H e o comprimento de onda λ.

a seguir está relacionada principalmente a essa radiação visível, que é, por definição, a única radiação à qual a vista humana é sensível.

Toda radiação eletromagnética atravessa o vácuo a uma mesma velocidade, a velocidade da luz – ou seja, 3×10^8 m/s (186.000 milhas/s). Essa velocidade, c, está relacionada com a permissividade elétrica do vácuo ε_0 e com a permeabilidade magnética do vácuo μ_0 pela relação

Dependência da velocidade da luz em relação à permissividade elétrica e à permeabilidade magnética no vácuo

$$c = \frac{1}{\sqrt{\varepsilon_0 \mu_0}} \qquad (19.1)$$

Dessa forma, existe uma associação entre a constante eletromagnética c e essas constantes elétrica e magnética.

Além disso, a frequência ν e o comprimento de onda λ da radiação eletromagnética são uma função da velocidade de acordo com

Relação entre velocidade, comprimento de onda e frequência para uma radiação eletromagnética

$$c = \lambda \nu \qquad (19.2)$$

A frequência é expressa em termos de hertz (Hz), e 1 Hz = 1 ciclo por segundo. As faixas de frequência para as várias formas de radiação eletromagnética também estão incluídas no espectro (Figura 19.2).

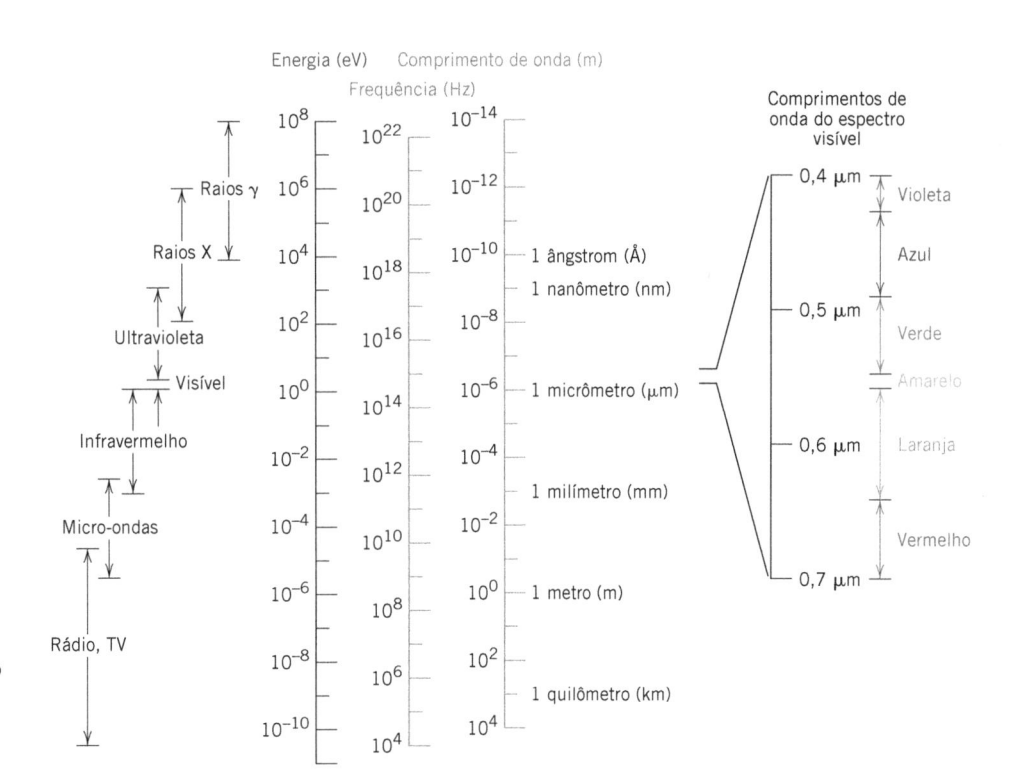

Figura 19.2 Espectro da radiação eletromagnética, incluindo as faixas de comprimentos de onda para as várias cores no espectro visível.

Algumas vezes, é mais conveniente visualizar a radiação eletromagnética a partir de uma perspectiva quântico-mecânica, na qual a radiação, em vez de consistir em ondas, é composta por grupos ou pacotes de energia, denominados **fótons**. Diz-se que a energia E de um fóton é *quantizada*, isto é, pode assumir apenas alguns valores específicos, definidos pela relação

$$E = h\nu = \frac{hc}{\lambda} \tag{19.3}$$

em que h é uma constante universal chamada de **constante de Planck**, que tem um valor de $6{,}63 \times 10^{-34}$ J · s. Dessa forma, a energia do fóton é proporcional à frequência da radiação, ou inversamente proporcional ao comprimento de onda. As energias dos fótons também estão incluídas no espectro eletromagnético (Figura 19.2).

Ao descrever os fenômenos ópticos que envolvem as interações entre a radiação e a matéria, a explicação é normalmente facilitada se a luz for tratada em termos de fótons. Em outras ocasiões, um tratamento ondulatório é preferido; dependendo da situação, ambos os procedimentos são adotados nas discussões apresentadas neste capítulo.

fóton

Dependência da energia em relação à frequência e também à velocidade e ao comprimento de onda para um fóton de radiação eletromagnética

constante de Planck

Verificação de Conceitos 19.1 Discuta sucintamente as semelhanças e as diferenças entre os fótons e os fônons. *Sugestão*: Pode ser útil consultar a Seção 17.2.

Verificação de Conceitos 19.2 A radiação eletromagnética pode ser tratada a partir de uma perspectiva clássica ou de uma perspectiva quântico-mecânica. Compare sucintamente esses dois pontos de vista.

(*As respostas estão disponíveis no GEN-IO, ambiente virtual de aprendizagem do GEN.*)

19.3 INTERAÇÕES DA LUZ COM SÓLIDOS

Quando a luz segue de um meio para o outro (por exemplo, do ar para o interior de uma substância sólida), várias coisas acontecem. Uma parte da radiação luminosa pode ser transmitida através do meio, uma parte será absorvida e outra será refletida na interface entre os dois meios. A intensidade I_0 do feixe incidente sobre a superfície do meio sólido deve ser igual à soma das intensidades dos feixes transmitido, absorvido e refletido, representados como I_T, I_A e I_R, respectivamente; ou seja,

A intensidade de um feixe incidente em uma interface é igual à soma das intensidades dos feixes transmitido, absorvido e refletido

$$I_0 = I_T + I_A + I_R \tag{19.4}$$

A intensidade da radiação, expressa em watts por metro quadrado, corresponde à energia transmitida por unidade de tempo através de uma área unitária que é perpendicular à direção da propagação.

Uma forma alternativa para a Equação 19.4 é

$$T + A + R = 1$$

em que T, A e R representam, respectivamente, a transmissividade (I_T/I_0), a absortividade (I_A/I_0) e a refletividade (I_R/I_0), ou as frações da luz incidente que são transmitidas, absorvidas e refletidas por um material; a soma dessas frações deve ser igual à unidade, uma vez que toda a luz incidente é transmitida, absorvida ou refletida.

Os materiais capazes de transmitir a luz com uma absorção e reflexão relativamente pequenas são **transparentes** – pode-se ver através deles. Os materiais **translúcidos** são aqueles em que a luz é transmitida de maneira difusa; isto é, a luz é dispersa no interior do material em um grau em que os objetos não são claramente distinguíveis quando observados através de uma amostra desse material. Os materiais que são impenetráveis à transmissão da luz visível são denominados **opacos**.

Os metais são opacos ao longo de todo o espectro visível – isto é, toda a radiação luminosa é absorvida ou refletida. Contudo, os materiais isolantes elétricos podem ser fabricados para serem transparentes. Além disso, alguns materiais semicondutores são transparentes, enquanto outros são opacos.

transparente
translúcido

opaco

19.4 INTERAÇÕES ATÔMICAS E ELETRÔNICAS

Os fenômenos ópticos que ocorrem no interior dos materiais sólidos envolvem interações entre a radiação eletromagnética e os átomos, íons e/ou elétrons. Duas dessas interações mais importantes são a polarização eletrônica e as transições de energia dos elétrons.

Polarização Eletrônica

Um componente de uma onda eletromagnética é simplesmente um campo elétrico que oscila rapidamente (Figura 19.1). Para a faixa de frequências do espectro visível, esse campo elétrico interage com a nuvem eletrônica que envolve cada átomo em sua trajetória, induzindo uma polarização eletrônica ou um deslocamento da nuvem eletrônica em relação ao núcleo do átomo a cada mudança na direção do componente do campo elétrico, como está demonstrado na Figura 12.32a. Duas consequências dessa polarização são: (1) parte da energia da radiação pode ser absorvida, e (2) as ondas de luz têm suas velocidades reduzidas à medida que passam através do meio. A segunda consequência é manifestada como refração, um fenômeno discutido na Seção 19.5.

Transições Eletrônicas

A absorção e a emissão de radiação eletromagnética podem envolver transições eletrônicas de um estado de energia para outro. Para o propósito desta discussão, vamos considerar um átomo isolado para o qual o diagrama de energia dos elétrons está representado na Figura 19.3. Um elétron pode ser excitado de um estado ocupado com energia E_2 para um estado vazio e de maior energia, representado por E_4, pela absorção de um fóton de energia. A variação de energia apresentada pelo elétron, ΔE, depende da frequência da radiação de acordo com:

Em uma transição eletrônica, a variação na energia é igual ao produto da constante de Planck e da frequência da radiação absorvida (ou emitida)

$$\Delta E = h\nu \tag{19.6}$$

em que, novamente, h é a constante de Planck. Nesse ponto, é importante compreender vários conceitos. Em primeiro lugar, uma vez que os estados de energia para os átomos são discretos, existem apenas valores de ΔE específicos entre os níveis de energia; dessa forma, apenas os fótons com frequências que correspondam aos possíveis valores de ΔE para o átomo podem ser absorvidos pelas transições eletrônicas. Além disso, a totalidade da energia de um fóton é absorvida em cada evento de excitação.

Um segundo conceito importante é que um elétron estimulado não pode permanecer indefinidamente em um **estado excitado**; após um curto intervalo de tempo, ele cai ou decai novamente para o seu **estado fundamental**, ou nível não excitado, com reemissão de radiação eletromagnética. São possíveis várias trajetórias de decaimento, e essas são discutidas posteriormente. Em qualquer caso, deve haver uma conservação da energia nas transições eletrônicas de absorção e de emissão.

estado excitado
estado fundamental

Como as discussões subsequentes mostram, as características ópticas dos materiais sólidos que estão relacionadas com a absorção e com a emissão de radiação eletromagnética são explicadas em termos da estrutura da banda eletrônica do material (na Seção 12.5 são discutidas possíveis estruturas das bandas eletrônicas) e dos princípios que estão relacionados com as transições eletrônicas, como descrito nos dois parágrafos anteriores.

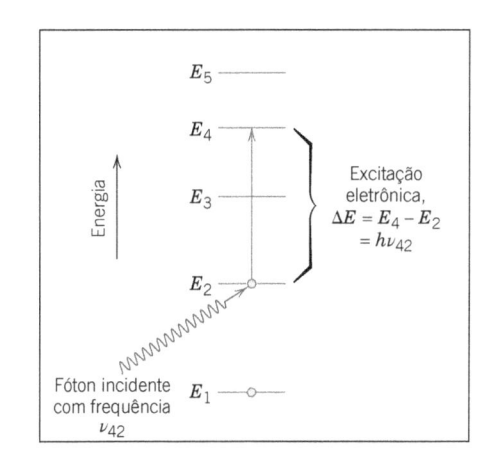

Figura 19.3 Ilustração esquemática para um átomo isolado da absorção de um fóton pela excitação de um elétron de um estado de energia para outro. A energia do fóton ($h\nu_{42}$) deve ser exatamente igual à diferença em energia entre os dois estados ($E_4 - E_2$).

Propriedades Ópticas dos Metais

Vamos considerar as configurações da banda de energia dos elétrons para os metais como estão ilustradas nas Figuras 12.4a e 12.4b; em ambos os casos, uma banda de alta energia está apenas parcialmente preenchida com elétrons. Os metais são opacos porque as radiações incidentes que têm frequências na faixa do espectro visível excitam os elétrons para estados de energia não ocupados acima da energia de Fermi, como está demonstrado na Figura 19.4a; como consequência, a radiação incidente é absorvida de acordo com a Equação 19.6. A absorção total ocorre em uma camada externa muito fina, geralmente com uma espessura inferior a 0,1 μm; assim sendo, apenas filmes metálicos mais finos que 0,1 μm são capazes de transmitir a luz visível.

Todas as frequências da luz visível são absorvidas pelos metais devido à disponibilidade contínua de estados eletrônicos vazios, o que permite transições eletrônicas como mostrado na Figura 19.4a. De fato, os metais são opacos para todas as radiações eletromagnéticas na extremidade inferior do espectro de frequências, desde as ondas de rádio, passando pelas radiações infravermelha e visível, até aproximadamente a metade da radiação ultravioleta. Os metais são transparentes para as radiações de alta frequência (raios X e γ).

A maior parte da radiação absorvida é reemitida a partir da superfície do metal na forma de luz visível com o mesmo comprimento de onda, que aparece como luz refletida; uma transição eletrônica que acompanha uma rerradiação está mostrada na Figura 19.4b. A refletividade para a maioria dos metais ocorre entre 0,90 e 0,95; uma pequena fração da energia dos processos de decaimento dos elétrons é dissipada na forma de calor.

Uma vez que os metais são opacos e altamente refletivos, a cor percebida é determinada pela distribuição dos comprimentos de onda da radiação refletida e não absorvida. Uma aparência prateada, brilhante, quando o metal é exposto a uma luz branca indica que o metal é altamente refletivo em toda a faixa do espectro visível. Em outras palavras, para o feixe refletido, a composição desses fótons reemitidos, em termos de frequência e de quantidade, é aproximadamente a mesma que para o feixe incidente. O alumínio e a prata são dois metais que exibem esse comportamento refletivo. O cobre e o ouro têm aparência vermelho-alaranjada e amarelada, respectivamente, pois uma parte da energia associada aos fótons de luz com menores comprimentos de onda não é reemitida na forma de luz visível.

Verificação de Conceitos 19.3 Por que os metais são transparentes às radiações de raios X e raios γ de alta frequência?

(*A resposta está disponível no GEN-IO, ambiente virtual de aprendizagem do GEN.*)

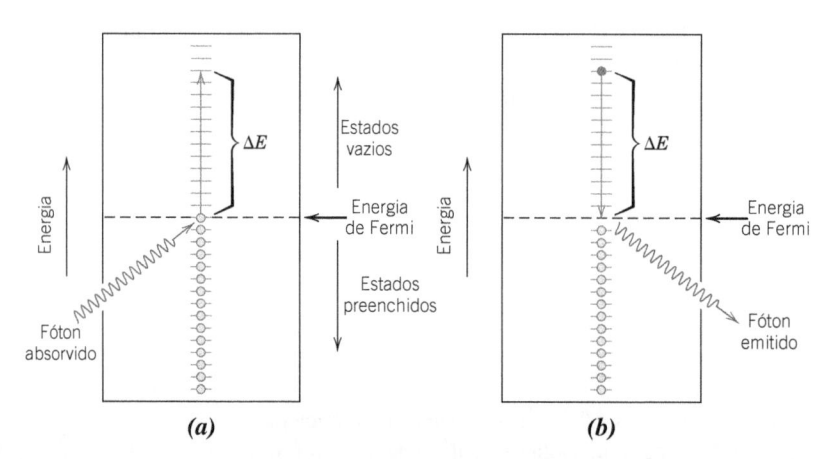

(a) (b)

Figura 19.4 (a) Representação esquemática do mecanismo de absorção de um fóton para materiais metálicos, em que um elétron é excitado para um estado de energia não ocupado de maior energia. A variação na energia do elétron ΔE é igual à energia do fóton. (b) Reemissão de um fóton de luz pela transição direta de um elétron de um estado de alta energia para um de baixa energia.

Propriedades Ópticas dos Não Metais

Em virtude de suas estruturas da banda de energia dos elétrons, os materiais não metálicos podem ser transparentes à luz visível. Portanto, além da reflexão e da absorção, os fenômenos da refração e da transmissão também precisam ser considerados.

19.5 REFRAÇÃO

refração
índice de refração

A dispersão da luz branca quando ela passa através de um prisma.

Velocidade da luz em um meio em termos da permissividade elétrica e da permeabilidade magnética do meio

Índice de refração de um meio – em termos da constante dielétrica e da permeabilidade magnética relativa do meio

Relação entre o índice de refração e a constante dielétrica para um material não magnético

A luz transmitida para o interior de materiais transparentes apresenta uma diminuição na sua velocidade e, como resultado, é desviada na interface; esse fenômeno é denominado **refração**. O **índice de refração** n de um material é definido como a razão entre a velocidade da luz no vácuo c e a velocidade da luz no meio v, ou seja,

$$n = \frac{c}{v} \tag{19.7}$$

A magnitude de n (ou o grau de desvio) depende do comprimento de onda da luz. Esse efeito é demonstrado graficamente pela dispersão ou separação familiar de um feixe de luz branca nas suas cores componentes por um prisma de vidro (conforme a fotografia na margem). Cada cor é defletida por uma intensidade diferente quando a luz passa para dentro e para fora do vidro, o que resulta em uma separação das cores. O índice de refração não afeta apenas a trajetória óptica da luz, mas também, como explicado a seguir, a fração da luz incidente que é refletida na superfície do material.

Da mesma forma que a Equação 19.1 define a magnitude de c, uma expressão equivalente fornece a velocidade da luz v em um meio como

$$v = \frac{1}{\sqrt{\varepsilon\mu}} \tag{19.8}$$

em que ε e μ representam, respectivamente, a permissividade e a permeabilidade da substância em questão. A partir da Equação 19.7, temos

$$n = \frac{c}{v} = \frac{\sqrt{\varepsilon\mu}}{\sqrt{\varepsilon_0\mu_0}} = \sqrt{\varepsilon_r\mu_r} \tag{19.9}$$

em que ε_r e μ_r são, respectivamente, a constante dielétrica e a permeabilidade magnética relativa. Uma vez que a maioria das substâncias é apenas ligeiramente magnética, $\mu_r \cong 1$, e

$$n \cong \sqrt{\varepsilon_r} \tag{19.10}$$

Dessa forma, para os materiais transparentes, há uma relação entre o índice de refração e a constante dielétrica. Conforme foi mencionado, o fenômeno da refração está relacionado à polarização eletrônica (Seção 19.4) nas frequências relativamente altas da luz visível; por conseguinte, o componente eletrônico da constante dielétrica pode ser determinado a partir de medições do índice de refração empregando-se a Equação 19.10.

Uma vez que o retardo da radiação eletromagnética em um meio resulta da polarização eletrônica, o tamanho dos átomos ou dos íons constituintes exerce uma influência considerável sobre a magnitude desse efeito – geralmente, quanto maior for o átomo ou íon, maior será a polarização eletrônica, menor a velocidade e maior o índice de refração. O índice de refração para um vidro de cal de soda típico é de aproximadamente 1,5. As adições ao vidro de íons bário e chumbo (na forma de BaO e PbO), que são grandes, aumentam de forma significativa o valor de n. Por exemplo, os vidros com alto teor de chumbo, contendo 90 %p PbO, exibem um índice de refração de aproximadamente 2,1.

Para as cerâmicas cristalinas com estruturas cristalinas cúbicas e para os vidros, o índice de refração é independente da direção cristalográfica (isto é, ele é isotrópico). Os cristais não cúbicos, por outro lado, têm um valor de n que é anisotrópico – isto é, o índice é maior ao longo das direções com maior densidade de íons. A Tabela 19.1 fornece os índices de refração para vários vidros, cerâmicas transparentes e polímeros. Para as cerâmicas cristalinas, em que o valor de n é anisotrópico, os valores médios são fornecidos.

Tabela 19.1 Índices de Refração para Alguns Materiais Transparentes

Material	Índice de Refração Médio
Cerâmicas	
Vidro de sílica	1,458
Vidro borossilicato (Pyrex)	1,47
Vidro de cal de soda	1,51
Quartzo (SiO_2)	1,55
Vidro óptico e denso de sílex	1,65
Espinélio ($MgAl_2O_4$)	1,72
Periclásio (MgO)	1,74
Coríndon (Al_2O_3)	1,76
Polímeros	
Politetrafluoroetileno	1,35
Poli(metil metacrilato)	1,49
Polipropileno	1,49
Polietileno	1,51
Poliestireno	1,60

Verificação de Conceitos 19.4 Quais, entre os seguintes óxidos, quando adicionados à sílica fundida (SiO_2), aumentam o índice de refração: Al_2O_3, TiO_2, NiO, MgO? Por quê? A Tabela 3.4 pode ser útil.

(*A resposta está disponível no GEN-IO, ambiente virtual de aprendizagem do GEN.*)

19.6 REFLEXÃO

Quando a radiação luminosa passa de um meio para outro com um índice de refração diferente, uma parte da luz é dispersa na interface entre os dois meios, mesmo se ambos forem transparentes. A refletividade, R, representa a fração da luz incidente que é refletida na interface, ou seja,

Definição da *refletividade* – em termos das intensidades dos feixes refletido e incidente

$$R = \frac{I_R}{I_0} \tag{19.11}$$

em que I_0 e I_R são as intensidades dos feixes incidente e refletido, respectivamente. Se a incidência da luz ocorre em uma direção normal (ou perpendicular) à interface, então

Refletividade (para uma incidência normal) na interface entre dois meios com índices de refração n_1 e n_2.

$$R = \left(\frac{n_2 - n_1}{n_2 + n_1}\right)^2 \tag{19.12}$$

em que n_1 e n_2 são os índices de refração dos dois meios. Se a luz incidente não incide em uma direção normal à interface, o valor de R depende do ângulo de incidência. Quando a luz é transmitida do vácuo ou do ar para o interior de um sólido s, temos

$$R = \left(\frac{n_s - 1}{n_s + 1}\right)^2 \tag{19.13}$$

uma vez que o índice de refração do ar é muito próximo à unidade. Dessa forma, quanto maior for o índice de refração do sólido, maior será sua refletividade. Para vidros de silicato típicos, a refletividade é de aproximadamente 0,05. Da mesma forma que o índice de refração de um sólido depende do comprimento de onda da luz incidente, a refletividade também varia em função do comprimento de onda. As perdas por reflexão de lentes e outros instrumentos ópticos são minimizadas significativamente pelo revestimento da superfície refletora com camadas muito finas de materiais dielétricos, tais como o fluoreto de magnésio (MgF_2).

19.7 ABSORÇÃO

Os materiais não metálicos podem ser opacos ou transparentes à luz visível; se transparentes, com frequência eles têm aparência colorida. Em princípio, a radiação luminosa é absorvida nesse grupo de materiais por dois mecanismos básicos, os quais também influenciam as características de transmissão desses não metais. Um desses mecanismos é a polarização eletrônica (Seção 19.4). A absorção por polarização eletrônica é importante somente para frequências da luz na vizinhança da frequência de relaxação dos átomos constituintes. O outro mecanismo envolve transições eletrônicas da banda de valência para a banda de condução, as quais dependem da estrutura da banda de energia dos elétrons do material; as estruturas das bandas para materiais semicondutores e isolantes são discutidas na Seção 12.5.

A absorção de um fóton de luz pode ocorrer por promoção ou excitação de um elétron de uma banda de valência praticamente preenchida, através do espaçamento entre bandas, para um estado de energia vazio na banda de condução, como está demonstrado na Figura 19.5a; são criados um elétron livre na banda de condução e um buraco na banda de valência. Novamente, a energia de excitação ΔE está relacionada com a frequência do fóton absorvido, de acordo com a Equação 19.6. Essas excitações com suas consequentes absorções de energia podem ocorrer somente se a energia do fóton for maior do que a energia do espaçamento entre bandas E_e – isto é, se

Condição para a absorção de um fóton (de radiação) por uma transição eletrônica em termos da frequência da radiação para um material não metálico

$$h\upsilon > E_e \tag{19.14}$$

ou, em termos do comprimento de onda,

Condição para a absorção de um fóton (de radiação) por uma transição eletrônica em termos do comprimento de onda da radiação para um material não metálico

$$\frac{hc}{\lambda} > E_e \tag{19.15}$$

O comprimento de onda mínimo para a luz visível, λ(mín), é de aproximadamente 0,4 μm, e uma vez que $c = 3 \times 10^8$ m/s e $h = 4,13 \times 10^{-15}$ eV · s, a energia máxima do espaçamento entre bandas E_e(máx) para a qual é possível haver absorção da luz visível é de

Figura 19.5 (*a*) Mecanismo de absorção de fótons para materiais não metálicos em que um elétron é excitado através do espaçamento entre bandas, deixando um buraco na banda de valência. A energia do fóton absorvido é ΔE, que é necessariamente maior do que a energia do espaçamento entre bandas, E_e. (*b*) Emissão de um fóton de luz por uma transição eletrônica direta através do espaçamento entre bandas.

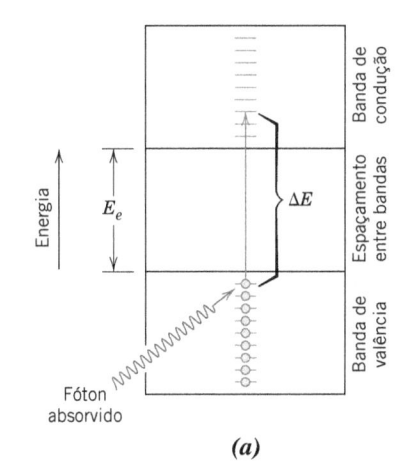

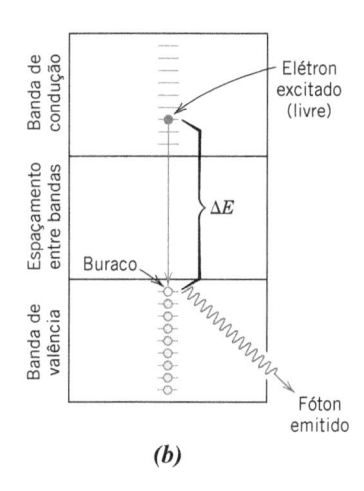

(a)   *(b)*

Máxima energia possível para o espaçamento entre bandas para a absorção de luz visível por transições eletrônicas da banda de valência para a banda de condução

$$E_e(\text{máx}) = \frac{hc}{\lambda(\text{mín})}$$

$$= \frac{(4,13 \times 10^{-15}\,\text{eV} \cdot \text{s})(3 \times 10^8\,\text{m/s})}{4 \times 10^{-7}\,\text{m}} \qquad (19.16a)$$

$$= 3,1\,\text{eV}$$

Em outras palavras, nenhuma luz visível será absorvida por materiais não metálicos que exibam energias do espaçamento entre bandas maiores do que aproximadamente 3,1 eV; esses materiais, se forem de alta pureza, têm aparência transparente e incolor.

Contudo, o comprimento de onda máximo para a luz visível, $\lambda(\text{máx})$, é de aproximadamente 0,7 μm; o cálculo da energia mínima do espaçamento entre bandas $E_e(\text{mín})$ para a qual existe absorção da luz visível fornece

Mínima energia possível para o espaçamento entre bandas para a absorção de luz visível por transições eletrônicas da banda de valência para a banda de condução

$$E_e(\text{mín}) = \frac{hc}{\lambda(\text{máx})}$$

$$= \frac{(4,13 \times 10^{-15}\,\text{eV} \cdot \text{s})(3 \times 10^8\,\text{m/s})}{7 \times 10^{-7}\,\text{m}} \qquad (19.16b)$$

$$= 1,8\,\text{eV}$$

Esse resultado significa que toda a luz visível é absorvida por transições eletrônicas da banda de valência para a banda de condução naqueles materiais semicondutores que têm energias do espaçamento entre bandas menores do que aproximadamente 1,8 eV; dessa forma, esses materiais são opacos. Apenas uma fração do espectro visível é absorvida pelos materiais que possuem energias do espaçamento entre bandas entre 1,8 e 3,1 eV; consequentemente, esses materiais apresentam aparência colorida.

Todo material não metálico torna-se opaco em determinado comprimento de onda, dependendo da magnitude da sua E_e. Por exemplo, o diamante, que tem uma energia do espaçamento entre bandas de 5,6 eV, é opaco para as radiações com comprimentos de onda menores do que aproximadamente 0,22 μm.

Também pode haver interações com a radiação luminosa nos sólidos dielétricos que apresentam espaçamentos entre bandas mais amplos, envolvendo transições eletrônicas diferentes daquela da banda de valência para a banda de condução. Se impurezas ou outros defeitos eletricamente ativos estiverem presentes, podem ser introduzidos níveis eletrônicos no espaçamento entre bandas, tais como os níveis doador e receptor (Seção 12.11), exceto pelo fato de eles se localizarem mais próximos ao centro do espaçamento entre bandas. Uma radiação luminosa com comprimentos de onda específicos pode ser emitida como resultado de transições eletrônicas que envolvem esses níveis no espaçamento entre bandas. Por exemplo, vamos considerar a Figura 19.6a, que mostra a excitação eletrônica da banda de valência para a banda de condução em um material que tem um nível de impureza dessa natureza. Novamente, a energia eletromagnética absorvida por essa excitação eletrônica deve ser dissipada de alguma maneira; diversos mecanismos são possíveis. Em um deles, essa dissipação pode ocorrer pela recombinação direta de elétrons e buracos, de acordo com a reação

Reação que descreve a recombinação elétron-buraco com a geração de energia

$$\text{elétron} + \text{buraco} \rightarrow \text{energia}\,(\Delta E) \qquad (19.17)$$

que está representada esquematicamente na Figura 19.5b. Afora isso, podem ocorrer transições eletrônicas em múltiplas etapas que envolvem níveis de impurezas localizados no espaçamento entre bandas. Uma possibilidade, como está indicado na Figura 19.6b, é a emissão de dois fótons; um é emitido quando o elétron decai de um estado na banda de condução para o nível da impureza; o outro é emitido quando ele decai novamente para a banda de valência. Alternativamente, uma das transições pode envolver a geração de um fônon (Figura 19.6c), no qual a energia associada é dissipada na forma de calor.

A intensidade da radiação resultante absorvida depende da natureza do meio, assim como do comprimento da trajetória em seu interior. A intensidade da radiação transmitida ou não absorvida I_T' decresce continuamente em função da distância x que a luz percorre:

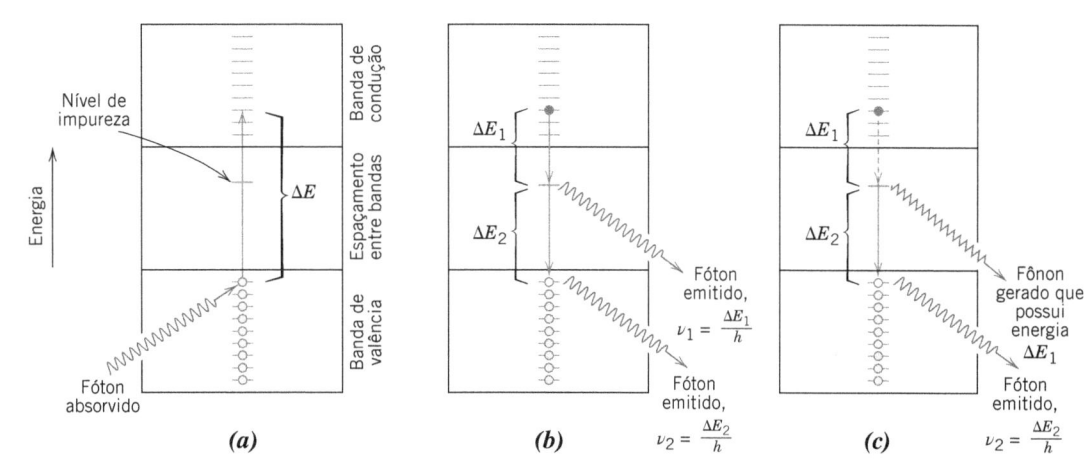

Figura 19.6 (*a*) Absorção de um fóton por meio de uma excitação eletrônica da banda de valência para a banda de condução em um material com um nível de impureza localizado no espaçamento entre bandas. (*b*) Emissão de dois fótons envolvendo o decaimento do elétron, primeiro para o estado de energia de uma impureza e finalmente para o estado fundamental. (*c*) Geração tanto de um fônon quanto de um fóton, conforme um elétron excitado decai primeiro para um nível de impureza e finalmente de volta ao seu estado fundamental.

Intensidade da radiação não absorvida – dependência em relação ao coeficiente de absorção e à distância que a luz percorre através do meio absorvente

$$I_T' = I_0' e^{-\beta x} \tag{19.18}$$

em que I_0' é a intensidade da radiação incidente não refletida, e β, o *coeficiente de absorção* (em mm^{-1}), é característico do material específico; β varia em função do comprimento de onda da radiação incidente. O parâmetro da distância x é medido da superfície incidente para o interior do material. Os materiais com grandes valores de β são considerados altamente absorventes.

PROBLEMA-EXEMPLO 19.1

Cálculo do Coeficiente de Absorção para o Vidro

A fração da luz não refletida que é transmitida através de um vidro com espessura de 200 mm é de 0,98. Calcule o coeficiente de absorção desse material.

Solução

Este problema pede o cálculo do valor de β na Equação 19.18. Em primeiro lugar, rearranjamos essa expressão como

$$\frac{I_T'}{I_0'} = e^{-\beta x}$$

Tirando o logaritmo natural de ambos os lados da equação anterior, temos

$$\ln\left(\frac{I_T'}{I_0'}\right) = -\beta x$$

E, finalmente, resolvendo para β, considerando que $I_T'/I_0' = 0,98$ e $x = 200$ mm, obtemos

$$\beta = -\frac{1}{x}\ln\left(\frac{I_T'}{I_0'}\right)$$

$$= -\frac{1}{200 \text{ mm}}\ln(0,98) = 1,01 \times 10^{-4} \text{ mm}^{-1}$$

Verificação de Conceitos 19.5 Os elementos semicondutores silício e germânio são transparentes à luz visível? Por que sim ou por que não? *Sugestão*: Pode ser útil consultar a Tabela 12.3.

(*A resposta está disponível no GEN-IO, ambiente virtual de aprendizagem do GEN.*)

19.8 TRANSMISSÃO

Os fenômenos de absorção, reflexão e transmissão podem ser aplicados à passagem de luz através de um sólido transparente, como mostrado na Figura 19.7. Para um feixe incidente com intensidade I_0 que colide com a superfície frontal de uma amostra com espessura l e coeficiente de absorção β, a intensidade transmitida na face posterior I_T é

Intensidade da radiação transmitida por uma amostra com espessura l, levando em consideração todas as perdas por absorção e reflexão

$$I_T = I_0(1 - R)^2 e^{-\beta l} \tag{19.19}$$

em que R é a refletância; para essa expressão, considera-se que o mesmo meio existe fora tanto da face frontal quanto da face posterior. A derivação da Equação 19.19 é deixada como exercício.

Dessa forma, a fração da luz incidente que é transmitida através de um material transparente depende das perdas decorrentes de absorção e de reflexão. Novamente, a soma da refletividade R, absortividade A e transmissividade T é igual à unidade, de acordo com a Equação 19.5. Também, cada uma das variáveis R, A e T depende do comprimento de onda da luz. Isso está demonstrado na Figura 19.8 para a região visível do espectro para um vidro de cor verde. Por exemplo, para a luz

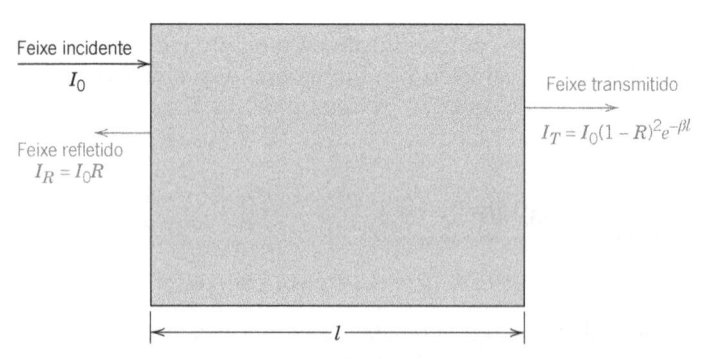

Figura 19.7 Transmissão de luz por um meio transparente para o qual existe reflexão nas faces frontal e posterior, assim como absorção no interior do meio.
(Adaptado de R. M. Rose, L. A. Shepard e J. Wulff, *The Structure and Properties of Materials*, Vol. IV, *Electronic Properties*. Copyright © 1966 por John Wiley & Sons, New York. Reimpresso sob permissão de John Wiley & Sons, Inc.)

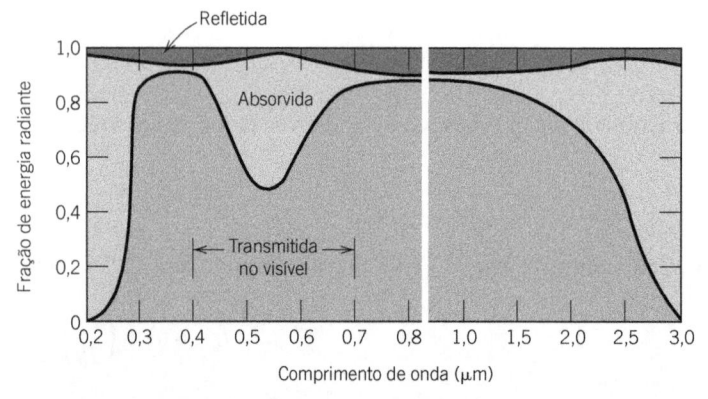

Figura 19.8 Variação das frações da luz incidente que é transmitida, absorvida e refletida através de um vidro verde (em cinza-médio) em função do comprimento de onda.
(De W. D. Kingery, H. K. Bowen e D. R. Uhlmann, *Introduction to Ceramics*, 2nd edition. Copyright © 1976 por John Wiley & Sons, New York. Reimpresso sob permissão de John Wiley & Sons, Inc.)

com comprimento de onda de 0,4 μm, as frações transmitida, absorvida e refletida são de aproximadamente 0,90, 0,05 e 0,05, respectivamente. No entanto, para a luz com comprimento de onda de 0,55 μm, as respectivas frações se deslocam para aproximadamente 0,50, 0,48 e 0,02.

19.9 COR

cor

Os materiais transparentes apresentam aparência colorida como consequência da absorção seletiva de faixas específicas de comprimentos de onda da luz; a **cor** observada é resultado da combinação dos comprimentos de onda transmitidos. Se a absorção da luz é uniforme para todos os comprimentos de onda visíveis, o material tem aparência incolor; exemplos disso incluem os vidros inorgânicos de alta pureza e os monocristais de diamantes e de safiras de alta pureza.

Geralmente, qualquer absorção seletiva ocorre por excitação de elétrons. Uma dessas situações envolve os materiais semicondutores com espaçamentos entre bandas na faixa de energia dos fótons para a luz visível (1,8 a 3,1 eV). Dessa forma, a fração da luz visível com energias maiores do que E_e é absorvida seletivamente pelas transições eletrônicas da banda de valência para a banda de condução. Uma parcela dessa radiação absorvida é reemitida, à medida que os elétrons excitados decaem novamente para seus estados originais, de menor energia. Não é necessário que essa reemissão ocorra na mesma frequência que a absorção. Como resultado, a cor depende da distribuição das frequências tanto dos feixes de luz transmitidos quanto dos reemitidos.

Por exemplo, o sulfeto de cádmio (CdS) tem um espaçamento entre bandas de aproximadamente 2,4 eV; assim, ele absorve fótons com energias maiores do que aproximadamente 2,4 eV, o que corresponde às frações azul e violeta do espectro visível; uma parte dessa energia é reirradiada na forma de luz com outros comprimentos de onda. A luz visível não absorvida consiste em fótons com energias entre aproximadamente 1,8 e 2,4 eV. O sulfeto de cádmio adquire uma coloração amarelo-alaranjada devido à composição do feixe de luz transmitido.

Com as cerâmicas isolantes, impurezas específicas também introduzem níveis eletrônicos no espaçamento entre bandas proibido, como foi discutido anteriormente. Podem ser emitidos fótons com energias menores do que a do espaçamento entre bandas, como consequência de processos de decaimento dos elétrons envolvendo átomos ou íons de impurezas, como está demonstrado nas Figuras 19.6b e 19.6c. Novamente, a cor do material é uma função da distribuição dos comprimentos de onda no feixe transmitido.

Por exemplo, o monocristal de óxido de alumínio de alta pureza, ou safira, é incolor. O rubi, que possui uma coloração vermelha e brilhante, é a safira à qual foi adicionado entre 0,5 % e 2 % de óxido de cromo (Cr_2O_3). O íon Cr^{3+} substitui o íon Al^{3+} na estrutura cristalina do Al_2O_3 e, além disso, introduz níveis de impureza no amplo espaçamento entre bandas de energia da safira. A radiação luminosa é absorvida pelas transições eletrônicas da banda de valência para a banda de condução, uma parcela da qual é então reemitida em comprimentos de onda específicos como consequência das transições eletrônicas para esses níveis de impurezas e a partir deles. A transmitância em função do comprimento de onda, para a safira e o rubi, está apresentada na Figura 19.9. Para a safira, a transmitância é relativamente constante em função do comprimento de onda em todo o espectro visível, que é responsável pela ausência de coloração desse material. Porém ocorrem fortes picos de absorção (ou mínimos) para o rubi – um na região azul-violeta (em aproximadamente 0,4 μm) e

Figura 19.9 Transmissão da radiação luminosa em função do comprimento de onda para a safira (monocristal de óxido de alumínio) e para o rubi (óxido de alumínio contendo algum óxido de cromo). A safira exibe uma aparência incolor, enquanto o rubi tem uma coloração vermelha devido à absorção seletiva em faixas específicas de comprimentos de onda.
(Adaptado de "The Optical Properties of Materials", por A. Javan. Copyright © 1967 por Scientific American, Inc. Reservados todos os direitos.)

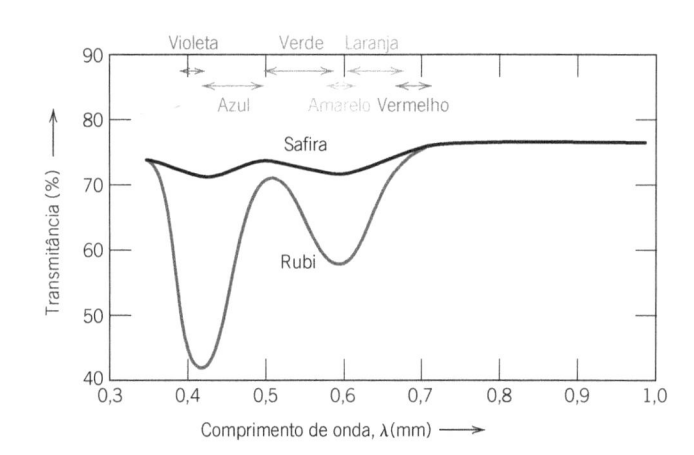

outro para a luz amarelo-verde (em aproximadamente 0,6 μm). A luz não absorvida ou transmitida, misturada com a luz reemitida, confere ao rubi a sua coloração vermelho intenso.

Os vidros inorgânicos são coloridos pela incorporação de íons de transição ou de terras-raras enquanto o vidro está no estado fundido. Pares cor-íon representativos incluem o Cu^{2+}, azul-verde; Co^{2+}, azul-violeta; Cr^{3+}, verde; Mn^{2+}, amarelo; e Mn^{3+}, púrpura. Esses vidros coloridos também são usados como esmaltes – revestimentos decorativos sobre peças cerâmicas.

Verificação de Conceitos 19.6   Compare os fatores que determinam as cores características dos metais e dos materiais não metálicos transparentes.

(*A resposta está disponível no GEN-IO, ambiente virtual de aprendizagem do GEN.*)

19.10   OPACIDADE E TRANSLUCIDEZ EM ISOLANTES

O nível de translucidez e de opacidade para os materiais dielétricos inerentemente transparentes depende em grande parte de suas características internas de refletância e transmitância. Muitos materiais dielétricos que são intrinsecamente transparentes podem se tornar translúcidos ou até mesmo opacos devido à reflexão e à refração em seu interior. Um feixe de luz transmitida tem sua direção defletida e exibe uma aparência difusa como resultado de múltiplos eventos de espalhamento. A opacidade surge quando o espalhamento é tão intenso que virtualmente nenhuma fração do feixe incidente é transmitida, sem deflexão, para a superfície posterior do material.

Esse espalhamento interno pode resultar de várias fontes diferentes. As amostras policristalinas, para as quais o índice de refração é anisotrópico, são normalmente translúcidas. Tanto a reflexão quanto a refração ocorrem nos contornos dos grãos, o que causa um desvio no feixe incidente. Isso resulta de uma ligeira diferença no índice de refração n entre grãos adjacentes que não têm a mesma orientação cristalográfica.

O espalhamento da luz também ocorre em materiais bifásicos nos quais uma fase está finamente dispersa no interior da outra. Novamente, a dispersão dos feixes ocorre através das fronteiras entre as fases quando existe uma diferença no índice de refração para as duas fases; quanto maior for essa diferença, mais eficiente será o espalhamento. As vidrocerâmicas (Seção 13.5), que podem consistir tanto na fase cristalina quanto na vítrea residual, exibem alta transparência se os tamanhos dos cristalitos forem menores do que o comprimento de onda da luz visível e quando os índices de refração das duas fases forem praticamente idênticos (o que é possível pelo ajuste da composição).

Como consequência da fabricação ou do processamento, muitas peças cerâmicas contêm uma porosidade residual na forma de poros finamente dispersos. Esses poros também dispersam de maneira efetiva a radiação luminosa.

A Figura 19.10 demonstra a diferença nas características de transmissão óptica de amostras de óxido de alumínio monocristalino, policristalino e totalmente denso e poroso (~5 % porosidade). Enquanto o monocristal é totalmente transparente, os materiais policristalino e poroso são, respectivamente, translúcido e opaco.

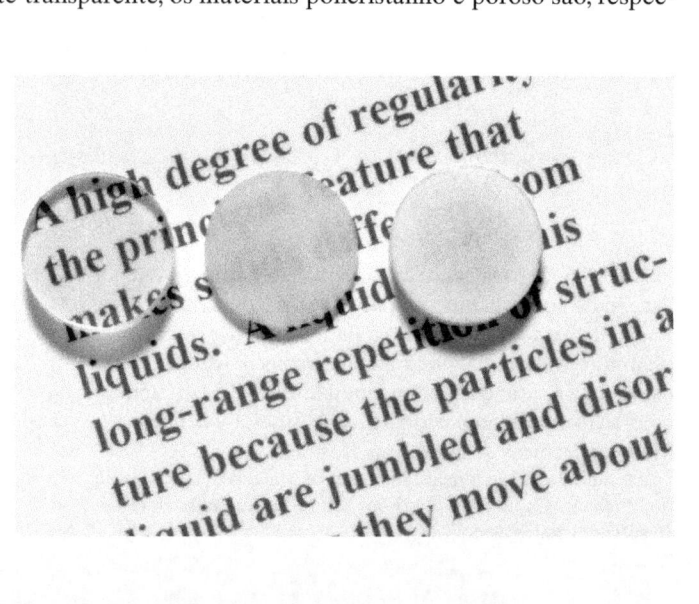

Figura 19.10   Fotografia mostrando a transmitância da luz por três amostras de óxido de alumínio. Da esquerda para a direita: um material monocristalino (safira), que é transparente; um material policristalino e totalmente denso (não poroso), que é translúcido; e um material policristalino que contém aproximadamente 5 % de porosidade, que é opaco.

(Preparação das amostras, P. A. Lessing; fotografia por S. Tanner.)

Para os polímeros intrínsecos (sem aditivos e impurezas), o grau de translucidez é influenciado principalmente pela extensão da cristalinidade. Ocorre algum espalhamento da luz visível nas fronteiras entre as regiões cristalinas e amorfas, novamente como resultado de diferentes índices de refração. Para amostras altamente cristalinas, esse grau de espalhamento é intenso, o que leva à translucidez e, em alguns casos, até mesmo à opacidade. Os polímeros altamente amorfos são completamente transparentes.

Aplicações dos Fenômenos Ópticos

19.11 LUMINESCÊNCIA

luminescência

Alguns materiais são capazes de absorver energia e então reemitir luz visível em um fenômeno chamado **luminescência**. Os fótons de luz emitida são gerados a partir de transições eletrônicas no sólido. Há absorção de energia quando um elétron é promovido para um estado de energia excitado; a luz visível é emitida quando o elétron decai e retorna para um estado de menor energia se $1,8\ eV < h\nu < 3,1\ eV$. A energia absorvida pode ser suprida na forma de radiação eletromagnética de maior energia (causando transições da banda de valência para a banda de condução, Figura 19.6a), tal como a luz ultravioleta, ou de outras fontes, tais como elétrons de alta energia, ou energia calorífica, mecânica ou química. Além disso, a luminescência é classificada de acordo com a magnitude do tempo de retardo entre os eventos de absorção e reemissão. Se a reemissão ocorre para tempos muito menores do que 1 s, o fenômeno é denominado **fluorescência**; para tempos mais longos, esse fenômeno é chamado de **fosforescência**. Inúmeros materiais podem ser fluorescentes ou fosforescentes, incluindo alguns sulfetos, óxidos, tungstatos e alguns poucos materiais orgânicos. Normalmente, os materiais puros não exibem esses fenômenos, e para que estes sejam induzidos, devem ser adicionadas impurezas em concentrações controladas.

fluorescência
fosforescência

A luminescência apresenta uma variedade de aplicações comerciais. As lâmpadas fluorescentes consistem em um invólucro de vidro revestido pelo lado interno com tungstatos ou silicatos especialmente preparados. Luz ultravioleta é gerada no interior do tubo a partir de uma descarga incandescente de mercúrio, o que faz com que o revestimento fluoresça e emita luz branca. A imagem vista em uma tela de tubo de raios catódicos é produto da luminescência. O lado interno da tela é revestido com um material que fluoresce quando um feixe de elétrons dentro do tubo de imagem atravessa muito rapidamente a tela. A detecção de raios X e raios γ também é possível; certas substâncias fosforescentes emitem luz visível ou brilham quando colocadas em um feixe de radiação que de outra forma seria invisível.

19.12 FOTOCONDUTIVIDADE

A condutividade dos materiais semicondutores depende do número de elétrons livres na banda de condução e do número de buracos na banda de valência, de acordo com a Equação 12.13. A energia térmica associada às vibrações da rede pode promover excitações eletrônicas em que são criados elétrons livres e/ou buracos, como descrito na Seção 12.6. Transportadores de carga adicionais podem ser gerados como consequência de transições eletrônicas induzidas por fótons nas quais há absorção de luz; o consequente aumento na condutividade é chamado de **fotocondutividade**. Assim, quando uma amostra de material fotocondutivo é iluminada, há aumento na condutividade.

fotocondutividade

Esse fenômeno é empregado em fotômetros fotográficos. Uma corrente fotoinduzida é medida e sua magnitude é uma função direta da intensidade da radiação luminosa incidente, ou seja, da taxa na qual os fótons de luz atingem o material fotocondutivo. A radiação da luz visível deve induzir transições eletrônicas no material fotocondutor; o sulfeto de cádmio é usado com frequência em fotômetros.

A luz do Sol pode ser convertida diretamente em energia elétrica nas células solares, que também usa semicondutores. A operação desses dispositivos é, em certo sentido, o inverso da que é exibida pelos diodos emissores de luz. É usada uma junção p-n na qual os elétrons fotoexcitados e os buracos são afastados da junção, em direções opostas, e tornam-se parte de uma corrente elétrica externa, como está ilustrado no diagrama (a) na abertura deste capítulo.

MATERIAIS DE IMPORTÂNCIA

Diodos Emissores de Luz

eletrolu-minescência

diodo emissor de luz (LED – *light emitting diode*)

Na Seção 12.15 discutimos as junções semicondutoras *p-n* e como elas podem ser usadas na forma de diodos ou como retificadores para uma corrente elétrica.[1] Em algumas situações, quando um potencial com fluxo para a frente com magnitude relativamente alta é aplicado através de um diodo de junção *p-n*, luz visível (ou radiação infravermelha) é emitida. Essa conversão de energia elétrica em energia luminosa é denominada **eletroluminescência** e o dispositivo que a produz é denominado **diodo emissor de luz (LED – *light emitting diode*)**. O potencial com fluxo para a frente atrai os elétrons em direção à junção pelo lado *n*, onde alguns deles passam (ou são "injetados") para o lado *p* (Figura 19.11*a*). Aqui, os elétrons são portadores de carga minoritários e, portanto, se "recombinam" ou são aniquilados pelos buracos na região próxima à junção, de acordo com a Equação 19.17, onde a energia está na forma de fótons de luz (Figura 19.11*b*). Um processo análogo ocorre no lado *p* – isto é, os buracos se deslocam para a junção e se recombinam com os elétrons majoritários no lado *n*.

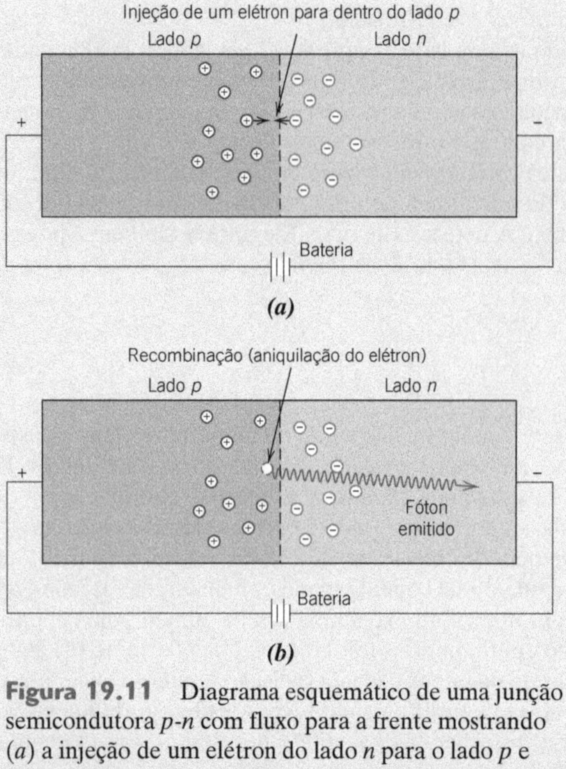

Os elementos semicondutores silício e germânio não são adequados para LEDs devido à natureza de suas estruturas do espaçamento entre bandas. Em vez disso, alguns compostos semicondutores do tipo III-V, tais como o arseneto de gálio (GaAs) e o fosfeto de índio (InP) e ligas compostas por esses materiais (por exemplo, $GaAs_xP_{1-x}$, em que x é um número pequeno menor que a unidade), são usados com frequência. O comprimento de onda (isto é, a cor) da radiação emitida está relacionado ao espaçamento entre as bandas do semicondutor (que é normalmente o mesmo tanto para o lado *n* quanto para o lado *p* do diodo). Por exemplo, são possíveis as cores vermelho, laranja e amarelo para o sistema GaAs-InP. Também foram desenvolvidos LEDs com as cores azul e verde utilizando ligas semicondutoras (Ga,In)N. Assim, com esse complemento de cores, são possíveis telas com LEDs que exibem todas as cores.

As várias aplicações importantes para os LEDs semicondutores incluem os relógios digitais e os mostradores de relógios com iluminação, os *mouses ópticos* para computadores e os *scanners*. Os controles remotos eletrônicos (para televisores, reprodutores de DVD etc.) também usam LEDs que emitem um feixe de radiação infravermelha; esse feixe transmite sinais codificados que são captados por detectores nos dispositivos receptores. Além disso, os LEDs estão sendo usados como fontes de luz. Eles são energeticamente mais eficientes do que as lâmpadas incandescentes, geram muito pouco calor e têm tempo de vida útil muito mais longo (uma vez que não existe neles um filamento que pode queimar). A maioria dos sinais de controle de trânsito mais novos utiliza LEDs em lugar de lâmpadas incandescentes.

Observamos na Seção 12.17 que alguns materiais poliméricos podem ser semicondutores (tanto do tipo *n* quanto do tipo *p*). Como consequência, são possíveis diodos emissores de luz feitos de polímeros, dos quais existem dois tipos: (1) *diodos orgânicos emissores de luz* (ou *OLEDs – organic light emitting diodes*), que têm pesos moleculares relativamente baixos; e (2) *diodos poliméricos emissores de luz* (ou *PLEDs – polymer light emitting diodes*), de alto peso molecular. Para esses tipos de LED, são usados polímeros amorfos na forma de finas camadas que são colocadas em sanduíche entre contatos elétricos (anodos e catodos).

Figura 19.11 Diagrama esquemático de uma junção semicondutora *p-n* com fluxo para a frente mostrando (*a*) a injeção de um elétron do lado *n* para o lado *p* e (*b*) a emissão de um fóton de luz quando esse elétron se recombina com um buraco.

---

[1] Estão apresentados na Figura 12.21 diagramas esquemáticos que mostram as distribuições de elétrons e buracos em ambos os lados da junção sem a aplicação de qualquer potencial elétrico, assim como para os fluxos para a frente e reverso. Além disso, a Figura 12.22 mostra o comportamento da corrente em função da tensão para uma junção *p-n*.

Para que a luz seja emitida pelo LED, um dos contatos deve ser transparente. A Figura 19.12 é uma ilustração esquemática que mostra os componentes e a configuração de um OLED. É possível uma ampla variedade de cores empregando OLEDs e PLEDs, e mais de uma única cor pode ser produzida a partir de cada dispositivo (o que não é possível com os LEDs semicondutores) – dessa forma, combinando-se cores, é possível a geração de luz branca.

Embora os LEDs semicondutores tenham atualmente tempo de vida útil mais longo do que esses emissores orgânicos, os OLEDs/PLEDs apresentam vantagens particulares. Além de gerarem múltiplas cores, eles são mais fáceis de ser fabricados (pela "impressão" sobre seus substratos com uma impressora de jato de tinta), são relativamente baratos, têm perfis mais delgados e podem ser padronizados para proporcionar imagens de alta resolução e em todas as cores. As telas feitas com OLED estão sendo comercializadas para uso em câmeras digitais, telefones celulares e componentes de áudio de automóveis. As aplicações potenciais incluem telas de maiores dimensões para televisores, computadores e painéis de propaganda. Além disso, usando a combinação correta de materiais, essas telas também podem ser flexíveis. Imagine um monitor de computador ou de televisor que possa ser enrolado como uma tela de projeção, ou uma luminária que fique enrolada ao redor de uma coluna arquitetônica ou que seja montada sobre a parede de uma sala para compor um papel de parede em constante mudança.

Figura 19.12 Diagrama esquemático que mostra os componentes e a configuração de um diodo orgânico emissor de luz (OLED).
(Reproduzido mediante acordo com a revista *Silicon Chip*.)

Fotografia de uma grande tela de vídeo feita de diodos emissores de luz, localizada na esquina da Broadway com a Rua 43 na cidade de Nova Iorque.

Verificação de Conceitos 19.7   O material semicondutor seleneto de zinco (ZnSe), que tem um espaçamento entre bandas de 2,58 eV, é fotocondutor quando exposto a radiação de luz visível? Por que sim ou por que não?

(*A resposta está disponível no GEN-IO, ambiente virtual de aprendizagem do GEN.*)

19.13 LASERS

Todas as transições eletrônicas radiativas discutidas até o momento são espontâneas – isto é, um elétron decai de um estado de alta energia para um estado de menor energia sem nenhuma provocação externa. Esses eventos de transição ocorrem independentemente uns dos outros e em momentos aleatórios, produzindo uma radiação que é incoerente – isto é, as ondas de luz estão fora de fase umas com as outras. Com os lasers, no entanto, é gerada uma luz coerente pelas transições eletrônicas iniciadas por um estímulo externo – **laser** é o acrônimo, em inglês, para amplificação da luz por emissão estimulada de radiação (*light amplification by stimulated emission of radiation*).

laser

Embora existam vários tipos de laser diferentes, os princípios de operação serão explicados utilizando o laser de rubi em estado sólido. O rubi é um monocristal de Al_2O_3 (safira) ao qual foram adicionados da ordem de 0,05 % íons Cr^{3+}. Como explicado anteriormente (Seção 19.9), esses íons conferem ao rubi a coloração vermelha característica; ainda mais importante, eles fornecem estados eletrônicos que são essenciais para o funcionamento do laser. O laser de rubi tem a forma de uma barra, cujas extremidades são planas, paralelas e altamente polidas. Ambas as extremidades são recobertas com prata, tal que uma das extremidades é totalmente refletiva, enquanto a outra é parcialmente transmissora.

O rubi é iluminado com a luz proveniente de uma lâmpada de *flash* de xenônio (Figura 19.13). Antes dessa exposição, virtualmente todos os íons Cr^{3+} estão em seus estados fundamentais; isto é, os elétrons preenchem os níveis de menor energia, como está representado esquematicamente na Figura 19.14. Entretanto, os fótons com comprimento de onda de 0,56 μm da lâmpada de xenônio excitam os elétrons dos íons Cr^{3+} para estados de energia mais elevados. Esses elétrons podem decair e retornar ao seu estado fundamental por duas trajetórias diferentes. Alguns decaem diretamente; as emissões de fótons associadas a esse decaimento não fazem parte do feixe de laser. Outros elétrons decaem para um estado intermediário metaestável (trajetória *EM*, na Figura 19.14), onde podem ficar por até 3 ms (milissegundos) antes de haver uma emissão espontânea (trajetória *MG*). Em termos de processos eletrônicos, 3 ms é um tempo relativamente longo, o que significa que grandes números desses estados metaestáveis podem ficar ocupados. Essa situação está indicada na Figura 19.15*b*.

A emissão espontânea inicial de fótons por alguns poucos desses elétrons é o estímulo que dispara uma avalanche de emissões dos elétrons remanescentes no estado metaestável (Figura 19.15*c*). Dos fótons direcionados paralelamente ao eixo da barra de rubi, alguns são transmitidos através da extremidade parcialmente prateada; outros, que incidem contra a extremidade totalmente prateada, são refletidos. Os fótons que não são emitidos nessa direção axial são perdidos. O feixe de luz viaja repetidamente para a frente e para trás ao longo do comprimento da barra, e sua intensidade

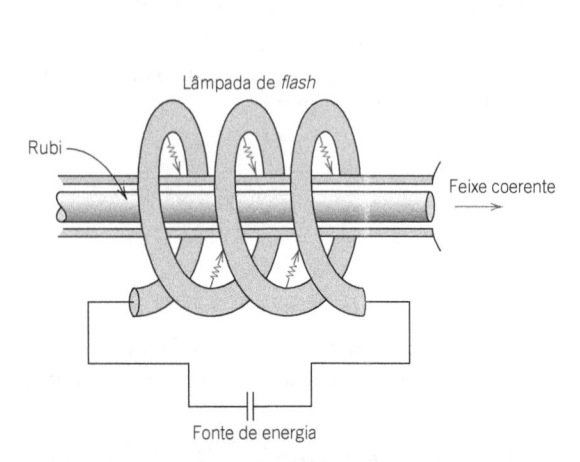

Figura 19.13 Diagrama esquemático do laser de rubi e da lâmpada de *flash* de xenônio.
(De R. M. Rose, L. A. Shepard e J. Wulff, *The Structure and Properties of Materials*, Vol. IV, *Electronic Properties*. Copyright © 1966 por John Wiley & Sons, New York. Reimpresso sob permissão de John Wiley & Sons, Inc.)

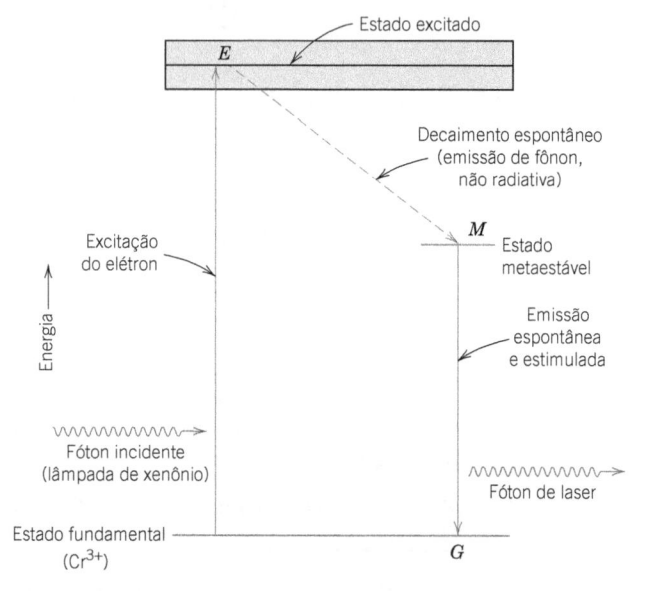

Figura 19.14 Diagrama esquemático da energia para o laser de rubi, mostrando as trajetórias para a excitação e o decaimento dos elétrons.

Figura 19.15 Representações esquemáticas da emissão estimulada e da amplificação da luz para um laser de rubi. (*a*) Íons cromo antes da excitação. (*b*) Os elétrons em alguns íons de cromo são excitados para estados de energia mais elevados pela luz de *flash* de xenônio. (*c*) A emissão dos estados eletrônicos metaestáveis é iniciada ou estimulada por fótons que são emitidos espontaneamente. (*d*) Com a reflexão a partir das extremidades prateadas, os fótons continuam a estimular emissões enquanto atravessam a barra. (*e*) O feixe coerente e intenso é finalmente emitido através da extremidade parcialmente prateada.
(De R. M. Rose, L. A. Shepard e J. Wulff, *The Structure and Properties of Materials*, Vol. IV, *Electronic Properties*. Copyright © 1966 por John Wiley & Sons, New York. Reimpresso sob permissão de John Wiley & Sons, Inc.)

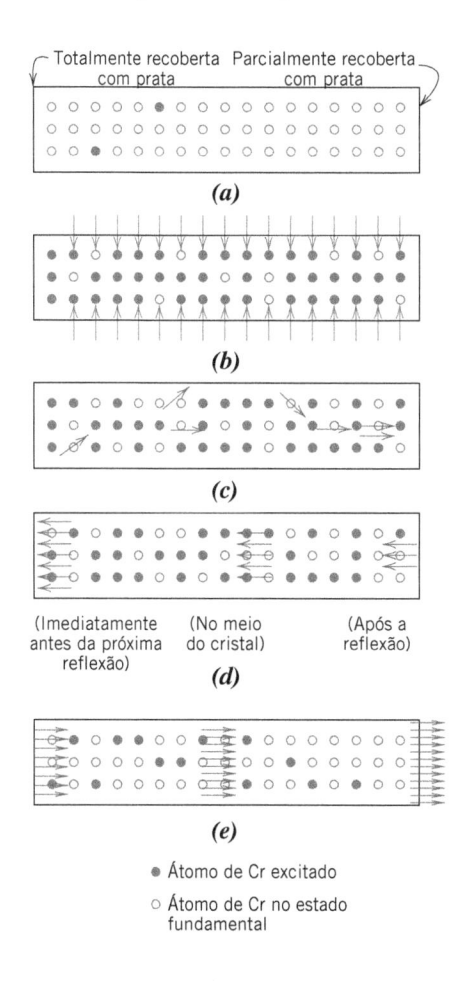

aumenta, à medida que mais emissões são estimuladas. Ao final, um feixe de alta intensidade, coerente e altamente colimado de luz laser, de curta duração, é transmitido através da extremidade parcialmente prateada da barra (Figura 19.15*e*). Esse feixe monocromático de luz vermelha tem um comprimento de onda de 0,6943 μm.

Materiais semicondutores, como o arseneto de gálio, também podem ser usados como lasers em reprodutores de CD e na moderna indústria de telecomunicações. Um requisito para esses materiais semicondutores é que o comprimento de onda λ associado à energia do espaçamento entre bandas E_e deve corresponder à luz visível – isto é, a partir de uma modificação da Equação 19.3, qual seja,

$$\lambda = \frac{hc}{E_e} \tag{19.20}$$

Vemos que o valor de λ precisa estar entre 0,4 e 0,7 μm. A aplicação de uma tensão ao material excita os elétrons da banda de valência, através do espaçamento entre bandas, e para dentro da banda de condução; como consequência, são criados buracos na banda de valência. Esse processo está evidenciado na Figura 19.16*a*, que mostra a representação da banda de energia ao longo de uma região do material semicondutor, juntamente com vários buracos e elétrons excitados. Subsequentemente, alguns poucos desses elétrons excitados e buracos se recombinam espontaneamente. Para cada evento de recombinação é emitido um fóton de luz com um comprimento de onda dado pela Equação 19.20 (Figura 19.16*a*). Um desses fótons estimula a recombinação de outros pares de elétron excitado-buraco (Figura 19.16*b-f*) e a produção de fótons adicionais que exibem o mesmo comprimento de onda e estão todos em fase uns com os outros e com o fóton original; dessa forma, resulta um feixe monocromático e coerente. Como acontece com o laser de rubi (Figura 19.15), uma extremidade do laser semicondutor é totalmente refletora; nessa extremidade, o feixe é refletido de volta para dentro do material, de modo que serão estimuladas recombinações adicionais. A outra extremidade do laser é parcialmente refletora, o que permite que parte do feixe escape. Com esse tipo de laser, é produzido um feixe contínuo, uma vez que a aplicação de uma tensão constante assegura que sempre há uma fonte estável de buracos e elétrons excitados.

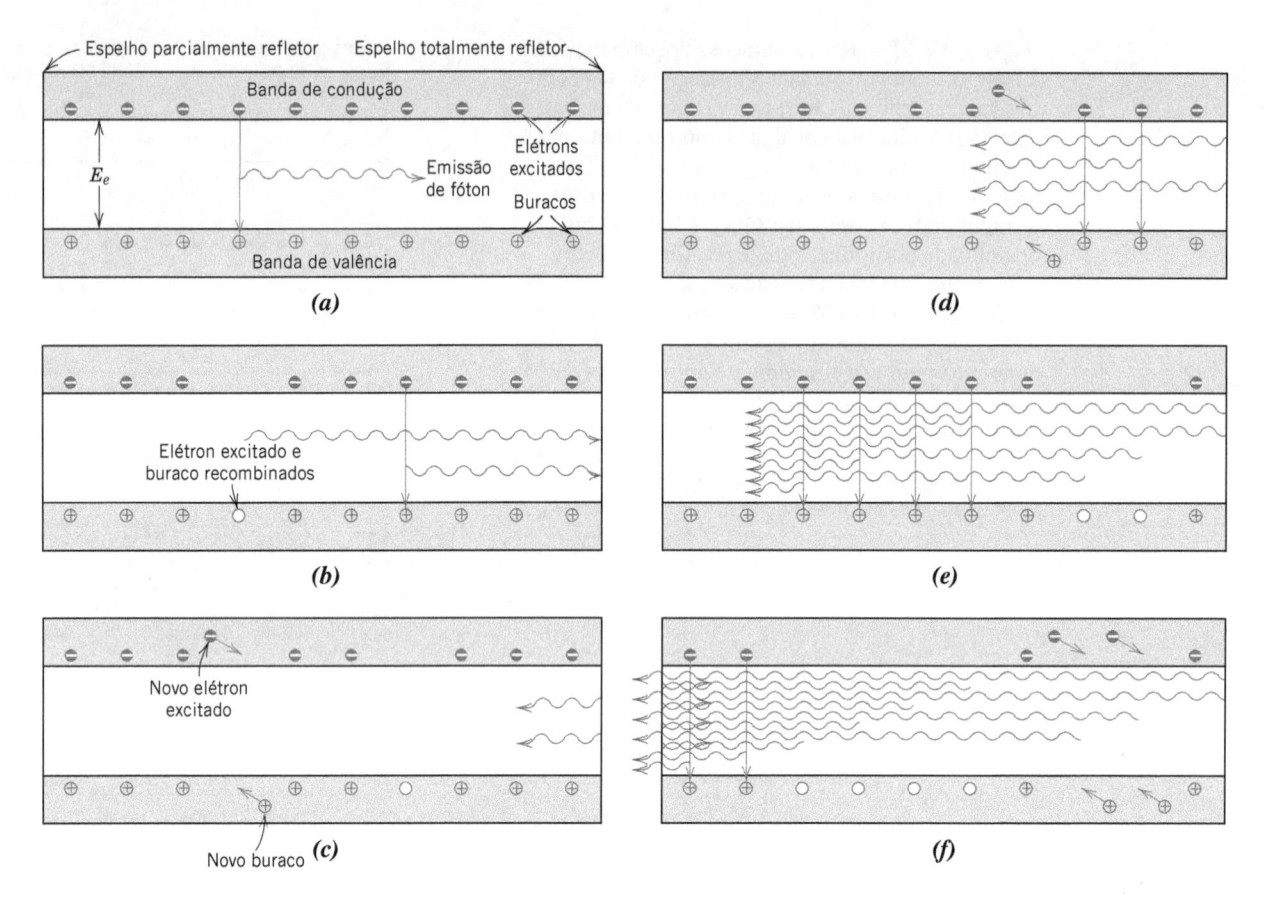

Figura 19.16 Representações esquemáticas da recombinação estimulada de elétrons excitados na banda de condução com buracos na banda de valência para o laser semicondutor, o que dá origem a um feixe de laser. (*a*) Um elétron excitado se recombina com um buraco; a energia que está associada a essa recombinação é emitida como um fóton de luz. (*b*) O fóton emitido em (*a*) estimula a recombinação de outro par elétron excitado-buraco, resultando na emissão de outro fóton de luz. (*c*) Os dois fótons emitidos em (*a*) e (*b*), que têm o mesmo comprimento de onda e estão em fase entre si, são refletidos pelo espelho totalmente refletor, de volta para o interior do semicondutor laser. Além disso, novos elétrons excitados e novos buracos são gerados por uma corrente que passa através do semicondutor. (*d*) e (*e*) Ao prosseguir através do semicondutor, mais recombinações elétron excitado-buraco são estimuladas, que dão origem a fótons de luz adicionais que também se tornam parte do feixe de laser monocromático e coerente. (*f*) Uma parcela desse feixe de laser escapa através do espelho parcialmente refletor em uma das extremidades do material semicondutor.

(Adaptado de "Photonic Materials", por J. M. Rowell. Copyright © 1986 por Scientific American, Inc. Todos os direitos reservados.)

O laser semicondutor é composto por várias camadas de materiais semicondutores que apresentam diferentes composições e que são colocados entre um sorvedouro de calor e um condutor metálico; um arranjo típico está representado esquematicamente na Figura 19.17. As composições das camadas são escolhidas de modo a confinar tanto os elétrons excitados e os buracos quanto o feixe de laser dentro da camada central de arseneto de gálio.

Diversas outras substâncias podem ser usadas para lasers, incluindo alguns gases e vidros. A Tabela 19.2 lista vários lasers comuns e suas características. As aplicações dos lasers são diversas. Uma vez que os feixes de lasers podem ser concentrados para produzir um aquecimento localizado, eles são utilizados em procedimentos cirúrgicos e para corte, soldagem e usinagem de metais. Os lasers também são empregados como fontes de luz para sistemas de comunicação óptica. Afora isso, como o feixe é altamente coerente, os lasers podem ser utilizados para fazer medições de distâncias muito precisas.

19.14 FIBRAS ÓPTICAS EM COMUNICAÇÕES

O campo das comunicações apresentou recentemente uma revolução com o desenvolvimento da tecnologia de fibras ópticas; virtualmente, todas as telecomunicações são transmitidas por esse meio, em lugar de fios de cobre. A transmissão de sinais por um fio condutor metálico é eletrônica (isto

Figura 19.17 Diagrama esquemático que mostra a seção transversal em camadas de um laser semicondutor de GaAs. Os buracos, os elétrons excitados e o feixe de laser são confinados à camada de GaAs pelas camadas adjacentes dos tipos *n* e *p* de GaAlAs.
(Adaptado de "Photonic Materials", por J. M. Rowell. Copyright © 1986 por Scientific American, Inc. Todos os direitos reservados.)

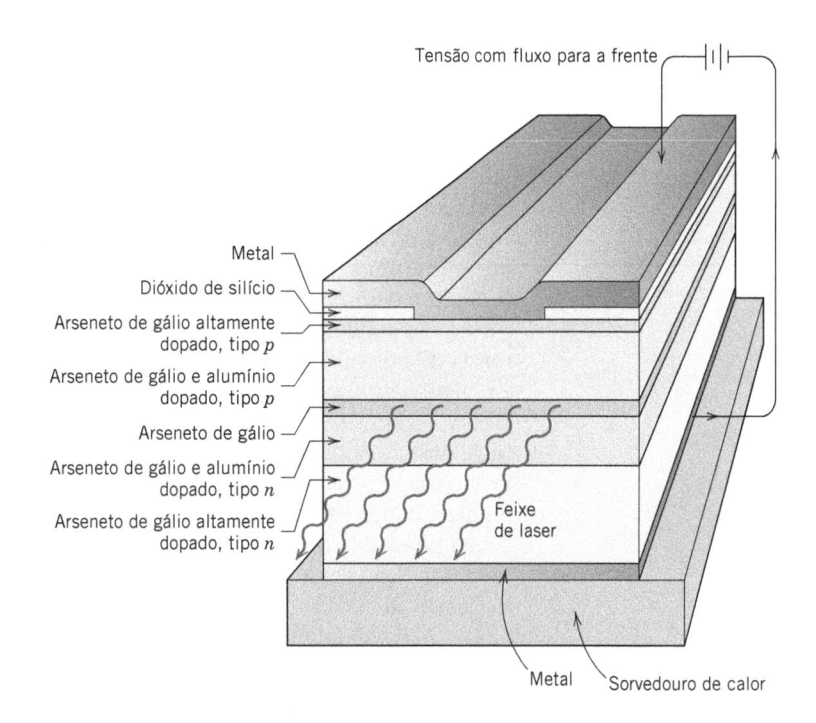

Tensão com fluxo para a frente

Metal
Dióxido de silício
Arseneto de gálio altamente dopado, tipo *p*
Arseneto de gálio e alumínio dopado, tipo *p*
Arseneto de gálio
Arseneto de gálio e alumínio dopado, tipo *n*
Arseneto de gálio altamente dopado, tipo *n*
Feixe de laser
Metal   Sorvedouro de calor

é, por elétrons), enquanto quando são usadas fibras oticamente transparentes, a transmissão do sinal é *fotônica*, isto é, utiliza fótons de radiação eletromagnética ou luminosa. O uso de sistemas de fibras ópticas apresenta maior velocidade de transmissão, maior densidade de informação e maior distância de transmissão, com redução na taxa de erros; além disso, não há nenhuma interferência eletromagnética com as fibras ópticas. Em relação à velocidade, as fibras ópticas podem transmitir, em 1 s, a informação equivalente a três episódios do seu programa de televisão favorito. Em relação à densidade de informação, duas pequenas fibras ópticas podem transmitir simultaneamente o equivalente a 24.000 chamadas telefônicas. Além disso, seriam necessários 30.000 kg (30 toneladas) de cobre para transmitir a mesma quantidade de informação que apenas 0,1 kg (1/4 lb$_m$) de uma fibra óptica é capaz de transmitir.

Tabela 19.2 Características e Aplicações de Vários Tipos de Lasers

Laser	*Comprimento de Onda* (μm)	*Faixa Média de Potência*	*Aplicações*
Dióxido de carbono	10,6	Miliwatts a dezenas de quilowatts	Tratamento térmico, soldagem, corte, inscrição, marcação
Nd:YAG	1,06 0,532	Miliwatts a centenas de watts Miliwatts a watts	Soldagem, perfuração de orifícios, corte
Nd:vidro	1,05	Watts[a]	Soldagem em pulsos, perfuração de orifícios
Diodos	Visível e infravermelho	Miliwatts a quilowatts	Leitura de código de barras, CDs e DVDs, comunicações ópticas
Argônio-Íon	0,5415 0,488	Miliwatts a dezenas de watts Miliwatts a watts	Cirurgia, medições de distância, holografia
Fibra	Infravermelho	Watts a quilowatts	Telecomunicações, espectroscopia, armas de energia dirigida
Excimer	Ultravioleta	Watts a centenas de watts[b]	Cirurgia dos olhos, microusinagem e microlitografia

[a]Embora os lasers de vidro produzam potências médias relativamente baixas, eles quase sempre operam no modo de pulsos, em que suas potências de pico podem atingir níveis de gigawatts.

[b]Excimers também são lasers de pulso e são capazes de picos de potência da ordem de dezenas de megawatts.

Fonte: Adaptado de C. Breck. J. J. Ewing, and J. Hecht, *Introduction to Laser Technology*, 4th edition. Copyright © 2012 por John Wiley & Sons, Inc., Hoboken, NJ. Reimpresso com permissão de John Wiley & Sons, Inc.

O presente tratamento se concentra nas características das fibras ópticas; entretanto, é importante, em primeiro lugar, discutir sucintamente os componentes e a operação do sistema de transmissão. Um diagrama esquemático mostrando esses componentes está apresentado na Figura 19.18. A informação (por exemplo, a conversação telefônica) em formato eletrônico deve ser primeiro digitalizada em bits – isto é, em 1 e 0; isso é realizado no codificador. Em seguida, é necessário converter esse sinal elétrico em um sinal óptico (fotônico), o que ocorre no conversor elétrico-óptico (Figura 19.18). Esse conversor é normalmente um laser semicondutor, como o descrito na seção anterior, que emite uma luz monocromática e coerente. O comprimento de onda fica normalmente entre 0,78 μm e 1,6 μm, estando na região infravermelha do espectro eletromagnético; as perdas por absorção são pequenas nessa região de comprimentos de onda. A saída desse conversor laser ocorre na forma de pulsos de luz; um binário 1 é representado por um pulso de alta potência (Figura 19.19a), enquanto um 0 corresponde a um pulso de baixa potência (ou à ausência de um pulso) (Figura 19.19b). Esses sinais fotônicos em pulso são então alimentados e conduzidos por cabo de fibra óptica (algumas vezes chamado de *guia de ondas*) até a extremidade receptora. No caso de transmissões de longa distância, podem ser necessários *repetidores*, que são dispositivos que amplificam e regeneram o sinal. Finalmente, na extremidade receptora, o sinal fotônico é reconvertido em um sinal eletrônico e então decodificado ("desdigitalizado").

O coração desse sistema de comunicações é a fibra óptica. Ela deve guiar esses pulsos de luz por longas distâncias sem haver perda significativa na potência do sinal (isto é, atenuação) e distorção do pulso. Os componentes da fibra são o núcleo, o recobrimento e o revestimento; esses componentes estão representados no perfil da seção transversal mostrado na Figura 19.20. O sinal passa através do núcleo, enquanto o recobrimento que o envolve restringe a trajetória dos raios de luz ao interior do núcleo; o revestimento externo protege o núcleo e o recobrimento contra danos que possam resultar da abrasão e de pressões externas.

O vidro de sílica de alta pureza é usado como o material da fibra; os diâmetros das fibras variam normalmente entre aproximadamente 5 μm e 100 μm. As fibras são relativamente livres de defeitos e, dessa forma, significativamente resistentes; durante a produção, as fibras contínuas são testadas para assegurar que atendam a padrões mínimos de resistência.

A contenção da luz no interior do núcleo da fibra é possibilitada pela reflexão interna total – isto é, quaisquer raios de luz que estejam se deslocando em ângulos oblíquos ao eixo da fibra são refletidos no interior do núcleo. A reflexão interna é obtida variando-se o índice de refração dos vidros do núcleo e do recobrimento. Nesse sentido, são usados dois tipos de projeto. Em um deles [denominado "índice em degrau" (*step-index*)], o índice de refração do recobrimento é ligeiramente menor do que o do núcleo. O perfil do índice de refração e a maneira como ocorre a reflexão interna estão mostrados nas Figuras 19.21b e 19.21d. Nesse projeto, o pulso de saída é mais largo do que o pulso de entrada (Figuras 19.21c e 19.21e), um fenômeno que é indesejável, uma vez que isso limita a taxa de transmissão. O alargamento do pulso ocorre porque os vários raios de luz, embora sejam injetados aproximadamente ao mesmo tempo, chegam ao ponto de saída em tempos diferentes; eles seguem trajetórias diferentes e, dessa forma, têm diversos comprimentos de percurso.

O alargamento dos pulsos é evitado em grande parte pela utilização do projeto de índice variável (*graded-index*). Nesse caso, impurezas como o óxido de boro (B_2O_3) ou o dióxido de germânio (GeO_2) são adicionadas ao vidro de sílica, tal que o índice de refração passa a variar parabolicamente ao longo da seção transversal (Figura 19.22b). Assim, a velocidade da luz no interior do núcleo varia com a posição radial, sendo maior na periferia do que no centro. Consequentemente, os raios de luz com percursos mais longos através da periferia mais externa do núcleo se deslocam mais rápido nesse material com menor índice de refração e chegam ao ponto de saída aproximadamente no mesmo instante que os raios não desviados que passam pela parte central do núcleo.

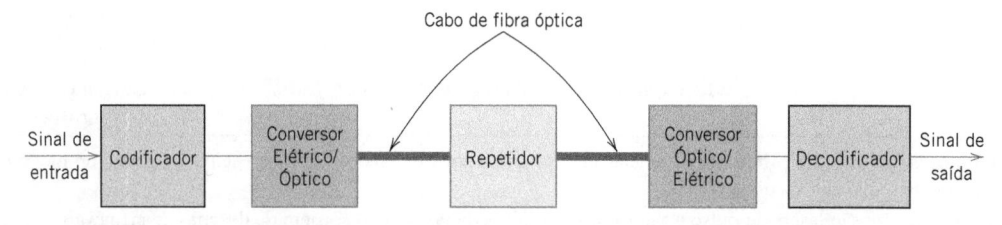

Figura 19.18 Diagrama esquemático dos componentes de um sistema de comunicações por fibra óptica.

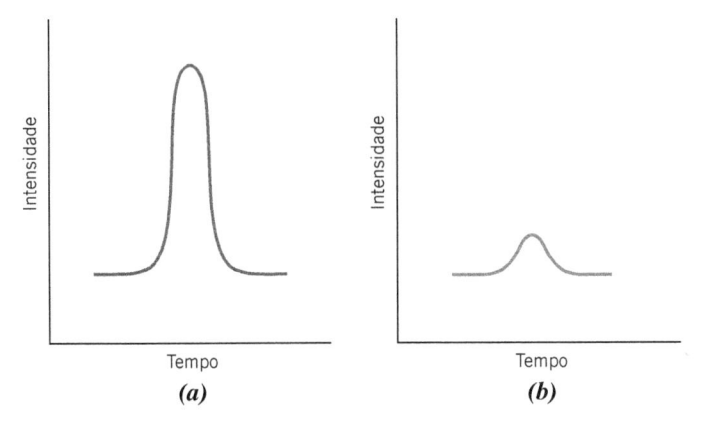

Figura 19.19 Esquema de codificação digital para comunicações ópticas. (*a*) Um pulso de fótons de alta potência corresponde ao "1" no formato binário. (*b*) Um pulso de fótons de baixa potência representa o "0".

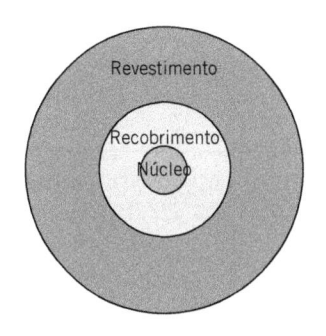

Figura 19.20 Seção transversal esquemática de uma fibra óptica.

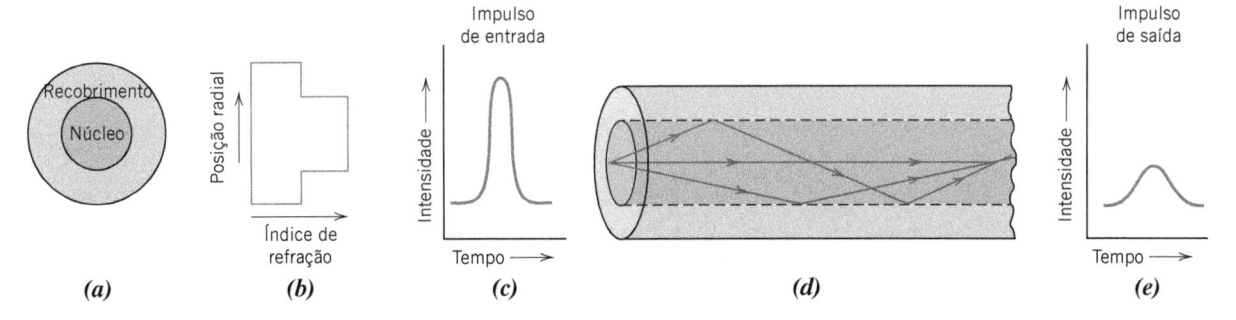

Figura 19.21 Projeto de fibra óptica com índice em degrau. (*a*) Seção transversal da fibra. (*b*) Perfil radial do índice de refração da fibra. (*c*) Pulso de luz de entrada. (*d*) Reflexão interna dos raios de luz. (*e*) Pulso de luz de saída. (Adaptado de S. R. Nagel, *IEEE Communications Magazine*, Vol. 25, N° 4, p. 34, 1987.)

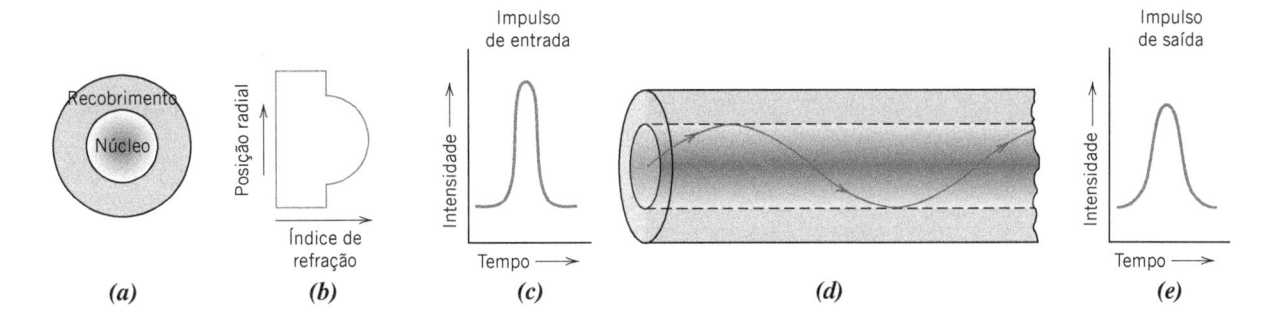

Figura 19.22 Projeto de fibra óptica com índice variável. (*a*) Seção transversal da fibra. (*b*) Perfil radial do índice de refração da fibra. (*c*) Pulso de luz de entrada. (*d*) Reflexão interna de um raio de luz. (*e*) Pulso de luz de saída. (Adaptado de S. R. Nagel, *IEEE Communications Magazine*, Vol. 25, N° 4, p. 34, 1987.)

Fibras excepcionalmente puras e de alta qualidade são fabricadas com o emprego de técnicas de processamento avançadas e sofisticadas, que não são discutidas neste livro. As impurezas e os outros defeitos que absorvem, dispersam e, dessa maneira, atenuam o feixe de luz devem ser eliminados. A presença de cobre, ferro e vanádio é especialmente negativa; suas concentrações são reduzidas até a ordem de algumas partes por bilhão. Da mesma forma, os teores de água e de hidroxila são extremamente pequenos. A uniformidade das dimensões da seção transversal da fibra e o grau de circularidade do núcleo são críticos; são possíveis tolerâncias desses parâmetros na ordem de 1 μm ao longo de 1 km (0,6 milha) de comprimento da fibra. Além disso, bolhas dentro do vidro e defeitos superficiais devem ser virtualmente eliminados. A atenuação da luz nesse vidro deve ser imperceptivelmente pequena. Por exemplo, a perda de potência através de um vidro de fibra óptica com 16 km (10 milhas) de espessura é equivalente à perda de potência através de um vidro de janela comum com 25 mm de espessura!

RESUMO

Radiação Eletromagnética
- O comportamento óptico de um material sólido é uma função de suas interações com a radiação eletromagnética que apresenta comprimentos de onda na região visível do espectro (aproximadamente 0,4 μm a 0,7 μm).
- De uma perspectiva quântico-mecânica, a radiação eletromagnética pode ser considerada como sendo composta por fótons – grupos ou pacotes de energia que são *quantizados* – ou seja, eles só podem ter valores de energia específicos.
- A energia do fóton é igual ao produto entre a constante de Planck e a frequência da radiação (Equação 19.3).

Interações da Luz com os Sólidos
- Os possíveis fenômenos interativos que podem ocorrer quando a radiação luminosa passa de um meio para outro são refração, reflexão, absorção e transmissão.
- Em relação ao grau de transmissividade da luz, os materiais são classificados como a seguir.
    Transparente – a luz é transmitida através do material com muito pouca absorção e reflexão.
    Translúcido – a luz é transmitida de maneira difusa; existe algum espalhamento no interior do material.
    Opaco – virtualmente toda a luz é espalhada ou refletida, tal que nenhuma luz é transmitida através do material.

Interações Atômicas e Eletrônicas
- Uma possível interação entre a radiação eletromagnética e a matéria é a polarização eletrônica – o componente de campo elétrico de uma onda de luz induz uma mudança na nuvem eletrônica ao redor de um átomo em relação ao seu núcleo (Figura 12.32a).
- Duas consequências da polarização eletrônica são a absorção e a refração da luz.
- A radiação eletromagnética pode ser absorvida pela excitação de elétrons de um estado de energia para outro de maior energia (Figura 19.3).

Propriedades Ópticas dos Metais
- Os metais têm aparência opaca como resultado da absorção e então reemissão da radiação luminosa em uma fina camada superficial externa.
- A absorção ocorre pela excitação dos elétrons de estados de energia ocupados para estados não ocupados acima do nível da energia de Fermi (Figura 19.4a). A reemissão ocorre por transições de decaimento dos elétrons na direção inversa (Figura 19.4b).
- A cor percebida de um metal é determinada pela composição espectral da luz refletida.

Refração
- A radiação luminosa sofre refração nos materiais transparentes – ou seja, sua velocidade é reduzida e o feixe de luz é desviado na interface.
- O fenômeno da refração é consequência da polarização eletrônica dos átomos ou íons. Quanto maior um átomo ou íon, maior o índice de refração.

Reflexão
- Quando a luz passa de um meio transparente para outro com um índice de refração diferente, uma parcela da luz é refletida na interface.

- O grau de refletância depende dos índices de refração de ambos os meios, assim como do ângulo de incidência. Para uma incidência normal, a refletividade pode ser calculada usando a Equação 19.12.

Absorção
- Os materiais não metálicos puros são intrinsecamente transparentes ou são opacos.

  A opacidade resulta nos materiais que exibem espaçamentos entre bandas relativamente estreitos ($E_e < 1,8$ eV), como consequência de uma absorção na qual a energia de um fóton é suficiente para promover transições eletrônicas da banda de valência para a banda de condução (Figura 19.5).

  Os não metais transparentes têm espaçamentos entre bandas maiores que 3,1 eV.

  Nos materiais não metálicos que possuem espaçamentos entre bandas entre 1,8 e 3,1 eV, apenas uma parte do espectro visível é absorvida; esses materiais exibem uma aparência colorida.

- Ocorre certa absorção da luz, mesmo nos materiais transparentes, como consequência da polarização eletrônica.

- Nos isolantes que apresentam um espaçamento entre bandas grande e que contêm impurezas, é possível o decaimento de elétrons excitados para estados dentro do espaçamento entre bandas, com a emissão de fótons com energias menores do que a energia do espaçamento entre bandas (Figura 19.6).

Cor
- Os materiais transparentes exibem uma aparência colorida como consequência da absorção seletiva de faixas de comprimentos de onda específicos da luz (geralmente pela excitação de elétrons).

- A cor percebida é resultado da distribuição de faixas de comprimentos de onda no feixe transmitido.

Opacidade e Translucidez em Isolantes
- Os materiais normalmente transparentes podem tornar-se translúcidos ou mesmo opacos se o feixe de luz incidente sofrer reflexão e/ou refração em seu interior.

- A translucidez e a opacidade como resultado do espalhamento interno podem ocorrer da seguinte maneira:

  (1) Em materiais policristalinos com índices de refração anisotrópicos

  (2) Em materiais bifásicos

  (3) Em materiais que contêm pequenos poros

  (4) Em polímeros altamente cristalinos

Luminescência
- Na luminescência, a energia é absorvida como consequência de excitações dos elétrons, e é reemitida subsequentemente na forma de luz visível.

  Quando a luz é reemitida em menos de 1 s após a excitação, o fenômeno é denominado *fluorescência*.

  Para tempos de reemissão mais longos, o termo *fosforescência* é usado.

- A eletroluminescência é o fenômeno pelo qual a luz é emitida como resultado de eventos de recombinação elétron-buraco que são induzidos em um diodo com fluxo para a frente (Figura 19.11).

- O dispositivo que apresenta eletroluminescência é o diodo emissor de luz (LED – *light emitting diode*).

Fotocondutividade
- *Fotocondutividade* é o fenômeno pelo qual a condutividade elétrica de alguns semicondutores pode ser melhorada por transições eletrônicas fotoinduzidas, nas quais são gerados elétrons livres e buracos adicionais.

Lasers
- Feixes de luz coerentes e de alta intensidade são produzidos nos lasers por meio de transições eletrônicas estimuladas.

- Em um laser de rubi, um feixe é gerado por elétrons que decaem e retornam aos seus estados fundamentais de Cr^{3+} a partir de estados excitados metaestáveis.

- O feixe de um laser semicondutor resulta da recombinação de elétrons excitados na banda de condução com buracos na banda de valência.

Fibras Ópticas em Comunicações

- O emprego da tecnologia de fibras ópticas nas telecomunicações modernas proporciona uma transmissão de informações livre de interferências, rápida e intensa.
- Uma fibra óptica é composta pelos seguintes elementos:

Um núcleo pelo qual os pulsos de luz se propagam.

O recobrimento, que proporciona reflexão interna total e a contenção do feixe de luz no interior do núcleo.

O revestimento, que protege o núcleo e o recobrimento contra danos.

Resumo das Equações

Número da Equação	Equação	Resolvendo para
19.1	$c = \dfrac{1}{\sqrt{\varepsilon_0 \mu_0}}$	A velocidade da luz no vácuo
19.2	$c = \lambda \upsilon$	Velocidade da radiação eletromagnética
19.3	$E = h\upsilon = \dfrac{hc}{\lambda}$	Energia de um fóton de radiação eletromagnética
19.6	$\Delta E = h\upsilon$	Energia absorvida ou emitida durante uma transição eletrônica
19.8	$\upsilon = \dfrac{1}{\sqrt{\varepsilon \mu}}$	Velocidade da luz em um meio
19.9	$n = \dfrac{c}{\upsilon} = \sqrt{\varepsilon_r \mu_r}$	Índice de refração
19.12	$R = \left(\dfrac{n_2 - n_1}{n_2 + n_1}\right)^2$	Refletividade na interface entre dois meios para uma incidência normal
19.18	$I'_T = I'_0 e^{-\beta x}$	Intensidade da radiação transmitida (as perdas por reflexão não são levadas em consideração)
19.19	$I_T = I_0 (1 - R)^2 e^{-\beta l}$	Intensidade da radiação transmitida (as perdas por reflexão são levadas em consideração)

Lista de Símbolos

Símbolo	Significado
h	Constante de Planck ($6,63 \times 10^{-34}$ J · s)
I_0	Intensidade da radiação incidente
I'_0	Intensidade da radiação incidente não refletida
l	Espessura de um meio transparente
n_1, n_2	Índices de refração para os meios 1 e 2
υ	Velocidade da luz em um meio
x	Distância que a luz percorre em um meio transparente
β	Coeficiente de absorção
ε	Permissividade elétrica de um material
ε_0	Permissividade elétrica do vácuo ($8,85 \times 10^{-12}$ F/m)
ε_r	Constante dielétrica
λ	Comprimento de onda da radiação eletromagnética
μ	Permeabilidade magnética de um material
μ_0	Permeabilidade magnética do vácuo ($1,257 \times 10^{-6}$ H/m)
ν	Permeabilidade magnética relativa
ρ_e	Frequência da radiação eletromagnética

Termos e Conceitos Importantes

absorção
constante de Planck
cor
diodo emissor de luz (LED – *Light-Emitting Diode*)
eletroluminescência
estado excitado

estado fundamental
fluorescência
fosforescência
fotocondutividade
fóton
índice de refração
laser

luminescência
opaco
reflexão
refração
translúcido
transmissão
transparente

REFERÊNCIAS

Fox, M., *Optical Properties of Solids*, 2nd edition, Oxford University Press, New York, 2010.
Gupta, M. C., and J. Ballato, *The Handbook of Photonics*, 2nd edition, CRC Press, Boca Raton, FL, 2007.
Hecht, J., *Understanding Lasers: An Entry-Level Guide*, 3rd edition, Wiley-IEEE Press, Hoboken/Piscataway, NJ, 2008.
Kingery, W. D., H. K. Bowen, and D. R. Uhlmann, *Introduction to Ceramics*, 2nd edition, Wiley, New York, 1976, Capítulo 13.

Rogers, A., *Essentials of Photonics*, 2nd edition, CRC Press, Boca Raton, FL, 2008.
Saleh, B. E. A., and M. C. Teich, *Fundamentals of Photonics*, 2nd edition, Wiley, Hoboken, NJ, 2007.
Svelto, O., *Principles of Lasers*, 5th edition, Springer, New York, 2010.

PERGUNTAS E PROBLEMAS

Radiação Eletromagnética

19.1 A luz visível com comprimento de onda de 5×10^{-7} m tem aparência verde. Calcule a frequência e a energia de um fóton dessa luz.

Interações da Luz com Sólidos

19.2 Faça uma distinção entre os materiais opacos, translúcidos e transparentes em termos de sua aparência e transmitância da luz.

Interações Atômicas e Eletrônicas

19.3 **(a)** Descreva sucintamente o fenômeno da polarização eletrônica pela radiação eletromagnética.

(b) Quais são as duas consequências da polarização eletrônica nos materiais transparentes?

Propriedades Ópticas dos Metais

19.4 Explique sucintamente por que os metais são opacos às radiações eletromagnéticas que exibem energias do fóton na região visível do espectro.

Refração

19.5 Como o tamanho dos íons componentes afeta a extensão da polarização eletrônica nos materiais iônicos?

19.6 Um material pode ter um índice de refração menor do que a unidade? Por que sim ou por que não?

19.7 Calcule a velocidade da luz no diamante, que tem uma constante dielétrica ε_r de 5,5 (em frequências na faixa visível) e uma suscetibilidade magnética de $-2,17 \times 10^{-5}$.

19.8 Os índices de refração da sílica fundida e do poliestireno no espectro visível são de 1,458 e 1,60, respectivamente. Para cada um desses materiais, considerando os dados apresentados na Tabela 12.5, determine a fração da constante dielétrica relativa a 60 Hz que é devida à polarização eletrônica. Despreze quaisquer efeitos da polarização de orientação.

19.9 Com base nos dados apresentados na Tabela 19.1, estime as constantes dielétricas para o vidro de sílica (sílica fundida), o vidro de cal de soda, o politetrafluoroetileno, o polietileno e o poliestireno e compare esses valores com aqueles citados na tabela a seguir. Explique sucintamente qualquer discrepância.

Material	*Constante Dielétrica (1 MHz)*
Vidro de sílica	3,8
Vidro de cal de soda	6,9
Politetrafluoroetileno	2,1
Polietileno	2,3
Poliestireno	2,6

19.10 Descreva sucintamente o fenômeno da dispersão em um meio transparente.

Reflexão

19.11 Deseja-se que a refletividade da luz ao incidir em uma direção normal à superfície de um meio transparente seja menor do que 5,0 %. Quais dos seguintes materiais na Tabela 19.1 são possíveis candidatos? vidro de cal de soda, vidro Pyrex, periclásio, espinélio, poliestireno e polipropileno. Justifique suas escolhas.

19.12 Explique sucintamente como as perdas por reflexão nos materiais transparentes são minimizadas por finos revestimentos superficiais.

19.13 O índice de refração do quartzo é anisotrópico. Suponha que a luz visível esteja passando de um grão para outro com diferente orientação cristalográfica e com uma incidência normal ao contorno do grão. Calcule a refletividade no contorno se os índices de refração para os dois grãos são de 1,544 e 1,553 na direção da propagação da luz.

Absorção

19.14 O seleneto de zinco tem um espaçamento entre bandas de 2,58 eV. Em qual faixa de comprimentos de onda da luz visível esse material é transparente?

19.15 Explique sucintamente por que a magnitude do coeficiente de absorção (β na Equação 19.18) depende do comprimento de onda da radiação.

19.16 A fração da radiação não refletida que é transmitida através de uma espessura de 5 mm de um material transparente é de 0,95. Se a espessura for aumentada para 12 mm, qual fração da luz será transmitida?

Transmissão

19.17 Deduza a Equação 19.19 partindo de outras expressões fornecidas neste capítulo.

19.18 A transmissividade T de um material transparente com 15 mm de espessura a uma luz que incide na direção normal à superfície é de 0,80. Se o índice de refração desse material é de 1,5, calcule a espessura de material que produz uma transmissividade de 0,70. Todas as perdas por reflexão devem ser consideradas.

Cor

19.19 Explique sucintamente o que determina a cor característica **(a)** de um metal e **(b)** de um não metal transparente.

19.20 Explique sucintamente por que alguns materiais transparentes têm cor enquanto outros são incolores.

Opacidade e Translucidez em Isolantes

19.21 Descreva sucintamente os três mecanismos de absorção nos materiais não metálicos.

19.22 Explique sucintamente por que os polímeros amorfos são transparentes, enquanto os polímeros predominantemente cristalinos têm uma aparência opaca ou, na melhor das hipóteses, translúcida.

Luminescência

Fotocondutividade

Lasers

19.23 (a) Descreva sucintamente, com suas próprias palavras, o fenômeno da *luminescência*.

(b) Qual é a diferença entre *fluorescência* e *fosforescência*?

19.24 Descreva sucintamente, com suas próprias palavras, o fenômeno da *fotocondutividade*.

19.25 Explique sucintamente a operação de um fotômetro fotográfico.

19.26 Descreva, com suas próprias palavras, como um laser de rubi opera.

19.27 Calcule a diferença de energia entre os estados eletrônicos metaestável e fundamental para o laser de rubi.

Fibras Ópticas em Comunicações

19.28 Ao final da Seção 19.14 foi observado que a intensidade da luz absorvida ao passar através de um comprimento de 16 km de uma fibra de vidro óptica é equivalente à intensidade da luz absorvida através de um vidro de janela comum com 25 mm de espessura. Calcule o coeficiente de absorção β da fibra de vidro óptica se o valor de β para o vidro de janela é de 10^{-4} mm^{-1}.

PROBLEMA DE PROJETO

Interações Atômicas e Eletrônicas

19.P1 O arseneto de gálio (GaAs) e o fosfeto de gálio (GaP) são semicondutores compostos que apresentam energias do espaçamento entre bandas à temperatura ambiente de 1,42 e 2,26 eV, respectivamente, e que formam soluções sólidas em todas as proporções. Além disso, o espaçamento entre bandas da liga aumenta aproximadamente de forma linear com as adições de GaP (em %mol). As ligas desses dois materiais são usadas em diodos emissores de luz, nos quais a luz é gerada pelas transições eletrônicas da banda de condução para a banda de valência. Determine a composição de uma liga GaAs-GaP que emitirá luz vermelha com um comprimento de onda de 0,68 μm.

PERGUNTAS E PROBLEMAS SOBRE FUNDAMENTOS DA ENGENHARIA

19.1FE Qual é a energia (em eV) de um fóton de luz com um comprimento de onda de $3,9 \times 10^{-7}$ m?

(A) 1,61 eV

(B) 3,18 eV

(C) 31,8 eV

(D) 9,44 eV

19.2FE Um polímero completamente amorfo e não poroso será:

(A) transparente

(B) translúcido

(C) opaco

(D) ferromagnético

Latas de bebidas feitas de uma liga de alumínio (à esquerda) e de uma liga de aço (à direita). A lata de bebidas em aço se corroeu significativamente e, portanto, é biodegradável e não reciclável. De maneira contrária, a lata de alumínio não é biodegradável e é reciclável, uma vez que sofreu muito pouca corrosão.

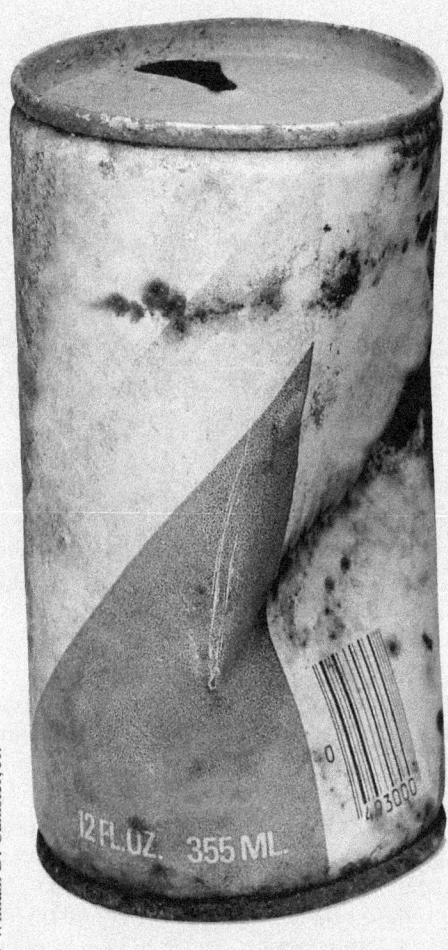

© William D. Callister, Jr.

É essencial que o engenheiro conheça e compreenda as questões econômicas porque a empresa ou a instituição para a qual ele trabalha deve apurar lucros dos produtos que fabrica. As decisões tomadas na engenharia dos materiais têm consequências econômicas em relação tanto aos custos dos materiais quanto aos custos de produção.

Uma consciência das questões ambientais e sociais é importante para o engenheiro, uma vez que as demandas em relação aos recursos naturais do planeta estão aumentando a cada

dia. Além disso, os níveis de poluição estão cada vez maiores. As decisões tomadas na engenharia dos materiais têm impactos sobre o consumo de matérias-primas e de energia, sobre a contaminação da nossa água e da nossa atmosfera, sobre a saúde dos seres humanos e sobre a capacidade do consumidor em reciclar ou descartar os produtos consumidos. A qualidade de vida para a geração atual e para as gerações futuras depende, em certo grau, de como essas questões são abordadas pela comunidade mundial de engenharia.

Objetivos do Aprendizado

Após estudar este capítulo, você deverá ser capaz de realizar o seguinte:

1. Listar e discutir de forma sucinta três fatores sobre os quais um engenheiro tem controle e que afetam o custo de um produto.
2. Fazer um diagrama do ciclo total dos materiais e discutir sucintamente as questões relevantes relacionadas a cada estágio desse ciclo.
3. Listar as duas entradas e as cinco saídas para o sistema de análise/avaliação do ciclo de vida.
4. Citar questões relevantes para a filosofia de um "projeto verde" no projeto de um produto.
5. Discutir as questões de reciclagem/descarte em relação a (a) metais, (b) vidros, (c) plásticos e borrachas e (d) materiais compósitos.

20.1 INTRODUÇÃO

Em capítulos anteriores, tratamos de uma variedade de questões relacionadas com a ciência de materiais e com a engenharia de materiais, incluindo critérios que podem ser usados no processo de seleção de materiais. Muitos desses critérios de seleção estão relacionados com as propriedades dos materiais ou com as combinações de propriedades – mecânicas, elétricas, térmicas, de corrosão etc.; o desempenho de determinado componente depende das propriedades do material a partir do qual ele é fabricado. A capacidade de processamento ou a facilidade de fabricação de um componente também pode desempenhar papel importante no processo de seleção. Virtualmente, a totalidade deste livro, de uma maneira ou de outra, abordou questões relacionadas com as propriedades e com os processos de fabricação.

Na prática da engenharia, outros critérios importantes devem ser considerados no desenvolvimento de um produto comercializável. Alguns desses critérios são de natureza econômica e, em certo grau, não estão relacionados com princípios científicos e com a prática da engenharia, mas ainda assim são significativos para que um produto seja comercialmente competitivo. Outros critérios que devem ser abordados envolvem questões ambientais e sociais, tais como poluição, descarte, reciclagem, toxicidade e energia. Este último capítulo oferece visões gerais relativamente sucintas sobre considerações econômicas, ambientais e sociais que são importantes na prática da engenharia.

Considerações Econômicas

A prática da engenharia envolve o uso de princípios científicos para o projeto de componentes e de sistemas que tenham desempenho confiável e satisfatório. Outra força motriz crítica na prática da engenharia é econômica; colocado de uma forma simples, a empresa ou a instituição deve apurar um lucro dos produtos que fabrica e vende. O engenheiro pode projetar o componente perfeito; contudo, uma vez fabricado, esse componente deve ser ofertado para venda a um preço atrativo para o consumidor e dar como retorno um lucro adequado para a empresa.

Além disso, no mundo atual e no mercado globalizado, os aspectos econômicos nem sempre significam apenas o custo final de um produto. Muitos países têm regulamentações específicas para os produtos químicos utilizados, para as emissões de CO_2 e para os procedimentos para o final da vida útil de um produto. As empresas devem considerar uma variedade desses fatores. Por exemplo, em alguns casos, a eliminação do uso de produtos químicos tóxicos (que são regulados) em um produto resulta em um processo de fabricação mais barato.

Aqui é oferecida apenas uma visão geral e sucinta das considerações econômicas mais importantes, na medida em que elas se aplicam ao engenheiro de materiais. O estudante poderá consultar as referências listadas ao final deste capítulo, as quais abordam em detalhes os aspectos da engenharia econômica.

O engenheiro de materiais tem controle sobre três fatores que afetam o custo de um produto: (1) o projeto do componente, (2) o(s) material(is) usado(s) e (3) a(s) técnica(s) de fabricação. Esses fatores estão inter-relacionados no sentido de que o projeto do componente pode afetar qual material é utilizado, e tanto o projeto do componente quanto o material utilizado influenciam a seleção da(s) técnica(s) de fabricação. As considerações econômicas para cada um desses fatores são agora discutidas sucintamente.

20.2 PROJETO DO COMPONENTE

Uma fração do custo de um componente está associada ao seu projeto. Nesse contexto, o projeto do componente consiste na especificação de suas dimensões, de sua forma e de sua configuração, que afetam o desempenho do componente em serviço. Por exemplo, se forças mecânicas estiverem presentes, então pode ser necessária a análise de tensões. Devem ser preparados desenhos detalhados do componente; para isso, normalmente são empregados computadores, com a utilização de *softwares* desenvolvidos especificamente para essa finalidade.

Frequentemente, um único componente é parte de um dispositivo ou sistema complexo, o qual é composto por grande número de componentes (por exemplo, uma televisão, um automóvel, um reprodutor/gravador de DVD etc.). Dessa forma, o projeto deve levar em consideração a contribuição de cada componente para a operação eficiente do sistema como um todo.

O custo aproximado de um produto é determinado por esse projeto antecipado, antes mesmo de o produto ser fabricado. Assim, um projeto criativo e a seleção de materiais apropriados podem ter um impacto significativo posteriormente.

O projeto de componentes é um processo altamente iterativo, que envolve muitos comprometimentos e trocas. O engenheiro deve ter em mente que o projeto ótimo de um componente pode não ser viável, em razão de restrições impostas pelo sistema.

20.3 MATERIAIS

Em termos econômicos, devemos selecionar o material, ou os materiais, com a combinação apropriada de propriedades que sejam as mais baratas, o que também pode levar em consideração a disponibilidade. Uma vez selecionada uma família de materiais que satisfaça as restrições do projeto, podem ser feitas comparações entre os custos dos vários materiais candidatos, com base no custo por peça. O preço do material é, em geral, cotado por unidade de peso. O volume da peça pode ser determinado a partir de suas dimensões e de sua geometria, sendo então convertido no peso com o auxílio da massa específica do material. Além disso, durante a fabricação existe normalmente uma perda inevitável de material que também deve ser considerada nesses cálculos. Os preços atualizados para uma grande variedade de materiais utilizados em engenharia estão listados no Apêndice C.

20.4 TÉCNICAS DE FABRICAÇÃO

Como dito anteriormente, a seleção de um processo de fabricação é influenciada tanto pelo material que foi selecionado quanto pelo projeto da peça. O processo de fabricação como um todo consiste normalmente em operações primárias e secundárias. As *operações primárias* são aquelas que convertem a matéria-prima em uma peça reconhecível (por exemplo, as operações de fundição, conformação plástica, compactação de pós, moldagem etc.), enquanto as *operações secundárias* são aquelas usadas a seguir para produzir a peça acabada (por exemplo, as operações de tratamento térmico, soldagem, moagem, perfuração, pintura, decoração). As principais considerações relacionadas com custos para esses processos incluem o custo de equipamentos, ferramentas, mão de obra, reparos, tempo em que as máquinas permanecem paradas, e perdas. Nessa análise de custos, a taxa de produção é uma consideração importante. Se essa peça específica é um componente de um sistema, então os custos da montagem também devem ser levados em conta. Finalmente, existem custos associados a inspeção, embalagem e transporte do produto final.

Como informação adicional, existem também outros fatores que não estão relacionados diretamente com o projeto, com o material ou com a fabricação, mas que figuram no preço final de venda de um produto. Esses fatores incluem os benefícios concedidos aos trabalhadores, a mão de obra de supervisão e de gerência, pesquisa e desenvolvimento, imóveis e aluguéis, seguros, lucro, impostos, e assim por diante.

Considerações Ambientais e Sociais

As tecnologias modernas e a fabricação dos produtos associados a elas afetam a sociedade de diferentes maneiras – algumas são positivas, outras são adversas. Além disso, esses impactos são de natureza econômica e ambiental, além de serem de abrangência internacional, uma vez que (1) os recursos necessários para uma nova tecnologia vêm, com frequência, de muitos países diferentes, (2) a prosperidade econômica que resulta de desenvolvimentos tecnológicos é de âmbito global e (3) os impactos ambientais podem se estender além das fronteiras de um único país.

Os materiais desempenham um papel crucial nesse sistema tecnologia-economia-meio ambiente. Um material utilizado em determinado produto final e que é então descartado passa por diversos estágios ou fases; esses estágios estão representados na Figura 20.1, e algumas vezes se denominam *ciclo total de materiais*, ou simplesmente *ciclo de materiais*, e representam o circuito de vida de um material, "do berço ao túmulo." Começando pela extremidade esquerda da Figura 20.1, as matérias-primas são extraídas dos seus ambientes naturais no planeta por operações de mineração, perfuração, cultivo etc. Essas matérias-primas são então purificadas, refinadas e convertidas em formas brutas; são, por exemplo, os metais, os cimentos, o petróleo, as borrachas e as fibras. A síntese e o processamento adicional resultam em produtos, conhecidos como *materiais engenheirados*, por exemplo as ligas metálicas, os pós cerâmicos, os vidros, os plásticos, os compósitos, os semicondutores e os elastômeros. A seguir, esses materiais engenheirados são ainda conformados, tratados e montados em produtos, dispositivos e utensílios que estão prontos para o consumidor – isso se constitui no estágio de "projeto, fabricação e montagem do produto" mostrado na Figura 20.1. O consumidor adquire esses produtos e os utiliza (o estágio de "aplicações") até que eles se

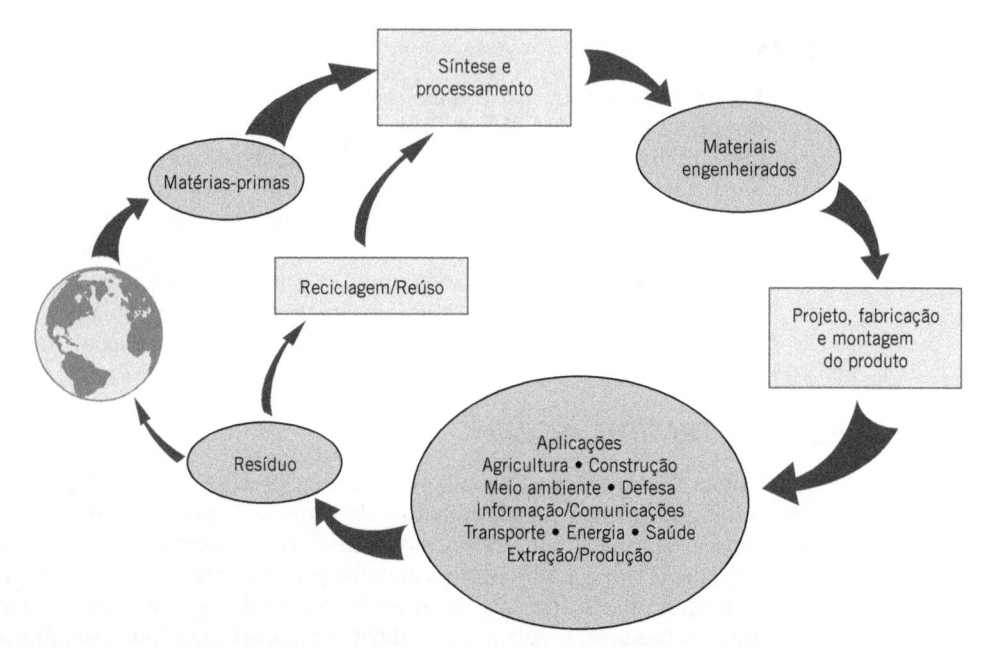

Figura 20.1 Representação esquemática do ciclo total dos materiais.
(Adaptado de M. Cohen, *Advanced Materials & Processes*, Vol. 147, nº 3, p. 70, 1995. Copyright © 1995 por ASM International. Reimpresso sob permissão de ASM International, Materials Park, OH.)

desgastem, ou se tornem obsoletos e sejam, então, descartados. Nessa hora, os constituintes do produto podem ser reciclados/reutilizados (situação em que eles entram novamente no ciclo de materiais) ou descartados como rejeitos, sendo normalmente incinerados ou separados como resíduo sólido em aterros municipais – e como tal retornam para a Terra e completam o ciclo dos materiais.

Estimou-se que, em todo o mundo, cerca de 15 bilhões de toneladas de matérias-primas são extraídas do planeta todos os anos; algumas dessas matérias-primas são renováveis, enquanto outras não. Com o passar do tempo, torna-se cada vez mais evidente que o nosso planeta é virtualmente um sistema fechado em relação aos seus materiais constituintes, e que seus recursos são finitos. Além disso, à medida que as sociedades amadurecem e as populações aumentam, os recursos disponíveis ficam mais escassos e, portanto, maior atenção deve ser dada a uma utilização mais efetiva desses recursos em relação ao ciclo de materiais.

Além disso, energia deve ser suprida em cada estágio do ciclo; nos Estados Unidos, foi estimado que aproximadamente metade da energia consumida pelas indústrias de fabricação é gasta com a produção e a fabricação de materiais. A energia é um recurso que, em certo grau, possui um suprimento limitado; é preciso tomar medidas para conservá-la e usá-la de forma mais eficaz na produção, aplicação e descarte dos materiais.

Finalmente, existem interações e impactos sobre o meio ambiente natural em todos os estágios do ciclo dos materiais. As condições da atmosfera terrestre, da água e do solo dependem em grande parte do cuidado com o qual percorremos o ciclo de materiais. Alguns danos ecológicos, além da destruição da paisagem, resultam inevitavelmente durante a extração das matérias-primas. Podem ser gerados poluentes que são expelidos no ar e na água durante a síntese e o processamento; além disso, quaisquer produtos químicos tóxicos que sejam produzidos devem ser eliminados ou descartados. O produto, dispositivo ou utensílio final deve ser projetado de modo que durante sua vida útil qualquer impacto sobre o meio ambiente seja mínimo; além disso, ao final de sua vida útil, deve ser feita uma provisão para a reciclagem dos materiais que o compõem, ou, pelo menos, para o descarte desses materiais com um mínimo de degradação ecológica (isto é, produto final deve ser biodegradável).

A reciclagem de produtos usados, em vez do seu descarte como resíduo, é um procedimento desejável, por diferentes razões. Em primeiro lugar, o uso de materiais reciclados reduz a necessidade de extrair matérias-primas do planeta e, dessa forma, conserva os recursos naturais e elimina quaisquer impactos ecológicos que possam estar associados à fase de extração. Em segundo lugar, a necessidade de energia para o refino e o processamento de materiais reciclados é normalmente menor do que a requerida pelos seus equivalentes naturais; por exemplo, aproximadamente 28 vezes mais energia é necessária para refinar minérios naturais de alumínio do que para reciclar os resíduos de latas de bebidas de alumínio. Finalmente, não existe nenhuma necessidade de local para descarte dos materiais reciclados.

Dessa forma, o ciclo dos materiais (Figura 20.1) é realmente um sistema que envolve interações e trocas entre materiais, energia e o meio ambiente. Além disso, os futuros engenheiros, em todo o mundo, precisam compreender as inter-relações entre esses vários estágios para, de forma eficiente, usar os recursos do planeta e minimizar os efeitos ecológicos adversos sobre o meio ambiente.

Em muitos países, os problemas e as questões ambientais estão sendo abordados pelo estabelecimento de normas que são impostas por agências de regulamentação governamentais (por exemplo, o uso do chumbo em componentes eletrônicos está sendo banido). Além disso, a partir de uma perspectiva industrial, a proposição de soluções viáveis às questões ambientais existentes e potenciais se torna uma incumbência dos engenheiros.

A correção de qualquer problema ambiental associado à fabricação influencia o preço do produto. Um conceito errado, e comum, é o de que um produto ou processo mais ambientalmente amigável é inerentemente mais caro que um ambientalmente não amigável. Os engenheiros que utilizam raciocínios "não usuais" podem gerar produtos/processos melhores e mais baratos. Outra consideração está relacionada a como definir o *custo*; nesse sentido, é essencial considerar a totalidade do ciclo de vida útil, tendo em conta todos os fatores relevantes (incluindo o descarte e questões relacionadas ao impacto sobre o meio ambiente).

Um procedimento que está sendo implementado pela indústria para melhorar o desempenho dos produtos em relação ao meio ambiente é denominado *análise/avaliação do ciclo de vida*. De acordo com esse procedimento para o projeto de um produto, é considerada a avaliação ambiental do produto, do berço ao túmulo, isto é, desde a extração do material até a fabricação do produto, seguindo da sua utilização e, finalmente, da sua reciclagem e descarte; algumas vezes, esse procedimento também é identificado como *projeto verde*. Uma fase importante desse procedimento consiste na quantificação das várias entradas (isto é, materiais e energia) e das várias saídas (isto é, rejeitos) para cada fase do ciclo de vida; isso está representado esquematicamente na Figura 20.2.

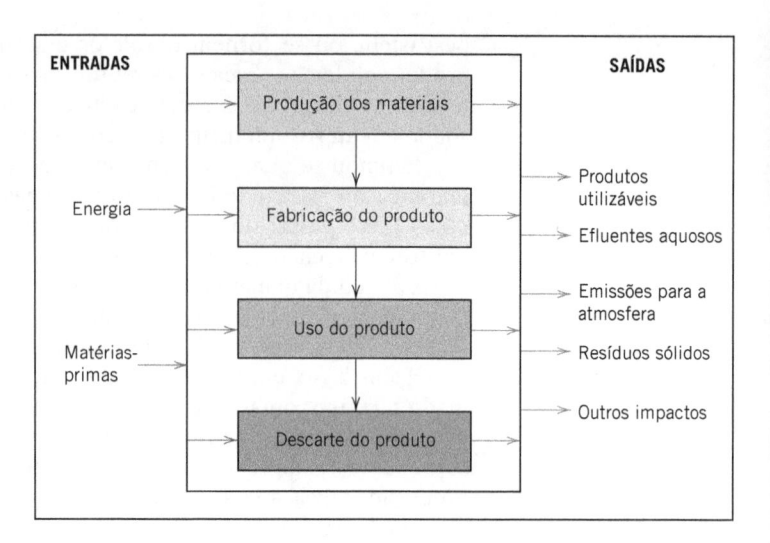

Figura 20.2 Representação esquemática de um inventário de entradas/saídas para a avaliação do ciclo de vida de um produto.
(Adaptado de J. L. Sullivan e S. B. Young, *Advanced Materials & Processes*, Vol. 147, nº 2, p. 38, 1995. Copyright © 1995 por ASM International. Reimpresso sob permissão da ASM International, Materials Park, OH.)

Além disso, é conduzida uma avaliação em relação aos impactos sobre o meio ambiente, tanto global quanto local, em termos dos efeitos sobre a ecologia, a saúde humana e as reservas de recursos.

Um dos termos atuais em relação aos aspectos ambientais/econômicos/sociais é *sustentabilidade*. Nesse contexto, sustentabilidade representa a habilidade em manter um estilo de vida aceitável, na atualidade e durante um futuro indefinido, ao mesmo tempo que se preserva o meio ambiente. Isso significa que, ao longo do tempo e à medida que as populações crescem, os recursos do planeta devem ser usados em uma taxa tal que possam ser reabastecidos naturalmente e que os níveis de emissões de poluentes sejam mantidos em níveis aceitáveis. Para os engenheiros, esse conceito de sustentabilidade se traduz em ser responsável pelo desenvolvimento de produtos sustentáveis. Um padrão aceito internacionalmente, o ISO 14001, foi estabelecido para auxiliar as organizações no cumprimento das leis e regulamentações aplicáveis, além de manter o equilíbrio delicado entre serem lucrativas e reduzirem os impactos sobre o meio ambiente.[1]

20.5 QUESTÕES SOBRE RECICLAGEM NA CIÊNCIA E ENGENHARIA DE MATERIAIS

A reciclagem e o descarte são estágios importantes do ciclo de materiais nos quais a ciência e a engenharia dos materiais desempenham um papel significativo. As questões de reciclabilidade e de descarte são relevantes quando novos materiais estão sendo projetados e sintetizados. Além disso, durante o processo de seleção dos materiais, o descarte final dos materiais usados deve ser criterioso. Vamos concluir esta seção discutindo sucintamente várias dessas questões de reciclabilidade/descarte.

A partir de uma perspectiva ambiental, o material ideal deve ser ou totalmente reciclável ou completamente biodegradável. *Reciclável* indica que um material, após ter completado seu ciclo de vida em um componente, poderia ser reprocessado, isto é, poderia entrar novamente no ciclo de materiais e ser reutilizado em outro componente – em um processo a ser repetido um número indefinido de vezes. Por *completamente biodegradável* queremos dizer que, por interações com o meio ambiente (produtos químicos naturais, microrganismos, oxigênio, calor, luz do Sol etc.), o material se deteriora e retorna virtualmente ao mesmo estado em que existia antes de seu processamento inicial. Os materiais aplicados em engenharia exibem graus variáveis de reciclabilidade e biodegradabilidade.

Um desafio significativo na reciclagem é a separação dos vários materiais recicláveis misturados encontrados em componentes multimateriais – por exemplo, automóveis, eletrônicos e utensílios. Foram concebidas técnicas de separação, a maioria das quais envolvendo processos de esmagamento, trituração, limpeza e moagem, projetadas para produzir partículas relativamente finas. Por

---

[1] A *International Organization for Standardization* (Organização Internacional para Normalização), também conhecida como *ISO*, é um organismo mundial composto por representantes de várias organizações nacionais de normalização, o qual estabelece e dissemina normas industriais e comerciais.

exemplo, uma fonte comum de materiais recicláveis é o ferro-velho de automóveis. Equipamentos gigantescos, compostos por guindastes, esteiras transportadoras, laminadoras e moinhos de martelo, são capazes de triturar completamente um automóvel em aproximadamente 20 segundos. Além disso, algumas técnicas engenhosas foram concebidas para separar os vários materiais dos conglomerados de partículas trituradas. Por exemplo, a maioria das ligas ferrosas, por serem ferromagnéticas, pode ser removida usando técnicas de separação magnética. Além disso, um separador por correntes de turbilhonamento (usando um potente eletroímã) confere forças repulsivas e ejeta as ligas não ferrosas do conjunto de materiais misturados remanescentes. Os itens feitos de materiais de baixa densidade podem ser separados dos materiais de alta densidade usando uma mesa densimétrica. À medida que os materiais misturados se movem ao longo de uma plataforma inclinada, um ventilador sopra ar pressurizado através da superfície da plataforma, e levanta os itens mais leves; a vibração da plataforma desvia os itens pesados para um lado, e os itens leves para o outro. Outras técnicas de separação continuam os processos de separação para os tipos de materiais genéricos.

Metais

A maioria das ligas metálicas (por exemplo, aquelas que contêm Fe ou Cu), em maior ou menor grau, sofre corrosão e também é biodegradável. Entretanto, alguns metais (por exemplo, Hg, Pb) são tóxicos e, quando dispostos em um aterro, podem representar perigo à saúde. Além disso, enquanto as ligas da maioria dos metais são recicláveis, não é factível a reciclagem de todas as ligas de todos os metais. Também, a qualidade das ligas recicladas tende a diminuir após cada novo ciclo de reciclagem (ou seja, elas são "*down-cycled*" – recuperação de um material para uso em outro de menor valor).

Os projetos de produtos devem permitir a desmontagem dos componentes compostos por diferentes ligas. A união de ligas diferentes apresenta problemas de contaminação; por exemplo, se duas ligas semelhantes tiverem que ser unidas, é preferível uma soldagem em vez da utilização de parafusos ou rebites. Os revestimentos (pinturas, camadas anodizadas, coberturas metálicas etc.) também podem atuar como contaminantes, tornando o material não reciclável. Esses exemplos ilustram a razão pela qual é tão importante considerar o ciclo completo de vida de um produto nos estágios iniciais de seu projeto.

As ligas de alumínio são muito resistentes à corrosão e, portanto, não são biodegradáveis. Felizmente, no entanto, elas podem ser recicladas; de fato, o alumínio é o metal não ferroso reciclável mais importante. Uma vez que o alumínio não se corrói com facilidade, ele pode ser totalmente recuperado. Para refinar o alumínio reciclado, é necessária uma quantidade de energia menor do que a requerida para sua produção primária. Ademais, existe um grande número de ligas disponíveis comercialmente que foram projetadas para acomodar a contaminação por impurezas. As principais fontes de alumínio reciclado são as latas de bebidas usadas e as sucatas de automóveis.

Vidros

O material cerâmico consumido pelo público em geral em maior quantidade é o vidro, na forma de recipientes. O vidro é um material relativamente inerte e, como tal, não se decompõe; dessa forma, não é biodegradável. Uma proporção significativa dos aterros municipais consiste em sucatas de vidros; o mesmo ocorre com os resíduos de incineradores. O vidro é um material reciclável ideal – ele pode ser reciclado múltiplas vezes, sem depreciação significativa de sua qualidade.

A sucata de vidro deve ser classificada de acordo com sua cor (por exemplo, transparente, âmbar, verde) e pela composição [de cal, de chumbo e borossilicato (ou Pyrex)];[2] isso é seguido por um processo de lavagem para remoção de quaisquer contaminantes. O próximo estágio envolve o esmagamento e a moagem da sucata de vidro para formar pequenos pedaços chamados *cacos de vidro*. Podem ser usados aditivos para descolorir (remover qualquer cor) ou recolorir (mudar a cor) dos cacos. Finalmente, os cacos de vidro podem ser fundidos e conformados na forma de produtos úteis (por exemplo, recipientes de vidro) ou usados em outros mercados, incluindo os seguintes: agregados em concreto, isolamento de parede em fibra de vidro, bancadas, abrasivos e fundentes em tijolos (durante o cozimento).

---

[2] Os vidros resistentes ao calor, como os borossilicatos, precisam ser separados dos demais tipos, tendo em vista que eles (os borossilicatos) possuem pontos de fusão relativamente elevados e afetarão a viscosidade de um vidro fluido em temperaturas elevadas (veja a Figura 14.17).

Plásticos e Borrachas

Uma das razões pelas quais os polímeros sintéticos são tão populares como materiais de engenharia se deve à sua inércia química e biológica. Como desvantagem, essa característica é realmente um problema quando a questão se torna o descarte dos rejeitos. A maioria dos polímeros não é biodegradável e, portanto, eles não se degradam nos aterros; as principais fontes de rejeitos são as embalagens, as sucatas e pneus de automóveis, e os produtos domésticos duráveis. Foram sintetizados polímeros biodegradáveis, mas sua produção é relativamente cara (veja o item Materiais de Importância, adiante). No entanto, uma vez que alguns polímeros são combustíveis e não emitem níveis apreciáveis de materiais tóxicos ou poluentes, eles podem ser descartados por incineração.

Termoplásticos

Os polímeros termoplásticos são suscetíveis à recuperação e reciclagem, uma vez que podem ser conformados novamente por aquecimento. Além dos estágios de separação apontados anteriormente (isto é, trituração, limpeza e moagem), é necessária a classificação das partículas de plástico pela cor e composição. A separação pela cor pode ser conduzida por um detector fotoelétrico, que identifica as partículas de uma cor específica; uma pistola de ar sopra então as partículas de todas as outras cores para fora da corrente de resíduos. Para classificar partículas por composição, usam-se técnicas de flotação emprestadas da indústria de processamento mineral; materiais plásticos também são separados dos contaminantes (por exemplo, cargas – Seção 14.12) com a utilização de técnicas semelhantes.

Em alguns países, a classificação dos materiais de embalagens por tipo do polímero é facilitada pelo uso de um código de identificação numérico; por exemplo, um "1" representa o poli(etileno tereftalato) (PET). A Tabela 20.1 apresenta esses códigos numéricos de reciclagem e os materiais a eles associados. Também estão incluídas na tabela as aplicações para os materiais virgens e reciclados.

Tabela 20.1 Códigos de Reciclagem, Usos para o Material Virgem e Produtos Reciclados para Vários Polímeros Comerciais

Código de Reciclagem	Nome do Polímero	Usos para o Material Virgem	Produtos Reciclados
1	Poli(etileno tereftalato) (PET)	Vasilhames para refrigerantes, recipientes de alimentos, películas para forno, frascos de remédios	Correias industriais, vestimentas, cordas, tecidos de estofamento, enchimento de fibras para casacos de inverno e sacos de dormir, carpetes, materiais de construção
2	Polietileno de alta densidade (PEAD)	Garrafas de leite, sacolas de supermercado, brinquedos, peças de baterias, vasilhames de óleo de motor	Tubulações de drenagem e conexões de tubulações, tanques, tábuas de corte, vasilhames para reciclagem, madeira plástica, cordas
3	Cloreto de polivinila ou vinil (V)	Embalagens transparentes para produtos alimentícios, frascos para xampus, armações de janelas, tubos medicinais	Tubos de irrigação, tapumes para construção de casas, cercas, mangueiras, recifes artificiais
4	Polietileno de baixa densidade (PEBD)	Sacos plásticos transparentes, tampas de recipientes para alimentos, adesivos, brinquedos	Caixas de compostagem, filmes plásticos, envelopes de remessas, filmes de envolvimento e encolhimento, mobília para jardins
5	Polipropileno (PP)	Frascos esterilizáveis, tampas de garrafas, bandejas de alimentos que vão ao micro-ondas, recipientes para alimentos (tais como tubos de margarina), frascos para remédios, copos plásticos reutilizáveis	Caixas de armazenamento, recipientes e paletes para remessas, raspadores de gelo, vassouras e escovas, ancinhos para jardim, peças de automóveis, fibras para enchimento de cobertores e casacos, carpetes
6	Poliestireno (PS)	Itens para serviços de alimentação – copos, facas, colheres e garfos, carcaças de eletrônicos, embalagens de isopor, tais como os recipientes de sanduíches em lanchonetes, caixas de DVDs	Placas de interruptores de luz, réguas, isolamento térmico, molduras plásticas para arquitetura, bandejas de alimentos, copos descartáveis
7	Outros – As resinas não estão listadas nos Códigos 1-6 acima [tal como o poli(ácido lático)] ou é uma mistura de vários tipos de resinas	Frascos de ketchup, embalagens de alimentos, sacolas para cozimento em fornos	Canetas, raspadores de gelo, madeira plástica

Um plástico reciclado é mais barato que o material original e a qualidade e a aparência são tipicamente reduzidas (isto é, "*down-cycled*") após cada reciclagem.

Borrachas

As borrachas apresentam desafios para seu descarte e reciclagem. Quando vulcanizadas, elas são materiais termofixos, o que torna difícil sua reciclagem química. Além disso, elas podem conter diversas cargas. A principal fonte de sucatas de borrachas nos Estados Unidos são os pneus de automóveis descartados, os quais são altamente não biodegradáveis. O descarte em aterros em geral não é uma opção viável, pois são volumosos e flutuam (boiam quando imersos em água); além disso, é extremamente difícil extinguir incêndios que têm início em pilhas de pneus descartados.

Apesar desses desafios, grande proporção dos pneus descartados nos Estados Unidos está sendo reciclada em produtos úteis e inovadores. A reciclagem começa com a trituração dos pneus em pedaços com tamanhos de aproximadamente 20 mm (3/4 in). Nesse ponto, os arames de aço de reforço são separados da corrente em escoamento usando ímãs e são vendidos como sucata. Os pedaços de borracha são em seguida reduzidos em tamanho para formar partículas de borracha em migalhas, que podem ser tão pequenas quanto 600 μm.

As aplicações para pneus reciclados incluem o seguinte:

- Material para pavimentação de estradas à base de asfalto emborrachado – contém entre 15 e 22 % de borracha em migalhas, custa menos, dura mais e proporciona uma direção mais suave e silenciosa.
- Superfícies para quadras esportivas (futebol, pistas de atletismo e equestres) – os pneus reciclados melhoram o amortecimento e a elasticidade, reduzem a presença de lodo e poeira, as superfícies secam rapidamente e são menores os danos com o congelamento.
- Folhagens de borracha para paisagismo e áreas de recreação – de vida longa e não atraem cupins.
- Sandálias de borracha.
- Combustível para algumas aplicações industriais (por exemplo, em fábricas de cimento, plantas e usinas de energia).
- Também usados em tapetes de boas-vindas, lombadas rodoviárias portáteis e dormentes de ferrovias.

As alternativas de reciclagem mais viáveis para as borrachas tradicionais são os elastômeros termoplásticos (Seção 13.16). Sendo de natureza termoplástica, eles não estão ligados quimicamente com ligações cruzadas e, dessa forma, são reconfigurados com facilidade. Além disso, as necessidades energéticas para sua produção são menores do que para as borrachas termofixas, uma vez que a etapa de vulcanização não é necessária em seu processo de fabricação.

Materiais Compósitos

Os compósitos são inerentemente difíceis de serem reciclados, pois são multifásicos. As duas ou mais fases/materiais que constituem o compósito estão normalmente misturadas em uma escala muito fina, e a tentativa de separá-las durante a reciclagem é um processo difícil. A maioria das técnicas de reciclagem que foram desenvolvidas é para compósitos de matriz polimérica reforçados com fibras, com fibras de vidro e carbono. A fase matriz polimérica pode ser um termoplástico (que amolece quando aquecido e endurece quando esfriado) ou um termofixo (que, após o endurecimento, não amolecerá quando aquecido). Podem ser utilizados três tipos de processos de reciclagem tanto para as matrizes termoplásticas quanto para as termofixas, quais sejam:

- Mecânico – o compósito é reduzido a pequenas partículas usando técnicas de trituração/esmerilhamento/moagem. O reciclado em pó pode então ser incorporado em outro compósito para funcionar como carga ou como fase de reforço.
- Térmico – as fibras são recuperadas da matriz pelo tratamento térmico do compósito; em algumas técnicas, a matriz é vaporizada. Dessa forma, o objetivo da reciclagem térmica é obter fibras de alta qualidade que possam ser reutilizadas. As fibras recuperadas terão comprimentos pequenos e suas propriedades podem estar depreciadas. Além disso, pode ser gerada uma energia calorífica útil.
- Químico – a separação das fibras e da matriz é obtida por uma reação química; a recuperação da fibra é o objetivo principal. A matriz pode ser convertida em outras substâncias, que podem ser perigosas e exigir processamento adicional.

MATERIAIS DE IMPORTÂNCIA

Polímeros/Plásticos Biodegradáveis e Biorrenováveis

A maioria dos polímeros fabricados atualmente é sintética e à base de petróleo. Esses materiais sintéticos (por exemplo, polietileno e poliestireno) são extremamente estáveis e resistentes à degradação, particularmente em ambientes úmidos. Nas décadas de 1970 e 1980, temia-se que o grande volume de resíduos plásticos que estava sendo gerado contribuiria para o enchimento de toda a capacidade de aterros disponível. Dessa forma, a resistência à degradação dos polímeros foi vista como um problema, em vez de uma vantagem. A introdução de polímeros biodegradáveis foi vislumbrada como um meio para eliminar parte desses resíduos destinados aos aterros, e a resposta da indústria de polímeros foi o início do desenvolvimento de materiais biodegradáveis.

Os *polímeros biodegradáveis* são aqueles que se degradam naturalmente no meio ambiente, normalmente por ação microbiana. Em relação ao mecanismo de degradação, os micróbios rompem as ligações nas cadeias poliméricas, o que leva a uma diminuição do peso molecular; essas moléculas menores podem então ser ingeridas por micróbios, em um processo que é semelhante à compostagem de plantas. Obviamente, os polímeros naturais, como lã, madeira e algodão, são biodegradáveis, já que os micróbios podem prontamente digerir esses materiais.

A primeira geração desses materiais degradáveis foi baseada em polímeros comuns, como o polietileno. Eram adicionados compostos que faziam com que esses materiais se decompusessem na luz solar (isto é, sofressem fotodegradação), oxidassem-se pela reação com o oxigênio do ar e/ou se degradassem biologicamente. Infelizmente, essa primeira geração não atendeu às expectativas. Eles degradavam lentamente (se de todo o fizessem) e a redução antecipada nos resíduos destinados a aterros sanitários não foi conseguida. Essas decepções iniciais deram aos polímeros degradáveis uma má reputação, que impediu o seu desenvolvimento. Como resposta, a indústria de polímeros instituiu normas que medem a taxa de degradação com precisão e caracterizam o modo de degradação. Esses desenvolvimentos levaram a um interesse renovado pelos polímeros biodegradáveis.

O desenvolvimento da geração atual de polímeros biodegradáveis está direcionado, com frequência, a aplicações específicas, que aproveitam seu curto tempo de vida. Por exemplo, as folhas de plantas e os sacos de lixo de jardim biodegradáveis podem ser usados para conter matéria compostável, o que elimina a necessidade de retirar o material dos sacos.

Outra aplicação importante dos plásticos biodegradáveis é como filmes de cobertura morta em agricultura (Figura 20.3). Nas regiões mais frias do mundo, a cobertura dos leitos de cultivos com filmes plásticos pode estender a temporada de cultura, aumentando os rendimentos das colheitas e, além disso, reduzindo custos. Os filmes plásticos absorvem

Cortesia da Dubois Agrinovation

Figura 20.3 Filmes de cobertura morta de plásticos biodegradáveis, colocados em plantações sendo cultivadas.

calor, elevam a temperatura do solo e aumentam a retenção de umidade. Tradicionalmente, filmes negros de polietileno (não é biodegradável) eram utilizados. No entanto, ao final da temporada de cultivo, esses filmes tinham que ser recolhidos do campo e descartados manualmente, uma vez que não se decompunham/biodegradavam. Mais recentemente, foram desenvolvidos plásticos biodegradáveis para serem usados como filmes de cobertura morta. Após as safras serem colhidas, esses filmes são simplesmente arados no solo, enriquecendo-o, à medida que se decompõem.

Existem outras oportunidades potenciais para esse grupo de materiais na indústria de lanchonetes (*fast-food*). Por exemplo, se todos os pratos, copos, embalagens, e assim por diante, fossem feitos de materiais biodegradáveis, eles poderiam ser misturados e triturados com os resíduos de alimentos e então compostados em operações de larga escala. Essas medidas não apenas reduziriam a quantidade de materiais colocados em aterros, mas se os polímeros fossem derivados de materiais renováveis, elas também resultariam em uma redução nas emissões de gases do efeito estufa.

Com o objetivo de reduzir nossa dependência em relação ao petróleo e as emissões de gases do efeito estufa, tem havido grande esforço para desenvolver polímeros biodegradáveis que também sejam *biorrenováveis* – baseados em materiais derivados de plantas (*biomassa*[3]). Esses novos materiais devem ser competitivos em termos de custo com os polímeros existentes, e capazes de serem processados com o uso de técnicas convencionais (extrusão, moldagem por injeção etc.).

---

[3] *Biomassa* se refere a materiais biológicos, como os caules, folhas e sementes de plantas, que podem ser usados como combustível ou como matéria-prima para a indústria.

Ao longo dos últimos 30 anos foram sintetizados inúmeros polímeros biorrenováveis com propriedades comparáveis às dos materiais derivados do petróleo; alguns são biodegradáveis, enquanto outros não. Talvez o mais conhecido entre esses polímeros bioderivados seja o ácido poli-l-lático [abreviado *poly(l-lactic acid) – PLA*], que apresenta a seguinte estrutura de unidade repetida:

$$\left[\begin{array}{c} O \\ \parallel \\ C \quad C \quad O \\ | \\ CH_3 \end{array} \right]_n$$

Comercialmente, o PLA é derivado do ácido lático; no entanto, as matérias-primas para sua fabricação são produtos renováveis, ricos em amido, tais como o milho, o açúcar de beterraba e o trigo. Mecanicamente, o módulo de elasticidade e o limite de resistência à tração do PLA são comparáveis aos do poli(etileno tereftalato), e a copolimerização com outros polímeros biodegradáveis {por exemplo, ácido poliglicólico [*poly(glycolic acid) – PGA*]} promove alterações em suas propriedades para permitir o uso de processos de fabricação convencionais, tais como moldagem por injeção, extrusão, moldagem por sopro e conformação de fibras. Outras propriedades tornam o PLA desejável como material para embalagens, especialmente para bebidas e produtos alimentícios – transparência, resistência ao ataque pela umidade e graxa, ausência de odor e características de impermeabilidade a odores. O PLA também é *biorreabsorvível*, significando que ele é assimilado (ou absorvido) em sistemas biológicos – por exemplo, o corpo humano. Dessa forma, ele tem sido usado em diversas aplicações biomédicas, incluindo suturas reabsorvíveis, implantes e liberação controlada de drogas.

O principal obstáculo ao amplo uso do PLA e de outros polímeros biodegradáveis tem sido o alto custo, um problema comum associado à introdução de novos materiais. No entanto, o desenvolvimento de técnicas de síntese e de processamento mais eficientes e econômicas resultou em uma redução significativa no custo dessa classe de materiais, tornando-os mais competitivos com os polímeros convencionais à base de petróleo.

Embora o PLA seja biodegradável, ele só se degrada sob circunstâncias cuidadosamente controladas – ou seja, nas temperaturas elevadas geradas em instalações de compostagem comerciais. À temperatura ambiente e sob condições ambientes normais, o PLA é indefinidamente estável. Os produtos da degradação consistem em água, dióxido de carbono e matéria orgânica. Em seus estágios iniciais, o processo de degradação em que um polímero de alto peso molecular é quebrado em partes menores não é realmente de "biodegradação", como descrito anteriormente; em vez disso, envolve clivagem hidrolítica da cadeia principal do polímero, havendo pouca ou nenhuma evidência de ação microbiana. No entanto, a degradação subsequente desses fragmentos de menor peso molecular é microbiana.

O ácido polilático também é reciclável – utilizando o equipamento correto, ele pode ser convertido novamente no monômero original e então ressintetizado para formar PLA.

Inúmeras outras características do PLA o tornam um material especialmente atrativo, particularmente em aplicações têxteis. Por exemplo, ele pode ser fiado em fibras empregando processos convencionais de fiação do material fundido (Seção 14.5). Além disso, o PLA tem excelente dobradura e retenção de dobraduras, é resistente à degradação quando exposto à luz ultravioleta (isto é, resiste ao desbotamento) e é relativamente resistente ao fogo. Outras aplicações potenciais para esse material incluem o mobiliário doméstico, tais como cortinas, estofados e toldos, assim como fraldas e panos de limpeza industriais.

Cortesia da Nature Works LLC e da International Paper, Inc.

Exemplos de aplicações para o ácido polilático biodegradável/biorrenovável: filmes, embalagens e tecidos.

As técnicas térmicas e químicas também podem ser precedidas por tratamentos mecânicos.

Os compósitos com matrizes termoplásticas podem ser reconformados sem precisar ser triturados ou moídos em partículas pequenas. Por outro lado, os reciclados de matrizes termoplásticas pulverizados também podem ser conformados por moldagem.

A moldagem não é possível para os compósitos com matriz termofixa reforçados com fibras. Duas formas gerais de reciclagem fazem uso desses materiais: (1) As fibras que foram extraídas desses materiais (termicamente ou quimicamente) podem ser recicladas – isto é, reusadas como materiais de reforço em outras aplicações; e (2) reciclados em pó podem ser usados como constituintes (isto é, cargas e reforços substitutos) em novos compósitos.

Os compósitos de fibra de vidro reciclados são usados nas seguintes aplicações: materiais de madeira artificial; pisos de concreto, meios-fios e calçadas (para reduzir o encolhimento e aumentar a durabilidade); asfalto; piche de calafetação de telhados; e bancadas fundidas. As aplicações para compósitos reforçados com fibras de carbono reciclados incluem: barreira eletromagnética, tintas e revestimentos antiestáticos, isolamento para altas temperaturas, ferramental para compósitos e componentes moldados para automóveis.

Resíduos Eletrônicos (e-Resíduos)

O advento dos nossos dispositivos eletrônicos modernos criou outro tipo de resíduo – o *resíduo eletrônico*, ou *e-resíduo*, que exige ser descartado (em aterros ou incinerado) ou reciclado. Dispositivos eletrônicos obsoletos, ultrapassados, descartados e quebrados (por exemplo, computadores, *laptops*, telefones celulares, tabletes, televisores, monitores, impressoras) tornam-se parte dessa corrente de resíduos eletrônicos. A rápida expansão da tecnologia e o apetite cada vez mais crescente por aparelhos eletrônicos novos, melhores e mais baratos resultaram na geração dos e-resíduos a uma taxa impressionante.

Grande número e ampla variedade de materiais são encontrados nos e-resíduos. Alguns são perigosos e/ou tóxicos e devem ser prevenidos de entrar no solo, no lençol freático e na atmosfera; os principais incluem os seguintes: chumbo, cádmio, cromo, mercúrio, retardantes de chamas à base de bromo (*brominated flame retardant – BFR*) (BFRs adicionados a polímeros) e óxido de berílio. Os materiais não perigosos incluem cobre, alumínio, ouro, ferro, paládio, estanho, resinas epóxi, cloreto de polivinila e fibras de vidro. Alguns materiais de ambos os tipos são suscetíveis à reciclagem.

Infelizmente, poucos e uma pequena quantidade desses materiais são reciclados. Com frequência, os resíduos eletrônicos enviados a recicladores nos Estados Unidos, Canadá e Europa são exportados para países em desenvolvimento. Lá, os resíduos são processados em ambientes virtualmente sem regulamentação, usando tecnologias primitivas (por exemplo, o derretimento de placas de circuitos, a queima de revestimentos de cabos e a separação de metais que podem ser reciclados usando lixiviação com poço aberto). As substâncias tóxicas que são geradas usando essas técnicas colocam sérios riscos à saúde dos recicladores. Além disso, muitos desses e-resíduos contendo materiais tóxicos são queimados ou despejados em aterros, o que leva a uma contaminação do meio ambiente, trazendo graves perigos aos residentes locais.

RESUMO

Considerações Econômicas	• Para minimizar os custos de um produto, os engenheiros de materiais devem levar em consideração o projeto do componente, os materiais usados e os processos de fabricação.
	• Outros fatores econômicos significativos incluem os benefícios a trabalhadores, a mão de obra, os seguros e o lucro.
Considerações Ambientais e Sociais	• Os impactos ambientais e sociais do processo produtivo estão se tornando questões significativas na engenharia. Nesse sentido, o ciclo de vida de um material, "do berço ao túmulo", é uma consideração importante.
	• O ciclo "do berço ao túmulo" consiste nos estágios de extração, síntese/processamento, projeto/fabricação do produto, aplicação e descarte (Figura 20.1).
	• A operação eficiente do ciclo de materiais é facilitada com o emprego de um inventário de entradas/saídas para a avaliação do ciclo de vida de um produto. Os materiais e a energia são os parâmetros de entrada, enquanto as saídas incluem os produtos usáveis, os efluentes aquosos, as emissões para a atmosfera e os resíduos sólidos (Figura 20.2).
	• A Terra é um sistema fechado, no sentido de que seus recursos materiais são finitos; em certo grau, o mesmo pode ser dito a respeito dos recursos energéticos. As questões ambientais envolvem os danos ecológicos, a poluição e o descarte de rejeitos.
	• A reciclagem de produtos usados e a utilização de um projeto verde reduzem alguns desses problemas ambientais.
Questões Sobre Reciclagem na Ciência e Engenharia de Materiais	• As questões da reciclabilidade e do descarte são importantes no contexto da ciência e engenharia de materiais. De maneira ideal, um material deveria ser, na melhor das hipóteses, reciclável e, no mínimo, biodegradável ou descartável.

- Foram desenvolvidas técnicas para separar materiais recicláveis misturados em componentes multimateriais.
- Em relação à reciclabilidade/descarte dos vários tipos de materiais:

  Entre as ligas metálicas, há vários graus de reciclabilidade e biodegradabilidade (isto é, suscetibilidade à corrosão). Alguns metais são tóxicos e, portanto, não são descartáveis.

  O vidro é a cerâmica comercial mais comum. Ele não é biodegradável; contudo, é possível a reciclagem em inúmeros produtos comerciais.

  A maioria dos plásticos e borrachas não é biodegradável. Os polímeros termoplásticos são recicláveis; no entanto, a reciclagem dos polímeros termofixos e das borrachas é um desafio. A borracha triturada de restos de pneus de automóveis é reciclada em inúmeros produtos inovadores.

  Os materiais compósitos são difíceis de serem reciclados, pois são compostos por duas ou mais fases que estão normalmente misturadas em uma escala muito fina. Alguns compósitos são moídos na forma de partículas muito pequenas, que são usadas como enchimento em outros compósitos. Foram concebidas técnicas térmicas e químicas para separar algumas combinações fibra-matriz.

- Os resíduos eletrônicos de produtos eletrônicos obsoletos, ultrapassados e descartados estão sendo gerados atualmente a uma taxa impressionante e em constante crescimento. Alguns e-resíduos são perigosos e/ou tóxicos e não devem ser descartados em aterros, ou incinerados. Outros materiais não perigosos são suscetíveis à reciclagem.

REFERÊNCIAS

Engenharia Econômica

Newnan, D. G.,T. G. Eschenbach, and J. P. Lavelle, *Engineering Economic Analysis*, 12th edition, Oxford University Press, New York, 2014.

Park, C. S., *Fundamentals of Engineering Economics*, 3rd edition, Prentice Hall, Upper Saddle River, NJ, 2013.

White, J. A., K. E. Case, and D. B. Pratt, *Principles of Engineering Economics Analysis*, 6th edition, Wiley, Hoboken, NJ, 2012.

Aspectos Sociais

Cohen, M., "Societal Issues in Materials Science and Technology", *Materials Research Society Bulletin*, September, 1994, pp. 3-8.

Aspectos Ambientais

Anderson, D. A., *Environmental Economics and Natural Resource Management*, 4th edition, Taylor & Francis, New York, NY, 2014.

Ashby, M. F., *Materials and the Environment: Eco-Informed Material Choice*, 2nd edition, Butterworth-Heinemann/Elsevier, Oxford, UK, 2012.

Azapagic, A., A. Emsley, and I. Hamerton, *Polymers, the Environment and Sustainable Development*, Wiley, West Sussex, UK, 2003.

Baxi, R. S., *Recycling our Future: A Global Strategy*, CRC Press, Boca Raton, FL, 2014.

Connett, P., *The Zero Waste Solution*, Chelsea Green Publishing, White River Junction, VT, 2013.

Davis, M. L., and D. A. Cornwell, *Introduction to Environmental Engineering*, 5th edition, McGraw-Hill, New York, NY, 2012.

McDonough, W., and M. Braungart, *Cradle to Cradle: Remaking the Way We Make Things*, North Point Press, New York, 2002.

Mihelcic, J. R., and J. B. Zimmerman, *Environmental Engineering: Fundamentals, Sustainability, Design*, 2nd edition, Wiley, Hoboken, NJ, 2014.

Nemerow, N. L., F. J. Agardy, and J. A. Salvato (Editors), *Environmental Engineering*, 6th edition, Wiley, Hoboken, NJ, 2009. Três volumes.

Porter, R. C., *The Economics of Waste*, Resources for the Future Press, Washington, DC, 2002.

Unnisa, S. A., and S. B. Rav, *Sustainable Solid Waste Management*, CRC Press, Boca Raton, FL, 2012.

PERGUNTAS DE PROJETO

20.P1 Vidro, alumínio e vários materiais plásticos são usados em vasilhames (veja a fotografia na página inicial do Capítulo 1 e a fotografia que acompanha a seção Materiais de Importância neste capítulo). Faça uma lista das vantagens e das desvantagens de usar cada um desses três tipos de materiais; inclua fatores como custo, reciclabilidade e consumo de energia para a produção do vasilhame.

20.P2 Discuta por que é importante considerar a totalidade do ciclo de vida, em vez de apenas o primeiro estágio.

20.P3 Discuta como a engenharia de materiais pode desempenhar um papel importante no "projeto verde".

20.P4 Sugira outras ações dos consumidores que podem contribuir para minimizar o impacto ambiental, além de simplesmente a reciclagem.

O Sistema Internacional de Unidades (SI)

As unidades no *Sistema Internacional de Unidades* se enquadram em duas classificações: básicas e derivadas. As unidades básicas são fundamentais e não podem ser reduzidas. A Tabela A.1 lista as unidades básicas de interesse na disciplina da ciência e engenharia de materiais.

Tabela A.1
As Unidades Básicas do SI

Grandeza	Nome	Símbolo
Comprimento	metro	m
Massa	quilograma	kg
Tempo	segundo	s
Corrente elétrica	ampère	A
Temperatura termodinâmica	kelvin	K
Quantidade de substância	mol	mol

As unidades derivadas são expressas em termos das unidades básicas, utilizando sinais matemáticos para multiplicação e divisão. Por exemplo, as unidades SI para massa específica são o quilograma por metro cúbico (kg/m^3). Para algumas unidades derivadas, existem nomes e símbolos especiais; por exemplo, N é usado para representar o newton – a unidade de força – que é equivalente a $1\ kg \cdot m/s^2$. A Tabela A.2 lista várias unidades derivadas importantes.

Tabela A.2
Algumas Unidades Derivadas do SI

Grandeza	Nome	Fórmula	Símbolo Especial
Área	metro quadrado	m^2	—
Volume	metro cúbico	m^3	—
Velocidade	metro por segundo	m/s	—
Massa específica	quilograma por metro cúbico	kg/m^3	—
Concentração	mols por metro cúbico	mol/m^3	—
Força	newton	$kg \cdot m/s^2$	N
Energia	joule	$kg \cdot m^2/s^2, N \cdot m$	J
Tensão	pascal	$kg/m \cdot s^2, N/m^2$	Pa
Deformação	—	m/m	
Potência, fluxo radiante	watt	$kg \cdot m^2/s^2, J/s$	W
Viscosidade	pascal-segundo	$kg/m \cdot s$	Pa·s
Frequência (de um fenômeno periódico)	hertz	s^{-1}	Hz
Carga elétrica	coulomb	$A \cdot s$	C
Potencial elétrico	volt	$kg \cdot m^2/s^2 \cdot C$	V
Capacitância	farad	$s^2 \cdot C^2/kg \cdot m^2$	F
Resistência elétrica	ohm	$kg \cdot m^2/s \cdot C^2$	Ω
Fluxo magnético	weber	$kg \cdot m^2/s \cdot C$	Wb
Densidade do fluxo magnético	tesla	$kg/s \cdot C, Wb/m^2$	$(T)^a$

[a]T é um símbolo especial aprovado para o SI, mas não é usado neste livro; aqui, o nome *tesla* é usado em lugar do símbolo.

Algumas vezes é necessário, ou conveniente, formar nomes e símbolos que são múltiplos ou submúltiplos decimais das unidades SI. Apenas um prefixo é usado quando um múltiplo de uma unidade SI é formado, o qual deve estar no numerador. Esses prefixos e seus símbolos aprovados são fornecidos na Tabela A.3. Os símbolos para todas as unidades usadas neste livro, no sistema SI ou em outros sistemas, estão contidos na página interna da capa deste livro.

Tabela A.3
Prefixos Múltiplos e Submúltiplos do Sistema SI

Fator pelo Qual É Multiplicado	Prefixo	Símbolo
10^9	giga	G
10^6	mega	M
10^3	quilo	k
10^{-2}	centi[a]	c
10^{-3}	mili	m
10^{-6}	micro	μ
10^{-9}	nano	n
10^{-12}	pico	p

[a]Evitado quando possível.

Propriedades de Materiais de Engenharia Selecionados

B.1: Massa Específica
B.2: Módulo de Elasticidade
B.3: Coeficiente de Poisson
B.4: Resistência e Ductilidade
B.5: Tenacidade à Fratura em Deformação Plana
B.6: Coeficiente Linear de Expansão Térmica
B.7: Condutividade Térmica
B.8: Calor Específico
B.9: Resistividade Elétrica
B.10: Composições de Ligas Metálicas

Este apêndice compila propriedades importantes para aproximadamente 100 materiais comumente utilizados em engenharia. Cada tabela contém os valores dos dados para uma propriedade específica para esse conjunto de materiais selecionados; também está incluída uma lista das composições das várias ligas metálicas consideradas (Tabela B.10). Os dados estão listados por tipo de material (metais e ligas metálicas; grafita, cerâmicas e materiais semicondutores; polímeros; materiais fibrosos; e compósitos). Em cada classificação, os materiais estão listados em ordem alfabética.

Observe que os dados nas tabelas estão expressos ou como faixas de valores ou como valores únicos comumente medidos. Além disso, ocasionalmente, (*mín*) está associado a um valor na tabela, indicando que o valor citado é um valor mínimo.

Tabela B.1
Valores da Massa Específica à Temperatura Ambiente para Vários Materiais de Engenharia

Material	Massa Específica	
	g/cm^3	lb_m/in^3
METAIS E LIGAS METÁLICAS		
Aços-Carbono Comuns e Aços de Baixa Liga		
Aço A36	7,85	0,283
Aço 1020	7,85	0,283
Aço 1040	7,85	0,283
Aço 4140	7,85	0,283
Aço 4340	7,85	0,283
Aços Inoxidáveis		
Liga inoxidável 304	8,00	0,289
Liga inoxidável 316	8,00	0,289
Liga inoxidável 405	7,80	0,282
Liga inoxidável 440A	7,80	0,282
Liga inoxidável 17-4PH	7,75	0,280

Tabela B.1
(Continuação)

	Massa Específica	
Material	*g/cm³*	*lbₘ/in³*
Ferros Fundidos		
Ferros cinzentos		
• Classe G1800	7,30	0,264
• Classe G3000	7,30	0,264
• Classe G4000	7,30	0,264
Ferros nodulares		
• Classe 60-40-18	7,10	0,256
• Classe 80-55-06	7,10	0,256
• Classe 120-90-02	7,10	0,256
Ligas de Alumínio		
Liga 1100	2,71	0,0978
Liga 2024	2,77	0,100
Liga 6061	2,70	0,0975
Liga 7075	2,80	0,101
Liga 356,0	2,69	0,0971
Ligas de Cobre		
C11000 (cobre eletrolítico tenaz)	8,89	0,321
C17200 (cobre-berílio)	8,25	0,298
C26000 (latão para cartuchos)	8,53	0,308
C36000 (latão de fácil usinagem)	8,50	0,307
C71500 (cobre-níquel, 30 %)	8,94	0,323
C93200 (bronze para mancais)	8,93	0,322
Ligas de Magnésio		
Liga AZ31B	1,77	0,0639
Liga AZ91D	1,81	0,0653
Ligas de Titânio		
Comercialmente puro (ASTM classe 1)	4,51	0,163
Liga Ti–5Al–2,5Sn	4,48	0,162
Liga Ti–6Al–4V	4,43	0,160
Metais Preciosos		
Ouro (comercialmente puro)	19,32	0,697
Platina (comercialmente pura)	21,45	0,774
Prata (comercialmente pura)	10,49	0,379
Metais Refratários		
Molibdênio (comercialmente puro)	10,22	0,369
Tântalo (comercialmente puro)	16,6	0,599
Tungstênio (comercialmente puro)	19,3	0,697
Ligas Não Ferrosas Diversas		
Níquel 200	8,89	0,321
Inconel 625	8,44	0,305
Monel 400	8,80	0,318
Liga Haynes 25	9,13	0,330
Invar	8,05	0,291
Super invar	8,10	0,292
Kovar	8,36	0,302

Material	Massa Específica	
	g/cm^3	lb_m/in^3
Chumbo químico	11,34	0,409
Chumbo antimonial (6 %)	10,88	0,393
Estanho (comercialmente puro)	7,17	0,259
Solda chumbo-estanho (60Sn-40Pb)	8,52	0,308
Zinco (comercialmente puro)	7,14	0,258
Zircônio, classe 702 para reatores	6,51	0,235

GRAFITA, CERÂMICAS E MATERIAIS SEMICONDUTORES

Material	g/cm^3	lb_m/in^3
Óxido de alumínio		
• 99,9 % puro	3,98	0,144
• 96 % puro	3,72	0,134
• 90 % puro	3,60	0,130
Concreto	2,4	0,087
Diamante		
• Natural	3,51	0,127
• Sintético	3,20–3,52	0,116–0,127
Arseneto de gálio	5,32	0,192
Vidro, borossilicato (Pyrex)	2,23	0,0805
Vidro, cal de soda	2,5	0,0903
Vidrocerâmica (Pyroceram)	2,60	0,0939
Grafita		
• Extrudada	1,71	0,0616
• Conformada isostaticamente	1,78	0,0643
Sílica, fundida	2,2	0,079
Silício	2,33	0,0841
Carbeto de silício		
• Prensado a quente	3,3	0,119
• Sinterizado	3,2	0,116
Nitreto de silício		
• Prensado a quente	3,3	0,119
• Unido por reação	2,7	0,0975
• Sinterizado	3,3	0,119
Zircônia, 3 %mol Y_2O_3, sinterizada	6,0	0,217

POLÍMEROS

Material	g/cm^3	lb_m/in^3
Elastômeros		
• Butadieno-acrilonitrila (nitrila)	0,98	0,0354
• Estireno-butadieno (SBR)	0,94	0,0339
• Silicone	1,1–1,6	0,040–0,058
Epóxi	1,11–1,40	0,0401–0,0505
Náilon 6,6	1,14	0,0412
Fenólico	1,28	0,0462
Poli(butileno tereftalato)	1,34	0,0484
Policarbonato (PC)	1,20	0,0433
Poliéster (termofixo)	1,04–1,46	0,038–0,053
Poliéter-éter-cetona (PEEK)	1,31	0,0473
Polietileno		
• Baixa densidade (PEBD)	0,925	0,0334
• Alta densidade (PEAD)	0,959	0,0346
• Ultra-alto peso molecular (PEUAPM)	0,94	0,0339

Tabela B.1
(Continuação)

Material	Massa Específica	
	g/cm³	lbₘ/in³
Poli(etileno tereftalato) (PET)	1,35	0,0487
Poli(metil metacrilato) (PMMA)	1,19	0,0430
Polipropileno (PP)	0,905	0,0327
Poliestireno (PS)	1,05	0,0379
Politetrafluoroetileno (PTFE)	2,17	0,0783
Cloreto de polivinila (PVC)	1,30–1,58	0,047–0,057
FIBRAS		
Aramida (Kevlar 49)	1,44	0,0520
Carbono		
• Módulo-padrão (precursor PAN)	1,78	0,0643
• Módulo intermediário (precursor PAN)	1,78	0,0643
• Módulo alto (precursor PAN)	1,81	0,0653
• Módulo ultra-alto (precursor piche)	2,12–2,19	0,077–0,079
Vidro E	2,58	0,0931
MATERIAIS COMPÓSITOS		
Fibras aramidas-matriz epóxi ($V_f = 0,60$)	1,4	0,050
Fibras de carbono de módulo alto-matriz epóxi ($V_f = 0,60$)	1,7	0,061
Fibras de vidro E-matriz epóxi ($V_f = 0,60$)	2,1	0,075
Madeira		
• Pinheiro de Douglas (12 % umidade)	0,46–0,50	0,017–0,018
• Carvalho-vermelho (12 % umidade)	0,61–0,67	0,022–0,024

Fontes: *ASM Handbooks,* Volumes 1 e 2, *Engineered Materials Handbook,* Volume 4, *Metals Handbook: Properties and Selection: Nonferrous Alloys and Pure Metals,* Vol. 2, 9th ed., e *Advanced Materials & Processes,* Vol. 146, Nº 4, ASM International, Materials Park, OH; *Modern Plastics Encyclopedia '96,* The McGraw-Hill Companies, New York, NY; R. F. Floral e S. T. Peters, "Composite Structures and Technologies", notas de aula, 1989; e especificações técnicas de fabricantes dos materiais.

Tabela B.2
Valores do Módulo
de Elasticidade à
Temperatura Ambiente
para Vários Materiais de
Engenharia

Material	Módulo de Elasticidade	
	GPa	10⁶ psi
METAIS E LIGAS METÁLICAS		
Aços-Carbono Comuns e Aços de Baixa Liga		
Aço A36	207	30
Aço 1020	207	30
Aço 1040	207	30
Aço 4140	207	30
Aço 4340	207	30
Aços Inoxidáveis		
Liga inoxidável 304	193	28
Liga inoxidável 316	193	28
Liga inoxidável 405	200	29
Liga inoxidável 440A	200	29
Liga inoxidável 17-4PH	196	28,5

Material	Módulo de Elasticidade	
	GPa	*10^6 psi*
Ferros Fundidos		
Ferros cinzentos		
• Classe G1800	66–97[a]	9,6–14[a]
• Classe G3000	90–113[a]	13,0–16,4[a]
• Classe G4000	110–138[a]	16–20[a]
Ferros nodulares		
• Classe 60-40-18	169	24,5
• Classe 80-55-06	168	24,4
• Classe 120-90-02	164	23,8
Ligas de Alumínio		
Liga 1100	69	10
Liga 2024	72,4	10,5
Liga 6061	69	10
Liga 7075	71	10,3
Liga 356,0	72,4	10,5
Ligas de Cobre		
C11000 (cobre eletrolítico tenaz)	115	16,7
C17200 (cobre-berílio)	128	18,6
C26000 (latão para cartuchos)	110	16
C36000 (latão de fácil usinagem)	97	14
C71500 (cobre-níquel, 30 %)	150	21,8
C93200 (bronze para mancais)	100	14,5
Ligas de Magnésio		
Liga AZ31B	45	6,5
Liga AZ91D	45	6,5
Ligas de Titânio		
Comercialmente puro (ASTM classe 1)	103	14,9
Liga Ti–5Al–2,5Sn	110	16
Liga Ti–6Al–4V	114	16,5
Metais Preciosos		
Ouro (comercialmente puro)	77	11,2
Platina (comercialmente pura)	171	24,8
Prata (comercialmente pura)	74	10,7
Metais Refratários		
Molibdênio (comercialmente puro)	320	46,4
Tântalo (comercialmente puro)	185	27
Tungstênio (comercialmente puro)	400	58
Ligas Não Ferrosas Diversas		
Níquel 200	204	29,6
Inconel 625	207	30
Monel 400	180	26
Liga Haynes 25	236	34,2
Invar	141	20,5
Super invar	144	21
Kovar	207	30
Chumbo químico	13,5	2

Tabela B.2
(Continuação)

Material	Módulo de Elasticidade	
	GPa	*10⁶ psi*
Estanho (comercialmente puro)	44,3	6,4
Solda chumbo-estanho (60Sn-40Pb)	30	4,4
Zinco (comercialmente puro)	104,5	15,2
Zircônio, classe 702 para reatores	99,3	14,4

GRAFITA, CERÂMICAS E MATERIAIS SEMICONDUTORES

Óxido de alumínio		
• 99,9 % puro	380	55
• 96 % puro	303	44
• 90 % puro	275	40
Concreto	25,4–36,6^a	3,7–5,3^a
Diamante		
• Natural	700–1200	102–174
• Sintético	800–925	116–134
Arseneto de gálio, monocristal		
• Na direção ⟨100⟩	85	12,3
• Na direção ⟨110⟩	122	17,7
• Na direção ⟨111⟩	142	20,6
Vidro, borossilicato (Pyrex)	70	10,1
Vidro, cal de soda	69	10
Vidrocerâmica (Pyroceram)	120	17,4
Grafita		
• Extrudada	11	1,6
• Conformada isostaticamente	11,7	1,7
Sílica, fundida	73	10,6
Silício, monocristal		
• Na direção ⟨100⟩	129	18,7
• Na direção ⟨110⟩	168	24,4
• Na direção ⟨111⟩	187	27,1
Carbeto de silício		
• Prensado a quente	207–483	30–70
• Sinterizado	207–483	30–70
Nitreto de silício		
• Prensado a quente	304	44,1
• Unido por reação	304	44,1
• Sinterizado	304	44,1
Zircônia, 3 %mol Y_2O_3	205	30

POLÍMEROS

Elastômeros		
• Butadieno-acrilonitrila (nitrila)	0,0034^b	0,00049^b
• Estireno-butadieno (SBR)	0,002–0,010^b	0,0003–0,0015^b
Epóxi	2,41	0,35
Náilon 6,6	1,59–3,79	0,230–0,550
Fenólico	2,76–4,83	0,40–0,70
Poli(butileno tereftalato) (PBT)	1,93–3,00	0,280–0,435
Policarbonato (PC)	2,38	0,345
Poliéster (termofixo)	2,06–4,41	0,30–0,64
Poliéter-éter-cetona (PEEK)	1,10	0,16

Material	Módulo de Elasticidade	
	GPa	*10^6 psi*
Polietileno		
• Baixa densidade (PEBD)	0,172–0,282	0,025–0,041
• Alta densidade (PEAD)	1,08	0,157
• Ultra-alto peso molecular (PEUAPM)	0,69	0,100
Poli(etileno tereftalato) (PET)	2,76–4,14	0,40–0,60
Poli(metil metacrilato) (PMMA)	2,24–3,24	0,325–0,470
Polipropileno (PP)	1,14–1,55	0,165–0,225
Poliestireno (PS)	2,28–3,28	0,330–0,475
Politetrafluoroetileno (PTFE)	0,40–0,55	0,058–0,080
Cloreto de polivinila (PVC)	2,41–4,14	0,35–0,60
FIBRAS		
Aramida (Kevlar 49)	131	19
Carbono		
• Módulo-padrão (precursor PAN)	230	33,4
• Módulo intermediário (precursor PAN)	285	41,3
• Módulo alto (precursor PAN)	400	58
• Módulo ultra-alto (precursor piche)	520–940	75–136
Vidro E	72,5	10,5
MATERIAIS COMPÓSITOS		
Fibras aramidas-matriz epóxi ($V_f = 0,60$)		
Longitudinal	76	11
Transversal	5,5	0,8
Fibras de carbono de módulo alto-matriz epóxi ($V_f = 0,60$)		
Longitudinal	220	32
Transversal	6,9	1,0
Fibras de vidro E-matriz epóxi ($V_f = 0,60$)		
Longitudinal	45	6,5
Transversal	12	1,8
Madeira		
• Pinheiro de Douglas (12 % umidade)		
Paralelo ao grão	10,8–13,6[c]	1,57–1,97[c]
Perpendicular ao grão	0,54–0,68[c]	0,078–0,10[c]
• Carvalho-vermelho (12 % umidade)		
Paralelo ao grão	11,0–14,1[c]	1,60–2,04[c]
Perpendicular ao grão	0,55–0,71[c]	0,08–0,10[c]

[a]Módulo secante tomado a 25 % do limite de resistência.
[b]Módulo tomado a 100 % de alongamento.
[c]Medido em flexão.

Fontes: *ASM Handbooks*, Volumes 1 e 2, *Engineered Materials Handbooks*, Volumes 1 e 4, *Metals Handbook: Properties and Selection: Nonferrous Alloys and Pure Metals*, Vol. 2, 9th ed., e *Advanced Materials & Processes*, Vol. 146, N° 4, ASM International, Materials Park, OH; *Modern Plastics Encyclopedia '96*, The McGraw-Hill Companies, New York, NY; R. F. Floral e S. T. Peters, "Composite Structures and Technologies", notas de aula, 1989; e especificações técnicas de fabricantes dos materiais.

Tabela B.3 Valores do Coeficiente de Poisson à Temperatura Ambiente para Vários Materiais de Engenharia

Material	Coeficiente de Poisson	Material	Coeficiente de Poisson
METAIS E LIGAS METÁLICAS		**Metais Refratários**	
Aços-Carbono Comuns e Aços de Baixa Liga		Molibdênio (comercialmente puro)	0,32
Aço A36	0,30	Tântalo (comercialmente puro)	0,35
Aço 1020	0,30	Tungstênio (comercialmente puro)	0,28
Aço 1040	0,30	**Ligas Não Ferrosas Diversas**	
Aço 4140	0,30	Níquel 200	0,31
Aço 4340	0,30	Inconel 625	0,31
Aços Inoxidáveis		Monel 400	0,32
Liga inoxidável 304	0,30	Chumbo químico	0,44
Liga inoxidável 316	0,30	Estanho (comercialmente puro)	0,33
Liga inoxidável 405	0,30	Zinco (comercialmente puro)	0,25
Liga inoxidável 440A	0,30	Zircônio, classe 702 para reatores	0,35
Liga inoxidável 17-4PH	0,27	**GRAFITA, CERÂMICAS E MATERIAIS SEMICONDUTORES**	
Ferros Fundidos		Óxido de alumínio	
Ferros cinzentos		• 99,9 % puro	0,22
• Classe G1800	0,26	• 96 % puro	0,21
• Classe G3000	0,26	• 90 % puro	0,22
• Classe G4000	0,26	Concreto	0,20
Ferros nodulares		Diamante	
• Classe 60-40-18	0,29	• Natural	0,10–0,30
• Classe 80-55-06	0,31	• Sintético	0,20
• Classe 120-90-02	0,28	Arseneto de gálio	
Ligas de Alumínio		• Na direção $\langle 100 \rangle$	0,30
Liga 1100	0,33	Vidro, borossilicato (Pyrex)	0,20
Liga 2024	0,33	Vidro, cal de soda	0,23
Liga 6061	0,33	Vidrocerâmica (Pyroceram)	0,25
Liga 7075	0,33	Sílica, fundida	0,17
Liga 356,0	0,33	Silício	
Ligas de Cobre		• Na direção $\langle 100 \rangle$	0,28
C11000 (cobre eletrolítico tenaz)	0,33	• Orientação $\langle 111 \rangle$	0,36
C17200 (cobre-berílio)	0,30	Carbeto de silício	
C26000 (latão para cartuchos)	0,35	• Prensado a quente	0,17
C36000 (latão de fácil usinagem)	0,34	• Sinterizado	0,16
C71500 (cobre-níquel, 30 %)	0,34	Nitreto de silício	
C93200 (bronze para mancais)	0,34	• Prensado a quente	0,30
Ligas de Magnésio		• Unido por reação	0,22
Liga AZ31B	0,35	• Sinterizado	0,28
Liga AZ91D	0,35	Zircônia, 3 %mol Y_2O_3	0,31
Ligas de Titânio		**POLÍMEROS**	
Comercialmente puro (ASTM classe 1)	0,34	Náilon 6,6	0,39
Liga Ti–5Al–2,5Sn	0,34	Policarbonato (PC)	0,36
Liga Ti–6Al–4V	0,34	Polietileno	
Metais Preciosos		• Baixa densidade (PEBD)	0,33–0,40
Ouro (comercialmente puro)	0,42	• Alta densidade (PEAD)	0,46
Platina (comercialmente pura)	0,39	Poli(etileno tereftalato) (PET)	0,33
Prata (comercialmente pura)	0,37	Poli(metil metacrilato) (PMMA)	0,37–0,44
		Polipropileno (PP)	0,40

Tabela B.3 *(Continuação)*

Material	Coeficiente de Poisson	Material	Coeficiente de Poisson
Poliestireno (PS)	0,33	**MATERIAIS COMPÓSITOS**	
Politetrafluoroetileno (PTFE)	0,46	Fibras aramidas-matriz epóxi (V_f = 0,60)	0,34
Cloreto de polivinila (PVC)	0,38	Fibras de carbono de módulo alto-matriz epóxi (V_f = 0,60)	0,25
FIBRAS			
Vidro E	0,22	Fibras de vidro E-matriz epóxi (V_f = 0,60)	0,19

Fontes: *ASM Handbooks,* Volumes 1 e 2, e *Engineered Materials Handbooks,* Volumes 1 e 4, ASM International, Materials Park, OH; R. F. Floral e S. T. Peters, "Composite Structures and Technologies", notas de aula, 1989; e especificações técnicas de fabricantes dos materiais.

Tabela B.4 Valores Típicos para o Limite de Escoamento, o Limite de Resistência à Tração e a Ductilidade (em Alongamento Percentual) à Temperatura Ambiente para Vários Materiais de Engenharia

Material/Condição	Limite de Escoamento (MPa [ksi])	Limite de Resistência à Tração (MPa [ksi])	Alongamento Percentual
METAIS E LIGAS METÁLICAS **Aços-Carbono Comuns e Aços de Baixa Liga**			
Aço A36			
• Laminado a quente	220–250 (32–36)	400–500 (58–72,5)	23
Aço 1020			
• Laminado a quente	210 (30) (mín)	380 (55) (mín)	25 (mín)
• Estirado a frio	350 (51) (mín)	420 (61) (mín)	15 (mín)
• Recozido (a 870 °C)	295 (42,8)	395 (57,3)	36,5
• Normalizado (a 925 °C)	345 (50,3)	440 (64)	38,5
Aço 1040			
• Laminado a quente	290 (42) (mín)	520 (76) (mín)	18 (mín)
• Estirado a frio	490 (71) (mín)	590 (85) (mín)	12 (mín)
• Recozido (a 785 °C)	355 (51,3)	520 (75,3)	30,2
• Normalizado (a 900 °C)	375 (54,3)	590 (85)	28,0
Aço 4140			
• Recozido (a 815 °C)	417 (60,5)	655 (95)	25,7
• Normalizado (a 870 °C)	655 (95)	1020 (148)	17,7
• Temperado em óleo e revenido (a 315 °C)	1570 (228)	1720 (250)	11,5
Aço 4340			
• Recozido (a 810 °C)	472 (68,5)	745 (108)	22
• Normalizado (a 870 °C)	862 (125)	1280 (185,5)	12,2
• Temperado em óleo e revenido (a 315 °C)	1620 (235)	1760 (255)	12
Aços Inoxidáveis			
Liga inoxidável 304			
• Acabada a quente e recozida	205 (30) (mín)	515 (75) (mín)	40 (mín)
• Trabalhada a frio (1/4 dureza)	515 (75) (mín)	860 (125) (mín)	10 (mín)
Liga inoxidável 316			
• Acabada a quente e recozida	205 (30) (mín)	515 (75) (mín)	40 (mín)
• Estirada a frio e recozida	310 (45) (mín)	620 (90) (mín)	30 (mín)
Liga inoxidável 405			
• Recozida	170 (25)	415 (60)	20
Liga inoxidável 440A			
• Recozida	415 (60)	725 (105)	20
• Revenido (a 315 °C)	1650 (240)	1790 (260)	5
Liga inoxidável 17-4PH			
• Recozida	760 (110)	1030 (150)	8
• Endurecida por precipitação (a 482 °C)	1172 (170)	1310 (190)	10

Tabela B.4 *(Continuação)*

Material/Condição	Limite de Escoamento (MPa [ksi])	Limite de Resistência à Tração (MPa [ksi])	Alongamento Percentual
Ferros Fundidos			
Ferros cinzentos			
• Classe G1800 (como fundido)	—	124 (18) (mín)	—
• Classe G3000 (como fundido)	—	207 (30) (mín)	—
• Classe G4000 (como fundido)	—	276 (40) (mín)	—
Ferros nodulares			
• Classe 60-40-18 (recozido)	276 (40) (mín)	414 (60) (mín)	18 (mín)
• Classe 80-55-06 (como fundido)	379 (55) (mín)	552 (80) (mín)	6 (mín)
• Classe 120-90-02 (Temperado em óleo e revenido)	621 (90) (mín)	827 (120) (mín)	2 (mín)
Ligas de Alumínio			
Liga 1100			
• Recozida (recozimento O)	34 (5)	90 (13)	40
• Endurecida por deformação a frio (tratamento H14)	117 (17)	124 (18)	15
Liga 2024			
• Recozida (recozimento O)	75 (11)	185 (27)	20
• Tratada termicamente e envelhecida (tratamento T3)	345 (50)	485 (70)	18
• Tratada termicamente e envelhecida (tratamento T351)	325 (47)	470 (68)	20
Liga 6061			
• Recozida (recozimento O)	55 (8)	124 (18)	30
• Tratada termicamente e envelhecida (tratamentos T6 e T651)	276 (40)	310 (45)	17
Liga 7075			
• Recozida (recozimento O)	103 (15)	228 (33)	17
• Tratada termicamente e envelhecida (tratamento T6)	505 (73)	572 (83)	11
Liga 356,0			
• Como fundida	124 (18)	164 (24)	6
• Tratada termicamente e envelhecida (tratamento T6)	164 (24)	228 (33)	3,5
Ligas de Cobre			
C11000 (cobre eletrolítico tenaz)			
• Laminado a quente	69 (10)	220 (32)	45
• Trabalhada a frio (tratamento H04)	310 (45)	345 (50)	12
C17200 (cobre-berílio)			
• Tratada termicamente por solubilização	195–380 (28–55)	415–540 (60–78)	35–60
• Tratada termicamente por solubilização e envelhecida (a 330 °C)	965–1205 (140–175)	1140–1310 (165–190)	4–10
C26000 (latão para cartuchos)			
• Recozida	75–150 (11–22)	300–365 (43,5–53,0)	54–68
• Trabalhada a frio (tratamento H04)	435 (63)	525 (76)	8
C36000 (latão de fácil usinagem)			
• Recozida	125 (18)	340 (49)	53
• Trabalhada a frio (tratamento H02)	310 (45)	400 (58)	25
C71500 (cobre-níquel, 30 %)			
• Laminado a quente	140 (20)	380 (55)	45
• Trabalhada a frio (tratamento H80)	545 (79)	580 (84)	3
C93200 (bronze para mancais)			
• Fundida em areia	125 (18)	240 (35)	20
Ligas de Magnésio			
Liga AZ31B			
• Laminada	220 (32)	290 (42)	15
• Extrudada	200 (29)	262 (38)	15

Tabela B.4 (*Continuação*)

Material/Condição	Limite de Escoamento (MPa [ksi])	Limite de Resistência à Tração (MPa [ksi])	Alongamento Percentual
Liga AZ91D			
• Como fundida	97–150 (14–22)	165–230 (24–33)	3
Ligas de Titânio			
Comercialmente puro (ASTM classe 1)			
• Recozida	170 (25) (mín)	240 (35) (mín)	24
Liga Ti–5Al–2,5Sn			
• Recozida	760 (110) (mín)	790 (115) (mín)	16
Liga Ti–6Al–4V			
• Recozida	830 (120) (mín)	900 (130) (mín)	14
• Tratada termicamente por solubilização e envelhecida	1103 (160)	1172 (170)	10
Metais Preciosos			
Ouro (comercialmente puro)			
• Recozido	nulo	130 (19)	45
• Trabalhado a frio (redução de 60 %)	205 (30)	220 (32)	4
Platina (comercialmente pura)			
• Recozida	<13,8 (2)	125–165 (18–24)	30–40
• Trabalhada a frio (50 %)	—	205–240 (30–35)	1–3
Prata (comercialmente pura)			
• Recozida	—	170 (24,6)	44
• Trabalhada a frio (50 %)	—	296 (43)	3,5
Metais Refratários			
Molibdênio (comercialmente puro)	500 (72,5)	630 (91)	25
Tântalo (comercialmente puro)	165 (24)	205 (30)	40
Tungstênio (comercialmente puro)	760 (110)	960 (139)	2
Ligas Não Ferrosas Diversas			
Níquel 200 (recozido)	148 (21,5)	462 (67)	47
Inconel 625 (recozido)	517 (75)	930 (135)	42,5
Monel 400 (recozido)	240 (35)	550 (80)	40
Liga Haynes 25	445 (65)	970 (141)	62
Invar (recozido)	276 (40)	517 (75)	30
Super invar (recozido)	276 (40)	483 (70)	30
Kovar (recozido)	276 (40)	517 (75)	30
Chumbo químico	6–8 (0,9–1,2)	16–19 (2,3–2,7)	30–60
Chumbo antimonial (6 %) (fundido em coquilha)	—	47,2 (6,8)	24
Estanho (comercialmente puro)	11 (1,6)	—	57
Solda chumbo-estanho (60Sn-40Pb)	—	52,5 (7,6)	30–60
Zinco (comercialmente puro)			
• Laminado a quente (anisotrópico	—	134–159 (19,4–23,0)	50–65
• Laminado a frio (anisotrópico)	—	145–186 (21–27)	40–50
Zircônio, classe 702 para reatores			
• Trabalhado a frio e recozido	207 (30) (mín)	379 (55) (mín)	16 (mín)
GRAFITA, CERÂMICAS E MATERIAIS SEMICONDUTORES[a]			
Óxido de alumínio			
• 99,9 % puro	—	282–551 (41–80)	—
• 96 % puro	—	358 (52)	—
• 90 % puro	—	337 (49)	—
Concreto[b]	—	37,3–41,3 (5,4–6,0)	—

Tabela B.4 *(Continuação)*

Material/Condição	Limite de Escoamento (MPa [ksi])	Limite de Resistência à Tração (MPa [ksi])	Alongamento Percentual
Diamante			
• Natural	—	1050 (152)	—
• Sintético	—	800–1400 (116–203)	—
Arseneto de gálio			
• Orientação {100}, superfície polida	—	66 (9,6)^c	—
• Orientação {100}, superfície após o corte	—	57 (8,3)^c	—
Vidro, borossilicato (Pyrex)	—	69 (10)	—
Vidro, cal de soda	—	69 (10)	—
Vidrocerâmica (Pyroceram)	—	123–370 (18–54)	—
Grafita			
• Extrudada (na direção do grão)	—	13,8–34,5 (2,0–5,0)	—
• Conformada isostaticamente	—	31–69 (4,5–10)	—
Sílica, fundida	—	104 (15)	—
Silício			
• Orientação {100}, superfície após o corte	—	130 (18,9)	—
• Orientação {100}, cortada a laser	—	81,8 (11,9)	—
Carbeto de silício			
• Prensado a quente	—	230–825 (33–120)	—
• Sinterizado	—	96–520 (14–75)	—
Nitreto de silício			
• Prensado a quente	—	700–1000 (100–150)	—
• Unido por reação	—	250–345 (36–50)	—
• Sinterizado	—	414–650 (60–94)	—
Zircônia, 3 %mol Y$_2$O$_3$ (sinterizada)	—	800–1500 (116–218)	—
POLÍMEROS			
Elastômeros			
• Butadieno-acrilonitrila (nitrila)	—	6,9–24,1 (1,0–3,5)	400–600
• Estireno-butadieno (SBR)	—	12,4–20,7 (1,8–3,0)	450–500
• Silicone	—	10,3 (1,5)	100–800
Epóxi	—	27,6–90,0 (4,0–13)	3–6
Náilon 6,6			
• Seco, como moldado	55,1–82,8 (8–12)	94,5 (13,7)	15–80
• 50 % de umidade relativa	44,8–58,6 (6,5–8,5)	75,9 (11)	150–300
Fenólico	—	34,5–62,1 (5,0–9,0)	1,5–2,0
Poli(butileno tereftalato) (PBT)	56,6–60,0 (8,2–8,7)	56,6–60,0 (8,2–8,7)	50–300
Policarbonato (PC)	62,1 (9)	62,8–72,4 (9,1–10,5)	110–150
Poliéster (termofixo)	—	41,4–89,7 (6,0–13,0)	<2,6
Poliéter-éter-cetona (PEEK)	91 (13,2)	70,3–103 (10,2–15,0)	30–150
Polietileno			
• Baixa densidade (PEBD)	9,0–14,5 (1,3–2,1)	8,3–31,4 (1,2–4,55)	100–650
• Alta densidade (PEAD)	26,2–33,1 (3,8–4,8)	22,1–31,0 (3,2–4,5)	10–1200
• Ultra-alto peso molecular (PEUAPM)	21,4–27,6 (3,1–4,0)	38,6–48,3 (5,6–7,0)	350–525
Poli(etileno tereftalato) (PET)	59,3 (8,6)	48,3–72,4 (7,0–10,5)	30–300
Poli(metil metacrilato) (PMMA)	53,8–73,1 (7,8–10,6)	48,3–72,4 (7,0–10,5)	2,0–5,5
Polipropileno (PP)	31,0–37,2 (4,5–5,4)	31,0–41,4 (4,5–6,0)	100–600
Poliestireno (PS)	25,0–69,0 (3,63–10,0)	35,9–51,7 (5,2–7,5)	1,2–2,5
Politetrafluoroetileno (PTFE)	13,8–15,2 (2,0–2,2)	20,7–34,5 (3,0–5,0)	200–400
Cloreto de polivinila (PVC)	40,7–44,8 (5,9–6,5)	40,7–51,7 (5,9–7,5)	40–80

Tabela B.4 *(Continuação)*

Material/Condição	Limite de Escoamento (MPa [ksi])	Limite de Resistência à Tração (MPa [ksi])	Alongamento Percentual
FIBRAS			
Aramida (Kevlar 49)	—	3600–4100 (525–600)	2,8
Carbono			
• Módulo-padrão (longitudinal) (precursor PAN)	—	3800–4200 (550–610)	2
• Módulo intermediário (longitudinal) (precursor PAN)	—	4650–6350 (675–920)	1,8
• Módulo alto (longitudinal) (precursor PAN)	—	2500–4500 (360–650)	0,6
• Módulo ultra-alto (longitudinal) (precursor piche)	—	2620–3630 (380–526)	0,30–0,66
Vidro E	—	3450 (500)	4,3
MATERIAIS COMPÓSITOS			
Fibras aramidas-matriz epóxi (alinhadas, $V_f = 0,6$)			
• Direção longitudinal	—	1380 (200)	1,8
• Direção transversal	—	30 (4,3)	0,5
Fibras de carbono de módulo alto-matriz epóxi (alinhadas, $V_f = 0,6$)			
• Direção longitudinal	—	760 (110)	0,3
• Direção transversal	—	28 (4)	0,4
Fibras de vidro E-matriz epóxi (alinhadas, $V_f = 0,6$)			
• Direção longitudinal	—	1020 (150)	2,3
• Direção transversal	—	40 (5,8)	0,4
Madeira			
• Pinheiro de Douglas (12 % umidade)			
Paralelo ao grão	—	108 (15,6)	—
Perpendicular ao grão	—	2,4 (0,35)	—
• Carvalho-vermelho (12 % umidade)			
Paralelo ao grão	—	112 (16,3)	—
Perpendicular ao grão	—	7,2 (1,05)	—

[a]As resistências da grafita, dos cerâmicos e dos materiais semicondutores são consideradas como resistências à flexão.
[b]A resistência do concreto é medida em compressão.
[c]Resistência à flexão em probabilidade de fratura de 50 %.

Fontes: *ASM Handbooks,* Volumes 1 e 2, *Engineered Materials Handbooks,* Volumes 1 e 4, *Metals Handbook: Properties and Selection: Nonferrous Alloys and Pure Metals,* Vol. 2, 9th ed., *Advanced Materials & Processes,* Vol. 146, Nº 4, e *Materials & Processing Databook (1985),* ASM International, Materials Park, OH; *Modern Plastics Encyclopedia '96,* The McGraw-Hill Companies, New York, NY; R. F. Floral e S. T. Peters, "Composite Structures and Technologies", notas de aula, 1989; e especificações técnicas de fabricantes dos materiais.

Tabela B.5
Valores para a Tenacidade à Fratura em Deformação Plana e a Resistência à Temperatura Ambiente para Vários Materiais de Engenharia

Material	Tenacidade à Fratura		Resistência[a] (MPa)
	$MPa\sqrt{m}$	$ksi\sqrt{in}$	
METAIS E LIGAS METÁLICAS			
Aços-Carbono Comuns e Aços de Baixa Liga			
Aço 1040	54,0	49,0	260
Aço 4140			
• Revenido a 370 °C	55–65	50–59	1375–1585
• Revenido a 482 °C	75–93	68,3–84,6	1100–1200
Aço 4340			
• Revenido a 260 °C	50,0	45,8	1640
• Revenido a 425 °C	87,4	80,0	1420

Tabela B.5
(Continuação)

Material	Tenacidade à Fratura		Resistência[a] (MPa)
	MPa $\sqrt{m}$	ksi $\sqrt{in}$	
Aços Inoxidáveis			
Liga inoxidável 17-4PH			
• Endurecida por precipitação a 482 °C	53	48	1170
Ligas de Alumínio			
Liga 2024-T3	44	40	345
Liga 7075-T651	24	22	495
Ligas de Magnésio			
Liga AZ31B			
• Extrudada	28,0	25,5	200
Ligas de Titânio			
Liga Ti–5Al–2,5Sn			
• Resfriada ao ar	71,4	65,0	876
Liga Ti–6Al–4V			
• Grãos equiaxiais	44–66	40–60	910
GRAFITA, CERÂMICAS E MATERIAIS SEMICONDUTORES			
Óxido de alumínio			
• 99,9 % puro	4,2–5,9	3,8–5,4	282–551
• 96 % puro	3,85–3,95	3,5–3,6	358
Concreto	0,2–1,4	0,18–1,27	—
Diamante			
• Natural	3,4	3,1	1050
• Sintético	6,0–10,7	5,5–9,7	800–1400
Arseneto de gálio			
• Na orientação {100}	0,43	0,39	66
• Na orientação {110}	0,31	0,28	—
• Na orientação {111}	0,45	0,41	—
Vidro, borossilicato (Pyrex)	0,77	0,70	69
Vidro, cal de soda	0,75	0,68	69
Vidrocerâmica (Pyroceram)	1,6–2,1	1,5–1,9	123–370
Sílica, fundida	0,79	0,72	104
Silício			
• Na orientação {100}	0,95	0,86	—
• Na orientação {110}	0,90	0,82	—
• Na orientação {111}	0,82	0,75	—
Carbeto de silício			
• Prensado a quente	4,8–6,1	4,4–5,6	230–825
• Sinterizado	4,8	4,4	96–520
Nitreto de silício			
• Prensado a quente	4,1–6,0	3,7–5,5	700–1000
• Unido por reação	3,6	3,3	250–345
• Sinterizado	5,3	4,8	414–650
Zircônia, 3 %mol Y_2O_3	7,0–12,0	6,4–10,9	800–1500
POLÍMEROS			
Epóxi	0,6	0,55	—
Náilon 6,6	2,5–3,0	2,3–2,7	44,8–58,6
Policarbonato (PC)	2,2	2,0	62,1
Poliéster (termofixo)	0,6	0,55	—
Poli(etileno tereftalato) (PET)	5,0	4,6	59,3
Poli(metil metacrilato) (PMMA)	0,7–1,6	0,6–1,5	53,8–73,1
Polipropileno (PP)	3,0–4,5	2,7–4,1	31,0–37,2
Poliestireno (PS)	0,7–1,1	0,6–1,0	—
Cloreto de polivinila (PVC)	2,0–4,0	1,8–3,6	40,7–44,8

[a]Para as ligas metálicas e os polímeros, a resistência é considerada como o limite de escoamento; para os materiais cerâmicos, é usada a resistência à flexão.
Fontes: *ASM Handbooks,* Volumes 1 e 19, *Engineered Materials Handbooks,* Volumes 2 e 4, e *Advanced Materials & Processes,* Vol. 137, Nº 6, ASM International, Materials Park, OH.

Tabela B.6
Valores do Coeficiente
Linear de Expansão
Térmica à Temperatura
Ambiente para Vários
Materiais de Engenharia

Material	Coeficiente de Expansão Térmica	
	$10^{-6}\,(°C)^{-1}$	$10^{-6}\,(°F)^{-1}$
METAIS E LIGAS METÁLICAS		
Aços-Carbono Comuns e Aços de Baixa Liga		
Aço A36	11,7	6,5
Aço 1020	11,7	6,5
Aço 1040	11,3	6,3
Aço 4140	12,3	6,8
Aço 4340	12,3	6,8
Aços Inoxidáveis		
Liga inoxidável 304	17,2	9,6
Liga inoxidável 316	16,0	8,9
Liga inoxidável 405	10,8	6,0
Liga inoxidável 440A	10,2	5,7
Liga inoxidável 17-4PH	10,8	6,0
Ferros Fundidos		
Ferros cinzentos		
• Classe G1800	11,4	6,3
• Classe G3000	11,4	6,3
• Classe G4000	11,4	6,3
Ferros nodulares		
• Classe 60-40-18	11,2	6,2
• Classe 80-55-06	10,6	5,9
Ligas de Alumínio		
Liga 1100	23,6	13,1
Liga 2024	22,9	12,7
Liga 6061	23,6	13,1
Liga 7075	23,4	13,0
Liga 356,0	21,5	11,9
Ligas de Cobre		
C11000 (cobre eletrolítico tenaz)	17,0	9,4
C17200 (cobre-berílio)	16,7	9,3
C26000 (latão para cartuchos)	19,9	11,1
C36000 (latão de fácil usinagem)	20,5	11,4
C71500 (cobre-níquel, 30 %)	16,2	9,0
C93200 (bronze para mancais)	18,0	10,0
Ligas de Magnésio		
Liga AZ31B	26,0	14,4
Liga AZ91D	26,0	14,4
Ligas de Titânio		
Comercialmente puro (ASTM classe 1)	8,6	4,8
Liga Ti–5Al–2,5Sn	9,4	5,2
Liga Ti–6Al–4V	8,6	4,8
Metais Preciosos		
Ouro (comercialmente puro)	14,2	7,9
Platina (comercialmente pura)	9,1	5,1
Prata (comercialmente pura)	19,7	10,9

Tabela B.6
(Continuação)

Material	Coeficiente de Expansão Térmica	
	10^{-6} $(°C)^{-1}$	10^{-6} $(°F)^{-1}$
Metais Refratários		
Molibdênio (comercialmente puro)	4,9	2,7
Tântalo (comercialmente puro)	6,5	3,6
Tungstênio (comercialmente puro)	4,5	2,5
Ligas Não Ferrosas Diversas		
Níquel 200	13,3	7,4
Inconel 625	12,8	7,1
Monel 400	13,9	7,7
Liga Haynes 25	12,3	6,8
Invar	1,6	0,9
Super invar	0,72	0,40
Kovar	5,1	2,8
Chumbo químico	29,3	16,3
Chumbo antimonial (6 %)	27,2	15,1
Estanho (comercialmente puro)	23,8	13,2
Solda chumbo-estanho (60Sn-40Pb)	24,0	13,3
Zinco (comercialmente puro)	23,0–32,5	12,7–18,1
Zircônio, classe 702 para reatores	5,9	3,3
GRAFITA, CERÂMICAS E MATERIAIS SEMICONDUTORES		
Óxido de alumínio		
• 99,9 % puro	7,4	4,1
• 96 % puro	7,4	4,1
• 90 % puro	7,0	3,9
Concreto	10,0–13,6	5,6–7,6
Diamante (natural)	0,11–1,23	0,06–0,68
Arseneto de gálio	5,9	3,3
Vidro, borossilicato (Pyrex)	3,3	1,8
Vidro, cal de soda	9,0	5,0
Vidrocerâmica (Pyroceram)	6,5	3,6
Grafita		
• Extrudada	2,0–2,7	1,1–1,5
• Conformada isostaticamente	2,2–6,0	1,2–3,3
Sílica, fundida	0,4	0,22
Silício	2,5	1,4
Carbeto de silício		
• Prensado a quente	4,6	2,6
• Sinterizado	4,1	2,3
Nitreto de silício		
• Prensado a quente	2,7	1,5
• Unido por reação	3,1	1,7
• Sinterizado	3,1	1,7
Zircônia, 3 %mol Y_2O_3	9,6	5,3
POLÍMEROS		
Elastômeros		
• Butadieno-acrilonitrila (nitrila)	235	130
• Estireno-butadieno (SBR)	220	125
• Silicone	270	150

Material	Coeficiente de Expansão Térmica	
	10^{-6} $(°C)^{-1}$	10^{-6} $(°F)^{-1}$
Epóxi	81–117	45–65
Náilon 6,6	144	80
Fenólico	122	68
Poli(butileno tereftalato) (PBT)	108–171	60–95
Policarbonato (PC)	122	68
Poliéster (termofixo)	100–180	55–100
Poliéter-éter-cetona (PEEK)	72–85	40–47
Polietileno		
• Baixa densidade (PEBD)	180–400	100–220
• Alta densidade (PEAD)	106–198	59–110
• Ultra-alto peso molecular (PEUAPM)	234–360	130–200
Poli(etileno tereftalato) (PET)	117	65
Poli(metil metacrilato) (PMMA)	90–162	50–90
Polipropileno (PP)	146–180	81–100
Poliestireno (PS)	90–150	50–83
Politetrafluoroetileno (PTFE)	126–216	70–120
Cloreto de polivinila (PVC)	90–180	50–100
FIBRAS		
Aramida (Kevlar 49)		
• Direção longitudinal	–2,0	–1,1
• Direção transversal	60	33
Carbono		
• Módulo-padrão (precursor PAN)		
Direção longitudinal	–0,6	–0,3
Direção transversal	10,0	5,6
• Módulo intermediário (precursor PAN)		
Direção longitudinal	–0,6	–0,3
• Módulo alto (precursor PAN)		
Direção longitudinal	–0,5	–0,28
Direção transversal	7,0	3,9
• Módulo ultra-alto (precursor piche)		
Direção longitudinal	–1,6	–0,9
Direção transversal	15,0	8,3
Vidro E	5,0	2,8
MATERIAIS COMPÓSITOS		
Fibras aramidas-matriz epóxi ($V_f = 0,6$)		
• Direção longitudinal	–4,0	–2,2
• Direção transversal	70	40
Fibras de carbono de módulo alto-matriz epóxi ($V_f = 0,6$)		
• Direção longitudinal	–0,5	–0,3
• Direção transversal	32	18
Fibras de vidro E-matriz epóxi ($V_f = 0,6$)		
• Direção longitudinal	6,6	3,7
• Direção transversal	30	16,7
Madeira		
• Pinheiro de Douglas (12 % umidade)		
Paralelo ao grão	3,8–5,1	2,2–2,8
Perpendicular ao grão	25,4–33,8	14,1–18,8
• Carvalho-vermelho (12 % umidade)		
Paralelo ao grão	4,6–5,9	2,6–3,3
Perpendicular ao grão	30,6–39,1	17,0–21,7

[a]As resistências da grafita, dos cerâmicos e dos materiais semicondutores são consideradas como resistências à flexão.
[b]A resistência do concreto é medida em compressão. / 162. [c]Resistência à flexão em probabilidade de fratura de 50 %.

Fontes: *ASM Handbooks,* Volumes 1 e 2, *Engineered Materials Handbooks,* Volumes 1 e 4, *Metals Handbook: Properties and Selection: Nonferrous Alloys and Pure Metals,* Vol. 2, 9th ed., *Advanced Materials & Processes,* Vol. 146, Nº 4, e *Materials & Processing Databook* (1985), ASM International, Materials Park, OH; *Modern Plastics Encyclopedia '96,* The McGraw-Hill Companies, New York, NY; R. F. Floral e S. T. Peters, "Composite Structures and Technologies", notas de aula, 1989; e especificações técnicas de fabricantes dos materiais.

Tabela B.7
Valores da Condutividade Térmica à Temperatura Ambiente para Vários Materiais de Engenharia

Material	Condutividade Térmica	
	$W/m \cdot K$	$Btu/ft \cdot h \cdot °F$
METAIS E LIGAS METÁLICAS		
Aços-Carbono Comuns e Aços de Baixa Liga		
Aço A36	51,9	30
Aço 1020	51,9	30
Aço 1040	51,9	30
Aços Inoxidáveis		
Liga inoxidável 304 (recozida)	16,2	9,4
Liga inoxidável 316 (recozida)	15,9	9,2
Liga inoxidável 405 (recozida)	27,0	15,6
Liga inoxidável 440A (recozida)	24,2	14,0
Liga inoxidável 17-4PH (recozida)	18,3	10,6
Ferros Fundidos		
Ferros cinzentos		
• Classe G1800	46,0	26,6
• Classe G3000	46,0	26,6
• Classe G4000	46,0	26,6
Ferros nodulares		
• Classe 60-40-18	36,0	20,8
• Classe 80-55-06	36,0	20,8
• Classe 120-90-02	36,0	20,8
Ligas de Alumínio		
Liga 1100 (recozida)	222	128
Liga 2024 (recozida)	190	110
Liga 6061 (recozida)	180	104
Liga 7075-T6	130	75
Liga 356,0-T6	151	87
Ligas de Cobre		
C11000 (cobre eletrolítico tenaz)	388	224
C17200 (cobre-berílio)	105–130	60–75
C26000 (latão para cartuchos)	120	70
C36000 (latão de fácil usinagem)	115	67
C71500 (cobre-níquel, 30 %)	29	16,8
C93200 (bronze para mancais)	59	34
Ligas de Magnésio		
Liga AZ31B	96[a]	55[a]
Liga AZ91D	72[a]	43[a]
Ligas de Titânio		
Comercialmente puro (ASTM classe 1)	16	9,2
Liga Ti–5Al–2,5Sn	7,6	4,4
Liga Ti–6Al–4V	6,7	3,9
Metais Preciosos		
Ouro (comercialmente puro)	315	182
Platina (comercialmente pura)	71[b]	41[b]
Prata (comercialmente pura)	428	247
Metais Refratários		
Molibdênio (comercialmente puro)	142	82

Material	Condutividade Térmica	
	W/m · K	*Btu/ft · h · °F*
Tântalo (comercialmente puro)	54,4	31,4
Tungstênio (comercialmente puro)	155	89,4
Ligas Não Ferrosas Diversas		
Níquel 200	70	40,5
Inconel 625	9,8	5,7
Monel 400	21,8	12,6
Liga Haynes 25	9,8	5,7
Invar	10	5,8
Super invar	10	5,8
Kovar	17	9,8
Chumbo químico	35	20,2
Chumbo antimonial (6 %)	29	16,8
Estanho (comercialmente puro)	60,7	35,1
Solda chumbo-estanho (60Sn-40Pb)	50	28,9
Zinco (comercialmente puro)	108	62
Zircônio, classe 702 para reatores	22	12,7
GRAFITA, CERÂMICAS E MATERIAIS SEMICONDUTORES		
Óxido de alumínio		
• 99,9 % puro	39	22,5
• 96 % puro	35	20
• 90 % puro	16	9,2
Concreto	1,25–1,75	0,72–1,0
Diamante		
• Natural	1450–4650	840–2700
• Sintético	3150	1820
Arseneto de gálio	45,5	26,3
Vidro, borossilicato (Pyrex)	1,4	0,81
Vidro, cal de soda	1,7	1,0
Vidrocerâmica (Pyroceram)	3,3	1,9
Grafita		
• Extrudada	130–190	75–110
• Conformada isostaticamente	104–130	60–75
Sílica, fundida	1,4	0,81
Silício	141	82
Carbeto de silício		
• Prensado a quente	80	46,2
• Sinterizado	71	41
Nitreto de silício		
• Prensado a quente	29	17
• Unido por reação	10	6
• Sinterizado	33	19,1
Zircônia, 3 %mol Y_2O_3	2,0–3,3	1,2–1,9
POLÍMEROS		
Elastômeros		
• Butadieno-acrilonitrila (nitrila)	0,25	0,14
• Estireno-butadieno (SBR)	0,25	0,14
• Silicone	0,23	0,13
Epóxi	0,19	0,11

Tabela B.7
(Continuação)

Material	Condutividade Térmica	
	W/m · K	Btu/ft · h · °F
Náilon 6,6	0,24	0,14
Fenólico	0,15	0,087
Poli(butileno tereftalato) (PBT)	0,18–0,29	0,10–0,17
Policarbonato (PC)	0,20	0,12
Poliéster (termofixo)	0,17	0,10
Polietileno		
• Baixa densidade (PEBD)	0,33	0,19
• Alta densidade (PEAD)	0,48	0,28
• Ultra-alto peso molecular (PEUAPM)	0,33	0,19
Poli(etileno tereftalato) (PET)	0,15	0,087
Poli(metil metacrilato) (PMMA)	0,17–0,25	0,10–0,15
Polipropileno (PP)	0,12	0,069
Poliestireno (PS)	0,13	0,075
Politetrafluoroetileno (PTFE)	0,25	0,14
Cloreto de polivinila (PVC)	0,15–0,21	0,08–0,12
FIBRAS		
Carbono (longitudinal)		
• Módulo-padrão (precursor PAN)	11	6,4
• Módulo intermediário (precursor PAN)	15	8,7
• Módulo alto (precursor PAN)	70	40
• Módulo ultra-alto (precursor piche)	320–600	180–340
Vidro E	1,3	0,75
MATERIAIS COMPÓSITOS		
Madeira		
• Pinheiro de Douglas (12 % umidade) Perpendicular ao grão	0,14	0,08
• Carvalho-vermelho (12 % umidade) Perpendicular ao grão	0,18	0,11

[a]A 100 °C.
[b]A 0 °C.

Fontes: *ASM Handbooks,* Volumes 1 e 2, *Engineered Materials Handbooks,* Volumes 1 e 4, *Metals Handbook: Properties and Selection: Nonferrous Alloys and Pure Metals*, Vol. 2, 9th ed., e *Advanced Materials & Processes*, Vol. 146, Nº 4, ASM International, Materials Park, OH; *Modern Plastics Encyclopedia '96* e *Modern Plastics Encyclopedia 1977-1978*, The McGraw-Hill Companies, New York, NY; e especificações técnicas de fabricantes dos materiais.

Tabela B.8
Valores do Calor
Específico à
Temperatura Ambiente
para Vários Materiais de
Engenharia

Material	Calor Específico	
	J/kg · K	10^{-2} Btu/lb$_m$ · °F
METAIS E LIGAS METÁLICAS		
Aços-Carbono Comuns e Aços de Baixa Liga		
Aço A36	486[a]	11,6[a]
Aço 1020	486[a]	11,6[a]
Aço 1040	486[a]	11,6[a]
Aços Inoxidáveis		
Liga inoxidável 304	500	12,0
Liga inoxidável 316	502	12,1
Liga inoxidável 405	460	11,0
Liga inoxidável 440A	460	11,0
Liga inoxidável 17-4PH	460	11,0

Material	Calor Específico	
	$J/kg \cdot K$	$10^{-2} Btu/lb_m \cdot \,^{\circ}F$
Ferros Fundidos		
Ferros cinzentos		
• Classe G1800	544	13
• Classe G3000	544	13
• Classe G4000	544	13
Ferros nodulares		
• Classe 60-40-18	544	13
• Classe 80-55-06	544	13
• Classe 120-90-02	544	13
Ligas de Alumínio		
Liga 1100	904	21,6
Liga 2024	875	20,9
Liga 6061	896	21,4
Liga 7075	960[b]	23,0[b]
Liga 356,0	963[b]	23,0[b]
Ligas de Cobre		
C11000 (cobre eletrolítico tenaz)	385	9,2
C17200 (cobre-berílio)	420	10,0
C26000 (latão para cartuchos)	375	9,0
C36000 (latão de fácil usinagem)	380	9,1
C71500 (cobre-níquel, 30 %)	380	9,1
C93200 (bronze para mancais)	376	9,0
Ligas de Magnésio		
Liga AZ31B	1024	24,5
Liga AZ91D	1050	25,1
Ligas de Titânio		
Comercialmente pura (ASTM classe 1)	528[c]	12,6[c]
Liga Ti–5Al–2,5Sn	470[c]	11,2[c]
Liga Ti–6Al–4V	610[c]	14,6[c]
Metais Preciosos		
Ouro (comercialmente puro)	128	3,1
Platina (comercialmente pura)	132[d]	3,2[d]
Prata (comercialmente pura)	235	5,6
Metais Refratários		
Molibdênio (comercialmente puro)	276	6,6
Tântalo (comercialmente puro)	139	3,3
Tungstênio (comercialmente puro)	138	3,3
Ligas Não Ferrosas Diversas		
Níquel 200	456	10,9
Inconel 625	410	9,8
Monel 400	427	10,2
Liga Haynes 25	377	9,0
Invar	500	12,0
Super invar	500	12,0

Material	Calor Específico	
	$J/kg \cdot K$	$10^{-2} Btu/lb_m \cdot °F$
Kovar	460	11,0
Chumbo químico	129	3,1
Chumbo antimonial (6 %)	135	3,2
Estanho (comercialmente puro)	222	5,3
Solda chumbo-estanho (60Sn-40Pb)	150	3,6
Zinco (comercialmente puro)	395	9,4
Zircônio, classe 702 para reatores	285	6,8
GRAFITA, CERÂMICAS E MATERIAIS SEMICONDUTORES		
Óxido de alumínio		
• 99,9 % puro	775	18,5
• 96 % puro	775	18,5
• 90 % puro	775	18,5
Concreto	850–1150	20,3–27,5
Diamante (natural)	520	12,4
Arseneto de gálio	350	8,4
Vidro, borossilicato (Pyrex)	850	20,3
Vidro, cal de soda	840	20,0
Vidrocerâmica (Pyroceram)	975	23,3
Grafita		
• Extrudada	830	19,8
• Conformada isostaticamente	830	19,8
Sílica, fundida	740	17,7
Silício	700	16,7
Carbeto de silício		
• Prensado a quente	670	16,0
• Sinterizado	590	14,1
Nitreto de silício		
• Prensado a quente	750	17,9
• Unido por reação	870	20,7
• Sinterizado	1100	26,3
Zircônia, 3 %mol Y_2O_3	481	11,5
POLÍMEROS		
Epóxi	1050	25
Náilon 6,6	1670	40
Fenólico	1590–1760	38–42
Poli(butileno tereftalato) (PBT)	1170–2300	28–55
Policarbonato (PC)	840	20
Poliéster (termofixo)	710–920	17–22
Polietileno		
• Baixa densidade (PEBD)	2300	55
• Alta densidade (PEAD)	1850	44,2
Poli(etileno tereftalato) (PET)	1170	28
Poli(metil metacrilato) (PMMA)	1460	35
Polipropileno (PP)	1925	46
Poliestireno (PS)	1170	28
Politetrafluoroetileno (PTFE)	1050	25
Cloreto de polivinila (PVC)	1050–1460	25–35

Tabela B.8
(Continuação)

Material	Calor Específico	
	J/kg · K	*10^{-2} Btu/lb$_m$ · °F*
FIBRAS		
Aramida (Kevlar 49)	1300	31
Vidro E	810	19,3
MATERIAIS COMPÓSITOS		
Madeira		
• Pinheiro de Douglas (12 % umidade)	2900	69,3
• Carvalho-vermelho (12 % umidade)	2900	69,3

[a]A temperaturas entre 50 °C e 100 °C.
[b]A 100 °C.
[c]A 50 °C.
[d]A 0 °C.

Fontes: *ASM Handbooks,* Volumes 1 e 2, *Engineered Materials Handbooks,* Volumes 1, 2, e 4, *Metals Handbook: Properties and Selection: Nonferrous Alloys and Pure Metals*, Vol. 2, 9th ed., e *Advanced Materials & Processes,* Vol. 146, Nº 4, ASM International, Materials Park, OH; *Modern Plastics Encyclopedia 1977-1978,* The McGraw-Hill Companies, New York, NY; e especificações técnicas de fabricantes dos materiais.

Tabela B.9
Valores da Resistividade Elétrica à Temperatura Ambiente para Vários Materiais de Engenharia

Material	Resistividade Elétrica, $\Omega \cdot m$
METAIS E LIGAS METÁLICAS	
Aços-Carbono Comuns e Aços de Baixa Liga	
Aço A36[a]	$1,60 \times 10^{-7}$
Aço 1020 (recozido)[a]	$1,60 \times 10^{-7}$
Aço 1040 (recozido)[a]	$1,60 \times 10^{-7}$
Aço 4140 (temperado e revenido)	$2,20 \times 10^{-7}$
Aço 4340 (temperado e revenido)	$2,48 \times 10^{-7}$
Aços Inoxidáveis	
Liga inoxidável 304 (recozida)	$7,2 \times 10^{-7}$
Liga inoxidável 316 (recozida)	$7,4 \times 10^{-7}$
Liga inoxidável 405 (recozida)	$6,0 \times 10^{-7}$
Liga inoxidável 440A (recozida)	$6,0 \times 10^{-7}$
Liga inoxidável 17-4PH (recozida)	$9,8 \times 10^{-7}$
Ferros Fundidos	
Ferros cinzentos	
• Classe G1800	$15,0 \times 10^{-7}$
• Classe G3000	$9,5 \times 10^{-7}$
• Classe G4000	$8,5 \times 10^{-7}$
Ferros nodulares	
• Classe 60-40-18	$5,5 \times 10^{-7}$
• Classe 80-55-06	$6,2 \times 10^{-7}$
• Classe 120-90-02	$6,2 \times 10^{-7}$
Ligas de Alumínio	
Liga 1100 (recozida)	$2,9 \times 10^{-8}$
Liga 2024 (recozida)	$3,4 \times 10^{-8}$
Liga 6061 (recozida)	$3,7 \times 10^{-8}$
Liga 7075 (tratamento T6)	$5,22 \times 10^{-8}$
Liga 356,0 (tratamento T6)	$4,42 \times 10^{-8}$
Ligas de Cobre	
C11000 (cobre eletrolítico tenaz, recozido)	$1,72 \times 10^{-8}$

Tabela B.9
(Continuação)

Material	Resistividade Elétrica, $\Omega \cdot m$
C17200 (cobre-berílio)	$5,7 \times 10^{-8}$–$1,15 \times 10^{-7}$
C26000 (latão para cartuchos)	$6,2 \times 10^{-8}$
C36000 (latão de fácil usinagem)	$6,6 \times 10^{-8}$
C71500 (cobre-níquel, 30 %)	$37,5 \times 10^{-8}$
C93200 (bronze para mancais)	$14,4 \times 10^{-8}$
Ligas de Magnésio	
Liga AZ31B	$9,2 \times 10^{-8}$
Liga AZ91D	$17,0 \times 10^{-8}$
Ligas de Titânio	
Comercialmente puro (ASTM classe 1)	$4,2 \times 10^{-7}$–$5,2 \times 10^{-7}$
Liga Ti–5Al–2,5Sn	$15,7 \times 10^{-7}$
Liga Ti–6Al–4V	$17,1 \times 10^{-7}$
Metais Preciosos	
Ouro (comercialmente puro)	$2,35 \times 10^{-8}$
Platina (comercialmente pura)	$10,60 \times 10^{-8}$
Prata (comercialmente pura)	$1,47 \times 10^{-8}$
Metais Refratários	
Molibdênio (comercialmente puro)	$5,2 \times 10^{-8}$
Tântalo (comercialmente puro)	$13,5 \times 10^{-8}$
Tungstênio (comercialmente puro)	$5,3 \times 10^{-8}$
Ligas Não Ferrosas Diversas	
Níquel 200	$0,95 \times 10^{-7}$
Inconel 625	$12,90 \times 10^{-7}$
Monel 400	$5,47 \times 10^{-7}$
Liga Haynes 25	$8,9 \times 10^{-7}$
Invar	$8,2 \times 10^{-7}$
Super invar	$8,0 \times 10^{-7}$
Kovar	$4,9 \times 10^{-7}$
Chumbo químico	$2,06 \times 10^{-7}$
Chumbo antimonial (6 %)	$2,53 \times 10^{-7}$
Estanho (comercialmente puro)	$1,11 \times 10^{-7}$
Solda chumbo-estanho (60Sn-40Pb)	$1,50 \times 10^{-7}$
Zinco (comercialmente puro)	$62,0 \times 10^{-7}$
Zircônio, classe 702 para reatores	$3,97 \times 10^{-7}$
GRAFITA, CERÂMICAS E MATERIAIS SEMICONDUTORES	
Óxido de alumínio	
• 99,9 % puro	$>10^{13}$
• 96 % puro	$>10^{12}$
• 90 % puro	$>10^{12}$
Concreto (seco)	10^{9}
Diamante	
• Natural	10–10^{14}
• Sintético	$1,5 \times 10^{-2}$
Arseneto de gálio (intrínseco)	10^{6}
Vidro, borossilicato (Pyrex)	$\sim 10^{13}$
Vidro, cal de soda	10^{10}–10^{11}

Tabela B.9
(*Continuação*)

Material	Resistividade Elétrica, $\Omega \cdot m$
Vidrocerâmica (Pyroceram)	2×10^{14}
Grafita	
• Extrudada (na direção do grão)	7×10^{-6}–20×10^{-6}
• Conformada isostaticamente	10×10^{-6}–18×10^{-6}
Sílica, fundida	$>10^{18}$
Silício (intrínseco)	2500
Carbeto de silício	
• Prensado a quente	$1,0$–10^9
• Sinterizado	$1,0$–10^9
Nitreto de silício	
• Prensado isostaticamente a quente	$>10^{12}$
• Unido por reação	$>10^{12}$
• Sinterizado	$>10^{12}$
Zircônia, 3 %mol Y_2O_3	10^{10}
POLÍMEROS	
Elastômeros	
• Butadieno-acrilonitrila (nitrila)	$3,5 \times 10^8$
• Estireno-butadieno (SBR)	6×10^{11}
• Silicone	10^{13}
Epóxi	10^{10}–10^{13}
Náilon 6,6	10^{12}–10^{13}
Fenólico	10^9–10^{10}
Poli(butileno tereftalato) (PBT)	4×10^{14}
Policarbonato (PC)	2×10^{14}
Poliéster (termofixo)	10^{13}
Poliéter-éter-cetona (PEEK)	6×10^{14}
Polietileno	
• Baixa densidade (PEBD)	10^{15}–5×10^{16}
• Alta densidade (PEAD)	10^{15}–5×10^{16}
• Ultra-alto peso molecular (PEUAPM)	$>5 \times 10^{14}$
Poli(etileno tereftalato) (PET)	10^{12}
Poli(metil metacrilato) (PMMA)	$>10^{12}$
Polipropileno (PP)	$>10^{14}$
Poliestireno (PS)	$>10^{14}$
Politetrafluoroetileno (PTFE)	10^{17}
Cloreto de polivinila (PVC)	$>10^{14}$
FIBRAS	
Carbono	
• Módulo-padrão (precursor PAN)	17×10^{-6}
• Módulo intermediário (precursor PAN)	15×10^{-6}
• Módulo alto (precursor PAN)	$9,5 \times 10^{-6}$
• Módulo ultra-alto (precursor piche)	$1,35 \times 10^{-6}$–5×10^{-6}
Vidro E	4×10^{14}
MATERIAIS COMPÓSITOS	
Madeira	
• Pinheiro de Douglas (seco em forno)	
Paralelo ao grão	10^{14}–10^{16}
Perpendicular ao grão	10^{14}–10^{16}
• Carvalho-vermelho (seco em forno)	
Paralelo ao grão	10^{14}–10^{16}
Perpendicular ao grão	10^{14}–10^{16}

[a]A 0 °C.

Fontes: *ASM Handbooks,* Volumes 1 e 2, *Engineered Materials Handbooks,* Volumes 1, 2 e 4, *Metals Handbook: Properties and Selection: Nonferrous Alloys and Pure Metals,* Vol. 2, 9th ed., e *Advanced Materials & Processes,* Vol. 146, Nº 4, ASM International, Materials Park, OH; *Modern Plastics Encyclopedia 1977-1978,* The McGraw-Hill Companies, New York, NY; e especificações técnicas de fabricantes dos materiais.

Tabela B.10 Composições das Ligas Metálicas Cujos Dados Estão Incluídos nas Tabelas B.1 a B.9

Liga (Especificação UNS)	Composição (%p)
AÇOS-CARBONO COMUNS E AÇOS DE BAIXA LIGA	
A36 (ASTM A36)	98,0 Fe (mín), 0,29 C, 1,0 Mn, 0,28 Si
1020 (G10200)	99,1 Fe (mín), 0,20 C, 0,45 Mn
1040 (G10400)	98,6 Fe (mín), 0,40 C, 0,75 Mn
4140 (G41400)	96,8 Fe (mín), 0,40 C, 0,90 Cr, 0,20 Mo, 0,9 Mn
4340 (G43400)	95,2 Fe (mín), 0,40 C, 1,8 Ni, 0,80 Cr, 0,25 Mo, 0,7 Mn
AÇOS INOXIDÁVEIS	
304 (S30400)	66,4 Fe (mín), 0,08 C, 19,0 Cr, 9,25 Ni, 2,0 Mn
316 (S31600)	61,9 Fe (mín), 0,08 C, 17,0 Cr, 12,0 Ni, 2,5 Mo, 2,0 Mn
405 (S40500)	83,1 Fe (mín), 0,08 C, 13,0 Cr, 0,20 Al, 1,0 Mn
440A (S44002)	78,4 Fe (mín), 0,70 C, 17,0 Cr, 0,75 Mo, 1,0 Mn
17-4PH (S17400)	Fe (bal), 0,07 C, 16,25 Cr, 4,0 Ni, 4,0 Cu, 0,3 Nb + Ta, 1,0 Mn, 1,0 Si
FERROS FUNDIDOS	
Classe G1800 (F10004)	Fe (restante), 3,4–3,7 C, 2,8–2,3 Si, 0,65 Mn, 0,15 P, 0,15 S
Classe G3000 (F10006)	Fe (restante), 3,1–3,4 C, 2,3–1,9 Si, 0,75 Mn, 0,10 P, 0,15 S
Classe G4000 (F10008)	Fe (restante), 3,0–3,3 C, 2,1–1,8 Si, 0,85 Mn, 0,07 P, 0,15 S
Classe 60-40-18 (F32800)	Fe (restante), 3,4–4,0 C, 2,0–2,8 Si, 0–1,0 Ni, 0,05 Mg
Classe 80-55-06 (F33800)	Fe (restante), 3,3–3,8 C, 2,0–3,0 Si, 0–1,0 Ni, 0,05 Mg
Classe 120-90-02 (F36200)	Fe (restante), 3,4–3,8 C, 2,0–2,8 Si, 0–2,5 Ni, 0–1,0 Mo, 0,05 Mg
LIGAS DE ALUMÍNIO	
1100 (A91100)	99,00 Al (mín), 0,20 Cu (máx.)
2024 (A92024)	90,75 Al (mín), 4,4 Cu, 0,6 Mn, 1,5 Mg
6061 (A96061)	95,85 Al (mín), 1,0 Mg, 0,6 Si, 0,30 Cu, 0,20 Cr
7075 (A97075)	87,2 Al (mín), 5,6 Zn, 2,5 Mg, 1,6 Cu, 0,23 Cr
356,0 (A03560)	90,1 Al (mín), 7,0 Si, 0,3 Mg
LIGAS DE COBRE	
(C11000)	99,90 Cu (mín), 0,04 O (máx.)
(C17200)	96,7 Cu (mín), 1,9 Be, 0,20 Co
(C26000)	Zn (bal), 70 Cu, 0,07 Pb, 0,05 Fe (máx.)
(C36000)	60,0 Cu (mín), 35,5 Zn, 3,0 Pb
(C71500)	63,75 Cu (mín), 30,0 Ni
(C93200)	81,0 Cu (mín), 7,0 Sn, 7,0 Pb, 3,0 Zn
LIGAS DE MAGNÉSIO	
AZ31B (M11311)	94,4 Mg (mín), 3,0 Al, 0,20 Mn (mín), 1,0 Zn, 0,1 Si (máx.)
AZ91D (M11916)	89,0 Mg (mín), 9,0 Al, 0,13 Mn (mín), 0,7 Zn, 0,1 Si (máx.)
LIGAS DE TITÂNIO	
Comercial, classe 1 (R50250)	99,5 Ti (mín)
Ti–5Al–2,5Sn (R54520)	90,2 Ti (mín), 5,0 Al, 2,5 Sn
Ti–6Al–4V (R56400)	87,7 Ti (mín), 6,0 Al, 4,0 V
LIGAS DIVERSAS	
Níquel 200	99,0 Ni (mín)
Inconel 625	58,0 Ni (mín), 21,5 Cr, 9,0 Mo, 5,0 Fe, 3,65 Nb + Ta, 1,0 Co
Monel 400	63,0 Ni (mín), 31,0 Cu, 2,5 Fe, 0,2 Mn, 0,3 C, 0,5 Si
Liga Haynes 25	49,4 Co (mín), 20 Cr, 15 W, 10 Ni, 3 Fe (máx.), 0,10 C, 1,5 Mn
Invar (K93601)	64 Fe, 36 Ni

Tabela B.10 *(Continuação)*

Liga *(Especificação UNS)*	Composição *(%p)*
Super invar	63 Fe, 32 Ni, 5 Co
Kovar	54 Fe, 29 Ni, 17 Co
Chumbo químico (L51120)	99,90 Pb (mín)
Chumbo antimonial, 6 % (L53105)	94 Pb, 6 Sb
Estanho (comercialmente puro) (ASTM B339A)	98,85 Pb (mín)
Solda chumbo-estanho (60Sn-40Pb) (ASTM B32 grade 60)	60 Sn, 40 Pb
Zinco (comercialmente puro) (Z21210)	99,9 Zn (mín), 0,10 Pb (máx)
Zircônio, classe 702 para reatores (R60702)	99,2 Zr + Hf (mín), 4,5 Hf (máx), 0,2 Fe + Cr

Fontes: *ASM Handbooks,* Volumes 1 e 2, ASM International, Materials Park, OH.

Custos e Custos Relativos
de Materiais de Engenharia
Selecionados

Este apêndice contém informações sobre preços para o conjunto de materiais cujas propriedades foram apresentadas no Apêndice B. A coleta de dados de custos de materiais que
sejam válidos é uma tarefa extremamente difícil, o que explica a escassez de informações sobre
preços de materiais disponíveis na literatura. Uma razão para isso é que existem três grupos
de preços: do fabricante, do distribuidor e do revendedor. Na maioria das circunstâncias, os preços citados são os dos distribuidores. Para alguns materiais (por exemplo, as cerâmicas especiais,
como o carbeto de silício e o nitreto de silício), foi necessário utilizar os preços dos fabricantes.
Além disso, pode haver uma variação significativa no custo para um material específico. Existem
várias razões para isso. Em primeiro lugar, cada revendedor tem sua própria política de preços.
Além disso, o custo depende da quantidade de material comprado e, também, de como ele foi
processado ou tratado. Esforçamo-nos para coletar dados válidos para pedidos relativamente
grandes – isto é, para quantidades da ordem de 900 kg (2000 lb$_m$) para os materiais vendidos
normalmente a granel – e, também, para condições de forma/tratamento comuns. Sempre que foi
possível, coletamos os preços em pelo menos três distribuidores/fabricantes diferentes.

Estas informações de preços foram coletadas em janeiro de 2015. Os dados de custo estão
em dólares norte-americanos por quilograma; além disso, esses dados estão expressos em faixas
de preços e de valores únicos. A ausência de uma faixa de preços (isto é, quando um único valor
é citado) significa que ou a variação nos preços é pequena ou que, com base em uma fonte de
dados limitada, não foi possível identificar uma faixa de preços. Além disso, como os preços dos
materiais variam ao longo do tempo, decidiu-se utilizar um índice de custo relativo; esse índice
representa o custo por unidade de massa (ou o custo médio por unidade de massa) de um material dividido pelo custo médio por unidade de massa de um material comumente utilizado em
engenharia – o aço-carbono comum A36. Embora o preço de determinado material possa variar
ao longo do tempo, a razão entre os preços desse material e de outro irá, muito provavelmente,
variar menos.

Material/Condição	Custo (US$/kg)	Custo Relativo
AÇOS-CARBONO E AÇOS DE BAIXA LIGA		
Aço A36		
• Chapa, laminada a quente	0,40–1,20	1,00
• Viga em L, laminada a quente	1,15–1,40	1,0
Aço 1020		
• Chapa, laminada a quente	0,50–2,00	1,2
• Chapa, laminada a frio	0,55–1,85	1,0
Aço 1045		
• Chapa, laminada a quente	0,50–2,85	1,2
• Chapa, laminada a frio	0,50–2,00	1,2
Aço 4140		
• Barra, normalizada	0,50–3,00	1,9
• Classe H (redonda), normalizada	0,60–2,50	1,4
Aço 4340		
• Barra, recozida	0,70–3,00	2,0
• Barra, normalizada	0,70–2,50	1,8

Material/Condição	Custo (US$/kg)	Custo Relativo
AÇOS INOXIDÁVEIS		
Liga inoxidável 304	1,50–4,30	3,4
Liga inoxidável 316	1,50–7,25	4,9
Liga inoxidável 17-4PH	1,80–8,00	4,9
FERROS FUNDIDOS		
Ferros cinzentos (todas as classes)	2,65–4,00	4,1
Ferros nodulares (todas as classes)	2,85–4,40	4,4
LIGAS DE ALUMÍNIO		
Alumínio (não ligado)	1,80–1,85	2,2
Liga 1100		
• Lâmina, recozida	0,75–3,00	1,6
Liga 2024		
• Lâmina, tratamento T3	1,80–4,85	3,9
• Barra, tratamento T351	2,00–11,00	5,8
Liga 5052		
• Lâmina, tratamento H32	2,50–4,65	4,2
Liga 6061		
• Lâmina, tratamento T6	2,00–7,70	4,7
• Barra, tratamento T651	3,35–6,70	5,6
Liga 7075		
• Lâmina, tratamento T6	2,20–5,00	4,6
Liga 356.0		
• Como fundida, alta produção	1,00–4,00	3,2
• Como fundida, peças personalizadas	5,00–20,00	12,9
• Tratamento T6, peças personalizadas	6,00–20,00	15,0
LIGAS DE COBRE		
Cobre (não ligado)	6,35–6,40	7,7
Liga C11000 (cobre eletrolítico tenaz), lâmina	6,50–10,00	10,1
Liga C17200 (cobre-berílio), lâmina	5,00–10,00	9,9
Liga C26000 (latão para cartuchos), lâmina	5,00–7,70	8,1
Liga C36000 (latão de fácil usinagem), lâmina, barra	4,70–7,15	7,1
Liga C71500 (cobre-níquel, 30 %), lâmina	19,85–50,00	39,6
Liga C93200 (bronze para mancais)		
• Barra	8,60–9,25	10,7
• Como fundida, peça personalizada	10,00–100,00	66,1
LIGAS DE MAGNÉSIO		
Magnésio (não ligado)	2,50–2,55	3,0
Liga AZ31B		
• Lâmina (laminada)	10,00–50,00	38,0
• Extrudada	6,00–31,00	16,3
Liga AZ91D (como fundida)	2,80–5,50	4,5
LIGAS DE TITÂNIO		
Comercialmente puro		
• ASTM classe 1, recozido	20,00–70,00	42,1
• ASTM classe 2, recozido	14,00–64,00	31,6
Liga Ti–5Al–2,5Sn	19,00–60,00	45,7
Liga Ti–6Al–4V	20,00–45,00	35,3
METAIS PRECIOSOS		
Ouro, lingote	38.000–38.400	45.800
Platina, lingote	38.200–48.000	49.200

Material/Condição	Custo (US$/kg)	Custo Relativo
Prata, lingote	510–765	690

METAIS REFRATÁRIOS

Material/Condição	Custo (US$/kg)	Custo Relativo
Molibdênio, pureza comercial	50–225	155
Tântalo, pureza comercial	150–800	525
Tungstênio, pureza comercial	160–235	237

LIGAS NÃO FERROSAS DIVERSAS

Material/Condição	Custo (US$/kg)	Custo Relativo
Níquel, pureza comercial	15,00–15,65	18,4
Níquel 200	54,00–88,00	83,5
Inconel 625	24,25–50,00	43,2
Monel 400	30,00–52,00	41,8
Liga Haynes 25	10,00–25,00	17,1
Invar	33,00–66,00	56,8
Super invar	51,00–53,00	62,3
Kovar	29,00–84,00	59,2
Chumbo químico		
• Lingote	1,80–2,50	2,4
• Chapa	3,30–5,00	5,0
Chumbo antimonial (6 %)		
• Lingote	2,05–3,15	3,1
• Chapa	3,90–6,40	6,1
Estanho, pureza comercial (> 99,91 %), lingote	19,00–20,00	23,1
Solda (60Sn-40Pb), barra	25,00–38,00	38,9
Zinco, pureza comercial, lingote ou anodo	2,15–3,00	2,8
Zircônio, classe 702 para reatores (chapa)	70,00–95,00	99,4

GRAFITA, CERÂMICAS, E MATERIAIS SEMICONDUTORES

Material/Condição	Custo (US$/kg)	Custo Relativo
Óxido de alumínio		
• Pó calcinado, 99,8 % de pureza, tamanho de partículas entre 0,4 e 5 μm	0,95–2,90	1,6
• Meio para moinho de bolas, 99 % puro, ¼ in diâmetro	47,00–64,00	66,47
• Meio para moinho de bolas, 90 % puro, ¼ in diâmetro	15,50–19,50	21,1
Concreto, misturado	0,065	0,081
Diamante		
• Sintético, 30-40 mesh, grau industrial	150–1500	992
• Sintético, policristalino	15.000	18.000
• Sintético, ⅓ quilate, grau industrial	200.000–1.500.000	1.020.000
Arseneto de gálio		
• Grau mecânico, pastilhas com 150 mm de diâmetro, ~675 μm de espessura	1800	2200
• Primeira classe, pastilhas com 150 mm de diâmetro, ~675 μm de espessura	3050	3670
Vidro, borossilicato (Pyrex), chapa	13,30–23,00	19,6
Vidro, cal de soda, chapa	1,80–9,10	6,4
Vidrocerâmica (Pyroceram), chapa	11,65–18,65	17,5
Grafita		
• Pulverizada, sintética, > 99 % pureza, tamanho de partículas ~10 μm	0,20–1,00	0,87
• Peças prensadas isostaticamente, alta pureza, tamanho de partículas ~20 μm	130–175	186
Sílica, fundida, chapa	750–2800	2570
Silício		
• Classe para testes, não dopado, pastilhas com 150 mm de diâmetro, ~675 μm de espessura	420–1600	1020
• Primeira classe, não dopado, pastilhas com 150 mm de diâmetro, ~675 μm de espessura	630–2200	1710
Carbeto de silício		
• Meio para moinho de bolas, fase α, 1/4 in de diâmetro, sinterizado	50–200	150

Material/Condição	Custo (US$/kg)	Custo Relativo
Nitreto de silício		
• Pó, tamanho de partículas submicrométrico	3,60–70,00	22,7
• Esferas, acabamento por polimento, diâmetro de 0,25 in, prensado isostaticamente a quente	1.500–18.700	11.100
Zircônia (5 %mol Y_2O_3), 15 mm de diâmetro, meio para moinho de bolas	25–80	45,1
POLÍMEROS		
Borracha butadieno-acrilonitrila (nitrila)		
• Crua e sem processamento	1,05–4,35	3,0
• Lâmina (1/4–1/8 in de espessura)	3,00–18,00	12,0
Borracha estireno-butadieno (SBR)		
• Crua e sem processamento	1,40–7,00	3,6
• Lâmina (1/4–1/8 in de espessura)	2,00–5,00	4,3
Borracha de silicone		
• Crua e sem processamento	2,60–8,50	6,1
• Lâmina (1/4–1/8 in de espessura)	12,50–32,50	25,9
Resina epóxi, forma bruta	2,00–5,00	4,2
Náilon 6,6		
• Forma bruta	3,20–4,00	2,8
• Extrudado	3,00–6,50	5,9
Resina fenólica, forma bruta	2,00–2,80	2,8
Poli(butileno tereftalato) (PBT)		
• Forma bruta	0,90–3,05	2,5
• Lâmina	8,00–40,00	18,6
Policarbonato (PC)		
• Forma bruta	0,80–5,30	3,4
• Lâmina	2,50–4,00	4,2
Poliéster (termofixo), forma bruta	1,90–4,30	4,4
Poliéter-éter-cetona (PEEK), forma bruta	100,00–280,00	246
Polietileno		
• Baixa densidade (PEBD), forma bruta	1,00–2,75	2,2
• Alta densidade (PEAD), forma bruta	0,90–2,65	2,2
• Ultra-alto peso molecular (PEUAPM), forma bruta	2,00–8,00	4,7
Poli(etileno tereftalato) (PET)		
• Forma bruta	0,70–2,40	1,8
• Lâmina	1,60–2,55	2,4
Poli(metil metacrilato) (PMMA)		
• Forma bruta	0,80–3,60	2,7
• Lâmina extrudada	2,00–3,80	3,8
Polipropileno (PP), forma bruta	0,70–2,60	2,1
Poliestireno (PS), forma bruta	0,80–2,95	2,4
Politetrafluoroetileno (PTFE)		
• Forma bruta	3,50–16,90	10,6
• Barra	5,60–9,85	9,60
Cloreto de polivinila (PVC), forma bruta	0,80–2,55	1,9
FIBRAS		
Aramida (Kevlar 49), contínua	20–110	79,6
Carbono (precursor PAN), contínua		
• Módulo-padrão	21–66	45,9
• Módulo intermediário	44–132	106
• Módulo alto	66–200	155
• Módulo ultra-alto	165	198
Vidro E, contínua	0,90–1,65	1,5

Material/Condição	Custo (US$/kg)	Custo Relativo
MATERIAIS COMPÓSITOS		
Prepreg de epóxi com fibras contínuas de aramidas (Kevlar 49)	65	79,5
Prepreg de epóxi com fibras contínuas de carbono		
• Módulo-padrão	30–40	42,4
• Módulo intermediário	65–100	99,4
• Módulo alto	110–190	180
Prepreg de epóxi com fibras contínuas de vidro E	44	53,0
Madeiras		
• Pinheiro de Douglas	0,65–0,95	1,1
• *Pinus* ponderosa	1,20–2,45	2,3
• Carvalho-vermelho	3,75–3,85	4,6

Denominação Química	*Estrutura da Unidade Repetida*
Epóxi (diglicidil éter de bisfenol A, DGEBA)	
Melamina-formaldeído (melamina)	
Fenol-formaldeído (fenólico)	
Poliacrilonitrila (PAN)	
Poli(amida-imida) (PAI)	

Denominação Química	*Estrutura da Unidade Repetida*
Polibutadieno	
Poli(butileno tereftalato) (PBT)	
Policarbonato (PC)	
Policloropreno	
Policlorotrifluoroetileno	
Poli(dimetil siloxano) (borracha de silicone)	
Poliéter-éter-cetona (PEEK)	
Polietileno (PE)	
Poli(etileno tereftalato) (PET)	
Poli(hexametileno adipamida) (náilon 6,6)	

Denominação Química	Estrutura da Unidade Repetida
Poli-imida	
Poli-isobutileno	
Poli-*cis*-isopreno (borracha natural)	
Poli(metil metacrilato) (PMMA)	
Óxido de polifenileno (PPO)	
Sulfeto de polifenileno (PPS)	
Poli(parafenileno tereftalamida) (aramida)	
Polipropileno (PP)	

Denominação Química	*Estrutura da Unidade Repetida*
Poliestireno (PS)	 $\begin{bmatrix} & \text{H} & \text{H} \\ & \mid & \mid \\ -& \text{C}- & \text{C}- \\ & \mid & \mid \\ & \text{H} & \bigcirc \end{bmatrix}$
Politetrafluoroetileno (PTFE)	$\begin{bmatrix} & \text{F} & \text{F} \\ & \mid & \mid \\ -& \text{C}- & \text{C}- \\ & \mid & \mid \\ & \text{F} & \text{F} \end{bmatrix}$
Acetato de polivinila (PVAc)	$\begin{bmatrix} & & \text{O}=\text{C}-\text{CH}_3 \\ & \text{H} & \text{O} \\ & \mid & \mid \\ -& \text{C}- & \text{C}- \\ & \mid & \mid \\ & \text{H} & \text{H} \end{bmatrix}$
Álcool polivinílico (PVA)	$\begin{bmatrix} & \text{H} & \text{H} \\ & \mid & \mid \\ -& \text{C}- & \text{C}- \\ & \mid & \mid \\ & \text{H} & \text{OH} \end{bmatrix}$
Cloreto de polivinila (PVC)	$\begin{bmatrix} & \text{H} & \text{H} \\ & \mid & \mid \\ -& \text{C}- & \text{C}- \\ & \mid & \mid \\ & \text{H} & \text{Cl} \end{bmatrix}$
Fluoreto de polivinila (PVF)	$\begin{bmatrix} & \text{H} & \text{H} \\ & \mid & \mid \\ -& \text{C}- & \text{C}- \\ & \mid & \mid \\ & \text{H} & \text{F} \end{bmatrix}$
Cloreto de polivinilideno (PVDC)	$\begin{bmatrix} & \text{H} & \text{Cl} \\ & \mid & \mid \\ -& \text{C}- & \text{C}- \\ & \mid & \mid \\ & \text{H} & \text{Cl} \end{bmatrix}$
Fluoreto de polivinilideno (PVDF)	$\begin{bmatrix} & \text{H} & \text{F} \\ & \mid & \mid \\ -& \text{C}- & \text{C}- \\ & \mid & \mid \\ & \text{H} & \text{F} \end{bmatrix}$

Polímero	Temperatura de Transição Vítrea [°C (°F)]	Temperatura de Fusão [°C (°F)]
Aramida	375 (705)	~640 (~1185)
Poli-imida (termoplástico)	280–330 (535–625)	a
Poli(amida-imida)	277–289 (530–550)	a
Policarbonato	150 (300)	265 (510)
Poliéter-éter-cetona	143 (290)	334 (635)
Poliacrilonitrila	104 (220)	317 (600)
Poliestireno		
• Atático	100 (212)	a
• Isotático	100 (212)	240 (465)
Poli(butileno tereftalato)	—	220–267 (428–513)
Cloreto de polivinila	87 (190)	212 (415)
Sulfeto de polifenileno	85 (185)	285 (545)
Poli(etileno tereftalato)	69 (155)	265 (510)
Náilon 6,6	57 (135)	265 (510)
Poli(metil metacrilato)	105 (221)	160 (320)
Polipropileno		
• Isotático	−10 (15)	175 (347)
• Atático	−18 (0)	175 (347)
Cloreto de polivinilideno		
• Atático	−18 (0)	175 (347)
Fluoreto de polivinila	−20 (−5)	200 (390)
Fluoreto de polivinilideno	−35 (−30)	—
Policloropreno (borracha de cloropreno ou neoprene)	−50 (−60)	80 (175)
Poli-isobutileno	−70 (−95)	128 (260)
Poli-cis-isopreno	−73 (−100)	28 (80)
Polibutadieno		
• Sindiotático	−90 (−130)	154 (310)
• Isotático	−90 (−130)	120 (250)
Polietileno de alta densidade	−90 (−130)	137 (279)
Politetrafluoroetileno	−97 (−140)	327 (620)
Polietileno de baixa densidade	−110 (−165)	115 (240)
Poli(dimetil siloxano) (borracha de silicone)	−123 (−190)	−54 (−65)

[a]Esses polímeros são normalmente pelo menos 95 % amorfos.

Glossário

abrasivo. Material duro e resistente ao desgaste (comumente uma cerâmica) usado para desgastar, moer ou cortar outro material.

absorção. Fenômeno óptico pelo qual a energia de um fóton de luz é assimilada no interior de uma substância, normalmente por polarização eletrônica ou por um evento de excitação de elétrons.

aço-carbono comum. Liga ferrosa na qual o carbono é o elemento de liga principal.

aço inoxidável. Um *aço*-liga altamente resistente à corrosão em inúmeros ambientes. O elemento de liga predominante é o cromo, que deve estar presente em uma concentração de pelo menos 11 %p; também são possíveis adições de outros elementos de liga, que incluem o níquel e o molibdênio.

aço-liga. Liga ferrosa (ou à base de ferro) que contém concentrações apreciáveis de elementos de liga (outros elementos que não o C e quantidades residuais de Mn, Si, S e P). Esses elementos de liga são adicionados, em geral, para melhorar as propriedades mecânicas e de resistência à corrosão.

aços de alta resistência e baixa liga (ARBL). Aços relativamente resistentes que apresentam baixo teor de carbono, com um total de menos do que aproximadamente 10 %p de elementos de liga.

adesivo. Substância que une, uma à outra, as superfícies de dois outros materiais (conhecidos como *aderentes*).

alotropia. Possibilidade de existência de duas ou mais estruturas cristalinas diferentes para uma substância (em geral, um sólido elementar).

alívio de tensões. Tratamento térmico para a remoção de tensões residuais.

amorfo. Que possui uma estrutura não cristalina.

ânion. Íon não metálico com carga negativa.

anisotrópico. Que exibe diferentes valores de uma propriedade em diferentes direções cristalográficas.

anodo. Eletrodo em uma célula eletroquímica ou em um par galvânico que sofre um processo de oxidação, ou que cede elétrons.

anodo de sacrifício. Um metal, ou liga, ativo que corrói preferencialmente e protege outro metal ou liga ao qual ele está acoplado eletricamente.

antiferromagnetismo. Fenômeno observado em alguns materiais (por exemplo, MnO); ocorre um cancelamento total do momento magnético como resultado de um acoplamento antiparalelo de átomos ou íons adjacentes. O sólido macroscópico não tem nenhum momento magnético resultante.

atática. Tipo de configuração da cadeia polimérica (estereoisômero) no qual os grupos laterais estão posicionados de maneira aleatória em um ou em outro lado da cadeia.

aumento de resistência por solução sólida. Endurecimento e aumento da resistência de metais resultante da presença de elementos de liga, onde há a formação de uma solução sólida. A presença de átomos de impurezas restringe a mobilidade das discordâncias.

austenita. Ferro cúbico de faces centradas; também, ligas de ferro e aços que exibem uma estrutura cristalina CFC.

austenitização. Formação de austenita pelo aquecimento de uma liga ferrosa acima de sua temperatura crítica superior – até o interior da região da fase austenita no diagrama de fases.

autodifusão. Migração atômica em metais puros.

autointersticial. Átomo ou íon hospedeiro posicionado em um sítio intersticial da rede.

B

bainita. Produto da transformação austenítica encontrado em alguns aços e ferros fundidos. Ela se forma em temperaturas entre aquelas nas quais ocorrem as transformações perlítica e mantensítica. A microestrutura consiste em ferrita α e uma fina dispersão de cementita.

banda de condução. Para os materiais isolantes e semicondutores elétricos, é a banda de energia eletrônica mais baixa que se encontra vazia de elétrons a 0 K. Os elétrons de condução são aqueles que foram excitados para estados localizados no interior dessa banda.

banda de energia eletrônica. Uma série de estados de energia dos elétrons com espaçamentos muito próximos entre si em relação às suas energias.

banda de valência. Para os materiais sólidos, é a banda de energia eletrônica que contém os elétrons de valência.

bifuncional. Designa monômeros que podem reagir para formar duas ligações covalentes com outros monômeros para criar uma estrutura molecular bidimensional em forma de cadeia.

bronze. Liga cobre-estanho rica em cobre; também são possíveis bronzes de alumínio, silício e níquel.

buraco (elétron). Para os semicondutores e isolantes, representa um estado eletrônico vazio na banda de valência que se comporta como um portador de cargas positivo em um campo elétrico.

C

calcinação. Reação a alta temperatura em que um material sólido se dissocia para formar um gás e outro sólido. É uma das etapas na produção do cimento.

calor específico (c_p, c_v). Capacidade calorífica por unidade de massa do material.

campo elétrico ($\mathscr{E}$). Gradiente de voltagem ou tensão.

capacidade calorífica (C_p, C_v). Quantidade de calor necessária para produzir uma elevação de temperatura unitária por mol de material.

capacitância (C). Habilidade de um capacitor em armazenar cargas, sendo definida como a magnitude da carga armazenada em cada uma das placas do capacitor dividida pela voltagem aplicada.

carbonetação. Processo pelo qual a concentração de carbono na superfície de uma liga ferrosa é aumentada pela difusão de carbono a partir do ambiente circunvizinho.

carga. Uma substância estranha inerte que é adicionada a um polímero para melhorar ou modificar suas propriedades.

catodo. Eletrodo em uma célula eletroquímica ou par galvânico no qual ocorre uma reação de redução; dessa forma, é o eletrodo que recebe elétrons de um circuito externo.

cementação. Endurecimento da superfície exterior (ou *casca*) de um componente de aço por processo de carbonetação ou nitretação; é usada para melhorar a resistência ao desgaste e à fadiga.

cementita. Carbeto de ferro (Fe_3C).

cementita globulizada (esferoidita). Microestrutura encontrada em aços que consiste em partículas de cementita com formato esférico em uma matriz de ferrita α. É produzida por um tratamento térmico apropriado em temperatura elevada de perlita, bainita ou martensita, e tem dureza relativamente baixa.

cementita proeutetoide. Cementita primária que coexiste com a perlita em aços hipereutetoides.

cermeto. Material compósito que consiste em uma combinação de materiais cerâmicos e metálicos. Os cermetos mais comuns são os carbetos cimentados, compostos por uma cerâmica extremamente dura (por exemplo, WC, TiC), mantida colada por um metal dúctil, tal como o cobalto ou o níquel.

cerâmica. Composto formado por elementos metálicos e não metálicos para o qual a ligação interatômica é predominantemente iônica.

choque térmico. Fratura de um material frágil que ocorre como resultado das tensões introduzidas por uma rápida variação na temperatura.

cimento. Substância (com frequência uma cerâmica) que liga, por meio de reação química, agregados de particulados, formando uma estrutura coesa. Nos cimentos hidráulicos, a reação química é de hidratação, ou seja, envolve água.

cinética. Estudo das taxas de reação e dos fatores que as afetam.

circuito integrado. Milhões de elementos de circuitos eletrônicos (transistores, diodos, resistores, capacitores etc.) incorporados em um *chip* de silício muito pequeno.

cis. Para polímeros, é um prefixo que representa um tipo de estrutura molecular. Para alguns átomos de carbono insaturados na cadeia, em uma unidade repetida, um átomo ou grupo lateral pode estar localizado em um dos lados da ligação dupla ou em uma posição diretamente oposta a esta, em uma rotação de 180°. Em uma estrutura cis, dois desses grupos laterais na mesma unidade repetida estão localizados do mesmo lado (por exemplo, *cis*-isopreno).

cisalhamento. Força aplicada que causa ou tende a causar um deslizamento relativo entre duas partes adjacentes de um mesmo corpo, em uma direção que é paralela a seu plano de contato.

cisão. Processo de degradação de polímeros no qual as ligações da cadeia molecular são rompidas por reações químicas ou pela exposição à radiação ou ao calor.

coeficiente de difusão (D). Constante de proporcionalidade entre o fluxo difusivo e o gradiente de concentração na primeira lei de Fick. Sua magnitude é um indicativo da taxa de difusão atômica.

coeficiente de expansão térmica, linear (α_l). Variação fracional no comprimento dividida pela variação na temperatura.

coeficiente de Poisson (ν). Para a deformação elástica, é a razão negativa entre as deformações lateral e axial que resultam da aplicação de uma tensão axial.

coeficiente linear de expansão térmica. Veja **coeficiente de expansão térmica, linear (α_l).**

coercividade (ou campo coercitivo, H_c). É o campo magnético aplicado necessário para reduzir a zero a densidade do fluxo magnético de um material ferrimagnético ou ferromagnético magnetizado.

componente. Constituinte químico (elemento ou composto) de uma liga que pode ser usado para especificar sua composição.

composição (C_i). Teor relativo de um elemento ou constituinte específico (i) em uma liga, expresso geralmente como porcentagem em peso ou porcentagem atômica.

composto intermetálico. Composto formado por dois metais e que apresenta uma fórmula química específica. Em um diagrama de fases, aparece como uma fase intermediária que existe em uma faixa de composições muito estreita.

compósito carbono-carbono. Compósito composto por fibras contínuas de carbono em uma matriz de carbono. A matriz era originalmente uma resina polimérica, que foi subsequentemente pirolisada para formar carbono.

compósito com matriz cerâmica (CMC). Compósito para o qual tanto a fase matriz quanto a fase dispersa são materiais cerâmicos. A fase

dispersa é adicionada normalmente para melhorar a tenacidade à fratura.

compósito com matriz metálica (CMM). Material compósito que exibe um metal ou uma liga metálica como a fase matriz. A fase dispersa pode ser composta por particulados, fibras ou uísqueres, os quais são, em geral, mais rígidos, mais resistentes e/ou mais duros do que a matriz.

compósito com matriz polimérica (PMC – *polymer-matrix composite*). Material compósito para o qual a matriz é uma resina polimérica e que exibe fibras (normalmente de vidro, carbono ou aramida) como a fase dispersa.

compósito com partículas grandes. Tipo de compósito reforçado com partículas no qual as interações partícula-matriz não podem ser tratadas ao nível atômico; as partículas reforçam a fase matriz.

compósito estrutural. Compósito cujas propriedades dependem do projeto geométrico dos elementos estruturais. Os compósitos laminados e os painéis sanduíche são duas subclasses de compósitos estruturais.

compósito híbrido. Compósito reforçado por dois ou mais tipos de fibras (por exemplo, vidro e carbono).

compósito laminado. Uma série de lâminas bidimensionais em que cada uma tem uma direção de alta resistência preferencial, que são presas umas sobre as outras de acordo com diferentes orientações; a resistência no plano do laminado é altamente isotrópica.

compósito reforçado com fibras. Compósito no qual a fase dispersa está na forma de uma fibra (isto é, um filamento com uma grande razão entre o comprimento e o diâmetro).

compósito reforçado com partículas. Compósito para o qual a fase dispersa é equiaxial.

concentração. Veja **composição.**

concentração de tensão. Concentração ou amplificação de uma tensão aplicada na extremidade de um entalhe ou de uma pequena trinca.

concentração de tensões. Pequeno defeito (interno ou superficial), ou uma descontinuidade estrutural, em que uma tensão de tração aplicada será amplificada e a partir da qual trincas podem se propagar.

concreto. Material compósito que consiste em um agregado de partículas, unidas em um corpo sólido por um cimento.

concreto armado. Concreto que é reforçado (ou que tem sua resistência à tração aumentada) pela incorporação de barras, arames ou telas de aço.

concreto protendido. Concreto em cujo interior foram introduzidas tensões de compressão pelo uso de vergalhões ou barras de aço.

condutividade elétrica. Veja **condutividade, elétrica (σ).**

condutividade térmica (k). Para o escoamento de calor em regime estacionário, é a constante de proporcionalidade entre o fluxo de calor e o gradiente de temperatura. Também, é um parâmetro que caracteriza a habilidade de um material conduzir calor.

condutividade, elétrica (σ). Constante de proporcionalidade entre a densidade de corrente e o campo elétrico aplicado; é também uma medida da facilidade na qual um material é capaz de conduzir uma corrente elétrica.

configuração eletrônica. Para um átomo, a maneira pela qual os possíveis estados eletrônicos são preenchidos com elétrons.

conformação hidroplástica. Moldagem ou conformação de cerâmicas à base de argila que foram plastificadas e maleabilizadas pela adição de água.

constante de Boltzmann (k). Constante de energia térmica que exibe o valor de $1,38 \times 10^{-23}$ J/átomo · K ($8,62 \times 10^{-5}$ eV/átomo · K). Veja também **constante dos gases.**

constante de Planck (h). Constante universal com um valor de $6,63 \times 10^{-34}$ J · s. A energia de um fóton de radiação eletromagnética é igual ao produto entre h e a frequência da radiação.

constante dielétrica (ε_r). Razão entre a permissividade de um meio e a permissividade do vácuo. Chamada com frequência de *constante dielétrica relativa* ou de *permissividade relativa*.

constante dos gases (R). Constante de Boltzmann por mol de átomos. $R = 8,31$ J/mol · K ($1,987$ cal/mol · K).

contorno do grão. Interface que separa dois grãos adjacentes que têm orientações cristalográficas diferentes.

copolímero. Polímero que consiste em duas ou mais unidades repetidas diferentes, que estão combinadas ao longo de suas cadeias moleculares.

copolímero aleatório. Polímero em que duas unidades repetidas diferentes estão distribuídas de maneira aleatória ao longo da cadeia molecular.

copolímero alternado. Copolímero em que duas unidades repetidas diferentes alternam posições ao longo da cadeia molecular.

copolímero em bloco. Copolímero linear no qual unidades repetidas idênticas estão agrupadas em blocos ao longo da cadeia molecular.

copolímero enxertado. Copolímero no qual ramificações laterais homopoliméricas de um tipo de monômero são enxertadas nas cadeias principais homopoliméricas de um tipo de monômero diferente.

cor. Percepção visual estimulada pela combinação dos comprimentos de onda da luz que são transmitidos à vista.

corante. Aditivo que confere uma cor específica a um polímero.

corpo cerâmico cru. Peça cerâmica, conformada como um agregado de partículas, que foi seca, mas que não foi cozida.

corrosão. Perda por deterioração de um metal como resultado de reações de dissolução devidas ao ambiente.

corrosão galvânica. Corrosão preferencial do metal mais quimicamente ativo entre dois metais que estão acoplados eletricamente e expostos a um eletrólito.

corrosão intergranular. Corrosão preferencial ao longo das regiões dos contornos dos grãos em materiais policristalinos.

corrosão por frestas. Forma de corrosão que ocorre no interior de frestas estreitas e sob depósitos de sujeira ou de produtos de corrosão (isto é, em regiões onde existe carência localizada de oxigênio na solução).

corrosão sob tensão (trincamento). Forma de falha que resulta da ação combinada de uma tensão de tração e de um ambiente corrosivo; ocorre em níveis de tensão menores do que os necessários quando o ambiente corrosivo não está presente.

cozimento. Tratamento térmico a alta temperatura que aumenta a densidade e a resistência de uma peça cerâmica.

crescimento (partícula). Durante uma transformação de fases e após a nucleação, é o aumento no tamanho da partícula de uma nova fase.

crescimento do grão. Aumento no tamanho médio do grão de um material policristalino; para a maioria dos materiais, é necessário um tratamento térmico a uma temperatura elevada.

cristalinidade. Para os polímeros, é o estado no qual se atinge um arranjo atômico periódico e repetido pelo alinhamento da cadeia molecular.

cristalino. Estado de um material sólido caracterizado por um arranjo tridimensional, periódico e repetido, de átomos, íons ou moléculas.

cristalito. Região em um polímero cristalino onde todas as cadeias moleculares estão ordenadas e alinhadas.

cristalização (vidrocerâmicas). Processo pelo qual um vidro (um sólido não cristalino ou vítreo) se transforma em um sólido cristalino.

cátion. Íon metálico com carga positiva.

célula unitária. Unidade estrutural básica de uma estrutura cristalina. Em geral, é definida em termos das posições atômicas (ou iônicas) no volume de um paralelepípedo.

cúbica de corpo centrado (CCC). Estrutura cristalina comum encontrada em alguns metais elementares. Na célula unitária cúbica, os átomos estão localizados nas posições dos vértices e do centro da célula.

cúbica de faces centradas (CFC). Estrutura cristalina encontrada em alguns dos metais elementares comuns. Na célula unitária cúbica, os átomos estão localizados em todas as posições dos vértices e no centro das faces.

D

defeito de Frenkel. Em um sólido iônico, um par cátion-lacuna e cátion-intersticial.

defeito de Schottky. Em um sólido iônico, um defeito que consiste em um par cátion-lacuna e ânion-lacuna.

defeito pontual. Defeito cristalino associado a um ou a, no máximo, vários sítios atômicos.

deformação a quente. Qualquer operação de conformação de um metal realizada acima da temperatura de recristalização do metal.

deformação anelástica. Deformação elástica (não permanente) que varia com o tempo.

deformação cisalhante (γ). A tangente do ângulo de cisalhamento que resulta da aplicação de uma carga cisalhante.

deformação de engenharia. Veja **deformação, engenharia (ε)**.

deformação elástica. Deformação não permanente – isto é, deformação totalmente recuperada quando a tensão aplicada é liberada.

deformação plana. Condição importante na análise mecânica de uma fratura, na qual, para uma carga de tração, não há nenhuma deformação em uma direção perpendicular ao eixo da tensão e à direção de propagação da trinca; essa condição é encontrada em placas grossas, e a direção de deformação nula é aquela que está perpendicular à superfície da placa.

deformação plástica. Deformação permanente ou que não pode ser recuperada após a liberação da carga aplicada. Vem acompanhada de deslocamentos atômicos permanentes.

deformação verdadeira (ε_V). Logaritmo natural da razão entre o comprimento instantâneo e o comprimento-padrão original de um corpo de prova que está sendo deformado por uma força uniaxial.

deformação, engenharia (ε). Variação no comprimento-padrão de um corpo de prova (na direção em que uma tensão é aplicada) dividida por seu comprimento-padrão original.

deformação, verdadeira. Veja **deformação verdadeira (ε_V)**.

deformações da rede. Pequenos deslocamentos de átomos em relação às suas posições normais na rede, normalmente impostos por defeitos cristalinos, tais como discordâncias e átomos intersticiais e de impurezas.

degradação. Termo usado para representar os processos de deterioração que ocorrem nos materiais poliméricos, incluindo inchamento, dissolução e cisão da cadeia.

degradação da solda. Corrosão intergranular que ocorre em alguns aços inoxidáveis soldados, em regiões adjacentes à solda.

densidade de discordâncias. Comprimento total de discordâncias por unidade de volume de um material; alternativamente, o número de discordâncias que interceptam uma unidade de área de uma seção aleatória de superfície.

densidade do fluxo magnético (B). Campo magnético produzido em uma substância por um campo magnético externo.

deslocamento dielétrico (D). Magnitude de carga por unidade de área da placa do capacitor.

diagrama de fases. Representação gráfica das relações entre as restrições do ambiente (por exemplo, temperatura e algumas vezes a pressão), a composição e as regiões de estabilidade das fases, ordinariamente sob condições de equilíbrio.

diagrama de transformação isotérmica (T-T-T). Gráfico da temperatura em função do logaritmo do tempo para um aço com composição definida. É usado para determinar quando as transformações começam e quando terminam em um tratamento térmico isotérmico (a temperatura constante) de uma liga previamente austenitizada.

diagrama de transformação por resfriamento contínuo (TRC). Gráfico da temperatura em função do logaritmo do tempo para um aço com composição definida. Usado para indicar quando ocorrem transformações conforme um material inicialmente austenitizado é resfriado continuamente sob uma taxa específica; além disso, a microestrutura e as características mecânicas finais podem ser estimadas.

diagrama tempo-temperatura-transformação (T–T–T). Veja **diagrama de transformação isotérmica**.

diamagnetismo. Forma fraca de magnetismo induzido ou não permanente para a qual a suscetibilidade magnética é negativa.

dielétrico. Qualquer material que seja um isolante elétrico.

difração (raios X). Interferência construtiva de feixes de raios X espalhados pelos átomos de um cristal.

difusão. Transporte de massa pelo movimento de átomos.

difusão em regime estacionário. Condição de difusão para a qual não existe acúmulo ou esgotamento resultante do componente que está se difundindo. O fluxo difusivo é independente do tempo.

difusão em regime não estacionário. Condição de difusão para a qual existe algum acúmulo ou consumo resultante do componente que se difunde. O fluxo difusivo depende do tempo.

difusão intersticial. Mecanismo de difusão em que o movimento atômico ocorre de um sítio intersticial para outro sítio intersticial.

difusão por lacunas. Mecanismo de difusão no qual a migração atômica resultante ocorre de um sítio da rede para uma lacuna adjacente.

diodo emissor de luz (LED – *light-emitting diode*). Diodo composto por um material semicondutor que é do tipo *p* em um dos lados e do tipo *n* do outro lado. Quando um potencial com fluxo para a frente é aplicado através da junção entre os dois lados, ocorre uma recombinação de elétrons e buracos, com a emissão de radiação luminosa.

diodo. Dispositivo eletrônico que retifica uma corrente elétrica – isto é, que permite a passagem da corrente em apenas uma direção.

dipolo (elétrico). Um par de cargas elétricas iguais e de sinais opostos, separadas por uma pequena distância.

dipolo elétrico. Veja **dipolo (elétrico)**.

direção longitudinal. Dimensão ao longo do comprimento. Para uma barra ou uma fibra, é a direção ao longo do eixo mais longo.

direção transversal. Direção que cruza (em geral perpendicularmente) a direção longitudinal ou do comprimento.

discordância. Um defeito cristalino linear ao redor do qual existe desalinhamento atômico. A deformação plástica corresponde ao movimento de discordâncias em resposta à aplicação de uma tensão cisalhante. São possíveis discordâncias de aresta, espiral e mista.

discordância da aresta. Defeito cristalino linear associado à distorção da rede produzida na vizinhança da extremidade de um semiplano extra de átomos no interior de um cristal. O vetor de Burgers é perpendicular à linha da discordância.

discordância espiral. Defeito cristalino linear que está associado à distorção da rede criada quando planos normalmente paralelos são unidos entre si para formar uma rampa espiral. O vetor de Burgers é paralelo à linha da discordância.

discordância mista. Discordância que exibe componentes de aresta e de espiral.

domínio. Uma região do volume de um material ferromagnético ou ferrimagnético em que todos os momentos magnéticos atômicos ou iônicos estão alinhados na mesma direção.

dopagem. Formação intencional de uma liga de materiais semicondutores com concentrações controladas de impurezas doadoras ou receptoras.

ductilidade. Medida da habilidade de um material apresentar deformação plástica apreciável antes de fraturar; pode ser expressa como alongamento percentual (%AL) ou redução percentual na área (%RA) durante um ensaio de tração.

dureza. Medida da resistência de um material a uma deformação por indentação superficial ou abrasão.

E

efeito Hall. Fenômeno em que uma força é gerada sobre um elétron ou um buraco em movimento, devido à aplicação de um campo magnético perpendicular à direção do movimento. A direção da força é perpendicular tanto à direção do campo magnético quanto à do movimento da partícula.

elastômero. Material polimérico que pode apresentar deformações elásticas grandes e reversíveis.

elastômero termoplástico (TPE – *thermoplastic elastomer*). Material copolimérico que exibe comportamento elastomérico, mas que apresenta natureza termoplástica. À temperatura ambiente, ocorre a formação de domínios de um tipo de unidade repetida nas extremidades das cadeias moleculares, os quais se cristalizam e atuam como ligações cruzadas físicas.

eletroluminescência. Emissão de luz visível por uma junção *p-n* através da qual é aplicada uma tensão com fluxo para a frente.

eletronegativo. Para um átomo, uma tendência para aceitar elétrons de valência. Também, empregado para descrever os elementos não metálicos.

eletroneutralidade. Estado de possuir exatamente os mesmos números de cargas elétricas positivas e negativas (iônicas e eletrônicas) – isto é, de ser eletricamente neutro.

eletropositivo. Para um átomo, a tendência em liberar elétrons de valência. Também, um termo usado para descrever os elementos metálicos.

eletrólito. Solução através da qual uma corrente elétrica pode ser conduzida pelo movimento de íons.

elétron livre. Elétron que foi excitado a um estado de energia acima da energia de Fermi (ou para o interior da banda de condução para os semicondutores e isolantes) e que pode participar do processo de condução elétrica.

elétron-volt (eV). Unidade de energia conveniente para os sistemas atômicos e subatômicos. É equivalente à energia adquirida por um elétron quando ele se desloca através de um potencial elétrico de 1 volt.

elétrons de valência. Elétrons localizados na camada eletrônica ocupada mais externa, os quais participam das ligações interatômicas.

encruamento. Aumento na dureza e na resistência de um metal dúctil, à medida que ele é deformado plasticamente em uma temperatura abaixo da sua temperatura de recristalização.

endurecimento por envelhecimento. Veja **endurecimento por precipitação**.

endurecimento por precipitação. Endurecimento e aumento da resistência de uma liga metálica por partículas extremamente pequenas e uniformemente dispersas que são precipitadas a partir de uma solução sólida supersaturada; algumas vezes chamado de *endurecimento por envelhecimento*.

energia de ativação (*Q*). Energia necessária para iniciar uma reação, tal como a difusão.

energia de Fermi (*E_f*). Para um metal, a energia que corresponde ao estado eletrônico preenchido mais elevado a 0 K.

energia de impacto (tenacidade ao entalhe). Medida da energia absorvida durante a fratura de um corpo de provas com dimensões e geometria padrões quando o material é submetido a um carregamento muito rápido (impacto). Os ensaios de impacto Charpy e Izod são usados para medir esse parâmetro, que é importante na avaliação do comportamento da transição dúctil-frágil em um material.

energia de ligação. Energia necessária para separar dois átomos que estão ligados quimicamente um ao outro. Pode ser expressa em uma base por átomo ou por mol de átomos.

energia do espaçamento entre bandas (*E_e*). Para os semicondutores e isolantes, são as energias que se encontram entre as bandas de valência e de condução; nos materiais intrínsecos, não se permite que os elétrons tenham energias dentro dessa faixa.

energia livre. Grandeza termodinâmica que é uma função tanto da energia interna quanto da entropia (ou aleatoriedade) de um sistema. No equilíbrio, a energia livre é um valor mínimo.

ensaio Charpy. Um dos dois ensaios (veja também **ensaio Izod**) que pode ser usado para medir a energia de impacto ou a tenacidade ao entalhe de uma amostra entalhada padrão. Um golpe de impacto é imposto ao corpo de provas por meio de um pêndulo com massa conhecida.

ensaio Izod. Um dos dois ensaios (veja também **ensaio Charpy**) que podem ser usados para medir a energia de impacto de uma amostra-padrão entalhada. Um golpe súbito é impingido no corpo de provas por um pêndulo com massa conhecida.

ensaio Jominy da extremidade temperada. Ensaio-padrão de laboratório usado para avaliar a temperabilidade de ligas ferrosas.

envelhecimento artificial. Para o endurecimento por precipitação, o envelhecimento que ocorre acima da temperatura ambiente.

envelhecimento natural. No endurecimento por precipitação, o envelhecimento à temperatura ambiente.

equilíbrio (fases). Estado de um sistema em que as características das fases permanecem constantes por períodos de tempo indefinidos. Em condições de equilíbrio, a energia livre tem um valor mínimo.

equilíbrio de fases. Veja **equilíbrio (fases)**.

erosão-corrosão. Forma de corrosão que surge da ação combinada de um ataque químico e um desgaste mecânico.

escoamento. Início da deformação plástica.

escorregamento. Deformação plástica que resulta do movimento de discordâncias; também, é o deslocamento por cisalhamento de dois planos de átomos adjacentes.

esferulita. Agregado de cristalitos poliméricos em forma de fita (lamelas) que se radiam a partir de um ponto de nucleação central comum; os cristalitos estão separados por regiões amorfas.

espaçamento entre bandas de energia. Veja **energia do espaçamento entre bandas (E_e)**.

especificação do revenido. Código alfanumérico usado para especificar o tratamento mecânico e/ou térmico ao qual uma liga metálica foi submetida.

espuma. Polímero que se tornou poroso (ou semelhante a uma esponja) pela incorporação de bolhas de ar.

estabilizador. Aditivo polimérico que atua contra processos deteriorativos.

estado (nível) doador. Para um material semicondutor ou isolante, é um nível de energia que está localizado no interior do espaçamento entre as bandas de energia, porém próximo à sua parte superior, e a partir do qual os elétrons podem ser excitados para o interior da banda de condução. É introduzido, em geral, por um átomo de impureza.

estado (nível) receptor. Para um material semicondutor ou isolante, um nível de energia localizado no espaçamento entre as bandas de energia, mas que está próximo à sua parte inferior, e que pode aceitar elétrons da banda de valência, gerando buracos nessa. O nível é introduzido normalmente por um átomo de impureza.

estado eletrônico (nível). Um entre um conjunto de estados de energia discretos e quantizados que são permitidos para os elétrons. Para os átomos, cada estado é especificado por quatro números quânticos.

estado excitado. Estado de energia do elétron que em geral não está ocupado e para o qual um elétron pode ser promovido (a partir de um estado de energia mais baixo) pela absorção de algum tipo de energia (por exemplo, calor, radiação).

estado fundamental. Estado de energia dos elétrons que normalmente está preenchido e a partir do qual pode ocorrer uma excitação eletrônica.

estequiometria. Para os compostos iônicos, é o estado de ter exatamente a razão de cátions para ânions especificada pela fórmula química.

estereoisomerismo. Isomerismo de polímeros em que os grupos laterais das unidades repetidas estão ligados ao longo da cadeia molecular na mesma ordem, porém em arranjos espaciais diferentes.

estiramento (metais). Técnica de conformação utilizada para fabricar fios e tubos metálicos. A deformação é obtida pela passagem do material através de uma matriz, por meio de uma força de tração que é aplicada pelo lado de saída do material.

estiramento (polímeros). Técnica de deformação na qual a resistência de fibras de poliméricos é aumentada por meio de alongamento.

estrutura. Arranjo dos componentes internos da matéria: estrutura eletrônica (em nível subatômico), estrutura cristalina (em nível atômico), e microestrutura (em nível microscópico).

estrutura cristalina. Para os materiais cristalinos, é a maneira pela qual os átomos ou íons estão arranjados no espaço. É definida em termos da geometria da célula unitária e das posições dos átomos no interior da célula unitária.

estrutura de defeitos. Relaciona-se com os tipos e com as concentrações de lacunas e de intersticiais em um composto cerâmico.

estrutura eutética. Microestrutura bifásica que resulta da solidificação de um líquido que exibe a composição eutética; as fases existem como lamelas que se alternam uma com a outra.

estrutura molecular (polímero). Que se relaciona com os arranjos atômicos no interior das moléculas poliméricas e com as interconexões entre essas moléculas.

extrusão. Técnica de conformação na qual um material é forçado, por compressão, através do orifício de uma matriz.

F

fadiga. Falha, em níveis de tensão relativamente baixos, de estruturas que são submetidas a tensões cíclicas e oscilantes.

fadiga associada à corrosão. Tipo de falha que resulta da ação simultânea de uma tensão cíclica e de um ataque químico.

fadiga térmica. Tipo de falha por fadiga onde as tensões cíclicas são introduzidas por tensões térmicas variáveis.

fase. Porção homogênea de um sistema que exibe características físicas e químicas uniformes.

fase dispersa. Para os compósitos e algumas ligas bifásicas, é a fase descontínua envolvida pela fase matriz.

fase eutética. Uma das duas fases encontradas na estrutura eutética.

fase matriz. Fase em um compósito na microestrutura de uma liga bifásica que é contínua ou que envolve completamente a outra fase (ou fase dispersa).

fase primária. Fase que coexiste com a estrutura eutética.

fator de empacotamento atômico (FEA). Fração do volume de uma célula unitária que está ocupada por átomos ou íons, considerando esses como *esferas rígidas*.

ferrimagnetismo. Magnetizações grandes e permanentes encontradas em alguns materiais cerâmicos. O ferrimagnetismo resulta do acoplamento antiparalelo de *spins* e do cancelamento incompleto dos momentos magnéticos.

ferrita (cerâmica). Óxidos cerâmicos compostos tanto por cátions divalentes quanto trivalentes (por exemplo, Fe^{2+} e Fe^{3+}), alguns dos quais são ferrimagnéticos.

ferrita (ferro). Ferro com estrutura cúbica de corpo centrado (CCC); também, ligas de ferro e de aço que apresentam a estrutura cristalina CCC.

ferrita proeutetoide. Ferrita primária que coexiste com a perlita em aços hipoeutetoides.

ferro fundido. Genericamente, uma liga ferrosa cujo teor de carbono é maior do que a solubilidade máxima de carbono na austenita à temperatura do eutético. A maioria dos ferros fundidos comerciais contém entre 3,0 e 4,5 %p C e entre 1 e 3 %p Si.

ferro fundido branco. Ferro fundido com baixo teor de silício e muito frágil, no qual o carbono está em uma forma combinada, como cementita; uma superfície fraturada tem aparência esbranquiçada.

ferro fundido cinzento. Ferro fundido ligado com silício no qual a grafita existe na forma de flocos. Uma superfície fraturada tem aparência cinzenta.

ferro fundido maleável. Ferro fundido branco tratado termicamente para converter a cementita em agregados de grafita; um ferro fundido relativamente dúctil.

ferro fundido vermicular. Ferro fundido que tem em sua composição silício e uma pequena quantidade de magnésio, cério ou outros aditivos, no qual a grafita existe como partículas com forma semelhante à de um verme.

ferro nodular. Ferro fundido ligado com silício e uma pequena concentração de magnésio e/ou cério e no qual existe grafita livre na forma nodular. Algumas vezes é chamado de *ferro dúctil*.

ferroelétrico. Material dielétrico que pode exibir polarização na ausência de um campo elétrico.

ferromagnetismo. Magnetizações grandes e permanentes encontradas em alguns metais (por exemplo, Fe, Ni e Co), as quais resultam do alinhamento paralelo de momentos magnéticos vizinhos.

fiação. Processo pelo qual as fibras são formadas. Uma grande quantidade de fibras é fiada conforme o material fundido ou dissolvido é forçado através de um grande número de pequenos orifícios.

fibra. Qualquer polímero, metal ou cerâmica que tenha sido estirado na forma de um filamento longo e fino.

fibra óptica. É uma fibra de sílica fina (com diâmetro entre 5 e 100 μm) com pureza ultraelevada através da qual podem ser transmitidas informações via sinais fotônicos (de radiação luminosa).

fluorescência. Luminescência que ocorre durante tempos muito menores do que 1 s após um evento de excitação de elétrons.

fluxo difusivo (J). Quantidade de massa em difusão que atravessa perpendicularmente, por unidade de tempo, uma área de seção transversal unitária do material.

fluxo para a frente. Tendência de condução para uma junção retificadora *p-n* em que o fluxo dos elétrons ocorre para o lado *n* da junção.

fluxo reverso. Fluxo isolante para uma junção retificadora *p-n*; os elétrons fluem para o lado *p* da junção.

fluência. Deformação permanente que varia ao longo do tempo e que ocorre sob tensão; para a maioria dos materiais, a fluência só é importante em temperaturas elevadas.

forjamento. Conformação mecânica de um metal por aquecimento e martelamento.

força de Coulomb. Uma força entre partículas carregadas, tais como íons; quando as partículas têm cargas opostas, a força é de atração.

força do campo magnético (H). Intensidade de um campo magnético aplicado externamente.

força motriz. Impulso que está por trás de uma reação, como a difusão, o crescimento do grão, ou a transformação de fases. Em geral, a reação vem acompanhada da redução de algum tipo de energia (por exemplo, energia livre).

fosforescência. Luminescência que ocorre em períodos de tempo maiores do que aproximadamente 1 s após um evento de excitação de elétrons.

fotocondutividade. Condutividade elétrica que resulta de excitações eletrônicas induzidas por fótons, em que há a absorção de luz.

fotomicrografia. Fotografia feita com um microscópio, que registra uma imagem da microestrutura.

fragilização por hidrogênio. Perda ou redução da ductilidade de uma liga metálica (com frequência, o aço) como resultado da difusão de hidrogênio atômico para o interior do material.

fratura dúctil. Modo de fratura que é acompanhado por uma extensa deformação plástica macroscópica.

fratura frágil. Fratura que ocorre por propagação rápida de uma trinca e sem uma deformação macroscópica apreciável.

fratura intergranular. Fratura de materiais policristalinos pela propagação de uma trinca ao longo dos contornos dos grãos.

fratura transgranular. Fratura de materiais policristalinos pela propagação de trincas através dos grãos.

frequência de relaxação. Inverso do tempo de reorientação mínimo para um dipolo elétrico em meio a um campo elétrico alternado.

funcionalidade. Número de ligações covalentes que um monômero pode formar quando reage com outros monômeros.

fundição em suspensão. Técnica de conformação usada para alguns materiais cerâmicos. Uma pasta, ou uma suspensão de partículas sólidas em água, é derramada no interior de um molde poroso. Uma camada sólida se forma sobre a parede interna conforme a água é absorvida pelo molde, formando uma casca (ou, ao final do processo, uma peça sólida) que tem a forma do molde.

fóton. Unidade quântica de energia eletromagnética.

fônon. Um único *quantum* de energia vibracional ou elástica.

G

gradiente de concentração (dC/dx). Inclinação da curva do perfil da concentração em uma posição específica.

grão. Cristal individual em uma cerâmica ou um metal policristalino.

grau de polimerização (GP). Número médio de unidades repetidas por molécula de cadeia do polímero.

H

hexagonal compacta (HC). Estrutura cristalina encontrada em alguns metais. A célula unitária HC tem geometria hexagonal e é gerada pelo empilhamento de planos compactos de átomos.

histerese (magnética). Comportamento irreversível da densidade do fluxo magnético em função da força do campo magnético ($B \times H$) que é encontrado nos materiais ferromagnéticos e ferrimagnéticos; um ciclo *B-H* fechado é formado com a reversão do campo.

homopolímero. Polímero que exibe uma estrutura de cadeia na qual todas as unidades repetidas são do mesmo tipo.

I

imperfeição. Desvio da perfeição; normalmente é aplicado aos materiais cristalinos nos quais há um desvio na ordem e/ou na continuidade atômica/molecular.

índice de refração (n). Razão entre a velocidade da luz no vácuo e a velocidade da luz em determinado meio.

índices de Miller. Conjunto de três números inteiros (quatro para as estruturas hexagonais) que designam os planos cristalográficos, conforme determinados a partir dos inversos das frações das interseções com os eixos.

indução magnética (B). Veja **densidade do fluxo magnético (B)**.

inibidor. Substância química que, quando adicionada em concentrações relativamente baixas, retarda uma reação química.

insaturado. Descreve os átomos de carbono que participam em ligações covalentes duplas ou triplas e que, portanto, não estão ligados ao número máximo de quatro outros átomos.

interdifusão. Difusão dos átomos de um metal em outro metal.

isolante (elétrico). Material não metálico que exibe uma banda de valência preenchida a 0 K e um espaçamento relativamente amplo entre as bandas de energia. Consequentemente, a condutividade elétrica à temperatura ambiente é muito baixa, inferior a aproximadamente $10^{-10}\ (\Omega \cdot m)^{-1}$.

isomerismo. Fenômeno em que duas ou mais moléculas poliméricas ou unidades repetidas têm a mesma composição, porém arranjos estruturais e propriedades diferentes.

isomorfo. Que tem a mesma estrutura. No sentido de um diagrama de fases, *isomorficidade* significa ter a mesma estrutura cristalina ou uma solubilidade sólida completa para todas as composições (veja a Figura 10.3*a*).

isotrópico. Que tem valores idênticos de uma propriedade em todas as direções cristalográficas.

isotático. Tipo de configuração da cadeia polimérica (estereoisômero) na qual todos os grupos laterais estão posicionados no mesmo lado da cadeia molecular.

isotérmico. A uma temperatura constante.

isótopos. Átomos do mesmo elemento que apresentam massas atômicas diferentes.

J

junção retificadora. Junção semicondutora *p-n* condutora para um fluxo de corrente em uma das direções e altamente resistiva para o fluxo na direção oposta.

L

lacuna. Uma posição da rede que normalmente está ocupada, mas onde falta um átomo ou íon.

laminação. Operação de conformação de metais que reduz a espessura de uma peça bruta ou tarugo; formas alongadas podem ser moldadas com o emprego de rolos circulares ranhurados.

laser. Acrônimo para amplificação da luz pela emissão estimulada de radiação (*light amplification by stimulated emission of radiation*) – uma fonte de luz que é coerente.

latão. Liga cobre-zinco rica em cobre.

lei das fases de Gibbs. Para um sistema em equilíbrio, uma equação (Equação 10.16) que expressa a relação entre o número de fases presentes e o número das variáveis que podem ser controladas externamente.

lei de Bragg. Relação (Equação 3.21) que estipula a condição para a difração por um conjunto de planos cristalográficos.

lei de Ohm. A voltagem aplicada é igual ao produto entre a corrente e a resistência; de maneira equivalente, a densidade de corrente é igual ao produto entre a condutividade e a intensidade do campo elétrico.

liga. Substância metálica composta por dois ou mais elementos.

liga ferrosa. Liga metálica para a qual o ferro é o constituinte principal.

liga hipereutetoide. Para um sistema de ligas que têm um eutetoide, é uma liga para a qual a concentração do soluto é maior do que a composição eutetoide.

liga hipoeutetoide. Para um sistema de ligas que têm um eutetoide, é uma liga para a qual a concentração de soluto é menor do que a composição eutetoide.

liga não ferrosa. Liga metálica para a qual o ferro *não* é o constituinte principal.

liga trabalhada. Liga metálica relativamente dúctil e suscetível a trabalho a quente ou trabalho a frio durante a fabricação.

ligação covalente. Ligação interatômica primária formada pelo compartilhamento de elétrons entre átomos vizinhos.

ligação de hidrogênio. Forte ligação interatômica secundária que existe entre um átomo de hidrogênio ligado (seu próton sem proteção) e os elétrons de átomos adjacentes.

ligação de van de Waals. Ligação interatômica secundária entre dipolos moleculares adjacentes que podem ser permanentes ou induzidos.

ligação iônica. Ligação interatômica de Coulomb que existe entre dois íons adjacentes e com cargas opostas.

ligação metálica. Ligação interatômica primária que envolve o compartilhamento não direcional de elétrons de valência não localizados ("nuvem de elétrons"), que são compartilhados por todos os átomos no sólido metálico.

ligações primárias. Ligações interatômicas relativamente fortes e para as quais as energias da ligação são relativamente grandes. Os tipos de ligações primárias são iônica, covalente e metálica.

ligações secundárias. Ligações interatômicas e intermoleculares relativamente fracas e para as quais as energias de ligação são relativamente pequenas. Em geral, estão envolvidos dipolos atômicos ou moleculares. Exemplos de tipos de ligações secundárias são as forças de van der Waals e a ligação de hidrogênio.

limite de durabilidade. Veja **limite de resistência à fadiga**.

limite de escoamento (σ_l). Tensão necessária para produzir uma quantidade de deformação plástica muito pequena e especificada; normalmente é utilizado um valor de deformação de 0,002.

limite de proporcionalidade. Ponto sobre uma curva tensão-deformação onde cessa a proporcionalidade linear entre a tensão e a deformação.

limite de resistência à fadiga. Para a fadiga, é o nível máximo de amplitude de tensão abaixo do qual um material pode suportar um número essencialmente infinito de ciclos de tensão sem sofrer falha.

limite de resistência à tração (*LRT*). Tensão de engenharia máxima em tração que pode ser suportada sem ocorrer fratura. É frequentemente denominado *limite de resistência à ruptura* (ou *à tração*).

limite de solubilidade. Concentração máxima de soluto que pode ser adicionada sem a formação de uma nova fase.

linha da discordância. Linha que se estende ao longo da extremidade do semiplano extra de átomos de uma discordância aresta e ao longo do centro da espiral de uma discordância espiral.

linha de amarração. Linha horizontal construída através de uma região bifásica em um diagrama de fases binário; suas interseções com os contornos de fases em ambas as extremidades representam as composições em equilíbrio das respectivas fases na temperatura em questão.

linha *liquidus*. Em um diagrama de fases binário, é a linha ou fronteira que separa as regiões das fases líquida e líquida + sólida. Em uma liga, a *temperatura liquidus* é a temperatura na qual primeiro se forma uma fase sólida em um resfriamento sob condições de equilíbrio.

linha *solidus*. Em um diagrama de fases, é o conjunto dos pontos onde a solidificação está completa no resfriamento sob condições de equilíbrio, ou então onde a fusão começa no aquecimento sob condições de equilíbrio.

linha *solvus*. Conjunto dos pontos em um diagrama de fases que representa o limite da solubilidade sólida em função da temperatura.

lixívia seletiva. Forma de corrosão em que um elemento ou um constituinte de uma liga é dissolvido de forma preferencial.

louça branca. Produto cerâmico à base de argila que se torna branco após o cozimento a altas temperaturas; as louças brancas incluem a porcelana e as louças sanitárias.

luminescência. Emissão de luz visível como resultado do decaimento de um elétron a partir de um estado excitado.

M

macromolécula. Molécula gigantesca formada por milhares de átomos.

magnetização (*M*). Momento magnético total por unidade de volume do material. Também, representa uma medida da contribuição ao fluxo magnético dada por algum material no interior de um campo *H*.

magnetização de saturação, densidade do fluxo de saturação (M_s, B_s). A magnetização (ou densidade do fluxo) máxima para um material ferromagnético ou ferrimagnético.

magnéton de Bohr (μ_B). Momento magnético mais fundamental, com magnitude de $9,27 \times 10^{-24}$ A · m².

martensita. Fase metaestável do ferro supersaturada em carbono e que é o produto de uma transformação adifusional (atérmica) da austenita.

martensita revenida. Produto microestrutural resultante do tratamento térmico por revenido de um aço martensítico. A microestrutura consiste em partículas de cementita extremamente pequenas e uniformemente dispersas em uma matriz contínua de ferrita α. A tenacidade e a ductilidade são melhoradas de maneira significativa pelo revenido.

material magnético duro. Material ferrimagnético ou ferromagnético que apresenta valores elevados do campo coercitivo e da remanência e é utilizado normalmente em aplicações em ímãs permanentes.

material magnético mole. Material ferromagnético ou ferrimagnético que apresenta um ciclo de histerese $B \times H$ pequeno; pode ser magnetizado e desmagnetizado com relativa facilidade.

mecânica da fratura. Técnica de análise de fratura usada para determinar o nível de tensão sob o qual trincas preexistentes com dimensões conhecidas irão se propagar, levando à fratura.

mecânica quântica. Ramo da física que trata dos sistemas atômicos e subatômicos; permite apenas valores discretos de energia. Na mecânica clássica, ao contrário, são permitidos valores de energia contínuos.

metaestável. Estado fora de equilíbrio que pode persistir por um tempo muito longo.

metal. Elementos eletropositivos e ligas baseadas nesses elementos. A estrutura da banda eletrônica dos metais é caracterizada por uma banda eletrônica parcialmente preenchida.

metalurgia do pó (P/M – *powder metallurgy*). Técnica para a fabricação de peças metálicas com formas complexas e precisas pela compactação de pós metálicos, seguida por um tratamento térmico para o aumento da densidade.

microconstituinte. Elemento da microestrutura que apresenta uma estrutura identificável e característica. Pode consistir em mais de uma fase, tal como ocorre com a perlita.

microestrutura. Características estruturais de uma liga (por exemplo, as estruturas dos grãos e das fases) sujeitas à observação sob um microscópio.

microscopia. Investigação de elementos microestruturais com o emprego de algum tipo de microscópio.

microscópio de varredura por sonda (MVS). Microscópio que não produz uma imagem usando radiação luminosa. Em lugar disso, uma sonda muito pequena e afilada faz uma varredura sobre a superfície da amostra; são monitoradas as deflexões planares fora da superfície em resposta às interações eletrônicas ou de outra natureza com a sonda, a partir das quais é produzido um mapa topográfico da superfície da amostra (em uma escala nanométrica).

microscópio eletrônico de transmissão (MET). Microscópio que produz uma imagem pelo uso de feixes de elétrons que são transmitidos através (passam através) da amostra. É possível a análise das características internas sob grandes ampliações.

microscópio eletrônico de varredura (MEV). Microscópio que produz uma imagem usando um feixe de elétrons, o qual varre a superfície de uma amostra; uma imagem é produzida pelos feixes de elétrons refletidos. São possíveis análises sob grandes ampliações das características superficiais e/ou microestruturais.

mobilidade (elétron, μ_e, e buraco, μ_b). Constante de proporcionalidade entre a velocidade de arraste do portador e o campo elétrico aplicado; **também é uma medida da facilidade** do movimento dos portadores de cargas.

modelo atômico de Bohr. Modelo atômico antigo que considera os elétrons girando ao redor do núcleo em orbitais discretos.

modelo da cadeia dobrada. Para os polímeros cristalinos, é um modelo que descreve a estrutura de cristalitos em plaquetas. O alinhamento molecular é obtido por dobras da cadeia, que ocorrem nas faces do cristalito.

modelo mecânico-ondulatório. Modelo atômico no qual os elétrons são tratados como se fossem ondas.

módulo de elasticidade (E). Razão entre tensão e deformação quando a deformação é totalmente elástica; também é uma medida da rigidez de um material.

módulo de relaxação [$E_a(t)$]. Para os polímeros viscoelásticos, é o módulo de elasticidade que varia em função do tempo. É determinado a partir de medições da relaxação de tensões, como a razão entre a tensão (tomada em dado momento após a aplicação da carga – normalmente 10 s) e a deformação.

módulo de Young. Veja **módulo de elasticidade (E).**

módulo específico (rigidez específica). Razão entre o módulo de elasticidade e a massa específica de um material.

mol. Quantidade de uma substância que corresponde a $6,022 \times 10^{23}$ átomos ou moléculas.

molaridade (M). Concentração em uma solução líquida em termos do número de mols de um soluto dissolvido em 1 litro (10^3 cm^3) da solução.

moldagem (plásticos). Conformação de um material plástico no qual o material é forçado, sob pressão e a uma temperatura elevada, para o interior da cavidade de um molde.

molécula polar. Molécula em que existe um momento dipolo elétrico permanente em virtude de uma distribuição assimétrica de regiões carregadas positiva e negativamente.

monocristal. Sólido cristalino para o qual o padrão atômico periódico e repetido se estende ao longo de toda a sua extensão, sem interrupção.

monômero. Molécula estável a partir da qual um polímero é sintetizado.

MOSFET. Transistor de efeito de campo metal-óxido-semicondutor (*metal-oxide-semiconductor field-effect transistor*), um elemento de circuitos integrados.

N

nanocarbono. Partícula que tem um tamanho menor do que aproximadamente 100 nm e que é composta por átomos de carbono que estão ligados entre si por meio de orbitais eletrônicos hibridizados sp^2. Três tipos de nanocarbonos são os fulerenos, os nanotubos de carbono e o grafeno.

nanocompósito. Compósito composto de partículas com dimensões nanométricas (ou seja, *nanopartículas*) envolvidas por um material de matriz. Os tipos de nanopartículas incluem os nanocarbonos, as nanoargilas e os nanocristais. Os materiais de matriz mais comuns são os polímeros.

não cristalino. Estado sólido no qual não há uma ordenação atômica de longo alcance. Algumas vezes, os termos *amorfo*, *vitrificado* e *vítreo* são usados como sinônimos.

normalização. Para as ligas ferrosas, é a austenitização acima da temperatura crítica superior, seguida pelo resfriamento ao ar. O objetivo deste tratamento térmico é aumentar a tenacidade por um refino do tamanho do grão.

nucleação. Estágio inicial em uma transformação de fases. É evidenciada pela formação de pequenas partículas (núcleos) da nova fase, que são capazes de crescer.

número atômico (Z). Para um elemento químico, é o número de prótons no interior do núcleo atômico.

número de coordenação. O número de vizinhos atômicos ou iônicos mais próximos.

números quânticos. Conjunto de quatro números cujos valores são usados para identificar possíveis estados eletrônicos. Três dos números quânticos são inteiros que especificam o tamanho, a forma e a orientação espacial da densidade de probabilidade de localização de um elétron; o quarto número designa a orientação do *spin* (rotação) do elétron.

O

opaco. Que é impermeável à transmissão da luz como um resultado da absorção, reflexão e/ou dispersão da luz incidente.

oxidação. Remoção de um ou mais elétrons de um átomo, íon ou molécula.

P

painel sanduíche. Tipo de compósito estrutural que consiste em duas faces externas rígidas e resistentes separadas entre si por um material leve.

paramagnetismo. Forma de magnetismo relativamente fraca que resulta do alinhamento independente de dipolos atômicos (magnéticos) com um campo magnético aplicado.

parâmetros da rede. Combinação de comprimentos de arestas de células unitárias e de ângulos interaxiais que define a geometria da célula unitária.

passividade. Perda, sob condições ambientais específicas, de reatividade química por alguns metais e ligas ativos, com frequência devido à formação de uma película protetora.

perfil de concentração. Curva que resulta quando a concentração de um componente químico é representada em função de sua posição em determinado material.

perlita. Microestrutura bifásica encontrada em alguns aços e ferros fundidos; resulta da transformação da austenita com composição eutetoide e consiste em camadas alternadas (ou *lamelas*) de ferrita α e cementita.

perlita fina. Perlita para a qual as camadas alternadas de ferrita e de cementita são relativamente finas.

perlita grosseira. Perlita para a qual as camadas alternadas de ferrita e de cementita são relativamente espessas.

permeabilidade (magnética, μ). Constante de proporcionalidade entre os campos B e H. O valor da permeabilidade do vácuo (μ_0) é de $1,257 \times 10^{-6}$ H/m.

permeabilidade magnética relativa (μ_r). Razão entre a permeabilidade magnética em determinado meio e a permeabilidade no vácuo.

permissividade (ε). Constante de proporcionalidade entre o deslocamento dielétrico D e o campo elétrico ε. O valor da permissividade ε_0 para o vácuo é de $8,85 \times 10^{-12}$ F/m.

peso atômico (A). Média ponderada das massas atômicas dos isótopos de um átomo que ocorrem naturalmente. Pode ser expresso em termos de unidades de massa atômica (em uma base atômica) ou em termos da massa por mol de átomos.

peso molecular. Soma dos pesos atômicos de todos os átomos em uma molécula.

piezelétrico. Material dielétrico no qual a polarização é induzida pela aplicação de forças externas.

pite. Forma de corrosão muito localizada onde se formam pequenos pites ou buracos, geralmente na direção vertical.

plastificante. Aditivo polimérico de baixo peso molecular que melhora a flexibilidade e a trabalhabilidade, além de reduzir a rigidez e a fragilidade, resultando em uma diminuição na temperatura de transição vítrea T_g.

plástico. Polímero orgânico sólido de alto peso molecular com alguma rigidez estrutural quando submetido a uma carga e que é empregado em aplicações de uso geral. Também pode conter aditivos, tais como cargas, plastificantes e retardantes de chamas.

polarização (corrosão). Deslocamento de um potencial de eletrodo do seu valor de equilíbrio como resultado de um fluxo de corrente.

polarização (eletrônica). Para um átomo, é o deslocamento do centro da nuvem eletrônica carregada negativamente em relação ao núcleo positivo, o qual é induzido por um campo elétrico.

polarização (iônica). Polarização resultante do deslocamento de ânions e cátions em direções opostas.

polarização (orientação). Polarização resultante do alinhamento (por rotação) de momentos dipolo elétrico permanentes com um campo elétrico aplicado.

polarização (P). O momento dipolo elétrico total por unidade de volume do material dielétrico. Também, é uma medida da contribuição ao deslocamento dielétrico total que é dada por um material dielétrico.

polarização por ativação. Condição na qual a taxa de uma reação eletroquímica é controlada pela etapa mais lenta em uma sequência de etapas que ocorrem em série.

polarização por concentração. Condição em que a taxa de uma reação eletroquímica está limitada pela taxa de difusão na solução.

policristalino. Materiais cristalinos compostos por mais de um cristal ou grão.

polietileno de ultra-alto peso molecular (PEUAPM). Polietileno que tem peso molecular extremamente elevado (de aproximadamente 4×10^6 g/mol). As características que distinguem esse material incluem alta resistência ao impacto e à abrasão e baixo coeficiente de atrito.

polimerização por adição (ou reação em cadeia). Processo pelo qual unidades monoméricas se unem, uma de cada vez, na forma de uma cadeia, para formar uma macromolécula polimérica linear.

polimerização por condensação (ou reação em etapas). Formação de macromoléculas poliméricas por uma reação intermolecular, geralmente com a produção de um subproduto de baixo peso molecular, tal como a água.

polímero. Composto de alto peso molecular (normalmente orgânico) cuja estrutura é composta por cadeias de pequenas unidades repetidas.

polímero com ligações cruzadas. Polímero no qual as cadeias moleculares lineares adjacentes estão unidas em várias posições por ligações covalentes.

polímero de alto peso molecular. Material polimérico sólido que exibe um peso molecular maior do que aproximadamente 10.000 g/mol.

polímero em rede. Polímero produzido a partir de monômeros multifuncionais que apresentam três ou mais ligações covalentes ativas, resultando na formação de moléculas tridimensionais.

polímero linear. Polímero produzido a partir de monômeros bifuncionais em que cada molécula de polímero consiste em unidades repetidas unidas extremidade a extremidade em uma única cadeia.

polímero líquido cristalino (LCP – _liquid crystal polymer_). Grupo de materiais poliméricos com moléculas longas e em forma de bastão, as quais, estruturalmente, não se enquadram nas classificações tradicionais de líquido, amorfo, cristalino ou semicristalino. No estado fundido (ou líquido), eles podem ficar alinhados em conformações altamente ordenadas (semelhantes a cristais). Esses materiais são usados em mostradores digitais e em diversas aplicações nas indústrias eletrônicas e de equipamentos médicos.

polímero ramificado. Polímero que apresenta uma estrutura molecular de cadeias secundárias que se estendem a partir das cadeias primárias principais.

polimorfismo. Habilidade de um material sólido existir em mais de uma forma ou estrutura cristalina.

ponto de amolecimento (vidro). Temperatura máxima na qual uma peça de vidro pode ser manuseada sem haver deformação permanente; isso corresponde a uma viscosidade de aproximadamente 4×10^6 Pa · s (4×10^7 P).

ponto de deformação (vidro). Temperatura máxima na qual um vidro se rompe, sem haver deformação plástica; isso corresponde a uma viscosidade de aproximadamente 3×10^{13} Pa · s (3×10^{14} P).

ponto de fusão (vidro). Temperatura na qual a viscosidade de um material vítreo é de 10 Pa · s (100 P).

ponto de operação (vidro). Temperatura na qual um vidro pode ser deformado com facilidade e que corresponde a uma viscosidade de 10^3 Pa · s (10^4 P).

ponto de recozimento (vidros). Temperatura na qual as tensões residuais em um vidro são eliminadas em aproximadamente 15 min; isso corresponde a uma viscosidade do vidro de aproximadamente 10^{12} Pa · s (10^{13} P).

porcentagem atômica (%a). Especificação da concentração com base no número de mols (ou átomos) de um elemento específico em relação ao número total de mols (ou átomos) em todos os elementos que compõem uma liga.

porcentagem em peso (%p). Especificação da concentração com base no peso (ou massa) de um elemento específico em relação ao peso (ou massa) total da liga.

posição octaédrica. Espaço vazio entre átomos ou íons, representados como esferas rígidas e compactas, para os quais existem seis vizinhos mais próximos. Um octaedro (pirâmide dupla) é circunscrito pelas linhas construídas a partir dos centros das esferas adjacentes.

posição tetraédrica. Espaço vazio entre átomos ou íons, considerados esferas rígidas e dispostos de forma compacta; para esse espaço existem quatro átomos ou íons vizinhos mais próximos.

prepreg. Reforço com fibras contínuas que foram pré-impregnadas com uma resina polimérica, que é então parcialmente curada.

primeira lei de Fick. Fluxo difusivo proporcional ao gradiente de concentração. Essa relação é empregada para os casos de difusão em regime estacionário.

princípio da ação combinada. Suposição, frequentemente válida, de que novas propriedades, melhores propriedades, melhores combinações de propriedades e/ou um maior nível de propriedades podem ser obtidos pela combinação racional de dois ou mais materiais distintos.

princípio da exclusão de Pauli. Postulado que determina que para um átomo individual um número máximo de dois elétrons, os quais possuem necessariamente _spins_ opostos, pode ocupar o mesmo estado.

produtos estruturais à base de argila. Produtos cerâmicos feitos principalmente de argila e que são utilizados em aplicações onde a integridade estrutural é importante (por exemplo, em tijolos, azulejos, tubulações).

propriedade. Característica de um material expressa em termos da resposta que é medida à imposição de um estímulo específico.

proteção catódica. Meio para a prevenção de corrosão no qual os elétrons são supridos à estrutura a ser protegida a partir de uma fonte externa, tal como outro metal mais reativo ou uma fonte de energia com corrente contínua.

Q

química molecular (polímero). Que se relaciona apenas com a composição e não com a estrutura de uma unidade repetida.

R

razão de Pilling-Bedworth (razão P-B). Razão entre o volume de óxido metálico e o volume de metal; é usada para estimar se uma incrustação que se forma protegerá um metal contra uma oxidação adicional.

reação eutetoide. Reação na qual, no resfriamento, uma fase sólida se transforma isotérmica e reversivelmente em duas novas fases sólidas que estão intimamente misturadas.

reação eutética. Reação na qual, no resfriamento, uma fase líquida se transforma isotérmica e reversivelmente em duas fases sólidas que estão intimamente misturadas.

reação peritética. Reação na qual, após o resfriamento, uma fase sólida e uma fase líquida se transformam, de maneira isotérmica e reversível, em uma fase sólida com uma composição diferente.

recozimento. Termo genérico usado para indicar um tratamento térmico em que a microestrutura e, consequentemente, as propriedades de um material são alteradas. _Recozimento_ refere-se com frequência a um tratamento térmico no qual um metal previamente trabalhado a frio é amolecido por meio de sua recristalização.

recozimento intermediário. Recozimento de produtos que foram previamente trabalhados a frio (comumente aços na forma de chapas ou de arames) abaixo da temperatura crítica inferior (temperatura eutetoide).

recozimento pleno. Para ligas ferrosas, consiste na austenitização seguida por resfriamento lento até a temperatura ambiente.

recozimento subcrítico (ou esferoidização). Para os aços, um tratamento térmico realizado normalmente a uma temperatura imediatamente abaixo da temperatura eutetoide, no qual é produzida a microestrutura da cementita globulizada.

recristalização. Formação de um novo conjunto de grãos isentos de deformação no interior de um material previamente trabalhado a frio; normalmente é necessário um tratamento térmico de recozimento.

recuperação. Alívio, geralmente por meio de um tratamento térmico, de uma parcela da energia de deformação interna de um metal previamente trabalhado a frio.

recuperação elástica. Deformação não permanente recuperada quando uma tensão mecânica é liberada.

rede. Arranjo geométrico regular de pontos no espaço cristalino.

redução. Adição de um ou mais elétrons a um átomo, íon ou molécula.

reflexão. Deflexão de um feixe de luz na interface entre dois meios.

reforço com fibras. Aumento da resistência ou reforço de um material de resistência relativamente baixa pela inserção de uma fase fibrosa, resistente, no interior da matriz pouco resistente.

reforço por dispersão. Modo para o aumento da resistência dos materiais em que partículas muito pequenas (em geral, menores que $0,1$ μm) de uma fase dura e inerte são dispersas de maneira uniforme em uma fase matriz que é submetida à carga.

refração. Desvio de um feixe de luz ao passar de um meio para outro; a velocidade da luz é diferente nos dois meios.

refratário. Metal ou cerâmica que pode ser exposto a temperaturas extremamente elevadas sem sofrer uma rápida deterioração ou se fundir.

regra da alavanca. Expressão matemática, tal como a Equação 10.1b ou a Equação 10.2b, pela qual podem ser calculadas as quantidades relativas das fases em uma liga bifásica em equilíbrio.

regra das misturas. As propriedades de uma liga multifásica ou de um material compósito são uma média ponderada (geralmente com base no volume) das propriedades de seus constituintes individuais.

regra de Matthiessen. Resistividade elétrica total de um metal igual à soma das contribuições que dependem da temperatura, das impurezas e do trabalho a frio.

remanência (indução remanescente, B_r). Para um material ferromagnético ou ferrimagnético, é a magnitude da densidade do fluxo residual que permanece quando um campo magnético é removido.

resiliência. Capacidade de um material absorver energia quando é submetido a uma deformação elástica.

resistência (ruptura) do dielétrico. Magnitude de um campo elétrico para provocar a passagem de uma corrente significativa através de um material dielétrico.

resistência à fadiga. Nível máximo de tensão que um material pode suportar, sem falhar, para um número específico de ciclos.

resistência à flexão (σ_{rf}). Tensão no momento da fratura em um ensaio de dobramento (ou de flexão).

resistência à ruptura (tração). Veja **limite de resistência à tração (*LRT*)**.

resistência específica. Razão entre o limite de resistência à tração e a massa específica de um material.

resistividade (ρ). Inverso da condutividade elétrica; uma medida da resistência de um material à passagem de uma corrente elétrica.

retardante de chamas. Aditivo polimérico que aumenta a resistência ao fogo.

revenido (vidro). Veja **revenido térmico**.

revenido térmico. Aumento da resistência de uma peça de vidro pela introdução de tensões compressivas residuais na superfície externa por um tratamento térmico apropriado.

ruptura. Falha que ocorre acompanhada de deformação plástica significativa; frequentemente associada à falha por fluência.

S

saturado. Um átomo de carbono que participa apenas de ligações covalentes simples com quatro outros átomos.

segunda lei de Fick. A taxa de variação da concentração ao longo do tempo é proporcional à segunda derivada da concentração. Essa relação é empregada para os casos de difusão em regime não estacionário.

semicondutor. Material não metálico que apresenta uma banda de valência preenchida a 0 K e um espaçamento entre as bandas de energia relativamente estreito. A condutividade elétrica à temperatura ambiente varia entre aproximadamente 10^{-6} e 10^4 $(\Omega \cdot m)^{-1}$.

semicondutor do tipo *n*. Tipo de semicondutor para o qual os elétrons são os portadores de carga predominantes, responsáveis pela condução elétrica. Normalmente, são átomos de impurezas doadoras que dão origem ao excesso de elétrons.

semicondutor do tipo *p*. Tipo de semicondutor para o qual os portadores de carga predominantes, responsáveis pela condução elétrica, são os buracos. Em geral, são átomos de impurezas receptoras de elétrons que dão origem ao excesso de buracos.

semicondutor extrínseco. Material semicondutor para o qual o comportamento elétrico é determinado por impurezas.

semicondutor intrínseco. Material semicondutor para o qual o comportamento elétrico é característico do material puro; isto é, a condutividade elétrica depende apenas da temperatura e da energia do espaçamento entre bandas.

semipilha-padrão. Pilha eletroquímica que consiste em um metal puro imerso em uma solução aquosa $1M$ dos seus íons, e que se encontra acoplada eletricamente ao eletrodo-padrão de hidrogênio.

série de potenciais de eletrodo (fem). Classificação ordenada dos elementos metálicos de acordo com seus potenciais-padrão de pilha eletroquímica.

série galvânica. Classificação ordenada de metais e ligas de acordo com suas reatividades eletroquímicas relativas na água do mar.

sindiotático. Tipo de configuração da cadeia polimérica (estereoisômero) na qual os grupos laterais alternam posições de maneira regular nos lados opostos da cadeia.

sinterização. Coalescência das partículas de um agregado pulverizado por difusão que é obtido pelo cozimento a uma temperatura elevada.

sistema. São possíveis dois significados: (1) um corpo específico de material sendo considerado, e (2) uma série de ligas possíveis formadas pelos mesmos componentes.

sistema cristalino. Modelo pelo qual as estruturas cristalinas são classificadas de acordo com a geometria da célula unitária. Essa geometria é especificada em termos das relações entre os comprimentos das arestas e dos ângulos entre os eixos. Existem sete sistemas cristalinos diferentes.

sistema de escorregamento. Combinação de um plano cristalográfico e, nesse plano, uma direção cristalográfica ao longo da qual ocorre o escorregamento (isto é, o movimento de discordâncias).

sistema microeletromecânico (MEMS – *microelectromechanical system*). Grande número de dispositivos mecânicos em miniatura que estão integrados a elementos elétricos em um substrato de silício. Os componentes mecânicos atuam como microssensores e microatuadores e estão na forma de barras, engrenagens, motores e membranas. Em resposta aos estímulos dos microssensores, os elementos elétricos tomam decisões que comandam respostas dos dispositivos de microatuação.

solda branca. Técnica para junção de metais que utiliza uma liga metálica de adição com uma temperatura de fusão menor do que aproximadamente 425 °C (800 °F).

solda brasagem. Técnica de junção de metais que emprega um metal de adição fundido com uma temperatura de fusão superior a aproximadamente 425 °C (800 °F).

soldagem. Técnica para a união de metais na qual ocorre uma verdadeira fusão das peças a serem unidas na vizinhança da ligação. Um metal de adição pode ser usado para facilitar o processo.

solução sólida intermediária. Fase ou solução sólida que tem uma faixa de composições que não se estende até qualquer um dos componentes puros do sistema.

solução sólida intersticial. Solução sólida na qual átomos de soluto relativamente pequenos ocupam posições intersticiais entre os átomos de solvente ou hospedeiros.

solução sólida substitucional. Solução sólida na qual os átomos de soluto substituem os átomos hospedeiros.

solução sólida terminal. Solução sólida que existe em uma faixa de composições que se estende até uma ou outra extremidade da composição em um diagrama de fases binário.

solução sólida. Fase cristalina homogênea que contém dois ou mais componentes químicos. São possíveis soluções sólidas tanto substitucionais quanto intersticiais.

soluto. Componente ou elemento de uma solução que está presente em menor concentração. É dissolvido no solvente.

solvente. Componente de uma solução que está presente em maior quantidade. É o componente que dissolve um soluto.

super-resfriamento. Resfriamento até abaixo de uma temperatura de transição de fases sem ocorrer a transformação.

superaquecimento. Aquecimento até acima de uma temperatura de transição de fases sem a ocorrer a transformação.

supercondutividade. Fenômeno observado em alguns materiais: o desaparecimento da resistividade elétrica em temperaturas próximas a 0 K.

superenvelhecimento. Durante o endurecimento por precipitação, o envelhecimento ultrapassa o ponto em que a resistência e a dureza atingem o máximo.

suscetibilidade magnética (χ_m). Constante de proporcionalidade entre a magnetização M e a força do campo magnético H.

T

tabela periódica. Arranjo dos elementos químicos em ordem crescente de número atômico de acordo com a variação periódica na estrutura eletrônica. Os elementos não metálicos estão posicionados na extremidade direita da tabela.

tamanho do grão. Diâmetro médio do grão, conforme determinado a partir de uma seção transversal aleatória.

taxa de penetração da corrosão (TPC). Perda da espessura de um material por unidade de tempo como resultado de corrosão; geralmente expressa em termos de mils (milésimos de polegada) por ano ou de milímetros por ano.

taxa de transformação. Inverso do tempo necessário para que uma reação atinja metade da sua conclusão.

temperabilidade. Medida da profundidade até a qual uma liga ferrosa específica pode ser endurecida pela formação de martensita como o resultado de uma têmpera a partir de uma temperatura acima da temperatura crítica superior.

temperatura crítica inferior. Para um aço, é a temperatura abaixo da qual, sob condições de equilíbrio, toda a austenita se transformou nas fases ferrita e cementita.

temperatura crítica superior. Para um aço, é a temperatura mínima acima da qual, sob condições de equilíbrio, apenas a austenita está presente.

temperatura de Curie (T_c). Temperatura acima da qual um material ferromagnético ou ferrimagnético se torna paramagnético.

temperatura de fusão. A temperatura na qual, após o aquecimento, uma fase sólida (e cristalina) se transforma em um líquido.

temperatura de recristalização. Para uma liga específica, é a temperatura mínima na qual ocorre recristalização completa em aproximadamente 1 h.

temperatura de transição vítrea (T_g). Temperatura na qual, no resfriamento, uma cerâmica ou um polímero não cristalino se transforma de um líquido super-resfriado em um vidro rígido.

tenacidade. Característica mecânica que pode ser expressa em três contextos: (1) a medida da resistência de um material à fratura quando uma trinca (ou outro defeito concentrador de tensões) está presente; (2) a habilidade de um material em absorver energia e se deformar plasticamente antes de fraturar; e (3) para determinado material, a área total sob a curva tensão de engenharia-deformação de engenharia em tração até a fratura.

tenacidade à fratura (K_c). Medida da resistência à fratura de um material quando uma trinca está presente.

tenacidade à fratura em deformação plana (K_{Ic}). Para a condição de deformação plana, é a medida da resistência de um material à fratura quando uma trinca está presente.

tensão admissível (σ_t). Tensão usada para fins de projeto; para os metais dúcteis, é o limite de escoamento dividido por um fator de segurança.

tensão cisalhante (τ). A carga de cisalhamento instantânea aplicada dividida pela área de seção transversal original sobre a qual ela está sendo aplicada.

tensão cisalhante rebatida. Componente cisalhante de uma tensão de tração ou de compressão aplicada e rebatida em um plano específico e em uma direção específica nesse plano.

tensão cisalhante rebatida crítica (τ_{tcrc}). Tensão cisalhante necessária para iniciar o escorregamento, rebatida no plano e na direção do escorregamento.

tensão de engenharia. Veja **tensão, engenharia (σ)**.

tensão de projeto (σ_p). Produto do nível de tensão calculado (com base na carga máxima estimada) e um fator de projeto (que apresenta um valor maior do que a unidade). Usada para proteger o material contra uma falha não prevista.

tensão residual. Tensão que persiste em um material livre de forças externas ou de gradientes de temperatura.

tensão térmica. Tensão residual introduzida em um corpo e que resulta de uma mudança na temperatura.

tensão verdadeira (σ_V). Carga instantânea aplicada dividida pela área da seção transversal instantânea de um corpo de prova.

tensão, engenharia (σ). Carga instantânea aplicada a uma amostra dividida pela sua área de seção transversal antes de ocorrer qualquer deformação.

tensão, verdadeira. Veja **tensão verdadeira (σ_V)**.

termofixo (polímero). Material polimérico que, uma vez curado (ou endurecido) por uma reação química, não amolece nem derrete quando posteriormente aquecido.

termoplástico (polímero). Material polimérico semicristalino que amolece quando aquecido e endurece quando resfriado. Enquanto está no estado amolecido, pode ser conformado por moldagem ou extrusão.

trabalho a frio. Deformação plástica de um metal a uma temperatura abaixo daquela na qual ele se recristaliza.

trans. Para polímeros, é um prefixo que representa um tipo de estrutura molecular. Para alguns átomos de carbono insaturados ao longo da cadeia e em uma unidade repetida, um único átomo ou grupo lateral pode estar localizado de um lado da ligação dupla ou em uma posição diretamente oposta a essa, em uma rotação de 180°. Em uma estrutura trans, dois desses grupos laterais na mesma unidade repetida estão localizados em lados opostos da ligação dupla (por exemplo, *trans*-isopreno).

transformação atérmica. Reação que não é ativada termicamente e que acontece geralmente sem difusão, como é o caso da transformação martensítica. Normalmente, a transformação ocorre com grande velocidade (ou seja, é independente do tempo) e a extensão da reação depende da temperatura.

transformação congruente. Transformação de uma fase em outra com a mesma composição.

transformação de fases. Mudança na quantidade e/ou na natureza das fases que constituem a microestrutura de uma liga.

transformação termicamente ativada. Reação que depende de flutuações térmicas dos átomos; os átomos que têm energias maiores do que determinada energia de ativação reagem ou se transformam espontaneamente.

transição dúctil-frágil. Transição de um comportamento dúctil para frágil com a diminuição na temperatura, exibida por alguns aços de baixa resistência (CCC); a faixa de temperaturas ao longo da qual ocorre a transição é determinada por ensaios de impacto Charpy e Izod.

transistor de junção. Dispositivo semicondutor composto de junções *n-p-n* ou *p-n-p* apropriadamente direcionadas, usado para amplificar um sinal elétrico.

translúcido. Que tem a propriedade de transmitir luz, porém somente de forma difusa; os objetos vistos através de um meio translúcido não podem ser distinguidos com clareza.

transparente. Que tem a propriedade de transmitir luz com relativamente pouca absorção, reflexão e espalhamento, de modo que os objetos vistos através de um meio transparente podem ser facilmente distinguidos.

tratamento térmico de precipitação. Tratamento térmico usado para precipitar uma nova fase a partir de uma solução sólida supersaturada. No endurecimento por precipitação, esse tratamento é denominado *envelhecimento artificial*.

tratamento térmico de solubilização. Processo usado para formar uma solução sólida pela dissolução das partículas de precipitado. Com frequência, a solução sólida está supersaturada e é metaestável nas condições ambientes, como resultado de um resfriamento rápido a partir de uma temperatura elevada.

trifuncional. Designa monômeros que podem reagir para formar três ligações covalentes com outros monômeros.

U

unidade de massa atômica (uma). Medida da massa atômica; corresponde a 1/12 da massa de um átomo de C^{12}.

unidade repetida. A unidade estrutural mais fundamental em uma cadeia polimérica. Uma molécula polimérica é composta por um grande número de unidades repetidas que estão ligadas entre si.

V

vetor de Burgers (b). Vetor que representa a magnitude e a direção da distorção da rede cristalina associada a uma discordância.

vibração atômica. Vibração de um átomo ao redor de sua posição normal em uma substância.

vida em fadiga (N_f). Número total de ciclos de tensão que causa uma falha por fadiga em alguma amplitude de tensão específica.

vidrocerâmica. Material cerâmico cristalino formado por grãos finos conformado como um vidro e subsequentemente cristalizado.

viscoelasticidade. Tipo de deformação que exibe as características mecânicas de escoamento viscoso e deformação elástica.

viscosidade (η). Razão entre a magnitude da tensão cisalhante aplicada e o gradiente de velocidade que ela produz – ou seja, uma medida da resistência de um material não cristalino a uma deformação permanente.

vitrificação. Durante o processo de cozimento de uma peça cerâmica, é a formação de uma fase líquida que, no resfriamento, torna-se uma matriz vítrea de ligação.

vulcanização. Reação química não reversível que envolve o enxofre ou outro agente adequado, onde são formadas ligações cruzadas entre as cadeias moleculares nas borrachas. O módulo de elasticidade e a resistência das borrachas são aumentados com a vulcanização.

W

whisker (uísquer). Monocristal muito fino, de elevado grau de perfeição e que tem uma razão comprimento/diâmetro extremamente grande. Os uísqueres são usados como a fase de reforço em alguns compósitos.

Respostas dos Problemas Selecionados

Capítulo 2

2.3 $\bar{A}_{Zn} = 65,40$ uma

2.5 **(a)** $1,66 \times 10^{-24}$ g/uma;
(b) $2,73 \times 10^{26}$ átomos/lb · mol

2.9 P^{5+}: $1s^2 2s^2 2p^6$;
I^-: $1s^2 2s^2 2p^6 3s^2 3p^6 3d^{10} 4s^2 4p^6 4d^{10} 5s^2 5p^6$

2.16 **(a)** $F_A = 1,10 \times 10^{-8}$ N

2.18 $r_0 = \left(\dfrac{A}{nB}\right)^{1/(1-n)}$

$$E_0 = -\dfrac{A}{\left(\dfrac{A}{nB}\right)^{1/(1-n)}} + \dfrac{B}{\left(\dfrac{A}{nB}\right)^{n/(1-n)}}$$

2.19 **(c)** $r_0 = 0,236$ nm; $E_0 = -5,32$ eV

2.25 73,4 %CI para MgO; 14,8 % CI para CdS

2.1FE (A) $1s^2 2s^2 2p^6 3s^2 3p^6$

Capítulo 3

3.2 $V_C = 1,213 \times 10^{-28}$ m³

3.7 $\rho_{Mo} = 10,22$ g/cm³

3.9 $R = 0,138$ nm

3.12 **(a)** $V_C = 1,06 \times 10^{-28}$ m³;
(b) $a = 0,296$ nm, $c = 0,468$ nm

3.16 Metal B: cúbico simples

3.18 **(a)** $n = 4$ átomos/célula unitária; **(b)** $\rho = 7,31$ g/cm³

3.21 $V_C = 6,64 \times 10^{-2}$ nm³

3.26 **(a)** Cloreto de sódio; **(d)** Cloreto de césio

3.28 FEA = 0,79

3.29 FEA = 0,84

3.30 FEA = 0,68

3.32 **(a)** $a = 0,437$ nm; **(b)** $a = 0,434$ nm

3.34 **(a)** $\rho = 4,21$ g/cm³

3.36 Cloreto de sódio e blenda de zinco

3.41 **(a)** ρ (calculada) $= 4,11$ g/cm³; **(b)** ρ (medida) $= 4,10$ g/cm³

3.46 000, 100, 110, 010, 001, 101, 111, 011,
$\frac{1}{2}\frac{1}{2}0, \frac{1}{2}\frac{1}{2}1, 1\frac{1}{2}\frac{1}{2}, 0\frac{1}{2}\frac{1}{2}, \frac{1}{2}0\frac{1}{2}$ e $\frac{1}{2}1\frac{1}{2}$

3.55 Direção 1: $[2\bar{1}2]$

3.57 Direção A: $[\bar{1}10]$; Direção C: $[0\bar{1}2]$

3.58 Direção B: $[\bar{4}0\bar{3}]$; Direção D: $[\bar{1}1\bar{1}]$

3.59 **(a)** [110]

3.61 **(b)** $[\bar{1}00]$, [010] e $[0\bar{1}0]$

3.63 **(a)** $[\bar{1}1\bar{2}3]$

3.68 Plano A: $(11\bar{1})$ ou $(\bar{1}\bar{1}1)$

3.69 Plano B: (122)

3.70 Plano B: $(02\bar{1})$

3.71 **(c)** $[\bar{1}10]$ ou $[1\bar{1}0]$

3.74 **(a)** (100) e $(0\bar{1}0)$

3.78 **(a)** $(0\bar{1}10)$

3.80 **(a)** $DL_{100} = \dfrac{1}{2R\sqrt{2}}$

3.81 **(b)** $DL_{111}(Fe) = 4,03 \times 10^9$ m⁻¹

3.82 **(a)** $DP_{111} = \dfrac{1}{2R^2\sqrt{3}}$

3.83 **(b)** $DP_{110}(Mo) = 1,434 \times 10^{19}$ m⁻²

3.85 **(a)** CFC; **(b)** tetraédricas; **(c)** metade

3.87 **(a)** tetraédrico; **(b)** metade

3.92 $d_{111} = 0,1655$ nm

3.93 $2\theta = 45,88°$

3.96 **(a)** $d_{211} = 0,1348$ nm; **(b)** $R = 0,1429$ nm

3.99 $d_{110} = 0,2244$ nm, $d_{200} = 0,1580$ nm, $R = 0,1370$ nm

3.101 **(a)** CFC

3.1FE (A) $R = 0,122$ nm

3.3FE (C) $\rho = 1,75$ g/cm³

3.5FE (D) plano (102)

Capítulo 4

4.3 $GP = 4800$

4.5 **(a)** $\bar{M}_n = 49.800$ g/mol; **(c)** $GP = 498$

4.8 **(a)** $C_{Cl} = 29,0$ %p

4.9 $L = 2682$ nm; $r = 22,5$ nm

4.16 9333 unidades repetidas tanto de acrilonitrila quanto de butadieno

4.18 Cloreto de vinila

4.21 f(estireno) $= 0,32$, f(butadieno) $= 0,68$

4.25 **(a)** $\rho_a = 1,300$ g/cm³, $\rho_c = 1,450$ g/cm³;
(b) % cristalinidade $= 57,4$ %

4.2FE (C) densidade do polímero cristalino > densidade do polímero amorfo

Capítulo 5

5.3 **(a)** $N_f/N = 4,56 \times 10^{-4}$

5.5 $Q_l = 1,40$ eV/átomo

5.13 FeO e CoO

5.14 **(a)** Lacuna de Li^+; uma lacuna de Li^+ para cada Ca^{2+} adicionado

5.18 **(a)** $r = 0,414R$

5.20 **(a)** $r = 0,051$ nm

5.23 $C'_{Ag} = 87,9$ %a; $C'_{Cu} = 12,1$ %a

5.25 $C_{Cu} = 1,68$ %p; $C_{Pt} = 98,32$ %p

5.27 $C'_{Cu} = 41,9$ %a; $C'_{Zn} = 58,1$ %a

5.30 $N_{Pb} = 3,30 \times 10^{28}$ átomos/m^3

5.32 $C''_{Si} = 19,6$ kg/m^3

5.35 $a = 0,405$ nm

5.38 $N_{Mo} = 1,73 \times 10^{22}$ átomos/cm^3

5.40 $\dfrac{N_C}{N_S} = 1,55 \times 10^{-3}$

5.42 $N_{Al} = 4,99 \times 10^{15}$ átomos/m^3

5.45 $C_{Ge} = 11,7$ %p

5.47 $a = 0,289$ nm

5.55 **(a)** $d \cong 0,066$ mm

5.57 **(b)** $N_M = 320.000$ grãos/in^2

5.59 $G = 4,8$

5.61 **(a)** $\bar{\ell} = 0,072$ mm; **(b)** $G = 4,26$

5.P1 $C_{Li} = 2,38$ %p

5.2FE (A) 2,6 %a Pb e 97,4 %a Sn

Capítulo 6

6.4 Família de direções $\langle 110 \rangle$

6.8 $M = 4,1 \times 10^{-3}$ kg/h

6.10 $D = 2,3 \times 10^{-11}$ m^2/s

6.13 $t = 31,3$ h

6.17 $x = 0,697$ μm

6.19 $t = 135$ h

6.21 $D = 9,64 \times 10^{-15}$ m^2/s

6.23 $T = 901$ K (628 °C)

6.27 **(a)** $Q_d = 315.700$ J/mol, $D_0 = 3,5 \times 10^{-4}$ m^2/s; **(b)** $D = 1,1 \times 10^{-14}$ m^2/s

6.29 $Q_d = 212.200$ J/mol, $D_0 = 2,65 \times 10^{-4}$ m^2/s

6.32 $T = 884$ K (611 °C)

6.35 **(b)** $t = 1,08$ h

6.37 $x = 15,1$ mm

6.40 $t = 4,61$ min

6.43 **(a)** $Q_0 = 3,63 \times 10^{17}$ átomos/m^2 **(c)** $x = 0,343$ μm

6.P1 Não é possível

6.P5 $t_d = 0,94$ h

6.2FE (C) $D = 4,7 \times 10^{-13}$ m^2/s

Capítulo 7

7.4 $l_0 = 475$ mm (18,7 in)

7.7 **(a)** $F = 44.850$ N (10.000 lb$_f$); **(b)** $l = 76,25$ mm (3,01 in)

7.9 **(a)** E(liga de titânio) = 100,5 GPa

7.10 $\Delta l = 0,43$ mm (0,017 in)

7.13 $\left(\dfrac{dF}{dr} \right)_{r_0} = -\dfrac{2A}{\left(\dfrac{A}{nB} \right)^{3/(1-n)}} + \dfrac{(n)(n+1)B}{\left(\dfrac{A}{nB} \right)^{(n+2)/(1-n)}}$

7.15 **(a)** $\Delta l = 0,325$ mm (0,013 in); **(b)** $\Delta d = -5,9 \times 10^{-3}$ mm ($-2,3 \times 10^{-4}$ in), diminui

7.16 $F = 7.800$ N (1.785 lb$_f$)

7.17 $v = 0,367$

7.19 $E = 100$ GPa (14,7 $\times 10^6$ psi)

7.23 **(a)** $\Delta l = 0,15$ mm (6,0 $\times 10^{-3}$ in); **(b)** $\Delta d = -5,25 \times 10^{-3}$ mm ($-2,05 \times 10^{-4}$ in)

7.25 Aço e latão

7.28 **(a)** Tanto elástico quanto plástico;

(b) $\Delta l = 8,5$ mm (0,34 in)

7.30 **(b)** $E = 200$ GPa (29 $\times 10^6$ psi); **(c)** $\sigma_l = 750$ MPa (112.000 psi); **(d)** $LRT = 1250$ MPa (180.000 psi); **(e)** %AL = 11,2 %; **(f)** $U_r = 1,40 \times 10^6$ J/m^3 (210 in · lb$_f$/in^3)

7.32 **(b)** Níquel e aço

7.34 **(a)** $\sigma_l = 1450$ MPa **(c)** Ductilidade = 14,0 %AL

7.36 **(a)** $\sigma_l = 225$ MPa **(b)** $LRT = 275$ MPa

7.38 Figura 7.12: $U_r = 3,32 \times 10^5$ J/m^3 (48,2 in · lb$_f$/in^3)

7.39 U_r(alumínio) = 5,48 $\times 10^5$ J/m^3 (80,0 in · lb$_f$/in^3)

7.40 $\sigma_l = 926$ MPa (134.000 psi)

7.45 $\varepsilon_V = 0,311$

7.47 $\sigma_V = 460$ MPa (66.400 psi)

7.49 Tenacidade = 7,33 $\times 10^8$ J/m^3 (1,07 $\times 10^5$ in · lb$_f$/in^3)

7.51 $n = 0,245$

7.53 **(a)** ε (elástico) = 0,0087, ε (plástico) = 0,0113; **(b)** $l_i = 616,9$ mm (24,26 in)

7.55 $R = 9,1$ mm (0,36 in)

7.56 $F_f = 17.200$ N (3870 lb$_f$)

7.58 **(a)** $E_0 = 265$ GPa (38,6 $\times 10^6$ psi); **(b)** $E = 195$ GPa (28,4 $\times 10^6$ psi)

7.60 **(b)** $P = 0,144$

7.67 $E_r(10) = 3,66$ MPa (522 psi)

7.73 **(a)** HK = 710 **(b)** $P = 0,880$ kg

7.75 **(a)** 125 HB (85 HRB)

7.78 $\overline{HRG}$ = 48,4 HRG, $s = 1,95$ HRG

7.81 Figura 7.12: $\sigma_t = 125$ MPa (18.000 psi)

7.P2 t (aço comum) = 6,02 mm Custo (aço comum) = US\$ 30,10

7.P3 **(a)** $\Delta x = 3,66$ mm; **(b)** $\sigma = 22,0$ MPa

7.2FE (A) $\varepsilon = 0,00116$

7.4FE (D) diminuição na largura de 2,18 $\times 10^{-6}$ m

Capítulo 8

8.9 Cu: $|\mathbf{b}| = 0,2556$ nm

8.11 $\cos \lambda \cos \phi = 0,490$

8.13 **(b)** $\tau_{tcrc} = 0,91$ MPa (130 psi)

8.14 $\tau_{tcrc} = 5,68$ MPa (825 psi)

8.15 Para (111)-[1$\bar{1}$0]: $\sigma_l = 1,22$ MPa

8.17 $\sigma_l = 8,82$ MPa

8.25 $d = 4,34 \times 10^{-3}$ mm

8.26 $d = 6,94 \times 10^{-3}$ mm

8.29 $r_d = 8,80$ mm

8.31 $r_0 = 7,2$ mm (0,280 in)

8.33 $\tau_{tcrc} = 6,28$ MPa (910 psi)

8.38 **(a)** $t \cong 3000$ min

8.40 $t = 1110$ min

8.41 **(b)** $d = 0,109$ mm

8.44 $\sigma_l = 124$ MPa (18.000 psi)

8.51 $LRT = 112,5$ MPa

8.59 Fração de sítios com ligações cruzadas = 0,174

8.61 Fração de sítios de unidades repetidas com ligações cruzadas = 0,352

8.P1 É possível

8.P4 Latão

8.P6 Trabalho a frio até 27 %TF [até $d'_0 \cong 8,9$ mm (0,35 in)], recozimento, e então trabalho a frio para produzir um diâmetro final de 7,6 mm (0,30 in).

8.1FE (A) maior limite de resistência à tração e menor ductilidade

Capítulo 9

9.1 $\sigma_m = 2800$ MPa (400.000 psi)

9.3 $\sigma_c = 33,6$ MPa

9.6 A fratura vai ocorrer

9.8 $a_c = 1,08$ mm

9.10 $2a_c = 4,1$ mm (0,16 in)

9.11 Está sujeito a detecção, uma vez que $a \geq 3,0$ mm

9.14 $\rho_t = 4,1$ nm

9.17 **(b)** –100 °C; **(c)** –110 °C

9.20 **(a)** $\sigma_{máx} = 280$ MPa (40.000 psi), $\sigma_{mín} = -140$ MPa (–20.000 psi); **(b)** $R = -0,50$; **(c)** $\sigma_i = 420$ MPa (60.000 psi)

9.21 $F_{máx} = 297$ N

9.24 $N_f \cong 3 \times 10^6$ ciclos

9.26 **(b)** $T = 100$ MPa; **(c)** $N_f \cong 6 \times 10^5$ ciclos

9.27 **(a)** $\tau = 74$ MPa; **(c)** $\tau = 115$ MPa

9.29 **(a)** $t = 30$ min; **(c)** $t = 27,8$ h

9.36 $\Delta\varepsilon/\Delta t = 3,2 \times 10^{-2}$ min^{-1}

9.37 $\Delta l = 41,5$ mm (1,64 in)

9.39 $d_0 = 17,2$ mm

9.41 $t_r = 2000$ h

9.44 650 °C: $n = 10,2$

9.45 **(a)** $Q_f = 442.800$ J/mol

9.46 $\sigma = 59,4$ MPa

9.48 $\dot{\varepsilon}_s = 4,31 \times 10^{-2}$ (h)$^{-1}$

9.P4 Mais barato: aço 4340

9.P6 $T = 1210$ K (937 °C)

9.P8 Para 1 ano: $\sigma = 150$ MPa (21.750 psi)

9.2FE (B) Frágil

9.4FE (D) $d_0 = 13,7$ mm

Capítulo 10

10.1 **(a)** $m_s = 2846$ g; **(b)** $C_L = 64$ %p açúcar; **(c)** $m_s = 1068$ g

10.5 **(b)** A pressão deve ser reduzida até aproximadamente 0,003 atm

10.8 $m_{Ni} = 1,32$ kg

10.10 **(a)** $\alpha + \beta$; $C_\alpha = 5$ %p Sn-95 %p Pb, $C_\beta \cong 98$ %p Sn-2 %p Pb; **(c)** $\beta + L$; $C_\beta = 92$ %p Ag-8 %p Cu, $C_L = 77$ %p Ag-23 %p Cu; **(e)** α; $C_\alpha = 8,2$ %p Sn-91,8 %p Pb **(g)** $L + Mg_2Pb$; $C_L = 94$ %p Pb-6 %p Mg, $C_{Mg2Pb} = 81$ %p Pb-19 %p Mg

10.11 É possível; $T \cong 800$ °C

10.14 **(a)** $T = 1320$ °C; **(b)** $C_\alpha = 62$ %p Ni-38 %p Cu; **(c)** $T = 1270$ °C; **(d)** $C_L = 37$ %p Ni-63 %p Cu

10.17 **(a)** $W_\alpha = 0,89$, $W_\beta = 0,11$; **(c)** $W_\beta = 0,53$, $W_L = 0,47$;

(e) $W_\alpha = 1,0$; **(g)** $W_L = 0,92$, $W_{Mg_2Pb} = 0,08$

10.18 **(a)** $T = 280$ °C (535 °F)

10.20 $m_{Cu} = 3,75$ kg

10.22 **(a)** $T \cong 540$ °C (1000 °F); **(b)** $C_\alpha = 26$ %p Pb; $C_L = 54$ %p Pb

10.24 $C_\alpha = 88,3$ %p A-11,7 %p B; $C_\beta = 5,0$ %p A-95,0 %p B

10.26 É possível a $T \cong 800$ °C

10.29 **(a)** $V_\alpha = 0,84$, $V_\beta = 0,16$

10.36 Não é possível, pois C_0 diferente é necessário para cada situação

10.39 $C_0 = 25,2$ %p Ag-74,8 %p Cu

10.40 $C_0 = 77,1$ %p Pb

10.42 Os esboços esquemáticos das microestruturas pedidas estão mostrados aqui.

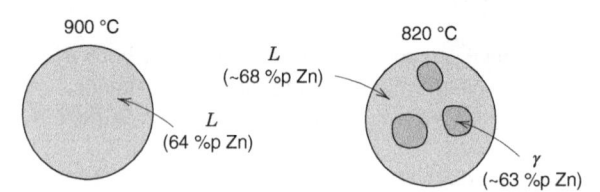

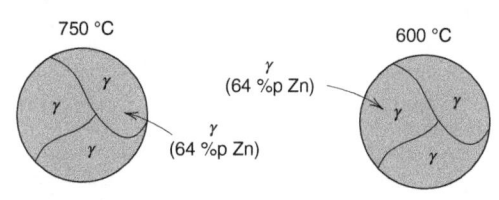

10.49 Ti_3Au

10.52 Eutéticos: (1) 10 %p Au, 217 °C, $L \rightarrow \alpha + \beta$; (2) 80 %p Au, 280 °C, $L \rightarrow \delta + \zeta$; Ponto de fusão congruente: 62,5 %p Au, 418 °C, $L \rightarrow \delta$ Peritéticos: (1) 30 %p Au, 252 °C, $L + \gamma \rightarrow \beta$; (2) 45 %p Au, 309 °C, $L + \delta \rightarrow \gamma$; (3) 92 %p Au, 490 °C, $L + \eta \rightarrow \zeta$. Não existem eutetoides presentes.

10.56 **(a)** 8,1 % de lacunas de Mg^{2+}

10.57 **(a)** $C = 45,9$ %p Al_2O_3-54,1 %p SiO_2

10.58 Para o ponto A, $F = 2$

10.62 $C'_0 = 0,69$ %p C

10.65 **(a)** ferrita α; **(b)** 5,62 kg de ferrita, 0,38 kg de Fe_3C; **(c)** 2,52 kg de ferrita proeutetoide, 3,47 kg de perlita

10.70 $C'_0 = 0,63$ %p C

10.72 $C'_1 = 1,41$ %p C

10.75 Não é possível; $C_0 \neq C'_0$

10.78 $W_{Fe3C''} = 0,108$

10.79 Duas respostas são possíveis: $C_0 = 0,84$ %p C e 0,75 %p C

10.82 HB (liga) = 141

10.84 **(a)** T (eutetoide) = 700 °C (1290 °F); **(b)** ferrita; **(c)** $W_{\alpha'} = 0,20$, $W_p = 0,80$

10.1FE (D) Todos os itens acima

10.4FE (A) $\alpha = 17$ %p Sn-83 %p Pb; $L = 55,7$ %p Sn-44,3 %p Pb

Capítulo 11

11.3 $r^* = 1,10$ nm

11.6 $t = 500$ s

11.8 taxa $= 8,76 \times 10^{-3}$ min^{-1}

11.11 $y = 0,65$

11.12 **(c)** $t \cong 250$ dias

11.16 **(b)** 200 HB (93 HRB)

11.19 **(a)** 100 % bainita; **(d)** 100 % cementita globulizada; **(e)** 100 % martensita revenida; **(g)** 100 % perlita fina;

11.21 **(a)** martensita; **(c)** bainita; **(e)** cementita, perlita média, bainita e martensita; **(g)** cementita proeutetoide, perlita e martensita

11.24 **(a)** perlita grosseira

11.28 **(a)** ferrita proeutetoide e perlita; **(c)** martensita e bainita

11.37 **(d)** 180 HB, 67 %RA; **(g)** 350 HB, 36 %RA

11.39 **(b)** $LRT = 932$ MPa (135.000 psi); ductilidade = 20 %RA

11.P1 Sim; perlita grosseira

11.P3 (c) 380 °C

11.P5 Sim; uma liga com uma concentração de carbono de pelo menos 0,80 %p que tenha sido termicamente tratada para ter uma microestrutura de cementita globulizada.

11.P8 Revenido entre 300 °C e 400 °C (570 °F e 750 °F) durante 1 h

11.P10 Não é possível

11.P12 Aquecer por aproximadamente 0,4 h a 204 °C, ou entre 10 e 20 h a 149 °C

11.2FE (B); C > D > B > A

Capítulo 12

12.2 $d = 1,29$ mm

12.5 **(a)** $R = 6,70 \times 10^{-3}$ Ω; **(b)** $I = 6,0$ A; **(c)** $J = 3,06 \times 10^5$ A/m^2; **(d)** $\mathcal{E} = 8,0 \times 10^{-3}$ V/m

12.11 **(a)** $n = 1,98 \times 10^{29}$ m^{-3}; **(b)** 3,28 elétrons livres/átomo

12.14 **(a)** $\rho_0 = 1,58 \times 10^{-8}$ Ω · m, $a = 6,5 \times 10^{-11}$ (Ω · m)/°C; **(b)** $A = 1,18 \times 10^{-6}$ Ω · m; **(c)** $\rho = 5,24 \times 10^{-8}$ Ω · m

12.16 $\sigma = 5,56 \times 10^6$ (Ω · m)$^{-1}$

12.18 **(a)** Para o Si, ~2 × 10^{-12} elétron/átomo; para o Ge, ~9 × 10^{-10} elétron/átomo

12.25 $\sigma = 0,028$ (Ω · m)$^{-1}$

12.29 **(a)** $n = 1,46 \times 10^{22}$ m^{-3}; **(b)** extrínseco do tipo p

12.31 $\mu_e = 0,495$ m^2/V · s; $\mu_b = 0,144$ m^2/V · s

12.33 $\sigma = 94,4$ (Ω · m)$^{-1}$

12.37 $\sigma = 1040$ (Ω · m)$^{-1}$

12.39 $\sigma = 128$ (Ω · m)$^{-1}$

12.42 $B_z = 0,735$ tesla

12.49 $l = 3,36$ mm

12.53 $p_i = 3,84 \times 10^{-30}$ C · m

12.55 **(a)** $V = 39,7$ V; **(b)** $V = 139$ V; **(e)** $P = 2,20 \times 10^{-7}$ C/m^2

12.58 Fração de ε_r devido a $P_i = 0,67$

12.P2 $\sigma = 2,60 \times 10^7$ (Ω · m)$^{-1}$

12.P3 Não é possível

12.1FE (C) $R = 9,14 \times 10^{-3}$ Ω

12.4FE (D) No espaçamento entre bandas, imediatamente abaixo da parte inferior da banda de condução

12.5FE (B) $p = 7,42 \times 10^{24}$ m^{-3}

Capítulo 13

13.4 $V_{Gr} = 8,1$ %vol

13.16 **(a)** $T = 2200$ °C (4030 °F)

13.18 **(a)** $W_L = 0,73$

13.19 $T \cong 2800$ °C; MgO puro

13.P4 titânio, alumínio, aço, latão

13.2FE (D) Tanto perlita quanto ferrita

Capítulo 14

14.9 **(a)** Pelo menos 915 °C (1680 °F)

14.10 **(b)** 750 °C (1380 °F)

14.22 **(b)** $Q_{vis} = 212.700$ J/mol

14.36 **(a)** m(etilenoglicol) = 6,39 kg; **(b)** m[poli(etileno tereftalato)] = 19,79 kg

14.P2 **(b)** Liga 8660

14.P5 Diâmetro máximo = 50 mm (2 in)

14.P6 Diâmetro máximo = 95 mm (3,75 in)

14.P8 Não é possível

14.1FE (B) Temperatura de recristalização

14.3FE (A) Composição do aço

14.4FE (D) Alumina (Al$_2$O$_3$) e sílica (SiO$_2$)

14.5FE (A) Temperaturas de transição vítrea

Capítulo 15

15.2 $k_{máx} = 31,0$ W/m · K; $k_{mín} = 28,7$ W/m · K

15.6 $\tau_c = 43,1$ MPa

15.9 Não é possível

15.10 $E_f = 104$ GPa (15 × 10^6 psi); $E_m = 2,6$ GPa (3,77 × 10^5 psi)

15.13 **(a)** $F_f/F_m = 44,7$; **(b)** $F_f = 52.232$ N (11.737 lb$_f$), $F_m = 1168$ N (263 lb$_f$); **(c)** $\sigma_f = 242$ MPa (34.520 psi); $\sigma_m = 4,4$ MPa (641 psi); **(d)** $\varepsilon = 1,84 \times 10^{-3}$

15.15 $\sigma_{cl}^* = 905$ MPa (130.700 psi)

15.17 $\sigma_{cd}^* = 822$ MPa (117.800 psi)

15.26 **(b)** $E_{cl} = 59,7$ GPa (8,67 × 10^6 psi)

15.P2 Carbono (PAN com módulo-padrão)

15.P3 É possível

15.1FE (D) 171 GPa

15.3FE (C) Tenacidade à fratura

Capítulo 16

16.4 **(a)** $\Delta V = 0,011$ V; **(b)** $Sn^{2+} + Pb \rightarrow Sn + Pb^{2+}$

16.6 $[Cu^{2+}] = 0,784$ M

16.11 $t = 5,27$ anos

16.14 TPC = 36,5 mpa

16.17 **(a)** $r = 4,56 \times 10^{-12}$ mol/cm^2 · s; **(b)** $V_C = -0,0167$ V

16.28 Mg: razão P-B = 0,81; não protetora

16.30 **(a)** Cinética parabólica; **(b)** $W = 3,78$ mg/cm^2

16.2FE (C) $\Delta V = +0,12$ V

16.4FE (A) Aumento do grau de ligações cruzadas, aumento do peso molecular e aumento do grau de cristalinidade.

Capítulo 17

17.2 $T_f = 65,1$ °C (149,2 °F)

17.4 **(a)** $c_v = 47,8$ J/kg · K; **(b)** $c_v = 392$ J/kg · K

17.7 $\Delta l = -12,5$ mm ($-0,50$ in)

17.13 $T_f = 247,4$ °C

17.14 **(b)** $dQ/dt = 2,88 \times 10^9$ J/h ($2,73 \times 10^6$ Btu/h)

17.21 k(superior) $= 29,3$ W/m · K

17.25 **(a)** $\sigma = -136$ MPa (-19.600 psi); compressão

17.26 $T_f = 41,3$ °C (105 °F)

17.27 $\Delta d = 0,0375$ mm

17.P1 $T_f = 41,8$ °C ($106,8$ °F)

17.P4 Vidro de cal de soda: $\Delta T_f = 111$ °C

17.2FE (B) $7,92 \times 10^{-6}$ (°C)$^{-1}$

17.3FE (C)
Alta resistência à fratura
Alta condutividade térmica
Baixo módulo de elasticidade
Baixo coeficiente de expansão térmica

Capítulo 18

18.1 **(a)** $H = 24.000$ A · espiras/m;
(b) $B_0 = 3,0168 \times 10^{-2}$ tesla;
(c) $B = 3,0177 \times 10^{-2}$ tesla;

(d) $M = 7,51$ A/m

18.5 **(a)** $\mu = 1,26 \times 10^{-6}$ H/m;
(b) $\chi_m = 2,387 \times 10^{-3}$

18.7 **(a)** $M_s = 1,73 \times 10^6$ A/m

18.13 $1,07$ magnéton de Bohr/íon Cu^{2+}

18.19 **(b)** $\mu_i \cong 2,5 \times 10^{-4}$ H/m, $\mu_{ri} = 200$;
(c) μ(máx) $\cong 3,0 \times 10^{-2}$ H/m

18.21 **(b)** (i) $\mu = 3,36 \times 10^{-2}$ H/m, (iii) $\chi_m \cong 26.729$

18.25 $M_s = 1,58 \times 10^6$ A/m

18.28 **(a)** 2,5 K: $H_C = 5,62 \times 10^4$ A/m; **(b)** 6,29 K

18.1FE (B) $\chi_m = 8,85 \times 10^3$

Capítulo 19

19.7 $v = 1,28 \times 10^8$ m/s

19.8 Sílica fundida: 0,53; poliestireno: 0,98

19.9 Sílica fundida: $\varepsilon_r = 2,13$; polietileno: $\varepsilon_r = 2,28$

19.16 $I'_T/I'_0 = 0,884$

19.18 $l = 29,2$ mm

19.27 $\Delta E = 1,78$ eV

19.1FE (B) $E = 3,18$ eV

Índice

Fatores de Conversão de Unidades

Comprimento

$1 \text{ m} = 10^{10}$ Å	1 Å $= 10^{-10}$ m
$1 \text{ m} = 10^9$ nm	$1 \text{ nm} = 10^{-9}$ m
$1 \text{ m} = 10^6$ μm	$1 \text{ μm} = 10^{-6}$ m
$1 \text{ m} = 10^3$ mm	$1 \text{ mm} = 10^{-3}$ m
$1 \text{ m} = 10^2$ cm	$1 \text{ cm} = 10^{-2}$ m
$1 \text{ mm} = 0{,}0394$ in	$1 \text{ in} = 25{,}4$ mm
$1 \text{ cm} = 0{,}394$ in	$1 \text{ in} = 2{,}54$ cm
$1 \text{ m} = 3{,}28$ ft	$1 \text{ ft} = 0{,}3048$ m

Área

$1 \text{ m}^2 = 10^4 \text{ cm}^2$	$1 \text{ cm}^2 = 10^{-4} \text{ m}^2$
$1 \text{ mm}^2 = 10^{-2} \text{ cm}^2$	$1 \text{ cm}^2 = 10^2 \text{ mm}^2$
$1 \text{ m}^2 = 10{,}76 \text{ ft}^2$	$1 \text{ ft}^2 = 0{,}093 \text{ m}^2$
$1 \text{ cm}^2 = 0{,}1550 \text{ in}^2$	$1 \text{ in}^2 = 6{,}452 \text{ cm}^2$

Volume

$1 \text{ m}^3 = 10^6 \text{ cm}^3$	$1 \text{ cm}^3 = 10^{-6} \text{ m}^3$
$1 \text{ mm}^3 = 10^{-3} \text{ cm}^3$	$1 \text{ cm}^3 = 10^3 \text{ mm}^3$
$1 \text{ m}^3 = 35{,}32 \text{ ft}^3$	$1 \text{ ft}^3 = 0{,}0283 \text{ m}^3$
$1 \text{ cm}^3 = 0{,}0610 \text{ in}^3$	$1 \text{ in}^3 = 16{,}39 \text{ cm}^3$

Massa

$1 \text{ Mg} = 10^3 \text{ kg}$	$1 \text{ kg} = 10^{-3} \text{ Mg}$
$1 \text{ kg} = 10^3 \text{ g}$	$1 \text{ g} = 10^{-3} \text{ kg}$
$1 \text{ kg} = 2{,}205 \text{ lb}_m$	$1 \text{ lb}_m = 0{,}4536 \text{ kg}$
$1 \text{ g} = 2{,}205 \times 10^{-3} \text{ lb}_m$	$1 \text{ lb}_m = 453{,}6 \text{ g}$

Massa Específica

$1 \text{ kg/m}^3 = 10^{-3} \text{ g/cm}^3$	$1 \text{ g/cm}^3 = 10^3 \text{ kg/m}^3$
$1 \text{ Mg/m}^3 = 1 \text{ g/cm}^3$	$1 \text{ g/cm}^3 = 1 \text{ Mg/m}^3$
$1 \text{ kg/m}^3 = 0{,}0624 \text{ lb}_m/\text{ft}^3$	$1 \text{ lb}_m/\text{ft}^3 = 16{,}02 \text{ kg/m}^3$
$1 \text{ g/cm}^3 = 62{,}4 \text{ lb}_m/\text{ft}^3$	$1 \text{ lb}_m/\text{ft}^3 = 1{,}602 \times 10^{-2} \text{ g/cm}^3$
$1 \text{ g/cm}^3 = 0{,}0361 \text{ lb}_m/\text{in}^3$	$1 \text{ lb}_m/\text{in}^3 = 27{,}7 \text{ g/cm}^3$

Força

$1 \text{ N} = 10^5 \text{ dinas}$	$1 \text{ dina} = 10^{-5} \text{ N}$
$1 \text{ N} = 0{,}2248 \text{ lb}_f$	$1 \text{ lb}_f = 4{,}448 \text{ N}$

Tensão

$1 \text{ MPa} = 145 \text{ psi}$	$1 \text{ psi} = 6{,}90 \times 10^{-3} \text{ MPa}$
$1 \text{ MPa} = 0{,}102 \text{ kg/mm}^2$	$1 \text{ kg/mm}^2 = 9{,}806 \text{ MPa}$
$1 \text{ Pa} = 10 \text{ dinas/cm}^2$	$1 \text{ dina/cm}^2 = 0{,}10 \text{ Pa}$
$1 \text{ kg/mm}^2 = 1422 \text{ psi}$	$1 \text{ psi} = 7{,}03 \times 10^{-4} \text{ kg/mm}^2$

Tenacidade à Fratura

$1 \text{ psi}\sqrt{\text{in}} = 1{,}099 \times 10^{-3} \text{ MPa}\sqrt{\text{m}}$	$1 \text{ MPa}\sqrt{\text{m}} = 910 \text{ psi}\sqrt{\text{in}}$

Energia

$1 \text{ J} = 10^7 \text{ ergs}$	$1 \text{ erg} = 10^{-7} \text{ J}$
$1 \text{ J} = 6{,}24 \times 10^{18} \text{ eV}$	$1 \text{ eV} = 1{,}602 \times 10^{-19} \text{ J}$
$1 \text{ J} = 0{,}239 \text{ cal}$	$1 \text{ cal} = 4{,}184 \text{ J}$
$1 \text{ J} = 9{,}48 \times 10^{-4} \text{ Btu}$	$1 \text{ Btu} = 1054 \text{ J}$
$1 \text{ J} = 0{,}738 \text{ ft} \cdot \text{lb}_f$	$1 \text{ ft} \cdot \text{lb}_f = 1{,}356 \text{ J}$
$1 \text{ eV} = 3{,}83 \times 10^{-20} \text{ cal}$	$1 \text{ cal} = 2{,}61 \times 10^{19} \text{ eV}$
$1 \text{ cal} = 3{,}97 \times 10^{-3} \text{ Btu}$	$1 \text{ Btu} = 252{,}0 \text{ cal}$

Potência

1 W = 0,239 cal/s	1 cal/s = 4,184 W
1 W = 3,414 Btu/h	1 Btu/h = 0,293 W
1 cal/s = 14,29 Btu/h	1 Btu/h = 0,070 cal/s

Viscosidade

$$1 \, Pa \cdot s = 10 \, P \qquad 1 \, P = 0,1 \, Pa \cdot s$$

Temperatura, T

$$T(K) = 273 + T(^\circ C) \qquad\qquad T(^\circ C) = T(K) - 273$$

$$T(K) = \tfrac{5}{9}[T(^\circ F) - 32] + 273 \qquad T(^\circ F) = \tfrac{9}{5}[T(K) - 273] + 32$$

$$T(^\circ C) = \tfrac{5}{9}[T(^\circ F) - 32] \qquad\qquad T(^\circ F) = \tfrac{9}{5}[T(^\circ C)] + 32$$

Calor Específico

$1 \, J/kg \cdot K = 2,39 \times 10^{-4} \, cal/g \cdot K$	$1 \, cal/g \cdot {}^\circ C = 4184 \, J/kg \cdot K$
$1 \, J/kg \cdot K = 2,39 \times 10^{-4} \, Btu/lb_m \cdot {}^\circ F$	$1 \, Btu/lb_m \cdot {}^\circ F = 4184 \, J/kg \cdot K$
$1 \, cal/g \cdot {}^\circ C = 1,0 \, Btu/lb_m \cdot {}^\circ F$	$1 \, Btu/lb_m \cdot {}^\circ F = 1,0 \, cal/g \cdot K$

Condutividade Térmica

$1 \, W/m \cdot K = 2,39 \times 10^{-3} \, cal/cm \cdot s \cdot K$	$1 \, cal/cm \cdot s \cdot K = 418,4 \, W/m \cdot K$
$1 \, W/m \cdot K = 0,578 \, Btu/ft \cdot h \cdot {}^\circ F$	$1 \, Btu/ft \cdot h \cdot {}^\circ F = 1,730 \, W/m \cdot K$
$1 \, cal/cm \cdot s \cdot K = 241,8 \, Btu/ft \cdot h \cdot {}^\circ F$	$1 \, Btu/ft \cdot h \cdot {}^\circ F = 4,136 \times 10^{-3} \, cal/cm \cdot s \cdot K$

Tabela Periódica dos Elementos

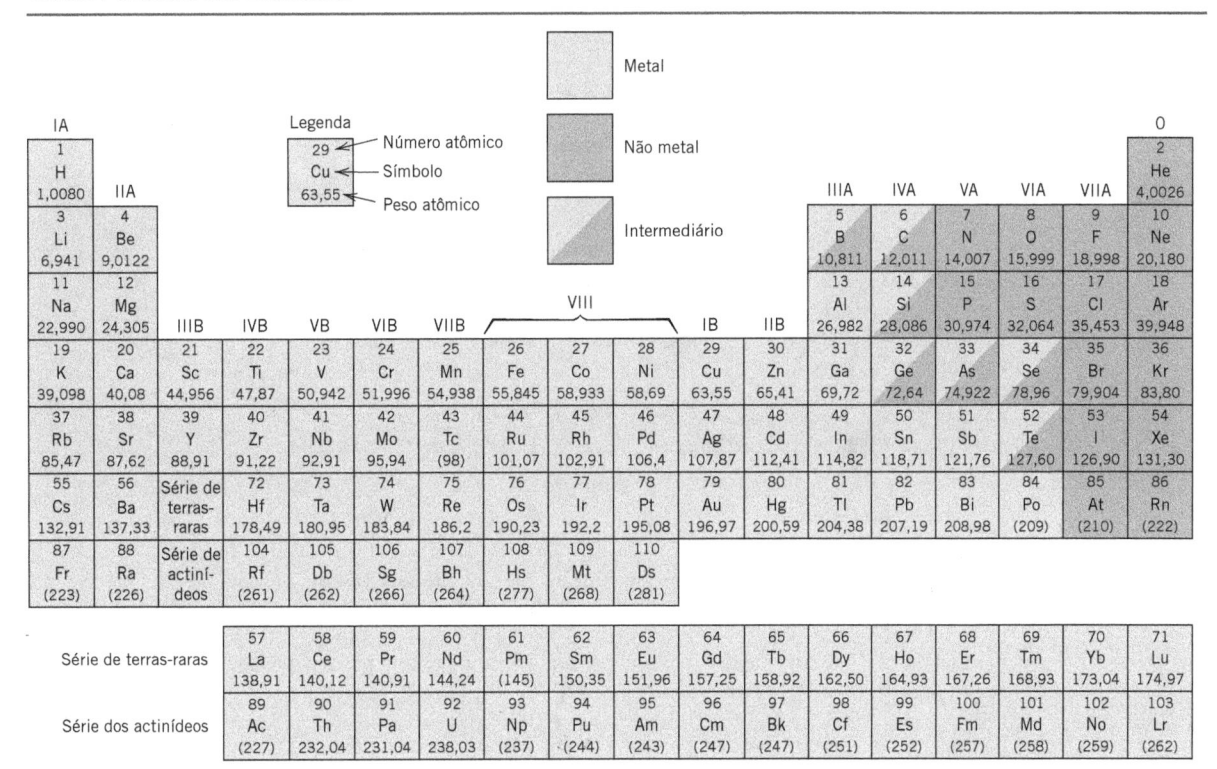